Springer-Lehrbuch

Nepomuk Zöllner (Hrsg.)

# Innere Medizin

Mitherausgeber:
Ursula Gresser und Rüdiger Hehlmann

Mit 349 vorwiegend farbigen Abbildungen, 280 Tabellen und 69 Fallbeispielen

Springer-Verlag
Berlin Heidelberg New York
London Paris Tokyo
Hong Kong Barcelona
Budapest

Professor Dr. med. Nepomuk Zöllner
Medizinische Poliklinik, Ludwig-Maximilians-Universität
Pettenkoferstraße 8 a, D-8000 München 2

Priv.-Doz. Dr. med. Ursula Gresser
Medizinische Poliklinik, Ludwig-Maximilians-Universität
Pettenkoferstraße 8 a, D-8000 München 2

Professor Dr. med. Rüdiger Hehlmann
III. Medizinische Klinik, Klinikum Mannheim, Universität Heidelberg
Wiesbadener Straße 7–11, D-6800 Mannheim 31

ISBN 3-540-53050-9 Springer-Verlag Berlin Heidelberg New York

CIP-Titelaufnahme der Deutschen Bibliothek
Innere Medizin / Nepomuk Zöllner (Hrsg.) ; mithrsg. von Ursula Gresser und Rüdiger Hehlmann. – Berlin ; Heidelberg ; New York ; London ; Paris ; Tokyo ; Hong Kong ; Barcelona ; Budapest : Springer, 1991
(Springer-Lehrbuch)
ISBN 3-540-53050-9
NE: Zöllner, Nepomuk [Hrsg.]



Einbandgestaltung: W. Eisenschink, Heddesheim
Satz-, Druck- und Bindearbeiten: Appl, Wemding
15/3145-543210 – Gedruckt auf säurefreiem Papier

# Vorwort

Medizin, vor allem Innere Medizin, lernt man als Student, als Arzt und als Hochschullehrer im Dialog zwischen Student und Lehrer, zwischen Kollegen und sicher auch im Gespräch mit Patienten. Damit dieser Dialog fruchtbar wird und sicheres Wissen und Erfahrung schafft, bedarf er einer gemeinsamen Basis, z. B. eines Buches, welches das Wesentliche wiedergibt, das Unwichtige zurückstellt und sich von Kompendien durch wissenschaftliche Zuverlässigkeit unterscheidet. Ein solches Buch, das die „großen Lehrbücher" nicht ersetzen, sondern den Zugang zu ihnen erschließen soll, fehlt bisher in der deutschen Literatur.

Unser Buch soll die Lücke schließen. Es soll das grundlegende Wissen darstellen und damit die Angst vor Gegenstandskatalogen und angeblich objektiven Examina nehmen. Es soll die Basis für den wichtigen Dialog bilden, es soll durch Sicherheit in den Grundzügen der Inneren Medizin das Selbstvertrauen stärken, und es soll etwas von der intellektuellen und menschlichen Faszination der Arbeit mit Patienten widerspiegeln. Wissen und Erfahrung stehen am Anfang ärztlichen Handelns. Erst für den Wissenden gilt, was der alte Goethe schrieb:

> „Den Sinnen hast du dann zu trauen,
> Kein Falsches lassen sie dich schauen,
> Wenn dein Verstand dich wach erhält."

Bei allem Anspruch ist unser Buch dennoch in erster Linie ein Lernbuch für Studenten und für Ärzte, die den Bezug zur Inneren Medizin immer wieder brauchen. Wir haben uns bemüht, einen Text zu entwickeln, welcher alles enthält, was ein junger Arzt zum Zeitpunkt des dritten Staatsexamens wissen muß und zugleich zu berücksichtigen, was Allgemeinärzte und Ärzte anderer Fachgebiete wissen sollten.

Man mag sich fragen, warum spezielle Kapitel, z. B. über Molekulargenetik, in einem Buch erscheinen, welches versucht, die Innere Medizin knapp zu fassen. Die Antwort liegt auf der Hand. Denn nur wer die Grundlagen kennt, kann klare Antworten geben. Die Medizin verpflichtet uns jedem einzelnen Patienten, verpflichtet uns aber auch, für die Patienten von morgen die Fortschritte, z. B. in der Molekulargenetik, zur Kenntnis zu nehmen.

Die Einsicht in die Notwendigkeit eines kurz gefaßten und lesbaren Lehrbuchs der Inneren Medizin teile ich mit vielen, allen voraus meinen Studenten. Ganz besonderen Dank schulde ich Frau PD Dr. Ursula Gresser, ohne deren energische und kompetente Förderung das Buch nicht zustandegekommen wäre, und Herrn Professor Rüdiger Hehlmann für die kritische Begleitung des Texts.

Kein Buch ohne Verleger! Die Idee eines Professors, am Ende seiner Laufbahn seine Erfahrungen zu einem Lehrbuch zusammenzufassen, hat der Springer-Verlag, an seiner Spitze die Herren Dr. Dr. h. c. mult. Heinz Götze und Bernhard Lewerich, energisch gefördert. Die freundschaftliche Verbundenheit mit beiden und ihren Mitarbeitern kann ich nicht hoch genug anrechnen. In diese freundschaftliche Verbundenheit schließe ich ganz besonders Frau Anne C. Repnow ein, deren liebenswürdige Hartnäckigkeit verbunden mit Sachkunde und Tatkraft mich sehr beeindruckt haben. Mit ihr haben Frau Isolde Scherich in der Herstellung und Herr Rupert Kohl im Lektorat zum Gelingen des Buches beigetragen. Besonderer Dank gilt Frau Nancy Cliff-Neumüller für die einfühlsame Verwirklichung der Abbildungen.

Ich danke auch meinen Mitarbeitern an der Medizinischen Poliklinik für ihre Geduld mit dem manchmal überbeschäftigten Chef und ihre Unterstützung bei der Ausführung des Projekts. In Vertretung vieler seien Herr PD Dr. Wolfram G. Zoller, Herr cand. med. Mohamed Adjan und Frau Renate Westermann erwähnt.

Wir alle haben miteinander ein Buch gemacht. Es war viel Arbeit, es hat viel Freude gemacht, und nun hoffen wir, daß es sich gelohnt hat. Anregungen, wie es noch besser gemacht werden kann, nehmen wir gern entgegen.

München, März 1991 NEPOMUK ZÖLLNER

# Inhaltsverzeichnis

# Autorenverzeichnis


| | |
|---|---|
| Dr. B. Adam | St. Josef-Hospital Bochum<br>Universitätsklinik, Dermatologische Klinik<br>Gudrunstraße 56, D-4630 Bochum 1 |
| Prof. Dr. P. Altmeyer | St. Josef-Hospital Bochum<br>Universitätsklinik, Dermatologische Klinik<br>Gudrunstraße 56, D-4630 Bochum 1 |
| Dr. K.-H. Bergstermann | Zentralkrankenhaus Gauting der LVA Oberbayern<br>Unterbrunnerstraße 85, D-8035 Gauting |
| Priv.-Doz. Dr.<br>R. Brunkhorst | Abteilung Nephrologie der<br>Medizinischen Hochschule Hannover<br>Konstanty-Gutschow-Straße 8, D-3000 Hannover 61 |
| Prof. Dr. U. Büttner | Neurologische Klinik im Klinikum Großhadern<br>Ludwig-Maximilians-Universität<br>Marchioninistraße 15, D-8000 München 70 |
| Prof. Dr. W. F. Caspary | Abteilung für Gastroenterologie<br>Zentrum der Inneren Medizin<br>J.W. Goethe-Universität<br>Theodor-Stern-Kai 7, D-6000 Frankfurt/M 70 |
| Prof. Dr. H.-Ch. Deter | Abteilung für Psychosomatik und Psychotherapie der<br>Medizinischen Klinik und Poliklinik, Klinikum Steglitz<br>Freie Universität Berlin<br>Hindenburgdamm 30, D-1000 Berlin 45 |
| Prof. Dr. H. Dörfler | Medizinische Poliklinik<br>Ludwig-Maximilians-Universität<br>Pettenkoferstraße 8 a, D-8000 München 2 |
| Prof. Dr. R. Düsing | Medizinische Universität-Poliklinik<br>Wilhelmstraße 35–37, D-5300 Bonn 1 |
| Prof. Dr. E. Erdmann | Medizinische Klinik I im Klinikum Großhadern<br>Ludwig-Maximilians-Universität<br>Marchioninistraße 15, D-8000 München 70 |

| | |
|---|---|
| Prof. Dr. U. Frei | Abteilung Nephrologie der<br>Medizinischen Hochschule Hannover<br>Konstanty-Gutschow-Straße 8, D-3000 Hannover 61 |
| Prof. Dr. F.-D. Goebel | Medizinische Poliklinik<br>Ludwig-Maximilians-Universität<br>Pettenkoferstraße 8 a, D-8000 München 2 |
| Priv-Doz. Dr. U. Gresser | Medizinische Poliklinik<br>Ludwig-Maximilians-Universität<br>Pettenkoferstraße 8 a, D-8000 München 2 |
| Prof. Dr. D. Häussinger | Medizinische Universitätsklinik<br>Hugstetterstraße 55, D-7800 Freiburg |
| Prof. Dr. D. L. Heene | I. Medizinische Klinik, Klinikum Mannheim<br>Universität Heidelberg<br>Theodor-Kutzer-Ufer, D-6800 Mannheim 1 |
| Prof. Dr. R. Hehlmann | III. Medizinische Klinik, Klinikum Mannheim<br>Universität Heidelberg<br>Wiesbadener Straße 7–11, D-6800 Mannheim 31 |
| Prof. Dr. H. Heimpel | Abteilung Innere Medizin III<br>Medizinische Klinik und Poliklinik<br>Universität Ulm<br>Robert-Koch-Straße 8, D-7900 Ulm |
| Prof. Dr. H. Hepp | Frauenklinik im Klinikum Großhadern<br>Ludwig-Maximilians-Universität<br>Marchioninistraße 15, D-8000 München 70 |
| Priv-Doz. Dr. P. Herzer | Medizinische Poliklinik<br>Ludwig-Maximilians-Universität<br>Pettenkoferstraße 8 a, D-8000 München 2 |
| Prof. Dr. G. Hobom | Institut für Mikrobiologie und Molekularbiologie<br>Justus-Liebig-Universität<br>Frankfurter Straße 107, D-6300 Gießen |
| Prof. Dr. E. Holzer | Flüggenstraße 8, D-8000 München 19 |
| Prof. Dr. F. Jerusalem | Universitäts-Nervenklinik und Poliklinik<br>Sigmund-Freud-Straße 25, D-5300 Bonn 1 |
| Prof. Dr. C. Keller | Medizinische Poliklinik<br>Ludwig-Maximilians-Universität<br>Pettenkoferstraße 8 a, D-8000 München 2 |

| | |
|---|---|
| Dr. K. Knitza | Frauenklinik im Klinikum Großhadern<br>Ludwig-Maximilians-Universität<br>Marchioninistraße 15, D-8000 München 70 |
| Prof. Dr. K. M. Koch | Abteilung Nephrologie der<br>Medizinischen Hochschule-Hannover<br>Konstanty-Gutschow-Straße 8, D-3000 Hannover 61 |
| Priv-Doz. Dr. A. Kurz | Psychiatrische Klinik und Poliklinik der<br>Technischen Universität, Klinikum rechts der Isar<br>Ismaninger Straße 22, D-8000 München 80 |
| Prof. Dr. P. G. Lankisch | Innere Abteilung des Städtischen Krankenhauses<br>Bögelstraße 1, D-2120 Lüneburg |
| Prof. Dr. T. Löscher | Institut für Infektions- und Tropenmedizin<br>Ludwig-Maximilians-Universität<br>Leopoldstraße 5, D-8000 München 40 |
| Dr. E. Lötzke | Abteilung Innere Medizin III<br>Medizinische Klinik und Poliklinik<br>Universität Ulm<br>Robert-Koch-Straße 8, D-7900 Ulm |
| Priv-Doz. Dr. M. Middeke | Medizinische Poliklinik<br>Ludwig-Maximilians-Universität<br>Pettenkoferstraße 8 a, D-8000 München 2 |
| Prof. Dr. H.W. Minne | Fürstenhofklinik, Staatsbad Bad Pyrmont<br>Postfach 1660, D-3280 Bad Pyrmont |
| Dr. T. Müller | Klinik III der Kliniken des Main-Taunus-Kreises<br>Krankenhaus Hofheim<br>Lindenstraße 10, D-6238 Hofheim am Taunus |
| Prof. Dr. K. G. Riedel | Augenklinik<br>Ludwig-Maximilians-Universität<br>Mathildenstraße 8, D-8000 München 2 |
| Dr. L. Schaaf | Abteilung für Endokrinologie<br>Zentrum der Inneren Medizin<br>J.W. Goethe-Universität<br>Theodor Stern Kai 7, D-6000 Frankfurt/M 70 |

| | |
|---|---|
| Prof. Dr. M. Schattenkirchner | Medizinische Poliklinik<br>Ludwig-Maximilians-Universität<br>Pettenkoferstr. 8 a, 8000 München 2 |
| Prof. Dr. H.-P. Schuster | Städtisches Krankenhaus, Medizinische Klinik I<br>Weinberg 1, D-3200 Hildesheim |
| Prof. Dr. W. Seeger | Medizinische Klinik I und II<br>Zentrum für Innere Medizin der Universität<br>Klinikstraße 36, D-6300 Gießen |
| Prof. Dr. F. A. Spengel | Medizinische Poliklinik<br>Ludwig-Maximilians-Universität<br>Pettenkoferstraße 8 a, D-8000 München 2 |
| Prof. Dr. H. B. Stähelin | Medizinisch-geriatrische Klinik Markgräflerhof<br>Kantonsspital<br>Hebelstraße 10, CH-4031 Basel |
| Prof. Dr. K.-H. Usadel | Abteilung der Endokrinologie<br>Zentrum der Inneren Medizin<br>J.W. Goethe-Universität<br>Theodor Stern Kai 7, D-6000 Frankfurt/M 70 |
| Prof. Dr. H. Vetter | Medizinische Universitäts-Poliklinik<br>Wilhelmstraße 35–37, D-5300 Bonn 1 |
| Prof. Dr. F. Vogel | Klinik III der Kliniken des Main-Taunuskreises<br>Krankenhaus Hofheim<br>Lindenstraße 10, D-6238 Hofheim am Taunus |
| Prof. Dr. L. S. Weilemann | II. Medizinische Klinik und Poliklinik<br>Johannes Gutenberg-Universität<br>Langenbeckstraße 1, D-6500 Mainz |
| Prof. Dr. G. Wolfram | Medizinische Poliklinik<br>Ludwig-Maximilians-Universität<br>Pettenkoferstraße 8 a, D-8000 München 2 |
| Priv.-Doz. Dr. S. Zierz | Universitäts-Nervenklinik und Poliklinik<br>Sigmund-Freud-Straße 25, D-5300 Bonn 1 |
| Prof. Dr. N. Zöllner | Medizinische Poliklinik<br>Ludwig-Maximilians-Universität<br>Pettenkoferstraße 8 a, D-8000 München 2 |

# 1 Über Bücher und über Kranke

N. Zöllner

Puisqu'on ne peut être universel et savoir tout ce qui peut se savoir sur tout, il faut savoir peu de tout. Car il est bien plus beau de savoir quelque chose de tout que de savoir tout d'une chose.

Blaise Pascal,
Pensées sur l'Esprit XXXVII

Da man nicht universell sein und alles über alles wissen kann, muß man von allem wenigstens etwas wissen. Denn es ist sehr viel schöner, etwas von allem als alles über nur eine Sache zu wissen.

Mittelpunkt der Medizin ist die Innere. In ihr fließen die Ergebnisse der Grundlagenwissenschaften zusammen, in ihr finden Biochemie und Physiologie ihren klinischen Ausdruck, sie ordnet benachbarte Gebiete in den größeren Rahmen der Medizin ein, sie weist den therapeutischen Wissenschaften, z.B. der Strahlentherapie, ihre Aufgaben zu und prüft deren Ergebnisse. Alle Menschen leiden früher oder später an inneren Krankheiten. Ein Lehrbuch der inneren Medizin muß also am Anfang des klinischen Studiums stehen.

## Nosologie

Jede Krankheit ist eine Einheit, gleichgültig wieviele Organe oder Stoffwechselsysteme betroffen sind; jeder Kranke ist aber auch eine eigene Person, ein Mensch, unwiederholbar.

Die Beschreibung der Krankheiten, die Nosologie, ist der wichtigste Gegenstand dieses Buches. Nosologie muß Zusammengehöriges zusammenstellen, Reihenfolgen der Erscheinungen und deren Werdegrund erkennen, den klinischen Verlauf beschreiben und die Prognose nennen; sie ist also eine schwere Aufgabe. Nosologie als Wissenschaft bemüht sich – von der Erkennung des Aspektes des Patienten bis zur molekularen Chemie – um Präzision der Beschreibung: ohne Nosologie keine Diagnose. Meist lehrt die Nosologie scheinbar Zusammengehöriges zu differenzieren (z.B. die Arthritiden), manchmal hilft sie, klinisch Unähnliches zu vereinen (z.B. die Folgen der Infektion mit Mycobacterium tuberculosis). Stets bedarf die Nosologie des Genies und des Fleißes, der Erkennung des Besonderen und der Verfolgung der Fakten. Der erste bedeutende Nosologe war Hippokrates. Nosologie ist aber eigentlich eine Wissenschaft der Neuzeit; unter ihren Vertretern finden wir Sydenham (1624–1689), Morgagni (1682–1771), Heberden (1710–1801), Basedow (1799–1854), Charcot (1825–1893), Lewis (1881–1945) und Thannhauser (1885–1962).

## Lehrbücher

Bücher, die alles enthalten, was ein Arzt von der inneren Medizin braucht, umfassen für Nebenfächer 1000 Seiten, für Allgemeinärzte 2000 Seiten und für Internisten 3000 Seiten und mehr. Als Zugang zur Medizin und sogar als Nachschlagewerke sind solche Bücher nicht geeignet. Große Lehrbücher sind so umfangreich, daß der Anfänger in die Gefahr gerät, den Wald vor lauter Bäumen nicht zu sehen. Für den Zugang zur Inneren braucht man ein Basiswissen; es kann begrenzt sein, aber es muß solide sein. Auch das Verständnis für Kranke muß gelehrt werden. Skripten können dieses Verständnis nicht vermitteln.

Der immer wieder erstaunliche Pascal umreißt auch diese Situation klar, wenn er schreibt, daß es befriedigender ist, etwas von allem zu wissen, also Übersicht zu haben, als viel über eine einzelne Entität.

In der Geographie muß die Beschreibung eines Gebietes sowohl durch Übersichtskarten als auch durch Detailkarten erfolgen. Karten, die jedes Detail verzeichnen, erschweren den Überblick, Karten, die keine Details enthalten, sind in Einzelfragen nutzlos. Es bedarf beider, auch in unserem Beruf. Ein Arzt, der sich mit Patienten abgibt, ohne ein gutes Lehrbuch sorgfältig gelesen zu haben, ist wie ein Wanderer, der eine ihm fremde Landschaft ohne Karte betritt.

### Der Kranke und die Nosologie

Täglich neu erlebt der Arzt die persönlichen, nirgends einzuordnenden Leiden des Menschen und einen *Zwiespalt zwischen* diesen *Leiden* und dem *ärztlichen Wissen* über die Nosologie. Dazu hat Armand Trousseau apodiktisch festgestellt, daß es nur Kranke, keine Krankheiten gibt. Aber Trousseau hat nicht recht. Es gibt Krankheiten und es gibt Menschen, die an ihrer Krankheit, jeder in persönlicher Weise, leiden. Die Krankheitslehre, von den großen Ärzten des 17. bis 19. Jahrhunderts in England, Frankreich, Deutschland, Italien geschaffen, ist die wissenschaftliche Grundlage der klinischen Medizin; hinzu kommt die Erkenntnis der vergangenen Jahrhundertwende, daß die Persönlichkeit des Kranken den Krankheitsverlauf modifizieren kann. Die Ärzte im Altertum, aber auch noch die Araber waren Symptomatiker, die nicht Krankheiten, sondern Symptome beschrieben, gegebenenfalls auch deren Bedeutung für Prognose und Therapie.

Viele kurzgefaßte Lehrbücher versuchen, alle Symptome und alle Befunde jeder Krankheit aufzuzeigen. Die Mehrheit der Patienten bietet aber nur einen Teil dieser Symptome, auch haben viele Patienten ein Symptom zuviel. Den Befund zuviel nannte Thannhauser den *roten Hering*, einen Fisch, der auffällig ist, aber mit der Richtung des Schwarmes nichts zu tun hat. Den roten Hering, den Befund zuviel im Einzelfall zu erkennen, ist eine *intellektuelle Aufgabe,* die am Eingang des Buches erwähnt werden muß.

„Es ist nicht genug zu wissen, man muß auch anwenden“ (Goethe). Auch die Anwendung muß gelernt werden! Die Diagnose von Krankheiten kann man nur im Umgang mit Kranken lernen, allerdings erst wenn Bücher das Rüstzeug dazu geliefert haben. Der große Sydenham hat dies so einfach formuliert, daß man kaum wagt, ihn zu zitieren: „... you must go to the bedside, it is there alone that you can learn disease“.

### Das Verhalten des Arztes

Dem Patienten *Menschlichkeit* zu zeigen, wird am besten von einem Lehrer gelernt, der vorlebt, daß auch die beste Diagnostik und die begründetste Therapie durch die Befassung mit dem Patienten, einem Mitmenschen, ergänzt werden müssen. Menschlichkeit ist zu lernen: sie ist weder eine primäre persönliche Eigenschaft des Arztes noch das Ergebnis einer guten Erziehung, und sie muß auch Patienten umfassen können, die dem Arzt unsympathisch sind.

Menschliches Verhalten eines Arztes, seine höchste Qualifikation, wird weder gesellschaftlich noch von den Kassen honoriert. Dennoch hält ein Patientenstamm zu „seinem Arzt“; manchmal möchte man sogar meinen, daß viele Patienten „unvernünftig treu“ sind. Nach wie vor sucht die Mehrheit der Patienten den Arzt, der sie versteht. Daraus erwächst für Ärzte die Pflicht, für die *Gesamtfürsorge* ihrer Patienten alle notwendigen Kenntnisse zu erwerben; nicht bis ins Detail, aber bis zur Fähigkeit, die Spezialisten zu koordinieren. Auch dies ist lernbar.

Jeder Arzt muß wissen, daß er Patienten (und Kollegen) durch sein Auftreten stützen oder schädigen kann. Schüchternheit ist ebenso wenig erlaubt wie Übertreibung oder Angeberei. Ein Minimum dessen, was der Patient von seiner Ärztin oder seinem Arzt erwarten darf, ist *Wohlverhalten* in jedem Sinn des Wortes.

*Humanität* kann jeder, der den Beruf des Arztes gewählt hat, zeigen, beweisen. Krankheit und Leid berechtigen zur Rücksicht, auch ohne Emotionen. Mißvergnügte Patienten, unterschiedliche Ansichten über Prioritäten, Müdigkeit, Frust gefährden Mitleid, Respekt und die ärztliche Integrität. Man muß sich deshalb bemühen, auch unfreundliche Patienten zu verstehen, und Gleichmut, Mitleid und Objektivität aufrecht zu erhalten.

### Ärztliche Ethik

Auf den ersten Blick könnte man annehmen, daß Humanität und ärztliche Ethik das Gleiche sind, doch weit entfernt. Humanität meint (im besten Sinn) menschliches Verhalten, Ethik stellt die Regeln dazu auf.

Alle „ethischen Fragen“, die sich dem Arzt stellen, auch Fragen, die erst mit der modernen Medizin aufgekommen sind, zielen auf den Grund der Ethik; für Christen ist dies die Moraltheologie, für Nichtchristen (ohne daß sie das bemerken) meist auch, für andere die Philosophie des Abendlandes von Sokrates bis Marc Aurel. Die ärztlich-ethischen Konsequenzen aus den verschiedenen Religionen sind meist wenig verschieden. Es gilt jedenfalls für jeden Arzt, einen bedachten, eigenen Standpunkt zu gewinnen. Ein Rekurs auf die Rechtsprechung bringt nur ausnahmsweise Nutzen.

## Der Patient und sein Arzt

Viele Patienten fühlen sich unzureichend über ihre Krankheit und deren Prognose informiert. So klagen viele Patienten darüber, daß man ihnen über Eingriffe und die dabei zu erwartenden Schmerzen keine genauen Angaben macht. Leider erfahren viele Patienten auch nichts genaues über ihre Prognose, z.B. nach einer Operation. So wird manchmal ein Mann vor der Prostatektomie nicht über die postoperative Potenz informiert, und nur den wenigsten Kolostomiepatienten werden die Schwierigkeiten, die mit dem Anus praeter auf sie zukommen, präoperativ ausreichend erläutert. Goethe schrieb – und beschrieb damit – die Gebräuchlichkeiten seiner Zeit: „Verzweifeln müßte mancher Kranke, das Leiden kennend wie der Arzt es kennt". Heute hat der Patient einen Anspruch auf die Wahrheit seiner Prognose. Er hat aber auch einen Anspruch darauf, seine Diagnose nicht zu erfahren, wenn er das wünscht.

Selbstverständlich muß die Mitteilung der Prognose schonend, am besten schrittweise erfolgen, doch muß der Patient immer wissen, daß ihm sein Arzt die Wahrheit nicht vorenthält, sie lediglich vor der Mitteilung überprüft, um nicht zu schaden. Vorläufige Prognosen (d.h. Vermutungen) darf der Arzt nicht weitergeben; am besten behält er auch „objektive" Diagnosen (Pathologie, Hämatologie, Radiologie), bis sie gesichert sind, zurück.

Die Aufklärung des Patienten gehört immer in die Hand des behandelnden Arztes, eines Allgemeinarztes oder Internisten. Er muß die Informationen aus den diagnostischen Hilfsfächern einholen und koordinieren; die Kollegen aus diesen Hilfsfächern haben bei der Aufklärung des Patienten nicht mitzuwirken, weil sie das Krankheitsbild in seinem gesamten Umfang nicht kennen können.

Ebensowenig mitzuwirken haben Verwandte des Kranken. Der (menschliche) Vertrag wird zwischen dem Leidenden und seinem Arzt geschlossen. Alle Verwandten (selbst Ehefrauen, Eltern, Kinder) sind von dieser tiefen, intimen, persönlichen Beziehung ausgeschlossen, es sei denn, daß der Patient dies ausdrücklich anders bestimmt. Dem Wunsch Verwandter zur Mitwirkung darf der Arzt nur entsprechen, wenn er *sicher* ist, der Absicht des Kranken zu entsprechen. Die genaue Erfüllung dieser Aufgabe kann hart sein, bleibt aber selten ohne menschlichen Lohn.

Bedenken wir auch, daß die Begegnung des Menschen mit seiner Krankheit, mit der Medizin und mit den Ärzten, Hilflosigkeit hervorrufen kann. Die Bewegungsfreiheit wird eingeschränkt, das Pflegepersonal gibt Anweisungen zu baden, zu essen oder etwas einzunehmen. Die Gedanken des Patienten über Verwandte und andere Menschen, vielleicht über ein Tier, für das er zu sorgen hat, werden beiseitegeschoben; ebenso die Gedanken junger Patienten an Examina oder Berufsaussichten.

Sehr viele Patienten haben Angst vor dem Tod. Dies zu erkennen scheint eine banale Aufgabe, und sie ist doch so wichtig. Sterbenden, Menschen die auf den Tod zugehen, muß man immer wieder die Hand halten. Und es gibt manche Patienten, die Angst davor haben, gesund zu werden und wieder ins Leben hinaus zu müssen.

# 2 Gastroenterologie

W. Caspary und P.G. Lankisch

## ZUSAMMENFASSUNG

Erkrankungen der Speiseröhre zeichnen sich klinisch durch ***Schluckbeschwerden*** und ***retrosternale Schmerzen*** aus. Dieses uniforme Beschwerdebild trifft für die ***Achalasie***, die ***Ösophagitis*** und die mit Sodbrennen einhergehende ***Refluxkrankheit*** zu. Endoskopie und der Ösophagusbreischluck zur Beurteilung der Motilität sind die wichtigsten technischen Untersuchungsverfahren. ***Tumoren des Ösophagus*** sind selten und verursachen erst sehr spät Beschwerden. Therapeutisches Ziel ist die operative Resektion, sofern die Diagnose früh gestellt wird.

Akute und chronische ***Gastritis*** sind häufige Erkrankungen. Die akute Form führt zu Oberbauchbeschwerden. Die chronische Gastritis wird mit zunehmendem Lebensalter häufiger gefunden, ob sie als Krankheitsbild angesehen werden kann, bleibt offen.

Das ***peptische Ulkus*** bedarf nur noch bei Komplikationen einer chirurgischen Intervention. In der Regel ist die konservative Therapie mit Antazida oder Säureblockern ausreichend. Das ***Magenkarzinom*** verursacht erst sehr spät Beschwerden, die Frühdiagnostik durch Endoskopie und histologische Sicherung ist entscheidend.

Akute ***Durchfälle*** sind häufig. Chronische Diarrhöen müssen abgeklärt werden, da sich eine Reihe von Erkrankungen dahinter verbergen kann, wie Malabsorption, entzündliche Dünndarmerkrankungen, exsudative Enteropathien und Morbus Crohn. Malassimilation ist der Überbegriff für Resorptionsstörungen durch verzögerten enzymatischen Aufschluß (Maldigestion) oder verzögerte Resorption (Malabsorption). Maldigestion betrifft die intraluminale Digestion, Malabsorption die intestinale und die Transportphase. Neben den bildgebenden Verfahren kommt der Labordiagnostik eine überragende Stellung zu.

Colitis ulcerosa und Morbus Crohn sind chronisch entzündliche Erkrankungen des Dickdarms. Durch den Befall und die Histologie der betroffenen Darmabschnitte unterscheiden sie sich voneinander. Zu den Zivilisationskrankheiten zählen die ***Obstipation*** und die ***Divertikulose/Divertikulitis,*** besonders beim älteren Menschen. Fehlende Bewegung und falsche Ernährung müssen bekämpft werden. Das ***Dickdarmkarzinom*** (Adenokarzinom) ist eine Erkrankung des älteren Menschen und bei Männern das zweithäufigste Karzinom.

Die ***akute Pankreatitis*** ist eine lebensbedrohliche Erkrankung. Die wesentlichen ätiologischen Faktoren sind Gallensteinleiden und Alkoholismus. Frühzeitige Diagnose und Feststellung des Schweregrades der Erkrankung sowie rasche symptomatische Behandlung sind vordringlich. Das Leitsymptom Schmerz bei der ***chronischen Pankreatitis*** erfordert konservative und ggf. operative Maßnahmen zur Schmerztherapie sowie bei der häufig bestehenden Pankreasenzymsubstitution, beim pankreatopriven Diabetes die Einhaltung einer Diät und die Gabe von Insulin. Da nur das frühzeitig erkannte ***Pankreaskarzinom*** eine günstige Prognose hat, muß bei Oberbauchbeschwerden ungeklärter Ursache auch an diese Erkrankung gedacht und eine konsequente Abklärung angestrebt werden.

## 2.1 Krankheiten des Ösophagus

W. Caspary

Leitsymptome von Ösophaguskrankheiten sind Dysphagie und retrosternale Schmerzen.

Diese können durch morphologische Veränderungen oder Motilitätsstörungen bewirkt werden. Endoskopie, Röntgen und Manometrie sind die wichtigsten diagnostischen Methoden.

### 2.1.1 Allgemeines

Schluckbeschwerden (Dysphagie) können durch funktionelle Störungen mit Dyskoordination des Schluckaktes auftreten, ebenso durch Einengung des Lumens durch Tumoren oder entzündliche Strikturen oder Stenosen. Bei ***ösophagealer Dysphagie*** bleibt das Essen hinter dem Sternum stecken. Die Dysphagie tritt nur beim Schlucken auf und muß vom ***Globus hystericus*** und oropharyngealen Schluckstörungen unterschieden werden.

Eine regelrechte Funktion des Ösophagus ist Voraussetzung für eine ungestörte Passage sowie für eine Vermeidung von ***Reflux*** von Mageninhalt in den Ösophagus. Für die Gewährleistung dieser Funktion sind Motilität, intraabdominale Druckverhältnisse und die Schließfunktion des unteren Ösophagussphinkters verantwortlich. ***Retrosternales Brennen*** ist die ***häufigste Schmerzsensation*** bei ***Ösophaguserkrankungen***. Es tritt intermittierend und wellenartig im Bereich des unteren Sternums auf und breitet sich meist nach kranial zur Kehle oder bis in die Kieferwinkel ausstrahlend mit gesteigerter Salivation aus. Retrosternale Schmerzen gehen oft mit einer Dysphagie einher.

**Zur Erkennung von Erkrankungen des Ösophagus sind Endoskopie und Röntgen die wichtigsten technischen Untersuchungen.**

### 2.1.2 Achalasie (Kardiospasmus)

**Definition.** Degeneration des Plexus myentericus (Auerbach) im gesamten Ösophagus. Dies führt zu einer Aperistaltik des tubulären Ösophagus und fehlender Erschlaffung des unteren Ösophagussphinkters.

**Ätiologie.** Die Ätiologie ist bei der primären Achalasie unklar. Die Motilitätsstörung ist durch eine Störung der cholinergen Innervation des Ösophagus bedingt. ***Cholinergika*** induzieren heftige segmentale Kontraktionen der befallenen Ösophagusabschnitte. ***Sekundär*** kommt die Achalasie im Rahmen der Chagas-Erkrankung und beim ***Kardiakarzinom*** des Magens vor.

**Symptomatik.** Leitsymptom ist die ***Dysphagie***. Sie ist progredient und betrifft das Schlucken fester und flüssiger Speisen; psychische Einflüsse können das Krankheitsbild verschlimmern. Retrosternalschmerzen treten ebenfalls häufig auf sowie – insbesondere nachts – Regurgitationen unverdauter, nicht saurer Speiseanteile. Die Unfähigkeit zur freien Passage bewirkt einen Gewichtsverlust.

**Diagnostik.** Im Vordergrund steht die ***Röntgendiagnostik***, die sich zur Erfassung einer Motilitätsstörung besser als die Endoskopie eignet. Typischerweise zeigt die Röntgenaufnahme die funktionelle Engstellung des unteren Ösophagussphinkters und eine prästenotische Dilatation des Ösophagus (Megaösophagus), der armdick werden kann (Fall 2A). Die ***Endoskopie*** des Ösophagus, die auch den Magen einschließen muß, ist notwendig, um ein Kardiakarzinom auszuschließen.

**Therapie.** Medikamentöser Versuch mit Nifedipin (Adalat). Die pneumatische Dilatation führt meist schon nach der ersten Durchführung zum Erfolg. Bei Erfolglosigkeit sollte die operative Ösophaguskardiomyotomie erwogen werden. Die wichtigste Komplikation ist hier ein gastroösophagealer Reflux.

### 2.1.3 Diffuser Ösophagospasmus

**Definition.** Krankheit mit den Leitsymptomen ***retrosternaler Schmerz*** und ***Dysphagie***, den röntgenologischen Zeichen tertiärer Kontraktionen sowie manometrischen Befunden, die sowohl peristaltische Kontraktionen wie auch repetitive simultane Kontraktionen zeigen.

**Ätiologie.** Ursächlich werden diskutiert: Alter, Gangliendegeneration, Schleimhautirritationen durch Reflux, Obstruktion im Kardiabereich, neuromuskuläre Störungen bei Diabetes mellitus oder amyotrophe Lateralsklerose. Auffällig ist bei dieser Krankheit, die auch als ***Nußknacker-*** oder ***Korkenzieherösophagus*** bezeichnet

## FALL 2 A

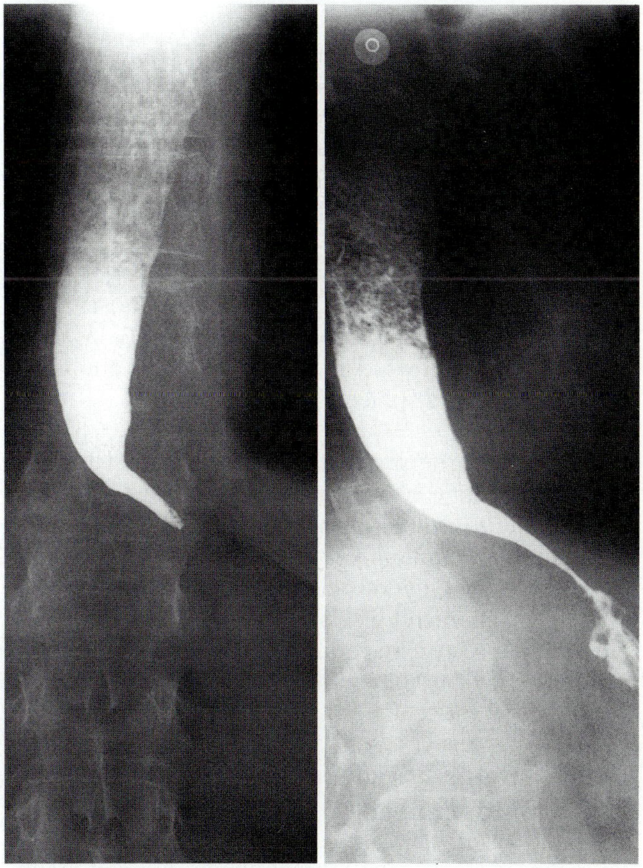

**Abb. 2A.** Ösophagus-Breischluck: Megaösophagus, fadenförmige Öffnung zum Magen hin

**Anamnese.** Die 80jährige Rentnerin kann seit dem 17. Lebensjahr keine festen Speisen mehr zu sich nehmen. Die Patientin erbricht jeden morgen unverdaute Speisereste vom Vortag.

**Befunde.** 168 cm große, 42 kg schwere Patientin. Sämtliche Laborwerte im Normbereich.

**Ösophagoskopie und Ösophagusbreischluck.** Megaösophagus, ca. 6 cm im Querdurchmesser, Sicht eingeschränkt durch Speisereste (nach zweitägigem Fasten). Im Bereich der Kardia kann das Gastroskop nicht passieren. Dort werden Biopsien entnommen. Der Ösophagusbreischluck zeigt einen fadenförmigen Übergang zur Kardia.

**Histologie.** Zeichen der chronischen Entzündung, kein Hinweis für Malignität.

**Diagnose.** Über 60 Jahre bestehende Ösophagusachalasie.

**Therapie und Verlauf.** Ernährung durch breiige Kost und Astronautenkost, i.v.-Substitution von Vitaminen. Der Versuch einer pneumatischen Dilatation wurde abgelehnt.

wird, eine diffuse Verdickung der Muskulatur der unteren $^2/_3$ des Ösophagus.

**Klinische Symptome.** Retrosternale Schmerzen und Dysphagie sind die häufigsten Symptome dieser Erkrankung. Die Schmerzen treten häufig nachts auf und imponieren wie eine Angina pectoris (sog. „non-cardiac chest pain“). Heiße oder kalte Speisen können eine Schmerzattacke auslösen. Der Verlauf ist episodisch, nicht progressiv.

**Diagnostik.** Die wichtigste Differentialdiagnose ist die Angina pectoris, deshalb sollten EKG und Belastungs-EKG durchgeführt werden. Die Diagnose ist am besten röntgenologisch zu stellen.

**Therapie.** Im Vordergrund steht die Aufklärung des Patienten über das Vorliegen einer gutartigen Funktionsstörung. Reflux sollte vermieden werden durch therapeutische Maßnahmen, wie bei der Refluxösophagitis. Zu den Mahlzeiten verabreichte Nitrate (Nitroglyzerin) können gelegentlich hilfreich sein. Bei schwerer Symptomatik und Gewichtsverlust kann die pneumatische Dehnung oder die Myotomie indiziert sein.

### 2.1.4 Motilitätsstörungen bei Systemerkrankungen

Bei zahlreichen Systemerkrankungen können Motilitätsstörungen des Ösophagus auftreten.

**Kollagenosen.** Die ***Sklerodermie*** (progressive Systemsklerose) ist die Systemerkrankung, die am häufigsten und am ausgeprägtesten zu Motilitätsstörungen des Ösophagus führt.

Bei der Sklerodermie besteht häufig ein ***Doppeldefekt*** der ***Motilitätsstörung:*** Aperistaltik in den unteren $^2/_3$ des Ösophagus und Insuffizienz des unteren Ösophagussphinkters, was zu einem ausgeprägten Reflux führen kann.

***Dysphagie*** ist das klinische Leitsymptom bei 60% der Patienten. Die Verschlechterung der ösophagealen Motilitätsfunktion geht meist nicht parallel mit der Verschlechterung der kutanen Manifestationen.

Die Röntgenuntersuchung des Ösophagus zeigt Aperistaltik, Retention von Bariumbrei, Dilatation und gastroösophagealen Reflux. Manometrisch findet sich eine Druckverminderung im unteren Ösophagussphinkter sowie eine fehlerhafte Propagation vom oberen in den unteren Ösophagus.

Die ***Therapie*** besteht zum einen in einer Vermeidung des Refluxes in den Ösophagus wie bei der Refluxkrankheit; neuerdings haben sich – wenn auch mit bescheidenem Erfolg – prokinetische Substanzen wie Cisaprid (Propulsin) bewährt.

**Alkoholische Neuropathie.** Chronischer Alkoholismus kann mit einer Neuropathie und Ösophagusmotilitätsstörungen einhergehen. Akuter Genuß großer Alkoholmengen führt zu einer Verminderung der primären Peristaltik und zu einer Reduktion des Drucks im unteren Ösophagussphinkter. Bei chronischem Alkoholgenuß steht die Neuropathie mit einem Verlust der primären und sekundären Peristaltik im Vordergrund.

### 2.1.5 Refluxkrankheit

**Definition.** Es handelt sich um eine Krankheit, die episodisch durch Reflux – bedingt durch eine Insuffizienz des unteren Ösophagussphinkters – von Mageninhalt in den Ösophagus hervorgerufen wird.

Die Refluxösophagitis wird nach histologisch und endoskopisch nachweisbaren ***Defekten im Ösophagus*** definiert und eingeteilt (Tabelle 2.1).

Ursache der ***primären Refluxkrankheit*** ist eine absolute oder relative Störung der Funktion des unteren Ösophagussphinkters. Ursächlich kommen dafür Medikamente, Nahrungs- und Genußmittel (Fette, Nikotin, Alkohol) und Hormoneinflüsse (Schwangerschaft) in Frage. Als relative Ursachen müssen intraabdominale Druckerhöhung bei Obstipation, Adipositas und Aszites angesehen werden.

**Tabelle 2.1.** Klassifikation der Refluxösophagitis

| Stadium | Histologie | Endoskopie |
|---|---|---|
| I | Solitäre Epitheldefekte | Rote oder weiße Flecken |
| II | Konfluierende, nicht zirkuläre Defekte | Rote oder weiße Streifen, Fibrinbeläge |
| III | Zirkuläre Schleimhautdefekte | Rote oder weiße zirkuläre Streifen |
| IV | Weitergehende Defekte und Komplikationen: Ulzerationen, narbige Stenosen | Stenosen, Ulzera, sekundärer Brachyösophagus |

Die ***sekundäre Form*** der Refluxösophagitis ist als Folge anderer organischer Krankheiten des Ösophagus anzusehen: Sklerodermie, diabetische Neuroösophagopathie, Zustände nach operativen Eingriffen (Kardiaresektion, Myotomie). Die ***Hiatushernie*** prädisponiert zum Reflux, muß aber nicht mit einem Reflux einhergehen.

**Symptome.** Saures Aufstoßen, retrosternales Druckgefühl, Sodbrennen, Zunahme der Beschwerden im Liegen und beim Bücken. Peptische Stenosen können zum Symptom der Dysphagie führen.

**Diagnostik.** Vorrang hat die endoskopische Untersuchung zum Nachweis einer Refluxneigung. Die Diagnose sollte histologisch abgesichert werden, um ein Karzinom des Ösophagus oder der Kardia auszuschließen.

Die Röntgenuntersuchung des Ösophagus tritt dabei zunehmend in den Hintergrund. Zur Verifizierung des pathologischen Refluxes eignet sich die ***Langzeit-pH-metrie***, mit der es möglich ist, Schmerz- mit Refluxepisoden zu korrelieren. Mit der ***Ösophagusmanometrie*** lassen sich Motilitätsstörungen der Speiseröhre und der Verschlußdruck des unteren Ösophagussphinkters erfassen.

**Klinischer Verlauf.** Die Erkrankung neigt zu Rezidiven. Dabei kann das Plattenepithel des Ösophagus durch Zylinderepithel ersetzt werden, Teile der Submukosa werden durch Narbengewebe ersetzt: es entstehen ***peptische Stenosen.*** Der Übergang vom Ösophagusepithel zur Zylinderepithelregeneratzone wird nach proximal verlagert, was dann als ***sekundärer Brachyösophagus*** imponiert. Kommt es zu versprengten Magenschleimhautinseln im terminalen Ösophagus, spricht man von einem Barrett-Syndrom. Dieses kann ulzerieren (=Barrett-Ulkus) und als Spätkomplikation karzinomatös entarten.

**Therapie.** Die Therapie ist in der Regel konservativ und besteht zunächst in wichtigen ***Allgemeinmaßnahmen,*** die den Patienten häufig Erleichterung bringen:

- Gewichtsreduktion bei Übergewicht,
- Stuhlregulation durch ballaststoffreiche Ernährung,
- Umstellung der Ernährung- und Genußmittelgewohnheiten (keine fetten Speisen, kein Alkohol, Rauchverbot)
- keine zu enge Kleidung,
- Hochstellen des Kopfendes des Bettes.

Die ***medikamentöse Therapie*** besteht in:

- Reduktion der Quantität und Qualität des Refluates durch Supprimierung oder Neutralisierung der Magensäure mit $H_2$-Rezeptor-Antagonisten, Protonenpumpenhemmern (Omeprazol) oder Antazida,
- Verbesserung der Funktion des unteren Ösophagussphinkters durch Prokinetika (Metoclopramid, Domperidon, Cisaprid),
- Mukosa- oder zytoprotektive Substanzen wie Antazida oder Sucralfat.

Die konservative Therapie ist meist langwierig. Zudem müssen $H_2$-Blocker meist höher dosiert werden als beim Ulcus pepticum. Bei einer peptischen Stenose kann eine ***Bougierungstherapie*** unter endoskopischer Sicht durchgeführt werden. Scheitert diese Therapie, ist bei hohem Leidensdruck ein ***operatives Vorgehen*** (Fundoplikatio = Antirefluxplastik) indiziert. Als eine Komplikation der Fundoplikatio kann bei zu enger Fundusmanschette das sog. ***„gas-bloat"-Syndrom*** (=Unfähigkeit, Luft aufzustoßen) auftreten.

## 2.1.6 Ösophagitis ohne Reflux

Die akute Ösophagitis wird bei schweren Allgemeinkrankheiten und Krankheiten des Respirationstraktes beobachtet. Am häufigsten ist die ***Soorösophagitis*** bei konsumierenden Krankheiten sowie unter der Therapie mit Antibiotika, Kortikoiden, Immunsuppressiva und Zytostatika sowie bei Aids. Die Therapie erfolgt mit Nystatin. Bei schweren Verläufen sind systemisch wirkende Fungizide einzusetzen (Ketoconazol).

## 2.1.7 Hiatushernie

Die Hiatushernie ist an sich keine Veränderung mit Krankheitswert. Sie prädisponiert allerdings zum Reflux. Bei der Hiatushernie unterscheidet man zwischen der ***axialen Gleithernie,*** dem ***Brachyösophagus*** und der ***paraösophagealen Hernie.*** Die Diagnostik erfolgt endoskopisch oder radiologisch. Eine chirurgische Therapie ist nur bei komplizierender Begleiterkrankung (Refluxösophagitis) notwendig.

### 2.1.8 Divertikel des Ösophagus

Ein Divertikel ist eine unterschiedlich große Ausbuchtung im Bereich der Ösophaguswand. ***Traktionsdivertikel*** (alle Wandschichten) entstehen durch Zug von außen, während sich die ***Pulsionsdivertikel*** (nur Schleimhaut) als Folge eines Mißverhältnisses zwischen intraluminalem Druck und Wandstabilität entwickeln. Während Pulsionsdivertikel im Bereich der oberen und unteren Ösophagusenge lokalisiert sind, entstehen Traktionsdivertikel bevorzugt in der mittleren Ösophagusenge in der Höhe der Bifurkation.

Die Symptome sind abhängig von der Lokalisation und Größe des Divertikels. Das Leitsymptom ist die Dysphagie. Weitere Symptome sind: Globusgefühl, Regurgitation unverdauter Nahrungsbestandteile, rezidivierendes Verschlucken mit Episoden von Aspiration.

**Diagnostik.** Im Vordergrund steht die Röntgenuntersuchung des Ösophagus, die Lage und Größe des Divertikels erkennen läßt.

**Therapie.** Die Therapie der pharyngoösophagealen Zenker-Divertikel ist operativ, abhängig von der Beschwerdesymptomatik und der Operabilität des Patienten. Parabronchiale Divertikel brauchen in der Regel nicht operiert zu werden.

### 2.1.9 Unterer Ösophagusring (Schatzki-Ring)

Es handelt sich um eine in der Ursache unbekannte ringartige Einschnürung, die den Übergang von der Ösophagus- zur Magenschleimhaut markiert und im terminalen Anteil des Ösophagus lokalisiert ist. Bei Einengung des Lumens unter 2,5 cm entstehen ***dysphagische Beschwerden.*** Die Diagnostik erfolgt röntgenologisch oder endoskopisch. Bei dysphagischen Beschwerden kann unter endoskopischer Sicht dilatiert oder bougiert werden.

### 2.1.10 Gutartige Tumoren des Ösophagus

Man unterscheidet zwischen den häufigeren ***intramuralen*** und den selteneren ***intraluminalen Tumoren.*** Beide Formen sind in der Regel mesenchymale Tumoren (Leiomyome, Fibrome, Lipome, Hämangiome, Myxome). Vom Epithel ausgehende Tumoren sind sehr selten (Zysten, Papillome).

Leitsymptom ist eine ***Dysphagie.*** Nicht selten bleiben gutartige Ösophagustumoren symptomlos. Die Diagnose wird radiologisch, aber auch endoskopisch gestellt. Die Schleimhaut über dem Tumor ist meist glatt, so daß eine endoskopische Biopsie häufig negativ verläuft. Die Beurteilung des Ausmaßes der Infiltration kann durch ***Endosonographie*** erfolgen. Intraluminale kleine Tumoren können mit der Diathermieschlinge endoskopisch abgetragen werden. In der Regel hat die vollständige Entfernung jedoch chirurgisch zu erfolgen.

### 2.1.11 Bösartige Tumoren des Ösophagus: Ösophaguskarzinom

**Definition.** Unter dem Begriff Ösophaguskarzinom werden alle epithelialen Malignome der Speiseröhre unabhängig vom Differenzierungsgrad zusammengefaßt. Die Abgrenzung zwischen dem Adenokarzinom des distalen Ösophagus und dem vom Magen ausgehenden Kardiakarzinom ist schwierig. Das Ösophaguskarzinom betrifft etwa 5% aller Tumoren des Verdauungstraktes.

> **Bösartige Tumoren des Ösophagus werden meist zu spät diagnostiziert.**

**Ätiologie.** Ätiologisch werden exogene Noxen (Alkohol- und Tabakkonsum, Nitrosamin in China) verantwortlich gemacht. Die gehäufte Entstehung des Ösophaguskarzinoms auf dem Boden benigner Vorerkrankungen, wie Plummer-Vinson-Syndrom, Verätzungsnarben, Achalasie, Brachyösophagus ***(Barrett-Syndrom),*** gilt als gesichert.

**Pathologie.** Das ***Plattenepithelkarzinom*** ist mit 80–90% der histologisch vorherrschende Typ. Neben der intramuralen Ausbreitung steht die frühzeitige lymphogene Metastasierung im Vordergrund. Oft erfolgt eine frühzeitige Infiltration in die Umgebung.

**Klassifikation.** Von Wichtigkeit ist die ***präoperative Stadieneinteilung („staging"),*** da vom Stadium des Tumors die einzuschlagende Therapie und die Prognose abhängig sind. Die postoperative Klassifizierung (TNM-Klassifikation) ist ebenfalls für weitere therapeutische Maßnahmen entscheidend. Für die Operabilität ist auch die ***Lokalisation*** von Bedeutung: 20% sind im proximalen Drittel, 35% im mittleren Drittel und 45% im unteren Drittel lokalisiert.

**Symptome.** Das häufigste Symptom ist die ***Dysphagie,*** leider meist schon ein Spätsymptom, da ca. $^2/_3$ der Zirkumferenz der Speiseröhre befallen sein müssen, um Symptome auszulösen. Zwischen dem Beginn dysphagischer Beschwerden und der Diagnosestellung vergehen in der Regel 3 Monate. Die mittlere ***Überlebenszeit*** vom Beginn der Dysphagie an beträgt 8 Monate. Weitere Symptome sind retrosternale Schmerzen, Gewichtsverlust, Regurgitation und als Spätsymptom eine Hämatemesis.

**Diagnostik.** Die Diagnostik erfolgt mittels Endoskopie mit gleichzeitiger histologischer Klärung. Durch Röntgenuntersuchung kann die intramurale Ausdehnung besser beurteilt werden. Die meisten Ösophaguskarzinome (70%) befinden sich bei Diagnosestellung bereits im Stadium III oder IV. Für das „staging" wichtige zusätzliche Untersuchungen sind Sonographie, Thoraxübersicht, Bronchoskopie, Computertomographie und die Endosonographie.

**Therapie.** Das chirurgische Ziel ist die kurative Resektion, das jedoch wegen der bereits meist fortgeschrittenen Stadien nur selten erreicht werden kann. Die Fünfjahresüberlebensrate nach potentiell kurativer Operation beträgt ca. 10–20%. Die Operationsletalität liegt bei 15–25%. Bei Inoperabilität ist die Strahlentherapie zu erwägen. Chemotherapie ist erfolglos.

Bei weit fortgeschrittenen Stadien sind folgende ***Palliativmaßnahmen*** zur Erlangung der Schluckfähigkeit oder Ernährung indiziert, um die Lebensqualität kurzfristig zu verbessern:

- endoskopische Plazierung eines Tubus,
- Bougierung der Tumorstenose mit nachfolgender Laserkoagulation und endokavitärer Strahlentherapie (after-loading Technik)
- perkutane endoskopische Gastrostomie (PEG).

## 2.2 Krankheiten des Magens

P. G. Lankisch

### 2.2.1 Akute Gastritis (akute gastrische Schleimhautläsionen)

**Definition.** Akute, akute erosive, akute hämorrhagische Gastritis und akutes Streßulkus (akute gastrische Mukosaläsionen) treten nach schweren Traumen, Blutung, Schock, Sepsis, nach schweren Verbrennungen und intrakraniellen Erkrankungen sowie Operationen, nach Medikamenten wie Acetylsalizylsäure (ASS), Indometacin und anderen nichtsteroidalen Antirheumatika sowie nach Alkohol auf. Die Läsionen sind oberflächlich, massive Blutungen treten wahrscheinlich nach Erreichen der Submukosa mit den größeren Blutgefäßen auf.

**Klinik.** Wegweisend sind Aufstoßen, Übelkeit, Erbrechen, Druckgefühl im Oberbauch und Durchfälle. Bei der Palpation des Abdomens bestehen mäßige bis heftige Schmerzen. Die Therapie der Grunderkrankung oder die Ausschaltung der schädlichen Noxe führt in der Regel zur Besserung. Bei Blutungen sind Antazida sowie $H_2$-Blocker, zur Prophylaxe eines Streßulkus Sucralfat, Antazida und $H_2$-Blocker indiziert.

### 2.2.2 Chronische Gastritis

**Typ A (isolierte Korpusgastritis).** Die Säuresekretion ist vermindert, der Gastrinspiegel erhöht. Die Zahl der gastrinbildenden G-Zellen ist vermehrt. Die Mehrzahl der Patienten besitzt Autoantikörper gegen Belegzellen, viele auch Antikörper gegen Intrinsic-Faktor, dadurch kann sich eine megaloblastäre (perniziöse) Anämie entwickeln, die mit weiteren endokrinen Erkrankungen einhergehen kann.

**Typ B (primäre Antrumgastritis).** Die Säuresekretion ist weniger stark herabgesetzt, der Gastrinspiegel ist niedrig, Belegzellantikörper fehlen und endokrine Erkrankungen sind selten. Als Ursache werden Reflux von Galle bzw. Duodenalsaft, chronischer Alkoholabusus und Infektion mit Helicobacter pylori diskutiert.

**Klinik.** Die weite Verbreitung der Gastritis sowie ihre konstante Zunahme mit dem Lebensalter macht es fraglich, ob die Gastritis als eine Krankheit im klinischen Sinne aufzufassen ist. Die häufig uncharakteristische Symptomatik kann meistens auf funktionelle Beschwerden oder auf eine gleichzeitige andere Erkrankung zurückgeführt werden.

**Verlauf und Prognose.** Die chronische Gastritis bildet sich selten zurück, kann unverändert bestehen bleiben oder fortschreiten. Die chronische Oberflächengastritis kann in eine atrophische Gastritis übergehen, so daß diese beiden Formen nicht nur histologisch, sondern auch chronologisch eine Reihe bilden. Bei atrophischer Gastritis der perniziösen Anämie ist die Magenkarzinomrate auf das 3- bis 21fache erhöht. Endoskopische Kontrollen sind in 3- bis 5jährigen Abständen erforderlich.

### 2.2.3 Peptisches Ulkus

**Definition.** Das peptische Ulkus durchdringt die Muscularis mucosae. Es muß zwischen der akuten gastroduodenalen Läsion und dem chronischen peptischen Geschwür unterschieden werden.

**Ätiologie.** „Ohne Säure kein Ulkus". Überwiegen die aggressiven Faktoren, evtl. begünstigt durch äußere Noxen oder Erbfaktoren, so entstehen Ulzera (Tabelle 2.2).

**Klinik.** Patienten klagen über häufiges Aufstoßen, drückende, brennende, bohrende oder krampfartige Schmerzen im Oberbauch. Beim Ulcus ventriculi treten diese Beschwerden während oder unmittelbar nach dem Essen auf. Beim präpylorischen Geschwür oder einem Ulcus duodeni kommt es 3 h nach der Nahrungsaufnahme oder nachts bzw. morgens im Nüchternzustand zu Schmerzen, die sich durch Nahrungsaufnahme (z. B. lauwarme Milch) rasch lindern lassen. Das klassische Beschwerdebild wird aber nur von einem Viertel der Patienten mit Ulcus ventriculi und der Hälfte der Patienten mit Ulcus duodeni angegeben. Bei der körperlichen Untersuchung findet man meist nur einen diffusen Druckschmerz im mittleren Oberbauch.

**Tabelle 2.2.** Aggressive und defensive Faktoren, die an der Magenschleimhaut wirksam werden können

| Aggressiv | Defensiv |
|---|---|
| HCl[a] | Schleim[a] |
| Pepsin[a] | Durchblutung[a] |
| Gallereflux | Epithelregeneration |
| (Gallensäuren, | Säure-Gastrin-Rückkopplung[a] |
| Lysolecithin) | Mund- und Bauchspeichel[a] |
| | Säurehemmhormone[a] |
| | (Sekretin, GIP, Somatostatin) |

[a] Psychischer Angriff sicher oder wahrscheinlich

**Diagnostik.** Röntgenologisch lassen sich zwar Ulzerationen im Magen gut darstellen (Abb. 2.1), doch ist es nicht möglich, ein Magenkarzinom auf dem Boden eines Ulkus sicher auszuschließen. Als erste Untersuchung ist eine ***Gastroskopie*** mit Biopsien aus dem Ulkus (2–3 aus dem Ulkusgrund, 6–8 aus dem Ulkusrand) durchzuführen (Abb. 2.2). Weitere Gewebeproben müssen bis zum endgültigen Abheilen des Ulkus entnommen werden. Bei rezidivierenden Ulzera sollte an ein Zollinger-Ellison-Syndrom oder eine G-Zellhyperplasie des Antrums gedacht und eine Gastrinmessung nüchtern bzw. nach Sekretinstimulation veranlaßt werden.

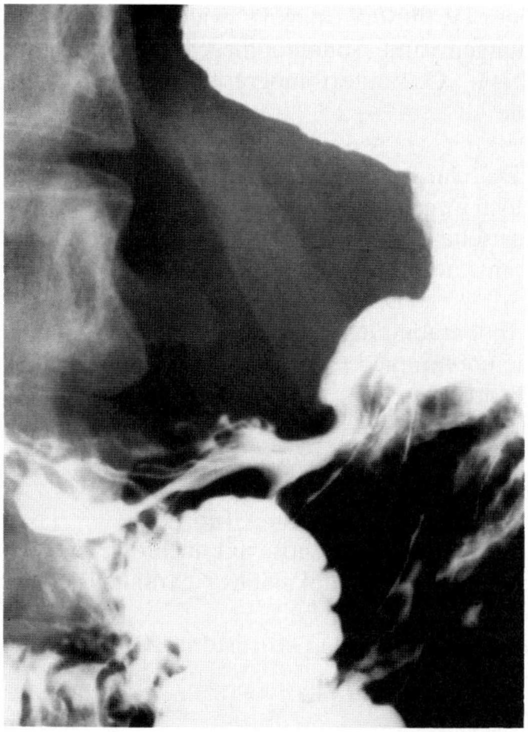

**Abb. 2.1.** Aufnahme im Liegen. Ausgedehntes kallöses Ulkus an der großen Kurvatur, Ulkusgrund mit Kontrastmittel belegt. Breite überhängende Wulstbildung am Ulkusrand. Schleimhautfalten ziehen auf die Läsion zu. (Photo von R. Becher, Radiologische Abteilung, Städtisches Krankenhaus Lüneburg)

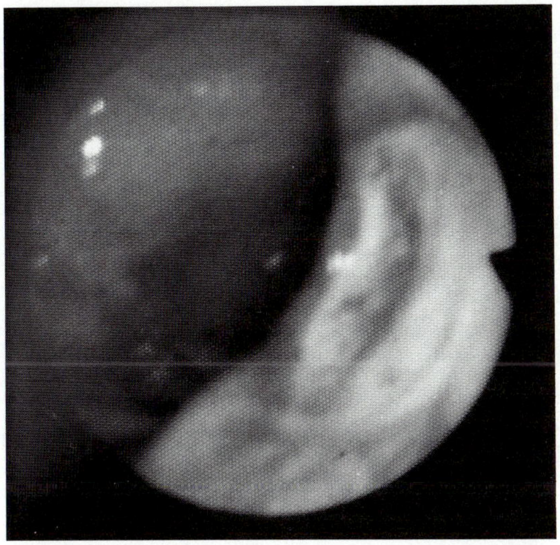

**Abb. 2.2.** Endoskopisches Bild eines Ulkus unterhalb der Kardia

**Komplikationen.** Blutung, Penetration, Perforation und Magenausgangsstenosen sind gefürchtete Komplikationen.

**Medikamentöse Therapie.** Ziel ist die Minderung schleimhautaggressiver und/oder Stärkung schleimhautprotektiver Faktoren. Eine „Ulkusdiät" ist nicht notwendig, individuelle Nahrungsunverträglichkeiten müssen jedoch berücksichtigt werden. ***Antazida,*** vorzugsweise in flüssiger oder Gelform, werden 1–3 h nach den Mahlzeiten verabreicht. Das ***Anticholinergikum*** Pirenzepindihydrochlorid (Gastrozepin) ist nur als schwach wirksam anzusehen.

***$H_2$-Rezeptor-Antagonisten*** können im Gegensatz zu den konventionellen Antihistaminika ($H_1$-Antagonisten) die Magensekretion wirkungsvoll hemmen. Cimetidin, Ranitidin oder Famotidin können nicht nur in der Akuttherapie, sondern auch zur Rezidivprophylaxe eingesetzt werden. Das ***Benzimidazolderivat*** Omeprazol hemmt selektiv in der Belegzelle die $K^+$-$H^+$-ATPase, die für die Säureproduktion verantwortlich ist; es ist der stärkste Säurehemmer.

***Sucralfat,*** ein Aluminiumsalz von Saccharosesulfat, bildet auf der Ulkusoberfläche mit Protein einen chemischen Komplex, der das Eindringen von Pepsin, Säure und Galle verhindert.

Die Besiedlung des Antrums mit Helicobacter pylori ist häufig bei der primär im Antrum lokalisierten Gastritis Typ B und beim Ulcus duodeni. Ein kausaler Zusammenhang ist wegen der Beschleunigung der Ulkusheilung durch ***Wismutsalze*** und/oder Antibiotika möglich.

**Die Behandlung des peptischen Ulkus erfolgt in erster Linie medikamentös.**

**Langzeitprophylaxe.** Eine Indikation für die Langzeittherapie mit $H_2$-Blockern besteht bei Risikopatienten (z. B. Herzkranken, vor Operationen), bei Patienten, die beim letzten Ulkusschub eine Blutung hatten, und bei Patienten, die ständig nichtsteroidale Antirheumatika und/oder Steroide nehmen müssen.

**Operative Therapie.** Eine Operationsindikation liegt bei den 4 genannten Komplikationen des Ulkus und bei Verdacht auf Malignität vor. Eine gewisse Indikation besteht bei Ulkuspersistenz und beim endoskopischen Nachweis von mindestens drei Ulkusschüben innerhalb von 2 Jahren.

### 2.2.4 Ulkusblutung

Die Blutung ist die häufigste ulkusbedingte Todesursache. Wichtig sind die Feststellung der Blutungsquelle, Größe des Blutverlustes, Beurteilung des Kreislaufs (Blutdruck, Frequenz, zentraler Venendruck). Die Prognose verschlechtert sich mit zunehmendem Alter. Die Letalität ist bei einem Verbrauch von mehr als 6 Konserven innerhalb der ersten 24 h doppelt so hoch wie bei geringerem Verbrauch. Die Notfallendoskopie ist unerläßlich (Tabelle 2.3).

**Tabelle 2.3.** Klassifizierung der Blutungsaktivität aufgrund endoskopischer Kriterien (sog. FORREST-Kriterien)

| Stadium | Kriterien |
|---|---|
| I | Zeichen der akuten Blutung<br>A Arterielle Blutung (spritzendes Gefäß)<br>B Kontinuierliche Sickerblutung |
| II | Zeichen der vor kurzem stattgehabten Blutung<br>Schwarzer Ulkusgrund<br>Am Ulkus haftendes Gerinnsel<br>Gefäßstumpf |
| III | Ulkus ohne Zeichen einer vorangegangenen Blutung |

**Symptome der oberen Magen-Darm-Blutung sind Hämatemesis und Melaena.**

**Verlauf und Therapie.** 80% der oberen Gastrointestinalblutungen sistieren spontan, 20% bedürfen einer Therapie.

Die konservative Behandlung umfaßt Schockbehandlung, Stabilisierung des Kreislaufs und Unterstützung der Blutstillung durch Säureneutralisation oder Säuresekretionshemmung. Endoskopisch kann eine Blutstillung durch Unterspritzung, Elektrokoagulation oder Laserung versucht werden. Eine Operationsindikation entsteht, wenn die Blutstillung nicht gelingt, mehr als 4 Blutkonserven benötigt werden sowie bei über 60jährigen Patienten und bei endoskopisch sichtbarem Gefäßstumpf.

## 2.2.5 Ulkusperforation

Durchdringt das Ulkus sämtliche Wandschichten, kommt es zur freien oder gedeckten Perforation. Wegweisend ist der heftige Oberbauchschmerz mit dem plötzlich auftretenden ***akuten Abdomen.*** Der sonographische oder röntgenologische Nachweis von freier Luft unter dem Zwerchfell im Stehen oder oberhalb der Leber in Linksseitenposition ist beweisend. Ist freie Luft nicht nachweisbar, so schließt das eine Perforation nicht aus. ***Gedeckte Perforationen*** betreffen meist das Pankreas oder die Leber.

## 2.2.6 Magenausgangsstenose

Durch narbige Abheilung rezidivierender Ulzera kann es zu einer Magenausgangsstenose kommen. Das klinische Beschwerdebild wandelt sich: Die Schmerzen gehen zunehmend in ein Druck- und Völlegefühl im Oberbauch über, das sich nach Erbrechen sofort bessert.

Endoskopisch finden sich Speisereste auch nach 12stündiger Nahrungskarenz, ein großer Magen („Eiermagen“) und ein deformierter Magenausgang, dessen Passage mit dem Endoskop oft nicht mehr möglich ist. Röntgenologisch zeigen sich eine dilatierte Magenblase, kräftige Peristaltik und verzögerte Entleerung.

**Therapie.** Dringlich sind in den seltenen akuten Fällen Dekompression des Magens (Magensonde), Ausgleich von Wasser- und Elektrolytverlusten, parenterale Ernährung und medikamentöse Therapie der Ulkuskrankheit. Die chronischen Fälle behandelt man wie das Ulkus selber. Kommt es nicht zu einer Besserung, so ist die operative Beseitigung der Stenose zu erwägen.

## 2.2.7 Der operierte Magen

Nach ***Vagotomie*** sind Folgekrankheiten von Interesse: leichtes Dumping-Syndrom, gelegentliches Erbrechen, Magenentleerungsstörungen, vorübergehende Dysphagien, Durchfälle. Die Symptome treten zwar postoperativ häufig auf, verschwinden aber meist im Laufe von Monaten und persistieren nur selten.

## 2.2.8 Syndrome

***Magenresezierte Patienten*** leiden nicht selten an retrosternalen Schmerzen, saurem und bitterem Aufstoßen und an Dysphagien. Die Therapie muß die Magenentleerung verbessern und die Ösophagusperistaltik unterstützen. Antazida (Aluminium-Magnesium-Gele) können Gallensäuren binden, bei schwerem Gallenreflux ist eine Roux-Y-Ableitung geboten. $H_2$-Blocker sind nicht indiziert.

Ein ***„Dumping-Syndrom“*** entsteht durch einen zu raschen Einstrom der Nahrung vom Magen in den Dünndarm. Zucker und die rasch zu Zucker abgebauten Polysaccharide führen zu einem beschleunigten Flüssigkeitseinstrom in das Darmlumen. Nausea, Völlegefühl, Abdominalbeschwerden, Diarrhöen, aber auch Schwäche, Schwitzen, Herzklopfen und Kollaps können dadurch 10–20 min postprandial auftreten.

Diät (keine Süßigkeiten und zuckerhaltige Nahrungsmittel, keine Flüssigkeiten zu den Mahlzeiten: Der Restmagen entleert Festes langsamer als Flüssigkeit!) ist hilfreich. Nur bei schwerer, konservativ nicht beherrschbarer, invalidisierender Symptomatologie ist die chirurgische Wiederherstellung der Duodenalpassage indiziert.

Der ***intestinogastrale Reflux*** ist die wichtigste Ursache des postoperativen Galleerbrechens (klare, bittere und gelbe Flüssigkeit). Therapeutisch sind gallensäurebindende oder die Magenentleerung beschleunigende Medikamente zu versuchen. Bei Versagen der konservativen Therapie hilft gelegentlich eine Roux-Y-Ableitung.

Eine ***Korpusgastritis*** kommt bei 60–100% aller magenresezierten Patienten vor und ist wahrscheinlich Folge der operationsbedingten und auch gewünschten

Hypochlorhydrie. Diese Gastritis erklärt eine eventuelle Oberbauchsymptomatik nicht.

Ein ***Magenstumpfkarzinom*** kann sich nach einer Resektion wegen eines benignen Ulkus entwickeln.

**Metabolische Folgezustände.** Eine Anämie tritt nach Magenresektion bei 40%, ein Vitamin-$B_{12}$-Mangel bei 10% auf.

## 2.2.9 Gutartige Tumoren des Magens

**Definition und Einteilung.** Benigne Magentumoren sind lokal begrenzt, wachsen nicht infiltrativ und metastasieren nicht.

Polypöse Veränderungen können gehäuft auftreten. Von einer Polyposis wird aber erst bei mehr als 50 Polypen gesprochen. Differentialdiagnostisch muß an den Morbus Ménétrier (Riesenfalten im Magen mit Eiweißverlust über die veränderte Magenschleimhaut) gedacht werden.

Ursprungsort der mesenchymalen Geschwülste sind die submukösen Wandschichten. Am häufigsten sind Leiomyome und neurogene Tumoren. ***Tumorähnliche Veränderungen*** werden durch entzündliche Prozesse wie bei Morbus Crohn, Tuberkulose und Lues hervorgerufen.

**Klinik.** Die gutartigen Tumore verursachen meist erst Beschwerden, wenn sie zu einer Passagebehinderung oder zu Blutverlust durch Exulzerationen führen. Ebenso seltene Ursachen für die Proteinverluste sind: Peutz-Jeghers-Syndrom, Cronkhite-Canada-Syndrom, Morbus Ménétrier.

**Diagnostik und Therapie.** Diagnostik und Therapie der gutartigen Magentumoren erfolgen durch ihre endoskopische Abtragung. Bei unklaren, sehr großen und/oder mesenchymalen Tumoren kann eine operative Entfernung erforderlich werden.

## 2.2.10 Bösartige Tumoren des Magens

**Definition und Einteilung.** Nahezu alle Magentumoren sind maligne; etwa 3% sind Sarkome, 1% Lymphome und die überwiegende Mehrheit Karzinome.

**Magenkarzinome haben eine ungünstige Prognose.**

**Ätiologie.** Diskutiert werden exogene und endogene Faktoren, ethnische Unterschiede; gehäuftes Auftreten bei identischen Zwillingen, bei Patienten mit Immundefekten und Patienten mit der Blutgruppe A sprechen für genetische Faktoren. Exogene Faktoren sind u. a. Alkohol, Nikotin, besondere Eßgewohnheiten, Trinkwasserqualität und Nitrosamine. Als ***Präkanzerosen*** gelten: Perniziosa, Morbus Ménétrier, der polypentragende Magen, der operierte Magen und die chronische atrophische Gastritis.

**Klinik.** Die Beschwerden hängen von der Größe des Tumors ab. Während beim Frühkarzinom die Symptomatik eher diskret ist (dyspeptisches Beschwerdebild, Völlegefühl, Übelkeit), wird die fortgeschrittene Erkrankung geprägt von zunehmenden Schmerzen im Oberbauch, Gewichtsverlust, Erbrechen, Blutung mit konsekutiver

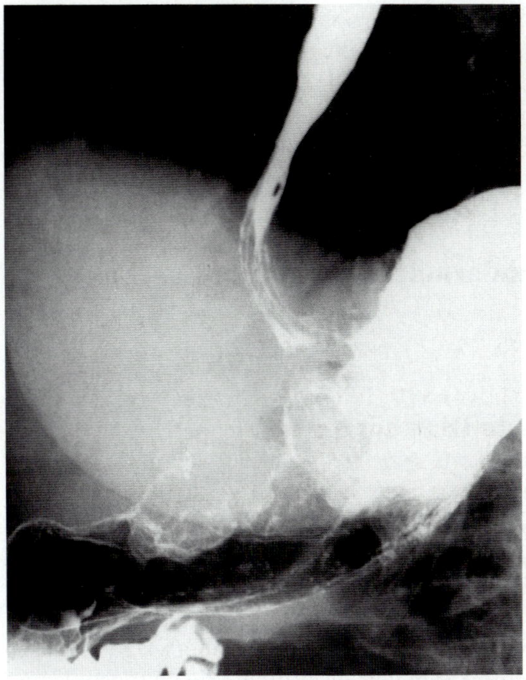

**Abb. 2.3.** Ausgedehntes Magenkarzinom an der kleinen Kurvatur, von der Kardia bis ins Antrum reichend. Die Magenwand ist in diesem Bereich von knolligen, teils ulzerierten Tumormassen eingenommen, die als Halbschatten mit unregelmäßigem Kontrastmittelbeschlag imponieren. (Photo von R. Becher, Radiologische Abteilung, Städtisches Krankenhaus Lüneburg)

Anämie, Schluckbeschwerden und Appetitlosigkeit. Bei der körperlichen Untersuchung kann ein Tumor im Oberbauch tastbar sein. Die Diagnostik des Magenkarzinoms ist die Domäne bei der endoskopischen Untersuchung mit gezielter Biopsie. Die Diagnose kann auch röntgenologisch gestellt werden, doch kann auch der Radiologe oft zwischen einer benignen oder malignen Läsion nicht eindeutig unterscheiden (Abb. 2.3).

**Therapie und Prognose.** Eine Strahlenbehandlung ist nicht möglich, die zytostatische Therapie hat bisher enttäuscht. Die Prognose ist ernst, denn die Fünfjahresüberlebensrate liegt bei etwa 10%. Frühzeitige Diagnostik unklarer Oberbauchbeschwerden und regelmäßige Untersuchungen von Risikopatienten sind vordringlich, denn beim rechtzeitig erkannten und behandelten Frühkarzinom des Magens liegt die Fünfjahresüberlebensrate deutlich höher.

### 2.2.11 Nichtulzeröse Dyspepsie (NUD)

Etwa 25–30% der europäischen Bevölkerung leidet unter dyspeptischen Beschwerden, sie machen 20–25% aller Patienten in einer Allgemeinpraxis oder einer gastroenterologischen Ambulanz aus. Eine organische Ursache muß ausgeschlossen werden.

## 2.3 Dünndarmkrankheiten

W. Caspary

### 2.3.1 Akute Diarrhöen

**Definition.** Unter einer ***Diarrhöe*** versteht man die zu häufige (mehr als 3 Entleerungen/Tag) Entleerung eines zu großvolumigen (mehr als 200–250 g/Tag) und dünnflüssigen Stuhles.

**Ätiologie.** Akute Diarrhöen werden überwiegend durch Bakterien und Viren hervorgerufen. Die häufigste Ursache der Durchfälle bei der akuten Reisediarrhöe ist ein hitzelabiles Toxin von E. coli. Weitere häufige pathogene Keime, die für das Entstehen einer akuten Diarrhöe verantwortlich zeichnen, sind Yersinien, Salmonellen, Shigellen und Clostridien.

**Symptomatik.** Im Vordergrund stehen wäßrige Stühle, häufig kombiniert mit Bauchkrämpfen, Übelkeit und Erbrechen. Blutige Stühle kommen vor. Der Verlust von Wasser und Elektrolyten führt bei Kindern und alten Menschen zu ***Elektrolytverlust*** und ***Dehydratation.***

> **Die akute Diarrhöe bedarf keiner besonderen Diagnostik.**

**Diagnostik.** Bei länger anhaltenden Durchfällen (>4 Tage) ist die Stuhluntersuchung auf pathogene Keime erforderlich sowie die Rektoskopie mit Biopsien für Histologie und Bakteriologie, insbesondere bei blutigen Stühlen.

**Therapie.** Die Therapie besteht in der Verhinderung der Dehydratation durch orale Gabe einer ***Glukose-Salz-Lösung.*** Bewährt hat sich die WHO-Lösung (Elotrans neu), die Glukose und Kochsalz im Verhältnis 1:2 enthält. Damit lassen sich die enteralen Flüssigkeitsverluste am besten ausgleichen. Bei gleichzeitigem Erbrechen ist intravenöse Flüssigkeit zu substituieren. Symptomatisch können akute Durchfälle mit Loperamid (Imodium) behandelt werden. Antibiotika (Doxyzyklin, Cotrimoxazol) kürzen akute Episoden ab und sind auch prophylaktisch wirksam.

### 2.3.2 Chronische Diarrhöen

**Definition.** Eine chronische Diarrhöe ist eine Durchfallerkrankung, die länger als 2–3 Wochen anhält.

**Ätiologie und Pathogenese.** Pathogenetisch kann eine Diarrhöe osmotisch, sekretorisch, durch Fehlen spezifischer Transportmechanismen (Chloriddiarrhöe) und durch Motilitätsstörungen bedingt sein. Wichtigstes klinisches Unterscheidungsmerkmal zwischen ***osmotisch bedingter*** und ***sekretorischer Diarrhöe*** ist folgendes: Eine osmotische Diarrhöe sistiert, wenn die Nahrungszufuhr oder Einnahme einer osmotisch wirksamen Substanz eingestellt wird, während die sekretorische Diarrhöe auch unter Nahrungskarenz persistiert. Häufigste Ursache einer osmotischen Diarrhöe ist ein ***Malabsorptionssyndrom.***

> **Jede Durchfallerkrankung von mehr als 2–3 Wochen Dauer bedarf der genauen diagnostischen Abklärung.**

FALL 2 B

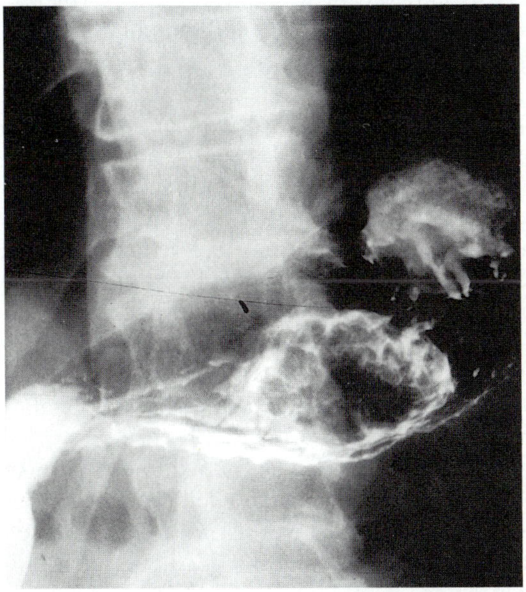

**Abb. 2 B 1.** Magenduodenalpassage. Großer Polyp an der Magenhinterwand

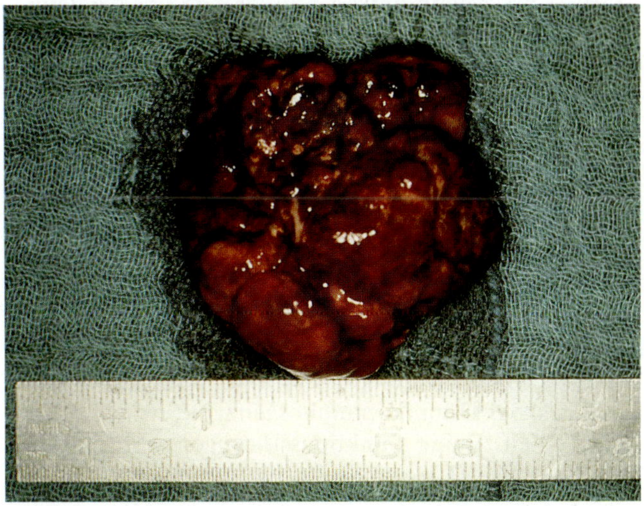

**Abb. 2 B 2.** Tubulovillöses Adenom mit abschnittsweisen Anteilen eines hochdifferenzierten Magenkarzinoms nach Exzision

**Anamnese.** Der 64jährige Gastwirt klagt seit vier Wochen über Druckgefühl im Epigastrium, vor allem am Morgen und zwischen den Mahlzeiten. Die Nahrungsaufnahme bringt eine gewisse Erleichterung.

**Befunde.** Leichter Druckschmerz im Epigastrium, keine Resistenzen, keine Abwehrspannung. Lebhafte Peristaltik.

**Laborbefunde.** Hämoglobin 16,1 g/dl, HbE 27,5 pg, Leukozyten 12400/µl, übrige Laborbefunde unauffällig.

Bei der Gastroskopie erkennt man einen gut walnußgroßen, breitbasig aufsitzenden Polypen mit Ulzerationen und Hämatinbelägen. Eine endoskopische Abtragung ist wegen der Größe des Prozesses nicht möglich. Nach Anfertigung einer Magenduodenalpassage wird der Patient laparotomiert.

**Diagnose.** Magenfrühkarzinom in einem tubulovillösen Adenom.

**Therapie und Verlauf.** Bei der endoskopischen Untersuchung wurde versucht, den Polypen in toto abzutragen. Dies gelang jedoch wegen der Größe des Prozesses nicht, und der Patient wurde laparotomiert. Bei der histologischen Schnellschnittuntersuchung ergab sich ein tubulovillöses Adenom mit abschnittsweisen Anteilen eines hochdifferenzierten Magenfrühkarzinoms, das an einer Stelle bereits die Muscularis mucosae durchbrochen hatte. Also lag ein Magenfrühkarzinom vor, der Magen wurde total entfernt.

Ein Jahr nach der Operation fühlt sich der Patient wohl.

### 2.3.3 Malabsorption

**Definition.** Malabsorption ist eine Störung der Resorption digestiver Nahrungsendprodukte, die durch eine Störung der Membrantransportvorgänge in der Dünndarmschleimhaut ohne morphologische Veränderungen ***(primäre Malabsorption)***, durch eine Verminderung des Resorptionsepithels bei gleichzeitigen morphologischen Veränderungen der Mukosa ***(sekundäre Malabsorption)*** oder durch eine Abflußbehinderung bedingt ist. Man unterscheidet zwischen einem ***globalen*** und einem ***partiellen/isolierten Malabsorptionssyndrom*** (Tabelle 2.4). Unter ***Maldigestion*** versteht man eine Störung der Verdauungsfunktion als Folge einer Krankheit oder Anomalie, bei der durch eine angeborene oder erworbene Krankheit die Aktivität pankreatischer Verdauungsenzyme, die Gallensäurenkonzentration oder die Aktivitäten digestiver Dünndarmmukosaenzyme erniedrigt sind oder fehlen. Beide Funktionsstörungen werden unter dem Oberbegriff ***Malassimilation*** zusammengefaßt.

**Häufigkeit.** Bei etwa 5% der Patienten mit chronischen Durchfällen (Stuhlgewicht > 200 g/Tag) von mehr als einem Monat Dauer besteht ein Malabsorptionssyndrom. Geben Patienten Gewichtsverlust, Auftreten flüssiger, voluminöser, nicht blutiger Stühle ohne Fieber und Schmerzen an, liegt in etwa 50% ein Malabsorptionssyndrom vor. Die häufigste Form einer leichten Malabsorption weltweit ist eine ***Laktoseintoleranz.*** In Europa können 10–15%, in Ostasien über 95% der Bevölkerung Milchzucker (Laktose) nicht spalten und resorbieren. Deshalb stellen sich nach Milchgenuß Durchfälle, Flatulenz und abdominale Beschwerden ein.

**Tabelle 2.4.** Malabsorptionssyndrome

*Global:*
Dünndarmerkrankungen mit morphologischen Schleimhautveränderungen, z. B. Vollbild der Sprue
Reduzierte Resorptionsfläche: z. B. Kurzdarmsyndrom

*Partiell oder isoliert:*
Kohlenhydratintoleranzen
Aminosäurenresorptionsstörungen
Vitamin-$B_{12}$-Malabsorption
Gallensäurenmalabsorption
Bakterielle Überbesiedlung
Intestinaler Eiweißverlust
Steatorrhöe bei:
- Exokriner Pankreasinsuffizienz
- Cholestase
- Bakterieller Überbesiedlung
- Gallensäurenverlust
- Zollinger-Ellison-Syndrom
- Dünndarmresektion
- Störungen des Abtransportes

**Ätiologie.** Eine Malabsorption von ***Nahrungsfetten*** kann bei Mangel pankreatischer Lipase (exokrine Pankreasinsuffizienz), bei Mangel an Gallensäuren (Verschlußikterus, Gallensäurenverlustsyndrom, bakterielle Überbesiedlung des Dünndarms), bei reduzierter Resorptionsfläche (Darmresektion oder Zottenschwund) oder auch bei Lymphabflußstörungen auftreten.

Eine ***Steatorrhöe*** (Stuhlfettausscheidung > 7 g/Tag) führt zu erhöhtem Kalorienverlust, Durchfällen, enteralem Verlust von Kalzium und zu einer erhöhten Oxalatresorption mit Hyperoxalurie.

Von Bedeutung für die Resorption von Fettspaltprodukten ist die Mizellenbildungsfähigkeit der ***Gallensäuren.*** Ein erhöhter enteraler Verlust von Gallensäuren kann durch die Synthesesteigerung der Leber ausgeglichen werden, so daß beim kompensierten Gallensäurenverlust zwar wäßrige Durchfälle bestehen, die Fettresorption aber noch gewährleistet ist. Übersteigt der enterale Gallensäurenverlust bei ausgedehnter Ileumresektion oder Kurzdarmsyndrom die Synthesekapazität der Leber, dann reicht die Gallensäurenkonzentration im Duodenum nicht mehr zur Mizellenbildung aus; es kommt zur Steatorrhöe.

Eine ***bakterielle Überbesiedlung des Dünndarms*** kommt bei anatomischen Veränderungen des Dünndarms wie Divertikeln, Fisteln, Strikturen und Stenosen, aber auch bei Motilitätsstörungen vor. Die bakterielle Überbesiedlung des Dünndarms führt auch zu vorzeitigem Abbau von Kohlenhydraten im Dünndarm, sowie zur Bindung und Metabolisierung von Vitamin $B_{12}$.

**Malabsorption.** Stärke, Saccharose und Laktose sind die wichtigsten verdaulichen Kohlenhydrate der Nahrung. Störungen der Resorption von Kohlenhydraten können durch einen Mangel an pankreatischer ***$\alpha$-Amylase,*** Mangel oder Fehlen an Disaccharidasen der Dünndarmmukosa oder eine Reduktion der Resorptionsfläche des Dünndarms bedingt sein. Bei der primären Malabsorption von Kohlenhydraten fehlen einzelne funktionelle Elemente des Digestions- oder Resorptionsvorganges (Laktase, Saccharase, Glukose-Carrier) ohne morphologische Veränderungen. Eine generelle Verminderung der Digestions- und Resorptionskapazität besteht bei morphologischen Schleimhautveränderungen (z. B. Zotten-

FALL 2C

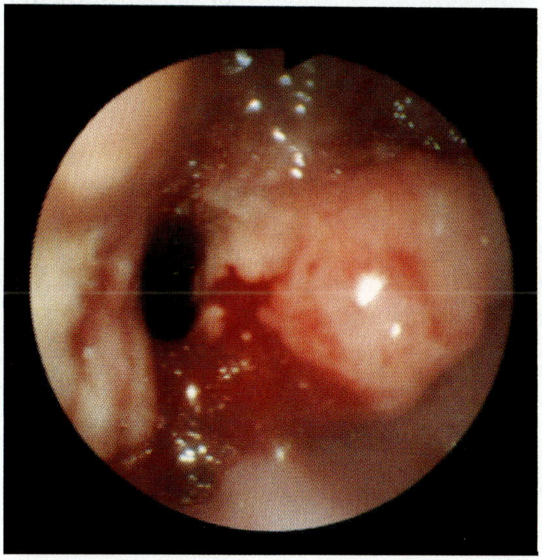

**Abb. 2C1.** Ösophagogastroduodenoskopie. Hinweise für eine chronische Gastritis des Antrums. Korpusschleimhaut mit dicken Falten. Unterhalb der Kardia, minorseitig gelegen, unregelmäßig begrenzter fibrinbedeckter Bezirk, einem hochsitzenden Ulcus ventriculi entsprechend

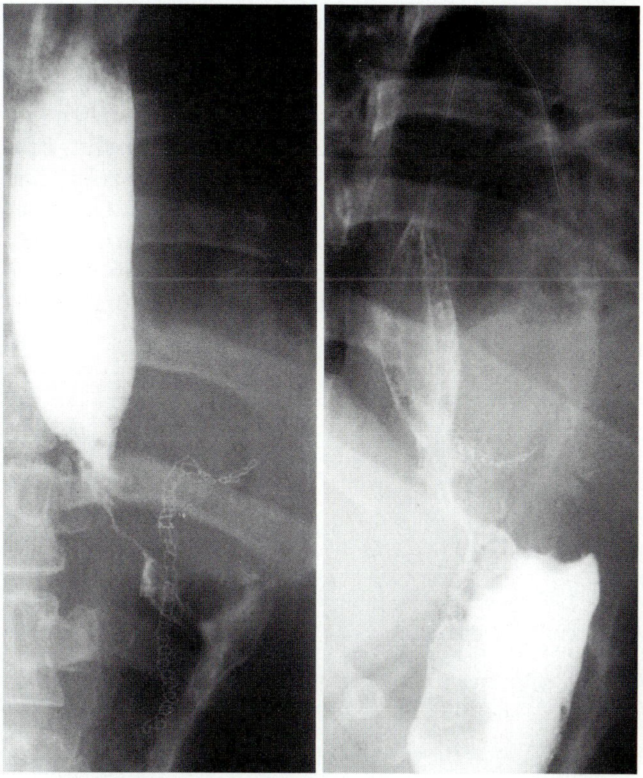

**Abb. 2C2.** Magenbreipassage postoperativ. Engstellung des Ösophagus im unteren Anteil. Resezierter Magen

**Anamnese.** 1982 erstmals Oberbauchbeschwerden, Schmerzen und Völlegefühl. Besserung auf Antazida. 1983 fauliges Aufstoßen mit Schmerzausstrahlung in den Rücken.

**Befunde 1983.** 172 cm große, 45 kg schwere Patientin. Epigastrischer Druckschmerz. BKS 20/46 nW, übrige Laborwerte unauffällig.

**Ösophagogastroduodenoskopie.** Aus dem verdächtigen Bezirk wurden reichlich Biopsien entnommen.

**Histologie.** Retikulohistiozytäres Sarkom (Retikulosarkom nach alter Nomenklatur).

**Diagnose.** Retikulohistiozytäres Sarkom des Magens.

**Therapie und Verlauf.** Laparotomie mit Resektion von Fornix, Korpus und proximalem Antrum. Postoperativ Engstellung des Ösophagus im unteren Anteil, die erfolgreich bougiert werden konnte. Anschließend Chemotherapie mit 6 Zyklen COPBLAM. Siebenjährige Rezidivfreiheit der Patientin.

schwund bei Sprue) und bedingt eine ***globale Malabsorption.***

Im Dünndarm nicht resorbierte Kohlenhydrate werden im Dickdarm durch Bakterien weiter abgebaut. Terminaler Schritt des bakteriellen Abbaues von Kohlenhydraten ist die ***Fermentation.*** Dabei entstehen im Darmlumen die kurzkettigen Fettsäuren Butyrat, Propionat, Azetat, Laktat sowie als Gase $CO_2$, $H_2$, $CH_4$. Die kurzkettigen Fettsäuren können energetisch vom Körper durch effektive Rückresorption aus dem Kolon noch weiter genutzt werden. Die bakterielle Fermentation ist die Ursache für die ***sauren Stühle*** bei Kohlenhydratmalabsorption sowie ***Blähungen*** und ***Flatulenz.*** Die in der Atemluft erfaßbare $H_2$-Exhalation dient als wichtiger Test zur Erfassung einer Kohlenhydratmalabsorption (Abb. 2.4).

Störungen der Verdauung und Resorption von Proteinen treten bei einer Verminderung pankreatischer Proteasen (exokrine Pankreasinsuffizienz), bei seltenen isolierten Resorptionsstörungen (Hartnup-Krankheit) sowie bei einer morphologischen Veränderung mit Reduktion des Zottenepithels (Sprue) auf. Klinisch von größerer Bedeutung ist ein gesteigerter ***enteraler Verlust von Protein*** aus dem Darm mit Entwicklung von ***Hypoproteinämie*** und ***Ödemen.***

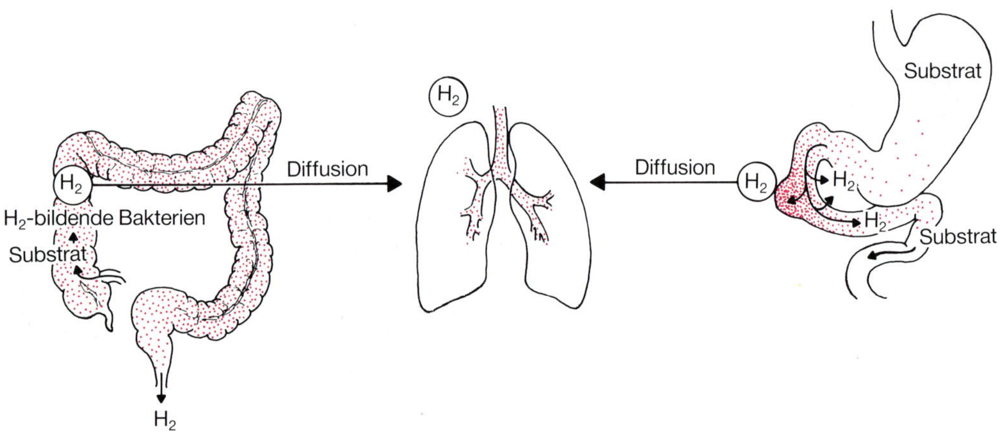


**Abb. 2.4.** Prinzip des $H_2$-Atemtests. Bakterielle Spaltung von Kohlenhydraten bei Fehlbesiedelung des Dünndarms (Morbus Crohn) oder bei Malabsorption im Dickdarm läßt molekularen Sauerstoff entstehen, der in der Atemluft nachgewiesen werden kann

**Tabelle 2.5.** Korrelation klinischer Befunde und Laborbefunde beim Malassimilationssyndrom I (↓= erniedrigt, ↑= erhöht)

| Symptome und klinische Befunde | Pathophysiologische Befunde | Labor |
|---|---|---|
| Gewichtsverlust, Steatorrhöe | ↓ Aufnahme, ↓Assimilation von Fett, KH, Protein | ↑ Stuhlfett, ↓ β-Carotin |
| Ödeme, Aszites | ↑ Albuminverlust, ↓Proteinassimilation | ↓ Albumin, ↓Gesamteiweiß |
| Osteomalazie, Tetanie, Parästhesien | ↓ Resorption von Vitamin D, Kalzium und Magnesium | ↓ Kalzium, ↑alkalische Phosphatase |
| Ekchymosen, Petechien, Hämaturie, Hämatome | ↓Resorption von Vitamin K | ↑ Prothrombinzeit |
| Anämie | ↓ Resorption von Folsäure und Vitamin $B_{12}$ | Makrozytose; ↓ Folsäure und Vitamin $B_{12}$ |
| | ↓ Resorption von Eisen | Mikrozytose; ↓ Eisen und Ferritin |
| Geblähtes Abdomen, Borborygmen, Flatulenz, Durchfälle | ↓ Spaltung von Disacchariden<br>↓ Resorption von Monosaccharid<br>↓ Resorption von Aminosäuren | ↓ Laktosetoleranz<br>↓ D-Xylose-Resorption,<br>↓ des Stuhl-pH |
| Polyneuritis, Depression | Vitamin-$B_1$-Mangel (Thiamin) | |
| Konjunktivitis, Cheilosis, Glossitis, schuppendes Exanthem | Vitamin-$B_2$-Mangel (Riboflavin) | |
| Pellagraähnliche Hautveränderungen | Nikotinsäuremangel | |
| Nierensteine bei Morbus Crohn ohne Ileumresektion | ↑ Resorption von Oxalsäure | ↑ Oxalsäureausausscheidung im Urin |

**Symptome.** Leitsymptome des Malabsorptionssyndroms sind voluminöse, übelriechende ***Fettstühle*** und ***Gewichtsverlust.*** Hinweise auf die Ätiologie lassen sich durch die Anamnese gewinnen: Bauchoperationen, Dünndarmresektion, Fieberzustände, Auslandsaufenthalte, umschriebene Schmerzen im Abdomen, Gelenkbeschwerden, Lymphome, Analfisteln, Milchintoleranz, pankreatische Schübe, Magenresektion, Diabetes mellitus, Medikamentenanamnese. Das Leitsymptom Gewichtsverlust ist nicht nur durch den enteralen Kalorienverlust zu erklären, sondern auch durch eine ***verminderte Nahrungsaufnahme*** zur Vermeidung osmotisch bedingter Durchfälle und Übelkeit. Bei einem länger bestehenden Malabsorptionssyndrom können ***Mangelsymptome*** auftreten, die teils klinisch, teils nur labormäßig erfaßbar sind. Fettstühle fallen als glänzende, helle, schmierige, auf Wasser schwimmende Stühle auf.

**Diagnostik.** Da viele Krankheiten mit einem Malabsorptionssyndrom einhergehen, sollte die Diagnostik rationell erfolgen. Zuerst sollte man sich die Frage stellen: Liegt ein Malabsorptionssyndrom vor? Hinweise dafür können eine Reihe pathologischer Laborparameter des Routinelabors geben, wenn der Patient schon länger ein Malabsorptionssyndrom hat. Diese Laborparameter sind in Tabelle 2.5 und 2.6 aufgeführt. Die topographische Funktionsdiagnostik muß klären, ob als Ursache der Malabsorption eine Pankreaserkrankung (Tabelle 2.7) oder eine Erkrankung des oberen oder unteren Dünndarmes (Tabelle 2.8) vorliegt.

Die eigentlich wichtige diagnostische Frage lautet: Welche Erkrankung liegt dem Malabsorptionssyndrom zugrunde? Spricht die Lokalisationsdiagnostik für eine

**Tabelle 2.6.** Malabsorption: Hinweise aus der Routinediagnostik (↓= erniedrigt, ↑= erhöht)

| |
|---|
| Anämie: ↓ Hb, ↓ Ery, ↓ oder ↑ Färbeindex |
| Serumeisen ↓ |
| Serumferritin ↓ |
| Serumfolat ↓ |
| Serum-Vitamin-$B_{12}$ ↓ |
| Serumkalzium ↓ |
| Serummagnesium ↓ |
| Alkalische Phosphatase ↑ |
| Serumcholesterin ↓ |
| β-Karotin im Serum ↓ |
| Serumeiweiß ↓ |
| Serumalbumin ↓ |
| Prothrombin ↓ |
| Oxalsäure im Urin ↑ |

**Tabelle 2.7.** Malabsorption mit pankreatogener Ursache: diagnostische Tests

| |
|---|
| Sekretin-CCK-(Ceruletid)-Test |
| Pankreolauryltest |
| PABA-Test |
| Chymotrypsinbestimmung im Stuhl |
| $H_2$-Atemtest nach Gabe von Reis |
| Quantitative Stuhlfettbestimmung |

**Tabelle 2.8.** Malabsorption. Topographische Diagnostik bei Verdacht auf Dünndarmerkrankungen

| |
|---|
| *Oberer Dünndarm* |
| D-Xylose-Test (Serum und Urin) |
| Laktosetoleranztest |
| $H_2$-Atemtest nach Laktosegabe |
| *Unterer Dünndarm* |
| Schilling-Test |
| SeHCAT-Test |
| *Spezialfragen* |
| $\alpha_1$-Antitrypsinclearance |
| Chromalbumintest |
| γ-Kamera-Untersuchung nach Gabe Tc-markierten Albumins |
| *Globaltest* |
| Quantitative Stuhlfettbestimmung |

**Tabelle 2.9.** Diagnostische Wertigkeit der Dünndarmbiopsie

| |
|---|
| *Diagnostisch spezifisch (pathognomonisch)* |
| Morbus Whipple |
| Abetalipoproteinämie |
| Kollagene Sprue |
| Primäre intestinale Lymphome |
| Immunmangelsyndrom |
| Eosinophile Enteritis |
| Parasitäre Erkrankungen: |
| – Lambliasis |
| – Kokzidiose |
| – Strongyloidiasis |
| – Schistosomiasis |
| – Histoplasmose |
| Primäre intestinale Lymphangiektasie |
| *Charakteristische, aber nicht pathognomonische Biopsiebefunde* |
| Sprue |
| Dermatitis herpetiformis |
| Unklassifizierbare Sprue |
| Mauriac-Syndrom |
| Kwashiorkor |
| Milcheiweißintoleranz |
| Sojaproteinintoleranz |

Dünndarmkrankheit, sollte eine ***Dünndarmbiopsie*** erfolgen; sie kann bei Verdacht auf diffusen Dünndarmbefall (Sprue, Morbus Whipple) endoskopisch unter Sicht aus dem Duodenum erfolgen, bei diskontinuierlichem und Befall der unteren Dünndarmabschnitte wird die Saugbiopsie aus verschiedenen Etagen des Dünndarmes (z.B. intestinale Lymphangiektasie) durchgeführt. Für zahlreiche Krankheiten kann die Dünndarmbiopsie diagnostisch spezifisch sein, bei anderen ergibt sich ein charakteristischer, aber nicht pathognomonischer Befund (Tabelle 2.9). Wesentliche Informationen über die Art der Krankheit kann auch die Röntgenuntersuchung (Enteroklysma) mit dem Nachweis von Divertikeln, Fisteln, Tumoren liefern. Im allgemeinen ist das röntgenologische Erscheinungsbild einer Malabsorption aber weitgehend unspezifisch.

**Therapie.** Eine Therapie hat sich an der vorliegenden Grunderkrankung zu orientieren. Deshalb ist eine exakte Diagnostik notwendig.

### 2.3.4 Disaccharidasenmangel – Laktoseintoleranz

Die weltweit häufigste Ursache einer Kohlenhydratmalabsorption ist die ***Laktoseintoleranz.*** Ursache des ***primären Laktasemangels*** ist ein genetisch determiniertes isoliertes Verschwinden des Bürstensaumenzyms Laktase im Adoleszentenalter. Ein ***sekundärer Laktasemangel*** kommt bei zahlreichen Dünndarmerkrankungen mit morphologischen Veränderungen der Mukosaarchitektur (z.B. Sprue) und bei infektiösen Dünndarmerkrankungen vor. Die Laktase ist das vulnerabelste Enzym der Mukosa. Isoliert können auch genetisch die Enzyme ***Saccharase*** (Saccharose-Isomaltose-Intoleranz) und ***Trehalase*** vermindert sein oder fehlen. Durchfälle, Meteorismus und Flatulenz treten nach Genuß von Milch oder milchhaltigen Produkten beim Laktasemangel auf.

**Diagnostik.** Die Diagnose des Laktasemangels erfolgt mit dem ***Laktosetoleranztest*** (orale Gabe von 50 g Milchzucker). Ein Blutglukoseanstieg von > 20 mg% ist beweisend für das Vorliegen einer Laktoseintoleranz. Genauer ist der ***$H_2$-Atemtest*** nach oraler Gabe von Laktose. Ein Anstieg der $H_2$-Konzentration in der Atemluft von > 20 ppm zeigt Laktoseintoleranz, Malabsorption und Fermentation im Kolon mit Gasentwicklung an. Bei Verdacht auf Verminderung mehrerer Disaccharidasen müssen zusätzlich Belastungstests oder $H_2$-Atemtests nach Gabe von Saccharose oder Trehalose erfolgen.

**Therapie.** Die Behandlung besteht in Diät; Milch oder milchhaltige Produkte sind zu meiden. In Ländern mit hoher Prävalenz des Laktasemangels stehen Präparate zur Substitution (Laktase) zur Verfügung.

### 2.3.5 Einheimische Sprue – Zöliakie

Die Prävalenz der Sprue des Erwachsenen (gleiches Krankheitsbild im Kindesalter ist die Zöliakie) ist gering (1:300 bis 1:3000). 70% der Patienten sind Frauen, bei der Sprue kommt das Histokompatibilitätsantigen HLA-8 gehäuft vor.

**Pathophysiologie.** Gluten und Gliadin sind großmolekulare Proteine, die in Weizenprodukten enthalten sind. Die Dünndarmmukosa von Spruepatienten reagiert mit einer hyperregeneratorischen Schleimhautumformung – als ***Zottenschwund*** imponierend – auf die Gabe von ***Gluten.*** Die Dünndarmschleimhaut zeigt ein charakteristisches Aussehen: Zotten sind kaum oder überhaupt nicht mehr nachweisbar, die Krypten elongiert. Die Schleimhaut des Jejunums ähnelt der des Kolons (Kolonisation der Dünndarmmukosa). Die Epithelzellen sind verplumpt. Bei bloßer Betrachtung mit der Lupe ist der Zottenschwund im Bioptat schon erkennbar. Die Durchfälle bei der Sprue sind durch eine Resorptionsstörung sowie durch eine gesteigerte Nettosekretion von Wasser und Elektrolyten durch die erhöht permeable Dünndarmmukosa zu erklären.

**Klinische Befunde.** Die meisten Patienten leiden an Symptomen eines Malabsorptionssyndroms mit Durchfällen, Steatorrhöe, aufgeblähtem Abdomen, Gewichtsverlust und weisen pathologische Resorptionstests auf. Bei den ***oligosymptomatischen Formen*** der Sprue besteht nicht das Vollbild der globalen Malabsorption, es stehen vielmehr nur einzelne Resorptionsdefekte im Vordergrund: Eisenmangelanämie, Knochenschmerzen mit Kompressionsfrakturen oder Looser-Zonen durch eine Osteomalazie. Drei Kriterien sollten für die Diagnose erfüllt sein:

- Nachweis einer Malabsorption,
- abnorme Dünndarmmukosa mit Zottenschwund und Kryptenhyperplasie,
- klinische, biochemische und histologische Besserung nach Einhalten einer glutenfreien Diät.

Eine Sonderform der Sprue stellt die ***Kollagensprue*** dar, bei der sich histologisch Verdickungen der Basalmembran und Kollagenablagerungen in der Lamina propria finden. Sie zeichnet sich durch Therapieresistenz gegenüber einer glutenfreien Diät aus und hat eine ungünstige Prognose.

**Therapie.** Die Therapie besteht in der Einhaltung einer strikt ***glutenfreien Diät:*** Keine Produkte aus Weizen, Hafer, Gerste und Roggen. Erlaubt sind Mais, Reis und Hirse. Unter dieser Diät kann mit einer Besserungsrate von 80–90% gerechnet werden. Beim Vollbild der Sprue besteht fast immer ein ***Laktasemangel,*** so daß auch Milch und Milchprodukte zunächst zu eliminieren sind. Die Erfolge stellen sich meist innerhalb einer Woche ein, können aber auch erst nach Wochen oder Monaten eintreten. Bei Vitamin- und Mineralmangelzuständen soll eine Substitution fettlöslicher Vitamine (A, D, E, K), wasserlöslicher Vitamine, Kalzium und Eisen auf parenteralem Wege erfolgen.

Die glutenfreie Diät ist lebenslang einzuhalten und vermindert das gehäufte Auftreten von Malignomen, insbesondere ***Lymphomen.***

### 2.3.6 Morbus Whipple

Der Morbus Whipple ist eine seltene Krankheit, die sich klinisch mit Arthritiden, abdominalen Schmerzen, Durchfällen, progressivem Gewichtsverlust und Fieber manifestieren kann. Sie kommt fast nur bei Männern im mittleren Lebensalter vor. Reduzierter Allgemeinzustand, subfebrile Temperaturen, verstärkte Hautpigmentation und Lymphadenopathie sind häufige klinische Befunde. Zudem können auch mesenteriale und paraaortale Lymphknotenvergrößerungen nachweisbar sein. Laboruntersuchungen zeigen Steatorrhöe, verminderte D-Xylose-Resorption, Hypalbuminämie und Anämie, Verminderung des Serumkalziums, -eisens und -cholesterins. Sonographisch können abdominale Lymphome nachweisbar sein.

Die ***Diagnose*** wird durch die Entnahme einer ***Dünndarmbiopsie*** gestellt. Nachweis von Makrophagen mit großen zytoplasmatischen Granula, die sich mit der ***PAS-Färbung*** rot anfärben (Glykoproteine) – auch SPC-Zellen genannt – beweisen die Diagnose. Bazilliforme Erreger sind als Ursache der Krankheit anzusehen.

**Therapie.** Früher verlief die Krankheit tödlich. Unter einer ***langfristigen Antibiotikatherapie*** mit Tetrazyklinen oder Cotrimoxazol lassen sich bei fast allen Patienten Vollremissionen erreichen.

### 2.3.7 Exsudative Enteropathie – intestinales Eiweißverlustsyndrom

10–20% des normalen Albuminumsatzes erfolgt durch Verlust über den Darm. Bei verschiedenen gastrointestinalen Krankheiten kann es zu einem gesteigerten ***enteralen Verlust von Protein,*** insbesondere von Albumin kommen (Tabelle 2.10). Klinische Hinweise für ein enterales Eiweißverlustsyndrom sind: Ödeme, Hypoproteinämie, Hypalbuminämie, Hypokalzämie, Lymphozytopenie bei fehlender Proteinurie. Die Sicherung der Diagnose des gesteigerten enteralen Eiweißverlustes er-

**Tabelle 2.10.** Erkrankungen mit enteralem Eiweißverlustsyndrom

| |
|---|
| *Magen* |
| Magenkarzinom |
| M. Menetrier |
| Atrophische Gastritis |
| Postgastrektomiesyndrom |
| *Dünndarm* |
| Sprue |
| Tropische Sprue |
| Morbus Crohn |
| Morbus Whipple |
| Intestinale Lymphome |
| Intestinale Lymphangiektasie |
| Intestinale Tuberkulose |
| Akute infektiöse Enteritis |
| Sklerodermie |
| Jejunale Divertikulose |
| Allergische Gastroenteropathie |
| *Kolon* |
| Kolonkarzinom |
| Colitis ulcerosa |
| Morbus Crohn des Kolons |
| Megakolon |
| *Kardial* |
| Herzinsuffizienz |
| Pericarditis constrictiva |
| Primäre Kardiomyopathie |
| *Verschiedene* |
| Ösophaguskarzinom |
| Gastrokolische Fistel |
| Agammaglobulinämie |

t dem [51]Chromalbumin-Test oder mittels der $\alpha_1$-psinclearance. Zur Lokalisationsdiagnostik muß ındarmbiopsie erfolgen.

Die ***intestinale Lymphangiektasie*** geht mit einem enteralen Proteinverlust, Hypoproteinämie, Ödemen, Lymphozytopenie, Malabsorption und abnorm erweiterten Lymphgefäßen einher. Sie betrifft meist Kinder und junge Erwachsene. Die wichtigsten Laborbefunde sind: Hypoproteinämie mit Verminderung des Serumalbumins, der Immunglobuline IgG, IgA, IgM, des Transferrins und Coeruloplasmins. Die Therapie des Eiweißverlustes bei der intestinalen Lymphangiektasie besteht in Reduktion der Fettzufuhr zur Entlastung der Lymphwege und Gabe von mittelkettigen Triglyzeriden (MTC) sowie in einer forcierten oralen Proteinzufuhr oder 20%igem Albumin i.v. Bei nachgewiesenem isoliertem Befall von Dünndarmsegmenten ist die Resektion anzustreben.

### 2.3.8 Morbus Crohn

**Definition.** Der Morbus Crohn ist eine chronisch-entzündliche Krankheit unbekannter Ätiologie, meist mit ***granulomatösen Veränderungen*** einhergehend und kann den gesamten Gastrointestinaltrakt befallen (Abb. 2.5). Die Krankheit befällt bevorzugt das ***terminale Ileum*** (Ileitis regionalis). Der Morbus Crohn kann jedoch auch Ösophagus, Magen, Duodenum, Jejunum, Kolon, Rektum, Anus, ja sogar die Schleimhäute des Mundes befallen. Klinisch imponiert die Krankheit mit rezidivierenden entzündlichen Schüben von Darmsegmenten mit unterschiedlichen klinischen Manifestationen und nimmt oft einen chronischen, nicht vorhersagbaren Verlauf.

**Epidemiologie.** Der Morbus Crohn kommt weltweit vor. Die jährliche Inzidenz beträgt 2–3:100000. Am häufigsten tritt die Erkrankung zwischen dem 15. und 35. Lebensjahr auf.

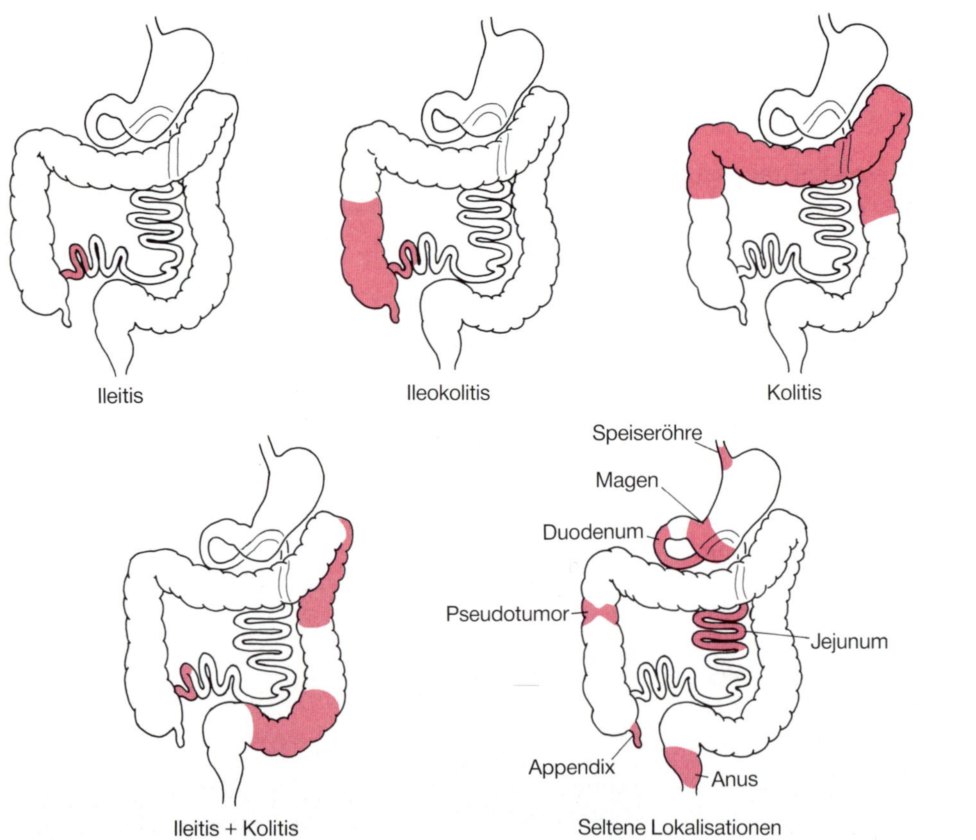


**Abb. 2.5.** Gastrointestinale Manifestationmöglichkeiten bei Morbus Crohn

**Ätiologie und Pathogenese.** Als ätiologische Faktoren kommen in Betracht: Familiäre Disposition, genetisch bedingte, infektiöse oder immunologische Ursachen. HLA-B 27 ist bei 75% der Patienten mit Morbus Crohn und begleitender ankylosierender Spondylitis positiv im Vergleich zu 8% bei der Normalbevölkerung. Für eine ***Immungenese*** mag das gute therapeutische Ansprechen auf Kortikoide und auch Azathioprin sprechen.

**Pathologie.** Die chronische Entzündungsreaktion betrifft alle Schichten der Darmwand, aber auch das Mesenterium und die benachbarten Lymphknoten. In späteren Stadien nimmt die Dicke der Darmwand zu, erreicht eine lederartige Konsistenz und führt zur Einengung des Lumens. ***Fissurale tiefe Ulzerationen,*** die in die Submukosa und transmural reichen, können zu Abszessen und Fistelbildung führen. Die Ausbreitung der Erkrankung in Dünn- und Dickdarm ist meist diskontinuierlich. Häufig zeigt die Mukosa durch Pseudopolypenbildung ein sog. ***Pflastersteinrelief.*** Typisch ist die ***Granulombildung,*** die in Bioptaten aber nur in 25–30% nachweisbar ist.

**Auch wenn der Morbus Crohn an jeder Stelle des Verdauungstraktes vorkommen kann, überwiegen die Lokalisationen im Ileum und Kolon.**

**Klinik.** Die klinischen Symptome sind bedingt durch die Lokalisation des Entzündungsprozesses, seine Ausdehnung, Aktivität und der Beziehung zu den Nachbarschaftsorganen. Typischerweise beginnt der Morbus Crohn beim jungen Erwachsenen mit Müdigkeit, Gewichtsverlust, Schmerzen im rechten Unterbauch und Durchfällen (meist ohne Blut); auch Fieber, Anorexie, Übelkeit und Erbrechen kommen vor. Bei der Untersuchung besteht eine Schmerzempfindlichkeit im rechten Unterbauch, oft läßt sich eine walzenförmige Resistenz tasten. Ein ***mechanischer Ileus*** kann als Erstmanifestation ebenso auftreten wie ***Fistelbildung*** im Perianalbereich, Harnwegsinfekte durch enterovesikale Fistelbildungen, rechtsseitige Ureterabflußstörungen mit Hydronephrose durch die entzündliche Reaktion im rechten Unterbauch. Häufig besteht ein Malabsorptionssyndrom.

Ein mechanischer Ileus ist eine Komplikation und tritt bei ca. 20–30% der Patienten im Verlauf der Krankheit auf. Im Initialstadium ist die Einengung des Dünndarmsegmentes durch den entzündlichen Prozeß bedingt, in späteren Stadien durch fibröse Strikturen. Fisteln variabelster Lokalisation sind ebenso Komplikationen: kutan, enteroenterisch, enterovesikal, enterovaginal, perianal, rektal. Perforationen in die freie Bauchhöhle sind selten.

Extraintestinale Manifestationen des Morbus Crohn sind ähnlich wie bei der Colitis ulcerosa (Abb. 2.6): Erythema nodosum, Iridozyklitis, Trommelschlegelfinger, Pericholangitis, Arthritis und ankylosierende Spondylitis. Die Gelenkbeschwerden können der Darmkrankheit lange vorausgehen. Das Malignomrisiko ist deutlich niedriger als bei der Colitis ulcerosa. Durch enteralen Gallensäurenverlust mit Verkleinerung des Gallensäurenpools ist das Risiko der ***Gallensteinbildung*** vergrößert. Patienten mit Morbus Crohn haben häufig ***Nierensteine,*** fast ausschließlich Oxalatsteine, die durch eine enterale Hyperoxalurie hervorgerufen werden. Der Patient mit Gallensäurenverlustsyndrom resorbiert Oxalsäure übermäßig.

Der klinische Schweregrad wird nach sog. ***Aktivitätsindizes*** bestimmt; am bekanntesten ist der ***CDAI*** (Crohn's Disease Activity Index) nach Best. Ein Akti-

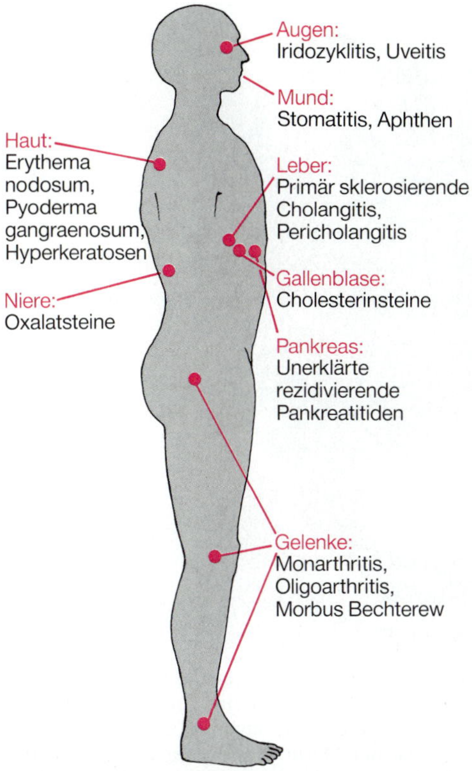


**Abb. 2.6.** Extraintestinale Manifestationen chronisch entzündlicher Darmerkrankungen, wie Morbus Crohn und Colitis ulcerosa

vitätsindex von > 150 Punkten signalisiert eine aktive Erkrankung, die einer Behandlung bedarf.

**Diagnostik.** Die Labordiagnostik ist unspezifisch. Häufig bestehen BKS-Beschleunigung, Leukozytose, Anämie, Thrombozytose, Erhöhung des C-reaktiven Proteins und des Lysozyms. Die Anämie ist mit erhöhtem intestinalen Blutverlust, aber auch mit Vitamin $B_{12}$- oder Folsäuremalabsorption zu erklären. Erniedrigungen von Serumprotein, Albumin, Kalzium, Magnesium, Kalium und Eisen kommen bei Durchfallsymptomatik vor. Da die Hauptlokalisation der Krankheit das terminale Ileum ist, steht die radiologische Diagnostik im Vordergrund (Abb. 2.7). Sonographisch ist es häufig möglich, Darmwandverdickungen, aber auch Abszesse und Fisteln zu erkennen (s. Fall 2D, S. 31). Zur Festlegung der Ausdehnung der Krankheit sind zudem eine Gastroduodenoskopie und eine komplette Kolo- bzw. Ileoskopie erforderlich. Aus den befallenen Arealen des Darmes sind multiple Biopsien zu entnehmen.

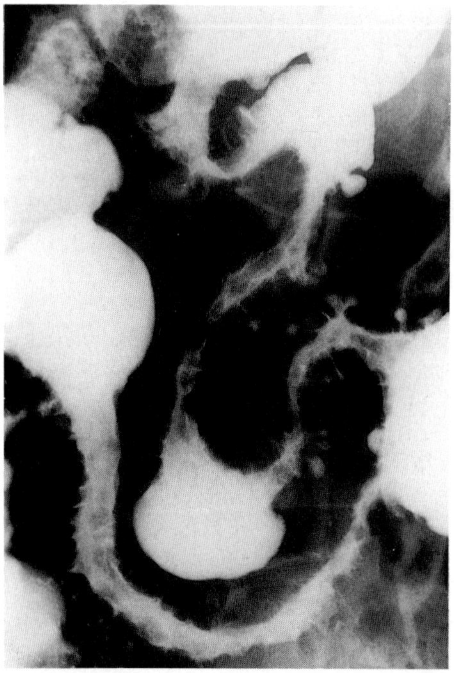

**Abb. 2.7.** Röntgenologische Veränderungen des Dünn- und Dickdarmes bei Morbus Crohn. Man erkennt eine Engstellung des terminalen Ileums mit fissuralen Ulzerationen und einen ausgedehnten Fistelprozeß. Teils ist der Darm prästenotisch erweitert. Bei diesem 22jährigen Patienten bestanden bereits als Komplikation des enteralen Gallensäureverlustes Gallensteine sowie Nierensteine (enterale Hyperoxalurie)

**Therapie.** Die Behandlung richtet sich nach dem Schweregrad der Erkrankung. Im akuten Schub (CDAI > 150) ist bei alleinigem Befall des Ileums die ***Steroidtherapie*** (z. B. 60 mg Prednison) am wirksamsten. Entsprechend dem Verlauf wird die Prednisondosis langsam (z. B. um 10 mg/Woche) reduziert. Bei Ileokolitis Crohn oder alleinigem Befall des Kolons werden zusätzlich ***Salazusulfapyridin*** (SASP, 3–4 g/Tag) oder ***5-Aminosalizylsäure*** (5-ASS, 1,5–2 g/Tag) gegeben. Bei reduziertem Allgemeinzustand und Unterernährung kann enterale pumpengesteuerte ***Sondenernährung*** mit einer chemisch definierten Diät („Astronautenkost") den Heilungsprozeß beschleunigen. Bei Ileussymptomatik oder schwerem klinischen Verlauf ist eine parenterale hyperkalorische Ernährung erforderlich. Medikamente der 2. Wahl – bei Nichtansprechen der Standardtherapie – sind Azathioprin und Metronidazol und seit neuestem Cyclosporin. Die symptomatische Durchfallbehandlung erfolgt mit Loperamid oder Cholestyramin. Im Verlaufe der Erkrankung wird man häufig mit dem Chirurgen Kontakt aufnehmen müssen, insbesondere wenn Fistelbildungen, Abszesse und ein Ileus auftreten. Der Patient profitiert besonders von einer Operation, wenn rezidivierende Schübe mit Ileus bei Befall des terminalen Ileums auftreten. Bei Zuständen mit Ileumresektion und chologener Diarrhöe ist die Behandlung mit ***Cholestyramin*** wichtig. Zur Verhinderung einer Oxalatsteindiathese stehen als Behandlungsmöglichkeiten zur Verfügung: oxalatarme Diät, mittelkettige Triglyzeride (Ceres-Produkte) anstatt üblicher Nahrungsfette und die orale Gabe von Kalzium oder aluminiumhydroxidhaltiger Antazida.

## 2.3.9 Kurzdarmsyndrom

Hat der Patient weniger als 50 cm funktionsfähigen Dünndarms, ist nur in seltensten Fällen noch eine ausreichende enterale Ernährung zu erzielen. Am häufigsten kommt das Kurzdarmsyndrom nach ausgedehnter Resektion des Dünndarmes bei Mesenterialarterienverschluß oder -venenthrombose, aber auch nach Darmresektion wegen eines Morbus Crohn, vor.

Ausgedehnte Resektionen des oberen Dünndarmes werden vom Patienten mit weniger Nebenwirkungen als Resektionen des unteren Dünndarmes vertragen, weil der untere Dünndarm alle Funktionen des oberen Dünndarmes adaptiv erwerben kann, der obere Dünndarm jedoch nicht in der Lage ist, die spezifischen Funktionen des unteren Dünndarmes – Resorption von Gallensäuren und Vitamin $B_{12}$ – zu erwerben. Es resultiert dann meist ein ***dekompensiertes Gallensäurenverlustsyndrom.***

Die ***Ernährungstherapie*** hat initial ***parenteral*** zu erfolgen. Frühzeitig sollte jedoch zusätzlich mit einer enteralen Gabe verdünnter chemisch definierter Diäten begonnen werden, um eine ***Adaption*** des Dünndarms zu erzielen. Die Gabe von ***$H_2$-Blockern*** ist wegen der bestehenden Hypergastrinämie notwendig; pankreatinhaltige Präparate in Pulver- und Granulatform sind erforderlich, um die pankreatische Digestion zu optimieren. Eine Oxalatsteinprophylaxe ist fast immer notwendig. Manche Patienten müssen lebenslang parenteral ernährt werden.

## 2.3.10 Dünndarmfunktionsstörungen bei Systemerkrankungen

Zahlreiche Systemkrankheiten können mit einer Funktionsstörung des Dünndarms einhergehen. Teilweise handelt es sich um ***Motilitätsstörungen,*** die eine ***bakterielle Überwucherung*** des Dünndarmes mit Malabsorptionssyndrom bewirken. Dazu gehören die ***diabetische Neurogastroenteropathie*** als Spätkomplikation eines Diabetes mellitus und die ***Sklerodermie.*** Bei diesen Krankheiten bestehen häufig Durchfälle. Eine erhöhte Stuhlfettausscheidung ist durch die bakterielle Überbesiedlung des Dünndarms bedingt und läßt sich durch intermittierende Gabe von Antibiotika (Doxyzyklin) behandeln. Zudem besteht bei der diabetischen Enteropathie häufig eine ***sekretorische Diarrhöe,*** die durch eine Verminderung des α-adrenergen Tonus der Darmwand bedingt ist. Die Durchfälle sprechen oft frappant auf Gabe von α-Adrenergika wie Clonidin an.

Ein Malabsorptionssyndrom findet sich gelegentlich auch bei Hyperthyreose, Hypothyreose, Hypoparathyreoidismus und Nebenniereninsuffizienz.

## 2.3.11 Dünndarmtumoren

Dünndarmtumoren sind selten. Abdominale Symptome sind oft uncharakteristisch. An das Vorliegen eines Dünndarmtumors sollte man denken, wenn rezidivierende krampfartige Abdominalschmerzen, intermittierende mechanische Ileuszustände, Invagination beim Erwachsenen oder chronische Intestinalblutungen auftreten.

***Benigne Tumoren*** kommen meist im 5. und 6. Lebensjahrzehnt vor: Adenome, Leiomyome, Lipome und Angiome. Jeder Dünndarmtumor muß zur Klärung der Dignität operiert werden.

Maligne Dünndarmtumoren, wie Adenokarzinome, Lymphome, Leiomyosarkome und Karzinoide, findet man häufiger bei Patienten mit langdauerndem Morbus Crohn und Sprue.

***Adenokarzinome*** mit bevorzugter Lokalisation im Duodenum führen zur Blutung oder zum mechanischen Ileus. ***Leiomyosarkome*** werden oft sehr groß; Blutung und Obstruktion sind die häufigsten klinischen Manifestationen.

**Lymphome.** Alle histologisch bekannten Lymphome treten ***primär*** oder ***sekundär*** im Dünndarm auf. 5–15% der Non-Hodgkin-Lymphome manifestieren sich primär im Bereich des Gastrointestinaltrakts, wobei der Dünndarm in 30% der Fälle betroffen ist. Vorkommen im Jejunum und Ileum ist häufiger als im Duodenum; Lymphome können ***intramural*** gelegen sein oder ***intraluminal*** polypoid wachsen. Ein Befall des Mesenteriums und der angrenzenden Lymphknoten ist häufig. Auch ein diffuser Befall des Dünndarms mit Malabsorptionssyndrom kann auftreten. Die Diagnostik erfolgt radiologisch und sonographisch, bei dringendem Verdacht ist die Laparotomie angezeigt.

***Karzinoide*** entstehen aus den argentaffinen Zellen der Lieberkühn-Krypten und können vom mittleren Duodenum bis zum Colon transversum vorkommen, am häufigsten in der ***Appendix.*** Das ***Dünndarmkarzinoid*** bildet häufig Metastasen. Aus Dünndarmkarzinoiden lassen sich außer Serotonin auch 5-Hydroxytryptamin, Kallikrein, Prostaglandine, Enteroglukagon, Substanz P sowie Dopamin und Noradrenalin extrahieren. Diese Substanzen sind verantwortlich für das ***Karzinoidsyndrom*** (Flush-Syndrom, wäßrige Durchfälle), das allerdings meist erst bei Metastasierung in die Leber auftritt. Die ergiebigste Labormethode zur Erfassung eines Karzinoids ist die Bestimmung von 5-Hydroxyindolessigsäure (HIES) im 24-h-Urin oder die Serotoninbestimmung im Serum. Die ***Therapie*** ist ***primär chirurgisch.*** Die Symptomatik des Karzinoidsyndromes ist medikamentös zu beeinflussen, Hemmer der Serotoninsynthese, Parachlorphenylalanin (2–4 g/Tag) und Serotoninantagonisten, etwa Methysergidmaleat und Cyproheptadin (Deseril, 6–24 mg/Tag) vermindern die Durchfälle; die Flush-Anfälle sind zu mindern durch Phenoxybenzamin (Dibenzyran), durch α-Methyldopa (Presinol) oder durch Depotsomatostatin (Sandostatin, 4mal 50 mg/Tag subkutan).

### 2.3.12 Vaskuläre Dünndarmerkrankungen

Die vaskuläre Versorgung des Dünndarmes erfolgt über die A. mesenterica superior, die Versorgung des Dickdarmes über die A. mesenterica superior (bis zur Flexura lienalis) und die A. mesenterica inferior (ab Flexura lienalis nach distal). Ein dichtes Netzwerk von Anastomosen und die Entwicklung von Kollateralen bestimmen das klinische Bild der ***akuten*** oder ***chronischen intestinalen Ischämie.*** Abdominale Schmerzen sind das Leitsymptom der akuten Ischämie. Im frühen Stadium können die Schmerzen krampfartig periumbilikal auftreten, die Peristaltik ist hyperaktiv, im späteren führt die Ischämie zum Darminfarkt mit Peritonitis, Sepsis und Schock.

***Vaskuläre Insuffizienz*** und ***Ischämie*** sollten vermutet werden, wenn akute Abdominalschmerzen bei Vorhofflimmern, ausgeprägter Arteriosklerose, Herzinsuffizienz, Hypoxie, Schock oder Angina abdominalis auftreten.

Entscheidend für die Prognose ist die ***Frühdiagnose.*** Die Abdomenübersichtsaufnahme kann Zeichen des Ileus geben. Verdickungen der Darmwand (radiologisch, sonographisch) können einen diagnostischen Hinweis geben. Eine Darmpassage kann andere Ursachen ausschließen. Entscheidend ist die frühzeitige Durchführung einer Mesenterikographie. Die Entscheidung zur Operation muß oft auf Grund des klinischen Bildes erfolgen.

Die chronische arterielle Insuffizienz kann einer akuten Ischämie vorausgehen ***(Angina abdominalis).*** Wie bei der Angina pectoris entstehen die Symptome der vaskulären Insuffizienz unter Situationen des erhöhten Sauerstoffverbrauches im Splanchnikusgebiet: Intermittierende dumpfe oder krampfartige Schmerzen treten 15–30 min nach einer größeren Mahlzeit auf und können postprandial mehrere Stunden anhalten. Gewichtsverlust ist bedingt durch verminderte Nahrungsaufnahme, um Beschwerden zu vermeiden, aber auch durch Malabsorption. Die Diagnostik hat angiographisch zu erfolgen. Die Therapie kann nur chirurgisch sein, wenn es nicht gelingt, durch häufige kleine Mahlzeiten eine ausreichende Ernährung ohne Schmerzen zu sichern.

Zahlreiche Systemkrankheiten gehen mit einer ***Vaskulitis*** der großen und kleinen Darmgefäße einher: Polyarteriitis nodosa, Lupus erythematodes, Dermatomyositis, Purpura Schönlein-Henoch, Amyloidose und rheumatische Vaskulitis. Bei Befall großer Gefäße kann das klinische Bild der akuten Ischämie auftreten, sind kleinere Gefäße betroffen, führen intramurale Blutungen und Ödeme zu abdominalen Schmerzen und Obstruktion. Intramurale Dünndarmblutungen können bei Vaskulitis, nach Trauma und Blutgerinnungsstörung, z.B. Antikoagulanzientherapie, auftreten.

## 2.4 Dickdarmerkrankungen

W. Caspary

### 2.4.1 Funktionelle gastrointestinale Störungen

Dauernde oder rezidivierende Symptome des irritablen Darmsyndroms sind:

- abdominale Schmerzen, die durch Defäkation erleichtert werden, oft in Kombination mit einer Änderung der Frequenz und Konsistenz des Stuhles und/oder
- Störungen der Defäkation (zwei oder mehrere Symptome):
  - Veränderung der Stuhlfrequenz,
  - Veränderung der Stuhlkonsistenz (hart oder weich/wäßrig),
  - Veränderung der Stuhlpassage (Pressen, Stuhldrang, Gefühl der inkompletten Entleerung),
  - Absetzen von Schleim mit dem Stuhl, meist verbunden mit Völlegefühl und geblähtem Abdomen.

Häufig bestehen auch obere gastrointestinale Symptome sowie andere somatische und psychische Symptome.

> **Etwa die Hälfte aller Patienten mit Magen-Darm-Beschwerden hat ein irritables Kolon.**

**Klinische Befunde.** Eine ausführliche ***Anamnese*** und eine komplette klinische Untersuchung sind notwendig, um organische Krankheiten auszuschließen und das Vertrauen des Patienten zu gewinnen.

**Psychologische Faktoren.** Streßsituationen wirken sich auf die Darmfunktion aus und gehen dem Syndrom des irritablen Darms häufig voraus. Auf Streßsituationen reagiert der Darm des betroffenen Patienten heftiger und symptomreicher als der des Normalen. Gemüts- und Persönlichkeitsstörungen, psychiatrische Erkrankungen und verstärktes Krankheitsempfinden kommen bei Patienten mit irritablem Darmsyndrom häufig vor.

**Diagnostik.** Da das irritable Darmsyndrom eine häufige und gutartige Erkrankung ist, sollte die Diagnostik positiv durch die Anamnese erfolgen. Unnötige Untersuchungen sollten unterbleiben. An Untersuchungen sollten durchgeführt werden: Test auf Blut im Stuhl, Blutbild, BKS, Sigmoidoskopie. Der Hinweis auf das Absetzen schafskotförmigen Stuhls (Skybala) mit Schleimauflagerungen läßt die Diagnose fast sicher erscheinen. Fieber, Anämie, Leukozytose, Blutungen und Gewichtsverlust gehören nicht zum irritablen Darmsyndrom und müssen zu eingehender Diagnostik führen.

**Prognose.** Die Lebenserwartung ist nicht verkürzt, die meisten Patienten haben jedoch lebenslang Beschwerden. Ein Wechsel der Symptome sollte immer Anlaß zu intensiver Diagnostik sein, da andere Erkrankungen nicht übersehen werden dürfen.

**Therapie.** Die wichtigste therapeutische Maßnahme besteht in der Aufklärung des Patienten über seine immer ernst zu nehmenden und glaubhaften Beschwerden. Bewährt hat sich die Gabe von Ballaststoffen oder Prokinetika (Metoclopramid, Domperidon, Cisaprid). Psychopharmaka sind nur selten indiziert.

### 2.4.2 Habituelle Obstipation

Der gesunde Erwachsene scheidet in Zivilisationsländern pro Tag 100–200 g geformten Stuhl aus. In Ländern mit einem hohen Verzehr von Rohfasern (Ballaststoffen) liegen die Stuhlgewichte höher. In diesen Ländern sind Stuhlverstopfung und damit assoziierte Begleiterkrankungen wie Hämorrhoidalleiden und Divertikulose fast unbekannt. ***Ballaststoffarme Ernährung*** und ***Bewegungsmangel*** sind Ursachen der habituellen Obstipation.

Die normale Stuhlfrequenz beträgt zwischen 3 Entleerungen/Tag und 3 Entleerungen/Woche. Die Meinung vieler Patienten, täglich Stuhlgang haben zu müssen, ist nicht richtig und verleitet zum Mißbrauch von ***Laxanzien.*** Die chronische Einnahme von Laxanzien führt zu einem Verlust von Kalium und Flüssigkeit, gelegentlich sogar zum sekundären Hyperaldosteronismus.

**Pathogenese.** Man unterscheidet bei der habituellen Obstipation:

- Verlangsamung der Kolonpassage mit verstärkter Segmentation im Sigma,
- Störungen der Entleerung bei gestörtem Defäkationsreflex,
- Obstipation bei Stoffwechselkrankheiten (Hypothyreose, Diabetes mellitus) und neuromuskulären Erkrankungen, wie Morbus Hirschsprung, multipler Sklerose und Sklerodermie,
- medikamentös induzierte Obstipation (Sedativa, Psychopharmaka, Opiate, Anticholinergika, aluminiumhydroxidhaltige Antazida).

**Diagnostik.** Besonders wichtig für das Ausmaß der Diagnostik ist die ***Dauer der Obstipation.*** Bei jeder plötzlich oder erst kurzfristig aufgetretenen Obstipation ist in erster Linie an ein ***Karzinom des Dickdarms oder Rektums*** zu denken.

> **Jede neu auftretende Änderung der Stuhlfrequenz ist tumorverdächtig.**

**Therapie.** Erhöhte körperliche Aktivität, ausreichende Flüssigkeitszufuhr und ballaststoffhaltige Kost sind die wichtigsten Maßnahmen. Weizenkleie (3mal 2 Eßlöffel/Tag) mit ausreichender Flüssigkeitszufuhr ist die Basismedikation. Auch die Gabe von Muzilaginosa oder Laktulose ist als unschädlich anzusehen, Laktulose führt aber häufig zu Meteorismus und Flatulenz. Antrachinonhaltige oder synthetische Abführmittel werden heute nur noch zum drastischen Abführen im Rahmen der Vorbereitung zur Koloskopie/Kontrasteinlauf eingesetzt.

### 2.4.3 Chronisch entzündliche Erkrankungen: Colitis ulcerosa und Morbus Crohn des Dickdarms

**Definition.** Es handelt sich um eine chronische, mit Ulzerationen einhergehende Entzündung der Mukosa oder Submukosa des Kolons oder Rektums. Der Befall ist in aller Regel kontinuierlich und vom Rektum ausgehend, bei Morbus Crohn jedoch diskontinuierlich.

**Pathologie.** Die Entzündung breitet sich meist kontinuierlich vom Rektum nach proximal in das Kolon aus, kann das gesamte Kolon (Pankolitis), das distale Kolon (Linksseitenkolitis), oder das Rektum (Proktitis) betreffen. Die entzündliche Infiltration betrifft hauptsächlich die Mukosa, seltener die Submukosa, und geht mit ***Kryptenabszessen*** oder oberflächlichen ***Ulzerationen*** einher. Makroskopisch stehen ein Ödem, eine gefäßreiche Infiltration, Ulzerationen und Narbenbildungen mit Verkürzung und Stenosierung chronisch erkrankter Darmabschnitte im Vordergrund. Typisch ist das Auftreten von ***Pseudopolypen.***

**Klinik.** Die Colitis ulcerosa beginnt oft schleichend mit ***Durchfall*** und ***blutig-schleimigen Stuhlbeimengungen.*** Die Symptome sind von der Schwere und der Ausdehnung der Erkrankung abhängig. In leichteren Fällen stehen häufige, kleinvolumige, schmerzhafte Stuhlentleerungen mit Schleim- und Blutbeimengungen im Vordergrund der Beschwerden. Bei ausgedehntem Kolonbefall treten wäßrig-schleimig-blutige Durchfälle mit Tenesmen auf, die häufig nach der Defäkation nachlassen. Unspezifische Symptome sind Fieber, Anorexie und Gewichtsverlust. ***Extraintestinale Manifestationen*** können wie beim Morbus Crohn bestehen. Die Kombination mit Arthritis ist häufig.

Man unterscheidet zwischen einer leichten, mittelschweren und fulminant-toxischen Form. Der Verlauf der beiden ersten Formen ist unvorhersehbar. Es kann zu kurz- oder langfristigen Remissionen, zum Übergang in eine chronische Form oder zu einem erneuten akuten Schub kommen. Die fulminant-toxische Verlaufsform ist durch eine große Zahl an blutig-schleimigen Durchfällen, hohes Fieber mit septischem Krankheitsbild, Anämie, Dehydratation, Hypoproteinämie, Hypokaliämie, Distension und Druckschmerzhaftigkeit des Abdomens gekennzeichnet. Es kann sich eine ***Dilatation des Kolons*** mit hoher Perforationsgefahr entwickeln (toxisches Megakolon).

**Diagnose.** Neben der typischen Anamnese erlauben endoskopische Untersuchungen und Röntgen die Diagnose. Bei chronischem Verlauf sind Verengungen und Verkürzungen eines starren und röhrenförmigen Dickdarms mit Pseudopolypen zu finden. Laboruntersuchungen zeigen erhöhte BKS, Leukozytose, Thrombozytose, hypochrome Anämie, Hypoproteinämie und Hypokaliämie.

**Meist beginnt die Colitis ulcerosa im Rektum und breitet sich nach proximal aus.**

**Differentialdiagnose.** Differentialdiagnostische Unterscheidungsmerkmale zwischen Colitis ulcerosa und Morbus Crohn des Kolons sind in Tabelle 2.11 aufgeführt. Als weitere Differentialdiagnosen kommen in Betracht: virale, bakterielle und parasitäre Kolitiden (Salmonellen, Shigellen, Amöben) und die Strahlenkolitis. Von Wichtigkeit ist auch die ***pseudomembranöse Enterokolitis,*** die nach Antibiotikabehandlung auftreten kann und durch Toxine von Clostridium difficile hervorgerufen wird. Die ***ischämische Kolitis*** ist durch eine arterielle Minderperfusion (A. mesenterica inferior) bedingt. Die Diagnose wird durch Koloskopie, Kontrasteinlauf und Zöliakographie gestellt. Bei Verschlechterung ist die Operation mit Entfernung des ischämischen Darmabschnitts angezeigt.

**Therapie.** Die Therapie leichter oder mittelschwerer Formen der Colitis ulcerosa besteht in der oralen Gabe von ***Salazosulfapyridin*** (SASP; 3–4 g/Tag) oder ***5-Aminosalizylsäure*** (5-ASS, 1,5–2,0 g/Tag). Da die Erkrankung häufig nur im Rektum und linksseitigen Kolon lokalisiert ist, kommt auch die lokale Applikation von 5-ASS per Klysma in Frage. Bei schweren Schüben ist eine orale oder parenterale Steroidapplikation erforderlich. Die

**Tabelle 2.11.** Chronisch-entzündliche Darmkrankheiten

| Zeichen | Colitis ulcerosa | Morbus Crohn |
|---|---|---|
| *Klinisch:* | | |
| Rektalblutung | häufig | selten |
| Fistelbildungen | selten | häufig |
| Abszesse perianal, perirektal | gelegentlich | häufig |
| Toxisches Megakolon | gelegentlich | selten |
| *Sigmoido- bzw. Koloskopie:* | | |
| Rektum betroffen | 95% | 50% |
| Kontaktempfindlichkeit der Mukosa | häufig | selten |
| *Röntgen:* | | |
| Art des Befalls | kontinuierlich | diskontinuierlich |
| Rechtes Kolon befallen | gelegentlich | häufig |
| Terminales Ileum | weit | eng, steif |
| Dünndarm | normal | oft befallen |
| *Pathologie:* | | |
| Tiefe des Befalls | Mukosa und Submukosa | transmural |
| Granulome | selten | häufig |
| Fissuren, Fisteln | selten | häufig |
| Mesenteriale Lymphknoten | nicht befallen | ödematös, hyperplastisch |
| Auftreten von Malignomen | gelegentlich | selten |

FALL 2D

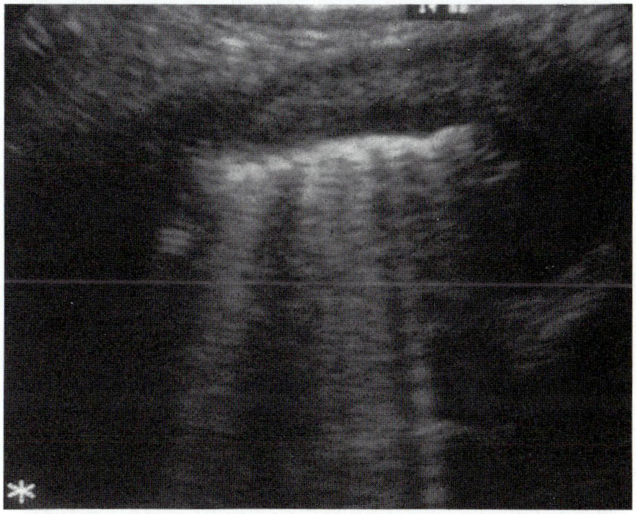

**Abb. 2D 1.** Sonographischer Längsschnitt im Bereich des rechten Unterbauchs; ausgeprägte Verdickung der Wand des Colon ascendens

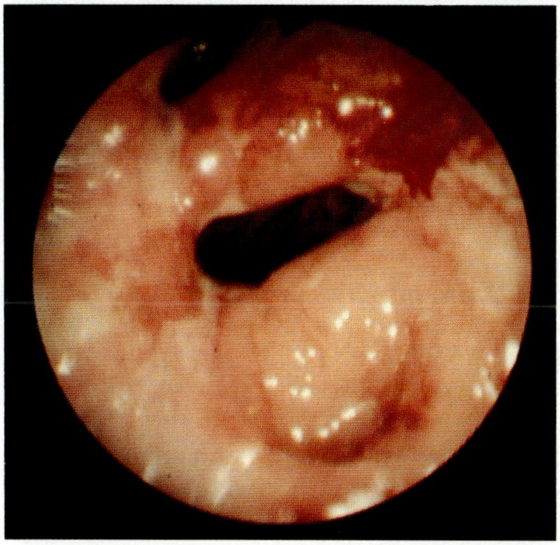

**Abb. 2D 2.** Hochgradige Stenose des Colon ascendens durch entzündliche Schleimhautschwellung mit Ulzerationen und Verlust der Haustrierung bei Morbus Crohn

**Anamnese.** Der 28jährige Patient leidet seit ca. 4 Wochen unter krampfartigen abdominalen Schmerzen, die unabhängig von Nahrungsaufnahme und Stuhlgang auftreten. Er hatte gelegentlich schleimig-wäßrige Entleerungen, Blutbeimengungen im Stuhl und Fieber bis 38,5 °C rektal.

**Laborbefunde.** BKS 64/103 pg; Hb 10,3 g/dl; HbE 24,7 nW; Leukozyten 11 700/µl; Serumeisen 18 µg/dl; Thrombozyten 324 000/µl.

**Diagnose.** Die sonographische Untersuchung ergibt eine pathologische Kokarde, die bei gezielter Palpation druckdolent ist. Bei der Koloskopie erkennt man im Bereich des Colon ascendens eine hochgradige Stenose durch eine entzündliche Schleimhautschwellung mit Ulzerationen und Blutungsneigung bei Kontakt mit dem Gerät.

**Therapie und Verlauf.** Unter Behandlung mit zunächst 20 mg Fluocortolon bessert sich das Befinden rasch. Unter Dauertherapie mit Azulfidine kann eine Remission erzielt werden.

Hypalbuminämie ist durch Gabe von Humanalbumin, die Anämie durch Transfusionen zu behandeln. Eine Antibiotikabehandlung kann bei schwerem toxischen Verlauf erforderlich werden. Bei Auftreten eines toxischen Megakolons mit drohender Perforation ist der Chirurg hinzuzuziehen. Die Colitis ulcerosa neigt zu ***Rezidiven;*** eine Rezidivprophylaxe (2 g SASP oder 1 g 5-ASS) ist sinnvoll und wirksam.

### 2.4.4 Akute Appendizitis

**Definition.** Die Appendizitis ist eine akute Entzündung des Wurmfortsatzes des Zökums.

**Inzidenz.** Die Appendizitis ist eine der häufigsten Ursachen für Abdominaloperationen. Über 5% der Bevölkerung werden im Laufe ihres Lebens wegen einer akuten Appendizitis operiert.

**Symptome.** Bauchschmerzen, Übelkeit, Appetitlosigkeit, Brechreiz, Fieber und Leukozytose stehen im Vordergrund der Beschwerdesymptomatik. Leitsymptom ist der ***Abdominalschmerz,*** der oft zunächst in die Magengegend lokalisiert wird, aber innerhalb von Stunden in den rechten Unterbauch wandert (lokale Peritonitis). In schweren Fällen bietet sich ein septisch-toxisches Bild mit paralytischem Ileus. Bei retrozökaler Lage der Appendix kann die Abwehrspannung fehlen. Bei Diabetikern und bei Senioren kann die Appendizitis symptomarm verlaufen.

**Klinische Befunde.** Im Vordergrund steht die klinische Untersuchung mit ***Druck-*** und ***Loslaßschmerz*** am ***Mc-Burney-Punkt.*** Die Nachbarschaft der Entzündung zum M. psoas bewirkt, daß eine Anhebung des gestreckten rechten Beines vom Patienten oberhalb der Leiste als schmerzhaft empfunden wird ***(Psoasschmerz).*** Besonders bei kaudaler Lage der Appendix findet sich bei der wichtigen Rektaluntersuchung eine ausgeprägte ***Schmerzhaftigkeit*** des ***Douglas-Raums.*** Meist findet sich eine Leukozytose. Neuerdings hat sich die Sonographie in der Diagnostik der Appendizitis bewährt.

**Differentialdiagnose.** Folgende Differentialdiagnosen kommen in Betracht: Divertikulitis des rechten Kolons, Morbus Crohn, Meckel-Divertikel, Invagination, Adnexitis, Hydronephrose.

**Therapie.** Die Behandlung besteht in der Appendektomie. Die Mortalitätsrate beträgt weniger als 0,2%, im hohen Alter jedoch ca. 7%.

### 2.4.5 Divertikulose und Divertikulitis

**Definition.** Divertikel des Kolons sind Ausstülpungen der Mukosa und der Submukosa. Die Divertikulose ist im jungen Lebensalter selten, steigt jedoch mit dem Alter an.

**Pathogenese.** Die Entstehung der Divertikel wird auf eine Erhöhung des intraluminalen Drucks (ballastarme Kost, spastische Obstipation) zurückgeführt. Die Hauptlokalisation ist das Sigma. Entzündungen können zur Divertikulitis führen.

**Klinische Befunde.** Die Divertikulose des Dickdarmes bereitet keine Beschwerden. Häufig besteht anamnestisch eine habituelle chronische Obstipation mit schafskotähnlichen Stühlen und Schleimabgängen. Die Divertikulitis kann sich als ***hochakutes Krankheitsbild*** mit umschriebener Peritonitis, heftigen Schmerzen, Abwehrspannung, walzenförmiger Resistenz, Fieber und Leukozytose präsentieren. Da eine Divertikulitis meist am Sigma-descendens-Übergang auftritt, spricht man auch von der ***Linksseitenappendizitis.***

**Diagnostik.** Die Diagnostik erfolgt bei der Divertikulose durch Kontrasteinlauf oder Koloskopie, bei der akuten Divertikulitis wegen der Perforationsgefahr zuerst nur sonographisch, evtl. radiologisch.

Komplikationen sind Peritonitis, auch ohne Perforation, Abszedierung, Sepsis, Stenosierung des befallenen Darmabschnittes, Blutung.

**Therapie.** Die Divertikulose bedarf keiner Therapie. Die akute Divertikulitis wird entsprechend dem klinischen Schweregrad unter Hinzuziehung des Chirurgen zunächst ***konservativ*** behandelt: Bettruhe, Nahrungskarenz, parenterale Flüssigkeitszufuhr, Antibiotika. Bei Verschlechterung des klinischen Zustandes ist die Operation indiziert. Operatives Vorgehen ist sofort indiziert bei Perforation, Abszedierung oder einer massiven Blutung sowie bei Ileussymptomatik durch Stenosierung des Dickdarmes.

### 2.4.6 Dickdarmpolypen und Polyposen

**Einteilung.** Entsprechend der Dignität werden unterschieden: ***benigne Polypen, benigne Polypen mit Entartungstendenz*** und ***maligne Polypen*** (Tabelle 2.12). Entsprechend der Histologie unterscheidet man: epitheliale und mesodermale polypoide Tumoren (Hamartome).

**Pathologie.** Die epithelialen Polypen können in ***hyperplastische*** (ca. 25% aller Polypen) und ***neoplastische*** (50–70% aller Polypen) unterteilt werden. Die neoplastischen Polypen (Adenome) sind histologisch durch eine vermehrte Anzahl von Drüsen gekennzeichnet und haben ***maligne Entartungstendenz.*** Da die verschiedenen Polypen makroskopisch nicht unterschieden werden können, gilt für die Klinik, daß jeder Polyp im Dickdarm ***komplett entfernt*** und ***histologisch untersucht*** werden muß. Die Entartungstendenz der einzelnen Polypen ist unterschiedlich ausgeprägt. Bei der ***familiären Polypose*** und beim ***Gardner-Syndrom*** (hereditäre Kolonpolypose mit gleichzeitigen Knochen- und Weichteiltumoren) beträgt die Entartungswahrscheinlichkeit 100%. Große Polypen entarten häufiger als kleine.

**Symptome.** Kleine Polypen verursachen keine Symptome und werden oft durch Zufall entdeckt. Größere Polypen sind gelegentlich Ursachen von Blutungen. Bei villösen Adenomen mit breitflächiger Ausbreitung im Rektum kommt es zu Schleimabgängen.

**Tabelle 2.12.** Polypoide Tumoren des Dickdarms

| |
|---|
| *Ohne bösartige Entartungstendenz:* |
| Entzündliche |
| Hyperplastische |
| Hamartome (gemischt mesodermale Tumoren: u.a. Peutz-Jeghers-Syndrom, juvenile Polypen, Neurofibromatose, Lipome, Leiomyome, Hämangiome, Cronkhite-Canada-Syndrom) |
| *Mit bösartiger Entartungstendenz:* |
| Tubuläre Adenome |
| Tubulovillöse Adenome |
| Villöse Adenome |
| Familiäre Polypose |
| Gardner-Syndrom |
| *Bösartige Tumoren:* |
| Polypöse Karzinome |
| Metastasen |
| Karzinoide |

**Diagnostik und Therapie.** Bei Polypen im Dickdarm ist immer eine ***totale und vollständige Koloskopie*** erforderlich, da häufig mehrere Polypen an unterschiedlichen Stellen des Dickdarms zu finden sind. Polypen sollten immer ***vollständig abgetragen*** werden. Die alleinige Biopsie ist obsolet, da ein fokales Karzinom im Polypen verfehlt werden kann. Große, endoskopisch nicht abtragbare Polypen (> 3 cm) müssen operativ entfernt werden. Dies gilt insbesondere für die oft breitflächig wachsenden villösen Adenome.

**Nachsorge.** Eine Nachsorge nach Polypektomie ist dringend notwendig, da neue Polypen entstehen können.

### 2.4.7 Bösartige Dickdarmtumoren: Dickdarmkarzinom

**Definition.** Das Dickdarmkarzinom ist ein ***Adenokarzinom;*** es ist für 95% aller malignen Dickdarmtumoren verantwortlich. Selten kommen im Dickdarm Lymphome, Sarkome oder Karzinoide vor.

**Epidemiologie.** Die Anzahl der jährlichen Neuerkrankungen (Inzidenz) beträgt für das Kolonkarzinom ca. 15:1000, für das Rektumkarzinom 12:1000. Das Dickdarmkarzinom war 1978 von den Krebstodesfällen bei Frauen die häufigste, bei Männern die zweithäufigste Ursache. Das Dickdarmkarzinom ist ein Malignom des höheren Lebensalters. Die Häufigkeit nimmt weiterhin zu. Von den Dickdarmkarzinomen entfallen 40% auf das Rektum, 60% auf das übrige Kolon.

**Ätiologie.** Änderungen der Ernährung (zu viel Fett, zu wenig Ballaststoffe), karzinogene Eigenschaften von Gallensäuren kommen in Frage. Besonders gefährdet sind Patienten mit familiärer Polyposis (100% Karzinome) und Gardner-Syndrom (> 90% Karzinome). Seltener sind Kolonkarzinome bei Polyposis juvenilis und Peutz-Jeghers-Syndrom. Ein erhöhtes Karzinomrisiko besteht bei länger dauernder (> 20 Jahre) Colitis ulcerosa mit schwerem Verlauf, Morbus Crohn und Sprue (unbehandelt).

**Nach dem Lungentumor ist das Kolon- und Rektumkarzinom der zweithäufigste Krebs beim Mann.**

**Klinik.** Die Beschwerden beginnen oft schleichend unter dem Bild einer ***Obstipation*** oder dem Wechsel zwischen

Obstipation und ***Diarrhöe.*** Bei 75% der Patienten bestehen ***Blutbeimengungen*** im Stuhl (makroskopisch oder mikroskopisch), die häufig als Hämorrhoidalblutungen mißgedeutet werden. Rektumkarzinome verursachen häufig Stuhldrang mit blutig-schleimigen Absonderungen. Bei Tumoren des Zökums bestehen häufig Schmerzen im rechten Unterbauch. Größere Kolontumoren können durch die Bauchwand als walzenförmige Resistenz tastbar und auch sonographisch erfaßbar werden. Zu den Komplikationen zählen Obstruktion, Blutungen, Perforation mit Abszeß- und Fistelbildung sowie Ausbreitung des Karzinoms durch infiltratives Wachstum in die Nachbarorgane (Blase, weibliche Geschlechtsorgane), in Lymph- und Blutwege sowie durch Implantation von Tumorzellen in die Bauchhöhle bei Durchbruch der Serosa. Lokale Lymphknoten und die Leber, seltener Skelett und Lunge, sind die bevorzugt metastasierten Organe. Die wichtigsten Untersuchungsmethoden sind die Suche nach Blut im Stuhl und die digitale Austastung des Rektums. Die Diagnose wird endoskopisch (Rektoskopie/ Koloskopie) mit gleichzeitiger bioptischer Sicherung der Diagnose gestellt. Bei der Röntgenuntersuchung stellen sich Füllungsdefekte, Wandstarre und Stenose dar. Die immunologischen Krebstests (karzinoembryonales Antigen, CEA) spielen nur bei der Verlaufskontrolle eine diagnostische Rolle.

**Therapie.** Die chirurgische Therapie (Resektion mit oder ohne künstlichen Darmausgang beim Rektumkarzinom) wird vom Allgemeinzustand des Patienten, dem Lokalbefund und dem Nachweis von Metastasen bestimmt. Isolierte Lebermetastasen können operativ angegangen werden. Die Chemotherapie ist beim metastasierten Kolonkarzinom wenig effektiv.

**Verlauf und Prognose.** Die Prognose des Kolonkarzinoms ist davon abhängig, in welchem Stadium der Tumor erkannt und entfernt wird. Beim ***Duke-Stadium A*** (Infiltration bis Muscularis propria) beträgt die Fünfjahresüberlebensrate 90%, bei ***Duke B*** (Infiltration über Muscularis propria) 50% und bei ***Duke C*** (Lymphknotenmetastasen) nur noch 25%. Bestehen Fernmetastasen, sinkt die Fünfjahresüberlebensrate auf 0–5%. Eine Frühdiagnose ist deshalb dringend notwendig, zur Früherkennung dient der ***Test auf okkultes Blut.***

**Nachsorge.** Wegen der hohen Rezidivrate und der Möglichkeit von Zweittumoren (3%) ist eine regelmäßige Nachsorge notwendig.

### 2.4.8 Strahlenschädigungen

Strahlentherapie im Bereich des Abdomens und des Beckens führt zu einer Schädigung des Dickdarms (Strahlenkolitis) und auch des Dünndarms (Enteritis).

Die ***Strahlenfrühreaktion*** geht mit Brechreiz, Erbrechen, krampfartigen Durchfällen mit Blut- und Schleimbeimengungen einher und ähnelt klinisch der Colitis ulcerosa.

Loperamid wird symptomatisch eingesetzt: es erfolgt rektale Applikation von Klysmen mit 5-ASS oder SASP; Hydrokortison ist zu versuchen. Manche Patienten sprechen gut auf Azetylsalizylsäure (Aspirin) an. Die ***Strahlenspätreaktion*** ist durch eine Fibrosierung kleiner und mittlerer Gefäße des Darms bedingt und kann bis zu 15 Jahren nach einer Strahlentherapie symptomatisch werden. Es finden sich dann Strikturen, Stenosen, Wandstarre und Fistelbildungen.

## 2.5 Krankheiten des anorektalen Bereiches

W. Caspary

### 2.5.1 Hämorrhoidalleiden

**Definition.** Hämorrhoiden sind eine Vergrößerung der inneren Hämorrhoidalplexus (Corpus cavernosum recti), die durch Verlagerung in den unteren Analkanal oder vor den Anus durch Läsionen der sie bedeckenden Schleimhaut zu Sekretion, Blutung und Störung der Kontinenz führen.

**Klinik.** Man unterscheidet ***3 Schweregrade:***
- proktoskopisch sichtbare submuköse Polster,
- bei Bauchpresse in den unteren Analkanal oder vor den Anus prolabierende Knoten mit spontaner Retraktion,
- prolabierende Knoten ohne spontane Retraktion.

Blutungen können bei allen Schweregraden auftreten. Typisch für eine Hämorrhoidalblutung ist das Auftreten ***frischen, hellroten Bluts,*** das dem Stuhl aufgelagert ist oder bei der Reinigung des Afters am Toilettenpapier sichtbar wird.

**Diagnostik.** Die Diagnose läßt sich nur durch die ***Proktoskopie*** stellen, wobei man zur Feststellung des Schwe-

FALL 2E

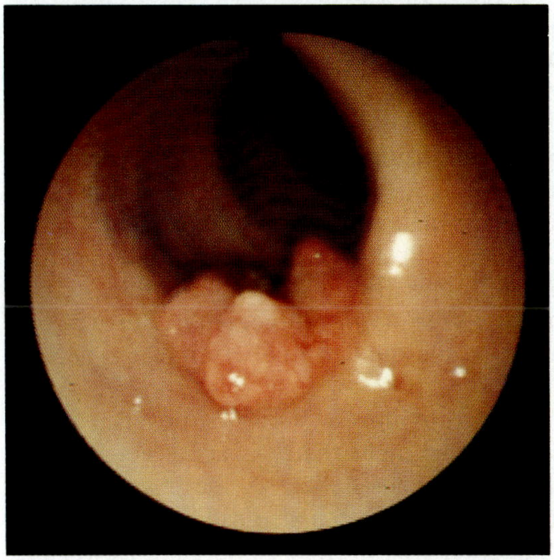

**Abb. 2E.** Koloskopisches Bild eines ca. 3×3 cm großen breitbasig aufsitzenden Tumors, 20 cm vom Anus entfernt. Auf dem Tumor vereinzelte Ulzerationen

**Anamnese.** Der 62jährige Rentner bemerkte seit ca. 4 Wochen neuaufgetretene Stuhlunregelmäßigkeiten mit Neigung zur Obstipation. Auf dem Stuhl fanden sich vereinzelt Blutauflagerungen. Vier Jahre zuvor wurde bei dem Patienten ein zentrozytisch-zentroblastisches Lymphom, Stadium IV, diagnostiziert und der Patient mit Chemotherapie und Bestrahlung behandelt.

**Befunde.** Rektale Untersuchung unauffällig. Kein pathologischer abdominaler Tastbefund.

Hb 12,1 g/dl, HbE 26,4 pg, Leukozyten 3200/µl, sonstige Laborparameter im Normbereich.

**Totale Koloskopie.** 20 cm vom Anus entfernt ein etwa walnußgroßer exophytisch wachsender und vereinzelt ulzerierter, breitbasig aufsitzender Polyp. Dieser wird zur histologischen Untersuchung etwa zur Hälfte abgetragen. Als Nebenbefund eine Sigmadivertikulose. Die übrigen Kolonabschnitte sind unauffällig.

**Diagnose.** Mäßig differenziertes Adenokarzinom des Dickdarms mit nachweisbarer submuköser Infiltration.

**Therapie und Verlauf.** Tiefe anteriore Rektumresektion. Bei Kontrolluntersuchungen nach 6 und 12 Monaten war die Koloskopie jeweils unauffällig. Hinweise für eine Metastasierung oder ein Rezidiv fanden sich bisher nicht.

regrades den Patienten pressen lassen muß. Erweiterungen des venösen Plexus hämorroidalis inferior, der bei der Untersuchung am äußeren Analrand sichtbar wird, sind normal. Außen sichtbare, schmerzhafte Schwellungen sind meist auf ***perianale Thrombosen*** oder deren Folgezustände – die fibrosierten vergrößerten Hautfalten ***(Marisken)*** – zurückzuführen. Diese Zustände werden fälschlicherweise als „äußere Hämorrhoiden" bezeichnet. Bei einer perianalen Blutung darf sich die Untersuchung nicht auf die Proktoskopie beschränken, es muß zum Ausschluß einer Blutungsquelle aus dem oberen Dickdarm eine ***Koloskopie*** durchgeführt werden, um nicht andere Blutungsquellen zu übersehen.

**Therapie.** Die symptomfreie Vergrößerung des Plexus hämorrhoidalis wird nicht therapiert. Im Vordergrund steht die Aufklärung des Patienten über Änderung der Lebens- und Eßgewohnheiten, da das Hämorrhoidalleiden meist mit einer ***Obstipation*** einhergeht: Bewegung, Steigerung der Flüssigkeitszufuhr, ballaststoffreiche Ernährung (3mal 2 Eßlöffel Weizenkleie). Nur gelegentlich wird eine Sklerosierung oder Gummibandligatur nötig.

### 2.5.2 Analfissur

Bei der Analfissur, einem schmerzhaften Längseinriß der Perianalhaut in der posterioren Kommissur, besteht meist ein stark erhöhter Sphinktertonus. Die ***frische Analfissur*** bewirkt Schmerzen und Blutungen bei der Defäkation sowie Afternässen. Die Ränder sind bei der frischen Fissur glatt, bei der meist nicht mehr schmerzhaften ***chronischen Analfissur*** finden sich stumpfe oder unterminierte Ränder. Die ***akute Analfissur*** wird konservativ behandelt durch Stuhlregulation, Unterspritzung mit Lokalanästhetika und Analdehnung, die vom Patienten zuhause durchgeführt wird.

### 2.5.3 Analfisteln

Anorektale Fisteln entstehen als Folge eines Abszesses, der von der Kryptenregion ausgeht. Das Fistelleiden ist typisch für Morbus Crohn, kann jedoch auch ohne diese Erkrankung auftreten.

### 2.5.4 Pruritus ani

Häufigstes Symptom in der Proktologie ist der Pruritus ani, der meist als Folge von Erkrankungen des anorektalen Bereichs, aber auch anatomisch bedingt durch Trichteranus und verstärkte Behaarung mit Neigung zu vermehrtem Schwitzen, Akne oder eine unqualifizierte Lokalbehandlung mit einem der zahlreichen Hämorrhoidaltherapeutika, am häufigsten jedoch durch mangelnde Sauberkeit im Analbereich entsteht. Mögliche Krankheiten als ***Ursache*** eines Pruritus ani sind: Ekzeme, Kontaktdermatitis, mikrobielles Ekzem, intertriginöses Ekzem, Urtikaria, Candidiasis, Tinea, Herpes simplex, Lichen ruber, Psoriasis vulgaris, Neurodermitis, Condylomata acuminata, Condylamata lata (Lues) sowie Pruritis sine materia. Die Therapie hat sich nach der Grunderkrankung zu richten.

## 2.6 Krankheiten des Pankreas

P. G. Lankisch

### 2.6.1 Klassifikationen

Die entzündlichen Pankreaserkrankungen werden in akute und chronische Pankreatitis eingeteilt. Eine Sonderform, die obstruktive chronische Pankreatitis, kann durch Tumoren oder Vernarbungen entstehen.

**Übermäßiger Alkoholgenuß und Gallensteine sind die häufigsten Ursachen der akuten Pankreatitis.**

### 2.6.2 Akute Pankreatitis

**Ätiologie.** Häufigste Ursache für die akute Pankreatitis (Tabelle 2.13) ist ein ***Gallensteinleiden*** (40–80 %). Kleine Konkremente können kurz vor ihrem spontanen Abgang in das Duodenum in der Ampulle steckenbleiben und durch einen Reflux von Galle in den Pankreasgang eine akute Pankreatitis verursachen.

Ferner kann eine akute Pankreatitis durch Obstruktion der Pankreasausführungsgänge oder der Papille durch Gangkonkremente, Tumoren, Metastasen nichtpankreatogener Tumoren, entzündliche Strikturen, Askariden sowie Spasmen des Sphincter Oddi oder Entzündungen der Papille entstehen. Beim Pancreas divisum (1–5% aller Patienten bei endoskopisch-retrograder Cholangio-pankreatikographie, ERCP) ist eine Fusion der dorsalen und ventralen Pankreasanlagen ausgeblieben. Ein Teil dieser Patienten leidet unter rezidivierenden akuten Pankreatitiden. Die Ursache ist ein Rückstau von Pankreassekret, das nur über eine zu kleine Papille in das Duodenum fließen kann. Periampulläre Duodenaldivertikel (ca. 5–23% bei ERCP), Pancreas anulare (inkomplette oder komplette Stenose der Pars descendens des Duodenums durch einen vom Pankreaskopf ausgehenden Ring von Pankreasgewebe), arteriomesenteriale Duodenalkompression und entzündliche oder maligne Duodenalstrikturen können zu akuten Pankreatitiden führen.

***Alkoholiker*** sind die zweitgrößte Gruppe der Patienten mit akuter Pankreatitis. Eine alkoholbedingte Pankreatitis tritt möglicherweise nur bei einem vorgeschädigten Pankreas auf. Chronischer Alkoholkonsum führt zu vermehrter Proteinsekretion, zum Ausfall von Eiweißpräzipitaten in den kleineren und mittleren Gängen des Pankreas und verursacht intrapankreatische Obstruktionen.

***Infektiös*** bedingte akute Pankreatitiden (Mumps, infektiöse Mononukleose, Virushepatitiden oder Coxsackie-Virusinfektionen) sind selten.

Postoperative Pankreatitiden machen über 10% der akuten Pankreatitiden aus. Sie treten meistens nach Operationen am Magen und an den Gallengängen, jedoch auch nach pankreasfernen Eingriffen auf. Ein Trauma als Ursache der Pankreatitiden ist selten.

Akute Pankreatitiden treten auch nach Einnahme von Arzneimitteln, wie Azathioprin, Chlorothiazid, Östrogen, Furosemid, Sulfonamid, Tetrazyklin und Natriumvalproinat, auf.

Weitere seltenere Ursachen einer akuten Pankreatitis sind Gefäßerkrankungen, endokrine und metabolische Störungen (Hyperparathyroidismus, Hyperkalzämie, Hyperlipidämien Typ I, IV, V).

**Pathogenese.** Intrapankreatische Aktivierung von Verdauungsenzymen führt zur Autodigestion des Organs (Abb. 2.8).

**Anamnese.** Heftige Schmerzen beginnen oft (25%) nach einer reichlichen Mahlzeit und/oder einem Alkoholexzeß, später im gesamten Abdomen; sie können in den Rücken ausstrahlen. Häufig sind Übelkeit, Erbrechen und rasch ansteigende Körpertemperatur.

Bei der Hälfte der Patienten findet sich eine elastische Bauchdeckenspannung, der „Gummibauch", nicht selten ein Ikterus oder Subikterus oder ein palpabler Oberbauchtumor und sogar eine passagere Hypertonie (Tabelle 2.14). Komplikationen sind Schock sowie respiratorische und renale Insuffizienz (Tabelle 2.15). Selten sind Hämatemesis und Meläna infolge gastrointestinaler Blutung (Verbrauchskoagulopathie oder hämorrhagische Magen- und Darmnekrosen). Bei Kolonwandnekrosen können blutige Durchfälle auftreten. Haupt-

**Tabelle 2.13.** Ätiologische Faktoren der akuten Pankreatitis

| |
|---|
| 1. Obstruktion und Reflux: |
| a) Gallenwegerkrankungen |
| b) andere Ursachen |
| c) Duodenalerkrankungen |
| 2. Alkoholismus |
| 3. Infektionen |
| 4. Traumatische Ursachen: |
| a) postoperativ |
| b) posttraumatisch |
| 5. Medikamente/Toxine |
| 6. Gefäßprozesse |
| 7. Endokrine und metabolische Ursachen: |
| a) Hyperparathyreoidismus |
| b) Koma diabeticum |
| c) Schwangerschaft |
| d) Hyperlipoproteinämie |
| e) Urämie |
| 8. Allergische bzw. immunologische Prozesse |
| 9. Hereditäre Pankreatitis |
| 10. Nervale Faktoren |

**Tabelle 2.14.** Klinische Symptomatik der akuten Pankreatitis

| Symptom | Häufigkeit (%) |
|---|---|
| Schmerzen | 90–100 |
| Schmerzausstrahlung in den Rücken | 50 |
| Übelkeit, Erbrechen | 75–85 |
| Meteorismus, Darmparese | 70–80 |
| Elastische Bauchdeckenspannung („Gummibauch") | 50 |
| Palpabler Oberbauchtumor | 10–20 |
| Ikterus, Subikterus | 20 |
| Fieber | 60–80 |
| Hämatemesis | 3 |
| Meläna | 4 |
| Passagere Hypertonie | 10–15 |
| Schock | 40–60 |
| Anurie, Oligurie | 20 |

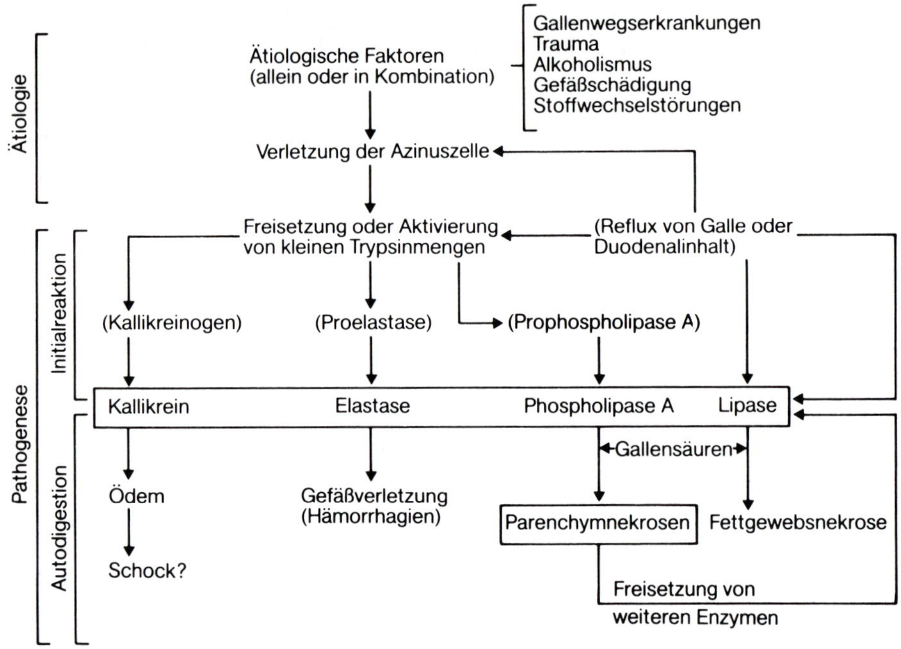


**Abb. 2.8.** Synopsis ätiologischer und pathogenetischer Faktoren der akuten Pankreatitis. (Nach Creutzfeldt u. Lankisch 1985)

zeichen einer ausgeprägten Pankreasnekrose, wie bräunlich-grünliche Verfärbungen der Haut im Bereich des Nabels (Cullen-Zeichen) oder der Flanke (Grey-Turner-Zeichen) (Abb. 2.9), werden durch Imbibierung des Gewebes mit Pankreassaft und nekrotischem, hämorrhagischem Material hervorgerufen.

**Diagnostik.** Ein Anstieg von Amylase und Lipase im Serum bzw. Urin ist hinweisend, jedoch nicht beweisend für eine akute Pankreatitis; infolge der Organzerstörung gelangen aus dem Pankreas nur noch wenige Enzyme in die Peripherie. Weitere Hinweise sind Leukozytose, Methämalbumin im Serum bzw. Aszites, Abfall des Kalziums, Anstieg der harnpflichtigen Substanzen im Serum und der Kreatinkinase.

**Für eine akute Pankreatitis ist der Lipaseanstieg im Serum am empfindlichsten.**

Zur Routinediagnostik gehören die Röntgenaufnahmen des Thorax in 2 Ebenen (linksseitige oder beidseitige Plattenatelektasen und Pleuraergüsse?) und die Abdomenleeraufnahme im Stehen (Ileus? Perforation?). Nicht selten sind einzelne geblähte Dünndarmschlingen im linken Ober- oder Mittelbauch („sentinal loop“) oder der Abbruch der Luftfüllung im Bereich der linken Kolonflexur oder des Colon descendens („colon cut-off sign“). Sonographisch und computertomographisch läßt sich in der Regel ein vergrößertes Pankreas nachweisen.

**EKG.** Differentialdiagnostisch muß ein Hinterwandinfarkt ausgeschlossen werden.

**Rationelle Diagnostik.** Der Verdacht auf akute Pankreatitis muß erhärtet oder entkräftet und der Schweregrad sowie die Prognose müssen festgelegt werden (Abb. 2.10).

**Tabelle 2.15.** Extrapankreatische Komplikationen bei akuter Pankreatitis

| |
|---|
| Schock |
| Akutes Nierenversagen |
| Respiratorische Insuffizienz |
| Kardiale Komplikationen |
| Stenose des Ductus choledochus |
| Gastrointestinale Blutung |
| Stenose der benachbarten Hohlorgane (Duodenum, Kolon) |
| Dünndarmbeteiligung (Peritonitis, Dünndarminfarkte) |
| Fettgewebsnekrosen |
| Pankreatische Enzephalopathie |
| Hautmanifestationen |
| Ophthalmologische Veränderungen (Purtscher-Retinopathie) |

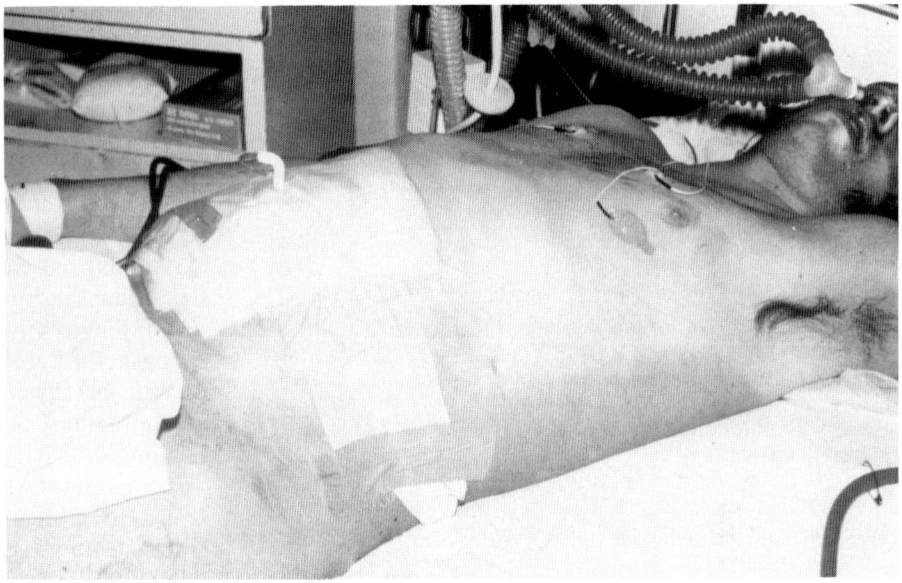

**Abb. 2.9.** Grey-Turner-Zeichen bei einem Patienten mit akuter hämorrhagischer Pankreatitis (bei Sektion gesichert) mit schwerer, beatmungsbedürftiger respiratorischer und Peritonealdialyse erforderlich machender renaler Insuffizienz

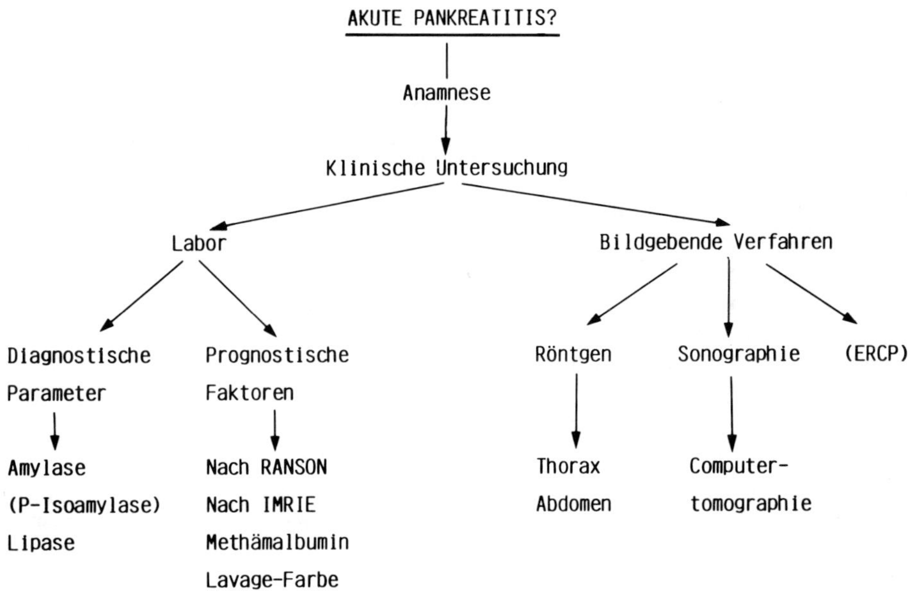


**Abb. 2.10.** Rationelle Diagnostik bei Verdacht auf akute Pankreatitis

**Therapie.** Zum Zeitpunkt der Diagnose ist der wesentliche Teil der Autodigestion bereits abgelaufen. Ein direktes Eingreifen in das pathogenetische Geschehen ist dann weder möglich noch nötig. Ziel der Therapie ist vielmehr die symptomatische, evtl. auch prophylaktische Beeinflussung der Folgeerscheinungen (Tabelle 2.16). Bei akuter biliärer Pankreatitis kann eine ERCP mit Papillotomie zur Entfernung präpapillär eingeklemmter Gallensteine indiziert sein.

### 2.6.3 Chronische Pankreatitis

**Ätiologie und Pathogenese.** Chronischer Alkoholkonsum ist der dominierende ätiologische Faktor der chronischen Pankreatitis. Eiweißmangel (z. B. durch Mangelernährung, Kwashiorkor) kann zu einer reversiblen exokrinen Pankreasinsuffizienz und zu morphologischen Veränderungen führen.

**Tabelle 2.16.** Behandlung der akuten Pankreatitis

| |
|---|
| *Basistherapie* |
| Intensivüberwachung |
| Analgetika |
| Nulldiät |
| Dauerabsaugen des Magens |
| Parenterale Volumen-, Elektrolyt- und ggf. Albuminsubstitution |
| Antibiotika |
| Heparin („low dose") |
| *Schocktherapie* |
| Therapie der renalen Insuffizienz: Peritonealdialyse |
| Therapie der respiratorischen Insuffizienz: $O_2$-Gabe; ggf. kontrollierte Beatmung mit PEEP („positive end expiratory pressure") |
| Therapie der endokrinen Insuffizienz: Insulin |
| Therapie einer disseminierten intravaskulären Gerinnungsstörung: Heparin |
| *Chirurgische Therapie* |
| Drainage von Abszeß- oder Zerfallshöhlen und Entfernung von infizierten Pankreassequestern |
| Drainage von Pankreaspseudozysten bei Verdrängungserscheinungen und Rupturgefahr |
| Bei Cholelithiasis Cholezystektomie und Sanierung der Gallenwege |

Als Folge einer hohen Konzentration von Kalzium im Pankreassaft kommt es bei etwa 5–7% der Patienten mit einem primären Hyperparathyreoidismus zu einer chronischen kalzifizierenden Pankreatitis.

Eine chronische Pankreatitis kann sich auch durch narbige Abheilung von Pankreaspseudozysten mit Strikturen des Pankreasgangs oder als Folge von den Gang verlegenden Tumoren entwickeln (sog. obstruktive Form).

**Klinik.** Leitsymptom sind ***heftige Oberbauchschmerzen,*** die anfallsweise und nahrungsunabhängig und/oder postprandial auftreten. Schmerzerleichterung wird häufig durch Hocken und Sitzen in leicht gebückter Haltung gefunden.

Ein weiteres Symptom ist der ***Gewichtsverlust*** (Abb. 2.11), der nur selten durch Diarrhöe und Steatorrhöe (beides fakultative Spätsymptome), häufig aber durch Angst vor postprandialen Schmerzen und dadurch verminderter Nahrungsaufnahme verursacht wird. Hinzu kommt die qualitative Fehlernährung bei chronischen Alkoholikern. Eine Pankreaskopfschwellung oder eine Pankreaskopfzyste führen zur Stenosierung des Ductus choledochus und zur Cholestase. Ein häufiges Spätsymptom ist der pankreatogene Diabetes mellitus.

Bei Patienten mit der seltenen schmerzlosen chronischen Pankreatitis führen erst die Folgezustände (Diabetes mellitus, Steatorrhöe, Ikterus oder die zufällige röntgenologische Entdeckung von Pankreasverkalkungen) zur Diagnose.

Auffällig ist meist ein reduzierter Allgemein- und Ernährungszustand. Beim akuten Schub einer chronischen Pankreatitis entspricht der klinische Untersuchungsbefund weitgehend dem einer akuten Pankreatitis. Im beschwerdefreien Intervall und bei weniger ausgeprägten Rezidiven ergibt die physikalische Untersuchung lediglich uncharakteristische Schmerzen im Epigastrium und stärkere Schmerzen bei Palpation der Pankreasgegend in Seitenlage im Vergleich zu der gleichen Untersuchungstechnik in Rückenposition (Mallet-Guy-Zeichen). Gelegentlich sind ein Pankreastumor (Pseudozyste) oder eine vergrößerte Milz (portale Hypertension durch eine Stenose oder Thrombosierung der V. lienalis) zu tasten.

Ein Skleren- oder Hautikterus ist selten. Gelegentlich wird ein Erythema ab igne beobachtet – ein Folgezustand zu intensiver Wärmeapplikation durch Wärmflaschen, Heizkissen etc. zur Schmerzlinderung (Abb. 2.12).

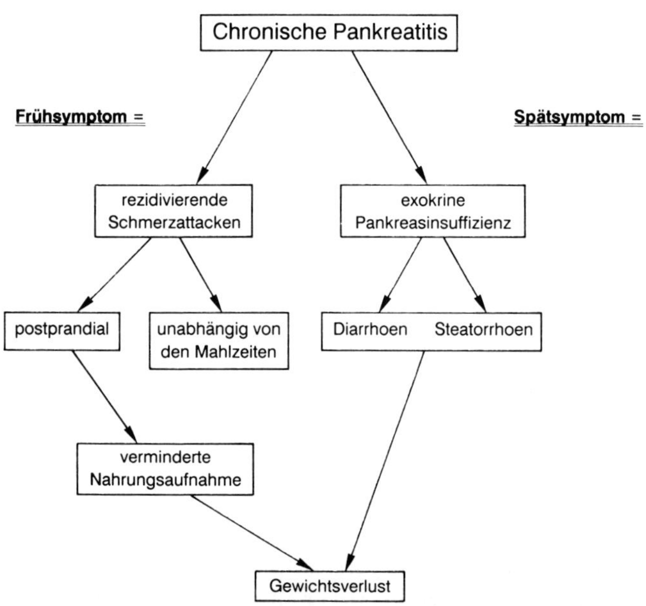


**Abb. 2.11.** Früh- und Spätsymptome bei chronischer Pankreatitis

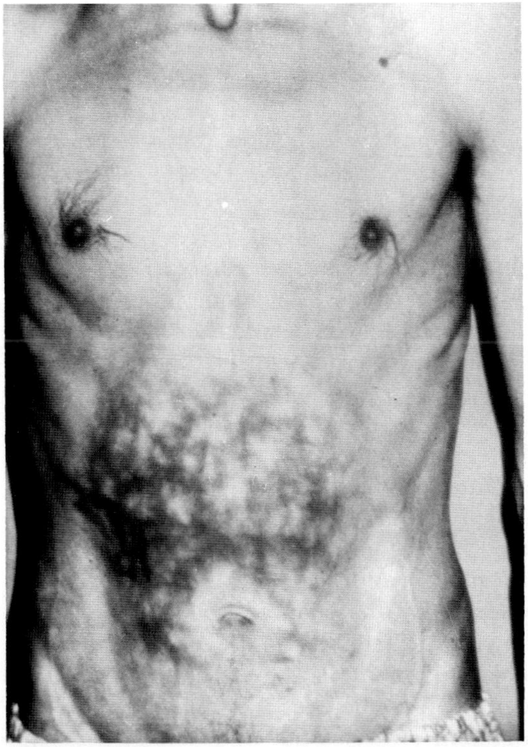

**Abb. 2.12.** Marmorierung der Haut (Erythema ab igne) in Oberbauchmitte als Folgezustand zu intensiver Applikation eines Heizkissens wegen stark schmerzhafter chronischer Pankreatitis

Pankreaspseudozysten sind häufig; sie bilden sich selten spontan zurück. Gastrointestinale Blutungen (ca. 9% der Fälle) sind Folge einer portalen Hypertension, selten auch eines blutenden Ulcus ventriculi oder duodeni.

Zysten, entzündliche Pankreaskopfschwellungen und peripankreatische Exsudate können zur Einengung von Ductus choledochus, Duodenum oder Kolon und so zu Ikterus, Übelkeit, Erbrechen, im Wechsel Obstipation und Diarrhöen sowie zu Meläna führen.

Gallensteine (ca. 6% der Fälle) und peptische Ulzera (bis zu 20%) können zur Schmerzsymptomatik beitragen.

Während eines entzündlichen Schubes können Perikard- und Pleuraergüsse entstehen. Bei Gang- oder Pseudozystenrupturen mit anschließendem Übertritt von Pankreassekret in die freie Bauchhöhle, Verlegung von Lymphbahnen durch Peripankreatitis, Pseudozysten und Fibrose des Pankreas und eine portale Hypertension (prähepatischer Block bei gleichzeitiger Hypalbuminämie) kann sich ein Aszites entwickeln.

Mit ***Pankreaskarzinomen*** auf dem Boden einer Pankreatitis ist in bis zu 5% der Fälle zu rechnen. Eine Spätfolge der exokrinen Pankreasinsuffizienz ist eine generalisierte Osteoporose. Subkutane Fettgewebsnekrosen und Osteolysen der Röhrenknochen sind Raritäten.

**Untersuchungsbefunde und Diagnose.** Die Ergebnisse der Laboruntersuchungen beim akuten Schub einer chronischen Pankreatitis entsprechen denen der akuten Pankreatitis. Im beschwerdefreien oder -armen Intervall können die cholestaseanzeigenden Serumenzyme (AP, $\gamma$-GT) erhöht und der Karotinspiegel als Ausdruck der Fettmalabsorption erniedrigt sein. Erhöhte Serumkalziumwerte müssen den Verdacht auf einen primären Hyperparathyreoidismus lenken.

Durch Pankreasfunktionstests läßt sich die Pankreasinsuffizienz bzw. ihr Verlauf feststellen. Blutzuckerbestimmungen nach dem Frühstück, ein oraler Glukosetoleranztest oder Glukosebestimmung in mehreren Urinproben gelten dem Nachweis einer endokrinen Pankreasinsuffizienz. Die dekompensierte exokrine Pankreasinsuffizienz (Stuhlfettausscheidung $> 7$ g/Tag) tritt erst auf, wenn die stimulierte Pankreassekretion auf unter 10% der Norm abgesunken ist, der Diabetes ist wesentlich früher bemerkbar.

***Bildgebende Verfahren*** umfassen die Abdomenübersicht (Pankreasverkalkung?), Sonographie und Computertomographie (Organvergrößerung oder -verkleinerung) und ERCP (Gangveränderung?), gelegentlich auch die perkutane transhepatische Cholangiopankreatikographie (PTC) (Choledochusstenose?), wenn bei der ERCP der Gallengang nicht dargestellt werden konnte.

**Therapie.** Neben peripher und/oder zentral wirkenden Analgetika kann Schmerzlinderung durch diätetische Maßnahmen erzielt werden (Tabelle 2.17). Alkohol ist verboten, da Alkoholabstinenz bei 50% der Erkrankten zu einer deutlichen Besserung führt.

**Tabelle 2.17.** Diätetische Empfehlungen bei chronischer Pankreatitis

| |
|---|
| Alkoholabstinenz |
| Beschränkung des Fettanteils in der Nahrung |
| Häufige kleine Mahlzeiten |
| Fettsparende Zubereitung der Speisen (Aluminiumfolie, Römertopf, Grill) |
| Eventuell Meiden von auch für Gesunde oft unverträglichen Nahrungsmitteln (z. B. Hülsenfrüchte) und Zubereitungsformen (eisgekühlte Getränke und Speisen) |

Eine Pankreasenzymsubstitution ist indiziert, wenn Durchfälle, dyspeptische Symptome oder ein progredienter Gewichtsverlust auftreten oder die tägliche Stuhlfettausscheidung 15 g überschreitet. Pankreasenzyme müssen zu den Mahlzeiten und wegen der besseren Durchmischung mit der Nahrung vorzugsweise in Mikrounitform (Granulat, Pellets, Mikrotabletten) gegeben werden. Gallensäurehaltige Enzympräparate führen bei hoher Dosierung zu einer chologenen Diarrhöe und sollten vermieden werden.

Die Wirksamkeit der Enzymsubstitution hängt von der Kooperation des Patienten, der Dosierung, der Bioverfügbarkeit des Enzympräparates und dem Ausmaß der exokrinen Pankreasinsuffizienz des Patienten ab. Pankreasenzympräparate können durch Magensäure inaktiviert werden. Beim Versagen der Therapie ist an diese Möglichkeit zu denken; der Einsatz säuregeschützter Enzympräparate ist dann sinnvoll. Etwa alle 4–8 Wochen sollte die parenterale Substitution fettlöslicher Vitamine (A, D, E, K) erfolgen.

Die endokrine Pankreasinsuffizienz wird mit Diät und Insulin behandelt; orale Antidiabetika sind nur vorübergehend wirksam.

Eine Operation ist indiziert:
- bei Cholelithiasis und Choledocholithiasis,
- bei therapieresistenten Schmerzen,
- bei Komplikationen wie Choledochuskompression, Aszites, Pleuraerguß, segmentaler portaler Hypertension, Kolonstenosen und Pankreaspseudozysten sowie bei Verdacht auf Malignität.

## 2.6.4 Mukoviszidose

Die Diagnose wird in der Kindheit, selten später gestellt. Durch moderne therapeutische Möglichkeiten erreichen diese Patienten jetzt auch das Erwachsenenalter.

**Pathogenese.** Die Mukoviszidose (zystische Pankreasfibrose) ist ein Leiden mit rezessivem Erbgang. Eine Dysfunktion exokriner Drüsen führt zur Produktion eines pathologischen, hochviskösen Sekrets. Befallen sind vor allem die Schleimdrüsen des Pankreas und der Atemwege. Es kommt zu Sekretstau, chronischer Entzündung und Fibrose in beiden Organen.

**Klinik.** Exokrine Pankreasinsuffizienz und chronisch-obstruktive Lungenerkrankung bestimmen das klinische Bild; sie bedürfen symptomatischer Behandlung. Diagnostisch beweisend ist ein erhöhter NaCl-Gehalt des Schweißes.

## 2.6.5 Tumoren

### Tumoren des exokrinen Pankreas

**Benigne Tumoren.** Die gutartigen Tumoren im Pankreas (vor allem Adenome und Zystadenome) sind selten. Sie werden klinisch erst manifest, wenn ihr Größenwachstum zu mechanischen Verdrängungen der Nachbarorgane führt.

Man unterscheidet ***echte Zysten*** (selten; epithelausgekleidete Retentionszysten) von sog. ***Pseudozysten,*** die bei akuten Pankreatitisschüben als abgekapselte peripankreatische Ergüsse in der Regel mit Verbindung zum Gangsystem entstehen. Neben den mechanischen Beschwerden durch Verdrängung der Nachbarorgane führen Zysten häufig zu Schmerzen ähnlich denen bei akuter oder chronischer Pankreatitis.

Die Diagnostik einer Pankreaspseudozyste ist die Domäne der Sonographie. Äußerst selten ist eine Computertomographie erforderlich.

Kleinere Pankreaspseudozysten, die bei einer akuten Pankreatitis entstehen, bilden sich gelegentlich innerhalb von 6 Wochen zurück. Bestehen Beschwerden fort, so werden die Zysten 6 Wochen nach ihrer Entstehung operativ entfernt oder in eine Dünndarmschlinge drainiert.

Die häufigsten malignen Pankreastumoren sind die Adenokarzinome, die vom Gangepithel, seltener vom Azinusepithel ausgehen.

**Das Pankreaskarzinom wird in der Regel zu spät diagnostiziert und hat eine sehr schlechte Prognose.**

Die Ätiologie ist unbekannt. Als auslösende Faktoren werden übermäßiger Genuß von Nikotin und Koffein diskutiert.

**Klinik.** Etwa 75% aller malignen Pankreastumoren sind ***Pankreaskopftumoren,*** etwa 25% sind im ***Korpus-*** und ***Kaudabereich*** lokalisiert. Die Symptomatik und der klinische Untersuchungsbefund sind abhängig von der Lokalisation des Tumors (Tabelle 2.18).

Es gibt keine spezifischen Laboratoriumsbefunde. Oft finden sich Hinweise auf einen inkompletten Verschlußikterus und uncharakteristische Tumorzeichen

## FALL 2F

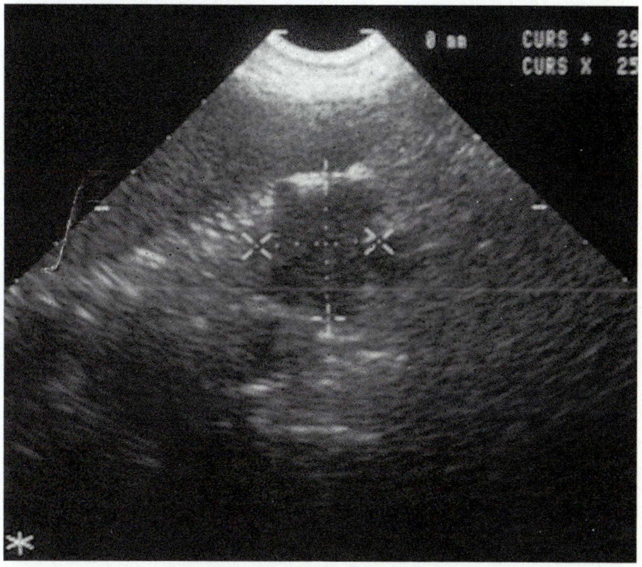


**Abb. 2F.** Sonographischer Längsschnitt durch den rechten Oberbauch: 2,5×2,9 cm große echoarme Gewebevermehrung im Bereich des Pankreaskopfes

**Anamnese.** Der 84jährige Rentner bemerkte seit 3 Wochen eine Gelbverfärbung von Haut und Skleren. Seit Monaten bestand quälender Juckreiz.

**Befunde.** Ausgeprägter Haut- und Sklerenikterus. Kratzspuren am ganzen Körper. Leber 10 cm, schmerzlose Resistenz im Gallenblasenlager. Kachexie.

Bilirubin 16,6 mg/dl, direkt 10,2 mg/dl, AP 899 U/l, LAP 54 U/l, GOT 38 U/l, GPT 42 U/l, GGT 249 U/l, Quick 64%, Hb 7,8 g/dl, Leukozyten 11400/µl, Gesamteiweiß 7,1 mg/dl, Albumin 39,4%, γ-Globuline 36,3%.

Ultraschall des Abdomens: Pankreas s. Abb. 2F. Erweiterte intra- und extrahepatische Gallengänge und Gallenblasenhydrops.

Gastroskopie: kirschgroßer, exophytisch wachsender Tumor in der Pars descendens duodeni, bei Kontakt leicht blutend.

**Diagnose.** Fortgeschrittenes Pankreaskopfkarzinom mit Infiltration des Duodenums.

**Therapie und Verlauf.** Implantation eines Katheters zur palliativen Galledrainage nach außen. Dadurch Absinken des Bilirubins auf 6,0 mg/dl; sonographisch Rückgang der Cholestase. Nachlassen des Juckreizes. Exitus nach 2 Monaten.

**Tabelle 2.18.** Symptomatik und klinischer Untersuchungsbefund bei Pankreaskarzinomen

| | Tumorlokalisation | |
|---|---|---|
| | Kaput (%) | Korpus und Kauda (%) |
| *Symptomatik* | | |
| Gewichtsverlust | 92 | 100 |
| Ikterus | 82 | 7 |
| Schmerzen | 72 | 87 |
| Appetitverlust | 64 | 33 |
| Übelkeit | 45 | 43 |
| Erbrechen | 37 | 37 |
| Leistungsknick | 35 | 43 |
| Juckreiz | 24 | 0 |
| *Klinischer Untersuchungsbefund* | | |
| Ikterus | 87 | 13 |
| Tastbare Leber | 83 | 33 |
| Tastbare Gallenblase | 29 | – |
| Oberbauchtumor | 13 | 23 |
| Aszites | 14 | 20 |

(hohe BKS und Serumkupfer, erhöhte $\alpha_2$- und $\beta$-Globulin-Fraktionen); Tumormarker wie CA 19-9 können erhöht sein.

Eine Frühdiagnostik des Pankreaskarzinoms ist nicht möglich. Dieser Tumor wird um so früher und häufiger diagnostiziert werden, je mehr man an die Möglichkeit denkt und eine entsprechende intensive Diagnostik einsetzt (Abb. 2.13).

Zum Tode führen Metastasierungen, besonders in die Leber, Kachexie, Leberinsuffizienz, Stenose des Duodenums, Pfortaderthrombose oder Arrosion der großen Abdominalgefäße. Palliative Operationen oder Drainagen verlängern das Leben nicht wesentlich, können jedoch die Lebensqualität verbessern. Bei rechtzeitiger Diagnose läßt sich durch Duodenopankreatektomie bei Pankreaskopftumoren oder totale Pankreatektomie in sehr seltenen Fällen eine Dauerheilung erreichen. Eine ebenso rasche wie sorgfältige präoperative Diagnostik ist deshalb nötig.

Total ***pankreatektomierte Patienten*** haben einen Insulinbedarf von 20–40 Einheiten/Tag; sie neigen zu Hypoglykämien. Die exokrine Pankreasinsuffizienz muß substituiert werden (s. oben).

Die zytostatische Behandlung des inoperablen Pankreaskarzinoms hat zu keiner Verbesserung der Prognose geführt.

### Tumoren des endokrinen Pankreas

Die Prävalenz der seltenen endokrinen Pankreastumoren liegt unter 1/100000 Einwohner. Biologisch sind endokrine Pankreastumoren durch die Unfähigkeit zur Hormonspeicherung und kontrollierten Hormonsekretion gekennzeichnet. Die hohen Hormonspiegel bewirken metabolische und klinische Veränderungen.

Die Diagnose muß durch Bestimmung der entsprechenden Hormone im Serum mit Hilfe eines ***Radioim-***

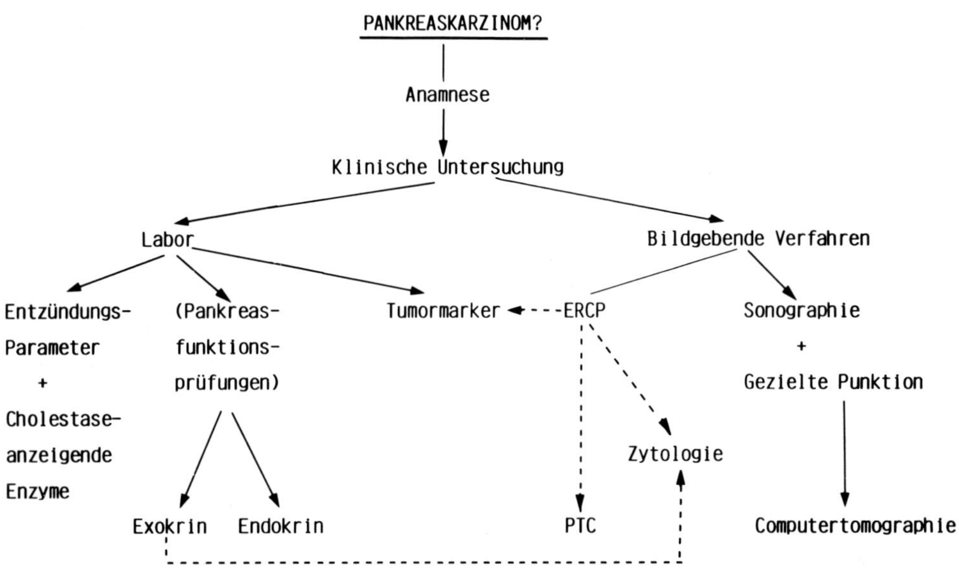


**Abb. 2.13.** Rationelle Diagnostik bei Verdacht auf Pankreaskarzinom

***munassays*** erfolgen. Bei hohen Plasmakonzentrationen eines Hormons muß die Lokalisation des Tumors festgestellt und der Nachweis oder Ausschluß von Metastasen durch Ultraschall, Computertomographie, Kernspintomographie oder Angiographie erbracht werden. Bei Metastasenbildung ist die Entfernung des Primärtumors nicht indiziert. Eine palliative Resektion zur Tumorverkleinerung ist lediglich beim Insulinom berechtigt.

**Insulinom.** Insulinome, die häufigsten endokrinen Pankreastumoren, sind über 90% gutartige Adenome, in weniger als 10% metastasierende Karzinome. Es handelt sich meistens um solitäre, in 10% um multiple Tumoren.

Die Diagnose wird unterstützt durch niedrige Nüchternblutglukosewerte oder Hungerversuche; bei insulinproduzierenden Tumoren kommt es immer zu einem Glukoseabfall. Die Bestätigung der Diagnose erfolgt durch den Nachweis hoher Seruminsulinspiegel bei Hypoglykämie.

Differentialdiagnostisch sind Hypoglykämien anderer Ursache auszuschließen, die hervorgerufen werden durch exogene Insulinapplikation, orale Antidiabetika, Alkohol, Leberinsuffizienz, Hypophysen-Nebennieren-Insuffizienz oder große Fibrosarkome mit oder ohne Produktion von insulinähnlichen Peptiden.

**Gastrinom (Zollinger-Ellison-Syndrom).** Das Krankheitsbild ist charakterisiert durch Hypersekretion des Magens, therapieresistente Ulcera ventriculi und/oder Nicht-B-Zell-Tumoren des Pankreas, verursacht durch einen gastrinproduzierenden Tumor. Meist finden sich multiple Tumoren im Pankreas. In der Mehrzahl der Fälle bestehen bereits bei Diagnosestellung Lymphknoten- und Lebermetastasen.

In 30% der Fälle bestehen wäßrige Diarrhöen. Sehr häufig ist eine mäßige Steatorrhöe, die mit einer Lipaseinaktivierung durch den sauren Magensaft erklärt wird.

**Verner-Morrison-Syndrom (VIPom).** Leitsymptom sind wäßrige Diarrhöen, Hypokaliämie und Hypo- bzw. Achlorhydrie. Ursache der manchmal mehr als 5 l/Tag betragenden Diarrhöen mit konsekutiver schwerer Dehydratation ist die verstärkte Sekretion des „vasoactive intestinal polypeptide“ (VIP) aus den Tumorzellen. Etwa 50% der Tumoren haben bei Diagnosestellung bereits metastasiert. Etwa 80% haben ihren Ursprung im Pankreas.

Differentialdiagnostisch muß die häufigste Form der sekretorischen Diarrhöe ausgeschlossen werden, der heimliche Laxanzienabusus.

**Glukagonom.** Leitsymptome sind die Kombination von Diabetes und nekrolytischer Dermatose. Glukagonome sind selten; sie entwickeln sich aus den A-Zellen der Langerhans-Zellen.

**Somatostatinom.** Zu den Symptomen gehören Diabetes mellitus, Steatorrhöe, Diarrhöe, Achlorhydrie und Cholelithiasis. Sie sind im Pankreas und im Duodenum lokalisiert. Die Metastasierungsrate ist hoch. Die Diagnose wird gesichert durch die radioimmunologische Bestimmung von Somatostatin im Plasma.

**Multiple endokrine Neoplasie (MEN Typ I; Wermer-Syndrom).** Endokrine Tumoren können gleichzeitig in verschiedenen Organen auftreten. Bei der sog. MEN Typ I sind am häufigsten endokrine Tumoren der Nebenschilddrüse, Hypophyse und des Pankreas kombiniert.

## Literatur


Caspary WF (Hrsg) (1983) Handbuch der Inneren Medizin, Bd 3/3 A und B. Dünndarm. Springer, Berlin Heidelberg New York

Creutzfeldt W, Lankisch PG (1985) Acute pancreatitis: Etiology and pathogenesis. In: Berk JE (ed) Bockus gastroenterology, 4th edn, vol 6. Saunders, Philadelphia, pp 3971–3992

Enck P, Whitehead WE, Schuster MM, Wienbeck M (1988) Psychosomatik des Reizdarms. Dtsch Med Wochenschr 113: 459

Fine KD, Krejs G, Fordtran JS (1989) Diarrhea. In: Sleisenger MH, Fordtran JS (eds) Gastrointestinal disease. Saunders, Philadelphia, p 290

Forrest JAH, Finlayson NDC, Sherman DJC (1974) Endoscopy in gastrointestinal bleeding. Lancet II: 394–397

Howard JM, Jordan GL (1977) Cancer of the pancreas. Curr Probl Cancer 2: 5–52

Matek W (Hrsg) (1989) Früherkennung und Nachsorge des Dickdarmkrebses. Springer, Berlin Heidelberg New York Tokyo

Ottenjann R, Fahrländer H (Hrsg) (1983) Entzündliche Erkrankungen des Dickdarms. Springer, Berlin Heidelberg New York

Ottenjann R, Schmitt W (Hrsg) (1988) Aktuelle Gastroenterologie – Campylobacter pylori. Springer, Berlin Heidelberg New York Tokyo

Siewert JR, Lepsien G, Peiper HJ (1977) Das Karzinom von Ösophagus und Kardia. Internist 18: 451

# 3 Hepatologie

D. Häussinger

ZUSAMMENFASSUNG

Die meisten Leberkrankheiten sind durch ***exogene Noxen*** (Infektion, Alkohol, Medikamente, Umweltgifte) bedingt, nur wenige beruhen auf angeborenen Stoffwechselstörungen. Auf ätiologisch vielfältige Schädigungen kann die Leber nur zu einem geringen Teil spezifisch antworten, d.h. unterschiedliche Noxen führen zu klinisch gleichartigen Krankheitsbildern. Von besonderer Bedeutung sind die ***akuten und chronischen Hepatitiden,*** die ***Leberzirrhose*** und ihre metabolischen und hämodynamischen ***Komplikationen.*** Die Ätiologie dieser Krankheiten ist in jedem Einzelfall von entscheidender therapeutischer und prognostischer Relevanz. Bei den Gallenwegserkrankungen steht das ***Gallensteinleiden*** mit seinen Komplikationen, gefolgt von ***Gallenwegstumoren,*** an erster Stelle.

Durch moderne Diagnose- und Therapieverfahren ist es möglich, Erkrankungen des hepatobiliären Systems frühzeitig zu erkennen, effektiv zu behandeln und präventivmedizinisch wirksam zu werden.

## 3.1 Diagnostik bei Krankheiten des hepatobiliären Systems

### 3.1.1 Anamnese und körperliche Untersuchung

Die exakte Anamneseerhebung kann wichtige Hinweise auf die Ätiologie einer Leberkrankheit liefern (Tabelle 3.1). Inspektorisch ist auf vielfältige Hautveränderungen, die auf chronische Leberkrankheiten hinweisen, zu achten. Sie umfassen ***Gefäßsternchen*** (***Spider-Nävi,*** d.h. radiär von einer zentralen Arteriole entspringende Kapillarerweiterungen) und ***Teleangiektasien*** im Gesicht und an der oberen Thoraxapertur, ***Uhrglas-*** und ***Weißnägel,*** Weißfleckung der Haut bei Abkühlung, Hautblutungen (Gerinnungsstörungen), Palmarerytheme (flächenhafte Rötungen des Kleinfinger- und Daumenballens) und vermehrte Venenzeichnung der Bauchhaut als Hinweis auf portokavale Anastomosen. Durch Schwund der Subkutis ist die Haut oft papierdünn (Geldscheinhaut). Gynäkomastie, Hodenatrophie sowie fehlende Sekundärbehaarung beim Mann sind Ausdruck hormonaler Störungen. Die Parotisschwellung ist alkoholbedingt und daher häufig mit Leberkrankheiten assoziiert. Durch Palpation und Perkussion lassen sich Lebergröße, Konsistenz und Oberflächenbeschaffenheit beurteilen. Ursachen der Lebervergrößerung (Hepatomegalie) sind in Tabelle 3.2 zusammengefaßt. Gleichzeitige Milzvergrößerung (Hepatosplenomegalie) weist auf einen Pfortaderhochdruck hin. Auskultatorisch ist auf gelegentliche Reibegeräusche bei Lebermetastasen sowie auf Gefäßgeräusche über der Leber bei angeborenen arteriovenösen Fisteln (Morbus Osler) oder periumbilikal bei wiedereröffneter Nabelvene (Cruveilhier-Baumgarten-Syndrom) zu achten.

### 3.1.2 Labordiagnostik

Bei Störungen der ***Hepatozytenintegrität*** (Permeabilitätsstörungen der Hepatozytenmembran bis hin zur Nekrose) gelangen intrazelluläre Enzyme in die Blutbahn (Tabelle 3.3). Erhöhte Aktivitäten der Serumtransaminasen SGOT (Serum-Glutamat-Oxalazetat-transaminase) und SGPT (Serum-Glutamat-Pyruvat-transaminase) gestatten den Nachweis hepatozellulärer Schädigungen. Sie können bei akuter Hepatitis exzessiv erhöht sein (>500 U/l, normal <25 U/l). Transaminasen-

**Tabelle 3.1.** Wichtige anamnestische Erhebungen bei Leberkranken

| | |
|---|---|
| Familienanamnese: | Hinweise für genetische Prädisposition (stoffwechselbedingte Lebererkrankungen) |
| Expositionsanamnese: | Berufs- und Umweltgifte (chlorierte Kohlenwasserstoffe, Aflatoxin, Polyvinylchlorid, Insektizide), Alkoholkonsum, Sexualkontakte, Tätigkeit in medizinischen Bereichen, Medikamente (z. B. orale Kontrazeptiva, Anabolika, Tuberkulostatika, Immunsuppressiva, Antiarrhythmika, Lipidsenker, Psychopharmaka), Auslandsaufenthalte, Haustiere, Drogenmißbrauch |
| Krankheitsanamnese: | Vorbestehende Krankheiten, Bluttransfusionen, Plasmapräparate, Narkosen, Intoxikationen |
| Beschwerdebild: | Leistungsknick, Abgeschlagenheit, Gewichtsverlust, Meteorismus, Blutungsneigung, Ödemneigung, Libido- und Potenzverlust, Bluterbrechen, Aszites, Ikterus, Stuhl- und Urinverfärbung, Übelkeit, Gliederschmerzen, „grippale Symptome“, rechtsseitige Oberbauchschmerzen, Pruritus, neuropsychiatrische Auffälligkeiten, Hautveränderungen |

**Tabelle 3.2.** Ursachen einer Lebervergrößerung (Hepatomegalie). Eine Hepatomegalie liegt vor, wenn die Leber in der Medioklavikularlinie eine Höhe von mehr als 12 cm aufweist.

| Diffuse Lebervergrößerung | Umschriebene Lebervergrößerung |
|---|---|
| Fettleber | Lebertumoren (Adenome, Karzinome) |
| Hepatitis | Lebermetastasen |
| Leberzirrhose (im Endstadium sind jedoch „Schrumpflebern“ häufig) | Mißbildungen (Hämangiome, Zysten) |
| Speicherkrankheiten | Echinokokkuszysten |
| Rechtsherzinsuffizienz („Stauungsleber“) | Regeneratknoten bei Zirrhose |
| Hämatologische Systemerkrankungen (extramedulläre Blutbildung) | Abszesse (Amöben, bakteriell) |
| Immunologische Systemerkrankungen | |
| Infektionen (Malaria, Leishmaniose) | |
| Mißbildungen (Zystenleber) | |
| Lebervenenverschluß (Budd-Chiari-Syndrom) | |

**Tabelle 3.3.** Pathologisch veränderte Laborparameter bei Erkrankungen des hepatobiliären Systems

| Fragestellung | Untersuchung |
|---|---|
| Prüfung der: | |
| Hepatozytenintegrität | Serumtransaminasen (SGPT, SGOT) |
| Biliären Exkretionsleistung | AP, γ-GT, Bilirubin |
| Hepatischen Syntheseleistung | Albumin, Cholinesterase, Quickwert |
| Leberdurchblutung | Indozyaninclearance |
| Mikrosomalen Abbauleistung | Koffeinclearance, Aminopyrinatemtest |
| Funktionellen Leberzellmasse | Galaktoseeliminationstest |
| Chronizität einer Lebererkrankung | γ-Globuline im Serum |
| Ausmaß der Fibrosebildung | Prokollagen-III-Peptid |
| Gezielte Frage nach | |
| Leberzellkarzinom | $\alpha_1$-Fetoprotein |
| Autoimmunhepatitis | antinukleäre und antimitochondriale Antikörper, Antikörper gegen glatte Muskulatur, Leber- und Nierenmikrosomen, Leberzellmembranantigen |
| Primär biliärer Zirrhose | antimitochondriale Antikörper, IgM |
| Virushepatitis | spezifische serologische Parameter |
| Morbus Wilson | Serumkupfer, Coeruloplasmin, Kupferausscheidung im Urin, Kupfergehalt der Leber |
| $\alpha_1$-Antitrypsinmangel | $\alpha_1$-Antitrypsin im Serum |
| Hämochromatose | Ferritin, Transferrin, Eisen im Serum, Eisengehalt der Leber |

erhöhungen sind aber nicht leberspezifisch, sondern treten auch bei Herz- und Muskelkrankheiten auf. Bei ***Störungen des Galleflusses (Cholestase)*** werden die alkalische Phosphatase (AP) und die γ-Glutamyltransferase (γ-GT) vermehrt in das Blut abgegeben. Diese Enzyme, zusammen betrachtet, sind ein sehr empfindlicher Parameter zum Nachweis einer Cholestase. Sie sagen aber nichts über deren Ursache aus. AP- und γ-GT-Erhöhungen sind nicht leberspezifisch. Erhöhungen der AP bei normaler γ-GT finden sich bei Knochenkrankheiten und, physiologischerweise, bei Schwangeren und Adoleszenten (Knochenwachstum). Daher weist eine Erhöhung der AP bei normaler γ-GT auf eine nicht hepatobiliäre Erkrankung hin, während bei Erhöhung beider Enzyme eine hepatobiliäre Störung wahrscheinlich ist. Die Bestimmung weiterer Cholestaseparameter (atypisches Lipoprotein X, Leuzinaminopeptidase, 5'-Nukleotidase) bringt darüber hinaus keine zusätzliche Information. Bilirubinerhöhungen im Serum sind diagnostisch vieldeutig und weisen nicht immer auf eine Cholestase hin (s. 3.2). Da die meisten Serumproteine (Ausnahme: γ-Globuline) in der Leber synthetisiert werden, kann ihre Plasmakonzentration zur Abschätzung der ***hepatischen Syntheseleistung*** herangezogen werden. Wegen ihrer langen Plasmahalbwertszeit (10–20 Tage) eignen sich Serumalbumin und die Serumcholinesterase zur Beurteilung der Syntheseleistung bei chronischen Leberkrankheiten; Gerinnungsfaktoren (Halbwertszeit 5–32 h) und Prothrombinzeit nach Quick können auch bei akuten Leberkrankheiten herangezogen werden. Einschränkend ist zu berücksichtigen, daß Verminderungen der Konzentrationen einzelner Plasmaproteine auch auf gesteigertem Abbau oder einer Zunahme des Verteilungsraumes (Aszites) beruhen können. Die Gerinnungsfaktorensynthese ist nicht nur bei hepatozellulärer Schädigung, sondern auch bei Vitamin-K-Mangel (Malabsorption bei Cholestase) gestört. Die Differenzierung gelingt mit Hilfe des ***Koller-Tests:*** Normalisiert sich die Prothrombinzeit nach parenteraler Gabe von Vitamin-K innerhalb von 24 h, so ist dies Hinweis für einen Vitamin-K-Mangel bei ausreichender Leberfunktion. Andere gezielte Zusatzuntersuchungen (s. Tabelle 3.3) gestatten Aussagen zur Ätiologie von Lebererkrankungen oder erfassen bestimmte Partialfunktionen durch Messung der Galaktose-, Indozyanin- oder Koffeinclearance ***(quantitative Leberfunktionstests).***

### 3.1.3 Bildgebende Verfahren und Histologie

Bei allen Krankheiten des hepatobiliären Systems sollte zunächst die ***Sonographie*** durchgeführt werden. Sie erlaubt nicht nur Aussagen zu Lebergröße, Form, Binnenstruktur und Herdbildungen, sondern auch über Erweiterungen und Hindernisse im Bereich intra- und extrahepatischer Gallenwege, über eine evtl. bestehende portale Hypertension (Milzvergrößerung, Pfortaderdicke, Aszites) und zu Gefäßveränderungen (Thrombosen). Ähnlich aussagekräftig ist die Computertomographie, die durch Dichtebestimmung auch die Charakterisierung des Inhalts zystischer Raumforderungen und des Eisengehalts der Leber gestattet. Veränderungen im Bereich intra- und extrahepatischer Gallenwege können mit Hilfe der endoskopisch-retrograden Cholangiopankreatikographie (ERCP) oder der perkutanen transhepatischen Cholangiographie (PTC) dargestellt werden. Bei speziellen Fragestellungen stehen Lebersequenzszintigraphie, Angiographie der A. hepatica, Splenoportographie oder die Kernspintomographie ergänzend zur Verfügung.

**Trotz des diagnostischen Fortschritts durch Einführung der modernen bildgebenden Verfahren gelingt bei Krankheiten des hepatobiliären Systems eine exakte Diagnosestellung häufig nur durch histologische Untersuchung bioptisch gewonnenen Lebergewebes.**

Die ***Leberbiopsie*** kann perkutan (Leberblindpunktion) oder gezielt unter Sicht im Rahmen einer ***Laparoskopie*** (Inspektion der Oberbauchorgane nach Stickstoffinsufflation in die Bauchhöhle) bzw. ultraschallgesteuert mit der Feinnadel erfolgen. Die gezielte Punktion ist besonders wichtig, wenn es um die Abklärung umschriebener Leberveränderungen geht.

## 3.2 Ikterus

Ikterus („Gelbsucht") ist die Gelbfärbung von Geweben und Körperflüssigkeiten durch Zunahme der Bilirubinkonzentration (normal 0,6–1,3 mg/dl).

**Ikterus ist keine eigenständige Krankheit, sondern ein Symptom, das bei unterschiedlichen Störungen beobachtet wird. Bilirubinerhöhungen im Serum über 2,5 mg/dl werden durch Gelbfärbung der Skleren sichtbar (sog. Sklerenikterus).**

### 3.2.1 Bilirubinstoffwechsel

Bilirubin entsteht als Zwischenprodukt des Hämabbaus im retikuloendothelialen System (Abb. 3.1). Im Blut erfolgt der Bilirubintransport albumingebunden zur Leber, wo Bilirubin aktiv aufgenommen und am endo-

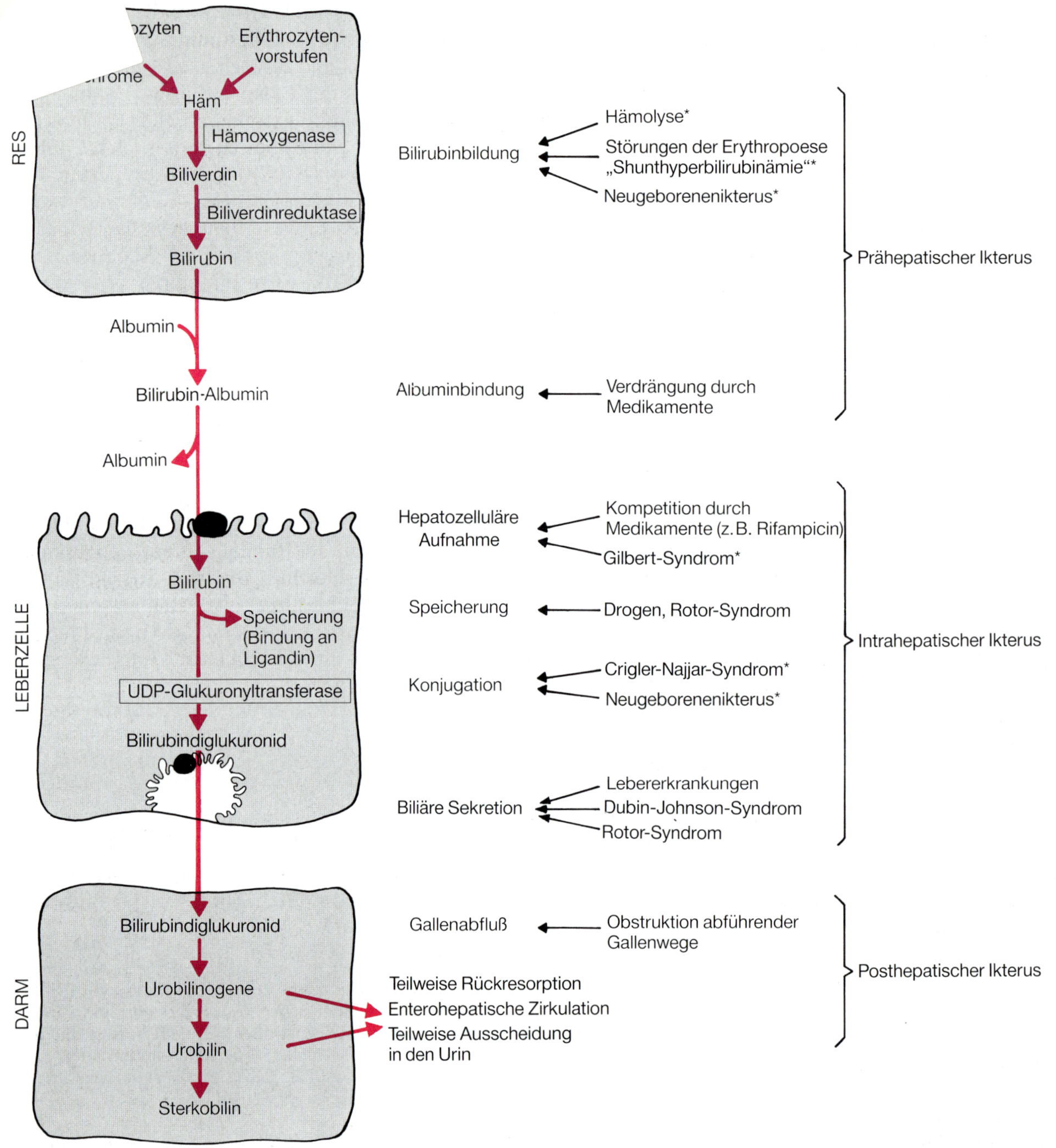


**Abb. 3.1.** Bilirubinstoffwechsel und seine Störungen. Unkonjugierte Hyperbilirubinämien sind mit einem *Stern* gekennzeichnet

plasmatischen Retikulum zum Mono- und Diglukuronid konjugiert wird. Dadurch wird Bilirubin wasserlöslich und kann aktiv über die Galle in den Darm sezerniert werden. Unter dem Einfluß der Darmflora entstehen aus den Bilirubinglukuroniden die Stuhlfarbstoffe Urobilinogen und Sterkobilin. Etwa 15% des Urobilinogens werden rückresorbiert und unterliegen einer enterohepatischen Zirkulation; nur etwa 2% werden normalerweise im Urin ausgeschieden. Bilirubin wird im Serum üblicherweise mit der van den Berghschen Diazoreaktion bestimmt, wobei zwischen ***direkt*** und ***indirekt reagierendem Bilirubin*** (Bestimmung nach Methanolzusatz) unterschieden wird. Direkt reagierendes Bilirubin stellt ein Maß für die Konzentration von konjugiertem Bilirubin dar, während das indirekt reagierende Bilirubin vorwiegend unkonjugiertes Bilirubin erfaßt. Man spricht von einer ***unkonjugierten Hyperbilirubinämie,*** wenn der Gesamtbilirubinspiegel im Serum über 1,3 mg/dl erhöht ist und die direkt reagierende Fraktion weniger als 20% ausmacht.

### 3.2.2 Klassifizierung der Ikterusformen

**Auf jeder Stufe des Bilirubinstoffwechsels (Bildung, Transport, Konjugation, Exkretion) können Störungen auftreten und durch ein Mißverhältnis zwischen Bilirubinbildung und -elimination zur Hyperbilirubinämie und damit zum Ikterus führen. Je nach Lokalisation der Störung wird zwischen prä-, intra- und posthepatischem Ikterus unterschieden; Kombinationsformen sind möglich.**

**Prähepatischer Ikterus.** Seine Ursache ist eine gesteigerte Bilirubinbildung bei Hämolyse (hämolytischer Ikterus) oder Störungen der Erythropoese (dyserythropoetischer Ikterus, Shunthyperbilirubinämie), so daß die Aufnahmekapazität der Leber für Bilirubin überschritten wird. Der Ikterus (Bilirubin meist <5 mg/dl) entsteht durch Zunahme des indirekt reagierenden (unkonjugierten) Bilirubins im Serum. Die Diagnose wird gestellt durch Nachweis von Hämolysezeichen (Retikulozytose, Haptoglobinverminderung, Erhöhung der Laktatdehydrogenase im Serum, mäßiggradige unkonjugierte Hyperbilirubinämie) oder der Erythropoesestörung. Da die Sterkobilinbildung nicht beeinträchtigt ist, tritt keine Stuhlentfärbung auf.

**Intrahepatischer Ikterus.** Alle Leberkrankheiten können einen Ikterus durch Störung der Bilirubinsekretion in die Galle verursachen. Der Ikterus ist charakterisiert durch Zunahme des direkt reagierenden (konjugierten) Bilirubins, sein Ausmaß wird vom Grad der hepatozellulären Schädigung bestimmt. Durch gesteigerte renale Ausscheidung von konjugiertem Bilirubin tritt eine bierbraune Färbung des Urins auf, während die Hellfärbung des Stuhls durch eine verminderte Bildung von Stuhlfarbstoffen bedingt ist. Ein intrahepatischer Ikterus liegt auch bei angeborenen Störungen von Bilirubintransport und -konjugation vor (funktionelle Hyperbilirubinämien).

**Posthepatischer Ikterus.** Er ist auf eine Abflußbehinderung der Galle durch Tumoren, Steine oder Strikturen im Bereich der abführenden Gallenwege zurückzuführen (obstruktive Cholestase), die meist sonographisch sichtbar aufgestaut sind. Es handelt sich um eine konjugierte Hyperbilirubinämie mit Entfärbung des Stuhls und Dunkelfärbung des Urins. Ist bei kompletter Gallenwegsobstruktion der enterohepatische Kreislauf vollständig unterbrochen, ist Urobilinogen im Urin nicht mehr nachweisbar.

**Kombinationsformen.** Häufig sind mehrere pathogenetische Faktoren an der Entstehung der Hyperbilirubinämie beteiligt. So entsteht der ***Drogenikterus*** durch Konkurrenz des Medikaments mit der Albuminbindung, der hepatischen Bilirubinaufnahme, -speicherung, -glukuronidierung und -sekretion. Der ***Neugeborenenikterus*** ist auf gesteigerte Hämolyse und Unreife der Bilirubinkonjugationssysteme zurückzuführen. In schweren Fällen kann es durch Bilirubinablagerung im Gehirn (Kernikterus) zu zerebralen Störungen (Krämpfe, geistige Retardierung, Paraplegie) kommen. Beim Erwachsenen dagegen beeinträchtigen selbst schwere Hyperbilirubinämien die zerebralen Funktionen nicht.

### 3.2.3 Funktionelle Hyperbilirubinämien

Der ***Icterus intermittens juvenilis*** (familiärer nichthämolytischer Ikterus), auch nach Gilbert und Meulengracht benannt, befällt einen kleinen Teil der normalen Bevölkerung (5–7%; ♂:♀ = 4:1). Es handelt sich um eine unkonjugierte Hyperbilirubinämie (Bilirubinwerte meist <4 mg/dl) bei normaler Leberhistologie und normalen Leberfunktionsproben. Zugrunde liegt eine Störung der hepatozellulären Bilirubinaufnahme und eine verminderte Aktivität der UDP-Glukuronyltransferase. Abgesehen von uncharakteristischen Beschwerden, wie Müdigkeit, Druckgefühl in der Lebergegend, Appetitlosigkeit, die wahrscheinlich nicht auf den Ikterus zurückzuführen sind, ist der Patient symptomlos und bedarf keiner Therapie. Die Diagnose kann gesichert werden im Hungerversuch (Anstieg des Bilirubins auf mehr als das 2fache beim Fasten) und durch Normalisierung des Bilirubinspiegels nach Gabe von 3mal 60 mg Phenobarbital über 1–2 Wochen. Dem seltenen ***Crigler-Najjar-Syndrom*** liegt ein Fehlen der UDP-Glukuronyltransferase zugrunde. Der Ikterus manifestiert sich unmittelbar nach der Geburt; die Schwere der neurologischen Störungen (Kernikterus) bestimmt die Prognose. Das ***Dubin-Johnson-Syndrom*** ist eine harmlose, autosomal rezessiv vererbte hepatobiliäre Sekretionsstörung für Bilirubin. Pathognomonisch ist die dunkle, schokoladenbraune Färbung der Leber durch lysosomale Speicherung von Katecholaminabbauprodukten. Eine hepatobiliäre Sekretionsstörung für Bilirubin, jedoch ohne Pigmentablagerung in der Leber, findet sich beim ***Rotor-Syndrom.***

## 3.3 Akute Hepatitis und infektionsbedingte Lebererkrankungen

Die akute Entzündung der Leber (Hepatitis) ist charakterisiert durch entzündliche Infiltrate und Einzelzellnekrosen. Sie kann durch verschiedene Noxen hervorgerufen werden (Tabelle 3.4). Allen akuten Hepatitiden gemeinsam ist die starke Erhöhung der Serumtransaminasen. Ikterus ist kein obligates Syndrom (ikterische versus anikterische Hepatitis). Akute Hepatitiden nichtinfektiöser Genese s. Tabelle 3.4 sowie Abschnitt 3.5 und 3.6.

**Tabelle 3.4.** Ursachen der akuten Hepatitis

| | |
|---|---|
| Infektionen durch Hepatitisviren: | Hepatitisviren A–E, noch nicht charakterisierte Viren der Non-A-Non-B-Hepatitis |
| Andere Virusinfekte: | Zytomegalie, Mononukleose, Röteln, Gelbfieber, Herpes, Polio |
| Bakterielle Infekte: | Bruzellose, Leptospirose, Tuberkulose, Syphilis, Salmonellen, Pneumokokken, andere grampositive und gramnegative Erreger |
| Parasitosen: | Amöben, Toxoplasmose, Schistosomiasis, Leishmaniose, Malaria |
| Alkohol | |
| Medikamente | |
| Umweltgifte (z. B. chlorierte Kohlenwasserstoffe) | |

### 3.3.1 Die akute Virushepatitis

Während Infektionen mit den primär hepatotropen, d. h. den klassischen Hepatitisviren fast regelmäßig eine Hepatitis auslösen, ist dies bei anderen Virusinfektionen selten, aber prinzipiell möglich. Ein geringer Teil aller Virushepatitiden ist durch infektiöse Mononukleose, Röteln und Zytomegalie bedingt.

#### Hepatitis A (HAV-Infektion)

**Epidemiologie.** Die Infektion mit dem Hepatitis-A-Virus (Tabelle 3.5) erfolgt fäkal-oral durch direkten Kontakt mit HAV-Kranken oder durch kontaminierte Nahrungsmittel (Trinkwasser, Muscheln, kopfgedüngter Salat); parenterale Übertragung ist selten. Unhygienische Bedingungen begünstigen epidemische Ausbrüche in Heimen, Lagern und Kindergärten. Besonders gefährdet sind Homosexuelle (oral-analer Kontakt) und Reisende in Endemiegebiete. Mit zunehmenden hygienischen Verbesserungen ist eine Verlagerung der Erkrankung vom Kindes- und Jugendalter hin zum Erwachsenenalter zu beobachten. Die Durchseuchungsrate ist hoch, serologische Marker der durchgemachten Hepatitis A finden sich bei mehr als der Hälfte der über 50jährigen. Der HAV-Infizierte scheidet das Virus 1–2 Wochen vor bis 2–3 Wochen nach Krankheitsbeginn im Stuhl aus; nur in dieser Zeit ist er infektiös.

**Klinisches Bild und Verlauf.** Der typische Krankheitsverlauf ist dreiphasig und beginnt in der ***Prodromalphase*** mit uncharakteristischen Symptomen, die denen eines grippalen Infektes ähneln (leichtes Fieber, katarrhalische Symptome, Glieder- und Kopfschmerzen, Appetitlosigkeit, Übelkeit, Stuhlunregelmäßigkeiten, Gelenkbeschwerden). An die Prodromalphase schließt sich die ***ikterische Phase*** mit Dunkelfärbung des Urins und Hellfärbung des Stuhls an (Dauer 3–6 Wochen). Die Leber ist vergrößert und druckempfindlich. 50 % der HAV-Infektionen verlaufen anikterisch, so daß die Diagnose häufig nicht gestellt wird! Trotz Leistungsminderung in der ***Rekonvaleszenzphase*** normalisieren sich alle Befunde innerhalb von 4–6 Monaten. Das klinische Bild der akuten Virushepatitis ist aber außerordentlich variabel; es reicht von der fast symptomlosen ***anikterischen Hepatitis*** bis hin zur lebensbedrohlichen ***fulminanten Hepatitis*** (Häufigkeit 0,1%; s. 3.6). Beim sog. ***cholestatischen Verlauf*** stehen Ikterus und Juckreiz im Vordergrund. Manchmal kommt es kurzfristig ohne erkennbare Ursa-

**Tabelle 3.5.** Virushepatitiden

| | | | | Non-A-Non-B-Hepatitis | | |
|---|---|---|---|---|---|---|
| | Hepatitis A | Hepatitis B | Hepatitis D | Hepatitis C | Hepatitis E | Andere |
| Virus | RNS<br>27–30 nm<br>Enterovirus<br>(Picornavirus) | DNS<br>42 nm<br>Hepadnavirus | RNS<br>36 nm<br>– | RNS<br><80 nm<br>Calicivirus | RNS<br>32–34 nm<br>Flavivirus | ?<br>? |
| Inkubationszeit (Tage) | 15–45 | 45–160 | 20–40 | 40–100 | 15–60 | 7–100 |
| Übertragung | Fäkal-oral, sehr selten parenteral | Parenteral, sexuell, perinatal | Parenteral | Parenteral, sexuell, perinatal? | Fäkal-oral | Parenteral |
| Carrier-Status | Nein | Ja | Ja | Ja | Nein | Ja |
| Chronizität | Nein | 10% | Ja | 50–60% | Nein | Ja |
| Prozentualer Anteil an fulminanten Virushepatitiden | <4% | 50%–60% | | 30%–40% | | |
| Leberzell-karzinomrisiko | Nein | Ja | ? | Ja | Nein | Ja (?) |

che zu einem Wiederaufflackern der Symptome, bevor dann endgültige Ausheilung eintritt (rezidivierende Hepatitis).

**Die Hepatitis A heilt folgenlos unter Hinterlassung einer lebenslangen Immunität ab. Chronische Verläufe oder Virusdauerausscheider (Carrier) gibt es nicht.**

Als ***Posthepatitissyndrom*** werden uncharakteristische Beschwerden (Ermüdbarkeit, Druckgefühl im Oberbauch, Appetitlosigkeit) zusammengefaßt, die über Jahre persistieren können. Sie können auf der Angst des Patienten vor der Entwicklung einer chronischen Leberkrankheit beruhen, insbesondere wenn gleichzeitig ein Morbus Meulengracht vorliegt. Dann ist es wichtig, den Patienten über die Harmlosigkeit der Beschwerden aufzuklären.

**Klinisch chemische Befunde.** Die obligate, starke Transaminasenerhöhung ist bereits im Prodromalstadium nachweisbar und korreliert nicht mit Schwere oder Prognose der Erkrankung. Abhängig von der Schwere des Ikterus ist das Serumbilirubin erhöht bei nur leicht erhöhter AP. Weitere Befunde sind erhöhte Eisenkonzentration im Serum, geringe BKS-Beschleunigung und mäßige Leukopenie.

**Diagnose.** Die Diagnose der akuten HAV-Infektion wird serologisch durch den Nachweis eines spezifischen Antikörpers der IgM-Klasse (Anti-HAV-IgM) oder durch Virusnachweis im Stuhl gestellt. Da Anti-HAV-IgM innerhalb weniger Wochen wieder aus dem Serum verschwindet, ist es für die Diagnostik der Akutinfektion geeignet. Ein Antikörper der IgG-Klasse (Anti-HAV-IgG) persistiert lebenslang und zeigt bei negativem Anti-HAV-IgM die lange zurückliegende HAV-Infektion und damit Immunität an (Abb. 3.2)

**Therapie.** Eine spezifische medikamentöse oder diätetische Therapie der akuten Virushepatitis gibt es nicht; die Behandlung ist symptomatisch bei Bettruhe und ausgewogener Wunschkost. Alkoholische Getränke sind verboten, Medikamente sollten zurückhaltend verordnet werden. Behandlung der fulminanten Hepatitis s. 3.6.

**Prophylaxe.** Neben der Expositionsprophylaxe (Hygienemaßnahmen zur Verhinderung der Ansteckung) kann eine passive Immunisierung erfolgen (Tabelle 3.6). Ein Aktivimpfstoff ist noch nicht verfügbar.

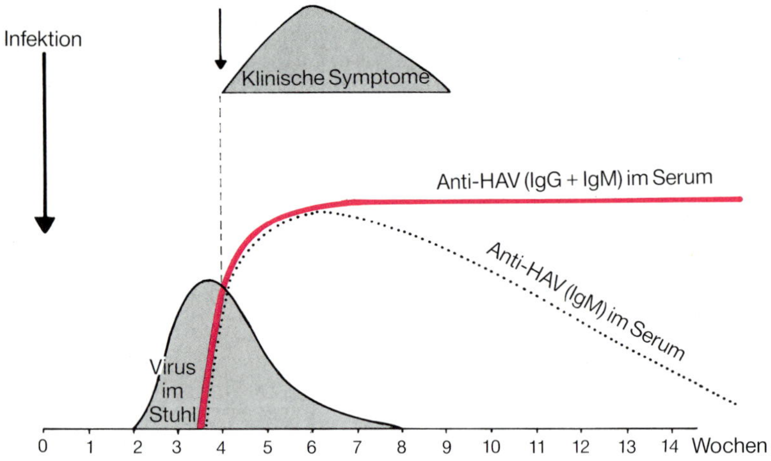


**Abb. 3.2.** Serologischer Verlauf der Hepatitis-A-Infektion

**Tabelle 3.6.** Passive Immunisierung bei Hepatitis A und B

| | Hepatitis A | Hepatitis B |
|---|---|---|
| Wie? | 5 ml Gammaglobulin i. m. | 5 ml Hepatitis B-Immunglobulin i. m., Wiederimpfung nach 4 Wochen |
| Wann? | Vor Exposition (z. B. Reisen in Endemiegebiete) | Innerhalb 6–12 h nach Inokulation |
| | Nach Exposition (bis zu 14 Tagen, z. B. bei Eindämmung von Hepatitis A-Endemien) | Beachte: vor Immunisierung Blutentnahme zur Bestimmung der HBV-Marker |
| Wer? | Anti-HAV-negative Personen | Nur Personen mit negativer Hepatitis B-Serologie |
| | Nicht bei akuter Hepatitis A | Nach Nadelstich oder Mucosakontakt mit infektiösem Material |
| | | Ehepartner von $Hb_sAg$-positiven Personen |
| | | Neugeborene von $HB_s$-Ag-positiven Müttern (unmittelbar nach Geburt 1 ml HB-Immunglobulin i. m., Wiederholung nach 3 und 6 Monaten) |
| | | Eventuell Kombination mit der aktiven Hepatitis B-Impfung |

## Hepatitis B (HBV-Infektion)

**Erreger.** Das Hepatitis-B-Virus (HBV) (s. Tabelle 3.5) besteht aus einer Hülle, die das Hepatitis-B-Surface-Antigen ($HB_sAg$) enthält, und einem Kern (Nukleokapsid) mit viraler DNS, einer DNS-Polymerase und dem Core-Antigen ($HB_cAg$) mit einer weiteren antigenen Determinante ($HB_eAg$).

**Epidemiologie.** Das Hepatitis-B-Virus wird vorwiegend parenteral durch Kontakt mit verschiedensten Körperflüssigkeiten übertragen. Seit Einführung von $HB_sAg$-Suchtests ist seine Bedeutung als Erreger der Posttransfusionshepatitis stark zurückgegangen; der sexuelle Übertragungsweg dürfte heute der häufigste sein. Folgende Risikogruppen können abgegrenzt werden: Personen mit häufig wechselndem Geschlechtsverkehr, Homosexuelle, Drogensüchtige, medizinisches Personal sowie Ehepartner chronisch Infizierter. Von besonderer Bedeutung ist die Infektion Neugeborener durch HBV-infizierte Mütter, da sie fast immer chronisch wird. Die Übertragung erfolgt dabei nicht intrauterin, sondern bei der Geburt (perinatal).

**Klinik und Verlauf.** Anhand des klinischen Bildes oder klinisch-chemischer Befunde ist die akute Hepatitis B nicht von anderen akuten Hepatitiden zu unterscheiden. Symptome und Verlauf entsprechen denen der Hepatitis A, jedoch kommt es häufiger infolge zirkulierender Immunkomplexe zu arthritischen und vaskulitischen Reaktionen (Glomerulonephritis). Etwa $^2/_3$ der akuten B-Hepatitiden verlaufen asymptomatisch, fulminante Verläufe sind häufiger (<1%) als bei der Hepatitis A.

90% der Fälle heilen unter Hinterlassung einer lebenslangen Immunität aus.

**Bei 10% der Patienten wird die HBV-Infektion durch Viruspersistenz chronisch. Diese Chronizität umfaßt die chronisch persistierende und chronisch aggressive Hepatitis mit möglichem Übergang in Zirrhose und den asymptomatischen Carrier-Status.**

Alle Formen der Chronizität besitzen ein erhöhtes Risiko zur Entwicklung eines primären Leberzellkarzinoms. Welchen Verlauf die HBV-Infektion im Einzelfall nimmt, hängt von der individuellen Immunreaktion gegen das Hepatitis-B-Virus ab. Die Leberzellschädigung erfolgt nämlich nicht durch das Hepatitis-B-Virus selbst, sondern durch die immunologische, gegen HBV-infizierte Leberzellen gerichtete Abwehrreaktion. Ist die Immunreaktion zwar vorhanden, aber nicht stark genug, um das Virus in der Akutphase zu eliminieren, kommt es zur chronischen Hepatitis. Bei völligem Ausbleiben der Immunreaktion entsteht der gesunde Carrier-Status. Diese Überträger (1% der Bevölkerung) sind klinisch völlig gesund, bilden aber eine ständige Ansteckungsquelle.

**Diagnose.** Klinisch bedeutsam ist die serologische Bestimmung der HBV-Antigene ($HB_sAg$, $HB_eAg$) und der dagegen gebildeten Antikörper (Anti-$HB_s$, Anti-$HB_c$IgG und -IgM, Anti-$HB_e$). Das zeitliche Auftreten dieser Marker im Serum bei akuter Hepatitis B ist in Abb. 3.3 dargestellt.

**Die Diagnose der akuten Hepatitis B wird durch den Nachweis von Anti-$HB_c$-IgM gesichert.**

Zur Interpretation weiterer serologischer Konst nen s. Tabelle 3.7.

Die ***Therapie*** der akuten Hepatitis B unterscl sich nicht von der der Hepatitis A.

**Prophylaxe.** Neben allgemeinen Vorsichtsmaßnahmen (Handschuhe bei Blutentnahmen, häufiges Händewaschen etc.) kann gegen Hepatitis B passiv (s. Tabelle 3.6) und aktiv immunisiert werden. Die Aktivimpfung erfolgt mit gentechnologisch hergestellten $HB_sAg$ Präparationen, die frei von Virus-DNS sind. Eine Wiederimpfung erfolgt nach 1 und 6 Monaten; der Impferfolg wird

**Tabelle 3.7.** Interpretation von serologischen HBV Markerkonstellationen bei der Hepatitis B

| $HB_sAg$ | Anti-$HB_s$ | Anti-$HB_c$ | $HB_eAg$ | Interpretation |
|---|---|---|---|---|
| + | – | – | – | Präsymptomatische Phase der Hepatitis B[a] |
| + | – | + | +/– | Akute[b]/chronische Hepatitis B[a] |
| – | + | + | – | Ausgeheilte Hepatitis B |
| – | – | + | – | In Ausheilung begriffene oder lange ausgeheilte Hepatitis B |
| – | + | – | – | Lange nach Hepatitis B oder Zustand nach erfolgreicher Aktivimpfung |
| + | – | + | – | Carrier-Status[a,c] |

[a] Infektionsgefahr gegeben
[b] Anti-$HB_c$IgM positiv
[c] Normale Transaminasenwerte

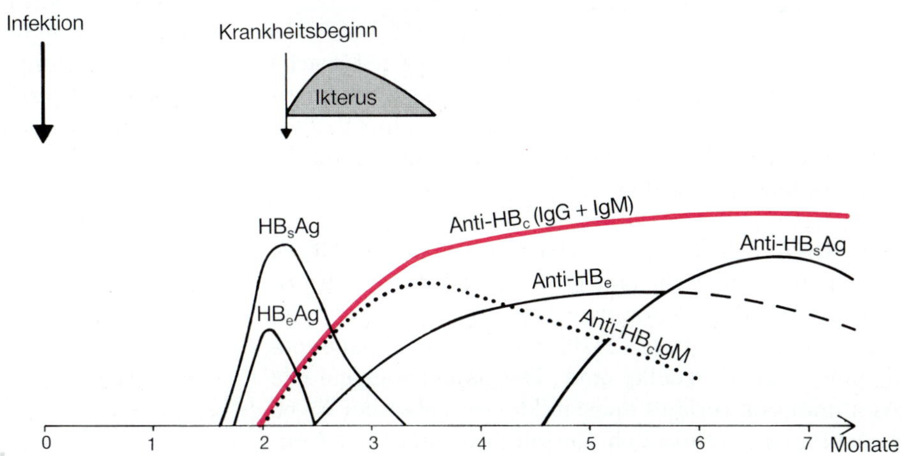


**Abb. 3.3.** Serologischer Verlauf der Hepatitis-B-Infektion

anhand des Anti-$HB_s$-Titers geprüft. Geimpft werden sollten Angehörige von Risikogruppen ohne serologische Hinweise auf eine frühere HBV-Infektion. Die Impfung ist weitgehend ungefährlich; Nebenwirkungen (lokale Rötung, leichtes Fieber) sind selten (< 1–2%).

### Hepatitis D (δ-Hepatitis, HBD)

Das δ-Virus (HDV) ist ein defektes RNS-Virus, das $HB_sAg$ als Hüllprotein verwendet und nur in Gegenwart einer HBV-Infektion replikationsfähig ist. Die Hepatitis D ist daher an das gleichzeitige Vorhandensein einer HBV-Infektion gebunden. Das HDV ist endemisch in Süditalien, Afrika und Südamerika und in Europa zunehmend unter Drogensüchtigen verbreitet. Der Übertragungsweg entspricht dem der Hepatitis B (s. Tabelle 3.5). Simultan- oder Superinfektion mit HDV führt häufig zu sehr schweren Krankheitsbildern, die als fulminante B-Hepatitis imponieren. Die Diagnose der HDV-Infektion wird durch Nachweis von Anti-HDAg der IgM-Klasse bei gleichzeitigem Nachweis von $HB_sAg$ gestellt. Aktivimpfung gegen Hepatitis B schützt auch vor Hepatitis D.

### Non-A-Non-B-Hepatitis (NANBH)

Unter diesem Begriff werden Hepatitiden zusammengefaßt, die weder auf eine HAV-, HBV-, Ebstein-Barr-Virus- oder Zytomegalieinfektion noch auf andere nichtvirale Hepatitisursachen zurückgeführt werden können.

> **Solange spezifische serologische Marker nicht allgemein verfügbar sind, ist die Diagnose der Non-A-Non-B-Hepatitis (NANBH) eine Ausschlußdiagnose.**

Andererseits ist diese Form heute die wichtigste Ursache der Posttransfusionshepatitis; daneben gibt es eine epidemische Form. In jüngster Zeit ist es gelungen, zwei Erreger zu charakterisieren, die als Hepatitis-C- und -E-Viren bezeichnet werden.

**Hepatitis C.** Der Erreger (Hepatitis-C-Virus, HCV) (s. Tabelle 3.5) ist für den größten Teil der Posttransfusionshepatitiden verantwortlich. *Risikogruppen* sind Transfusionsbedürftige, Hämophilie- und Dialysepatienten, Homosexuelle und Drogenabhängige. Die Akutinfektion verläuft meist milde, wird aber bei 50–60 % der Patienten chronisch. Ein kürzlich entdeckter Antikörper (Anti-HCV) erscheint im Serum 3–5 Monate nach der Akutinfektion. Er ist bei 80% der Patienten mit parenteral übertragener chronischer Non-A-Non-B-Hepatitis nachweisbar und verschwindet bei Ausheilung. Anti-HCV ist wegen seines späten Auftretens nicht zur Diagnose der akuten Hepatitis C geeignet, hat aber große Bedeutung als Suchtest bei der Blutspenderauswahl erlangt. Interessanterweise ist Anti-HCV auch bei chronischer Autoimmunhepatitis nachweisbar.

**Hepatitis E.** Das Virus (HEV) ist der Erreger der epidemischen Non-A-Non-B-Hepatitis und ist endemisch in Asien, Afrika und Südamerika. Die Hepatitis E ähnelt in vielen Aspekten der Hepatitis A (s. Tabelle 3.5), verläuft aber bei Schwangeren häufig (20%!) fulminant. Serologische Nachweismethoden (HEV-Ag, Anti-HEV) sind in klinischer Erprobung.

## 3.3.2 Bakterielle Lebererkrankungen

Leberbeteiligungen im Rahmen einer ***Sepsis*** sind selten (< 1%) und manifestieren sich dann meist als Cholestase mit Ikterus. ***Begleithepatitiden*** mit isolierten Transaminasenerhöhungen finden sich bei vielen bakteriellen Darminfekten (Salmonellen, Shigellen, Yersinien). ***Pyogene Leberabszesse*** sind Folge über das Gallenwegssystem oder die Pfortader aszendierender Infektionen. Sie verursachen Fieber, schmerzhafte Lebervergrößerung, Leukozytose und bisweilen Ikterus. Die Behandlung erfolgt durch perkutane oder operative Abszeßdrainage unter systemischer antibiotischer Behandlung. Leberbeteiligung bei ***Tuberkulose*** ist häufig (granulomatöse Hepatitis, miliare Tuberkulose, Tuberkulome der Leber), so daß der Nachweis von Epitheloidzellgranulomen, Miliartuberkeln und säurefesten Stäbchen in der Leberbiopsie diagnostische Bedeutung besitzt. Bei der ***granulomatösen Hepatitis*** finden sich multiple Epitheloidzellgranulome im Leberpunktat. Klinische Symptome fehlen in der Regel trotz deutlicher AP- und mäßiger Transaminasenerhöhung. Differentialdiagnostisch ist neben der Tuberkulose an Sarkoidose, Lues, Lepra, Bruzellose, Pilzinfektion, Parasitosen, Autoimmunerkrankungen und Arzneimittelreaktionen zu denken.

### 3.3.3 Amöbiasis

Nach Ingestion (fäkal-orale Übertragung) von Entamoeba-histolytica-Zysten bilden sich im Darm Trophozoiten, die mit dem Pfortaderblut zur Leber gelangen und dort zu Hepatomegalie mit periportaler Entzündung, Fibrose und Leberabszessen führen. Amöbenabszesse entwickeln sich schleichend mit Fieber, Oberbauchschmerz, Leukozytose und starker BKS-Beschleunigung. Der Amöbennachweis gelingt nur selten (10 %) im Stuhl, serologische Tests sind bei Leberabszessen immer positiv. Die Behandlung ist medikamentös (Metronidazol 3mal 750 mg für 5–10 Tage).

### 3.3.4 Wurmerkrankungen

**Bilharziose (Schistosomiasis)**

Mehr als 200 Millionen Menschen in Afrika, Südamerika und Asien sind erkrankt. Ein Teil des Lebenszyklus dieser Erreger (Schistosoma mansoni, Schistosoma japonicum, Schistosoma haematobium) findet in bestimmten Süßwasserschnecken statt, die Zerkarien freisetzen können. Diese Zerkarien penetrieren die Haut und entwickeln sich im portalen Venensystem zum reifen Wurm. Hier erfolgt die Eiproduktion; Verschleppung der Eier in die Äste der V. portae führt zur Granulombildung in den Periportalfeldern und durch präsinusoidale Obstruktion zur portalen Hypertension. Splenomegalie, Aszites und rezidivierende Ösophagusvarizenblutungen sind die Folge. Leberfunktionsstörungen fehlen über lange Zeit. Die Diagnose erfolgt durch Einachweis im Stuhl oder in der Rektumbiopsie. Die Behandlung erfolgt mit Praziquantel (50 mg/kg Körpergewicht/Tag über 2 Wochen).

**Echinokokkose**

Hauptwirt des ***Echinococcus cysticus*** ist der Hund. Der Mensch infiziert sich durch Eier, die vom Hund über den Stuhl und Speichel ausgeschieden werden (kontaminierte Nahrungsmittel!). Aus den Eiern schlüpfen Onkosphären, die in Leber und Lunge Zysten (Hydatiden) bilden. Die Zysten besitzen oft einen dünnen Kalkmantel und enthalten neben Flüssigkeit Larven (Skolizes). Unkomplizierte Echinokokkuszysten der Leber sind meist wenig symptomatisch (Eosinophilie, leichtes Fieber und Druckgefühl im Oberbauch) oder ein sonographischer Zufallsbefund. Zystenruptur in die Bauch- oder Pleurahöhle führt zu Peritonitis, Pleuritis und manchmal zum anaphylaktischen Schock. Daher ist auch die Zystenpunktion risikoreich. Die Diagnose läßt sich durch spezifische serologische Tests (Immunfluoreszenztest, Latex- und Hämagglutinationstests) sichern. Therapeutisch bietet sich die chirurgische Zystenexstirpation in toto an; kleine, nicht wachsende Zysten können zunächst belassen werden. Die begrenzt erfolgreiche medikamentöse Therapie mit Mebendazol, Praziquantel oder Fenbendazol bleibt inoperablen Fällen vorbehalten. Beim ***Echinococcus alveolaris*** (multilocularis) sind kleine Nager, Füchse und Hunde die Wirte; der Mensch infiziert sich durch kontaminierte Nahrungsmittel. Es resultiert ein infiltrativer, metastatischer Befall der Leber, so daß eine chirurgische Therapie aussichtslos ist und nur die Behandlung mit Mebendazol oder Praziquantel versucht werden kann.

## 3.4 Alkoholische Leberschädigung

### 3.4.1 Epidemiologie

Der Zusammenhang zwischen Leberzirrhose und Alkoholkonsum ist epidemiologisch belegt durch parallelen Anstieg von Zirrhosemortalität und Alkoholkonsum und eine 30fach höhere Zirrhoseprävalenz bei Alkoholikern. Die Zirrhosemorbidität steigt exponentiell an, wenn der tägliche Alkoholkonsum beim Mann 60 g, bei der Frau 20 g überschreitet. Nicht jeder Alkoholiker entwickelt aber eine Leberzirrhose; offensichtlich spielen auch andere Faktoren (Geschlecht, Veranlagung, Ernährung) eine Rolle. Leberschäden sind nur eine Manifestation des Alkoholismus neben Störungen des endokrinen und hämatopoetischen Systems, des Herzens, des Pankreas und des Nervensystems.

### 3.4.2 Pathogenese von alkoholinduzierten Stoffwechselveränderungen und Leberschäden

**Alkoholstoffwechsel.** Der Alkoholabbau erfolgt normalerweise fast ausschließlich in der Leber über die Alkoholdehydrogenase (ADH):

$$\text{Äthanol} + NAD^{+} \rightarrow \text{Azetaldehyd} + NADH + H^{+}.$$

Langjähriger Alkoholkonsum führt aber zur Induktion des mikrosomalen, zytochrom-$P_{450}$-abhängigen alkoholoxidierenden Systems (MEOS), so daß Alkohol zunehmend über MEOS abgebaut wird:

Äthanol + NADPH + $H^+$ + $O_2$ → Azetaldehyd + $NADP^+$ + $2H_2O$.

Der in beiden Reaktionen gebildete Azetaldehyd wird durch die Aldehyddehydrogenase zu Azetat weiteroxidiert.

**Alkoholinduzierte Veränderungen des Leberstoffwechsels beruhen auf der Bildung von reduzierenden Äquivalenten (Erhöhung des $NADH/NAD^+$-Quotienten), von Azetaldehyd und der Induktion von Zytochrom $P_{450}$ (MEOS).**

Der Anstieg des $NADH/NAD^+$-Quotienten beeinflußt andere Redoxreaktionen und führt zu Hyperlaktatämie, Hemmung von Glukoneogenese und Fettsäureoxidation, Steigerung von Fettsäuresynthese und Ketogenese. Bei leeren Glykogenspeichern kann Alkohol daher schwere, mitunter tödliche ***Hypoglykämien*** auslösen. ***Hyperlaktatämie*** und ***Ketose*** führen zur ***Azidose,*** die durch Beeinträchtigung der renalen Harnsäureausscheidung das gehäufte Auftreten von ***Gichtanfällen*** bei prädisponierten Personen nach Alkoholexzeß erklärt. Hyperlaktatämie, Azetaldehyd und ***perivenöse (läppchenzentrale) Hypoxie***, als Folge eines gesteigerten Sauerstoffverbrauchs durch MEOS, stimulieren die Kollagensynthese (Fibroseentwicklung). Azetaldehyd führt zu ultrastrukturellen Veränderungen an Zellorganellen und Membranen und hemmt die Lipoprotein- und Proteinsekretion der Leber, ***Leberverfettung*** und ***Hepatomegalie*** durch Retention von Fett und Eiweiß in der Zelle sind die Folge. Alkohol interferiert auf komplexe Weise mit der Pharmakokinetik und -dynamik: Er kann den ***Medikamentenabbau*** einerseits durch Kompetition am mischfunktionellen Oxidasesystem hemmen, andererseits durch Induktion von Zytochrom $P_{450}$ beschleunigen. Durch diese Induktion werden manche Hepatotoxine und Kanzerogene verstärkt in toxische Metabolite umgewandelt ***(„Giftung“).*** Dies erklärt die kokarzinogene Wirkung von Alkohol. Durch Induktion von MEOS wird ferner die Bildung toxischer Sauerstoffmetabolite begünstigt, die durch Peroxidation von Lipiden, DNS und Proteinen komplexe Schädigungen hervorrufen.

### 3.4.3 Klinik der alkoholbedingten Leberstörungen

Die Übergänge zwischen den drei Formen der alkoholischen Leberschädigung (Fettleber, Alkoholhepatitis, Zirrhose) sind fließend. Ihr klinisches Bild kann von alkoholbedingten Stoffwechselstörungen (s. 3.4.2), Mangelernährung und anderen alkoholinduzierten Organschäden überlagert sein.

#### Alkoholfettleber

Verfettung ist das erste Zeichen der alkoholischen Leberschädigung. Die Leber ist deutlich vergrößert; läppchenzentral findet sich häufig (40%) bereits eine Fibrosierung. Das klinische Bild ist variabel und reicht von asymptomatischer Hepatomegalie, Oberbauchschmerzen bis zu Zeichen der Leberfunktionsstörung (Ikterus, Ödeme, Gerinnungsstörungen) mit portaler Hypertension. Die $\gamma$-GT ist deutlich, die Transaminasen sind nur leicht erhöht (< 100 U/l; SGOT meist stärker als SGPT). Hepatomegalie, Alkoholvorgeschichte und geringgradige laborchemische Veränderungen, die sich nach mehrtägiger Alkoholkarenz rasch bessern, sind diagnoseweisend. Die Histologie zeigt, inwieweit Fibrose und Übergänge zu Hepatitis und Zirrhose vorliegen. Differentialdiagnostisch sind Fettlebern (Tabelle 3.8) und Hepatomegalien (s. Tabelle 3.3) anderer Genese auszuschließen. Die Therapie besteht in der Alkoholkarenz; Fehlernährungsfolgen, wie kalorische und Eiweißdefizite, Vitamin- und Spurenelementmangel müssen behoben werden. Das ***Zieve-Syndrom*** (alkoholische Leberschädigung, Hyperlipidämie Typ V, hämolytische Anämie) kann bei allen Formen der alkoholischen Leberschädigung auftreten. Die Hämolyse entsteht wahrscheinlich durch ein Zusammenwirken von Antioxidantienmangel

**Tabelle 3.8.** Ursachen der Fettleber

| |
|---|
| Alkohol |
| Medikamente |
| Diabetes mellitus |
| Adipositas |
| Eiweißmangel |
| Längeres Fasten |
| Parenterale Ernährung |
| Cushing-Syndrom |
| Intoxikationen (Phosphor, $CCl_4$) |
| Jejunoileale Bypass |
| Leberteilresektion |

(Vitamin E?), Membranveränderungen und erythrozytärem Pyruvatkinasemangel.

### Alkoholhepatitis

Diese ist histologisch charakterisiert durch Infiltrate polymorphkerniger Leukozyten, Verfettung, Nekrose und Fibrosebildung. Alkoholisches Hyalin (Mallory-Körperchen) wird häufig (30–50%) gefunden, ist aber nicht spezifisch. Klinisches Bild (Inappetenz, Oberbauchschmerz, fakultativ Ikterus, Fieber, Leververgrößerung, Transaminasenerhöhung) und Verlauf sind außerordentlich variabel. Die Alkoholhepatitis kann sich auch bei bereits bestehender Zirrhose aufpfropfen. Die ***asymptomatische, anikterische Alkoholhepatitis*** ist nur histologisch zu diagnostizieren. Sie ist ebenso wie die ***chronisch persistierende Alkoholhepatitis*** nach Alkoholkarenz mit Ausnahme der Fibrose rückbildungsfähig. Die ***chronisch aggressive Alkoholhepatitis*** dagegen führt meist innerhalb von 3 Jahren zur Zirrhose, oft auch trotz Alkoholkarenz (immunologisch bedingte Perpetuierung?). Fibrose und Ikterus liegen fast immer vor. Die ***fulminante Alkoholhepatitis*** besitzt eine 90%ige Letalität und entwickelt sich bei 10% aller Alkoholhepatitiden (s. auch 3.7). Die ***alkoholische Leberzirrhose*** wird in 3.8 besprochen.

## 3.5 Leberschäden durch Medikamente und Umweltschadstoffe

Arzneimittel, Zusatzstoffe zu Nahrungsmitteln, natürliche Gifte und gewerbliche Schadstoffe können nahezu jede Form der akuten und chronischen Leberschädigung induzieren (Tabelle 3.9). Sie sind daher immer eine wichtige Differentialdiagnose, obwohl sie weniger als 5% aller Leberkrankheiten verursachen. Die besondere Anfälligkeit der Leber für Fremdstoffe erklärt sich daraus, daß sie bei enteraler Aufnahme den höchsten Schadstoffkonzentrationen ausgesetzt ist und daß im Rahmen der Biotransformation toxische Intermediate entstehen (Giftung). Die Diagnosestellung erfolgt durch Expositionsanamnese und Ausschluß anderer Ursachen; die Leberhistologie ist meist nicht charakteristisch. Rückbildung einer Leberschädigung nach Ausschalten des vermuteten Schadstoffs ist die sicherste Bestätigung der Verdachtsdiagnose eines fremdstoffinduzierten Leberschadens.

**Tabelle 3.9.** Häufige fremdstoffbedingte Leberschädigungen. (Die Aufstellung ist unvollständig. Mit * bezeichnete Medikamente wirken meist direkt toxisch in Abhängigkeit von der Dosis)

| Schädigungsmuster | Medikament | Umweltschadstoff |
|---|---|---|
| Fettleber | Tetrazykline*, Valproat*, Methotrexat* | Phosphor, $CCl_4$ |
| Phospholipidosis | Amiodaron, Perhexilin | |
| Akute Hepatitis | Isoniazid*, Methotrexat*, Rifampicin, Azathioprin, Cyclosporin A, Parazetamol*, Halothan, Methyldopa, MAO-Hemmer, Diphenylhydantoin, Sulfonamide, Griseofulvin, Ketoconazol | Phalloidin, α-Amanitin, polychlorierte Biphenyle, Dioxine, Lindan |
| Lebergranulomatose | Sulfonylharnstoffe, Allopurinol, Phenylbutazon, Hydralazin, Carbamazepin, Isoniazid | Stäube (Silikon, Zement), Beryllium |
| Cholestase | Sexualhormone, Chlorpromazin*, Ajmalin, Tolbutamid, Erythromyzin, Clofibrat | |
| Chronische Hepatitis/ Fibrose/Zirrhose | Methyldopa, Oxiphenisatin, Isoniazid, Methotrexat, Nitrofurantoin, Propylthiourazil | Arsen, Vinylchlorid, chlorierte Kohlenwasserstoffe, DDT |
| Peliosis, Budd-Chiari | Anabolika, Kontrazeptiva, Azathioprin, | Pyrrolizidinalkaloide |
| Leberzelladenom | Kontrazeptiva | |
| Leberzellkarzinom | Thorotrast, Anabolika | Aflatoxin, Vinylchlorid, Dioxin |
| Angiosarkom | Anabolika, Thorotrast | Vinylchlorid, Arsen |

### 3.5.1 Prinzipien der Schädigung durch Fremdstoffe

Man unterscheidet die toxische von der idiosynkratischen Leberschädigung. Manche Fremdstoffe schädigen die Leber auf beiden Wegen. Bei der ***toxischen Leberschädigung*** beeinträchtigt der Fremdstoff oder einer seiner Metabolite unmittelbar hepatozelluläre Strukturen oder Funktionen. Die toxische Leberschädigung ist daher dosisabhängig und voraussehbar. Die Latenz zwischen Exposition und Leberschädigung ist kurz (Stunden bis Tage). Bei der ***idiosynkratischen Schädigung*** liegt eine immunologische oder metabolische Prädisposition (Überempfindlichkeit) vor. Der Schadstoff kann nach Bindung an Leberzellen als Hapten wirken und eine allergisch-immunologische Leberschädigung auslösen (Hypersensitivitätsleberschädigung). Solche Reaktionen sind nicht vorhersehbar, nicht dosisabhängig und weisen meist mehrwöchige Latenzzeiten auf. Eine metabolisch bedingte Idiosynkrasie beruht auf Anomalien biotransformierender Reaktionen mit gesteigerter Bildung toxischer Metabolite aus dem zugeführten Schadstoff.

### 3.5.2 Beispiele für arzneimittel- und fremdstoffinduzierte Leberschäden

Die ***halothaninduzierte Leberschädigung (Halothanhepatitis)*** erfolgt idiosynkratisch (Häufigkeit: 1/8000 Narkosen) und tritt meist als akute Hepatitis mit Ikterus, Fieber, Myalgien, Eosinophilie, Übelkeit in Erscheinung. Meist haben die Patienten innerhalb weniger Wochen 2 Narkosen erhalten. Die Symptome beginnen 5–10 Tage nach der Narkose und normalisieren sich innerhalb von 4 Wochen. Vorbestehende Lebererkrankungen prädisponieren nicht zur Halothanhepatitis. Erneute Halothannarkosen sind kontraindiziert, wenn einmal eine Halothanhepatitis aufgetreten ist.

Bei der ***Parazetamolintoxikation*** ist die Schädigung direkt toxisch und dosisabhängig. Sie beruht auf der Bildung toxischer Hydroxylierungs- und Oxidationsprodukte, die normalerweise sofort durch Konjugation mit Glutathion entgiftet werden. Daher werden therapeutische Parazetamoldosen selbst vom Leberkranken problemlos vertragen, während exzessiv hohe Dosen (>10 g/Tag) die Glutathionvorräte der Leber rasch aufbrauchen, so daß es zur Lebernekrose kommt. Wenige Stunden nach Einnahme entwickeln sich Übelkeit und Erbrechen. Nach einem kurzen Intervall scheinbarer Besserung kommt es zur schweren Hepatitis mit akutem Leberversagen (s. 3.6). Neben Magenspülung und Aktivkohlegabe ist die intravenöse hochdosierte Gabe von N-Azetylzystein innerhalb der ersten 10–24 h Therapie der Wahl (150 mg/kg Körpergewicht i. v. innerhalb 15 min, dann 50 mg/kg in 500 ml 5% Glukose über 4 h, dann 100 mg/kg über die nächsten 16 h).

Transaminasenerhöhungen (<100 U/l) sind bei ***Isoniazidbehandlung*** häufig (20%), ein Ikterus tritt selten (1%) auf. Obwohl die Latenz 2–12 Monate nach Beginn der Therapie beträgt, handelt es sich meist um eine toxische Leberschädigung. Patienten mit vorgeschädigter Leber reagieren besonders empfindlich.

***Anabole Androgene*** und ***Kontrazeptiva*** können nach 1- bis 6monatiger Einnahme zum cholestatischen Ikterus durch Veränderungen der Membranfluidität und gallensäuretransportierender Proteine in der kanalikulären Hepatozytenmembran führen. Für diese Nebenwirkung sind insbesondere $C_{17}$-alkylierte Anabolika und $C_{19}$-alkylierte Östrogene (Äthinylöstradiol) verantwortlich.

***$\alpha$-Amanitin*** und Phalloidin sind die Toxine des grünen Knollenblätterpilzes. Bereits ein halber Pilz ist für die tödliche Vergiftung ausreichend (entsprechend 4 mg $\alpha$-Amanitin). $\alpha$-Amanitin blockiert die Proteinsynthese in der Leber und führt zu ausgedehnten Leberzellnekrosen. 4–24 h nach der Pilzmahlzeit kommt es zu Bauchkrämpfen, Durchfall und Erbrechen; nach 2 Tagen kommt es zur fulminanten Hepatitis mit Leberversagen.

## 3.6 Akutes Leberversagen (fulminante Hepatitis, akut-nekrotisierende Hepatitis, akute gelbe Leberdystrophie)

**Die fulminante Hepatitis (Letalität 70%) führt zum raschen Ausfall verschiedener Leberfunktionen und kann durch akute Virushepatitiden, Intoxikationen (Knollenblätterpilz, Parazetamol), Medikamente (Halothan, Tetrazykline), Alkohol sowie Morbus Wilson ausgelöst werden.**

Sonderformen der fulminanten Hepatitis sind die akute Schwangerschaftsfettleber und das Reye-Syndrom (s. 3.9.4). Der Beginn ist meist abrupt. Bei initial gutem Allgemeinzustand kommt es rasch zu neurologisch-psychiatrischen Komplikationen durch Auftreten einer hepatischen Enzephalopathie (Unruhe, Konzentrationsstörungen, verwaschene Sprache, Somnolenz bis Koma,

Tremor, „flapping tremor", Krämpfe, s. auch S. 69) oder von Hirndruckzeichen (lichtstarre Pupillen, vertiefte Atmung bei gesteigerter Atemfrequenz). Weitere Symptome sind ein süßlicher Geruch der Exspirationsluft (Foetor hepaticus), rasche Zunahme des Ikterus, Blutungskomplikationen durch Gerinnungsstörungen, Nierenversagen, Bakteriämien, Sepsis, respiratorisches und Kreislaufversagen. Zu Beginn ist die Leber meist normal groß, wird dann aber rasch kleiner. Die Transaminasen sind initial erhöht; ihr rascher Abfall ist prognostisch ungünstig. Die Prothrombinzeit ist stark erniedrigt: Werte unter 10% weisen auf eine infauste Prognose hin. Häufig bestehen auch Zeichen der Verbrauchskoagulopathie, d. h. Abfall der Thrombozytenzahl bei Auftreten von Fibrinogenspaltprodukten, und eine begleitende Pankreatitis. Die ***Therapie*** der fulminanten Hepatitis erfolgt nach intensivmedizinischen Richtlinien (Tabelle 3.10). Glukokortikoide, Hämoperfusion, Hämodialyse, Plasmapherese und extrakorporale Leberperfusion (Pavianleber) haben sich als nutzlos erwiesen. Ultima ratio ist die Lebertransplantation.

**Tabelle 3.10.** Therapeutische Maßnahmen bei fulminanter Hepatitis

| |
|---|
| Allgemeine intensivmedizinische Maßnahmen (Infektionsprophylaxe, Bilanzierung, engmaschige Überwachung von Kreislauf, Atmung, Temperatur, nasogastrale Sonde, parenterale Ernährung, ggf. Intubation und künstliche Beatmung) |
| Korrektur von Elektrolytentgleisungen (Hypokaliämie, Hyponatriämie, Hypokalziämie) |
| Korrektur des Säurebasenhaushalts |
| Blutungsprophylaxe: Vitamin K i. v., Frischplasma |
| Ulkusprophylaxe mit $H_2$-Rezeptor-Antagonisten |
| Kalorienzufuhr (Hypoglykämieneigung beachten), |
| Kontrolle zu erwartender Komplikationen (Sepsis, Infektionen, Hirnödem, Pankreatitis, Blutungen, Nierenversagen, respiratorisches Versagen, Hypoglykämie, Elektrolytentgleisung) |
| Behandlung von Komplikationen |
| – zerebral: (Mannitol oder Dexamethason bei Hirnödem, Therapie und Prophylaxe der hepatischen Enzephalopathie mit Laktulose, Paromomycin) |
| – renal: Dialyse bei Nierenversagen |
| – pulmonal: frühzeitig Intubation und Beatmung bei respiratorischer Insuffizienz |
| – Infektionen: gezielte antibiotische Behandlung, häufige bakteriologische Kontrollen (Urin, Blut, Sputum) |
| – Blutungsneigung: Substitution von Vitamin K, Frischplasma, Gerinnungsfaktorkonzentrate, Antithrombin III |
| Vorbereitungen für Lebertransplantation? |
| Behandlung der zugrundeliegenden Erkrankung (z. B. Morbus Wilson) |

## 3.7 Chronische Hepatitis

Die Unterscheidung in chronisch aggressive und chronisch persistierende Form beruht primär auf histomorphologischen Kriterien, schlägt sich aber auch im klinischen Bild nieder (Tabelle 3.11). Sie ist prognostisch und therapeutisch relevant, so daß die Leberbiopsie bei unklaren, über 6 Monate anhaltenden Transaminasenerhöhungen indiziert ist.

### 3.7.1 Chronisch persistierende Hepatitis (CPH)

Sie ist histologisch gekennzeichnet durch mononukleäre Infiltrate in den Portalfeldern, fehlende Fibrose und nur vereinzelten Einzelzellnekrosen. Die Transaminasen sind meist nicht über 100 U/l erhöht, Eiweißelektrophorese und Blutgerinnung sind normal. Das klinische

**Tabelle 3.11.** Ätiologie der chronischen Hepatitis

| Ätiologie | Nachweis |
|---|---|
| Hepatitis B | $HB_sAg$ positiv |
| Hepatitis C | Anamnese, Anti-HCV |
| Non-A-Non-B-Hepatitiden | Anamnese |
| Alkohol | Anamnese, Histologie (Mallory-Körperchen, zentrolobuläre Fibrose, Verfettung) |
| Autoimmunhepatitis | Antinukleäre und antimitochondriale und gegen glatte Muskulatur gerichtete Antikörper, junge Frauen bevorzugt |
| Medikamente | Anamnese (α-Methyldopa, Isoniazid, Halothan, Oxiphenisatin) |
| Primär biliäre Zirrhose | Antimitochondriale Antikörper, IgM-Erhöhung, Histologie, Xanthome |
| Primär sklerosierende Cholangitis | Chronisch entzündliche Darmerkrankung, Erhöhung der alkalischen Phosphatase, Histologie, ERCP, Männer bevorzugt |
| Hämochromatose | Eisen, Ferritinerhöhung, Eisengehalt der Leber |
| Morbus Wilson | Kayser-Fleischer-Ring, Coeruloplasmin erniedrigt, $Cu^{++}$ im Serum und Urin erhöht, $Cu^{++}$-Gehalt der Leber erhöht |

Beschwerdebild ist leicht (Ermüdbarkeit, unspezifische Oberbauchbeschwerden, Inappetenz); Splenomegalie, Leberhautzeichen und Ikterus fehlen meist. Die Diagnose erfolgt durch Leberpunktion. Bei guter Prognose ist eine spezifische Therapie nicht erforderlich.

### 3.7.2 Chronisch aggressive Hepatitis (CAH)

Rundzellinfiltrate erstrecken sich von den Portalfeldern tief in das Parenchym, welches Nekrosen [Mottenfraßnekrosen („peace-meal-Nekrosen"), Brückennekrosen] und häufig Fibrosierungszeichen aufweist. Das Beschwerdebild ist variabel (leichte Einschränkung der Leistungsfähigkeit, Inappetenz, uncharakteristische Oberbauchbeschwerden bis hin zu Arbeitsunfähigkeit und Zeichen der Leberinsuffizienz). Im Gegensatz zur chronisch persistierenden Hepatitis sind Leberhautzeichen, Ikterus und Milzvergrößerung häufig, ebenso wie deutlich erhöhte Transaminasen (50–500 U/l, γ-Globulin-Vermehrung und Gerinnungsstörungen (Quickwert). Unabhängig von der Ätiologie (s. Tabelle 3.11) entwickelt sich oft eine Leberzirrhose. Die durchschnittliche Lebenserwartung bei unbehandelter chronisch aggressiver Hepatitis beträgt 3–5 Jahre.

### 3.7.3 Sonderformen der chronisch aggressiven Hepatitis und ihre Therapie

#### Chronisch aggressive Hepatitis B

30–60 % aller chronisch aggressiven Hepatitiden in Europa sind auf die HBV-Infektion zurückzuführen. In der Frühphase findet noch aktive Virusreplikation statt; $HB_eAg$ sowie HBV-DNS sind neben $HB_sAg$ im Serum nachweisbar. Zirkulierende Immunkomplexe können zu Glomerulonephritis und Panarteriitis-nodosa-ähnlichen Krankheitsbildern führen. Nach Jahren (Spätphase) nimmt die Virusreplikation erheblich ab; HBV-DNS verschwindet aus dem Serum, und es kommt zur Serokonversion zu Anti-$HB_e$. Während der Serokonversion exazerbiert die chronisch aggressive Hepatitis vorübergehend; danach ist die entzündliche Aktivität gering oder verschwunden. $HB_sAg$ bleibt trotz erfolgter Serokonversion meist nachweisbar, komplette Viruspartikel aber fehlen (Integration von Virus-DNS in das Wirtsgenom und Aufrechterhaltung der Synthese des HBV-Hüllproteins?). Im Mittel erfolgt die Serokonversion von $HB_eAg$ zu Anti-$HB_e$ jährlich bei etwa 15% der Patienten; oft besteht aber bereits eine Leberzirrhose. Die ***medikamentöse Therapie*** ist heute noch unbefriedigend und zielt auf die Hemmung der Virusreplikation ab. Mehrmonatige Gabe von α-Interferon führt bei 30–50 % der Patienten mit $HB_eAg$-positiver chronisch aggressiver Hepatitis zur dauerhaften Serokonversion. α-Interferon scheint auch die chronisch aggressive Hepatitis bei Non-A-Non-B-Infektion günstig zu beeinflussen. Möglicherweise ist die Kombinationsbehandlung mit Acyclovir oder Adeninarabinosid erfolgreicher. Andere Therapieformen (Laevamisol, Plasmapherese, Glukokortikoide, Azathioprin) sind nutzlos; Kortikoide beeinflussen den Verlauf durch Stimulation der Virusreplikation negativ.

#### Autoimmun-chronisch-aggressive Hepatitis (Autoimmun-CAH; lupoide Hepatitis)

Diese ätiologisch unklare Erkrankung betrifft vorwiegend Frauen (♀:♂ = 8 : 1) im Alter von 10–20 Jahren oder in der Menopause. Autoimmunphänomene, wie antinukleäre Antikörper (30–60 %), positives LE-Phänomen (10 %), Antikörper gegen glatte Muskulatur (50–60 %), Mitochondrien (20 %) und Leberzellmembranen (30 %) bei negativem $HB_sAg$, sind charakteristisch. Häufig werden Arthralgien, Myalgien und ein Sicca-Syndrom (Trockenheit der Schleimhäute) gefunden. Medikamente wie Oxyphenisatin, α-Methyldopa oder Isoniazid können eine Autoimmun-CAH hervorrufen; eine sorgfältige Medikamentenanamnese ist daher notwendig. Durch konsequente ***Therapie*** mit Glukokortikoiden, ggf. in Kombination mit Azathioprin, kann eine histologische und laborchemische Remission bei 80 % der Patienten innerhalb von 2 Jahren erzielt werden. Chronisch aggressive Hepatitis durch Medikamente, Alkohol und Stoffwechselkrankheiten s. Tabellen 3.9 und 3.10.

## 3.8 Leberzirrhose

### 3.8.1 Definition, Ätiologie und Pathogenese

**Die Leberzirrhose ist morphologisch definiert als chronische Leberkrankheit mit Nekrosebildung, Regeneratknotenbildung und bindegewebigem Umbau mit Störung der Läppchen- und Gefäßarchitektur. Ist die Architektur trotz vermehrter Bindegewebseinlagerung noch erhalten, spricht man von Leberfibrose.**

**Tabelle 3.12.** Ursachen der Leberzirrhose

| |
|---|
| *Häufige Ursachen in Westeuropa* |
| Alkohol (50–60%) |
| Hepatitis B und Non-A-Non-B (20%) |
| Unbekannt („kryptogene Zirrhose") (20%) |
| *Seltene Ursachen (Häufigkeit insgesamt <10%)* |
| Stoffwechselkrankheiten: |
| – Hämochromatose |
| – Morbus Wilson |
| – $\alpha_1$-Antitrypsin-Mangel |
| – Galaktosämie |
| – Mukoviszidose |
| – Glykogenspeicherkrankheit Typ IV |
| – Abetalipoproteinämie |
| Medikamente, Fremdstoffe |
| Chronisch aggressive Autoimmunhepatitis |
| Primär biliäre Zirrhose |
| Chronische Cholestase |
| Chronische Cholangitis |
| Chronische Leberstauung: |
| – Herzinsuffizienz |
| – Budd-Chiari-Syndrom |
| – Venenverschlußkrankheit |
| – Pericarditis constrictiva |

Verschiedene Ursachen können zur Leberzirrhose führen (Tabelle 3.12). In allen Fällen liegt ein kontinuierlicher, über längere Zeiträume progredienter Leberzelluntergang zugrunde, an dem je nach Ätiologie immunologische, direkt toxische Mechanismen (Sauerstoffradikale, atypische Gallensäuren, Zytotoxine), Sauerstoffmangel und sinusoidale Durchblutungsstörungen beteiligt sind. Gleichzeitig kommt es zur Fibroblastenproliferation mit Stimulation der Kollagenbildung und -ablagerung im Dissé-Raum (Kapillarisierung), im Bereich der Zentralvene und der Periportalfelder sowie zu einer ungeregelten Regeneration von Lebergewebe mit bindegewebiger Abgrenzung (Regeneratknotenbildung). Die Folgen sind behinderter Stoffaustausch zwischen Blut und Leberzellen und ein erhöhter intrahepatischer Strömungswiderstand, der zur Blutdrucksteigerung im Pfortaderkreislauf führt (portale Hypertension).

## 3.8.2 Klinisches Bild und Diagnostik

### Einteilung

**Leberzirrhosen werden nach dem klinischen Erscheinungsbild und nach der Ätiologie eingeteilt. Klinisch unterscheidet man latente von manifesten Zirrhosen.**

Etwa 20% aller Zirrhosen sind latent, d. h. es liegen keinerlei diagnoseweisende Symptome vor. Demgegenüber weist die manifeste Zirrhose Symptome und Beschwerden auf, die auf Störungen der Leberzellfunktion und der Leberhämodynamik beruhen.

**Manifeste Zirrhosen werden nach ihrer entzündlichen Aktivität (Floridität) in aktive und inaktive Zirrhosen und nach dem Ausmaß der Leberfunktionsstörung in kompensierte und dekompensierte Zirrhosen unterteilt.**

Eine aktive Zirrhose weist deutliche Zeichen der Entzündung auf (Transaminasen > 100 U/l). Eine Zirrhose ist dekompensiert, wenn Aszites, Ösophagusvarizen oder hepatische Enzephalopathie vorliegen.

### Symptome

Die Symptomatik ist außerordentlich variabel und vom Vorliegen metabolischer und hämodynamischer Komplikationen sowie von spezifischen Symptomen der Zirrhosesonderformen geprägt. Bei unkomplizierten Zirrhosen stehen rasche Ermüdbarkeit, Leistungsminderung, Verdauungsstörungen und Gewichtsabnahme im Vordergrund, bisweilen werden Menstruationsstörungen, Impotenz und Pruritus angegeben. Bei entzündlicher Aktivität können Fieber, rechtsseitige Oberbauchschmerzen und Arthralgien hinzukommen. Bei der Untersuchung finden sich Leberhautzeichen (s. 3.1.1), häufig ein leichter Ikterus, Gynäkomastie, Dupuytren-Kontrakturen und Unterschenkelödeme. Aszites, Splenomegalie, Blutungen sowie Zeichen der hepatischen Enzephalopathie weisen bereits auf Komplikationen hin (s. 3.8.4). Meist ist die Leber tastbar vergrößert, derb mit höckriger Oberfläche; kleine Schrumpflebern sind seltener. ***Laborchemisch*** fallen in Abhängigkeit von der entzündlichen Aktivität Transaminasenerhöhungen auf. Die $\gamma$-Globulin-Erhöhung im Serum ist charakteristisch. Quickwert, Cholinesterase und Serumalbumin spiegeln die Einschränkung der Syntheseleistung wider (s. 3.1.2). Bei latenten Zirrhosen können aber alle Laborparameter normal sein.

### Diagnose und Basistherapie

Da die Leberzirrhose morphologisch definiert ist, muß die Diagnose histologisch gesichert werden. Dann folgt die differentialdiagnostische Abgrenzung nach ätiologischen Faktoren, da manche Formen einer wirkungsvollen Therapie des Grundleidens zugänglich sind (s. 3.8.3) und so das Fortschreiten der Zirrhose und die Entwicklung von Komplikationen verhindert werden können. Die ***Basistherapie*** der unkomplizierten Leberzirrhose umfaßt ausgewogene Kost, normale körperliche Belastung, Alkoholkarenz, Substitution der fettlöslichen Vitamine A, D, E und K, Laktulosegabe zur Prophylaxe der hepatischen Enzephalopathie (s. S.69), frühzeitige gezielte Behandlung von Infektionen und Zurückhaltung bei sonstiger Medikamentenverordnung. Hinzu kommen spezifische Therapiemaßnahmen bei Komplikationen und ätiologischen Sonderformen (s. 3.8.3 und 3.8.4). In fortgeschrittenen Stadien kann die elektive Lebertransplantation erwogen werden, deren Indikation von Grund- und Begleitkrankheiten, der Kooperationsbereitschaft des Patienten und dem Stadium der Lebererkrankung abhängt. Gute Erfolge der Transplantation werden erzielt bei primär biliärer Zirrhose, primär sklerosierender Cholangitis, Zirrhosen auf dem Boden chronischer Virusinfekte, angeborener Stoffwechselkrankheiten und Gallengangsatresien.

## 3.8.3 Sonderformen der Leberzirrhose und ihre Therapie

### Alkoholische Leberzirrhose

Diese ist in zivilisierten Ländern die häufigste Form (50–60%) und kann mit anderen Alkoholschäden der Leber kombiniert sein (Fettleber, Alkoholhepatitis, s. 3.4). Prognose und Lebenserwartung werden entscheidend bestimmt vom Vorliegen von Komplikationen (s. 3.8.4) und davon, ob der Patient aufhört zu trinken.

### Zirrhose bei chronischer Virushepatitis

Diese entsteht auf dem Boden einer HBV- oder Non-A-Non-B-induzierten chronisch aggressiven Hepatitis (s. 3.7.2). Bei noch aktiver Virusreplikation kann ein Therapieversuch mit $\alpha$-Interferon unternommen werden, um ein Fortschreiten der Erkrankung zu verhindern.

### Primär biliäre Zirrhose (chronisch nichteitrige destruierende Cholangitis)

**Definition und Häufigkeit.** Die primär biliäre Zirrhose ist eine meist auf Frauen (40–60 Jahre alt, ♀:♂ = 10:1) beschränkte Autoimmunerkrankung mit Zerstörung intrahepatischer Gallenduktuli und progressiver chronischer Cholestase unklarer Ursache. 40–80 von $10^6$ Einwohnern leiden an der primär biliären Zirrhose, die Inzidenz beträgt 6–12/$10^6$ Einwohner.

**Klinik.** Die Erkrankung läuft lange Zeit asymptomatisch mit Hepatomegalie und erhöhter AP im Serum. Anhaltender Juckreiz ist in der Regel das erste Symptom, dem nach Monaten bis Jahren ein langsam zunehmender Ikterus folgt. Neben juckreizbedingten Kratzeffekten und Dunkelpigmentation der Haut (Melaninablagerung) sind Lidxanthelasmen und Xanthome über den Strecksehnen typisch. Häufig finden sich weitere immunologische Störungen (Sjögren-Syndrom, Sicca-Syndrom, Polyarthritis, Thyreoiditis). Störungen der Fettresorption führen zur Steatorrhoe und durch Vitamin-D-Malabsorption zur Osteomalazie. Im weiteren Verlauf treten dann die Zeichen der chronischen Lebererkrankung und ihrer Komplikationen (s. 3.8.4) hinzu. Die durchschnittliche Überlebenszeit beträgt nach Auftreten des Ikterus 6–7 Jahre. Laborchemisch fallen die starke Erhöhung der AP bei nur mäßiger Transaminasenerhöhung, eine starke Erhöhung der IgM-Globuline (75%) und der positive Nachweis von antimitochondrialen Antikörpern (90%) auf.

**Diagnose.** Die Diagnose wird gestellt durch Nachweis von antimitochondrialen Antikörpern (meist Subtyp M2) und die Histologie (floride Gallengangsläsionen, lymphozytäre Infiltration der Portalfelder, Granulombildung, später Übergreifen der entzündlichen Veränderungen auf das Leberparenchym, Fibrose, Zirrhose).

**Therapie und Prognose.** Im Vordergrund stehen die symptomatische Therapie des Juckreizes mit dem gallensäurenbindenden Ionenaustauscher Cholestyramin, die der Osteopathie durch Vitamin-D-Substitution sowie die Gabe mittelkettiger Triglyzeride bei Steatorrhoe. Die Wirksamkeit von Immunsuppressiva (Cyclosporin, Aza-

## FALL 3A

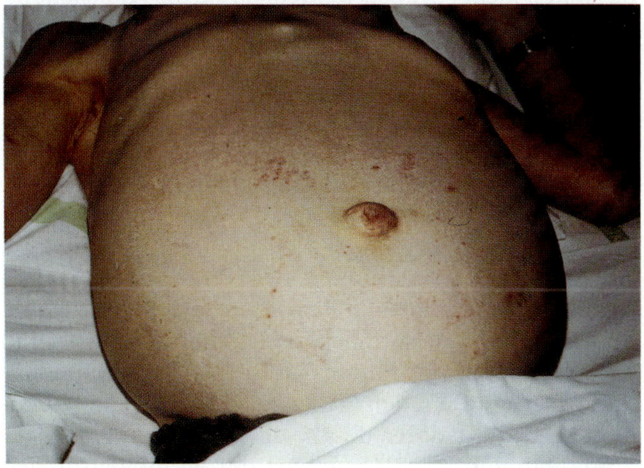

**Abb. 3A.** Aszites bei Leberzirrhose

**Anamnese.** 53jähriger Lehrer, bei dem es innerhalb von 3 Wochen zu einer Gewichtszunahme um 12 kg und Zunahme des Bauchumfangs gekommen ist. Vor 12 Jahren hatte der Patient nach einem Autounfall Bluttransfusionen erhalten.

**Befunde.** Deutlich verlangsamter Patient (hepatische Enzephalopathie) mit derb-höckriger Leber (Leberhöhe 12 cm in der Medioklavikularlinie), Splenomegalie und massivem Aszites (ausladende Flanken, prominenter Nabel; siehe Bild). Kratzeffloreszenzen als Hinweis auf Gallensäurenexkretionsstörung. Auffallend auch spärliche Axillarbehaarung, Spider-Nävus am rechten Oberarm sowie die geringe Muskelmassen an Armen und Thorax (Proteinkatabolismus, Malnutrition), die die starke Auftreibung des Abdomens kontrastieren. SGPT 72 U/l, SGOT 46 U/l, Gesamteiweiß im Serum 58 g/l, davon 34% $\gamma$-Globuline, Bilirubin 3,2 mg/dl. Prothrombinzeit nach Quick 38%, Cholinesterase im Serum 1350 U/l. $HB_sAg$ positiv, e-Antigen negativ.

**Diagnose.** Dekompensierte Leberzirrhose mit Aszites auf dem Boden einer chronischen Hepatitis-B-Infektion.

**Therapie und Verlauf.** Unter diuretischer Behandlung und Kochsalzrestriktion gelingt zunächst eine Teilausschwemmung des Aszites (Gewichtsabnahme 3 kg innerhalb einer Woche). Dann Auftreten von Komplikationen (mehrfache schwere Ösophagusvarizenblutungen innerhalb weniger Tage, Sepsis, hepatische Enzephalopathie, Nierenfunktionseinschränkung), an denen der Patient verstirbt.

thioprin, Kolchizin) ist noch umstritten; Glukokortikoide sollten nicht gegeben werden, da sie die Knochenentkalkung fördern. Patienten mit ausgeprägtem Ikterus (Bilirubin >6 mg/dl), deren mittlere Lebenserwartung sonst weniger als 2 Jahre beträgt, kommen für die Transplantation in Frage. Die Erfolgsaussicht der Transplantation beträgt dann 80–90%, obwohl ein Rezidiv der primär biliären Zirrhose im Transplantat möglich ist.

#### Sekundär biliäre Zirrhose

Langdauernde Cholangitiden können durch aszendierende Infektion zur intrahepatischen Pericholangitis und später zur Zirrhose führen. Meist liegt ein Abflußhindernis der abführenden Gallenwege vor (Steine, Tumoren, Strikturen), durch dessen Beseitigung und langdauernde antibiotische Behandlung der Krankheitsprozeß gestoppt werden kann.

#### Kardiovaskulär bedingte Zirrhosen

Die akute ***Rechtsherzdekompensation*** führt zur akuten Stauungsleber mit ausgeprägten Transaminasenerhöhungen und Leberkapseldehnungsschmerzen, die bei kardialer Rekompensation reversibel sind. Bei lange andauernder Rechtsinsuffizienz (z. B. Trikuspidalinsuffizienz, Pericarditis constrictiva) mit chronischer Leberstauung kommt es zu Fibrose und Zirrhose. Aszites ist häufig, Ösophagusvarizenblutungen selten; das klinische Bild wird durch die Herzinsuffizienz geprägt.

Das ***Budd-Chiari-Syndrom*** entsteht durch Verschluß der großen Lebervenen und führt zu massiver Lebervergrößerung, Aszites und Ikterus. Meist liegt eine gesteigerte Thromboseneigung (Polyzythämie, Tumoren, Ovulationshemmer) zugrunde, seltener eine angeborene Obstruktion der V. cava durch intraluminale Membranen. Die Diagnose kann phlebographisch, sonographisch oder histologisch gestellt werden. Ähnlich imponiert die ***Lebervenenverschlußkrankheit,*** bei der es zur Thrombose der kleinen Lebervenen durch Zytostatika oder Pyrrolizidinalkaloide (im Mate-Tee enthalten) kommt.

#### Zirrhose bei Hämochromatose, Morbus Wilson, $\alpha_1$-Antitrypsinmangel und Galaktosämie s. 3.9

### 3.8.4 Komplikationen der Leberzirrhose und ihre Therapie

Die Komplikationen der Leberzirrhose bestimmen Verlauf und Prognose und umfassen als Folge der metabolischen Insuffizienz und des Pfortaderhochdrucks obere gastrointestinale Blutungen, Aszites, Nierenversagen, hepatische Enzephalopathie und Stoffwechselstörungen.

#### Portale Hypertension

Ein Pfortaderhochdruck (portale Hypertension) liegt vor, wenn der Blutdruck in der Pfortader oder ihren Ästen über 12 mmHg erhöht ist. Er ist meist Folge eines erhöhten Strömungswiderstands (Widerstandshochdruck). Je nach Lokalisation des Strömungshindernisses werden prä-, intra- und posthepatische Formen des Pfortaderhochdrucks unterschieden (Tabelle 3.13). Die Leberzirrhose ist in Europa die häufigste, jedoch nicht einzige Ursache der portalen Hypertension (s. Tabelle 3.13). Die Zirrhose führt zur intra-/postsinusoidalen Widerstandserhöhung durch Kollagenablagerung im Dissé-Raum, Rarefizierung und Kompression der Sinusoide durch Regeneratknoten und Größenzunahme der Hepatozyten (Ballonierung) sowie durch Sklerosierung der Zentralvenen. Als Folge des Pfortaderhochdrucks bilden sich Umgehungskreisläufe aus, die das Pfortaderblut unter Umgehung der Leber in die systemische Zirkulation leiten. Solche portosystemischen (portokavalen) Kollateralen entwickeln sich besonders über die V. coronaria und die Vv. gastricae breves zum Venenge-

**Tabelle 3.13.** Einteilung und Ursachen der portalen Hypertension

| Lokalisation des Strömungshindernisses | Ursache des Strömungshindernisses |
|---|---|
| Prähepatisch | Pfortaderthrombose |
| Intrahepatisch: | |
| – präsinusoidal | Bilharziose, primär biliäre Zirrhose, myeloproliferative Erkrankungen, idiopathisch |
| – intrasinusoidal | Leberzirrhose, Leberfibrose |
| – postsinusoidal | Leberzirrhose, Fibrose, Venenverschlußsyndrom |
| Posthepatisch | Budd-Chiari-Syndrom, Rechtsherzinsuffizienz, Pericarditis constrictiva, Trikuspidalinsuffizienz, Tumoren, Mißbildungen |

flecht des Magenfundus und des distalen Ösophagus (Ausbildung von Ösophagus- und Magenfundusvarizen), aber auch über Mesenterialvenen und nach Wiedereröffnung der V. umbilicalis zur vorderen Bauchhaut (Venenzeichnung der Bauchhaut, Caput medusae). Die portale Hypertension führt obligat zur Vergrößerung der Milz (Splenomegalie) und durch Hypersplenismus zu Thrombozytopenie, Leukopenie und Anämie.

### Ösophagusvarizenblutung

Ösophagus- und Magenfundusvarizen können bis zu Fingerdicke erreichen, bei kritischen Drucksteigerungen rupturieren und zu lebensbedrohlichen Blutungen führen. Weitere blutungsauslösende Faktoren sind Alkoholexzesse, Verschlechterung der Leberfunktion (Gerinnungsstörungen), mechanische (Speiseteile) oder peptische (Magensaftreflux) Verletzung der Varizen. Typisch ist schwallartiges Erbrechen von hellrotem Blut mit den Zeichen des Blutungsschocks.

**Die Bedrohung des Patienten bei einer Ösophagusvarizenblutung ergibt sich nicht nur aus dem Blutverlust, sondern auch aus der kreislaufbedingten Verschlechterung der Leberdurchblutung und -funktion und aus der intestinalen Eiweiß-(Blut-) Beladung.**

**Tabelle 3.14.** Therapie der Ösophagusvarizenblutung

| |
|---|
| *Kreislaufstabilisierung und -überwachung:* Anlegen von zwei großlumigen venösen Zugängen, Blutersatz (Vollblut, Humanalbumin, Plasmaexpander), engmaschige Kontrolle von Blutdruck, Puls, zentralvenösem Druck, Magensonde, Laborkontrollen (Elektrolyte, Hb, Prothrombinzeit, Blut-pH) |
| *Blutstillung:* Glyzylpressin (2 mg i. v.; kontraindiziert bei koronarer Herzkrankheit wegen der Gefahr von Koronargefäßspasmen) und endoskopischer Versuch, die Blutung durch lokale Injektion von Sklerosierungsmitteln (Äthoxysklerol) zu stillen. Falls Blutstillung endoskopisch nicht möglich (zu hohe Blutungsintensität), lokale Blutstillung durch Ösophagustamponade mit der Sengstaken-Blackmore-Sonde (Komplikationen: Druckulzera, Aspiration, Erstickungsgefahr bei Dislokation der Sonde). Gelingt die Blutstillung nicht, kann die risikoreiche Notfalloperation (Transsektionsverfahren, portokavale Anastomose) erwogen werden. |
| *Korrektur* von Gerinnungsstörungen und Elektrolytentgleisungen, ausreichende Kalorienzufuhr. |
| *Prophylaxe der hepatischen Enzephalopathie* (Darmreinigung durch Einläufe, Laktulose, Paromomycin, Proteinrestriktion) |
| *Blutungsprophylaxe:* – Streßulkusprophylaxe (Antazida, $H_2$-Rezeptoren-Blocker), – Prophylaxe der Ösophagusvarizenrezidivblutung (Sklerosierungsbehandlung, Shuntoperation) |

Wird die Erstblutung (Letalität 20%) überlebt, folgen häufig bald Rezidivblutungen (Gesamtletalität innerhalb der ersten Wochen 40–60%).

**Vorgehen bei der Akutblutung.** Nach Stabilisierung des Kreislaufs (Tabelle 3.14) ist die endoskopische Sicherung der Blutungsquelle erforderlich, da etwa die Hälfte der oberen gastrointestinalen Blutungen bei Zirrhosepatienten nicht aus Ösophagusvarizen stammt (Ulkus, erosive Gastritis). Auch kann bei der Notfallendoskopie die primäre Blutungsstillung durch Sklerosierungsverfahren (lokale para- und intravasale Injektion von Äthoxysklerol) erreicht werden. Gelingt dies bei massiver Blutung nicht, kommen die Ballontamponade mit der Sengstaken-Sonde (bei Fundusvarizen mit der Linton-Nachlas-Sonde) und/oder die Gabe von portaldrucksenkenden Medikamenten (Glyzylpressin, Somatostatin) in Frage. Dies bewirkt meist eine passagere Blutungstillung und günstige Voraussetzungen für die endoskopische Sklerosierung.

**Rezidivblutungsprophylaxe.** Nach Stillung der akuten Blutung ist die endoskopische Varizensklerosierung Therapie der Wahl. In mehrfachen Sitzungen wird die Ösophaguswand durch die bindegewebige Sklerosierungsreaktion und Varizenobliteration verstärkt. Alternativ können chirurgische Shuntverfahren (portokaval, splenorenal) erwogen werden. Im Gegensatz zur Sklerosierungsbehandlung senken Shuntoperationen zwar den Pfortaderdruck zuverlässig, haben aber den Nachteil, daß die Leberdurchblutung weiter verschlechtert wird mit der Gefahr der hepatischen Enzephalopathie. Unabhängig von diesen Maßnahmen wird die Lebenserwartung des Patienten vom Grad der Leberfunktionseinschränkung bestimmt.

### Aszites

**Definition und Pathogenese.** Aszites ist eine Flüssigkeitsansammlung in der freien Bauchhöhle. Sie kann verschiedene Ursachen haben (Tabelle 3.15); am häufigsten ist der portale Aszites bei Leberzirrhose. Drei Faktoren sind an seiner Entstehung beteiligt:

- eine gesteigerte Wasser- und Natriumretention (durch gesteigerten Sympathikotonus, Hyperaldosteronis-

**Tabelle 3.15.** Aszitesformen und -ursachen und ihre Differenzierung durch Untersuchung der Aszitesflüssigkeit

| Form | Ursache | Charakteristika der Aszitesflüssigkeit |
|---|---|---|
| Portaler Aszites | Leberzirrhose, kardiale Stauung, Budd-Chiari-Syndrom | Gelblich-klar, Cholesterin <40 mg/dl, Fibronektin <75 µg/ml, Eiweißgehalt <3 g/dl, Zellzahl <500/$mm^3$, pH >7,45, steril (Ausnahme: spontan bakterielle Peritonitis) |
| Maligner Aszites | Peritonealkarzinose, Metastasenleber, intraabdominale Tumoren | Blutig oder serös, Cholesterin >40 mg/dl, Fibronektin >75 µg/ml, Eiweißgehalt >3 g/dl, Zytologie (maligne Zellen), pH >7,45, Zellzahl >500/$mm^3$ |
| Entzündlicher Aszites | Bakterielle Peritonitis, Tuberkulose | Trüb, Eiweißgehalt >3 g/dl, pH <7,45, Laktat >4,5 mmol/l, Zellzahl >1000/$mm^3$, Bakteriologie, |
| Pankreatogener Aszites | Akute Pankreatitis Pankreasfistel Pseudozystenruptur | Amylase in Aszites und Serum erhöht, Eiweißgehalt des Aszites >3 g/dl |
| Seltene Formen | Nephrotisches Syndrom, Lymphdrainagestörung, Mesenterialvenenthrombose | Serös, wie portaler Aszites, bei Lymphabflußstörung chylös |

mus, gesteigerte Sekretion des antidiuretischen Hormons),

- Hypoalbuminämie als Folge eines hepatischen Synthesedefekts,
- portale Hypertension; entscheidend ist die sinusoidale Drucksteigerung, die zur gesteigerten Lymphproduktion führt.

Die genaue pathogenetische Sequenz der Aszitesbildung ist noch umstritten. Nach der Überlaufhypothese kommt es primär zur Steigerung der renalen Wasser- und Natriumretention und sekundär zur Flüssigkeitssequestration am Locus minoris resistentiae, d.h. den unter hohem Druck stehenden Lebersinusoiden. Die Unterfüllungstheorie dagegen nimmt die Verminderung des „effektiven" Plasmavolumens durch Aszitesbildung als Primärereignis an, das sekundär Mechanismen der Wasser- und Natriumretention aktiviert. Möglicherweise treffen sogar beide Hypothesen zu, indem sie nur unterschiedliche Stadien der Aszitesentstehung beschreiben.

**Tabelle 3.16.** Stufentherapie des Aszites bei Leberzirrhose

| | |
|---|---|
| Stufe I: | Bettruhe, Kochsalzrestriktion (<3 g/Tag entspricht <50 mval/Tag), Flüssigkeitsrestriktion (600–1000 ml/Tag) nur bei Vorliegen einer Verdünnungshyponatriämie |
| Stufe II: | Maßnahmen der Stufe I, zusätzlich Diuretika: zunächst Spironolakton 100 mg, bei Nichtansprechen stufenweise Dosissteigerung auf 400 mg/Tag und/oder zusätzlich Schleifendiuretikum (z. B. Xipamid 10–40 mg/Tag oder Etacrynsäure 25–100 mg/Tag)<br>Cave Nierenfunktionsverschlechterung (umgehend müssen alle Diuretika abgesetzt werden; Gefahr des prärenalen Nierenversagens)<br>Cave Pseudotherapierefraktärität durch fehlende Compliance oder Nierenfunktionsstörungen<br>Prüfung des Therapieerfolgs durch regelmäßige Gewichtskontrollen |
| Stufe III: | bei Nichtansprechen („echte Therapierefraktärität") chirurgische Verfahren zur Rückführung von Aszitesflüssigkeit in die Blutbahn (extrakorporale Aszitesreinfusion, peritoneovenöse Shuntanlage) |

**Klinik.** Kleine Aszitesmengen (<2 l) sind häufig nur sonographisch feststellbar und symptomlos, während große Aszitesmengen zu ***Komplikationen*** führen können (Hochdrängen der Zwerchfelle mit Einschränkung kardiopulmonaler Funktionen, Einklemmung abdominaler Hernien, Nierenfunktionsstörungen, Auslösung einer Ösophagusvarizenblutung). Die Sekundärinfektion des Aszites („spontane bakterielle Peritonitis") besitzt eine hohe Letalität (80%) und manifestiert sich häufig nur unter dem Bild einer hepatischen Enzephalopathie ohne typische peritonitische Zeichen. Nierenversagen bei Aszites ist meist prärenal und Folge einer zu intensiven diuretischen Therapie oder einer akuten Tubulusnekrose. Seltener entwickelt sich das ***hepatorenale Syndrom,*** ein ursächlich unklares, funktionelles Nierenversagen mit schlechter Prognose. Wie beim prärenalen Nierenversagen ist der Urin konzentriert, im Gegensatz zu letzterem ist das hepatorenale Syndrom durch Plasmavolumenexpansion nicht zu beheben. ***Differentialdiagnostisch*** ist der portale Aszites von Aszitesformen anderer Genese abzugrenzen (s. Tabelle 3.15).

**Therapie des portalen Aszites.** Behandlungsbedürftigkeit liegt vor, wenn der Aszites die Atmung und Nahrungsaufnahme erschwert oder Komplikationen zu erwarten sind. Die Behandlung erfolgt stufenweise (Tabelle 3.16). Wichtigstes Behandlungsprinzip ist das

Erzielen einer negativen Natriumbilanz durch Kochsalzbeschränkung. Leberzirrhotiker haben fast immer einen erhöhten Körpernatriumgehalt, selbst wenn im Serum eine Hyponatriämie vorliegt. Letztere ist eine Verdünnungshyponatriämie durch inadäquat hohe ADH-Sekretion. Die Aszitesausschwemmung darf nicht zu rasch erfolgen (optimale Gewichtsabnahme 500 g täglich), da sonst die Gefahr des prärenalen Nierenversagens durch zu rasche Verringerung des Plasmavolumens besteht. Aus dem gleichen Grund ist auch das Ablassen großer Aszitesmengen durch Punktion (Parazentese) gefährlich und darf nur unter sorgfältiger Überwachung des zentralvenösen Druckes erfolgen.

### Hepatische Enzephalopathie

(portosystemische Enzephalopathie, Leberkoma)

**Definition, Pathogenese und auslösende Faktoren.** Die hepatische Enzephalopathie ist ein metabolisch bedingtes neuropsychiatrisches Krankheitsbild, das im Gefolge von Lebererkrankungen auftritt. Die Pathogenese ist nicht geklärt; verschiedene Faktoren wie Neurotoxine (Ammoniak, Merkaptane, Phenole, kurzkettige Fettsäuren), Störungen der intrazerebralen Neurotransmission sowie Störungen der Bluthirnschranke wirken wahrscheinlich synergistisch zusammen. Von besonderer Bedeutung ist das Neurotoxin Ammoniak, das den zerebralen Energie- und Neurotransmitterstoffwechsel beeinflußt und direkt mit der synaptischen Erregung und der Signalpropagation interferiert. Ammoniak wird als physiologisches Eiweißabbauprodukt normalerweise in der Leber durch Harnstoff- und Glutaminbildung entgiftet. Beide Prozesse sind bei Leberzirrhose gestört. Vermehrter Eiweißabbau, gesteigerte Ammoniakbildung oder zusätzliche Störungen der Ammoniakentgiftung können deshalb bei Leberzirrhose jederzeit eine hepatische Enzephalopathie auslösen (Tabelle 3.17).

**Tabelle 3.17.** Auslösende Faktoren einer hepatischen Enzephalopathie, Häufigkeit und Pathogenese

| Auslöser | Pathogenese |
|---|---|
| Hohe Nahrungsproteinzufuhr (7%), Gastrointestinale Blutung (26%), Azotämie (26%), Obstipation (2%) | Intestinale Ammoniakbildung gesteigert |
| Weichteilblutungen, Infektionen (11%), Traumen, Operationen, Fieber | Steigerung des Proteinkatabolismus |
| Diuretika | Hemmung der Harnstoffsynthese, Steigerung der renalen Ammoniakbildung, Azotämie-, Hypokaliämieentstehung |
| Hypokaliämie | Steigerung der renalen Ammoniakbildung |
| Hypovolämie, Hypoxie, Alkohol | Verschlechterung der hepatischen Ammoniakentgiftung |
| Sedativa (14%) | Direkte Neurodepression |

**Klinik.** Man unterscheidet die latente von der manifesten hepatischen Enzephalopathie (HE). Die latente hepatische Enzephalopathie ist nur mit Hilfe psychometrischer Tests (Zahlenverbindungstest, Liniennachfahrtest, Legen eines Sterns mit Streichhölzern) zu erfassen. Diese Tests decken leichte Störungen von Koordination, Feinmotorik und Reaktionszeit auf, die ansonsten wegen erhaltener „verbaler Intelligenz" der Patienten nicht erkennbar sind. Etwa 60% aller Zirrhotiker sind von der latenten Form betroffen. Die ***manifeste Form*** wird je nach Schwere in 4 Stadien eingeteilt. Die Symptome reichen von Schlafstörungen, leichten Persönlichkeitsveränderungen und Unruhe (Stadium I), Müdigkeit, Desorientiertheit, Nesteln und Gedächtnisstörungen (Stadium II), Somnolenz und Stupor (Stadium III) bis hin zum tiefen Koma (Stadium IV). Typisch ist bei mittleren Stadien ein rhythmisches Schlagen der Hände bei Dorsalflexion und ausgestreckten Armen („flapping tremor", Asterixis). Die einzelnen Stadien können rasch ineinander übergehen und sind bei adäquater Therapie vollständig reversibel. EEG-Veränderungen (langsame $\delta$- und $\vartheta$-Wellen) sind nicht pathognomonisch.

**Diagnose.** Die Diagnose wird anhand des klinischen Bildes bei bekannter Leberkrankheit gestellt. Differentialdiagnostisch müssen das subdurale Hämatom, Alkoholentzugssymptome und andere metabolisch oder toxisch bedingte Enzephalopathien (Diabetes, Urämie, Hypoglykämie, Hypoxie) ausgeschlossen werden.

**Therapie.** Die Maßnahmen sind in Tabelle 3.18 zusammengefaßt. Laktulose ist ein nichtresorbierbares Disaccharid, das nach Abbau durch Darmbakterien zur Ansäuerung des Darminhalts (laxierende Wirkung) führt. Seine ammoniaksenkende Wirkung beruht auf der

**Tabelle 3.18.** Behandlung der hepatischen Enzephalopathie

1. Erkennung und Beseitigung auslösender Ursachen (siehe Tabelle 3.17)
2. Proteinrestriktion bei ausreichender Kalorienzufuhr (0–30 g Eiweiß für maximal 3 Tage, dann langsame Steigerung bis 1 g/Tag/kg Körpergewicht, vorzugsweise pflanzliches Eiweiß)
   Cave: der Katabolismus körpereigener Proteine wird durch längerdauernde Eiweißrestriktion gesteigert!
3. Darmreinigung (am besten mit Laktulose)
4. Laktulose: oral (3×6–30 g), als Einlauf (2mal täglich)
5. Nichtresorbierbare Antibiotika (Paromomycin 4×250 mg) für 5 Tage
6. Gabe verzweigtkettiger Aminosäuren: oral bei hochgradig proteinintoleranten Patienten, i. v. bei akut aufgetretener hepatischer Enzephalopathie

Laxation und auf Stoffwechselumstellungen der intestinalen Flora, weniger auf der Ammoniumanreicherung im sauren Stuhlmilieu.

### Metabolische Störungen bei Leberzirrhose

Störungen der Blutgerinnung sind Folge einer verminderten Gerinnungsfaktorensynthese oder einer Verbrauchskoagulopathie. Der ***hepatogene Diabetes mellitus*** beruht auf einer Insulinresistenz (Postrezeptordefekt?) peripherer Organe und ist in der Regel diätetisch und medikamentös (Sulfonylharnstoffe) einstellbar. Die ***metabolische Alkalose*** beruht in erster Linie auf einer Einschränkung des hepatischen Bikarbonatverbrauchs durch Harnstoffsynthese, weniger auf einem Hyperaldosteronismus. Die Störung der hepatischen Gallensäurensynthese beeinträchtigt die Resorption der fettlöslichen Vitamine A, D, E und K. Vitamin-D-Mangel kann zur ***hepatischen Osteopathie*** (Osteomalazie, Osteoporose) führen. Häufig findet sich bei dekompensierter Leberzirrhose ein ***Zinkmangel,*** der zu Innenohrschwerhörigkeit, Störungen des Geschmackssinnes, der Spermiogenese und der Wundheilung führen kann. Metabolische Insuffizienz und portosystemische Anastomosen beeinflussen Pharmakokinetik und Pharmakodynamik von Medikamenten; beispielsweise ist die Halbwertszeit von Diazepam bei Leberzirrhose auf das 2- bis 3fache verlängert (Gefahr der hepatischen Enzephalopathie).

## 3.9 Manifestation primärer Stoffwechselerkrankungen an der Leber

### 3.9.1 Primär idiopathische Hämochromatose

**Definition, Häufigkeit und Pathogenese.** Die idiopathische Hämochromatose ist eine autosomal rezessiv vererbte Erkrankung mit abnormer Eisenspeicherung in Leber, Milz, Herz, Pankreas, Gelenken, Haut und endokrinen Organen und nachfolgender Organschädigung. Die Frequenz des abnormen Gens beträgt 1:20; die Häufigkeit der manifesten Erkrankung (1:500 bis 1:4000) ist abhängig von der oralen Eisenzufuhr. Die Erkrankung manifestiert sich bei Männern (meist zwischen dem 40.–60. Lebensjahr) 5- bis 10mal häufiger als bei Frauen; letztere erkranken erst in der Postmenopause, wenn menstruationsbedingte Eisenverluste sistieren. Der genetische Defekt besteht in einer durch Fehlregulation gesteigerten intestinalen Eisenresorption und verminderter Eisenspeicherung in Darmmukosa und Zellen des RES. In der Leber führt die Eisenüberladung durch Zellschädigung (Lipidperoxidation?) zu Fibrose und Zirrhose. Abzugrenzen ist die ***sekundäre, erworbene Hämochromatose (Hämosiderose).*** Sie beruht auf erhöhter Eisenzufuhr durch gehäufte Bluttransfusionen, alkoholische Getränke oder Eisenmedikation und tritt auch bei alkoholischer Leberzirrhose oder chronischen Anämien mit ineffektiver Erythropoese auf. Bei manchen dieser Patienten handelt es sich wahrscheinlich um heterozygote Träger des Gens der primären idiopathischen Hämochromatose.

**Klinik.** Die Symptome entwickeln sich schleichend: typisch sind Hepato(spleno)megalie (90%), bronzefarbene bis aschgraue Hautpigmentation durch Hämosiderinablagerung (90%), Diabetes mellitus (60%, sog. Bronzediabetes), rheumatoide Beschwerden und Arthralgien (30–50%), Herzrhythmusstörungen und Herzinsuffizienz (20%). Zeichen endokrinologischer Störungen sind Libidoverlust, Hodenatrophie, Impotenz, Verlust der Axillar- und Schambehaarung, Hypothyreose und Hypoparathyreoidismus. Die einzelnen Organschäden können dabei unterschiedlich stark im Vordergrund stehen. Die Zirrhose ist über vergleichsweise lange Zeit kompensiert und führt häufiger (wahrscheinlich wegen der langen Krankheitsdauer) zur Entwicklung eines primären Leberzellkarzinoms. Bei fast $^1/_3$ der Patienten finden sich Lebertumoren als Todesursache. Klinisch-chemische Befunde, die auf das Vorliegen dieser Erkrankung hinweisen, sind erhöhte Serumeisen- und Ferritinspiegel bei normalem Transferrinspiegel und erniedrigter Eisenbindungskapazität. Der orale Glukosetoleranztest ist fast immer pathologisch. Häufig besteht eine Assoziation mit den HLA-Antigenen A3, B7, B14.

**Diagnose und Therapie.** Die Verdachtsdiagnose wird anhand des klinischen Bildes (Pigmentation, Diabetes, Hepatomegalie) erhoben; sie wird gesichert durch Bestimmung des Lebereisengehaltes (80–350 µmol/g; normal < 30 µmol/g). Ziel der Therapie ist die Entleerung der Eisendepots. Die effektivste Maßnahme sind Aderlässe (500 ml/Woche, entsprechend einer Eisenentfernung von 250 mg/Aderlaß). Ist die Aderlaßtherapie nicht möglich, ist die Infusionsbehandlung mit Desferrioxamin (1,5 g/Tag) angezeigt. Unter konsequenter Therapie bilden sich Hautpigmentierungen, Lebervergrößerung, Diabetes und Kardiomyopathie zumindest teilweise zurück; die Leberfunktion verbessert sich. Die Fünfjahresüberlebensrate beträgt bei Behandlung etwa 70%, unbehandelt etwa 20%. Laborchemische Screeninguntersuchungen bei Verwandten erlauben die frühzeitige Therapieeinleitung.

### 3.9.2 Morbus Wilson (hepatolentikuläre Degeneration)

**Definition, Häufigkeit und Pathogenese.** Der Morbus Wilson ist eine autosomal rezessiv vererbte Störung des Kupferstoffwechsels mit abnormer Kupferspeicherung in der Leber, dem ZNS, Auge, Niere, blutbildenden Organen und Herz bei gestörter hepatobiliärer Kupferausscheidung. Man schätzt etwa 4 Erkrankungsfälle pro $10^5$ Geburten. Bei 95% der Patienten ist das kupferbindende Protein Coeruloplasmin im Serum (normal 20–40 mg/dl) charakteristisch vermindert. Wahrscheinlich führt das Zusammentreffen von Kupferausscheidungsstörung und Coeruloplasminmangel zur Erhöhung der freien Kupferkonzentration und damit zur Zytotoxizität.

**Klinik und Diagnose.** Die Erkrankung manifestiert sich zwischen dem 6. und 25. Lebensjahr, in 45% der Fälle von seiten der Leber (Hepatomegalie, akute und chronisch aggressive Hepatitis, Zirrhose), in 45% von seiten des ZNS (Sprachstörungen, Tremor, Choreoathetose, Parkinson-ähnliche Bilder, psychische Veränderungen wie Grimassieren, Intelligenzverlust) und in etwa 10% durch hämatologische Störungen (z. T. krisenhafte Hämolysen, Leuko- und Thrombozytopenien). Rhythmusstörungen und Kardiomyopathie weisen auf die Herzbeteiligung hin; Nierenbeteiligung (renale Glukosurie, Aminoazidurie, Phosphatdiabetes, Nephrolithiasis) ist eine Spätmanifestation. Kupferablagerung in der Descemet-Membran führt zur Entstehung eines gelbbraunen Kornealringes (Kayser-Fleischer-Ring), der oft nur bei der Spaltlampenuntersuchung sichtbar wird. Er ist diagnoseweisend, wenn vorhanden. Bei allen Kindern und Jugendlichen mit chronischen Lebererkrankungen oder unklarer neuropsychiatrischer Symptomatik muß der Morbus Wilson in die Differentialdiagnose einbezogen werden. Die Diagnose wird gestellt durch Bestimmung von Coeruloplasmin (< 20 mg/dl) und Kupfer im Serum (< 60 µg/dl, normal 70–155 µg/dl), die Spaltlampenuntersuchung und die Kupferausscheidung in den Urin (meist 100–4000 µg/24 h, normal < 20 µg). Wird die Diagnose vermutet, so müssen alle nahen Verwandten (z. B. jüngere Geschwister) untersucht werden.

**Therapie und Prognose.** Unbehandelt führt der Morbus Wilson zum Tode; bei rechtzeitig einsetzender Therapie kann die Lebenserwartung normalisiert werden. Ziel der Behandlung ist die Entleerung der Kupferdepots. Dies geschieht durch Steigerung der Kupferausscheidung in den Urin durch lebenslange Gabe des Chelatbildners D-Penizillamin (20–30 mg/kg/Tag; Höchstdosis 2 g/Tag).

### 3.9.3 $\alpha_1$-Antitrypsin-Mangel

Der genetisch bedingte Mangel an $\alpha_1$-Antitrypsin, einem Proteaseinhibitor, führt vor allem zur Schädigung von Lunge und Leber. Verschiedene Geno- und Phänotypen der Erkrankung sind bekannt, mit unterschiedlichen $\alpha_1$-Antitrypsinkonzentrationen im Plasma (zwischen 8 und 35% des Normalwerts von 150–200 mg/dl); bei Werten unterhalb 15% kann es zum Lungenemphysem bzw. zur Leberschädigung kommen. Etwa 10% der Säuglinge mit schwerer Defizienz entwickeln eine cholestatische Hepatitis mit Übergang in die Leberzirrhose; 20% der 50jährigen haben eine Zirrhose. Diagnoseweisend ist die Verminderung der $\alpha_1$-Globulin-Fraktion in der Eiweißelektrophorese im Serum, der Mangel an immunoreaktivem $\alpha_1$-Antitrypsin sowie der Nachweis von PAS-positiven Körperchen oder $\alpha_1$-Antitrypsin-Ablagerungen in der Leber. Eine wirksame Therapie ist nicht bekannt.

### 3.9.4 Störungen des Kohlenhydrat- und Aminosäurenstoffwechsels

***Glykogenspeicherkrankheiten (Glykogenosen)*** sind angeborene Enzymdefekte von Glykogensynthese oder -abbau. Bei allen Formen mit hepatischem Enzymdefekt (Typen I, III, IV, VI, VIII, IX, X) besteht eine Hepatomegalie. Der Typ IV (Defekt des „branching enzyme") kann zur Leberzirrhose mit portaler Hypertension führen.

Die ***Galaktosämie*** bei autosomal rezessiv vererbtem Mangel an Galaktose-1-Phosphat-Uridyltransferase führt zur Ablagerung von Galaktose-1-Phosphat in Leber, ZNS, Niere und Intestinum. Hepatomegalie und Leberzirrhose entwickeln sich bereits im Kleinkindesalter.

Bei der ***hereditären Fruktoseintoleranz*** (Fruktose-1-Phosphataldolasemangel) kann eine Fettleber mit akuter Nekrose und Übergang in Fibrose und Zirrhose entstehen.

Angeborene ***Harnstoffzyklusenzymdefekte*** sind für jeden Schritt der Harnstoffsynthese bekannt und verursachen klinisch anfallsweise Episoden von Erbrechen und Hyperammoniämie mit schwerer neurologischer Symptomatik (Krämpfe, Erbrechen, psychomotorische Störungen). Das ***Reye-Syndrom*** ist charakterisiert durch Hypoglykämie, metabolische Azidose, Hyperammoniämie mit Enzephalopathie und ausgeprägter Fettleber, die zum fulminanten Leberversagen führen kann. Zugrunde liegt ein Versagen vorwiegend mitochondrialer Funktionen der Leberzelle unklarer Ursache. Die Erkrankung betrifft ältere Kinder. Sie beginnt meist im Anschluß an einen Infekt der oberen Luftwege und Salizylateinnahme. Die Behandlung entspricht der des fulminanten Leberversagens (s. Tabelle 3.10).

### 3.9.5 Morbus Gaucher

Bei dieser lysosomalen Lipidspeicherkrankheit durch einen autosomal rezessiv vererbten Mangel an Glukosylceramidase akkumuliert Glukosylceramid in den Zellen des RES, die dadurch ein charakteristisches, diagnoseweisendes Aussehen gewinnen („Gaucher-Zellen", Speicherzellen). Klinisch imponieren bei der Erwachsenenform Hepatosplenomegalie, rezidivierende Pneumonien, Knochenschmerzen durch Knochenmarksbefall und Zeichen des Hypersplenismus. Die Diagnose gelingt meist in der Biopsie des Knochenmarks oder der Leber. Trotz massiver Hepatomegalie ist die Leberfunktion normal (Lipidspeicherung betrifft die Kupffer-Sternzellen). Ballonierung der Kupffer-Zellen kann jedoch durch sinusoidale Obstruktion zur portalen Hypertension mit allen Komplikationen führen. Eine kausale Therapie ist nicht möglich.

### 3.9.6 Die primären hepatischen Porphyrien

Bei den primären hepatischen Porphyrien handelt es sich um angeborene Störungen der Hämsynthese mit vorwiegend die Leber betreffenden Enzymdefekten. Sie können akut oder chronisch verlaufen.

#### Akute hepatische Porphyrien

**Pathogenese.** Bei diesen seltenen, genetisch determinierten Störungen (Häufigkeit $5/10^5$) können verschiedene Enzymdefekte unterschieden werden:

- akut intermittierende Porphyrie (autosomal dominant vererbter Defekt der Uroporphyrinogen-III-Kosynthetase),
- hereditäre Koproporphyrinurie (autosomal dominant vererbter Koproporphyrinogenoxidasedefekt),
- Porphyria variegata (autosomal dominant vererbter Protoporphyrinogenoxidasedefekt),
- Porphobilinogensynthasedefekt (autosomal rezessiv).

Da die Defekte nur partiell sind, kann eine normale Hämsynthese durch kompensatorische Steigerung der δ-Aminolävulinsäuresynthese (δ-ALA-Synthese) aufrechterhalten werden. Wenn die Synthese eine weitere Stimulation (z.B. pharmakainduzierte Enzyminduktion, gesteigerter Hämverbrauch) erfährt, kommt es zur Auslösung des Krankheitsbildes durch Akkumulation von δ-ALA.

**Klinik und Diagnose.** Die Symptome manifestieren sich meist ab dem 20. Lebensjahr; sie werden durch Alkohol, Hunger, körperliche Anstrengung, Infektionen oder Medikamente ausgelöst. Sie umfassen Leibschmerzen, Koliken, Erbrechen, Obstipation und Durchfälle, Hypertonie, Tachykardie, neurologische (Paresen, Parästhesien) und psychiatrische Zeichen (Depressionen, Angstzustände, Halluzinationen). Lichtdermatosen (Erytheme, Blasen, Hyperpigmentierungen) finden sich nur bei der Porphyria variegata und der hereditären Koproporphyrinurie. Durch die außerordentliche Variabilität des Krankheitsbildes ergibt sich ein weites diffe-

## FALL 3B

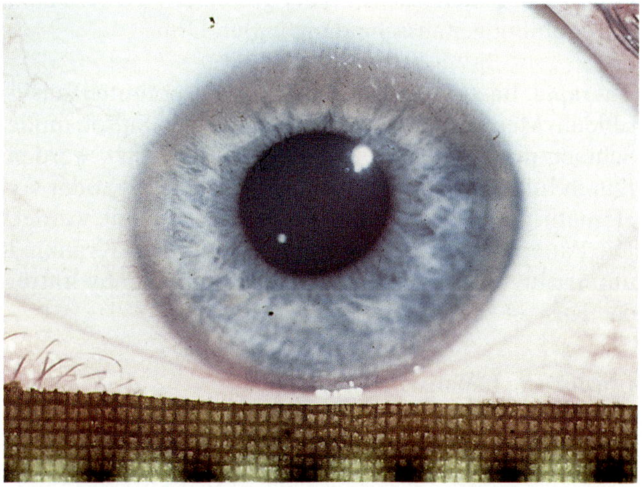

**Abb. 3B.** Kayser-Fleischer-Kornealring bei Morbus Wilson

**Anamnese.** 17jährige verhaltensgestörte Patientin mit seit einigen Jahren progredienter Dysarthrie, Tremor, Hypersalivation und zunehmender geistiger Retardierung.

**Befunde.** Hämoglobin 11,8 g/dl, Leukozyten 3800/mm$^3$, SGPT 38 U/l, SGOT normal, Bilirubin 1,2 mg/dl, γ-GT 34 U/l, Serumkupfer erniedrigt (28 μg/dl), Coeruloplasmin erniedrigt (7 mg/dl), Kupferausscheidung in den Urin erhöht (170 μg/l). Laparoskopisch und histologisch Bild einer Leberzirrhose; Kupfergehalt der Leber 200 μg/g.

**Diagnose.** Morbus Wilson.

**Therapie und Verlauf.** Unter der Dauerbehandlung mit D-Penizillamin kommt es nach mehreren Monaten zu einer deutlichen Besserung der neurologischen Symptomatik. Die Leberzirrhose bleibt kompensiert.

rentialdiagnostisches Spektrum. Die Diagnose wird gestellt durch den Nachweis der gesteigerten $\delta$-ALA und Porphobilinogenausscheidung in den Urin.

**Therapie.** Im akuten Anfall müssen alle potentiell auslösenden Medikamente (z.B. Barbiturate, Sulfonamide, Schmerzmittel u.a., s. Rote Liste) abgesetzt werden. Durch Infusion von 20%iger Glukose (2 l/Tag) oder von Hämatin kann die $\delta$-ALA-Synthese gehemmt werden. Die Patienten müssen über die Auslöser ihrer Krankheit unterrichtet werden (Porphyriepaß); kohlenhydratreiche Kost ist zu empfehlen.

#### Chronische hepatische Porphyrien (Porphyria cutanea tarda)

Die genetisch bedingte Aktivitätsverminderung der Uroporphyrinogendekarboxylase wird klinisch nur manifest, wenn zusätzlich eine Leberschädigung (Hepatitis, Fibrose, Zirrhose) oder andere Faktoren (Alkohol, Östrogene, Hämodialyse) vorliegen. Eine Auslösung durch Medikamente ist nicht bekannt. Die Erkrankung betrifft vorwiegend Männer (♂:♀ = 9:1) über 50 Jahre. Im Vordergrund stehen Symptome der Photodermatose (Blasenbildung, Ulzerationen, Hyper- und Depigmentierungen an lichtexponierten Stellen). Auffällig sind tiefschwarze Augenbrauen; kardiovaskuläre, neurologische und abdominale Beschwerden fehlen. Die ***Therapie*** erfolgt durch Aderlässe oder durch Chloroquin in niedriger Dosierung (2mal 125 mg/Woche). Kohlenhydratreiche Kost, Alkoholkarenz und Meiden von Antikonzeptiva sind erforderlich.

## 3.10 Tumoren der Leber

Tumoren können die Leber durch Metastasierung befallen (sekundäre Lebertumoren) oder von Zellelementen der Leber ausgehen (primäre Tumoren). Primäre Lebertumoren können benigne oder maligne sein.

### 3.10.1 Benigne Lebertumoren

**Kavernöses Hämangiom.** Dieses wird als häufigster Lebertumor (Prävalenz 0,5–7%; ♂:♀ = 1:5) meist zufällig (Sonographie) entdeckt. Nur große und multiple Läsionen verursachen Oberbauchbeschwerden. Ruptur oder Thrombosierung sind selten, Entartungsgefahr besteht nicht. Die Diagnose wird sonographisch, durch Computertomographie oder Angiographie gestellt und muß nur in manchen Fällen histologisch gesichert werden. Eine Therapie ist nur bei symptomatischen Hämangiomen indiziert (Resektion, Bestrahlung).

**Leberzelladenom.** Es erkranken vorwiegend Frauen (♂:♀ = 1:10), die orale Kontrazeptiva einnehmen (90%) (hormoninduziertes Tumorwachstum). Die Adenome sind meist solitär (75%) und verursachen äußerstenfalls bei 50% der Patienten Symptome (Oberbauchbeschwerden, Übelkeit). Tumorruptur und Blutung sind gefürchtete Komplikationen. Die Diagnose wird histologisch gesichert. Wegen der Ruptur- und Entartungsgefahr sollten Leberzelladenome reseziert werden; Antikonzeptiva sind abzusetzen.

**Fokal-noduläre Hyperplasie.** Ähnlich wie beim Adenom sind vorwiegend Frauen (♂:♀ = 1:10) mit Kontrazeptivaeinnahme (60%) betroffen. Das Tumorwachstum scheint hormoninduziert, die Pathogenese ist aber unklar (Hamartom? Neoplasie?). Nur in 10% der Fälle treten Oberbauchbeschwerden auf, Rupturen sind selten. Die Abgrenzung der fokal-nodulären Hyperplasie vom Adenom gelingt mit Hilfe der hepatobiliären Funktionsszintigraphie (fehlende Darstellung des Adenoms wegen fehlender Gallenwege). Die Histologie erlaubt die definitive Diagnosestellung und Differenzierung gegenüber dem hepatozellulären Karzinom. Da eine maligne Transformation nicht bekannt ist, kann bei der asymptomatischen fokal nodulären Hyperplasie abgewartet werden (Kontrazeptiva absetzen!).

### 3.10.2 Maligne Lebertumoren

#### Hepatozelluläres Karzinom (primäres Leberzellkarzinom)

**Epidemiologie und Pathogenese.** Es ist eines der weltweit häufigsten Malignome, in Europa aber selten (2% aller Malignome). Die Inzidenz des hepatozellulären Karzinoms geht auffällig parallel mit der regionalen Häufigkeit der Hepatitis-B-Infektion. 60–90% der Patienten mit Leberzellkarzinom haben vorher eine Leberzirrhose. Es sind aber nicht nur HBV-induzierte Zirrhosen, sondern auch Leberzirrhosen anderer Ätiologie als Präkan-

## FALL 3C

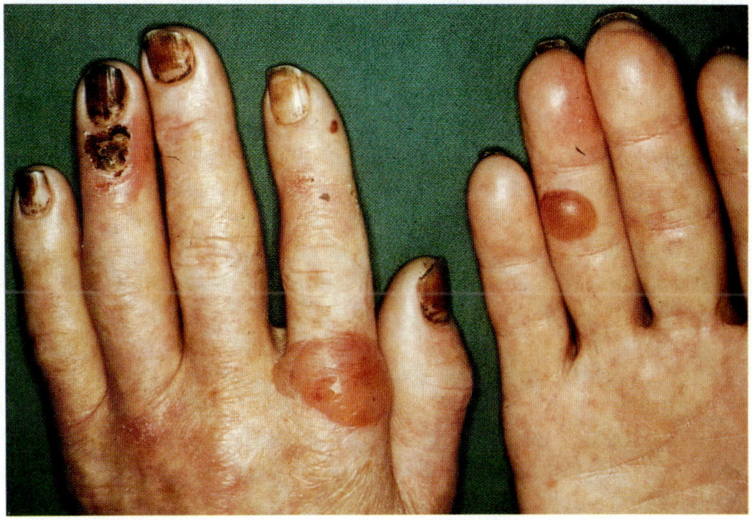

**Abb. 3C.** Hautveränderungen bei chronischer hepatischer Porphyrie (Porphyria cutanea tarda)

**Anamnese.** Ein 61jähriger Bauarbeiter ohne wesentliche Beschwerden kommt zur Abklärung einer Leververgrößerung. Alkoholkonsum: 6–8 Flaschen Bier/Tag.

**Befunde.** Deutlich vergrößerte Leber von fester Konsistenz (Leberhöhe 16 cm in der Medioklavikularlinie), SGPT 64 U/l, SGOT 86 U/l. Auffallend dunkle Augenbrauen. De- und hyperpigmentierte Narben und Blasen an Händen und im Gesicht. Gesteigerte Uroporphyrinausscheidung in den Urin. Der laparoskopisch gewonnene Leberbiopsiezylinder fluoresziert unter der Woodlichtlampe. Histologie: chronisch aggressive Hepatitis mit deutlicher Fibrose.

**Diagnose.** Chronisch aggressive Hepatitis bei Alkoholabusus, Porphyria cutanea tarda.

**Therapie und Verlauf.** Unter einer Aderlaßbehandlung normalisiert sich die Porphyrinausscheidung in den Urin, die blasenartigen Hautveränderungen bilden sich völlig zurück. Langfristig wird die empfohlene Alkoholkarenz vom Patienten nicht eingehalten; es kommt zur Entwicklung einer Leberzirrhose mit allen Komplikationen.

zerose zu sehen. Weitere Risikofaktoren für die Karzinomentstehung sind Alkohol, Aflatoxine, Kontrazeptiva und Anabolika.

**Klinik und Diagnose.** Das klinische Bild wird wesentlich durch die vorbestehende Leberzirrhose geprägt. Vom Leberzellkarzinom ausgehende Symptome (Oberbauchbeschwerden, Gewichtsabnahme, Abgeschlagenheit) werden daher leicht übersehen und die Diagnose meist spät gestellt. Diagnoseweisend ist der Anstieg des $\alpha_1$-Fetoproteins (AFP) im Serum; die Diagnosesicherung erfolgt histologisch.

**Therapie und Prognose.** Das hepatozelluläre Karzinom ist meist ein sehr aggressiv wachsender Tumor; die mittlere Überlebenszeit beträgt 6 Monate. Leberteilresektion oder Lebertransplantation kommen bei umschriebenen, nicht metastasierten Tumoren in Frage. Chemotherapie und Bestrahlung sind nicht effektiv. Angesichts der schlechten Prognose sind Früherkennung und Prävention (aktive HBV-Impfung, Elimination von Risikofaktoren) bedeutsam.

### Andere maligne Lebertumoren

Das ***Cholangiokarzinom*** geht von den Gallenwegsepithelien aus und kann intra-, meist jedoch extrahepatisch entstehen. Cholangiokarzinome machen lediglich 7% der primären Lebermalignome aus. Eine Assoziation mit der Zirrhose besteht nicht, jedoch mit der Aufnahme von Kanzerogenen (Thorotrast, Aflatoxin, Nitrosamine, Anabolika) und in Ostasien mit Infektionen der Gallenwege durch Leberegel (Clonorchiasis). Das sehr seltene ***Hämangiosarkom (malignes Hämangioendotheliom, Kupfferzellsarkom)*** entsteht nach langjähriger Exposition mit Thorotrast, Vinylchlorid, Arsen, Anabolika und Radium. Die ***Metastasenleber*** ist die häufigste Malignomerkrankung der Leber. Als Symptome imponieren Hepatomegalie und häufig rechtsseitige Oberbauchschmerzen infolge Leberkapselspannung.

## 3.11 Erkrankungen der Gallenwege

### 3.11.1 Gallebildung und Cholestase

#### Physiologie der Gallesekretion

Die Leber sezerniert täglich etwa 600 ml Galle, eine wäßrige Lösung von Gallensäuren (4%), Cholesterin (0,7%), Phospholipiden (4%), konjugiertem Bilirubin (0,1%), Protein (0,9%) und Elektrolyten. Die primären Gallensäuren (Cholsäure und Chenodesoxycholsäure) werden in der Leber aus Cholesterin synthetisiert und nach Konjugation mit Glukuronsäure oder Sulfatierung aktiv in die Galle sezerniert; Wasser folgt passiv dem osmotischen Gradienten nach. Daher steigt der Gallefluß proportional zur Gallensäuresekretionsrate (gallensalzabhängige Gallesekretion). Der Gallensäurepool beträgt etwa 2–5 g und unterliegt einer enterohepatischen Zirkulation; der tägliche Gallensäurenverlust von 0,5 g/Tag wird durch hepatische Neusynthese ausgeglichen. Konjugierte Gallensäuren sind zur Mizellenbildung befähigt, wodurch primär wasserunlösliche Substanzen (Fette, Cholesterin und Phospholipide) in Lösung gehalten werden. Dies ermöglicht die biliäre Cholesterinausscheidung und die enterale Fettresorption.

#### Cholestase

**Cholestase ist eine Beeinträchtigung des Galleflusses durch mechanische Obstruktion der abführenden Gallenwege (obstruktive Cholestase) oder durch Störung der hepatozellulären Gallesekretion (nichtobstruktive Cholestase).**

Die Ursachen sind in Tabelle 3.19 zusammengefaßt. Die Pathogenese der nichtobstruktiven Cholestase ist komplex und umfaßt Veränderungen der hepatozellulären Membranfluidität, Störungen der gallensalztransportierenden Membranproteine, des Membranpotentials, der Energieversorgung und die Bildung cholestatisch wirksamer atypischer Gallensäuren. Cholestasesymptome sind intra- bzw. posthepatischer Ikterus, Juckreiz durch Gallensäureablagerung in der Haut, Bildung von Xanthomen und Xanthelasmen durch Störung der Cholesterinausscheidung und Zeichen der Malresorption von Fetten und der fettlöslichen Vitamine A, D, E, K (s. 3.1.2). Laborchemisch findet sich eine Erhöhung der AP, der $\gamma$-GT, des Cholesterins, des atypischen Lipoprotein X und der Gallensäuren im Serum (s. 3.1.2).

**Tabelle 3.19.** Ursachen der Cholestase

| Obstruktive Cholestase | Nicht obstruktive Cholestase |
|---|---|
| *Extrahepatisch:* | Chronische und akute Hepatitis (jeder Genese) |
| Cholelithiasis | |
| Cholangitis | Zirrhose (jeder Genese) |
| Gallengangskarzinom | Fremdstoffe (Arsen, Pilzgifte) |
| Kompression der Gallenwege von außen (z. B. Pankreastumor) | Medikamente (z. B. Östrogene, Phenothiazine) |
| Abflußstörungen im Papillenbereich (z. B. Duodenaldivertikel, Tumor, Parasiten, Askariden) | Idiopathische Schwangerschaftscholestase |
| | Seltene angeborene Formen (z. B. Alagille-Syndrom) |
| Gallengangsatresie | |
| *Intrahepatisch:* | |
| Metastasenleber | |
| Lebertumoren | |
| Steine | |

## 3. 11. 2 Gallensteine (Cholelithiasis)

**Häufigkeit und Pathogenese.** Gallensteine sind Konkremente, die in den ableitenden Gallenwegen durch präzipitierende Gallenbestandteile entstehen. Nach ihrer Zusammensetzung unterscheidet man Cholesterin- von Pigmentsteinen (Tabelle 3.20). Sie sind meist in der Gallenblase lokalisiert (Cholezystolithiasis) und können von dort in die Gallengänge gelangen (Cholangiolithiasis). Die Prävalenz nimmt mit steigendem Alter zu, bei über 40jährigen haben über 10% der Männer und über 20% der Frauen Gallensteine. Eine genetische Prädisposition liegt vor. Die Pathogenese der Steinbildung ist komplex und beruht auf einem Mißverhältnis der Gallensäuren-Lezithin-Cholesterin-Sekretion, so daß die normale Mizellenbildung gestört ist. Dies ist der Fall bei verminderter Gallensäurensekretion (Verluste über den Darm, Synthesestörung bei Leberkrankheiten) und gesteigerter biliärer Cholesterinsekretion (Östrogen, Adipositas, Diabetes, Medikamente). Der Grad der Sättigung der Gallensäuren mit Cholesterin wird mit dem lithogenen Index (LI) beschrieben (LI > 1: Übersättigung mit Cholesterin). Eine Übersättigung der Galle mit Bilirubin, wie bei chronischer Hämolyse, und mit $Ca^{++}$ kann zur Bildung von Pigmentsteinen führen. Neben der Übersättigung mit Cholesterin oder Bilirubin müssen zur Steinbildung noch Kristallisationskeime initiiert werden, deren Bildung durch Stase, Infekte und defekte Antinukleationsprinzipien (Muzine) gefördert wird.

**Tabelle 3.20.** Differentialdiagnose und Therapie von Cholesterin- und Pigmentstein

| | Cholesterinstein | Pigmentstein |
|---|---|---|
| Zusammensetzung: | | |
| – Cholesterin | >80% | <10% |
| – Bilirubinsalze | <4% | 30–50% |
| – $Ca^{++}$-Salze | <3% | >20% |
| Häufigkeit | 75% | 25% |
| Röntgen | nicht schattengebend | ca. 50% schattengebend (abhängig vom Kalkgehalt) |
| ♂:♀ | 1:2–4 | 1:1 |
| Medikamentöse Steinauflösung | möglich | nicht möglich |

**Symptomatik und Komplikationen.** 80% der Gallensteine sind klinisch stumm, d. h. sie verursachen keine Symptome. Bisweilen angegebene unspezifische Beschwerden (Übelkeit, Fettunverträglichkeit, Aufstoßen) finden sich in gleicher Häufigkeit auch bei Nichtgallensteinträgern. 10–20% der Träger stummer Gallensteine müssen aber innerhalb von 20 Jahren mit Symptomen rechnen, da es durch Behinderung des Gallenflusses zur Cholestase oder zu ***Gallenkoliken*** kommt. Koliken entstehen meist nach fettreichen Mahlzeiten durch Einklemmung eines Konkrements im Ductus cysticus mit nachfolgendem Spasmus der Gallenwege. Sie manifestieren sich als heftige, episodisch-krampfartige rechtsseitige Oberbauchschmerzen mit Ausstrahlung in die rechte Schulter sowie Erbrechen. Bei Obstruktion des Ductus choledochus geht die Kolik mit meist flüchtiger Cholestase und ***Verschlußikterus*** (s. 3.2) einher. Fieber, Leukozytose und Abwehrspannung weisen auf eine begleitende Entzündung hin. Neben der ***Infektion*** (s. 3.11.3) stellt die ***biliäre Pankreatitis*** durch Steineinklemmung in der Papille und Pankreassaftabflußstörung eine schwere Komplikation dar. Voraussetzung dafür ist die gemeinsame Mündung von Ductus choledochus und Ductus pancreaticus, was bei 60% der Bevölkerung der Fall ist. Selten kommt es zum ***Mirizzi-Syndrom*** (Choledochusverschluß durch Druckulkus infolge eines eingeklemmten Zystikuskonkrements) oder zur Blutung im Bereich der Gallenwege ***(Hämobilie).*** Letztere ist meist auf Malignome oder Gefäßmißbildungen im Bereich des hepatobiliären Systems zurückzuführen.

**Diagnostik.** Kalkhaltige Gallensteine können auf der Röntgenübersichtsaufnahme des Abdomens sichtbar sein (s. Tabelle 3.20). Der Nachweis einer Cholezystolithiasis gelingt mit hoher Sensitivität (>90%) mit Hilfe der Sonographie. Dagegen ist die sonographische Darstellung von Gallengangssteinen unzuverlässig, obwohl indirekte Zeichen (Aufstau der Gallenwege proximal des Steins) meist nachweisbar sind. Hier ist die endoskopisch-retrograde Cholangiopankreatikographie (ERCP) Methode der Wahl. Gelingt sie nicht, z.B. wegen einer Magenteilresektion nach Billroth oder einer Pylorusstenose, so können gestaute intrahepatische Gallenwege perkutan punktiert und röntgenologisch dargestellt werden (perkutane transhepatische Cholangiographie, PTC). Orale und intravenöse Cholangio- und Cholezystographie werden nur noch selten benötigt.

**Therapie der Cholezystolithiasis.** Die operative Entfernung der Gallenblase (Cholezystektomie) mit Revision der Gallenwege ist bei symptomatischen Gallenblasensteinen Mittel der Wahl, insbesondere wenn gleichzeitig Gallengangssteine, ein Zystikusverschluß oder eine verkalkte Gallenblasenwand (sog. Porzellangallenblase) vorliegen. Ist die Operation nicht möglich, so kann bei unkomplizierter Cholesterinsteincholelithiasis und funktionsfähiger Gallenblase ein Versuch der Gallensteinauflösung mit kombinierter Urso-Chenodesoxycholsäure gemacht werden (Erfolgsrate je nach Patientenselektion 10–70%); Steinrezidive treten aber bei 50% der Patienten auf. Alternativ kann die Lysetherapie mit der extrakorporalen Stoßwellenlithotripsie (ESWL) kombiniert werden. Die unkomplizierte Gallenkolik wird zunächst mit Spasmolytika behandelt, später sollten Fett, Kaffee, Alkohol, kalte Getränke gemieden werden und die Cholezystektomie angestrebt werden. Unter Berücksichtigung ihres natürlichen Verlaufs müssen stumme Gallensteine nicht notwendigerweise entfernt werden. Unter dem Begriff Postcholezystektomiesyndrom werden Beschwerden zusammengefaßt, die nach Cholezystektomie persistieren oder auftreten. Sie sind in der Regel funktionell bedingt oder hatten Ursachen, die durch Cholezystektomie nicht behebbar waren. Nur selten besteht ein Zusammenhang mit der Operation (übersehene Steine, postoperative Strikturbildung, zu groß belassener Zystikusstumpf).

**Therapie der Cholangiolithiasis.** Auch der schmerzlose Steinverschluß des Ductus choledochus erfordert die rasche Steinbeseitigung durch Cholezystektomie mit Choledochusrevision. Bei hohem Operationsrisiko und älteren, bereits früher cholezystektomierten Patienten ist die endoskopische Steinextraktion mit oder ohne endoskopische Papillotomie eine wertvolle Alternative. ESWL und lokale Litholyse mit Glyzerinmonooctanoat oder Gallensalz-EDTA befinden sich noch in Erprobung.

### 3.11.3 Cholezystitis und Cholangitis

**Akute Cholezystitis.** Diese ist meist eine Komplikation der Cholezystolithiasis mit Zystikusverschluß, der durch Stauung der Gallenblase zu Zirkulationsstörungen und zur Superinfektion (50%) führt. Die Symptome umfassen dumpfe und kolikartige Schmerzen im rechten Oberbauch, hohes Fieber, Übelkeit, Erbrechen, Zeichen der peritonealen Reizung, Leukozytose, Erhöhung der AP bei mäßigen Transaminasenerhöhungen sowie einen flüchtigen Ikterus (Bilirubin <3 mg/dl). Die Gallenblase ist bereits bei vorsichtiger (!) Palpation häufig als äußerst schmerzhafter „Tumor" tastbar. Hydrops, Empyembildung und Perforation sind gefürchtete Komplikationen. Perforation der Gallenblase in den Darm kann zum ***Gallensteinileus*** führen. Die ***Diagnose*** wird gestellt anhand des klinischen Bildes und des sonographischen Nachweises von Steinen und einer verdickten, ödematösen Gallenblasenwand. Die Behandlung erfolgt zunächst mit gallegängigen Antibiotika (z.B. Ampizillin), Nahrungskarenz, Spasmolytika und starken Schmerzmitteln (geeignet ist Pethidin; andere Opiate können einen Spasmus des Sphincter Oddi verursachen). Bei unzureichender Besserung innerhalb der ersten 48 h muß wegen drohender Perforation die Cholezystektomie durchgeführt werden.

**Chronische Cholezystitis.** Diese ist Folge rezidivierter akuter Cholezystitiden, die zu Schrumpfung, Wandverdickung und -verkalkung der Gallenblase führen (Porzellangallenblase).

**Akute Cholangitis.** Diese entsteht meist durch Steine im Ductus choledochus mit Gallerückstau und hämatogene und/oder aszendierende Superinfektion. In manchen Fällen ist das Abflußhindernis durch Tumoren oder entzündliche Papillenprozesse (Papillitis stenosans) bedingt, ausnahmsweise auch durch Würmer (Askaris). Die akute Cholangitis ist meist charakterisiert durch Oberbauchschmerz, Ikterus und Fieber (Charcot-Trias), Leukozytose, AP-, $\gamma$-GT- und Bilirubinerhöhung. Häufig

## FALL 3D

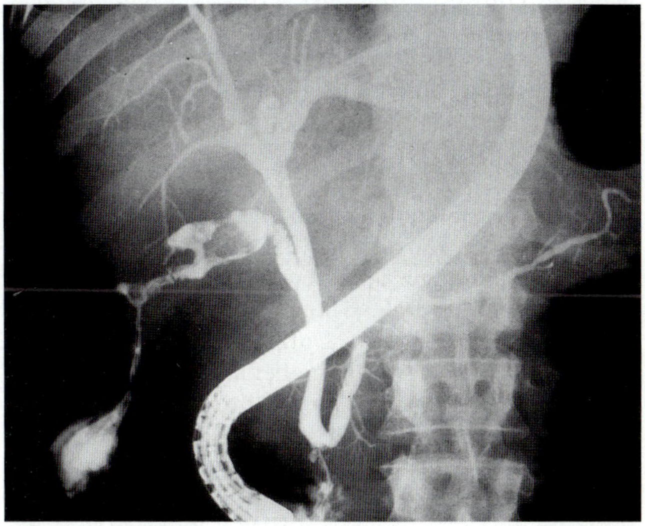

**Abb. 3D.** Endoskopisch retrograde Darstellung der Gallenwege und des Ductus pancreaticus bei liegendem Duodenoskop. Nach Kontrastmittelinjektion über die Papilla Vateri stellen sich die intra- und extrahepatischen Gallenwege sowie der Ductus pancreaticus dar. Überraschend fließt das Kontrastmittel über die Gallenblase in den Darm ab. Der Patient ist zum Zeitpunkt der Untersuchung beschwerdefrei. Damit liegt eine biliodigestive Anastomose als Folge einer früher stattgefundenen Perforation der Gallenblase in den Darm vor. Die Kontrastmittelaussparung in der Gallenblase weist auf ein noch dort befindliches Konkrement hin

**Anamnese.** 64jähriger Patient, der vor 6 Wochen heftige rechtsseitige Oberbauchschmerzen und Fieber hatte; ferner war ihm eine passagere Dunkelverfärbung des Urins aufgefallen. Nach einigen Tagen spontanes Verschwinden der Symptomatik, so daß zunächst kein Arzt zugezogen wurde. Jetzt Vorstellung, da intermittierend leichtes Ziehen im Oberbauch.

**Befunde.** Klinischer Untersuchungsbefund des Abdomens unauffällig; sonographischer Nachweis eines Gallenblasenkonkrements; γ-GT 84 U/l, alkalische Phosphatase 220 U/l, ansonsten Normalbefunde bei klinisch-chemischer Untersuchung. ERCP: Nach Kontrastmittelinjektion über die Papilla Vateri stellen sich die intra- und extrahepatischen Gallenwege dar. Das Kontrastmittel fließt über die Gallenblase in den Darm (Jejunum) ab. Da der Patient zum Zeitpunkt der Untersuchung beschwerdefrei ist, liegt eine biliodigestive Anastomose als Folge einer früher stattgehabten Perforation der Gallenblase in den Darm vor. Die Kontrastmittelaussparung in der Gallenblase entspricht einem Konkrement.

**Diagnose.** Biliodigestive Fistel nach Gallenblasenperforation; Cholezystolithiasis.

**Therapie und Verlauf.** Nach operativer Revision (Cholezystektomie, Beseitigung der biliodigestiven Fistel) ist der Patient beschwerdefrei.

sind Keime in der Blutkultur nachweisbar (E. coli, Klebsiella, Streptococcus faecalis, Proteus, Pseudomonas). Komplikationen sind die gramnegative Sepsis und Leberabszesse. Die Therapie umfaßt Antibiotikagabe, Nahrungskarenz und Maßnahmen zur Wiederherstellung des Galleabflusses (Papillotomie, Steinextraktion, perkutane Ableitung, ggf. Operation).

**Primär sklerosierende Cholangitis.** Es handelt sich um eine chronische Entzündung der intra- und extrahepatischen Gallenwege unklarer Ursache (Autoimmunkrankheit?) mit auffallend hoher Assoziation (>60%) zu chronisch entzündlichen Darmerkrankungen (Colitis ulcerosa, Morbus Crohn). Sie befällt vorwiegend junge Männer unter 45 Jahren. Durch Fibrosierung im Bereich des gesamten Gallengangssystems entstehen multiple Stenosierungen, die zu progredienter Cholestase und Zirrhose führen. Die Diagnose kann histologisch und/oder durch den typischen ERCP-Befund (70% der Fälle) gestellt werden. Eine wirksame Therapie ist nicht bekannt, bei fortgeschrittener Erkrankung bleibt die Lebertransplantation.

### 3.11.4 Tumoren der Gallenwege

Die wichtigsten ***malignen Gallenwegstumoren*** sind das Gallenblasenkarzinom (40–80%), das Cholangiokarzinom (20–40%) und das Papillenkarzinom (10%). Charakteristisch für das Cholangio- und Papillenkarzinom sind der schmerzlose, langsam zunehmende Ikterus bei rapidem Gewichtsverlust. Häufig besteht leichter Druckschmerz im rechten Oberbauch. Das Courvoisier-Zeichen (schmerzlose palpable Gallenblase bei Tumoren im Bereich des Ductus cysticus) ist eher selten. Bei Diagnosestellung (Sonographie, ERCP, CT, PTC) haben die meisten Cholangio- und Gallenblasenkarzinome bereits die Umgebung infiltriert und sind inoperabel. Eine Sonderform ist der ***Kletskin-Tumor,*** der durch Verschluß der Hepatikusgabel charakterisiert ist. Häufig finden sich Gallensteine, die aber für die Karzinomentwicklung wahrscheinlich keine ursächliche Rolle spielen. Tumoren im Bereich der Papille können von der Papille selbst oder vom Pankreaskopf, selten vom Duodenum, ausgehen. Da das primäre Papillenkarzinom frühzeitig durch Verschluß symptomatisch wird, ist die Resektion in 75% der Fälle möglich. Ist die operative Tumorentfernung bzw. die operative Anlage einer biliodigestiven Anastomose nicht möglich (Tumorlokalisation, Inoperabilität), kann der Galleabfluß durch endoskopisches Einbringen einer Gallengangsendoprothese oder durch eine perkutan transhepatisch eingelegte Ablaufsonde wiederhergestellt werden. ***Benigne Gallenwegstumoren*** sind selten und betreffen meist die Gallenblase (Adenome, Papillome, Fibrome, Lipome). Da ihre Abgrenzung zum Karzinom nur histologisch gelingt, ist die Cholezystektomie in jedem Fall indiziert. Eine Ausnahme ist die ***Cholesterose*** (Cholesterinpolypen) der Gallenblase. Sonographische Kontrollen zeigen häufig Rückbildung dieser beetartigen, polypösen Gallenblasenwandauflagerungen (in Histiozyten gespeicherte Cholesterinester).

### 3.11.5 Funktionelle Gallenwegserkrankungen (Dyskinesie der Gallenwege)

Darunter werden gallenkolikartige Beschwerden zusammengefaßt, für die keine organischen Ursachen (z.B. Steine) zu finden sind. Die Diagnose Dyskinesie der Gallenwege darf daher nur gestellt werden, wenn organische Ursachen ausgeschlossen wurden. Objektivierbar sind bei den bisweilen vegetativ stigmatisierten Patienten häufig vermehrte Füllung von Gallenblase und Gallenwegen, ein erhöhter Tonus des Sphincter Oddi und verzögerte Gallenblasenentleerung nach Cholezystokininreiz. Für die Schmerzentstehung spielen wahrscheinlich Störungen der Koordination von Gallenblasenkontraktion und Erschlaffung des Sphincter Oddi eine Rolle.

## Literatur

Csomos G, Thaler H (Hrsg) (1990) Lebertherapie im Wandel. Springer, Berlin Heidelberg New York Tokyo
Epstein M (1983) The kidney in liver disease. Elsevier, New York
Gerok W (1987) Hepatologie. Urban & Schwarzenberg, München
Maier KP (1982) Hepatitis – Hepatitisfolgen. Thieme, Stuttgart
Pichlmayr R, Müller R, Schmidt FW, Brunner G, Burdelski M (1987) Die Lebertransplantation – aktueller Stand und Indikation. Internist 28: 1–7
Sherlock S (1985) Diseases of the liver and the biliary system. Blackwell, London

# 4 Pneumologie

W. Seeger

## ZUSAMMENFASSUNG

***Atemmechanische Störungen*** werden in ***restriktive*** (verminderte Dehnbarkeit/kleines Lungenvolumen) und ***obstruktive*** (behinderter Gasfluß in den Atemwegen) unterteilt. Der ***Gasaustausch*** kann durch eine gestörte Verteilung von Ventilation und/oder Perfusion (Extreme: Shuntfluß und Totraumventilation) und durch eine Behinderung der Diffusion beeinträchtigt sein. Eine ***Ödembildung*** entsteht bei Erhöhung des pulmonalen Kapillardruckes (z.B. kardiogenes Lungenödem) oder bei erhöhter Permeabilität der endothelialen und/oder epithelialen Schranke (inflammatorische, toxische oder ischämische Ursachen). ***Widerstandserhöhung*** im kleinen Kreislauf (pulmonale Hypertonie) führt zu einer Afterloadbelastung des rechten Herzens, eine Rechtsherzinsuffizienz kann sich entwickeln. Führende Symptome bei Lungenerkrankungen sind Dyspnoe, Zyanose, Husten und Auswurf sowie ggf. Brustschmerzen.

Als ***interstitielle Lungenerkrankungen*** werden chronische, nicht maligne und nicht infektiöse Erkrankungen von Alveolarwänden bzw. Interstitium zusammengefaßt, die durch inflammatorische Prozesse und nachfolgende strukturelle Veränderungen (meist Fibrosierung) charakterisiert sind. Mehr als 180 verschiedene Formen, mit bekannter und unbekannter Ätiologie, sind beschrieben; die wichtigsten sind die ***exogen-allergische Alveolitis*** und die ***Sarkoidose.*** Chronische interstitielle und grobmorphologische Umbauprozesse der Lunge (und der Pleura) nach Mineralstaubinhalation werden als ***anorganische Pneumokoniosen*** abgegrenzt (Silikose, Asbestose).

Zu den ***obstruktiven Erkrankungen*** der Atemwege zählt das ***Asthma bronchiale,*** das durch episodische (reversible) Verengung der Atemwege gekennzeichnet ist (Bronchokonstriktion, Schleimhautödem, Dyskrinie). Auslöser können Allergene sein, aber z.B. auch Atemwegsinfekte und verschiedene Umgebungsfaktoren. Der ***chronisch obstruktiven Lungenerkrankung*** (COPD) kann eine chronische Bronchitis mit rezidivierender bzw. persistierender Entzündung und Instabilität der Atemwege zugrunde liegen. Alternativ dominiert eine Rarefikation der Alveolarsepten mit Erweiterung der distalen Lufträume (Emphysem) und Verlust der „radialen Aufspannung" der kleinen Bronchien. Der korrelierende klinische Befund reicht vom chronisch zyanotischen Bronchitiker („blue bloater") bis zum dyspnoischen „pink puffer" mit permanenter Atemanstrengung. Wesentliche Risikofaktoren sind Rauchen und Umgebungseinflüsse. Sonderformen der chronischen Atemwegsobstruktion umfassen Bronchiektasen, Mukoviszidose und Trachealstenosen.

***Infektiöse Agenzien*** können Ursache einer akuten Inflammation der Atemwege (Bronchitis) und/oder einer entzündlichen Infiltration des Lungenparenchyms (Pneumonie) sein. Postpneumonisch, aber auch z.B. nach Aspiration oder Lungenembolie, kann eine eitrige, nekrotische Einschmelzung (Abszeß) entstehen.

Einschwemmung von thrombotischem Material aus peripheren Venen in das pulmonale Gefäßbett führt zu einer ***akuten Thromboembolie.*** Konsequenzen sind akute Afterloadbelastung des rechten Herzens, Blutdruckabfall und intrapulmonale Veränderungen (Gasaustauschstörung; später Infiltration, Atelektasenbildung, Pleuritis, Infarkt). Rezidivierende Embolien können zur Entwicklung eines ***Cor pulmonale*** führen. Eine ***chronische pulmonale Hypertonie*** kann sich auch bei interstitiellen und Atemwegserkrankungen sowie bei Hypoventilationssyndromen entwickeln. Letztere umfassen insbesondere die ***Schlafapnoe*** in ihrer obstruktiven Form (nächtlicher Pharynx-„Kollaps") und ihrer zentralen Form (periodischer Ausfall des Atemantriebs).

Unter den Neoplasmen der Lunge dominieren die ***Bronchialkarzinome*** (vorwiegend Plattenepithel-, kleinzelliges-, Adeno-, großzelliges Karzinom), die den häufigsten Krebs bei Männern darstellen (Risikofaktor Rauchen) und sehr bösartig sind. Die Symptomatik wird durch die primäre Ausbreitung in der Lunge (zentral oder peripher), die Infiltration von Nachbarstrukturen, paraneoplastische Syndrome und Fernmetastasierung bestimmt. Benigne und semimaligne Tumoren der Lunge sind selten, ***pulmonale Metastasen*** treten dagegen bei zahlreichen Primärtumoren auf.

Erkrankungen der Pleura umfassen ***Pleuritis*** und ***Pleuraerguß*** (hydrostatische, entzündliche und neoplastische Ursachen), das seltene Pleuramesotheliom und den Pneumothorax.

## 4.1 Lungenfunktion und ihre allgemeinen Störungen

### 4.1.1 Ventilationsstörungen: zur Atemmechanik der Lunge

Atemmechanische Störungen lassen sich in ***„restriktive"*** und ***„obstruktive"*** unterteilen (Abb. 4.1). Das funktionelle Syndrom der Restriktion beinhaltet eine verminderte Dehnbarkeit (Compliance) von Lunge und/oder Thorax. Folglich sind intrathorakales Gasvolumen und Vitalkapazität erniedrigt. Das forciert exspirierte Volumen ist absolut erniedrigt, relativ zur reduzierten Vitalkapazität jedoch normal. Ursachen einer pulmonalen Restriktion sind Prozesse mit Bindegewebsvermehrung der Lunge (idiopathische und sekundäre Fibrosen), mit erhöhter Oberflächenspannung in den Alveolen (Surfactantmangel, gestörte Surfactantfunktion durch proteinreiches Ödem im Alveolarraum) sowie Prozesse, die dehnbares Lungengewebe durch rigideres solides Gewebe ersetzen (ausgedehnter Tumor, Metastasenbildung). ***Extrapulmonale Ursachen*** einer Restriktion sind Versteifungen des Brustkorbes (z. B. extreme Kyphoskoliose, Morbus Bechterew) sowie Pleuraschwartenbildung.

Das funktionelle Syndrom der Obstruktion beinhaltet eine Behinderung der Luftströmung in den Atemwegen. Der Atemwegswiderstand (Resistance; gemessen in Ruheatmung) ist erhöht (s. Abb. 4.1). Bei intrathorakaler Lage der Obstruktion ist die forcierte Exspiration durch die Engstellung der Atemwege bei zunehmendem intrathorakalen Druck besonders verlangsamt (z. B. $FEV_1$, PEF, $FEF_{50\%}$ in Abb. 4.1). Die Atemmittellage (das intrathorakale Gasvolumen bei Ruheatmung) ist folglich zu erhöhten Werten verschoben. Ursachen sind Broncho- und Bronchiolospasmus, entzündliches oder durch kardiale Stauung bedingtes Ödem der Bronchialschleimhaut sowie Lumenverlegungen der Bronchien (zäher Schleim, Tumoren; selten Partikel). Bei chronischer Bronchitis und Emphysem entsteht durch Verlust der retraktiven Kräfte des Bronchienstützgewebes eine Instabilität, die sich als Kollaps der Atemwege während der (forcierten) Exspiration bemerkbar macht [$FEV_1$ und besonders $FEF_{50\%}$ (spätere Phase der Ausatmung) sind überproportional erniedrigt].

Restriktion und Obstruktion verlangen eine ***vermehrte Atemarbeit*** bei der Inspiration. Bei der Obstruktion geschieht zudem die Ausatmung nicht mehr passiv (Rückkehr von gedehntem Thorax plus Lunge zur Äquilibriumposition), sondern unter Zuhilfenahme von Exspirationsmuskulatur (Bauchwand, interne Interkostalmuskeln). Bei chronischem Krankheitsverlauf kann eine Ermüdung der Atemmuskulatur eintreten. Eine ***Hypoventilation*** tritt ein, wenn die alveoläre Ventilation gemessen an den metabolischen Bedürfnissen des Gesamtorganismus ($O_2$-Aufnahme und $CO_2$-Abgabe) absinkt. Diese ist bevorzugt ablesbar am Anstieg des $pCO_2$ im Blut (s. 1.2).

**Das restriktive Syndrom beschreibt eine verminderte Dehnbarkeit von Lunge und/oder Thorax, die Lungenvolumina sind klein. Das obstruktive Syndrom wird durch eine Behinderung bzw. Verlangsamung der Luftströmung in den Atemwegen verursacht.**

### 4.1.2 Perfusion, Perfusionsverteilung und Gasaustauschstörungen

Die Perfusion (Q) weist wie die Ventilation (V) eine apikobasale Zunahme auf, beide sind unter physiologischen Bedingungen gut aufeinander abgestimmt. Bei älteren Menschen kommt es durch einen Verlust an Atemwegsstabilität am Ende der Exspiration zu einem Verschluß kleiner Atemwege bevorzugt in den basalen Partien der Lunge, welche sich bei nachfolgender Inspiration verzögert wiedereröffnen (leichte Inhomogenität der V-Q-Verteilung). Essentiell ist die Adaptation von Q und V auf „Mikroebene" (einzelne Azini/Lobuli). Dies ge-

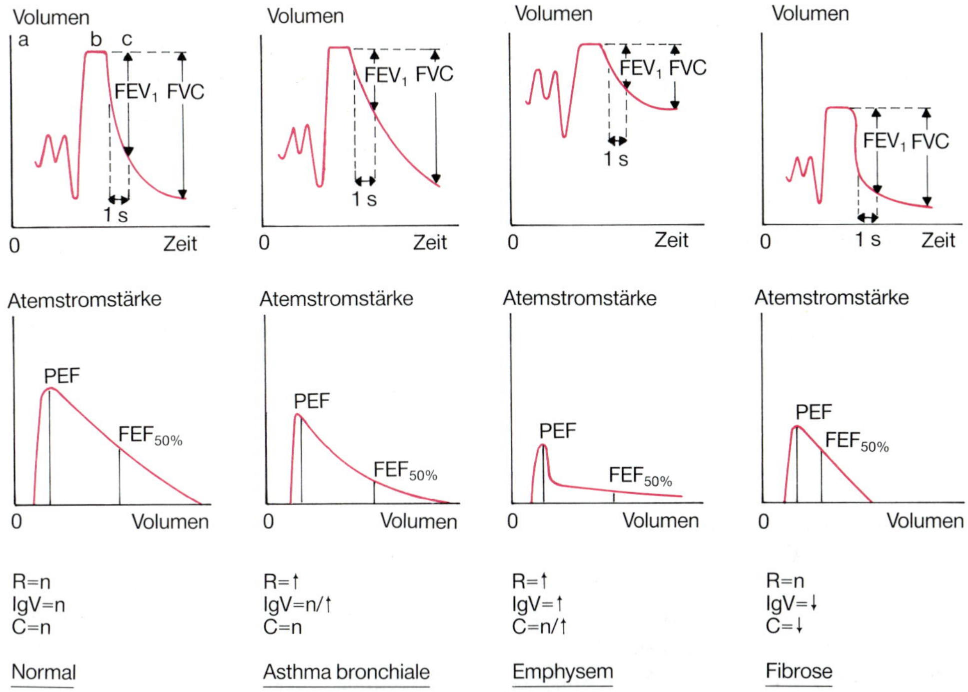


**Abb. 4.1.** Messung der Atemmechanik. Störung bei obstruktivem und restriktivem Syndrom

Mit der *Spirometrie* werden Atemstromstärken und (als Integral) die Lungenvolumina am Mund des Patienten bestimmt. Nach normaler Ruheatmung *(a;* s. *Normal)* wird mit maximaler Ausatmung und Einatmung die Vitalkapazität *(VK)* gemessen *(b)*. Zur $FEV_1$-Bestimmung (forciertes exspiriertes Volumen in 1 s; *c*) atmet der Patient aus maximaler Inspirationslage so schnell wie möglich aus. Aus der Flußkurve ergibt sich ein Absolutwert für $FEV_1$ und ein Wert prozentual zur forcierten Vitalkapazität *(FVC)*. $FEV_1$/FVC beträgt normal >75%. Bei Aufzeichnung des maximalen exspiratorischen Flusses gegen das Volumen erhält man das „Fluß-Volumen-Diagramm“, aus dem z.B. der maximale („peak“) exspiratorische Flow (PEF) oder der forcierte exspiratorische Flow bei 50% ($FEF_{50\%}$) abgelesen werden können.

Bei der *Bodyplethysmographie* sitzt der Patient in einer gasdichten Kammer und atmet in einen separaten Raum. Die Thoraxexkursionen bewirken Druckänderungen in der Kammer, die „spiegelbildlich“ die Druckänderungen im Alveolarraum reflektieren. Der Druckgradient Alveolarraum-Mund zu jedem Zeitpunkt des Atemzyklus wird gegen den Atemfluß aufgetragen (Atemschleifen), und aus dieser Beziehung ergibt sich der Atemwegswiderstand unter Ruhebedingungen („resistance“, *R*). Durch Inspiration bei einem plötzlichen Verschluß am Mundstück, auf dessen Innenseite der Druck gemessen wird, wird darüberhinaus eine Beziehung zwischen zunehmendem Unterdruck im Alveolarraum und zunehmendem Volumen des Alveolarraumes (wieder abgelesen am Ausmaß der Thoraxexkursion) erhalten. Aus dieser Beziehung läßt sich das bereits vor dem „Atemversuch“ in der Lunge vorhandene Volumen errechnen, das intrathorakales Gasvolumen *(IGV)* genannt wird. Durch Abzug des exspirierbaren Volumens erhält man dann das Residualvolumen *(RV)* der Lunge.

Die Compliance *(C)*, die Dehnbarkeit der Lunge, gibt das Verhältnis von Volumenzunahme pro Druckänderung im Pleuraspalt wieder. Letztere wird indirekt über eine druckaufnehmende Ballonsonde im distalen Ösophagus erfaßt. Entsprechend kann die Compliance von Lunge und Thorax angegeben werden (Volumenzunahme pro Druckgradient Alveolarraum-Außenluft). (Modifiziert nach Magnussen u. Bonnet 1989)

schieht durch den ***„Euler-Liljestrand-Mechanismus“***, die ***hypoxische Vasokonstriktion*** (HPV). Der Sensor dieser Regulationsschleife liegt im alveolären Bereich (Alveolarwand), er induziert bei (lokalem) Abfall des $pO_2$ eine Konstriktion der kleinen afferenten pulmonalarteriellen Gefäße (Perfusionsdrosselung). Dadurch kommt es zu einer Umverteilung des Blutflusses zu nicht (oder weniger) hypoxischen Arealen. Sensorzelle und verantwortliche vasokonstriktive Mediatoren sind noch unbekannt. Die HPV optimiert die Anpassung von V und Q unter physiologischen Bedingungen, führt jedoch bei allgemeiner alveolärer Hypoxie (schwere restriktive und obstruktive Ventilationsstörungen) zur Entwicklung einer pulmonalen Hypertonie durch generalisierte Vasokonstriktion. Gasaustausch-Störungen entstehen bei ***V-Q-Inhomogenitäten*** (mit ihren Extremen Shunt und Totraumventilation; Abb. 4.2) und bei ***Diffusionsstörungen.***

**V-Q-Inhomogenitäten, Shunt.** Dabei „zerfällt" die Lunge in Bezirke mit hohen und solche mit niedrigen V-Q-Quotienten (s. Abb. 4.2), auch wenn die globalen Größen von Ventilation und Perfusion der Gesamtlunge unverändert sind. In den Alveolen mit $V/Q<1$ treten Hypoxie und Hyperkapnie (angenähert an den venösen $pCO_2$) auf (sowohl auf der Blut- als auch auf der Gasseite am Ende der Austauschstrecke). In den Alveolen mit $V/Q>1$ bestehen dementsprechend Hyperoxie (angenähert an den höchstmöglichen $pO_2$ bei 21% $O_2$, d. h. ≈150 mmHg) und Hypokapnie. In der Summe resultiert durch überproportionale Beimischung der (relativ) überperfundierten Areale auf der Seite des arteriellen Blutes eine Erniedrigung des $pO_2$ sowie ein Anstieg des $pCO_2$, und auf der Seite der alveolär ausgeatmeten Luft ergibt sich eine Erhöhung des $pO_2$ und eine Erniedrigung des $pCO_2$, verglichen mit den Werten, die bei idealen Mischungsverhältnissen vorliegen würden. Zwischen der gesammelten alveolären Ausatemluft und dem arteriellen Blut bestehen ***alveoloarterielle Gradienten.***

Als regulatorische Antwort auf den $pCO_2$-Anstieg (s. Kap. 11 zur Atemregulation) wird die Gesamtventilation gesteigert. Dadurch bleibt zwar der Gradient bestehen, der $pCO_2$ kann aber im Normbereich gehalten wer-

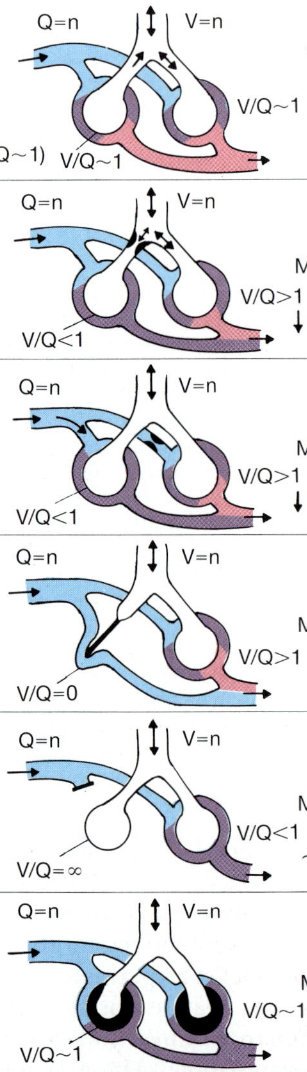


| | arteriell $pO_2$ | arteriell $pCO_2$ | alveolärarteriell $O_2$ | Gradient $CO_2$ | Hypoxämie bei 100% $O_2$ |
|---|---|---|---|---|---|
| Normal (Ruhe: alveoläre Ventilation V ca. 4 l/min, Perfusion Q ca. 5 l/min; V/Q~1) | n | n | Ø | Ø | Ø |
| Verteilungsstörung (primär ventilatorisch) | ↓ | ↑ | + | + | Ø |
| Mit Ventilationssteigerung: | ↓(↓) | ~n | + | + | Ø |
| Verteilungsstörung (primär zirkulatorisch) | ↓ | ↑ | + | + | Ø |
| Mit Ventilationssteigerung: | ↓(↓) | ~n | + | + | Ø |
| Shunt (Atelektasen) | ↓ | ↑ | + | + | + |
| Mit Ventilationssteigerung: | ↓ | ~n | + | + | + |
| Totraumventilation | ↓ | ↑ | + | + | Ø |
| Mit Ventilationssteigerung: | ~n | ~n | + | + | Ø |
| Diffusionsstörung (Verdickte Gastransitstrecke) | ↓ | ~n | + | Ø | Ø |
| Mit Ventilationssteigerung: | (↓) | ↓ | + | Ø | Ø |
| Globale Hypoventilation (V↓) | (↓) | ↑ | Ø | Ø | Ø |

**Abb. 4.2.** Inhomogenitäten von Ventilation (V) und Perfusion (Q)

den, weil der fast lineare Verlauf der $CO_2$-Bindungskurve und der große mögliche Gradient ($pCO_2$ venös ca. 46 mmHg, in der Atemluft 0 mmHg) eine effektive Erniedrigung des $pCO_2$ in den gut ventilierten Arealen erlaubt, so daß sich im Mischblut nach der Lunge Normokapnie findet. Für den $pO_2$ gilt dies nicht, da auch erhebliche Hyperventilation der gut belüfteten Areale den $pO_2$ höchstens dem $pO_2$ der Inspirationsluft (ca. 150 mmHg) annähern kann und da dieses gemäß der S-Form der $O_2$-Bindungskurve (eine $O_2$-Sättigung des Hb von 100% kann nicht gesteigert werden) nur sehr wenig zum zusätzlichen $O_2$-Gehalt des Blutes beiträgt. Typisch für Verteilungsstörungen mit kompensatorischer Hyperventilation ist so ein Abfall des arteriellen $pO_2$ bei Normokapnie (oder sogar, gemäß dem Ausmaß der Ventilationssteigerung, Hypokapnie). Dieses wird als ***respiratorische Partialinsuffizienz*** bezeichnet, wohl wissend, daß auch der $CO_2$-Austausch betroffen, jedoch durch Hyperventilaton kompensiert ist.

Schwere Verteilungsstörungen bewirken trotz Hyperventilation auch einen Anstieg des arteriellen $pCO_2$ (neben $PO_2$-Abfall), was als ***respiratorische Globalinsuffizienz*** charakterisiert wird. Ein solcher Anstieg des $pCO_2$ findet sich auch, wenn durch Erschöpfung der Atemmuskeln eine kompensatorische Hyperventilation nicht mehr aufrecht erhalten werden kann. Atmung von reinem $O_2$, gleichbedeutend mit einer vielfachen Anhebung des $O_2$-Gradienten zwischen Alveole und Blut auch in den erheblich minderventilierten Arealen ($V/Q<1$), vermag bei den Verteilungsstörungen den $pO_2$ im Mischblut nach der Lunge deutlich anzuheben, die Hypoxämie wird behoben. Dieses ist bei der extremen Form der Verteilungsstörung, dem Shuntfluß durch nicht ventilierte Areale ($V/Q=0$; s. Abb. 4.2), nicht der Fall, da diese Areale auch von 100% $O_2$ nicht erreicht werden. Shuntfluß entsteht in erster Linie durch Atelektasenbildung (Surfactantstörung, Bronchusverschluß) sowie Ödemfüllung von Alveolen, wenn deren Perfusion trotz HPV nicht vollkommen gedrosselt wird. Bei ***globaler Hypoventilation*** (z. B. Atemantriebsstörung oder obstruktives Syndrom), geht die moderate Hypoxie immer mit deutlichem $pCO_2$-Anstieg einher.

**Diffusionsstörung.** Im Normalfall reicht bereits $^1/_3$ der tatsächlichen Kontaktzeit (Transitzeit) zwischen Blut und Alveole aus, um eine vollständige Gasäquilibrierung zu gewährleisten. Auch bei maximaler Blutflußsteigerung (körperliche Anstrengung) ist diese Äquilibrierung durch Diffusion nicht limitiert. Bei erheblichen „Verdickungen" der alveolokapillären Transitstrecke, z. B. durch Bindegewebseinlagerungen (Fibrose) oder Flüssigkeit (interstitielle Ödembildung), kann jedoch eine Diffusionslimitierung eintreten. Diese macht sich nur für $O_2$ bemerkbar, da die $CO_2$-Diffusion sehr viel schneller als die des $O_2$ verläuft. Jedoch scheinen auch bei Fibrosen V-Q-Verteilungsstörungen wesentlichen Anteil an der Störung des Gasaustausches zu haben. Bei ***körperlicher Belastung*** verkürzt sich die Kontaktzeit des Kapillarblutes mit dem alveolären Gas, die Hypoxämie bei Diffusionsstörung nimmt zu. Ebenso kann aber auch die Hypoxämie bei V-Q-Verteilungsstörung und Shuntfluß unter der Belastung akzentuiert werden, da durch die stärkere $O_2$-Ausschöpfung der Peripherie, d. h. niedrigere venöse $O_2$-Sättigung des Hämoglobins (z. B. 30–40% statt normal 70%), die Konsequenzen eines Kurzschlußflusses dieses Blutes durch nicht oder schlecht ventilierte Areale für den $O_2$-Gehalt des Mischblutes nach der Lunge aggraviert werden.

**Störungen des Gasaustausches entstehen, wenn die Abstimmung in der Verteilung von Perfusion und Ventilation gestört ist. Extremformen sind der Shuntfluß (nur Perfusion, keine Ventilation) und die Totraumventilation (nur Ventilation, keine Perfusion). Eine Behinderung der $O_2$-Diffusion kann bei Verbreiterungen des Lungeninterstitiums auftreten.**

### 4.1.3 Flüssigkeitsregulation der Lunge und pulmonale Ödembildung

Die Basis der Betrachtung stellt die ***Starling-Gleichung*** dar:

$$\text{Flüssigkeitsansammlung} = K_{f,c}[(P_c - P_i) - \sigma(\pi_{pl} - \pi_i)] - Q_{lymph}$$

wobei $K_{f,c}$=kapillärer Filtrationskoeffizient (Wasser-Durchlässigkeit der Gefäßwand); $P_c$=mittlerer Kapillardruck; $P_i$=mittlerer interstitieller Druck; $\sigma$=Reflektionskoeffizient für Makromoleküle (Proteinundurchlässigkeit der Gefäßwand; Bereich 0–1); $\pi_{pl}$=onkotischer Druck des Plasmas; $\pi_i$=onkotischer Druck des Interstitiums; $Q_{lymph}$=Lymphabfluß.

Ein Ödem entsteht, wenn die filtrierte Menge den mehrfach steigerbaren Lymphabfluß übersteigt. Besonderheiten der Lunge sind:

- Es gibt nicht eine, sondern 2 Schranken, Endothel und Epithel, die unabhängig voneinander verändert sein können.
- $P_i$ ist in der Lunge negativ und stark atemabhängig.

- $P_c$ in der Pulmonalisstrombahn ist niedrig (6–8 mm Hg), jedoch pulsatil.
- $\sigma$ des pulmonalen Endothels liegt deutlich <1, d. h. der onkotische Gradient ist nur partiell wirksam.

Bei einem ***Lungenödem*** ist der extravaskuläre Flüssigkeitsgehalt (normal ca. 300 bis 400 ml) um ein Vielfaches erhöht, klinische, funktionelle und radiologische Veränderungen werden bemerkt. Initial findet sich die Flüssigkeit im Interstitium ***(interstitielles Ödem),*** sekundär im Alveolarraum ***(alveoläres Ödem)*** mit nachfolgendem Abfluß in den Bronchialbaum. Durch die große Kapazität der luftführenden Räume kann die Lunge im Extremfall >2 l Ödemflüssigkeit aufnehmen.

Die häufigste Ursache pulmonaler Ödembildung ist ein Anstieg des mikrovaskulären Druckes ($P_c$) durch Stauung des Blutes vor dem linken Herzen (***kardiogenes Ödem;*** weitere Ursachen in Tabelle 4.1). Ein Abfall von $\pi_{pl}$ (Protein-Mangel) reicht dagegen als alleinige Ursache pulmonaler Ödembildung nicht aus. Ebenso kommt es auch bei totaler Blockade der Lymphdrainage nicht zu diffuser pulmonaler Ödembildung, auch wenn sie regional, z. B. bei karzinomatösem Befall des Lymphsystems, nachgewiesen werden kann. Bei erhöhter Permeabilität der Endothelschranke (Schrankenstörung; $K_{f,c}\uparrow$, $\sigma\uparrow$) als Ursache pulmonaler Ödembildung ist die austretende Flüssigkeit proteinreich (>50% des Plasmaproteingehaltes; Ursachen Tabelle 4.1).

**Tabelle 4.1.** Ursachen des Lungenödems

| | Häufigkeit |
|---|---|
| *1) Intakte alveolokapilläre Schranke* | |
| 1 a) Anstieg des mikrovaskulären Druckes der Lunge | |
| – Kardiogen (myogene Insuffizienz, Mitralvitien, „steifer“ linker Ventrikel) | +++ |
| – Überhydratation (Nierenversagen) | ++ |
| – Neurogenes Lungenödem (bei Hirntrauma) | + |
| – Höhenödem (bei raschem Aufstieg auf große Höhen) | + |
| 1 b) Abfall des interstitiellen Druckes der Lunge | |
| – Reexpansions-Ödem (nach Absaugen großer Pleuraexsudate) | + |
| – Extrem starke Inspiration bei extrathorakaler Stenose | + |
| 1 c) Abnorme Lymphdrainage? (z. B. Lymphangiosis carcinomatosa?) | + |
| *2) Vermehrt durchlässige alveolokapilläre Schranke* (zusammengefaßt als non-kardiogenes Ödem) | |
| – Alle Formen des ARDS (akutes respiratorisches Distreßsyndrom) | ++ |
| – Aspiration von Magensaft | ++ |
| – Inhalation toxischer Gase | + |
| – Erhöhter Sauerstoffpartialdruck | + |
| – Bestrahlungspneumonitis | ++ |
| – Hypersensitivitätspneumonitis | ++ |
| – „Reperfusion-injury“ (Wiedereröffnung des Gefäßbettes nach Embolisation, Lungentransplantation) | + |
| – Narkotikaüberdosierung? | + |

Als ***klinische Befunde*** zeigen sich beim Lungenödem beschleunigte und flache Atmung [Complianceabnahme bei interstitieller Einlagerung, Aktivierung von juxtakapillären (J-)Rezeptoren], Knisterrasseln (interstitielle Einlagerung), Verschärfung des Atemgeräuschs und Bronchophonie (alveoläre Füllung). Feuchte Rasselgeräusche treten dagegen erst bei Übertritt freier Ödemflüssigkeit in den Bronchialbaum auf und sind so keine Frühzeichen. ***Lungenfunktionsuntersuchungen*** zeigen eine Abnahme von Compliance und Vitalkapazität sowie V-Q-Verteilungsstörungen mit Shuntfluß (alveoläre Ödemfüllung); eine zusätzliche Diffusionsstörung kann bestehen. Bei Patienten mit hyperreagiblen Atemwegen (s. Kap. 7) kann die Flüssigkeitseinlagerung eine Bronchospastik auslösen, die sich zu einer Schleimhautschwellung der Bronchien bei Bronchialvenenstauung addieren kann. Ein solches zusätzliches obstruktives Syndrom mit auskultierbarem Giemen kann das primär interstitiell-alveoläre Geschehen überlagern ***(Asthma cardiale).*** Die arteriellen Blutgase zeigen bei initialem Lungenödem eine moderate Hypoxie ($pO_2 \approx 55$–75 mmHg) bei Hyperventilation ($pCO_2 < 35$ mmHg), und bei ausgedehnter Ödemfüllung des Alveolar-Bronchial-Baumes schwere Hypoxie ($pO_2 < 50$ mmHg) mit Anstieg des $pCO_2$ trotz maximaler Atemanstrengung. Dyspnoe und Zyanose stellen sich ein. Radiologisch imponieren erweiterte („gestaute“) Pulmonalvenen bei allen kardiogenen Ödemformen. Diffuse interstitielle Zeichnungsvermehrung und azinös-nodöse Zeichnungsvermehrung sind Ausdruck der Flüssigkeitseinlagerung.

***Therapeutische Strategien*** beim Lungenödem sollten möglichst kausal sein (z. B. Behandlung der zugrunde liegenden Herzinsuffizienz, Abstieg aus der Höhenlage bei Höhenödem) und sind z. T. symptomatisch (z. B. $O_2$-Zufuhr, ggf. künstliche Beatmung). Allgemeine Ansätze ergeben sich aus der Starling-Gleichung:

- Absenkung von $P_c$. Realisiert wird diese durch Verbesserung der kardialen Leistung, falls eine Stauung vor dem linken Herzen vorliegt, und durch Reduktion des Volumenangebotes für den rechten Ventrikel (Preload-Senkung). Letzteres wird durch Volumenentzug (Diuretika, Nierenersatz-Therapie, Aderlaß) und durch Erweiterung venöser Kapazitätsgefäße (Wirkungsprinzip der Nitroglyzerinpräparate) erreicht.

- Anhebung von $P_i$. Durch künstliche Beatmung mit Überdruck (übliche Beatmungsform) und insbesondere Anwendung von PEEP („positive endexspiratory pressure") wird der Gasaustausch bei hochgradigem Lungenödem verbessert (Shuntreduktion durch Eröffnung atelektatischer oder ödematöser Alveolen). Der interstitielle Druck in der Lunge wird dagegen heterogen beeinflußt, eine allgemeine Anhebung wird durch PEEP-Beatmung nicht erreicht.
- Anhebung von $\pi_{pl}$ (Zufuhr von Kolloiden). Dieses bringt aufgrund der intravasalen Volumenvermehrung nur Nachteile, ein selektives „koloidosmotisches Absaugen" der Flüssigkeit aus der Lunge gelingt nicht.
- Steigerung des Lymphabflusses. Dazu dient ein niedriger zentralvenöser Druck (Erhöhung des Gradienten des Lymphsystems zum zentralen Venensystem).
- „Abdichtung" der endothelialen Schranke (Erniedrigung von $K_{f,c}$, Erhöhung von $\sigma$). Dieses gelingt bislang nur in seltenen Fällen pulmonaler Ödembildung durch hochdosierte Kortikoide.

**Pulmonale Ödembildung entsteht bei erhöhtem transkapillären Druckgradienten (vorwiegend kardial verursacht) und bei erhöhter Durchlässigkeit der Gefäßschranke (verschiedene Ursachen). Als Folge entwickeln sich Gasaustauschstörung, Zyanose und Dyspnoe.**

## 4.2 Symptomatologie von Lungenerkrankungen

### 4.2.1 Dyspnoe

Dyspnoe bedeutet subjektiv erlebte Atemnot („Luftnot", „Lufthunger", „Erstickungsangst"). Sie kann bei zahlreichen pneumologischen Erkrankungen auftreten (Tabelle 4.2) und ist korreliert mit:

- gesteigerter Atemarbeit,
- zur Sauerstoffaufnahme unproportional hoher Atemarbeit,
- einem Atemminutenvolumen, das 30–40% des maximalen Atemminutenvolumens überschreitet (gleichbedeutend mit verminderter Atemreserve) oder
- Abfall des arteriellen (sowie venösen) $pO_2$ und Anstieg des arteriellen $pCO_2$.

Signale verschiedener intra- und extrathorakaler Rezeptoren (Dehnungs-, Chemorezeptoren, Muskelspindeln) aktivieren das Atemzentrum; bei Überschreiten der Bewußtseinsschwelle entsteht Dyspnoe. Das angstneurotisch gefärbte ***Hyperventilationssyndrom,*** bei dem keine Gasaustauschstörung besteht, reflektiert besonders die subjektive Komponente der Dyspnoe. ***Belastungsdyspnoe*** beschreibt das Auftreten von Atemnot bei mäßiger körperlicher Betätigung, ***Ruhedyspnoe*** die Atemnot unter Ruhebedingungen. Unter ***Orthopnoe*** wird der Zwang verstanden, bei massiver Atemnot den Oberkörper aufzurichten (Umverteilung von Flüssigkeit aus der Lunge in die Peripherie, Tiefertreten des Zwerchfelles). Abzugrenzende Begriffe sind:

- *Hyperventilation:* eine gemessen an der $CO_2$-Produktion des Körpers überproportionale Ventilation, mit Abfall des arteriellen $pCO_2 < 35$ mmHg. Ursächlich können Gasaustauschstörungen der Lunge bestehen (die bevorzugt den $O_2$-Transfer betreffen), metabolische Azidosen, die respiratorisch kompensiert werden, sowie psychische bzw. zentrale Stimuli.
- *Tachypnoe:* eine zum Sollwert in Ruhe (ca. 15 Atemzüge/min) oder unter Belastung erhöhte Atemfrequenz. Sie kann mit Hyperventilation verbunden sein, jedoch auch mit normalem arteriellen $pCO_2$ einhergehen, wenn die erhöhte Atemfrequenz mit erniedrigtem Atemzugvolumen oder vermehrter Totraumbelüftung verbunden ist. Ersteres findet man bei vielen restriktiven Lungenerkrankungen (Prototyp Fibrose; die verminderte Dehnbarkeit verschiebt das Minimum der Atemarbeit zur Erzielung einer angestrebten alveolären Ventilation zu einer Kombination aus erhöhter Frequenz und erniedrigtem Zugvolumen), letzteres ist z. B. bei der akuten Lungenembolie gegeben.

**Dyspnoe bedeutet subjektiv erlebte Atemnot in Ruhe oder bei leichter Anstrengung. Abzugrenzende Begriffe, die mit Dyspnoe verbunden sein können, aber nicht müssen, sind Hyperventilation und Tachypnoe.**

**Tabelle 4.2.** Dyspnoe

| Dyspnoetyp | Häufigkeit | Führender Mechanismus | Beispiele |
|---|---|---|---|
| Obstruktion der oberen Atemwege | + | Inspiratorisch betonte Atemwegsengstellung; Atemarbeit ↑ | Glottisödem, extrathorakale Trachealstenose |
| Obstruktion der unteren Atemwege | +++ | exspiratorisch betonte Atemwegsengstellung; Atemarbeit ↑ (Gasaustausch ↓) | Asthma bronchiale; Chronische obstruktive Bronchitis; Emphysem mit exspiratorischem Atemwegskollaps |
| Restriktion pulmonaler Ursache | ++ | Dehnbarkeit der Lunge ↓ Atemarbeit ↑, Gasaustausch ↓ | Interstitielle Lungenerkrankungen; Lungenfibrosen; ARDS; Lymphangiosis carcinomatosa |
| Restriktion extrapulmonaler Ursache | ++ | Dehnbarkeit von Pleura/Thorax ↓ Atemarbeit ↑ | Extreme Kyphoskoliose, extreme Pleuraschwarte |
| Reduktion der Gasaustauschfläche | ++ | Gasaustausch ↓ (Dehnbarkeit ↓, Atemarbeit ↑) | Alveoläre Pneumonien; Pneumothorax; große Pleuraergüsse; ausgedehnte Tumoren, Metastasen der Lunge |
| Neuromuskuläre Erkrankungen | + | Empfundene „Unfähigkeit" zur Ventilationssteigerung | Polyradikulitis Guillain-Barré, Myasthenia gravis |
| Pulmonale Gefäßwiderstandserhöhung | +++ | Niedriges Herzzeitvolumen durch Afterloadbelastung des rechten Herzens, Gasaustausch ↓ | Lungenembolie (akut, chronisch); idiopathische pulmonale Hypertonie, andere Ursachen des chronischen Cor pulmonale |
| Kardiale Erkrankungen mit Kongestion der Lunge | +++ | Niedriges Herzzeitvolumen, Dehnbarkeit der Lunge ↓, Atemarbeit ↑, Gasaustausch ↓ | Akutes und chronisches Linksherzversagen, Mitralvitien, Aortenvitien |
| Reduzierter $O_2$-Gehalt des Blutes aus non-pulmonaler Ursache | ++ | Rascher Hämoglobinabfall (>3–5 g/dl) bei Blutung, chronische Anämie (Hb <6–5 g/dl), CO-Vergiftung (CO-Hämoglobin) | |
| Psychogene Dyspnoe | ++ | Engegefühl des Thorax aufgrund eines erhöhten Muskeltonus (respiratorische Alkalose) | Hyperventilation, Hyperventilationstetanie |

## 4.2.2 Husten und Auswurf

Der Hustenreflex wird durch ***inflammatorische*** (alle entzündlichen Erkrankungen der Atemwege/Lunge), ***mechanische*** (Fremd- oder Tumormaterial im Bronchialsystem; Atemwegskompression von außen), ***chemische*** (Rauch, Dämpfe) oder ***thermische*** (extrem warme/kalte Luft) Stimuli ausgelöst. Er kann produktiv sein (mit Auswurf) oder nonproduktiv („trocken", ohne Auswurf; Cave: unbemerktes Hinunterschlucken des Auswurfs). Produktiver Husten erlaubt eine makroskopische, mikroskopisch-zytologische sowie bakteriologische Analyse. Wichtig ist, dem Patienten den Unterschied zwischen ***Speichel*** (aus Mundhöhle und Rachen stammend) und ***Sputum*** (aus möglichst tiefen Atemwegen hochgehustet) zu erklären. Die Sputumproduktion kann durch Inhalation vernebelter 0,9%-NaCl-Lösung provoziert werden. Makroskopisch werden unterschieden: seröses, mukös-zähes (z. B. bei Asthma bronchiale), eitriges (z. B. bakterielle Bronchitis, Bronchiektasen, Lungenabszeß, eitrige Pneumonie), fötides (vor allem Anaerobierprozesse) und blutiges Sputum (***Hämoptyse*** oder ***Hämoptoe,*** Tabelle 4.3).

Als ***Komplikationen*** können bei starkem Husten Rippenfrakturen (meist bei Hustenattacke in atypischer Körperstellung oder bei Osteoporose), Pneumothorax oder – selten – eine Hustensynkope auftreten. Letztere beschreibt einen kurzen Bewußtseinsverlust bei oder nach einer Hustenattacke und wird im wesentlichen durch die Behinderung des venösen Rückflusses bei plötzlich stark gesteigertem intrathorakalen Druck mit Abfall des Herzzeitvolumens erklärt. Die ***Therapie*** des Hustens muß möglichst kausal sein. Eine ergänzende symptomatische Dämpfung des Hustenzentrums durch

**Tabelle 4.3.** Ursachen der Hämoptysis. Hämoptysis (Synonym: Hämoptoe) bedeutet Expektoration von Blut aus dem unteren Respirationstrakt. Das Ausmaß reicht von blutig tingiertem Sputum bis zu großen Blutmengen. Hämoptyse (schaumig hellrotes Blut, alkalischer pH) muß abgegrenzt werden von Hämatemesis (Erbrechen von Blut, meist durch Magensäure angedunkelt, saurer pH) sowie von Blutungen aus dem Nasopharynx. Bei massiver Hämoptoe können endoskopische Tamponade, künstliche Beatmung (evtl. mit Doppellumenkatheter oder Ballonkatheter zur Blockade der blutenden Seite), Embolisation über das Bronchialarteriensystem oder notfallmäßige operative Sanierung notwendig werden

| Entzündlich | Neoplastisch | Kardiovaskulär | Andere |
|---|---|---|---|
| Bronchitis | Bronchialkarzinom | Thromboembolie (bei Infarkt) | Trauma |
| Bronchiektase | Bronchusadenom (selten) | Myogene Linksherzinsuffizienz[a], Mitralvitien[a] | Pulmonale Hypertonien |
| Tuberkulose | Metastasen (selten) | Pulmonale Vaskulitis (z. B. Morbus Wegener, Morbus Goodpasture) | Hämorrhagische Diathesen |
| Lungenabszeß | Tumoreinbrüche aus Umgebung | | Arteriovenöse Malformationen (z. B. AV-Aneurysmen) |
| Pneumonie (besonders Klebsiellen, Staphylokokken) | | | |

[a] Massive pulmonalvenöse Stauung kann ein blutig tingiertes alveoläres Ödem zur Folge haben. In chronischen Fällen treten hämosiderinbeladene Alveolarmakrophagen auf, die diagnostisch verwertbar sind („Herzfehlerzellen" in Sputum oder Lavage).

Kodeinpräparate kann jedoch bei quälenden (vor allem nächtlichen) Hustenanfällen, im finalen Stadium einer Lungenerkrankung oder bei sich selbst perpetuierendem trockenen Reizhusten (Husten → Atemwegsreizung → Husten) geboten sein.

### 4.2.3 Hypoxie, Zyanose und Polyglobulie

Zyanose bedeutet bläuliche Verfärbung von Haut und Schleimhäuten. Sie entsteht, wenn die mittlere kapilläre Konzentration an reduziertem Hämoglobin in dem entsprechenden Hautbezirk mehr als 5 g/dl beträgt (Absolutmenge ist entscheidend!). Bei schwerer Anämie (Hb<6 g/dl) kann folglich selbst bei vital bedrohlicher $O_2$-Untersättigung niemals eine Zyanose auftreten, während bei ausgeprägter Polyglobulie (Hb>20 g/dl) selbst bei geringem (klinisch unproblematischen) Anteil von reduziertem Hb im Kapillarbett regelhaft der Eindruck einer Zyanose entsteht. Bei ***zentraler Zyanose*** besteht ursächlich eine reduzierte Oxygenierung des arteriellen Blutes, während ***periphere Zyanose*** bei weitgehender peripherer Sauerstoffausschöpfung des Blutes auftritt (Tabelle 4.4). Beide Formen sind durch arterielle Blutgasanalyse unterscheidbar. Bei peripherer Zyanose ist zudem die Zungenschleimhaut nicht bläulich verfärbt, da dieses Endstromgebiet nicht in die allgemeine Vasokonstriktion eingezogen wird. ***Pseudozyanose*** kann bei Blei- oder Silbereinlagerung der Haut entstehen.

Chronisch reduzierte Sauerstoffsättigung des arteriellen Blutes stimuliert im Sinne eines Regelkreises die renale Erythropoietinbildung mit Entstehung einer ***sekundären Polyglobulie***. Diese ist „kompensatorisch sinnvoll" durch Steigerung der $O_2$-Transportkapazität des Bluts, erhöht jedoch dessen Viskosität (exponentieller Anstieg bei HK>55%). Bei pulmonaler Hypertension, welche die chronische Gasaustauschstörung häufig begleitet, trägt dieser Viskositätsanstieg zur Rechtsherzinsuffizienz bei. Komponenten der peripheren Zyanose (Abfall des Herzzeitvolumens) addieren sich dann zu denen der zentralen Zyanose, es entsteht eine ***„gemischte Zyanose"***. Darüber hinaus können sich bei chronischer arterieller Hypoxämie ***Trommelschlegelfinger*** ausbilden.

**Tabelle 4.4.** Ursachen der Zyanose

| Zentrale Zyanose | Periphere Zyanose |
|---|---|
| Reduzierter atmosphärischer Druck (Höhenlage) | Reduziertes Herzzeitvolumen (Herzinsuffizienz, Schock) |
| Alveoläre Hypoventilation (begleitet von $pCO_2$-Anstieg) | Lokaler „low flow" durch Vasokonstriktion (z. B. Kälte, Vasospastik) |
| Gasaustauschstörung trotz ausreichender alveolärer Ventilation (V-Q-Verteilung, Shunt, Diffusion) | Lokaler „low flow" durch mechanische arterielle (z. B. Arteriosklerose) oder venöse (z. B. Thrombose) Gefäßeinengung |
| Kongenitale Vitien mit Shunt | |
| Pulmonale arteriovenöse Fisteln | |
| Nicht-$O_2$-transportierende Hämoglobine (Met-Hb, Sulf-Hb) | |

## 4.3 Spezielle pneumologische Untersuchungsverfahren

**Lungenfunktionsuntersuchungen.** Spirometrie, Ganzkörperplethysmographie und Compliancemessung sind in Abb. 4.1 dargestellt. Eine Ergänzung stellt der Broncholysetest dar: Bei obstruktivem Syndrom wird dessen partielle Reversibilität durch ein $\beta_2$-Sympathikomimetikum (Aerosol) überprüft. Mit der CO-Diffusions-Kapazität, besser CO-Transfer-Faktor, wird die Leitfähigkeit der alveolokapillären Membran der Lunge für dieses Gas umschrieben. Dieser Wert nimmt bei Reduktion der Diffusions(Gasaustausch)-Fläche und Verbreiterung der „Diffusionsmembran" ab, aber auch bei Inhomogenitäten der V-Q-Verteilung. Bei der Spiroergometrie werden kardiorespiratorische Parameter (z. B. die Gesamtsauerstoffaufnahme) und der Gasaustausch (arterieller $pO_2$ und $pCO_2$) unter körperlicher Belastung bestimmt. Zur Diagnostik einer pulmonalen Hypertonie werden die Drücke im kleinen Kreislauf in Ruhe und ebenfalls unter Belastung mittels Rechtsherzkatheter gemessen. Störungen der nächtlichen Atemregulation werden im Schlaflabor erfaßt.

**Bildgebende Verfahren.** Neben den konventionellen Röntgenaufnahmen des Thorax geben Schichtaufnahmen ***(Tomographie)*** eine überlagerungsärmere Darstellung einzelner Schichten (z. B. Hilusprozesse, Rundherde). Die ***Durchleuchtung*** erlaubt durch Drehung des Patienten die präzise Lokalisation intrathorakaler Prozesse, sie läßt Pulsationen und ggf. eine Zwerchfellparese erkennen. Die ***Computertomographie*** hat wesentliche Bedeutung für die Differenzierung mediastinaler, hilärer und pleuraler Prozesse. Mittels ***Sonographie*** können (nur) thoraxwandnahe Prozesse dargestellt werden; wichtig ist diese Methode zur Diagnose und gezielten Punktion von Ergüssen und anderen Prozessen des Pleuraraumes. Die ***Bronchographie*** stellt mittels Kontrastmittel-„Beschlag" selektiv den Bronchialbaum dar, was für den Nachweis von Bronchiektasen Bedeutung hat. Die ***Pulmonalisangiographie*** (über einen Katheter in der A. pulmonalis oder über eine periphere Vene mittels der Technik der digitalen Subtraktionsangiographie) ist Referenzmethode zur Darstellung vaskulärer Prozesse (Embolie). Die ***Perfusionsszintigraphie*** („Mikroembolisation" mit markierten Partikeln) dient dem gleichen Zweck, ist weniger invasiv, aber auch weniger aussagekräftig. Sie wird oft begleitet von einer ***Ventilationsszintigraphie*** (Einatmung eines Aerosols markierter Partikel) zur Erfassung der Ventilationsverteilung. Einen besonderen Aspekt stellt die $^{67}$Ga-Szintigraphie dar. Dieses Radionuklid hat besondere Affinität für inflammatorische und neoplastische pulmonale Gewebe, und kann so zur Diagnostik und zum Aktivitätsnachweis (z. B. interstitieller Lungenerkrankungen) herangezogen werden. Die angiographische Darstellung der Bronchialarterien nach selektiver Katheterisierung kann zur Charakterisierung der Blutversorgung pathologischer Prozesse (z. B. von Bronchiektasen, Neoplasmen) und ggf. zur Embolisation eines Gefäßareals bei vital bedrohlicher Blutung Bedeutung erlangen. Die ***Kernspintomographie*** wird die Diagnostik mediastinaler Prozesse erweitern.

**Endoskopische und bioptische Verfahren.** Die ***flexible Bronchoskopie*** dient der Inspektion der Atemwege (bis in Subsegmentbronchien), der Durchführung einer bronchoalveolären Lavage für biochemische, zytologische und mikrobiologische Untersuchungen, der Gewinnung von Zellen (Bürstenabstrich) und der Gewinnung von Gewebe (Schleimhaut-Biopsie, transbronchiale Gewebe- und Lymphknotenbiopsie). Therapeutisch kann sie zur Lavage (z. B. nach Aspiration), zur Blutstillung (endoskopische „Tamponade"), zur Bronchialwegrekanalisation bei Tumor (Lasertechnik) und zur Extraktion von Fremdkörpern genutzt werden. Die ***starre Bronchoskopie*** erlaubt nur eine Darstellung bis zu den Lappenbronchien, bietet jedoch bessere therapeutische Eingriffsmöglichkeiten in den zentralen Atemwegen. Punktion (und Drainage) eines Pleuraergusses können verbunden werden mit einer Biopsie (spezielle Nadel) der parietalen Pleura. Die ***Thorakoskopie*** (auch Pleuroskopie genannt; interkostale Einführung eines Endoskops in luftgefüllten Pleuraraum) erlaubt die optische Darstellung und gezielte Punktion der Pleurablätter. Bei der transthorakalen Biopsie, unter Durchleuchtungskontrolle durchgeführt, wird Gewebe eines peripheren Lungenprozesses gewonnen (Zytologie, kleiner Histologie-Zylinder, Mikrobiologie). Die ***Mediastinoskopie*** erlaubt durch substernales Einführen eines Endoskops in den prätrachealen Raum die Gewinnung von mediastinalen Lymphknoten. Zur Gewinnung größerer Gewebemengen sind umschriebene („Mini"-)Thorakotomien oder Mediastinotomien erforderlich („offene Biopsien").

**Allergologie, bronchiale Hyperreagibilität.** Bei Verdacht auf allergisch induziertes Asthma bronchiale können folgende Methoden Anwendung finden:

- Hauttest (Prick-Test oder intrakutane Applikation) mit einem Extrakt des fraglichen Allergens; positiv bei Quaddelbildung.
- Nachweis allergenspezifischer IgE-Antikörper im Serum [R(E)AST=Radio(Enzym)-Allergo-Sorbent-Test: IgE-Bindung an ein festkörperfixiertes Allergen, Nachweis mit anti-IgE].
- Bronchialer Provokationstest (Messung einer Atemwegsobstruktion nach Inhalation von verdünntem Allergenextrakt).

Zur Diagnose einer unspezifischen Hyperreagibilität der Atemwege dient die inhalative Provokation einer bronchialen Obstruktion mit steigenden Mengen an Histamin, Metacholin, Azetylcholin oder Carbachol.

**Die Basis pneumologischer Diagnostik sind neben Anamnese und körperlicher Untersuchung die Sputumuntersuchung, die Lungenfunktionsmessung, konventionelle Röntgenaufnahmen sowie die flexible Bronchoskopie mit Lavage und Zell-/Gewebe-Gewinnung.**

## 4.4 Spezielle pneumologische Therapieverfahren

Bei chronischer respiratorischer Insuffizienz, insbesondere bei arteriellem $pO_2<55$ mmHg und Entwicklung eines Cor pulmonale, wirkt eine ***Langzeit-$O_2$-Therapie*** (Zufuhr >15 h pro die) lebensverlängernd. Verwendung für die häusliche (und z.T. auch mobile) Sauerstoffversorgung finden $O_2$-Konzentratoren, Sauerstofflaschen und Flüssig-$O_2$. Die Zufuhr geschieht über Nasensonden, Nasenbrillen oder direkte Schlauchführung in die Trachea durch ein Minitracheostoma. Intermittierende ***Beatmung*** ist auch im häuslichen Bereich mit IPPB-Geräten (intermittierende positive Druckbeatmung) möglich (wiederholt auftretende Erschöpfung der Atemmuskulatur bei hochgradiger respiratorischer Insuffizienz; nächtliche Hypoventilationen). ***Aerosole*** erlauben eine transbronchiale Medikamentenapplikation. Für eine effiziente bronchiale und/oder alveoläre Deposition der Tröpfchen sind deren Größe (<10 μm bronchiengängig, <3 μm alveolengängig), die Atemwegsgeometrie (mehr zentrale Deposition bei Bronchospasmus) und das Atemmanöver entscheidend. Bei Verwendung von „Sprays" (Dosieraerosole mit Treibgas) ist es wichtig, die Auslösung eines Aerosolhubs zu Beginn einer langsamen Inspiration bis zur Vitalkapazität, mit nachfolgendem endinspiratorischen Halt von 5–10 s, vorzunehmen. Dadurch gelingt eine Deposition von bis zu 40% in Lunge bzw. Bronchien, während bei ungenügender Technik nur <10% in den Atemwegen deponiert werden. Durch die Verwendung eines zwischengeschalteten Totraumes („Spacer" oder „Expander") soll der „Aufprall" des Aerosols im Mund und somit die unerwünschte oropharyngeale Deposition vermindert werden. Aerosolapplikation kann auch über Verneblergeräte (Ultraschall- oder Düsentechnik) kontinuierlich oder atemsynchron angeboten werden. Sie kann zudem mit künstlicher Beatmung kombiniert werden.

## 4.5 Interstitielle oder fibrosierende Lungenerkrankungen

### 4.5.1 Allgemeine Übersicht

**Definition.** Als interstitielle oder fibrosierende Lungenerkrankungen (ILD) werden chronische, nichtmaligne, nichtinfektiöse Erkrankungen des unteren Respirationstrakts zusammengefaßt, die durch entzündliche Vorgänge und nachfolgende strukturelle Veränderungen (in vielen Fällen Fibrosierung) der Alveolarwände charakterisiert sind. Diese Veränderungen bewirken eine Störung des Gasaustausches. Im weiteren Verlauf können Zeichen der Rechtsherzbelastung durch pulmonale Hypertension auftreten. Als eigene Entität wird die Auslösung durch Mineralstäube abgegrenzt (anorganische Pneumokoniosen).

Insgesamt werden mittlerweile mehr als 180 verschiedene Formen dieser Erkrankungen beschrieben. Nur bei $^1/_3$ ist die Ätiologie bekannt (Tabellen 4.5 und 4.6). Die primären Veränderungen sind im interstitiellen Raum des Lungenparenchyms lokalisiert, jedoch können der Alveolarraum, terminale Atemwege sowie die kleinen Gefäße der Lungen einbezogen sein.

**Pathologie.** Bei dem Typ ***Distorsion*** finden sich lokalisierte Auftreibungen der Alveolarsepten (knotige Wucherungen), die aus Granulomen mit wesentlicher Beteiligung von T-Lymphozyten bestehen und den

**Tabelle 4.5.** Ursachen interstitieller Lungenerkrankungen bekannter Ätiologie

| Ursachen | Häufigkeit | Besonderheiten und Hinweise |
|---|---|---|
| Inhalierte Agenzien – anorganische Stäube | +++ | Pneumokoniosen |
| Inhalierte Agenzien – organisches Material | +++ | Exogen-allergische Alveolitis |
| Inhalierte Agenzien – Rauch, Aerosole, Sprays (berufliche Exposition!) | ++ | Bei akuter Exposition Ausbildung pulmonaler Permeabilitätserhöhung mit „toxischem" Lungenödem nach wenigen Stunden Latenzzeit. Häufig begleitende Bronchitis/Bronchiolitis. Übergang in Fibrose ist möglich. Akuttherapie: inhalative und systemische Kortikoide |
| Inhalierte Agenzien – Gase (z.B. Ozon, Nitrosegase, $SO_2$, Phosgen) | + | |
| Medikamente (z. B. Bleomycin, Busulfan, Amiodarone, Nitrofurantoin) | ++ | Akute und chronische Verlaufsformen sind möglich |
| Bestrahlung („Strahlenpneumonitis") | ++ | Latenz wenige Tage bis Monate nach Bestrahlung, Übergang in Fibrose. Hochdosierte Kortikoide während der initialen entzündlichen Reaktion |
| Pulmotrope Gifte: z. B. das Herbizid Paraquat | + | Pulmonale Läsionen nach Latenz von 5–7 Tagen; Übergang in Fibrose |
| Chronische rezidivierende Aspiration | ++ | Bei neuromuskulären Schluckstörungen, bei Ösophaguserkrankungen |
| Erholungsphase des akuten Atemnotsyndroms der Erwachsenen (ARDS) | + | Häufig erstaunlich weitgehende Rückbildung der pulmonalen Veränderungen selbst nach protrahiertem ARDS |
| Chronisches Nierenversagen (Urämie) | + | Manifestation bei chronisch stark erhöhten Werten harnpflichtiger Substanzen |
| Knochenmarkstransplantation | + | Graft-versus-host-Reaktion, immunsuppressive Therapie notwendig |
| (Chronisch rezidivierende/persistierende interstitielle Infektionen) | + | Siehe Kap. 20 |
| (Chronische kardiale Erkrankungen) | +++ | Chronische Druck- und/oder Volumenbelastung des pulmonalen Gefäßbettes, z. B. Linksherzversagen, Mitralvitien, Links-rechts-Shunt; s. Kap.7 |

Begriff ***Lungengranulomatose*** geprägt haben (typisch für Sarkoidose, für pulmonale Veränderungen durch Beryllium und Pilzsporen). Bei dem Typ ***diffuse Fibrose*** sind Infiltrationen mit inflammatorischen Zellen sowie Bindegewebsbildung diffus in den kommunizierenden Alveolarsepten verteilt. Der Prozeß kann auf das Interstitium begrenzt sein (rein interstitielle Fibrose), oder das entzündlich-fibrosierende Gewebe tritt in den Alveolarraum über (interstitielle und intraalveoläre Fibrose). Bei fortgeschrittener Erkrankung können sich größere, vernarbte Alveolarbezirke bilden, zwischen denen verbliebene Lufträume zystisch aufgeweitet sind: ***„end stage lung"*** oder ***Bienenwabenlunge.*** Bioptisches Material bei ILD kann nach Liebov wie folgt klassifiziert werden: „desquamative interstitial pneumonitis" ***(DIP),*** charakterisiert durch dominierende intraalveoläre mononukleäre Zellen mit nur geringer interstitieller Fibrose; „usual interstitial pneumonitis" ***(UIP),*** charakterisiert durch interstitielles und intraalveoläres Infiltrat einhergehend mit Bindegewebsbildung; sowie „broncholitis obliterans and interstitial pneumonitis" (BOP), charakterisiert durch zusätzliche Einbeziehung kleiner Atemwege in das entzündlich/fibrosierende Geschehen. Diese Kategorien grenzen die jeweiligen diagnostischen Möglichkeiten im Hinblick auf die Krankheitsursache ein, sie sind jedoch keineswegs ausreichend für eine spezifische Diagnose.

**Pathogenese.** Das chronisch-entzündliche Geschehen wird durch aktivierte, inflammatorisch-kompetente Zellen unterhalten (Makrophagen, Granulozyten, Lymphozyten). Diese setzen zahlreiche Mediatoren frei (Sauerstoffradikale, Proteasen, Lipidmediatoren, Zytokine). Mesenchymale Zellen, insbesondere Fibroblasten, werden chronisch stimuliert (z. B. durch Wachstumsfaktoren, Zytokine), mit der Folge einer Bindegewebsvermehrung. Die Progredienz kann prinzipiell dann unterbunden werden, wenn der auslösende Reiz eliminiert wird oder die

**Tabelle 4.6.** Interstitielle Lungenerkrankungen unbekannter Ätiologie

| Krankheit | Häufigkeit | Besonderheiten und Hinweise |
|---|---|---|
| *Sarkoidose* | ++ | |
| *Idiopathische pulmonale Fibrose* | + | |
| *Histiocytosis X* | + | fokalbetonte, evtl. massive pulmonale Akkumulation mononukleärer Phagozyten (OKT6+). Beteiligung anderer Organe möglich |
| *Lymphangiomyomatose* | | interstitielle Akkumulation glatter Muskelzellen, Beteiligung von Lymphwegen |
| *Chronisch eosinophile Pneumonie* | ++ | fleckige oder diffuse pulmonale Infiltrate unter Einschluß von Eosinophilen. Auslösung durch Parasiten (z. B. Ascaris lumbricoides) oder durch Medikamente (z. B. Nitrofurantoin). Auftreten auch bei Asthma bronchiale und Vaskulitis (Panarteriitis nodosa, Churg-Strauss-Angiitis). Häufig begleitende Blut-Eosinophilie. Bei der chronisch eosinophilen Pneumonie ist die Ursache unbekannt. Alle Formen reagieren gut auf Kortikoide |
| *Hypereosinophiles Syndrom* | + | persistierende Blut-Eosinophilie, eosinophile Infiltrate in vielen Organen, 20–40% Lungenbeteiligung |
| *Pulmonale hämorrhagische Syndrome:* | + | |
| – Idiopathische pulmonale Hämosiderose Morbus Celen) | | Rezidivierende pulmonale Hämorrhagien, hämosiderinhaltige Alveolamakrophagen (keine Nierenbeteiligung) |
| – Morbus Goodpasture | | Antikörper gegen glomeruläre und pulmonale Basalmembran. Rezidivierende pulmonale Hämorrhagien, Glomerulonephritis. Kortikoide, Zyklophosphamid. Plasmapherese zur Antikörperentfernung |
| *Lymphozytäre Infiltrationen:* | + | |
| – Lymphozytäre interstitielle Pneumonie | | diffuse Infiltration mit reifen Lymphozyten im Interstitium |
| – Pseudolymphom | | interstitielle Lymphozytenanreicherung mit Keimzentren |
| *Erworbene „Speicher"-Krankheiten:* | + | |
| – Amyloidose | | diffuse/noduläre Amyloidablagerung, systemische Grunderkrankung |
| – alveoläre Proteinose | | diffuse alveoläre Deposition von Surfactant-Protein-Material, Lipid beladene Makrophagen. Therapeutische bronchoalveoläre Lavage |
| *Angeborene „Speicher"-Krankheiten:* | + | |
| – Nieman-Pick | | Sphingomyelin-Akkumulation, |
| – Morbus Gaucher | | Glucosylceramid-Akkumulation |
| *Neuroektodermale Erkrankungen:* | + | |
| – Tuberöse Sklerose | | Proliferation glatter Muskelzellen im Lungenparenchym |
| – Neurofibromatose | | |
| *Kollagenosen:* | | |
| – Rheumatoide Arthritis | ++ | pulmonale Beteiligung in ca. 25–50% der Fälle. Diffuse interstitielle Fibrose oder nekrotische Rundherde. Häufig Pleuraergüsse |
| – Sklerodermie | ++ | ≈50% pulmonale Beteiligung, diffuse basal betonte Fibrosierung. Bei Ösophagusstarre auch chronische Aspiration möglich |
| – Lupus erythematodes | + | diffuse oder fleckige Infiltrationen möglich, häufig Pleuritis/Pleuraergüsse, evtl. medikamentös induziert |
| – Polymyositis/Dermatomyositis | + | selten Beteiligung der Lunge, diffuses interstitielles Geschehen möglich. DD: Hypoventilation bei Atemmuskel-Affektion |
| – Sjögren-Syndrom | + | selten diffuse interstitielle Lungenerkrankung. Trockener Reizhusten bei Schleimdrüsen-Atrophie |
| *Pulmonale Vaskulitis* | ++ | pulmonale Manifestationen von Wegener-Granulomatose, Churg Strauss-Syndrom, Panarteriitis nodosa, Hypersensitivitätsangiitis |
| *Erkrankungen der Leber* | + | Chronisch aktive Hepatitis, primär biliäre Zirrhose |
| *Erkrankungen des Darmes* | + | Morbus Whipple, Colitis ulcerosa, Morbus Crohn |

**Tabelle 4.7.** Bronchoalveoläre Lavage bei interstitiellen Lungenerkrankungen

| |
|---|
| *Normalbefund:* Lymphozyten <10%, Granulozyten <3%, Eosinophile <1%: Rest Alveolarmakrophagen. (Der Normalbefund schließt aktive Erkrankungen weitgehend aus; z. B. sicherer Ausschluß einer aktiven Sarkoidose, Ausschluß einer exogen-allergischen Alveolitis) |
| *Erhöhung der Granulozyten:* Idiopathische Lungenfibrose, Sklerodermie |
| *Erhöhung der Lymphozyten:* Sarkoidose, Pneumokoniosen, exogen-allergische Alveolitis |
| *Erhöhung von Lymphozyten und Granulozyten:* Pulmonale Manifestationen von Kollagenosen und Vaskulitiden; exogen-allergische Alveolitis nach frischer Antigenexposition; ca. 10% der idiopathischen Lungenfibrosen; chronische Sarkoidose. (Bei chronischen Manifestationen wird die Anwesenheit von Granulozyten als Indikator einer Fibroseneigung gewertet) |
| *Differentialdiagnostik der Lymphozytensubpopulation bei Lymphozytose der Lavage:*<br>*Normalbefund:* T4/T8 ca. 1,7<br>*T4/T8 >6,0* (T4 >80% der Lymphozyten): typisch für Sarkoidose<br>*T4/T8 erniedrigt:* exogen-allergische Alveolitis; einige Pneumokoniosen; stark erniedrigt bei Aids<br>*OKT6 + erhöht:* Histiozytosis X |

entzündlichen Sekundärmechanismen unterdrückt werden können. Bei begrenztem strukturellen Umbau der Lunge (z. B. Typ Distorsion, Typ rein interstitielle Bindegewebsvermehrung) ist dann ein Rückgang des Bindegewebsgehaltes möglich. Bei weitgehend vollzogenem strukturellen Umbau der Lunge (Typ Bienenwabenlunge) sind die Veränderungen nicht reversibel.

**Pathophysiologie und Klinik.** Restriktives Syndrom, erhöhte Atemfrequenz und – zunächst milde – arterielle Hypoxie stehen im Vordergrund. Letztere wird häufig von einer $pCO_2$-Erniedrigung aufgrund kompensatorischer Hyperventilation begleitet und ist unter körperlicher Belastung akzentuiert. Im späteren Verlauf dominieren schwere arterielle Hypoxie und $pCO_2$-Anstieg trotz Hyperventilation. Die Ursache besteht im wesentlichen in V-Q-Verteilungsstörungen, sowie Diffusionsstörungen durch das entzündliche-fibrosierende Geschehen. Der Patient empfindet Dyspnoe, ein trockener Reizhusten kann auftreten. Abhängig von dem Auslöser kann sich darüber hinaus ein mäßiges obstruktives Syndrom unter besonderer Beteiligung der kleinen Atemwege finden. Pulmonale Hypertension mit Rechtsherzbelastung sind Spätfolgen. Konsequenzen mangelnder Sauerstoffversorgung vitaler Organe (myokardiale und/oder zerebraler Hypoxie) können in den Vordergrund treten, Anorexie und Gewichtsverlust sich einstellen.

**Diagnostik.** Auskultatorisches Knisterrasseln sowie ggf. Zyanose, Trommelschlegelfinger und Zeichen der Rechtsherzbelastung kennzeichnen die körperliche Untersuchung. Die Lungenaufnahme zeigt eine interstitielle Zeichnungsvermehrung mit diffus retikulärem, nodulärem oder retikulonodulärem Muster, wobei einzelne Erkrankungen Besonderheiten aufweisen können. Im Spätstadium kann ein Bienenwabenmuster als Ausdruck narbig retrahierter Bezirke mit zwischenliegenden zystisch erweiterten Lufträumen auftreten. Die Lungenfunktionsprüfung ergibt ein restriktives Syndrom, der CO-Transfer-Faktor ist erniedrigt. Polyzythämie besteht selten. Zur Beurteilung der inflammatorischen Aktivität der interstitiellen Erkrankungen werden Gallium-67-Szintigraphie und Lavage (Tabelle 4.7) herangezogen. Das Ausmaß der Zellveränderungen spiegelt den Aktivitätszustand wieder, das Muster der Zellveränderungen erlaubt eine Eingrenzung der möglichen Diagnosen. In den meisten Fällen verlangt die Diagnosestellung jedoch eine Biopsie (transbronchial oder offen).

**Therapie und Prognose.** Soweit möglich, muß ein kausales Agens entfernt werden (z. B. Expositionprophylaxe bei exogen allergischer Alveolitis). Bei interstitiellen Erkrankungen im Rahmen einer Autoimmunerkrankung steht das Behandlungskonzept dieser Grunderkrankung im Vordergrund. Darüber hinaus stellen Glukokortikoide aufgrund ihrer antiphlogistischen und antiproliferativen Wirkung in den meisten Fällen das Mittel erster Wahl dar; bei bereits ausgeprägter Fibrosierung ohne augenblickliche inflammatorische Aktivität kann jedoch kein Effekt mehr erwartet werden. Bei Versagen der Kortikoidtherapie und Progredienz des Krankheitsbildes finden Kombinationen der Glukokorticoide mit Immunsuppressiva (Azathioprin oder Zyklophosphamid) oder mit D-Penizillamin Verwendung. Von den Immunsuppressiva wird eine Hemmung des „Nachschubs" inflammatorisch kompetenter Zellen erwartet, von dem D-Penizillamin eine Hemmung der Kollagenbildung. Bronchodilatatoren (bei begleitender Bronchokonstriktion), Sauerstoffapplikation (bei ausgeprägter Hypoxie) und Therapie des sekundären Rechtsherzversagens sind symptomatische Maßnahmen. Die Prognose wird bestimmt durch die Ätiologie, den Aktivitätsgrad, das Ansprechen auf Kortikoide und das Ausmaß der bereits abgelaufenen strukturellen Umbauprozesse. Bei nicht beeinflußbarer Progredienz mit zunehmender Fibrosierung beträgt die Lebenserwartung in der Regel nicht mehr als 4–5 Jahre.

**Als interstitielle Lungenerkrankungen werden chronisch inflammatorische Erkrankungen des Lungenparenchyms zusammengefaßt. Die Ätiologie ist weit gestreut, in vielen Fällen entwickeln sich Fibrosierung und struktureller Umbau der Alveolarsepten. Klinisch führend sind restriktives Syndrom, Gasaustauschstörung und Entwicklung einer Rechtsherzbelastung.**

### 4.5.2 Exogen-allergische Alveolitis

**Definition.** Es handelt sich um interstitielle Lungenerkrankungen durch (repetitive) Inhalation organischer Antigene bei Sensibilisierung (Synonym: Hypersensitivitätspneumonitis).

**Pathogenese.** Auslöser des inflammatorischen Geschehens ist eine Immunkomplexreaktion (Arthus Typ III) verbunden mit zellvermittelter Hypersensitivität (Typ IV). Interstitiell finden sich Plasmazellen, Lymphozyten, Eosinophile, Neutrophile sowie nicht verkäsende Granulome. Repetitive Exposition kann protrahierte Fibrosierung, verbunden mit strukturellem Umbau, zur Folge haben. Allergene sind bakterielle Produkte [z.B. von thermophilen Aktinomyzeten aus schimmeligem Heu (Farmerlunge) oder Luftbefeuchteranlagen], Pilzsporen, tierische Proteine [z.B. aus Vogelexkrementen (Vogelzüchterlunge)], Insektenprodukte, pflanzliche Partikel sowie synthetische chemische Substanzen (z.B. Isozyanate).

**Klinischer Befund, Diagnose und Therapie.** Typisch ist ein grippeähnliches Bild 6–8 h (extrem: 4–24 h) nach Antigenexposition: Fieber, Schüttelfrost, Kopfschmerzen, Gliederschmerzen sowie allgemeines Krankheitsgefühl. Trockener Husten, Druckgefühl über der Brust und Dyspnoe können sich einstellen. Dieser ***akuten Form*** steht eine ***subakute Form*** gegenüber, die (bei prolongierter Antigenexposition) einen über Wochen schleichenden Verlauf nimmt. Bei der ***chronischen Form*** (häufig bei langfristiger Exposition gegenüber relativ niedriger Allergendosen) steht die allmähliche Entwicklung einer interstitiellen Erkrankung mit Reizhusten, Belastungsdyspnoe und schließlich Ruhedyspnoe im Vordergrund. ***Diagnostisch*** entscheidend sind eine akribische Anamnese, Untersuchungs- und radiologischer Befund eines interstitiellen Geschehens, der Nachweis allergospezifischer IgE-Antikörper im Serum (die jedoch auch falsch-negative und falsch-positive Resultate ergeben können) sowie Zellveränderungen in der bronchoalveolären Lavage (Tabelle 4.7). Hauttestungen mit dem vermuteten Antigen sowie ein inhalativer Provokationstest sind von begrenzter Aussagekraft. Leukozytose (ohne Eosinophilie), beschleunigte BKS, Anstieg des C-reaktiven Proteins und Erhöhung der Serumimmunglobuline sind allgemeine Entzündungsparameter. ***Therapeutisch*** ist die Vermeidung der Antigenexposition entscheidend. Bei der akuten bzw. subakuten Form soll eine 1- bis 2-wöchige Glukokortikoidtherapie die entzündliche Symptomatik rascher zum Abklingen bringen. Bei der chronischen Form dient ein „Kortikoidversuch" dazu, den Anteil akut entzündlicher (reversibler) Veränderungen von dem Anteil der Veränderungen, der durch chronische Umbauprozesse bedingt ist, abzugrenzen. Bei nachgewiesener beruflicher Exposition erfolgt Anerkennung als Berufserkrankung.

**Die exogen-allergische Alveolitis umfaßt akute, subakute und chronische Formen einer interstitiellen Lungenerkrankung. Sie wird durch wiederholte Inhalation organischer Antigene bei sensibilisierten Personen induziert. Entscheidende Therapiemaßnahme ist die Expositionsprophylaxe.**

### 4.5.3 Sarkoidose (Morbus Besnier-Boeck-Schaumann)

**Definition.** Die Sarkoidose ist eine chronische Erkrankung unbekannter Ätiologie, die durch Granulombildung in zahlreichen Organen gekennzeichnet ist. Dominierend ist meist die Lungenbeteiligung mit Hiluslymphknotenschwellung, interstitieller Granulombildung und (selten) fibrotischem Endstadium.

**Pathogenese.** Das Manifestationsalter liegt meist zwischen 20 und 40 Jahren, beide Geschlechter sind betroffen. Im Parenchym der Lunge finden sich nicht-verkäsende epitheloidzellige Granulome unter besonderer Beteiligung von T-Helfer-Lymphozyten, mit Langhans-Riesenzellen (Typ Distorsion). Die Granulome können sich spontan (oder unter Therapie) rückbilden, für län-

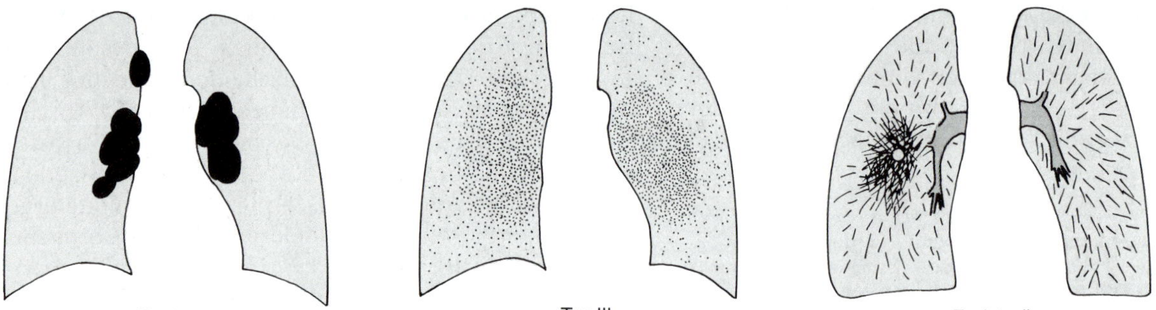


**Abb. 4.3.** Radiologische Lungenveränderungen bei Sarkoidose. *Typ I* ist gekennzeichnet durch bihiläre Adenopathie (symmetrisch vergrößerte, polyzyklische zentrale Lymphknoten). Auch mediastinale Lymphknoten sind häufig vergrößert. Beim *Typ II* (nicht dargestellt) kommt eine retikulonoduläre interstitielle Zeichnungsvermehrung hinzu. Bei *Typ III* besteht nur noch diese Zeichnungsvermehrung ohne bihiläre Adenopathie. Diese Typen können sich nacheinander entwickeln, müssen aber nicht zwangsläufig einen stadienhaften Verlauf nehmen. Das *Endstadium* ist durch Fibrosierung des Parenchyms, Narbenbezirke (selten mit Schwielenkavernen) und pulmonale Hypertonie (prominente, dann rasch sich verjüngende Pulmonalis-Gefäße) gekennzeichnet. (Nach Lange 1986)

gere Zeit persistieren oder Narbenbildung mit Entwicklung einer Fibrose zur Folge haben.

**Klinischer Befund und Diagnose.** Eine ***asymptomatische*** pulmonale Sarkoidose wird zufällig oder bei Sarkoidosebefall anderer Organe radiologisch entdeckt (Abb. 4.3). Das ***Heerfordt-Syndrom*** ist durch Fieber, Parotisschwellung, Uveitis und Parese des N. facialis (basale Meningitis) gekennzeichnet. Bei der ***chronischen Form*** der Sarkoidose entwickelt sich die pulmonale Beteiligung über Monate und Jahre. Die Lungenfunktionsprüfung zeigt bei zunehmender Parenchymbeteiligung bzw. Fibrosierung ein restriktives Syndrom, der arterielle $pO_2$ fällt, besonders unter Belastung, ab. Das Zellmuster in der Lavage (T-Helfer-Lymphozyten; s. Tabelle 4.7) trägt wesentlich zur Diagnose bei. Im Blut finden sich Lymphozytopenie, erhöhte BKS, erhöhte $\gamma$-Globuline und manchmal leichte Eosinophilie und Hyperkalzämie. Zwei Drittel der Patienten weisen erhöhte zirkulierende Spiegel an Angiotensin-Converting-Enzym auf (aus Zellumbau der Lunge), typisch ist ein negativer Tuberkulintest. Bei eindeutigem klinischen, radiologischen und Lavagebefund kann auf eine Lungenbiopsie zur Diagnosesicherung verzichtet werden.

**Therapie und Prognose.** Im akuten Stadium besteht eine Spontanremissionsrate von >80%, nur bei 15–20% bleibt die Erkrankung chronisch oder remittierend aktiv, 5–10% der Patienten sterben an den Folgen progressiver Lungenfibrosierung. Folglich wird im akuten Stadium unter Analgetikagabe zunächst abgewartet, bei fehlender Rückbildung innerhalb von Wochen oder beginnender Einschränkung der Lungenfunktion erfolgt eine Therapie mit Glukokortikoiden. Extrapulmonale Manifestationen (z. B. Hirnnervenbeteiligung) können unabhängige (zwingende) Indikationen zur Kortikoidgabe darstellen.

**Die Sarkoidose ist eine systemische granulomatöse inflammatorische Erkrankung unbekannter Ätiologie mit Dominanz der Lungenbeteiligung. Es besteht eine hohe Spontanremissionsrate, jedoch können sich Lungenfibrose und Gerüstumbau entwickeln.**

### 4.5.4 Idiopathische Lungenfibrose

Bei akutem Verlauf spricht man auch von ***kryptogener fibrosierender Alveolitis*** oder ***Hammon-Rich-Syndrom.*** Die Ätiologie ist unbekannt. Histologisch finden sich DIP (häufig zu Beginn) und UIP (im späteren Verlauf). Krankheitsbeginn ist meist das mittlere Lebensalter bei familiär gehäuftem Auftreten. Der Verlauf kann akut, intermittierend mit wiederholten Exazerbationen sowie chronisch-progredient sein. Zur Lavage s. Tabelle 4.7. Trotz Therapieversuchen (Glukokortikoide, Immunsuppressiva) endet die Erkrankung in der Regel innerhalb weniger Jahre letal.

## FALL 4 A

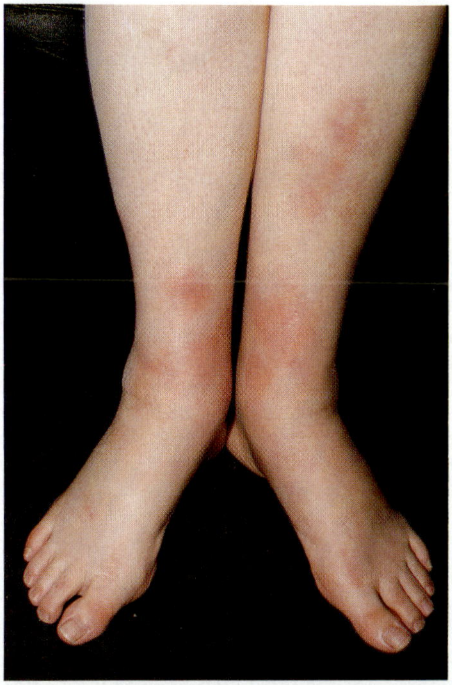

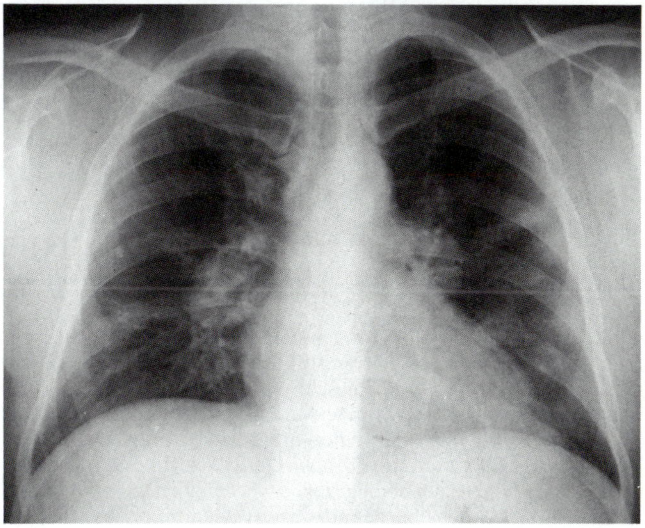

**Abb. 4 A.** Erythema nodosum beider Unterschenkel *(links)*. Röntgen-Thorax: Bihiläre Lymphknotenverdickung, weiche konfluierende Verdichtungen als Ausdruck alveolärer Beteiligung in beiden Mittelfeldern *(rechts)*

**Anamnese.** 32jähriger Mann, der seit ca. 1 Woche intermittierend Fieber bis 38,5 °C hat, seit 5 Tagen diffuse Gelenkbeschwerden, vermehrter Hustenreiz, seit 3 Tagen zunehmende schmerzhafte prätibiale Schwellung rechts.

**Befunde.** Erythema nodosum, schmerzhafte Einschränkung der Beweglichkeit mehrerer großer Gelenke. BKS (34/65) und zirkulierendes Angiotensin-Converting-Enzyme (105 IU/ml; normal bis 55 IU/ml) sind erhöht. Die Lungenfunktion zeigt eine leicht- bis mittelgradige Erniedrigung des CO-Transfer-Faktors, der arterielle $pO_2$ ist im unteren Normbereich. In der bronchoalveolären Lavage Erhöhung der T-Helfer-Lymphozyten auf 52%.

**Diagnose.** Sarkoidose mit Löfgren-Syndrom (Erythema nodosum, bihiläre Adenopathie, Arthralgien, Fieber). Lungenbeteiligung mit bihilärer Lymphknotenverdickung und – ausnahmsweise – alveolärer Infiltration beidseits.

**Therapie und Verlauf.** Kortikosteroide (aufgrund der Lungenparenchymbeteiligung) über mehrere Wochen führen zu kompletter Remission

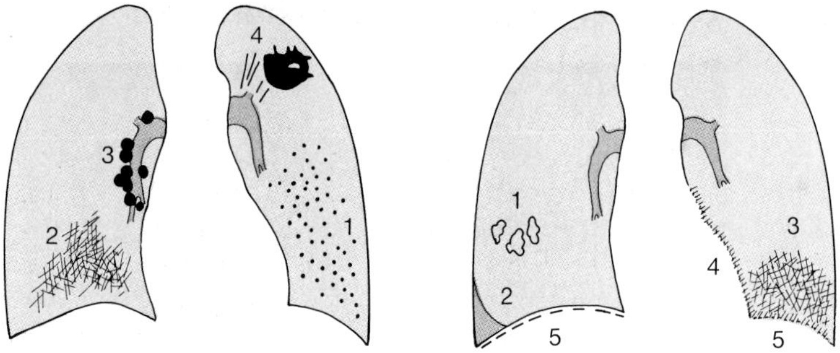


**Abb. 4.4.** Radiologische Veränderungen bei Silikose *(links)* und Asbestose *(rechts)*.
Silikose: Typische Veränderungen sind eine nodöse Fibrose (grobknotige Granulomatose, *1*), eine diffuse retikuläre Fibrose (*2*, mit Bienenwabenmuster in fortgeschrittenem Stadium), eine Eierschalensilikose (schalenförmige Verkalkung vergrößerter Hiluslymphknoten, *3*) sowie eine progressive massive Fibrose (großflächige Fibrosierung, PMF, *4*). Durch Schrumpfung kann der betreffende Hilus nach oben gezogen werden, benachbarte Parenchymbezirke können überdehnt werden („vikariierendes" Emphysem), durch Nekrosen können in der PMF-Region Kavernen entstehen.
Asbestose: Typische Veränderungen sind Pleuraplaques (bis handtellergroße Pleurafibrosen, können „girlandenförmig" verkalken, *1*), rezidivierende Pleuraergüsse *(2)*, basal betonte Lungenfibrose (Entwicklung eines Bienenwabenmusters möglich, *3*), Zottenherz (zackenkranzartige Fibrosierung des dem Perikard anliegenden Pleurablattes, daher unscharfe Herzkontur, *4*) und unscharfe Zwerchfellkontur (basale Pleurafibrose oder -schwarte, *5*). (Nach Lange 1986)

## 4.6 Pneumokoniosen: Erkrankungen durch Umgebungseinfluß

### 4.6.1 Anorganische Pneumokoniosen

**Definition.** Dies sind Lungenerkrankungen durch langjährige Inhalation von Mineralstäuben mit konsekutivem Gerüstumbau.

**Übersicht.** Teilchen zwischen 0,1 und 3 μm sind alveolargängig. Mineralische Inhaltsstoffe, die inflammatorische Reaktionen und progredienten Gerüstumbau hervorrufen ***(progrediente Pneumokoniosen)*** sind Quarz ($SiO_2$; Silikose, Mischstaubsilikose) und metallische Kieselsäureverbindungen (Silikatosen, in erster Linie Asbestose). „Benigne" Pneumokoniosen sind durch Einlagerung weitgehend inerter Stäube gekennzeichnet. Den progredienten Pneumokoniosen ist gemeinsam, daß sich nach Jahren oder Jahrzehnten, abhängig von der akkumulierten Staubmenge, fibrotische Umbauprozesse einstellen, die auch nach Beendigung der Exposition fortschreiten und zu einem ***restriktiven Syndrom*** führen. Klinisch stehen in späteren Stadien Reizhusten sowie respiratorische Partialinsuffizienz, Belastungs- und Ruhedyspnoe im Vordergrund. Obstruktive Veränderungen können sich sekundär, bei ausgeprägten Umbauprozessen mit Verziehung der Atemwege, einstellen. Eine chronische Bronchitis, auch mit rezidivierender Bronchopneumonie, entwickelt sich besonders bei gleichzeitigem inhalativem Rauchen. Terminal dominieren respiratorische Globalinsuffizienz und chronische Rechtsherzbelastung. Die radiologischen Veränderungen werden nach einer sehr detaillierten „International-Labor-Organization"-Klassifikation (ILO) charakterisiert. Radiologische Auffälligkeiten und restriktive Einschränkung müssen jedoch nicht streng parallel gehen. Entscheidend für die Diagnose ist neben der funktionellen Einschränkung und den radiologischen Veränderungen eine detaillierte Berufs- bzw. Umgebungsanamnese. Laborchemische Untersuchungen tragen zur Diagnostik nicht bei. Eine kausale Behandlung existiert nicht, entscheidend sind berufliche Schutzmaßnahmen und Vermeidung weiterer Exposition. Progrediente Pneumokoniosen sind meldepflichtige Berufserkrankungen.

**Silikose.** $SiO_2$-Exposition erfolgt bei Arbeiten mit Sandstein, Granit, in Bergbau und Porzellanindustrie. Primäre Affektionen sind diffus verteilte Granulome, nach Jahren kommen typische weitere radiologische Manifestationen hinzu (Abb. 4.4). Eine Sonderform ist die ***akute Silikose,*** die sich nach massiver Exposition, z. B. bei Sandstrahlarbeiten, innerhalb von Monaten in Form profuser miliärer Infiltrationen mit proteinreichem alveolären Exsudat manifestiert; der Verlauf kann rasch letal sein. Das ***Caplan-Syndrom*** beschreibt das Auftreten multipler Lungenrundherde (PMF in Abb. 4.4) bei Patienten mit Quarzexposition und gleichzeitiger seropositiver rheumatoider Arthritis (immunologische Triggerung des Geschehens?). Patienten mit Silikose weisen ein deutlich erhöhtes Risiko der Entwicklung einer Tuberkulose auf (Silikotuberkulose), ggf. ist eine präventive tuberkulostatische Chemotherapie bei Silikose und positivem Tuberkulintest zu erwägen.

**Mischstaubsilikose.** Dies ist eine progrediente Pneumokoniose durch Einatmung von Quarzstaub in Verbindung mit anderen Stäuben, vorzugsweise mit Kohle ***(Anthrakosilikose).*** Die Beurteilung entspricht der Silikose.

**Silikatose – Asbestose.** Exposition gegenüber Asbestfasern (industriell weit verbreitet) kann nach >10 Jahren diffuse interstitielle Fibrosierung, Pleuraverdickungen und Kalzifikationen (s. Abb. 4.4) und die Entwicklung von Karzinomen zur Folge haben. Plattenepithel- und Adenokarzinome der Lunge sowie Pleura- (seltener Peritoneal-)Mesotheliome entwickeln sich häufig erst nach 30–35 Jahren. Asbestkörperchen (mit Ferritineiweißgel eingekapselte Fasern) lassen sich in der Lavage nachweisen.

**Weitere anorganische Pneumokoniosen.** „Benigne" Pneumokoniosen beruhen auf der Lungenspeicherung nicht quarzhaltiger anorganischer Stäube, die keine wesentliche Fibrosetendenz induzieren. Beispiele sind Anthrakose (Kohlenstaub) und Siderose (Eisenoxid). Berylliuminhalation kann dagegen eine ***granulomatöse*** (sarkoidoseähnliche) interstitielle Lungenerkrankung induzieren. Auch Aluminium-, Talkum- und Hartmetallinhalation kann pulmonale Fibrosierung zur Folge haben. In Zweifelsfällen müssen „benigne" von progredienten Pneumokoniosen durch histologische Untersuchung abgegrenzt werden.

**Die progredienten anorganischen Pneumokoniosen (Silikose, Asbestose) induzieren im Verlauf von Jahren bis Jahrzehnten chronisch-fibrotische Umbauprozesse der Lunge. Es resultiert ein restriktives Syndrom, im Spätstadium kann sich eine chronische pulmonale Hypertonie entwickeln. Asbestexposition induziert darüber hinaus Pleuraverkalkungen und Pleuramesotheliom.**

### 4.6.2 Lungenschäden durch giftige Gase und Dämpfe

Inhalation zahlreicher ***Gase*** oder ***Dämpfe*** (Ozon, Nitrosegase, Schwefeldioxid, Phosgen, Ammoniak, Formaldehyd, Chlorgase) sowie ***Rauchinhalation*** (insbesondere bei Verbrennung synthetischer Materialien) kann initial eine ***Atemwegsreizung*** mit Bronchokonstriktion, nach Latenz (wenige Stunden bis 2 Tage) ein ***„toxisches" Lungenödem*** induzieren. Ein solches kann auch nach ausgeprägter Inhalation von Haarspray, Lederspray oder Lösungsvermittlern (Kohlenwasserstoffe) auftreten. Therapeutisch finden neben symptomatischen Maßnahmen inhalative und systemische Kortikoide Anwendung. Bei massiver und bei chronischer Exposition kann sich eine interstitielle Lungenerkrankung entwickeln (s. Tabellen 4.5 und 4.6).

## 4.7 Obstruktive Erkrankungen der Atemwege

### 4.7.1 Asthma bronchiale

**Definition.** Episodische (reversible) Verengung der Atemwege durch Bronchokonstriktion, Schleimhautödem und Dyskrinie. Zugrunde liegen Übererregbarkeit und Entzündung des Bronchialsystems.

**Prävalenz.** Ca. 5% der Erwachsenen und ca. 7–10% der Kinder leiden, zumindest gelegentlich, an Asthma bronchiale. Eine unspezifische Hyperreagibilität der Atemwege findet sich, mit steigender Tendenz, bei ca. 11% der Erwachsenen. Asthma kommt in allen Altersstufen vor, bevorzugt jedoch bei Kindern und Jugendlichen. Eine hereditäre Komponente ist gegeben, jedoch überwiegen Umweltfaktoren. Die Asthmamortalität ist gering (ca. 0.5–3 pro 100 000 Einwohner), hat jedoch trotz Fortschritten in der antiasthmatischen Therapie nicht abgenommen.

**Pathogenese** (Abb. 4.5). Zwei Aspekte bestimmen gegenwärtig die Überlegungen zur Pathogenese: ***Hyperreagibilität*** der Atemwege besagt, daß eine generell erhöhte Empfindlichkeit gegenüber verschiedenen bronchokonstriktorischen Stimuli besteht; diese läßt sich durch inhalative Provokation (auch im Intervall)

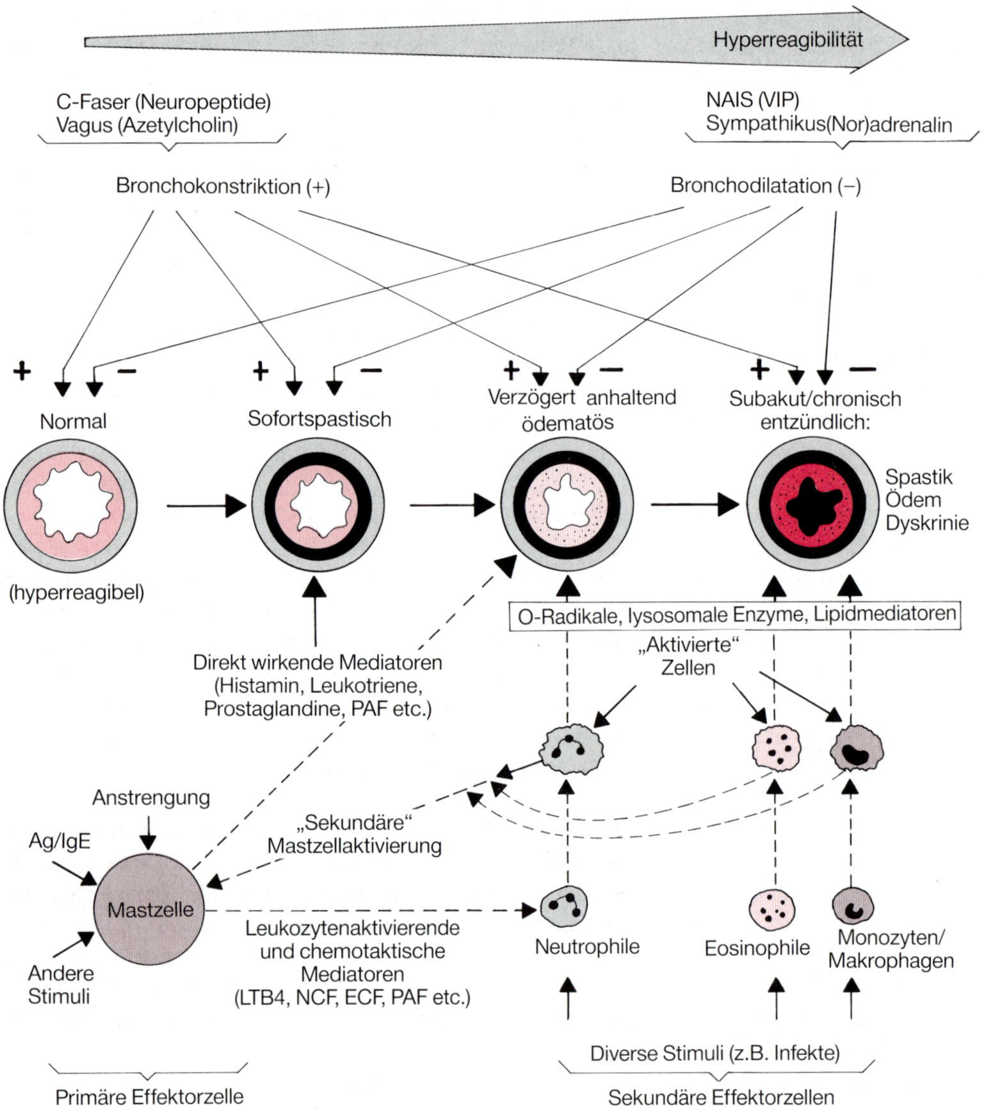


**Abb. 4.5.** Übersicht gegenwärtiger Vorstellungen zur Pathobiochemie des Asthma bronchiale. Als inflammatorisch kompetente Zellen sind Mastzellen der Atemwege (primäre Effektorzellen) und Leukozyten (neutrophile und eosinophile Granulozyten, Monozyten / Makrophagen; sekundäre Effektorzellen) beteiligt. Diese beeinflussen sich gegenseitig und setzen Mediatoren frei, die das Geschehen in der Bronchialwand auslösen. Initial steht eine Bronchokonstriktion im Vordergrund, sekundär treten Ödembildung und Dyskrinie auf. Bronchodilatative nervale Stimuli (bzw. ihre Neurotransmitter) werden bei zunehmender Inflammation der Atemwege zunehmend weniger wirksam. Bronchokonstriktorische nervale Stimuli werden lokal aktiviert (Axonreflexe) und setzen ihre Neurotransmitter frei. Die vorbestehende Hyperreaktivität der Atemwege nimmt bei persistierendem Entzündungsgeschehen weiter zu. *Ag/IgE:* Antigen-IgE-vermittelte Mastzellstimulation; *LTB 4:* Leukotrien B 4; *NCF:* neutrophil-chemotaktische Faktoren; *ECF:* eosinophil-chemotaktischer Faktor; *PAF:* plättchenaktivierender Faktor; *O-Radikale:* Sauerstoffradikale; *NAIS:* nicht-adrenerges inhibitorisches System; *VIP:* vasoaktives intestinales Peptid. Lipidmediatoren umfassen Leukotriene, Prostaglandine und PAF. (Nach Holgate u. Kay 1985)

dokumentieren (z. B. Histamin, Metacholininhalation; s. Kap. 3). ***Atemwegsentzündung*** betont die ursächliche Bedeutung chronischer inflammatorischer Prozesse der Bronchialschleimhaut. Verschiedene Auslöser werden unterschieden:

- *Allergene.* Inhalierte (selten oral aufgenommene) Antigene interagieren mit spezifisch IgE-beladenen pulmonalen Mastzellen, die dann degranulieren (Typ-I-Überempfindlichkeit, häufig bei jugendlichen Atopikern mit weiteren Äquivalenten einer allergischen Disposition, z. B. Urtikaria, Rhinitis, Ekzem). Die Allergene sind weitgestreut [z. B. Pollen (saisonales Asthma), tierische Proteine wie Haare, Hausstaubmilbenantigene]. Bei inhalativer Provokation mit dem entsprechenden Allergen läßt sich eine akute Bronchokonstriktion (Mastzelldegranulation) reproduzieren, die in ca. 30–50% nach einem Intervall von 2–8 h von einer zweiten („späten") Reaktion gefolgt wird (Inflammation).
- *Pharmakologische Stimuli.* Am bekanntesten ist die Azetylsalizylatsensitivität, die sich als Rhinitis, Konjunktivitis und Bronchokonstriktion äußern kann und

auch bei anderen nonsteroidalen Antiphlogistika auftritt. $\beta$-Rezeptoren-Blocker bewirken bei Asthmatikern regelmäßig eine Erhöhung des Bronchialtonus durch Hemmung der $\beta$-Rezeptor-vermittelten Bronchodilatation.

- *Luftverschmutzung.* Ozon, Nitrosegase und Schwefeldioxid erhöhen die Atemwegsreagibilität. Bei Inversionswetterlagen (Smog) können bedrohliche Konzentrationen dieser Gase auftreten, es kann jedoch auch zu einer „Konzentrierung" von Allergenen kommen.
- *Arbeitsplatzfaktoren.* Hierher gehören arbeitsplatzassoziierte Allergene (z. B. Isozyanate), Schleimhautirritanzien (z. B. Metallsalze, Chlorgase) und Substanzen, die möglicherweise direkt Bronchokonstriktoren freisetzen.
- *Infektionen.* Atemwegsinfektionen, besonders durch Viren, stellen die quantitativ dominierenden Auslöser bei Erwachsenen dar (RS-, Influenza-, Parainfluenza-, Rhinoviren).
- *Körperliche Belastung.* Bei oder nach körperlicher Belastung kann eine akute Bronchokonstriktion auftreten, die in der Regel schnell reversibel ist. Begünstigend wirken kalte, trockene Luft und hohe Belastungsintensität.
- *Emotionale Faktoren* sind als alleinige Auslöser unwahrscheinlich, können jedoch bei gegebener Disposition Bedeutung erlangen.

**Klinischer Befund.** Der akut erhöhte Atemwegswiderstand bewirkt ein obstruktives Syndrom (s. 4.1.1). Klinisch imponiert die Trias aus Dyspnoe, Husten und auskultatorischem Giemen. Die Ausatemphase ist verlängert, Atemhilfsmuskeln werden zur Überwindung des exspiratorisch akzentuierten Atemwegswiderstandes benutzt. Glasig-zäher Schleim kann produziert werden. Die Röntgenaufnahme des Thorax zeigt eine Hyperinflation (Zwerchfelltiefstand). Der arterielle $pO_2$ ist meist leicht erniedrigt (Verteilungsstörung bei inhomogener Bronchokonstriktion), der $pCO_2$ ist als Ausdruck der angstinduzierten Hyperventilation ebenfalls erniedrigt. Bei massiver Bronchokonstriktion kann trotz extremen Atemantriebs die Ventilation unzureichend werden, der $pCO_2$ steigt dann an, der Patient gerät in eine lebensbedrohliche Situation. In dieser Phase wird das Giemen leiser, nicht weil die Bronchokonstriktion nachläßt, sondern weil der Luftstrom zur „Geräuschbildung" nicht mehr ausreicht. Durch Sympathikotonus bestehen Schweißneigung und Tachykardie, das EKG kann eine (reversible) Rechtsherzbelastung zeigen. Kommt es nicht spontan oder durch therapeutische Maßnahmen innerhalb von 24 h zu einem Rückgang der Symptomatik, so besteht ein sog. ***Status asthmaticus.***

Eine Lavage ist beim klassischen Asthma-„Anfall" nicht durchführbar. Im Blut können Eosinophilie und erhöhtes IgE auftreten, ohne spezifisch zu sein. Nachweis allergospezifischer Antikörper (RAST), Haut-Testungen mit Allergenen und inhalative Provokation (mit Allergenen oder unspezifisch mit Metacholin oder Histamin) dienen im Intervall der Erfassung eines allergischen Auslösers bzw. dem Nachweis einer unspezifischen bronchialen Hyperreaktivität. In besonderen Fällen wird eine arbeitsplatzbezogene inhalative Provokation vor Ort oder im Labor durchgeführt.

Differentialdiagnostisch muß das ***Asthma cardiale*** abgegrenzt werden. Bronchospasmen können bei der ***chronisch obstruktiven Bronchitis,*** bei ***rezidivierenden Lungenembolien,*** bei eosinophilen Pneumonien (s. Tabelle 4.6) und beim **Karzinoidsyndrom** auftreten. Wird zwischen einzelnen Asthmaanfällen ein beschwerdefreier Zustand mit normalen Werten der Lungenfunktion nicht mehr erreicht, so liegt ein chronisch persistierendes Asthma vor, dessen Übergang zur chronisch-obstruktiven Bronchitis fließend ist.

**Therapie und Prognose.** Stufentherapie des Asthmaanfalls und prophylaktische Intervalltherapie sind in Tabelle 4.8 wiedergegeben. 50–80% der Asthma-Patienten haben, z. T. unter chronischer Therapie, ohne Einschränkung der Lebenserwartung eine gute Prognose. Eine chronisch fixierte Atemwegsobstruktion mit Übergang in eine chronische Bronchitis kann sich jedoch entwickeln.

**Dem Asthma bronchiale liegt eine episodisch auftretende Verengung der Atemwege durch Bronchokonstriktion, Schleimhautödem und Dyskrinie zugrunde. Auslöser sind Allergene, Atemwegsinfekte, körperliche Belastung, pharmakologische Stimuli, Luftverschmutzung, Arbeitsplatzfaktoren sowie ggf. emotionale Faktoren.**

**Tabelle 4.8.** Therapie des Asthma bronchiale: Stufenplan. Auf die Kardinalsymptome des Asthma sind folgende Substanzen wirksam: Bronchospasmus: $\beta$-Mimetika, Methylxanthine, Anticholinergika, Relaxationsnarkose; Inflammation: Steroide und „Mastzellstabilisatoren"; Dyskrinie: Flüssigkeitszufuhr (?), Mukolytika (?); $\beta$-Mimetika und Methylxanthine indirekt über gesteigerten mukoziliären Transport; Steroide indirekt über antiphlogistische Wirkung

| Akuter Anfall | Chronische Therapie/Prophylaxe |
|---|---|
| – $\beta_2$-Mimetika – Aerosol | – Allergenkarenz (falls relevant und möglich) |
| – topisch wirksame Anticholinergika – Aerosol | – Vermeidung von irritativen Umgebungseinflüssen |
| – Steroide mit hoher topischer Potenz – Aerosol | – Antibiotika bei gesichertem bakteriellen Atemwegsinfekt |
| – Methylxanthine – oral | – Hyposensibilisierung/Desaktivierung[b] |
| – Sauerstoff via Nasensonde | – $\beta_2$-Mimetika – Aerosol |
| – Kontrollierte Flüssigkeitszufuhr | – topisch wirksame Anticholinergika – Aerosol |
| – Methylxanthine i. v. | – Kombinationen |
| – $\beta_2$-Mimetika s. c., i. v. | – Steroide mit hoher topischer Potenz – Aerosol |
| – Steroide hochdosiert i. v. | – Methylxanthine – oral |
| – Antibiotika/Sedativa[a] | – „Mastzellstabilisatoren" (Chromoglykat, Ketotifen, Nedocromil-Na) |
| – Mukolytika | – Orale Steroide |
| – Intubation, Beatmung mit Relaxationsnarkose | |
| – Therapeutische Bronchiallavage | |

[a] Eine vorsichtige Sedation (z. B. mit Promethazin) kann bei überängstlichen/agitierten Patienten, die eine Hyperventilation aufweisen, hilfreich sein ($pCO_2$-Kontrolle!). Vorsicht bei zunehmender respiratorischer Insuffizienz! Antibiotika sind bei Verdacht auf bakteriellen Infekt als Auslöser bereits vor Kenntnis des Keimes indiziert.

[b] Bei bekannten Allergenen findet eine *Hyposensibilisierung* Anwendung, deren therapeutischer Nutzen jedoch umstritten ist. Unter der Hypothese der Induktion „blockierender" IgG-Antikörper (alternativ: Induktion von Suppressorzellen?) werden kleine, steigende Allergenmengen über Wochen/Monate/Jahre s. c. zugeführt. Vorsicht bei anaphylaktischen Zwischenfällen! Bei Analgetikaasthma und Notwendigkeit der Zufuhr dieser Medikamente (z. B. rheumatische Erkrankungen) kann durch regelmäßige orale Zufuhr eine *Desaktivierung* des non-allergischen Auslösemechanismus erreicht werden.

### 4.7.2 Chronische Bronchitis, Emphysem und chronisch obstruktive Lungenerkrankung (COPD)

**Definition.** Chronische Bronchitis ist definiert als persistierende Entzündung des Tracheobronchialbaumes, die über mindestens je 3 Monate in 2 aufeinanderfolgenden Jahren mit Husten und Auswurf (mukös oder purulent) verbunden ist. Emphysem ist definiert als Erweiterung der Lufträume distal der terminalen Bronchiolen, verursacht durch Destruktion und Rarefizierung von Alveolarsepten. Chronisch obstruktive Lungenerkrankung (COPD) ist definiert als Atemwegsobstruktion verursacht durch chronische Bronchitis und/oder Emphysem. Chronische Bronchitis und Emphysem sind formal klar zu trennen, kommen aber häufig gemeinsam vor.

**Prävalenz.** Ca. 20% der erwachsenen Männer leiden an chronischer Bronchitis, aber nur ein kleinerer Teil von ihnen wird dadurch gesundheitlich wesentlich beeinträchtigt. COPD und Emphysem nehmen ab dem 5. Lebensjahrzehnt erheblich zu, Männer sind deutlich mehr betroffen als Frauen (Rauchen!). Zwei Drittel aller Männer weisen im 7. Lebensjahrzehnt Zeichen eines Emphysems auf.

**Pathogenese.** Rauchen begünstigt über Schleimhautirritation und Lähmung des Zilientransports Atemwegsinfektionen und chronische Entzündungen. Nitrosegase und $SO_2$ der Umgebungsluft sowie inhalative Irritanzien des Arbeitsplatzes stellen weitere Risikofaktoren dar. Eine Hypertrophie der schleimproduzierenden Zellen, Bronchialwandödem und chronische Infiltration mit inflammatorischen Zellen treten auf. Zu der Atemwegseinengung tragen intraluminale Schleimpfröpfe, Kontraktion der „chronisch irritierten" Bronchialmuskeln und Instabilität der kleinen Atemwege durch entzündliche Umbauprozesse bei. Diese Instabilität bewirkt einen Kollaps während der Exspiration (besonders der forcierten Ausatmung), wenn der die Atemwege „aufspannende" pleurale Unterdruck kleiner wird oder gar ein pleuraler Überdruck erzeugt wird. Entzündliche Prozesse bewirken eine Rarefikation der Alveolarsepten, bevorzugt in der Nähe des zuführenden Bronchiolus.

Dadurch entsteht ein ***zentroazinäres Emphysem*** (bronchiolostenotisches Emphysem, obstruktives Emphysem). Kommt es zu einer gleichmäßig verteilten Rarefikation aller Alveolarsepten, spricht man von einem ***panazinären Emphysem.*** Die elastischen Rückstellkräfte der Lunge nehmen ab, ein Atemwegskollaps bei Exspiration wird begünstigt.

**Pathophysiologie und klinischer Befund.** Im Spektrum zwischen prädominantem Emphysem und prädominanter Bronchitis gibt es alle Übergänge, jedoch lassen sich zwei prägnante „Typen" beschreiben. Bei ***prädominantem Emphysem (obstruktives Lungenemphysem,*** sog. ***„pink puffer")*** zeigt die Lungenfunktion eine vermehrte Dehnbarkeit der Lunge, eine Zunahme der Lungenvolumina sowie Kollaps kleiner Atemwege bei forcierter Exspiration (s. Abb. 4.1). Durch Verminderung der Diffusionsfläche (CO-Transfer-Faktor) und Verteilungsstörung besteht eine ausgeprägte Gasaustauschstörung. Diese wird, von der Terminalphase abgesehen, kompensiert durch eine erheblich gesteigerte Gesamtventilation mit Tachypnoe, die Pink puffer „kämpfen" um den Erhalt normaler Blutgaswerte. Folglich ist der arterielle $pO_2$ nur mäßig erniedrigt, der $pCO_2$ ist nicht erhöht. Der Preis ist eine permanente Atemanstrengung, verbunden mit Dyspnoe und häufig Gewichtsabnahme. Eine „Lippenbremse" wird oft beobachtet (Ausatmung gegen fast geschlossene Lippen, um den intrabronchialen Druck zu erhöhen und einem Kollaps der Bronchien bei der Exspiration vorzubeugen). Die Untersuchung ergibt hypersonoren Klopfschall und möglicherweise Rasselgeräusche als Ausdruck einer begleitenden Bronchitis. Radiologisch imponieren Faßthorax, Zwerchfelltiefstand und vermehrte Strahlentransparenz. Da keine arterielle Hypoxie vorliegt, fehlen Zyanose und sekundäre Polyglobulie, eine wesentliche pulmonale Hypertonie entwickelt sich trotz Rarefikation des Gefäßbettes in der Regel nicht. Atemwegsinfekte mit mukopurulentem Sputum können bei diesen Patienten rasch eine schwerste Dyspnoe zur Folge haben.

Bei ***prädominanter Bronchitis (chronisch obstruktive Bronchitis,*** sog. ***„blue bloater")*** zeigt die Lungenfunktion ein obstruktives Syndrom. ***Chronische Bronchiolitis*** kennzeichnet den bevorzugten Befall kleiner Atemwege. Durch Inhomogenitäten der Ventilation ist der Gasaustausch gestört, jedoch kommt es *nicht* zu einer kompensatorischen Hyperventilation: im Gegensatz zum Pink puffer „kämpft" der Blue bloater nicht. Der Gewinn dieses unterschiedlichen Verhaltens des Atemzentrums besteht in dem weitgehenden Fehlen einer Dyspnoesymptomatik, der Preis sind arterielle Hypoxie und Hyperkapnie ($pO_2$ meist >60 mmHg, $pCO_2$ meist >50 mmHg). Die Hypoxie bewirkt eine sekundäre Polyglobulie, beides zusammen äußert sich als deutliche Zyanose. Die hypoxisch getriggerte Vasokonstriktion hat die Entwicklung einer pulmonalen Hypertonie zur Folge, Zeichen der chronischen Rechtsherzbelastung treten auf. Die Patienten imponieren plethorisch, oft übergewichtig, oft indolent. Mukopurulente Sputumproduktion ist die Regel, auskultatorisch finden sich grobblasige Rasselgeräusche und deutliches Giemen. Radiologisch imponiert eine peribronchitische Zeichnungsvermehrung als Ausdruck chronischer Atemwegsentzündung.

**Therapie und Prognose.** Beendigung des Rauchens und eine Vermeidung irritativer Umgebungseinflüsse sind essentiell. Zur Vermeidung infektgetriggerter Exazerbationen finden Pneumokokken- und Grippeimpfung Anwendung, jeder beginnende bakterielle Atemwegsinfekt muß unverzüglich antibiotisch behandelt werden. Bei deutlicher Bronchokonstriktion sollte eine kontinuierliche bronchodilatatorische Therapie erfolgen ($\beta_2$-Mimetika, Methylxanthine; s. Tabelle 4.8). Bei Sputumeosinophilie, die eine Hyperreagibilität der Atemwege signalisiert, ist versuchsweise die Applikation von Steroiden gerechtfertigt. Physikalische Maßnahmen zur bronchopulmonalen Drainage und ausreichende Flüssigkeitszufuhr, um eine Eindickung des Atemwegssekretes zu vermeiden, sind angebracht. Mukolytika können aus dieser Indikation ebenfalls gegeben werden. Bei deutlicher arterieller Hypoxie mit Entwicklung einer Rechtsherzbelastung muß $O_2$ kontinuierlich transnasal oder transtracheal zugeführt werden. Da bei Blue bloatern aufgrund der Gewöhnung an chronisch erhöhtes $pCO_2$ das $pO_2$-Sensing entscheidender Regulator der Atemtätigkeit sein kann, muß initial eine engmaschige Kontrolle der Blutgase erfolgen, um einen $pCO_2$-Anstieg mit $CO_2$-Narkose zu vermeiden. Bei deutlich erhöhten Hämatokritwerten (>55%) sind wiederholte Aderlässe zur Senkung der Blutviskosität indiziert. Bei akuter Dekompensation, die durch die genannten Maßnahmen nicht beherrschbar ist, besteht eine Indikation zur künstlichen Beatmung, wenn die Hoffnung auf eine partielle Reversibilität der respiratorischen Insuffizienz berechtigt ist (z. B. durch Sanierung eines akuten Infektes).

Die ***Prognose*** der COPD hängt eng mit der bereits bestehenden Atemwegsobstruktion zusammen: Bei Abfall des $FEV_1$ (s. Abb. 4.1) auf <25% der Norm und chronisch deutlich erhöhtem $pCO_2$ liegt die Fünfjahresüberlebensrate unter 35%.

**Der chronisch obstruktiven Lungenerkrankung (COPD) kann prädominant eine chronische Bronchitis mit Instabilität der Atemwege (Typus Blue bloater) oder ein (zentroazinäres) Emphysem mit Verlust der „radialen Aufspannung" der kleinen Bronchien (Typus Pink puffer) zugrunde liegen. Klinisch dominiert eine chronische Atemwegsobstruktion, die durch vermehrte Atemanstrengung kompensiert (Pink puffer) oder nicht kompensiert (Blue bloater) wird. Inhalatives Rauchen und Atemwegsinfekt induzieren bzw. perpetuieren das Geschehen.**

### 4.7.3 Sonderformen des Emphysems

Bei homozygotem ***$\alpha_1$-Antitrypsinmangel*** (fehlende $\alpha_1$-Zacke in der Elektrophorese) entwickelt sich bereits ab dem 30. Lebensjahr ein panazinäres Emphysem. Zugrunde liegt ein reduzierter Schutz gegen Proteasen aus Granulozyten und/oder Makrophagen. Früh genug erkannt, besteht die Möglichkeit der regelmäßigen intravenösen Zufuhr von $\alpha_1$-Antitrypsin, um die tödliche Progredienz aufzuhalten. Der Begriff ***Narbenemphysem*** besagt, daß bei schrumpfenden Prozessen das perifokale Parenchym gedehnt wird (auch vikariierendes Emphysem genannt). Ein ***bullöses Emphysem*** besteht, wenn einzelne lufthaltige Höhlen mit >1 cm Durchmesser vorhanden sind. Beim ***paraseptalen Emphysem*** handelt es sich um subpleural gelegene Blasen, die familiär gehäuft auftreten können und klinisch keine wesentlichen Beschwerden verursachen. Allerdings kommt es bei den beiden letzten Emphysemformen zu dem gehäuften Auftreten eines ***Spontanpneumothorax.***

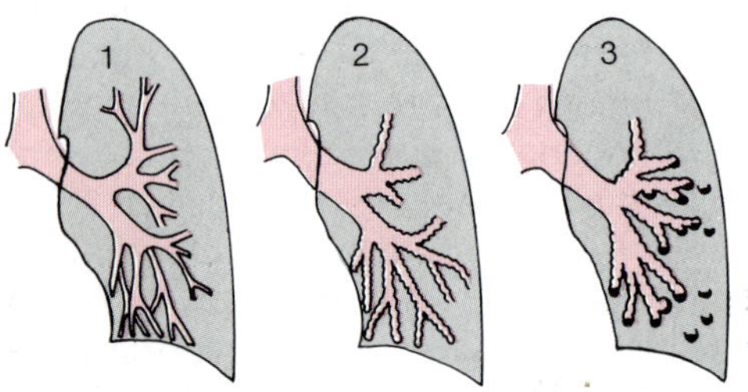


**Abb. 4.6.** Verschiedene Formen der Bronchiektasen. Zylindrische Bronchiektasen *(1)* bestehen aus zylindrisch aufgeweiteten Bronchien der 6.–10. Teilungsgeneration; sie enden z.T. abrupt an Schleimpfröpfen. Sakkiforme Bronchiektasen *(3)* bestehen, wenn Bronchien mittlerer Größe in sackförmig aufgetriebenen Hohlräumen enden. Variköse Bronchiektasen *(2)* stellen eine Zwischenform dar. Die diagnostische Darstellung gelingt selten mit der Nativröntgenaufnahme, häufig mit CT, immer mit Bronchographie (Methode der Wahl bei therapeutischen Konsequenzen, wie z.B. Operation). (Nach Lange 1986)

### 4.7.4 Bronchiektasen, Mukoviszidose und Trachealstenose

***Bronchiektasen*** (Abb. 4.6) entstehen durch nekrotisierende Entzündungsvorgänge bei bronchialen Infekten (bevorzugt in der Kindheit), hereditäre Faktoren sind selten. Klinisch imponieren neben den allgemeinen Zeichen der chronischen Bronchitis Husten mit viel Auswurf (maulvolle Expektoration eines Bronchiektaseninhaltes, der geschichtet sein kann), Foetor ex ore und die Neigung zu rezidivierenden Pneumonien. Lebensbedrohliche Hämoptysen können auftreten. Pyämien, Trommelschlegelfinger und Amyloidose sind Sekundärfolgen. Innerhalb der COPD-Therapie kommt der raschen und möglichst gezielten Antibiotika-Therapie bei bakterieller Infektion (purulenter Auswurf) und der physikalischen Therapie (Lagerungsdrainage) besondere Bedeutung zu. Umschriebene Bronchiektasen, deren Infektneigung nicht beherrschbar ist, können eine Operationsindikation darstellen.

Bei der ***Mukoviszidose*** wird die Lebenserwartung in erster Linie durch die pulmonale Symptomatik bestimmt; aufgrund verbesserter physikalischer/antibiotischer Therapie im Kindesalter erreichen immer mehr Erkrankte das 20. Lebensjahr. Eine erhöhte ***Bronchialschleimviskosität*** ist Auslöser von chronischer Bronchiolitis, Bronchitis, Bronchiektasenbildung und peribronchialer Inflammation. Bakterielle Superinfektionen sind unvermeidlich; die meisten Erkrankten erleiden eine nicht kurierbare Besiedelung der Bronchien mit Pseudomonas aeruginosa. Obstruktives Syndrom (mit restriktiver Komponente durch fibrösen Parenchymumbau), schwere Gasaustauschstörung und Entwicklung einer pulmonalen Hypertonie sind Folgen. Hämoptysen und Pneumothorax können auftreten, das finale Stadium wird durch zunehmendes Rechtsherzversagen bestimmt. Unter den therapeutischen Maßnahmen kommen der Physiotherapie (täglich Inhalationstherapie, Lagerungsdrainagen und Thoraxperkussion) und der antibiotischen Behandlung besondere Bedeutung zu. Bei Entwicklung einer pulmonalen Hypertonie ist die Langzeit-$O_2$-Therapie induziert. Möglicherweise zeichnet sich die Lungentransplantation als zukünftige Therapie zur Verbesserung der ansonsten infausten Prognose ab.

***Trachealstenosen*** können auftreten durch Kompression von außen (z.B. Struma), durch endotracheale Tumoren sowie durch erworbene Strikturen (nach Tracheaverletzung, Langzeitintubation oder Tracheotomie). Liegt die Behinderung extrathorakal, so resultiert ein vorwiegend inspiratorischer Stridor. Bei intrathorakaler Lage resultiert aus der allgemeinen Atemwegskompression bei der Ausatmung eine bevorzugt exspiratorische Strömungsbehinderung. Bei der ***Tracheomalazie*** besteht durch Erweichung der Knorpelringe (Entzündung, chronischer Druck) eine Instabilität der Trachea mit Kollaps und z.T. gravierender Behinderung der Atmung, insbesondere bei forcierter Inspiration (extrathorakaler Anteil der Trachea) oder forcierter Exspiration (intrathorakaler Anteil). Ebenso kann eine beidseitige ***Parese des N. recurrens*** mit fehlender Weitstellung der Stimmlippen während der Einatmung einen inspiratorischen Stridor erzeugen.

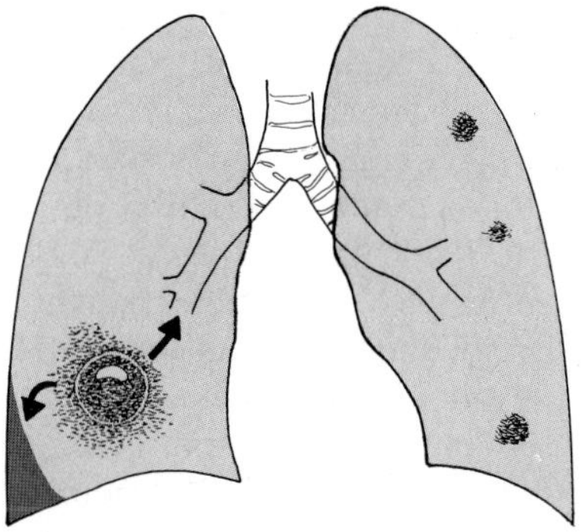

**Abb. 4.7.** Lungenabszesse. Innerhalb eines großen pneumonischen Infiltrates (linke Lunge) besteht ein homogener Bezirk durch Gewebseinschmelzung. Nach Anschluß an einen „Drainagebronchus" wird eitriges Matèrial abgehustet (*Pfeil* nach zentral), im Abszeßareal entsteht ein Luft-Flüssigkeits-Spiegel. Dabei können jedoch auch gravierende Hämoptysen auftreten. Durch das ausgebreitete Entzündungsgeschehen kann eine Begleitpleuritis mit (nicht-eitrigem) Pleuraerguß auftreten. Bei Durchbruch des Abszeßinhaltes in die Pleurahöhle (*Pfeil* nach distal) entsteht ein Pleuraempyem oder gar, bei gleichzeitigem Abschluß an einen Bronchus, ein Pyopneumothorax. Bei multiplen, verteilten unscharfen Infiltraten, mit und ohne Abszeßspiegel, besteht der Verdacht auf septische Emboli (rechte Lunge). Abszeßhöhle und Spiegelbildung sind häufig nur auf Schichtaufnahmen nachweisbar. (Nach Lange 1986)

## 4.8 Akute Bronchitis, Pneumonie und Lungenabszeß

### 4.8.1 Bronchitis, Pneumonie

Infektiöse akute Bronchitiden und Pneumonien werden in Kap. 19 und 20 behandelt. Eine besondere Konstellation ist die ***Aspirationspneumonie.*** Sie tritt bei Patienten mit eingeschränktem Bewußtsein (Trunkenheit, Intoxikation), neurologischen Störungen des Schluckvorganges und Ösophagusveränderungen (Stenosen, Divertikel, Fisteln zur Trachea) auf. Dabei können Mageninhalt oder oropharyngealer Inhalt aspiriert werden. Es resultiert eine Irritation des Lungenparenchyms (Salzsäure!), oft begleitet von einer bakteriellen Infektion, wobei „aspirierte" Anaerobier Bedeutung haben können. Radiologisch zeigen sich entzündliche Infiltrate, verbunden mit Atelektasen bzw. Dystelektasen, besonders rechts basal (Aspiration im Stehen) oder in den dorsalen Partien der Lunge (Aspiration im Liegen). Es entwickeln sich Fieber, Husten, Brustschmerzen (begleitende Pleuritis) und Auswurf (schleimig, eitrig, faulig oder auch blutig). Gasaustauschsstörung, Dyspnoe und mögliche Beatmungspflichtigkeit hängen von der Größe des betroffenen Areals ab. Die Diagnose ergibt sich aus Anamnese und Qualität des aus der Lunge abgesaugten Materials, ggf. kann ein pH-Teststreifen dessen Salzsäuregehalt dokumentieren. Therapeutisch steht initial ein möglichst weitgehendes Absaugen des aspirierten Materials (z.B. bronchoskopisch) im Vordergrund. Bei Verdacht auf bakterielle Infektion sollten Antibiotika mit Anaerobierwirksamkeit Verwendung finden. Symptomatische Maßnahmen sind nasale $O_2$-Zufuhr, Physiotherapie (Abhusten, Atemübungen, Klopfmassagen, Inhalation vernebelter NaCl-Lösung) sowie Beatmung mit positiv endexspiratorischem Druck (PEEP) bei schwerer Dyspnoe. Akute Folgen einer schweren Aspiration können pneumogene Sepsis (Lunge als Sepsisherd) und die Entwicklung eines Abszesses sein. Bei chronisch rezidivierender Aspiration kann sich eine interstitielle Fibrose entwickeln.

### 4.8.2 Lungenabszeß

Dieser ist definiert als nekrotisches Areal der Lunge mit eitrigem Inhalt (Abb. 4.7). Er kann postpneumonisch, nach Aspiration, nach Lungenembolie mit Infarkt, distal einer Bronchusstenose (Tumor, Fremdkörper) oder auf dem Boden von Bronchiektasen auftreten. Staphylokokken, Klebsiellen, Enterobacteriaceae und insbesondere Anaerobier sind die wichtigsten Verursacher. ***Pyämische Abszesse*** entstehen durch septische Emboli, deren Quelle eine infizierte Thrombophlebitis (z. B. bei Venenkatheter, bei Fixern), Rechtsherzendokarditis (z. B. bei Fixern), oder verschiedentlich lokalisierte eitrige Abszesse (z. B. im Abdominalbereich; infizierte Zähne als Streuquelle von Anaerobiern!) sein können. Gesonderte Entitäten sind nekrotische Einschmelzungen bei Tuberkulose, Pilzbefall oder Amöbiasis der Lunge (häufig als „Kavernen" bezeichnet). Klinisch imponieren Fieber, Sputumproduktion (eitrig, fötid oder blutig), Gewichtsverlust bei Verlauf über Wochen, systemische Entzündungszeichen und ggf. Gasaustausch-Störung. Für die Therapie mit Antibiotika ist der Keimnachweis essentiell und muß ggf. mittels Bronchoskopie oder transthorakaler Biopsie von Abszeßmaterial angestrebt werden. Septische Foki müssen saniert werden. Physiotherapeutische Maßnahmen sind wichtig. Nach Sanierung eines Abszesses bleibt eine Narbe oder eine Resthöhle zurück. Bei antibiotisch nicht beherrschbarem Geschehen kommen transthorakale Drainage des Abszesses oder die chirurgische Resektion des Lungenbezirkes in Betracht.

## 4.9 Primär zirkulatorische Erkrankungen der Lunge

### 4.9.1 Thromboembolie

**Definition.** Bei der ***akuten Thromboembolie*** kommt es zur Einschwemmung von thrombotischem Material in das pulmonale Gefäßbett mit akuten Folgen für die Zirkulation und den Gasaustausch.

**Pathophysiologie und klinischer Befund.** Auslöser ist die mechanische Verlegung eines wesentlichen Anteils des Gefäßquerschnitts der Lunge. Auffällig ist jedoch, daß die 50%-Verlegung bereits mit massiver Symptomatik verbunden ist, während die rechte oder linke Pulmonalarterie ohne gravierende hämodynamische Folgen unterbunden werden kann. Neben der ***mechanischen Komponente*** ist folglich die Freisetzung ***vasokonstriktiver Mediatoren*** aus dem Thrombus selbst oder aus dem „stimulierten" pulmonalen Gefäßbett an der Widerstandserhöhung beteiligt. Das an niedrige Drücke adaptierte rechte Herz kann auf diese ***akute „afterload"-Belastung*** nur begrenzt mit Kontraktilitätssteigerung reagieren, es dilatiert, und Zeichen der Rechtsherzinsuffizienz treten auf (hoher zentralvenöser Druck, evtl. sekundäre Trikuspidalinsuffizienz). Das linke Herz kann nur das Volumen auswerfen, das ihm vom rechten Herzen angeboten wird, das Herzzeitvolumen fällt ab. Wenn dies durch periphere Vasokonstriktion nicht mehr kompensiert wird, kommt es zum Blutdruckabfall mit Übergang in einen ***zirkulatorischen Schock.*** Intrapulmonal bewirkt die Verlegung eines wesentlichen Perfusionsgebietes eine sprunghafte Zunahme der Totraumventilation. Unter erhöhtem pulmonalarteriellen Druck muß sich das Blut neue Perfusionswege suchen, die wegen schlechterer Ventilation bislang weitgehend ausgeschaltet waren. Insgesamt entsteht eine deutliche ***V-Q-Verteilungsstörung,*** der arterielle $pO_2$ fällt ab. Der $pCO_2$ ist trotz der Totraumerhöhung aufgrund erheblicher Ventilationssteigerung meist ebenfalls erniedrigt. Die Hyperventilation geschieht in Form einer auffälligen ***Tachypnoe,*** für deren Auslösung eine Reflexschleife zwischen Dehnungsrezeptoren der Lunge und Atemzentrum verantwortlich zu sein scheint. Es besteht Sympathikotonus mit Tachykardie und Schweißneigung. Intrapulmonale Folgen, die erst im späteren Verlauf auftreten (>12 h), sind Infiltration des embolisierten Areals, Atelektasenbildung, Infarkt und begleitende Pleuritis mit Pleuraerguß. Zugrunde liegen Mikrozirkulationsstörungen im embolisierten und im partiell wiedereröffneten Strombahngebiet. Blutaustritt im betroffenen Gefäßgebiet ist häufig, folglich können ***Hämoptysen*** auftreten. Bei Patienten mit hyperreagiblen Atemwegen können diese Veränderungen eine lokale Bronchospastik hervorrufen. Eine Infarzierung, d. h. Nekrose eines Parenchymareals, tritt besonders bei peripheren Gefäßbahnverlegungen und bei vorbestehender Linksherzinsuffizienz auf.

**Diagnose, Therapie und Prognose.** Initial imponiert plötzliche Dyspnoe; zirkulatorische Einschränkung bis hin zu einer Synkope kann auftreten. Brustschmerzen (vermutlich über rechtsventrikuläre Ischämie oder Distension der A. pulmonalis) können auftreten. Es finden sich eine Tachykardie, ein lauter (evtl. verspäteter) Pulmonalisverschlußton, evtl. Zeichen des Rechtsherzversagen. Klinisch kann eine tiefe Venenthrombose evident sein. Nach mehr als 12 h können Pleurareibeschmerz und -erguß (in geringem Prozentsatz blutig),

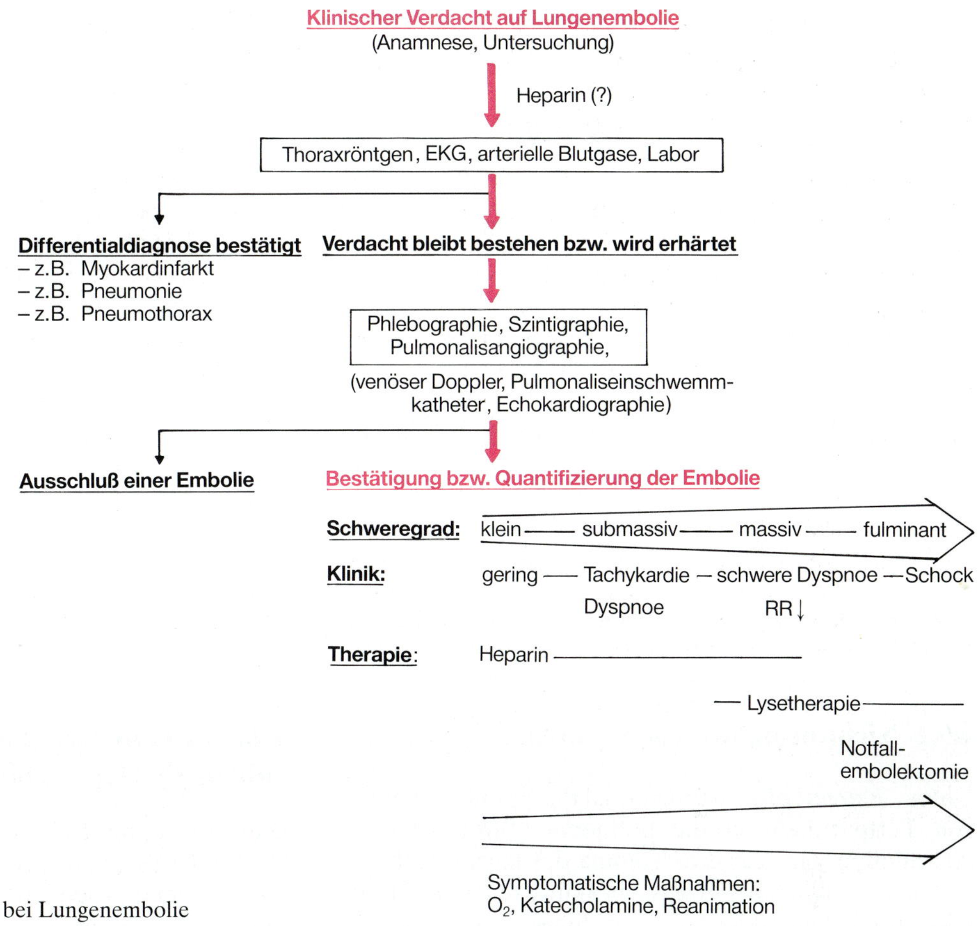


**Abb. 4.8.** Diagnostik und Therapie bei Lungenembolie

Hämoptoe sowie Fieber in den Vordergrund treten. Die Diagnose kann sich aus dem klinischen Bild bereits zwingend ergeben, kann aber auch bildgebende Verfahren verlangen (Abb. 4.8 und 4.9).

Die Therapie hängt vom Schweregrad ab (s. Abb. 4.8). Bei fulminanter Embolie besteht eine Letalität von >70%, submassive Embolien verlaufen dagegen in aller Regel nicht letal. Entscheidend für die Prognose sind rasche Diagnose und schneller Therapiebeginn. Bei drohender erneuter Embolisation, z.B. bei flottierendem (nichtwandadhärenten) Thrombus in der V. cava oder Material in Beckenvenen, kann die transvenöse Implantation eines Cavaschirmes unterhalb der Nierenvenen indiziert sein. Auch ohne therapeutische Lyse bilden sich die meisten Emboli im pulmonalen Strombahngebiet wieder zurück (Spontanlyse). In wenigen Fällen erfolgt jedoch eine narbige Organisation, bei rezidivierender Embolisation kann sich hierüber ein ***chronisches Cor pulmonale*** entwickeln. Postembolieinfiltrate und Pleuraerguß werden vollständig resorbiert, Infarkte heilen als Narbe oder – selten – als Kaverne ab. Für die Langzeitprognose ist die Rezidivprophylaxe tiefer Venenthrombosen entscheidend.

**Bei der akuten Thromboembolie kommt es zu einer Einschwemmung von thrombotischem Material in das pulmonale Gefäßbett mit der Folge einer akuten, inhomogenen Widerstandserhöhung im kleinen Kreislauf. Konsequenzen stromaufwärts (Afterloadbelastung des rechten Herzens, evtl. Rechtsherzinsuffizienz), stromabwärts (systemische Minderperfusion, Blutdruckabfall), intrapulmonal (Gasaustauschstörung, später Infiltration, Atelektasenbildung, Infarkt) und zentral (Reflextachypnoe, Sympathikusaktivierung) prägen das klinische Bild. Rezidivierende (nicht spontan oder therapeutisch lysierte) Embolien können die Entwicklung einer pulmonalen Hypertonie zur Folge haben.**

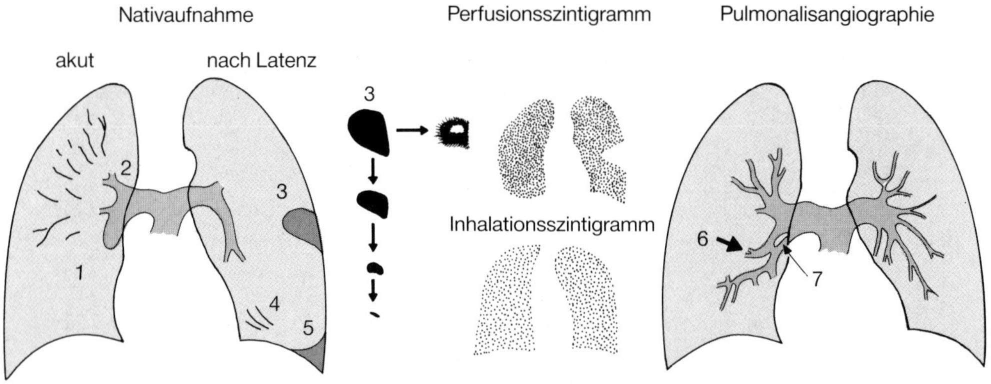


**Abb. 4.9.** Bildgebende Verfahren bei der Lungenembolie. Die Nativröntgenaufnahme im akuten Stadium kann eine Rarefizierung der Gefäßzeichnung im embolisierten Areal andeuten (*1*, sog. Westermark-Zeichen). Es kann ein Kalibersprung der Hilusgefäße auftreten *(2)*. Beide Zeichen sind unzuverlässig, typischerweise bleibt die Nativaufnahme bei akuter Embolie ohne Aussage. Nach >12 h Latenz treten Infiltrate auf (*3*, alveoläres Ödem, mit und ohne Austritt von Erythrozyten), die typischerweise Kontakt zur Pleura haben und innerhalb von Tagen völlig resorbiert werden („schmelzender Eisblock"). Alternativ kann sich – als Ausdruckes eines Infarktes – eine Einschmelzung entwickeln, möglicherweise eine sekundäre Pneumonie. Plattenatelektasen *(4)* und Begleiterguß *(5)* treten ebenfalls nach Latenz auf. Ein Perfusionsszintigramm mit keilförmigem Perfusionsausfall kann die Diagnose weitgehend sichern, wenn das Ventilationsszintigramm unauffällig ist und so gravierende Atemwegsveränderungen ausschließt. Referenzmethode ist die Pulmonalisangiographie (auch über eine periphere Vene mit DSA-Technik möglich), die Gefäßabbrüche *(6)* oder zentrale intravasale Füllungsdefekte *(7)* direkt dokumentiert. (Nach Lange 1986)

### 4.9.2 Nichtthrombotische Embolie

Unter ***„Fettembolie"*** wurde initial die Einschwemmung von Fettpartikeln in die pulmonale Strombahn im Anschluß an ein schweres Trauma der langen Röhrenknochen verstanden; Folge ist ein akutes respiratorisches Distreßsyndrom (ARDS). Neurologische Veränderungen und Petechienbildung bei Thrombozytopenie werden begleitend gefunden. Die Fettpartikel scheinen jedoch nicht nur aus dem Knochenmark zu stammen und nicht allein für die Mikrozirkulationsveränderungen verantwortlich zu sein. Eine Zuordnung zu der allgemeiner definierten ***posttraumatischen pulmonalen Insuffizienz,*** einer Variante des ARDS, ist gerechtfertigt. ***Embolisation mit Amnionflüssigkeit*** kann unter der Geburt auftreten und eine Obstruktion des Gefäßbettes bis hin zu einer akuten Schocksymptomatik bewirken. Wird diese Initialphase überlebt, steht in der Regel die Entwicklung einer disseminierten intravasalen Gerinnung, wiederum mit Ausbildung eines ARDS, im Vordergrund. Eine ***Luftembolie*** entsteht bei Übertritt freier Luft in das venöse System (z. B. über großlumige Katheter bei niedrigem zentralvenösen Druck); sie kann tödlich verlaufen.

### 4.9.3 Primäre (idiopathische) pulmonale Hypertonie

Diese ist definiert als extreme Blutdrucksteigerung im kleinen Kreislauf, die sich bevorzugt bei jüngeren Frauen bei primär gesundem Herzen ohne Erkrankung des Lungenparenchyms und der Atemwege und in Abwesenheit von thromboembolischen Ereignissen entwickelt. Die Ätiologie ist unbekannt. Eine ähnliche Erkrankung wurde um 1970 durch den Appetitzügler Aminorex und vor einigen Jahren durch gepanschtes Olivenöl in Spanien ausgelöst. Es findet sich eine plexiforme Arteriopathie, insbesondere der kleinen Pulmonalarterien, mit Muskelhypertrophie, Intimahyperplasie und Intimafibrose. Es resultiert eine, zunächst bei Vasodilatanziengabe partiell reversible Widerstandserhöhung des kleinen Kreislaufes, mit schließlich extremen pulmonalarteriellen Drücken (>80 mmHg) und allen Zeichen eines ***chronischen Cor pulmonale.*** Der Tod erfolgt innerhalb weniger Jahre an Rechtsherzversagen, ein Therapieversuch mit Vasodilatanzien ist gerechtfertigt.

## FALL 4B

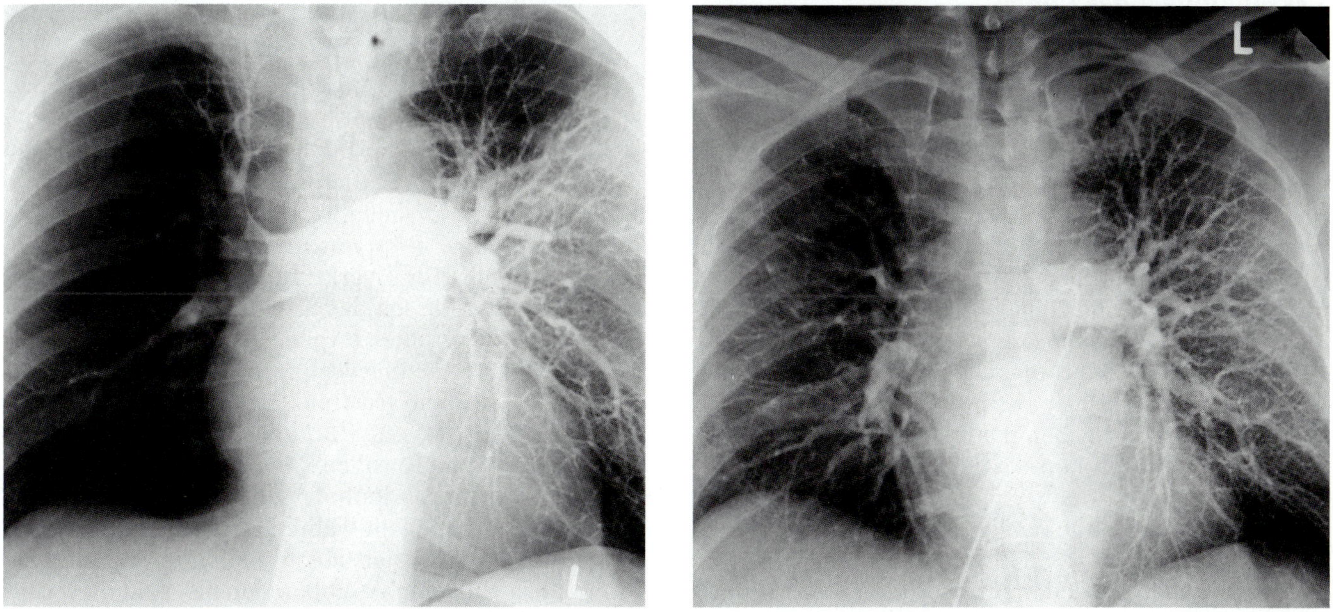


**Abb. 4 B.** Angiographie mit weitgehendem Perfusionsausfall der rechten Lunge und geringen linksseitigen Ausfällen *(links)*; deutlich verbesserte Perfusion nach 2 Tagen Therapie *(rechts)*

**Anamnese.** Die 33jährige Frau war aufgrund eines grippalen Infektes seit 5 Tagen bettlägerig. Am Vortag bemerkte sie eine Schwellung des rechten Beins. Jetzt notfallmäßige Aufnahme mit akuter massiver Dyspnoe. Risikofaktoren: Zigarettenrauchen, hormonelle Kontrazeption.

**Befunde.** Schwere Dyspnoe, Tachypnoe (Atemfrequenz 45/min), Zyanose, Tachykardie (135/min), erniedrigter systemischer Blutdruck (85/55 mmHg), deutliche Halsvenenstauung. Arterieller $pO_2$ 52 mmHg, arterieller $pCO_2$ 26 mmHg. Im EKG deutliche Rechtsherzbelastung (Steiltyp, $S_IQ_{III}$-Phänomen, inkompletter Rechtsschenkelblock, p dextrocardiale). Im Röntgenthorax lediglich angedeutete Zeichnungsverminderung rechts. Echokardiographisch Dilatation des rechten Herzens, geringe Trikuspidalinsuffizienz, Verdacht auf pulmonalarterielle Hypertonie. Phlebographisch tiefe Bein-Beckenvenen-Thrombose rechts, V. cava inferior frei. Angiographischer Befund s. Abbildung; der über den Angiographiekatheter gemessene pulmonalarterielle Druck ist mit 48/28/37 mmHg deutlich erhöht.

**Diagnose.** Akute massive Lungenembolie bei tiefer Venenthrombose.

**Therapie und Verlauf.** Akut symptomatische Maßnahmen ($O_2$ über Nasensonde, vorübergehende Dobutamininfusion). Hochdosisstreptokinasetherapie über 48 h. Weitgehender Rückgang der Symptomatik und des angiographischen Befundes. Wegen verbliebener Emboli Fortführung der Streptokinasetherapie über weitere 24 h. Anschließend Antikoagulation mit Heparin.

### 4.9.4 Chronisches Cor pulmonale bei Erkrankungen der Lunge

Chronisch progressive Widerstandserhöhung des pulmonalen Gefäßbettes kann sich entwickeln:

- Bei chronischer Druck- oder Volumenbelastung der pulmonalen Strombahn aufgrund kardialer Erkrankung,
- bei primär vaskulären Erkrankungen (z.B. rezidivierende Thromboembolien, primäre pulmonale Hypertonie, verschiedene Vaskulitiden der Lunge). Verantwortlich sind Gefäßobstruktion und chronisch-entzündliche Umbauprozesse;
- bei interstitiellen Erkrankungen der Lunge, die die Gefäße in das primär extravasale inflammatorische Geschehen einbeziehen. Darüber hinaus kann einer hypoxischen Vasokonstriktion Bedeutung zukommen;
- bei Atemwegserkrankungen mit obstruktivem Syndrom oder Hypoventilationen aufgrund zentraler (z.B. Schlafapnoe) oder peripherer (z.B. neuromuskuläre Störungen, extreme Kyphoskoliose) Störung. Auslöser dieses Geschehens ist die hypoxische Vasokonstriktion, die bei chronischem Bestehen eine Mediahypertrophie mittlerer pulmonalarterieller Gefäße und eine De-novo-Muskularisation kleinster pulmonalarterieller Gefäße zur Folge hat. Dadurch erfolgt, über die akute (reversible) Vasokonstriktion hinaus, langfristig eine „Fixierung“ des erhöhten Gefäßwiderstandes.

Eine ***Rarefizierung*** des Kapillarbettes, selbst bei extremer Emphysembildung, stellt wegen der sehr großen Gefäßreserve selten die alleinige Ursache einer chronischen pulmonalen Widerstandserhöhung dar. Alle Formen des pulmonalen Hypertonus können zu einer Afterloadbelastung des rechten Herzens mit Rechtsherzinsuffizienz führen. Therapeutisch sollte in allen Fällen eine Beeinflussung des zugrundeliegenden pulmonalen Geschehens versucht werden.

## 4.10 Hypoventilationssyndrome

Eine ausreichende Ventilation kann ausbleiben bei:

- Lähmung bzw. Zerstörung des Atemzentrums (z.B. Narkotikawirkung, Hirnstammenzephalitis);
- Unterbrechung spinaler Leitungswege (z.B. hohe zervikale Querschnittslähmung);
- Schwäche der Atemmuskeln (z.B. Myasthenie, Polyradikulitis Guillain-Barré);
- gravierender Einengung der oberen Atemwege (z.B. Trachealstenose);
- obstruktivem Syndrom;
- extremer angeborener (z.B. Kyphoskoliose) oder erworbener (z.B. instabiler Thorax nach Rippenserienfraktur) Thoraxdeformitäten.

Eine besondere Konstellation gestörter Atemtätigkeit ist die ***Schlafapnoe.*** Ihre ***obstruktive Form*** ist gekennzeichnet durch Tonusverlust der Pharynxmuskulatur während REM-Phasen des Schlafs, der eine Unterbrechung des Luftstromes (Apnoe) für mehr als 10 s zur Folge hat. Die Atembewegungen des Thorax und des Abdomens bleiben frustran. Begünstigt wird dieser „Pharynxkollaps“ durch Rückenlage, durch übermäßige Weichteilgewebe (Tonsillen, Makroglossie), durch Adipositas sowie durch Alkohol oder Sedativa. Bei der ***zentralen Schlafapnoe*** fällt während des Tiefschlafes periodisch der Atemantrieb aus; weder Luftströmung am Mund noch frustrane Atembewegungen sind nachweisbar. ***Gemischte Schlafapnoen*** weisen Charakteristika beider Formen auf. Bei Apnoe fällt der arterielle $pO_2$ zunehmend ab, und schließlich führt eine sympathikotone Weckreaktion (die unbewußt bleibt) zur Unterbrechung des Tiefschlafs; die Atmung setzt (mit einem tiefen Schnarcher) wieder ein. Gravierende Herzrhythmusstörungen sowie Druckerhöhungen im großen und kleinen Kreislauf (hypoxische Vasokonstriktion) können auftreten. Tagsüber sind die Patienten durch die Fragmentation ihres Schlafes müde, mit z.T. exzessiver Schlafneigung. Depressionen, morgendliche Kopfschmerzen und Störungen vegetativer Funktionen können auftreten (***Schlafapnoesyndrom,*** bei >5 Apnoe-Episoden/h). Eine Extremvariante ist das ***„Pickwick-Syndrom“,*** das sehr adipöse Patienten mit dem Vollbild schwerer Schlafapnoe charakterisiert (zwanghafte Schlafneigung am Tag, pulmonale Hypertonie, Rechtsherzinsuffizienz und Polyzythämie als Folge der schweren Hypoxien). Die verschiedenen Formen der Schlafapnoe werden im Schlaflobor unter Messung des kapillären $pO_2$ (z.B. Ohroxymeter), der Atemströmung am Mund ($CO_2$-Analysator), der Thoraxexkursionen und ggf. des EEG sowie des EKG (Rhythmusstörungen?) diagnostiziert und quantifiziert (Apnoeindex: nächtliche Apnoeepisoden pro Stunde). Die Therapie besteht in Gewichtsreduktion, Alkoholabstinenz, ggf. Entfernung von großen Nasenpolypen oder Tonsillen und – versuchsweise – der Anwendung von Atemstimulanzien (Theophyllin, Almitrine, stimulierende Neuroleptika). Bei schwerer Symptomatik findet eine nächtliche Überdruckbeatmung über Nasenmaske Anwendung, die die Symptomatik schlagartig verbessern kann.

**Beim Schlafapnoesyndrom kommt es während des Tiefschlafes periodisch zu einem Pharynxkollaps (obstruktive Form) oder zu einem Ausfall des Atemantriebs (zentrale Form). Es folgt jeweils eine Weckreaktion, der Schlaf ist fragmentiert. Gravierende Herzrhythmusstörungen sowie pulmonale und systemische Hypertonie können auftreten.**

## 4.11 Neoplasmen der Lunge

### 4.11.1 Maligne Tumoren der Lunge und der Atemwege

**Definition.** Unter den bösartigen Tumoren der Lunge dominieren die ***Bronchialkarzinome.*** Sie stellen den häufigsten Krebs bei Männern und den zweithäufigsten bei Frauen dar. Pulmonale, intrathorakale und extrathorakale (Metastasen) Komplikationen führen meist innerhalb weniger Jahre zum Tode.

**Prävalenz und Ätiologie.** Jährlich sterben in der BRD ca. 25 000 Menschen an Bronchialkarzinom. Wichtigster Risikofaktor ist das inhalative Rauchen, quantifiziert in „pack-years" (20 Zigaretten/Tag über ein Jahr=1 pack-year). Bei 40 pack-years besteht >40fach erhöhtes Risiko. Nach Beendigung des Rauchens sinkt das Risiko innerhalb von 10–15 Jahren auf den Wert von Nichtrauchern. Berufliche Expositionen (Asbest-, Arsen-, Chromatverbindungen und ionisierende Materialien; Anerkennung als Berufserkrankungen) und Erkrankungen der Lunge mit Narbenbildung können eine Karzinomentstehung ebenfalls begünstigen.

**Histologische Klassifikation.** Innerhalb der Karzinome dominieren 4 Zelltypen, jeweils mit Subklassifikationen (Tabelle 4.9): Plattenepithelkarzinom, kleinzelliges Karzinom, Adenokarzinom und großzelliges Karzinom (Reihenfolge nach Häufigkeit). Für die Therapieentscheidung ist wesentlich, ob es sich um ein ***kleinzelliges*** oder ***nicht-kleinzelliges*** Karzinom handelt.

**Tabelle 4.9.** Histologische Klassifikation der Lungentumoren

| Die Tabelle gibt die WHO-Klassifikation von 1981 wieder. | |
|---|---|
| ***I*** | ***Epitheliale Tumoren*** |
| | *A. Gutartige Tumoren* |
| | 1. Papillome |
| | a) Plattenepithelpapillom |
| | b) Transitionalzellpapillom |
| | 2. Adenome |
| | a) pleomorphes Adenom (Mischtumor) |
| | b) monomorphes Adenom |
| | c) andere Formen |
| | *B. Dysplasie und Carcinoma in situ* |
| | *C. Bösartige Tumoren* |
| | 1. Plattenepithelkarzinom |
| | Variante: |
| | a) spindelzelliges Plattenepithelkarzinom |
| | 2. kleinzelliges Bronchialkarzinom |
| | a) Oatcell-Typ |
| | b) intermediärer Zelltyp |
| | c) kombiniertes Oatcell-Karzinom |
| | 3. Adenokarzinom |
| | a) azinäres Adenokarzinom |
| | b) papilläres Adenokarzinom |
| | c) bronchioloalveoläres Karzinom |
| | d) solides, schleimbildendes Adenokarzinom |
| | 4. großzelliges Karzinom |
| | Varianten: |
| | a) großzelliges Karzinom mit Riesenzellen |
| | b) hellzelliges Bronchialkarzinom |
| | 5. kombiniertes adenosquamöses Karzinom |
| | 6. Karzinoidtumor |
| | 7. Karzinom der Bronchialwanddrüsen |
| | a) zylindromatöses Adenokarzinom (Zylindrom) |
| | b) Mukoepidermoidkarzinom |
| | c) andere Formen |
| | 8. andere Formen |
| ***II*** | ***Weichteiltumoren*** |
| ***III*** | ***Mesotheliale Tumoren*** |
| | *A. Benignes Mesotheliom* |
| | *B. Malignes Mesotheliom* |
| | 1. epithelialer Typ |
| | 2. fibröser, spindelzelliger Typ |
| | 3. biphasischer Typ |
| ***IV*** | ***Verschiedenartige Tumoren*** |
| | *A. Gutartige Formen* |
| | *B. Bösartige Formen* |
| | 1. Karzinosarkom |
| | 2. Lungenblastom |
| | 3. malignes Melanom |
| | 4. maligne Lymphome |
| | 5. andere Formen |
| ***V*** | ***Zweittumoren der Lunge/Metastasen*** |
| ***VI*** | ***Unklassifizierbare Tumoren*** |
| ***VII*** | ***Tumorartige Läsionen*** |
| | *A. Hamartom* |
| | *B. lymphoproliferative Läsionen* |
| | *C. Tumorlets* |
| | *D. eosinophiles Granulom* |
| | *E. sklerosierendes Hämangiom* |
| | *F. entzündlicher Pseudotumor* |
| | *G. andere tumorartige Läsionen* |

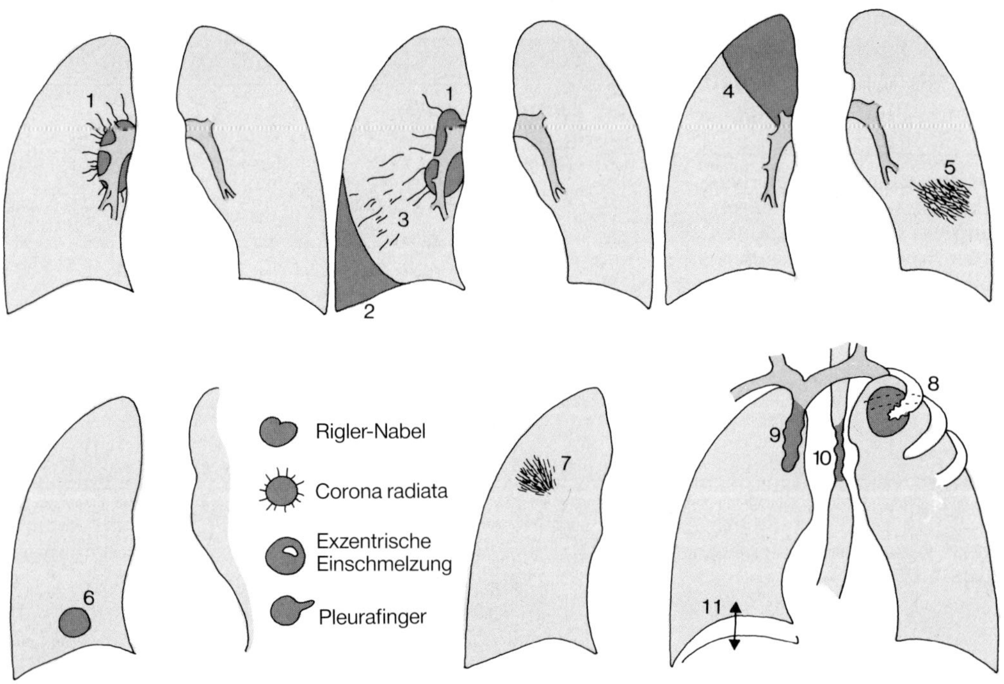


**Abb. 4.10.** Radiologische Zeichen des Bronchialkarzinoms. Das zentrale Bronchialkarzinom *(1)* ist am häufigsten ein Plattenepithel- oder ein kleinzelliges Karzinom, jedoch ist eine Artdiagnose aus dem Röntgenbild nicht möglich. Es weist im typischen Fall einen lateral konvexen Hilusschatten auf, hilifugale Krebsfüßchen können vorhanden sein. Ein Pleuraerguß *(2)* ist in der Regel Ausdruck einer Pleuritis carcinomatosa *(3)*. Durch Bronchusstenose können Atelektase (*4*, Beispiel einer Oberlappenatelektase) und poststenotische Pneumonie *(5)* auftreten. Bei peripheren Rundherden *(6)* wird der Verdacht auf Malignität durch die angegebenen Zeichen verstärkt. Ein bronchoalveoläres Karzinom (Subtyp des Adenokarzinoms) kann zunächst als „pneumonisches Infiltrat" imponieren *(7)*. Bei Überschreiten der Lungengrenzen können Rippenosteolysen *(8)*, V.-cava-superior-Kompression *(9)*, Ösophagusstenose *(10)* und Zwerchfellparese (*11*, Lähmung des N. phrenicus) auftreten. (Nach Lange 1986)

**Klinischer Befund und Diagnose.** Typische Frühsymptome gibt es nicht, oder sie sind nicht unterscheidbar von der bei Rauchern üblichen chronischen Bronchitis. ***Endobronchiales*** (zentrales) ***Tumorwachstum*** induziert Husten und ggf. Hämoptoe, Stridor, lokales Giemen, poststenotische Atelektasenbildung sowie poststenotische Pneumonie (Schleimretention, Superinfektion). ***Peripheres Tumorwachstum*** („peripherer Rundherd", Abb. 4.10) kann Husten, ebenfalls Hämoptoe, Symptome eines Lungenabszesses bei Tumoreinschmelzung sowie Pleurareibeschmerz bei Einbeziehung der Pleura zur Folge haben. Bei der Sonderform des bronchoalveolären Karzinoms (Subtyp des Adenokarzinoms) entsteht durch eine transbronchiale Ausbreitung der Eindruck einer (antibiotisch nicht sanierbaren!) Pneumonie (s. Abb. 4.10). Ausbreitung in ***mediastinale Lymphknoten*** kann Kompression von Trachea (Obstruktion), Ösophagus (Dysphagie) und V. cava superior (obere Einflußstauung) sowie Parese des N. recurrens (Heiserkeit) und des N. phrenicus (einseitige Zwerchfellparese) zur Folge haben. Bei Überschreiten der Organgrenzen können Infiltrationen des Perikards (evtl. mit blutiger Tamponade) und des Myokards, Perforation des Ösophagus, Einbruch in zentrale Blutgefäße sowie Infiltration der Brustwand (mit malignem Pleuraerguß), der Wirbelkörper oder des Zwerchfelles die Folge sein. Dyspnoe bei Bronchialkarzinom kann Folge einer Infiltration größerer Parenchymareale (Tumor, pneumonische Infiltration; restriktives Syndrom) oder einer Verlegung größerer Atemwege oder gar der Trachea (obstruktives Syndrom) sein. Zusätzlich kommen als Ursachen ein ausgedehnter Pleuraerguß und Perikardtamponade in Betracht. Eine ***Metastasierung*** (>50% aller Patienten) erfolgt bevorzugt in Gehirn (zerebrale Symptome), Knochen (Schmerzen, pathologische Frakturen), Leber (Enzymerhöhung, evtl. biliäre Obstruktion), Knochenmark (Zytopenie) oder Wirbelkanal (Querschnittssyndrom). Häufig treten – besonders beim kleinzelligen Karzinom – ***paraneopla-***

**Tabelle 4.10.** Stadieneinteilung des Bronchialkarzinoms

| | | |
|---|---|---|
| T | = | Primärtumor |
| $T_0$ | = | Kein Anhalt für Primärtumor |
| $T_1$ | = | Tumor 3 cm oder weniger in größter Ausdehnung, umgeben von Lungengewebe oder viszeraler Pleura, kein bronchoskopischer Nachweis einer Infiltration proximal eines Lappenbronchus (Hauptbronchus frei) |
| $T_2$ | = | Tumor mit einem der folgenden Kennzeichen hinsichtlich Größe oder Ausbreitung:<br>– Tumor mehr als 3 cm in größter Ausdehnung<br>– Tumor mit Befall des Hauptbronchus, 2 cm oder weiter distal der Carina<br>– Tumor infiltriert viszerale Pleura<br>– assoziierte Atelektase oder obstruktive Entzündung bis zum Hilus, aber nicht der ganzen Lunge |
| $T_3$ | = | Tumor jeder Größe mit direkter Infiltration einer der folgenden Strukturen: Brustwand (einschließlich Tumoren des Sulcus superior), Zwerchfell, mediastinale Pleura, parietales Perikard; oder Tumor im Hauptbronchus weniger als 2 cm distal der Carina, aber Carina selbst nicht befallen, oder Tumor mit Atelektase oder obstruktiver Entzündung der ganzen Lunge |
| $T_4$ | = | Tumor jeder Größe mit Infiltration einer der folgenden Strukturen: Mediastinum, Herz, große Gefäße, Trachea, Ösophagus, Wirbelkörper, Carina; oder Tumor mit malignem Pleuraerguß |
| N | = | Regionäre Lymphknoten. |
| $N_0$ | = | Keine regionären Lymphknotenmetastasen |
| $N_1$ | = | Metastasen in ipsilateralen peribronchialen Lymphknoten und/oder in ipsilateralen Hiluslymphknoten (einschließlich einer direkten Ausbreitung des Primärtumors) |
| $N_2$ | = | Metastasen in ipsilateralen mediastinalen und/oder subkarinalen Lymphknoten |
| $N_3$ | = | Metastasen in kontralateralen mediastinalen, kontralateralen Hilus-, ipsi- oder kontralateralen Skalenus- oder supraklavikulären Lymphknoten. |
| M | = | Fernmetastasen |
| $M_0$ | = | Keine Fernmetastasen |
| $M_1$ | = | Fernmetastasen vorhanden |

Zusammenfassung TNM-Klassifikation in Stadien

| | | |
|---|---|---|
| Stadium I | = | $T_1N_0M_0$; $T_2N_0M_0$ |
| Stadium II | = | $T_1N_1M_0$; $T_2N_1M_0$ |
| Stadium IIIA | = | $T_1N_2M_0$;$T_2N_2M_0$; $T_3N_0M_0$; $T_3N_1M_0$; $T_3N_2M_0$ |
| Stadium IIIB | = | jedes T, $N_3$, $M_0$; $T_4$, jedes N, $M_0$ |
| Stadium IV | = | jedes T, jedes N, $M_1$ |

Einteilung des kleinzelligen Bronchialkarzinoms in „limited" und „extensive disease"

*1. „Limited disease":*
Einseitiges Tumorleiden mit oder ohne Mediastinalbefall, keine große Bronchusstenose, keine Einflußstauung, keine Rekurrensparese

*2. „Extensive disease":*
Beidseitiges Tumorleiden und/oder maligner Pleuraerguß, Kompression der V. cava, Rekurrensparese, Fernmetastasen

***stische Syndrome*** auf (allgemeine Symptome wie Kachexie; endokrine, neurologisch-myopathische, thrombotische und dermatologische Syndrome; s. Kap. 27).

***Histologische Diagnose, Staging*** und ***präoperative Funktionsdiagnostik*** bilden die Voraussetzung einer differenzierten Therapie. Maligne Zellen können im Sputum nachweisbar sein; zur Gewebegewinnung werden Tumorareal und peribronchiale Lymphknoten bronchoskopisch biopsiert. Zusätzlich kommt eine Lymphknotenentnahme mittels Mediastinoskopie in Frage. Periphere Rundherde können transthorakal biopsiert werden. Bei dringendem Verdacht wird eine chirurgische Resektion bevorzugt (Probethorakotomie), die bei Karzinomnachweis im Schnellschnitt sofort zur Lobektomie/Pneumektomie ausgeweitet werden kann. Staging bedeutet Klassifikation der Tumorausbreitung an Hand eines TNM-Schemas oder zusammengefaßt als Stadium I–III bzw. als „limited" oder „extended disease" (bei kleinzelligem Karzinom) (Tabelle 4.10). Dazu finden Röntgen- und Röntgenschichtaufnahmen und Computertomographie des Mediastinums (selten Kernspintomographie) Anwendung. Ebenso werden die Ergebnisse der Bronchoskopie (Ausdehnung bis in die Nähe der Karina?) und ggf. der Mediastinoskopie einbezogen. Zur Suche nach Fernmetastasen werden routinemäßig Oberbauchsonographie, Knochenszintigraphie und Knochen-

**Tabelle 4.11.** Übersicht der Behandlung von Bronchialkarzinomen

| |
|---|
| *Nicht-kleinzelliges Karzinom* |
| Resezierbar (Ausdehnung bis Stadium II, in ausgewählten Fällen auch $T_3$, Operabilität gegeben) |
| – Operation |
| – Postoperative Radiotherapie bei intraoperativem Nachweis mediastinaler Lymphknoten ($N_2$) |
| Nicht resezierbar (Ausdehnung, Inoperabilität) |
| – Thoraxbestrahlung (wenn möglich) |
| – Palliativbestrahlung bei pulmonaler Symptomatik (z. B. Atemwegsobstruktion, Hämoptoe, V.-cava- oder Ösophaguskompression, Plexus-brachialis-Infiltration) oder extrapulmonaler Symptomatik (z. B. Hirn-, Knochen- oder Spinalmetastasen) |
| – Bronchoskopische Laserabtragung bei endobronchial stenosierend wachsenden Tumoren |
| – Chemotherapie? (experimentelles Stadium) |
| *Kleinzelliges Karzinom* |
| „Limited disease": |
| Chemotherapie+Radiotherapie (Primärtumorgebiet und gesamtes Mediastinum) |
| „Extensive disease": |
| Chemotherapie |
| (Bei kompletten Respondern auf eine der beiden Therapieformen wird eine anschließende prophylaktische Schädelbestrahlung vielfach vertreten) |
| Patienten in schlechtem Allgemeinzustand: |
| Modifizierte Chemotherapie, palliative Radiotherapie |

marksbiopsie eingesetzt; weitere diagnostische Verfahren sind von möglichen Symptomen abhängig. Leberenzyme und alkalische Phosphatase (Knochen) können Hinweise auf entsprechende Organbeteiligung geben. ***Tumormarker*** des Bronchialkarzinoms sind das karzinoembryonale Antigen (CEA), das „tissue polypeptide antigen" (TPA) und die neuronenspezifische Enolase (NSE, bei kleinzelligem Karzinom). Diese Tumormarker kann den Verdacht auf ein Bronchialkarzinom und dessen Metastasierung bestärken, diese aber weder ausschließen noch beweisen. Bedeutung haben die Marker für die Therapiekontrolle und Rezidiverkennung. Mittels differenzierter ***präoperativer Funktionsdiagnostik*** muß abgeschätzt werden, ob die Lungenfunktion für eine operative Entfernung eines Lappens (Lobektomie) oder einer ganzen Lunge (Pneumektomie) ausreichend ist. Verbleibt z. B. postoperativ nur ein $FEV_1$ (s. Abb. 4.1) von <0.8–1 l, so besteht Inoperabilität.

**Therapie und Prognose.** Die gegenwärtig favorisierten Richtlinien der Therapie sind in Tabelle 4.11 dargestelt, das Beispiel eines Chemotherapieschemas bei kleinzelligem Bronchialkarzinom (ACO) wird in Kap. 27 erläutert. Generell wird bei ***nicht-kleinzelligen Karzinomen*** eine chirurgische Therapie (Lobektomie oder Pneumektomie) bevorzugt, wenn eine vollständige Entfernung des Tumors möglich scheint. Die Strahlentherapie ist zweite Wahl, die Chemotherapie fast immer unbefriedigend. Beim ***kleinzelligen Bronchialkarzinom*** besteht eine hohe Chemo- und Radiotherapiesensitivität, auch wird von einer sehr frühzeitigen Metastasierung ausgegangen. Folglich steht hier die Chemotherapie – möglichst in Kombination mit der Strahlentherapie bei „limited disease" – im Vordergrund. Dadurch wird in mehr als $^2/_3$ der Fälle zunächst eine vollständige oder partielle klinische Remission erreicht. Durch palliative Bestrahlung können bei beiden Formen des Bronchialkarzinoms lokale Symptome gemindert und somit die Lebensqualität verbessert werden.

Die ***Prognose*** ist abhängig von der Tumorausbreitung bei Diagnosestellung, der histologischen Klassifikation (das kleinzellige Karzinom ist besonders maligne) und dem Ansprechen auf die Therapie. Während z. B. die mittlere Überlebensrate bei unbehandeltem kleinzelligen Karzinom nur 2–4 Monate beträgt, liegt sie bei 10–12 Monaten (extensive disease) bzw. 14–18 Monaten (limited) unter dem angegebenen Therapieschema. Die zusammengefaßte Fünfjahresüberlebensrate aller behandelten und nicht-behandelten Bronchialkarzinome liegt unter 10%.

**Bronchialkarzinome sind sehr bösartig, sie sind der häufigste Krebs der Männer. Rauchen ist der dominante Risikofaktor. Die Symptomatik wird durch die primäre Ausbreitung (endobronchiales/zentrales oder peripheres Wachstum), die Infiltration benachbarter Strukturen (Mediastinum, Perikard, Brustwand, Wirbelkörper, Zwerchfell), paraneoplastische Syndrome und Fernmetastasierung bestimmt. Beim kleinzelligen Karzinom kommen Chemo- und Strahlentherapie, bei nicht kleinzelligen Formen zunächst die operative Resektion in Frage.**

### 4.11.2 Benigne und semimaligne Tumoren der Lunge und Atemwege

Histologische Klassifikationen dieser seltenen Tumoren sind in Tabelle 4.9 aufgeführt. Bei ***zentralem*** Wachstum („zentrale Masse") können sie Atemwegsobstruktion, Husten, Hämoptoe und Retentionspneumonie zur Folge haben. Alternativ erscheinen sie als solitärer ***peripherer***

## FALL 4C

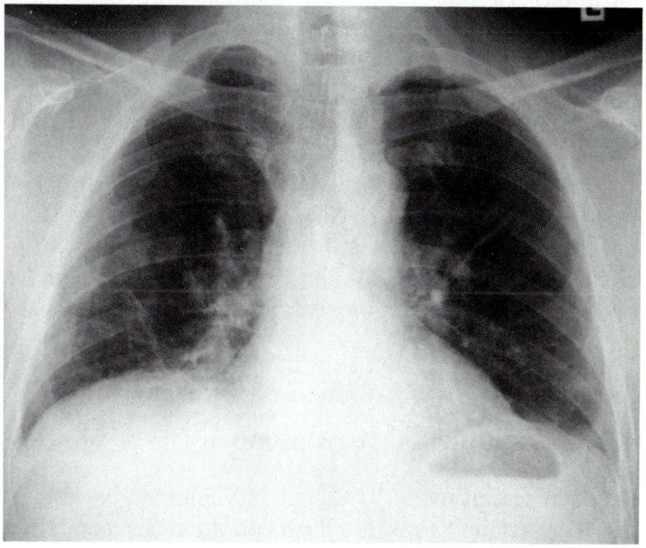

**Abb. 4C.** Homogene Verschattung im linken Spitzenfeld, weitgehende Destruktion der 2. Rippe

**Anamnese.** Der 52jährige Patient raucht seit 33 Jahren ca. 20 Zigaretten pro Tag. Langjährige chronische Bronchitis, Husten und Auswurf haben in den letzten Wochen zugenommen. Seit 6 Wochen bemerkt er Abgeschlagenheit und Appetitlosigkeit, Gewichtsverlust von 3 kg. Seit 4 Wochen bestehen erhebliche Schmerzen in Schulter und linkem Arm, z. T. atemabhängig verstärkt. Behandlung mit Analgetika wegen „Schulter-Arm-Syndrom". Seit 4 Tagen hängt das linke Augenlid. Hämoptoe wird nicht angegeben.

**Befunde.** Perkutorische Dämpfung des linken Spitzenfeldes, dort abgeschwächtes Atemgeräusch. Horner-Syndrom linksseitig (Miosis, Ptosis, Enophthalmus). Die Lungenfunktion ergibt leichte Obstruktion. BKS (25/45) und karzinoembryonales Antigen (195 ng/ml; normal bis 20 ng/ml) sind erhöht. Die flexible Bronchoskopie zeigt periphere Bronchusverschlüsse im Oberlappen, Biopsien ergeben ein verhornendes Plattenepithelkarzinom.

**Diagnose.** Chronische Bronchitis bei Raucheranamnese, jetzt Pancoast-Tumor der Lunge mit Destruktion der 2. Rippe (atemabhängige Schmerzen) sowie Infiltration des Plexus brachialis (Schmerzen im Arm) und des Ganglion stellatum (Horner).

**Therapie und Verlauf.** Palliative Bestrahlung, darunter Rückgang der Schmerzsymptomatik. Exitus nach 16 Monaten.

***Rundherd.*** Besondere Erwähnung verdienen ***Karzinoidtumoren*** der Lunge. Sie können biogene Amine (bevorzugt Serotonin) und Peptidhormone (z. B. ACTH, Vasopressin) bilden, langsam zentral wachsen, aber auch rasch peripher (sog. atypische Karzinoide). Letztere metastasieren in ca. 70% der Fälle (regionale Lymphknoten, Leber). Selten werden sie von einem Karzinoidsyndrom begleitet (Flush, Diarrhöen, Bronchokonstriktion, Endokardfibrose). Als Therapiemaßnahme steht bei allen benignen und semimalignen Tumoren die parenchymsparende Resektion im Vordergrund, die endobronchiale Laserabtragung ist nur eine Palliativmaßnahme.

### 4.11.3 Pulmonale Metastasen

Diese kommen in 20–30% aller Malignome vor, abhängig von Art und Sitz des Primärtumors. Sie entstehen meist hämatogen, aber auch durch Einwachsen per continuitatem oder lymphogen bei Primärtumoren in der Nachbarschaft (z. B. Ösophagus-, Mamma-, Magen- oder Pankreaskarzinom). Sehr selten ist die bronchogene Aussaat, z. B. bei HNO-Tumoren. Den häufigsten Befund stellen (meist multiple) ***Rundherde*** dar, mit Hirsekorn- bis Golfballgröße. Bei der ***Lymphangiosis carcinomatosa*** wachsen tumoröse Zellstränge in den perivasalen und peribronchialen Lymphgefäßen der Lunge, mit reaktiver Fibrosierung. Eine ***Pleurakarzinose*** (Tumoransiedlung im Pleuraraum mit ausgedehntem Pleuraerguß) kann bei Per-continuitatem-Ausbreitung im Vordergrund stehen. Pulmonale Metastasen können lange Zeit symptomarm bleiben. Abhängig von Sitz und Ausbreitung können sich jedoch auch gravierende Symptome wie beim Bronchialkarzinom rasch entwickeln.

## 4.12 Erkrankungen der Pleura

### 4.12.1 Pleuritis, Pleuraerguß und Pleuraschwarte

**Definition.** Beim Pleuraerguß findet sich Flüssigkeit im Pleuraspalt. Eine hydrostatische, entzündliche, neoplastische oder traumatische Genese kann zugrunde liegen. Als Folgezustand kann sich eine fibröse Verdickung der Pleurablätter (Pleuraschwarte) entwickeln.

**Pathogenese.** Die Pleura parietalis, angeschlossen an die systemische Zirkulation, ***sezerniert*** ständig Flüssigkeit in den Pleuraraum in dem Maße, in dem ihr hydrostatischer Kapillardruck den kolloidosmotischen Druckgradienten (Blut-Pleuraraum) überschreitet. Die Pleura visceralis, deren Abfluß über die Lymphwege der Lunge zu den Pulmonalvenen erfolgt, ***resorbiert*** Flüssigkeit aus dem Pleuraraum, da ihr hydrostatischer Druck unter dem kolloidosmotischen Gradienten liegt. Pro Tag werden ca. 700 ml Flüssigkeit in den Pleuraraum filtriert und reabsorbiert, die Nettobilanz ist Null, der Pleuraraum enthält im Normalfall weniger als 20 ml Flüssigkeit. Diese Bilanz kann sich ändern aus hydrostatischen Gründen (zentralvenöse und/oder pulmonalvenöse Druckerhöhungen) oder aufgrund erhöhter Permeabilität der parietalen und/oder viszeralen Pleura. In letzterem Fall tritt vermehrt Eiweiß in den Pleuraspalt über, der kolloidosmotische Gradient nimmt ab. Die Ursachen der Permeabilitätserhöhung sind im wesentlichen entzündlicher oder neoplastischer Natur, mit z. T. typischen Charakteristika des Ergusses (Tabelle 4.12). Im Extremfall kann ein Pleuraerguß mehrere Liter betragen.

Nach einem Trauma kann Blut in den Pleuraraum eintreten (***Hämatothorax,*** definiert als HK>50% des Vollblut-HK). Ein ***Chylothorax*** entsteht durch traumatische oder neoplastische Läsion des Ductus thoracicus, milchige (lipidhaltige) Lymphe tritt in den Pleuraraum über. Entleert sich ein eitriger Abszeß (subphrenisch oder Lungenabszeß) in den Pleuraspalt oder führt die bakterielle (Super-)Infektion eines Ergusses zu ausgeprägter Eiterbildung im Pleuraspalt (massenhaft Granulozyten nachweisbar) so besteht ein ***Pleuraempyem.*** Bei chronisch proteinreichem Pleuraerguß, und insbesondere bei Hämatothorax und Empyem, setzen sekundäre Fibrosierungsprozesse ein, die eine Pleuraverdickung in Form umschriebener Schwarten oder Plaques und im Extremfall die Ausbildung einer narbigen Ummauerung der Lunge ***(Fibrothorax)*** zur Folge haben.

**Klinischer Befund, Diagnostik und Therapie.** Bei entzündlichen oder neoplastischen Pleuraaffektionen kann sich initial ein fibrinöser Belag bilden, der bei (forcierten) Atemexkursionen eine scharfe Schmerzempfindung über die nervale Versorgung der Pleura parietalis auslöst (***Pleuritis sicca,*** Pleurareibeschmerz). Diese kann bei Beteiligung der Pleura diaphragmalis in die Schulter ausstrahlen und zu einer Schonatmung der betroffenen Seite führen. Auskultatorisch imponiert ein atemabhängiges Reibegeräusch. Bei zunehmender Ergußbildung ver-

**Tabelle 4.12.** Pleuraergüsse. Transsudat (<30 g/l) und Exsudat (>30g/l) unterscheiden sich im Eiweißgehalt. Parallel weist das Transsudat in der Regel niedrige LDH auf (<60% der Serum-LDH), während diese bei Exsudat hoch ist (>60% der Serum-LDH). Der Granulozytengehalt (normal <1000/µl) ist bei bakteriellen Prozessen erhöht.

| Auslöser | Häufigkeit | Charakteristika |
|---|---|---|
| *Hydrostatisch verursachte Pleuraergüsse – Transsudat* | | |
| – Rechtsherzversagen (hoher zentralvenöser Druck) | +++ | – Erhöhter Filtrationsdruck im Kapillarbett der Pleura parietalis, vermehrte Flüssigkeitsbildung |
| – Linksherzversagen (hoher linksatrialer Druck) | +++ | – Erhöhter Kapillardruck der Pleura visceralis, verminderte Flüssigkeitsresorption |
| – Globale Herzinsuffizienz | +++ | – Kombination beider Mechanismen |
| *Ergüsse bei niedrigem onkotischen Druck – Transsudat* | | |
| – Hypalbuminämie (Nephrose, Leberzirrhose) | ++ | – Vermehrte Bildung und verminderte Resorption pleuraler Flüssigkeit |
| *Pleuraergüsse bei infektiösen Prozessen – Exsudat* | | |
| – Parapneumonisch | +++ | – In Begleitung verschiedener (zumeist bakterieller) Pneumonien; evtl. Keimnachweis |
| – Tuberkulose mit Parenchymbefall der Lunge | ++ | – Viele Lymphozyten im Exsudat, Tuberkelnachweis, evtl. |
| – Isolierter Erguß bei postprimärer Tuberkulose | ++ | Granulomnachweis bei Pleurabiopsie |
| – Virale Infekte mit Pleurabefall | ++ | – Beispiel Bornholm-Krankheit (Cocksackie B) |
| *Ergüsse bei entzündlichen Systemerkrankungen und Nachbarschaftsaffektionen – Exsudate* | | |
| – Rheumatoide Arthritis, | ++ | Teilweise Rheumafaktoren, antinukleäre |
| – Systemischer Lupus erythematodes | ++ | Faktoren im Erguß nachweisbar |
| – Angiitis (z. B. Wegener Granulomatose) | + | |
| – Lungenembolie (Erguß bei Infiltrat oder Infarkt) | +++ | – Exsudat oft blutig |
| – Subphrenischer Abszeß | + | – Steriles Exsudat oder bakterienhaltiges Empyem möglich |
| – Pankreatitis | ++ | – Linksseitiges Exsudat, Amylase und Lipase nachweisbar |
| *Ergüsse bei neoplastischen Prozessen – Exsudate – Tumorzellnachweis im Exsudat möglich* | | |
| – Bronchialkarzinom | +++ | – Teilweise blutiger Erguß, evtl. Nachweis von Tumormarkern |
| – Pleuramesotheliom | + | – Lokalisierter oder diffuser Befall, oft hämorrhagischer oder visköser (Hyaluronsäure-)Erguß |
| – Mammakarzinom | ++ | – Übergang per continuitatem, „metastatische Pleurakarzinose", z. T. blutig |
| – Lymphom, Lymphangiosis carcinomatosa | ++ | – Erguß z. T. durch Verlegung der intrapulmonalen Lymphbahnen erklärt |
| – Ösophaguskarzinom | + | – Übergang per continuitatem |
| – Meigs-Syndrom | + | – Pleuraerguß bei nicht metastatischem Karzinom des Beckens, Übertritt von Aszites (keine Tumorzellen im Erguß) |

schwindet dieses Pleurareiben durch die zwischenliegende Flüssigkeit, bei der Untersuchung imponieren Schalldämpfung und abgeschwächtes Atemgeräusch. Bei zunehmendem Ergußvolumen kann Dyspnoe auftreten (extrapulmonale Restriktion). Systemische Zeichen werden durch die Grunderkrankung bestimmt (z. B. Fieber und Leukozytose bei Empyem).

***Diagnostisch*** stehen der perkutorische, radiologische (s. Abb. 4.10) oder sonographische Nachweis des Ergusses und die Punktion mit Messung zytologischer und chemischer Parameter (Tabelle 4.12) im Vordergrund. In Zusammenschau mit bestehenden Begleiterkrankungen (z. B. Herzinsuffizienz, Pankreatitis) erklärt sich in den meisten Fällen die Genese des Ergusses. ***Therapeutisch*** steht die Behandlung der Grunderkrankung an erster Stelle. Zur Behebung der Dyspnoe können Punktionen großer Ergüsse erforderlich sein. Insbesondere bei Hämatothorax und Empyem ist eine weitgehende Drainage des Pleurainhalts anzustreben, um Fibrosierung zu vermeiden. Bei Empyem kann die Infektsanierung eine Saug-Spül-Drainage oder eine frühzeitige operative Entfernung von infiziertem fibrösen Pleuramaterial erforderlich machen. Bei schwerem Fibrothorax als Endstadium mit ausgeprägtem restriktivem Syndrom kann versucht werden, die Pleuraschwarten zu entfernen (operative Dekortikation, aufwendiges Verfahren). Bei

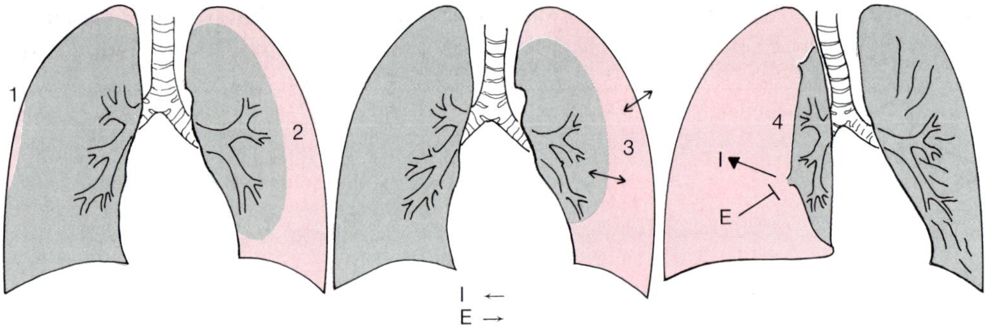


**Abb. 4.11.** Pneumothorax. Beim Mantelpneumothorax *(1)* besteht nur eine geringe Luftansammlung zwischen Pleura visceralis und parietalis. Diese wird radiologisch als feine lateral-konvexe Haarlinie sichtbar (besonders in Exspirations-Aufnahme). Bei geschlossenem Pneumothorax *(2)* imponiert eine beträchtliche Luftansammlung zwischen den Pleurablättern, doch die primäre Eintrittsläsion hat sich zwischenzeitlich verschlossen. Bei dem offenen Pneumothorax *(3)* ist die Eintrittspforte noch geöffnet (Pleura visceralis oder Thoraxwand), und atemsynchron bewegt sich Luft in und aus dem Pleuraraum. Bei großflächigen Öffnungen bewegt sich folglich das Mediastinum bei der Inspiration zur gesunden, bei der Exspiration zur Pneumothoraxseite (Mediastinalflattern). Beim Spannungspneumothorax *(4)* bildet die Läsion der Pleura visceralis ein „Ventil": die inspiratorisch in den Pleuraraum eintretende Luft kann exspiratorisch nicht entweichen. Dadurch entsteht ein Überdruck auf der Seite des Pneumothorax mit Verlagerung des Mediastinums. Diese kann Behinderung des Rückflusses der großen Venen mit Zyanose, Dyspnoe und Blutdruckabfall zur Folge haben. (Nach Lange 1986)

schnell nachlaufendem neoplastisch verursachtem Erguß kann dagegen eine Pleurodese (narbige Verklebung der Pleurablätter durch Einbringen eines irritierenden Agens wie Tetrazyklin oder durch Fibrinkleber) Behandlungsziel sein.

### 4.12.2 Pleuramesotheliom

Die lokalisiert wachsende Form des Pleuramesothelioms ***(benignes Mesotheliom)*** bezeichnet einen abgekapselten festen Tumor, von der Pleura visceralis ausgehend, der operativ in der Regel komplett entfernt werden kann (90% Heilung). Bei dem ***diffusen Pleuramesotheliom*** liegt dagegen ein ***hochmaligner Tumor*** vor, der lokal infiltrierend in die Lunge und andere Nachbarorgane einwächst, von Pleuraergußbildung begleitet wird und therapeutisch nahezu unbeeinflußbar ist. In mehr als 90% der Fälle ist eine Asbestexposition vorausgegangen, inhalatives Rauchen ist dabei ein überadditiver Risikofaktor.

### 4.12.3 Pneumothorax

Darunter versteht man eine Luftansammlung in dem Raum zwischen Pleura parietalis und visceralis, die zu einer Retraktion der Lunge führt (Abb. 4.11). Voraussetzung ist eine Eröffnung der Pleura visceralis ***(innerer Pneumothorax)*** oder der Thoraxwand (***äußerer Pneumothorax,*** bei Trauma) als Eintrittsstelle der Luft. Der innere Pneumothorax kann als Spontanpneumothorax ohne vorbestehende Lungenerkrankung entstehen (***idiopathisch;*** meist bei jungen Männern, bei denen sich histologisch oft subpleurale Bläschen nachweisen lassen) oder ***symptomatisch*** bei verschiedenen Lungenerkrankungen [Emphysem, schwerer Asthmaanfall, Lungenabszeß, Neoplasma der Lunge, ARDS (insbesondere unter Überdruckbeatmung)] oder nach Thoraxtrauma. Initial treten häufig Pleuraschmerz und Dyspnoe oder Tachypnoe auf. Der Klopfschall ist hypersonor, das Atemgeräusch ist abgeschwächt. Die Röntgenaufnahme sichert die Diagnose (s. Abb. 4.11). Ein ***Mantelpneumothorax*** wird gut toleriert, ebenso in der Regel ein großer ***geschlossener Pneumothorax*** bei Lungengesunden. Dennoch wird letzterer zur Beschleunigung der Luftresorption mittels Saugdrainage behandelt. Mediastinalflattern bei großem Leck (ineffiziente Ventilation), beidseitiges Auftreten des Pneumothorax und insbesondere ein ***Spannungspneumothorax*** sind Notfallsituationen, die rasches Handeln erfordern (Punktion des Überdruckraumes bei Spannungspneu, kontinuierliche Saugdrainage). Bei rezidivierendem Pneumothorax, insbesondere wenn er beidseitig aufgetreten ist, ist eine Pleurodese (Verödung des Pleuraraumes durch ein irritierendes Agens oder operative Aufrauhung der Pleura paretalis) als prophylaktische Maßnahme zu erwägen.

Bei dem selteneren ***Pneumomediastinum (Mediastinalemphysem)*** kommt es zu einem Übertritt von Luft in das mediastinale Gewebe, mit Ausbreitung nach kranial bis in die Weichteile des Halses, des Gesichts und der Schultern. Ursächlich besteht ein Leck in Trachea, Bronchien oder im Alveolarbereich (im letzten Fall Ausbreitung der Luft durch das Gewebe bis zum Hilus). Das Geschehen kann spontan (ohne erkennbare Ursache) auftreten, ist jedoch meist symptomatisch (Perforation, intrathorakaler Überdruck bei Asthma bronchiale oder Hustenattacken, nekrotische Neoplasmen). Bei dem seltenen Luftübertritt aus dem Ösophagus (Perforation, Tumor) entwickelt sich in der Regel zusätzlich eine lebensbedrohliche akute infektiöse ***Mediastinitis.*** Bei einem Pneumomediastinum können Dyspnoe und retrosternale Schmerzen auftreten, selten sind Einflußstauung und vital bedrohliches Glottisemphysem. Die Diagnose wird durch den radiologischen Thoraxbefund (streifige Lufteinschlüsse in den mediastinalen Weichteilen) und den palpatorischen Befund des Hautemphysems an der oberen Thoraxapertur gestellt. Therapeutisch stehen die Vermeidung von intrathorakalem Überdruck und das Legen eines subkutanen (selten mediastinalen) Katheters zum Absaugen der Lufteinschlüsse im Vordergrund.

## Literatur

Matthys H (1988) Pneumologie, 2. Aufl. Springer, Berlin Heidelberg New York Tokyo

Fabel H (Hrsg) (1989) Pneumologie. Urban & Schwarzenberg, München

Ulmer WT, Reichel G, Nolte D, Islam MS (1986) Die Lungenfunktion. Thieme, Stuttgart

Ferlinz R (Hrsg) (1986) Diagnostik in der Pneumologie. Thieme, Stuttgart

Lange S (1986) Radiologische Diagnostik der Lungenerkrankungen. Thieme, Stuttgart

Fishman AP (1988) Pulmonary diseases and disorders, vol 1–3, 2nd edn. McGraw-Hill, New York

# 5 Angiologie

F. A. Spengel


## ZUSAMMENFASSUNG

Die meisten arteriellen Durchblutungsstörungen kommen durch degenerative Gefäßveränderungen auf dem Boden der altersabhängigen ***Atherosklerose*** zustande, deren Ausbildung durch die Risikofaktoren inhalierendes Rauchen, Hypercholesterinämie und Hypertonie gefördert wird.

Im Stadium 2 der ***arteriellen Verschlußkrankheiten der Extremitäten*** ist die Therapie häufig konservativ. Wegen der geringen Komplikationsrate kann je nach Indikation auch eine Dilatation in Stadium 2 durchgeführt werden. Im Stadium 3 und 4 ist das Ziel der Therapie die Wiederherstellung der Strombahn durch transkutane oder operative Maßnahmen. Konservative Therapie bei invasiver Interventionsmöglichkeit ist hier ein Kunstfehler.

***Embolische Verschlüsse der Arterien*** imponieren durch akutes Auftreten. Sie erfordern sofortiges Handeln mit schneller Rekonstruktion der Strombahn und Ausschalten der Emboliequelle durch invasive Maßnahmen und/oder Antikoagulation.

***Aortenaneurysmen*** müssen bei einem Querdurchmesser über 5 cm oder bei Auftreten einer Symptomatik operiert werden. Kleinere Aneurysmen können durch 4monatige Ultraschalluntersuchungen einer Verlaufsbeobachtung unterworfen werden. Periphere Aneurysmen kleinerer Arterien sollten wegen der hohen Ruptur- und Emboliegefahr operativ beseitigt werden.

Patienten mit ***atherosklerotischen Veränderungen der hirnversorgenden Arterien*** leiden in der Mehrzahl, oft unerkannt, an koronarer Herzkrankheit, und müssen, um die Prognose zu verbessern, auch kardiologischer Diagnostik und ggf. Therapie zugeführt werden. Um behandelbare Karotisveränderungen nicht zu übersehen, muß jedes neurologische Ereignis Anlaß nicht nur zur neurologischen, sondern auch zur angiologischen und allgemein-internistischen Untersuchung sein.

***Vasospastische*** und ***organische Durchblutungsstörungen der Akren*** können Ausdruck einer anlaufenden Kollagenose, einer Vaskulitis, Thrombangiitis, chronischer Traumatisierung oder eines kostoklavikulären Engpaßsyndroms sein.

***Vaskulitiden*** befallen isolierte Gefäßgebiete (Takayasu, Arteriitis cranialis, Aortitis), es können jedoch auch größere Anteile des arteriellen Gefäßsystems betroffen sein. Die Therapie besteht meist in der Gabe von Kortikoiden, nötigenfalls (Takayasu, Aortitis) in der operativen Widerherstellung der Strombahn. Das Endstadium der ausgebrannten Vaskulitis ist von der degenerativen Arteriosklerose nicht mehr zu unterscheiden.

Die ***tiefe Venenthrombose*** der Beine und des Beckens kann nur mit apparativen Mitteln (Duplexsonographie, Phlebographie) sicher nachgewiesen werden. Wegen des hohen Lungenembolierisikos muß jeder Verdacht apparativ abgeklärt werden. Die Therapie richtet sich nach Alter der Thrombose und Lokalisation: Absolute Bettruhe bis 10 Tage nach Auftreten der ***tiefen Becken-*** und ***Oberschenkelvenenthrombose,*** Antikoagulation je nach Schwere des Krankheitsbildes mindestens bis 6–12 Monate danach. Bei ***Unterschenkelvenenthrombose*** ist keine Bettruhe erforderlich, aber Heparinisierung und Antikoagulation über 6–8 Wochen.

Die ***Thrombophlebitis*** ist meist Entzündungsreaktion thrombosierter variköser Venen, verursacht durch Stase oder Wandschädigung. Eine Thrombophlebitis kann auch im Rahmen einer Thrombangiitis oder eines paraneoplastischen Syndroms auftreten.

# 5.1 Erkrankungen der Arterien

## 5.1.1 Degenerative Angiopathien, Atherosklerose

### Definition und Vorkommen

Hauptursache für Durchblutungsstörungen sind degenerative Wandveränderungen kleiner und mittelgroßer Arterien, die zu Stenosen oder zum Gefäßverschluß führen.

Unter ***Atherosklerose*** versteht man die pathologische, meist fokale Einlagerung von Lipiden, in deren Gefolge es zu Gewebsnekrosen, zur Adhäsion von Plättchen und Abgabe von Plättchenfaktoren in das umliegende Gewebe, zur Wanderung der glatten Muskelzellen von der Media in die Intima und deren Proliferation sowie zur weiteren Einlagerung von Lipiden innerhalb und außerhalb der Zelle kommt. Durch absterbendes Gewebe kommt es zur Proliferation und zu Nekrosen. Die Intima verdickt sich und verliert ihre Elastizität, das Gefäßlumen wird verengt, Bindegewebe und Kalk werden eingelagert. Dieser ***altersabhängige Prozeß*** kann sich, einmal gestartet, selbst unterhalten, wird jedoch durch die ***Risikofaktoren*** Hypercholesterinämie, Diabetes mellitus, Hypertonie und Rauchen initiiert und/oder beschleunigt. Er stellt die häufigste Ursache der Angiopathie bei über 30jährigen Patienten dar. Männer und Personen mit einem oder mehreren der Risikofaktoren sind häufiger betroffen.

### Atherosklerose der Extremitäten

Diagnostik und Therapie richten sich nach dem Schwerebild der Erkrankung. Die heute gültige Einteilung wurde von Fontaine getroffen (Tabelle 5.1).

**Prädilektionsstellen.** Bevorzugt betrifft die Arteriosklerose der peripheren Arterien beim Nichtdiabetiker die A. iliaca und die A. femoralis im Bereich des Adduktorenkanals. Beim Diabetiker sind auch der Abgang der A. profunda, der Abgang der Unterschenkelarterien und deren distaler Verlauf befallen. Nach Schweregrad und Ausprägung der Atherosklerose können ganze Gefäßabschnitte betroffen sein, ein rein segmentaler Befall ist jedoch nicht selten.

**Tabelle 5.1.** Stadien der arteriellen Verschlußkrankheit der unteren Extremität (nach Fontaine)

| Stadium | Definition |
|---|---|
| 1 | Veränderungen vorhanden, jedoch beschwerdefrei |
| 2 | Claudicatio |
| 2A | Wegstrecke>200 m in der Ebene |
| 2B | Wegstrecke<200 m in der Ebene |
| 2C (kompliziertes Stadium 2) | Claudicatio + Ulkus oder Nekrose (meist sekundär, z. B. Verletzung) |
| 3 | Nächtlicher Ruheschmerz |
| 4 | Ruheschmerz + Gangrän |

**Symptomatik.** Regelhaft treten Schmerzen in der distal des Strombahnhindernisses gelegenen Muskelgruppe bei reproduzierbar gleicher Belastung auf, die nach einer Ruhepause wieder verschwinden. Nur schwerste Durchblutungsstörungen führen zum ***Ruheschmerz,*** der durch Herabhängenlassen der Beine (Erhöhung des hydrostatischen Druckes) gelindert werden kann.

### Diagnostik

Basis der ***Diagnostik*** sind Anamnese und körperliche Untersuchung (Strömungsgeräusche, Palpierbarkeit der arteriellen Pulse). Die weitere Diagnostik richtet sich nach der Schwere des Krankheitsbildes und nach der Palette der möglichen invasiven Rekonstruktionsverfahren.

**Apparative Untersuchungen.** Die Schwere des Krankheitsbildes wird durch einen standardisierten ***Gehtest*** objektiviert (entweder Laufbanduntersuchung bei 10% Steigung und 3,2 km/h oder rasches Gehen in der Ebene bei Metronomtakt 106/min.).

Die ***dopplersonographische Druckmessung*** erlaubt außer bei Mediasklerose eine exakte Messung des peripheren Blutdruckes. Der periphere Druck, häufig ausgedrückt als Quotient (Fußdruck/Oberarmdruck), vermag die Schwere der Erkrankung zu bestimmen. Bei peripheren Drucken unter 40 mmHg ist die Perfusion der Extremität nicht mehr gesichert.

Gehtest und dopplersonographische Druckmessung geben einen Überblick über die Schwere der Erkrankung, können aber über die Morphologie des Strombahnhindernisses, die den therapeutischen Ansatz bestimmt, keine Aussage machen. Dies muß durch Duplexsonographie und Angiographie in spezialisierten Abteilungen geschehen.

**Angiographie.** Bei tastbarem Leistenpuls wird ein Katheter über die A. femoralis in die distale Bauchaorta vorgeschoben und eine Übersichtsangiographie in konventioneller Verschiebetechnik oder in digitaler Subtraktionstechnik (DSA) durchgeführt. Bei Kontrolle nur eines Gefäßabschnittes im Beinbereich kann auch eine Nadelangiographie einer Seite mit verringerter Kontrastmittelmenge durchgeführt werden. Die intravenöse DSA ist zur Übersichtsangiographie ungeeignet. Bei Verschluß oder hochgradiger Stenose der Beckenstrombahn beidseits kann eine transbrachiale DSA durchgeführt werden (Abb. 5.1).

## Therapie

Die Therapieentscheidung fällt aufgrund von Ausprägung, Lokalisation und Morphologie des Strombahnhindernisses. Es stehen internistische, radiologische und chirurgische Maßnahmen zur Verfügung:

- *Konservative Therapie:* Gehtraining, Viskositätsverbesserung durch hyper- und isovolämische Hämodilution, Gabe von gefäßaktiven Medikamenten, die Hemmung der Thrombozytenaggregation und die systemische thrombolytische Therapie sind die Grundprinzipien.
- *Lumeneröffnende Therapie:* Hier kommen Katheterdilatation und verwandte, perkutane Verfahren wie Atherektomie, Implantation einer Gefäßstütze (Stent), Laserangioplastie, Rotationsangioplastie und lokale thrombolytische Therapie zur Anwendung.
- *Operative Therapie:* Neben den Bypassverfahren mit autologem Venenmaterial oder Kunststoffprothesen (femoropoplitealer, femorokruraler, femorofemoraler Cross-over-Bypass) werden vor allen im Iliakabereich retrograde Desobliterationen und Thrombendatherektomien durchgeführt.

**Indikation zu rekonstruktiven Maßnahmen.** Das Risiko der Therapie muß gegen Schwere und Prognose der Erkrankung abgewogen werden:

- *Stadium 2:* Intensives ***Gehtraining*** kann die Ausbildung von Kollateralen fördern, was eine deutliche Verbesserung der Gehstrecke bewirkt. Bedingung ist, daß bei dem meist vorliegenden Verschluß der A. femoralis superficialis die A. poplitea die Kollateralen der A. femoralis profunda aufnehmen kann. Die Gabe von vasoaktiven Substanzen verstärkt diese Wirkung.
- *Katheterdilatation:* Diese ist ein ***risikoarmer Eingriff,*** so daß er auch in Stadium 2 durchgeführt werden kann.

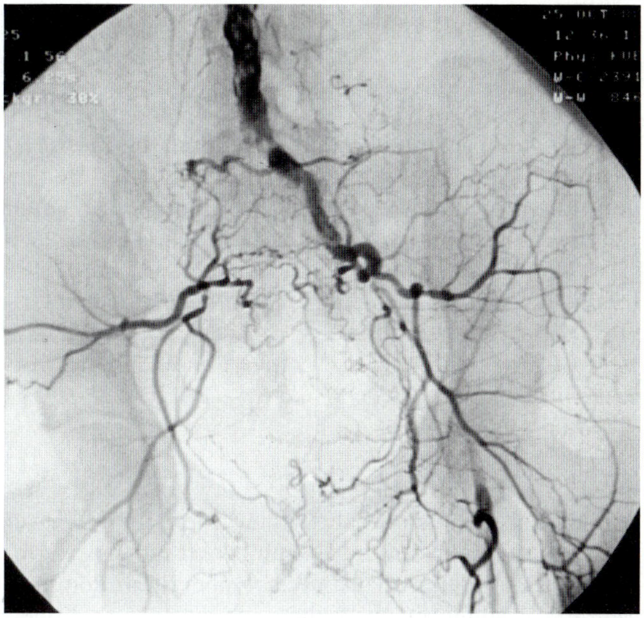

**Abb. 5.1.** Transbrachiale arterielle digitale Subtraktionsangiographie bei beidseitigem Verschluß der Beckenstrombahn

Wegen des höheren Risikos sollten Laserangioplastie, Atherektomie und verwandte Verfahren sowie Bypassoperationen nur ab schwerem Stadium II b (Wegstrecke unter 50 m) durchgeführt werden.

**Im Stadium 2 der arteriellen Verschlußkrankheit kann bei offener A. poplitea durch absolute Nikotinkarenz, Gehtraining und ggf. medikamentöse Therapie häufig eine deutliche und ausreichende Verbesserung der Gehstrecke erreicht werden.**

- Stadium 3 und 4: Im Stadium 3 und 4 sind ***invasive rekonstruierende Maßnahmen*** durchzuführen. Nur in den Fällen, in denen weder chirurgische Maßnahmen noch lumeneröffnende Maßnahmen möglich sind, muß eine intensive konservative Therapie unter stationären Bedingungen durchgeführt werden.

**Konservative Therapie in Stadium 3 und 4 der arteriellen Verschlußkrankheit bei invasiver Interventionsmöglichkeit ist ein Kunstfehler!**

### 5.1.2 Arterielle Embolien

#### Definition und Vorkommen

Die periphere arterielle Embolie ist durch die ***charakteristische Anamnese*** (plötzlicher, schmerzhafter Beginn der Durchblutungsstörung bei vorangegangener Beschwerdefreiheit, weiße kalte Extremität) charakterisiert. Die Ischämie ist meist ausgeprägt, da keine Kollateralgefäße ausgebildet sind. Das Vorliegen einer arteriellen Embolie bedarf der sofortigen Therapie, jede Verzögerung durch konservative Maßnahmen verschlechtert die Prognose.

#### Diagnostik

**Angiographie.** In allen Fällen einer arteriellen peripheren Embolie in die untere Extremität ist eine angiographische Darstellung anzustreben, wobei die Mitdarstellung der gesunden Gegenseite wichtige Informationen liefert. Die Embolie zeigt in der Angiographie ein charakteristisches Bild mit kappenförmigem Verschlußende und meist sonst unauffälligem, nicht atherosklerotisch verändertem Gefäßsystem. Die Beurteilung des kontralateralen Abschnittes der Okklusion zeigt bei symmetrisch auftretenden Veränderung, ob degenerative Veränderungen vorhanden sind. Diese Unterscheidung kann auch durch Duplexsonographie des Verschlusses getroffen werden.

#### Therapie

**Erstmaßnahmen.** Bei Verdacht auf das Vorliegen einer arteriellen Embolie muß sofort zur Emboliepropylaxe und zur Verhinderung des weiteren Thrombuswachstums eine Antikoagulation mit Heparin (10000 IE i.v.) erfolgen, wenn keine gravierenden Kontraindikationen vorliegen.

**Beseitigung des Verschlusses.** Therapie der Wahl ist die ***chirurgische Embolektomie,*** die in den ersten 2 Wochen nach Ereignis die erfolgversprechendste Maßnahme darstellt. Wenn sich atherosklerotische Veränderungen unter dem Verschluß befinden (Duplexsonographie, Beurteilung der Gegenseite in der Angiographie) kann durch die Embolektomie der darunterliegende Gefäßabschnitt verletzt werden. Hier sind andere rekanalisierende Maßnahmen (lokale Lyse, perkutane Aspirationsembolektomie, Laserangioplastie etc.) wie auch bei älteren embolischen Veränderungen mit bereits organisierten Thromben angezeigt. Eine ***lebenslange Antikoagulation*** muß, auch beim alten Menschen, angeschlossen werden, wenn keine absoluten Kontraindikationen vorliegen. Das Lebensalter des Patienten per se stellt keine Kontraindikation dar.

**Arterielle Embolien erfordern schnelles Handeln. Konservative Therapieversuche verzögern die nötigen Schritte. Antikoagulation und Therapie der betroffenen Extremität (z.B. Embolektomie) sind unverzüglich einzuleiten.**

### 5.1.3 Abdominales Aortenaneurysma

#### Definition und Vorkommen

Neben den atherosklerotischen Veränderungen vor allem der Abgänge der Nierenarterien, der Aa. mesentericae superior und inferior und der Lumbalarterien ist am häufigsten die ***abdominale Aorta*** von der degenerativen Gefäßerkrankung betroffen, was meist zur Ausbildung eines ***Aneurysmas*** führt. Auch große Aortenaneurysmen können symptomlos bleiben und werden bei einer Routineuntersuchung bei abdominaler Palpation als pulsierender Tumor diagnostiziert. Durch die abdominale Ultraschalluntersuchung werden asymptomatische Aortenaneurysmen als Nebenbefund entdeckt (Abb. 5.2).

#### Diagnostik

Methode der Wahl ist die ***Ultraschalluntersuchung des Abdomens.*** Dabei kann das Aortenaneurysma in seiner Längen- und Breitenausdehnung erfaßt werden, während die Angiographie nur das kontrastmitteldurchströmte Lumen darstellt. Zur exakten Vermessung von Aneurysma und intraluminalem Thrombus muß eine ***Computertomographie*** mit Kontrastmittelgabe durchgeführt werden.

#### Therapie

Umfangreiche Untersuchungen konnten zeigen, daß die Rupturgefahr von Aortenaneurysmen, deren Querdurchmesser kleiner als 5 cm ist, gering ist. Symptomatik, deutliche Asymmetrie oder ein Querdurchmesser >5 cm stellen eine ***Operationsindikation*** dar. Die Operation ist risikoärmer, wenn bei intakten Beckengefäßen

## FALL 5 A

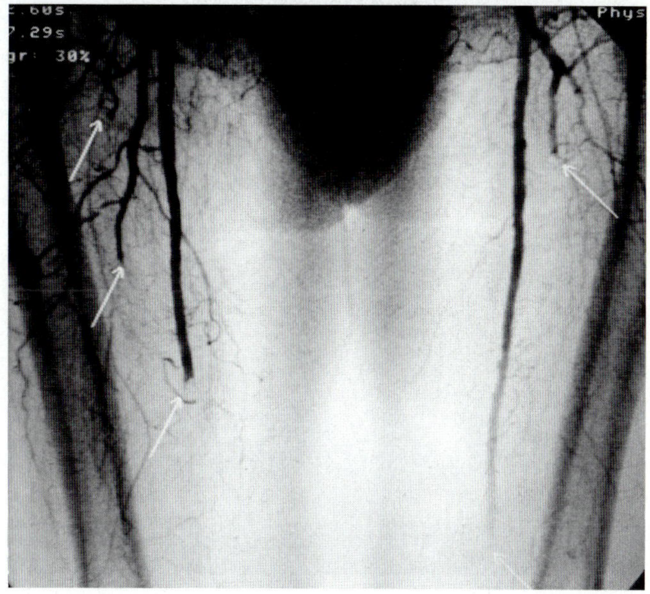

**Abb. 5 A.** Arterielle digitale Subtraktionsangiographie bei embolischem beidseitigem Verschluß der A. femoralis superficialis und der A. femoralis profunda (*Pfeile*). Angiographie: Embolischer Verschluß der A. femoralis superficialis und von Ästen der A. femoralis profunda beidseits

**Anamnese.** Eine 72jährige Frau mit bekannter absoluter Arrhythmie verspürt beim Aufstehen am Morgen plötzlich ein Kältegefühl in beiden Beinen. Die Beine sind weiß und in Ruhe stark schmerzhaft. Sie wird vom Hausarzt in die Klinik eingewiesen.

**Befunde.** Klinische Untersuchung: nicht tastbare Pulse der Aa. poplitea, dorsalis pedis und tibialis posterior beidseits, in beiden Leisten keine Gefäßgeräusche auskultierbar.

Die Angiographie zeigt einen kompletten Verschluß der A. femoralis superficialis und Verschlüsse einzelner Äste der A. profunda femoris. In den offenen Gefäßabschnitten sind keine atherosklerotischen Veränderungen nachweisbar. Der Beginn der Verschlüsse erscheint kappenförmig.

**Therapie und Verlauf.** Sofortige Embolektomie der A. femoralis superficialis und profunda beidseits konnte die Strombahn wiederherstellen. Nach einem mißglückten Rhythmisierungsversuch wurde die Patientin mit Phenprocoumon (Marcumar) antikoaguliert.

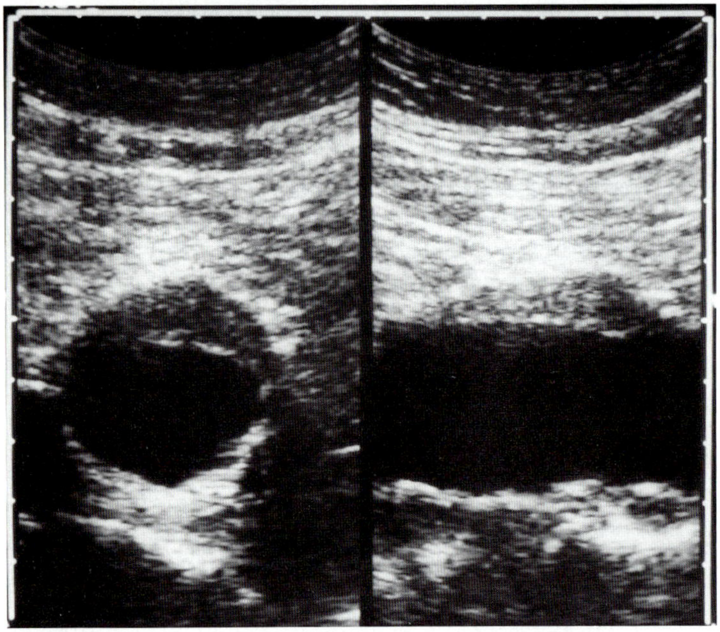

**Abb. 5.2.** Ultraschallbild eines abdominalen Aortenaneurysmas (Querschnitt und Längsschnitt)

eine Rohrprothese implantiert werden kann. Bifurkationsprothese und Notwendigkeit der Implantation der Nierenarterien in die Prothese erhöhen die Operationsmortalität.

Kleine Aortenaneurysmen sollten in 4monatigen Abständen sonographisch und in 1jährigen Abständen computertomographisch kontrolliert werden. Jede Größenzunahme stellt auch beim kleinen Aneurysma eine Operationsindikation dar.

**Operationsindikation besteht bei abdominalem Aortenaneurysma:**
- **ab 5 cm Querdurchmesser,**
- **bei kugeliger Form,**
- **bei Symptomatik,**
- **bei nachgewiesener Größenzunahme im Beobachtungszeitraum,**
- **bei dünnen Wandanteilen (Nachweis im Computertomogramm).**

## 5.1.4 Ischämische zerebrovaskuläre Erkrankungen

Man unterscheidet ***transitorisch ischämische Attacken (TIA), prolongierte reversible ischämische neurologische Defizite (PRIND)*** und den manifesten ***Schlaganfall.*** Die genaue Definition der Nomenklatur ist in Tabelle 5.2 dargestellt. Zum klinischen Erscheinungsbild der ischämischen zerebralen Ischämie gehört die Amaurose, die durch eine Minderdurchblutung der Karotis oder durch Embolien aus Karotisplaques bedingt sein kann.

**Jedes neurologische Ereignis erfordert die Abklärung durch kraniales Computertomogramm (mit Kontrastmittel), Ultraschalluntersuchung der Aa. carotides und vertebrales, EKG, Echokardiographie, körperliche Untersuchung und Laborkontrolle unter Berücksichtigung hämostaseologischer Parameter.**

### Embolisch bedingte Ischämie

Ursache für eine Embolie sind in 60% der Fälle arterio-arterielle Embolien (Cholesterinembolie, Plättchenaggregate, Fibrin und nekrotisierte Intimaanteile) durch Exulzerationen oder Turbulenzen hinter Stenosen im Bereich der Karotis oder der Aorta ascendens. In 40% der Fälle sind die Embolien kardialen Ursprungs.

### Hämodynamisch bedingte Ischämie

Bei Stenosen, die zu mehr als 70% das Lumen einengen, kann die Querschnittsreduktion nicht durch eine Flußbeschleunigung kompensiert werden. Dadurch kann es zu einer hämodynamisch bedingten Ischämie kommen. Der Befall mehrerer hirnversorgender Arterien kann dies verstärken. Die Ausbildung einer neurologischen Symptomatik ist nicht obligat: In vielen Fällen bleiben hochgradige Stenosen und Verschlüsse asymptomatisch.

### Diagnostik

Neben der internistischen und neurologischen Untersuchung ist die Dopplersonographie der Halsgefäße die Methode der Wahl, höhergradige Strombahnhindernisse zu erkennen. Nicht-stenosierende Wandveränderungen, die Ursache von Embolien sein können, können mit Duplexsonographie oder intraarterieller digitaler Subtraktionsangiographie nachgewiesen werden. Bei ischämisch neurologischen Ereignissen ist eine Computertomographie mit Kontrastmittel obligat, wobei in den ersten 3 Tagen nach Ereignis das ischämische Areal häufig noch nicht dargestellt werden kann. Das Schema des diagnostischen Vorgehens zeigt Abb. 5.3.

### Therapie

**Operabilität des Patienten.** Patienten mit Karotiserkrankung leiden häufig an einer ***koronaren Herzerkrankung.*** Schon bei geringer kardialer Symptomatik muß eine Koronarangiographie der Karotisoperation vorangehen, häufig muß eine Koronardilatation der Karotisoperation vorgeschaltet oder eine koronare Bypassoperation gleichzeitig mit der Karotisoperation durchgeführt werden. 50% der Patienten mit zerebralen Ereignissen sterben in den nächsten 3–5 Jahren an kardialen Komplikationen, nur ca. 5% an zerebralen.

**Die Karotisstenose tritt meist gemeinsam mit Koronarstenosen und -verschlüssen auf.**

**Symptomatische Karotisstenose.** Die hochgradige (>70 %) symptomatische Karotisstenose ist in einem Beobachtungszeitraum von 3 Jahren zu über 35% Auslöser eines Schlaganfalls. Hier ist die chirurgische Thrombendatherektomie (bei allgemeiner Operabilität des Patienten) angezeigt, bei der es intraoperativ in 2–6% und postoperativ in einem Zeitraum von 3 Jahren in 3% zum Auftreten neurologischer Ereignisse kommt. Wenn möglich, sollte die Operation nicht eher als 6 Wochen nach dem Ereignis erfolgen, da bei Wiedereröffnung der Strombahn eine Einblutung in das frische ischämische Areal erfolgen kann. Bei häufig auftretenden Ereignissen ist diese Frist nicht einzuhalten.

**Tabelle 5.2.** Zerebrale neurologische Ereignisse: Nomenklatur

*RIA (reversible ischämische Attacken)*
- TIA (transitorisch ischämische Attacke)
  Symptome haben sich innerhalb von 24 h komplett zurückgebildet
- RIND (reversibles ischämisches neurologisches Defizit)
  Symptome sind innerhalb weniger Minuten entstanden und nach 3 Tagen komplett zurückgebildet
- PRIND (progressives reversibles ischämisches neurologisches Defizit)
  Symptome sind progressiv innerhalb von 6 h entstanden und nach 3 Tagen komplett zurückgebildet

*„Stroke" (Schlaganfall)*
- CS („completed stroke")
  Symptome sind innerhalb weniger Minuten entstanden und nach 3 Tagen noch nicht komplett zurückgebildet
- PS („progressive stroke")
  Symptome sind progressiv entstanden und nach 3 Tagen nicht komplett zurückgebildet

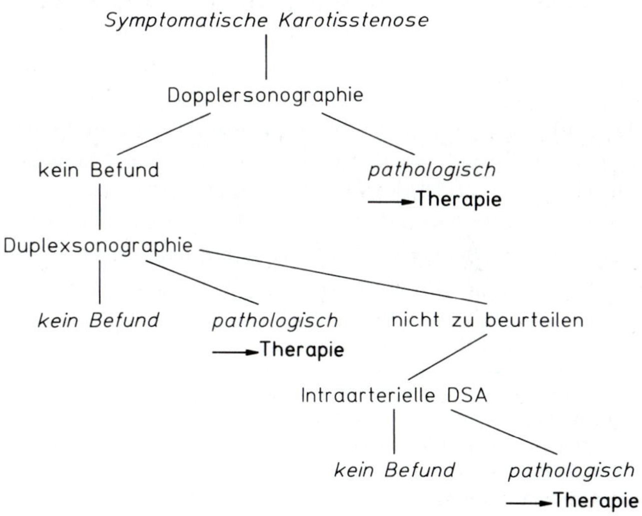


**Abb. 5.3.** Schema des diagnostischen Vorgehens bei symptomatischer Karotisstenose

**Asymptomatische Karotisstenose.** Die einseitige asymptomatische Karotisstenose ist keine Operationsindikation. Der Spontanverlauf unter Therapie mit Acetylsalizylsäure (300 mg/Tag) unterscheidet sich nicht vom Verlauf bei operativer Therapie in bezug auf nachfolgende neurologische Ereignisse.

**Tabelle 5.3.** Therapie von atherosklerotischen Veränderungen der A. carotis

| Erkrankung | Therapie |
|---|---|
| *Asymptomatische Karotisstenose* | |
| <80% | Keine |
| >80% | Acetylsalizylsäure 300 mg/Tag |
| Beidseitig>80% | Operation |
| *Symptomatische Karotisstenose* | |
| <80% | Operation (?) |
| >80% | Operation |
| Symptomatisches Plaque ohne Stenose | Acetylsalizylsäure 300 mg/Tag, bei Rezidiv Operation |
| Verschluß der A. carotis | Keine Operation möglich. Extra-Intra-kranieller Bypass nur bei Verschluß mehrerer hirnversorgender Arterien |

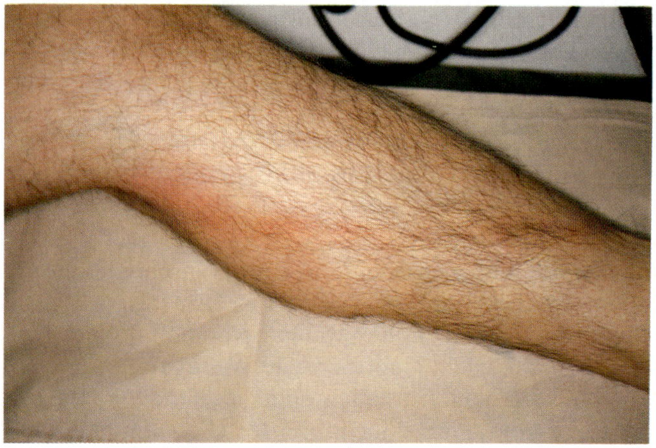

**Abb. 5.4.** Phlebitis eines Patienten mit Thrombangiitis obliterans

*Ulzerierte Plaques:* Noch wenig untersucht ist die Prognose der hämodynamisch nicht wirksamen symptomatischen Karotisveränderungen (z. B. exulzeriertes Plaque). Man vermutet, daß die Therapie mit Acetylsalyzylsäure (300 mg/Tag) der Operation ebenbürtig ist. Daraus ergibt sich das in Tabelle 5.3 dargestellte Schema zur Therapie zerebraler Durchblutungsstörungen.
*Kardiale Emboliequellen:* Diese müssen ausgeschaltet (z. B. Arrhythmie) oder, wenn nicht möglich, durch Antikoagulation therapiert werden. Auch hier gilt, daß hohes Lebensalter allein keine Kontraindikation zur Antikoagulation darstellt.

**Asymptomatische isolierte Karotisstenosen werden konservativ therapiert, symptomatische werden bei über 70%iger Stenose operiert.**

## 5.1.5 Thrombangiitis obliterans (Morbus Winiwarter-Buerger)

### Klinisches Bild

Die Thrombangiitis obliterans ist ein eigenständiges Krankheitsbild. Ein Entzündungsprozeß ungeklärter Ätiologie verursacht den Verschluß peripherer Arterien an der oberen und unteren Extremität und kann auch Venen in Form von Thrombosen und Phlebitiden (Abb. 5.4) befallen. Es handelt sich um Patienten, die obligat mehr als 15 Zigaretten/Tag rauchen und deutlich jünger sind als Patienten mit degenerativen Arteriopathien (Beginn oft vor dem 30. Lebensjahr). Das klinische Erscheinungsbild mit ***Claudicatio, Ruheschmerz*** und ***Gangrän*** entspricht dem der degenerativen Arteriopathie, die Lokalisation der Verschlüsse liegt deutlich peripherer. Die Häufigkeit der Thrombangiitis obliterans, die in westlichen Ländern relativ selten vorkommt, nimmt in Richtung Nahost, Südostasien und Orient deutlich zu.

**Frühmanifestation.** Kältegefühl der Extremitäten im Sinne eines Raynaud-Phänomens sind oft die ersten Zeichen der Erkrankung. Ursache sind segmentale Finger- und Zehenarterienverschlüsse. Durch den distalen Befall kann es vor Auftreten einer Claudicatio zu nekrotischen Veränderungen an Fingern oder Zehen kommen. Die Gefäße sind vasospastisch verändert und in der Folge verschlossen, vor allem kleinere Gefäße sind betroffen.

### Therapie

Bei noch nicht lange bestehender Krankheit ist bei den meist jüngeren Patienten neben der ***völligen Nikotinkarenz*** die ***systemische Lyse*** mit Streptokinase oder Urokinase die Therapie der Wahl. Bei Lysekontraindikationen oder älteren Verschlüssen (älter als 6 Monate) müssen konservative Maßnahmen, analog der degenerativen Angiopathie (s. S. 123) durchgeführt werden. Vor allem schwere Durchblutungsstörungen der Finger bei Thrombangiitis obliterans sprechen auf eine isovolämische Hämodilution oder Prostazyklintherapie gut an. Die Ergebnisse einer Sympathektomie, chirurgisch oder chemisch, sind meist enttäuschend. Die Nikotinkarenz ist das Haupttherapieprinzip. Da dies häufig nicht eingehalten wird, kann die Thrombangiitis obliterans in jungen Jahren zu Amputationen und zur Berufsunfähigkeit des Patienten führen.

**Arterielle Verschlußkrankheit, akrale Ischämien und Nekrosen bei jüngeren Rauchern lassen das Vorliegen einer Thrombangiitis obliterans (Morbus Winiwarter-Buerger) vermuten.**

## 5.1.6 Ergotaminintoxikation (Ergotismus)

**Klinisches Bild.** Secalealkaloide führten schon im Mittelalter durch die Verbreitung von Claviceps purpurea auf Getreideähren zu akutem und chronischem Ergotismus. Heute tritt dieser vor allem bei Anwendung ergotaminhaltiger Schmerzmittel zur Migränetherapie auf. Es kommt zur Vasokonstriktion, die in milden Verlaufsformen reversibel ist. Langzeitexposition kann durch Gefäßverschlüsse bis zur Gangrän führen. Die Angiographie zeigt hauchdünne Gefäße, Pulse sind meist nicht mehr tastbar.

**Therapie.** Sofortiges Absetzen von Ergotamin, in schweren Fällen systemische Lyse. Gute Ergebnisse wurden auch durch sofortige i. v.-Gabe von Nitroprussidnatrium berichtet. Wichtig ist, Patienten mit schweren und häufigen Migräneattacken einer Anfallsprophylaxe (z. B. β-Blocker) zuzuführen, um die Einnahme ergotaminhaltiger Präparate zu verhindern.

**Akute Ischämie der Beine bei einem Migränepatienten läßt eine Ergotaminintoxikation vermuten.**

## 5.1.7 Engpaßsyndrome

### Thoracic-outlet-Syndrom

**Klinisches Bild.** Durch die anatomischen Gegebenheiten des Schultergürtels können 4 Engpaßsyndrome entstehen, die sowohl A. als auch V. subclavia und Plexus brachialis ganz oder teilweise betreffen können: das ***kostoklavikuläre Syndrom,*** das ***Scalenus-anterior-Syndrom,*** das ***Hyperabduktionssyndrom*** und das ***Halsrippensyndrom.*** Am häufigsten ist das kostoklavikuläre Syndrom. Hier wird zwischen 1. Rippe und Klavikula ein Schereffekt erzeugt, der A. und V. subclavia stenosieren und ggf. vollständig abdrücken kann.

**Diagnostik.** Das kostoklavikuläre Syndrom kann z. B. durch das „military-exercise"-Manöver (extreme Geradehaltung der Lendenwirbelsäule, beide Schultern nach hinten) provoziert werden. Dabei wird bei stenosierter A. subclavia ein Strömungsgeräusch auskultierbar, bei höhergradiger Obstruktion sind die Pulse nicht mehr tastbar. Die Veränderungen können auch in einer Angiographie in Provokationsstellung (i. v. oder i. a. DSA) nachgewiesen werden.

Chronische Schädigung der A. subclavia kann zu Embolisationen in die Peripherie mit Fingerarterienverschlüssen oder zum Verschluß der A. subclavia führen.

**Therapie.** Therapie des symptomatischen Thoracic-outlet-Syndroms ist die Resektion der Halsrippe, der 1. Rippe oder die Erweiterung der Skalenuslücke (nach Genese), die, transaxillär durchgeführt, ein auch kosmetisch befriedigendes Ergebnis liefert.

**Bei Durchblutungsstörungen der Hand muß an das Vorliegen eines symptomatischen Thoracic-outlet-Syndroms gedacht werden.**

### Entrapment der Arteria poplitea

**Definition und Vorkommen.** Die A. poplitea verläuft zwischen den beiden Köpfen des M. gastrocnemius. Durch anatomische Variationen (Aberrationen der Muskulatur oder Faszie, Dislokation der Arterie oder Hypertrophie der Muskulatur) kann der mediale Kopf des M. gastrocnemius die A. poplitea gegen den Femorkondylus drücken und chronisch schädigen. Dies führt zur lokalen Wandverdickung, die Ursache für periphere Embolien oder lokale Verschlüsse der A. poplitea darstellen kann. Patienten mit Entrapment-Syndrom klagen über Claudicatiosymptomatik bei Anspannung der Wade (Dauerlauf, Jogging, Treppensteigen). Meist sind sportlich aktive Personen betroffen, bei denen der mediale Kopf des M. gastrocnemius hypertrophiert ist.

Gelegentlich ist auch die V. poplitea betroffen, deren chronische Abklemmung zur Venenthrombose führen kann.

**Diagnostik.** Das Verschwinden der dopplersonographisch nachgewiesenen Pulsation der A. tibialis posterior oder dorsalis pedis am liegenden Patienten bei isometrischem Druck mit leicht abgewinkeltem Fuß gegen einen Widerstand beweist das Vorliegen dieser Einengung. Zur genauen präoperativen Lokalisation muß eine ***Angiographie in Provokationsstellung*** durchgeführt werden.

**Therapie.** Das symptomatische Entrapment-Syndrom bei noch offener A. poplitea wird durch chirurgische Durchtrennung der einengenden Muskelstrukturen beseitigt. Bei verschlossenen Gefäßabschnitten sind wegen der vorbestehenden Wandschädigung Katheterrekanalisationen meist nicht erfolgreich. Hier ist chirurgischen Verfahren (z. B. Bypassoperation) der Vorzug zu geben.

**Atypische Claudicatio intermittens der Wade nach Belastung bei jungen, sportlichen Patienten ohne Risikofaktoren kann durch ein Entrapment der A. poplitea verursacht sein.**

### 5.1.8 Posttraumatisches Raynaud-Phänomen (Vibrationstrauma und Hypothenar-Hammer-Syndrom)

#### Vibrationstrauma

Die Handhabung von Schlagbohrmaschinen, Preßlufthämmern, Motorsägen und ähnlichen Geräten kann eine Vasospastik der Fingerarterien auslösen, die bei chronischer Exposition reflektorische oder embolische Fingerarterienverschlüsse verursachen kann. Häufig sind diese Veränderungen mit einer Sklerodaktylie vergesellschaftet. Schwere Verlaufsformen können zur Fingeramputation führen und eine Berufsunfähigkeit bedingen.

#### Hypothenar-Hammer-Syndrom

Autospengler, Schreiner, Fußbodenleger und andere Handwerker verwenden den ulnaren Handballen als Schlagwerkzeug (z. B. Schlag auf Hobel). Dadurch wird der ulnare arterielle Hohlhandbogen traumatisiert, was primär zur Verdickung der Gefäßwand, damit zu Embolien und schließlich zum kompletten Verschluß des ulnaren Hohlhandbogens führen kann. Betroffen sind meist die Finger 3–5, schwere Formen mit Fingernekrosen, die zur Amputation einzelner Finger führen, sind nicht selten.

#### Diagnostik

Der Verschluß des Hohlhandbogens kann klinisch durch den Allen-Test nachgewiesen werden (Ischämie der Hand bei Arbeit und gleichzeitiger Kompression von A. radialis bzw. ulnaris). Die arterielle DSA kann die Diagnose sichern.

#### Therapie

Nur bei kurz bestehenden schweren Störungen kann eine systemische Lyse erwogen werden. Da es sich jedoch bei Hypothenar-Hammer-Syndrom und Vibrationstrauma meist um langjährige Schädigungen handelt, stehen konservative Maßnahmen im Vordergrund: Meiden der Exposition, Kälteschutz und rheologische Therapie zur Verbesserung der Viskosität in Verbindung mit Fingerübungen zur Ausbildung eines Kollateralkreislaufes.

**Verwenden Handwerker ihre Hand als Schlagwerkzeug oder arbeiten mit vibrierendem Werkzeug, so können die Arterien von Mittelhand und Fingern reflektorisch oder embolisch irreversibel geschädigt werden.**

### 5.1.9 Vaskulitissyndrome

#### Arteriitis temporalis

**Definition und Vorkommen.** Die Arteriitis temporalis (Riesenzellarteriitis, Arteriitis cranialis) ist eine Panarteriitis mit entzündlichen mononukleären Zellinfiltraten in der Arterienwand, die häufig in Form von Riesenzellen auftreten. Die Intima erscheint proliferiert. Es sind große und mittelgroße Arterien betroffen, meist Äste der A. carotis. Es sind jedoch Riesenzellarteriitiden in allen übrigen Gefäßgebieten bekannt.

**Klinik.** Die Patienten mit der kranialen Form der Erkrankung klagen meist, ähnlich wie bei der eng verwandten Polymyalgie, über ***Schmerzen im Bereich des Schultergürtels*** und, bei Befall der A. temporalis, über ***Kopfschmerzen.*** Die Patienten fühlen sich abgeschlagen, sind oft anorektisch. Laborchemisch stehen eine deutliche Senkungsbeschleunigung, eine Anämie, ein erniedrigtes

Serumeisen sowie eine Erhöhung der $\alpha_2$-Fraktion der Elektrophorese im Vordergrund. Vor allem bei älteren Leuten kann die Erkrankung asymptomatisch oder monosymptomatisch (z.B. Gewichtabnahme) auftreten und nur durch die pathologischen Laborwerte diagnostiziert werden. Gehäuft werden Frauen, älter als 55 Jahre, von der Krankheit betroffen. Abweichungen davon gibt es vor allem bei peripherem Befall (z.B. A. femoralis).

**Diagnostik.** Die Diagnose der kranialen Riesenzellarteriitis kann häufig durch die Symptomatik und die pathologischen Laborwerte gestellt werden. Dramatische Besserung wenige Stunden nach Kortisongabe bestätigt die Diagnose. Bei unklaren Befunden kann nur die Biopsie der betroffenen Arterie die Diagnose sichern, wobei wegen des segmentalen Befalls negative Biopsien die Diagnose nicht ausschließen. Die Aorta thoracalis und abdominalis kann bei der Riesenzellarteriitis mitbetroffen sein, teilweise ist die Aorta abdominalis isoliert befallen. Der Befall von A. femoralis superficialis und A. femoralis profunda ist häufig Ursache einer Claudicatio.

**Therapie.** Therapie der Wahl ist die ***Kortikoidtherapie*** (Beginn mit Prednison 60 mg in absteigender Dosierung). Häufig muß eine Erhaltungsdosis von 5–10 mg/Tag bis zu 2 Jahre lang gegeben werden. Die Kortikoidtherapie verkürzt nicht die Krankheitsdauer (1–2 Jahre), sondern beseitigt nur die Symptome.

**Kopfschmerzen, Myalgien des Schultergürtels und Gewichtsabnahme bei älteren Patienten machen in Verbindung mit stark beschleunigter Senkung und Erhöhung der $\alpha_2$-Fraktion in der Elektrophorese das Vorliegen einer Arteriitis temporalis oder einer Polymyalgia rheumatica wahrscheinlich.**

### Aortenbogensyndrom

**Definition und Vorkommen.** Beim Aortenbogensyndrom (Takayasu-Arteriitis) sind mittelgroße und große Arterien des Aortenbogens durch Entzündung kurz nach ihrem Abgang stenosiert oder verschlossen. Die Erkrankung befällt hauptsächlich Frauen, meist vor dem 40. Lebensjahr. Koronararterien und Nierenarterien können mitbefallen sein. Die Histologie ähnelt der Riesenzellarteriitis. Am Beginn der Erkrankung fühlen sich die Patienten abgeschlagen und müde (grippeähnliche Symptomatik). Der eigentliche Gefäßbefall kann sich am Abgang der zerebralen Arterien durch neurologische Symptomatik, an den Nierenarterien als Verschluß mit nachfolgender Hypertonie, an den Pulmonalarterien durch Ausbildung einer pulmonalen Hypertonie zeigen. Das häufigste Symptom ist der ***nicht tastbare Puls der A. radialis und A. ulnaris*** bei beginnender Abgangstenosierung der A. subclavia. Gelegentlich tritt ein ***„Vertebralis-steal-Syndrom“*** auf. Dabei dient die ipsilaterale, retrograd durchflossene A. vertebralis als den Arm versorgendes Kollateralgefäß bei hochgradiger Stenose oder Verschluß der A. subclavia. Dadurch kann bei Muskelarbeit durch den retrograden Vertebralisfluß eine neurologische Symptomatik ausgelöst werden.

Die Veränderungen in den Laborwerten sind weniger dramatisch als bei der Riesenzellarteriitis. Die Senkung kann mäßig beschleunigt sein, die Anämie mild. Die betroffenen Gefäße sind häufig einer Biopsie nicht zugänglich. Die Angiographie zeigt die charakteristischen stenosierenden oder okkludierenden Veränderungen kurz nach dem Abgang von A. subclavia, Truncus cervicobrachialis und A. carotis communis.

**Therapie.** Kortison (Prednison 60 mg in absteigender Dosierung) kann die Begleitbeschwerden lindern. Ob die Progression der Veränderung gestoppt werden kann, ist fraglich. Häufig sind zusätzliche gefäßchirurgische Rekonstruktionen nötig.

## 5.1.10 Infektiöse Arteriitis

**Definition und Vorkommen.** Bakteriämie (Sepsis oder Embolie z. B. bei Endokarditis) kann zur Ansiedlung von Keimen im Bereich der Vasa vasorum führen und Ausgangspunkt für einen ***bakteriellen Abszeß*** sein. Atherosklerotisch vorgeschädigte Blutgefäße erkranken häufiger. Diese Abszesse können zur Aneurysmabildung führen und werden hauptsächlich in Aorta, A. femoralis und den arteriellen Gefäßen des Unterschenkels gefunden (Abb. 5.5). Häufigster Auslöser ist eine bakterielle Endokarditis, 25% der Patienten zeigen multiple Aneurysmen. Im Aneurysma findet man Streptokokken, Staphylokokken, auch Salmonellen. Der Ausdruck „mykotisches“ Aneurysma stammt aus der ersten Fallbeschreibung von Osler.

**Therapie.** Therapie der Wahl ist die antibakterielle Therapie sowie die chirurgische Ausschaltung der rupturge-

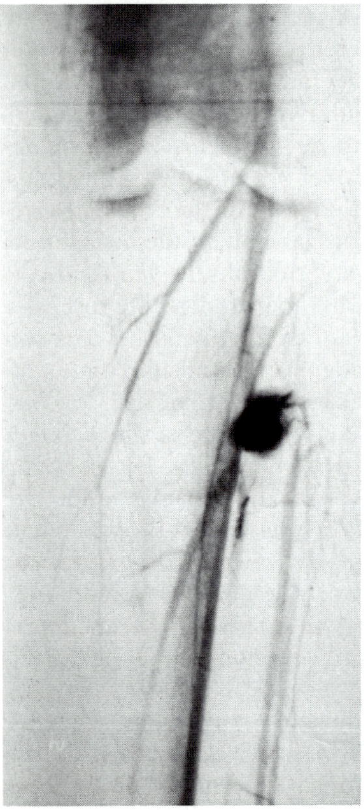

**Abb. 5.5** Mykotisches Aneurysma im Bereich des Unterschenkels bei einer 32jährigen Patientin mit Endokarditis bei Urosepsis (konventionelle Angiographie)

fährdeten Aneurysmen, die bei noch durchgängigem Lumen in die Peripherie embolisieren können.

### 5.1.11 Morbus Raynaud

**Definition und Vorkommen.** Beim primären Morbus Raynaud handelt es sich um anfallsweise, meist durch Kälte oder Feuchtigkeit ausgelöste ***Vasospastik*** von Fingern und/oder Zehen ***ohne erkennbare Grunderkrankung.*** Dem sekundären Morbus Raynaud (Raynaud-Phänomen) liegen organische Erkrankungen (z. B. Fingerarterienembolie) zu Grunde.

Aa. radialis und ulnaris sind tastbar, in den distalen Fingerarterien ist dopplersonographisch keine Blutströmung nachweisbar. Frauen werden von der Erkrankung häufiger befallen als Männer. In seltenen Fällen können bei Morbus Raynaud nekrotisierende Veränderungen der Fingerkuppen auftreten. Nasenspitze, Wangen, Ohren und Kinn können neben Fingern und Zehen ebenfalls befallen sein. Die Diagnose eines Morbus Raynaud ist schwer zu stellen: Noch Jahre nach Auftreten des Morbus Raynaud kann sich das Vollbild einer Sklerodermie, eines Lupus erythematodes, eines Sharp-Syndroms oder einer anderen Kollagenose ausbilden, so daß dann von einem sekundären Raynaud-Phänomen gesprochen werden muß. Aus diesem Grunde sind Patienten mit neu aufgetretenem Morbus Raynaud in jährlichen Abständen internistisch zu untersuchen. Ursachen des sekundären Raynaud-Phänomens können Thrombangiitis obliterans, Hypothenar-Hammer-Syndrom, Vibrationstrauma, Atherosklerose, Embolie, Kollagenose, Ergotismus, Hyperviskositäts-Syndrom und Kryopathien sein.

**Therapie.** Die Therapie des Morbus Raynaud muß sich auf ***Warmhalten der Extremität*** beschränken (Seidenhandschuhe unter Wollhandschuhen, Handschuhe mit „Hot-Pack", kleine Taschenöfchen aus dem Jagdgeschäft). Nifedipin kann, in der kalten Jahreszeit gegeben, durch Vasodilatation eine Linderung bringen. Lokale Nitroanwendung (z. B. Nitrodermspray) kann den Anfall durchbrechen. Positive Therapieerfolge werden mit autogenem Training und Temperaturbiofeedback berichtet.

**Die anfallsweise, symmetrische, intermittierende Minderdurchblutung in Fingern oder Zehen meist mit Aussparung des Daumens, nach Wärmeapplikation reversibel, wird M. Raynaud genannt. Im Gegensatz dazu steht das Raynaud-Phänomen als Sammelbegriff aller sekundären akralen Durchblutungsstörungen.**

### 5.1.12 Akrozyanose

**Definition und Vorkommen.** Dauernde kalte, bläulich verfärbte Hände ohne nennenswerte Beschwerden, meist bei jungen Mädchen, wird Akrozyanose genannt. Die Ätiologie ist unklar, eine Fehlinnervierung der Venolen mit nachfolgender Dilatation in Verbindung mit einer dauernden, kälteunabhängigen Spastik der Arteriolen wird vermutet. Diese Erkrankung heilt mit zunehmendem Lebensalter aus, gravierende Folgeerscheinungen wie Gangrän werden nicht beobachtet. Eine Therapie ist nicht verfügbar und auch nicht nötig.

Hauptunterschiede zum Morbus Raynaud sind der fehlende Anfallscharakter, die bläuliche Verfärbung von

## FALL 5 B

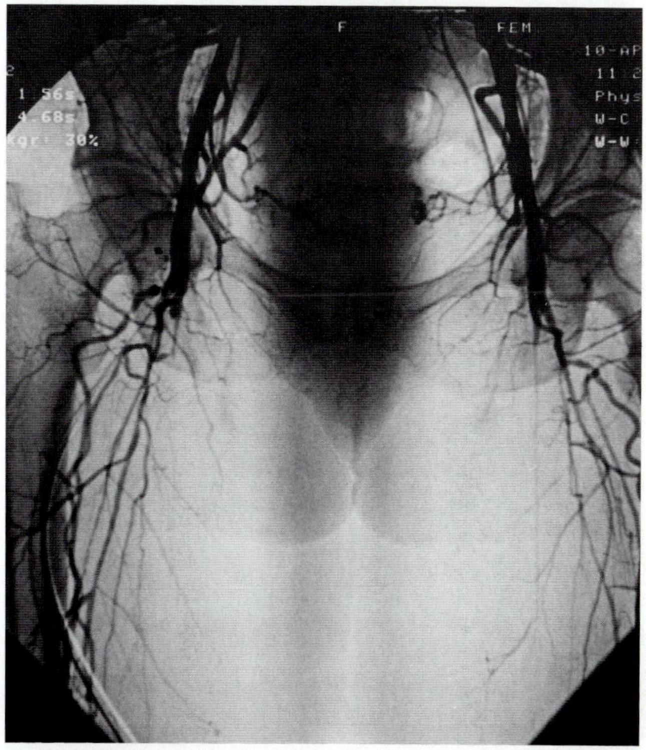

**Abb. 5 B.** Angiographie. Verschluß der A. femoralis superficialis und der A. femoralis profunda

**Anamnese.** Eine 34jährige Frau ohne Risikofaktoren klagt über eine zunehmende Claudicatio intermittens, die Wegstrecke beträgt zum Zeitpunkt der Diagnosestellung 30 m in der Ebene, dann treten Schmerzen in beiden Waden auf.

**Befunde.** Klinische Untersuchung: nicht tastbare Pulse der Aa. poplitea, dorsalis pedis und tibialis posterior beidseits, deutliche Gefäßgeräusche in beiden Leisten auskultierbar.

Laboruntersuchung: Hb von 12 g/dl, Eisen 35 μg/dl, Erhöhung von $\alpha_2$ in der Serumelektrophorese.

Die Angiographie zeigt einen kompletten Verschluß der Aa. femoralis superficialis und profunda femoris im Bereich der Femoralisgabel. Dort befindliche Kollateralen der A. circumflexa femoris sind hochgradig stenosiert. Die offene Biopsie der verschlossenen A. femoralis superficialis zeigt das histologische Bild einer Riesenzellarteriitis.

**Therapie und Verlauf.** Nach eingeleiteter Kortikoidtherapie und unter intensivem Gehtraining konnte durch Verbesserung der Kollateralisierung eine schmerzfreie Wegstrecke von 300 m erreicht werden.

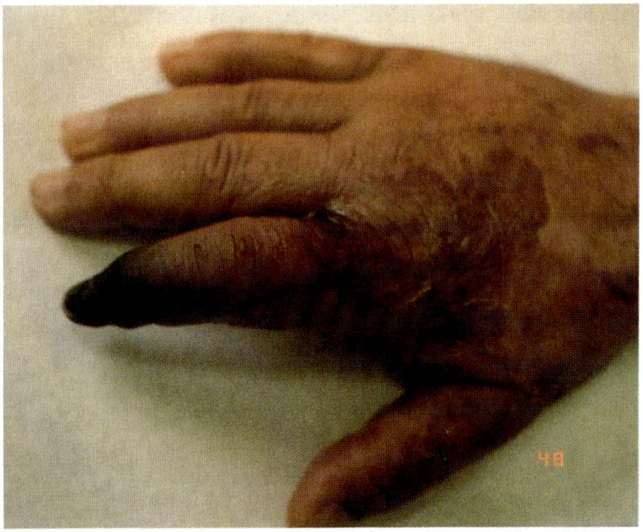

**Abb. 5.6.** Nekrose in Dig 2 nach intraarterieller Injektion von Diazepam in die A. radialis

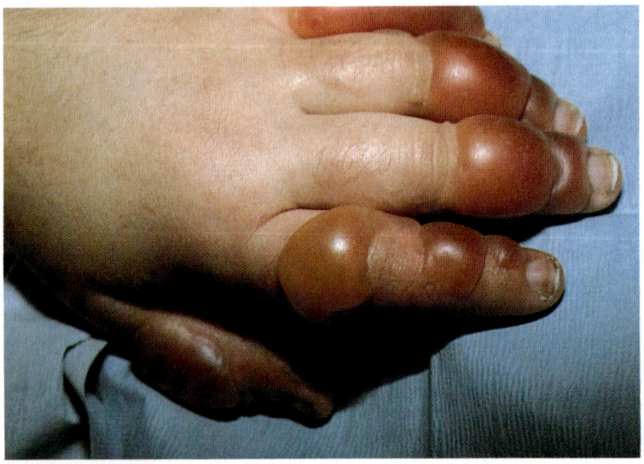

**Abb. 5.7.** Zustand nach schwerer Erfrierung der Hände einer 22jährigen Frau. Die Finger wurden in der Folge nekrotisch und mußten amputiert werden

Hand und Fingern (Morbus Raynaud: wechselnd weiß und rot), und die fehlende Temperaturabhängigkeit.

**Bei dauernd bläulichen, kalten, oft schwitzigen Händen ohne nennenswerte Temperaturabhängigkeit handelt es sich nicht um einen Morbus Raynaud, sondern um eine für den Patienten harmlose Akrozyanose.**

### 5.1.13 Intraarterielle Injektionen

Schwerste akrale Nekrosen können nach versehentlichen intraarteriellen Injektionen z. B. von Diazepam auftreten (Abb. 5.6). Auch Narkosemittel, Tranquilizer, Kortisonderivate und verschiedene Analgetika können, intraarteriell appliziert, durch Blockierung der Arteriolen zu schwersten nekrotisierenden Läsionen führen.

**Die intraarterielle Applikation nicht dafür vorgesehener Medikamente ist durch sichere intravenöse Lage der Nadel zu vermeiden (keine Pulsation, kein hellrotes Blut!).**

### 5.1.14 Erfrierungen und Frostbeulen

Kälteeinwirkung kann zu Kälteschäden des gesamten Gewebes führen (Abb. 5.7), die häufig nicht reversibel sind. Infolge der Kälteeinwirkung können kleine und mittlere Gefäße thrombosieren. Aus diesem Grunde kann die systemische Lysetherapie bei akuten schweren Erfrierungen häufig das klinische Bild deutlich bessern. Wenn das Gewebe jedoch durchgefroren war, ist meist die Amputation der betroffenen Finger oder Zehen unumgänglich.

*Frostbeulen* entstehen durch akute Kälteschäden nicht ausreichend geschützter isolierter Gewebepartien (z. B. Zehenballen). Die Kälteexposition führt zur Vasokonstriktion darunterliegender kleiner Arterien. Die Stelle ist anfänglich blaß, nach Vasodilatation kommt es häufig zu reaktiver Hyperämie, die von starkem Juckreiz begleitet sein kann.

**Therapie.** Die Therapie besteht in der vorsichtigen Erwärmung des Gewebes (Wasserbad oder Heizkissen nicht wärmer als 30° Celsius, Gefahr der Verbrennung im ischämischen Gewebe). Die Körpertemperatur sollte möglichst schnell wiederhergestellt werden. Ein positiver Effekt einer rasch eingeleiteten Antikoagulation konnte nicht gezeigt werden. Häufig wird gangränöses Gewebe nach bis zu 3 Monaten abgestoßen. Akute Erfrierungen sollten einer systemischen Lyse zugeführt werden, um frische Thromben in den kleinen Gefäßen aufzulösen. Im Akutstadium kann so die Ausbildung einer Gangrän verhindert werden.

## 5.2 Erkrankungen der Venen

### 5.2.1 Venenthrombose

#### Definition und Vorkommen

Die Hauptauslöser einer tiefen Bein- und Beckenvenenthrombose sind in Tabelle 5.4 dargestellt. Das klinische Bild (geschwollene, gerötete Extremität, Schmerz beim Auftreten, Überwärmung; Abb. 5.8) kann durch andere Krankheiten ebenso ausgelöst werden, die tiefe Beinvenenthrombose kann auch relativ asymptomatisch verlaufen. Die klinische Untersuchung ist meist ungeeignet, eine tiefe Beinvenenthrombose zu beweisen oder auszuschließen.

**Risiko der tiefen Beinvenenthrombose.** Da die unbehandelte tiefe Beinvenenthrombose mit einem hohen ***Lungenembolierisiko*** einhergeht (bis 50%), muß bei Verdacht die Diagnostik mit apparativen Mitteln betrieben werden, um entsprechende therapeutische Schritte einleiten zu können. Nach großen Operationen (vor allem nach orthopädischen) und bei Bettlägerigkeit und Inaktivität treten gehäuft tiefe Beinvenenthrombosen auf. Daher muß diese Patientengruppe durch subkutane ***Low-dose-Heparinisierung*** prophylaktisch behandelt werden.

#### Diagnostik

Die sichere Diagnosestellung ist nur durch Duplexsonographie und/oder Phlebographie möglich. Venenverschlußplethysmographie, Radiojodfibrinogentest, Venendruckmessung und Dopplersonographie geben in der Diagnostik zwar Hinweise, aber keine ausreichende Sicherheit, um therapeutische Schritte einzuleiten.

#### Therapie

**Unterschenkelvenenthrombose.** Die tiefe Venenthrombose des Unterschenkels ohne Einschluß der V. poplitea wird durch Kompressionsbehandlung, subkutane Heparinisierung (z. B. 3mal 7500 IE) und kurzer anschließender Antikoagulation (z. B. Marcumar) über ca. 2 Monate (nicht obligat) therapiert. Bettruhe ist nicht einzuhalten.

**Tabelle 5.4.** Hauptauslöser einer tiefen Beinvenenthrombose

| |
|---|
| Immobilisation (auch langes Sitzen, z. B. Flug) |
| Zustand nach Operation (vor allem orthopädisch und gynäkologisch) |
| Zustand nach Herzinfarkt |
| Thrombangiitis |
| Gabe von venendilatierenden Medikamenten (Halothan, Furosemid, Nitrate) |
| Östrogene |
| Übergewicht |
| Schwangerschaft |
| Varikosis |
| Malignom (z. B. Magen, Pankreas) |

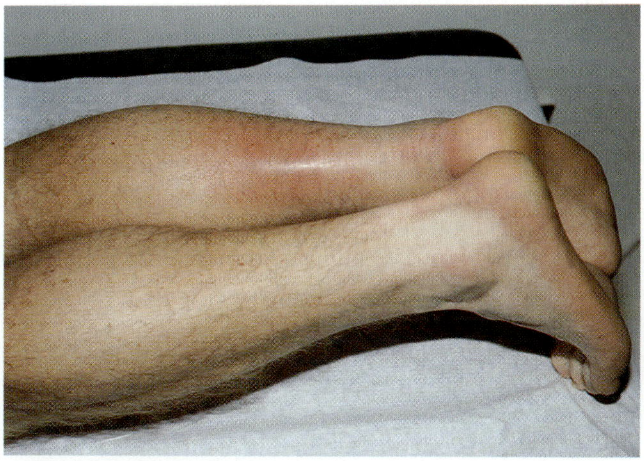

**Abb. 5.8.** Tiefe Beinvenenthrombose mit geröteter geschwollener Wade

**Oberschenkel- und Beckenvenenthrombose.** Bei tiefer Oberschenkel- und Beckenvenenthrombose muß ***absolute Bettruhe*** bis 10–14 Tage nach Eintreten des Ereignisses eingehalten werden. Zur Antikoagulation muß intravenös Heparin PTT-wirksam über Perfusor verabreicht werden (keine „low-dose"-Gabe!). Bei klinisch ausgeprägtem Beschwerdebild und fehlenden Kontraindikationen kann eine systemische Lyse (empfohlene Dosierung 1,5 Mio. IE Streptokinase/h über 6 h an 2–3 aufeinanderfolgenden Tagen, alternativ Urokinase ca. 100000 Einheiten/h bis zu 2 Wochen) durchgeführt werden. Nur mit dieser Therapie kann eine Restitutio auch des Klappenapparates erreicht werden. Die Mortalität der systemischen Lyse beträgt 0,4–1,5%.

Im Anschluß ist bei der unkomplizierten tiefen Beinvenenthrombose eine Antikoagulation von 6–12 Monaten, bei rezidivierender tiefer Beinvenenthrombose mit Lungenembolien eine lebenslange Antikoagulation einzuleiten. Acetylsalizylsäure hat weder in der Prophylaxe noch in der Therapie oder Nachsorge der tiefen Beinvenenthrombose erwiesene Wirksamkeit.

**Bei Verdacht auf tiefe Beinvenenthrombose ist unverzüglich vor Diagnosesicherung eine Antikoagulation einzuleiten. Um eine mögliche systemische Lyse nicht zu vereiteln, sind intramuskuläre Injektionen verboten.**

## 5.2.2 Thrombophlebitis

**Definition und Vorkommen.** Bei der Thrombophlebitis handelt es sich um eine Entzündung der Wand oberflächlicher, häufig varikös veränderter Venen, teilweise mit einem intraluminalen Thrombus, durch Blutstase, Thrombus, Trauma, Infektion, als Begleiterscheinung einer Thrombangiitis oder als paraneoplastisches Syndrom. Das Hautgebiet entlang der entzündeten Vene ist gerötet, überwärmt, im älteren Stadium bräunlich induriert.

**Diagnostik.** Die oberflächliche Thrombophlebitis kann klinisch diagnostiziert werden. Der gerötete Strang entlang des Verlaufs der Vene (z. B. V. saphena magna) und das klassische Beschwerdebild sind nicht zu verwechseln.

**Therapie.** Die unkomplizierte Thrombophlebitis wird durch ***Kompressionsverband*** und ***antiphlogistische Therapie*** (z. B. Diclofenac) über mehrere Tage therapiert. Organisierte Thromben müssen häufig durch ***Stichinzision*** entleert werden. Bei Gefahr des Aufsteigens einer Phlebitis im Bereich der V. saphena magna und Überspringens ins tiefe Venensystem ist eine Heparinisierung angezeigt. Während die unkomplizierte Thrombophlebitis nie zu einer Lungenembolie Anlaß gibt, kann dies bei Überspringen der Entzündung von der V. saphena magna aufs tiefe Venensystem möglich sein. Zur Prophylaxe sind Risikofaktoren auszuschalten (Ovulationshemmer, Rauchen) und variköse Venen operativ zu sanieren oder mit ständiger Kompressionsbehandlung zu therapieren).

**Keine Bettruhe bei Phlebitis (Muskelpumpe!), Antikoagulation bei aufsteigender Entzündung.**

## 5.2.3 Postthrombotisches Syndrom

**Definition und Vorkommen.** Nach thrombotischer Okklusion tiefer Venen bildet sich ein ***Kollateralkreislauf*** über das oberflächliche Venensystem, es kann auch die verschlossene Vene partiell rekanalisiert werden. Durch Erweiterung der oberflächlichen Venen und durch die Rekanalisation der tiefen Venen tritt ein Verlust der Klappenfunktion auf, weshalb beim stehenden Patienten durch den orthostatischen Druck eine venöse Stase entsteht, in den peripheren Venen kommt es zu einer deutlichen Druckerhöhung.

Die Muskelpumpe kann im Zusammenspiel mit der defekten Klappenfunktion das Blut nur bei deutlich höheren venösen Drucken befördern. Die erhöhten venösen Drucke führen vor allem im Bereich der medialen Knöchel zu trophischen Störungen, Dermatosen und in schweren Fällen zu Ulzerationen. Bei über 50 % der Patienten mit unbehandeltem postthrombotischem Syndrom entwickeln sich Ulcera cruris. Kollateralvenen, die sekundär varikosieren, dürfen weder operativ noch durch Sklerosierungstherapie entfernt werden, da dadurch der venöse Druck weiter gesteigert und die Bildung trophischer Hautstörungen gefördert wird.

**Diagnostik.** Das postthrombotische Syndrom kann mit Hilfe der blutigen Venendruckmessung, der Plethysmographie und in der Dopplersonographie durch fehlende Klappenfunktion (pedaler Fluß bei Valsalvamanöver) nachgewiesen werden.

**Therapie.** Therapie der Wahl ist die ***Kompressionsbehandlung*** anfänglich mit elastischen Kurzzugbinden, nach Abschwellen des Beines das Anlegen eines Gummistrumpfes der Kompressionsklasse II oder III, der über die erkrankte Venenpartie reichen muß (z. B. bei Popliteathrombose Strumpf bis zum Oberschenkel).

Die Röntgenaufnahmen stammen aus der Zentralen Röntgenabteilung der Poliklinik der Universität München.

## Literatur

Browse NL, Burnand KG, Thomas ML (1988) Disease of the veins. Arnold, London Baltimore

Juergens JL, Spittell JA, Fairbairn JF (1980) Peripherial vascular diseases. Saunders, Philadelphia

Zwiebel WJ (1986) Introduction to vascular ultrasonography. Grune & Stratton, New York London

Koller F, Duckert F (1983) Thrombose und Embolie. Schattauer, Stuttgart New York

Kappert A (1987) Lehrbuch und Atlas der Angiologie. Huber, Bern

Rudowsky G (1988) Funktionelle Angiologie. Thieme, Stuttgart

Brunner U (1975) Die Kniekehle. (1979) Die Leiste. (1980) Die Knöchelregion. (1982) Der Fuß. (1984) Der Oberschenkel. (1988) Der Unterschenkel; alle Huber, Bern

# 6 Arterielle Hypertonie

R. Düsing und H. Vetter


## ZUSAMMENFASSUNG

In den westlichen Industrienationen ist die arterielle Hypertonie mit einer Prävalenz von 15–20% die häufigste Erkrankung des Herz-Gefäß-Systems. Sie ist ein gewichtiger Risikofaktor für die Entstehung kardiovaskulärer Erkrankungen und Komplikationen, wie z.B. koronare Herzkrankheit und Hirninfarkt. Entsprechend einer Definition der Weltgesundheitsorganisation (WHO) liegt eine Hypertonie bei Blutdruckwerten von ≥95 mm Hg diastolisch und ≥160 mm Hg systolisch vor. Heute geht man bereits ab Blutdruckwerten von ≥90 mm Hg diastolisch und ≥140 mm Hg systolisch von pathologisch erhöhten Blutdruckwerten aus. Der Blutdruckbereich zwischen den strengeren Grenzwerten und denen der WHO wird als ***Grenzwerthypertonie*** bezeichnet.

Aus pathogenetischen Aspekten läßt sich eine Hypertonie mit bekannter Ursache ***(sekundäre Hochdruckformen)*** von einer Blutdrucksteigerung weitgehend unklarer Ätiologie ***(primäre*** bzw. ***essentielle Hypertonie)*** abgrenzen. Die essentielle Hypertonie betrifft etwa 80–90% der Hochdruckkranken. Unter den sekundären Hypertonieformen überwiegen solche mit renaler Ursache (renale Hypertonie), die sich wiederum in eine renovaskuläre und renoparenchymatöse Form unterteilen läßt. In die Gruppe der sekundären Hypertonieformen fallen weiter solche bei verschiedenen neuroendokrinen Erkrankungen, wie Phäochromozytom, primärem Aldosteronismus, Cushing-Syndrom etc.

Die ***Therapie*** kann bei sekundären Hochdruckformen oft gezielt die Ursache der Blutdrucksteigerung angehen, bei der essentiellen Hypertonie bleibt sie weitgehend symptomatisch. Als erste Stufe der Behandlung gelten die sog. ***Allgemeinmaßnahmen. Medikamentöse Hochdrucktherapie*** erfolgt in Mono- oder Kombinationstherapie mit Diuretika, β-Rezeptoren-Blockern, Kalziumantagonisten, ACE-Hemmstoffen und den vorwiegend am zentralen Nervensystem angreifenden Antisympathotonika (Reserpin, Clonidin etc.).


Der arterielle Blutdruck wird nach dem ***Ohmschen Gesetz*** bestimmt durch ***Herzzeitvolumen*** (HZV) und ***hämodynamischen Widerstand des Gefäßsystems,*** der in hohem Maße vom Widerstand der Arteriolen (=Widerstandsgefäße) abhängt.

Blutdruck = Herzzeitvolumen × Widerstand

Demzufolge können Blutdruckveränderungen hämodynamisch entweder durch Änderungen des HZV oder des peripheren Gefäßwiderstandes initiiert oder erhalten werden. Bei der essentiellen Hypertonie und den meisten sekundären Bluthochdruckformen ist in der Frühphase der Hypertonieentstehung eine hyperdyname Kreislaufregulation mit erhöhtem HZV und normalem Gefäßwiderstand nachweisbar. Im Stadium der etablierten Hypertonie ist das HZV normal. Die Blutdrucksteigerung ist auf eine Steigerung des peripheren Gefäßwiderstandes zurückzuführen.

**Bei der Hypertonie im chronischen Stadium sind der periphere Gefäßwiderstand erhöht und das Herzzeitvolumen (HZV) normal.**

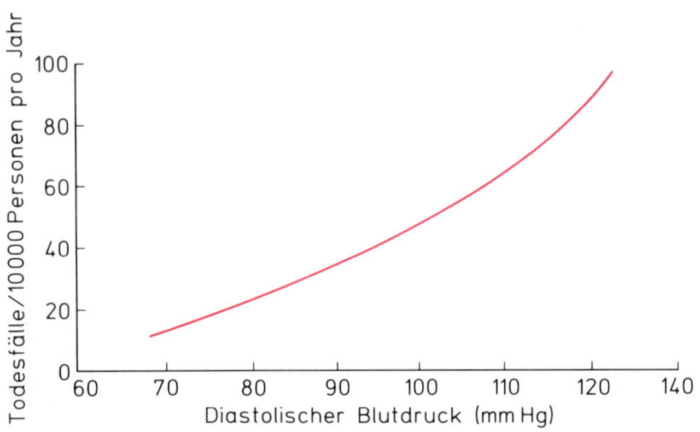


**Abb. 6.1.** Abhängigkeit des kardiovaskulären Risikos von der Höhe des diastolischen Blutdruckes. Dargestellt ist die Inzidenz von Todesfällen an Herz- und Gefäßkrankheiten pro 10000 Menschen und Jahr

## 6.1 Definition, Klassifikation und Einteilung des Bluthochdruckes

Erhöhte Blutdruckwerte [Synonyme: (arterielle) Hypertonie bzw. Hypertension] gehen mit einem gesteigerten Risiko einher, eine Herz-Gefäß-Erkrankung zu erleiden bzw. an dieser zu sterben. Dies ist neben einer gesteigerten Druckbelastung des Herzens insbesondere auf die Entwicklung einer ***Atherosklerose*** zurückzuführen, die durch die Hochdruckerkrankung begünstigt wird. Die Beziehung zwischen der Blutdruckhöhe und dem kardiovaskulären Risiko ist über weite Blutdruckbereiche linear, sie wird bei deutlich erhöhten Blutdruckwerten exponentiell (Abb. 6.1). Aus dieser Beziehung von Blutdruck und kardiovaskulärer Morbidität bzw. Mortalität ist ersichtlich, daß die Abgrenzung normaler von krankhaft erhöhten Blutdruckwerten problematisch sein muß.

### Klassifikation nach Blutdruckhöhe

**Die Weltgesundheitsorganisation hat als Grenzwerte für eine pathologische Blutdrucksteigerung Werte von ≥95 mm Hg diastolisch und ≥160 mm Hg systolisch festgelegt.**

Im Gegensatz zur starren Definition der Hypertonie durch die WHO hat sich eine Klassifikation der Hypertonie als sinnvoll erwiesen, die den Grenzwert erhöhter Blutdruckwerte auf ≥ 90 mm Hg diastolisch und ≥ 140 mm Hg systolisch festlegt und Blutdrucksteigerungen über diese Grenzwerte hinaus nach dem Schweregrad unterteilt (Tabelle 6.1).

**Tabelle 6.1.** Klassifikation der arteriellen Hypertonie nach Schweregrad

| | RR systolisch | RR diastolisch |
|---|---|---|
| Normaler Blutdruck | <140 mm Hg | <90 mm Hg |
| Grenzwerthypertonie | 140–159 mm Hg | 90–94 mm Hg |
| Milde Hypertonie | | 95–104 mm Hg |
| Mittelschwere Hypertonie | | 105–114 mm Hg |
| Schwere Hypertonie | | ≥115 mm Hg |

### Stadieneinteilung entsprechend Organschäden

Nach einem weiteren Vorschlag der WHO kann man den Bluthochdruck zusätzlich bezüglich des Ausmaßes hypertonieinduzierter Organschäden einteilen:

- *Stadium I:* keine objektivierbaren organischen Veränderungen.
- *Stadium II:* Vorhandensein mindestens einer der folgenden Organveränderungen:
  - linksventrikuläre Hypertrophie,
  - generalisierte und/oder fokale Einengung der Retinaarterien,
  - Proteinurie und/oder geringfügig erhöhtes Serumkreatinin.
- *Stadium III:* Vorhandensein folgender Organveränderungen:
  - Linksherzversagen,
  - zerebrale Hämorrhagie, hypertensive Enzephalopathie,
  - retinale Hämorrhagie und Exsudatbildung mit bzw. ohne Papillenödem.

Das Hypertoniestadium III der WHO-Einteilung überschneidet sich weitgehend mit Begriffen wie maligne Hypertonie, hypertoner Notfall, hypertone Krise etc.

### Einteilung nach ätiologischen Gesichtspunkten

Die klinisch bedeutsamste Einteilung der Hypertonie betrifft die Ätiologie der Blutdruckerhöhung. Dementsprechend werden Blutdrucksteigerungen bekannter Ätiologie ***(sekundäre Hypertonie)*** von einer Hochdruckform unterschieden, bei der die genaue Ursache unklar ist (***primäre*** bzw. ***essentielle Hypertonie)*** (Tabelle 6.2).

**Tabelle 6.2.** Einteilung der arteriellen Hypertonie nach ätiologischen Gesichtspunkten

| | Häufigkeit (%) |
|---|---|
| ***Essentielle Hypertonie*** | ~90 |
| ***Sekundäre Hypertonie*** | ~10 |
| *Renale Hypertonie* | ~5 |
| Renoparenchymatöse Hypertonie | ~5 |
| Renovaskuläre Hypertonie | <1 |
| *Neuroendokrine Hypertonieformen* | <1 |
| Primärer Aldosteronismus | <1 |
| Cushing Syndrom | <1 |
| Phäochromozytom | <1 |
| Hyperthyreose | <1 |
| Primärer Hyperparathyreoidismus | <1 |
| *Schwangerschaftshypertonie* | <1 |
| *Aortenisthmusstenose* | <1 |

### Isolierte systolische Hypertonie

Als isolierte systolische Hypertonie bezeichnet man eine Erhöhung des systolischen Blutdrucks bei normalem diastolischen Druck. Sie wird insbesondere bei älteren Menschen häufig diagnostiziert. Pathophysiologisch hat diese Form der Blutdrucksteigerung wenig mit den anderen Hypertonieformen gemein. Sie ist im strengeren Sinn als Ausdruck einer Atherosklerose der großen (Windkessel-)Arterien zu verstehen, was sich auch in dem oft recht niedrigen diastolischen Blutdruck manifestiert. Der Elastizitätsverlust dieser Arterien führt zu einer verminderten Aufnahme des linksventrikulären Schlagvolumens in den ***„Windkessel"*** der großen Arterien, wodurch die ***Blutdruckamplitude*** (systolischer Blutdruck – diastolischer Blutdruck) sich vergrößert. Bei fehlendem typischem Auskultationsbefund ist die Abgrenzung zur Aorteninsuffizienz leicht, die ebenfalls mit einer vergrößerten Blutdruckamplitude einhergehen und den Befund einer isolierten systolischen Hypertonie bieten kann.

## 6.2 Blutdruckmessung

Korrekt ermittelte Blutdruckwerte sind die entscheidende Voraussetzung für die Diagnose einer Hypertonie. Grundsätzlich besteht die Möglichkeit, den Blutdruck intraarteriell oder mit indirekten Methoden zu bestimmen.

### 6.2.1 Indirekte Blutdruckmessung

Den indirekten Meßverfahren ist gemeinsam, daß der arterielle Blutstrom durch Kompression von außen (z. B. eine Manschette) behindert bzw. gestoppt wird.

Die ***handelsübliche Manschette*** (aufblasbarer Gummiteil 12×24 cm) wird für Oberarmumfänge von etwa 20–40 cm empfohlen. Kleinere bzw. größere Armumfänge erfordern zur präzisen Blutdruckmessung angepaßte Größen. Diese sind insbesondere für die Pädiatrie erforderlich. Für erwachsene Patienten ist in der Regel eine zweite größere Manschette mit einem aufblasbaren Gummiteil von 18×36 cm erforderlich, die auch als Oberschenkelmanschette eingesetzt wird.

**Die früher empfohlene Methode, bei stark vom Mittel abweichendem Oberarmumfang den mit der Standardmanschette ermittelten Blutdruck mit Hilfe von Korrekturtabellen anzupassen, ist aufgrund großer Fehlermöglichkeiten dieses Verfahrens heute nicht mehr zulässig.**

#### Auskultatorische Blutdruckmessung nach Korotkow

Die Veränderungen des Blutstroms distal der Manschette können ***palpatorisch, auskultatorisch, oszillometrisch*** und ***dopplersonographisch*** registriert werden. Für die Hypertoniediagnostik spielt neben der oszillometrischen insbesondere die auskultatorische Methode nach Korotkow eine herausragende Rolle.

Obwohl Strömungsturbulenzen einen wesentlichen Anteil an der Entstehung der ***Korotkow-Geräusche*** haben, ist deren exakter Entstehungsmechanismus zum Teil noch unklar. Nach Frequenz und Lautstärke werden 5 Phasen der Korotkow-Geräusche unterschieden. Phase I entspricht dem ersten Auftreten der Geräusche bei Ablassen des Manschettendruckes und damit dem systolischen Blutdruck, während als Phase V das Verschwinden der Geräuschphänomene bezeichnet wird, das mit dem diastolischen Blutdruck gut korreliert.

Bei ***hohen Flußgeschwindigkeiten des Blutes,*** wie z. B. unter körperlicher oder seelischer Belastung, bei Kindern und Jugendlichen, Hyperthyreose, schwangeren Frauen etc., sollte als Kriterium des diastolischen Blutdruckes die Phase IV, d. h. das deutliche Leiserwerden der Korotkow-Geräusche, verwandt werden.

Beachtet werden muß weiterhin, daß zwischen systolischem und diastolischem Blutdruck die Korotkow-Geräusche weitgehend verschwinden können. Diese ***aus-***

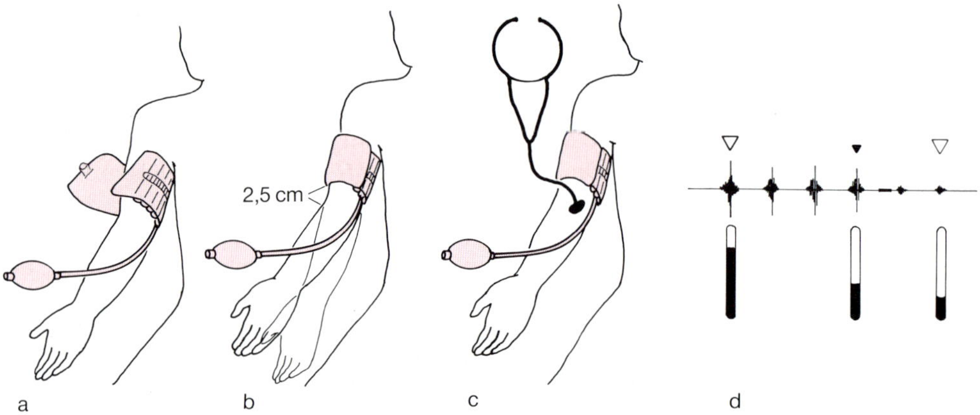


**Abb. 6.2 a–d.** Technik der Blutdruckmessung
Beim Anlegen der luftleeren Manschette ist darauf zu achten, daß der aufblasbare Gummiteil mindestens den gesamten inneren Halbumfang des Oberarmes bedeckt **(a)**.
Die Manschette muß fest anliegen, ohne abzuschnüren, und soll ungefähr 2,5 cm oberhalb der Ellenbeuge enden **(b)**.
Die Messung kann am sitzenden oder liegenden Menschen erfolgen.
Unabhängig von der Körperstellung sollen sich die Ellenbeuge und der ganz leicht im Ellenbogengelenk gebeugte Unterarm in Herzhöhe befinden.
Bei der Erstuntersuchung ist an beiden Armen zu messen; ergeben sich dabei größere Unterschiede, soll später stets an dem Arm mit dem höheren Blutdruck gemessen werden. Auch ist bei Kontrollmessungen immer der gleiche Arm zu verwenden. Bei Verdacht auf orthostatischen Blutdruckabfall sowie bei Hochdruckkranken vor und besonders während der Behandlung muß der Blutdruck stets auch im Stehen gemessen werden.
Der Manschettendruck wird unter Palpation des Radialispulses rasch auf einen Wert aufgepumpt, der ca. 30 mm Hg oberhalb desjenigen Manometerdruckes liegt, bei dem der Radialispuls verschwindet. Anschließend wird der Manschettendruck allmählich verringert und gleichzeitig die Schlagader in der Ellenbeuge auskultiert **(c)**.
Beim ersten hörbaren Geräusch wird am Manometer der systolische Blutdruck abgelesen. Der diastolische Druck wird abgelesen, wenn die Geräusche völlig verschwinden **(d)**.
Ausnahme: Bei Schwangeren sowie bei Kindern und Jugendlichen wird der diastolische Druck bereits abgelesen, wenn die Geräusche deutlich leiser („gedämpfter") werden **(d)**.
Dämpfung und Verschwinden der Geräusche können zusammenfallen.
Der Manschettendruck darf im Meßbereich des systolischen und diastolischen Blutdrucks höchstens um 2 bis 3 mm pro Sekunde vermindert werden.
Zwischen aufeinanderfolgenden Messungen soll wenigstens 1 min verstreichen; dabei muß die Manschette völlig druckentlastet werden, um eine venöse Stauung zu vermeiden.
Die Druckwerte sollen – ungeachtet der bekannten Fehlerbreite der Methode – möglichst genau abgelesen und nicht auf- oder abgerundet werden

***kultatorische Lücke*** kann zu erheblichen Fehlern bei der Blutdruckmessung Anlaß geben (Abb. 6.2).

Die ***Selbstmessung*** des Blutdruckes durch den Patienten selbst bzw. einen Angehörigen ist eine sinnvolle Maßnahme, um Unsicherheiten bezüglich der Diagnose Hypertonie auszuschalten bzw. die Blutdruckeinstellung schwerer Hypertoniker zu überwachen.

Die ***Langzeitblutdruckmessung*** mit tragbaren Blutdruckautomaten dokumentiert den Blutdruckverlauf über einen längeren Zeitraum, z. B. 12 bzw. 24 h. Die so erhobenen Werte liegen im allgemeinen deutlich unter den in der Praxis gemessenen, jedoch ist die Interpretation der so erhobenen Befunde derzeit noch schwierig.

### 6.2.2 Direkte intraarterielle Blutdruckmessung

Die ***direkte, intraarterielle Blutdruckmessung*** ist, obwohl ebenfalls mit Fehlerquellen behaftet, die verläßlichste Methode. Sie wird zur Hypertoniediagnostik insbesondere eingesetzt, um eine ***Pseudohypertonie*** zu beweisen bzw. auszuschließen. Dabei handelt es sich um eine mit indirekten Methoden diagnostizierte Blutdrucksteigerung, die sich durch intraarterieller Messung nicht bestätigen läßt. Verdachtsmomente auf das Vorliegen einer Pseudohypertonie bestehen insbesondere bei sog. therapierefraktären Patienten. Bei Patienten mit unzureichender Blutdrucksenkung auf aggressive antihypertensive Therapie sollte eine intravasale Blutdruckmessung erwogen werden.

**Tabelle 6.3.** Diagnostik bei Hypertonie

**Basisprogramm**
Anamnese, körperlicher Befund, Thoraxröntgen, EKG, Routinelabor

**Zum Ausschluß einer sekundären Hypertonie**
- i.v.-Pyelogramm mit Frühaufnahmen
- Ultraschall der Nieren
- Angiogramm der Nierenarterien
- Endokrinologische Untersuchungen: Renin, Aldosteron, Cortisol, Katecholamine, $T_3/T_4$
- Nebennierenszintigraphie
- Hormonbestimmung im Nieren- bzw. Nebennierenvenenblut

**Zum Nachweis (Ausschluß) von Organschäden**
- Urinanalyse (Protein, Kreatininclearance)
- Augenfundus
- Belastungs-EKG (cave bei extremen Blutdrucksteigerungen)
- Echokardiographie
- Myokardszintigraphie
- Koronarangiographie

## 6.3 Klinik der Hypertonie

Hypertonie geht mit Ausnahme drastischer Blutdrucksteigerungen in der Regel nicht mit charakteristischen Beschwerden einher. Neben anderen z.T. recht diffusen Befindensstörungen (Abgeschlagenheit, Leistungsverlust etc.) ist das am häufigsten beklagte Symptom der ***Kopfschmerz.***

Die ***Diagnose*** einer Hypertonie wird anhand wiederholter Blutdruckmessungen an ***verschiedenen Terminen*** gestellt, da die Ergebnisse der Einzelmessungen stark variieren können. Daran ist u.a. ein ***Gewöhnungseffekt*** gegenüber der Blutdruckmessung beteiligt, d.h. bei wiederholter Blutdruckmessung nehmen die ermittelten Werte ab.

**Nur bei drastischen Blutdrucksteigerungen (z.B. >120 mm Hg diastolisch) und/oder bereits vorhandenen Organschäden (z.B. einem ausgeprägten Fundus hypertonicus am Augenhintergrund) kann die Diagnose Hypertonie bereits bei der Erstuntersuchung gestellt werden.**

Ist die Diagnose Bluthochdruck gestellt, muß eine sekundäre Hypertonie ausgeschlossen und nach evtl. vorhandenen Organschäden und zusätzlichen kardiovaskulären Risikofaktoren (z.B. Hyperlipidämie) gesucht werden.

Anamnese, klinischer Untersuchungsbefund und einige wenige Zusatzuntersuchungen (Thoraxröntgen, EKG, kleines Labor) reichen als ***Basisprogramm der Hypertoniediagnostik*** aus. Bei gezieltem Verdacht auf das Vorliegen einer sekundären Hypertonieform oder auch bei Patienten mit sog. therapierefraktärer Hypertonie sind weitere, z.T. recht aufwendige Zusatzuntersuchungen angezeigt (Tabelle 6.3).

Die ***Prognose*** der unbehandelten Hypertonie wird bestimmt durch Organschädigungen am Herz-Gefäß-System. ***Ischämischer Hirninfarkt, Myokardinfarkt*** und ***myokardiale Insuffizienz*** als Folge einer koronaren Herzkrankheit sind die wichtigsten Spätkomplikationen der Hypertonie. Eine Verdickung des linksventrikulären Myokards ***(linksventrikuläre Hypertrophie, LVH)*** zeigt ein deutlich erhöhtes Risiko für beide genannten Komplikationen am Herzen an.

Die hypertoniebegünstigte ***Atherosklerose*** kann am ***Augenfundus*** objektiviert werden und manifestiert sich an den Nieren durch Niereninsuffizienz (Glomerulosklerose), die von einer (kleinen) Proteinurie begleitet sein kann.

Bei der milden Hypertonie werden unter Behandlung weniger Hirninfarkte beobachtet. Ob Blutdrucksenkung alleine bei Patienten mit milder Hypertonie die koronaren Komplikationen zu reduzieren vermag, ist derzeit umstritten.

**Die Behandlung von Patienten mit mittelschwerer und schwerer Hypertonie vermag das erhöhte Risiko und damit die ungünstige Prognose des Hochdruckpatienten deutlich zu reduzieren.**

## 6.4 Sekundäre Hypertonie

Sekundäre Hochdruckformen gehen in der überwiegenden Mehrzahl ursächlich auf eine Erkrankung der Nieren bzw. der Nierengefäße zurück. In seltenen Fällen können andere, insbesondere endokrinologische Erkrankungen einer sekundären Hypertonie zugrunde liegen.

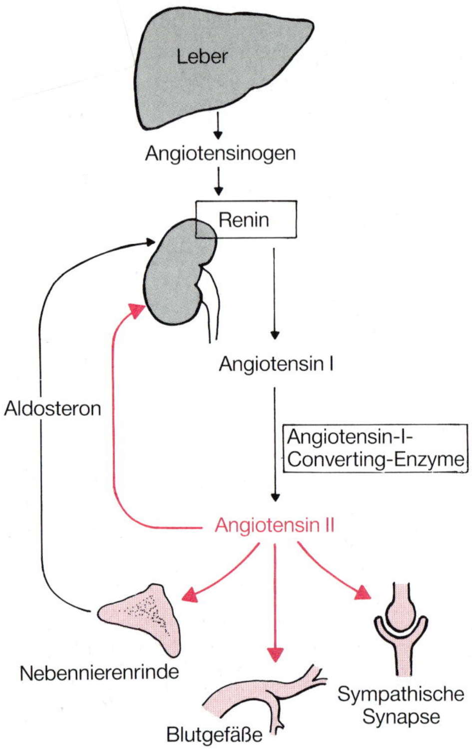


**Abb. 6.3.** Renin-Angiotensin-Aldosteron-System. Von dem in der Leber synthetisierten Angiotensinogen wird durch das Enzym Renin das biologisch inaktive Dekapeptid Angiotensin I (10 Aminosäuren) abgespalten. Nach Abspaltung von 2 weiteren Aminosäuren durch die Einwirkung des Angiotensin-I-Converting-Enzyms (ACE) entsteht das biologisch hochpotente Angiotensin II. Angiotensin II entfaltet eine Reihe von Wirkungen u.a. auf das Gefäßsystem (Vasokonstriktion), das sympathische Nervensystem (Steigerung der Aktivität dieses Systems), die Nebennierenrinde (Aldosteronstimulation) und die Niere (Natrium bzw. Kochsalzretention)

## 6.4.1 Renale Hypertonie

### Renoparenchymatöse Hypertonie

Dies ist die ***häufigste Form*** einer ***sekundären Blutdrucksteigerung*** (etwa 5% aller Hypertoniepatienten). Grundsätzlich kommen als Ursache nahezu alle Nierenerkrankungen in Betracht, insbesondere diejenigen, bei denen eine Einschränkung der Nierenfunktion (Anstieg des Serumkreatinins oder genauer: Abfall der glomerulären Filtrationsrate, z. B. bestimmt als Clearance des endogenen Kreatinins) vorliegt. Im Stadium der fortgeschrittenen Niereninsuffizienz ist jedoch, unabhängig von der zugrundeliegenden Ursache, fast immer eine Hypertonie nachweisbar.

Im Vordergrund der ***Pathogenese*** steht eine inadäquate Feineinstellung der renal-exkretorischen Funktion mit daraus resultierender Expansion des Extrazellular- und Blutvolumens. Es wird spekuliert, daß auch eine inadäquat supprimierte renale Reninsekretion an der Blutdrucksteigerung partizipiert.

***Therapeutisch*** stehen neben der Behandlung der Grundkrankheit Allgemeinmaßnahmen und eine medikamentöse Therapie im Vordergrund. Bei einseitigen Krankheitsprozessen ist in Einzelfällen auch eine chirurgische Therapie (z. B. Nephrektomie) möglich.

### Renovaskuläre Hypertonie

Pathogenetisch liegt der renovaskulären Hypertonie eine Behinderung des Blutflusses ***(Stenose)*** im Bereich der die Nieren versorgenden arteriellen Gefäße zugrunde. Diese kann große oder kleine Nierengefäße (A. renalis oder Segmentarterien) singulär oder multipel betreffen, ein- oder beidseitig ausgebildet sein. Der verminderte Perfusionsdruck führt zu einer Aktivierung des ***Renin-Angiotensin-Aldosteron-Systems*** durch die Stimulation von Renin in dem/den betroffenen Nierenabschnitt(en) (Abb. 6.3).

Ursachen der Perfusionsbehinderung des Nierengewebes sind bei der Mehrzahl der Patienten eine ***fibromuskuläre Dysplasie*** oder eine ***Atherosklerose,*** selten ein dissezierendes Aortenaneurysma, Nierenarterienembolien etc. Bei der fibromuskulären Dysplasie sind die betroffenen Patienten in der Regel junge Frauen, während bei den atherosklerotischen Formen ältere Patienten männlichen Geschlechts überwiegen.

**Die renovaskuläre Hypertonie ist die häufigste kausal therapierbare Hochdruckform und damit von besonderer Wichtigkeit.**

**Diagnose.** Bei etwa der Hälfte der Patienten kann ein ***paraumbilikales Strömungsgeräusch*** auskultiert werden (Differentialdiagnose: aortale Strömungsturbulenz). Ebenfalls besteht bei etwa 50% der betroffenen Patienten eine ***Hypokaliämie*** (Serum Kalium <3,5 mmol/kg), die aus dem ***sekundären Aldosteronismus*** (Aldosteronstimulation als Folge der erhöhten Renin-Angiotensin-Aktivität) resultiert.

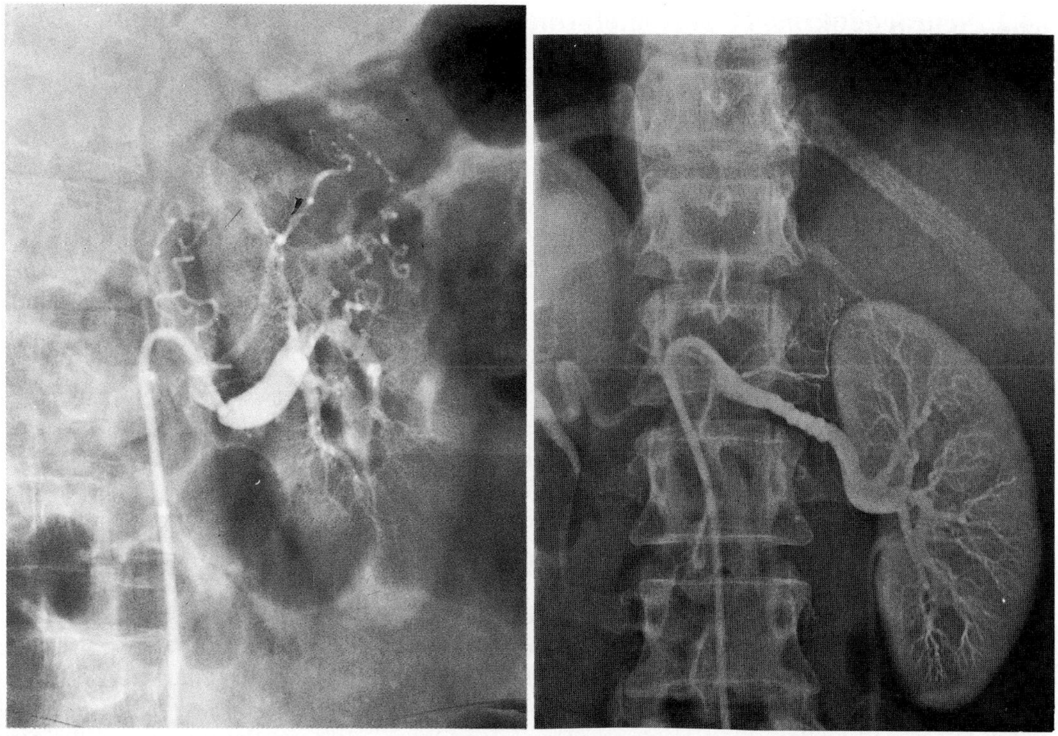

a b

**Abb. 6.4 a, b.** Angiographiebefunde: Atherosklerotische Nierenarterienstenose mit poststenotischer Dilatation (**a**) und langstreckige Nierenarterienstenose mit „Perlschnureffekt" bei fibromuskulärer Dysplasie (**b**)

Bei den meisten Patienten mit (einseitiger) Nierenarterienstenose sind die „peripheren" Konzentrationen von Renin, Angiotensin II oder Aldosteron im Normbereich. Ein ***Nierenvenen-Renin-Quotient*** (stenosierte Seite/gesunde Seite) von ≥1,5 kann als Hinweis auf eine gesteigerte biochemische Aktivität gewertet werden (s. Kap. 8).

Im ***i. v.-Pyelogramm mit Frühaufnahmen*** (2, 3 und 4 min nach Kontrastmittelgabe) können sich Unterschiede in der Kontrastierung der beiden Nieren zeigen, wobei die „stenosierte" Niere verzögert Kontrastmittel anreichert. Darüber hinaus ist eine einseitige Nierenarterienstenose oft mit einer ***reduzierten Organgröße*** vergesellschaftet. Ein Unterschied im Längendurchmesser der Nieren von ≥1,5 cm gilt als positives Zeichen. Dieses Kriterium kann bereits in einer ***sonographischen Untersuchung*** festgelegt werden.

Die ***Angiographie*** ist die Methode der Wahl bei Verdacht auf bzw. zum Ausschluß einer renovaskulären Hypertonie. Idealerweise wird sie (als direkte Angiographie oder als digitale Subtraktionsangiographie, DSA) arteriell durchgeführt (Abb. 6.4 a, b).

Bei bestehender Indikation kann in der gleichen Sitzung die Katheterdilatation (perkutane, transluminale Angioplastik, PTA) durchgeführt werden.

In Abhängigkeit vom Lokalbefund und der klinischen Gesamtsituation kommen alternativ eine ***rekonstruierende Gefäßoperation*** bzw. eine ***Nephrektomie*** in Betracht. Diese Verfahren führen insbesondere bei länger bestehender Hypertonie nicht immer zu einer Blutdrucknormalisierung. In vielen Fällen muß eine medikamentöse Hochdrucktherapie eingeleitet werden. Medikamentöse Blutdrucksenkung vor bzw. ohne Korrektur der Nierenarterienstenose, z. B. mit ACE-Hemmstoffen, birgt die Gefahr in sich, daß sich die Funktion der stenosierten Niere verschlechtert. Auch unter diesem Aspekt ist eine primäre Beseitigung der Nierenarterienstenose in der Regel eine sinnvolle therapeutische Erstmaßnahme.

## 6.4.2 Neuroendokrine Hypertonieformen (vgl. Kap. 15)

### Phäochromozytom

**Ätiologie.** Beim Phäochromozytom handelt es sich um einen ***Tumor des adrenosympathischen Systems*** mit autonomer Freisetzung der Neurotransmitter Adrenalin und/oder Noradrenalin, in einigen Fällen auch Dopamin.

**Lokalisation.** 90 % der Tumoren befinden sich im Bereich des Nebennierenmarks, 10 % finden sich ***extraadrenal,*** dann häufig im Zuckerkandl-Organ (sympathisches Paraganglion am aortalen Abgang der A. mesenterica inferior). In etwa 10 % werden multiple Lokalisationen gefunden, die sich z. B. als doppelseitiges Phäochromozytom manifestieren können. Bei 5% aller Patienten läßt sich das Phäochromozytom ***extraabdominal*** (Thorax, Hals) lokalisieren.

Eine ***paroxysmale Form*** mit anfallsweiser Erhöhung des Blutdrucks läßt sich von einer ***persistierenden Form*** mit Dauerhypertonie abgrenzen. Die beiden Formen kommen in etwa gleich häufig vor.

Zur Diagnostik stehen heute insbesondere folgende Methoden zur Verfügung:

- Sonographie des Abdomens;
- Computertomographie;
- MR („magnetic resonance")-Tomographie;
- Szintigraphie mit Benzylguanidin;
- biochemische Urinanalyse auf
  - Vanillinmandelsäure (sehr störanfällige Methode),
  - Katecholamine (Adrenalin, Noradrenalin, Dopamin),
  - Katecholaminmetabolite (z. B. Metanephrin/Normetanephrin);
- Bestimmung der Katecholamine im Plasma evtl. in Form eines Stufenkatheters (Abnahme in verschiedenen intravasalen Positionen) zur Lokalisationsdiagnostik.

***Therapeutisch*** wird beim Phäochromozytom die ***chirurgische Exstirpation*** des Tumors angestrebt. Medikamentös sind ***α-Rezeptoren-Blocker*** (Phentolamin, Phenoxybenzamin) die primär einzusetzenden Substanzen, die mit anderen Wirkstoffen (z. B. β-Rezeptoren-Blocker) in einem 2. Schritt kombiniert werden können. Der primäre oder alleinige Einsatz von β-Rezeptoren-Blockern (ohne α-Blockade) kann die klinische Situation durch Verstärkung des Blutdruckanstiegs verschlechtern.

### Primärer Aldosteronismus

**Ätiologie.** Der primäre Aldosteronismus ist durch Übersekretion von Aldosteron in der Nebennierenrinde (NNR) charakterisiert. In 70–80 % der Fälle liegt dieser ein ***solitäres Nebennierenadenom (Conn-Syndrom),*** in 20–30 % eine ***idiopathische, bilaterale Nebennierenrindenhyperplasie*** zugrunde, selten ***beidseitige Adenome*** oder ein ***Nebennierenrindenkarzinom.***

Im distalen Nephron der Niere erhöht Aldosteron die Natriumreabsorption und steigert gleichzeitig die Ausscheidung von Kalium- und Wasserstoffionen.

**Diagnose.** Die Blutdrucksteigerung als Konsequenz der renalen Natriumretention geht in etwa 90 % der Fälle mit einer Hypokaliämie (Serumkaliumkonzentration ≤3,5 mmol/kg) und Hyperkaliurie (signifikante Kaliumausscheidung im Urin trotz Hypokaliämie, häufig ≥40 mmol/24 h) einher.

Die Abklärung schließt neben dem biochemischen Nachweis erhöhter Aldosteronexkretionsraten im Urin und einer gesteigerten Aldosteronkonzentration im Plasma insbesondere eine ***supprimierte Plasmareninaktivität*** ein. Präoperativ muß ein unilaterales Adenom von der beidseitigen Hyperplasie abgegrenzt werden.

***Therapeutisch*** wird beim Adenom eine einseitige ***Adrenalektomie*** angestrebt, insbesondere, wenn unter medikamentöser Gabe des ***Aldosteronantagonisten Spironolakton*** eine Blutdrucksenkung auftrat. Patienten mit beidseitiger Nebennierenrindenhyperplasie werden medikamentös therapiert, wobei ebenfalls Spironolakton oder bei Unverträglichkeit ein anderes „kaliumsparendes" Diuretikum (Amilorid, Triamteren) in Monotherapie oder kombiniert mit Hydrochlorothiazid zum Einsatz kommt. Der ***„Aldosteronsynthesehemmer" Trilostan*** (hemmt die 3β-Dehydrogenase der Steroidsynthese) kann bei beiden Formen des primären Hyperaldosteronismus erfolgreich eingesetzt werden.

Zum Cushing-Syndrom s. Kap. 15. Eine Hypertonie findet sich bei der Mehrzahl der Patienten mit Cushing-Syndrom (etwa 80 %). Der Mechanismus der Blutdrucksteigerung ist noch weitgehend unklar. Es ist möglich, daß der mineralokortikoide (aldosteronartige) Effekt des Kortisols ähnliche Veränderungen induziert, wie sie beim primären Aldosteronismus beschrieben wurden.

Das therapeutische Vorgehen ist von der Form des Cushing-Syndroms abhängig. Hypophysenadenome, einseitige adrenale Tumoren (Adenome) und einige Malignome mit ektoper ACTH-Produktion können chirurgisch angegangen werden. Inoperable Krankheitsbilder werden medikamentös therapiert, wobei die adrenale Steroidsynthese mit verschiedenen Substanzen (Aminoglutethimid, Metopiron, Mitotane) gehemmt werden kann.

**Weitere endokrine Hypertonieformen und verwandte Krankheitsbilder**

Weitere endokrine Erkrankungen mit einer hohen Inzidenz von Blutdrucksteigerungen sind:
- ***Hyperthyreose,***
- ***primärer Hyperparathyreoidismus*** und
- ***Diabetes mellitus Typ II.***

Bei der Akromegalie sind Blutdruckanstiege nur geringfügig häufiger als in der Gesamtpopulation.

Die Einnahme ***oraler Kontrazeptiva*** geht in einem geringen Prozentsatz ebenfalls mit der Entwicklung hypertensiver Blutdruckwerte einher. Sowohl die Östrogen- als auch die Gestagenkomponente scheinen an der Ausbildung dieser Nebenwirkung beteiligt zu sein.

Der Verzehr großer Mengen an ***Lakritze*** kann mit einer hypokaliämischen Hypertonie einhergehen. Ursächlich ist deren hoher Gehalt an Glyzyrrhizinsäure verantwortlich. Diese Substanz besitzt eine indirekte mineralokortikoide Wirkung und induziert so ein dem primären Aldosteronismus ähnliches Krankheitsbild.

### 6.4.3 Aortenisthmusstenose

Die Aortenisthmusstenose ist eine seltene Hypertonieursache. Grundsätzlich kann die Koarktatio (Verengung) der Aorta in verschiedenen Abschnitten der thorakalen und abdominalen Aorta auftreten. Bei den meisten Patienten mit diesem Krankheitsbild ist die Stenose jedoch im Bereich der aortalen Mündung des Ductus arteriosus lokalisiert. An der Genese des Hochdrucks sind die Nieren insofern mitbeteiligt, als die renale Hämodynamik bei Aortenisthmusstenose vergleichbar einer beidseitigen Nierenarterienstenose gestört ist.

Die Diagnostik stützt sich auf die ***Blutdruckdifferenz*** zwischen oberer und unterer Extremität (manchmal auch zwischen dem rechten und linken Arm), die Auskultation und typische Veränderungen im Röntgenbild des Thorax. Wegen der schlechten Prognose des Krankheitsbildes ist eine frühzeitige chirurgische Korrektur indiziert.

### 6.4.4 Schwangerschaftshypertonie

Folgende Formen der Schwangerschaftshypertonie lassen sich unterscheiden:
- chronische, schwangerschaftsunspezifische Hypertonie,
- schwangerschaftsspezifische Verschlechterung einer Hypertonie bei vorbestehender Nierenerkrankung ***(Pfropfgestose),***
- schwangerschaftsspezifische, nicht mit Proteinurie kombinierte Hypertonie ***(transitorische Schwangerschaftshypertonie),***
- schwangerschaftsspezifische, mit Proteinurie einhergehende Hypertonie ***(genuine Gestose).***

Der Pathomechanismus der schwangerschaftsspezifischen Verschlechterung bzw. Neuausprägung einer Hypertonie ist noch weitgehend unklar. Wegen des deutlich gesteigerten Risikos für Mutter und Kind ist eine intensive Überwachung und Behandlung der hypertensiven Schwangeren mit Allgemeinmaßnahmen, evtl. auch medikamentös ($\beta$-Rezeptoren-Blocker, $\alpha$-Methyldopa, Dihydralazin) angezeigt.

### 6.4.5 Hochdruck nach Nieren- und Herztransplantation

Nach einer Transplantation von Niere oder Herz bildet sich bei vielen Patienten eine Hypertonie aus, deren genauer Pathomechanismus noch unklar ist. Die Tatsache, daß das transplantierte Organ denerviert arbeiten muß und so bezüglich nervaler Afferenzen und Efferenzen abgelöst ist, mag an der Blutdrucksteigerung genauso beteiligt sein wie die immunsuppressive Langzeittherapie (Kortikosteroide, Cyclosporin).

## 6.5 Essentielle Hypertonie

Die essentielle Hypertonie ist aufgrund ihrer Häufigkeit die klinisch relevanteste Hypertonieform. Bei einer Prävalenz (Vorkommen einer Erkrankung in der Gesamtbevölkerung) von 15–20% kann man für Deutschland von 12–16 Mio. Hypertoniekranken ausgehen. Etwa die Hälfte dieser Patienten (6–8 Mio.) leidet jedoch „nur" an einer milden Hypertonie, und wiederum die Hälfte dieser Patienten wird durch die Gruppe der Grenzwerthypertoniker gestellt.

**Das Risiko, einen Hirninfarkt zu erleiden bzw. eine koronare Herzerkrankung zu entwickeln, ist auch bei geringgradigen Blutdrucksteigerungen erhöht.**

Bei der essentiellen Hypertonie nehmen die Zahl der Hypertoniekranken als auch der Schweregrad der Blutdrucksteigerung über die Lebensdekaden progredient zu. Für den langsamen Blutdruckanstieg sind z. T. strukturelle Veränderungen in den Widerstandsgefäßen im Sinne einer Mediahypertrophie- bzw. -hyperplasie verantwortlich. Diese bewirken eine Einengung des Lumens der Arteriolen und damit einen Anstieg des peripheren Gefäßwiderstands. Ein klinisches Kriterium gegen das Vorliegen einer essentiellen und für eine sekundäre Hypertonieform ist ein altersmäßig unangemessen hoher Blutdruck (z. B. 25jähriger Patient mit diastolischen Blutdruckwerten über 110 mm Hg).

**Die essentielle Hypertonie beginnt in der Regel im 3. Lebensjahrzehnt. Die Blutdruckwerte sind zu diesem Zeitpunkt meist nur geringgradig erhöht und steigen über die weiteren Lebensdekaden langsam an.**

***Ätiologie und Pathogenese*** der Erkrankung sind unklar. Dabei ist es durchaus möglich, daß unter dem Terminus „essentielle Hypertonie" mehrere ätiologisch bzw. pathogenetisch unterschiedliche Krankheitsbilder zusammengefaßt sind.

In jedem Falle scheinen hereditäre (endogene) Faktoren in Kombination mit exogenen Manifestationsfaktoren das Krankheitsbild auszulösen. Zu letzteren zählen neben dem ***Übergewicht*** insbesondere nutritive Faktoren, so z. B. ein hoher ***Kochsalz-*** bzw. ***Alkoholkonsum.***

Die Erkrankung ist zumindest in ihrem ***Frühstadium*** fast immer klinisch stumm. Im typischen Fall werden erst bei Drucken über diastolisch 100–105 mm Hg Befindensstörungen wie z. B. Kopfschmerzen oder Leistungsabfall auffällig.

## Therapie

Jede chronische arterielle Hypertonie erfordert eine ***individuelle Behandlung***. Angestrebt wird ein Blutdruck von ≤140/90 mm Hg. Die Hypertoniebehandlung wird mit Allgemeinmaßnahmen begonnen und bei unzureichendem Effekt um eine medikamentöse Therapie erweitert.

**Allgemeinmaßnahmen.** Die große Bedeutung der Allgemeinmaßnahmen liegt insbesondere bei den *geringgradigen Blutdrucksteigerungen,* also der Grenzwerthypertonie bzw. der milden Hypertonie (s. Kap. 6.3). Hier ist das statistische Risiko des Hypertoniepatienten zwar gesteigert, für den einzelnen Patienten ist die Risikosteigerung jedoch nur gering. Unter Abwägung des möglichen Nutzens einer medikamentösen Therapie einerseits und des Risikos (Arzneimittelnebenwirkungen) und der Kosten andererseits sollten insbesondere bei diesen Patienten die Möglichkeiten einer Blutdrucknormalisierung mit Hilfe von Allgemeinmaßnahmen ausgeschöpft werden.

Auch bei höhergradigeren Blutdrucksteigerungen sind Allgemeinmaßnahmen zu empfehlen. Sie vermögen bei solchen Patienten zwar den Blutdruck alleine nicht zu normalisieren, führen jedoch oft zu einem geringeren Bedarf an Medikamenten.

Zu den empfohlenen Allgemeinmaßnahmen gehören:

- Reduktion bzw. Normalisierung eines evtl. bestehenden Übergewichts,
- Versuch der (Neu-)Ordnung von Privat- und Berufsleben mit dem Ziel des Streßabbaus,
- Aufnahme bzw. Intensivierung von körperlichem Ausdauertraining,
- Verminderung der Kochsalzzufuhr,
- gesteigerte Zufuhr von Kalium,
- Einschränkung des Alkoholgenusses,
- Modifikation der Fettzufuhr (mehr Fischöl).

Die Wirksamkeit der einzelnen Maßnahmen ist unterschiedlich. Die wirksamste Allgemeinmaßnahme ist die Gewichtsreduktion bei übergewichtigen Patienten.

Die Grenzen der Allgemeinmaßnahmen liegen in der oft mangelnden Mitarbeit der Patienten begründet. Diese wiederum ist abhängig von der Aufklärung und Motivation des Patienten durch den Arzt.

**Eine Kombination verschiedener Allgemeinmaßnahmen ist in der Regel effektiv blutdrucksenkend.**

**Medikamentöse Therapie.** Medikamentöse Therapie der Hypertonie ist angezeigt, wenn der arterielle Blutdruck trotz intensiver Propagierung von Allgemeinmaßnahmen langfristig diastolisch ≥95 mm Hg beträgt. In Tabelle 6.4 ist das aktuelle ***Schema der Deutschen Hochdruckliga*** zur Hypertoniebehandlung wiedergegeben. In der ersten Stufe der Therapie werden β-Rezeptoren-Blocker, Diuretika, Kalziumantagonisten und ACE-Hemmstoffe empfohlen.

## FALL 6A

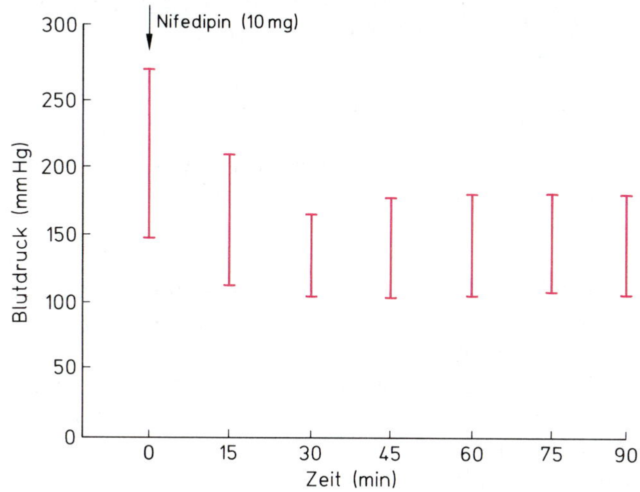


**Abb. 6 A.** Verlauf von diastolischem und systolischem Blutdruck nach Einnahme von 10 mg Nifedipin p.o. bei einer 59jährigen Hypertonikerin mit hypertensiver Krise

**Anamnese.** 59jährige Patientin, bei der seit 15 Jahren eine essentielle Hypertonie bekannt ist. Seit 6 Monaten wurde der Blutdruck nicht mehr kontrolliert. Antihypertone Medikation wird nur sehr unregelmäßig eingenommen. Seit 2 h bestehen starke Kopfschmerzen mit Flimmern vor den Augen. Zusätzlich wird über zunehmende Luftnot geklagt.

**Befunde.** Unruhige, tiefatmende Patientin. Blutdruck im Liegen 272/148 mm Hg, Puls 92/min. Systolisches Strömungsgeräusch über Aorta und Erb ohne Fortleitung in die Karotiden. Über der Lunge sind beidseits basal feinblasige Rasselgeräusche auskultierbar. Routinelabor ohne pathologischen Befund.
***EKG:*** Hinweise auf Linksherzhypertrophie (Sokolow-Index 4,0 mV), linkspräkordiale Erregungsrückbildungsstörungen.
***Thoraxröntgen:*** Vergrößerung des Herzens und basale Lungenstauung.

**Diagnose.** Hochdruckkrise mit hypertensiver Enzephalopathie und akuter Linksherzinsuffizienz.

**Therapie und Verlauf.** Verabreichung eines Kalziumantagonisten (10 mg Nifedipin) plus eines Tranquilizers (5 mg Diazepam p. o.). Darunter kommt es innerhalb von 30 min zu einer Reduktion des Blutdrucks auf 164/102 mm Hg. Deutliche Besserung des Befindens der Patientin. Langfristige Blutdruckeinstellung mit einer Kombination aus Diuretikum (Hydrochlorothiazid) plus ACE-Hemmstoff, unter der sich die Symptomatik einer Linksherzinsuffizienz vollständig zurückbildet.

**Tabelle 6.4.** Medikamentöse Therapie der Hypertonie

| Monotherapie | Zweier-Kombination |
|---|---|
| $\beta$-Blocker | Diuretikum |
| Diuretikum | *plus* |
| Kalziumantagonist | $\beta$-Blocker |
| ACE-Hemmer | Kalziumantagonist |
| | ACE-Hemmer |
| | $\alpha$-1-Blocker |
| | *oder* |
| | Kalziumantagonist |
| | *plus* |
| | $\beta$-Blocker |
| | ACE-Hemmer |

***Monotherapie*** mit einer dieser Substanzen normalisiert den Blutdruck von Hypertoniepatienten in 40–50% der Fälle. Die Ansprechquote beträgt bei einer Kombination von 2 Antihypertensiva etwa 70 und bei 3 Antihypertensiva um 90%.

Die Wahl der primären Medikation wird entsprechend einem ***individualisierten Behandlungskonzept*** festgelegt. Dabei sind ***Alter*** und ***Begleiterkrankungen*** des Hypertoniepatienten wichtigste Kriterien zur Wahl der primären Medikation. So sind z.B. ***$\beta$-Rezeptoren-Blocker*** hochwirksam in der hyperkinetischen Frühphase der Hypertonie, während ***Diuretika*** bei älteren Patienten eine höhere Ansprechquote aufweisen.

Kalziumantagonisten und ACE-Hemmstoffe sind im Gegensatz zu $\beta$-Blockern und Diuretika stoffwechselneutral. ***Kalziumantagonisten*** sind bei gleichzeitig vorliegender koronarer Herzkrankheit vorzuziehen, während ***ACE-Hemmstoffe*** eine gleichzeitig bestehende Herzinsuffizienz günstig beeinflussen.

Bei unzureichendem Ansprechen auf eine der genannten Monotherapien kann entweder eine alternative Monotherapie oder eine Kombinationstherapie versucht werden.

Einen Sonderfall der Hypertoniebehandlung stellt der ***hypertone Notfall*** dar. Dieser ist bei starken Blutdrucksteigerungen mit Folgeerscheinungen wie neurologischen Symptomen (Hochdruckenzephalopathie), Lungenstauung, Angina pectoris u. a. gegeben. Medikamente der ersten Wahl in dieser Situation sind Kalziumantagonisten und Clonidin.

## Literatur

Düsing R (1986) Diuretika. Pharmakologie und therapeutischer Einsatz. Wissenschaftliche Verlagsgesellschaft, Stuttgart
Ganten D, Ritz E (1985) Lehrbuch der Hypertonie. Pathophysiologie, Klinik, Therapie, Epidemiologie. Schattauer, Stuttgart
Krück F (Hrsg) (1988) Pathophysiologie. Physiologische und pathophysiologische Grundlagen Innerer Erkrankungen. Urban & Schwarzenberg, München
Krück F, Kaufmann W, Bünte H, Gladtke E, Tölle R (Hrsg) (1989) Therapiehandbuch, 3. Aufl. Urban & Schwarzenberg, München
Laragh JH, Brenner BM (1989) Hypertension. Pathophysiology, diagnosis, and management. Raven, New York
Vetter H, Vetter W (1986) Praktische Hypertonie. Thieme, Stuttgart

# 7 Kardiologie

E. Erdmann

ZUSAMMENFASSUNG

Die häufigste kardiale Erkrankung ist die ***koronare Herzerkrankung,*** die durch ein Mißverhältnis zwischen myokardialem Sauerstoffangebot und myokardialem Sauerstoffverbrauch meist auf dem Boden einer atherosklerotischen Koronarstenose entsteht. Die Therapie besteht zum einen in der ***medikamentösen Senkung*** des myokardialen Sauerstoffverbrauchs, zum anderen in der Verhinderung der weiteren Progression der Krankheit durch Vermeidung oder Ausschaltung der bekannten ***Risikofaktoren*** (Rauchen, Hypercholesterinämie, Hypertonie). Wenn aufgrund ischämischer Prozesse (koronare Herzerkrankung) oder einer Erkrankung der Myokardzelle selbst ***(Kardiomyopathie)*** myokardiales kontraktiles Gewebe verloren geht, so daß die Organe nicht mehr ausreichend mit Blut versorgt werden können, treten die Symptome und Zeichen der ***Herzinsuffizienz*** auf. Therapeutisch stehen neben der Kontraktilitätssteigerung durch positiv inotrope Pharmaka vor allem Vor- und Nachlast senkende Medikamente (Diuretika und ACE-Hemmer) zur Verfügung. Die rhythmogene Herzinsuffizienz wird durch extreme Bradykardien bzw. Tachykardien verursacht. Maligne Herzrhythmusstörungen (Kammertachykardien, R-auf-T-Phänomen, Kammerflimmern) treten vorwiegend bei kardial vorerkrankten Patienten auf und können zum ***plötzlichen Herztod*** führen. Die medikamentöse Therapie lebensbedrohlicher Herzrhythmusstörungen wird nichtinvasiv (24-h-EKG) und invasiv (Ventrikelstimulation als Provokationsmethode) kontrolliert.

***Tumorerkrankungen*** des Herzens sind selten, können aber durch systemische Embolien (Vorhofmyxom) trotz benigner Grunderkrankung prognostisch belastend sein. An traumatische Herzerkrankungen ist bei stumpfen Thoraxtraumen immer zu denken, ernste Komplikationen sind selten.

Die kardiale Funktionsstörung, bedingt durch eine Lungenerkrankung, wird als ***Cor pulmonale chronicum*** bezeichnet. Um das Endstadium einer Rechtsherzinsuffizienz zu vermeiden, sind rechtzeitige Diagnostik und Therapie der primären pulmonalen Schädigung notwendig. Die Primärdiagnostik angeborener Vitien im Erwachsenenalter ist heute selten geworden. Häufiger sieht man im Erwachsenenalter die Folgen und Probleme früher durchgemachter operativer Eingriffe.

Das ***rheumatische Fieber*** mit ***rheumatischer Karditis*** ist aufgrund der großzügigen Antibiotikatherapie der Angina tonsillaris heute extrem selten geworden. Sehr häufig treten bakterielle Endokarditiden auf, die konsequent antibiotisch über mindestens 6 Wochen behandelt werden bis alle Entzündungsparameter normalisiert sind. Andernfalls kommt es zur irreversiblen Herzklappenzerstörung.

## 7.1 Kardiologische Untersuchung

Über 80% der Diagnosen bei Herzkrankheiten werden bereits aus der Anamnese und der exakten körperlichen Untersuchung des Patienten gestellt. Technische und bildgebende Untersuchungsverfahren sind teuer, aufwendig und oft für den Patienten belastend. Sie bleiben dem Spezialisten vorbehalten. Größter Wert muß auf eine genaue Befragung des Kranken und die Beherrschung einfacher Untersuchungstechniken gelegt werden.

### 7.1.1 Anamnese

Nachdem der Patient seine Beschwerden nach Ausmaß, Häufigkeit, Lokalisation, Dauer, medikamentöser Ansprechbarkeit etc. geschildert hat, wird nach fami-

**Tabelle 7.1.** Einteilung der Schweregrade der chronischen Herzinsuffizienz (New York Heart Association)

| |
|---|
| *Stadium I:* Herzkranke ohne Einschränkung der körperlichen Leistungsfähigkeit. Bei gewohnter körperlicher Betätigung kommt es nicht zum Auftreten von Dyspnoe, angiösem Schmerz oder zu Palpitationen |
| *Stadium II:* Patienten mit leichter Einschränkung der körperlichen Leistung. Diese Kranken fühlen sich in Ruhe und bei leichter Tätigkeit wohl. Beschwerden machen sich erst bei stärkeren Graden der gewohnten Betätigung bemerkbar |
| *Stadium III:* Patienten mit starker Beschränkung der körperlichen Leistung. Diese Kranken fühlen sich in Ruhe wohl, haben aber schon bei leichten Graden der gewohnten Tätigkeit Beschwerden |
| *Stadium IV:* Patienten, die keine körperliche Tätigkeit ausüben können, ohne daß Beschwerden auftreten. Die Symptome der Herzinsuffizienz können sogar in Ruhe auftreten und werden durch körperliche Tätigkeit verstärkt |

Bei dieser Einteilung ist wichtig, daß die subjektiven Beschwerden bei der für den jeweiligen Patienten *gewohnten* Tätigkeit auftreten. Es handelt sich *nicht* um eine objektivierbare Einteilung

liärem Vorkommen, Zigaretten- und Alkoholgenuß ebenso wie nach Medikamentengebrauch und anderen Erkrankungen gefragt. Aus dem Grad der körperlichen Einschränkung der Belastbarkeit des Patienten (Tabelle 7.1) läßt sich oft die Prognose bzw. die Therapiepflichtigkeit der Herzkrankheit besser beurteilen als nach technischen Untersuchungsbefunden.

Die ***häufigsten Symptome von Herzerkrankungen*** sind Dyspnoe (Atemnot), Brustschmerzen (Angina pectoris), Synkopen, Herzklopfen (Palpitationen), Herzrasen, Aussetzen von Herzschlägen (postextrasystolische Pausen), Ödeme, Husten, körperliche Schwäche und unerklärliche Müdigkeit, sowie kurzzeitige Schwindelanfälle oft nach dem Aufstehen. Speziell die Atemnot kommt bei einer Reihe von kardialen und nichtkardialen Erkrankungen vor. Wenn sie nur unter Ruhebedingungen angegeben wird, ist sie im Gegensatz zur Belastungsdyspnoe nur selten durch eine Herzerkrankung bedingt. Art und Schwere der Herzerkrankung können durch genaues Befragen dieser Symptome gut eingegrenzt werden.

### 7.1.2 Inspektion

Die Beobachtung des Kranken hinsichtlich seines Bewußtseins- und Ernährungszustandes, des Körperbaus, der Hautfarbe, der Atmung, der Venenfüllung, sichtbarer Pulsationen bzw. trophischer Störungen etc. liefert eine Vielzahl wichtiger Informationen, die den Schweregrad der kardialen Krankheit erkennen lassen und differentialdiagnostische Hilfen geben. Speziell ist zu achten auf Zyanose, Uhrglasnägel und Trommelschlegelfinger, abnorme Pulsationen, Füllungszustand und Pulsationen der V. jugularis, ein Raynaud-Syndrom, die akrale Durchblutung, Dyspnoe und Husten.

Bei der Zyanose wird die ***zentrale Zyanose*** (Blaufärbung der Wangen, Lippen, Schleimhäute, Konjunktiven und des Nagelbetts) von der ***peripheren Zyanose*** (akrale Zyanose) unterschieden. Der zentralen Zyanose liegt mit Ausnahme der seltenen Fälle einer Methämoglobinämie in der Regel eine arterielle Hypoxämie zugrunde, während die periphere Zyanose die Verlangsamung des Blutstromes in der Endstrombahn anzeigt. Die arterielle Hypoxämie geht häufig mit Uhrglasnägeln und Trommelschlegelfingern einher.

Die ***venöse Einflußstauung*** zeigt sich an einer Steigerung des zentralen Venendruckes, mit vermehrter Füllung der V. jugularis. Dabei wird das Gärtner-Zeichen (Entleerung der Handrückenvenen beim Anheben des Unterarmes über Vorhofhöhe) pathologisch ausfallen.

Abnorme arterielle Pulsationen werden bei Aorteninsuffizienz (erhöhte Blutdruckamplitude), Hyperthyreose, AV-Fisteln und Aneurysmen der Gefäße sichtbar.

Da die meisten kardialen Erkrankungen ***extrakardiale Ursachen*** haben (Infektionskrankheiten, Vaskulitiden, Stoffwechselerkrankungen), ist die genaue Inspektion des vollständig entkleideten Patienten notwendig.

### 7.1.3 Palpation

Die Pulsfrequenz wird bei Arrhythmie zentral und peripher bestimmt. Das ***Pulsdefizit*** (Unterschied zwischen Herzfrequenz und peripher getastetem Puls) verschwindet bei korrekt behandelter absoluter Arrhythmie bei Vorhofflimmern bzw. Vorhofflattern. Aus Pulsqualität und Pulsform sind Aussagen über die Funktion der Aortenklappen ebenso möglich wie über den Zustand der Gefäße (Wandelastizität, Blutdruckhöhe etc.).

Die Palpation sämtlicher erreichbarer arterieller Pulse mit Seitenvergleich gehört zur vollständigen Untersuchung des Patienten (Nachweis von Gefäßstenosen bzw. Gefäßverschlüssen). Die genaue Bestimmung des Blutdruckes an beiden Armen und Beinen ist unverzichtbar (Nachweis von Gefäßstenosen bzw. der Aortenisthmusstenose). ***Schwirren*** kann über dem Herzen oder an großen Gefäßen bei Stenosen (Aortenklappenstenose, Gefäßstenose, Hyperthyreose) und beim Ventrikelseptumdefekt palpiert werden. Der außerhalb der Medioklavikularlinie palpierte ***hebende Spitzenstoß*** weist auf eine Linksherzhypertrophie (innerhalb der Medioklavikularlinie auf eine Rechtsherzhypertrophie) hin.

Ödeme und Aszites müssen differentialdiagnostisch von anderen Erkrankungen (Thrombosen, Lymphödem, Eiweißmangel etc.) abgegrenzt werden. Ödeme bei gleichzeitiger Jugularvenenstauung weisen auf die Rechtsherzinsuffizienz hin.

### 7.1.4 Perkussion des Herzens

Die Perkussion der maximalen äußeren Herzgrenzen gibt einen orientierenden Anhalt über die Herzgröße. Die Unterscheidung von absoluter und relativer Herzdämpfung ist praktisch ohne diagnostischen Wert. Die Ermittlung der Herzkonfiguration auf perkutorischem Wege ist unsicher. Das Röntgenbild und speziell die Echokardiographie liefern mehr Information.

### 7.1.5 Auskultation des Herzens und der Gefäße

Wichtige Beurteilungskriterien sind die Auskultationspunkte (Punctum maximum), Extratöne (systolisch, diastolisch), Herzgeräusche (systolisch, diastolisch, kontinuierlich) und ihre Fortleitung in benachbarte Gefäße oder Stromabschnitte (Tabelle 7.2 und 7.3, Abb. 7.1).

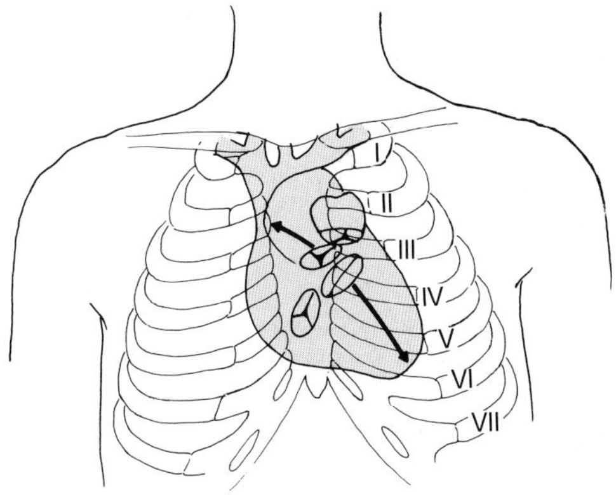


**Abb. 7.1.** *Auskultationsstellen der Herzklappen (punctum maximum).*

| | |
|---|---|
| Aortenklappe: | 2. Interkostalraum rechts parasternal, |
| Pulmonalklappe: | 2. Interkostalraum links parasternal, |
| Mitralklappe: | Herzspitze, |
| Trikuspidalklappe: | Ansatz der 5. Rippe rechts parasternal, |
| Erb-Punkt: | 3. Interkostalraum links parasternal (weiterführend bei Aortenvitien, angeborenen Herzfehlern, Mitralklappenprolaps). |

Die *Pfeile* geben die Richtung der Fortleitung der entsprechenden Herzgeräusche an

#### Herztöne

**I. Herzton:** *verstärkt* bei Mitralstenose, Hyperthyreose, sympathikotoner Reaktionslage, Bradykardie; *abgeschwächt* bis fehlend bei Mitralinsuffizienz, Hypertonie, Aortenvitien, bei PQ-Verlängerung, im Schock; *Spaltung des I. Herztones* bei Schenkelblock, künstlichem Schrittmacher, Links-rechts-Shunt, Klappeninsuffizienz.

**II a. Herzton** (Aortenklappenschlußton): *verstärkt* bei arterieller Hypertonie, postextrasystolischen Herzschlägen, sympathikotoner Reaktionslage, sklerosierenden Prozessen im Bereich der Aorta ascendens oder der Aortenklappen; *abgeschwächt* bei arterieller Hypertonie, bei valvulärer Aortenstenose, höhergradiger Aorteninsuffizienz, Linksherzinsuffizienz.

**II b. Herzton** (Pulmonalklappenschlußton): *verstärkt* bei allen Formen pulmonaler Hypertonie (prä- und postkapillar), bei erhöhtem pulmonalem Durchflußvolumen (z. B. Vorhofseptumdefekt); *abgeschwächt* bei Pulmonalstenose.

**Spaltung des II. Herztones:** von der Respiration abhängig und physiologisch. *Abnorm weite Spaltung* bei Rechtsschenkelblock, linksventrikulären Extrasystolen, Vorhofseptumdefekt. *Atemfixierte Spaltung* bei Vorhofseptumdefekt; *paradoxe Spaltung* (Pulmonalanteil geht dem Aortenanteil zeitlich voran) beim Linksschenkelblock, transvenösem Herzschrittmacher, bei hochgradiger valvulärer Aortenstenose und Aortenisthmusstenose sowie bei erheblicher Volumenbelastung des linken Ventrikels (großes Pendelvolumen bei Aorteninsuffizienz).

#### Extratöne (s. Tabelle 7.2)

***Frühsystolischer Klick*** („ejection click“, pathologische Verstärkung des Nachsegmentes des 1. Herztones) bei

**Tabelle 7.2.** Lokalisation von Extratönen

| Bezeichnung | Punctum maximum | Entstehung | 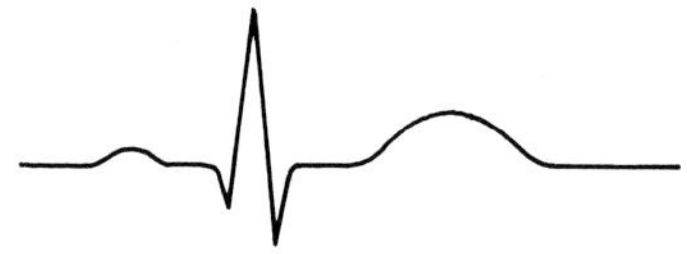 |
|---|---|---|---|
| 3. Herzton (Ventrikelfüllungston) | Herzspitze (in Linksseitenlage) | Verstärkter Bluteinstrom in den linken oder rechten Ventrikel; physiologisch in der Jugend, Insuffizienzzeichen im Alter | 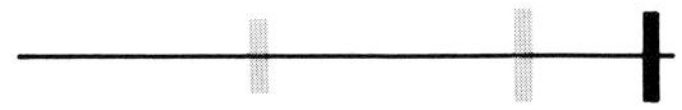 |
| 4. Herzton (Vorhofton) | Absolute Herzdämpfung | Verstärkte Vorhoftätigkeit | 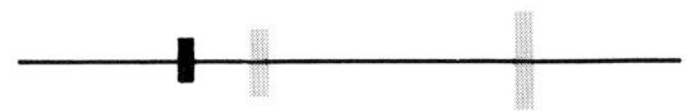 |
| Summationsgalopp (3. und 4. Herzton) | Absolute Herzdämpfung | Summe beider Mechanismen bei Tachykardie und/oder verlängerter AV-Überleitung; Insuffizienzzeichen | 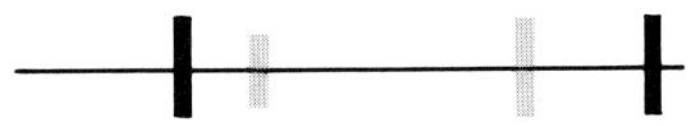 |
| Mitralöffnungston | Zwischen Herzspitze und Sternalrand | Zurückschnellen der stenosierten Mitralklappe in den Vorhof | 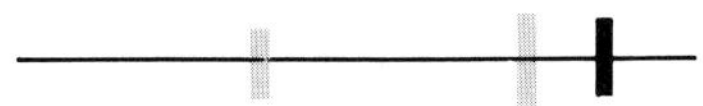 |
| Trikuspidalöffnungston | Absolute Herzdämpfung | Zurückschnellen der stenosierten Trikuspidalklappe in den Vorhof | 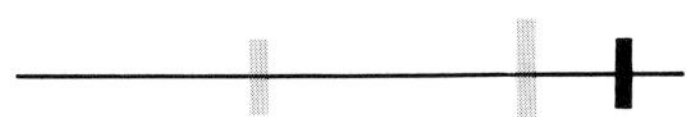 |
| Protodiastolischer Extraton | Absolute Herzdämpfung | Beendigung der diastolischen Ventrikelfüllung durch Perikardverdickung oder Erguß | 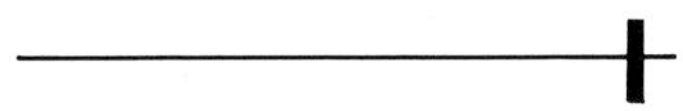 |
| Systolischer Extraton (Klick) | Herzspitze | Perikardadhäsion |  |
| Gedoppelter 1. Herzton | Herzspitze | Ungleichzeitiges Ende der Umformungszeit im rechten und linken Ventrikel |  |
| Pulmonaldehnungston | 2. Interkostalraum links parasternal | Verstärkte Anspannung der Pulmonaliswand bei Blutauswurf unter erhöhtem Druck |  |
| Aortendehnungston | 2. Interkostalraum links parasternal bis Herzspitze | Verstärkte Anspannung der Aortenwand bei Blutauswurf unter erhöhtem Druck | 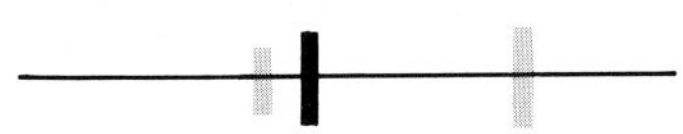 |
| Gedoppelter 2. Herzton | 2. Interkostalraum links parasternal | Ungleichzeitiges Ende der Austreibungszeit im linken und rechten Ventrikel | 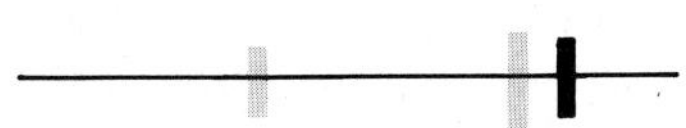 |

**Tabelle 7.3.** Lokalisation der Herzgeräusche

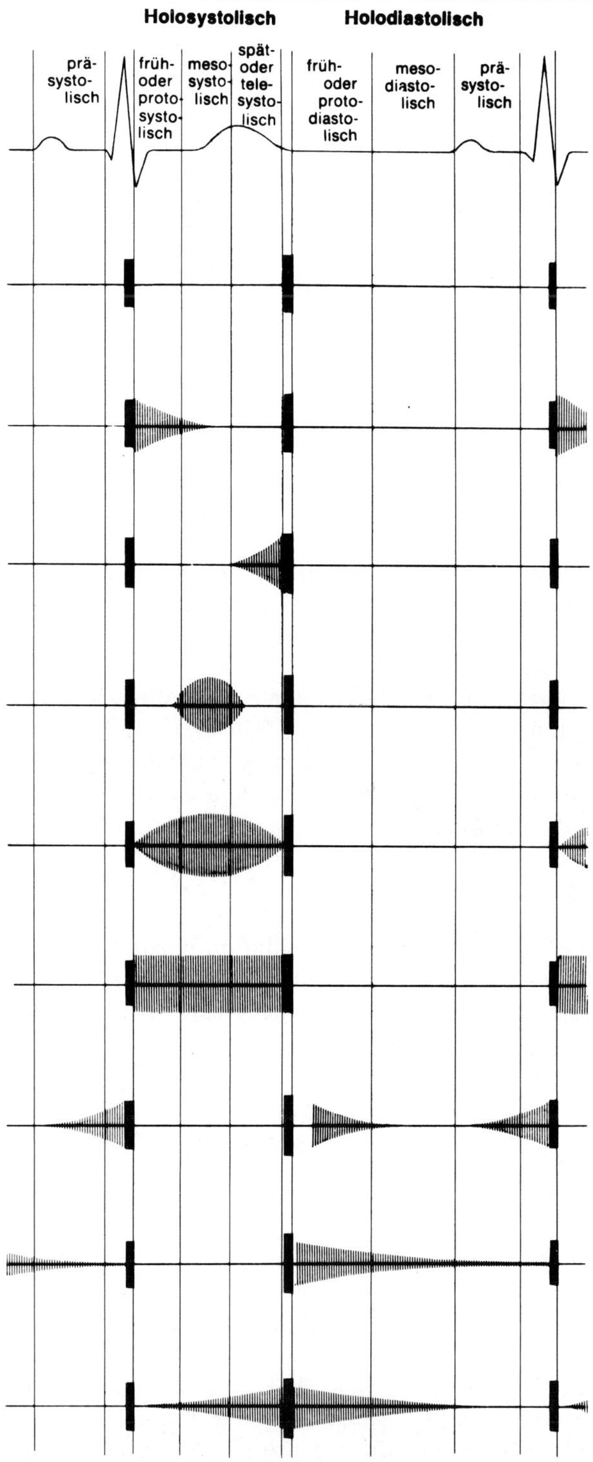


- Lage des 1. und 2. Herztons
- Protosystolisches Decrescendogeräusch (z. B. Mitral- oder Trikuspidalinsuffizienz)
- Spätsystolisches Crescendogeräusch (Restform eines perikardialen Reibegeräusches oder Papillarmuskelinsuffizienz)
- Mesosystolisches Spindelgeräusch (z. B. Aorten- oder Pulmonalstenose)
- Holosystolisches Spindelgeräusch (z. B. Aorten- oder Pulmonalstenose)
- Holosystolisches bandförmiges Geräusch (z. B. Ventrikelseptumdefekt oder Mitralinsuffizienz)
- Präsystolisches Crescendo- und frühdiastolisches Decrescendogeräusch, letzteres vom 2. Herzton durch ein freies Intervall getrennt (z. B. Mitral- oder Trikuspidalstenose, Austin-Flint-Geräusch)
- Holodiastolisches Decrescendogeräusch, unmittelbar nach dem 2. Herzton beginnend (z. B. Aorten- oder Pulmonalinsuffizienz)
- Kontinuierliches systolisch-diastolisches Geräusch (z. B. offener Ductus Botalli, arteriovenöses Aneurysma)

Aortenstenose, Aortenklappensklerose, Aortenaneurysma, Hypertonie, Aorteninsuffizienz, Pulmonalstenose, pulmonaler Hypertonie, angeborenen Vitien mit Links-rechts-Shunt, Eisenmenger-Reaktion, Morbus Ebstein, Hyperthyreose.

Der ***meso-*** und ***spätsystolische Klick*** kann Folge einer abgelaufenen Perikarditis sein (sog. perikarditischer Extraton), in anderen Fällen folgt diesem Extraton ein Geräusch und ist hier Hinweis auf eine Mißbildung des Mitralsegels mit kammersystolischem Prolaps eines aneurysmatisch erweiterten Mitralsegels mit begleitender (meist hämodynamisch geringgradiger) Mitralinsuffizienz.

Der ***3. Herzton*** hat dumpfen Klangcharakter, tritt protodiastolisch auf; er ist bei Jugendlichen physiologisch und bei Zuständen mit rasch erfolgender Kammerfüllung (z.B. Mitralinsuffizienz) oder bei ***verminderter Dehnbarkeit eines Ventrikels*** (z.B. bei Herzinsuffizienz) pathologisch.

***Vorhoftöne*** sind gewöhnlich leise und niederfrequent und Folgesymptom eines erhöhten enddiastolischen Drucks in der nachgeschalteten Kammer (z.B. Aortenstenose, Kardiomyopathien).

Der ***Mitralöffnungston*** (nieder- bis mittelfrequent, am häufigsten bei Mitralstenose) fällt 0,07–0,12 s nach Beginn des II. Herztons ein. Abgrenzung vom protodiastolischen Extraton bei Perikardverkalkungen bzw. Perikarderguß (selten!).

### Herzgeräusche (s. Tabelle 7.3)

Erst die Verknüpfung von Auskultationsmaximum, Fortleitung und zeitlichem Auftreten eines Geräusches während des Herzzyklus ermöglichen eine anatomische Zuordnung.

> **Ein Herzgeräusch „über allen Ostien" gibt es nicht – ein Punctum maximum des Geräuschphänomens ist immer vorhanden.**

**Systolische Geräusche.** Proto-, meso-, spät- und holosystolische Geräusche. Beispiele für ein holosystolisches Geräusch sind die Mitralinsuffizienz mittleren und höheren Schweregrades, die Trikuspidalinsuffizienz sowie, laut und ohrnahe, der Ventrikelseptumdefekt. Spätsystolische Geräusche werden u.a. bei leichtgradigen Formen einer Mitralinsuffizienz gehört. Klappenstenosen der aortalen oder pulmonalen Ausflußbahn (z.B. valvuläre Aorten- oder Pulmonalstenose) oder ein vermehrter Blutdurchfluß durch diese Klappen (z.B. bei Aorteninsuffizienz, beim Vorhofseptumdefekt) führen zu Geräuschen von Crescendo-Decrescendo-Charakter (Spindelform im Schallbild!), die in Abhängigkeit vom Schweregrad der Stenose mit einem Intervall vom I. Herzton beginnen (sog. Intervallgeräusche), ihr Geräuschmaximum in der Mitte der Systole oder sogar erst spätsystolisch erreichen und vor bzw. mit Beginn des II. Herztones enden. Fortleitung dieser systolischen Stenosegeräusche in die angrenzenden Gefäßstämme (z.B. bei der valvulären Aortenstenose in die Karotiden).

**Diastolische Geräusche.** Hochfrequentes, protodiastolisches Geräusch bei der Aorten- und Pulmonalinsuffizienz. Niederfrequentes, erst im Anschluß an den Mitralöffnungston entstehendes Geräusch bei der Mitralstenose (Abgrenzung: Austin-Flint-Geräusch, präsystolisches Crescendogeräusch bei Mitralstenose mit noch erhaltenem Sinusrhythmus). Diastolische Durchflußgeräusche bei Mitral- und Trikuspidalinsuffizienz und bei Links-rechts-Shunts (z.B. Vorhofseptumdefekt, Lungenvenentransposition).

*Kontinuierliches Geräusch* bedeutet systolisch-diastolisches Geräusch, das „Maschinengeräusch" ist am häufigsten beim Ductus arteriosus Botalli persistens, bei koronaren a.v.-Fisteln, nach Perforation eines Sinus-Valsalvae-Aneurysmas und bei pulmonalen a.v.-Fisteln.

***Herzsynchrone Reibgeräusche*** meist perikardialen Ursprungs (Pericarditis fibrinosa bzw. sicca, z.B. im Verlauf einer Coxsackie-Virus-Infektion, im Rahmen eines Dressler-Syndroms, im Verlauf einer urämischen Intoxikation, beim invasiven Bronchialkarzinom etc.).

**Funktionelle Herzgeräusche.** Nicht jedes Herzgeräusch weist auf einen Klappenfehler hin. Funktionelle Herzgeräusche sind in der Regel kreislaufdynamisch bedingt, z.B. bei Erhöhung der Strömungsgeschwindigkeit oder des Schlagvolumens (Fieber, körperliche Belastung oder Hyperthyreose bzw. Schwangerschaft) oder Blutviskositätsänderungen (z.B. Anämie).

***Akzidentielle Geräusche*** haben einen unklaren Entstehungsmechanismus und sind ohne krankheitstypische Bedeutung. Sie sind immer systolisch (nie diastolisch) und treten häufig bei Kindern und Jugendlichen auf. Andere Hinweise für eine Herzerkrankung fehlen.

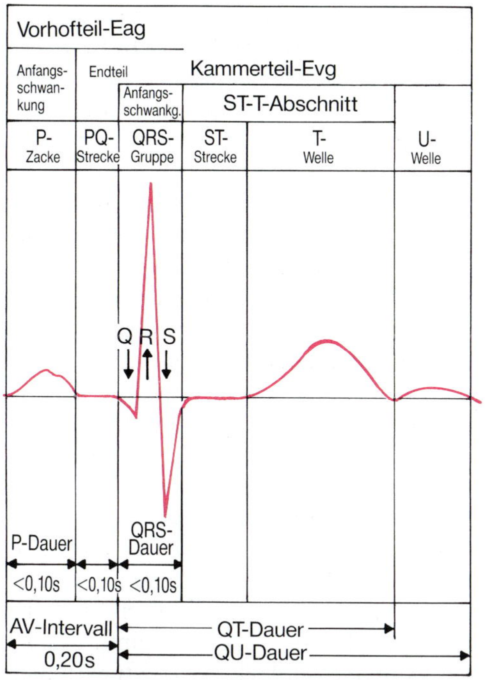


**Abb. 7.2.** Nomenklatur und normale Zeiten im Oberflächen-EKG. Die QT-Dauer ist frequenzabhängig (etwa 0,3 s bei 100/min und 0,4 s bei 60/min). Verlängerungen der PQ-Zeit (AV-Intervall) über 0,2 s werden als AV-Blockierungen und Verbreiterungen des QRS-Komplexes über 0,11 s als Schenkelblöcke bezeichnet

# 7.2 Spezielle kardiologische Untersuchungsmethoden

## 7.2.1 Elektrokardiographie

### Standardelektrokardiographie

Mit Hilfe des EKG werden die bei jeder Herzkontraktion auftretenden elektrischen Aktionsströme des Herzmuskels als Funktion der Zeit registriert. Die Herzstromkurve wird auf einem mit konstanter Geschwindigkeit (zumeist 50 mm/s) vorgeschobenen Papierstreifen (EKG) aufgezeichnet. Dabei entspricht die charakteristische Formkurve dem rhythmischen Vorgang der während jeder Herzaktion sich wiederholenden Depolarisation und Repolarisation der Vorhof- und Kammermuskulatur (Zeiten siehe Abb. 7.2).

Beim ***konventionellen EKG*** wird die Herzstromkurve mit Hilfe von auf der Haut angebrachten Elektroden abgeleitet. Eine besondere Schaltung erlaubt es, die Summe aller jeweils auftretenden elektrischen Kräfte als vektorielle Projektion auf bestimmte Ableitungen darzustellen. Beim ***Vektorkardiogramm (VKG)*** erreicht man durch diese spezielle Schaltung der Elektroden, daß ein Kathodenstrahl, durch die elektrischen Kräfte in einem zweidimensionalen Koordinatensystem abgelenkt, eine Vektorschleife beschreibt. Wegen der größeren Umständlichkeit hat sich die Vektorkardiographie außer für bestimmte Fragestellungen nicht durchsetzen können.

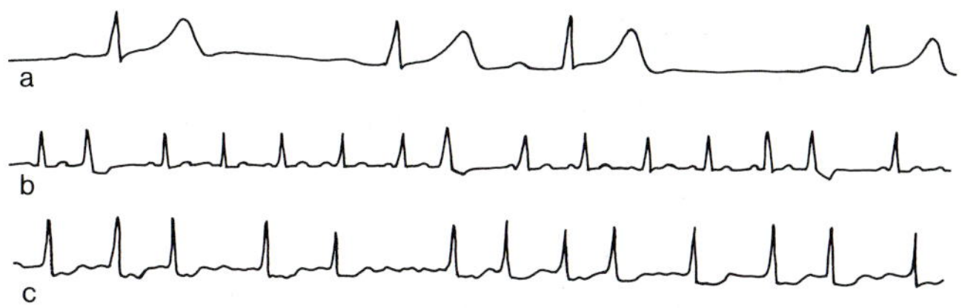


**Abb. 7.3.** Arrhythmieformen.
*A* Sinusarrhythmie,
*B* Sinusrhythmus und ventrikuläre Extrasystolen,
*C* absolute Arrhythmie bei Vorhofflimmern

Bei der ***intrakardialen Elektrokardiographie*** werden durch intrakardiale Elektroden lokale Potentiale von unterschiedlichen Gebieten des Arbeits- und spezifischen Muskelsystems abgeleitet (His-Bündel-KG).

***Konventionell*** werden 12 Ableitungen mit Hilfe eines Mehrkanalgerätes (3–6 Kanäle) mit Einthoven-, Goldberger- und Wilson-Ableitungen registriert.

### Bedeutung des EKG

***Herzfrequenz und Herzrhythmus*** (Sinus, Arrhythmie, SA- und AV-Blockierungen etc.) werden durch das EKG zuverlässig dargestellt und der Beurteilung zugänglich (Abb. 7.3). Die Herzfrequenz läßt sich aus dem EKG berechnen:

$$\text{Herzfrequenz (Schläge/min)} = \frac{60}{\text{RR-Abstand (in Sek.)}}$$

(Frequenz unter 60/min = Bradykardie, über 100/min = Tachykardie).

Die ***Herzmuskelhypertrophie*** kann in 40–60% der Fälle erkannt werden an einem R-Ausschlag in I über 1,5 mV bei Linkstyp bzw. am positiven Sokolow-Index. Der Sokolow-Index wird berechnet (Linksherzhypertrophie): R in V5+S in V1 >3,5 mV bzw. R in V1+S in V5 >1,05 mV (rechtsventrikuläre Hypertrophie).

Die ***Infarktdiagnose*** mit dem typischen Infarkt-Q (breiter als 0,03 s und tiefer als 0,3 mV) sowie den seriellen ST/T-Veränderungen gestattet sichere Aussagen

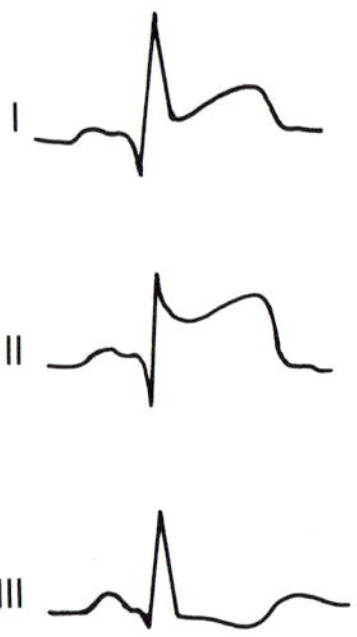


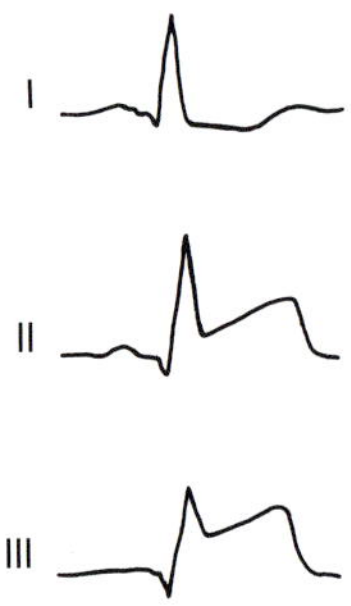


**Abb. 7.4.** *(links)* Q und ST-T-Hebungen in I und II, frischer Vorderwandinfarkt
**Abb. 7.5.** *(rechts)* ST-T-Hebungen in II und III, frischer Hinterwandinfarkt

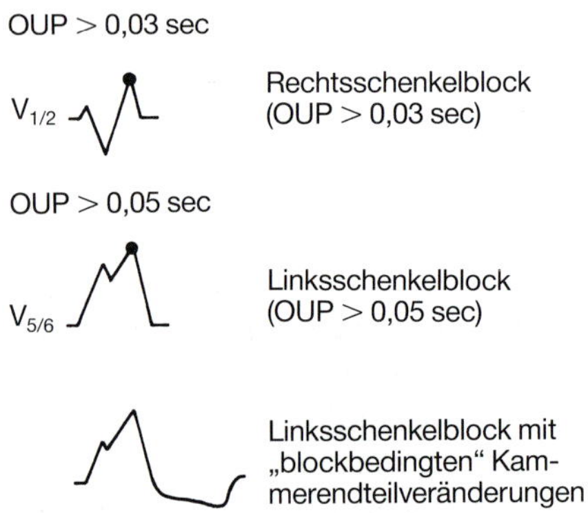


**Abb. 7.6.** Schenkelblockbilder (OUP = oberer Umschlagspunkt = endgültige Negativität)

über Lokalisation und Alter des Herzinfarktes. Differentialdiagnostisch muß an Kardiomyopathien gedacht werden (Abb. 7.4 und 7.5).

Veränderungen der ST-Strecke bzw. des T erlauben Rückschlüsse auf Ischämien (akut – chronisch), Aneurysmabildung, Peri- und Myokarditiden, Elektrolytstörungen und angeborene Erkrankungen (QT-Syndrom) (Abb. 7.6).

Auch wenn viele Erkrankungen des Herzens sich im EKG nur durch unspezifische Zeichen manifestieren, so ist das EKG im positiven Falle, d. h. wenn Veränderungen sichtbar sind, doch häufig wegweisend.

**Belastungselektrokardiographie**

> **Die korrekt durchgeführte Ergometrie (Belastungs-EKG) ist die wichtigste Untersuchungsmethode zur Beurteilung der kardialen Funktion.**

Das Belastungs-EKG erlaubt Aussagen über das Eintreten einer ***belastungsabhängigen Ischämie*** bzw. von ***belastungsabhängigen Herzrhythmusstörungen.*** Die Schwelle des Eintretens der Veränderungen bei einer bestimmten körperlichen Leistung wird definiert. Aussagen über belastungsabhängige Frequenzregulation und über Frequenzrückbildung und Arrhythmien in der Erholungsphase sind ebenso möglich, wie die Beurteilung des Therapieerfolges (medikamentös, nach Operation bzw. PTCA). Nach durchgemachtem Herzinfarkt wird bei jedem Patienten vor Krankenhausentlassung ein symptomlimitiertes Belastungs-EKG registriert, um das Vorhandensein noch weiterer hämodynamisch wirksamer Koronarstenosen nachzuweisen bzw. auszuschließen (Abb. 7.7).

Notwendige Ergometrievoruntersuchungen sind:
- Anamnese (Medikamente!),
- körperliche Untersuchung (Herzinsuffizienz, Aortenstenose etc.),
- Blutdruck (Hypertonie),
- Ruhe-EKG (Linksschenkelblock etc.).

**Durchführung.** In der Regel wird die Fahrradergometrie in sitzender Position ausgeführt. Die Belastung beginnt bei 25 bzw. 50 W, je nach geschätzter Leistungsfähigkeit des Patienten. Die Belastung wird stufenweise um je 25 bis 50 W gesteigert (nach jeweils 3 min). Bei Erreichen der diagnostischen Information bzw. bei maximaler oder submaximaler (80%) Ausbelastung wird abgebrochen.

*Kontraindikationen* gegen eine Ergometrie sind folgende:
- frischer Myokardinfarkt,
- ischämietypische EKG-Zeichen bereits in Ruhe,
- instabile Angina pectoris,
- akute Myokarditis oder Perikarditis,
- Stauungsherzinsuffizienz (NYHA III–IV),
- bedrohliche Herzrhythmusstörung,
- Blutdruckwerte über 220/120 mmHg,
- frische thromboembolische Prozesse,
- Aortenstenose,
- Fieber, Infektionen,
- Cor pulmonale.

**Ausbelastungsherzfrequenz:** 180/min – Lebensalter

**Ergometriesolleistung**
Männer = [Sollgewicht (kg)×3] –10% pro Altersdekade über 30,

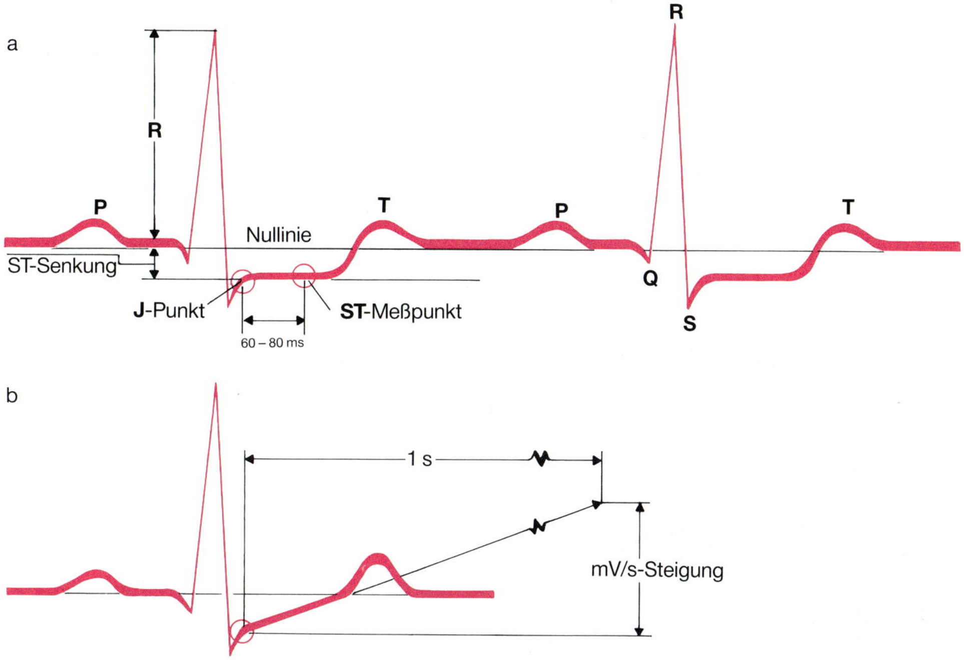


**Abb. 7.7 a, b.** Beurteilung der ST-Strecke im Belastungs-EKG. Die Nullinie (zwischen P und Q) wird verlängert. Die horizontale **(a)** ST-Senkung wird 60–80 ms nach dem J-Punkt quantifiziert. Horizontale oder deszendierende ST-Senkungen unter Belastung von mehr als 0,1 mV sind als pathologisch anzusehen. Die Anstiegsbeurteilung der ST-Strecke ist in **b** dargestellt

Frauen = [Sollgewicht (kg)×2,5] −10% pro Altersdekade über 30;
z. B. Mann, 170 cm, 70 kg, 60 Jahre
= (70 × 3)–30%
= 210–63≈150 Watt Solleistung.

*Ergometrieindikationen* sind folgende:

- Nachweis bzw. Ausschluß einer koronaren Herzerkrankung,
- körperliche Leistungsfähigkeit,
- Therapieüberwachung besonders bei koronarer Herzerkrankung,
- nach Bypassoperation, nach PTCA,
- nach Herzinfarkt vor Krankenhausentlassung,
- bei Risikopatienten zur frühzeitigen Erfassung hämodynamisch wirksamer Koronarstenosen.

### Langzeitelektrokardiographie

Das Langzeit-EKG (im allgemeinen über 24 h kontinuierlich abgeleitet) wird auf Magnetband registriert. Es werden immer gleichzeitig 2 Kanäle aufgezeichnet, um Artefakte (z. B. Nulllinie bei Gerätedefekt) weitgehend sicher zu erkennen. Die Auswertung erfolgt zeitgerafft und in der Regel rechnergestützt. Es gelingt mit dieser Technik, transitorische Arrhythmien zu erfassen. Die Abklärung von Synkopen und die Aufdeckung von Tachykardien erfolgen durch das Langzeit-EKG.

Speziell geeignete Aufzeichnungsgeräte zur Analyse der ST-Strecke und des T sind entwickelt worden. Damit gelingt es, passagere Ischämien (stumme Myokardischämien) zu erfassen.

Das Langzeit-EKG eignet sich zur Therapiekontrolle von Antiarrhythmika bzw. Koronartherapeutika.

## 7.2.2 Phono- und Mechanokardiographie

Die Registrierung der Herztöne und -geräusche sowie der Pulskurven hat durch die Echokardiographie stark an Bedeutung verloren. Trotzdem ist für die ***zeitliche Beziehung*** von Herztönen und -geräuschen sowie von Extratönen zum EKG bzw. zur Pulskurve die Durchführung eines Phonokardiogramms bzw. Mechanokardiogramms notwendig. Mit den üblichen Geräten werden in der Regel der arterielle Puls (A. carotis) und der

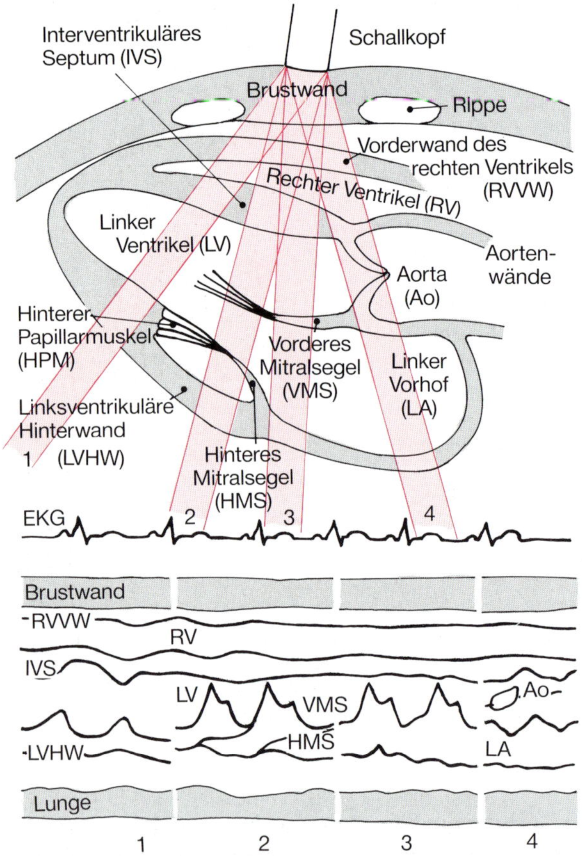


**Abb. 7.8.** Darstellung der echokardiographisch erfaßbaren Strukturen (M-Mode-Echokardiographie) bei verschiedenen Richtungen des Schallstrahls. Je nach Richtung des Schallstrahls durchlaufen die Schallwellen unterschiedliche Areale des Herzens, die unten als Weg-Zeit-Kurven bei kontinuierlicher Registrierung dargestellt sind. In Position *4* wird die Herzbasis mit Aorta und linkem Vorhof angelotet. Mit Schallstrahlrichtung *1* werden die apikal gelegenen Abschnitte des Herzens erfaßt. Mit den Schallrichtungen *3* und *2* wird die Mitralklappenbewegung registriert

Herzspitzenstoß (Apexkardiogramm) zusätzlich abgeleitet.

Als *Indikationen* gelten:

- Dokumentation von Herztönen und -geräuschen,
- zeitliche Einordnung von Extratönen (Klicks, Mitralöffnungston),
- Beschreibung von komplexen Herzgeräuschen und deren Beziehung zu den Herztönen und zum EKG,
- Registrierung von Öffnungs- und Schließungsklicks von Herzklappenprothesen in der Verlaufskontrolle (Erkennung von Herzklappenprothesenfunktionsstörungen),
- die gleichzeitige Registrierung systolischer Zeitintervalle (Kontraktilitätskriterien).

### 7.2.3 Echokardiographie und Dopplerechokardiographie

Die Ultraschallechokardiographie (UKG) beruht auf dem Verfahren des an Grenzflächen reflektierten Ultraschalls. Eindimensionale und zweidimensionale Ansichten des Herzens von verschiedenen Positionen aus sind möglich (Abb. 7.8). Die anatomisch naturgetreu aufgezeichneten Bilder weisen eine Lateralauflösung von nur 1–2 mm auf. Da die Echokardiogramme damit sehr genau vermessen werden können, sind Aussagen über Größe der Herzkammern, Kammerwanddicken, Klappen und Klappenöffnungsflächen und prozentuale Durchmesserverkürzungen möglich. Die Technik hat keine Rückwirkungen auf das Herz und ist beliebig oft wiederholbar. Der Dopplereffekt an der Schallkeule ist nutzbar, um Bewegungen wie die Blutströmung zu vermessen. Wenn der Schallstrahl in den Preßstrahl einer Klappenstenose gelegt wird, läßt sich die Klappenöffnungsfläche sehr genau berechnen. Die dopplersonographisch erfaßten Strömungsverhältnisse im Herzen können je nach Strömungsrichtung farblich kodiert werden. Damit ist eine Aussage über die Blutströmungsrichtung im Herzen und in den großen Gefäßen möglich (Klappeninsuffizienzen, Shunts etc.).

Rippen und lufthaltige Lunge behindern die Schallpassage. Deshalb sind nur bestimmte begrenzte Schallfenster in den präkordialen Interkostalräumen sowie vom Jugulum bzw. von substernal aus nutzbar. In manchen Fällen (ausgeprägter Emphysemthorax) sind keine Ultraschalluntersuchungen möglich (≈10–20% aller Patienten). Dann und z. B. beim beatmeten Patienten gelingt eine gute Darstellung des Herzens von ***transösophageal*** her. Diese Methode hat die höchste Auflösungsgenauigkeit und eignet sich speziell zur Beurteilung linksatrialer Strukturen (Vorhofthromben, Mitralklappe), aber auch von extrakardialen Strukturen (Aorta descendens).

Durch Applikation von Kontrastmitteln in das Blut (Kochsalzlösung) können ***Klappeninsuffizienzen*** und ***intrakardiale Shuntverbindungen*** unmittelbar sichtbar gemacht werden. Das UKG ist heute unverzichtbar bei jeder kardiologischen Untersuchung. Anatomische und funktionelle Veränderungen werden quantitativ oder halbquantitativ erfaßt. Komplikationen sind nicht bekannt.

*Indikationen* sind folgende:

- Abklärung pathologischer Auskultationsbefunde,
- Erkennung bakterieller Endokarditiden (Klappenvegetationen),
- Quantifizierung von Klappenstenosen und Klappeninsuffizienzen,
- Quantifizierung intrakardialer Shunts,
- Messung von Ventrikelgrößen und Wanddicken,
- Erfassung von Bewegungsstörungen des Herzens,
- Bestimmung der Austreibungsfunktion,
- Erkennung von Aneurysmata (auch thorakaler Aortenaneurysmata),
- Diagnose akuter myokardialer Bewegungsstörungen (Dyskinesien),
- Erkennung von intrakardialen Tumoren und Thromben,
- Diagnostik bei Aortendefekten,
- Erkennung von Aortenringabszessen,
- Diagnose der akuten Lungenembolie,
- Diagnose der pulmonalen Hypertonie,
- Diagnose komplexer angeborener Vitien.

Die echokardiographische Diagnostik ist derart zuverlässig geworden, daß in bestimmten Fällen auf eine Herzkatheteruntersuchung verzichtet werden kann, wenn nicht gleichzeitig der Verdacht auf eine koronare Herzerkrankung besteht.

### 7.2.4 Röntgen

Die ***Standardröntgenaufnahme des Thorax*** wird zur Beurteilung von Herzkrankheiten in 2 Ebenen (p. a. und in der Regel links seitlich anliegend) angefertigt. Herzvolumenbestimmungen und die konventionelle Tomographie sind weitgehend durch die Echokardiographie ersetzt worden. Wichtig bleiben aber Aussagen über die Herzform und Herzgröße sowie die Füllung und das Verzweigungsmuster der Lungengefäße (Shuntvitien) (Abb. 7.9). In ihren Außenkonturen sind Aorta und A. pulmonalis gut sichtbar (Aortenaneurysma, pulmonale Hypertonie). Aortenbogenverkalkungen weisen auf eine Atherosklerose hin. Bei der ***Durchleuchtung*** zeigt Koronararterienkalk eine koronare Herzerkrankung, besonders bei jüngeren Patienten, an. Klappenverkalkungen werden in der Regel erkannt, sind jedoch echokardiographisch besser quantifizierbar. Anhand ihrer charakteristischen Herzsilhouetten sind fortgeschrittene Vitien meist gut erkennbar und einzuordnen.

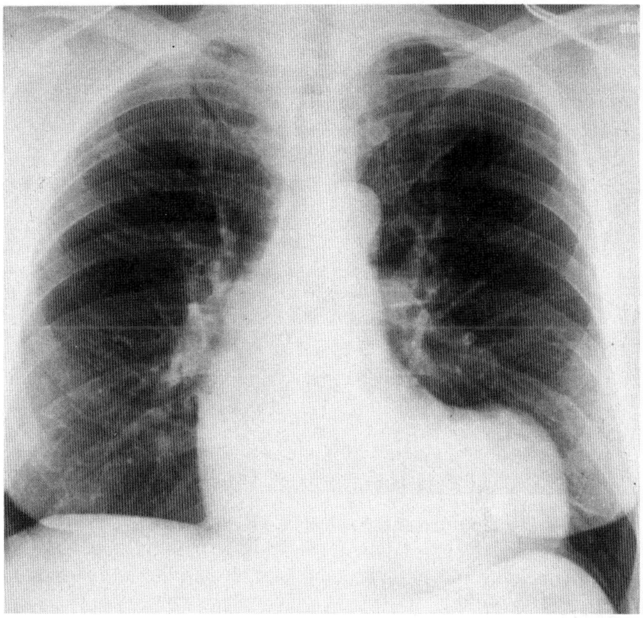

**Abb. 7.9.** Linksventrikuläres Aneurysma bei Zustand nach Vorderwandinfarkt infolge eines proximalen Verschlusses der linken vorderen absteigenden Herzkranzarterie (LAD oder RIVA) (s. auch Abb. 7.10)

Das früheste röntgenmorphologische Muster einer ***linksseitigen Herzinsuffizienz*** ist die sichtbare Erweiterung der Gefäßkaliber der Lungenvenen (pulmonalvaskuläre Umverteilung), später treten interstitielle und alveoläre Lungenödeme, Pleuraergüsse bzw. sichtbare Perikardergüsse hinzu.

### 7.2.5 Computertomographie des Herzens

Die Computertomographie liefert in etwa gleich gute Ergebnisse wie die Echokardiographie mit dem Vorzug, auch bei schlecht schallbaren Patienten angewendet werden zu können. Speziell perikardiale bzw. parakardiale und mediastinale Prozesse können durch die Computertomographie differenziert werden. Die Gabe von Kontrastmittel zur Differenzierung perfundierter Strukturen ist möglich (Abb. 7.10).

Die ultraschnelle Computertomographie ist als funktionelle Untersuchungsmethode durch die Bestimmung der linksventrikulären Muskelmasse sowie der quantifizierbaren regionalen und globalen Wanddickenänderung einschließlich der Volumina während des Herzzyklus der konventionellen Computertomographie überlegen.

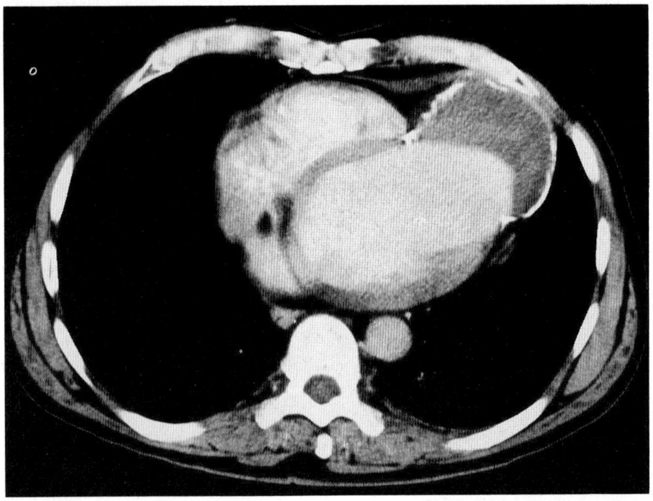

**Abb. 7.10.** Computertomographische Darstellung eines linksventrikulären Aneurysmas (Patient aus Abb. 7.9) mit partiell verkalkter Aneurysmawand und thrombotisch ausgefülltem Aneurysma des linken Ventrikels

## 7.2.6 Nuklearmedizinische Diagnostik

Mit Hilfe von radioaktiv markierten Trägersubstanzen sind bei der verfeinerten kardiologischen Diagnostik und Differentialdiagnostik Möglichkeiten gegeben, die ***Myokardperfusion*** und die ***Pumpfunktion des linken Ventrikels*** zu analysieren und teilweise auch zu quantifizieren.

### Myokardszintigraphie

Thallium 201 wird intravenös appliziert. Es wird über den aktiven Kationentransport der Myokardzellmembran ähnlich wie Kalium intrazellulär aufgenommen. Nicht perfundierte Myokardareale nehmen kein Thallium auf (Narben). In der Regel wird die Myokardszintigraphie unter Belastung und erneut im Abstand von 2–4 h unter Ruhebedingungen durchgeführt. Myokardareale, die unter Belastungsbedingungen kein Thallium aufnehmen, sind entweder ischämisch ***(poststenotische Bezirke)*** oder Narben ***(Postinfarktbezirke).*** Wenn in der Ruhephase eine Redistribution erfolgt, d.h. Thallium in die vorher nicht speichernden Areale aufgenommen wird, ist davon auszugehen, daß es sich lediglich um ischämische Areale handelt. Wenn auch unter Ruhebedingungen kein Thallium aufgenommen wird, muß davon ausgegangen werden, daß bereits Myokardnarben vorliegen. Damit eignet sich diese Methode zur ***Unterscheidung zwischen minderperfundierten Myokardbezirken und Narbenbereichen.*** Die Myokardszintigraphie ist eine ausgezeichnete Ergänzung der selektiven Koronarangiographie, da sie die Myokarddurchblutung lokalisationsgetreu angeben kann. Der Zeitaufwand für eine vollständige Thallium-201-Myokardszintigraphie mit Redistribution ist erheblich, da er 2 Untersuchungen mit körperlicher Belastung des Patienten im Abstand von 2–4 h erfordert. Die Strahlenbelastung ist größer als bei einer Röntgenaufnahme des Herzens.

*Indikationen* sind folgende:

- Diagnostik der koronaren Herzerkrankung bei nicht eindeutigem Belastungs-EKG,
- Unterscheidung zwischen Myokardnarbe und Myokardischämie,
- Diagnostik perioperativer Herzinfarkte nach aortokoronarer Bypassoperation,
- Myokarditis (fleckförmige Thalliumspeicherung).

### Radionuklidventrikulographie

Bei diesem Verfahren wird ein Isotop kurzer Halbwertszeit ($^{99m}$Tc-markierte Erythrozyten) in den Blutstrom gegeben. Die Strahlungsverteilung und Strahlungsdichte über dem Herzen wird gemessen. Durch Summierung vieler Bilder und durch EKG-Triggerung können anatomisch verläßliche Aussagen über die regionale Wandbewegung, die Gesamtkammerfunktion ***(Ejektionsfraktion)*** gemacht werden. Dieses Verfahren eignet sich zur ***Quantifizierung von Wandbewegungsstörungen*** auf nichtinvasivem Wege und zur Messung der Ejektionsfraktion im Verlauf bzw. vor und nach Therapie.

Die ***Positronenemissionstomographie (PET)*** ist in einigen Zentren zur Messung von myokardialen Stoffwechselprodukten ($^{11}$C-Palmitinsäure, $^{18}$F-Fluorodesoxyglucose) verfügbar.

## 7.2.7 Magnetresonanztechnik

Auf Grund unterschiedlicher Kernspinresonanzverhältnisse in verschiedenen Geweben sind anatomisch getreue Schnittbilder durch den Körper möglich. Im Gegensatz zum Computertomogramm und auch zum ultraschnellen Computertomogramm erlaubt die ***Kernspintomographie*** auch ohne Kontrastmittelapplikation die Bestimmung funktioneller Parameter, der linksventrikulären Muskelmasse sowie die Messung der Wanddickenänderungen global und regional über den Herzzyklus.

Dadurch kann zwischen diastolischen und systolischen Funktionsalterationen des linksventrikulären Myokards differenziert werden. Regionale Einschränkungen der Wanddickenänderungen im Kernspintomogramm sind hinweisend auf das Vorliegen einer regionalen Ischämie bzw. eines nicht transmuralen Herzinfarktes. Auch tumoröse, das Myokard infiltrierende Prozesse können kernspintomographisch besser als computertomographisch abgegrenzt werden.

### 7.2.8 Herzkatheterdiagnostik und Angiographie

Für die Herzkatheterdiagnostik haben sich 2 Zugangswege durchgesetzt: die ***Sones-Technik*** (Zugang über die A. und V. brachialis) und die ***Judkins-Technik*** (Zugang über die A. und V. femoralis). Mit Hilfe der vorgeführten Katheter lassen sich alle Herzhöhlen und Herzkranzgefäße sondieren, die Drücke messen, Blut zur Bestimmung der Sauerstoffsättigung entnehmen sowie Kontrastmittel injizieren. Der linke Vorhof wird bei speziellen Fragestellungen (Aortenklappenstenose) durch transseptale scharfe Punktion des Vorhofseptums erreicht. Trotz hervorragender nichtinvasiver Verfahren (Echokardiographie, Computertomographie, Kernspinresonanz) ist speziell für die Diagnostik der ***koronaren Herzerkrankung*** die selektive Koronarographie nicht zu ersetzen. Das invasive Verfahren kann folgende Komplikationen zur Folge haben: Infektionen, Thromboembolien, Gefäßverletzungen, Herzrhythmusstörungen sowie Nachblutungen. Die Letalität liegt in Zentren mit mehr als 500 Herzkatheteruntersuchungen pro Jahr unter 0,5‰. Eine Häufung von Komplikationen wird bei Patienten mit schwerer pulmonaler Hypertonie, hämodynamisch wirksamen Aortenstenosen und bei Hauptstammstenosen der linken Koronararterie gefunden. Für die präoperative Diagnostik ist die Herzkatheteruntersuchung heute noch nicht durch andere Verfahren zu ersetzen. Auch bei unkomplizierten Einklappenvitien und gleichzeitigem Verdacht auf eine koronare Herzerkrankung ist die Koronarographie zusätzlich erforderlich.

*Indikationen* sind:
- eindeutige präoperative Diagnostik der koronaren Herzerkrankung (auch vor Koronardilatation),
- Funktionsprüfung nach aortokoronarer Bypassoperation,
- abklärende Diagnostik bei Kardiomyopathien,
- sichere Diagnostik bei praktisch allen Vitien,
- Verdacht auf Gefäßanomalien,
- Aortographie bei disseziierenden Aortenaneurysmata,
- Therapiekontrolle bei pulmonaler Hypertonie,
- vor Operation einer Pulmonalembolie.

Die Durchführung einer vollständigen Rechtsherz- und Linksherzkatheteruntersuchung mit Koronarographie dauert je nach vorliegendem Befund etwa 20–60 min. Der Aufwand ist erheblich (apparativ, personell, finanziell). Angiographien in die großen Herzhöhlen bzw. die Herzkranzgefäße oder herznahen großen Gefäße werden mit Cinefilmtechnik dokumentiert. Dieser Film ist Grundlage für weitere therapeutische Entscheidungen (aortokoronare Bypassoperation, Herzklappenoperation, PTCA etc.).

### 7.2.9 Myokardbiopsie

Zur Bestätigung einer Verdachtsdiagnose mit differentialtherapeutischen Konsequenzen, aber auch zur sonst nicht anders möglichen Abklärung vermuteter Myokarderkrankungen werden Myokardbiopsien transvenös vom Septum des rechten Ventrikels oder transarteriell aus der Spitze des linken Ventrikels mit speziellen Bioptomen entnommen. Die lichtmikroskopische, elektronenmikroskopische, biochemische, immunologische und virologische Untersuchung der Myokardbiopsien ergibt Hinweise zur Genese von angeborenen oder erworbenen Myokarderkrankungen bzw. von ***Vaskulitiden bei normalem Koronarbefund*** („small-vessel disease"). Für die Beurteilungen einer Abstoßungskrise bei einem herztransplantierten Patienten bzw. für die Erkennung einer Adriamycinkardiotoxizität ist die Myokardbiopsie die Methode der Wahl. Komplikationen sind selten, aber ernster Natur.

### 7.2.10 Perikardpunktion

Zur differentialdiagnostischen Klärung von Perikardergüssen wird in der Regel von subxiphoidal aus eine ***Perikardioszentese*** durchgeführt. Die gewonnene Perikardflüssigkeit wird bakteriologisch und zytologisch untersucht (Tuberkulose!).

### 7.2.11 Bestimmung der Koronarreserve

Der Koronarwiderstand entspricht dem Quotienten aus dem koronaren Perfusionsdruck und der Koronardurchblutung des linken Ventrikels. Die Koronarreserve des linken Ventrikels ist als das Verhältnis des Koronarwiderstandes unter Ausgangsbedingungen zum Koronarwiderstand unter maximaler Koronardilatation definiert. Im allgemeinen wird der ***Koronarwiderstand*** vor und nach Gabe von Dipyridamol (0,5 mg/kg KG i. v.) gemessen. Die Durchblutungsmessung des Herzens erfolgt durch Sondierung des Sinus coronarius, Messung arterieller und koronarvenöser Sauerstoffsättigungen und der Drucke vor und nach maximaler Koronardilatation (Dipyridamol). Unter Verwendung der Argonmethode mit gaschromatographischer Analyse von Argon im arteriellen und koronarvenösen Blut läßt sich die Koronardurchblutung sehr genau messen. Beim Gesunden kann die ***Koronardurchblutung*** maximal um den Faktor 5 gesteigert bzw. der Koronarwiderstand auf 20% gesenkt werden.

Bei bestimmten Erkrankungen (Immunvaskulitis, systemische Kollagenosen, essentielle Hypertonie, kongestive Kardiomyopathien und Mikroangiopathien etc.) ist die Koronarreserve stark eingeschränkt. Speziell bei Patienten mit Angina pectoris, pathologischem Belastungs-EKG, aber normalem Koronarangiogramm (Ausschluß einer Makroangiopathie!) kann zur weiteren Abklärung die Bestimmung der Koronarreserve notwendig werden.

### 7.2.12 Magnetokardiographie

Bei der physiologischen Herzerregung entsteht ein Magnetfeld, das mit Hilfe des Magnetokardiogramms erfaßt werden kann. Im Gegensatz zur konventionellen Elektrokardiographie, bei der Spannungsdifferenzen auf der Körperoberfläche abgegriffen werden, ist die Registrierung des Magnetfeldes von thorakalen Übergangswiderständen weitgehend unabhängig und wird kontaktlos über der Körperoberfläche registriert. So erlaubt die Magnetokardiographie zum Beispiel bei linksventrikulärer Hypertrophie eine Quantifizierung und darüber hinaus eine dreidimensionale Lokalisierung der zugrundeliegenden elektrischen Aktivität (wichtig bei aberrierenden Leitungsbahnen wie z. B. WPW-Syndrom etc.). Andere Reizbildungs- und Erregungsleitungsstörungen, wie z. B. ventrikuläre Ektopien, können auf diese Weise nichtinvasiv lokalisiert werden.

**Tabelle 7.4.** Ursachen der akuten Herzinsuffizienz: kardiogener Schock

| |
|---|
| Verlust an kontraktiler Muskelmasse (z. B. Herzinfarkt) |
| Akute Ventrikelseptum- oder Papillarmuskelruptur bei Herzinfarkt |
| Dekompensierte Klappenvitien |
| Lungenembolie |
| Herzbeuteltamponade |
| Extreme bradykarde und tachykarde Herzrhythmusstörungen |
| Akute Druckbelastung des linken Ventrikels (z. B. hypertone Krise) |

## 7.3 Herzinsuffizienz

Dem Symptom Herzinsuffizienz liegen pathophysiologisch sehr unterschiedliche Ursachen zugrunde. Am Anfang der Kausalkette steht eine Leistungsschwäche des Herzens, die sich in den meisten Fällen zuerst bei körperlicher Belastung ***(Belastungsinsuffizienz),*** später auch in Ruhe ***(Ruheinsuffizienz)*** manifestiert. Die gestörte Herzfunktion und die Reaktionen der Kreislaufperipherie und der Organe (Kompensationsmechanismen), die ihrerseits wieder mechanisch, hormonell oder metabolisch auf die Herztätigkeit zurückwirken, bestimmen Ausmaß und Prognose der Erkrankung.

**Eine „Herzinsuffizienz" kann nur diagnostiziert werden, wenn eine kardiale Funktionsstörung nachgewiesen wurde.**

### 7.3.1 Definitionen

Unter einer ***akuten Herzinsuffizienz*** verstehen wir eine binnen Minuten bis Stunden auftretende und die Funktion des Kreislaufs bedrohende Verminderung des Herzzeitvolumens im Sinne eines Pumpversagens. Als Ursache kommen neben der Lungenembolie (akute Rechtsherzinsuffizienz), die Perikardtamponade, Rhythmusstörungen und Intoxikationen sowie das akute Myokardversagen nach Herzinfarkt bzw. bei einer hypertonen Krise in Frage (Tabelle 7.4).

Wenn bei schwerstgestörter Pumpfunktion des Herzens trotz erhöhten Füllungsdrucks (LVEDP über 20 mmHg) der Herzindex unter 2,0–2,2 $l/min \cdot m^2$ abfällt, sprechen wir von einem ***kardiogenen Schock.*** Er ist gekennzeichnet durch hohe Füllungsdrücke, ein niedriges effektives Herzzeitvolumen, niedrige Blutdruckwerte und in der Regel durch nachlassende Urinproduktion.

## FALL 7A

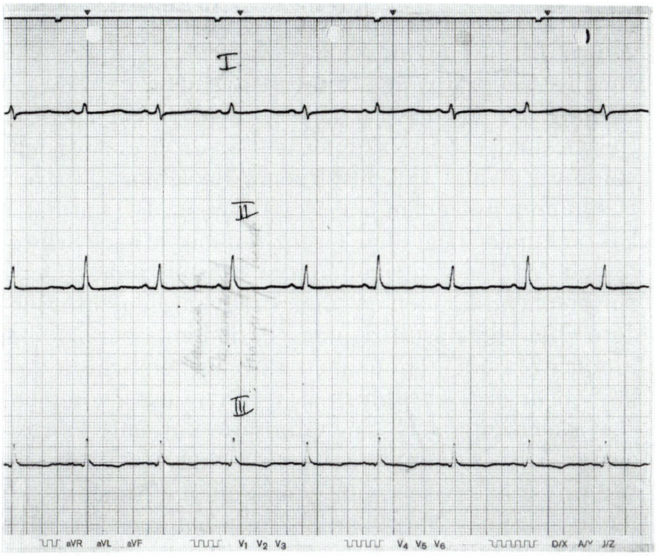


**Abb. 7A1.** EKG mit mechanischem Alternans als Hinweis auf Perikarderguß

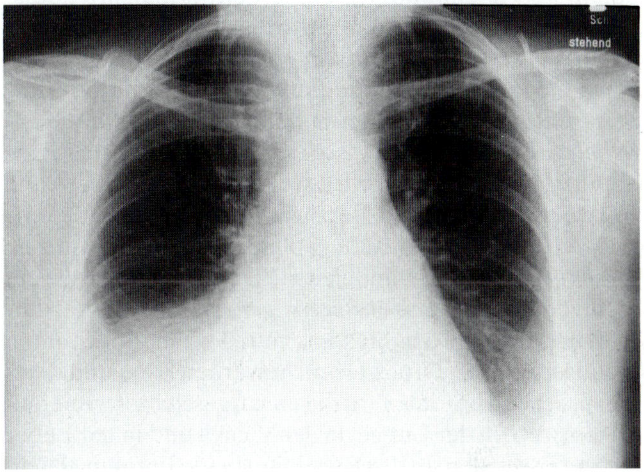


**Abb. 7A2.** Röntgenthorax: verstrichene Herztaille als Hinweis auf Perikarderguß; Pleuraergüsse bds

**Anamnese.** Der 74jährige Patient stellt sich mit zunehmender Dyspnoe, Beinödemen und Tachykardie vor. Seit zwei Tagen kann er nur noch einige Schritte in der Ebene gehen, bevor Luftnot ihn zum Stehenbleiben zwingt.

**Befund.** 1,70 m, 82 kg, ausgeprägte Knöchel- und Unterschenkelödeme. Über beiden Lungen wird dorsal eine handbreite basale Dämpfung perkutiert, sehr leise Herztöne, RR 100/75 mm Hg, Herzfrequenz 130/min regelmäßig.

**EKG.** Sinustachykardie 120/min, Steil- bis Rechtstyp, unterschiedliche R-Ausschläge (mechanischer Alternans) (Abb. 7 A 1).

**Röntgenthorax.** Ausgeprägte beiderseitige Pleuraergüsse, rechts mehr als links, zeltförmige Verbreiterung der Herzsilhouette mit verstrichener Herztaille im Sinne eines Perikardergusses (Abb. 7 A 2).

**Echokardiographie.** Von subkostal aus läßt sich das Ausmaß des Perikardergusses gut erkennen. Vor und hinter dem Herzen mehr als 2 cm Perikarderguß. Die Perikardpunktion kann durch die echokardiographische Diagnostik vorbereitet und kontrolliert werden.

**Diagnose.** Schwere hydropische Herzinsuffizienz mit Pleuraergüssen, Perikardergüssen und Beinödemen.

**Therapie und Verlauf.** Um die Beschwerden des Patienten rasch zu lindern, wird initial eine Pleurapunktion rechts durchgeführt. 1 l Transsudat wird abpunktiert. Danach wird eine Perikardpunktion unter echokardiographischer Kontrolle von subxiphoidal aus vorgenommen. 800 ml einer klaren Flüssigkeit werden aspiriert. Im Anschluß daran steigt der Blutdruck auf 120/80, die Herzfrequenz fällt auf 90/min ab. Das weitere Vorgehen erfolgt konservativ mit 2mal 40 mg Furosemid p. o. täglich und Digitoxin 3 Tage lang je 0,3 mg p. o., danach 0,07 mg p. o. täglich. Nach 14 Tagen ist der Patient weitgehend beschwerdefrei mit einem Körpergewicht von 72 kg ohne nachweisbare Ödeme. Die Ursache der hydropischen Herzinsuffizienz bei diesem Patienten war eine ausgeprägte koronare Herzerkrankung (Dreigefäßerkrankung mit Zustand nach transmuralem Vorder- und Hinterwandinfarkt vor einigen Jahren). Pektanginöse Beschwerden bestehen nicht.

Die Unfähigkeit des Herzens, das vom Organismus benötigte Herzminutenvolumen bei normalem enddiastolischen Ventrikeldruck zu fördern, wird – sofern sie nicht akut auftritt – ***chronische Herzinsuffizienz*** genannt. Nach einer anderen Definition (WHO) ist die ***verminderte Belastbarkeit im Zusammenhang mit einer Ventrikelfunktionsstörung*** als chronische Herzinsuffizienz zu bezeichnen. Formal wird weiterhin unterschieden in ***Vorwärtsversagen*** bei Herzinsuffizienz, worunter eine unzureichende Pumpleistung ohne Zeichen der venösen Druckerhöhung verstanden wird. Demgegenüber spricht man von einem ***Rückwärtsversagen,*** wenn die geforderte Pumpleistung des Herzens nur bei einem erhöhten enddiastolischen Druck erbracht werden kann und dementsprechend erhöhte Drucke im vorgeschalteten Gefäßsystem, d. h. in der Lunge, in der V. cava und in der Leber gefunden werden. In der Regel sind beide Formen gleichzeitig nachweisbar ***(Globalinsuffizienz).***

Die Minderung der Förderleistung des Herzens bei chronischer Herzinsuffizienz wirkt sich auf fast alle Organe und Funktionssysteme des Organismus aus. Viel ausgeprägter noch als die kardialen Symptome imponieren dabei ***Funktionsstörungen der Organperipherie.*** Sie entstehen durch eine verminderte Organdurchblutung, durch die Kongestion des Venensystems und der Lungenstrombahn, sowie durch eine gesteigerte Flüssigkeitsfiltration an den Kapillarwänden zusammen mit einer gesteigerten renalen Salz- und Wasserretention. Nur bei den eher seltenen Fällen von weit fortgeschrittener Herzinsuffizienz kann aus den Absolutwerten des Herzminutenvolumens auf den klinischen Zustand des Patienten geschlossen werden. Meistens benötigt man zur genaueren hämodynamischen Einteilung eine Vielzahl anderer Parameter (Vorlast, Nachlast, Kontraktilität, Frequenz), die in ihrer Gesamtheit nur mit invasiven Methoden zu gewinnen sind. Demgegenüber hat die weitaus einfachere klinische ***Stadieneinteilung der New York Heart Association*** (s. Tabelle 7.1) viele Vorteile. Danach erfolgt die Zuordnung eines Patienten mit einer Herzerkrankung allein nach seinen körperlich gewohnten Aktivitäten und Beschwerden. Diese Klassifikation gilt nur für nachgewiesene Herzkrankheiten.

Die subjektive Einschätzung der Beschwerden durch den Patienten und ihre Beurteilung durch den Arzt (NYHA-Klassifikation) unterliegt zwar wesentlichen Schwankungen, sie hat sich aber trotzdem für die meisten Zwecke sehr bewährt (Indikation zur Operation, Beurteilung des therapeutischen Erfolges, Verlaufskontrolle, Prognose, Gutachtens- oder Versicherungsfragen etc.).

## 7.3.2 Ursachen der Herzinsuffizienz

**Akute Herzinsuffizienz.** Wenn mehr als 40% der linksventrikulären Herzmuskulatur durch Herzinfarkt, entzündliche oder toxische Einflüsse ausfallen, entsteht ein ***kardiogener Schock*** (andere Ursachen s. Tabelle 7.4). Bei Gesunden besteht unterhalb einer Grenzfrequenz von etwa 40/min eine fast lineare Beziehung zwischen Herzminutenvolumen und Herzfrequenz. Bei kardialen Erkrankungen liegt diese Grenzfrequenz je nach Schwere und Art der Ventrikelfunktionsstörung höher. Dementsprechend können extreme Bradykardien, insbesondere bei herzinsuffizienten Patienten, bereits bei Frequenzen um 40/min einen kardiogenen Schock auslösen. Da das Abnehmen des Herzminutenvolumens aber gleichzeitig auch eine reduzierte koronare Perfusion zur Folge hat, entwickelt sich daraus unter Umständen ein Circulus vitiosus mit einer weiteren Abnahme der Pumpfunktion. Tachykarde Herzrhythmusstörungen führen infolge der verkürzten Diastolendauer sowohl zur initial verminderten Ventrikelfüllung und damit zu einem verminderten Schlagvolumen als auch zu einer zusätzlich herabgesetzten Koronardurchblutung, da diese vorwiegend in der Diastole stattfindet.

**Ursachen der chronischen Herzinsuffizienz.** Da es „die Herzinsuffizienz" nicht gibt, ist auch kein gemeinsamer kausaler Faktor vorhanden. Tabelle 7.5 zeigt eine einfache Einteilung der Herzinsuffizienzursachen. Etwa 70% aller Patienten mit Herzinsuffizienzsymptomatik haben oder hatten anamnestisch eine Hypertonie. Diese Hypertonie führt zumeist über eine koronare Herzerkrankung mit ischämiebedingter Abnahme von funktionsfähiger Herzmuskulatur zum myokardialen Pumpversagen. Man schätzt, daß 15–20% unserer Bevölkerung unter einer Hypertonie leiden. Bei der großen Gesamtzahl herzinsuffizienter Patienten (3–4 Mio. in der Bundesrepublik) macht auch der prozentual vergleichsweise kleine Teil der chronisch volumenüberlasteten Herzen (vorwiegend Vitien), der Füllungsbehinderungen sowie der Herzmuskelzellerkrankungen (Kardiomyopathien) absolut gesehen noch eine große Anzahl von Kranken aus.

## 7.3.3 Pathophysiologie der Herzinsuffizienz

Eine isolierte biochemische Ursache der chronischen Herzinsuffizienz gibt es nicht. Wesentlich ist die Rolle der intrazellulär verfügbaren Kalziumaktivität für die Herz-

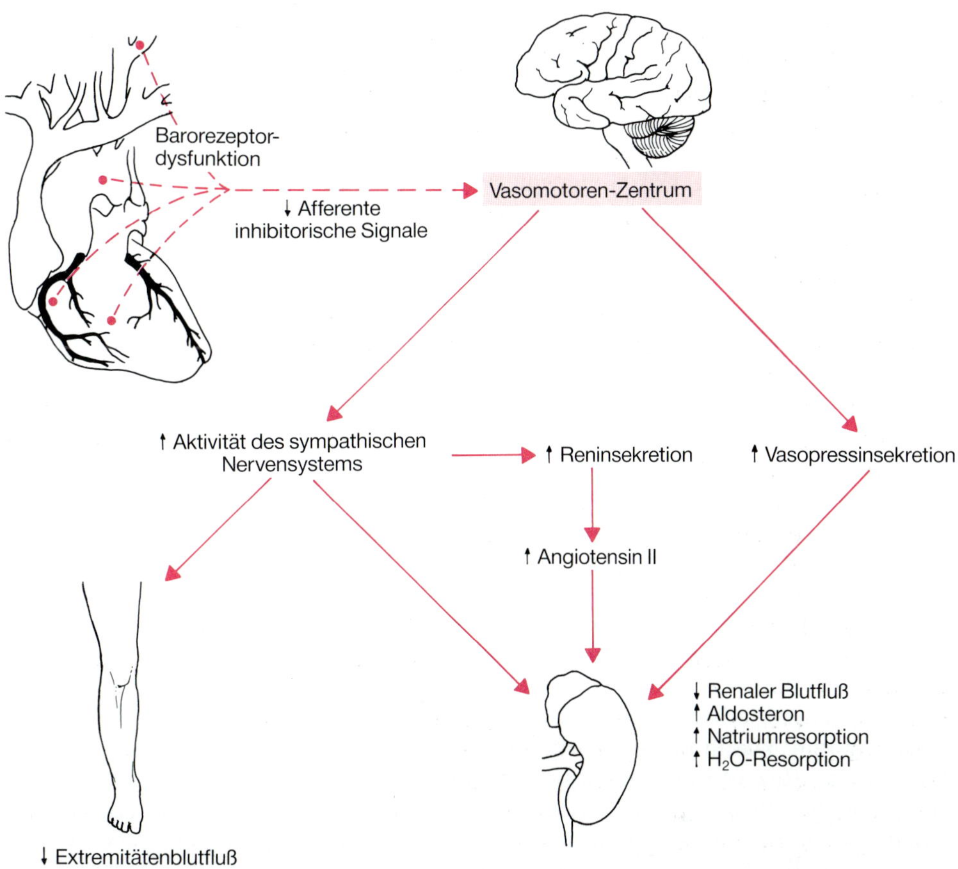


**Abb. 7.11.** Die Barorezeptordysfunktion bei chronischer Herzinsuffizienz führt zu einer Aktivierung des vasomotorischen Zentrums mit der Folge eines stimulierten sympathikoadrenergen Systems. Das hat eine Reihe von pathophysiologischen Veränderungen zur Folge (neuroendokrine Kompensationsmechanismen)

**Tabelle 7.5.** Ursachen der chronischen Herzinsuffizienz

| |
|---|
| ***Drucküberlastung***<br>Hypertonie und koronare Herzerkrankung (etwa 70% aller Fälle), Aortenstenose |
| ***Volumenüberlastung***<br>Aorteninsuffizienz, Mitralinsuffizienz, angeborene Vitien |
| ***Füllungsbehinderung***<br>Mitralstenose, restriktive Kardiomyopathie, konstriktive Perikarditis |
| ***Erkrankung der Herzmuskelzelle:***<br>*primär:* hypertrophe Kardiomyopathie, dilatative Kardiomyopathie, Myokarditis<br>*sekundär:* toxische Herzschädigung, metabolische Herzerkrankung, endokrine Herzerkrankung |
| ***Abnahme der kontraktilen Muskelmasse***<br>Zustand nach Herzinfarkt, Aneurysma, koronare Herzerkrankung |

muskelkontraktion. Die Menge des erregungsbedingt einströmenden Kalziums (Kalziumeinwärtsstrom) reicht zur vollständigen Kontraktionsaktivierung nicht aus. Auch das über den Natrium-Kalzium-Austauschmechanismus in die Zelle gelangende Kalzium erscheint mengenmäßig gering. Diese Kalziumionen haben nur Auslösefunktionen („trigger") und setzen Kalzium aus den intrazellulären Speichern des sarkoplasmatischen Retikulums frei. Diese ***kalziuminduzierte Kalziumfreisetzung*** verläuft schnell und kann von Schlag zu Schlag modifiziert werden, so daß die kontraktilen Proteine nach Bindung des Kalziums an den Troponinkomplex auch unterschiedlich stark aktiviert werden können. Die Muskelrelaxation beginnt durch Wiederaufnahme des Kalziums in das sarkoplasmatische Retikulum mit Hilfe einer Kalziumpumpe. Bei der ***Kalziumüberladung*** („calcium overload") der Herzmuskelzelle soll eine extrem erhöhte intrazelluläre Kalziumkonzentration die mitochondriale Energiegewinnung stören bzw. verhindern. Bei chronischer Herzinsuffizienz scheint die Aufnahmefähigkeit des sarkoplasmatischen Retikulums für Kalzium erniedrigt zu sein.

Bei koronarer Herzerkrankung mit Myokardzellnekrosen resultiert der Verlust an kontraktiler Herzmuskelmasse (und bindegewebigem Ersatz) in einer Kontraktionsinsuffizienz des Herzmuskels als Pumpe.

**Die Symptome der Herzinsuffizienz werden vorwiegend durch die renale Natrium- und Wasserretention bestimmt.**

**Herzinsuffizienz und neurokrine Aktivität.** Eine Abnahme der kardialen Pumpfunktion hat initial eine Reduktion des Herzminutenvolumens bzw. des arteriellen Druckes zur Folge. Dies wird von Barorezeptoren registriert, die im Herzen und in den großen Gefäßen lokalisiert sind. Diese auf Druck- und auf Volumenänderungen ansprechenden ***Dehnungsrezeptoren*** aktivieren dann das sympathische System, die hypophysäre Sekretion von Vasopressin und indirekt das Renin-Angiotensin-Aldosteron-System. Die in beiden Vorhöfen und Ventrikeln lokalisierten Rezeptoren senden bei Volumenzunahme inhibitorische afferente Signale über den N. vagus zum Vasomotorenzentrum. Die am Aortenbogen und im Karotissinus lokalisierten Dehnungsrezeptoren senden bei Druckanstieg ebenfalls inhibitorische Signale über den N. glossopharyngeus und den N. vagus in das Vasomotorenzentrum im Hirnstamm (Abb. 7.11). Dehnung der Mechanorezeptoren hat eine Zunahme der efferenten parasympathischen sowie eine Abnahme der sympathischen Aktivität, der Renin- und Vasopressinsekretion zur Folge. Dieses System ist zur schnellen Regulation des Blutdruckes geeignet, es spricht auf Lageänderungen (Liegen – Stehen) ebenso wie auf pharmakologische Interventionen an (s. Abb. 7.11).

Bei chronischer Herzinsuffizienz tritt eine ***Insensitivität der Barorezeptoren (Dysfunktion)*** auf, wobei das Maß der Rezeptordysfunktion mit dem Grad der Herzinsuffizienz korreliert. Aus dieser fehlenden Ansprechbarkeit der Dehnungsrezeptoren folgt ein ständig ***erhöhter Sympathikotonus*** mit hohen Plasmakonzentrationen von Noradrenalin, Vasopressin und Renin bereits in Ruhe, die bei körperlicher Betätigung nochmals extrem ansteigen können (Abb. 7.12). Als Folge davon führen permanent erhöhte Noradrenalinspiegel zur „downregulation" kardialer β-Adrenozeptoren und zur intrazellulären cAMP-Verarmung. Die α-Rezeptoren-Dichte am Herzen und in den Gefäßen (Vasokonstriktion!) bleibt aber erhalten. Die bei chronischer Herzinsuffizienz ***reduzierte Nierenperfusion*** führt direkt, aber auch indirekt (noradrenalininduziert) zur Aktivierung des Renin-Angiotensin-Aldosteron-Systems mit der Folge einer weiteren Vasokonstriktion sowie der assoziierten Natrium- und Wasserretention. Die bei fortgeschrittener Herzinsuffizienz vorhandene Natriumretention sowie das interstitielle Ödem vermindern die Compliance des Gefäßsystems und erhöhen die Ansprechbarkeit der glatten Gefäßmuskulatur für den vasokonstriktorischen Noradrenalineffekt.

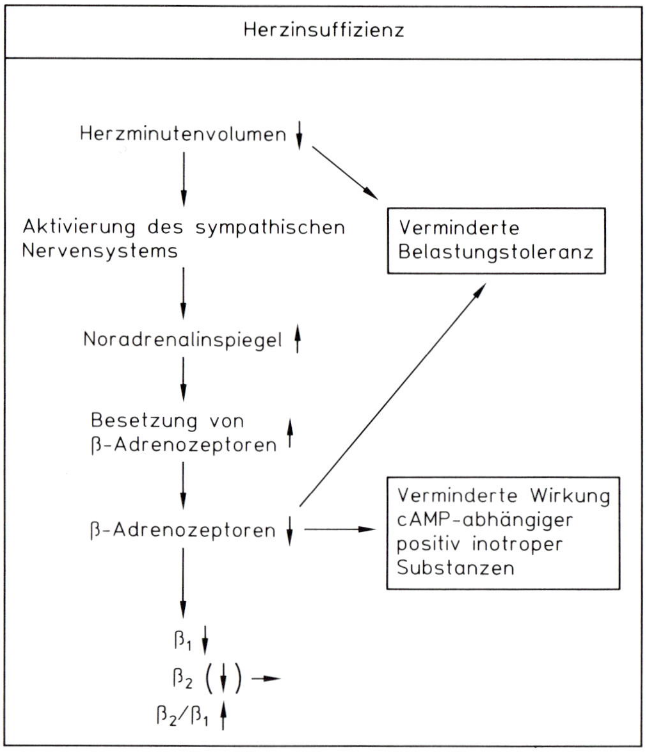


**Abb. 7.12.** Schematische Darstellung pathophysiologischer Befunde bei chronischer Herzinsuffizienz. Bei nicht ausreichendem Herzminutenvolumen führt die folgende Aktivierung des sympathischen Nervensystems mit erhöhten Noradrenalinspiegeln zu einer permanenten Besetzung von β-Adrenozeptoren. Dies resultiert in der „downregulation" der myokardialen β-Adrenozeptoren. Davon sind in erster Linie $\beta_1$-Adrenozeptoren betroffen. Da die physiologische Regulation der myokardialen Kontraktilität (Noradrenalin!) dann nicht mehr effektiv ist (defektes β-Adrenozeptor-cAMP-System), tritt eine verminderte Belastungstoleranz der Patienten auf. Pharmaka, die über das β-Adrenozeptorensystem wirken (Sympathomimetika) verlieren zunehmend an Wirkung

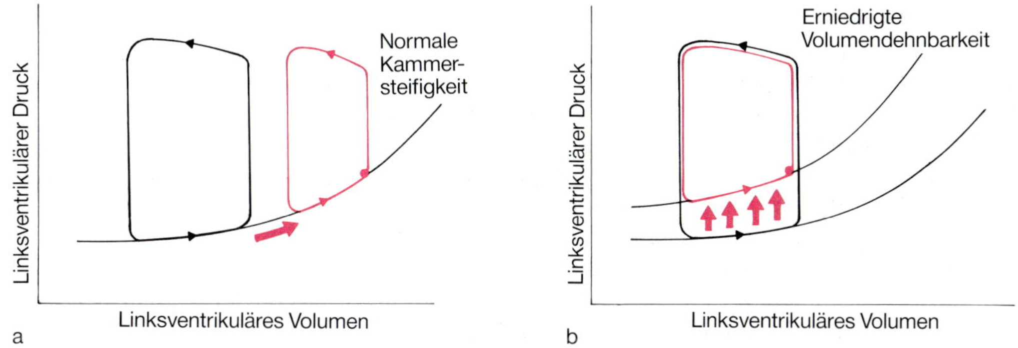


**Abb. 7.13 a, b.** Schematische Darstellung einer gestörten systolischen Funktion **(a)** und einer gestörten diastolischen Funktion **(b)** des linken Ventrikels. Die primär „systolische Herzinsuffizienz" ist charakterisiert durch einen Anstieg des linksventrikulär enddiastolischen Drucks im Gefolge des erhöhten Ventrikelvolumens und der verminderten Auswurffraktion (die Druckvolumenbeziehung ist in *A* nach rechts verschoben). Die primär „diastolische" Herzinsuffizienz" zeigt normale endsystolische Volumina und normale Auswurffraktion, trotzdem sind die diastolischen Druckwerte erhöht **(b)**. Derartig isolierte systolische oder diastolische Funktionsstörungen sind selten, häufiger sind Kombinationen beider Formen (z. B. verminderte Pumpfunktion mit zusätzlich verminderter Compliance bei ischämischer Herzerkrankung)

Das Vollbild der chronischen Herzinsuffizienz mit erhöhten intrakardialen Drücken, Ödemen und erhöhtem peripheren Widerstand bei weiterhin aktiviertem sympathischen System beeinträchtigt dann aus hämodynamischen Gründen (erhöhte Vor- und Nachlast) die Pumpfunktion des Herzens noch zusätzlich.

Die ***neuroendokrine Aktivierung*** ist hilfreich bei Hypovolämie, wirkt sich aber bei chronischer Herzinsuffizienz negativ aus und ist abhängig vom Ausmaß der erhöhten Noradrenalinspiegel mit einer schlechten Prognose korreliert.

Das vasodilatierende und die Natriumausscheidung stimulierende ANP ist bei chronischer Herzinsuffizienz zwar in erhöhten Konzentrationen im Plasma vorhanden, seine Wirkung kommt wegen der weitaus stärkeren vasokonstriktorischen Effekte der anderen Hormone aber nicht zum Tragen.

## 7.3.4 Hämodynamik

Die Determinanten der Herzfunktion sind Vorlast, Nachlast, myokardiale Kontraktilität und Herzfrequenz. Unter ***Vorlast*** versteht man das Ausmaß der myokardialen Muskelfaservordehnung (enddiastolisches Volumen, enddiastolischer Druck). Als ***Nachlast*** („afterload") wird die Gesamtheit der Auswurfwiderstände angesehen, gegen den der linke Ventrikel sein Schlagvolumen zu fördern hat (peripherer Widerstand, aortale Dehnbarkeit, bewegtes Blutvolumen, Blutviskosität etc. oder systolische Wandspannung des linken Ventrikels). Die ***Kontraktilität*** des Myokards kann durch die Druck-Volumen-Beziehung bzw. die maximale Druckanstiegsgeschwindigkeit ($dp/dt_{max}$) quantifiziert werden.

### Systolische Herzinsuffizienz

Bei einer Kontraktionsstörung des Ventrikelmyokards resultieren ein Anstieg des kardialen Füllungsdrucks, ein erhöhtes Ventrikelvolumen und eine verminderte Auswurffraktion. Die Druckvolumenbeziehung ist nach rechts verschoben (Abb. 7.13).

### Diastolische Herzinsuffizienz

Die primär diastolische Herzinsuffizienz zeigt bei normalen Ventrikelvolumina und normaler Auswurffraktion erhöhte diastolische Druckwerte. Dyspnoe, feuchte Rasselgeräusche über den Lungen und röntgenologische Hinweise für eine Pulmonalvenenstauung ebenso wie ein dritter Herzton können Anomalien der diastolischen Eigenschaften des linken Ventrikels andeuten. Derartige diastolische Funktionsstörungen werden sowohl bei akuter (Koronarischämie) als auch bei chronischer Herzinsuffizienz, linksventrikulärer Hypertrophie und verschiedenen restriktiven Funktionsstörungen beobachtet. Die Compliance des linken Ventrikels ist vermindert (die Steifigkeit erhöht). Dies bedeutet, daß die diastolische Druck-Volumenkurve (s. Abb. 7.13) nach links verschoben ist. Dies kann hervorgerufen werden durch Änderung der Herzmuskelmasse, der Muskeleigenschaften, als auch durch extramyokardiale Faktoren (Perikard). Häufig tritt diese Zunahme der Herzmuskelsteifigkeit nach myokardialen Narbenbildungen, z. B. im Gefolge der koronaren Herzerkrankung auf. Der ventrikulären diastolischen Füllung wird ein erhöhter Widerstand entgegen gesetzt. Daraus folgt eine reduzierte frühdiastolische Füllung des linken Ventrikels.

Bei der ***restriktiven Kardiomyopathie*** findet man wesentliche Zunahmen der rechtsventrikulären und linksventrikulären diastolischen Füllungsdrücke bei kleinen Herzkammern und normaler bzw. weitgehend normaler systolischer Funktion. Bei chronischer konstriktiver Perikarditis oder restriktiven Erkrankungen des Herzens ist aber im Gegensatz zu den vorher beschriebenen diastolischen Funktionsstörungen die frühdiastolische Füllung des linken Ventrikels normal oder sogar schnell.

#### „High output failure"

Auf die Erfordernisse der Kreislaufperfusion bezogen, sprechen wir dann von einer Herzinsuffizienz, wenn der Blutauswurf des Herzens in einem Mißverhältnis zu den Bedürfnissen der Organperipherie steht. Dementsprechend kann auch bei hohem Herzminutenvolumen eine Herzinsuffizienz vorliegen, wenn das geförderte Blutvolumen nicht für die adäquate Organperfusion ausreicht. Derartige Zustände („high output failure") findet man bei Hyperthyreose, Beriberi, großen arteriovenösen Shuntverbindungen, Anämie, Schwangerschaft und Morbus Paget. Diese Zustände mit hohem Herzminutenvolumen, Tachykardie, erhöhtem venösen Rückstrom können zur ***Volumenhypertrophie*** und sekundär zur ***Kontraktionsinsuffizienz*** führen. Oft entsteht die Herzinsuffizienz bei diesen Patienten dann, wenn die Hyperzirkulation bei bereits vorbestehender Herzerkrankung auftritt.

### 7.3.5 Symptomatik

Die Symptome der Herzinsuffizienz sind zum einen durch die ***verminderte myokardiale Kontraktilität*** und zum anderen auf die ***Folgen der Kompensationsmechanismen*** zurückzuführen. Das Beschwerdebild herzinsuffizienter Patienten ist recht einheitlich charakterisiert durch Leistungsminderung infolge rascher Ermüdbarkeit, allgemeine Hinfälligkeit, Dyspnoe, manchmal Schwindel oder Herzschmerzen. Alle anfallsweise auftretenden Symptome, wie Asthma cardiale und Lungenödem, Synkopen und die Symptome eines kardiogenen Schocks, sind natürlich von dieser Einteilung der chronischen Herzinsuffizienz abzugrenzen. Häufig werden außerdem noch Kältegefühl in den Extremitäten, Schmerzen im rechten Oberbauch (Stauungsleber), Blähbauch (portale Hypertension), Nykturie, Inappetenz und Übelkeit (Stauungsgastritis) angegeben.

Die ***körperliche Untersuchung*** zeigt zentrale und periphere Zyanosen, Orthopnoe, Ruhe- und Belastungsdyspnoe, Meteorismus, Ödeme, Tachykardie und bei absoluter Arrhythmie häufig ein Pulsdefizit. Im Liegen sind die Halsvenen prall gefüllt, ein systolischer Venenpuls zusammen mit einer palpablen Leberpulsation weist auf eine relative Trikuspidalinsuffizienz hin. Bei Kompression der Leber tritt ein ***hepatojugulärer Reflux*** mit sichtbarer Prallfüllung der Jugularvenen auf. Perkutorisch findet man in der Regel eine Vergrößerung des Herzens, vorwiegend basale, feuchte, teilweise ohrnahe Rasselgeräusche und manchmal eine bronchospastische Komponente mit giemenden Rasselgeräuschen (Asthma cardiale). Besonders nachts im Liegen tritt anfallsartig Atemnot auf, in schwersten Fällen entsteht ein Lungenödem mit schaumig hellrotem Auswurf. Die vermehrte nächtliche Rückresorption von Ödemflüssigkeit ist Ursache der ***Nykturie.*** Bei der ***Rechtsinsuffizienz*** ist die Dyspnoe meist weniger ausgeprägt, die meisten Symptome und Beschwerden entstehen durch die Stauung im venösen Körperkreislauf infolge der Natrium- und Wasserretention.

Eine ***kardiale Globalinsuffizienz*** mit Lungenstauung und vermehrter Füllung des Niederdrucksystems, Leberstauung und Beinödemen liegt bei verminderter Pumpfunktion beider Ventrikel vor.

### 7.3.6 Diagnostisches Vorgehen

Die frühzeitige und eindeutige Diagnose (Tabelle 7.6) einer Herzinsuffizienz ist deshalb besonders wichtig, weil eine ***Kausaltherapie*** oft möglich ist und damit die weitere Progredienz des Krankheitsbildes gestoppt werden kann.

***Anamnestisch*** klagen die Patienten mit Herzinsuffizienz meist über Dyspnoe, körperliche Schwäche, Nykturie und abendliche Ödeme.

***Auskultatorisch*** sind feuchte Rasselgeräusche bei Lungenstauung bzw. Pleuraergüsse (perkutorische

**Tabelle 7.6.** Diagnostisches Vorgehen bei Herzinsuffizienz

| |
|---|
| Anamnese |
| Klinische Untersuchung<br>– Auskultation von Herz und Lungen<br>– Palpation des Abdomens (Leberstauung etc.)<br>– Nachweis von Ödemen (Knöchel, Unterschenkel) |
| EKG (Rhythmusstörungen, koronare Herzkrankheit etc.) |
| Thoraxröntgenaufnahme (pulmonale Stauung, Herzgröße etc.) |
| Echokardiographie (intrakardiale Volumina, Durchmesserverkürzung, Klappenvitien etc.) |
| Nuklearmedizinische Diagnostik (koronare Herzerkrankung, regionale Kontraktionsstörungen, Auswurffraktion) |
| Klinisch-chemische Untersuchung<br>– Serumelektrolyte, Transaminasen und Stauungsenzyme,<br>– harnpflichtige Substanzen, Blutbild und<br>– Entzündungsparameter, Säure-Basen-Status |
| Lungenfunktionsprüfung (Blutgase) |
| Oberbauchsonographie (Leber- und Milzgröße, Abdominalgefäße) |
| Herzkatheteruntersuchungen und Angiographie (Ursache und Ausmaß der Funktionsstörung) |

Dämpfung) festzuhalten. Bei der Auskultation des Herzens ist der 2. Herzton häufig infolge einer Druckzunahme im kleinen Kreislauf betont. Bei Linksherzinsuffizienz tritt ein 3. Herzton auf (bei Jugendlichen gelegentlich auch ohne Herzinsuffizienz vorhanden). Selten wird ein zusätzlicher präsystolischer Vorhofton (4. Herzton) auskultiert.

Im ***EKG*** finden sich die Zeichen der koronaren Herzerkrankung bzw. der Linksherzhypertrophie und von Herzrhythmusstörungen. Elektrokardiographische Zeichen der Herzinsuffizienz gibt es nicht.

Die ***Röntgenuntersuchung*** der Thoraxorgane zeigt oft eine vergrößterte Herzsilhouette (Ausnahme restriktive oder konstriktive Herzerkrankung). Eine vermehrte periphere Gefäßzeichnung der Lungen durch Umverteilung der Perfusion in die Oberfelder und Erweiterung der zentralen Lungengefäße weist auf eine Linksherzinsuffizienz hin. Bei Lungenstauung werden horizontal verlaufende Linien (Kerley-B-Linien) in den Unterfeldern gesehen. Seltener findet man feine, vom Hilus nach lateral und oben verlaufende Linien (Kerley-A-Linien). In fortgeschritteneren Stadien treten Pleuraergüsse bzw. Perikardergüsse auf. Pleuraergüsse sind in der Umlagerungsaufnahme (Rechts- oder Linksseitenlage mit horizontalem Strahlengang) oder durch Ultraschall erkennbar. Die sorgfältige Analyse aller kardio- und pulmonalvaskulären Thoraxabschnitte erlaubt in der Regel eine weitere differentialdiagnostische Eingrenzung. Konturunregelmäßigkeiten im Lokalisationsbereich der Ventrikel sprechen für das Vorliegen eines myokardialen Defekts (z. B. nach transmuralem Herzinfarkt) oder für eine primäre perikardiale Läsion bei perikardialer Konstriktion. Klappenverkalkungen weisen auf erworbene Vitien, Koronarverkalkungen auf das Vorliegen einer koronaren Herzerkrankung hin.

Die ***Echokardiographie*** erlaubt sowohl morphologische, als auch funktionelle Größenmessungen (Herzhöhlen, Austreibungsfunktion, Verkürzungsgeschwindigkeit, Klappenbewegung, regionale Kontraktionsanomalien). Damit kann sowohl eine ätiologische Abklärung der Herzinsuffizienz als auch eine annähernde Bestimmung des Ausmaßes der Erkrankung möglich werden.

Mit Hilfe der ***Radionuklidventrikulographie*** kann die Ejektionsfraktion des Herzens gemessen werden. Regionale Kontraktionsanomalien werden nachweisbar.

In Kombination mit der Angiographie und Herzmuskelbiopsie stellt die Herzkatheteruntersuchung mit Messung der Drücke und Volumina die wichtigste Methode zur ätiologischen Abklärung einer Herzinsuffizienz dar.

***Differentialdiagnostisch*** muß an eine Reihe von extrakardialen Erkrankungen gedacht werden, die je nach der vorherrschenden Symptomatologie ausgeschlossen werden müssen, z. B. bei Dyspnoe Erkrankungen der Lunge oder Anämie, bei Ödemen Nierenerkrankungen oder Eiweißmangelzustände, bei Hepatosplenomegalie z. B. eine Leberzirrhose etc. Wichtig ist in diesem Zusammenhang, daß unbedingt an extrakardiale Ursachen einer Herzinsuffizienz gedacht wird (z. B. Vaskulitiden, Stoffwechselstörungen oder Anämie etc.). Ebenso von der chronischen Herzinsuffizienz abzugrenzen sind die extrakardialen Ursachen einer chronischen venösen Einflußstauung (intrathorakal gelegene Strombahnhindernisse wie Mediastinaltumoren etc.) sowie Ursachen lokaler Ödeme (Beckenvenenthrombose, Lymphödeme, Budd-Chiari-Syndrom). Generalisierte Ödeme ohne zentrale Venendrucksteigerung werden bei allen Krankheitszuständen mit nephrotischem Syndrom, bei allgemeiner Überwässerung, bei alimentärem Eiweißmangel, bei Malabsorptionssyndrom und als Nebenwirkung von Pharmaka (Kortikoide, Lakritze) und bei bestimmten Endokrinopathien gefunden. Idiopathische Ödeme stellen ein ätiologisch uneinheitliches Krankheitsbild dar, das vorwiegend bei Frauen im gebärfähigen Alter vorkommt ohne begleitende Herz-, Nieren- oder Lebererkrankungen. Gelegentlich ist ein Diuretikaabusus mit Hypokaliämie und Hyperaldosteronismus ursächlich beteiligt.

Die ***Komplikationen*** einer chronischen Herzinsuffizienz werden von der Grundkrankheit, von Herzrhythmusstörungen, von der verminderten Organperfusion und von der Stauungsmechanik bestimmt:

- Thrombose und Embolie (Hypozirkulation und Hämokonzentration),
- Bronchopneumonie (Stauungslunge),
- Enzephalomalazie (niedriges Herzminutenvolumen),
- Lebernekrosen und akrale Hautnekrosen (Zentralisation des Kreislaufs),
- Elektrolytstörung (Verteilungshyponatriämie, Verteilungshyperkaliämie, metabolische Azidose) und
- prärenal bedingtes Nierenversagen, ferner
- ein Übergang in ein akutes Herzversagen.

Die ***Prognose*** einer Herzinsuffizienz ist günstig, wenn die Grundkrankheit in einem frühen Zeitpunkt kausaltherapeutisch beherrscht werden kann, wenn angeborene oder erworbene Vitien rechtzeitig korrigiert werden können bzw. wenn noch keine Organkomplikationen (beim Hochdruckpatienten) vorhanden sind und eine konsequente antihypertensive Therapie greift. Der ***Schrittmachereinsatz*** bei bradykarden Herzrhythmusstörungen mit den Zeichen der Herzinsuffizienz wirkt symptomatisch und lebensverlängernd. Belastet ist die Prognose bei chronischer Myokarditis, bei der Alkoholkardiomyopathie und primären Kardiomyopathien mit fortgeschrittener Herzinsuffizienz sowie bei allen Fällen mit bereits eingetretener Gefügedilatation, bei ischämischen Herzen des klinischen Schweregrades III und IV (NYHA) und beim chronischen Cor pulmonale.

## 7.3.7 Therapie

**Jede symptomatische Herzinsuffizienz ist therapiepflichtig.**

Daß eine prophylaktische Therapie das Auftreten von Herzinsuffizienzsymptomen verzögert oder verhindert bzw. die Prognose verbessert, konnte bisher nicht nachgewiesen werden.

Der Behandlungsplan basiert auf 2 Grundprinzipien:

- Kausaltherapie,
- symptomatische Therapie.

Wenn immer möglich, sollte eine Kausaltherapie durchgeführt werden.

### Therapie der akuten Herzinsuffizienz

Als Ursachen kommt neben der Lungenembolie, der Perikardtamponade, Rhythmusstörungen und Intoxikationen, die alle primär kausal zu behandeln sind, das akute Myokardversagen nach Herzinfarkt bzw. bei einer hypertensiven Krise – evtl. mit Lungenödemen – in Frage. Bei der akuten Herzinsuffizienz im Rahmen einer hypertensiven Krise sind selbstverständlich die Entlastung des linken Ventrikels durch Vasodilatanzien (Nitrate, Antihypertensiva) bzw. Kalziumantagonisten und evtl. zusätzliche Diuretikagaben indiziert. Die positiv inotrope Stimulation unter diesen Umständen hat sich nicht nur als unwirksam, sondern oft sogar als arrhythmogen erwiesen. Zu den akut einsetzenden Erkrankungen mit Herzinsuffizienz werden weiterhin gezählt: akute Rechtsherzinsuffizienz bei pulmonaler Embolie, plötzliche Volumenüberlastungen bei Sehnenfädenabrissen der Mitralklappe oder Septumperforation nach Myokardinfarkten sowie toxische, pharmakologische oder infektiös verursachte Herzinsuffizienzen. Nur wenn andere, z. B. fibrinolytische, operative, diuretische oder vasodilatatorische Maßnahmen nicht möglich sind oder nicht ausreichen, sind auch bei diesen akuten Druck- oder Volumenüberlastungen bzw. diesen toxischen Schädigungen positiv inotrope Pharmaka (vorzugsweise Dobutamin oder Dopamin bzw. Herzglykosidgaben) indiziert (Abb. 7.14). Auch die durch Adriamycin verursachte akute Herzinsuffizienz spricht kaum auf eine Digitalistherapie an. Wichtig in diesem Zusammenhang ist, daß alle β-Sympathikomimetika bei chronischer Gabe einen Wirkungsverlust erleiden ***(Toleranzentwicklung).*** Dies ist etwa nach 1–2 Tagen nachweisbar.

***Dopamin*** wirkt positiv inotrop und chronotrop und steigert bereits bei niedriger Dosierung die Nierendurchblutung. Bei intravenöser Gabe von bis zu 3 μg/kg·min kommt es vorwiegend zu einer Stimulation dopaminerger Rezeptoren in der A. renalis (Zunahme der Nierendurchblutung). Bis etwa 10 μg/kg·min wird überwiegend das β-adrenerge System stimuliert, und oberhalb von 10 μg/kg·min erfolgt zusätzlich eine α-Adrenozeptorenstimulation.

***Dobutamin*** stimuliert vorzugsweise $\beta_1$-Adrenozeptoren. Wegen der guten Steuerbarkeit wird Dobutamin heute als Mittel der Wahl bei akuter Herzinsuffizienz angesehen, wenn ein positiv inotroper Effekt erzielt wer-

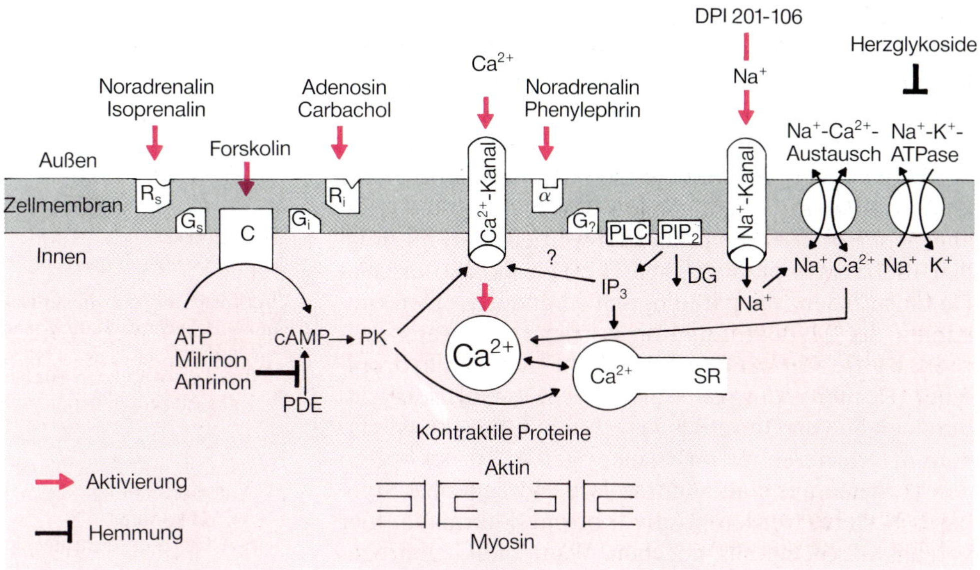


**Abb. 7.14.** Schematische Darstellung der Wirkungsweise kontraktilitätssteigernder Hormone und Pharmaka, ihrer Rezeptoren und Signalvermittlung. $R_s$ stimulierende Rezeptoren, $R_i$ inhibierende Rezeptoren, $G_s$ Guaninnukleotid mit stimulierender Wirkung, $G_i$ Guaninnukleotid mit inhibierender Wirkung. Allen hier gezeigten positiv inotropen Mechanismen ist die Steigerung der intrazellulären $Ca^{++}$-Konzentration gemeinsam, die zu einer Aktivierung der kontraktilen Proteine führen

den soll. Es wird dabei in Dosen von etwa 10 µg/kg·min intravenös appliziert.

***Phosphodiesteraseinhibitoren*** (z. B. Enoximon, Milrinon) haben neben der leichten positiv inotropen Wirkung eine vasodilatierende Wirkung.

Eine Indikation zur Anwendung von ***Herzglykosiden*** ergibt sich bei akuter Herzinsuffizienz lediglich zur Frequenzkontrolle beim tachysystolischen Vorhofflimmern bzw. Vorhofflattern. Zwar bleiben Herzglykoside auch bei akuter Herzinsuffizienz wirksam, sie haben aber auf Grund ihrer pharmakokinetischen Eigenschaften (langsamer Wirkungseintritt, Kumulation bei evtl. auftretender Niereninsuffizienz, langsamer Wirkungsverlust, Arrhythmogenizität) mehr Nachteile als Vorteile. Werden trotzdem hohe bzw. rasch aufeinander folgende Dosen von Herzglykosiden intravenös appliziert, dann nimmt der periphere Gefäßwiderstand oft noch zu, was in dieser Situation nicht erwünscht ist. Es gibt Hinweise dafür, daß Herzglykoside nach akutem Myokardinfarkt den Infarktbezirk eher noch vergrößern. Im kardiogenen Schock werden nach Herzglykosidgaben vermehrt ***Rhythmusstörungen*** beobachtet.

### Therapie der chronischen Herzinsuffizienz

Eine rationale Therapie der chronischen Herzinsuffizienz ist auf die Beseitigung kausaler Faktoren mit dem Ziel einer Steigerung des Herzauswurfs unter Ruhe- und Belastungsbedingungen ausgerichtet. Voraussetzung ist eine richtige und umfassende Diagnosestellung. Zu den ***kausalen Maßnahmen*** gehören:

- Herzoperationen bei angeborenen und erworbenen Herzfehlern,
- antihypertensive Behandlung beim arteriellen Bluthochdruck,
- operative oder durch Ballondilatation erfolgende Beseitigung von Gefäßstenosen bei koronarer Herzerkrankung,
- thyreostatische Therapie bei chronischer Herzinsuffizienz im Gefolge einer Hyperthyreose,
- gezielte antibiotische Therapie bei bakterieller Endokarditis,
- Kortikosteroidbehandlung (gegebenenfalls Immunsuppression) fortgeschrittener Stadien einer Sarkoidose und von Lungenfibrosen anderer Genese beim chronischen Cor pulmonale sowie
- Beatmungstherapie bei gleichzeitiger respiratorischer Insuffizienz.

Auch medikamentöse und elektrotherapeutische Maßnahmen bei tachykarden oder bradykarden Herzrhythmusstörungen mit chronischer Herzinsuffizienz (Schrittmacherbehandlung) müssen hier genannt werden.

**Medikamentöse Therapieprinzipien bei chronischer Herzinsuffizienz.** Entsprechend den in der Tabelle 7.7 angegebenen Therapieprinzipien werden – soweit möglich – bei der symptomatischen Therapie der chronischen Herzinsuffizienz die pathologisch veränderten Determinanten der Myokardfunktion korrigiert bzw. ausgeglichen. Ist die ***Vorlast*** deutlich erhöht (z. B. bei hydropischer Rechts- oder Linksinsuffizienz) wird versucht, durch Gabe von Diuretika das erhöhte Flüssigkeitsvolumen zu reduzieren. Wenn bei niedrigen Blutdruckwerten der Verdacht auf eine Kontraktionsschwäche des Myokards besteht, werden positiv inotrope Pharmaka, hier vorzugsweise Digitalis, gegeben. Wenn die Gegenregulationsmechanismen (gegen das niedrige Herzminutenvolumen) durch übermäßige Flüssigkeitsretention, übermäßige Vasokonstriktion (Angiotensin II) bzw. extreme Aktivierung des sympathikoadrenergen Systems (hohe Noradrenalinspiegel) die hämodynamische Situation weiter verschlechtern, gilt es, diese Gegenregulationsmechanismen zu hemmen.

**Tabelle 7.7.** Medikamentöse Therapieprinzipien bei chronischer Herzinsuffizienz

| |
|---|
| Senkung der Vor- und Nachlast bei erhöhten Füllungsdrucken und/oder Hypertonie:<br>– Diuretika,<br>– Vasodilatanzien |
| Steigerung der Kontraktilität:<br>– Digitalis,<br>– andere positiv inotrope Pharmaka |
| Verlängerung der diastolischen Füllungszeit besonders bei tachyarrhythmischem Vorhofflimmern:<br>– Digitalis,<br>– β-Adrenozeptoren-Blocker,<br>– Kalziumantagonisten (Verapamil) |
| Hemmung von Gegenregulationsmechanismen bei $Na^+$- und Wasserretention, Tachyarrhythmie und Vasokonstriktion:<br>– Aldosteronantagonisten,<br>– ACE-Hemmer,<br>– β-Adrenozeptoren-Blocker |

**Diuretika.** Bei der Therapie der chronischen Herzinsuffizienz mit Diuretika soll der Natrium- und damit Wasserretention (Ödembildung) entgegengewirkt werden. Diuretisch wirksame Substanzen werden aufgrund ihres Angriffspunktes am Nephron unterschieden in:

- Diuretika mit vorwiegendem Angriff am proximalen Tubulus (Karboanhydrasehemmer, osmotische Diuretika, z. B. Mannit),
- Diuretika, die an der Henle-Schleife angreifen (Schleifendiuretika: Furosemid, Etacrynsäure, Bumetamid, Piretanid),
- Diuretika, die am distalen Tubulus und Sammelrohr angreifen (Thiazide, Aldosteronantagonisten, Triamteren und Amilorid).

Klinisch hat sich die Einteilung der Diuretika aufgrund ihrer ***saluretischen Wirksamkeit*** bewährt.

***Stark wirksame Diuretika:*** Die bekanntesten Vertreter sind Etacrynsäure, Furosemid und Piretanid, die rasch intestinal resorbiert werden und bei kurzer Wirkungsdauer schnell ihr Wirkungsmaximum erreichen. Sie führen zu einer gesteigerten Ausscheidung von Natrium, Kalium und Protonen. Begleiteffekte sind eine Hypovolämie, Hypokaliämie und eine metabolische Alkalose. Sie sind Mittel der Wahl bei bereits eingeschränkter Nierenfunktion, da sie unabhängig von der glomerulären Filtration wirksam sind. Ob sie durch direkten Angriff am pulmonalen und am peripheren Strombett zu hämodynamischen Effekten (Senkung des Pulmonalarteriendruckes) beitragen, ist umstritten. Spezifische Nebenwirkung aller Schleifendiuretika ist eine dosisabhängige Innenohrschädigung, die zum temporären, in seltenen Fällen auch *irreversiblen Hörverlust* führen kann. Vor allem durch gleichzeitige Gabe anderer ototoxisch wirksamer Pharmaka (Aminoglykoside) kann diese Nebenwirkung verstärkt werden.

***Mittelstark wirksame Diuretika:*** Die natriuretische Wirkung der Thiazide (z. B. Hydrochlorothiazid) beträgt 7–10% der gefilterten Natriummenge. Die Thiazide induzieren eine Mehrausscheidung von Natrium, Chlorid und Wasser. Kalium und Bikarbonat werden ebenfalls vermehrt ausgeschieden. Diese Medikamente vermindern dosisabhängig die renale Durchblutung und senken die glomeruläre Filtrationsrate. Dementsprechend kann es im Laufe einer Behandlung zu einer Verschlechterung der Nierenfunktion und auch zur Aufhebung der diuretischen Wirksamkeit kommen. Aus diesem Grunde sollten die Thiazide bei einer eingeschränkten Nierenfunktion (endogene Kreatininclearance <40 ml/min, Kreatinin über 2 mg/100 ml) nicht verwendet werden.

**Tabelle 7.8.** Dosierung und Wirkung gebräuchlicher Diuretika

| Chemische Kurzbezeichnung | Handelspräparat | Dosierung[a] (mg) | | Wirkung (h) | | |
|---|---|---|---|---|---|---|
| | | Einzeldosis | Dosisbereich | Beginn | Maximum | Dauer |
| *Thiazide/Derivate* | | | | | | |
| Hydrochlorothiazid | Esidrix | 25 | 25–100 | 1–2 | 4 | 6–12 |
| Metolazon | Zaroxolyn | 5 | 5–10 | 1 | 2 | 12–24 |
| Chlortalidon | Hygroton | 100 | 50–200 | 2 | 8–9 | 48–72 |
| *Schleifendiuretika* | | | | | | |
| Furosemid | Lasix | 40 | 40–160 | 0,5 | 1–2 | 6–8 |
| | | 20 (Amp.) | | sofort (i. v.) | | 4–6 |
| Etacrynsäure | Hydromedin | 50 | 50–150 | 0,5 | 1–2 | 6–8 |
| Piretanid | Arelix | 6 | 3–12 | 1 | 2 | 4–6 |
| *Antikaliuretische Diuretika* | | | | | | |
| Spironolacton | Aldactone | 50 | 200–300 | | 48–72 | |
| Kaliumcanrenoat | Aldactone per injectionem | 100 (Amp.) | 200–600 | 1–2 | 2–6 | 24–36 |
| Triamteren | Jatropur | 50 | 50–100 | 2 | 4–6 | 8–16 |
| Amilorid | Arumil | 5 | 5–10 | 2 | 4–6 | 10–24 |

[a] Dosierung bezogen auf normale Nierenfunktion. Ohne Angaben: orale Applikation

Thiazide vermindern die renale Kalziumausscheidung. In der Regel beginnt nach oraler Gabe von Hydrochlorothiazid die diuretische Wirkung innerhalb von 2 h, die Maximalwirkung tritt zwischen 2 und 6 h nach Einnahme auf. Die Wirkdauer einer Einzeldosis eines Thiazids beträgt bei den meisten Substanzen zwischen 6 und 24 h.

***Schwach wirksame Diuretika:*** Wichtig sind die *kaliumsparenden Diuretika* (Spironolakton, Triamteren und Amylorid). Sie greifen im distalen Bereich des Nephrons an und führen zur kaliumverlustfreien Natriurese. Für Spironolakton ist von Bedeutung, daß die Wirkung aldosteronabhängig ist. Es wird vorzugsweise bei allen Formen des sekundären Hyperaldosteronismus angewendet. Nach oraler Applikation tritt ein langsamer Anstieg der Natriumausscheidung innerhalb von 2–4 Tagen ein, während die des Kaliums unverändert bleibt oder sogar zurückgeht. Triamteren und Amilorid entfalten ihre Wirkung aldosteronunabhängig innerhalb von wenigen Stunden. Diese Medikamente werden vorwiegend in Kombination mit Thiaziden verordnet und verstärken deren natriuretischen Effekt ebenso, wie sie den *thiazidbedingten Kaliumverlust* kompensieren. Gleiches gilt für ihre Kombination mit Schleifendiuretika. Sie können eine Hyperkaliämie verursachen. Bei Störungen der Nierenfunktion sind diese Medikamente kontraindiziert. Spezifische Nebenwirkungen einer längerfristigen Therapie mit Spironolakton sind bei der Frau eine mögliche Abnahme der Libido und Zyklusunregelmäßigkeiten. Beim Mann kommt es sehr häufig zur Entwicklung einer *schmerzhaften Gynäkomastie.* Sie sollten nicht zusammen mit ACE-Hemmern gegeben werden (Hyperkaliämie!) (zur Dosierung der Diuretika s. Tabelle 7.8).

***Nebenwirkung der diuretischen Therapie:*** Bei praktisch allen Diuretika können sich ohne regelmäßige Therapieüberwachung, besonders wenn gleichzeitig eine Kochsalzrestriktion verordnet wurde, Hypovolämie und Hyponatriämie einstellen. Eine chronische Diuretikaapplikation ohne Kombination mit einem Antikaliuretikum führt häufig zu einer *Erniedrigung des Gesamtkörperkaliums.* Dies ist speziell bei einer gleichzeitigen Digitalistherapie problematisch. Eine Substitution mit Kalium (Obst, Kaliumchlorid) ist dann notwendig. Bei gleichzeitiger Anwendung eines ACE-Hemmers zur Therapie der chronischen Herzinsuffizienz tritt in der Regel keine diuretikainduzierte Hypokaliämie auf. Schleifendiuretika steigern die renale Magnesiumausscheidung.

Eine Verschlechterung der Kohlenhydrattoleranz bei Diabetes mellitus wird unter diuretischer Therapie oft beobachtet, ebenso kann es zu einer Zunahme der Serumlipide kommen. Wegen der Verminderung der renalen Uratclearance kommt es regelmäßig zu einem leichten Anstieg der Serumharnsäurekonzentration.

**Tabelle 7.9.** Indikationen zur Diuretikatherapie der chronischen Herzinsuffizienz

| |
|---|
| Hydropische Herzinsuffizienz |
| Cor pulmonale, Myokarditis (erhöhte Digitalisempfindlichkeit) |
| Sinusrhythmus (bei Vorhofflimmern primär Digitalis) |
| Gleichzeitiger Hypertonus |
| Gleichzeitige Bradykardie (Herzglykoside kontraindiziert) |
| Unerwünschte Glykosidwirkungen |
| Ineffektivität von Herzglykosiden |
| In Kombination mit Digitalis bzw. ACE-Hemmern |

***Interaktion mit anderen Medikamenten:*** Bei der gleichzeitigen Verordnung von Diuretika und Herzglykosiden ist auf die *Hypokaliämie* mit konsekutiven Herzrhythmusstörungen zu achten. Bei gleichzeitiger Reduktion des Extrazellulärvolumens durch Diuretika kann eine zusätzliche Vasodilatatorentherapie mit ACE-Hemmern schwerwiegende akute Kreislaufregulationsstörungen zur Folge haben. Besonders bei der Erstgabe eines *ACE-Hemmers* nach vorheriger Diuretikatherapie (stimuliertes Renin-Angiotensin-Aldosteron-System!) ist größte Vorsicht geboten. Wegen der Gefahr von schweren Hypotonien (Synkopen) sollte vorher das Diuretikum abgesetzt werden.

Die gleichzeitige Gabe *nichtsteroidaler Antiphlogistika* (Prostaglandinsyntheseinhibitoren) kann zu Wassereinlagerung und zu passageren Nierenfunktionsstörungen führen. Als weitere Nebenwirkungen werden für Furosemid und Thiazide interstitielle Nephritiden bei vorbestehenden Nierenerkrankungen beschrieben. Schönlein-Henoch-artige Veränderungen an den unteren Extremitäten nach Gabe von Etacrynsäure, allergische Reaktionen bei Patienten mit Sulfonamidallergie (Thiazide, Furosemid etc.) und eine Pankreatitis nach Thiaziden sind beschrieben.

*Indikationen einer Diuretikatherapie bei chronischer Herzinsuffizienz* (Tabelle 7.9): Das Herzminutenvolumen nimmt nach Diuretikagabe zwar nicht zu, aber in der Regel auch nicht ab. Die Füllungsdrücke (Vorlast) sinken ebenso wie der mittlere arterielle Druck (Nachlasterniedrigung). Die pulmonale Stauung nimmt dann ebenso wie die Wandspannung des linken Ventrikels ab, damit wird zugleich der myokardiale Sauerstoffverbrauch gesenkt. Deshalb bieten sich die Diuretika bei der chronischen Herzinsuffizienz eher bei normalem bis hohem arteriellem Druck und natürlich bei Ödemen (bzw. bei hohem Füllungsdruck) an. Dabei wird die medikamentöse Therapie durch Restriktion der oralen Salzzufuhr (nach Möglichkeit weniger als 1–2 g/Tag) unterstützt. Vor einer überschießenden Diurese durch hohe Dosen rasch wirksamer Diuretika ist zu warnen, da dann *zusätzliche Risiken,* wie thromboembolische Komplikationen, Verschlechterung der Pumpfunktion, der Nierenleistung und schwere Kreislaufregulationsstörungen auftreten können. Bester klinischer Verlaufsparameter ist das Körpergewicht des Patienten, das durchschnittlich nur um 500 g/Tag gesenkt werden sollte (nicht mehr als 1 kg/Tag).

Beim *chronischen Cor pulmonale* haben sich Herzglykoside, andere positiv inotrope Substanzen und auch die Vasodilatatoren im engeren Sinne als wenig hilfreich erwiesen. Bei diesem Krankheitsbild sind Diuretika, evtl. in Kombination mit vorsichtigen Aderlässen, indiziert.

Zur diuretischen Behandlung sind vorzugsweise Substanzen geeignet, die sowohl die Natrium- als auch die Chloridausscheidung steigern. Bei normaler bis leicht eingeschränkter Nierenfunktion (Kreatinin unter 2 mg/100 ml) hat sich für die Primärtherapie eine oral applizierbare Substanz aus der Chlorothiazidreihe bewährt. Durch Kombination mit Amilorid oder Triamteren können eine Steigerung der Natriurese erreicht und Kaliumverluste vermieden werden. Bei eingeschränkter Nierenfunktion (Kreatinin über 1,8–2 mg/100 ml) sollten Thiazidderivate und kaliumsparende Diuretika nicht gegeben werden. Dann ist ein Schleifendiuretikum angebracht. Mittlere Dosen sind z. B. 25–50 mg Hydrochlorothiazid/Tag. Bei Gewichtszunahme um mehr als 500 g muß die Einzeldosis gesteigert oder das Dosierungsintervall verkürzt werden. Derartige Patienten müssen sich täglich wiegen. Wenn ein Schleifendiuretikum gegeben wird, sind Dosierungen von 40–80 mg Furosemid/Tag üblich. Die Kombinationstherapie eines Diuretikums mit einem ACE-Hemmer kann besonders effektiv sein.

**Diuretika senken die Vor- und die Nachlast, ohne das Herzminutenvolumen zu steigern.**

**Herzglykoside.** Herzglykoside steigern die Kontraktionskraft des gesunden und insuffizienten Herzens (Tabelle 7.10). Eine ***Toleranzentwicklung*** ist nicht bekannt. Therapeutisch werden die Digitalisglykoside (Digoxin, Digitoxin), Strophanthin und einige Scillaglykoside (Proscillaridin, Meproscillarin) eingesetzt.

**Tabelle 7.10.** Indikationen für eine Digitalistherapie

| |
|---|
| *Rhythmusstörungen:* |
| – Tachykardes Vorhofflimmern, Vorhofflattern |
| – Paroxysmales Vorhofflimmern |
| – Paroxysmale Vorhof- und AV-Knotentachykardie |
| *Chronische Herzinsuffizienz:* |
| – Manifeste Linksherzinsuffizienz bei KHK, dilatativer |
| – Kardiomyopathie oder Vitium cordis |

Herzglykoside werden an myokardiale Membranrezeptoren spezifisch gebunden, dadurch wird das Digitalisrezeptorenzym ($Na^+/K^+$-ATPase) gehemmt. Durch diese Hemmung des aktiven Natriumauswärts- und Kaliumeinwärtstransportes kommt es zu einer ***intrazellulären Zunahme der Natriumaktivität.*** Über den $Na^+$-$Ca^{++}$-Gegenaustauschmechanismus (s. Abb. 7.14) verursacht die intrazelluläre Natriumakkumulation einen Einwärtstransport von Kalzium, welches jetzt an den kontraktilen Proteinen vermehrt zur Verfügung steht und dadurch die Kontraktionskraft erhöht. Sind mehr als 40–50% der Digitalisrezeptoren mit einem Glykosidmolekül besetzt, treten regelhaft ***Herzrhythmusstörungen*** auf (übermäßige Hemmung des aktiven Kationentransportes der Zellmembran!). In der erkrankten Herzmuskelzelle können schon geringere Hemmungen der $Na^+$-$K^+$-ATPase zu Herzrhythmusstörungen führen.

***Digoxin und Digoxinderivate:*** Digoxin wird je nach galenischer Zubereitungsform zwischen 50 und 80% resorbiert. Die Bioverfügbarkeit von β-Azetyldigoxin liegt bei 80–85%, die des β-Methyldigoxins wird mit 65–100% angegeben. Wichtig ist, daß sich nach Tabletteneinnahme erst etwa nach 6–8 h ein Gleichgewicht zwischen Wirkort und Serumkonzentration einpendelt. Digoxine werden ganz vorwiegend renal eliminiert und zu etwa 70% unverändert mit dem Urin ausgeschieden. Die Digoxinclearance entspricht in etwa der Kreatininclearance. Dementsprechend muß bei Niereninsuffizienz die Dosierung deutlich reduziert werden. Die Halbwertszeiten im Körper für Digoxin liegen bei 40–45 h, für β-Methyldigoxin bei etwa 55 h.

***Digitoxin:*** Digitoxin wird nahezu vollständig nach oraler Zufuhr resorbiert (Bioverfügbarkeit etwa 97%). Es hat auch die geringste interindividuelle Streuung der Bioverfügbarkeitswerte. Da es sehr stark an Serumalbumine gebunden wird (etwa 96%), liegen deutlich höhere Blutspiegel vor (10–30 ng/ml) als bei den Digoxinen, die nur etwa 20% Proteinbindung aufweisen. Die freien Digitoxin- beziehungsweise Digoxinkonzentrationen im Serum sind jedoch bei therapeutischen Serumkonzentrationen praktisch gleich. Digitoxin kann hepatisch zu etwa 50–75% der gegebenen Dosis metabolisiert werden. Die Halbwertszeit liegt bei 7–9 Tagen, unabhängig vom Funktionsgrad der Nieren. Damit braucht man *keine Dosisreduktion* bei zunehmender Niereninsuffizienz vorzunehmen. Auch bei Leberfunktionsstörungen sind keine Kumulationen des Digitoxins berichtet worden, da alternative Ausscheidungswege benutzt werden.

***Pharmakodynamik:*** Die digitalisinduzierte Kontraktionskraftzunahme des Herzmuskels führt beim insuffizienten Herzen zu einem erhöhten Schlagvolumen, einer Abnahme der erhöhten Füllungsdrucke und einer Abnahme des Ventrikelvolumens – wenn Herzglykoside wirksam sind, d. h., wenn genügend kontraktiles Myokard vorhanden ist. Der vorher erhöhte Sympathikusantrieb mit peripherer Vasokonstriktion nimmt dann ab, der Widerstand sinkt. Diese Wirkungen führen zu einer Erniedrigung der Wandspannung des linken Ventrikels und dementsprechend zu einer Abnahme des myokardialen Sauerstoffverbrauchs trotz besserer Pumpleistung des Herzens. Beim Gesunden bewirken Herzglykoside eine Zunahme des peripheren Widerstandes (aufgrund der direkten Gefäßwirkung) und dadurch eher eine Abnahme des Herzminutenvolumens trotz steigender Kontraktilität und trotz steigenden myokardialen Sauerstoffverbrauchs. Nach intravenöser Gabe von Digoxin bzw. Digitoxin tritt der positiv inotrope Effekt nach 10–40 min ein. Das Maximum der Wirkung wird erst nach einigen Stunden erreicht.

Die *Verzögerung der AV-Überleitung durch Herzglykoside* ist erwünscht beim tachysystolischen Vorhofflimmern oder beim Vorhofflattern. Da bei der absoluten Tachyarrhythmie die oft nur sehr kurze Diastolendauer für eine adäquate Füllung des linken Ventrikels nicht ausreicht, ist die Reduktion der Kammerfrequenz beim Vorhofflimmern wahrscheinlich wesentlicher als der positiv inotrope Digitaliseffekt. Die Beeinflussung der AV-Überleitung ist eine indirekte, vagusvermittelte Herzglykosidwirkung.

In toxischen Konzentrationen rufen Herzglykoside praktisch alle Formen von Herzrhythmusstörungen hervor. Diese arrhythmogene Wirkung kann beim vorgeschädigten Herzen des älteren Patienten auch schon bei relativ niedrigen, im therapeutischen Bereich liegenden Glykosidspiegeln (1–2,5 ng/ml Digoxin) eintreten.

Wenn spezifische Myokardzellen bindegewebig ersetzt worden sind (koronare Herzerkrankung, Zustand nach Infarkt, Aneurysmabildung) und die kontraktile Herzmuskelmasse abnimmt, tritt nach Herzglykosidapplikation auch keine kontraktionskraftsteigernde Wirkung mehr ein. Wenn dann die Dosis gesteigert wird – in der Absicht, eine stärkere positiv inotrope Wirkung zu erzeugen – so ist vermehrt mit Herzrhythmusstörungen bzw. anderen toxischen Wirkungen zu rechnen.

***Arzneimittelinteraktionen mit Digitalis:*** Einige Medikamente beeinflussen die Resorption (Aktivkohle, Neomyzin, Koalinpektin, Sulfosalazin, Cholestyramin und manche Antazida). Das gilt insbesondere dann, wenn diese Arzneimittel gleichzeitig verabreicht werden. Bei Darmerkrankungen wie Sprue, Colitis ulcerosa und Morbus Crohn ist die Resorption der Digoxine vermindert. *Chinidin* erniedrigt die Digoxinclearance durch Hemmung der tubulären Sekretion neben einer Änderung des Verteilungsraumes für Digoxin erheblich. Die gleichzeitige Gabe von 1 g Chinidin p. o. führt in der Regel zu einer Verdoppelung der Digoxinspiegel, dementsprechend muß die Dosis halbiert werden. In geringerem Maße beeinflussen *Amiodarone* (Cordarex), *Verapamil* (Isoptin), *Diltiazem* (Dilzem) ebenfalls die Elimination. Bei diesen Patienten sollte die Digoxinkonzentration im Serum unter Gleichgewichtsbedingungen gemessen werden. Medikamente, die eine *Hypokaliämie* verursachen (Diuretika, Laxanzien, Kortikoide etc.), erhöhen die Glykosidwirkung und die Glykosidnebenwirkungen, da die Hypokaliämie die Digitalisrezeptoraffinität erhöht. *Kalzium* erhöht die Affinität des Rezeptors drastisch, so daß bei digitalisierten Patienten kein Kalzium intravenös gegeben werden darf (Rhythmusstörungen!). Die Bestimmung der *Digitaliskonzentration* im Serum ist angezeigt bei Verdacht auf Intoxikation, bei wechselnder Nierenfunktion und Digoxintherapie, bei unerklärlich hohem Digitalisbedarf, bei unklaren anamnestischen Angaben mit Konsequenzen für die weitere Therapie sowie bei normaler Dosierung und ausbleibender Wirkung.

***Herzglykoside bei Herzrhythmusstörungen:*** Bei Patienten mit *rhythmogener Herzinsuffizienz* aufgrund von Vorhofflimmern oder -flattern mit schneller Kammerfrequenz führt die Glykosidgabe fast regelhaft zu einer deutlichen Besserung der Herzinsuffizienzsymptome, sofern eine Hyperthyreose oder eine Pericarditis constrictiva ausgeschlossen sind. Eine Sinustachykardie läßt sich durch Digitalis nur selten beeinflussen, sie ist in der Regel Ausdruck einer Hyperthyreose oder einer anderen abklärungsbedürftigen Erkrankung. Das Syndrom des kranken Sinusknotens (Bradykardie-Tachykardie-Syndrom) sollte ohne vorherige Schrittmacherimplantation nicht mit Digitalis behandelt werden, da gefährliche Bradykardien auftreten können.

***Dosierung von Digoxin und seinen Derivaten:*** Bei der Digitalistherapie mit Digoxin und seinen Derivaten (β-Methyldigoxin, β-Azetyldigoxin etc.) kann mit der Gabe von Erhaltungsdosen begonnen werden. Dann ist nach 5–7 Halbwertszeiten, also beim Digoxin nach 7–10 Tagen, der notwendige Wirkspiegel im Körper (1–1,5 mg Digoxin). Wenn die Notwendigkeit einer raschen Aufsättigung besteht, wird man die notwendigen 1,5 mg in 1–3 Tagen applizieren (jeweils 0,5 mg langsam i. v.). Als Erhaltungsdosis ist diejenige Glykosidmenge definiert, die zur Aufrechterhaltung des Wirkspiegels täglich zugeführt werden muß:

$$\text{Erhaltungsdosis} = \text{Wirkspiegel} \times \text{Abklingquote} : 100 \; (\text{mg/Tag}).$$

Bei oraler Zufuhr muß auch die Bioverfügbarkeit mit berücksichtigt werden:

$$\text{Erhaltungsdosis} = \frac{\text{Wirkspiegel} \times \text{Abklingquote}/100}{\text{Bioverfügbarkeit}/100}$$

Für Digoxine muß die Nierenfunktion unbedingt berücksichtigt werden, da bei eingeschränkter Nierenfunktion auch die Digoxinclearance abnimmt. Bei bereits erhöhtem Kreatinin hat sich eine einfache Formel bewährt:

| | | |
|---|---|---|
| Kreatinin ≤ 1,2 | mg/dl | = 1/1 tägliche Digoxindosis (z. B. 2 × 0,25 mg Digoxin p. o.), |
| Kreatinin ≤ 2 | mg/dl | = 1/2 der täglichen Normaldosis (z. B. 1 × 0,25 mg), |
| Kreatinin ≤ 3 | mg/dl | = 1/3 der täglichen Normaldosis (z. B. 0,125–0,2 mg), |
| Kreatinin ≥ 3 | mg/dl | = 1/4 der täglichen Normaldosis (z. B. 0,125 mg). |

***Dosierung von Digitoxin:*** Der Wirkspiegel (Körperbestand) für Digitoxin liegt ebenfalls bei 1,0–1,5 mg. Als Erhaltungsdosis sind 0,07–0,1 mg zu wählen. Eine langsame Sättigung mit Erhaltungsdosen ist für das Digitoxin nicht praktikabel, da man mehr als 40 Tage bis zum vollen Effekt warten müßte. Deshalb empfiehlt es sich,

**Abb. 7.15.** „Muldenförmige" St-Senkung als Digitaliswirkung

die Vollwirkdosis (z. B. 1 mg) in 2–3 Tagen zu geben und daraufhin mit der Erhaltungsdosis fortzufahren. Bei der praktisch 100%igen Bioverfügbarkeit braucht die Resorptionsquote nicht berücksichtigt werden.

***Dosierung bei alten Patienten:*** Ältere Patienten sind in der Regel *digitalisempfindlicher* als jüngere. Dementsprechend empfiehlt sich eine Therapie mit niedrigeren Dosen. Als Ursache dafür werden die im Alter häufig auftretenden Koronarischämien, Elektrolytstörungen und der niedrigere Verteilungsraum ebenso angenommen wie die Niereninsuffizienz.

***Nebenwirkungen:*** Die unerwünschten Herzglykosidwirkungen manifestieren sich in über 90% der Fälle als Herzrhythmusstörungen. Nur in etwa 30% findet man extrakardiale Nebenwirkungen (Übelkeit, Erbrechen, Müdigkeit, Kopfschmerzen, Psychosen, Farbsehstörungen). Bei den kardialen Symptomen sind ventrikuläre Extrasystolen (Bigeminus) und AV-Blockierungen am häufigsten. Grundsätzlich muß man alle Herzrhythmusstörungen als durch Digitalis hervorrufbar ansehen (Abb. 7.15).

**Der Übergang der erwünschten positiv inotropen in die unerwünschte arrhythmogene Digitaliswirkung ist fließend und interindividuell unterschiedlich ausgeprägt.**

***Intoxikationen mit Digitalis:*** Bei Überdosierungen mit massiven Digitalisdosen gelten vor allem Herzrhythmusstörungen als für die weitere Prognose wesentlich. Weiter werden bei massiven Intoxikationen regelmäßig Hyperkaliämien gefunden, die sogar die Dialysetherapie erforderlich machen können.

***Therapie der Herzglykosidintoxikation*** (Tabelle 7.11): Bei Patienten, die aus suizidalen Gründen sehr große Mengen eines Herzglykosids eingenommen haben, sollte die notwendige Magenspülung wegen der glykosidbedingten Vagusaktivierung, die durch die Magensonde noch verstärkt werden kann, erst durchgeführt werden, wenn eine Schrittmachersonde liegt oder zumindest Atropin i. v. appliziert worden ist. Nach der Spülung empfiehlt sich die Instillation von Kohle oder Cholestyramin, um auf diesem Wege eine möglichst große Glykosidmenge, die noch nicht resorbiert ist, zu absorbieren. Hämodialyse, Peritonealdialyse oder forcierte Diurese sind generell nutzlos. Durch die Verfügbarkeit der *Digoxinantikörper* (FAB-Fragmente, Digitalisantidot), sind alle anderen Verfahren der Entgiftung heute weitgehend überholt. Diese FAB-Fragmente der IgG-Klasse binden Digoxin oder Digitoxin mit höherer Affinität als der Herzglykosidrezeptor selbst und werden zusammen mit dem Glykosid renal eliminiert. Damit können auch schwerste Intoxikationen innerhalb von Stunden erfolgreich behandelt werden.

**Tabelle 7.11.** Therapie der Digitalisintoxikation

| |
|---|
| Digitalispause |
| Kaliumzufuhr, z. B. 80–120 mval $K^+$ als Brausetabletten |
| Bei Bradykardie: Atropin 1–2 mg i. v. |
| Bei ventrikulären Arrhythmien:<br>– Lidocain 100 mg i. v. oder etwa 3 mg/h i. v. (Perfusor)<br>– Diphenyldantion 100 mg i. v. (langsam) |
| Bei weiterbestehender Bradykardie: passagerer Schrittmacher (externer Schrittmacher, transösophageale oder transvenöse Stimulation) |
| Digitalisantidot, 80 mg i. v. pro 1 mg zu inaktivierendes Digoxin oder Digitoxin |
| Bei Kammerflimmern: Defibrillation (R-synchron, kleine Stromstärke) |
| Hyperkaliämie: Hämofiltration oder Hämodialyse |

***Kontraindikation für Herzglykoside:*** Herzglykoside sind nur indiziert, wenn die Kammerfrequenz bei Vorhofflimmern, Vorhofflattern oder paroxysmalem Vorhofflimmern kontrolliert werden soll oder wenn eine manifeste Herzinsuffizienz besteht und eine Wirkung nachweisbar ist. In allen anderen Fällen sind Herzglykoside nicht indiziert. *Spezielle Kontraindikationen* einer Digitalistherapie sind: AV-Block II. Grades, Sick-Sinus-Syndrom, WPW-Syndrom, Kammertachykardie, Aortenaneurysma, obstruktive Kardiomyopathie und Karotissinussyndrom.

Neben diesen Kontraindikationen wird man Herzglykoside allenfalls nur sehr vorsichtig bei Hypokaliämie oder Hyperkalzämie geben.

**Herzglykoside sind indiziert bei allen Formen der manifesten myokardial bedingten Herzinsuffizienz und bei tachysystolischem Vorhofflimmern und Vorhofflattern. In allen anderen Fällen sind sie nicht indiziert.**

**Vasodilatanzien.** Bei der chronischen Herzinsuffizienz kommt es zu einer Zunahme der Vorlast (Zunahme der Füllungsdrücke) und der Nachlast (Zunahme des peripheren Widerstands). Bei fehlender kontraktiler Herzmuskelmasse kann die Kontraktilität oft durch positiv inotrope Pharmaka nicht weiter gesteigert werden. In vielen Fällen besteht trotz einer Therapie mit inotropen Medikamenten (Digitalis) und Diuretika eine Herzinsuffizienzsymptomatik. Dann ist der Einsatz von Vasodilatanzien sinnvoll (Abb. 7.16). Die venösen Dilatatoren vermindern das erhöhte intrathorakale Blutvolumen durch Zunahme der venösen Kapazität, die arteriolären Dilatatoren senken im wesentlichen die Nachlast (Auswurfwiderstand).

Bei der Therapie der chronischen Herzinsuffizienz können die ***ACE-Hemmer*** (Hemmstoffe des Angiotensin-Converting-Enzyms) als einzige Vasodilatanzien die ***Prognose*** der Patienten verbessern. Alle anderen Vasodilatanzien führen zu einer Toleranzentwicklung (weitere Stimulation des Renin-Angiotensin-Aldosteron-Systems). ACE-Hemmer inhibieren die Umwandlung von Angiotensin I in Angiotensin II, das das eigentliche effektive Hormon des RAA-Systems darstellt. Dadurch wird die starke periphere Vasokonstriktion unterbunden ebenso wie eine Reihe anderer Folgereaktionen: Die sympathische Aktivität nimmt ebenso wie die Vasopressinsekretion ab, der Abbau von Bradykinin wird verlangsamt. ACE-Hemmer führen also zu einer Senkung des peripheren Widerstandes sowie einer Abnahme des linksventrikulären enddiastolischen und des pulmonalarteriellen Druckes und verbessern so die Funktion des linken Ventrikels. Die Herzfrequenz bleibt konstant, der Blutdruck nimmt etwas ab.

Zur Zeit stehen im wesentlichen 2 ACE-Hemmer zu Verfügung: Captopril und Enalapril (pharmakokinetische Daten siehe Tabelle 7.12). An ***Nebenwirkungen*** sind für beide Substanzen zu nennen: Geschmacksstörungen, chronischer Husten, Exanthem, in seltensten Fällen das angioneurotische Ödem sowie eine akute Nierenfunktionsverschlechterung (bei bilateraler Nierenarterienstenose bzw. bei hochgradiger Nierenarterienstenose einer Einzelniere). Da es unter der Therapie mit ACE-Hemmern zu einem Anstieg des Serumkaliumspiegels kommt, sollten diese nicht mit kaliumsparenden Diuretika kombiniert werden.

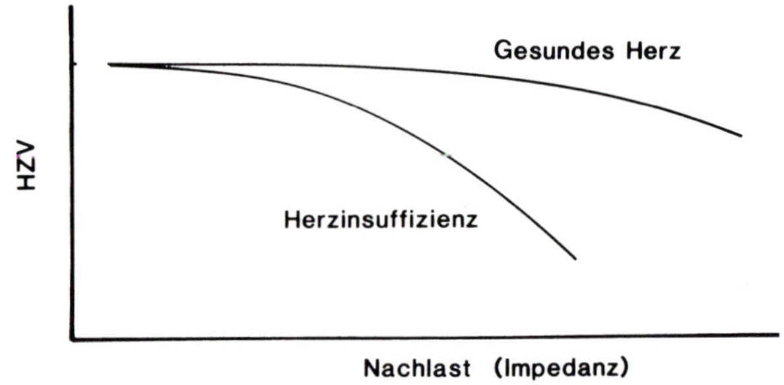


**Abb. 7.16.** Beziehung zwischen HZV und Nachlast. Das insuffiziente Herz ist besonders „nachlastempfindlich". Eine Senkung des peripheren Widerstandes steigert das Herzminutenvolumen. Beim gesunden Herzen ist erst bei extrem hohem arteriellen Druck mit einer Abnahme des Herzminutenvolumen zu rechnen

**Tabelle 7.12.** Pharmakokinetische Daten von Captopril und Enalapril

| | Captopril | Enalapril |
|---|---|---|
| Bioverfügbarkeit | 60–70% | 60–70% |
| Wirkungsbeginn | 10–30 min | 60 min |
| Maximale Plasmakonzentration | 1 h | 4 h |
| Plasmahalbwertszeit | 1–2 h | 11 h |
| Wirkungsdauer | 8–12 h | 12–24 h |
| Tagesdosis oral | 2–3×12,5–50 mg | 1×2,5–20 mg |
| Gehalt/Tablette | 25/50 mg | 5/10/20 mg |
| Handelspräparat | Lopirin, Tensobon | Pres, Xanef |

Ob die Entlastung des linken Ventrikels durch eine ACE-Hemmertherapie auch bei leichter Herzinsuffizienz prognostische Vorteile hat, ist noch nicht bewiesen. Wahrscheinlich sollten ACE-Hemmer bei der Langzeittherapie der chronischen Herzinsuffizienz immer mit Diuretika kombiniert werden.

**Bei stark stimuliertem Renin-Angiotensin-Aldosteron-System (Diuretikabehandlung, schwere Herzinsuffizienz) muß initial mit sehr niedrigen ACE-Hemmer-Dosen (z.B. 2mal 6,25 mg Captopril p.o.) behandelt werden. Diese Dosis darf nur langsam (z.B. alle 5 Tage) gesteigert werden. Andernfalls besteht die Gefahr von akuten Blutdruckabfällen.**

**Therapierefraktäre Herzinsuffizienz.** Läßt sich der herzinsuffiziente Patient trotz fachgerechter konventioneller

Therapie mit Diuretika, Digitalis und ACE-Hemmern nicht ausreichend behandeln, so besteht definitionsgemäß eine therapierefraktäre Herzinsuffizienz. Diesem Zustand liegen häufig ungenügend behandelte bzw. unerkannte Ursachen zugrunde.

Der ***allgemeine Behandlungsplan*** bei therapierefraktärer Herzinsuffizienz unterscheidet sich prinzipiell nicht vom therapeutischen Vorgehen in anderen Verlaufsstadien der Herzinsuffizienz, d. h. die korrekte Überprüfung der folgenden Gesichtspunkte muß noch einmal durchgeführt werden:

- Behandlung der kardialen Grundkrankheit (z. B. Klappenvitium),
- Behandlung der extrakardialen Grundkrankheit (z. B. Hypertonie),
- korrekte Dosierung von Herzglykosiden, Diuretika und Vasodilatanzien (ACE-Hemmer),
- allgemeintherapeutische Maßnahmen (Bettruhe, salzarme Kost, Reduktion der Trinkmenge)

**Herztransplantation**

Wenn die Herzinsuffizienz konservativ nicht mehr zu bessern ist und junge Patienten in ansonsten gutem körperlichen Zustand bettlägerig sind, wird als sehr erfolgreiches, aber extrem aufwendiges Verfahren die Herztransplantation durchgeführt. Die Einjahresüberlebensrate nach Herztransplantation beträgt etwa 85%, die Fünfjahresüberlebensrate 78%.

## 7.4 Herzrhythmusstörungen

Herzrhythmusstörungen lassen sich einteilen in Störungen der ***Reizbildung*** und Störungen der ***Erregungsleitung.*** Die klinische Einteilung folgt der Symptomatik: bradykarde und tachykarde Herzrhythmusstörungen (Tabelle 7.13).

**Tabelle 7.13.** Behandlungsbedürftige Herzrhythmusstörungen

| |
|---|
| *Symptomatische bradykarde Herzrhythmusstörungen:* |
| Pathologische Sinusbradykardie (kein Anstieg unter körperlicher Belastung) |
| Bradyarrhythmia absoluta (evtl. Digitalis absetzen), |
| Sinuatriale Blockierungen, |
| Atrioventrikuläre Blockierungen (Medikamentennebenwirkungen?) |
| Karotissinussyndrom, |
| Bradykardie-Tachykardie-Syndrom (Sinusknotensyndrom) |
| *Symptomatische tachykarde Rhythmusstörungen:* |
| Supraventrikuläre Tachykardie (Hyperthyreose?) |
| Vorhofflimmern, -flattern (vor eventueller Kardioversion Antikoagulanzien) |
| Ventrikuläre Extrasystolie |
| Kammertachykardie |
| Kammerflattern, -flimmern |

### 7.4.1 Bradykarde Rhythmusstörungen

Bradykardien entstehen entweder durch eine ***Dysfunktion der Reizbildung*** (z. B. Sinusbradykardien) oder aufgrund einer ***gestörten Erregungsleitung*** (z. B. AV-Blockierungen). Eine Abnahme der Reizbildungsfrequenz im Sinusknoten (Syndrom des kranken Sinusknotens) tritt bei vielen kardialen Erkrankungen und bei Medikamentenwirkungen (Digitalis, β-Rezeptoren-Blocker, Antiarrhythmika) auf. Schädigungen des Herzmuskelgewebes können zu einer Abnahme der Leitungsgeschwindigkeit führen. Die graduelle Leitungsverzögerung und die komplette Blockierung der Erregungsleitung sind abhängig von dem Ausmaß der kardialen Störung (Abb. 7.17).

### 7.4.2 Tachykarde Rhythmusstörungen

Als Ursache tachykarder Herzrhythmusstörungen sind ***fokale Impulsbildung*** und ***kreisende Erregungen*** anzusehen. Die kreisende Erregung hat pathologische Veränderungen des Erregungsleitungssystems oder des Ventrikelmyokards (Infarktnarben) zur Voraussetzung. Die ektope Impulsbildung ist auf umschriebene Störungen der Depolarisations- und Repolarisationsvorgänge der Zellmembran zurückzuführen. Hypoxie, Ischämie, Veränderungen der extrazellulären Kalium- oder Kalziumkonzentrationen und Überdehnung können zur fokalen Impulsbildung führen. Neben dem Sinusknoten und AV-Knoten besitzen Purkinje-Fasern und bestimmte atriale Fasern die Fähigkeit zur spontanen Reizbildung. So können Elektrolytstörungen, wie z. B. eine Erniedrigung der Kaliumkonzentration, zu einer Steigerung der Automatie und damit zu einem Anstieg der Spontanfrequenz bzw. von Extraschlägen führen (abnorme Automatie). Als ein weiterer Mechanismus ektoper Impulsbildung muß die ***getriggerte Aktivität*** angesehen werden, die auf patho-

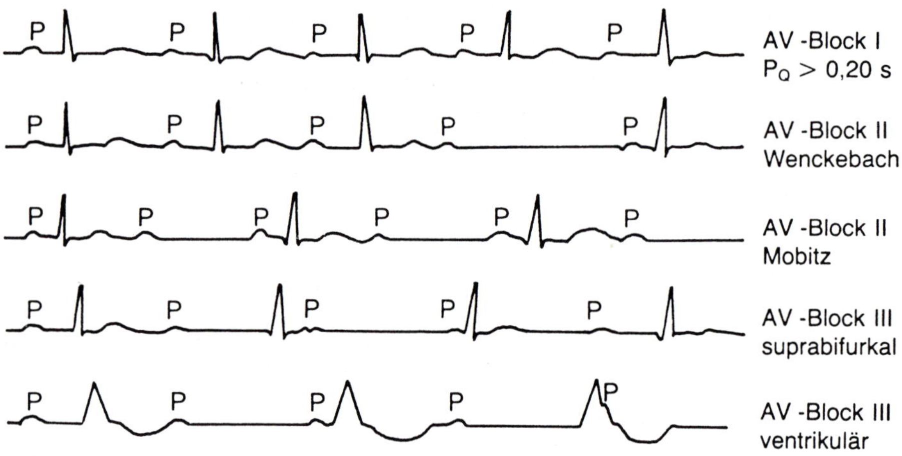


**Abb. 7.17.** Schematische Darstellung der AV-Blockierungen

logischen Nachpotentialen am Ende der Repolarisationsphase eines Aktionspotentials beruht. Diese Nachpotentiale lösen bei ausreichender Amplitude das nachfolgende Aktionspotential aus (getriggerte Aktivität).

Für die ***Entstehung einer kreisenden Erregung*** im Herzen müssen folgende Voraussetzungen erfüllt sein:

- unidirektionale Blockierung eines Impulses in einer oder in mehreren Herzregionen (Infarktnarben, Leitungsblöcke),
- Erregungsfortleitung über eine alternative Leitungsbahn (z. B. Kent-Bündel beim WPW-Syndrom),
- verzögerte Erregung distal der Blockierung und
- Wiedererregung der proximal des Blocks gelegenen Bezirke.

Beim ***Vorhofflattern*** kreist die Erregung z. B. um die Einmündungen der oberen und unteren Hohlvene im rechten Vorhof. Derartige Reentryphänomene können als ***supraventrikuläre Tachykardien*** mit Ursprungsort im AV-Knotenareal ebenso auftreten wie im Ventrikel, wobei dann als Leitungsbahnen die Tawara-Schenkel und das Purkinje-System mit oder ohne benachbartes Ventrikelmyokard (infarziertes und fibrotisches Arbeitsmyokard) in Frage kommen.

Die Ursachen kardialer Arrhythmien sind vielfältig. Differentialdiagnostisch bedient man sich des Ruhe-EKG, des Ösophagus-EKG (wesentlich zum Nachweis der Vorhoferregung), des 24-h-EKG und des Belastungs-EKG.

**Herzrhythmusstörungen haben immer eine Ursache, die erkannt und soweit wie möglich primär behandelt werden muß.**

### 7.4.3 Therapie kardialer Rhythmusstörungen

Bradykarde und tachykarde Arrhythmien können zu lebensbedrohlichen Situationen führen, wenn die kritische Verminderung der Herzauswurfleistung die Organperfusion gefährdet. Dann ist die Bradykardie symptomatisch und behandlungspflichtig.

#### Allgemeiner Behandlungsplan

Die Therapie von Herzrhythmusstörungen gliedert sich in Kausaltherapie, allgemeine Maßnahmen, wie Bettruhe, Sedierung, Vagusreiz etc., in die medikamentöse Therapie, elektrische Maßnahmen und bei Versagen aller anderen Behandlungsformen in die kardiochirurgische antiarrhythmische Intervention (Tabelle 7.14).

Die Behandlung einer koronaren Herzkrankheit, Myokarditis, die Beseitigung einer Glykosidintoxikation bzw. von Elektrolytstörungen, die Therapie einer Schilddrüsenfunktionsstörung bzw. die Revision eines defekten Schrittmachers gelten als *kausale Therapie.* Grundsätzlich sind alle Herzrhythmusstörungen behandlungspflichtig, wenn sie symptomatisch im Sinne von Schwindel, Synkopen oder Herzinsuffizienz werden. Vor allem die prognostisch ungünstigen Rhythmusstörungen (z. B. Kammertachykardien, R-auf-T-Phänomen) werden behandelt.

**Bei bradykarden Herzrhythmusstörungen immer an Medikamentennebenwirkungen (Digitalis, β-Rezeptoren-Blocker, Verapamil, trizyklische Antidepressiva, Clonidin) denken.**

**Tabelle 7.14.** Differentialtherapie von Herzrhythmusstörungen

| | |
|---|---|
| Sinustachykardie | Sedierung, Herzglykoside, β-Blocker |
| Sinusbradykardie | Atropin, Alupent, elektrischer Schrittmacher |
| Supraventrikuläre Extrasystolie | Sedierung, Vagusreiz (Karotisdruck, Preßatmung), Verapamil, β-Blocker, Herzglykoside, Chinidin, Disopyramid, Ajmalin, Propafenon, Elektrotherapie (Hochfrequenzstimulation, programmierte Stimulation, Elektroschock, His-Bündel-Ablation), chirurgische Maßnahmen bei Präexzitationssyndromen |
| Vorhofflattern, -flimmern | Herzglykoside, Chinidin, Disopyramid, Verapamil, Propafenon, β-Blocker, Elektrotherapie |
| SA-, AV-Blockierungen, Bradyarrhythmia absoluta, Karotissinussyndrom | Elektrischer Schrittmacher |
| Ventrikuläre Extrasystolie | Lidocain, Mexiletin, Ajmalin, Chinidin, β-Blocker, Propafenon, Diphenylhydantoin, Amiodaron, Sotalol, Flecainid |
| Kammertachykardie | Lidocain, Ajmalin, Mexiletin, Propafenon, Elektrotherapie: „overdriving", programmierte Stimulation, Elektroschock, herzchirurgische Maßnahmen |
| Kammerflimmern | Defibrillation (200–400 J) |

## Bradykarde Rhythmusstörungen

**Sympathikomimetika.** Alupent (Orciprenalin) und Aludrin (Isoprenalin) steigern die Herzfrequenz über eine Stimulation der β-Adrenozeptoren. Die Impulsbildung im Sinusknoten wird ebenso beschleunigt, wie die Erregungsleitung im Vorhof, AV-Knoten und im His-Purkinje-System. Allerdings nimmt auch die Erregbarkeit heterotoper Automatiezentren zu. Sympathikomimetika erhöhen ebenfalls den myokardialen Sauerstoffverbrauch, was bei der koronaren Herzerkrankung berücksichtigt werden muß. Zu beachten ist, daß die ***Digitalistoxizität*** durch gleichzeitige Gabe von ***Sympathikomimetika*** gesteigert wird.

Die Hauptindikationen für Isoprenalin und Orciprenalin sind akute bradykarde Herzrhythmusstörungen (Sinusbradykardie, AV-Blockierungen).

Als Anhaltspunkt für die Dosierung bei akuter bradykarder Herzrhythmusstörung sind für Alupent 0,5–1,0 mg i.v. mit nachfolgender Dauerinfusion (5–50 μg/min i.v.) zu nennen.

Wegen der Nebenwirkungen der Sympathikomimetika (Unruhe, Mundtrockenheit, Übelkeit, Parästhesien, Tremor, Extrasystolie und Arrhythmien) eignet sich diese Therapie nicht als Dauertherapie. Die Feindosierung erfolgt nach Herzfrequenz.

**Die medikamentöse Therapie bradykarder Herzrhythmusstörungen ist nur als eine Überbrückungsmaßnahme anzusehen, bis kausale Faktoren eliminiert sind oder ein Schrittmachersystem implantiert werden kann.**

**Parasympathikolytika (Atropin und Ipratropiumbromid).** Durch Parasympathikolyse werden die Sinusfrequenz und die atrioventrikuläre Überleitung beschleunigt. Atropin führt nicht zu einer Steigerung der Irritabilität des Ventrikelmyokards, was für die Therapie digitalisbedingter Bradykardien von Vorteil ist. Bei allen vagal bedingten Sinusbradykardien, bei sinuatrialen Blockierungen, bei intermittierendem Sinusstillstand ebenso wie bei AV-Blockierungen (Hinterwandinfarkt!) ist Atropin als Mittel der Wahl anzusehen. Als mittlere Dosierung gilt 1 mg Atropin i.v. Die Wirkung hält etwa 60 min an. Als Nebenwirkungen treten Mundtrockenheit, Obstipation, Völlegefühl, Sehstörungen, Miktionsstörungen und Auslösung von ***Glaukomanfällen*** auf.

Prinzipiell gleichartig wie Atropin wirkt ***Ipratropiumbromid.*** Die Dauer der Wirkung hält deutlich länger an. Bei der oralen Therapie werden 3mal 10 bzw. 3mal 15 mg pro 24 h in 8stündigen Intervallen gegeben. Intravenös wird 1 mg i.v. appliziert. Nebenwirkungen und Kontraindikationen entsprechen denen von Atropin.

## Tachykarde Rhythmusstörungen

Wichtig für die Behandlung ist die Unterscheidung von *supraventrikulären* und *ventrikulären* Tachykardien (EKG, Ösophagus-EKG, evtl. intrakardiale Ableitung). Bei der supraventrikulären Tachykardie kommen zunächst physikalische Maßnahmen in Frage: Vagusreiz (Karotisdruck, Valsalva-Manöver etc.) und Sedierung. Erst in zweiter Hinsicht werden medikamentöse bzw. elektrotherapeutische Maßnahmen notwendig.

Bei der medikamentösen Therapie tachykarder Herzrhythmusstörungen hat sich die Einteilung der Antiarrhythmika nach Vaughan-Williams bewährt (s. Tabelle 7.15 und Abb. 7.18).

**Tabelle 7.15.** Medikamentöse Therapie tachykarder Rhythmusstörungen mit konventionellen Antiarrhythmika

| Medikamente | Indikation | Dosierung | | Extrakardiale Nebenwirkungen |
|---|---|---|---|---|
| | | Akuttherapie | Prophylaxe | |
| Ajmalin | Ventrikuläre Extrasystolie, ventrikuläre Tachykardie | 25–50 mg i. v. | >300 mg/ 12 h i. v. | Übelkeit, Kopfschmerzen, Appetitlosigkeit, Cholestase, Leberschädigung |
| Prajmaliumbitartrat (Neo-Gilurytmal) | Supraventrikuläre, ventrikuläre Extrasystolie, Rezidivprophylaxe, ventrikuläre Tachykardie | – | 60 mg/d p. o. | wie Ajmalin |
| Procainamid (Novocamid, Procainamid Duriles) | Ventrikuläre Extrasystolie und Tachykardie | 25–50 mg/min i. v. bis maximal 1000 mg | 30–50 mg/ kg p. o. alle 4–6 h | Blutdruckabfall (i. v.), Depressionen, Agranulozytose, systemischer LE |
| Chinidinbisulfat (Chinidin-Duriles, Optochinidin Ret.) | Supraventrikuläre, ventrikuläre Extrasystolie, supraventrikuläre Tachykardie, Rezidivprophylaxe nach Regularisierung | – | 1 g täglich p. o. | Gastrointestinale Beschwerden, Ohrensausen, Synkopen |
| Lidocain (Xylocain) | Ventrikuläre Extrasystolie, Kammertachykardie | 50–100 mg i. v. | 2–4 mg/min i. v. | Benommenheit, Schwindel, zentralnervöse Symptome |
| Diphenylhydantion (Epanutin, Phenhydan, Zentropil) | Ventrikuläre Extrasystolie, Kammertachykardie (bei Digitalisintoxikation) | 125 mg i. v. | 3×100 mg täglich p. o. | Gingivahyperplasie, Nystagmus, Ataxie, Lymphadenopathie |

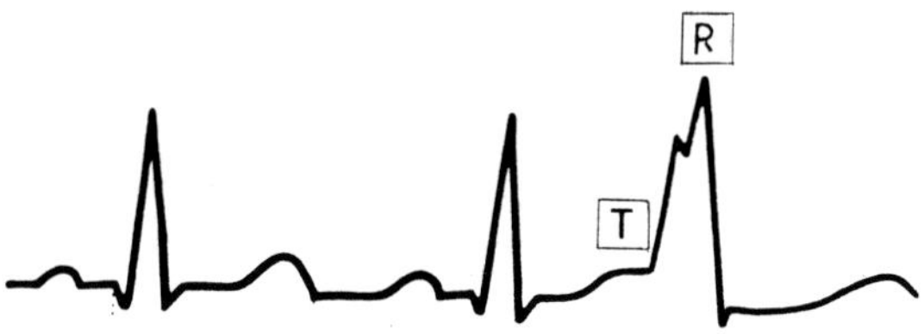


**Abb. 7.18.** R-auf-T-Phänomen

Die indikationsbezogene Wahl eines bestimmten Antiarrhythmikums richtet sich nach den pharmakokinetischen, elektrophysiologischen und hämodynamischen Eigenschaften dieser Substanz. Wichtig sind die kardialen und extrakardialen Nebenwirkungen. Wesentliche Eigenschaften gebräuchlicher Antiarrhythmika sind in Tabelle 7.15 zusammengefaßt. Beachtet werden sollte, daß bei einer *Kombinationstherapie* mit verschiedenen Antiarrhythmika keine Substanzen derselben Wirkungsklasse (wegen der Verstärkung der Nebenwirkungen) kombiniert werden (z. B. nicht Chinidin+Disopyramid). Die gemeinsame Verbindung von β-Blockern mit Kalziumantagonisten vom Typ des Verapamils muß wegen der depressorischen Eigenschaften auf Sinusknoten, AV-Überleitung und Kontraktilität (Addition der Wirkungen) kritisch beachtet werden. Praktisch alle klinisch relevanten Antiarrhythmika wirken ***negativ inotrop.*** Diese Effekte sind dosisabhängig und bei den einzelnen Pharmaka unterschiedlich stark ausgeprägt.

**β-Rezeptoren-Blocker.** Neben den klassischen Antiarrhythmika haben bei der Therapie tachykarder Rhythmusstörungen die β-Rezeptoren-Blocker eine herausragende Rolle. Ihre günstige Wirkung bei der Therapie der Angina pectoris, der essentiellen Hypertonie, des hyperkinetischen Herzsyndroms und bei Tachyarrhythmie beruht zum einen auf der β-Sympathikolyse, zum anderen auch auf einer unspezifischen Membranwirkung (Tabelle 7.16). Mit Ausnahme von Sotalol (zusätzlich Klasse III) sind die Unterschiede bei der Arrhythmiebehandlung differentialtherapeutisch gering. Meist können relativ niedrige Dosen gegeben werden (z. B. Propranolol 3mal 20 bis 3mal 80 mg p. o. täglich (Einteilung der β-Rezeptoren-Blocker s. Tabelle 7.17).

***Indikationen für β-Rezeptoren-Blocker*** *(siehe Tab. 7.17):* β-Rezeptoren-Blocker werden mit Erfolg gegeben bei verschiedenen Zuständen, die mit Arrhythmien ver-

**Tabelle 7.16.** Kardiale Wirkung der β-Rezeptoren-Blocker

| |
|---|
| β-Sympathikolyse:<br>– negative Chronotropie (Frequenzabnahme)<br>– negative Dromotropie (Verminderung der Erregungsleitung)<br>– negative Inotropie (Kontraktilitätsabnahme)<br>– Reduktion des $O_2$-Verbrauchs (wichtig bei koronarer Herzkrankheit) |
| Antihypertone Wirkung |
| Lokalanästhetischer Effekt (antiarrhythmische Wirkung?) |
| Kardiodepression (besonders bei Herzinsuffizienz und hohem endogenen Noradrenalinspiegel) |
| Antiarrhythmische Wirkung:<br>– Refraktärzeitverlängerung<br>– Abnahme der maximalen Anstiegsgeschwindigkeit ($dv/dt_{max}$)<br>– Sympathikolyse |

knüpft sind, z. B. Streß, koronarer Herzerkrankung, Hyperthyreose, Phäochromozytom, Subaortenstenose. Speziell bei der Sinustachykardie, bei Vorhofextrasystolie, Vorhofflimmern und Vorhofflattern, paroxysmalen supraventrikulären Tachykardien sowie bei ventrikulären Extrasystolien sind β-Rezeptoren-Blocker günstig wirksam. Es muß aber hervorgehoben werden, daß die Sinustachykardie häufig ***extrakardiale, abklärungsbedürftige Ursachen*** hat, die einer Kausaltherapie zugänglich sein können (z. B. Hyperthyreose).

Auch bei Vorhofflimmern und Vorhofflattern mit Tachysystolie kann nach Digitalistherapie bei nicht ausreichendem Effekt die zusätzliche Gabe von β-Blockern in niedriger Dosierung (z. B. Metoprolol 2mal 50 mg p. o. täglich) effektiv sein. Eine Konversion in Sinusrhythmus geling damit allerdings nur in wenigen Fällen.

***Nebenwirkungen der β-Rezeptoren-Blocker:*** Die meisten Nebenwirkungen sind mit ihrer Wirkung verknüpft (Bradykardie, Blutdruckabfall, Schwindel) oder von der Vorschädigung bestimmter Organe abhängig (Sinusknotensyndrom, Herzinsuffizienz). Depressionen bzw. Alpträume treten bei den verschiedenen β-Blockern unterschiedlich häufig auf (Lipidlöslichkeit). Kontraindikationen siehe Tabelle 7.17.

**Kalziumantagonisten.** Antiarrhythmische Wirkungen haben vor allem Verapamil, Gallopamil und Diltiazem. Diese Kalziumantagonisten wirken auch negativ inotrop. Als Hauptindikation für Verapamil sind paroxysmale supraventrikuläre Tachykardien (mit oder ohne WPW-Syndrom) sowie Vorhofflimmern und Vorhofflattern mit

**Tabelle 7.17.** β-Rezeptoren-Blocker

| ***Wirkungscharakteristika einiger β-Rezeptoren-Blocker*** | |
|---|---|
| *Mit ISA (intrinsische sympathische Aktivität)* | *Ohne ISA* |
| *Kardioselektiv ($\beta_1$)* | |
| Acebutolol (Prent) | Atenolol (Tenormin)<br>Metoprolol (Beloc, Lopresor) |
| *Nichtkardioselektiv ($\beta_1$+$\beta_2$)* | |
| Oxprenolol (Trasicor)<br>Alprenolol (Aptin)<br>Pindolol (Visken) | Propranolol (Dociton)<br>Sotalol (Sotalex)<br>Timolol (Temserin)<br>Bupranolol (Betadrenol) |
| ***Indikationen für die Arrhythmiebehandlung mit β-Blockern*** | |
| Adrenerge Stimulation<br>Sinustachykardie<br>Supraventrikuläre und ventrikuläre Extrasystolie | |
| KHK<br>Belastungsextrasystolie | |
| Hyperthyreose (Sympathikotonie?)<br>Sinustachykardie<br>Vorhofflimmern<br>Extrasystolie | |
| Als Alternativantiarrhythmikum:<br>Vorhofflimmern, -flattern<br>Paroxysmale supraventrikuläre Tachykardie<br>Digitalogene Rhythmusstörungen | |
| Als Additivantiarrhythmikum:<br>Zu differenten Substanzen wie Disopyramid, Mexiletin, Propafenon, Xylocain und deren Indikationen | |
| ***Kontraindikationen für β-Blocker*** | |
| *Absolut* | *Relativ* |
| Manifeste Herzinsuffizienz<br>Asthma bronchiale<br>Pathologische Bradykardie<br>Sinusknotensyndrom<br>SA-Block, AV-Block<br>Schocksyndrom | Diabetes mellitus<br>Hypothyreose<br>Raynaud-Syndrom |

dem Ziel einer Verminderung der Ventrikelfrequenz zu sehen. Die ***frequenzsenkende Wirkung*** erfolgt durch Blockierung im AV-Knoten. Verapamil wird per os in Dosen von 3mal 80 bis 3×120 mg täglich gegeben oder bei der akuten Therapie supraventrikulärer Tachykardien 1- bis 2mal 5 mg i. v. Wegen des ausgeprägten First-pass-Metabolismus in der Leber gelangt nur wenig Verapamil in die Zirkulation (Bioverfügbarkeit 40–60%). Verapamil führt zu einer peripheren Vasodilatation (Blutdrucksenkung). Als ***Kontraindikationen*** gelten Sinusknotensyndrom, höhergradige AV-Blockierungen, Hypotonie und vorherige Gabe von Ajmalin beim WPW-Syndrom.

Ähnlich wie Verapamil wirken Gallopamil und Diltiazem.

**Herzglykoside.** Herzglykoside sind indiziert bei Vorhofflimmern bzw. Vorhofflattern mit schneller Überleitung auf die Kammern.

### 7.4.4 Antiarrhythmika im engeren Sinne

Zahlreiche antiarrhythmische Substanzen dienen dem Ziel, differentialdiagnostisch die verschiedenen tachykarden Rhythmusstörungen günstig zu beeinflussen (siehe Tabelle 7.15). Das ideale Antiarrhythmikum, das selektiv und nebenwirkungsfrei alle Arrhythmien unterdrückt, gibt es bislang nicht. Dementsprechend müssen häufig nacheinander verschiedene Medikamente ausprobiert werden. Allgemeine Richtlinien über die Reihenfolge sind nicht möglich, auch wenn für die verschiedenen Rhythmusstörungen Vorzugsindikationen bestehen.

**Chinidin.** Die bevorzugten Indikationen für Chinidin sind Vorhofflattern und Vorhofflimmern sowohl hinsichtlich der ***Regularisierung*** wie der ***Rezidivprophylaxe*** nach Elektrokonversion. Kontraindiziert ist Chinidin bei Bradykardie, AV-Blockierung Grad II und III und Chinidinüberempfindlichkeit. Die übliche Dosis besträgt etwa 4mal 250 mg p. o. täglich. Chinidin ist wie alle Klasse-I a-Antiarrhythmika bei angeborenen idiopathischen sowie bei erworbenen QT-Verlängerungen kontraindiziert. Bei der geplanten Konversion von Vorhofflimmern in Sinusrhythmus sollte vor der Chinidinapplikation eine effektive Digitalistherapie durchgeführt werden (wegen der überleitungsfördernden Wirkung von Chinidin).

**Ajmalin.** Das bevorzugte Indikationsgebiet für Ajmalin (Gilurytmal) bzw. Prajmalin (Neo-Gilurytmal) sind supraventrikuläre und ventrikuläre Arrhythmien, Vorhofflimmern, paroxysmale supraventrikuläre Tachykardien und das WPW-Syndrom mit Tachykardien. Ajmalin blockiert relativ selektiv die akzessorische Bahn (Kent-Bündel), wodurch die Deltawelle im EKG verschwindet (diagnostisch verwertbar: ***Ajmalintest***). Speziell bei der Notfalltherapie ventrikulärer Tachykardien ist Ajmalin (25–50 mg i. v.) günstig wirksam. Die Wirkdauer liegt allerdings nur bei 15–30 min.

**Lidocain** (Xylocain). Die bevorzugten Indikationen für Lidocain sind ventrikuläre Extrasystolen und Tachykardien bzw. deren Prophylaxe speziell im Gefolge eines akuten Myokardinfarktes. Die Wirkung von Lidocain ist von der Serumkonzentration abhängig. Eine Hypokaliämie muß zuvor korrigiert werden. Intravenös können 50–100 mg als Bolus gegeben werden, gefolgt von einer Dauerinfusion von 2–4 mg/min. Bei Patienten mit schweren Leberfunktionsstörungen ist mit Kumulation zu rechnen (hepatische Elimination!). Auch die gleichzeitige Gabe von Propranolol kann die Lidocainelimination hemmen.

**Disopyramid** (Rythmodul). Eine Alternative zum Chinidin ist Disopyramid (tachysystolisches Vorhofflimmern, Vorhofflattern, ventrikuläre Arrhythmien). Die übliche Dosis (400–800 mg p. o. täglich) kann wegen der anticholinergen Wirkung Mundtrockenheit, verschwommenes Sehen, Miktionsstörungen und Nausea verursachen. Disopyramid wirkt möglicherweise stärker negativ inotrop als andere Antiarrhythmika (bei Herzinsuffizienz zu beachten).

**Propafenon** (Rytmonorm). Propafenon ist bei ventrikulären Extrasystolen, paroxysmalen supraventrikulären und ventrikulären Tachykardien und beim Präexzitationssyndrom günstig wirksam. Auch bei der medikamentösen Rhythmisierung bei Vorhofflimmern hat sich Propafenon bewährt. Die übliche Dosierung liegt bei 450–900 mg pro 24 h p. o. Als Nebenwirkungen werden orthostatische Dysregulation, Tremor, Kopfschmerzen und gastrointestinale Beschwerden genannt.

**Amiodaron** (Cordarex). Wegen erheblicher und zum Teil ernster Nebenwirkungen ist Amiodaron erst bei Ineffektivität anderer Medikamente einzusetzen. Als Indikationen gelten dann Vorhofflimmern und Vorhofflattern, paroxysmale supraventrikuläre Tachykardien, Präexzitationssyndrome, ventrikuläre Extrasystolie und Kammertachykardie. Amiodaron kummuliert stark und hat eine ***Halbwertszeit*** von etwa 45 Tagen. Eine orale Sättigungsdosis (etwa 10 g) wird über 10 Tage zugeführt, bevor die volle Wirksamkeit angenommen werden kann. Die Erhaltungsdosis liegt bei etwa 200–600 mg täglich. Wegen des ***hohen Jodgehalts*** der Substanz ist besondere Vorsicht bei Patienten mit Schilddrüsenfunktionsstörungen geboten. Nebenwirkungen sind Korneaablagerungen (90% der behandelten Patienten), Hyperthyreose, Hypothyreose, Photosensibilität der Haut, Lungenfibrosen, Hautveränderungen. Amiodaron ist möglicherweise das wirksamste Antiarrhythmikum, allerdings auch das am höchsten nebenwirkungsbelastete. Es ist heute möglich, Amiodaronspiegel und Desmethylamiodaronspiegel (wirksamer Metabolit) zu messen.

**Sotalol** (Sotalex). Sotalol hat als β-Rezeptoren-Blocker ähnliche Wirkungen wie Amiodaron (Klasse III). Indikationen sind vorwiegend ventrikuläre Tachykardien. Die übliche Dosis beträgt 2mal 80 bis 2mal 160 mg p.o. täglich.

**Flecainid** (Tambocor). Flecainid ist indiziert bei ventrikulären Arrhythmien und bei der medikamentösen Überführung des Vorhofflimmerns in den Sinusrhythmus. Die übliche Dosis liegt bei 2×100 bis 2×150 mg p.o. täglich. Wie alle Antiarrhythmika hat Flecainid eine ausgeprägte proarrhythmische Wirkung.

**Antiarrhythmika sind wegen ihrer potentiellen proarrhythmischen Wirkungen nur bei lebensbedrohlichen Herzrhythmusstörungen indiziert.**

### Risiken der antiarrhythmischen Therapie

Zu den Problemen bei der Behandlung von Herzrhythmusstörungen gehören ***Risiken,*** die sich aus Fehldiagnosen, Nichtbeachtung absoluter und relativer Kontraindikationen, Vernachlässigung von Nebenwirkungen und unerlaubten Antiarrhythmikakombinationen ergeben. Natürlich ist auch die Ineffizienz einer antiarrhythmischen Therapie für den Patienten gefährdend.

Vor allem wichtig ist die Unterscheidung zwischen gefährlichen und weniger gefährlichen Herzrhythmusstörungen (Tabelle 7.18). Bei behandlungspflichtigen Patienten muß unter allen Umständen eine effektive ***Therapiekontrolle*** durchgeführt werden. Kriterien einer effektiven antiarrhythmischen Therapie sind klinische Symptomatik, Pulsverhalten und EKG (Ruhe- und Belastungs-EKG). Daneben wird das 24-h-EKG analysiert, um vom Patienten unbemerkt ablaufende ventrikuläre Tachykardien nachzuweisen bzw. auszuschließen. Zur Einteilung und Klassifizierung ventrikulärer Arrhythmien siehe Tabelle 7.19. Bei chronisch rezidivierenden Kammertachykardien mit lebensbedrohlichem Charakter wird man heute den Therapieerfolg durch ***intrakardiale Stimulation und Ableitung*** nach jeder Therapieänderung überprüfen. Auch die Bestimmung von

**Tabelle 7.18.** Zustände mit Gefahr des plötzlichen Herztodes

| |
|---|
| KHK mit häufigen, komplexen ventrikulären Extrasystolen (VES) |
| Kammertachykardien (KHK, dilatative Kardiomyopathie etc.) |
| Zustand nach Reanimation wegen Rhythmusstörungen |
| QT-Syndrom |
| Synkopen mit nachgewiesenen ventrikulären Arrhythmien |

**Tabelle 7.19.** Einteilung ventrikulärer Arrhythmien nach Lown

| | |
|---|---|
| Klasse 0: | keine Arrhythmie |
| Klasse I: | isolierte monotope VES, <1/min, <30/h) |
| Klasse II: | isolierte monotope VES, >30/h |
| Klasse III A: | polytope VES |
| Klasse III B: | Bigeminus |
| Klasse IV A: | gekoppelte VES, Paare (2 VES hintereinander) |
| Klasse IV B: | Salven von VES und ventrikuläre Tachykardien (≥3 VES hintereinander) |
| Klasse V: | früh einfallende VES (R-auf-T-Phänomen) |

Blutspiegeln von Antiarrhythmika gehört zur Therapiekontrolle.

## 7.4.5 Elektrotherapie von Herzrhythmusstörungen

### Bradykarde Rhythmusstörungen

Bei symptomatischen Bradykardien (Tabelle 7.20) ist die Indikation zur Schrittmachertherapie gegeben.

Entscheidend für die Schrittmacherimplantation ist die ***klinische Symptomatik des Patienten.*** Unter der Vielzahl der möglichen Schrittmacher haben sich zwei Modelle herauskristallisiert: der VVI- und der DDD-Schrittmacher (VVI=Einkammersystem, Lage der Schrittmachersonde im rechten Ventrikel, bei ventrikulärer Eigenaktion wird der Schrittmacherimpuls inhibiert; DDD=Zweisondensystem, Lage der Schrittmachersonden im rechten Vorhof und Ventrikel, bei Vorhof und ventrikulärer Eigenaktion werden die jeweiligen Schrittmacherimpulse inhibiert).

Unter den ***Komplikationen*** der Schrittmachertherapie (Infektion, Wundheilungsstörung, Drucknekrosen,

**Tabelle 7.20.** Indikationen zur Schrittmachertherapie bei Herzerkrankungen mit Bradykardie

| |
|---|
| *Symtome* |
| (Adams-Stokes-Anfälle, |
| kardiogener Schock, |
| Angina pectoris, |
| Herzinsuffizienz, |
| Schwindelzustände, |
| Leistungsminderung) |
| *Ursachen* |
| AV-Blockierungen |
| SA-Blockierungen |
| Bradyarrhythmia absoluta |
| Pathologische Sinusbradykardie (wenn Medikamentennebenwirkungen ausgeschlossen) |
| Karotissinussyndrom |
| Sinusknotensyndrom (Bradykardie-Tachykardie-Syndrom) |

Elektrodenbruch, Perforation, Batterieerschöpfung, Funktionsausfall etc.) ist besonders das ***Schrittmachersyndrom*** zu nennen. Dieser Symptomenkomplex, der bei ventrikulärer Stimulation auftreten kann (VVI-Schrittmacher) ist charakterisiert durch Palpitationen, Schwindel, Angstgefühle und evtl. auch Synkopen. Die Häufigkeit wird mit etwa 10% angegeben. Als Ursache kommen der fehlende Beitrag der atrialen Kontraktion zur diastolischen Ventrikelfüllung, eine ventrikuloatriale (retrograde) Leitung mit konsekutiver Vorhofkontraktion gegen die geschlossenen AV-Klappen ***(Vorhofpfropfung)*** und die ventrikuläre Asynchronie in Betracht. Die Beschwerden entstehen durch die atriale Druckerhöhung mit peripherer Vasodilatation und arterieller Hypotension (gestörte Barorezeptorenfunktion). In diesen Fällen muß ein AV-sequentielles Schrittmachersystem (DDD-Schrittmacher) implantiert werden.

Herkömmliche Schrittmacher, die mit einer fest vorgegebenen Grundfrequenz stimulieren, sind nicht in der Lage, eine notwendig werdende Steigerung der Herzleistung (z. B. bei körperlicher Belastung) zu gewährleisten. Neuere Schrittmachersysteme, die die Atemfrequenz als Steuergröße der Stimulationsrate, Bewegungsintensität oder $CO_2$-Konzentration erfassen, sind in Erprobung.

## Tachykarde Rhythmusstörungen

**Schrittmachertherapie.** Die Terminierung tachykarder Rhythmusstörungen durch einen transthorakal applizierten Stromstoß wird als ***Elektrokonversion*** (Kardioversion) bezeichnet. Bei Vorliegen von Vorhofflimmern oder Kammerflimmern spricht man auch von ***Defibrillation.*** Die elektrische Defibrillation wird im Rahmen der Reanimation bei Kammerflimmern angewendet. In der Regel wird eine R-synchronisierte Abgabe des Stromstoßes bei bedrohlichen Tachykardien und bei geplanter Konversion von Vorhofflimmern und Vorhofflattern durchgeführt. Der Elektroschock wird in Kurznarkose oder nach 10–20 mg Diazepam i. v. vorgenommen. Man beginnt in der Regel mit 100 J und steigert die abgegebene Energie bis der gewünschte Erfolg eintritt. In ***Notfallsituationen*** (Kammerflimmern) sollte sofort mit 400 J defibrilliert werden.

Bei Elektroreduktion von Vorhoftachykardien ist zu beachten, daß kurz zuvor gegebene Antiarrhythmika unmittelbar nach dem Elektroschock zu Asystolie bzw. zur kritischen Bradykardie führen können. Dementsprechend ist für eine sofort mögliche Schrittmacherstimulation zu sorgen. Bei Vorhofflattern ist als Alternative neben der medikamentösen Konversion die atriale Hochfrequenzstimulation anzusehen.

Als ***Kontraindikation*** gegen eine Defibrillation gelten Hypokaliämie und eine evtl. bestehende Digitalisintoxikation. Bei der geplanten Defibrillation von Vorhofflimmern sollte 3 Wochen vor dem Termin eine Antikoagulation durchgeführt werden, um Thromboembolien zu vermeiden.

Bei Patienten mit medikamentös therapierefraktären ventrikulären Tachyarrhythmien wird heute auch ein automatischer Kardioverter (Defibrillator) operativ implantiert.

In einigen Fällen therapierefraktärer Kammertachykardien wurden mit Erfolg antitachykarde Schrittmachersysteme implantiert, die durch ventrikuläre Stimulation (Overdrive-Pacing bzw. kompetitive Stimulation) die Tachykardie unterbrechen können.

**His-Bündel-Ablation.** Bei bedrohlichen supraventrikulären Tachykardien ist die nichtoperative Unterbrechung des His-Bündels durch Kathetertechnik (Koagulation) möglich. Nach erfolgter Durchtrennung des His-Bündels wird durch einen externen Schrittmacher die Stimulation der Ventrikel gewährleistet. Dieses Therapieverfahren ist bei anders nicht zu behandelnden Tachyarrhythmien infolge Vorhofflimmerns und Vorhofflatterns, bei paroxysmalen AV-Knotentachykardien, bei permanenten AV-Knotentachykardien und beim WPW-Syndrom angewendet worden.

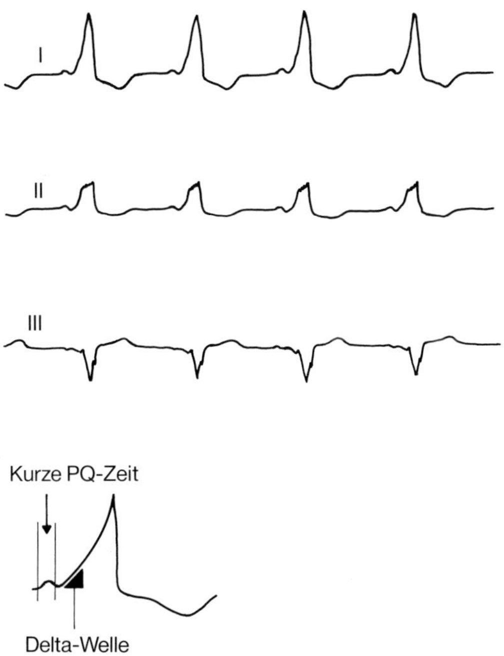


**Abb. 7.19.** WPW-Syndrom im EKG

**Antiarrhythmische Kardiochirurgie.** Bei sonst therapierefraktären supraventrikulären Tachykardien (speziell beim Präexzitationssyndrom) und bei intraktablen Kammertachykardien sind chirurgische Maßnahmen (selektive Leitungs- bzw. Bündeldurchtrennungen, Aneurysmektomie, Endokardresektionen) durchgeführt worden. Diese operativen Behandlungen setzen eine endo- und epikardiale Mapping-Untersuchung zur Lokalisation der arrhythmieverursachenden Strukturen voraus. Dabei wird durch endokardiale elektrophysiologische Untersuchungen der Ort der frühesten Depolarisation während einer Kammertachykardie präzise bestimmt.

### 7.4.6 Spezielle Syndrome mit häufiger Arrhythmie

#### Sinusknotensyndrom

Das ***Syndrom des kranken Sinusknotens*** umfaßt eine Gruppe komplizierter, nichtventrikulärer Arrhythmien, als deren Ursache eine Störung der Sinusknotenfunktion angesehen wird („sick-sinus"-Syndrom, Bradykardie-Tachykardie-Syndrom). Störungen des Sinusknotens können zur Sinusbradykardie, zu SA-Blockierungen und Sinusstillstand führen. Gleichzeitig treten Vorhoftachykardien und Vorhofflimmern gehäuft auf. In der Regel ist das Syndrom des kranken Sinusknotens eine ***chronische Erkrankung mit Progredienz.*** Ursächlich ist zumeist eine koronare Herzerkrankung bzw. ein Zustand nach Myokarditis anzusehen. Aufgrund erheblicher Bradykardien, paroxysmaler Tachykardien, verlängerter posttachykarder Pausen (pathologische Sinusknotenerholungszeit!), eines gleichzeitig auftretenden hypersensitiven Karotissinus bzw. zerebraler Embolien kann es beim Sinusknotensyndrom zu Synkopen kommen. Normalerweise führt Atropin (1 mg i. v.) zu einem Frequenzanstieg von über 50% des Ausgangswerts ***(Atropintest).*** Ein Frequenzanstieg unter 25% und vor allem ein Unterschreiten der absoluten Herzfrequenz von 90/min nach Atropinapplikation gilt als Hinweis für das Vorliegen eines kranken Sinusknotens. Beim symptomatischen Patienten besteht Therapiepflichtigkeit. Wenn gleichzeitig Bradykardien und Tachykardien vorhanden sind, muß neben der Schrittmacherimplantation die Gabe eines Antiarrhythmikums (Digitalis, β-Blocker) erwogen werden. Bei wechselnden Rhythmen (intermittierendes Vorhofflimmern) kommt zur Embolieprophylaxe eine Antikoagulanzientherapie in Frage.

#### **Wolff-Parkinson-White-Syndrom** (WPW-Syndrom)

Bei diesem Präexzitationssyndrom (Häufigkeit in Deutschland etwa 1:3000 Bewohner) kommt es über akzessorische Leitungsbahnen zur vorzeitigen Erregung vorhofnaher Kammeranteile und damit zu einer Doppelerregung der Herzkammern. Da die Ventrikel unter Umgehung der spezifischen Leitungsverzögerung des AV-Knotens vorzeitig erregt werden, kann es bei Vorhofflattern und Vorhofflimmern zu bedrohlichen Kammerfrequenzen kommen. Durch die zusätzliche atrioventrikuläre Verbindung (Kent-Bündel) sind die anatomischen Voraussetzungen für Kreiserregung via Vorhof – AV-Knoten – Ventrikel – akzessorisches Bündel – Vorhof geschaffen. Elektrokardiographisch ist das WPW-Syndrom gekennzeichnet durch ein abnorm kurzes AV-Intervall (<120 ms), eine Verbreitung des QRS-Komplexes infolge verlängerter Dauer der Kammeranfangsschwankung mit trägem Initialteil (δ-Welle) und durch einen unterschiedlich stark deformierten ST-T-Abschnitt (Abb. 7.19). Das WPW-Syndrom per se ist hämodynamisch und klinisch von untergeordneter Bedeutung. Eine therapiepflichtige Relevanz erwächst erst aus den im Zusammenhang mit diesem Symptomenkomplex auftretenden Rhythmusstörungen, die vielfältig sein können.

Als „verborgenes WPW-Syndrom“ werden Zustände bezeichnet, bei denen die δ-Welle nur während der Tachykardie sichtbar wird und bei denen nur dann die Erregungsleitung über das akzessorische Bündel verläuft.

Als Mittel der Wahl wird die Gabe von Propafenon (Rytmonorm), evtl. in Kombination mit β-Blockern, angesehen. Die Gabe von Herzglykosiden wird als kontraindiziert betrachtet, da Digitalis die Refraktärzeit des akzessorischen Bündels verkürzt und dadurch gefährliche Kammertachykardien bei Vorhofflimmern entstehen können. Auch Amiodaron ist beim WPW-Syndrom oft sehr gut wirksam (*Ajmalintest* s. S. 186).

### **Lown-Ganong-Levine-Syndrom** (LGL-Syndrom)

Als eine Sonderform des Präexzitationssyndroms wird das sog. LGL-Syndrom (Syndrom der kurzen PQ-Zeit mit schmalem QRS-Komplex) angesehen. Dabei besteht ebenso wie beim WPW-Syndrom aufgrund eines paranodalen Bündels (James-Bündel) eine Präexzitation mit der Folge einer verkürzten AV-Zeit und der Neigung zu Tachykardien. Therapeutisch wirken β-Rezeptoren-Blocker, Propafenon und Ajmalin häufig günstig.

### Karotissinussyndrom

Symptomatische bradykarde Rhythmusstörungen – evtl. verbunden mit Synkopen – können Ausdruck des relativ häufigen Karotissinussyndroms sein. Eine Hyperreflexie der Pressorezeptoren des Karotissinus tritt als Asystolie mit passagerem Sinusstillstand bzw. sinoatrialer Blockierung Grad III oder auch als vorübergehende AV-Blockierung in Erscheinung. Die Symtome reichen von leichten Schwindelerscheinungen bis zu schweren synkopalen Anfällen bei bestimmten Kopfwendungen oder nach Herzglykosid- bzw. β-Rezeptoren-Blockertherapie. Davon unterschieden wird der hypersensitive Karotissinusreflex, bei dem lediglich bei manueller Karotissinusmassage eine Bradykardie provoziert werden kann. Wenn ein Kausalzusammenhang zwischen der Symptomatik und dem Karotissinussyndrom nachgewiesen wird, ist die Gabe eines Schrittmachers indiziert (zur Erkennung und Klassifizierung von Synkopen Tabelle 7.21).

**Tabelle 7.21.** Einteilung und Klassifizierung der Synkopen

| | |
|---|---|
| ***Kardiovaskuläre Synkopen (kardial bedingt):*** (evtl. auch unter Belastung prüfen) | |
| *hämodynamisch:* | |
| – Aortenstenose | |
| – Hypertrophe Kardiomyopathie | |
| – Vorhofmyxom | |
| – Primäre pulmonale Hypertonie | |
| – Lungenembolie | |
| *rhythmogen:* | |
| – Tachykardie | Kammertachykardie, QT-Syndrom, supraventrikuläre Tachykardien, WPW-Syndrom |
| – Asystolie/ Brachykardie | Sinusknotensyndrom, AV-Block Grad II und III |
| ***Kardiovaskuläre Synkopen (vaskulär bedingt):*** | |
| *orthostatisch:* | durch Blutumverteilung, medikamentös, neurogen |
| *zerebrovaskulär:* | TIA (z. B. A. basilaris), Embolie, Kompression der A. basilaris, Subclavian-steal-Syndrom |
| *Karotissinussyndrom:* | kardioinhibitorischer Typ, vasodepressorischer Typ |
| *reflektorisch:* (vagovagal) | durch Schmerzauslösung (Pleura, Peritoneum, Endoskopie) |
| *nach der Auslösung:* | Husten, Valsalva, Miktion, Defäkation |

### Syndrome mit verlängerter QT-Dauer

Patienten mit abnormer Verlängerung der QT-Dauer mit Innenohrschwerhörigkeit (Jervell-Lange-Nielsen-Syndrom) bzw. ohne Innenohrschwerhörigkeit (Romano-Ward-Syndrom) können an ventrikulären Tachykardien und Kammerflimmern erkranken. Der plötzliche Herztod ist oft das Erstsymptom. Ursächlich wird eine inhomogene verlängerte Repolarisation des Ventrikelgewebes verantwortlich gemacht. Seelische oder körperliche Belastungen können für die Rhythmusstörungen auslösend wirken. Alle Antiarrhythmika, die die Refraktärzeit und die Erregungsleitungszeit im His-Purkinje-System verlängern und damit zu erneuten Kammertachykardien führen, sind kontraindiziert (Antiarrhythmika der Gruppe I a, Antidepressiva, hypokaliämieauslösende Medikamente). Medikamentös haben sich β-Rezeptoren-Blocker bewährt (Abnahme der QT-Zeit im Oberflächen-EKG). Bei Therapieresistenz sind auch chirurgische Interventionen (linksseitige Stellektomie) bzw. Ganglion-stellatum-Blockaden durchgeführt worden.

### Mitralklappenprolapssyndrom

Bei 5% der erwachsenen Bevölkerung läßt sich echokardiographisch ein Mitralklappenprolaps nachweisen, wobei Frauen 3mal so häufig betroffen sind wie Männer. Durch Zerstörung der Kollagenfaserstrukturen, vermehrte Einlagerung saurer Glykosaminoglykane in das Klappengewebe und seinen Halteapparat kommt es zur Verminderung der Stabilität, zur Verdickung und zur Oberflächenvergrößerung der Klappensegel bzw. zur Schädigung der Sehnenfäden und zur Erweiterung des Klappenrings. Eine Reihe von kardialen und nichtkardialen Symptomen (linkspräkordiale Schmerzen, orthostatische Dysregulation, niedriger Blutdruck, Palpitation, Herzstolpern, Herzrasen) treten mit diesem Syndrom auf.

Am häufigsten findet man supraventrikuläre Extrasystolen, kurze supraventrikuläre Tachykardien, ventrikuläre Extrasystolen, Couplets und ventrikuläre Salven. Die Pathogenese dieser Herzrhythmusstörungen ist nicht völlig geklärt. Es wurde ein verstärkter Zug der sich vorwölbenden Klappe am Papillarmuskel ebenso wie ein gesteigerter Sympathikotonus dafür verantwortlich gemacht. Ernsthafte Folgestörungen sind die große Ausnahme und kommen praktisch nur beim Mitralklappenprolaps mit gleichzeitiger Mitralklappeninsuffizienz vor.

Die medikamentöse Behandlung zielt auf eine Besserung der subjektiven Beschwerden ab, da eine Kausaltherapie nicht bekannt ist. Am günstigsten haben sich noch β-Rezeptoren-Blocker in niedriger Dosierung erwiesen. Bei begleitender Mitralinsuffizienz ist eine ***Endokarditisprophylaxe*** (s. 191) wegen eines gesichert erhöhten Endokarditisrisikos bei invasiven Eingriffen (Zahnbehandlungen) notwendig.

**Befunde des primären Mitralklappenprolaps.** In 10–40% sind T-Negativierungen sowie (selten) QT-Verlängerungen auffällig. In einem hohen Prozentsatz lassen sich solche eigentlich ischämietypischen ST-Streckensenkungen bei diesen Patienten durch Hyperventilation auslösen. Im Belastungs-EKG treten gelegentlich ebenfalls ST-T-Veränderungen auf. Charakteristisch für den Mitralklappenprolaps ist der ***mittsystolische Klick*** und das daran anschließende Spätsystolikum mit Punctum maximum über Erb und Apex. Wenn ein ***holosystolisches Geräusch*** zusätzlich auftritt, spricht das für die begleitende Mitralinsuffizienz. In der Echokardiographie ist die systolische Rückwärtsbewegung der Mitralsegel zu erkennen. Weitere echokardiografische Kriterien sind das Vorhandensein verdickter Klappensegel und eine frühsystolische Vorwärtsbewegung der Mitralklappe.

Die Prognose der Mitralklappenprolapspatienten ist sehr günstig. Ihre Lebenserwartung unterscheidet sich nicht von der altersgleicher Personen ohne Mitralklappenprolaps, wenn keine höhergradige Mitralinsuffizienz besteht.

### Kardiovaskuläre Synkopen und ihre Abklärung

Unter einer Synkope versteht man einen ***temporären vollständigen Bewußtseinsverlust*** mit Verlust des Muskeltonus und vollständiger Rückbildung dieser Symptome innerhalb von Sekunden bis Minuten. Synkopen können orthostatisch, zerebrovaskulär oder reflektorisch (vagovagal) bedingt sein. Die einzelnen Ursachen müssen anamnestisch bzw. durch entsprechende Untersuchungen abgeklärt werden. Einige wichtige Ursachen von Synkopen sind in Tabelle 7.21 genannt (hämodynamische und rhythmogene Ursachen).

Aus dieser Aufstellung wird bereits klar, daß neben der vollständigen Anamnese und klinischen Untersuchung des Patienten mit Synkopen praktisch alle speziellen kardiologischen Untersuchungsmethoden Anwendung finden. Im Einzelfall kann die Diagnose sehr schwierig werden, besonders wenn derartige Synkopen nur sehr selten auftreten und der Patient keine Prodromi bemerkt.

### Vorhofflimmern

Da Vorhofflimmern die häufigste supraventrikuläre Rhythmusstörung ist, die allerdings immer eine abzuklärende Ursache hat (Tabelle 7.22), soll auf die Therapie speziell hingewiesen werden (Tabelle 7.23). Wichtig ist, daß etwa 3 Wochen vor einem Regularisierungsversuch (medikamentös oder elektrisch) eine effektive Antikoagulanzientherapie begonnen wird. Sonst ist die Antikoagulation nur bei bereits stattgehabter Embolie, bei Mitralvitien und bei paroxysmalem Vorhofflimmern notwendig.

**Tabelle 7.22.** Diagnostik des Vorhofflimmerns und -flatterns (häufigste supraventrikuläre Rhythmusstörungen)

*EKG:*
- Vorhofflimmerwellen (in $V_1$) sowie unregelmäßige Kammeraktionen

*Vorkommen:*
- KHK
- Mitralklappenfehler
- Hyperthyreose
- Arterielle Hypertonie
- Herzinfarkt
- Sonstige organische Herzkrankheiten
- „Idiopathisch"
- Alkoholexzeß oder alkoholische Kardiomyopathie

*Klinische Bedeutung:*
- Störung der Hämodynamik (Pulsdefizit)
- Embolien (Mitralstenose, großer Vorhof)

**Tabelle 7.23.** Therapie des Vorhofflimmerns

Behandlung der Grundkrankheit (soweit möglich) (KHK, Mitralvitien, Hyperthyreose u. a.)

Digitalisierung (organische Herzleiden, Tachysystolien) (bei bradykardem Vorhofflimmern Digitalis absetzen, evtl. Schrittmacher)

Normalisierung der Ventrikelfrequenz (Digitalis, Kalziumantagonisten, β-Rezeptoren-Blocker)

Regularisierung (bei kleinem Vorhof oder vor kurzem aufgetretenem Vorhofflimmern):
- medikamentös durch Digitalis, evtl. mit Flecainid, Chinidin oder Propafenon
- elektrische Kardioversion: bei Bradyarrhythmie elektrischer Schrittmacher

Antikoagulation (Mitralvitien, rezidivierendes Vorhofflimmern, Regularisierung, bei durchgemachter Embolie)

## 7.5 Koronare Herzkrankheit (KHK)

Die koronare Herzerkrankung (KHK) repräsentiert ein klinisches Syndrom aus Angina pectoris, Myokardinfarkt und konsekutiven Folgeerkrankungen (Herzinsuffizienz, Rhythmusstörung, Papillarmuskeldysfunktion und Wandkontraktionsstörungen, plötzlicher Herztod). Die pathophysiologische Basis ist eine Limitierung der myokardialen $O_2$-Verfügbarkeit durch Einschränkung der Koronarreserve und der regionalen sowie globalen myokardialen $O_2$-Zufuhr. Ursächlich liegt in der Mehrzahl der Fälle (ca. 90%) eine stenosierende Koronarsklerose der großen extramuralen Koronararterien zugrunde. In etwa 5% sind Gefäßerkrankungen der kleinen, intramuralen Arterien und Arteriolen im Rahmen anderer Erkrankungen (z.B. Vaskulitis) sowie extrakoronare Ursachen ausschlaggebend. Die absolute Häufigkeit der KHK (etwa 1 Erkrankter auf 100 Einwohner) hat in den letzten Jahrzehnten erheblich zugenommen. Etwa 80% aller plötzlichen Herztodesfälle treten im Gefolge einer KHK auf.

Beim ***pektanginösen Anfall*** nimmt die koronarsklerotisch bedingte Stenose eines größeren Koronargefäßes eine Schlüsselstellung ein. Bei der ***instabilen Angina*** sind die morphologischen Befunde mit häufigen Polsterrissen im atherosklerotischen Plaque denen beim Herzinfarkt sehr ähnlich. Aus koronarografischen Befunden weiß man, daß bei Patienten mit ***Prinzmetal-Angina*** der zusätzliche Koronarspasmus (meist im Bereich einer Koronarstenose) eine wesentliche Rolle spielt.

Vorzugsweise liegen die koronarsklerotisch bedingten Stenosen im Anfangsteil der 3 großen Herzkranzarterienäste an Verzweigungsstellen (Abgänge von Diagonal- oder Marginalästen). Meist sind mehrere Herzkranzarterien gleichzeitig befallen. Wenn ein die Koronararterie verengender Plaque einreißt, bildet sich an dieser Stelle praktisch immer eine thrombotische Auflagerung. Von diesem Thrombus können kleinere Fragmente abreißen und in die Peripherie embolisieren (Mikroinfarkte). Derartige atherosklerotische Plaques verkalken häufig und führen dann zu einer Wandstarre.

### 7.5.1 Koronardurchblutung

Der Koronardurchfluß wird vom Perfusionsdruck, dem koronaren Widerstand und der Blutviskosität bestimmt. Der koronarwirksame Perfusionsdruck entspricht weitgehend dem mittleren diastolischen Aortendruck. Der koronare Widerstand (mittlerer diastolischer Aortendruck abzüglich des mittleren diastolischen Drucks im linken Ventrikel dividiert durch die Koronardurchblutung pro Minute und 100 g linken Ventrikelgewichts) setzt sich aus einer vasalen und einer myokardialen Komponente zusammen. Die vasale, vorwiegend an der physiologischen Regulation der Koronardurchblutung beteiligte Komponente ist vom Gefäßquerschnitt abhängig und wird durch den Gefäßtonus der kleinen Widerstandsgefäße eingestellt. Der ***Gefäßtonus*** ist vom Sauerstoffangebot, vom Säure-Basen-Status, von nervösen,

FALL 7B

**Abb. 7B1.** EKG bei frischem, nicht-transmuralem Vorderwandinfarkt (terminal negative T-Wellen in V2 bis V4)

**Abb. 7B2.** Koronarangiographie: höhergradige proximale Stenose des Ramus interventricularis auterior

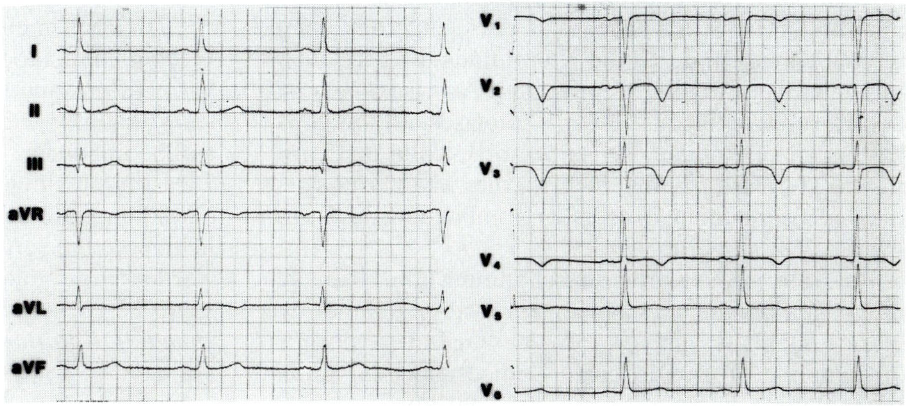

1

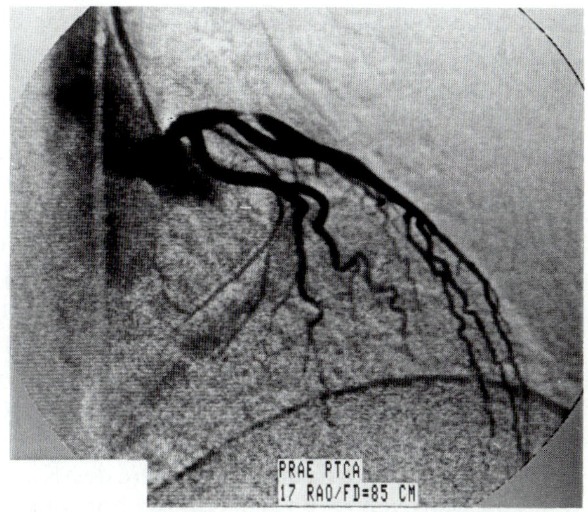

2

**Anamnese.** Der 56jährige Lastkraftwagenfahrer bemerkte in den letzten Monaten bei Aufregungen und schwerer körperlicher Arbeit ein Engegefühl und einen Druck auf der Brust. Ein ziehender Schmerz in den linken Arm trat gelegentlich auf. Unter Ruhebedingungen verspürte er keine Beschwerden. Der Vater war am Herzinfarkt im Alter von 62 Jahren verstorben. Der Patient selbst rauchte etwa 20 Zigaretten pro Tag. Wesentliche Vorerkrankungen sind nicht bekannt.

Bei der körperlichen Untersuchung fiel ein Übergewicht von 20 kg auf, der Blutdruck betrug 170/105 mmHg. Das Gesamtcholesterin war mit 285 mg/dl erhöht, das HDL-Cholesterin betrug lediglich 29 mg/dl. Alle anderen Laborwerte waren unauffällig.

**EKG.** Sinusrhythmus, 70 pro min, Indifferenztyp. V2–V4 terminal negative T-Wellen als Hinweis für eine myokardiale Läsion (nicht-transmuraler Vorderwandinfarkt möglich) (Abb. 7 B 1).

**Diagnose.** Symptomatische koronare Herzerkrankung, Zustand nach nicht-transmuralem Vorderwandinfarkt.

**Therapie und Verlauf.** Nach Gabe von Glyzeroltrinitrat p. o. und Isosorbiddinitrat p. o. war der Patient beschwerdefrei. Am nächsten Tag wurde ein Belastungs-EKG durchgeführt, dabei zeigten sich zunehmende ST-T-Senkungen schon bei 50 W sowie deutliche linkspräkordiale stechende Schmerzen im Sinne einer Angina pectoris. Wegen pektanginöser Beschwerden bei geringer Belastung trotz Nitrattherapie wurde eine Koronarographie veranlaßt. Dabei zeigte sich eine höhergradige proximale Stenose des Ramus interventricularis anterior (Abb. 7 B 2). Daraufhin wurde eine Ballondilatation (PTCA) dieser Koronararterie durchgeführt. Die Stenosierung konnte vollständig beseitigt werden.

**Weiteres Procedere.** Da der Patient bei Krankenhausentlassung beschwerdefrei bis 150 W ergometrisch belastbar war, wurde er unter einer Therapie mit Aspirin 100 mg p. o. täglich (zur Restenosierungsprophylaxe) nach Hause entlassen. Nach 2 Monaten ist eine erneute Kontrollkoronarographie geplant, um eine Restenosierung rechtzeitig zu erfassen und evtl. erneut zu dilatieren. Der Patient wird angewiesen, eine Gewichtsreduktion durchzuführen, Blutdruck und Blutfette werden in monatlichen Abständen kontrolliert und falls notwendig medikamentös behandelt. Selbstverständlich muß er das Zigarettenrauchen aufgeben.

metabolischen und humoralen Einflüssen abhängig. Die myokardiale Komponente des Koronarwiderstandes umfaßt die Bilanz der primär von der Gefäßkomponente unabhängigen, durch die Kontrations- und Relaxationsabläufe des Myokards bedingten Auswirkungen auf den Koronarwiderstand. Bei pathologischen Funktionszuständen (wie akute Angina pectoris, akute und chronische Herzinsuffizienz, Tachykardie, Myokarditis) ist die Bedeutung der myokardialen Komponente des Koronarwiderstandes erheblich.

Bei KHK ist die Koronardurchblutung unter Ruhebedingungen und im anfallsfreien Intervall gegenüber der Norm allenfalls um 10–15% herabgesetzt (normal: 70 ml/min × 100 g). Die leichte Erniedrigung der Ruhedurchblutung korreliert nicht mit dem koronarografischen Schweregrad. Während eines spontanen Angina-pectoris-Anfalles entspricht die Ruhedurchblutung annähernd einem Normalzustand, wobei die hypoxiebedingte Durchblutungszunahme im dilatationsfähigen Koronararterienstromgebiet durch die gleichzeitig einsetzende Erhöhung der myokardialen Komponente des Koronarwiderstandes (erhöhter enddiastolischer Druck, Kontraktilitätsabnahme) quantitativ kompensiert wird. ***Regionale Durchblutungsdefekte*** werden auch bei Prinzmetal-Angina nachgewiesen. Die ***Koronarreserve*** bei der KHK ist infolge Erhöhung der vasalen Komponente des Koronarwiderstandes in Abhängigkeit vom Schweregrad der Erkrankung deutlich eingeschränkt. Das bedeutet, daß das koronarkranke Herz im Unterschied zur Norm eine ***verminderte Dilatationsfähigkeit*** des Koronarsystems aufweist, die als Ursache für die Entstehung einer Koronarinsuffizienz und eines Angina-pectoris-Anfalls bei Belastung angesehen werden kann. Bei einem Sauerstoffverbrauch von 8 ml/min und 100 g beträgt der Sauerstoffverbrauch pro Schlag bei einer Frequenz von 80/min 0,1 l/min · 100 g. Der Sauerstoffvorrat des Myokards beläuft sich entsprechend einem Myoglobingehalt von 0,4 g/100 g, dem Sauerstoffbindungsvermögen des Myoglobins und dem physiologisch gelösten Sauerstoff auf ca. 0,7 ml/100 g. Bei einer kompletten Unterbrechung der Sauerstoffzufuhr (z. B. akuter Koronarverschluß) ist der myokardiale Sauerstoffgehalt dementsprechend nur für wenige Systolen ausreichend.

Die für die Pumpfunktion des Herzens erforderliche Energie wird hauptsächlich durch Oxidation von Glukose (10–30%), Milchsäure (8–20%) und freien Fettsäuren (35–60%) gedeckt. Normalerweise wird dem Koronarblut Milchsäure entnommen. Bei Unterschreitung einer kritischen Sauerstoffspannung hingegen wird vom Herzmuskel Milchsäure abgegeben, die arteriokoronarvenöse Milchsäuredifferenz kehrt sich dann um.

Die Arbeitsmehrdurchblutung wird durch eine relative Hypoxie (stärkster vasodilatatorischer Reiz) infolge vermehrten Sauerstoffverbrauchs ausgelöst. Da die ***Sauerstoffextraktion*** des Koronarblutes bereits unter Kontrollbedingungen sehr hoch ist und am Patienten unter Belastungsbedingungen nicht wesentlich gesteigert werden kann, muß der erhöhte Sauerstoffbedarf vornehmlich über eine vermehrte Koronardurchblutung gedeckt werden. Eine adäquate Anpassung des Koronargefäßsystems an körperliche Belastung setzt daher eine ***ausreichende Dilatationsfähigkeit*** des Koronargefäßsystems voraus.

Mehr als 90% des Substrat- und Sauerstoffverbrauchs des menschlichen Herzens werden zur Erzeugung von Spannung bzw. Druck, Muskelfaserverkürzung und Schlagarbeit benötigt. Die Koronardurchblutung des linken Ventrikels ist linear mit dem myokardialen Sauerstoffverbrauch korreliert. Bei einem positiv inotropen Eingriff, der eine Zunahme des myokardialen Energiebedarfs bewirkt, kann, wenn Stenosierungen vorliegen, ein Mißverhältnis zwischen Sauerstoffangebot und Sauerstoffverbrauch entstehen.

Bei Unterschreiten eines ***kritischen Sauerstoffpartialdrucks*** im Myokard wird die anaerobe glykolytische Energiebereitstellung aktiviert, die allerdings nur für wenige Kontraktionen (siehe oben) bilanzmäßig ausreichend wäre. Mit fortschreitender Ischämiezeit kommt es somit zu einem Energiedefizit mit Zerfall energiereicher Phosphate (zuerst in den Innenschichten des Myokards). Gleichzeitig wird Laktat produziert. Höhergradige (mehr als 70% und Langstreckenstenosen) wirken sich bei Druck-, Frequenz- und Volumenbelastungen des Myokards (Blutdruckspitzen mit Zunahme der systolischen Wandspannung, Ventrikeldilatation, Katecholamine etc.) um so gravierender auf die myokardiale Sauerstoffbilanz aus, je mehr die metabolische Reserve des linken Ventrikels bereits ausgenutzt war. In der Regel ist dies bei körperlichen und seelischen Belastungen der Fall (erhöhte metabolische Anforderungen).

Neben dem Mißverhältnis zwischen Sauerstoffangebot und Sauerstoffbedarf kommt für die ***Schmerzentstehung*** der jeweiligen individuellen Schmerzschwelle erhebliche Bedeutung zu. Neben der KHK (koronarstenotisch bedingt) kann sich eine Angina pectoris als ***Folgesymptomatik*** auch bei ***extrakoronaren Erkrankungen*** manifestieren (Anämie, Hypoxie, Druck- und Volumenbelastung des linken Ventrikels, ausgeprägte Änderungen der

**Tabelle 7.24.** Risikofaktoren der KHK (in der Reihenfolge der Bedeutung)

| |
|---|
| Zigarettenrauchen |
| genetische Belastung |
| Hochdruck |
| Hypercholesterinämie |
| Diabetes mellitus |
| Hyperurikämie |
| Übergewicht |

Herzfrequenz, Viskositätserhöhung des Bluts, Abfall des koronaren Perfusionsdrucks etc.). Diesen Auslösebedingungen ist gemeinsam, daß ein Mißverhältnis zwischen Sauerstoffangebot und Sauerstoffbedarf entsteht.

### 7.5.2 Ätiologie und Pathogenese der Koronarsklerose

Wenn auch etwa 50% aller Koronarkranken eine familiäre Häufung aufweisen, so gibt es doch eine Reihe von eindeutig belegbaren Risikofaktoren, die für die Koronarsklerose verantwortlich sind (Tabelle 7.24).

Mangelnde körperliche Belastung und ***Streß*** spielen eine Rolle bei der Entstehung der Koronarsklerose. Ihre Bedeutung tritt aber hinter der anderer Faktoren weit in den Hintergrund. Die Kombination verschiedener ***Risikofaktoren*** wirkt sich ***überadditiv*** aus. Vor allem ist die Kombination von Hochdruck bzw. Hypercholesterinämie mit Zigarettenrauchen bei Männern wesentlich. Selten findet man Koronarkranke unter 60 Jahren, die Nichtraucher sind (Ausnahme: schwere Hyperlipoproteinämie, ausgeprägte familiäre Belastung).

**Koronarinsuffizienz bei normalem Koronarangiogramm.** Bei etwa 10% aller Patienten mit eigentlich typischer Angina pectoris findet sich nach Ausschluß der üblichen extrakardialen Ursachen des Präkordialschmerzes ein normales Koronarangiogramm. *Koronaren Mikrozirkulationsstörungen* liegen Durchblutungsstörungen der kleinen intramuralen arteriolären Widerstandsgefäße und/oder des koronaren Kapillargefäßsystems zugrunde. Für dieses Syndrom gibt es wahrscheinlich keine morphologische bzw. klinische Krankheitseinheit.

### 7.5.3 Angina pectoris

Folgende Begriffe werden unterschieden:

- typische Angina pectoris (belastungsinduziert, typische Schmerzlokalisation),
- atypische Angina pectoris (inkonstante Auslösebedingungen, atypische Schmerzlokalisation),
- stabile Angina pectoris (uniformer Beschwerdecharakter ohne Änderung in letzter Zeit, auf Therapie ansprechend),
- instabile Angina pectoris (Zunahme von Dauer, Ausmaß und Art der Beschwerden, akuter Schmerzbeginn, Ruheangina, nächtliche Angina),
- Präinfarktangina (unmittelbar vor dem Infarkt stehende instabile Angina pectoris),
- Prinzmetal-Angina (vasospastische Form der Angina pectoris),
- kälteinduzierte Angina pectoris (meist vasospastisch bedingt).

*Spezielle Formen* sind:

- „walk-through"-Angina: Beseitigung belastungsinduzierter Angina pectoris-Beschwerden durch weitere körperliche Betätigung,
- „early-morning"-Angina: frühmorgendlich auftretende Angina pectoris, meist vasospastisch bedingt.

**Symptomatik.** Wichtig ist, daß die pektanginösen Beschwerden des Patienten (linkspräkordialer drückender, stechender, einengender Schmerz mit retrosternalem Brennen, Ausstrahlung in den linken Arm, oder das Kinn, sowie Luftnot, Angst und Übelkeit) bei körperlicher oder seelischen Belastung mit unterschiedlichen Anfallsfrequenzen auftreten können. Die Diagnose wird aus der Anamnese, der Symptomatik und der Ansprechbarkeit auf Nitroglyzerin gestellt. Nach Nitrogabe setzt in der Regel eine prompte und völlige Schmerzfreiheit ein. Der *Nitroglyzerinverbrauch pro Tag* ist ein wertvolles Kriterium für die Schwere der Angina pectoris.

Im ***pektanginösen Anfall*** zeigt das EKG in der Regel ST-Senkungen bzw. ST-Hebung (transmurale Ischämie) und evtl. spitz-hohe T-Wellen (Erstickungs-T). Bei der ***Prinzmetal-Angina*** werden elektrokardiographisch infarktähnliche Bilder gesehen, die sich zumeist wieder vollständig zurückbilden, wenn der Anfall abgeklungen ist.

**Stumme Myokardischämie** („silent ischaemia"). Zustände mit objektiven Zeichen einer Ischämiereaktion im EKG ohne Angina-pectoris-Beschwerden werden als stumme Myokardischämie definiert. Die stumme Myokardischämie ist sehr viel häufiger als die Angina pectoris bei Patienten mit KHK. Beide werden medikamentös gleichsinnig behandelt. Man muß aber betonen, daß die Prognose von Patienten mit KHK durch die Ischämie, nicht durch den Schmerz belastet ist.

**Koronarkranke Patienten mit Angina pectoris haben sehr häufig auch „stumme" Myokardischämien (ohne Angina pectoris). Extrem selten aber sind Patienten, die nur „stumme" Myokardischämien („silent ischaemia") haben.**

Diagnostik der koronaren Herzerkrankung. Die Koronarographie erlaubt die Feststellung und Quantifizierung obliterierender stenosierender Gefäßveränderungen und abnormer Gefäßverläufe. Es ist wichtig, daß der medikamentös intraktable Patient (über 3–4 h anhaltende Schmerzen!) in eine Klinik verlegt wird, die die Möglichkeit zur Koronarographie hat, damit eventuelle weitere therapeutische Notwendigkeiten (Bypassoperation, PTCA) durchgeführt werden können.

## 7.5.4 Therapie der instabilen Angina pectoris

Ist die instabile Angina pectoris durch zunehmende Beschwerdesymptomatik mit oder ohne EKG-Veränderung (ST-Strecken-Senkungen, nur selten ST-Strecken-Hebungen als Hinweis für eine transmurale Ischämie) erkannt, so sind wichtig die sofortige Ruhigstellung des Patienten, die intensivmedizinische Betreuung und Überwachung (jede instabile Angina pectoris sollte auf der Intensivstation überwacht werden – soweit möglich) und die Schmerzbehandlung (Tabelle 7.25). Im allgemeinen gilt es, den Patienten innerhalb der nächsten 2–3 h durch stark wirksame Analgetika (z.B. Morphin 10 mg s.c.), Sedativa (z.B. Diazepam 10 mg p.o.) und Nitroglyzerin i.v. (z.B. 1–5 mg/h i.v.) schmerzfrei zu bekommen. Gelegentlich werden noch Kalziumantagonisten (z.B. Nifedipin 1–2 mg/h i.v.) zusätzlich gegeben. Wenn die pektanginösen Schmerzen persistieren, muß nach Möglichkeit eine Koronarographie angestrebt werden, sofern die dadurch praktisch vorgegebene weiterführende Behandlung auch geplant ist. Da davon ausgegangen werden kann, daß bei der instabilen Angina pectoris in einer großen Zahl der Fälle Koronarthromben (mit oder ohne vollständigen Gefäßverschluß) vorliegen, ist es nicht falsch, in dieser Situation eine thrombolytische Therapie (Kontraindikationen s. S. 200), durchzuführen.

**Tabelle 7.25.** Therapie der instabilen Angina pectoris

| |
|---|
| Strikte Bettruhe, Sedativa, Analgetika, Sauerstoffzufuhr, Antikoagulantien (Heparin, Azetylsalizylsäure). |
| Nitroglyzerin 1–5 mg/h i.v. plus Nifedipin 60–120 μg p.o. oder Nifedipin i.v. plus β-Rezeptoren-Blocker, z.B. Metroprolol 2×100 mg p.o. |
| Invasive Maßnahmen (bei Therapierefraktärität):<br>– Koronarangiographie<br>– Revaskularisation (Bypass, PTCA) |

**Die perkutane transluminale Koronarangioplastie (PTCA) ersetzt in vielen Fällen die aortokoronare Bypassoperation bei symptomatischer koronarer Herzkrankheit. Der wesentliche Nachteil ist die Restenosierungsrate der aufgedehnten Koronarstenosen von etwa 30%.**

**Medikamentöse Therapie der stabilen Angina pectoris**

Die medikamentöse Intervallbehandlung der Angina pectoris erfolgt mit ***organischen Nitraten, Kalziumantagonisten und β-Rezeptoren-Blockern.*** Selbstverständlich müssen Risikofaktoren so weit wie möglich ausgeschaltet werden (Rauchen!). In der Regel ist ein organisches Nitrat (Isosorbiddinitrat oder Isosorbidmononitrat) als Mittel der ersten Wahl anzusehen. Bei weiter bestehenden Beschwerden wird additiv entweder ein β-Rezeptoren-Blocker oder ein Kalziumantagonist gegeben. In schwersten Fällen (wenn invasive therapeutische Möglichkeiten aus diversen Gründen nicht in Frage kommen) können auch Nitrate mit β-Blockern und Kalziumantagonisten (Dreierkombination) gegeben werden. Dabei sollte allerdings eine Kombination aus β-Rezeptoren-Blockern und Verapamil bzw. Diltiazem wegen der additiv negativ inotropen Wirkung vermieden werden.

**Organische Nitrate.** Die subjektive Abnahme der pektanginösen Beschwerden nach Gabe von Nitraten p.o. ist ebenso gesichert wie der Rückgang der elektrokardiographischen Kammerendteilveränderungen in Ruhe und unter Belastung. Zur Vermeidung einer Nitrattoleranz ist ein nitratarmes oder nitratfreies Intervall (z.B. nachts) empfehlenswert. So hat sich zum Beispiel die Gabe eines Nitrats in nicht retardierter Form morgens und mittags bewährt (z. B. 2mal 20 mg Isosorbidmononitrat). Ist diese Behandlung nicht ausreichend, so empfiehlt sich die hochdosierte Applikation von Isosorbidmononitrat oder Isosorbiddinitrat in retardierter Form (z. B. 120 mg Isosorbiddinitrat morgens).

An Nebenwirkungen sind Hitzegefühl, Herzklopfen und Kopfschmerzen bekannt. Bei ausgeprägter Angina pectoris gewöhnen sich die Patienten häufig daran. Über die Effektivität von Nitratpflastern (transdermale Applikation) liegen widersprüchliche Befunde vor.

**Bei kontinuierlicher Nitrattherapie ohne „nitratfreies Intervall" kann es zur Toleranzentwicklung mit Wirkungsverlust kommen.**

**Kalziumantagonisten.** Kalziumantagonisten werden zur Therapie der pektanginösen Beschwerden, der arteriellen Hypertonie oder hypertrophischen Kardiomyopathie mit Erfolg angewendet. Kalziumantagonisten vom Verapamiltyp haben sich bei der Behandlung von tachykarden Vorhofrhythmusstörungen bewährt. Aufgrund der direkten relaxierenden Wirkung an der glatten Gefäßmuskulatur kommt es zu einer Abnahme des Koronarwiderstandes. Kalziumantagonisten vom Dihydropyridintyp (Nifedipin) wirken bevorzugt vasodilatatorisch, Kalziumantagonisten vom Verapamiltyp senken die Herzfrequenz, die AV-Überleitung und die Kontraktilität. Diltiazem nimmt eine Zwischenstellung ein. Zur Therapie der koronaren Herzerkrankung sind sowohl Kalziumantagonisten vom Nifedipintyp als auch vom Verapamiltyp ebenso wie das Diltiazem geeignet. Die ***Indikationen*** richten sich nach den ***Neben- oder Begleiterkrankungen:*** Bei Neigung zu Bradykardie oder bei gleichzeitiger Gabe eines β-Rezeptoren-Blockers ist ein Kalziumantagonist aus der Nifedipingruppe vorzuziehen. In der Regel wird man 2- bis 3mal 10 mg Nifedipin p. o. geben. Hinzuweisen ist auf einen hohen First-pass-Effekt, der abhängig von der Leberperfusion eine variable Bioverfügbarkeit zu Folge hat. Dies gilt ebenso für Verapamil.

Nebenwirkungen der Kalziumantagonisten sind periphere Ödeme in etwa 15% der Fälle, Palpitationen, Hitzegefühl, Kopfschmerzen, Bradykardien bei Verapamil, Obstipation und die negativ inotrope Wirkung, die speziell bei der Kombination mit β-Rezeptoren-Blockern zu beachten ist (Lungenödem!).

**β-Rezeptoren-Blocker.** β-Rezeptoren-Blocker senken den ***myokardialen Energiebedarf*** durch Abnahme von Frequenz, Kontraktilität, peripheren Druck und die Wandspannung. Grundsätzlich ist jeder β-Rezeptoren-Blocker zur Therapie der koronaren Herzerkrankung geeignet. In letzter Zeit scheinen sich jedoch β-Rezeptoren-Blocker ohne ISA (intrinsische sympathische Aktivität) mit kardioselektiver Wirkung (s. Tabelle 7.17) als besser geeignet herauszustellen, da weniger Störungen im Glukose- und Lipidstoffwechsel auftreten. Für die Sekundärprophylaxe nach Myokardinfarkt haben sich β-Rezeptoren-Blocker mit ISA nicht bewährt. Es ist wichtig, daß die Kardioselektivität der $\beta_1$-Rezeptor-Antagonisten in hohen Konzentrationen verschwindet. Dementsprechend sind alle β-Rezeptoren-Blocker ***kontraindiziert bei Asthma bronchiale*** oder dazu neigenden Patienten.

Zur Therapie der koronaren Herzerkrankung beginnt man mit niedrigen Dosen, die langsam gesteigert werden (z. B. Metroprolol 2mal 50 mg p. o. täglich bis 3mal 100 mg). Bradykardien bis etwa 50/min können bei fehlender Symptomatik toleriert werden. Entsprechend den Wirkungen der β-Rezeptoren-Blocker umfaßt ihr Anwendungsgebiet Erkrankungen, bei denen eine Senkung von arteriellem Druck, Herzfrequenz, Kontraktilität und myokardialem Sauerstoffverbrauch angestrebt wird. An ***Nebenwirkungen*** müssen beachtet werden: Bradykardie, AV-Blockierungen, Herzinsuffizienz, Asthma bronchiale, periphere Durchblutungsstörungen, übermäßige Blutdrucksenkungen mit orthostatischer Hypertonie.

***Kontraindiziert*** sind β-Rezeptoren-Blocker bei Herzinsuffizienz, Sinusbradykardie, Neigung zu Asthma bronchiale, Cor pulmonale, pulmonaler Hypertonie, Hypotonie und orthostatischen Syndromen.

**Koronardilatatoren.** Zur Messung der Koronardurchblutung haben sich Koronardilatatoren (z. B. Dipyridamol) bewährt. Zur Therapie der Angina pectoris sind sie entbehrlich, wenn Nitrate, β-Rezeptoren-Blocker und Kalziumantagonisten vertragen werden.

### Therapiekontrolle

Patienten mit stabiler Angina pectoris nehmen in der Regel bei auftretenden pektanginösen Beschwerden trotz konstanter Koronartherapie (Nitrate, β-Rezeptoren-Blocker, Kalziumantagonisten) zusätzlich Nitrokapseln ein (Glyzeryltrinitrat 0,8 mg). Diese Nitrokapseln wirken bei pektanginösen Beschwerden innerhalb von

**Tabelle 7.26.** Verlauf der Serumenzyme bei Myokardinfarkt

| Enzym | Anstiegs-beginn (h) | Aktivitäts-maximum (h) | Normali-sierung (Tage) |
|---|---|---|---|
| CPK | 3–6 | 18–36 | 3–5 |
| SGOT | 5–8 | 24–48 | 4–7 |
| LDH | 8–12 | 48–72 | 8–9 |

Minuten. Wenn der Verbrauch von Nitrokapseln pro Woche steigt, sollte die Intervalltherapie überprüft werden (Dosissteigerung der Antianginosa oder zusätzliche Medikamente). Die Behandlung der stabilen Angina pectoris kann durch das ***Belastungs-EKG*** sehr genau überprüft werden. Korrekt behandelte Patienten müssen bis zu einer bestimmten Wattstufe frei von Beschwerden bzw. EKG-Veränderungen sein. Nach jeder Therapieänderung wird erneut die Belastbarkeit überprüft.

## 7.5.5 Myokardinfarkt

Durch Unterbrechung der myokardialen Sauerstoffzufuhr kommt es nach etwa 20 min zu mehr oder weniger irreversiblen Myokardläsionen. Initial sind die Folgen der myokardialen Nekrosen im EKG erkennbar, Enzymanstiege (CK) werden nach 4–6 h messbar (Tabelle 7.26). Fast immer liegt dem Herzinfarkt eine hochgradige Stenose oder ein Verschluß eines versorgenden epikardialen Koronargefäßes zugrunde. In 80–90% finden sich Koronarthrombosen an hochgradigen Koronarstenosen. Nur selten liegt einem Herzinfarkt eine Koronarembolie, ein disseziierendes Aneurysma, eine Arteriitis coronaria, eine Kompression einer Herzkranzarterie oder ein Fehlabgang der linken Koronararterie aus der A. pulmonalis zugrunde (Bland-White-Garland-Syndrom). Der Herzinfarkt erreicht nicht sofort nach dem Überschreiten der möglichen Wiederbelebungszeit (von 20–30 min) seine endgültige Größe. Er breitet sich von endokardial hin zu epikardial aus und erreicht sein endgültiges Ausmaß erst nach 4–8 h, wenn die Kollateralversorgung nicht ausreicht.

Als ***Komplikationen*** des Herzinfarkts gelten Perikarditis epistenocardiaca, evtl. mit Herzbeutelerguß bzw. Herzbeuteltamponade, endokardiale Thromben im Infarktgebiet (in etwa 40% der Fälle beim Vorderwandinfarkt), akute Herzinsuffizienz mit Lungenödem, Herzruptur und Herzwandaneurysma.

Dem ***akuten Koronartod*** liegt meist eine tödliche ***Herzrhythmusstörung*** nach Myokardinfarkt zugrunde. Wenn mehr als 40% der linksventrikulären Herzmuskelmasse vom Infarkt betroffen sind, tritt in der Regel ein ***kardiogener Schock*** mit extrem reduzierter Pumpfunktion auf. Je höher der diastolische Druck in der A. pulmonalis bzw. der Füllungsdruck im linken Ventrikel ist, desto schlechter ist die Prognose. Meist nimmt dann gleichzeitig der Herzindex unter 2,0 l/min/$m^2$ ab.

***Myokardinfarkte des rechten Ventrikels*** sind selten, sie zeigen sich im EKG wie Infarktbilder beim Hinterwandinfarkt, Rhythmusstörungen und AV-Blockierungen sind häufig. Druckmessungen zeigen dann erniedrigte systolische Drücke im rechten Ventrikel und in der A. pulmonalis sowie einen erhöhten Mitteldruck im rechten Vorhof und einen erhöhten enddiastolischen Druck im rechten Ventrikel.

### Symptomatik und Diagnostik des Myokardinfarkts

Der heftige und langanhaltende ***Präkordialschmerz mit Vernichtungsgefühl*** trotz Ruhigstellung und nicht auf Nitroglyzerin ansprechend, ist stets verdächtig auf einen Myokardinfarkt. Je nach Schwere bestehen Dyspnoe (Anstieg des linksventrikulären Drucks), Todesangst, kalter Schweiß, Übelkeit, Erbrechen (Hinterwandinfarkt) und evtl. ein Lungenödem bei beginnendem kardiogenem Schock. Prämonitorische pektanginöse Beschwerden gehen dem Infarkt meist um Tage bis Wochen voraus. ***Stumme Myokardinfarkte*** treten in 20–30% der Fälle auf (stumme Myokardischämie). Ursache der oft schmerzlosen Infarkte bei Diabetikern ist die diabetische Neuropathie. Bei der körperlichen Untersuchung des Infarktpatienten sind die Zeichen und Symptome der Herzinsuffizienz (Rasselgeräusche über beiden Lungen, Vorhofton, 3. Herzton etc.) nachweisbar. Der zentrale Venendruck ist oft erhöht. Tachykardien und Bradykardien kommen häufig vor. Nach 6–12 h wird eine Leukozytose gefunden. Die BKS kann erhöht sein; eine Hypokaliämie tritt ebenso wie ein Blutzuckeranstieg oft auf. Im Elektrokardiogramm zeigt der Myokardinfarkt einen charakteristischen Stadienablauf:

- ***akutes Stadium:*** Ausbildung pathologischer Q-Zacken (Q-Pardee), R-Reduktion, bzw. R-Verlust, ST-Streckenanhebung, spitz hohes T, Beginn der Veränderungen innerhalb von Minuten nach Koronarverschluß, Dauer bis zu 3–10 Tagen;
- ***Zwischenstadium:*** pathologische Q-Zacken, R-Reduktion bzw. R-Verlust, Abflachung der ST-

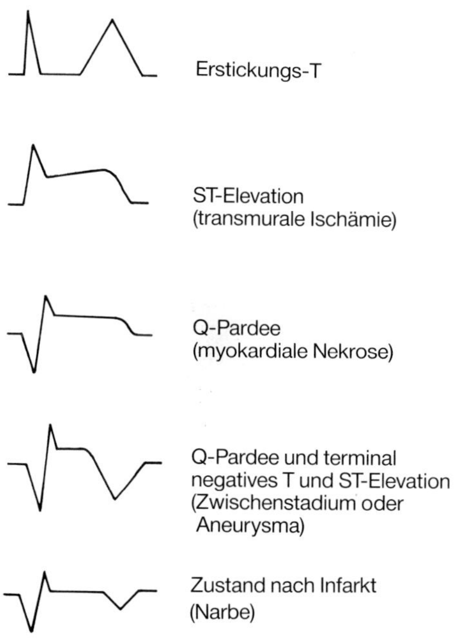


**Abb. 7.20.** Infarktstadien

Streckenanhebung, Ausbildung terminal negativer T-Wellen, Dauer 5 Tage bis 6 Wochen;
- ***Zustand nach Infarkt:*** pathologische Q-Zacken mit gelegentlicher Rückbildung, R-Reduktion, ST-T-Senkungen, gelegentlich Normalisierung des EKG (Abb. 7.20).

Die direkten Infarktzeichen sind am ausgeprägtesten in den Ableitungen, die dem Projektionsgebiet des Infarktes entsprechen. Bleibt ein Infarkt im Zwischenstadium „stehen“, so ist mit Ausbildung eines ***Aneurysmas*** zu rechnen. Bei ventrikulären Tachykardien und Schenkelblöcken lassen sich die typischen Infarktzeichen oft nicht nachweisen. Ein ***Reinfarkt*** wird an dem erneuten Auftreten infarkttypischer Veränderungen erkannt. Die Diagnose ist nur zu stellen, wenn ein früheres EKG zum Vergleich vorliegt.

Elektrokardiographische Infarktbilder können im Verlauf einer Lungenembolie, einer Myokarditis, eines disseziierenden Aortenaneurysmas und nach Starkstromunfällen entstehen.

**Enzymdiagnostik** (s. Tabelle 7.26). Die für die Infarktdiagnostik wichtigsten Enzyme sind die Kreatinphosphokinase (CK), das MB-Isoenzym der Kreatinphosphokinase, die GOT und die LDH. Bei myokardialer Zellnekrose kommt es zu einem Enzymaustritt in das Blut mit entsprechendem Anstieg der Serumenzymaktivitäten. CK-Anstiege können unter Umständen auftreten bei Skelettmuskelerkrankungen, zerebralen Prozessen, entzündlichen Schilddrüsenerkrankungen, Perikarditis, Myokarditis, Tachyarrhythmien, bei elektrischer Defibrillation, i. m.-Injektionen, Alkoholintoxikationen und nach chirurgischen Eingriffen. In diesen Fällen ist meistens das MB-Isoenzym nicht erhöht (weniger als 6–10% der CK). Bei der heute üblichen thrombolytischen Therapie des Myokardinfarktes innerhalb von 2–4 h nach Eintritt der Beschwerden muß nach elektrokardiographischen Zeichen therapiert werden, d. h. bevor erhöhte Enzymaktivitäten nachgewiesen werden.

**Echokardiographie.** Die echokardiographischen Infarktkriterien sind Bewegungsstörungen und fehlende Wanddickenänderungen im Infarktareal sowie die Hyperkinesie des gesunden Restmyokards. Die abnehmende Ventrikelfunktion mit zunehmender Infarktgröße läßt sich echokardiographisch oft gut nachweisen. Prognostische Relevanz gewinnt die Echokardiographie bei akutem Perikarderguß, Papillarmuskelabriß und Ventrikel-Septum-Ruptur sowie dem Nachweis von Thromben.

**Differentialdiagnose.** Der akute Myokardinfarkt größerer Ausdehnung ist meist leicht zu diagnostizieren. Differentialdiagnostisch kommen in Betracht:
- kardiale Ursachen (Angina pectoris, Perimyokarditis, funktionelle kardiovaskuläre Störungen),
- thorakale Ursachen (Lungenembolie, Pleuritis, disseziierendes Aortenaneurysma, Hiatushernie, Spontanpneumothorax),
- extrathorakale Ursachen (akute Pankreatitis, Gallenkolik, Ulcus ventriculi et duodeni, Diskusprolaps, Mesenterialvenenthrombose, Mesenterialarterienembolie, akute intermittierende Porphyrie etc.).

**Komplikationen.** Herzrhythmusstörungen sind bei 90% aller akuten Myokardinfarktpatienten nachweisbar.

Für die Entstehung einer globalen Herzinsuffizienz bis hin zum kardiogenen Schock stehen regionale Kontraktionsstörungen im Vordergrund. ***Akute Mitralinsuffizienz,*** Septumruptur, thromboembolische Komplikationen und gelegentlich eine Hypovolämie müssen beachtet werden. Das ***Postmyokardinfarktsyndrom*** (Dressler-Syndrom) beginnt in etwa 5% der Fälle 2–6 Wochen nach Infarktereignis mit intermittierendem Fieber, Perikarditis, Perikard- und Pleuraerguß sowie Präkordialschmerz. Ursächlich liegt dem Dressler-Syndrom ein ***Autoim-***

***munprozeß*** zugrunde. Wegen der Gefahr der hämorrhagischen Perikarditis muß eine Antikoagulationstherapie unterbrochen bzw. sehr vorsichtig fortgeführt werden. Therapeutisch werden Antiphlogistika bis hin zu Kortikoiden gegeben (z. B. Decortin H 100 mg über 3 Tage, danach 50 mg, anschließend Dosisreduktion über 14 Tage).

**Intensivüberwachung.** Zu den wesentlichen Behandlungsprinzipien des akuten Myokardinfarkts gehört die ***fortlaufende Überwachung*** auf einer Intensivpflegestation mit kontinuierlicher EKG-Überwachung, ununterbrochener Patientenbeobachtung durch geschultes Personal (sofortiger Einsatz von lebensrettenden Maßnahmen, wie elektrische Defibrillation, Schrittmacherimplantation, extrathorakale Herzmassage, Intubation, maschinelle Beatmung). Häufig wird außerdem der arterielle Druck ebenso fortlaufend registriert wie der zentrale Venendruck oder der pulmonalarterielle Druck (Swan-Ganz-Katheter). Durch die rechtzeitige Erkennung und adäquate Therapie von Herzrhythmusstörungen hat sich die Krankenhausmortalität des Myokardinfarkts auf etwa 10% senken lassen.

### Ambulante, hausärztliche Sofortbehandlung des Myokardinfarktes (Prähospitalphase)

Nach Erkennung eines akuten Myokardinfarktes (Symptomatik plus EKG) wird der Patient in die Klinik eingewiesen. Folgende therapeutische Schritte sind zuvor angebracht:
- Beruhigung und Ruhigstellung (z. B. Diazem 5–10 mg i. v.),
- Schmerzbehandlung (z. B. Dolantin 50–100 mg s. c.),
- Behandlung von Herzrhythmusstörungen (bei Bradykardie Atropin 1 mg s. c. oder i. v., bei Extrasystolie Xylocain 100 mg langsam i. v., bei Asystolie externe Herzmassage, Mund-zu-Mund-Beatmung, Intubation),
- Schockbehandlung (zentraler Zugang, Intubation, Beatmung etc.).

### Therapie in der Hospitalphase

Diese besteht in folgenden Maßnahmen:
- soweit verfügbar, Intensivstationsbehandlung mit Ruhigstellung (Bettruhe),
- Prophylaxe und Therapie von Komplikationen (Streßulkusprophylaxe etc.),
- Schmerzbehandlung (Analgetika, Nitroglyzerin 1–6 mg/h i. v., Tranquilizer, z. B. Diazepam 10 mg i. v.),
- Verbesserung des Sauerstoffangebots durch Sauerstoffzuatmung (2–4 l/min),
- Therapie der Herzrhythmusstörungen (großzügige Gabe von Xylocain i. v., 1–3 mg/h i. v.),
- Antikoagulanzien und Thrombolytika.

Die ***intravenöse Heparintherapie*** beim akuten Myokardinfarkt verhindert thromboembolische Komplikationen. Die Gabe von Azetylsalizylsäure (Aspirin) hat sich auch bei akuten Myokardinfarkt bewährt (verbesserte Prognose durch weniger Reinfarkte). Wird ein Patient mit weniger als 4–6 h nach Schmerzbeginn stationär eingeliefert, sollte eine ***thrombolytische Therapie*** (Streptokinase, Urokinase, rt-PA etc.) angeschlossen werden, wenn keine Kontraindikationen bestehen. Es hat sich bewährt, den Patienten sofort intravenös mit einem Thrombolytikum zu versorgen und die thrombolytische Therapie 30–60 min lang durchzuführen (i. v.-Kurzzeitlyse).

Nach der Klinikaufnahme wird die Mortalität des akuten Myokardinfarkts wesentlich von der ***Infarktgröße*** bestimmt. Die thrombolytische Therapie des akuten Myokardinfarktes zielt darauf ab, durch Auflösung des obturierenden Koronarthrombus ischämisches, vom Untergang bedrohtes Myokard zu retten und so die Infarktgröße zu begrenzen. Nur selten wird es möglich sein, einen Infarkt vollständig zu verhindern. Die Rekanalisierung des Infarktgefäßes führt meist zu einer raschen Beschwerdefreiheit des Patienten und zu einer weitgehenden Rückbildung der elektrokardiographischen Infarktzeichen. Nach erfolgreicher thrombolytischer Therapie (partielle oder vollständige Rückbildung der elektrokardiographischen Infarktzeichen) bleibt in der Regel eine ***hochgradige Koronarstenose*** zurück. Dementsprechend muß innerhalb der nächsten Stunden oder Tage eine Koronarographie zur Beurteilung des Koronargefäßstatus und zur Entscheidung über das weitere Procedere (PTCA oder Bypassoperation) erfolgen.

### Verlauf und Prognose

Nach durchgemachtem Myokardinfarkt wird vor Krankenhausentlassung eine ***symptomlimitierte Ergometrie*** durchgeführt. Bei Hinweisen auf eine weiterbestehende hämodynamisch wirksame koronare Herzerkrankung wird eine Koronarographie mit nachfolgender Entscheidung über das weitere Procedere (medikamentöse Therapie, PTCA bzw. Bypassoperation) angeschlossen.

Kontrollierte Studien haben erwiesen, daß zur ***Sekundärprophylaxe*** nach Myokardinfarkt Azetylsalizylsäure und β-Rezeptoren-Blocker geeignet sind (Reduktion der Reinfarkthäufigkeit bzw. von Herztodesfällen), z.B. Aspirin 100 mg p.o. und Atenolol 100 mg p.o. täglich.

**Rehabilitation**

Die Dauer der absoluten Bettruhe eines Myokardinfarktpatienten richtet sich nach der Infarktausdehnung und den Komplikationen. Beim unkomplizierten Myokardinfarkt wird mit der krankengymnastischen Mobilisation am 2.–6. Behandlungstag begonnen. Im Anschluß an die Mobilisation (2–4 Wochen) folgen üblicherweise Rehabilitationsmaßnahmen. Diese verfolgen das Ziel der ***konsequenten Gesundheitserziehung*** (Elimination von Risikofaktoren!). Wahrscheinlich ist die ***Aufgabe des Zigarettenrauchens*** wesentlicher als alle anderen Sekundärpräventivmaßnahmen.

Die wesentlichen Maßnahmen im Rahmen des Anschlußheilverfahrens sind Bewegungstherapie (Aufbautraining), medikamentöse Langzeitbehandlung (s. S. 97), physikalische Therapie, Ernährungsberatung, Gesundheitserziehung und Gruppenpsychotherapie. Die Gesundheitserziehung ist für den Erfolg der Rehabilitationsmaßnahmen und der ***Rezidivprophylaxe*** von wesentlicher Bedeutung. Es versteht sich von selbst, daß die korrekte Therapie des Hypertonus, eines evtl. bestehenden Diabetes mellitus bzw. einer Hypercholesterinämie während der Rehabilitationszeitmaßnahmen durchgeführt bzw. kontrolliert wird.

**Nach überlebtem Myokardinfarkt hängt das weitere Schicksal des Kranken von der Ausschaltung der Risikofaktoren (besonders des Rauchens) ab.**

## 7.6 Kardiomyopathien

Unter dem Begriff Kardiomyopathie werden nach der WHO-Definition Erkrankungen zusammengefaßt, die primär die Herzmuskelzelle betreffen und die nicht Folgen einer Durchblutungsstörung, einer Druck- oder Volumenbelastung des Herzens sind. Klappenfehler sind ausgeschlossen. Man unterteilt primäre Kardiomyopathien (unbekannte Ursachen) und sekundäre Kardiomyopathien (bekannte Ursachen). Primäre Kardiomyopathien werden nach morphologischen und klinischen Kriterien in dilatative, hypertrophische und restriktive Formen unterteilt (Tabelle 7.27).

### 7.6.1 Primäre Kardiomyopathien

**Dilatative Kardiomyopathie**

Mit einer Inzidenz von etwa 1 pro 100000 Einwohner pro Jahr ist die dilatative Kardiomyopathie die ***häufigste Herzmuskelerkrankung*** unbekannter Ätiologie. Männer sind 2mal häufiger betroffen als Frauen, der Altersgipfel liegt um das 40. Lebensjahr. Ätiologisch wird ein Zustand nach Virusinfektion (auch Myokarditis) mit folgender chronischer Herzmuskelzellerkrankung (Autoimmunprozeß?) diskutiert. Makroskopisch findet sich typischerweise ein hochgradig biventrikulär dilatiertes Herz mit mäßig hypertrophiertem Kammermyokard (Abb. 7.21). Das Endokard ist häufig von muralen Thromben bedeckt. Die Koronarien sind in der Regel zart, ohne Stenosen. Histologisch findet man nur unspezifisch verändertes Myokard (Zellhypertrophie, vermehrtes fibrotisches Bindegewebe, vergrößerte Zellkerne).

**Tabelle 7.27.** Einteilung der Kardiomyopathien nach klinischen, funktionellen und morphologischen Kriterien

| *Dilatative Kardiomyopathie* | *Hypertrophische Kardiomyopathie* | *Restriktive Kardiomyopathie* |
|---|---|---|
| – 20–59. Lebensjahr<br>– ♂:♀ = 2:1<br>– Progrediente globale Herzinsuffizienz<br>– Systolische Pumpfunktion vermindert, Enddiastolisches Volumen erhöht, Kardiomegalie | – Alle Altersklassen<br>– ♂:♀ = 1:1<br>– Geringe Progredienz<br>– Ventrikelvolumen klein, diastolische Füllung behindert, Hochgradige Hypertrophie des Ventrikelseptums | – 0–30. Lebensjahr<br>– ♂:♀ = 1:1<br>– Progrediente Herzinsuffizienz<br>– Systolische Pumpfunktion normal bis gestört, Enddiastolische Füllung behindert, Endomyokardfibrose: progrediente Endokardfibrose im rechten und/oder linken Ventrikel |

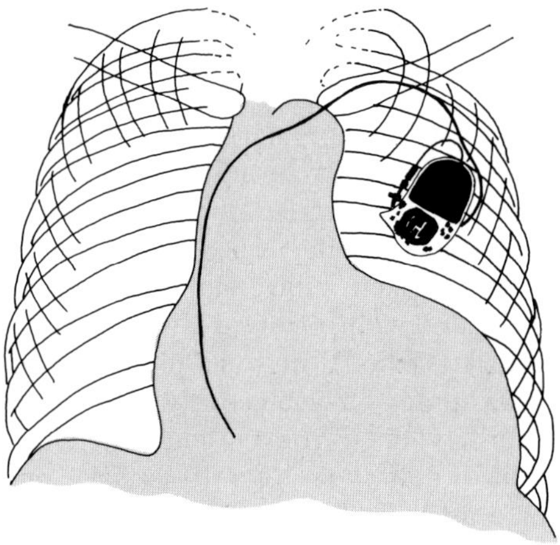

**Abb. 7.21.** Dilatative Kardiomyopathie. Typisches Röntgenbild

**Klinik, Prognose und Therapie.** Hauptsymptom der dilatativen Kardiomyopathie ist die *globale Herzinsuffizienz* mit Dyspnoe, Orthopnoe und peripheren Ödemen. Die Symptome sind oft kaum von der koronaren Herzerkrankung (auch Angina pectoris!) zu unterscheiden. Mitral- und Trikuspidalinsuffizienzen sowie ein 3. Herzton sind häufig. Die Prognose der Erkrankung ist schlecht und abhängig von dem Ausmaß der Herzinsuffizienz. Bei Patienten mit manifester Herzinsuffizienz (III bzw. IV NYHA) beträgt die Fünfjahresüberlebenszeit 20–40%. Eine kausale Therapie ist nicht bekannt. Maximale körperliche Schonung sowie eine symptomatische Therapie (s. S. 74) sind notwendig. Da Alkohol und kardiotoxische Medikamente gelegentlich eine Rolle spielen, ist *absolute Alkoholabstinenz* notwendig. Bei Versagen der konservativen Therapie kann die *Herztransplantation* notwendig werden.

### Hypertrophische Kardiomyopathie

Angeborene, familiäre, aber auch sporadisch auftretende symmetrische, konzentrische Hypertrophien des linken und auch des rechten Herzens mit meist lange gutartigem Verlauf werden als ***hypertrophe, nicht obstruktive Kardiomyopathie*** bezeichnet. Wenn eine Einengung der Ausflußbahn des linken Ventrikels mit einem intraventrikulärem Druckgradienten besteht, spricht man von einer ***hypertrophen, obstruktiven Kardiomyopathie*** (idiopathische, hypertrophische Subaortenstenose). Ein die Ausflußbahn links obstruierender Muskelwulst des Septums führt dann zu einer abnormen Bewegung des vorderen Mitralsegels („systolic anterior movement", SAM), bei der echokardiographischen Untersuchung. Im klinischen Verlauf ist die hypertrophische nicht obstruierende Kardiomyopathie meist lange Zeit gutartig. Im Spätstadium treten Herzinsuffizienz und Herzrhythmusstörungen (akuter Herztod) auf.

**Symptomatik.** Die Symptome der Herzinsuffizienz gepaart mit pektanginösen Anfällen und Arrhythmien sind häufig. Mit Punctum maximum über dem Erb-Punkt bzw. über der Aorta wird bei hypertrophischer obstruktiver Kardiomyopathie ein spindelförmiges Geräusch (Subaortenstenose) auskultiert. Im EKG findet man die Hinweise für die Linksherzhypertrophie und gelegentlich Pseudoinfarktbilder (Q-Pardee und negative T-Wellen über dem linken Präkordium). Oft besteht ein Linksschenkelblock. Echokardiographisch lassen sich die asymmetrische Septumhypertrophie und das systolische Vorwölben des vorderen Mitralsegels gegen das Septum (SAM) nachweisen. Außerdem besteht bei einer systolisch verstärkten Einengung der linksventrikulären Ausflußbahn oft ein vorzeitiger Aortenklappenschluß. Bei der Herzkatheteruntersuchung zeigen sich erhöhte linksventrikuläre Füllungsdrucke (verminderte Compliance des hypertrophischen Myokards) sowie bei der obstruktiven hypertrophen Kardiomyopathie ein intraventrikulärer Druckgradient (Zunahme bei Nachlastsenkung, z. B. durch Amylnitrit; Abnahme bei Nachlasterhöhung). Die Myokardbiopsie aus dem intraventrikulären Muskelwulst, aber auch aus anderen Bezirken deckt oft die ***Texturstörungen des Myokards*** auf.

**Therapie.** Eine sichere Therapie der hypertrophen Kardiomyopathie mit oder ohne Obstruktion ist nicht bekannt. Durch negativ inotrope Pharmaka (Kalziumantagonisten, β-Rezeptoren-Blocker) können die Beschwerden gelindert werden. Positiv inotrope Maßnahmen (Digitalis) sind bei Sinusrhythmus wegen Beschwerdezunahme kontraindiziert. Ebenso wie bei der dilatativen Kardiomyopathie kann eine Antikoagulanzientherapie wegen thromboembolischer Komplikationen notwendig werden. Da die meisten dieser Patienten am ***akuten Herztod*** versterben (Rhythmusstörungen?), hat sich in einigen Untersuchungen eine konsequente antiarrhythmische Therapie mit Amiodaron (Cordarex) als günstig erwiesen. Bei Patienten mit obstruktiver Kardiomyopathie und medikamentöser Therapieresistenz und Synkopen kann die ***operative Myektomie*** notwendig werden.

### Restriktive Kardiomyopathie

Diese seltenen Formen der Kardiomyopathie zeigen eine fortschreitende dichte Fibrosierung des Endomyokards mit Einengung des Kammerlumens, wodurch die Relaxation in der Diastole und die Kontraktion in der Systole behindert werden. Kennzeichnend sind ***Endokard-*** und ***Myokardfibrosen.***

Der Verlauf ist langsam progredient bei kleinem Herzen und vorwiegend ***diastolischer Herzinsuffizienz*** (s. 7.3.3). Echokardiographisch findet man verengte Kammerhöhlen, eine verminderte diastolische Dehnbarkeit und eine reduzierte Auswurffraktion. Die Ventrikulographie (kleiner linker Ventrikel, reduziertes Herzminutenvolumen, erhöhte intrakardiale Drucke) und die ***Myokardbiopsie*** sichern die Diagnose. Schwierig ist die Differentialdiagnose zur nichtverkalkten Pericarditis constrictiva, die in der Myokardbiopsie aber keine Endokardfibrose zeigt. Das Herz ist im Röntgenbild normal groß.

Da eine kausale Therapie nicht bekannt ist, wird man die Herzinsuffizienz symptomatisch behandeln. Positiv inotrope Pharmaka haben sich in der Regel als wirkungslos erwiesen.

### Rechtsventrikuläre Dysplasie

Es handelt sich um ein ätiologisch ungeklärtes, möglicherweise angeborenes Krankheitsbild mit dünnem rechten Ventrikelmyokard, gelegentlich auftretender myokardialer Verfettung und intramyokardialen Thromben (Morbus Uhl). Auffällig ist die Neigung zur Herzinsuffizienz mit rezidivierend, schwer behandelbaren ***Kammertachykardien.***

Die Symptomatik umfaßt neben der Rechtsherzvergrößerung mit Insuffizienz im EKG eine Rechtsherzbelastung (Rechtsschenkelblock), Synkopen und Kammerarrhythmien. Bei der Myokardbiopsie findet sich oft eine eigenartige Vermehrung von intramyokardialen Fettzellen. Eine spezifische Therapie ist nicht bekannt. Ganz im Vordergrund steht die ***Arrhythmiebehandlung.***

## 7.6.2 Sekundäre Kardiomyopathien

**Definition.** Zu den sekundären Kardiomyopathien werden Herzmuskelerkrankungen ***bekannter Ätiologie*** gezählt.

Die häufigste derartige Herzmuskelerkrankung ist die ***virale Myokarditis,*** die meistens Begleitphänomen ohne eigenständige Bedeutung ist. Gelegentlich kann sie jedoch unter dem Bild einer ***fulminanten globalen Herzinsuffizienz*** mit rasch sich entwickelnder ***Kardiomegalie*** rasch zum Tode führen. In einigen Fällen wird aus der Myokarditis sehr wahrscheinlich eine Dilatation und Hypertrophie des linken Herzens mit chronischer Herzinsuffizienz (dilatative Kardiomyopathie). In etwa 30% der Fälle findet sich bei der dilatativen Kardiomyopathie eine persistierende chronische Infektion mit Enteroviren (vorwiegend Coxsackie-, aber auch Influenza-, Adeno- und Echoviren).

**Klinisches Bild.** Typisch ist das Auftreten von Herzbeschwerden im Zusammenhang mit einer grippeähnlichen Erkrankung (meist mit Skelettmuskelbeteiligung 14 Tage zuvor). Im EKG sind neben Herzrhythmusstörungen AV-Blockierungen I. und II. Grades sowie Zeichen der myokardialen Läsion (terminal negatives T) sichtbar. In Abhängigkeit vom Ausmaß der Erkrankung dominiert die Herzinsuffizienzsymptomatik. Oft werden Perikardergüsse nachgewiesen (Echokardiographie), die auch chronisch rezidivieren können. Wird frühzeitig eine Myokardbiopsie durchgeführt (innerhalb der ersten 10 Tage), so gelingt oft der Nachweis einer lymphozytären Infiltration im Zusammenhang mit Myokardnekrosen sowie der gentechnische Nachweis von Virus-RNS. Alle anderen Untersuchungsbefunde sind unspezifisch (Differentialdiagnose wie bei dilatativer Kardiomyopathie).

**Therapie und Prognose.** Eine spezifische Therapie ist nicht bekannt. Zur Zeit besteht die gesicherte Behandlung in wochenlanger Bettruhe und der symptomatischen Therapie (Diuretika, Digitalis, ACE-Hemmer, Antiarrhythmika). Die *Digitalisempfindlichkeit* ist bei Myokarditis erhöht. Oft ist der Blutdruck von vornherein sehr niedrig (Hypotonie), so daß eine Therapie mit ACE-Hemmern langsam einschleichend mit niedrigsten Dosen erfolgen muß. Bei weitgehender Immobilisierung hat sich eine Antikoagulanzientherapie zur Prophylaxe thromboembolischer Komplikationen bewährt. Die meisten Fälle heilen weitgehend aus. Die Prognose ist abhängig von der Herzgröße und der Auswurffraktion.

**Sonderformen.** Entzündliche Myokarditiden gibt es bei Infektionen mit Viren, Rickettsien, Bakterien, Spirochäten, Pilzen, Parasiten (Chagas-Krankheit) etc. Relativ häufig ist die Schwangerschaftsmyokarditis (peripartale Myokarditis – Kardiomyopathie), bei der kardiotrope Viren verantwortlich sein sollen.

**Andere sekundäre Kardiomyopathien (s. Tabelle 7.28)**

Bei der Differentialdiagnose der dilatativen Kardiomyopathie bzw. der Myokarditis muß immer an eine sekundäre Kardiomyopathie gedacht werden. Die Diagnostik richtet sich nach der Grundkrankheit.

**Tabelle 7.28.** Klasssifikation der sekundären Kardiomyopathien

| |
|---|
| *Kardiomyopathie bei metabolischen Störungen* |
| Endokrine Ursachen (z. B. Hyperthyreose, Phäochromozytom) |
| Speicherkrankheiten (z. B. Morbus Fabry, Morbus Gaucher) |
| Amyloidose, Hämochromatose |
| Mangelerkrankungen (z. B. Vitamin $B_1$) |
| Hyper- und Hypokaliämie |
| *Kardiomyopathie bei Systemerkrankungen* |
| Kollagenosen (z. B. Systemischer Lupus erythematodes) |
| Leukämie (primär und bei zytostatischer Therapie) |
| *Toxische Kardiomyopathie* |
| Alkohol |
| Daunorubicin (Adriamycin) |
| Lithiumsalze |
| Amphetamin, Kadmium |
| Kobalt, Arsen |
| *Kardiomyopathie bei neuromuskulären Erkrankungen* |
| Muskuläre Dystrophie |
| Myotonische Dystrophie |
| Friedreich-Ataxie |
| Refsum-Erkrankung |
| *Postpartale Kardiomyopathie* |
| Ursache unbekannt (Virus wahrscheinlich) |
| *Strahlenbedingte Kardiomyopathie* |
| Ionisierende Strahlen (z. B. Morbus Hodgkin) |

## 7.7 Tumorerkrankungen des Herzens

Primäre kardiale Tumoren sind extrem selten. Häufiger sind kardiale Absiedlungen anderer Organmalignome. Etwa 30% aller kardialen Tumoren sind ***Myxome,*** zumeist im linken Vorhof lokalisiert. Sie können familiär gehäuft vorkommen, sind in der Regel gestielt und benigne.

**Klinisches Bild.** Vorhofmyxome führen zu thrombembolischen Komplikationen, gelegentlich Fieber, Senkungsbeschleunigung und intermittierenden intrakardialen Obstruktionen. Differentialdiagnostisch muß an andere Erkrankungen mit thromboembolischen Komplikationen und Vaskulitiden ebenso wie an entzündliche Erkrankungen gedacht werden. Je nach Lokalisation der intrakardialen Tumoren stehen systemische oder pulmonale Embolien im Vordergrund. Wenn daran gedacht wird, ist die Diagnose meistens echokardiographisch sicher zu stellen. Bei Verdacht auf intrakardiale Tumoren empfiehlt sich auch das transösophageale Echokardiogramm zum Nachweis bzw. Ausschluß. Auskultationsphänomene (wie bei Mitralstenose) sind häufig variabel und inkonstant.

Selten sind Rhabdomyome, Fibrome und Hamartome, Teratome, Angiome, Lipome u.a. Extrem selten sind maligne kardiale Tumoren (zumeist Sarkome). Die Symptome sind durch die Lokalisation der Tumoren bedingt und können eine Vielzahl von kardialen Erkrankungen vortäuschen. Neben der echokardiographischen Diagnostik sind derartige kardiale Tumoren im Computertomogramm bzw. im Kernspintomogramm am besten nachweisbar. Die Herzkatheteruntersuchung ist nur selten notwendig (bei gleichzeitig bestehender koronarer Herzerkrankung, zum Nachweis einer Blutversorgung über Koronararterien).

**Therapie.** Alle benignen kardialen Tumoren werden operativ entfernt.

## 7.8 Perikarderkrankungen

Eine klare Trennung zwischen Myokarditis und Perikarditis ist häufig nicht möglich. Dementsprechend wird bei myokardialer Mitbeteiligung oft von einer ***Perimyokarditis*** gesprochen, was auch pathologisch-anatomisch durch die Mitbeteiligung epikardialer Schichten (Lymphozyteninfiltration) gerechtfertigt ist.

FALL 7C

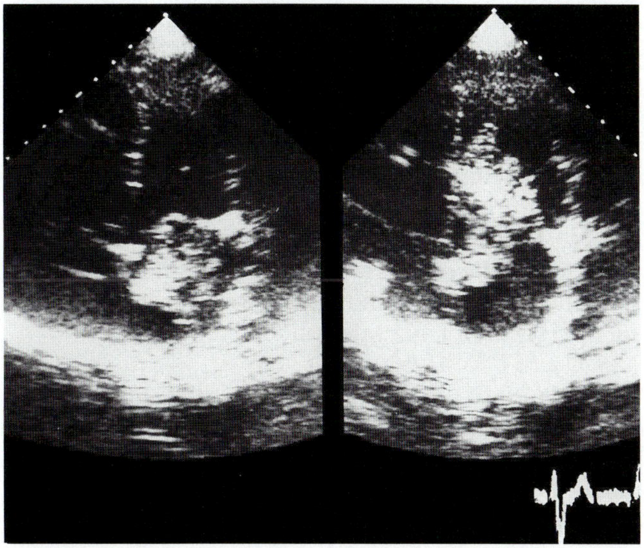

1

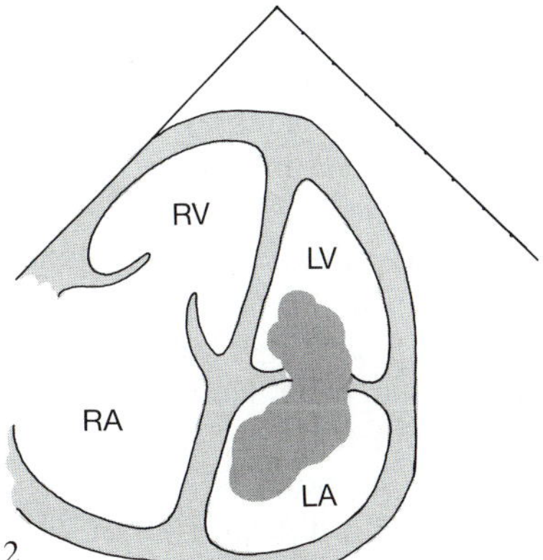


2

**Abb. 7C. 1** Zweidimensionaler echokardiographischer Vierkammerblick: großer Tumor in der Mitralklappenebene flottierend (systolisch im *LA*, diastolisch im *LV*). **2** Schematische Darstellung. *LA* linker Vorhof, *RA* rechter Vorhof, *LV* linker Ventrikel, *RV* rechter Ventrikel

**Anamnese.** Ein 60jähriger Patient sucht wegen intermittierender Dyspnoe (unabhängig von körperlichen oder seelischen Belastungen) den Arzt auf und klagt außerdem über mehrfache Fieberschübe in den letzten 4 Wochen mit Temperaturen um 38,5°C rektal. Ansonsten sei er immer gesund gewesen; kein Auslandsaufenthalt.

**Körperliche Untersuchung.** Normalgewichtiger Patient, auskultatorisch ergibt sich ein diastolisches Geräusch in Linksseitenlage mit Punctum maximum über der Herzspitze, das allerdings inkonstant vorhanden ist. Die BKS wird mit 45/70 gemessen, im Urin etwa 1 g Eiweiß in 24 h. Alle anderen Laborwerte sind unauffällig.

Die echokardiographische Untersuchung des Herzens zeigt einen intrakardialen Tumor im zweidimensionalen Bild, der zwischen linkem Vorhof und linkem Ventrikel hin und her flottiert.

**Diagnose.** Großes Vorhofmyxom, das intermittierend zur Stenosierung der Mitralklappe und wahrscheinlich zu multiplen Mikroembolien (Fieber, Proteinurie) führt.

**Therapie und Verlauf.** Operativ wurde ein Vorhofmyxom entfernt. Postoperativ normalisierten sich BKS und Proteinurie. Echokardiographische Verlaufskontrollen wurden dem Patienten empfohlen, da derartige Vorhofmyxome erneut auftreten können.

### 7.8.1 Akute Perikarditis

Eine akute Perikarditis mit und ohne Erguß tritt nach einer Reihe von kardialen und extrakardialen Erkrankungen auf. Ursachen sind Viren (Coxsackie), Bakterien (besonders TBC), systemische Erkrankungen (Kollagenosen etc.), das rheumatische Fieber, allergische Erkrankungen sowie die Pericarditis epistenocardiaca beim Herzinfarkt, die Perikarditis bei der Urämie, als Postinfarktsyndrom (Dressler-Syndrom), als Postkardioektomiesyndrom (10–20 Tage nach Herzoperation) und bei einer Reihe von anderen Erkrankungen (Tumorerkrankungen, wie Bronchialkarzinom, Mammakarzinom etc.), nach Strahlentherapie und posttraumatisch.

Die ***Pericarditis sicca*** führt ohne wesentlichen Perikarderguß zu epi- oder perikardialen Fibrinausschwitzungen und damit zu retrosternalen Schmerzen und Reibegeräuschen. Der oft linkspräkordiale Schmerz kann lageabhängig variieren und sogar atemabhängig sein. Eine sehr genaue Auskultation bei verschiedenen Körperlagen ist notwendig. Im EKG findet sich oft eine ST-Hebung, gefolgt von einer späteren ST-Senkung (initial „Außenschichtschädigungszeichen").

### 7.8.2 Perikarditis exsudativa

Wenn die normale perikardiale Flüssigkeitsmenge von etwa 50 ml überschritten wird und der Perikardspalt echokardiographisch weiter als 2–3 mm wird, spricht man von einem Perikarderguß. Nur bei rascher Ausdehnung führt ein Perikarderguß zur Einflußstauung etc. (Perikardtamponade). Bei chronischer Entwicklung können mehr als 2–3 l Perikardflüssigkeit vorhanden sein, ohne daß eine hämodynamische Wirksamkeit erkennbar wird.

**Klinisches Bild.** Nach Ausbildung eines Perikardergusses verschwinden vorher evtl. hörbare Reibegeräusche, die Herztöne werden leiser, im EKG sieht man zuweilen einen ***elektrischen Alternans*** („swinging heart"). Im Röntgenbild des Thorax findet sich eine zeltförmige Deformierung der Herzsilhouette bei großem Herzschatten. Die sichere Diagnose wird heute meistens echokardiographisch gestellt.

**Herzbeuteltamponade.** Bei rascher Ergußbildung (akuter Perikarderguß) kommt es zu einer ***Behinderung der diastolischen Ventrikelfüllung*** mit Einflußstauung, Tachykardie, niedrigem Herzminutenvolumen und evtl. Ausbildung eines kardiogenen Schocks. Der Blutdruck ist niedrig (systolisch unter 100 mm Hg), der zentrale Venendruck ist hoch, die Urinproduktion sistiert. Im EKG findet sich eine periphere (I–III) oder eine zentrale ($V_1$–$V_6$) ***Niedervoltage*** sowie neben unspezifischen Außenschichtschädigungszeichen gelegentlich ein elektrischer Pulsus alternans. Echokardiographisch läßt sich die Ergußmenge vor und hinter dem Herzen gut beurteilen. Die ***Punktion*** (von subxiphoidal her in Richtung auf den Perikarderguß) sollte ***unter echokardiographischer Kontrolle*** erfolgen. Noch unter der Punktion steigen Blutdruck und Herzminutenvolumen in der Regel an, die Herzfrequenz sinkt wieder.

**Therapie.** Nach sehr genauer Diagnostik (Tuberkulose!) erfolgt die Behandlung nach der Grundkrankheit: Antibiotika bei bakterieller Genese, Tuberkulostatika bei tuberkulösem Erguß, Penizillin bei rheumatischem Fieber, Steroide (z. B. 100 mg Decortin H über 5 Tage, danach in rasch abfallender Dosierung über weitere 14 Tage), bei immunologischer oder allergischer Genese (Dressler-Syndrom, Postthorakotomiesyndrom, allergische Perikarditis). Gelegentlich kann es notwendig werden, bei chronisch rezidivierenden Perikardergüssen (z. B. bei Tumoren), nachdem wiederholte Punktionen ineffektiv waren, eine Perikardverklebung durchzuführen. Dazu werden Adriamycin, Tetrazykline oder andere Substanzen instilliert.

Bei chronisch rezidivierendem Perikarderguß unklarer Ursache (Ausschluß einer Tumorerkrankung) kann eine Fensterungsoperation notwendig sein.

Jeder Perikarderguß ***unklarer Genese*** sollte zur Sicherung der Ätiopathogenese punktiert werden.

### 7.8.3 Konstriktive Perikarditis

Spätstadien einer über Jahre hinweg fortschreitenden Perikarderkrankung (tuberkulös!) führen zu einem langsam fortschreitenden Narbenschrumpfungsprozeß, der das Herz ummauert (Konstriktiva) und meist auch mit ***Verkalkungen des Perikards*** einhergeht (Pericarditis constrictiva calcarea). Die Fibrosierung und Kalzifizierung kann in das Myokard eindringen und dadurch operativ nur schwer angehbar sein.

**Symptome.** Die Behinderung der diastolischen Füllung mit den Zeichen der venösen Einflußstauung führt zur Herzinsuffizienz mit arterieller Hypotonie, Pulsus paradoxus, Ödemausbildung, Aszites etc. Oft findet sich hinter einer therapieresistenten Herzinsuffizienz eine Pericarditis constrictiva. Wurde mit hohen Dosen von Diuretika vorbehandelt, entwickelt sich eine Hyponatriämie mit allen Zeichen des ***Low-output-Syndroms.*** Bei der tiefen Inspiration sieht man gelegentlich einen paradoxen Druckanstieg des Jugularvenenpulses (Kußmaul-Zeichen), während der Blutdruck absinkt (Pulsus paradoxus). Auskultatorisch finden sich leise Herztöne und ein 3. Herzton. Röntgenologisch ist das Herz meist klein oder normal groß. Bei genauer Betrachtung fallen oft Kalkspangen auf. Das EKG ist uncharakteristisch, evtl. liegt Niedervoltage vor. Echokardiographische Zeichen sind verkalkte Perikardschwielen oder eine Perikardfibrose mit verminderter Bewegungsamplitude der linksventrikulären Hinterwand und plötzlichem Stopp der myokardialen Auswärtsbewegung.

Die invasive Diagnostik zeigt eine ***diastolische Druckangleichung*** in allen 4 Herzhöhlen sowie ein Dip- und Plateauphänomen. Differentialdiagnostisch muß an Erkrankungen mit isolierter oberer und unterer Einflußstauung ebenso gedacht werden (Mediastinaltumor, Kavaverschlußsyndrom), wie an andere Formen der Herzinsuffizienz und an extrakardialer Erkrankungen mit Polyserositis. Schwierig kann gelegentlich die Abgrenzung der restriktiven Kardiomyopathie (s. S. 203) von der Pericarditis constrictiva non calcarea werden. Dann empfiehlt sich die Endomyokardbiopsie.

**Therapie.** Die baldige operative Dekortizierung des Herzens (Perikardektomie) ist angebracht, bevor sich prognostisch belastete Zustände mit Stauungszirrhose, nephrotischem Syndrom oder Myokardatrophie einstellen.

## 7.9 Traumatische Herzerkrankungen

Vor allem bei Verkehrsunfällen mit traumatischer Thoraxschädigung sind traumatische Herzschädigungen häufig. Als sofortige Folgestörungen kommen Herzbeuteltamponaden infolge einer Blutung bei erhaltem Perikardbeutel bzw. der Verblutungstod bei Ruptur großer Gefäße bzw. einer Herzhöhle in Betracht. Häufig werden die Folgen eines stumpfen Thoraxtraumas mit Herzbeteiligung initial übersehen.

Bei den nicht penetrierenden traumatischen Herzschädigungen (penetrierende kardiale Schädigungen werden hier nicht aufgeführt), hat sich eine Einteilung nach dem Ort der bevorzugten Schädigung bewährt.

### 7.9.1 Myokardiale Schädigungen

Myokardiale Kontusionen sind bei ***stumpfen Thoraxtraumata*** häufig. Sie werden initial meist übersehen. Wenn infarktähnliche Schmerzen auftreten (nitronegativ), werden im EKG in der Regel ST-T-Anomalien oder perimyokarditisähnliche Zeichen auffällig. Selten bildet sich ein Q-Pardee aus. Wenn daran gedacht wird, können Anstiege der CK-MB nachgewiesen werden. Szintigraphisch findet man Abnahmen der Koronardurchblutung im Bereich der myokardialen Schädigung und echokardiographisch Kontraktilitätsstörungen sowie gelegentlich eine Zunahme der Herzgröße. Sowohl supraventrikuläre als auch ventrikuläre Arrhythmien treten auf. Nur selten führt das Ausmaß der Schädigung zum Auftreten einer Herzinsuffizienz.

Die Therapie der ***Contusio cordis*** ist symptomatisch mit 4–6wöchiger körperlicher Schonung (Bettruhe). Die Prognose ist in der Regel gut. Extrem selten bildet sich im Bereich des Kontusionsherdes eine Hämorrhagie mit nachfolgender myokardialer Nekrose aus. Gelegentlich findet man Jahre nach durchgemachtem stumpfen Thoraxtrauma ein Myokardaneurysma.

### 7.9.2 Posttraumatische Perikarditiden mit und ohne Hämorrhagien

Diese sind selten, ebenso posttraumatische teilweise rezidivierende Perikardergüsse. Die Therapie ist symptomatisch.

Koronare Veränderungen nach Gewalteinwirkung (Verkehrsunfälle) treten initial als pektanginöse Beschwerden im Anschluß an das Unfallgeschehen auf. Später sind im Verlauf von Tagen bis Monaten Koronarstenosierungen mit nachfolgendem Myokardinfarkt beschrieben.

Nach stumpfem Thoraxtrauma müssen kardiale Symptome besonders sorgfältig weiter untersucht werden. Die Contusio cordis ist häufiger, als sie diagnostiziert wird, elektrokardiographische Veränderungen im Zusammenhang mit entsprechenden Unfällen bedürfen der Abklärung. Symptomatik und Therapie richten sich nach den auftretenden Läsionen.

## 7.10 Chronisches Cor pulmonale und pulmonale Hypertonie

### 7.10.1 Definition

Das Cor pulmonale chronicum ist eine Veränderung der Funktion und Struktur des rechten Ventrikels infolge von Krankheiten, die die Funktion und Struktur der Lungen betreffen. Linksventrikuläre Krankheiten und kongenitale Anomalien sind definitionsgemäß ausgeschlossen. Leider lassen die meisten diagnostischen Hilfsmittel (klinische Untersuchung, EKG, Echokardiographie, Röntgen etc.) meist erst die bereits fixierte pulmonale Hypertonie mit ausgeprägter rechtsventrikulärer Hypertrophie erkennen. Andererseits führt in der Regel jede andauernde pulmonale Hypertonie zuerst zur Rechtsherzhypertrophie und später erst zur Rechtsherzdekompensation. Damit kommt der Erkrankung der pulmonalarteriellen Hypertonie die diagnostische Schlüsselrolle zu. Das Cor pulmonale chronicum ist eine häufige Erkrankung (Tabelle 7.29) im höheren Lebensalter.

Ein Anstieg des pulmonalen Druckes auf systolische Werte über 30 mm Hg und Mitteldrucke über 20 mm Hg unter Ruhebedingungen wird als pulmonale Hypertonie bezeichnet. Dann nimmt auch der pulmonale Widerstand auf abnorme Werte über 200 dyn s · $cm^{-5}$ (oder 2,5 Wood-Einheiten) zu.

Unter körperlicher Belastung nehmen die Drücke in der A. pulmonalis auch normalerweise etwas zu (jedoch steigt der Mitteldruck nicht über 27–30 mm Hg). Die Widerstände im kleinen Kreislauf sinken unter körperlicher Belastung beim Gesunden ab oder bleiben gleich. Belastungsabhängige Zunahmen des Widerstandes bzw. stärkere Druckanstiege weisen dementsprechend auf eine beginnende pulmonale Hypertonie hin („latentes Cor pulmonale“).

Ein ***dekompensiertes Cor pulmonale*** liegt vor, wenn der Mitteldruck im rechten Vorhof und der enddiastolische Druck im rechten Ventrikel erhöht sind.

Die Drucksteigerung im kleinen Kreislauf führt zum Cor pulmonale, die Senkung des erhöhten pulmonalarteriellen Drucks muß dementsprechend das therapeutische Ziel sein.

### 7.10.2 Ätiologie

Pathogenetisch spielt bei der Entstehung der pulmonalen Hypertonie die Abnahme des pulmonalen Gefäßquerschnittes die wesentliche Rolle. Auch die alveoläre Hypoventilation (Euler-Liljestrand-Mechanismus), Zunahme der Blutviskosität und bronchopulmonale Anastomosen können beteiligt sein. Die ***chronisch obstruktive Bronchopneumopathie*** steht an erster Stelle der zur Reduktion des Lungengefäßquerschnittes und zur pulmonalen Hypertonie führenden Erkrankungen. Die Vielzahl der bekannten Ursachen für das chronische Cor pulmonale zeigt Tabelle 7.29.

Nicht selten treten beim schon fortgeschrittenen Cor pulmonale noch zusätzlich Lungenembolien auf und verschlechtern den Zustand des Kranken wesentlich. Das ***akute Cor pulmonale*** ist in der Regel Folge massiver Lungenembolien mit plötzlicher Verlegung von mehr als 50% der Lungenstrombahn. Auch der Status asthmaticus kann zum akuten Cor pulmonale führen.

**Tabelle 7.29.** Ursachen des chronischen Cor pulmonale

| |
|---|
| *Cor pulmonale parenchymale* |
| (ausgedehnter Lungenparenchymschaden bzw. -parenchymverlust) |
| – Chronische Bronchitis, Emphysem, Asthma bronchiale, Granulomatosen, Tuberkulose, Pneumokoniosen, Fibrosen, Bronchiektasen |
| – Zystenlunge, Kollagenosen, allergische Alveolitiden |
| – Medikamente (Bleomycin, Busulphan, Methotrexat, Amidiodarone, Phenytoin, Nitrofurantoin) |
| *Cor pulmonale vasculare* |
| (multiple Obstruktionen der Lungengefäße) |
| – Rezidivierende Mikroembolien (z. B. postoperativ, bei Fixern) |
| – Angiitiden (z. B. Periarteriitis, Systemischer Lupus erythematodes etc.) |
| – Primär vaskuläre pulmonale Hypertonie |
| – Chronische Höhenexposition |
| – Medikamente (Aminorex und andere Appetitzügler) |
| *Cor pulmonale bei funktionseinschränkenden extrapulmonalen Erkrankungen* |
| – Thoraxdeformitäten (z. B. extreme Kyphoskoliose, Trichterbrust) |
| – Pickwick-Syndrom |
| – Pleuraschwarte, Thorakoplastik, Zustand nach Lungenresektion |
| – Primäre alveoläre Hypoventilation |
| – Neuromuskuläre Erkrankungen (z. B. Poliomyelitis, progressive Muskeldystrophie) |

## FALL 7D

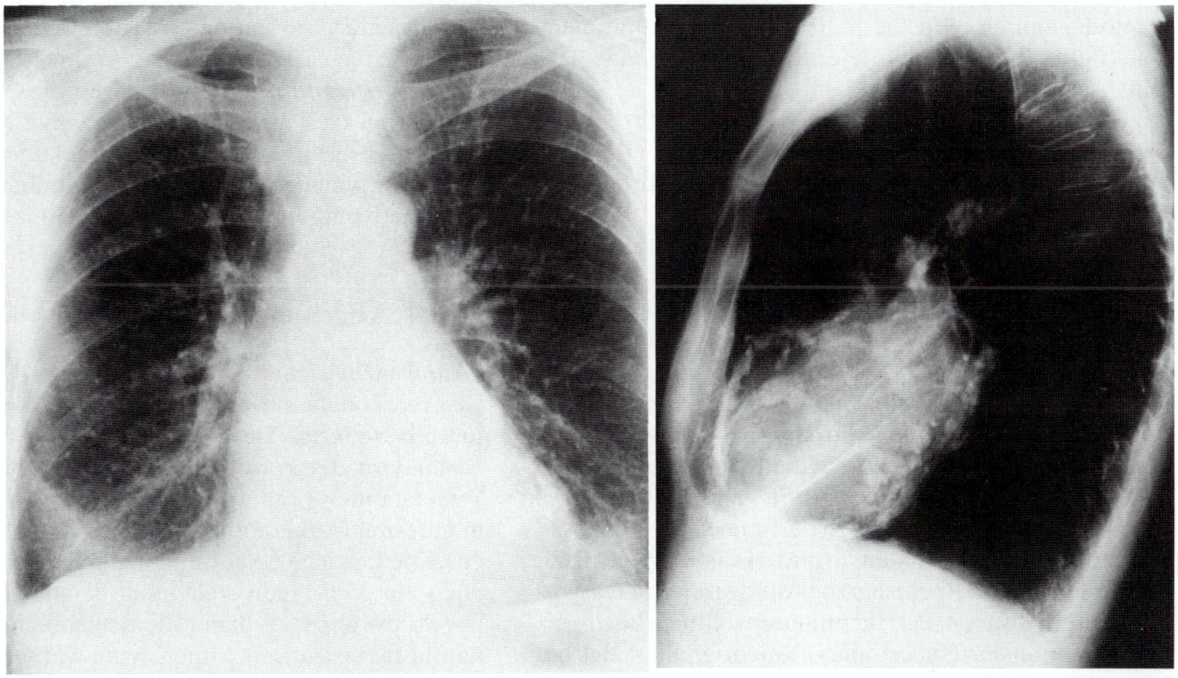

**Abb. 7D.** Röntgen-Thorax p. a. und seitlich: Deutliche Kalkschalen um das Herz bei Perikarditis constriktiva nach tuberkulöser Perikarditis

**Anamnese.** Der 56jährige Büroangestellte leidet seit 2 Jahren an zunehmenden Beinödemen, Luftnot bei körperlicher Belastung und Völlegefühl. Als Kind habe er wegen einer Lungentuberkulose ein Dreivierteljahr in einem Sanatorium verbracht.

Eine medikamentöse Therapie der „Herzinsuffizienz" mit Diuretika und Digitalis war ineffektiv. Die Luftnot habe sogar noch zugenommen.

**Befunde.** Ausgeprägte Beinödeme, leichter Aszites, Jugularvenenstauung, Blutdruck 105/75, Herzfrequenz um 110 pro min, regelmäßig.

**Röntgen.** Thorax p.a. und linksseitig anliegend (Abb. 7D). Deutliche Kalkschalen um das Herz (am besten sichtbar auf der seitlichen Aufnahme).

**Diagnose.** Pericarditis constrictiva mit therapierefraktärer Herzinsuffizienz, ausgeprägte Einflußstauung. Als Ursache ist die früher durchgemachte jetzt abgeheilte Tuberkulose mit damals tuberkulöser Perikarditis anzusehen.

**Therapie und Verlauf.** Die Pericardverkalkungen wurden operativ entfernt. Der Patient erholte sich rasch und ist jetzt beschwerdefrei ohne medikamentöse Therapie.

### 7.10.3 Diagnosestellung

Hämodynamisch wird die pulmonale Hypertonie nach dem Pulmonalarterienmitteldruck in 3 Stadien eingeteilt:

- geringgradige pulmonale Hypertonie (Mitteldruck 20–35 mm Hg),
- mittelgradige pulmonale Hypertonie (Mitteldruck 35–55 mm Hg),
- schwere pulmonale Hypertonie (Mitteldruck über 55 mm Hg).

Eine zunächst adaptive Rechtsherzhypertrophie geht mit Fortschreiten der Erkrankung in eine Dilatation des rechten Ventrikels über, evtl. mit relativer Trikuspidalinsuffizienz. Da der an die erhöhte Nachlast angepaßte hypertrophierte rechte Ventrikel mit normalen Füllungsdrucken lange Zeit hämodynamisch noch völlig normal arbeitet, ist die Diagnose in den Anfangsstadien des Cor pulmonale schwierig. Meist bestimmen dann eher die Symptome der pulmonalen Grunderkrankung das Bild. Die kompensierte Rechtsherzbelastung ist kardial asymptomatisch. Zwar ist das Herzminutenvolumen bei manifester pulmonaler Hypertonie oft niedrig und steigt bei körperlicher Belastung kaum oder gar nicht an, dies ist aber oft lediglich mit niedrigen systemischen Blutdruckwerten verbunden. Erst wenn die Rechtsherzinsuffizienz mit unzureichendem Herzminutenvolumen bei körperlicher Belastung auftritt, bei weiterem Druckanstieg im kleinen Kreislauf, bei Zunahme der Blutviskosität durch die Polyglobulie etc., wird regelhaft die Diagnose des chronischen Cor pulmonale gestellt. Dann sind elektrokardiographische Hinweise auf die Rechtsherzbelastung (altersabweichender Steilrechtstyp, $S_I$–$Q_{III}$-Typ, P pulmonale, negatives T in $V_1$–$V_3$ etc.) und gelegentlich auch röntgenologische Zeichen (Pulmonalarteriendurchmesser über 18 mm, Kalibersprung von den zentralen Lappenarterien zu den Segmentarterien) sichtbar. Insgesamt besteht aber keine quantitative Korrelation dieser Zeichen mit der Höhe des Pulmonalarteriendrucks. Einwandfrei läßt sich die pulmonale Hypertonie nur durch die Rechtsherzkatheteruntersuchung erfassen, die auch gleichzeitig der Abgrenzung gegenüber linksventrikulären Störungen dient. Beim dekompensierten Cor pulmonale treten in der Regel Dyspnoe, Zyanose, Tachykardie, die Akzentuierung des 2. Pulmonalklappentones, das Trikuspidalinsuffizienzgeräusch, der 3. Herzton, der hepatojuguläre Reflux etc. auf.

Die ***Prognose*** hängt wesentlich vom Ausmaß der pulmonalen Hypertonie ab. Statistisch gesehen beträgt die 50%-Überlebensrate bei einem Mitteldruck >50 mm Hg im kleinen Kreislauf nur 2–3 Jahre. Im Einzelfall und speziell bei jüngeren Patienten lassen sich aber kaum Vorhersagen machen.

Die ***Differentialdiagnose*** umfaßt die Pulmonalstenose (selten und meist nur bei Jugendlichen) und die dekompensierte Mitralstenose mit sekundärer pulmonaler Hypertonie [in der Regel schon aufgrund des völlig anderen Röntgenbildes (Herzsilhouette) zu erfassen].

### 7.10.4 Allgemeiner Behandlungsplan

Grundsätzlich beruht die Behandlung des chronischen Cor pulmonale auf der Therapie der ***Grundkrankheit,*** um ein weiteres Ansteigen des pulmonalen Drucks zu verhindern, der Verminderung des pulmonal-vaskulären Widerstandes (Tabelle 7.30) und der Behandlung des manifesten Cor pulmonale, also der Rechtsherzinsuffizienz. Die Ursache einer pulmonalen Hypertonie muß mit allen zur Verfügung stehenden diagnostischen Mitteln abgeklärt werden, damit dementsprechend möglichst kausal therapeutisch vorgegangen werden kann. Natürlich stehen ***absolutes Rauchverbot,*** gezielte antibiotische Therapie und intensive physikalisch-medizinische Maßnahmen am Anfang bei den obstruktiven Ventilationsstörungen mit häufig infektausgelöster Zunahme der Beschwerdesymptomatik. Bei allergischen Alveolitiden (z.B. Vogelhalterlunge etc.) muß das Antigen erkannt und vermieden werden. An chronisch rezidivierende Lungenembolien ist zu denken, damit nach Ursachenabklärung evtl. eine Antikoagulanzienbehandlung eingeleitet werden kann. Nach medikamentös induzierter pulmonaler Hypertonie (Appetitzügler etc.) muß gefahndet werden.

**Tabelle 7.30.** Maßnahmen zur Senkung des pulmonalen Widerstandes

| |
|---|
| Körperliche Ruhigstellung bzw. Schonung |
| $O_2$-Gabe (per Nasensonde, 2–4 l/min) |
| Aderlaß (bei Hämatokritwerten über 60%) |
| Diuretika (bei Rechtsherzinsuffizienz) |
| Pharmaka zur Reduktion des pulmonalen Widerstandes ($O_2$, Nitrate, Nifedipin etc.) |
| Herzlungentransplantation oder Transplantation einer Lunge |

## FALL 7E

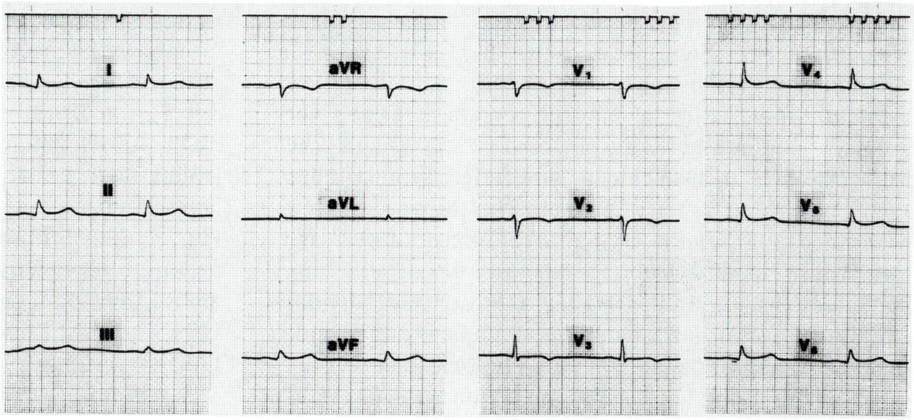


**Abb. 7E.** EKG nach Thoraxtrauma. Angedeutete ST-Hebung in I und II, terminal negatives T in $V_2$ und $V_3$ als Hinweis auf eine Koronararterienläsion

**Anamnese.** Der 34jährige Patient erleidet im Rahmen eines Autounfalls (Frontalzusammenstoß) ein stumpfes Thoraxtrauma mit Blutergüssen im Bereich des linken Brustkorbes lateral, Rippenserienfrakturen rechts, Schlüsselbeinfraktur und Unterschenkelverletzungen. Er wird konservativ behandelt, der weitere Verlauf erscheint komplikationslos. 4 Tage nach dem Unfall klagt der Patient über linksseitige, stechende Thoraxschmerzen, die bewegungsunabhängig sind.

**Befunde.** Bei der körperlichen Untersuchung zeigen sich bis auf die traumatischen Verletzungsfolgen keine Auffälligkeiten. Die Herztöne sind unverändert und gut hörbar, keine Herzgeräusche.

**EKG.** Sinusrhythmus, 75 pro min, Indifferenztyp, angedeutete ST-Hebung in I, II, terminal negatives T in $V_2$ und $V_3$ (Abb. 7E).

**Echokardiographie.** Geringer, 0,5–0,8 cm breiter Perikarderguß vor und hinter dem Herzen, Verdacht auf regionale Kontraktionsstörung der linksventrikulären Vorderwand.

**Thoraxröntgen** (im Liegen). Bis auf die Verletzungsfolgen kein auffälliger Befund, normale Herzgröße.

**Diagnose.** Posttraumatische kardiale Schädigung, Verdacht auf Koronararterienläsion.

**Therapie und Verlauf.** Zur genaueren Abklärung wird eine Koronarographie durchgeführt. Dabei ergibt sich eine Dissektion des Ramus interventricularis anterior mit einer etwa 80%igen Stenosierung im proximalen Bereich (Verletzungsfolge). Es wird die Indikation zu einer aortokoronaren Bypassoperation gestellt.

### 7.10.5 Spezielle Therapie der pulmonalen Hypertonie

Die ungleichmäßige Belüftung und Durchblutung verschiedener Lungenabschnitte führt zu einer Verteilungsstörung, d.h. zu einer Hypoxämie wegen vermehrter Zumischung von ungenügend oder nicht arterialisiertem Blut aus schlecht belüfteten Lungenteilen. Diese hypoventilierten Lungenabschnitte wirken wahrscheinlich auf reflektorischem Weg als potente Vasokonstriktoren und können insbesondere bei schon bestehender pulmonaler Hypertonie den Gefäßwiderstand noch weiter ansteigen lassen. Es liegt daher nahe, durch Korrektur der alveolären Hypoxie eine Drucksenkung im Lungenkreislauf anzustreben. Tatsächlich hat sich die mehrstündige (12- bis 24stündige) ***$O_2$-Zuatmung*** (z.B. über Nacht) hinsichtlich der Befindlichkeit der Patienten, des Hämatokrits, der Zunahme des Herzminutenvolumens und der Prognose bewährt. Bei dieser Therapie muß aber vorher überprüft werden, daß kein kritischer Anstieg des $P_{CO_2}$ mit den deletären Folgen während der Sauerstoffzufuhr erfolgt. Diese Therapie muß also unter klinischer Kontrolle iniziiert werden. Sauerstoff ist der stärkste und spezifisch wirkende Vasodilatator im Lungenkreislauf. Alle anderen, medikamentösen Versuche, den pulmonalen Widerstand zu senken, haben wegen mangelnder Spezifität auch zur systemischen Blutdrucksenkung geführt, es traten Toleranzprobleme oder schwere Nebenwirkungen bei Langzeittherapie auf. Die medikamentöse Therapie der pulmonalen Hypertonie ist weiterhin unsicher und bleibt problematisch. Wenn das Beschwerdebild zunimmt oder schon ***hypoxische Synkopen*** auftreten (oft belastungsabhängig), ist die Prognose ungünstig. Sonst gesunden jüngeren Patienten kann heute in diesem Stadium die *Herz-Lungen-Transplantation* empfohlen werden. Zur Therapie der Rechtsherzinsuffizienz s. 7.3.

## 7.11 Angeborene Herzfehler (kongenitale Vitien)

Von 1000 lebend geborenen Kindern sind etwa 8–10 mit einer angeborenen Herz-Gefäß-Fehlbildung belastet, von denen nur 1–2 ohne operative Behandlung eine annähernd normale Lebenserwartung haben. Als Ursachen für Fehlbildungen am Herz-Gefäß-System kommen schädigende Faktoren vorwiegend im 1. Trimenon der Schwangerschaft in Frage (virale und bakterielle Infektionen, pharmakologische Noxen, ionisierende Strahlen, metabolische Störungen) sowie genetische Einflüsse (ca. 10%), wie z.B. die Trisomie 21 (Down-Syndrom) oder das Turner-Syndrom. Je höhergradiger oder komplexer die kardiovaskuläre Fehlbildung ausgeprägt ist, desto früher wird sie sich nach der Geburt im Laufe des kindlichen Lebens äußern. Aus der Fülle der angeborenen Herz-Gefäß-Mißbildungen sind für das Erwachsenenalter nur einige wichtig. Da 80% aller angeborenen Vitien auf 8 Mißbildungen entfallen [Ventrikel-Septum-Defekt (25%), Vorhofseptum-Defekt (10%), persistierender Ductus arteriosus Botalli (10%), Aortenisthmusstenose (7%), Pulmonalstenose (7%), Aortenstenose (6%), Fallot-Tetralogie (6%), Transposition der großen Arterien (4%)], sollen diese im folgenden beschrieben werden.

Die *klinische Einteilung* erfolgt folgendermaßen:

- ***Herzfehler ohne Shunt*** (25%): die Pulmonalstenose, die Aortenstenose, die Aortenisthmusstenose sowie extrem selten das Sinus-valsalvae-Aneurysma, das Bland-White-Garland-Syndrom und die korrigierte Transposition;
- ***Herzfehler mit Links-rechts-Shunt*** (55%): der Vorhofseptumdefekt, der Ventrikelseptumdefekt, der persistierende Ductus arteriosus Botalli und das sehr seltene aortopulmonale Fenster;
- ***Vitium mit Rechts-links-Shunt*** (20%): die Fallot-Tetralogie und die Transposition der großen Arterien, der Truncus arteriosus communis sowie die Ebstein-Anomalie und die sehr seltene Trikuspidalstenose.

### 7.11.1 Diagnostik

Wichtig ist die Feststellung, ob eine Zyanose vorliegt (Rechts-links-Shunt bzw. Spätzyanose bei Shuntumkehr = Eisenmenger-Syndrom). Anhand der Symptome (Dyspnoe, verminderte Leistungsfähigkeit, Ödembildung, Herzbuckel, Stauung der Jugularvenen), der Palpation (Schwirren, hebender Spitzenstoß, tastbare bzw. nicht tastbare Pulse und Blutdruckmessung an Armen und Beinen) sowie der Auskultation, der Echokardiographie bzw. Dopplerechokardiographie und des Thoraxröntgenbildes können Verdachtsdiagnosen der einzelnen Vitien gestellt werden. In der Regel wird die invasive Diagnostik (Herzkatheteruntersuchung mit Angiographie) zur Bestimmung des Shuntvolumens und zur direkten Darstellung der Gefäß- bzw. Herzmißbildungen notwendig werden.

## 7.11.2 Angeborene Herzfehler ohne Zyanose und ohne Shunt

### Pulmonalstenose

Angeborene Stenosen der Ausflußbahn des Herzens sind relativ häufig und treten isoliert valvulär, subvalvulär und infundibulär oder auch membranös supravalvulär auf. Gelegentlich werden sie begleitet von einem ***Vorhofseptumdefekt.*** Bei isolierter Pulmonalstenose sind Symptomatik und Verlauf vom Schweregrad abhängig, wobei leichtere Stenosen (Druckgradient bis etwa 50 mm Hg) bis ins Erwachsenenalter hinein unbemerkt bleiben können. Bei höheren Druckgradienten sind verminderte körperliche Leistungsfähigkeit, Dyspnoe, gelegentlich Synkopen und Rechtsherzinsuffizienz die führenden Symptome. Ein systolisches Schwirren im 2. linken Interkostalraum sowie ein hebender rechtsventrikulärer Spitzenstoß können palpiert werden. Auskultatorisch ist vorwiegend im 2. Interkostalraum linksparasternal ein systolisches Austreibungsgeräusch, mit dem 2. Herzton endend, vorhanden (bei der valvulären Pulmonalstenose nach dem 1. Herzton ein systolischer Klick). Im EKG finden sich die Zeichen der rechtsventrikulären Druckbelastung, in Spätstadien supraventrikuläre Tachykardien, Vorhofflimmern oder Vorhofflattern. Röntgenologisch wird die Verdachtsdiagnose durch die poststenotische Ektasie (Erweiterung des Pulmonalishauptstammes) bei insgesamt reduzierter Lungendurchblutung gestellt. ***Differentialdiagnostisch*** kommen vorwiegend der Vorhofseptumdefekt, die Aortenstenose und extrakardiale Erkrankungen (Mediastinaltumoren etc.) in Frage.

***Echokardiographisch*** kann die Diagnose heute speziell mit der Dopplerechokardiographie mit Bestimmung des Druckgradienten gestellt werden.

Die ***Therapie*** der Wahl besteht in einer Pulmonalklappensprengung mit Hilfe eines transfemoral vorgeführten Ballonkatheters. Dies ist indiziert bei entsprechender klinischen Symptomatik und einem Druckgradienten von mehr als 50 mm Hg. Bei infundibulärer Stenose bzw. supravalvulärer Stenose ist eine Operation (Resektion bzw. Erweiterungsplastik) angezeigt.

### Aortenstenose

Neben den ***erworbenen valvulären Aortenstenosen*** gibt es die ***angeborenen bikuspidalen Klappenstenosen*** sowie die subvalvuläre muskuläre Ausflußbahnstenose und die subvalvuläre membranöse Aortenstenose. Supravalvulär können angeborene Stenosen durch membranartige, konzentrische Einengungen der Aorta nahe und oberhalb der Abgänge der Koronararterien vorkommen. Je nach Ausmaß der Stenosierung sind auch die Symptome (s. erworbene Aortenstenose, S. 223). Die Diagnose wird durch die Auskultation, die Blutdruckmessung an Armen und Beinen sowie Echokardiographie, transösophageale Echokardiographie und Dopplerechokardiographie gestellt. Damit kann auch eine gute Quantifizierung der Aortenklappenöffnungsfläche bzw. des Druckgradienten erreicht werden. Präoperativ ist eine Herzkatheteruntersuchung auch zur Abklärung differentialdiagnostisch zu erwägender anderer Erkrankungen notwendig (koronare Herzerkrankung, Ventrikelseptumdefekt, Aortenisthmusstenose).

### Aortenisthmusstenose (Coarctatio aortae)

Grundsätzlich wird die ***infantile Aortenisthmusstenose*** (präduktale Form mit offenem Ductus arteriosus Botalli) von der ***Erwachsenenform*** (postduktale Aortenisthmusstenose mit verschlossenem Ductus arteriosus Botalli) unterschieden. Die Erwachsenenform der Aortenisthmusstenose (75%) ist weitaus häufiger (Abb. 7.22). In der Hälfte der Fälle besteht gleichzeitig eine ***bikuspidale Aortenklappe,*** die mit weiteren Fehlbildungen einhergehen kann (Aorteninsuffizienz bzw. Aortenklappenstenose).

Wenn ein offener Ductus arteriosus Botalli besteht (infantile Aortenisthmusstenose), kommt es zu einem Rechts-links-Shunt mit Zyanose der unteren Körperhälfte und einer Rechtsherzbelastung. Bei der Erwachsenenform der Aortenisthmusstenose besteht eine ***Hypertonie der oberen Körperhälfte*** bei Hypotonie der unteren Körperhälfte (fehlende oder schwache Fußpulse). Die Stenose wird durch sehr ausgeprägte Kollateralen über die Interkostalarterien überbrückt. Meistens sind junge Männer mit guter körperlicher Leistungsfähigkeit (solange keine kardiale Dekompensation eingetreten ist) betroffen. Es muß darauf geachtet werden, daß die hypertonen Blutdruckwerte an den Armen seitendifferent sein können, wenn der Abgang der A. subclavia sinistra in die Stenose einbezogen ist (niedrigerer

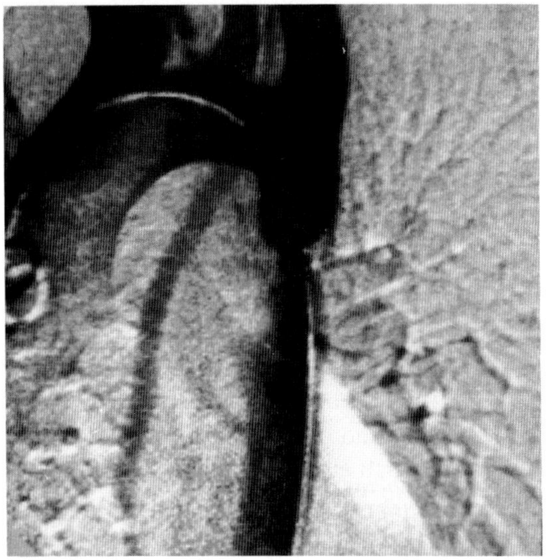

**Abb. 7.22.** Aortenisthmusstenose (Erwachsenentyp) mit Stenosierung distal der A. subclavia links. Der Angiographiekatheter wurde von der A. femoralis aus durch die Stenose geführt. Er liegt in der Aorta ascendens

Druck am linken Arm). Lebhafte Pulsationen der Interkostalarterien sind in den Zwischenrippenräumen tastbar. Man hört ein Stenosegeräusch infraskapulär paravertebral links, das präkordial (Punctum maximum über Erb) oft als spätsystolisches Geräusch auskultierbar ist. Im EKG finden sich alle Zeichen der ***Linksherzhypertrophie.*** In der Thoraxröntgenaufnahme sieht man Hinweise für die Linksherzbetonung, die Ektasie der Aorta thoracica descendens und Rippenusuren. ***Differentialdiagnostisch*** kommen u.a. arterielle Hypertonie ohne Mißbildung und hypertrophe nichtobstruktive Kardiomyopathie in Frage. Die Differentialdiagnose ist wegen der ausgeprägten Blutdruckdifferenz aber in der Regel leicht zu stellen. Jede Aortenisthmusstenose muß operiert werden, deshalb ist die genaue Abklärung durch invasive Diagnostik mit Angiographie notwendig. Bei jüngeren Patienten wird häufig die Dilatation der Aortenisthmusstenose durch eine ***Katheterballontechnik*** durchgeführt.

Ohne Operation beträgt die Lebenserwartung einer hämodynamisch wirksamen Aortenisthmusstenose wegen der Hypertoniefolgestörungen selten mehr als 35 Jahre.

**Sinus-Valsalvae-Aneurysma**

Aneurysmen des Sinus Valsalvae können wegen ihrer langsamen Entwicklung um das 20. Lebensjahr herum vorkommen. Nach asymptomatischem Verlauf kommt es durch Ruptur und Einbruch in benachbarte Strukturen (rechter Vorhof, rechter Ventrikel, linker Ventrikel, Koronarsinus) zu einem plötzlichen Ereignis. Bei Einbruch in das Niederdrucksystem muß die Diagnose gegenüber der Aortenklappeninsuffizienz abgegrenzt werden.

**Bland-White-Garland-Syndrom**

Bei dieser Mißbildung handelt es sich um einen anomalen Ursprung der rechten Koronararterie aus der A. pulmonalis. Dementsprechend ist die arterielle Versorgung der Ventrikelmuskulatur ungenügend. Wenn Jugendliche pektanginöse Beschwerden mit ischämieverdächtigem EKG haben, muß an diese seltene Mißbildung gedacht werden. Die Diagnose wird durch Koronarographie gestellt.

**Korrigierte Transposition**

Diese seltene Fehlbildung besteht darin, daß die beiden großen Gefäße transponiert sind, d.h. die A. pulmonalis liegt links dorsal (und nicht rechts ventral) und die Aorta linksventral (und nicht rechts dorsal). An die Aorta angeschlossen ist ein anatomisch rechter Ventrikel, der aber aus dem linken Vorhof gespeist wird, während die Pulmonalarterie von einem anatomisch linken Ventrikel versorgt wird, der an den rechten Vorhof mit einer Mitralklappe angeschlossen ist. Die Beschwerden der Patienten sind meist durch assoziierte weitere Fehlbildungen (Ebstein-Anomalie, Septumdefekte etc.) bedingt. Auffällig ist das Thoraxröntgenbild mit fehlendem Pulmonalissegment links und fehlender Aorta ascendens links. Im EKG sieht man häufig Schenkelblockbilder.

### 7.11.3 Herzfehler mit Links-rechts-Shunt

**Vorhofseptumdefekt** (ASD)

Es werden 3 Typen des Vorhofseptumdefekts unterschieden: die häufigste Form als ***Septum-secundum-Defekt,*** der ***Ostium-primum-Defekt*** (dem Kammerseptum aufsitzend, meist assoziiert mit Mißbildungen der Mitral- oder Tricuspidalklappe) sowie der ***Sinus-veno-***

***sus-Defekt.*** Alle drei Formen können mit partieller Transposition von Lungenvenen mit Einmündung in den rechten Vorhof oder die rechte obere Hohlvene verbunden sein. Selten ist die Einmündung einer fehlmündenden Lungenvene in die untere Hohlvene (Scimitar-Syndrom). Bei der Herzkatheteruntersuchung kann das Foramen ovale in 30% aller Fälle durch den vorgeschobenen Katheter „aufgestoßen" werden, ohne daß dies hämodynamische Bedeutung hat (kein Shunt unter Ruhe- oder Belastungsbedingungen).

Beim Vorhofseptumdefekt rezirkuliert arterialisiertes Lungenvenenblut über den Defekt bzw. die transponierte Vene in den rechten Vorhof und weiter in den kleinen Kreislauf. Dementsprechend kommt es zur Rechtsherzüberlastung (Volumenüberlastung des Lungenkreislaufs) mit einer reaktiven pulmonalen Hypertonie und rechtsventrikulären Hypertrophie. Typisch sind zwischen dem 20. und 40. Lebensjahr Auftreten von hartnäckigen supraventrikulären Arrhythmien und in Abhängigkeit vom Ausmaß des Defekts Herzinsuffizienzsymptome.

Auskultatorisch ist die Spaltung des 1. und vor allem die fixierte Spaltung des 2. Herztones mit lauter Pulmonalklappenschlußkomponente. Das systolische Austreibungsgeräusch am linken Sternalrand ist durch die relative Pulmonalstenose bedingt. Die Rechtsherzbelastungszeichen im EKG (inkompletter oder kompletter Rechtsschenkelblock), die Hyperzirkulation im Röntgenbild bei großer Pulmonalarterie und großem rechten Ventrikel sowie die „tanzenden" Hilusgefäße unter Durchleuchtung weisen auf die Diagnose hin. Echokardiographisch kann der Defekt dargestellt werden (Farbdoppleruntersuchung bzw. durch Kontrasttechnik: Übertritt von kleinsten Luftbläschen in den linken Vorhof nach intravenöser Einspritzung von geschüttelter Kochsalzlösung). ***Therapeutisch*** ist der operative Verschluß bei mehr als 30% Shuntvolumen angezeigt. Andernfalls führt die permanente Volumenüberlastung des Lungenkreislaufs zu einer irreversiblen Pulmonalsklerose mit ***fixierter pulmonaler Hypertonie*** und Rechtsherzinsuffizienz. In Extremfällen kann es zu systemischen Drücken im kleinen Kreislauf und zur Shuntumkehr ***(Eisenmenger-Reaktion)*** kommen. Dann ist eine operative Korrektur nicht mehr möglich (Abb. 7.23).

Der Ostium-primum-Defekt (Endokardkissendefekt mit partiellem bzw. totalem AV-Kanal) zeigt neben dem ASD Anomalien der AV-Klappen bzw. einen zusätzlichen Ventrikelseptumdefekt. Typisch sind bei dieser Mißbildung der AV-Block Grad I und der überdrehte Linkstyp im EKG.

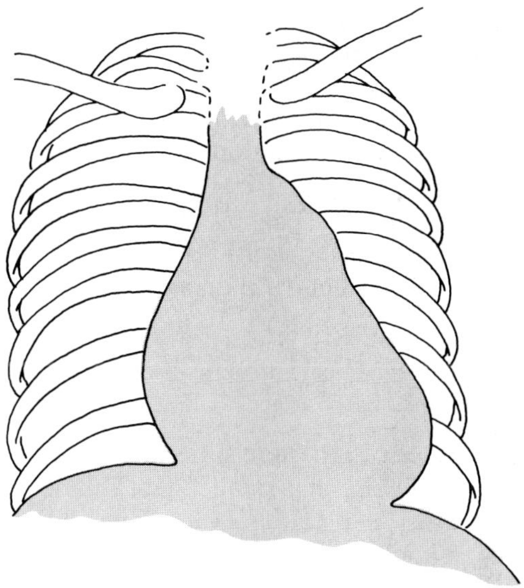

**Abb. 7.23.** Vorhofseptumdefekt. Typisches Röntgenbild

**Ventrikelseptumdefekt** (VSD)

Dieser häufigste angeborene Herzfehler kann als kleiner tiefsitzender muskulärer VSD ***(Morbus Roger)*** bzw. als infundibulärer VSD unterhalb der Aortenklappe mit größerem Shuntvolumen auftreten. Selten ist der erworbene VSD nach Herzinfarkt (Septumnekrose). Der große VSD (Shuntvolumen über 50%) führt zur ***Volumenbelastung des Lungenkreislaufs*** mit pulmonaler Hypertonie und dadurch zu den weiteren Komplikationen (Pulmonalsklerose, Shuntumkehr (Eisenmenger-Reaktion), Herzinsuffizienz etc.). Häufig sind diese Ventrikelseptumdefekte kombiniert mit anderen Mißbildungen.

Je nach Ausmaß des Ventrikelseptumdefekts bestehen die klinischen Zeichen und Symptome. Typisch ist ein holosystolisches spindelförmiges Regurgitationsgeräusch mit Punctum maximum im 3. bis 4. Interkostalraum parasternal. Bei sehr großem VSD wird das Geräusch wieder leiser, dafür wird über der Herzspitze ein 3. Herzton und gelegentlich das diastolische Rumpeln einer relativen Mitralstenose auskultiert. Im EKG finden sich die Hinweise der ***Linksherzbelastung,*** aber bei großem VSD und fortgeschrittenem Krankheitsverlauf auch Hinweise für die ***pulmonale Hypertonie.*** Röntgenologisch fallen die Vergrößerung des linken Vorhofs und des linken Ventrikels sowie der erhöhte pulmonale Durchfluß auf. Echokardiographisch bzw. kontrastechokardiographisch ist der Defekt leicht darzustellen und zu lokalisieren, mit der Farbdopplerechokardiographie auch halbquantitativ zu erfassen. Liegt ein sehr kleiner VSD vor, mit lautem systolischem Geräusch („viel Lärm um nichts"), aber fehlenden Hinweisen für eine hämodynamische Wirksamkeit (keine Herzvergrößerung im Röntgenbild etc.), so wird die Diagnose eines M. Roger gestellt (keine Therapiepflichtigkeit). Bei hämodynamisch wirksamem VSD besteht die Indikation zum operativen Verschluß.

**Ductus Botalli apertus**

Bleibt der Ductus Botalli offen, so resultiert bei steigendem Druck im großen Kreislauf und fallendem Druck im kleinen Kreislauf nach der Geburt ein Links-rechts-Shunt. Da zwischen der Aorta und der Pulmonalarterie systolisch wie diastolisch ein Druckgradient besteht, fließt der Shunt kontinuierlich, und es resultiert ein kontinuierliches systolisches-diastolisches Geräusch ***(Maschinengeräusch),*** das am besten links infra- und supraklavikulär gehört wird. Durch den Shuntkreislauf kommt es in Abhängigkeit vom Ausmaß zum Druckanstieg in der Pulmonalarterie (pulmonale Hypertonie) und zur Vergrößerung des linken Vorhofes und linken Ventrikels (Volumenbelastung des linken Herzens und des Lungenkreislaufs). Sekundär entwickelt sich eine irreversible Pulmonalsklerose und terminal eine Shuntumkehr mit zentraler Zyanose (Eisenmenger-Reaktion). Typisch sind die verringerte Leistungsfähigkeit des Patienten, eine Belastungsdyspnoe bei großem Shunt, eine erhöhte arterielle Blutdruckamplitude, das Maschinengeräusch, im EKG Linksherzbelastungszeichen und röntgenologisch Veränderungen wie beim VSD. Die sichere Diagnose wird durch die Herzkatheteruntersuchung gestellt (Sättigungssprung in der A. pulmonalis, die in der Regel über der Aorta sondiert werden kann).

***Differentialdiagnostisch*** muß an andere Mißbildungen, wie das aortopulmonale Fenster, ein perforiertes Sinus-Valsalvae-Aneurysma, eine arteriovenöse Fistel bzw. ein kombiniertes Aortenvitium, gedacht werden.

**Therapie.** Jeder Ductus arteriosus apertus wird wegen der Häufigkeit von Endokarditiden operativ verschlossen. Als neueres Verfahren ist alternativ ein Verschluß durch einen mittels Herzkathetertechnik eingeführten Pfropf möglich.

### 7.11.4 Angeborene Herzfehler mit Rechts-links-Shunt und verminderter Lungenperfusion

**Fallot-Tetralogie**

Die Fallot-Tetralogie ist die häufigste Ursache einer Zyanose bei Jugendlichen und Erwachsenen. Sie besteht aus einem Kammerseptumdefekt, über dem eine weite Aorta „reitet", zusammen mit einer meist infundibulären, seltener valvulären Pulmonalstenose und einer Rechtsherzhypertrophie. Der Rechts-links-Shunt ergibt sich durch das Überreiten der Aorta und den behinderten Abfluß des venösen Blutes in den Lungenkreislauf wegen der Pulmonalstenose. Wenn gleichzeitig zusätzlich ein ASD besteht, spricht man auch von einer Fallot-Pentalogie.

Bei der klinischen Untersuchung finden sich die chronische Zyanose mit Trommelschlegelfingern und Trommelschlegelzehen, meist ein holosystolisches Geräusch mit Punktum maximum über Erb, fehlende Pulmonalklappenschlußkomponente des 2. Herztones sowie elektrokardiographisch die Hinweise der Rechtsherzbelastung (Rechtsschenkelblock). Im Thoraxröntgenbild fehlt das Pulmonalissegment, es besteht eine pulmonale Minderdurchblutung. Das Ausmaß der ***Pulmonalstenose*** bestimmt den Schweregrad der Erkrankung und auch das Ausmaß der Zyanose. Bei ausgeprägter Pulmonalstenose besteht eine hochgradige Zyanose mit synkopalen Anfällen. Dann findet man eine Polyglobulie mit erhöhter Blutviskosität und Thromboseneigung. Neben der Leistungsverminderung besteht häufig eine Entwicklungsverzögerung dieser Patienten.

Bei nur geringgradiger pulmonaler Stenose ist der Rechts-links-Shunt weniger ausgeprägt oder fehlt („weißer Fallot"). Echokardiographisch werden der VSD dargestellt, die rechtsventrikuläre Hypertrophie, die reitende Aorta und ebenso die Pulmonalstenose. Da eine ***obligate Operationsindikation*** mit Verschluß des VSD, Resektion hypertrophischer Muskulatur des Infundibulums bzw. Spaltung einer valvulären Stenose besteht, ist die Herzkatheteruntersuchung mit genauer Quantifizierung in der Regel notwendig.

**Transposition der großen Arterien**

Diese im Erwachsenenalter sehr seltene Mißbildung beruht auf einer Verlagerung der Aorta in die Position der Pulmonalarterie (Anschluß an den Ausflußtrakt der rechten Kammer) und der Pulmonalarterie an die Position der

Aorta (Direktanschluß an die linke Kammer). Das Überleben ist nur möglich, wenn gleichzeitig ein ASD bzw. VSD besteht. Häufig findet sich allerdings auch ein singulärer Ventrikel. In diesen Fällen ergibt sich eine chronische Zyanose mit pulmonaler Hyperämie. Die Diagnose wird in der Regel durch die Echokardiographie und zusätzliche Herzkatheteruntersuchung mit Angiographie gestellt. Operative korrigierende Verfahren sind möglich.

#### Trikuspidalatresie

Die im Erwachsenenalter sehr seltene Trikuspidalatresie weist in der Regel eine hypoplastische rechte Herzkammer mit verminderter Pulmonalisdurchblutung und Persistenz der Foramen ovale auf. Damit besteht ein obligater Rechts-links-Shunt. Das zyanotische Krankheitsbild ist charakterisiert durch einen besonders hohen Venendruck, die symmetrische pulmonale Hypovolämie und meist sehr starke Vergrößerung des rechten Vorhofs.

#### Ebstein-Anomalie

Bei dieser seltenen Mißbildung ist die Trikuspidalklappe aus der Ebene des Klappenringes in das Cavum der rechten Kammer hinein verlagert. Damit gehören Teile des rechten Ventrikels funktionell zum Vorhof, die Trikuspidalklappe wird schlußunfähig und die Pumpleistung der rechten Restkammer ist ungenügend. Durch obligate Rechts-links-Verbindung auf Vorhofebene (Septum secundum) und pulmonale Minderdurchblutung ergibt sich eine Zyanose. Diese Patienten haben sehr häufig ***komplexe Herzrhythmusstörungen.*** Im EKG findet man auffällig spitze P-Wellen mit hoher Amplitude und in der Regel einen Rechtsschenkelblock. Das Herz ist im Röntgenthoraxbild rundlich verformt. Außerdem besteht eine Hypovolämie der Lungenfelder.

## 7.12 Erworbene Herzfehler

Primäre Erkrankungen der Herzklappen und des Endokards verursachen Funktionsstörungen und Zerstörungen bzw. Verengungen einer oder mehrerer Herzklappen. Infolgedessen kommt es zu Belastungen im vorgeschalteten Herzabschnitt mit Anpassungsmechanismen wie Hypertrophie oder Dilatation. Bei schwerer Ausprägung oder sehr langer Dauer entwickelt sich eine Herzinsuffizienz. Ist das Myokard im Rahmen der Grunderkrankung mitbetroffen (rheumatische Herzerkrankung, bakterielle Endokarditis), so kann dieser Prozeß besonders rasch verlaufen. Bei rascher Klappendestruktion im Rahmen ***bakterieller Endokarditiden*** oder ***traumatischer Klappenabrisse*** tritt eine dramatisch verlaufende Herzinsuffizienz evtl. innerhalb von Stunden oder Tagen auf. Sonst ist eher mit sehr langfristigen Krankheitsverläufen zu rechnen. Auch bei funktionsuntüchtigen künstlichen Herzklappen ist mit derartigen dramatischen Verschlechterungen des Zustandes zu rechnen.

### 7.12.1 Rheumatische Herzerkrankung

Nach Infektionen mit β-hämolysierenden Streptokokken der Gruppe A kommt es zu einer Immunantwort auf Streptokokkenkapselantigene, die eine symptomatische Akuterkrankung (akutes rheumatisches Fieber) am Myokard, Perikard und Endokard sowie an der Haut (Erythema anulare), am Gehirn (Chorea minor) und an der Niere (Glomerulonephritis) hervorrufen kann. Dieses Syndrom tritt 9–14 Tage nach der Streptokokkeninfektion (z. B. Tonsillitis oder Scharlacherkrankung) auf, begleitet von einer allgemeinen Entzündungsreaktion mit Fieber, BKS-Beschleunigung und Leukozytose. Nach Abklingen des akuten rheumatischen Fiebers tritt als ***Zweiterkrankung*** (1–4 Wochen später) als Allergie vom verzögerten Typ gegen Streptokokkenantigene eine chronisch fibrosierende Endokarderkrankung auf, die im Laufe von Jahren bis Jahrzehnten an den Herzklappen zu Insuffizienz oder Stenosen führt. Dieser Prozeß verläuft um so rascher, je häufiger sich Rezidive der Streptokokkeninfektion ereignen.

Das rheumatische Fieber befällt Endo-, Myo- und Perikard. Die späteren kardialen Schädigungen werden durch Antikörper hervorgerufen, die als kreuzreagierende Antikörper durch Streptokokkenantigene induziert werden und gleichzeitig mit dem Endokard reagieren. Der Häufigkeit nach wird die Mitralklappe alleine in ca. 30% der Fälle befallen, die Aortenklappe alleine in ca. 20%, Aorten- und Mitralklappe zusammen in ca. 55%, Drei- bzw. Vierklappenerkrankungen liegen in ca. 5% der Fälle vor. Die rheumatische Perikarditis heilt gewöhnlich folgenlos ab. Ein Übergang in eine Pericarditis constrictiva ist extrem selten.

Ein akutes rheumatisches Fieber ist heute eine Rarität (Erregerwandel, obligate Penizillintherapie von Streptokokkeninfektionen). Wenn allerdings ein rheumatisches

Fieber auftritt, so ist in ca. 60% der Fälle beim Kind und 20% der Fälle beim Erwachsenen mit der Entwicklung eines Herzfehlers zu rechnen.

**Therapie.** Da die Schwere und Dauer der initialen rheumatischen Karditis sowie die Häufigkeit rheumatischer Rezidive wesentlich darüber entscheiden, ob und wie schnell sich ein Klappenfehler ausbildet, ist zur Beseitigung der ursächlichen Streptokokkeninfektion eine Behandlung mit Penizillin unverzüglich einzuleiten und über mindestens 10 Tage fortzuführen. Das Ausmaß der klinischen Manifestationen bei der Ersterkrankung hat keinen Einfluß auf die Rezidivwahrscheinlichkeit. Von den Rezidiven ist die weitere Prognose abhängig. Deshalb muß bei Rezidiven eine langjährige Dauertherapie durchgeführt werden. Die Prophylaxe von Streptokokkeninfektionen der oberen Atemwege besteht in einer Langzeittherapie über 5 bis 10 Jahre nach dem rheumatischen Fieber bei den Patienten, die nach dem 15. Lebensjahr erstmals an einem rheumatischen Fieber erkrankten und einer Behandlung bis zum 25. Lebensjahr, wenn die Erkrankung in der Kindheit lag. Der Nutzen einer prophylaktischen Tonsillektomie bei Patienten mit rheumatischem Fieber ist umstritten.

### 7.12.2 Infektiöse (bakterielle) Endokarditis

Die bakterielle Besiedelung einer oder mehrerer Herzklappen nach septischer Allgemeinerkrankung oder bei Patienten mit vorbestehendem Vitium und Bakteriämie (z. B. nach ärztlichen Eingriffen) ist relativ häufig. Voraussetzung ist das Auftreten von Bakterien im Blut, die schon in geringer Zahl bei ***disponierten Individuen*** (Alkoholismus, Abwehrschwäche) eine Endokarditis auslösen können. Der Erkrankungsverlauf ist entweder subakut (Endocarditis lenta, meistens durch Streptococcus viridans verursacht) oder akut destruierend (meistens durch Staphylococcus aureus induziert). Der bakterielle oder mykotische Befall der Herzklappen verursacht Nekrosen, thrombotische Auflagerungen, Sehnenfädenabrisse etc.). Der Krankheitsverlauf wird bestimmt durch Ausmaß und Fortschreiten der Klappendestruktion, durch die Embolien und durch immunologische Sekundärphänomene, wie Perikarditis, Myokarditis etc. Insbesondere die ***Mikroembolisierung*** (Splinterblutungen unter den Fingernägeln und auf den Schleimhäuten sowie im Augenhintergrund), mykotische Aneurysmen jedweder Lokalisierung sowie Osler-Herde und die Löhlein-Herdnephritis (Mikrohämaturie) sind für die bakterielle Endokarditis charakteristisch. Am häufigsten befallen werden die Mitralklappe bzw. Aortenklappe. Bei Einschwemmung ins venöse System (Verweilkatheter, Drogenabhängige) kann es auch zum Befall der Trikuspidal- oder Pulmonalklappe kommen. Auch angeborene Shuntverbindungen sowie implantierte Kunstklappen können zum Sitz der Endokarditis werden.

**Jede unklare fieberhafte Erkrankung bei einem Patienten mit Herzgeräusch ist bis zum Beweis des Gegenteils als Endokarditis anzusehen.**

**Symptomatik und klinisches Bild.** Die bakterielle Endokarditis verläuft in der Regel als ***subfebrile Erkrankung*** mit allgemeinem Krankheitsgefühl, Fieber, Gewichtsverlust und Schweißneigung, kann aber auch im Rahmen einer ***septischen Allgemeininfektion*** foudroyant und mit Schüttelfrost verlaufen. Die Diagnose wird sicher, wenn Mikroembolien oder mykotische Aneursymen nachweisbar werden. Ein ***neuauftretendes Herzgeräusch*** (meist Klappeninsuffizienz) beweist die Endokarditis. Jede vorbestehende kardiale Schädigung prädisponiert zur bakteriellen Endokarditis. Im Blutbild findet sich eine mäßige Leukozytose, die BKS ist meist stark beschleunigt. Bei fortschreitenden Klappenveränderungen ändern sich die Geräusche. Oft kommt es zur Ausbildung einer Splenomegalie und Anämie. Echokardiographisch gelingt oft der Nachweis von vegetativen Klappenauflagerungen bzw. Klappendefekten.

Die ***Diagnose*** wird durch mehrere Blutkulturen bei Anstieg der Temperaturen gesichert. ***Differentialdiagnostisch*** kommen in Betracht: das rheumatische Fieber bzw. rheumatische Herzerkrankungen, Fieber unbekannter Ursache, traumatische Herzklappenfehler, Perikarditiden und funktionelle Herzgeräusche.

**Therapie.** Venöse Verweilkatheter sind zu vermeiden, obwohl mindestens 3mal täglich für die antibiotische Therapie punktiert werden muß. Die gezielte Ausschaltung von verursachenden Infektionen (Zahngranulome, Sinusitiden, retrotonsilläre Abszesse etc.) muß unter antibiotischem Schutz durchgeführt werden. Bei infektiöser Endokarditis ist eine Antikoagulanzientherapie kontraindiziert (Ausnahme: Herzklappenprothesen oder zurückliegende Lungenarterienembolien). Das allgemeine konservative Vorgehen bei infektiöser Endokarditis ist in Tabelle 7.31 aufgeführt.

**Tabelle 7.31.** Allgemeine Maßnahmen der konservativen Therapie bei infektiöser Endokarditis

*Obligatorisch:*
- keine Verweilkatheter
- Ausgleich der Flüssigkeits- und Elektrolytbilanz
- gezielte Herdsanierung
- exakte klinische (Gewicht, Pulsqualität, Blutdruck, tägliche Auskultation), klinisch-chemische (Blutbild, BKS, Kreatinin, Urinstatus) und apparative (EKG, Röntgen, Echokardiogramm) Verlaufsbeobachtung
- relative Kontraindikation für Antikoagulanzien
- relative Kontraindikation für Kortikosteroide
- frühzeitige Kontaktaufnahme mit dem klinischen Mikrobiologen

*Häufig erforderlich:*
- Bettruhe
- Fiebersenkung (physikalische und medikamentöse Maßnahmen)
- Therapie einer latenten oder manifesten Herzinsuffizienz
- vorausschauende Information des Kardiochirurgen

*Gelegentlich erforderlich:*
- Rhythmusüberwachung am Monitor

Die notwendige antibiotische Therapie der infektiösen Endokarditis richtet sich nach dem Erreger. In der Regel erfolgt sie nach Empfindlichkeitsaustestung. Da die konsequente und effektive antibiotische Therapie der bakteriellen Endokarditis extrem wichtig ist und am Einzelfall orientiert sein muß (Empfindlichkeitsspektrum!), können hier nur Anhaltspunkte gegeben werden:

- Bei ***Endokarditis durch penizillinsensible Streptokokken*** ist in der Regel eine Therapie mit intravenösem Penzillin und einem Aminoglykosid indiziert. Für Patienten mit Penizillinallergie wird eine Monotherapie mit Vancomycin oder eine Kombination mit einem Aminoglykosid und Cephalosporin empfohlen.
- Bei ***penizillinresistenten Streptokokken (Enterokokken)*** ist die Gabe von Ampizillin in Kombination mit einem Aminoglykosid unverzichtbar. Bei Penzillinallergie empfiehlt sich Vancomycin mit einem Aminoglykosid. Eventuell kann auch ein β-Laktam-Antibiotikum (z. B. Imipenem) gegeben werden.
- ***Staphylokokkenbedingte Endokarditiden*** verlaufen meist akut bzw. dramatisch. Nach Abnahme von Blutkulturen empfiehlt sich die Gabe von hochdosiertem Penzillin, kombiniert mit einem Aminoglykosid, bis die Empfindlichkeit ausgetestet wurde. Bei Penizillinallergie kann Penizillin durch Cephazolin oder Vancomycin ersetzt werden. Auch die Gabe eines Oxazillins oder Flucloxazillins mit Gentamycin wird empfohlen.

Bei ***Pilzendokarditis*** hat sich als antimykotische Therapie die Wahl einer Kombination von Amphotericin B und 5-Fluorocytosin bewährt.

Wenn kein Erregernachweis gelingt, wird initial hochdosiert mit Penizillin G (20–40 Mio. Einheiten pro die, verteilt über 24 h als Kurzinfusionen) und einem Aminoglykosid behandelt. Da die bakterielle Endokarditis je nach Erreger auch heute noch mit einer ***Mortalität von 10–30%*** einhergehen kann, ist äußerste Sorgfalt (Therapieüberwachung, wiederholten Blutkulturen, hämodynamische Kontrollen etc.) angebracht. Die Therapie wird grundsätzlich intravenös und wenigstens 6 Wochen lang bei Immobilisierung des Patienten (Bettruhe) durchgeführt.

> **Alle Entzündungszeichen müssen normalisiert sein, bevor bei einer bakteriellen Endokarditis die intravenösen Antibiotikagaben abgesetzt werden können.**

**Indikation zu operativer Therapie.** Bei hämodynamischer Instabilität wegen ausgeprägter Klappeninsuffizienz, bei Morbus embolicus trotz 2- bis 3tägiger antibiotischer Therapie, bei Therapieresistenz trotz korrekter antibiotischer Therapie und nach Wechsel des antibiotischen Schemas ist nach Absprache mit dem Herzchirurgen das operative Vorgehen indiziert.

**Primär- und Reinfektionsprophylaxe.** Die Pathogenese der infektiösen Endokarditis zeigt, daß ein ***vorbestehendes Vitium cordis*** prädisponierend für eine Infektion ist. Patienten mit erworbenen Herzklappenfehlern, insbesondere solche nach prothetischem Herzklappenersatz, tragen ein besonders hohes Risiko. Eine Prothesenendokarditis erfordert jedoch fast immer eine baldige Reoperation.

Da transiente Bakteriämien nach einer Reihe von Verletzungen der Haut oder Schleimhäute vorkommen, die bei prädisponierenden Patienten eine Endokarditis hervorrufen können (Tabelle 7.32), ist heute bei diesen Patienten und derartigen Eingriffen eine Endokarditisprophylaxe zwingend erforderlich.

> **Es ist ein schwer wiedergutzumachender Fehler, bereits vor Abnahme mehrerer Blutkulturen bei Verdacht auf Endokarditis Antibiotika zu geben.**

**Tabelle 7.32.** Bakteriämiehäufigkeit nach diagnostischen und therapeutischen Eingriffen

| Eingriff | Häufigkeit (%) |
|---|---|
| Urogenitale Operationen | 10–80 |
| Ösophagusdilatation | ca. 50 |
| Zystoskopie | 10–40 |
| Leberbiopsie | 0–10 |
| Gastroduodenoskopie | 0–10 |
| Kontrasteinlauf | 5–10 |
| Starre Sigmoidoskopie | 5–10 |
| Hämorrhoidektomie | ca. 10 |
| Blasenkatheter | ca. 10 |
| Endoskopisch-retrograde Cholangiopankreatikographie (ERCP) | ca. 10 |
| Koloskopie | 2–5 |
| Obere gastrointestinale Endoskopie | <1 |
| Flexible Sigmoidoskopie | <1 |
| Intrauterinpessarwechsel | <1 |
| Herzkatheteruntersuchungen | <1 |

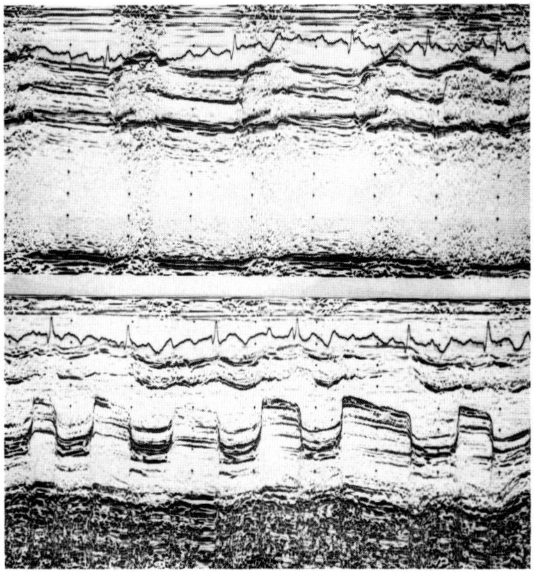


**Abb. 7.24.** M-Mode-Echokardiogramm einer Mitralstenose. *Oberer Streifen:* Aorta und dilatierter linker Vorhof (67 mm). *Unterer Streifen:* Stenosemuster der Mitralbewegung mit vielfachen Echos, verlangsamtem diastolischen Gefälle (22 mm/s), parallel bewegtem muralem Segel (rechter Bildrand) und fehlender A-Welle bei Vorhofflimmern

## 7.12.3 Erworbene Klappenfehler

### Mitralstenose

Die Mitralstenose ist der häufigste erworbene Herzklappenfehler und tritt meist 10–20 Jahre nach durchgemachtem rheumatischen Fieber auf. Verschmelzungen und Verklebungen an Sehnenfäden, Klappenrändern und Verwachsungen der Kommissuren führen durch Schrumpfungsprozesse zur valvulären Einengung. Klinische Symptome sind erst zu erwarten, wenn die normale Öffnungsfläche der Mitralklappe (mehr als 4 $cm^2$) auf 1–1,5 $cm^2$ reduziert ist. Erst dann kommt es zu einer Behinderung des Blutflusses vom linken Vorhof in den linken Ventrikel mit Ausbildung eines Druckgradienten und Anstieg des linken Vorhofdrucks um 5 bis 20 mm Hg unter Ruhebedingungen. In Abhängigkeit vom Schweregrad der Stenose steigen linksatrialer Vorhofdruck und Vorhofgröße an, es tritt Vorhofflimmern auf, anfangs intermittierend, später permanent.

Mit dem Auftreten von Vorhofflimmern nimmt das Schlagvolumen des Herzens ab (infolge der zu kurzen diastolischen Füllungszeiten). Die daraufhin erfolgende Einbeziehung der Lungenstrombahn (chronische pulmonalvenöse Druckerhöhung) führt zur pulmonalarteriellen Hypertonie mit progredientem Anstieg des pulmonalvaskulären Widerstandes. In Spätstadien kommt es zur rechtsventrikulären Hypertrophie und Rechtsherzinsuffizienz.

**Symptomatik.** Die Erkrankung ist gekennzeichnet durch eine ***chronische Lungenstauung*** mit sekundärer pulmonaler und Rechtsherzbelastung und unter Umständen mit relativer Trikuspidalinsuffizienz. Im vergrößerten linken Vorhof finden sich dann häufig ***Thromben,*** wenn Vorhofflimmern vorliegt. Dementsprechend können arterielle Embolien (Gehirn, Nieren etc.) auftreten. Leistungsschwäche, Dyspnoe, Orthopnoe, Hämoptoe (Lungenstauung, Bronchialvenenstauung), Zyanose (periphere Zyanose) und Facies mitralis (Mitralbäckchen) weisen auf die Diagnose hin. Typisch sind der paukende 1. Herzton, der Mitralöffnungston und das diastolische Geräusch bei Sinusrhythmus (bei Vorhofflimmern fehlt ein präsystolisches Crescendogeräusch über der Herzspitze). Im EKG zeigen sich die Rechtsherzbelastungshinweise (Steil- bis Rechtstyp, inkompletter Rechtsschenkelblock, außerdem Vorhofflimmern und P mitrale). Im Thoraxröntgenbild tritt die typische ***Mitralkonfiguration*** des Herzens mit ausgeprägtem „Schlagschatten" des linken Vorhofs auf, bei schwerer Lungenstauung Kerley-B-Linien.

Die ***Echokardiographie*** (Abb. 7.24–7.26) erlaubt die definitive Klärung durch Nachweis der fibrotischen Ver-

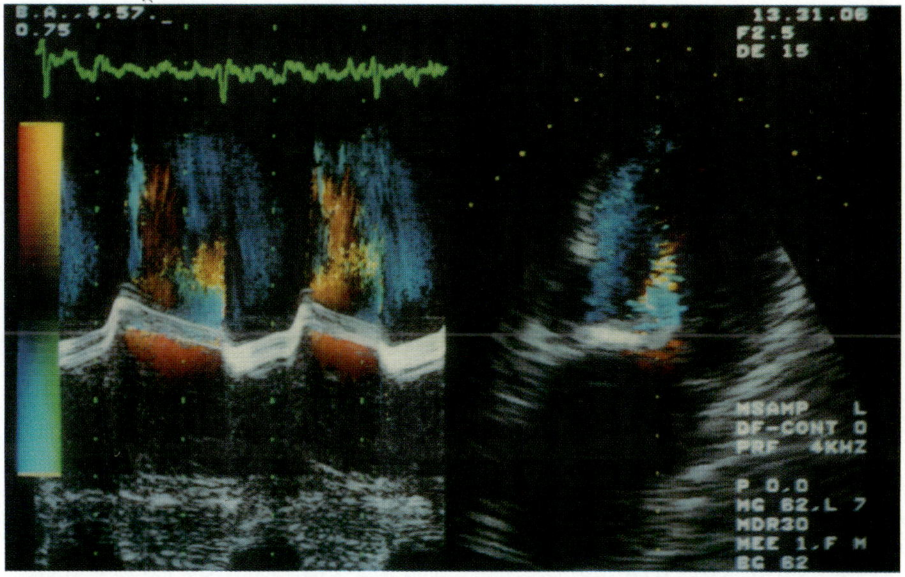


**Abb. 7.25.** Farbdopplerecho bei Mitralstenose im 4-Kammer-Blick. *Rechts:* Turbulenter diastolischer Einstrom durch das Mitralostium. *Links:* Farb-M-Mode mit diastolisch turbulenter Strömung apikal des verdickten Mitralechos

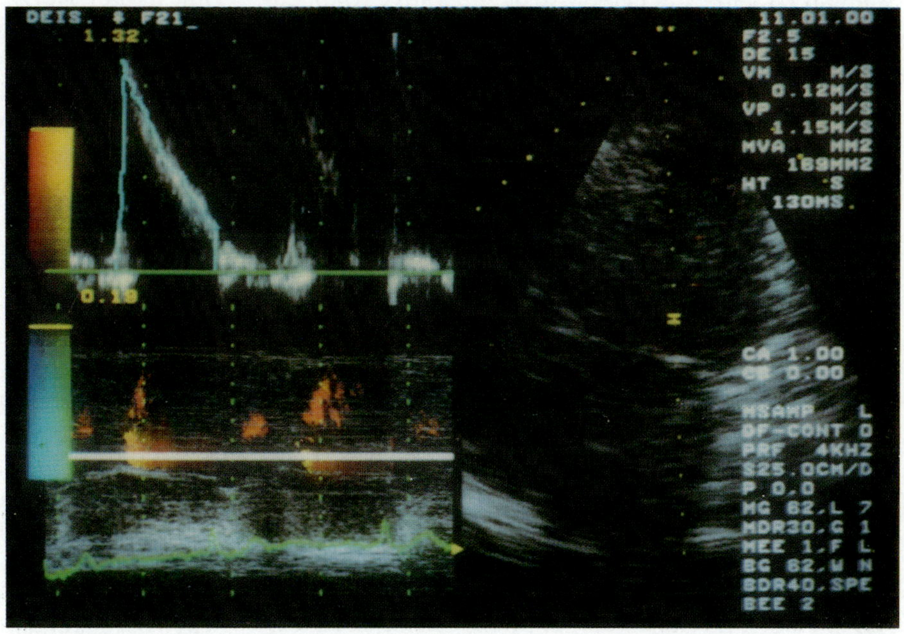


**Abb. 7.26.** Umfahrung des diastolischen Flußmusters (apikaler Blick) bei geringgradiger Mitralstenose. Aus dem diastolischen Geschwindigkeitsgefälle wird die Druckhalbwertszeit berechnet; sie ist 130 ms; die entsprechende Mitralöffnungsfläche liegt bei 1,7 cm². Die Strömung ist wegen des geringen Schweregrades nicht turbulent

dickungen oder Verkalkungen der Mitralklappen, Quantifizierung der Mitralstenose durch Berechnung der Klappenöffnungsfläche, Messung der linksatrialen Größe und Beurteilung der pulmonalen Hypertonie. Die dopplerechokardiographische Druckgradientenmessung stimmt gut mit der invasiv durchgeführten Messung überein. Die ***Herzkatheteruntersuchung*** ist nur bei geplanter Operation und auch dann nur notwendig, wenn komplizierende andere Erkrankungen (Koronarerkrankungen) vorliegen (Abb. 7.27).

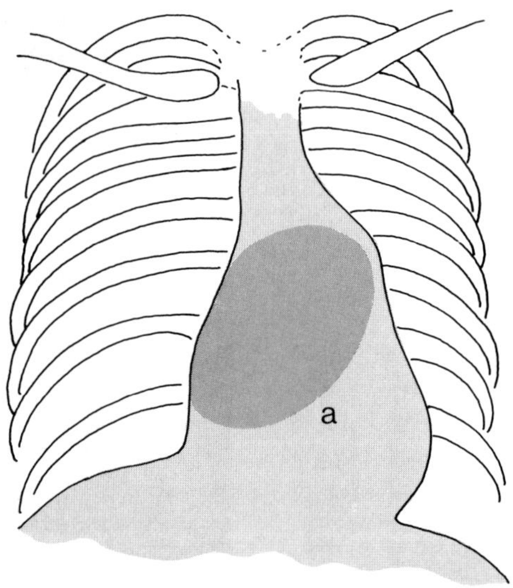


**Abb. 7.27.** Mitralstenose: typisches Röntgenbild. *a* Schlagschatten des linken Vorhofs

**Therapie.** Die konservative Therapie beschränkt sich auf die Endokarditisprophylaxe, die Thromboemboliepropyhlaxe ***(bei Vorhofflimmern obligate Antikoagulation)*** und die Behandlung der Herzinsuffizienzsymptomatik.

Bei unverkalkter gut beweglicher Mitralklappe wird heute die ***Mitralklappenrekonstruktionsoperation*** mit 85%igem Primärerfolg (Vermeidung einer Kunstklappe) durchgeführt. Die ***Ballondilatation*** verengter Mitralklappen erscheint sehr erfolgversprechend und entspricht hämodynamisch den Resultaten der früher durchgeführten „blinden" Klappensprengung intraoperativ. In Stadium III und IV NYHA wird der operative Klappenersatz durchgeführt. Die Operationsletalität muß mit etwa 10% veranschlagt werden. Die Langzeitprognose ist vom präoperativen Zustand und der begleitenden rheumatischen Myokarderkrankung abhängig. Ist bereits eine sekundäre pulmonale Hypertonie eingetreten, steigen Operationsletalität und postoperative Komplikationsraten. Nach Klappenersatzoperationen in Mitralposition wird obligat eine Antikoagulation durchgeführt. Bei implantierter Bioklappe und Sinusrhythmus kann auf die Antikoagulanzientherapie verzichtet werden.

### Mitralinsuffizienz

Diese meist im Rahmen einer rheumatischen Endokarditis, einer bakteriellen Endokarditis oder nach Mitralklappenprolaps (s. 7.4.4) auftretende erworbene Erkrankung mit ***Schlußunfähigkeit der Mitralklappe*** und ***systolischem Reflux*** in den linken Ventrikel führt zur Volumenüberlastung des linken Vorhofs und der linken Herzkammer. Im Gegensatz zur Mitralstenose ist bei der Mitralinsuffizienz der linke Ventrikel vergrößert und hypertrophiert. Sekundär kann es aber über Drucksteigerungen im linken Vorhof und im Pulmonalkreislauf ebenfalls zu einer Drucküberlastung des rechten Ventrikels und zur pulmonalen Hypertrophie (Spätstadien) kommen. Die ***akute Mitralinsuffizienz*** (z. B. nach Herzinfarkt mit Papillarmuskelnekrose oder bakterieller Endokarditis) zeigt einen bedrohlichen, raschen Verlauf mit akuter Herzinsuffizienz (fehlende kardiale Anpassung). Die ***chronische Mitralinsuffizienz*** verläuft langsam über Jahre und zeigt häufig selbst bei Regurgitationsvolumina von über 50% im Frühstadium nur wenige Symptome. Bei Auftreten einer Linksherzinsuffizienz entwickelt sich ein ähnliches Bild wie bei der Mitralklappenstenose mit Dyspnoe und Leistungseinschränkung.

**Symptomatik und Prognose.** Auch bei der Mitralinsuffizienz tritt bei ausgeprägter Vergrößerung des linken Vorhofs Vorhofflimmern auf, die Symptome entsprechen denen der Herzinsuffizienz. Auskultatorisch findet man einen leisen 1. Herzton und ein holosystolisches Geräusch mit Punctum maximum über der Herzspitze. Im EKG werden Linksherzbelastungszeichen auffällig (Linkstyp, Erregungsrückbildungsstörung linkspräkordial, P mitrale). Röntgenologisch sieht man die Vergrößerung des linken Vorhofs und des linken Ventrikels, bei fortgeschrittenen Vitien die Lungenstauung und Zeichen der sekundären pulmonalen Hypertonie. Die Echokardiographie zeigt die Vergrößerung des linken Vorhofes und des linken Ventrikels. Mit Hilfe des Farbdopplers kann die Insuffizienzkomponente halbquantitativ nachgewiesen werden. Die invasive Herzkatheterdiagnostik erlaubt die genaue Quantifizierung der Diagnose präoperativ.

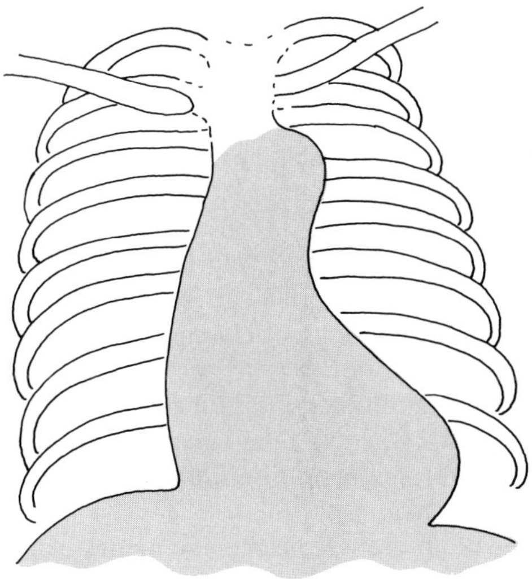

**Abb. 7.28.** Aortenstenose. Typisches Röntgenbild

Wie bei der Mitralstenose ist die konservative Therapie der Mitralinsuffizienz primär eine Herzinsuffizienztherapie. Als gesichert kann die ***Behandlung mit ACE-Hemmern*** (Nachlastsenkung) speziell bei der Mitralinsuffizienz (wie beim Ventrikelseptumdefekt und der Aorteninsuffizienz) gelten. Außerdem müssen Komplikationen behandelt werden (Antikoagulanzientherapie), und auf eine Endokarditisprophylaxe muß geachtet werden. Wegen des langsamen Verlaufs wird die Indikation zum operativen Klappenersatz erst beim Eintreten der Herzinsuffizienz im Stadium III NYHA gestellt. Ausnahmen sind Rekonstruktionsmöglichkeiten bei weitgehend intaktem Mitralklappenersatz (keine Verkalkung).

### Aortenklappenstenose

Valvuläre Aortenstenosen entwickeln sich nach rheumatischer Herzerkrankung erst nach langer Laufzeit. Mit Ausnahme der schon bei der Geburt hämodynamisch bedeutsamen Aortenstenose unterscheiden sich Pathophysiologie, Symptomatik und natürlicher Verlauf der angeborenen Aortenstenose und der erworbenen Stenose von bikuspidal oder trikuspidal angelegten Aortenklappen kaum. Lediglich der Manifestationszeitpunkt der Erkrankung ist verschieden. Angeborene Fehlbildungen (bikuspidale Klappe) sind häufig mit sekundären Veränderungen vergesellschaftet. Bei kongenitalen Aortenstenosen lassen sich Verkalkungen durchschnittlich mit dem 30. Lebensjahr, bei angeborenen bikuspidalen Aortenklappen mit 50 Jahren nachweisen. In etwa diesem Alter treten Verkalkungen auch bei Patienten nach rheumatischem Fieber auf. Eine degenerative abakterielle Verkalkung von Aortenklappen beim alten Patienten (70–90 Jahre) scheint auf ein eigenes Krankheitsbild hinzuweisen.

Zwischen der Einengung des Aortenklappenostiums und dem transaortalen Druckgradienten besteht eine exponentielle Abhängigkeit. Bei normalem Durchflußvolumen in Ruhe entsteht ein hämodynamisch bedeutsamer Gradient deshalb erst bei einer Verengung der normalerweise beim Erwachsenen ca. 3 $cm^2$ messenden Aortenklappenöffnungsfläche auf weniger als 1 $cm^2$. Beschwerden wie Dyspnoe, Schwindel, Angina pectoris oder Synkopen manifestieren sich unter Belastung im allgemeinen erst ab einer Verminderung der Aortenklappenöffnungsfläche auf weniger als 0,75 $cm^2$. Unter Belastung kann der Druckgradient dann auf Werte über 100 mm Hg ansteigen. Oft liegt bei hochgradiger Aortenklappenstenose mit Verkalkung begleitend eine Insuffizienz vor. Die Klappenstenose führt kompensatorisch zu einer ***konzentrischen Linksherzhypertrophie.*** Erst in Spätstadien entwickelt sich eine Insuffizienz mit Dilatation und Rückstau in den Lungenkreislauf. Wenn die Auswurffraktion des linken Ventrikels absinkt, beginnt gewöhnlich eine rasche Verschlechterung des Zustands mit belasteter Prognose. Die Druckbelastung des linken Ventrikels führt außerdem zu einer Zunahme des enddiastolischen Füllungsdrucks und einem erhöhten $O_2$-Bedarf bei gleichzeitig verminderter myokardialer Perfusion (niedriger Perfusionsdruck). Dies erklärt die pektanginösen Beschwerden bei Aortenklappenstenose (Abb. 7.28).

Meist ist im 1. und 2. rechten Interkostalraum ein Schwirren tastbar. Typischerweise auskultiert man bei Aortenklappenstenosen ein spindelförmiges Stenosegeräusch im 2. Interkostalraum rechts parasternal, bis links (Punctum maximum Erb) reichend. Das Strömungsgeräusch wird in die Karotiden fortgeleitet. Elektrokardiographisch bestehen Zeichen der Linksherzhypertrophie mit Linkstyp, positivem Sokolow-Index und Erregungsrückbildungsstörung links präkordial. *Röntgenologisch* findet man Hinweise für die konzentrische Linksherzhypertrophie sowie eine Ektasie der Aorta ascendens (poststenotische Ektasie). Bei der Durchleuchtung sieht man häufig Aortenklappenkalk. Je ausgeprägter die Aortenklappenstenose, desto später in der Systole tritt das Maximum des rauhen Systolikums auf. ***Echokardiographisch*** sind die fibrosierten bzw. verkalk-

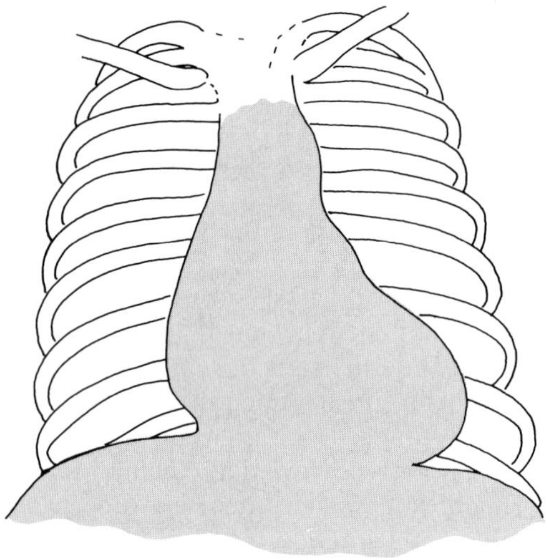

**Abb. 7.29.** Aorteninsuffizienz. Typisches Röntgenbild

ten Aortenklappen nachweisbar, der Druckgradient an der Klappe kann durch Dopplerechokardiographie nichtinvasiv recht genau gemessen werden, die linksventrikuläre Hypertrophie ist nachweisbar, dopplersonographisch ist ein eventueller Reflux zu erfassen. Zur ***präoperativen Abklärung*** ist die Herzkatheteruntersuchung mit Koronarographie und Aortographie neben der Bestimmung des Druckgradienten und des Herzminutenvolumens notwendig (Quantifizierung der Klappenöffnungsfläche).

***Differentialdiagnostisch*** muß an die hypertrophische obstruktive Kardiomyopathie ebenso gedacht werden wie an eine Fibrosierung der Aortenklappen ohne wesentlichen Druckgradienten.

Die symptomatische Aortenklappenstenose muß durch ***Klappenersatzoperation*** behandelt werden. Die Ballondilatation hat sich wegen rascher Restenosierung nicht bewährt. Sind einmal Angina pectoris, Synkopen oder Herzinsuffizienzsymptome aufgetreten, ist mit einer Letalität von 50% innerhalb von 1–3 Jahren zu rechnen. Der akute Herztod (Rhythmusstörung!) tritt in 10% der Fälle mit Aortenklappenstenose auch ohne wesentliche vorherige Symptome auf. Es muß darauf geachtet werden, daß zur Beurteilung des Schweregrades einer Aortenklappenstenose die ***Klappenöffnungsfläche*** herangezogen wird und nicht allein der Druckgradient (abhängig vom Durchflußvolumen!). Die weitere Prognose des Patienten nach Aortenklappenersatzoperation hängt von der Ventrikelfunktion präoperativ ab. Auch deshalb empfiehlt sich die frühzeitige Operation.

### Aortenklappeninsuffizienz

Die Aortenklappeninsuffizienz ist nach der Mitralstenose der zweithäufigste Klappenfehler. Nach bakterieller Endokarditis, bei Mesaortitis luica, posttraumatisch und beim Aneurysma dissecans tritt eine Aorteninsuffizienz auf. Pathophysiologisch ist die Aortenklappeninsuffizienz charakterisiert durch die Folgen der ***Regurgitation an der Aortenklappe*** in den linken Ventrikel: Ein großes Schlagvolumen führt zur Volumenbelastung des linken Ventrikels mit den Folgen der exzentrischen Hypertrophie und zunehmenden Gefügedilatation (in Abhängigkeit vom Ausmaß des Refluxes). Dementsprechend tritt als klinisches Leitsymptom die ***große Blutdruckamplitude mit Pulsus celer et altus*** auf.

Klinisch können der hohe systolische und niedrige diastolische Blutdruck zur sichtbaren Pulsation am Hals mit pulsynchronem Kopfnicken (Musset-Zeichen) führen. Die Patienten geben vorwiegend Palpitationen und rasche Ermüdbarkeit an, beides tritt aber erst bei fortgeschrittenen Vitien auf. Bei beginnender Dekompensation haben die Patienten pektanginöse Beschwerden, Dyspnoe und Rhythmusstörungen. Palpiert werden kann der hebende und verbreiterte Spitzenstoß, auskultatorisch findet man gelegentlich ein schwer hörbares sofortdiastolisches Decrescendogeräusch über der Aortenklappe bzw. im 3. Interkostalraum links parasternal. Im EKG finden sich Hinweise auf die Linksherzhypertrophie zusammen mit linkspräkordialen Erregungsrückbildungsstörungen. Im Röntgenbild findet man ein typisch ***aortenkonfiguriertes Herz*** (Holzschuhform). Über der Herzspitze tritt bei hochgradiger Aorteninsuffizienz ein diastolisches Rumpeln (Austin-Flint-Geräusch) auf (Abb. 7.29).

***Echokardiographisch*** werden als indirekte Zeichen die diastolische Oszillation des vorderen Mitralsegels sowie der vorzeitige Mitralklappenschluß nachweisbar. Der enddiastolische Durchmesser des linken Ventrikels ist vergrößert. Bei der Farbdoppleruntersuchung kann der aortale Reflux halbquantitativ sichtbar gemacht werden. Durch die invasive Herzkatheterdiagnostik wird die Aorteninsuffizienz präoperativ quantifiziert, zusätzliche Funktionsstörungen werden aufgedeckt (Abnahme der Auswurffraktion zeigt Dekompensation).

Die Indikation zur operativen Aortenklappenersatzoperation ist bei beginnender Symptomatik zu stellen. Ist die Dekompensation einmal eingetreten, hat der Patient eine schlechte Prognose. Bis zur Operation empfiehlt sich zur Behandlung neben Diuretika und Digitalis eine ***nachlastsenkende Therapie mit ACE-Hemmern.***

FALL 7F

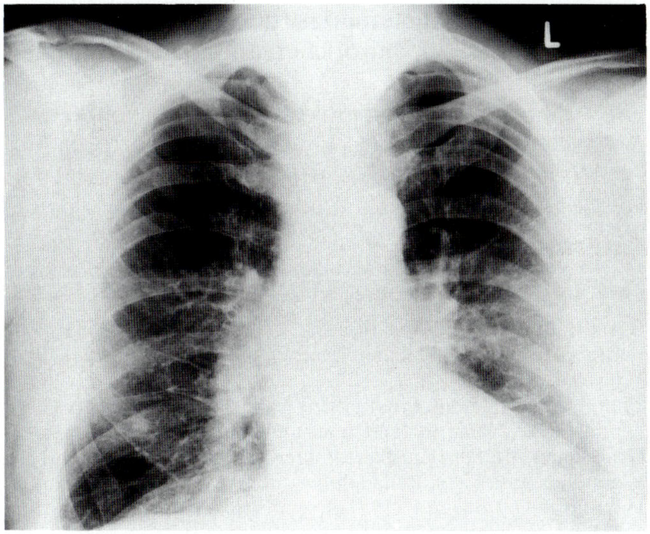


Abb. 7F1. Röntgenthorax: Aortenkonfiguriertes Herz bei hämodynamisch wirksamer Aortenklappenstenose

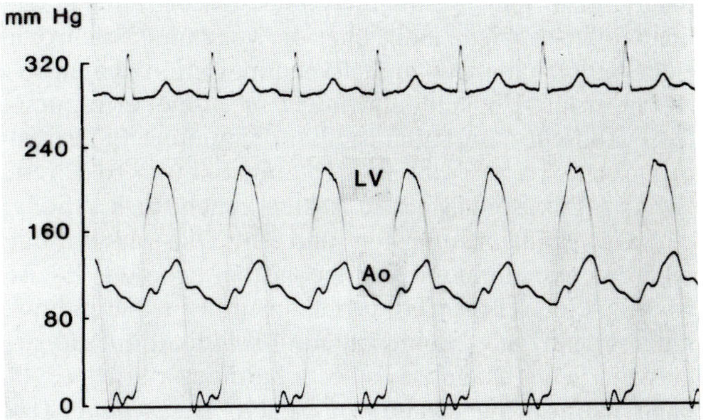


Abb. 7F2. *LV* Druckkurve im linken Ventrikel, *Ao* Druckkurve in der Aorta

**Anamnese.** Der 76jährige Patient war beim Treppensteigen plötzlich bewußtlos geworden. Nach Angaben seiner Frau kam er aber schon nach 2 min wieder zu sich. Linkspräkordiale ziehende Schmerzen mit Ausstrahlung in den linken Arm habe er schon seit 6 Monaten bei körperlicher Belastung fast regelmäßig verspürt. Abends träten Beinödeme auf. Es bestünde eine Nykturie von 4 Malen pro Nacht.

**Befunde.** Beidseitige leichte Beinödeme, Blutdruck 105/80 mm Hg, Puls um 100/min, regelmäßig. Mit Punctum maximum im 2. Interkostalraum rechts parasternal wird ein rauhes systolisches Geräusch auskultiert (bandförmig), das in beide Karotiden fortgeleitet wird. Beidseits basal über den Lungen werden mittelblasige feuchte Rasselgeräusche auskultiert.

**Thoraxröntgen.** Aortenkonfiguriertes Herz mit linksventrikulärer Dilatation sowie eine pulmonale Stauung und geringe beidseitige Pleuraergüsse (Abb. 7F1).

**Diagnose.** Hämodynamisch wirksame Aortenklappenstenose mit hydropischer Herzinsuffizienz und Belastungssynkope.

**Therapie und Verlauf.** Es wird eine Herzkatheteruntersuchung durchgeführt, bei der sich ein Druckgradient an der verkalkten Aortenklappe von etwa 100 mmHg nachweisen läßt (Abb. 7F2). Danach wird ein operativer Herzklappenersatz durchgeführt. Postoperativ erholt sich der Patient schnell und ist 2 Monate später praktisch beschwerdefrei. Eine Antikoagulanzientherapie ist wegen der implantierten Bioklappe bei Sinusrhythmus nicht erforderlich.

### Trikuspidalvitien

Trikuspidalerkrankungen sind bei rheumatischer Herzerkrankung selten, aber nicht ungewöhnlich. Als Ursache ist in der Regel eine ***bakterielle Endokarditis nach Bakteriämie*** (bei Drogenabhängigen oder iatrogen, z. B. nach infizierten zentralen Venenkathetern). Die Trikuspidalinsuffizienz kann über die venenpulssynchrone Leberpulsation bzw. Jugularvenenpulsation diagnostiziert werden. Ein spindelförmiges meist niederfrequentes systolisches Geräusch ist über dem unteren Sternum bzw. rechts parasternal im 4. Interkostalraum zu hören. Bei der Trikuspidalstenose ist der Venendruck erhöht, ein Trikuspidalöffnungston und ein Diastolikum mit Decrescendocharakter können hörbar werden. Es ist wichtig, eine relative Trikuspidalinsuffizienz bei pulmonaler Hypertonie (keine Operationsindikation!) abzugrenzen. Die Diagnose ist echokardiographisch (evtl. nach Kontrastmittelgabe) zu stellen. Die ***seltene Trikuspidalklappenstenose*** kann durch eine Ballondilatation gesprengt werden. Bei der hämodynamisch wirksamen Trikuspidalinsuffizienz ist ein operatives Vorgehen (Ringplastik) notwendig.

### Pulmonalklappeninsuffizienz

Die seltene Pulmonalklappeninsuffizienz wird bei einem mittel- bis niederfrequenten diastolischen Intervallgeräusch am linken Sternalrand, das inspiratorisch lauter wird, vermutet. Die Diagnose wird echokardiographisch und durch Herzkatheteruntersuchung (diastolischer Pulmonalarteriendruck entspricht diastolischem Ventrikeldruck) gestellt.
Die Pulmonalstenose ist praktisch immer angeboren.

## Literatur

Braunwald E (1988) Heart disease, 3rd edn. Saunders – Harcourt Brace Jovanovich, Philadelphia London Toronto Montreal Sydney Tokyo
Frankl WS, Brest AN (eds) (1986) Valvular heart disease: Comprehensive evaluation and management. Davis, Philadelphia
Grossmann W (1986) Cardiac catheterization and angiography, 3rd edn. Lea & Febiger, Philadelphia
Horstkotte D, Loogen F (1987) Erworbene Klappenfehler. Urban & Schwarzenberg, München Wien Baltimore
Lüderitz B (1984) Therapie der Herzrhythmusstörungen, 2. Aufl. Springer, Berlin Heidelberg New York
Opie LH (1984) The heart. Grune & Stratton, London
Reindell H, Bubenheimer P, Dickhuth HH, Görnandt L (Hrsg) (1988) Funktionsdiagnostik des gesunden und kranken Herzens. Thieme, Stuttgart New York
Riecker G (Hrsg) (1991) Klinische Kardiologie, 3. Aufl. Springer, Berlin Heidelberg New York Tokyo

# 8 Nierenerkrankungen

U. Frei, R. Brunkhorst und K.-M. Koch

## ZUSAMMENFASSUNG

Die Erkrankungen der Nieren lassen sich entsprechend den anatomischen Strukturen gliedern in Erkrankungen der Glomeruli, des tubulären Apparats und des Interstitiums sowie der Gefäße.

Die Leitsymptome ***glomerulärer Erkrankungen*** sind Hämaturie, Proteinurie und Hypertonie mit oder ohne Einschränkung der glomerulären Filtrationsrate. Ausprägungsgrad und Kombination dieser Symptome führen zu charakteristischen klinischen Syndromen (z.B. nephritisches und nephrotisches Syndrom). Die Mehrzahl der glomerulären Erkrankungen sind ***Glomerulonephritiden*** und beruhen auf Entzündungsprozessen, die allein die Niere betreffen. Neben diesen „primären" Glomerulonephritiden gibt es Glomerulonephritiden bei systemischen Erkrankungen. Glomeruläre Schädigungen nichtentzündlicher Natur, die im Rahmen von Stoffwechselerkrankungen auftreten, werden als ***Glomerulopathien*** bezeichnet.

Zu den Erkrankungen, deren primäre renale Läsion im Bereich der ***Tubuli*** und des ***Interstitiums*** lokalisiert ist, zählt die ***Pyelonephritis,*** eine bakterielle Nieren- und Harnwegsentzündung. Sie verursacht akut Fieber, Leukozytose, lokale Schmerzen und Bakteriurie sowie Leukozyturie. Prädisponierend für akute und chronisch bakterielle Entzündungen sind Harnabflußhindernisse. Bei rezidivierender Pyelonephritis resultiert eine destruierende chronische interstitielle Nephritis mit Niereninsuffizienz. Neben bakteriellen gibt es auch abakterielle interstitielle Nephritiden. Die wichtigste ist die durch Analgetikamißbrauch verursachte interstitielle Nephritis. ***Nierensteine*** können ebenfalls chronische Schäden im Bereich der Tubuli und des Interstitiums verursachen. Besondere Erkrankungen sind die ***zystischen Nierenerkrankungen.*** Aus Tubuli und Sammelrohren entstehen mit Flüssigkeit gefüllte Hohlräume (Zysten). Bei der häufigsten Form, der dominant vererbten polyzystischen Nierenerkrankung, degenerieren Tubuli fortschreitend zystisch, und es kommt, meist im 5. Lebensjahrzehnt, zur terminalen Niereninsuffizienz.

***Vaskuläre Nierenerkrankungen*** können alle renalen Gefäßabschnitte, die Arterien, Arteriolen und Kapillaren betreffen. In der Folge lokalisierter entzündlicher Prozesse oder als Folge systemischer Einflüsse (Hypertonie) kommt es zu Einengung und Verschluß der Gefäße. In den großen Nierenarterien und Segmentarterien führen Atherosklerose und fibromuskuläre Verdickung der Gefäßwand zu Nierenarterienstenosen, die eine reninabhängige Hypertonie zur Folge haben.

Die häufigsten ***malignen Tumoren*** von Niere und Nierenbecken bei Erwachsenen sind das Nierenzellkarzinom (85%) und das Urothelkarzinom (10%).

Alle Nierenerkrankungen einschließlich hereditärer und kongenitaler tubulärer Defekte können zu ***Störungen der Natrium-, Wasser- und Säure-Basen-Homöostase*** führen. Unter ***akuter Niereninsuffizienz*** versteht man einen akut auftretenden Abfall der glomerulären Filtrationsrate mit Auftreten einer Azotämie mit oder ohne Änderungen des Urinvolumens. Sie kann verursacht werden durch akute renovaskuläre oder renoparenchymatöse Erkrankungen, durch akute Kreislaufstörungen (prärenale Azotämie), durch eine Obstruktion der Harnwege (postrenale Azotämie). Hämodynamische Faktoren, die zu einer länger anhaltenden schweren renalen Ischämie führen, oder Substanzen, die nephrotoxisch wirken, führen zum ***akuten Nierenversagen*** (sog. intrarenales Nierenversagen, ANV). Wenn konservative Maßnahmen nicht mehr ausreichen, Entgleisungen des Salz-Wasser- und Säure-Basen-Haushalts zu korrigieren, ist der Einsatz der künstlichen Niere erforderlich. In der Mehrzahl der Fälle tritt eine vollständige Erholung der Nierenfunktion ein.

Die Klinik der ***chronischen Niereninsuffizienz*** ist Folge des Ausfalls sowohl der exkretorischen als auch der endokrinen Funktionen der Niere. Ihre Symptome sind weniger abhängig von der renalen Grundkrankheit als vom

Ausmaß der Funktionseinschränkung. Ziel der konservativen Behandlung ist, wenn die Behandlung der Grunderkrankung erfolglos bleibt, die Verlangsamung der Progression, u.a. auch durch die Minderung der Begleitkomplikationen (Hypertonie, Azidose). Die Behandlung der terminalen Niereninsuffizienz erfolgt mit Hilfe von ***Dialyseverfahren*** und durch ***Transplantation.***

## 8.1 Glomeruläre Erkrankungen

### 8.1.1 Glomerulonephritiden

#### Pathogenese

Zwei immunologische Vorgänge spielen bei der Pathogenese der Glomerulonephritis eine Rolle:

- *Glomerulonephritiden durch Ablagerung von Antigenantikörperkomplexen:* Endogene Antigene oder der Kontakt des Organismus mit exogenen Antigenen (Tabelle 8.1) führen über die Produktion eines Antikörpers zum Auftreten von Antigenantikörper (Immun)-Komplexen, die glomerulär abgelagert werden.
  Die abgelagerten Immunkomplexe bewirken über Mediatorsysteme (Abb. 8.1) die Schädigung des Glomerulus.
  Für einen Teil der Glomerulonephritiden ist davon auszugehen, daß zirkulierende Antikörper erst im Glomerulum mit einem zuvor in der Niere abgelagerten Antigen Immunkomplexe bilden (In-situ-Immunkomplexbildung).
- *Bildung von Antikörpern gegen Bestandteile der glomerulären Basalmembran:* Prototyp der auf diesem immunologischen Mechanismus beruhenden Erkrankung ist die Antibasalmembranglomerulonephritis. Sie ist gekennzeichnet durch das Auftreten von zirkulierenden Antibasalmembranantikörpern und dem immunfluoreszenzmikroskopischen Nachweis von IgG-Ablagerungen entlang der glomerulären Basalmembran.

**Tabelle 8.1.** Beispiele endogener und exogener Antigene, die eine Immunkomplexbildung mit Glomerulonephritis auslösen können

| Endogene Antigene | Exogene Antigene |
|---|---|
| Zellkernbestandteile (Lupus erythematodes) | Medikamente |
| Thyreoglobulin (Thyreoiditis) | Fremdprotein, Bestandteile von: – Bakterien (z. B. Streptokokken, Staphylokokken) |
| Tumorantigene (z. B. Kolonkarzinom) | – Parasiten (z. B. Plasmodien) – Viren (z. B. Hepatitis B) |

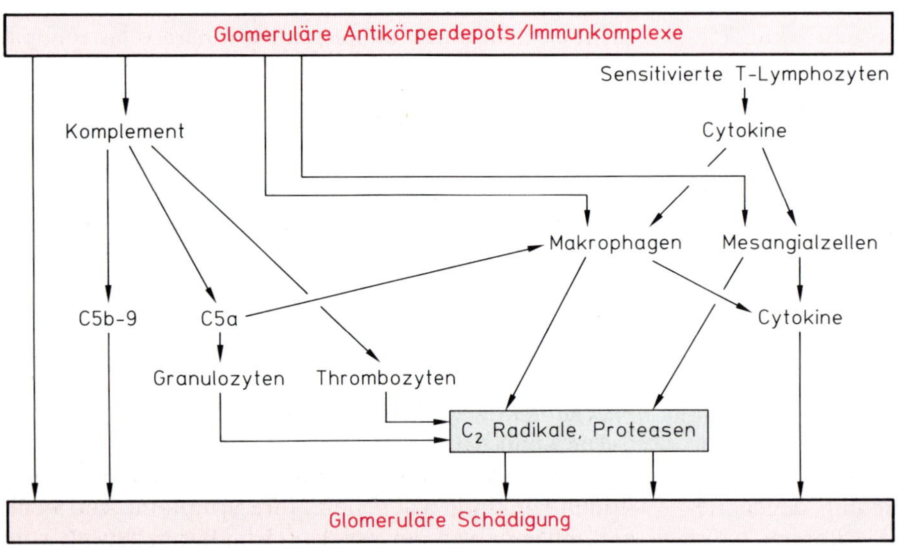


**Abb. 8.1.** Schematische Darstellung der derzeitigen Vorstellungen zur Pathogenese der Glomerulonephritiden

## Klinik

**Die Leitsymptome der glomerulären Erkrankungen sind Hämaturie, Proteinurie, Hypertonie und eine Einschränkung der glomerulären Filtrationsrate. Diese Symptome, die nicht alle vorhanden sein müssen, können unterschiedlich ausgeprägt sein und zu charakteristischen klinischen Syndromen (z.B. zum nephritischen und zum nephrotischen Syndrom) führen.**

**Oligosymptomatische Glomerulonephritis.** Eine isolierte Proteinurie zwischen 150 und 3000 mg/Tag oder eine isolierte Mikrohämaturie können allein oder gemeinsam Frühsymptome einer Glomerulonephritis sein. Differentialdiagnostisch zu unterscheiden ist bei sonst asymptomatischen Patienten eine rasch und spontan reversible „funktionelle Proteinurie", die bei körperlicher Belastung, bei Orthostase, bei hohem Fieber und bei Rechtsherzinsuffizienz beobachtet wird.

**Nephritisches Syndrom.** Das Auftreten eines Sedimentbefunds mit Hämaturie und Erythrozytenzylindern, einer Proteinurie (unter 3 g/Tag), eines akuten Abfalls der glomerulären Filtrationsrate sowie einer Natrium- und Wasserretention mit Ödembildung und Hypertonie wird als ***nephritisches Syndrom*** bezeichnet.

**Nephrotisches Syndrom.** Eine Glomerulonephritis kann mit einer ausgeprägten Proteinurie (>3 g/Tag) einhergehen. Übersteigt der renale Eiweißverlust die Proteinsynthese der Leber, entwickeln sich Hypo- und Dysproteinämie, generalisierte Ödeme und eine Hyperlipoproteinämie. Dieser Symptomkomplex wird als ***nephrotisches Syndrom*** bezeichnet.

Der pathophysiologische Mechanismus der Ödementstehung bei nephrotischem Syndrom ist schematisch in Abb. 8.2 dargestellt.

Ein besonderes Risiko des nephrotischen Syndroms ist die Hyperkoagulabilität, die vor allem Patienten mit einer Serumalbuminkonzentration unter 20 g/l betrifft und die venöse Thrombosen einschließlich Nierenvenenthrombosen und Lungenembolien verursachen kann. Ursächlich an der Gerinnungsstörung beteiligt sind ein Anstieg des Fibrinogens, eine pathologisch gesteigerte Thrombozytenaggregation und der renale Verlust von Antithrombin III.

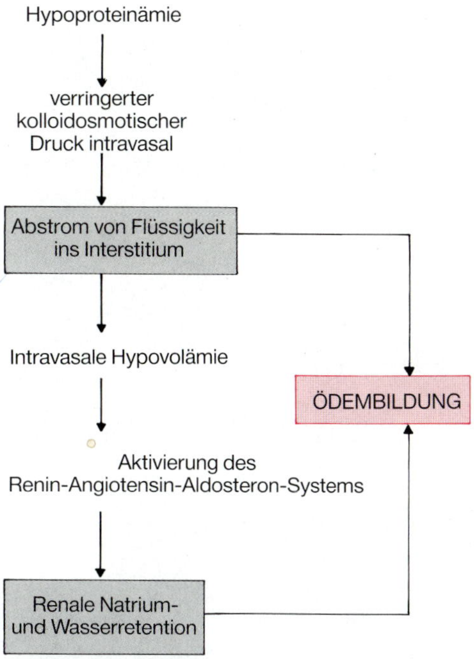


**Abb. 8.2.** Pathophysiologie der Ödementstehung beim nephrotischen Syndrom

## Verlaufsformen

Glomerulonephritiden können abhängig von ihrer morphologischen Entität sowohl akut als auch protrahiert beginnen, sie können sich spontan zurückbilden, aber auch rasch progredient zu einem Nierenversagen führen oder über Jahre chronisch verlaufen.

## Diagnostik

Bei Vorliegen einer ***Erythrozyturie*** (Normalwerte: <5 Erythrozyten pro Gesichtsfeld bei 400facher mikroskopischer Vergrößerung; <3000 Erythrozyten pro Minute im Addis-Count) und/oder einer Proteinausscheidung über 0,15 g/Tag besteht der Verdacht auf eine Glomerulonephritis. Der zusätzliche Nachweis von Erythrozytenzylindern oder von erythrozytären Dysmorphien in der Phasenkontrastmikroskopie (typische morphologische Veränderungen von mehr als 80% der Erythrozyten) (Abb. 8.3 a–f) sichert die Diagnose einer Glomerulonephritis.

Bei Vorliegen einer ***erhöhten Proteinausscheidung*** müssen weitere Analysen zeigen, ob die Proteinurie Folge einer glomerulären oder einer interstitiell-

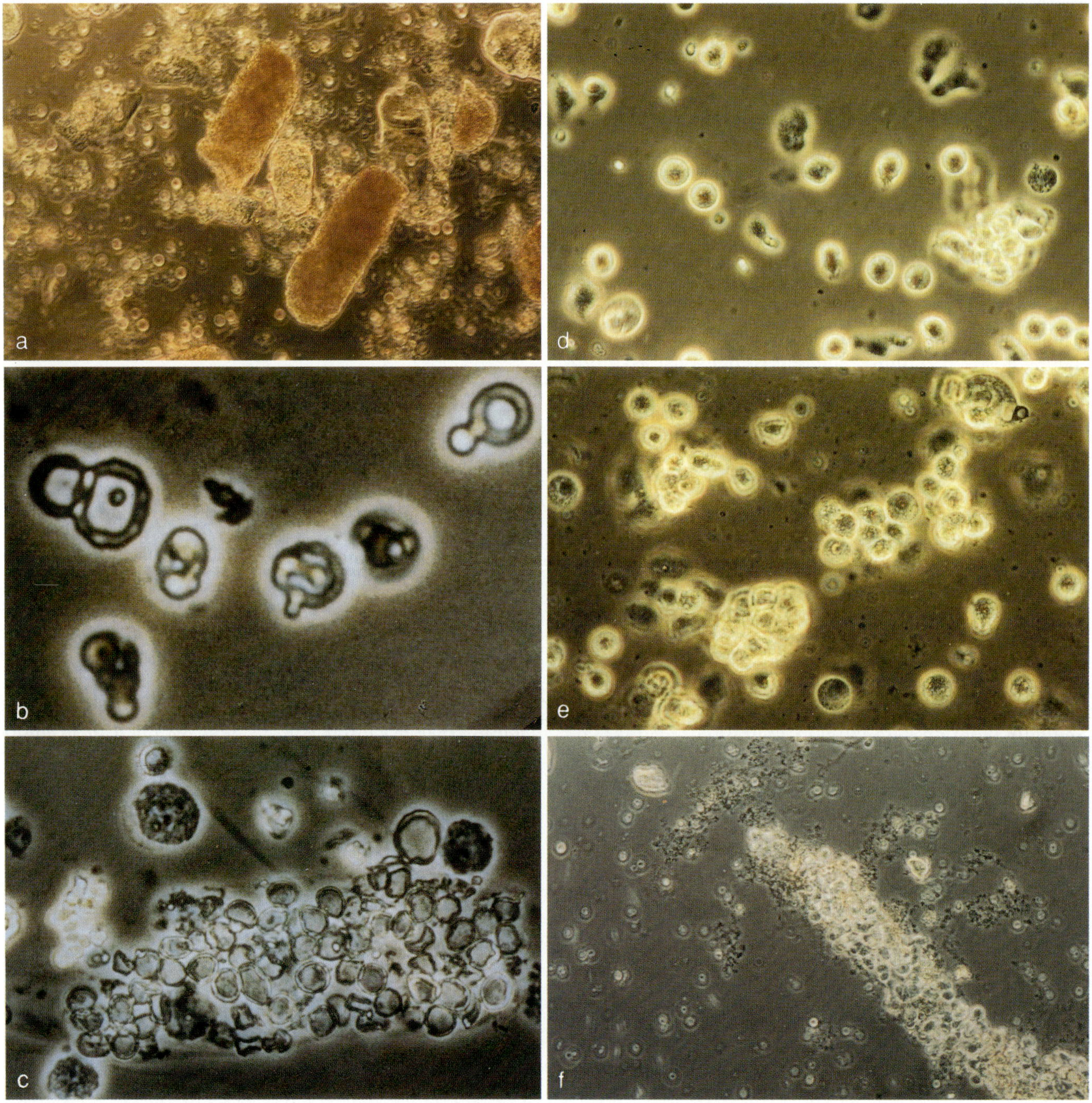

**Abb. 8.3 a–f.** Harnsediment bei Glomerulonephritis **(a–c)** bzw. Pyelonephritis **(d–f)**. **a** Erythrozyten- bzw. Blutzylinder. **b** Dysmorphe Erythrozyten (stark vergrößert). **c** Erythrozytenzylinder (stark vergrößert). **d** Leukozyten. **e** Leukozytenhaufen und Bakterien. **f** Leukozytenzylinder

tubulären Läsion sind. In der Klinik wird zwischen einer „kleinen" (zwischen 0,15–3,0 g Protein/Tag) und einer „großen Proteinurie" (>3 g Protein/Tag) unterschieden. Während die kleine Proteinurie auch interstitiell/tubulären Ursprungs sein kann, ist die große Proteinurie durch eine glomeruläre Erkrankung verursacht. Der elektrophoretische Nachweis niedermolekularer Proteine, die tubulär rückresorbiert werden, gibt einen Hinweis auf einen tubulären Defekt und wird als ***tubuläre Proteinurie*** bezeichnet.

Weitere Aussagen liefert die Immunodiffusionstechnik: Findet sich ein Überwiegen der Albumin- und Transferrinausscheidung, wird von einer ***selektiven Proteinurie*** gesprochen. Diese Form der Proteinurie deutet auf einen begrenzten glomerulären Defekt hin und ist prognostisch als günstiger zu betrachten als die sog. ***unselektive Proteinurie,*** bei der zusätzlich höhermolekularere Proteine (z. B. Immunglobuline) ausgeschieden werden.

Die histologische Untersuchung eines Nierenbiopsats ermöglicht Aussagen zur Prognose der jeweiligen glomerulären Erkrankung und ist eine wichtige Entscheidungshilfe bei der Indikationsstellung zu einer immunsuppressiven Therapie. Sie gibt Aufschluß über die Aktivität der Erkrankung und die Chronizität der Schäden.

### 8.1.2 Primäre Glomerulonephritiden

**Die Mehrzahl der glomerulären Erkrankungen beruht auf Entzündungsprozessen, die ausschließlich die Niere und speziell die Glomeruli betreffen. Neben diesen „primären" (gelegentlich auch „idiopathisch" genannten) Glomerulonephritiden gibt es Glomerulonephritiden als Organmanifestationen bei systemischen Erkrankungen (z. B. bei systemischem Lupus erythematodes).**

Im folgenden werden die primären Glomerulonephritiden anhand ihrer pathomorphologischen Charakteristika eingeteilt.

#### Endokapilläre Glomerulonephritis (Synonym: Poststreptokokken- oder postinfektiöse Glomerulonephritis)

Die pathomorphologischen Veränderungen sind in Abb. 8.4 a, b dargestellt.

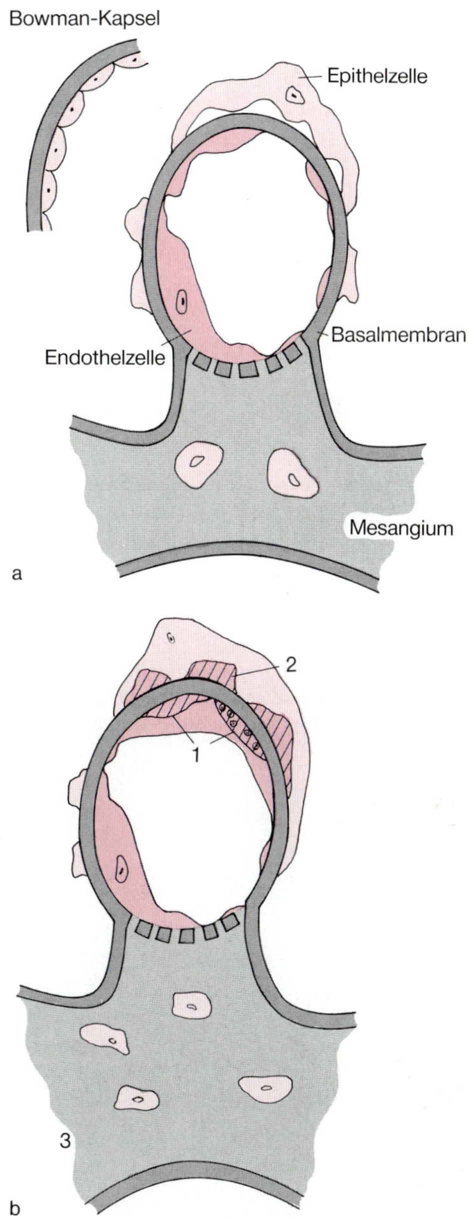


**Abb. 8.4 a, b.** Schematischer Querschnitt durch eine glomeruläre Kapillare einer normalen Niere **(a)** und bei endokapillärer Glomerulonephritis **(b)**. Die Bowman-Kapsel ist nur teilweise dargestellt. Die charakteristischen pathomorphologischen Veränderungen sind durch Pfeile gekennzeichnet. Die Läsionen werden aus Gründen der Übersichtlichkeit an einer einzelnen Kapillare gezeigt. *1* Schwellung und partielle Lösung der Endothelzellen von der Basalmembran mit subendothelialen Immunkomplexablagerungen und Infiltration von Granulozyten und Monozyten. *2* Subepitheliale Ablagerung von Immunkomplexen („humps"). *3* Proliferation der Mesangiumzellen und Zunahme der mesangialen Matrix

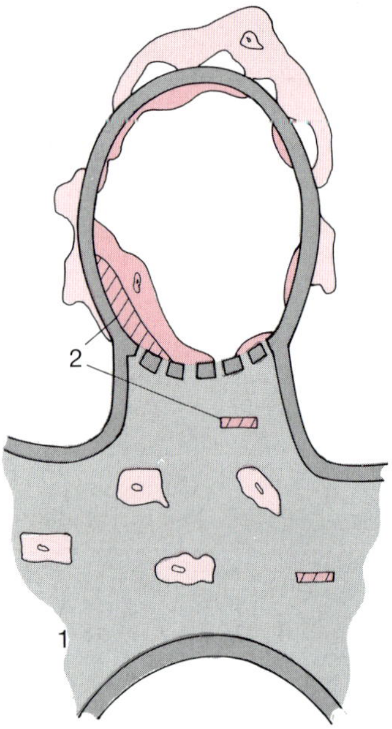


**Abb. 8.5.** Schematischer Querschnitt durch eine glomeruläre Kapillare bei mesangioproliferativer Glomerulonephritis *1* Proliferation der Mesangiumzellen und Zunahme der mesangialen Matrix. *2* Ablagerung von Immunkomplexen subendothelial und im Mesangium

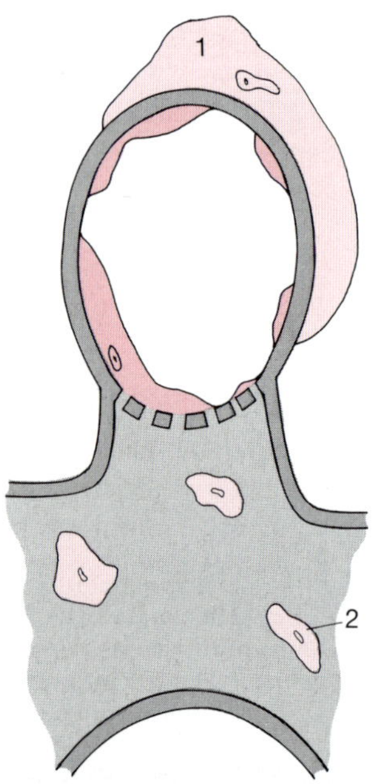


**Abb. 8.6.** Schematischer Querschnitt durch eine glomeruläre Kapillare bei minimal proliferierender Glomerulonephritis. *1* Schwellung der Epithelzelle, Fußfortsätze der Epithelzelle verstrichen. *2* Minimale Proliferation der Mesangiumzellen, Zunahme der mesangialen Matrix

**Ätiologie und Pathogenese.** Die endokapilläre Glomerulonephritis tritt typischerweise nach Infektionen mit β-hämolysierenden Streptokokken der Gruppe A, aber auch nach Infektionen mit anderen Erregern (Staphylokokken, Meningokokken, Pneumokokken, Mykoplasmen, Epstein-Barr-Virus, Mumpsvirus) auf. Meist liegt die Infektionsquelle im Respirationstrakt, bei Kindern sind Hautinfektionen (Pyodermien, Impetigo) häufig. Pathogenetisch handelt es sich um eine Immunkomplexnephritis. Eine Sonderform der postinfektiösen Glomerulonephritis kann nach bakterieller Endokarditis und infiziertem ventrikuloatrialem Shunt (Shuntnephritis) auftreten.

**Klinik und Labor.** Das klinische Bild reicht von einer häufig zunächst unbemerkt bleibenden Hämaturie/Proteinurie über das charakteristische „nephritische Syndrom“ bis zu einem akuten Nierenfunktionsverlust mit Oligurie (Ausscheidung von <300 ml Urin/Tag). Bei vorausgehendem **Streptokokkeninfekt** ist in den ersten Wochen der Erkrankung in 60–80% der Fälle der Antistreptolysintiter im Serum erhöht, meist liegt ein deutlicher Komplementverbrauch insbesondere der Komponente $C_3$ vor.

**Therapie.** Wenn bakterielle Infektionen vorliegen, werden entsprechende Antibiotika verabreicht. Diuretika und antihypertensive Therapie werden zur Behandlung der Überwässerung bzw. des Hypertonus eingesetzt. Eine Therapie mit immunsuppressiven Medikamenten hat sich nicht bewährt.

**Prognose.** Die Heilungsquote liegt im Kindesalter bei etwa 90%, beim Erwachsenen bei 50–70%. Chronische Verläufe zeigen histologisch das Bild einer mesangioproliferativen Glomerulonephritis.

### Mesangioproliferative Glomerulonephritis

Die pathomorphologischen Veränderungen sind in Abb. 8.5 dargestellt. Die mesangioproliferative Glomerulonephritis ist die häufigste Glomerulonephritisform; im Biopsiematerial wird sie in ca. 50% der Fälle beobachtet. Aufgrund des immunhistologischen Nachweises von IgA-Ablagerungen im Mesangium läßt sich aus der Gruppe der mesangioproliferativen Glomerulonephritiden die IgA-Glomerulonephritis (Synonym: Berger-Nephritis, ca. 50% der mesangioproliferativen Glomerulonephritiden) abgrenzen.

**Ätiologie und Pathogenese.** Für die mesangioproliferativen Glomerulonephritiden vom Non-IgA-Typ wird eine ***Immunkomplexgenese*** angenommen; ein Zusammenhang mit chronischen Infektionen kann in der Regel nicht hergestellt werden, jedoch kann sie mit einer Reihe von Erkrankungen (alkoholtoxische Lebererkrankung, Colitis ulcerosa, Dermatitis herpetiformis, monoklonale IgA-Gammopathie, Morbus Bechterew und Mycosis fungoides) assoziiert sein. Familiäres Auftreten und das gehäufte Auftreten bestimmter HLA-Antigene (HLA-Bw 35 und -B12) deuten auf eine genetische Disposition hin.

**Klinik und Labor.** Sowohl bei der Non-IgA- wie auch bei der IgA-Form der mesangioproliferativen Glomerulonephritis sind am häufigsten ***jüngere Männer*** (20–40. Lebensjahr) betroffen. Meist wird zufällig eine Mikrohämaturie diagnostiziert, bei der IgA-Glomerulonephritis kann es jedoch (besonders im Zusammenhang mit Infekten) auch zu Makrohämaturien kommen. Seltener sind Hypertonus, Nierenversagen oder nephrotisches Syndrom. In 50% der Fälle mit IgA-Glomerulonephritis werden erhöhte Serum-IgA-Spiegel gefunden.

**Therapie.** Für die gesamte Krankheitsgruppe gibt es keine gesicherte Therapie. Trotzdem ist in Einzelfällen (z. B. bei rasch progressiven oder nephrotischen Verlaufsformen) ein Therapieversuch mit Kortikosteroiden indiziert.

**Prognose:** In mindestens 20% der Fälle muß mit einer terminalen Niereninsuffizienz gerechnet werden.

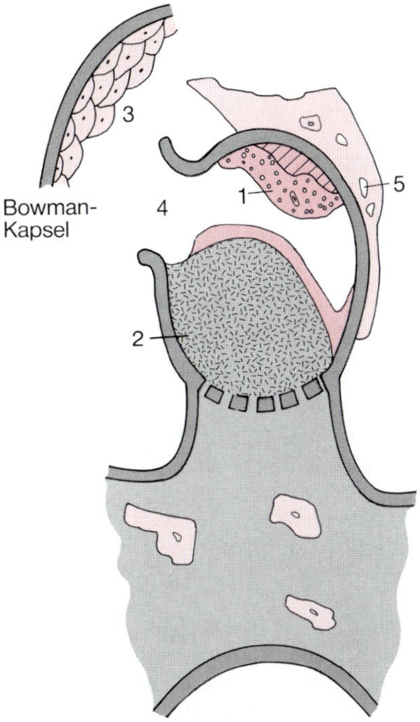


**Abb. 8.7.** Schematischer Querschnitt durch eine glomeruläre Kapillare bei fokal sklerosierender Glomerulonephritis. *1* Geschwollene und verfettete Endothelzellen, subendotheliale Immunkomplexe *2* Ablösung des Endothels durch hyaline Substanzen, die fast das ganze Kapillarlumen einnehmen. *3* Herdförmige Proliferation der parietalen Deckzellen der Bowmann-Kapsel. *4* Umschriebene Rupturen der Basalmembran. *5* Vakuolisierung und Ablösung der Epithelzellen

### Minimal proliferierende Glomerulonephritis (Synonym: „minimal-change"-Glomerulonephritis, Lipoidnephrose)

Die pathomorphologischen Veränderungen sind in Abb. 8.6 dargestellt.

**Ätiologie und Pathogenese** sind ungeklärt. Der negative immunhistologische Befund gilt als Indiz, daß die bei den anderen Glomerulonephritisformen zugrundeliegenden Immunmechanismen keine Rolle spielen. Es finden sich Hinweise auf eine Störung der T-Zellfunktion.

**Klinik und Labor.** Die „minimal-change"-Glomerulonephritis ist die häufigste Ursache des nephrotischen Syndroms beim Kind (etwa 90%), sie kommt jedoch in jedem Lebensalter vor. Im Vordergrund steht das nach Infekten, aber auch ohne Prodromi auftretende nephrotische Syndrom. Der Blutdruck ist nur bei wenigen Patienten erhöht. Die Infektanfälligkeit kann durch erniedrigte Serum-IgG-Spiegel erhöht sein. Laborchemisch ist die Erkrankung chakterisiert durch die selektive Proteinurie.

**Therapeutisch** ist die Gabe von Kortikosteroiden über einen Zeitraum von etwa 2 Monaten die Behandlung der Wahl. Es kommt bei der Mehrzahl der Patienten unter der Kortisongabe zu einer kompletten Remission des nephrotischen Syndroms. Nicht selten treten allerdings wiederholt Rezidive auf. Cyclosporin scheint geeignet zu sein, diese häufigen Rezidive zu verhindern. Zahlreiche Patienten mit steroidresistentem nephrotischem Syndrom bei histologisch gesicherter Minimal-change-Glomerulonephritis lassen sich durch zusätzliche immunsuppressive Therapie (z. B. Zyklophosphamid oder Chlorambucil) in die Remission bringen.

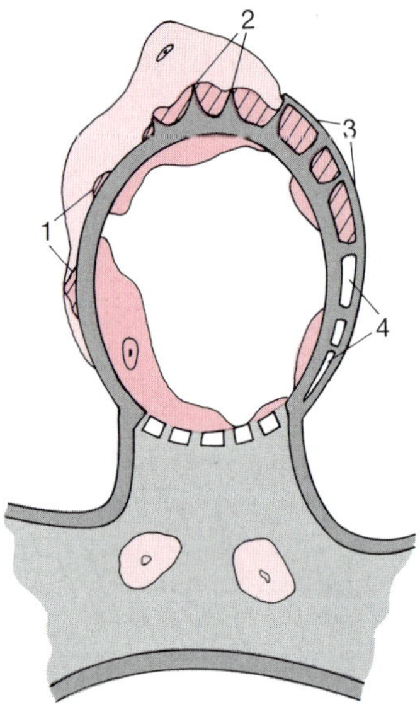


**Abb. 8.8.** Schematischer Querschnitt durch eine glomeruläre Kapillare bei perimembranöser Glomerulonephritis. *1* Subepitheliale Immunkomplexe. Stadium I. *2* Subepitheliale Immunkomplexe mit dazwischenliegenden Vorwölbungen der Basalmembran („spikes"). Stadium II. *3* Einschluß der Immunkomplexe durch neugebildete Basalmembran und Vakuolisierung der Immunkomplexe. Stadium III. *4* Vollständige Vakuolisierung der Immunkomplexe. Stadium IV

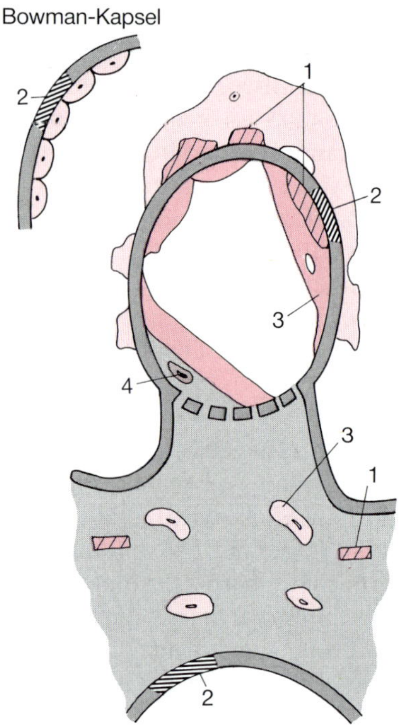


**Abb. 8.9.** Schematischer Querschnitt durch eine glomeruläre Kapillare bei membranoproliferativer Glomerulonephritis. *1* Immunkomplexe mesangial, subendothelial, und subepithelial („humps"). *2* „Dense deposits" in den Basalmembranen. *3* Proliferation und Schwellung der Endothel- und der Mesangiumzellen. Zunahme der mesangialen Matrix. *4* Mesangiumzellen subendothelial

### Fokal sklerosierende Glomerulonephritis (Synonym: fokale Glomerulosklerose)

Die pathomorphologischen Veränderungen sind in Abb. 8.7 dargestellt.

**Ätiologie und Pathogenese** sind unklar. Es finden sich Hinweise auf eine Störung der T-Zell-Funktion.

**Klinik und Labor.** Bei etwa 10–20% aller Patienten mit nephrotischem Syndrom liegt eine fokale Glomerulosklerose vor. Nur selten findet sich eine Proteinurie unter 3 g/Tag. Regelmäßig sind Hypertonie, Hämaturie und eine Einschränkung der glomerulären Filtrationsrate nachweisbar.

**Therapie.** Eine gesicherte Therapie konnte bislang nicht gefunden werden. In Einzelfällen hat die versuchsweise Anwendung von Cyclosporin und Steroiden zu einem Rückgang der Proteinurie und zu einer Verlangsamung der Progression zur Niereninsuffizienz geführt.

**Prognose.** Mehr als die Hälfte der Patienten entwickelt eine dialysepflichtige Niereninsuffizienz innerhalb von zehn Jahren. Spontanremissionen werden in etwa 20% der Fälle beobachtet.

### Perimembranöse Glomerulonephritis (Synonym: membranöse Glomerulonephritis)

Die pathomorphologischen Veränderungen sind in Abb. 8.8 dargestellt.

**Ätiologie und Pathogenese.** Subepitheliale Depots von IgG und der Komplementkomponente $C_3$ sprechen für eine Immunkomplexgenese. Man findet die membranöse Glomerulonephritis in Assoziation mit zahlreichen Erkrankungen: Infektionen (Hepatitis B, Malaria, Lues, Lepra); Medikamente (Gold, Penizillamin, Captopril) und Tumoren (Bronchial-, Colon- und Mammakarzinom, Morbus Hodgkin).

**Klinik und Labor.** Die membranöse Glomerulonephritis ist die häufigste Ursache des nephrotischen Syndroms beim Erwachsenen. Die unselektive Proteinurie liegt bei 80% der Patienten über 3 g/Tag und führt zum nephrotischen Syndrom. Eine Mikrohämaturie findet sich bei 50% der Patienten. Bei etwa der Hälfte der Patienten entwickelt sich innerhalb von Jahren eine Niereninsuffizienz, die dann meist von einer Hypertonie begleitet ist.

**Therapie.** In kontrollierten Studien wurde die Wirksamkeit einer monatlich alternierenden Behandlung mit Kortikosteroiden (über 3 Tage hochdosiert i. v., dann niedrigere orale Dosen) und oral verabreichtem Chlorambucil (6 Monate Gesamttherapiedauer) belegt.

**Prognose.** In 25% der Fälle kommen Spontanremissionen vor, die Mehrzahl der Patienten entwickelt einen über Jahre langsam progredienten Nierenfunktionsabfall.

### Membranoproliferative Glomerulonephritis

Die pathomorphologischen Veränderungen sind in Abb. 8.9 dargestellt.

**Ätiologie und Pathogenese.** Aufgrund des charakteristischen elektronenmikroskopischen Nachweises von intramembranösen Depots ***(„dense deposits")*** bei einem Teil der Patienten wird die membranoproliferative Glomerulonephritis (MPGN) in Typ I und Typ II (mit „dense deposits") unterteilt. Bei beiden Typen handelt es sich wahrscheinlich um eine Immunkomplexnephritis. Auch die membranoproliferative Glomerulonephritis wird mit anderen Erkrankungen assoziiert beobachtet: mit chronischen Infekten (Streptokokken, Staphylokokken, Malaria, Hepatitis) und mit Karzinomen und Lymphomen. Typ II ist durch den häufigen Nachweis des $C_3$-Nephritisfaktors gekennzeichnet, der den alternativen Weg der Komplementaktivierung in Gang setzt.

**Klinik und Labor.** Die membranoproliferative Glomerulonephritis ist relativ selten (etwa 5% aller Biopsiefälle). Nephrotisches Syndrom und asymptomatische Hämaturie/Proteinurie können ebenso wie ein akutes nephritisches Syndrom vorkommen. Bei Typ I können die Komplementkomponenten $C_3$, $C_4$ und $CH_{50}$, bei Typ II vor allem $C_3$ erniedrigt sein.

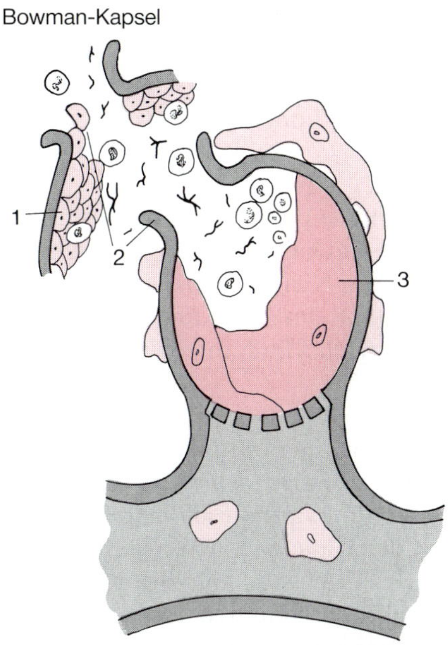


**Abb. 8.10.** Schematischer Querschnitt durch eine glomeruläre Kapillare bei rapid progressiver Glomerulonephritis. *1* „Halbmond" aus proliferierenden parietalen Epithelzellen und Monozyten. *2* Nekrosen und Ruptur von Bowmann-Kapsel und Kapillarwand mit Übertritt von Fibrin und Monozyten in die Umgebung. *3* Thrombosierung der Kapillaren, Schwellung und regressive Veränderungen der Endothelzellen

**Therapie.** Die kombinierte Gabe von Dipyridamol und Acetylsalizylsäure verlangsamt den Nierenfunktionsverlust.

**Prognose.** Bei der Mehrzahl der Patienten tritt eine terminale Niereninsuffizienz nach etwa 10 Krankheitsjahren ein, Spontanremissionen sind selten.

### Mesangioproliferative Glomerulonephritis mit diffuser Halbmondbildung (Synonym: rapid-progressive Glomerulonephritis, RPGN)

Die pathomorphologischen Veränderungen sind in Abb. 8.10 dargestellt.
Da das klinische Korrelat dieser Glomerulonephritis ein rapid fortschreitender Funktionsverlust ist, wird sie auch als rapid progressive Glomerulonephritis bezeichnet.

**Ätiologie und Pathogenese.** Die primäre Form wird von sekundären Formen bei systemischen Erkrankungen unterschieden. Bei einem Teil der Patienten mit der primären Form werden Antibasalmembranantikörper gefunden, bei anderen gibt es Anhaltspunkte für eine Immunkomplexgenese. Bei einer 3. Gruppe fehlen sowohl Hinweise auf eine Immunkomplex- als auch Autoantikörpergenese.

**Klinik und Labor.** Die seltene Erkrankung (1% der Glomerulonephritiden) fällt durch Ödeme, Oligurie/Anurie und die rasch progrediente Niereninsuffizienz auf. Der Blutdruck ist leicht erhöht. Im Urin finden sich eine Hämaturie mit Erythrozytenzylindern sowie eine Proteinurie.

**Therapie.** Die Wirksamkeit einer intravenösen, hochdosierten Therapie mit ***Kortikosteroiden*** wurde in mehreren Studien belegt. Die Methylprednisolonstoßtherapie wird in der Regel mit der Gabe von zytotoxischen Substanzen kombiniert. Bei Nachweis von zirkulierenden Antibasalmembranantikörpern kann in der Initialphase der Erkrankung eine Plasmapheresebehandlung mit dem Ziel der Entfernung der Antikörper vorgenommen werden.

**Prognose und Verlauf.** Die Prognose ist abhängig vom Ausmaß der glomerulären Läsion. Trotz der therapeutischen Maßnahmen wird etwa $^{1}/_{3}$ der Patienten innerhalb weniger Wochen dialysepflichtig. Krankheitsrezidive kommen auch noch nach längerer Zeit vor.

## 8.1.3 Glomerulonephritiden bei Systemerkrankungen

### Goodpasture-Syndrom

Das Goodpasture-Syndrom ist ein besonderes klinisches Syndrom innerhalb dieser Gruppe von Glomerulonephritiden, da außer der Niere lediglich eine Beteiligung der Lunge beobachtet wird.

**Pathomorphologie.** Histologisch stehen die nekrotisierende Alveolitis der Lunge und die nekrotisierende Glomerulonephritis im Vordergrund. Die Niere kann bei rapid progredienten Krankheitsverläufen außerdem extrakapilläre Halbmondbildungen im Bowman-Kapselraum aufweisen.

**Ätiologie und Pathogenese.** Goodpasture-Syndrom und rapid-progressive Glomerulonephritis werden durch den gleichen ***Basalmembranantikörper*** verursacht. Dieser Antikörper kreuzreagiert mit einem der alveolären und glomerulären Basalmembran gemeinsamen Antigen. Daß es nur beim Goodpasture-Syndrom zu entzündlichen Veränderungen an der alveolären Basalmembran kommt, wird zurückgeführt auf zusätzlich wirksame, die Lunge schädigende exogene Faktoren (Rauchen, Inhalation von Kohlenwasserstoffen).

**Klinik und Labor.** Charakteristisch ist das Auftreten von ***Lungenblutungen*** mit Hämoptoe und radiologisch nachweisbaren pulmonalen ***Infiltrationen.*** Glomerulonephritis und Lungenbefall können gemeinsam aber auch zeitlich versetzt auftreten. Ein rapider Funktionsverlust sowie eine Erythrozyturie und Proteinurie sind die häufigsten renalen Symptome. Gesichert wird die Diagnose durch den Nachweis zirkulierender Antibasalmembranantikörper und den immunhistologischen Nachweis von linearen IgG-Ablagerungen entlang der glomerulären Basalmembran.

**Therapie.** Wie bei der primären Form der rapid-progressiven Glomerulonephritis mit Basalmembranantikörpern.

**Prognose.** Vor der Einführung dieser medikamentösen Therapie und vor allem vor der Möglichkeit der Dialysebehandlung verstarben ein Großteil der Patienten, heute liegt die Einjahresüberlebensrate bei über 90%. ***Rezidive*** sind auch noch nach einem längeren symptomlosen Verlauf möglich.

### Glomerulonephritis bei systemischem Lupus erythematodes

***Pathomorphologisch*** finden sich bei Lupus erythematodes unterschiedliche glomeruläre Läsionen (Tabelle 8.2). Ätiologie und Pathogenese s. Kap. 14.

**Tabelle 8.2.** Hauptgruppen der glomerulären Läsionen beim systemischen Lupus erythematodes. (Nach WHO)

| |
|---|
| Mesangioproliferative Glomerulonephritis |
| Fokal-segmental sklerosierende Glomerulonephritis |
| Diffus proliferierende Glomerulonephritis (evtl. mit Halbmondbildung) |
| Membranöse Glomerulonephritis |

FALL 8 A

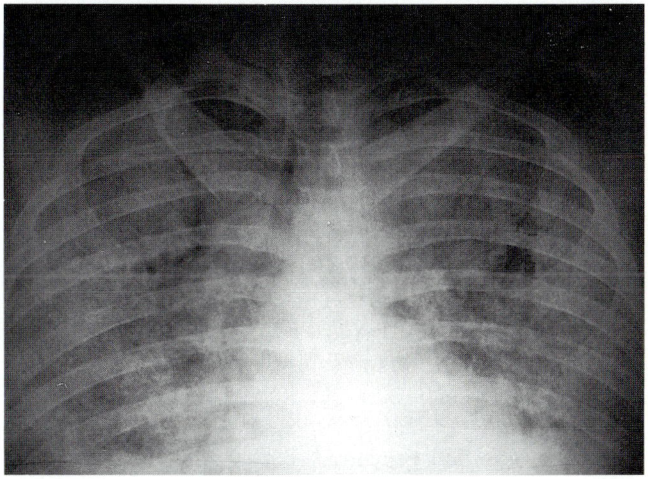

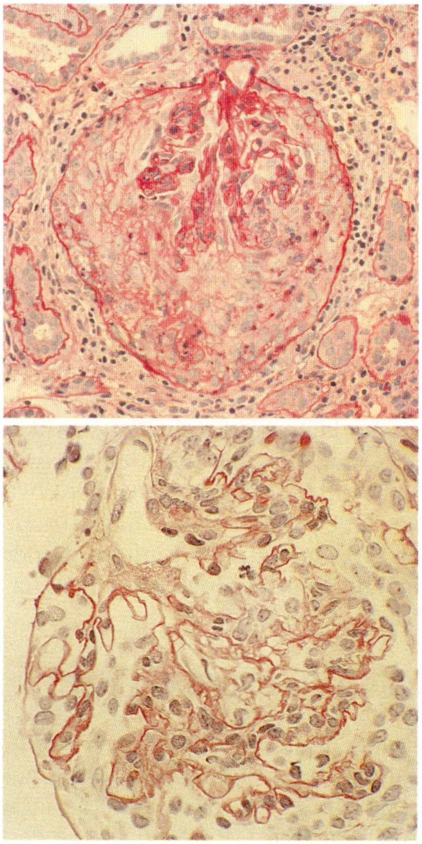

**Abb. 8 A.** Röntgenbild des Thorax: Diffuse, wolkige Verschattung beider Lungenflügel, verursacht durch intraalveoläre Hämorrhagien
*Rechts oben* Nierenhistologie (PAS-Reaktion, Vergrößerung): Floride Halbmondbildung in einem Glomerulum.
*Rechts unten* Immunhistologie (Immunperoxydasetechnik): Lineare Ablagerung von IgG entlang der glomerulären Basalmembran (Histologische Abb. Prof. Dr. Helmchen, Institut für Pathologie, Universität Hamburg)

**Anamnese.** Der 26jährige, 76 kg schwere Raucher bemerkte seit 8 Wochen grippeähnliche Symptome wie Müdigkeit, Abgeschlagenheit, Fieber bis 38°C, Gliederschmerzen. Vor 2 Wochen beginnender Husten mit zunehmender Luftnot. Stationäre Einweisung wegen mehrfacher Hämoptysen.

**Befunde.** Ausgeprägte Blässe von Haut und Schleimhäuten, mittelgradige Unterschenkelödeme. Auskultatorisch über den Lungen mittelblasige Rasselgeräusche. BKS 46/89 mm n Westergren, Hb 6,2 g/dl, MCV 79 fl, MCH 27 pg, Leukozyten 11 500/µl, Kreatinin 980 µmol/l, Harnstoff 55 mmol/l, Kreatininclearance 13 ml/min. Urinsediment: >20 Erythrozyten, 5–10 Leukozyten pro Gesichtsfeld, 2 Erythrozytenzylinder. Urinproteinausscheidung: 3,3 g/24 h. Positiver Nachweis zirkulierender Antibasalmembranantikörper (RIA). Röntgen Thorax: In beiden Lungenflügeln konfluierende, wolkige Eintrübungen. Sonographie: Beidseits vergrößerte Nieren mit betonten Markpyramiden.

**Diagnose.** Rapid-progressive Glomerulonephritis bei Goodpasture-Syndrom.

**Therapie und Verlauf.** Methylprednisolon 500 mg i. v. an den ersten 3 Tagen, dann 100 mg oral 1 Woche, danach in absteigender Dosierung (Gesamtgabe über 3 Monate). Zyklophosphamid 150 mg über 8 Wochen. 14 Tage tägliche Plasmapheresebehandlung (wenn ausreichender Fibrinogenspiegel). Zunächst tägliche, dann 2tägige Hämodialysetherapie.
Nach 2 Wochen fehlender Antibasalmembranantikörpernachweis, weitgehende Rückbildung des pulmonalen Befunds. Der Patient blieb jedoch hämodialysepflichtig.

**Klinik und Labor.** Bei etwa 50–70% der Patienten mit Lupus erythematodes findet sich eine Nierenbeteiligung. Die Symptomatik der Lupusnephritis ist sehr variabel. Alle zuvor für die primären Glomerulonephritiden beschriebenen klinischen Syndrome können vorkommen. Die Diagnose wird anhand des klinischen Bildes und durch den laborchemischen Nachweis von antinukleären Antikörpern und zirkulierenden Antikörpern gegen doppelstrangige DNS gestellt (s. Kap. 14).

**Therapie.** Die Behandlung erfolgt mit Zyklophosphamid und Prednison. Die Behandlungsdauer sollte mindestens sechs Monate betragen, wobei die Glukokortikoiddosis fortlaufend reduziert werden kann.

Die ***Prognose*** der Erkrankung wird nicht nur von den Nierenveränderungen, sondern auch von den übrigen Organmanifestationen bestimmt. Während früher etwa 20% der Patienten an den Folgen der Niereninsuffizienz verstarben, ist dieser Prozentsatz nach Einführung der medikamentösen Therapie und der Möglichkeit der Dialysebehandlung deutlich gesunken.

### Glomerulonephritiden bei systemischer Vaskulitis

Unter Vaskulitiden versteht man entzündliche Erkrankungen des Gefäßsystems. Bei den im folgenden aufgeführten Krankheitsbildern haben diese Vaskulitiden systemischen Charakter, und das Glomerulus ist in den vaskulitischen Prozeß eingeschlossen.

**Wegener-Granulomatose.** Bei dieser Erkrankung sind zahlreiche Organe von einer granulomatösen Vaskulitis betroffen (s. Kap. 14). Das ***pathomorphologische renale Substrat*** ist eine insbesondere die Glomeruli betreffende nekrotisierende Vaskulitis mit Granulomen, die vielkernige Riesen- und Epitheloidzellen enthalten.

***Ätiologie und Pathogenese*** der Wegener-Granulomatose sind nicht geklärt, eine Immunkomplexpathogenese wird angenommen.

***Klinik und Labor*** zeigen, daß der Respirationstrakt (90%) und die Nieren (85%) am häufigsten betroffen sind. Die Nierenbeteiligung ist gekennzeichnet durch den raschen Funktionsverlust, Hämaturie mit Erythrozytenzylindern und Proteinurie. Die Diagnose wird durch den Nachweis der charakteristischen pathomorphologischen Veränderungen gestellt. Dies ist am problemlosesten im Bereich des Respirationstraktes (z. B. durch Nasenschleimhautbiopsie) möglich. In den letzten Jahren konnten bei Patienten mit Wegener-Granulomatose ein antizytoplasmatischer Antikörper (ACPA) in zirkulierenden Granulozyten nachgewiesen werden. Dieser Antikörper, der im Hinblick auf die Wegener-Granulomatose eine Spezifität von 50–70% und eine Sensitivität von über 90% aufweist, wird zur Diagnosefindung herangezogen.

Zur ***Therapie*** werden in der Initialphase der Erkrankung Zyklophosphamid und Prednison kombiniert, während in der Langzeitbehandlung (über 12 Monate) Zyklophosphamid allein verabreicht wird. Die ***Prognose*** hat sich seit der Einführung der immunsuppressiven Therapie erheblich gebessert: Die Mortalität beträgt noch etwa 10–40% (gegenüber etwa 90% vor der Einführung der Therapie). Eine engmaschige Überwachung nach der Remission ist wegen häufiger Rezidive indiziert.

**Schönlein-Henoch-Purpura.** Pathomorphologisch ähnelt die Schönlein-Henoch-Glomerulonephritis der IgA-Nephritis, es finden sich auch Fälle mit extrakapillärer Halbmondbildung und rasch fortschreitendem Funktionsverlust. Ätiologie und Pathogenese s. Kap. 14.

Die Erkrankung tritt vor allem bei Kindern und Jugendlichen auf. Die charakteristische ***Symptomtrias*** besteht aus einer Purpura, einer gastrointestinalen Symptomatik (krampfartige Schmerzen, Erbrechen, Meläna) und Arthralgien. Renale Symptome (Proteinurie, Hämaturie, Hochdruck, Ödeme) treten nicht regelmäßig auf. Bei 50% der Patienten ist im Serum der IgA-Spiegel erhöht. Ein ***Therapieversuch*** mit Kortikosteroiden ist gerechtfertigt, bei der selteneren rasch progressiven Verlaufsform wird die Steroidbehandlung evtl. kombiniert mit einer Zyklophosphamidbehandlung. Die ***Prognose*** der Erkrankung ist generell gut, der überwiegende Teil der Patienten entwickelt eine komplette Remission.

**Polyarteriitis nodosa** (Synonym: Periarteriitis nodosa, Panarteriitis nodosa) s. Kap. 14. ***Pathomorphologisch*** ist die Glomerulonephritis der mikroskopischen Form der Polyarthriitis nodosa gekennzeichnet durch entzündliche und nekrotisierende Veränderungen der Glomeruluskapillaren. In schweren Fällen kommt es zur extrakapillären Halbmondbildung. ***Pathogenetisch*** wird eine Immunkomplexgenese vermutet (s. Kap. 14).

Die renale Manifestation ist ***klinisch*** gekennzeichnet durch Hämaturie, Erythrozytenzylinder und Proteinurie (evtl. mit nephrotischem Syndrom). In selteneren Fällen kommt es zum rasch fortschreitenden Verlust der Nierenfunktion mit schwerer Hypertonie. Die klinische Diagnose ergibt sich aus der Kombination von renaler und typischer extrarenaler Symptomatik (s. Kap. 14). Die Sicherung der Diagnose erfolgt durch Nachweis charakteristischer histologischer Veränderungen der Gefäße eines betroffenen Organs.

***Therapie*** und Therapieergebnisse entsprechen denen bei Wegener-Granulomatose.

Die ***allergische Granulomatose (Churg-Strauss-Syndrom)*** wird als Variante der Polyarteriitis nodosa angesehen und in gleicher Weise behandelt. Typisch für diese Vaskulitis sind Granulome mit Epitheloid- und Riesenzellen sowie eosinophilen Granulozyten. Neben Haut, Epikard, Milz und Niere ist insbesondere die Lunge befallen. Entsprechend stehen pulmonale Symptome (u. a. asthmoide Bronchitis) im Vordergrund. Im Differentialblutbild findet man eine Eosinophilie.

### 8.1.4 Therapie

Die kausale Therapie der Glomerulonephritiden besteht in der Beeinflussung der immunpathogenetischen Prozesse durch Kortikosteroide und Zytostatika. Glomerulonephritiden bei Systemerkrankungen sprechen auf diese Therapie besser an als die primären Formen.

Unabhängig vom Grundprozeß der Glomerulonephritis kann die Progredienz des Nierenfunktionsverlusts auch durch zusätzliche therapeutische Maßnahmen wie antihypertensive Therapie und Eiweißrestriktion beeinflußt werden: Ein unbehandelter renoparenchymatöser Hypertonus beschleunigt die Entwicklung einer Niereninsuffizienz. Für Glomerulonephritiden ist die Verlangsamung der Progression zur Niereninsuffizienz durch eine Eiweißrestriktion auf etwa 0,6–0,7 g/kg Körpergewicht/Tag belegt.

Symptomatische therapeutische Maßnahmen werden bei der Behandlung des nephrotischen Syndroms erforderlich: Der renale Eiweißverlust läßt sich durch orale oder parenterale (i. v.-Gabe von Humanalbumin) Eiweißsubstitution nur partiell und sehr kurzfristig ausgleichen. Die Therapie der Ödeme besteht neben einer diätetischen Behandlung (Flüssigkeits- und Kochsalzrestriktion) in erster Linie in der Gabe von Diuretika. Diuretika sollten wegen ihrer Nebenwirkungen bei Patienten mit nephrotischem Syndrom (z. B. Gefahr eines hypovolämischen Nierenversagens, Hämokonzentration mit erhöhter Thromboemboliegefahr) nur bei klinisch relevanten Ödemen, Aszites bzw. Ergüssen eingesetzt werden. Zur ***Thromboseprophylaxe*** bei der oben erwähnten Hyperkoagulabilität sollten Patienten mit großen Eiweißverlusten und Serumalbuminspiegeln unter 20 g/l entweder mit Heparin oder mit Marcumar behandelt werden. Bei Antithrombin-III-Mangel muß mit einer verminderten Wirksamkeit des Heparins gerechnet werden.

### 8.1.5 Glomerulopathien bei Stoffwechselstörungen

**Glomeruläre Schädigungen nichtentzündlicher Natur, die im Rahmen von Stoffwechselerkrankungen auftreten, werden als Glomerulopathien bezeichnet.**

#### Diabetische Nephropathie

Obwohl glomeruläre Schäden im Vordergrund der renalen Beteiligung bei Diabetes mellitus stehen, wird von einer diabetischen *Nephro*pathie gesprochen, weil als zusätzliche Komplikationen schwere Pyelonephritiden und Papillennekrosen vorkommen.

Die pathomorphologischen Veränderungen sind in Abb. 8.11 dargestellt.

Im Frühstadium der diabetischen Nephropathie besteht eine ***Hypertrophie*** der Nieren (und der Glomeruli), der eine mesangiale Matrixvermehrung und eine Dickenzunahme der Basalmembran folgt. Im Endstadium findet sich eine diffuse ***noduläre Glomerulosklerose.***

**Ätiologie und Pathogense.** Etwa 30–50% aller Patienten mit Typ-I-Diabetes und 3–8% der Patienten mit Typ II entwickeln eine diabetische Nephropathie. Der Zeitraum von der Diagnosestellung bis zum Eintritt einer terminalen Niereninsuffizienz beträgt bei Typ-I-Diabetes 15–20 Jahre und ist bei Typ-II-Diabetes mit etwa 10–15 Jahren etwas kürzer. Das familiäre Auftreten einer Hypertonie geht mit einem erhöhten Risiko der Entwicklung einer diabetischen Nephropathie einher. Für die glomerulären Schäden im Bereich der Basalmembran sind an erster Stelle die Störungen des Kohlenhydratstoffwechsels selbst verantwortlich. Eine zusätzliche pathogenetische Rolle spielt die im Initialstadium auftretende Hyperfiltration.

**Klinik und Labor.** Zunächst ist eine erhöhte GFR (glomeruläre Filtrationsrate) und eine Mikroalbuminurie (Albuminausscheidung von 15–150 μg/min) nachweis-

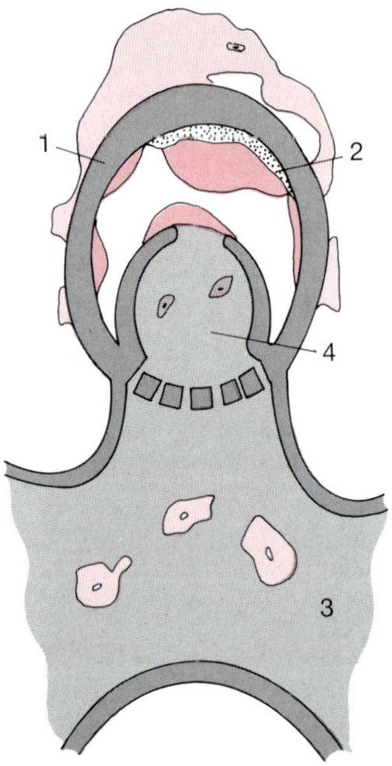


**Abb. 8.11.** Schematischer Querschnitt durch eine glomeruläre Kapillare bei diabetischer Glomerulopathie. Dargestellt sind die charakteristischen pathomorphologischen Veränderungen. Die Läsionen werden aus Gründen der Übersichtlichkeit an einer einzelnen Kapillare gezeigt. *1* Verdickte glomeruläre Basalmembran. *2* Subendotheliale Ablagerung von plasmatischen Substanzen (exsudative Form). *3* Geringe Proliferation des Mesangiums, Zunahme der mesangialen Matrix. *4* Noduläre Sklerose des Mesangiums (noduläre diabetische Glomerulosklerose)

bar. Später treten eine unselektive Proteinurie, die bis zum nephrotischen Syndrom führen kann, und ein Hypertonus auf. In der Folge kommt es zu einer Abnahme der Funktion bis zum Eintritt der Dialysepflichtigkeit. Die Gabe von Röntgenkontrastmittel bei diabetischer Nephropathie kann zu einem akuten Nierenversagen führen.

**Therapie und Prognose.** Eine optimale ***Blutzuckereinstellung*** und medikamentöse ***Normalisierung des Blutdrucks*** sind die einzigen therapeutischen Möglichkeiten, um die Progression der Niereninsuffizienz zu verlangsamen. Die Prognose von Diabetikern mit Nephropathie ist schlecht, da trotz der Möglichkeit der Dialysebehandlung die diabetische Angiopathie fortschreitet. Die Mortalität diabetischer Patienten liegt in den ersten 12 Monaten einer Hämodialysetherapie bei etwa 20%. Auch nach erfolgreicher Nierentransplantation sind die Überlebenszeiten schlechter als bei gleichaltrigen Nichtdiabetikern.

## Nephropathie bei Amyloidose

Die Amyloidose ist charakterisiert durch die Ablagerung eines fibrillären Proteins in zahlreichen Organen einschließlich der Nieren. Amyloidosen können ohne eine zugrundeliegende Erkrankung (primäre Amyloidose) und in Zusammenhang mit einer Vielzahl chronisch entzündlicher Erkrankungen, chronischer Infektionserkrankungen und Tumorerkrankungen (sekundäre Amyloidosen) auftreten. Die Amyloidosen können durch unterschiedliche Vorläuferproteine des abgelagerten fibrillären Proteins differenziert werden (s. auch Kap. 14).

**Pathomorphologie.** Mit Hilfe der Kongorotfärbung wird die für das Amyloid typische Doppelbrechung insbesondere im Bereich des Mesangiums, der glomerulären Basalmembranen und der Gefäßwände nachgewiesen. Die Fibrillen selbst lassen sich elektronenmikroskopisch darstellen.

**Klinik und Labor.** Die klinische Symptomatik variiert je nach Organbefall. Symptome der glomerulären Läsion sind Proteinurie und nephrotisches Syndrom sowie ein progredienter Nierenfunktionsverlust. Sonographisch sind die Nieren meist vergrößert. Die Diagnose einer Amyloidose wird durch den histologischen Nachweis vorzugsweise extrarenaler Ablagerungen (Rektumschleimhaut) per Biopsie gesichert.

**Therapie und Prognose.** Therapeutische Maßnahmen beschränken sich auf die Therapie der Grunderkrankung. Die Prognose der Amyloidose ist abhängig von der Grunderkrankung und der Generalisation und dem Ausmaß der Organamyloidosen. Wenn eine Amyloidose zu einem nephrotischen Syndrom geführt hat, vergehen in der Regel nur wenige Jahre bis zu einer terminalen Niereninsuffizienz.

## 8.2 Tubulointerstitielle Nierenerkrankungen und Harnwegsinfektionen

### 8.2.1 Akute Pyelonephritis und Harnwegsinfekt

Die Pyelonephritis (PN) ist die klinische und pathologisch-anatomische Manifestation einer bakteriellen Infektion der Harnwege, des Pyelons und des Nierenparenchyms, die zu destruierenden Veränderungen führt.

> **Die primäre Pyelonephritis ist diese Erkrankung bei unveränderten Harnwegen und entspricht vorwiegend dem Harnwegsinfekt der Frau (Abb. 8.12). Bei sekundärer Pyelonephritis liegen anatomische Veränderungen der ableitenden Harnwege oder Nieren bzw. beides vor (Abb. 8.13).**

#### Pathogenese

Harnwegsinfekte (HWI) werden durch E. coli (60%), Proteus (15%), Klebsiella und Streptococcus faecalis (je 10%) hervorgerufen, insgesamt Keime der Darmflora. Bei Abnormalitäten des Harntrakts treten komplizierte Harnwegsinfektionen (insbesondere als Hospitalismusinfektionen) auf, dafür sind sonst nicht übliche Keime (Pseudomonas) häufiger. Mischkulturen mit mehreren Keimen sind eher verdächtig auf eine Kontamination bei der Probenentnahme.

#### Infektionswege und prädisponierende Faktoren

Am häufigsten ist die ***aszendierende Infektion.*** Bei Frauen wird diese durch die kurze Urethra begünstigt. Dies erklärt die häufigeren Harnwegsinfekte bei Frauen im jungen und mittleren Erwachsenenalter im Vergleich zu Männern. Bei rezidivierenden Infektionen können die ursächlichen Keime auch beim Abstrich vom Introitus

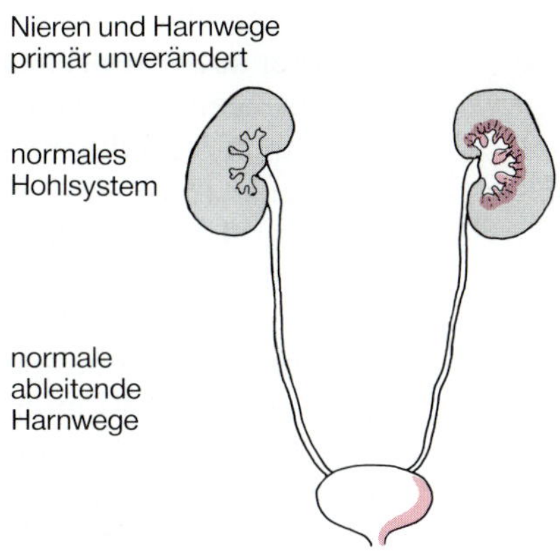


| Entzündungslokalisation | Entzündungszeichen: systemisch | Entzündungszeichen: lokal |
|---|---|---|
| obere Harnweginfektion: Pyelonephritis: bakterielle interstitielle Nephritis und Pyelitis | Fieber Schüttelfrost | Schmerzen im Nierenlager |
| untere Harnweginfektion: Zystitis, Urethritis vorwiegend Frauen (kurze Urethra) | selten<br>Ausnahme: Reiter-Syndrom | Miktionsstörungen |

**Abb. 8.12.** Primäre Pyelonephritis bzw. Harnwegsinfektion

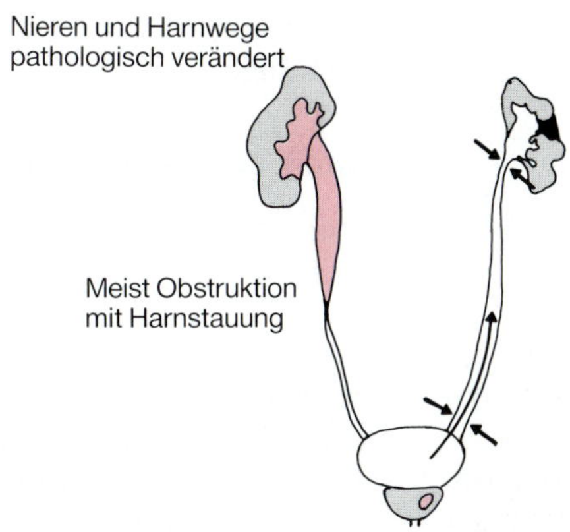


| Pathologische Veränderungen | Komplikation der Obstruktion |
|---|---|
| Papillennekrosen<br>Nierenstein<br>Nierenbecken-ausgangsstenose<br>vesikoureteraler Reflux<br>Kleines Becken:<br>♀ gynäkologische Tumoren<br>♂ Prostataadenom | → Hydronephrose<br>→ Sekundäre Infektion<br>→ Pyonephrose<br>→ Fieber, Urosepsis<br>→ Renale Funktionseinschränkung |

**Abb. 8.13.** Sekundäre Pyelonephritis

**Tabelle 8.3.** Prädispositionsfaktoren für eine sekundäre Pyelonephritis

| |
|---|
| Pathologische Veränderungen des Harntraktes (z. B. Abflußbehinderungen, vesikoureteraler Reflux u. a.) |
| Analgetikaabusus |
| Interstitielle Nephritis bei chronischer Hyperkalzämie und -urikämie |
| Diabetes mellitus |
| Gravidität |
| Harnblasenverweilkatheter (nicht bei suprapubischer Anlage!) Wiederholte instrumentelle Untersuchung der Harnwege, besonders bei pathologischen Veränderungen derselben |

**Tabelle 8.4.** Abflußbehinderungen der Harnwege

| |
|---|
| *Angeborene Fehlbildungen:* |
| Nierenbeckenausgangsstenose |
| Subpelvine Ureterstenose (aberrierendes Gefäß) |
| Ureterozele |
| Prävesikale Ureterstenose |
| Blasenhalsobstruktion |
| Urethralklappe |
| Phimose |
| *Postentzündliche Veränderungen:* |
| Ureter- und Urethrastrikturen (z. B. Urogenitaltuberkulose) |
| Schrumpfblase nach Bestrahlung |
| *Fibrose:* |
| Idiopathische retroperitoneale Fibrose |
| *Tumoren:* |
| Prostataadenom und -karzinom |
| Blasenkarzinom |
| Urothelkarzinome der Harnwege |
| Papillome |
| Gynäkologische Malignome |
| Retroperitoneale Lymphome |
| *Fremdkörper:* |
| Nieren-, Ureter- und Blasensteine |
| Abgestoßene Papillennekrosen |
| Blutgerinnsel bei Makrohämaturie |
| *Neurogene Ursachen:* |
| Blasenentleerungsstörungen bei Querschnittslähmung |
| Diabetische Neuropathie |

vaginae festgestellt werden. Sexuelle Aktivitäten begünstigen den Bakterieneintritt (Honeymoon-Zystitis der Frau).

Das Prostataadenom und die konsekutive Restharnbildung verursachen in höherem Alter ein gleichhäufiges Auftreten bei beiden Geschlechtern. Die ursächlichen Keime stammen häufig aus der Prostata (Prostatitis).

Normalerweise verhindern lokale Abwehrmechanismen, insbesondere der Blasenschleimhaut, sowie die Durchspülung mit Harn ein weiteres Bakterienwachstum. Jede Behinderung des Harnabflusses stört diese Mechanismen und begünstigt die Infektion (sekundäre Pyelonephritis, s. Abb. 8.13). Die weitere Aszension erfolgt intraluminal, diese ist besonders ausgeprägt bei vesikoureteralem Reflux.

Möglich ist auch ein ***lymphogener Infektionsweg*** entlang periureteraler Lymphwege. Dies gilt insbesondere für die Urogenitaltuberkulose.

Tritt die Pyelonephritis im Rahmen einer Septikopyämie auf, muß von einem ***hämatogenen Infektionsweg*** ausgegangen werden. Vorausgegangene parenchymatöse Schädigungen bzw. Harnabflußstörungen erleichtern das Angehen einer hämatogenen Infektion auch bei der geringeren Keimexposition einer Bakteriämie.

Tabelle 8.3 gibt einen Überblick über die prädisponierenden Faktoren für die Manifestation einer sekundären Pyelonephritis. Die Harnabflußbehinderungen sind im einzelnen in Tabelle 8.4 aufgeführt.

Aber auch intrarenale bzw. intraparenchymatöse Veränderungen bei Analgetikaabusus, Diabetes mellitus (beide mit Papillennekrosen und -verkalkungen) sowie mikrokristalline Ablagerungen und Nierensteine (Gicht, Hyperkalzämie) prädisponieren zur Pyelonephritis. Bei Diabetes mellitus treten außerdem Blasenentleerungsstörungen bei fortgeschrittener diabetischer Polyneuropathie auf. In der Gravidität kann durch leichtere Keiminvasion und -ansiedlung bei behindertem Harnfluß infolge des vergrößerten Uterus eine Pyelonephritis gravidarum resultieren. Alle prädisponierenden Faktoren begünstigen nicht nur die akute Keimansiedelung und Entzündung, sondern auch, bei Weiterbestehen, die rezidivierende bzw. chronische Entzündung.

## Klinik der akuten Pyelonephritis

Mittels anamnestischer Angaben und klinischer Befunde kann eine Differenzierung in einen oberen (Pyelonephritis) oder unteren Harnwegsinfekt (Urethritis, Zystitis) vorgenommen werden (Abb. 1) Eine Infektion des Nierenparenchyms führt aber nicht immer zur klinischen Symptomatik des oberen Harnwegsinfekts; solche asymptomatischen Infektionen kommen bei primärer Pyelonephritis vor.

Die ***Entzündung von Urethra und Harnblase*** (unterer Harnwegsinfekt) führt zu typischen Miktionsbeschwerden (Dysurie):

- häufiges Wasserlassen (Pollakisurie),
- Schmerzen beim Wasserlassen (Strangurie, Algurie),
- Harndrang,
- krampfhafte Blasenkontraktionen (Blasentenesmen).

Außerdem können suprapubischer Druckschmerz und übelriechender, trüber Urin bzw. das Auftreten von Harnröhrenausfluß (Urethritis) erfragt werden. Objektiv findet sich der typische Harnbefund mit Leukozyturie und Bakteriurie.

Für einen gleichzeitigen ***oberen Harnwegsinfekt*** (akute Pyelonephritis) sprechen Fieber, typischerweise septische Temperaturen und Schüttelfrost, klopfschmerzhafte Nierenlager, Allgemeinsymptomatik wie Übelkeit, Erbrechen und abdominale Beschwerden.

***Miktionsbeschwerden infolge Urethritis*** werden auch durch folgende Erkrankungen verursacht:

**Unspezifische Urethritis der Frau.** Nur in 50% können mit üblichen Kulturen Keime nachgewiesen werden bzw. in speziellen Kulturen atypische Keime (Chlamydien, Ureaplasma, Laktobazillus u.a.). Trichomonaden sind ebenfalls mögliche Verursacher.

**Unspezifische Urethritis beim Mann.** Typischerweise zusätzlich geringer Harnröhrenausfluß, atypische Keime. Komplizierend können Prostatitis und selten Epididymitis vorkommen.

**Spezifische Urethritis** infolge Gonorrhöe. Deutlicher Harnröhrenausfluß, gleichzeitige Syphilis darf nicht übersehen werden.

**Asymptomatische Bakteriurie.** Von einer ***asymptomatischen Bakteriurie*** wird gesprochen, wenn eine signifikante Keimzahl von $>10^5$/ml ohne Leukozyturie und Beschwerden vorliegt. In über 90% liegt E. coli vor. Dieser Befund ist bei schwangeren Frauen behandlungsbedürftig, da sonst zu $^1/_3$ im weiteren Schwangerschaftsverlauf eine klinisch symptomatische Pyelonephritis entsteht. Im Kindesalter soll dieser Befund bei gleichzeitigem vesikoureteralem Reflux behandelt werden.

**Komplikationen** (Tabelle 8.5)

Schwere akute Komplikationen treten vorzugsweise bei sekundärer Pyelonephritis auf. Längerdauernde und rezidivierende Pyelonephritiden führen zur chronischen Pyelonephritis mit langsam fortschreitendem Funktionsverlust.

**Tabelle 8.5.** Komplikationen bei Pyelonephritis

| |
|---|
| Eitrig abszedierende Nephritis und Nierenkarbunkel (meist polständig) |
| Pyonephrose bei Aufstau des eitrigen Harns |
| Urosepsis als gleichzeitiges Auftreten einer septischen Pyelonephritis (diffuse eitrige Nephritis, meist bei urologischen Veränderungen der Harnwege) und Nierenfunktionseinschränkung mit hoher Mortalität |
| Paranephritischer Abszeß (bei Parenchymdurchbruch, aber auch hämatogen) mit anhaltenden akuten Entzündungszeichen, einseitigem Flankenschmerz, verlagerter bzw. nicht atemverschieblicher Niere |
| Papillennekrose mit Papillenabgang (Kolik), bei chronischer Pyelonephritis auch Papillenverkalkung |
| Bildung von Infektsteinen (s. Nephrolithiasis) |
| Niereninsuffizienz (akut: unter Therapie partiell reversibel; fortschreitend bei chronischer Pyelonephritis) |
| Tubuläre Funktionsstörungen mit Abnahme der Konzentrationsfähigkeit und renalem Elektrolytverlust (Natrium, Kalium und Bikarbonat) |

**Tabelle 8.6.** Keimzahldiagnostik bei Harnwegsinfektion

| |
|---|
| Mittelstrahlurin (MSU)<br>• Signifikante Bakteriurie >100 000 Keime/ml (meist mit pathologischer Leukozyturie)<br>• bei 10 000–100 000/ml Kultur wiederholen<br>• Für Kontamination beim MSU sprechen:<br>– bakterielle Mischkultur, reichlich Epithelien<br>– (Vaginalepithelien: Fluor beachten!) |
| Katheterurin<br>• Signifikante Bakteriurie >100 Keime/ml |
| Blasenpunktionsurin<br>• Signifikante Bakteriurie >1–10 Keime/ml |

## Diagnostik bei Harnwegsinfekt

Zur exakten Diagnosestellung gehört das adäquate Gewinnen einer Harnprobe, routinemäßig als ***Mittelstrahlurin*** (MSU) und bei besonderen Indikationen als Katheterurin mit baldiger Aufarbeitung:

- Eintauchobjektträgerkultur zur ***Keimzahlbestimmung*** und bei signifikanter Zahl Identifizierung des Keimes sowie der Antibiotikaempfindlichkeit. Eine signifikante Bakteriurie liegt im MSU ab 100000 Keimen/ml Harn vor; niedrigere Keimzahlen sind Kontaminationsfolge der Mittelstrahlurintechnik. Je steriler die Uringewinnung, desto geringer ist die Kontamination und demzufolge die eine Harnwegsinfektion beweisende signifikante Keimzahl (Tabelle 8.6).

- ***Mikroskopische Harnuntersuchung*** aus derselben Harnprobe: pathologische Leukozyturie ab 3/μl beim Mann bzw. 10/μl bei der Frau, Leukozytenhaufen und für Pyelonephritis diagnostische Leukozytenzylinder (s. Abb. 8.3 a–f). Zusätzliche Mikro- oder Makrohämaturie bei Komplikationen, z. B. hämorrhagische Zystitis, Papillennekrose, Nephrolithiasis; aber auch bei Tumoren!
- ***Chemische Harnanalyse*** (z. B. Teststreifen): Milde Proteinurie, in der Regel nicht über 1–2 g/24 h. Bei Urethritis muß Urethralsekret bzw. auch die 1. Harnportion einer Zwei- bzw. Dreigläserprobe und nicht nur der Mittelstrahlurin aufgearbeitet werden. Bei Gonorrhöeverdacht Probe auf Objektträger nach Gram färben und gramnegative Diplokokken extra- und intrazellulär (Leukozyten) suchen. Weitere Untersuchungsparameter sind die ***Entzündungsindikatoren*** (BKS, Leukozytose) und die Nierenfunktion (Kreatinin im Serum bzw. -clearance).

***Bildgebende Untersuchungen*** des Harntrakts sind bei einer akuten Pyelonephritis mit Komplikationen und bei rezidivierenden und chronischen Infektionen indiziert, um chirurgisch bzw. urologisch behebbare Veränderungen zu diagnostizieren (Tabelle 8.4). Erste Informationen ergibt die Sonographie; ihre Bedeutung liegt vorzugsweise in der Erkennung von Abflußhindernissen und Komplikationen. Weiterführend sind Röntgenuntersuchungen als Abdomen- bzw. Nierenübersichtsleeraufnahmen (Verkalkungen) bzw. mit Kontrastmittel als intravenöse antegrade Darstellung (Infusionsurogramm) oder retrograde Darstellung bzw. die Miktionszystographie zur Refluxprüfung. Narbige Veränderungen weisen bereits auf eine chronische Pyelonephritis hin.

## 8.2.2 Chronische Pyelonephritis

**Eine chronische Pyelonephritis entsteht bei rezidivierendem oberem Harnwegsinfekt, der meist durch pathologische Veränderungen des Harntraktes oder andere prädisponierende Faktoren (s. Tabelle 8.3) begünstigt wird.**

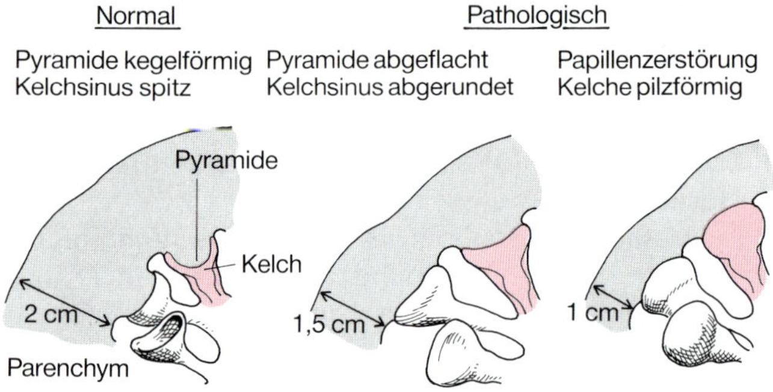


**Abb. 8.14.** Pyelonephritische Kelch- und Parenchymveränderungen im Infusionsurogramm

Bei Kindern mit ***vesikoureteralem Reflux*** sind die Zusammenhänge zwischen rezidivierendem bzw. andauerndem Harnwegsinfekt und Nierenschädigung gut belegt. Bereits im Kleinkindalter entwickeln sich narbige Veränderungen, die häufig erst bei morphologischen Untersuchungen im späteren Lebensalter aufgedeckt werden. Bei Frauen beginnt die chronische Pyelonephritis häufig im Zusammenhang mit der Schwangerschaft.

Die chronische Pyelonephritis wird bei ca. 20% der Erwachsenen und 30% der Kinder als Ursache eines ***terminalen Nierenversagens*** angegeben.

Im mittleren Erwachsenenalter überwiegt das weibliche und im höheren das männliche Geschlecht.

### Klinik

Die meisten Patienten sind über lange Zeit asymptomatisch oder klagen über uncharakteristische Symptome wie Kopfschmerzen. Die Untersuchung erfolgt häufig wegen einer begleitenden Hypertonie. Mit zunehmender Funktionseinschränkung treten Allgemeinsymptome der Niereninsuffizienz hinzu (s. S. 266–268). Dabei ist die Harnmenge infolge der verminderten Konzentrationsfähigkeit auffällig groß. Ein renaler Elektrolytverlust kann eine Hyponatriämie und Hypokaliämie bedingen und ein Bikarbonatverlust die metabolische Azidose verstärken. Die Hälfte der Patienten entwickelt im Insuffizienzstadium eine sog. renoparenchymatöse Hypertonie.

### Diagnose

Symptomatische rezidivierende Infektionen treten bei chronischer Pyelonephritis relativ selten auf, und der Harnbefund ist nur bei solchen akuten Schüben charakteristisch. Die ***renale Konzentrationsfähigkeit*** ist beson-

**Tabelle 8.7.** Differentialdiagnose der chronischen Pyelonephritis gegenüber der chronischen Glomerulonephritis

| Symptom | Pyelonephritis | Glomerulonephritis |
|---|---|---|
| Proteinurie | 0 - + | + - +++ |
| Sediment | | |
| Leukozyten | + - +++ | 0 - + |
| Erythrozyten | 0 - + | + - +++ |
| Zylinder | 0 - + | 0 - ++ |
| Akut | Leukozylinder | Eryzylinder |
| Bakteriurie | + | 0 |
| Konzentrierungsdefekt | +++ | + |
| GFR-Abnahme | + | ++ |
| Asymmetrische | | |
| Nierenschrumpfung | + | 0 |
| Kelchveränderung | + | 0 |
| Hypertonie | 60% | 60% |
| Nephrotisches Syndrom | 0 | 0 - + |

ders bei pathologischen Prozessen im Papillenbereich überproportional eingeschränkt. Zur Überprüfung wird die Harnosmolalität in der ersten Harnprobe frühmorgens gemessen mit oder ohne Durstversuch über 24–36 h. Bei Niereninsuffizienz ist ein Durstversuch nicht mehr angezeigt.

Die interstitielle Vernarbung führt zum zunehmenden Funktionsverlust (Abfall der Kreatininclearance). Bildgebende Verfahren zeigen ***pyelonephritische Narben*** im kortikalen Bereich als Einziehungen mit darunterliegenden veränderten Kelchen (Abb. 8.14). Die ***Differentialdiagnose*** gegenüber glomerulären Nierenerkrankungen gibt Tabelle 8.7.

### Therapie der akuten und chronischen Harnwegsinfektionen

*Allgemeine Therapieprinzipien* sind:

- Reichliche Flüssigkeitszufuhr zur Erzielung einer entsprechenden Diurese; alkalischen Harn ansäuern (Hemmung von Keimwachstum und Infektsteinbildung); Spasmolytika bei Tenesmen.
- Antibiotika bzw. Chemotherapeutika nach Austestung (Antibiogramm), daher vor erster Dosis Harnprobe für Kultur gewinnen, zunächst Anbehandlung mit Antibiotikum gegen gramnegative Keime.

*Antibiotikatherapie des Harnwegsinfekts bei normalen Harnwegen* und ohne anamnestische Pyelonephritis (s. auch Abb. 8.12):

- bei entsprechender Klinik mit *Beteiligung der oberen (und unteren) Harnwege* sowie systemischen Entzündungszeichen (=Pyelonephritis) antibiotische Behandlung über 3–10 Tage,
- bei wahrscheinlich *alleiniger Lokalisation in den unteren Harnwegen* ohne systemische Entzündungszeichen (=Zystitis) ist eine hochdosierte Einmalgabe von z. B. Kotrimoxazol möglich. Ein frühes Rezidiv lenkt den Verdacht auf veränderte Harnwege (morphologische Diagnostik nötig) oder ein inadäquates Antibiotikum (weitere Auswahl nach Antibiogramm).

*Therapieplan bei rezidivierenden Harnwegsinfektionen und veränderten Nieren- bzw. Harnwegen:*

- *Ursachen operativ beseitigen:* Reflux im Kleinkindalter, Obstruktionen (s. Tabelle 8.4), Prostataadenom, Zystozele u. a.; bei Nephrolithiasis primär nicht invasive Steinzertrümmerung (ESWL).
- *Begünstigende Faktoren ausschalten:* Unterbinden eines Analgetikaabusus, gezielte Harnsteinprophylaxe bei Nephrolithiasis, strenge Indikation für Blasenverweilkatheter.
- *Längere Therapie* (mindestens 2 Wochen) bei rezidivierenden Infektionen, prädisponierenden Faktoren (s. Tabelle 8.3) und veränderten Harnwegen (s. Tabelle 8.4). Bei chronischer Prostatitis wegen Rezidivgefahr mindestens 4wöchige Behandlung.

## 8.2.3 Nierentuberkulose

Die Urogenitaltuberkulose ist eine Folgeerkrankung 5–15 Jahre nach initialer Lungentuberkulose. Sie entwickelt sich aus der hämatogenen Infektion beider Nieren mit Mycobacterium tuberculosis im Rindengebiet (renales Frühinfiltrat) und wird symptomatisch nach Durchbruch in das Nierenhohlsystem (offene Nierentuberkulose), die zur destruierenden Entzündung meist einer Niere führt. Die Genitalorgane werden vom Harntrakt aus intrakanalikulär, aber auch vom Primärherd aus hämatogen infiziert: beim Mann tuberkulöse Prostatitis und Epididymitis, bei der Frau Adnexitis.

### Klinik und Diagnostik

Langsam zunehmende ***Miktionsbeschwerden*** sind Folge der Blasentuberkulose, die später zu einer Schrumpfblase führen kann. Als Komplikation kann ein sog. kalter (areaktiver) Abszeß im Lendenbereich oder inguinal auftreten. Eine gründliche Untersuchung der Genitalorgane ist nötig, da diese beim Mann bis zu 75% der Fälle mitbeteiligt sind.

***Diagnostisch*** werden säurefeste Stäbchen im Harn bzw. in Sekreten mittels Ziehl-Neelsen-Färbung oder speziellen Urinkulturen bzw. Tierversuchen aus mindestens 3 Morgenurinproben nachgewiesen. Das Harnsediment zeigt Leukozyten ohne Bakterien in der konventionellen Kultur („sterile" Leukozyturie) sowie Erythrozyten. Röntgenologisch finden sich ulzeröse und kavernöse Veränderungen an den Kelchen und Papillendestruktionen (ulzerokavernöses Stadium), tuberkulöse Pyonephrose und Kittniere (destruierendes Stadium) und außerdem Obstruktionen der Harnwege (z. B. Ureterstriktur).

#### Therapie

Tuberkulostatika in Dreifachkombination über 3 Monate, anschließend Zweifachkombination (insgesamt 1 Jahr), danach jährlich Kontrolle.

### 8.2.4 Interstitielle Nephropathien

Unterschiedliche ätiologische Faktoren können abakterielle Entzündungsreaktionen im Niereninterstitium und tubulären Bereich auslösen, deren Entstehung keine Obstruktion voraussetzt und die initial nicht destruktiv sind. Vorzugsweise wird das Nierenmark durch mikrokristalline Ablagerungen (Kalzium, Harnsäure) oder toxische Einwirkungen (Analgetika u. a.) geschädigt. Später sind Destruktionen durch Papillennekrosen und sekundäre bakterielle Entzündungen sowie Steinbildung möglich. Eine interstitielle Nephritis kann akut oder chronisch lange symptomarm mit langsam zunehmender Niereninsuffizienz auftreten, die durch Beseitigung der Ursachen aufgehalten werden kann.

#### Akute interstitielle Nephritis

Diese kann als allergische oder toxische Reaktion (bei medikamentöser Therapie) oder als Begleitreaktion bei akuten viralen und bakteriellen Infekten auftreten.

Als ***medikamentenallergische Komplikation*** tritt sie auf unter Penizillintherapie, meist nach Methizillin (derzeit nicht mehr im Handel) und selten nach anderen Penizillinen bzw. auch anderen Antibiotika. Viele andere Medikamente können, seltener, eine akute interstitielle Nephritis hervorrufen (z. B. Antiphlogistika, Antikonvulsiva, Diuretika u. a.). Klinische Symptome sind Fieber, Arthralgien, Oligurie und auch Hautexantheme. Laboruntersuchungen ergeben eingeschränkte Kreatininclearance, Mikrohämaturie, Eosinophilie und Hinweise auf tubuläre Defekte (Störung der Harnkonzentration und -ansäuerung, renaler Elektrolytverlust, tubuläre Proteinurie). Schwere Formen verlaufen als akutes Nierenversagen. Die Prognose ist nach Absetzen des ursächlichen Agens gut.

#### Chronische interstitielle Nephropathien

**Analgetikanephropathie.** Der klinischen Manifestation geht jahrelanger ***Analgetikaabusus*** voraus. Ursächlich sind vorwiegend Analgetikakombinationspräparate, bestehend aus Phenacetin, Azetylsalizylsäure oder anderen Substanzen. Bei der Monotherapie mit Azetylsalizylsäure wird diese Nephropathie nicht beobachtet. Eine chronische Schädigung ist nach einer kumulativen Dosis der Analgetikakombinationen von über 2 kg wahrscheinlich. Phenacetin wurde seit ca. 1970 aus Analgetikakombinationen entfernt und meist durch Paracetamol ersetzt, das möglicherweise weniger nephrotoxisch ist.

Morphologisch stehen im Vordergrund Destruktionen im Papillenbereich, die kortikalen tubulointerstitiellen Entzündungsprozessen vorausgehen.

*Klinik:* Der Analgetikaabusus ist bei Frauen häufiger. Die Einnahme erfolgt nicht nur wegen der Analgesie, sondern auch wegen euphorisierender Begleiteffekte. Der schleichende Krankheitsverlauf kann akut durch Koliken infolge des Abgangs von Papillennekrosen unterbrochen werden. Bei zunehmender Niereninsuffizienz fällt eine ausgeprägte renale Anämie auf, die durch gastrointestinale (Mikro-) Blutungen als Folge der Analgetika verstärkt wird. Typisch ist ein schmutzig-braunes Hautkolorit bzw. eine leicht gelblich-braune anämische Hautblässe. Gastrointestinale Beschwerden können infolge der Urämie und der Analgetika (Ulzera) auftreten. Renal sind obligatorisch eingeschränkte Konzentrationsfähigkeit und abnehmende Kreatinclearance sowie fakultativ Natrium- oder Kaliumverlust nachweisbar. Oft entwickelt sich sekundär eine bakterielle Pyelonephritis.

**Bei Analgetikanephropathie kann das Nierenversagen bei vorbestehender chronischer Insuffizienz manifest werden durch Dehydrierung, chirurgische Eingriffe (Hypovolämie vermeiden), Harnwegsobstruktionen (Papillengewebe bzw. Steine) und Harnwegsinfektion.**

## FALL 8B

**Anamnese.** 62jährige Frau mit langjähriger chronischer Niereninsuffizienz (Serumkreatinin 340 µmol/l, Clearance 16 ml/min).

In der Vorgeschichte typische Migräneanamnese vom jugendlichen bis ins mittlere Lebensalter mit regelmäßiger, beinahe täglicher mehrfacher Einnahme von phenacetinhaltigen Analgetikakombinationspräparaten. In den letzten 15 Jahren gelegentlich kolikartige Nierenschmerzen ohne Makrohämaturie oder Steinabgang.

**Befunde.** Sonographisch (und röntgenologisch) beidseits Nierenpapillenverkalkungen in verkleinerten Nieren (Durchmesser längs 9 cm, quer 4 cm) mit narbig verschmälertem Nierenparenchym (ca. 8 mm breit) und Papillenverkalkungen (helle Areale) im Markbereich sowie durch diese Verkalkungen bedingte Auslöschphänomene (schwarze Streifen), teilweise Zustand nach Papillenabgang (kleine schwarze Defekte an Rindenmarkgrenze und neben den Verkalkungen); verbreitertes helles Binnenecho und wellig unregelmäßige Organoberfläche.

**Diagnose.** Analgetikanephropathie. Aufdeckung der Diagnose Analgetikanephropathie erst im Stadium der chronischen Niereninsuffizienz, die nach Einstellung des Analgetikaabusus nur langsam progredient verläuft.

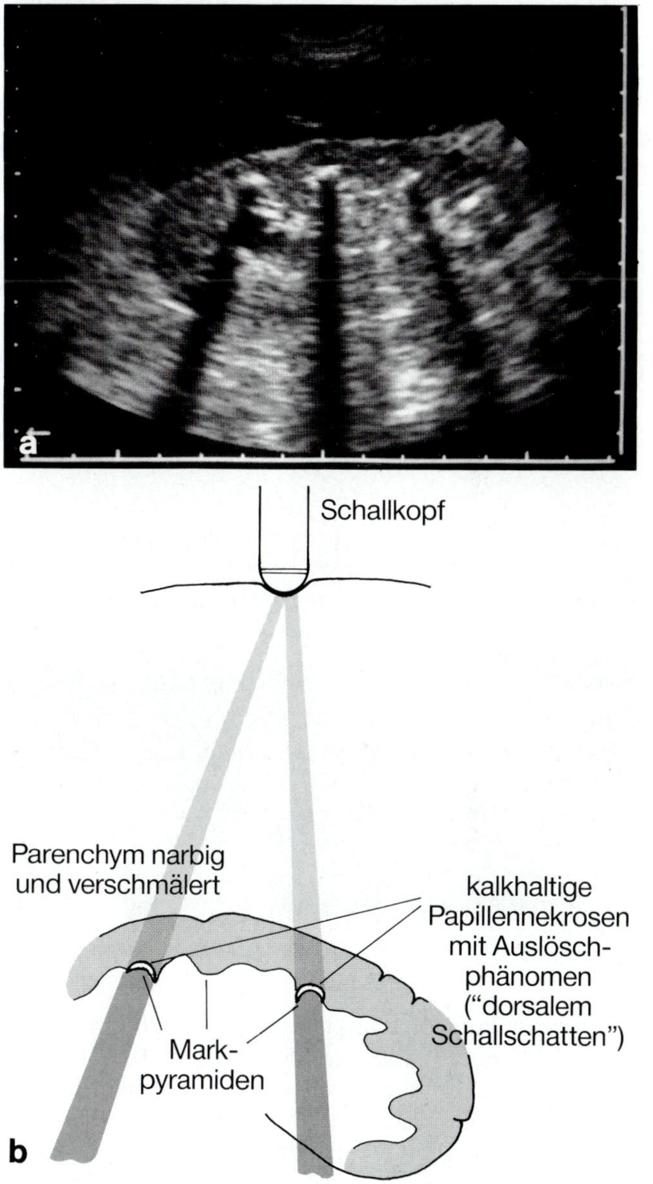


**Abb. 8B.** Sonographischer Längsschnitt einer Niere mit verkalkten Papillennekrosen bei Analgetikanephropathie

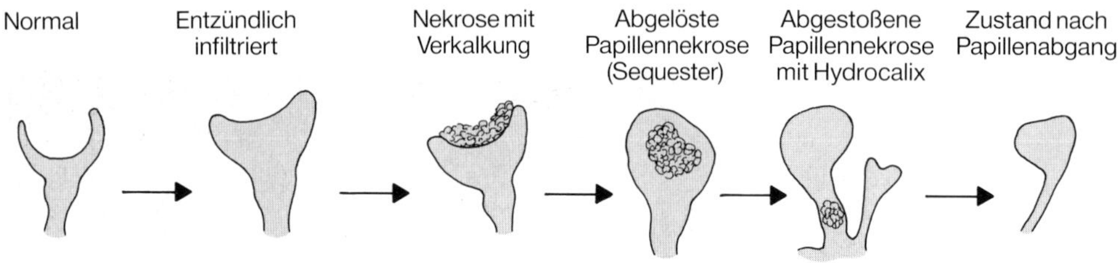


**Abb. 8.15.** Papillenekrosen bei Analgetikanephropathie, Diabetes mellitus, destruierender Pyelonephritis

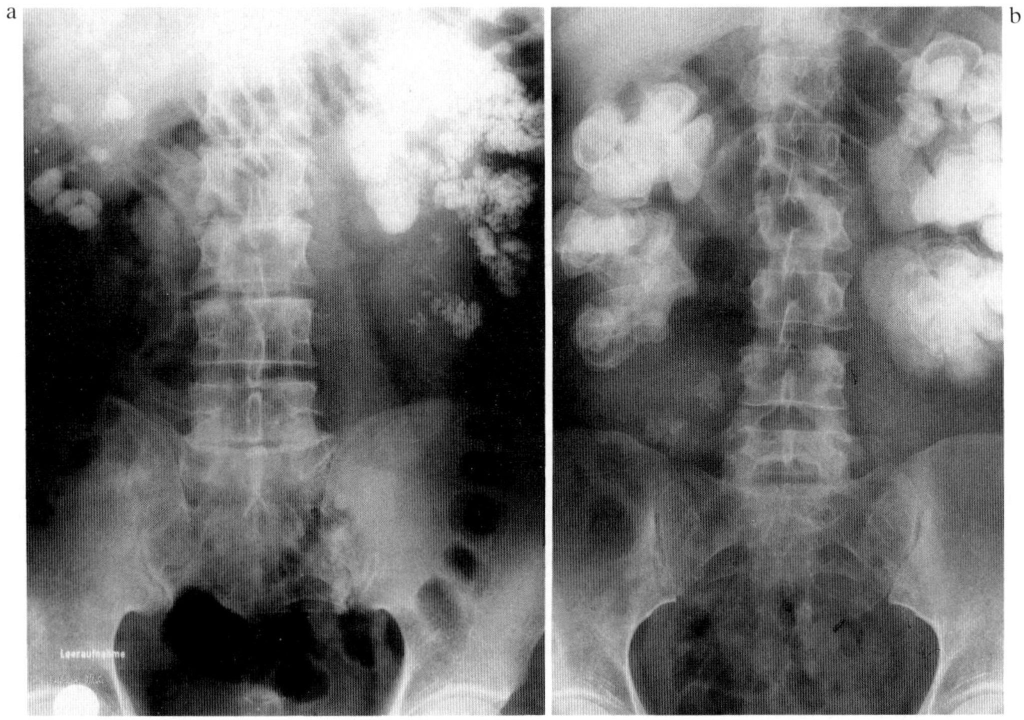


**Abb. 8.16 a, b.** Verkalkungen im Bereich der Nieren und Harnwege bei Abdomenröntgenaufnahmen. **a** Ausgeprägte Nephrokalzinose (Leeraufnahme) mit diffusen Parenchymverkalkungen beidseits (vorwiegend im Markbereich) und Nierenbecken- sowie Harnleitersteinen links (letztere in Projektion auf laterales Os sacrum). **b** Massive Nierenbeckenausgußsteine beidseits mit gleichzeitiger Darstellung des dilatierten Nierenbeckens durch die Infusionsurographie (heller Kontrastmittelsaum um die Steine, besonders deutlich rechts medial und kaudal)

Mit zunehmender Erkrankungsdauer (ca. 20 Jahre) treten nach Phenacetinabusus gehäuft maligne Tumoren der Harnwege auf (Urothelkarzinome), weshalb jährlich ein harnzytologisches Screening durchgeführt werden soll, auch während Dialysebehandlung und nach Nierentransplantation.

*Diagnose:* Entscheidend sind die anamnestischen Angaben und der Nachweis morphologischer Folgen wie verkalkter Papillen bei der Sonographie oder Röntgenleeraufnahme bzw. Kelchdestruktionen bis zum Papillenverlust im i.v.-Urogramm (s. Abb. 8.15). Der Prozeß ist beidseitig und führt zu vergleichbarer Nierenschrumpfung und seltener zu asymmetrischen Befunden wie bei chronischer Pyelonephritis und Refluxnephropathie. Eine Hämaturie ist im anfänglichen Verlauf eher durch eine Papillennekrose und später mehr durch ein Urothelkarzinom bedingt.

*Therapeutisch* sehr erfolgreich ist das Absetzen aller Analgetika. Dies führt zu einer stabilen Niereninsuffizienz, die nur bei Komplikationen fortschreitet: Wiedereinnahme von Analgetika, Hypertonie, rezidivierende Harnwegsinfekte, Dehydratation oder Salzverlust.

**Nephrokalzinose.** Die interstitielle Nephropathie bei längerdauernder Hyperkalzämie ist eine interstitielle Entzündungsreaktion auf tubuläre und peritubuläre kristalline Kalziumablagerungen. Eine ***chronische Hyperkalzämie*** mit renalen Folgen kann als Begleitsymptom bei primärem Hyperparathyreoidismus, Plasmozytom,

## FALL 8C

**Abb. 8C.** Ureterstein mit Harnobstruktion. *Links* Leeraufnahme (*Markierung* = Ureterstein). *Rechts* Infusionsurogramm; Harnstauung rechts

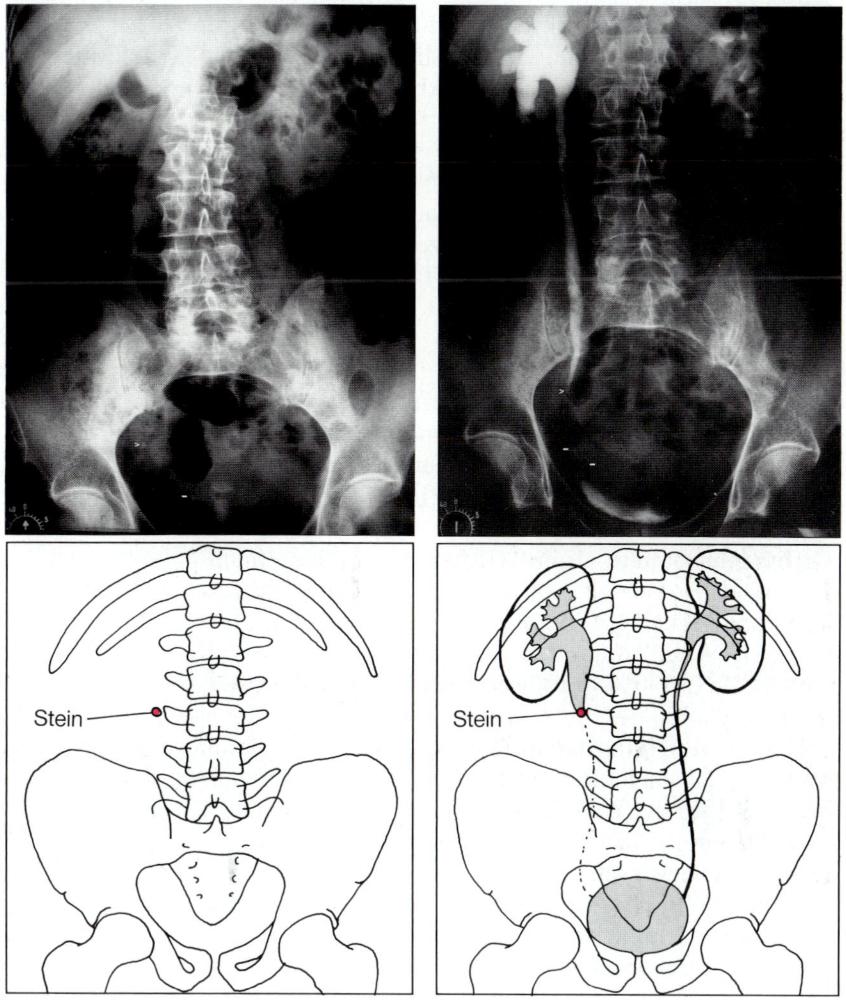


**Anamnese.** 22jährige Frau mit plötzlichen wiederholten kolikartigen rechtsseitigen Unterbauchschmerzen mit Ausstrahlung in die Blasenregion; häufiges Wasserlassen ohne zusätzliche Miktionsbeschwerden, kein Fieber.

**Befunde.** Sonographisch gestautes Nierenbecken rechts, röntgenologisch bei der Abdomenleeraufnahme Verdacht auf Harnleiterstein rechts (rundliche schattengebende Struktur) im kleinen Becken, labormäßig Mikrohämaturie.

**Diagnose.** Harnleiterstein rechts mit Harnabflußbehinderung.

**Therapie.** Die spasmolytische und analgetische Therapie führte nicht zur Beschwerdefreiheit, deshalb nach 2 Tagen zur vollständigen Diagnostik Infusionsurogramm mit Bestätigung des tiefsitzenden Uretersteins rechts und der Harnabflußbehinderung; durch forcierte Diurese, Mobilisation und Spasmolyse spontaner Steinabgang nach 2 Wochen.

Als Nebenbefund Phlebolithen im kleinen Becken, die bei Lage im Ureterbereich durch das Infusionsurogramm differentialdiagnostisch abgrenzbar sind.

Knochenmetastasen, Vitamin-D-Überdosierung und selten bei Sarkoidose auftreten. Die Hyperkalzämie verursacht initial renale Nekrosen und lokale Kalzifikationen, chronisch führt sie zur interstitiellen Verkalkung und Fibrose, besonders medullär (Abb. 8.16 a, b), und zu Nierensteinen.

*Klinisch* finden sich Polyurie und Nykturie infolge der eingeschränkten renalen Konzentrationsfähigkeit. Eine andauernde Hyperkalzämie führt zur chronischen Niereninsuffizienz. Ein spezifischer Harnbefund existiert nicht. Kalziumhaltige Nierensteine komplizieren den Verlauf.

*Behandelt* werden muß die Grunderkrankung. Bei akuter Hyperkalzämie ist zusätzlich eine massive Diurese, gefördert durch Schleifendiuretika und reichliche Kochsalzzufuhr (isotone Infusionslösung) wirksam.

**Gichtnephropathie.** Eine Gichtnephropathie manifestiert sich abhängig von der Schwere der Gichterkrankung bei ca. 30 % der Patienten als Folge der interstitiellen Ablagerung von Uratkristallen. Zusätzlich entwickeln 20–40 % der Gichtpatienten Harnsäuresteine.

Eine akute Harnsäureausfällung in den Tubuli kann während der chemotherapeutischen Behandlung einer myeloproliferativen Erkrankung mit nachfolgendem erheblichem Zellzerfall auftreten und ein akutes Nierenversagen auslösen.

*Klinisch* finden sich eine geringe Proteinurie und eine langsam fortschreitende Niereninsuffizienz, deren Entwicklung durch begleitende sekundäre Pyelonephritiden, Harnsäuresteine und Hypertonie beschleunigt wird. Ohne Gichtarthritiden tritt eine Gichtnephropathie nur selten auf. Eine chronische Bleiintoxikation begünstigt die Manifestation, sie führt allein ebenfalls zu einer interstitiellen Nephritis. Eine Niereninsuffizienz führt selbst zu einer Hyperurikämie und erschwert dann die Differentialdiagnose. Eine asymptomatische Hyperurikämie soll erst bei hohen Werten therapiert werden: Männer >800 und Frauen >600 µmol/l. Die Therapie mit Allopurinol reduziert die Harnsäurekonzentration im Harn und fördert dadurch die Konkrementauflösung und -prophylaxe. Harnsäurekristalle sind im Neutralbereich gut löslich, zum Ausgleich des meist permanent sauren Urin-pH bei Gicht („Säurestarre") wird therapeutisch ein Harn pH 6,5–7,0 angestrebt. Ein pH über 7 ist wegen der Ausfällung von Kalziumsalzen und Phosphaten zu vermeiden. Eine gesteigerte Diurese trägt zur besseren Löslichkeit bei.

**Plasmozytomniere.** Im Urin werden beim Plasmozytom niedermolekulare Paraproteinanteile (Leichtkettenproteine) ausgeschieden: sog. Bence-Jones-Proteinurie, die nicht mit üblichen Eiweißteststreifen nachweisbar ist, sondern mittels Eiweißfällungsmethoden (Hitze, Sulfosalizylsäure – qualitativ; Biuret – quantitativ). Direkte Hinweise auf kleinmolekulare κ- oder λ-Ketten gibt die Uringelelektrophorese.

Die Leichtkettenproteine werden glomerulär filtriert und bilden die tubulären Myelomzylinder mit nachfolgender tubulointerstitieller entzündlicher Fremdkörperreaktion und Gewebezerstörung.

**Dehydratation, Hyperkalzämie und i. v.-Kontrastmittel können die Nierenfunktion akut verschlechtern.**

Andere zur chronischen Niereninsuffizienz beitragende Faktoren sind Nephrokalzinose und Amyloidose.

## 8.3 Nephrolithiasis

**Nierensteine bestehen vor allem aus Kalzium- oder Harnsäure-Verbindungen, die infolge vermehrter renaler Ausscheidung und verminderter Löslichkeit (Harnkonzentration, -pH) ausfallen. Akut verursachen Nierensteine typische Koliken und bei Rezidiven komplizierte Harnwegsinfekte.**

Nierensteine bestehen aus ***Kristallaggregaten*** mit geringen Anteilen einer Matrix aus Protein und Glykoprotein. In Europa sind 97% der Steine in den Nieren, wo sie entstehen oder im Harnleiter lokalisiert. Nur 3% finden sich in der Blase. Die maximale Harnsteinbildung erfolgt im Sommer bei vermehrter ***UV-Licht-Einwirkung*** (vermutlich infolge vermehrte Kalziumausscheidung bei gesteigerter Vitamin-D-Bildung). Steinbildung wird auch durch heißes und trockenes Klima gefördert. Zivilisationsfaktoren (Übergewicht, eiweißreiche Kost) begünstigen die Manifestation.

Die Inzidenz von Harnsteinleiden liegt in Industrieländern um 0,5%.

### Pathogenese und Steinzusammensetzung

Zur Steinbildung kommt es durch die ***Übersättigung des Harns*** mit steinbildenden Substanzen, die spontan aggregieren oder sich um Kristallisationskerne (Zelldetritus, Bakterienkonglomerate etc.) ablagern. Der Urin enthält aber auch makromolekulare (z. B. Glykosaminoglykane) und mikromolekulare (Zitrat, Pyrophosphat) Inhibitoren der Kristallisation, deren Fehlen eine Harnsteinbildung begünstigen kann. Die häufigsten Steine (ca. 70%) sind ***kalziumhaltig*** (Kalziumoxalat-, Kalziumphosphatsteine). Ihre Entstehung wird durch Hyperkalzurie bei erhöhtem und normalem Serumkalzium (idiopathische Hyperkalzurie) gefördert.

***Kalziumoxalatsteine*** entstehen ebenfalls bei Hyperoxalurie infolge primärer Oxalose oder bei gesteigerter intestinaler Oxalatabsorption (Kolitis, Dünndarmresektion).

***Harnsäuresteine*** (ca. 10%) entwickeln sich bei Gicht, Hyperurikämie und/oder Hyperurikurie.

Bei Harninfektionen können bei alkalischem pH sog. ***Infektsteine*** entstehen, die aus Magnesium-Ammonium-Phosphat bzw. auch Kalziumphosphat bestehen.

Außerdem gibt es aus allen genannten Komponenten zusammengesetzte Mischsteine.

### Klinik, Diagnose und Differentialdiagnose

Leitsymptome sind ***Makrohämaturie*** und ***Steinkolik***, wobei Schmerzlokalisation und -ausstrahlung vom Sitz des Steins mitbestimmt werden. Begleitende Allgemeinsymptome können Übelkeit, Erbrechen und Subileus sein.

***Differentialdiagnostisch*** müssen Gallenkolik, Pankreatitis, Appendizitis, stielgedrehte Ovarialzyste, rupturierte Extrauteringravidität, Aortenaneurysma, Niereninfarkt und Papillenabgang ausgeschlossen werden. Gelegentlich werden Steine erst bei einer durch sie verursachten Harnwegsinfektion entdeckt.

Für die Diagnose ist eine Sonographie, evtl. gefolgt von einer ***Röntgenabdomenleeraufnahme*** wesentlich, in der kalziumhaltige Steine als kalkdichte Verschattungen, reine Harnsäuresteine jedoch nicht sichtbar sind. Ein ***Infusionsurogramm*** ist notwendig zur genaueren Lokalisation der Konkremente, insbesondere der röntgennegativen Steine. Harnabflußstörungen werden durch die Urographie und die Sonographie aufgezeigt. Die Bedeutung der ***Sonographie*** in der Steindiagnostik liegt besonders in der Erkennung von Komplikationen wie Hydronephrose, Pyonephrose, Verschmälerung des Nierenparenchyms und deren Verlauf.

**Die Harnuntersuchung zeigt bei Nephrolithiasis eine Hämaturie. Eine schmerzlose Hämaturie ist tumorverdächtig!**

### Analysen zur Steinart

Ein abgegangener Stein muß chemisch oder besser ***infrarotspektroskopisch*** analysiert werden, um eine gezielte Rezidivprophylaxe zu ermöglichen. Dem gleichen Ziel dienen Nüchternblutentnahme und 24-h-Sammelharn zur Bestimmung von Kalzium, Phosphat, Harnsäure sowie Kreatinin. Weitere Aufschlüsse gibt das Verhalten des Harn-pH: saurer pH bei Gicht, keine maximale Ansäuerung bei renal-tubulärer Azidose, alkalischer pH bei Harnwegsinfektion. Bei entsprechenden Indikationen Bestimmung der Oxalatausscheidung.

### Kalziumhaltige Nierensteine

Bei anhaltender ***Hyperkalzämie*** bzw. Nachweis von ***Nephrokalzinose*** oder kalziumhaltigen Steinen müssen systemische Ursachen abgeklärt werden (Tabelle 8.8). Dabei ist der ***primäre Hyperparathyreoidismus*** für 5–10 % aller kalziumhaltigen Steine verantwortlich. Eine ***idiopathische Hyperkalzurie*** ist durch erhöhte Kalziumausscheidung bei normalem Serumkalzium gekennzeichnet. Ursächlich werden 2 metabolische Formen angenommen, deren Ätiologie noch unsicher ist. Bei der ***absorptiven Hyperkalzurie*** besteht eine übermäßige intestinale Kalziumabsorption des Nahrungsmittelkalziums, die durch eine orale Kalziumbelastung und Bestim-

**Tabelle 8.8.** Ursachen von Nephrokalzinose und kalziumhaltigen Nierensteinen

| |
|---|
| 1 Hyperparathyreoidismus |
| 2 Plasmozytom |
| 3 Sarkoidose |
| 4 Milchalkalisyndrom |
| 5 Vitamin-D-Überdosierung |
| 6 Lange Immobilisierung |
| 7 Idiopathische Hyperkalzurie |
| 8 Renale tubuläre Azidose |
| 9 Primäre Hyperoxalurie (Oxalose) und sekundäre Hyperoxalurie |
| 1–6 meist mit Hyperkalzämie |

mung der Ausscheidung nachgewiesen werden kann. Bei ***resorptiver Hyperkalzurie*** ist die erhöhte Kalziumausscheidung unabhängig von der Nahrungskalziumzufuhr und damit auch unter Nüchternbedingungen nachweisbar, wobei eine Kalziummobilisation aus dem Knochen angenommen wird.

**Die Steinprophylaxe besteht allgemein in einer reichlichen Flüssigkeitszufuhr (Trinkmenge 2–3 l, auch vor dem Schlafengehen), um eine Übersättigung mit lithogenen Substanzen zu vermeiden. Speziell müssen Harnwegsveränderungen und -infekte behandelt werden. Steine begünstigen Harnwegsinfektionen und umgekehrt! Verbleibende Steine und Rezidive unterhalten Harnwegsinfektionen.**

Die weitere ***Rezidivprophylaxe*** richtet sich nach den Stein- und Laboranalysen. Bei ***kalziumhaltigen Steinen*** müssen behandelbare Ursachen der Hyperkalzämie und -urie beseitigt werden (s. Tabelle 8.8). Bei den Kalziumoxalatsteinen ist die Kalziumzufuhr aus Milch und Milchprodukten einzuschränken. Die idiopathische Hyperkalzurie kann außerdem durch Kalziumbindung im Darm mittels Zellulosephosphat (bei absorptiver Form) oder durch Thiaziddiuretika gesenkt werden. Die diätetische Verminderung der Oxalatzufuhr (kein Rhabarber, Spinat, Kakao) ist wegen der endogenen Bildung im Stoffwechsel nicht so wesentlich. Bei anhaltender Oxalatsteinbildung sind als Lösungsvermittler für Kalziumoxalat Magnesium, Zitrat oder Orthophosphate zu versuchen.

Hinsichtlich der Rezidivprophylaxe von ***Harnsäuresteinen*** s. Kap. 16. Da ***Infektsteine*** im alkalischen Milieu entstehen, wird der Harn angesäuert (pH<6). Vor einer medikamentösen Therapie muß eine renal-tubuläre Azidose ausgeschlossen werden.

**Therapie**

Die ***akute Steinkolik*** benötigt Analgetika und Spasmolytika, die parenteral bzw. als Suppositorien gegeben werden. Bei nicht beherrschten Schmerzen sind Opiate indiziert.

Der spontane Steinabgang wird begünstigt durch reichliche Flüssigkeitszufuhr und körperliche Aktivität. Eine ***operative Konkremententfernung*** ist angezeigt bei Harnwegsinfektionen mit partieller oder kompletter Obstruktion, Gefahr der Urosepsis, Nierenschädigung durch den Harnrückstau, ungünstige Steingröße und -lage sowie nach 6–8 Wochen vergeblicher konservativer Maßnahmen. Die berührungsfreie nicht-invasive Nierensteinzertrümmerung mittels Stoßwellen (ESWL) ermöglicht die erfolgreiche Behandlung von ca. 70% aller Steinträger ohne weitere chirurgische Maßnahmen.

## 8.4 Vaskuläre Nierenerkrankungen

### 8.4.1 Nierenarterienstenose

Zu den vaskulären Nierenerkrankungen zählen auch einseitige und seltener beidseitige Einengungen der Nierenarterien durch atherosklerotische Intimaverdickungen und durch fibromuskuläre Dysplasie. Diese Nierenarterienstenosen führen zur Hypertonie und werden deshalb ausführlich in Kap.6 abgehandelt.

### 8.4.2 Niereninfarkt

Ein akuter Verschluß von Nieren-, Segment- und Interlobararterien kann auftreten bei stumpfem Bauchtrauma, bei hochgradiger Arterienstenose und durch arterielle Embolien bei Mitralstenose, Vorhofflimmern, Endokarditis und Herzinfarkt mit wandständigen Thromben. Der Verschluß führt zum Niereninfarkt. Die Symptome hängen von der Größe des Infarkts ab. Kleine Infarkte bleiben häufig symptomlos.

**Größere Niereninfarkte führen zu starkem Flankenschmerz, Makro- und Mikrohämaturie, Leukozytose und Fieber.**

Bei gesunder zweiter Niere kommt es auch bei größeren Infarkten nur selten zum Kreatininanstieg. Die Diagnose wird durch Arteriographie gestellt. Bei Verschluß der Nierenarterie kann eine Rekanalisierung die Nierenfunktion wieder herstellen.

### 8.4.3 Nierenvenenthrombose

Sie kann selten nach stumpfen Bauchtraumen auftreten. Meist ist sie eine Komplikation bei ***nephrotischem Syndrom***. Bei Kindern kann eine Nierenvenenthrombose durch eine schwere Dehydratation entstehen. Symptome sind massive Proteinurie, Nierenschwellung, Hämaturie und Flankenschmerz. Zum Funktionsverlust der Niere kommt es nur bei vollständigem Verschluß und unzureichenden Kollateralvenen. Es besteht die Gefahr einer Lungenembolie. Die Diagnose kann durch Sonographie und radiologisch durch Computertomographie oder Venographie gestellt werden. Die Therapie besteht in der Antikoagulation mit Heparin. Meist kommt es zu spontaner Rekanalisation der Vene.

### 8.4.4 Benigne Nephrosklerose

Die benigne Nephrosklerose ist eine Erkrankung der Interlobulararterien und afferenten Arteriolen, in denen subendothelial hyalines Material abgelagert wird und eine Hypertrophie von Intima und Media langsam zu ***Einengung und Verschluß der Gefäße*** führen. Dadurch kommt es in der Nierenrinde zu zahlreichen kleinen Infarkten und Narben, die zur Schrumpfung der Nieren führen. Ursache ist ein über viele Jahre bestehender schwerer Bluthochdruck. Zwischen 5 und 15% der unbehandelten Hypertoniker entwickeln im Verlauf von 10–20 Jahren eine Nephrosklerose. Bei etwa 50% besteht eine Proteinurie um 2 g pro 24 h. Das Urinsediment ist meist normal. Im Verlaufe vieler Jahre kann es bei 3–5% zu terminaler Niereninsuffizienz kommen.

**Die DiagnoseNephrosklerose läßt sich stellen, wenn bei einem Patienten nach vielen Jahren mit schwerem Bluthochdruck die Nierenfunktion abnimmt, bei normalem Urinsediment eine leichte Proteinurie auftritt und Hochdruckfolgen an anderen Organen bestehen (Linksherzhypertrophie, Fundus hypertonicus).**

Ist die zeitliche Folge – zuerst Hypertonus, dann Proteinurie und/oder Kreatininanstieg – nicht eindeutig, muß an eine glomeruläre Erkrankung mit Hypertonie gedacht werden. Durch eine gute Einstellung des Hypertonus kann die Progredienz der Nephrosklerose verhindert werden.

### 8.4.5 Maligne Nephrosklerose

Hier kommt es in den kleinen Arterien und Arteriolen neben den bei benigner Nephrosklerose beschriebenen Veränderungen zu Proliferation der Intima ***(Zwiebelschalenintima)***, Nekrosen der Gefäßwände und Infiltrationen mit Leukozyten. Sie wird durch maligne Hypertonie ausgelöst. Die diagnostischen Kriterien für maligne Hypertonie sind:

- sehr hoher diastolischer Blutdruck,
- Blutungen, Exsudate und Papillenödem am Augenhintergrund (Fundus hypertonicus III und IV),
- rasche Abnahme der Nierenfunktion bis hin zur Urämie in wenigen Tagen bis Wochen.

Meist besteht eine Proteinurie um 3 g/24 h, manchmal bis zu 10 g/24 h, und eine Mikrohämaturie. Die Therapie besteht in adäquater Behandlung des Hypertonus. Die Niereninsuffizienz ist nicht selten reversibel, wenn der Blutdruck gesenkt wird.

### 8.4.6 Nierenbeteiligung bei Sklerodermie

Zur Pathogenese, extrarenaler Klinik und Basistherapie s. Kap. 14. Bei etwa 15% der Patienten mit Sklerodermie kommt es zu schwerwiegender Nierenbeteiligung. Symptome und Befunde sind sehr hoher Blutdruck, Fundus hypertonicus III und IV, Funktionsverlust der Nieren in wenigen Wochen, Proteinurie um 3 g/24 h und erhöhte Plasmareninaktivität. Ähnlich wie bei malignem Hypertonus wird durch Intimaproliferation in den kleinen Arterien und durch fibrinoide Nekrosen der afferenten Arteriolen die Nierendurchblutung dramatisch reduziert, und viele kleine Niereninfarkte entstehen. Therapie der Wahl ist die Senkung des Blutdruckes mit Angiotensin-Converting-Enzym-Inhibitoren (Captopril, Enalapril). Wenn erforderlich, können zusätzlich Vasodilatatoren gegeben werden. Die Entwicklung einer terminalen Niereninsuffizienz kann bei konsequenter antihypertensiver Therapie hinausgeschoben werden. Eine leichte Form der Nierenbeteiligung mit geringer Proteinurie und mäßig erhöhtem Blutdruck ohne Funktionsverlust der Nieren findet sich bei etwa 40% der Patienten mit Sklerodermie.

### 8.4.7 Hämolytisch-urämisches Syndrom

**Die klassische klinische Trias des hämolytisch – urämischen Syndroms (HUS) ist akutes Nierenversagen, hämolytische Anämie und Thrombopenie mit Blutungsneigung.**

Dieses Krankheitsbild ist bei Kindern die häufigste Ursache von akutem Nierenversagen; bei Erwachsenen ist es seltener. Tabelle 8.9 gibt eine Aufteilung nach ätiologischen Gesichtspunkten. Die Pathogenese ist nicht endgültig geklärt.

**Tabelle 8.9.** Die verschiedenen Formen des hämolytisch-urämischen Syndroms

1. Postinfektiös, in der Regel gastrointestinaler Infekt. Bei Kindern bessere Prognose
2. Hereditär und familiär; rezidivierend
3. Sekundär, bei Mikroangiopathien, z. B. bei Lupus erythematodes, maligner Hypertonie, Sklerodermie; Therapie mit Cyclosporin
4. Nach Entbindungen (postpartales Nierenversagen) und bei oralen Antikonzeptiva

**Allen Formen des hämolytisch-urämischen Syndroms gemeinsam ist ein Endothelschaden in Glomeruluskapillaren, Arteriolen und kleinen Arterien der Niere mit ödematöser Degeneration, Abheben des Endothels und subendothelialer Eiweißablagerung.**

Durch die Schädigung des Endothels kommt es zu Einengung und Verschluß der Gefäße und zur Thrombosierung in Kapillaren und Arteriolen. Es wird angenommen, daß Erythrozyten und Thrombozyten in den erkrankten Gefäßen der Niere geschädigt werden. Man nennt diese hämolytische Anämie daher ***mikroangiopathisch***. Zeichen der mikroangiopathischen hämolytischen Anämie sind erhöhte Laktatdehydrogenase, erniedrigtes Haptoglobin, Fragmentozyten (helmförmig und dreieckig deformierte Erythrozyten), erhöhte Retikulozyten und negativer Coombs-Test. Der akuten Erkrankung gehen häufig im Abstand von Tagen bis wenigen Wochen Durchfall, Erbrechen und Bauchschmerz voran. Eine gesicherte spezifische Therapie gibt es nicht. Bei Erwachsenen tritt häufig eine schwere Hypertonie auf. Die Therapie besteht in einer Überbrückung des Nierenversagens durch Dialyse und Behandlung der Hypertonie. Bei Kindern erholt sich die Nierenfunktion in 90 % der Fälle, 40 % der Erwachsenen bleiben terminal niereninsuffizient.

### 8.4.8 Thrombotisch-thrombozytopenische Purpura (Moschcowitz-Syndrom)

**Die Gefäßveränderungen beim Moschcowitz-Syndrom sind ähnlich wie beim hämolytisch-urämischen Syndrom, jedoch ist weniger die Niere betroffen und häufiger Nervensystem, Haut, Lunge und Gastrointestinaltrakt.**

Die thrombotisch-thrombozytopenische Purpura ist eine akute Erkrankung unklarer Pathogenese, die meist 20- bis 40jährige betrifft. Symptome sind petechiale Haut- und Schleimhautblutungen, neurologische Symptome wie Paresen, Sprachstörungen, Somnolenz und Koma, Thrombopenie, mikroangiopathische Anämie, Fieber. Eine leichte Einschränkung der Nierenfunktion und mäßige Proteinurie und Mikrohämaturie treten bei etwa 50 % der Patienten auf. Nierenversagen ist selten. Zahlreiche Therapieversuche werden unternommen: Plasmaaustausch mit frischem Spenderplasma, Gabe von Heparin und Prostazyklin und Splenektomie. Der endgültige Beleg der Wirksamkeit steht aus. Die Sterblichkeit liegt bei etwa 50 %.

## 8.5 Zystische Nierenerkrankungen

Zystische Nierenerkrankungen sind bei etwa 8% aller Patienten mit terminaler Niereninsuffizienz für den Funktionsverlust der Nieren verantwortlich. Ihre Einteilung ist in Tabelle 8.10 aufgeführt. Häufig sind nur die autosomal dominant vererbte polyzystische Nierenerkrankung und erworbene Nierenzysten.

**Allen zystischen Nierenerkrankungen gemeinsam sind zystische Umwandlungen von verschiedenen Segmenten des Tubulus und der Sammelrohre, die zur Einschränkung der Nierenfunktion führen können.**

Zysten sind mit Epithel ausgekleidete Hohlräume, die Flüssigkeit enthalten. Die zur Zystenbildung führenden Mechanismen der häufig hereditären Erkrankungen sind nicht bekannt. Eine spezifische Therapie gibt es nicht.

### 8.5.1 Autosomal dominant erbliche polyzystische Nierenerkrankung

Etwa 0,1–0,2% der Bevölkerung in der Bundesrepublik sind betroffen. In beiden Nieren entwickeln sich zahlreiche Zysten, die meist vom proximalen Tubulus ausgehen, seltener vom distalen Tubulus. Beim Vollbild der Erkrankung sind die Nieren sehr stark vergrößert. Ursache der Erkrankung ist ein ***defektes Gen*** in Chromosom 16. Die Vererbung ist autosomal dominant. Die Kinder eines

**Tabelle 8.10.** Zystische Nierenerkrankungen

| Erkrankung | Lokalisation der Zysten | Symptome und Komplikationen | Manifestationen an anderen Organen | Folgen |
|---|---|---|---|---|
| Autosomal dominante polyzystische Nierenerkrankung | Proximaler und distaler Tubulus | Makrohämaturie<br>Hypertonie<br>Harnwegsinfekt<br>Zunahme des Abdomens<br>Flankenschmerz<br>Nierensteine | Zystenleber, 50%<br>Zerebrale Aneurysmen, 20%<br>Zysten in anderen Organen, 10% | Terminales Nierenversagen bei >70% |
| Erworbene Nierenzysten | Nierenrinde | Selten, Makrohämaturie | Keine | Kein Einfluß auf Nierenfunktion |
| Autosomal rezessive polyzystische Nierenerkrankung (selten, nur bei Kindern) | Sammelrohr distaler Tubulus | Makrohämaturie<br>Hypertonie<br>Harnwegsinfekt | Leberfibrose | Immer terminales Nierenversagen |
| Nephronophthise (meist bei Kindern, selten bei Erwachsenen) | Nierenmark | Symptomarm<br>Polyurie selten | Keine | Immer terminales Nierenversagen |
| Markschwammniere (Erwachsene) | Sammelrohre in Nierenpapillen | Nierensteine<br>Makrohämaturie<br>Harnwegsinfekt | Keine | Sehr selten Niereninsuffizienz durch rezidivierende Harnwegsinfekte |

Betroffenen haben also 50% Wahrscheinlichkeit, ebenfalls Träger des defekten Gens zu werden. Es ist nicht bekannt wie das defekte Gen zur polyzystischen Nierendegeneration führt. Bis zum 35. Lebensjahr werden etwa 15% der Betroffenen symptomatisch, bis zum 45. Lebensjahr 40% und bis zum 55. Lebensjahr 70%. Nicht alle Träger des defekten Gens erkranken.

**Symptome.** Flanken-, Abdominalschmerz, Makrohämaturie und Hypertonus, Harnwegsinfektionen, Nierensteine. Nicht selten führen erst Symptome der Urämie und Zunahme des Bauchumfanges die Patienten zum Arzt.

**Diagnose.** In etwa 50% lassen sich beidseits vergrößerte Nieren mit buckeliger Oberfläche tasten. Die Methode der Wahl zur Diagnose von Zystennieren ist die ***Sonographie***. Eine Computertomographie sollte durchgeführt werden, wenn das Ergebnis unklar ist und Komplikationen bestehen, wie intrazystische oder perirenale Blutung, oder wenn ein perinephritischer Abszeß vermutet wird.

Laborwerte im Serum und Urinanalyse liefern keine spezifisch diagnostischen Hinweise. Proteinurie unter 1 g/24 h und Makro- Mikro-Hämaturie können vorhanden sein.

**Manifestation des Gendefektes in anderen Organen.** Häufig kommt es zu ***Zystenbildung in der Leber***. Seltener sind Pankreaszysten und Aneurysmen der Zerebralarterien. Eine Zystenleber kann sehr groß werden und den Patienten erheblich behindern. Die Leberfunktion wird nur selten beeinträchtigt. Aneurysmen der Zerebralarterien können rupturieren und zu intrazerebralen Blutungen führen.

**Prognose und Therapie.** Sobald eine Einschränkung der Kreatininclearance vorliegt, ist mit einem Verlust der Nierenfunktion im Verlauf der folgenden 5–15 Jahren zu rechnen. Eine spezifische Maßnahme zur Verhinderung dieser Progredienz gibt es nicht. Einstellen des Blutdrucks auf normale Werte sowie Prävention und konsequente antibiotische Therapie von Harnwegsinfekten können jedoch die Progression verlangsamen. Bei Ruptur von Gefäßen der Zystenwände kann es zu Blutungen in das perirenale Fettgewebe und das Harnwegssystem (Makrohämaturie) kommen. Die Blutungen sistieren in der Regel spontan, eine operative Intervention ist selten nötig. Ursachen für die häufigen heftigen Flankenschmerzen sind die genannten Zystenblutungen, infizierte oder abszedierende Zysten oder der Druck sehr großer Zysten. Zystensklerosierung oder operative

Abtragung von Zysten können den Schmerz lindern. Die an Zystennieren erkrankten Patienten müssen über den Vererbungsgang aufgeklärt werden.

### 8.5.2 Erworbene Nierenzysten

Einzelne und auch mehrere Nierenzysten lassen sich bei etwa 50% aller Menschen über 40 Jahre nachweisen. Mit zunehmenden Alter werden sie häufiger. Jüngere Menschen sind kaum davon betroffen.

**Erworbene Nierenzysten führen nicht zur Einschränkung der Nierenfunktion.**

Eine besondere Form sind in der Rinde von Schrumpfnieren nachzuweisende Zysten. Die seltenen Komplikationen sind Zystenblutung, Nierenzellkarzinom in einer Zyste und Zysteninfektion. Die Diagnose wird durch Sonographie, Computertomographie, Aspirationszytologie und sonographische Verlaufsbeobachtung gestellt.

## 8.6 Kongenitale und hereditäre Nierenerkrankungen

Die Komplexität der embryonalen Entwicklung der Niere und der ableitenden Harnwege disponiert zu einer Vielzahl von Fehlentwicklungen bzw. kongenitalen Erkrankungen. Die häufigsten hereditären Nierenerkrankungen sind die ***zystischen Nierenerkrankungen***. Alle anderen hereditären Erkrankungen der Niere sind selten. Bei einigen kennt man bereits den molekularen Mechanismus der Störung. Dennoch gibt es keine wirksame Therapie. Die frühzeitige Erkennung der Erkrankung ermöglicht die genetische Beratung, damit die hereditäre Natur der Erkrankung bei der Familienplanung berücksichtigt werden kann. Schwerpunkte der nichtzystischen hereditären Nierenerkrankungen sind Störungen im Bereich der glomerulären Basalmembran und des tubulären Transportsystems.

### 8.6.1 Kongenitale Nierenanomalien

Sie entstehen durch Störungen der Nierenentwicklung im Embryonalstadium. Als ***Agenesie*** bezeichnet man das vollständige Fehlen der Nierenanlage. Doppelseitig führt sie zum Tode im Uterus oder kurz nach Geburt. Bei ***Nierenhypoplasie*** ist die betroffene Niere kleiner als normal und die Funktion ist hochgradig eingeschränkt. Bei einseitiger Agenesie oder Hypoplasie ist die normale Niere hypertrophiert, und die Gesamtnierenfunktion ist normal. Wegen der relativen Häufigkeit von einseitiger Agenesie und Hypoplasie ist es wichtig, sich vor Eingriffen an einer Niere von Vorhandensein und Größe der anderen zu überzeugen. Als ***Doppelniere*** bezeichnet man die unvollständige verschieden ausgeprägte Verschmelzung zweier Nierenanlagen auf einer Seite bei in der Regel normaler kontralateraler Niere. Es gibt nur ein Gefäßsystem, jedoch zwei Nierenbecken. Die Ureter können partiell ***(Ureter fissus)*** oder vollständig ***(Ureter duplex)*** getrennt voneinander verlaufen. Nieren können angeboren ***dystop*** im Becken- oder Bauchraum liegen, häufig sind sie verkleinert. Von ***Hufeisenniere*** spricht man, wenn beide Nieren am unteren Pol zusammenhängen. Angeborene Nierenerkrankungen disponieren zu Harnwegsinfekten und Nierensteinen.

### 8.6.2 Alport-Syndrom (hereditäre Glomerulonephritis)

**Das Alport-Syndrom ist eine seltene Erkrankung von Nieren, Innenohr und Auge, die meist X-chromosomal dominant vererbt wird, seltener autosomal dominant.**

In Basalmembranen der betroffenen Organe, in der Niere in den Glomeruli, fehlt ein Protein, das für die normale Struktur und Funktion des Kollagens wichtig ist. Symptome sind Mikrohämaturie, die schon bei Geburt besteht, später auch Proteinurie und meist um das 14. Lebensjahr beginnende Innenohrschwerhörigkeit. Bei 15–30% findet man an den Augen eine Vorwölbung der Linse in die vordere Augenkammer (Lenticonus anterior) und einen weiß punktierten Augenhintergrund. Betroffen sind überwiegend Knaben, bei denen die Erkrankung immer zu terminaler Niereninsuffizienz führt. Die Diagnose ist wahrscheinlich bei Mikrohämaturie, Innenohrschwerhörigkeit und positiver Familienanamnese. Die Sicherung der Diagnose erfolgt durch

**Tabelle 8.11.** Tubuläre Transportstörungen

| Erkrankung | Tubulärer Transport inhibiert von | Folgen |
|---|---|---|
| Zystinurie | Zystin, Lysin, Arginin, Ornithin | Zystinnierensteine |
| Hartnup-Erkrankung | Monoaminomonokarbonsäuren | Erythem, De- und Hyperpigmentierung der Haut, Ataxie, Nystagmus |
| Renale Glukosurie | Glukose | Polyurie |
| Phosphatdiabetes | Phosphat | Vitamin-D-resistente Rachitis |
| Fanconi-Syndrom | Aminosäuren, Phosphat, Glukose, H-Ionen-Sekretion | Osteomalazie, Polyurie, Nierensteine, Azidose |
| Tubuläre Azidose Typ I | H-Ionen-Sekretion im distalen Tubulus | Metabolische Azidose, Hypokaliämie, erhöhtes Chlorid, Hyperkalzurie, Nephrokalzinose, Nephrolithiasis |
| Tubuläre Azidose Typ II | Bikarbonatresorption im proximalen Tubulus | Metabolische Azidose, erhöhtes Chlorid |

**Tabelle 8.12.** Initiale Symptome bei Nierenzellkarzinom

| Symptom | Prozent |
|---|---|
| Hämaturie | 60 |
| Flankenschmerz | 40 |
| Palpabler Tumor | 30 |
| Gewichtsverlust | 30 |
| Fieber | 20 |
| Klassische Triade (Hämaturie, Schmerz, palpabler Tumor) | 10 |

**Tabelle 8.13.** Stadien bei Nierenzellkarzinom und Fünfjahresüberlebensrate nach Nephrektomie

| Stadium | | Überlebensrate (%) |
|---|---|---|
| I | Tumor innerhalb der Nierenkapsel | 70 |
| II | Tumor hat Nierenkapsel durchbrochen, liegt aber noch innerhalb von Gerota-Faszie | 55 |
| III | Tumor in regionale Lymphknoten, Nierenvene und V. cava eingewachsen | 30 |
| IV | Metastasen in anderen Organen | 15 |

elektronenoptische Untersuchung eines Nierenpunktats: unregelmäßige Dicke, sowie Lamellierung und Fragmentierung der Basalmembran. Eine spezifische Therapie gibt es nicht. Genetische Beratung der Betroffenen ist wichtig.

Weitere sehr seltene autosomal dominant vererbte Veränderungen finden sich bei der familiär benignen Hämaturie (abnorm dünne Basalmembran) und bei der Osteoonychodysplasie (verdickte glomeruläre Basalmembranen mit Mottenfraßdefekten mit zusätzlichen Defekten der Nägel und der Patella). Nur die Osteoonychodysplasie führt in etwa 10% der Fälle zur Niereninsuffizienz.

### 8.6.3 Hereditäre Störungen tubulärer Transportmechanismen

Die verschiedenen tubulären Transportsysteme für Aminosäuren, Glukose und Phosphat können einzeln oder in Kombination gestört sein (Tabelle 8.11). Meist handelt es sich um hereditäre Erkrankungen, seltener um kongenitale oder erworbene Störungen. Sie führen zwar nicht zur Entwicklung einer Niereninsuffizienz, aber durch Verlust oder Akkumulation verschiedener Substanzen kann es zu erheblichen Störungen anderer Organsysteme kommen.

## 8.7 Tumoren von Niere und Harnleiter

### 8.7.1 Nierenzellkarzinom

Dies ist der häufigste maligne Tumor von Niere und Ureter (85%). Er geht von Zellen des proximalen Tubulus aus. Die jährliche Inzidenz beträgt 7,5 Fälle pro 100000 Einwohner. Der Erkrankungsgipfel liegt zwischen 45 und 65 Jahren. Die initialen Symptome sind in Tabelle 8.12 dargestellt.

***Metastasierung*** erfolgt in regionale Lymphknoten, Lunge, Knochen, Leber, Nebenniere und kontralaterale Niere. Häufig wächst der Tumor in die Nierenvene und Hohlvene ein. Die Diagnose wird durch Sonographie und

Computertomographie gestellt. Eine Angiographie ist selten erforderlich. Die ***Therapie*** besteht in radikaler Nephrektomie. Die Heilungschance hängt vom Stadium des Tumors ab (Tabelle 8.13). Chemotherapie und Strahlentherapie sind von unsicherer Wirkung.

### 8.7.2 Urothelkarzinom

Dies ist der zweithäufigste maligne Tumor des oberen Urogenitaltrakts (10%). Er entsteht aus den Epithelzellen von Nierenbecken und Harnleiter. Patienten mit Analgetikaabusus und Beschäftigte in Anilinfarben-, Gummi- und Lederindustrie haben eine erhöhte Inzidenz von Urothelkarzinomen. Die meisten Patienten erkranken zwischen dem 50. und dem 60. Lebensjahr. Initiales Symptom ist in etwa 75% eine Makrohämaturie. Metastasen siedeln sich meist in regionale Lymphknoten an. Die ***Diagnose*** erfolgt durch Nachweis maligner Zellen im Urin sowie durch intravenöse und retrograde Pyelographie. Die ***Therapie*** besteht in radikaler operativer Entfernung von Niere und Ureter. Röntgenbestrahlung ist unwirksam. Die Wirksamkeit von Chemotherapie ist nicht gesichert. Die Fünfjahresüberlebensrate liegt bei 50 %, wenn der Tumor nur auf Schleimhaut und Muskularis des Ureters/Nierenbeckens begrenzt ist. Sie sinkt auf weniger als 10%, wenn die Infiltration über die Muskularis hinausgeht.

### 8.7.3 Wilms-Tumor oder Nephroblastom

Dies ist ein maligner Nierentumor, der gleichzeitig von verschiedenen Zelltypen – auch embryonalen Zellen – ausgeht und häufig nierenfremdes Gewebe, wie Muskel und Knorpel, enthält. Er kommt fast nur bei Kindern vor. Die Therapie besteht in einer Kombination von operativer Resektion, postoperativer Bestrahlung und Chemotherapie. Die Fünfjahresüberlebensrate beträgt bei nicht weit fortgeschrittenem Stadium 85–95%.

### 8.7.4 Nierenmetastasen

Sie werden bei 5–8% aller Patienten mit soliden Tumoren anderer Organe gefunden. Symptome, Therapie und Prognose werden vom Primärtumor bestimmt.

### 8.7.5 Gutartige Nierentumoren

***Angiomyolipom, Lipom*** und ***Leiomyom*** sind gutartige Tumoren der Niere. Sie metastasieren nicht und zeigen nur selten extensives Wachstum.

## 8.8 Störungen des Elektrolyt-, Wasser- und Säure-Basenhaushalts

### 8.8.1 Störungen des Natriumhaushaltes

Natrium ist das Hauptkation des extrazellulären Raumes (EZR). Über den Natriumbestand reguliert die Niere das extrazelluläre Volumen. Die Natriumkonzentration wird über die Wasserbilanz durch den Durstmechanismus und die ADH-Ausschüttung geregelt.

**Ein erhöhter Natriumbestand (Natriumretention) und ein verminderter Natriumbestand (Natriumdepletion) sind Störungen des Natriumhaushalts. Abweichungen der Serumnatriumkonzentration von der Norm sind dagegen Ausdruck einer Störung des Wasserhaushalts.**

**Natriumretention.** Das Volumen des extrazellulären Raumes (EZR) und der Füllungszustand der Gefäße werden über Rezeptoren im Niederdruck- und Hochdrucksystem erfaßt, und über neurale und humorale Signale wird die renale Natriumausscheidung so geregelt, daß ein optimales „effektives zirkulierendes Blutvolumen" (EZBV) aufrechterhalten wird. Bei Erkrankungen mit generalisierten Ödemen, wie Herzinsuffizienz, nephrotisches Syndrom, Glomerulonephritis, Leberzirrhose und Eiweißmangelernährung, wird durch ein vermindertes EZBV eine renale Natriumretention induziert, die zur extrazellulären Volumenexpansion führt. ***Klinisch*** zeigt sich die *Natriumretention* in Form von Unterschenkelödemen, Aszites, Dyspnoe, Pleuraergüssen, Lungengefäßstauung und Lungenödem.

Eine ***Natriumdepletion*** entsteht bei Verlust natriumhaltiger Flüssigkeit und führt zu einer extrazellulären Volumenkontraktion. Die Kompensationsmechanismen (Aktivierung des Renin-Angiotensin-Aldosteron-Systems) zielen auf eine Natrium- und Volumenkonservierung. Natriumverluste können extrarenal über die Haut (Schweiß), gastrointestinal (Erbrechen, Magen-

**Tabelle 8.14.** Ursachen der Hyponatriämie (Abkürzungen s. Text)

*Hypotone Hyponatriämie (Serumosmolalität erniedrigt)*
a) überschüssige Retention freien Wassers bei nicht-osmotisch bedingter ADH-Sekretion:
- bei vermindertem effektiven zirkulierenden Blutvolumen (EZBV) und EZR-Volumenkontraktion infolge extrarenaler (gastrointestinal, kutan) oder renaler (Diuretika, Salzverlustniere, Nebenniereninsuffizienz) Verluste natriumhaltiger Flüssigkeit (Natriumbestand vermindert)
- bei vermindertem EZBV und gleichzeitig expandiertem EZR (Herzinsuffizienz, Leberzirrhose, nephrotisches Syndrom; Natriumbestand erhöht)
- beim Syndrom der inadäquaten ADH-Sekretion (SIADH) infolge ektopischer paraneoplastischer ADH-Sekretion (z. B. Bronchialkarzinom, Natriumbestand normal)

b) verminderte renale Clearance für freies Wasser in der Niereninsuffizienz

*Hypertone Hyponatriämie (Serumosmolalität erhöht)*
- Verdünnung des Serumnatriums durch Wasserausstrom aus dem intrazellulären Raum bei Hyperglykämie, Mannitoltherapie

*Isotone (Pseudo-)Hyponatriämie (Serumosmolalität normal)*
- Meßtechnisch bedingt niedriges Serumnatrium bei Hyperproteinämie oder Hyperlipidämie ohne klinische Auswirkung

sonde, Durchfälle), bei Sequestration von Flüssigkeit als funktionell unwirksames Volumen (retroperitoneales Ödem bei Pankreatitis, Aszites, Pleuraergüsse) oder durch Blutungen auftreten. Häufigste Ursache renaler Natriumverluste ist die Gabe von Diuretika. Seltenere Ursachen sind die polyurische Phase nach akutem Nierenversagen oder nach Harnstauung, chronische interstitielle Nephropathien (Salzverlustniere) oder eine Nebenniereninsuffizienz. ***Klinische Zeichen*** sind Schwäche und Durst, verminderter Hautturgor, Blutdruckabfall im Stehen, Tachykardie, verminderter zentraler Venendruck (ZVD), bei Verlust von mehr als 25% Kreislaufschock. Hämatokrit, Serumprotein, Harnstoff und Kreatinin sind erhöht, die Urinausscheidung vermindert, das Urinnatrium liegt unter 10 mmol/l (bei extrarenalen Verlusten), die Urinosmolalität ist hoch.

Die ***Therapie*** besteht bei *Natriumretention* (EZR-Expansion) in Einschränkung der Kochsalzzufuhr und Diuretika, bei *Natriumdepletion* (EZR-Volumenmangel) in Behandlung der Grundkrankheit (Erbrechen, Durchfälle, Pankreatitis), Substitution eines Mangels an Mineralokortikoiden, Absetzen von Diuretika sowie intravenöser Gabe von physiologischer Kochsalzlösung.

## 8.8.2 Störungen des Wasserhaushaltes

Der Wasserhaushalt des Körpers wird durch eine exakte Bilanz von Ein- und Ausfuhr konstant gehalten. Die Zufuhr wird durch den ***Durstmechanismus,*** die Ausfuhr durch die ***renale Wirkung des antidiuretischen Hormons*** (ADH) kontrolliert. Wenn die Plasmaosmolalität über 280 mosm/kg $H_2O$ ansteigt, wird ADH proportional aus der Neurohypophyse bis zur maximalen renalen Wasserresorption freigesetzt, bei Anstieg über 290 mosm/kg $H_2O$ setzt das Durstgefühl ein. Bei Volumenmangel (Barorezeptoren im Nieder- und Hochdruckgefäßsystem) wird die Osmoregulation überfahren und ADH ohne osmotischen Stimulus sezerniert. Auch Pharmaka können die ADH-Sekretion stimulieren (Nikotin, Narkotika, Zytostatika) oder supprimieren (Alkohol, Phenytoin). Neben einer adäquaten ADH-Sekretion ist ein funktionierendes Gegenstromsystem der Niere notwendig, um einen konzentrierten oder verdünnten Urin zu produzieren. Unter maximaler ADH-Sekretion kann die Urinosmolalität bis über 1200 mosm/kg $H_2O$ ansteigen. Wenn ADH supprimiert ist (Sammelrohre wasserimpermeabel), kann eine minimale Osmolalität von 50 mosm/kg $H_2O$ im Urin erreicht werden. Um die Ausscheidungsfähigkeit für freies Wasser zu überschreiten, muß der Gesunde mehr als 20 l/Tag trinken, bei Niereninsuffizienz tritt bereits bei einer wesentlich geringeren Menge eine Wasserintoxikation auf.

### Hyponatriämie

Sie kann bei erhöhtem, normalem oder erniedrigtem Natriumbestand auftreten. Die Ursachen sind in Tabelle 8.14 zusammengestellt.

**Eine Hyponatriämie (Serumnatrium<135 mmol/l) ist Folge einer gestörten Ausscheidung von freiem Wasser.**

Die ***Klinik*** der Hyponatriämie leitet sich aus der Auswirkung der Hypoosmolalität des Plasmas auf das Gehirn ab. Durch den osmotischen Gradienten über die Blut-Hirn-Schranke wird durch Wassereinstrom ein Hirnödem induziert. Bei einem akuten Abfall der Serumnatriumkonzentration unter 125 mmol/l treten Übelkeit, Erbrechen, Krampfanfälle und eine Bewußtseinstrübung bis zum Koma auf.

Die ***Therapie*** ist abhängig von der Ursache: Behandlung der Grundkrankheit, Ausgleich der Hyponatriämie bei EZR-Volumenkontraktion durch isotonische Kochsalzlösung, bei Ödemen Flüssigkeits- und Kochsalzbeschränkung, evtl. Diuretika. Ein Syndrom der inadäquaten ADH-Ausscheidung kann symptomatisch mit Flüssigkeitsrestriktion behandelt werden. Die Natriumkonzentration im Serum sollte nicht zu schnell angehoben werden, als Richtwert gilt 2 mmol/l/h (Bei zu schneller Dehydrierung des Gehirns können Gefäßrupturen auftreten).

### Hypernatriämie

**Eine Hypernatriämie (Serumnatrium >145 mmol/l) zeigt einen absoluten oder relativen Wassermangel (in bezug auf den Natriumbestand) an.**

Die Ursachen der Hypernatriämie sind in Tabelle 8.15 zusammengestellt. Bei einer Hypernatriämie besteht immer auch eine Hyperosmolalität. Die ***Klinik*** der Hypernatriämie ist vor allem Folge der erhöhten Osmolalität und des damit verbundenen intrazellulären Volumenverlustes. Lebensbedrohlich können die neurologischen Folgen der Dehydratation des Gehirns werden: von Lethargie und Muskelschwäche bis zu Krampfanfällen, Koma und Tod. Nicht nur das Ausmaß, sondern auch die Geschwindigkeit, mit der sich die Hyperosmolalität entwickelt, ist für die Symptomatik wichtig, denn die Hirnzellen können bei langsam ansteigender Plasmaosmolalität die intrazelluläre Osmolalität steigern (sog. idiogene Osmole, möglicherweise Zucker und Aminosäuren) und so den Wasserverlust des Gehirns verringern.

Beim ***Diabetes insipidus*** treten renaler Wasserverlust bei ADH-Mangel (zentraler Diabetes insipidus als Folge traumatischer, tumoröser oder entzündlicher Hirnschädigungen) oder fehlendem Ansprechen der Sammelrohre auf ADH auf (renaler Diabetes insipidus: kongenital oder erworben bei chronischen interstitiellen Nephropathien). Klinisch liegen Polyurie (3–15 l/Tag) sowie Polydipsie (große Trinkmengen) vor.

**Tabelle 8.15.** Ursachen der Hypernatriämie

*Hypernatriämie bei Mangel an freiem Wasser (hypovolämische Hypernatriämie)*
a) Dursten (Alte, Bewußtlose, Schiffbrüchige)
b) hypotone Flüssigkeitsverluste:
- kutan (Schwitzen, Verbrennungen)
- gastrointestinal (Erbrechen, Durchfälle)
- renal (osmotische Diurese, Diuretika, Nebenniereninsuffizienz, Polyurie nach Nierenversagen, zentraler und renaler Diabetes insipidus)

*Hypernatriämie bei relativem Mangel an freiem Wasser (hypervolämische Hypernatriämie)*
iatrogen (z. B. Gabe hypertoner $NaHCO_3$-Lösung bei Azidose)

**Therapie.** Die Korrektur der Hypernatriämie (Zufuhr freien Wassers) muß langsam erfolgen, damit die idiogenen Osmole wieder abgebaut werden können (sonst Gefahr des Hirnödems).

Die Therapie des Diabetes insipidus centralis erfolgt mittels synthetischem ADH (DDAVP), des Diabetes insipidus renalis mittels Beschränkung der Trinkmenge und Thiaziden (Verminderung der distalen tubulären Flußrate und der Polyurie durch Kontraktion des EZR).

## 8.8.3 Störungen des Kaliumhaushalts

Kalium ist das Hauptkation des intrazellulären Raumes (IZR). Nur etwa 1,5% des Körperkaliums befindet sich in der extrazellulären Flüssigkeit. Die normale Serumkonzentration beträgt 3,5–5,0 mmol/l. Trotz großer Schwankungen der Kaliumaufnahme (30–700 mmol /Tag, normal 1 mmol/kg/Tag) kann die Kaliumbilanz durch Anpassung der renalen Ausscheidung im Gleichgewicht gehalten werden. Beim Gesunden wird Kalium zu 90 % über die Nieren ausgeschieden, jedoch nimmt bei Niereninsuffizienz der im Darm sezernierte Anteil erheblich zu.

**Abweichungen der Kaliumkonzentration im Serum wirken auf das Membranpotential aller Zellen. Hypo- und Hyperkaliämien können vor allem lebensgefährliche Herzrhythmusstörungen auslösen.**

**Tabelle 8.16.** Ursachen der Hypokaliämie

*Kaliumzufuhr vermindert (<30 mmol/d)*
Verschiebung in den Intrazellulärraum (Verteilungsstörung) verursacht durch Insulin, Katecholamine (Streß, Alkalose)

*Kaliumverluste:*
Renal:
- ohne Hochdruck:
  - Diuretika, tubuläre Störungen (z. B. Azidosen, Fanconi-Syndrom), Bartter-Syndrom, sekundärer Hyperaldosteronismus
- mit Hochdruck:
  - hohes Renin, hohes Aldosteron: Nierenarterienstenose, maligne Hypertonie
  - niedriges Renin, hohes Aldosteron: primärer Aldosteronismus
  - niedriges Renin, niedriges Aldosteron: Lakritzabusus, Cushing-Syndrom

Extrarenal:
- Gastrointestinal: Erbrechen, Durchfall, Laxanzienabusus, villöse Adenome des Rektums, Darmfisteln
- Haut: Schwitzen, Verbrennungen

**Tabelle 8.17.** Ursachen der Hyperkaliämie

*Falsch erhöhte Werte:* Abnahmefehler, Hämolyse der Blutprobe, Thrombozytose

*Verschiebung nach extrazellulär (Verteilungsstörung):* verursacht durch Azidose, Insulinmangel, Betablocker, Succinylcholin, Digitalisintoxikation

*Kaliumüberschuß bei GFR<10 ml/min:*
- nicht ausreichende Diurese
- K-Überladung: exogen, endogen (Nekrosen, Hämolyse, Hyperkatabolismus)

*Kaliumüberschuß bei GFR>20 ml/min (tubuläre K-Sekretion gestört):*
- Aldosteronmangel (Morbus Addison, ACE-Hemmer, adrenogenitales Syndrom)
- Hyporeninämischer Hypoaldosteronismus (z. B. bei Diabetes mellitus, chronisch interstitieller Nephritis und immunologischen Systemerkrankungen)
- Kaliumsparende Diuretika (Spironolacton, Triamteren, Amilorid)

### Hypokaliämie

Die wichtigsten Ursachen der ***Hypokaliämie*** sind in Tabelle 8.16 aufgeführt.

**Klinik.** *Kardial* liegen Rhythmusstörungen (ventrikuläre Extrasystolen) und erhöhte Digitalissensibilität vor, im EKG ist die T-Welle flach, die ST-Strecke gesenkt, es zeigen sich U-Wellen. An *Skelettmuskeln* Muskelschwäche, in schweren Fällen Paralysen, Rhabdomyolysen. Im *Darmbereich* Atonie und Ileus. Die Konzentrationsfähigkeit der *Niere* ist eingeschränkt bei Polyurie und Polydipsie.

**Therapie.** Kaliumsubstitution (cave Hyperkaliämie), bei i. v.-Gabe 10 mmol/h nur in Notfällen überschreiten.

### Hyperkaliämie

Die Ursachen der ***Hyperkaliämie*** sind in Tabelle 8.17 zusammengestellt.

**Klinik.** Besonders kritisch ist der Effekt der Hyperkaliämie auf die Erregungsausbreitung und -rückbildung am Herzen. Durch die charakteristischen EKG-Veränderungen kann nicht nur die Diagnose bestätigt werden, sondern ihr Ausmaß weist auch auf die Dringlichkeit der Korrektur der Hyperkaliämie hin: als erstes finden sich zeltförmig überhöhte T-Wellen, bei weiterem K-Anstieg flacht die P-Welle ab, der QRS-Komplex verbreitert sich, dann tritt ein sinusförmiges Bild auf, bis es zum Kammerflimmern oder Herzstillstand kommt. Hyperkaliämien können sich auch durch neurologische Symptome, wie Mißempfindungen, Schwäche und schlaffe Lähmungen, manifestieren.

**Therapie.** Eine ausgeprägte Hyperkaliämie ist lebensbedrohlich. Am schnellsten antagonisiert eine intravenöse Kalziumgabe den Hyperkaliämieeffekt auf das Herz (10–20 ml 10%iges Kalziumglukonat). Weitere Maßnahmen sind Katecholamine i. v., 50–100 mmol Bikarbonat i. v., Glukose-Insulin-Infusion, Ionenaustauscherharze (Resonium) oral oder als Einlauf. Bei Nierenversagen ist die effektivste Behandlung der Hyperkaliämie eine Hämodialyse.

## 8.8.4 Metabolische Störungen des Säure-Basen-Haushaltes

### Definitionen

***Metabolische Azidose:*** Säure-Basen-Störung mit primärer Verminderung der Bikarbonatkonzentration.
***Metabolische Alkalose:*** Säure-Basen-Störung mit primärer Erhöhung der Bikarbonatkonzentration.
***Respiratorische Kompensation:*** Sekundäre (kompensatorische) alveoläre Hyper- oder Hypoventilation, um

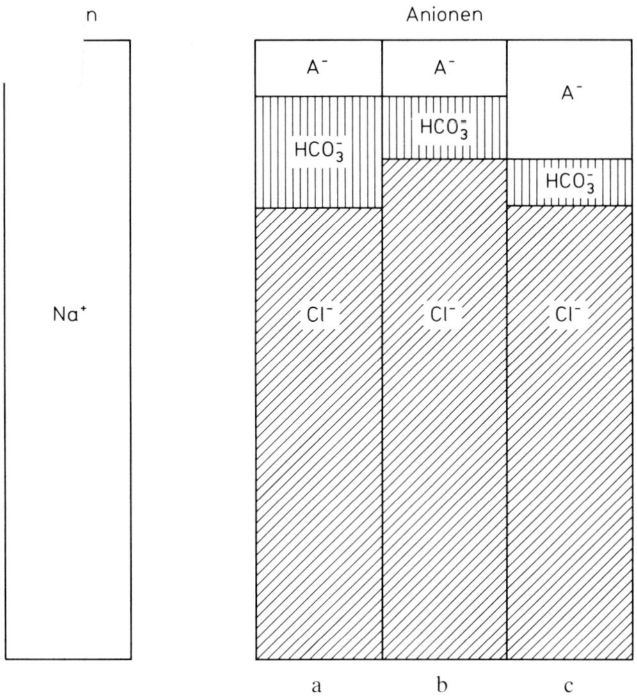


**Abb. 8.17 a–c.** Anionenlücke im Serum bei metabolischen Azidosen. Normale Anionenlücke **(a)**, hyperchlorämische metabolische Azidose mit normaler Anionenlücke **(b)**, normochlorämische metabolische Azidose mit vergrößerter Anionenlücke **(c)**

über eine Änderung des $pCO_2$ die $H^+$-Ionen-Konzentration zu normalisieren. Die Kompensation ist in der Regel nicht vollständig.

***Kombinierte Säure-Basen-Störung:*** Gleichzeitige primäre metabolische und respiratorische Störung.

### Klinik

Für die Diagnostik von Säure-Basen-Störungen kann die Anamnese entscheidende Hinweise liefern: Liegt ein Diabetes mellitus oder eine Niereninsuffizienz vor? Bestehen Hinweise auf eine Intoxikation? Traten Durchfälle oder Erbrechen auf?

### Körperliche Untersuchung

Bei metabolischer Azidose tiefe, regelmäßige Atmung (Kußmaul-Atmung), im übrigen Symptome der auslösenden Erkrankung. Sowohl bei Azidosen als auch Alkalosen sind Bewußtseinstrübungen möglich.

**Tabelle 8.18.** Metabolische Azidosen

| *Anionenlücke vergrößert* (normochlorämisch) | *Anionenlücke normal* (hyperchlorämisch) |
|---|---|
| Ketoazidose:<br>– Diabetes mellitus<br>– Alkohol<br>– Hunger<br>Urämie<br>Laktatazidose<br>Toxine:<br>– Äthylenglykol<br>– Methanol<br>– Salizylate<br>– Paraldehyd<br>Rhabdomyolyse | Mit $K^+$-Verlust:<br>– Durchfälle<br>– renale tubuläre Azidose Typ I und II<br>Interstitielle Nephritis<br>Harnstau<br>Medikamente:<br>– Amphotericin B<br>– Spironolacton<br>– Amilorid<br>Ureterableitungen<br>Ileumconduit<br>HCl-Zufuhr |

### Labor

Arterielle Blutgasanalyse (pH, $pCO_2$, Bikarbonat), die Interpretation der Werte erfolgt evtl. mit Hilfe eines Säure-Basen-Diagramms. Bestimmung der Elektrolyte in Serum und Urin (Natrium, Kalium, Chlorid) zur weiteren Klassifizierung (s. unten).

### Anionenlücke

Zur Klassifizierung metabolischer und gemischter Azidosen ist die Bestimmung der Anionenlücke im Serum (Abb. 8.17) sinnvoll:

$$\text{Anionenlücke} = Na^+ - (HCO_3^- + Cl^-).$$

Der Differenzbetrag (normalerweise 12 ± 2 mmol/l) entspricht den nicht gemessenen Anionen im Serum, im wesentlichen den negativen Ladungen von Proteinen, Sulfat, Phosphat und organischen Anionen. Die wichtigste Ursache für das Vorliegen einer vergrößerten Anionenlücke ist die ***Zufuhr nichtflüchtiger Säuren*** (außer HCl). Dadurch wird Bikarbonat zu Kohlensäure titriert, die als $CO_2$ abgeatmet wird, während das konjugierte Säureanion im Blut verbleibt. Daher nimmt die Anionenlücke proportional zur Konzentration der ungemessenen Säureanionen zu, es liegt also eine ***normochlorämische Azidose*** mit vergrößerter Anionenlücke vor. Wenn dagegen die Azidose durch $HCO_3^-$-Verlust oder $H^+$-Retention entsteht (gleichzusetzen einer HCl-Zufuhr), wird der Abfall der $HCO_3^-$-Konzentration durch einen proportionalen Anstieg der $Cl^-$-Konzentration ausgeglichen. Dann liegt eine metabolische (hyper-

**Tabelle 8.19.** Ursachen für eine akute Einschränkung der Nierenfunktion

| |
|---|
| *Prärenale Azotämie* |
| Meist mäßiger Abfall der glomerulären Filtrationsrate, bedingt durch passagere renale Hypoperfusion, voll reversibel nach Wiederherstellung der Nierendurchblutung; keine strukturellen Läsionen |
| *Akutes Nierenversagen im eigentlichen Sinne (intrarenales Nierenversagen* |
| Abfall der glomerulären Filtrationsrate, bedingt durch renale Ischämie oder durch nephrotoxische Substanzen, nicht sofort reversibel; strukturelle tubuläre Zellschäden |
| *Postrenale Azotämie* |
| Abfall der glomerulären Filtrationsrate durch Obstruktion des ableitenden Harnsystems |
| *Akute renovaskuläre Erkrankungen* |
| Abfall der glomerulären Filtrationsrate durch akute Verlegung der Nierenarterie oder Nierenvene z. B. bei Thrombosen, Embolien oder Aneurysmen |
| *Akute renoparenchymatöse Erkrankungen* |
| Abfall der glomerulären Filtrationsrate, z. B. bei akuter Glomerulonephritis, Pyelonephritis oder interstitieller Nephritis |

**Tabelle 8.20.** Ursachen der prärenalen Azotämie

| |
|---|
| *Hypovolämie* |
| Verlust von extrazellulärer Flüssigkeit (Verbrennungen, Diarrhöen, Erbrechen, Diuretika, Salzverlustniere, primäre Nebenniereninsuffizienz) |
| Sequestration von extrazellulärer Flüssigkeit in extravasale Räume (Pankreatitis, Verbrennungen, Quetschungen, nephrotisches Syndrom, Leberzirrhose) |
| *Abfall des Herzzeitvolumens* |
| Herzinsuffizienz, Herzinfarkt, Arrhythmien, koronare Herzerkrankung, Kardiomyopathien, Klappenfehler, schweres Cor pulmonale |
| Perikardiale Tamponade |
| *Periphere Vasodilatation* |
| Pharmaka (z. B. Antihypertensiva) |
| Sepsis |
| Sonstiges (z. B. Nebenniereninsuffizienz, Hypoxämie) |
| *Schwerwiegende renale Vasokonstriktion* |
| Sepsis |
| Pharmaka (z. B. nichtsteroidale Antiphlogistika, $\alpha$-adrenale Agonisten) |
| Leberinsuffizienz (hepatorenales Syndrom) |

chlorämische) Azidose mit normaler Anionenlücke vor. Metabolische Azidosen mit normaler und vergrößerter Anionenlücke sind in Tabelle 8.18 zusammengefaßt.

Die wichtigsten Formen der $H^+$-Sekretionsstörung der Niere sind die ***proximale renale tubuläre Azidose*** (RTA Typ II, kongenital und erworben) mit eingeschränkter $H^+$-Sekretion im proximalen Tubulus und resultierender Bikarbonaturie sowie die ***distal tubuläre Azidose*** (RTA Typ I, hereditär und erworben) mit Störung der $H^+$-Sekretion im distalen Tubulus.

Eine ***metabolische Alkalose*** ist Folge einer Basenzufuhr oder eines Verlustes von $H^+$-Ionen mit dem Magensaft (Erbrechen, Magensonde) oder mit dem Urin (Diuretika, Aldosteronismus). Wenn gleichzeitig mit der metabolischen Alkalose ein extrazellulärer Volumenmangel vorliegt, konserviert die Niere paradoxerweise $HCO_3^-$ und unterhält dadurch die Alkalose (paradoxe Urinazidität). Diese Form läßt sich durch Volumengabe korrigieren. Alkalosen ohne Volumenmangel lassen sich durch Volumenzufuhr nicht korrigieren. Sie werden durch gesteigerte $H^+$-Sekretion im distalen Nephron unterhalten. Diese selteneren metabolischen Alkalosen sind meist Folge eines primären Hyperaldosteronismus.

## 8.9 Akute Niereninsuffizienz

Definition und Systematik s. Tabelle 8.19.

**Unter akuter Niereninsuffizienz versteht man einen akut auftretenden Abfall der glomerulären Filtrationsrate und das Auftreten einer Azotämie mit oder ohne Änderung des Urinvolumens.**

### 8.9.1 Prärenale Azotämie

Jede Verminderung der Nierenperfusion führt zu einem Sinken der glomerulären Filtrationsrate und Entwicklung einer zunächst reversiblen Azotämie. Die Niere reagiert nur funktionell auf die Perfusionsminderung, zeigt aber selbst keine pathologischen Veränderungen. Die Ursache liegt also – zirkulatorisch gesehen – vor der Niere (deswegen prärenale Azotämie).

#### Auslösende Ursachen

Die Ursachen der renalen Perfusionsminderung mit konsekutivem Abfall der glomerulären Filtrationsrate sind vielfältig (Tabelle 8.20).

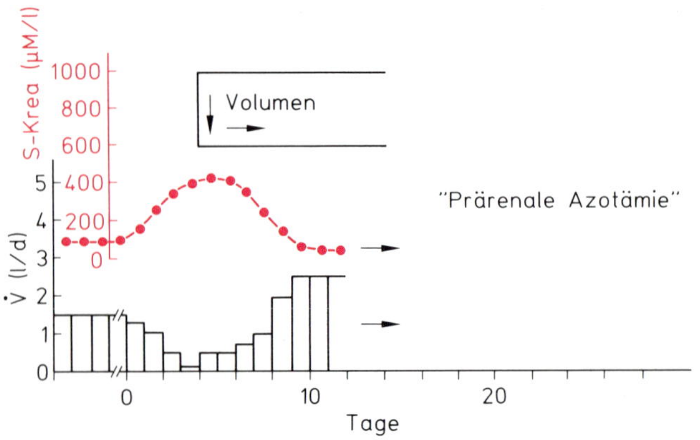


**Abb. 8.18** Typischer zeitlicher Verlauf von Harntagesmenge und Serumkreatinin eines Patienten mit prärenaler Azotämie

**Tabelle 8.21.** Ursachen des akuten Nierenversagens

| |
|---|
| *Unbehandelte prärenale Azotämie* |
| *Schwere Schockzustände (traumatisch, postoperativ, hämorrhagisch, septisch)* |
| *Nephrotoxische Substanzen*<br>Exogen:<br>– Antibiotika (insbesondere Aminoglykoside)<br>– Zytostatika<br>– Röntgenkontrastmittel<br>– Schwermetalle<br>– Organische Lösungsmittel<br>– Gifte (Insektizide, Herbizide, Pilze, Schlangengifte etc.)<br>– Sonstiges (Dextrane, EDTA, Silikon).<br>Endogen:<br>– Myoglobin, Hämoglobin, Paraprotein<br>– Harnsäure und Kalzium bei stark erhöhter Serumkonzentration |

Eine rechtzeitige Korrektur der auslösenden Faktoren führt zu einer schnellen Erholung der Nierenleistung, was auch als retrospektives Diagnostikum gilt.

### Harnanalyse

Eine Urinanalyse – vorausgesetzt, daß kein Diuretikaeinfluß vorliegt – zeigt, daß die Niere mit Hilfe eines maximal arbeitenden tubulären Systems Salz und Wasser zu konservieren versucht: Die Urinosmolarität ist hoch, der U-P-Kreatinin-Quotient ist hoch, die Urinnatriumkonzentration ist niedrig (<40 mmol/l) und die Urinmengen sind klein (Abb. 8.18). Dies läßt sich besonders gut aus der sehr niedrigen fraktionellen Ausscheidung von Natrium (FE-Na=ausgeschiedenes Natrium in Prozent des filtrierten Natriums) ablesen, die charakteristischerweise unter 1% liegt. Das Ergebnis der Analyse der geformten Bestandteile des Harnes (Sediment) zeigt in der Regel unauffällige Verhältnisse, ist aber zur Abgrenzung der akuten renoparenchymatösen Erkrankungen von großer Bedeutung.

### Therapie

Behebung der Ursache und Rehydrierung bzw. Anhebung des effektiv zirkulierenden Blutvolumens. Ausmaß und Erfolg werden durch die Schwere der Grundkrankheit begrenzt.

## 8.9.2 Akutes Nierenversagen (intrarenales Nierenversagen)

Definition und Ursachen s. Tabellen 8.19 und 8.22. Wesentliche Charakteristika sind strukturelle Läsionen des tubulären Apparats und ein zeitlich begrenztes Weiterbestehen des Nierenversagens auch nach Beseitigung der auslösenden Noxe.

### Auslösende Ursachen

Die auslösenden Ursachen sind vielfältig. Eine präexistente Dehydratation ist ein disponierender Faktor. Eine prärenale Azotämie kann – wenn nicht korrigiert – ein akutes Nierenversagen auslösen. Die häufigsten Ursachen sind persistierende Schockzustände und die Wirkung nephrotoxischer Substanzen, die endogener oder exogener Natur sein können (s. Tabelle 8.21).

### Pathogenetische Vorstellungen

Pathophysiologisch werden im wesentlichen ***5 Mechanismen*** als Ursache dafür diskutiert, daß nach Ausschaltung der auslösenden Noxe und Normalisierung der Nierendurchblutung die Azotämie persistiert (Tabelle 8.22).

### Klinik

Oligurie (Urinmengen<400 ml/Tag) oder Anurie. Anstieg der harnpflichtigen Substanzen u. U. bis zum Vollbild der Harnvergiftung. Entgleisung des Säure-Basen- und Elektrolythaushalts mit Gefährdung vitaler Funktionen. Bei einem gewissen Prozentsatz der Patien-

**Tabelle 8.22.** Pathomechanismen des akuten Nierenversagens

| |
|---|
| Obstruktion der Tubuli durch Zylinder aus Zelldebris |
| Kompression des tubulären Apparates durch ein interstitielles Ödem |
| Unselektive Rückdiffusion des Ultrafiltrates durch den in seiner Integrität gestörten tubulären Apparat („back leak") |
| Persistierende Vasokonstriktion des Vas afferens |
| Verminderung der glomerulären Filtrationsfläche und/oder Filtrationspermeabilität |

ten bleibt die Diurese erhalten und liegt über 2000 ml/24 h (Polyurie) bei weiterbestehender Azotämie, was zur Bezeichnung primär-nichtoligurisches oder primär-polyurisches akutes Nierenversagen geführt hat.

### Harnbefunde

Die typischen Ergebnisse der Urinanalyse lassen – unter der Voraussetzung, daß kein Diuretikaeinfluß vorliegt – erkennen, daß der hauptsächliche Schaden im Bereich des tubulären Apparats liegt. Unabhängig von der Urinmenge und dem Hydratationszustand des Patienten ist die Osmolarität des Urins nahezu isosthenurisch (U-P-Osmol liegt bei 1), U-P-Kreatinin ist<10, U-Na>60, meist bei 80 mM/l, FE-Na>3%.

### Verlauf

Man kann den Verlauf des akuten Nierenversagens in ***4 Phasen*** aufteilen:

- Die ***Induktionsphase*** der ischämischen oder toxischen intrarenalen Läsionen kann von Minuten bis zu Tagen dauern. Klinisch stehen die auslösenden Ursachen meist im Vordergrund.
- ***Oligo- bzw. anurische Phase:*** Meist unbemerktes Absinken der Urinvolumina. Neben den Symptomen der auslösenden Erkrankung Manifestationen der Harnvergiftung (Urämie) mit Imbalancen des Elektrolythaushalts, Azidose, Hyperkaliämie, Überwässerung, Nausea, Erbrechen, Somnolenz, Blutungsneigung, Infektionsneigung, Perikarditis u. a.
  Diese Phase dauert von Tagen bis zu 6 Wochen. Sie kann bei schwerster renaler Schädigung mit bilateraler Rindennekrose einhergehen, die irreversibel ist.
- ***Polyurische Phase:*** Wieder zunehmende Urinvolumina, sinkende Retentionswerte. Anstieg der Urintagesmengen bis zu 10–15 l/24 h mit Gefährdung des Patienten durch Imbalancen des Elektrolyt- und Wasserhaushalts, Dauer 1–2 Wochen.
- ***Restitutionsphase:*** Allmähliche Erholung der Nierenfunktion mit Wiedergewinnung der Fähigkeit, den Salz-, Wasser- und Säure-Basen-Haushalt zu regulieren. Dauer einige Monate.

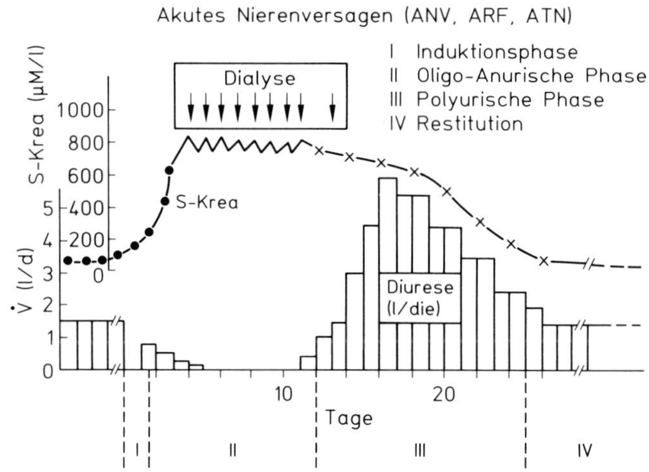


**Abb. 8.19** Typischer Verlauf bei einem Patienten mit akutem Nierenversagen

Abbildung 8.19 zeigt den typischen Verlauf bei einem Patienten mit akutem Nierenversagen.

### Therapie

Die therapeutischen Maßnahmen in der Induktionsphase haben ***präventiven Charakter.*** Erkennung und Behandlung der Grunderkrankung, Beseitigung der potentiell auslösenden Ursachen und Korrektur der Störungen im Salz-Wasser- und Säure-Basen-Haushalt stehen im Vordergrund.

Zeichnet sich ein beginnendes Nierenversagen ab, kann der Versuch unternommen werden, seine Dauer abzukürzen:

- *Furosemid:* Als Versuch, den Sauerstoffbedarf der Nieren zu senken und ggf. ein oligurisches Nierenversagen in ein primär-polyurisches Nierenversagen überzuleiten;
- *Mannitol:* Versuch der Diuresesteigerung und Beseitigung der tubulären Blockade;
- *Dopamin:* Versuch, die Nierendurchblutung zu verbessern. Ist das Nierenversagen manifest, ist die Therapie symptomatisch;

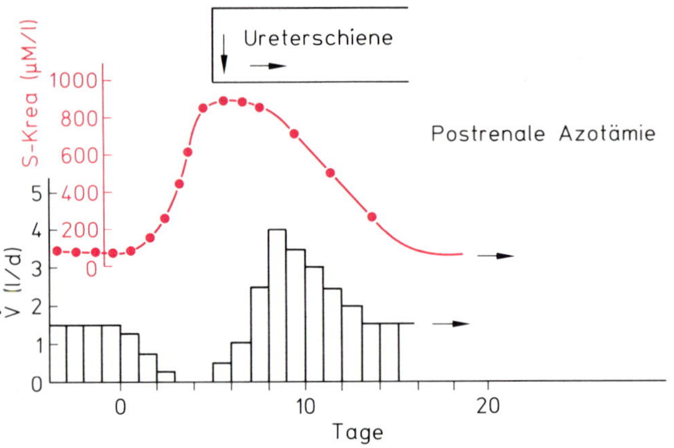


**Abb. 8.20** Typischer Verlauf bei einem Patienten mit behandeltem postrenalen Nierenversagen

- Verhinderung weiterer Noxen, z. B. durch Anpassung der Dosierung von nephrotoxischen Pharmaka an die Nierenfunktion;
- ausreichende Kalorienzufuhr;
- bei drohenden urämischen Komplikationen frühzeitige Indikationsstellung zur Dialyse (Hämodialyse, Hämofiltration oder Peritonealdialyse).

#### Inzidenz und Prognose

In einer gemischt internistisch-chirurgischen Klinik haben etwa 6–10% der Patienten eine akute Niereninsuffizienz, die etwa zur Hälfte der prä- und postrenalen Azotämie zugerechnet werden kann. Bei dem Rest handelt es sich um akutes Nierenversagen, das in besonderen Risikobereichen wie internistischer und postoperativer Intensivmedizin, bei Aminoglykosidtherapie, Zytostatikatherapie, schweren Verbrennungen oder Rhabdomyolyse (Myoglobin) auftritt.

Falls der Patient die Grunderkrankung überlebt, tritt in der Mehrzahl der Fälle eine vollständige Erholung der Nierenfunktion ein.

Die Behandlungsstatistik des akuten Nierenversagens weist in den letzten Dekaden eine unverändert hohe Mortalität aus. Ursachen sind:

- Anstieg des mittleren Lebensalters und damit häufigere Erkrankung älterer Patienten an akutem Nierenversagen,
- Fortschritte der Intensivmedizin, die ein kurzfristiges Überleben von kritischen Patienten mit Multiorganversagen ermöglichen, die im weiteren Verlauf trotz der erfolgreichen Behandlung eines akuten Nierenversagens zu einem hohen Prozentsatz an den Folgen eines Multiorganversagens sterben.

### 8.9.3 Postrenale Azotämie

Ein postrenales Nierenversagen entsteht durch Abfall der glomerulären Filtrationsrate infolge einer Abflußstörung im Bereich der Ureteren, der Blase oder der Urethra (s. Tab. 8.4) Präexistente Nierenerkrankungen zeigen eine besondere Disposition zur akuten Niereninsuffizienz bei partiellen Abflußbehinderungen.

Zur Diagnosestellung ist die Anamnese wichtig (z. B. Koliken, Makrohämaturie, Störungen der Miktion, akute und komplette Anurie). Ein wertvolles Untersuchungsverfahren ist die Sonographie, die als nichtinvasive Maßnahme z. B. ein gestautes Pyelon, gestaute Ureteren, Konkremente oder eine gefüllte Harnblase, falls dies bei der klinischen Untersuchung übersehen wurde, zeigen kann. Gelegentlich ist zur Lokalisation eine retrograde oder – im Rahmen einer perkutanen Nephrostomie – antegrade Urographie zur Lokalisation der Obstruktion erforderlich.

Die ***Therapie*** richtet sich nach dem Grundleiden, wobei die Patienten nach Beseitigung des Hindernisses häufig eine postobstruktive stark ausgeprägte Polyurie aufweisen, die eine sehr sorgfältige Wasser- und Elektrolytbilanz erforderlich macht.

Abbildung 8.20 zeigt den typischen Verlauf bei einem Patienten mit behandeltem postrenalen Nierenversagen.

## 8.10 Chronische Niereninsuffizienz

### 8.10.1 Ursachen und Häufigkeit

Die Erkrankungen, die zur chronischen und im weiteren Verlauf zur terminalen Niereninsuffizienz führen, und die Häufigkeit ihres Auftretens sind Abb. 8.21 zu entnehmen.

### 8.10.2 Pathophysiologie und Klinik

**Die Funktionsstörungen, die zur Entwicklung des urämischen Syndroms (Harnvergiftung) führen, betreffen sowohl den Verlust exkretorischer als auch endokriner Funktionen der Niere.**

Verlust exkretorischer Funktion bedeutet Retention:

- harnpflichtiger Endprodukte des Eiweiß-, Muskel- und Purinstoffwechsels (z. B. Harnstoff, Kreatinin, Harnsäure und andere potentiell toxische Metaboliten);
- von Wasser, Elektrolyten und Protonen.

Die Störungen endokriner Funktionen bestehen in der mangelnden Bildung von Erythropoetin, in der inadäquaten Erhöhung der Reninsekretion sowie in der verminderten Metabolisierung von Vitamin D zu 1,25-$(OH)_2$-Vitamin-D.

Diese Funktionsverluste sind Ursache der in unterschiedlicher Ausprägung zu beobachtenden Symptomatologie des urämischen Syndroms.

Aus Gründen der Anschaulichkeit lassen sich 2 Stadien der chronischen Niereninsuffizienz definieren: Im ***Stadium der kompensierten Retention*** führt die Nierenfunktionseinschränkung zu einem Anstieg der harnpflichtigen Substanzen, jedoch ohne das Auftreten von Intoxikationszeichen. Das ***Stadium der Urämie*** weist alle Zeichen der urämischen Intoxikation auf und droht ohne Organersatztherapie ins ***Coma uraemicum*** überzugehen.

Im einzelnen werden Störungen fast aller Organe im Rahmen des urämischen Syndroms beobachtet (Tabelle 8.23).

Da die Niere Haupteliminationsweg für Kalium ist, kann es zum Auftreten einer ***Hyperkaliämie*** kommen, die in ihrem Ausmaß begünstigt wird durch das gleichzeitige Auftreten einer metabolischen Azidose. Diese ist Folge der gestörten H-Ionen-Elimination und des Erschöpfens der Pufferkapazität. Der ***Natriumhaushalt*** kann je nach Stadium sowohl durch einen Natriumverlust und Dehydratation als auch durch eine Natrium- und Wasserretention gekennzeichnet sein. Folgen einer Natriumretention sind Ödeme, Verstärkung einer in der Regel präexistenten Hypertonie und interstitielles Lungenödem („fluid lung"). Die ***Serumkalziumkonzentration*** ist in der Niereninsuffizienz in der Regel erniedrigt. Ursache ist ein 1,25-$(OH)_2$-Vitamin-D-Mangel, der sowohl zu einer Verminderung der intestinalen Kalziumabsorption führt als auch die parathormonvermittelte ossäre Kalziumfreisetzung hemmt. Die resultierende Hypokalzämie (genauer die Erniedrigung des ionisierten Kalziums) führt zu einer Stimulation der Parathyreoidea und zur Entwicklung eines sekundären Hyperparathyreoidismus. Die Retention von ***Phosphat*** mit konsekutiver Hyperphosphatämie verstärkt die Verminderung des ionisierten Kalziums. ***Kardiovaskuläre***

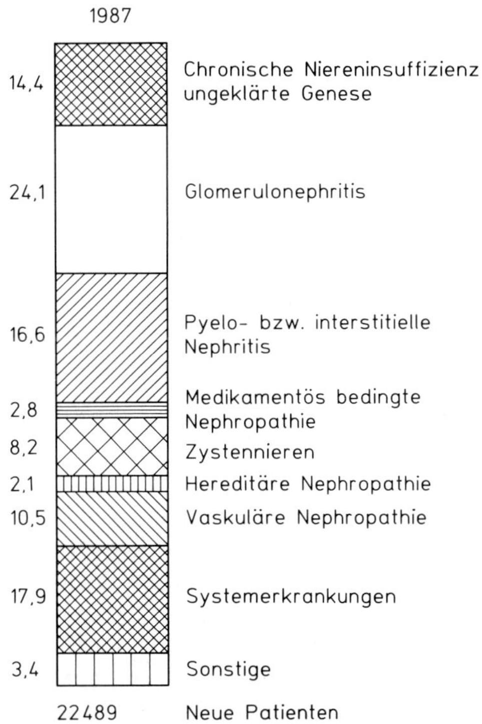


**Abb. 8.21.** Prozentualer Anteil der verschiedenen Grunderkrankungen am Entstehen der terminalen Niereninsuffizienz in Europa. Aufgeführt sind die proportionalen Anteile der wichtigsten Grunderkrankungen für Patienten, die 1987 neu einer Organersatztherapie zugeführt wurden

**Tabelle 8.23.** Klinik des urämischen Syndroms

| |
|---|
| Anämie |
| Blutungsneigung |
| Kardiale Komplikationen (Rhythmusstörungen, Perikarditis, Kardiomyopathie) |
| Interstitielles Lungenödem („fluid lung") |
| Osteopathie (Knochenschmerzen, Deformierungen, Spontanfrakturen) |
| Zentralnervöse Störungen (zerebrale Krämpfe, Koma) |
| Periphere Neuropathie (Parästhesien, gestörte Tiefensensibilität) |
| Endokrine Störungen (Gynäkomastie, sekundäre Ammenorrhöe, Impotenz) |
| Gastroenteropathie (Erbrechen, Diarrhöe) |
| Pruritis |

***Störungen*** bestehen in der häufigen Entwicklung einer Hypertonie, einer akzelerierten Atherosklerose (möglicherweise begünstigt durch eine urämische Hyperlipoproteinämie) und in der Entwicklung einer fibrinösen Perikarditis in der Terminalphase der Niereninsuffizienz. Als weitere kardiovaskuläre Komplikation wird eine urämische Kardiomyopathie beschrieben. Das Auftreten einer ***Anämie*** ist ein nahezu konstantes Begleitsymptom der Urämie. Hauptsächliche Ursache ist ein Erythropoetinmangel. Das Ausmaß der Anämie wird gesteigert durch urämiebedingte Hämolyse, iatrogene und intestinale Blutverluste und daraus resultierendem Eisenmangel. Ursache für intestinale Blutverluste sind verstärkte okkulte Blutungen bei gesteigerter intestinaler Blutungsneigung infolge gestörter Thrombozytenfunktion und urämiebedingter Läsionen des Epithels des Gastrointestinaltrakts. Skelett und Bewegungsapparat sind in dreierlei Hinsicht betroffen: Nahezu alle Patienten entwickeln eine ***renale Osteopathie,*** die histologisch aus den Elementen Ostitis fibrosa, Osteomalazie, Osteopenie und Osteosklerose besteht und Folge von sekundärem Hyperparathyreoidismus, gestörtem Vitamin-D-Metabolismus und chronischer Azidose ist. Während eine urämische ***Myopathie*** eher selten ist, besteht häufig – wenn auch in ganz unterschiedlicher Ausprägung – eine urämische ***Neuropathie,*** die sowohl das ZNS als auch die sensorischen peripheren Nerven betrifft. Zentrale Symptome sind Übelkeit, Somnolenz, Krampfneigung und Koma. Periphere Symptome sind Parästhesien, Verlust der Tiefensensibilität und der tiefen Sehnenreflexe. Periphere motorische Ausfälle sind eher Folge einer Hyper- bzw. Hypokaliämie und toxischer Nervenschädigung durch Medikamente.

## 8.10.3 Therapie der chronischen Niereninsuffizienz

### Prävention der Progression

Unabhängig vom Grundleiden gibt es zusätzliche Faktoren, die zu einer weiteren Progression der Niereninsuffizienz beitragen. Dies sind in erster Linie die ***arterielle Hypertonie*** und das ***Ausmaß der Eiweißzufuhr.*** Während eine Hypertonie allein eher selten zur Niereninsuffizienz führt, ist ihr negativer Einfluß bei jeglicher gleichzeitig bestehender renaler Erkrankung belegt. Sie bedarf daher einer adäquaten Therapie. Als besonders wesentlich hat sich dies beim Diabetes mellitus erwiesen, bei dem die Progression der Nephropathie nicht nur durch korrekte Stoffwechselführung, sondern ganz besonders durch Normalisierung des Blutdrucks zu beeinflussen ist. Das Ausmaß der Eiweißzufuhr scheint ebenfalls einen Einfluß auf die Progression der Niereninsuffizienz zu haben. Es ist belegt, daß eine Eiweißrestriktion (<0,6 g/kg KG oder bei Substitution von Ketosäuren weniger) bei glomerulären Grundkrankheiten eine Progressionsverlangsamung erzielen kann.

### Konservative Behandlung

Eine eiweißreduzierte Diät dient darüber hinaus in den Spätstadien auch der Minderung der urämischen Symptome, die infolge der Retention toxischer Eiweißmetabolite auftreten. Selbstverständlich muß diätetisch auf eine ausreichende Flüssigkeits- und Kalorienzufuhr geachtet werden. Ob eine Salzrestriktion erforderlich ist, hängt von der Symptomatik, d. h. vom Vorhandensein von Hypertonie und Ödemen, ab. Der gestörten Ausscheidung von Kalium und Phosphat muß diätetisch Rechnung getragen werden. Eine partielle Korrektur der metabolischen Azidose wird durch die diätetische Eiweißreduktion, die zu einem verminderten Anfall von Säureäquivalenten führt, erreicht. Zusätzlich sollten orale Puffersubstanzen appliziert werden.

Als wichtigste Elektrolytstörung läßt sich die Hyperkaliämie mit Austauscherkunstharzen, Bikarbonat zur Azidosekorrektur und in schweren Fällen mit parenteraler Glukose und Insulin behandeln. Zur Therapie der renalen Osteopathie gibt es 3 Ansätze: Verminderung der Phosphatzufuhr (Diät) und -resorption (orale Phosphatbinder), Steigerung der Kalziumzufuhr mit Kalziumglukonat oder -karbonat und Substitution von Vitamin-D-Metaboliten [1,25-$(OH)_2$-Vitamin-D]. Unbedingt bedarf eine solche Therapie einer sorgfältigen Kontrolle von Serumkalzium, -phosphat und -parathormon.

Die renale Anämie, für die es bis vor kurzem außer Eisensubstitution und Transfusionen keine Therapiemöglichkeit gab, kann nun sowohl bei präterminalen Patienten als auch bei Dialysepatienten durch Substitution des jetzt verfügbaren rekombinanten Erythropoetins dosisabhängig korrigiert werden. Jegliche Pharmakotherapie bei Patienten mit fortgeschrittener oder terminaler Niereninsuffizienz sollte den Anteil des renalen Eliminationsweges berücksichtigen und – wenn nötig – zu Dosis- oder Dosierungsintervallanpassung führen.

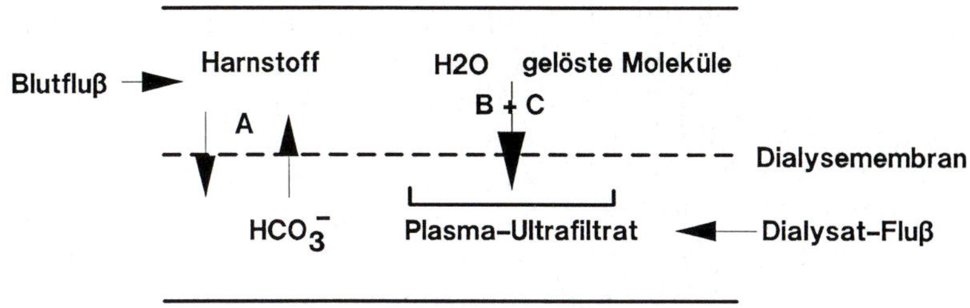


**Abb. 8.22.** Grundvorgänge der Dialysebehandlung. Diffusibler Stofftransport entlang von Konzentrationsgradienten, Ultrafiltration von Plasmawasser entsprechend hydrostatischen oder osmotischen Konzentrationsgradienten, konvektiver Stofftransport

**Klinische Symptome von Medikamentenüberdosierung sollten bei unklar erkrankten Urämikern immer mit berücksichtigt werden.**

### Prinzip der Hämodialysebehandlung

Bei der Dialysebehandlung werden urämischen Patienten akkumuliertes Wasser und retinierte Elektrolyte und Stoffwechselprodukte entzogen, aber auch bei Bedarf Elektrolyte und Puffersubstanzen zugeführt. Vereinfacht dargestellt, wird bei der Dialyse Blut nur getrennt von einer semipermeablen Membran mit einer Dialysierflüssigkeit (Dialysat) in Kontakt gebracht. Die bei der Dialyse wirksamen Prozesse lassen sich auf 3 physikalische Vorgänge reduzieren, die im folgenden beschrieben und in Abb. 8.22 schematisch dargestellt sind:

- ***Diffusion*** z. B. von Harnstoff (der mit hoher Konzentration im Blut vorliegt) in das Dialysat, sowie z. B. von Bikarbonat (mit höherer Konzentration im Dialysat) ins Blut. Zur Erhaltung eines möglichst hohen Diffusionsgradienten durchströmen Blut und Dialysat die künstliche Niere (Dialysator) im Gegenstrom.
- ***Ultrafiltration*** von Plasmawasser vom Blut ins Dialysat entsprechend einem hydrostatischen Druckgradienten zur Entfernung akkumulierten Wassers.
- ***Konvektion*** bedeutet Mitnahme von gelösten Substanzen im Ultrafiltrat („solvent drag"). Bei vorgegebener Ultrafiltrationsrate ist die Größe des konvektiven Transports abhängig von der Größe der jeweiligen Moleküle und der Porengröße der Membran. Der konvektive Transport von Natrium stellt einen wesentlichen Faktor bei der Kontrolle der Natriumbilanz dar.

### Praxis der Hämodialyse

Die Hämodialyse ist die häufigste Behandlungsform des terminalen Nierenversagens. Der Patient wird in der Regel 3mal wöchentlich 3–6 h hämodialysiert. Voraussetzung ist ein Zugang zum Gefäßsystem (Shunt), der operativ durch eine subkutane arteriovenöse Fistel mit eigenen Gefäßen oder interponierten Fremdmaterialien hergestellt wird. Da ein stabiler Gefäßzugang Voraussetzung für die Behandlung ist, ist schon in der präterminalen Phase auf schonenden Umgang mit den Gefäßen des Unterarms zu achten. Das Blut wird mit einer Flußrate von 150–300 ml/min durch den Dialysator (Platten- oder Hohlfaserdialysator) gepumpt. Im Gegenstrom durchfließt das Dialysat den Dialysator, getrennt vom Blut nur durch eine semipermeable Membran, die entweder auf Zellulosebasis oder synthetisch hergestellt ist. Die Membranoberfläche beträgt zwischen 1–2 $m^2$. Das Dialysat selbst ist eine vom Dialysegerät hergestellte gepufferte Elektrolytlösung. Zur Antikoagulation des extrakorporalen Kreislaufs dient Heparin. 1989 wurden in der Bundesrepublik ca. 20000 Patienten mit Hämodialyse behandelt.

Die ***Indikation*** zur Einleitung der Dialysebehandlung leitet sich nicht nur von vorgegebenen Kreatininwerten, sondern von der individuellen klinischen Symptomatik ab. Relative Indikationen stellen das Auftreten von Inappetenz, Übelkeit und Schwäche dar. Absolute Indikationen sind symptomatische Hyperkaliämie, Perikarditis, dekompensierte Azidose und „fluid lung".

Die Behandlung der terminalen Niereninsuffizienz mit Dialysebehandung hat in den vergangenen 20 Jahren durch verbesserte Dialysetechniken, hohen Sicherheitsstandard und besseres Verständnis sowie Therapie der Begleiterkrankungen zu einer wesentlichen ***Steigerung der Überlebensraten*** geführt. Während die Fünfjahresüberlebensraten 1970–75 in der Altersgruppe 15–25 Jahre 70% und in der Gruppe 55–65 Jahre 38% betrug, lagen sie 1981–85 bei 85% bzw. 49%. Eine Behandlungsdauer von über 20 Jahren ist keine Seltenheit mehr.

Allerdings führt die chronisch intermittierende Hämodialysebehandlung nur zu einer ***partiellen Korrektur*** des urämischen Syndroms. Folgen sind eine hohe Morbidität (insbesondere durch kardiovaskuläre Erkrankungen) und ein unbefriedigender Rehabilitationsgrad, der möglicherweise durch die jetzt verfügbare Erythropoetintherapie der renalen Anämie gesteigert werden kann.

Eine erst in den letzten Jahren erkannte ***Komplikation*** bei langjähriger Hämodialysebehandlung besteht im Auftreten einer Amyloidose, die zu Tendosynovitiden, Spondylarthropathien, Knochenzysten und Spontanfrakturen führen kann. Precursorprotein dieser Amyloidose ist $\beta_2$-Mikroglobulin. Ein gesichertes Behandlungskonzept für diese Amyloidose ist bislang nicht verfügbar.

#### Peritonealdialyse

Während die intermittierende Peritonealdialyse (IPD) in erster Linie bei älteren Patienten, Diabetikern und Patienten mit schweren Gefäßzugangsproblemen einen Platz hat, stellt die ***kontinuierliche ambulante Peritonealdialyse*** (CAPD) eine interessante Alternative auch für junge, gut rehabilitierte Patienten mit hohem Mobilitätsbedürfnis dar. Zugangsweg ist ein operativ implantierter Peritonealkatheter, über den die Dialyseflüssigkeit appliziert und entfernt werden kann. Die Peritonealmembran ersetzt die Dialysatormembran, Ultrafiltration erfolgt durch osmotische Gradienten. Die gefürchtetste Komplikation der Peritonealdialyse, die Peritonitis, konnte durch technische Verbesserungen des Verfahrens drastisch reduziert werden.

#### Begleittherapie bei Dialysebehandlung

Nach Einleitung der Dialyse kann die strenge Eiweißrestriktion gelockert werden (tägliche Zufuhr ca. 1 g/kg KG). Während eine Natrium- und Flüssigkeitsrestriktion abhängig ist vom Blutdruck und der Restausscheidung des Patienten, muß weiterhin eine strenge **Kaliumrestriktion** eingehalten werden. Zur Prophylaxe und Behandlung der renalen Osteopathie sollte weiterhin eine Normalisierung des Serumphosphats durch Dialyse, Diät und Phosphatbinder angestrebt werden. Mittels der Dialyse und oraler Kalziumzufuhr kann eine Hypokalzämie beseitigt werden. Mit dem gleichen Ziel und zur Supression der Nebenschilddrüse sollte die Substitution von 1,25-$(OH)_2$-Vitamin-D fortgesetzt werden. Die renale Anämie, soweit sie symptomatisch oder transfusionsbedürftig ist, wird mit rekombinantem humanem Erythropoetin behandelt. Ziel der Erythropoetintherapie ist eine langsame partielle Korrektur der Anämie (Zielhämatokrit 30–35%). In der Regel muß Eisen substituiert werden.

### 8.10.4 Nierentransplantation

Etwa die Hälfte aller Dialysepatienten ist auf Grund klinischer Kriterien für eine Transplantation geeignet. Diese stellt trotz aller Fortschritte auf dem Gebiete der Dialysebehandlung die Therapie der Wahl dar, da das Behandlungsergebnis einer Gesundung des Patienten am nächsten kommt. Als Organe können sowohl Nieren von verwandten lebenden Spendern als auch von Verstorbenen (Hirntote) verwendet werden. Bei ca. 2000 Transplantationen pro Jahr in der Bundesrepublik läßt sich das angestrebte Transplantationsziel wegen Mangel an Spenderorganen jedoch nur bei ca. 25% der Urämiker realisieren.

Als ***Spender*** kommen alle Patienten zwischen 1 und ca. 65–70 Jahren in Betracht, die infolge Trauma oder anderer zerebraler Schädigungen (Blutung, Hypoxie, primärer Hirntumor) das Bild eines dissoziierten Hirntods entwickeln und zum Zeitpunkt der Aufnahme in die Klinik eine normale Nierenfunktion aufweisen. Metastasierende Tumorleiden und nichtsanierbare Infekte des ***Empfängers*** gelten als absolute ***Kontraindikation.*** Eine Vielzahl von ***Risikofaktoren*** sind bei der Indikationsstellung zu berücksichtigen: Art der Grunderkrankung, weil diese evtl. rezidivieren kann; Zweiterkrankungen (z.B. kardiovaskuläre Erkrankungen), immunologische Risiken (Sensibilisierung gegen Leukozytenantigene) und Patientenbesonderheiten (z.B. Alter, Compliance).

Da die Ergebnisse der Nierentransplantation langfristig von der ***Kompatibilität*** der Antigene des HLA-Komplexes zwischen Spender und Empfänger abhängen, erfolgt die Zuteilung von Organen mittels multinationaler Austauschorganisationen (z.B. Eurotransplant) nach Blutgruppe und dem Grad der Kompatibilität im HLA-System.

Trotz guter Übereinstimmung besteht für ein Allotransplantat die Gefahr der ***Abstoßung,*** die klinisch mit Funktionsverlust und histologisch mit einer lymphozytären interstitiellen Nephritis und/oder einer proliferativen Vaskulopathie einhergeht. Zur Abstoßungsverhinderung ist eine prophylaktische und therapeutische ***Immunsuppression*** erforderlich. Die prophylaktische Behandlung besteht gegenwärtig in Kortikosteroiden als Basistherapie sowie Cyclosporin A und/oder Azathioprin. Die therapeutische Abstoßungsbehandlung erfolgt mit Kortikosteroidbolusdosen und antilymphozytären Antikörperpräparaten. Die verwendeten Substanzen haben jeweils spezifische Nebenwirkungen: Steroide führen zu Diabetes mellitus, Osteoporose, Infektanfälligkeit; Cyclosporin A ist nephrotoxisch und steigert den Blutdruck; Azathioprin weist eine Knochenmarks- und Lebertoxizität auf.

Der Transplantatempfänger ist im langfristigen Verlauf bestimmten ***Komplikationen*** und ***Risiken*** ausgesetzt. So besteht eine höhere Infektionsrate, insbesondere durch Virusinfekte (Zytomegalievirus). Als kardiovaskuläres Risiko findet sich gehäuft Hypertonie sowie eine Lipidstoffwechselstörung. Auch ein gesteigertes Tumorrisiko läßt sich nachweisen.

Die Ergebnisse der Nierentransplantation weisen heute Transplantatüberlebensraten von 80–90% nach einem Jahr und von ca. 60% nach 5 Jahren auf. Die Mortalität ist trotz ausgeweiteter Indikation im 1. Jahr niedriger als 5%.

## Literatur

Schrier RW, Gottschalk CW (eds) (1988) Diseases of the kidney, 4th edn. Little & Brown, Boston Toronto

Losse H, Renner E (Hrsg) (1982) Klinische Nephrologie, 2 Bde. Thieme, Stuttgart New York

Sarre H, Gessler U, Seybold D (Hrsg) (1988) Nierenkrankheiten, 5. Aufl. Thieme, Stuttgart New York

Bohle A, Gärtner H-V, Laberke H-G, Krück F (1984) Die Niere – Struktur und Funktion. Schattauer, Stuttgart

Truniger B (1985) Wasser- und Elektrolytfibel, 5. Aufl. Thieme, Stuttgart New York

Franz HE (Hrsg) (1990) Blutreinigungsverfahren, 3. Aufl. Thieme, Stuttgart New York

# 9 Hämatologie

R. Hehlmann


ZUSAMMENFASSUNG

***Anämien*** sind wesentlich häufiger Symptome anderer Erkrankungen als Ausdruck einer hämatologischen Systemerkrankung. Häufigste Anämieformen sind bei uns die ***Eisenmangelanämie*** und die ***Anämie der chronischen Krankheit.*** Weltweit besitzen genetische (Thalassämien, Hämoglobinopathien) und infektiöse Ursachen (Malaria, Tuberkulose, Aids) der Anämie eine größere Bedeutung.

Die Prognose der ***akuten Leukämien*** hat sich durch Fortschritte bei Chemotherapie und Knochenmarkstransplantation gebessert. Bei den chronischen Leukämien ist die ***Haarzelleukämie*** durch Interferon α wirksam behandelbar geworden. Bei der ***chronisch-lymphatischen Leukämie (CLL)*** gibt es prognostische Untergruppen mit altersentsprechend normaler Lebenserwartung. Die Prognose der ***chronisch-myeloischen Leukämie (CML)*** ist seit 60 Jahren unverändert ungünstig geblieben. Die rasche Diagnose eines ***Morbus Hodgkin*** ist von Bedeutung, weil dieser in frühen Stadien mit über 90%iger Wahrscheinlichkeit heilbar ist. Bei Stadium IV sinkt die mediane Zehnjahresüberlebensrate auf 50%. Die ***Non-Hodgkin-Lymphome*** sind eine heterogene Gruppe, die Lymphome hoher und niedriger Malignität einschließt. Die Therapie bei Lymphomen niedriger Malignität ist abwartend. Bei Lymphomen hoher Malignität kann eine aggressive Kombinationstherapie kurativ sein.

Die weitaus häufigste Form der ***Gammopathie*** ist die benigne monoklonale Gammopathie. Bis zu 3% der über 70jährigen haben ein Paraprotein. Ein ***Plasmozytom*** liegt vor, wenn zusätzlich Symptome bestehen (Osteopathie, Nephropathie, Hyperviskositätssyndrom, Zytopenien).

Eine ***Splenomegalie*** ist Zeichen verschiedener hämatologischer Erkrankungen (Myelofibrose, chronisch-myeloische Leukämie, Lymphome, Hämolyse), tritt aber auch bei Infektionen (bakterielle und virale Infektionen) sowie bestimmten Speicherkrankheiten (Morbus Gaucher) auf. Oft bleibt die Ursache unklar.

***Hypersplenismus*** bewirkt Anämie und Thrombozytopenie durch vermehrten Abbau in der Milz.

Die Verfügbarkeit ***neuer biologischer Substanzen*** (Interferone, Wachstumsfaktoren) eröffnet neue Therapiemöglichkeiten in der Hämatologie.


## 9.1 Grundlagen

Das Blutbild liefert wichtige Informationen zur Erkennung von Blutkrankheiten und zahlreichen nicht-hämatologischen Erkrankungen (entzündlich, infektiös, neoplastisch). Zur Beurteilung der Hämopoese ist die Untersuchung des Knochenmarks erforderlich. Die Knochenmarkszytologie erlaubt die Diagnose verschiedener Anämien, der akuten Leukämien und einiger weiterer Erkrankungen.

### Blutbild

Das ***große Blutbild*** (Tabelle 9.1) enthält im wesentlichen 3 Gruppen von Informationen:

- die numerischen Zahlen der ***korpuskulären Blutbestandteile*** (Erythrozyten, Leukozyten, Thrombozyten, fakultativ Retikulozyten) sowie den Hämoglobinwert und den Hämatokrit;
- die errechneten ***Erythrozytenindizes*** (MCV, MCH, MCHC), die Aussagen über Erythrozytengröße und Hämoglobingehalt des einzelnen Erythrozyten erlauben und

**Tabelle 9.1.** Blutbildnormalwerte bei Erwachsenen. (Nach Wintrobe 1981. Vertrauensgrenzen 95%)

| | Männer | Frauen |
|---|---|---|
| Erythrozyten | 4,5–6,3 | 4,2–5,5×10$^{12}$/l |
| Hämoglobin | 14–18 | 12–16 g/dl |
| Hämatokrit | 0,4–0,54 | 0,37–0,47 |
| MCV | 82–101 fl | |
| MCH ($Hb_E$) | 27–34 pg/Zelle | |
| MCHC | 31,5–36 g/dl Erythrozyten | |
| Leukozyten | 4,3–10,0×10$^9$/l | |
| Stabkernige | 0–21,5% | |
| Segmentkernige | 24,8–62,3% | |
| Eosinophile | 0–7,8% | |
| Basophile | 0–1,8% | |
| Lymphozyten | 19,6–52,7% | |
| Monozyten | 2,4–11,8% | |
| Thrombozyten | 140–440×10$^9$/l | |
| Retikulozyten | 8–25 | 8–41‰ |

- das ***Differentialblutbild,*** das Aussagen über Reifungs- und Verteilungsmuster der Leukozyten, ggf. Vorhandensein von Normoblasten, erlaubt. Beim Differentialblutbild werden nur die Leukozyten berücksichtigt, Normoblasten werden getrennt gezählt.

Bei der Beurteilung des Blutbildes sollten immer Fehlermöglichkeiten mitberücksichtigt werden. Auch der Einsatz moderner Geräte (Coulter-Counter, Hämoglobinometer) schließt Fehler nicht aus.

**Ein unerwartet normaler Wert sollte ebenso kontrolliert werden wie ein pathologischer.**

Blutbildveränderungen bestehen bei der Mehrzahl entzündlicher, infektiöser, neoplastischer und metabolischer Erkrankungen und sind oft ihre ersten Anzeichen. Für verschiedene Bluterkrankungen (bestimmte Anämien, Leukämien, myeloproliferative Erkrankungen) ist das Blutbild diagnostisch.

## Knochenmark

Die ***normale Hämatopoese*** findet im Knochenmark statt. Alle Zellen des Blutes leiten sich von einer gemeinsamen ***pluripotenten Stammzelle*** ab, die morphologisch nicht faßbar ist, durch Kulturverfahren aber nachgewiesen werden kann (Abb. 9.1).

Die frühesten im Knochenmarksausstrich morphologisch faßbaren hämopoetischen Zellen sind in der myeloischen Reihe der *Myeloblast,* in der erythrozytären der *Proerythroblast,* in der lymphozytären der *Lymphozyt,* in der monozytären der *Promonozyt,* in der eosinophilen und basophilen Reihe der *eosinophile* und *baso-*

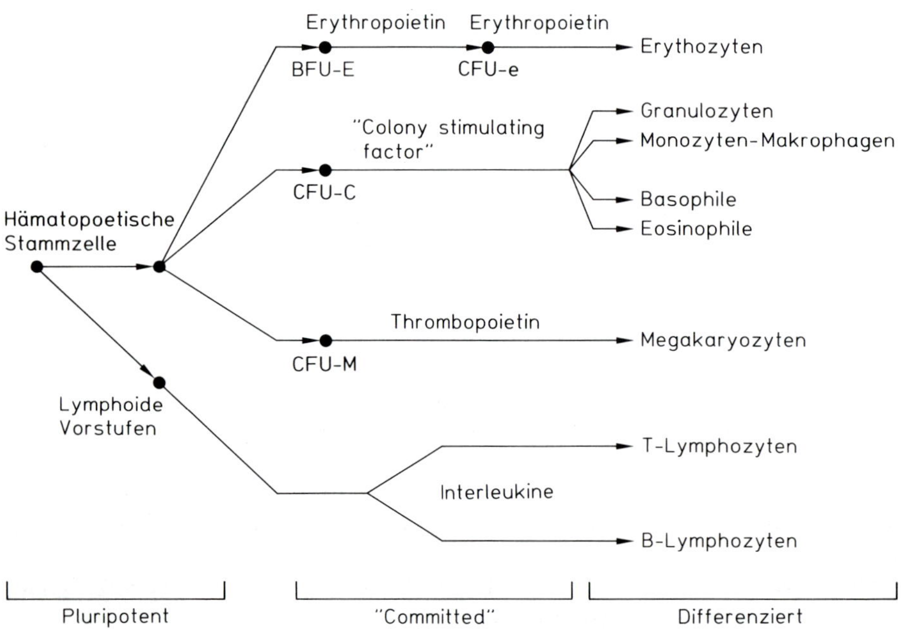


**Abb. 9.1.** Differenzierung der hämopoetischen Stammzellen und Wirkort der Faktoren

BFU-E = erythroid burst forming units; CFU-e = erythroid colony forming units; CUF-C = granulocyte colony forming units in culture; CFU-M = megakaryocyte colony forming units

**Tabelle 9.2.** Normalwerte des Knochenmarks. (Nach Wintrobe 1981)

| | Durchschnitt (%) | 95%-Vertrauensbereich (%) |
|---|---|---|
| Neutrophile Reihe | 53,6 | 33,6–73,6 |
| Myeloblasten | 0,9 | 0,1–1,7 |
| Promyelozyten | 3,3 | 1,9–4,7 |
| Myelozyten | 12,7 | 8,5–16,9 |
| Metamyelozyten (=Jugendliche) | 15,9 | 7,1–24,7 |
| Stabkernige | 12,4 | 9,4–15,4 |
| Segmentkernige | 7,4 | 3,8–11,0 |
| Eosinophile Reihe | 3,1 | 1,1–5,2 |
| Myelozyten | 0,8 | 0,2–1,4 |
| Metamyelozyten | 1,2 | 0,2–2,2 |
| Stabkernige | 0,9 | 0–2,7 |
| Segmentkernige | 0,5 | 0–1,1 |
| Basophile und Mastzellen | 0,1 | |
| Erythrozytäre Reihe | 25,6 | 15,0–36,2 |
| Pronormoblasten | 0,6 | 0,1–1,1 |
| Basophile Normoblasten | 1,4 | 0,4–2,4 |
| Polychromatophile Normoblasten | 21,6 | 13,1–30,1 |
| Orthochromatische Normoblasten | 2,0 | 0,3–3,7 |
| Lymphozyten | 16,2 | 8,6–23,8 |
| Plasmazellen | 1,3 | 0,5–3,5 |
| Monozyten | 0,3 | 0–0,6 |
| Megakaryozyten | 0,1 | |
| Retikulumzellen | 0,3 | 0–0,8 |
| M:E-Verhältnis | 2,3 | 1,1–3,5 |

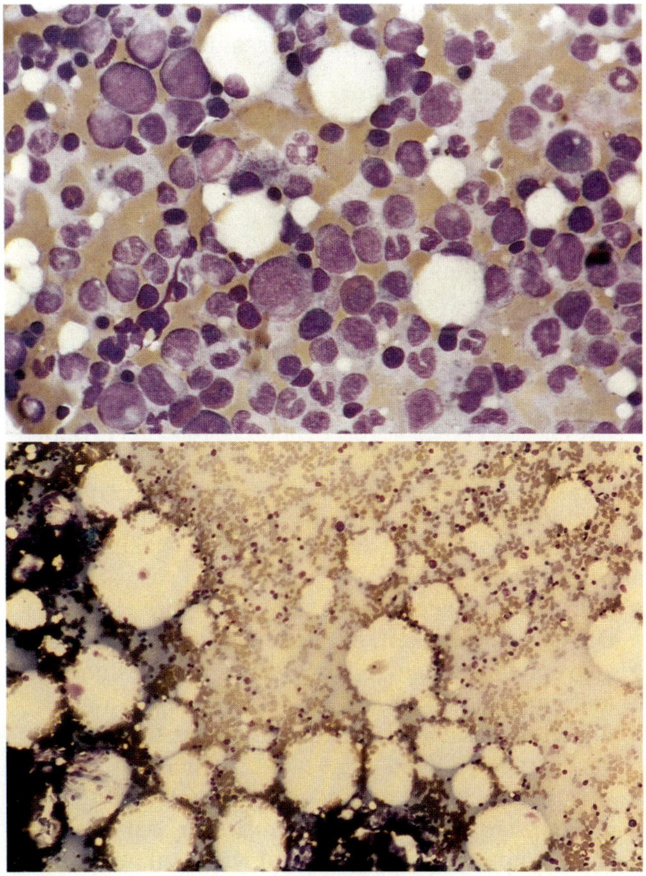

**Abb. 9.2. a** Normales Knochenmark, Pappenheim-Färbung. Vergrößerung 500fach. Die verschiedenartigen Zellen der Erythropoese, Granulopoese und Megakaryopoese ergeben das „bunte Bild" des normalen Knochenmarks. Die runden weißen Flecken entsprechen Fettgewebe. **b** Aplastisches Knochenmark, Pappenheim-Färbung, Vergrößerung 100fach. Es handelt sich um eine Panzytopenie nach Medikamentenabusus bei einem 60jährigen Mann

*phile Promyelozyt* und in der megakaryozytären Reihe der *Promegakaryoblast.*

Regulation von Wachstum und Differenzierung der Stammzelle in die einzelnen hämatopoetischen Zellreihen erfolgt durch ***Wachstums-*** und ***Differenzierungsfaktoren*** (s. Abb. 9.1).

Zellen und Normwerte des Knochenmarks sind in Tabelle 9.2 enthalten. Das „bunte Bild" der normalen Knochenmarkszytologie mit ihrer Vielfalt an Zellen zeigt Abb. 9.2 a. Bei der Differenzierung des Knochenmarks werden alle kernhaltigen Zellen ausgewertet. Das Verhältnis der myeloischen zu den erythrozytären Zellen ***(M:E-Verhältnis)*** beträgt etwa 2,3.

Der ***Knochenmarksausstrich*** (Knochenmarkszytologie, Sternalpunktat) *sichert* die Diagnose bei:

- verschiedenen Anämien (megaloblastäre, sideroblastische, aplastische),
- den akuten Leukämien,
- beim Plasmozytom und bei
- Thrombopenie.

Er *bestätigt* die Diagnose bei chronischen Leukämien. Er erlaubt ferner Aussagen zur Invasion durch knochenmarksfremde Zellen (Karzinommetastasen), Parasiten (Leishmanien) oder Bakterien (Miliartuberkulose).

Die ***Knochenmarkshistologie*** (meist Beckenstanze mit der Jamshidi-Nadel) erlaubt Aussagen über Zellularität, Fasergehalt und Anordnung der Zellen im Mark. Sie ist indiziert bei:

- Verdacht auf Myelofibrose oder eine andere myeloproliferative Erkrankung,

- der Stadieneinteilung von Lymphomen sowie
- der Abklärung granulomatöser und metastasierender Erkrankungen.

## 9.2 Anämien

**Definition.** Eine Anämie liegt vor, wenn die Erythrozytenwerte (Hämoglobin, Hämatokrit, Erythrozytenzahl) definierte Mindestwerte unterschreiten (s. Tabelle 9.1).

> **Anämien sind wesentlich häufiger Symptom anderer Krankheiten als eine Erkrankung der Erythrozyten oder der Erythropoese selbst.**

**Pathophysiologie.** Die Symptome der Anämien sind abhängig von:

- dem Ausmaß der Anämie,
- der Geschwindigkeit, mit der eine Anämie eintritt,
- zugrundeliegenden oder gleichzeitig bestehenden anderen Erkrankungen,
- der Kompensationsfähigkeit des Organismus (kardiovaskulär, Alter) und
- dem Ausmaß der Verminderung des Blutvolumens.

Die ***Hauptkompensationsmechanismen*** der Anämie sind die Anpassung von Herz und Kreislauf an den verminderten Sauerstoffgehalt des Blutes und eine vermehrte Ausnutzung des Hämoglobinsauerstoffgehalts durch Verminderung der Hämoglobin-Sauerstoff-Affinität. Dabei spielen Veränderungen der Phosphatkonzentrationen, insbesondere der *2,3-Diphosphoglyzerinsäure* (2,3-DPG) eine Rolle, die die Sauerstoffaffinität von Hämoglobin reduziert und die $O_2$-Abgabe an die Gewebe erleichtert.

Die kardiovaskuläre Anpassung an die Anämie besteht zunächst in einer Erhöhung der Herzfrequenz und erst später in einer Erhöhung des Schlagvolumens.

**Leitsymptome** der Anämie sind:

- Tachykardie,
- Kurzatmigkeit,
- Blässe,
- orthostatische Beschwerden,
- Schwindel und Müdigkeit.

Bei vorbestehender koronarer Herzkrankheit kann eine Anämie Auslöser einer Myokardinsuffizienz oder Angina pectoris sein.

Entwickelt sich die Anämie langsam ***(chronische Anämie)*** und ist die Kompensationsfähigkeit gut, können Symptome selbst bei einer schweren Anämie bis hinab zu Hämoglobinwerten von 6 g/dl kaum bemerkbar sein. ***Tachykardie in Ruhe*** ist ein charakteristisches Zeichen der chronischen Anämie, daneben betonter Puls, Herzströmungsgeräusche und Blässe der Schleimhäute und Konjunktiven.

> **Blässe der Haut ist ein unsicheres Zeichen für eine Anämie, da diese auch konstitutionell oder durch Vasokonstriktion bedingt sein kann.**

Weitere Befunde können charakteristisch für bestimmte Anämien sein. Blässe zusammen mit Haut- und Sklerenikterus sind ein Hinweis auf eine ***hämolytische Anämie.*** Neurologische Symptome, insbesondere Parästhesien, treten häufig bei ***perniziöser Anämie*** auf. Brüchigkeit der Nägel, Mundwinkelrhagaden und ein gelbgrünlicher Hautton (Chlorose) werden bei ***Eisenmangel*** beobachtet.

**Klassifikation.** Eine sorgfältige Abklärung der Ursachen einer Anämie ist für eine rationale Behandlung unerläßlich. Bei der Charakterisierung der Anämie und der Suche nach ihren Ursachen werden *morphologische und ätiologische Kriterien* berücksichtigt (Tabelle 9.3).

Die *morphologischen* Kriterien (Blutbild und Erythrozytenindizes) ermöglichen eine schnelle Orientierung:

- Eine hypochrome mikrozytäre Anämie deutet auf eine Eisenmangelanämie, seltener eine Thalassämie hin;
- eine makrozytäre Anämie auf Vitamin $B_{12}$- oder Folatmangel;
- eine mäßiggradige normozytäre normochrome Anämie (Hb 9–12 g/dl) kann ein Hinweis auf eine chronische entzündliche oder konsumierende Erkrankung sein.

Für die ***ätiologische Diagnose*** werden alle verfügbaren Laborwerte und Befunde berücksichtigt. Wichtig ist festzustellen, ob eine ***verminderte Synthese*** (z. B. Eisenmangel, Vitamin $B_{12}$- oder Folatmangel, genetische Defekte, aplastischer oder neoplastischer Prozeß) oder ein vermehrter Abbau der Erythrozyten vorliegt (Hämolyse).

**Tabelle 9.3.** Klassifikation der Anämien

I Morphologisch
- Normozytär (Normochrom)
- Mikrozytär (Hypochrom)
- Makrozytär

II Ätiologisch

A Anämien als Folge verminderter Produktion von Erythrozyten
- 1) Störung der Proliferation und Differenzierung
  - a) Aplastische Anämie
  - b) Angeborene dyserythropoetische Anämie
- 2) Störung der DNS-Synthese (megaloblastäre Anämien)
  - a) Vitamin-$B_{12}$-Mangel
  - b) Folsäuremangel
  - c) Medikamenteninduziert
- 3) Störung der Hämoglobinsynthese (hypochrome Anämien)
  - a) Eisenmangel
  - b) Thalassämien
- 4) Unbekannte oder multiple Mechanismen
  - a) Anämie der chronischen Krankheiten
  - b) Anämie bei Myelodysplasien

B Anämien als Folge gesteigerten Abbaus von Erythrozyten (Hämolyse)
- 1) Intrinsische Abnormitäten
  - a) Membrandefekte
    - 1) Hereditäre Sphärozytose
    - 2) Hereditäre Elliptozytose
    - 3) Hereditäre Stomatozytose
    - 4) Akantozytose
  - b) Enzymmangel
    - 1) Pyruvatkinase- und andere Enzymmangelzustände
    - 2) Glukose-6-Phosphat-Dehydrogenase-Mangel
    - 3) Porphyrien
  - c) Globinabnormitäten (Hämoglobinopathien)
    - 1) Sichelzellanämie und verwandte Erkrankungen
    - 2) Instabile Hämoglobine
  - d) Paroxysmale nächtliche Hämoglobinurie
- 2) Extrinsische Abnormitäten
  - a) Mechanisch
    - 1) Marschhämoglobinurie
    - 2) Traumatische kardiale hämolytische Anämie
    - 3) Mikroangiopathische hämolytische Anämie
  - b) Hämolytische Anämie durch chemische oder physikalische Einwirkungen
  - c) Hämolytische Anämie durch infektiöse Agenzien
  - d) Antikörpervermittelt
    - 1) Hämolyse durch Wärmeantikörper
    - 2) Hämolyse durch Kälteantikörper
    - 3) Medikamenteninduzierte antierythrozytäre Antikörper
  - e) Hyperaktivität des Monozyten-Makrophagen-Systems bei Hypersplenismus

C Akuter Blutverlust

**Tabelle 9.4.** Ätiologie der aplastischen Anämie (Angaben in Prozent)

| | |
|---|---|
| Idiopathisch | 43 |
| Chloramphenicol | 26 |
| Phenylbutazon | 4 |
| Insektizide | 3 |
| Benzol | 2 |
| Sulfonamide | 2 |
| Antiepileptika | 2 |
| Gold | 1 |
| Hepatitis | 1 |
| Andere | 1 |

## 9.2.1 Anämien als Folge verminderter Produktion von Erythrozyten

Die Synthese der Erythrozyten kann auf vielfältige Weise beeinträchtigt oder gestört sein. Hilfreich ist eine Einteilung in:
- Proliferations- und Differenzierungsstörungen der Erythropoese,
- Störungen der DNS-Synthese,
- Störungen der Hämoglobinsynthese,
- Störungen im Rahmen chronischer Erkrankungen.

### Aplastische Anämie

**Definition.** Diese ***Erkrankung der Stammzelle*** ist charakterisiert durch
- Verminderung aller 3 hämatopoetischen Zellreihen
- und Ersatz des blutbildenden Marks durch Fettgewebe (Abb. 9.2 b)

**Ätiologie.** Die Anämie ist erworben. Ursachen sind Medikamente, Chemikalien, Strahlen, infektiöse Agenzien und immunologische Mechanismen (Tabelle 9.4). In vielen Fällen bleibt die Ursache unklar.

**Klinik.** Der Beginn ist schleichend. Zum Zeitpunkt der Diagnose ist die Anämie meist ausgeprägt. Leitsymptome können ***Infekte*** als Folge der Neutropenie oder ***Blutungen*** als Folge der Thrombozytopenie sein. Eine Splenomegalie ist selten.

**Diagnose.** Charakteristisch ist eine ***Panzytopenie*** bei zellarmem Knochenmark. Die Erythrozyten sind normochrom und makrozytär. Retikulozyten sind vermindert, Erytropoetin und Serumeisen erhöht. Die Eisenbindungskapazität ist meist gesättigt.

**Therapie.** Von Bedeutung sind ***Transfusionen*** und andere ***supportive Maßnahmen,*** um Zeit zu gewinnen. Ein kleinerer Teil der Patienten zeigt ***Spontanremissionen,*** insbesondere, wenn die Anämie Toxizitätsfolge war (gründliche Anamnese wichtig). Therapie der Wahl sind die Knochenmarkstransplantation, die bei HLA-identischen Geschwistern bei mehr als 90%, bei allogener Transplantation in 50–60% erfolgreich ist, und die immunsuppressive Behandlung mit Antilymphozytenglobulinen und mit Cyclosporin A.

**Prognose.** Die Mortalität der aplastischen Anämie ist hoch (65–75%), die mittlere Überlebenszeit beträgt unbehandelt etwa 3 Monate.

### Kongenitale dyserythropoetische Anämien (CDA)

Es handelt sich um seltene familiäre Erkrankungen, die durch Anämie und multinukleäre erythrozytäre Vorstufen im Knochenmark gekennzeichnet sind. Es sind 3 Typen bekannt, von denen Typ II der häufigste ist.

***CDA Typ II*** ist charakterisiert durch Säurelabilität der Erythrozyten (Hämolyse nach Zugabe von azidifiziertem Serum), deshalb ***HEMPAS*** genannt (*h*ereditäre *E*rythroblasten*m*ultinuklearität mit *p*ositivem *a*zidifiziertem *S*erumtest).

Die Anämie ist normozytär und unterschiedlich schwer ausgeprägt. Im Knochenmark sind 10–40% der Normoblasten zweikernig. Es bestehen ***Ikterus*** und ***Splenomegalie.*** Der Verlauf ist im allgemeinen gutartig.

### Reine Erythrozytenaplasie („pure red-cell aplasia")

Diese seltene chronische Anämie beruht auf einer isolierten Störung der Erythropoese. Man unterscheidet eine kongenitale Erythrozytenhypoplasie, nach den Erstbeschreibern ***Diamond-Blackfan*** genannt, von der erworbenen Erythrozytenaplasie, die zumeist im Erwachsenenalter auftritt.

Die ***erworbene*** reine Erythrozytenaplasie ist etwa 3- bis 4mal häufiger bei Frauen und in bis zu 50% der Fälle mit einem ***Thymom*** assoziiert. Der Beginn ist schleichend. Die Anämie ist meist normozytär und normochrom, gelegentlich makrozytär. Im Knochenmark ist nur die Erythropoese vermindert. Die ***Therapie*** ist supportiv. Bei chronischer Transfusionsbedürftigkeit ist eine Eisenchelattherapie erforderlich.

### Störungen der DNS-Synthese (megaloblastäre Anämien)

Megaloblastäre Anämien sind Folge einer DNS-Synthesestörung und gekennzeichnet durch abnormal große und pathologisch veränderte erythrozytäre Vorstufen, ***Megaloblasten,*** im Knochenmark und ***makrozytäre Veränderungen*** im peripheren Blut. Häufigste Ursachen sind

- Vitamin $B_{12}$-Mangel (Perniziosa),
- Folsäuremangel,
- Zytostatika.

### Perniziöse Anämie

Sie ist der Prototyp der megaloblastären Anämien. Die Erstbeschreibung erfolgte 1872 durch Birmer. Die Inzidenz in Mittel- und Nordeuropa beträgt etwa 9/100000/Jahr. Frauen erkranken doppelt so häufig wie Männer. Das Durchschnittsalter bei Diagnose beträgt etwa 60 Jahre. Seit der Verfügbarkeit einer kausalen Therapie wird das Vollbild der Erkrankung nur noch selten gesehen.

**Pathophysiologie.** Die perniziöse Anämie ist bedingt durch das Fehlen des ***Intrinsic-Faktors,*** der die Resorption von Vitamin $B_{12}$ ermöglicht. Der Intrinsic-Faktor ist ein alkaliresistentes Glykoprotein mit einem Molekulargewicht von etwa 60000 und hoher Affinität für Vitamin $B_{12}$. Er wird von den Parietalzellen des Magens synthetisiert. Der Komplex von Intrinsic-Faktor und Vitamin $B_{12}$ wird nach Bindung an spezifische Rezeptoren im terminalen Ileum resorbiert. Der Transport im Blut erfolgt durch Bindung an das Protein Transcobalamin II. Die genaue Stoffwechselfunktion von Vitamin $B_{12}$ ist ungeklärt. $B_{12}$-Mangel resultiert jedoch in ***defekter Synthese von DNS und von Myelin.*** Mehrere Faktoren tragen zur Entwicklung einer perniziösen Anämie bei:

- genetische Prädisposition,
- atrophische Veränderungen der Magenschleimhaut und
- Autoimmunmechanismen.

**Klinik.** Der Beginn der Erkrankung ist schleichend. ***Leitsymptome*** sind: Symptome der Anämie, Parästhesien und Glossitis.

Beim ersten Auftreten von Anämiesymptomen ist die Anämie meist bereits ausgeprägt (Hb weniger als 7 g/dl). Bei schwerer Anämie hat die Haut eine ***blaßgelbliche***

***Färbung,*** die aus dem mit der Anämie kombinierten hämolytischen Ikterus resultiert.

Bei ausgeprägter Glossitis ist die Zunge schmerzhaft und fleischrot. Typischerweise besteht eine atrophische Gastritis mit Achlorhydrie. Serumantikörper gegen Parietalzellen werden bei 86% der Patienten gefunden, Serumantikörper gegen Intrinsic-Faktor bei 56% und Antikörper gegen Intrinsic-Faktor im Magensaft bei 70%.

Neurologische Symptome können der Anämie vorangehen. Parästhesien sind gewöhnlich das erste Symptom. Später kommen Schwäche und Gangunsicherheit mit verminderter Tiefensensibilität sowie im fortgeschrittenen Stadium Spastizität hinzu.

**Diagnose.** Neben der Anämie und Makrozytose ist typisch eine ***Hypersegmentierung der Granulozyten.*** Die Granulozyten können 6–10 Segmente besitzen. Das Knochenmark ist hyperplastisch mit zahlreichen Megaloblasten (*blaues Mark,* Abb. 9.3) und Veränderungen auch der anderen Zellreihen. Neben normalen granulozytären Vorstufen werden *Riesenmetamyelozyten* und *Riesenstabkernige* gefunden, die ein mehrfaches der Größe normaler Zellen besitzen können.

Charakteristisch ist die starke *Erhöhung der LDH.* Die Diagnose wird gesichert durch die Bestimmung des *Serum-Vitamin-$B_{12}$-Spiegels* oder durch den ***Schilling-Test.*** Im Schilling-Test wird die Ausscheidung von oral gegebenem radioaktivem Vitamin $B_{12}$ im Urin gemessen. Wenn kein Intrinsic-Faktor vorhanden ist, kann Vitamin $B_{12}$ nicht resorbiert und dementsprechend nicht im Urin ausgeschieden werden. Bei normalen Personen werden etwa 20% des oral gegebenen Vitamin $B_{12}$ innerhalb von 24-72 h ausgeschieden, bei perniziöser Anämie weniger als 1%.

**Therapie.** Eine komplette Remission der Anämie und der meisten Symptome wird erreicht durch die ***parenterale Gabe von Vitamin $B_{12}$.*** Länger bestehende neurologische Ausfälle bilden sich nur teilweise zurück. Eine lebenslange Erhaltungstherapie (monatliche Injektionen von 100 µg Vitamin $B_{12}$) ist erforderlich.

### Folatmangel

**Pathophysiologie.** Im Gegensatz zu Vitamin $B_{12}$ reichen die Folatspeicher des Körpers nur für wenige Monate, so daß durch unzureichende Zufuhr von Folat in der Diät relativ rasch Mangelsymptome auftreten können.

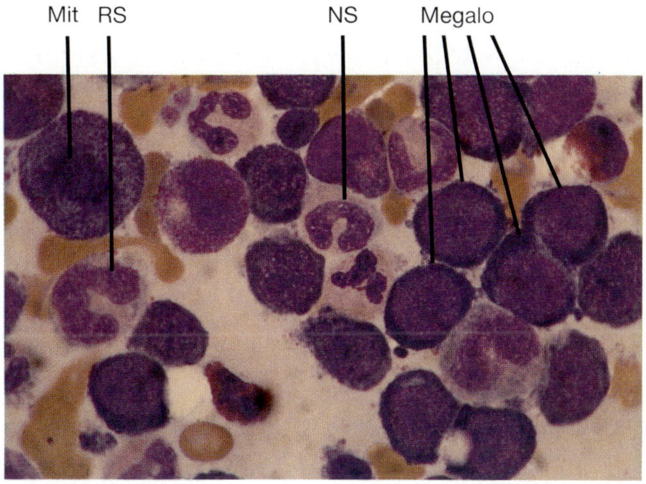


**Abb. 9.3.** Megaloblastäre Anämie (Perniziosa), Knochenmark, Pappenheim-Färbung. Vergrößerung 1000fach. Die Mehrzahl der Zellen sind Megaloblasten *(Megalo)* mit großen Nuklei und intensiv basophil reagierendem Plasma. Neben 2 normalen Stabkernigen *(NS)* sind 2 Riesenstabkernige *(RS)* zu sehen. *Mit* Mitose

**Häufigste Ursache des Folatmangels ist Alkoholismus.**

**Klinik.** Die Symptome des Folatmangels ähneln denen des Vitamin-$B_{12}$-Mangels mit Ausnahme der neurologischen Ausfälle, die bei Folatmangel weniger ausgeprägt sind.

**Diagnose.** Neben der *makrozytären Anämie* finden sich wie bei $B_{12}$-Mangel Hypersegmentierung der Granulozyten und Makroovalozytose der Erythrozyten. Die Diagnose wird gesichert durch Bestimmung des ***Serumfolatspiegels.***

**Therapie.** Initial ist eine Therapie mit *1 mg Folsäure pro Tag p. o.* über 2–3 Wochen empfehlenswert, um die Folsäurespiegel wieder aufzufüllen. Eine Erhaltungstherapie ist nur erforderlich, wenn die Ursache des Folsäuremangels nicht behoben werden kann.

### Medikamenteninduzierte megaloblastäre Anämie

Verschiedene ***Zytostatika*** (Folsäureantagonisten, 6-Mercaptopurin, 5-Fluorouracil, Zyklophosphamid, Azidothymidin u. a.) hemmen die DNS-Synthese und kön-

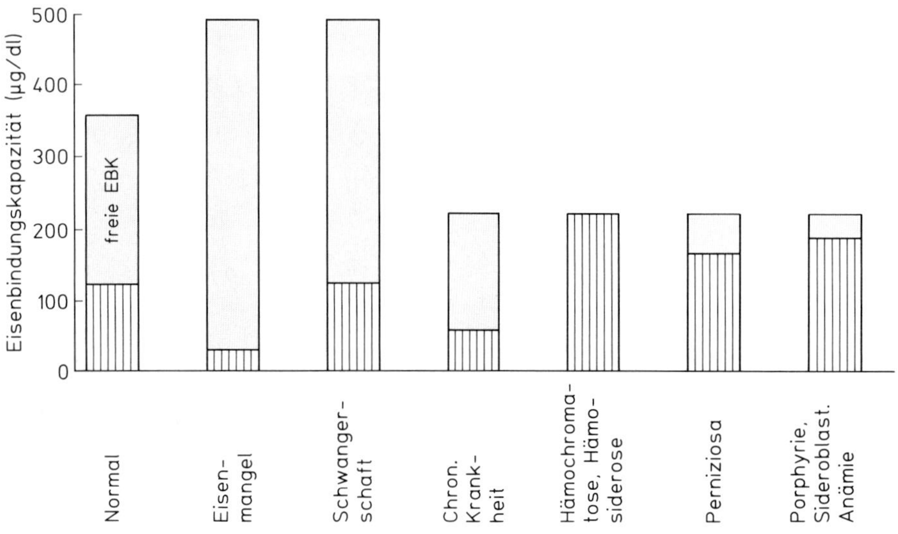


**Abb. 9.4.** Serumeisen und EBK bei verschiedenen Erkrankungen

nen megaloblastäre Veränderungen bewirken. Die Diagnose bereitet im allgemeinen keine Schwierigkeiten, da der Zusammenhang mit einer zytostatischen Therapie evident ist. Die Veränderungen sind nach Absetzen der Medikamente voll reversibel.

### Eisenmangelanämien

Eisenmangelanämien sind die bei weitem ***häufigste Anämieform.*** Hauptursache ist ***chronischer Blutverlust*** durch den Gastrointestinaltrakt und durch Genitalblutungen bei Frauen im menstruationsfähigen Alter. Seltener sind Resorptionsstörungen und andere Ursachen. Die Abklärung einer Eisenmangelanämie kann schwierig sein.

**Pathophysiologie des Eisenstoffwechsels.** Die Resorption des Eisens erfolgt im Duodenum und proximalen Jejunum. Nur ***zweiwertiges*** Eisen kann resorbiert werden. Die Regulation des Eisenhaushalts erfolgt durch die Steuerung der Eisenresorption in der Darmmukosa. Eine Ausscheidung von Eisen durch Darm oder Nieren ist praktisch nicht möglich.

Die Menge des ***Gesamtkörpereisens*** wird mit etwa 4–5 g relativ konstant gehalten. 60–80% des Körpereisens sind im Hämoglobin enthalten, ein geringer Teil im Myoglobin und in Enzymen des Energiestoffwechsels (Zytochrome). Der Rest liegt gebunden an verschiedene Proteine als ***Speichereisen*** vor ***(Ferritin, Hämosiderin).*** Das im Serum gelöste Ferritin hat als Bestimmungsgröße

**Tabelle 9.5.** Normalwerte des Eisenstoffwechsels

| | Männer | Frauen |
|---|---|---|
| Serumeisen | 71–201<br>12,7–35,9 | 62–173 µg/dl<br>11,1–30,9 µmol/l |
| Eisenbindungskapazität | 253–435 µg/dl<br>45,2–77,7 µmol/l | |
| Transferrinsättigung | 20–50% | |
| Serumferritin | 40–340 | 14–140 µg/l |
| Körpereisenkonzentration | 65–90 mg/kg KG<br>davon ca. 60 mg in Hämoglobin, Rest in Speichern | |

für die Menge des Gesamtspeichereisens klinische Bedeutung.

***Erhöhte Serumferritinwerte*** sind Zeichen vermehrten Speichereisens. Falsch hohe Ferritinwerte kommen vor bei entzündlichen Erkrankungen und bestimmten Neoplasien (Leukämien). ***Erniedrigte Ferritinwerte*** sind Zeichen des Eisenmangels. Falsch niedrige Ferritinwerte sind sehr selten.

Das resorbierte Eisenmolekül wird durch einen noch unbekannten Mechanismus durch die Mukosazelle geschleust, an ***Transferrin*** gebunden und mit dem Blut an den Ort der Hämopoese, das Knochenmark, transportiert. Transferrin, klinisch zumeist bestimmt als ***Eisenbindungskapazität,*** ist erhöht bei Eisenmangel und erniedrigt bei chronischen Erkrankungen einschließlich verschiedener Anämien und der Hämochromatose (Abb. 9.4).

Die Normalwerte des Eisenstoffwechsels sind in Tabelle 9.5 zusammengefaßt. In den Erythrozytenvorläuferzellen bildet Eisen zusammen mit einem Tetrapyrrolring das Hämmolekül, die prosthetische Gruppe des Hämoglobins. 4 Hämmoleküle und je 2 α- und 2 β-Globin-Ketten bilden das normale Hämoglobinmolekül des Erwachsenen (HbA). Die Fähigkeit der reversiblen $O_2$-Bindung erhält das Hämmolekül nach seiner Bindung an die Globinketten.

Eine Anämie als Folge von Eisenmangel entsteht erst, wenn die Eisenspeicher des Körpers erschöpft sind.

**Klinische Manifestationen des Eisenmangels.** Außer den Symptomen der Anämie (s. oben) und der dem Eisenmangel zugrundeliegenden Krankheit bestehen bei $^1/_3$ der Patienten *brüchige Fingernägel* und Koilonychie (konkave Fingernägel) sowie *Veränderungen der Zunge* (Zungenbrennen, Papillenatrophie). Häufig wird eine ***Achlorhydrie*** mit Zeichen einer Gastritis gefunden. Seltener sind eine mäßiggradige Stomatitis mit Rhagaden ***(Plummer-Vinson-Syndrom)*** und dysphagische Beschwerden.

**Labor und Diagnose.** Das Charakteristikum der Eisenmangelanämie ist die ***hypochrome mikrozytäre Anämie.*** Hämoglobinwerte bis hinab zu 3 g/dl können gefunden werden. Das MCV kann weniger als 60 fl betragen, das MCH (HbE) weniger als 15 pg. Mikroskopisch fällt der geringe Hämoglobingehalt auf, der sich in einer Verbreiterung der zentralen Aufhellung der Erythrozyten zeigt. Winzige ***Mikrozyten, Poikilozyten*** mit länglichen und elliptischen Formen und sog. ***Schießscheibenzellen („target cells")*** sind typisch (Fall 9 A). Die Leukozytenzahl ist meist normal, die Thrombozyten sind gewöhnlich vermehrt.

Im Knochenmark findet sich eine Steigerung der Erythropoese mit Betonung unreifer Zellelemente, die unter Eisentherapie zunächst noch zunimmt.

Das Serumeisen ist niedrig, die Eisenbindungskapazität erhöht (s. Abb. 9.4), Speichereisen nicht vorhanden (niedriges Serumferritin, kein interstitielles Eisen im Sternalmark). Wichtigste ***Differentialdiagnose*** ist die Thalassaemia minor, die aber im Gegensatz zur Eisenmangelanämie ein normales Serumeisen hat, eine seltenere die sideroblastische Anämie, die jedoch mit erhöhten Serumeisenspiegeln einhergeht.

**Therapie.** Vorrangiges Ziel ist die Behandlung der Grundkrankheit. Eine eventuelle Blutungsquelle muß erkannt und beseitigt, ein Resorptionsdefekt korrigiert werden. Danach sollten die Eisenspeicher durch Gabe von ***oralem Eisen*** (Eisensulfat oder Eisenglukonat) wieder aufgefüllt werden. 5–8 Tage nach Beginn der Eisentherapie kommt es zur ***Retikulozytenkrise,*** d.h. einem deutlichen Anstieg der Retikulozyten auf bis zu 100‰ und mehr.

Optimale therapeutische Resultate werden mit Dosen entsprechend 200 μg elementarem Eisen pro Tag erreicht. Orales Eisen kann zu gastrointestinalen Symptomen (Leibschmerzen, Übelkeit, Diarrhöe) führen. Eine Dosisreduktion führt oft zum Abklingen der Beschwerden.

Wenn orales Eisen nicht ausreichend resorbiert wird, wird Eisen parenteral gegeben. Vor Therapiebeginn wird das Eisendefizit berechnet. Da Eisen nicht ausgeschieden werden kann, ist eine Eisenüberdosierung zu vermeiden.

Die Eisentherapie sollte über einen ausreichend langen Zeitraum erfolgen, um ein Wiederauffüllen der Körpereisenspeicher sicherzustellen, in der Regel über mehrere Monate, bei unvermeidbaren weiteren Blutverlusten (Regelblutung) auch über Jahre. Eine ausreichende Eisentherapie resultiert in einem Abklingen der Symptome von Anämie und Eisenmangel und einer Normalisierung aller pathologischen Befunde.

### Thalassämien

Die Thalassämien sind eine Gruppe von Anämien, denen eine Vielzahl heterogener ***genetischer Defekte*** zugrunde liegt, die alle eine Störung der ***Globinsynthese*** zur Folge haben. Bei defekter Synthese von α-Globin-Ketten liegt eine α-Thalassämie, bei defekter Synthese von β-Globin-Ketten eine β-Thalassämie vor. β-Thalassämien sind häufig im Mittelmeerraum, α-Thalassämien in Südostasien und in Afrika. Durch die vermehrte Mobilität und den Zuzug von Bürgern der Mittelmeerländer sind die Thalassämien auch in Deutschland häufiger geworden.

**Die Thalassämien sind die auf molekularer Ebene am besten charakterisierten genetischen Defekte und damit Kandidaten für eine Gentherapie.**

Das Hämoglobinmolekül besteht aus den ***Globinketten*** und dem ***Häm,*** das das Eisen trägt. Das Erwachsenenhämoglobin besteht zu 99% aus ***HbA,*** das aus 2 α- und 2 β-Ketten besteht, zu 1% aus ***HbA2*** (2 α- und 2 δ-Ketten), und aus Spuren des fetalen Hämoglobins ***HbF*** (2 α- und 2 γ-Ketten). Das menschliche Genom enthält 2 Gene pro haploidem Chromosomensatz für α-Globin-Ketten (nebeneinander lokalisiert auf Chromosom 16), jedoch nur ein Gen pro haploidem Chromosomensatz für das β-Globin (lokalisiert auf Chromosom 11). γ- und δ-Ketten können β-Ketten partiell ersetzen. Struktur und Sequenz der Globine und Globingene sind bekannt.

Die α-Thalassämien beruhen zumeist auf größeren Gendeletionen, die beide α-Globin-Gene ($\alpha_1$-Thalassämie) oder nur ein α-Globin-Gen ($\alpha_2$-Thalassämie) umfassen können.

Demgegenüber werden β-Thalassämien zumeist durch Punktmutationen verursacht, vor allem in den nichttranslatierten Anfangs- und Endbereichen und in den Introns des β-Globin-Gens.

**Die Kenntnis der molekularen Defekte hat weitreichende Bedeutung für genetische Beratung und pränatale Diagnose.**

Bei Ausfall eines β-Globin-Gens kommt es zu einer kompensatorisch vermehrten Synthese von δ-Ketten mit Vermehrung von HbA2, das diagnostische Bedeutung besitzt. Ausfall beider β-Globin-Gene führt zu Überschuß und Präzipitation der α-Ketten mit Hämolyse. Personen mit homozygoter β-Thalassämie überleben im wesentlichen nur durch eine Steigerung der Synthese von δ- und von γ-Ketten.

**Die homozygote β-Thalassämie (Thalassaemia major).** Obgleich die α-Thalassämien weltweit häufiger sind, spielen die β-Thalassämien in Deutschland und in Westeuropa die größere Rolle. Die homozygote β-Thalassämie wurde erstmals von Thomas Cooley 1925 beschrieben. Die Mehrzahl der Kinder mit Thalassaemia major entwickelt transfusionsbedürftige hämolytische Anämien.

Der ***klinische Verlauf*** ist charakterisiert zunächst durch die Folgen der Knochenmarkshypertrophie mit Spontanfrakturen und Knochendeformitäten, später durch die Symptome der Transfusionssiderose. Als Folge der erheblichen Splenomegalie kann es zu Thrombozytopenien und Leukopenien mit Blutungs- und Infektionsneigung kommen. Die Symptome der Transfusionssiderose kommen im 2. Lebensjahrzehnt zum Tragen. Charakteristisch ist eine schwere hypochrome mikrozytäre Anämie mit Hämoglobinwerten von 2,5 bis 6,5 g/dl und ausgeprägter Poikilozytose und Anisozytose. Es finden sich zahlreiche Normoblasten. Das Knochenmark ist hyperplastisch, das interstitielle Eisen vermehrt.

Charakteristisch ist ein Anstieg von HbF auf 70–90%. Die ***Therapie*** besteht in ***Transfusionen*** lebenslang. Wegen der Transfusionssiderose ist gleichzeitig eine Therapie mit Eisenchelatsubstanzen (Desferrioxamin) erforderlich. Durch die Gabe von 2–4 g Desferrioxamin täglich s. c. oder i. v. kann eine negative Eisenbilanz erreicht und die Überlebenszeit verlängert werden.

**Die heterozygote β-Thalassämie (Thalassaemia minor).** Sie ist die bei uns häufigste Thalassämieform, meist ohne klinische Bedeutung und wichtig vor allem als Differentialdiagnose der Eisenmangelanämie.

Die Anämie ist ***hypochrom*** und ***mikrozytär*** bei normalem Serumeisen. Es finden sich Targetzellen. Die Hb-Werte liegen meist zwischen 11 und 13 g/dl. Die osmotische Resistenz der Erythrozyten ist erhöht (keine Hämolyse!). Die Diagnose wird gesichert durch den quantitativen Nachweis von HbA2, das typischerweise auf mehr als 3% vermehrt ist. Eine Therapie ist nicht erforderlich.

**Genetische Beratung.** Die Häufigkeit der Thalassämien und der lebensverlängernde Effekt der Transfusion hat in einigen Ländern zu einer erheblichen Belastung der Blutbanken und der Gesundheitsfürsorge geführt (Griechenland, Zypern, Türkei). Untersuchung und genetische Beratung von Ehepaaren mit Kinderwunsch sowie die ***pränatale Diagnose*** haben in diesen Ländern zu einem deutlichen Rückgang von Fällen mit homozygoter β-Thalassämie geführt (20–40% der ohne Beratung zu erwartenden Zahlen).

**α-Thalassämien** sind in Europa selten. Der klinische Phänotyp der α-Thalassämien hängt mit davon ab, ob 1, 2 oder 3 α-Globin-Gene des diploiden Chromosomensatzes ausfallen. Heterozygote α-Thalassämien, die auf dem Ausfall von 1 oder von 2 Genen beruhen, sind klinisch meist inapparent oder ähnlich der heterozygoten β-Thalassämie.

Bei Ausfall von 3 α-Globin-Genen kommt es zum Auftreten von HbH (β-Globin-Tetramere). Die Synthese der α-Globin-Ketten ist auf etwa $^1/_4$ der Norm verringert. HbH präzipitiert leicht in den Erythrozyten und begünstigt dadurch Hämolyse. Die homozygote Form der α-Thalassämie bei Ausfall aller 4 α-Globin-Gene ist nicht

## FALL 9 A

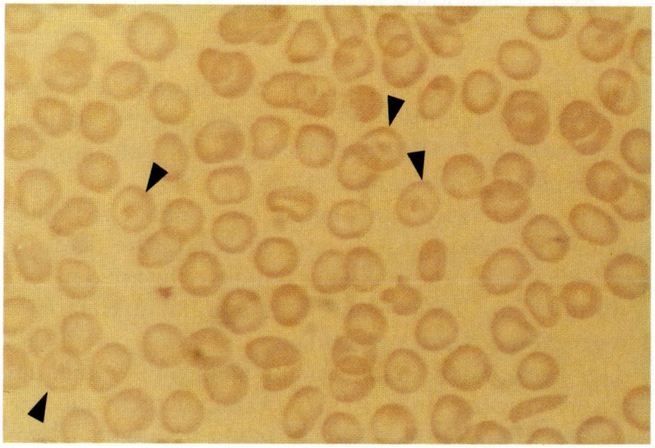

**Abb. 9 A 1.** Hypochrome Anämie mit Schießscheibenzellen *(Pfeile)*, peripheres Blutbild, Pappenheim-Färbung, Vergrößerung 1000fach. Es liegt eine heterozygote β-Thalassämie (Thalassaemia minor) vor. Das vorliegende Bild ist von einer hochgradigen Eisenmangelanämie morphologisch nicht zu unterscheiden

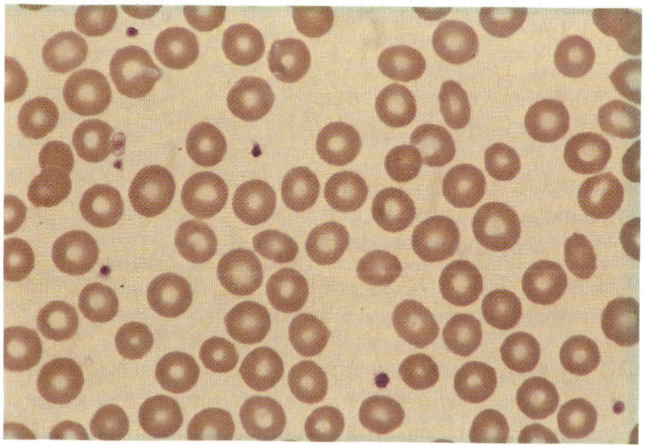

**Abb. 9 A 2.** Zum Vergleich normale Erythrozyten. Pappenheim-Färbung, Vergrößerung 1000fach

**Anamnese.** 25jährige türkische Patientin mit Leistungsabfall und orthostatischen Beschwerden. Sie hat 2 Kinder, regelmäßige und kräftige Regelblutung.

**Körperliche Untersuchung.** Bis auf eine auffallende Blässe insbesondere der Konjunktiven und Schleimhäute unauffällig.

**Labor.** Das Blutbild (s. Abb. 9 A 1) ergab eine hypochrome mikrozytäre Anämie (Hb 7,5 g/dl, MCV 68, MCH 16). Das Serumeisen betrug 8 µg/dl, die Eisenbindungskapazität 538 µg/dl, das Serumferritin 1,5 ng/dl. Hb-A 2 4%.

**Diagnose.** Eisenmangelanämie kombiniert mit β-Thalassämie.

**Therapie und Verlauf.** Unter Eisensubstitution kam es zu einer Retikulozytenkrise mit Hb-Anstieg auf 11,0 g/dl. MCV und MCH stiegen nur geringfügig an, die Anämie blieb hypochrom und mikrozytär.

lebensfähig (Hydrops fetalis). Im Blut dieser Feten finden sich im wesentlichen nur HbH und Hb-Barts (γ-Globin-Tetramere).

### Anämien durch verschiedene und unbekannte Mechanismen

Störungen der Erythropoese, deren Ursprung letztlich noch nicht geklärt ist, finden sich bei chronischen Krankheiten und bei den Myelodysplasien.

#### Anämie der chronischen Krankheiten

Die zweithäufigste Anämieform ist die ***Anämie der chronischen Krankheiten.*** Sie ist eine mäßiggradige, meist normochrome und normozytäre Anämie, die bei einer Reihe chronisch entzündlicher, infektiöser und neoplastischer Krankheiten auftritt. Sie kann auch hypochrom sein, ist aber selten mikrozytär. Die Schwere der Anämie korreliert mit der Schwere der Grundkrankheit, die Hämoglobinwerte liegen jedoch selten unter 9 g/dl. Hypochrome Anämien treten bei rheumatoider Arthritis und bei neoplastischen Grundkrankheiten auf.

**Pathophysiologie.** Die Pathogenese ist unklar. Als kausale Faktoren sind von Bedeutung eine verkürzte Erythrozytenüberlebenszeit und eine verminderte Synthese. Letztere spielt wahrscheinlich die wesentliche Rolle, da die verkürzte Erythrozytenüberlebenszeit durch vermehrte Synthese im Knochenmark kompensiert werden kann. Für verminderte Erythrozytensynthese sprechen verminderte Erythropoetinspiegel und verminderte Verfügbarkeit des Speichereisens. Verminderte Eisenverfügbarkeit würde die Hypochromasie erklären.

**Diagnose.** In den meisten Fällen ist die der Anämie zugrundeliegende chronische Krankheit offensichtlich. Serumeisenspiegel und Eisenbindungskapazität sind erniedrigt (s. Abb. 9.4), das Serumferritin als Ausdruck reichlich vorhandener Eisenspeicher erhöht. Diese Konstellation ist charakteristisch.

**Therapie.** Bluttransfusionen sind meist nicht erforderlich, da die Anämie mäßiggradig und nicht progredient ist. Bei hypochromen Formen der Anämie muß eine gleichzeitig vorliegende Eisenmangelanämie ausgeschlossen bzw. gegebenenfalls behandelt werden.

**Die Therapie der Grundkrankheit ist auch die Therapie der Anämie bei chronischen Krankheiten.**

Unter ***Anämie bei chronischer Niereninsuffizienz*** wird eine hypoproliferative Anämie verstanden, die auf nicht ausreichender Erythropoetinsynthese bei chronischer Niereninsuffizienz beruht.

Die Anämie wird meist im Zusammenhang mit einer chronischen Niereninsuffizienz entdeckt. Die Schwere der Anämie korreliert anfangs mit der Schwere der Niereninsuffizienz, bleibt dann aber bei einem Hämoglobinwert von 6–8 g/dl konstant.

Der ***Verlauf*** der Anämie ist abhängig vom Verlauf des Nierenversagens. Bei chronischer Dialyse bleibt die Anämie bestehen, ein durch die Dialyse bedingter Eisenmangel kann die Anämie komplizieren. Nach erfolgreicher Nierentransplantation und Normalisierung der Erythropoetinsynthese kommt es häufig zu einer Normalisierung des Hämoglobins. ***Therapie*** der Wahl ist die Substitution mit ***rekombinantem Erythropoetin.***

#### Anämien bei Endokrinopathien

Eine mäßiggradige Anämie wird gewöhnlich bei Erkrankungen der Schilddrüse, der Nebennieren, der Gonaden und der Hypophyse beobachtet. Die Anämien bei Hypothyreose und Hypophysenunterfunktion sind wahrscheinlich Folge der Reduktion des Gewebesauerstoffbedarfs durch den Hormonmangel.

#### Anämie bei chronischer Leberparenchymerkrankung

Etwa 75% der Patienten mit chronischer Leberparenchymerkrankung haben eine mäßiggradige Anämie. Die Anämie kann durch eine gleichzeitige Hypervolämie aggraviert sein.

Die Anämie ist normozytär und normochrom, bei gleichzeitig bestehendem Folatmangel makrozytär (Alkohol) und häufig mit einer mäßiggradigen Thrombozytopenie assoziiert. Bei Patienten mit alkoholischer Lebererkrankung kann die Erythrozytenüberlebenszeit verkürzt sein (Hämolyse, Zieve-Syndrom).

#### Myelodysplasien

Myelodysplasien sind eine heterogene Gruppe ***niedrig maligner neoplastischer Erkrankungen*** des älteren Menschen, die Folge von Mutationen früher hämopoetischer

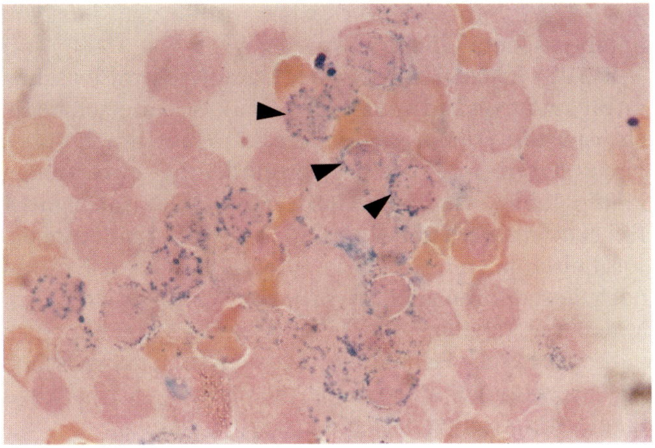

**Abb. 9.5.** Ringsideroblasten *(Pfeile)* bei sideroachrestischer Anämie. Knochenmark, Berliner-Blau-Färbung, Vergrößerung 1000fach. Die zirkulär um den Zellkern angeordneten eisenspeichernden (blauen) Mitochondrien sind deutlich erkennbar

Stammzellen sind. Das Krankheitsspektrum variiert zwischen relativ gutartigen und aggressiven, rasch progredienten Verläufen.

Die Einteilung der Myelodysplasien erfolgt nach der ***FAB-Klassifikation*** von 1982 in:

- refraktäre Anämie (RA),
- RA mit Ringsideroblasten,
- RA mit Blastenexzeß (RAEB),
- RAEB mit Transformation,
- chronische Myelomonozytenleukämie (CMML).

Betroffen sind meist ältere Patienten. Die Diagnose einer Myelodysplasie wird in den letzten Jahren häufiger gestellt, was wahrscheinlich Folge nicht nur der besseren Diagnostik, sondern auch des zunehmenden Anteils älterer Personen an der Bevölkerung ist.

Als ***Inzidenz*** werden Zahlen von 1–4/100000/Jahr genannt.

**Klinik.** Leitsymptom der Myelodysplasie ist die Anämie, die meist mit Zytopenien der anderen Zellreihen kombiniert ist. Bei der CMML steht die Vermehrung unreifer monozytärer Zellen im Vordergrund.

Die RA mit Ringsideroblasten (sideroblastische oder sideroachrestische Anämie) ist gekennzeichnet durch:

- eine Vermehrung von Ringsideroblasten (Sideroblasten mit vermehrt eisenspeichernden Mitochondrien ringförmig um den Zellkern, Abb. 9.5) im Knochenmark auf mehr als 25% der Sideroblasten,
- eine Vermehrung von Serum- und Speichereisen und

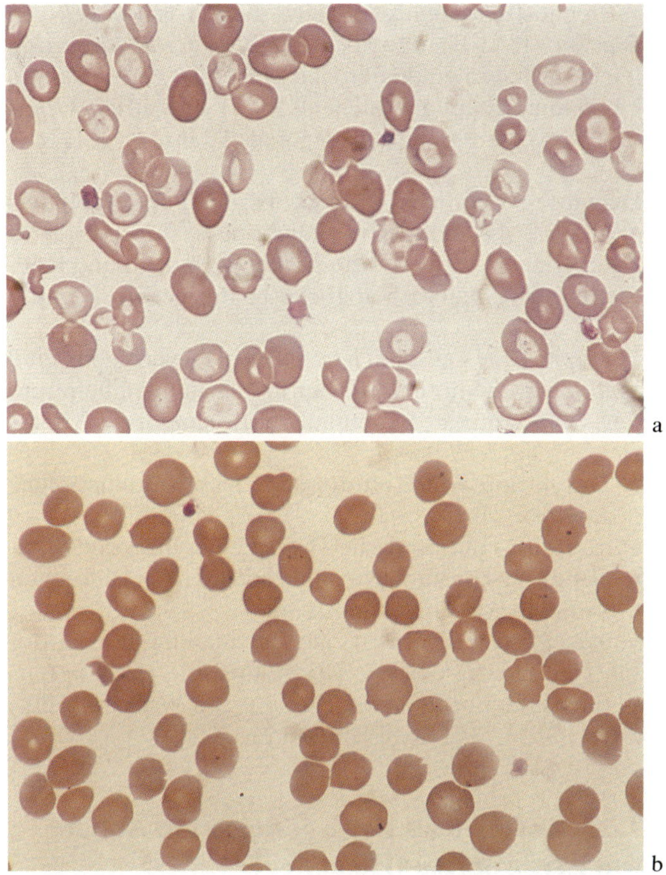

**Abb. 9.6. a** Poikilozytose, Anisozytose und Dimorphismus bei sideroachrestischer Anämie. Pappenheim-Färbung, Vergrößerung 1000fach. Typisch ist das gleichzeitige Auftreten hypochromer und normochromer Erythrozyten (Dimorphismus). **b** Sphärozyten. Peripheres Blutbild, Pappenheim-Färbung, Vergrößerung 1000fach. Die für Erythrozyten sonst typische zentrale Aufhellung fehlt, durch die Abrundung der Sphärozyten wirken sie kleiner (Mikrozyten)

- eine hypochrome Anämie mit Poikilozytose, Anisozytose und Dimorphismus (Nebeneinander normochromer und hypochromer Erythrozyten, Abb. 9.6 a).

Eine angeborene (Diagnose in früher Kindheit) und eine erworbene Form (idiopathische refraktäre sideroblastische Anämie oder IRSA), die bei älteren Personen auftritt, werden unterschieden. Die RA mit oder ohne Ringsideroblasten ist prognostisch günstiger und geht relativ selten in eine akute Leukämie über (5% der Fälle). Die mittlere Überlebenszeit beträgt etwa 4 Jahre. Todesursache sind die Folgen der Zytopenien.

Prognostisch ungünstiger sind die ***RA mit Exzeß von Blasten*** (RAEB) und die ***RAEB in Transformation*** (eigentliche Präleukämien). Der Übergang in eine akute Leukämie ist häufiger (mehr als 50 %), die mittlere Überlebenszeit beträgt meist weniger als 1 Jahr.

**Diagnose.** Wichtigstes Charakteristikum der Myelodysplasien ist die ineffektive Hämopoese, d. h. periphere Zytopenien bei vollem Knochenmark. In Blut und Knochenmark werden pathologische Zellformen beobachtet.

**Therapie.** Eine kausale Therapie ist nicht verfügbar, eine aggressive Chemotherapie nur in Ausnahmefällen indiziert. Von zentraler Bedeutung ist die supportive Therapie:

- Transfusion von Erythrozyten bei symptomatischer Anämie,
- frühzeitige antibiotische Therapie bei Infektionen,
- Gabe von Thrombozytenkonzentraten bei Blutungen als Folge von Thrombopenien.

Versucht werden können eine Behandlung mit Pyridoxin, eine niedrig dosierte Chemotherapie als Differenzierungsinduktor und eine Therapie mit Wachstumsfaktoren (GM-CSF, G-CSF, Interferon γ).

### 9.2.2 Anämien als Folge gesteigerten Abbaus von Erythrozyten (Hämolyse)

**Pathophysiologie und Klassifikation.** Von einer hämolytischen Anämie wird gesprochen, wenn die Geschwindigkeit des Erythrozytenabbaus die Regenerationsfähigkeit des Knochenmarks übersteigt.

Bei entsprechender Stimulation ist das normale Knochenmark zu einer Steigerung der Erythrozytensynthese um den Faktor 6–8 fähig.

**Die mittlere Erythrozytenüberlebenszeit kann von ihrem Normalwert von etwa 120 Tagen bis auf 15–20 Tage absinken, bevor eine Anämie auftritt.**

Eine Verminderung der Erythrozytenüberlebenszeit wird auch bei anderen Anämieformen beobachtet, z. B. den megaloblastären Anämien, der heterozygoten β-Thalassämie und beim Eisenmangel. Die Verkürzung der Erythrozytenüberlebenszeit ist jedoch so gering, daß ein normales Knochenmark sie leicht kompensieren kann. Der Defekt liegt bei diesen Anämien vornehmlich bei der gestörten Synthese, und es wäre irreführend, hier von hämolytischer Anämie zu sprechen.

Bei den ***Klassifikationen*** der Hämolyse wird zwischen intravasaler und extravasaler Hämolyse unterschieden. ***Intravasale Hämolyse*** ist charakterisiert durch freies Hämoglobin im Serum, Verminderung von freiem Haptoglobin, Hämoglobinurie und Hämosiderinurie. Bei ***extravasaler Hämolyse*** fehlen diese Veränderungen.

Klinisch hilfreicher ist die ätiologische Klassifikation nach hereditären und erworbenen hämolytischen Anämien (s. Tabelle 9.3). Diese Klassifikation hat auch pathogenetische Bedeutung, da die meisten intrinsischen Erythrozytendefekte vererbt, die meisten extrinsischen Hämolyseursachen dagegen erworben sind.

**Klinik.** Die klinischen Manifestationen sind trotz der Vielfalt der hämolytischen Anämien relativ ähnlich. Von Bedeutung ist, ob die Hämolyse akut oder chronisch verläuft.

Die ***Symptome der chronischen Hämolyse*** sind Anämie, Ikterus, hämolytische Krisen, Splenomegalie und Cholelithiasis. Seltener sind Beingeschwüre und Knochendeformitäten.

Die ***Symptome der akuten Hämolyse*** können einer akuten fieberhaften Erkrankung ähneln und einhergehen mit:

- Leib-, Rücken- oder Kopfschmerzen,
- Übelkeit, Brechreiz,
- Schüttelfrost und
- Zeichen der Kreislaufdysregulation bis hin zum Schock.

**Labor.** Die Laborbefunde sind die der Hämolyse und die der gesteigerten Erythrozytensynthese. Zeichen der ***Hämolyse*** sind verkürzte Erythrozytenüberlebenszeit, gesteigerter Hämabbau mit vermehrter Bilirubinbildung und Urobilinogenausscheidung, erhöhte LDH sowie die Zeichen der intravasalen Hämolyse (s. oben).

Zeichen der ***gesteigerten Erythropoese*** sind Retikulozytose, Makrozytose, erythrozytäre Hyperplasie im Knochenmark und ein gesteigerter Eisenstoffwechsel.

Weitere Laborwerte, wie veränderte Erythrozytenmorphologie (z. B. Sphärozyten oder Akantozyten), vermehrte oder verminderte osmotische Resistenz oder Heinz-Körper-Bildung, sind spezifisch für einzelne hämolytische Anämien.

### Hereditäre Sphärozytose (Kugelzellanämie)

Die hereditäre Sphärozytose ist die häufigste der vererbten hämolytischen Anämien. Sie wird ***autosomal dominant*** vererbt, die Penetranz ist unterschiedlich. Der der Anämie zugrunde liegende Defekt wird in den Membranproteinen der Erythrozyten vermutet.

**Klinik.** Häufigste Symptome sind Anämie, Ikterus und Splenomegalie, die jedoch oft nicht gleichzeitig auftreten. Das Alter bei Diagnose variiert entsprechend des Schweregrades. In vielen Fällen ist die Anämie leicht.

Charakteristisch sind ***hämolytische Krisen,*** die sich in Ikterus und Symptomen einer akuten Anämie äußern und durch interkurrierende Infekte oder andere Streßsituationen ausgelöst werden können. In vielen Fällen bleibt der Auslöser unklar.

Bedrohlich können die auch bei anderen hämolytischen Anämien beobachteten ***aplastischen Krisen*** sein.

Wie bei anderen hämolytischen Anämien sind Gallensteine (Pigmentsteine) häufig. Typisch sind chronische Beinulzerationen, die anhand pigmentierter Narben im Unterschenkel- und Knöchelbereich erkennbar sind.

Selten treten auch Skelettabnormalitäten als Folge der gesteigerten Erythropoese im Knochenmark auf, z.B. der sog. Turmschädel.

**Labor und Diagnose.** Im Blutausstrich können meist ***Sphärozyten*** nachgewiesen werden (Abb. 9.6 b). Es handelt sich um abgerundete Erythrozyten, die dadurch bei gleichem Volumen mikrozytär erscheinen und die für Erythrozyten typische zentrale Aufhellung verloren haben. Häufig sind nur ein Teil der Erythrozyten Sphärozyten. Die osmotische Resistenz der Sphärozyten ist vermindert, häufig erst nach Präinkubation (24 h bei 37 °C).

**Therapie.** Therapie der Wahl bei symptomatischer Sphärozytose ist die Splenektomie. Alle Zeichen der Hämolyse sistieren innerhalb von Tagen. Eine Splenektomie im Kindesalter sollte wegen der Gefahr ***lebensbedrohlicher Sepsen*** (Pneumokokken) vermieden werden. Bei Notwendigkeit einer frühen Splenektomie ist eine Pneumokokkenimpfung indiziert.

### Andere hereditäre Membrandefektanämien

**Hereditäre Elliptozytose.** Die Anämie ist gekennzeichnet durch die längliche bis elliptische Form der Erythrozyten im peripheren Blutausstrich.

Die ***Pathogenese*** ist unklar. Die elliptische Morphologie tritt mit zunehmendem Alter der Erythrozyten auf.

***Klinische Manifestationen*** sind selten, etwa 12% der Patienten haben Symptome und Befunde chronischer Hämolyse. Eine Therapie ist in der Regel nicht erforderlich.

**Akantozytose.** Akantozyten sind Erythrozyten ohne zentrale Aufhellung mit Membranunregelmäßigkeiten ähnlich der Stechapfelform.

Akantozytose wird beobachtet bei einigen schweren Lebererkrankungen sowie bei Abetalipoproteinämie. Bei Lebererkrankungen beruht die Akantozytose auf einem deutlich vermehrten Cholesteringehalt der Erythrozytenmembran. Bei Abetalipoproteinämie ist der Cholesteringehalt der Akantozyten normal.

Die Anämie ist mäßiggradig, die osmotische Resistenz normal.

Weitere seltene hereditäre hämolytische Anämien sind die ***Stomatozytose,*** die durch Erythrozyten mit schlitzförmiger zentraler Aufhellung gekennzeichnet ist, die hereditäre ***Pyropoikilozytose,*** die durch eine vermehrte Wärmesensitivität charakterisiert ist, sowie verschiedene Anämien mit abnormalem Gehalt an Membranlipiden.

### Enzymdefektanämien

Eine Reihe von Erythrozytenenzymopathien ist mit einer hämolytischen Anämie assoziiert. Es handelt sich zumeist um Enzyme der aeroben und anaeroben Glykolyse, des Nukleotid- und des Glutathionstoffwechsels.

> **Die häufigsten Ursachen von Enzymdefektanämien sind der Pyruvatkinasemangel und der G6PD-Mangel.**

**Pyruvatkinasemangelanämie.** Der Pyruvatkinasemangel bei der anaeroben Glykolyse (Emden-Meyerhoff-Zyklus) ist die Prototyperkrankung für eine Reihe weiterer seltener Enzymopathien der anaeroben Glykolyse und des Nukleotidstoffwechsels. Die Symptome sind ähnlich denen der Sphärozytose, jedoch schwerer. Die ***Diagnose*** wird auf der Basis von Anämie, Ikterus und Splenomegalie häufig schon in früher Kindheit gestellt. Die Anämie ist meist mäßiggradig, normozytär und normochrom. Es bestehen Hämolysezeichen mit Retikulozytose zwischen 25 und 150‰. Die Diagnose wird gesichert durch quantitative Enzymbestimmung.

Bei schweren Anämien kann Transfusionsbedürftigkeit bestehen. Im Erwachsenenalter ist die ***Splenektomie*** Therapie der Wahl. Im Gegensatz zur hereditären Sphärozytose führt Splenektomie nicht zum Verschwinden, sondern nur zur Besserung der Hämolyse.

**Glukose-6-Phosphat-Dehydrogenase-Mangel und andere Enzymopathien des Pentose-Phosphat-Zyklus.** Glukose-6-Phosphat-Dehydrogenase (G6PD) katalysiert den 1. Schritt der Glykolyse im Pentose-Phosphat-Zyklus. Störungen des Pentose-Phosphat-Zyklus und des Glutathionstoffwechsels resultieren in der verminderten Produktion reduzierten Glutathions und bewirken Hämolyse durch Denaturierung von Hämoglobin und anderen Erythrozytenproteinen. Denaturiertes Globin bildet nichtlösliche Präzipitate, die ***Heinz-Körper.*** Heinz-Körper vermindern die Flexibilität der Erythrozyten, so daß diese in Milz und Leber vermehrt abgebaut werden. Die G6PD-Aktivität nimmt mit zunehmendem Erythrozytenalter exponentiell ab. Retikulozyten haben eine höhere, alte Erythrozyten eine niedrigere Aktivität als der Durchschnittserythrozyt.

**G6PD-bedingte Hämolyse wird häufig induziert durch Medikamente, Infektionen und andere Faktoren.**

Der Genlokus für G6PD liegt auf dem X-Chromosom in der Nähe des Gens für Hämophilie A. Der volle Enzymmangel ist folglich nur bei männlichen Patienten manifest, die das mutierte Gen tragen. Die Beobachtung, daß einige heterozygote weibliche Träger normale, andere defekte G6PD-Aktivität zeigen, führte zu der Erkenntnis, daß ***eines der beiden X-Chromosomen*** in den Zellen des weiblichen Embryos ***inaktiviert*** wird. Der Inaktivierungsprozeß folgt der Zufallsverteilung. Diese Beobachtung gewann weitreichende Bedeutung für Untersuchungen zur Klonalität proliferierender Zellen. Die Bestimmung der G6PD-Varianten in Erythrozyten, Megakaryozyten und Granulozyten erbrachte u. a. den Beweis der malignen Transformation und Monoklonalität aller 3 hämopoetischen Zellreihen bei chronisch-myeloischer Leukämie und anderen myeloproliferativen Erkrankungen.

Der G6PD-Mangel wird bei amerikanischen Schwarzen, aber auch im Mittelmeerbereich und in Ostasien mit unterschiedlichen Schweregraden beobachtet. Der unterschiedlichen Klinik entsprechen zahlreiche Varianten. Mehr als 540 G6PD-Varianten wurden charakterisiert, zahlreiche von ihnen inzwischen auf molekularer Ebene und durch Sequenzanalyse.

Leitsymptom ist eine ***schwere Hämolyse,*** die durch Medikamente und wahrscheinlich häufiger, Infektionen (Salmonella, E. coli, hämolysierende Streptokokken, Rickettsien) ausgelöst wird.

Prototyp eines hämolyseinduzierenden Medikaments ist das Malariamittel ***Primaquin.*** Einige Tage nach Einnahme von Primaquin kommt es zu einer massiven Hämolyse mit Ikterus, Blässe, Hämoglobinurie, Leibschmerzen und Hämoglobinabfall um mehrere g/dl. Die Hämolyse ist trotz unveränderter weiterer Einnahme von Primaquin begrenzt und sistiert spontan. Während der Hämolyse werden die älteren Erythrozyten zerstört, während die jüngeren Erythrozyten, die einen höheren G6PD-Gehalt haben, überleben. Die Erythrozytenüberlebenszeit ist deutlich verkürzt.

Hämolyse durch Verzehr von Favabohnen ***(Favismus)*** ist toxisch nur für eine kleine Gruppe von Personen mit G6PD-Mangel. Ursache ist wahrscheinlich eine G6PD-Variante, die vor allem im Mittelmeerraum (Italien, Griechenland) vorkommt. Die Hämolyse tritt plötzlich ein und kann schwer sein. Die Mortalität beträgt etwa 8%.

Einige G6PD-Varianten führen zu lebenslanger Hämolyse auch ohne präzipitierende Medikamente oder Infektionen. Leitsymptom ist die ***Hyperbilirubinämie.***

Genetische Prädisposition und Anamnese erlauben im allgemeinen die Verdachtsdiagnose. Während der hämolytischen Krise ist der Nachweis von Heinz-Körpern von Nutzen. Der Nachweis des G6PD-Mangels ist im Anschluß an die Hämolyse kaum möglich, da dann nur jüngere Erythrozyten mit ausreichend G6PD vorhanden sind. Mehrere Screeningtests stehen zur Verfügung, z. B. Nachweis der Bildung von NADPH durch G6PD mit Hilfe des Fluoreszenzspottests.

Personen mit G6PD-Varianten, die zu medikamenteninduzierter Hämolyse führen, sollten derartige Medikamente meiden. Bei angeborener G6PD-Mangelhämolyse können Austausch-Transfusionen erforderlich sein. Eine Splenektomie bringt keinen wesentlichen Vorteil und ist nicht indiziert.

### Porphyrien

Die Porphyrien sind meist vererbte Erkrankungen mit hämatologischen, neurologischen und Hautsymptomen, die Folge von Enzymdefekten des Hämstoffwechsels sind.

Die Biosynthese des Häm erfolgt in 8 Schritten, die durch je ein Enzym katalysiert werden (Tabelle 9.6).

**Tabelle 9.6.** Porphyrien

| Reihenfolge der Enzyme bei der Synthese | Defektes Enzym | Erkrankung bei Mutation des Enzyms | Klinische Symptome | Labordiagnostik | Vererbungsmodus |
|---|---|---|---|---|---|
| 1 | ALA-Synthetase | | | | |
| 2 | ALA-Dehydratase | Akute Porphyrie (selten) | Koliken und andere neurologische Symptome | ALA und Porphobilinogen im Urin erhöht | Rezessiv |
| 3 | Porphobilinogen-deaminase | Akute intermittierende Porphyrie | Koliken und andere neurologische Symptome, wie Tachykardie, labiler Hochdruck, Hypotonie, Harnverhalt | ALA und Porphobilinogen im Urin erhöht | Dominant |
| 4 | Uroporphyrinogen-III-Synthetase | Angeborene erythropoetische Porphyrie (Günther) | Schwerste Lichtdermatosen, Hämolyse und Splenomegalie | Porphyrine in den Erythrozyten erhöht (homozygot) | Rezessiv |
| 5 | Uroporphyrinogen-dekarboxylase | Porphyria cutanea tarda | Lichtdermatosen, Siderose, Anämie | Porphyrine in Urin und Fäzes erhöht | Dominant und erworben |
| 6 | Koproporphyrinogenoxydase | Hereditäre Koproporphyrie | Koliken und andere neurologische Symptome, Lichtdermatosen | ALA und Porphobilinogen im Urin erhöht, Porphyrine in Urin und Fäzes erhöht | Dominant |
| 7 | Protoporphyrinogenoxydase | Porphyria variegata | Koliken und andere neurologische Symptome, Lichtdermatosen | ALA und Porphobilinogen im Urin erhöht, Porphyrine in Urin und Fäzes erhöht | Dominant |
| 8 | Ferrochelatase (Hämsynthase) | Erythropoetische Protoporphyrie | Lichtdermatosen, Leberzirrhose, leichte hypochrome Anämie | Protoporphyrin in Erythrozyten und Fäzes erhöht | Dominant |

Enzymdefekte haben die Anreicherung verschiedener Porphyrine und Porphyrinvorstufen, wie δ-Aminolävulinsäure (ALA) oder Porphobilinogen, zur Folge.

Porphyrien mit Anreicherung von Porphyrinvorstufen sind charakterisiert durch ***neurologische Symptome,*** solche mit Anreicherung von Porphyrinen durch ***Lichtempfindlichkeit der Haut.*** Porphyrien mit Akkumulierung von Porphyrinvorstufen ***und*** Porphyrinen sind durch neurologische Symptome ***und*** Lichtdermatosen gekennzeichnet. Einige Porphyrien (erythropoetische Porphyrie, erythropoetische Protoporphyrie) gehen mit Anämien, die Porphyria cutanea tarda mit Anämie und Hämosiderose einher.

Die ***angeborene erythropoetische Porphyrie*** (Morbus Günther) ist charakterisiert durch Braunfärbung von Knochen und Zähnen, schwerste mutilierende Lichtdermatosen und intermittierende Hämolyse mit Splenomegalie. Die Therapie besteht in Bluttransfusionen, Hämatininfusionen und Splenektomie.

Leitsymptom der ***erythropoetischen Protoporphyrie*** ist ausgeprägte Photosensibilität mit schweren Dermatosen. Es kann eine mäßiggradige hypochrome, mikrozytäre Anämie bestehen. Ein Teil der Patienten entwickelt eine Lebererkrankung mit Zirrhose. Die Therapie besteht aus Sonnenschutz und der Gabe von β-Karotin.

Die ***Porphyria cutanea tarda,*** die häufigste Porphyrie, wird ausgelöst durch prädisponierende Faktoren (alkoholischer Leberschaden, Östrogeneinnahme, hereditäre Hämochromatose). Klinische Leitsymptome sind Photosensibilität und Anämie. Die Eisenspeicher sind typischerweise überladen. Aderlaßtherapie führt zu einem Abklingen der Hautsymptomatik.

Eine Übersicht über die Porphyrien findet sich in Tabelle 9.6, weitere metabolische und klinische Besonderheiten in Kap. 3.

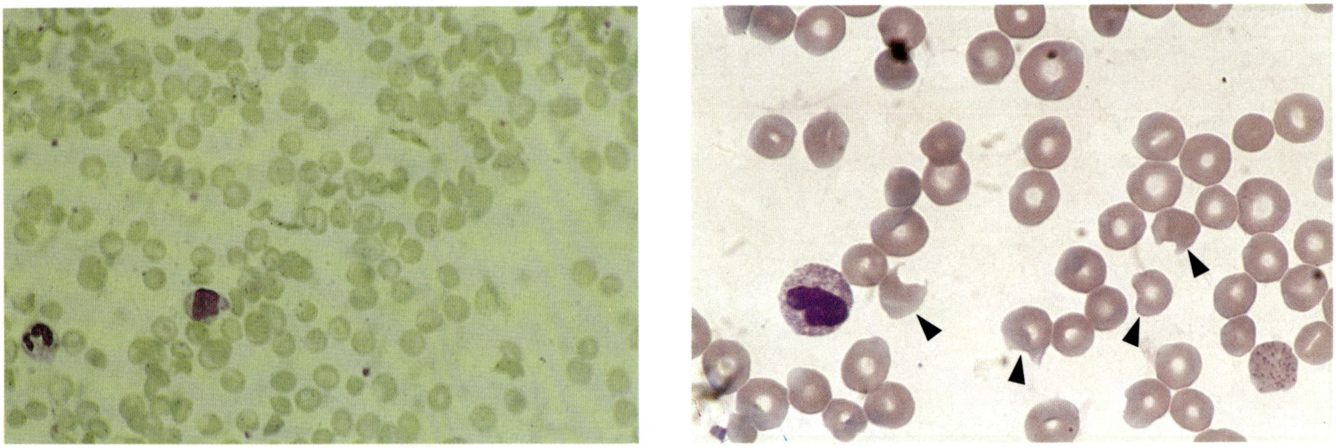


**Abb. 9.7.** **a** Sichelzellen. Peripheres Blutbild, Pappenheim-Färbung 500fach. **b** Fragmentozyten. Peripheres Blutbild, Pappenheim-Färbung, Vergrößerung 1000fach. Mehrere fragmentierte Erythrozyten sind sichtbar *(Pfeile)*, die als Folge mechanischer Schädigung durch pathologische Gefäßveränderung entstanden sind. Im vorliegenden Fall handelt es sich um einen Karzinompatienten mit ausgedehnter Metastasierung

## Hämoglobinopathien

Hämoglobinopathien im engeren Sinne beruhen auf ***strukturell abnormen Hämoglobinen.*** Sie werden abgegrenzt von den Thalassämien, die Folge einer reduzierten Syntheserate strukturell normaler Globinketten sind. Hämoglobinabnormitäten sind weltweit die häufigste Ursache hämolytischer Anämien. Mit dem Nachweis eines abnormalen Hämoglobins ***(Hb-S)*** bei der Sichelzellanämie durch Linus Pauling im Jahre 1949 wurden die Hämoglobinopathien die ersten molekular definierten Erkrankungen.

Die meisten der mehr als 300 bisher bekannten Hämoglobinopathien beruhen auf ***Punktmutationen*** der verschiedenen Globinketten mit Austausch einer einzelnen Aminosäure. In seltenen Fällen werden 2 Aminosäuren ausgetauscht. In einzelnen Fällen liegen kurze Deletionen, Fusionen oder Kettenverlängerungen vor. Von klinischer Relevanz sind nur die Sichelzellanämie und wenige weitere Hämoglobinopathien (Hb-C-, Hb-D- und Hb-E-Hämoglobinopathien).

**Sichelzellanämie.** Die Sichelzellanämie ist eine genetisch übertragene hämolytische Anämie. Eine klinisch relevante Symptomatik wird nur in der homozygoten Form beobachtet. Ihre Bedeutung bekommt die Sichelzellanämie durch ihre große Häufigkeit in der Bevölkerung Schwarzafrikas sowie bei den Schwarzen der USA und Lateinamerikas. 8% der schwarzen US-Amerikaner und 25–35% der Bevölkerungen einiger Staaten Schwarzafrikas sind heterozygot für das Sichelzellgen und tragen die ***Sichelzellanlage.***

***Pathogenetisch*** beruht die Sichelzellanämie auf dem Austausch von Glutaminsäure durch Valin in Position 6 der β-Globin-Ketten, der zu einer Hämoglobininstabilität mit Neigung zur Polymerisation im deoxygenierten Zustand führt. Die Polymerisation von Hb-S vermindert dessen Löslichkeit und führt zu sichelförmiger Erythrozytendeformierung. Sichelzellen sind weniger flexibel und bewirken eine Erhöhung der Blutviskosität. Als Folge kommt es zu Durchblutungsstörungen der Mikrozirkulation, die klinisch als Sichelzellkrisen imponieren.

***Klinische Symptome*** treten bereits in frühester Kindheit auf, parallel zum Abfall des Hb-F und der Zunahme des Erwachsenenhämoglobins, bei den Sichlern Hb-S. Erste Zeichen sind eine mäßiggradige hämolytische Anämie sowie eine Splenomegalie.

Von entscheidender klinischer Bedeutung sind die ***Durchblutungsstörungen*** im Bereich der Mikrozirkulation mit Verschlußsymptomatik ***(Krisen)*** zunächst in Händen und Füßen, später in Knochen, Gelenken, Abdomen (Differentialdiagnose akutes Abdomen) und ZNS, die zu chronischen Organschädigungen und Wachstumsverlangsamung führen. Die Krisen halten meist 4–5 Tage an und bilden sich nur z.T. vollständig zurück. Insbesondere im ZNS sind ***permanente Ausfälle*** häufig (Hemiparesen,

Aphasien, Krämpfe, sensible Defizite u. a.). Prädisponierende Faktoren sind Infekte, Kälteexposition, Fieber, Azidose, Dehydrierung. Ein häufiges Symptom ist Priapismus, der oft während des Schlafs auftritt.

Die Anämie ist normochrom und normozytär. Im ***Blutausstrich*** sind unterschiedliche Mengen von Sichelzellen und Ovalozyten sichtbar (Abb. 9.7a). Die ***Diagnose*** wird gesichert durch Hämoglobinelektrophorese mit Nachweis von Hb-S. Hb-F ist in unterschiedlicher Menge vorhanden, die Hb-A2-Konzentration ist normal. Es fehlt das normale Erwachsenen-Hb-A.

Besondere Bedeutung für die ***Therapie*** haben prophylaktische Maßnahmen. Infektionen sollten frühzeitig behandelt, Fieber und Dehydrierung vermieden werden. Pneumokokkenimpfung und Pneumonieprophylaxe mit Penizillin sind vorteilhaft. Therapie der Wahl ist bei Sichelkrisen die ***Transfusion normaler Erythrozyten.*** Die Symptome der Mikrozirkulationsstörungen sistieren, wenn die Hb-S-Konzentration auf etwa 50% abfällt. Erythrozytentransfusionen sind auch prophylaktisch indiziert (präoperativ, während der Schwangerschaft). Bei der Schmerztherapie sollte Azetylsalizylsäure wegen der Säurelast vermieden werden.

Die ***Prognose*** wird bestimmt durch die Organschäden, die als Folge der chronischen Hämolyse, der Sichelkrisen und der Transfusionssiderose auftreten. Die Mehrzahl der Patienten in den afrikanischen Ländern erreicht das Erwachsenenalter nicht. Durch Verbesserung des allgemeinen Managements und prophylaktische Maßnahmen erreicht jedoch eine zunehmende Zahl der Patienten in den USA das reproduktionsfähige Alter.

**Paroxysmale nächtliche Hämoglobinurie (PNH).** PNH (Marquiafava-Syndrom) ist eine seltene Stammzellerkrankung mit schleichendem Beginn und chronischem Verlauf. Sie ist charakterisiert durch ***intravasale Hämolyse*** und ***Hämoglobinurie,*** die hauptsächlich während der Nacht auftreten. Häufiger handelt es sich um eine chronische intravasale Hämolyse mit Panzytopenie, Eisenmangel und rezidivierenden thrombembolischen Komplikationen ohne direkte tageszeitliche Korrelation. Die Hämolyse ist komplementvermittelt. Häufige Befunde sind Blässe, Ikterus und Splenomegalie.

Wie bei hereditärer dyserythropoetischer Anämie (CDA-HEMPAS) sind auch die Erythrozyten bei PNH vermehrt säurelabil (Säuretest, pH Optimum 6, 5–7,0). Andere diagnostische serologische Tests sind Zuckerwassertest, Hitzetest, Thrombintest und hämolytische Antikörpertests.

Für schwere Fälle ist außer der ***Knochenmarkstransplantation*** keine kurative Therapie verfügbar. Die Therapie ist symptomatisch.

**Hämolytische Anämien als Folge infektiöser, toxischer oder mechanischer Schädigung**

Hämolytische Anämien werden auch bei einer Vielzahl infektiöser, toxischer und mechanischer Schädigungen beobachtet, ohne daß gleichzeitig ein Defekt der Erythrozyten (z. B. G6PD-Mangel, Sphärozytose) oder eine Immunhämolyse besteht.

**Infektiöse Agenzien.** Neben einer mäßiggradigen, bei Malaria häufig beobachteten, nicht-hämolytischen Anämie kann es insbesondere bei ***Malaria falciparum*** zusätzlich zu einer hämolytischen Anämie kommen. Die Hämolyse ist z. T. die direkte Folge des Parasitenbefalls der Erythrozyten. Eine schwerwiegende Komplikation ist das ***Schwarzwasserfieber*** mit akuter intravasaler Hämolyse, Hämoglobinurie, Schüttelfrost, Fieber, Erbrechen und Hyperbilirubinämie. Es kann zu akutem Nierenversagen kommen. Die Pathogenese ist unklar, eine längere Therapie mit Chinin prädisponiert (s. Kap. 21).

Selten werden hämolytische Anämien auch bei Septikämien oder Endokarditiden durch Streptokokken, Staphylokokken oder Pneumokokken sowie bei einigen gramnegativen Infektionen beobachtet.

**Hämolyse durch Chemikalien und Gifte.** Die in diesem Zusammenhang am häufigsten genannten Medikamente sind Furadantin und Azulfidine. Der Pathogenitätsmechanismus ist nicht immunhämolytisch, sondern wahrscheinlich oxidativ über die Bildung freier Radikale und Peroxyde.

Hämolyse kann auch durch das Gift bestimmter Spinnen und Schlangen verursacht werden.

**Herzklappen- und Gefäßprothesen.** Verschiedene Herzklappenprothesen führen zu einer Schädigung der Erythrozyten mit anschließendem Abbau im RES. Die Hämolyse ist mäßiggradig und führt nur selten zur Anämie. Das Bilirubin ist gering, die LDH meist stark erhöht.

**Fragmentierung durch kleine pathologische Gefäße (mikroangiopathische Anämie).** Eine mikroangiopathische Anämie mit Fragmentierung der Erythrozyten

wurde zuerst beim hämolytisch-urämischen Syndrom beschrieben. Ähnliche Anämieformen kommen vor bei:
- thrombotischer thrombozytopenischer Purpura Moschcowitz (TTP),
- disseminierter intravasaler Koagulation (DIC),
- Riesenhämangiomen und
- metastasierenden Karzinomen.

Als Pathomechanismus wird die ***mechanische Schädigung*** der Erythrozyten durch Fibrinfäden in kleinen Gefäßen und durch pathologische Gefäße in Hämangiomen und Karzinomen angenommen. Diagnostisches Kriterium sind ***Fragmentozyten*** im peripheren Blutausstrich (Abb. 9.7b).

Ein ähnlicher Hämolysemechanismus liegt wahrscheinlich der ***Marschhämoglobinurie*** zugrunde, obwohl hier Fragmentozyten nicht nachgewiesen werden. Diese Erkrankung ist Folge einer Hämolyse, die bei prädisponierten Personen nach längeren Anstrengungen und kräftigen Stößen beobachtet wird. Sie muß differentialdiagnostisch abgegrenzt werden von der paroxysmalen Kältehämoglobinurie, der PNH und der Myoglobinurie.

### Immunhämolytische Anämien

***Definition und Pathophysiologie.*** Immunhämolytische Anämien werden induziert durch Iso-(oder Allo-)Antikörper oder durch Autoantikörper. Iso-(Allo-)Antikörper sind gegen Antigene eines anderen Individuums der gleichen Spezies, Autoantikörper gegen körpereigene Antigene gerichtet. Bestimmte Medikamente können hämolytische Anämien induzieren, die ebenfalls auf einem Immunmechanismus beruhen.

Der Mechanismus der Hämolyse hängt ab von der Antikörperklasse (IgM- oder IgG-Antikörper) und von der Menge der Antikörper.

***IgM-Antikörper (komplette Antikörper)*** bewirken eine komplementabhängige Hämolyse, die rasch (innerhalb von Sekunden) und vor allem ***intravasal*** abläuft. Bei niedertitrigen IgM-Antikörpern findet der Erythrozytenabbau zum Teil auch in der Leber statt.

Demgegenüber sensibilisieren ***IgG-Antikörper (inkomplette Antikörper)*** Erythrozyten durch Anheftung für einen ***extravasalen*** Abbau, der langsamer und in der Milz abläuft. Freies Hämoglobin im Serum und Abbau in der Leber werden nur bei sehr hohen IgG-Titern gefunden.

### Isoimmunhämolytische Anämien

Die klassischen Beispiele für Isoimmunhämolyse sind:
- die Hämolyse bei AB0-Unverträglichkeit und
- die Rh-Inkompatibilität Rh-negativer Mütter und Rh-positiver Neugeborener.

Hämolyse als Transfusionsfolge bei AB0-Unverträglichkeit erfolgt praktisch augenblicklich intravasal. Sie wird vermittelt durch IgM-Antikörper und Komplement (komplette Antikörper). Hämolyse bei Rh-Inkompatibilität verläuft langsamer im RES als Folge der Sensibilisierung der Erythrozyten durch IgG-Antikörper (inkomplette Antikörper).

**Testmethoden.** Der Nachweis einer AB0-Unverträglichkeit (komplette IgM-Antikörper) erfolgt bei Raumtemperatur durch die Agglutination von Erythrozyten durch Testseren (Prinzip der Blutgruppenbestimmung). Die Agglutination erfolgt in Sekunden.

Der Nachweis inkompletter (IgG-)Antikörper ist schwieriger und erfordert eine indirekte Technik (Antiglobulin- oder Coombs-Test). Beim ***direkten Coombs-Test*** zum Nachweis von Antikörpern an den Erythrozyten wird ein Anti-Human-IgG-Antiserum, zumeist vom Kaninchen oder von der Ziege, mit Erythrozyten gemischt. Wenn die Erythrozyten mit IgG-Antikörpern besetzt sind, kommt es zur Agglutination.

Zum Nachweis von IgG-Antikörpern im Serum dient der ***indirekte Coombs-Test.*** Das Serum wird zunächst mit Testerythrozyten inkubiert und anschließend mit Anti-Human-IgG-Antiserum gemischt. Wenn Anti-Erythrozyten-IgG im Serum vorhanden ist, kommt es zur Agglutination.

**Hämolyse bei AB0-Inkompatibilität.** Hämolyse bei Transfusion ist zumeist Folge nicht korrekter Typisierung.

Die typischen Symptome sind Unruhe, Angst, retrosternaler Schmerz, Gesichtserythem, Tachykardie, Übelkeit und Erbrechen. Es kann zu Schocksymptomatik, Schüttelfrost, Fieber und Koma kommen. Gefürchtete Komplikationen sind akutes Nierenversagen und Verbrauchskoagulopathien. Die Symptome treten meist bereits nach wenigen Millilitern transfundierten Blutes auf.

**Wichtigste Einzelmaßnahme bei Hinweisen auf eine Transfusionsreaktion ist die sofortige Beendigung der Transfusion.**

Weitere Maßnahmen, z. B. die Gabe von Heparin, zielen auf eine Verhinderung von Nierenversagen und Verbrauchskoagulopathie ab.

**Rh-Inkompatibilität.** Rh-Inkompatibilität ist das klassische Beispiel einer IgG-vermittelten Coombs-positiven hämolytischen Anämie. Anti-Rh-Antikörper der Rh-negativen, Rh-sensibilisierten Mutter passieren die Plazenta und führen zur Hämolyse im Blut des Neugeborenen.

Die wichtigsten ***Symptome*** sind Anämie, Ikterus und Hepatosplenomegalie sowie bei unbehandelten Kindern die Bilirubinenzephalopathie (Kernikterus). Die Symptome der Hämolyse reichen von kaum wahrnehmbar bis zum Hydrops fetalis. Das Serumbilirubin kann Werte von mehr als 40 mg/dl erreichen. Kernhaltige Erythrozyten (Normoblasten) sind typischerweise stark vermehrt. Häufig besteht eine Leukozytose. Der direkte Antiglobulin-(Coombs-)Test ist positiv.

**Wichtigste prophylaktische Einzelmaßnahme bei Rh-Inkompatibilität ist die passive Immunisierung der Rh-negativen Mutter mit Anti-Rh-Globulin direkt nach Sensibilisierung durch Rh-positives Blut.**

Nach bereits eingetretener Sensibilisierung und Hämolyse beim Neugeborenen ist die ***Austauschtransfusion*** wichtigste Einzelmaßnahme. Durch die Austauschtransfusion werden antikörperbeschichtete Erythrozyten und Bilirubin entfernt sowie die Anämie korrigiert.

### Autoimmunhämolytische Anämien

Autoimmunhämolytische Anämien werden durch die Antikörper des Patienten selbst hervorgerufen. Aus praktischen Gründen werden Wärmeantikörper, die am besten bei 37 °C binden, und Kälteantikörper, die ihr Reaktionsoptimum bei niedrigeren Temperaturen haben, unterschieden. Wärmeantikörper sind normalerweise IgG, während Kälteantikörper vornehmlich IgM sind.

**Immunhämolyse durch Wärmeantikörper.** Hämolyse durch Wärmeantikörper wird beobachtet bei:

- systemischem Lupus erythematodes und anderen Kollagenosen,
- chronischen lymphoretikulären Erkrankungen (chronisch-lymphatische Leukämie, maligne Lymphome),
- Virusinfektionen sowie
- verschiedenen nicht-lymphatischen Neoplasien.

Die Ursache des Auftretens von Autoantikörpern ist unklar, jedoch wahrscheinlich Folge einer Fehlregulation der Immunantwort.

Der Grad der Hämolyse kann variieren. Meist bestehen Anämie, Retikulozytose, Vermehrung des indirekten Bilirubins und Hepatosplenomegalie. Der Coombs-Test ist in der Regel positiv.

Wichtigste erste Maßnahme ist die Erkennung und ***Behandlung der Grundkrankheit.*** Therapie der Wahl ist die Gabe von Steroiden. Bei Nicht-Ansprechen sind zytotoxische Medikamente (Azathioprin, Zyklophosphamid u. a.), selten die Splenektomie indiziert.

**Immunhämolyse durch Kälteantikörper.** Kälteantikörper können die Eigenschaft von ***Agglutininen*** (häufiger) oder von ***Lysinen*** haben. Bei Kälteagglutininen kommt es zum Kälteagglutininsyndrom, bei Lysinen zur paroxysmalen Kälteglobinurie. Polyklonale Kälteagglutinine werden bei verschiedenen Infektionskrankheiten beobachtet, wie Mykoplasmenpneumonie, infektiöser Mononukleose, Zytomegalie, subakuter bakterieller Endokarditis und Mumps sowie bei verschiedenen Kollagenkrankheiten. Monoklonale Kälteagglutinine kommen vor allem bei Morbus Waldenström, chronisch-lymphatischer Leukämie, malignen Lymphomen und beim Plasmozytom vor.

Das Vorkommen von Kälteagglutininen kann auch eine Krankheit sui generis darstellen ***(chronische idiopathische Kälteagglutininerkrankung),*** die vor allem im höheren Alter auftritt (7. und 8. Lebensjahrzehnt).

**Kälteagglutininsyndrom.** Bei Temperaturen unter 29 °C kommt es zur Agglutination der Erythrozyten und zu Störungen der Mikrozirkulation. Klinisches Leitsymptom ist die ***Akrozyanose*** mit Weiß- oder Blaufärbung der Haut. Diese Reaktion kann zu Testzwecken durch Eiswasser provoziert werden. Häufiger ist eine ***chronische Hämolyse*** mit Hämoglobinwerten bis zu weniger als 7 g/dl. Die Kälteagglutinintiter können zwischen 1:1000 und 1:100000 variieren, die hämolytische Aktivität der Antikörper korreliert jedoch weniger mit dem Titer als mit dem Temperaturoptimum.

**Paroxysmale Kälteglobinurie** ist charakterisiert durch das plötzliche Auftreten von Hämoglobin im Urin nach Kälteexposition. Es ist eine seltene, aber eindrucksvolle Erkrankung, weshalb die paroxysmale Kälteglobinurie die erste beschriebene hämolytische Anämie ist. Sie beruht auf Hämolyse durch ein Autolysin, das sich bei niedrigen Temperaturen mit den Patientenerythrozyten verbindet. Eine spezifische Therapie ist meist nicht erforderlich. Vorteilhaft ist das Meiden der Kälteexposition. Steroide und eine Splenektomie sind nicht indiziert und meist unwirksam.

### Medikamenteninduzierte immunhämolytische Anämien

Bisher wurden 3 Typen einer medikamenteninduzierten, immunhämolytischen Anämie erkannt.

Beim ***Penizillintyp*** bindet ein Stoffwechselprodukt des Benzylpenizillins als Hapten an die Erythrozytenmembran. Die Bindung von IgG-Antikörpern an das an die Erythrozyten gebundene Medikament bewirkt Phagozytose und Lyse der Erythrozyten im RES.

Beim ***α-Methyldopa-Typ*** werden zahlreiche verschiedene Autoantikörper beobachtet, so daß als wahrscheinlichste Ursache eine Störung der Suppression von spontanen Autoantikörperklonen vermutet wird, z. B. durch Hemmung der T-Suppressor-Zellen. Autoantikörper binden an das Rh-Epitop der Erythrozyten und bewirken Abbau im RES. Etwa 15% aller Patienten, die mit Methyldopa behandelt werden, entwickeln einen positiven Coombs-Test, jedoch nur etwa 1% vermehrte Hämolyse.

Beim ***„innocent-bystander"-Typ*** kommt es zur Ausbildung von zirkulierenden Medikamentantikörperkomplexen, die sich zusammen mit Komplement an die Erythrozyten heften und zu sofortiger Lyse führen. Die Antikörper sind gegen das Medikament und nicht gegen Erythrozyten gerichtet, die Lyse der Erythrozyten ist nur Nebeneffekt (Erythrozyten als „innocent bystander"). Die Mehrzahl der Medikamente, die zur Immunhämolyse führen, gehören zu dieser Gruppe (Chinidin, Chinin, Phenazetin, Sulfonamide, Thiazide, Isoniazid, Chlorpromazin, verschiedene Insektizide u. a.). Hämolyse tritt gewöhnlich bereits nach kleinen Medikamentendosen ein. Es entsteht das Bild einer ***akuten intravasalen Hämolyse*** mit Hämoglobinämie und Hämoglobinurie. Gefürchtete Komplikationen sind Nierenversagen und intravasale Koagulopathie. Sofortiges Absetzen des Medikaments ist erforderlich. Die weitere Behandlung ist symptomatisch (Bluttransfusionen, Heparingabe u. a.). Da die Hämolyse intravasal ist, sind Steroide von geringer Wirksamkeit.

## Splenomegalie und Hypersplenismus

***Splenomegalie*** ist eine Vergrößerung der Milz über den Normbereich. Sie liegt vor, wenn die normalerweise nicht tastbare Milz unter dem Rippenbogen tastbar wird oder wenn der Längsdurchmesser bei sonographischer Messung größer als 11 cm ist.

Ein ***Hypersplenismus*** liegt vor, wenn der Abbau von Blutzellen in der Milz (insbesondere von Erythrozyten und Thrombozyten) beschleunigt ist und zu deutlich verkürzten Erythrozyten- oder Thrombozytenüberlebenszeiten mit daraus resultierender Anämie und/oder Thrombozytopenie führt. Er beruht wahrscheinlich auf einer Hyperaktivität des Monozyten-Makrophagen-Systems.

**Differentialdiagnose.** Eine Splenomegalie kann viele Ursachen haben und ist Zeichen zahlreicher hämatologischer Systemerkrankungen.

> **Die größten Milzen werden bei idiopathischer Myelofibrose, bei den chronischen Leukämien und bei Lymphomen beobachtet.**

Splenomegalie ist auch bei Hämolyse, akuten Leukämien und anderen myeloproliferativen Erkrankungen häufig.

Sehr große Milzen treten auch bei bestimmten Speicherkrankheiten auf (Morbus Gaucher).

Eine mäßiggradige Splenomegalie wird bei vielen Infektionskrankheiten bakteriellen oder viralen Ursprungs (Miliartuberkulose, Endocarditis lenta, infektiöse Mononukleose) gefunden.

Eine Splenomegalie kann auch Folge mechanischer Ursachen sein (Milzvenenthrombose, Rechtsherzinsuffizienz, Leberzirrhose). Häufig bleibt die Ursache einer Splenomegalie unklar.

**Klinik.** Organomegaliebedingte Beschwerden im linken Oberbauch treten meist nur bei ausgeprägter Splenomegalie auf. Klinisch bedeutsamer ist meist der Hypersplenismus, wenn er zu wesentlichen Zytopenien mit transfusionsbedürftiger Anämie oder spontanen Blutungen führt.

Die ***Diagnose*** der Splenomegalie erfolgt durch körperliche Untersuchung ***(„Anstoßen" des unteren Milzpols)*** und Sonographie. Hypersplenismus wird durch Abbaustudien mit isotopenmarkierten Erythrozyten oder Thrombozyten nachgewiesen.

Eine ***Therapie*** der Splenomegalie per se ist nur bei organomegaliebedingten Symptomen erforderlich. Ein klinisch relevanter Hypersplenismus kann eine Splenektomie erforderlich machen.

### 9.2.3 Anämie als Folge des akuten Blutverlustes

Die Anämie des akuten Blutverlustes ist typischerweise normochrom und normozytär. Der Zusammenhang mit einer akuten Blutung ist meist offensichtlich, so daß sich nur selten differentialdiagnostische Probleme ergeben.

**Die Klinik des akuten Blutverlustes ist die des Volumenverlustes und nicht die der Anämie.**

Zur Stabilisierung ist weniger die Transfusion von Erythrozyten als der Volumenersatz vordringlich. Ein Blutverlust bis zu 1,5 l kann oligosymptomatisch mit nur geringer Orthostase verlaufen. Der ***Hämoglobinabfall*** nach akuter Blutung tritt erst nach einigen Stunden auf und ist erst nach 1–2 Tagen abgeschlossen.

## 9.3 Hereditäre Hämochromatose und Hämosiderose

Die hereditäre Hämochromatose beruht auf einem genetischen Defekt der Dünndarmmukosazellen, der zu ***gesteigerter Eisenresorption*** und ***Eisenablagerung*** in parenchymatösen Geweben führt.

Der Beginn ist schleichend. Frühsymptom ist die ***Arthropathie,*** die besonders die Grund- und Mittelgelenke der Finger II und III betrifft, gelegentlich mit Chondrokalzinose. Diabetes mellitus, bräunliches Hautkolorit (Bronzediabetes), Impotenz und Leberparenchymschaden mit Zirrhose sind Spätfolgen.

***Todesursachen*** sind Myokardsiderose mit terminalen Arrhythmien und Myokardinsuffizienz, Leberversagen und Leberkarzinom.

Die ***Diagnose*** wird gesichert durch die Trias von erhöhtem Serumeisen (meist 200–240 mg/l), erhöhter Transferrinsättigung (mehr als 75%) und erhöhtem Serumferritin bei genetischer Prädisposition (positive Familienanamnese, Assoziation mit HLA-A3 oder B14.). Die Eisenbindungskapazität (Transferrin) ist erniedrigt (s. Abb. 9.4).

Eine frühzeitige und konsequente ***Aderlaßtherapie*** (initial 2mal 500 ml entsprechend 500 mg Eisen pro Woche, u. U. über Jahre) verbessert die Prognose der Hämochromatosepatienten entscheidend. Eine frühzeitige Diagnose ist deshalb wichtig.

Die Hämochromatose ist abzugrenzen von der ***Hämosiderose,*** die Folge einer ***sekundären Eiseneinlagerung*** bei chronischer Transfusionsbedürftigkeit (Transfusionssiderose), chronischer Hämolyse, ineffektiver Erythropoese, alkoholischem Leberparenchymschaden oder Porphyrien ist. Ein Gewebeschaden (Myokard, Leber, endokrine Organe) ist ab 35 g Transfusionseisen zu erwarten. 70 g Speichereisen gelten als mit dem Leben nicht mehr vereinbar.

Einzige ***Therapie*** der Hämosiderose bei transfusionsbedürftiger Anämie ist die Gabe von Desferrioxamin (Desferral) 1–4 g täglich per Dauerinfusion subkutan oder intravenös über Nacht oder tagsüber per tragbarer Pumpe.

Weitere metabolische und klinische Besonderheiten des Eisenstoffwechsels finden sich in Kap. 3 und 16.

## 9.4 Leukämien

### 9.4.1 Akute Leukämien

#### Akute lymphatische Leukämie (ALL)

Die ALL ist eine hämatologische Neoplasie, die durch die ***unkontrollierte Proliferation unreifer Lymphozyten*** gekennzeichnet ist. Sie ist vor allem eine Erkrankung des Kindesalters, macht jedoch auch etwa 20% der akuten Leukämien im Erwachsenenalter aus. Auf der Basis immunologischer Kriterien wird die ALL in 4 prognostische Untergruppen untergliedert (Tabelle 9.7). Die Inzidenz beträgt 1/100000/Jahr.

**Tabelle 9.7.** Prognostische Untergruppen der akuten lymphatischen Leukämie

| Untergruppe | Prognose | Häufigkeit | |
|---|---|---|---|
| | | Erwachsene | Kinder |
| T-ALL | Günstig | 10% | 12% |
| c-ALL | Intermediär | 50% | 76% |
| Null-ALL | Intermediär | 38% | 11% |
| B-ALL | Ungünstig | 2% | 1% |

**Klinik.** Häufigstes Symptom bei Diagnose ist ***Müdigkeit mit Krankheitsgefühl*** und verminderte Leistungsfähigkeit. Etwa 3/4 der Patienten haben Fieber mit oder ohne Zeichen eines Infekts. In der Hälfte der Fälle bestehen eine *Purpura* oder andere Blutungszeichen. Weitere Symptome können Gewichtsverlust, Knochen- und Gelenkschmerzen oder Tumormassen sein. Eine ZNS-Beteiligung ist häufig.

Häufigste Befunde sind Splenomegalie, Hepatomegalie, Lymphknotenschwellungen, Empfindlichkeit des Sternums und Blutungszeichen.

**Diagnose.** Die Leukozytenzahl im peripheren Blutbild kann normal, vermindert (etwa 35%) oder vermehrt (etwa 60%) sein. In 1/4 der Fälle übersteigen die Leukozytenzahlen 50000/µl. Im Differentialblutbild werden zumeist unreife *blastenähnliche Zellen* gefunden (Abb. 9.8a). Gleichzeitig bestehen gewöhnlich *Neutropenie, Anämie* und *Thrombozytopenie.* In seltenen Fällen können bei leukopenen Patienten keine Blasten in der Peripherie nachweisbar sein.

Die Untersuchung des ***Knochenmarks*** (Zytologie) ermöglicht in der Regel die Diagnose. *Blasten* sind der im Knochenmark vorherrschende Zelltyp (Abb. 9.8b). Die Differentialdiagnose gegenüber anderen Leukämien erfolgt durch Zytochemie (Peroxidase-, PAS- und Esterasereaktionen) und Immunzytologie (Nachweis spezifischer Antigene).

**Die genaue Diagnose des Leukämietyps hat entscheidende differentialtherapeutische Bedeutung.**

***Chromosomenabnormitäten*** der Lymphoblasten sind nachweisbar bei etwa der Hälfte der ALL-Patienten und im allgemeinen mit einer schlechteren Prognose assoziiert (Philadelphia-Translokation, Translokationen 4;11, 8;14).

**Prognose.** Unbehandelt verläuft die ALL innerhalb weniger Monate ausnahmslos tödlich. Kriterien für eine ungünstige Prognose sind:

- Leukozyten >100 000/µl
- Mediastinaltumor,
- Lymphknotenvergrößerung,
- Splenomegalie,
- Hepatomegalie,
- höheres Alter.

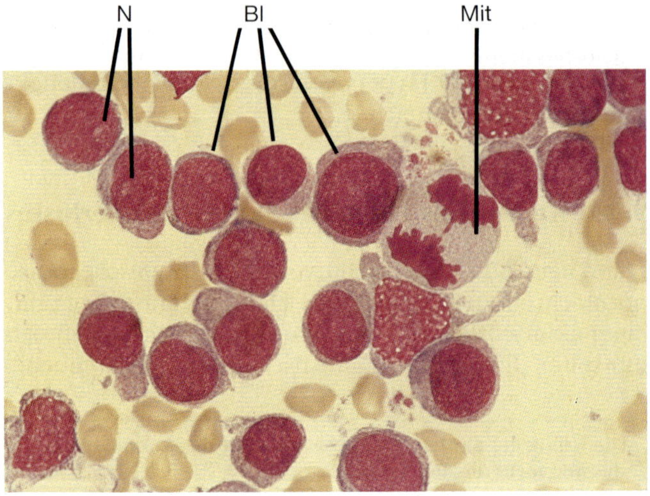


a

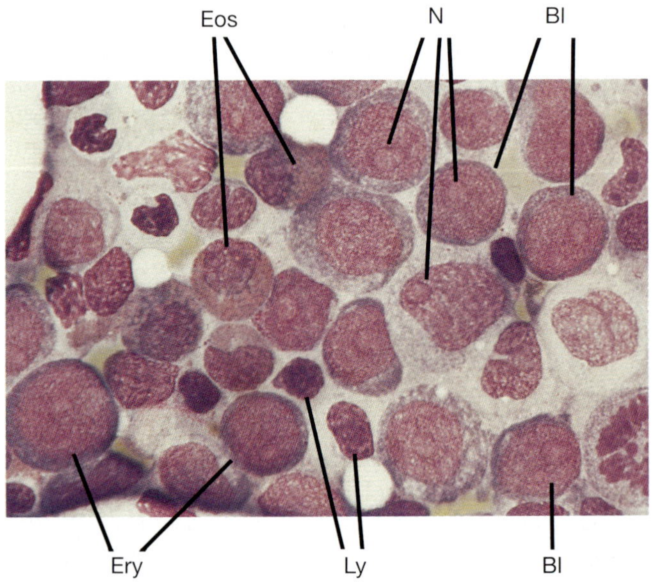


b

**Abb. 9.8.** **a** Peripheres Blutbild bei akuter lymphatischer Leukämie. Pappenheim-Färbung, Vergrößerung 1000fach. Es sind fast ausschließlich Blasten *(Bl)* mit typischer Morphologie (große Zellkerne, zahlreiche Nukleolen = *N*) zu sehen, daneben eine Mitose *(Mit)*. **b** Knochenmark bei akuter Leukämie. Pappenheim-Färbung, Vergrößerung 1000fach. Neben den zahlzeichen Blasten *(Bl)* mit typischer Morphologie (deutlich sichtbare Nukleolen, *N*) sind auch noch Zellen der normalen Myelopoese vorhanden: mehrere Eosinophile *(Eos)*, vereinzelt Lymphozyten *(Ly)* und Vorstufen der Erythropoese *(Ery)*

Die Entwicklung der modernen Chemotherapie während der vergangenen 40 Jahre hat die Prognose der ALL insbesondere im Kindesalter entscheidend verbessert.

Im Kindesalter werden bei 50–75% der Patienten langdauernde Remissionen erreicht, die wahrscheinlich Heilungen entsprechen. Bei den Erwachsenen erreichen mittlerweile 20–40% langdauernde Remissionen.

Die ***Chemotherapie*** der ALL ist komplex und langwierig und wird ausschließlich in Kooperation mit einem dafür spezialisierten Krankenhaus durchgeführt.

Die initiale ***Induktionstherapie*** ist für alle Patientengruppen gleich und besteht aus der Kombination von Vincristin, Prednison und einem Anthrazyklin. Mehr als 90% der Kinder und 75–80% der Erwachsenen erreichen unter dieser Therapie eine Remission, d. h. alle Symptome und Befunde der Krankheit sistieren, die Blasten vermindern sich unter die Nachweisgrenze (keine Blasten im peripheren Blut, weniger als 5% Blasten im Knochenmark).

Darauf folgen die ***Konsolidierungstherapie*** und die ambulante ***Erhaltungstherapie*** mit dem Ziel, noch vorhandene Blasten durch eine zusätzliche, nicht kreuzresistente Therapie zu eliminieren.

Der sequentiellen Chemotherapie mit verschiedenen, nicht kreuzresistenten Zytostatika liegt das Konzept zugrunde, die Zahl der nicht nachweisbaren, aber empirisch noch reichlich vorhandenen Blasten durch die Therapie bis zu einer Größenordnung konsekutiv zu vermindern, die vom Organismus kontrolliert werden kann. Wegen der nicht vermeidbaren Wirkung auf die normale Hämopoese sind zwischen den Zytostatikazyklen Erholungspausen erforderlich. Das Konzept geht von der Beobachtung aus, daß die Blasten durch die Zytostatikatherapie mehr geschädigt werden als normale hämopoetische Zellen. Wichtige ***flankierende Maßnahmen*** sind die ZNS-Prophylaxe mit intrathekalem Methotrexat oder Schädelbestrahlung und die supportive Behandlung, die in einer akribischen Infektionsprophylaxe mit Darmdekontamination und frühzeitiger antibiotischer Therapie besteht sowie im großzügigen Ersatz von Blutzellen und Plasmabestandteilen (Erythrozyten, Thrombozyten, Plasmapräparate).

Bei der Mehrzahl der erwachsenen Patienten kommt es trotz mehrjähriger Remissionen zu Rezidiven, die zunehmend schwerer beherrschbar sind. ***Todesursachen*** bei ALL sind wie bei den anderen akuten Leukämien Infektionen und Blutungen, in selteneren Fällen leukämische Invasion vitaler Organe (ZNS, Leber, Lunge etc.).

### Akute myeloische Leukämie (AML)

Unter dem Begriff AML wird eine Gruppe akuter Leukämien zusammengefaßt, die nicht-lymphatischen Ursprungs sind und zumeist durch eine ***Proliferation verschiedener unreifer Zelltypen*** der granulozytären und monozytären Reihe gekennzeichnet sind. In der mittlerweile allgemein verwendeten French-American-British-(FAB-)Klassifikation werden auf der Basis morphologischer Kriterien 7 Subtypen unterschieden (M1–M7). Die Subtypen M1–M3 entsprechen einer AML mit granulozytärer Differenzierung:

- M1 entspricht der undifferenzierten Myeloblastenleukämie,
- M2 einer Myeloblastenleukämie mit Zeichen der Differenzierung in Promyelozyten und Myelozyten,
- M3 der Promyelozytenleukämie.
- M4 entspricht der myelomonozytären Leukämie (AMML, Monozytenleukämie Typ Nägeli),
- M5 der reinen Monozytenleukämie (AMoL, Typ Schilling),
- M6 der Erythroleukämie (Di Guglielmo) und
- M7 der Megakaryoblastenleukämie.

Die ***Differenzierung*** erfolgt mit Hilfe der Morphologie (Nachweis von Granula und Auerstäbchen), der Zytochemie und der Immunzytologie (Fall 9B).

**Klinik.** Symptome und Befunde bei Diagnose sind ähnlich denen bei ALL. Bei 10% der Patienten werden Hautinfiltrate (Abb. 9.9a) beobachtet. Die akute Promyelozytenleukämie (FAB M3) ist häufig mit *disseminierter intravasaler Koagulation (DIC)* und Blutungskomplikationen assoziiert. *Zahnfleischinfiltrate* treten insbesondere bei AMML (FAB M4) oder AMoL (FAB M5) auf (Abb. 9.9b). Eine ZNS-Beteiligung wird seltener beobachtet als bei ALL. Wie die ALL ist auch die AML gekennzeichnet durch das Auftreten *atypischer Blastenzellen* im peripheren Blutbild. Die Leukozytenzahl kann wie bei der ALL vermindert (etwa 30%), normal oder vermehrt (etwa 50%) sein. In den meisten Fällen bestehen *Granulopenie, Anämie* und *Thrombozytopenie.* Charakteristisch für die monozytäre Leukämie ist ein erhöhtes Serumlysozym.

Das ***Knochenmark*** ist hyperzellulär und zeigt eine weitgehende Durchsetzung mit Blasten. Vereinzelt sind Segmentkernige nachweisbar. Die Zwischenstufen der Granulopoese fehlen fast vollständig ***(Hiatus leukaemicus).***

**Therapie, Prognose und Verlauf.** Auch die Prognose der AML ist durch die Chemotherapie wesentlich verbessert

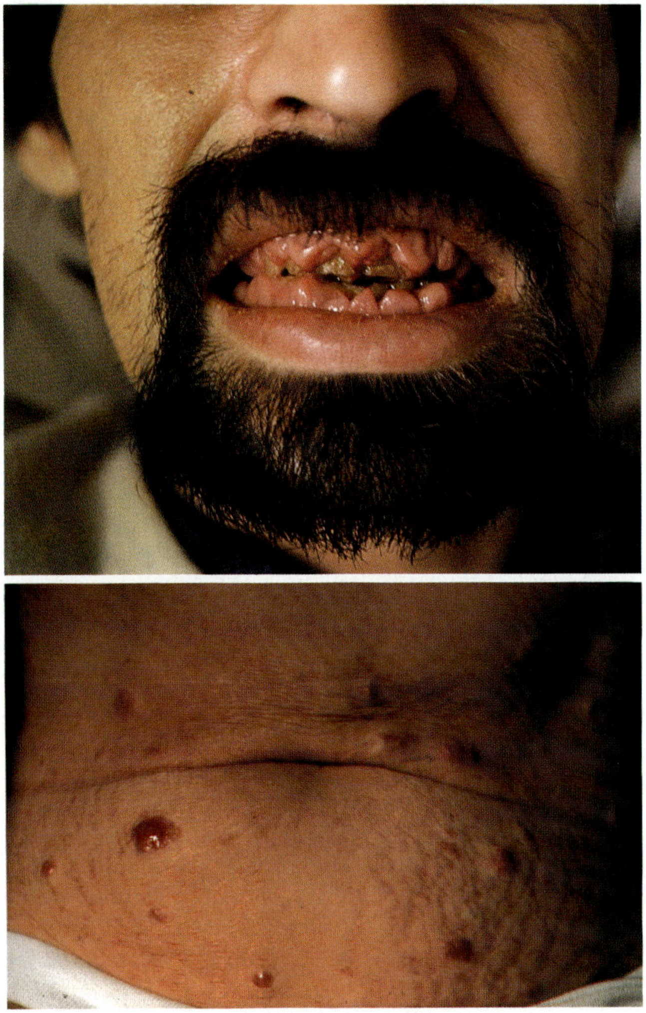

a

b

**Abb. 9.9. a** Gingivahyperplasie als Leitsymptom bei einem 40jährigen Patienten mit akuter Monozytenleukämie. **b** Hautinfiltrate (Abdomen) bei akuter Monozytenleukämie (FAB M5)

**Tabelle 9.8.** Stadien und Prognose der chronisch lymphatischen Leukämie

| Stadium | Häufigkeit | Überlebenszeit |
|---|---|---|
| *Nach Binet 1981* | | |
| A Lymphozytose, ≤ 2 Lymphknotenareale betroffen | 55% | >7 Jahre[a] |
| B Lymphozytose, >3 Lymphknotenareale betroffen | 30% | ca. 5 Jahre |
| C Anämie (Hb <10 g/dl), Thrombozytopenie (<100 000/μl) | 15% | <3 Jahre |
| *Nach Rai 1975* | | |
| 0 nur Lymphozytose (>15 000/μl) | 25% | 7–10 Jahre[a] |
| I Lymphozytose und Lymphadenopathie | 50% | 2–5 Jahre |
| II mit Hepatomegalie | | |
| III mit Anämie | | |
| IV mit Thrombozytopenie | 25% | <2 Jahre |

[a] Entspricht Überlebenszeit der altersentsprechenden Normalbevölkerung.

worden. Eine Kombinationstherapie mit Cytosinarabinosid, Daunorubicin und Thioguanin induziert Remissionen in 60–85% der Fälle. Etwa 20–40% der Patienten bleiben 2 Jahre oder länger in kontinuierlicher Remission, und einige dürfen als geheilt betrachtet werden. Die Therapiestrategie bei AML ist ähnlich der bei ALL. Unterschiedlich sind nur die zur Remissionsinduktion erforderlichen Medikamente. Die bei ALL erfolgreiche Kombination von Vincristin und Prednison ist bei AML fast wirkungslos.

Die ***allogene Knochenmarktransplantation*** hat sich als wirksame Zusatz- oder Alternativtherapie der akuten Leukämien erwiesen, sofern ein HLA-identischer Spender zur Verfügung steht und der Patient nicht zu alt ist. Die Risiken der Knochenmarkstransplantation (Graft-versus-host-Reaktion, Transplantatabstoßung, interstitielle Pneumonien) sind erheblich.

## 9.4.2 Chronische Leukämien

### Chronisch-lymphatische Leukämie (CLL)

Die CLL ist eine neoplastische hämatologische Erkrankung, die durch ***Proliferation und Akkumulierung relativ ausgereift erscheinender Lymphozyten*** gekennzeichnet ist. In etwa 95% der Fälle handelt es sich um eine klonale Vermehrung von B-Lymphozyten.

Die CLL ist in Europa und Nordamerika mit etwa 30% die häufigste Leukämie.

Sie tritt meist erst im höheren Lebensalter auf. Männer sind etwa doppelt so häufig betroffen wie Frauen.

**Klinik.** Der Beginn ist ***schleichend,*** die Diagnose wird oft zufällig anhand einer Lymphozytose gestellt. Bei einem Teil der Fälle stehen Lymphknotenschwellungen im Vordergrund. Bei einigen Patienten kommt es bereits frühzeitig zu Anämie und/oder Thrombozytopenie.

FALL 9B

1
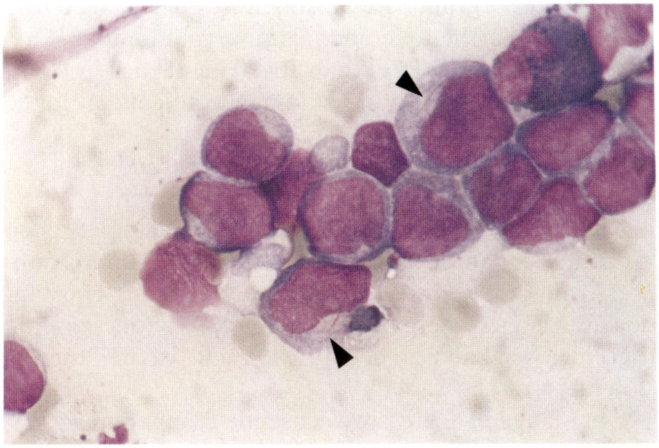

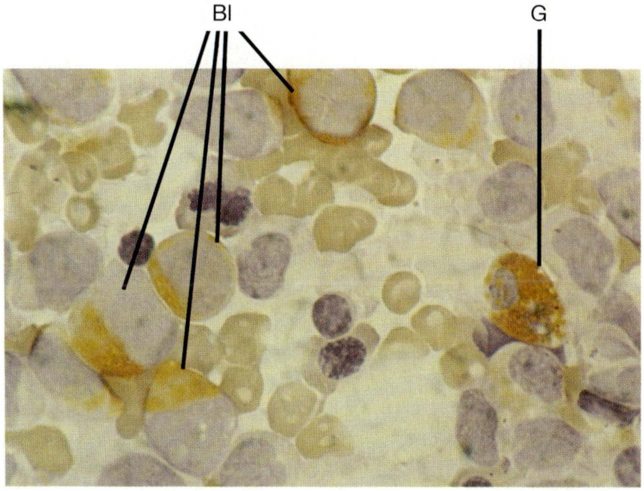

2

**Abb. 9 B 1,2.** Akute myeloische Leukämie. **1** Blasten mit Auerstäbchen *(Pfeile)*. Knochenmark, Pappenheim-Färbung, Vergrößerung 1000fach. **2** Positive Peroxydasereaktion von Myeloblasten. Knochenmark Vergrößerung 1000fach. Neben mehreren peroxydasepositiven blastären Zellen *(Bl)* auch ein peroxydasepositiver segmentkerniger Granulozyt *(G)*

**Anamnese.** 41jährige Patientin, die wegen Müdigkeit, Abgeschlagenheit, Appetitverlust, starker Schweißneigung und Knochenschmerzen seit 2 Wochen zur stationären Aufnahme kam.

**Körperliche Untersuchung.** Petechiale Blutungen an Oberschenkel und Unterschenkel beidseits sowie Hämatom am linken Oberschenkel. Die Temperatur bei Aufnahme betrug 39,2 °C.

**Labor.** Es bestand eine Leukozytose von 142 400/µl (85 Blasten, 10 unklassifizierbare unreife Zellen, 1 Myelozyt, 1 Metamyelozyt, 2 Segmentkernige, 1 Lymphozyt), das Hb betrug 8,8 g/dl bei 4‰ Retikuloyzten und 1 Normoblasten, Thrombozyten 8000/µl. Die LDH betrug 1100 U/l, das Ferritin 1440 ng/l, die BKS 92/135.

**Knochenmark.** Hyperzellulärer Markausstrich, der überwiegend aus atypischen, z. T. vakuolisierten unreifen blastären Zellen besteht. In einzelnen Fällen Auer-Stäbchen. Prominente Nukleoli. Die Peroxydasereaktion war in 100% der Blasten positiv, die Esterase positiv, PAS stark positiv, diffus und fokal.

**Immunzytologie.** 100% der Blasten IA-positiv, 20–30% der Leu-M 1-positiv, kräftige Elastasereaktion, lymphatische Marker negativ.

**Diagnose.** Akute myeloische Leukämie, FAB M2.

**Therapie und Verlauf.** Unter intensiver Kombinationschemotherapie Induktion einer kompletten Remission mit Normalisierung aller Blut- und Knochenmarksbefunde. Im Anschluß an einen Urlaub erneut Auftreten von Fieber und Blutungsneigung. Diagnose eines Rezidivs, das therapeutisch nur unbefriedigend behandelt werden konnte. Auftreten von schweren neuritischen Schmerzen in beiden Beinen, Analgetikaabhängigkeit, schließlich Eintrübung. In der Lumbalpunktion zahlreiche blastäre Zellen. Trotz intrathekaler Zytostatikaapplikation Exitus als Folge eines Knochenmark- und ZNS-Rezidivs der akuten Leukämie.

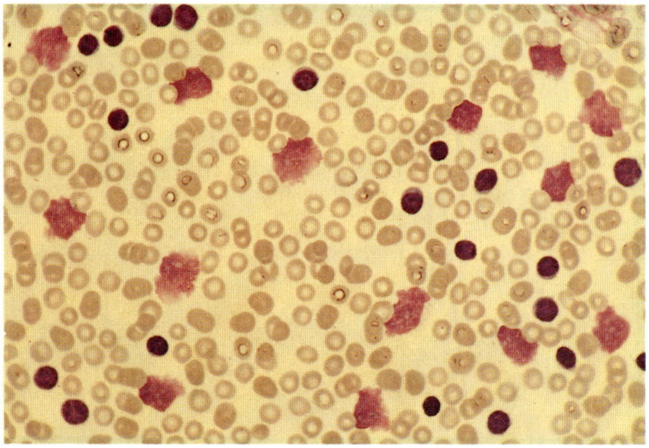

**Abb. 9.10.** Blutbild bei chronisch lymphatischer Leukämie (CLL) mit Lymphozytose und Gumprechtsche Kernschatten (Leukozytenzahl ca. 300000/µl). Pappenheim-Färbung, Vergrößerung 500fach

Der unterschiedliche Verlauf der CLL hat zu ***prognostischen Klassifikationen*** geführt, von denen die nach ***Rai*** und nach ***Binet*** klinisch relevant sind (Tabelle 9.8). Ihnen liegt die Beobachtung zugrunde, daß die Mehrzahl der CLL-Patienten eine fast normale Lebenserwartung, Patienten mit Anämie, Thrombozytopenie oder Granulozytopenie jedoch eine deutlich schlechtere Prognose haben.

Etwa die Hälfte der CLL-Patienten entwickelt im Verlauf eine Hypogammaglobulinämie mit ***Antikörpermangel***, die in vermehrter Infektanfälligkeit resultieren kann, $^1/_4$ eine Coombs-positive ***hämolytische Anämie.***

Typisch für die CLL ist die ***Splenomegalie***, die im Verlauf erhebliche Ausmaße annehmen und bis in das kleine Becken reichen kann.

**Labor und Diagnose.** Das periphere Blutbild ist diagnostisch. Es zeigt eine Vermehrung meist kleiner, reif erscheinender Lymphozyten, die beim Ausstreichen auf dem Objektträger Quetschartefakte zeigen ***(Gumprechtsche Kernschatten)*** (Abb. 9.10). Leukozytosen von 500000/µl und mehr kommen vor. Das Knochenmark zeigt meist eine Invasion unterschiedlichen Ausmaßes durch kleine typische Lymphozyten.

Wenn Lymphknotenschwellungen im Vordergrund stehen, eine Lymphozytose im peripheren Blutbild jedoch fehlt, wird von einem ***lymphozytischen Lymphom*** gesprochen. CLL und lymphozytisches Lymphom sind pathogenetisch ähnliche Prozesse mit ähnlicher Prognose.

**Therapie und Verlauf.** Therapiebedürftigkeit besteht bei Anämie, Thrombozytopenie und tumorhaftem Verlauf. Therapie der Wahl ist die Kombination von ***Chlorambucil*** (Leukeran) und ***Prednison*** entweder als niedrig dosierte Dauertherapie oder als Intervalltherapie (Therapie nach Knospe: Leukeran 10–20 mg täglich in Kombination mit Prednison an 3 aufeinanderfolgenden Tagen in 14tägigen Abständen).

Sofern die Splenomegalie im Vordergrund steht, ist eine niedrig dosierte Milzbestrahlung hilfreich.

Bei Vorliegen einer Coombs-positiven hämolytischen Anämie können hochdosiert Steroide oder Immunsuppressiva (Azathioprin) erforderlich sein, unter Umständen über längere Zeit. Bei Auftreten von Zytopenien, die therapeutisch kaum zu beeinflussen sind, ist die Progression meist rasch.

Übergänge in aggressiv wachsende Lymphome (Richter-Syndrom) oder unreife Leukämien (Prolymphozytenleukämie) sind selten.

**Die Lymphozytose allein stellt keine Therapieindikation bei der CLL dar.**

Sofern keine Anämie, Thrombozytopenie oder andere Komplikationen vorliegen, kann der Verlauf über Jahre und Jahrzehnte gutartig sein.

### Haarzelleukämie

Die Haarzelleukämie ist eine seltene, 1958 erstmals beschriebene chronisch-lymphatische Leukämie, die gekennzeichnet ist durch:
- Splenomegalie,
- Panzytopenie und
- Auftreten neoplastischer mononukleärer Zellen mit charakteristischen zytoplasmatischen Projektionen (Haaren) im peripheren Blut (Abb. 9.11).

Die Haarzellen tragen B-Zell-spezifische Antigene und geben eine positive Reaktion mit tartratresistenter saurer Phosphatase.

**Die Erkennung einer Haarzelleukämie ist wichtig, weil mit Interferon α eine wirksame Therapie zur Verfügung steht.**

Ein Ansprechen auf Interferon α ist im allgemeinen nach 9–12 Monaten zu erwarten. 40% der Patienten zeigen nach 2 Jahren Rezidive. 60% der Patienten sind nach

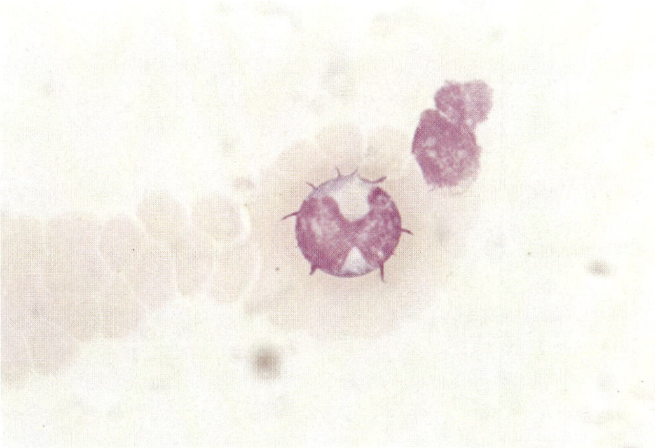

**Abb. 9.11.** Haarzelle bei Haarzelleukämie. Pappenheim-Färbung, Vergrößerung 1000fach

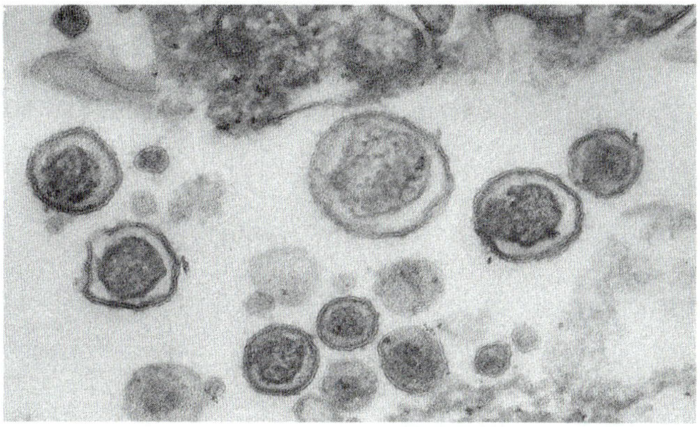

**Abb. 9.12.** Elektronenmikroskopische Aufnahme des menschlichen Leukämievirus HTLV-I mit zentralem Nukleoid und doppelkonturierter Membran mit kaum erkennbaren Projektionen an der Virusoberfläche (C-Typ-Morphologie) (Abb. von H. Gelderblom, Berlin)

4 Jahren frei von Symptomen ohne Therapie. Eine Rezidivtherapie ist mit Pentostatin möglich.

### Sézary-Syndrom

Das Sézary-Syndrom ist gekennzeichnet durch:
- das Auftreten neoplastischer T-Lymphozyten mit charakteristischen gyriformen Zellkernen,
- generalisierte Erythrodermie und
- Hautinfiltrate mit atypischen Lymphozyten und Histiozyten.

Wenn die Hautinfiltrate im Vordergrund stehen, wird das Krankheitsbild als ***Mycosis fungoides*** bezeichnet. Die Begriffe Mycosis fungoides und Sézary-Syndrom werden auch synonym verwendet. Die mediane Überlebenszeit beträgt etwa 5 Jahre. Zytostatische Therapie mit alkylierenden Agenzien hat oft palliative Wirkung. Prednison kann eine Erythrodermie günstig beeinflussen. Hautinfiltrate sprechen auf Bestrahlung geringer Eindringtiefe an. Auch die Kombination von Chemotherapie mit UV-Bestrahlung kann nützlich sein.

Häufigste Todesursache sind Infektionen, die gewöhnlich von ulzerierten Hautherden ausgehen.

### Adulte T-Zell-Leukämie (ATL)

Die ATL ist eine seltene ***subakute lymphatische Leukämie*** des Erwachsenenalters, die gekennzeichnet ist durch:
- generalisierte Lymphadenopathie,
- Hyperkalzämie,
- Knochenläsionen,
- Hautinfiltrate und
- Antikörper gegen das humane T-Zell-Leukämie- bzw. Lymphomvirus (HTLV-I).

HTLV-I wurde 1980 als erstes humanes Retrovirus entdeckt. Das Virus ist sphärisch mit zentral gelegenem Nukleoid (C-Typ-Morphologie) und Lipidhülle, hat einen Durchmeser von 100 nm und enthält als genetisches Material eine einzelsträngige RNS, die mit einer reversen Transkriptase assoziiert ist (Abb. 9.12). Eine ätiologische Rolle von HTLV-I wird auf der Basis seroepidemiologischer Untersuchungen vermutet, jedoch erkrankt nur ein kleiner Teil der infizierten Personen (1 von 200) an ATL. ATL wird geographisch gehäuft in Südjapan gefunden.

Die Übertragung von HTLV-I erfolgt über infizierte Körperflüssigkeiten, transplazentar, über die Muttermilch und durch Bluttransfusionen.

Der ***Verlauf*** der ATL ist progressiv und führt innerhalb weniger Monate zum Tode. Eine spezifische Therapie ist nicht bekannt.

Mit HTLV-I wird außerdem eine der multiplen Sklerose ähnelnde neurologische Erkrankung mit Paraparese vor allem der unteren Extremitäten assoziiert, die als ***tropische spastische Paraparese (TSP)*** bezeichnet wird. Die Beobachtung, daß ATL und TSP eine unterschiedliche geographische Verteilung zeigen und nur selten beim gleichen Patienten auftreten, wirft die Frage auf, welche Kofaktoren für die Pathogenese von ATL und TSP erforderlich sind.

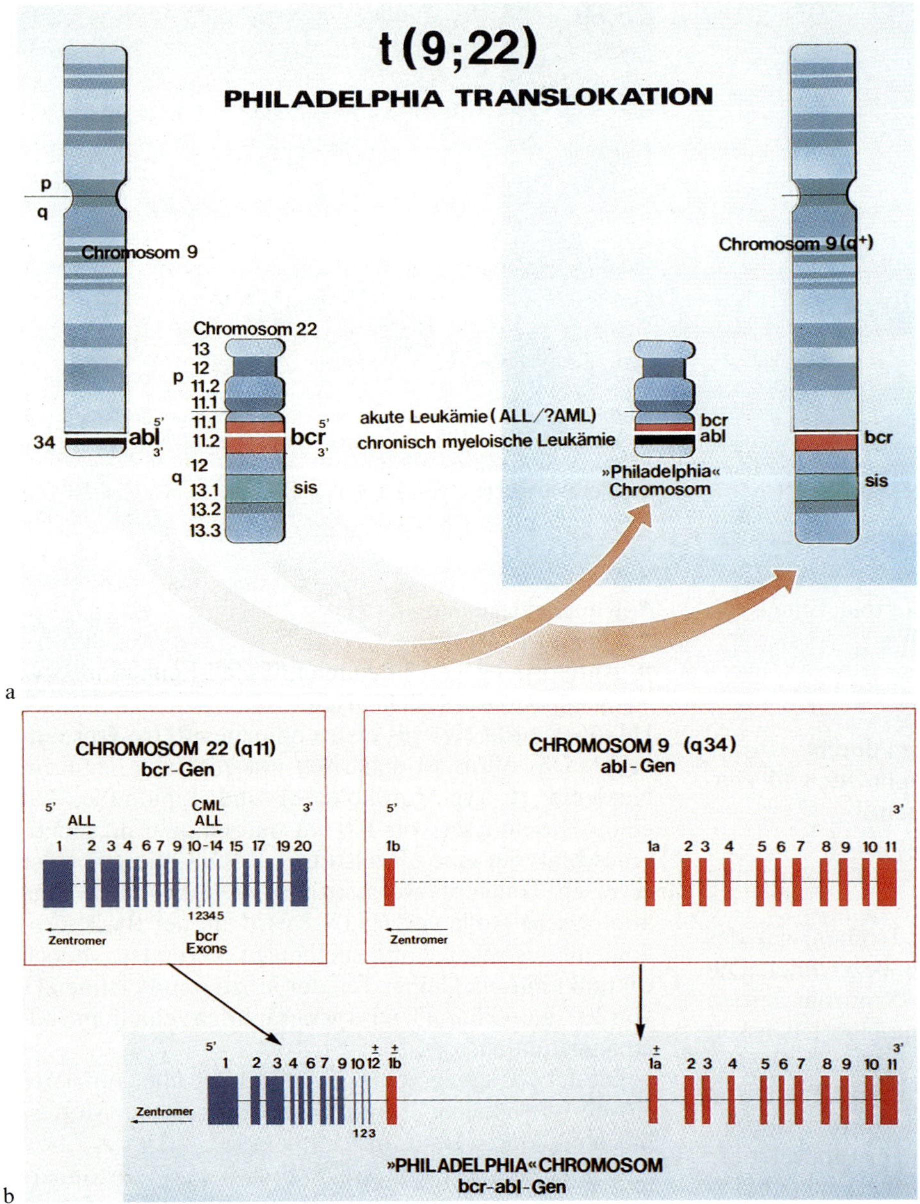


a

b

**Abb. 9.13. a** Schematische Darstellung der Philadelphia-Translokation. Die Translokation resultiert in einem besonders kleinen Chromosom 22, dem Philadelphia-Chromosom. Durch die Translokation kommt das abl-Onkogen von Chromosom 9 direkt neben die bcr-Region des Chromosoms 22 zu liegen, was in einem fusionierten, besonders großen bcr-abl-Gen resultiert. **b** Schematische Darstellung der Philadelphia-Translokation auf molekularer Ebene. Das fusionierte bcr-abl-Gen kodiert für eine charakteristisch große Messenger-RNS, die in ein bcr-abl-Fusionsprotein translatiert wird. Der Bruch der bcr-Region erfolgt bei der CML im Bereich der Exons 10–14. Philadelphia-Chromosom-positive akute lymphatische Leukämien können den Bruchpunkt entweder ebenfalls im Bereich der Exons 10–14 oder der Exons 1 und 2 haben. Der Bruch auf Chromosom 9 erfolgt am Anfang des abl-Gens im Bereich der Exons 1 a und 1 b

## Chronisch myeloische Leukämie (CML)

Die CML ist eine neoplastische Knochenmarkserkrankung, die zu einer ***starken Vermehrung von Zellen*** der ***granulozytären Reihe im Knochenmark und im peripheren Blut*** führt. Die CML wird zu den chronisch myeloproliferativen Erkrankungen (CMPE, s. unten) gerechnet, ist aber ein eigenständiges Krankheitsbild, das durch klare Kriterien von den anderen CMPE abgegrenzt wird. Die CML wurde erstmals 1845 von Virchow beschrieben und hat durch ihre massive Vermehrung der weißen Blutzellen zur Bezeichnung Leukämie („weißes Blut") geführt.

Die ***Inzidenz*** der CML ist etwa 1/100000/Jahr. Das durchschnittliche Alter bei Diagnose beträgt 45–50 Jahre, die mittlere Überlebenszeit 3–4 Jahre. Männer erkranken häufiger als Frauen.

**Ätiologie und Pathogenese.** Die Ätiologie der CML ist unbekannt. Bei mehr als 90% der CML-Patienten wird eine charakteristische Chromosomenaberration, das ***Philadelphia-Chromosom,*** gefunden (Abb. 9.13 a). Dabei handelt es sich um eine Translokation zwischen den Chromosomen 9 und 22, wobei ein längeres Stück des Chromosoms 22 mit einem kürzeren Stück des Chromosoms 9 ausgetauscht wird, so daß ein ungewöhnlich kleines Chromosom 22 (das Philadelphia-Chromosom) entsteht. Durch die Translokation kommt das Protoonkogen abl von Chromosom 9 in die „break-point cluster region" (bcr) von Chromosom 22 zu liegen (Abb. 9.13 b). Die CML war die erste neoplastische Erkrankung, die mit einer Chromosomenaberration assoziiert wurde.

**Klinische Manifestationen.** Bei der CML können eine inapparente Phase, die nur durch das Auftreten des Philadelphia-Chromosoms gekennzeichnet ist, die klinisch manifeste chronische Phase, die medikamentös gut kontrollierbar ist, und die terminale Blastenphase, die therapeutisch kaum beeinflußbar ist, unterschieden werden.

Das häufigste erste Symptom ist ***Leistungsabfall mit Müdigkeit und Krankheitsgefühl*** (etwa 70% der Fälle). Bei etwa 40% bestehen Symptome als Folge eines Milztumors. Bei etwa 25% wird Gewichtsverlust, bei 10% Fieber angegeben. Seltener sind Symptome einer Anämie oder Thrombozytopenie.

Häufigster Befund ist die Splenomegalie (bei mehr als 80% der Fälle) und eine Hepatomegalie. Bei 10% der Fälle werden Lymphknotenvergrößerungen beobachtet.

**Laborbefunde und Diagnose.** Bei Diagnose findet sich eine Leukozytose von meist deutlich über 100000, gelegentlich mehr als 500000/μl. Charakteristisch ist das Auftreten ***granulozytärer Vorstufen*** bis zum Myeloblasten im peripheren Blut (s. Fall 9 C). Eosinophile und Basophile sind meist vermehrt. Es besteht eine mäßiggradige Anämie und in 30–50% eine Thrombozytose. Die alkalische Leukozytenphosphatase ist erniedrigt oder nicht nachweisbar, die LDH als Ausdruck des gesteigerten Zellumsatzes fast immer, die Harnsäure meist erhöht.

Das ***Knochenmark*** ist in der Regel ***extrem zellreich***, das Fettmark durch die gesteigerte Granulopoese fast vollständig verdrängt. Das Fehlen einer Knochenmarksfibrose und das Philadelphia-Chromosom erlauben die Abgrenzung von der idiopathischen Myelofibrose. Von anderen Leukämien und reaktiven Leukozytosen ist die CML durch das charakteristische Blutbild leicht abgrenzbar.

**Therapie und Verlauf.** Die Therapie ist in der Regel palliativ. Einzige kurative Therapiemodalität ist die ***Knochenmarktransplantation,*** die jedoch nur für junge Patienten mit HLA-kompatiblem Spender in Frage kommt.

Medikamente der Wahl sind das stammzellaktive Busulfan und der Ribonukleotidreduktasehemmer Hydroxyurea. ***Busulfan*** induziert in mehr als 95% der Patienten Remissionen innerhalb von 3 Monaten, die zum Teil von längerer Dauer sein können. ***Hydroxyurea*** ist schneller wirksam und reduziert Zellzahl und Splenomegalie sicher innerhalb weniger Tage. Die Wirkung hält jedoch nur wenige Tage nach Absetzen des Medikamentes an, so daß eine ***Dauertherapie*** erforderlich ist. Palliativ kann auch eine Milzbestrahlung eingesetzt werden.

***Interferon*** α hat bei CML in etwa $^2/_3$ der Fälle eine gute Wirksamkeit und kann bei etwa 10% der Patienten komplette zytogenetische Remissionen (Verschwinden des Philadelphia-Chromosoms) induzieren. Eine ***Lebensverlängerung*** ist medikamentös oder durch Bestrahlung bisher nicht möglich. Ob durch Interferon α zumindest bei einem kleinen Teil der Patienten eine Lebensverlängerung möglich ist, ist Gegenstand gegenwärtiger Studien.

Die Überlebenszeit nach Eintritt der Blastenphase beträgt median weniger als 3 Monate.

Philadelphia-negative-CML-Patienten haben eine deutlich schlechtere Prognose mit einer medianen Überlebenszeit von nur wenig mehr als einem Jahr.

## 9.5 Chronisch myeloproliferative Erkrankungen (CMPE)

Die CMPE sind eine Gruppe neoplastischer Knochenmarkserkrankungen, die durch ***weitgehend autonome Proliferation einer oder mehrerer Zellreihen der Hämatopoese*** gekennzeichnet sind. Zu den CMPE werden folgende Erkrankungen gezählt:
- CML (s. oben),
- Polycythaemia vera (PV),
- idiopathische Myelofibrose (IMF) und
- essentielle Thrombozythämie (ET).

Daneben gibt es myeloproliferative Krankheitsbilder, die die Kriterien der CML, PV, IMF und ET nicht oder nur teilweise erfüllen und unter dem Begriff unklassifizierte CMPE zusammengefaßt werden.

### 9.5.1 Polycythaemia vera (PV)

Die PV ist charakterisiert durch eine Hyperplasie der Erythropoese, der Granulopoese und der Megakaryopoese. Im Vordergrund steht zumeist der stark erhöhte Hämatokrit.

Die Inzidenz liegt um 1/100 000 Einwohner/Jahr. Das Durchschnittsalter bei Diagnose beträgt etwa 60 Jahre.

**Klinische Manifestationen.** Die Symptomatik der PV ist vielgestaltig. Im Vordergrund stehen die Symptome der erhöhten Blutviskosität und des vermehrten Blutvolumens:

- Schwindelgefühl,
- Kopfschmerzen,
- Ohrensausen,
- Sehstörungen (Amaurosis fugax) und
- Hypertonie.

Thromboembolische Komplikationen sind häufig, hämorrhagische Komplikationen als Folge von Mikrozirkulationsstörungen können auftreten (Magenulzera).

Juckreiz ist wahrscheinlich durch die Freisetzung von Histamin aus den vermehrten Mastzellen bedingt und bessert sich meist nach Gabe von Antihistaminika. Oberbauchbeschwerden können durch Splenomegalie und Milzinfarkte bedingt sein. 5–10% der Patienten entwickeln als Folge der Hyperurikämie eine Gicht.

**Laborbefunde.** Auffällig sind der erhöhte Hämoglobinwert und die Erythrozytose. Die BKS ist typischerweise langsam (0–2 mm/h). Die Erythrozyten sind prätherapeutisch normochrom und normozytär. Zumeist besteht eine mäßiggradige Leukozytose (12 000 bis maximal 30 000/μl), bei etwa der Hälfte der Patienten auch eine Thrombozytose. Die Blutviskosität ist proportional zur Erythrozytenzahl erhöht. LDH und Harnsäure sind häufig erhöht, ebenso Vitamin $B_{12}$ und alkalische Leukozytenphosphatase.

Das Knochenmark zeigt eine hohe Zelldichte mit deutlich vermehrter Erythropoese. Das M : E-Verhältnis liegt um 1,0.

**Diagnose und Differentialdiagnose.** Das Vollbild der PV bereitet keine diagnostischen Schwierigkeiten. Schwieriger ist die Diagnose in Fällen mit nur mäßiger Erhöhung des Hämoglobins, mäßiger Erythrozytose, Fehlen von Leukozytose sowie Thrombozytose und nicht tastbarer Milz. Hier muß die PV von ***sekundären Erythrozytosen*** abgegrenzt werden, z. B. bei starken Rauchern oder als Folge der Hypoxie bei Herz- oder Lungenerkrankungen. Erythozytosen als Folge von vermehrt produziertem Erythropoetin treten insbesondere bei Hypernephrom und Leberkarzinom auf. Bei erhöhten Thrombozytenwerten oder bei Markfibrose ist differentialdiagnostisch die essentielle Thrombozythämie oder die idiopathische Myelofibrose abzugrenzen.

**Therapie, Verlauf und Prognose.** Therapie der Wahl ist der ***Aderlaß***, initial 2- bis 3mal wöchentlich 500 ml. Hämoglobinwerte von 12–14 g/dl sollten angestrebt werden. Bei Erreichen des Eisenmangels mit Auftreten mikrozytärer hypochromer Erythrozyten kann die Aderlaßhäufigkeit meist reduziert werden. Symptome eines Eisenmangels sind nicht zu befürchten. Bei vermehrter Thrombozytenzahl und thrombosebedingten Durchblutungsstörungen ist eine ***myelosuppressive Therapie*** indiziert. Eine Therapie mit Alkylanzien oder radioaktivem Phosphor bewirkt eine um den Faktor 10–15 erhöhte Inzidenz akuter Leukämien, Lymphome und Karzinome.

**Die Indikation für eine myelosuppressive Therapie der Polycythaemia vera muß streng gestellt werden und im wesentlichen auf ältere Patienten beschränkt bleiben.**

Für jüngere Patienten mit Thrombozytose kommt eine Behandlung mit Hydroxyurea und evtl. mit Interferon α in Frage.

Da die ***Prognose*** ganz wesentlich von thrombembolischen Komplikationen bestimmt wird, sollten Durchblutungsstörungen energisch mit Hämodilution, Thrombolyse und Thrombozytenaggregationshemmern behandelt werden. Die prophylaktische Gabe von Thrombozytenaggregationshemmern in höherer Dosis ist wegen der Blutungsgefahr umstritten, die Gabe von 100 mg Azetylsalizylsäure täglich ist jedoch nebenwirkungsarm und relativ sicher.

Ein Teil der Fälle geht nach Jahren in ein ***sekundäres Myelofibrosesyndrom*** mit Anämie, Granulopenie und/oder Thrombozytopenie über (sog. Spent-Phase). In 1–2% der Fälle kommt es zu einem Übergang in eine akute Leukämie.

Die mediane ***Lebenserwartung*** der behandelten PV-Patienten liegt bei 10–15 Jahren (verglichen mit 15–18 Monaten bei unbehandelten Patienten um die Jahrhundertwende).

FALL 9 C

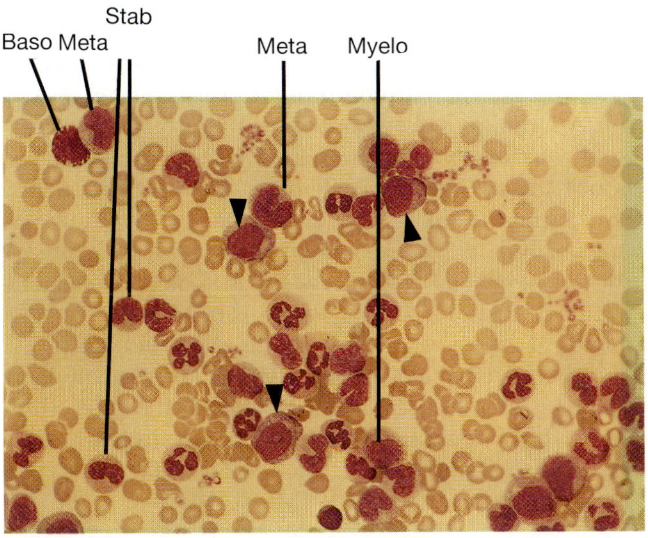


1

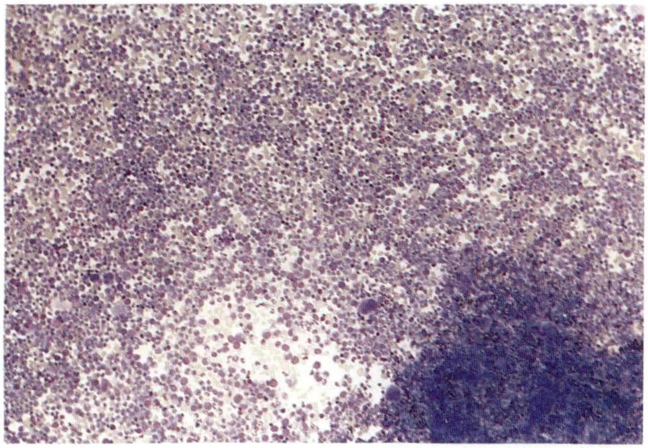

2

**Abb. 9 C 1,2.** Chronisch myeloische Leukämie (CML). **1** Blutbild mit Leukozytose und Vorstufen (Myeloblasten = *Pfeile*, Myelozyten = *Myelo*, Metamyelozyten = *Meta*, *Stab* = Stabkernige, *Baso* = Basophiler). Pappenheim-Färbung, Vergrößerung 500fach. **2** Knochenmark. Es fallen die hohe Zelldichte und das Fehlen von Fettmark auf. Pappenheim, Vergrößerung 100fach

**Anamnese.** 19jähriger kräftig gebauter Mann, der wegen Müdigkeit, Leistungsminderung und Völlegefühl unter dem linken Rippenbogen zum Hausarzt ging.

**Routinelabor.** Es fanden sich eine Leukozytose von 285000/µl mit 1 Blasten, 3 Promyelozyten, 10 Myelozyten, 8 Metamyelozyten, 4 Stabkernigen, 4 Basophilen und 2 Eosinophilen. Das Hb betrug 10,8 g/dl, die Thrombozyten 480000/µl.

**Weitere Befunde.** Die Milz war bis unterhalb des Nabels vergrößert und von fester Konsistenz, die Leber maß 15 cm in MCL. Die Knochenmarkspunktion ergab ein hyperzelluläres Mark mit vollständiger Verdrängung des Fettmarks. Die Granulopoese stand im Vordergrund, war links verschoben, aber ausreifend. Megakaryozyten vermehrt. Alkalische Leukozytenphosphatase 0. LDH 837 U/l. Die Chromosomenanalyse zeigte das Philadelphia-Chromosom in allen Metaphasen.

**Diagnose.** Philadelphia-positive chronisch-myeloische Leukämie.

**Therapie und Verlauf.** Unter einer Therapie mit Hydroxyurea 2,5 g/Tag normalisierten sich die Leukozyten innerhalb von 14 Tagen, die Milz war nach 4 Wochen nur noch gering vergrößert tastbar. Unter einer Erhaltungstherapie von 1 g Hydroxyurea täglich 2 Jahre dauernde Remission guter Lebensqualität. Der Patient heiratete. Während der Vorbereitung zur Knochenmarkstransplantation Leukozytenanstieg trotz Intensivierung der Therapie. Auftreten atypischer Blasten in Knochenmark und Blut. Trotz aggressiver zytostatischer Therapie Leukozytenverdopplungszeit von weniger als 24 h. Der Patient verstarb 3 Wochen nach Auftreten der ersten Blasten bei einer Leukozytenzahl von 150000 /µl, fast ausschließlich Blasten, im respiratorischen Versagen. Die Todesursache war Blastenkrise mit autoptisch gesicherten leukostatischen Thromben in zahlreichen Lungengefäßen.

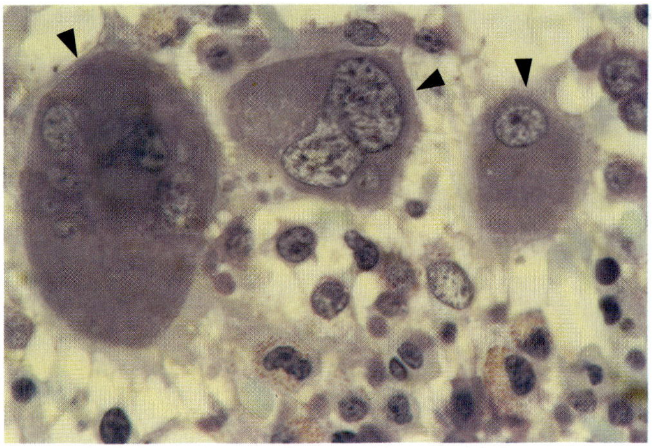

**Abb. 9.14.** Knochenmark bei essentieller Thrombozythämie. Die Megakaryozyten *(Pfeile)* sind vermehrt, z. T. sehr groß und liegen in Gruppen zusammen. 26jährige Patientin mit einer Thrombozytenzahl von 2,6 Mio./µl mit sehr starken Kopfschmerzen und TIA (Aphasie, Halbseitensymptomatik). Knochenmarkshistologie nach Akrylateinbettung, Vergrößerung 1000fach

## 9.5.2 Essentielle Thrombozythämie (ET)

Die ET ist eine myeloproliferative Erkrankung, die durch eine ***Vermehrung der Thrombozyten*** im peripheren Blutbild und der ***Megakaryozyten im Knochenmark*** gekennzeichnet ist. Die Inzidenz der ET liegt bei etwa 0,5/100 000/Jahr. Die Geschlechtsverteilung ist ausgeglichen. Das Durchschnittsalter bei Diagnose beträgt wie bei der PV etwa 60 Jahre.

**Pathogenese.** Die ET ist eine klonale Stammzellerkrankung mit besonderer Beteiligung der Megakaryozyten und Thrombozyten, aber auch der anderen Zellreihen der Hämopoese.

**Klinik.** Bei einem Teil der Patienten wird die Erkrankung zufällig anläßlich von Blutbildkontrollen in einem asymptomatischen Stadium entdeckt. Die Mehrzahl der Patienten ist jedoch symptomatisch. Häufigste Symptome sind ***Blutungen*** und ***Durchblutungsstörungen,*** meist der ***Mikrozirkulation*** (Akrozyanose, Spitzengangrän der Finger und/oder Zehen, Parästhesien, Schwindel, transitorische ischämische Attacken, Kopfschmerzen). Seltener sind Verschlüsse großer Arterien (Claudicatio intermittens, Apoplex, Myokardinfarkt). Lungenembolien und Thrombosen großer Oberbauchgefäße kommen vor. Ein Drittel der Patienten hat eine Splenomegalie, $^1/_4$ Hepatomegalie.

**Labor und Diagnose.** Leitbefund ist die ***Thrombozytose.*** Es werden Thrombozytenzahlen bis zu 5 Mio./µl mit Riesenthrombozyten und Thrombozytenaggregaten beobachtet. ***Funktionsstörungen der Thrombozyten*** sind häufig (verminderte Thrombozytenaggregation bei Zusatz von Adrenalin, Kollagen oder ADP, vermehrte spontane Thrombozytenaggregation u. a.). Die Blutungszeit ist jedoch meist normal. Etwa 70% der Patienten haben eine geringe Leukozytose mit Leukozytenwerten von 10 000–20 000/µl. Die ***Megakaryozyten*** im Knochenmark sind vermehrt und typischerweise groß, nestförmig gelagert und zeigen Reifestörungen (Abb. 9.14).

Die ET ist im wesentlichen eine Ausschlußdiagnose. Ursachen einer ***reaktiven Thrombozytose*** (entzündlich, infektiös, neoplastisch, nach Splenektomie oder Blutverlust, bei Eisenmangel) müssen ebenso ausgeschlossen werden wie andere CMPE, die mit einer Thrombozytose einhergehen können (PV, IMF, CML).

**Therapie.** Eine kurative Therapie ist nicht bekannt. Die Therapie bei asymptomatischen Patienten ist umstritten. Eine vorsichtige Thrombozytenaggregationshemmung mit 100 mg Azetylsalizylsäure täglich wird bei Patienten mit hohen oder rasch ansteigenden Thrombozytenzahlen oder bei anamnestischen Hinweisen für Durchblutungsstörungen empfohlen. Nach Blutungs- oder Durchblutungskomplikationen ist eine myelosuppressive Therapie mit Hydroxyurea indiziert.

Die ***Prognose*** der ET wird im wesentlichen bestimmt durch die Blutungskomplikationen und die thrombembolischen Ereignisse. Sofern diese Komplikationen durch sorgfältiges Management kontrolliert werden können, ist die Prognose der ET ähnlich der PV mit medianen Überlebenszeiten von 10–15 Jahren gut.

## 9.5.3 Idiopathische Myelofibrose (IMF)

Die IMF ist charakterisiert durch zunehmende ***Fibrosierung und Sklerose des Knochenmarks*** mit extramedullärer Hämopoese insbesondere in Milz und Leber und daraus resultierender ***Splenomegalie*** erheblichen Ausmaßes. Die IMF ist wie die andere CMPE eine klonale Erkrankung der Stammzellen mit Beteiligung der Erythropoese, Granulopoese und Megakaryopoese. Die Myelofibrose wird als Reaktion der Stromazellen auf den hämopoetischen Krankheitsprozeß verstanden, möglicherweise über den von den Megakaryozyten gebildeten „platelet-derived growth factor" (PDGF).

Die ***Inzidenz*** der IMF ist etwa 0,5/100 000/Jahr. Die Geschlechtsverteilung ist ausgeglichen, das mediane Alter bei Diagnosestellung liegt wie bei PV und ET bei etwa 60 Jahren.

**Klinik.** Die Erkrankung beginnt schleichend. Leitsymptome sind splenomegaliebedingte Beschwerden im linken Oberbauch und Appetitlosigkeit. Weitere Symptome sind allgemeine Leistungsminderung und Abgeschlagenheit. Im Verlauf kann es zu Ikterus, Aszites und peripheren Ödemen kommen. Häufigster Befund ist eine unter Umständen extrem vergrößerte Milz (bis zu 30 cm und mehr). Bei IMF werden die größten Milzen gefunden. Eine Lebervergrößerung findet sich bei etwa der Hälfte der Patienten. Als Folge der Thrombozytopenie und/oder Thrombozytenfunktionsstörung kann es zu einer Blutungsneigung mit Petechien kommen. Thrombembolische Komplikationen kommen vor.

**Laborbefunde.** Bei allen Patienten besteht eine zunächst mäßiggradige Anämie. Beim Vollbild der Erkrankung mit fortgeschrittener Markfibrose und extramedullärer Blutbildung ist die Anämie mäßig bis stark ausgeprägt mit Poikilozytose, Anisozytose, Tränentropfenform und Normoblasten (Abb. 9.15 a). Bei sehr großer Milz kann es zu vermehrtem Abbau in der Milz ***(Hypersplenismus)*** mit Verkürzung der Erythrozytenüberlebenszeit und Retikulozytenvermehrung kommen (Abb. 9.15 b). Bei etwa 50 % der Patienten findet sich eine Leukozytose mit Werten bis zu 50 000/μl mit myeloischen Vorstufen im peripheren Blut. Im Verlauf entwickelt sich meist eine ***Panzytopenie.*** Der Index der alkalischen Leukozytenphosphatase ist normal oder erhöht, die LDH meist mäßig bis stark erhöht.

Die Histologie der Milz zeigt multiple Herde extramedullärer Hämopoese sowie häufig Residuen von ***Milzinfarkten***. Eine Knochenmarksaspiration ist wegen der Fibrose schwierig. Die Knochenmarkshistologie zeigt eine Verminderung des Fettgehaltes und einen erhöhten Gehalt an Zellen, Fasern und Knochen.

Im Verlauf kann es zu einer ***Knochenneubildung*** kommen, die röntgenologisch als Knochenverdichtung auffällt.

**Diagnose.** Der klinische Verdacht ergibt sich aus der Kombination von:

- Splenomegalie,
- Anämie mit peripheren Normoblasten und
- mäßiggradiger Leukozytose mit peripheren Vorstufen.

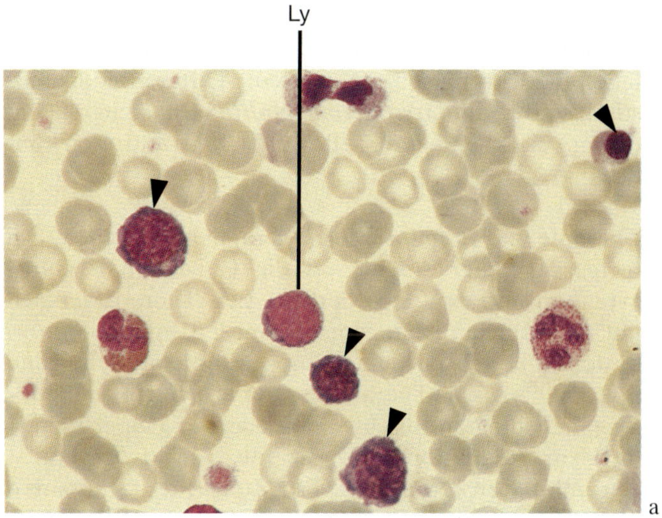


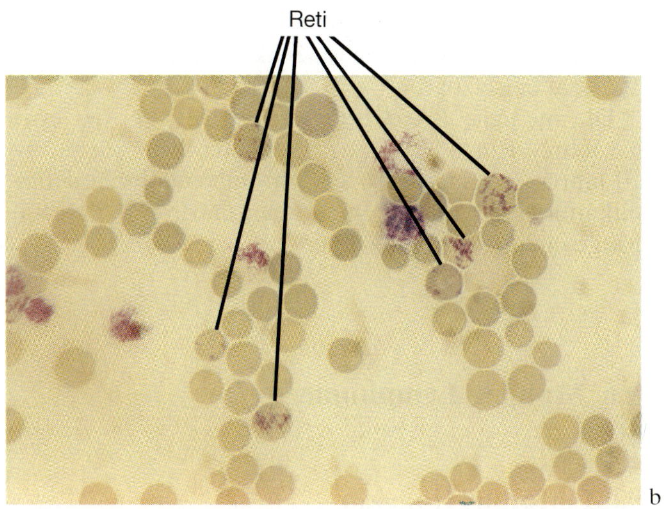


**Abb. 9.15. a** Blutbild bei idiopathischer Myelofibrose. Auffällig sind die zahlreichen Normoblasten *(Pfeile)*, die unter Umständen mit Lymphozyten verwechselt werden können. Ein Lymphozyt *(Ly)* ist ebenfalls dargestellt. Pappenheim-Färbung, Vergrößerung 1000fach. **b** Blutbild bei idiopathischer Myelofibrose mit massiver Vermehrung der Retikulozyten *(Reti)*. Durch die Methylenblaufärbung wird das sich auflösende Kernchromatin der jungen Erythrozyten sichtbar. Gleicher Patient wie in Abb. 9-15 a. Vergrößerung 1000fach

Die Knochenmarkshistologie sichert die Diagnose. Zur Abgrenzung von einer CML kann der Ausschluß des Philadelphia-Chromosoms nötig sein. Differentialdiagnostisch sind ***sekundäre Osteomyelofibrosen*** abzugrenzen, die im Verlauf anderer CMPE (CML, PV) auftreten können.

**Therapie und Prognose.** Die Therapie ist supportiv. Bei fortgeschrittener Anämie ist die Gabe von Erythrozytenkonzentraten erforderlich. Ein Therapieversuch mit Androgenen kann gemacht werden, muß aber mindestens über 3–4 Monate durchgeführt werden. Eine myelosuppressive Therapie ist bei erheblichen splenomegaliebedingten Beschwerden oder bei Hypersplenismus zur Reduktion der Milzgröße sowie bei hohen Thrombozytenwerten indiziert. Zum Einsatz kommen Hydroxyurea oder Busulfan. Auch eine vorsichtige Milzbestrahlung kommt in Frage, ist aber wegen der Gefahr der Elimination einer eventuellen Resthämatopoese in der Milz ebenso wie eine Splenektomie nur mit großer Vorsicht einsetzbar.

Die mediane ***Überlebenszeit*** der IMF beträgt etwa 4,5 Jahre. Ein Viertel der Patienten lebt länger als 10 Jahre. Todesursachen sind thrombembolische Komplikationen, Blutungen, Infektionen und in 5–10% Übergänge in eine akute Leukämie.

## 9.6 Maligne Lymphome

### 9.6.1 Morbus Hodgkin

Morbus Hodgkin ist eine neoplastische Erkrankung des lymphatischen Systems, die gekennzeichnet ist durch das Auftreten von charakteristischen ***Reed-Sternberg-Riesenzellen*** und ***Hodgkin-Zellen*** in befallenen Lymphknoten und parenchymatösen Organen. Aussagekräftige Prognosekriterien sind der Ausbreitungsgrad bei Diagnose (das Stadium), der histologische Subtyp, das Vorhandensein systemischer Zeichen (Fieber, Nachtschweiß, Gewichtsverlust) und die BKS.

**Etwa 60–70% aller Fälle von Morbus Hodgkin sind heilbar. Die Prognose ist um so günstiger, je eher mit der Therapie begonnen wird.**

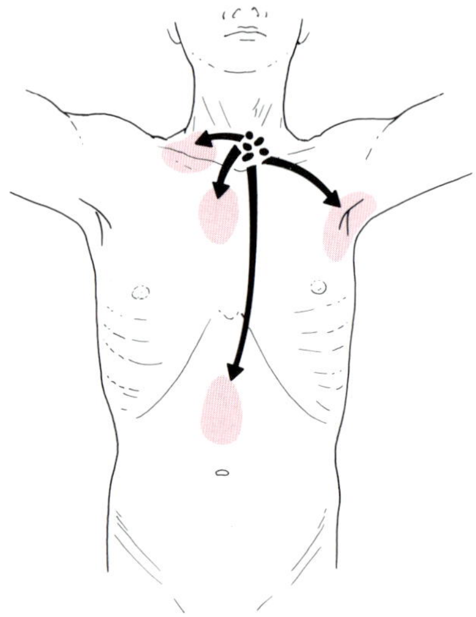

**Abb. 9.16.** Ausbreitung des Morbus Hodgkin

**Ätiologie und Pathogenese.** Die Ätiologie ist wie bei den meisten anderen Lymphomen unklar. Ein infektiöses Agens wird vermutet, ist aber nie gesichert worden. Der Morbus Hodgkin nimmt seinen Ursprung wahrscheinlich von einer einzelnen Zelle oder Lymphknotenregion, von der er sich über die Lymphgefäße kontinuierlich in die benachbarten Lymphregionen ausbreitet (Abb. 9.16). Eine hämatogene Ausbreitung erfolgt erst in fortgeschrittenen Stadien.

**Klinik.** Führendes Symptom ist eine ***indolente Lymphknotenschwellung*** im Halsbereich (etwa 70%), seltener auch in den Axillen, dem Mediastinum, dem Abdomen oder den Leisten. Spontane Fluktuationen von Lymphknotengröße und Symptomausprägung kommen vor. ***Fieber*** und ***Nachtschweiß*** sind häufig, wenn auch der undulierende Fiebertyp nach Pel-Ebstein nur gelegentlich beobachtet wird. Nach Alkoholgenuß können Schmerzen in den befallenen Lymphknoten bei bis zu 17% der Patienten auftreten (Alkoholschmerz).

Die häufigsten ***Befunde*** bei Diagnose sind vergrößerte zervikale und supraklavikuläre Lymphknoten, insbesondere linksseitig. Befall der supraklavikulären Lymphknoten geht häufig mit Mediastinalbefall einher. Im Gegensatz zu den Non-Hodgkin-Lymphomen ist ein generalisierter Lymphknotenbefall bei Diagnose eher selten (weniger als 20%). Eine Splenomegalie besteht nur bei einem kleinen Teil der Patienten (weniger als 10%). Eine Hepatomegalie ist noch seltener.

**Tabelle 9.9.** Stadieneinteilung bei Morbus Hodgkin

| Stadien | Befall |
|---|---|
| I | Befall *einer* Lymphknotengruppe oder *eines* extralymphatischen Organs ($I_E$) |
| II | Befall zweier oder mehrerer Lymphknotengruppen auf derselben Seite des Zwerchfells (I) oder Befall eines extralymphatischen Organs und einer oder mehrerer Lymphknotengruppen auf derselben Seite des Zwerchfells ($II_E$) |
| III | Befall von Lymphknotengruppen auf beiden Seiten des Zwerchfells (III), bei Milzbefall $III_S$, Befall eines extralymphatischen Organs ($III_E$) oder beidem ($III_{SE}$) |
| $III_1$ | Befall von Lymphknotengruppen im oberen Abdomen |
| $III_2$ | Befall von Lymphknotengruppen im unteren Abdomen |
| IV | Befall von Organen außerhalb des lymphatischen Systems (z. B. Lunge, Leber, Knochenmark, usw.) mit oder ohne Lymphknotenbefall |
| A | Ohne |
| B | Mit Allgemeinsymptomen (Fieber, Nachtschweiß, Gewichtsverlust) |

**Diagnose.** Die Diagnose wird gestellt durch die Histologie mit Nachweis von Hodgkin- und Reed-Sternberg-Riesenzellen. Das Auffinden dieser Zellen kann schwierig sein. Es werden ***4 histologische Subtypen*** unterschieden.

Prognostisch am günstigsten ist der lymphozytenreiche, am ungünstigsten der lymphozytenarme Typ. Der nodulär sklerosierende und der Mischtyp sind von intermediärer Prognose.

In etwa 40% der Fälle wird eine mäßiggradige Anämie gefunden, es kann eine mäßige Leukozytose mit Eosinophilie und Monozytose bestehen. In knapp der Hälfte der Fälle wird eine Lymphopenie beobachtet. Die BKS ist häufig erhöht.

Häufig ist ein ***Defekt der zellulären Immunität,*** der sich in einer Anfälligkeit für Virusinfekte, insbesondere für Herpes zoster, äußert.

**Stadieneinteilung.** Für die Prognoseabschätzung und die Wahl der Therapie ist die Stadieneinteilung (Staging) von entscheidender Bedeutung (Tabelle 9.9). Sie erfordert den routinemäßigen Einsatz umfangreicher Laborbestimmungen (Blutbild, BKS, Elektrophorese, Leberparameter, Nierenretentionswerte) und ***bildgebender Verfahren*** (Thoraxröntgen, Ultraschalluntersuchung des Abdomens, Computertomographie von Abdomen und Thorax, Lymphangiographie, Skelettszintigramm). Sofern von differentialtherapeutischer Bedeutung, ist eine ***Staginglaparotomie mit Splenektomie*** erforderlich. Dies ist insbesondere der Fall, wenn nach Durchführung der nichtinvasiven Untersuchungen noch immer Stadium 1 oder 2 vorliegt. Bei $^1/_3$ scheinbarer Stadien 1 und 2 besteht bereits Stadium 3 oder 4, das erst durch Laparotomie mit Biopsien von Leber und abdominalen Lymphknoten sowie Splenektomie nachgewiesen wird. Bei Stadium 1 A (lymphozytenreicher Typ, Paragranulom) und Stadium 4 (z. B. positive Knochenmarkshistologie) ist eine Laparotomie nicht erforderlich.

**Therapie und Prognose.** Die verfügbaren Therapiemodalitäten sind:

- Strahlentherapie,
- Kombinationschemotherapie und
- Kombination von Strahlen- und Chemotherapie.

Bei lokalisierter Erkrankung (Stadien 1 und 2) kommt die Strahlentherapie zum Einsatz („extended-field"-Bestrahlung, oberes Mantelfeld für Zervikal- und Mediastinalbefall, umgekehrtes Y für Abdominal- und Inguinalbefall). Die Heilungsquoten liegen bei über 90% für Stadium 1, bei über 80% für Stadium 2.

In den höheren Stadien kommt die Kombinationschemotherapie zum Einsatz. Die verwendeten Medikamente sind vor allem *C*yclophosphamid, Vincristin (= *O*ncovin), *P*rocarbazin und *P*rednison ***(COPP)*** sowie *A*driamycin, *B*leomyin, *V*inblastin und *D*acarbazin ***(ABVD)***, die in 3- oder 4wöchigen Intervallen in mehreren Zyklen verabreicht werden. Die rezidivfreie Zehnjahresüberlebensrate bei Stadium 3 liegt um 70%, bei Stadium 4 um 50–60%.

Nach Therapieende und kompletter Remission ist die Lebensqualität exzellent. Bei Frauen sind Schwangerschaften möglich, bei Männern besteht nach Chemotherapie jedoch häufig Infertilität. Eine Spätkomplikation, die noch nicht vollständig abschätzbar ist, ist das Auftreten von ***Zweitneoplasien,*** insbesondere akuten Leukämien.

### 9.6.2 Non-Hodgkin-Lymphome (NHL)

Die NHL sind eine heterogene Gruppe lymphatischer Neoplasien, die nicht die Kriterien des Morbus Hodgkin erfüllen (keine Hodgkin- oder Reed-Sternberg-Riesenzellen). Die unterschiedliche klinische und histologische Präsentation der NHL war Grund für eine Reihe von

**Tabelle 9.10.** Vergleich der Nomenklaturen für Non-Hodgkin-Lymphome

| | Kiel (1978) | Alte Nomenklatur | Rappaport (1966/76) | International Working Formulation (1981) |
|---|---|---|---|---|
| Niedrig maligne Lymphome | Lymphozytisch einschließlich CLL, Haarzelleukämie, Sézary-Snydrom | Lymphatische Retikulose CLL, Sézary-Syndrom | „Well differentiated lymphocytic" mit oder ohne plasmazytoide Differenzierung | „Small lymphocytic" mit oder ohne plasmazytoide Differenzierung |
| | Immunozytisch | Morbus Waldenström u. a. | | |
| | Zentrozytisch | Lymphozytisches Lymphosarkom | „Poorly differentiated lymphocytic", follikulär oder diffus | „Diffuse, small cleaved" |
| | Zentrozytisch-zentroblastisch, follikulär oder diffus | Großfollikuläres Lymphoblastom Brill-Symmers u. a. | „Mixed histiocytic-lymphocytic", follikulär oder diffus | „Mixed small and large cell", follikulär und/oder diffus |
| Hoch maligne Lymphome | Zentroblastisch | Retikulosarkom | „Histiocytic diffuse" | „Diffuse, large cell" |
| | Lymphblastisch einschließlich Burkitt | Lymphoblastisches Lymphosarkom | „Lymphoblastic" | „Lymphoblastic, small noncleaved cell" |
| | Immunoblastisch | Retikulosarkom | „Histiocytic diffuse" | „Large cell, immunoblastic" |

Klassifikationsversuchen auf der Basis klinischer, histologischer und immunologischer Kriterien. Die wichtigsten Klassifikationen sind in Tabelle 9.10 vergleichend aufgeführt. Klinisch wichtigstes Kriterium ist die Unterteilung in Lymphome niedriger und hoher Malignität. Die Abgrenzung einer zusätzlichen Gruppe intermediärer Malignität ist unscharf.

Lymphome ***niedriger Malignität*** zeichnen sich durch einen indolenten Verlauf und eine relativ lange Überlebenszeit auch ohne Therapie aus (mediane Überlebenszeit 4–8 Jahre). Lymphome ***hoher Malignität*** ähneln in ihrem Verlauf dem der akuten Leukämien, haben unbehandelt eine relativ kurze Überlebenszeit (mediane Überlebenszeit weniger als 1 Jahr) und erfordern rasche aggressive Therapie.

**Ätiologie und Pathogenese.** Die Ätiologie der NHL ist unbekannt. Eine Virusgenese ist lediglich für das HTLV-I-assoziierte adulte T-Zell-Lymphom wahrscheinlich. Das afrikanische Burkitt-Lymphom wird mit dem Epstein-Barr-Virus (EBV) assoziiert, bei den nicht afrikanischen Burkitt-Lymphomen ist EBV meist jedoch nicht nachweisbar.

**Klinik.** Führendes Symptom der NHL sind ***indolente Lymphknotenschwellungen.*** Der Lymphknotenbefall ist bei den NHL im Gegensatz zum Morbus Hodgkin in der Mehrzahl der Fälle bereits bei Diagnosestellung ***generalisiert*** (z. B. Mediastinalbefall, Abb. 9.17). Meist besteht eine Splenomegalie, die bei den indolenten NHL erheblich sein kann. Eine Hepatomegalie kann vorliegen. Hautinfiltrationen sind bei den T-Zell-Lymphomen häufig (Mycosis fungoides, s. oben), Krankheitsgefühl, Gewichtsverlust, Fieber oder Knochenschmerzen sind initial eher selten. Gastrointestinale Beschwerden können ein Hinweis auf einen Lymphombefall von Magen, Darm oder Mesenterium sein.

**Diagnose.** Die Diagnose wird histologisch aus der ***Lymphknotenbiopsie*** gestellt. Histologischer Typ und Ausbreitungsstadium sind essentiell für Prognose und Therapie. Die histologische Untersuchung grenzt das NHL von anderen Lymphknotenvergrößerungen ab (unspezifische Lymphadenopathie, Sarkoidose, Lymphknotentuberkulose, infektiöse Mononukleose, Lymphadenopathiesyndrom, Morbus Hodgkin, Katzenkratzkrankheit u. a.).

Die Diagnostik zur Stadienermittlung ist der bei Morbus Hodgkin ähnlich.

***Therapie und Verlauf.*** Bei ***niedrig malignen*** Lymphomen ist die ***Therapie palliativ.*** Eine Lebensverlängerung

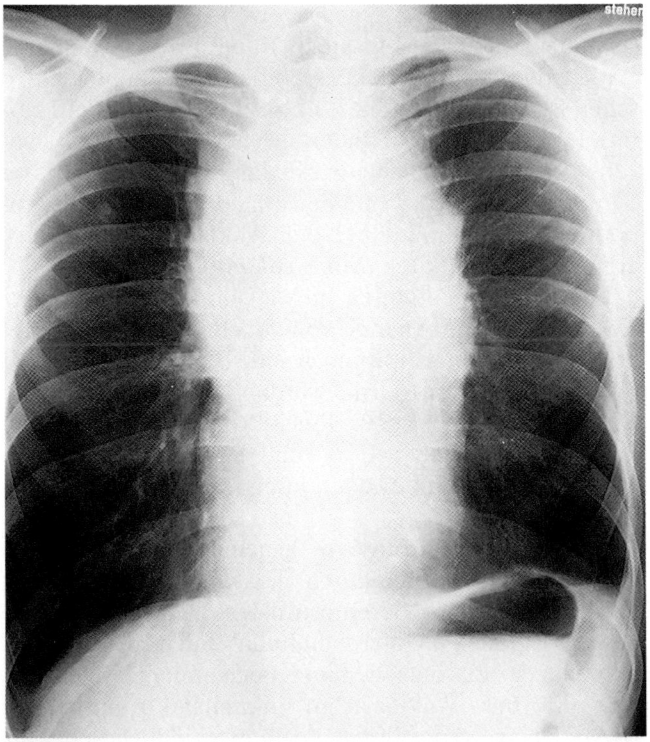

**Abb. 9.17.** Thoraxaufnahme eines 35jährigen Mannes mit malignem B-Zell-Lymphom von hoher Malignität. Mediastinalbefall (Schornsteinform). Ähnliches Bild bei fortgeschrittenem Morbus Hodgkin oder T-Lymphom möglich

durch aggressive Chemotherapie ist nicht nachgewiesen. In vielen Fällen (lymphozytisches oder immunozytisches Lymphom) ist initial die Beobachtung einer Therapie vorzuziehen. Wird die Indikation für eine Therapie gestellt, ist die Therapie der Wahl meist eine „milde" Chemotherapie, die Kombinationen von Chlorambuzil mit Prednison nach Knospe (s. S. 300) oder von *C*yclophosphamid, *V*incristin und *P*rednison („COP").

Lymphome ***höherer Malignität*** können paradoxerweise, im Gegensatz zu den Lymphomen niedriger Malignität, mit intensiver Kombinationschemotherapie und/oder Strahlentherapie z.T. ***geheilt*** werden. Insbesondere der Einsatz des Zytostatikums Adriamycin hat die Prognose der Lymphome hoher Malignität deutlich verbessert. Die Langzeitremissionsraten liegen zur Zeit entsprechend Therapie und Protokoll zwischen 30 und 70 %. Die gegenwärtig am häufigsten zum Einsatz kommenden Kombinationen sind ***CHOP*** (*C*yclophosphamid, *A*driamycin, *V*incristin, *P*rednison) und ***COP-BLAM*** (*C*yclophosphamid, *V*incristin, *P*rednison, *B*leomycin, *A*driamycin, *P*rocarbazin). Sie werden wie COPP bei Morbus Hodgkin in 3- bis 4wöchigen Zyklen 3- bis 6mal verabreicht, z.T. in Kombination mit einer Strahlentherapie oder mit weiteren Zytostatika. Ist die Ausdehnung des NHL bei Diagnose begrenzt, kommt auch eine alleinige Strahlentherapie in Frage, bei isoliertem gastrointestinalem Befall die chirurgische Resektion mit oder ohne Strahlen- oder Zytostatikanachbehandlung. Bei ZNS-Befall wird die Therapie ergänzt durch ZNS-Bestrahlung und/oder intrathekale Gabe eines Zytostatikums, z.B. von Methotrexat.

Eine zusätzliche Therapiemodalität, insbesondere bei Rezidiven, ist die ***autologe Knochenmarkstransplantation.*** Dazu wird während der Remission Knochenmark entnommen, der Patient letal strahlen- oder chemotherapeutisch behandelt und anschließend das eigene Knochenmark reinfundiert. Die autologe Knochenmarkstransplantation verbessert möglicherweise die Heilungsquote der NHL hoher Malignität.

## 9.7 Gammopathien

Unter dem Begriff Gammopathien werden alle Krankheiten zusammengefaßt, die mit einer ***neoplastischen Vermehrung von Plasmazellen*** oder plasmozytoiden Lymphozyten und dem Auftreten ***monoklonaler*** $\gamma$-Globuline oder Teilen derselben (Leichtketten, schwere Ketten) einhergehen. Zu dieser Gruppe gehören Plasmozytom, Morbus Waldenström, Schwerekettenerkrankung und die benigne, monoklonale Gammopathie.

### 9.7.1 Benigne monoklonale Gammopathie

Dies ist die bei weitem häufigste Gammopathie. Ihre Häufigkeit nimmt mit steigendem Alter zu. Sie wird bei etwa 3% der mehr als 70jährigen gefunden. Die $\gamma$-Globuline sind nur mäßiggradig vermehrt. Eine Progression ist meist über längere Zeit nicht zu beobachten. Im Hinblick auf die Seltenheit des Plasmozytoms und der anderen Gammopathien (1–2/100000/Jahr) geht nur ein sehr geringer Teil der benignen Gammopathien in ein Plasmozytom über. Der Krankheitswert der benignen Gammopathie ist daher gering. Es handelt sich um einen pathologischen Laborwert ohne wesentliche klinische Relevanz. Die Diagnose erfolgt in der Regel zufällig auf der Basis einer Routineserumelektrophorese.

### 9.7.2 Plasmozytom

Demgegenüber ist das Plasmozytom eine in der Regel ***tödlich verlaufende Neoplasie der Plasmazellen,*** wenn auch in Einzelfällen Überlebenszeiten von 10 Jahren und länger beobachtet werden. Die monoklonale Proliferation des neoplastischen Plasmazellklons wird beim Plasmozytom durch den Nachweis der monoklonalen $\gamma$-Globuline besonders gut offensichtlich. Je nach Art der produzierten $\gamma$-Globuline werden IgG-, IgM-, IgA-, IgD- und IgE-Plasmazytome unterschieden. Eine weitere Untergliederung erfolgt auf der Basis der nachgewiesenen Leichtketten ($\kappa$ oder $\lambda$). Bei etwa 10% der Plasmozytome werden nur die Leichtketten nachgewiesen ***(Leichtkettenplasmozytome).*** Am häufigsten sind die IgG-Plasmozytome, gefolgt von den IgA-, Leichtketten- und IgD-Plasmozytomen.

**Klinik.** Führende Symptome des Plasmozytoms sind ***Skelettmanifestationen*** und ***Infektionsneigung.*** Bei hohen Serumproteinkonzentrationen, insbesondere beim IgA-Plasmozytom, können Hyperviskositätssymptome (Schwindel, Kopfschmerzen, neurologische Ausfälle, Mikrozirkulationsstörungen) auftreten. Selten (weniger als 10% der Fälle) wird eine Hyperkalzämie gefunden. In den Terminalstadien ist der Verlauf durch das Auftreten einer Niereninsuffizienz gekennzeichnet, die durch die Einlagerung von Leichtketten in die Glomeruli bedingt ist ***(Plasmozytomniere).***

Die Skelettmanifestationen bestehen zumeist in lytischen Knochenprozessen, die durch Plasmazellanreicherungen im Knochenmark verursacht werden. Betroffen sind vor allem Knochen, die blutbildendes Mark enthalten, d.h. die proximalen großen Röhrenknochen, Becken- und Schultergürtel, Wirbelsäule, Rippen und Schädel. Regenerationsvorgänge sind selten, was das Erscheinungsbild der ausgestanzten lytischen Herde bedingt (s. Fall 9D). Typischerweise sind die Läsionen multipel, pathologische Frakturen können das erste Symptom sein. Bei einigen Patienten, insbesondere früh im Krankheitsverlauf, kann die Knochenmanifestation in einer nicht altersentsprechenden ***diffusen Osteoporose*** bestehen. Befall der Wirbelkörper kann zu Zusammensinterungen ***(Fischwirbel)*** mit erheblicher Schmerzsymptomatik, neurologischen Ausfällen und Querschnittslähmung führen.

Die Infektanfälligkeit äußert sich vor allem in bakteriellen Infektionen, insbesondere mit ***Pneumokokken.***

**Labor und Diagnose.** Der Nachweis der monoklonalen Gammaglobuline (M-Gradient) und ihrer Bestandteile erfolgt durch Serumelektrophorese und immunelektrischen Techniken (Immunelektrophorese, Immunfixation). Im Knochenmark finden sich neoplastische Plasmazellen. Meist wird die Diagnose durch das Auftreten von Symptomen, seltener zufällig anhand der Serumelektrophorese gestellt oder bei der Abklärung einer stark erhöhten Blutsenkung ***(Sturzsenkung).***

Die meisten Patienten entwickeln im Verlauf ihrer Erkrankung eine Anämie von zunehmendem Schweregrad, im Verlauf häufig auch eine Thrombopenie und Granulopenie. Im Urin werden typischerweise die Leichtketten als Bence-Jones-Protein nachgewiesen durch Präzipitation bei 56° und Resolubilisierung bei 90–100° (Kochprobe) oder durch Immunelektrophorese des Urins.

Die ***Differentialdiagnose*** gegenüber der benignen Gammopathie erfolgt durch die Klinik (Osteopathie, Infektionsneigung, Niereninsuffizienz), durch die Menge des monoklonalen Gammoglobulins und durch die Morphologie der Plasmazellen im Knochenmark, gegenüber dem Morbus Waldenström immunelektrophoretisch (IgM-Nachweis) und durch die unterschiedliche, eher für ein NHL typische Klinik und gegenüber einer begleitenden Gammopathie bei CLL oder NHL durch den Nachweis der Grundkrankheit.

**Therapie und Prognose.** Die Therapie ist ***palliativ*** und orientiert sich an der Therapiebedürftigkeit. Zur Ermittlung der Therapiebedürftigkeit wird ein ***Staging*** (Ermittlung des Stadiums) durchgeführt. Am weitesten verbreitet ist die ***Stadieneinteilung nach Durie und Salmon*** auf der Basis der Plasmazellmasse. Therapiebedürftigkeit besteht bei:

- Anämie (Hb von weniger als 8,5 g/dl),
- erhöhtem Serumkalzium,
- fortgeschrittenen Knochenläsionen und
- stark erhöhter M-Komponenten-Produktion (IgG mehr als 7 g/dl, IgA mehr als 5 g/dl, Leichtketten im Urin mehr als 12 g/Tag).

Als Therapie stehen lokale Bestrahlung, Chemotherapie mit Alkeran und Prednison sowie eine Kombinationschemotherapie zur Verfügung. Eine ***lokale Bestrahlung*** ist indiziert bei erheblichen Knochenschmerzen am „Ort der Not“ und zur Vermeidung pathologischer Frakturen. Als einfache Therapiekontrolle dienen Gesamteiweiß und $\gamma$-Globulin-Anteil in der Serumelektrophorese.

FALL 9D

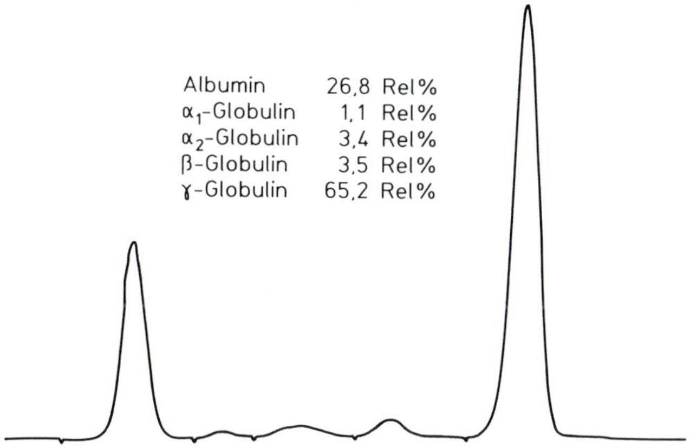

1

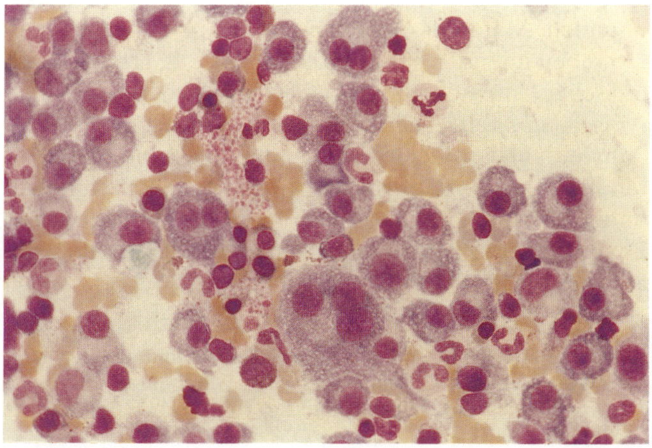
2

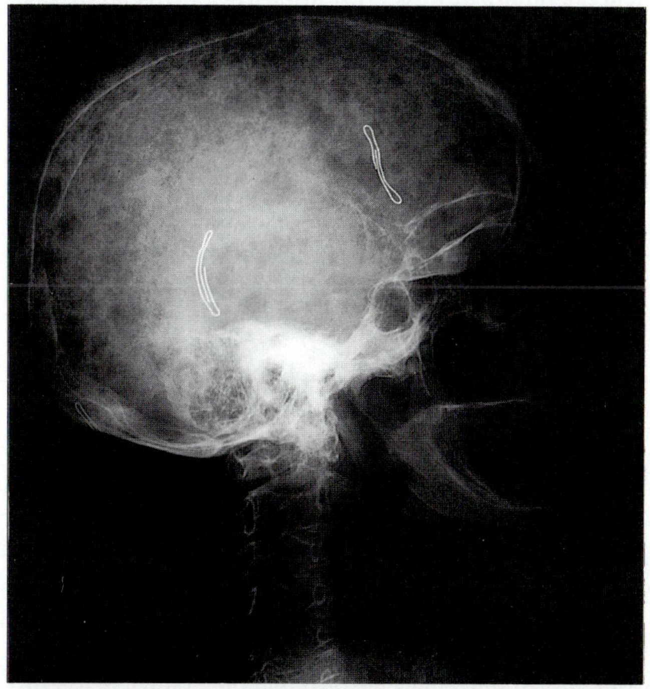
3

**Abb. 9 D 1–3.** Plasmozytom. **1** Serumelektrophorese mit monoklonalem Paraprotein (M-Gradient). **2** Knochenmark mit zahlreichen, z. T. 2- und 3kernigen Plasmazellen von meist typischer Morphologie (kleine runde exzentrisch gelegene Zellkerne, reichlich Zytoplasma). Pappenheim-Färbung, Vergrößerung 500fach. **3** Schädel. Multiple, wie ausgestanzt erscheinende Lyseherde (keine Regenerationsvorgänge)

**Anamnese.** 58jähriger Patient, bei dem vor $2^1/_2$ Jahren bei einer Routineuntersuchung ein Paraprotein vom Typ IgA κ gefunden wurde. Es bestanden keine Beschwerden. Gesamteiweiß, Blutbild und Nierenwerte waren normal, beginnende Osteopathie nicht ganz auszuschließen.

Jetzt stationäre Aufnahme wegen massiver Schmerzen im unteren BWS-Bereich.

**Aufnahmebefund.** Das Gesamteiweiß war mit 112 g/l deutlich erhöht, der Anteil des Paraproteins (M-Gradient) betrug 63%. BKS 140/144, Hb 10,4 g/dl. Leukozyten, Thrombozyten und Kalzium im Normbereich. Kreatinin 0,9 ng/dl. Im Knochenmark zahlreiche pleomorphe Plasmazellen, zum Teil mehrkernig. Röntgen-Aufnahmen zeigten multiple ausgestanzte Lyseherde im Schädel und eine Zusammensinterung von BWK 10.

**Diagnose.** Plasmozytom vom Typ IgA κ mit Osteopathie.

**Therapie und Verlauf.** Therapieeinleitung mit Alkeran 10 mg und Decortin 100 mg über 5 Tage täglich p. o., Zyloric 300 mg p. o. täglich, danach Dauertherapie mit Alkeran 4 mg täglich p. o. Außerdem supportive Therapie mit Fluoriden (Ossin 2×1) und hochdosiert Kalzium (2×1 g Kalziumbrausetabletten täglich), Stützkorsett, physikalische Therapie (Massagen, Bewegungsübungen) und Analgetika entsprechend Bedarf (Muskeltrancopal, Tramaltropfen).

Unter dieser Therapie langsamer Abfall von Gesamteiweiß und M-Gradient. Stabilisierung der Osteopathie, Schmerzfreiheit.

Die Prognose der Patienten wird limitiert durch die Knochenmarksreserve (erforderliche Zytostatika können wegen Granulopenie und Thrombopenie und der daraus resultierenden Infektions- und Blutungsneigung nicht mehr eingesetzt werden) und durch die Niereninsuffizienz.

### 9.7.3 Morbus Waldenström (Makroglobulinämie)

Der Morbus Waldenström ist charakterisiert durch das Auftreten ***monoklonaler IgM-Immunglobuline im Serum.*** Das Krankheitsbild ähnelt dem eines niedrig malignen NHL mit disseminierten Lymphknotenschwellungen und diffusem Knochenmarksbefall.

Eine Osteopathie wie beim Plasmozytom wird nicht beobachtet. Klinische Besonderheit ist das für den Morbus Waldenström typische ***Hyperviskositätssyndrom,*** das durch die Größe des IgM-Moleküls mitbedingt wird.

Der Morbus Waldenström ist wie das Plasmozytom eine Erkrankung des höheren Lebensalters.

Die Initialsymptome sind unspezifisch. Am häufigsten sind Leistungsschwäche, Müdigkeit, Gewichtsverlust und Blutungsneigung. Bei je $^1/_3$ der Patienten bestehen Hepatomegalie, Splenomegalie, Lymphknotenschwellungen und Fundusveränderungen. Neurologische Symptome sind abhängig vom Gesamteiweiß. Wenn das IgM-Paraprotein die Eigenschaften eines Kryoglobulins hat, besteht Kälteempfindlichkeit mit Akrozyanose.

Bei Therapiebedürftigkeit (hohes Gesamteiweiß, tumorhafter Verlauf) sind alkylierende Substanzen (Chlorambucil, Alkeran, Zyklophosphamid) Medikamente der Wahl. Bei Hyperviskositätssyndrom ist Plasmapherese indiziert, die zu einem Ansprechen meist aller Hyperviskositätssymptome führt.

Die ***Prognose*** korreliert mit dem Ansprechen auf Therapie. Bei Nichtansprechen und aggressivem Verlauf betragen die Überlebenszeiten oft nur 1–2 Jahre. Bei gutem Ansprechen und indolentem Verlauf sind die Überlebenschancen deutlich länger (4–10 Jahre und mehr).

### 9.7.4 Schwerekettenkrankheit

Es handelt sich um seltene, erstmals 1963 beschriebene ***Gammopathien.*** Ihnen liegt eine maligne Proliferation von Plasmazellen oder Lymphozyten zugrunde, die monoklonale Proteine mit den Eigenschaften inkompletter Schwereketten synthetisieren. Von den 5 wesentlichen Schwerekettenklassen sind im Rahmen der Schwerekettenkrankheit bisher nur $\gamma$-, $\alpha$- und $\mu$-Schwereketten beschrieben worden, $\delta$- und $\varepsilon$-Ketten wurden bisher nicht gefunden.

**Die klinischen Manifestationen der Schwerekettenkrankheit ähneln mehr denen von Lymphomen als denen des Plasmozytoms.**

### 9.7.5 Amyloidose

Amyloidose ist die Ablagerung eines homogenen eosinophilen Materials, des ***Amyloids,*** in verschiedenen Geweben über den ganzen Körper verteilt, das bei histologischer Untersuchung nach Färbung mit Kongorot eine typische ***doppeltbrechende grüne Farbreaktion*** gibt. Die Amyloidablagerungen bestehen aus aneinandergelagerten linearen Fibrillen von etwa 7,5–10 nm Durchmesser unbestimmter Länge. Sie können unterschiedlichen Ursprungs sein und mit verschiedenen Erkrankungen assoziiert sein.

**Amyloidfibrillen bestehen bei primärer Amyloidose oder bei Amyloidose nach Plasmozytom oder lymphoproliferativen Erkrankungen aus Abbauprodukten von Leichtketten (AL-Amyloidose).**

Die ***Symptome*** sind durch die Organverteilung der Amyloidablagerungen bedingt. Nierenbeteiligung ist die häufigste und potentiell ernsteste Manifestation der Amyloidose und auch wesentlichste Todesursache. Proteinurie und nephrotisches Syndrom sind die führenden Symptome.

Beteiligung des Herzens mit Arrhythmien und intraktabler Herzinsuffizienz und des Magen-Darm-Trakts mit Malabsorption, Diarrhöe und Enteropathie sind häufig.

Die Amyloidose der Haut ist charakterisiert durch hyaline Plaques, die zu Verdickung und Strukturveränderung der Haut führen.

Die ***Diagnose*** erfolgt durch Biopsie betroffener Organe und Regionen. Besonders gut geeignet sind das Rektum und betroffene Hautareale.

Die ***Therapie*** ist unbefriedigend. Kolchizin ist das einzige Medikament, das einen gewissen therapeutischen

Wert besitzt. Der ***Verlauf*** ist praktisch immer ungünstig. Der Tod ist gewöhnlich Folge entweder von Nierenversagen oder von Arrhythmien und Herzversagen.

Weitere Formen der Amyloidose finden sich in Kap. 16.

## 9.8 Immunmangelkrankheiten

Immunmangelzustände können hereditär oder erworben sein, die B-Lymphozyten und damit vor allem die Antikörperproduktion, die T-Lymphozyten und damit vor allem die zelluläre Immunität oder kombiniert sowohl die B- als auch die T-Lymphozyten betreffen. Die hereditären Immunmangelkrankheiten sind insbesondere in der Pädiatrie von Bedeutung.

***Erworbene Immunmangelzustände*** treten vor allem im Zusammenhang mit hämatologischen Neoplasien auf, speziell bei akuten Leukämien, CLL, Morbus Hodgkin, verschiedenen NHL und beim Plasmozytom. Der erworbene Immunmangel als Folge der Infektion mit dem humanen Immunmangelvirus (HIV) wird in Kap. 22 behandelt.

Wegen der Vielfalt der bisher beschriebenen Defekte und verwendeten Nomenklaturen hat die Weltgesundheitsorganisation (WHO) eine Klassifikation auf pathogenetischer Basis empfohlen (Tabelle 9.11).

**Tabelle 9.11.** WHO-Klassifikation der Immunmangelkrankheiten

| | |
|---|---|
| *Vererbt (primär)* | |
| B-Zell-Defekte mit Immunglobulinmangel | Infantile X-chromosomale Agammaglobulinämie (Bruton)<br>Isolierter IgA-Mangel (Prävalenz 1/600) |
| T-Zell-Defekte (Di George) | Thymushypoplasie |
| | (isolierter T-Zell-Mangel)<br>Ataxia teleangiectasia |
| Schwere kombinierte Immundefekte (SKID) | Autosomal rezessiv mit oder ohne ADA-Mangel chromosomal |
| *Erworben (sekundär)* | |
| Bei Lymphomen (Morbus Hodgkin) | |
| Nach Chemotherapie | |

### Hereditäre Immunmangelkrankheiten

Die hereditären Immunmangelkrankheiten sind häufig mit ***Autoimmunkrankheiten*** assoziiert (autoimmunhämolytische Anämie, systemischer Lupus erythematodes, rheumatoide Arthritis, ITP, Myasthenia gravis, Sjögren-Syndrom, perniziöse Anämie u.a.) sowie mit einer um den Faktor 100–200 vermehrten Inzidenz maligner Tumoren (NHL, Morbus Hodgkin, AML, Karzinome).

Die ***infantile X-chromosomale Agammaglobulinämie (Bruton)*** ist die am längsten bekannte Immunmangelkrankheit. Es handelt sich um ein X-chromosomal rezessiv vererbtes, fast vollständiges Fehlen von B-Lymphozyten-Funktionen. Das Serum-$\gamma$-Globulin ist auf 15 mg/dl oder weniger erniedrigt. Rezidivierende pyogene Infektionen (H. influenzae, S. pneumoniae, Staphylokokken) sind die Folge. Die Therapie besteht in der regelmäßigen Verabreichung von intramuskulären oder intravenösen Immunglobulinpräparaten.

Der ***selektive IgA-Mangel*** ist mit einer Prävalenz von 1 bei 600 unselektierten gesunden Personen der häufigste Immundefekt. Folgeerkrankungen sind rezidivierende Infekte der Nasennebenhöhlen und des oberen Respirationstraktes. Die Therapie ist symptomatisch.

Die ***Thymushypoplasie (Di George)*** ist der Prototyp eines Defektes der zellulären Immunität. T-Lymphozyten sind stark vermindert, während die Immunglobulinkonzentrationen normal sind. Die Patienten erkranken an opportunistischen Infektionen wie Candidiasis, Pneumocystis-carinii-Pneumonie, disseminierten Virusinfektionen (CMV, VZV, HSV) und atypischen Mykobakteriosen. Eine Rekonstitution ist durch Transplantation von fetalem Thymusgewebe möglich.

Der Begriff ***schwerer kombinierter Immundefekt*** (SKID) definiert verschiedene Krankheiten, die durch Defekte sowohl der humoralen als auch der zellvermittelten Immunität gekennzeichnet sind. Auf der Basis normaler oder fehlender Adenosindeaminase (ADA)-Aktivität werden 2 Untergruppen unterschieden. Kinder mit SKID sind in hohem Maße durch pyogene und opportunistische Infektionen gefährdet. Einzige Therapie ist die Knochenmarkstransplantation.

Weitere hereditäre Immunmangelkrankheiten schließen das Wiskott-Aldrich-Syndrom, verschiedene Komplementdefekte, den Immunmangel bei Ataxia teleangiectatica, Immunmangel mit Thymom und andere Immunmangelkrankheiten ein, die häufig mit anderen hereditären Defekten assoziiert sind.

Die erworbenen Immundefekte werden in Kap. 22 besprochen.

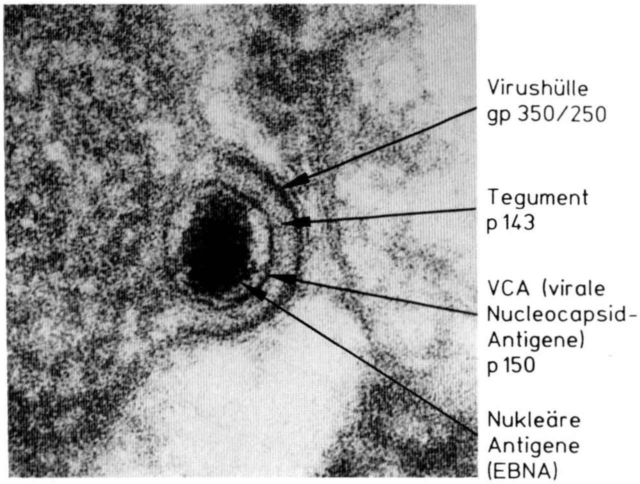


**Abb. 9.18.** Elektronenmikroskopische Aufnahme eines EBV-Viruspartikels (H. Gelderblom, Berlin)

## 9.9 Infektiöse Mononukleose (IM)

Die IM (Synonym: ***Pfeiffer-Drüsenfieber***) ist eine akute Infektion meist junger Erwachsener, die gekennzeichnet ist durch:

- Fieber,
- fibrinöse Pharyngitis,
- Lymphadenopathie und
- Splenomegalie.

Sie geht einher mit:

- absoluter Lymphozytose,
- atypischen mononukleären Zellen,
- heterophilen Antikörpern und
- Titeranstieg von Antikörpern gegen das Epstein-Barr-Virus (seltener gegen das Zytomegalievirus).

**Ätiologie und Epidemiologie.** Ätiologisches Agens der IM ist das ***Epstein-Barr-Virus*** (EBV), das 1964 erstmals bei afrikanischen Patienten mit ***Burkitt-Lymphom*** beschrieben wurde. Es ist ein relativ großes (Durchmesser 150–200 nm), doppelsträngige DNS enthaltendes Virus der Herpesgruppe (Abb. 9.18). Das Virus besteht aus einem zentralen Nukleoid, das die Virus-DNS enthält und von einem Kapsid umgeben ist. Nukleoid und Kapsid sind wiederum umgeben von einer Hülle. Nukleoid, Kapsid und Virushülle enthalten Antigene, die von diagnostischer Relevanz sind (VCA, EBNA, EA u. a.). Das EBV infiziert vor allem B-Lymphozyten. Außer mit IM und Burkitt-Lymphomen wird EBV auch mit Naso-Pharynx-Karzinomen assoziiert. Die Durchseuchung der Bevölkerung mit EBV ist hoch und liegt bei über 80%.

Die Infektion erfolgt zumeist inapparent im frühen Kindesalter mit in der Regel ***lebenslanger Immunität.*** Eine Symptomatik wird erst bei Infektionen im Jugend- und frühen Erwachsenenalter beobachtet. Die ***Übertragung*** erfolgt durch engen Schleimhautkontakt über den Speichel (Küssen). Infizierte bleiben wahrscheinlich lebenslang Virusträger und können Uninfizierte infizieren.

**Klinische Manifestationen und Verlauf.** Nach einer Inkubationszeit von 5–7 Wochen kommt es relativ plötzlich zum Auftreten von Krankheitsgefühl, Schweißneigung, Schüttelfrost, Appetitlosigkeit und Übelkeit. Bei 80–85% aller Patienten besteht eine Pharyngitis mit Schluckbeschwerden, bei praktisch 100% treten Lymphknotenschwellungen auf. Die zervikalen Lymphknoten sind fast immer betroffen. Splenomegalie ist häufig. Ein periorbitales Ödem, Ikterus, Hautausschlag, Konjunktivitis und weitere unspezifische Symptome eines Virusinfekts können auftreten. Gefährliche ***Komplikationen,*** wie Milzruptur, neurologische Komplikationen, gelegentlich auch Perikarditis, Myokarditis, Leberversagen und Zytopenien, sind selten. Bei Immunmangel ist die Ausbildung maligner Lymphome möglich. Eine spezifische ***Therapie*** existiert nicht. Wegen gleichzeitiger Streptokokkeninfektion ist eine Behandlung mit Penicillin ratsam. Eine Behandlung mit Ampizillin ist wegen häufiger Allergien kontraindiziert. Die Erkrankung ist fast immer selbst begrenzt. In der Regel erfolgt eine vollständige Genesung innerhalb von 2 Monaten.

**Klinisch-chemische Befunde.** Charakteristisch sind die Lymphozytose und der Pleomorphismus der mononukleären Zellen (s. Fall 9 E). Das Auftreten der atypischen Zellen (zumeist T-Lymphozyten) kann als akute Leukämie fehlinterpretiert werden. Die EBV-infizierten B-Lymphozyten machen weniger als 0,1% der zirkulierenden mononukleären Zellen aus. ***Serologische Zeichen*** für eine frische Infektion sind IgM-Antikörper gegen das virale Kapsidantigen (VCA) und IgG-Antikörper gegen das „early“-Antigen (EA). Die Titerverläufe nach frischer EBV-Infektion sind in Abb. 9.19 dargestellt, die Interpretationskriterien in Tabelle 9.12. VCA-IgG-Antikörper treten später auf. Antikörper gegen das EBV-nukleäre Antigen (EBNA) erscheinen 2–3 Monate nach Infektion, bleiben aber ebenso wie VCA-IgG lebenslang

## FALL 9E

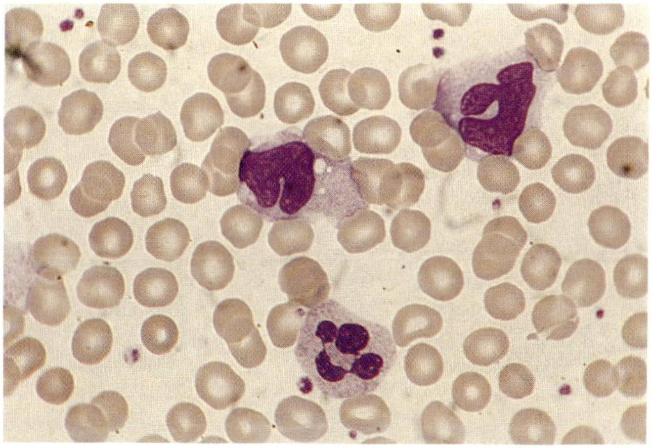

**Abb. 9E.** Atypische mononukleäre Zellen (Viruzyten) bei infektiöser Mononukleose

**Anamnese.** 21jähriger athletischer Mann mit rezidivierenden Fieberschüben bis 40° seit etwa 3 Wochen. Die stationäre Aufnahme erfolgte wegen plötzlichen Schattensehens vor dem rechten Auge.

**Körperliche Untersuchung.** Rechts-axillär und beidseits inguinal sind vergrößerte Lymphknoten tastbar, der untere Milzpol ist in Höhe des Nabels tastbar, es besteht eine mäßiggradige Pharyngitis.

**Labor.** Im Blutbild fiel bei normaler Leukozytenzahl eine Lymphozytose von 75% mit zahlreichen atypischen mononukleären Zellen auf. Das Hämoglobin betrug 11,4 g/dl, die Thrombozytenzahl 73 000/µl. LDH 482 U/l. Leberwerte unauffällig. Paul-Bunell-Schnelltest positiv.

EBV-Serologie: Anti-VCA-IgG 1:1280, Anti-VCA-IgM positiv, Anti-EA 1:80 positiv, Anti-EBNA 1:10 positiv. Interpretation: Relativ frische EBV-Infektion, wegen positivem EBNA einige Monate zurückliegende Infektion wahrscheinlich (Rekonvaleszenzstadium).

CMV-Serologie: CMV-IgM positiv. IgG negativ. Interpretation: Frische CMV-Infektion.

Ultraschalluntersuchung des Abdomens: Erhebliche Hepatosplenomegalie.

**Diagnose.** Infektiöse Mononukleose bei relativ frischer EBV-Infektion und frischer CMV-Infektion.

**Therapie und Verlauf.** Unter rein supportiven Maßnahmen kam es innerhalb von 6 Wochen zur Normalisierung der Blutbildveränderungen und der LDH. Milz und Leber waren noch vergrößert, aber deutlich kleiner.

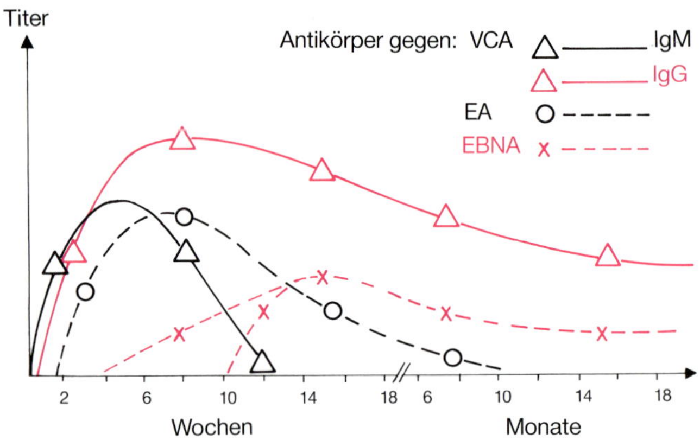


**Abb. 9.19.** Serologischer Verlauf einer EBV-Infektion (Nach H. Wolf, München)

**Tabelle 9.12.** Interpretation der EBV-Serologie

| Klinische Symptomatik | AG von virusifizierten Zellen | | | | | |
|---|---|---|---|---|---|---|
| | Anti-EBV-VCA (IgG) | Anti-EBV-VCA (IgM) | Anti-EBV-VCA(IgA) | Anti-EBV-EA | Anti-EBV-NA (EBNA) | Paul-Bunell-Test |
| Durchseuchungstiter (30% der erwachsenen Bevölkerung) | + | − | − | − | + | − |
| Frische Infektion | ++ | + | − | + | − | + |
| Protrahiert verlaufende Infektion | ++ | −+ | − | + | −+ | + |
| Burkitt-Lymphom oder anaplastisches | + | | | | | |
| Karzinom des Nasopharynx | + | − | + | + | + | |

nachweisbar. Bei Vorliegen nur dieser beiden Antikörper kann eine frische EBV-Infektion in der Regel ausgeschlossen werden. IM-Patienten zeigen charakteristischerweise Serumagglutinine gegen Schaferythrozyten, die als heterophile Antikörper bezeichnet werden ***(Paul-Bunnel-Reaktion).*** Abnorme Leberfunktionstests sind häufig.

## 9.10 Neue biologische Substanzen

### Wachstums- und Differenzierungsfaktoren

Aus historischen und methodischen Gründen werden „colony-stimulating factors" (CSF), Interleukine und andere Faktoren unterschieden. Es sind zumeist Glykoproteine. Einige Faktoren sind gentechnologisch synthetisiert und stehen kommerziell zur Verfügung. Zum therapeutischen Einsatz bzw. Einsatz in klinischen Studien kommen bisher:

- Erythropoetin (bei Anämie der Niereninsuffizienz),
- G-CSF, GM-CSF und M-CSF (bei Neutropenie nach Chemotherapie, Myelodysplasien oder Aids),
- Interleukin 3 oder Multi-CSF sowie
- Interleukin 2 (T-Zellstimulation, Tumortherapie).

### Interferone

Im Gegensatz zu den Wachstumsfaktoren wirken die Interferone zumeist ***proliferationshemmend.*** Die Interferone wurden 1957 durch ihre virustatische Wirkung identifiziert (daher der Name). Drei Interferonklassen werden unterschieden:

- Interferon α (ca. 14 Subtypen) (isoliert aus Leukozyten),
- Interferon β (aus Fibroblasten),
- Interferon γ (aus T-Lymphozyten).

Die Wirkungsmechanismen der Interferone sind antiviral, antiproliferativ und immunmodulierend (Induktion T-Zell-vermittelter Zytotoxizität, Verstärkung der „natural-killer-cell"-Aktivität, Modulation der Makrophagenfunktion u. a.).

Verschiedene Interferone (Interferon $\alpha_2$, Interferon γ) sind gentechnisch synthetisiert und kommerziell verfügbar. Zusätzlich sind gereinigte natürliche Interferone (α, β) verfügbar. Die Interferone erlangen in der Hämatologie eine zunehmende Bedeutung als Therapeutika (Tabelle 9.13).

**Tabelle 9.13.** Therapeutische Indikation der Interferone

| | |
|---|---|
| Interferon α | Haarzell-Leukämie<br>CML<br>Maligne Lymphome<br>Kaposi-Sarkom |
| Interferon β | Virusinfekte |
| Interferon γ | CML?<br>Myelodysplasien? |

# Literatur

Advances in chemotherapy for Hodgkin's and Non-Hodgkin's Lymphomas. (1988) Sem Hematol 25 (Suppl 2)

Leukemia I–V. Sem Hematol (1986) 23: 188–314, (1987) 24, (1988) 25

Ostendorf PC (Hrsg) (1990) Medizin der Gegenwart: Hämatologie. Urban & Schwarzenberg, München

Polycythemia vera. Essential thrombocythemia. (1986) Sem Hematol 23: 131–156, 177–187

Williams WJ (1990) Hematology, 4th edn. Mc Graw-Hill, New York Hamburg

Wintrobe MM (1981) Clinical hematology, 8 th edn. Lea & Febiger, Philadelphia

# 10 Hämostaseologie

D. L. Heene

ZUSAMMENFASSUNG

Unter dem Begriff ***hämorrhagische Diathesen*** werden Krankheiten zusammengefaßt, deren Gemeinsamkeit eine ***vermehrte Blutungsneigung*** ist. Man unterscheidet plasmatisch bedingte (bei Koagulopathien, Antikoagulanziengabe, Fibrinolytikagabe), thrombozytär bedingte (bei Thrombozytopenie und -pathie) und vaskulär bedingte Formen (bei Vasopathien).

Eine ***Koagulopathie*** kann angeboren oder erworben sein. Man kennt Koagulopathien mit x-chromosomal-rezessivem Erbgang (Hämophilie A und B), autosomal-dominantem Erbgang (Willebrand-Jürgens-Syndrom, Dysfibrinogenämien) und autosomal-rezessivem Erbgang (Mangel an Faktoren II, V, VII oder XIII). Erworbene Koagulopathien finden sich bei der Verbrauchskoagulopathie, nach Massentransfusionen, als Immunkoagulopathie, als Vitamin-K-Mangel-Syndrom sowie bei schweren Leber- und Nierenkrankheiten.

***Thrombozytär bedingte hämorrhagische Diathesen*** beruhen auf Thrombozytopenien, Thrombozytopathien oder Thrombozytosen. Angeborene Thrombozytopathien sind selten (z. B. Thrombasthenie Glanzmann-Naegeli). Zu den erworbenen Thrombozytopathien gehören die idiopathische Autoimmunthrombozytopenie Werlhof, die thrombotisch-thrombozytopenische Purpura Moschcowitz und das hämolytisch urämische Syndrom.

Den ***vaskulär bedingten hämorrhagischen Diathesen*** liegt eine umschriebene Wandveränderung oder eine erhöhte Gefäßpermeabilität und -fragilität zugrunde. Diese kann angeboren (Morbus Rendu-Osler-Weber, Kasabach-Merritt-Syndrom) oder erworben sein (Purpura Schönlein-Henoch).

## 10.1 Einteilung der Hämostasestörungen

Die klinisch orientierte Einteilung der Blutgerinnungsstörungen unterscheidet:

- hämorrhagische Diathesen:
  - plasmatische Gerinnungsstörungen: Koagulopathien,
  - thrombozytäre Hämostasedefekte: Thrombozytopenien und Thrombozytopathien,
  - vaskuläre Blutungsneigungen;
- thromboembolische Erkrankungen der:
  - Venen,
  - Arterien,
  - Mikrozirkulation.

Unter Berücksichtigung pathogenetischer Gesichtspunkte werden ***Bildungsstörungen*** und ***Umsatzstörungen*** unterschieden und die Einteilungskriterien durch Trennung in angeborene und erworbene Hämostasedefekte komplettiert.

## 10.2 Hämorrhagische Diathesen

### 10.2.1 Klinische Symptomatik

Der ***Blutungstyp*** ist aus klinischer Sicht das entscheidende Leitsymptom einer hämorrhagischen Diathese.

Thrombozytär-vaskuläre und plasmatische Blutungsneigungen weisen unterschiedliche Manifestationsmerkmale auf (Tabelle 10.1).

Die Abgrenzung eines angeborenen Hämostasedefekts ist bis zu einem gewissen Grade anhand der klinischen Symptomatik (Manifestationsalter, Lokalisati-

**Tabelle 10.1.** Allgemeine Symptomatik thrombozytär-vaskulärer und plasmatischer hämorrhagischer Diathesen

| Art der Blutung | Häufigkeit und Schweregrad der Blutungen | |
|---|---|---|
| | *Thrombozytär-vaskuläre Blutungsneigung* | *Koagulopathien* |
| Blutungen nach oberflächlichen Verletzungen | Oft profus und verlängert | Im allgemeinen nicht besonders ausgeprägt |
| Prellungen und Hämatome | Klein und oberflächlich, häufig multipel | Oft ausgedehnt und tief, gewöhnlich lokalisiert |
| Haut- und Schleimhautblutungen | Sehr häufig | Selten |
| Gelenkblutungen | Sehr selten | Relativ selten, außer bei angeborenen, schwergradigen Formen |
| Blutungen bei tiefen Gewebeverletzungen, Zahnextraktion | Im allgemeinen sofort nach Verletzungen, häufig lokale Behandlung erforderlich | Häufig verspätetes Einsetzen, lokale Behandlung ohne Erfolg |
| | ***Häufigste Manifestationen:*** | |
| | Purpura und Ekchymosen, Epistaxis, Menorrhagien, gastrointestinale Blutungen | Tiefe Weichteilblutungen (offensichtlich spontan oder posttraumatisch), Haut- und Muskelblutungen, verlängerte posttraumatische Nachblutung |

onstyp der Hämorrhagien) und unter Berücksichtigung genetischer Gesichtspunkte (Vererbungsmodus) möglich. Dagegen bleibt die Identifizierung des Blutungsübels gerinnungsanalytischen Untersuchungsmethoden vorbehalten, von deren Ergebnis die spezifischen therapeutischen Maßnahmen abzuleiten sind. Erworbene Blutungsneigungen präsentieren sich häufig in Form einer sehr uncharakteristischen gemischten Symptomatik, so daß hier die gerinnungsanalytische Abklärung unerläßlich ist. Die laboranalytische Verlaufskontrolle gibt außerdem Auskunft über die Prognose der Hämostasestörung und dient der Überprüfung der Wirksamkeit gezielter therapeutischer Maßnahmen zur Rekompensation des Hämostasepotentials.

### 10.2.2 Therapie der hämorrhagischen Diathesen

Spezielle therapeutische Maßnahmen zur Behebung einer Hämostasestörung basieren auf folgenden grundlegenden Ansätzen:

- Rekompensation des Hämostasepotentials durch Substitutionstherapie mit geeigneten Plasmafraktionen,
- pharmakologische Beeinflussung der Syntheseleistung für bestimmte Komponenten des Gerinnungssystems (z. B. Vitamin-K-Substitution),
- Unterbrechung antikoagulatorischer Einflüsse (Antikoagulanzien, Plättchenaggregationshemmer, Pharmaka) oder erworbener Inhibitoren (Immunkoagulopathien) mit Interferenzwirkung auf die Hämostasekomponenten,
- indirekte Verbesserung der Hämostasefunktion durch Hemmung der Fibrinolyse (Antifibrinolytika), therapeutische Stimulation prokoagulatorisch wirksamer Mechanismen [Desmopressin (DDAVP), Kontrazeptiva] und Verbesserung der Gefäßabdichtung bei vaskulären oder Endothelschädigungen (Kortikoide).

## 10.3 Koagulopathien

### 10.3.1 Angeborene Koagulopathien

Pathogenetisch sind angeborene Koagulopathien durch die ***fehlende Aktivierbarkeit*** eines bzw. mehrerer ***plasmatischer Faktoren*** gekennzeichnet, die für den regel-

**Tabelle 10.2.** Einteilung der Koagulopathien

| |
|---|
| *Angeborene Koagulopathien* |
| X-chromosomal-rezessive Gruppe: |
| – Hämophilie A (Faktor-VIII-Mangel) |
| – Hämophilie B (Faktor-IX-Mangel) |
| Autosomal-dominante Gruppe: |
| – Willebrand-Jürgens-Syndrom |
| – Dysfibrinogenämie |
| Autosomal-rezessive Gruppe: |
| – Mangel an Faktoren I, II, V, VII, X, XI, XII und XIII, |
| – Präkallikrein, HMW-Kininogen, $\alpha_2$-Antiplasmin |
| *Erworbene Koagulopathien* |
| Verbrauchskoagulopathie und Hyperfibrinolyse |
| Transfusionsbedingte Gerinnungsstörungen |
| Immunkoagulopathien |
| Hepatogene Hämostasedefekte |
| Vitamin-K-Mangelsyndrom |
| Hämostasestörungen bei chronischen Nierenkrankheiten |

rechten Ablauf der Intrinsic- und Extrinsic-Prothrombinaktivierung notwendig sind. Das Ausbleiben der entsprechenden Aktivität kann bedingt sein durch:

- eine quantitative Verminderung des entsprechenden Faktors infolge einer verminderten Synthese (quantitative Bildungsstörung),
- einen qualitativen Defekt in der Proteinstruktur des Faktors, durch den die Entfaltung der spezifischen Aktivität verhindert ist (qualitative Bildungsstörung).

Die Einteilung der Koagulopathien ist in Tabelle 10.2 dargestellt.

### Die X-chromosomal-rezessive Gruppe: Hämophilie A und B

***Hämophilie A (Faktor-VIII-Mangel)*** und ***Hämophilie B (Faktor-IX-Mangel)*** sind angeborene Koagulopathien mit ***X-chromosomalem rezessivem Erbgang.*** Der Defekt führt bei ***Männern*** zur klinischen Manifestation einer lebenslangen Blutungsneigung mit unterschiedlichem Schweregrad in Abhängigkeit von der Restaktivität des betroffenen Gerinnungsfaktors.

**Genetik.** Aufgrund des X-chromosomalen Erbgangs lassen sich für Hämophilie A und B folgende Kriterien aufstellen:

- Manifestation der Blutungsneigung nur beim ***männlichen*** Geschlecht,
- in einer ***Ehe zwischen Hämophilem und gesunder Frau*** sind
  – alle männlichen Nachkommen gesund,
  – alle weiblichen Nachkommen Konduktorinnen (heterozygot, Faktor-VIII- bzw. -IX-Aktivität 50 %, keine Blutungsneigung),
- in einer ***Ehe zwischen Konduktorin und gesundem Mann*** besteht
  – für männliche Nachkommen die gleiche Chance (50 %) gesund oder hämophil zu sein,
  – für die weiblichen Nachkommen die gleiche Chance (50 %) gesund oder Konduktorin zu sein.

**Hämophilie A (Mangel an Faktor VIII) und Hämophilie B (Mangel an Faktor IX) werden X-chromosomal-rezessiv vererbt. Weibliche Merkmalsträger sind klinisch gesund (Konduktorinnen), männliche Merkmalsträger sind hämophil.**

**Klinische Symptomatik.** Klinische Manifestationen der Blutungskomplikationen sind folgende:

- rezidivierende ***intraartikuläre Blutungen*** in die großen Gelenke. Folgen sind schwere Arthrosen, Inaktivitätsatrophie und Kontrakturen der Muskulatur.
- ***Muskel- und Weichteilblutungen.*** Folgen sind Blutungsanämie, Kompressionsschäden. Blutung in den M. iliopsoas verursacht z. B. eine Parese des N. femoralis. Etwa 10 % der Fälle erleiden intrakranielle Blutungen mit meist tödlichem Ausgang.
- ***Lebensbedrohliche Ereignisse*** sind Hämorrhagien im Bereich des Zungengrundes, des Mundbodens (Erstickungsgefahr), des Perikards und der Pleura. Retroperitoneale, M.-iliopsoas-, intramurale und intraabdominale Blutungen gehen häufig mit der Symptomatik eines akuten Abdomens einher und erfordern differentialdiagnostische Abklärung gegenüber Pankreatitis, Nierenkolik, Appendizitis u. ä.

**Substitutionstherapie.** Akute Blutungskomplikation: ***Faktor-VIII-*** bzw. ***-IX-Konzentrate.*** Mittels einer prophylaktischen Anwendung können stärkere Blutungskomplikationen und Folgen, wie Gelenkarthrosen, verhindert werden.

**Komplikationen der Substitutionstherapie sind:**

1. Induktion von Hemmkörpern: Etwa 5–10 % der hämophilen Patienten bilden einen Hemmstoff gegen Faktor VIII oder Faktor IX, der die zugeführte Aktivität (Faktor VIII, Faktor IX) neutralisiert, damit bleibt die Substitution wirkungslos.
2. Hepatitisrisiko: Übertragung von Hepatitisviren (Hepatitis B, Non-A-Non-B-Hepatitis) und HIV sind

durch Spenderscreening und Verwendung von hitzesterilisierten oder thermoinaktivierten Konzentraten weitgehend reduziert.

### Die autosomal-dominante Gruppe

**Willebrand-Jürgens-Syndrom.** Der Mangel an Willebrand-Faktor wird ***autosomal-dominant mit unterschiedlicher Expressivität*** vererbt und betrifft dementsprechend beide Geschlechter. Zahlreiche Varianten sind beschrieben.

***Klinisch*** imponieren hämorrhagische Phänomene vom mehr thrombozytär-vaskulären Blutungstyp: Schleimhautblutungen, Epistaxis, Gingivablutungen, Haut- und Muskelhämatome, Menorrhagien. Gerinnungsanalytisch imponiert in unterschiedlichem Ausmaß eine Verlängerung der Blutungszeit, eine Verminderung des Willebrand-Faktors und der Faktor-VIII-Aktivität.

***Therapeutisch*** erfolgt eine Substitution mit Kryopräzipitat.

**Hypo- und Dysfibrinogenämie.** Hypofibrinogenämie und Dysfibrinogenämie sind durch eine eher ***milde klinische Symptomatik*** gekennzeichnet und werden oft zufällig (Gerinnungsanalyse) entdeckt. Zahlreiche Dysfibrinogenämien gehen mit ***Blutungsneigung*** und ***thromboembolischen Komplikationen*** einher. Eine Substitutionstherapie ist selten erforderlich (bei operativen Eingriffen).

### Die autosomal-rezessive Gruppe

Angeborene Koagulopathien dieser Gruppe zeichnen sich pathogenetisch durch ein Fehlen (*A*-Form), eine Verminderung (*Hypo*-Form) oder einen qualitativen Defekt mit mangelnder Aktivierbarkeit des betroffenen Faktors (*Dys*-Form) aus. Heterozygote zeigen in der Regel keine Manifestation von Blutungsphänomenen. Familienuntersuchungen bestätigen oft Konsanguinität.

**Klinische Symptomatik.** Der ***Mangel an Faktoren II, V und VII*** manifestiert sich in der Neugeborenenperiode mit ***Nabelschnurblutungen.*** Der Blutungstyp ist vorwiegend durch Weichteilblutungen (Muskulatur, Haut), Ekchymosen, Schleimhautblutungen (gastrointestinale Hämorrhagien) und Menorrhagien gekennzeichnet und imitiert nur selten die hämophile Symptomatik (Gelenkblutungen). Der ***Faktor-XIII-Mangel*** ist neben Nabelschnurblutungen und ***lebensbedrohlichen Nachblutungen*** 2–5 Tage im Anschluß an ein Gewebetrauma durch eine verzögerte Wundheilung und Keloidbildung gekennzeichnet.

**Therapie.** Substitutionstherapie mit Frischplasma oder Konzentraten.

**Tabelle 10.3.** Pathogenese der Umsatzstörungen: Prädisponierende Krankheitsbilder

| |
|---|
| *Akute Umsatzstörungen* |
| Geburtshilfliche Komplikationen (Abruptio placentae, Fruchtwasserembolie, verhaltener Abort) |
| Septikämien (gram-negativ, Purpura fulminans, exanthematische Viruserkrankungen, Rickettsiosen, Malaria) |
| Verschiedene Formen des Schocks (kardiogen, traumatisch, hämorrhagisch, endotoxisch, septisch, anaphylaktisch, Verbrennungsschock) |
| Hämolytische Syndrome (Transfusionszwischenfälle, hämolytische Anämien, hämolytisch-urämisches Syndrom) |
| Akute Organnekrosen (akute Pankreatitis, akute Lebernekrose) |
| Postoperativ bei Eingriffen an Lunge, Pankreas, Leber, Herz, Prostata, nach extrakorporaler Zirkulation, nach Transplantationen (Niere, Leber) |
| Nach traumatischem Geschehen (Fettembolie, ausgedehnte Weichteilverletzungen) |
| *Chronische Verlaufsformen* |
| Bei Zirkulationsstörungen infolge abnormer Gefäßbildungen oder Gefäßanomalien (kongenitale zyanotische Herzvitien, Riesenhämangiom, Morbus Osler, portal dekompensierte Leberzirrhose, portokavaler Shunt) |
| Metastasierende Karzinome (Prostatakarzinom, Magenkarzinom, Pankreaskarzinom, Schilddrüsenkarzinom, maligne Erkrankungen des blutbildenden Systems) |

## 10.3.2 Erworbene Koagulopathien

Erworbene Koagulopathien sind sekundäre plasmatische Gerinnungsstörungen. Sie werden im Rahmen zahlreicher Grunderkrankungen angetroffen (Tabelle 10.3). Pathogenetisch liegt meist ein für die Grunderkrankung spezifischer Pathomechanismus vor, der das hämostatische Gleichgewicht und das Hämostasepotential durch Beeinträchtigung der Synthese, des Umsatzes oder des Abbaus einzelner Komponenten des Gerinnungs- und Fibrinolysesystems zu stören vermag. Dementsprechend werden ***Umsatzstörungen*** und ***Bildungsstörungen*** unterschieden. Neben dem plasmatischen System können auch hinsichtlich der Komplexität des pathogenetischen Geschehens das thrombozytäre und vaskuläre System miteinbezogen sein.

### Verbrauchskoagulopathie und Hyperfibrinolyse

Verbrauchskoagulopathie und Hyperfibrinolyse sind erworbene Gerinnungsstörungen, die durch eine ***intravasale Aktivierung des Gerinnungssystems*** infolge prokoagulatorischer Stimulation hervorgerufen werden. Das entscheidende pathomorphologische Substrat ist der Ablauf eines ***disseminierten intravaskulären Gerinnungsprozesses (DIC).*** Mit der Umsatzsteigerung werden in der Zirkulation Thrombozyten, plasmatische Faktoren und Fibrinogen verbraucht und damit das Hämostasepotential kritisch vermindert. Als Antwort auf die diffuse periphere Mikrothrombosierung wird die ***sekundäre Fibrinolyseaktivierung*** in Gang gesetzt, die zwar die Fibrinierung der Mikrozirkulation beseitigen kann, jedoch ihrerseits über die proteolytische Aktivität weiterhin zur Verminderung des Hämostasepotentials (Hypofibrinogenämie) beiträgt und die Manifestation hämorrhagischer Erscheinungen provoziert. Die DIC ist bei akuten Verlaufsformen für das ***multiple Organversagen*** und die Perpetuierung des ***Schocks*** verantwortlich. Chronische Verlaufsformen sind durch das Nebeneinander von hämorrhagischen Phänomenen und thromboembolischen Komplikationen charakterisiert (thrombohämorrhagisches Phänomen).

**Die Verbrauchskoagulopathie ist die Folge einer akuten disseminierten intravasalen Gerinnung (DIC). Thrombozyten, plasmatische Faktoren (Antithrombin III) und Fibrinogen werden verbraucht, die sekundär eintretende Fibrinolyse führt zum Auftreten von Fibrinabbauprodukten.**

**Klinische Symptomatik.** Die Verbrauchskoagulopathie ist ein sekundäres Phänomen. Nach kritischer Verminderung des Hämostasepotentials (Dekompensation, s. Tabelle 10.1) erscheinen ***gemischte Blutungsphänomene*** vom thrombozytären Typ (Petechien, Schleimhautblutungen, Stichkanäle) und vom plasmatischen Typ mit Ekchymosen, gefolgt von nekrotisierenden Hämorrhagien vorwiegend an den Akren (Nase, Finger, Zehen) sowie an Druckstellen (Ohrmuschel, Ellenbogen). Suffusionen und ausgedehnte Weichteilblutungen (Muskel, Retroperitoneum) sind eher Ausdruck einer Hyperfibrinolyse. Gleichzeitig erscheinen Symptome, die auf ein multiples Organversagen hinweisen: ***Schocklunge (ARDS), akutes Nierenversagen,*** gefolgt von einer ***Schocksymptomatik.*** Beim septischen und traumatischen Schock sind das Schockereignis und seine auslösenden Pathomechanismen Induktionsfaktoren des intravaskulären Gerinnungsprozesses; die Verbrauchskoagulopathie erscheint später. Die klinische Analyse des akuten Syndroms läßt in der Regel entweder einen akuten Auslösemechanismus und/oder eine konditionierende Grundkrankheit erkennen, die für die Induktion der prokoagulatorischen Stimulation verantwortlich sind. ***Gerinnungsanalytisch sind beweisend:*** Thrombozytopenie, positiver Nachweis von Fibrinogenderivaten (Fibrinmonomere, Fibrinspaltprodukte), Verminderung von Fibrinogen und Antithrombin III sowie progredienter Aufbrauch des Hämostasepotentials mit Verlängerung aller Globaltests (partielle Thromboplastinzeit, Thromboplastinzeit, Plasmathrombinzeit).

**Therapie.** Diese erfolgt in folgenden Schritten:
- Behandlung der ***Grunderkrankung*** bzw. Ausschaltung des ***Auslösemechanismus*** der prokoagulatorischen Stimulation, die den DIC-Prozeß unterhält.
- Aufrechterhaltung einer adäquaten ***Kreislauffunktion*** zur Vermeidung einer Mikrozirkulationsstörung bei drohendem Schocksyndrom (Volumentherapie, Schockbehandlung).
- Bei Manifestation einer Blutungsneigung (kritische Verminderung des Hämostasepotentials) ***Substitutionstherapie*** mit Frischplasma 6–8 Einheiten/Tag und Thrombozytenkonzentraten.
- ***Antikoagulation mit Heparin*** zur Unterbrechung der prokoagulatorischen Stimulation.
- Antithrombin-III-Substitution.
- Substitution von Fibrinogen (wenn <50 mg/dl).
- Bei gerinnungsanalytisch nachgewiesener Hyperfibrinolyse: Antifibrinolytika (Aprotinin, Epsilonaminocapronsäure).

### Transfusionsbedingte Gerinnungsstörung

Die Volumen- und Transfusionstherapie als intensivmedizinische Maßnahme bei großen Blutverlusten (traumatisch-hämorrhagischer Schock, gastrointestinale Blutungen, Ösophagusvarizenblutung, große Gefäßchirurgie) unter den Bedingungen der ***Massivtransfusion*** (Einzeltransfusion >2,5 l oder >5 l/24 h) ruft eine vielschichtige Gerinnungsstörung hervor. Sie ist teils bedingt durch einen Verdünnungseffekt infolge Blutverlust und Volumenersatz mit Plasmaersatzmittel (Dextran, Gelatine, Hydroxyäthylstärke, Albumin) und kristallinen Lösungen („Verdünnungskoagulopathie") und Ausdruck einer unzureichenden Substitution mit Plasmakonserven.

**Therapie.** Substitution mit Frischplasma (1 Einheit nach jeder 2.–3. Konserve Erythrozytenkonzentrat).

### Immunkoagulopathien

Immunkoagulopathien sind selten vorkommende, erworbene, durch bestimmte gegen die Aktivität eines Gerinnungsfaktors gerichtete ***Antikörper*** hervorgerufene Gerinnungsstörungen mit oder auch ohne Manifestation einer Blutungsneigung, gelegentlich auch kombiniert mit einer Thromboseneigung. Der Antikörper, meist zur ***IgG-Klasse*** gehörend, kann in seiner Inhibitorwirkung entweder gegen einen Gerinnungsfaktor (Faktor VIII, seltener andere Faktoren) spezifisch gerichtet sein (Typ I) oder als Hemmstoff mit einer bestimmten Aktivierungsstufe (Prothrombinaktivierung, Kontaktphase) im Ablauf des plasmatischen Gerinnungssystems interferieren (Typ II).

Immunkoagulopathien werden bei folgenden klinischen Syndromen angetroffen:

- nach ***Schwangerschaft,***
- bei ***Autoimmunerkrankungen*** (Kollagenosen, Arteriitiden, Colitis ulcerosa, systemischer Lupus erythematodes),
- ***medikamentös-allergisch bedingt*** (Penizilline, Sulfonamide, Chlorpromazin, Hydantoin),
- bei ***monoklonalen Gammopathien und malignen Lymphomen,***
- ohne definierbare Ursache bei ***älteren Menschen.***

Typ-II-Inhibitor ist oft mit anderen immunhämatologischen Phänomenen assoziiert (Hämolyse, Immunthrombozytopenie u. ä.).

**Therapie.** Bei akuten Blutungskomplikationen ***Substitutionstherapie*** mit Faktor-VIII-Konzentraten, APKK, Plasmapherese; ***Kortikoide*** zur Eliminierung des Inhibitors (Typ I), falls dieser nicht spontan verschwindet.

### Hepatogene Hämostasedefekte

Die ***Leberzelle*** ist Bildungsstätte fast aller Gerinnungs- und Fibrinolysefaktoren einschließlich deren Inhibitoren. Etwa die Hälfte der RES-Clearance-Kapazität ist in der Leber durch die ***Kupffer-Sternzellen*** repräsentiert. Die Besonderheiten der Gefäßversorgung (V. portae) betont die strenge Abhängigkeit der metabolischen Leistung, also auch der Synthese und des Umsatzes der Hämostasekomponenten, von der Hämodynamik.

Folgende Mechanismen sind für die ***Pathogenese der hepatogenen Gerinnungsstörung*** von Bedeutung:

- ***Schädigung der Leberzelle mit Verminderung der Syntheseleistung.*** Sie führt zur erworbenen Bildungsstörung. Davon sind alle Faktoren, besonders auch die Vitamin-K-abhängigen Gerinnungsproteine (Faktoren II, VII, IX, X, Protein C) und die Prothrombinkomplexfaktoren betroffen (Vitamin-K-Verwertungsstörung), ebenso alle Faktoren mit einer kurzen Halbwertszeit (Faktoren V und VII). Das Inhibitorpotential ist reduziert (Antithrombin III, Antiplasmine), das Substrat der Fibrinolyseaktivierung (Plasminogen) vermindert.
- ***Leberzellnekrosen mit Freisetzung lysosomaler Enzyme und intrazellulärer Proteasen*** begünstigen die prokoagulatorische Stimulation und fibrinolyseaktivierende Mechanismen. Dadurch wird eine Umsatzstörung (Verbrauchskoagulopathie und Fibrinolyse) in Gang gesetzt. Verminderung des Antithrombin-III-Potentials und Änderung der hämodynamischen Integrität der Leberzirkulation (Schock, portale Hypertension, Ösophagusvarizenblutung) mit Einschränkung der zirkulatorischen und phagozytären RES-Clearance perpetuieren die Verbrauchskoagulopathie.
- ***Toxische Knochenmarksschädigung*** [endotoxisch, nutritiv (Folsäuremangel, Alkohol), andere Toxine] sowie ***Hyperspleniesyndrom*** (portale Hypertension) begünstigen zusätzlich die Ausbildung einer Thrombozytopenie und Thrombozytopathie (thrombozytäre Bildungsstörung).

**Klinische Symptomatik.** Die hepatogene Gerinnungsstörung ist der häufigste erworbene Hämostasedefekt innerhalb des internistischen Krankenguts und wird vorwiegend bei ***Leberzirrhose*** angetroffen. Die Inzidenz liegt bei 50–60 %. Die Blutungsneigung manifestiert sich in Form von Ekchymosen (Unterarme!) und ***Schleimhautblutungen*** (Epistaxis) und weist überwiegend die Merkmale des thrombozytären Blutungstyps auf. Akut verlaufende ***Leberzellnekrosen*** (hepatitisch, Knollenblätterpilzvergiftung, $CCl_4$) sind meist von ***Weichteilhämatomen, Suffusionen*** sowie ***Schleimhautblutungen*** (gastrointestinal) begleitet, wie sie für plasmatische

Koagulopathien charakteristisch sind (Mangel an Faktoren II, V, VII, X sowie Fibrinogen). Komplexe Hämostasestörungen werden gelegentlich bei chronisch aktiver Hepatitis und anderen autoimmun bedingten Lebererkrankungen angetroffen. Sie umfassen Vitamin-K-Verwertungsstörung (Prothrombinkomplexmangel, Bildungsstörung), Immunthrombozytopenie, Verbrauchsreaktionen mit Hyperfibrinolyse (Aktivatorfreisetzung bei nekrotischem Schub, Umsatzsteigerung), sowie toxische, iatrogen induzierte Thrombozytopenien (D-Penizillamin, Azathioprin). Es besteht eine Korrelation zwischen Ausmaß der Verminderung der Prothrombinkomplexfaktoren und der Prognose akuter Lebererkrankungen.

**Die Bildung der Gerinnungsfaktoren II, VII, IX, X und Protein C ist Vitamin-K-abhängig.**

**Therapie.** Sie erfolgt in folgenden Schritten:

- Substitutionstherapie: bei akuten Blutungskomplikationen Frischplasma, gefrorenes Frischplasma, evtl. Thrombozytenkonzentrate. Plasmapherese mit Substitution ist in allen Fällen von akuter Leberzellnekrose indiziert (Tetrachlorkohlenstoff- oder Knollenblätterpilzintoxikation, akute Hepatitis).
- Substitution mit Antithrombin-III-Konzentrat bei Verbrauchskoagulopathie.
- Vitamin-K-Substitution: nach Ösophagusvarizenblutung und bei Darmdekolonisation (Neomycinsulfat). Vitamin K ist bei hepatozellulär bedingten Vitamin-K-Verwertungsstörungen zwecklos.

### Vitamin-K-Mangel-Syndrom

***Erworbene Hypoprothrombinämien*** können außer durch Vitamin-K-Verwertungsstörungen und Dicumaroltherapie auch bei Resorptionsstörungen und echtem Mangel auftreten. Blutungskomplikationen manifestieren sich klinisch bei Quickwerten <30% mit dem Bild der Schleimhautblutung (Epistaxis, gastrointestinal, Hämaturie) und Hämatomen bzw. Ekchymosen.

Der echte Mangel ist selten und wird bei parenteraler Ernährung und gleichzeitiger Antibiotikatherapie angetroffen (Darmdekontamination bei Langzeitbeatmung). ***Vitamin-K-Resorptionsstörungen*** können bedingt sein durch fehlende Galleausscheidung in den Darm (Gallenwegsverschlußsyndrom, interne oder externe Gallefistel, Cholestasesyndrom) oder durch Malabsorption bei verschiedenen Darmerkrankungen (Sprue, Morbus Crohn, Darmresektion). Zur Substitution genügen 5 mg Vitamin K/Tag p.o. Akute Blutungskomplikationen bedürfen der Substitution mit Prothrombinkomplexkonzentraten (PPSB).

**Die akute Blutung bei Hypoprothrombinämie (z.B. durch Vitamin-K-Verwertungsstörung, Dicumaroltherapie) erfordert die Substitution mit Prothrombinkomplexkonzentraten (PPSB).**

### Hämostasestörungen bei chronischen Nierenerkrankungen

Im Rahmen von Nierenerkrankungen werden eine Vielzahl von pathogenetisch uneinheitlichen Hämostasedefekten beobachtet.

Die ***urämische Blutungsneigung*** (chronisches Nierenversagen) beinhaltet eine Störung des Energiestoffwechsels der Plättchen, Thrombozytopenie (toxische Knochenmarksschädigung) und vaskuläre Defekte, die zur Regulation des Prostazyklins in der Gefäßwand in Beziehung stehen. Die Veränderungen sind nach Dialysetherapie oder Nierentransplantation rückgängig. Gelegentlich sind bei Blutungskomplikationen Thrombozytentransfusionen notwendig. Auch Kryopräzipitat scheint den vaskulären Defekt günstig zu beeinflussen. Das ***nephrotische Syndrom*** ist durch eine ***Thromboseneigung*** infolge renalen Verlustes von ***Antithrombin III*** charakterisiert.

## 10.4 Thrombozytäre hämorrhagische Diathesen

Thrombozytär bedingte Blutungsneigungen unterteilen sich in ***Thrombozytopenien*** und ***Thrombozytopathien*** (Tabelle 10.4). Verminderung der Plättchenzahl unter 30000/μl führt zur Manifestation hämorrhagischer Phänomene in Form petechialer Blutungen an der Haut sowie Schleimhautblutungen. ***Die Blutungszeit ist verlängert*** (>4 min). Bei Thrombozytopathien sind meist verschiedene Partialfunktionen gestört. Im Knochenmark kann die Megakaryozytenbildung gestört oder vermindert (Knochenmarksschädigung bei Bildungsstörungen), im Rahmen von Immunthrombozytopenien mit vermehrtem peripheren Umsatz der Plättchen gesteigert sein (Morbus Werlhof; AITP).

**Das Ausmaß der funktionellen Auswirkung von Thrombopenien und/oder -pathien läßt sich nur an der Blutungszeit erkennen.**

***Thrombozythämie*** (Thrombozytenzahl zwischen 500 000–1 000 000/μl) und ***Thrombozytose*** (Thrombozytenzahl >1 000 000/μl) gehen mit erhöhter Plättchenreaktivität sowie Funktionsstörungen und klinisch mit thromboembolischen Komplikationen einher.

## 10.4.1 Angeborene Thrombozytopenien und Thrombozytopathien

Kongenitale Plättchendefekte sind selten. Die thrombozytäre Blutungsneigung ist mit verschiedenen anderen angeborenen Defekten kombiniert (Immundefekte, generalisiertes Ekzem, aplastisches Syndrom, Radiusaplasie u. a.). Der ***Thrombasthenie Glanzmann-Naegeli*** liegt ein Defekt der membranständigen Glykoproteine zugrunde, wodurch die Thrombozytenadhäsion gestört ist.

## 10.4.2 Erworbene Thrombozytopenien

Etwa 60–70% aller klinisch relevanten Hämostasedefekte sind auf erworbene Thrombozytopenien zurückzuführen.

### Klinische Symptomatik

Je nach Ausmaß der Thrombozytopenie stellen sich ubiquitäre ***petechiale Hautblutungen,*** meist verstärkt an den unteren Körperpartien, ein, begleitet von Epistaxis und Gingivablutungen, gefolgt von Ekchymosen und Sugillationen. Zerebrale Blutungen sind am häufigsten bei Thrombozytopenien im Gefolge von Hämoblastosen. Führende analytische Kriterien sind: Verlängerung der Blutungszeit (>4 min), Thrombozytopenie <100 000/μl sowie Störung verschiedener Partialfunktionen bei Thrombozytopathie (Aggregation, Adhäsion, Freisetzungsreaktion, Retraktion). Die hämorrhaghischen Phänomene manifestieren sich obligat bei Absinken der Plättchenzahl auf <30 000/μl.

**Bei Thrombozytopenien finden sich petechiale Hautblutungen vorwiegend an den unteren Körperpartien und den Schleimhäuten.**

**Tabelle 10.4.** Einteilung der thrombozytären hämorrhagischen Diathesen

| |
|---|
| *Angeborene Thrombozytopenien* |
| Wiskott-Aldrich-Syndrom |
| Thrombozytopenie mit Radiusaplasie |
| Fanconi-Syndrom (kongenitale Panmyelopathie) |
| polyphyle Reifungsstörung May-Hegglin |
| *Angeborene Thrombozytopathien* |
| Adhäsionsdefekte: |
| – thrombozytäre Dystrophie Bernard-Soulier |
| – Ehlers-Danlos-Syndrom |
| Aggregationsdefekte: |
| – primär: |
| Thrombasthenie Glanzmann-Naegeli |
| essentielle Athrombie |
| – sekundär: |
| Speicherdefekte (ADP) |
| defekte Eicosanoidsynthese |
| gestörte Freisetzungsreaktion |
| *Erworbene Bildungsstörungen:* |
| Symptomatische Thrombozytopenien |
| – Knochenmarksschädigung (toxisch, neoplastisch, medikamentös-toxisch) |
| Thrombozythämie und Thrombozytose |
| *Erworbene Umsatzstörungen:* |
| immunologisch bedingte Thrombozytopenien |
| – Autoimmunthrombozytopenien: |
| idiopathisch (AITP, Morbus Werlhof) |
| symptomatisch (SLE, Kollagenosen, andere Autoimmunerkrankungen) |
| neonatal |
| posttransfusionell |
| – bei unspezifischen Immunreaktionen (Immunkomplexe): allergisch, medikamentös-induziert |
| Thrombozytopenien verschiedener Genese (para- und postinfektiös, metabolisch, endokrin-bedingt, mechanisch, Verbrauch) |

### Therapie

Vordringliches Ziel der therapeutischen Maßnahmen bei Thrombozytopenien ist die ***Anhebung der Plättchenzahl in den hämostatisch aktiven Bereich*** (>80 000/μl). Entsprechend der Vielzahl ätiopathogenetischer Mechanismen ist die kausale Therapie, sofern möglich, unterschiedlich. Sie betrifft die Ausschaltung der Noxe (Medikamente, toxische Substanzen) und infektiös-toxischer Einflüsse, die Unterbrechung der immunologischen und allergischen Mechanismen, Kompensation der metabolischen Störung (Endokrinopathien, Vitaminmangel, Urämie).

Akute, meist lebensbedrohliche Blutungskomplikationen bedürfen der symptomatischen Behand-

## FALL 10 A

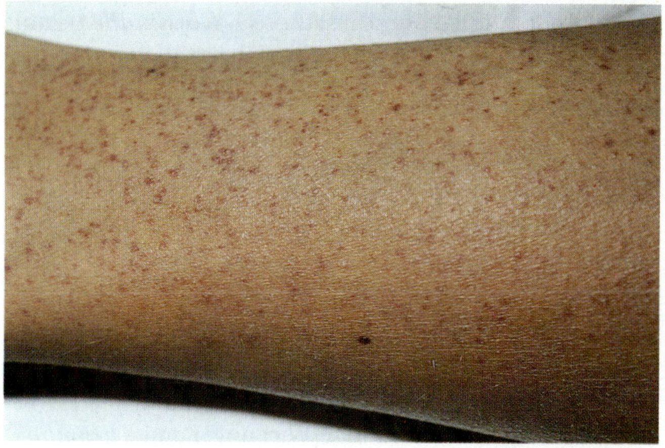

**Abb. 10.1.** Petechiale Blutungen am Unterschenkel bei Autoimmunthrombozytopenie

**Anamnese.** Die 20jährige Schülerin bemerkte nach einem Sonnenbad auf geröteter juckender Haut kleine rote Punkte an Oberarmen und Dekolleté, die nach Stunden teilweise zu blauen Flecken zusammenflossen und nach 1–2 Wochen spontan verschwanden. Die Patientin fühlte sich müde, die Menstruation 1 Woche nach Auftreten der Punkte war länger und stärker als sonst.

4 Wochen nach dem 1. Ereignis traten nach einem Sonnenbad erneut rote Punkte auf, diesmal an beiden Beinen, beiden Armen, an Rücken und Oberkörper.

**Klinische Untersuchung.** Am Rücken und im Bereich der vorderen Schweißrinne fanden sich unzählige punktförmige petechiale Blutungen, deutlich weniger im Bereich von Armen und Beinen sowie an Mundschleimhaut und Gaumen. Mit Ausnahme der Schleimhäute waren nur besonnte Hautstellen betroffen.

**Labor.** Thrombozyten 4000/μl, Blutungszeit >10 min. Alle Routinewerte lagen im Normbereich. Die Untersuchung auf plättchenassoziierte Immunglobuline ergab eine extrem erhöhte Beladung der Thrombozyten mit IgM und IgG und eine stark erhöhte Beladung mit C3d.

**Diagnosen.** Autoimmunthrombozytopenie unklarer Genese mit petechialen Blutungen und Menorrhagie; symptomatisch bei Dermatitis solaris.

**Therapie und Verlauf.** Nach Gabe von Thrombozytenkonzentraten stiegen die Thrombozyten auf 9000/μl und pendelten sich dann zwischen 2000–3000/μl ein. Ein Therapieversuch mit Immunglobulinen i.v. mußte wegen einer anaphylaktoiden Reaktion abgebrochen werden. Auf Gabe von Danazol und Fluocortolon kam es nach 4 Wochen zu einem langsamen Anstieg der Thrombozyten, weitere 8 Wochen später waren die Thrombozyten normal und blieben dies auch nach Absetzen der Medikamente. Seither sind 4 Jahre vergangen, die Patientin ist gesund.

lung, deren zentrale Maßnahme die Plättchentransfusion ist.

Die Indikation zum Einsatz von ***Kortikoiden*** zum Erreichen einer Remission ergibt sich bei allen ***immunologisch bedingten Thrombozytopenien*** (Umsatzstörungen) sowie bei symptomatischen Knochenmarksschädigungen.

Die ***idiopathische Autoimmunthrombozytopenie (Morbus Werlhof)*** ist eine in Schüben verlaufende chronische Blutungsneigung, der eine beschleunigte Elimination der Thrombozyten (Überlebenszeit wenige Stunden, Normalwert 9–11 Tage) durch die Einwirkung eines ***thrombozytären Autoantikörpers*** (Antiplättchenfaktor) zugrunde liegt. Im akuten Blutungsschub erfolgt die Therapie mit ***Kortikoiden,*** hochdosierten Gaben von ***Immunglobulinen*** (nur kurze Wirkung!) und ***Thrombozytentransfusionen.***

Führt die Kortikoidtherapie über 6 Monate nicht zum Ziel, so ist die ***Splenektomie*** bei akuter idiopathischer Autoimmunthrombozytopenie indiziert (die Milz ist der Ort der Autoantikörperbildung und das Sequestrations- und Eliminationsorgan für die Plättchen). Im Rahmen anderer immunologisch bedingter Thrombozytopenien (Umsatzstörungen) ist die Indikationsstellung mit strengeren Maßstäben zu überprüfen (Umsatzmessungen, Überlebenszeitbestimmung und Lokalisation des vorwiegenden Abbauortes der Plättchen in Leber/Milz). Bleibt bei idiopathischer Autoimmunthrombozytopenie der Erfolg der Kortikoidbehandlung und der Splenektomie aus (in ca. 10–30% der Fälle), so ist der Einsatz von Immunsuppressiva möglich (Azathioprin, Zyklophosphamid, Vincristin).

Bei einer Reihe von erworbenen (myeloproliferative Erkrankungen, Paraproteinämie, Lebererkrankungen) und angeborenen Thrombozytopathien kann durch Verabreichung von ***Kryopräzipitat*** bei Blutungen die Hämostasefunktion gebessert werden. Bezüglich der medikamentös induzierten Thrombozytopathien (Aggregationshemmer, Penizilline, Zephalosporine) ist die Plättchentransfusion mit Kryopräzipitat zu kombinieren.

Trotz des pathomorphologischen Substrates einer generalisierten Mikrothrombosierung bleibt bei der ***thrombotisch-thrombozytopenischen Purpura Moschcowitz*** und dem ***hämolytisch-urämischen Syndrom (HUS)*** die Antikoagulation mit ***Heparin wirkungslos.*** Frischplasmagabe bzw. Plasmapherese erbringen hier überzeugende therapeutische Erfolge.

### 10.4.3 Thrombozythämie und Thrombozytose

Primäre und sekundäre ***Thrombozythämie*** sind durch ***Blutungskomplikationen*** infolge Plättchenfunktionsstörungen bei gleichzeitigen ***thromboembolischen Komplikationen*** gekennzeichnet. Die Therapie umfaßt die Gabe vom $^{32}$P, Zytostatika und Aggregationshemmern.

> **Thrombozythämien können sowohl zu Blutungskomplikationen als auch zu thromboembolischen Komplikationen führen.**

## 10.5 Vaskuläre hämorrhagische Diathesen

Den vaskulären hämorrhagischen Diathesen liegt entweder eine ***umschriebene Wandveränderung*** oder eine ***erhöhte Gefäßpermeabilität*** und ***-fragilität*** zugrunde (Tabelle 10.5). Neben Strukturveränderungen der Gefäßwandschichten spielen infolge unterschiedlicher Noxen ausgelöste Endothelläsionen eine pathogenetische Rolle. Der Blutungstyp ist meist ***petechial,*** soweit die Hämorrhagien nicht von lokalen Gefäßanomalien ausgehen. Neben den Haut- und Schleimhautblutungen sind ausschließlich bei den angeborenen vaskulären Leiden die jeweils charakteristischen, typisch lokalisierten Gefäßanomalien und Mißbildungen herauszustellen (Angiome). Gerinnungsanalytisch läßt sich in der Regel ein völlig intaktes Hämostasesystem demonstrieren. Gelegentlich werden im Rahmen ausgedehnter Gefäßmißbildungen und schwerer entzündlicher Vaskulitiden Umsatzstörungen (Verbrauchsreaktionen) beobachtet.

### 10.5.1 Angeborene Vasopathien

#### Hereditäre Teleangiektasie

Der ***Morbus Rendu-Osler-Weber*** ist ein ***autosomaldominantes Erbleiden*** mit starker Penetranz. Die Homozygotie gilt als Letalfaktor. Heterozygote Merkmalsträger weisen innerhalb der Sippe hinsichtlich der Blutungslokalisation und Intensität oft eine relativ gleichförmige Symptomatik auf. Die Gefäßanomalien imponieren als Knötchen mit sternförmigen Teleangiektasien, vorwiegend im Bereich der Schleimhäute (Mund, Gingiva, Zunge), seltener der Haut an den Füßen und Händen. Ähnliche Läsionen in der Lunge und im Magen-

**Tabelle 10.5.** Einteilung der vaskulären hämorrhagischen Diathesen

| |
|---|
| *Angeborene Vasopathien:* |
| – hereditäre Teleangiektasie (M. Rendu-Osler-Weber) |
| – Riesenhämangiom (Kasabach-Merritt-Syndrom) |
| – retinozerebellare Angiomatose (Hippel-Lindau) |
| – Ehlers-Danlos-Syndrom |
| – Hereditäre Purpura simplex |
| *Erworbene vaskuläre hämorrhagische Diathesen:* |
| infektiös-toxisch, infektiös-allergisch: |
| – Purpura rheumatica Schönlein-Henoch |
| – allergische Vaskulitiden bei Infektionskrankheiten |
| – Immunkomplexvaskulitis |
| – toxisch-infektiöse Endothelschädigung |
| autoimmunologisch-induziert: |
| Kollagenosen: |
| – SLE, Periarteriitis nodosa, |
| – Sklerodermie, Dermatomyositis, |
| – rheumatoide Arthritis |
| Endokrinopathien: |
| – Morbus Cushing |
| – Diabetes mellitus |
| Paraproteinämie: |
| – Plasmozytom |
| – Makroglobulinämie Waldenström |
| – Kryoglobulinämie |
| – Amyloidose |
| medikamentös-toxisch |
| medikamentös-allergisch |
| nutritiv: |
| – Vitamin-C-Avitaminose (Skorbut) |

darmtrakt geben mitunter bei Ruptur Anlaß zu lebensbedrohlichen Blutungen.

### Hämangiome

Dem ***Kasabach-Merritt-Syndrom (Riesenhämangiom)*** liegt ein gutartiger, die Venolen betreffender, meist in der Haut lokalisierter Gefäßtumor unterschiedlicher Ausdehnung zugrunde. Verbrauchsreaktionen bei großen Gefäßkonvoluten sind häufig. Der retinozerebellaren Angiomatose liegt pathologisch-anatomisch eine angioblastische kapilläre Hämangiombildung im Bereich der Retina und des Kleinhirns zugrunde. Infolge Ruptur stellen sich rezidivierende Blutungen mit typischer Lokalisation ein.

## 10.5.2 Erworbene Vasopathien

Die ***Purpura Schönlein-Henoch*** wird im pädiatrischen Krankengut beobachtet. Das Vollbild der Erkrankung kommt in der Mehrzahl der Fälle 2–3 Wochen nach einem Vorinfekt zum Ausbruch. Die wesentlichen klinischen Symptome des perakuten Krankheitsbildes sind Fieber, die Ausbildung eines makulopapulösen, vorwiegend an den Streckseiten und in Gelenknähe lokalisierten Exanthems mit Begleithämorrhagien, eine akute Arthritis an den großen Gelenken (60–70% der Fälle) und abdominale Schmerzen (50–80% der Fälle). Häufig bestehen schwere gastrointestinale Blutungen. Der Verlauf wird durch Nierenbeteiligung (Glomerulonephritis, Herdnephritis) und Polyserositis kompliziert. Die Ätiologie ist nicht endgültig geklärt, pathogenetisch steht das Bild einer infektiös-allergischen, hyperergischen Vaskulitis im Vordergrund, auch eine medikamentös-allergische Genese ist möglich. Die Therapie ist symptomatisch.

Auch bei der thrombotisch-thrombozytopenischen Purpura (Moschcowitz-Syndrom) und dem hämolytisch-urämischen Syndrom sind die hämorrhagischen Phänomene teils Ausdruck einer hyperergischen Vaskulitis.

### Infektiös, toxisch, medikamentös-allergisch, metabolisch bedingte und autoimmunologisch-induzierte Vasopathien

Das Endothel ist Zielorgan zahlreicher direkter und indirekter Noxen. Die Zuordnung der möglichen Pathomechanismen ergibt sich aus der Einteilung der erworbenen Vasopathien (s. Tabelle 10.5). In der Regel sind die hämorrhagischen Symptome sekundäre Phänomene der entsprechenden Grunderkrankung. In bezug auf ihre Intensität zeigen sie meist einen prognostisch ungünstigen Verlauf der Erkrankung an. Die Therapie ist symptomatisch bzw. richtet sich gegen die auslösenden Pathomechanismen der Endothelschädigung oder gegen die Grunderkrankung.

## Literatur

Barthels M, Poliwoda H (1987) Gerinnungsanalysen. Thieme, Stuttgart

Begemann H, Rastetter J (1986) Klinische Hämatologie. Thieme, Stuttgart

Hiller E, Riess H (1988) Hämorrhagische Diathese und Thrombose. Wissenschaftliche Verlagsgesellschaft, Stuttgart

# 11 Knochenkrankheiten

H. W. Minne

ZUSAMMENFASSUNG

Die zellfreie Knochengrundsubstanz besteht aus einem ***anorganischen Anteil,*** druckfesten Kalksalzen mit insgesamt 1000–1500 g Kalzium, und einem ***organischen Anteil,*** Kollagen, Osteokalzin, biologisch aktiven Proteinen u. a. ***Osteoblasten, Osteoklasten*** und ***Osteozyten*** bauen Knochengrundsubstanz auf und um. Sie reparieren Verletzungen und formen Strukturen.

Die ***Hormone der Kalziumhomöostase,*** Parathormon und Vitamin-D-Hormon regulieren den Austausch des Knochenkalziums mit dem der extrazellulären Körperflüssigkeiten. ***Lokal wirksame Faktoren,*** wie der „transforming growth factor β", Interleukine oder Lymphotoxine, steuern den lokalen Knochenumbau. Diese Hormone und Faktoren regulieren die Aktivität und Interaktion der Knochenzellen.

Störungen der Kalziumhomöostase oder allgemeine Knochenstoffwechselstörungen wirken auf das Gesamtskelett, auch wenn Einzelsymptome lokal dominieren mögen. Lokalisierte Störungen des Knochenstoffwechsels entstehen als Folge örtlich begrenzt wirksamer Veränderungen, z. B. durch die Produktion osteolytisch oder osteogenetisch wirksamer Faktoren durch Malignommetastasen.

## 11.1 Überwiegend generalisierte Knochenkrankheiten

Generalisierte Erkrankungen der Knochen können zu Verlust der Knochenmasse und zu Frakturen führen. Die wichtigsten Ursachen sind in Tabelle 11.1 zusammengefaßt.

**Tabelle 11.1** Mögliche Ursachen eines mit Knochenbruch einhergehenden Verlusts der Knochenmasse

| |
|---|
| Osteogenesis imperfecta |
| Idiopathische „primäre" Osteoporose |
| Altersosteoporose |
| Typ I: Postmenopausenosteoporose mit dominantem Befall der Wirbelsäule |
| Typ II: Altersosteoporose mit Befall von Wirbelsäule und Röhrenknochen |
| Sekundäre Osteoporose/Mischosteopathien |
| Endokrine Ursachen: |
| Hyperkortizismus |
| Hypogonadismus |
| Hyperthyreose |
| Gastroenterologische Ursachen: |
| chronische Pankreatitis mit Pankreasinsuffizienz (nutritiv toxische Alkoholkrankheit mit einseitiger Ernährung) |
| einheimische Sprue (Colitis ulcerosa, Morbus Crohn) |
| Onkologische Ursachen: |
| Plasmozytom, andere hämatologische Systemerkrankungen |
| diffuse metastatische Knochendurchsetzung bei solidem Tumor |
| Hereditäre Formen: |
| Leopard-Syndrom |

### 11.1.1 Endokrinologische Krankheiten

#### Primärer Hyperparathyreoidismus

**Inzidenz und Pathogenese.** Autonome Parathormonbildung ist bei 85% der Betroffenen Folge eines einzelnen Nebenschilddrüsenadenoms, bei den übrigen 15% von Mehrfachadenomen oder Drüsenhyperplasie und bei weniger als 1% von Nebenschilddrüsenkarzinomen. Die Krankheit ist bei Frauen doppelt so häufig wie bei Männern. Sie kann Teil einer multiplen endokrinen Neoplasie vom Typ I sein.

**Symptomatologie.** Hyperkalzämie, Hypophosphatämie, gesteigerte Kalzurie und Phosphaturie sowie vermehrte Ausscheidung von renalem cAMP bei hohen Parathormonspiegeln.

Hyperkalzämie erzeugt ein ***Hyperkalzämiesyndrom*** mit Polyurie und Polydipsie, beim alten Menschen mit reduziertem Durstgefühl häufig Exsikkose. Es entsteht Hypokaliämie. Übelkeit und Erbrechen können auftreten. Exsikkose und Elektrolytverschiebungen erzeugen kardiale Symptome. Müdigkeit, Hyporeflexie, Übellaunigkeit und reaktive Depression werden gefunden.

**Ein Hyperkalzämiesyndrom entsteht unabhängig von der Hyperkalzämieursache. Es ist abhängig von der Geschwindigkeit des Kalziumanstieges, weniger von seinem Ausmaß.**

Der Wechsel von Polyurie zur Anurie, von Müdigkeit über Somnolenz zum Koma markiert den Beginn einer unbehandelt stets tödlich endenden ***hyperkalzämischen Krise.***

Röntgenologisch werden am Knochen reduzierte Dichte, gelegentlich Spongiosierung der Kompakta, Akroosteolysen und im Einzelfall sog. „braune Tumoren" (Osteoklastome) nachgewiesen (Tabelle 11.2). Nierensteine, Pankreatitis und Magenulkus sind im Folgestadium der Krankheit typische Organmanifestationen.

**Differentialdiagnose.** Hyperkalzämie ist bei 30–50 % der Kranken paraneoplastisch erzeugt die Folge malignen Tumorwachstums. Dafür sind Tumorprodukte wie Wachstumsfaktoren, Interleukine, „tumor necrosis factor" und/oder „PTH-related-peptide" verantwortlich. Hyperkalzämie kann durch autonome Bildung des Vitamin-D-Hormons beim Morbus Boeck entstehen. Nach erfolgreicher Nierentransplantation kann der ursprünglich sekundäre Hyperparathyreoidismus Autonomie erlangen und über Wochen bis Monate Hyperkalzämie erzeugen. Andere Ursachen (Hyperthyreose, Immobilisation u. a.) werden selten gefunden.

Die ***Messung des intakten Parathormons im Blut*** kann bei der Differentialdiagnose hilfreich sein: Beim primären Hyperparathyreoidismus ist es bei mehr als 90 % erhöht, bei den übrigen Hyperkalzämieursachen supprimiert bzw. niedrig. Der Differentialdiagnose dienen außerdem die ***Immunelektrophorese,*** die Bestimmung der ***Vitamin-D-Metaboliten,*** des ***ACE*** sowie von ***Tumormarkern.*** Typische Skelettveränderungen können nur bei weniger als 20 % der Patienten mit primärem Hyperparathyreoidismus röntgenologisch nachgewiesen werden. Das Skelettszintigramm kann beim Plasmozytom negativ sein. Die Halssonographie zur Ortung eines Nebenschilddrüsenadenoms ist in Kropfregionen und bei extrathyreoidalem Sitz eines Nebenschilddrüsenadenoms (ca. 5 %) u. U. irreführend.

**Tabelle 11.2.** Differentialdiagnostische Überlegungen bei Hyperparathyreoidismus

*Anlaß der Untersuchung*
- lokaler oder diffuser Schmerz
- Hinweis auf Hyperkalzämiesyndrom
- Zufall

*Röntgenologischer Befund*

*lokal:*
- Osteolyse
- osteoplastische, osteolytische Metastase
- pathologische Fraktur
- Knochenzyste
- Knochenverdichtungen
- inhomogene Strukturen

*diffus:*
- erhöhte Transparenz
- verwaschene Struktur
- pathologische Fraktur
- Streßfraktur

*Differentialdiagnose*

1. Lokale Veränderungen:
   - Tumorosteolyse
   - Morbus Paget
   - Knochenfibrome
   - Knochentumoren
2. Diffuse Veränderungen:
   - Osteoporose
   - Osteomalazie
3. Primärer Hyperparathyreoidismus: bei 1. oder 2.

*Weitere diagnostische Maßnahmen*

Labor:
Kalzium, Phosphor, Parathormon, ACE, Immunelektrophorese, Tumormarker, 25-Hydroxy-Vitamin-$D_3$

Bildgebende Verfahren:
Sonographie (eingeschränkte Bedeutung bei der Diagnose eines primären Hyperparathyreoidismus); Szintigraphie (eingeschränkte Bedeutung beim Plasmozytom); Computertomographie, NMR (Einsatz bei Tumorsuche); Knochendichtemessung (erheblich eingeschränkte Bedeutung bei der Diagnose einer Osteoporose)

Biopsie:
wertvoll bei der Abgrenzung sekundärer von typischen Altersosteoporosen und bei der Diagnose maligner Erkrankungen des Knochens

**Therapie.** Die chirurgische Entfernung der Nebenschilddrüsentumoren ist auch beim älteren Patienten die Therapie der Wahl. Konservative Möglichkeiten sind kalziumarme Ernährung, forcierte Diurese und Pharmakotherapie (Kalzitonin, Mithramyzin und/oder Bisphosphonate). Niedrig dosierte Östrogensubstitution kann bei postmenopausalen Frauen eine Hyperkalzämie beheben.

### Hypoparathyreoidismus

Klinisch faßbare Skelettveränderungen entstehen beim iatrogenen Hypoparathyreoidismus nicht. Verkürzung der äußeren Metatarsalia oder -karpalia, Zahnanomalien, Rundschädel oder Minderwuchs können beim idiopathischen Hypoparathyreoidismus gefunden werden. PTH-Rezeptor-Defekte verursachen Pseudo- bzw. Pseudo-Pseudohypoparathyreoidismus. Hypokalzämie bei Hypoparathyreoidismus wird mit Vitamin D (30000–40000 E/Tag) und Kalzium (1000 mg/Tag p.o.) behandelt.

### Osteomalazie (Rachitis)

**Häufigkeit.** Die Rachitis ist durch Vitamin-D-Prophylaxe beim deutschen Jugendlichen praktisch ausgerottet. In Deutschland lebende Menschen des Mittelmeerraumes und entsprechender Regionen sind jedoch nach wie vor bedroht.

**Osteomalazie und Rachitis sind bei der deutschen Bevölkerung selten geworden. Sie bedrohen in Deutschland lebende Menschen aus südlichen Ländern (Türken, Pakistani u.a.).**

**Pathogenese.** Vitamin D wird in der Haut durch UV-Licht synthetisiert und alternativ mit der Nahrung aufgenommen. Aus dem in der Leber dann gebildeten 25-Hydroxyvitamin-$D_3$ wird in den Nieren das Vitamin-D-Hormon (1,25-$[OH]_2$-Vitamin-$D_3$) gebildet. Dieses fördert die Kalziumresorption im Darm und die Verkalkung des Osteoids. Defiziente Hormonwirkung ist Folge von mangelhafter Bildung, Rezeptordefekten oder Interaktion mit Therapeutika (z.B. Hydantoin bei der Behandlung der Epilepsie).

**Symptomatologie.** Wachstumsstörung, spezifische Gelenkveränderungen und Knochenverbiegung sind typisch beim Jugendlichen, Ermüdungsbrüche beim Erwachsenen. Müdigkeit, Abgeschlagenheit, Muskelschwäche und Skelettschmerzen sind unspezifische Symptome.

**Diagnostik.** Röntgenologisch werden Knochenverformungen, verwaschene Spongiosastruktur, erhöhte Strahlentransparenz und Streßfrakturen sichtbar. 25-Hydroxy-Vitamin-$D_3$ sinkt beim nutritiven Vitamin-D-Mangel, Hypophosphatämie begleitet den Vitamin-D-Hormon-Mangel erzeugenden Phosphatdiabetes.

**Therapie.** Skelettverformungen können chirurgisch korrigiert werden. Ermüdungsfrakturen heilen bei Korrektur des Hormonmangels spontan aus. Behandlung mit Vitamin D beim nutritiven Mangel führt zu raschem Abfall pathologisch erhöhter alkalischer Phosphatase. Störungen der Vitamin-D-Resorption im Zusammenhang mit intestinalen Krankheiten (z.B. einheimische Sprue) können Anlaß zu regelmäßiger Injektionsbehandlung geben. Beim Phosphatdiabetes mit Störung der Hormonbildung wird Phosphor bis zur Grenze der Verträglichkeit (Flatus, Durchfälle) p.o. gegeben und mit Vitamin-D-Hormon p.o. kombiniert.

### Hyperkortizismus

***Endogene Mehrsekretion von Kortison*** oder ***Therapie mit Kortisonanaloga*** inhibieren Osteoblastenaktivität und Vitamin-D-Hormon-Wirkung mit den Folgen gesteigerten Knochenabbaus.

Die prophylaktische Wirkung von Kalzium (1000 mg/Tag) und Vitamin D (1000–3000 E/Tag) gilt als belegt. Eine Behandlung mit Kalzitonin oder Fluoriden wird empfohlen.

### Sonstiges

Absoluter oder relativer Gonadenhormonmangel steigern den Knochenabbau und verhindern regelrechten Knochenaufbau. Dies trägt zum Osteoporoserisiko bei (s. unten).

Knochenschwund entsteht bei langdauernder, unbehandelter Hyperthyreose. Dies gilt ebenso für die Behandlung mit hohen Dosen von Schilddrüsenhormon.

## 11.1.2 Krankheiten des Knochenstoffwechsels

### Osteogenesis imperfecta

Durch genetischen Defekt ist die ***Bildung von Kollagen I*** und dadurch von regelrechter Knochenmatrix gestört. Diese autosomal dominant vererbte Krankheit tritt gemeinsam mit blauen Skleren und Innenohrschwerhörigkeit auf. Daneben gibt es autosomal rezessiv vererbte Krankheitsformen mit multiplen, Mißbildung erzeugenden Frakturen. Selten ist die mit Tod bei der Geburt einhergehende Variante. Eine kausale Therapie ist unbekannt, Behandlungsversuche mit Kalzitonin werden empfohlen.

### Idiopathische Osteoporose, Chondrodystrophie, (Achondroplasie) Osteopetrose

Durch Kollagenanalytik kann die seltene idiopathische Osteoporose von der Osteogenesis imperfecta abgegrenzt werden. Ihre Klinik und Behandlung entspricht der gewöhnlichen Osteoporose (s. dort). Die der Chondrodystrophie oder Achondroplasie zugrundeliegenden Stoffwechseldefekte sind unbekannt. Unproportionierter Minderwuchs ist die Folge. Chirurgische Extremitätenverlängerung ist möglich.

***Osteopetrose*** entsteht durch Fehlfunktion der Osteoklasten. Maligne Verlaufsformen der Knochenmark verdrängenden Knochenverdichtung werden durch Knochenmarkstransplantation behandelt, die funktionsfähige Osteoklasten entstehen läßt.

## 11.1.3 Krankheiten mit gemischter Pathogenese

### Osteoporose alter Menschen

**Inzidenz und Pathogenese.** Knochenbruch droht bei akzentuiertem Knochenschwund. Typisch ist die Schenkelhalsfraktur, die 5–15% aller Frauen und bis zu 10% aller Männer höheren Lebensalters bedroht. Wirbelkörperfrakturen werden bei mehr als 20% der älteren Frauen gefunden.

Die Pathogenese ist teilweise aufgeklärt, streng genommen ist diese Osteoporose den sekundären Krankheitsformen zuzuordnen.

***Nutritiver Kalziummangel*** stört den Knochenaufbau in der Jugend und steigert den Substanzverlust im Alter, dasselbe gilt für ***reduzierte Mobilität.*** Knochenschwund wird durch den die Menopause verursachenden ***Östrogenmangel der Frau*** gefördert. Blutdruck- und Pulsratenwechsel, Nutzung von Schlafmitteln oder Psychopharmaka verursachen ***erhöhtes Fallrisiko*** beim untrainierten alten Menschen, ***ungünstiger Sturzablauf*** erhöht die Gewalteinwirkung auf Knochen.

Wirbelkörperbrüche verursachen ***Verkürzung und Verbiegung des Achsenskeletts;*** Teilimmobilisierung folgt dem Bruch von Röhrenknochen (Abb. 11.1).

**Symptomatologie.** Gehhilfen werden auch nach erfolgreicher chirurgischer Intervention von 50% der vor einem Schenkelhalsbruch frei mobilen Patienten benötigt; 30% bleiben versorgungspflichtig invalide. Die Schmerzen eines Wirbelkörperbruchs werden häufig

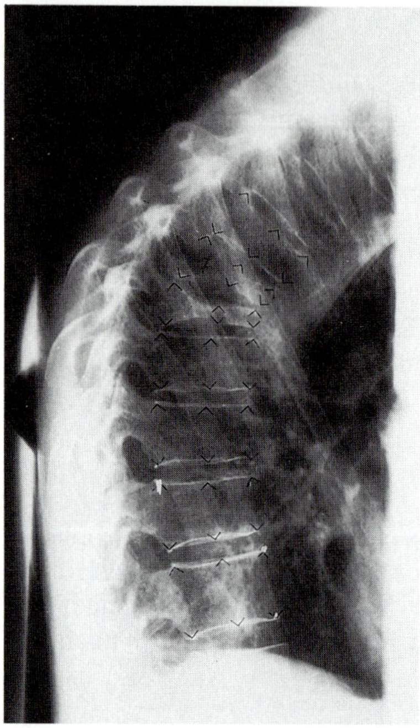

**Abb. 11.1** Seitliche Aufnahme einer osteoporotisch veränderten Wirbelsäule. Neben intakten Wirbelkörpern im LWS-Bereich sind deutlich die pathologisch veränderten Konturen der im Zusammenhang mit einer Osteoporose frakturierten Wirbel zu erkennen. Auffällig sind außerdem betont dargestellte Grund- und Deckplatten der noch intakten Wirbelkörper. Dies wird als Frühzeichen einer Osteoporose gewertet, kann jedoch nur bei einem kleinen Teil der Patienten nachgewiesen werden

mißdeutet, sie schwinden spontan innerhalb von wenigen Wochen. Der progrediente Verlauf führt bei zunehmender Verformung des Achsenskeletts zu ***chronischem Schmerz*** durch Fehlbelastung der Zwischenwirbelgelenke und der Muskulatur sowie Zerrung des Periosts. In der Folge sind 30% der Kranken auf Fremdhilfe bei alltäglichen Verrichtungen aufgrund der schmerzbedingten Einschränkung des Aktionsradius angewiesen.

> **Wirbelbruch durch Altersosteoporose erzeugt keine Nerven- oder Rückenmarkkompression. Querschnittslähmung droht bei Wirbelbruch durch Tumorosteolysen.**

**Diagnostik.** Die Messung der Knochendichte erlaubt beim Einzelindividuum nur bei einem Teil eine exakte Bestimmung des drohenden Frakturrisikos. Knochenschwund kann mittels konventioneller Radiologie nur bei fortgeschrittenem Leiden erfaßt werden. Die Diagnose

## FALL 11 A

**Anamnese.** Impressionsfrakturen des 12. BWK und 1. LWK wurden bei dem 48jährigen Patienten als Ursache akut einsetzender Rückenschmerzen diagnostiziert. An der übrigen Wirbelsäule fanden sich die Zeichen „gesteigerter Strahlentransparenz". Laboruntersuchungen waren ohne pathologischen Befund. Die pathogenetisch vermutete Osteoporose wurde mit Fluoriden, Kalzium und Vitamin D in üblicher Dosierung (75 mg Natriumfluorid, 1000 mg Kalzium, 3000 E Vitamin D pro Tag) behandelt, zur Beschwerdelinderung wurde Kalzitonin eingesetzt (3×100 E pro Woche).

**Verlauf.** Röntgenkontrollen erfolgten nach 6 Monaten, da die Beschwerden trotz Therapie zunahmen und Größenverlust um 8 cm eintrat. Frische Frakturen wurden bei BWK 4 und 10 sowie LWK 2 und 3 gesehen. Die Behandlung wurde fortgesetzt, eine zusätzliche Schmerzbehandlung blieb ohne Erfolg. Der Patient fand schließlich nur noch Linderung, wenn er anstelle von Stuhl oder Bett einen selbst konstruierten „Liegesessel" benutzte.

**Befund bei stationärer Aufnahme.** Nach 2 Jahren erfolgte stationäre Aufnahme zur Abklärung einer „therapieresistenten Wirbelsäulenosteoporose". Erstmals erfolgte eine Röntgenuntersuchung des Gesamtskeletts, folgende Befunde wurden erhoben: plasmozytomtypische Stanzdefekte am Schädel, typische wurmstichartige Aufhellungen im Bereich des Beckens, große Osteolysen am linken Femur und rechten Humerus, Osteolysen im Bereich der Rippen, Frakturen der 7. rechten und der 9. linken Rippe. An der Wirbelsäule fanden sich Grund- und Deckplatteneinbrüche, Keilwirbel sowie Wirbelkollaps mit dem typischen Bild einer Osteoporose. Laborchemisch bestand eine hypochrome Anämie, die Immunelektrophorese war unauffällig, Urinuntersuchungen (Bence-Jones-Protein) blieben negativ. Im Knochenmark Anhäufung von Plasmazellen, Verdrängung des blutbildenden Markes.

**Diagnose.** Nicht sekretorisches Plasmozytom als Ursache osteoporotischer Veränderungen der Wirbelsäule und therapieresistenter Schmerzen.

kann nach wie vor durch den ***Nachweis des Stabilitätsverlustes mit Fraktur*** gesichert werden. Die Abgrenzung des pathologisch gesteigerten vom alterstypischen Knochenschwund gelingt in der Regel nicht. Laboruntersuchungen können nur der Abgrenzung typischer sekundärer Osteoporoseformen bei Plasmozytom oder intestinaler Krankheit dienen.

**Therapie.** Vor Eintritt eines ersten Wirbelbruchs ist von den Möglichkeiten der Prävention Gebrauch zu machen. Nach erstem Wirbelbruch werden Fluoride zur Stimulation des Knochenaufbaus in Kombination mit Kalzium und Vitamin D über 3 Jahre gegeben, Kalzitonin kann den Knochenabbau bremsen und bei einem Teil der Patienten die Beschwerden lindern. Diese Empfehlungen sind jedoch nicht unumstritten. Kalzium und Vitamin D sind bei Nierensteinleiden kontraindiziert. Zukünftig werden Bisphosphonate, Anabolika und/oder (bei der Frau) Östrogene das therapeutische Arsenal ergänzen können. Klinische Studien zum Nachweis ihrer Wirksamkeit wurden und werden durchgeführt.

Physikalisch balneologische Therapie, Krankengymnastik und Behindertensport ergänzen die pharmazeutischen Möglichkeiten. Die Arbeit von Selbsthilfegruppen sollte gefördert werden.

**Bei Osteoporose sind neben der Pharmakotherapie des Knochenstoffwechsels Schmerzbehandlung und allgemeine Mobilisierung der Patienten von herausragender Bedeutung.**

**Prävention.** Niedrig dosierte Östrogensubstitution über 10 Jahre limitiert bei der Frau das Knochenbruchrisiko um 50 (Schenkelhalsfraktur) bis mehr als 80% (Wirbelbrüche). Sie erfolgt nach gynäkologischen Regeln. Der Ausgleich defizienter nutritiver Kalziumversorgung sowie regelmäßiges körperliches Training senken das Frakturrisiko im Alter ebenfalls.

### Renale Osteopathie

Bei chronischer Niereninsuffizienz entsteht Schaden am Knochen durch verschiedene Ursachen: Mangelhafte Bildung von Vitamin-D-Hormon führt zur ***Osteomalazie,*** Hypokalzämie bei Hyperphosphatämie erzeugt ***sekundären Hyperparathyreoidismus,*** Aluminiumablagerungen bei Behandlung mit aluminiumhaltigen Phosphatbindern verursachen zusätzliche ***Kalzifikationsstörungen*** des Osteoids. Das histologische Bild zeigt Osteomalazie und/oder sekundären Hyperparathyreoidismus wechselnden Ausmaßes. Es kommt zu Knochenschmerzen, am Wirbel entsteht das röntgenologische Bild des „rugger jersey sign", Zeichen der Osteomalazie können am Restskelett dominieren. Therapeutisch werden Vitamin-D-Hormon und genuines Vitamin D in einer der Situation des Einzelpatienten angepaßten Dosis gegeben. Die chirurgische Reduktion reaktiv hyperplastischen Nebenschilddrüsengewebes kann indiziert sein.

### Sonstiges

***Mischosteopathien*** sind auch die Folge ***intestinaler Krankheiten,*** wie einheimischer Sprue, chronischer Pankreatitis mit Pankreasinsuffizienz, auch Colitis ulcerosa oder Morbus Crohn. Die Folgen einer Behandlung mit Glukokortikoiden können hinzutreten.

***Plasmozytom.*** Diffuse Durchsetzung des Knochens mit Tumorzellen kann an der Wirbelsäule das Bild einer Osteoporose vortäuschen. Anders als bei üblicher Osteoporose droht jedoch Kompression neuronaler Strukturen mit Ausfallserscheinungen. Chirurgische Intervention kann indiziert sein. Konservativ werden Bisphosphonate (Dichlorodiphosphonat i. v. oder p. o.) eingesetzt. Die Schmerzbehandlung folgt üblichen Regeln.

## 11.2 Überwiegend lokale Knochenkrankheiten

### 11.2.1 Neoplasien

**Tumorosteolysen.** Knochenbruch durch Skelettinstabilität droht bei osteolytischer Absiedlung maligner Tumoren, neurologische Komplikationen mit Schmerz und Lähmung können entstehen. Lokale Bestrahlung lindert Schmerzen, Skelettstabilität kann durch chirurgische Maßnahmen erhalten werden. Die konservative Behandlung soll durch Einsatz von Bisphosphonaten die Metastasenausdehnung begrenzen und mit Kalzitonin zur Beschwerdelinderung beitragen.

**Gemischt osteoplastische-osteolytische Metastasen.** Ein Prostatakarzinom oder andere solide Tumoren verursachen z.T. nur schwer beherrschbare Schmerzen, deren

Behandlung üblichen Regeln folgt. Eine kausale Therapie ist bis heute unbekannt.

**Primäre Knochentumoren.** Diese können, obwohl z.T. histologisch benigne, pathologische Frakturen erzeugen. Maligne chondrogene oder osteogene Sarkome sind durch eine höchst variable Histologie gekennzeichnet. Ihre Behandlung folgt onkologischen Regeln.

## 11.2.2 Morbus Paget

Gesteigerte Osteoklasten- und konsekutiv gesteigerte Osteoblastentätigkeit führen zu lokal überstürztem Knochenumsatz. Das Röntgenbild zeigt Volumenzunahme und/oder Knochenverdichtung mit abgrenzbaren lytischen Bezirken. Alkalische Serumphosphatase und renale Hydroxyprolinausscheidung steigen. Monostotische Formen überwiegen bei dieser überwiegend alte Menschen befallenen Krankheit. Arthrosebildung kann bei Knochenverbiegungen entstehen, die befallenden Knochen schmerzen z.T. erheblich. Differentialdiagnostisch kann die ***Abgrenzung vom Prostatakarzinom*** mit seinen Knochenmetastasen problematisch sein. Das Knochenszintigramm spürt unbekannte Herde auf. Ein foudroyanter Verlauf muß den Verdacht auf die Entwicklung eines ***Knochensarkoms*** im befallenen Areal wecken. Die Krankheitsaktivität kann durch Bisphosphonate oder Kalzitonin begrenzt werden. Die Messung der alkalischen Serumphosphatase erlaubt die Beurteilung des therapeutischen Erfolges.

## 11.2.3 Fibröse Dysplasie

Isolierte Knochenfibrome können pathologische Frakturen verursachen; multiple Fibrombildung erzeugt z.T. monströse Mißbildungen. Letztere ist beim ***McCune-Albright-Syndrom*** mit endokrinen Krankheiten, wie Akromegalie, Hyperthyreose oder Prolaktinom, mit großflächigen „Café-au-lait-Flecken" oder Pubertas praecox vergesellschaftet. Das Röntgenbild zeigt zystische Aufhellungen, membranartige Knochenreste und Frakturen. Halbseitige Dominanz der Herde ist die Regel. Gehäuftes Vorkommen von Knochensarkomen wird beschrieben. Erblichkeit des Leidens wird angenommen, Erbgang und Pathogenese sind unbekannt. Der Einsatz von Bisphosphonaten zur Beschwerdelinderung ist gerechtfertigt.

# Literatur


Lauritzen C, Minne HW (1990) Osteoporose. Ursachen, Krankheitszeichen, Untersuchungen, Vorbeugen und Behandlung. Thieme – Hippokrates – Enke, Stuttgart

Minne HW, Leidig G, Ziegler R (1989) Osteoporose im Alter. I. Einteilung und Pathogenese. II. Klinisches Bild und Untersuchungstechnik. III. Praevention und Therapie. Z Allg Med 65: 499–517

Rieden K (1988) Knochenmetastasen. Radiologische Diagnostik, Therapie und Nachsorge. Springer, Berlin Heidelberg New York Tokyo

Ziegler R (1989) Erkennung und Behandlung des Hypercalciämie-Syndroms. Inn Med 16: 29–33

Ziegler R (1990) Quo vadis der Osteoporose-Behandlung: mit neuen Daten aus der Klemme. Therapiewoche 40: 693–696

# 12 Muskelerkrankungen

S. Zierz und F. Jerusalem

ZUSAMMENFASSUNG

Muskelerkrankungen (Myopathien) sind Erkrankungen der Skelettmuskulatur. Sie können durch ***strukturelle*** oder ***degenerative Veränderungen der Muskelfaser*** bedingt sein (z. B. progressive Muskeldystrophien, kongenitale Myopathien mit Strukturanomalien), durch ***entzündliche Veränderungen*** hervorgerufen werden (z. B. Polymyositis und Dermatomyositis), auf Störungen des ***Energiestoffwechsels*** des Muskels (z. B. Glykogenspeichermyopathien und mitochondriale Myopathien), auf Defekten der ***Signalübertragung*** an der neuromuskulären Endplatte (z. B. Myasthenia gravis) oder auf Defekten der ***elektrochemischen Membraneigenschaften*** (z. B. myotone Dystrophie, dyskaliämische episodische Lähmungen) beruhen. Neben den primären Muskelerkrankungen gibt es Erkrankungen, bei denen es infolge ***neurogener Störungen*** zu Paresen und Atrophien der Muskulatur kommt. Dazu zählen die spinalen Muskelatrophien und die amyotrophe Lateralsklerose, die durch eine Degeneration der motorischen Vorderhornzellen gekennzeichnet sind. Symptomatische Myopathien können toxisch oder durch Arzneimittel bedingt sein. Darüber hinaus gibt es Myopathien, die bei endokrinen Störungen auftreten.

## 12.1 Klinische Symptomatik und Diagnostik

Die Symptome von Muskelerkrankungen sind vielfältig. Häufiges, aber nicht obligates Symptom ist die ***Muskelschwäche (Parese)***, die generalisiert auftreten oder symmetrisch oder asymmetrisch bestimmte Muskelgruppen betreffen kann. Belastungsinduzierte Paresen treten nach unterschiedlich langen Belastungszeiten in den jeweils beanspruchten Muskelpartien auf und sind in Ruhe innerhalb von Stunden reversibel. Die ***myasthene Reaktion*** ist durch eine vorzeitige Ermüdung der Muskelkraft gekennzeichnet. Ebenso wie viele neurogene Prozesse können auch Myopathien zu ***Atrophien*** der Muskulatur führen. Es besteht jedoch nicht immer eine Korrelation zwischen Muskelatrophie und Muskelschwäche. ***Muskelhypertrophien*** (z. B. der Waden) kommen unter anderem bei Muskeldystrophien und chronischen spinalen Muskelatrophien vor. ***Myotone Reaktionen*** sind durch die Unfähigkeit des Muskels charakterisiert, unmittelbar nach einer willkürlichen Kontraktion zu relaxieren. Passagere, durch motorische Belastung ausgelöste schmerzhafte oder schmerzlose ***Kontrakturen*** sind nicht von einer Depolarisation der Muskelfasermembran begleitet und kommen bei verschiedenen metabolischen Myopathien vor. Permanente Kontrakturen kommen durch eine mesenchymale Proliferation in degenerativ geschädigtem Muskel zustande. Generalisierte oder fokale ***Muskelschmerzen (Myalgien)*** können permanent oder reversibel bei oder nach Belastung und mit oder ohne Muskelkrämpfe auftreten.

**Diagnostik.** Dabei sind folgende Zusatzuntersuchungen hilfreich: Bestimmung der muskelspezifischen Serumenzyme, Elektromyographie, Belastungstests mit Bestimmung von Laktat und Ammoniak sowie die Muskelbiopsie, die durch histochemische, elektronenmikroskopische und biochemische Untersuchungen ergänzt werden muß. Bei besonderen Fragestellungen kommen Ultraschall-, CT- oder NMR-Untersuchungen in Betracht.

**Tabelle 12.1.** Hauptgruppen der Myopathien mit ausgewählten Beispielen (nicht alle Beispiele im Text erwähnt)

*Progressive Muskeldystrophien*
- Typ Duchenne
- Typ Becker-Kiener
- Gliedergürteltyp
- Fazioskapulohumeraler Typ

*Kongentitale Myopathien mit Strukturanomalien*
- „Central-core-Myopathie"
- „Nemaline" Myopathie

*Myotonien*
- Dystrophia myotonica Curschmann-Steinert
- Myotonia congenita

*Episodische Lähmungen*
- Paroxysmale hyper- und hypokaliämische Lähmungen

*Störungen der neuromuskulären Übertragung*
- Myasthenia gravis
- Lambert-Eaton-Syndrom

*Myositiden*
- Polymyositis und Dermatomyositis

*Metabolische Myopathien*
- Defekte des Glukosestoffwechsels
  Phosphorylasemangel (McArdle)
  Amylo-1,6-Glukosidase-Mangel (Pompe)
- Defekte des Fettsäurestoffwechsels
  Carnitinpalmityltransferasemangel
- Defekte der mitochondrialen Atmungskette
  Ophthalmoplegia-plus und Kearns-Sayre-Syndrom
  MELAS-Syndrom (mitochondriale Enzephalomyopathie mit Laktatazidose und schlaganfallähnlichen Episoden)

*Endokrine Myopathien*
- Hyper- und Hypothyreose
- Hyper- und Hypoparathyreoidismus

*Exogene Ursachen*
- Steroidmyopathie
- Medikamente
- Alkohol

## 12.2 Systematik und Differentialdiagnose

Die wichtigsten Untergruppen der Myopathien sind in Tabelle 12.1 ohne Anspruch auf Vollständigkeit zusammengestellt.

Symptome der Muskulatur sind häufig nicht durch eine primäre Muskelerkrankung bedingt, sondern sekundär Folge anderer Erkrankungen oder exogener Faktoren. Das diagnostische Vorgehen darf sich deshalb nicht allein an Symptomen und Untersuchungsbefunden der Muskulatur orientieren, sondern muß neben der Anamnese auch eine umfassende allgemeinmedizinische bzw. internistische Untersuchung beinhalten. So findet man Paresen, Atrophien und Myalgien häufig bei endokrinen Störungen, z. B. bei Hyper- und Hypothyreose, Hyperparathyreoidismus und beim Cushing-Syndrom. Exogen zugeführte Kortikosteroide können eine „Steroidmyopathie" verursachen, die vorwiegend zu einer Schwäche und Atrophie proximaler Muskelgruppen der Beine und des Beckengürtels führt. Weiter können Symptome der Muskulatur durch eine Vielzahl von Toxinen und Medikamenten hervorgerufen werden (z. B. Alkohol, Heroin, Vincristin, Clofibrat, Kolchizin, Amphotericin B, Schlangengifte). Bei Erkrankungen der Knochen und Gelenke (z. B. Arthrosen und Arthritiden) werden die Schmerzen oft in die Muskulatur projiziert und als Symptome einer Myopathie fehlgedeutet. Darüberhinaus sind auch psychische Erkrankungen, insbesondere Neurosen und Depressionen, häufig Grundlage von Klagen über Muskelschmerzen.

## 12.3 Progressive Muskeldystrophien

**Definition und Klassifikation.** Die progressiven Muskeldystrophien sind eine Gruppe ***genetisch determinierter Erkrankungen***, die aufgrund des Manifestationsalters, des Krankheitsverlaufs, des Verteilungsmusters der Paresen sowie des Erbgangs in verschiedene Formen unterteilt werden können.

**Pathogenese.** Pathologisch sind die progressiven Muskeldystrophien durch einen degenerativen Untergang der Muskelfasern gekennzeichnet, der von interstitiellen Umbauvorgängen mit Fibrose und Vakatfetteinlagerung begleitet wird. Nach der „Membrantheorie" spielen Kontinuitätsdefekte das Sarkolemms mit intrazellulärer Akkumulation von Kalzium eine pathogenetische Rolle. Obwohl kürzlich ein sog. „Dystrophingen" nachgewiesen werden konnte, das bei der Muskeldystrophie vom Typ Duchenne fehlt und das für ein membranassoziiertes Protein kodiert, sind die zugrundeliegenden pathobiochemischen Abläufe bislang noch ungeklärt.

**Klinik.** Klinisch zeichnen sich die meisten Formen durch proximal betonte ***Paresen*** aus, die zu den typischen Symptomen wie „losen Schultern", „Watschelgang", positi-

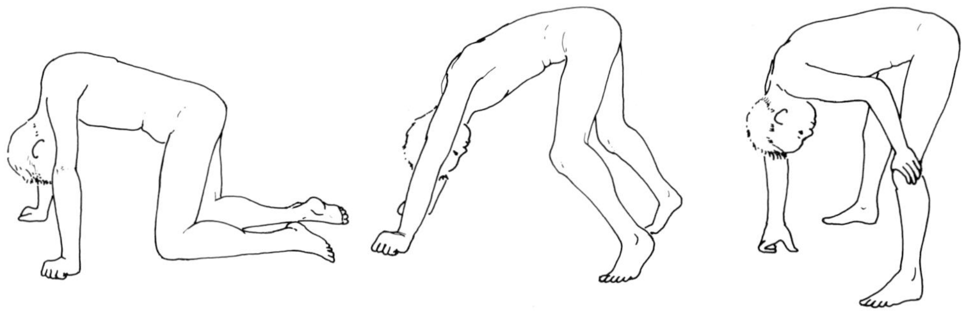

**Abb. 12.1.** Gower-Manöver bei progressiver Muskeldystrophie. Beim Versuch, vom Boden aufzustehen, stützen sich die Patienten zunächst auf Hände und Füße („Vierfüßlerzeichen") und klettern schließlich mit den Händen an ihren Beinen empor. (Nach Gowers 1886)

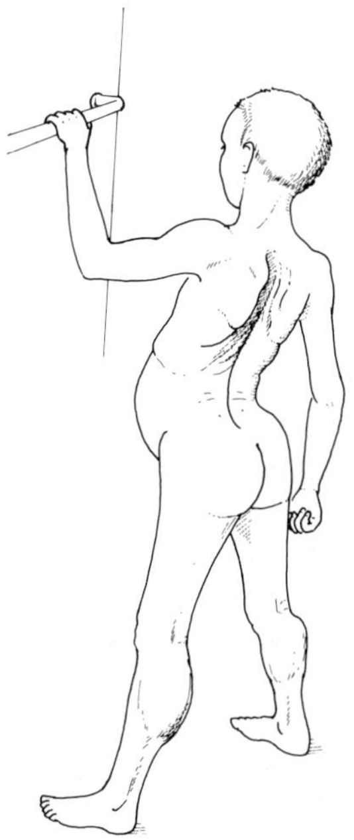

**Abb. 12.2.** Progressive Muskeldystrophie vom Typ Duchenne mit Hyperlordose, Scapulae alatae, vorgestrecktem Bauch, breitbeinigem Stand, atrophischer Oberschenkelmuskulatur und Pseudohypertrophie der Waden („Gnomenwaden"). (Nach Erb 1891)

vem Trendelenburg-Zeichen und Hohlkreuz führen (Abb. 12.1). Bei Beteiligung der Gesichtsmuskulatur findet man eine Facies myopathica mit mattem Gesichtsausdruck, kraftlosem Augenschluß, geöffnetem Mund und vorgewölbt erscheinenden Lippen („bouche de tapir"). Beim Typ Duchenne (Abb. 12.2) führt die Vakatfetteinlagerung in der atrophischen Muskulatur häufig zu einer ***Pseudohypertrophie*** insbesondere der Waden. In fortgeschrittenen Stadien der Duchenne-Muskeldystrophie kommt es infolge des Untergangs von Muskelfasern und Fibrosierung zu ausgeprägen ***Kontrakturen***. Die häufige Myokardbeteiligung sowie der Befall der Atemhilfsmuskulatur mit resultierender Anfälligkeit für pulmonale Infekte führen bei den schwer verlaufenden Formen zum vorzeitigen Tode.

**Diagnostik.** Die klinische Diagnose wird neben dem Nachweis myopathischer Veränderungen im Elektromyogramm durch die ***Muskelbiopsie*** gesichert. Von den Laborparametern sind bei den einzelnen Dystrophieformen in unterschiedlichem Ausmaß die Serumaktivitäten der muskelspezifischen Kreatinkinase, der Aldolase, Laktatdehydrogenase sowie der Transaminasen erhöht. Bei den Typen Duchenne und Becker ist darüber hinaus mit molekularbiologischen Methoden bereits eine Heterozygoten- bzw. Pränataldiagnostik möglich.

## 12.4 Myositiden

### 12.4.1 Polymyositis und Dermatomyositis

**Definition und Klinik.** Polymyositis und Dermatomyositis sind sporadisch auftretende, entzündlich-degenerative Myopathien, die auf ***pathologischen Immunprozessen*** beruhen. Klinische Leitsymptome sind symmetrische, meist proximal betonte ***Paresen***, die sich oft rasch innerhalb weniger Wochen ausbilden. Mit zunehmender Krankheitsdauer kommt es häufig zu einer Generalisierung der Paresen und bei chronischen Verläufen auch zu Atrophien. Myalgien in Form von dumpfen, muskelkaterartigen Schmerzen finden sich nur in etwa $^2/_3$ der Fälle. Eine Herzbeteiligung kann sich durch EKG-Veränderungen und Arrhythmie äußern. Die Dermatomyositis ist zusätzlich durch Rötung und Schwellung des Gesichts,

**Tabelle 12.2.** Häufigkeiten klinischer Symptome und pathologischer Laborparameter bei der Polymyositis und Dermatomyositis. (Nach Walton 1988; Jerusalem 1979)

| | Prozentualer Anteil |
|---|---|
| Paresen | |
| – proximaler Muskelgruppen | 75 |
| – distaler Muskelgruppen | 30 |
| Paresen der Gesichts- und Augenmuskulatur | 13 |
| Dysphagie | 50 |
| Myalgien | 60 |
| Atrophien | 50 |
| Hautveränderungen | 30 |
| Arthralgien | 50 |
| Raynaud-Phänomen | 25 |
| BKS-Erhöhung | 50 |
| Erhöhung von CPK, LDH und Aldolase | 60–90 |

der Dorsalseiten der Hände, der Knie sowie der oberen Thoraxregion gekennzeichnet.

Häufig treten Polymyositis und Dermatomyositis nicht isoliert als „idiopathische" Erkrankungen auf, sondern in Assoziation mit anderen Erkrankungen aus dem Formenkreis der ***Kollagenosen***, wie z. B. Polyarthritis, Periarteriitis nodosa, Riesenzellarteriitis, Lupus erythematodes, Sjögren-Syndrom und Sklerodermie. Da eine Polymyositis und insbesondere Dermatomyositis auch im Zusammenhang mit Karzinomen auftritt und der klinischen Manifestation eines Malignoms zeitlich vorausgehen kann, ist bei diesen „paraneoplastischen" Erkrankungen immer eine gründliche Tumorsuche indiziert.

Die Häufigkeiten der wichtigsten klinischen Symptome und Laborparameter sind in Tabelle 12.2 zusammengestellt.

**Elektromyographie und Muskelbiopsie.** Im Elektromyogramm kommen neben myopathischen Veränderungen auch neurogene Zeichen vor. Die Muskelbiopsie zeigt ein entzündliches Infiltrat aus Lymphozyten, Plasmazellen und Histiozyten, das sowohl perivaskulär als auch im Endo- und Perimysium lokalisiert ist. Bei der Dermatomyositis findet man typischerweise eine Atrophie vornehmlich der perifaszikulären Muskelfasern.

**Verlauf und Therapie.** Polymyositis und Dermatomyositis können in jedem Lebensalter auftreten. Der Verlauf ist meistens über Monate bis Jahre chronisch-progredient, kann aber auch akut einsetzen und unbehandelt rasch letal verlaufen. Die Mehrzahl der Erkrankungen kommt jedoch nach einem 4- bis 8jährigen Verlauf, gelegentlich auch ohne Behandlung, zum Stillstand. Therapie der Wahl ist Prednison (60–100 mg/Tag). Mit Einsetzen des Behandlungserfolges, der sich in einer Besserung der Muskelkraft und Normalisierung der Serumenzyme zeigt, kann die Prednisondosis auf eine niedrige Erhaltungsdosis reduziert werden (5–15 mg/Tag), die jedoch über 2 Jahre notwendig ist. Bei Versagen der Prednisontherapie ist eine zusätzliche Immunsuppression, z. B. mit Azathioprin, notwendig.

**Polymyositis und Dermatomyositis sind immer von Paresen begleitet. Myalgien und BKS-Erhöhung sind nicht obligat.**

### 12.4.2 Erregerbedingte Myositiden

Neben der idiopathischen Polymyositis gibt es auch Myositiden, die durch bekannte Erreger verursacht werden. So können Influenzainfektionen häufig mit flüchtigen Myalgien einhergehen. Rückenschmerzen begleiten viele, auch banale Virusinfekte, sie waren typisch für die Pocken. Myositische Syndrome kommen auch bei HIV-Infektionen vor. Das Coxsackie-B-Virus ist der Erreger der ***epidemischen Myalgie*** (Bornholm-Krankheit, Pleurodynie), die neben Kopfschmerzen und Fieber durch intensive, meist bilaterale Schmerzen im Bereich der unteren Thoraxpartien und des Abdomens besonders bei Atembewegungen („devils grip") gekennzeichnet ist, ohne daß ein für Pleuritis oder Pneumonie typischer Befund erhoben werden kann. Bakterielle Infektionen durch Staphylokokken und Streptokokken können zu eitrigen ***Pyomyositiden*** führen. Weitere Ursachen von Myositiden sind Pilze und Parasiten, z. B. Trichinose, Zystizerkose, Toxoplasmose und Aktinomykose.

### 12.4.3 Andere Myositiden

Die ***Einschlußkörperchenmyositis*** ist histologisch durch bislang nicht identifizierte Einschlußkörperchen in Kernen und Zytoplasma der Muskelfasern gekennzeichnet. Im Gegensatz zur Polymyositis spricht diese Erkrankung in der Regel nicht auf eine Behandlung mit Kortikosteroiden an. Eine ***granulomatöse Myositis*** kann bei der Sarkoidose und der Wegener-Granulomatose gefunden werden. Die ***eosinophile Myositis*** und ***Fasziomyositis*** kann isoliert oder als typische Manifestation beim hyper-

FALL 12 A

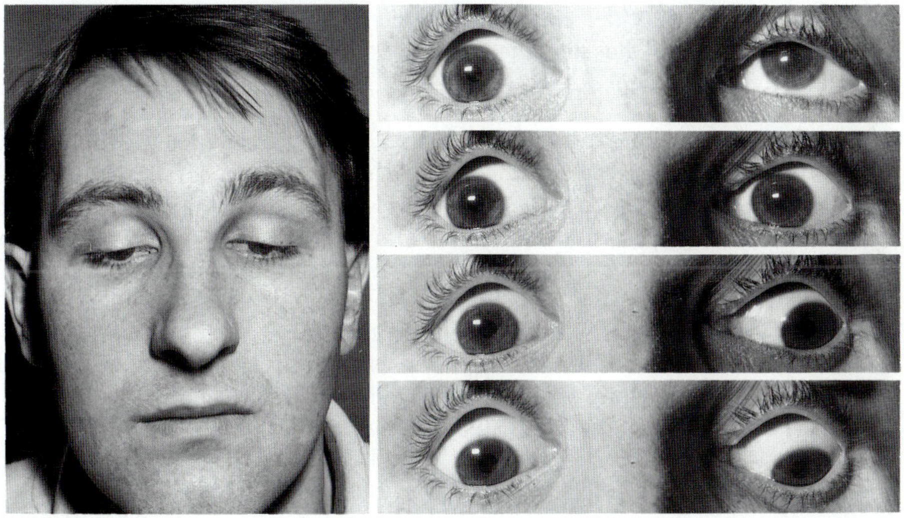

**Abb. 12 A.** *Links* beidseitige Ptose beim Blick geradeaus. Dauerkontraktion des M. frontalis mit Elevation der Augenbrauen. *Rechts* Augenstellung beim Versuch, maximal nach oben, nach rechts, nach links und nach unten zu blicken (von oben nach unten)

**Anamnese.** Der 27jährige Akademiker bemerkte seit dem 17. Lebensjahr eine zunehmende Ptose sowie Einschränkung der Augenbeweglichkeit. Ansonsten keine Beschwerden.

**Befunde.** Beidseitige Ptosis mit hochgradiger Bewegungseinschränkung der Bulbi nach allen Richtungen, am rechten Auge stärker ausgeprägt als am linken Auge. Lichtreaktion an beiden Pupillen erhalten. Keine Paresen der Skelettmuskulatur, keine Belastungsintoleranz.

Muskelbiopsie aus dem klinisch gesunden M. biceps brachii: „ragged-red fibers" und multifokaler Zytochrom-c-Oxidase-Mangel.

Molekularbiologische Untersuchungen: Heteroplasmie der mitochondrialen DNA (mtDNA) in den Muskelmitochondrien mit Vorliegen normaler mtDNA und deletierter mtDNA.

Elektromyographie der Skelettmuskeln normal.

**Diagnose.** Manifestation einer mitochondrialen Enzephalomyopathie als chronisch progrediente externe Ophthalmoplegie (CPEO).

**Anmerkung.** Die Krankheit war früher als Gräfe-Ophthalmoplegie oder okuläre Myopathie bekannt. Häufig findet man dabei auch in variabler Assoziation u. a. Degenerationen der Retina, Reizleitungsstörungen des Herzens, eine Ataxie, eine Polyneuropathie sowie verschiedene endokrine Symptome. Dies wird dann als Ophthalmoplegia-plus oder Kearns-Sayre-Syndrom bezeichnet.

eosinophilen Syndrom auftreten, das durch Eosinophilie, Anämie, kardiale und pulmonale Beteiligung sowie Rötung und Induration der Haut und Polyneuropathie gekennzeichnet ist. All dies sind Diagnosen, deren Sicherung der Biopsie bedarf.

## 12.5 Polymyalgia rheumatica

Die Polymyalgia rheumatica ist eine akut einsetzende, ätiologisch noch ungeklärte entzündliche Erkrankung, die fast ausschließlich jenseits des 50. Lebensjahres auftritt und Frauen etwa doppelt so häufig wie Männer befällt. Sie ist durch Schmerzen und Steifigkeitsgefühl der Muskulatur des Nackens sowie des Schulter- und Beckengürtelbereichs gekennzeichnet. Diese Beschwerden bestehen besonders morgens nach dem Erwachen und werden bei Bewegung stärker. Nach fortgesetzter Bewegung kann es aber auch häufig zu einer deutlichen Erleichterung kommen. Paresen lassen sich nur selten nachweisen, zumal es oft schwierig ist, eine schmerzbedingte Minderinnervation von echter Muskelschwäche zu unterscheiden. Häufig bestehen zusätzlich allgemeine Abgeschlagenheit, Appetit- und Gewichtsverlust, Nachtschweiß, Arthralgien und eine leichte Temperaturerhöhung.

**Laborbefunde.** Typischerweise ist die BKS auf 60–80 mm/h erhöht. Oft findet sich eine Anämie, meist eine Vermehrung der α-2-Globuline. Dagegen sind die muskelspezifischen Serumenzyme in der Regel normal. Bislang gibt es keinen spezifischen Labortest für die Erkrankung.

**EMG und Muskelbiopsie.** Diese sind lediglich hinsichtlich der differentialdiagnostischen Abgrenzung anderer Erkrankungen hilfreich, da sich bei der Polymyalgia rheumatica allenfalls leichte und unspezifische myopathische Veränderungen nachweisen lassen und abgesehen von gelegentlichen kleinen interstitiellen Rundzellinfiltraten keine entzündlichen oder nekrotisierenden Veränderungen vorkommen.

> **Diffuse proximale Muskelschmerzen ohne Paresen, die im Alter über 50 Jahre auftreten, sind meist Symptome einer Polymyalgia rheumatica.**

**Polymyalgia rheumatica arteriitica**

Sehr häufig ist die Polymyalgia rheumatica von einer Arteriitis cranialis oder temporalis begleitet, die jedoch klinisch inapparent bleiben kann. Dabei handelt es sich um eine Riesenzellarteriitis, die in seltenen Fällen auch den Aortenbogen und die großen Extremitätenarterien befallen kann. Die Diagnose gelingt häufig durch eine Biopsie der A. temporalis, die histologisch in mehreren Stufenschnitten untersucht werden sollte. Klinisch kann sich die Arteriitis cranialis durch Kopfschmerzen, Schwellung und Rötung der Temporalregion, Visusverlust, Diplopie, paroxysmale Bewußtseinsstörungen und Hirninfarkte manifestieren.

> **Bei älteren Patienten mit persistierenden Kopfschmerzen und Visusverlust muß immer an eine Arteriitis cranialis gedacht werden, die eine unverzügliche Behandlung mit Prednison (60–100 mg/Tag) erfordert.**

**Verlauf und Therapie.** Die akut auftretenden Beschwerden der Polymyalgia rheumatica können nach mehreren Wochen spontan sistieren und nach Monaten rezidivieren. In anderen Fällen persistieren die Myalgien unbehandelt über Jahre. Die Erkrankung bessert sich schlagartig auf Prednison (30–60 mg pro Tag), wobei die Schmerzen innerhalb von 2 Tagen verschwinden. Die Kortisondosis sollte dann in Abhängigkeit von den subjektiven Symptomen und der BKS langsam auf eine Erhaltungsdosis von täglich 5–15 mg Prednison reduziert werden, die dann jedoch über 2–3 Jahre hinweg beibehalten werden sollte. Unbehandelt ist die Prognose der Krankheit ungünstig.

## 12.6 Metabolische Myopathien

Als metabolische Myopathien bezeichnet man Muskelerkrankungen, die auf einer Störung des muskulären Energiestoffwechsels beruhen. Es handelt sich dabei um Enzymdefekte der Glykolyse (z. B. muskulärer Phosphorylasemangel bei der Glykogenose vom Typ McArdle), des Fettsäurentransportsystems durch die innere Mitochondrienmembran (z. B. Carnitinpalmityltransferase- mangel) sowie um Defekte der mitochondrialen Atmungskette. Obwohl bei diesen verschiedenen

Erkrankungen in bestimmten Fällen auch permanente Paresen der Extremitäten- und Atemmuskulatur vorkommen, bestehen bei den meisten dieser Enzymdefekte in Ruhe keine oder allenfalls nur geringe Paresen. Dagegen klagen die Patienten über eine vorzeitige Ermüdbarkeit, geringe Belastbarkeit sowie über belastungsinduzierte reversible Paresen und Myalgien.

Eine klinisch und biochemisch heterogene Untergruppe metabolischer Myopathien sind die ***mitochondrialen Myopathien***. Da die Störung vielfach nicht auf die Muskulatur beschränkt ist, sondern auch das Gehirn betrifft, werden diese Erkrankungen auch als ***mitochondriale Enzephalomyopathien*** bezeichnet. Bei diesen Erkrankungen finden sich in der Muskelbiopsie lichtmikroskopisch „ragged-red fibers", die auf einer Akkumulation ultrastrukturell abnormer Mitochondrien beruhen, die sich in der Gomori-Trichromfärbung rot darstellen. Bei vielen dieser Fälle lassen sich biochemisch auch Defekte der Enzymkomplexe der Atmungskette oder ein Coenzym-Q-Mangel nachweisen.

Relativ häufige Formen mitochondrialer Enzephalomyopathien sind die ***„Ophthalmoplegia-plus"*** und das ***Kearns-Sayre-Syndrom***. Leitsymptom ist dabei eine chronisch progrediente externe Ophthalmoplegie mit Ptosis und eingeschränkter bis aufgehobener Augenbeweglichkeit. Zusätzlich finden sich in variabler und inkonstanter Ausprägung degenerative Retinaveränderungen, Reizleitungsstörungen des Herzens, eine Belastungsintoleranz mit allenfalls diskreten proximalen Paresen, Ataxie, seltener eine Demenz sowie multiple endokrine Störungen. Molekularbiologisch lassen sich bei dieser Erkrankung häufig Deletionen der mitochondrialen DNA nachweisen, auf denen Untereinheiten der Enzymkomplexe der Atmungskette kodiert sind.

## Literatur


Brooke MH (1986) A clinician's view of neuromuscular disease, 2nd edn. Williams & Wilkins, Baltimore London Los Angeles Sydney

Engel AG, Banker BQ (1986) Myology. Basic and clinical. McGraw-Hill, New York

Jerusalem F, Zierz S (1991) Muskelerkrankungen. 2.Aufl. Thieme, Stuttgart

Walton J (1988) Disorders of voluntary muscle, 5th edn. Churchill Livingstone, Edinburgh London Melburne New York

Zierz S, Jerusalem F (1989) Mitochondriale Myopathien und Enzephalomyopathien. Nervenarzt 60: 394–400

# 13 Gelenkkrankheiten

P. Herzer


## ZUSAMMENFASSUNG

In der internistischen Rheumatologie stehen die entzündlichen Erkrankungen der Gelenke (Arthritiden) im Mittelpunkt. Die ***chronische Polyarthritis*** ist die häufigste Form einer chronisch destruierenden Gelenkerkrankung.

Mit dem Gruppenbegriff der ***seronegativen Spondarthritiden*** werden Erkrankungen mit ähnlichen klinischen Merkmalen und gemeinsamen ätiopathogenetischen Aspekten zusammengefaßt. Dazu zählen Spondylitis ankylosans, Arthritis psoriatica, postenteritische und postvenerische reaktive Arthritiden bzw. das Reiter-Syndrom, enteropathische Arthritiden und die Gelenkmanifestationen des Behçet-Syndroms.

Das ***rheumatische Fieber*** (Streptokokkenrheumatismus) ist zu einer Rarität geworden, dagegen hat sich die ***Lyme-Arthritis*** als eine häufige postinfektiöse Erkrankung erwiesen. ***Virale (parainfektiöse) Arthritiden*** können als beginnende chronische Polyarthritis fehlgedeutet werden. Notfälle sind die ***infektiösen (septischen) Arthritiden***.

***Degenerative Gelenkerkrankungen*** (Arthrosen) und ***Periarthropathien*** einschließlich der psychosomatischen generalisierten Tendomyopathien (Fibromyalgie) sind häufige Ursachen „rheumatischer Symptome“ und müssen vor allem unter dem Aspekt der Differentialdiagnostik gegenüber entzündlich rheumatischen Erkrankungen berücksichtigt werden.

Gelenkmanifestationen kommen bei einer Vielzahl anderer Erkrankungen vor: Stoffwechselerkrankungen (Gicht, Pseudogicht, Ochronose, Hämochromatose), Sarkoidose, Kollagenosen und Vaskulitiden. Selten sind neurogene Arthropathien und Gelenktumoren.


**Rheumatologische Diagnosen stützen sich in erster Linie auf Anamnese und klinischen Befund. Labor- und Röntgenbefunde sind nur in seltenen Fällen diagnostisch beweisend und daher als ergänzende Bausteine der Diagnose zu werten.**

## 13.1 Chronische Polyarthritis

### Definition

Die chronische Polyarthritis (abgekürzt cP) ist eine entzündliche Gelenkerkrankung unklarer Ätiologie, die zu einer Destruktion der befallenen Gelenke führt. Allgemeinsymptome und fakultative extraartikuläre Organmanifestationen weisen auf den Systemcharakter der Erkrankung hin. Die Variabilität der Verlaufsformen, heterogene Laborkonstellationen und das uneinheitliche Ansprechen auf verschiedene Medikamente lassen annehmen, daß unter diesem Begriff immer noch Erkrankungen unterschiedlicher Ätiopathogenese subsummiert werden.

Dem angloamerikanischen Sprachgebrauch entstammt die häufig synonym verwendete Bezeichnung ***rheumatoide Arthritis***.

### Epidemiologie

Die chronische Polyarthritis kommt weltweit vor. Mit einer Prävalenz von etwa 1% ist sie die häufigste chronisch entzündliche Gelenkerkrankung. Die chronische Polyarthritis kann sich in jedem Lebensalter manifestieren, der Erkrankungsgipfel liegt zwischen dem 3. und 5. Lebensjahrzehnt. Frauen sind etwa 3mal häufiger als Männer betroffen.

### Ätiologie und Pathogenese

Die Ätiologie der chronischen Polyarthritis ist unbekannt. Diskutiert wird eine Infektätiologie, die bei genetisch disponierten Individuen zu einer chronischen Autoimmunreaktion führt. Denkbar ist, daß verschiedene Erreger (z. B. Epstein-Barr-Viren, Parvoviren) zu jeweils dem gleichen klinischen Bild einer chronischen Polyarthritis führen. Die Assoziation mit HLA-DR4 (60 % gegenüber 25% bei Kontrollen) weist auf die Bedeutung von Erbfaktoren hin.

Das pathomorphologische Korrelat der chronischen Polyarthritis ist die ***Synovialitis***. Die chronische Entzündung der normalerweise dünnen und glatten Synovialis führt zur Bildung von zottig verdicktem Gewebe, dem ***Pannus***. Diese wuchernden Zellverbände dringen allmählich in benachbarte Gewebe ein und führen zur Zerstörung von Knorpel, Knochen und periartikulären Geweben.

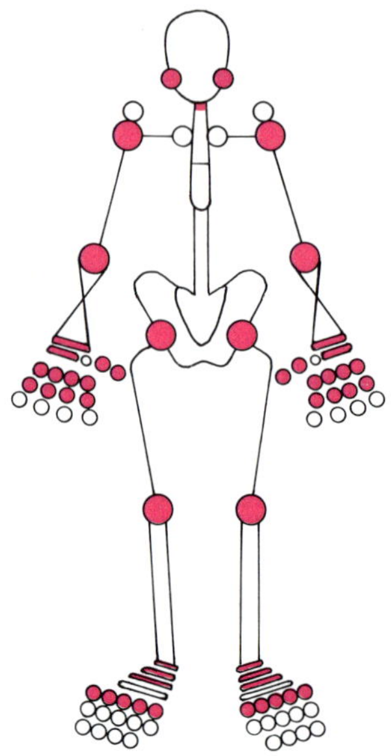

**Abb. 13.1.** Befallsmuster der chronischen Polyarthritis (individuell unterschiedliche Ausbreitung)

### Klinik

**Krankheitsbeginn.** Der Beginn der chronischen Polyarthritis erfolgt meist schleichend. Initial liegen oft vieldeutige allgemeine Krankheitssymptome und atypische oligartikuläre Gelenkbefallsmuster vor. Diese nicht definitiv zu klassifizierenden Symptome können (evtl. intermittierend) dem typischen Bild der symmetrischen Polyarthritis um viele Monate und selbst Jahre vorausgehen.

**Befallsmuster.** Kennzeichnend für die chronische Polyarthritis ist das symmetrische polyartikuläre Befallsmuster. Typisch ist vor allem die entzündliche Schwellung der Fingergrund- und Fingermittelgelenke sowie der Zehengrundgelenke. Die chronische Polyarthritis kann aber auch an großen Gelenken beginnen, häufig sind die Handgelenke schon früh betroffen. Nahezu jedes periphere Gelenk kann befallen werden. Ausgespart bleiben in der Regel die distalen Interphalangealgelenke II–V der Finger und Zehen. Am Stammskelett manifestiert sich die chronische Polyarthritis ausschließlich an der Halswirbelsäule (Abb. 13.1).

**Schmerz und Steifigkeit.** Initial klagen Patienten vor allem über morgendliche Schmerzen und Bewegungseinschränkungen. Die *Morgensteifigkeit* ist erst ab einer Dauer von 1 h diagnostisch wertbar, da eine kurzdauernde Steifigkeit und „Anlaufschmerzen" auch bei degenerativen Gelenkerkrankungen vorkommen.

**Befunde.** ***Arthritis.*** Die entzündliche (synovitische) Gelenkschwellung ist im Gegensatz zur arthrotischen Gelenkverdickung palpatorisch weich (sulzig) oder infolge massiver Gelenkergüsse prall elastisch und fluktuierend. Die Haut über den betroffenen Gelenken ist nur selten gerötet und nur wenig überwärmt. Druck- und Bewegungsschmerz sind individuell sowie im Abhängigkeit von der Krankheitsaktivität variabel. Die Gelenkfunktion kann schmerzbedingt oder infolge von Gelenkdestruktionen (oder Sehnenrupturen) und Ankylosierung eingeschränkt sein; ein frühes Zeichen der chronischen Polyarthritis ist z. B. der inkomplette Faustschluß.

An den Fingergelenken zeigt sich das typische Bild spindelförmiger Schwellungen mit verstrichenen Querfalten (Abb. 13.2). Der Befall der Fingergrundgelenke ist initial oft nur durch die Schmerzhaftigkeit bei seitlicher Kompression festzustellen („Begrüßungsschmerz" beim Händedruck, ***Gänslen-Zeichen***). Auch der Kompressionsschmerz der Zehengrundgelenke ist ein typisches Frühzeichen; die Patienten klagen bei einer Zehenbeteiligung über Schmerzen beim Abrollen der Füße.

Zervikalsyndrome bei einem Patienten mit chronischer Polyarthritis können Folge eines entzündlichen Befalls der Halswirbelsäule sein.

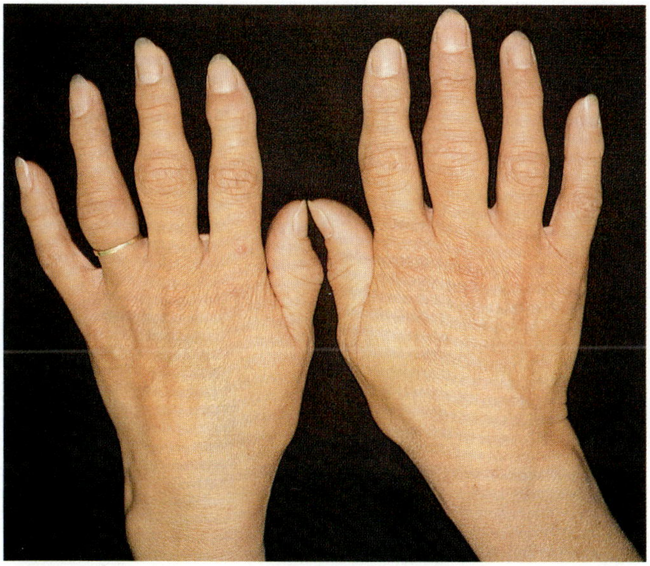

**Abb. 13.2.** Spindelförmige Schwellung der Fingermittelgelenke D2 und D3 rechts sowie D3 und D4 links bei einer 50jährigen Patientin; allmählicher Beginn der schmerzhaften Gelenkschwellung vor 3 Monaten, Morgensteifigkeit von 2 h, Abrollschmerzen der Zehengrundgelenke

***Tenosynovitis und Bursitis.*** Synovitiden können sich auch in Sehnenscheiden und Bursen manifestieren und Ursache hartnäckiger periartikulärer Schmerzen sein.

Massive Synovitiden der Sehnenscheiden unter dem Lig. carpi transversum komprimieren den N. medianus und führen zu einem ***Karpaltunnelsyndrom.*** Bei chronischen Tenosynovitiden besteht die Gefahr von Sehenrupturen (z. B. der Sehne des M. extensor carpi ulnaris). Eine häufige Komplikation einer Kniegelenksarthritis (Gonarthritis) sind ***Baker-Zysten***. Bei einer Verbindung poplitealer Bursen mit dem Kniegelenk führt ein Gelenkerguß zu einer Aussackung dieser Bursen, zumal ein Ventilmechanismus den Rückstrom verhindert. Baker-Zysten können in die Wade absacken und rupturieren. Das entsprechende klinische Bild kann zur fälschlichen Annahme einer tiefen Beinvenenthrombose führen. Baker-Zysten sind leicht sonographisch darzustellen.

***Rheumaknoten.*** Rheumaknoten sind subkutane Palisadenzellgranulome, die vorwiegend bei Rheumafaktor-positiver („seropositiver") chronischer Polyarthritis in ca. 20% der Fälle auftreten. Prädilektionsstellen sind die Streckseiten über den Gelenken, in erster Linie Fingergelenke und Ellenbogen. Rheumaknoten sind nicht absolut pathognomonisch.

***Gelenkdestruktionen.*** Die chronisch erosiven Prozesse können zu Deformierungen, Achsenfehlstellungen, Instabilitäten oder Ankylosierungen der Gelenken führen.

Charakterische Befunde einer fortgeschrittenen chronischen Polyarthritis zeigen sich an den Fingern: ***Ulnardeviation*** in den Fingergrundgelenken II–IV, ***Schwanenhalsdeformität*** (Beugestellung im Grundgelenk, Überstreckung im Mittelgelenk und Beugestellung im Endgelenk) und ***Knopflochdeformität*** (Beugestellung des Mittelgelenks und Überstreckung des Endgelenkes); der Daumen ist im Grundgelenk gebeugt und im Interphalangealgelenk überstreckt ***(90°–90°-Deformität)***.

Bei einer Affektion der Halswirbelsäule ist die atlantoaxiale Dislokation mit neurologischen Ausfallserscheinungen bis hin zu Hirnstammschädigungen zu befürchten.

**Organmanifestationen.** Extraartikuläre Manifestationen sind bei der chronischen Polyarthritis im Vergleich zu den Kollagenosen selten. Sie kommen in der Regel nur bei Patienten mit aggressiven Verlaufsformen vor und betreffen in erster Linie die Haut (Vaskulitis), ferner die Lunge (Pleuritis, interstitielle Fibrose), das Herz (Perikarditis, Myokarditis), das Auge (Episkleritis, perforierende Skleromalazie) und das Nervensystem (Mononeuritis multiplex). Befunde einer Nierenerkrankung müssen an eine ***sekundäre Amyloidose*** denken lassen.

***Sjögren-Syndrom.*** Symptome einer Xerophthalmie („trockenes Auge") und Xerostomie („trockener Mund") weisen auf ein sekundäres Sjögren-Syndrom hin, das bei ca. 25% der Patienten mit chronischer Polyarthritis vorkommt (s. Kap. 14).

***Felty-Syndrom.*** Dabei handelt es sich um die Befundkonstellation Neutropenie ($<2000/mm^3$), Splenomegalie und chronische Polyarthritis. Die chronische Polyarthritis ist in der Regel seropositiv und oft mit Organmanifestationen assoziiert.

**Verlauf und Prognose.** Der Krankheitsverlauf ist extrem variabel. Bei blanden Verlaufsformen kommt es über Jahre zu keinen nennenswerten Funktionseinbußen. Andererseits entwickeln sich Destruktionen und Deformierungen der Gelenke mit erheblichen Funktionsverlusten auch innerhalb von Monaten. Oft ist eine schubförmige Progression der Erkrankung zu beobachten. Im Einzelfall ist die Prognose nicht voraussagbar. Insgesamt kommt es bei etwa $^1/_3$ der Patienten zu invalidisierenden Gelenkdestruktionen. Die Lebenserwartung kann durch Therapiekomplikationen oder Organmanifestationen beeinträchtigt werden.

## Laborbefunde

**Bei der chronischen Polyarthritis gibt es keine die Diagnose beweisenden Laborbefunde, Rheumafaktoren sind nicht krankheitsspezifisch.**

Die Beschleunigung der BKS ist ein fast unabdingbarer Hinweis auf die systemische Entzündung. Fälle mit normaler BKS sind eine Rarität. Das C-reaktive Protein (CRP) ist ein Akutphaseprotein, das ebenfalls ein verläßlicher Entzündungsindikator ist. Auch das erniedrigte Serumeisen ist ein unspezifisches Entzündungszeichen. Bei längeren Krankheitsverläufen kommt es zur normo- bis hypochromen, evtl. mikrozytären Anämie der chronischen Entzündung. Auch zeigt sich dann oft eine Hypergammaglobulinämie. Zellkernantikörper in niedriger Titerhöhe sind bei etwa 20% der Patienten vorhanden.

**Rheumafaktoren.** Rheumafaktoren sind Autoantikörper, die sich gegen das $F_c$-Stück von Immunglobulinen der Klasse IgG richten. Die Rheumafaktoren selbst sind größtenteils IgM- und IgG-Immunglobuline, sie finden sich aber auch in der IgA-, IgE- und IgD-Klasse. Die im allgemeinen angewandten Agglutinationsmethoden (Latextest, Waaler-Rose-Test) erfassen praktisch nur IgM-Rheumafaktoren. Diese sind bei 70–80% der Patienten mit chronischer Polyarthritis nachweisbar ***(seropositive chronische Polyarthritis),*** die übrigen Fälle werden als ***seronegative chronische Polyarthritis*** bezeichnet. Rheumafaktoren können auch bei anderen Erkrankungen und sogar bei Gesunden vorkommen (Tabelle 13.1).

**Tabelle 13.1.** Krankheiten mit positivem Rheumafaktor. Rheumafaktoren sind für die Diagnose einer chronischen Polyarthritis weder unabdingbar noch krankheitsspezifisch

| | Rheumafaktor positiv (Prozent) |
|---|---|
| Chronische Polyarthritis | 70–80 |
| Essentielle Kryoglobulinämie, primäres Sjögren-Syndrom, subakute bakterielle Endokarditis | >80 |
| Kollagenosen und andere Autoimmunkrankheiten, akut virale und chronisch bakterielle Infekte, Paraproteinämien u. a. | 10-40 |
| Gesunde Kontrollen[a] | ≈5 |

[a] Die Prävalenz von Rheumafaktoren bei Gesunden nimmt mit dem Alter zu

## Röntgenbefunde

Bei der chronischen Polyarthritis treten in zwar unvorhersehbaren Zeiträumen, aber unabdingbar Knorpel- und Knochenerosionen auf.

Als röntgenologisches Frühzeichen gilt die ***gelenknahe Osteoporose***. Allmählich zeigen sich ***Arrosionen*** (Konturunschärfen) der subchondralen Grenzlamelle und marginale ***Usuren*** (Knochendefekte am Knorpelrand), die sich radiologisch als ***Zysten*** projizieren können. Durch die fortschreitende Knorpeldestruktion kommt es zu gleichmäßigen (konzentrischen) ***Gelenkspaltverschmälerungen***. Zunehmende Usuren führen zu einer vollständigen Destruktion der Gelenkkonturen und zu Fehlstellungen. Im Endstadium können knöcherne Ankylosen entstehen.

Beim Befall der Halswirbelsäule zeigt sich initial meist eine ventrale Atlassubluxation, die auf Anteflexionsaufnahmen aus einer Atlantodentaldistanz von >3 mm abgeleitet wird; oft ist der Dens axis arrodiert. Erosive Läsionen können auch andere Segmente der Halswirbelsäule betreffen und zu Verschiebungen der Wirbel führen.

## Diagnose und Differentialdiagnosen

**Da es bei der chronischen Polyarthritis zu Beginn der Erkrankung keine beweisenden Einzelbefunde gibt, stützt sich die Diagnose auf eine Kombination typischer Befunde und den Ausschluß möglicher Differentialdiagnosen. Oft ist die Diagnose erst nach längeren Verlaufsbeobachtungen zu sichern.**

Polyarthritiden, evtl. mit symmetrischem Befall kleiner Gelenke, sind auch beim systemischen Lupus erythematodes, seltener bei anderen Kollagenosen und Vaskulitiden, zu beobachten. Ferner kommt es bei parainfektiösen (viralen) Arthritiden zu Befallsmustern, die Anlaß zur Annahme einer chronischen Polyarthritis sein können. Probleme können sich bei der Differenzierung einer initialen chronischen Polyarthritis mit Befall der Schultergelenke von einer Polymyalgia rheumatica ergeben. Die seltenen chronisch tophösen Gichtarthritiden und Chondrokalzinosen mit polyartikulärem Befall werden oft als chronische Polyarthritis fehlgedeutet. Unter der Prämisse, daß die chronische Polyarthritis auch atypisch beginnen kann, umfaßt das mögliche differentialdiagnostische Spektrum eine Vielzahl weiterer Arthritiden, wie vor allem die Arthritis psoriatica und die reaktiven Arthritiden.

### Therapie

Ohne Kenntnis der Ätiologie der chronischen Polyarthritis gibt es keine kausale Therapie, auch ist keine Heilung möglich. Dennoch kann mit verschiedenen therapeutischen Strategien der Krankheitsverlauf günstig beeinflußt werden. Ziel der Therapie ist die Schmerzlinderung, die Suppression der Entzündung, der weitgehende Erhalt und evtl. die operative Wiederherstellung der Gelenkfunktion. Ferner sind zahlreiche Maßnahmen der Rehabilitation einschließlich psychologischer und sozialer Hilfen erforderlich.

**Medikamentöse Therapie.** Die medikamentöse Therapie stützt sich auf nichtsteroidale Antiphlogistika, „Basistherapeutika" und Glukokortikosteroide. Die Therapie muß individuell der Aktivität des Verlaufs angepaßt werden, meist sind Kombinationen der genannten Substanzgruppen erforderlich. Häufige Kontrolluntersuchungen sind wegen potentiell gefährlicher Nebenwirkungen der medikamentösen Therapie erforderlich.

***Nichtsteroidale Antiphlogistika.*** Nichtsteroidale Antirheumatika sind die Mittel der ersten Wahl zur Entzündungshemmung und Schmerzlinderung. Sie haben jedoch keinen wesentlichen Einfluß auf den Krankheitsverlauf („Symptomatika").

***Basistherapeutika.*** Mit diesem Begriff werden Substanzen bezeichnet, die eine Remission induzieren können („remission-inducing drugs") und so die Progression der Erkrankung aufhalten. All diese Medikamente wirken erst nach einer Verabreichung von mehreren Wochen bis Monaten („slowly acting drugs") und unterscheiden sich auch in ihrer dann protrahierten Wirkdauer von den nur kurzwirksamen nichtsteroidalen Antiphlogistika. Antimalariamedikamente (Chloroquin oder Hydroxychloroquin), Sulfasalazin, Goldsalze (oral oder parenteral) und D-Penizillamin sind die meist verordneten Basistherapeutika. Bei aggressiven Krankheitsverläufen kann auch eine Behandlung mit Immunsuppressiva bzw. Zytostatika erwogen werden, z.B. mit Azathioprin, Methotrexat oder Zyklophosphamid.

***Kortikosteroide.*** Kortikosteroide sind die potentesten antiphlogischen Mittel bei chronischer Polyarthritis. Ihre Anwendung ist allerdings durch die mehr oder minder vorhersehbaren unerwünschten Wirkungen limitiert, so daß sie im wesentlichen die Funktion einer Notbremse haben. Niedrig dosierte Kortikosteroide haben aber oft eine erstaunliche Wirkung, ohne daß wesentliche Nebenwirkungen auftreten.

**Physikalische Therapie.** Die physikalische Therapie muß immer Teil des gesamten Behandlungskonzepts sein. Es werden unterschiedliche Methoden zum Erhalt der Funktionsfähigkeit des Bewegungsapparates eingesetzt, wie z.B. Thermo- und Kryotherapie, Elektrotherapie, Balneotherapie, Massagen, Krankengymnastik und Ergotherapie.

**Operative Therapie.** Die Mitbetreuung durch den Rheumaorthopäden erfolgt unter dem Aspekt evtl. erforderlicher präventiver Synovektomien und rekonstruktiver Eingriffe (z.B. Umstellungsosteotomien, Kapselbandplastiken, Gelenkersatz).

## 13.2 Still-Syndrom

Das Still-Syndrom wurde als eine juvenil beginnende Arthritis im Zusammenhang mit einer Vielzahl extraartikulärer Krankheitserscheinungen beschrieben. Die Erkrankung kann jedoch in jedem Alter auftreten. Das Still-Syndrom mit Beginn im Erwachsenenalter ist selten, es betrifft beide Geschlechter gleich häufig, die Ätiologie ist unbekannt.

Die Leitsymptome sind intermittierendes oder remittierendes ***Fieber*** ($\geq$ 39 °C), vielgestaltige und oft nur während des abendlichen Fieberanstiegs auftretende ***Erytheme*** (Erythema multiforme rheumatoides) sowie ***Arthralgien*** oder ***Arthritiden***. Häufig sind auch Halsschmerzen, Lymphadenopathie, Splenomegalie, Hepatomegalie, Perikarditis und Pleuritis.

Bei den Laboruntersuchungen sind neben unspezifischen Entzündungszeichen (BKS-Beschleunigung, erhöhtes C-reaktives Protein) vor allem Leukozytose und Linksverschiebung bemerkenswert. Ferner sind häufig die Leberenzyme erhöht.

Die Diagnose ist nur anhand typischer klinischer Konstellationen und vor allem nach umfassendem Ausschluß möglicher Differentialdiagnosen zu stellen (Infektionen, Kollagenosen, Mittelmeerfieber, Lymphome).

Der Spontanverlauf des Still-Syndroms ist ebenso variabel wie seine klinischen Erscheinungsformen. Einmalige Episoden, intermittierende Krankheitsaktivität mit monate- bis jahrelanger Remission und chronische Verläufe mit erosiven Arthritiden kommen gleichermaßen vor. Nichtsteroidale Antiphlogistika und evtl. Kortikosteroide sind die Mittel der Wahl. Bei chronisch erosiven Arthritiden werden Basistherapeutika versucht.

**Tabelle 13.2.** Seronegative Spondarthritiden

| |
|---|
| Spondylitis ankylosans |
| Arthritis psoriatica |
| Reaktive Arthritiden (Reiter-Syndrom) |
| Enteropathische Arthritiden (Morbus Crohn, Colitis ulcerosa, Morbus Whipple) |
| Morbus Behçet |
| Juvenile Oligarthritis (evtl. Vorläufer einer Spondylitis ankylosans) |
| *Klinische Gemeinsamkeiten (fakultativ):* |
| Iliosakralarthritis mit und ohne ankylosierende Spondylitis |
| Mono- oder Oligarthritis |
| Daktylitis („Wurstfinger, Wurstzehen") |
| Entzündliche Enthesopathie (Enthesitis, Tendoostitis, Fibroostitis) |
| Synchondritis (Befall der sternomanubrialen Fuge) |
| Iritis bzw. Iridozyklitis |
| *Assoziation mit HLA-B27* |
| Familiäre Häufung (evtl. verschiedener Spondarthritiden) |

## 13.3 Spondylitis ankylosans

### Definition

Die Spondylitis ankylosans ist eine chronische Erkrankung des Achsenskeletts, bei der neben entzündlichen Prozessen vor allem metaplastisch-ossifizierende Umbauvorgänge (Syndesmophyten, Ankylosierung) vorherrschen und zur Versteifung der Wirbelsäule führen. Fakultativ werden auch periphere Gelenke befallen.

Synonym wird häufig die Bezeichnung ***Morbus Bechterew*** verwandt.

### Seronegative Spondarthritiden

Die Spondylitis ankylosans gehört zum Formenkreis der ***seronegativen Spondarthritiden***. Mit diesem Begriff werden Erkrankungen zusammengefaßt, die sich durch ***gemeinsame klinische Kennzeichen und die Assoziation mit dem Histokompatibilitätsantigen HLA-B27*** als Hinweis auf eine genetisch determinierte Krankheitsdisposition auszeichnen (Tabelle 13.2). Weiter ist diesen Erkrankungen gemeinsam, daß bakterielle Antigene als Manifestationsfaktoren nachgewiesen oder zu vermuten sind. Das Attribut „seronegativ" hebt das ***Fehlen von Rheumafaktoren*** als Unterscheidungskriterium zur chronischen Polyarthritis hervor. Vielfach sind Krankheitsbilder aufgrund des Gelenkbefallsmusters und des evtl. nachgewiesenen HLA-B27 nur undifferenziert den seronegativen Spondarthritiden zuzuordnen (HLA-B27-assoziierte Arthritis, ***undifferenzierte Spondarthritis***). Dabei kann es sich um inkomplette Formen oder um reaktive Arthritiden, bei denen die Infektätiologie nicht zu sichern ist, handeln.

### Epidemiologie

Die Prävalenz der Spondylitis ankylosans beträgt 0,5–1%, wobei es sich jedoch in mindestens der Hälfte der Fälle um abortive Verlaufsformen handelt. Das Vollbild der Spondylitis ankylosans ist wesentlich häufiger bei Männern (ca. 80%). Die Erkrankung beginnt gewöhnlich bei jungen Erwachsenen, ein Beginn der Erkrankung nach dem 40. Lebensjahr ist selten.

### Ätiologie und Pathogenese

Als Manifestationsfaktor werden bakterielle Antigene ***(exogener Faktor)*** diskutiert.

Neben der familiären Häufung der Spondylitis ankylosans weist die Assoziation mit dem HLA-B27 auf genetisch determinierte Faktoren bei der Pathogenese hin. Während dieses Antigen in der mitteleuropäischen Bevölkerung in 6–8% nachzuweisen ist, sind 95% der

**Tabelle 13.3.** Häufigkeit des HLA-B27 bei rheumatischen Erkrankungen

| | HLA-B27 positiv (Prozent) |
|---|---|
| Spondylitis ankylosans | 90–100 |
| Postenteritische und postvenerische reaktive Arthritiden (Reiter-Syndrom) | 60-80 |
| Arthritis psoriatica ohne Iliosakralarthritis | 6–8 |
| Arthritis psoriatica mit Iliosakralarthritis | 60–80 |
| Enteropathische (periphere) Arthritiden | 6–8 |
| Iliosakralarthritis bei entzündlichen Darmerkrankungen | 60–80 |
| Juvenile chronische Oligarthritis mit Iliosakralarthritis | 60–80 |
| Idiopathische Uveitis | 60 |
| Mitteleuropäische Normalbevölkerung | 6–8 |

Patienten mit Spondylitis ankylosans HLA-B27-positiv (Tabelle 13.3). Das HLA-B27 oder ein mit diesem Antigen gekoppeltes Merkmal ist daher als disponierender ***endogener Faktor*** anzusehen.

Pathologisch-anatomisch handelt es sich um destruierende und proliferativ fibrosierende Prozesse, die über eine chondroide Metaplasie zu Ossifikation und Ankylose führen.

## Klinik

**Krankheitsbeginn (Iliosakralarthritis).** Das initiale Leitsymptom ist der ***Kreuzschmerz,*** der den Patienten in den frühen Morgenstunden aufweckt. Die Schmerzen und die auch typische Morgensteifigkeit bessern sich dann allmählich bei Bewegung. Die Schmerzen strahlen oft in die Leistenregion und zum Teil auch ischialgiform bis in den Oberschenkel aus. Diese Symptomatik ist Folge einer Iliosakralarthritis, die sich radiologisch aber oft erst nach Monaten verifizieren läßt.

Bei der Untersuchung lassen sich Schmerzen der Iliosakralgelenke provozieren, indem bei dem seitlich liegenden Patienten, der das untere Bein beugt und mit beiden Händen umfaßt, das obere gestreckte Bein retroflektiert wird ***(Mennell-Zeichen)***.

**Wirbelsäulenbefall.** Der Wirbelsäulenbefall beginnt in der Regel mit Schmerzen und Bewegungseinschränkungen im Bereich des thorakolumbalen Übergangs und schreitet von hier nach kaudal und kranial fort. Einzelne Wirbelsäulenabschnitte können dabei ausgespart bleiben.

Die Wirbelsäule versteift typischerweise mit einer Abflachung der Lendenwirbelsäulenlordose, Hyperkyphosierung der Brustwirbelsäule und Ventralneigung der Halswirbelsäule. In einigen Fällen versteift die gesamte Wirbelsäule geradlinig (sog. Bügelbrettrücken). Der Befall der kostovertebralen und kostotransversalen Gelenke verursacht gürtelförmige Thoraxschmerzen und führt allmählich zur Thoraxstarre. Damit nimmt die Zwerchfellatmung zu, was zum typischen Bild des „Kugelbauches“ bei Patienten mit fortgeschrittener Spondylitis ankylosans beiträgt.

Die Bewegungseinschränkung der Lendenwirbelsäule kann früh mit dem ***Schober-Maß*** erfaßt werden. Dabei wird vom Dornfortsatz des 5. LWK ein Meßpunkt 10 cm kranialwärts markiert. Bei maximaler Beugung vergrößert sich diese Distanz bei Gesunden um mindestens 4 cm. An der Brustwirbelsäule vergrößert sich normalerweise eine Distanz von 30 cm ausgehend vom Dornfortsatz des 7. HWK nach distal um wenigstens 3 cm ***(Ott-Maß)***. Weitere Meßwerte zur Verlaufsdokumentation sind der Finger-Fußboden-Abstand (mit gestreckten Knien), die Atembreite des Thorax, der Hinterhaupt-Wand-Abstand oder die Distanz zwischen Kinn und Sternum.

**Periphere Gelenkmanifestationen und Enthesopathien.** Arthritiden peripherer Gelenke treten bei fast der Hälfte der Patienten auf, in ca. 20% gehen diese dem Stammskelettbefall voraus. Betroffen sind vor allem Schulter-, Hüft-, Knie- und Sprunggelenke. Die peripheren Arthritiden heilen meist folgenlos ab. Allerdings kann es auch zu schnell fortschreitenden Destruktionen und Ankylosierungen (z. B. der Hüftgelenke) kommen.

Typisch ist auch der entzündliche Befall der sternomanubrialen Synchondrose (Synchondritis), der heftige Brustschmerzen verursacht. Die schmerzhaften Sehnenansatzentzündungen (entzündliche Enthesopathien, Synonyme: Enthesitis, Tendoostitis, Fibroostitis) sind vor allem am Kalkaneus (Ansatz der Achillessehne oder Plantaraponeurose) und am Sitzbein, aber auch am Beckenkamm und an den Trochanteren lokalisiert.

**Organmanifestationen.** Die häufigste Manifestation (Häufigkeitsangaben variieren zwischen 10–50%) außerhalb des Bewegungsapparates ist die ***Iritis,*** die meist rezidivierend verläuft. Vor allem bei einer der Iliosakralarthritis lange vorausgehenden Iritis stellt sich die Frage, ob es sich um die Koinzidenz verwandter Erkrankungen auf dem gleichen genetischen Terrain handelt.

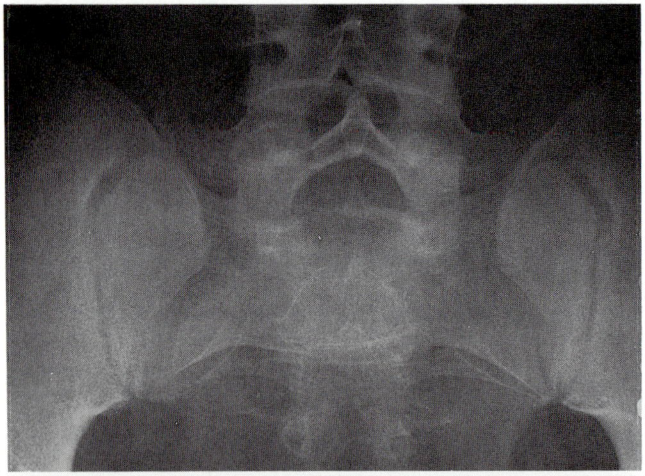

a

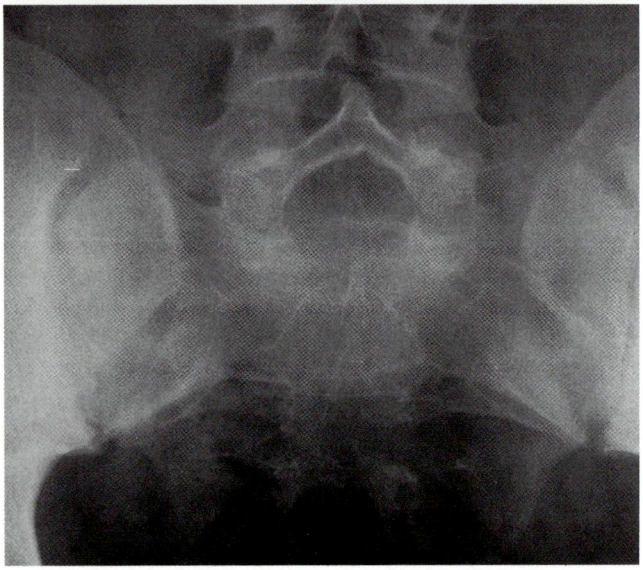

b

**Abb. 13.3 a, b.** 23jähriger Patient mit morgendlichen Kreuzschmerzen. Die Röntgenaufnahme der Iliosakralgelenke 3 Monate nach Beginn der Symptomatik zeigt rechtsseitig nur eine geringe Unschärfe der Gelenkkonturen (**a**). Eine Verlaufskontrolle nach 7 Monaten ergibt das typische „bunte Bild“ einer beidseitigen Iliosakralarthritis (**b**)

Befunde einer Herzbeteiligung bei schweren Krankheitsverläufen sind ***Reizleitungsstörungen*** und eine ***Aortitis***, die zu einer Aorteninsuffizienz (bei ca. 1–4% der Patienten) führen kann. Als seltene Lungenmanifestation wurde eine ***zystische Oberlappenfibrose*** beschrieben. Infolge des chronischen Krankheitsprozesses kann sich eine ***Amyloidose*** entwickeln, die sich aber nur in seltenen Fällen klinisch bemerkbar macht.

**Verlauf und Prognose.** Die Erkrankung verläuft oft in Schüben, sie kann in jedem Stadium zum Stillstand kommen. Die Progression bis zum Vollbild bzw. Endstadium erfolgt über einen Zeitraum von Jahren. Die invalidisierenden Verlaufsformen sind eher selten, die Mehrzahl der Patienten führt ein weitgehend normales Leben.

### Laborbefunde

Die BKS ist in Phasen der Krankheitsaktivität bei etwa 80% der Patienten erhöht. Weitere unspezifische Entzündungsparameter (z. B. erhöhtes C-reaktives Protein) unterscheiden sich nicht gegenüber anderen entzündlich rheumatischen Erkrankungen. Über 90% der Patienten sind HLA-B27-positiv (s. Tabelle 13.3).

**Der Nachweis des HLA-B27 ist nur im Zusammenhang mit der typischen Klinik der Spondylitis ankylosans diagnostisch relevant. Bei negativem Befund ist die Wahrscheinlichkeit der Erkrankung gering.**

### Röntgenbefunde

**Iliosakralarthritis.** Radiologisch sichtbare Läsionen einer Iliosakralarthritis, die auch einseitig beginnen kann, sind erst nach einer Krankheitsdauer von einigen Monaten zu erwarten (Abb. 13.3). Charakteristisch ist das ***„bunte Bild“*** mit Zeichen sowohl der Destruktion als auch proliferativer Prozesse. Die Gelenkkonturen erscheinen zunächst unscharf begrenzt. Durch die Entmineralisierung und Rarefizierung der subchondralen Spongiosa gehen die Gelenkkonturen dann teilweise verloren und erscheinen hier erweitert (Pseudoerweiterung). Im weiteren Verlauf kommt es zu gelenknahen Sklerosierungen und Erosionen. Einseitige Erosionen z. B. nur der iliakalen Gelenkflächen ähneln oft einem „Sägeblatt“ oder einer „Briefmarkenzähnelung“, korrespondierende Usuren am Kreuz- und Darmbein können „perlenschnurartig“ und „rosenkranzähnlich“ aneinandergereiht sein. Über knospen- oder brückenartige Knochenproliferationen kann es schließlich zur totalen knöchernen Ankylose kommen. Die Lokalisation der durchbauten Iliosakralgelenke ist radiologisch dann nur noch zu erahnen („ghost joints“).

**Röntgenologische Befunde einer beidseitigen Iliosakralarthritis sind der Schlüssel zur Diagnose der Spondylitis ankylosans, kommen aber nicht nur bei dieser Erkrankung vor.**

**Syndesmophyten.** Ein weiteres Kennzeichen der Spondylitis ankylosans sind Knochenspangen, die den Intervertebralraum flachbogig überbrücken und so benachbarte Wirbelkörper miteinander verbinden (Syndesmophyten). Syndesmophyten entstehen infolge einer Entzündung und schließlich ossifizierenden Metaplasie der äußeren Schichten des Anulus fibrosus der Bandscheiben sowie der inneren Schichten des Längsbandes. Die Zahl und Röntgenmorphologie der Syndesmophyten ist sehr variabel. Initial treten sie meist lateral im Bereich des thorakolumbalen Übergangs ($Th_{11}$ bis $L_2$) auf. Eine Generalisation der Syndesmophyten führt zum Bild der sog. Bambusstabwirbelsäule.

**Spondylitis anterior.** Zuweilen treten auch vertebrale Destruktionen der vorderen Wirbelkörperrandleisten auf. Sklerosierungen der Wirbelkörperkanten („leuchtende Ecken") gehen Kantendefekten und dem daraus möglicherweise resultierenden Bild von „Tonnenwirbeln" voraus. Periostale ossifizierende Reaktionen der Wirbelkörpervorderflächen führen zur Bildung von „Kastenwirbeln". Entzündlich destruierende Prozesse greifen nur selten auf die Bandscheibe über (Spondylodiszitis), dadurch kann es zur segmentalen Verschmälerung des Intervertebralraumes kommen.

**Spondylarthritis.** Sklerosierungen und schließlich Ossifikationen der Intervertebral- sowie der Kostovertebralgelenke treten gewöhnlich erst spät auf, erosiv destruierende Läsionen sind hier selten.

**Enthesopathie und Synchondritis.** Erosiv-proliverative Läsionen („Ausfransungen") an Sehnen- und Bandansatzstellen sind vor allem an Ferse, Sitzbein und Schambein zu sehen. Destruktionen und Ossifikationen betreffen auch die Synchondrosen der Symphyse und des Sternums.

### Diagnose und Differentialdiagnosen

Solange die typischen radiologischen Befunde nicht vorhanden sind, kann die Diagnose bei typischer klinischer Symptomatik und Nachweis des HLA-B27 nur vermutet werden.

Bei degenerativen Wirbelsäulenveränderungen und Bandscheibenschäden oder einer Instabilität der Wirbelsäule (Spondylolisthesis) sind Rückenschmerzen gewöhnlich belastungsabhängig. Infektiöse Spondylodiszitiden können ähnliche Ruheschmerzen wie die Spondylitis ankylosans verursachen. Bei Kreuzschmerzen sollte auch an gynäkologische und urologische Erkrankungen gedacht werden.

Kreuzschmerzen wie bei der Spondylitis ankylosans und radiologische Befunde einer Iliosakralarthritis kommen auch bei den anderen seronegativen Spondarthritiden und bei den seltenen bakteriellen Infektionen der Iliosakralgelenke vor; hier ist der Befall der Iliosakralgelenke aber eher unilateral oder asymmetrisch.

Degenerative Läsionen der Iliosakralgelenke können als Zeichen einer Iliosakralarthritis fehlgedeutet werden. Kreuzschmerzen sind gelegentlich auch mit dem radiologischen Bild einer ***Hyperostosis triangularis ilii*** (Osteosis triangularis condensans) assoziiert. Dabei handelt es sich um ein- oder doppelseitige dreieckige Sklerosezonen, die unmittelbar an die Iliosakralgelenke angrenzen. Als Ursache dieser Veränderungen, die sich meist bei Frauen finden, wird eine chronische Druckbelastung infolge von Beckenlockerungen (z. B. durch Schwangerschaften) angenommen.

Das radiologische Bild der ***Spondylosis hyperostotica*** (Morbus Forestier), einer Sonderform der degenerativen Wirbelsäulenerkrankung (Spondylosis deformans), ist aufgrund der dabei vorkommenden brückenbildenden Spondylophyten oft Anlaß zur Verwechslung mit einer Spondylitis ankylosans, zumal auch Ossifikationen der Gelenkkapseln der Iliosakralgelenke als fortgeschrittene Iliosakralarthritis fehlgedeutet werden können. Typisch für die Spondylosis hyperostotica sind weit ausladende grobe Spondylophyten, der vor allem rechtsseitige Befall der Brustwirbelsäule und grobwulstige Verkalkungen des vorderen Längsbandes (sog. Zuckergußwirbelsäule). Die Spondylosis hyperostotica manifestiert sich gewöhnlich nach dem 50. Lebensjahr und ist oft mit einem Diabetes mellitus assoziiert.

### Therapie

**Medikamentöse Therapie.** Zur Bekämpfung der Entzündung und Schmerzen werden in erster Linie nichtsteroidale Antirheumatika verordnet. In Phasen hoher Krankheitsaktivität, die mit nichtsteroidalen Antirheumatika nicht zu beherrschen sind, kann eine Therapie mit Kortikosteroiden erforderlich sein. Bei chronisch peripherer Gelenkbeteiligung sind auch Basistherapeutika indiziert, der Effekt einer Basistherapie auf den Wirbelsäulenbefall ist allerdings umstritten.

**Physikalische Therapie.** Die Behandlung der Spondylitis ankylosans beruht vor allem auf der Krankengymnastik einschließlich Atemgymnastik und physikalisch-balneologischer Maßnahmen. Damit soll der Versteifung entgegengewirkt oder bei fortschreitender Erkrankung eine Versteifung in möglichst günstiger Haltung angestrebt werden.

**Operative Therapie.** Operative Therapiemaßnahmen können bei destruierenden Arthritiden peripherer Gelenke erforderlich werden, z.B. der prothetische Ersatz von Hüftgelenken. Die Indikation operativer Korrekturen funktionell beeinträchtigender spondylitischer Deformitäten ist durch die Gefahr neurologischer Komplikationen eingeschränkt.

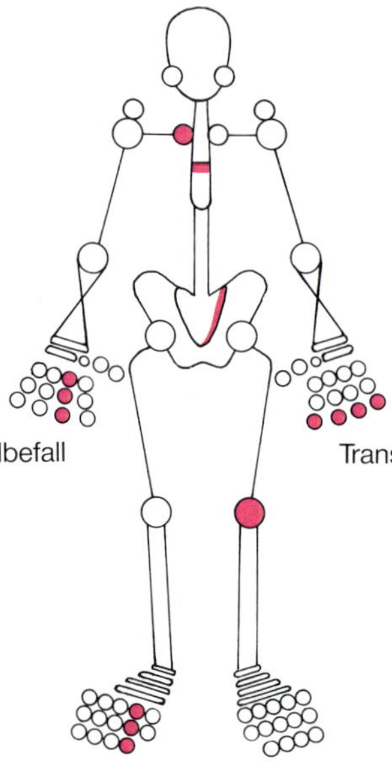


**Abb. 13.4.** Befallsmuster der Arthritis psoriatica

## 13.4 Arthritis psoriatica

### Definition

Die Arthritis psoriatica ist eine seronegative entzündliche Gelenkerkrankung, die mit einer Psoriasis vulgaris der Haut und Nägel assoziiert ist. Die Arthritis psoriatica befällt sowohl periphere Gelenke als auch das Stammskelett ***(Spondylitis psoriatica)***. Röntgenmorphologisch ist das Nebeneinander von destruktiven und proliferativen Prozessen kennzeichnend.

### Epidemiologie

Die Prävalenz der Psoriasis vulgaris beträgt 1–2%, aber nur bei etwa 5% der Patienten mit einer Psoriasis kommt es zu einer Arthritis psoriatica. Gelenkmanifestationen können, wie die Psoriasis selbst, in jedem Lebensalter auftreten, sie sind bei Frauen und Männern gleich häufig.

### Ätiologie und Pathogenese

Die Ätiologie der Psoriasis und damit auch der Arthritis psoriatica ist unklar. Die familiäre Häufung der Psoriasis und die Assoziation mit HLA-Antigenen (z.B. HLA-A1, -B13, -B17, -Bw38, -Cw6) läßt auf genetische Faktoren der Haut- und Gelenkerkrankung schließen. Bemerkenswert ist vor allem die Korrelation der psoriatischen Iliosakralarthritis mit dem HLA-B27 (s. Tabelle 13.3).

Pathologisch-anatomisch finden sich bei der Arthritis psoriatica einerseits Synovitiden, andererseits zeigen sich periartikulär sowohl osteoklastische als auch osteoblastische Prozesse („Osteoarthropathia psoriatica").

### Klinik

**Nach typischen Haut- oder Nagelveränderungen einer Psoriasis muß nicht nur bei der Anamnese gefragt werden, entsprechende Prädilektionsstellen sind stets auch zu inspizieren.**

**Psoriasis vulgaris.** Minimale Manifestationen, z.B. an der Kopfhaut, im Gehörgang, am Nabel und in der Analfalte sowie an den Finger- oder Zehennägeln, können unbeachtet geblieben oder nicht als Psoriasis gedeutet worden sein.

Der Hautbefall geht oft dem Gelenkbefall lange voraus. Bei 10–15% der Patienten tritt die Arthritis vor den typischen Hautläsionen auf. In diesen Fällen kann die Diagnose ***Arthritis psoriatica sine psoriase*** nach Ausschluß möglicher Differentialdiagnosen aufgrund des typischen Befallsmusters und einer positiven Familienanamnese vermutet werden.

Die Arthritis psoriatica kann mit allen Formen der Psoriasis assoziiert sein. Oft besteht keine Korrelation zwischen dem Ausmaß des Haut- und Gelenkbefalls.

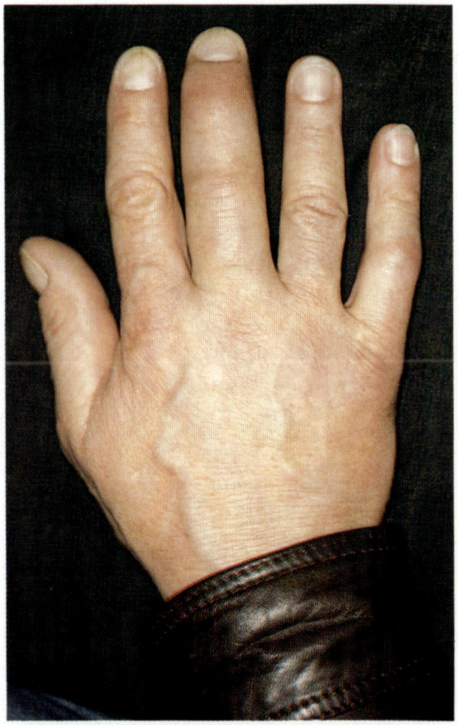

**Abb. 13.5.** Daktylitis D3 („Wurstfinger") bei einem 30jährigen Patienten mit Psoriasis vulgaris

**Arthritis.** In $^2/_3$ der Fälle beginnt die Arthritis schleichend. Das Gelenkbefallsmuster (Abb. 13.4) ist gewöhnlich asymmetrisch-oligartikulär. Vorwiegend sind Finger- und Zehengelenke betroffen. Pathognomonisch ist hierbei der ***transversale Befall der distalen Interphalangealgelenke;*** in diesen Fällen liegt meist eine Nagelpsoriasis vor. Typisch ist auch der Befall einzelner Finger oder Zehen im Strahl (Befall eines Metakarpo- oder Metatarsophalangealgelenks mit den zugehörigen Interphalangealgelenken). Bei gleichzeitiger entzündlicher Schwellung der interartikulären Gewebe imponiert dann das Bild einer ***Daktylitis,*** anschaulich ist die Bezeichnung „Wurstfinger" (Abb. 13.5) oder „Wurstzehe".

In etwa 15% der Fälle (vorwiegend Frauen) liegt ein polyartikulär symmetrischer Befall (ohne Befall der distalen Interphalangealgelenke und ohne Daktylitis) vor; im Einzelfall ist dann fraglich, ob es sich um die zufällige Koinzidenz einer Psoriasis und einer chronischen Polyarthritis handelt.

**Spondylitis psoriatica.** Bei fast $^1/_3$ der Patienten finden sich radiologische Befunde einer ein- oder beidseitigen Iliosakralarthritis. Entsprechende klinische Symptome sind seltener vorhanden. Der Wirbelsäulenbefall kann auch ohne Beteiligung der Iliosakralgelenke auftreten.

**Enthesopathie.** Die enthesitischen und synchondritischen Manifestationen unterscheiden sich klinisch nicht von denen der Spondylitis ankylosans bzw. anderer seronegativer Spondarthritiden. Diese oft sehr schmerzhaften Läsionen, z. B. Fersenschwellungen, stehen nicht selten im Vordergrund der Symptomatik.

**Verlauf und Prognose.** Der Verlauf der Arthritis psoriatica ist unberechenbar. Phasen der Krankheitsaktivität können sich mit jahrelangen Remissionen abwechseln. Andererseits sind chronisch erosive Verläufe möglich. Bei etwa 5% der Patienten kommt es zu verstümmelnden Gelenkdestruktionen *(Arthritis mutilans)*. Die Deformierungen sind hier völlig regellos.

Die Spondylitis psoriatica führt nur in seltenen Fällen zu Wirbelsäulenversteifungen in einem Ausmaß, wie sie bei der Spondylitis ankylosans vorkommen.

### Laborbefunde

Unspezifische Entzündungsparameter (BKS) sind bei der Arthritis psoriatica nur fakultativ nachzuweisen. Gelegentlich erhöhte Harnsäurewerte werden auf einen erhöhten Zellumsatz bei der Psoriasis zurückgeführt. Die Assoziation mit dem HLA-B27 ist nur in Fällen mit einer Iliosakralarthritis gegeben (s. Tabelle 13.3).

### Röntgenbefunde

Das Nebeneinander osteodestruktiver und osteoproliferativer Prozesse kennzeichnet die Röntgenmorphologie der Arthritis psoriatica. ***Usuren***, die vom Gelenkrand ausgehen, führen allmählich zu ausgedehnten ***Knochenresorptionen***. Pathognomonisch ist z. B. das Bild des „pencil in cup", das durch osteolytisch zugespitzte Phalangen und ausgehöhlte korrespondierende Gelenkflächen zustandekommt. Wollkragenartige oder stachelförmige ***Knochenappositionen*** (Protuberanzen, Spiculae) finden sich am Ansatz der Gelenkkapsel und am periartikulären Periost. Bei der Daktylitis psoriatica zeigen sich auch diaphysär Periostossifikationen.

Entsprechend den Gelenkläsionen stellt sich die psoriatische ***Enthesopathie*** radiologisch als erosiv rarifizierende und produktive Fibroostitis dar (Nebeneinander von Usuren, Spongiasaverdichtungen und unscharf konturierten Spornbildungen).

Die Syndesmophyten der Spondylitis psoriatica sind im Vergleich zu denen der Spondylitis ankylosans plump und meist wahllos asymmetrisch verteilt. Oft haben sie nur mit einem Wirbelkörper Kontakt („stierhornförmige" ***Parasyndesmophyten***). Eventuell finden sich nur grazile längliche Knochenspangen, die den Intervertebralraum ohne Kontakt zu Wirbelkörpern überbrücken ***(paraspinale Ossifikationen)***.

### Diagnose und Differentialdiagnosen

Pathognomonisch für die Arthritis psoriatica ist der Befall der Fingerendgelenke. Hier kann bei blanden Arthritiden klinisch die Unterscheidung gegenüber einer beginnenden Fingerpolyarthrose (Heberden-Arthrose) schwierig sein. Überschneidungen mit anderen seronegativen Spondarthritiden sind vielfältig. So ist in Einzelfällen sowohl hinsichtlich des Gelenkbefalls (klinisch und radiologisch) als auch der Hautläsionen nicht sicher zwischen einer Arthritis psoriatica und einem chronischen Reiter-Syndrom zu unterscheiden. Auch die Lyme-Arthritis zeigt ähnliche Gelenkbefallsmuster wie die Arthritis psoriatica.

### Therapie

In der Mehrzahl der Fälle ist die medikamentöse Therapie mit nichtsteroidalen Antirheumatika ausreichend. Bei chronisch erosiven Verläufen wurden auch Basistherapeutika mit Erfolg angewandt (z.B. Goldsalze, Sulfasalazin). Immunsuppressiva (Methotrexat oder Azathioprin) sind den mutilierend verlaufenden Fällen vorbehalten.

In die Therapie müssen auch regelmäßig physikalische Maßnahmen einbezogen werden. Bei der Spondylitis psoriatica erfolgt die krankengymnastische Behandlung unter den gleichen Aspekten wie bei der Spondylitis ankylosans. Für die operativen Eingriffe gelten die gleichen Indikationen wie bei der chronischen Polyarthritis, wenn auch die Erfolgsaussichten bei der Arthritis psoriatica vorsichtiger beurteilt werden.

## 13.5 Reaktive Arthritiden und Reiter-Syndrom

### Definition

Als reaktive Arthritiden werden ***infektbedingte Gelenkerkrankungen*** definiert, die der ***primären Infektionskrankheit*** mit einer ***Latenzzeit*** folgen („postinfektiös") und bei denen die kausalen Mikroorganismen nicht im Gelenk nachzuweisen sind. Eine Vielzahl bakterieller Infektionen und Parasitosen kann Ursache einer reaktiven Arthritis sein. Am häufigsten sind reaktive Arthritiden nach intestinalen und urogenitalen (venerischen) Infektionen. Vielfach wird die Bezeichnung „reaktiv" nur auf Arthritiden dieser Genese angewandt. Sie zeichnen sich auch gegenüber anderen „postinfektiösen" Arthritiden (z.B. rheumatisches Fieber, Lyme-Arthritis) durch eine signifikante Assoziation mit dem HLA-B27 aus (HLA-B27-assoziierte reaktive Arthritiden).

Tritt eine reaktive Arthritis in Kombination mit einer Urethritis und Konjunktivitis auf, liegt die klassische Trias eines ***Reiter-Syndroms*** vor. Häufig sind jedoch inkomplette Formen, andererseits treten in einigen Fällen auch charakteristische mukokutane Manifestationen (Reiter-Dermatosen) auf.

### Epidemiologie

Die Inzidenz venerischer und enteritischer reaktiver Arthritiden wird auf 0,3–1/1000/Jahr geschätzt. Vorwiegend sind junge Erwachsene (zwischen dem 2. und 4. Lebensjahrzehnt) betroffen. Nur die postvenerische Form der kompletten Reiter-Trias findet sich häufiger bei Männern, ansonsten besteht ein ausgeglichenes Geschlechtsverhältnis.

### Ätiologie und Pathogenese

Darm- und Urogenitalerkrankungen unterschiedlicher Infektätiologie (Tabelle 13.4) führen zum gleichen klinischen Bild einer reaktiven Arthritis und ggf., vor allem nach Infektionen mit Shigellen (in ca. 80%) und Chlamydien (in ca. 30%), eines Reiter-Syndroms. Diese exogenen Faktoren sind offensichtlich nur (oder vorwiegend) bei einer entsprechenden genetischen Disposition, ausgewiesen durch den Nachweis des HLA-B27 bei 60–80% der Patienten, arthritogen. Aber nur bei etwa 20% der HLA-B27-positiven Individuen (oder ca. 2%

**Tabelle 13.4.** Arthritogene Enteritis- und Urethritiserreger

| |
|---|
| *Enteritiserreger* |
| Shigellen (Shigella flexneri und dysenteriae) |
| Salmonellen (Spezies der Gruppen B, C u. D) |
| Yersinien (Yersinia enterocolitica und pseudotuberculosis) |
| Campylobacter (Campylobacter jejuni) |
| Clostridium difficile[a] |
| *Urethritiserreger* |
| Chlamydien (Chlamydia trachomatis D-K) |
| Ureaplasma urealyticum (wahrscheinlich) |

[a] Nach pseudomembranöser Kolitis (Komplikation bei antibiotischer Therapie)

**Tabelle 13.5.** Extraartikuläre Krankheitsmanifestationen bei reaktiven Arthritiden

| |
|---|
| Urethritis[a] |
| Konjunktivitis[a] |
| Iritis bzw. Iridozyklitis |
| Balanitis circinata[b] |
| Stomatitis |
| Keratoderma blenorrhagicum[b] |
| Myokarditis, Aortitis |

[a] Extraartikuläre Manifestationen der Reiter-Trias
[b] Reiter-Dermatosen

insgesamt) kommt es infolge von Infektionen mit arthritogenen Erregern zu einer reaktiven Arthritis. Dies deutet auf einen noch unbekannten Faktor in der Pathogenese der reaktiven Arthritiden hin. Neuerdings mehren sich die Hinweise, daß Erregerantigene (Yersinien, Chlamydien) auch in befallenen Gelenken nachgewiesen werden können.

## Klinik

**Symptome einer vorausgegangenen gastrointestinalen oder urogenitalen Erkrankung müssen erfragt werden, da Patienten in Unkenntnis entsprechender Zusammenhänge nicht spontan darauf hinweisen. Vorausgegangene Infektionen können aber auch subklinisch oder asymptomatisch verlaufen sein.**

**Anamnese.** Die Latenzzeit zwischen Symptomen einer Urethritis oder Enteritis bis zum Beginn der Arthritis beträgt durchschnittlich 2 Wochen. Auch eine diagnostisch relevante Konjunktivitis, Iritis, Balanitis oder Stomatitis kann zum Zeitpunkt der Untersuchung bereits abgeklungen sein. Besonders zu Beginn der Erkrankungen, aber auch im weiteren Verlauf, sind Fieber und Nachtschweiß mögliche Allgemeinsymptome.

**Arthritis (Spondylitis).** Das Befallsmuster reaktiver Arthritiden ist gewöhnlich mon- oder oligartikulär asymmetrisch, häufig sind Knie- und Sprunggelenke betroffen. Kennzeichnend sind auch Daktylitiden und entzündliche Enthesopathien (s. Tab. 13.3). Kreuzschmerzen oder thorakale Schmerzen weisen auf einen Iliosakral- bzw. Wirbelsäulenbefall hin.

**Extraartikuläre Manifestationen (Tabelle 13.5).** Bei den postvenerischen Formen reaktiver Arthritiden hat die Urethritis die Funktion einer Triggerinfektion, während sie bei den postenteritischen Formen ein „reaktives" Symptom der Erkrankung ist. Die Urethritis kann asymptomatisch verlaufen, oft kommt es nur zu geringen dysurischen Symptomen, gelegentlich besteht ein schleimig-eitriger Ausfluß.

Auch die Konjunktivitis verläuft häufig als harmlose Augenrötung vor Beginn der Gelenksymptomatik. Die oft rezidivierend verlaufende Iritis ist eine besonders schwere Komplikation.

Die schmerzlose Balanitis circinata ist eine meist früh auftretende klassische Schleimhautmanifestation des postvenerischen und postdysenterischen Reiter-Syndroms. Auch die gelegentlich vorkommenden oberflächlichen Schleimhautläsionen im Mund sind schmerzlos.

Das charakteristische Keratoderma blenorrhagicum sowie psoriasiforme Haut- und Nagelläsionen kommen vor allem beim postvenerisch-chronischen Reiter-Syndrom vor.

Ein Erythema nodosum wurde nur gelegentlich bei Yersinia-Arthritiden beobachtet.

In Einzelfällen sind im Frühstadium der Erkrankung elektrokardiographisch AV-Überleitungsstörungen, Schenkelblockbilder oder Repolarisationsstörungen als Zeichen einer klinisch gewöhnlich inapparent verlaufenden Myokarditis zu sehen. Aus dem seltenen entzündlichen Aortenklappenbefall kann eine Aorteninsuffizienz resultieren.

**Verlauf und Prognose.** Meist kommen reaktive Arthritiden innerhalb weniger Monaten bis zu einem Jahr zum Stillstand. Das typische Reiter-Syndrom gilt aber als eine prognostisch relativ ungünstige Verlaufsform. Bei chronischen oder chronisch rezidivierenden Verläufen steht oft der entzündliche Befall des Achsenskeletts im Vordergrund.

### Laborbefunde

Im akuten Stadium sind unspezifische Entzündungsparameter (BKS bis über 100 mm/h) meist vorhanden, aber nicht obligat. Etwa 60–80% der Patienten sind HLA-B27-positiv.

In Frage kommende Enteritiserreger sind im Stadium der Arthritis gewöhnlich nicht mehr im Stuhl nachweisbar. Chlamydien können in Abstrichen aus Urethra oder Cervix uteri mit der direkten Immunfluoreszenz nachgewiesen werden.

Serologische Nachweismethoden zur ätiopathogenetischen Zuordnung sind mit dem Mangel unspezifischer bzw. vieldeutiger Ergebnisse (Kreuzreaktionen, Durchseuchungstiter) behaftet. Nur in Einzelfällen sind Titerverläufe zu beobachten, die den Rückschluß auf eine frische Infektion zulassen.

### Röntgenbefunde

Bei chronischen Verläufen kommt es zu ***Erosionen*** und gelenknahen ***Periostossifikationen*** ähnlich wie bei der Arthritis psoriatica. Betroffen sind in erster Linie Metatarsophalangealgelenke und die Interphalangealgelenke der Großzehen. Erosiv-proliferative Enthesopathien sind vor allem in der Ferse zu sehen.

Die ***Iliosakralarthritis*** manifestiert sich oft nur unilateral. Bei chronisch spondylitischen Verläufen entstehen asymmetrische ***Parasyndesmophyten*** und paraspinale Ossifikationen ähnlich denen bei der Spondylitis psoriatica. In Einzelfällen kann die röntgenmorphologische Differenzierung zwischen einer Spondylitis ankylosans und einem Reiter-Syndrom schwierig sein, zumal auch Mischformen dieser Erkrankungen vorliegen können.

### Diagnose und Differentialdiagnose

Reaktive Arthritiden mit einer entsprechenden vorausgegangenen Infektsymptomatik oder mit typischen extraartikulären Manifestationen, insbesondere das klassische Reiter-Syndrom, bieten gewöhnlich keine diagnostischen Probleme. Schwierigkeiten kann die Differentialdiagnose zwischen Arthritis psoriatica und chronischem Reiter-Syndrom bereiten. Bei Arthritiden, die klinisch einer reaktiven Arthritis entsprechen könnten, bei denen aber die Infektätiologie weder bakteriologisch noch serologisch zu beweisen ist, stellen sich dann evtl. die Differentialdiagnosen Arthritis psoriatica (sine psoriase), enteropathische Arthritis, Lyme-Arthritis oder atypisch beginnende chronische Polyarthritis.

In einigen Fällen ist die Erkrankung dann nur als undifferenzierte Spondarthritis (s. S. 354) zu klassifizieren.

### Therapie

Angesichts der oft guten Prognose stützt sich die medikamentöse Therapie der Gelenkerkrankung zunächst nur auf nichtsteroidale Antirheumatika, begleitet von physikalisch-therapeutischen Maßnahmen. Bei hochakuten Symptomen kann eine Behandlung mit Kortikosteroiden versucht werden; oft (vor allem bei Enthesopathien) sind Kortikosteroide aber wenig wirksam. In Fällen lange persistierender Arthritiden werden zunehmend Basistherapeutika verordnet, vor allem Sulfasalazin. Bei besonders schweren Verläufen des Reiter-Syndroms ist auch eine Therapie mit Immunsuppressiva (Methotrexat, Azathioprin) indiziert.

Antibiotika sollten bei noch vorhandenen Symptomen einer Urethritis oder Enteritis bzw. bei entsprechendem Erregernachweis verordnet werden. Der Verlauf der Arthritis wird dadurch aber nicht beeinflußt. Bei Chlamydien-induzierter (postvenerischer) Arthritis muß auch eine Behandlung des Sexualpartners erfolgen, Tetrazykline oder Erythromyzin sind die Mittel der Wahl. Die antibiotische Therapie ist nicht nur wegen der Gefahr einer erneut arthritogenen Reinfektion indiziert, sondern auch um andere chlamydienassoziierte Erkrankungen wie Epididymitis oder Adnexitis zu vermeiden.

## 13.6 Enteropathische Arthritiden

Mit der Bezeichnung enteropathische Arthritiden werden rheumatologische Manifestationen bei chronisch entzündlichen Darmerkrankungen zusammengefaßt. Arthritiden kommen als Begleitmanifestationen bei Morbus Crohn, Colitis ulcerosa und Morbus Whipple vor. Außerdem besteht eine signfikante Assoziation des Morbus Crohn und der Colitis ulcerosa zur Iliosakralarthritis oder Spondylitis ankylosans.

### Morbus Crohn und Colitis ulcerosa

**Periphere Arthritiden.** Bei Patienten mit Morbus Crohn und Colitis ulcerosa kann es in zeitlichem Zusammen-

## FALL 13 A

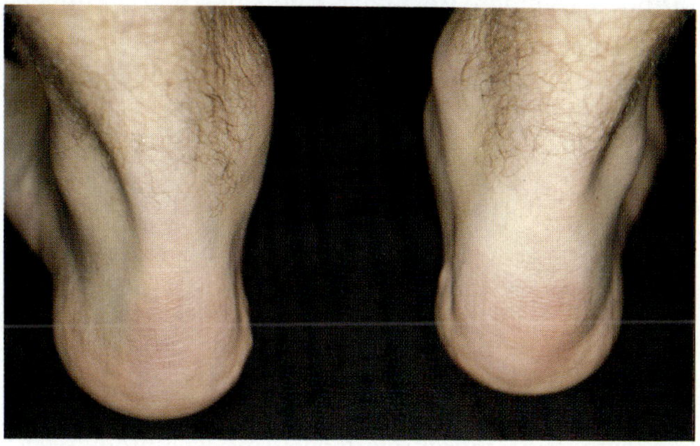

**Abb. 13 A.** Schwellung der rechten Ferse (Enthesopathie)

**Anamnese.** Bei dem 27jährigen Patienten traten vor 3 Wochen akut Schmerzen und Schwellungen der 2. und 3. Zehe links auf. Seit 2 Wochen auch Befall des linken Handgelenkes und rechtsseitige Fersenschmerzen. Zeitweise nächtliches Schwitzen.

Erst auf entsprechende Fragen erwähnt der Patient, daß er vor 5 Wochen kurzzeitig Brennen beim Wasserlassen verspürte, anschließend gerötete Augen hatte und seit 2 Wochen einen „Ausschlag" am Penis habe.

Der Vater des Patienten habe einen „Morbus Bechterew".

**Befunde.** Teigige Schwellung und Bewegungsschmerz des linken Handgelenks, „wurstförmige" Schwellung der Zehen 2 und 3 links, Schwellung der rechten Ferse, Druckschmerz am Ansatz der Achillessehne. Runde, scharf begrenzte Erosionen an der Glans penis (Balanitis circinata).

BKS 82 mm/h, HLA-B27 positiv. Urinstatus: 5–6 Leukozyten pro Gesichtsfeld. Serologisch kein Anhalt für Infektion mit Salmonellen, Yersinien oder Campylobacter jejuni; signifikante IgG- und IgA-Antikörper gegen Chlamydia trachomatis. Urethralabstrich: Chlamydia-trachomatis-Immunfluoreszenztest positiv, Gonokokkenkultur negativ.

**Diagnose.** Chlamydien-induziertes Reiter-Syndrom.

**Therapie und Verlauf.** Tetrazykline über 10 Tage, ebenfalls Therapie der Sexualpartnerin. Schnelle Remission der Balanitis mit Glukokortikoidexterna. Linderung der Gelenk- und Fersensymptomatik durch nichtsteroidale Antirheumatika; „verzettelter" Verlauf mit Phasen der Remission und Exazerbation, komplette Remission nach einem Jahr.

hang mit der Darmerkrankung zu Mon- oder Oligarthritiden kommen. Bevorzugt sind Knie- und Sprunggelenke betroffen. Bei dem oft intermittierendem Verlauf der Arthritiden kann das Befallsmuster wandern. Der Gelenkbefall führt nicht zu Erosionen. Eine erfolgreiche Behandlung der Grunderkrankung führt zur Remission der Arthritis.

Die Begleitarthritiden sind nicht mit HLA-B27 assoziiert.

**Iliosakralarthritis und Spondylitis ankylosans.** Die Assoziation von Morbus Crohn und Colitis ulcerosa mit einer typischen Spondylitis ankylosans ist weit häufiger (5%), als dies einem zufälligen Zusammentreffen zuzuschreiben wäre. Eine Iliosakralarthritis (oft asymptomatisch) findet sich radiologisch in 10% der Fälle. Iliosakralarthritis und Spondylitis verlaufen nicht synchron mit der Darmerkrankung.

Die Assoziation mit HLA-B27 ist in diesen Fällen mit 60–80% zwar signifikant, aber niedriger als bei alleiniger Spondylitis ankylosans (s. Tabelle 13.3).

### Morbus Whipple

Arthritiden und Arthralgien sind bei der Hälfte der Patienten die ersten Symptome des Morbus Whipple und gehen der Malabsorption und Diarrhöe oft um viele Jahre voraus. Der Gelenkbefall ist typischerweise intermittierend ***(palindromer Rheumatismus)***. Die einzelnen Attacken dauern oft nur Tage und klingen dann vollständig ab. Chronisch-erosive Arthritiden sind extrem selten, gelegentlich zeigen sich Symptome und Befunde einer Stammskelettbeteiligung. Vorwiegend sind Männer im mittleren Lebensalter betroffen. Die Prävalenz von HLA-B27 beträgt etwa 30%.

**Mit dem Begriff palindromer Rheumatismus werden unregelmäßig wiederkehrende Anfälle von Arthritiden und Periarthritiden ungeklärter Genese bezeichnet. Differentialdiagnostisch ist an ein Prodromalstadium der chronischen Polyarthritis, Frühmanifestationen des Lupus erythematodes, Kristallarthropathien, Lyme-Arthritis oder Morbus Whipple zu denken.**

## 13.7 Behçet-Syndrom

Das Behçet-Syndrom ist eine schwere Allgemeinerkrankung ungeklärter Genese. Es betrifft vor allem Patienten aus der Türkei, Nordafrika und Japan.

Als Conditio sine qua non für die Diagnose gelten Aphthen der Mundschleimhaut (Stomatitis aphthosa). Weitere fakultative ***Hauptmanifestationen*** sind Arthritiden vor allem der Knie- und Sprunggelenke, Iliosakralarthritiden (HLA-B27-assoziiert), Ulzera im Genitalbereich, Hautläsionen (Pyodermien, Erythema nodosum), Vaskulitiden, Thrombophlebitiden und die oft zur Erblindung führende Uveitis.

Die Behandlung erfolgt in erster Linie mit Kortikosteroiden, evtl. sind auch Immunsuppressiva erforderlich.

**Bei gemeinsamem Auftreten von Erythema nodosum und Arthritis, insbesondere Sprunggelenkarthritis, handelt es sich meist um eine akute Sarkoidose (Löfgren-Syndrom). Ansonsten ist an enteropathische Arthritiden bei Morbus Crohn und Colitis ulcerosa, eine Yersinia-Arthritis oder ein Behçet-Syndrom zu denken.**

## 13.8 Rheumatisches Fieber

### Definition und Epidemiologie

Das rheumatische Fieber ist eine entzündliche Systemerkrankung, die nach einer Infektion des oberen Respirationstraktes mit Streptokokken der Gruppe A auftritt. Betroffen sind in erster Linie Kinder und Jugendliche, prinzipiell kann die Erkrankung aber in jedem Alter auftreten. In Mitteleuropa ist das rheumatische Fieber während der letzten zwei Jahrzehnte zu einer Rarität geworden.

**Hohe Antistreptolysin-O-Titer infolge komplikationsloser Streptokokkeninfekte führen oft zur Fehldiagnose eines rheumatischen Fiebers. Die Diagnose kann nur im Zusammenhang mit entsprechenden klinischen Kriterien gestellt werden.**

### Diagnosekriterien (modifizierte Jones-Kriterien)

Als *Hauptkriterien* gelten Polyarthritis, Karditis, Chorea, Erythema marginatum und subkutane Knötchen. *Nebenkriterien* sind Fieber, Arthralgien, Anamnese eines frühe-

## FALL 13B

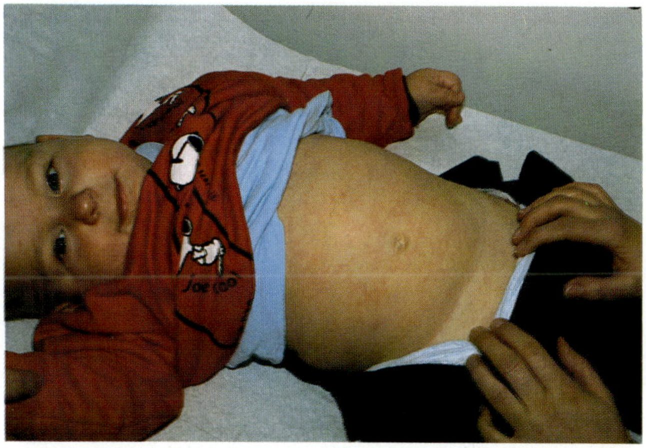

**Abb. 13B.** Einjähriger Sohn der Patientin: Intensive (schmetterlingsförmige) Rötung der Wangen, girlandenförmige Erytheme der Bauchhaut

**Anamnese.** Bei der 32jährigen Patientin traten vor 5 Tagen akut Schmerzen der Hand-, Finger- und Kniegelenke auf. Hand- und Fingergelenke seien angeschwollen. Etwa 1 Woche zuvor hatte die Patientin 2 Tage Fieber (38,5 °C) gehabt.

Auf die Frage nach entsprechenden Erkrankungen in der Familie berichtet sie, daß ihr 12jähriger Sohn vor 2 Wochen einen „Ausschlag" gehabt habe, sich dabei aber nicht krank gefühlt habe. Ähnliche Hauterscheinungen habe seit 2 Tagen auch ihr 1jähriger Sohn, den sie zufällig zur Untersuchung mitgebracht hatte.

**Befunde.** Teigige Schwellung und Bewegungsschmerz beider Handgelenke, Kompressionsschmerz der Fingergrundgelenke beidseits (Gänslen-Zeichen), fluktuierende Schwellung der Fingermittelgelenke 2 und 3 rechts sowie 2–5 links, inkompletter Faustschluß beidseits.

BKS 12 mm/h, Rheumafaktoren und Zellkernantikörper negativ, zirkulierende Immunkomplexe positiv, Komplement C3 64 mg/dl (Normwert 86–157 mg/dl) und C4 10 mg/dl (Normwert 14–40 mg/dl). Parvovirus-B19-Serologie: IgM- und IgG-Antikörper positiv.

**Diagnose.** Parvovirus B19-Arthritis infolge Ringelröteln (Erythema infectiosum) der Kinder.

**Therapie und Verlauf.** Nichtsteroidale Antirheumatika führten nur zu einer geringen Besserung der Gelenkschmerzen. Die Gelenkschwellungen waren im Verlauf von 3 Wochen rückläufig, die Patientin litt aber noch 1 Monat unter polyartikulären Schmerzen.

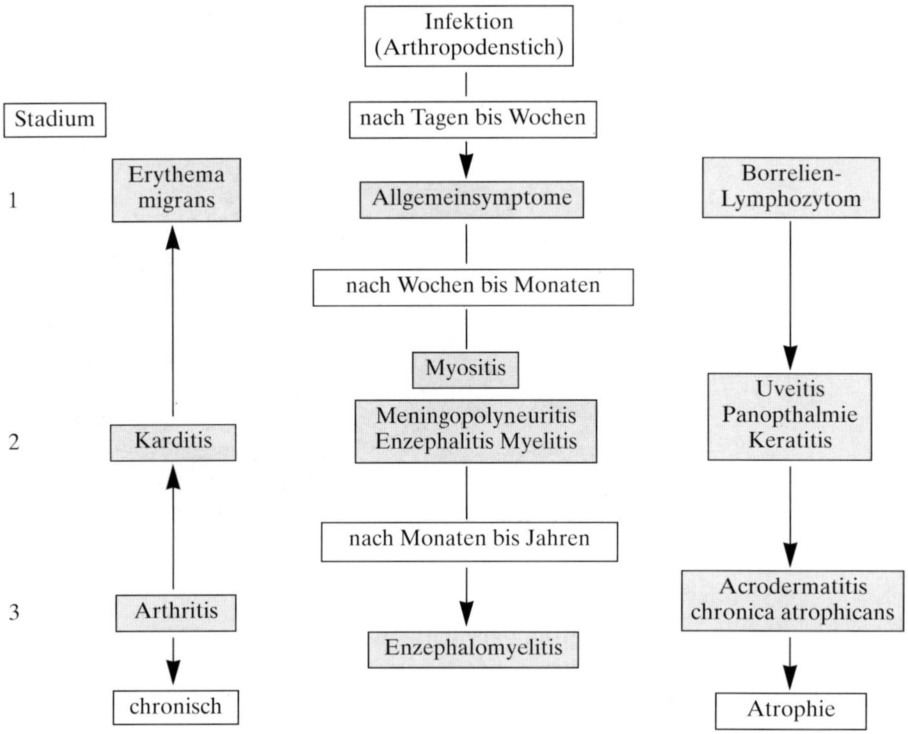


**Abb. 13.6.** Klinische Stadien der Lyme-Borreliose. Jede dieser Krankheitserscheinungen kann auch isoliert auftreten

ren rheumatischen Fiebers (häufig Rezidive!), BKS-Beschleunigung und erhöhtes C-reaktives Protein sowie verlängertes PQ-Intervall im EKG. Die Diagnose ist wahrscheinlich bei 2 Hauptkriterien oder 1 Hauptkriterium und 2 Nebenkriterien, Anstieg des Antistreptolysin-O-Titers oder Streptokokkennachweis im Rachenabstrich.

### Arthritis (Streptokokkenrheumatismus)

Die Gelenkbeteiligung beim rheumatischen Fieber gilt als Prototyp der postinfektiösen (nicht HLA-B27-assoziierten) Arthritiden. Die Arthritis beginnt 2–3 Wochen nach einer Pharyngitis oder Tonsillitis. Typisch ist der ***wandernde polyartikuläre Befall*** überwiegend großer Gelenke. Die Erkrankung dauert in der Regel 3 bis 6 Monate. Die Arthritis heilt gewöhnlich folgenlos ab („leckt an den Gelenken"), während die Karditis lebensbedrohlich sein kann oder zu Mitral- und Aortenvitien führt („beißt ins Herz").

### Therapie

Die Therapie erfolgt mit Salizylaten oder nichtsteroidalen Antirheumatika. Bei einer Karditis muß auch mit Kortikosteroiden behandelt werden. Antibiotika können das Krankheitsbild nicht mehr beeinflussen. Da das rheumatische Fieber aber oft rezidiviert, wird nach Erstmanifestation eine Prophylaxe über etwa 5 Jahre mit Depotpenizillinen durchgeführt.

## 13.9 Lyme-Borreliose

### Definition

Die Lyme-Borreliose ist eine Multisystemerkrankung, die in 3 Stadien eingeteilt wird (Abb. 13.6). Krankheitserreger sind Borrelien ***(Borrelia burgdorferi)***, die durch Zecken und wahrscheinlich auch Stechfliegen übertragen werden. Im Einzelfall kann sich das Krankheitsbild

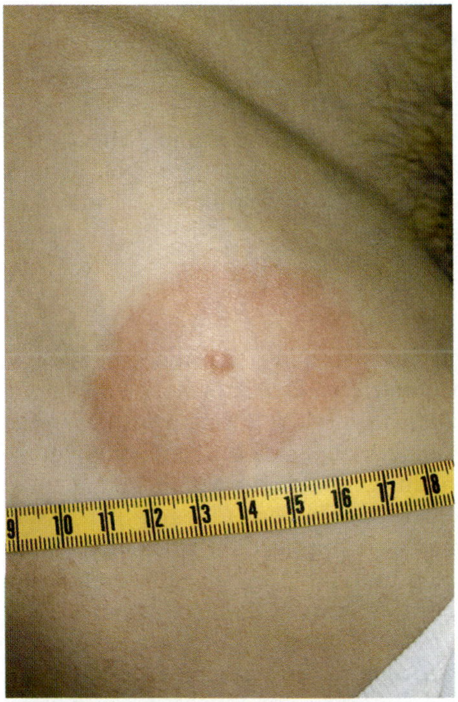


**Abb. 13.7.** Erythema migrans. Zeckenstich am rechten Oberschenkel, 8 Tage später breitet sich von einer kleinen zentralen Papel (Ort des Zeckenstichs) ein scharf begrenztes, zentralabblassendes Erythem aus

über Monate und Jahre chamäleonartig wandeln, die individuell variablen Kombinationen verschiedener Manifestationen sind oft durch lange symptomfreie Intervalle voneinander getrennt. Auch kann nur eine Organmanifestation isoliert auftreten.

### Wichtigste extraartikuläre Manifestationen

**Erythema migrans.** Das Erythema migrans ist das Leitsymptom der frühen Infektion. Vom Ort der Infektion breitet sich zentrifugal ein Erythem aus, das dann unter Abblassung des Zentrums die Gestalt eines stets größer werdenden Ringerythems annimmt (Abb. 13.7). Unbehandelt persistiert das Erythema migrans mehrere Tage bis Wochen.

**Neuroborreliose.** Gleichzeitig bis Monate später treten oft neurologische Krankheitserscheinungen auf. Am häufigsten sind quälende oder brennende radikuläre Schmerzen sowie Hirnnervenausfälle, in erster Linie Fazialisparesen (Bannwarth-Syndrom). Die neurologischen Frühmanifestationen klingen meist innerhalb weniger Monate spontan ab, chronisch enzephalomyelitische Verläufe sind selten.

**Karditis.** Zeichen der relativ seltenen passageren Myoperikarditis sind in erster Linie Erregungsleitungsstörungen wechselnden Grades. Höhergradige Blockierungen werden dann auch klinisch manifest (z. B. Schwindel, Synkopen). Bei einem AV-Block 3. Grades kann eine temporäre Schrittmacherimplantation erforderlich werden.

**Akrodermatitis chronica atrophicans.** Dabei handelt es sich um eine chronische Hautinfektion, die vor allem die Streckseiten der Extremitäten betrifft. Kennzeichnend ist die blaurote Verfärbung, initial ist die Haut ödematös geschwollen. Über Jahre kommt es dann zur Hautatrophie („Zigarettenpapierhaut").

### Gelenkmanifestationen

Intermittierende ***Arthralgien*** mit wanderndem Befall einzelner Gelenke treten oft schon kurz nach der Infektion auf und können dann über Monate und Jahre persistieren.

Die ***Lyme-Arthritis*** manifestiert sich meist erst Wochen und Monate nach der Infektion. Charakteristisch ist der ***attackenförmige Verlauf***, wobei sowohl die Dauer der Arthritis als auch die Remissionsphasen zwischen wenigen Wochen und mehreren Monaten variieren. Das Befallsmuster ist mon- und oligartikulär. Bei weitem am häufigsten ist das Kniegelenk betroffen. Bei einem Befall von Finger- oder Zehengelenken kommt es auch zu Daktylitiden. Ferner sind entzündliche Fersenschwellungen (Enthesopathien) möglich.

Die Lyme-Arthritis heilt meist spontan ab. Bei etwa 10% der Fälle entwickeln sich chronische Arthritiden.

**Differentialdiagnostik der Daktylitis („Wurstfinger" oder „Wurstzehe") und entzündlichen Enthesopathie der Ferse: Arthritis psoriatica, HLA-B27-assoziierte reaktive Arthritiden (Reiter-Syndrom) und Lyme-Arthritis.**

### Diagnose und Differentialdiagnosen

**Anamnese.** Zeckenstiche sind den Patienten oft nicht erinnerlich. Umgekehrt darf die Anamnese eines Zeckenstichs nicht überbewertet werden. Wichtig für die Diagnose der Lyme-Arthritis sind Hinweise auf andere Krankheitsmanifestationen der Lyme-Borreliose. Die

Arthritis kann aber auch das erste und einzige Symptom der Infektion sein!

**Serodiagnostik.** Während im Frühstadium der Infektion spezifische IgM-Antikörper und Titerverläufe mit einer Serokonversion zu IgG-Antikörpern diagnostisch beweiskräftig sind, finden sich im Stadium der Arthritis nur spezifische IgG-Antikörper mit konstanten Titern. Daher ist serologisch keine Unterscheidung zu gelegentlichen Durchseuchungstitern infolge klinisch inapparent verlaufender Infektionen möglich.

**Spezifische IgG-Antikörper gegen Borrelia burgdorferi sind kein Beweis, sondern nur ein Indiz für die Diagnose Lyme-Arthritis. Die Diagnose kann dann nur aufgrund der typischen Klinik und nach Ausschluß möglicher Differentialdiagnosen gestellt werden.**

**Differentialdiagnosen.** Bei einer akuten Monarthritis ist auch an Gicht oder Pseudogicht und an eine septische Arthritis zu denken. Das Befallsmuster weist vor allem Parallelen zu den seronegativen Spondarthritiden auf. Fälle von sog. palindromem Rheumatismus (s. S. 364) und Hydrops intermittens (periodisch wiederkehrenden Kniegelenkergüssen ungeklärter Genese) sind verdächtig auf eine Lyme-Arthritis.

### Therapie

Während in Frühstadium (Erythema migrans) eine orale antibiotische Therapie mit Tetrazyklinen oder Penizillin ausreichend ist, wird bei schwerwiegenden oder späten Krankheitsmanifestationen zu einer parenteralen antibiotischen Therapie (z. B. Penizillin G 20 Mega/Tag oder Cefotaxim 3×2 g/Tag oder Ceftriaxon 1×2 g/Tag über 14 Tage) geraten. Therapieversager sind bei der Lyme-Arthritis häufig. Möglicherweise ist die Pathogenese der Lyme-Arthritis nicht von lebenden Erregern abhängig.

## 13.10 Virale (parainfektiöse) Arthritiden

### Definition und Ursachen

Bei einer Vielzahl viraler Erkrankungen kann es als Prodromal- oder Begleitphänomen (parainfektiös) zu Arthritiden kommen, oft ist die Arthritis sogar das führende Symptom der Infektion. Pathogenetisch ist wahrscheinlich (wie bei der Serumkrankheit) die Bildung von Immunkomplexen im Stadium des Antigenüberschusses.

Eine hohe Inzidenz von Arthritiden (bis zu 30%) ist in Europa nur bei ***Hepatitis B, Röteln*** und ***Ringelröteln*** (Erreger: humanes Parvovirus B19) zu beobachten. Auch Röteln- und Hepatitis-B-Impfungen verursachen gelegentlich Arthritiden.

### Klinik

Der Gelenkbefall bei viralen Arthritiden ist meist ***polyartikulär symmetrisch***. Damit besteht eine große Ähnlichkeit mit der chronischen Polyarthritis. Da initial auch Fieber und andere allgemeine Krankheitssymptome auftreten können, kann das Krankheitsbild auch an einen systemischen Lupus erythematodes denken lassen.

Die pathognomonischen Krankheitszeichen, z. B. das Exanthem bei Röteln oder Ringelröteln, treten bei Erwachsenen (betroffen sind vor allem junge Frauen) oft nicht auf. In diesen Fällen kann evtl. die Erkrankung der Kinder ein diagnostischer Hinweis sein. Der Nachweis spezifischer IgM-Antikörper ermöglicht die Sicherung der Diagnose.

Meist heilen die viralen Arthritiden innerhalb von Wochen bis wenigen Monaten ab. Vorübergehend kann eine Behandlung mit nichtsteroidalen Antirheumatika erforderlich sein.

## 13.11 Infektiöse (septische) Arthritiden

### Definition und Ursachen

Bei den infektiösen Arthritiden ist der ***Erreger im Gelenkpunktat nachzuweisen***. Die Gelenkinfektion verursacht sehr schnell ***irreparable Destruktionen***.

Die häufigsten Erreger sind Staphylokokken und Gonokokken, ferner Haemophilus influenzae (bei Kindern), Streptokokken, Pneumokokken, E. coli und weitere Enterobakterien. Mykobakterien und Pilze sind ebenfalls als Erreger infektiöser Arthritiden bekannt.

Septische Arthritiden treten selten bei gesunden Individuen (Ausnahme Gonokokkenarthritis) auf, prädisponierend sind vor allem immunsuppressive Therapie, Diabetes mellitus, Niereninsuffizienz und Drogenmißbrauch.

### Klinik

Die Klinik der septischen Arthritis ist gekennzeichnet durch den akuten Beginn einer ***Monarthritis*** (meist großer Gelenke) mit Rötung, Überwärmung und starker Schmerzhaftigkeit. Fieber ist häufig, aber nicht obligat.

Dieses Krankheitsbild ist ein Nofall, der eine umgehende Abklärung mittels ***Gelenkpunktion*** erfordert. Gleiche klinische Bilder werden gewöhnlich nur durch kristallinduzierte Arthritiden (Gicht oder Pseudogicht) hervorgerufen.

**Bei jeder hochakuten Monarthritis großer Gelenke mit Rötung und Überwärmung muß eine diagnostische Gelenkpunktion durchgeführt werden. Die Synoviaanalyse ermöglicht den Beweis einer Infektion (Ausstrich, Kultur) oder einer Gicht sowie Pseudogicht (Kristallnachweis im Polarisationsmikroskop).**

**Gonokokkenarthritis.** Die Gonokokkenarthritis ist die häufigste infektiöse Arthritis bei Erwachsenen. Betroffen sind junge, ansonsten gesunde Individuen, Frauen (u. a. wegen der oft lange symptomlosen urogenitalen Infektion) häufiger als Männer. Man unterscheidet prinzipiell 2 Formen der Gonokokkenarthritis, wobei die Arthritis in einem Fall eher den Kriterien einer parainfektiösen Arthritis entspricht.

***„Parainfektiöse" (bakteriämische) Gonokokkenarthritis bei disseminierter Gonokkeninfektion.*** Die Arthritis beginnt akut, das Gelenkbefallsmuster ist wandernd, große und auch kleine Gelenke sind betroffen, oft sind Tenosynovitiden zu beobachten. Fieber und Schüttelfrost sind häufig. Pathognomonisch sind Hauterscheinungen ***(Arthritis-Dermatitis-Syndrom)*** vorwiegend an Händen oder Füßen: kleine Erytheme, hämorrhagische Bläschen, Pusteln oder zentral nekrotische Papeln. Der Erregernachweis gelingt in der Blutkultur, ferner sind urogenitale und gegebenenfalls rektale Abstriche mikroskopisch und kulturell positiv. Nur selten findet sich der Erreger in der Synovia oder in den Hautläsionen. Haut- und Gelenkmanifestationen sind wahrscheinlich Folgen parainfektiöser Immunreaktionen.

***„Infektiöse" Gonokokkenarthritis ohne septische Allgemeinsymptome.*** Dabei handelt es sich um eine akute Mono- oder Oligarthritis, bei der Gonokokken (außer urogenital) in der Gelenkflüssigkeit zu finden sind. Systemische Zeichen einer Sepsis, z. B. Fieber, sind nicht vorhanden, ebenso keine Hautläsionen. Blutkulturen sind negativ. Diese Form der Gonokokkenarthritis kann sich auch als Folgestadium der disseminierten Gonokokkeninfektion entwickeln.

***Therapie und Verlauf.*** Die antibiotische Therapie sollte parenteral erfolgen, z. B. mit Penizillin G 10 Mega/Tag. Die Arthritis klingt dann innerhalb weniger Tage vollständig ab.

Arthritiden oder ein Reiter-Syndrom können nach einer bereits behandelten unkomplizierten Gonokokkeninfektion mit einer Latenz von wenigen Wochen folgen. Dabei handelt es sich wahrscheinlich um „reaktive" Folgen einer gleichzeitigen Chlamydieninfektion.

**Tuberkulöse Arthritis.** Tuberkulöse Arthritiden sind schleichend verlaufende infektiöse Arthritiden, die allmählich zu einer Gelenkdestruktion führen. Meist handelt es sich um Monarthritiden. Nur in etwa der Hälfte der Fälle finden sich bei der Röntgenunter suchung des Thorax Anhaltspunkte für eine Tuberkulose, auch wird der Erreger nur etwa in 50% entsprechender Synoviakulturen nachgewiesen. Die Diagnose erfolgt oft erst durch die histologische Untersuchung der Synovialis.

## 13.12 Degenerative Gelenkerkrankungen (Arthrosen)

### Definition und Ursachen

Degenerative Gelenkerkrankungen (Arthrosen) gehen von einer ***Knorpeldestruktion*** aus, sie sind Folge eines Mißverhältnisses zwischen Belastung und Belastbarkeit des hyalinen Knorpels. Der Abrieb der Gelenkflächen kann zu einer Synovitis führen (aktivierte Arthrose). Letztlich resultiert aus der Destruktion und reaktivem Knochenanbau (Osteophyten) eine ***Deformierung der Gelenke***. Wegen der osteophytären Neubildungen wird vielfach die Bezeichnung ***Osteoarthrosen*** verwendet. Es ist zu unterscheiden zwischen ***primären (idiopathischen)*** und ***sekundären Arthrosen***, bei denen präarthrotische Fehlstellungen oder Schädigung des Gelenks durch Traumen, Entzündungen oder Stoffwechselerkrankungen die Ursache sind. Eine wesentliche Rolle bei der Entstehung der Knorpeldestruktion spielt der Faktor Zeit bzw. das

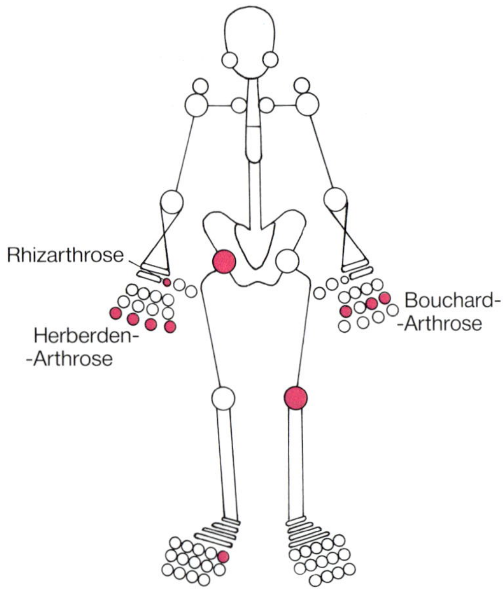


**Abb. 13.8.** Befallsmuster der Arthrosen

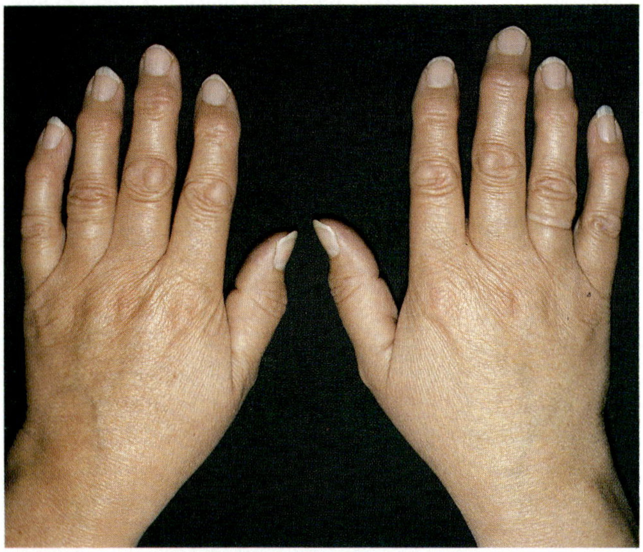

**Abb. 13.9.** Heberden-Knötchen: doppelhöckrige Verdickungen der Fingerendgelenke bei einer 60jährigen Patientin. Nebenbefund: Fingerknöchelpolster („knuckle pads", fibrotische Verdickungen der Haut) über den Fingermittelgelenken D2 und D3 beidseits

Alter. Darüber hinaus tragen noch nicht definierte Faktoren zur Entstehung der Arthrosen bei. Genetische Faktoren sind vor allem bei den Interphalangealarthrosen auf Grund familiären Häufung anzunehmen.

## Epidemiologie

Degenerative rheumatische Erkrankungen sind häufiger Ursache von Schmerzen des Bewegungsapparates als entzündliche rheumatische Erkrankungen. Ab dem 60. Lebensjahr sind bei 80% der Bevölkerung Zeichen von Arthrosen vorhanden, die jedoch klinisch stumm (kompensiert) bleiben können. Frauen sind von klinisch manifesten (dekompensierten) Arthrosen häufiger betroffen als Männer.

## Klinik

**Befallsmuster.** Die Hüft- und Kniegelenke sind die am häufigsten betroffenen großen Gelenke (Koxarthrose und Gonarthrose). Bei primären Arthrosen sind gewöhnlich mehrere Gelenke betroffen.

Charakteristisch ist das Befallsmuster an den Fingergelenken (Abb. 13.8). Meist beginnt die ***Fingerpolyarthrose*** an den Fingerendgelenken ***(Heberden-Arthrose)***, pathognomonisch ist hier der Befund der Heberden-Knötchen (Abb. 13.9). Der Befall des Daumensattelgelenks (Rhizarthrose) ist oft die schmerzhafteste und funktionell am meisten beeinträchtigende Form der Fingerpolyarthrose.

An den Zehen ist der Befall des Großzehengrundgelenkes mit der Fehlstellung des Hallux valgus kennzeichnend.

**Schmerzcharakter, Steifigkeit und Bewegungseinschränkung**. Im allgemeinen ist die Arthrose schon anhand anamnestischer und klinischer Kriterien von einer Arthritis zu unterscheiden. Schmerzen sind initial nur bei Belastung vorhanden. Es besteht eine kurzdauernde Steifigkeit, die schon nach Minuten nachläßt. Wärme wird als angenehm empfunden. Eine evtl. vorhandene Schwellung ist derb (Osteophyten) und nicht überwärmt, es sei denn, es handelt sich um den Reizerguß einer aktivierten Arthrose. Die Bewegungseinschränkung korreliert gewöhnlich mit dem Ausmaß der Knorpeldestruktion.

## Diagnose

Neben den genannten Kriterien sind typische radiologische Befunde die Bausteine der Diagnose: ***Gelenkspaltverschmälerung, subchondrale Sklerose, Zysten*** (sog. Geröllzysten) und randständige ***Osteophyten***. In Zweifelsfällen kann auch anhand der Szintigraphie zwischen degenerativen und entzündlichen Gelenkaffektionen unterschieden werden. Bei Laboruntersuchungen ergeben sich keine auffälligen Werte.

**Therapie**

Die physikalische Therapie steht im Mittelpunkt der Behandlung der Arthrosen. Die medikamentöse Therapie beschränkt sich auf die Verordnung nichtsteroidaler Antirheumatika in Stadien der Dekompensation bzw. Aktivierung. Operativ reparative Maßnahmen (Endoprothesen) kommen bei Arthrosen großer Gelenke in Frage.

## 13.13 Erkrankungen der periartikulären Gewebe

Extraartikuläre rheumatische Symptome werden oft unter dem vieldeutigen Begriff ***Weichteilrheumatismus*** zusammengefaßt. Es handelt sich hier jedoch um ein breites Spektrum unterschiedlicher Erkrankungen bzw. Symptome und Befunde. Bei der Differenzierung scheinbarer Gelenkschmerzen ist an ***Insertionstendopathien, Tendovaginopathien*** und ***Bursopathien*** zu denken. Häufig sind die periartikulären Gewebe der Schultergelenke (Periarthropathia humeroscapularis), der Ellenbogengelenke (Tennisellenbogen) sowie der Hüft- und Kniegelenke betroffen. Ursächlich für die primär nicht entzündlichen Periarthropathien sind Fehlstellungen, Über- und Fehlbelastungen sowie degenerative Läsionen.

Bei generalisierten Schmerzen von Muskeln, Bändern, Sehnen und Gelenken ***(generalisierten Tendomyopathien)*** können psychosomatische Störungen im Vordergrund stehen. In solchen Fällen wird auch der Begriff ***Fibromyalgie*** verwendet. Bei diesen Patienten finden sich multilokulär schmerzhafte Druckpunkte („trigger points“). Oft leiden die Patienten (vorwiegend Frauen im mittleren Lebensabschnitt) unter Schlafstörungen und allgemeinen Erschöpfungszuständen.

## Literatur

Dieppe PA, Doherty M, Macfarlane D, Maddison P (1985) Rheumatological medicine. Livingstone, Edinburgh London Melbourne New York

Dihlmann W (1987) Gelenke – Wirbelverbindungen. Klinische Radiologie, 3. Aufl. Thieme, Stuttgart

Fehr K, Miehle W, Schattenkirchner M, Tillmann K (Hrsg) (1989) Rheumatologie in Praxis und Klinik. Thieme, Stuttgart New York

Hettenkofer H-J (1989) Rheumatologie. Diagnostik – Klinik – Therapie, 2. Aufl. Thieme, Stuttgart New York

Herzer P, Schattenkirchner M (1986) Schmerzen im Bereich des Bewegungsapprates. In: Zöllner N, Hadorn, W (Hrsg) Vom Symptom zur Diagnose, 8. Aufl. Karger, Basel, S 100–121

Herzer P (1989) Lyme-Borreliose. Epidemiologie, Ätiologie, Diagnostik, Klinik und Therapie. Steinkopff, Darmstadt

Kalden J (Hrsg) (1988) Klinische Rheumatologie. Springer, Berlin Heidelberg

Kelley WN, Harris ED, Ruddy S, Sledge CB (eds) (1989) Textbook of rheumatology, 3rd edn. Saunders, Philadelphia London Toronto

Müller W, Schilling F (1982) Differentialdiagnose rheumatischer Erkrankungen, 2. Aufl. Aesopus, Basel Wiesbaden

Zeidler H (Hrsg) (1990) Rheumatologie. In: Gerok W, Hartmann F, Schuster HP (Hrsg) Innere Medizin der Gegenwart, Band 6 und 7. Urban & Schwarzenberg, München, Wien, Baltimore

# 14 Systemkrankheiten

M. Schattenkirchner

ZUSAMMENFASSUNG

Zu den Systemkrankheiten werden 2 Gruppen von Krankheiten unbekannter Ätiologie gezählt; einmal die ***Kollagenosen:*** systemischer Lupus erythematodes, systemische Sklerose (Sklerodermie), Poly- und Dermatomyositis, Sjögren-Syndrom und einige Formen nekrotisierender Vaskulitiden, die in ihrer Begleitung oder isoliert auftreten. Bei den Kollagenosen handelt es sich um ernste, in ihrem Verlauf unberechenbare chronische Entzündungskrankheiten. Zweitens zählen dazu die ***Granulomkrankheiten,*** deren wichtigste Vertreter Sarkoidose, Polymyalgia rheumatica, Wegener-Granulomatose und rezidivierende Polychondritis sind. Die einzelnen Granulomkrankheiten sind trotz der Gemeinsamkeit des Riesenzellgranuloms klinisch sehr unterschiedlich.

## 14.1 Kollagenosen

Der Begriff Kollagenose geht auf die Beschreibung der sog. fibrinoiden Veränderungen als gemeinsames histopathologisches Kennzeichen aller rheumatischen Krankheiten zurück. Heute wird der Terminus Kollagenose (im engeren Sinne) nur noch für die mit ausgeprägten systemischen Manifestationen einhergehenden Autoimmunkrankheiten des Bindegewebes verwendet. Nicht zu verwechseln sind Kollagenosen mit Kollagenkrankheiten, d. h. Erkrankungen des Kollagens, wie z. B. dem Ehlers-Danlos-Syndrom oder der Osteogenesis imperfecta.

An eine Kollagenose ist zu denken, wenn bei einem Patienten allgemeine Krankheitszeichen, besonders Fieber, Gelenk- und Muskelschmerzen, Hautrötungen oder ein Raynaud-Phänomen festzustellen sind. Von den Laboruntersuchungen sind eine erhöhte BKS, eine Hypergammaglobulinämie und antinukleäre Antikörper (ANA) Hinweise auf eine Kollagenose.

In der Ätiologie der Kollagenosen wird das Zusammentreffen einer ***genetisch präformierten Immunstörung*** mit ***exogenen Auslösern*** (mikrobielle Substanzen, Medikamente) angenommen. Beziehungen der Kollagenosen zu malignen Prozessen werden bei der Polymyositis und beim Sjögren-Syndrom deutlich.

In der Therapie haben ***Kortikosteroide*** einen wichtigen Platz. Sie können in akuten Situationen lebensrettend sein, die Progredienz der einzelnen Krankheiten verhindern sie jedoch nicht. Vielfach werden langfristig immunsuppressive bzw. zytostatisch wirksame Medikamente eingesetzt.

### 14.1.1 Systemischer Lupus erythematodes

#### Definition

Der systemische Lupus erythematodes (SLE) ist eine chronische Entzündung unbekannter Ätiologie mit Befall verschiedener Organe und Organsysteme und einem breiten Spektrum klinischer Symptome. Die Krankheit verläuft in ***Schüben.*** Die Lebenserwartung ist verkürzt. Immunologisch ist der systemische Lupus erythematodes gekennzeichnet durch ***Autoantikörper*** gegen verschiedene Zellkernbestandteile und gegen Substanzen des Zytoplasmas sowie der Membran von Zellen. Besonders charakteristisch sind ***Antikörper gegen native Desoxyribonukleinsäure*** (DNS). Gleichwohl ist kein klinisches Merkmal und kein immunologischer Test für sich allein beweisend für die Diagnose.

### Häufigkeit

Der systemische Lupus erythematodes befällt überwiegend Frauen (9:1) zwischen dem 15. und 50. Lebensjahr. Die Prävalenz für diese Altersgruppe von Frauen liegt zwischen 0,1 und 1,0‰.

### Pathogenese

Die Bedeutung ***genetischer Faktoren*** ist durch familiär gehäuftes Vorkommen, rassische Unterschiede in der Häufigkeit sowie durch die Assoziation zu Antigenen des HLA-Systems (DR2 und DR3) und zu erblichen Immundefekten belegt. Das starke Überwiegen der Krankheit bei fertilen Frauen weist auf einen Einfluß der ***Sexualhormone*** hin. ***Umwelteinflüsse*** physikalischer, chemischer und mikrobieller Art werden als Kofaktoren diskutiert. Ultraviolettes Licht, verschiedene Medikamente (Isoniazid, Procainamid, Antikonvulsiva) und Infekte können die Krankheit oder einen Schub auslösen.

Ausgeprägt ist die Neigung zur Proliferation der B-Lymphozyten und Produktion von Autoantikörpern. Diese können mit ihren korrespondierenden Antigenen unter Mitwirkung des Komplementsystems Immunkomplexe bilden, die sich in Gelenken, Gefäßen oder Glomerula der Niere ablagern. Immunkomplexablagerungen lösen akute Entzündungen aus. Autoantikörper können auch direkt an Organen bzw. Zellen reagieren. Eine besondere Bedeutung hat die Reaktion von Autoantikörpern mit Antigenen in den Basalmembranen, z. B. mit DNS in der Haut und in den Glomerula.

### Klinisches Bild

**Allgemeinsymptome.** Müdigkeit, Krankheitsgefühl, Fieber und Gewichtsverlust kennzeichnen den aktiven systemischen Lupus erythematodes und gehen häufig anderen Krankheitssymptomen voraus. In Anamnese und Familienanamnese finden sich Allergien.

**Haut.** Das ***akute Gesichtserythem*** (Schmetterlingserythem) (Abb. 14.1), auch Erytheme der Kopfhaut, der Brust, an Nacken und Armen sind die häufigsten Hauterscheinungen. Oft kommt es zu einem subakuten ***papulosquamösen Exanthem,*** das anulär oder polyzyklisch begrenzt ist. Es tritt an lichtexponierten Stellen auf. Seltener findet sich der ***diskoide Hautlupus.*** Die ***Livedo reticularis*** kennzeichnet meist eine mildere Verlaufsform. Diffuser Haarausfall ist ein häufiges Symptom.

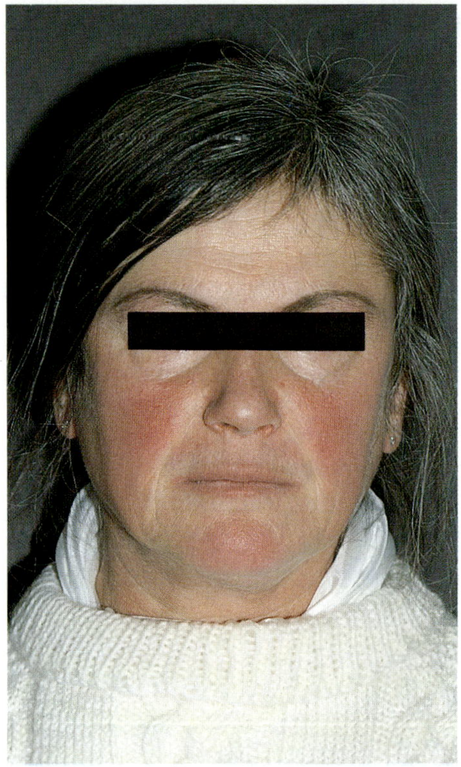

**Abb. 14.1.** Akutes Gesichtserythem (Schmetterlingserythem) bei einer 47jährigen Ärztin mit systemischem Lupus erythematodes

**Bewegungsapparat.** Bei über 90% der Patienten kommt es schon früh zu einer ***Arthritis.*** In der Regel ist es eine symmetrische Polyarthritis wie bei der chronischen Polyarthritis. Bei längerem Krankheitsverlauf treten Gelenkdeformitäten an den Daumen- und Fingergelenken auf. Gelenkdestruktionen lassen sich nie feststellen. Selten sind Myositis sowie Hüftkopfnekrose.

**Herz und Gefäße.** Perikarditis (40%) und Myokarditis (30%) sind die Formen der Herzbeteiligung. Eine Endokarditis (Libman-Sacks) ist selten. Selten, aber lebensbedrohlich sind ***Vaskulitiden der großen Arterien,*** die zu Gangrän der Finger und ganzer Gliedmaßen, zu Myokardinfarkt und intestinalen Gefäßverschlüssen führen.

Bei SLE-Patienten mit Thrombosen findet man relativ häufig Antiphospholipid-Antikörper.

**Lunge.** Als Frühsymptom tritt eine ***Pleuritis*** auf (30–50%). Selten ist eine progrediente interstitielle Lungenbeteiligung, vorwiegend in den Unter- und Mittelfeldern. Gelegentlich führen Lungenembolien zu einer pulmonalen Hypertonie.

**Niere.** 50% der Patienten weisen eine ***Nierenbeteiligung*** auf. Histologisch werden verschiedene Veränderungen unterschieden. Die mesangiale Glomerulonephritis hat eine günstige, die diffuse proliferierende Form eine schlechte Prognose. Die Überlebensrate von Patienten mit Lupusnephritis ist nach 5 Jahren 85%, nach 10 Jahren 65%.

**ZNS.** Am häufigsten werden ***Depressionen*** und ***Psychosen*** einschließlich schizophrenieähnlicher Zustände festgestellt. Differentialdiagnostische Schwierigkeiten zu Kortikosteroidnebenwirkungen sind dabei die Regel. Daneben kann es zu Apoplexie, transitorischen Ischämien, Ptosis, Migräne, einem Guillain-Barré-Syndrom, zu Epilepsie und Chorea kommen. ZNS-Erscheinungen treten meist sehr früh im Verlauf des systemischen Lupus erythematodes auf und sind häufig Hinweise auf eine schlechte Prognose.

**Retikuloendotheliales System.** Bei etwa der Hälfte der Patienten kommt es im Verlauf der Krankheit zu ***generalisierten Lymphknotenschwellungen.***

### Medikamenteninduzierter Lupus

Eine Reihe von Medikamenten wie Hydralazin, Hydantoin, Procainamid, Isoniazid, α-Methyl-Dopa, Propylthiouracil und Methimazol können ein lupusähnliches Symptom auslösen. Nieren- und ZNS-Beteiligung gehören nicht zu diesem Krankheitsbild. DNS-Antikörper und Komplementveränderungen werden vermißt. Bei einem Teil der Fälle läßt sich ein Antikörper gegen Histone sowie gegen Phospholipide nachweisen. Das Absetzen der auslösenden Medikamente führt schnell zu einem Rückgang der klinischen Symptomatik, obwohl immunologische Befunde noch jahrelang nachweisbar sind. Gelegentlich wird aber auch ein echter (irreversibler) systemischer Lupus erythematodes unter einer medikamentösen Therapie mit den genannten Substanzen manifest.

### Laborbefunde

Die typischen Kennzeichen des aktiven systemischen Lupus erythematodes sind ***Entzündungszeichen,*** pathologische Titer von ***DNS-Antikörpern*** und eine Verringerung der ***Serumkomplementfaktoren C3 und C4.*** Eine

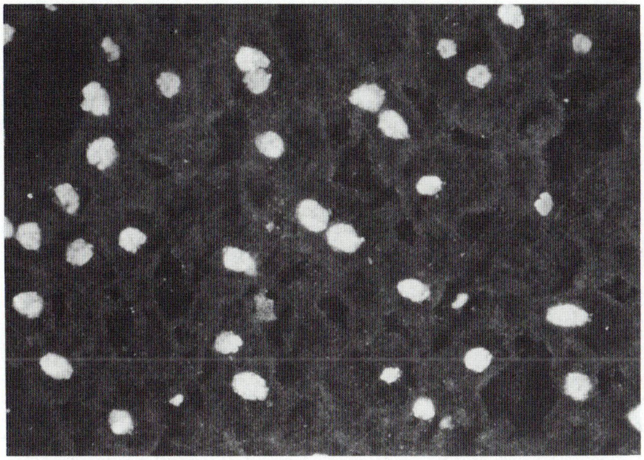

**Abb. 14.2.** Positiver Ausfall der direkten Immunfluoreszenztests zum Nachweis antinukleärer Antikörper (ANA) bei Lupus erythematodes. Die Zellkerne eines Rattenleberschnittes sind diffus durch fluoreszenzmarkiertes Antihumanglobulin angefärbt, das die Reaktion von menschlichen ANA aus dem getesteten Serum mit den tierischen Zellkernen anzeigt

Nierenbeteiligung wird zuverlässig durch eine Proteinurie angezeigt.

Das einfachste Verfahren zur Bestimmung der Zellkernantikörper (ANA) ist die ***direkte Immunfluoreszenz*** (Abb. 14.2). Ein positiver Befund im Immunfluoreszenztest ist Anlaß zur Bestimmung von DNS-Antikörpern mit Hilfe des ***Farr-Assay.*** Dabei wird radioaktiv markierte DNS mit zu testendem Serum zur Reaktion gebracht und der prozentuale Anteil der gebundenen DNS gemessen. Ein pathologischer Wert ist ein nahezu beweisendes Kriterium für die Diagnose, ein negatives Ergebnis schließt den systemischen Lupus erythematodes jedoch nicht aus. Die Bestimmung von Antikörpern gegen das SM-Protein und gegen SS-A und SS-B sowie eine immunhistologische Untersuchung einer Hautbiopsie auf DNS-Ablagerung (Lupusbandtest) können in einem solchen Falle weiterhelfen.

### Diagnose

An einen Lupus erythematodes muß bei allen Patienten mit allgemeinen Krankheitssymptomen und Muskel- und Gelenkschmerzen gedacht werden.

**Starke Hinweise auf systemischen Lupus erythematodes sind: ungeklärtes Fieber, Pleuritis, Perikarditis, Myositis, akute Alveolitis, Krämpfe.**

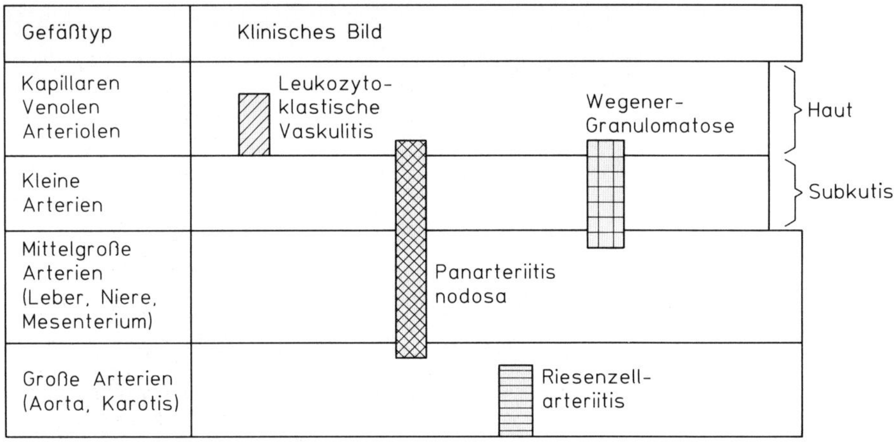


**Abb. 14.3.** Einteilung der nekrotisierenden Vaskulitiden nach Größe und Typ der befallenen Gefäße. (Nach Fauci et al. 1978)

Der Nachweis von Antikörpern gegen DNS zusammen mit einem dieser Symptome macht die Diagnose sehr wahrscheinlich. Gelegentlich ist eine endgültige Sicherung der Diagnose nicht möglich. Es kommen differentialdiagnostisch unter Umständen eine andere Kollagenose, wie eine Panarteriitis nodosa, eine systemische Sklerose oder ein Überlappungssyndrom, in Frage. Manchmal muß als vorläufige Diagnose „nicht klassifizierbare Kollagenose" gestellt werden.

Differentialdiagnostisch ist insbesondere eine Endocarditis lenta, Meningokokkensepsis, Sarkoidose, Tuberkulose und Aids-Erkrankung auszuschließen. Die häufigsten Fehldiagnosen sind chronische Polyarthritis und rheumatisches Fieber.

### Therapie

Bei ***milden Fällen*** ohne Hinweise auf Lungen- oder Nierenbeteiligung ist Chloroquin indiziert. Arthritiden können mit nichtsteroidalen Antiphlogistika oder niedrigen Prednisolondosen behandelt werden. Bei ***höherer Prozeßaktivität*** und deutlicher systemischer Krankheitsausprägung empfiehlt sich eine Prednisolonstoßtherapie in einer Dosis von 1 mg/kg Körpergewicht täglich, die langsam über Wochen reduziert wird. Überlappend wird dann mit einer Langzeittherapie mit Azathioprin (2 mg/kg Körpergewicht täglich) oder Zyklophosphamid (1,5 mg/kg Körpergewicht täglich) begonnen.

Bei ***hochakuten, lebensbedrohlichen Zuständen*** im Rahmen einer ZNS- oder Nierenbeteiligung sind hohe intravenöse Dosen von Kortikosteroiden und Zyklophosphamid, evtl. auch eine Plasmapherese indiziert.

## 14.1.2 Panarteriitis nodosa und andere nekrotisierende Vaskulitiden

### Definition und Einteilung

Entzündungen und Nekrose der Gefäßwand sind die Kennzeichen dieser klinisch sehr heterogenen Gefäßkrankheiten. Eine Einteilung nach der Größe der befallenen Gefäße läßt 4 Gruppen unterscheiden (Abb. 14.3).

Die Panarteriitis nodosa (Befall mittlerer und kleiner Arterien) und die leukoklastischen Vaskulitiden (Befall kleiner Gefäße) werden im folgenden besprochen. Die Vaskulitiden der mittelgroßen und großen Arterien mit Granulombildung werden unter 14.2 abgehandelt.

### Pathogenese

Zirkulierende Immunkomplexe, die in der Gefäßwand abgelagert wurden oder dort entstehen, werden als Ausgangspunkt der nekrotisierenden Gefäßwandentzündung angesehen.

### Panarteriitis nodosa

Diese präsentiert sich meist als uncharakteristische Krankheit mit Fieber. Am häufigsten beteiligt sind Nieren, Herz, Gastrointestinaltrakt, Nervensystem sowie Muskeln und Gelenke. Die Haut ist nur selten mit palpablen Knoten betroffen.

**Klinische Symptome.** Dabei handelt es sich um die folgenden:

## FALL 14 A

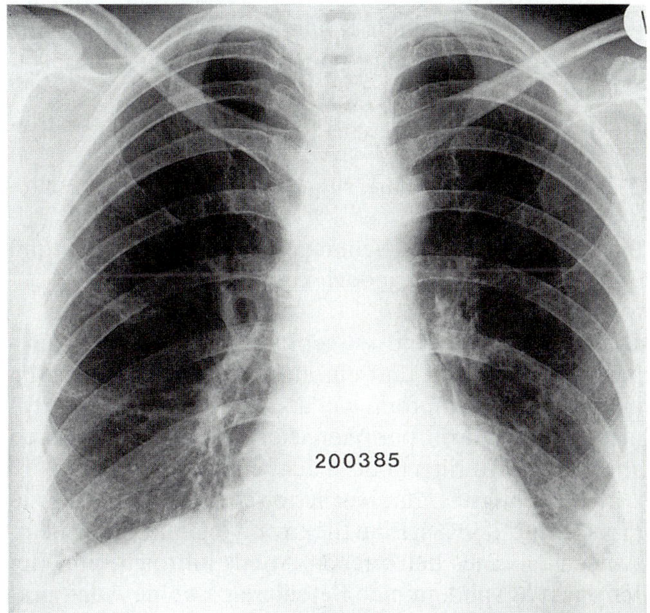


**Abb. 14 A.** Pleuraerguß beidseits in der Röntgenaufnahme des Thorax bei systemischem Lupus erythematodes. Man beachte die dreieckige Verschattung beidseits im Zwerchfell-Rippen-Winkel.

**Anamnese.** Eine 24jährige Hausfrau und Mutter von 2 Kindern fühlt sich seit 6 Wochen schwach und krank, seit 3 Wochen hat sie tageweise Fieber bis 39 °C. Wenige Tage nach einer Penizillinbehandlung durch den Hausarzt trat ein juckendes Exanthem am ganzen Körper auf. Das Fieber ging nicht zurück, seit wenigen Tagen besteht nun eine zunehmende Schwellung und Schmerzhaftigkeit in den Fingern und Handgelenken. Die Patientin kann ihre Kinder nicht mehr versorgen.

**Befunde.** Depressiv und krank aussehende Patientin. Abklingendes Exanthem an den Extremitäten und am Stamm. Kratzspuren an den Unterarmen.
Dämpfung und abgeschwächtes Atemgeräusch beidseits basal. Spindelförmige Schwellung, Palpationsempfindlichkeit der Fingermittelgelenke, endgradige Bewegungseinschränkung beider Handgelenke.
Temperatur rektal 38,2 °C.
BKS 42/76, Hb 11,3 g/dl, Leukozyten 3400/$mm^3$, Gesamteiweiß 7,1 mg/dl, Albumin 49%, $\gamma$-Globuline 30%. Rheumafaktor negativ, Suchtest auf antinukleäre Antikörper positiv, DNS-Bindung mit 85% hochpathologisch.
Röntgen Thorax: Pleuraerguß beidseits.

**Diagnose.** Systemischer Lupus erythematodes.

**Therapie und Verlauf.** Stationäre Aufnahme, Prednisolon 60 mg/Tag. Nach deutlichem Ansprechen der klinischen Krankheitszeichen und Rückgang der DNS-Antikörper langsame Reduktion der Prednisolondosis auf 12,5 mg/Tag und zusätzliche Gabe von Chloroquin (Resochin) 250 mg/Tag.

- Nieren (75%); Glomerulonephritis oder Vaskulitis der mittelgroßen Nierengefäße: Hypertonie (60%), Hämaturie, Proteinurie, fulminantes Nierenversagen;
- Herz (60%): Angina pectoris, Arrhythmien, Infarktbilder;
- Magen-Darm-Trakt (60%): Bauchkoliken, Blutungen, Pankreatitis;
- Nervensystem (50%): Mononeuritis multiplex, seltener ZNS-Ausfälle;
- Muskel-Gelenkerscheinungen (75%): Gelenk- und Muskelschmerzen, jedoch keine Arthritis.

**Diagnose.** Fieber und ausgeprägte allgemeine Krankheitserscheinungen und ein auf eine Organbeteiligung hinweisendes Symptom, wie neu entstandene Hypertonie, Erythrozyturie, periphere Nervenschädigung, lassen an eine Panarteriitis nodosa denken.

Die wichtigste Untersuchung ist die Muskelbiopsie (Trefferquote 50%). Eine Elektromyographie kann beim Aufsuchen eines betroffenen Areals hilfreich sein. Bei Verdacht auf abdominale Beteiligung ist eine Angiographie zum Nachweis von Aneurysmen indiziert. Das Hepatitis-B-Antigen ist bei 30%, zytoplasmatische Antikörper sind bei einem kleinen Teil der Patienten ebenfalls nachweisbar.

Asthma bronchiale, Lungenbeteiligung und Eosinophilie im peripheren Blut und im histologischen Bild der Vaskulitis sprechen für das der Panarteriitis nodosa sehr ähnliche ***Churg-Strauß-Syndrom.*** Eine Panarteriitis nodosa kann auch bei systemischem Lupus erythematodes und bei chronischer Polyarthritis auftreten.

**Therapie.** Hohe Kortikosteroiddosen (1 mg/kg Körpergewicht täglich) in Kombination mit Zyklophosphamid (2 mg/kg Körpergewicht täglich).

#### Leukoklastische Vaskulitis

Das Kennzeichen dieser nekrotisierenden Vaskulitis der kleinen Gefäße ist die Infiltration mit Leukozyten und der Befund zerfallender Leukozytenkerne. Das führende klinische Symptom ist die „palpable Purpura" auch der unteren Extremitäten oder der unteren Körperregion.

Zur Gruppe der leukoklastischen Vaskulitiden werden gerechnet:

- Purpura Schönlein-Henoch;
- Vaskulitis bei gemischter Kryoglobulinämie;
- Vaskulitis bei Medikamentenüberempfindlichkeit, malignen Krankheiten (z.B. Morbus Hodgkin) und Infekten (z.B. Endocarditis lenta). Diese Art der Vaskulitis wird auch Hypersensitivitätsvaskulitis genannt.
- Vaskulitis bei chronischer Polyarthritis, systemischem Lupus erythematodes und beim Sjögren-Syndrom.

Die ***Purpura Schönlein-Henoch*** kommt vorwiegend bei Kindern und Jugendlichen im Frühjahr im Anschluß an Atemwegsinfekte vor. Die Hauptsymptome sind: Purpura bei normaler Thrombozytenzahl, Arthritis der Sprung- und Kniegelenke, Bauchschmerzen und Nephritis. In der Biopsie findet sich immunhistologisch vorwiegend IgA. Die Prognose ist gut.

Die klinischen Symptome der ***essentiellen gemischten Kryoglobulinämie*** sind Arthralgien, allgemeine Schwäche und Purpura. Eine Kryoglobulinämie kann nicht nur isoliert, sondern auch als Begleiterscheinung bei rheumatischen und infektiösen Krankheiten vorkommen.

**Diagnose.** Die Hautbiopsie belegt die Diagnose einer leukoklastischen Vaskulitis, ermöglicht jedoch keine Differentialdiagnose bezüglich der Grundkrankheit. Es sind daher folgende diagnostische Schritte notwendig:

- Medikamentenanamnese, Infektsuche;
- Suche nach einer rheumatischen Krankheit oder Kollagenose bzw. nach einer malignen Krankheit;
- Nachweis von Kryoglobulinen.

**Therapie.** Die Therapie richtet sich in erster Linie nach der zugrundeliegenden oder begleitenden Störung. Bei der Purpura Schönlein-Henoch sind im Falle einer Nierenbeteiligung mittlere Kortikosteroiddosen indiziert.

### 14.1.3 Polymyositis/Dermatomyositis

#### Definition

Die Polymyositis betrifft die Skelettmuskulatur, vorwiegend Nacken, Schulter-, Beckengürtel und proximale Extremitäten sowie die Schlundmuskulatur. Hauptsymptom ist ***Muskelschwäche.*** Bei 40% der Patienten findet sich eine ***Hautrötung*** (Dermatomyositis). Häufig liegt eine maligne Erkrankung vor.

#### Häufigkeit

Die Altersverteilung zeigt einen Gipfel zwischen dem 10. und 14. und einen um das 50. Lebensjahr. Es besteht ein geringes Überwiegen des weiblichen Geschlechts. Die jährliche Inzidenz wird auf 5 Fälle pro 1 Million geschätzt.

## FALL 14B

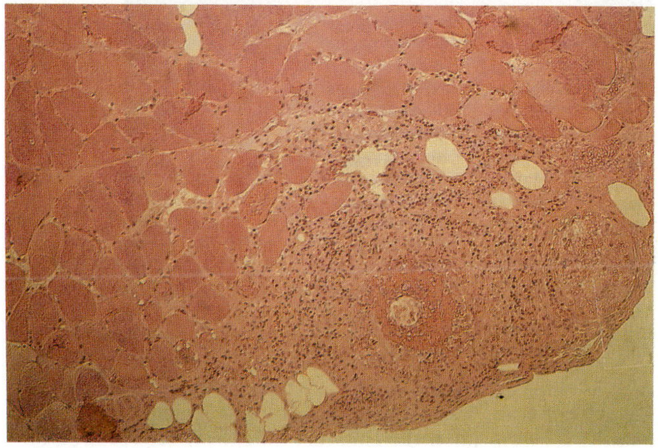

**Abb. 14B.** Nekrotisierende Arteriitis mit fibrinoider Nekrose des gesamten Gefäßes und lymphohistiozytärer Infiltration in der Adventitia. Färbung HE, Vergrößerung 100fach. (Präparat Prof. Dr. D. Pongratz, Friedrich-Baur-Institut der Universität München)

**Anamnese.** Ein 50jähriger Taxifahrer klagt über plötzlich aufgetretene Muskelschmerzen und ausgeprägte Schwäche in den Beinen. Er kann seine Arbeit kaum mehr verrichten, fühlt sich krank und stellt einen Gewichtsverlust von 4 kg in 7 Wochen fest. Vor 2 Wochen hat er einmal unter dem Eindruck, Fieber zu haben, axillär 38 °C gemessen. Vor 3 Tagen stolperte er morgens nach dem Aufstehen und stellte fest, daß die rechte Fußspitze nach unten hängt. Der Fußrücken ist taub.

**Befund.** Blasser, krank aussehender Patient. Beim Gehen schleifender Fuß rechts. Ausgeprägte Fußheberschwäche rechts, Sensibilitätsstörung am rechten Fußrücken bis hin zum distalen Unterschenkel. Verdacht auf periphere Schädigung des N. peronaeus rechts.
Rektale Temperaturmessung: 38,3 °C.
BKS 70/105, Hb 11,3 g/dl, Leukozyten 17800/mm$^3$, im Differentialblutbild 15 Stäbe und 8 Eosinophile.
Muskelbiopsie aus der rechten Wade: Nekrotisierende Arteriitis.

**Diagnose.** Panarteriitis nodosa.

**Therapie und Verlauf.** Stationäre Aufnahme, Prednisolon 100 mg/Tag, Zyklophosphamid 150 mg/Tag.
Rasche Besserung des Allgemeinbefindens, die neurologische Symptomatik bleibt jedoch unbeeinflußt.

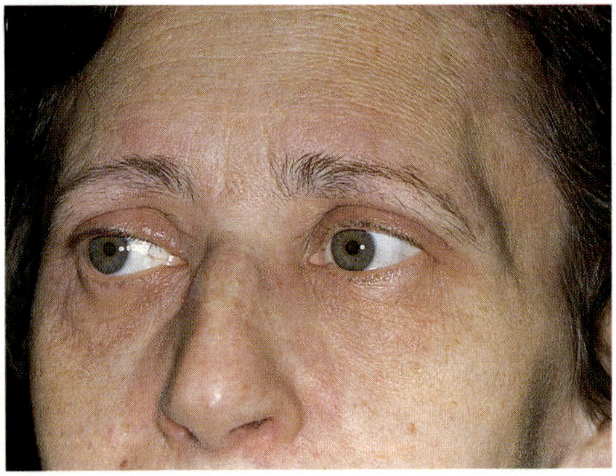

**Abb. 14.4.** Augenpartie einer 59jährigen Büroangestellten mit Dermatomyositis. Die Oberlider sind ohne Zeichen einer Konjunktivitis geschwollen, die Haut der Lider ist livide verfärbt

### Pathogenese

Die bei der Krankheit festzustellenden Muskelveränderungen werden als Folge einer ***zellvermittelten Autoimmunreaktion*** gesehen. Es finden sich auch zirkulierende Autoantikörper (Anti-Jo-1), besonders im Zusammenhang mit einer Lungenbeteiligung. Die Natur des Antigens, das Enterovirusprodukten sehr ähnlich ist, läßt eine virale Genese der Polymyositis vermuten.

### Klinisches Bild

Muskelschwäche, Fieber, Arthralgien, Hautrötung über den Schultermuskeln, lila Verfärbung und Ödem der Augenlider (Abb. 14.4) sind charakteristische Zeichen. Gelegentlich lassen sich Nagelfalzblutungen (Abb. 14.5) und schuppige Hautveränderungen über den Fingergrundgelenken feststellen. Ein deutlicher Hinweis ist die Vorgeschichte einer ***akuten Alveolitis.***

### Diagnose

Die Diagnose wird aus dem klinischen Bild vermutet und durch Enzymerhöhungen im Serum (Kreatinphosphokinase, Transaminasen, LDH und Aldolase) sowie durch Muskelbiopsie nach EMG-Voruntersuchung gesichert.

### Therapie

Prednisolon $1^1/_2$–2 mg pro kg Körpergewicht täglich initial, später niedrige Dosen in Kombination mit Azathioprin, Zyklophosphamid oder Methotrexat.

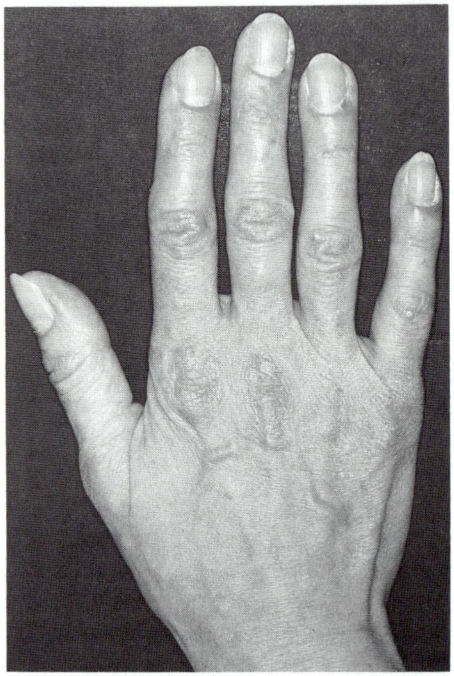

**Abb. 14.5.** Hand der Patientin aus Abb. 14.4 mit Dermatomyositis. Silbern schimmernde schuppige, rauhe Hautveränderungen über den Fingergrund- und -mittelgelenken. Verhornungserscheinungen und leicht blutende Stellen am Nagelfalz (3. und 4. Finger)

Die Prognose ist abhängig vom Vorhandensein eines Malignoms. Ohne Malignom beträgt die Fünfjahresüberlebenschance 80%.

## 14.1.4 Systemische Sklerose (Sklerodermie)

### Definition

Die systemische Sklerose ist eine seltene, therapeutisch nicht beeinflußbare Erkrankung der kleinsten Gefäße und des Bindegewebes. Es kommt zu ***Gefäßobliteration*** und ***Fibrose*** in der Haut, im Bereich des Magen-Darm-Trakts, der Lunge, des Herzens und der Nieren. Es gibt verschiedene klinische Erscheinungsbilder mit unterschiedlicher Prognose.

### Pathogenese

Aufgrund unbekannter Mechanismen kommt es zur Stimulation von ***Mesenchymzellen*** (Fibroblasten, Endothelzellen, glatte Muskelzellen). Daraus resultiert eine gesteigerte Ablagerung von Kollagen Typ I und III, Proteoglykan und Fibronektin im Interstitium der Gewebe und in der Intima der kleinen Arterien. Auf morphologische Veränderungen der Endothelzellen, Permeabilitätsstörungen, Thrombozytenaktivierung und perivaskuläre Lymphozyteninfiltration folgt dann die Fibrose. Bei einem Teil der Patienten lassen sich zirkulierende Autoantikörper nachweisen (Antikörper gegen HEp2-Zellen, Zentromerantikörper).

### Klinisches Bild

Zwei Hauptformen der systemischen Sklerose lassen sich voneinander abtrennen:

- Die ***diffuse kutane Form.*** Ihr Verlauf ist schnell progredient. Innerhalb eines Jahres nach Beginn mit einem ***Raynaud-Syndrom*** kommt es zu diffusen Hautverdickungen der Akren und am Stamm. Regelmäßig werden Reibephänomene in den Sehnen der Hand- und Fingergelenke festgestellt. Sehr früh und häufig wird das Interstitium der Lunge befallen, es kommt zu Nierenbefall mit Oligurie, diffusem Befall des Gastrointestinaltrakts und zu Myokardbeteiligung. Zentromerantikörper sind nicht nachweisbar.
- Die ***limitierte kutane*** oder ***akrosklerotische Form.*** Hier sind die Hautveränderungen auf die Hände und Füße und auf das Gesicht beschränkt. Ein Raynaud-Syndrom kann der Sklerodermie viele Jahre vorausgehen. Oft lassen sich im Röntgenbild Osteolysen und subkutane Verkalkungen nachweisen. Teleangiektasien sind häufig. Das CREST-Syndrom (*C*alcinosis, *R*aynaud-Syndrom, *Ö*sophagusmotilitätsstörungen, *S*klerodaktylie und *T*eleangiektasie) gehört zu dieser Verlaufsform der systemischen Sklerose. Im weiteren Verlauf kann es zu pulmonaler Hypertonie kommen. Zentromerantikörper sind sehr häufig (80%).

Seltener gibt es auch eine Verlaufsform, welche sich nur viszeral ohne Hautbeteiligung manifestiert.

### Diagnose

**Die Diagnose der systemischen Sklerose stützt sich in erster Linie auf die anamnestischen und klinischen Befunde des Raynaud-Phänomens und der Hautveränderungen. Laborwerte und Hautbiopsie sind von untergeordneter Bedeutung.**

### Differentialdiagnose

Gelegentlich sind Gelenkschmerzen so ausgeprägt, daß an eine ***beginnende chronische Polyarthritis*** gedacht werden muß, die ebenfalls mit einem Raynaud-Phänomen einhergehen kann.

Bekannt sind Überlappungen zwischen einzelnen Kollagenosen, besonders in der Form der ***Mischkollagenose (Sharp-Syndrom).*** Hier finden sich die Krankheitszüge der Polymyositis (mit CK-Erhöhungen), des systemischen Lupus erythematodes und der chronischen Polyarthritis sowie der systemischen Sklerose mit Raynaud-Phänomen und Ösophagusbeteiligung. Weder die klinischen noch die immunologischen Befunde (Antikörper gegen extrahierbare nukleäre Antigene bzw. Ribonukleoproteine) noch der Krankheitsverlauf bzw. das Ansprechen auf die Therapie sind jedoch spezifisch.

Die ***eosinophile Fasziitis*** kann bei längerer Verlaufsdauer einer systemischen Sklerose ähnlich sein, im akuten Stadium jedoch kaum. Die eosinophile Fasziitis befällt jüngere Individuen, oft nach körperlichen Belastungen. Es kommt zu Schwellungen, Spannungsgefühl und Druckempfindlichkeit der Haut an den proximalen Extremitäten. Die Hände und Füße sind ausgespart. Ein Raynaud-Syndrom fehlt. Eine tiefe Biopsie mit Haut, Subkutis, Faszie und Muskel zeigt ein typisches histologisches Bild mit oder ohne eosinophile Leukozyten. Im peripheren Blutbild findet sich regelmäßig eine Eosinophilie. Kortikosteroide sind die Therapie der Wahl.

Mischkollagenose (Sharp-Syndrom), eosinophile Fasziitis, lokalisierte Sklerodermieformen und eine Akroosteolyse mit Raynaud-Phänomen bei ***Vinylchloridarbeitern*** werden auch als Varianten der systemischen Sklerose bezeichnet.

### Therapie

Eine große Zahl von Medikamenten wurde bislang mit unbefriedigendem Ergebnis eingesetzt. Ein positiver Effekt auf den Krankheitsprozeß wird bei D-Penizillamin diskutiert.

Sinnvoll wegen günstiger Beeinflussung einzelner Symptome sind:

- ***Salizylate*** als Analgetika und Thrombozytenaggregationshemmer,
- ***Nifedipin*** zur Durchblutungsförderung bei Raynaud-Syndrom,
- ***Kortikosteroide*** bei Vaskulitis, Myositis und fortgeschrittener Lungenfibrose (sonst kontraindiziert),

- versuchsweise ***Immunsuppressiva und Zytostatika*** bei lebensbedrohlichen Zuständen.

**Prognose**

Die Prognose ist bei verschiedenen Verlaufsformen unterschiedlich. Insgesamt ist die Lebenserwartung bei der systemischen Sklerose reduziert. Die Zehnjahresüberlebensrate beträgt rund 70%.

## 14.1.5 Sjögren-Syndrom

**Definition**

Das Sjögren-Syndrom besteht aus ***Trockenheit der Augen (Keratoconjunctivitis sicca), des Mundes (Xerostomie)*** und ***chronischer Polyarthritis*** bzw. einer ***Kollagenose.*** Fast immer finden sich eine Hypergammaglobulinämie und ein positiver Rheumafaktor, selten Antikörper gegen zelluläre und zytoplasmatische Antigene (SS-A, SS-B).

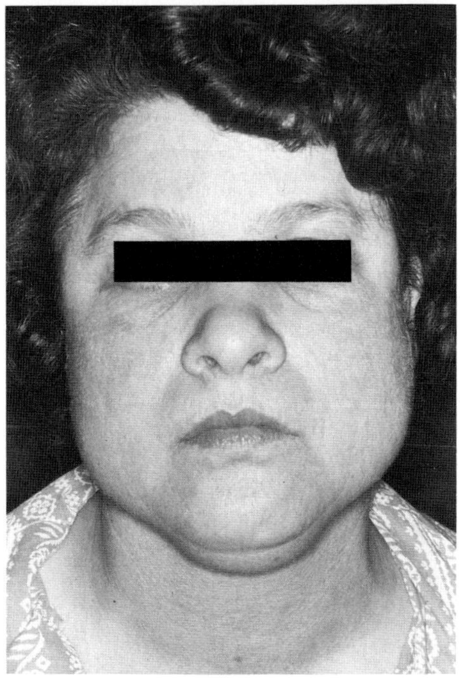

**Abb. 14.6.** Schwellung der Ohrspeicheldrüsen und der Unterzungenspeicheldrüsen bei einer 51jährigen Bäuerin mit Sjögren-Syndrom

**Häufigkeit**

Das Sjögren-Syndrom tritt zu ca. 20% bei der chronischen Polyarthritis, etwas häufiger bei Kollagenosen auf. Sehr selten präsentiert es sich isoliert. Frauen überwiegen deutlich (9:1).

**Pathogenese**

In der Ätiologie wird das Zusammenwirken ***genetischer, hormoneller*** und ***viraler Faktoren*** diskutiert. Auf dem Boden autoimmunologischer Vorgänge kommt es zu einer Infiltration und Zerstörung der Tränen- und Speicheldrüsen durch Lymphozyten und Plasmazellen. Relativ häufig findet sich ein Übergang zu Lymphomen mit B-Zell-Abstammung und zur Makroglobulinämie Waldenström.

**Klinisches Bild**

**Augensymptome.** Der Patient klagt über Fremdkörpergefühl, Lichtempfindlichkeit und Sichtbeeinträchtigung durch Schleimfäden auf dem Auge.

**Mundtrockenheit.** Essen ohne gleichzeitiges Trinken ist nicht möglich, oft kommt es zu schnell fortschreitender Karies. Häufig sind Trockenheitssymptome der Nase, des Pharynx, der Trachea und der Bronchien, des Ösophagus, der Vagina und der gesamten Haut. Phasenweise kommt es zu Parotisschwellungen (Abb. 14.6). An weiteren systemischen Störungen können auftreten: Purpura, periphere Neuritis, Lungenfibrose, Hepatomegalie, tubuläre Azidose.

**Diagnose**

Die Diagnose wird in der Regel klinisch gestellt. Eine augenärztliche Untersuchung (Schirmer-Test, Spaltlampenuntersuchung) ist in jedem Falle indiziert. Im Zweifelsfall sichert die Biopsie aus der Lippenschleimhaut die Diagnose.

Differentialdiagnostisch kommen Trockenheitssymptome bei Hyperlipidämien, Sarkoidose und Amyloidose in Frage. Viel häufiger sind jedoch anticholinerge Medikamente Ursache für eine Trockenheitssymptomatik.

## FALL 14C

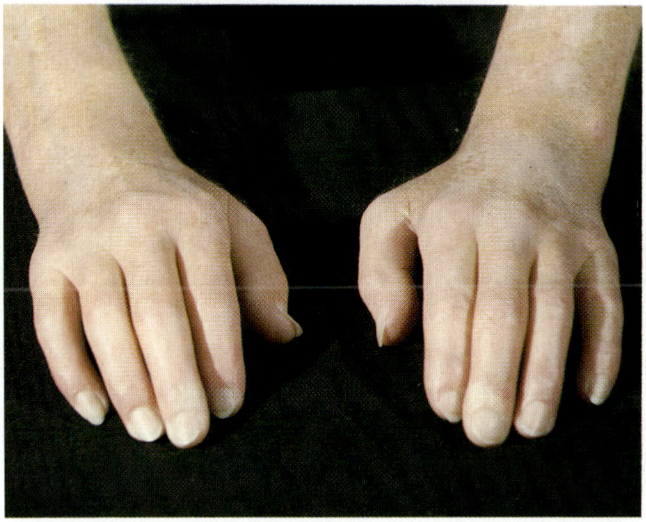

**Abb. 14C.** Hände einer 56jährigen Sekretärin mit progressiver systemischer Sklerose. Sämtliche Finger sind prall geschwollen. Die wächsern erscheinende Haut zeigt keine Fältchen über den Gelenken.

**Anamnese.** Die Patientin stellte im vergangenen Winter ein Absterben mit Weiß- und Blauwerden der Finger II–V beider Hände fest. Es kommt zu Spannungsgefühl in den Händen und Armen und Bewegungseinschränkung der Finger- und Handgelenke. An der Fingerbeere des rechten Zeigefingers tritt eine offene Stelle auf, die sich innerhalb von 4 Wochen nach Verkrustung wieder schließt. Im Frühjahr bessern sich die Beschwerden, die Patientin stellt ein Spannungsgefühl der Gesichtshaut und das Auftreten von kleinen roten Flecken an der Stirn fest. Außerdem klagt sie über Sodbrennen, wenn sie sich bald nach dem Essen niederlegt.

**Befunde.** Raynaud-Syndrom, verdickte, wächsern erscheinende harte Haut der Finger bis zu den Handgelenken. Spannende Haut und Teleangiektasien an Stirn und Nase.
BKS 21/37, Hb 13,2 g/dl, Leukozyten 6400/mm$^3$. ANA-Suchtest schwach positiv.
Szintigraphische Untersuchung des Ösophagus: Deutliche Hypomotilität.

**Diagnose.** Beginnende systemische Sklerose (Sklerodermie) vom akrosklerotischen Typ.

**Therapie und Verlauf.** Azetylsalizylsäure 0,5 g/Tag (Thrombozytenaggregationshemmung), Nifedipin 2 × 20mg/Tag (Steigerung der peripheren Durchblutung), bedarfsweise Antazida zur Beherrschung des Sodbrennens.
Physikalische Maßnahmen (Handbäder, Krankengymnastik).

### Therapie

Die Therapie ist im wesentlichen auf eine symptomatische Erleichterung der Beschwerden ausgerichtet (Methylzelluloseaugentropfen, Infektprophylaxe der Atemwege). Starke Parotisschwellungen lassen sich durch eine Prednisolontherapie reduzieren. Bei bedrohlichen systemischen Erscheinungen sind gelegentlich Kortikosteroide und Immunsuppressiva erforderlich.

Eine regelmäßige ***Überwachung*** des Patienten wegen der Gefahr der Lymphombildung ist erforderlich.

## 14.2 Granulomatosen ungeklärter Ätiologie

Die Zusammenstellung der Krankheiten dieses Abschnittes ist lediglich durch die Gemeinsamkeit der granulomatösen Entzündung begründet und ansonsten willkürlich. Sarkoidose und Polymyalgia rheumatica sind relativ häufig, die anderen seltener, bei allen handelt es sich jedoch um ernste Krankheiten.

### 14.2.1 Sarkoidose

#### Definition

Die Sarkoidose ist eine Krankheit junger Erwachsener. Sie zeigt sich am häufigsten als ***hiläre*** und ***mediastinale Lymphknotenvergrößerung, Lungeninfiltration*** und Befall der ***peripheren Lymphknoten,*** der ***Augen*** und der ***Haut.***

Die Diagnose ist durch klinische und röntgenologische Befunde zu stellen, wird jedoch bestätigt durch das histologische Bild eines nicht verkäsenden Epitheloidzellgranuloms. Meist kommt es zu Remissionen innerhalb weniger Monate, gelegentlich zu Rezidiven, selten jedoch zum Übergang in ein chronisches Stadium mit Befall zahlreicher Organe und fortschreitender Fibrose.

#### Häufigkeit

Die Häufigkeit der diagnostizierten Fälle liegt in Mitteleuropa bei 0,1%, wobei vermutlich nur 20% aller Erkrankungen erkannt werden. Es bestehen erhebliche geographische und ethnische Unterschiede in der Häufigkeit. Bei mehr als 10% aller Erkrankungen kommt es zu einer chronischen Verlaufsform.

#### Pathogenese

Ein ***Antigen*** (Mykobakterium, Pilze, Viren, Pollen, Nahrungsbestandteile) bewirkt eine Reaktion des ***retikulohistiozytären Systems.*** Die Funktion der T-Zellen wird gestört, die zellvermittelte Immunität nimmt ab. Gleichzeitig proliferieren die B-Zellen, eine massive ***Produktion von Antikörpern*** beginnt. Zirkulierende Immunkomplexe, die Erythema nodosum, Uveitis und Arthritis verursachen, werden nachweisbar. Es entstehen Granulome mit hoher Zellaktivität. Retikulinfasern bilden sich zwischen Epitheloidzellen, verdicken sich und wandeln sich zu Kollagen um. Die Makrophagen der Granulome sezernieren große Mengen von Enzymen, u. a. Lysozym und „Angiotensin-converting enzyme" (ACE). Mehr als ein Drittel der Sarkoidoseerkrankungen wird durch Zufall bei Röntgenuntersuchungen des Thorax aus verschiedenen Gründen entdeckt. Bei $^1/_4$ der Patienten sind geringe Symptome wie Müdigkeit, Gewichtsverlust, Druckgefühl in der Brust, Belastungsdyspnoe und Lymphknotenvergrößerung Anlaß für die Untersuchung. Ein weiteres Viertel der Patienten klagt über ein Erythema nodosum, Arthritis und Fieber. Nur 10% der Patienten kommen mit ausgeprägten Symptomen, wie Ruhedyspnoe, Erkrankungen der Augen und Nerven, zur Untersuchung.

Die ***Lokalisation*** der Sarkoidose zeigt Abb. 14.7. Wir unterscheiden 2 Verlaufsformen der Sarkoidose:
- akute Sarkoidose oder Löfgren-Syndrom,
- chronische Sarkoidose.

Die ***akute Sarkoidose*** beginnt meist mit Fieber, es kommt zu Gelenkschmerzen und Schwellungen der Sprunggelenke, seltener der Knie-, Hand- oder Ellenbogengelenke, und zu Erythema nodosum. Frauen sind häufiger betroffen als Männer.

**Beispiel.** Die 25jährige Mutter eines 4monatigen Kindes, das seit 3 Wochen nicht mehr gestillt wird, bekommt plötzlich 38,8 °C Fieber, später treten eine geringe Schwellung beider Unterschenkel und Schmerzen sowie eine diffuse Schwellung beider Sprunggelenke auf. Über einem Sprunggelenk und an den Schienbeinkanten beidseits stellt sie fünfmarkstückgroße erhabene, sehr schmerzhafte und überwärmte Knoten fest. Nach der Röntgenuntersuchung des Thorax steht die Diagnose einer akuten Sarkoidose fest.

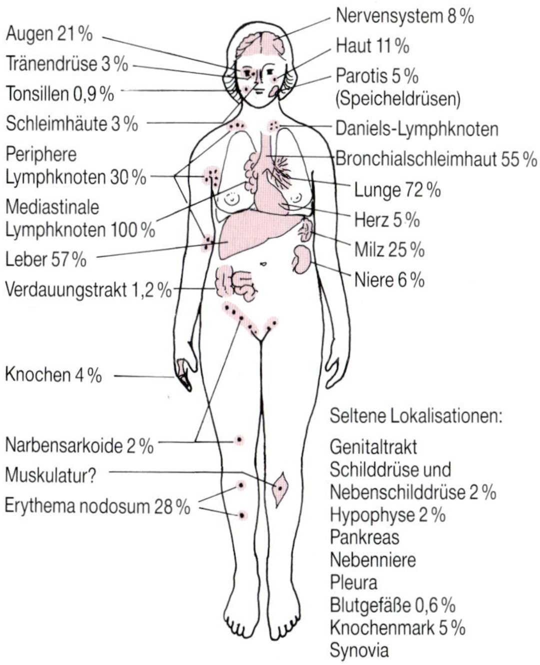


**Abb. 14.7.** Lokalisation und Häufigkeit der Organmanifestationen bei 451 Sarkoidosepatienten. (Nach Behrend 1984)

Bei der ***chronischen Sarkoidose,*** die schleichend beginnt oder nach Rezidiven einer akuten Sarkoidose einsetzt, kommt es zu ausgedehntem Organbefall (Leber, Milz, Parotis) und zu einer chronisch-progredienten Lungenkrankheit.

### Laboruntersuchungen

Bei den Laboruntersuchungen finden sich Entzündungszeichen, gelegentlich Transaminaseerhöhungen. Das ACE ist häufig erhöht. Dieser Befund ist jedoch nicht sehr sensibel und spezifisch. Ganz selten besteht eine Hyperkalzämie.

### Diagnose

Die Diagnose der akuten Form läßt sich aus den klinischen Befunden und dem typischen Röntgenthoraxbild stellen (Abb. 4A, S. 97). Gelegentlich ist zur Feststellung einer Lymphknotenvergrößerung im Hilus oder Mediastinum eine Tomographie oder Computertomographie indiziert. Im Zweifelsfall bzw. bei atypischem oder schleichendem Krankheitsverlauf muß die Diagnose histologisch gesichert werden. Geeignete Biopsieorgane sind Lymphknoten (via Bronchoskopie), Leber und Wadenmuskulatur.

Die ***Differentialdiagnose*** hängt vom jeweiligen klinischen Bild ab. Die akute Sarkoidose kann mit einem rheumatischen Fieber verwechselt werden. Bei dem Röntgenbild vergrößerter Hiluslymphknoten, besonders wenn keine Symmetrie vorhanden ist, muß an ein Lymphom oder an eine Tuberkulose gedacht werden. Diffuse Lungeninfiltrate lassen je nach Aussehen an eine Tuberkulose, Mykose, Silikose oder einen malignen metastasierenden Prozeß denken.

**Ein Erythema nodosum erfordert immer die Durchführung einer Röntgenaufnahme in 2 Ebenen mit der Fragestellung einer bihilären Lymphadenopathie.**

### Therapie

Die akute Sarkoidose kommt in der Mehrzahl der Fälle spontan zur Remission. Bestehen nach der Verlaufsbeobachtung der ersten 2 Monate Zweifel an einer Spontanremission oder kommt es zu einer zunehmenden Infiltration der Lunge, so ist eine Behandlung mit Prednisolon indiziert. Bei einer chronischen Verlaufsform können Schübe jeweils ebenfalls mit Prednisolon abgemildert werden. Bei Eintritt von irreversiblen Veränderungen und Funktionsstörungen von Organen (z. B. Lunge, Leber, Myokard) sind zusätzlich entsprechende Therapiemaßnahmen erforderlich.

## 14.2.2 Polymyalgia rheumatica, Arteriitis cranialis

### Definition

**Die Polymyalgia rheumatica ist eine Alterskrankheit, gekennzeichnet durch starke nächtliche Schmerzen und morgendliche Steifheit der Schulter- und Beckengürtelmuskulatur, ausgeprägtes Krankheitsgefühl sowie eine BKS >50 mm in der ersten Stunde. Sie ist häufig verbunden mit einer Riesenzellarteriitis.**

### Häufigkeit

Im Alter zwischen 60 und 80 Jahren ist die Prävalenz der Polymyalgia rheumatica auf etwa 1% zu schätzen. Frauen sind bevorzugt (2,5 : 1).

### Klinisches Bild

Typisch ist der ***plötzliche Beginn*** der ***Beschwerden.*** Schmerzen, Steife und Schwäche der Muskeln sind oft so ausgeprägt, daß sich die Patienten nicht mehr selbst versorgen können. Sehr häufig ist nächtliches Schwitzen, Gewichtsverlust und Apathie. Gelegentlich sind die Muskelschmerzen von Gelenkschmerzen und einem Karpaltunnelsyndrom begleitet. Kopfschmerzen, Sehstörungen und Schmerzen beim Kauen weisen auf eine Arteriitis cranialis hin.

### Diagnose und Differentialdiagnose

Die Diagnose ist klinisch zu stellen und durch den Ausschluß anderer Störungen mit ähnlicher Symptomatik, vor allem von Malignomen, Endocarditis lenta, Hyperthyreose, Polymyositis und chronischer Polyarthritis zu sichern. Die Muskelenzyme sind nicht erhöht. Die Biopsie eines dorsalen Astes der A. temporalis (Stufenschnitte) hat für eine Riesenzellarteriitis eine Trefferquote von 30–50%.

### Therapie

**Die Therapie der Wahl sind Kortikosteroide. Das schlagartige Verschwinden sämtlicher Beschwerden ist diagnostisch wertbar.**

Nach einer Startdosis von 0,5 mg Prednisolon pro kg Körpergewicht täglich muß über Wochen eine Erhaltungsdosis von 5–10 mg Prednisolon eingestellt werden. Die Therapie ist über 1–2 Jahre fortzusetzen. Bei frühzeitigem Absetzen droht die Gefahr eines Rezidivs, evtl. mit Komplikationen einer Arteriitis.

## 14.2.3 Wegener-Granulomatose

### Definition

**Die Wegener-Granulomatose ist eine seltene Form einer nekrotisierenden Vaskulitis. Sie manifestiert sich mit nekrotisierenden Granulomen des Respirationstraktes, generalisierter nekrotisierender Angiitis und nekrotisierender Glomerulonephritis.**

Männer sind etwas häufiger betroffen als Frauen, das Hauptmanifestationsalter ist um das 40. Lebensjahr. Unbehandelt sterben über 80% der Patienten innerhalb eines Jahres.

### Pathogenese

Ätiologie und Pathogenese sind unbekannt. Möglicherweise löst ein inhaliertes Antigen den Immunmechanismus aus, der zur Bildung nekrotisierender Granulome und Vaskulitiden führt.

### Klinisches Bild

Die Hauptsymptome sind eitriger und blutiger Schnupfen, Fieber, rezidivierende Sinusitis und Sattelnase. Eine Lungenbeteiligung kann symptomlos verlaufen. Eine Nierenbeteiligung tritt in 80% der Fälle auf (Erythrozyturie, Proteinurie). Bei 70% der Patienten kommt es zu Gelenkschmerzen. Das Nervensystem ist in Form einer Mononeuritis multiplex und in 20% der Fälle von ZNS-Symptomen betroffen. Im Labor finden sich eine erhöhte BKS, eine Leukozytose mit Linksverschiebung, ein positiver Rheumafaktor und antineutrophile Antikörper gegen ein zytoplasmatisches Antigen.

### Diagnose und Differentialdiagnose

Die Diagnose wird aufgrund der Symptome des oberen Respirationstraktes oder Lungenveränderungen im Röntgenbild vermutet, muß aber durch eine ***Biopsie*** gesichert werden, die aus den oberen Luftwegen oder aus der Lunge durch eine Thorakotomie entnommen wird.

Differentialdiagnostisch muß bei Nierenbeteiligung ein ***Goodpasture-Syndrom*** durch Nachweis von Basalmembranantikörpern ausgeschlossen werden. Ein ***Midline-Granulom*** kann zwar Knochen- und Knorpelzerstörungen verursachen, es kommt dabei jedoch nie zu einer Vaskulitis und zum Befall von Niere und Lunge.

### Therapie

Die Therapie der Wahl ist eine Kombination von Kortikosteroiden mit Zyklophosphamid, mit der in über 90% der Fälle Remissionen erzielt werden können. Zyklophosphamid wird als Langzeittherapie weitergeführt. Relativ oft kommt es während der Therapie zu Lungeninfekten.

## Literatur


Behrend H (1984) Die Gelenk-, Knochen- und Muskelmanifestation der Sarkoidose. In: Mathies H (Hrsg) Rheumatologie B. Springer, Berlin Heidelberg New York (Handbuch der inneren Medizin, Bd VI/2B, S 404–451)

Giordano M (1989) Progressive systemische Sklerose. In: Fehr K, Miehle W, Schattenkirchner M, Tillmann K (Hrsg) Rheumatologie in Praxis und Klinik. Thieme, Stuttgart New York, S 11.31–11.40

Hughes GRV (1987) Connective tissue diseases, 3rd edn. Blackwell, Boston PaloAlto Melbourne

James DG, Williams WJ (1985) Sarcoidosis and other granulomatous disorders. Saunders, Philadelphia

Klippel JH (1988) Systemic Lupus erythematosus. Rheumatic disease clinics of North America, vol 14: 1. Saunders, Philadelphia London Toronto Montreal Sydney Tokyo

Talal N, Moutsopoulos H, Kassan S (eds) (1987) Sjögren's syndrome. Clinical and immunological aspects. Springer, Berlin Heidelberg New York Tokyo

# 15 Endokrinologie

L. Schaaf und K.-H. Usadel

ZUSAMMENFASSUNG

Die Bedeutung der Endokrinologie in der Inneren Medizin liegt in der Integration verschiedener Organsysteme und ihrer Wechselwirkungen.

Die wichtigsten endokrinen Erkrankungen betreffen die Schilddrüse, das endokrine Pankreas, die Hypophyse, die Nebennieren und die Gonaden. Die Störungen werden in Über- und Unterfunktionszustände unterteilt. Je nach betroffenem Organ werden ***primäre, sekundäre*** oder ***tertiäre Störungen*** definiert.

Die ***euthyreote Jodmangelstruma*** ist die häufigste Schilddrüsenerkrankung. ***Hyperthyreosen*** können medikamentös, chirurgisch oder durch Radiojod behandelt werden. Bei ***Hypothyreosen*** führt die Substitution von Levothyroxin rasch zu einer Besserung der allgemeinen Mangelsymptomatik.

Beim ***Diabetes mellitus*** steht der absolute oder relative Insulinmangel im Vordergrund. Das ***Spätsyndrom*** ist vor allem durch die Mikro- und Makroangiopathie bedingt.

Die ***Hypophysenerkrankungen*** werden in Überfunktionszustände einzelner Zellgruppen (Prolaktinom, Akromegalie, Morbus Cushing) und in Krankheitsbilder einer globalen bzw. partiellen Hypophyseninsuffizienz unterteilt.

Eine Überproduktion von Nebennierenrindensteroiden führt zum ***Hyperkortisolismus*** (Cushing-Syndrom). Eine Unterfunktion ***(Morbus Addison)*** kann bei krisenhafter Verschlechterung mit Bewußtseinsverlust rasch lebensbedrohlich werden.

Bei den ***Gonadenerkrankungen*** sind neben selteneren erworbenen Störungen vor allem primäre Defekte durch Chromosomenaberrationen ***(Klinefelter-Syndrom)*** wichtig. Die Testosteronsubstitution bei Hypogonadismus dient langfristig vor allem der Osteoporoseprophylaxe.

Außer zur Substitutionsbehandlung werden Hormone auch zur Pharmakotherapie eingesetzt, wie z. B. die Glukokortikoide zur Immunsuppression und Entzündungshemmung.

## 15.1 Hormonsekretion und Regulation

### 15.1.1 Physiologie

Hormone sind körpereigene Stoffe, die von spezialisierten Zellgruppen (Drüsen) produziert und sezerniert werden. Sie gewinnen in jüngster Zeit als wesentliche Bindeglieder zwischen Nerven-, Immun- und endokrinem System in Form einer ***neuroimmunendokrinen Funktionseinheit*** zunehmend an Bedeutung. Rhythmische Hormonsekretionsmuster im Mikrokosmos entsprechen periodischen Abläufen im Makrokosmos. Neben einer ***zirkadianen Rhythmik*** ist für viele Hormone ein ***pulsatiles Sekretionsmuster*** nachgewiesen. Unter physiologischen Bedingungen wird ein intermittierendes Stimulationsprinzip der Rezeptoren vermutet. Die Hormonsekretion wird durch hierarchisch strukturierte Regelkreise mit ***positiver*** oder ***negativer Rückkopplung*** gesteuert. Die einzelnen Regelkreise sind eng miteinander verflochten, wie z. B. die gemeinsame Stimulation von TSH Prolaktin, und STH durch TRH zeigt. Viele Neurotransmitterhormone kommen entsprechend ihres phylogenetischen Ursprungs auch im Gastrointestinaltrakt vor. Nach Herkunft und Funktion werden ***hypothalamische (Releasing-), Hypophysen-*** und ***periphere (Effek-***

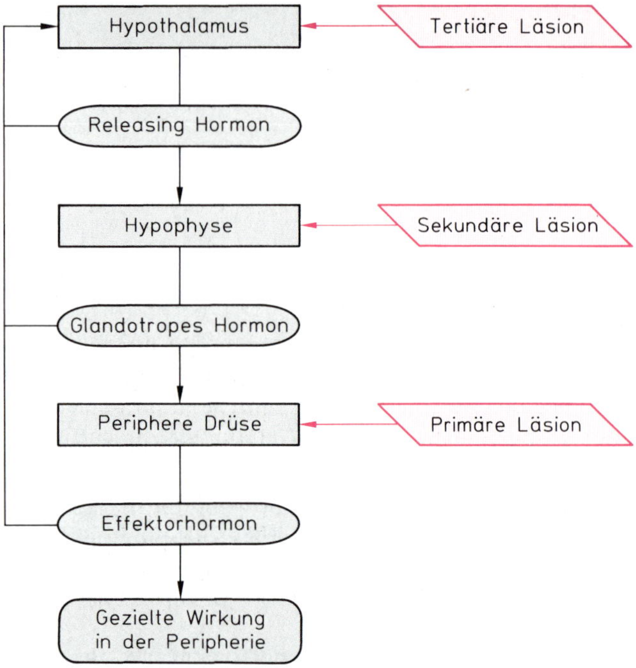


**Abb. 15.1.** Endokrine Stimulationskette Hypothalamus – Hypophyse – periphere Drüse. Primäre Läsionen entstehen durch Mangel an Effektorhormonen bei Schädigung der peripheren Drüsen. Bei sekundären Läsionen fehlen aufgrund eines hypophysären Defekts die glandotropen Hormone. Tertiäre Läsionen beruhen auf hypothalamischen Störungen, wobei keine oder zu wenig Releasinghormone gebildet werden

***tor-)Hormone*** unterschieden. Chemisch lassen sie sich in 2 große Gruppen einteilen. Die ***Peptidhormone*** entfalten ihre Wirkung dadurch, daß sie als ***„first messenger"*** an hochspezifische, membranständige Rezeptorstrukturen binden. Sie beeinflussen die Proteinbiosynthese dadurch, daß sie die Produktion eines ***„second messenger",*** wie z. B. cAMP oder Inositoltriphosphat, induzieren. Die lipophilen Steroidhormone können die Zellmembran durchdringen und durch Bindung an zytoplasmatische Rezeptorproteine in den Zellkern gelangen, wo auch sie die Proteinsyntheserate verändern.

Die Hormonsekretion geschieht über ***intrazelluläre Transportproteine,*** wie z. B. das Thyreoglobulin der Schilddrüsenfollikel. Nach dem Wirkort des sezernierten Hormons werden 3 Sekretionsmechanismen unterschieden. Bei der ***parakrinen Sekretion*** entfaltet das Hormon seine Wirkung in unmittelbarer Umgebung seiner Produktionsstätte. ***Somatostatin*** hemmt in unmittelbarer Umgebung der D-Zellen der Magenschleimhaut die Magensaftsekretion. Als ***neurokrine Sekretion*** wird die Synthese eines Neurotransmitterhormons bezeichnet. Es wird über die Nervenzellausläufer transportiert, um an den Synapsen zu wirken. Bei der ***endokrinen Sekretion*** wird ein Hormon in die Blutbahn abgegeben und mit Bindungsproteinen (z. B. thyroxinbindendes Globulin, Transkortin) bis zu den Effektorzellen transportiert.

### 15.1.2 Pathophysiologie

Das Gleichgewicht der Hormonsekretion wird durch Unter- und/oder Überfunktionszustände endokriner Drüsen gestört. Eine Unterfunktion kann Folge einer Zellzerstörung durch Verdrängung (z. B. Druckatrophie durch intraselläre Raumforderungen), Trauma, Bakterien (z. B. bakterielle Thyreoiditis), Viren (z. B. Thyreoiditis de Quervain) oder Autoimmunprozesse sein (z. B. Autoimmunadrenalitis, Autoimmunthyreoiditis). Je nachdem, welche Ebene des Regelsystems betroffen ist, kommt es zu einer primären, sekundären oder tertiären Läsion (Abb. 15.1). Gegenregulatorisch kann es zu einer Überfunktion übergeordneter Drüsen kommen (erhöhte LH- und FSH-Sekretion bei primärer Gonadeninsuffizienz: hypergonadotroper Hypogonadismus). Überfunktionszustände können durch ***Hormonimitatoren,*** wie z. B. Immunglobuline beim Morbus Basedow, oder ***paraneoplastische Faktoren,*** z. B. Produktion von ACTH- bzw. CRF-ähnlichen Substanzen beim peripheren Bronchialkarzinom oder GHRH-Produktion bei Pankreastumoren, ausgelöst werden.

Bestimmte laborchemische Konstellationen können eine Überfunktion vortäuschen: bei der ***peripheren Parathormonresistenz*** bestehen bei niedrigen Serumkalziumwerten hohe Parathormonspiegel (Pseudohypoparathyreoidismus), bei der ***peripheren Schilddrüsenhormonresistenz*** finden sich trotz erhöhter Thyroxinspiegel hohe TSH-Werte, und beim ***Diabetes insipidus renalis*** ist ADH erhöht. Das klinische Bild gleicht oft den entsprechenden Unterfunktionszuständen.

Durch Vermehrung der Transportproteine kommt es zu einer erhöhten Gesamtkonzentration des Hormons (TBG-Erhöhung durch Ovulationshemmer bzw. während der Schwangerschaft; erhöhte Serumkortisolspiegel infolge Transkortinerhöhung). Peripher, d. h. am Rezeptor, ist jedoch nur der im Verhältnis identische Anteil an nichtgebundenem „freiem" Hormon wirksam. Klinisch liegt ein Normalzustand vor.

## 15.2 Therapieprinzipien

### 15.2.1 Suppression

Bei endokrinen Überfunktionszuständen wird durch Medikamente, Operation oder Strahlenwirkung eine ablative Wirkung erzielt. Bei der Hyperthyreose oder bei hormonproduzierenden Tumoren (z. B. Prolaktinomen, Akromegalie, Karzinoid) wird neben operativen Verfahren eine medikamentöse Suppressionstherapie durchgeführt. Bei der Hyperthyreose kommen Thyreostatika, bei einigen Hypophysentumoren und beim Karzinoid Dopaminagonisten bzw. Somatostatinanaloga zum Einsatz. Wurde wegen eines Schilddrüsenkarzinoms eine vollständige Strumaresektion durchgeführt, wird mit Ausnahme des medullären Schilddrüsenkarzinoms postoperativ eine vollständige TSH-Suppression durch Thyroxingaben von bis zu 250 µg/Tag angestrebt. Beim Hirsutismus kann eine Suppression erhöhter Androgenspiegel durch Östrogen-Gestagen-Präparate erreicht werden (s. 15.6).

### 15.2.2 Substitution

Zellzerstörung oder operative Entfernung kann zu einer dauerhaften Unterfunktion einer Hormondrüse führen. Die peripheren Effektorhormone müssen ersetzt werden (s. Abb. 15.1). Die Hormongabe bei einer Substitutionstherapie kann oral (z. B. Levothyroxin), intravenös (z. B. Hydrokortison) oder intramuskulär erfolgen (z. B. Testosteronönanthat).

### 15.2.3 Stimulation

Die ***pulsatile LHRH-Therapie des hypogonadotropen Hypogonadismus*** ist ein Beispiel einer Stimulationstherapie. LHRH wird mit einer Minipumpe in 90minütigen Abständen subkutan injiziert. Eine Pubertätsinduktion ist möglich. Fertilität kann erzielt werden.

### 15.2.4 Pharmakodynamische Hormontherapie

Von einer ***Substitutionstherapie*** einzelner oder mehrerer Hormone (Thyroxin-, Testosteron-, Glukokortikoid- und ADH-Substitution bei der partiellen oder kompletten Hypophyseninsuffizienz) muß eine Therapie mit Hormonen als ***pharmakodynamischen Wirkstoffen*** streng abgegrenzt werden. Hier besteht kein Mangel an körpereigenen Hormonen. Die synthetischen Präparate werden zur Therapie krankhafter Zustände eingesetzt, die nicht durch einen Hormonmangel ausgelöst sind. Im Gegensatz zur nebenwirkungsfreien Substitutionstherapie sind Nebenwirkungen zu beachten, die der Überfunktion einer Hormondrüse entsprechen. Das wichtigste Beispiel ist die ***Glukokortikoidtherapie.*** Synthetische Nebennierenrindensteroide finden wegen ihrer guten immunsuppressiven und entzündungshemmenden Wirkungen breite Anwendung in der Medizin. Wichtige Nebenwirkungen entsprechen den Symptomen eines endogen bedingten Hyperkortisolismus (Bluthochdruck, Diabetes mellitus, Ulkusleiden, Ödembildung; s. 15.5.1). Soll eine längerdauernde Steroidtherapie abgesetzt werden, ist wegen der Gefahr einer sekundären Nebennierenrindeninsuffizienz infolge ACTH-Suppression das Präparat langsam auszuschleichen.

In der Onkologie finden Antiöstrogene bei der Therapie des Mammakarzinoms sowie Antiandrogene bei der Therapie des Prostatakarzinoms Anwendung. Vereinzelt ist der Einsatz von Anabolika sinnvoll (Danazolgabe beim C1-Esterase-Inhibitor-Mangel). Kalzitonin, das bei der Therapie des Morbus Paget eingesetzt wird, hat auch eine zentralanalgetische Wirkung, die sich durch sein gleichzeitiges Vorkommen als Neurotransmitter erklären läßt.

## 15.3 Schilddrüsenerkrankungen

***Schilddrüsenerkrankungen*** sind die häufigsten endokrinen Störungen. Etwa 15–20% der Bundesbürger sind davon betroffen. Für die genaue Diagnose ist neben der Morphologie die Stoffwechsellage entscheidend. Schilddrüsenhormone sind für die normale Ontogenese und einen ausgeglichenen Stoffwechsel notwendig. Ein Hormonmangel oder -überschuß führt zu Krankheitsbildern, die gezielt therapiert werden müssen.

**Klinische Befunde.** Klinisch werden ***4 Strumagrade*** unterschieden (Tabelle 15.1). Die Schilddrüse wird von dorsal im Sitzen oder von ventral bei überstrecktem Hals im Liegen getastet. Es ist auf Größe, Knotenanzahl, Konsistenz, Schluckverschieblichkeit und Schwirren (Hypervaskularisation) zu achten.

**Tabelle 15.1.** Größeneinteilung der Strumen nach WHO-Richtlinien

| Grad | Charakteristik |
|---|---|
| 0 | Struma nicht palpabel |
| 1 | Nicht sichtbar, jedoch palpabel |
| 2 | Sichtbar und palpabel |
| 3 | Große, aus der Entfernung sichtbare Struma |

**Tabelle 15.2.** Hormone des Regelkreises Schilddrüse

| | Normbereich |
|---|---|
| $TT_3$ Gesamttrijodthyronin | 0,6–2,0 µg/l |
| $TT_4$ Gesamtthyroxin | 45–130 µg/l |
| $FT_3$ freies Trijodthyronin | 2–6 ng/l |
| $FT_4$ freies Thyroxin | 10–20 ng/l |
| TBG Thyroxinbindendes Globulin | 15–30 mg/l |
| TRH Thyreoidea-Releasinghormon | |
| TSH Thyreoideastimulierendes Hormon= Thyreotropin | 0,2–3,5 mE/l |
| TG Thyreoglobulin | <35 ng/ml |
| CT Kalzitonin | <50 ng/l |
| TAK Thyreoglobulinantikörper | <400 IU/ml |
| MAK Antikörper gegen Mikrosomen der Schilddrüse | <400 IU/ml |
| TRAK TSH-Rezeptorantikörper | <10 IU/ml |

**Labordiagnostik.** Die Stoffwechsellage wird durch ***TSH-Basalwert, TSH-Antwort im TRH-Test*** (TSH-Bestimmung vor und 30 min. nach i. v. -Injektion von 200–400 µg TRH) und durch einen Index für die Konzentration der freien Schilddrüsenhormone charakterisiert (***$FT_4$, $T_4$: TBG-Quotient,*** Tabelle 15.2).

**Bei alleiniger Gesamt-$T_4$-Bestimmung kann eine durch Östrogeneinnahme bedingte TBG-Erhöhung eine hyperthyreote Stoffwechsellage vortäuschen.**

Bei 10 % der Hyperthyreosen ist nur $T_3$ erhöht. Zur Basisdiagnostik bei Verdacht auf eine Schilddrüsenerkrankung gehört auch die Bestimmung ***spezifischer Autoantikörper*** (MAK, TAK, TRAK; s. Tabelle 15.2). Bei ihrem Nachweis ist eine autoimmune Genese wahrscheinlich.

Durch Bestimmung von ***Tumormarkern*** (***Thyreoglobulin*** aus den Follikeln, ***Kalzitonin*** aus dem C-Zell-Organ) lassen sich Rezidive maligner Schilddrüsenerkrankungen erkennen.

**Sonographie.** Beurteilt werden Volumen, Echomuster, Knotenanzahl und Struktur (Normalvolumen bei Frauen bis 18 ml, bei Männern bis 25 ml). Knoten können echoarm, echoreich oder zystisch sein. Sichere Aussagen über Dignität oder Funktion sind nicht möglich.

**Röntgendiagnostik.** Lokale Verdrängungserscheinungen bei großen und retrosternalen Strumen können durch eine ***Tracheazielaufnahme*** und einen ***Ösophagusbreischluck*** festgestellt werden.

**Szintigraphie.** Das Radionuklid Technetium ($^{99m}$ Tc) reichert sich homogen in der Schilddrüse an. Radioaktive Jodisotope werden wegen der größeren Strahlenbelastung nur noch wenig verwandt. Areale intensiverer Nuklidanreicherung werden als autonome Adenome bezeichnet. Wenn die Restschilddrüse noch speichert, spricht man vom ***kompensierten autonomen Adenom (warmer Knoten).*** TSH ist bei normalen peripheren Schilddrüsenhormonparametern durch TRH stimulierbar.

Beim ***dekompensierten autonomen Adenom (heißer Knoten)*** reichert sich in der Restschilddrüse kein Radionuklid an. TSH ist im TRH-Test bei oft erhöhten peripheren Hormonwerten und klinischen Hyperthyreosezeichen supprimiert. Multiple kleine Zonen vermehrter Speicherung werden als ***disseminierte Autonomie*** definiert. Diffuse Speicherdefekte finden sich bei Thyroxin- oder Thyreostatikatherapie und bei Autoimmunthyreoiditiden. Umschriebene Speicherdefekte ***(kalte Knoten)*** sind in 4–6% malignomverdächtig und bedürfen weiterer Abklärung (Punktionszytologie, Operation).

**Punktionszytologie.** Indikationen sind kalte bzw. im Sonogramm verdächtige Knoten (inhomogener, echoarmer, unscharf begrenzter ***Solitärknoten***), vor allem bei Jugendlichen jeder schnellwachsende Knoten und der Verdacht auf das Vorliegen einer Thyreoiditis. Unauffällige Zytologiebefunde schließen ein Karzinom nicht aus.

### 15.3.1 Euthyreote Struma

**Definition.** Jede tast- oder sichtbare Schilddrüsenvergrößerung wird als ***Struma*** bezeichnet. Die Schilddrüsengröße sagt nichts über die Funktionslage aus. Strumen können diffus oder nodös sein.

**Häufigkeit.** Die Häufigkeit der euthyreoten Struma nimmt in der Bundesrepublik von Norden nach Süden zu. Die tägliche ***Jodausscheidung*** im Urin ist aber überall gleich. Etwa 5–20% der Bevölkerung sind betroffen (Frauen und Männer im Verhältnis 5:1).

**Pathogenese.** Die Hauptursache ist exogener ***Jodmangel.*** Der tägliche Jodidbedarf liegt bei 150–200 µg. Die ***Jodaufnahme*** beträgt nur ca. 50 µg/Tag. Die Jodverarmung der Schilddrüse führt zu einer verminderten Thyroxin- und Trijodthyroninproduktion. Durch TSH und ***intrathyreoidale wachstumsstimulierende Faktoren*** kommt es zu einer Anpassungshyperplasie. Außerdem können sog. ***strumigene Substanzen*** (Lithium, Pyrazolonderivate) zu einer Schilddrüsenvergrößerung führen.

**Symptomatik.** Kleine Strumen sind häufig symptomlos. Große Strumen verursachen vor allem Belastungsdyspnoe und Schluckbeschwerden.

**Diagnose.** Die klinische Verdachtsdiagnose wird durch eine TSH-Bestimmung sowie die Durchführung einer Sonographie und ggf. einer Szintigraphie abgesichert.

**Therapie.** Die Schilddrüse sollte zunächst durch ausreichende Jodzufuhr verkleinert werden. Die tägliche Gabe von 200–400 µg Jodid über 6 Monate ist oft ausreichend. Anschließend ist eine Dosisreduktion auf 100–200 µg pro Tag für 1–2 Jahre möglich. Läßt sich die Schilddrüse nicht verkleinern, kann je nach Körpergewicht mit 75–150 µg Levothyroxin täglich behandelt werden. TSH sollte im TRH-Test nicht vollständig supprimiert sein. Bei erfolgreicher Behandlung sind Reduktion von Levothyroxin auf die Hälfte und zusätzliche Gabe von 100–200 µg Jodid pro Tag über 6–12 Monate zu empfehlen. Eine Jodiddauertherapie schließt sich an. Sonographiebefund und TSH-Spiegel sind je nach klinischem Bild jährlich zu kontrollieren.

**Schon im Kindesalter muß eine Strumaprophylaxe durch ausreichende Jodzufuhr betrieben werden.**

## 15.3.2 Hyperthyreose

**Definition.** Eine hyperthyreote Stoffwechsellage ist durch erhöhte periphere Hormonparameter sowie supprimierte TSH-Spiegel gekennzeichnet.

**Häufigkeit.** Häufigste Ursachen einer Hyperthyreose sind eine ***Immunthyreopathie vom Typ Morbus Basedow*** (65–70%) sowie eine ***unifokale*** (15%) oder ***multifokale (disseminierte) Autonomie*** (10%). Seltene Ursachen sind Schilddrüsenentzündungen, Neoplasien oder Schilddrüsenhormonmißbrauch ***(Hyperthyreosis factitia).*** Vorwiegend bei Älteren sind durch Jodgaben induzierte Hyperthyreosen wichtig, da häufig Knotenstrumen mit autonomen Bezirken vorhanden sind (Abb. 15.2).

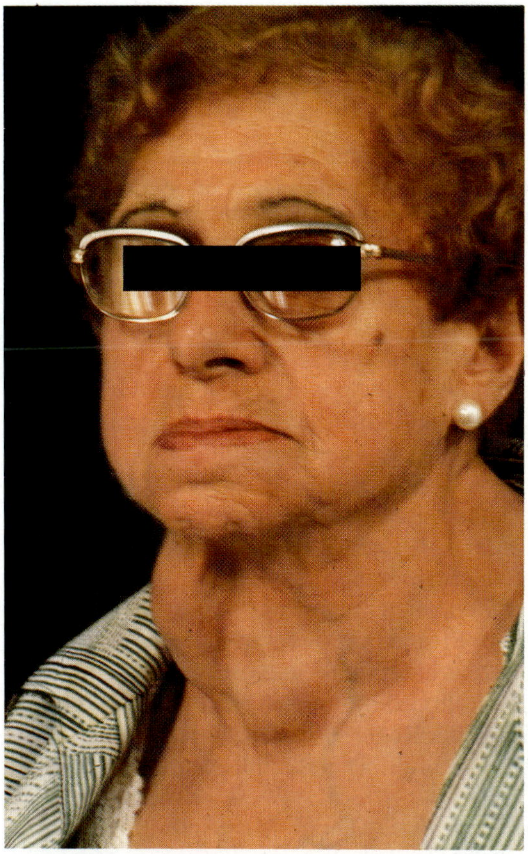

**Abb. 15.2.** 80jährige Patienten mit großer, multinodöser Knotenstruma

**Pathogenese.** Beim Morbus Basedow bilden vorwiegend intrathyreoidale immunkompetente Zellen TSH-Rezeptorantikörper. Sie stimulieren den TSH-Rezeptor und führen zu einer hyperthyreoten Stoffwechsellage. Die Erkrankung tritt familiär gehäuft auf und ist mit anderen Autoimmunerkrankungen assoziiert (s. Tabelle 15.20). Die ***HLA-Typen*** B8 und DRw3 sind häufig. Bei der fokalen oder disseminierten Autonomie entdifferenzieren einzelne Follikelklone durch anhaltenden Jodmangel zu autonomen Zellen außerhalb des TRH-TSH-Regelkreises. Vor Gabe ***jodhaltiger Kontrastmittel*** (Computertomographie, Lymphographie) ist bei Verdacht auf Schilddrüsenautonomie eine ***Blockade mit Thyreostatika*** durchzuführen.

> **Da etwa 40% der Altershyperthyreosen jodinduziert sind, ist bei älteren Patienten vor einer Jodexposition immer nach einer Schilddrüsenautonomie zu suchen.**

**Symptome.** Eine hyperthyreote Stoffwechsellage kann außer zu den klassischen Symptomen Schwitzen, Gewichtsabnahme, Tachykardie, Nervosität (Tabelle 15.3) vor allem im Alter zu einem oligo-, mono- oder scheinbar asymptomatischen Bild führen.

**Diagnose.** Neben der Anamnese ergeben Autoantikörperbestimmungen ätiologische Hinweise. Autoantikörper gegen Schilddrüsenmikrosomen bzw. gegen Thyreoglobulin finden sich allerdings auch bei großen, multinodösen Strumen. Sonographisch besteht beim Morbus Basedow häufig eine echoarme kleine Schildrüse, die im Szintigramm diffus speichert. Eine multinodöse Struma zeigt in der Regel regressive Veränderungen, wie z.B. Zysten oder multiple Kalkeinlagerungen.

**Therapie.** Eine kausale Therapie der Hormonüberproduktion ist nicht möglich. Letztere kann symptomatisch durch thyreostatische, operative bzw. Radiojodtherapie gesenkt werden. Das therapeutische Vorgehen hängt u.a. von Alter, Vortherapie, Strumagröße und lokalen Verdrängungserscheinungen ab. Bei nachgewiesener Schilddrüsenautonomie ist möglichst immer eine ablative Therapie anzustreben (Radiojod, Operation). Thyreostatika in Kombination mit β-Blockern (z.B. Propranolol 30–60 mg/Tag) eignen sich zur Initialtherapie. Neuere Untersuchungen zeigen, daß beim Morbus Basedow 5 mg Carbimazol initial und zur Langzeittherapie ausreichen können. Um die Rezidivhäufigkeit von Basedow-Hyperthyreosen zu senken, ist eine kontinuierliche Thyreostatikagabe über 1 Jahr bis zu einem Auslaßversuch zu empfehlen. Kommt es zu einer hypothyreoten Stoffwechsellage, sind zusätzliche Thyroxingaben von 50–100 μg pro Tag notwendig. Bei den dosisabhängigen Nebenwirkungen der Thyreostatika ist vor allem die ***Knochenmarksdepression*** bis zur Agranulozytose zu beachten. Eine begleitende endokrine Orbitopathie wird durch den immmunsuppressiven Effekt der Thyreostatika meist günstig beeinflußt.

**Tabelle 15.3.** Befunde und Symptome bei Hyper- bzw. Hypothyreose

| | Hyperthyreose | Hypothyreose |
|---|---|---|
| Herz/Kreislauf | Tachykardie<br>Absolute Arrhythmie<br>Große Blutdruckamplitude | Bradykardie<br>Hypotonie<br>Atherosklerose |
| Magen-Darm-Trakt | Diarrhöe | Obstipation |
| Energie- und Lipidstoffwechsel | Hitzeempfindlichkeit<br>Untergewicht trotz Heißhunger | Kälteempfindlichkeit<br>Normal- oder leichtes Übergewicht trotz Appetitmangel<br>Hypercholesterinämie (LDH-Vermehrung) |
| Haut und Anhangsgebilde | Warm, feucht, samtig | Kühl, feucht, blaß<br>Myxödem |

Die Operation wird bei großen Strumen mit lokalen Verdrängungserscheinungen und bei Hyperthyreoserezidiven nach medikamentöser Therapie bevorzugt. Präoperativ ist durch Thyreostatikagabe eine euthyreote Stoffwechsellage anzustreben.

> **Eine hyperthyreote Stoffwechsellage erhöht die Vulnerabilität von Zielorganen bei zellschädigenden Vorgängen.**

Eine Sonographie ist obligat, um bei szintigraphisch fokalen Autonomien in Entwicklung befindliche kontralaterale Knotenbildungen nicht zu übersehen. Dann ist wie bei der disseminierten Autonomie die beidseitige subtotale Strumaresektion die Therapie der Wahl. Nach subtotaler Strumaresektion (Schilddrüsenreste mit je 4–6 ml) sollte je nach TSH-Spiegel eine ***Rezidivprophylaxe*** mit 75–150 μg Levothyroxin, ggf. mit zusätzlicher Jodidgabe durchgeführt werden. Die Schilddrüsenreste sind beim Morbus Basedow wegen häufiger Rezidive mit 1–2 ml möglichst klein zu halten. Die Radiojodtherapie ist bei älteren Patienten, kleineren Strumen und fehlender Operationsfähigkeit indiziert. Ein erhöhtes strahleninduziertes Malignomrisiko besteht nicht.

## FALL 15A

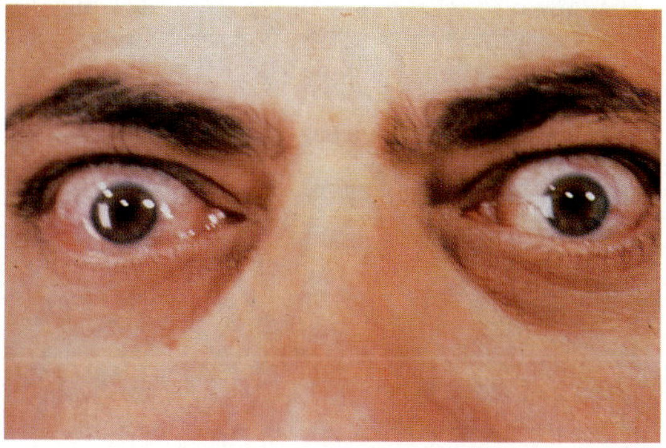

**Abb. 15 A.** Augenpartie eines Patienten mit Morbus Basedow. Beidseitiger Exophthalmus und konjunktivale Injektion

**Anamnese.** Trotz starken Appetits (3mal täglich warme Mahlzeiten) nimmt der 24jährige Mann innerhalb von 3 Monaten 8 kg Gewicht ab. In den letzten Wochen zunehmende Nervosität und Reizbarkeit. Morgens geschwollene Oberlider, tagsüber Lichtscheu, Augenbrennen und verstärkter Tränenfluß.

**Befunde.** Beidseitiger Exophthalmus und konjunktivale Injektion. Beim extremen Blick nach allen Richtungen gibt der Patient Doppelbilder an. Bei schlankem Hals findet sich eine kleine Schilddrüse mit diskretem Schwirren. Warme, feuchte Haut. RR 140/60 mmHg, Puls 100/min. Bei $1^1/_2$fach über der Norm erhöhten freien peripheren Schilddrüsenhormonparametern findet sich eine vollständige TSH-Suppression im TRH-Test. MAK und TRAK sind hochtitrig positiv.

**Diagnose.** Morbus Basedow mit endokriner Orbitopathie.

**Therapie und Verlauf.** Nach 10tägiger Therapie mit 15 mg Carbimazol und 60 mg Propranolol täglich tritt eine deutliche Besserung der Allgemeinsymptome und der Augenzeichen ein.

**Tabelle 15.4.** Stadien der endokrinen Orbitopathie

| Stadium | Symptome |
|---|---|
| 1 | Oberlidretraktion (Dalrymple-Zeichen)<br>Konvergenzschwäche (Möbius-Zeichen)<br>Seltener Lidschlag (Stellwag-Zeichen) |
| 2 | Bindegewebsbeteiligung<br>Lidschwellung<br>Chemosis<br>Tränenträufeln<br>Lichtscheu |
| 3 | Protrusio bulbi |
| 4 | Beeinträchtigung der Augenmuskeln<br>Doppelbilder |
| 5 | Hornhautulzerationen |
| 6 | Visusverlust bei Beteiligung des N. opticus |

**Tabelle 15.5** Therapiemöglichkeiten der endokrinen Orbitopathie

| |
|---|
| Thyreostatische Therapie |
| Lokale Maßnahmen<br>Sonnenschutz, nachts Hochlagern des Kopfes, künstliche Tränen |
| Immunsuppression mit Glukokortikoiden und/oder Azathioprin |
| Retrobulbärbestrahlung |
| Diuretika |
| Dekompressionsoperation bei drohendem Visusverlust |

### Endokrine Orbitopathie

In 40–80 % treten beim Morbus Basedow ***Augensymptome*** auf. Diese können als eigenständige Autoimmunerkrankung aufgefaßt werden und unabhängig von der Schilddrüsenstoffwechsellage bestehen (Tabelle 15.4). Der Autoimmunprozeß betrifft die äußere Augenmuskulatur (Mukopolysaccharideinlagerungen, Lymphozyteninfiltrationen). TSH-Rezeptorautoantikörper (TRAK) sind in bis zu 70% positiv. Die verschiedenen therapeutischen Möglichkeiten werden oft kombiniert (Tabelle 15.5). Eine euthyreote Stoffwechsellage ist Grundvoraussetzung einer erfolgreichen Therapie. Rezidive sind häufig.

### Thyreotoxische Krise

Etwa 1% der Patienten, die aufgrund einer Hyperthyreose stationär aufgenommen werden, entwickeln als seltene Komplikation eine ***thyreotoxische Krise*** mit Koma. Vor allem ältere Patienten sind gefährdet. Ätiologisch geht häufig eine Jodexposition bei vorbestehender Knotenstruma mit noch kompensierter Autonomie voraus. Kommt es trotz hochdosierter thyreostatischer Therapie und Plasmaseparation zu einer Verschlechterung des Allgemeinzustandes (Hyperthermie, Tachykardie, Exsikkose) und zu neurologischen Symptomen mit Bewußtseinsstörung bis zum Koma, ist trotz hyperthyreoter Stoffwechsellage ein sofortiges operatives Vorgehen vital indiziert. Die Letalität kann von ca. 40 % bei konservativer Therapie auf weniger als 10 % bei sofortiger Operation gesenkt werden.

## 15.3.3 Hypothyreose

**Definition.** Bei der ***primären Hypothyreose*** ist TSH basal erhöht und durch TRH meist stark stimulierbar. Die peripheren Hormonwerte sind niedrig. Bei der ***sekundären Hypothyreose*** ist TSH bei niedrigen peripheren Werten ebenfalls niedrig, aber durch TRH wenig oder gar nicht stimulierbar. Die ***tertiäre Form*** ist durch TRH-Mangel bedingt. Bei der ***latenten*** liegen im Gegensatz zur ***manifesten Hypothyreose*** normale periphere Werte bei starker TSH-Stimulierbarkeit durch TRH vor.

**Beispiel.** Ein sehr agiler und lebenslustiger 56jähriger Mann bemerkt seit 3 Jahren zunehmende Lustlosigkeit, Gewichtszunahme trotz gleichzeitigen Appetitmangels, Schluckstörungen und massive Obstipation. Seit einigen Wochen bestehen außerdem Sprachschwierigkeiten und starkes Frieren. Wegen der uncharakteristischen Allgemeinsymptome erfolgt eine Überweisung zum Neurologen. Im Schädel-CT, beim HNO- und Augenarzt ergeben sich unauffällige Befunde. Bei zunehmender Hypotonie und allgemeinem Kräfteverfall wird er ins Krankenhaus eingewiesen. Die Diagnose einer primären Hypothyreose bei atrophischer Schilddrüse wird gestellt. Weitere endokrine Erkrankungen im Sinne einer polyglandulären Endokrinopathie sind nicht nachweisbar. Nach Substitution mit Levothyroxin bessert sich das Allgemeinbefinden rasch.

**Häufigkeit.** Bei Feldstudien tritt eine Hypothyreose bei 0,25–1% der Bevölkerung auf (Frauen und Männer im Verhältnis 5:1).

**Pathogenese.** Die überwiegende Zahl ist erworben. Häufigste Ursache (50–60 %) der erworbenen Hypothyreose ist eine ***Schilddrüsenatrophie*** bei chronischer Thyreoiditis. Zweithäufigste Ursache ist die ***iatrogene Hypothyreose*** nach operativer, Radiojod- oder medikamentöser Therapie. Die Ursachen der ***angeborenen Hypothyreose*** sind genetisch bedingte Hormonsynthesestörungen. Die Extremform der intrauterinen Hypothyreose ist der ***Kretinismus*** (Oligophrenie, Skelettveränderungen, Schwerhörigkeit, spastische Gehstörung).

**Symptome.** Entsprechend der allgemeinen Organwirkung von Schilddrüsenhormonen findet sich beim Vollbild der Erkrankung eine Vielzahl uncharakteristischer Allgemeinsymptome (s. Tabelle 15.3). Im Anfangsstadium können diese häufig als vegetative Dystonie oder im Sinne einer beginnenden neurologischen Grunderkrankung fehlgedeutet werden.

**Bei uncharakteristischen Symptomenkomplexen ist immer auch an eine mögliche Schilddrüsenfunktionsstörung zu denken.**

**Diagnose.** Eine Hypothyreose ist durch Anamnese, Bestimmung der Schilddrüsenfunktionsparameter und Autoantikörper zu diagnostizieren.

**Therapie.** Die Substitution von Schilddrüsenhormon erfolgt mit reinen Levothyroxinpräparaten (L-Thyroxin, Euthyrox) und wird mit oraler Gabe von 25 µg/Tag begonnen. Nach 7–10 Tagen wird die Dosis verdoppelt und im Laufe weiterer Wochen langsam (um jeweils 25 µg) bis zu einer gewichtsangepaßten Enddosis von 75–125 µg/Tag gesteigert. Neben klinischen Verlaufsparametern, wie z. B. allgemeinem Wohlbefinden, Pulsrate, Stuhlfrequenz und Gewichtsentwicklung, werden die basalen TSH-Spiegel zur Beurteilung einer ausreichenden Substitution herangezogen. Bei ausgeprägten Hypothyreosen mit TSH-Werten zwischen 20 und 100 mE/l normalisieren sich die TSH-Spiegel nur zögernd über Monate. Sofern es sich nicht um Strumaresektionen wegen Schilddrüsenkarzinomen handelt, ist eine vollständige ***TSH-Suppression*** nicht notwendig. Vor allem bei Patienten mit koronarer Herzerkrankung ist wegen des erhöhten Sauerstoffbedarfs eine langsame Steigerung der Substitutionsdosis zu empfehlen.

Das ***Myxödemkoma*** als seltene Komplikation einer ausgeprägten primären Hypothyreose erfordert eine intravenöse Thyroxingabe von 300–500 µg am 1. Tag, dann 100 µg täglich in Kombination mit 200 mg Hydrokortison.

### Low-$T_3$-Syndrom

Bei schweren Allgemeinerkrankungen wird $T_4$ statt in $T_3$ vermehrt in seinen stoffwechselinaktiven Metaboliten ***$rT_3$ („reverse-$T_3$")*** umgewandelt. Es handelt sich um einen Schutzmechanismus. TSH steigt trotz erniedrigter peripherer Hormonparameter nicht an.

## 15.3.4 Schilddrüsenentzündungen

Je nach Ätiologie lassen sich ***akute*** (bakterielle), ***subakute*** (meist virale) und ***chronische*** (vorwiegend autoimmune) ***Schilddrüsenentzündungen*** unterscheiden (Tabelle 15.6). Häufigste Form ist die ***chronisch lymphozytäre Thyreoiditis Hashimoto.***

**Tabelle 15.6.** Entzündliche Erkrankungen der Schilddrüse

| Typ | Akut | Subakut | Chronisch |
|---|---|---|---|
| Ätiologie | Bakteriell | Viral (De Quervain) | Autoimmun (Hashimoto) |
| Symptome | Lokaler Druckschmerz<br>Knotige Struma | Starker Druckschmerz<br>Einseitige Schwellung | Meist schmerzlose Struma oder atrophische Schilddrüse |
| Verlauf | Akut mit Fieber<br>Lymphknotenschwellung<br>Abszedierung | Protrahiert<br>Etwa 2 Wochen nach Allgemeininfekt | Jahrelang |
| Therapie | Antibiose<br>Operation | Nichtsteroidale Antirheumatika<br>Kortikosteroide | Bei Hypothyreose Substitution mit Levothyroxin |
| Häufigkeit | Sehr selten | Selten | Häufigste Form |

**Tabelle 15.7.** Klassifikation des Diabetes mellitus und verwandter Stoffwechselstörungen (WHO, 1980)

| |
|---|
| Diabetes mellitus<br>Typ I insulinabhängig<br>Typ II insulinunabhängig |
| Schwangerschaftsdiabetes |
| Pathologische Glukosetoleranz<br>Ohne Adipositas<br>Mit Adipositas |
| Diabetes mellitus oder pathologische Glukosetoleranz bei oder durch mehrere Erkrankungen oder Syndrome:<br>– Pankreaserkrankungen (Pankreatitis, Pankreatektomie)<br>– Erkrankungen des endokrinen Systems (Cushing-Syndrom, Akromegalie, Hyperthyreose)<br>– Medikamentös oder chemisch ausgelöste Störungen (Glukokortikoide, Streptozotocin)<br>– Störungen des Insulinrezeptors<br>– Genetische oder chromosomale Syndrome |

**Tabelle 15.8.** Typische Unterscheidungsmerkmale zwischen Typ-I- und Typ-II-Diabetes

| Merkmale | Diabetes mellitus | |
|---|---|---|
| | Typ I | Typ II |
| Erkrankungsbeginn | 10–30 Jahre (juveniler Diabetes) | 45–66 Jahre (Altersdiabetes) |
| Anteil an Gesamtheit Diabetiker | 10 % | 90 % |
| Abhängigkeit von der Jahreszeit | Herbst, Winter | Nein |
| Auftreten der Symptome | Akut | Langsam |
| Ketoazidose | Häufig | Selten |
| Fettleibigkeit | Selten | Fast immer |
| Anzahl der B-Zellen | Verringert | unterschiedlich |
| Insulinabhängigkeit | Ja | Nein |
| Rundzelleninfiltrate in Langerhans-Inseln | Ja | Nein |
| Familiäre Belastung | Selten | Fast immer |
| Antikörper gegen Inselzellen | Ja | Nein |
| Assoziation mit HLA-Komplex | Ja | Nein |

### 15.3.5 Schilddrüsenkarzinome

**Häufigkeit.** Schilddrüsenkarzinome machen etwa 1% aller Karzinome und 0,1% aller Schilddrüsenerkrankungen aus.

**Symptome.** Die beste Prognose hat das erst spät lymphogen metastasierende ***papilläre Karzinom.*** Die Zehnjahresüberlebensrate reicht von 20% bei extrathyreoidalem bis zu 95% bei intrathyreoidalem Wachstum.

Das seltenere ***follikuläre Karzinom*** neigt früh zu hämatogener Metastasierung (Knochen, Lunge), wird aber in seiner Prognose noch als günstig beurteilt.

Das ***anaplastische Karzinom*** ist der aggressivste Typ mit frühzeitiger Fernmetastasierung und einer Fünfjahresüberlebensrate von nur 7–15%.

Das ***medulläre*** oder ***C-Zell-Karzinom*** tritt sporadisch oder familiär auf (s. 15.10.1). Die Prognose wird im wesentlichen durch Lymphknotenmetastasen bestimmt.

**Therapie.** Beim papillären und follikulären Karzinom werden totale Thyreoidektomie und anschließende Radiojodtherapie sowie lebenslange Kontrolluntersuchungen empfohlen. Beim medullären Karzinom müssen zusätzlich zur totalen Thyreoidektomie die dorsalen Kapselanteile entfernt und eine modifizierte „neck dissection" durchgeführt werden. Beim anaplastischen Typ ist meist nur eine palliative Therapie möglich. Postoperativ ist außer beim C-Zell-Karzinom eine vollständige TSH-Suppression durch Einnahme von 200–250 μg Levothyroxin pro Tag notwendig.

**Verlauf.** Als Tumormarker der differenzierten Schilddrüsenkarzinome eignet sich ***Thyreoglobulin.*** Beim C-Zell-Karzinom ist ***Kalzitonin*** als Tumormarker und Verlaufsparameter dem karzinoembryonalen Antigen (CEA) deutlich überlegen (s. 15.10.1).

## 15.4 Diabetes mellitus und Hyperinsulinismus

Etwa 4% der Bevölkerung leiden an einer der verschiedenen Diabetesformen, weitere 3% befinden sich in Vorstadien.

**Definition.** Unter Diabetes mellitus versteht man eine ***Hyperglykämie,*** die unterschiedliche Ursachen haben kann (Tabelle 15.7). Neben einem ***absoluten bzw. relativen Insulinmangel*** bestehen ***periphere Insulinrezeptoralterationen,*** die über eine anhaltende Hyperglykämie zu lebensbedrohlichen Folgeschäden führen können.

**Pathogenese.** Die Unterschiede zwischen Typ-I- und Typ-II-Diabetes sind in Tabelle 15.8 zusammengefaßt. Beim

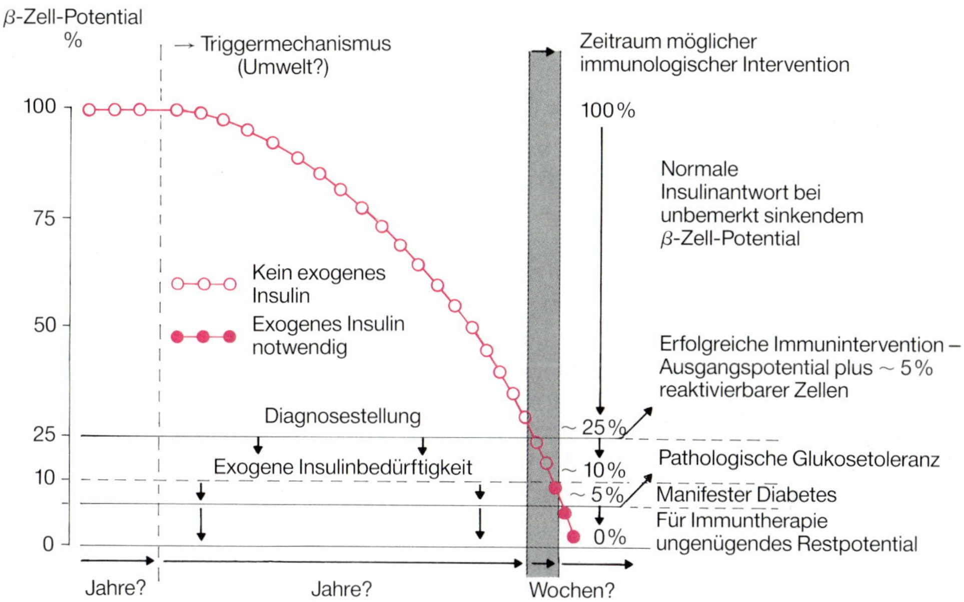


**Abb. 15.3.** Graphische Darstellung der Entwicklung des Typ-I-Diabetes sowie Effekt einer immunmodulativen Therapie in Abhängigkeit von Zeit und β-Zellpotential

***Typ-I-Diabetes*** ist exogen zugeführtes Insulin unbedingt erforderlich, um eine Stoffwechselentgleisung ***(Hyperglykämie*** und ***Ketoazidose)*** zu verhindern. Bei 10–15% der Patienten kann in der Anfangsphase der Erkrankung jedoch eine sog. Remission auftreten ***(Honeymoonphase).*** Beim ***Typ-II-Diabetiker*** ist in der Regel ein ***Hyperinsulinismus*** (!) mit Insulinrezeptorveränderungen in der Peripherie vorhanden, der jedoch zum ***Sekundärversagen*** und zur Insulinbedürftigkeit führen kann.

Es liegt eine unterschiedliche ***Genetik der Diabetesformen*** vor. Typ-II-Diabetiker kommen bei Vorfahren insulinabhängiger Typ-I-Diabetiker nicht häufiger vor als bei Vorfahren nichtdiabetischer Kinder. Die absolute genetische Belastung ist bei Typ-II-Diabetikern sehr viel höher. Das Risiko bei einem an Typ I erkrankten Elternteil, ebenfalls an Typ-I-Diabetes zu erkranken, kann mit 2%, bei Erkrankung beider Elternteile mit ca. 2,4% angegeben werden. Bei Typ-II-Diabetikern ist das Risiko mit ca. 30% entsprechend höher.

Eine ganz andere Form des Diabetes mellitus, die aufgrund der bisher geringen Zahl bekannt gewordener Erkrankter in der WHO-Klassifikation nicht aufgeführt wird, ist die ***Mody-Gruppe*** (Mody=„maturity-onset-type diabetes in young people“). Diese Gruppe ist nicht insulinbedürftig und entspricht einem nicht progredienten Typ-II-Diabetes bei jungen Menschen. Es besteht ein eindeutig autosomal dominanter Erbgang. Die Chance einer Manifestation in der nachfolgenden Generation liegt bei 50%.

## 15.4.1 Typ-I-Diabetes

Lymphozytäre Infiltrate in den Langerhans-Inseln sind Ausdruck einer ***Insulitis,*** die zur Zerstörung sämtlicher hormonproduzierender Inselzellen führt (A-Zellen: Glukagon; B-Zellen: Insulin; D-Zellen: Somatostatin; PP-Zellen: pankreatisches Polypeptid). Als Folge kommt es relativ schnell zur sekundären Fibrosierung der nekrotisch gewordenen Langerhans-Inseln. Sind etwa 90% der Inseln zerstört, wird der Diabetes manifest (Abb. 15.3). Mehrere Faktoren beeinflussen die Insulitis. Das häufige Zusammentreffen mit Infektionskrankheiten (Winter, Frühjahr, Herbst) bedeutet möglicherweise eine direkte zytotoxische Wirkung entsprechender Viren (Mumps, Coxsackie B, Röteln, Masern, Zytomegalie und Influenza) auf die Langerhans-Inseln. Wichtiger sind die immunologischen Vorgänge mit autoaggressivem immunologischem Charakter. Beim Nachweis von Inselzell-IgG- Autoantikörpern auf humanen frischen Langerhans-Inseln dürfte es sich um ein Epiphänomen im Sinne einer immunologischen Antwort auf freiwerdende Inselzellpartikel handeln, die im Zusammenhang mit der Zellyse entstehen. Andererseits werden auch Antikörper beschrieben, die eine direkte Bindung an die Zellmembran der B-Zellen eingehen und einen zytotoxischen Prozeß mit auslösen. Große Bedeutung kommt den ***HLA-Antigenen*** zu. Sie werden wahrscheinlich durch Virusinfektionen vermehrt an der Zellmembran exprimiert und lösen Autoaggressionsmechanismen im Sinne der Insulitis aus. Besonders häufig finden sich beim Typ-I-Diabetes im HLA-System die Assoziationen DR3 und/oder DR4. Neuere Untersuchungen weisen eine hohe Assoziation zu ***Restriktionspolymorphismen*** des ***Tumornekrosefaktorgens*** auf. Bei der fehlgeleiteten Differenzierungsfähigkeit des Immunsystems zwischen „eigen" und „fremd" kommt der Aktivierung des Immunsystems eine unabdingbare pathophysiologische Voraussetzung zu. Wenn die ***Klasse-II-*** oder die ***DR-Antigene*** als Antigene erkannt werden und die Interaktion mit Regulatorzellen, Makrophagen und Effektorzellen dysreguliert wird, kommt es letztlich zur insulitisbedingten Zytolyse. Bei Autoaggressionen dieser Art ist nur ein Zielorgan, nämlich in diesem Falle die Langerhans-Inseln, betroffen. Kombinationen verschiedener Autoimmunendokrinopathien existieren (s. 15.10.2). Neuere klinisch-experimentelle Forschungsarbeiten beschäftigen sich mit der Immunmodulation dieser Insulitis. Die Gabe verschiedener ***Immunmodulatoren*** und ***Immunsuppressoren*** bei einem frisch aufgetretenen Diabetes zeigt einen günstigen Effekt. Weitere hoffnungsvolle Therapieansätze sind zu erwarten.

Aus der Pathophysiologie wird klar, daß ein Typ-I-Diabetes lebenslang insulinbedürftig ist.

**Der Diabetes mellitus Typ I ist Folge einer autoimmunologischen Zerstörung der Langerhans-Inseln und konsequent insulinbedürftig (wahrscheinlich auch in einer anfänglichen Remissionsphase).**

### 15.4.2 Typ-II-Diabetes

Die gehäufte Erblichkeit stellt einen entscheidenden ätiologischen Faktor für diesen Typ der Zuckerkrankheit dar. Leider wurden bislang keine dem Typ-I-Diabetes vergleichbaren Marker gefunden, die für eine besondere Gefährdung zur Entwicklung eines Typ-II-Diabetes sprechen würden. Manifestationsfördernde Faktoren kommen hinzu, die für das Auftreten und den Verlauf des Typ-II-Diabetes von besonderer Bedeutung sind. Die Übergewichtigkeit spielt eine entscheidende Rolle.

Beim klassischen Typ-II-Diabetes besteht kein permanent verminderter Hormonrezeptorsatz. Beim Typ-II-Diabetiker ist die Zahl der Rezeptoren inkonstant und wird insbesondere durch das Insulin selbst reguliert. Die Anzahl geht infolge der Hyperinsulinämie zurück. Dies ist für den adipösen Typ-II-Diabetiker sehr charakteristisch und wird zu einem wesentlichen pathogenetischen Faktor. Die Häufigkeit des Typ-II-Diabetes steigt mit zunehmendem Lebensalter an. Eine Adipositas mit resultierendem ***Hyperinsulinismus*** ist eine häufig vorkommende Kombination beim Typ-II-Diabetes. Dieser Zusammenhang wird dadurch belegt, daß in Zeiten der Nahrungsmittelrationierung in Kriegszeiten bzw. Wirtschaftskrisen die Inzidenz des Typ-II-Diabetes hochsignifikant zurückging.

### 15.4.3 Diabetes und Schwangerschaft

In der Gravidität ist die Glukosehomöostase unbeeinflußt, obwohl eine endokrinologisch stark veränderte Situation besteht. In der Frühschwangerschaft kommt die insulinagonistische Wirkung von HCG zur Wirkung. Schwangere Diabetikerinnen, die innerhalb der Schwangerschaft ihre gewohnte Insulindosis weiter spritzen, zeigen in den ersten Monaten der Gravidität eine verstärkte Neigung zu Hypoglykämien. Mit fortschreitender Schwangerschaft ist der Einfluß der steigenden Konzentrationen von Plazentalaktogen (HPL), Prolaktin und Kortikoiden erkennbar. Diese Hormone heben zum Teil die Wirkung von Insulin auf, was sich klinisch in einem Anstieg des täglichen Insulinbedarfs zeigt. In der 2. Hälfte der Gravidität wird die ***kontrainsulinäre Wirkung*** der genannten Hormone eher zu erhöhten Blutzuckerspiegeln führen.

Der Verlauf der Gravidität bei Typ-I-Diabetes hängt für das Kind in erster Linie von der Güte der Diabeteseinstellung und in zweiter vom Vorliegen ***diabetischer Spätkomplikationen*** der Mutter ab. Bei schlechter Blutzuckereinstellung einer graviden Diabetikerin ohne Gefäß- oder Nierenkomplikationen wird der Ausgang der Schwangerschaft gefährdet durch ***Makrosomie*** des Kindes und Geburtsverletzungen sowie Folgeerkrankungen beim Kind, wie ***Hyperinsulinismus, Hypoglykämie, Atemnotsyndrom, Polyzythämie, Hyperkalzämie, Hypomagnesiämie*** und Unreife der Leberfunktion mit neonatalem Ikterus.

Bei der ärztlichen Betreuung von schwangeren Diabetikerinnen ist auf einen möglichst klar konzipierten Zeitplan zu achten. Ein Diabetes mellitus sollte möglichst präkonzeptionell bzw. unmittelbar nach Feststellung der Gravidität stationär korrekt eingestellt werden.

**Eine konsequente gute Einstellung des Diabetes einer Graviden führt zur Geburt eines gesunden Kindes zum physiologischen Termin.**

## 15.4.4 Krankheitsverlauf

Der klinische Verlauf wird durch Genese, Diabetestyp sowie Früh- und Spätkomplikationen bestimmt. Schlecht eingestellte Diabetiker entwickeln eher ***Spätkomplikationen.*** Während einerseits akute Stoffwechselentgleisungen zum ***hyperglykämischen Koma*** bzw. zum ***hypoglykämischen Schock*** führen können, entwickeln chronisch schlecht eingestellte Diabetiker die sekundären Komplikationen deutlich häufiger. Die Lebenserwartung hat seit der Entdeckung und dem therapeutischen Einsatz von Insulin deutlich zugenommen. Das gleiche gilt für konsequente diätetische und ergänzende orale antidiabetische Prinzipien.

Die diabetischen Spätkomplikationen sind mannigfaltig und hauptsächlich als Folgen kardiovaskulärer Störungen aufzufassen. Im wesentlichen handelt es sich dabei um ***diabetische Makro-*** und insbesondere ***Mikroangiopathien,*** wie ***Nephropathie, Retinopathie*** sowie ***Neuropathie*** (Abb. 15.4). Zahlreiche pathophysiologische Prozesse lassen sich hierauf zurückführen. Entscheidend ist neben bisher nicht bekannten Faktoren die Hyperglykämie selbst. Die Rolle wachstumsstimulierender Faktoren (Insulin, Glukagon, Wachstumshormon etc.) wurde vor allem bei der Entstehung der diabetischen Retinopathie diskutiert.

Während sich die Spätkomplikationen durch Insulinrezeptor- und Postrezeptordefekte beim Typ-II-Diabetes prinzipiell in gleicher Weise wie beim Typ-I-Diabetes entwickeln, treten beim schlecht eingestellten Typ-I-Diabetes Spätkomplikationen häufiger und früher auf. Bei fehlender Insulinwirkung und langdauernder Hyperglykämie finden sich Veränderungen an den Gefäßwänden im Sinne einer diabetischen Mikro- und zunehmend auch Makroangiopathie. Weitere Parameter, die mit der Angiopathie in Zusammenhang zu stehen scheinen, sind erhöhte Plasmaviskosität, Neigung zu vermehrter Thrombenbildung und gesteigerte Thrombozytenaggregation.

Die pathogenetische Rolle glykosylierter Hämoglobine (HbAl bzw. HbAlc) oder von Fruktosamin ist unklar. Die Linksverschiebung der Sauerstoffdissoziationskurve beim HbAl könnte für das Auftreten von Spätkomplikationen mitverantwortlich sein.

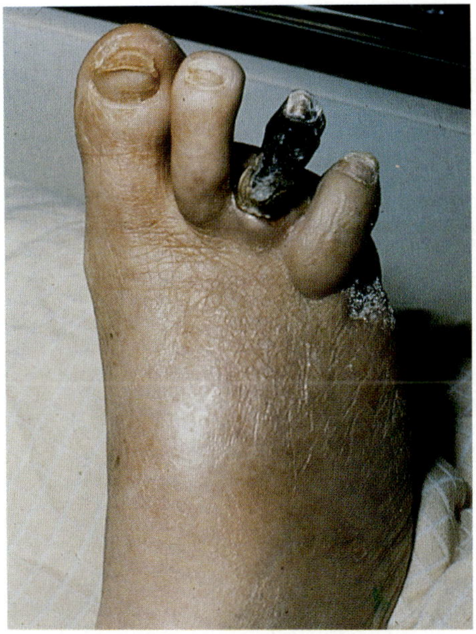

**Abb. 15.4.** Diabetische Gangrän einer 67jährigen Patientin, bei der seit 20 Jahren ein Diabetes mellitus besteht. Eine Diabetesdiät und Insulintherapie wurden erst in den letzten beiden Jahren initiiert, da sich die Patientin lange Jahre einer konsequenten Behandlung entzogen hatte

## 15.4.5 Diagnostik

Die Diagnose des manifesten Diabetes mellitus ist einfach zu stellen, wenn die klassischen Symptome Gewichtsabnahme, Inappetenz und Polydipsie richtig gedeutet werden. Die Diagnose kann nur durch Nachweis einer pathologischen Hyperglykämie gesichert werden. Bei gleichzeitiger Glukosurie sind Nüchternblutzuckerspiegel im Kapillarblut zwischen 100 und 160 mg/dl typisch für einen Diabetes mellitus. Beim nicht nüchternen Patienten sind Blutglukosewerte im Kapillarblut zwischen 130 und 180 mg/dl diabetesverdächtig und damit kontrollbedürftig. Selbstverständlich ist im Zweifelsfall der Nachweis mehrerer pathologischer Glukosewerte notwendig. Zunächst ist der ***postprandiale Blutzucker*** 1 h nach einer kohlenhydratreichen Mahlzeit (ca. 50 g Kohlenhydrate) zu kontrollieren. Bei einem Blutglukosewert von mehr als 160–180 mg/dl im Kapillarblut und gleichzeitiger Glukosurie kann ein Diabetes mellitus angenommen werden. In Zweifelsfällen ist ein ***oraler Glukosetoleranztest*** (OGTT) erforderlich. Nach mindestens 3tägiger kohlenhydratreicher Ernährung (ca. 200 g/Tag) und einer Nüchternperiode von ca. 12 h

**Tabelle 15.9.** Indikation zur Durchführung des oralen Glukosetoleranztests

| |
|---|
| Anamnestische Verdachtsmomente, Risikofaktoren und klinische Untersuchungsbefunde:<br>– familiäre Belastung<br>– Adipositas<br>– pathologische Schwangerschaft<br>– Infektionen, besonders im dermatologischen Bereich<br>– Hyperlipidämie<br>– unklare Fälle von Neuropathie und Retinopathie<br>– Juckreiz ohne erkennbaren Grund |
| Abnormitäten des Kohlenhydratstoffwechsels:<br>– konstante oder intermittierende Glukosurie ohne entsprechend erhöhte Glukosewerte<br>– eine oder mehrere Glukosebestimmungen im Verdachtsbereich<br>– Diagnostik der reaktiven Hypoglykämie |

wird mobilisierten Patienten ohne schwerwiegende Begleiterkrankungen eine Provokationsdosis von 100 g Glukose als 25%ige Lösung (in 400 ml Wasser oder Tee) innerhalb von 5 min verabreicht. Ein pathologischer OGTT liegt vor, wenn: erstens der 2-h-Wert den für den Normalbereich gültigen Grenzwert, also z. B. 140 mg/dl, im Kapillarblut überschreitet und zweitens zumindest ein Zwischenwert deutlich erhöht ist.

Die Indikationen zur Durchführung des OGTT sind in Tabelle 15.9 aufgeführt.

Zur Differenzierung zwischen Typ-I- und Typ-II-Diabetes sei auf Tabelle 15.8 verwiesen. Zur Frage eines ***Sekundärversagens*** beim Typ-II-Diabetes unter entsprechender Diät und Therapie mit ***oralen Antidiabetika*** ist der Nachweis einer erschöpften Insulinreserve im ***Glukagontest*** sinnvoll: 6 min nach i. v.-Injektion von 1 mg Glukagon wird ein Maximum der Insulinsekretion auf Glukagon, gemessen am ***C-Peptid-Spiegel,*** erreicht.

## 15.4.6 Therapie

Die Indikation zur Insulinsubstitution besteht sowohl bei absolutem als auch bei relativem Insulinmangel, der durch zusätzliche Belastungen, wie z. B. Erhöhungen der Körpertemperatur, absolut werden kann. Der Typ-I-Diabetes ist absolut insulinpflichtig. Während eines ***ketoazidotischen Komas*** wird Insulin kontinuierlich i. v. unter intensivmedizinischer Überwachung (Elektrolytbilanzierung, Volumenersatz etc.) in niedrigen Dosen (1–3 IE Insulin/h) gegeben.

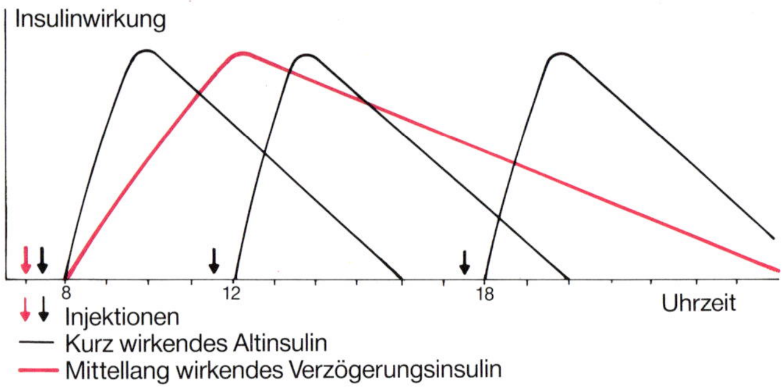


**Abb. 15.5.** Wirkprofile unterschiedlicher Insuline. **Schwarz** kurz wirkendes Altinsulin, **Rot** länger wirkendes Intermediärinsulin

**Tabelle 15.10.** Berechnung von Soll- bzw. Idealgewicht mit entsprechendem Kalorienbedarf

| | |
|---|---|
| Sollgewicht nach Broca: | |
| Körpergröße in cm minus 100 : Sollgewicht in kg | |
| Idealgewicht: | |
| Bei Männern Broca-Index minus 10 % | |
| Bei Frauen Broca-Index minus 15 % | |
| Kalorienbedarf pro Tag in Abhängigkeit von der körperlichen Arbeit: | |
| Bei leichter körperlicher Arbeit | 32 kcal/kg Idealgewicht |
| Bei mittelschwerer körperlicher Arbeit | 37 kcal/kg Idealgewicht |
| Bei schwerer körperlicher Arbeit | 40–50 kcal/kg Idealgewicht |

Wenn die Durchführung einer Insulindauertherapie erfolgreich sein soll, ist von mindestens 2 Insulininjektionen pro Tag auszugehen, sofern keine Notsituation mit schwerster Hyperglykämie mit oder ohne Ketoazidose vorliegt. Der Wirkungsverlauf der verschiedenen Insuline ist aus Abb. 15.5 ersichtlich. Die hervorragenden technischen Hilfsmittel zur Injektion ***(PEN-Systeme)*** sind für eine intensivierte konventionelle Insulintherapie hilfreich, die die Insulintagesdosis nach unterschiedlichen Regimes verteilt.

***Diätetische Maßnahmen*** haben den ersten Rang jeder Diabetestherapie. Erst in zweiter Linie sollte eine medikamentöse Therapie (jedoch bei Typ-I-Diabetes: immer Insulinbedarf!) erfolgen. Da in unserer Region sehr häufig eine deutlich überkalorische Energiezufuhr der Patienten besteht, ist das Erreichen des Normalgewichts durch eine entsprechend reduzierte Kalorienzufuhr schon die wichtigste und erste therapeutische Maßnahme. Unabhängig von der Diätform sollte dringend eine Reduktion der täglich zugeführten Kalorienmenge resultieren (s. Berechnungstabelle nach Broca in Tabelle 15.10).

**Tabelle 15.11.** Überblick über klinisch häufig verwendete orale Antidiabetika

| Generic name | Warenzeichen | Tabletten (mg) | Tagesdosis (mg) |
|---|---|---|---|
| **Sulfonylharnstoffe** | | | |
| Carbutamid | Nadisan | 500 | 500–1000 |
| | Ivenol | | |
| Glibenclamid | Euglucon 5 | 5 | 5–15 |
| | Semi-Euglucon N | 1,75 | 1,75–3,5 |
| | Euglucon N | 3,5 | 3,5–10,5 |
| Glibornurid | Glutril | 25 | 12,5–75 |
| | Gluborid | | |
| Glipizid | Glibenese | 5 | 2,5–20 |
| Glisoxepid | Pro-Diaban | 4 | 2–16 |
| Tolbutamid | Rastinon | 500, 1000 | 500–1500 |
| | Artosin | | |
| Glymidinnatrium | Redul | 500, 1000 | 500–1500 |
| Chlorpropamid | Chloronase | 250 | 100–500 |
| | Diabetoral | | |
| Tolazamid | Norglyzin | 250 | 100–1000 |
| Gliquidon | Glurenorm | 30 | 15–120 |
| **Biguanide** | | | |
| Metformin | Glucophage retard | | 850–2500 |
| | Toulibor | | |
| Phenformin ist obsolet! | | | |

Qualitativ entspricht die Diät des Typ-II-Diabetes der des Typ-I-Diabetes (ca. 50% Kohlenhydrate, 30% Eiweiß, 20% Fett). ***Kohlenhydrate*** sollten nicht in raffinierter, sondern ausschließlich in faserreicher, natürlicher Form als Obst, Gemüse und Kartoffeln sowie in Form von Produkten aus grob gemahlenem Mehl verwendet werden. Auf diese Weise ist eine ***Resorptionsverzögerung*** und ein geringerer postprandialer Glukoseanstieg im Blut zu erzielen.

Als ***orale Antidiabetika*** werden im wesentlichen Sulfonylharnstoffderivate, selten Biguanide mit Ausnahme von Metformin wegen der Gefahr der Laktazidose eingesetzt. Die Wirkung von Sulfonylharnstoffen hat eine noch erhaltene endogene Insulinsekretion zur Voraussetzung. Sie stimulieren vorübergehend die körpereigene Insulinsekretion, wobei bei längerer Therapie eine Zunahme der peripher verfügbaren Insulinrezeptoren beobachtet wird. Die Indikation für eine Sulfonylharnstofftherapie bei nicht insulinabhängigem Diabetes mellitus ist nur dann gegeben, wenn diätetische Maßnahmen und eine Normalisierung des Körpergewichts nicht zum Ziel führen. Bei Glibenclamid ist die niedrigste äquipotente Dosis vorhanden, die auch zu einer geringeren Nebenwirkungsquote geführt hat (Tabelle 15.11).

Biguanide wirken über eine Verzögerung der enteralen Glukoseresorption, eine Hemmung der hepatischen Glukoneogenese sowie über eine Steigerung der Glukoseaufnahme durch die Muskulatur.

### Andere Wege der Diabetestherapie

Da bisher keine verläßlich arbeitenden (intravenös, intraarteriell bzw. interstitiell gelagerten) Elektroden zum Blutglukosemonitoring zur Verfügung stehen, werden sog. kontinuierliche insulinapplizierende ***Pumpensysteme*** (offenes System) relativ breit angewendet. Bei korrekter und konsequenter Insulintherapie, insbesondere bei ***konventioneller intensivierter Insulintherapie*** ist allerdings meistens eine Indikation zur Pumpe nicht mehr gegeben. Die Insulinzufuhr ist bei den verschiedenen Pumpen unterschiedlich programmierbar. Bei idealer Anwendung sind entsprechende Kriterien von seiten des Patienten (Intelligenz, technisches Verständnis) Voraussetzung für das Tragen von Insulinpumpen. Ein hohes Maß an ärztlicher Betreuung ist notwendig. Schwer einstellbare und sehr stark schwankende Diabetiker ***(Brittle-Diabetiker)*** sind auf diese Weise oft gut einstellbar.

***Pankreastransplantation*** und ***Inselzellimplantation*** erhielten in der experimentellen klinischen Forschung in den letzten 30 Jahren zunehmende Bedeutung. Während Pankreassegmenttransplantationen mit Gefäßanschlüssen gemeinsam mit einer Nierentransplantation durchgeführt wurden und zu guten Erfolgen führten, wenn die Indikation sehr streng gestellt wurde, hat erst in allerjüngster Zeit die Transplantation von ca. 50000 Langerhans-Inseln durch Injektion in die V. portae zu einem therapeutischen Erfolg geführt. Die sich in der Leber verfangenden und anwachsenden Langerhans-Inseln benötigen allerdings auch weiterhin eine immunsuppressive Therapie.

Eine Immunmodulation bzw. Immunsuppression zeigte bei frisch aufgetretenem Diabetes mellitus durch die Gabe der ***Immunsuppressiva*** bzw. ***-modulatoren Ciclosporin, Azathioprin, Glukokortikoiden*** und ***Ciamexon*** eine deutliche Steigerung der Remissionsraten.

## 15.4.7 Hyperinsulinismus

Ein Hyperinsulinismus mit erhöhten Insulin- bzw. C-Peptid-Werten kann mehrere Ursachen haben. Insulinpflichtige Diabetiker können relativ häufig durch die

Therapie hyperinsulinisiert sein. Andererseits ist für einen Typ-II-Diabetes primär der Hyperinsulinismus typisch. Im Zusammenhang mit Hypoglykämien muß man jedoch auch an eine Überdosierung von oralen Antidiabetika denken. Differentialdiagnostisch müssen u. U. Nachweismethoden für Sulfonylharnstoffe, Insulin und C-Peptid im Serum herangezogen werden. Lebenswichtig ist das Erkennen von insulinproduzierenden ***B-Zell-Tumoren.*** Spontane ***Hypoglykämien,*** insbesondere bei nüchternen, ansonsten gesunden Patienten, sind sehr häufig durch ein ***Insulinom*** bedingt, das histologisch benigne oder maligne sein kann. Die sich aus den Langerhans-Inseln ableitenden Insulinome sezernieren autonom bisweilen sehr große Insulinmengen. Etwa 80% dieser Tumoren kommen einzeln vor und sind gutartig, 10% sind maligne. Die restlichen Insulinome treten multipel als Mikro- oder Makroadenome auf, zum Teil auch zwischen normal erscheinenden Inseln verstreut. Diffuse B-Zell-Hyperplasien im Sinne einer ***Nesidioblastose*** scheinen beim Erwachsenen, wenn überhaupt, extrem selten vorzukommen. Insulinome können ebenfalls im Sinne einer multiplen endokrinen Neoplasie (s. 15.10.1) auftreten. Über 90% der Insulinome sind innerhalb des Pankreas lokalisiert, selten finden sie sich in ektopischem Pankreasgewebe. Sie können in jedem Lebensalter auftreten, am häufigsten vom 40. bis zum 60. Lebensjahr.

Klinisch bedeutsam sind neurologische und psychische Symptome, die durch hypoglykämische Zustände begründet werden: kurzfristige Verhaltensstörungen, psychiatrisch fehlgedeutete Symptome und Bewußtlosigkeiten. Häufig wird versucht, die Symptomatik durch eine vermehrte Nahrungsaufnahme zu verhindern, ohne daß über starke Hungersymptome berichtet wurde. Dies erklärt die Beobachtung, daß Patienten mit Insulinom häufig an Gewicht zunehmen.

***Folgendes diagnostisches Vorgehen ist sinnvoll:***

***1. Fastentest.*** Normalerweise fällt der Nüchternglukosewert während einer 72stündigen Fastenperiode nicht unter 55 mg/dl. Die Insulinspiegel sinken in der Regel unter 10 μU/ml. Der Test muß abgebrochen werden, wenn bei regelmäßig durchgeführten Blutglukosebestimmungen sehr niedrige Werte mit oder ohne klinische Symptome auffallen, oder wenn ein Patient im Sinne einer schweren Hypoglykämie symptomatisch wird.

***2. Insulinhypoglykämietest.*** Während die Injektion von 0,1–0,15 IE Altinsulin pro kg KG beim Gesunden die C-Peptid-Spiegel unter 50% des Ausgangswertes supprimiert, findet sich beim Vorliegen eines Insulinoms ein starres C-Peptid- und Insulinsekretionsmuster. Weitere Teste wie der Stimulationstest mit Sulfonylharnstoffen, Glukagon oder Kalzium zum Nachweis einer verlängerten oder überschießenden Insulin- bzw. C-Peptid-Sekretion haben an Bedeutung verloren.

Die Lokalisationsdiagnostik eines Insulinoms muß mit bildgebenden Verfahren versucht werden (Ultraschall, Computertomographie, Angiographie). Gegebenenfalls ist präoperativ eine transhepatisch geführte Etagenblutabnahme aus der V. lienalis sinnvoll.

Die Operation ist die entscheidende therapeutische Maßnahme. Kann das Insulinom durch bildgebende Verfahren nicht lokalisiert werden, ist der Chirurg gezwungen, explorativ vorzugehen. Präoperativ sollten die Patienten mit dem potentem Inhibitor der Insulinsekretion Diazoxid (Proglyzem) vorbehandelt werden. Meist heben 200–400 mg pro Tag den Blutzucker ausreichend an.

Wird das Insulinom nicht gefunden (in weniger als 10 % der Fälle), kann eine Diazoxiddauertherapie angebracht sein. Mitunter sind auch Gaben des ***B-Zell-Toxins Streptozotocin*** möglich, insbesondere wenn ein nicht total operierbares bzw. inoperables Pankreas-B-Zell-Karzinom vorliegt. Diese Therapie ist als Ultima ratio anzusehen und soll erfahrenen Zentren vorbehalten bleiben. ***Somatostatinanaloga*** können als potente Hormoninhibitoren subkutan, mehrfach täglich verabreicht, sinnvoll sein.

**Der Diagnosestellung eines Insulinoms geht häufig eine jahrelange, den Patienten belastende anamnestische Odyssee voraus. Bei Symptomen einer Hypoglykämie muß immer auch an das Vorliegen eines Insulinoms gedacht werden.**

## 15.5 Nebennierenerkrankungen

Die Nebenniere läßt sich anatomisch und funktionell in ***Nebennierenrinde*** und ***Nebennierenmark*** unterteilen. In der Nebennierenrinde werden die ***Steroidhormone*** mit ihren Vorstufen ***(Glukokortikoide*** und ***Androgene)*** sowie das ***Mineralokortikoid Aldosteron*** produziert. Das Nebennierenmark bildet die Katecholamine ***Adrenalin*** und ***Noradrenalin*** (s. Abb. 15.6). Definierte Krankheitsbilder betreffen sowohl eine Über- als auch eine Unterfunktion der Nebenniere.

## FALL 15B

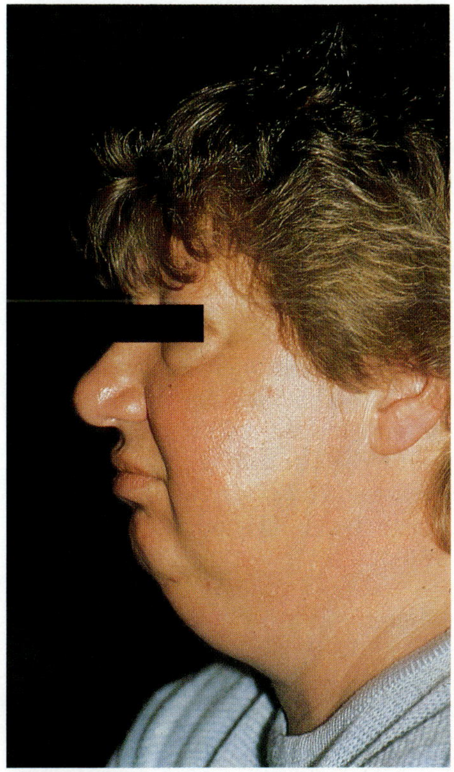

**Abb. 15 B.** 45jährige Patientin mit cushingoider Fazies (Plethora, Mondgesicht)

**Anamnese.** Die 45jährige Frau leidet seit 6 Monaten an starker Appetit- und Gewichtszunahme. Bis vor einigen Jahren wurden hypotone Blutdruckwerte gemessen. Die Patientin leidet jetzt zunehmend unter Kopfschmerzen, die auf eine arterielle Hypertonie zurückgeführt werden.

**Befunde.** Vorwiegend stammbetonter Fettansatz. Am Unterbauch finden sich Striae rubrae. Die orale Glukosetoleranz ist gestört. Eine Abdomensonographie zeigt eine fragliche, ca. 2 cm messende Raumforderung im Bereich der linken Nebenniere. Ein Computertomogramm bestätigt den sonographischen Befund. Die erhöhten Serum- und Urinkortisolwerte lassen sich auch durch hohe Dexamethasongaben nicht supprimieren. ACTH ist niedrig und durch CRF stimulierbar.

**Diagnose.** Adenom der linken Nebenniere bei Cushing-Syndrom.

**Therapie und Verlauf.** Nach operativer Entfernung der linken Nebenniere bildet sich die Cushing-Symptomatik zurück. Jährliche Verlaufskontrollen waren bisher unauffällig.

## 15.5.1 Nebennierenrinde

### Cushing-Syndrom

**Definition.** Als Cushing-Syndrom werden sämtliche Formen eines chronischen Glukokortikoidexzesses mit Ausnahme der hypothalamisch-hypophysär verursachten Erkrankung (Morbus Cushing) bezeichnet.

**Häufigkeit.** Etwa 1 Fall auf 10000 Einwohner (Frauen und Männer im Verhältnis 4:1).

**Pathogenese.** Die häufigste Ursache eines Hyperkortisolismus ist eine exogene Glukokortikoidzufuhr. Der endogen bedingte Hyperkortisolismus ist selten (1 Fall auf 1000). Ca. 70% entfallen auf ***ACTH-produzierende Hypophysenadenome (Morbus Cushing),*** jeweils ca. 10% auf ***Nebennierenadenome, Nebennierenkarzinome*** und auf eine paraneoplastische ACTH- oder CRF-Produktion.

**Symptome.** Leitsymptome durch Glukokortikoid- und Androgenüberschuß sind arterielle Hypertonie, Zunahme der Sekundärbehaarung und stammbetonter Fettansatz (Tabelle 15.12).

**Diagnose.** Ein Cushing-Syndrom ist ausgeschlossen, wenn das Serumkortisol morgens nach abendlicher Gabe von 2 mg Dexamethason supprimiert ist ***(Dexamethasonkurztest).*** Andernfalls ist ein ***Dexamethasonlangtest*** durchzuführen (Gabe von 4×0,5 mg Dexamethason über 2 Tage und anschließend von 4×2,0 mg für 2 Tage). Nach jeweils 2 Tagen sind Urinkortisolausscheidung sowie Serumkortisol- und Androgenspiegel zu bestimmen. Die Serumkortisolspiegel beim adrenal bedingten, d.h. ACTH-unabhängigen Cushing-Syndrom lassen sich durch Dexamethason meist nicht supprimieren, während sie beim zentralen Morbus Cushing durch mittlere bis hohe Dexamethasondosen supprimierbar sind. Ergänzend können ACTH-Spiegel vor und nach Gabe des ***„corticotropin-releasing factor“*** (CRF) bestimmt werden. Die ACTH-Spiegel lassen sich bei ektoper ACTH-Produktion durch CRF nicht weiter stimulieren. Die Abdomensonographie erlaubt eine orientierende morphologische Diagnostik. In Zweifelsfällen muß ein Kontrastmittel-CT durchgeführt werden. ***Ektope*** bzw. ***paraneoplastische Hormonquellen*** können auch intrathorakal liegen.

**Tabelle 15.12.** Symptome bei Hyperkortisolismus

| |
|---|
| Vollmondgesicht (88%) |
| Stammfettsucht (86%) |
| Hypertonie (85%) |
| Plethorisches Aussehen (77%) |
| Menstruationsstörungen (77%) |
| Hirsutismus (73%) |
| Muskelschwäche (67%) |
| Livide Striae an Abdomen und Hüften (60%) |
| Ekchymosen, Hämatome (59%) |
| Osteoporose (58%) |
| Ödeme (57%) |
| Stiernacken (54%) |
| Rückenschmerzen (54%) |
| Akne (54%) |
| Psychische Auffälligkeiten (46%) |
| Nierensteine (20%) |

**Therapie.** Eine ***nodulär hyperplastische Nebenniere*** oder ein solitäres Adenom werden entfernt. Läßt sich auch durch ***seitengetrennte Katheteruntersuchungen*** kein Adenom nachweisen, bleibt als Ultima ratio im Sinne einer symptomatischen Therapie die ***beidseitige Adrenalektomie.*** In diesem Fall ist langfristig bei 20% der Patienten mit einem ***Nelson-Syndrom*** zu rechnen (Hyperpigmentation und progressives Wachstum eines vorbestehenden Hypophysenadenoms infolge aufgehobener ACTH-Suppression durch präoperativ stark erhöhte Kortisolspiegel). Eine gewisse Hemmung der Steroidhormonsynthese kann durch ***Aminoglutethimid*** oder ***opDDD*** (Mitotane) erzielt werden.

### Primärer Hyperaldosteronismus (Conn-Syndrom)

**Definition.** Krankheitsbild durch Aldosteronüberproduktion der Nebennierenrinde (Adenom oder Hyperplasie) mit Hypertonie und Hypokaliämie.

**Beispiel.** Bei einem 21jährigen Mann besteht seit 3 Jahren eine schwer einstellbare arterielle Hypertonie mit Hypokaliämie. Nur durch hochdosierte Gabe von Spironolakton lassen sich systolische Blutdruckwerte unter 170 mmHg erreichen. Trotz massiver oraler Kaliumgabe kann der Kaliumspiegel nicht über den unteren Normbereich hinaus angehoben werden. Bei erhöhtem Serumaldosteron ist die Plasmareninaktivität erniedrigt. Sonographisch und computertomographisch zeigt sich eine 2×2 cm große Raumforderung der rechten Nebenniere. Die seitengetrennte Aldosteronbestimmung aus beiden Nierenvenen bestätigt den Verdacht eines aldo-

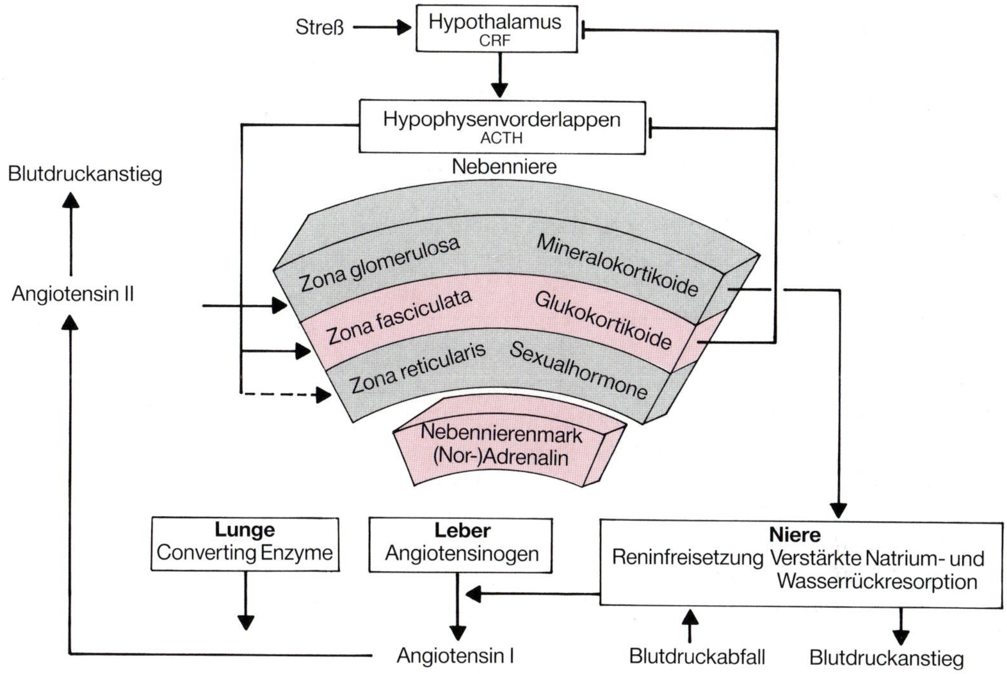


**Abb. 15.6.** Physiologie der Nebennierenhormone und Blutdruckregulation durch das Renin-Angiotensin-Aldosteron-System.

→ Aktivierung, Freisetzung

⊢ Hemmung

steronproduzierenden Tumors, der deshalb entfernt wird. Unmittelbar postoperativ normalisieren sich Blutdruck- und Elektrolytwerte.

**Häufigkeit.** Unter Hypertonikern Vorkommen bis zu 0,5%.

**Pathogenese.** Beim Hyperaldosteronismus findet sich in 50–70% der Fälle ein aldosteronproduzierendes Adenom, in 30–50% eine bilaterale noduläre Hyperplasie.

**Symptome.** Klinisch bestehen Kopfschmerzen, Muskelkrämpfe, Parästhesien, Polydipsie, Polyurie und Obstipation. Bei einem Serumnatrium im oberen Normbereich und einer nur sehr schwer oder gar nicht ausgleichbaren Hypokaliämie findet sich eine therapeutisch äußerst schwer beeinflußbare Hypertonie. Periphere Ödeme bestehen meist nicht.

**Diagnose.** Vor der hormonellen Diagnostik sind ***Aldosteronantagonisten*** 3 Wochen abzusetzen, der Bluthochdruck ist ohne Diuretika einzustellen. Die Hormonbestimmungen zeigen bei erhöhtem Aldosteron typischerweise eine erniedrigte ***Plasmareninaktivität.***

**Therapie.** Ein Adenom wird chirurgisch entfernt. Das Vorgehen bei einer beidseitigen Hyperplasie ist nicht einheitlich (medikamentöse Therapie, Teilresektion, Adrenalektomie). Um postoperativ einen passageren ***Hypoaldosteronismus*** bei Suppression der kontralateralen Nebenniere zu verhindern, sollte etwa 2 Monate vor der Adenomentfernung mit Spironolakton behandelt werden.

### Primäre Nebennierenrindeninsuffizienz (Morbus Addison)

**Definition.** Kortisol- und Aldosteronmangel aufgrund einer primären Nebennierenerkrankung. Die ***sekundäre Nebennierenrindeninsuffizienz*** im Rahmen einer Hypophysenvorderlappeninsuffizienz zeigt in der Regel eine normale Aldosteronproduktion, da diese nicht ACTH-abhängig ist (Abb. 15.6).

**Häufigkeit.** Etwa 4 Fälle auf 100 000 der erwachsenen Bevölkerung.

**Pathogenese.** Die Nebennierenrinde wird in ca. 50% durch ***Autoimmunprozesse,*** in 30% durch eine ***Tuberkulose*** zerstört.

**Tabelle 15.13.** Symptome bei Morbus Addison

| |
|---|
| Allgemeine Schwäche (100 %) |
| Gewichtsverlust, Anorexie (100 %) |
| Hyperpigmentation von Handlinien, Brustwarzen, Mundschleimhaut (93 %) |
| Hypotonie (88 %) |
| Übelkeit, Erbrechen (82 %) |
| Kolikartige abdominale Beschwerden (32 %) |
| Diarrhöe (21 %) |
| Hyponatriämie, Hyperkaliämie (19 %) |
| Muskelschmerzen (16 %) |

Charakteristisch ist der schleichende Beginn durch chronischen Mangel an Gluko- und Mineralokortikoiden mit verstärkter ACTH-Produktion. Strukturanalogien von ACTH und ***MSH*** führen zu einer ***Hyperpigmentation*** der Brustwarzen, der Handlinien und der Wangenschleimhaut. Elektrolytstörungen und intestinale Symptomatik beruhen im wesentlichen auf dem Mineralokortikoidmangel.

**Symptome.** Leitsymptome sind allgemeine Schwäche, Gewichtsverlust, Hyperpigmentation und Hypotonie (Tabelle 15.13).

**Diagnose.** Mehrfachbestimmungen von Serum- und 24-h-Urinkortisolspiegeln sind notwendig. Die niedrigen Serumkortisolwerte lassen sich durch ACTH-Gabe nicht oder nur unzureichend, d. h. weniger als 2fach, stimulieren. Zum Ausschluß einer tuberkulösen Genese ist mit Ultraschall und CT nach adrenalen Verkalkungen zu suchen. Bei der Erstdiagnose eines Morbus Addison ist immer auch nach weiteren Autoimmunerkrankungen zu fahnden (s. Tabelle 15.20).

**Therapie.** In der Regel ist eine Dauersubstitution mit 37,5 mg Kortisonazetat oder Hydrokortison ausreichend. Wegen der besseren Compliance (lediglich 1 $^{1}/_{2}$ Tbl./Tag) ist Kortisonazetat (Kortison Ciba) vorteilhafter. Je nach klinischer Symptomatik ***(orthostatische Hypotonie)*** können zusätzlich 0,05–0,1 mg ***Fludrokortison*** (Astonin H) täglich gegeben werden. Die Patienten benötigen einen ***Notfallausweis*** und müssen ausführlich über die Anzeichen einer drohenden ***Addison-Krise*** aufgeklärt werden (Schwindel, Apathie, Exsikkose). Unter Streßbedingungen ist die Substitutionsdosis dem erhöhten Bedarf anzupassen. Bei schweren Allgemeinerkrankungen, wie z. B. bei fieberhaften Allgemeininfekten, muß die Dosis auf das 3- bis 5fache erhöht werden. Bei Erbrechen und/oder Durchfall darf mit einer ***parenteralen Glukokortikoidsubstitution*** nicht zu lange gezögert werden.

**Die lebenslang notwendige Substitutionstherapie bei Morbus Addison darf nie unterbrochen werden. Die Dosis muß dem situationsentsprechenden Bedarf angepaßt werden.**

**Addison-Krise.** Bei der lebensbedrohlichen akuten Nebennierenrindeninsuffizienz, z. B. bei einer ***Meningokokkensepsis*** im Sinne eines ***Waterhouse-Friderichsen-Syndroms*** (s. Kap. 20), nach plötzlichem Absetzen einer Langzeitbehandlung mit Glukokortikoiden oder bei Infektdekompensation einer vorbestehenden primären oder sekundären Nebennierenrindeninsuffizienz ist die parenterale Gabe von 200–300 mg Hydrokortison über mehrere Tage notwendig. Parallel muß ausreichend Volumen in Form von physiologischer Kochsalzlösung zugeführt werden. Klart der Patient auf, können die Steroide oral verabreicht und langsam bis zur üblichen Erhaltungsdosis reduziert werden.

### Adrenogenitales Syndrom

**Definition.** Als ***adrenogenitales Syndrom*** wird eine Gruppe von Krankheiten bezeichnet, die auf Enzymdefekten der ***Kortisolbiosynthese*** beruhen.

**Häufigkeit.** Diese beträgt 1:500 bis 1:15 000.

**Pathogenese.** Häufigster Defekt ist der ***21-Hydroxylase-Mangel*** (95%). Selten kommen auch ein ***11-β-Hydroxylase-Mangel,*** ein ***20-Hydroxylase-Mangel*** und ein ***17-α-***Hydroxylase-Mangel vor.

Beim 21-Hydroxylase-Mangel liegt ein autosomal rezessiver Erbgang vor. Durch ACTH-Stimulation infolge verminderter Kortisolsyntheserate kommt es zu einer massiven Vermehrung von Kortisolvorstufen vor dem Syntheseblock. Sämtliche Steroidhormone, deren Synthese von dem betreffenden Enzym abhängig ist, sind stark vermindert. Beim 21-Hydroxylase-Mangel sind Kortisol und Aldosteron vermindert, ***Testosteron, 17-α-Hydroxyprogesteron, DHEA-Sulfat*** und ***Androstendion*** dagegen erhöht. Es kommt zu ***Salzverlust*** und bei schweren Formen zu Hypotonie. Beim männlichen Geschlecht entsteht eine ***Pseudopubertas praecox,*** beim weiblichen Geschlecht bei starker Ausprägung ein ***intersexuelles Genitale.***

## FALL 15C

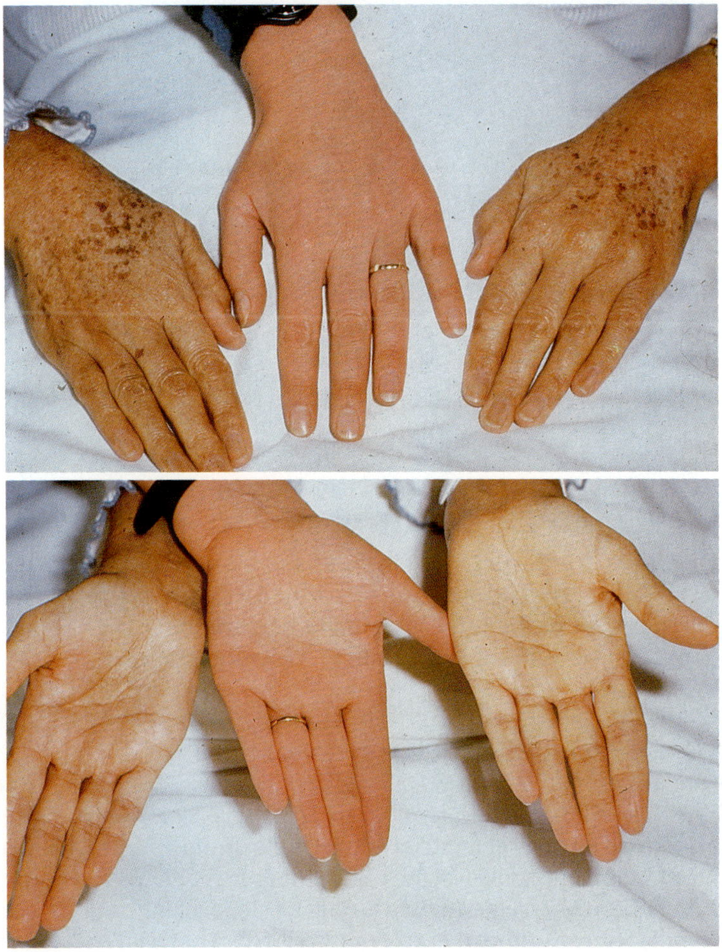

**Abb. 15 C.** Palmare und plantare Handflächen einer 65jährigen Patientin mit Morbus Addison. Zum Vergleich ist in der Mitte die Hand einer gesunden Frau abgebildet

**Anamnese.** Die 65jährige Frau bemerkt seit 5 Jahren zunehmende Abgeschlagenheit und Lustlosigkeit. Bei mäßigem Appetit hat sie in 6 Monaten ca. 10 kg an Gewicht abgenommen. Seit Wochen klagt sie über Übelkeit und Erbrechen. Trotz seltener Sonnenexposition ist die Patientin relativ braun. Wegen ausgeprägten Schwindels wird sie zunehmend bettlägerig. Sie wird deshalb stationär aufgenommen.

**Befunde.** Bei Aufnahme ist die Patientin hyperkaliämisch, exsikkiert und präkomatös. Nach parenteraler Flüssigkeitszufuhr bessert sich der Zustand.

**Diagnose.** Addison-Krise.

**Therapie und Verlauf.** Die Diagnose einer Addison-Krise wird erst nach Nachweis der deutlich erniedrigten Serum- und 24-h-Urinkortisolspiegel gestellt. Hydrokortison wird zunächst 3 Tage in einer Dosierung von 200 mg täglich parenteral verabreicht. Nach Aufklaren der Patientin kann stufenweise bis zu einer Erhaltungsdosis von 37,5 mg Kortisonazetat reduziert werden. Autoantikörper gegen Nebennierenrindengewebe sind nur in niedriger Konzentration nachweisbar. Hinweise für weitere Autoimmunerkrankungen finden sich bislang nicht.

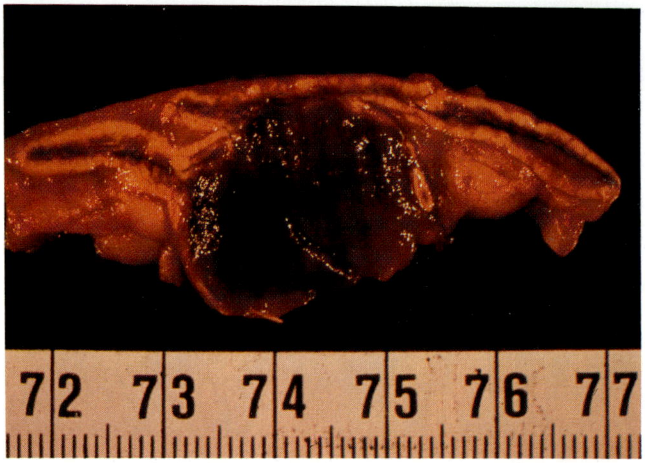


**Abb. 15.7.** Einseitiges, sporadisch aufgetretenes Phäochromozytom einer Nebenniere

**Diagnose.** Im Serum werden Kortisol, 17-α-Hydroxyprogesteron, Androgene, Aldosteron und Renin, im Urin ***Pregnantriol*** bestimmt. Ultraschalluntersuchungen dienen der Verlaufskontrolle einer ***Nebennierenrindenhyperplasie.***

**Therapie.** Substituiert wird mit Hydrokortison oder Kortisonazetat. Meist sind 30–35 mg pro Tag ausreichend. Zur Therapiekontrolle wird ***17-α-Hydroxyprogesteron*** im Serum bzw. Pregnantriol im Urin bestimmt. Unter Umständen müssen zusätzlich Mineralokortikoide (z. B. ***Fludrokortison***) substituiert werden. Die lebenslang notwendige Substitutionstherapie muß, wie bei der primären oder sekundären Nebennierenrindeninsuffizienz, dem Bedarf angepaßt werden.

## 15.5.2 Nebennierenmark

### Phäochromozytom

**Definition.** Phäochromozytome sind von den ***chromaffinen Zellen*** ausgehende, katecholaminproduzierende Tumoren (Abb. 15.7).

**Beispiel.** Beim Vater eines 23jährigen Patienten besteht eine multiple endokrine Neoplasie Typ II (medulläres Schilddrüsenkarzinom und Phäochromozytom der rechten Nebenniere). Beim Familienscreening hatte der Sohn eine sonographisch unauffällige Schilddrüse, Kalzitonin war jedoch durch Pentagastrin pathologisch stimulierbar. Wegen der Familienanamnese wird eine beidseits totale Strumaresektion unter Mitnahme der dorsalen Kapselanteile durchgeführt. Immunhistologisch zeigt sich eine diffuse Hyperplasie des C-Zell-Organs der Schilddrüse. Zwei Jahre später berichtet der Patient über anfallsweise auftretendes Zittern und Herzklopfen sowie Übelkeit. Diese Anfälle treten unabhängig von körperlicher Belastung auf. Sie sind zunächst im Abstand von 3–4 Wochen, während der letzten Monate jedoch alle 3–5 Tage aufgetreten. Während dieser Anfälle gemessene Blutdruckwerte liegen um etwa 160 mmHg systolisch. Mehrere Katecholaminbestimmungen im Urin und im Serum, auch kurz nach den Anfällen, sind unauffällig. Nur einmal sind die Urinmetanephrine grenzwertig erhöht. Sonographisch, computertomographisch und szintigraphisch besteht der Verdacht einer Raumforderung im Bereich der linken Nebenniere, die deshalb entfernt wird. Schon in den ersten postoperativen Tagen ist der Patient beschwerdefrei. Wegen einer möglichen Erkrankung der belassenen rechten Nebenniere sind regelmäßige Verlaufskontrollen notwendig.

**Häufigkeit.** 0,1–0,2% der Patienten mit arterieller Hypertonie.

**Pathogenese.** Phäochromozytome sind zu 85–90% in den Nebennieren gelegen. ***Extraadrenale Lokalisationen*** in den parasympathischen Ganglien, im ***Zuckerkandel-Organ*** (paraaortale, fetale Phäochromozyten) oder in den thorakalen, paravertebralen Ganglien sind beschrieben. Etwa 10% der Phäochromozytome metastasieren und werden als maligne eingestuft. Neben sporadischen Fällen treten Phäochromozytome bei der multiplen endokrinen Neoplasie Typ II (IIa) und III (IIb) auf (s. 15.10.1). Kombinationen mit einer ***Neurofibromatose Recklinghausen*** und mit der ***Hippel-Lindau-Krankheit*** kommen vor.

**Symptome.** Anfallsweise Auftreten von Schweißausbrüchen, Zittern, Unruhe und Erregung, dabei Blässe, Pupillenerweiterung, Übelkeit und Herzklopfen. Vor allem im Anfall finden sich erhöhte Plasma- und Urinkatecholaminspiegel.

**Diagnose.** Die Katecholaminspiegel sind im Serum und Urin zu bestimmen, wobei die ***Metanephrinausscheidung*** relativ spezifisch ist. Eine Erhöhung der ***Vanillinmandelsäure*** ist oft unspezifisch. Antihypertensive Medikamente und ***tyramin-*** und ***histaminhaltige Nahrungsmittel,*** wie z. B. Käse und Wein, können die Katecholaminbestimmungen beeinflussen und sollten mindestens 1 Woche vor den Bestimmungen gemieden werden. Die Lokalisation gelingt durch Sonographie, Ganzkörper- und NMR-CT sowie Szintigraphie mit ***-131-Jod-Metajodbenzylguanidin.*** In schwierigen Fällen können seitengetrennte Blutentnahmen aus verschiedenen Zuflüssen der V. cava notwendig sein. Bei einem Phäochromozytom ist immer an eine multiple endokrine Neoplasie mit entsprechenden Familienuntersuchungen zu denken (s. 15.10.1).

**Therapie.** Präoperativ sind ausreichende Blockade mit ***α-Blockern*** (Phentolamin=Regitin; langsame Dosissteigerung bis zu 100 mg/Tag) und eine adäquate Volumensubstitution durchzuführen.

## 15.6 Gonaden

Die häufigsten Krankheitsbilder einer Gonadendysfunktion entstehen durch eine Unterfunktion der Geschlechtsdrüsen. Beim ***primären Hypogonadismus*** des Mannes handelt es sich um eine Hodenerkrankung mit Funktionsminderung der Testes und entsprechender Störung der Spermatogenese und/oder der Testosteronproduktion. Der ***sekundäre Hypogonadismus*** ist eine hypothalamisch-hypophysäre Erkrankung (s. 15.7.2, Tabelle 15.14). Beim primären Hypogonadismus sind die Gonadotropinspiegel stark erhöht ***(hypergonadotrop).*** Beim sekundären Hypogonadismus sind sie niedrig ***(hypogonadotrop).*** Die Serumtestosteronkonzentrationen sind bei beiden Formen erniedrigt. Häufige Begleitsymptome sind ***Impotenz, Infertilität*** und ***Gynäkomastie*** (Tabelle 15.15).

### Klinefelter-Syndrom

**Definition.** ***Chromosomenstörungen*** mit einem oder mehreren zusätzlichen X-Chromosomen, die zu ***Hodendysgenesie*** und Androgenmangel führen.

**Beispiel.** Ein 25jähriger Mann sucht den Hausarzt wegen zunehmender Rückenschmerzen und bisweilen druckschmerzhafter Brüste auf. Klinisch finden sich eine beidseitige Gynäkomastie ohne Galaktorrhöe, erbsgroße Hoden und eine verminderte Sekundärbehaarung. Die Unterlänge (Symphyse bis Ferse) überschreitet die Oberlänge um 7 cm. Bei stark erhöhten FSH-Spiegeln liegt Testosteron knapp unterhalb des Normbereichs. Die Chromosomenanalyse (47, XXY) bestätigt die Verdachtsdiagnose eines Klinefelter-Syndroms.

**Tabelle 15.14.** Ursachen des Hypogonadismus

| | |
|---|---|
| Primär: | Anorchie<br>Kryptorchismus<br>Klinefelter-Syndrom |
| Sekundär: | Chronische Lebererkrankungen<br>Chronische Niereninsuffizienz<br>Chronischer Alkoholmißbrauch<br>Zytostatika- oder Strahlentherapie<br>Diabetes mellitus<br>Unterernährung<br>Anorexia nervosa<br>Malabsorptionssyndrome |

**Tabelle 15.15.** Symptome des männlichen Hypogonadismus

| |
|---|
| **Präpuberale Manifestation** |
| Retardiertes Knochenalter |
| Unterlänge mindestens 5 cm größer als Oberlänge |
| Spannweite mindestens 5 cm größer als Körperlänge |
| Infantiles Genitale |
| Hohe Stimme |
| Wenig entwickelte Muskulatur |
| Geringe oder fehlende Sekundärbehaarung |
| **Postpuberale Manifestation** |
| Libido- und Potenzabnahme |
| Rückbildung der sekundären Geschlechtsmerkmale |
| Rückenschmerzen (Osteoporose) |

**Häufigkeit.** Etwa 1 Fall auf 600–1000 männliche Geburten. Etwa 3% aller männlichen ***Fertilitätsstörungen*** lassen sich auf das Syndrom zurückführen.

**Pathogenese.** Die Chromosomenstörung (meist 47, XXY; selten weitere zusätzliche X-Chromosomen) führt zu einer ***Tubulusatrophie*** und ***Leydig-Zell-Insuffizienz*** unterschiedlichen Schweregrades.

**Symptome.** Die Testes bleiben während der Pubertätsentwicklung unterentwickelt, typischerweise nur erbsengroß. Häufig besteht ein ***Maldescensus testis.*** Eine beidseitige Gynäkomastie ist mit den Symptomen des präpuberal manifestierten Hypogonadismus kombiniert (***eunuchoide Proportionen*** mit Hochwuchs). Die Sekundärbehaarung ist je nach Ausmaß der Leydig-Zell-Insuffizienz spärlich bis normal. Die Muskulatur ist schwach entwickelt. Das ***Knochenalter*** ist im Vergleich zum Lebensalter oft retardiert. Es kommt vorzeitig zu einer ***Osteoporose*** mit Rückenschmerzen.

**Diagnose.** Die Symptome des präpuberal aufgetretenen Hypogonadismus sind mit einer deutlichen Erhöhung von FSH, meist auch von LH und mit niedrigen bis normalen Testosteronspiegeln bei ***Azoospermie*** kombiniert. Die Chromosomenanalyse beweist die Diagnose.

**Therapie.** Je nach Ausmaß der Leydig-Zell-Insuffizienz müssen 100–250 mg Testosteronönanthat alle 2–4 Wochen i.m. verabreicht werden. Die Gynäkomastie kann sich unter ***Testosterontherapie*** initial verstärken.

### Hodentumoren

Die Hodentumoren werden in maligne Keimzell- und benigne Stromatumoren unterteilt. Bei den ***Keimzelltumoren*** (95%) kommen 35–70% Teratokarzinome und 10% Teratome vor. ***Stromatumoren*** (1–2%) sind Sertoli-Zell-Tumoren und Leydig-Zell-Tumoren. Hodentumoren machen etwa 1% der Tumorerkrankungen des Mannes aus. Tumormarker der embryonalen Hodentumoren sind β-HCG und α-1-Fetoprotein. Begleitend können Gynäkomastie, Feminisierung und Pseudopubertas praecox auftreten. Die Therapie ist immer chirurgisch.

### Hirsutismus

**Definition.** Hirsutismus wird als vermehrte Terminalbehaarung der Frau definiert, wobei sich die Behaarung entsprechend zur männlichen Form ausbreitet.

**Häufigkeit.** Ca. 10% der Frauen, wobei in 3–4% der Fälle schwerere Formen vorliegen.

**Pathogenese.** Hirsutismus ist ein Symptom vermehrter Androgenbildung des Ovars und/oder der Nebenniere bzw. gesteigerter ***Androgensensibilität*** der Endorgane.

**Symptome.** Vom Hirsutismus abzugrenzen ist die Hypertrichose, die als leicht verstärkte Behaarung ohne Prädilektionsstellen definiert wird. Zusätzlich zum männlichen Behaarungstyp kommt es häufig zu Seborrhöe, Akne und Effluvium. Bei lang andauernder Androgenwirkung kann es zum ***Virilismus*** kommen, d.h. es findet eine Angleichung an den männlichen Körperbau mit entsprechenden Habitusveränderungen, Muskulaturzunahme, tiefer Stimme, Atrophie der Brustdrüsenkörper und Klitorishypertrophie statt.

**Diagnose.** Serumtestosteron ist bei 80% erhöht. 30% stammen aus ***adrenaler,*** 20% aus ***ovarieller Sekretion*** und 50% aus der ***peripheren Konversion von Androstendion.*** Zur Abschätzung des freien Testosteronanteils sollte immer auch SHBG (sexualhormonbindendes Globulin) mitbestimmt werden. DHEA-Sulfat ist vor allem beim adrenal bedingten Hirsutismus erhöht. Zur orientierenden Lokalisation der Androgenquelle kann eine Östrogen-, Gestagen- bzw. Dexamethasonsuppression durchgeführt werden. Zum Ausschluß einer Spätmanifestation des 21-Hydroxylase-Mangels wird 17-Hydroxyprogesteron vor und nach ACTH-Stimulation bestimmt. Je nach Klinik müssen ergänzend morphologische Untersuchungen (Ultraschall, Computertomographie) veranlaßt werden. Die Differentialdiagnose umfaßt neben ovariellen (Arrhenoblastom, Hiluszelltumoren, Gynandroblastom) auch adrenale Tumoren.

**Therapie.** Sofern keine adenom- oder tumorverdächtige Struktur lokalisierbar und ein Enzymdefekt ausgeschlossen ist, kann bei entsprechendem Leidensdruck eine ***Androgensuppression*** mit ***Östrogen-Gestagen-Therapie*** bzw. mit Antiandrogenen (Cyproteronazetat) eingeleitet werden.

## 15.7 Hypophysenerkrankungen

Hypophyse und Hypothalamus nehmen eine zentrale Stelle im endokrinen Regulationssystem ein. Die Hypophyse wird anatomisch und funktionell in Vorderlappen (Adenohypophyse) und Hinterlappen (Neurohypophyse) unterteilt. Mehrere Zellgruppen der Adenohypophyse sezernieren nach Stimulation durch bestimmte hypothalamische Releasinghormone ***glandotrope Peptidhormone.*** Über- oder Unterfunktionszustände der einzelnen Zellgruppen führen zu verschiedenen Krankheitsbildern.

### 15.7.1 Überfunktionszustände

**Definition.** Immunhistologisch nachweisbare Hyperplasien oder Adenome bestimmter hormonproduzierender Zellen des Hypophysenvorderlappens führen zu erhöhten Blutspiegeln der entsprechenden Hormone.

**Beispiel Prolaktinom.** Bei einer 24jährigen Frau besteht $^1/_2$ Jahr nach 3jähriger hormoneller Antikonzeption eine Amenorrhöe mit Galaktorrhöe. Die übrige Medikamentenanamnese ist negativ. Der Prolaktinspiegel ist mit 210 ng/ml deutlich erhöht (normal <10 ng/ml). Computertomographisch zeigt sich ein 0,8 cm großes HVL-Adenom. Nach 12wöchiger Bromocriptintherapie normalisieren sich Prolaktinspiegel und Menstruationszyklen.

**Beispiel Morbus Cushing.** Eine 38jährige Frau leidet seit Jahren an starken Rückenschmerzen. Außerdem bestehen starker Haarausfall, ein Oberlippenbart, multiple Hautblutungen, Muskelatrophie, Gewichtszunahme und eine arterielle Hypertonie. Bei einem Sturz zieht sie sich eine Unterschenkelfraktur zu. Röntgenologisch besteht eine massive Osteoporose. Die 24-h-Urinkortisolausscheidung ist deutlich vermehrt. Die erhöhten Serumkortisolspiegel sind im Dexamethasonlangtest vollständig supprimierbar. Die Serumelektrolyte sind normal. Im Schädel-Kontrastmittel-CT zeigt sich ein hypodenses Areal von 1 cm Durchmesser. Nach selektiver transsphenoidaler Adenomentfernung normalisieren sich die Kortisolspiegel, und die Symptome des Hyperkortisolismus bilden sich zurück.

**Häufigkeiten.** 60% der Hypophysenadenome sind Prolaktinome (Frauen:Männer = 5:1). Die Inzidenz der Akromegalie wird auf 3 Fälle pro 100000 Einwohner jährlich geschätzt. Die Prävalenz beträgt bis zu 40 pro 100000 Einwohner. 20% aller Hypophysentumoren sezernieren vermehrt STH. Die Prävalenz ACTH-produzierender Hypophysenadenome wird auf 10 pro 100000 Einwohner geschätzt. 10% aller Hypophysentumoren sind mit einer ACTH-Hypersekretion verbunden (Frauen und Männer im Verhältnis 8:1).

**Pathogenese.** Ob es sich bei den Hypophysenadenomen um primär hypothalamische oder hypophysäre Störungen handelt, läßt sich nicht immer eindeutig entscheiden. Für Prolaktinome werden Östrogene als wachstumsfördernde Faktoren diskutiert. Meist handelt es sich um langsam fortschreitende Prozesse, die unspezifische Symptome verursachen. Erst spät kommt es zu charakteristischen Krankheitsbildern. ***Mischadenome*** sind häufig. Bei mäßiggradig erhöhten Prolaktin- und/oder STH-Spiegeln sind andere Ursachen auszuschließen (Tabelle 15.16).

**Tabelle 15.16.** Ursachen erhöhter Prolaktin- bzw. STH-Werte

| |
|---|
| **Prolaktin** |
| Physiologische Ursachen: |
| Schwangerschaft |
| Stillen |
| Streß |
| Schlaf |
| Körperliche Belastung |
| Pharmakologische Ursachen: |
| Psychopharmaka |
| Neuroleptika |
| Reserpin |
| Methyldopa |
| Metoclopramid |
| Cimetidin |
| Östrogene |
| Pathologische Ursachen: |
| Brustwandläsionen |
| Rückenmarksläsionen |
| Primäre Hypothyreose |
| Chronische Niereninsuffizienz |
| Vasoaktives intestinales Polypeptid |
| Schwere Lebererkrankungen |
| **Wachstumshormon (STH)** |
| Physiologische Ursachen: |
| Angst |
| Körperliche Belastung |
| Pathologische Ursachen: |
| Hunger und Unterernährung |
| Chronische Niereninsuffizienz |
| Anorexia nervosa |
| Diabetes mellitus Typ I |
| Leberzirrhose |

**Symptome.** Unabhängig von Symptomen durch lokale Verdrängungserscheinungen ergeben sich je nach Art der Hormonüberproduktion charakteristische Leitsymptome. Prolaktinome sind bei Frauen durch das ***Amenorrhöe-Galaktorrhöe-Syndrom,*** bei Männern durch Impotenz, Libidoabnahme, Gynäkomastie und Fertilitätsstörungen charakterisiert. Leitsymptome bzw. Sekundärerkrankungen bei Wachstumshormonüberproduktion im Rahmen einer Akromegalie sind ***Skelettveränderungen*** (Akrenwachstum mit Zunahme der Schuhgröße, Prognathie, supraorbitale Wulstbildungen),

Arthralgien, verstärkte Schweißneigung, Strumawachstum (80–90%), gestörte orale Glukosetoleranz (25%) und Hypertonie (15%). Eine ACTH-Überproduktion durch ein Hypophysenadenom (Morbus Cushing) führt über verstärkte Nebennierenrindenstimulation zu den Symptomen des Hyperkortisolismus (s. Tabelle 15.12). Durch Mischadenome und gleichzeitigen Ausfall anderer hormoneller Achsen kommt es häufig zu Symptomüberlappungen und bunten klinischen Bildern.

**Bei Hypophysentumoren kann es zu Visusbeeinträchtigungen durch Optikuskompression im Chiasmabereich kommen (bitemporale Hemianopsie).**

**Diagnose.** Beim Vollbild der Erkrankungen ist häufig eine Blickdiagnose möglich. Die Labordiagnostik sollte die Bestimmung aller glandotropen und abhängigen peripheren Hormone einschließen. Bei der Akromegalie ist eine ***mangelnde STH-Suppression*** im oralen Glukosetoleranztest, beim Morbus Cushing eine Suppression der Kortisolspiegel durch hohe Dexamethasongaben (Dexamethasonlangtest) ein zentraler diagnostischer Hinweis (s. 15.5.1). Im Schädel-CT können Mikro (<1 cm) und Makroadenome (>1 cm) unterschieden werden.

**Therapie.** ***Dopaminagonisten,*** z.B. Bromocriptin, senken die Hormonspiegel insbesondere bei Mikroprolaktinomen ausreichend. Bei Makroadenomen ist wegen Verdrängungserscheinungen die transsphenoidale Adenomentfernung indiziert. Obwohl es sich bei den ACTH-produzierenden Adenomen meist um Mikroadenome handelt, werden sie wegen unbefriedigender medikamentöser Therapieergebnisse immer operiert. STH-produzierende Adenome haben bei Diagnosestellung häufig den umgebenden Knochen infiltriert, so daß postoperativ oft eine Nachbestrahlung notwendig ist. Erhöhte Wachstumshormonspiegel können auch durch Somatostatinanaloga deutlich gesenkt werden.

**Verlauf.** Die Prognose ist gut, wenn die Diagnose einmal gestellt ist. Postoperativ ist vor allem auf Gesichtsfeldeinschränkungen und eine Hypophysenvorderlappeninsuffizienz zu achten. Nebennierenrindensteroide und Schilddrüsenhormone müssen meist über längere Zeit, oft auch lebenslang, substituiert werden. Bisweilen werden auch Sexualsteroide zur Osteoporoseprophylaxe substituiert. Bei der sekundären Nebenniereninsuffizienz ist im Gegensatz zur primären meist eine Substitution von Mineralokortikoiden nicht notwendig. Jeder Patient muß wegen der lebensnotwendigen Hormonsubstitution ständig einen Notfallausweis bei sich tragen (s. 15.5.1).

**Seltene Überfunktionszustände.** Vom Syndrom der inadäquaten ADH-Sekretion ***(Schwarz-Bartter-Syndrom)*** sind nur Einzelfälle beschrieben. Die renale Wasserausscheidung wird durch verstärkte ADH-Sekretion gehemmt. Es kommt zu Volumenexpansion und renalem Natriumverlust. Ursachen können schwere organische Erkrankungen des Zentralnervensystems, Malignome und Traumata sein.

Gonadotropin- und TSH-produzierende Hypophysenadenome sind äußerst selten.

## 15.7.2 Unterfunktionszustände

### Hypophyseninsuffizienz

**Definition.** Nach anatomischen und funktionellen Gesichtspunkten wird die globale (Vorder- und Hinterlappen) Hypophyseninsuffizienz von der Hypophysenvorderlappeninsuffizienz abgegrenzt. Partielle Hypophysenvorderlappenausfälle sind wesentlich häufiger als der sog. ***Panhypopituitarismus*** (kompletter Ausfall des Hypophysenvorderlappens, ***Simmonds-Krankheit***). Als ***Sheehan-Syndrom*** wird die postpartale Hypophysenvorderlappeninsuffizienz bei ***Hypophyseninfarkt*** bezeichnet.

**Beispiel.** Ein 36jähriger Mann verspürt seit 5 Jahren ein Nachlassen von Potenz und Libido. Er ist zunehmend blaß geworden und klagt häufig über Schwindel und Müdigkeit. Er leidet ständig unter Kopfschmerzen. Eine ophthalmologische Untersuchung ist unauffällig. Im Schädel-CT zeigt sich eine Aufweitung der Sella turcica ohne adenomverdächtige Strukturen. Die Hormondiagnostik ergibt niedrige LH-, FSH- und Testosteronspiegel. TSH, Prolaktin und Wachstumshormon liegen im Normbereich, sind jedoch nur minimal stimulierbar. Die 24-h-Urinkortisolausscheidung liegt an der unteren Normgrenze. Es besteht eine ätiologisch unklare Hypophysenvorderlappeninsuffizienz mit hypogonadotropem Hypogonadismus, sekundärer Hypothyreose und sekundärer Nebennierenrindeninsuffizienz. Nach Substitution mit Kortisonazetat, Levothyroxin und Testosteronönanthat bessert sich das Allgemeinbefinden.

## FALL 15D

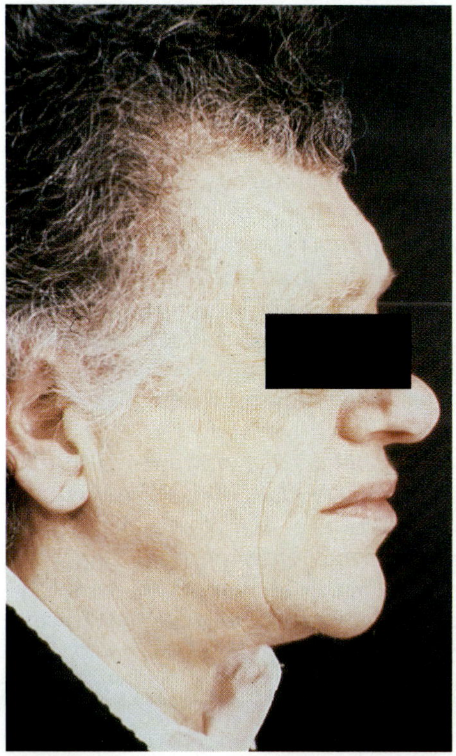

**Abb. 15 D.** 60jährige Patientin mit Akromegalie

**Anamnese.** Eine 60jährige Diabetikerin wird seit Jahren am Telefon als Mann angesprochen. Es besteht eine Hyperthyreose bei Rezidivstruma. Wegen einer Kiefergelenksluxation konsultiert sie den Hausarzt.

**Befunde.** Bei der körperlichen Untersuchung fällt eine deutliche Verdickung des Unterkiefers auf. STH- und Somatomedin-C-Spiegel sind deutlich erhöht. Im Schädel-CT zeigt sich ein in die Keilbeinhöhle einwachsendes 3 cm großes Hypophysenadenom.

**Diagnose.** Akromegalie bei wachstumshormonproduzierendem Adenom des Hypophysenvorderlappens.

**Therapie und Verlauf.** Neurochirurgisch ist nur eine Teilresektion des Adenoms möglich. Die Wachstumshormon- und Somatomedin-C-Spiegel fallen auf die Hälfte der präoperativen Werte ab. Postoperativ werden deshalb Radiatio und Bromocriptintherapie eingeleitet. Nach 3 Jahren haben sich die Hormonspiegel erneut halbiert, liegen jedoch noch deutlich oberhalb der Norm. Unter Diabetesdiät liegt der HbAl-Wert bei 8 mg/dl. Eine Substitution der Nebennierenrindenhormone ist lebenslang notwendig.

**Häufigkeit.** Wegen der Heterogenität der Krankheitsbilder fehlen exakte Angaben zur Prävalenz.

**Pathogenese.** Eine Hypophyseninsuffizienz ist meist tumor- oder operationsbedingt (Tabelle 15.17). Ihr Vollbild entwickelt sich oft erst nach vielen Jahren. Klassischerweise fallen zuerst die Gonadotropine LH und FSH, später TSH, ACTH und Prolaktin aus. Zu einer Insuffizienz des Hypophysenhinterlappens in Form eines permanenten ***Diabetes insipidus*** kommt es erst nach Zerstörung von über 80% der hypothalamohypophysären Nervenbahnen. Der Beginn einer Hypophyseninsuffizienz kann auch als akutes Krankheitsbild im Sinne einer ***Apoplexie*** der Drüse imponieren und Ursache plötzlich auftretender stärkster Kopfschmerzen sein.

**Symptome.** Durch Ausfall der glandotropen Hormone kommt es allmählich zum Vollbild einer Hypophysenvorderlappeninsuffizienz. Die Symptome der sekundären Funktionsstörungen entsprechen weitgehend denen der primären, wobei die Hypotonie bei der sekundären Nebennierenrindeninsuffizienz weniger stark ausgeprägt ist als bei der primären (s. 15.5.1).

**Tabelle 15.17.** Ätiologie der Hypophyseninsuffizienz: die neun „I"

| |
|---|
| Invasiv: |
| große, hormoninaktive Tumoren |
| Tumoren des ZNS |
| Metastasen, z. B. bei Mamma- und Bronchialkarzinom |
| Infarzierung: |
| postpartale Nekrose (Sheehan-Syndrom) |
| Hypophysenapoplex |
| Infiltrativ: |
| Sarkoidose |
| Hämochromatose |
| Verletzung („injury"): |
| Schädel-Hirn-Trauma |
| Immunologisch: |
| Lymphozytäre Hypophysitis |
| Iatrogen: |
| Operation |
| Bestrahlung |
| Infektiös: |
| Mykosen |
| TBC |
| Idiopathisch: |
| familiär gehäuft |
| Isoliert: |
| Ausfall einzelner Hypophysenhormone meist durch Ausfall hypothalamischer Hormone |

**Therapie.** Die Substitutionstherapie entspricht der Therapie, die bei den Hypophysenüberfunktionszuständen beschrieben wurde (s. 15.7.1, Verlauf).

**Wegen der drohenden Gefahr einer Addison-Krise darf Thyroxin bei der Substitution einer Hypophysenvorderlappeninsuffizienz erst substituiert werden, wenn für eine ausreichende Kortisolsubstitution gesorgt ist.**

### Isolierter Ausfall glandotroper Hormone

**STH-Mangel.** Der ***hypophysäre Zwergwuchs*** läßt sich in primär hypophysäre und hypothalamische Formen sowie in eine periphere STH-Resistenz untergliedern.

**Gonadotropinmangel.** Ein isolierter Ausfall der Gonadotropine (hypogonadotroper Hypogonadismus) wird in Kombination mit einer Hyp- oder Anosmie als ***Kallmann-Syndrom*** bezeichnet und durch subkutane pulsatile Gaben von LHRH mittels Minipumpe behandelt. Isolierter ACTH- oder Prolaktinmangel sind sehr selten.

### Diabetes insipidus centralis

**Definition.** Der ***neurogene Diabetes insipidus*** ist im Gegensatz zum nephrogenen Diabetes insipidus (tubuläre ADH-Resistenz) durch ungenügende Sekretion von antidiuretischem Hormon (ADH, Vasopressin) gekennzeichnet. Trotz osmotischer oder volumenregulativer Stimuli der ADH-Sekretion persistiert ein stark verdünnter Urin.

**Beispiel.** Ein komatöser Patient scheidet 18 h nach einem Schädel-Hirn-Trauma Urinmengen von 8 l/24 h aus. Eine Glukosurie besteht nicht. Die Urinosmolalität beträgt 250 mosmol/l. Der Patient verspürt starken Durst. Die Urinosmolalität ändert sich nach nächtlicher Flüssigkeitskarenz nicht, die Serumosmolalität beträgt 400 mosmol/l (Norm 289 mosmol/l). Nach Vasopressingabe steigt die Urinosmolalität sofort an. Die Polyurie sistiert.

**Häufigkeit.** Prävalenz und Inzidenz sind nicht hinreichend untersucht.

**Pathogenese.** Die wichtisten Ursachen entsprechen denen der übrigen Formen einer Hypophyseninsuffizienz (s. Tabelle 15.17). Eine ***Polyurie*** kann nur auftreten, wenn Kortisol in ausreichender Menge vorhanden ist.

## FALL 15E

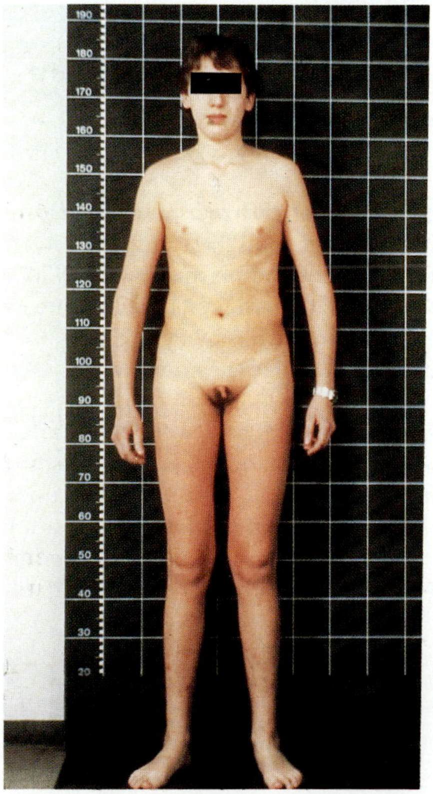

**Abb. 15E.** Hypogonadotroper Hypogonadismus bei Kallmann-Syndrom

**Anamnese.** Der 18jährige Malerlehrling wird seit Jahren wegen seiner hohen Stimme in der Schule und im Betrieb gehänselt. Außerdem hat er einen wenig ausgeprägten Geruchssinn. Auf Anraten des Hausarztes hatten die Eltern abgewartet.

**Befunde.** Die sekundären Geschlechtsmerkmale fehlen fast völlig. Die Unterlänge überschreitet die Oberlänge um 5 cm. Die Spannweite ist im Vergleich zur Körpergröße verlängert. Das Knochenalter beträgt 12 Jahre. Die Epiphysenfugen sind noch nicht geschlossen. Bei niedrigen und nur minimal stimulierbaren Gonadotropinspiegeln liegen die Testosteronwerte im präpuberalen Bereich. Die übrigen hypophysären Partialfunktionen sind unauffällig.

**Diagnose.** Hypogonadotroper Hypogonadismus bei Kallmann-Syndrom.

**Therapie und Verlauf.** Nach 6wöchiger subkutaner pulsatiler LHRH-Therapie mit Minipumpe steigen die Testosteronspiegel in den unteren Normbereich an. Nach weiteren 4 Wochen sprießen die Bart- und Geschlechtshaare. Nach 6monatiger Therapie beträgt das Knochenalter 16 Jahre. Die Hodengröße hat von Erbsgröße bei Therapiebeginn auf 10 ml beidseits zugenommen. Spontanejakulationen treten auf. Die pulsatile LHRH-Therapie wird noch bis zur Normalisierung des Spermiogramms fortgesetzt. Dann wird auf eine intramuskuläre Testosteronsubstitutionsbehandlung umgestellt.

Kortisol ist wesentlich an der Weitstellung des ***Vas afferens*** der Glomerula beteiligt.

> **Bei einer sekundären Nebennierenrindeninsuffizienz kann es erst nach ausreichender Kortisolsubstitution zu einem Diabetes insipidus kommen.**

**Symptome.** Bei persistierender ***Polyurie*** und ***Polydipsie*** kann die tägliche Urinmenge zwischen einigen Litern beim partiellen ADH-Mangel und bis maximal 18 l/24 h betragen. Bei unzureichender Flüssigkeitszufuhr kann es zu einer ***hypertonen Dehydratation*** mit zentralnervöser Symptomatik bis zu Koma und Exitus kommen.

**Diagnostik.** Ein Diabetes insipidus ist weitgehend ausgeschlossen, wenn ohne Nykturie bei einer Serumosmolalität unter 295 mosmol/l eine Urinosmolalität über 800 mosmol/l erreicht wird. Beim ***Durstversuch*** unter Flüssigkeitskarenz werden in 2stündlichen Abständen gleichzeitig Serum- und Urinosmolalität sowie Körpergewicht und Körpertemperatur bestimmt. Bei einer Serumosmolalität über 295 mosmol/l beweist eine Urinosmolalität unter 400 mosmol/l einen Diabetes insipidus, wobei der Gewichtsverlust der Urinmenge entsprechen muß. Bei ***psychogener Polydipsie*** steigt die Urinosmolalität auf Werte deutlich über der Plasmaosmolalität an. Beim neurogenen Diabetes insipidus steigt im Gegensatz zum nephrogenen die Urinosmolalität nach Vasopressingabe sofort an.

**Therapie.** Im Akutstadium muß der Volumenmangel bei hypertoner Dehydratation langsam durch Infusion isotonischer Kochsalzlösung ausgeglichen werden. Beim permanenten Diabetes insipidus ist bei ausreichender Flüssigkeitszufuhr eine Urinmenge von ca. 2–6 l pro Tag anzustreben. ADH wird bei Bedarf durch intranasale Gabe von 5–20 μg eines synthetischen Vasopressinanalogons (Desmopressinazetat, Minirin) substituiert.

**Tabelle 15.18.** Hormonaktive Tumoren des Gastrointestinaltrakts

| Tumor | Hormon | Physiologische Wirkung | Leitsymptome |
|---|---|---|---|
| Gastrinom (Zollinger-Ellison-Syndrom) | Gastrin | Stimulation der Magensaftsekretion | Rezidivierende Ulzera<br>Gastrale Hypersekretion<br>Steatorrhöe |
| Verner-Morrison Syndrom (VIPom in 80%) (PPom in 20%) | Vasoaktives intestinales Peptid<br>Pankreatisches Polypeptid | Vasodilatation<br>Stimulation der gastrointestinalen Motilität | Wäßrige Diarrhoe<br>Hypokaliämie<br>Gastrale Hypo- bzw. Achlorhydrie<br>Flush<br>Metabolische Azidose |
| Glukagonom | Glukagon | Blutzuckerregulation | Nekrolytisches Erythem<br>Diabetes mellitus<br>Gewichtsverlust |
| Somatostatinom | Somatostatin | Hemmung der Freisetzung und Wirkung vieler Hormone | Diabetes mellitus<br>Steatorrhöe<br>Gastrale Hypochlorhydrie<br>Cholelithiasis |
| Karzinoid (Apudom) | Serotonin<br>Histamin<br>Kallikrein<br>Bradykinin u. a. | Stimulation der gastrointestinalen Motilität<br>Neurotransmitter<br>Stimulation der gastrointestinalen Motilität und Magensaftsekretion<br>Vasodilatation<br>Kininfreisetzung<br>Vasodilatation | Flush<br>Diarrhöe<br>Bronchialasthma |

## 15.8 Funktionsstörungen durch gastrointestinale Hormone

Der Gastrointestinaltrakt ist das größte endokrine Organ des Körpers. Ins Epithel eingestreut findet sich eine Vielzahl hormonproduzierender Zellen, die ihre Peptidhormone direkt in die Umgebung ***(parakrin),*** ins Darmlumen ***(exokrin)*** oder aber in die Blutbahn abgeben ***(endokrin).*** Regulative Peptide wie z. B. das ***vasoaktive intestinale Peptid (VIP)*** wurden sowohl in epithelialen als auch in nervalen Strukturen nachgewiesen. Ihre physiologische Bedeutung ist nicht vollständig geklärt. Für mehrere Peptide wurden hormonproduzierende Neoplasien beschrieben (Tabelle 15.18). Die Mehrzahl endokrin-aktiver Tumoren des Gastrointestinaltraktes ist im Pankreas lokalisiert. Die Tumorzellen lassen sich ihrer Herkunft nach dem ***APUD-System*** zuordnen. Sie treten deshalb auch gehäuft mit Tumoren anderer endokriner Organe im Rahmen der multiplen endokrinen Neoplasien auf (Kapitel 15.10.1). Leitsymptome sind chronische Diarrhöe, rezidivierende peptische Ulzera, Flush-Symptomatik und eine diabetische Stoffwechsellage (Tabelle 15.18). Neben den üblichen morphologischen Methoden kann vor allem die Angiographie wertvolle Lokalisationshinweise geben. In der Regel ist eine operative Tumorentfernung anzustreben.

Beim Karzinoid liegen beim Auftreten von Symptomen meist schon Lebermetastasen vor. Subkutane Somatostatingaben können das Tumorwachstum hemmen.

## 15.9 Paraneoplastische Endokrinopathien

**Definition.** Bei paraneoplastischen Syndromen bestehen Symptome, die durch Fernwirkung eines malignen Tumors im Gesamtorganismus bzw. in anderen Organen entstehen. Hormone oder hormonähnliche Substanzen führen zu Krankheitsbildern, die durch den Überschuß des gebildeten Hormons geprägt sind und häufig schon lange Zeit vor der lokalen Manifestation der tumorösen Hormonquelle erkennbar werden.

**Beispiel.** Eine 49jährige Frau zeigt die klassischen Symptome des Hyperkortisolismus: Stiernacken, Striae, Stammfettsucht, Muskelatrophie, arterielle Hypertonie und diabetische Stoffwechsellage. Neben einem aufgehobenen Kortisoltagesprofil, deutlich erhöhten und durch Dexamethason nur minimal supprimierbaren Kortisolspiegeln sowie einer massiv erhöhten 24-h-Urinkortisolausscheidung ist ACTH extrem erhöht und durch CRF nicht stimulierbar. Im Schädel-CT ist die Hypophyse leicht vergrößert, die Nebennieren sind beidseits hyperplastisch. Im Thorax-CT zeigt sich eine ca. 2×2 cm große Raumforderung des rechten Oberlappens. Der Herd wird thoraxchirurgisch entfernt. Immunhistologisch zeigen sich CRF-produzierende adenomatös veränderte Zellstrukturen eines kleinzelligen Bronchialkarzinoms. Postoperativ normalisiert sich der Kortisolspiegel rasch. Die Cushing-Symptomatik bildet sich zurück.

**Pathogenese.** Eine einheitliche Deutung der multiplen paraneoplastischen Erscheinungen ist bisher nicht möglich. Die paraneoplastischen Endokrinopathien lassen sich teilweise durch das APUD-Konzept erklären. ***APUD-Zellen*** (APUD=„amino precursor up-take and decarboxylation“) gelten als Stammgewebe vieler, vielleicht aller endokrinen Zellen, die Peptid- und Aminhormone synthetisieren. Sie haben enge ontogenetische Beziehungen zum ***Neuroektoderm*** und kommen disseminiert im Epithel des Bronchialsystems, des Intestinaltraktes und anderer Organe vor.

**Therapeutische Ansatzpunkte.** Beim paraneoplastischen ***Hyperkalzämiesyndrom*** kommen Steroide, Kalzitonin, Mithramyzin und Clodronat zum Einsatz. Bei dringendem Verdacht auf eine paraneoplastische ACTH- oder CRF-Produktion ohne Tumornachweis sollte ggf. beidseits adrenalektomiert werden (s. 15.5.1). Bei inadäquater ADH-Sekretion ist neben einer Flüssigkeitsrestriktion ein langsamer Ausgleich der Hyponatriämie durch isotone Kochsalzlösung notwendig.

## 15.10 Pluriglanduläre endokrine Syndrome

Treten mehrere endokrine Erkrankungen gleichzeitig auf, können Über- oder Unterfunktionszustände der betroffenen Drüsen bestehen.

Pluriglanduläre endokrine Syndrome geben Einblick in den Entstehungsmechanismus von Tumor- bzw. Autoimmunerkrankungen.

**Tabelle 15.19.** Einteilung der multiplen endokrinen Neoplasien (MEN)

| MEN I<br>Wermer-Syndrom | MEN II (II a)<br>Sipple-Syndrom | MEN III (II b) |
|---|---|---|
| Hypophysenvorderlappenadenom<br>Inselzellneoplasie<br>Primärer Hyperparathyreoidismus | Medulläres Schilddrüsenkarzinom<br>Phäochromozytom<br>Primärer Hyperparathyreoidismus | wie MEN II, zusätzlich: Ganglioneuromatose der Schleimhäute<br>Marfanoider Habitus |

**Da pluriglanduläre endokrine Syndrome meist familiär gehäuft auftreten, liegt ihre Bedeutung vor allem in einer möglichen Prophylaxe durch Familienuntersuchungen.**

### 15.10.1 Multiple endokrine Neoplasien (MEN)

**Definition.** Autosomal dominant vererbbare neoplastische Erkrankungen bestimmter endokriner Drüsen werden als multiple endokrine Neoplasien (MEN Typ I-III, Tabelle 15.19) bezeichnet. Mindestens zwei der folgenden Organe werden tumorös befallen: Hypophyse, Nebenschilddrüse, C-Zellorgan der Schilddrüse, Inselzellorgan, Nebenniere. Das Erkrankungsrisiko innerhalb einer Familie ist außerordentlich hoch.

**Beispiel.** Bei einem 21jährigen Mann besteht Kleinwuchs und unzureichende Bartbehaarung. Beim Bodybuilding kann er keine Zunahme seiner Muskelmasse erzielen. Laborchemisch bestehen eine Hyperkalzämie, eine Hyperkalzurie, erhöhte Parathormon- und Prolaktin- sowie erniedrigte Testosteronspiegel. Bei der Laborkonstellation eines primären Hyperparathyreoidismus findet sich kein solitäres Adenom der Nebenschilddrüsen, sondern eine Hyperplasie aller 4 Epithelkörperchen, die operativ beseitigt werden. Im Schädel-CT zeigt sich ein Makroprolaktinom, das ebenfalls operativ entfernt wird. Da im Familienscreening beim Vater und beim Bruder ebenfalls ein primärer Hyperparathyreoidismus diagnostiziert werden kann, ist die Diagnose einer familiären multiplen endokrinen Neoplasie Typ I gesichert.

**Häufigkeit.** Für die MEN Typ I wird eine Prävalenz von 2–20 Fällen pro 100000 Einwohner geschätzt; für die MEN Typ II und III liegen keine exakten Angaben vor. Für jeden Angehörigen 1. Grades eines Erkrankten besteht ein 50%iges Risiko, an einer MEN zu erkranken (autosomal dominanter Erbgang).

**Pathogenese.** Die gemeinsamen biochemischen Charakteristika vieler MEN-Tumoren führten zum sog. APUD-Konzept (s. 15.9). ***Linkagestudien*** ergaben für die MEN I Veränderungen auf Chromosom 11, für die MEN II a auf Chromosom 10.

**Diagnose.** Beim Auftreten einer Erkrankung aus dem Formenkreis der multiplen endokrinen Neoplasien ist immer an einen weiteren Organbefall zu denken. Immer wenn ein Hypophysenadenom und ein primärer Hyperparathyreoidismus gleichzeitig auftreten, muß nach Inselzellneoplasien gesucht werden. Bei Phäochromozytomen sollte Kalzitonin zum Ausschluß einer C-Zell-Hyperplasie bzw. eines C-Zell-Karzinoms durch Pentagastrin stimuliert werden. Bei einem medullären Schilddrüsenkarzinom ist nach einem Phäochromozytom zu suchen.

**Therapie und Verlauf.** Die chirurgische Primärtherapie (s. 15.3.5) muß durch regelmäßige Verlaufskontrollen auch bisher nicht erkrankter Organe ergänzt werden. Ebenso sollten bisher gesunde Familienmitglieder in regelmäßigen Abständen sorgfältig überwacht werden. Die Prognose wird bei den MEN I vor allem durch die Inselzellneoplasien und bei den MEN II durch das medulläre Schilddrüsenkarzinom bestimmt. Entsprechend zum frühen Manifestationszeitpunkt ist die Prognose der MEN II b (III) ungünstig, obwohl die Diagnose bei Kenntnis des Krankheitsbildes prima facie gestellt werden kann (wulstige Lippen, Neurome der Mundschleimhaut).

### 15.10.2 Polyglanduläre Autoimmunerkrankungen

**Definition.** Beim polyglandulären Autoimmunsyndrom sind mindestens zwei endokrine Organe von Autoimmunprozessen betroffen (Tabelle 15.20). Oft kommt es zu Unterfunktionszuständen der entsprechenden Hormondrüsen. Allerdings können durch stimulierende Autoantikörper auch Überfunktionszustände, wie z. B. beim Morbus Basedow, ausgelöst werden. Da die einzelnen Organmanifestationen nacheinander auftreten können, liegt die klinische Bedeutung der Krankheitsbilder in der Prävention. Durch familiäre Häufung bei nachge-

**Tabelle 15.20.** Häufig in unterschiedlichen Kombinationen auftretende Autoimmunerkrankungen

| |
|---|
| Morbus Basedow |
| Idiopathisches Myxödem Gull |
| Idiopathischer Morbus Addison |
| Primäre Gonadeninsuffizienz |
| Idiopathischer Hypoparathyreoidismus |
| Insulinpflichtiger Diabetes mellitus |
| Hypophysitis |
| Chronische Sialadenitis |
| Sjögren-Syndrom |
| Chronisch atrophische Gastritis |
| Perniziöse Anämie |
| Chronisch aktive Hepatitis (häufig HBV-positiv) |
| Primäre biliäre Zirrhose |
| Zöliakie |
| Chronische mukokutane Candidiasis |
| Vitiligo, Alopezie |
| Dermatitis herpetiformis Duhring |
| Myasthenia gravis |

wiesener HLA-Assoziation ist ein Einblick in die Pathophysiologie von Autoimmunerkrankungen möglich.

**Beispiel.** Ein 57jähriger Gärtnermeister hat seit etwa 20 Jahren einen allmählichen Verfall seiner körperlichen Leistungsfähigkeit und einen Gewichtsverlust von 8 kg bemerkt. Die kutane Hyperpigmentation wird mit der beruflichen Sonnenexposition erklärt. Bei einem Infekt der oberen Luftwege treten Übelkeit, Erbrechen, abdominale Schmerzen und Schwindel auf. Laborchemisch kann ein Morbus Addison diagnostiziert werden. Trotz ausreichender und regelmäßiger Steroidhormonsubstitution wird der Patient 12 Jahre später erneut wegen einer Addison-Krise eingewiesen. Er hat in 4 Wochen 3 kg an Gewicht abgenommen. Seine Haut ist trocken und warm. Der Puls liegt bei 110/min. Laborchemisch besteht bei hochtitrigen TSH-Rezeptorantikörpern eine Hyperthyreose vom Typ Morbus Basedow. Ein Diabetes mellitus oder ein Hypogonadismus als weitere mögliche Manifestationen einer polyglandulären Autoimmunerkran kung finden sich bisher nicht. Bei einer Tochter des Patienten werden Autoantikörper gegen Nebennierenrindengewebe – bisher ohne klinisches Korrelat – nachgewiesen.

**Häufigkeiten.** Exakte epidemiologische Daten liegen wegen der Heterogenität der Krankheitsbilder nicht vor.

**Pathogenese.** Die chronischen Organentzündungen beruhen auf autoimmunreaktiven Prozessen bei unbekanntem Auslösemechanismus. Da für Neumanifestationen eines Diabetes mellitus Typ I Häufigkeitsgipfel im Herbst und im Winter festzustellen sind, sind unter anderem Viren als Auslöser denkbar. Die HLA-Antigene B8, DR3, DR4 und DQw2β kommen familiär gehäuft vor.

**Symptome.** Die Symptome variieren je nach befallener Hormondrüse und können bei gleichzeitigem Auftreten ein buntes Bild ergeben. Im Vordergrund stehen beim Hypoparathyreoidismus die hypokalzämische Tetanie (Cave: intrazerebrale bzw. intraabdominale Verkalkungen); beim Morbus Addison die Hypotonie, Hyperpigmentation und Gewichtsabnahme; beim Hypogonadismus die Amenorrhöe, Impotenz und ggf. der Minderwuchs; bei der Autoimmunthyreoiditis die Hypo- bzw. Hyperthyreose und bei der Autoimmuninsulitis die Hyperglykämie.

**Therapie.** Die Behandlung entspricht der Therapie der Einzelerkrankungen. Wie bei der Hypophysenvorderlappeninsuffizienz muß vor der Thyroxinsubstitution die Nebennierenrindeninsuffizienz ausreichend substituiert sein (s. 15.7.2).

**Verlauf.** Wird die Diagnose einer substitutionsbedürftigen Endokrinopathie rechtzeitig gestellt, ist die Prognose günstig. Beim Vorliegen mehrerer Autoimmunerkrankungen ist im Laufe der Zeit mit weiteren Organdefekten zu rechnen. Insbesondere auch gesunde Familienmitglieder 1. Grades sollten regelmäßig untersucht werden. Der alleinige Nachweis von Autoantikörpern ohne klinische Symptomatik ist nicht therapiebedürftig.

## Literatur

Greenspan FS, Forsham PH (ed) (1988) Basic and clinical endocrinology, 2n edn. Lange, Los Altos

Hesch RD (1989) Endokrinologie, Teil A und B. Urban & Schwarzenberg, München

Labhart A (1986) Clinical endocrinology. Theory and practice, 2nd edn. Springer, Berlin Heidelberg New York Tokyo

Reinwein D, Benker G (1988) Checkliste Endokrinologie und Stoffwechsel. Checklisten der aktuellen Medizin, 2. Aufl. Thieme, Stuttgart New York

Wilson JD, Foster DW (ed) (1985) Textbook of endocrinology, 7th edn. Saunders, Philadelphia

Ziegler R (1987) Hormon- und stoffwechselbedingte Erkrankungen in der Praxis. VCH, Weinheim

# 16 Stoffwechselkrankheiten

C. Keller


## ZUSAMMENFASSUNG

Die meisten Stoffwechselkrankheiten beruhen auf hereditären Defekten von Proteinen, z. B. Enzymen, Transportproteinen oder Rezeptoren. Bei einigen, wie bei Fettsucht und Magersucht, ist die Ätiologie unklar. Unter der Vielzahl der Stoffwechselkrankheiten sind für den Erwachsenen Störungen im Stoffwechsel der Lipide, die Gicht, Veränderungen im Arzneimittelabbau und die Fettsucht von besonderer Bedeutung.

Einige ***Hyperlipoproteinämien,*** besonders die mit Vermehrung von LDL verbundenen, führen frühzeitig zu Gefäßschäden und zum Herzinfarkt vor dem 50. Lebensjahr. Die familiäre Hypercholesterinämie ist die wichtigste und häufigste Krankheit dieser Gruppe.

Die ***Gicht,*** in Zeiten der Not selten, ist heute die häufigste Monarthritis des Mannes. Oft kommt eine Nephrolithiasis vor. Unter konsequenter Therapie können die Folgen des Stoffwechseldefektes beseitigt werden, und die Prognose der Krankheit wird deutlich gebessert.

***Störungen im Arzneimittelstoffwechsel*** werden im Zusammenhang mit der Entwicklung neuer Arzneimittel immer häufiger gefunden. Sie sind eine wichtige Ursache individueller Unterschiede in der Wirkung der Arzneimitteltherapie.

***Fettsucht,*** definiert als Erhöhung des Körpergewichtes durch zuviel Fett, belastet Skelettsystem, Herz und Kreislauf und oft auch die soziale Einordnung. Eine der Fettsucht zugrundeliegende Überernährung führt zur Manifestation von Stoffwechselkrankheiten (z. B. Gicht und Diabetes), der häufig erhöhte Konsum alkoholischer Getränke gefährdet Hirn, Leber und Pankreas.


Der Mensch ist das Produkt seiner Gene und seiner Umwelt. In dem Maße, in dem die Umwelt einheitlicher wird, übernimmt die Vererbung die Verantwortung für die Lebenserwartung. Die klinische Genetik wird dadurch zukünftig zu einem Mittelpunkt der Medizin (s. auch Kap. 25).

**Umwelt und Genetik.** Die angeborenen Stoffwechselkrankheiten (Garrod: „inborn errors of metabolism") treten meist familiär auf. Ihre Vererblichkeit läßt sich beweisen. Nicht alle familiären Krankheiten sind indes hereditär. Auch Gepflogenheiten, z. B. ***Eßsitten,*** können für sie verantwortlich sein. Zum Nachweis einer hereditären Krankheit müssen mehrere (mindestens 2) Generationen und mehrere (mindestens 4) Familienmitglieder, tunlichst aus verschiedenen Wohngemeinschaften, beurteilt werden. Dies kann heute schwierig sein.

Die Mehrzahl der familiären Stoffwechselkrankheiten des Erwachsenen wird ***dominant vererbt,*** heterozygote Merkmalsträger sind also krank oder werden krank. Bei rezessiv vererbten Leiden läßt sich in einigen Fällen die Heterozygotie der Eltern durch Belastungstests nachweisen. Sind die Eltern blutsverwandt oder stammen sie aus der gleichen geographisch eng begrenzten Gegend, so ist dies ein Verdachtspunkt. Nur wenige angeborene Stoffwechselkrankheiten des Erwachsenen sind ausschließlich genetisch bedingt. Die Umwelt trägt, z. B. durch die Ernährung bei der Gicht, zum Ausbruch der Krankheit bei.

**Erkennung.** Die meisten Stoffwechselkrankheiten werden aufgrund ihrer Folgen oder bei „Durchuntersuchungen" entdeckt. Jeder klinisch-chemische Befund außerhalb seines ***Normalwertbereiches*** ist bis zum Beweis des Gegenteils als Ausdruck einer Stoffwechselstörung anzusehen. Bei jedem frühen Herzinfarkt sind die Lipide, bei jeder Monarthritis eines erwachsenen Mannes ist die Harnsäure zu prüfen. ***Familiäre Eigentümlichkeiten,*** die sich vererben, gleichgültig ob es sich um Verhaltensweisen, Häufung bestimmter Krankheiten oder Besonderheiten der Statur handelt, entsprechen immer Besonderheiten des Stoffwechsels. Die meisten dieser Besonderheiten sind harmlos und erinnern nur daran, daß die menschliche Individualität eine biochemische Basis hat. Aber es gibt auch Krankheiten, bei denen zunächst nur das besondere Aussehen auffällt, z.B. die ***Arachnodaktylie,*** und erst die genaue Untersuchung den zugrundeliegenden generalisierten Defekt (d.h. das Marfan-Syndrom) ergibt. Jedenfalls müssen wir annehmen, daß auch das Normale aus vielen Varianten besteht.

**Biochemische Individualität.** Die Zahl der denkbaren ***Variationen im Genom*** ist unübersehbar groß, Zahlen von mehr als $10^{10}$ werden angegeben. Viele der Varianten sind trivial und rufen keine Krankheiten hervor, andere dürften letal sein, so daß es nicht zur Ausbildung des Phänotyps kommt. Wir kennen 50 verschiedene ***pathologische Hämoglobine*** und (bis heute) mehr als 30 ***Mutationen im LDL-Rezeptor-Gen*** als Grundlage der familiären Hypercholesterinämie.

**Biochemische Mechanismen.** Der klassische ***„inborn error of metabolism“*** beruht auf der (bis zu Null) reduzierten Aktivität eines Enzyms, so daß der von diesem Enzym katalysierte Stoffwechselweg nicht oder ungenügend durchlaufen werden kann.

Die Symptome der entsprechenden Krankheiten entstehen entweder durch die Akkumulation von Substanzen vor dem Block (z.B. Phenylketonurie) oder durch den Mangel an Substanzen hinter dem Block (z.B. Albinismus).

Ein besonders interessanter Fall liegt vor, wenn die nicht gebildete Substanz ein Eiweiß ist, das seinerseits Funktionen auszuüben hat, z.B. bei der Blutgerinnung. Für Krankheiten, deren klinische Folgen sich aus einem defekten Protein ergeben, hat Linus Pauling den Begriff der ***„molecular disease“*** geprägt. Folgen der angeborenen Stoffwechselstörungen können auch den ***Transport von Substanzen*** durch Membranen betreffen.

Die Häufigkeit genetischer Anomalien, defekter Gene, variiert stark. Neben häufigen Stoffwechselkrankheiten, wie der Gicht oder der familiären Hypercholesterinämie, sind außerordentliche Seltenheiten beschrieben worden.

## 16.1 Lipidstoffwechsel

### 16.1.1 Herkunft und Aufbau der Lipide

Etwa 40% der Gesamtenergiezufuhr mit der Nahrung besteht aus Fett. Wenn die Energiezufuhr den augenblicklichen Bedarf übersteigt, wird Fett (Triglyzeride) im Fettgewebe gespeichert und bei Bedarf durch Lipolyse wieder mobilisiert.

***Lipide*** sind wasserunlösliche Stoffe, deren wesentlicher Bestandteil langkettige, unverzweigte, gesättigte (z.B. Ölsäure, Stearinsäure, Palmitinsäure) oder ungesättigte ***Fettsäuren*** aus 10–24 C-Atomen sind. Die mehrfach ungesättigten Fettsäuren Linolsäure und Linolensäure, Vorläufer der Prostanoide, können im menschlichen Körper nicht synthetisiert werden und müssen mit der Nahrung aufgenommen werden (essentielle Nährstoffe). Der tägliche Bedarf an Linolsäure beträgt 10 g.

***Triglyzeride*** sind Ester aus Glyzerin und langkettigen Fettsäuren. Während Fette tierischen Ursprungs hauptsächlich gesättigte Fettsäuren enthalten, überwiegen in pflanzlichen Fetten mehrfach ungesättigte Fettsäuren (ω-6-Fettsäuren). Fette marinen Ursprungs enthalten besonders hoch ungesättigte langkettige Fettsäuren (ω-3-Fettsäuren).

***Cholesterin*** ist ein wesentlicher Strukturanteil aller tierischen und menschlichen Zellen. Darüber hinaus ist es das Ausgangssubstrat für die Synthese von Gallensäuren in der Leber und für die Synthese von Steroidhormonen. In Pflanzen kommt es nicht vor.

***Phosphatide,*** d.h. Ester aus Glyzerin, Fettsäuren und Phosphorsäure, sind wichtige Strukturelemente der Zellmembranen und der Lipoproteinpartikel.

***Lipoproteine*** sind wasserlösliche Partikel aus Triglyzeriden, Cholesterin, Cholesterinestern, Phosphatiden und Apolipoproteinen. Sie transportieren die Lipide durch das Blut zu den Zielorganen. Die Lipoproteine werden in Dichteklassen eingeteilt, die durch Ultrazentrifugation ermittelt werden. Eine ältere Klassifizierung beruht auf der Wanderung der Lipoproteine in der Elektrophorese (Tabelle 16.1). Die Funktionen der Apolipoproteine sind in Tabelle 16.2 dargestellt.

#### Stoffwechsel der Lipide

Die mit der Nahrung aufgenommenen ***Triglyzeride (exogen)*** werden durch die Pankreaslipase in Anwesenheit von Gallensäuren im oberen Dünndarm gespalten, als

**Tabelle 16.1.** Klassifizierung der Lipoproteine nach Dichteklassen (Ultrazentrifugation) und Wanderungsgeschwindigkeit im elektrischen Feld (Elektrophorese)

| | Lipoproteine | | | | |
|---|---|---|---|---|---|
| | Chylomikronen | VLDL | IDL | LDL | HDL |
| Apolipoproteine | B48, AII, AIV AI, E, CI, CII, CIII | B100, E, CI, CII, CIII | B100, E | B100 | AI, AII |
| Dichte in der Ultrazentrifugation g/ml | < 0,95 | 0,95–1,006 | 1,006–1,019 | 1,019–1,063 | 1,063–1,121 |
| Elektrophorese (Wanderung) | keine | prä β | β bis prä β | β | α |
| Größe (Å) | 800–5000 | 300–800 | 250–350 | 180–280 | 50–120 |
| Protein (%[a]) | 2 | 5–10 | 15–20 | 20–25 | 40–55 |
| Cholesterin (%) | 5 | 25 | 35 | 45 | 20 |
| Triglyzeride (%) | 85 | 50 | 10 | 10 | 10 |
| Phospholipide (%) | 8 | 15–20 | 35–40 | 20–25 | 15–30 |

[a] % Trockenmasse

**Tabelle 16.2.** Ursprung und Funktion der Apolipoproteine

| Apolipoprotein | Ursprung | Plasmakonzentration (mg/dl) | Funktion |
|---|---|---|---|
| AI | Leber, Darm | 130 | Aktiviert LCAT |
| AII | Leber, Darm | 40 | Strukturprotein |
| AIV | Darm | Unbekannt | Strukturprotein |
| B48 | Darm | Unbekannt | Strukturprotein |
| B100 | Leber | 80 | Bindung an den LDL-Rezeptor (B, E) |
| CI | Leber | 6 | Aktiviert LCAT |
| CII | Leber | 3 | Aktiviert Lipoproteinlipase |
| CIII | Leber | 12 | Hemmt Lipoproteinlipase |
| E | Leber | 5 | Bindung an den Remnant-(E) und LDL-Rezeptor (B, E) |
| D | Leber | 10 | Strukturprotein |

Mono- und Diglyzeride resorbiert und in den Mukosazellen zu Triglyzeriden resynthetisiert. Zusammen mit geringen Mengen Cholesterin und den Apolipoproteinen B48, AI, AII und AIV gelangen sie als ***Chylomikronen*** über die Lymphe in das Blut, wo sie die Apolipoproteine E und C von HDL aufnehmen. Die in den Kapillarendothelien lokalisierte Lipoproteinlipase spaltet einen Teil der Triglyzeride ab. Das triglyzeridärmere, cholesterinreichere ***Chylomikronen-„remnant“*** (Restpartikel) wird von der Leber durch den B,E-Rezeptor, möglicherweise auch über einen E-Rezeptor, mit Hilfe von Apoliprotein E aufgenommen und metabolisiert.

Die Leber synthetisiert aus freien Fettsäuren, Glyzerin und Kohlenhydraten der Nahrung ***Triglyzeride (endogen),*** die zusammen mit Cholesterinestern und den Apolipoproteinen B 100, E und C als VLDL in die Blutbahn sezerniert werden. Die Lipoproteinlipase spaltet Triglyzeride der VLDL. Die entstehenden freien Fettsäuren werden in Fett- und Muskelzellen aufgenommen. Unter Verlust von Apolipoprotein C wird VLDL zu einem cholesterinreicheren „remnant“-Partikel, dem IDL, das z. T. vom B,E-Rezeptor der Leber mit Hilfe von Apolipoprotein B aufgenommen wird, z. T. durch die hepatische Triglyzeridlipase zu LDL katabolisiert wird. LDL enthält nur noch Cholesterin und Apolipoprotein B 100. Es dient der Cholesterinversorgung der extrahepatischen Zellen, die es mit Hilfe des LDL-Rezeptors aufnehmen, der Apolipoprotein B 100 des LDL erkennt und dem B,E-Rezeptor der Leber entspricht.

Aus der peripheren Zelle wird überschüssiges Cholesterin durch einen in der Zellwand gelegenen ***HDL-Rezeptor*** in die Blutbahn zurücktransportiert. Das freie Cholesterin wird im Plasma beim Übergang auf HDL-Partikel durch Lezithincholesterinazyltransferase (LCAT) verestert. Apolipoprotein A I dient der LCAT als Kofaktor. Cholesterylestertransferprotein überträgt Cholesterylester auf HDL, LDL und Chylomikronenremnants, die vom B,E-Rezeptor der Leber aufgenommen werden (Abb. 16.1).

## 16.1.2 Störungen des Lipidstoffwechsels

**Definition.** Störungen im Lipid- und Lipoproteinstoffwechsel entstehen durch Vermehrung von Cholesterin und/oder Triglyzeriden im Plasma, viel seltener durch eine Verminderung. Entsprechend ist die Konzentration der zugehörigen Lipoproteine verändert. Änderungen der Synthese- oder Abbaurate eines oder mehrerer Lipoproteine und Apolipoproteine, Störungen der Rezeptorfunktion, defekte oder fehlende Enzyme und strukturelle oder funktionelle Defekte der Apolipoproteine liegen den einzelnen Krankheiten zugrunde. Primäre, vererbte Störungen des Lipidstoffwechsels müssen von

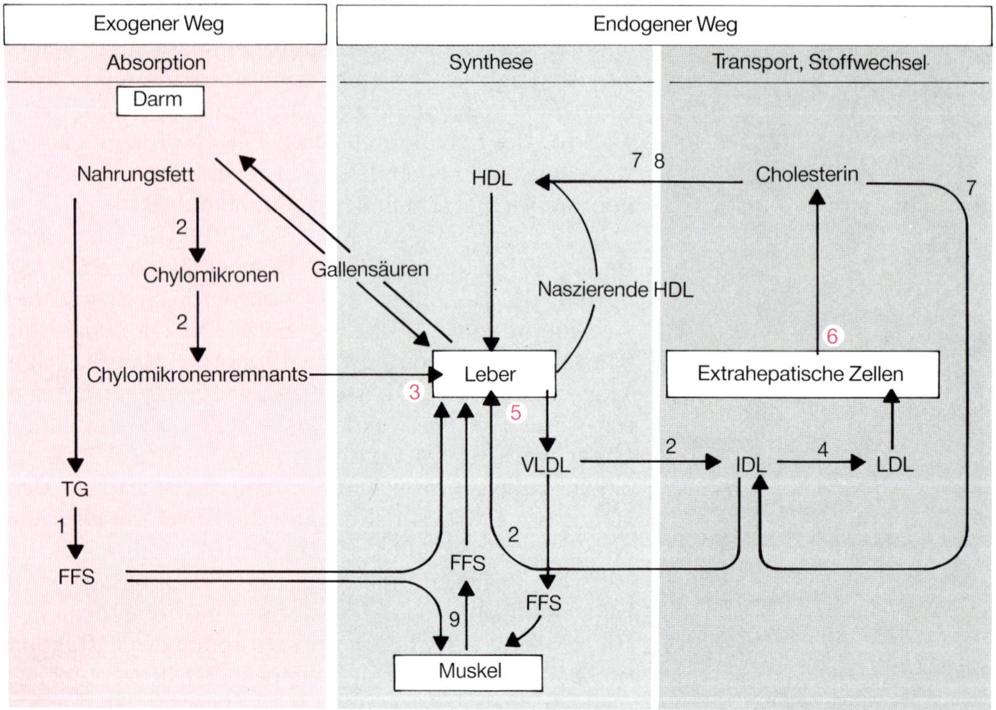


**Abb. 16.1.** Stoffwechsel der Lipide und Lipoproteine. Verknüpfung des exogenen (Nahrungsfett) und endogenen (Neusynthese von Lipiden und Lipoproteinen) Stoffwechselweges. Die Ziffern bezeichnen die Enzyme (schwarze Zahlen) oder Rezeptoren (rote Zahlen): *1* Pankreaslipase, *2* Lipoproteinlipase, *3* Chylomikronenremnantrezeptor (erkennt Apolipoprotein E), *4* hepatische Triglyzeridlipase, *5* LDL-(B,E-)Rezeptor (erkennt Apolipoprotein B und E), *6* HDL„Rezeptor", *7* Cholesterylestertransferprotein, *8* LCAT (Lecithincholesterinazyltransferase), *9* Lipolyse Vom Nahrungscholesterin wird der kleinere Teil resorbiert, der größere ausgeschieden

sekundären Hyperlipidämien unterschieden werden, die Folge anderer Krankheiten sind.

Die entscheidende klinische Komplikation der meisten Hyperlipidämien ist eine frühzeitige, vor dem 50. Lebensjahr manifeste ***Atherosklerose*** der Koronararterien, später auch der übrigen peripheren Arterien. Durch die Koronarerkrankung wird die Prognose der Hyperlipidämie bestimmt.

**Normalwert.** Der Begriff „Hyperlipidämie" erfordert eine Definition des Normalwerts. Untersucht man eine scheinbar gesunde Bevölkerung, findet man eine mit den Lebensjahren ansteigende Konzentration aller Lipid- und Lipoproteinfraktionen im Serum. Aus epidemiologischen Untersuchungen wird deutlich, daß der altersentsprechende „Normalwertbreich" nicht mit der größten Lebenserwartung einhergeht. Das Risiko einer frühzeitigen Koronarkrankheit steigt mit der Zunahme von Cholesterin an. Therapeutische Maßnahmen beginnen daher heute schon bei einem Cholesterin von 220 mg/dl und/oder bei Triglyzeriden von 200 mg/dl.

**Diagnostik.** Das Flußschema in Abb. 16.2 enthält die wesentlichen Schritte zur Abklärung einer Hyperlipoproteinämie. Neben der Unterscheidung zwischen primärer und sekundärer Hyperlipidämie muß Wert auf die frühzeitige und möglichst umfassende Erkennung von atherosklerotischen Komplikationen gelegt werden. Der Nachweis einer vererbten Hyperlipoproteinämie zeigt das besondere Risiko einer frühzeitigen Atherosklerose an und erleichtert die Entscheidung, eine Therapie zu beginnen.

**Labor.** Serumcholesterin und Triglyzeride werden mindestens 10 h nach der letzten Mahlzeit mehrmals im Abstand von Wochen ohne Änderung der Ernährung und ohne lipidsenkende Arzneimittel bestimmt. Wenn abzentrifugiertes Serum über Nacht im Kühlschrank klar bleibt, liegt entweder keine Fettstoffwechselstörung vor oder eine isolierte Hypercholesterinämie. Trübes Serum weist auf eine Hypertriglyzeridämie hin, eine Rahmschicht über dem Serum auf das Vorhandensein von Chylomikronen. Zur Diagnostik von Rezeptor- oder Enzymdefekten oder zum Nachweis veränderter Apolipoproteine muß der Patient zu einem Spezialisten überwiesen werden.

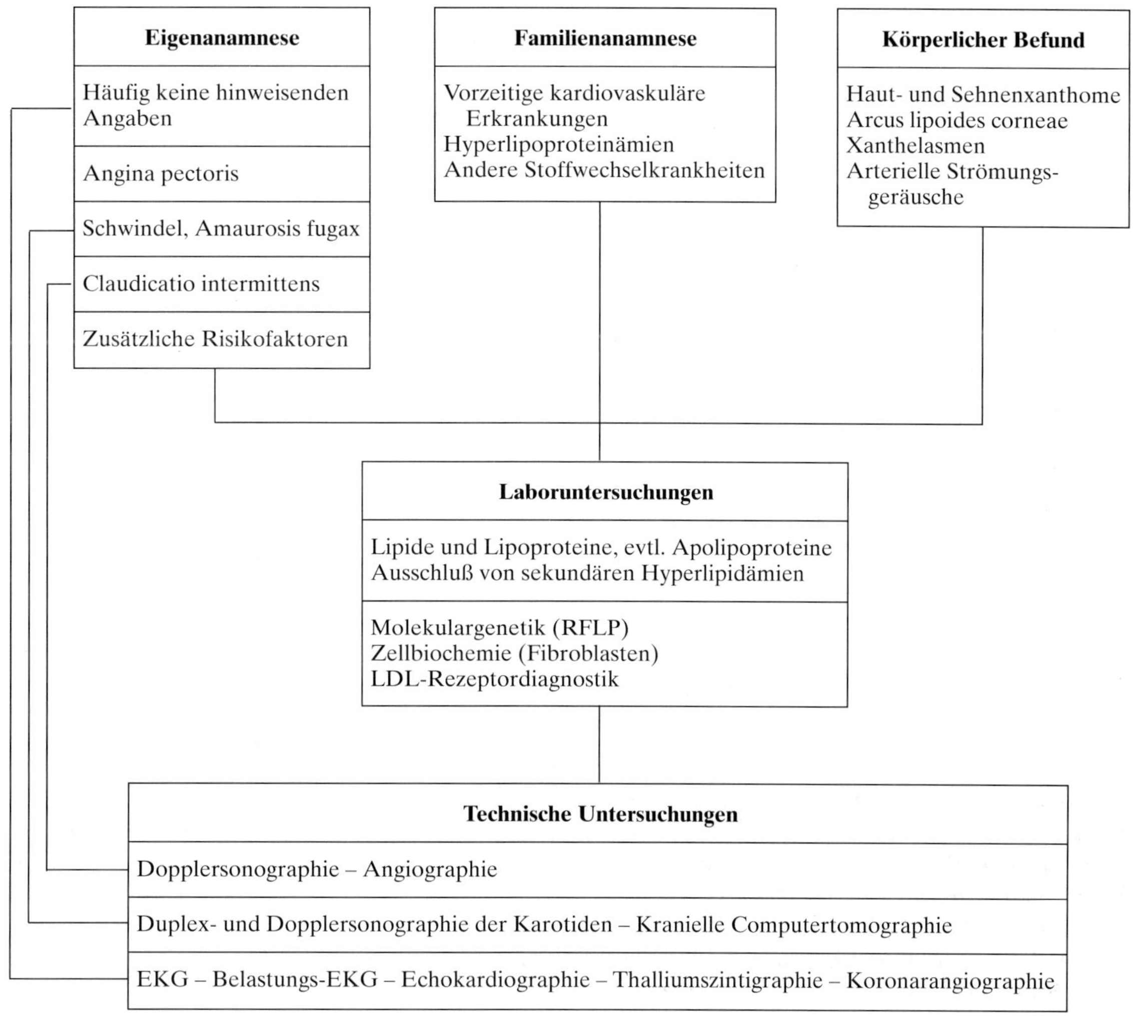


**Abb. 16.2.** Flußschema zur Diagnostik von Hyperlipidämien

### 16.1.3 Primäre Hyperlipidämien

Dem wegweisenden Laborbefund einer Triglyzerid- oder Cholesterinerhöhung folgend, werden hier zunächst die primären Hypertriglyzeridämien, dann die primären Hypercholesterinämien beschrieben. Diese Gliederung folgt nicht der Klassifizierung der Hyperlipoproteinämien nach Fredrickson, die sich am Phänotyp und nicht an nosologischen Einheiten orientierte. Die Nomenklatur der Fredrickson-Einteilung (Typ I bis Typ IV) wird aber bei allen Krankheitsbildern erwähnt. Am Ende des Kapitels sind tabellarisch die Differentialdiagnosen sekundärer Hyperlipidämien aufgelistet. Zu Fragen der Therapie und möglicher Nebenwirkungen kann Tabelle 16.3 herangezogen werden.

#### Familiärer Lipoproteinlipasemangel (Bürger-Grütz-Erkrankung, Hyperlipoproteinämie Typ I)

**Pathogenese.** Der autosomal-rezessiv vererbte Defekt der Lipoproteinlipase führt zu einer ***Abbaustörung der Chylomikronen*** und ihrer Anhäufung im Nüchternserum.

**Tabelle 16.3.** Arzneimitteltherapie von Hyperlipoproteinämien. Die phänotypischen Abkürzungen der Spalte *Indikation* stehen für die im Text beschriebenen Krankheitsbilder. Die Reihenfolge berücksichtigt die Erfolgsaussichten der einzelnen Arzneimittel für die gegebene Indikation

| Gruppe | Indikation | Nebenwirkung | Wechselwirkung mit | Beispiele | Maximaldosis/Tag |
|---|---|---|---|---|---|
| Anionenaustauschharze | II a (II b) | Obstipation<br>Malabsorption fettlöslicher Vitamine (selten)<br>SGOT, SGPT, aP ↑ | Digitalis<br>Thiaziden<br>Tetrazyklin<br>Dicoumarol | Cholestyramin<br>Colestipol | 24 g<br>30 g |
| Nikotinsäurepräparate | II a, II b, IV, V | Flush<br>Magendrücken<br>SGOT, SGPT, aP ↑<br>BZ ↑ | Nicht bekannt | Pyridylkarbinol retard<br>Niconacid | 1,5 g<br>3–5 g |
| Clofibratabkömmlinge | III, IV, V<br>II b, II a | Magendrücken<br>Haarausfall<br>Muskelschmerzen<br>Gallensteine<br>Impotenz<br>SGOT, SGPT, CPK ↑ | Dicoumarol | Bezafibrat<br>Fenofibrat<br>Gemfibrozil | 600 mg<br>750 mg<br>1200 mg |
| HMG-CoA-Reduktase-Hemmer | II a (II b), (III) | Magendrücken<br>Schlafstörung<br>Muskelschmerzen<br>(Katarakt)<br>SGOT, SGPT, CPK ↑ | Fibraten<br>Nikotinsäure<br>Erythromyzin<br>Zyklosporin | Lovastatin<br>Simvastatin<br>Pravastatin | 80 mg<br>40 mg<br>40 mg |
| Andere | II a | Magendrücken<br>SGOT, SGPT ↑ | Nicht bekannt | Probucol | 1000 mg |

**Klinik.** Schon im Kleinkindalter treten in Abhängigkeit von der Höhe des Triglyzeridspiegels Schübe einer ***akuten Pankreatitis*** auf. An der Haut, bevorzugt am Gesäß und den Streckseiten der Extremitäten, erscheinen gelbliche Knötchen, ***eruptive Xanthome.*** Leber und Milz sind vergrößert, im Knochenmark sind Schaumzellen nachweisbar. Am Augenhintergrund schimmern die retinalen Gefäße weißlich ***(Lipaemia retinalis).***

**Diagnose.** Serumcholesterin nach Abtrennung der Chylomikronen leicht erhöht oder normal, Triglyzeride massiv vermehrt, bedingt durch die Chylomikronämie.

**Therapie.** Rein diätetisch, nicht mehr als 30 g Fett/Tag.

### Familiärer Apolipoprotein-CII-Mangel

**Pathogenese.** Durch den autosomal-rezessiv vererbten Mangel von Apolipoprotein CII fehlt die ***Aktivierung der Lipoproteinlipase.*** Das Serum ist durch die hohe Konzentration von Chylomikronen und VLDL milchig.

**Klinik.** Ähnelt Typ I.

**Diagnose.** Im Nüchternserum sind Chylomikronen und hohe Triglyzeride vorhanden. Der Apolipoprotein-CII-Mangel ist elektrophoretisch nachweisbar.

**Therapie.** Wie bei Typ I. In Fällen schwerer Pankreatitis kann durch Infusion von Plasma eines gesunden Spenders, das Apolipoprotein CII enthält, rasch eine Klärung des lipämischen Plasmas herbeigeführt werden.

### Hyperlipoproteinämie Typ V

**Pathogenese.** Erkrankung des Erwachsenenalters, ähnelt dem kindlichen Typ I, jedoch sind Defekte der Lipoproteinlipase nicht bewiesen. Meistens liegt ein ***multifaktorielles Geschehen*** vor (Adipositas, entgleister Diabetes mellitus, Alkoholabusus, hormonelle Kontrazeptiva).

**Klinik.** Rezidive ***akuter Pankreatitis, eruptive Xanthome*** und ***Lipaemia retinalis*** prägen das Bild. Atherosklerotische Komplikationen scheinen selten zu sein.

**Diagnose.** Im Nüchternserum sind Chylomikronen und eine massive Cholesterin- sowie Triglyzeridvermehrung nachweisbar; $^3/_4$ der Patienten haben eine gestörte Glukosetoleranz, häufig auch eine Hyperurikämie.

**Therapie.** Die ***Reduktion von Fett, schnell resorbierbaren Kohlenhydraten*** und ***Alkohol*** führt oft innerhalb von Tagen zu einer annähernden Normalisierung des Lipoproteinmusters im Serum. Trotz Beibehaltung der Diät und Reduktion des Körpergewichtes bleibt gelegentlich eine Hypertriglyzeridämie zurück, die wegen der Gefahr der Pankreatitis medikamentös behandelt werden sollte. Geeignete Medikamente sind in Tabelle 16.3 aufgeführt.

Bei Nikotinsäuretherapie muß der Blutzucker kontrolliert werden, da Nikotinsäure eine Verschlechterung der Glukosetoleranz hervorruft.

### Familiäre Hypertriglyzeridämie (Hyperlipoproteinämie Typ IV)

**Pathogenese.** Möglicherweise liegt ein defekter Katabolismus von VLDL vor. Die Manifestation des autosomaldominant vererbten Leidens wird durch Übergewicht begünstigt.

**Klinik.** Übergewicht, Hyperinsulinämie, Hyperglykämie und Hyperurikämie treten fast immer zusammen mit der Hyperlipidämie auf. Eine Atherosklerose der Koronararterien und der Beinarterien entwickelt sich etwa gleich häufig.

**Diagnose.** Isolierte Vermehrung von Triglyzeriden im Plasma.

**Therapie.** Diätetisch, wie bei Typ V.

### Familiäre Hypercholesterinämie (FHC, Hyperlipoproteinämie Typ II a)

**Pathogenese.** Der autosomal-dominant vererbte LDL-Rezeptor-Defekt führt zu verzögertem LDL-Cholesterin-Katabolismus und zu einer massiven Vermehrung von LDL-Cholesterin im Plasma. Folge ist eine Ablagerung von Cholesterin im Gewebe ***(Xanthome)*** und in der Gefäßwand ***(Atherome),*** insbesondere der Koronararterien. Die Prognose der familiären Hypercholesterinämie wird durch den Verlauf der Koronarerkrankung bestimmt.

**Die durch einen Defekt des LDL-Rezeptors hervorgerufene familiäre Hypercholesterinämie ist die häufigste Hyperlipoproteinämie, die unbehandelt schon vor dem 50. Lebensjahr durch einen akuten Herzinfarkt tödlich enden kann. Rechtzeitige Diagnose und Therapie können die Prognose verbessern.**

**Klinik.** Xanthome in Achillessehnen und Strecksehnen der Finger sowie seltener tuberöse Xanthome an den Streckseiten der Extremitäten, Arcus lipoides vor dem 40. Lebensjahr und klinische Zeichen der ***Koronarinsuffizienz*** zwischen dem 30. und 50. Lebensjahr (bei etwa der Hälfte der erkrankten Männer) sind die klassischen Befunde der ***heterozygoten Form*** der familiären Hypercholesterinämie. Eine ausgedehnte tuberöse Xanthomatose der Haut vom 2. oder 3. Lebensjahr an prägt das klinische Erscheinungsbild der ***homozygoten Form.*** Die koronare Atherosklerose manifestiert sich im Kindesalter und führt meistens vor dem 20. Lebensjahr zum akuten Herztod. Während die heterozygote Form bei 0,2% der Bevölkerung auftritt, schätzt man nur einen Fall der homozygoten Form auf 1 000 000 Geburten.

**Diagnose.** Serumcholesterin und LDL-Cholesterin sind von frühester Jugend an erhöht, HDL-Cholesterin in vielen Fällen erniedrigt, Triglyzeride normal, gelegentlich leicht erhöht. Die Diagnose ist pränatal aus Amnionzellkulturen möglich.

**Differentialdiagnose.** Hypercholesterinämie auf dem Boden eines defekten Apolipoprotein B oder bei gemischter familiärer Hyperlipidämie.

**Therapie.** Die Therapie beginnt mit einer ***fettarmen*** (weniger als 30% der Gesamtenergiezufuhr), ***cholesterinarmen Kost*** (weniger als 300 mg/Tag), die so angepaßt werden muß, daß ein bestehendes Übergewicht gleichzeitig beseitigt wird. Pflanzliche Fette mit mehrfach ungesättigten (P: „polyunsaturated“) Fettsäuren, die einen cholesterinsenkenden Effekt haben, sollten tierische Fette mit langkettigen gesättigten Fettsäuren (S: „saturated“), die zu einem Anstieg von Cholesterin führen, ersetzen (Erhöhung des P/S-Quotienten von 0,3 auf 1,0). Erst wenn die Diät voll ausgeschöpft ist (bis zu 15% Cholesterinsenkung sind zu erwarten), sollte eine ***medikamentöse Therapie*** mit dem Ziel der Normalisierung des Cholesterins erfolgen. Da die Behandlung lebenslang erfolgt, muß vor Beginn einer Arzneimitteltherapie der Nutzen sorgfältig gegen das Risiko von Nebenwirkungen abgewogen werden. Zeichen der Atherosklerose – auch ohne klinische Symptomatik – sind eine absolute Indikation zu einer Therapie. Zur Auswahl geeigneter Arzneimittel s. Tabelle 16.3.

Die Indikation zur ***Plasmapherese*** (LDL-Apherese) stellt sich 1. bei der homozygoten Form der familiären Hypercholesterinämie und 2. bei unzureichend therapierbarer heterozygoter familiärer Hypercholesterinämie mit fortgeschrittener Koronarerkrankung (LDL-Cholesterin auch bei Kombinationstherapie in maximaler Dosierung erhöht).

Bei 3 homozygoten Kindern konnte durch Lebertransplantation der LDL-Rezeptor-Defekt weitgehend korrigiert werden.

Zusätzlich vorhandene Gefäßrisikofaktoren müssen behandelt werden (Nikotinabusus, Hypertonie, Diabetes mellitus).

### Familiärer Apolipoprotein-B100-Defekt (Hyperlipoproteinämie Typ II a)

**Pathogenese.** Mangelnde Bindungsfähigkeit eines strukturell veränderten Apolipoprotein B an den LDL-Rezeptor führt zur Hypercholesterinämie.

**Klinik.** Wahrscheinlich wie familiäre Hypercholesterinämie.

**Therapie.** Wie familiäre Hypercholesterinämie.

### Gemischte familiäre Hyperlipidämie (GFH, Hyperlipoproteinämie Typ II a, II b, Typ IV)

**Pathogenese.** Der genetische Defekt ist nicht bekannt, die Erkrankung wird ***autosomal-dominant*** vererbt und hat ein hohes Risiko frühzeitiger Atherosklerose. Es liegt eine Überproduktion von Apolipoprotein B vor.

> **Familiäre gemischte Hyperlipidämie, familiäre Dysbetalipoproteinämie und familiäre Hypertriglyzeridämie haben ein hohes Risiko frühzeitiger Atherosklerose der Koronar- und peripheren Arterien. Daher sind frühzeitige Diagnose und Therapie nötig.**

**Klinik.** Xanthome scheinen selten aufzutreten, aber Zeichen der ***Koronarsklerose*** finden sich frühzeitig bei allen 3 Phänotypen.

**Diagnose.** Serumcholesterin, LDL-Cholesterin, VLDL-Cholesterin und Triglyzeride sind erhöht, ebenso Apolipoprotein B in LDL und VLDL. Typisch sind das ***Auftreten aller 3 Phänotypen*** in einer Familie sowie der ***Wechsel des Phänotyps*** beim einzelnen Patienten, meist abhängig von der Ernährung.

**Therapie.** Diät wie bei familiärer Hypercholesterinämie, Medikamente s. Tabelle 16.3.

### Familiäre Dysbetalipoproteinämie (Hyperlipoproteinämie Typ III)

**Pathogenese.** Zugrunde liegen Strukturvarianten des Apolipoprotein E, die die Bindung an den B,E-Rezeptor der Leber stören und zu einer Anhäufung von cholesterinreichen Remnantpartikeln führen (β-VLDL). Eine frühzeitige generalisierte Atherosklerose ist die Folge, wenn die Erkrankung durch äußere Einflüsse, insbesondere Adipositas oder Hormontherapie (z. B. Antikonzeptiva), und möglicherweise durch weitere genetische Faktoren manifest wird.

**Klinik.** Pathognomonisch sind ***tuberoeruptive Xanthome*** an den Streckseiten der Extremitäten und flache ***Handlinienxanthome,*** die diskret sind und nach denen man suchen muß. Gelegentlich finden sich Sehnenxanthome und Xanthelasmen der Augenlider.

***Koronarsklerose*** und ***periphere Angiopathie*** treten frühzeitig auf, obwohl sich die Krankheit erst beim Erwachsenen manifestiert. Gestörte Glukosetoleranz und Hyperurikämie sind häufig assoziiert.

**Diagnose.** Serumcholesterin und Triglyzeride sind in etwa gleichem Ausmaß erhöht (oft massiv), LDL-Cholesterin ist eher niedrig, β-VLDL nachweisbar (Ultrazentrifuge, Elektrophorese), HDL erniedrigt. Neben dem β-VLDL ist der Apolipoprotein-E2/E2-Genotyp beweisend.

**Therapie.** Wenn eine fettarme kalorienreduzierte Diät, die arm an schnell resorbierbaren Kohlenhydraten ist, sowie Alkoholkarenz nicht zur Normalisierung der Serumlipide führen, sind Arzneimittel nötig (Tabelle 16.3).

Die ***Differentialdiagnose*** der ***sekundären Hyperlipidämien*** geht aus Tabelle 16.4 hervor. In diesen Fällen muß zunächst die Grundkrankheit behandelt werden, bevor eine spezifische Therapie der Hyperlipidämie erwogen werden darf.

## FALL 16 A

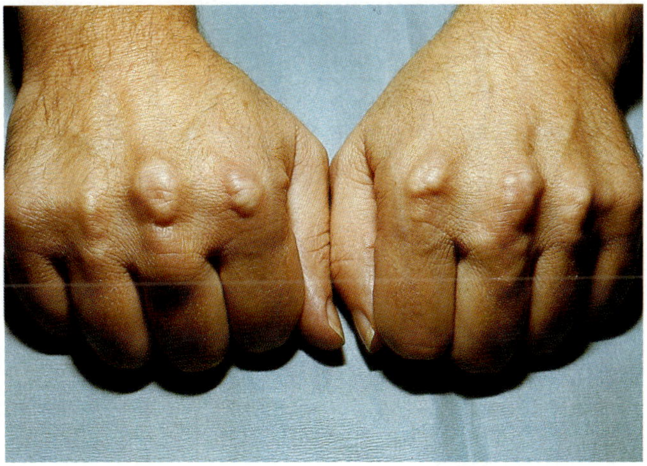

**Abb. 16 A.** Proximal und distal der Fingergrundgelenke Tumoren, die im Bereich der Fingerstrecksehnen liegen: Xanthome bei familiärer Hypercholesterinämie

**Anamnese.** Ein 45jähriger Mann bemerkt seit Jahren eine schmerzlose langsame Größenzunahme der Knoten (Abbildung 16 A). Vor einigen Jahren ist er wegen einer schmerzhaften Schwellung im Achillessehnenbereich orthopädisch behandelt worden. Auf Befragen erinnert er sich, daß seine Mutter, die mit 58 Jahren an einem akuten Herzinfarkt verstorben ist, an den Händen ähnliche Knoten hatte. Der Patient leidet neuerdings bei körperlicher Anstrengung an einem dumpfen Schmerz in der linken Thoraxhälfte, der in Ruhe in Minuten abklingt.

**Befund.** Bis bohnengroße, derbe, mit der Sehne verschiebliche Knoten ohne Verfärbung der darüberliegenden Haut. Achillessehne beiderseits im oberen Drittel verdickt. Über dem Herzen systolisches Austreibungsgeräusch mit Punctum maximum über dem 2. Interkostalraum rechts parasternal.

Cholesterin 385 mg/dl, LDL-Cholesterin 332 mg/dl, HDL-Cholesterin 28 mg/dl.

Ruhe-EKG regelrecht, bei Belastung mit 125 W Ischämie $V_4$–$V_6$. Koronarangiographie: subtotale Stenose der A. coronaria dextra.

**Diagnose.** Familiäre Hypercholesterinämie mit fortgeschrittener koronarer Atherosklerose.

**Therapie und Verlauf.** Anionenaustauschharz; perkutane Angioplastie der rechten Koronararterie, Azetylsalizylsäure 100 mg/d, β-Blocker. Kardial beschwerdefrei. Serumcholesterin normalisiert.

**Tabelle 16.4.** Sekundäre Hyperlipoproteinämien

| | Bevorzugt erhöhte Lipoproteine | | |
|---|---|---|---|
| Ätiologie | Chylomikronen | VLDL | LDL |
| Endokrin | | | |
| Diabetes mellitus | + | + | + |
| Cushing-Syndrom | | + | (+) |
| Hypothyreose | | | + |
| Anorexia nervosa | | | + |
| Glykogenosen | + | + | + |
| Pharmaka | | | |
| Orale Kontrazeptiva | + | + | + |
| Glukokortikoide | | + | + |
| Diuretika | | + | (+) |
| β-Blocker | | + | + |
| Alkohol | + | + | (+) |
| Nierenerkrankungen | | | |
| Chronische Niereninsuffizienz | | + | (+) |
| Nephrotisches Syndrom | | (+) | + |
| Leber-Galle-Pankreas | | | |
| Hepatitis | | + | |
| Primär biliäre Zirrhose | | | + |
| Akute Pankreatitis | + | + | |
| Immunologisch | | | |
| Lupus erythematodes | | + | + |
| Paraproteinämie | + | + (β-VLDL) | + |

### 16.1.4 Primäre Hypolipidämien

Diese seltenen autosomal-rezessiv vererbten Erkrankungen umfassen Defekte im ***Apolipoprotein-B-Stoffwechsel*** (Hypobetalipoproteinämie, Abetalipoproteinämie) und im HDL-Stoffwechsel (Tangier-Erkrankung, Strukturvarianten von Apolipoprotein AI, Apolipoprotein-AI-Mangel, Mangel an LCAT), die sich z. T. mit frühzeitiger Atherosklerose manifestieren. Im Serum ist das LDL- bzw. HDL-Cholesterin niedrig oder fehlt. Eine spezifische Therapie ist für keine der Erkrankungen bekannt.

### 16.1.5 Lipoidspeicherkrankheiten

Den Lipoidspeicherkrankheiten liegen seltene, autosomal-rezessiv vererbte Enzymdefekte zugrunde, die zu einer abnormen Speicherung eines spezifischen Lipoids in verschiedenen Organen führen (Tabelle 16.5). Patienten mit Gaucher- und Niemann-Pick-Erkrankung erreichen z. T. das Erwachsenenalter. Bei der Abklärung einer Hepatosplenomegalie sollte an diese Erkrankungen gedacht werden. Eine spezifische Therapie ist für keine der Erkrankungen bekannt.

## 16.2 Purin- und Pyrimidinstoffwechsel

Purine und Pyrimidine sind heterozyklische Basen, die mit den ***Pentosen Desoxyribose*** oder ***Ribose*** und ***Phosphorsäure*** die Nukleotide bilden. Aus ihnen wird die ***Erbsubstanz,*** Desoxyribonukleinsäure (DNS) sowie Ribonukleinsäure (RNS), aufgebaut. Sie sind in den Kernen aller Körperzellen enthalten. Viele ***Koenzyme***, insbesondere die des Energiestoffwechsels, werden aus Purinen und Pyrimidinen synthetisiert. Infolgedessen können

**Tabelle 16.5.** Lipoidspeicherkrankheiten

| Typ | Enzymdefekt | Speicherung von | Klinik | Diagnose |
|---|---|---|---|---|
| Gaucher | β-Glukozerebrosidase | Glukosylzeramid | Hepatosplenomegalie, Skelettveränderungen, pathologische Frakturen<br>Infantile Form: Zerebrale Spastik, Retardierung | Enzymaktivität in Leukozyten<br>Gaucher-Zellen im Knochenmark |
| Niemann-Pick | Sphingomyelinase | Sphingomyelin | Hepatosplenomegalie, interstitielle Lungenveränderungen<br>Infantile Form: Retardierung, Ataxie, Epilepsie, kirschroter Makulafleck, Trübungen im Bereich von Kornea, Linse und Retina | Enzymaktivität in Fibroblasten und Leukozyten,<br>Schaumzellen im Knochenmark |
| Fabry | α-Galaktosidase A | Trihexosylzeramid | Schmerzhafte Polyneuropathie, Teleangiektasien, Katarakt, Niereninsuffizienz | Enzymaktivität in Nieren- und Darmepithelien |
| Tay-Sachs | Hexosaminidase A | Ganglioside | Zerebrale Retardierung, Epilepsie, Blindheit, kirschroter Makulafleck | Nierenbiopsie |

**Tabelle 16.6.** Ursachen sekundärer Gicht

| Vermehrte Bildung von Harnsäure | Verminderte Ausscheidung von Harnsäure |
|---|---|
| *Gesteigerte Blutneubildung:*<br>Polycythaemia vera<br>Sekundäre Polyglobulie<br>Chronisch-myeloische Leukose<br>Chronisch-myeloproliferative Störungen<br>Hämolytische Anämien<br><br>*Stoffwechselkrankheiten:*<br>Glykogenose Typ I | *Nierenkrankheiten:*<br>Polyzystische Nieren<br>Chronische Pyelonephritis<br>Bleinephropathie<br><br>*Metabolische Hemmung der renalen Harnsäureausscheidung:*<br>Ketoazidose (Hunger; entgleister Diabetes mellitus)<br>Laktazidose durch Alkohol<br>Arzneimittel (Saluretika, Cyclosporin) |

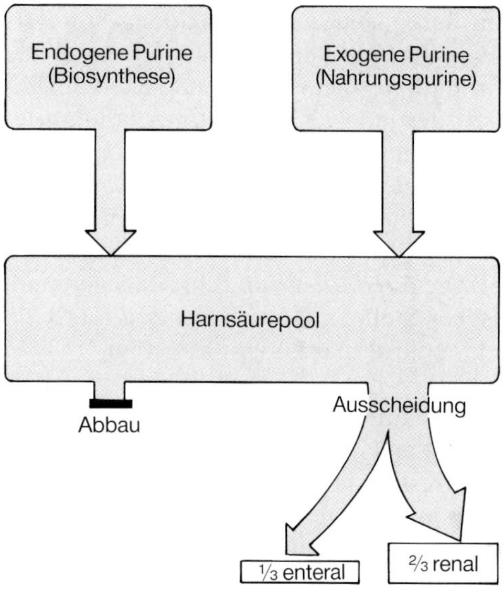


**Abb. 16.3.** Modell des Harnsäurepools

Störungen des Purin- oder Pyrimidinstoffwechsels viele Organe oder Funktionen des Körpers betreffen (Gehirn, Muskulatur, Immunantwort, Blutbildung). Autosomal-rezessiv vererbte Enzymdefekte liegen den seltenen Krankheitsbildern des Purinstoffwechsels mit zahlreichen Organstörungen zugrunde. Die Gicht, die häufigste Störung des Purinstoffwechsels, entsteht durch eine nicht genau definierte, erbliche Ausscheidungsstörung der Niere für Harnsäure.

Bislang sind drei, sehr seltene autosomal-rezessiv vererbte Enzymdefekte des Pyrimidinstoffwechsels beschrieben worden.

## 16.2.1 Gicht

**Definition.** Grundlage der Gicht ist eine anhaltende Erhöhung der Serumharnsäure über 6,5 mg/dl durch verschiedene biochemische Störungen. Diese sind entweder ***primär*** und dann meistens ***genetisch*** bedingt, treten ***familiär*** auf, benötigen aber ***äußere Einflüsse,*** z.B. Ernährung oder Arzneimittel, um sich klinisch zu manifestieren, oder sie sind ***sekundär*** (Ursachen Tabelle 16.6). Folgen der Hyperurikämie sind eine hochakute Monarthritis (akuter Gichtanfall), Ablagerungen von Natriumurat (Tophi), Nephrolithiasis und die Gichtniere.

**Häufigkeit.** Sie hängt von der Ernährung ab. Während der Weltkriege war die Gicht in Europa sehr selten. Heute betrifft sie 1–3% der erwachsenen Männer. Nur 5% aller Patienten mit Gicht sind Frauen nach der Menopause. Bei Kindern ist die Gicht Folge der sehr seltenen Enzymdefekte. Die sekundäre Gicht ist bei beiden Geschlechtern mit 5–10% etwa gleich häufig. Sie muß in jedem Fall sorgfältig ausgeschlossen werden.

**Genetik.** In weniger als 1% kann die Gicht auf einen ***molekularen Defekt*** mit der Folge einer massiven Steigerung der endogenen Purinsynthese zurückgeführt werden, z.B. auf den kompletten oder partiellen Mangel von Hypoxanthin-Guanin-Phosphoribosyl-Transferase (HGPRT) oder auf hyperaktive Varianten der Phosphoribosylpyrophosphat-(PRPP-)Synthase. Im Gen von HGPRT sind Deletionen, Punktmutationen (z.B. HGPRT Munich) und die Duplikation eines Exons gefunden worden. Alle Enzymdefekte werden X-chromosomal-rezessiv vererbt.

Der genetische Defekt der ***Ausscheidungsstörung*** an der Niere ist nicht bekannt. Ernährungsversuche mit definierten Purinquellen zeigen, daß der Hyperurikämiker einen höheren Plasmaharnsäurespiegel braucht, um „normale" Mengen Harnsäure auszuscheiden.

**Pathogenese.** Die Gicht ist die Folge einer erhöhten Uratkonzentration im Interstitium. Im Plasma beträgt das Löslichkeitsprodukt des Natriumurats etwa 6,4 mg/dl, oberhalb dieser Konzentration kann Harnsäure ausfallen. Die Übersättigung des Plasmas und der Synovialflüssigkeit des Gelenkes mit Harnsäure ist die wesentliche Voraussetzung für den akuten Gichtanfall. Ein plötzlicher Harnsäureanstieg mit Ausbildung von ***Mikrokristallen*** geht ihm meistens voraus. Kristalle, die kleiner als 10 μm sind, werden von Granulozyten phagozytiert, die dabei zugrundegehen und Entzündungsmediatoren wie Leukotriene, vasoaktive und chemotaktische Faktoren freisetzen. Sie verursachen eine äußerst schmerzhafte Schwellung, Rötung und Überwärmung des betroffenen Gelenks. Eine fortgesetzte Ausfällung von Harnsäure ***ohne Kristallisation*** führt dagegen zum ***Tophus*** an typischer Stelle, z. B. an Helix und Anthelix der Ohrmuschel, periartikulär und im Knochen.

**Harnsäurepool.** Abbildung 16.3 zeigt ein Modell des Harnsäurepools, dessen Größe mit dem Zu- und Abfluß von Harnsäure korrespondiert (Fließgleichgewicht).

**Harnsäurebildung und Harnsäureausscheidung.** Die körpereigene Harnsäurebildung (endogene Synthese) kann durch vermehrten Zellumsatz (z. B. Leukämien) oder durch Stoffwechseldefekte (z. B. Glykogenose Typ I) erhöht sein. Die Ausscheidung kann durch Arzneimittel (z. B. Thiazide), Ketoazidose (z. B. Hunger, entgleister Diabetes mellitus), Laktazidose (z. B. nach Konsum von Alkohol) oder durch Nierenkrankheiten vermindert sein.

Die ***Glomeruli*** filtrieren Harnsäure, im Primärharn entspricht ihre Konzentration der des Plasmas. Im proximalen Tubulus wird Harnsäure rückresorbiert und sezerniert, so daß 70% des Primärfiltrats den distalen Teil der Henle-Schleife erreichen. Nach erneuter Resorption werden schließlich 10% der ursprünglich filtrierten Menge im Urin ausgeschieden.

Im Spätstadium einer chronischen Niereninsuffizienz kommt es zur Verminderung der Harnsäure***filtration,*** durch eine Thiazidtherapie wird die ***Resorption*** gestört, während einer Ketose oder einer Laktazidose behindern die organischen Säuren die ***Sekretion*** der Harnsäure durch kompetitive Hemmung am Na-Kotransportsystem oder am Anionengegentransportsystem.

Beim Gesunden beträgt der Harnsäuregehalt des Körpers etwa 1,2 g, beim Kranken kann er extrem erhöht sein.

**Gicht, die häufigste Monarthritis des Mannes, entsteht, wenn die Harnsäurekonzentration im Plasma 6,5 mg/dl überschreitet und Harnsäure in den Geweben auskristallisiert. Uratnephrolithiasis ist häufig.**

## Klinik

**Asymptomatische Hyperurikämie.** Sie sollte, sobald sie – meist zufällig – entdeckt wird, abgeklärt werden (Abb. 16.4), da bei hohen Serumharnsäurewerten Gicht und Nierensteine zu erwarten sind.

**Akuter Gichtanfall.** Die akute Arthritis überrascht den Patienten bei voller Gesundheit, meistens nachts. Bevorzugt ist das Großzehengrundgelenk ***(Podagra)*** vom ersten Gichtanfall betroffen, aber auch Anfälle im Sprung-, Knie- oder Daumengrundgelenk sind häufig. Der Patient wird plötzlich von einem intensiven Schmerz geplagt, er erträgt nicht einmal die Bettdecke auf dem heißen, geschwollenen Gelenk, er fühlt sich krank, hat sogar Fieber. Die Schwellung und Rötung kann weit über das Gelenk hinausreichen und an eine Phlegmone erinnern. Die üblichen Schmerzmittel helfen kaum, aber nach Tagen, selten nach Wochen verschwindet der Schmerz, die Schwellung klingt ab. Bald hat der Patient den Anfall vergessen. Viele Gichtanfälle verlaufen weniger dramatisch und ohne Allgemeinsymptome.

Während des Anfalls bestehen eine Leukozytose, eine Beschleunigung der BKS und die für die akute Entzündung typischen Veränderungen der Serumelektrophorese.

**Intervallgicht.** Ein entscheidendes diagnostisches Kriterium der Gicht ist das ***symptomlose Intervall*** zwischen zwei Gichtanfällen. Zunächst kann das Intervall Monate bis Jahre dauern, wird aber immer kürzer und verschwindet schließlich ganz. Einige Patienten erleiden trotz fortgesetzter Hyperurikämie nur *einen* Gichtanfall.

**Chronische Gicht.** Diese war früher bei $^3/_4$ der Patienten die Regel, kommt heute aber dank effektiver und rechtzeitiger Behandlung kaum mehr vor. Klinische Charakteristika sind der ***Tophus,*** die Gelenkdestruktion durch Tophusbildung, aber auch ***Bursitis*** oder ein neurologisches ***Engpaßsyndrom*** (z. B. Karpaltunnelsyndrom). Tophi können nach außen perforieren: „Gichtgeschwür". Nephropathie oder Uratnephrolithiasis vervollständigen das Bild. Die chronische Gicht entsteht langsam, oft fast unbemerkt, einige Patienten erreichen dieses Stadium ohne Gichtanfall.

## Nierenerkrankungen bei Gicht

**Nephrolithiasis.** Komplikationen an der Niere sind häufig. Die Prävalenz von Nierensteinen bei unbehandelter

## FALL 16 B

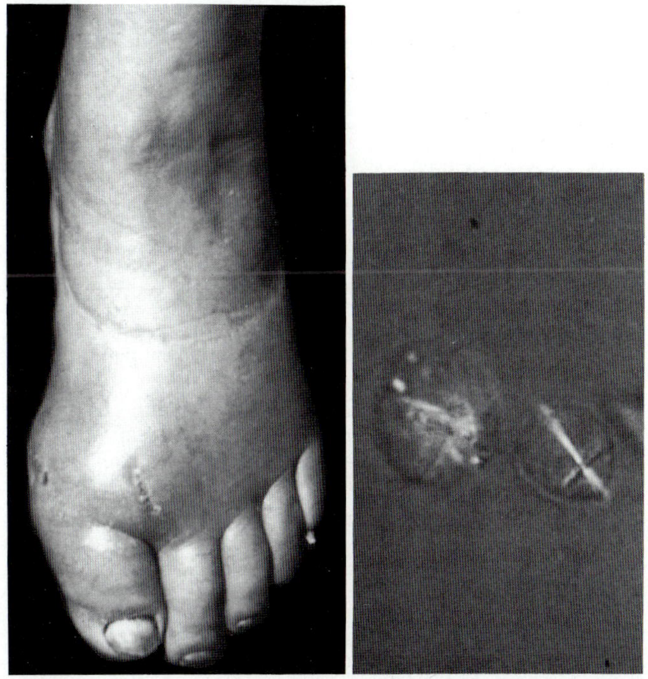

**Abb. 16 B.** Über das Großzehengrundgelenk hinausreichende Schwellung, Haut hochrot, glänzend, heiß. Im Gelenkpunktat intraleukozytär gelegene nadelförmige Kristalle: akute Gichtarthritis

**Anamnese.** 35jähriger übergewichtiger Mann, der noch nie krank war und heute nacht durch heftigste Schmerzen im Großzehengrundgelenk erwachte. Vorausgegangen ist die Geburtstagsfeier eines Kollegen am Abend zuvor.

**Befund.** Akute Arthritis im Großzehengrundgelenk mit großer Weichteilschwellung.

Leukozyten 11,600/$mm^3$, Harnsäure 9,5 mg/dl, SGOT 28 U/l, SGPT 30 U/l, GGT 65 U/l, Triglyzeride 495 mg/dl. Ultraschall: Fettleber, kein Nierenstein.

**Diagnose.** Akute Gichtarthritis.

**Therapie und Verlauf.** Colchicum dispert bis 4 mg/24 h, Antidiarrhoikum, nach Abklingen des Schmerzes (meist innerhalb 12 h) Reduktion des Kolchizins auf eine Erhaltungsdosis von 1,5 mg/Tag über 3–6 Monate. Purinarme Reduktionskost, Alkoholkarenz. Allopurinol oder Urikosurikum als Dauertherapie, Einstellung der Harnsäure auf 5,5–6,0 mg/dl. Keine Gichtanfälle mehr.

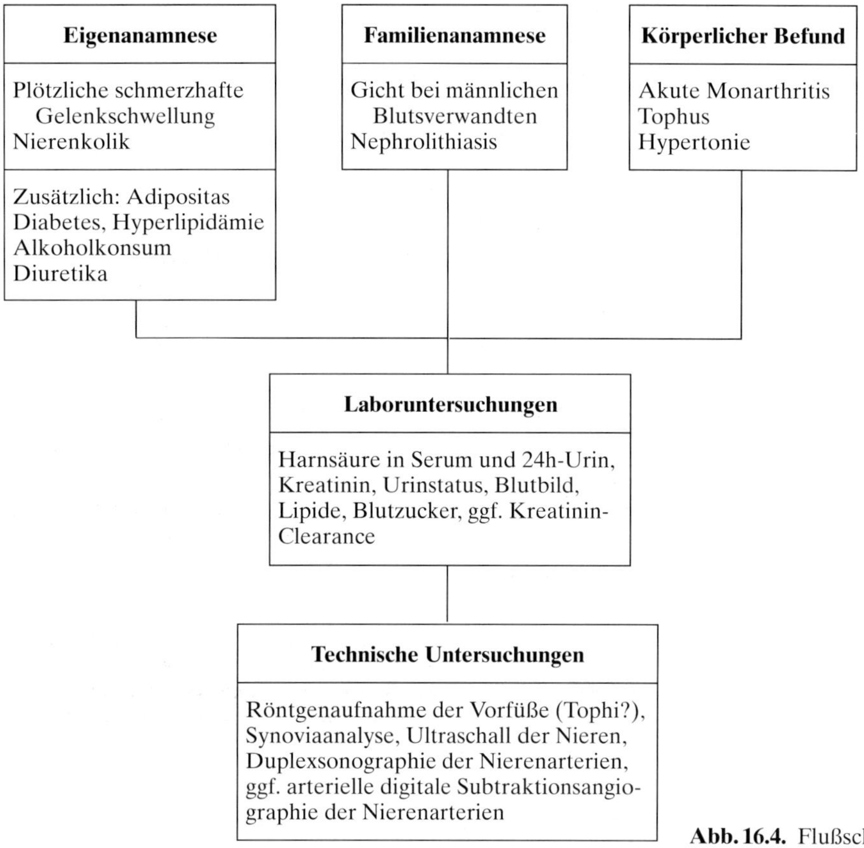


**Abb. 16.4.** Flußschema zur Diagnostik bei Hyperurikämie

Hyperurikämie ist höher als in der Allgemeinbevölkerung. 10–25% der Patienten mit primärer Hyperurikämie haben Uratsteine, in 20% ohne Arthritis urica. Bei der sekundären Hyperurikämie ist die Nephrolithiasis häufiger als bei der primären. Schließlich sind ***Kalziumoxalatsteine*** bei Hyperurikämie häufiger als bei Gesunden.

Begünstigt wird die Steinbildung durch geringe Urinvolumina und einen niedrigen Urin-pH, der durchschnittlich um 0,2 niedriger ist als beim Gesunden.

**Uratnephropathie.** 20–40% der Patienten mit Hyperurikämie haben intermittierend oder dauernd eine ***Albuminurie*** ohne erkennbare Ursache. Pathologisch-anatomisch finden sich interstitielle Harnsäurekristallablagerungen mit Fremdkörperriesenzellen in der Umgebung, später auch eine Hyalinisierung von Glomeruli und Schäden an den Kapillaren. Frühzeitig läßt sich eine Einschränkung der maximalen Konzentrationsfähigkeit der Niere feststellen, der später eine Verminderung der Kreatininclearance folgt. 30–70% der Patienten entwickeln eine Hypertonie, 10% sterben schließlich am chronischen Nierenversagen.

**Obstruktive Uratnephropathie.** Selten kommt es zur akuten Anurie durch Ausfällung großer Mengen Harnsäure in den Nierentubuli und den ableitenden Harnwegen, z. B. im Rahmen einer Chemotherapie bei akuter Leukose, aber auch bei zu drastisch eingeleiteter urikosurischer Therapie.

**Gicht und Hypertonie.** Bei 25% der Gichtpatienten besteht eine Hypertonie. Möglicherweise wirken die an den Nieren beschriebenen Schäden begünstigend. Ein schlüssiger Beweis, daß Gicht und Hypertonie überdurchschnittlich häufig zusammen auftreten, fehlt. Blutdruckkontrollen sind beim Gichtpatienten dennoch wichtig.

**Enzymdefekte.** Der ***komplette HGPRT-Mangel*** ist die Ursache des Lesch-Nyhan-Syndroms mit kindlicher

Gicht und Nephrolithiasis, Athetose und Selbstverstümmelung. Der ***partielle HGRPT-Mangel*** führt zur juvenilen Gicht ohne neuropsychiatrische Komplikationen.

### Diagnose

Die Diagnose der Gicht ist einfach, wenn man daran denkt. Sie bedarf lediglich einer genauen Anamnese und der klinischen Beobachtung. Nur in Ausnahmefällen wird der Therapieversuch mit Kolchizin der Diagnosesicherung dienen. Während eines Gichtanfalles kann der Serumharnsäurespiegel irreführend niedrig sein. Dann muß nach dem Gichtanfall (unter Fortführung der gewohnten Ernährung und Therapie) die Harnsäure nochmals bestimmt werden.

Die Bestimmung der ***Serumharnsäure*** sollte in nüchternem Zustand ***enzymatisch*** mit Urikase vorgenommen werden.

Qualitativ läßt sich Harnsäure (z. B. aus Gelenkpunktaten oder tophösen Geschwüren) durch die Murexidprobe nachweisen. Die Harnsäureprobe wird mit Salpetersäure eingedampft, der Rückstand färbt sich mit Ammoniak rotviolett.

Die Synoviaanalyse ergibt beim akuten Gichtanfall eine Leukozytose und intrazellulär gelegene nadelförmige Kristalle mit roter Doppelbrechung im Polarisationsmikroskop.

**Differentialdiagnose.** Sie umfaßt alle akuten Monarthritiden des Erwachsenen (***HLA-B27-positive*** postenteritische Formen, Gonorrhöe, Tuberkulose, Borreliose, Sarkoidose), aber auch akute Entzündungen periartikulärer Strukturen (Bursitis, Tenosynovitis rheumatischer Genese). Andere kristallinduzierte Arthritiden (z. B. Pseudogicht, meist durch Kalziumpyrophosphat) müssen ausgeschlossen werden (Synoviaanalyse).

Bei Kindern und Jugendlichen mit rezidivierenden Steinkoliken muß an Steine aus ***2,8-Dihydroxyadenin*** gedacht werden. Zugrunde liegt ein autosomal-rezessiv vererbter Defekt der Adeninphosphoribosyltransferase (APRT), durch den Adenin nicht in den Harnsäurestoffwechsel zurückgeführt werden kann und das Oxidationsprodukt über die Niere ausgeschieden werden muß. Die rechtzeitige, lebensrettende Diagnose muß durch Nachweis des Enzymdefektes in Erythrozytenlysaten und des Dihydroxyadenins im Urin gesichert werden. Die Therapie besteht in purinarmer Kost, hoher Flüssigkeitszufuhr und Allopurinol.

### Therapie

**Gichtanfall.** Bei der Behandlung des ersten Gichtanfalles ist ***Kolchizin*** (4–8 mg/Tag) Mittel der Wahl und auch von diagnostischer Bedeutung. Man beginnt mit 1–2 mg, denen man 1 mg alle 2 h folgen läßt. Tritt eine Diarrhöe auf, verordnet man ein einschlägiges Mittel und führt die Kolchizintherapie fort. Ist nach 2 Tagen der Schmerz nicht abgeklungen und die Arthritis nicht rückläufig, muß die Diagnose Gicht in Zweifel gezogen werden.

Besteht der Gichtanfall bei Erstvorstellung schon mehrere Tage, empfiehlt sich die Gabe von 50 mg Prednisolon gleichzeitig mit der Kolchizintherapie.

Der akute Gichtanfall bei gesicherter Gicht wird häufig mit ***nichtsteroidalen Antirheumatika*** behandelt, die bei der Gicht höher als bei anderen Gelenkerkrankungen dosiert werden müssen. Trotzdem sind Nebenwirkungen selten, da es sich um eine kurzdauernde Therapie handelt.

**Der Gichtanfall wird mit Kolchizin, dessen Wirkung die Diagnose bestätigt, oder mit hohen Dosen nonsteroidaler Antirheumatika behandelt. Die Dauertherapie mit Diät muß häufig durch Allopurinol ergänzt werden, ersatzweise durch Urikosurika.**

**Dauertherapie.** Sie zielt auf eine Beseitigung der Hyperurikämie und unterscheidet sich deshalb von der Anfallstherapie.

Die Diät soll nicht nur die Serumharnsäure senken, sondern auch das meistens vorhandene Übergewicht reduzieren. Die ***Purinzufuhr*** muß auf weniger als 300 mg/Tag (im Wochendurchschnitt) gesenkt werden, die Fleischzufuhr auf eine Mahlzeit täglich beschränkt werden (100–150 g), auf Innereien (Leber, Niere) sollte völlig verzichtet werden. Bei den Diätempfehlungen muß man nicht nur den Puringehalt pro Gewichtseinheit des Lebensmittels, sondern auch pro 100 kcal (Nährstoffdichte) berücksichtigen. Die Eiweißzufuhr sollte weitgehend aus Milch und Milchprodukten bestehen.

Da ***Alkohol*** durch sein Abbauprodukt Laktat die renale Harnsäureausscheidung hemmt, ist der Genuß von Alkoholika einzuschränken. Kleine Mengen zur Hauptmahlzeit können gestattet werden. Uneingeschränkt sind Kaffee und Tee erlaubt, da ihre methylierten Xanthine nicht in den Harnsäurestoffwechsel münden.

**Arzneimittel.** ***Allopurinol,*** das durch Hemmung der Xanthinoxidase die Harnsäurebildung verringert und

Urikosurika, die die Harnsäureausscheidung in der Niere erhöhen, stehen zur Dauertherapie zur Verfügung. Allopurinol ist das Mittel der ersten Wahl. Die Tagesdosis beträgt zunächst 300 mg, später oft nur 100 mg. Der Harnsäurespiegel soll auf 5,5–6,0 mg/dl eingestellt werden, eine stärkere Senkung ist nutzlos.

In den ersten Monaten der Dauertherapie kann die Zahl der Gichtanfälle durch Mobilisation von Harnsäure im Gewebe zunehmen. Dies kann durch eine Begleittherapie mit 1,5 mg Kolchizin/Tag verhindert werden. Nebenwirkungen sind bei dieser niedrigen Dosis nicht zu erwarten.

Nebenwirkungen von Allopurinol sind sehr selten und treten fast ausnahmslos bei eingeschränkter Nierenfunktion auf. Exantheme, eine nekrotisierende Vaskulitis, Leberenzymanstiege, eine granulomatöse Hepatitis und Knochenmarkdepression wurden beobachtet.

Urikosurika hemmen die tubuläre Rückresorption von Harnsäure und verstärken dadurch die Ausscheidung. Infolgedessen muß bei ihrer Anwendung ein großes Urinvolumen von 2000–2500 ml/24 h gewährleistet sein. Zusätzlich empfiehlt sich anfangs die ***Neutralisierung*** des Urins. Urikosurika sind bei Urolithiasis oder eingeschränkter Nierenfunktion ungeeignet.

Von den verfügbaren Urikosurika ist Benzbromaron in einer Tagesdosis von 40 bis 150 mg das Mittel der Wahl. ***Kombinationspräparate*** aus Allopurinol und Benzbromaron sind ungeeignet. Die urikosurische Komponente erhöht die renale Ausscheidung Oxypurinols, des aktiven Metaboliten des Allopurinols. Dadurch wird die Wirksamkeit von Allopurinol gemindert. Beide Komponenten sind in den Kombinationspräparaten unterdosiert, trotzdem können Nebenwirkungen beider auftreten.

Die ***Therapie der sekundären Gicht*** folgt den bisher angeführten Prinzipien. Die Nephrolithiasis ist eine häufige Komplikation bei der Therapie einer akuten Leukose, die durch Allopurinol verhindert werden kann. Gelegentlich sind dabei Xanthinsteine aufgetreten, denen durch Wasserdiurese vorgebeugt werden kann.

**Prognose.** Durch eine konsequente Allopurinoltherapie können die Komplikationen der Hyperurikämie sicher verhindert werden, insbesondere die lebensbedrohende chronische Niereninsuffizienz. Die chronisch-tophöse Gicht ist zu einer Rarität geworden.

Die Hyperurikämie ist als ***Risikoindikator*** einer frühzeitigen Atherosklerose anzusehen, da sie häufig mit Übergewicht, Hyperlipidämie und Hypertonie vergesellschaftet ist.

### 16.2.2 Störungen der Immunantwort

**Definition.** Aufgrund eines Adenosindesaminase-(ADA-)Mangels, in $^1/_3$ der Fälle X-chromosomal, sonst autosomal-rezessiv vererbt, entwickelt sich ein schwerer ***kombinierter Immundefekt,*** während der Mangel von Purinnukleosidphosphatase (PNP) zu einem ***zellulären Immundefekt*** führt. Beide Erkrankungen sind pädiatrische Raritäten.

### 16.2.3 Myoadenylatdeaminasemangel

**Definition.** Neben dem autosomal-rezessiv vererbten Enzymdefekt gibt es erworbene Formen mit ähnlicher klinischer Symptomatik. Bei geringer Belastung treten Muskelschmerzen und -schwäche auf.

**Klinik.** Eine auffällig rasche Ermüdbarkeit der Muskulatur, die von einer ungewöhnlich langen Erholungsphase gefolgt ist und von keiner Muskelatrophie begleitet ist, ist das Leitsymptom. Eine geringe Erhöhung der CPK ist im Serum vorhanden. Die ***Diagnose*** wird durch einen Anstieg von Laktat und Ammoniak im Serum nach einem ischämischen Unterarmtest wahrscheinlich und durch den Nachweis des MAD-Mangels in der Muskelbiopsie gesichert. Ein ***sekundärer*** MAD-Mangel ist bei Polymyositis, bei Kollagenosen mit Vaskulitis, bei Dermatomyositis und bei periodischer hypokaliämischer Lähmung beobachtet worden.

**Therapie.** Die orale Gabe von Ribose mindert die vorzeitige Ermüdbarkeit der Muskulatur. Die Ribose muß in einer Dosis von 1–2 g alle 10–20 min während der Muskelarbeit aufgenommen werden. Die Tagesdosis beträgt bis zu 60 g.

### 16.2.4 Störungen des Pyrimidinstoffwechsels

Pyrimidine werden aus ***Asparaginsäure und Karbamylphosphat*** aufgebaut. Wichtigstes Zwischenprodukt bei der Synthese von Uridin-5-Phosphat (UMP), aus dem alle Pyrimidine hervorgehen, ist die Orotsäure.

Die hereditäre Orotazidurie ist Folge einer Störung der De-novo-Synthese von Uridin. Der Pyrimidin-5-Nukleosidase-Mangel (P-5-N) und der Dihydropyrimidindehydrogenasemangel (DHPDH) betreffen den Pyrimidinabbau. Beide Enzymdefekte sind in Einzelfällen beobachtet worden.

Eine sekundäre Orotazidurie wird bei Kindern mit Ornithintranskarbamylasemangel und während der Therapie mit Antimetaboliten wie 6-Azauridin und Allopurinol beobachtet.

#### Hereditäre Orotazidurie

**Pathogenese.** Uridinnukleotide werden nicht gebildet, und Orotsäure wird in großer Menge im Urin ausgeschieden. Die UTP-Konzentration im Serum ist erniedrigt mit der Folge schwerer Störungen im Zellstoffwechsel.

**Klinik.** Typisch ist eine makrozytäre, megaloblastäre, hypochrome Anämie im frühen Kindesalter. Die hohe Konzentration von Orotsäure im Urin führt zur Auskristallisation; Hämaturie und eine akute obstruktive Nephropathie können die Folge sein.

**Diagnose.** Diese wird durch Nachweis von Orotsäure im Urin gestellt, der Enzymdefekt ist im Erythrozytenlysat nachweisbar.

**Therapie.** Die orale Substitution von 100–200 mg Uridin/kg Körpergewicht/Tag korrigiert die Anämie.

## 16.3 Kohlenhydratstoffwechsel

Kohlenhydrate in der Nahrung liefern 45–50% der Energie, die als Glukose schnell verfügbar ist. Die Umsetzung von Glukose in Energie wird durch Hormone geregelt, die in Kap. 15 besprochen werden. Die wichtigsten Kohlenhydrate in der menschlichen Ernährung sind pflanzliche Stärke, Saccharose und Laktose. ***Glykogen*** aus verzweigten Ketten von Glukose ist das Reservekohlenhydrat von Mensch und Tier. Um die wechselnden Anforderungen des Glukosebedarfs und der Glykogenspeicherung zu regulieren, ist ein System von Enzymen wirksam, dessen Störung zu pathologischer Glykogenspeicherung in Leber und Muskel führt. Andere Erkrankungen des Kohlenhydratstoffwechsels betreffen die ***Pentosen,*** die ***Fruktose*** und die ***Galaktose.***

### 16.3.1 Glykogenosen

Die Glykogenosen lassen sich nach den führenden Symptomen in 2 Gruppen einteilen. Hepatomegalie und Hypoglykämien kennzeichnen Typ I, III, IV und VI, Muskelschwäche und Muskelkrämpfe Typ II, V und VII.

**Genetik.** Die Glykogenosen werden autosomal-rezessiv vererbt, in Einzelfällen X-chromosomal-rezessiv. Für alle Genloci existieren multiple mutierte Allele, so daß auch Heterozygote mit 2 verschiedenen mutierten Allelen beschrieben worden sind. Heterozygote Träger eines defekten Allels sind gesund.

**Klinik.** Die häufigste der insgesamt seltenen Glykogenosen ist der Typ I (Gierke-Krankheit). Neben proportioniertem Kleinwuchs besteht eine Fettverteilungsstörung („Puppengesicht"). Der Bauch des Kindes wird durch die große, mit Glykogen und Fett überladene Leber vorgewölbt. Hypoglykämien können lebensbedrohlich sein. Eine gemischte Hyperlipidämie manifestiert sich mit ausgedehnter Xanthomatose der Haut. Bei Jugendlichen und Erwachsenen treten in kurzen Zeitabständen Gichtanfälle auf. Im Erwachsenenalter können sich in der Leber multiple Adenome bilden, die selten entarten.

**Therapie.** Die kontinuierliche nächtliche Zufuhr von Kohlenhydraten und Eiweiß mittels Nasensonde behebt die Hypoglykämien und führt zu beschleunigtem Größenwachstum. Zur Therapie der Gicht empfiehlt sich Allopurinol, da die Hyperurikämie durch endogene Überproduktion zustande kommt (weitere Einzelheiten Tabelle 16.7).

**Glykogenosen sind entweder durch Hepatomegalie und schwere Hypoglykämien oder durch eine Myopathie gekennzeichnet. Die wichtigste Therapie ist eine kontinuierliche Kohlenhydratzufuhr zur Vermeidung von Hypoglykämien.**

### 16.3.2 Melliturien

#### Pentosurie und essentielle Fruktosurie

Die Pentosurie (Ausscheidung von 2–4 g L-Xylulose/Tag im Urin) gehört zu den klassischen von Garrod beschriebenen erblichen Stoffwechselkrankheiten. Zugrunde liegt ein autosomal-rezessiv vererbter Defekt der Xylitolreduktase.

**Tabelle 16.7.** Klinik, Diagnostik und Therapie von Glykogenosen

| Typ | Enzymdefekt | Klinik | Laborbefunde | Therapie |
|---|---|---|---|---|
| *Hepatische Formen* | | | | |
| I v. Gierke | Glukose-6-Phosphatase | Hepatomegalie, Minderwuchs, Xanthome, Adipositas | Blutzucker ↓, Laktat ↑, Lipide ↑, Harnsäure ↑ | Kontinuierliche Kohlenhydratzufuhr über Sonde |
| III Cori | Amylo-1,4–1,6-Glukosidase („debrancher enzyme") | Kardiomyopathie, sonst ähnlich Typ I; adulte Form: Myopathie | Blutzucker ↓, Lipide ↑ Harnsäure ↑, Ketose | Viele kleine Mahlzeiten |
| IV Andersen | Amylo- 1,4–1,6-Transglukosylase („brancher enzyme") | Hepatosplenomegalie, Zirrhose, Aszites | SGOT, SGPT ↑, Dysproteinämie | Keine |
| VI Hers | Leberphosphorylase | Geringe Hepatomegalie | Blutzucker ↓ | Viele kleine Mahlzeiten |
| *Myopathische Formen* | | | | |
| II Pompe | 1,4-Glukosidase (saure Maltase) | Kardiomegalie (Muskuläre Hypotonie) | CPK ↑ | Keine |
| V McArdle | Muskelphosphorylase | Muskelschwäche, Krämpfe, Rhabdomyolyse | CPK ↑, Laktat ↑ oder normal | Glukose während Muskelarbeit |
| VII Tanui | Phosphofruktokinase | Myopathie, Hämolyse | CPK ↑, Bilirubin ↑ | Keine |

Der erbliche Mangel an hepatischer Fruktokinase führt zur Ausscheidung einer linksdrehenden Hexose, Fruktose, im Urin.

Beide Melliturien sind klinisch stumm, es müssen aber ein Diabetes mellitus bzw. eine renale Glukosurie ausgeschlossen werden.

### 16.3.3 Hereditäre Fruktoseintoleranz

**Definition.** Die Krankheit beruht auf einem erblichen Mangel an hepatischer Fruktose-1-Phosphat-Aldolase (Aldolase B) und bleibt unerkannt, bis der Betroffene Fruktose zu sich nimmt. Säuglinge sind durch Säuglingsnahrung, die Saccharose enthielt, zu Schaden gekommen, Erwachsene durch postoperative Fruktoseinfusionen bei zuvor nicht bekannter hereditärer Fruktoseintoleranz akut verstorben.

**Pathogenese.** Die Abbaustörung führt zu einem Anstieg des Fruktosespiegels im Serum mit darauffolgender Störung des Glukose- und Phosphatstoffwechsels.

**Klinik.** Charakteristisch sind schwere Hypoglykämien, blutiges Erbrechen, eine ausgeprägte proximale tubuläre Azidose und eine disseminierte intravasale Gerinnung kurz nach der Zufuhr von Fruktose. Kinder und Erwachsene haben eine heftige Abneigung gegen süße Speisen, Obst und Gemüse. Auffallend ist ihr kariesfreies Gebiß.

**Therapie.** Jede Form der Fruktose- oder Saccharosezufuhr ist zu vermeiden.

### 16.3.4 Galaktosämie (hereditäre Galaktoseintoleranz)

**Definition.** Hauptquelle von Galaktose ist der Milchzucker. Drei erbliche Enzymdefekte bedingen eine Störung der Umwandlung von Galaktose zu Glukose mit Anhäufung von Galaktose. Die Intoxikation kann unerkannt im frühen Säuglingsalter zum Tode führen.

**Genetik.** Die klassische Galaktosämie kommt durch den autosomal-rezessiv vererbten Mangel von Galaktosephosphaturidyltransferase zustande.

**Pathogenese.** Ein Teil der angehäuften Galaktose wird zu ihrem ***Alkohol Dulcit*** umgebaut, der wie das nicht abgebaute Galaktose-1-Phosphat toxisch wirkt.

**Klinik.** Typisch sind eine frühzeitige Kataraktbildung, eine Leberzirrhose und geistige Retardierung. Zusätzlich kann ein tubulärer Nierenschaden mit Aminoazidurie und metabolischer Azidose auftreten.

**Therapie.** Eine strikt galaktosefreie Ernährung vom Säuglingsalter an verhindert die toxischen Schäden.

## 16.4 Aminosäurenstoffwechsel

Alle Peptide und Proteine sind aus ***20 Aminosäuren*** aufgebaut. Von diesen sind ***8 essentielle Nährstoffe.*** Jede Aminosäure hat ihren eigenen Stoffwechsel. Von den mehr als 70 im Stoffwechsel der Aminosäuren beschriebenen Krankheiten sind die meisten sehr selten. Auf 1000 Lebendgeborene rechnet man aber mit 1 Kranken. Die genetische und biochemische Heterogenität ist groß. Neben ***Störungen des Membrantransportes*** für Aminosäuren werden ***Störungen des Abbaus*** durch Enzymdefekte und eine ***Speicherung von Intermediärprodukten*** beobachtet. Bei mehr als der Hälfte der Krankheiten entwickeln sich schwere zerebrale Schäden. Eine frühzeitige Diagnose und eine rechtzeitige Therapie (meistens durch gezielte Ernährung) können die Schwere des Krankheitsbildes mildern oder sogar verhindern. Besonders wichtig sind daher die ***pränatale Diagnostik*** in betroffenen Familien und ein allgemeines ***Screening von Neugeborenen*** durch Blut- und Urinuntersuchungen.

> **Mehr als die Hälfte aller Störungen des Aminosäurestoffwechsels geht mit schweren zerebralen Schäden einher, die sich durch frühzeitige Diagnose und durch eine gezielte Ernährungstherapie häufig verhindern lassen.**

Im folgenden werden als Beispiele für die jeweilige Gruppe von Störungen nur Krankheiten besprochen, die auch für den Erwachsenen Bedeutung haben.

### 16.4.1 Membrantransportstörungen

#### Hyperaminoazidurien

Die meisten Aminosäuren werden glomerulär filtriert und im proximalen Tubulus zu mehr als 95% rückresorbiert. Störungen der Rückresorption betreffen einzelne oder Gruppen von Aminosäuren.

#### Zystinurie

Diese ist die häufigste Störung des Aminosäuretransportes. Ursache ist ein Rezeptordefekt für die dibasischen Aminosäuren Zystin, Lysin, Arginin und Ornithin, der zu vermehrter Ausscheidung von diesen Aminosäuren im Urin führt. Im Jejunum ist der gleiche Transportdefekt vorhanden. Die Krankheit wird autosomal-rezessiv vererbt.

**Klinik.** Charakteristisch ist eine rezidivierende Urolithiasis mit Beginn im 2.–3. Lebensjahrzehnt, die schließlich über Hydronephrose und rezidivierende Entzündungen zur ***Niereninsuffizienz*** führen kann. Im Röntgenbild sind die Steine nicht schattengebend. Die chemische Harnsteinanalyse führt zur Diagnose.

**Therapie.** Verdünnung des Urins durch vermehrte Zufuhr von Flüssigkeit und Neutralisierung des Urins führen zu Lösung und vermehrter Ausscheidung von Zystin. D-Penizillamin bildet mit Zystin ein lösliches Bisulfid, sollte wegen gefährlicher Nebenwirkungen aber nur gegeben werden, wenn die erstgenannten Maßnahmen die Neubildung von Steinen nicht verhindern.

### 16.4.2 Gestörter Katabolismus durch Enzymdefekte

***Phenylketonurie*** (PKU) und verwandte Hyperphenylalaninämien umfassen mehrere Enzymdefekte im ***Abbau von Phenylalanin zu Tyrosin.*** Die Anhäufung von Phenylbrenztraubensäure führt zu toxischen Schäden, vor allem des Gehirns. Der Urin riecht aufgrund der vermehrten Ausscheidung von Phenylazetat nach Mäusekot. Störungen der ***Melaninbildung*** führen bei den betroffenen Kindern zu blonden Haaren und blauen Augen.

**Genetik.** Es liegt ein autosomal-rezessiver Erbgang mit multiplen mutierten Allelen im ***Phenylalaninhydroxilasegen*** vor. Zusätzlich vererbte Störungen des Kofaktors der Hydroxilase, ***Tetrahydrobiopterin,*** äußern sich in einer Synthesestörung der Neurotransmitter Dopa und 5-Hydroxi-Tryptophan.

**Klinik.** Durch Neugeborenenscreening (Guthrie-Test) ist die klassische Symptomatik, die wenige Wochen nach der Geburt auftritt, selten geworden.

Gefürchtet wird die Stoffwechselkrankheit, weil Frauen mit Phenylketonurie geistig schwer geschädigte Kinder zur Welt bringen, wenn sie während der Schwangerschaft keine Diät gehalten haben. Der hohe Serumspiegel von Phenylalanin bei der Mutter führt zur Embryopathie. Die phenylalaninarme Diät der Mutter kann toxische Schäden beim Ungeborenen verhindern.

**Diagnose.** Diese kann durch den Nachweis von Phenylazetat mit Ferrichlorid im Urin gestellt werden.

**Therapie.** Der Beginn einer phenylalaninarmen Diät vor Ablauf des ersten Lebensmonats verhindert die zerebralen Schäden. Die Diät muß bis weit ins Erwachsenenleben hinein fortgeführt werden.

#### Albinismus

Der autosomal-rezessiv vererbte Defekt im Tyrosinstoffwechsel mit gestörter Melaninsynthese führt zu mangelnder Pigmentbildung von Haut, Haaren, Iris und Retina. Folgen sind Photophobie, Lichtschäden der Haut und die gehäufte Bildung von bösartigen Melanomen. Die Therapie besteht im Meiden unnötiger Lichtexposition, in Lichtschutzsalben und dunklen Brillen.

### 16.4.3 Speicherung von Intermediärprodukten

#### Alkaptonurie

Der autosomal-rezessiv vererbte Mangel an Homogentisinsäureoxidase führt zu einer ***Abbaustörung*** im Tyrosinstoffwechsel mit Ausscheidung von großen Mengen Homogentisinsäure im Urin und ***Ablagerung*** ihres schwärzlich-braunen Oxidationsproduktes im Bindegewebe („Ochronose").

**Klinik.** Im 2. und 3. Lebensjahrzehnt entwickelt sich eine schwärzliche Verfärbung der Skleren und der Ohrknorpel. Später kommt es zu degenerativen Erkrankungen der Gelenke und der Lendenwirbelsäule mit typischer Verkalkung der Gelenkknorpel und der Bandscheiben.

**Diagnose.** Sie wird durch den Nachweis der Homogentisinsäure im Urin gestellt. Bei längerem Stehen an der Luft verfärbt sich der Urin schwärzlich.

**Therapie.** Symptomatisch wie bei Arthrosen.

#### Zystinose

Dieser autosomal-rezessiv vererbte Defekt ist durch eine lysosomale Speicherung von Zystin gekennzeichnet. Es gibt eine kindliche, eine juvenile und eine adulte Form.

**Klinik.** Während die juvenile Form mit Kornealtrübung und Niereninsuffizienz um das 20. Lebensjahr einhergeht, ist bei der adulten Form lediglich eine korneale Trübung vorhanden, die keiner Therapie bedarf.

**Therapie.** Im Kindesalter Nierentransplantation.

#### Hyperoxalurie

***Typ I*** (Karboxilasedefekt, Glykolsäuretyp) und ***Typ II*** (L-Glycerat-Typ, D-Glycerat-Dehydrogenase im Serinstoffwechsel defekt) sind autosomal-rezessiv vererbte Leiden.

**Klinik.** Die Ausscheidung großer Mengen Oxalsäure im Urin führt zu ***Kalziumoxalatnephrolithiasis,*** die Ablagerung von Oxalsäure in der Niere zur ***Nephrokalzinose,*** in extrarenalen Geweben zur ***Oxalose*** mit entsprechender Organstörung.

**Therapie.** Hohe Flüssigkeitszufuhr und Alkalisierung vermindern die Steinbildung, können aber die Entwicklung des Nierenversagens nicht aufhalten. In Einzelfällen war eine kombinierte Leber-Nieren-Transplantation erfolgreich. Die Transplantation der Niere allein verhindert die Oxalose nicht.

### 16.4.4 Defekte Transportproteine

#### Analbuminämie

Diese Krankheit ist deshalb interessant, weil sie kaum Symptome verursacht, obwohl das Albumin vielfältige Funktionen erfüllt. Klinisch treten unklare Beinödeme im frühen Erwachsenenalter auf. In der Serumelektrophorese fehlt die Albuminzacke.

**Therapie.** Gegen die Beinödeme wirken Albumininfusionen, als Dauertherapie sind sie unnötig.

## FALL 16C

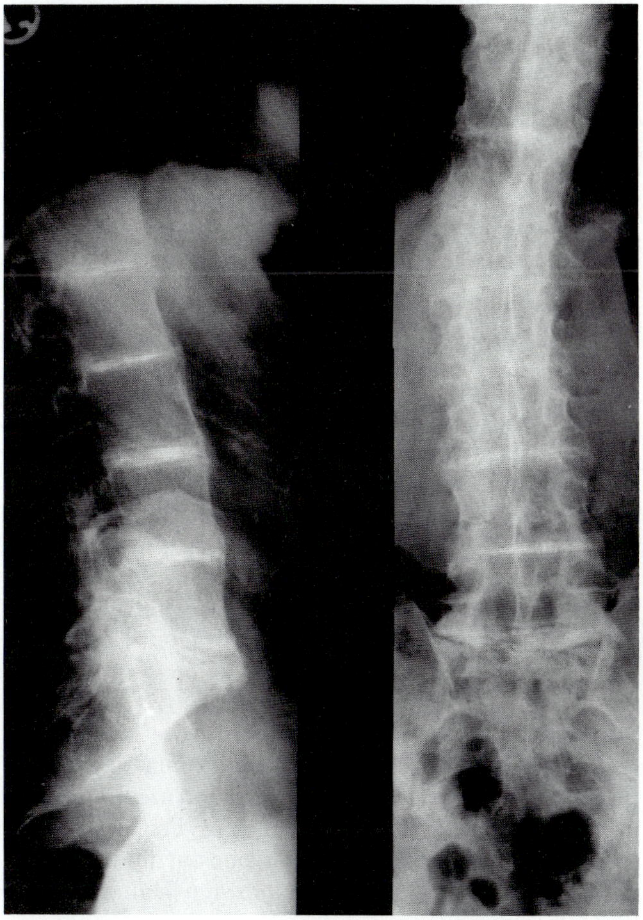

**Abb. 16 C.** Röntgenbild der Lendenwirbelsäule in 2 Ebenen. Verschmälerung der Intervertebralräume, dichte Verkalkung der Disci intervertebrales und spangenförmige Überbrückung der Intervertebralräume durch Verkalkung des vorderen Längsbandes. Aufgehobene Lendenlordose. Diagnose: Ochronose

**Anamnese.** 60jähriger Mann, der über eine seit 20 Jahren zunehmende Steifigkeit und bewegungsabhängige Schmerzen in der Wirbelsäule, den Hüftgelenken, den Ellbogen und den Kniegelenken klagt. Gelenkschwellungen seien nie aufgetreten.

**Befund.** Schmerzhafte Bewegungseinschränkung beider Ellenbogen-, Knie- und Hüftgelenke, keine Veränderungen an den Finger- und Zehengelenken. Ausgeprägte Steifigkeit der Lendenwirbelsäule, aber keine Zeichen der Ileosakralarthritis. Hartspann der paravertebralen Muskulatur. Ohrmuscheln schwärzlich verfärbt. BKS 6/12 mm, Hb 15,6 g/dl, Leukozyten 7,200/$mm^3$, Serumeisen 70 $\mu$g/dl, Serumelektrophorese und Rheumaserologie normal. Urin nach Stehen an der Luft schwarzbraun, Homogentisinsäure nachweisbar.

**Diagnose.** Ochronose mit degenerativen Veränderungen des Skelettsystems.

**Therapie.** Physikalische Therapie, bei Bedarf nichtsteroidales Antirheumatikum zur Schmerzbekämpfung.

### Immunmangelkrankheiten

Diese umfassen ***hereditäre*** (z. T. autosomal-rezessiv, z. T. X-chromosomal-rezessiv vererbte) und ***erworbene Krankheiten,*** die durch mangelhafte Entwicklung immunkompetenter Stammzellen mit ***Defekten der T-Lymphozyten, der B-Lymphozyten*** oder Störungen beider einhergehen (s. 16.3.2).

Klassisches Beispiel eines ***T-Zell-Defekts*** ist das DeGeorge-Syndrom. Die Ataxia teleangiectatica mit angeborenem Defekt des Thymus und das X-chromosomal vererbte lymphoproliferative Duncan-Syndrom sind Beispiele defizienter ***B-Zell-Funktion.***

## 16.5 Amyloidosen

**Definition.** Einige Amyloidosen sind hereditär, bei anderen ist die Entstehung gänzlich unklar. Gekennzeichnet sind sie durch ein ***extrazellulär*** gelegenes, unlösliches ***fibrilläres Protein*** mit antiparalleler Faltblattstruktur, Färbbarkeit mit Kongorot und grüner Doppelbrechung im Polarisationsmikroskop.

**Pathogenese.** Amyloid hat ***zwei chemische Komponenten:*** das im Serum normalerweise vorkommende ***Amyloid P (SAP)*** und ***fibrillenbildende Proteine.*** Einteilung und Nomenklatur sind aus Tabelle 16.8 ersichtlich. Der Ablagerung von Amyloid scheint eine entzündliche Aktivierung des RES und des Monozyten-Makrophagen-Systems vorauszugehen.

**Klinik.** Es gibt keine typischen Symptome. Im Rahmen einer Kardiomyopathie, einer Neuropathie, eines nephrotischen Syndroms, einer chronischen Diarrhöe, einer unklaren Hepatosplenomegalie oder bei maligner Paraproteinämie, Morbus Hodgkin, Nierenkarzinom oder chronisch-entzündlichen Erkrankungen ist daran zu denken und, wo möglich, eine Probebiopsie des erkrankten Organs zu veranlassen. Neuerdings kann auch ein Ganzkörperszintigramm mit Jod-123-markiertem SAP vorgenommen werden, um das Amyloid zu lokalisieren.

**Die extrazelluläre Ablagerung von Amyloid führt zu Neuropathien, Kardiomyopathien, chronischer Diarrhöe, nephrotischem Syndrom oder Hepatosplenomegalie. Die Diagnose erfolgt durch histochemischen Nachweis (z. B. Kongorot) oder Ganzkörperszintigraphie mit Jod-123-Serumamyloid.**

**Tabelle 16.8.** Amyloidosen

| Krankheitsbild | Amyloidtyp | Vorläuferprotein |
|---|---|---|
| *Systemische Formen* | | |
| Primäre Amyloidose | AL | Monoklonale Leichtketten |
| Senile Amyloidose | AS | Präalbumin |
| Autosomal-dominante Polyneuropathie | AF | Präalbumin |
| Familiäres Mittelmeerfieber | AA | Serumprotein (SAA) |
| Myelomassoziierte Amyloidose | AL | Monoklonale Leichtketten |
| Chronisch-entzündliche Organerkrankungen, z. B. Tbc chronische Polyarthritis | AA | SAA |
| Dialyseassoziierte Amyloidose (Karpaltunnelsyndrom, destruktive Osteoarthropathie) | AB | $\beta_2$-Mikroglobulin |
| *Lokalisierte Formen* | | |
| Herz, Gehirn, Haut, familiäres Alzheimer-Syndrom | AS | Präalbumin |
| Noduläres Amyloid Haut, Lunge, urogenital | AL | Monoklonale Leichtketten |
| Endokrine Amyloidose | AE | |
| Pankreas | | Inselzellamyloid |
| Schilddrüse | | (Prä-)Kalzitonin |

**Therapie.** Gegebenenfalls kann durch Therapie der Grundkrankheit die weitere Ablagerung von Amyloid verhindert werden. Bei familiärem Mittelmeerfieber lohnt der Versuch mit Kolchizin (0,5–2,0 mg/Tag), bei Nierenamyloidose mit Dimethylsulfoxid (bis zu 3 g/Tag).

## 16.6 Arzneimittelstoffwechsel

Ungewöhnliche Reaktionen auf Arzneimittel oder Nahrungsmittel können durch genetisch bedingte Unterschiede im Abbau von Fremdstoffen auftreten (Haldane: „biochemische Individualität"). Klassisches Beispiel ist der Glukose-6-Phosphatase-Mangel der Erythrozyten, der zur hämolytischen Krise führt, wenn Favabohnen oder Analgetika aufgenommen werden.

Klinisch bedeutsame Störungen sind in Tabelle 16.9 dargestellt. Die Häufigkeit dieser genetischen Defekte

**Tabelle 16.9.** Beispiele genetisch veränderten Arzneimittelabbaus

| Defektes Protein bzw. Enzym | Chemische Folge | Arzneimittel | Klinische Folge |
|---|---|---|---|
| Zytochrom-P450-Monooxygenase-System | Verzögerte Oxidation: α-4-Hydroxylierung Stereoselektivität (Typ Debrisoquin) | β-Blocker: Propranolol Metoprolol Timolol | Bradykardie Hypotension |
| | N-Oxidierung (Typ Spartein) | Phenazetin Captopril Nortryptilin Desipromin D-Penizillamin | Methämoglobinämie Agranulozytose Thrombozytopenie Proteinurie Hypotension |
| N-Azetyltransferase | Langsame Azetylierung | INH Hydralazin Prokainamid Dapson Salizylazosulfa-pyridin | Polyneuropathie Pseudo-Lupus-erythematodes Hämolyse |
| | Schnelle Azetylierung | INH | Hepatotoxisch |
| Pseudocholinesterase | Verzögerte Hydroxylierung | Suxamethonium | Apnoe nach Muskelrelaxation |
| Glukose-6-Phosphat-Dehydrogenase der Erythrozyten | Mangel an NADPH: gemischte Disulfide aus oxidiertem Hb und Glutathion, Freisetzung von H202 | Primaquin Sulfonamide Nitrofurantoin Chloramphenicol Favabohne (Saubohne, breite Bohne) | Selbstlimitierende Hämolyse Neugeborenenikterus Heinz-Innenkörper |

schwankt in der allgemeinen Bevölkerung von 1:10 für Störungen des ***oxidativen Arzneimittelstoffwechsels*** (mikrosomale Zytochrom-P-450-Monooxigenase der Leber) bis zu 1:2500 für einen verzögerten Abbau durch langsame ***Azetylierung*** (N-Azetyltransferase der Leber).

**Verzögerte Oxidation, langsame Azetylierung, verzögerte Hydroxylierung als Ausdruck „biochemischer Individualität" können unerwartete Störungen im Arzneimittelstoffwechsel bedingen. Besonders häufig sind Störungen des Abbaus von β-Blockern, die zu Bradykardie und Hypotension führen.**

## 16.7 Metallstoffwechsel

### 16.7.1 Morbus Wilson (hepatolentikuläre Degeneration)

**Definition.** Eine autosomal-rezessiv vererbte, nicht näher definierte Ausscheidungsstörung von Kupfer aus der Leber führt zu toxischen Kupferablagerungen in Leber und Basalganglien des Gehirns.

**Pathogenese.** Ein pathologisches, intrazellulär gelegenes und hochaffines Protein bindet Kupfer anstelle von Coeruloplasmin, so daß Kupfer von der Leber nicht ausgeschieden werden kann. Schließlich ist die Leber mit Kupfer überladen. Dann folgt die Speicherung im Gehirn.

**Klinik.** Eine fortschreitende Lebererkrankung bis zur Zirrhose, extrapyramidale Störungen, ein Kayser-Fleischer-Kornealring (Spaltlampe!), Nierensteine, renaltubuläre Azidose, Kardiomyopathie und Hypoparathyreoidismus sind klassische Symptome.

**Diagnose.** Durch Bestimmung des Serumcoeruloplasmins (<20 mg/dl), der Kupferausscheidung im Urin (>100 µg/d) und des Kupfergehaltes der Leberbiopsie (>250 µg/g Trockengewicht).

**Therapie.** D-Penizillin, 1–2 g/Tag, führt zu einer 5fachen Steigerung der Kupferausscheidung über die Niere. Bei rechtzeitiger Therapie sind Komplikationen der Kupferspeicherung vermeidbar.

### 16.7.2 Hämochromatose

**Definition.** Durch einen autosomal-rezessiv vererbten Defekt, der eng an den HLA-A3-Lokus gekoppelt ist, kommt es zu vermehrter Resorption von Eisen im Darm, Sättigung der Eisenspeicher, zu einer Überladung vieler Organe mit Eisen und deren toxischer Schädigung mit Fibrosebildung.

***Sekundäre*** Störungen des Eisenstoffwechsels (Überladung durch Bluttransfusionen, chronische Hämolyse) können zu einer ähnlichen klinischen Symptomatik führen.

**Pathogenese.** Der Eisengehalt des Körpers (3–4 g) wird durch Regulierung der Resorption im Dünndarm und Exkretion von Eisen mit dem Stuhl konstant gehalten. Bei der primären Hämochromatose übersteigt die Resorption von >3 mg den täglichen Verlust von 1,0–1,5 mg. Schließlich kann der Eisengehalt des Körpers 20 g übersteigen. Männer erkranken 10mal häufiger als Frauen, meist nach dem 40. Lebensjahr.

**Klinik.** Das klassische Bild der Eisenablagerung mit schmutzig-grauer Hautfarbe, Leberfibrose bis hin zu Zirrhose und Pankreasfibrose mit sekundärem Diabetes mellitus ist selten, viele Homozygote haben keine Krankheitszeichen außer der pathologischen Laborkonstellation. Kardiomyopathie mit Herzrhythmusstörungen oder die charakteristische symmetrische Arthritis mit Chondrokalzinose insbesondere der Fingergrundgelenke 2 und 3 sind noch seltener. Bei mehr als $^1/_3$ der Patienten mit Leberzirrhose führt ein primäres ***Leberzellkarzinom*** zum Tode.

**Diagnose.** Ein hohes Serumeisen (>200 µg/dl), ein mehr als zu 70% gesättigtes Transferrin, ein hohes Serumferritin (>900 µg/dl) und ein hoher Eisengehalt der Leberbiopsie (>600 µg/100 mg Trockengewicht Leber) beweisen die Diagnose. Heterozygote können die biochemischen Zeichen der Eisenüberladung (Transferrin >50% gesättigt) aufweisen, entwickeln aber keine Hämochromatose.

**Therapie.** Regelmäßige ***Aderlässe*** (mit 500 ml Blut Entfernung von 200–250 mg Eisen) bis zur Normalisierung des Serumeisens unter 150 µg/dl verhindern die Entstehung der Leberfibrose und des Leberkarzinoms oder führen zum Stillstand der Gewebeschädigung bei spätem Therapiebeginn. Deshalb ist das Screening mittels HLA-Typisierung in betroffenen Familien notwendig, um asymptomatische Homozygote einer Aderlaßtherapie zuzuführen. Eine schnellere Entleerung der Speicher ist durch ***Erythroapherese*** (Entnahme von ca. 800 ml Erythrozytenkonzentrat pro Behandlung) möglich, insbesondere bei manifester Leberzirrhose mit Albuminmangel. Die subkutane Dauerinfusion von ***Desferrioxamin*** ermöglicht die Mobilisation des Eisens aus den Speichern durch Ausscheidung der Eisenkomplexe über die Niere.

## 16.8 Porphyrien

**Definition.** Die Hämbiosynthese kann durch autosomal vererbte Enzymdefekte gestört sein, aber auch durch erworbene Krankheiten. Jeder Enzymdefekt verursacht ein charakteristisches Spektrum von Metaboliten in Urin, Stuhl oder Erythrozyten.

**Pathogenese.** Tabelle 16.10 faßt die einzelnen Enzymdefekte und die daraus resultierenden Metabolite zusammen.

**Klinik.** Während die ***erythropoetische*** Porphyrie eine seltene, im ***Neugeborenenalter*** auftretende Erkrankung ist, manifestieren sich die ***hepatischen Störungen im Erwachsenenalter*** durch phototoxische Hautreaktionen und/oder neuroviszerale Störungen.

**Die Porphyrien des Erwachsenenalters sind durch phototoxische Hautreaktionen und/oder neuroviszerale Symptome gekennzeichnet. Die neuroviszeralen Krisen können durch Arzneimittel, fieberhafte Infekte oder Ketoazidose bei Hunger ausgelöst werden. Wichtig sind regelmäßige kleine, kohlenhydratreiche Mahlzeiten und größte Vorsicht bei Arzneimitteltherapie.**

**Tabelle 16.10.** Klinik und Diagnostik der Porphyrien

| Defektes Enzym | Krankheitsbild, Erbgang | Klinik | Labordiagnostik |
|---|---|---|---|
| ALA-Dehydratase[a] | Akute Porphyrie, rezessiv | Bauchschmerzen, Polyneuropathie | Erythrozyten: ALA-Dehydratase[a] |
| Porphobilinogen-desaminase | Akute intermittierende Porphyrie, dominant | Bauchschmerzen, Hypertonie, Muskelschwäche, organisches Psychosyndrom | Urin: ALA[a], Porphobilinogen |
| Uroporphyrinogen-III-Synthetase | Angeborene erypoetische Porphyrie Günther, rezessiv | Photodermatose, Hämolyse, Splenomegalie | Erythrozyten: Uro-, Koproprotoporphyrin |
| Uroporphyrinogen-dekarboxylase | Porphyria cutanea tarda, dominant, erworben | Photodermatose, Siderose | Urin/Fäzes: Uro-, Koproporphyrin |
| Koproporphyrino-genoxidase | Hereditäre Koproporphyrie, dominant | Photodermatose, Neuropathie Bauchschmerzen | Urin: ALA[a], Porphobilinogen, Kopro-, Uroporphyrin, Fäzes: Kopro-, Uroporphyrin |
| Protoporphyrino-genoxidase | Porphyria variegata, dominant | Photodermatose, Neuropathie Bauchschmerzen | Urin: ALA[a], Porphobilinogen, Uro-, Koproporphyrin Fäzes: Koproporphyrin |

[a] ALA = δ-Aminolävulinsäure

**Therapie.** Im Falle von ***Phototoxizität*** sind Lichtschutzsalben und die orale Zufuhr von β-Karotin wirksam. Die ***neuroviszeralen*** Symptome können durch Arzneimittel (Analgetika, Barbiturate, Hormonpräparate, Steroide, Methyldopa u. a.) ausgelöst werden, daher ist Vorsicht bei der Verordnung und Einnahme von Arzneimitteln geboten. Auch Infekte und Hungern können akute Attacken von Bauchschmerzen auslösen. Die akute Schmerzattacke wird durch Infusion von 10% Glukose oder Hämatin bekämpft. Bei der ***Porphyria cutanea tarda*** bewirkt die Entleerung der Eisenspeicher durch Aderlässe oder Erythroapherese eine Abnahme der Blasenbildung. Alkoholkarenz ist notwendig.

## 16.9 Stoffwechselkrankheiten ohne genetische Ursache

### 16.9.1 Adipositas

**Definition.** Adipositas bezeichnet eine ***Vermehrung des Körperfetts*** mit erheblicher Erhöhung des Körpergewichts, die zu Veränderungen des Stoffwechsels, zur Beeinträchtigung körperlicher Funktionen und einer statistisch nachweisbaren Verkürzung der Lebenserwartung führt. Männer zwischen 25 und 35 Jahren mit einer Überschreitung des Idealgewichtes um 150–300% haben eine 12mal höhere Mortalität als Idealgewichtige. Mehr als 50% der Todesfälle sind kardiovaskulär.

**Häufigkeit.** 37% der Männer und 34% der Frauen in der Bundesrepublik sind übergewichtig.

**Pathogenese.** Eine Anhäufung von Körperfett entsteht, wenn die ***Energiezufuhr*** mit der Nahrung die ***Energieabgabe*** durch Arbeit oder Wärmebildung übersteigt. Überschüssige Energie wird als Fett im Fettgewebe abgelagert. Es gilt der Satz von der Erhaltung der Energie.

Energiebilanz des Körpers:
Nahrungszufuhr – Fettspeicherung = Grundumsatz + spezifisch-dynamische Wirkung der Nährstoffe + Kaloriengehalt der Exkremente + Arbeit + Wärmebildung durch Arbeit + Änderung des Wärmegehalts.

Der Brennwert des menschlichen Fettgewebes beträgt 6 kcal/g. Die Retention von 6000 kcal bringt einen Gewichtszuwachs von 1 kg. Für die Entstehung der Adipositas kommen sowohl eine inadäquat hohe Energiezufuhr als auch eine sehr geringe Energieabgabe in Frage. Die gestörte Energiebilanz sagt aber nichts darüber aus, warum Adipöse mehr essen, als zur Deckung des Energiebedarfes nötig ist.

**Klinik.** Es gibt eine Vielfalt von Methoden zur Ermittlung von Übergewicht (Tabelle 16.11). Differentialdiagnostisch müssen Ödeme oder eine große Muskelmasse beim Schwerarbeiter ausgeschlossen werden.

Bei einem Übergewicht von +20% über Broca haben 29% einen erhöhten Blutdruck, 29% eine Hypercholesterinämie, 41% eine Hypertriglyzeridämie, 17% eine Hyperurikämie und 7% einen erhöhten Nüchternblutzucker. Gallensteine und degenerative Veränderungen des Skeletts sind ebenso häufige Komplikationen wie postoperative Thrombosen und Embolien. Eine chronische Atemwegsobstruktion mit Hypoxämie, $CO_2$-Retention, Schlafapnoesyndrom (Pickwick-Syndrom) und Entwicklung eines Cor pulmonale gefährdet massiv Übergewichtige ebenfalls.

Auch eine mäßige Fettsucht ist mit einem Anstieg des ***Risikos*** für eine vorzeitige Koronarerkrankung verbunden. Die ***Verteilung*** des Fettgewebes scheint unabhängig von der Fettgewebemasse prognostisch wichtig zu sein. Die stammbetonte Adipositas (androide, abdominale, zentrale, „upper body") im Gegensatz zur hüftbetonten (gynoiden, glutäal-femoralen, peripheren, „lower body") geht mit einer Häufung von Herzinfarkt und Schlaganfall einher. Deshalb muß bei Adipositas nach weiteren Risikofaktoren gesucht werden.

**Tabelle 16.11.** Erfassung von Übergewicht und Berechnung des Sollgewichtes

1. Inspektion, ggf. Hautfaltendickenmessung (Caliper; Hautfalte über M. triceps brachii und oberhalb Crista iliaca, hintere Axillarlinie)
2. Broca
   Männer: Körpergröße (cm) –100 = Sollgewicht (kg)
   Frauen: Körpergröße (cm) –100 = Sollgewicht (kg)
   Männer: Körpergröße (cm) –100 – 10% = Idealgewicht (kg)
   Frauen: Körpergröße (cm) –100 – 15% = Idealgewicht (kg)
3. $$\text{Body-Mass-Index (BMI)} = \frac{\text{Körpergewicht (kg)}}{(\text{Körperlänge [m]})^2}$$
   Normalgewicht: Frauen bis 27,3, Männer bis 27,8
4. Bornhardt-Formel (berücksichtigt Körperbreite):
   $$\frac{\text{Körpergröße (cm)} \times \text{Brustumfang (cm)}}{240} = \text{Sollgewicht (kg)}$$
5. Taillen-zu-Hüftumfang („waist-to-hip-ratio", WHR) als Maß der Körperfettverteilung; androide WHR >0,85
6. Kalorienbedarf/kg KG/h bei Sollgewicht (angenähert; Sollgewicht × Richtzahl):
   Bei Bettruhe 24 kcal
   Bei leichter körperlicher Arbeit 32 kcal
   Bei mittelschwerer körperlicher Arbeit 37 kcal
   Bei schwerer körperlicher Arbeit 40–50 kcal

**Zu reichliche Energiezufuhr führt durch Vermehrung von Fettgewebe zur Adipositas, die die Entstehung von Hyperlipoproteinämien, Diabetes mellitus und Hyperurikämie begünstigt. Die kardiovaskuläre Sterblichkeit ist bei massivem Übergewicht erhöht. Die einzige wirksame Therapie ist die drastische Drosselung der Energiezufuhr bis zum Erreichen des Normalgewichtes.**

**Therapie.** Die Reduktion von Übergewicht sollte kontinuierlich durch eine Mischkost aus handelsüblichen Lebensmitteln erfolgen. Dazu ist eine Kalorientabelle unumgänglich.

Während einer ***strengen Reduktionskost*** (weniger als 600 kcal/Tag) muß die Wasserzufuhr reichlich sein, um die Nierenfunktion zu gewährleisten. Der vorübergehende Harnsäureanstieg im Serum bedarf außer reichlicher Flüssigkeitszufuhr keiner Therapie, da es innerhalb von Tagen zu einem neuen Fließgleichgewicht kommt. Bei vorbestehender Gicht empfiehlt sich eine vorübergehende Kolchizintherapie. Bei Diabetikern muß zur Vermeidung von Hypoglykämien an eine rechtzeitige Reduktion der blutzuckersenkenden Therapie gedacht werden.

***Anorektika*** („Appetitzügler") haben in der Therapie des Übergewichts keinen Platz. Nach Erreichen des Normgewichts ist auf die Gewichtsstabilität und die Vermeidung erneuten Übergewichts streng zu achten. Es gelingt nämlich nur etwa 30% der Patienten, auf Dauer ihr Normalgewicht zu halten, ganz gleich, welche Therapie zum Erfolg geführt hat. Auch eine begleitende ***Psychotherapie*** verbessert die Erfolgsrate nicht.

### 16.9.2 Magersucht

**Definition.** Eine negative Energiebilanz durch unzureichende Nahrungsmittelzufuhr, ungenügende Resorption von Nährstoffen aus dem Magen-Darm-Trakt oder eine gestörte Verwertung führt mit Verlust von Energieträgern meist durch den Harn (z.B. Glukose beim Diabetes) zu einer Verminderung des Körperfettes. Auch ein vermehrter Energieumsatz bei Fieber oder Hyperthyreose kann zum Verlust von Körpersubstanz führen.

**Pathogenese.** Tabelle 16.12 zeigt relevante Störungen. Im Hunger bezieht das Gehirn zur Aufrechterhaltung sei-

**Tabelle 16.12.** Ursachen für Unterernährung

| |
|---|
| 1. Mangel an Lebensmitteln, Hunger |
| 2. Resorptionsstörungen mit Fehlernährung |
| 3. Verlust von Energieträgern (Glukose oder Ketonkörper bei Diabetes mellitus) |
| 4. Vermehrter Energiebedarf in Ruhe (Hyperthyreose, Fieber, Leukämien, manche Tumoren) |
| 5. Appetitverlust: |
| organisch bedingt (Tumoren, endokrine Krankheiten: Morbus Sheehan, schwere Hypothyreose; chronische Infekte, konsumierende Krankheiten) |
| psychisch bedingt (Sorgen, Depressionen, Anorexia nervosa) |

ner Funktionen Energie aus Ketosäuren, die aus der Oxidation freier Fettsäuren stammen.

**Klinik.** Müdigkeit, Schwäche und Adynamie prägen das Bild. Begleitend treten Bradykardie und Hypotonie auf. Der Grundumsatz ist um bis zu 40% reduziert. Die Körpertemperatur kann vermindert sein. Präfinal treten schwere Durchfälle durch intestinale Schleimhautatrophie auf.

Vor allem bei jungen Frauen muß bei ausgeprägtem Gewichtsverlust an die psychisch ausgelöste ***Anorexia nervosa*** gedacht werden. Der extremen Magersucht geht frühzeitig eine ***Amenorrhöe*** voraus.

**Mangelnde Energiezufuhr führt zum Verlust von Fettgewebe und zur Abmagerung. Adynamie, Bradykardie, Hypotonie, verminderter Grundumsatz und erniedrigte Körpertemperatur sowie schwere Durchfälle können zum Tode führen. Die psychogene Magersucht bedarf neben der parenteralen Ernährung intensiver Psychotherapie.**

Die ***Bulimie*** ist eine Eßstörung, der ähnliche psychische Konflikte vorausgehen wie der Anorexia nervosa. Sie ist gekennzeichnet durch den Wechsel von Attacken von Heißhunger mit heimlicher Zufuhr großer Mengen Kohlenhydrate und selbstinduziertem Erbrechen. Große Schwankungen des Körpergewichts sind typisch.

Auch der ***Morbus Sheehan,*** eine postpartale Hypophysenvorderlappeninsuffizienz ist von Magersucht begleitet. Unterfunktion von Schilddrüse, Nebennieren und Gonaden sind typisch und bedürfen entsprechender Hormonsubstitution.

**Therapie.** Körperliche Ruhe, Wärmeschutz und parenterale Ernährung sind bei ausgeprägter Magersucht notwendige Maßnahmen. Zur parenteralen Kalorienzufuhr stehen Fettemulsionen, Aminosäure- und hochprozentige Zuckerlösungen zur Verfügung. Bei Anorexia nervosa und Bulimie bedarf es außerdem einer intensiven ***Psychotherapie.*** Dennoch ist die Prognose zweifelhaft.

# Literatur

Forth W, Henschler D, Rummel F (Hrsg) (1987) Pharmakologie und Toxikologie, 5. Auflage. BI Wissenschaftsverlag, Mannheim

Karlson P, Gerok W, Groß W. (1982) Pathobiochemie. Thieme, Stuttgart

Scriver CR, Beaudet AL, Sly WS, Valle D (1989) The metabolic basis of inherited disease, 6th edn. Mc Graw Hill, New York[1]

Stanbury JB, Wyngaarden JB, Fredrickson DS, Goldstein JL, Brown MS (eds) (1983) The metabolic basis of inherited disease. 5th edn. McGraw Hill, New York

Vogel F, Motulsky AG (1986) Human genetics. Springer, Berlin Heidelberg New York Tokyo

[1] Die Auflagen differieren erheblich voneinander, in der 6. Auflage findet sich eine hervorragende Einführung in die Molekulargenetik.

# 17 Ernährungskrankheiten und Ernährungstherapie

G. Wolfram

ZUSAMMENFASSUNG

Eine ***vollwertige Ernährung*** ist die Voraussetzung für die Erhaltung der Gesundheit. Eine möglichst vielseitige und abwechslungsreiche Auswahl von Lebensmitteln garantiert die ausreichende Versorgung mit Vitaminen, Mineralstoffen und Spurenelementen und schützt am besten vor einer zu hohen Belastung mit Schadstoffen. Angesichts der allgemeinen Überernährung sollten Lebensmittel mit einer hohen Nährstoffdichte und geringem Energiegehalt bevorzugt werden.

Im ***Alter*** erfordern Änderungen im Energie- und Stoffwechsel sowie im Appetitverhalten und in der Verdauung eine Anpassung der Ernährung. Dem gesunden alten Menschen sollte eine ***Wunschkost*** angeboten werden. Vielseitigkeit und Abwechslung sind das beste Rezept für die richtige Ernährung. Darüber hinaus müssen sozioökonomische Gegebenheiten des alten Menschen berücksichtigt werden.

***Ernährungszustand*** und Krankheit unterliegen einem wechselseitigen Einfluß. Die Feststellung des Ernährungszustands und die Berücksichtigung des Nährstoffbedarfs bei verschiedenen Krankheiten ist deshalb von großer Bedeutung für den Verlauf und die Prognose von Krankheiten.

***Ernährungsbedingte Krankheiten*** können durch eine Ernährungstherapie wirksam behandelt werden. Neben den ***Diäten*** bei Hyperlipidämien, Diabetes und Hypertonie haben auch bei Krankheiten des Magen-Darm-Trakts, der Leber und der Niere ernährungstherapeutische Maßnahmen Aussicht auf Erfolg. Die Ernährung des ***Tumorkranken*** erfordert eine besondere Sorgfalt, gilt es doch, Lebensqualität und Leistungsfähigkeit dieser Patienten möglichst lange zu erhalten.

Die ***künstliche Ernährung*** wird zu einer lebensnotwendigen Form der Ernährung bei Patienten, die nicht mehr essen können, dürfen oder wollen. Der ***enteralen*** Form als Trinknahrung oder per Sonde ist gegenüber der ***parenteralen*** Form wegen der geringeren Risiken und Kosten, wenn immer möglich, Vorrang einzuräumen. Die ***Überwachung*** dieser Patienten bedarf besonderer Sorgfalt.

## 17.1 Vollwertige Ernährung

**Eine vollwertige Ernährung besteht aus einem ausgewogenen und ausreichenden Angebot aller essentiellen Nährstoffe und einer dem Bedarf angepaßten Menge Energie.**

Eine vollwertige Ernährung ist für die optimale Funktion eines gesunden Körpers notwendig und bietet dem kranken Organismus die besten Voraussetzungen dafür, eine Krankheit zu überwinden. Vollwertige Kost ist um so besser zu verwirklichen, je reichhaltiger Auswahl und Vielfalt der verzehrten Lebensmittel sind. Unser Lebensmittelangebot läßt sich in 7 Gruppen unterteilen (Tabelle 17.1). Man sollte darauf achten, möglichst regelmäßig Lebensmittel aus allen 7 Gruppen zu verzehren und innerhalb der Gruppen die Lebensmittel zu wechseln. Eine einseitige Bevorzugung bestimmter Lebensmittel, z. B. der Verzehr von Fleisch oder Fleischwaren bei jeder Mahlzeit, ist nicht zu empfehlen, da so die Belastung mit weniger erwünschten Inhaltsstoffen wie Fett oder Purinen oder gar mit unerwünschten Fremdstoffen unnötig wächst. Lebensmittel pflanzlicher Herkunft bringen Vorteile, wie geringere Energiedichte, mehr Ballaststoffe, Vitamine und Mineralstoffe. Alkohol, Fett und Zucker enthalten demgegenüber vorwiegend Energie ohne

**Tabelle 17.1.** Sieben Lebensmittelgruppen mit den wichtigsten Inhaltsstoffen und den Verzehrsempfehlungen. (Modifiziert nach Deutsche Gesellschaft für Ernährung)

| Lebensmittel | Wichtige Inhaltsstoffe | Verzehrs-empfehlungen |
|---|---|---|
| ***Gruppe 1*** | | |
| Milch/Milchprodukte (z. B. Käse, Quark, Joghurt) | Kalzium<br>Vitamin A,<br>Vitamin $B_2$, $B_{12}$ | Täglich $^1/_4$ l Milch und 2 Scheiben Käse |
| ***Gruppe 2*** | | |
| Fleisch, Wurst | Eisen<br>Vitamin A, $B_1$ | Höchstens 3- bis 4mal pro Woche 1 Portion Fleisch (max. 150 g) und nicht jeden Tag Wurst |
| Leber | Eisen<br>Vitamin A, $B_{12}$<br>Folsäure | Nur alle 2–3 Wochen eine Portion Leber (max. 150 g) |
| Seefisch | Jod<br>Selen<br>Vitamin D, E | Wöchentlich 1–2 Portionen Seefisch (à 150 g) |
| Eier | Vitamin A | Wöchentlich nur 3–4 Stück |
| ***Gruppe 3*** | | |
| Brot | Eisen<br>Ballaststoffe | Täglich 5–7 Scheiben Brot (200–350 g) |
| Vollkornreis oder -nudeln | Magnesium<br>Vitamin $B_1$<br>Folsäure<br>Ballaststoffe | 1 Portion Reis oder Nudeln (roh 75–90 g, gekocht 150–200 g) |
| Kartoffeln | Kalium<br>Vitamin $B_1$<br>Vitamin C | 1 Portion Kartoffeln (250–300 g = 4–5 mittelgroße Kartoffeln) |
| ***Gruppe 4*** | | |
| Gemüse/Salat | Magnesium<br>Kalium<br>Vitamin A, C<br>Folsäure | Täglich mindestens 1 Portion Gemüse (ca. 200 g) und 1 Portion Salat (ca. 75 g) |
| Hülsenfrüchte | Magnesium<br>Kalzium<br>Eisen<br>Vitamin $B_1$<br>Folsäure<br>Ballaststoffe | 1 Portion = ca. 100 g roh bzw. 200 g gekocht |
| ***Gruppe 5*** | | |
| Obst | Kalium<br>Vitamin C | Täglich mindestens 1 Stück oder 1 Portion Obst (ca. 150 g) |
| ***Gruppe 6*** | | |
| Fette (Butter, Pflanzenmargarine und -öle) | Vitamin A, E<br>Linolsäure<br>α-Linolensäure | Täglich höchstens 40 g Streich- oder Kochfett, z. B. 2 Eßlöffel Butter oder Margarine und 1 Eßlöffel hochwertiges Pflanzenöl |
| ***Gruppe 7*** | | |
| Getränke | Wasser | Täglich 1,5 l Flüssigkeit (z. B. Mineralwasser, Tee, Kaffee, verdünnte Obst- oder Gemüsesäfte) |

essentielle Nährstoffe. Die Herkunft der Lebensmittel aus konventionellem oder alternativem Anbau spielt für den Nährstoffgehalt nur eine geringe Rolle. Wichtig sind kurze Transport- und Lagerzeiten sowie eine nährstoffschonende Zubereitung.

### 17.1.1 Bedarf an Energie und Nährstoffen

#### Energie

Die ***Energiezufuhr*** erfolgt mit der Nahrung. Im Darm werden Eiweiß zu 92%, Kohlenhydrate zu 98% und Fett zu 95% resorbiert. Der Energiegehalt dieser Nährstoffe steht dem Körper zur Verfügung (Tabelle 17.2). Die ***Energieabgabe*** erfolgt durch mechanische Arbeit und Wärme. Nicht verbrauchte Energie wird als Fett gespeichert. 1 kg Fettgewebe entspricht einem Energiegehalt von 7000 kcal.

#### Energiebilanz

Auch bei vollständiger körperlicher Ruhe wird für die Funktion der Organe und zur Aufrechterhaltung der Körpertemperatur Energie verbraucht. Dieser Anteil des Energieverbrauchs wird ***Grundumsatz*** genannt und liegt bei etwa 1 kcal/kg KG/h. Der Grundumsatz ist beim Mann höher als bei der Frau und nimmt mit dem Alter ab. Der ***Erhaltungsbedarf*** umfaßt die Energie für die Nahrungsaufnahme, die Verdauungstätigkeit und den Ersatz von Geweben. Der ***Leistungsbedarf*** beinhaltet die Energie für die körperliche Aktivität und besondere physiologische Leistungen wie Wachstum und Schwangerschaft.

**Tabelle 17.2.** Brennwerte der Nährstoffe

| Nährstoffe | 1 Gramm Nährstoff enthält an verwertbarer Energie kcal | kJ |
|---|---|---|
| Proteine | 4,0 | 17 |
| Langkettige Triglyzeride | 9,0 | 38 |
| Mittelkettige Triglyzeride | 8,0 | 33 |
| Polysaccharide | 4,2 | 18 |
| Mono-, Di- und Oligosaccharide | 3,8 | 16 |
| Polyole (Xylit, Sorbit) | 3,75 | 16 |
| Alkohol | 7,1 | 30 |

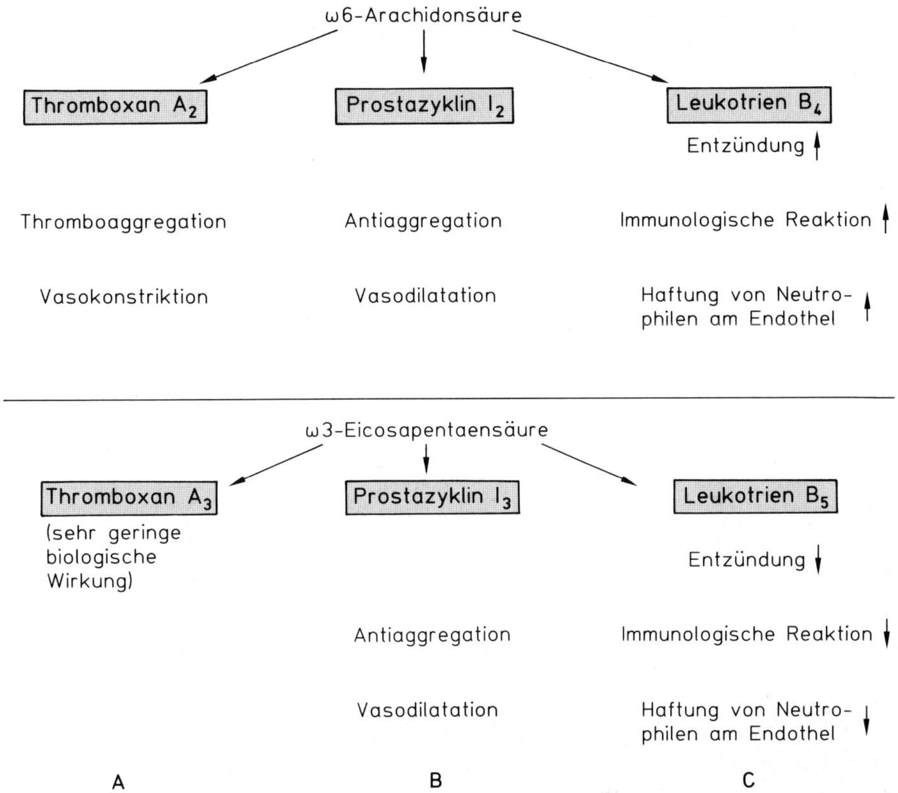


**Abb. 17.1.** Bildung wichtiger Eicosanoide aus ω-6- und ω-3-Fettsäuren in Thrombozyten *(A)*, Endothelzellen *(B)* und Monozyten *(C)* und einige ihrer Funktionen, die im Rahmen der Atherogenese von Bedeutung sind

## Kohlenhydrate

Von den Geweben wird ***Glukose*** als Energieträger ***bevorzugt,*** solange davon genügend zur Verfügung steht und die Verwertung nicht gestört ist. Glukose, die den aktuellen Bedarf und die Kapazität der Glykogenspeicher in Leber und Muskel übersteigt, wird in Fett umgewandelt und abgelagert. Bestimmte Gewebe (Gehirn, Erythrozyten und Nierenmark) sind auf Glukose als Brennstoff angewiesen. Bei einem akuten Mangel an Glukose kann nach Erschöpfung der Glykogenreserven durch ***Glukoneogenese*** aus Glyzerin, Milchsäure und Aminosäuren Glukose gebildet werden. Die Glukoneogenese aus Aminosäuren ist sehr unrationell, da für 120 g Glukose etwa 200 g Eiweiß abgebaut werden müssen.

## Fett

Fett hat als Energieträger die ***höchste Energiedichte.*** Das Fettgewebe kann 10–15% des Körpergewichts eines Gesunden erheblich übersteigen. Sinkt der Blutzuckerspiegel wegen geringer Zufuhr oder erhöhtem Verbrauch von Glukose für körperliche Aktivität ab, so entfällt mit dem absinkenden Insulinspiegel die Hemmung der Lipolyse im Fettgewebe. Im Blut steigen die ***freien Fettsäuren*** an und dienen in dieser Stoffwechselsituation den meisten Geweben (Muskulatur, Leber, Niere) als Energiequelle. In der Leber entstehen aus Fettsäuren ***Ketonkörper,*** die einen einfach und auch durch Zellmembrane rasch zu transportierenden Energieträger für Muskulatur und Niere darstellen und nach einer Übergangszeit von einigen Tagen auch im Gehirn Glukose als Brennstoff weitgehend ersetzen können.

## Essentielle Fettsäuren

Im Nahrungsfett sind nur die essentiellen Fettsäuren lebensnotwendig. ω-6-Fettsäuren (Linolsäure) und ω-3-Fettsäuren (α-Linolensäure) dienen als Bausteine für ***Eicosanoide,*** die in zahlreiche Funktionen des Körpers eingreifen. Die analogen Eicosanoide aus ω-6- und ω-3-Fettsäuren haben z.T. entgegengesetzte Wirkungen (Abb. 17.1). In der üblichen Nahrung ist die Linolsäure die mengenmäßig wichtigste essentielle Fettsäure. Der

**Tabelle 17.3.** Vitamine

| Vitamin | Vorrat im Körper | Für Versorgung wichtige Lebensmittel | Männliche Erwachsene Empfohlene Zufuhr pro Tag |
|---|---|---|---|
| ***Fettlösliche Vitamine:*** | | | |
| A<br>Retinol | 500 mg | Retinol: Fischlebertran, Leber, Milch<br>Karotinoide: Karotten, Spinat, Obst | 1,0 mg |
| D<br>Cholekalziferol | Kaum Vorräte, wird aus Cholesterin gebildet | Fischlebertran, Eigelb, Pilze | 5 µg |
| E<br>Tokopherol | 3 g, Leber und Fettgewebe | Weizenkeime, Pflanzenöle, Nüsse, Gemüse | 12 mg |
| K<br>Phyllochinone | 1 mg<br>wird von Darmbakterien gebildet | Grünkohl, Wirsing, Spinat, Blumenkohl | ? |
| ***Wasserlösliche Vitamine:*** | | | |
| $B_1$<br>Thiamin | 4 mg<br>Leber | Reis, Getreide, Kartoffeln,<br>Leber, Milch, Schweinefleisch | 1,4 mg |
| $B_2$<br>Riboflavin | 1 g<br>30% Muskulatur | Weizen- und Roggenvollkorn, Bohnen, Erbsen, Leber, Milch | 1,7 mg |
| Nikotinsäure | Leber enthält 65 mg, kann auch aus Tryptophan gebildet werden | Leber, Fleisch<br>Getreideprodukte, Hülsenfrüchte | 18 mg |
| $B_6$<br>Pyridoxalphosphat | 150 mg<br>Leber, Niere, Gehirn | Leber, Fleisch, Eigelb,<br>Weizenkeime, Haferflocken | 1,8 mg |
| Pantothensäure | ungeklärt | In nahezu allen Lebensmitteln, speziell tierischen Ursprungs | 8 mg |
| Biotin | ungeklärt | Leber, Eigelb, Sojabohnen | ungeklärt |
| Folsäure | 12 mg | Leber, Gemüse, Weizenkeime, Milch | 400 µg |
| $B_{12}$<br>Cobalamin | 5 mg | Leber, Eigelb, Fleisch, Niere, Milch,<br>nicht in pflanzlichen Lebensmitteln! | 3 µg |
| C<br>Askorbinsäure | 3 g | Grünkohl, Blumenkohl, Zitrone,<br>Orange, schwarze Johannisbeeren,<br>Paprika, Leber, Kartoffeln, Milch | 75 mg |

***Bedarf*** liegt bei 10 g pro Tag. Aber auch ω-3-Fettsäuren werden in ausreichender Menge aufgenommen. Der Bedarf wird auf etwa 2 g pro Tag geschätzt.

### Eiweiß

Im Gegensatz zu Kohlenhydraten oder Fett gibt es für Eiweiß keine Speicher. Im ***Eiweißmangel*** benutzt der Körper wichtige Funktionsproteine aus Darm, Leber, Niere und Muskel zur Deckung des Bedarfs an essentiellen Aminosäuren. Für einen ausgeglichenen Eiweißhaushalt sind sowohl der Ersatz täglich abgebauten Eiweißes als auch eine ausreichende Energiezufuhr notwendig, damit keine Aminosäuren zur Energiegewinnung verwendet werden müssen.

**Eiweißbedarf.** Eiweiß ist ein essentieller Nährstoff, da ***8 essentielle Aminosäuren*** (Tryptophan, Threonin, Valin, Isoleuzin, Leuzin, Lysin, Phenylalanin, Methionin) vom Körper nicht gebildet werden können. In bestimmten Situationen sind auch weitere Aminosäuren essentiell (z. B. Tyrosin bei Frühgeborenen oder Histidin bei Urämie). Die ***Empfehlungen*** für die ***Eiweißzufuhr*** des Gesunden liegen bei 0,8 g/kg KG/Tag.

## 17.1.2 Bedarf an Wirkstoffen

### Vitamine

Vitamine sind niedermolekulare organische Verbindungen, die im Stoffwechsel katalytische Funktionen erfüllen und deshalb nur in geringen Mengen benötigt werden. Sie müssen entweder als fertige Vitamine oder als Provitamine (Vorstufen) regelmäßig mit der Nahrung aufgenommen werden (Tabelle 17.3). Die besten Vitaminquellen in der menschlichen Nahrung sind Tabelle 17.1 zu entnehmen.

***Wasserlösliche*** Vitamine können leicht resorbiert, transportiert und auch wieder ausgeschieden werden. Ihre Speicherfähigkeit ist jedoch begrenzt. Mit Ausnahme von Vitamin $B_{12}$ entspricht die retinierte Menge im wesentlichen dem Apoenzympool. Der Vorrat an wasserlöslichen Vitaminen reicht deshalb nur für wenige Tage.

Die ***fettlöslichen*** Vitamine A, D, E und K sind bei Resorption, Transport, Verstoffwechslung und Ausscheidung auf komplizierte Hilfsmechanismen angewiesen. Die fettlöslichen Vitamine können allerdings sehr gut gespeichert werden (Tabelle 17.4).

**Vitaminverluste.** Bei Lagerung und Konservierung von Lebensmitteln treten ***Verluste*** auf. Wichtige Einflußfaktoren sind Sauerstoff, Licht und Wärme sowie der pH-Wert. Die Vitaminverluste beim Kochen entstehen durch die Einwirkung von Hitze und Sauerstoff, insbesondere aber auch durch Verluste an wasserlöslichen Vitaminen in das Kochwasser, das später nicht verwertet wird.

**Vitaminantagonisten.** Aufgrund ihrer sehr ähnlichen Struktur können Antagonisten die Vitamine aus ihrem Wirkungsort verdrängen. Derartige Substanzen haben therapeutische Bedeutung erlangt, z. B. Folsäureantagonisten als Zytostatika oder Vitamin-K-Antagonisten als Antikoagulanzien.

**Tabelle 17.4.** Reservekapazität des Menschen für essentielle Nährstoffe

| | |
|---|---|
| Vitamin D | kann aus Cholesterin gebildet werden |
| Vitamin A | 1–2 Jahre |
| Vitamin E | 1 Jahr |
| Vitamin $B_1$ | 4–10 Tage |
| Vitamin $B_2$ | 2–6 Wochen |
| Vitamin $B_6$ | 2–6 Wochen |
| Vitamin C | 2–6 Wochen |
| Folsäure | 3–4 Monate |
| Vitamin $B_{12}$ | 3–5 Jahre |

**Bedarf an Vitaminen.** Der Bedarf an einem bestimmten Vitamin entspricht der Menge, die Mangelerscheinungen verhindern kann. Es gibt erhebliche Unterschiede des Bedarfs zwischen einzelnen Personen, eine starke Abhängigkeit von der ***biologischen Situation*** (körperliche Belastung, Klima, Ernährung und Ernährungszustand etc.) und vor allem von Krankheiten.

**Therapie mit Vitaminen.** Ein ***Vitaminmangel*** kann mit der 2- bis 3fachen Tagesmenge der Empfehlungen therapiert werden. Für die ***Substitution*** von Vitaminen bei unzureichender Ernährung reichen die in den Empfehlungen genannten Mengen aus, da auch noch mit einer unzureichenden Ernährung Vitamine aufgenommen werden. ***Megadosen*** sind bei fettlöslichen Vitaminen wegen der Gefahr der Überdosierung gefährlich und gehen bei wasserlöslichen Vitaminen mit großen renalen Verlusten, also ohne Nutzeffekt, einher.

### Mineralstoffe

Aufgrund der im Körper vorhandenen Menge unterscheidet man ***Mengenelemente,*** wie Natrium, Chlorid, Kalium, Magnesium, Kalzium oder Phosphat, von ***Spurenelementen*** (<50 mg/kg KG), wie Eisen, Kupfer, Zink, Jod. Sie alle müssen mit der Nahrung in ausreichender Menge zugeführt werden (Tabelle 17.5).

### Empfehlungen zur wünschenswerten Zufuhr

Der Bedarf an einem essentiellen Nährstoff entspricht der einer Person täglich zuzuführenden Menge, die einen Mangel sicher verhindern kann. Von Person zu Person bestehen biologische Unterschiede.

**Die Empfehlungen für die wünschenswerte Nährstoffzufuhr einer Bevölkerung gehen von einem Mittelwert zuzüglich eines Sicherheitszuschlags von 30% aus.**

Dadurch sollen individuelle Unterschiede bei Gesunden und physiologische Belastungen im Alltag ausreichend abgedeckt werden. Sowohl für die ernährungsphysiologische Bewertung von Lebensmitteln als auch von Speiseplänen hat sich die Verwendung der Bezugsgröße der

**Tabelle 17.5.** Mineralstoffe

| Mengen-element | Körperbestand und Verteilung | Für Versorgung wichtige Lebensmittel | Männliche Erwachsene Empfohlene Zufuhr pro Tag |
|---|---|---|---|
| Natrium Na | 100 g 95% extrazellulär | Gesalzene Lebensmittel, Wurst, Brot | 2–3 g |
| Kalium K | 200 g 90% intrazellulär | Pflanzliche Lebensmittel, Bananen, Orangen | 2–3 g |
| Chlor Cl | 85% extrazellulär | Gesalzene Lebensmittel, Wurst, Brot | 3–5 g |
| Kalzium Ca | 1,0–1,5 kg 90% Knochen | Milch und Milchprodukte, Gemüse, Obst | 1000 mg |
| Magnesium Mg | 30 g 95% intrazellulär 50% Knochen 45% Leber + ZNS + Muskel | Gemüse, Hülsenfrüchte, Fisch, Geflügel | 350 mg |
| Phosphor P | 700 g 85% Knochen 6% Muskel | Milch und Milchprodukte, Fleisch, Fisch, Ei Getreideprodukte | 800 mg |
| **Spuren-element** | **Körperbestand** | | |
| Eisen Fe | 4 g | Fleisch, Gemüse | 12 mg |
| Zink Zn | 2 g | Fleisch, Leber, Hülsenfrüchte, Nüsse, Getreideprodukte | 15 mg |
| Kupfer Cu | 1–2 g | Leber, Fleisch, Hülsenfrüchte | 3 mg |
| Jod J | ≈20 mg | Fisch | 200 µg |
| Mangan Mn | ≈20 mg | Leber, Fleisch, Bohnen, Erbsen, Getreideprodukte | 2–5 mg |
| Chrom Cr | ≈5 mg | Leber, Fleisch, Getreideprodukte, Gemüse | 200 µg |

***Nährstoffdichte***, d.h. des Gehalts an essentiellen Nährstoffen pro Energiegehalt, als sehr nützlich erwiesen.

## 17.1.3 Besonderheiten der Ernährung im Alter

Besonderheiten der Ernährung ergeben sich aus einer Abnahme des Energiebedarfs, aus qualitativen Änderungen im Stoffwechsel, aus Besonderheiten von Appetit und Verdauung und aus den sozioökonomischen Gegebenheiten, mit denen alte Menschen fertig werden müssen.

### Stoffwechsel im Alter

Im Alter beobachtet man neben der ***Abnahme der Funktionskapazität*** verschiedener Organe auch spezifische ***Veränderungen des Wasser- und Elektrolythaushalts***

***und des Stoffwechsels.*** Im Alter kommt es durch eine Abnahme des intrazellulären Wassers zu einer Abnahme des Körperwassers und damit zur Verringerung der Wasserreserven. Das Gesamtkörperkalium nimmt ebenfalls ab. Im Alter kommt es zu einer Verschlechterung der Kohlenhydrattoleranz, zu einer langsameren Fettelimination aus dem Blut und zu einer langsameren Eiweißsynthese. Wegen der geringeren Muskelmasse ist der Fettgehalt im Alter selbst bei normalem Körpergewicht erhöht. Besteht zusätzlich Übergewicht, werden die Veränderungen im Stoffwechsel verstärkt.

### Energiebedarf im Alter

Der ***Grundumsatz*** nimmt bis ins hohe Alter um etwa 15% ab. Gleichzeitig sinkt die ***körperliche Aktivität.*** Dies schließt nicht aus, daß ein aktiver älterer Mensch den gleichen Energiebedarf hat wie ein wesentlich jüngerer inaktiver. Entscheidend für die notwendige Energiezufuhr ist das Verhalten des Körpergewichts.

### Nährstoffbedarf im Alter

Der ***Bedarf an Nährstoffen*** ist im Alter nicht erhöht. Wegen eines geringeren Energiebedarfs ist beim alten Menschen aber eine ***höhere Nährstoffdichte*** notwendig, d. h. eine geringere Menge von Lebensmitteln mit höherem Gehalt von essentiellen Nährstoffen.

### Ernährungsverhalten und Verdauung im Alter

Mit steigendem Lebensalter wird die ***Lebensmittelauswahl stärker eingeschränkt,*** teils aus echten oder aus eingebildeten Gründen einer ***Unverträglichkeit,*** teils weil der Appetit fehlt. Bei einem schlechten Zustand der Zähne engen Kauschwierigkeiten das Spektrum der verzehrten Speisen weiter ein. Bestimmte ***Geschmacksqualitäten*** zeigen bei jungen und alten Menschen meßbare Unterschiede. Im Alter sinkt die Geschmacksempfindlichkeit für „süß“ ab, die für „bitter“ oder „sauer“ steigt an.

Die Funktionen von Magen und Darm nehmen mit den Jahren ab. Die Funktionsreserven sind jedoch so groß, daß auch bei einer ***etwas langsameren Verdauung*** die Lebensmittel voll ausgenutzt werden. Dennoch bereiten bestimmte Speisen oft Beschwerden oder vermitteln ein Druckgefühl, wenn sie nicht in genügend großem zeitlichem Abstand vor dem Zubettgehen gegessen werden.

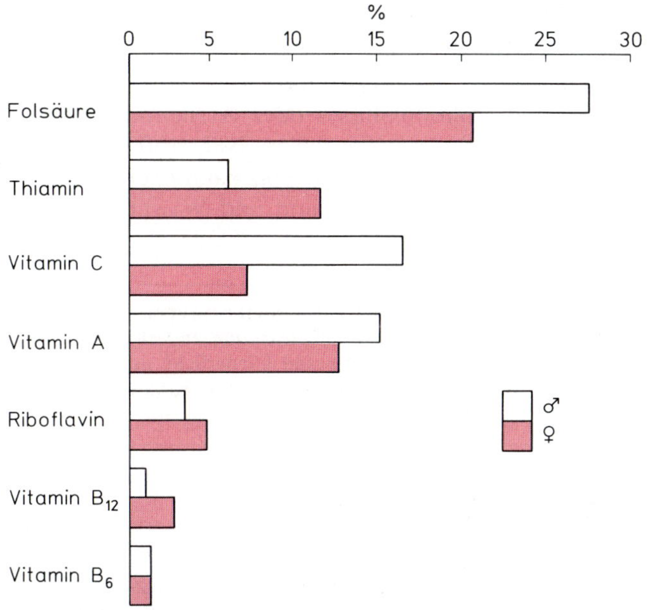


**Abb. 17.2.** Häufigkeit biochemisch nachweisbarer Unterversorgung mit bestimmten Vitaminen in einer repräsentativen Querschnittsuntersuchung an älteren Personen

### Mangelernährung im Alter

Alte Menschen haben ein ***abgeschwächtes Durstgefühl.*** Flüssigkeitsmangel wird von ihnen deshalb oft nicht spontan erkannt. Viele alte Menschen ernähren sich einseitig. Dadurch entstehender Nährstoffmangel führt selten zu manifester Mangelkrankheit, aber doch zu ***biochemisch nachweisbarer Unterversorgung*** (Abb. 17.2). Ursachen für eine einseitige Ernährung sind zu suchen beim älteren Menschen selbst (Bequemlichkeit oder Gebrechlichkeit), im Umfeld (z. B. besondere Situation im Altenheim) oder in sozioökonomischen Faktoren, die auch in unserer Wohlstandsgesellschaft nicht zu unterschätzen sind.

**Mangelzustände.** Typisch ist z. B. eine Anämie wegen Eisenmangels durch verringerten Fleischverzehr. Aber auch hyperchrome Anämien als Folge eines Mangels an Folsäure oder Vitamin $B_{12}$ oder Zeichen einer Osteomalazie als Ausdruck eines Vitamin-D-Mangels werden gelegentlich beobachtet. Nicht selten verschwinden Entzündungen der Mundschleimhaut oder Mundwinkelrhagaden nach Substitutionstherapie mit B-Vitaminen. ***Chronische Verluste*** (Eiweiß bei Dekubitus, Eisen bei Blutverlust über den Darm) verursachen bei ungenügendem Ersatz Mangelerscheinungen. Der Raucher hat einen erhöhten Vitamin-C-Bedarf, der im Alter schlechter zu decken ist. Malabsorption bei chronischen Darmkrankheiten, Alkoholabusus oder Arzneimittel stören die Resorption von essentiellen Nährstoffen. Regelmäßige Verwendung von Saluretika kann zu einer erhöhten Ausscheidung von Natrium und Wasser, aber vor allem von Kalium führen.

**Bei der Beratung alter Menschen kommt es in erster Linie darauf an, Wohlbefinden und Lebensfreude zu erhalten. Die besten Voraussetzungen dafür sind körperliche und geistige Tätigkeit bei vernünftiger ausgewogener Ernährung und Mäßigkeit.**

#### Vollwertige Ernährung im Alter

Dem gesunden alten Menschen ist eine ***vernünftige Wunschkost*** zu verschreiben. Solange eine ausgewogene gemischte Kost gegessen wird, die regelmäßig Bestandteile aus jeder der 7 Lebensmittelgruppen enthält (s. Tabelle 17.1), und solange kein direkter Hinweis auf eine Mangelernährung vorliegt, besteht kein Anlaß für eine Änderung der Ernährung älterer Menschen. Bei Personen mit einer mengenmäßig unzureichenden oder einseitigen Ernährung sollte mit der Zufuhr von Vitaminen nicht gezögert werden. Es reicht im allgemeinen aus, die Hälfte der empfohlenen Menge an Vitaminen zu substituieren, da auch eine einseitige Ernährung noch einen Teil des Vitaminbedarfs deckt.

## 17.2 Einfluß von Krankheiten auf Ernährungszustand und Nährstoffbedarf

Der Ernährungszustand des Menschen wird durch die Versorgung mit und den Bedarf an essentiellen Nährstoffen bestimmt. Krankheiten können durch Störung der Nährstoffaufnahme, einen erhöhten Nährstoffbedarf oder vermehrte Verluste zu einer Verschlechterung des Ernährungszustands führen.

### 17.2.1 Ernährungszustand

Die Erfassung des Ernährungszustands stützt sich auf die Ernährungsanamnese, die körperliche Untersuchung, klinisch-chemische Parameter und den Einfluß der gezielten Substitution eines Nährstoffes auf ein Mangelsymptom.

#### Ernährungsanamnese

Die Ernährungsanamnese wird an erster Stelle nach ***Änderungen des Körpergewichts*** in den letzten 3 Monaten fahnden, nach ***einseitiger Ernährung*** fragen (z.B. streng vegetarische Ernährung, Alkohol), nach Arzneimitteln (z.B. Kontrazeptiva) und Arzneimittelabusus (z.B. Diuretika, Abführmittel), nach der Stuhlanamnese sowie nach Menorrhagien oder häufigen Schwangerschaften. Ein Ernährungsprotokoll über wenigstens 3 Tage einschließlich eines Wochenendtages ist für die Erfassung von Einzelheiten nützlich.

#### Körpergewicht

Das ***relative Körpergewicht,*** d.h. die Körpermasse in bezug zur Körpergröße ***(Broca-Index)*** ist zur Erfassung der Überernährung brauchbar. Das Sollgewicht nach Broca entspricht der Körpergröße in cm minus 100. Für die Feststellung eines Energiemangels ist dieser Parameter jedoch weniger geeignet, da zum Beispiel Wassereinlagerungen diesen Wert verfälschen können. Als Parameter der Energieversorgung ist die Dicke des Unterhautfettgewebes bei der klinischen Untersuchung eines Patienten einfach zu beurteilen und durch Messungen mit einem entsprechenden Instrument (Caliper) auch quantitativ zu erfassen. Ein Vergleich dieses Meßwertes mit Standardzahlen ist aber zu ungenau. Für Verlaufskontrollen der Ernährungssituation eines bestimmten Patienten sind sowohl die Hautfaltendicke als auch das Körpergewicht geeignet.

***Klinische Zeichen eines Nährstoffmangels*** sind nur selten pathognomonisch, z.B. die Nachtblindheit bei Mangel an Vitamin A oder die Cheilosis bei Mangel an Riboflavin.

***Klinisch-chemische Parameter*** können weitere Informationen bieten: z.B. der Hämoglobinspiegel und die Eisenbindungskapazität über die Versorgung mit Eisen oder eine hyperchrome Anämie als Hinweis auf einen Mangel an Vitamin $B_{12}$ oder Folsäure. Für die Proteinversorgung kann die ***Harnstoffproduktion*** herangezogen werden. Bei Eiweißmangel nehmen die Konzentrationen verschiedener Proteine im Serum ab, z.B. Albumin. Bei einem neu auftretenden Eiweißmangel sind Serumeiweißkörper mit kurzer Halbwertszeit, wie Transferrin, retinolbindendes Protein, IgG und einige Komplementkomponenten, als Parameter geeignet.

Die Eiweißreserven sind am besten an der Muskelmasse zu erkennen. Als einfaches und brauchbares Maß

## FALL 17 A

**Tabelle 17 A.** Typische Befunde bei der Eisenmangelanämie

| | Mangelzustand | Normalwerte | | |
|---|---|---|---|---|
| | | Männer | Frauen | Senioren |
| Hämoglobin (g/dl) | 7 | 14,7 | 13,5 | 13.8 |
| Erythrozyten ($10^6$ pro μl) | 3,5 | 5,0 | 4,6 | 4,7 |
| Hämatokrit (%) | 28 | 43 | 40 | 41 |
| Zellhämoglobin ($Hb_E$,pg) | 20 | 29 | 29 | 29 |

**Anamnese.** 86jährige Patientin, bislang gesund, fühlt sich zunehmend schwach und energielos, dyspnoisch beim Treppensteigen und kommt deshalb zur Durchuntersuchung.

**Befund.** Aspekt und körperliche Untersuchung altersentsprechend. Normale Elektrophorese, normale BKS, Erythrozyten $3{,}5 \times 10^6$/μl, Mikrozytose, Hypochromasie, $Hb_E$(MCH) 20 pg, Serumeisen 7 μg/ml, Transferrin 420 μg/ml.

**Nachanamnese.** Die gezielte Nachanamnese ergibt, daß die (wohlhabende) Patientin aus Gründen einer gewissen Bequemlichkeit seit Monaten, wenn nicht Jahren, Fleisch nur sehr selten für sich zubereitet. Sie ist weder Mitglied eines Altenheims noch hat sie so viele soziale Kontakte, daß sie mit Bekannten häufig ausgehen würde.

**Diagnose.** Ernährungsbedingte (nutritive) Eisenmangelanämie.

**Therapie und Verlauf.** Die Vorschrift, mindestens jeden 2. Tag 150 g Fleisch zu sich zu nehmen, führte innerhalb von 2 Monaten rasch zur Normalisierung aller entsprechenden Werte im Blutbild.

**Epikrise.** Es lag eine einfache Eisenmangelanämie vor, nicht kompliziert durch einen Mangel an den Vitaminen Folsäure und $B_{12}$. Je häufiger man an die Eisenmangelanämie denkt, desto seltener übersieht man sie, vor allem bei Patienten mit Schweratmigkeit oder mit bloßem Verdacht auf ein Malignom oder einen chronischen Infekt.

**Tabelle 17.6.** Empfohlene tägliche Nährstoffzufuhr bei parenteraler Ernährung pro kg Sollgewicht bei Erwachsenen mit mittlerem Bedarf

| | |
|---|---|
| Energie | 35–40 kcal (0,15–0,17 MJ) |
| Stickstoff (=Aminosäuren) | 0,2–0,3 g (=1,5–2 g) |
| Glukose | 5 g |
| Fett | 2 g |
| Natrium | 2–3 mmol |
| Kalium | 2 mmol |
| Kalzium | 0,15 mmol |
| Magnesium | 0,2 mmol |
| Eisen | 0,5 µmol |
| Mangan | 0,2 µmol |
| Zink | 1,4 µmol |
| Kupfer | 0,3 µmol |
| Phosphor | 0,4 mmol |
| Thiamin | 0,04 mg |
| Riboflavin | 0,06 mg |
| Nikotinamid | 0,4 mg |
| Pyridoxin | 0,06 mg |
| Folsäure | 6µg |
| Kobalamin | 0,06 µg |
| Pantothensäure | 0,4 mg |
| Biotin | 10 µg |
| Askorbinsäure | 2 mg |
| Retinol | 10 µg |
| Kalziferol | 0,04 µg |
| Phytylmenachinon | 2 µg |
| α-Tokopherol | 1,5 mg |

gilt der Umfang der Muskulatur in der Mitte des Oberarmes. Die ***fettfreie Körpermasse*** kann neuerdings mit der bioelektrischen Impedanzanalyse über den Wechselstromgesamtwiderstand einfach bestimmt werden.

### 17.2.2 Nährstoffbedarf bei Krankheiten

Krankheit verursacht Veränderungen im Stoffwechsel. Diese gehen meist mit Änderungen im Bedarf an ***Energie*** und an ***essentiellen Nährstoffen*** einher.

***Fieber*** erhöht bereits bei einem Anstieg der Körpertemperatur um 1 °C den Energiebedarf um bis zu 15%. Eine erhöhte Körpertemperatur geht mit gesteigertem Stoffwechsel einher und bedingt einen ***erhöhten Bedarf an Vitaminen.*** Gleichzeitig muß bei erhöhter Körpertemperatur mit einem ***vermehrten Verlust*** von Wasser, Mineralstoffen und Spurenelementen durch Schweiß gerechnet werden. Zusätzlich können bei Krankheit ***Störungen der Resorption*** im Darm und ***erhöhte Verluste*** durch Wundsekrete oder Drainagen einen erhöhten Bedarf verursachen. Eine Pleurapunktion, z.B. 1,5 l zu 4 g/dl Protein, bedeutet einen Eiweißverlust von 60 g.

Basis der Nährstoffversorgung des Patienten sind die Empfehlungen der Deutschen Gesellschaft für Ernährung für den Gesunden (Tabellen 17.3 u. 5). Bei einer schweren Krankheit aus dem Bereich der inneren Medizin, die Bettruhe erfordert, sind die ***Empfehlungen*** für essentielle Nährstoffe zu ***verdoppeln.*** In schwierigen Fällen muß der Mehrbedarf an essentiellen Nährstoffen anhand der täglichen Verluste und des Verlaufs von klinischen und biochemischen Parametern sorgfältig festgelegt werden.

## 17.3 Ernährung bei einzelnen Krankheiten

### 17.3.1 Ernährungsbedingte Krankheiten

Die Prinzipien der Diät der klassischen Stoffwechselkrankheiten, die sich durch Über- und Fehlernährung manifestieren, sind pathophysiologisch begründet und klar definiert (s. Kap. 15, 16).

**Für alle ernährungsbedingten Krankheiten gilt, daß ein Zuviel an bestimmten Nährstoffen den durch einen erblichen Defekt limitierten Umsatz im Körper überfordert und dadurch zu Störungen des Stoffwechsels mit Konsequenzen für die Funktion von Organen und schließlich zu einer Verkürzung der Lebenserwartung führt.**

Da die ***Fettsucht*** für die wichtigsten ernährungsabhängigen Krankheiten, nämlich Hyperlipidämie, Diabetes, Gicht und Bluthochdruck, ein zentraler ***Manifestationsfaktor*** ist, treten diese Stoffwechselstörungen beim fettsüchtigen Patienten häufig in Kombination auf. Eine diätetische Behandlung dieser Patienten bedeutet aber nicht, daß sich die für die einzelnen Krankheiten geltenden Diätmaßnahmen rein numerisch zu einer großen Zahl von Diätrichtlinien addieren. Vielmehr läßt sich die ***Ernährungstherapie*** in solchen Fällen ***rationalisieren*** (Abb. 17.3). Einzelne Diätrichtlinien gelten für mehrere Krankheiten.

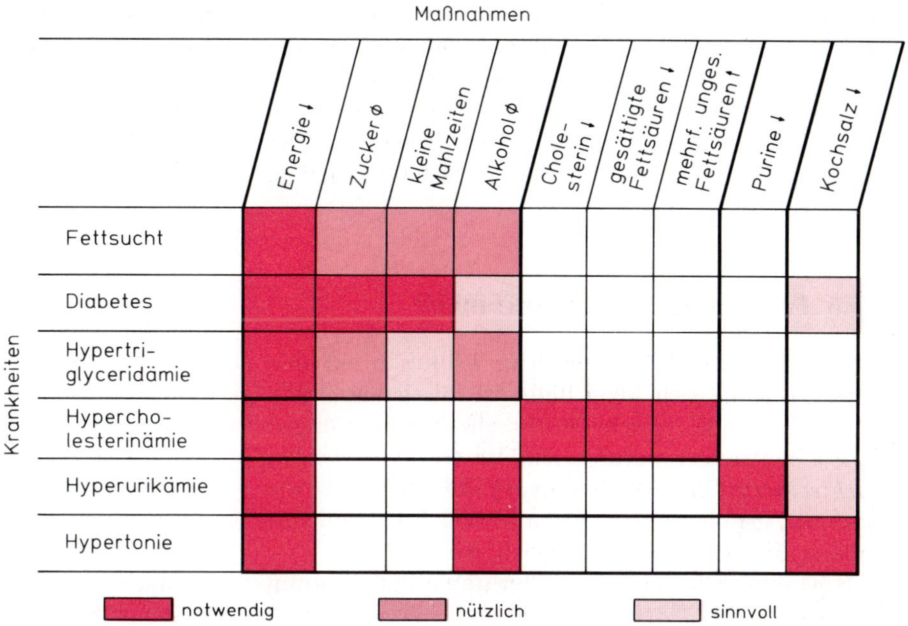


**Abb. 17.3.** Rationalisierung der Ernährungstherapie von mehreren beim gleichen Patienten bestehenden Stoffwechselkrankheiten

## 17.3.2 Krankheiten des Magen-Darm-Trakts

Die Funktionen von Magen und Darm bei der Verdauung und der Resorption der Nahrung stehen in engem Zusammenhang. Wechselwirkungen von Krankheiten und Diäten mit diesen Funktionen erschweren den wissenschaftlichen Nachweis des Nutzens bestimmter Diäten bei Krankheiten dieser Organe. Vor geraumer Zeit konnte jedoch in aussagefähigen Untersuchungen nachgewiesen werden, daß Dauer und Verlauf von bestimmten Krankheiten des Magen-Darm-Trakts durch sehr spezielle Diäten nicht beeinflußt werden. Aus diesem Grund verordnet man heute bei den meisten Magen-Darm-Krankheiten lediglich eine modifizierte Normalkost ***(allgemeine Schonkost)***. Lediglich für einzelne Krankheiten, wie Nahrungsmittelallergie, gluteninduzierte Enteropathie und Laktasemangel, sind streng ***restriktive Diäten*** indiziert, bei Leber- und Pankreaskrankheiten ein Verbot des toxisch wirkenden Alkohols.

## 17.3.3 Nierenkrankheiten

Die modernen Möglichkeiten, den Funktionsausfall der Nieren durch Hämodialyse bzw. Nierentransplantation aufzufangen, haben die Bedeutung der Ernährungstherapie bei Nierenkrankheiten in den Hintergrund treten lassen. Dennoch kann die Ernährungstherapie die Nieren bei einer Funktionseinschränkung ***gezielt entlasten*** und Komplikationen hinauszögern. Dadurch wird zwar der Zeitpunkt der Dialyse nicht wesentlich hinausgeschoben, das Allgemeinbefinden der Patienten und damit die Lebensqualität sind zu diesem Zeitpunkt jedoch noch deutlich besser. In den letzten Jahren wurde aufgrund neuerer Erkenntnisse eine ***frühzeitige Restriktion der Eiweißzufuhr*** herausgestellt (s. Kap. 8).

## 17.3.4 Hochdruck

Als den Bluthochdruck begünstigende ernährungsabhängige Faktoren sind ***Fettsucht, Alkohol*** und bei einem Teil der Patienten auch ***Natrium*** gesichert. Manche Patienten müssen auch auf den Genuß von Kaffee verzichten. Energiezufuhr und Alkoholkonsum können ohne spezielle diätetische Maßnahmen im Rahmen einer vollwertigen Ernährung berücksichtigt werden.

### Natriumzufuhr

Die Natriumrestriktion ist nicht nur bei Hypertonie, sondern auch bei Herzinsuffizienz, Aszites und bei bestimmten Nierenkrankheiten eine wichtige Maßnahme zur Verhinderung der Retention von Wasser. Die

Natriumausscheidung kann zwar durch Saluretika wirksam gesteigert werden, die dazu notwendige Dosis und damit die Rate von unerwünschten Wirkungen der Saluretika, z.B. Kaliumverluste, sind jedoch wesentlich von der Natriumzufuhr abhängig. Eine Restriktion der Kochsalzzufuhr auf <8 g pro Tag ist deshalb in jedem Falle anzustreben.

### 17.3.5 Ernährung des Tumorkranken

Maligne Tumoren haben negative Einflüsse auf den Organismus, die sich lokal und systemisch auswirken können. Folgende typische Stoffwechselveränderungen können beobachtet werden: ***erhöhte Glukoneogenese, verschlechterte Glukosetoleranz, erhöhte Lipolyse*** sowie ***Katabolie,*** die durch vermehrten Eiweißabbau und verminderte Eiweißsynthese verursacht wird.

Als häufige Allgemeinstörungen treten bei Tumoren früher oder später Appetitlosigkeit und Gewichtsverlust auf. ***Appetitlosigkeit*** wird mit Veränderungen der Geschmacksempfindungen, z.B. Steigerung der Empfindlichkeit für „bitter", in Verbindung gebracht. Dies gilt jedoch nur für einen Teil der Patienten. Die Zusammenhänge sind letztlich noch unklar und werden verursacht durch einen erhöhten Nährstoffbedarf des Malignoms oder des Malignompatienten bzw. durch eine verminderte Nährstoffaufnahme oder -verwertung durch den Patienten. Die ***Kachexie*** ist charakterisiert durch Schwächegefühl, Gewichtsverlust und Apathie und entspricht einem allgemeinen physischen und psychischen Verfall. Die Veränderungen im Eiweißstoffwechsel betreffen auch die Immunglobuline und schwächen die Widerstandsfähigkeit des Patienten, insbesondere gegenüber Infektionen. Die starke Einschränkung der physischen und psychischen Leistungsfähigkeit des Tumorkranken setzt der Anwendung von gezielten chirurgischen, radiologischen und chemotherapeutischen Maßnahmen Grenzen und führt durch den raschen Verfall zu einer drastischen Einschränkung der verbleibenden Lebensqualität.

> **Bis heute fehlt der Beweis, daß mit einer Krebsdiät das Tumorleiden geheilt werden kann.**

***Ziel der Ernährungstherapie*** muß es sein, den körperlichen und seelischen Verfall des Patienten möglichst lange hinauszuzögern, um dadurch die ihm verbleibende ***Lebensqualität*** möglichst lange zu erhalten und seine ***Belastbarkeit*** durch chirurgische Eingriffe, Chemotherapie oder Strahlentherapie zu festigen, damit diese Behandlungschancen nicht geschmälert werden. Neben einer Gewichtszunahme lassen sich durch eine intensive Ernährungstherapie Parameter des Eiweißstoffwechsels, die Lymphozytenzahl und die zellvermittelte Immunität verbessern. Dadurch treten bei eingreifenden therapeutischen Maßnahmen wesentlich seltener Nebenwirkungen auf, und höhere Dosen von Chemotherapeutika oder Strahlentherapie werden toleriert.

Ein Krebskranker benötigt für seinen Organismus keine besondere Diät, sondern eine ***vollwertige Ernährung.*** Die Kunst des Therapeuten besteht also darin, die durch Appetitlosigkeit, durch Änderungen der Geschmacksempfindungen, durch lokale Probleme im Bereich von Mund, Rachen, Speiseröhre und Magen-Darm-Trakt verursachten Ernährungsprobleme gezielt anzugehen und im übrigen dem Patienten eine Wunschkost anzubieten. Dabei ist das Hauptaugenmerk darauf zu richten, daß der Patient überhaupt ***genügend Nahrung*** aufnimmt und nicht weiter an Gewicht verliert. Wiederholte kleine, appetitlich angerichtete und leicht verdauliche Mahlzeiten regen eher zum Essen an. Unverträglichkeiten von bestimmten Lebensmitteln müssen berücksichtigt werden.

> **Der Patient soll immer dann essen, wenn er Appetit hat, auch außerhalb der Essenszeit.**

Bei Veränderung der Geschmacksempfindung ist die Geschmacksschwelle für „bitter" meistens herabgesetzt, und es besteht eine ***Abneigung gegen Fleisch und Wurst.*** Das fehlende Eiweiß in der Nahrung kann dann durch Milch und Milchprodukte, Ei oder Fisch ersetzt werden. Insbesondere hat es sich bewährt, Eiweiß kalt in Form von eiweißreichen Salaten (Ei, Käse, Geflügel, Thunfisch), eiweißreichen Zwischenmahlzeiten (Müsli, Hüttenkäse, Quarkaufstriche) oder als eiweißreichen Nachtisch zu servieren.

Bei ***vermindertem Speichelfluß*** und ***Schluckbeschwerden*** sollten häufig kleine Mengen an wäßrigen Getränken aufgenommen werden. Bei ***Kau-*** und ***Schluckbeschwerden*** werden am besten flüssig-breiige Speisen (Suppen, püriertes Gemüse, Kartoffelpüree, Milchmixgetränke) angeboten. Diese Gerichte sollten durch Zugabe von Sahne, Öl oder Maltodextrin in der Küche kalorisch angereichert werden.

Bei ***Entzündungen*** der ***Mundschleimhaut*** und der ***Speiseröhre*** müssen stark gewürzte, stark gesalzene und säurehaltige Lebensmittel vermieden werden. Auch Obst und Obstsäfte mit hohem Fruchtsäuregehalt (Johannisbeeren, Orangen, Grapefruits, Rhabarber, Tomaten) verursachen Schmerzen. Stille Wässer oder Tee sind besser als kohlensäurehaltige Getränke. Auch die Temperatur der Speisen sollte nicht zu hoch liegen.

Strahlen- und Chemotherapie können zu ***Übelkeit, Erbrechen*** und ***Durchfällen*** führen. Auf einen ausreichenden Ersatz von Flüssigkeit ist besonders zu achten. Darüber hinaus sollte bei Durchfällen auf frisches Obst, blähende Gemüse oder Salate verzichtet werden.

Der Arzt muß die Ernährung des Tumorpatienten ***rechtzeitig*** fest in die Hand nehmen, da die Erhaltung eines guten Ernährungszustandes zeit- und kostensparender sowie risikoärmer ist als ein Wiederaufbau der Ernährung. Der Krebspatient muß mit Geduld zum Essen ermutigt und vor allem von der Bedeutung seiner aktiven persönlichen Mithilfe für das gesamttherapeutische Konzept überzeugt werden. Da sein seelischer Zustand zwischen Hoffnung und Niedergeschlagenheit schwankt, ist auch sein Ernährungsverhalten stark wechselnd. Reicht die normale Nahrung nicht aus, um Gewichtsverluste zu vermeiden, so ist eine hochkalorische Zusatznahrung einzuplanen. ***Sondennahrung*** und ***parenterale Ernährung*** sind zwar aufwendig und teuer, aber für den Patienten entscheidend wichtig.

## 17.4 Künstliche Ernährung

Patienten, die nicht mehr essen können, dürfen oder wollen, müssen künstlich ernährt werden, um eine stärkere Katabolie und den Verfall der körperlichen Widerstandskraft gegenüber Infektionen und weiteren Komplikationen zu verhindern.

### 17.4.1 Grundlagen

Die Alternativen der konventionellen oralen Ernährung sind ***Sondennahrung*** oder ***parenterale Ernährung.*** In der Krankenhausküche hergestellte Sondennahrung entspricht heute nicht mehr dem hygienischen und ernährungsphysiologischen Standard. Als Flüssignahrung verwendet man daher industriell hergestellte Fertignahrung, die durch eine dünne Kunststoffsonde in Magen oder Dünndarm instilliert oder mit Geschmackskorrigenzien auch getrunken werden kann. Flüssignahrung wird unterteilt in eine ***nährstoffdefinierte Diät,*** d. h. die Nährstoffe stehen in industriell hergestellter Fertignahrung in definierter, kontrollierter, reproduzierbarer und hygienisch einwandfreier Form zur Verfügung, sowie ***chemisch definierte Diät,*** d. h. anstelle von konventionellem Eiweiß, Stärke oder Fett wird in diesen Diäten der Nährstoffbedarf durch Elementarbausteine wie Aminosäuren, Oligosaccharide bzw. Monosaccharide oder mittelkettige Triglyzeride gedeckt (s. Tabelle 17.6). Letztere Form ist natürlich teurer, bietet aber Vorteile, z. B. bei Resorptionsstörungen.

Grundsätzlich beeinflußt die Form der künstlichen Ernährung den Nährstoffbedarf nur sehr wenig. Die unterschiedliche Applikation muß jedoch technisch bzw. ernährungsphysiologisch berücksichtigt werden. Bei ***oraler Zufuhr*** übernehmen Magen und Darm die Aufbereitung der resorbierbaren Nährstoffe aus den Lebensmitteln. Störungen in diesem Bereich können durch die Verwendung von Nährstoffen als Elementarbausteine kompensiert werden. Die nachgeschaltete Leber paßt das Nährstoffangebot den Bedürfnissen der peripheren Gewebe an. Die Konzentration der Nährstoffe in Sondennahrungen sollte die physiologische Osmolalität des Darminhalts von 300 mosmol/l nicht wesentlich übersteigen, da es sonst zu osmotischen Durchfällen kommt.

Die ***parenterale Zufuhr*** von Nährstoffen erfolgt unter Umgehung des Magen-Darm-Trakts und der Leber. Da die physiologischen Regulationsmechanismen der Nährstoffaufnahme ausfallen, müssen Zufuhrraten und Art der Nährstoffe der Verwertung genauer angepaßt werden, um Ungleichgewichte der Plasmaspiegel und renale Verluste zu vermeiden. Die Konzentration der Infusionen muß auf die Situation der peripheren Venen Rücksicht nehmen. Stark hypertone Lösungen müssen über Katheter in zentrale Venen infundiert werden.

### 17.4.2 Nährstoffversorgung

Da jeder Patient einen von seiner Person und seinem Ernährungszustand abhängigen individuellen Bedarf an Energie und essentiellen Nährstoffen hat, ist es üblich, Richtlinien auf das Körpergewicht zu beziehen (s. Tabelle 17.6). Im Vordergrund steht zunächst die Eiweiß- und Energieversorgung. Die ***Verteilung der Nährstoffe*** sollte

**Tabelle 17.7.** Typischer Therapieplan für die vollständige parenterale Ernährung eines Patienten mit mittlerem Bedarf

| Nährstoff | Konzentration | ml | g | kcal | Energie (%) |
|---|---|---|---|---|---|
| L-Aminosäuren | 10% | 1000 | 100 | 400 | 24 |
| Glukose | 10% | 2000 | 200 | 800 | 48 |
| Fettemulsion | 20% | 250 | 50 | 450 | 28 |
| | | 3250 | | 1650 | 100 |

bei Sondennahrung und bei parenteraler Ernährung etwa der bei normaler oraler Ernährung entsprechen (Tabelle 17.7).

Für die Verbesserung der Stickstoffbilanz ist eine ausreichende Zufuhr von ***L-Aminosäuren*** entscheidend. Die Nährlösungen sollten neben den 8 essentiellen Aminosäuren auch eine Reihe nichtessentieller Aminosäuren, wie Arginin, Histidin und Prolin, enthalten. Die empfohlene Zufuhr liegt bei 1,5 g Aminosäuren pro kg Körpergewicht und Tag (=20% der Energie). Bestimmte Krankheiten erfordern eine Sonderbehandlung. Bei ***Urämie*** wird z. B. Histidin essentiell, bei schweren ***Leberkrankheiten*** sollten Aminosäurelösungen nur geringe Mengen Methionin und zyklische Aminosäuren und dafür mehr verzweigtkettige Aminosäuren enthalten. Für andere Indikationen haben sich bisher Lösungen mit speziellen Aminosäurenmustern nicht als sinnvoll erwiesen.

Als ***Energiequellen*** dienen Monosaccharide und Fett. ***Glukose*** ist das Kohlenhydrat der Wahl, und bei einer Dosierung von 0,25–0,50 g Glukose pro kg Körpergewicht und Stunde treten bei inneren Krankheiten außer einer seltenen Hyperglykämie keine Komplikationen auf. Die Anwendung von Zuckeraustauschstoffen wie Fruktose, Sorbit und Xylit hat bei inneren Krankheiten bisher keine Vorteile gebracht. ***Fett*** wird heute in Form von Fettemulsionen mit langkettigen oder einem Gemisch aus lang- und mittelkettigen Triglyzeriden zugeführt. Diese Fettemulsionen enthalten auch essentielle Fettsäuren in ausreichend großer Menge. Fettemulsionen sind hinsichtlich Osmolalität und renaler Verluste problemlos. Verwertungsstörungen oder gefährliche metabolische Nebenwirkungen sind bei einer Dosierung von 1–2 g/kg KG/Tag nicht zu befürchten. Kohlenhydrate und Fett sollten im Verhältnis 6:4 eingesetzt werden.

Der Bedarf an Wasser liegt bei 30–50 ml/kg KG/Tag, sollte aber durch eine Bilanz überprüft werden. Bei länger dauernder künstlicher Ernährung ist eine ausreichende Versorgung mit Vitaminen, Mineralstoffen und Spurenelementen zu beachten (s. Tabelle 17.6).

### 17.4.3 Indikationen

**Bei unzureichender Ernährung eines Patienten (Gewichtskontrolle!) sollte mit der Indikation zur künstlichen Ernährung nicht zu lange gezögert werden, da die Erhaltung eines guten Ernährungszustands risikoärmer und kostensparender ist als seine Wiederherstellung.**

Die ***enterale Zufuhr*** von Nährstoffen ist ernährungsphysiologisch günstiger und, wenn möglich, immer der parenteralen Zufuhr vorzuziehen. Bei Tumoren ist eine zusätzliche parenterale Ernährung als Ergänzung einer unzureichenden oralen Ernährung in Erwägung zu ziehen.

Die ***Indikation zu einer parenteralen Ernährung*** im Bereich der inneren Medizin betrifft vor allem gastrointestinale Krankheiten, wie Passagebehinderungen bei inoperablen Tumoren im Magen-Darm-Trakt oder Verätzungen der Speiseröhre, Zustand nach ausgedehnten Dünndarmresektionen, entzündlichen Erkrankungen des Magen-Darm-Trakts (Morbus Crohn, Abdominalfisteln, Colitis ulcerosa). Bei schweren Leberkrankheiten mit komatösen Zuständen oder hepatischer Enzephalopathie kann die parenterale Zufuhr von speziellen Aminosäurelösungen die neurologische Symptomatik verbessern (s. Kap. 2). Bei Urämie hat die Zufuhr von essentiellen Aminosäuren durch Verbesserung der katabolen Stoffwechselsituation einen günstigen Einfluß auf den Krankheitsverlauf des Nierenversagens (s. Kap. 8). Hier ist ein höherer Histidin- und geringerer Phenylalaningehalt der Aminosäurelösungen zu berücksichtigen. Der Einsatz von Fettemulsionen kommt der Einschränkung der Flüssigkeitszufuhr bei Nierenkranken entgegen. Komplikationen, wie Anorexie, Übelkeit, Erbrechen und Durchfälle bei Tumorpatienten, sind eine weitere wichtige Indikation für eine künstliche Ernährung.

### 17.4.4 Überwachung

Eine künstliche Ernährung erfordert eine sorgfältige Überwachung des Patienten. Neben der ***klinischen Beobachtung*** sind zur Kontrolle der Substratzufuhr Messungen von ***Glukose*** in Blut und Urin sowie von ***Triglyzeriden*** im Blut notwendig. Diese Informationen werden durch eine Wasserbilanz ergänzt. Die Wirksamkeit der Ernährungstherapie kann durch Körpergewicht, fettfreie Körpermasse, kurzlebige Proteine im Serum oder Harnstoffproduktion kontrolliert werden.

## Literatur

Huth K, Kluthe R (1986) Lehrbuch der Ernährungstherapie. Thieme, Stuttgart New York

Ketz H-A (1990) Grundriß der Ernährungslehre. Steinkopff Verlag Darmstadt

Wolfram G (1990) Grundlagen der Ernährung und des Stoffwechsels. In: Mehnert H (Hrsg) Stoffwechselkrankheiten. Thieme, Stuttgart New York, S 1–65

Wolfram G, Eckart J, Adolph M (1990) Künstliche Ernährung. Karger, Basel

# 18 Vergiftungen, Berufskrankheiten und physikalische Krankheiten

H.-P. Schuster und H. Dörfler

ZUSAMMENFASSUNG

Die ***Erkennung von Vergiftungen*** beruht auf der Kenntnis allgemeiner Vergiftungssymptome und -zeichen sowie spezieller, besonders häufiger oder schwerer Vergiftungsbilder, der Auskunft von Giftinformationszentralen und dem toxikologischen Giftnachweis.

Die ***Behandlung*** basiert auf allgemeinen lebensrettenden Sofortmaßnahmen (Notfall- und Intensivmedizin) und den speziellen Maßnahmen der ***Entgiftung.*** Dazu zählen die primäre Giftelimination durch Dekontamination und Neutralisation sowie die sekundäre Elimination resorbierter Noxen durch Forcierung natürlicher Ausscheidungswege, extrakorporale Eliminationsverfahren und Gabe spezifischer Antidota. Häufigste Vergiftung im Erwachsenenalter ist die suizidale Intoxikation durch Hypnotika und Psychopharmaka, in 40% der Fälle kombiniert mit Alkohol.

***Berufskrankheiten*** sind Krankheiten, die die Bundesregierung durch Rechtsverordnung als solche bezeichnet und die der Versicherte bei einer im Gesetz als versichert genannten Tätigkeit erleidet. Der Nachweis beruht auf der Diagnose der organspezifischen Erkrankung und dem Nachweis der beruflichen Exposition.

***Physikalische Krankheiten*** sind Erkrankungen durch Einwirkungen physikalischer Größen aus der Umgebung: thermische Schäden (Unterkühlung, Hitzekrämpfe, Hitzeerschöpfung, Hitzschlag, Sonnenstich), Elektrounfälle, Barotraumen (Höhenkrankheit und höhenbedingtes Lungenödem, Tieftauchunfälle und Dekompressionssyndrom), Kinetosen (Reisekrankheiten), akustische Schäden und Strahlenschäden.

In der inneren Medizin ist die ***Unterkühlung*** das häufigste Problem. Die Symptomatik reicht in Abhängigkeit von der Erniedrigung der Körpertemperatur von anhaltendem Kältezittern bis zu Atem- und Kreislaufstillstand durch Herzkammerflimmern bei Körperkerntemperaturen unter 27 °C. Therapeutisch werden die Methoden der äußeren und inneren Wiedererwärmung eingesetzt.

## 18.1 Vergiftungen

Vergiftungen entstehen durch Auswirkungen von körperfremden Substanzen oder deren Metabolite auf Organgewebe und physiologisch-biochemische Funktionsabläufe ***(exogene Intoxikation).***

Bei Arzneimitteln unterscheidet man ***akute Vergiftungen*** infolge einer Überdosis von ***unerwünschten Nebenwirkungen*** bei Einnahme therapeutischer Dosen. Bei chronischer Medikamenteneinnahme können zwischen Nebenwirkungen und chronischer Vergiftung fließende Übergänge bestehen.

Den exogenen Intoxikationen werden ***endogene Vergiftungen*** als Folge pathologischer Akkumulation körpereigener Stoffe oder Stoffwechselprodukte gegenübergestellt, die jedoch besser als ***Stoffwechselentgleisungen*** (z.B. Leberkoma) oder endokrine Krisen (z.B. Thyreotoxikose) bezeichnet werden.

**Häufigkeit und Vorkommen.** Akute exogene Intoxikationen sind nicht meldepflichtig, genaue Zahlen sind daher nicht bekannt. Die Zahl der klinisch behandelten Vergiftungsfälle wird auf jährlich 200000 Erwachsene und 30000 Kinder geschätzt. Die Zahl der Todesfälle durch Vergiftungen beträgt etwa 9000 pro Jahr. Im Erwachsenenalter entfallen 80–85 % aller Vergiftungs-

**Tabelle 18.1.** Relative Häufigkeit einzelner Noxen bei akuten exogenen Intoxikationen im Erwachsenenalter

| | |
|---|---|
| Medikamente | 75% |
| Hypnotika, Psychopharmaka | 65% |
| Sonstige | 10% |
| Alkohole | 5% |
| Kohlenwasserstoffe | 5% |
| Insektizide, Herbizide | 4% |
| Kohlenmonoxid | 2% |
| Säuren, Laugen | 2% |
| Blausäureverbindungen | 1% |
| Schwermetalle | 1% |
| Sonstige | 5% |

**Tabelle 18.2.** Gebräuchliche Enzymimmunoassays als toxikologische Schnelltests

| Substanz | Nachweis in | |
|---|---|---|
| | Serum | Urin |
| Benzodiazepine | + | + |
| Barbiturate | + | + |
| Methaqualon | | + |
| Trizyklische Antidepressiva | + | |
| Alkohol | + | + |
| Kokain | | + |
| Haschisch | | + |
| Amphetamin | | + |
| Opiate | | + |

fälle auf suizidale (vor allem durch Schlafmittel), 10–15 % auf akzidentelle und etwa 5 % auf Intoxikationen im Beruf (z. B. irrtümliche Ingestion von Chemikalien, CO-Vergiftung bei Feuerwehrleuten).

Bei Patienten zwischen 20 und 40 Jahren ist in der Differentialdiagnose eines Komas die Intoxikation die wahrscheinlichste Ursache, sofern kein Schädel-Hirn-Trauma vorliegt.

Bei 30 % aller Arzneimittelvergiftungen werden 2 oder mehr Medikamente gleichzeitig eingenommen, bei 40 % ist die Medikamentenüberdosierung mit starkem Alkoholgenuß verbunden.

**Etwa 65 % aller Intoxikationen im Erwachsenenalter sind suizidale Schlafmittelvergiftungen, davon 40 % in Verbindung mit Alkohol.**

**Pathogenese.** Man unterscheidet ***orale, inhalative*** und ***transkutane Intoxikationen.*** Als orale Noxen stehen Schlaf- und Beruhigungsmittel an erster Stelle (Tabelle 18.1), bedingt durch den überwiegend suizidalen Vergiftungsanlaß. Auch Medikamente mit anderen Angriffspunkten werden in suizidaler Absicht angewandt (z. B. Insulin, Kardiaka etc.).

Entscheidend ist die resorbierte Dosis. In Abhängigkeit von der aufgenommenen Substanzmenge können entweder keinerlei Erscheinungen, therapeutisch erwünschte Effekte oder krankhafte Symptome und Zeichen einer Vergiftung auftreten.

## 18.1.1 Diagnostik

Die Diagnose von Vergiftungen stützt sich auf Symptomatologie, Giftinformation und toxikologische Analytik. Wichtig ist, an eine Vergiftung zu denken.

***Kardinalsymptome*** von Vergiftungen sind Übelkeit und Erbrechen, Bewußtseinsstörung, Hautläsionen, Fötor, Herzrhythmusstörungen, akute Niereninsuffizienz sowie Leberzellschädigungen. Bei Auftreten dieser unspezifischen Symptome sollte in unklaren Fällen stets an die Möglichkeit einer Vergiftung gedacht werden, besonders wenn mehrere dieser Symptome gleichzeitig zu beobachten sind.

Die ***Inspektion der Umgebung*** ist besonders bei nicht ansprechbaren Patienten von Bedeutung. Leere Arzneimittelpackungen, Gläser oder Flaschen mit suspektem Inhalt liefern den Vergiftungsverdacht.

Die spezielle Anamnestik bei Vergiftungsfällen wird aus didaktischen Gründen in ein ***6-W-Programm*** gefaßt: Wer? Was? Wann? Wie? Wieviel? Warum?

***Giftinformationszentralen*** stehen rund um die Uhr für telefonische Auskünfte zu Fragen der Erkennung und Behandlung von Vergiftungen zur Verfügung.

**Giftnachweis.** Die Diagnose „Vergiftung" muß durch die ***toxikologische Analyse*** gesichert werden. Geeignete Materialien sind Magensaft, Urin, Blut und Erbrochenes. Als ***Schnelltests*** dienen Enzymimmunoassays (Tabelle 18.2).

Der qualitative oder semiquantitative Giftnachweis in der Ausatemluft kann mit einem ***Gasspürgerät*** erfolgen.

Die definitive toxikologische Analyse geschieht durch Chromatographie und Massenspektrometrie.

**Tabelle 18.3.** Provoziertes Erbrechen

| Verfahren | Durchführung | Anwendung |
|---|---|---|
| *Salzwasser* (hypertone Kochsalzlösung) p.o. | 2 Eßlöffel Kochsalz in 1 Glas Wasser gelöst, Wirkung innerhalb von 10 min | Bei Erwachsenen und Kindern ab 12 Jahren, evtl. zusätzlicher mechanischer Rachenreiz. Bei Würgen oder Erbrechen reichlich Wasser oder Saft nachtrinken lassen |
| *Brechsirup* (Ipecacuanhasirup) p.o. | Kinder unter $1^1/_2$ Jahren 10 ml, zwischen $1^1/_2$ und 4 Jahren 15 ml, über 4 Jahren 20 ml. Bei Erwachsenen 25 ml. Anschließend 100–200 ml Wasser oder Saft trinken lassen, Wirkung innerhalb von 20 min | Bei Kindern und Erwachsenen |

*Kontraindikationen:*
Bewußtlosigkeit oder stärkere Bewußtseinstrübung (Gefahr der Aspiration)
Ingestion ätzender Substanzen (Schädigung von Ösophagus und Kehlkopf durch Regurgitation)
Ingestion schaumbildender Substanzen (Gefahr schwerer respiratorischer Störungen bei Eindringen von Schaum in die Lungen)
Ingestion von organischen Lösungsmitteln, Mineralölprodukten oder öligen Lösungen (Gefahr schwerer Lungenschäden bereits bei geringgradiger Aspiration infolge der starken oberflächenaktiven Eigenschaften der Substanzen)

## 18.1.2 Therapie

Die Basis der Behandlung Vergifteter bilden die allgemeinen lebensrettenden Sofortmaßnahmen und die allgemeinen Maßnahmen zur Erkennung, Verhütung und Behebung lebensbedrohlicher Vitalfunktionsstörungen der Intensiv- und Notfallmedizin.

Darüber hinaus dienen spezielle Methoden der Entgiftung noch nicht resorbierter Giftmengen ***(primäre Entgiftung),*** der beschleunigten Elimination resorbierter Noxen ***(sekundäre Giftelimination)*** und der Verminderung der Giftwirkung durch ***Antidota.*** Die aufwendigen Verfahren einer sekundären, extrakorporalen Giftelimination (Hämodialyse, Hämoperfusion) bleiben schweren Fällen vorbehalten.

Spezifische Antidota stehen nur für wenige Substanzen zur Verfügung. Sie sollen wegen möglicher eigener Nebenwirkungen nur bei schweren Verlaufsformen eingesetzt werden.

### Primäre Entgiftung

**Dekontamination.** Die Wahl der Maßnahmen zur primären Giftelimination hängt vom Vergiftungsweg ab:

- Bei ***inhalativen Vergiftungen*** sind das Retten aus der giftigen Atmosphäre und das Verbringen in ***Frischluft*** die Erstmaßnahmen.

**Tabelle 18.4.** Magenspülung

| |
|---|
| Prämedikation mit Atropin (0,5 mg i.m.) |
| Herstellen einer leichten Kopftieflagerung von 15–20° |
| Auswahl eines großlumigen Magenschlauches (Erwachsene fingerdicker Schlauch, Kinder Schlauchdurchmesser 7–11 mm) |
| Gleitfähigmachen des Schlauches mit Wasser, Gel oder Spray und perorales Einführen des Schlauches |
| Lagekontrolle des Magenschlauches durch Luftinsufflation (etwa 50 ml) und Auskultation im Epigastrium |
| Magenentleerung durch Aspiration, Asservieren von Mageninhalt |
| Magenspülung unter Kontrolle der instillierten und abgeleiteten Flüssigkeitsmenge. Beim Erwachsenen Einzelportionen von 200–300 ml körperwarmen Wassers bis zu einer Gesamtmenge von mindestens 15–20 Litern. Bei Kindern Einzelportionen von 4 ml/kg KG und entsprechende Reduktion der Gesamtmenge. Bei Säuglingen und Kleinkindern muß die Spülung mit physiologischer Kochsalzlösung erfolgen |

- Bei ***transkutaner Giftaufnahme*** werden kontaminierte Kleidungsstücke entfernt und eine gründliche ***Hautreinigung*** durchgeführt.
- Bei ***peroralen Vergiftungen*** erfolgt eine Magenentleerung durch provoziertes Erbrechen (Tabelle 18.3) oder Magenspülung (Tabelle 18.4).

Vor dem Auslösen von Erbrechen sind die Kontraindikationen strikt zu beachten. Eine ***Magenspülung*** (s. Tabelle 18.4, Abb. 18.1) ist indiziert bei oralen Vergif-

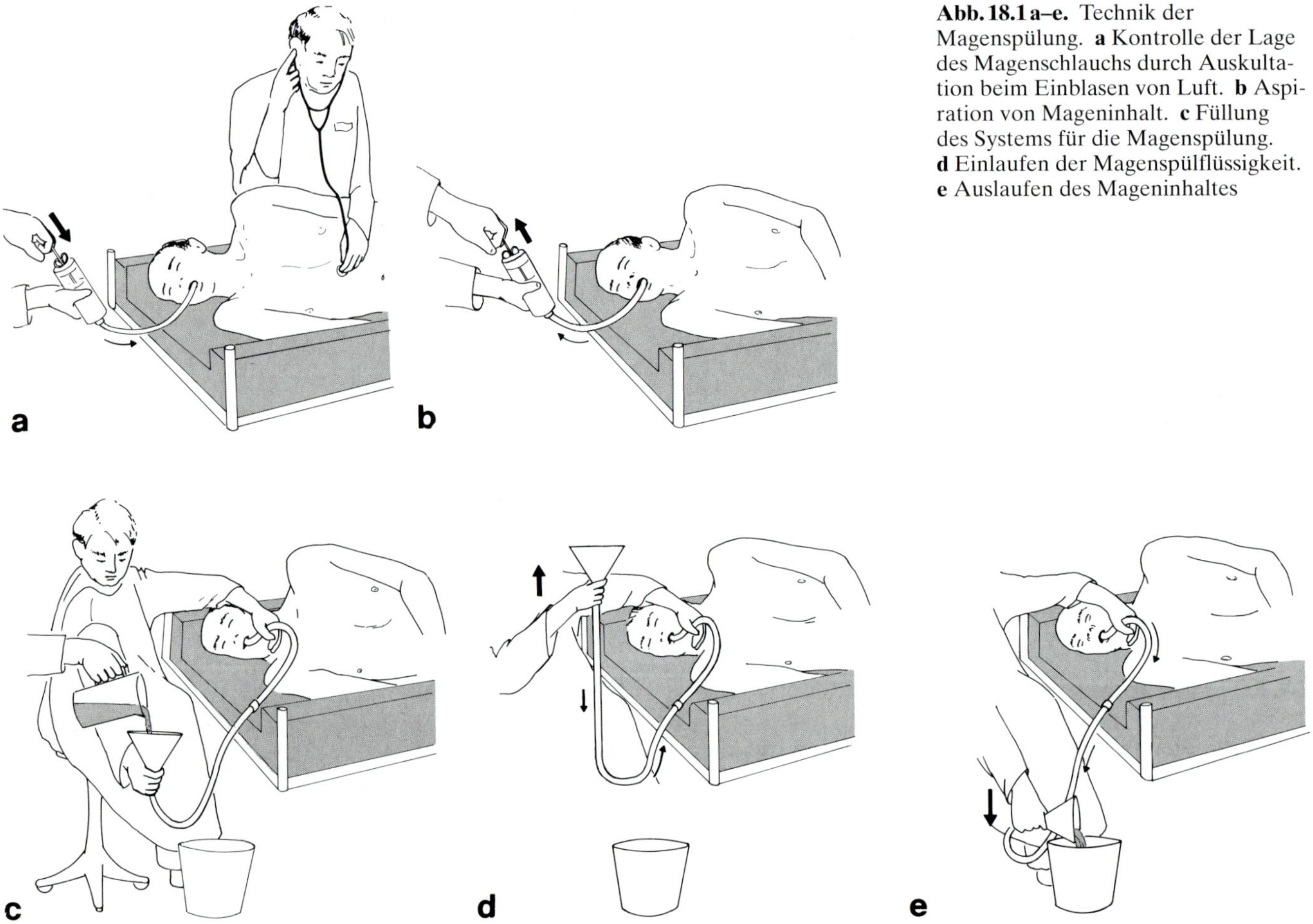


**Abb. 18.1 a–e.** Technik der Magenspülung. **a** Kontrolle der Lage des Magenschlauchs durch Auskultation beim Einblasen von Luft. **b** Aspiration von Mageninhalt. **c** Füllung des Systems für die Magenspülung. **d** Einlaufen der Magenspülflüssigkeit. **e** Auslaufen des Mageninhaltes

tungen mit Bewußtseinseinschränkung, nach erfolglosem Brechversuch und bei Einnahme hochtoxischer Substanzen (z. B. Organophosphate, Schwermetalle). Eine Magenspülung ist auch in den ersten 1–2 h nach Ingestion von Säuren oder Laugen durchzuführen. Hauptkomplikation der Magenspülung ist die Aspiration. Zu ihrer Vermeidung müssen gefährdete Patienten vor Einführen des Magenschlauches endotracheal intubiert werden.

**Erstmaßnahmen bei peroralen Vergiftungen sind provoziertes Erbrechen oder Magenspülung. Cave: Kontraindikationen, Aspirationsgefahr.**

**Neutralisation.** Als Giftneutralisation bezeichnet man die Umwandlung von Giften in schwer resorbierbare oder mindertoxische Formen durch Lokalantidota vor ihrer Resorption.

Nach Ingestion ätzender Stoffe kann deren Ätzwirkung durch ***Verdünnung*** mit Trinken von reichlich Flüssigkeit vermindert werden.

Eine zusätzliche ***chemische Neutralisation*** kann nach Einnahme von Säuren durch Gabe von Milch oder Eiweißaufschwemmung, nach Einnahme von Laugen durch Zitronensaft oder verdünnte Essigsäure (z. B. 3 Eßlöffel Speiseessig auf 1 Glas Wasser) erfolgen, womit jedoch keine wertvolle Zeit verschwendet werden darf.

Nach Einnahme schaumbildender Substanzen (Spülmittel, Waschmittel) werden Polysiloxanlösungen p. o. als ***Entschäumer*** gegeben. Dadurch wird die gefährlichste Wirkung dieser Substanzen, das Eindringen in die Atemwege, weitgehend verhütet.

***Aktivkohle*** ist für die meisten Substanzen ein sehr potentes Adsorptionsmittel und daher als lokales Universalantidot verwendbar. Durch Adsorption an die Kohlenoberfläche wird die weitere Resorption unterbunden. Die Dosierung beim Erwachsenen beträgt 30 g. Kohle ist auch angezeigt nach Einnahme von öligen Substanzen und organischen Lösungsmitteln.

**Sekundäre Giftelimination**

**Forcierung natürlicher Ausscheidungswege.** Bei inhalativen Vergiftungen und Vergiftungen mit Substanzen, die pulmonal eliminiert werden, wird die Giftelimination durch Steigerung des Atemminutenvolumens forciert, z.B. ***Hyperventilation*** bei Kohlenmonoxydvergiftung oder Intoxikation mit flüchtigen Kohlenwasserstoffverbindungen.

Die ***Unterbrechung eines enterohepatischen Kreislaufs*** kann die Elimination von Substanzen mit entsprechender Kinetik beträchtlich beschleunigen, z. B. Cholestyramin bei Digitoxinintoxikation.

Die Elimination von in aktiver Form oder als aktive Metabolite renal ausgeschiedenen Substanzen kann durch Steigerung der Diurese beschleunigt werden; z. B. ***forcierte Diurese*** bei Intoxikationen durch Barbital, Phenobarbital, Salizylate, Meprobamate, Isoniazid, Lithiumsalzen und Thallium.

**Extrakorporale Eliminationsverfahren.** Dazu zählen ***Hämodialyse*** und ***Hämoperfusion.***

Bei der Hämoperfusion wird Blut über einen extrakorporalen Kreislauf durch Kartuschen mit beschichteten Kohle- oder Kunstharzpartikeln geleitet, an deren Oberfläche die im Blut enthaltenen Noxen adsorbiert werden.

**Die sekundäre Entgiftung erfolgt durch Forcierung natürlicher Ausscheidungswege (Hyperventilation, forcierte Diurese, Unterbrechung eines enterohepatischen Kreislaufs) und durch extrakorporale Elimination (z. B. Hämodialyse).**

**Antidota**

Antidota im engeren Sinne sind Substanzen, die die toxischen Effekte resorbierter Gifte über einen der folgenden Wirkmechanismen vermindern oder aufheben:

- Bildung chemischer Komplexe mit verminderter oder fehlender Toxizität,
- Umwandlung zu Derivaten mit verminderter oder fehlender Toxizität,
- Verdrängung am Rezeptor,
- Wirkungsantagonismus,
- Antikörperbildung.

Antidota sind hochaktive Pharmaka mit z.T. beträchtlichen Nebenwirkungen. Ihr Einsatz soll daher auf ***schwer verlaufende Vergiftungsfälle*** begrenzt werden.

### 18.1.3 Spezielle Vergiftungsbilder

**Schlafmittelvergiftung**

Als Schlafmittelvergiftung bezeichnet man Krankheitsbilder infolge akuter Einnahme einer Überdosis von Hypnotika oder hypnotisch wirkender Psychopharmaka.

**Häufigkeit.** Hypnotika und Tranquillanzien, insbesondere Benzodiazepine, sind die häufigsten Noxen akuter oraler Vergiftungen im Erwachsenenalter. Barbituratintoxikationen sind im Verhältnis zu Vergiftungen mit barbituratsäurefreien Schlafmitteln und Psychopharmaka zahlenmäßig zurückgegangen, stellen jedoch weiterhin die Hauptursache schwerer Arzneimittelvergiftungen dar.

**Barbituratvergiftungen sind auch heute noch die Hauptursache schwerer Arzneimittelvergiftungen.**

Die ***Hauptvergiftungssymptome,*** wie Bewußtseinsstörung, Bewußtlosigkeit, Areflexie, Hypoventilation, Blutdruckabfall und Hypothermie, entstehen durch Depression des ZNS. Benzodiazepine wirken über spezifische Rezeptoren (Benzodiazepinrezeptor). Lebensbedrohliche ***Komplikationen*** sind Aspiration, Atemstillstand, Kreislaufschock und Multiorganversagen.

**Lebensbedrohliche Komplikationen der Schlafmittelvergiftung sind Aspiration, Atemstillstand und Kreislaufschock. Basis der Behandlung sind primäre Giftelimination und Intensivtherapie.**

Bestimmte Substanzen, wie Methaqualon, Bromkarbamide und Diphenhydramin, können auf dem Höhepunkt der Vergiftung auch ***Exzitationserscheinungen*** mit

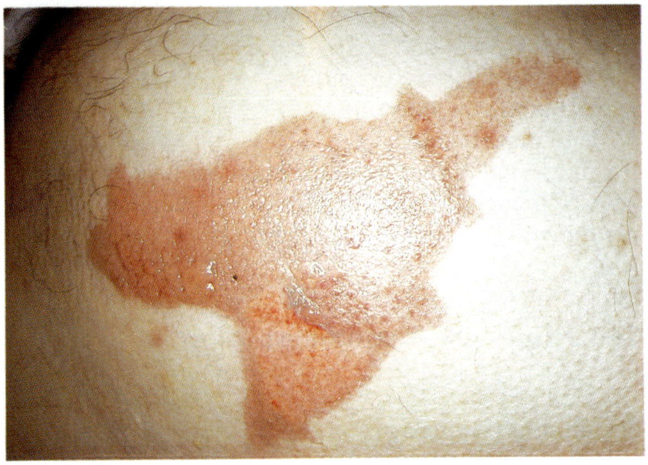

**Abb. 18.2.** Schlafmittelblasen sind typische Hautläsionen bei Schlafmittelvergiftungen in Form scharf umgrenzter Erytheme, in deren Zentrum sich zunächst Blasen, später Nekrosen entwickeln

Hypermotorik, Hyperreflexie, Myoklonie und Krämpfen auslösen.

Neuroleptika erzeugen Muskelrigor und Tremor (Parkinsonismus) sowie Dyskinesien, bevorzugt im psychomotorischen Bereich.

Typische ***Hautläsionen*** wurden zuerst bei Barbituratintoxikationen beschrieben, kommen jedoch bei allen Schlafmittelvergiftungen vor („Schlafmittelblasen", Abb. 18.2). Sie entstehen bei komatösen Patienten im Ablauf von Stunden infolge Kapillarläsion und Druckeinwirkung. Prädilektionsstellen sind Knöchel-, Kniegelenk-, Hüft- und Schulterregion.

Bromkarbamide neigen im Magen zur Verklumpung und sind aufgrund des röntgenkontrastgebenden Bromids als spontane Schattengebungen in der Abdomenübersichtsaufnahme (Abb. 18.3) zu erkennen.

Schwere Hypnotikavergiftungen führen zu Veränderungen des Elektroenzephalogramms.

Basis der ***Behandlung*** sind primäre ***Giftelimination*** sowie allgemeine ***Intensivtherapie*** mit Überwachung der Vitalfunktionen und Behebung eingetretener Vitalfunktionsstörungen durch Volumensubstitution, Schocktherapie, Beatmung und Bilanzierung des Wasser-Elektrolyt-Säure-Basen-Haushaltes. Spezielle Maßnahmen zur sekundären Giftelimination sind in schweren Fällen ***Hämodialyse und Hämofiltration.*** Antidot der Benzodiazepinvergiftung ist ***Flumazenil*** (Anexate) (Wirkmechanismus: Rezeptorantagonismus; Dosierung: 0,2 mg i. v., dann repetitiv 0,1 mg i. v. bis maximal 1,0 mg).

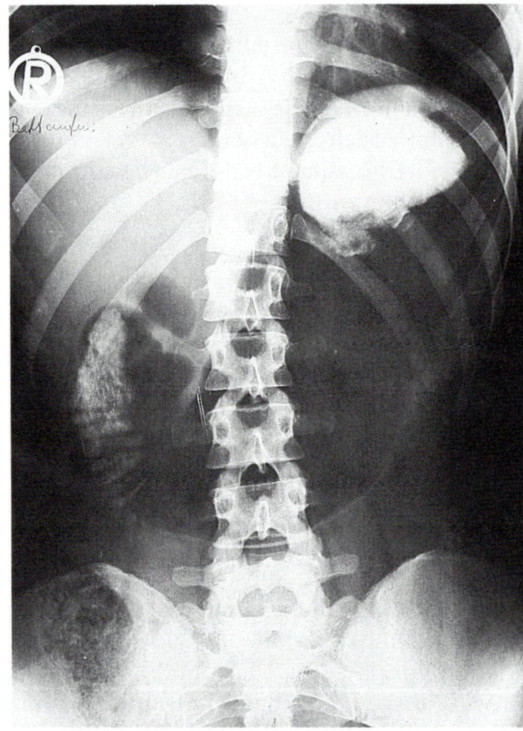

**Abb. 18.3.** Röntgenleeraufnahme des Abdomens nach Ingestion von etwa 80 Tbl. eines bromkarbamidhaltigen Schlafmittels in suizidaler Absicht

### Vergiftungen durch Antidepressiva

Vergiftungen durch Antidepressiva entstehen vor allem durch akute Überdosierung trizyklischer Antidepressiva und durch chronische Einnahme einer zu hohen Dosis lithiumhaltiger Medikamente.

Mechanismus der toxischen Wirkung trizyklischer Antidepressiva ist eine kompetitive Hemmung der Azetylcholinneurotransmitterwirkung. Toxische Blutspiegel betragen für Amitryptilin 0,2–0,4 g/l, für Imipramin 1 mg/l.

Das Vergiftungsbild ist gekennzeichnet durch peripher- und zentralanticholinerge Symptome ***(anticholinerges Syndrom),*** wie trockene Haut, Mundtrockenheit, Mydriasis, Fieber, Tachykardie sowie Erregungszustände und Halluzinationen, Pyramidenbahnzeichen, Krämpfe, Bewußtseinstrübung und Koma. Gefürchtet sind Herzrhythmusstörungen: supraventrikuläre Tachykardie, AV-Überleitungsstörung und Kammertachykardie.

Spezielle Therapie: Als Antidot in schweren Fällen (bedrohliche Arrhythmie, Krämpfe, Koma) wird ***Physo-***

***stigminsalizylat*** (Anticholium) gegeben [Wirkprinzip: Wirkungsantagonismus; Dosis: 1–2 (bis maximal 4) mg i.v.]. Natrium (als Infusion von Natriumlaktat oder -hydrogenkarbonat) hat einen günstigen Effekt auf die Herzrhythmusstörungen.

**Lithium.** Die akute Vergiftung pfropft sich als Folge einer Akkumulation von Lithium häufig auf die chronischen Nebenwirkungen auf. Der genaue toxische Wirkmechanismus ist nicht bekannt. Die Blutspiegel betragen bei schweren Intoxikationen über 15 mg/l. Klinische Manifestationen sind neuromuskuläre Übererregbarkeit und Tremor, Verwirrtheit und Delir, Hyperpyrexie, Bewußtseinstrübung und Koma. Als spezielle Therapie ist eine forcierte Diurese wirksam. In schweren Fällen, insbesondere bei akutem Nierenversagen, erfolgt die Anwendung extrakorporaler Eliminationsverfahren.

### Alkoholintoxikation

Außer ***Äthanol*** sind vor allem ***Methanol*** und ***Äthylenglykol*** toxikologisch bedeutsam. Neben den allgemeinen narkotischen Wirkungen haben die technischen Alkohole spezifische metabolisch vermittelte organtoxische Effekte.

**Alkoholvergiftung ist häufig mit der Einnahme anderer Substanzen vergesellschaftet.**

Akute Äthanolintoxikationen sind häufig mit Überdosierung von Hypnotika und Psychopharmaka kombiniert. Methanolintoxikationen entstehen bei chronischen Alkoholikern durch Trinken vergällten Alkohols. Methanol findet sich auch als Lösungszusatz in Lacken und Beizen sowie in Reinigungsmitteln, Äthylenglykol findet als Frostschutzmittel Verwendung.

**Äthanol.** Das bedrohliche Vergiftungsbild entsteht durch die narkotische Wirkung auf das ZNS mit Ateminsuffizienz und Kreislaufschock. Weitere mögliche Komplikationen sind Unterkühlung, Hypoglykämie und Schädel-Hirn-Trauma durch Sturz in der vorangegangenen Rauschphase. Die Wirkung anderer Medikamente kann durch Alkohol gesteigert werden (z. B. Hypnotika, Sulfonylharnstoffe).

Die ***Therapie*** besteht in Entleerung des Magens, allgemeiner intensivmedizinischer Überwachung und Behandlung sowie Hämodialyse in schwersten Fällen.

**Der Äthanolvergiftete ist durch Ateminsuffizienz und Kreislaufschock, Unterkühlung, Hypoglykämie und Schädel-Hirn-Trauma bedroht.**

**Methanol.** Die toxische Wirkung beruht auf Bildung von Formaldehyd und Ameisensäure durch Abbau über die Alkoholdehydrogenase. Folgen sind eine ausgeprägte Azidose sowie Sehstörungen, zunächst als reversible Visusverminderung infolge Retinaödem, später und selten durch irreversible Degeneration des Sehnerves.

Die ***Therapie*** besteht in Hemmung der Alkoholdehydrogenase durch Äthanol als Antidot, Korrektur der metabolischen Azidose durch Natriumhydrogenkarbonat, in schweren Fällen erfolgt Hämodialyse.

**Äthylenglykol.** Die toxische Wirkung beruht auf der Bildung von Glykolsäure durch Alkoholdehydrogenase. Glykolsäure wird weiter zu Oxalsäure metabolisiert, die zur Präzipitation von Kalziumoxalatkristallen vor allem in den Nierentubuli führt.

Die ***spezielle Therapie*** entspricht der bei Methanolvergiftungen.

### Vergiftungen durch Pflanzenschutzmittel

Hauptvertreter toxischer Insektizide sind die Organophosphate (auch als Alkylphosphate bezeichnet), wie Parathion, Demeton oder Dimethoat. Hauptvertreter toxischer Herbizide sind die Bispyridiumverbindungen Paraquat und Deiquat.

Das Vorkommen dieser Vergiftungen ist regional recht unterschiedlich mit größerer Häufigkeit in ländlichen Anbaugebieten, insbesondere Weinbaugebieten.

**Organophosphate.** Organophosphate hemmen die körpereigene Cholinesterase. Azetylcholin kumuliert, was durch die Wirkungen auf die cholinergen Synapsen des prä- und postganglionären Anteils des parasympathischen Nervensystems (muskarinartige Wirkungen) sowie der cholinergen Synapsen des zentralen Nervensystems das Vergiftungsbild prägt (Abb. 18.4).

Wegweisender Laborparameter ist eine ***verminderte Aktivität der Serumcholinesterase.***

Hauptsymptome sind Bronchialobstruktion durch Bronchospasmus und gesteigerte Bronchialsekretion, Tränenfluß und Speichelfluß, fibrilläre Muskelzuckungen und Muskellähmung, Myosis, Bradykardie und arterielle Hypotonie.

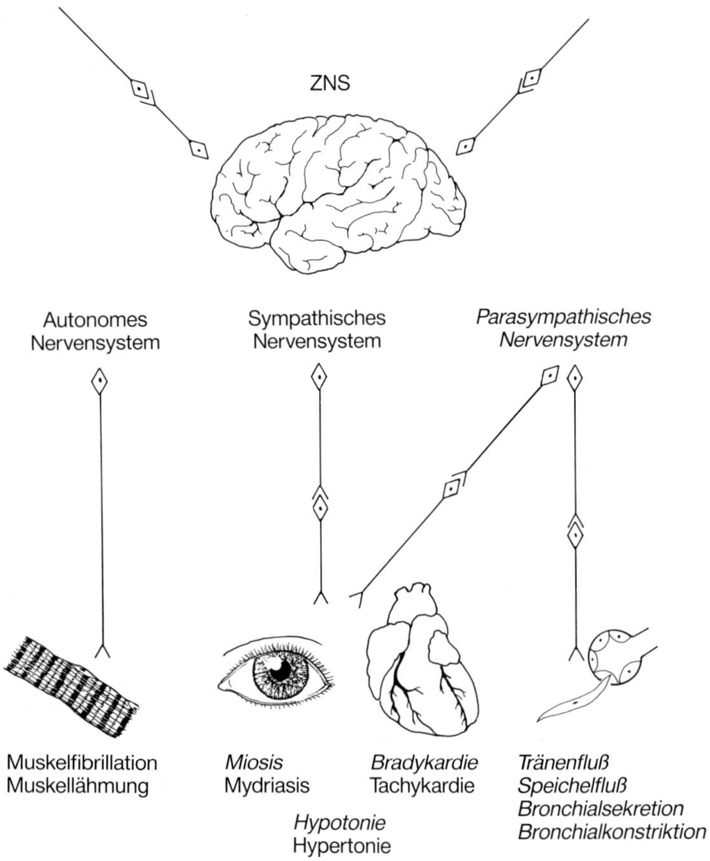


**Abb. 18.4.** Organophosphatvergiftung. Die Wirkung von Azetylcholin auf die cholinergen Synapsen des autonomen Nervensystems bestimmt das Vergiftungsbild. Die Depolarisation der Muskelendplatten erzeugt Muskelfibrillationen und Muskellähmung. Die Steigerung der Parasympathikusaktivität erzeugt Hypersekretion der Drüsen. Die Veränderungen an Augen und Herz-Kreislauf-System resultieren aus der Erregung des ersten Sympathikusneurons und der beiden parasympathischen Neurone. Die Wirkung auf cholinerge Synapsen des zentralen Nervensystems erklärt Symptome wie Atemlähmung und Bewußtseinstrübung

Da die Symptomatik an Augen und Herzkreislaufsystem aus dem Zusammenspiel der Wirkungen auf die präganglionären sympathischen und parasympathischen Synapsen resultiert, sind Miosis, Bradykardie und Blutdruckabfall nicht obligat. Vielmehr kann es bei hoher sympathischer Aktivität und hohem endogenen Katecholaminspiegel auch zu Mydriasis, Tachykardie und Blutdrucksteigerung kommen.

Lebensbedrohlich sind respiratorische Insuffizienz (Bronchialobstruktion, periphere und zentrale Atemlähmung), Kreislaufschock und kardiales Pumpversagen.

Wirksames Antidot der Organophosphate ist ***Atropin*** (Dosierung: initial 2–4 mg i.v., in schweren Fällen auch mehr, dann entsprechend der klinischen Symptomatik, insbesondere der Bronchialsituation). Bei einem Teil der Organophosphate ist ***Obidoxin*** (Toxogonin) als Antidot wirksam (Anfrage in einer Giftinformationszentrale; Wirkmechanismus: Reaktivierung der Cholinesterase; Dosis: 250 mg i.v.).

**Bispyridiumverbindungen.** Die hochtoxischen Kontaktherbizide ***Paraquat*** und ***Deiquat*** werden gastrointestinal sowie über die Haut resorbiert. Lokal wirken sie durch direkte Zytotoxizität stark ätzend. Von den resorptiven Wirkungen sind alle Organe betroffen, bevorzugt die Lunge. Hauptwirkmechanismus ist die Bildung freier Sauerstoffradikale mit toxischer Schädigung von Zellmembran und Zellorganellen.

Das Vergiftungsbild ist gekennzeichnet durch ***lokale Verätzungen*** an Haut und Schleimhäuten, die denen nach Ingestion von Säure oder Lauge ähneln.

Die organtoxischen Wirkungen manifestieren sich nach einem ***symptomarmen Intervall*** von 1–3 Tagen und entwickeln sich unter dem Bild eines ***akuten Lungenver-***

***sagens.*** Morphologisch liegt der pulmotoxischen Wirkung eine progressive Fibrosierung zugrunde.

Eine wirksame spezielle Therapie ist nicht etabliert. Antioxidanzien (Sauerstoffradikalenfänger) und Immunsuppressiva (Suppression der Fibroblastenproliferation) haben sich klinisch nicht bewährt. Die allgemeinen Maßnahmen zur Entgiftung stehen damit ganz im Vordergrund. Aktivkohle ist ein wirksames Lokalantidot. Die Hämoperfusion soll frühzeitig eingeleitet werden.

### Digitalisintoxikation

Als Digitalisintoxikation bezeichnet man die akuten Krankheitssymptome nach Einnahme einer Überdosis in Abgrenzung von den Nebenwirkungen einer chronischen Digitalisüberdosierung.

**Symptome.** Vergiftungserscheinungen betreffen das Herz (Sinusbradykardie, Vorhoftachykardie, AV-Block, ventrikuläre Extrasystolen, Kammertachykardie, Kammerflimmern) und das ZNS (Übelkeit und Erbrechen, Kopfschmerzen, Verwirrtheit, Farbsehen). In der Akutphase ist Hyperglykämie möglich.

> **Kardiale Zeichen der Digitalisintoxikation sind Sinusbradykardie, Vorhoftachykardie, Kammertachykardie, Kammerflimmern und AV-Block.**

**Spezielle Therapie.** Bei bedrohlicher Bradykardie ist ein passagerer Herzschrittmacher indiziert. *Digitalisantidot* (Digitalisantitoxin in Form monovalenter Fragmente von IgG-Antikörpern aus dem Serum digoxinimmunisierter Schafe) gibt man bei höhergradigen Herzrhythmusstörungen (Dosierung: nach Serumkonzentration, 80 mg binden 1 mg Digitalis, erfahrungsgemäß etwa 6mal 80 mg). ***Cholestyramin*** bewirkt bei Digitoxinintoxikation eine Unterbrechung des enterohepatischen Kreislaufs, Hämoperfusion eine schnellere Elimination, bei Digoxin sind forcierte Diurese und extrakorporale Eliminationsverfahren ineffektiv.

> **Die Therapie der Digitalisintoxikation besteht in der Anwendung von Herzschrittmacher und Antidot, bei Digitoxinintoxikation wird Cholestyramin gegeben sowie eine Hämoperfusion durchgeführt.**

### Nahrungsmittelvergiftungen

Nahrungsmittelvergiftungen entstehen durch Genuß verdorbener Nahrungsmittel, wobei der Botulismus, hervorgerufen durch Toxine von Clostridium botulinum, eine Sonderform darstellt.

**Pathogenese und Symptome.** Bekannte krankmachende Verunreinigungen sind Staphylokokken und ihre Toxine. Beim Botulismus sind 7 Toxine bekannt (Typ A–G), in Deutschland tritt vorwiegend Toxin Typ B auf. Hauptwirkmechanismus ist die Hemmung der Azetylcholinfreisetzung an den Nervenendigungen.

Bei der ***banalen Nahrungsmittelvergiftung*** treten 2–12h nach der Mahlzeit Übelkeit, Erbrechen und Durchfälle auf, häufig verbunden mit vagotonen Herzkreislaufsymptomen, wie Bradykardie, Hypotonie und Kollapsneigung. Beim ***Botulismus*** setzen nach einer Latenz von 6–48 h die Symptome mit Brechdurchfall und Leibschmerzen ein. Am 2.–12. Tag nach der Ingestion kommt es zu neurologischen Erscheinungen mit Sehstörungen (Mydriasis, Akkomodationsschwäche, Augenmuskelparese mit Doppelbildern), Mundtrockenheit und Schluckstörungen, Obstipation sowie bei schweren Verläufen Lähmungen der Skelettmuskulatur mit lebensbedrohender Atemlähmung.

**Spezielle Therapie.** Bei schweren Vergiftungsverläufen wird ***Botulismusantitoxin*** (Antikörper aus Pferdeserum) gegeben.

> **Botulismus ist eine Sonderform der Nahrungsmittelintoxikation und kann lebensbedrohlich sein, die Behandlung erfolgt mit Antitoxin.**

### Pilzvergiftungen

Echte Pilzvergiftungen sind zu unterscheiden von unspezifischen gastrointestinalen Störungen nach verdorbenen Pilzmahlzeiten oder übermäßigem Genuß schwer verdaulicher Pilze.

**Knollenblätterpilzvergiftung.** Nach einer typischen Latenzperiode von 6–12 (bis 24) h setzen die ***gastroenteritischen*** Symptome ein: Übelkeit, Erbrechen, Leibschmerzen, wäßrige Durchfälle. Nach 2–4 Tagen zeigen sich die lebensbedrohlichen ***Organfunktionsstörungen:*** Leberzellschädigung bis zum akuten Leberversagen,

Niereninsuffizienz und Nierenversagen, metabolische Azidose, Verbrauchskoagulopathie und Kreislaufschock.

Die ***Diagnose*** erfolgt durch Nachweis von Amanitin im Urin mittels Radioimmunassay oder mittels Gaschromatographie in Serum und Urin. Sind noch Pilzreste vorhanden, so kann ein Pilzsachverständiger befragt und als Schnelltest der Zeitungspapiertest angewendet werden: Ein Pilzrest wird am unbedruckten Rand einer holzhaltigen Zeitung ausgedrückt. Der so erhaltene Fleck wird nach dem Trocknen mit 1–2 Tropfen ca. 25%iger Salzsäure befeuchtet. Enthält der Preßsaft mehr als 0,02 mg Amatoxine pro Milliliter, so tritt nach 5–10 Minuten eine grünblaue bis blaue Färbung auf.

Als Antidot wird ***Silibinin*** (Legalon) eingesetzt; Dosis: 20 mg/kg KG täglich aufgeteilt in 4 Infusionen zu 5 mg/kg KG über jeweils 2 h mindestens 3 Tage lang. Zusätzlich zur allgemeinen Intensivtherapie sind Hämoperfusion und Plasmaseparation wirksam. Die Letalität der Knollenblätterpilzvergiftung beträgt 50–90 %.

### Vergiftungen durch inhalative Reizstoffe („Reizgase")

**Definition.** Hier faßt man die Krankheitserscheinungen nach Inhalation unterschiedlicher Gase, Dämpfe oder Nebel, Rauch und Stäube mit Reizwirkung auf die Schleimhäute des Nasen-Rachen-Tracheobronchialtrakts und Schädigung des Alveolarepithels zusammen. Dazu zählen Chlorgas, Ammoniak, Schwefeldioxid, Schwefelwasserstoff, Nitrosegase (Stickstoffdioxid $NO_2$- und Stickstoffmonoxid NO) und Phosgen.

Brandrauch kann vor allem bei sog. Schwelbränden als spezifisch toxische Substanzen ***Kohlenmonoxid*** (unvollständige Verbrennung von organischen Stoffen) und ***Blausäureverbindungen*** (unvollständige Verbrennung von stickstoffhaltigen Kunststoffen wie Polyamide und Polyakrylate) enthalten. Mehrere Reizstoffe können gleichzeitig eingeatmet werden.

**Inhalative Reizstoffe haben Reizwirkung auf Schleimhäute des Respirationstraktes und schädigen das Alveolarepithel. Brandrauch kann als spezifische Noxen Kohlenmonoxid und Blausäure enthalten.**

**Pathogenese und Symptome.** Hauptmechanismus der toxischen Wirkung ist die direkte Zellschädigung der Schleimhäute von Nase, Rachen, Tracheobronchialbaum und des Alveolarepithels. In schweren Fällen mit bevorzugter Wirkung auf die tiefen Atemwege kommt es zur Zerstörung des respiratorischen Epithels, Schädigung der Lungenkapillaren und Bildung hämorrhagischer Exsudationen in Alveolen und Lungeninterstitium ***(akute chemische Pneumonitis).***

Dem initialen Reizstadium mit Reizhusten, Konjunktivalreizung, Retrosternalschmerz, Atemnot, Kopfschmerzen und Schwindel, Übelkeit und Erbrechen kann nach einem ***symptomarmen Intervall*** von bis zu 48 h das Stadium der toxischen Pneumopathie mit dem klinischen Bild eines akuten ***Lungenversagens*** folgen: erneute und anhaltende Atemnot, Zyanose, Tachykardie, Lungenödem.

Während Chlorgas und Ammoniak zu einer starken Schleimhautirritation führen, kann das initiale Reizstadium bei Nitrosegasen und Phosgen völlig fehlen.

Wesentliche Zusatzuntersuchung ist das Thoraxröntgenbild, denn ***Lungeninfiltrate*** gehen der Manifestation klinischer Symptome voraus.

Substanzspezifische Wirkungen können nach ***Gasresorption*** auftreten. Beispielsweise blockiert $H_2S$ ähnlich wie HCN die Enzyme der Atmungskette und wirkt direkt toxisch auf die Zellen des zentralen Nervensystems.

Als Spätschaden nach akuter Intoxikation oder nach chronischer Exposition kann eine obstruktive Atemwegserkrankung entstehen, die im Falle beruflicher Exposition als Berufskrankheit zu entschädigen ist.

**Spezielle Therapie.** Retten aus der giftigen Atmosphäre, körperliche Ruhigstellung, frühzeitig ***Kortikosteroide*** als Lokalantidota (Dosierung: initial 4 Hübe, dann alle 10 min 2 Hübe eines kortikoidhaltigen Aerosols). Beim toxischen Lungenödem ist die systemische Gabe von Steroiden erforderlich.

**Das akute Lungenversagen nach inhalativen Reizstoffen tritt oft nach symptomarmem Intervall von bis zu 48 h auf. Frühzeitiger Einsatz von Kortikosteroiden ist angezeigt.**

### Analgetikaintoxikationen

Schwere Vergiftungen durch Pyrazolone, Salizylate und Parazetamol sind in Deutschland im Erwachsenenalter selten, bei Kindern kommen sie häufiger vor. Die Symptomatik ist gekennzeichnet durch Erbrechen und Durchfälle, Somnolenz bis Koma, tonisch-klonische Krämpfe, Schock und Atemstillstand. Nach einer Latenz von 12–24 h kann sich eine Leberzellschädigung manifestieren. Salizylatvergiftungen sind durch ein initiales

Exzitationssyndrom gekennzeichnet: Ruhelosigkeit, Ohrensausen, starkes Schwitzen, Hypertonie und Hyperventilation (mit respiratorischer Alkalose). Parazetamolvergiftungen sind initial symptomarm, es dominiert die Leberzellschädigung, die bis zum akuten Leberversagen fortschreiten kann.

**Spezielle Therapie.** Extrakorporale Elimination in schweren Fällen. ***N-Azetylzystein*** als Antidot der Parazetamolvergiftung (Dosierung: 150 mg/kg KG i.v. über 15 min, dann 50 mg/kg KG über 4 h, dann 100 mg/kg KG über 16 h).

### Vergiftungen durch Kohlenwasserstoffe

Toxikologisch wichtig sind aliphatische halogenierte Kohlenwasserstoffe (Tetrachlorkohlenstoff, Trichloräthylen) und aromatische Kohlenwasserstoffe (Benzol), die vor allem in Lösungsmitteln enthalten sind. Die Giftresorption erfolgt gastrointestinal, transkutan (Abb. 18.5) und inhalativ. ***Allgemeine Symptome*** sind Übelkeit, Erbrechen und Durchfall, Rauschzustand, zunehmende Bewußtseinstrübung von Somnolenz bis Koma, drohende Atemlähmung, ventrikuläre Herzrhythmusstörungen (Abb. 18.6) bis zum Kammerflimmern.

Nach einer Latenz von 1–2 Tagen treten Leberzellschäden (im Extremfall als akutes Leberversagen) und Niereninsuffizienz (bis zum akuten Nierenversagen) auf. Diese zweite, abdominale Phase wird durch erneutes Erbrechen und Durchfälle eingeleitet. Als Faustregel gilt, daß Substanzen mit starker zentraler Wirkung (Typ Trichloräthylen) schwache Leberzellgifte sind und umgekehrt die starken Leberzellgifte (Typ Tetrachlorkohlenstoff) nur geringe und flüchtige narkotische Wirkungen zeigen.

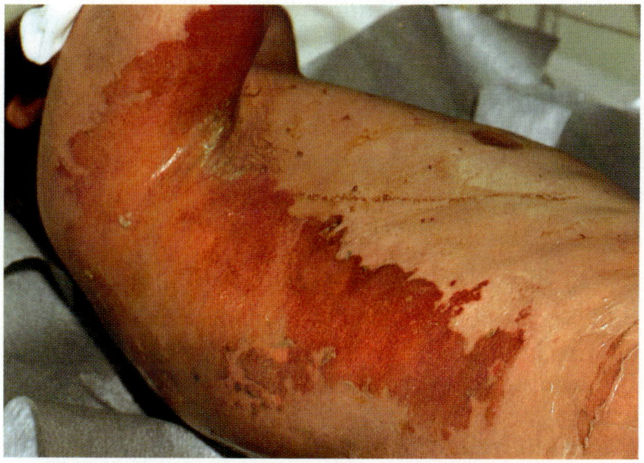

**Abb. 18.5.** Großflächige Erythembildung der Haut nach Einwirkung von Benzin im Rahmen einer akzidentellen Vergiftung

**Kohlenwasserstoffe sind vor allem in Lösungsmitteln vorhanden. Die Aufnahme erfolgt gastrointestinal und inhalativ. Sie wirken als Leberzellgifte und haben zentralnervöse Wirkungen, lösen Herzrhythmusstörungen und Nierenversagen sowie gastrointestinale Symptome und Rauschzustände aus.**

**Spezielle Therapie.** Diese besteht in der Gabe von Aktivkohle. Provoziertes Erbrechen wird nicht durchgeführt, eine Magenspülung nur nach vorangegangener endotrachealer Intubation wegen der Gefahr der Aspiration mit Schädigung des respiratorischen Epithels (chemische Pneumonitis als Komplikation der Aspiration von Kohlenwasserstoffen und Mineralölprodukten). Hyperventilation durch Einatmung eines $CO_2$-angereicherten Atemgasgemischs zur Steigerung der pulmonalen Elimination.

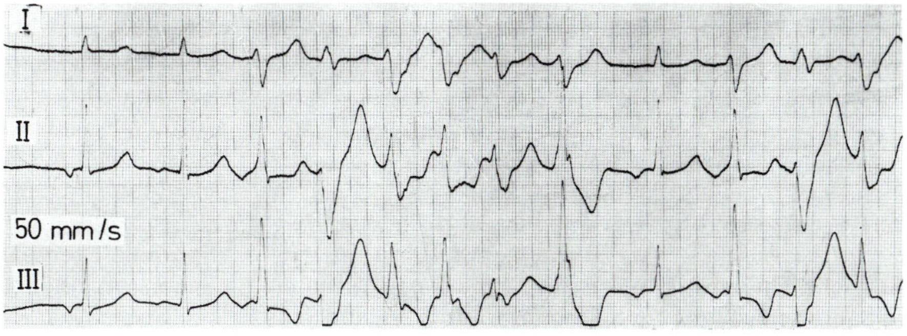


**Abb. 18.6.** Komplexe Herzrhythmusstörung bei Vergiftung durch Trichloräthylen

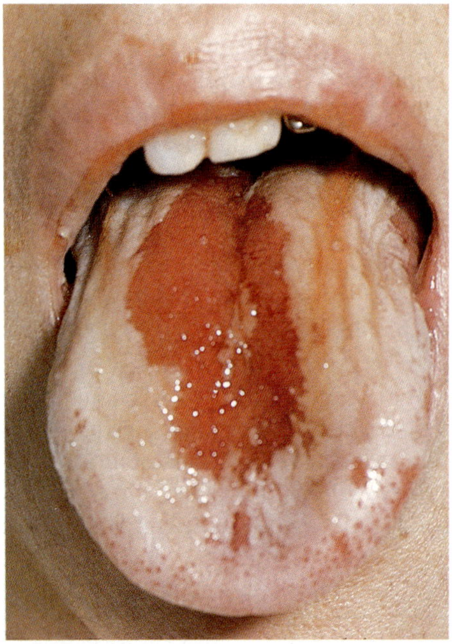

**Abb. 18.7.** Verätzungen der Zungenschleimhaut nach akzidenteller Einnahme von Salzsäure

## Säuren- und Laugenvergiftungen

Durch die versehentliche oder suizidale Einnahme von hoch konzentrierten Säuren (Salz-, Essig-, Ameisensäure), Laugen (Natron- und Kalilauge, Salmiakgeist) oder anderen Ätzstoffen entstehen zunächst Schleimhautläsionen, die bis zur Nekrose und Perforation fortschreiten können (Abb. 18.7). Lebensbedrohend ist ein Verschluß der oberen Atemwege durch Glottisödem. Durch die Resorption von Toxinen (degenerierte Proteine, Laktat, Mediatorsubstanzen) aus den nekrotischen Geweben kommt es zu toxischen Schädigungen des Organismus mit der Gefahr eines Multiorganversagens (akutes Nierenversagen, Leberversagen, Kreislaufschock, Verbrauchskoagulopathie, Hämolyse nach Säureingestion). Eine metabolische Azidose ist bei schweren Vergiftungen die Regel.

> **Säure- und Laugenvergiftungen führen zu Schleimhautschäden bis zur Perforation und toxischen Schäden des Gesamtorganismus.**

**Spezielle Therapie.** Provoziertes Erbrechen ist verboten (weitere Schädigung der Speiseröhre durch erneute Säurepassage). Angezeigt ist das Trinken von reichlich Flüssigkeit zur ***Verdünnung.*** Eine ***Magenspülung*** sollte in der Frühphase (1–2 h) nach Ingestion durchgeführt werden. In der postakuten Phase ist sie wegen Perforationsgefahr kontraindiziert. Das Ausmaß der Nekrosen soll durch Notfallendoskopie geklärt werden. Bei Säurevergiftung folgen der Magenspülung die repetitive Gabe natriumbikarbonatfreier Antazida, Korrektur der Störungen des Wasser-Elektrolyt-Säure-Basen-Haushalts und ***Prophylaxe des Multiorganversagens*** im Rahmen der Intensivtherapie. Zur Verhütung von Narbenstrikturen in den verätzten Bereichen gibt man ab dem 2.–3. Tag Kortikosteroide (Prednisolon, beginnend mit täglich 100 mg).

> **Bei Säure- und Laugenverletzungen darf kein provoziertes Erbrechen erfolgen! Magenspülung ist in der Frühphase angezeigt, außerdem Trinken von reichlich Flüssigkeit.**

## Kohlenmonoxidintoxikation

In Ländern mit CO-freiem Haushaltsgas werden Vergiftungen nur noch selten als suizidale Abgasvergiftung beobachtet (Aufenthalt in geschlossener Garage bei laufendem Motor oder Einleiten der Abgase in den Autoinnenraum).

Hauptwirkmechanismus ist die Verdrängung von $O_2$ aus der Hämoglobinbindung durch die 218fach größere Affinität des CO zu Hämoglobin. Hinzu kommt eine Linksverschiebung der Hämoglobinbindungskurve mit der Erschwerung der Sauerstoffabgabe in den Geweben. Die Symptome entstehen durch die generelle Gewebehypoxie.

Das ***klinische Bild*** hängt von der COHb-Konzentration ab: ab 10–30 % Kopfschmerzen, Übelkeit, Beeinträchtigung der Seh- und Konzentrationsfähigkeit; bei 30–40 % schwere Kopfschmerzen, Belastungsdyspnoe, Schwindel, Erbrechen, zunehmende Sehstörung, Ataxie, bei über 50 % Tachypnoe, Krämpfe, Koma, Kreislaufschock. Die als typisch angegebene kirschrote Hautfarbe wird nur bei perakuten, letal verlaufenden Fällen gesehen. *Intra vitam* ist die Haut wie bei anderen Schockzuständen blaß zyanotisch.

Die Diagnose wird durch die Messung der Karboxihämoglobinkonzentration im Blut gesichert.

**Spezielle Therapie.** Rettung aus der giftigen Umgebung, Sauerstoffzufuhr, Hyperventilation, Korrektur der metabolischen Azidose. In schweren Fällen (neurologische

Defekte, Bewußtseinsstörung, Koma) ***hyperbare Sauerstofftherapie*** in der Überdruckkammer (100% $O_2$, 2,5 ATA, 90 min).

**Bei der Kohlenmonoxidvergiftung wird der Sauerstoff aus seiner Bindung mit Hämoglobin verdrängt (aufgrund der hohen Affinität des CO zu Hämoglobin). Die Therapie besteht in Rettung aus der Umgebung, Sauerstoff, evtl. Überdruckbeatmung.**

## 18.2 Berufskrankheiten

### 18.2.1 Definition und Diagnose

Einen Zusammenhang zwischen beruflicher Tätigkeit und Krankheit herzustellen, blieb nicht der modernen Industriegesellschaft mit ihrem dichten Netz sozialer Betreuung vorbehalten. Die Bilharziose wurde schon bei Fellachen des alten Ägypten als tätigkeitsbedingt beschrieben, auch aus dem klassischen Altertum existieren Berichte über Berufsschäden von Berg- und Hüttenarbeitern, Gerbern oder Tuchwalkern. Für den kurativ tätigen Arzt ist die Kenntnis der (berufsbedingten) möglichen exogenen Noxe als Auslöser einer Krankheit zunächst von differentialdiagnostischer Bedeutung. Aus diesem Grunde gehören die ***Berufsanamnese*** und die möglichst differenzierte Beschreibung der ***Tätigkeit*** und des ***Arbeitsplatzes*** zu jeder internistischen Anamnese, vor allem aber dann, wenn das Krankheitsbild an eine Berufskrankheit (z. B. Silikose) oder auch an eine berufsbedingte Verschlimmerung eines nicht als Berufskrankheit anerkannten Leidens (z.B. Magenulkus beim Schichtarbeiter) denken läßt. Hilfreich bei der Anamnese kann die Frage sein, welchen arbeitsmedizinischen Vorsorgeuntersuchungen der Patient in seinem Betrieb unterzogen wird. Kontaktaufnahme mit dem Betriebsarzt oder der Fachkraft für Arbeitssicherheit des Betriebs können dem Arzt weiterhelfen.

**Die Diagnose einer Berufskrankheit setzt neben dem Nachweis der Erkrankung den Nachweis der beruflichen Exposition voraus.**

Die ***Diagnose einer Berufskrankheit*** beruht zum einen auf dem Nachweis der beruflichen Exposition gegenüber schädigenden äußeren Einflüssen und zum anderen auf dem Nachweis der spezifischen Organerkrankung, die auf diese Noxe zurückzuführen ist.

Nach der Berufskrankheitenverordnung (BeKV) sind ***Berufskrankheiten*** diejenigen, für die der gesetzliche Unfallversicherungsträger Entschädigung zu gewähren hat. Diese sind in der Berufskrankheitenliste aufgeführt („Listenkrankheiten").

**Die anerkannten Berufskrankheiten sind in der Berufskrankheitenliste aufgeführt („Listenkrankheiten").**

Der Verordnungsgeber geht davon aus, daß diese Liste vollständig ist. Eine Erweiterung ist möglich, wenn über berufsbedingte Noxen neue Erkenntnisse vorliegen oder länger vorliegende Erkenntnisse neu zu bewerten sind. In Ausnahmefällen ist es auch möglich, für eine nicht in der Berufskrankheitenliste aufgeführte Erkrankung, die man auf berufliche Noxen zurückführt, aufgrund des Vergleichs mit einer anerkannten Berufskrankheit im Einzelfall eine Anerkennung herbeizuführen, beispielsweise bei (noch) nicht gelisteten Infekten. Für die Anerkennung von Berufskrankheiten spielt es nur bedingt eine Rolle, ob die entsprechende Tätigkeit aufgegeben ist. Dies hängt von der Art der Schädigung ab. Bei der exogen-allergischen Alveolitis spielt z.B. die Aufgabe der Tätigkeit für die Anerkennung als Berufskrankheit eine Rolle.

**Der Verdacht auf das Vorliegen einer Berufskrankheit ist zu melden.**

Die Berufskrankheitenverordnung schreibt vor, daß der betreuende Arzt einen ***Verdacht*** auf das Vorliegen einer Berufskrankheit an die zuständige Stelle (z.B. dem zuständigen Gewerbearzt) melden muß. Dieser veranlaßt die notwendigen Ermittlungen im Betrieb hinsichtlich der Exposition (z.B. Messungen am Arbeitsplatz) und berät den Unfallversicherungsträger gutachterlich. Die Entscheidung liegt beim Unfallversicherungsträger. Einige Zahlen zur quantitativen Bedeutung einzelner Berufskrankheiten: 1986 wurden im gesamten Bundesgebiet 141 Fälle mit Verdacht auf eine Bleivergiftung gemeldet, ganze 5 Fälle wurden 1986 erstmals entschädigt. Für die Quarzstaublunge betragen die entsprechenden Zahlen 3119 angezeigte gegenüber 653 erstmals entschädigten Fällen, für die Tuberkulose bei Silikose 122 angezeigte und 98 entschädigte Fälle. Diese Zahlen zeigen zum einen, daß die Bleivergiftung einen Bekanntheitsgrad hat, der ihre heutige Bedeutung weit übersteigt, andererseits wird die Bedeutung der berufsbedingten Lungenkrankheiten deutlich. Immerhin gab es 1986 in der Bundesrepublik 20000 Rentenempfänger wegen Silikose. Neben der Entschädigung des Erkrankten ist der Unfallversicherungsträger auch verpflichtet, den Betrieb zur Minderung der Exposition anzuhalten. Rückläufige Erkrankungszahlen, wie z. B. bei der erwähnten Bleivergiftung, zeigen den Erfolg solcher Maßnahmen. Zugenommen haben Anzeigen über eine obstruktive Atemwegserkrankung durch allergisierende Stoffe (1969 480, 1978 1030, 1986 3346 angezeigte Fälle, von denen nur 166 erstmals entschädigt wurden). Dies spricht für eine höhere Sensibilität der Ärzte für berufsbedingte Lungenerkrankungen und nicht unbedingt für eine Zunahme der allergischen berufsbedingten Erkrankungen. Die Berufsgenossenschaften als gesetzliche Unfallversicherungsträger haben Vorschriften dazu erlassen, welche arbeitsmedizinischen Vorsorgeuntersuchungen bei welcher Exposition durchzuführen sind. Diese sind in sog. „Grundsätzen" (G1–G42) festgehalten.

Zu unterscheiden von der gelisteten Berufskrankheit ist die Folge eines ***Berufsunfalls.*** Dafür ist die begrenzte Zeit der Einwirkung der Noxe (in der Regel innerhalb einer Schicht) von Bedeutung. Ein Beispiel aus dem Gebiet der inneren Medizin ist die akute Reizstoffinhalation.

**Ein Berufsunfall unterscheidet sich von einer Berufskrankheit durch die begrenzte Einwirkungszeit der Noxe.**

### 18.2.2 Internistische Berufserkrankungen (Auswahl)

**Metalle.** Blei, Quecksilber, Chrom, Cadmium, Mangan, Beryllium (BK 1101–1110).

**Beispiel Blei (BK 1101).** Exposition: Metallbergwerke, Batterieherstellung, Autoindustrie, Farben (deutlich reduziert), früher Drucker.

**Klinik.** Gastrointestinale Symptome („Bleikolik"), ZNS-Beteiligung, periphere Neuropathie.

**Labor.** Anämie, basophile Tüpfelung, δ-Aminolävulinsäure, Koproporphyrin im Urin, erhöhte Bleispiegel in Blut und Urin.

**Physikalische Schäden.** Einige Schäden sind als Berufskrankheit anerkannt, wenn sie bei beruflicher Tätigkeit auftreten. Im einzelnen sind dies das Vibrationstrauma mit der BK-Nr. 2014 und Erkrankungen bei Arbeit mit Druckluft (s. 18.3.3). Dabei spielen Barotrauma und Dekompressionssyndrome eine Rolle (BK-Nr. 2201). Zu den Strahlenschäden siehe 18.3.6. Auch diese können berufsbedingt sein.

Berufsbedingte ***Infektionen*** fallen ebenfalls unter die BeKV. Entscheidend ist, in welchem Ausmaß die berufliche Tätigkeit zur Infektion beigetragen hat. Eine Hepatitis A wird z. B. dann als berufsbedingt anerkannt, wenn berufsbedingt beim Aufenthalt in der Dritten Welt der Kontakt zur einheimischen Bevölkerung bei schlechten hygienischen Verhältnissen besonders eng war. Eine Infektion beim Verzehr von Muscheln wird auch beim berufsbedingten Auslandsaufenthalt nicht entschädigt. Die Anerkennung einer Hepatitis B als Berufskrankheit (BK-Nr. 3101) setzt besondere Tätigkeitsmerkmale voraus. Wenn diese nicht vorliegen, muß der Einzelnachweis der Infektionsquelle und der berufsbedingten Übertragung geführt werden. 1986 wurden 1515 Infektionen bei Beschäftigten in Gesundheitsdienst, Wohlfahrtspflege oder einem Labor gemeldet. Von Tieren auf Menschen übertragbare Infektionen sind Berufskrankheiten, wenn der Kontakt beruflich bedingt war (Lyme-Borreliose beim Waldarbeiter, BK-Nr. 3102). In der inneren Medizin dominieren quantitativ die Lungenkrankheiten im Bereich der berufsbedingten Erkrankungen. Das Spektrum ist breit, es reicht von der Quarzstaublungenerkrankung mit (BK-Nr. 4102) oder ohne Tuberkulose (BK-Nr. 4101) über die durch Asbest erzeugten Erkrankungen (Asbestose, Pleuramesotheliom, asbestbedingtes Karzinom, BK-Nr. 4103, 4104, 4105), die exogen allergische Alveolitis (Farmerlunge, BK-Nr. 4201) bis zur obstruktiven Atemwegserkrankung durch allergisierende Stoffe (BK-Nr. 4301). Beispiele dafür sind Mehlstaub oder Tierhaare. Chemisch irritativ oder toxisch wirkende Stoffe verursachen ebenfalls obstruktive Atemwegserkrankungen (BK-Nr. 4302).

**Beispiel Quarzstaublungenerkrankung.** Die Exposition erfolgt im Steinkohlen- und Erzbergbau, im Steinbruch und bei der Porzellan- und Keramikherstellung, es erkranken Steinmetze und Bildhauer sowie Glasbläser.

## FÄLLE 18 A UND 18 B

### FALL 18 A

**Anamnese.** Eine 30jährige Frau wird bewußtlos eingeliefert. Sie riecht stark nach Alkohol. Die Sanitäter konnten am Ort des Auffindens keine Tablettenröhrchen finden, ein Abschiedsbrief weist auf eine suizidale Absicht hin.

**Befund.** Kein Hinweis auf äußere Verletzung, schwere Bewußtseinstrübung, Areflexie und Hypoventilation. RR 90/70 mm Hg. Die Haut fühlt sich kalt an. Blutzucker 40 mg/dl.

**Therapie.** Infusion (Glukose) mit großen Flüssigkeitsmengen, Intubation, Magenspülung, Untersuchung des Mageninhalts durch Schnelltest.

**Diagnose.** Barbituratvergiftung in suizidaler Absicht.

**Verlauf.** Nach Besserung des Befindens erfolgt Konfliktintervention.

### FALL 18 B

**Anamnese.** Bei einem 25jährigen Mann besteht seit 5 Jahren Asthma. Nun sind die Anfälle nicht mehr mit seinem üblichen Spray zu beheben. Der Patient ist in der Gastronomie beschäftigt. Die Anfälle treten nie in der arbeitsfreien Zeit auf. Sonst fühlt er sich gesund. Nikotinzufuhr 20 Zigaretten täglich.

**Berufsanamnese.** Der Patient ist gelernter Konditor und jetzt in einem Restaurant als Konditor beschäftigt. Wegen der Betriebsgröße erfolgte keine betriebsärztliche Betreuung. Da sich die Asthmaanfälle immer mit einem Spray (β-Sympathomimetikum) beheben ließen, erfolgte keine weitere Abklärung. In letzter Zeit waren die Anfälle häufiger und besserten sich teilweise nur auf Kortisongabe.

**Untersuchungsbefund.** Deutliche Zeichen der Obstruktion über beide Lungen.

**Therapie und Verlauf.** Nach Injektion eines Theophyllinpräparates deutliche Besserung. Unter dem Verdacht auf eine Allergie auf Mehlstaub wurde eine Allergietestung durchgeführt, die den Verdacht bestätigte.

**Diagnose.** Obstruktive Atemwegserkrankung bei Mehlstauballergie. Betriebliche Maßnahmen zur Minderung der Exposition scheiden aus.

**Anerkennung als Berufskrankheit.** Da betriebliche Maßnahmen zur Minderung der Exposition ausschieden, wurde der Antrag auf Umschulung gestellt und der Verdacht auf eine Berufskrankheit gemeldet. Da eine Herausnahme aus der Tätigkeit notwendig war, wurde die obstruktive Atemwegserkrankung (hier Mehlstauballergie) als Berufskrankheit durch allergisierende Stoffe anerkannt (BK-Nr. 4301).

Der Nachweis erfolgt durch röntgenologische Zeichen der Pneumokoniose und die Einschränkung der Lungenfunktion, eine Gelenkbeteiligung ist möglich (Caplan-Syndrom).

**Die Lunge ist das am häufigsten von einer Berufskrankheit betroffene innere Organ.**

## 18.3 Physikalische Krankheiten

Physikalische Krankheiten entstehen durch abnorme Einwirkung physikalischer Größen der Umgebung auf den Organismus: Kälte und Wärme ***(thermische Schäden)***, elektrischer Strom ***(Elektroschäden)***, Umgebungsdruck ***(Barotraumen)***, Beschleunigungskräfte ***(Kinetosen)***, Lärm ***(akustische Schäden)***, radioaktive Strahlung ***(Strahlenschäden)***. In besonderen Situationen ist neben der abnormen äußeren Einwirkung auch eine individuelle Prädisposition für die Entstehung der physikalischen Krankheiten bedeutungsvoll, z.B. im Fall von Kälteschäden bei Patienten mit besonderer Prädisposition zur Unterkühlung.

### 18.3.1 Thermische Schäden

#### Kälteschäden

Kälteschäden sind Krankheitserscheinungen als Folge der lokalen Einwirkung (Erfrierung) und generellen Auswirkungen (Unterkühlung) niedriger Umgebungstemperaturen. Als Unterkühlung ist die Erniedrigung der Körpertemperatur unter 35 °C definiert.

Zur Messung sind Spezialthermometer erforderlich, da die üblichen Quecksilberthermometer nur bis 35 °C reichen.

Die Zahl der jährlichen Erkrankungen durch Kälteschäden in der BRD ist unbekannt.

Die Unterkühlung ist die wichtigste physikalische Krankheit.

**Eine besondere Disposition zur Unterkühlung besteht bei Intoxikationen mit Alkohol, Schlafmitteln oder Psychopharmaka und Hypothyreose, daneben bei Unfällen (Gletscher, Lawinen, kalte Gewässer).**

**Tabelle 18.5.** Unterkühlung, Prädisposition, Symptomatik, Therapie

| |
|---|
| *Prädisposition* |
| Höheres Lebensalter |
| Hypothyreose |
| Intoxikationen (Alkohol, Hypnotika, Psychopharmaka, CO) |
| *Symptome und Zeichen* |
| < 35 °C Kältezittern, Erregtheit, Verwirrtheit, Tachykardie, Blutdruckanstieg |
| < 33 °C Erlöschen des Muskelzitterns Apathie, Somnolenz, Bradykardie, Blutdruckabfall, Atemstörungen |
| < 30 °C Bewußtseinsverlust, Bradyarrhythmie und andere Rhythmusstörungen, Schock, Atmung verlangsamt, abgeflacht, Areflexie, Krämpfe |
| < 27–25 °C Kreislaufstillstand durch Kammerflimmern, Atemstillstand, weite lichtstarre Pupillen |
| *Methoden der aktiven Wiedererwärmung* |
| Äußere Erwärmung: |
| – Heißwasserbad |
| – Wärmepackung |
| – Wärmestrahler |
| Innere Erwärmung: |
| Intrakoporale Methoden |
| – Infusion erwärmter Infusionslösungen[a] |
| – Magen-Darm-Spülung mit erwärmten Lösungen[a] |
| – Peritonealspülung mit erwärmten Lösungen[a] |
| – Mediastinalspülung mit erwärmten Lösungen[a] nach Thorakotomie |
| – Beatmung mit erhitzter Inspirationsluft (45 °C) |
| Extrakorporale Methoden |
| – Hämodialyse, Hämofiltration mit erwärmten Lösungen[a] |
| – Extrakorporaler Kreislauf mit Wärmeaustauscher (Herz-Lungen-Maschine) |

[a] Temperatur der Lösungen (38 °C)–40 °C–(42 °C)

**Unterkühlung.** In der Entstehung einer Unterkühlung sind 2 Grundsituationen zu unterscheiden: die Einwirkung ***abnorm tiefer Umgebungstemperaturen*** auf einen gesunden Organismus (Unfälle in kalten Gewässern, Gletscherunfall, Lawinenunfall, Verkehrsunfall in kalter Jahreszeit) und die Einwirkung auch weniger extremer Temperaturen bei ***besonderer Prädisposition*** (Tabelle 18.5).

Der Körper reagiert auf die Kälteexposition zunächst mit peripherer Vasokonstriktion zur Drosselung der Wärmeabgabe und aktivierter Muskeltätigkeit zur Steigerung der Wärmeproduktion (Kältezittern). Mit zunehmender Temperatursenkung und Dekompensation vermindern sich Perfusion und Stoffwechselaktivität der Organe. Die ***Symptome*** schreiten von Kältezittern über

Bewußtseinsstörung und Koma zu Atemstillstand und Kreislaufstillstand fort (s. Tabelle 18.5). Meßbare metabolische Folgen sind Hypoxämie, Hypoglykämie (Temperaturen unter 34 °C), Steigerung der CK-Aktivität im Serum. Im EKG finden sich typischerweise ausgeprägte J-Wellen. Als Herzrhythmusstörungen werden Sinusbradykardie, Sinusbradyarrhythmie, Vorhofflimmern und -flattern, AV-Blockierung sowie Kammerflimmern beobachtet.

Grundprinzip der ***Therapie*** ist die aktive Wiedererwärmung, die mit verschiedenen Methoden der äußeren und inneren Wärmeapplikation durchgeführt werden kann (s. Tabelle 18.5). Die Wiedererwärmung sollte bei alten Menschen und bei Intoxikierten mit besonderer Vorsicht und bevorzugt nach den Methoden der inneren Wärmeapplikation erfolgen.

### Hitzeschäden

Hitzeschäden sind Krankheitserscheinungen infolge ungewöhnlicher lokaler Einwirkung von Sonnenstrahlung ***(Isolation)*** und von generellen Auswirkungen hoher Umgebungstemperaturen ***(Hitzekrämpfe, Hitzeerschöpfung, Hitzschlag).*** Damit sind Hitzeschäden abgegrenzt von Krankheitserscheinungen durch Einwirkung von Flammen (Verbrennung) und siedend heißen Flüssigkeiten (Verbrühung). Die Krankheitshäufigkeit durch Hitzeschäden ist nicht bekannt.

> **Hitzeschäden sind Hitzekrämpfe und -erschöpfung. Die schwerste Form ist der Hitzschlag (Körpertemperatur über 40 °C und zentralnervöse Störungen bei hypertoner Dehydratation).**

**Hitzekrämpfe.** Hitzekrämpfe als Muskelkrämpfe in den besonders belasteten Muskelgruppen entstehen bei schwerer körperlicher Arbeit in heißer Umgebung, wenn der Schweißverlust durch kochsalzfreie Flüssigkeiten ersetzt wird. Sie sind lokale Auswirkungen einer hypotonen Dehydratation.

**Hitzeerschöpfung.** Das Krankheitsbild einer Hitzeerschöpfung entwickelt sich bei anhaltend hohen Temperaturen und anhaltendem Schwitzen über 1–3 Tage. Pathophysiologisch liegt ein Mangel an Kochsalz und Wasser zugrunde.

Hitzeerschöpfung mit ***überwiegendem Salzmangel*** entsteht bei heftigem Schwitzen, wenn der Flüssigkeitsverlust durch natriumarme oder natriumfreie Getränke ersetzt wird (hypotone Dehydratation).

Eine schwerere Form ist die Hitzeerschöpfung mit ***ausgeprägtem Wassermangel*** (isotone oder hypertone Dehydratation), die unmittelbar in einen Hitzschlag übergehen kann. Die Körpertemperatur ist bis 39 °C gesteigert. Die Therapie besteht in Flachlagerung in kühler Umgebung, Gabe kochsalzhaltiger Getränke oder Infusionen von Kochsalzlösung.

**Hitzschlag.** Der Hitzschlag ist die schwerste Form einer Wärmeregulationsstörung und endet unbehandelt letal. Er betrifft überwiegend alte und chronisch kranke Menschen, besonders solche mit fortgeschrittenen chronischen Herzerkrankungen. Prädisponierend sind Medikamente mit Depression der Schweißsekretion (Anticholinergika, Phenothiazine, β-Rezeptoren-Blokker, Antihistaminika) und Diuretika. Pathophysiologisch liegt eine ausgeprägte hypertone Dehydratation vor.

Die ***Diagnose*** wird aus dem Zusammentreffen von Hyperpyrexie (Körpertemperatur über 40 °C), zentralnervösen Störungen (Bewußtseinsstörungen und Koma, möglicherweise zerebrale Krämpfe, Meningismus, Muskelparesen), Anhydrie (heiße, trockene Haut) und Kreislauffolgen der Exsikkose (Tachykardie, Blutdruckabfall) gestellt. Bei den Laboruntersuchungen finden sich respiratorische Alkalose, mäßige Hyperlaktatämie, leichter Anstieg der CK im Serum.

Von diesem klassischen Hitzschlag ist der ***Anstrengungshitzschlag*** abzugrenzen, der bei primär Gesunden unter außergewöhnlicher und anhaltender körperlicher Anstrengung in heißer und feuchter Umgebung entsteht.

Die ***Therapie*** besteht aus Lagerung in kühler Umgebung, Oberflächenkühlung mit feuchten Tüchern (etwa 15 °C) und Volumensubstitution durch isotone Elektrolytlösungen.

**Sonnenstich (Insolation).** Der Sonnenstich entsteht durch direkte starke Sonneneinstrahlung auf den unbedeckten Kopf. Die Symptomatik tritt unabhängig von einer allgemeinen Überwärmung auf, sie kann jedoch auch mit einem Wärmestau kombiniert sein. Der Kopf des Patienten ist hochrot und heiß, die Körperhaut meist kühl. Zeichen der zerebralen Beeinträchtigung sind meningeale Reizungen mit Nackensteifigkeit, Unruhe, Übelkeit und Schwindel, in schweren Fällen Bewußtseinsverlust und Krämpfe. Der Liquordruck ist erhöht. Die ***Therapie*** besteht aus Flachlagerung in kühler Umgebung mit leicht erhöhtem Kopf, Einwickeln des Kopfes in kalte feuchte Tücher, in schweren Fällen Hirnödemtherapie und Gabe von Antikonvulsiva.

### 18.3.2 Elektrische Schäden

Elektrounfälle entstehen bei direktem Kontakt mit elektrischem Gleich- oder Wechselstrom. Eine Sonderform ist der Blitzunfall. Die Zahl der tödlichen Elektrounfälle wird in der BRD auf jährlich etwa 400 geschätzt, die Zahl der Todesfälle durch Blitzschlag beträgt durchschnittlich 8 pro Jahr.

**Pathogenese und Symptome.** Folgen der Stromeinwirkung sind ***neurologische Schäden*** (im Extremfall Koma), ***Herzrhythmusstörungen*** (im Extremfall Herzkammerflimmern oder Asystolie) und ***Gewebeschäden*** (bis zu tiefen Nekrosen) infolge der Wärmeentwicklung („Gewebeverkochung"). Das ***Ausmaß der Schädigung*** wird determiniert durch:

- Stromstärke;
- Stromspannung: Hochspannungsunfälle (über 1000 Volt) implizieren eine größere Gefahr eines Kreislaufstillstands und tiefer Gewebeschäden;
- Stromart: Wechselstrom gilt als gefährlicher, er löst häufiger Kammerflimmern aus;
- Stromeintrittsstelle und Stromweg: am gefährlichsten ist Stromfluß durch Herz- und Atemzentren;
- Dauer des Kontaktes und
- Hautzustand: feuchte Haut mit niedrigem Widerstand führt zu höherem Stromfluß durch den Organismus.

Blitzkontakt verursacht in der Regel Kreislaufstillstand durch Kammerflimmern oder Asystolie. Die Hautverbrennungen zeigen eine bizarre Form („Blitzmarken"). Nach erfolgreicher Reanimation können fortbestehendes Koma und neurologische Schäden in einigen Stunden spontan abklingen.

> **Stromeinwirkungen bewirken neurologische Störungen, Herzrhythmusstörungen und Gewebeschäden.**

**Therapie.** Diese besteht in Unterbrechung des Stromkontakts, kardiopulmonaler Reanimation bei Kreislaufstillstand, Intensivüberwachung, vor allem des Elektrokardiogramms über 12–24 h, nach aufgetretenen Arrhythmien mindestens 48 h, Prophylaxe eines akuten Nierenversagens, Fasziotomie bei Kompartmentsyndrom und chirurgischer Versorgung der Gewebeschäden.

### 18.3.3 Barotraumen

#### Niederdruckkrankheiten

Aufenthalt in großen Höhen mit entsprechend niedrigem atmosphärischen Druck kann zur akuten Höhenkrankheit und zum höhenbedingten Lungenödem führen.

Die ***Höhenkrankheit*** tritt nach raschem Aufstieg nicht Akklimatisierter in größeren Höhen auf, bei entsprechend empfindlichen Personen bereits bei 2500–3000 m. Die ***Symptome*** sind Kopfschmerzen, Belastungsdyspnoe, Krankheitsgefühl, Übelkeit, Erbrechen, Durchfall, Bauchschmerzen, Tachykardie, Zyanose, Störungen von Gedächtnis und Urteilsvermögen. Die Symptome verschwinden innerhalb von Tagen durch Akklimatisation. Pathogenetisch ist der niedrige alveoläre Sauerstoffpartialdruck entscheidend. Schwerste Komplikation ist das lebensbedrohliche akute ***höhenbedingte Lungenödem.***

> **Die schwerste Komplikation der Höhenkrankheit ist das höhenbedingte Lungenödem.**

**Therapie.** Gabe von Sauerstoff, Abstieg auf geringere Höhen. Azetazolamid 250 mg 8stündlich vor und während des Anstiegs oder Furosemid 80 mg 12stündlich können das Auftreten eines Lungenödems verhüten.

#### Überdruckkrankheiten

Unterwassertauchen setzt den Organismus einem erhöhten Druck auf die Körperoberfläche und die Lunge aus. Pro 10 m Wassertiefe steigt der Druck um etwa 1 atm an.

Taucherunfälle entstehen durch Bewußtseinsverlust beim ***Tieftauchen ohne Gerät.*** Als ***Taucherkrankheit*** im engeren Sinne gilt das Dekompressionssyndrom nach zu raschem Auftauchen aus größeren Tiefen (Caissonkrankheit, z. B. auch bei Arbeiten unter Überdruck im Stollen beim Tunnelbau). Unter dem erhöhten atmosphärischen Druck lösen sich atmosphärische Gase, vor allem Stickstoff, in Blut und Gewebe. Bei rascher Dekompression auf Atmosphärendruck geht der Stickstoff aus der Lösung und bildet intravaskuläre Bläschen. Die Unterbrechung der Gewebeperfusion durch diese Gasblasen ist das entscheidende pathogenetische Prinzip der Dekompressionskrankheit. Die Symptomatik ist entsprechend vielfältig, alle Organe können betroffen sein, wesentlich auch die Gelenke.

Die ***Therapie*** der Wahl ist in bedrohlichen Fällen die erneute Rekompression und langsame, überwachte Dekompression in der Überdruckkammer.

**Das Dekompressionssyndrom entsteht nach zu raschem Auftauchen aus größeren Tiefen. Therapie ist die Rekompression, anschließend langsame überwachte Dekompression.**

### 18.3.4 Kinetosen

Eine starke Reizung des Vestibularisapparates durch gleichmäßige oder rhythmisch wiederkehrende Einwirkung von Beschleunigungskräften kann bei entsprechend empfindlichen Personen zu Krankheitssymptomen führen, die je nach Anlaß als See-, Auto-, Eisenbahn-, Luft oder Karussellkrankheit bezeichnet werden. ***Symptome und Zeichen*** sind Blässe, Schwindel, Übelkeit, Erbrechen, Durchfälle, Schweißausbruch, Blutdruckabfall sowie ausgeprägtes Schwäche- und Schlaffheitsgefühl.

**Therapie.** Gabe von Antiemetika (z. B. Dimenhydrinat oder Triflupromazin). Eine Prophylaxe ist mit Scopolamin möglich (1,5 mg als Membranpflaster kurz vor Reiseantritt).

### 18.3.5 Akustische Schäden

Chronische Lärmexposition (Lärmschäden) oder akute Einwirkung extrem lauter Geräusche (Knalltrauma) schädigen vor allem das Gehörsystem und können zum Hörverlust führen.

### 18.3.6 Strahlenschäden

Strahlenschäden umfassen im weitesten Sinne alle somatischen oder genetischen Folgen der Einwirkung von Ultraviolettstrahlung, Mikrowellenstrahlung, Ultraschallwellen, ionisierende und Laserstrahlen. Im engeren Sinne sind Strahlenschäden Krankheitserscheinungen infolge nicht therapeutisch geplanter Einwirkung ionisierender Strahlen von außen oder von inkorporierten radioaktiven Substanzen. Den Strahlenschäden im weitesten Sinne können jedoch auch die unerwünschten Nebenwirkungen einer Strahlentherapie hinzugerechnet werden. Zu unterscheiden sind chronische Auswirkungen einer Strahlenexposition wie Tumorentstehungen und Mißbildungen bei Kindern strahlengeschädigter Eltern von akuten Schäden im Rahmen einen Strahlenunfalls.

## Literatur

Ludewig R, Lohs K (1988) Vergiftungen. VEB Gustav Fischer, Jena

Moeschlin S (1986) Klinik und Therapie der Vergiftungen, 7. Aufl. Thieme, Stuttgart New York

Schönberger A, Mehrtus G, Valentin H (1988) Arbeitsunfall und Berufskrankheit. E. Schmidt, Berlin

Wagner R, Zerlett G, Liegen T (Hrsg) (1988) Berufskrankheiten und medizinischer Arbeitsschutz. Kohlhammer, Stuttgart Berlin Köln

# 19 Virale Infektionen

F. Vogel und T. Müller


## ZUSAMMENFASSUNG

Die humanpathogenen Viren werden nach Art der Nukleinsäure (DNS oder RNS, ein- oder doppelsträngig) sowie nach Vorhandensein einer Hülle eingeteilt. Das ***komplette Virion*** besteht aus Nukleinsäure, Kapsid und evtl. Hülle. Glykoproteine auf der Oberfläche definieren die ***Antigenität.*** Die Virusvermehrung erfolgt in Zytoplasma oder Kern der befallenen Wirtszelle. Der Virusnachweis kann in Körpersekreten direkt oder nach Anzucht in Zellkulturen elektronenmikroskopisch erfolgen. Serologische Nachweismethoden sind z. B. ELISA und KBR.

***Herpesviren*** führen zu unterschiedlichen Erkrankungen, wie Herpes labialis und genitalis, Zoster, Windpocken, infektiöser Mononukleose, Zytomegalie und Exanthema subitum. Die Pockenviren gelten weltweit als ausgerottet. Die häufigsten Viruserkrankungen sind Infektionen des ***Respirations-*** und ***Gastrointestinaltrakts.***

Adenoviren, RS-Viren und Parainfluenza-, Influenza-, Corona- und Rhinoviren verursachen Infektionen des oberen und unteren Respirationstrakts sowie Pneumonien; Rotaviren, Caliciviren, Adenoviren und Enteroviren sind die häufigsten Erreger von Gastroenteritiden.

***Picornaviren,*** besonders Coxsackie-, Echo- und Enteroviren, verursachen am häufigsten Meningoenzephalitiden und Enteritiden, besonders Coxsackie-B-Viren auch Myo- und Perikarditis.

***Toga-*** und ***Bunyaviren*** führen zu Erkrankungen vorwiegend in den tropischen und subtropischen Ländern mit den Symptomen Fieber, Exanthem, Meningoenzephalitis und hämorrhagisches Fieber. Gelbfieber und Denguefieber haben aufgrund der hämorrhagischen Diathese eine hohe Letalität. Die ***Frühsommermeningoenzephalitis*** (FSME) kommt in Süd- und Osteuropa vor und führt durch Zeckenübertragung zu Meningoenzephalitiden.

Eine ***antivirale Chemotherapie*** ist nur bei den Herpesviren möglich; weitere Therapiemöglichkeiten sind Immun- und Hyperimmunglobuline, besonders bei Zytomegalie und Varizellen. Für viele Viruserkrankungen (Pocken, Hepatitis, Rotaviren, Masern, Mumps, Influenza, Tollwut, Gelbfieber, Röteln, Poliomyelitis) stehen ***Vakzine*** mit unterschiedlichen Protektionsraten zur Verfügung.


## 19.1 Kurzes Repetitorium der allgemeinen Virologie

**Mikrobiologie und Pathogenese.** Viren sind zwischen 15 und 500 nm kleine Erreger von Infektionen, die als obligate Zellparasiten nicht außerhalb des menschlichen oder tierischen Körpers überleben können. Oft sind Viren auf spezielle Gewebe oder Zellen spezialisiert (z. B. neurotrope Viren). Das komplette Viruspartikel (Virion) besteht aus DNS oder RNS und Protein (Kapsid) und evtl. einer Lipidhülle (Abb. 19.1). Die Einteilung der etwa 400 bekannten menschenpathogenen Viren erfolgt nach Art der Nukleinsäure (ein- oder doppelsträngige DNS oder RNS), Molekulargewicht der Nukleinsäure und Größe des Virions in Familien, Gattungen und Arten (Tabelle 19.1).

Die ***Viruspathogenese*** geschieht durch Bindung an Zellen (Adsorption), Penetration der Zellmembran, Freisetzung der viralen Nukleinsäure („uncoating"), Biosynthese und Reifung des neuen Virions und schließlich dessen Ausschleusung, die oft mit Zellzerfall beim Wirt verbunden ist (Abb. 19.2).

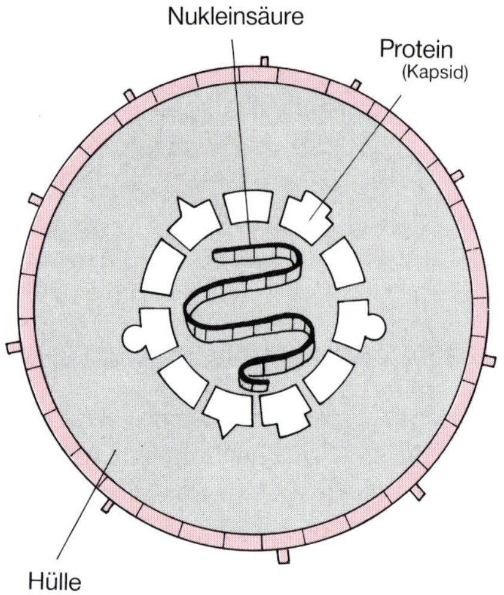


**Abb. 19.1.** Schematischer Aufbau eines Virus

**Allgemeine virologische Diagnostik.** Eine Virusinfektion läßt sich entweder durch ***direkten Virusnachweis*** im Elektronenmikroskop in Abstrichen, Spülwasser und Bläscheninhalt oder indirekt, z. B. durch Nachweis spezifischer Antigene oder Antikörper, diagnostizieren. An ***serologischen Verfahren*** werden Enzymimmunoassays ***(ELISA)*** und Komplementbindungsreaktionen ***(KBR)*** für eine Vielzahl von Viren eingesetzt. Damit lassen sich sowohl spezifische Immunglobuline der Klasse IgG nachweisen, für die ein 4facher Titeranstieg vom Beginn der Erkrankung zur 2. Krankheitswoche für eine akute Infektion beweisend ist, als auch IgM-Antikörper, die die akute Infektion anzeigen.

**Grundzüge der antiviralen Therapie.** Zur Therapie viraler Infektionen stehen mehrere Substanzen zur Verfügung. ***Azyklovir*** ist ein spezifischer Inhibitor der viralen DNS-Polymerase und insbesondere bei Herpesviren wirksam. Es ist eine relativ gut verträgliche und nebenwirkungsarme Substanz. ***Ganzyklovir*** ist eine speziell beim Zytomegalievirus (CMV) 10fach stärker wirksame Substanz als Azyklovir.

Bei Influenza A ist ***Amantadin*** als Hemmstoff der Virusreplikation wirksam und wird im angelsächsischen Bereich sowohl zur Prophylaxe als auch zur Therapie eingesetzt.

***Interferone*** sind von bestimmten menschlichen Zellen gebildete Proteine, die gentechnisch hergestellt werden können und gegen verschiedene Viren wirksam sind (z. B. Herpes und Hepatitis B).

***Ribavirin*** ist ein synthetisches Nukleosidanalog, das – in die virale Messenger-RNS eingebaut – bei verschiedenen RNS- und DNS-Viren virostatisch wirkt.

Bei Herpes-, Pocken- und Rhabdoviren ist ***Vidarabin,*** ein Purinnukleosid, einsetzbar.

**Prophylaxe viraler Infektionen.** Zur Prophylaxe verschiedener viraler Erkrankungen werden ***Impfungen*** durchgeführt. Bereits im Kindesalter wird anhand eines Impfkalenders gegen Poliomyelitis, Masern, Mumps sowie speziell bei Mädchen gegen Röteln geimpft. Bei entsprechender Exposition wird ferner eine Impfung gegen Tollwut, Hepatitis A und B durchgeführt. Gegen Gelbfieber schließlich sollte bei Reisen in entsprechende endemische Gebiete geimpft werden.

**Virale Pneumonie** (Tabelle 19.2). Über die ***Epidemiologie*** viraler Pneumonien bei der gesunden Normalbevölkerung liegen keine exakten Zahlen vor, man kann jedoch vermuten, daß Viren etwa 20–40 % der Pneumonien verursachen. Bei den Patienten wird eine „Grippe" diagnostiziert, sie werden zuhause behandelt, eine ätiologische Klärung erfolgt nur in den seltensten Fällen. Bei 20 % junger gesunder Männer mit schwereren grippalen Symptomen wurden radiologisch Infiltrate diagnostiziert.

Die typischen ***Symptome*** der viralen Pneumonie sind trockener, oft wenig produktiver Husten, Thoraxschmerzen, Fieber, Frösteln, selten Schüttelfrost, mittelschwere Allgemeinsymptome, extrapulmonale Symptome wie Muskel- und Gelenkschmerzen, Kopfschmerzen.

Im Gegensatz dazu sind Allgemeinsymptome und Verlauf bei der bakteriellen („typischen") Pneumonie schwerer, das Fieber ist höher, es finden sich typische Infektionsparameter wie Leukozytose mit Linksverschiebung im Differentialblutbild, oft massiv produktiver Husten mit eitrigem Auswurf.

Bei der viralen („atypischen") Pneumonie liegt das Fieber meist nicht über 39°C, selten besteht Leukozytose mit Linksverschiebung, häufiger eine Lymphozytose, manchmal eine Leukopenie.

Der ***Verlauf*** der unkomplizierten viralen Pneumonie beginnt 1–3 Tage nach der Ansteckung mit langsam ansteigender Symptomatik und dauert im allgemeinen nicht länger als 7–10 Tage.

Der ***physikalische Lungenbefund*** ist gering, oft gerade im Anfangsstadium unauffällig, manchmal finden sich fein- bis mittelblasige Rasselgeräusche über dem befallenen Lungenabschnitt.

**Tabelle 19.1.** Übersicht über humanpathogene DNS- und RNS-Viren. Einteilung und klinische Bedeutung

| Gruppenmerkmale | Familie | Gattung | Art | Erkrankungen |
|---|---|---|---|---|
| DNS, Doppelstrang, Hülle | Herpesviren | | Herpes-Simplex-Viren I und II | Herpes labialis und genitalis |
| | | | Varizella-zoster-Virus | Windpocken, Zoster |
| | | | Zytomegalievirus | Zytomegalie |
| | | | Epstein-Barr-Virus | Mononukleose |
| | | | HHV-6 | Exanthema subitum |
| | Poxviren | Orthopoxviren | Variolavirus | Pocken |
| | | | Vacciniavirus | Impfpocken |
| DNS, Doppelstrang, | Adenoviren | | | Respiratorische Infekte |
| | Hepadnaviren | | Hepatitis-B-Virus | Hepatitis B |
| | Papovaviren | | Papillomavirus | Warzen, Kondylomata |
| | | | Polyomavirus | Progrediente multiforme Leukenzephalopathie |
| DNS, Doppelstrang, | Parvoviren | Parvoviren | | Erythema infectiosum |
| | | Dependoviren | | (Rheumatoide Arthritis?) |
| | | Densoviren | | |
| RNS, Doppelstrang | Reoviren | Reoviren | | Respiratorischer Infekt |
| | | Rotaviren | | Enteritis |
| RNS, Einstrang, Hülle | Paramyxoviren | Morbilli | Masernvirus | Masern |
| | | Paramyxovirus | Mumpsvirus | Mumps |
| | | | Parainfluenzavirus | Respiratorische Infekte |
| | | Pneumovirus | RS-Virus | Respiratorische Infekte |
| | Orthomyxoviren | Influenzavirus | | Respiratorische Infekte |
| | Rhabdoviren | Lyssaviren | Rabiesvirus | Tollwut |
| | Togaviren | α-Viren | | Meningoenzephalitis |
| | | Flaviviren | | Meningoenzephalitis |
| | | | FSME | Meningoenzephalitis |
| | | | Gelbfieber | Gelbfieber |
| | | | Dengueviren | Denguefieber |
| | | Rubiviren | Rubellaviren | Röteln |
| | Bunyaviren | Bunyaviren | | Meningoenzephalitis |
| | | Nairoviren | | Fieber, Exanthem |
| | | Phleboviren | | Hämorrhagisches Fieber |
| | | Hantaviren | | (Glomerulo-)Nephritis |
| RNS, Einstrang, Hülle | Arenaviren | Arenaviren | LCM-Virus | Lymphzytäre Choriomeningitis |
| | | | Lassavirus | Lassafieber |
| | | | Juninvirus | Hämorrhagisches Fieber |
| | | | Machupovirus | Hämorrhagisches Fieber |
| | Coronaviren | Coronaviren | | Respiratorische Infekte |
| | Filoviren | | Marburg-Virus | Hämorrhagisches Fieber, Exanthem |
| | | | Ebolavirus | Hämorrhagisches Fieber |
| RNS, Einstrang, Hülle | Picornaviren | Enteroviren | Poliovirus | Poliomyelitis |
| | | | Coxsackie-Virus | Meningoenzephalitis |
| | | | Echo-Virus | Myokarditis |
| | | | Enterovirus | Enteritis, Hepatitis A (Typ 72) |
| | | Rhinoviren | Rhinovirus | Respiratorische Infekte, Rhinitis |
| | Caliciviren | Caliciviren | Norwalk-Virus | Enteritis |
| | | | Hawaii-Virus u. a. | Enteritis |
| | | Aphthoviren | | Maul- und Klauenseuche |
| RNS→DNS, reverse Transkriptase, Hülle | Retroviren | Spumaviren | | |
| | | Onkoviren | HTLV I | T-Zell-Leukämie |
| | | | HTLV II | (Haarzelleukämie?) |
| | | | HTLV V | (Lymphome, Leukämie?) |
| | | Lentiviren | HIV 1 | Aids |
| | | | HIV 2 | Aids |

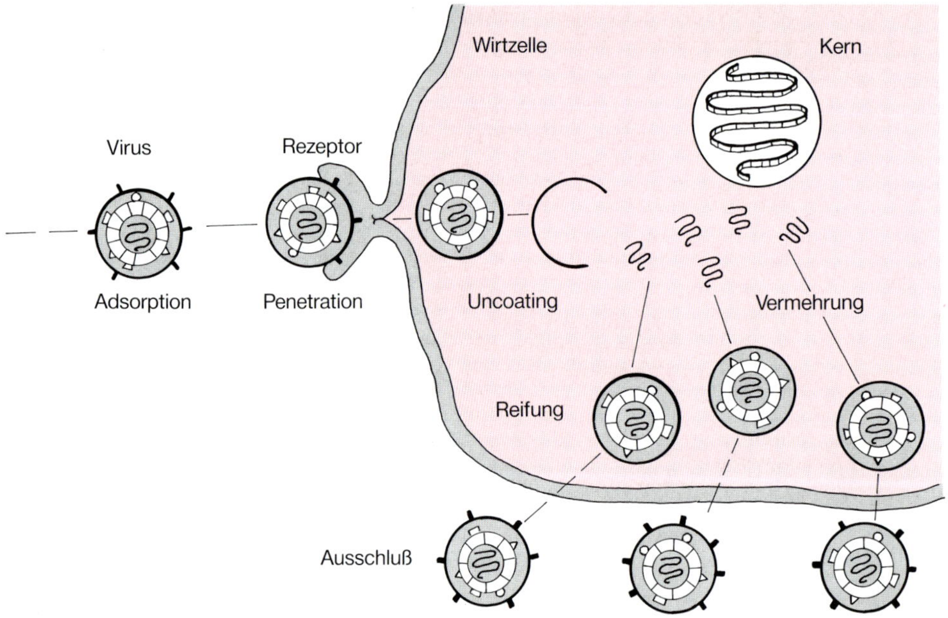


**Abb. 19.2.** Schematische Darstellung der Viruspathogenese

**Tabelle 19.2.** Viruspneumonie

| | |
|---|---|
| Erreger | Influenzaviren<br>Parainfluenzaviren, RS-Viren<br>Adenoviren<br>Masern, Varizellen |
| Klinik | Husten, wenig Auswurf<br>Fieber, Frösteln<br>Thoraxschmerzen |
| Diagnose | geringe Rasselgeräusche, „atypischer" Verlauf<br>Infiltrate im Röntgenbild<br>Virusisolierung aus Sekret<br>Serologie (KBR) |
| Therapie | Symptomatisch<br>Amantadin (Influenza A) |

Die ***radiologischen Veränderungen*** sind unspezifisch und nicht immer sicher von einer bakteriellen Pneumonie zu differenzieren. Es finden sich konfluierende, schleierartige Infiltrate, eher im zentralen Lungenbereich, im Unterschied zur bakteriellen Pneumonie nicht lobär begrenzt. Pleuraergüsse sind bei viralen Pneumonien selten.

## 19.2 Herpesviren

Zur Gruppe der Herpesviren gehören: Herpes-simplex-Virus I und II (HSV), Varizella-zoster-Virus (VZV), Zytomegalievirus (CMV), Epstein-Barr-Virus (EBV) und HHV-6.

Herpesviren sind 150–200 nm groß und enthalten einen Kern aus linearer Doppelstrang-DNS.

### 19.2.1 Herpes-simplex-Virus I und II

Es gibt 2 weltweit verbreitete Antigenvarianten des Herpes-simplex-Virus: Typ I ***(Herpes labialis)*** und Typ II ***(Herpes genitalis).*** Typ I wird durch Schmierinfektion von manifest Erkrankten oder asymptomatisch Infizierten übertragen und führt bereits in der Kindheit zu einer breiten Durchseuchung. Typ II wird vorwiegend durch Geschlechtsverkehr übertragen und erreicht erst nach der Pubertät einen hohen Durchseuchungsgrad. Die Inkubationszeit beträgt 2–7 Tage.

**Klinik.** Die Primärinfektion mit HSV verläuft in 99% asymptomatisch, oft kommt es jedoch zu einer Viruspersistenz in den regionalen Ganglien und später zu endogenen Rezidiven, ausgelöst durch starke UV-Bestrahlung, andere virale oder bakterielle Infektionen,

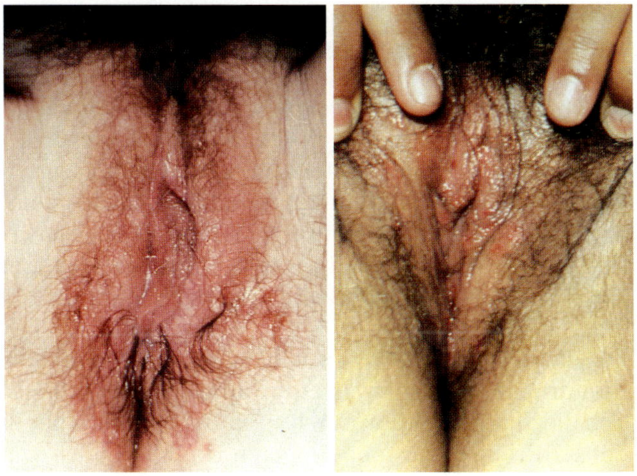

**Abb. 19.3.** Herpes genitalis

hormonelle Einflüsse, unter Immunsuppression sowie durch Streß. Die verschiedenen ***klinischen Manifestationen*** der HSV-Infektion sind:

- *Gingivostomatitis.* Bläschen und Ulzera an Lippen, Zunge, Mundschleimhaut und Gaumen, evtl. auch Konjunktiven, mit Fieber unter Beteiligung regionaler Lymphknoten mit schweren allgemeinen Krankheitserscheinungen. Die Dauer beträgt 6–10 Tage.
- *Herpes neonatorum.* Infektion des Neugeborenen durch HSV II im infizierten Geburtskanal mit generalisierten Bläschen, Hepatosplenomegalie, Ikterus und thrombopenischer Purpura. Die Letalität beträgt ca. 50%.
- *Ekzema herpeticum.* Meist bei Kindern mit primär vorgeschädigter Haut (z.B. Neurodermitis) mit hohem Fieber, schwerer Allgemeinerkrankung und konfluierenden Blasen. Die Letalität beträgt 10%.
- *Meningoenzephalitis.* Fast immer durch HSV I hervorgerufene Erkrankung, die meist das Temporalhirn befällt und oft einen letalen Verlauf zeigt.

Die ***endogenen Herpesrezidive*** führen zur Bläschenbildung in Gruppen auf geröteter Haut im Übergangsbereich zwischen Haut und Schleimhaut vor allem der Lippen (Herpes labialis) und Genitalien (Herpes genitalis, Abb. 19.3). Seltener sind die Finger betroffen (Panaritium herpeticum). Zum ***Herpes generalisatus*** kommt es nur im Rahmen schwerer Immunsuppression.

**Diagnose.** Eine direkte Virusisolation kann aus Bläscheninhalt, Rachen- oder Vaginalabstrichen, Stuhl, Liquor oder Organbiopsien erfolgen. Die Primärinfektion kann indirekt auch durch den Nachweis spezifischer Antikörper in der KBR bewiesen werden. Endogene Rezidive zeigen keine Titerbewegungen.

**Therapie.** Eine lokale Therapie ist mit Zinkionen zur Hemmung der virusspezifischen DNS-Polymerase sinnvoll. Eine systemische Therapie mit Azyklovir (5mal 200 mg p.o. über 5 Tage oder bei lebensbedrohlicher Infektion 3mal 10 mg/KG Körpergewicht i.v. über 10 Tage) ist nur bei Risikopatienten notwendig.

**Eine Expositionsprophylaxe ist bei immunsupprimierten Kindern (Leukämie) wichtig.**

## 19.2.2 Varicella-zoster-Virus

Windpocken ***(Varizellen)*** sind eine meist harmlose Kinderkrankheit mit einem sehr hohen Kontagionsindex von ca. 98%. Sie sind weltweit verbreitet, die Tröpfcheninfektion kommt gehäuft in der kalten Jahreszeit vor. Die Kinder sind eine Woche lang infektiös, Risikopatienten (Immungeschwächte) sollten daher bis zum Abfall der Schorfe keinen Kontakt mit Varizellenkranken haben. Die ***Inkubationszeit*** beträgt 2–3 Wochen. Eine durchgemachte Erkrankung hinterläßt eine dauerhafte Immunität. Nach der Primärinfektion im Kindesalter mit Windpocken persistiert das Virus in den Spinalganglien. Endogene Rezidive können so nach Jahren spontan oder bei Immunsuppression (Lymphome, Zustand nach Transplantation) als Gürtelrose ***(Zoster)*** auftreten.

**Ein Kind kann nach Kontakt mit einem an Zoster erkrankten Erwachsenen zwar Windpocken bekommen, falls es diese noch nicht gehabt hat, eine Gürtelrose tritt aber nur nach Reaktivierung der in den Spinalganglien persistierenden Viren auf.**

**Windpocken.** Ohne Prodromi tritt ein Exanthem mit gut stecknadelkopfgroßen roten Flecken und Fieber für 2–3 Tage auf. Dann entstehen Knötchen und Bläschen mit serösem Inhalt, geröteter Umgebung und Juckreiz, schließlich kommt es zur Verschorfung. Typisch ist ein ***schubweiser Verlauf*** mit Beginn am Rumpf (Abb. 19.4), Ausbreitung auf Gesicht und behaarten Kopf, dann Extremitäten, so daß die verschiedenen Effloreszenzen nebeneinander bestehen können (Sternkarte). Auch ein

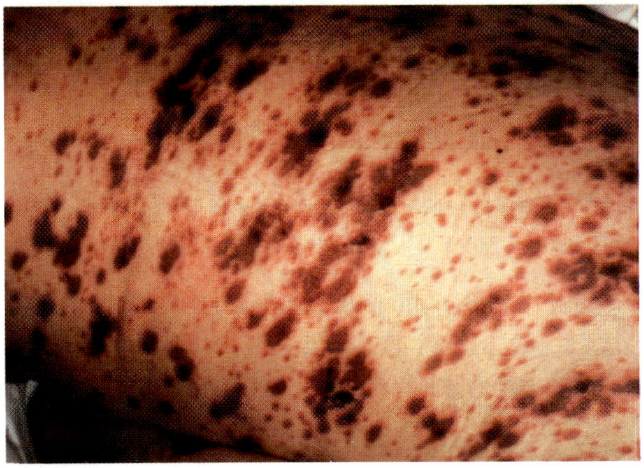

**Abb. 19.4.** Varicella-Zoster-Infektion mit hämorrhagischen Läsionen bei einem immunsupprimierten Patienten

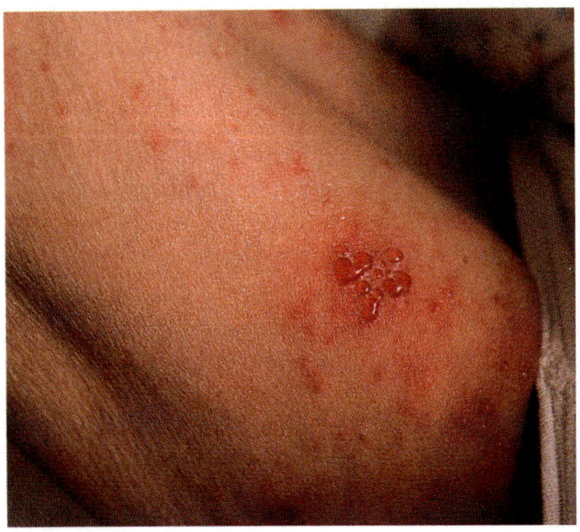

**Abb. 19.5.** Herpes zoster

Befall der Schleimhäute ist möglich. Eine gelegentliche Komplikation ist die sekundäre bakterielle Superinfektion.

**Zoster.** Beginn mit allgemeinem Krankheitsgefühl, oft Fieber und stärkste Schmerzen in einem oder mehreren Dermatomen sowie regionale Lymphknotenschwellungen. Dann erst treten gruppenweise rötliche Flecken auf, die über Knötchen zu Bläschen mit klarem, trübem oder hämorrhagischem Inhalt werden (Abb. 19.5). Nach etwa einer Woche kommt es zur Eintrocknung und Verschorfung der Bläschen. Die den Hauterscheinungen vorangehenden Schmerzen können noch Wochen persistieren und in eine ***Neuralgie*** münden.

**Komplikationen.** Menschen mit zellulären oder humoralen Immundefekten, Neugeborene und Immunsupprimierte sind Risikopatienten für einen komplizierten Varizellenverlauf. Gefürchtet sind Enzephalitis, embryofetales Varizellensyndrom bei Windpocken in der ersten Schwangerschaftshälfte, Zoster generalisatus und Zoster ophthalmicus bei Befall des Trigeminusastes.

**Diagnose.** Der direkte Virusnachweis kann in Bläschen, Liquor und Mundspülwasser erfolgen. Serologisch läßt sich die akute Infektion durch spezifische Antikörper in der KBR beweisen. Im peripheren Blutbild findet man eine relative Lymphozytose und Leukopenie.

**Therapie und Prophylaxe.** Bei unkomplizierten Windpocken sind außer Bettruhe keine Maßnahmen notwendig. Bei unkompliziertem Zoster erfolgt Lokaltherapie mit eintrocknenden Pudern, Vioformlotion und Analgetika. In schweren Fällen wird Azyklovir 10 mg/KG/Tag über 5 Tage p. o. gegeben. Bei Varizellenkontakt seronegativer schwangerer Frauen und immunsupprimierter Kinder ist die Gabe von Hyperimmunglobulin (Varitect) in einer Dosierung von 1 mg/KG i. v. indiziert (s. Fall 19 A).

### 19.2.3 Zytomegalievirus

Das Zytomegalievirus (CMV) wird durch ***engen Körperkontakt*** von Mensch zu Mensch übertragen, was im Erwachsenenalter zu einer hohen Durchseuchung führt. Die ***Inkubationszeit*** beträgt 3–5 Wochen. Es sind 4 Infektionswege bekannt:

- *kongenital* durch Erstinfektion oder Reaktivierung der Schwangeren,
- *perinatal* durch infizierte Geburtswege und Muttermilch,
- *postnatal* durch engen körperlichen Kontakt mit Gleichaltrigen (Kinderheime),
- *iatrogen* durch Bluttransfusion, Knochenmark- und Organtransplantation.

Häufig erfolgt die Erstinfektion auch durch sexuelle Kontakte, da das Virus in den Sekreten der Genitalorgane ausgeschieden wird, was auch zu einer relativ hohen Rate von Erstinfektionen bei jungen Erstgebärenden führt.

Infektion mit CMV führt nur selten zu einer akuten Erkrankung, meist kommt es zu einer ***latenten Infektion***

## FALL 19 A

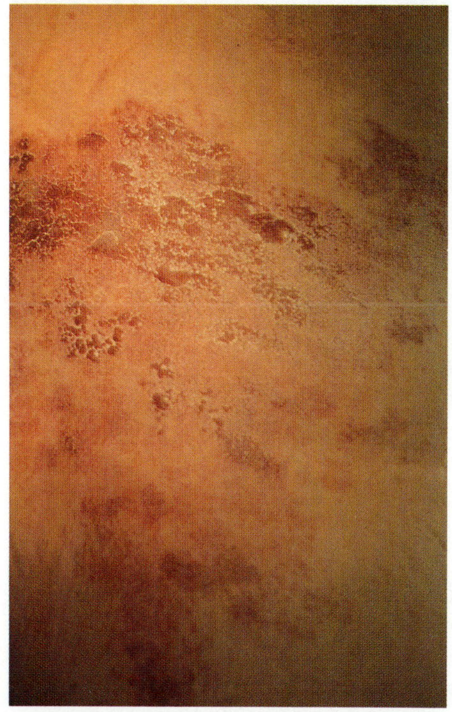

**Abb. 19 A.** Herpes zoster bei einem Patienten mit chronisch lymphatischer Leukämie 4 Tage nach Ausbruch, in diesem Fall ohne Schmerzsymptomatik

**Anamnese.** Bei dem 45jährigen Landwirt war seit 4 Jahren eine chronisch lymphatische Leukämie bekannt, seit 2 Jahren mit schwerem Antikörpermangel. Wegen einer bakteriellen Pneumonie war der Patient hospitalisiert, als er sich erneut unter einem Temperaturanstieg auf 39,5°C verschlechterte.

**Befunde.** Schwerkranker Patient, gruppierte Bläschen im Bereich des Rückens, Hb 8 g/dl, Leukozyten 16700/µl, Thrombozyten 78000/µl, Gesamteiweiß 5,5. g/dl, γ-Globuline 1,2 %, VZV-AK-Titer 1:5.

**Diagnose.** Zosterrezidiv bei chronisch-lymphatischer Leukämie mit Antikörpermangel, Zustand nach Chemotherapie und bakterieller Pneumonie.

**Therapie und Verlauf.** Unter Lokaltherapie mit Zoviraxsalbe und systemischer Zoviraxgabe keine Besserung. Erst die Gabe von Hyperimmunglobulinen brachte eine Abheilung des Zoster.

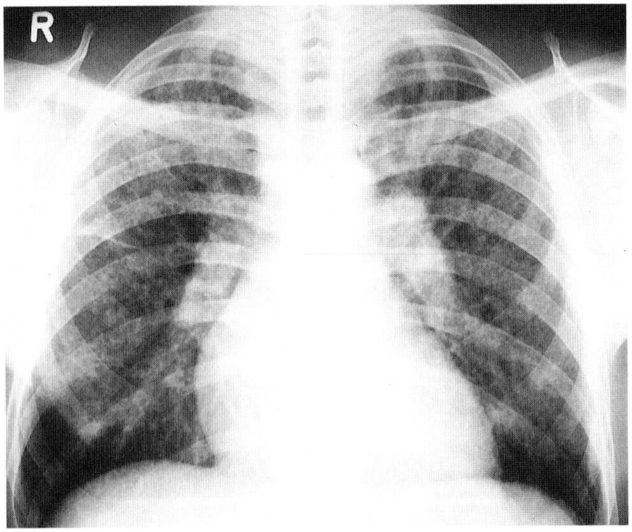


**Abb. 19.6.** CMV-Pneumonie nach Nierentransplantation

mit ***Persistenz*** des Virus in den Lymphozyten, das unter bestimmten Bedingungen (Tumorkrankheit, Schwangerschaft, Anämie, Immunsuppression) reaktiviert werden kann. Die Virusvermehrung führt zu einer interstitiellen, lymphozytär plasmazellulären Entzündung mit Riesenzellbildung und typischen Einschlußkörperchen in den betroffenen Organen.

**Klinik.** Wird eine CMV-Infektion klinisch manifest, läuft sie häufig unter dem Bild einer fieberhaften ***Pneumonie*** (Abb. 19.6) mit Lymphozytose und ***Begleithepatitis*** ab. Vorwiegend bei immunsupprimierten Patienten kann es zu einer Generalisation der Infektion kommen, bei der neben Lunge und Leber auch Magen-Darm-Trakt und ZNS befallen werden. Außerdem kommen oft Mischinfektionen mit Pneumocystis carinii oder Pertussis vor. Besonders gefährdet sind seronegative ***Transplantatempfänger,*** die ein Organ von einem seropositiven Spender erhalten. Sie erkranken ca. 3 Wochen nach Transplantation an einer Pneumonie, an der sie oft auch versterben. Ferner ist das Abstoßungsrisiko erhöht.

**Diagnose.** Nach Infektion mit CMV werden spezifische Antikörper gebildet, die in der KBR nachweisbar sind. Ferner werden zur Diagnose die typische Histologie in Organbiopsien (Leber, Lunge, Niere), der zytologische Nachweis von ***Einschlußkörperchen*** in Riesenzellen (in Epithelzellen im Urin oder Speichel) und die Virusisolation aus Gewebebiopsien und Abstrichen herangezogen.

Im Differentialblutbild findet sich eine Lymphozytose mit atypischen Lymphozyten, der Rheumafaktor ist oft positiv, und Kälteagglutinine sind im Blut nachweisbar.

**Therapie und Prophylaxe.** Bei den besonders gefährdeten onkologischen Patienten und Organtransplantierten ist eine Therapie bzw. Prophylaxe mit Ganzyklovir wirksam. Ferner ist die Gabe von spezifischen Immunglobulinen möglich, jedoch sehr teuer. Ein spezieller Impfstoff befindet sich zur Zeit in der klinischen Erprobung.

### 19.2.4 Epstein-Barr-Virus

Das Epstein-Barr-Virus wird durch ***Tröpfcheninfektion*** verbreitet, zeigt bei Erwachsenen einen hohen Durchseuchungsgrad von 85 % und kann eine relativ harmlose Infektionskrankheit, das ***Pfeiffer-Drüsenfieber*** (Mononucleosis infectiosa), hervorrufen (s. Kap. 9). Daneben können aber auch bösartige Tumoren, wie das ***Burkitt-Lymphom*** und das ***nasopharyngeale Karzinom,*** durch das Epstein-Barr-Virus induziert werden. Warum das Virus in unseren Breiten zu einer Infektionskrankheit und in Afrika und Asien zu bösartigen Geschwülsten führt, ist bis heute nicht vollständig geklärt. Bei angeborenen oder erworbenen Immundefekten kann dieses Virus auch maligne Lymphome hervorrufen.

### 19.2.5 Humanes Herpesvirus 6 (HHV-6)

Das HHV-6 ist ein erst vor kurzem entdecktes Herpesvirus mit sehr weiter Verbreitung. 40–50 % der gesunden Blutspender haben Antikörper gegen HHV-6. Neben einem ***Exanthema subitum*** und einer ***myalgischen Enzephalomyelitis*** werden durch HHV-6 offensichtlich auch lymphoproliferative Erkrankungen wie Lymphome induziert.

Die ***Diagnose*** erfolgt durch Nachweis spezifischer Antikörper, wobei eine Kreuzantigenität mit dem Zytomegalievirus die serologische Diagnostik erschwert.

## 19.3 Pockenviren

Pocken waren früher eine lebensbedrohende virale Infektion. Seit 1976 gelten Pocken weltweit als ausgerottet, weshalb die früher durchgeführte Pockenschutzimpfung im Kindesalter nicht mehr durchgeführt wird.

## 19.4 Adenoviren

Adenoviren haben eine doppelsträngige DNS, keine Hülle und einen Durchmesser von 80 nm. Es sind 41 Subtypen von unterschiedlicher Pathogenität definiert worden.

Adenoviren können eine onkogene Transformation verursachen, jedoch konnte bis jetzt beim Menschen keine Onkogenese bewiesen werden. Sie vermehren sich im Zellkern und hemmen die zelluläre DNA-Synthese. Es besteht Affinität zu den Oberflächenzellen der Atemwege, des Darmtrakts und der Harnwege.

Adenoviren sind ***ubiquitär*** verbreitet. Besonders betroffen sind Kinder, bei denen Adenoviren etwa 5–10 % der respiratorischen Infektionen verursachen. Die ***Übertragung*** erfolgt aerogen oder durch Kontakt, die Durchseuchungsrate der Bevölkerung ist hoch.

Adenoviren verursachen Infektionen des oberen und unteren Respirationstrakts, mit einer Häufung während der Herbst- und Wintermonate, epidemische Keratokonjunktivitiden sowie Gastroenteritiden. Die epidemische Keratokonjunktivitis kommt besonders bei den Serotypen 8 und 19 vor, häufig zusammen mit Infektionen des oberen Respirationstrakts.

Die serologische Virusdiagnostik erfolgt mittels KBR; die Viren werden aus Schleimhautabstrichen isoliert und erzeugen auf Gewebekulturen typische zytotoxische Effekte. Entwickelt werden Virusnachweise durch ELISA-Techniken oder fluoreszierende Antikörper.

Eine spezifische Therapie ist nicht bekannt.

## 19.5 Hepadnaviren

Hepadnaviren sind kleine DNS-Viren und verursachen Hepatitis B (s. Kap. 3).

## 19.6 Papovaviren

Papovaviren haben eine Doppelstrang-DNS mit Ikosaederstruktur, keine Hülle und einen Durchmesser von 40–60 nm. Zur Familie der Papovaviren gehören die Arten Papilloma- und Polyomaviren. ***Papillomaviren*** verursachen Hautwarzen und Kondylomata im Anogenitalbereich. Sie können beim Menschen Tumoren induzieren. Zusammenhänge mit dem Zervixkarzinom, dem Vulva- und Peniskarzinom sowie mit kutanen Karzinomen sind wahrscheinlich. Auch beim Larynxkarzinom wird ein onkogener Einfluß von Papillomaviren, die auch Larynxpapillome verursachen können, diskutiert.

Die ***menschenpathogenen Polyomaviren*** sind das BK-Virus, das JC-Virus sowie das SV-40-PML- und das COL-Virus. JC, SV-40 und COL können die ***progressive multifokale Leukenzephalopathie*** hervorrufen.

## 19.7 Parvoviren

Parvoviren sind sehr klein (Durchmesser 15–25 nm) und haben eine einsträngige DNS ohne Hülle in Ikosaederform. Zu den Parvoviren gehören die Gattungen Parvovirus, Dependovirus und Densovirus. Das Parvovirus B 19 ist der Erreger des ***Erythema infectiosum,*** einer Kinderkrankheit, die meist zwischen dem 6. und 12. Lebensjahr (Ringelröteln) auftritt. Es handelt sich um eine Erkrankung mit leichter Allgemeinsymptomatik und einem ***schmetterlingsförmigen Exanthem*** im Gesicht und in der Folge feinfleckigem, girlandenartigem Exanthem an Stamm und Extremitäten. Bei Schwangeren können Fruchtschädigungen auftreten.

***Dependoviren*** sind nur zusammen mit Adenoviren, auf die sie bei der intrazellulären Vermehrung angewiesen sind, humanpathogen. Sie verursachen leichte Allgemeinsymptome und kommen im Zusammenhang mit Adenovirusinfektionen vor.

***Densoviren*** haben keine menschenpathogene Bedeutung.

## 19.8 Rotaviren

Die Rotaviren gehören zur Familie der ***Reoviren*** („*r*espiratory *e*nteric *o*rphan“). Sie haben eine doppelsträngige RNS ohne Hülle mit einem Durchmesser von etwa 70 nm. Sie bestehen aus einem hexagonalen Kern und einem doppellagigen Kapsid. Es lassen sich 4 humanpathogene ***Serotypen*** differenzieren, die ein gemeinsames gruppenspezifisches Antigen an der inneren Kapsidlage besitzen, während die serologische Differenzierung durch verschiedene Antigene an der äußeren Kapsidhülle erfolgt.

Die Viren gelangen durch ***Kontakt-*** und ***Schmierinfektion*** in den Darmtrakt, besiedeln die Dünndarmschleimhaut und können in hoher Konzentration im Stuhl nachgewiesen werden. Es kommt rasch zu einer Störung der Schleimhautpermeabilität mit massiver Flüssigkeitsabgabe in das Darmlumen.

**Rotaviren sind weltweit verbreitet und die häufigsten Erreger von Gastroenteritiden, besonders bei Kindern. Bei ihnen können während der kalten Jahreszeit bis zu 90 % der akuten Diarrhöen durch Rotaviren bedingt sein. Die Inkubationszeit beträgt 1–4 Tage.**

**Klinik.** Die typischen Symptome einer ***viralen Gastroenteritis*** sind Übelkeit, Erbrechen, Durchfall, Fieber (selten über 38,5°C), Appetitlosigkeit, abdominale Schmerzen sowie leichte bis mittelschwere Allgemeinsymptomatik. Es gibt verschiedene Verlaufsformen von leichtem vorübergehendem Unwohlsein mit Übelkeit bis zu schweren Diarrhöen und Dehydrierung, die stationäre und intensivmedizinische Behandlung erfordern kann. Der Beginn der Symptomatik ist meist akut, Hauptsymptome sind Durchfall und Erbrechen. Manchmal kommt es auch zu einer ZNS-Symptomatik mit Kopfschmerzen und Schwindel. Gefährdet sind vorwiegend Kleinkinder und ältere Patienten durch den massiven Flüssigkeitsverlust mit anschließender Hypovolämie. Die Diarrhöen sind wäßrig mit Schleimbeimengungen, aber meist ohne Blut. Die Symptomatik kann nach wenigen Stunden bereits vorüber sein, auch bei unkompliziertem Verlauf dauert sie selten länger als 3–5 Tage.

**Diagnose.** Aufgrund des hohen diagnostischen Aufwandes und der meist leichten Verläufe handelt es sich bei der Diagnose der viralen Gastroenteritis meist um eine Ausschlußdiagnose, wenn bakterielle oder parasitäre Erreger nicht gefunden werden. Bei epidemischen Ausbrüchen in Kindergärten, Schulen oder Seniorenheimen können Rotaviren in großer Zahl im Stuhl mit immunologischen Methoden nachgewiesen werden (Rotavirusenzymimmunoassay, Antigennachweis mit monoklonalen Antikörpern). Mit dem Elektronenmikroskop können Viren im Stuhl oder in Schleimhautbiopsien diagnostiziert werden. Serologische Methoden haben aufgrund des verzögerten Titeranstiegs nur eingeschränkte diagnostische Bedeutung, IgM-Antikörper können bereits in der 1. Woche nachweisbar sein. ***Endoskopisch*** sieht man eine ödematöse Schleimhaut ohne starke entzündliche Veränderungen.

**Therapie.** Eine spezifische Chemotherapie viraler Enteritiden steht nicht zur Verfügung. Die Therapie ist symptomatisch mit Flüssigkeits- und Elektrolytzufuhr und Kohlenhydraten. Dafür stehen handelsübliche Elektrolytlösungen zur Verfügung (z. B. Elotrans N), die Glukose, NaCl, KCl und Natriumzitrat enthalten. Allgemeine Maßnahmen sind Bettruhe, Wärmeapplikation sowie salz- und kohlehydratreiche Kost. Bei schwerer Dehydration, Elektrolytverlust und starkem Erbrechen muß eine intravenöse Flüssigkeits- und Elektrolytsubstitution durchgeführt werden.

**Wenn keine orale Elektrolytlösung zur Verfügung steht, können bei Patienten zum Ausgleich von Wasser- und Salzverlust auch Cola und Salzstangen oder Fleischbrühe verabreicht werden.**

Zur **Prävention** von Rotavirusinfektionen ist eine Vakzine entwickelt worden, die bei Kindern eine hohe Protektionsrate erzielte. Sinnvoll ist diese Impfung bei besonders gefährdeten Kleinkindern oder bei Epidemien in Kindergärten/Heimen.

**Virale Enteritis** (Tabelle 19.3). Angaben über die Häufigkeit viraler Erreger bei Enteritis infectiosa differieren nach untersuchtem Patientengut; bei Kindern sind sie häufiger als bei Erwachsenen. Etwa 30 % der sog. Reisediarrhöen sind virale Infektionen, während bei Patienten, die wegen akuter Durchfallerkrankung stationär aufgenommen wurden, Viren als Ursache nur in 4–8 %

**Tabelle 19.3.** Virale Enteritis

| | |
|---|---|
| Erreger | Rotaviren<br>Caliciviren<br>Enteroviren<br>Adenoviren |
| Klinik | Übelkeit, Erbrechen<br>Durchfall<br>Fieber (<38,5°C) |
| Diagnose | Virusnachweis im Stuhl<br>Serologie |
| Therapie | Symptomatisch<br>(Elektrolyt- und Kohlenhydratzufuhr) |

gefunden wurden. Bei den banalen Gastroenteritiden, die bei ansonsten gesunden Personen nur eine kurzzeitige und leichte Symptomatik verursachen, sind Viren zu etwa 30–40 % verantwortlich.

**Neben den viralen respiratorischen Infektionen sind virale Gastroenteritiden weltweit die häufigsten Infektionskrankheiten und für 20–40 % der Todesfälle bei Kleinkindern in den Entwicklungsländern verantwortlich.**

## 19.9 Paramyxoviren

Paramyxoviren haben eine einzelsträngige RNS mit Hülle und einen Durchmesser von 120–300 nm. Sie vermehren sich im Zytoplasma und werden wie Myxo- und Retroviren durch Knospung aus der Zellmembran freigesetzt. Die wichtigsten Vertreter dieser Gruppe sind Masernvirus, Mumpsvirus, Parainfluenzavirus und RS-Virus („respiratory-syncytial"-Virus).

### 19.9.1 Masernvirus

Das Masernvirus hat eine runde Form und einen Durchmesser von 120–150 nm; die viralen Proteine an der Oberfläche bedingen eine ***konstante Antigenität*** mit einem Hämagglutinin, das den Zellkontakt ermöglicht. Das Masernvirus kann auf Gewebekulturen angezüchtet werden, wo es typische Zellveränderungen bewirkt; es ist sehr widerstandsfähig und nach Stunden noch infektiös. Das Virus befällt die Schleimhaut des oberen Respirationstrakts, penetriert in die Mukosa und verursacht eine Virämie, die bereits am 2. Tag nach der Infektion auftreten kann. Das Virus vermehrt sich in den befallenen Zellen des Respirations- und Lymphsystems und induziert dort die typischen Riesenzellen. Anschließend erfolgt eine intensive sekundäre Virämie etwa 5 Tage nach der Erstinfektion mit Befall der Haut und des ZNS.

Maserninfektionen treten gehäuft während der kalten Jahreszeit auf. Die ***Inkubationszeit*** beträgt etwa 10–14 Tage.

**Masernviren sind weltweit endemisch verbreitet mit hohem Durchseuchungsgrad der Bevölkerung. Das Virus befällt vorwiegend Säuglinge und Kleinkinder, hat eine sehr hohe Kontagiosität (>90 %) und hinterläßt eine lebenslange Immunität.**

**Klinik.** Im ***Prodromalstadium*** haben die Patienten Allgemeinsymptome und Fieber bis 40°C, Zeichen einer Infektion des oberen Respirationstrakts und Konjunktivitis. An der Mundschleimhaut finden sich die typischen kleinen kalkspritzerartigen Koplik-Flecken.

Nach etwa 3–4 Tagen kommt es zu einem erneuten Fieberanstieg mit Ausbreitung des charakteristischen makulopapulösen, dunkelrot-lividen Exanthems, das meist hinter den Ohren, am Hals und an der Stirn beginnt und sich innerhalb einiger Tage über das gesamte Integument ausbreitet. Nach 7–10 Tagen blaßt das Exanthem ab, und es kommt zu schuppenden Hautveränderungen. ***Weitere Symptome*** sind Lymphknotenvergrößerungen im Hals- und Zervikalbereich, Splenomegalie, Hepatitis, Gastroenteritis und Gelenkschmerzen.

***Komplikationen*** sind Bronchopneumonien, entweder direkt durch das Masernvirus oder als bakterielle Superinfektion, und Otitis media. Die wichtigste und bedrohlichste Komplikation ist die ***Masernmeningoenzephalitis,*** die bei Kindern in etwa 1 ‰ der Fälle vorkommt, bei Erwachsenen häufiger; die Letalität liegt bei 10 %. Die Masernmeningoenzephalitis kann mit den ersten Symptomen auftreten, stellt sich aber meist einige Tage bis eine Woche nach Ausbruch des Exanthems ein. Eine weitere Form der Masernmeningoenzephalitis ist die subakut sklerosierende Panenzephalitis (SSPE), die etwa in einem von 100 000 Fällen auftritt. Die Zeit zwischen Erkrankung und Auftreten der SSPE liegt bei 7 Jahren mit einer Schwankungsbreite von etwa 2–20 Jahren. Es finden sich degenerierende zentralnervöse Symptome mit primär psychischen Veränderungen und später neurologischen Ausfallerscheinungen bis zur Dezerebration. Sie wird auch als „slow-virus"-Infektion bezeichnet.

**Diagnose, Therapie und Prophylaxe.** Die Diagnose wird klinisch aufgrund der typischen Symptome gestellt. Das Masernvirus kann bereits im Prodromalstadium im oberen Respirationstrakt und im Blut nachgewiesen werden. Der serologische Nachweis von Antikörpern geschieht durch KBR, ELISA, oder Hämagglutinationshemmungstest. Die Diagnose der SSPE wird aufgrund der Klinik, typischer EEG-Veränderungen und des Nachweises von Masernantikörpern im Liquor gestellt.

Eine spezifische Therapie gibt es nicht.

**Zur Masernprophylaxe steht ein Lebendimpfstoff zur Verfügung, der eine hohe Serokonversion und Protektion zeigt. Die Vakzine wird gut vertragen und zusammen mit Mumpsvakzine im 2. Lebensjahr angewandt.**

### 19.9.2 Mumpsvirus

Das Mumpsvirus ist rund und hat einen Durchmesser von 150–250 nm. In der Hülle aus Protein und Lipiden befindet sich die RNS-Helix. Es gibt 2 Bindungsstellen für Komplement am Nukleokapsid und an der Oberfläche. Das Mumpsvirus verursacht auf Hühnerembryozellen typische zytotoxische Effekte.

Das Virus kann in Speichel, Blut und Urin nachgewiesen werden. Es besiedelt den Nasen-Rachen-Raum und die Konjunktiven und vermehrt sich auf den Zellen des Respirationstrakts; danach kommt es zu Virämie und Befall der Zellen exkretorischer Drüsen und des ZNS.

**Das Mumpsvirus ist weltweit endemisch verbreitet. Der Durchseuchungsgrad der Bevölkerung ist hoch, nach einer Mumpsinfektion entsteht dauerhafte Immunität.**

Selten werden Zweitinfektionen beschrieben. Die ***Übertragung*** erfolgt durch Tröpfchen- und Kontaktinfektion. Befallen werden vorwiegend Schulkinder, am häufigsten im Alter zwischen 6 und 10 Jahren, jedoch können auch Erwachsene erkranken, wenn keine Mumpserkrankung durchgemacht worden ist. Die ***Infektiosität*** reicht von einer Woche vor Beginn der Symptome bis etwa 2–3 Wochen danach. Die ***Inkubationszeit*** beträgt etwa 14–21 Tage.

Die ***typischen Symptome*** der Mumpsinfektion sind einseitige oder beidseitige Schwellung der Parotiden mit subfebrilen Temperaturen und Allgemeinsymptomen.

Im ***Verlauf*** der Erkrankung kommt es nach einem Prodromalstadium mit Allgemeinsymptomen meist einseitig zu einem Befall der Parotis (meist links, nach einigen Tagen auf rechts übergehend). Bei der Inspektion der Mundschleimhaut sieht man Rötung und Schwellung des Parotisausführungsgangs. Häufig kommt es zu einer Vergrößerung der submandibulären Lymphknoten.

Bei 10–15 % der Patienten können Meningoenzephalitiden auftreten, bei Männern Orchitiden, woraus selten eine Sterilität resultieren kann.

Die Meningoenzephalitis kann von Beginn an oder als Komplikation nach 1–2 Wochen auftreten. Weiter kann das Pankreas mit Oberbauchschmerzen und Erhöhung der pankreasspezifischen Enzyme befallen sein; als Komplikation kann eine endogene oder exogene Pankreasinsuffizienz resultieren.

Weitere Komplikationen sind Myokarditis, Hepatitis, Nephritis.

**Diagnose, Therapie und Prophylaxe.** Die Diagnose wird klinisch aufgrund der typischen Symptome gestellt, das Virus kann aus Speichel und Liquor isoliert werden, die serologische Diagnostik erfolgt mittels KBR oder ELISA.

Eine spezifische Therapie ist nicht möglich, symptomatische Maßnahmen sind Bettruhe, kalte Umschläge, Mundpflege.

***Prophylaktisch*** können bei gefährdeten Personen Immun- oder Hyperimmunglobuline verabreicht werden. Heute kommt im 2. Lebensjahr weitverbreitet eine Mumpsvakzine zur Anwendung, die einen guten Schutz vor schweren Verläufen und Komplikationen gewährleistet.

### 19.9.3 Parainfluenzaviren, RS-Virus

Parainfluenzaviren haben einen Durchmesser von 150–250 nm, auf der Hülle finden sich 2 Glykoproteine mit Hämagglutinin und Neuraminidaseaktivität. Sie umhüllt ein helixförmiges Nukleokapsid, das im Zellkern synthetisiert wird. Das RS-Virus hat einen Durchmesser von 150–300 nm, die RNS befindet sich in einem helixförmigen Nukleokapsid mit einer Lipidhülle, auf der sich 2 Glykoproteine mit Zelladhäsionsfunktion befinden.

Bei den Parainfluenzaviren gibt es 4 ***Serotypen.*** Beim RS-Virus werden mit monoklonalen Antikörpern verschiedene Typen differenziert. Die Oberflächenproteine von Parainfluenzaviren und RS-Virus binden neutralisierende Antikörper. Das RS-Virus hat seinen Namen von der Induktion zusammenhängender Riesenzellen in Zellkulturen („respiratory-syncytial"-Virus).

**Nach einer Infektion mit Parainfluenzaviren oder RS-Virus besteht keine länger dauernde Immunität.**

Große Bedeutung in der humoralen Abwehr hat das sekretorische IgA; bis jetzt noch nicht ganz verstandene Immunmechanismen spielen bei Parainfluenzaviren und RS-Virus eine besondere Rolle.

Gehäuft finden sich diese Erkrankungen bei Säuglingen trotz mütterlicher Antikörper und bei Patienten mit Immunsuppression und schwerer Grunderkrankung, wie z. B. chronisch obstruktiven Atemwegserkrankungen, Diabetes mellitus, Malignomen. ***Disponierende Faktoren*** sind ein hyperreaktives Schleimhautsyndrom und chemisch bedingte Noxen (Rauchen, Luftschadstoffe in der Umgebung oder im Raum), die die lokale Abwehr gegen virale Infektionen vermindern und die Reagibilität der Respirationsschleimhaut erhöhen.

**Neben den viralen Gastroenteritiden sind Virusinfektionen des Respirationstrakts die häufigsten humanen Infektionserkrankungen mit großer Bedeutung.**

„Erkältungskrankheiten" (Tabelle 19.4) treten bei den meisten Menschen weltweit mehrfach im Jahr auf; präzise Informationen über Häufigkeit und Krankheitsverlauf liegen nicht vor, weil die meisten dieser unspezifischen respiratorischen Infektionen weder behandelt noch gemeldet werden.

Besonders gefährdet sind Kinder und ältere Menschen; bei Kindern bis zu 14 Jahren sind akute Atemwegsinfektionen für 10–20 % aller Todesfälle verantwortlich, bei Menschen über 60 Jahren in 10–15 %. ***Übertragen*** werden diese Erkrankungen aerogen oder durch Kontakt mit infizierten Personen; aufgrund der zahlreichen unterschiedlichen Viren besteht nur eine geringe Immunität. Aus diesem Grund ist auch eine spezifische Immunprophylaxe nur in wenigen Fällen erfolgreich.

Der ***Verlauf*** der viralen Infektionen des Respirationstrakts ist im allgemeinen gutartig und selbstlimitierend, die ***Inkubationszeit*** beträgt 1–3 Tage; nach 7–10 Tagen ist die Symptomatik meist beendet. Wichtigste ***Komplikationen*** sind besonders bei disponierten Patienten bakterielle Superinfektionen.

**Tabelle 19.4.** Virale Infektionen des Respirationstrakts

| Krankheitsbild | Erreger | Klinik | Therapie |
|---|---|---|---|
| Rhinitis<br>Pharyngitis<br>Tonsillitis | Rhinoviren (>Serotypen)<br>Parainfluenza,<br>RS-Viren,<br>Coronaviren,<br>Adenoviren,<br>Influenzaviren | „Schnupfen",<br>Halsschmerzen | Nasentropfen,<br>Mundpflege |
| Laryngitis<br>Tracheitis<br>Bronchitis | Parainfluenza,<br>RSV, Rhinoviren, Influenzaviren,<br>Coronaviren,<br>Adenoviren | *Laryngitis:* Heiserkeit, Aphonie<br>*Tracheitis:* Husten, retrosternaler Schmerz<br>*Bronchitis:* Husten, Auswurf | Symptomatisch:<br>Inhalieren,<br>Analgesie,<br>Sekretolyse |

Bei der viralen Laryngotracheobronchitis handelt es sich um einen Schleimhautbefall des mittleren Respirationssystems mit Entzündung, Schwellung, Hypersekretion und obstruktiver Ventilationstörung.

**Die akute Viruslaryngitis (Krupp-Syndrom) kann besonders im Kindesalter einen schweren und lebensbedrohlichen Verlauf mit inspiratorischem Stridor und Luftnot haben.**

Die klinischen Symptome von Laryngitis, Tracheitis und Bronchitis unterscheiden sich und ermöglichen eine sog. ***Etagendiagnostik:***

- Symptome der akuten viralen ***Laryngitis*** sind Heiserkeit bis Aphonie, inspiratorischer Stridor, Husten und Dyspnoe. Oft sind Nase und Pharynx nicht befallen; meist bestehen nur leichte Allgemeinsymptome wie Abgeschlagenheit und Kopfschmerzen, häufig ist der Verlauf afebril, manchmal subfebril. Die akute virale Laryngitis ist seltener als Rhinitis und Pharyngitis, sie kommt bei 10–20 % der viralen Infektionen des oberen Respirationstrakts vor, etwas häufiger bei Pharyngitiden. Bei der Inspektion fallen Schwellung und Rötung der Stimmbänder sowie eine Verschmälerung der Stimmritze auf.
- Symptome der akuten viralen ***Tracheitis*** sind wenig produktiver, oft schmerzhafter Husten und retrosternale Schmerzen (Wundgefühl).
- Bei der akuten viralen ***Bronchitis*** dominiert das Symptom Husten mit wechselndem Auswurf von weißlicher bis gelblicher Farbe, die Allgemeinsymptome sind stärker ausgeprägt, häufig ist der Verlauf subfebril. Als Begleitsymptome können Kopfschmerzen und Myalgien auftreten.

Eine serologische Virusdiagnostik oder Virusisolierung wird nur selten bei spezieller Fragestellung durchgeführt. Weiterführende Diagnostik (Thoraxröntgen, Lungenfunktionsuntersuchung) ist nur dann erforderlich, wenn die Symptomatik zunimmt oder länger als 10–14 Tage bestehen bleibt.

Es besteht keine Möglichkeit der spezifischen antiviralen Therapie. Intranasal appliziertes Interferon zeigt hochdosiert einen prophylaktischen Effekt, stellt aber aufgrund der hohen Therapiekosten, der Häufigkeit und des Verlaufs der Erkrankung keine allgemeine Behandlungsalternative dar.

So bleiben symptomatische Maßnahmen:

- Analgetische Behandlung mit Azetylsalizylsäure oder Parazetamol, sekretolytische Therapie mit Ambroxol oder N-Azetyl-Zystein.
- Große Bedeutung hat die Inhalationstherapie mit antiinflammatorischen oder sekretolytischen Substanzen, z.B. Ambroxol, N-Azetyl-Zystein, Fusafugin, Kamillenextrakt, ätherischen Ölen und Salzen.
- Sinnvolle Hausmittel können warme Umschläge, Brustwickel, Salbenapplikation mit ätherischen Ölen, Schwitzkuren, expektatorisch wirksame Lösungen (z.B. 1 l Wasser mit 500 g Zwiebeln und 420 g braunem Zucker und 80 g Honig 4 h kochen lassen, 3mal täglich 1–2 Eßlöffel) sein.

Antitussive Substanzen sollten nicht verabreicht werden, um das Abhusten nicht zu blockieren. Ausnahmen sind quälender unproduktiver Husten mit Störung des Nachtschlafs (Kodein). In besonders schweren Fällen einer akuten Laryngitis sind Kortikoide indiziert (250 mg bis 1 g Prednisolon), bei schwerster Atemwegsobstruktion muß intubiert und beatmet werden.

**Virusinfektionen des oberen und mittleren Respirationstrakts erfordern wegen des gutartigen Verlaufs meist keine spezielle Diagnostik und Therapie, die Behandlung erfolgt symptomatisch mit Lokalmaßnahmen. Komplikationen sind bakterielle Superinfektionen, besonders bei abwehrgeschwächten Patienten.**

## 19.10 Influenzaviren

Influenzaviren haben eine einzelsträngige RNS mit Hülle, die ein helixförmiges Nukleokapsid umgibt. Der Virusdurchmesser beträgt 80–120 nm. In der Hülle befinden sich stachelartig angeordnet 2 Glykoproteine mit Hämagglutinin und Neuraminidase. Das Hämagglutinin bestimmt die ***Antigenität*** des Virus, die sich häufig verändert ***(Antigenshift),*** was besonders für den serologischen Typ A gilt, im Gegensatz zu den Typen B und C finden sich viele serologische Untereinheiten. Die kontinuierlichen Antigenveränderungen bezeichnet man als ***Antigendrift.***

**Grippeschutzimpfungen können aufgrund der unterschiedlichen und sich wandelnden Antigenität keine absolut sichere Protektion erzielen. Dennoch sind sie bei chronisch Kranken und bei alten Menschen indiziert.**

Bei einer ***Influenzaepidemie*** werden etwa 10–20% der Bevölkerung befallen, wobei hohe Infektiosität des Erregers auf eine hohe Empfänglichkeit der Menschen trifft. Influenzaviren sind ***endemisch*** und können jederzeit erneut eine Epidemie auslösen, da nach einer durchgemachten Infektion zwar Immunität gegenüber dem Erregersubtyp besteht, Antigenveränderungen jedoch immer wieder neue Infektionsvoraussetzungen schaffen.

**Etwa die Hälfte der mit Influenzaviren infizierten Personen bleibt symptomlos, ist aber für die Umgebung ansteckend.**

Influenzaviren können Wegbereiter bakterieller Superinfektionen sein, auch wenn der Verlauf klinisch inapparent ist. Schwere Epidemien oder Pandemien gab es 1889/90, 1918/19, 1957/58 sowie 1968/69 und 1977/78 mit milderen Verläufen, alle durch Subtypen von Influenza-A-Viren verursacht. Influenza-C-Viren verursachen nur selten respiratorische Infektionen. Influenzaviren können auch vom Tier auf den Menschen übertragen werden (Schweineinfluenza).

Die ***Inkubationszeit*** beträgt 1–4 Tage. Danach kommt es plötzlich zu hohem Fieber mit Frösteln – meist ohne Schüttelfrost –, Kopfschmerzen, Muskel- und Gelenkschmerzen sowie unproduktivem Husten. Häufig sind Augenbrennen, vermehrter Tränenfluß und Lichtempfindlichkeit. Die Symptomatik kann der anderer viraler respiratorischer Infektionen entsprechen, der klinische Verlauf ist jedoch meist schwerer, die Allgemeinsymptomatik ausgeprägter, das Fieber höher (Grippesymptomatik). Es können Rhinitis, Pharyngitis und Laryngotracheobronchitis auftreten. Influenzaviren sind häufige Erreger ***viraler Pneumonien.***

Die wichtigsten und häufigsten ***Komplikationen*** sind bakterielle Superinfektionen, an die immer gedacht werden muß, wenn der Verlauf über 14 Tage hinausgeht, die Symptomatik zunimmt und hohes Fieber sowie eitriger Auswurf auftreten. Weitere Komplikationen sind Otitis und Sinusitis. Im Rahmen einer viralen Ausbreitung können andere Organsysteme betroffen sein; am häufigsten sind Meningitiden und Menigoenzephalitiden sowie Myo- und Perikarditis.

Die ***Diagnose*** wird klinisch nach den genannten Symptomen gestellt. Die Sputumdiagnostik ist nur eingeschränkt verwertbar, da Sputum meist nur spärlich vorhanden ist; im Gegensatz zur bakteriellen Pneumonie finden sich nur wenig leukozytäre Elemente, manchmal ist das Sputum hämorrhagisch.

## FALL 19 B

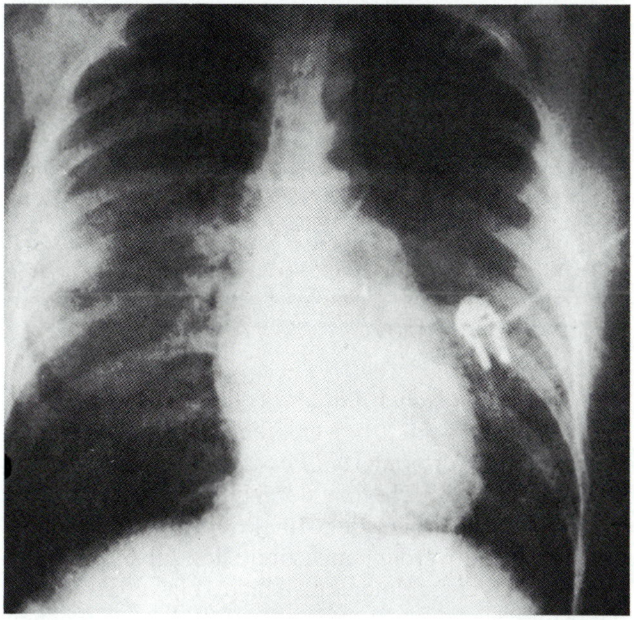

**Abb. 19 B.** Röntgen Thorax p. a. mit diffusen Infiltraten beider Lungen unter Betonung der Mittelfelder

**Anamnese.** 27jährige Patientin in der 24. Schwangerschaftswoche. Plötzlicher Krankheitsbeginn mit hohem Fieber, wenig Auswurf, Thoraxschmerzen, Luftnot.

**Befunde.** Klopfschalldämpfung über beiden Unter- und Mittelfeldern, verschärftes Atemgeräusch ohne Rasselgeräusche. Blutgasanalyse: Hypoxämie, Hyperventilation. Hb 9 g/dl. Leukozyten 16000/µl, Linksverschiebung im Differentialblutbild.
Serologie: Signifikanter Titeranstieg der Influenza-A-KBR im Zweitserum nach 10 Tagen.

**Diagnose.** Virale Pneumonie durch Influenza-A-Virus mit bakterieller Superinfektion.

**Therapie und Verlauf.** Wegen progredienter Ateminsuffizienz erfolgte eine kontrollierte Beatmung mit zunehmendem $FIO_2$. Bronchoskopisch schwere hämorrhagische Bronchitis. Nach 20 Tagen Tod im toxischen Herz-Kreislauf-Versagen.
Pathologisch-anatomisch fanden sich eine schwere nekrotisierende Tracheobronchitis sowie eine schwere Pneumonie mit herdförmiger interstitieller Fibrose.

Die Virusdiagnostik kann durch Erregerisolierung aus dem Rachenspülwasser oder der Bronchiallavage erfolgen. Frühzeitig können Virusantigene im Lungengewebe durch Immunfluoreszenz nachgewiesen werden. Die serologische Diagnostik erfolgt mit der KBR.

**Influenzaviren (meist Typ A) können schwere Epidemien verursachen, sie haben unter den viralen Infektionen des Respirationstrakts eine schwere Symptomatik („Grippe"), häufig mit Pneumonien. Zur Prävention disponierter Personen stehen Influenzavakzine zur Verfügung (Protektionsrate 60–70 %). Therapeutisch kann Amantadin eingesetzt werden.**

Zur ***Prävention*** stehen Influenzavakzine zur Verfügung (Protektionsrate 60–70 %): empfehlenswert ist die Grippeimpfung bei disponierten Personen (Patienten, Kontaktpersonen) vor Beginn der kalten Jahreszeit. Zur Prävention von Influenza-A-Infektionen kann Amantadin angewandt werden, auch zusätzlich zur Impfung im Frühstadium einer Epidemie. Amantadin wird während der Dauer der Infektionsgefährdung über einige Wochen gegeben. Bei der großen Zahl der Betroffenen ist diese Maßnahme jedoch nur besonders disponierten Personen vorbehalten.

Amantadin kann auch ***therapeutisch*** wirksam sein, wenn es innerhalb der ersten 24 h nach Beginn der Symptomatik verabreicht wird. Unter dieser Therapie sind schwere Verläufe einer Influenza-A-Infektion und Komplikationen seltener, sinnvoll ist der frühe Einsatz bei disponierten Patienten während einer Epidemie.

**Der Einsatz sog. Grippemittel ist nicht sinnvoll, da eine relevante Beeinflussung des Krankheitsverlaufs nicht bewiesen ist und unerwünschte Wirkungen auftreten können.**

## 19.11 Tollwutvirus (Rhabdoviren)

Rhabdoviren haben eine einsträngige RNS mit Hülle, einen Durchmesser von 50–100 nm und eine Länge von 150–400 nm sowie ein helixförmiges Nukleokapsid.

Infektionsquelle ist der ***Speichel*** tollwütiger Tiere, vor allem von Fuchs, Hund, Katze, Rind und anderen Warmblütern. Die infizierten Tiere sterben an der Tollwut, die Infektionskette wird bei uns durch infizierte Füchse aufrechterhalten, in Amerika sind blutsaugende Fledermäuse das Erregerreservoir. Der Speichel infizierter Menschen ist ebenfalls infektiös und kann bei engem Kontakt auch zur seltenen Ansteckung von Mensch zu Mensch führen.

Die ***Inkubationszeit*** beträgt beim Tier 3–6 Wochen, beim Menschen zwischen 1,5–8 Monate (je näher die Bißstelle am ZNS, desto kürzer die Inkubationszeit).

Das Tollwutvirus ist ausgesprochen neurotrop. 3–50 % der von einem tollwütigen Tier gebissenen Menschen erkranken an Tollwut, in Abhängigkeit von Ort und Art der Wunde und der Virusmenge.

**Ein wichtiges klinisches Frühzeichen der Tollwut sind Sensibilitätsstörungen im Bereich der Bißwunde.**

Im Initialstadium bestehen Kopfschmerzen, Übelkeit und Erbrechen. Später treten Durst, trockene Mundhöhle, Schluckstörungen sowie die typische ***Hydrophobie*** auf. Nach Schlundkrämpfen und allgemeiner Agitation kommt es zu Lähmungen und schließlich zum Tod ohne vorangegangenen Bewußtseinsverlust.

**Diagnose.** Falls bei einem Tier Tollwutverdacht besteht, wird der autoptische Nachweis von ***Negri-Körperchen*** versucht, das sind Einschlußkörperchen in Nervenzellen, besonders des Ammonshorns. Der Virusnachweis kann auch in Speichel, Harn und Liquor erfolgen, ist aber wie der serologische Antikörpernachweis in der Praxis ohne Bedeutung.

**Prophylaxe und Therapie.** Bei Bißwunden durch tollwutverdächtige Tiere sollten eine sorgfältige Reinigung der Wunde mit Wasser, Seife und 40–70 % Alkohol sowie eine ***aktive Immunisierung*** durchgeführt werden. Diese wird mit je 1 ml Impfserum an den Tagen 0, 3, 7, 14, 30 und 90 bei evidentem Tollwutverdacht durchgeführt.

Bei großen Bißwunden im Kopf- und Halsbereich wird auch die passive Impfung durch Gabe von Antirabiesimmunserum lokal und intramuskulär (10 IE pro kg) empfohlen. Bei besonders exponierten Risikopersonen (Tierärzte, Förster) ist eine ***Impfprophylaxe*** sinnvoll.

# 19.12 Togaviren

Togaviren besitzen eine einzelsträngige RNS und sind von einer Lipidhülle umgeben; sie haben einen Durchmesser von 50–70 nm und eine kugelige Form mit Ikosaederstruktur. Die Vermehrung erfolgt im Zellzytoplasma. Die Togaviren wurden früher auch den Arboviren zugeteilt, die durch Insekten übertragen werden. Es gibt zahlreiche verschiedene Arten, die die unterschiedlichsten Infektionserkrankungen verursachen, meist Fieber, Meningoenzephalitis, Exanthem und Arthritis, die oft nach dem gehäuften lokalen Auftreten benannt sind. Die Mehrzahl der Infektionen tritt in tropischen und subtropischen Ländern auf. Wie alle Arboviren besitzen auch die Togaviren auf der Oberfläche ein Hämagglutinin, das die serologische Differenzierung bedingt. Nach einer Infektion entstehen spezifische Antikörper.

## 19.12.1 α-Viren (früher Arboviren Gruppe A)

11 der bekannten 26 serologischen Untertypen der α-Viren verursachen beim Menschen Infektionen, die wegen des eingeschränkten Vorkommens in bestimmten geographischen Regionen nach diesen Orten benannt werden (Tabelle 19.5). Sie werden durch Insekten (Zecken und Mücken) übertragen und verursachen:

- Enzephalitis,
- Fieber,
- Exanthem und
- Arthritis.

Zwischenwirte sind Vögel, Nagetiere, Pferde, Primaten und Menschen. Die Mehrzahl der Infektionen tritt in tropischen und subtropischen Ländern auf. Je nach Jahreszeit können Infektionen epidemisch auftreten und bis zu 50 % der Bevölkerung erkranken.

## 19.12.2 Flaviviren (früher Arboviren Gruppe B)

Die Gattung Flaviviren hat mehr als 60 Arten, die gemeinsame Antigene besitzen. Sie verursachen lokal begrenzt Infektionen auf allen Erdteilen mit den Symptomen Enzephalitis, hämorrhagisches Fieber und Fieber, Exanthem und Arthritis. Die wichtigsten Infektionen sind in Tabelle 19.5 aufgeführt.

Zu den Flaviviren gehört das *FSME-Virus* (Frühsommermeningoenzephalitis), das in Süd- und Osteuropa, durch Zecken übertragen, Meningoenzephalitis verursacht. Das *Gelbfiebervirus* kommt in den tropischen Zonen Amerikas und Afrikas vor, wird durch Stechmücken übertragen und verursacht häufig einen schweren Infektionsverlauf mit hämorrhagischer Diathese und hoher Letalität. Das *Denguefieber* kommt in

**Tabelle 19.5.** Infektionen durch Togaviren

| Virus | Vorkommen | Klinik |
|---|---|---|
| ***α-Viren*** | | |
| Semliki-Forest-Virus | Afrika | Meningoenzephalitis |
| Sindbisvirus | Europa, Afrika Asien, Australien | Meningoenzephalitis |
| O'nyong-nyong-Virus | Afrika | Fieber, Exanthem, Arthritis |
| Chikungunyavirus | Afrika, Asien | Fieber, Exanthem, Arthritis |
| Mayarovirus | Südamerika | Fieber, Exanthem, Arthritis |
| Ross-River-Virus | Australien | Fieber, Exanthem, Arthritis |
| Mucambovirus | Südamerika | Fieber |
| Everglades-Virus | Florida (USA) | Meningoenzephalitis |
| Pferdeenzephalitisvirus | | Meningoenzephalitis |
| – östlich | östliches Amerika | |
| – westlich | westliches Amerika | |
| – venezuelanisch | Amerika | |
| ***Flaviviren*** | | |
| Rociovirus | Südamerika | Meningoenzephalitis |
| Powassanvirus | Nordamerika | Meningoenzephalitis |
| St.-Louis-Enzephalitis-Virus | Nordamerika | Meningoenzephalitis |
| Louping-ill-Virus | England | Meningoenzephalitis |
| Murray-Valley-Enzephalitis-Virus | Australien | Meningoenzephalitis |
| Negishivirus | Japan | Meningoenzephalitis |
| Japanisches B-Enzephalitis-Virus | Ostasien | Meningoenzephalitis |
| Kyasanur-Forest-Virus | Indien | Meningoenzephalitis |
| Omsk-hämorrhagisches-Fieber-Virus | Rußland | Hämorrhagisches Fieber |
| Banzivirus | Afrika | Fieber |
| West-Nil-Virus | Afrika→Europa | Fieber |

Südamerika, Westafrika und Südostasien vor, wird ebenfalls durch Stechmücken übertragen und hat eine schwere Infektionssymptomatik mit hämorrhagischem Fieber und Schocksyndrom bei hoher Letalität. Bei allen Erkrankungen ist die Therapie symptomatisch. Bei FSME und Gelbfieber ist eine Impfung möglich.

**Frühsommermeningoenzephalitisvirus (FSME).** Bei dem FSME-Virus lassen sich 2 ***Subtypen*** differenzieren, das Virus der zentraleuropäischen und der russisch-asiatischen FSME. Das Virus wird durch die Schildzecke übertragen und kommt in ganz Europa vor, bis auf die Länder Nordwest- und Südwesteuropas. In Deutschland tritt die FSME vorwiegend südlich der Mainlinie auf, jedoch ist ein langsames Fortschreiten nach Norden zu verzeichnen.

**Eine hohe Infektionsgefahr für FSME besteht in den Sommermonaten (Urlaubszeit) in den durchseuchten wald- und strauchreichen Gegenden mit hoher Luftfeuchtigkeit und niedrigeren Temperaturen.**

Etwa eine Woche nach dem Zeckenstich kommt es zu einer ***grippalen Symptomatik,*** nach etwa einer weiteren Woche beginnen die neurologischen Symptome einer Meningoenzephalitis mit erneutem Fieber. Die Symptome dauern etwa 1–2 Wochen, wobei auch schwere Verlaufsformen mit starker Eintrübung, psychotischen Veränderungen und Lähmungen auftreten können, vorwiegend bei Erwachsenen. Die Letalität ist gering (etwa 1 %).

Zur ***Prävention*** wird in den betroffenen Gebieten Süd- und Osteuropas eine FSME-Vakzine mit hoher Protektionsrate eingesetzt. Nach der Erstimpfung sollte die Zweitimpfung etwa 6 Wochen später erfolgen, eine weitere Impfung nach etwa 1 Jahr; eine Auffrischung ist etwa alle 5 Jahre erforderlich.

**Gelbfieber.** Das Gelbfiebervirus kommt in den tropischen Zonen Amerikas und Afrikas endemisch vor und wird durch Stechmücken übertragen. Beim ***Dschungelgelbfieber*** sind Affen das Reservoir, beim ***Stadtgelbfieber*** der Mensch. In urbanen Regionen der betroffenen Gebiete können schwere Epidemien auftreten, weshalb strenge Reiseüberwachungsbestimmungen existieren.

Nach einer ***Inkubationszeit*** von 3–6 Tagen beginnen die ***biphasischen Symptome*** zunächst akut mit Fieber und Schüttelfrösten, schwerer Allgemeinsymptomatik, Kopf- und Rückenschmerzen, die bei leichteren Verläufen nach einigen Tagen zurückgehen. Nach einigen Tagen kann es erneut zum Fieberanstieg mit Ikterus, Nephritis und hämorrhagischer Diathese mit schweren Haut- und Schleimhautblutungen kommen; neben dem akuten Nierenversagen kann ein Coma hepaticum auftreten. Typisch ist die anfangs hohe Herzfrequenz, die sich aber im Verlauf der Erkrankung verlangsamt. Durch toxische Myokarditis kann es zum Herz-Kreislauf-Versagen kommen.

Bei schweren Verläufen liegt die Letalität bei 60–80 %, insgesamt etwa bei 3–10 %.

Die virologische ***Diagnose*** erfolgt während der Virämie mittels Zellkultur oder serologisch durch KBR, ELISA, Hämagglutinationshemmungstest oder indirekte Immunfluoreszenz. ***Prophylaktisch*** kann durch aktive Immunisierung ein Impfschutz von etwa 10 Jahren erzielt werden.

**Denguefieber.** Bei den Dengueviren gibt es 4 ***Serotypen,*** die in Mittel- und Südamerika, in Westafrika und in Südostasien endemisch sind. Das Denguevirus wird durch Stechmücken von Mensch zu Mensch übertragen.

Nach einer ***Inkubationszeit*** von 5–8 Tagen beginnt die Erkrankung akut mit Fieber bis 40°C, Schüttelfrost und schwerer Allgemeinsymptomatik, Kopf- und Rückenschmerzen sowie Muskel- und Gelenkschmerzen, besonders ausgeprägt an den Beinen („Dandy-Gang“). Nach 3–4 Tagen geht das Fieber zurück, kann aber nach wenigen Tagen bereits wieder auf 40°C ansteigen. Typischerweise erscheint am 3.–5. Tag ein makulopapulöses Exanthem.

Es gibt 3 ***Verlaufsformen:***
- Das Denguefieber mit gutartigem Verlauf,
- das denguehämorrhagische Fieber und
- das Dengueschocksyndrom mit hoher Letalität.

Bei letzterem kommt es durch toxische Schädigung des Knochenmarks zu schwerer hämorrhagischer Diathese mit Haut- und Schleimhautblutungen sowie Hämaturie und zerebralen Blutungen.

Eine spezifische ***Therapie*** existiert nicht, die ***Prophylaxe*** besteht in Mückenbekämpfung und Expositionsprophylaxe.

### 19.12.3 Rötelnvirus

Das Rötelnvirus gehört zu Gruppe der Rubiviren, hat einen Durchmesser von 50–70 nm, das Nukleokapsid hat eine kubische Form und ist von einer zweilagigen Lipidhülle umgeben, die hämagglutinierende und komplementbindende Aktivität durch 2 Glykoproteine hat. Das Virus besiedelt die Schleimhaut des Respirationstrakts und verursacht eine Virämie eine Woche vor und nach Beginn des Exanthems.

**Das Rötelnvirus kann diaplazentar gelangen und den Fetus schädigen.**

Rötelnviren sind ***weltweit endemisch,*** die Kontagiosität ist wegen der hohen Empfindlichkeit des Virus, dessen einziger Zwischenwirt der Mensch ist gering. Infektiosität besteht eine Woche vor und nach dem Exanthem. Nach einer Infektion besteht lebenslange Immunität. Die ***Inkubationszeit*** beträgt 2–3 Wochen.

**Klinik.** Zunächst tritt ein ***Prodromalstadium*** von 1–3 Tagen Dauer mit leichteren Allgemeinsymptomen und geringem Fieber auf, dann kommt es zu einem Fieberanstieg bis auf 39°C, Lymphknotenschwellungen im Nackenbereich und einem typischen Exanthem mit hellroten, kleinen, einzeln stehenden Flecken, die meist zunächst hinter den Ohren auftreten und sich dann über das Integument hinziehen. Milz und Leber können ebenfalls befallen sein. Die Röteln verlaufen meist gutartig mit nur leichten Symptomen, die bereits nach wenigen Tagen abklingen.

Seltene ***Komplikation*** ist eine Meningoenzephalitis, die meist ohne Spätschäden ausheilt. Eine „slow-virus"-Infektion ist die progressive Rötelnpanenzephalitis, die viele Jahre nach der Rötelninfektion auftreten kann. Die wichtigste Komplikation bei Frauen ist die ***Rötelnembryopathie,*** die zu typischen Mißbildungen des Feten führt: Es kommt zu Entwicklungsstörungen, Befall innerer Organe, Störungen des zentralen Nervensystems sowie der Sinnesorgane. Eine Rötelninfektion während der Schwangerschaft berechtigt zum Schwangerschaftsabbruch.

**Diagnose.** Das Virus kann 1 Woche vor und 1–2 Wochen nach Beginn des Exanthems im Rachenspülwasser und Blut nachgewiesen werden. Die serologische Diagnose erfolgt durch den Hämagglutinationshemmtest und den Nachweis des spezifischen IgM im ELISA. Weitere Testmöglichkeiten sind KBR, Neutralisationstest, Immunfluoreszenztest.

**Therapie und Prophylaxe.** Eine spezifische Therapie ist nicht bekannt, eine generelle Vakzination wegen des leichten Verlaufs nicht erforderlich. Eine Impfung mit Lebendimpfstoff ist bei seronegativen Mädchen im 10. bis 13. Lebensjahr zur Prophylaxe der Rötelnembryopathie sinnvoll.

## 19.13 Bunyaviren

Insgesamt sind mehr als 200 Viren der Familie Bunya bekannt, von denen mindestens 40 humanpathogen sind. In dieser Familie befinden sich Einteilung und Zuordnung noch im Fluß.

Bunyaviren haben eine einzelsträngige RNS mit Hülle, die 3 RNS-Einzelstränge mit einem Nukleokapsid umhüllt und auf der Oberfläche 2 Glykoproteine als Stacheln besitzt. Der Durchmesser beträgt 90–120 nm.

Die Gattung Bunyaviren besteht z. Z. aus 16 serologischen Gruppen mit mehr als 150 Subtypen. Bei den Phleboviren sind zur Zeit 37 Subtypen bekannt, bei den Nairoviren 6 serologische Gruppen mit mehr als 26 Subtypen.

Bunyaviren wurden früher als ***Arboviren*** bezeichnet, d. h. sie werden durch Insekten (Zecken, Stechmücken) übertragen. Infektionen mit Bunyaviren kommen in den tropischen und subtropischen Ländern Afrikas, Asiens, im südlichen Nordamerika und Südamerika sowie im Mittelmeerraum, Nahen Osten und auch Europa vor. Häufig sind Nagetiere die Zwischenwirte, aber auch Huftiere, Affen und Vögel. Wie bei den anderen Arboviren verursachen Bunyaviren lokale Epidemien, nach denen die einzelnen Erkrankungen häufig benannt sind.

Infektionen mit Viren der Gattung Bunya führen zur Erkrankung mit folgenden Symptomen:
- Fieber,
- Exanthem,
- Meningoenzephalitis.

In Europa kommt das Tahynavirus vor, in Finnland das Inkoovirus. Beide verursachen Fieber, Meningoenzephalitis, selten respiratorische und intestinale Infektionen. Weitere Erkrankungen mit Bunyaviren sind in Tabelle 19.6 dargestellt.

In den USA spielen Infektionen mit dem *California-Enzephalitisvirus,* dem *Lacrosse-Virus,* dem *Snowshoe-hare-Virus* und dem *Jamestown-Canyon-Virus* eine bedeutende Rolle, da sie dort zu den häufigsten durch

**Tabelle 19.6.** Infektionen durch Bunyaviren

| Virus | Vorkommen | Klinik |
|---|---|---|
| *Bunyaviren* | | |
| Wyeomyiavirus | Südamerika | Fieber |
| Restanvirus | Südamerika | Fieber |
| Ossavirus | Südamerika | Fieber |
| Oribocavirus | Südamerika | Fieber |
| Maritubavirus | Südamerika | Fieber |
| Murutucuvirus | Südamerika | Fieber |
| Madrid-Virus | Südamerika | Fieber |
| Itaquivirus | Südamerika | Fieber |
| Guamavirus | Südamerika | Fieber |
| Guaroavirus | Südamerika | Fieber |
| Caraparuvirus | Südamerika | Fieber |
| Germistonvirus | Afrika | Fieber, Exanthem |
| Tataguinevirus | Afrika | Fieber, Exanthem |
| Ileshavirus | Afrika | Fieber, Exanthem |
| Banguivirus | Afrika | Fieber, Exanthem |
| Bunyamweravirus | Afrika | Fieber, Exanthem |
| Shunivirus | Afrika | Meningoenzephalitis |
| *Phleboviren* | | |
| Candiruvirus | Südamerika | Fieber, Meningoenzephalitis |
| Chagresvirus | Südamerika | Fieber, Meningoenzephalitis |
| Punta-Toro-Virus | Südamerika | Fieber, Meningoenzephalitis |
| Rio-Grande-Virus | Südamerika | Fieber, Meningoenzephalitis |
| *Nairoviren* | | |
| Dugbevirus | Afrika | Fieber |
| Bhanjavirus | Afrika | Fieber |
| Nairobi-Schaf-Virus | Afrika | Fieber |
| Hazaravirus | Asien | Fieber |

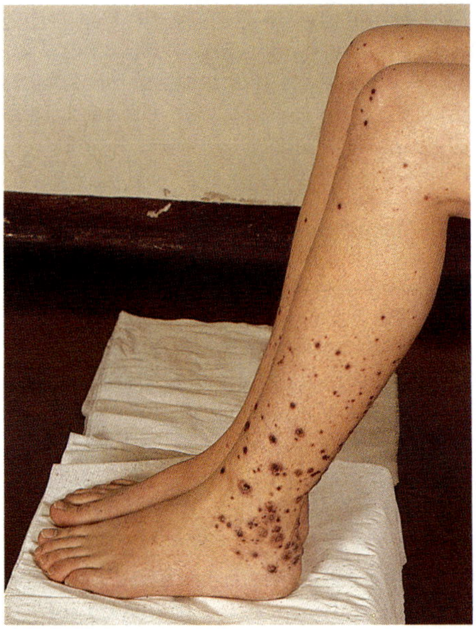

**Abb. 19.7.** Petechiale Blutungen bei Krim-Kongo-hämorrhagischem Fieber nach Urlaubsaufenthalt in Südrußland

Insekten übertragenen Meningoenzephalitiden führen. Vorwiegend befallen sind Kinder. Der Verlauf ist im allgemeinen leicht. Es kommt nach einem kurzen Prodromalstadium mit Allgemeinsymptomen und leichtem Fieber anschließend zu hohem Fieber und zerebralen Exzitationssymptomen.

**Infektionen mit Bunyaviren haben meist einen gutartigen Verlauf, eine sehr geringe Letalität und wenig Spätfolgen.**

Infektionen mit ***Phleboviren*** (s. Tabelle 19.6) kommen im Mittelmeerraum, Nord- und Süditalien, im Nahen Osten, im Süden der Vereinigten Staaten und in Südamerika sowie in Afrika vor.

Das ***Phlebotomusfiebervirus*** führt an der südlichen Westküste Italiens zu einem Erkrankungsbild mit Fieber und Meningoenzephalitis, die Erkrankung beginnt akut mit hohem Fieber, Schüttelfrost und meningitischen Symptomen sowie Allgemeinsymptomen. Der Krankheitsverlauf ist leicht und dauert wenige Tage, manchmal kommt es im Rahmen der Myokardmitbeteiligung zu einer Bradykardie.

In Nordafrika verursacht das ***Rift-Valley-Fiebervirus*** Infektionen mit plötzlichem Fieberanstieg, Schüttelfrost und schweren Allgemeinsymptomen, die nach wenigen Tagen abklingen. Komplikationen sind hämorrhagische Diathese und Meningoenzephalitis mit einer erhöhten Letalität und Sehstörungen bis zur Erblindung.

***Nairoviren*** verursachen Infektionen mit den Symptomen Fieber und hämorrhagisches Fieber und kommen in Afrika, Asien, Osteuropa vor (s. Tabelle 19.6).

Das ***Krim-Kongo-hämorrhagische Fieber*** kommt in Osteuropa, Rußland, Asien und Afrika vor. Die Übertragung erfolgt durch Zecken. Zwischenwirte sind hauptsächlich Nagetiere. Die Symptome beginnen akut mit hohem Fieber, Schüttelfrost, Kopf- und Gliederschmerzen sowie den Zeichen einer Gastroenteritis, außerdem Hautrötungen im Bereich der oberen Körperhälfte, Konjunktivitis, Nephritis, Myokardbeteiligung mit Bradykardie und Thrombopenie. Nach einigen Tagen kommt es zu Blutungen der Haut und Schleimhäute (Abb. 19.7) des Gastrointestinal- und Urogenitaltrakts mit hoher Letalität.

Das ***hämorrhagische Fieber mit renalem Syndrom*** (HFRS) wird durch ***Hantaviren*** verursacht und kommt vorwiegend in Ostasien und Skandinavien vor. Zwischenwirte sind Mäuse und Ratten, die Übertragung erfolgt durch Kontaktinfektion. Das Krankheitsbild beginnt akut mit hohem Fieber und Gelenkschmerzen, dazu kommen gastrointestinale Symptome, nach einigen Tagen treten Blutungen im Bereich der Haut und Schleimhäute, des Urogenital- und Gastrointestinaltrakts und Zeichen einer Nephritis bis zum akuten Nierenversagen auf. Nach 1–2 Wochen sind die Symptome rückläufig, die Letalität liegt zwischen 1 und 20%.

**Diagnose.** Die Diagnose von Infektionen mit Bunyaviren erfolgt durch Virusisolierung aus den befallenen Schleimhautbereichen, aus Blut und Liquor und durch serologische Diagnose des Antikörperverlaufs. Für viele Bunyaviren stehen keine oder nur sehr aufwendige serologische Methoden zur Verfügung.

**Therapie.** Eine spezifische antivirale Therapie ist nicht möglich.

**Bei den Bunyaviren befinden sich Einteilung und Zuordnung noch im Fluß. Sie kommen vorwiegend in den tropischen und subtropischen Ländern vor und verursachen Fieber, Exanthem und Meningoenzephalitis. Nairoviren verursachen hämorrhagisches Fieber und kommen in Afrika, Asien und Osteuropa vor.**

## 19.14 Arenaviren

Arenaviren haben eine einzelsträngige RNS mit Lipidhülle und einem Durchmesser von 70–280 nm. Sie sind rund und haben ihren Namen von elektronendichten Strukturen, die im Elektronenmikroskop wie Sandkörner erscheinen. Auf der Lipidhülle befinden sich Glykoproteinstacheln, die ihre serologische Differenzierung ermöglichen. Die wichtigsten Arten sind das Virus der lymphozytären Choriomeningitis (LCM) und das Lassavirus.

**Lymphozytäre Choriomeningitis.** Das Virus der lymphozytären Choriomeningitis wird durch die Ausscheidungen der Maus aerogen übertragen. Die Erkrankung kommt in Europa, Asien und Amerika vor. In Nordwestdeutschland sind Hausmäuse häufig befallen, bei 10% der dortigen Landbevölkerung können Antikörper nachgewiesen werden. Die ***Inkubationszeit*** beträgt etwa 1–2 Wochen; nach etwa einer Woche entwickelt sich eine ***grippeähnliche Symptomatik,*** die nach wenigen Tagen abklingt. Nach etwa 2 Wochen kann eine 2. Phase mit Symptomen der Meningoenzephalitis und erneutem Fieber auftreten.

***Komplikationen*** sind Orchitis, Peri- und Myokarditis. Infektionen bei Schwangeren können zu Schädigungen des Feten führen. Im allgemeinen ist der Verlauf gutartig und die Letalität gering. Die ***Diagnose*** erfolgt durch den Virusnachweis im Blut oder Liquor, serologisch durch KBR oder den Nachweis neutralisierender Antikörper. Eine spezifische ***Therapie*** gibt es nicht.

**Lassafieber.** Die Erkrankung hat ihren Namen nach einer Stadt in Nigeria, wo sie 1969 entdeckt wurde. Sie kommt vor allem in Westafrika vor. Als Zwischenwirt dienen Ratten, die Übertragung erfolgt als Kontaktinfektion. Die Durchseuchungsrate der Bevölkerung von Westafrika ist hoch.

Nach einer ***Inkubationszeit*** von wenigen Tagen bis 2 Wochen kommt es zu einem leichten Fieberanstieg und Grippesymptomatik, anschließend kann nach kurzfristiger Besserung erneut das Fieber bis 40°C ansteigen und über 10 Tage anhalten. Es folgt eine schwere Allgemeinsymptomatik mit Thorax-, Kopf- und Gelenkschmerzen sowie gastrointestinaler Symptomatik mit Abdominalschmerzen und Durchfällen. Es finden sich Zeichen eines respiratorischen Infekts mit Ulzerationen und Belägen an Pharynx und Tonsillen; nach etwa einer Woche kann sich ein makulopapulöses Exanthem über das gesamte Integument ausbreiten.

Schwerwiegende ***Komplikationen*** bei etwa 10–20% der Patienten sind hämorrhagische Diathese, Meningoenzephalitis, Pneumonie und Pleura- und Perikardergüsse sowie Aszites und Nephritis. Die virologische ***Diagnose*** erfolgt durch Erregerisolierung aus den Körperflüssigkeiten und serologisch mittels der KBR, was jedoch nur in speziellen Labors möglich ist.

Zu den Arenaviren gehören auch das ***Juninvirus*** und das ***Machupovirus,*** die das ***argentinische*** bzw. ***bolivianische hämorrhagische Fieber*** verursachen. Befallen sind vorwiegend Landarbeiter. Zwischenwirte sind Nagetiere. Die Infektion erfolgt durch Kontakt. Die klinischen Krankheitsbilder und der Verlauf ähneln dem Lassafieber.

Die ***Prophylaxe*** besteht in Expositionsprophylaxe und Isolierung der Patienten, da auch Infektionen von

Mensch zu Mensch bekannt sind. Die ***Therapie*** ist symptomatisch, sinnvoll können Rekonvaleszentenserum und Ribavirin sein.

## 19.15 Coronaviren

Coronaviren haben eine einzelsträngige RNS mit Lipidhülle, auf der sich stabartige Stacheln befinden, die dem Virus den Namen geben. Sie haben einen Durchmesser von 80–160 nm und eine runde Form. Coronaviren besiedeln die Schleimhaut des oberen Respirationstrakts und vermehren sich in den Epithelzellen.
Die Übertragung erfolgt aerogen und per Kontakt.

**Coronaviren kommen weltweit vor und verursachen etwa 10–20 % der viralen Infektion des oberen Respirationstrakts mit einer Häufung etwa alle 2 Jahre.**

Nach einer ***Inkubationszeit*** von wenigen Tagen treten die typischen Symptome von Infektionen des oberen Respirationstrakts auf. Die Allgemeinsymptome sind eher leicht, die Temperatur subfebril. Selten finden sich auch Pneumonien und Pleuritis. Die pathogenetische Bedeutung bei Dysenterien, wo Coronaviren gefunden werden, ist nicht sicher.

Bei der leichten Symptomatik wird eine Virusisolierung selten durchgeführt. Einfache serologische Tests stehen nicht zur Verfügung.

Intranasale Interferonapplikation kann die Symptomatik mildern und verkürzen, ist aber bei dem blanden Verlauf zu aufwendig.

## 19.16 Marburg-Virus

Die Art Marburg-Virus gehört zu der Familie der Filoviren mit helixförmiger, einzelsträngiger RNS und Lipidhülle, einer fadenförmigen Struktur mit einer Breite von 60–100 nm und einer Länge bis über 4000 nm. Es wurde 1967 in Marburg entdeckt, als sich Mitarbeiter eines Instituts an importierten Affen aus Uganda infizierten.

Das Virus kommt in Zentralafrika vor, die Übertragung erfolgt aerogen und durch Kontakt.

Nach einer ***Inkubationszeit*** von 3–9 Tagen folgt eine ***grippeähnliche Symptomatik,*** nach wenigen Tagen erneut hohes Fieber, Durchfall und Erbrechen, Exanthem, Nephritis bis zum akuten Nierenversagen, ZNS-Symptomatik und hämorrhagische Diathese. Die ***Letalität*** liegt bei 20–30 %.

Die ***Diagnose*** erfolgt durch den Erregernachweis in Körpersekreten und Blut auf Zellkulturen und im Tierversuch sowie serologisch durch KBR.

Die ***Therapie*** ist symptomatisch. Interferon kann sinnvoll sein. Ebenfalls zu den Filoviren gehört das Ebolavirus, das in Zentralafrika Fieber, gastrointestinale Symptomatik, hämorrhagische Diathese und Hepatitis mit hoher Letalität verursachen kann.

## 19.17 Picornaviren

Picornaviren haben eine einzelsträngige RNS und sind sehr klein (Durchmesser 20–30 nm), woher sie ihren Namen haben. Sie vermehren sich im Zytoplasma.

### 19.17.1 Poliomyelitisvirus

Es gibt 3 Serotypen. Die Verbreitung erfolgt über fäkal-orale Schmierinfektion mit einer ***Inkubationszeit*** von 4–10 Tagen.

Polio ist eine Zivilisationsseuche, die früher nur eine geringe Rolle spielte; erst seit ca. 1920 kam es mit zunehmendem Hygienestandard zur deutlichen Zunahme der Inzidenz, die dann jedoch durch Massenimpfungen nahezu zur Ausrottung in Ländern mit ausreichender Durchimpfung führte. In zivilisierten Ländern kommen heute nur noch sporadische Fälle vor. In einigen tropischen Ländern ist Polio noch endemisch mit Epidemien in den warmen Monaten.

**Klinik.** Nach oraler Infektion kommt es zu einer Vermehrung des Virus im Epithel des Rachens und des Darmes und in der Regel zu einer „stillen Feiung“. In etwa 90 % verläuft die Infektion klinisch inapparent, falls es jedoch zur Erkrankung kommt, gibt es 3 unterschiedliche Verlaufsformen:

- *abortive Form der Poliomyelitis* mit leichten Kopf- und Halsschmerzen, Fieber und Verdauungsstörungen über 1–2 Tage;

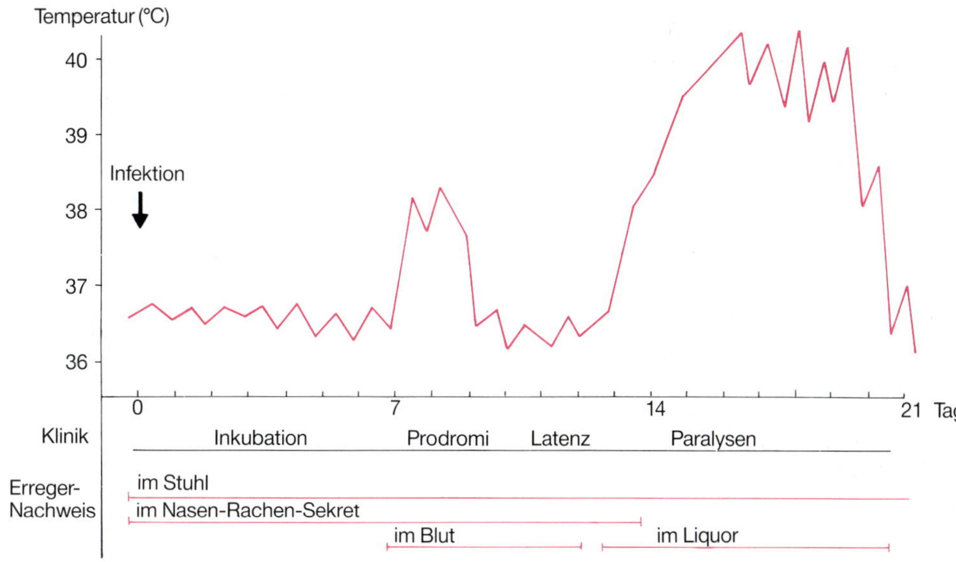


**Abb. 19.8.** Poliomyelitis. Temperaturverlauf, Klinik und Diagnostik

- *aseptische Meningitis* mit heftigem Kopfschmerz, Übelkeit, Erbrechen, Hyperästhesie, Nervendehnungsschmerzzeichen, Fieber, daneben Pharyngitis und Tonsillitis;
- *die paralytische Poliomyelitis* zeigt nach dem uncharakteristischen Prodromalstadium ein fieberfreies Intervall von 3–4 Tagen, dann erneut Fieber über etwa eine Woche mit beginnenden Paralysen.

Diese können unterschiedlich lokalisiert sein: Bei der myelitisch spinalen Form betreffen die symmetrischen Lähmungen durch den Befall der motorischen Ganglien der Vorderhörner des Rückenmarks besonders proximale Muskelgruppen, wie Quadrizeps, Adduktoren, Iliopsoas und Deltoideus. Bei der bulbär pontinen Form mit der höchsten Todesrate sind die Hirnnerven (III, V, VI und VII) und das Atemkreislaufzentrum befallen. Die enzephalitische Form schließlich ist durch Krämpfe, Tachykardie, Bewußtseinstrübung und Hyperpyrexie gekennzeichnet. Nach der Entfieberung beginnt die Reparaturphase, die 1–2 Jahre dauern kann.

**Diagnose.** Der aufgrund des typischen Fieberverlaufs mit 2 Gipfeln und der entsprechenden Klinik geäußerte Verdacht auf eine Poliomyelitis kann durch direkten Erregernachweis im Stuhl, im Nasenrachensekret und Liquor erfolgen (Abb. 19.8). Daneben erfolgt die Diagnose durch serologischen Nachweis von Antikörpern, wobei IgM 4–8 Wochen nach Infektion wieder negativ wird, während IgG über Jahre nachweisbar bleibt.

**Prophylaxe und Therapie.** Es gibt eine öffentlich empfohlene Schluckimpfung mit attenuierter Lebendvakzine, die alle 3 Serotypen enthält (3 Gaben 0, 8 und 52 Wochen, Wiederholung alle 6 Jahre). Eine spezifische Therapie existiert nicht. Eine spezielle Pflege zur Vermeidung von Kontrakturen und Atrophien ist erforderlich.

### 19.17.2 Coxsackie-Viren

Coxsackie-Viren haben ihren Namen nach dem Ort Coxsackie bei New York, wo 1948 das Virus isoliert wurde. Es gibt 2 Gruppen, Coxsackie A mit 23 Serotypen und Coxsackie B mit 6 Serotypen. Die Subdifferenzierung erfolgt durch zytotoxische Effekte in Gewebekulturen von Primaten und Mäusen und durch neutralisierende Antikörper. Coxsackie-Viren haben eine Affinität zu Zellen des zentralen Nervensystems und des Gastrointestinaltrakts.

Coxsackie-Viren sind weltweit verbreitet, treten saisonal gehäuft im Spätsommer und Herbst auf, mit lokalen Epidemien (Bornholm-Krankheit) und werden fäkal-oral übertragen. Der Durchseuchungsgrad der Bevölkerung ab dem 14. Lebensjahr ist hoch (ca. 80 %), in Ländern mit geringem hygienischen Standard erfolgt die Durchseuchung früher. Coxsackie-Viren verursachen respiratorische Infekte, Gastroenteritiden und makulopapulöse Exantheme.

**Coxsackie-Viren und Echo-Viren gehören zu den häufigsten Erregern der viralen Meningoenzephalitis (50–70 %).**

Am zweithäufigsten sind Mumpsviren (10–20 %). Der hämatogene Ausbreitungsweg ist am häufigsten. Es gibt auch einen Ausbreitungsweg entlang neuraler Strukturen. Es kommt zu direkten zytotoxischen Effekten im ZNS oder indirekt über eine Immunreaktion zur Schädigung des Nervensystems.

Die typischen klinischen ***Symptome*** der Meningitis sind Kopfschmerzen, Nackensteifigkeit, Fieber, Übelkeit und Erbrechen, Bewußtseinstrübung sowie Lichtempfindlichkeit.

Bei der ***Enzephalitis*** treten folgende Symptome auf: zentrale Ausfallerscheinungen wie Bewußtseinstrübung, Schwindel, Halluzination, Desorientiertheit, Krampfanfälle, sensorische und motorische Defekte. Die Symptomatik beginnt meist abrupt, oft ohne Vorzeichen. Das Fieber kann 39°C bis 40°C erreichen. Wichtigstes klinisches Zeichen ist die ***Nackensteifigkeit*** (Tabelle 19.7).

**Bornholm-Krankheit.** Dabei handelt es sich um eine Infektion mit Coxsackie-B-Viren.

Nach einer ***Inkubationszeit*** von 2–6 Tagen tritt Fieber mit starken Thoraxschmerzen auf (Differentialdiagnosen Herzinfarkt, Pleuritis); die Beschwerden verstärken sich bei Bewegung, die Thoraxmuskeln sind drucksensibel. Es können auch Zeichen eines ZNS-Befalls mit Meningitis und Neuritis auftreten.

**Virale Myoperikarditis.** ***Coxsackie-B-Viren*** können auch Myo- und Perikarditis verursachen.

Zu einer Myoperikarditis kommt es meist im Rahmen einer generalisierten Virusinfektion. Myokard und Perikard können aber auch allein oder als Hauptsymptom im Rahmen einer Virusinfektion befallen sein. Viele virale Myo- und Perikarditiden verlaufen inapparent, die klinischen Erscheinungen variieren von leichter retrosternaler Symptomatik bis zu schweren dilatativen Kardiomyopathien.

***Symptome*** sind meist leichtes Fieber, leichte bis mittelschwere Allgemeinsymptome, retrosternale Schmerzen, oft besonders im Liegen, supraventrikuläre und ventrikuläre Rhythmusstörungen, Ruhe- oder Belastungsdyspnoe.

Bei der Myokarditis zeigen sich EKG-Veränderungen im Sinne von Erregungsausbreitungs- und -rückbildungsstörungen: monophasische Deformierungen des Kammerendteils, im akuten Stadium leichte ST-Anhebung, gefolgt von spitz-negativem T mit träger Regredienz der ST-Hebung. Die wichtigste Differentialdiagnose ist der Myokardinfarkt. Echokardiographisch findet sich gelegentlich eine leichte Hypokinese der betroffenen Myokardregion.

Der ***Verlauf*** der viralen Myokarditis und der Perikarditis ist im allgemeinen gutartig und selbstlimitierend; die wichtigste Komplikation ist die dilatative Kardiomyopathie (Tabelle 19.8).

**Tabelle 19.7.** Virale Meningoenzephalitis

| | |
|---|---|
| Erreger | Coxsackie-Viren<br>Echo-Viren<br>Mumpsviren<br>Masernviren<br>Poliomyelitisviren<br>Herpes-simplex-Viren<br>Varizella-zoster-Viren<br>Epstein-Barr-Viren<br>Adenoviren<br>Togaviren (früher Arboviren) |
| Klinik | Kopfschmerzen, Nackensteifigkeit, Bewußtseinstrübung, Schwindel, sensorische und motorische Defekte |
| Diagnose | Liquorpunktion<br>Virusisolierung, Ag-Nachweis<br>Gewebekultur<br>Serologie (KBR, ELISA) |
| Therapie | Symptomatisch |

**Tabelle 19.8.** Virale Myo- bzw. Perikarditis

| | |
|---|---|
| Erreger | Coxsackie-Viren (B>A)<br>Echo-Viren<br>Poliomyelitisviren<br>Influenzaviren<br>Adenoviren<br>Mumpsviren, Varizella-zoster-Viren<br>Epstein-Barr-Viren |
| Klinik | Arrhythmie, Belastungsdyspnoe<br>Perikarditisches Reibegeräusch<br>EKG: Kammerendteilveränderungen |
| Diagnose | Serologie (KBR, ELISA)<br>Gewebekulturen<br>Perikardpunktion und Virusisolierung |
| Therapie | Bettruhe, Analgesie<br>(Kortikoide ohne Erfolg) |

## FALL 19 C

**Anamnese.** Während eines Manövers wird ein Wehrpflichtiger dem Standortarzt vorgeführt, weil er über Allgemeinsymptome und Leistungsverlust, Herzstolpern, leichtes Fieber und Kopfschmerzen klagt.

**Befunde.** Pulsarrhythmie, geringes Reibegeräusch präkordial; im EKG Kammerendteilveränderungen im Sinne einer leichten ST-Anhebung und T-Negativierung. Echokardiographie unauffällig.
Labor: Leichte BKS-Beschleunigung, im Differentialblutbild geringe Lymphozytose.
Thoraxröntgen: Angedeutete linksventrikuläre Dilatation.
Serologie: Nach 14 Tagen signifikanter Titeranstieg in der Coxsackie-B-KBR.

**Diagnose.** Coxsackie-B-Myo-Perikarditis.

**Verlauf und Therapie.** Einweisung ins Krankenhaus unter der Differentialdiagnose Myoperikarditis oder Myokardinfarkt. Myokardinfarkt kann bei untypischer Symptomatik und fehlender CK-LDH-Erhöhung ausgeschlossen werden. Dreiwöchiger stationärer Aufenthalt mit Bettruhe und regredienter Symptomatik. Nach weiteren 3 Wochen sollte der Wehrdienst fortgesetzt werden, jedoch bestand weiterhin eine ausgeprägte Leistungsminderung, die als Drückebergerei gedeutet wurde. Es handelte sich jedoch um eine verzögerte Rekonvaleszenz, wie man sie nach verschiedenen Viruserkrankungen beobachten kann (Epstein-Barr, Hepatitis A, Coxsackie u. a.), die über Monate bis zu einem Jahr dauern kann.

**Diagnose.** Bei jedem Verdacht auf Meningitis muß eine Liquorpunktion durchgeführt werden. Bei einem direkten Befall mit Virusvermehrung im Liquor können Viren aus dem Liquor isoliert oder Virusantigene nachgewiesen werden. Im Rahmen einer generalisierten Viruserkrankung kann die Virusdiagnostik auch aus Respirationstrakt, Stuhl oder Urin durchgeführt werden. Da der direkte Virusnachweis sehr aufwendig ist, handelt es sich bei der Diagnose der viralen Meningitis meist um eine Ausschlußdiagnose, wobei gewisse Liquorbefunde eine virale Ätiologie nahelegen, wie nur gering erhöhte Zellzahl (<1000/3 Zellen) mit vorwiegend Lymphozyten und wenig Granulozyten und normalem Zucker- und Eiweißgehalt.

Die serologische Virusdiagnostik erfolgt bei Coxsackie-A-Viren im Tierversuch mit der Säuglingsmaus, bei Coxsackie-B-Viren durch KBR, Nachweis neutralisierender Antikörper und zytotoxischer Effekte in Gewebekulturen.

**Therapie.** Die Therapie besteht im allgemeinen Maßnahmen mit Bettruhe, analgetischer und antipyretischer Behandlung.

### 19.17.3 Echo-Viren

Ihr Name ist abgeleitet von „*e*nteric *c*ytopathogenetic *h*uman *o*rphan *v*iruses". Sie induzieren in Zellkulturen zytotoxische Effekte, nach denen sie in 31 Subtypen unterteilt werden.

Die ***Übertragung*** erfolgt per Kontakt, die Durchseuchung der Bevölkerung ist hoch.

Echo-Viren befallen zunächst die oberflächlichen Zellen des Gastrointestinaltrakts und können wenige Tage nach der Infektion im Stuhl nachgewiesen werden. Über eine Virämie werden die Organe befallen. Echo-Viren können Gastroenteritiden verursachen.

Die ***Virusdiagnostik*** erfolgt durch Anzüchtung auf Gewebekulturen und den Nachweis von Echo-Viren im Stuhl. Serologisch werden neutralisierende Antikörper nachgewiesen.

Epidemiologie, Klinik und Therapie sind die gleichen wie bei den Coxsackie-Viren.

### 19.17.4 Enteroviren (Typ 68–72)

Von der Art der Enteroviren gibt es 5 weitere Subtypen, Typ 68–72.

Enterovirus Typ 70 verursacht eine ***akute hämorrhagische Konjunktivitis*** mit akutem Beginn und starken Schmerzen. Die übrigen Symptome entsprechen denen der anderen Enterovirusinfektionen.

Der Enterovirus Typ 72 ist der Erreger der Hepatitis A und wird in Kap. 4 besprochen.

### 19.17.5 Rhinoviren

Rhinoviren unterscheiden sich von den anderen Picornaviren durch ihre Säurelabilität, so daß sie im Magendarmtrakt inaktiviert werden, und ein niedrigeres Temperaturoptimum (33°C). Eine Ikosaederstruktur aus Protein umhüllt die RNS. Auf der Oberfläche befinden sich Stacheln, die Antikörper binden und an Zellen binden können. Es gibt mehr als 100 verschiedene Serotypen.

Die Durchseuchung der Bevölkerung ist hoch, eine längerdauernde Immunität aufgrund der verschiedenen Antigenität jedoch nicht vorhanden. Die Übertragung erfolgt aerogen und durch Kontakt.

**Rhinoviren sind ubiquitär und verursachen 30–50 % der sog. Erkältungskrankheiten.**

Sie sind die häufigsten Erreger der viralen Rhinitis und Pharyngitis.

Die typischen ***Symptome der viralen Rhinitis*** sind Niesen, Hypersekretion, Ventilationsstörungen (Obstruktion) und Störung des Geruchsinns. Dazu kommen leichtere Allgemeinsymptome und Konjunktivitis.

Die typischen ***Symptome der viralen Pharyngitis*** sind Halsschmerzen, Schluckbeschwerden, Rötung der Rachenschleimhaut und schleimiger Belag im Rachen sowie manchmal regionale Lymphknotenschwellungen.

Die virale Rhinitis und Pharyngitis klingen im allgemeinen nach wenigen Tagen ohne Komplikationen ab, manchmal bestehen subfebrile Temperaturen.

Eine spezifische Virusdiagnostik ist nicht erforderlich. Die Therapie ist symptomatisch (schleimhautabschwellende Substanzen, wie Sympathikomimetika, Metazolinderivate, Inhalation mit Fusafungin u. a.).

Wegen der volkswirtschaftlichen Bedeutung der Erkältungskrankheiten wurden viele Untersuchungen zur

***Prophylaxe*** durchgeführt. Intranasale Vakzine war ohne signifikanten Erfolg.

Immunglobuline i.v. oder i.m. appliziert können den Verlauf der Erkältungskrankheiten abschwächen, sind aber für diese Indikation viel zu aufwendig. So bleibt nur Expositionsprophylaxe.

## 19.18 Caliciviren

Caliciviren haben eine einzelsträngige RNS ohne Hülle mit einer charakteristischen kelchförmigen Vertiefung auf der Oberfläche, wonach sie benannt worden sind. Sie haben einen Durchmesser von 35–40 nm und wachsen nicht auf Zellkulturen. Die Viren besiedeln die Oberflächenzellen des Ileums und führen durch Membranschädigung zu ***Permeabilitätsstörungen*** und ***Malabsorption,*** besonders von Kohlenhydraten.

Zu der Familie und Gattung der Caliciviren gehören verschiedene Arten, die bei Enteritisepidemien gefunden wurden und meist nach dem Ort des Auftretens benannt sind (Tabelle 19.9).

**Caliciviren sind die häufigsten Verursacher von Enteritisepidemien bei Erwachsenen.**

Die ***Übertragung*** erfolgt fäkal-oral und durch kontaminierte Speisen.

Die ***Symptomatik*** beginnt abrupt mit Durchfall und Erbrechen. Das Virus wird in hoher Konzentration im Stuhl ausgeschieden und kann dort elektronenmikroskopisch nachgewiesen werden. Während bei Rotavirusinfektion die Virusdiagnostik gut entwickelt und mit monoklonalen Antikörpern eine Diagnostik innerhalb der ersten 24 h möglich ist, können Caliciviren aufgrund der unterschiedlichen Antigenitäten nur schwer nachgewiesen werden.

Die Therapie ist symptomatisch wie bei den Rotaviren.

**Tabelle 19.9.** Akute Gastroenteritis durch Caliciviren

| Virus | Vorkommen |
|---|---|
| Norwalk-Virus | USA |
| Hawaiivirus | USA |
| Montgomery-County-Virus | USA |
| Marin-County-Virus | USA |
| Snow-Mountains-Virus | USA |
| Sapporo-Virus | Japan |
| Otofuke-Virus | Japan |
| Wollan-Virus | England |
| Cockle-Virus | England |
| Ditchling-Virus | England |
| Parramatta-Virus | Australien |

## 19.19 Retroviren

Retroviren haben eine einzelsträngige RNS, die mit Hilfe der reversen Transkriptase in DNS transkribiert wird. Diese DNS wird in das Zellgenom eingebaut (Provirus) und kann zur Produktion von Nachkommenviren führen. Retroviren können beim Menschen Tumoren (Lymphome, Leukämie) und das Aids-Syndrom erzeugen. Diese Erkrankungen werden an anderer Stelle (Kap. 9 und 22) besprochen.

## Literatur

Alexander M, Raettig H (1987) Infektionskrankheiten. Thieme, Stuttgart
Belshe R (1990) Textbook of human virology. PSG, Boston
Germer WD, Lode H, Stickl H (1987) Infektions- und Tropenkrankheiten, Aids, Schutzimpfungen. Springer, Berlin Heidelberg New York Tokyo
Gsell O, Krech U, Mohr W (1986) Klinische Virologie. Urban & Schwarzenberg, München
Müller HE (1989) Die Infektionserreger des Menschen. Springer, Berlin Heidelberg New York Tokyo
Reese RE, Douglas RG (1986) A practical approach to infectious diseases. Little & Brown, Boston Toronto
Warrell DA (1990) Infektionskrankheiten. VCH, Weinheim

# 20 Bakterielle Infektionen

E. Holzer und K.-H. Bergstermann

ZUSAMMENFASSUNG

Viele Infektionskrankheiten sind weltweit verbreitet, manche kommen nur in streng umschriebenen Gebieten vor. Reiseverkehr und Importe, besonders von pflanzlichen und tierischen Produkten, führen dazu, daß auch in bisher nicht betroffene Gebiete Krankheiten und Krankheitserreger eingeschleppt werden.

Ärzte und Gesundheitsbehörden werden dadurch mit neuen Problemen konfrontiert. Die ***sorgfältige Anamnese*** auch hinsichtlich persönlicher Kontakte, Arbeitsplatz, Nahrungs- und Genußmittel sowie Reisen ist bei Verdacht auf eine Infektionskrankheit wichtig, um ungewöhnliche und seltene Krankheiten in die ***Differentialdiagnose*** einzubeziehen. Aus diesem Grund werden neben den hierzulande gewohnten Krankheiten auch ***seltene Infektionen*** beschrieben.

## 20.1 Infektionen und Infektionskrankheiten

E. Holzer

Infektionen entstehen durch Eindringen und Haften von Erregern nach Durchbrechung schützender Barrieren wie Haut und Schleimhaut in den Wirtsorganismus mit nachfolgender Vermehrung. Schützende Barrieren können auch durch Verletzungen, Fremdkörper oder Insekten durchbrochen werden. Eindringen und Vermehrung können beim Wirt ohne Krankheitserscheinungen bleiben und zu einer Symbiose führen. Auseinandersetzung des Wirtes mit dem Erreger ohne erkennbare Krankheitserscheinungen führt zu einer „stillen Feiung", d.h. Immunität. Die Pathogenität hängt nicht nur vom Erreger, sondern auch vom Wirt ab. Bei Abwehrschwäche können sonst harmlose Erreger pathogen werden. Die Ansteckungsgefahr wird vermindert durch Expositions-, Dispositions-, Immun- und Chemoprophylaxe.

Infektionskrankheiten können als ***Lokalinfektion*** oder als ***Allgemeininfektion*** ablaufen. Wenn sich die Erreger an der Eintrittspforte vermehren, entwickelt sich eine Lokalinfektion, von der per continuitatem oder auf den Blut- und Lymphwegen Weiterverbreitung erfolgen kann. Bei zyklischen Infektionskrankheiten kommt es während der Inkubationszeit unabhängig von der Eintrittspforte (meist im retikulohistiozytären System) zur Vermehrung der Erreger und nach bakteriämischer Generalisation zur Erkrankung einzelner Organe, z.B. bei Typhus. Gestörte Abwehr läßt Lokalinfektionen zu septischen Allgemeininfektionen werden.

### 20.1.1 Diagnostik

**Nur bei etwa der Hälfte fieberhafter Erkrankungen liegen Infektionen vor.**

Zur Klärung und Sicherung der Diagnose dürfen antimikrobielle Mittel erst nach Entnahme ausreichenden Materials für mikrobiologische und serologische Untersuchungen gegeben werden. Dazu gehören mehrere Blutkulturen, ggf. Stuhl, Urin und Liquor. Antipyretika sind nur sparsam einzusetzen, um Fiebertyp und -verlauf für Diagnose und Therapiekontrolle verwerten zu können. Hinweise auf die Krankheitserreger können neben einem typischen Krankheitsbild direkte mikroskopische Untersuchungen von Abstrichen, Exkreten, Punktionsmaterial wie Liquor in Nativpräparaten oder nach Methylenblau-, Gram-, Ziehl-Neelsen- oder Giemsa-Färbung geben.

### 20.1.2 Antimikrobielle Therapie

Antimikrobielle Therapie soll die in den Wirtsorganismus eingedrungenen Erreger beseitigen oder ihr Wachstum hemmen und damit Krankheitsabläufe verhindern oder beendigen. Bei der Auswahl der Mittel sind die Krankheit, die nachgewiesenen oder wahrscheinlichen Erreger, deren voraussichtliche Empfindlichkeit, der Gesamtzustand des Patienten einschließlich der früheren Anamnese (Allergie?) sowie Wirkungen und Nebenwirkungen der Medikamente zu berücksichtigen. Nach Möglichkeit sollte eine bakterielle Infektion mit *einem* Antibiotikum behandelt werden. Dann kann die Wirksamkeit eindeutig erkannt werden und eventuelle Nebenwirkungen können präzise zugeordnet werden. Die Monotherapie setzt voraus, daß aus dem Krankheitsbild Ursache und damit die verantwortlichen Erreger mit ausreichender Sicherheit zu diagnostizieren sind. Beispiele sind Streptokokkenkrankheiten wie Scharlach und Erysipel oder Borreliose bei Erythema migrans. Bei bedrohlichen Allgemeininfektionen wird nach Abnahme der Untersuchungsmaterialien die Behandlung entweder mit einem Breitspektrumantibiotikum oder einer Antibiotikakombination begonnen. Dies gilt auch bei septischen Erkrankungen, bei denen der Ausgangsherd (noch) nicht erkannt ist. Auch bei Patienten mit gestörter Immunabwehr wird man synergistisch wirkende Antibiotikakombinationen bevorzugen. Dies gilt auch, wenn Erreger vorliegen, bei denen eine schnelle Resistenzentwicklung gegen einzelne Antibiotika bekannt ist, wie Mycobacterium tuberculosis. Bei der Kombinationstherapie soll man möglichst Antibiotika mit unterschiedlichem Wirkungsmechanismus verwenden, z. B. Antibiotika, die die Zellwandsynthese stören, wie Penizilline und Zephalosporine, und solche, die intrazellulär wirken, wie Aminoglykoside und Gyrasehemmer. Die Dauer der Therapie ist von Erregerart, Erregerlokalisation und vom Antibiotikum abhängig.

## 20.2 Erkrankungen durch grampositive Erreger

E. Holzer

### 20.2.1 Erkrankungen durch Staphylokokken

Staphylokokken sind weltweit häufige Erreger bakterieller Lokalinfektionen und toxinbedingter Krankheiten. Sie werden unterteilt in:
- Staphylococcus aureus (Koagulase positiv),
- Staphylococcus epidermidis (Koagulase negativ) und
- Staphylococcus saprophyticus (nur Harnwegsinfektionen).

Staphylokokken finden sich bei ca. 40 % der Menschen auf Haut und Schleimhäuten. Ob sie pathogen wirken, hängt von der Abwehr und lokalen Bedingungen beim Wirt ab (z. B. Wunden und Verletzungen). Erkrankungen durch ***Staphylococcus aureus*** sind ***oberflächlich*** Furunkel und Pyodermien, ***invasiv*** Mastitis, Wundinfektionen oder Abszesse sowie ***hämatogen*** Eiterprozesse in verschiedenen Organen, wie Knochen, Lunge, Herzklappen, Sepsis oder Fremdkörperinfektionen. ***Toxinbedingt*** sind Toxic-shock-Syndrom, enterotoxisch bedingte Durchfälle und Dermatitis exfoliativa.

Erkrankungen durch ***Staphylococcus epidermidis*** sind vorwiegend polymerassoziierte Infektionen, also an temporär oder dauernd implantierten Fremdkörpern, die durch Haftung der Keime zu Sepsisherden werden.

Ein ***Toxic-shock-Syndrom*** wird durch Staphylokokkentoxin TSST-I von Staphylococcus aureus ausgelöst, meist bei jungen Frauen, die Vaginaltampons benützen. Ausgangsherde können auch kontaminierte Haut und Schleimhäute sein. ***Symptome*** sind plötzliches hohes Fieber, Erbrechen, Durchfall, generalisiertes Exanthem von Scharlachcharakter und Enanthem. Es kann zu Kreislaufverfall, hypovolämischem Schock, Leber- und Nierenstörungen, Myositiden und Bewußtseinsstörungen wie auch zur disseminierten intravaskulären Gerinnungsstörung kommen. Die Hautschuppung entwickelt sich erst nach 1–2 Wochen. Die Erregerdiagnose erfolgt in Speziallaboratorien.

**Therapie.** Wegen stark verbreiteter Resistenz scheiden Benzylpenizillin (Penizillin G) und die oralen Phenoxypenizilline (Penizillin V) aus. Geeignet sind die Isoxacylpenizilline, Clindamycin, Fosfomycin, Vancomycin, Rifampicin, Fusidinsäure, Cefazolin, Cefamandol und

Aminoglykoside, Breitspektrumpenizilline nur in Kombination mit β-Laktamase-Inhibitoren. Aus Gründen der Therapiesicherheit und Pharmakokinetik sollte bei schweren Erkrankungen durch Staphylokokken mindestens eine Zweifach-, wenn nicht Dreifachkombinationstherapie gewählt werden. Die Dauer richtet sich nach dem klinischen Verlauf, wobei bei Infektionen von Herzklappenprothesen monatelange Gaben notwendig sein können.

### 20.2.2 Erkrankungen durch Streptokokken

**Streptokokken der Gruppe A** sind typische Erreger akuter Mandel- und Rachenentzündungen.

***Scharlach*** ist eine Streptokokkenangina. Dabei lösen erythrogene Toxine ein Exanthem aus. Die Inkubationszeit beträgt 2–4 (1–7) Tage. Typisch sind abrupter Beginn mit hohem Fieber, gelegentlich Schüttelfrost, schweres Krankheitsgefühl, Angina mit düsterroter Farbe des Gaumens, fleckige Rötung der Mundschleimhaut, Schwellung aller benachbarter Lymphknoten. Bereits am 1. und 2. Tag tritt periorale Blässe im stark geröteten Gesicht auf, die Zunge ist erst geschwollen und weiß belegt, wird am 2. oder 3. Tag durch stark hervortretende Papillen zur „Himbeerzunge". Das meist feinfleckige Exanthem tritt besonders stark in den Beugen (Axilla, Schenkelbeuge) und an den Streckseiten der Extremitäten auf. Sonderformen sind:

- ***Toxischer Scharlach:*** Hyperpyrexie, Kreislaufverfall, Durchfälle, tödlicher Ausgang in kurzer Zeit noch ohne Exanthem möglich.
- ***Septischer Scharlach:*** Übergreifen auf Nebenhöhlen, Mittelohr, Mastoid mit Beteiligung der Meningen, zerebrale Sinusthrombose sowie metastatische Arthritiden, Osteomyelitis, Karditis usw.
- ***Wundscharlach:*** Geht von einer Streptokokkeninfektion von Wunden aus, auch Operationswunden und Verbrennungen, wobei das Exanthem zuerst in der Umgebung auftritt.

**Erysipel (Wundrose):** Akute Erkrankung der Haut mit starker Beteiligung der Lymphgefäße, die von kleinsten Läsionen ausgehen kann. Beim Erwachsenen sind vielfach das Gesicht, oft schmetterlingsförmig, oder die Beine betroffen. Typisch ist der erhabene Rand, der sich unregelmäßig verlaufend scharf gegen die (noch) nicht betroffene Umgebung absetzt. Die Haut ist verdickt, überwärmt und rot und livide verfärbt. Die Patienten fiebern hoch und haben starkes Krankheitsgefühl. Neben der kausalen antibiotischen Therapie wird lokal mit antiseptischen Salben oder Umschlägen behandelt.

#### Spätkomplikationen nach Erkrankungen durch A-Streptokokken

**Akutes rheumatisches Fieber.** Dieses tritt 2–3 Wochen nach akuter Streptokokkenerkrankung als Spätreaktion gegen die Antigene der A-Streptokokken (Antistreptolysinreaktion positiv) mit Beteiligung des Herzens als Karditis und/oder der großen Gelenke als Polyarthritis auf. Wie bei der Arthritis ist der Beginn der Herzerkrankung durch Fieberanstieg nach ca. 3 Wochen gekennzeichnet. Symptome sind ein Herzgeräusch, Störungen der De- und Repolarisation und Erregungsausbreitung sowie objektive und subjektive Herzbeschwerden.

**Akutes rheumatisches Fieber ist häufige Ursache erworbener Herzklappenfehler.**

**Akute diffuse Glomerulonephritis.** Diese ist Spätkomplikation mit den Kardinalsymptomen Fieber, erhöhtem Blutdruck, Ödemen, Albuminurie, Hämaturie und häufig Retention harnpflichtiger Substanzen. Bettruhe und diätetische Maßnahmen unter Berücksichtigung von Salz- und Wasserhaushalt sind neben der Antibiotikabehandlung nötig.

#### Erkrankungen durch B-Streptokokken

B-Streptokokken sind vorwiegend Besiedler des Rachens, des Rektums und des weiblichen Genitaltrakts; sie können septische Erkrankungen vor und nach Geburt bei der Mutter und beim Neugeborenen auslösen.

#### Erkrankungen durch Streptococcus viridans

Dieser ist einer der Erreger von Endocarditis lenta, einer bakteriell bedingten ulzeropolypösen Klappenerkrankung meist vorgeschädigten Endokards. Die Streptokokken kommen hämatogen aus der physiologischen Rachen- oder Darmflora, oft aus Zahnherden und Tonsillen. Die Symptomatik entwickelt sich schleichend. Von den Klappen ausgehende Embolien sind relativ häufig.

#### Therapie

Alle Streptokokkenerkrankungen werden mit Penizillinen, bei Unverträglichkeit mit Erythromycin behandelt. Die Behandlungsdauer beträgt mindestens 10 Tage mit 1 Mio. IE Depotpenizillin parenteral oder 3mal 1 Mio. IE Penizillin V. Bei septischen Erkrankungen, insbesondere Endocarditis lenta, sind täglich 20–30 Mio. IE Penizillin, aufgeteilt auf 4 Dosen, etwa 4 Wochen lang nötig. Die Kombination mit einem Aminoglykosid ist empfehlenswert. Nach akutem rheumatischen Fieber sollte zur Verhinderung von Rezidiven über lange Zeit eine ***Penizillinprophylaxe*** durchgeführt werden: 1mal monatlich 1,2 Mio. IE eines Benzathinpenizillins i. m. oder täglich 200 000 IE oral bis zum 18. Lebensjahr, bei Erkrankungen nach dem 18. Lebensjahr mindestens 5 Jahre lang. Bei Penizillinunverträglichkeit erfolgt Gabe eines Sulfonamids.

#### Pneumokokkenerkrankung

Die bekapselten Diplokokken sind die häufigsten Erreger primärer, aber auch sekundärer bakterieller Pneumonien. Sie können zyklische Infektionskrankheiten, die Lobärpneumonien, ebenso wie lokale Infektionen auslösen. Bei der ***Lobärpneumonie*** ist die Generalisationsphase kurz und durch Schüttelfrost am Beginn der Erkrankung gekennzeichnet. Dabei kann es zu Absiedlungen außerhalb der Lunge kommen. Als Lokalinfektion kommen Bronchopneumonien, Sinusitiden, Otitiden, Peritonitiden und Meningitiden vor. Die Lobärpneumonie läuft in 4 Stadien ab:

- Anschoppung,
- rote Hepatisation,
- graue Hepatisation,
- Lösung.

Typisch sind der plötzliche Beginn, meist mit Schüttelfrost und anschließend hohem Fieber, sowie erheblichen Schmerzen bei Atmung und Husten. Typisch ist auch das rostfarbene Sputum (rote Hepatisation), das später eitrig wird. Herpes labialis ist meist vorhanden. Physikalische Befunde sind Dämpfung, zunächst feinblasige Rasselgeräusche, später Bronchialatmen und vermehrter Stimmfremitus.

**Die klassische Lobärpneumonie ist auf einen oder mehrere Lappen begrenzt. Das Röntgenbild ist eine differentialätiologische Hilfe. Im Blut sind häufig Pneumokokken nachweisbar.**

Die Bronchopneumonien können durch Direktnachweis oder Kultur im Sputum differenziert werden. Erregernachweis ist auch bei Nebenhöhlen- und Ohrerkrankungen möglich, von denen es zu Fortleitung ins Schädelinnere und eitrigen Hirnhautentzündungen mit oder ohne Hirnabszeß kommen kann. Die umgehende operative Sanierung des Ausgangsherdes ist zwingend.

**Therapie.** Die ***Therapie*** besteht in Penizillin G, auch als Depotpenizillin in Dosen von 1–4 Mio. IE/Tag parenteral oder 3mal 1 Mio. IE Penizillin V p. o., bei septischen Prozessen und bei Hirnhautentzündung 20 Mio. IE Penizillin täglich in 4 Einzeldosen i. v., bei Penizillinüberempfindlichkeit Zephalosporine, Erythromycin oder Kotrimoxazol. Bei Nichtansprechen Resistenzprüfung.

### 20.2.3 Erkrankungen durch Corynebacterium diphtheriae

***Diphtherie*** ist eine an den Schleimhäuten oder an der Haut auftretende Infektionskrankheit, bei der durch Toxine lokal und systemisch schwere Organ- und Allgemeinschäden ausgelöst werden. Die Zahl der Diphtherieerkrankungen ist seit 1948 kontinuierlich zurückgegangen, dennoch treten immer wieder Krankheitsausbrüche auf. Auch Hautdiphtherie wurde in den letzten Jahren mehrfach beobachtet. Die Übertragung erfolgt aerogen durch Tröpfcheninfektion, bei der Hautdiphtherie durch Schmierinfektion. Keimträger sind in der gesunden Bevölkerung 0,1–5 %, in der Umgebung von Kranken bis zu 80%. Das Krankheitsbild wird bestimmt durch die lokalen Entzündungsvorgänge an Haut oder Schleimhäuten mit Gefäßwandschädigung, Lymphadenitis, Nekrosen, Ödem- und Fibrinausscheidung bis zu Pseudomembranen und durch Toxinwirkung am Kreislaufsystem, Herzmuskel und Nervensystem.

Die ***Inkubationszeit*** beträgt 1–5 Tage. Die Lokalerkrankungen ***Rachendiphtherie*** und ***Kehlkopfdiphtherie*** beginnen mit Allgemeinerscheinungen, wie Fieber, Schwächegefühl, Kopf- und Halsschmerzen, ohne Lokalsymptomatik. Dann entwickelt sich unter schmerzhafter Vergrößerung der Halslymphknoten das Krankheitsbild mit geröteten und geschwollenen Tonsillen. Die meist grauen Beläge greifen auf den weichen Gaumen und die Uvula über und lassen sich kaum abstreifen. Ein süßlich-leimiger Mundgeruch tritt auf. Durch Fortschreiten der Erkrankung vom Rachen zum Kehlkopf, aber auch als Primärerkrankung kann Kehlkopfdiphtherie mit Heiser-

## FALL 20 A

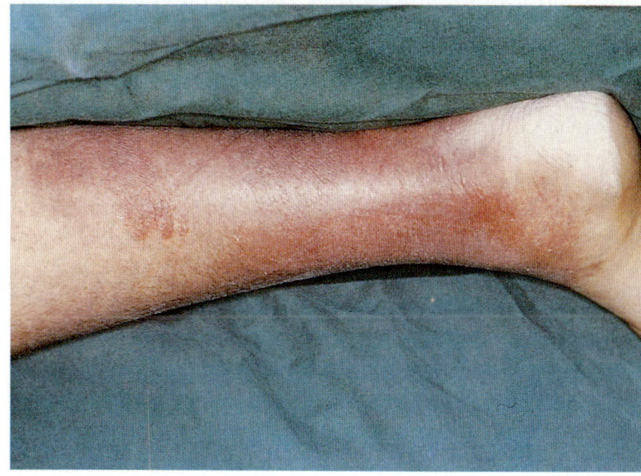

**Abb. 20 A.** Erysipel am Unterschenkel mit Infiltration und typischer Verfärbung der erkrankten Hautpartie

**Anamnese.** Der 50jährige Jurist litt 3 Wochen vor der stationären Aufnahme an einer zunehmenden Schwellung und Rötung am rechten Unterschenkel, verbunden mit erheblichen Schmerzen und Fieber. Nach 8tägiger Penizillinbehandlung unbekannter Dosierung weitgehende Besserung. Seit 1 Tag erneut Rötung, Fieber bis 38,5 °C und Schmerzen.

**Befunde.** Erhebliches Übergewicht, deutlich reduzierter Allgemeinzustand. Fieber von 38,4 °C. Interdigital- u. Subungualmykose an beiden Füßen. An intertriginösen Stellen ausgedehnte Hautmazerationen (Erregereintrittspforte?). Rechts inguinal vergrößerte Lymphknoten. Rechter Unterschenkel geschwollen. An den Rändern leicht erhabene, gegen die Umgebung abgesetzte, etwa 3 Handflächen große Rötung. Lymphangitische Zeichen bis zur Leiste. BKS 43/66 n. W., Leukozyten 14 600/μl mit erheblicher Linksverschiebung (14 % Stabkernige), $\alpha_2$-Globulinerhöhung.

**Diagnose.** Erysipel (Rezidiv), Interdigital- und Subungualmykose, Hautmazerationen.

**Therapie und Verlauf.** 14 Tage lang 4mal 5 Mio. IE Penizillin i. v., Lokalbehandlung des Erysipels und der Hautmazerationen mit Betaisadonnabädern und -salbe.

Völlige Abheilung. Langzeittherapieempfehlung: 1mal wöchentlich Bad des Beins in Betaisadonalösung, Hautpflege.

keit, Aphonie und bellendem Husten auftreten. Ödem- und Membranbildung führen zur zunehmenden Kehlkopfverengung mit Atemnot, inspiratorischem Stridor und ohne entsprechende Therapie (Intubation, Tracheotomie) zum Ersticken. Gefürchtet ist die Spontanablösung von Membranen mit akuter Verlegung der Stimmritze.

Bei der ***primär-toxischen Diphtherie,*** der gefährlichsten Verlaufsform mit sehr kurzer Inkubationszeit, kommt es neben dem Rachenbefund zu ausgeprägter Schwellung der Halslymphknoten und des periglandulären Gewebes bis zum Sternum (Zäsarenhals).

Toxische Symptome sind Hautblässe, Erbrechen, Durchfall, Blutungsneigung, periphere und zentrale Kreislaufinsuffizienz sowie die klinischen Zeichen der Myokarditis, auch Störungen von Leber und Niere. Früh- und Spätlähmung bis zur Landry-Paralyse können auftreten. Der Krankheitsverlauf kann so rasch sein, daß es nicht zur Ausbildung von Membranen kommt. Wegen der hohen Übertragungsgefahr müssen die Patienten streng isoliert werden.

**Therapie.** Durch die Serumtherapie werden nur die im Blut und Extrazellularraum noch frei zirkulierenden Toxine inaktiviert; je früher Antitoxin gegeben wird, desto hilfreicher ist es. Die Dosierung liegt je nach Verlauf zwischen 200 IE und 2000 IE/kg Körpergewicht intramuskulär, bei bedrohlichem Krankheitsbild $^1/_3$ bis $^1/_2$ i.v. mit Wiederholung nach 24–48 h. Überempfindlichkeitsreaktionen sind möglich, Vortestung ist nötig, ggf. erfolgt Desensibilisierung oder Wechsel des Tierserums, evtl. fraktionierte Gabe mit Kortikosteroiden.

Mit Antibiotika (Erythromycin, Doxyzyklin oder Penizillin 8–10 Tage lang) erreicht man eine schnellere Elimination der Erreger und Beendigung des Keimträgertums. Bettruhe ist bei allen Formen der Diphtherie absolut indiziert. Strenge Überwachung der Herz-Kreislauf-Funktionen ist auch bei nicht-toxischen Fällen nötig. Kontaktpersonen können durch 10 000 IE Antitoxin i. m. 3–4 Wochen lang geschützt werden. Simultane Aktivimpfung ist anzuraten.

**Die Therapie muß schon bei Diphtherieverdacht beginnen. Die bakteriologische Bestätigung darf nicht abgewartet werden.**

## 20.2.4 Erkrankungen durch Clostridien

### Tetanus

Tetanus (Wundstarrkrampf) ist eine Wundinfektionsnachkrankheit durch Clostridium tetani, die durch die Toxine der in die Haut- oder Schleimhautwunden gelangten anaeroben Sporenbildner ausgelöst wird. Durch zentralnervöse Schäden kommt es zu Muskelkrämpfen und Muskelstarre. In Industrieländern ist die Erkrankung durch Schutzimpfung selten, in Entwicklungsländern jedoch häufig, besonders bei Neugeborenen durch Puerperal- und Nabelinfektionen.

Die Sporen des Erregers sind hitzebeständig und werden durch die üblichen Desinfektionsmittel nicht abgetötet. Der Mensch und viele Säugetiere können den Erreger im Darm beherbergen.

**Jede durch Straßenschmutz oder durch Erde kontaminierte Wunde ist tetanusgefährdet.**

Verletzungen, z. B. durch Dornen, Splitter oder Bißwunden, sind besonders gefährlich. Am Ort der Infektion kommt es zur Produktion von neurotoxischem Tetanusspasmin und hämolysierendem Tetanolysin. Diese kommen auf neuralen und lymphohämatogenen Wegen zu den motorischen Anteilen des Zentralnervensystems. Die Inkubationszeit schwankt zwischen wenigen Tagen und Monaten. Je kürzer die Inkubationszeit, desto schlechter ist die Prognose.

Die Krankheit beginnt mit Müdigkeit und Schmerzen. Schluckbeschwerden werden oft als Halsschmerzen mißgedeutet. Zeichen der Muskelspannung, meist im Gesicht und im Nacken mit Trismus und Opisthotonus, folgen. Die hart gespannten Mm. masseter und sternocleidomastoidei sind wichtige Hinweise. Spastische Gangstörungen und brettharte Bauchdeckenspannung folgen, ebenso Veränderungen im Fazialisbereich (Risus sardonicus). Auch bei schwerster Erkrankung bleibt das Sensorium klar. Neben der Muskelspannung treten Krampfanfälle mit heftigen Schmerzen auf. Bei den tonischen Krämpfen kann es zu Frakturen der Brust- und Lendenwirbel kommen. Krämpfe der Atemmuskulatur, der Kehlkopf- und Schluckmuskulatur können zum Ersticken führen.

Eine Sonderform ist der ***lokale Tetanus,*** bei dem die Symptome auf die Region beschränkt sind, in der die Verletzung stattfand.

**Therapie.** Der einzig sichere Schutz ist Prophylaxe durch aktive Schutzimpfung. Prophylaxe ***nach*** Verletzung gibt keinen absolut sicheren Schutz: Die passive Immunisierung wird mit 250, bei schweren Verletzungen 500 IE Tetanusantitoxin mit gleichzeitiger aktiver Schutzimpfung durchgeführt. Nach Gabe des Antitoxins erfolgt eine möglichst große Wundexzision. Zur Abtötung der Keime gibt man 10–20 Mio. IE Penizillin pro Tag in 4 Kurzinfusionen und einmalig 1000 bis maximal 10000 IE Tetanusimmunglobulin.

### Botulismus

Botulismus ist keine Infektionskrankheit, sondern eine Vergiftung durch Botulinustoxin. Er tritt nach Genuß von Nahrungsmitteln auf, in denen das von ***Clostridium botulinum*** produzierte Toxin vorliegt. Voraussetzung ist Kontamination von konservierten Nahrungsmitteln, in denen anaerobes Milieu herrscht. Besondere Verhältnisse liegen beim sog. Säuglingsbotulismus vor, bei dem es zur Toxinbildung durch Clostridien im Darm kommen kann. Die Therapie besteht in Gabe von antitoxischen Botulinusserum und Befreiung des Darmes von Toxinen (z. B. Abführmittel).

### Gasbrand

Gasbrand ist eine Wundinfektion, die durch verschiedene Clostridienarten, am häufigsten ***Clostridium perfringens,*** ausgelöst wird. Die Erkrankung ist selten. Clostridien sind Bestandteile der normalen Darmflora von Warmblütern. Die Kontamination von Wunden kann zu Gasbrand führen, wenn anaerobes Milieu in und um die Wunde herrscht. Die Wundumgebung ist dann geschwollen und ödematös. Man fühlt dort Knisterrasseln. Clostridien bilden Toxine und Enzyme, die neben Lokalerscheinungen zur Allgemeinintoxikation führen. Über Lymph- und Blutgefäße kann es zur Gasbrandsepsis kommen.

Die lokale Behandlung wird vom Chirurgen bestimmt, die medikamentöse Behandlung besteht in täglich 20–40 Mio. IE Penizillin, bei Penizillinunverträglichkeit Metronidazol, Zephalosporinen oder Tetrazyklinen in hohen Dosen. Hyperbare Sauerstofftherapie ist sehr wirksam. In der Bundesrepublik stehen an 12 Standorten Überdruckkammern zur Verfügung, zu denen der Patient nach chirurgischer Versorgung gebracht werden kann.

### Darmerkrankungen durch Clostridium perfringens

Nach Genuß unhygienisch zubereiteter und aufbewahrter Speisen verlaufen Darmerkrankungen durch Clostridium perfringens meist als harmlose Diarrhöe. Bei immungestörten Patienten können durch Aufwanderung aus dem Darm eitrige Gallenblasenentzündungen entstehen, wobei die histologischen Befunde denen beim Gasbrand entsprechen. Dies gilt auch für die durch Clostridium perfringens Typ F ausgelöste Enteritis necroticans, die zu Peritonitis und Schock führen kann. Therapie: Penizillin.

### Antibiotika-assoziierte Kolitis durch Clostridium difficile

Während und nach ***Antibiotikatherapie*** kann es zu massiven Durchfällen mit oder ohne Schmerzen kommen. Außer Antibiotika können auch Zytostatika für eine clostridienbedingte Kolitis disponieren. Die Erkrankung kann nosokomial verbreitet werden. Clostridium difficile kann als Saprophyt in der Darmflora von Menschen und anderen Warmblütern vorkommen.

**Wesentliche Voraussetzung für die Colitis durch Clostridium difficile ist die Veränderung der Darmflora unter antibiotischer Therapie mit Ausnahme von Vancomycin, Bacitracin und parenteralen Aminoglykosiden.**

Durch Clostridium difficile entsteht eine Toxikoinfektion, wobei die produzierten Exotoxine gewebeaktiv sind. Die ***klinische Symptomatik*** entspricht der anderer Kolitiden mit massiven Durchfällen mit und ohne Blutbeimengungen. Darmperforationen und toxisches Megakolon kommen vor. Allgemeinsymptome sind Fieber, Leukozytose und Folgen des Salz- und Wasserverlustes. Da auch andere Erreger unter Antibiotikagabe Durchfälle auslösen können, ist die ätiologische Diagnostik zwingend. Mit Endoskopie und mikrobiologischen Methoden müssen Ausmaß und Ursachen abgeklärt werden. Mikrobiologisch sind Erreger und Toxin im Stuhl nachzuweisen. Der Clostridium-difficile-Latex-Test ist hilfreich, aber nicht ganz spezifisch.

Die ***Therapie*** besteht aus 4mal täglich 125 mg Vancomycin. Dies ist meist ausreichend. Wirksam sind auch Metronidazol (3mal 500 mg/Tag p.o. oder i.v. oder Bacitracin p.o.). Rezidive nach durchgemachter Erkrankung sind häufig. Isolierung der Patienten zur Vermeidung nosokomialer Verbreitung ist notwendig.

### 20.2.5 Erkrankungen durch Listerien

***Listeriose*** ist eine bei Mensch und Tier auftretende Infektionskrankheit. Da nur die Neugeborenenlisteriose meldepflichtig ist (BRD 1988 38 Erkrankungen), gibt es keine Angaben zur Häufigkeit. Durch veränderte Futtermittellagerung und Speisenzubereitung scheint die Listerienverbreitung zuzunehmen. Listeria monocytogenes kommt ubiquitär in der Natur vor. In Silos gelagerte Futtermittel sind wichtiges Erregerreservoir. Im Darminhalt von Mensch und zahlreichen Nutztieren sind Listerien zu finden. Aerogene Infektionen kommen vor. Quelle menschlicher Erkrankungen sind ***kontaminierte Lebensmittel,*** in erster Linie Milch und Käse, die nicht pasteurisiert wurden, aber auch Fleisch, Fisch und Fischerzeugnisse. Hackfleisch und Geflügelfleisch sind in erheblichem Maß kontaminiert und sollten von Schwangeren gemieden werden. Die Inkubationszeit wird auf 7–28 Tage geschätzt. ***Schwangerschaftslisteriose*** verläuft vielfach subklinisch oder inapparent. Grippale Erscheinungen und Pyelonephritiden kommen vor. Es kann zu Fehl- oder Frühgeburten kommen.

***Listeriose des Zentralnervensystems*** kann hämatogen bei Sepsis oder durch wahrscheinlich intraneurale Aufwanderung bei Besiedlung des Rachenraums entstehen. Sie tritt als Meningitis oder als Enzephalitis in Erscheinung und zeigt eine gemischtzellige Pleozytose des Liquors. Die ***glanduläre Form*** verläuft wie die infektiöse Mononukleose mit Lymphknotenschwellungen, Angina und teilweise Konjunktivitis. Bei der ***kutanen Form*** finden sich papulös-pustulöse Effloreszenzen vorwiegend an Händen und Armen, wohl von Schmierinfektionen. ***Listeriensepsis*** ist nur durch bakteriologische Untersuchungen von anderen Sepsisformen zu unterscheiden.

**Therapie.** Die Therapie sollte bei Verdacht nach Entnahme von Untersuchungsmaterial frühzeitig begonnen werden. Standardtherapie bei Listeriose sind 6–12 g Ampicillin täglich. Bei Verdacht auf Listerienmeningitis sollte bis zur Klärung mit Ampicillin, Streptomycin und Rifampicin behandelt werden, da der Liquorbefund der tuberkulösen Meningitis gleichen kann.

### 20.2.6 Erkrankung durch Bacillus anthracis

***Milzbrand*** ist eine Lokalinfektion, die an der Haut, der Lunge, am Darm und als Sepsis mit Meningitis ablaufen kann. Erreger ist ein toxinproduzierendes sporenbildendes Stäbchenbakterium. Sporen des Erregers können Jahrzehnte im Erdboden überleben. Milzbrand ist weltweit verbreitet. In der Bundesrepublik ist er extrem selten. Importierte Futtermittel, Felle, Häute und Tierprodukte können kontaminiert sein. Die Ansteckung erfolgt durch Tiere und Tierprodukte, wobei kleine Hautläsionen infiziert werden (Abb. 20.1). Übertragung durch Inhalation sporenhaltigen Staubs ist möglich. Sporenhaltiges Fleisch oder Milch können zum Darmmilzbrand führen. Von den Lokalinfektionen kann es zur hämatogenen Aussaat und damit zur Sepsis kommen.

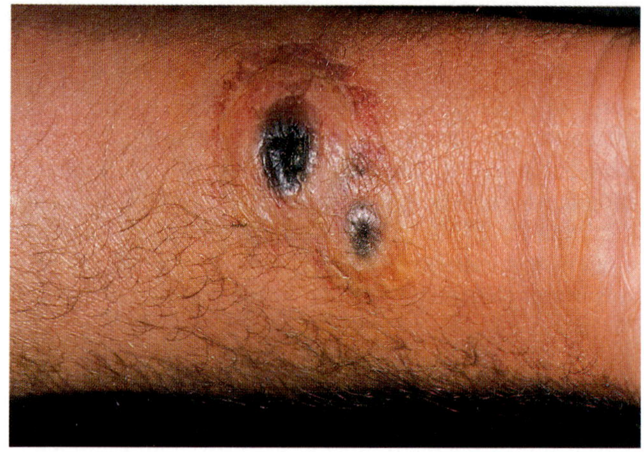

**Abb. 20.1.** Bacillus-anthracis-Infektion, Hautmilzbrand. Zwei Pustulae malignae am rechten Unterarm eines Landwirts. Die Infektionsquelle war nicht eruierbar; im eigenen Tierbestand war kein Milzbrandfall

**Therapie.** Diese besteht in Penizillin G, bei Hautmilzbrand mindestens 5 Mio. IE täglich, bei den anderen Formen täglich mindestens 20 Mio. IE, Behandlungsdauer bei Hautmilzbrand 2 Wochen, bei den anderen Formen mindestens 4 Wochen. Bei Penizillinallergie gibt man Tetrazykline.

### 20.2.7 Erkrankungen durch Aktinomyzeten

Die grampositiven Bakterien wachsen fadenförmig mit echten Verzweigungen. Sie verursachen ***Aktinomykose, Nokardiose*** und ***Aktinomyzetom.*** Aktinomykose hat in der BRD eine Inzidenz von 1:40000 bis 1:80000 Einwohnern. Die Erreger sind weltweit verbreitet und kommen bei Mensch und Tier vor. Sie sind wirtsspezifisch. Erreger beim Menschen ist ***Actinomyces israeli.***

Actinomyces, ein Keim der normalen Mundflora, braucht zur Pathogenität im Gewebe die Hilfe anderer Bakterien. Voraussetzung für das Angehen dieser Mischinfektion sind neben größeren Traumen oder Bißverletzungen Mikroläsionen der Schleimhaut. Die Infektion verläuft als chronisch-granulomatöse Entzündung mit Abszedierung und Fistelbildung ohne Rücksicht auf anatomische Grenzen. Durch Arrosion von Gefäßen kann es zur hämatogenen Verbreitung kommen. Über 90% der Fälle sind in der Zervikofazialregion lokalisiert. Daneben gibt es Thorakal- und Abdominalaktinomycose und Sepsis. Die Zervikofazialform beginnt akut mit Fieber und starken Schmerzen im Mund und verursacht zunächst eine bretthartе Schwellung, die langsam erweicht und das Bild von Abszessen oder Mundbodenphlegmone bietet. Im Eiter lassen sich die typischen Drusen nachweisen.

**Therapie.** Die ***Therapie*** besteht in chirurgischer Sanierung und Chemotherapie mit einem Breitspektrumpenizillin wie Ampicillin. Die chronische Infektion im granulomatösen Gewebe verlangt langdauernde Therapie mit mindestens 10 g Ampicillin pro Tag über 2–3 Wochen bei der zervikofazialen und 4–6 Wochen bei den anderen Formen, anschließend über viele Monate Depotpenizillin i.m. oder Penizillin V oral täglich 2–5 Mio. IE. Andere pathogene Aktinomyzeten, wie Nocardia asteroides, Nocardia brasilensis und Actinomyces madurae können Lokalerkrankungen und Sepsis auslösen. Gegen diese Erreger wirken Sulfonamide.

## 20.3 Erkrankungen durch gramnegative Erreger

E. Holzer

### 20.3.1 Erkrankungen durch Salmonellen

Durch Salmonellen werden nach Epidemiologie und Krankheitsverläufen 2 verschiedene ***Krankheitsgruppen*** verursacht: Erstens typhöse, zweitens enteritische Erkrankungen, vorwiegend der Dünndarmschleimhaut. Die Erreger der typhösen Erkrankungen Typhus, Paratyphus A, B und C sind nur menschenpathogen, Erreger der Salmonellengastroenteritiden sind auch tierpathogen. Die Übertragung erfolgt als Nahrungsmittelinfektion. Die typhösen Erkrankungen nehmen in den zivilisierten Ländern laufend ab. Die enteritischen Salmonellosen sind in ständiger Zunahme begriffen. Im Jahre 1983 wurden in der Bundesrepublik 202 Fälle von Typhus und 129 Fälle von Paratyphus beobachtet. Die Zahl der gemeldeten Enteritissalmonellosen betrug 49160.

#### Typhus

Typhus (Synonym: Typhus abdominalis, Unterleibstyphus, „typhoid fever") ist eine zyklische Infektionskrankheit. Die Bakterien werden im Magen-Darm-Trakt resorbiert, vermehren sich im retikulohistiozytären System, treten im Stadium der Generalisation ins Blut über und erscheinen im Stadium der Organmanifestation in Stuhl, Urin und u. U. Sputum. Nach einer Inkubationszeit zwischen 7 und 21 Tagen kommt es zu Störung des Allgemeinbefindens, Kopfschmerzen, Müdigkeit, Appetitlosigkeit und zunehmendem Fieberanstieg von einwöchiger Dauer, wobei das Fieber bis 40 °C erreicht (Stadium incrementi). Dabei ist kein Organbefund zu erheben. Meist bestehen Obstipation und auffallende Bradykardie. Die Zunge ist an den Rändern sauber, in der Mitte grau-weiß dick belegt bis borkig. Mitte der 2. Woche kommt es am Stamm zu Roseolen, kleinen rosaroten Pünktchen, die man nicht nur sehen, sondern auch fühlen kann. Die Milz wird tastbar. In diesem Stadium der Kontinua können erbsbreiartige Durchfälle auftreten. Ohne antibakterielle Behandlung kann die Kontinua bis in die 4. Krankheitswoche dauern; dann geht das Fieber in das Stadium amphibolicum oder decrementi mit morgendlicher Normalisierung und abendlichen Temperaturen über, die langsam zur Norm abfallen. Mit Normalisierung der Temperatur ist die Krankheit überstanden. Rezidive sind möglich. Neben den beschriebenen gibt es harmlose Verläufe (Typhus ambulatorius). Schwere zerebrale Erscheinungen meningitischer oder enzephalitischer Art, verbunden mit Hyperpyrexie und Kreislaufverfall, können bereits in der Anfangsphase auftreten.

**Jede hochfieberhafte Erkrankung mit Kontinua, Kopfschmerzen, Benommenheit und Leukopenie, aber ohne Organbefund ist typhusverdächtig.**

In der 2. und 3. Krankheitswoche kann es zur Perforation von Darmgeschwüren und erheblichen Darmblutun-

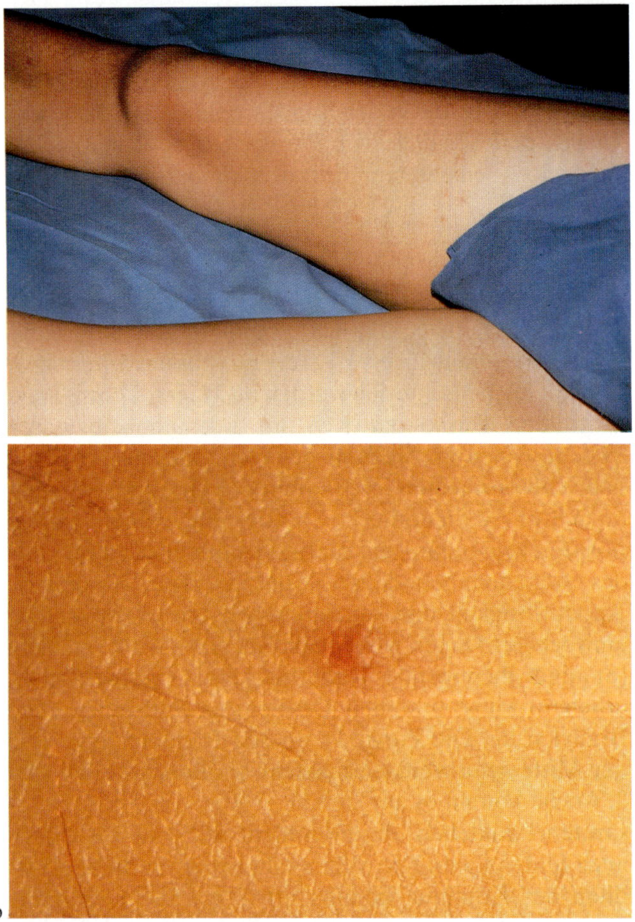

a b

**Abb. 20.2 a, b.** Paratyphus B. Hautroseolen an beiden Oberschenkeln (**a**). Die Roseolen fanden sich auch zahlreich am Stamm. Roseole am Stamm bei Typhus (**b**)

gen kommen. Während Bronchitis bei Typhus häufig ist, sind Pneumonien, Myokarditiden oder Beteiligung der Gallenblase selten. Tachykardien bei dem sonst bradykarden Krankheitsbild sind Hinweis auf eine Myokarditis. Die Diagnose wird mikrobiologisch in der 1. Woche aus der Blutkultur, ab der 2. Woche aus Stuhl- und Urinkulturen gestellt. Serologisch sind Agglutinine nachweisbar (Gruber-Widal-Reaktion), von denen nur ein Anstieg des O-Titers die akute Erkrankung beweist.

Die ***Therapie*** sollte bei begründetem Verdacht nach wiederholter Entnahme von Kulturmaterial begonnen werden. Wirksam sind Fluorchinolone wie Tarivid mit 2- bis 3mal 200 mg/Tag oder Ciprobay 2mal 500 mg/Tag, außerdem Chloramphenicol, Ampicillin, Kotrimoxazol. Die Therapiedauer beträgt bis 10 Tage nach Entfieberung. Bei Fieberpersistenz nach 4 Tagen Therapie können 2–3 Tage je 50 mg Prednisolon gegeben werden.

***Langzeitausscheidung*** und ***lebenslange Dauerausscheidung*** von Salmonellen gibt es auch nach antibiotisch behandelten Typhuserkrankungen. Sie scheinen nach Behandlung mit Chinolonen seltener zu sein. Reservoir der Salmonellen ist hauptsächlich die Gallenblase. Unabhängig von der Ausscheidung kann es zu Spätkomplikationen in Form eitriger und septischer Salmonellenprozesse kommen. Die Deponierung von Salmonellen ins Gewebe erfolgt bei typhösen Salmonellosen im Stadium der Generalisation, bei den anschließend zu besprechenden enteritischen Salmonellosen bei Bakteriämien. Eitrige Prozesse können nach jahrelangem symptomfreien Intervall auftreten, bevorzugt am Knochen als Osteomyelitis.

## Paratyphus

Die 3 ***Paratyphusformen A, B und C*** sind zyklische Infektionskrankheiten mit kürzerer Inkubationszeit. Sie verlaufen ähnlich, nur meistens milder, wobei Paratyphus B am ehesten Typhus entspricht. Paratyphus-B-Kranke zeigen meist mehr und größere Roseolen als Typhuskranke, wobei Roseolen auch auf den Extremitäten auftreten (Abb. 20.2). Die ***Differentialdiagnose*** zu Typhus und Paratyphus sind alle hochfieberhaften Erkrankungen, die zu Beginn ohne typische Organsymptomatik ablaufen, in erster Linie Miliartuberkulose, Virusgrippe, jede Sepsis, Bruzellosen, Leptospirosen und Tropenkrankheiten wie Leishmaniosen, Malaria und Denguefieber.

## Enteritiden

***Salmonellenenteritiden*** sind fieberhafte Durchfallerkrankungen vor allem des Dünndarms, meist mit gastrischen Symptomen als Brechdurchfall. Sie kommen weltweit vor. Die Infektion des Menschen erfolgt oral mit salmonellenhaltigen Nahrungsmitteln oder durch Schmierinfektion. Wie bei anderen Lokalinfektionen kann es zu bakteriämischen Allgemeinerkrankungen mit Abszeßbildung kommen. Bei hochfiebernden Patienten mit Salmonellenenteritiden findet man häufig Bakteriämien. Salmonellen vermehren sich in Nahrungsmitteln auch bei Temperaturen unter 0 °C, z. B. in Speiseeis. ***Klinische Erscheinungen*** treten abhängig vom Typ und der Infektionsdosis 5–72 h nach Ingestion auf. Die Erkran-

**Tabelle 20.1.** Orale Flüssigkeits- und Elektrolyttherapie bei Diarrhöe

| | |
|---|---|
| 3,5 g Natriumchlorid<br>2,5 g Natriumbikarbonat<br>1,5 g Kaliumchlorid<br>20 g Glukose | auf 1 l einwandfreies Wasser |
| In praxi:<br>1/2 Teelöffel Kochsalz<br>1/4 Teelöffel Soda (für Speisezwecke)<br>1/4 Teelöffel Kaliumchlorid<br>2 Eßlöffel Traubenzucker | auf 1 l einwandfreies Wasser |

kung beginnt mit Übelkeit, Kopfschmerzen, häufig Erbrechen, dann zahlreichen Durchfällen. Die Diagnose wird durch Nachweis der Keime im Stuhl und vielfach im Blut gesichert. Klinisch sind die hohen Wasser- und Elektrolytverluste über den Darm bedeutend. Für eine entsprechende Flüssigkeitszufuhr muß gesorgt werden. Sehr geeignet ist die Trinklösung nach einer Empfehlung der WHO (Tabelle 20.1). Ist oraler Flüssigkeitsersatz nicht möglich, verwendet man eine Infusionslösung mit 5 g NaCl, 4 g Natriumbikarbonat und 1 g KCl in 1000 ml destilliertem Wasser. Zwingend notwendig ist die antibakterielle Therapie von Salmonellenenteritiden bei Personen mit gestörter Immunabwehr und bei bakteriämischen Erkrankungen zur Verhinderung von Absiedlungen. Die Indikation soll deshalb großzügig gestellt werden; es genügt meist eine Behandlungsdauer von 3 Tagen, am besten mit Fluorchinolonen. Allgemeine therapeutische Maßnahmen sind in der akuten Phase Bettruhe und anfangs Nahrungskarenz.

Auch andere Erreger, wie Campylobacter jejuni, toxinproduzierende Kolibakterien, Yersinien, Staphylokokken, Viren, Parasiten und organische und anorganische Toxine, können akute Gastroenteritiden auslösen. Bei Rückkehrern aus warmen Ländern ist differentialdiagnostisch an ***Cholera*** zu denken.

### 20.3.2 Erkrankungen durch Shigellen

***Bakterielle Ruhr*** ist eine Lokalinfektion des Darms, hauptsächlich des Dickdarms. Die Erkrankung ist weltweit verbreitet. Die Übertragung geschieht fäkaloral durch Kontakt oder über Lebensmittel und Wasser. Shigellosen sind in Ländern mit schlechter Hygiene weit verbreitet, in der Bundesrepublik relativ selten (1983 1725 Fälle). Als wirksame Infektionsdosis genügen beim Menschen einige Hundert Keime. Die ***Inkubationszeit*** beträgt meist 3–5 Tage. Shigellen werden in 4 Untergruppen eingeteilt:

- Gruppe A: Shigella dysenteriae,
- Gruppe B: Shigella flexneri,
- Gruppe C: Shigella boydii,
- Gruppe D: Shigella sonnei (E-Ruhr).

Die ***klinischen Erscheinungen*** nach Infektion variieren stark: Je nach Enterotoxin- und allgemeiner Endotoxinbildung kommt es zu verschiedenen Formen der Erkrankung. Die Allgemeinerscheinungen sind in erster Linie Folge der Wasser- und Elektrolytverluste; zumindest bei Kindern wird auch die Wirkung eines Neurotoxins postuliert. Wegen der Schwere der Intoxikationserscheinungen gefürchtet sind Infektionen der Gruppe A.

**Therapeutisch sind bei der Shigellenruhr der Ausgleich der Wasser- und Elektrolytverluste und die Stabilisierung des Kreislaufs am wichtigsten.**

Bei ***Shigellendiarrhöe*** ist orale Hydratation ausreichend (s. Tabelle 20.1). Bei den ***dysenterischen Formen*** ist meist parenteraler Flüssigkeitsersatz notwendig. Alle Shigellenerkrankungen sollen antimikrobiell behandelt werden. Geeignet sind meist Fluorchinolone, Tetrazykline und Ampicillin. Wegen häufiger Antibiotikaresistenz ist Resistenzbestimmung empfehlenswert. Bei HLA-B-27-positiven Patienten kann es nach der Ruhrerkrankung zum Reiter-Syndrom kommen (s. Kap. 13).

### 20.3.3 Erkrankungen durch Choleravibrionen

***Cholera*** ist eine lokale Infektionskrankheit des Dünndarms. Die derzeitige Pandemie, die seit 1961 besteht, ist vom Biotyp El-Tor ausgelöst. Cholera ist in Bengalen und Indonesien endemisch. Sie wird gelegentlich eingeschleppt, auch aus Nordafrika. Die Übertragung erfolgt durch Wasser und Lebensmittel, die durch Kurz- oder Langzeitausscheider kontaminiert wurden. Nach Magenpassage, wobei normale und hohe Azidität Schutzfunktion hat, kommt es im alkalischen Milieu des Dünndarms zu Anheftung und massivem Wachstum der Vibrionen. Durch Stimulierung der Diadenylatzyklase kommt es zu einer enormen Hypersekretion. Schleimhautveränderungen sind damit nicht verbunden. Die Krankheit beginnt Stunden bis zu 10 Tage nach Erregeraufnahme.

**Cholera beginnt immer mit Durchfall. Das Erbrechen setzt erst später ein.**

Der wäßrige Stuhl wird nach kurzer Zeit farblos „reiswasserähnlich". Die enormen ***Flüssigkeitsverluste*** – bis zu 1 l pro Stunde – führen zur Abnahme des Hautturgors, zur Austrocknung der Schleimhäute und zum Auftreten von Muskelkrämpfen. In schweren Fällen kommt es zu Nieren- und Herz-Kreislauf-Störungen, die innerhalb weniger Stunden zum Tod führen.

**Entscheidend für die Prognose bei Cholera ist der möglichst frühzeitige Beginn der Substitution von Wasser und Elektrolyten oral oder parenteral.**

Bei massiven Durchfällen kann die erforderliche Flüssigkeitsmenge bis zu 20 Litern pro Tag betragen. Die ***Substitution*** sollte unter Kontrolle der Serumelektrolytwerte und des spezifischen Gewichts des Urins erfolgen. Gegenüber der Substitutionstherapie hat die antibakterielle Medikation untergeordnete Bedeutung. Sie kürzt nur die Vibrionenausscheidung ab. Wirksam sind Tetrazykline und Kotrimoxazol.

## 20.3.4 Erkrankungen durch Yersinien

Die schwerste yersinienbedingte Erkrankung ist die ***Pest,*** die durch ***Yersinia pestis*** ausgelöst wird. Sie kommt als Bubonen- und Lungenpest sowie als Pestsepsis vor. Erregerreservoir sind infizierte Nagetiere, besonders Ratten. Die Übertragung auf den Menschen geschieht vorwiegend durch blutsaugende Insekten wie Flöhe. Pest kommt heute noch in Südostasien, in Afrika, in Wüstengebieten der Vereinigten Staaten und in Südamerika vor. Die früher infauste Prognose hat sich durch Therapie mit Aminoglykosiden erheblich verbessert.

***Yersinia enterocolitica*** und ***Yersinia pseudotuberculosis*** sind Erreger akuter Enteritiden und Enterokolitiden sowie lokaler abdominaler Lymphadenitis. Bei hämatogener Aussaat kommt es zur Sepsis. Die humanpathogenen Stämme der Yersinien kommen im Darminhalt von Warmblütern und Vögeln vor. Die Übertragung erfolgt durch kontaminierte Speisen und Schmierinfektion. Die Krankheiten gehen mit Fieber und Durchfällen einher. Die Problematik liegt in den immunologisch bedingten Begleit- und Folgeerscheinungen, die sogar ohne manifeste abdominale Erkrankung auftreten können. Dazu gehört das Reiter-Syndrom (Kap. 13). Die rheumaserologisch negative Arthritis ist hartnäckig und von langer Dauer. Während und nach der Erkrankung kann es zum Erythema nodosum kommen. Nur in schwer verlaufenden Fällen, insbesondere mit der Gefahr septischer Komplikationen ist Chemotherapie mit Tetrazyklinen, Kotrimoxazol oder Fluorchinolonen angezeigt.

## 20.3.5 Erkrankungen durch Campylobacter

***Campylobacter fetus*** ist Ursache von 5–10 % der fieberhaften Darminfektionen, die vom Tier auf den Menschen übertragen werden. Die Übertragung erfolgt durch kontaminierte Nahrungsmittel und durch Kontakt mit Ausscheidungen infizierter Tiere, z. B. über Wasser. Die Inkubationszeit beträgt 1–11 Tage. Die invasive Erkrankung des Dünndarms verläuft fieberhaft mit heftigen Leibschmerzen. Die Diagnose kann nur mikrobiologisch eindeutig gestellt werden. Auch nach Campylobacterinfektionen kommt es zu rheumaserologisch negativen Arthritiden. Die ***Therapie*** ist meist symptomatisch. In schweren Fällen, besonders bei Campylobactersepsis, ist antibiotische Therapie indiziert, die durch Fluorchinolone und Erythromycin, evtl. in Kombination mit Gentamycin oder Clindamycin durchgeführt wird.

Zum Problem Ulkuskrankheit und Campylobacter (Helicobacter) s. Kap. 3.

## 20.3.6 Darminfektionen durch Kolibakterien

***Kolibakterien*** sind Bestandteil der normalen Darmflora. Es gibt aber enteropathogene Spezies, die entweder diarrhöische oder dysenterische Durchfallserkrankungen verursachen. Bestimmte zytotoxische Kolibakterien können Erreger einer Durchfallerkrankung mit ***hämolytisch-urämischem Syndrom*** sein. Diese Krankheit wird von Rindern auf den Menschen übertragen. Bei allen Erkrankungen ist ***symptomatische Therapie*** angezeigt. Während bei den enterotoxischen und enteropathogenen Koliinfektionen Tetrazykline oder Kotrimoxazol wirksam sind, ist bei den Erkrankungen durch zytotoxinproduzierende Koli eine antibiotische Therapie kontraindiziert.

## 20.3.7 Erkrankungen durch Bordetella pertussis

***Keuchhusten*** ist eine akute Infektionskrankheit insbesondere des Kindesalters, die bei fehlender oder verlorengegangener Immunität auch höhere Lebensalter befällt. Die durch Tröpfchen übertragene Infektion führt beim Erwachsenen zu langdauernden Bronchitiden, auf deren Genese man durch sorgfältige Umgebungsanamnese aufmerksam werden kann. Der Nachweis der Erreger wird auf Spezialnährböden geführt. Serologische Methoden stehen zur Verfügung. Bordetella pertussis ist empfindlich insbesondere gegenüber Erythromycin.

## 20.3.8 Erkrankungen durch Hämophilusbakterien

Es handelt sich vorwiegend um chronische Erkrankungen des Nasopharynx, der Bronchien und der Lungen. Die Erreger finden sich in den oberen Luftwegen vieler Gesunder. Von den verschiedenen Hämophilusarten sind ***Haemophilus influenzae*** und ***parainfluenzae*** am wichtigsten. Hämophilusinfektionen sind meist Folgekrankheiten viraler Infektionen, besonders der echten Grippe, oder treten bei Patienten auf, deren Immunität wie bei Alkoholikern gestört ist. Hauptmanifestationen sind chronische Bronchitis, Pneumonien und eitrige Mengitiden sowie Erkrankungen des Nasen-Rachen-Raums mit Beteiligung von Nebenhöhlen und Mittelohr.

Zur ***Therapie*** ist eine etwa 4wöchige Anwendung von Zephalosporinen wie Cefotaxim oder Rocephin wegen zunehmender Resistenzen dem Ampicillin vorzuziehen. Auch Fluorchinolone sind gut wirksam.

***Ulcus molle,*** eine venerische Lokalinfektion vorwiegend der Tropen, wird durch ***Haemophilus ducreyi*** ausgelöst. Dieser verursacht Geschwürsbildung mit Lymphangitis und erheblichen Lymphknotenschwellungen (Bubonen) mit Fistel- und Geschwürsbildung. Zur ***Therapie*** sind Kotrimoxazol oder Erythromycin geeignet.

## 20.3.9 Erkrankungen durch Klebsiellen

Klebsiellen sind weltweit verbreitet. Sie sind Teil der normalen Darmflora und häufig im Nasen-Rachen-Raum und auf der Haut Gesunder zu finden.

***Klebsiella ozaenae*** verursacht Ozaena und Rhinitis atrophicans foetida. ***Klebsiella rhinoscleromatis*** ist der Erreger des Rhinoskleroms.

***Klebsiella pneumoniae*** ist Erreger von Pneumonien. Die Häufigkeit der Erkrankung nimmt zu, wozu invasive klinische Methoden beitragen. Die Pneumonien kommen deszendierend von der Besiedlung der Bronchialschleimhaut und häufig durch Aspiration von Erbrochenem (Alkoholiker) zustande. Klinisch unterscheidet sich die Klebsiellenpneumonie nicht von anderen bakteriellen Pneumonien. Sie kann lobär und bronchopneumonisch auftreten. Auf dem Blutweg kommt es zu Entzündungen anderer Organe, etwa der Meningen, der Gallenwege und der Niere.

**Antibiotikaprophylaxe, die Klebsiellen nicht trifft, kann ein Terrain dafür schaffen.**

Zur ***Therapie*** werden Kombinationen von Zephalosporinen oder Aminopenizillinen mit Aminoglykosiden angewendet. Auch Fluorchinolone sind wirksam. Resistenzbestimmungen sind erforderlich.

## 20.3.10 Erkrankungen durch Chlamydien

Chlamydien sind obligat intrazellulär wachsende Bakterien.

### Erkrankungen durch Chlamydia psittaci

Chlamydia psittaci, der Erreger von ***Psittakose (Ornithose)*** wird vorwiegend von Vögeln, aber auch Säugetieren auf den Menschen übertragen. Er löst sog. atypische Pneumonien aus. Die Erkrankung ist selten. Bei Vogel- oder Geflügelhaltern ist bei einer Lungeninfektion an Chlamydien zu denken. Übertragung erfolgt mit Staub von Federn, getrockneten Exkrementen, Sekreten oder durch Schmierinfektion. Übertragung von Mensch zu Mensch ist möglich. Die Infektion kann viele Organe befallen (Tabelle 20.2). Die Inkubationszeit beträgt

**Tabelle 20.2.** Extrapulmonale Erkrankungen durch Chlamydia psittaci

| | |
|---|---|
| Herz: | Myokarditis, Perikarditis, Endokarditis mit Klappenbefall |
| Nervensystem: | Lymphozytäre Meningitis, Enzephalitis |
| Abdomen: | Hepatitis, Pankreatitis |
| Nieren: | Nierenentzündung, akutes Nierenversagen |
| Blut: | Coombs-positive hämolytische Anämie, Infektanämie |

meist 7–14 Tage. Danach kann es zu Pneumonien kommen, die wenig physikalische Symptome, aber deutliche Röntgenveränderungen machen. Die typhöse Verlaufsform bietet Fieberkontinua und schwere Benommenheit. Die Beteiligung des Herzens als Myokarditis kann letal sein. Die Diagnose wird durch Komplementbindungsreaktion gesichert. Differentialdiagnostisch müssen andere Erreger „atypischer Pneumonien", Typhus, Meningoenzephalitis und Sepsis ausgeschlossen werden.

Als ***Therapie*** werden Tetrazykline, z.B. Doxyzyklin 200 mg täglich, gegeben.

**Erkrankungen durch Chlamydia trachomatis**

Die Erreger werden nur von Mensch zu Mensch übertragen. Einzelne Serogruppen sind Erreger des ***endemischen Trachoms,*** das weltweit Hauptursache von Erblindungen ist.

Andere Serogruppen sind verantwortlich für die Mehrzahl auf sexuellem Weg übertragener ***Entzündungen des Urogenitaltrakts*** bei Männern und Frauen und sind eine der Ursachen für das Reiter-Syndrom (s. Kap. 13).

***Lymphogranuloma venereum*** ist eine sexuell übertragene Erkrankung durch weitere Serotypen mit Bläschen oder Ulkus am Penis, der Vaginal- oder Rektumschleimhaut und erheblichen Lymphknotenschwellungen in Genitalregion und Becken. Die Erkrankung wird meist aus warmen Ländern eingeschleppt. Diagnostik erfolgt mittels Direktnachweis und Serologie. Differentialdiagnostisch ist heute an ein Lymphadenopathiesyndrom bei HIV-Infektion zu denken.

Die ***Therapie*** der Chlamydia-trachomatis-Infektionen besteht in Gabe von Tetrazyklinen oder Sulfonamiden.

## 20.3.11 Erkrankungen durch Mykoplasmen

Mykoplasmen sind Erreger „atypischer Pneumonien" und rangieren bei bakteriellen Pneumonien hinter Pneumokokken und Legionellen. Erkrankungen treten auch endemisch und epidemisch gehäuft auf. Die Inkubationszeit beträgt 9–12 Tage, maximal 3 Wochen. Die Übertragung erfolgt durch Tröpfcheninfektion.

**Klinik.** Die Erkrankung beginnt als Infektion der oberen Luftwege mit hohem Fieber, Leukozytose und erheblichem Husten. Physikalische Befunde über der Lunge sind gering, während der Röntgenbefund deutlich ist, häufig mit multifokalen Pneumonien. Die Diagnose wird serologisch gesichert. Zahlreiche bakteriell und immunologisch ausgelöste Manifestationen finden sich an anderen Organen (Tabelle 20.3).

**Tabelle 20.3.** Erkrankungen durch Mycoplasma pneumoniae

| Organe | Manifestationen |
|---|---|
| Thorax | Pneumonie, Pleuritis, Lungenabszeß, Myo- und Perikarditis |
| Abdomen | Leberentzündung, Pankreatitis, Durchfälle |
| Nieren | Nierenentzündung (selten) |
| Haut | Urtikaria, Erythema nodosum und multiforme, Stevens-Johnson-Syndrom |
| Skelett | Mono- und Polyarthritis |
| Blut | Immunhämolytische Anämien (Coombs-positiv oder negativ), Thrombozytopenie, Lymphadenitis |
| Nervensystem | Meningitis, Meningoenzephalitis, (Querschnitts-) Myelitis, periphere und Hirnnervenlähmungen, Guillain-Barré-Syndrom |
| Ohr | Bullöse Trommelfellentzündung |

**Therapie.** 14tägige Behandlung mit Erythromycin oder Tetrazyklinen.

Mycoplasma hominis Typ I und Erreger der Gattung Ureaplasma können sexuell übertragene Erkrankungen des Urogenitaltrakts auslösen.

## 20.3.12 Erkrankungen durch Legionellen

Legionellen sind akute Erkrankungen, die als fieberhafte Erkältungskrankheit ***(Pontiac-Fieber)*** oder als ***Legionärskrankheit,*** vorwiegend eine schwere Lungenentzündung, ablaufen. Legionellen sind die zweithäufigsten Erreger bakterieller Lungenentzündungen und auch Ursache nosokomialer Pneumonien. Sie sind weltweit verbreitet. Bevorzugter Standort ist Wasser. Keimreservoire sind vorwiegend Warmwassersysteme und Badegewässer im Freien und in geschlossenen Räumen. Die Erreger werden mit der Atemluft aufgenommen; fein versprühtes Wasser und die Abluft von Klimaanlagen sind besonders gefährlich. ***Initialsymptome*** sind Fieber mit Schüttelfrösten, Übelkeit und Muskelschmerzen. Massive Durchfälle und Verwirrtheitszustände können auftreten. Typisch sind Thoraxschmerzen, Atemnot, schwerer Husten, massives, gelegentlich blutiges Sputum, dichte Pneumonien, die häufig vom Ausgangsherd auf mehrere Lappen übergreifen, hohes Fieber mit relativer Bradykardie und Leukozytose. Leukopenie ist prognostisch ungünstig. Frühe diagnostische Methoden sind ELISA, Erregerzüchtung, mikroskopischer Erregernachweis in Sputum und Biopsiematerial und Nachweis von Legionellenantigenen im Urin. Die ***Therapie*** besteht in Erythromycin 4mal täglich 500–1000 mg i.v., meist kombiniert mit Rifampicin 2- bis 4mal täglich 300 mg, besonders in schweren Fällen. Auch Fluorchinolone sind gut wirksam. Die Therapiedauer beträgt ca. 2 Wochen.

## 20.3.13 Erkrankungen durch Rickettsien

***Fleckfieber (englisch „typhus")*** ist die schwerst verlaufende Erkrankung durch Rickettsien (Tabelle 20.4). Sie wird über den Kot von Läusen, bei murinem Fleckfieber von Flöhen übertragen. Krankheitsherde gibt es in Afrika und Südamerika, für murines Fleckfieber in den Tropen und Subtropen. Erregerreservoir des Fleckfiebers ist der Mensch, des murinen Fleckfiebers Ratten und Mäuse. Die Erreger dringen durch Kratzeffekte oder auf Atemwegen ein und setzen sich in den kleinsten Gefäßen fest, wo es zur Vaskulitis kommt. In den Gefäßen kommt es zu den ***Fleckfieberknötchen,*** die in der Haut das Exanthem und den inneren Organen entsprechende Veränderungen verursachen. Die ***Inkubationszeit*** beträgt 7–14 Tage. Die Krankheit beginnt mit hohem Fieber, Kopf- und Gliederschmerzen und ausgeprägter Schwäche. Der Ausschlag erscheint um den 4. Krankheitstag in Form kleinster Roseolen, die vom Rumpf auf die Gliedmaßen übergehen. Schnell entwickelt sich die Fleckfieberenzephalitis mit Somnolenz, Erregungszuständen, Hirnnervenlähmung und extrapyramidalen Störungen. Leber- und Milzbeteiligung sind nachweisbar. Es kommt zu Tachykardie sowohl zerebraler als auch myokarditischer Ursache, die zum Kreislaufverfall führen kann. Die Diagnose gelingt durch Erregerisolierung aus Blut und serologische Untersuchungen. Die ***Therapie*** mit Tetrazyklinen in hoher Dosierung hat die früher äußerst schlechte Prognose verbessert (z. B. Doxycyclin 200 mg täglich i. v.).

Die ***Brill-Zinsser-Krankheit*** ist ein Fleckfieber-Spätrezidiv, das bis zu 30 Jahren nach der Ersterkrankung auftreten kann. An ***Zeckenbißfieber*** ist bei fieberhaften Erkrankungen mit diffusen Exanthemen zu denken, die aus warmen Ländern mitgebracht werden. Die Untersuchung zeigt häufig die Stichstelle der Zecke, die zu einem pfenniggroßen, dunkelüberkrusteten Ulkus wird. Die ***Therapie*** besteht in Tetrazyklinen (2 g/Tag) bzw. Deri-

**Tabelle 20.4.** Vorkommen, Überträger und Diagnostik (einschl. Agglutination von Patientenserum mit Proteus-X-Stämmen) von Rickettsiosen

| Krankheit | Erreger | Vorkommen | Überträger | Serologische Diagnose |
|---|---|---|---|---|
| Fleckfieber | Rickettsia prowazeki | Vereinzelt in Afrika und Südamerika | Läuse | Weil-Felix-Reaktion mit OX 19 u. OX 2, KBR, Agglutination |
| Murines Fleckfieber | Rickettsia mooseri | Tropen und Subtropen | Rattenfloh | Weil-Felix-Reaktion mit OX 19, IIFT, KBR |
| Neuweltliches Zeckenbißfieber | Rickettsia rickettsii | Nord- und Südamerika | Zecken | Weil-Felix-Reaktion mit OX 19, OX 2, IFT, Agglutination, KBR |
| Fièvre butonneuse und andere altweltliche Zeckenbißfieber | Rickettsia conori, sibirica und australica | Mittelmeerraum, Afrika, Südosteuropa, Indien, Australien | Zecken | Weil-Felix-Reaktion mit OX 19 u. OX 2, KBR, Agglutination, IIFT |
| Rickettsienpocken | Rickettsia acari | Herde in Nordamerika, Rußland | Milben | Weil-Felix-Reaktion negativ, KBR, Agglutination, IIFT |
| Wolhynisches Fieber | Rickettsia quintana | Ost- und Südosteuropa | Läuse | – |
| Tshutshugamushi-Fieber | Rickettsia tsutshugamushi | Ferner Osten und Australien | Milben | Weil-Felix-Reaktion mit OX-K |
| Q-Fieber | Coxiella burneti | Weltweit | Tierkontakt, erregerhaltiger Staub | Weil-Felix-Reaktion negativ, KBR, Agglutination, ELISA |

**Tabelle 20.5.** Stadien und klinische Bilder der Lues

| Stadium | Zeitablauf | Manifestationen | Kontagiosität | Nachweis |
|---|---|---|---|---|
| I | 2–6 Wochen post infectionem | Primäraffekt (weicher Schanker), regionale Lymphadenitis | +++ | Dunkelfeldmikroskopie Serologie noch unsicher |
| II | ab ca. 8 Wochen post infectionem | Hämatogene Generalisation: Ubiquitäre Lymphadenitis (Skleradenitis), kleinfleckiges Exanthem besonders an Handinnenflächen und Fußsohlen, Enantheme und Beläge an Zunge, Wangen und Tonsillen, Condylomata lata an Genitale, Damm und perianal, Meningitis und Enzephalitis mit Hirnnervenausfällen, Haarausfall, Arthritis, Hepatitis, Endangiitis (evtl. mit Apoplexie) | +++ | Serologie positiv |
| III Spätlues | 4–10 Jahre post infectionem | Gummen, Knotensyphilome an Haut und Schleimhäuten und Organen; Knochenzerstörung; Gefäßkrankheiten wie Mesaortitis, Aortenaneurysma | 0 | Serologie positiv |
| IV Metalues | Bis zu 30 Jahren post infectionem | Tabes dorsalis, progressive Paralyse | 0 | Serologie (spez. IgG und evtl. IgM) positiv |

vaten, wie Doxycyclin. Das ***Tsutsugamushi-Fieber*** ist eine aus dem fernen Osten oder Australien importierbare Erkrankung mit vorwiegend pneumonischer Symptomatik und diffusem Exanthem.

Das ***Q-Fieber*** ist eine Zoonose. Infizierte Tiere scheiden den Erreger, Coxiella burneti, in Milch, Kot, Urin, Plazenta und Lochien aus. Infektion erfolgt durch Ingestion oder Inhalation getrockneter Exkrete mit dem Staub. Coxiellen können sich jahrelang in trockenem Kot halten. Die Erkrankung ist selten, aber Kleinepidemien kommen vor. Übertragung durch Kontakt mit infizierten Organen oder Zeckenbiß ist selten. Die Inkubationszeit beträgt 2–3 Wochen. Die Erkrankung beginnt mit schwerem Kopfschmerz, der als „Kopfschmerz hinter den Augen“ geklagt wird, Fieber und heftigem Husten mit wenig Sputum. Der physikalische Befund ist im Gegensatz zum Röntgenbefund spärlich. Häufig ist die Leber betroffen, während die Beteiligung der Meningen, des Herzens, der Hoden und der Nebenhoden selten ist. Die Diagnose wird durch serologische Untersuchungen gesichert. Differentialdiagnosen sind andere Pneumonieerreger und Virusgrippe. Die ***Therapie*** besteht in Tetrazyklinen (2 g/Tag) bzw. Derivaten.

## 20.3.14 Erkrankungen durch Spirochäten

### Erkrankungen durch Treponema pallidum

***Treponema pallidum*** verursacht die chronische Infektionskrankheit ***Syphilis,*** die meist durch sexuellen Kontakt, gelegentlich als Schmierinfektion und nichtvenerisch als konnatale oder Transfusionslues erworben wird, eine weltweite Erkrankung, die mit Zunahme der Promiskuität weiter im Ansteigen begriffen ist. Die Erreger dringen durch kleinste Haut- oder Schleimhautläsionen ein. Unbehandelt verursacht die Infektion ein über Jahrzehnte gehendes Leiden mit typischen Stadien (Tabelle 20.5).

**Bei allen unklaren Exanthemen ist die Syphilis in die Differentialdiagnose einzubeziehen.**

Möglichst frühzeitig sind beim geringsten Verdacht serologische Untersuchungen durchzuführen. ***Therapie*** der Wahl ist Penizillin. Im Hinblick auf die langsame Generationszeit der Treponemen ist lange Behandlungsdauer mit relativ niedrigen Dosen nötig, bei Neurolues aber hohe Dosen (14 Tage lang 20 Mio. IE), um die erforderlichen Hemmkonzentrationen im Gehirn und Liquor zu erreichen.

**Tabelle 20.6.** Zeitlicher Ablauf und Manifestationen der Lyme-Borreliose

| Stadium | Zeitablauf nach Arthropodenstich | Manifestationen |
|---|---|---|
| I | Tage bis Wochen | Erythema migrans, häufig nur unspezifische Allgemeinsymptome wie Kopfschmerzen, Muskelschmerzen, Gelenkschmerzen, Übelkeit, Erbrechen und Durchfall, Exanthem, periorbitales Ödem, Konjunktivitis |
| II | Wochen bis Monate | a) Meningopolyneuritis Garin-Bujadoux-Bannwarth: lymphozytäre Meningitis/Enzephalitis, Myelitis, Lähmungen<br>b) Lymphadenitis benigna cutis<br>c) Karditis, Arteriitis, Myositis, Panophthalmitis |
| III | Nach Jahren | a) Progressive Enzephalomyelitis<br>b) Chronisch rezidivierende Arthritis<br>c) Acrodermatitis chronica atrophicans |

Der Stadienablauf wird in zahlreichen Fällen nicht eingehalten. Besonders schwere Arthralgien und Lähmungen können schon frühzeitig auftreten

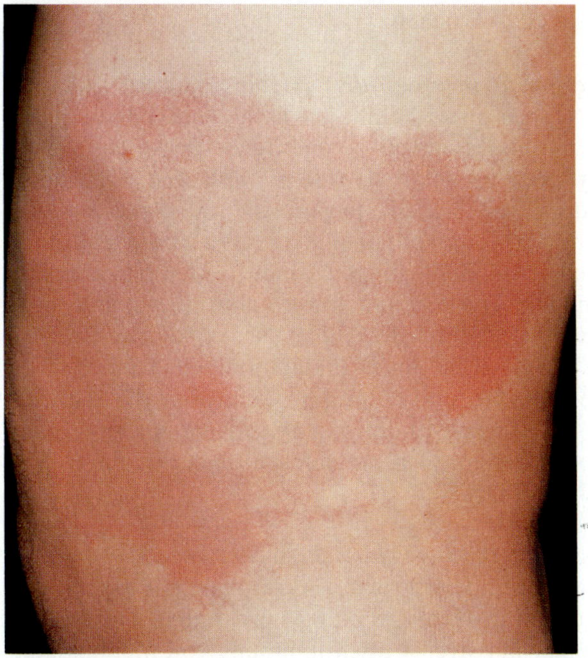

**Abb. 20.3.** Borrelieninfektion, Erythema migrans nach Zeckenstich. Von der Stichstelle sich radial ausbreitendes Exanthem

## Erkrankungen durch Leptospiren

Leptospirosen sind weltweit verbreitete Zoonosen, wobei die Infektion durch direkten oder indirekten Kontakt mit einem Leptospiren ausscheidenden Tier zustande kommt. Die Erkrankungen sind selten (1988 in der BRD 32 Erkrankungen). Leptospirosen sind zyklische Infektionen mit einer Inkubationszeit zwischen 2 und 20 Tagen. Sie verlaufen mit 2 Fieberschüben, einem meist uncharakteristischen Anfangsfieber mit Schienbein- und Wadenschmerzen und dem 2. Fieberschub mit Nephritis, Meningitis und Hepatitis, wobei die fakultative Leberbeteiligung als schlechtes Zeichen gilt. Hypotonie und Bradykardie sind typisch. Am gefährlichsten ist die Infektion durch Leptospira icterohaemorrhagiae. Die Diagnose wird gesichert durch kulturellen Nachweis im Blut, evtl. im Liquor und durch Antikörpernachweis im Serum in der 2. Krankheitswoche.

Die ***Therapie*** sollte bei begründetem Verdacht sofort mit Penizillin 10–20 Mio IE/Tag, alternativ Tetrazyklin, beginnen. Sie versagt häufig, weil in der 2. Phase der Erkrankung bereits immunologische Vorgänge, besonders an der Niere, den weiteren Verlauf bestimmen. Bei Nichtansprechen auf Antibiotika können deshalb Kortikosteroide versucht werden (z. B. Prednisolon 100–250 mg/Tag).

## Erkrankungen durch Borrelia burgdorferi

***Lyme-Borreliose*** ist eine chronische Infektionskrankheit, die mehrere Stadien durchläuft (Tabelle 20.6). Die Übertragung erfolgt durch Zecken, aber auch Stechmücken. Das Reservoir sind Waldtiere. An der Stichstelle entwickelt sich in typischen Fällen eine Primärläsion, von der ein immer größer werdendes ***Erythema migrans*** ausgeht, das zentral abblaßt und in typischen Fällen einer unregelmäßig begrenzten Schießscheibe gleicht (Abb. 20.3). Hier kommt es häufig zu erheblichen Schmerzen und starkem Juckreiz. Entzündliche Erytheme können sich auch an Körperstellen ohne Insektenstich bilden. Die Schmerzen im Stadium II sind heftig. Im Abdominalbereich können Schmerzen wie bei akuter Appendizitis oder akuter Cholezystitis auftreten, die sogar zu probatorischen Eingriffen führen. Erkrankungen des Stadiums II können auch ohne vorausgehendes Erythema migrans auftreten. Zur Sicherung der Diagnose sind mikrobiologische und serologische Untersuchungen angezeigt.

**Negative Serologie schließt eine Lyme-Borreliose nicht aus.**

**Therapie.** In Stadium I sind Tetrazykline, Penizilline oder Erythromycin, in Stadium II und III 20 Mio. IE Penizillin/Tag, Ceftriaxon 4 g/Tag oder Cefotaxim 6 g/Tag i. v. jeweils 14 Tage lang zu geben. Auch bei ausreichender Frühtherapie kann es nach langer Latenz Manifestationen des Stadiums III geben. Zur Lyme-Arthritis s. Kap. 13.

### 20.3.15 Erkrankungen durch Bruzellen

Die ***Bang'sche Krankheit*** wird durch Brucella abortus vom Rind, ***Maltafieber*** durch Brucella melitensis von Schaf und Ziege, ***Bruzellosen*** durch Brucella suis vom Schwein und Brucella canis vom Hund übertragen. Es handelt sich dabei um zyklische Infektionen, die klinisch als akute Erkrankungen mit Übergang in Chronizität oder als primär-chronische Krankheiten imponieren. Bruzellosen sind in der Landwirtschaft in der BRD aufgrund guter Hygiene sehr selten (1988 33 Fälle). Sie werden hauptsächlich aus fremden Ländern oder durch fremdländische Nahrungsmittel, z. B. Käse aus mediterranen Ländern, importiert. Außer Verzehr kontaminierter Nahrung ist Kontakt mit kranken Tieren ansteckend. Deshalb sind Tierärzte, Landwirte usw. gefährdet.

Die ***Inkubationszeit*** beträgt meist 1–3 Wochen bis zu mehreren Monaten. Es entsteht eine epitheloidzellige Granulomatose mit Fieberschüben (Febris undulans) und Organmanifestationen an Leber, Milz, Lymphknoten, Gefäßsystem, Atmungsorganen und Urogenitalsystem (Orchitis, Epididymitis, Salpingitis etc.), Pyelonephritis und Arthritiden. Folge von Sepsis sind Endokarditiden, Osteomyelitiden (Fall 20 B) und die Neurobruzellose, die häufig von Osteomyelitiden übergreifend entsteht.

Die ***Diagnose*** sollte durch Blutkulturen gesichert werden. Sonst stehen serologische Methoden zur Verfügung. Antigengemeinschaft mit Yersinien, Tularämie und Choleraimpfstoff ist zu beachten. Wichtige Differentialdiagnosen sind Malaria, Typhus, Miliartuberkulose, Q-Fieber und Sepsis anderer Genese.

Die ***Therapie*** besteht in Kombination von Tetrazyklinen (täglich 2 g Oxytetracyclin oder 200 mg Doxycyclin) mit Streptomycin (täglich 2mal 0,5 g) und in septischen Fällen mit Rifampicin (tägl. 600–900 mg). Auch Fluorchinolone sind wirksam. Die Therapiedauer beträgt ca. 6 Wochen.

### 20.3.16 Erkrankungen durch Neisserien

***Neisseria gonorrhoeae (Gonokokken)*** verursachen die Gonorrhöe, eine vornehmlich sexuell übertragene Erkrankung besonders der Genitalregion. Extragenitale Manifestationen kommen vor. Sie ist die häufigste, weltweit verbreitete Geschlechtskrankheit, die seit Jahren wieder zunimmt. Die nur menschenpathogenen Gonokokken verursachen Schleimhauterkrankungen insbesondere der Harnröhre und bei Frauen des Zervixkanals. Auch die Rektumschleimhaut kann befallen sein. Die Krankheit neigt zum Übergang in ein chronisches Stadium und zur Sepsis mit Befall zahlreicher Organe und Organsysteme. Es kommt zu Gelenkentzündungen, Meningitiden, Endokarditiden und Perihepatitis, die erhebliche differentialdiagnostische Schwierigkeiten macht. Primäre Gonokokkeninfektion der Mundhöhle kommt vor. Die ***Diagnose*** wird mikroskopisch durch Gramfärbung von Abstrichen gestellt. Der Erregernachweis bei der Frau gelingt schlechter; deshalb sind Kulturen anzulegen. Die ***Therapie*** ist wegen häufiger Penizillinresistenz jetzt mit einmaliger parenteraler Gabe von Zephalosporinen oder Spectinomycin oder einer einmaligen oralen Gabe eines Fluorchinolons durchzuführen. Bei chronischer Form sollte grundsätzlich nach Antibiogramm langfristig behandelt werden, bei Endokarditis wenigstens 4 Wochen.

***Neisseria meningitidis*** (Meningokokken) können sich schnell entwickelnde zyklische Infektionen auslösen, die als Meningitis, Waterhouse-Friderichsen-Syndrom oder als sekundäre Sepsis ablaufen. Sie sind in Ländern mit hohem hygienischem Standard selten (1988: 495 Meningitiden in der BRD). Unter schlechten hygienischen Bedingungen kommt es häufig zu Epidemien. Die Tröpfcheninfektion kann eine blande oder leichte Infektion lediglich im Nasen-Rachen-Bereich, aber auch nach einer Inkubationszeit von wenigen Tagen eine Generalisationsphase auslösen, die entweder zum Waterhouse-Friderichsen-Syndrom mit septischem Schock oder zur Organmanifestation an Meningen und der Haut führt.

Das ***Waterhouse-Friderichsen-Syndrom*** ist eine plötzlich einsetzende schwerste Erkrankung mit Schock und Blutungen in Haut (Abb. 20.4) und innere Organe, die auf einer massiven Einschwemmung von Meningokokken und von ihnen produzierten Toxinen in die Blutbahn beruht. Die Verbrauchskoagulopathie führt zu Neben-

## FALL 20 B

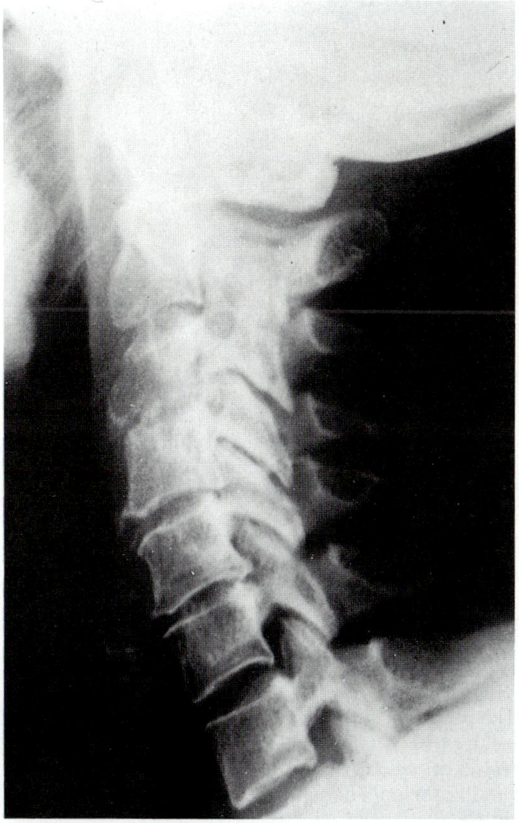

Abb. 20 B. Spondylitis der Halswirbelsäule bei Maltafieber

**Anamnese.** Die 63jährige Patientin lebte seit 6 Jahren in einer ländlichen Gegend in Spanien. Lebensmittel kaufte sie bevorzugt direkt bei einheimischen Bauern, darunter auch Ziegenmilch und Ziegenmilchprodukte. Während eines Besuches in Deutschland sei bei Fieber und Kreislaufbeschwerden ein Malta-Fieber diagnostiziert und mit Tetrazyklinen als Monotherapie behandelt worden. 5 Monate nach der Entlassung traten erneut Fieber, starke linksbetonte Schmerzen im Nacken und beiden Schultern auf. Sie wurde wegen Verdachts auf Neurobruzellose wieder mit Tetrazyklinen behandelt.

**Befunde.** Vollorientierte, schwer kranke, fast kachektische Frau (41 kg bei 163 cm Körpergröße). Unsicherer Gang. Starker Schwindel. Herz-Kreislaufsituation befriedigend. EKG und Röntgenthoraxbefund unauffällig. HWS stark bewegungseingeschränkt und -schmerzhaft. Heftige, in die Oberarme einschießende Schmerzen. Parästhesien in beiden Händen. Reflexabschwächung am linken Arm und Verminderung der groben Kraft beidseits.

Laborbefunde bei Aufnahme: BKS 6/21 n. W., Hb 12,5 g/dl, Erythrozyten 3,24 Mio./μl, Leukozyten 6300/μl, Differentialblutbild unauffällig, Leber- und Nierenfunktionswerte normal. Gesamteiweiß 5,8 g/dl, Elektrophorese: $\alpha_2$-Globulin 9,5%, $\gamma$-Globuline 21,1%. Liquor: Eiweiß 58 mg/dl, Elektrophorese im Bereich der Norm, Zucker 76 mg/dl, Zellzahl 30/3 (Lymphozyten). Röntgenuntersuchung einschließlich Tomogramm der HWS: Osteolysen am 3. und 4. HWK und Verschmälerung des Intervertebralraums $C_3/C_4$ im Sinne einer Spondylitis.

Serologie: Agglutination gegen Brucella melitensis 1 : 800 ( + }, KBR 1 : 160 ( +++ ).

**Diagnose.** Spondylitis brucellosa bei Maltafieber. Reizmeningitis, Radikuloneuritis (mechanisch bedingt?)

**Therapie und Verlauf.** Unter der damaligen Standardtherapie mit Streptothenat (insgesamt 48 g), Doxycyclin (insg. 90 g) und Sulfonamiden kam es zur langsamen Besserung. Nach 3 Monaten Therapie deutlicher Rückgang der neurologischen Störungen und zunehmende Konsolidierung der Knochenstrukturen. Im weiteren Verlauf sind neurologische Defizite und Schmerzen völlig verschwunden.

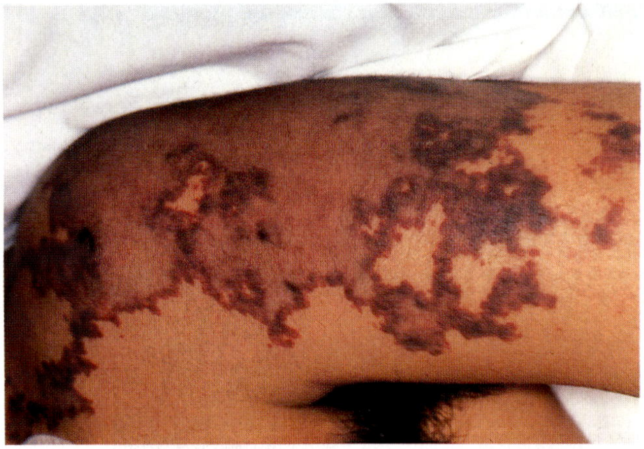

**Abb. 20.4.** Meningokokkeninfektion. Großflächige Hautblutungen bei Waterhouse-Friderichsen-Syndrom mit Kreislaufschock, Schocklunge, Nierenversagen. Ausgedehnte Blutungen dieser Art können auch bei Blutungsübeln anderer Genese vorkommen, dann fehlen aber die Infektions- und Schocksymptome

nierenrindenblutungen mit Nebenniereninsuffizienz, die die Kreislaufsituation weiter verschlechtert.

**Die Trias von plötzlichem Beginn, Entwicklung eines Schocks und feinfleckigen bis großflächigen Hautblutungen muß vor mikrobiologischem Nachweis von Meningokokken Anlaß zu sofortiger antibiotischer Therapie mit 20–40 Mio. IE Penizillin/Tag sein.**

Zusätzlich zu Penizillin sind Kortikosteroide in hoher Dosierung parenteral zu geben. Intensivmedizinische Behandlung besonders auch der Verbrauchskoagulopathie ist nötig. Trotz dieser Maßnahmen ist bei spätem Behandlungsbeginn der fatale Ausgang meist nicht zu verhindern. Die Störung der Durchblutung wie die massiven Hämatome können zu Gangrän und sekundärem Gliederverlust führen. Das klinische Bild der eitrigen Meningokokkenmeningitis unterscheidet sich nicht von dem anderer bakterieller Meningitiden. Meningokokkensepsis kann von den Organmanifestationen ausgehen. Sie spricht auf antibiotische Therapie gut an. Bei Penizillinallergie werden Zephalosporine verwendet. Zur Umgebungsprophylaxe (Kontaktpersonen, besonders Kinder) ist Rifampicin oral täglich 0,6 g beim Erwachsenen, 10 mg/kg bei Kindern, 2–4 Tage zu empfehlen.

## 20.4 Spezielle Infektionsprobleme

E. Holzer

### 20.4.1 Bakterielle Hirnhautentzündungen

***Eitrige Meningitis*** ist eine meist schwer verlaufende entzündliche Erkrankung der Hirnhäute. Sie hat in der Bundesrepublik eine Inzidenz von 3:100 000 Einwohner und Jahr. Die Erreger kommen auf verschiedenen Wegen ins Schädelinnere (Tabelle 20.7). Die Anamnese bei eitrigen Meningitiden ist kurz; es dauert lediglich Stunden bis Tage zur Entwicklung des typischen Krankheitsbildes. Bei Sepsis entstandene Meningitiden beginnen meist mit Schüttelfrost. Typische Symptome sind Fieber, Kopfschmerzen, positive Meningendehnungszeichen (Brudzinski-Zeichen, Kernig-Zeichen, Nackensteife und Jagdhundstellung: der Kopf läßt sich weder aktiv noch passiv nach vorn beugen). Bei Bewußtlosigkeit können die Nackensteife fehlen und die Meningendehnungszeichen wenig ausgeprägt sein. Es besteht Leukozytose mit Linksverschiebung und erhebliche Senkungsbeschleunigung. Das hohe Fieber kann bei immundefizienten Patienten

**Tabelle 20.7.** Pathomechanismen eitriger Meningitiden

| Grundkrankheit | Hauptsächlicher Erreger | Infektionsweg |
|---|---|---|
| Zyklische Infektionskrankheit | Meningokokken, Haemophilus influenzae, Pneumokokken, Leptospiren, Rickettsien | Stadium der Organmanifestation |
| Sepsis | Staphylokokken, Streptokokken, Pneumokokken, Enterobakterien | Metastatisch hämatogen |
| Fortleitung von Nasennebenhöhlen, Mittel- bzw. Innenohr, Liquorfisteln, nach Schädeltraumen | Aerobe u. anaerobe Erreger, von Nebenhöhlen meist Pneumokokken, bei Verletzungen häufig Schmutzkeime | Vorgegebene (Lamina cribrosa-Fissuren und Traumen), auch chirurgisch entstandene Verbindungen extra-intrakraniell |

**Tabelle 20.8.** Liquorbefunde bei eitriger Meningitis

| |
|---|
| Granulozytäre Pleozytose bis >$10^5$/3 Zellen |
| Erhöhter Eiweißwert (normal bis 45 mg/dl) |
| Erniedrigter Zuckerwert <$^1/_3$ des gleichzeitigen Blutzuckers |
| Erhöhter Laktatwert >4,5 mmol/l |
| Erregernachweis |

(hohes Alter, Alkoholiker) fehlen. Die Diagnose wird immer aus dem durch Lumbal- oder Subarachnoidalpunktion gewonnenen ***Liquor*** gestellt. Sie kann häufig bereits durch die Betrachtung des Liquors gesichert werden: trüber, gelblicher Liquor ist typisch. Bei klarem Liquor mit mäßiger Pleozytose kommen von bakteriellen Erregern die Tuberkulose, Bruzellose oder Listeriose in Frage. Da das Krankheitsbild bei verschiedenen Erregern identisch ist, haben schnelle Methoden zur Erregerdiagnostik Bedeutung: direkte Bakterioskopie im gefärbten Präparat, Latexschnelltests, Gegenstromelektrophorese und ELISA mit Liquor. Im Liquor sind Zellzahl, Eiweiß, Zucker und Laktatwert verändert (Tabelle 20.8). Außer Liquorkulturen sollen auch Blutkulturen für einen Erregernachweis angelegt werden.

**Nach der Diagnose einer eitrigen Meningitis ist sofort die Therapie zu beginnen. Die Prognose steht und fällt mit dem rechtzeitigen Beginn.**

Nach eigenen Erfahrungen bewährt sich beim Erwachsenen ***Kombination*** von Ampicillin und einem sicher staphylokokkenwirksamen Penizillin, wie Dicloxacillin oder Flucloxacillin, als ***Initialtherapie,*** die nach Erregerdiagnose modifiziert werden kann. Als Initialtherapie werden auch Zephalosporine wie Cefotaxim, Ceftriaxon u.a. vielfach empfohlen. Dosierung ist z.B. 3mal 5 g Ampicillin plus 3mal 2 g Dichlorstapenor/Tag i.v., Cefotaxim 4mal 2–3 g/Tag. Sind in der Bakterioskopie Pneumo- oder Meningokokken erkennbar, besteht die Initialtherapie in 20 Mio. IE Penicillin/Tag. Nach Therapiebeginn sind in allen Fällen eitriger Meningitis (ausgenommen solcher durch Meningokokken) sorgfältige ***radiologische Untersuchungen*** des Schädels mit Übersichts- und Nasennebenhöhlenaufnahmen und ggf. konventionellen und Computertomogrammen durchzuführen, um Hinweise auf Fortleitung aus dem HNO- oder Neurochirurgiebereich zu erhalten. Im positiven Fall ist die schnelle operative Sanierung zwingend.

## 20.4.2 Tuberkulöse Meningoenzephalitis

Die durch ***Mycobacterium tuberculosis*** ausgelöste Entzündung, meist eine Meningoenzephalitis, betrifft vorwiegend die Hirnbasis. Sie beginnt selten hochakut, meistens schleichend. Sie entsteht im Rahmen der Generalisierung eines alten tuberkulösen Herdes, selten bei Sepsis tuberculosa nach Erstkontakt mit Tuberkelbakterien vorwiegend bei jungen Menschen. Anamnestisch sind eine frühere Tuberkulose und Erkrankungen in der Umgebung wichtig. Während die Krankheitszeichen mit denen anderer bakterieller Meningitiden weitgehend identisch sind, sind Hirnnervenlähmungen, besonders des N. abducens, typisch. Die Liquorpleozytose wird vorwiegend durch Lymphozyten verursacht. Initial und bei akuten Schüben kommt auch Granulozytenerhöhung vor. Die Liquorzuckererniedrigung und die Erhöhung der Zellzahlen sind weniger deutlich als bei eitriger Meningitis (bis ca. $10^3$/3 Zellen). Der Direktnachweis von Tuberkelbakterien im Liquor gelingt selten.

**Die Konstellation mäßige Zellzahlerhöhung, deutlich vermehrtes Liquoreiweiß, erniedrigter Liquorzucker, erhöhtes Liquorlaktat, Störungen des Verhaltens oder des Bewußtseins, Hirnnervenausfälle sowie Meningitiszeichen muß unbedingt den Verdacht auf eine tuberkulöse Meningitis auslösen.**

Auch bei noch nicht gesicherter Diagnose ist bei der beschriebenen Konstellation ***unverzüglich*** eine drei- oder viergleisige tuberkulostatische Therapie einzuleiten. Da es sich um eine exsudative Tuberkulose handelt, wird die Therapie (s. 20.5) anfangs mit Glukokortikoiden kombiniert, z.B. Prednisolon 0,5–1 mg/kg KG/Tag oral.

Differentialdiagnosen sind Kryptokokkenmeningitis, Listerienmeningitis, Neurobruzellose und virale Enzephalomeningitiden.

## 20.4.3 Sepsis und septischer Schock

Der 1914 von Schottmüller geprägte Begriff Sepsis wurde von Höring und Pohle modifiziert: „Sepsis ist der pathogenetische Sammelbegriff für alle Infektionszustände, bei denen, ausgehend von einem Herd, konstant oder kurzfristig-periodisch Erreger in den Blutkreislauf gelangen und bei denen die klinischen Folgen dieses Geschehens das Krankheitsbild auf die Dauer beherrschen.“ Sepsis allein ist keine klinische Diagnose. Erreger und

Primärherd müssen bezeichnet werden. Jede Lokalinfektion kann zur Sepsis führen. Von der lokalen Infektion ausgehend, kann es hämatogen zu septischen Absiedlungen in andere Organe kommen. Von dort ist eine weitere Keimstreuung möglich, so daß neue Sepsisherde entstehen. Die ***Anamnese*** mit vorausgehenden Verletzungen, Eiterungen, Verbrennungen oder operativen Eingriffen führt bei hochfieberhaften Prozessen zur Verdachtsdiagnose. Das ***Fieber*** ist remittierend oder intermittierend und geht häufig mit Schüttelfrösten einher. Bei subakut verlaufenden Formen sind es unregelmäßige Temperatursteigerungen. Der Beweis für eine Sepsis sind Keime in der Blutkultur, wobei mindestens 5 Blutkulturen entweder in Abständen von $^1/_2$–1 h oder bei protrahiertem Verlauf an mehreren Tagen abgenommen werden müssen. Die beste Keimausbeute hat man im Fieberanstieg und beim beginnenden Schüttelfrost. Bei der ***Blutuntersuchung*** findet man die Veränderungen akuter Entzündungen. Meist entwickelt sich eine Infektanämie. Im übrigen wird das Krankheitsbild von den befallenen Organen bestimmt. Eine Sonderform der Primärlokalisation ist die Besiedlung von Fremdmaterialien, z. B. Verweilkathetern, die zur Diagnostik oder Therapie in Gefäße oder Organe eingebracht werden. Sie werden bevorzugt von Staphylokokken oder Pilzen besiedelt. Da die Beseitigung des Sepsisherdes die Idealtherapie jeder Sepsis ist, sollten solche Fremdkörper nach Möglichkeit entfernt werden. Sonst muß gezielt hoch dosiert antibiotisch therapiert werden. Neben der antibiotischen Therapie sind alle notwendigen Maßnahmen der Allgemein- und Intensivtherapie durchzuführen.

Der ***septische Schock*** tritt in einem hohen Prozentsatz von Sepsis durch gramnegative Erreger auf. Er wird durch Endotoxine ausgelöst. Dem Kreislaufverfall geht meist eine hyperdyname Phase mit schnellem Puls, gutem Blutdruck und guter Hautfarbe voraus. In den folgenden Phasen kommt es zu einem Multiorganversagen, wobei die Verbrauchskoagulopathie lebensentscheidend werden kann. Das Multiorganversagen ist intensivmedizinisch zu behandeln. Die initiale Heparintherapie zur AT-III-Aktivierung und Substitution mit AT-III- und Fresh-frozen-Plasma kann die Verbrauchskoagulopathie verhindern oder bessern. Gaben von Immunglobulinen mit hohem Anteil an IgM scheinen die Krankheit günstig zu beeinflussen.

### 20.4.4 Erkrankungen durch Mycobacterium leprae

***Lepra*** (Aussatz) ist eine ***chronische Infektionskrankheit.*** Bevorzugte Manifestationsorte sind Haut und periphere Nerven. Die Ansteckungsfähigkeit ist gering. Die säurefesten Erreger werden sowohl intrazellulär (z. B. Makrophagen) als auch extrazellulär je nach Krankheitsform zahlreich oder ganz vereinzelt gefunden. Die Zahl der Leprakranken wird weltweit auf 10–20 Millionen geschätzt. Die Krankheit ist in Ländern mit gutem hygienischen Standard praktisch verschwunden. Hauptverbreitungsgebiete sind Zentralafrika, der indische Subkontinent und Ozeanien. In die Bundesrepublik werden Krankheiten durch Tropenrückkehrer, Gastarbeiter und Besucher eingeschleppt.

Die Erreger werden von Mensch zu Mensch übertragen, wobei intensiver Kontakt über lange Zeit nötig ist. Die Übertragung erfolgt durch Tröpfchen oder Haut-zu-Haut-Kontakt. Die Inkubationszeit beträgt meist Jahre, in seltenen Fällen Monate. Die Fähigkeit zur zellulären Immunabwehr nach Infektion ist entscheidend für die Krankheitsform. ***Lepra lepromatosa*** ist die Form bei Anergie mit diffuser Ausbreitung und zahlreichen Bakterien. ***Lepra tuberculoides*** ist die Form bei Hyperergie mit zahlreichen Granulomen (Epitheloidzellen, Riesenzellen) und spärlichem oder negativem Bakteriennachweis. ***Borderline-Lepra*** (Lepra indeterminata) ist eine Zwischenform.

Bei Lepra lepromatosa finden sich symmetrisch verteilte, flache bis knotige Infiltrate, Maculae, die Facies leontina (Abb. 20.5) und Vergrößerung der Ohrläppchen sowie Verlust der Augenbrauen. Verdickung oberflächlicher Nerven mit sensiblen Störungen und Verlust der Schmerzempfindung kann bei Verletzungen und Sekundärinfektionen zu Verstümmelungen führen. Beteiligung der Augen wie Iridozyklitis, Pannus oder Skleritis können zur Erblindung führen. Akute Exazerbationen treten spontan oder als Reaktion auf die Therapie besonders mit Dapson auf. Sie werden als Leprareaktionen bezeichnet.

Lepra tuberculoides ist gekennzeichnet durch unsymmetrisches Auftreten von Verdickungen oberflächlicher Nerven mit neurologischen Störungen, erythematösen oder depigmentierten hypästhetischen Hautherden, Haarausfall, Störungen der Schweißsekretion, aber ohne Befall innerer Organe (Fall 20C).

Die notwendige ***Langzeittherapie*** der chronischen Infektion wird als Kombinationstherapie durchgeführt,

## FALL 20 C

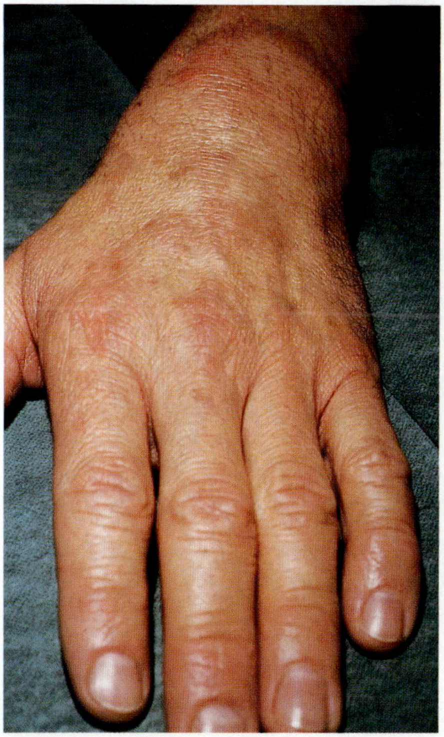

**Abb. 20 C.** Lepra tuberkuloides

**Anamnese.** Der sportlich gut trainierte und in bester körperlicher Verfassung befindliche 46jährige Mann bemerkte 2 Monate vor der Aufnahme eine ringförmige weiche Hautinfiltration an der Außenseite des linken Unterarms, die immer derber wurde. Dann traten distal davon, besonders über dem Handgelenk, schmerzhafte Hypästhesie und Parästhesien auf. Dort kam es später zu flächigen rötlichen Hautinfiltrationen. Kurz vor der Aufnahme traten auch neben der Mamille und an der Flanke links Infiltrationen auf. Der Patient war in den vorangehenden 12 Jahren jeweils mehrere Wochen 11mal in Afrika und 2mal in Indonesien gewesen.

**Befunde.** Kein Fieber, kein Ikterus. Kein krankhafter Befund an inneren Organen zu erheben.

Haut des linken Unterarms und des Handgelenkbereichs: Mehrere knotige kleine Infiltrate und ein größeres ringförmiges Infiltrat. Ein 30×28 mm großes Infiltrat unterhalb des Ellbogens. Rötliches Infiltrat von 6×9 mm neben der Mamille, ähnliches Infiltrat von 16×18 mm an der Flanke links. Der N. ulnaris war als deutlicher Strang ca. 5 cm oberhalb des Ellbogengelenks tastbar.

**Laborbefunde.** BKS 6/11 n. W., Hb 17 g/dl, Erythrozyten 5,4 Mio/µl, $Hb_E$ 31,5, Leukozyten 5100/µl, davon 1% Stabkernige, 38% Segmentkernige, 57% Lymphozyten (mit Reizformen), 4% Monozyten, Gesamteiweiß 6,9 g/dl mit Elektrophorese im Normbereich. Immunglobuline IgA, IgM, IgG im Normbereich.

**Pathologisch-histologische Untersuchungen.** Ältere Infiltrate: Chronisch granulomatöse Entzündung, vereinbar mit tuberkuloider Lepra, Morbus Boeck oder Tuberkulose. Frisch aufgetretene Infiltrate: Zahlreiche epitheloidzellige und epitheloidriesenzellige Granulome. Die Anordnung der Granulome entlang der Hautanhangsgebilde, der Gefäße und Nerven ist vereinbar mit einer tuberkuloiden Lepra. In der Ziehl-Neelsen-Färbung finden sich ganz vereinzelt säurefeste Stäbchen.

**Diagnose.** Frische Lepra tuberculoides

**Therapie und Verlauf.** Mit Zweifachtherapie völlige Abheilung innerhalb eines halben Jahres.

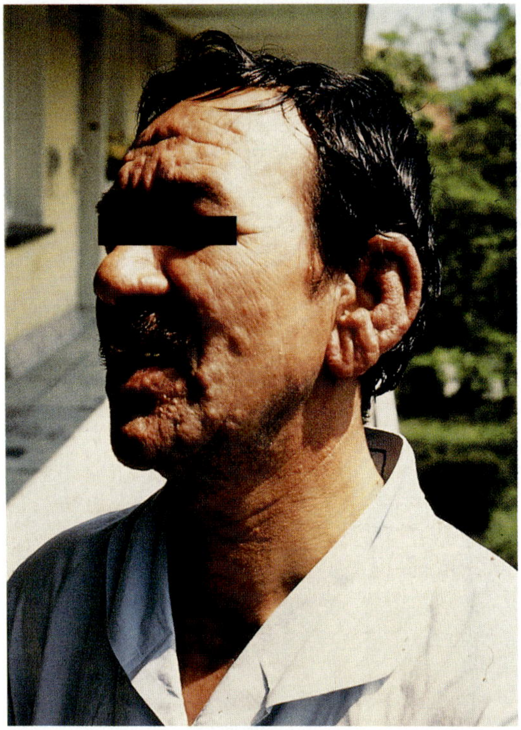

**Abb. 20.5.** Infektion durch Mycobacterium leprae. Lepra lepromatosa: Typische knotige Hautveränderungen im Gesicht und am Ohr. Akute Exazerbation bei einem türkischen Gastarbeiter mit hohem Fieber und Zunahme der Hauterscheinungen nach Arbeitsaufnahme in Deutschland

bei bakteriämischen Fällen mit Rifampicin, Clofazimin (Lampren) und Dapson. Je nach Ansprechen werden auch Ethionamid, Prothionamid oder INH eingesetzt. Die Therapiedauer beträgt mindestens 2 Jahre, bei bakterienarmen Fällen genügt eine halbjährige Zweifachtherapie mit Rifampicin und Dapson. Bei Leprareaktionen wirken Thalidomid, Kolchizin, Kortison und andere entzündungshemmende Mittel.

## 20.5 Tuberkulose

K. H. Bergstermann

Die Tuberkulose, die „weiße Pest" der Frühindustrialisierung, eine überwiegend mit Lungenbefall durch ***Tuberkelbakterien*** verursachte Infektionskrankheit, läuft meist in Schüben ab. Nach der Infektion kommt es zur Ausbildung des ***Primärkomplexes,*** dem Reservoir für intrazellulär überlebende Mykobakterien. Hieraus kann nach wechselnden Zeiträumen, meist hämatogen, eine Streuung zur Neuherdsetzung in fast allen Organen erfolgen. Nekrotisierende Herdsetzungen der Lunge führen zur seuchenhygienisch bedeutsamen Bakterienausscheidung.

### 20.5.1 Geschichtliches und Epidemiologie

Die Inzidenz (Zahl der Erkrankungsfälle an Tuberkulose) wird in der BRD mit jährlich 20/100000 Einwohner angegeben (1987), in 45% war eine Ansteckungsfähigkeit gegeben. Bei Jugendlichen beträgt die Inzidenz heute unter 10/100000, bei den über 85jährigen über 80/100000.

Mit der Ausrottung der Rindertuberkulose, dem um die Jahrhundertwende bedeutsamsten Übertragungsweg, erfolgt heute fast ausschließlich eine aerogene ***Tröpfcheninfektion*** von Mensch zu Mensch. Kleinere Sputumtröpfchen kommen durch Flüssigkeitsverdunstung schnell zu einer Größe, die ein Schweben in der Luft und ein Verbringen in die Alveolen erlaubt. Erst beim Eindringen einer größeren Zahl von Tuberkulosebakterien kommt es zur Infektion. Bakterien verschiedener Virulenz werden entweder sofort abgetötet oder von Alveolarmakrophagen aufgenommen, wobei sie in nicht aktivierten Makrophagen überleben und sich intrazellulär vermehren können.

### 20.5.2 Mikrobiologie

Die Erreger der Tuberkulose des Menschen, die Tuberkelbakterien (Mycobacterium tuberculosis) gehören der Familie der Mycobacteriaceae an. Die gerade bis leicht gebogenen Stäbchen haben einen Durchmesser von 0,2–0,6 μm und eine Länge von 1–10 μm. Das Wachstum erfolgt ohne Sporen- oder Kapselbildung unter aeroben Bedingungen bei 20–50 °C in Wasser und feuchtem Erdreich. Die Zellwand besitzt einen hohen Anteil von Lipiden, Fettsäuren und Wachsen, was die spezielle Eigenschaft der „Säurefestigkeit" bei der Beizfärbung nach Ziehl-Neelsen erklärt. Neben den für die Menschen strikt pathogenen Keimen Mycobacterium tuberculosis, M. bovis und M. leprae gibt es opportunistische Mykobakterien, auch als ubiquitäre Mykobakterien oder MOTT („*m*ycobacteria *o*thers *t*han *t*uberculosis") bekannt, die in der Regel nicht von Mensch zu Mensch übertragen werden. Sie haben eine unterschiedliche pathogene

Potenz und wachsen ohne Gewebeinvasion bzw. nur bei prädisponierenden Faktoren, z. B. bei Silikosen, oder abgeschwächter Immunität. Sie sind nicht meldepflichtig und verursachen in Deutschland etwa 2–3 % der Mykobakteriosen. Der M.-avium-intracellulare-Komplex gewinnt wegen seiner Therapieresistenz und dem gehäuften Auftreten bei HIV-Infektionen an Bedeutung.

### 20.5.3 Tuberkuloseinfektion und Tuberkuloseerkrankung

Am Infektionsort folgt einer umschriebenen Pneumonie, dem ***Primärherd,*** eine Lymphadenitis mit Reaktion hilärer Lymphknoten, ***der Primärkomplex*** (Abb. 20.6). Die Konversion des Tuberkulintests erfolgt 2–10 Wochen, im Mittel 37 Tage nach der Infektion, wobei T-Lymphozyten die Bildung von Interleukinen und Lymphokininen vermitteln. Blutmonozyten und Makrophagen werden aktiviert und führen unter Bildung von Riesenzellen, Granulomen und Verkalkung zur Eindämmung und teilweisen Abtötung der Erreger.

Die Erkrankung ist gekennzeichnet durch ihre Neigung, in ***Schüben*** zu verlaufen. Latenzzeiten von einigen Wochen bis zu Jahrzehnten sind geläufig. Die Ausbreitung erfolgt hämatogen (direkter Einbruch in die Blutgefäße und den Ductus thoracicus), lymphogen per continuitatem oder durch Perforation von Lymphknoten in Bronchien, Pleura oder Perikard. 5–10 % aller Infizierten erkranken. Das erhöhte Risiko von Kleinkindern, im Alter, und von Männern (♂:♀=3:1) ist bekannt. Risikofaktoren (Tabelle 20.9) führen gehäuft zur Tuberkuloseerkrankung, z. B. ist bei insulinpflichtigen Diabetikern die Inzidenz auf das 8fache erhöht. ***Seuchenhygienisch*** bedeutsam ist die offene Tuberkulose mit mikroskopischem Bakteriennachweis, während der kulturelle Nachweis epidemiologisch vernachlässigt werden kann.

**Primäre Tuberkulose.** Selten kann der Primärherd nekrotisieren, bronchogen streuen und hämatogen zur Landouzy-Sepsis führen.

**Epituberkulose.** Gehäuft bei Kindern kann die Vergrößerung regionaler Lymphknoten insbesondere des Oberlappenbereichs eine mechanische Obturation mit atelektatisch pneumonischen Verschattungen bewirken. Der Durchbruch von Lymphknoten in die Bronchuswand bewirkt eine ***bronchogene*** Streuung mit ödematösen Entzündungen und teilweise narbigen Bronchusstenosen.

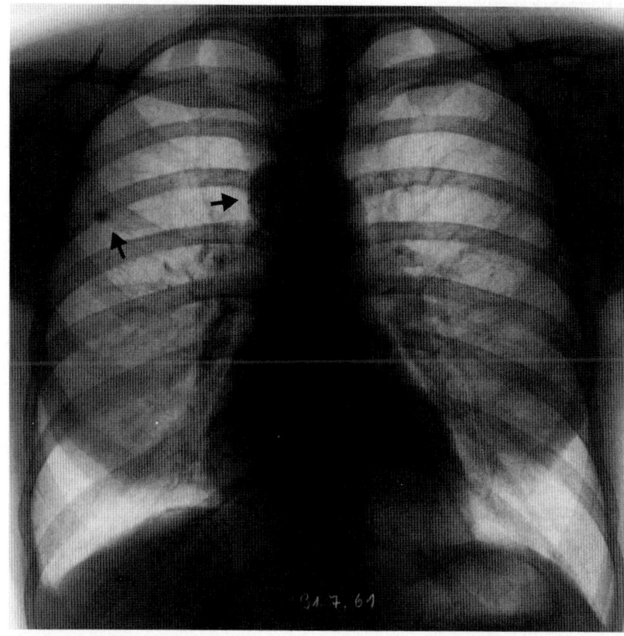

**Abb. 20.6.** Verkalkter Primärherd mit Hiluslymphknoten im rechten Oberlappen

**Tabelle 20.9.** Grund- bzw. Begleiterkrankungen, die gehäuft zu einer Infektion bzw. Exazerbation einer Tuberkulose führen

| |
|---|
| Diabetes mellitus |
| Steroiddauermedikation (>10 mg Prednison/tgl.) |
| Immunsuppressive Therapie |
| Hämotologische Erkrankungen |
| Leukämie, Morbus Hodgkin |
| Osteomyelofibrose |
| Chronische Hämodialyse |
| Malnutrition |
| Karzinom im HNO-Bereich |
| Silikose |
| Aids |

**Pleuritis exsudativa.** Pleuritiden treten gehäuft bei jüngeren Erwachsenen im Zusammenhang mit der Erstinfektion auf. Neben der lokalen Ausdehnung des Primärherdes wird eine lymphogene sowie hämatogene Streuung mit hyperergerReaktion angenommen. Meist beobachtet man einen lymphozytären, meist einseitigen Erguß, vereinzelt auch doppelseitige Formen. Die Pleurabiopsie zusammen mit der Thorakoskopie ermöglicht in 95 % die Diagnose. Ein Bakteriennachweis gelingt nur in $^1/_3$ der Fälle.

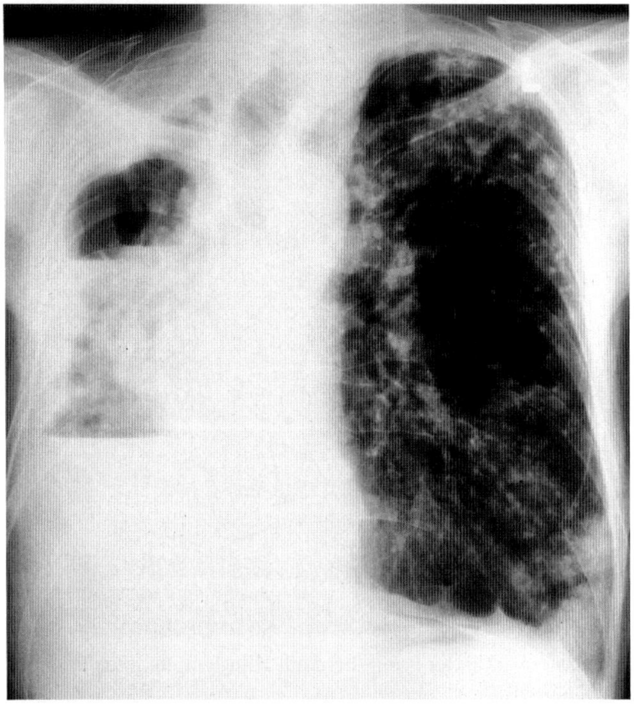

**Abb. 20.7.** Ausgedehnte großkavernöse Lungentuberkulose mit Empyembildung und kalkdichter Beherdung bei polyresistenter Lungentuberkulose

**Postprimäre Tuberkulose.** Bei einer Abschwächung der Immunitätslage, z. B. mit zunehmendem Alter, können die intrazellulär lebensfähigen Mykobakterien aus Granulomen und Makrophagen auf hämatogenem Wege streuen, es kommt zur Exazerbation bzw. Neuherdsetzung, der ***postprimären*** Tuberkulose.

**Lungentuberkulose.** In etwa 90 % aller Tuberkuloseerkrankungen findet sich ein Lungenbefall. Die Beurteilung der Behandlungsbedürftigkeit wird durch den schubhaften Verlauf, die Neigung zur Bildung von Narben, Granulomen und pleuralen Plaques erschwert. Sichere Zeichen einer Progredienz sind Bakteriennachweis und das Auftreten neuer Herde. Begriffe wie „exsudativ" mit weicheren Infiltrationen im Röntgenbild, „produktiv" mit älteren Streifenschatten oder „kavernös" beim Nachweis von Kavernen (Abb. 20.7) versuchen, ausgehend vom Röntgenbild, eine ***Stadieneinteilung*** bzw. Aussagen zur Behandlungsbedürftigkeit. Sie können diese Anforderungen jedoch nicht zufriedenstellend erfüllen. Deshalb ist die ***Beurteilung nach der Ausdehnung*** günstiger. Minimal sind Befunde ohne Zerfall und einer Gesamtausdehnung von der Lungenspitze bis zur 2. Rippe bzw. Infiltrationen entsprechender Größe in den übrigen Lungenabschnitten. Von mäßiger Ausdehung wird bei mittlerer Dichte bis zum Befall einer Lungenhälfte bzw. bei Kavernen bis zu 4 cm Durchmesser gesprochen.

Darüber hinausgehende Veränderungen entsprechen großer Ausdehnung.

**Organtuberkulose.** Die ***hämatogene*** Aussaat ist der Ausbreitungsweg für die Organtuberkulosen in Augen, Urogenitaltrakt, Nebenniere, Haut und Peritoneum. Gefürchtet ist die Entzündung des ZNS (s. 20.4.2).

Die Tuberkulose kann akut verlaufen; der chronische Verlauf (Tumoren, Mangelernährung, Diabetes) besonders des Älteren darf jedoch nicht übersehen werden. ***Differentialdiagnostisch*** kommen bei miliaren Lungenherden folgende Krankheiten in Frage: Sarkoidose, Silikose, allergische Alveolitis, hämatogene Metastasierung und Mikrolithiasis. Bis zu 95 % dieser Fälle können histologisch durch die transbronchiale Biopsie geklärt werden. In Einzelfällen von Knochen- und Nierentuberkulose ist eine ***lymphogene Ausbreitung*** möglich. Kehlkopf, Larynx und Darm werden bei starker Bakterienausscheidung ***bronchogen*** infiziert.

***Rezidive*** sind Wiedererkrankungen, teils am Ort früherer Erkrankung, teils nach Neuherdsetzungen. In der Regel treten sie heute bei zu kurzem Einsatz der Chemotherapie auf. Im Durchschnitt werden 5 % Rezidive erwartet, von denen in $^2/_3$ der Fälle eine unzuverlässige Tabletteneinnahme vermutet werden muß. Begleiterkrankungen begünstigen die Rezidiventstehung.

### 20.5.4 Diagnose

Die sichere Diagnose ist nur durch den ***Nachweis*** der Tuberkelbakterien möglich, was in 70–80 % aller Fälle gelingt. Anamnestische Angaben, die Vorgeschichte einer Infektionsmodalität, Beschwerden wie Fieber, Nachtschweiß, Gewichtsabnahme, Hüsteln oder Hämoptysen, sind richtungweisend.

#### Bakteriologie

Sputum und Magensaft sind die am leichtesten zu gewinnenden Materialproben. Das Sputum sollte mindestens an 3 aufeinander folgenden Tagen evtl. als Provokationssputum nach Inhalation hyperosmolarer Lösungen

## FALL 20 D

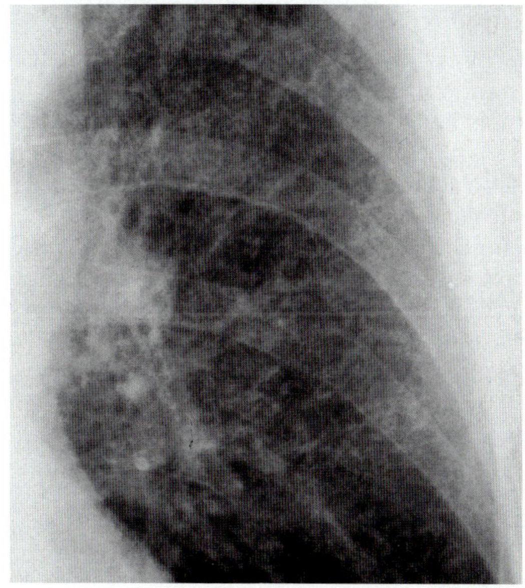

**Abb. 20 D.** Ausschnittsvergrößerung einer Thoraxaufnahme mit feinfleckigen mikronodulären Herdsetzungen

**Anamnese.** Bei der 28jährigen Patientin mit langjährigem Kinderwunsch war vor 9 Wochen ein Gametentransfer durchgeführt worden. Seit etwa 10 Tagen besteht ein hochfieberhafter Infekt mit Temperaturen bis 38,7 °C. Früher immer gesund gewesen, „Lungenentzündung" im 8. Lebensjahr.

**Befunde.** Bei Aufnahme intakte Schwangerschaft. BKS 61/97, SGOT 61 U/l, SGPT 58 U/l, Leukozyten 12400/µl, davon 81 % Granulozyten, 4 % Lymphozyten (=496 absolut, normal mehr als 800). Tuberkulintest 10 TE 15 mm Durchmesser mit Blasenbildung.

Röntgenthorax: Beidseitige bis hirsekorngroße Herdsetzungen sowie 1 cm messendes Infiltrat mit Zerfall im linken apikalen Oberlappensegment.

**Diagnose.** Miliartuberkulose mit Befall der Lunge, der Leber und des Endometriums.

**Therapie und Verlauf.** Trotz sofort eingeleiteter Therapie mit INH, RMP und EMB kam es zu einem septischen Abort. Nach mehrwöchiger Therapie Entfieberung, Rückbildung der Röntgeninfiltrate. Zwei Jahre danach konnte eine erneute Schwangerschaft komplikationslos ausgetragen werden.

**Epikrise.** Als Ursache der Infertilität kann eine tuberkulöse Adnexitis bei hämatogener Aussaat der im 8. Lebensjahr durchgemachten Tuberkulose angenommen werden. Als Ursache für die Reaktivierung ist der „Streß" der künstlichen Infertilisation anzunehmen, hormonelle Ursachen sind nicht bekannt.

gewonnen werden. Durch die Fiberbronchoskopie ist eine gezielte Absaugung bzw. eine bronchioloalveoläre Lavage möglich.

Zum Nachweis der Tuberkulosebakterien stehen 4 Verfahren zur Verfügung:
- mikroskopischer Nachweis (seuchenhygienisch wichtig),
- kultureller Nachweis,
- Tierversuch und
- radiochemische Verfahren.

Im Zentrum steht die kulturelle Untersuchug zur Identifizierung (Taxonomie) und Empfindlichkeitsprüfung (Resistenzbestimmung). Der Tierversuch ist bei schwer zu beschaffendem Untersuchungsmaterial und Keimarmut, z.B. Liquor, Gelenkpunktat, Menstrualblut oder Fistelsekret, angezeigt. In Zukunft läßt das Bactec-Verfahren mit radioaktiv markierten Fettsäuren die Ablösung der Tierversuche erwarten.

#### Serologische Verfahren

Den spezifischen ***hämatologisch-serologischen*** Untersuchungsverfahren mit γ-Globulinen oder Akutphaseproteinen fehlt sowohl die ausreichende Sensitivität als auch Spezifität. Es fehlt die Unterscheidungsmöglichkeit zwischen aktiver Erkrankung, durchgemachter Infektion bzw. nach BCG-Impfung oder Sensibilisierungen mit ubiquitären Mykobakterien. Geklonte DNS-Proben lassen für die Zukunft eine schnellere Frühdiagnostik erwarten.

#### Radiologie

Die Thoraxaufnahme hat neben der Entdeckung vor allem für die ***Verlaufsbeurteilung*** entscheidende Bedeutung. Zur sicheren Diagnose ist sie nicht geeignet. Computertomographische Untersuchungsmethoden sind in der Regel nicht notwendig, lassen aber bei Rundherden durch spezielle Dünnschichtuntersuchungen und dem Nachweis von Kalkeinlagerungen teilweise eine Abgrenzung zu malignen Erkrankungen zu.

#### Tuberkulintest

Die Tuberkulintestung sollte als intrakutane Probe nach Mendel-Mantoux mit 10 TE erfolgen. Sie ermöglicht lediglich die Aussage über einen durchgemachten Bakterienkontakt. Zur Aktivitätsbeurteilung ist sie nicht geeignet. Negative Tuberkulinteste werden in der Hälfte der Fälle von Miliartuberkulose, in 30 % der Pleuritiden sowie bei Virusinfekten (Masern), Sarkoidose oder bei veränderter zellulärer Immunität (Morbus Hodgkin) beobachtet. Ein positiver Ausfall liegt vor, wenn eine Hautinfiltration von mindestens 6 mm tastbar wird.

**Tabelle 20.10.** Zur Behandlung der Tuberkulose gebräuchliche Tuberkuloseheilmittel

| Tuberkulostatikum | Kinder und Erwachsene mg/kg KG | Erwachsene Tagesdosis (bezogen aufs KG) | |
|---|---|---|---|
| Isoniazid (INH) | 5 (-8) | | 300 mg |
| Rifampicin (RMP) | 10 | <50 kg | 450 mg |
| | | >50 kg | 600 mg |
| Pyrazinamid (PZA) | 25 bis 35 | <50 kg | 1,50 g |
| | | >50 kg | 2,00 g |
| | | <75 kg | 2,50 g |
| Streptomycin (SM) | 15 bis 20 | <50 kg | 0,75 g |
| | | >50 kg | 1,00 g |
| Ethambutol[a] (EMB) | 25 bis 2 Monate, später 20 | | 0,8–2,0 g |
| Prothionamid (PTH) | 5 bis 15 | | 0,5–1 g |

[a] Nicht für Kinder unter 10 Jahren

### 20.5.5 Therapie

Die Ära der Chemotherapie begann 1945 mit der Einführung von Streptomycin und 1952 von Isoniazid. Bei großer Bakterienzahl ist das Auftreten von primärresistenten Mutanten wahrscheinlich, was seit 1949 zur ***Mehrfachtherapie*** mit 3 oder mehr Tuberkulosemedikamenten geführt hat. Regeltherapie ist die einmalige, meist morgendliche Medikamenteneinnahme, bei Problempatienten unter Aufsicht.

#### Chemotherapie

Eine rasche ***Reduktion*** der Bakterienausscheidung, eine Vermeidung der ***Resistenzentwicklung*** sowie die Verminderung der ***Rezidiventstehung*** ausgehend von intrazellulär überlebenden Bakterien ist Ziel der Therapie. Drei Wirkungsmechanismen werden ausgenutzt:
- *Bakterizidie,* eine irreversible Schädigung vorwiegend schnell wachsender Bakterien (INH, RMP), wobei abhängig von Wirkungsdauer und Konzentration fließende Übergänge bestehen zur

**Tabelle 20.11.** Nebenwirkungen der gebräuchlichen Tuberkuloseheilmittel

| Mittel | Zentrales Nervensystem | Peripheres Nervensystem | Hyperurikämie | Allergie | Allergisch-immunologische Reaktionen | Haut | Gefäß-permeabilität | Leber | Nieren | Magen-Darm | Blutsystem | N. cochlearis | N. vestibularis | N. opticus |
|---|---|---|---|---|---|---|---|---|---|---|---|---|---|---|
| Isoniazid | (+) | + | | (+) | | + | (+) | + | (+) | | (+) | | | |
| Rifampicin | | | | | +[a] | + | (+)[a] | + | (+) | + | (+)[a] | | | |
| Pyrazinamid | | (+) | ++ | (+) | | + | | + | | (+) | (+) | | | |
| Ethambutol | | | (+) | (+) | | (+) | | | | (+) | | | | + |
| Prothionamid | (+) | (+) | | (+) | | + | | + | | ++ | (+) | | | |
| Streptomycin | | | | + | | + | | | + | | (+) | + | ++ | |

++ häufiger
+ selten
(+) sehr selten
[a] bei intermittierender Gabe

- *Bakteriostase,* der reversiblen Hemmung der Bakterienvermehrung, insbesondere zur Vermeidung einer Resistenzentwicklung (EMB, PTH, SM).
- *Sterilisierung,* mit Wirkung auf intrazellulär liegende Bakterien (Persisters), unabhängig vom Stoffwechselzustand mit Wirkungsoptimum im saueren Milieu (PZA).

Die wirksamsten Medikamente zeigt Tabelle 20.10. Die Ersttherapie sollte aus Isoniazid, Rifampicin und Pyrazinamid bestehen, wobei ausgedehnte Erkrankungsfälle den Einsatz weiterer Medikamente notwendig machen. Die Drei- oder Vierfachtherapie wird in der Regel nach 8 Wochen bzw. dem Vorliegen der Resistenzbestimmung beendet und als Zweifachkombination mit INH und RMP fortgesetzt. Die Gesamtbehandlungsdauer soll derzeit den Zeitraum von 6 Monaten nicht unterschreiten, günstig ist eine Gesamtbehandlungsdauer von 9 Monaten, in Problemfällen auch deutlich darüber.

Die ***Nebenwirkungen*** der Tuberkuloseheilmittel sind aus Tabelle 20.11 ersichtlich. Eine Kombination von Streptomycin und Aminoglykosiden muß wegen gehäufter vestibulärer Störungen unterbleiben. Beim Einsatz von Ethambutol sind regelmäßige, 4wöchentliche Kontrollen von Visus, Gesichtsfeld sowie Farbsinn bei normaler Nierenfunktion notwendig, bei Niereninsuffizienz besteht eine relative Kontraindikation. Problempatienten, insbesondere bei Leberschädigungen sowie Rezidivbehandlungen, sollten unter stationären Bedingungen zumindest anbehandelt werden.

**Operative Therapie**

Die ***operativen*** Verfahren dienen heute meist der Beseitigung von Spätschäden bzw. Komplikationen (z. B. Empyemen).

## 20.5.6 Prävention und Prophylaxe

Der ***frühzeitigen Erkennung*** einer Tuberkuloseerkrankung kommt auch heute noch eine überragende prognostische Bedeutung zu. Die Umgebungsuntersuchungen der zuständigen Gesundheitsbehörden dienen der Suche der Infektionsquelle und der Verhinderung einer weiteren Ausbreitung. Die BCG-Impfung wird bei geringer Komplikationsrate, nicht vollständigem Impfschutz und der Unmöglichkeit der Erkennung einer Tuberkulinkonversion heute nur noch in Familien mit hoher Prävalenz empfohlen. Eine ***Chemoprophylaxe*** in Form einer Monotherapie kann bei negativem Tuberkulintest bei erheblicher Bakterienexposition erwogen werden. Die ***Chemoprävention*** bei positivem Tuberkulintest ohne Zeichen einer Erkrankung mit INH ist bei Patienten bis zum 35. Lebensjahr zur Vermeidung einer aktiven Erkrankung günstig, danach wegen der höheren lebertoxischen Wirkung nur nach strenger Indikationsstellung erwägenswert.

Die berufliche Integration kann bei geringer bis mäßig ausgedehnter Lungentuberkulose bereits kurze Zeit nach Beendigung der Bakterienausscheidung erfolgen. Bei ausgedehnten Befunden ist eine individuelle Abschätzung unerläßlich.

## Literatur


Edmond RTD, Rowland HAK (1988) Farbatlas der Infektionskrankheiten. Schattauer, Stuttgart

Gsell O, Mohr W (Hrsg) (1968–1972) Infektionskrankheiten, 4 Bde. Springer, Berlin Heidelberg

Hahn H, Klein P, Falke D (1989) Medizinische Mikrobiologie. Springer, Berlin Heidelberg New York Tokyo

Hein J, Ferlinz R (1982) Lungentuberkulose. In: Hein J (Hrsg) Handbuch der Tuberkulose. Thieme, Stuttgart New York

Holzer E, Sigl H (1987) Infektiologische Notfälle. In: Halhuber C (Hrsg) Notfälle in der inneren Medizin, 10. Aufl. Urban & Schwarzenberg, München

Höring FO (1962) Klinische Infektionslehre, 3. Aufl. Springer, Berlin Heidelberg

Jentgens H (1981) Lungentuberkulose. In: Schwiegk H (Hrsg) Atmungsorgane. Springer Berlin, Heidelberg, New York (Handbuch der Inneren Medizin, 4. neubearbeitete Aufl, Bd IV, 3. Teil

Mandell GL, Douglas jr RG, Bennett JE (eds) (1989) Principles and practice of infectious diseases, 3rd edn. Wiley, New York

Manson-Bahr P (1987) Tropical diseases, 19th edn. Bailliere Tyndall & Casell, London

Schrader A, Stammler A, Stickl H (1988) Infektiös-entzündliche Erkrankungen des ZNS. VCH, Weinheim

Simon C, Stille W (1989) Antibiotika-Therapie, 7. Aufl. Schattauer, Stuttgart

# 21 Parasitosen

T. Löscher

ZUSAMMENFASSUNG

Die ***einheimischen Pilzinfektionen*** (Mykosen) innerer Organe werden durch ubiquitär vorkommende Pilze verursacht und sind fast ausschließlich ***opportunistische Infektionen,*** die bei Abwehrstörungen in der Folge einer Grundkrankheit auftreten und mit sehr variablen Krankheitsbildern einhergehen. Erreger ***tropischer Mykosen*** sind vorwiegend pathogene Pilze, die zu typischen Krankheitsverläufen führen.

Als Parasitosen werden Erkrankungen durch ***Protozoen*** (Einzeller) und ***Helminthen*** (Würmer) bezeichnet. Es handelt sich vor allem um typische Tropenkrankheiten, die bei uns eine zunehmende Rolle als Importerkrankungen spielen. Die ***Malaria*** ist die wichtigste und häufigste schwerwiegende Erkrankung dieser Gruppe. Die Erhebung der ***Reiseanamnese*** bei jedem Patienten ist für die rasche Diagnose und die Vermeidung von Todesfällen entscheidend. Weitere wichtige Tropenkrankheiten sind Amöbiasis, Schistosomiasis und Filariosen.

Die ***zystische Echinokokkose*** (meist bei Gastarbeitern aus Mittelmeerländern) und die ***alveoläre Echinokokkose*** (in Süddeutschland verbreitet) sind schwere Erkrankungen durch die Larvenstadien des Hunde- und Fuchsbandwurms mit Befall von Leber, Lunge und anderen Organen. Neben der operativen Behandlung ist heute auch eine wirksame medikamentöse Therapie möglich.

## 21.1 Mykosen innerer Organe

Die wichtigsten einheimischen Mykosen innerer Organe sind Kandidose, Kryptokokkose und Aspergillose. Zudem kommen zahlreiche weitere Pilze als Erreger opportunistischer Infektionen in Frage.

Die wichtigsten ***exotischen Mykosen*** innerer Organe sind Histoplasmose, Kozidioidomykose, Parakokzidioidomykose und Blastomykose. Daneben sind chronische subkutane Mykosen (Eumyzetom, Chromomykose, Rhinosporidiose u. a.) in den Tropen verbreitet (Tabelle 21.1).

### 21.1.1 Candidiasis

**Systemische Candidainfektionen sind gekennzeichnet durch den Nachweis des Erregers im Blut oder in normalerweise nicht besiedelten Geweben.**

**Epidemiologie.** Hefen der Gattung Candida sind häufige Kommensalen von Intestinaltrakt und Schleimhäuten. Erreger der oberflächlichen (s. Kap. 31) wie systemischen Kandidose ist vorwiegend Candida albicans. Systemische Candidainfektionen treten auf:

- bei Patienten mit schweren Immundefekten (Hämoblastosen, Aids, Malignome, aggressive Chemotherapie),
- nach spontanen (Ulkus), operativen oder traumatischen Perforationen des Intestinaltrakts (besonders Ösophagus) und thoraxchirurgischen Eingriffen,
- bei intravasalen/luminalen Fremdkörpern (Katheter, Herzklappen),
- Peritonealdialyse,
- i. v.-Drogenabusus und
- nach schweren Verbrennungen.

Eine Therapie mit Kortikosteroiden oder mit Breitbandantibiotika wirkt begünstigend.

**Pathogenese.** Eintrittspforten sind neben Haut- und Schleimhautläsionen häufig intravasale Katheter. Ein

**Tabelle 21.1.** Tropische Mykosen innerer Organe

| Krankheit (Erreger) | Verbreitung | Krankheitsbild und Symptomatik | Diagnose | Therapie |
|---|---|---|---|---|
| Histoplasmose (Histoplasma capsulatum) | Nord- und Südamerika, sporadisch weltweit | Akute und chronische Pneumonie, disseminierte Form | Kulturell, histologisch, serologisch | Amphotericin B Ketoconazol, Itraconazol |
| Afrikanische Histoplasmose (Histoplasma duboisii) | West- und Zentralafrika | Wie Histoplasmose, zudem granulomatöse Dermatitis, Osteomyelitis | Kulturell, histologisch | Ketoconazol, Amphotericin B |
| Kokzidioidomykose (Coccidioides immitis) | Süd- und Nordamerika | Akute Pneumonie, disseminierte Form (Sepsis) mit metastatischen Organläsionen | Zytologisch, kulturell, histologisch, serologisch | Amphotericin B Miconazol, Ketoconazol |
| Blastomykose (Blastomyces dermatitidis) | Nord- und Mittelamerika | Chronische Pneumonie, granulomatöse Dermatitis, Osteomyelitis | Histologisch, kulturell | Amphotericin B Ketoconazol |
| Parakokzidioidomykose (Paracoccidioides brasiliensis) | Süd- und Nordamerika (sog. südamerikanische Blastomykose) | Ulzerierende Haut- und Schleimhautgranulome und Lymphadenitis, disseminierte Form | Zytologisch, histologisch, kulturell, serologisch | Ketoconazol, Sulfonamide, Amphotericin B Miconazol |

Mangel oder eine Funktionsstörung neutrophiler Granulozyten, avitales Gewebe oder die Haftung an Fremdkörpern ermöglichen die Persistenz und Vermehrung in Geweben oder in der Blutbahn.

**Klinik.** Bei disseminierter Kandidose ***(Candidasepsis)*** besteht hohes Fieber meist ohne Organsymptomatik. Bei Immunkompromittierten mit schwerer Neutropenie kommt es häufig zu rascher Progredienz mit Beteiligung multipler Organe (Lunge, Niere, Gehirn u.a.).

In ***subakut verlaufenden Fällen*** (z.B. bei Dauerernährung über Venenkatheter) kann eine Endophthalmitis mit wattebauschartigen Läsionen der Retina und des Glaskörpers entstehen. Besonders bei Patienten mit Hämoblastosen sind kutane Absiedlungen mit multiplen papulösen oder pustulösen Infiltraten am Rumpf möglich.

Die Symptomatik der ***Candidaendokarditis*** bei vorgeschädigten oder künstlichen Herzklappen, nach herzchirurgischen Eingriffen oder bei Heroinsüchtigen (meist durch Candida parapsilosis) entspricht der einer bakteriellen Endokarditis (s. Kap. 7). Splenomegalie, Petechien und Mikroembolisationen sind häufig.

Eine ***Candidaperitonitis*** nach Abdominaleingriffen oder bei kontinuierlicher Peritonealdialyse (s. Kap. 8) manifestiert sich mit Fieber und Bauchschmerzen. Das Dialysat ist meist trüb und enthält Hefezellen und Pseudohyphen.

Bei Aids tritt neben oberflächlichen Candidainfektionen sehr häufig eine ***Candidaösophagitis*** auf (s. Kap. 22).

**Diagnose.** Der Nachweis einer systemischen Infektion erfolgt kulturell aus Blut, Liquor, Punktaten und Biopsien (auch histologisch). In Schleimhautabstrichen (Ösophagitis), Punktaten und im Dialysat ist ein orientierender Direktnachweis im Grampräparat sinnvoll. Antikörper sind auch bei Gesunden häufig vorhanden. Einen Hinweis können lediglich hohe oder ansteigende Titer geben. Bei disseminierten Infektionen lassen sich meist zirkulierende Antigene im Blut nachweisen.

**Therapie.** Bei katheterinduzierter Fungämie immunkompetenter Patienten oder Peritonitis durch kontinuierliche Peritonealdialyse kann eine Katheterentfernung ausreichend sein. Bei disseminierten Infektionen ist vor allem bei Immunkompromittierten eine unverzügliche parenterale Behandlung mit Amphotericin B erforderlich. Eine Kombination mit Flucytosin ist empfehlenswert. Bei den chronischen mukokutanen Infektionen Immunkompromittierter (besonders Aids) hat sich eine intermittierende orale Therapie mit Ketoconazol bewährt.

### 21.1.2 Kryptokokkose

**Die Kryptokokkose ist charakterisiert durch ihren Tropismus zum Zentralnervensystem und durch das Auftreten bei Patienten mit Abwehrstörungen.**

**Epidemiologie.** Der Hefepilz ***Cryptococcus neoformans*** kommt ubiquitär in Boden und Vogelmist vor. Erkrankungen treten vorwiegend bei chronischen Grundkrankheiten auf, wie Aids, malignen Lymphomen, Hämoblastosen oder Sarkoidose, und bei Kortikosteroidtherapie. Prädisponierende Faktoren sind Störungen von Makrophagenfunktion und zellulärer Immunität. Die häufigste Manifestation ist die Kryptokokkenmeningoenzephalitis.

**Pathogenese.** Die Infektion erfolgt durch ***Inhalation.*** Sie verläuft normalerweise asymptomatisch und heilt spontan ab. Bei prädisponierenden Faktoren kann es zu einer Pneumonie und/oder zu einer hämatogenen Disseminierung mit Befall des ZNS und anderer Organe kommen.

**Klinik.** Der Verlauf der Meningoenzephalitis ist subakut bis chronisch, bei Aids z. T. auch akut. Im Vordergrund stehen:
- Kopfschmerzen,
- Wesensveränderungen,
- variables Fieber und
- Allgemeinsymptome.

Übelkeit, Erbrechen und Meningismus fehlen häufig. Hirndruckzeichen (Papillenödem), Hirnnervenlähmungen und Herdsymptome (Krämpfe, Hemiparese) sind anfangs nur bei einer Minderzahl der Patienten vorhanden. Der seröse Liquor zeigt meist eine mäßige Pleozytose, die jedoch völlig fehlen kann. Unbehandelt endet die Erkrankung stets tödlich unter zunehmender Eintrübung und Zeichen der Hirnstammkompression oder dem Bild der Sepsis.

Die Lungenkryptokokkose zeigt ebenfalls kein typisches Krankheitsbild und ist häufig oligosymptomatisch. Im Röntgenbild finden sich sowohl diffuse, alveoläre oder interstitielle Infiltrate wie multiple oder singuläre, scharf begrenzte Rundherde ohne Verkalkungen. Beim Fehlen von Grunderkrankungen kommt es nicht selten zur spontanen Abheilung. Vor allem bei Immunkompromittierten besteht jedoch ein hohes Risiko einer Disseminierung insbesondere ins ZNS. Seltenere Manifestationen sind metastatische Hautläsionen (noduläre, z. T. ulzerierende Infiltrate) und osteolytische Herde. Multiple Organläsionen (Milz, Leber, Niere, Lymphknoten, Retina, Endokard u. a.) treten meist im Rahmen disseminierter Infektionen auf.

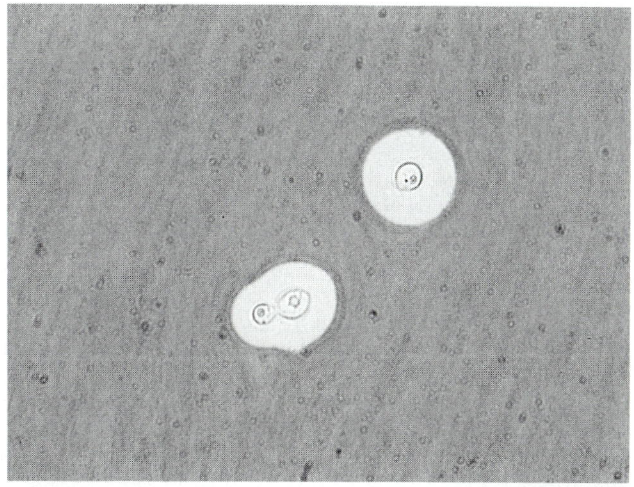

**Abb. 21.1.** Cryptococcus-neoformans-Zellen mit typischer Kapsel (Sprossung bei einer Zelle) im Liquor (Tuschepräparat). 43jähriger Aids-Patient mit Fieber, Kopfschmerzen und Verlangsamung; Liquor: klar, 12/3 Zellen, Eiweiß 72 mg/dl

**Diagnose.** Mit einem Tuschepräparat (Abb. 21.1) können Kryptokokken im Liquor bei der Mehrzahl der Meningoenzephalitisfälle rasch und einfach nachgewiesen werden. Bei ca. 90 % der Patienten ist der immunologische Nachweis von zirkulierendem Polysaccharidantigen (Latexschnelltest) in Serum und Liquor möglich. Beweisend ist die Anzucht aus Liquor, Blut, Urin und Biopsien (Lunge, Haut, Knochen u. a.).

**Therapie.** Mittel der Wahl ist Amphotericin B, das mit Flucytosin (Resistenzen möglich) kombiniert werden kann. Imidazole (Fluconazol, Itraconazol) sind Reservemittel. Bei Aids ist eine anschließende Rezidivprophylaxe mit Amphotericin B (Erhaltungsdosis) oder einem Imidazol (Ketoconazol u. a.) empfehlenswert.

### 21.1.3 Aspergillose

**Die systemische Aspergillose tritt vorwiegend als chronische Lungenerkrankung bei vorbestehender Lungenschädigung auf, seltener als akute Erkrankung bei Abwehrstörungen.**

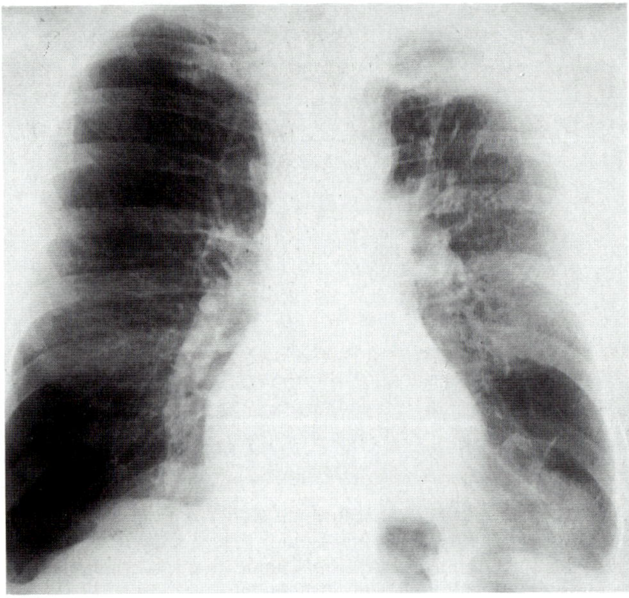

**Abb. 21.2.** Aspergillom (Thoraxröntgenbild) im linken Unterlappen. 62jähriger Patient mit Husten und blutig tingierten Expektorationen seit 3 Monaten; Lungentuberkulose vor 22 Jahren

**Epidemiologie.** Schimmelpilze der Gattung Aspergillus sind ubiquitär verbreitet und vermehren sich auf verrottendem organischem Material. Infektionen sind meist durch Aspergillus fumigatus, seltener durch Aspergillus flavus oder Aspergillus niger bedingt und treten am häufigsten als Aspergillom oder als allergische Bronchialaspergillose auf (s. Kap. 4).

**Pathogenese.** Die Inhalation von Aspergillen führt meist nur bei vorbestehender Schädigung zur Kolonisation von Alveolen, Bronchien oder Nasennebenhöhlen. In Hohlräumen (Lungenzysten, Kavernen) können sich daraus große Pilzballen ***(Aspergillome)*** ohne Gewebeinvasion entwickeln. Bei fibrosierenden Lungenerkrankungen (Sarkoidose, Silikose, Tuberkulose, Histoplasmose) kann eine chronisch nekrotisierende Lungenaspergillose mit peribronchialer Infiltration entstehen. Zur invasiven Aspergillose mit akuter Pneumonie und/oder hämatogener Disseminierung kommt es besonders bei schwerer Neutropenie.

**Klinik.** Aspergillome sind meist symptomlos. Bei 5–10 % der Fälle treten Fieber, Nachtschweiß und Anorexie auf. Hämoptysen sind selten. Häufig dominiert die Grunderkrankung (Tuberkulose, Lungentumoren). Bei der chronischen Lungenaspergillose bestehen Husten mit Auswurf und Hämoptysen. Die invasive Form bei Immunkompromittierten verläuft als akute nekrotisierende Bronchopneumonie mit rascher, oft kavernöser Einschmelzung und Streuungsgefahr (besonders in Hirn, Niere und Knochen). Systemische und meningeale Aspergillose verlaufen rasch tödlich.

**Diagnose.** Aspergillome zeigen radiologisch meist das typische Bild einer beweglichen intrakavitären Masse (Abb. 21.2). Der Nachweis von Aspergillen in Sputum und endobronchialen Bürstenproben beweist nur eine Kolonisation. Entscheidend ist der Nachweis von ***Aspergillushyphen*** im Biopsat. Spezifische Antikörper sind bei fast allen Aspergillompatienten nachweisbar. Sie können jedoch auch bei Gesunden vorhanden sein (Kolonisation) und fehlen bei Immunkompromittierten häufig.

**Therapie.** Chemotherapeutika sind ohne Einfluß auf endobronchiale und -kavitäre Infektionen. Aspergillome können sich unter symptomatischer Therapie (Bronchialtoilette, Behandlung der Grundkrankheit) vollständig zurückbilden. Vor allem bei Hämoptysen ist eine Resektion angezeigt. Bei invasiver Aspergillose ist eine frühzeitige Therapie mit Amphotericin B entscheidend.

### 21.1.4 Pneumozystose (Pneumocystis-carinii-Pneumonie)

**Pneumocystis carinii ist der Erreger einer diffusen interstitiellen Pneumonitis, die fast ausschließlich als opportunistische Erkrankung auftritt.**

**Epidemiologie.** Pneumocystis carinii ist ubiquitär verbreitet und führt wahrscheinlich frühzeitig zu Besiedelung oder subklinischer Infektion mit einzelnen, latenten oder inaktiven Erregern. Erkrankungen kommen bei Frühgeborenen, marantischen Säuglingen und Kleinkindern (Hungerdystrophie) sowie bei primären und sekundären Immundefekten (Aids, Hämoblastosen, Malignome, hochdosierte und langfristige Kortikosteroidtherapie) vor. Die häufigste Grunderkrankung einer Pneumocystis-carinii-Pneumonie ist Aids.

**Pathogenese.** Die taxonomische Einordnung von Pneumocystis carinii ist derzeit noch unklar. Genetisch und

**Tabelle 21.2.** Seltenere Protozoeninfektionen

| Krankheit (Erreger) | Übertragung | Krankheitsbild und Symptomatik | Diagnose | Therapie |
|---|---|---|---|---|
| Kryptosporidiose (Cryptosporidium) | Schmierinfektion (Mensch, Tiere), Wasser, Milch | Akute und chronische[a] Enteritis | Nachweis im Stuhl, bioptisch | – |
| Isosporiasis (Isospora belli) | Schmierinfektion (nur Mensch) | Akute und chronische[a] Enteritis | Nachweis im Stuhl | Cotrimoxazol |
| Sarkozystose (Sarcocystis bovi/suihominis) | Ungenügend gekochtes Fleisch (Rind, Schwein) | Akute Enteritis | Nachweis im Stuhl | – |
| Babesiose (Babesia-Arten) | Zeckenbiß | Fieber und Hämolyse (wie Malaria) | Nachweis im Blutausstrich (dicker Tropfen) | Chinin und Clindamycin |
| Primäre Amöben-meningoenzephalitis (Naegleria, Acanthamoeba) | Wasser (Baden), Eintritt über Nasopharynx | Akute Meningo-enzephalitis | Nachweis im Liquor, Hirnbiopsie | Amphotericin B Ketoconazol Miconazol |
| Balantidiasis (Balantidium coli) | Schmierinfektion (Schwein, Mensch) | Akute Kolitis, Leberabszesse (wie Amöbiasis) | Nachweis im Stuhl und im Abszeßpunktat | Nitroimidazole |

[a] Nur bei Immunkompromittierten (z.B. Aids)

biochemisch (Zellwand) besteht Verwandtschaft zu Pilzen, ultrastrukturell zu Protozoen. Die Infektion erfolgt aerogen. Bei Fehlen oder Funktionsstörung von Alveolarmakrophagen und zellvermittelter Immunität vermehren sich die an Alveolarzellen angelagerten Erreger extrazellulär in den Alveolen. Durch eine ***Alveolitis*** mit Exsudatbildung und Desquamation von Alveolarzellen sowie durch die Erreger selbst kommt es zu einer zunehmenden Verlegung der Alveolen mit Einschränkung der arteriellen Oxygenierung. Bei Erkrankungen unreifer oder dystropher Säuglinge findet sich im Gegensatz zu Aids-Patienten zudem eine massive interstitielle Plasmazellinfiltration mit Verdickung der Alveolarsepten. Klinik, Diagnose und Therapie s. Kap. 22.

### 21.1.5 Exotische Mykosen innerer Organe

Die wichtigsten exotischen Mykosen innerer Organe sind in Tabelle 21.1 zusammenfassend dargestellt.

## 21.2 Infektionen durch Protozoen (Einzeller)

Protozoenkrankheiten werden durch Sporozoen, Amöben, Flagellaten und Ziliaten verursacht.

Zu den ***Sporozoen*** zählen:
- die Plasmodien als Erreger der wichtigsten parasitären Erkrankung (Malaria) sowie
- die Kokzidien (Toxoplasmen, Kryptosporidien, Isospora, Sarkoszystisarten) und
- die Babesien (Tabelle 21.2).

Bei den ***Amöben*** muß Entamoeba histolytica als einzige pathogene Art von den zahlreichen anderen im Darm vorkommenden Amöbenarten unterschieden werden. Manche freilebenden Amöben (Naegleria, Acanthamoeba) können gelegentlich schwere Erkrankungen verursachen (s. Tabelle 21.2).

Zu den ***Flagellaten*** gehören:
- fakultativ pathogene Erreger des Verdauungs- und Urogenitaltrakts (Lamblien, Trichomonaden) sowie
- blut- und gewebeparasitische Protozoen (Trypanosomen, Leishmanien).

Der einzige humanpathogene ***Ziliat*** ist Balantidium coli (s. Tabelle 21.2).

**Tabelle 21.3.** Malariaerreger und -erkrankungen

| Erreger | Erkrankung | Inkubationszeit | Dauer der Blutschizogenie | Fieberrhythmus |
|---|---|---|---|---|
| Plasmodium falciparum | Malaria tropica | 9–30 Tage (gelegentlich länger) | 48 h | Irregulär |
| Plasmodium vivax und ovale | Malaria tertiana | 12 Tage bis >1 Jahr | 48 h | 48 h[a] |
| Plasmodium malariae | Malaria quartana | 20–50 Tage (gelegentlich länger) | 72 h | 72 h |

[a] Bei Plasmodium vivax auch tägliches Fieber möglich (bei 2 verschiedenen Parasitengenerationen)

### 21.2.1 Malaria

**Definition.** Die 3 verschiedenen Malariaerkrankungen des Menschen werden durch 4 verschiedene Plasmodienarten verursacht (Tabelle 21.3).

**Epidemiologie.** Die Malaria ist über die gesamten Tropen und einige subtropische Gebiete verbreitet. Von den ca. 200 Mio. Erkrankungen pro Jahr sind jeweils 40–50 % durch Plasmodium falciparum (Malaria tropica) und Plasmodium vivax (Malaria tertiana) bedingt. Plasmodium ovale kommt vorwiegend in Westafrika anstelle von Plasmodium vivax vor. Plasmodium malariae tritt sporadisch weltweit auf. Für Todesfälle (ca. 2 Mio. pro Jahr) ist fast ausschließlich die Malaria tropica verantwortlich.

**Die Malaria tropica ist die häufigste lebensbedrohliche Importerkrankung nach Tropenreisen.**

**Pathogenese.** Die Infektion erfolgt durch den Stich ***weiblicher Stechmücken*** (Moskitos) der Gattung Anopheles, gelegentlich auch durch direkte Übertragung von Mensch zu Mensch über Bluttransfusion/Inokulation, Transplantate oder diaplazentar (kongenitale Malaria). Die Krankheitserscheinungen werden ausschließlich durch den ***Befall der Erythrozyten*** (Blutschizogenie) verursacht (Abb. 21.3). Durch ständige Wiederholung des Blutschizogeniezyklus kommt es zur kettenreaktionsartigen Vermehrung der Plasmodien mit Zerstörung der befallenen Erythrozyten und gleichzeitigem Auftreten von Fieber. Bei Malaria tertiana und Malaria quartana ist die Zahl befallener Erythrozyten (Parasitämie) auf maximal 1–2 % begrenzt, da nur junge (Plasmodium vivax, Plasmodium ovale) oder alte (Plasmodium malariae) Erythrozyten befallen werden.

***Plasmodium falciparum*** befällt alle Erythrozyten; der Parasitämie sind keine Grenzen gesetzt. Zudem kommt es mit Beginn der Schizogenie zu Membranveränderungen der befallenen Erythrozyten, die zur Adhäsion am Kapillarendothel führen. Teilungsformen (Schizonten) sind daher bei Plasmodium falciparum nur selten im peripheren Blut zu finden. Intravaskuläre Agglutination und Mikrozirkulationsstörung können schwere Funktionsstörungen aller Organe auslösen (besonders in Gehirn, Niere und Lunge).

Bei Malaria tertiana können durch die persistierenden Gewebeformen (s. Abb. 21.3) noch nach Jahren Rezidive auftreten. Eine (Semi-)Immunität gegen die Blutschizogenie entsteht erst nach multiplen Infektionen.

**Klinik.** Die Fieberanfälle (s. Tabelle 21.3) verlaufen typischerweise mit:
- Schüttelfrost,
- hohem Fieber und
- anschließendem Schweißausbruch.

Vor allem bei der Malaria tropica ist der Fieberverlauf jedoch häufig irregulär oder kontinuierlich, und andere Symptome oder Komplikationen stehen im Vordergrund (Durchfälle, Erbrechen, Oberbauchbeschwerden, Ikterus, kardiale und zerebrale Symptome). Meist bestehen Kopf- und Gliederschmerzen, Splenomegalie und Anämie. Bei schwer verlaufenden Plasmodium-falciparum-Infektionen treten oft schon nach wenigen Tagen ***Komplikationen*** auf (Tabelle 21.4). Im Vordergrund stehen meist eine zunehmende Eintrübung bis zum Koma (zerebrale Malaria) und schließlich ein Multiorganversagen.

**Die Malaria tropica ist stets ein Notfall, der umgehende und stationäre Behandlung erfordert. Auch nach Therapiebeginn ist mit kurzfristiger Verschlechterung und Auftreten von Komplikationen zu rechnen.**

Die ***Letalität*** der unbehandelten Malaria tropica bei Nichtimmunen (z. B. Reisenden) liegt bei 20–40 %. Bei Kleinkindern und Schwangeren treten gehäuft schwere Verläufe auf.

Das sog. ***Schwarzwasserfieber*** ist eine seltene Komplikation der Malaria tropica mit exzessiver Hämolyse, Hämoglobinurie und akutem Nierenversagen (tubuläre

## FALL 21 A

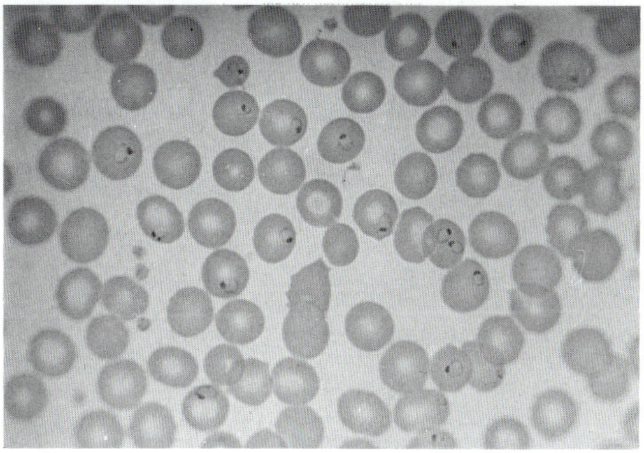

**Abb. 21.A.** Blutausstrich (Giemsa-Färbung). Trophozoiten (Ringformen) von Plasmodium falciparum; Parasitämie ca. 25 %

**Anamnese.** Die 29jährige Hausfrau erkrankte 12 Tage nach Rückkehr von einem Urlaub in Kenia akut mit Fieber, Gliederschmerzen und trockenem Husten (regelrechte Chloroquinprophylaxe). Nach 5tägiger Behandlung mit Amoxizillin und Antipyretika wegen „akuter Bronchitis" erfolgte die stationäre Aufnahme wegen plötzlich aufgetretener Bewußtseinstrübung.

**Befunde.** Somnolent, erweckbar, desorientiert; Puls 110/min, RR 90/60 mmHg, Temperatur rektal 38,7 °C, diskreter Sklerenikterus, Leber 12 cm in Medioklavikularlinie, Milz 2 Querfinger unter Rippenbogen tastbar, Hb 12,1 g/dl, Leukozyten 3400/µl, Thrombozyten 145000/µl, Bilirubin 1,8 mg/dl, LDH 525 U/l, GPT 48 U/l, Kreatinin 3,8 mg/dl, Harnstoff-N 155 mg/dl, Liquorbefunde unauffällig. Blutausstrich siehe Abb. 21.A.

**Diagnose.** Malaria tropica mit zerebraler Beteiligung.

**Therapie und Verlauf.** Entwicklung von Koma, Anurie und respiratorischer Insuffizienz noch am Aufnahmetag. Nach parenteraler Chininbehandlung und Intensivtherapie mit Beatmung und Hämodialyse vollständige Heilung.

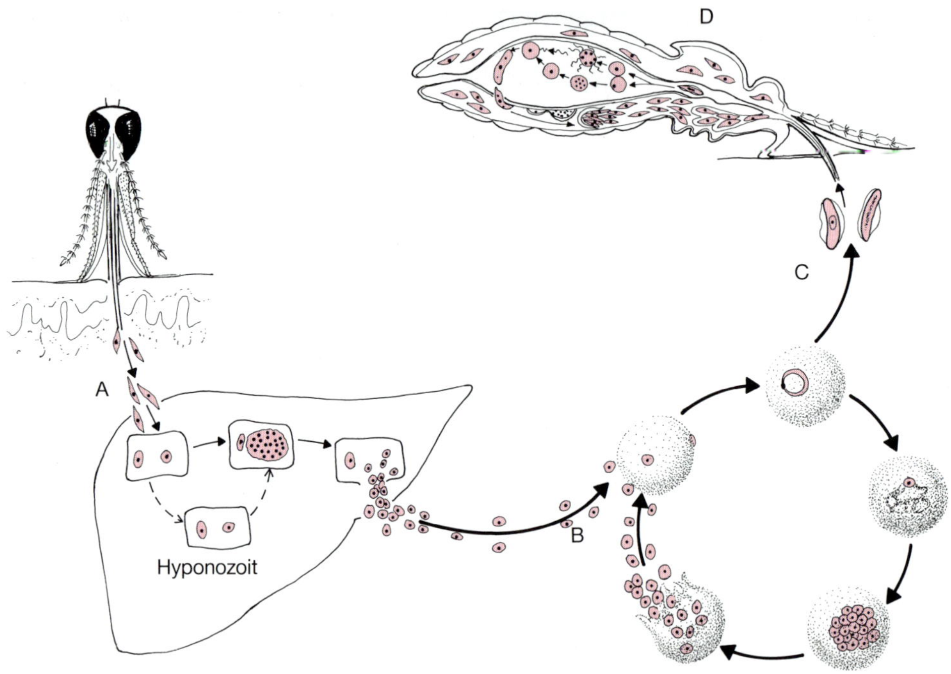


**Abb. 21.3.** Malariazyklus. *A* Die mit dem Speichelsekret der weiblichen Anophelesmücke übertragenen Infektionsformen (Sporozoiten) dringen in Leberzellen ein und vermehren sich durch ungeschlechtliche Teilung (Gewebeschizogonie.) Bei den Tertianaerregern (Plasmodium vivax und Plasmodium ovale) können einzelne Sporozoiten auch längerfristig in Leberzellen persistieren (Hypnozoiten), bevor es zur Teilung kommt. *B* Die bei der Gewebeschizogonie entstehenden Merozoiten werden freigesetzt und dringen in Erythrozyten ein. Sie machen dort eine weitere asexuelle Vermehrung durch (Blutschizogonie), die in einem je nach Plasmodienart verschiedenen Zeitraum abläuft. Die reifen, pigmenthaltigen Teilungsformen (Schizonten) bilden 6–32 Merozoiten, die nach Ruptur des Erythrozyten freigesetzt werden und sofort neue Erythrozyten befallen. *C* Einige Merozoiten differenzieren sich zu weiblichen und männlichen Geschlechtsformen (Gamonten), die zur weiteren Entwicklung von einer Anophelesmücke aufgenommen werden müssen. *D* Im Mückenmagen entwickelt sich nach der Befruchtung eine Zygote (Ookinet, Oozyste), aus der große Mengen von Sporozoiten entstehen. Diese wandern in die Speicheldrüsen ein und werden beim nächsten Saugakt inokuliert

Nekrose). Die Ursachen sind unklar, fast immer sind Chininbehandlungen vorausgegangen (Sensibilisierung, Autoimmunreaktion?). Die Parasitämie ist meist gering oder gar fehlend (bevorzugte Hämolyse befallener Erythrozyten).

Das ***tropische Splenomegaliesyndrom*** (chronische Hepatosplenomegalie mit Panzytopenie und Abwehrschwäche) und die ***Quartananephropathie*** (chronische Immunkomplexglomerulonephritis) sind immunologisch bedingte Folgeerkrankungen ständiger bzw. chronischer Malariainfektionen und treten ausschließlich in Endemiegebieten auf (besonders bei Kindern).

**Diagnose.** Für die Diagnose der eingeschleppten Malaria ist die sorgfältige Anamnese mit Erhebung der Reiseanamnese entscheidend.

**Bei unklaren fieberhaften Erkrankungen während und bis zu einem Jahr (bei Malaria tertiana und Malaria quartana gelegentlich noch länger) nach Aufenthalten in Malariagebieten muß trotz regelrechter Prophylaxe stets durch direkte Blutuntersuchung eine Malaria ausgeschlossen werden.**

Die Diagnose erfolgt durch den Nachweis der Parasiten im nach Giemsa gefärbten Blutausstrich. Der sog. ***dicke Tropfen*** ist eine Anreicherungsmethode (um den Faktor 20–40) zum Nachweis geringer Parasitämien, die im Ausstrich nicht entdeckt werden. Da die Parasitämie stark schwanken kann, sind zum Ausschluß einer Malaria mehrfache Untersuchungen über 2–3 Tage erforderlich. Die Schwere der Erkrankung korreliert nicht eng mit dem Ausmaß der Parasitämie. Bei Malaria tropica ist bei Parasitenkonzentrationen über 100 000/µl (2–5 % der

**Tabelle 21.4.** Komplikationen der Malaria tropica

| Organ/System | Manifestation/Symptome |
|---|---|
| Zerebral | Somnolenz, Koma, Krämpfe, Paresen |
| Renal | Niereninsuffizienz, Urämie, Schwarzwasserfieber |
| Pulmonal | Interstitielles Ödem, Malariaschocklungensyndrom |
| Gastrointestinal | Enteritis, Blutung, Leberinsuffizienz, Pankreatitis, Milzruptur |
| Kardiovaskulär | Herzinsuffizienz, Myokarditis, Vasomotorenkollaps (algide Malaria) |
| Hämatologisch | Hämolyse, Schwarzwasserfieber |
| Hämostaseologisch | Hämorrhagien (gastrointestinal, retinal, Milzhämatome), disseminierte intravasale Gerinnung |
| Immunologisch | Autoimmunhämolyse, Immunsuppression |

Erythrozyten befallen) gehäuft mit Komplikationen zu rechnen. Bei der Differenzierung der Parasiten (Abb. 21.4) ist zu beachten, daß Mehrfachinfektionen (meist Plasmodium falciparum und Plasmodium vivax) vorkommen. Die Serologie ist bei der akuten Erkrankung ohne Bedeutung. Die Malaria ist ***meldepflichtig***.

**Therapie.** Die Behandlung der Malaria tertiana und Malaria quartana erfolgt mit Chloroquin. Resistenzen sind nicht bekannt. Bei der Malaria tertiana ist eine anschließende Nachbehandlung mit Primaquin gegen die für Rezidive verantwortlichen persistierenden Gewebeformen (Hypnozoiten) erforderlich.

Die Therapie der Malaria tropica ist erschwert durch die erhebliche Zunahme von Resistenzen, die bei jedem der zur Verfügung stehenden Malariamittel möglich sind. Die Medikamentenauswahl richtet sich nach:

- Schwere der Erkrankung,
- Resistenzlage im Infektionsgebiet,
- ggf. durchgeführter Chemoprophylaxe.

Unkomplizierte Fälle werden oral behandelt; bei wahrscheinlicher Empfindlichkeit mit Chloroquin, bei Chloroquinresistenz mit einer Sulfonamid-Pyrimethamin-Kombination, bei Multiresistenz mit Chinin oder einem Aminoalkohol (Mefloquin, Halofantrin). Der Abfall der Parasitämie ist mindestens einmal täglich zu überprüfen. Die Therapie ist bei Resistenzverdacht und beim Auftreten von Komplikationen anzupassen.

Bei komplizierter Malaria tropica ist eine ***parenterale Therapie*** mit Chinin (per infusionem über 1–2 h) erforderlich. Bei Verdacht auf Chininresistenz muß frühzeitig mit Tetrazyklin (bei Kindern Clindamycin) kombiniert werden (additive Wirkung). Bei schweren Komplikationen mit exzessiver Parasitämie (> 20 %) kann durch einen ***Blutaustausch*** (1- bis 2faches Blutvolumen) eine drastische Senkung der Parasitämie mit z. T. rascher klinischer Besserung erreicht werden. Beim Schwarzwasserfieber sind neben der Malariatherapie (unter Vermeidung von Chinin) die Behandlung des Nierenversagens und hochdosierte Kortikosteroidgaben entscheidend.

**Prophylaxe.** Die Expositionsprophylaxe gegen die vorwiegend nacht- und dämmerungsaktiven Anophelesmücken (Moskitonetz, Repellentien, Insektizide) ist in Anbetracht der Resistenzentwicklung besonders wichtig, aber nur begrenzt wirksam. Eine ***Chemoprophylaxe*** ist bei Reisen in Malariagebiete unerläßlich. ***Chloroquin*** ist nach wie vor Standardprophylaktikum. In Gebieten mit Chloroquinresistenz kann zusätzlich Paludrin eingenommen werden (additive Schutzwirkung in einigen Gebieten). Zudem soll eine therapeutische Dosis eines Reservemittels wie Mefloquin, Sulfonamidpyrimethamin (Fansidar) oder Halofantrin mitgeführt werden, das bei malariaverdächtigem Fieber und nicht erreichbarer ärztlicher Hilfe eingenommen wird. In Gebieten mit hohem Malariarisiko *und* verbreiteten (Multi-)Resistenzen (z. B. Ostafrika) kann eine kurzfristige (bis maximal 8 Wochen) Prophylaxe mit Mefloquin durchgeführt werden.

### 21.2.2 Leishmaniasis

**Definition.** Flagellaten der Gattung Leishmania verursachen 3 verschiedene Krankheitsbilder:

- viszerale Leishmaniasis (Kala-Azar),
- kutane und
- mukokutane Leishmaniasen.

**Epidemiologie.** Leishmaniasen sind ***Zoonosen mit großem Tierreservoir*** (besonders Hunde und Nager). Viszerale und kutane Leishmaniasen sind in allen tropischen und subtropischen Gebieten (außer Australien) verbreitet und treten besonders in warmen Trockengebieten auf (einschließlich Mittelmeerländer).

Erreger der viszeralen Leishmaniasis sind verschiedene Arten des Leishmania-donovani-Komplexes.

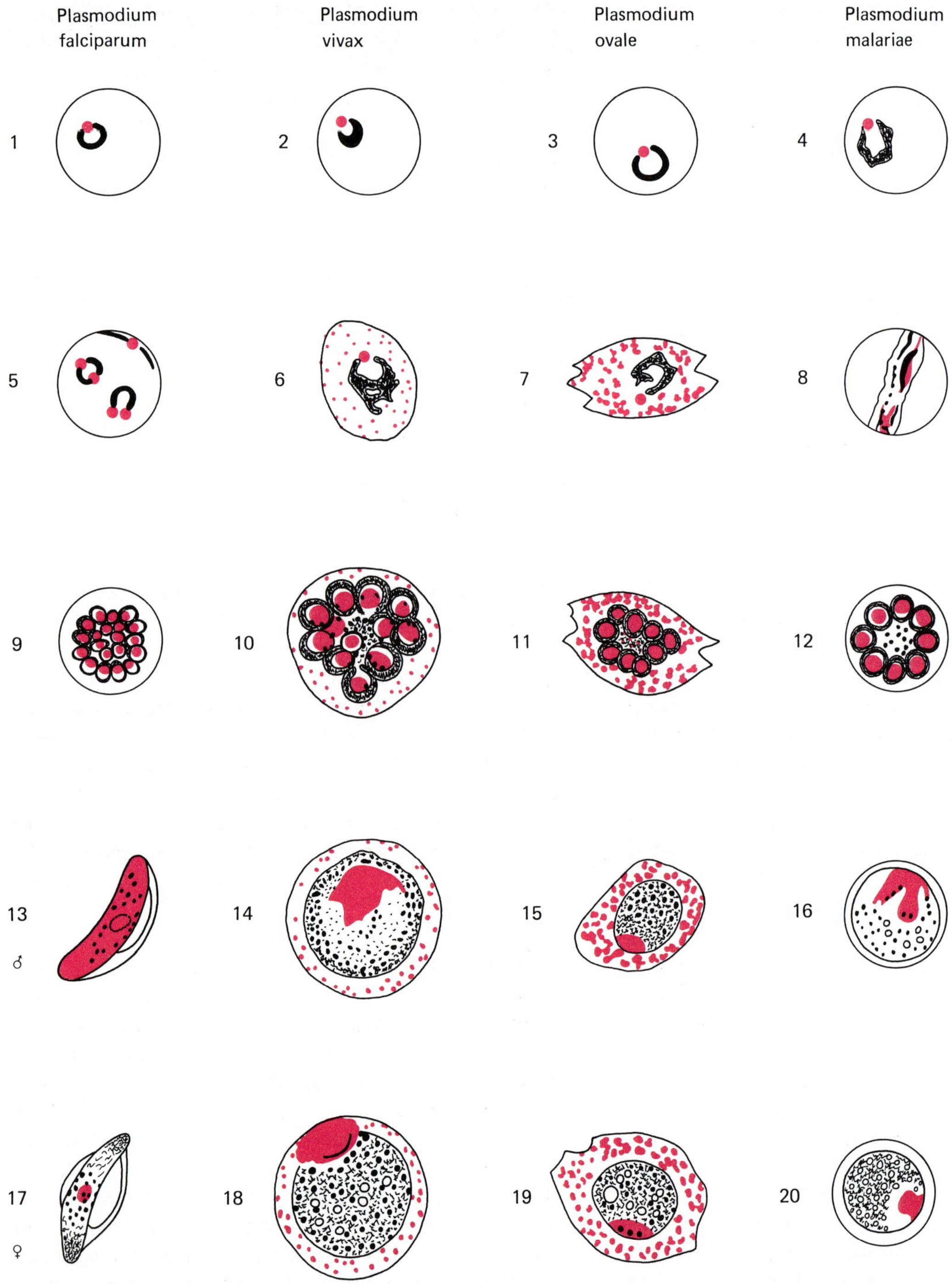


**Abb. 21.4.** Malariaerreger im Blutausstrich (Giemsa-Färbung). *1–4* junge Trophozoiten (Ringformen), *5* doppelkernige und randständige Trophozoiten von Plasmodium falciparum, *6–8* heranwachsende Trophozoiten (Bandform bei Plasmodium malariae) mit Erythrozytenveränderungen (Schüffner-Tüpfelung bei Plasmodium vivax und Plasmodium ovale, Vergrößerung bei Plasmodium vivax, ovaläre Deformierung bei Plasmodium ovale), *9–12* reife Schizonten, *13–16* Mikrogametozyten (männliche Geschlechtsformen), *17–20* Makrogametozyten (weibliche Geschlechtsformen). (Nach Goennert u. Koenig 1970)

Die kutane Leishmaniasis der Alten Welt wird durch verschiedene Arten des Leishmania-tropica-Komplexes hervorgerufen.

Die Arten des Leishmania-brasiliensis- und des Leishmania-mexicana-Komplexes sind auf Mittel- und Südamerika begrenzt und verursachen kutane wie mukokutane Leishmaniasen.

**Pathogenese.** Die Übertragung der Infektion erfolgt durch kleine Schmetterlingsmücken ***(Phlebotomen).*** Nach dem Eindringen der begeißelten (promastigoten) Infektionsformen vermehren sich die Leishmanien durch Zweiteilung ausschließlich intrazellulär als kleine (1–3 µm), unbegeißelte (amastigote) Formen in Makrophagen und Endothelzellen:

- der Haut (kutane Leishmaniasis) oder
- der Schleimhäute und Subkutis (mukokutane Leishmaniasis) oder
- des gesamten retikuloendothelialen Systems (viszerale Leishmaniasis).

Die ***Inkubationszeit*** aller Leishmaniasen ist sehr variabel (1–24 Monate, gelegentlich Jahre). Nur ein Teil der Infizierten entwickelt Krankheitserscheinungen.

**Klinik.** Bei der viszeralen Leishmaniasis kommt es mit meist schleichendem (gelegentlich akutem) Beginn zu:

- Fieber mit variablem, häufig undulierendem Verlauf,
- Hepatosplenomegalie und
- Anämie.

Bei einem Teil der Fälle treten zudem Lymphadenopathien, Durchfälle, Ikterus, Aszites, Nephritis mit Ödemen und Hyperpigmentierung (Kala-Azar, indisch: schwarze Krankheit) auf.

Laborchemisch findet sich fast immer eine Panzytopenie und hohes Serum-IgG. Unbehandelt sterben über 90% der Erkrankten unter zunehmender Kachexie und Abwehrschwäche (häufige bakterielle und virale Superinfektion) innerhalb von 1–24 Monaten.

Bei der kutanen Leishmaniasis der Alten Welt entstehen einzelne oder multiple, meist zentral ulzerierende Hautläsionen (Orientbeule) vorwiegend an den Stichstellen der Phlebotomen (unbedeckte Haut), die innerhalb von 1–2 Jahren unter Hinterlassung typischer Narben und einer soliden Immunität spontan abheilen (Jahresbeule). Gelegentlich kommt auch eine diffuse kutane Leishmaniasis mit persistierenden nodulären Infiltrationen vor.

Die neuweltliche kutane Leishmaniasis manifestiert sich entweder ebenfalls:

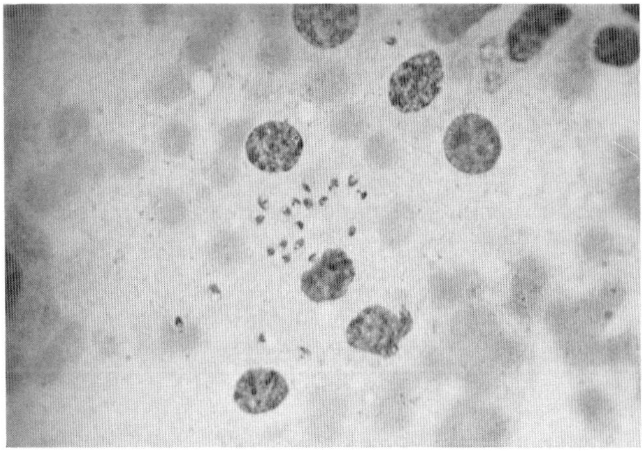

**Abb. 21.5.** Leishmania donovani im Knochenmark (Giemsa-Färbung). 12jähriger Junge, seit 2 Monaten erkrankt mit wechselndem Fieber, Gewichtsverlust und tastbarer Splenomegalie; vor einem Jahr Urlaub auf Elba

- in Form unkomplizierter, selbstheilender Ulzera (Uta),
- als chronisch destruierende Läsion des Ohrknorpels (Chiclero-Ulcus) oder
- als diffuse kutane Leishmaniasis ohne Selbstheilungstendenz.

Die mukokutane Leishmaniasis (Espundia) geht mit infiltrativen oder ulzerierenden Veränderungen im nasobukkopharyngealen Bereich einher. Die Erkrankung verläuft chronisch progredient und kann zu schweren Destruktionen führen. Ein Übergang der kutanen in die mukokutane Form ist möglich.

**Diagnose.** Beweisend ist der mikroskopische Erregernachweis (Abb. 21.5) in Abstrichen oder Biopsien vom Randbereich der Haut- bzw. Schleimhautläsionen, bei viszeraler Leishmaniasis in Biopsien von Knochenmark, Leber, Lymphknoten oder Milz. Die oft nur spärlich vorhandenen Erreger können auch kulturell und im Tierversuch angezüchtet werden. Die morphologisch identischen Leishmanienarten lassen sich mittels DNS-Hybridisierung oder Isoenzymbestimmung unterscheiden. Bei der viszeralen Leishmaniasis sind spezifische Antikörper in über 90% der Fälle nachweisbar; auch bei der mukokutanen Leishmaniasis ist die Serologie meist positiv.

**Therapie.** Mittel der Wahl sind 5wertige Antimonpräparate (z. B. Natriumstiboglukonat). Bei Antimonresistenz kommen Pentamidin und Amphotericin B in Frage. Bei unkomplizierter kutaner Leishmaniasis empfiehlt sich therapeutische Zurückhaltung ***(Spontanheilung).***

### 21.2.3 Trypanosomiasis

Flagellaten der Gattung Trypanosoma sind die Ursache von 2 Erkrankungen mit vollständig getrennter geographischer Verbreitung.

> **Die Schlafkrankheit kommt nur in Afrika, die Chagas-Krankheit nur in Süd- und Mittelamerika vor.**

#### Schlafkrankheit

**Epidemiologie.** Die ***afrikanische Trypanosomiasis*** (Schlafkrankheit) wird durch 2 eng verwandte, morphologisch nicht unterscheidbare Unterarten der Trypanosoma-brucei-Gruppe verursacht:

- ***Trypanosoma gambiense*** (vorwiegend in West- und Zentralafrika) und
- ***Trypanosoma rhodesiense*** (nur in Ostafrika).

Die Verbreitung ist an das Vorkommen der tagaktiven Tsetsefliegen (Glossinen) gebunden. Innerhalb des Tsetsegürtels zwischen dem 15. nördlichen und dem 20. südlichen Breitengrad werden jährlich 10000–20000 Neuerkrankungen gemeldet. Bei Trypanosoma rhodesiense besteht ein großes Wildtierreservoir.

**Pathogenese.** Die Übertragung erfolgt durch den Stich infizierter ***Tsetsefliegen.*** Die stark beweglichen, begeißelten Trypanosomen vermehren sich durch extrazelluläre Zweiteilung an der Stichstelle. Nach 3–10 Tagen beginnt die Ausbreitung auf dem Lymph- und Blutweg ***(hämolymphatisches Stadium).*** Nach wenigen Wochen (Trypanosoma rhodesiense) oder Monaten bis Jahren (Trypanosoma gambiense) passieren die Trypanosomen die Blut-Hirn-Schranke ***(meningoenzephalitisches Stadium).***

**Klinik.** An der Stichstelle kann sich vor allem bei Trypanosoma rhodesiense nach wenigen Tagen eine entzündliche Primärläsion ***(Trypanosomenschanker)*** mit Rötung und Schwellung entwickeln. In den folgenden Tagen bis Wochen kommt es zu variablem Fieber, Lymphadenopathie und Splenomegalie. Zudem können anuläre Erytheme, Myo- und Perikarditis auftreten.

Fieber und Parasitämie nehmen einen wellenförmigen weiteren Verlauf. Nach ZNS-Invasion entsteht eine chronisch progrediente Meningoenzephalitis, die unbehandelt meist innerhalb weniger Monate zum Tode führt. Die Symptomatik ist sehr variabel mit Wesensveränderungen, Verlangsamung, psychotischen und Herdsymptomen (Anfälle, Paresen), zunehmender Anorexie und schließlich Eintrübung bis zum Koma.

**Diagnose.** Die Parasiten sind im Blut und in Punktaten von Primärläsion, Lymphknoten und Knochenmark nachweisbar.

> **Zur Abklärung einer ZNS-Beteiligung der Trypanosomiasis muß in jedem Fall eine Liquoruntersuchung erfolgen (möglichst 3–4 Tage nach Therapiebeginn).**

Spezifische Antikörper und stark erhöhtes Serum-IgM sind fast regelmäßig vorhanden.

**Therapie.** Die Behandlung ist abhängig vom Krankheitsstadium. Mittel der Wahl im hämolymphatischen Stadium ist Suramin (Testdosis wegen Idiosynkrasie). Pentamidin ist nur bei Trypanosoma gambiense wirksam. Bei ZNS-Invasion müssen die sehr toxischen Arsenpräparate (Melarsoprol) angewandt werden. Neuerdings zeigte das relativ atoxische Eflornithin eine gute Wirksamkeit bei ZNS-Invasion von Trypanosoma gambiense.

#### Chagas-Krankheit

**Epidemiologie.** Die ***amerikanische Trypanosomiasis*** ist auf dem mittel- und südamerikanischen Festland weit verbreitet. Mindestens 20 Mio. Menschen vorwiegend in ländlichen Gegenden sind infiziert. Es besteht ein großes Haus- und Wildtierreservoir.

**Pathogenese.** Der Erreger ***Trypanosoma cruzi*** wird durch nachtaktive Raubwanzen (Triatomen) übertragen. Die im Wanzenkot (Defäkation beim Saugakt) enthaltenen begeißelten Infektionsformen dringen über Stichkanal, Kratzer der Haut oder Schleimhäute ein und vermehren sich zunächst an der Eintrittspforte durch intrazelluläre Zweiteilung ausschließlich in der amastigoten (unbegeißelten) Form.

Freigesetzte amastigote wandeln sich in begeißelte (trypomastigote) Erreger um, die über den Blutweg alle Organe erreichen (akutes Stadium) und sich erneut intrazellulär (amastigot) teilen (bevorzugt in Myokard, glatter Muskulatur und Gliazellen). Durch chronisch entzündliche und immunologische Prozesse kann es zu Myokardfibrose und Schädigung des kardialen und intestinalen Reizleitungssystems kommen (chronisches Stadium).

**Klinik.** Wenige Tage nach der Infektion bildet sich an der Eintrittspforte eine entzündliche ***Primärläsion (Chagom)*** mit regionärer Lymphadenopathie (am Auge als einseitige Konjunktivitis mit Lidödem). Das folgende ***akute Stadium*** mit Fieber, generalisierter Lymphadenopathie, Hepatosplenomegalie und variablen Exanthemen ist besonders im Kindesalter ausgeprägt. Akute Myokarditis und Meningoenzephalitis sind Komplikationen, die vor allem bei Kleinkindern zu Todesfällen führen. Nach spontanem Abklingen oder subklinischem Verlauf des akuten Stadiums persistiert eine asymptomatische Infektion.

Nur bei einem Teil der Infizierten kommt es zu Manifestationen des ***chronischen Stadiums.*** Im Vordergrund stehen eine dilatative Kardiomyopathie und ventrikuläre Rhythmusstörungen ***(Sekundenherztod).*** Seltener sind die denervierungsbedingten Dilatationen des Intestinaltrakts (Megaösophagus, Megakolon).

**Diagnose.** Ein direkter Nachweis der trypomastigoten Erreger im Blut (Ausstrich, Anreicherungsmethoden) gelingt meist nur im akuten Stadium. Serologie, Kultur und/oder Xenodiagnose (Erregernachweis in Raubwanzen nach Verfütterung von Patientenblut) sind bei geringer oder fehlender Parasitämie (chronisches Stadium) erforderlich.

**Therapie.** Nifurtimox und Benznidazol sind antiparasitär wirksam und müssen über 2–3 Monate gegeben werden. Da Schädigungen der chronischen Phase nicht mehr beeinflußt werden, sind möglichst frühzeitige Diagnose und Behandlung entscheidend.

### 21.2.4 Amöbiasis

**Definition.** Die Amöbiasis ist eine Infektion des Dickdarms durch die Amöbenart ***Entamoeba histolytica*** mit der Gefahr von Darmwandinvasion und extraintestinalen Absiedlungen.

**Epidemiologie.** Die Infektion mit Entamoeba histolytica ist weltweit verbreitet und tritt gehäuft in warmen Ländern und bei schlechten hygienischen Verhältnissen auf (Prävalenz bis 50%). In gemäßigten Zonen liegt die Prävalenz außer bei Risikogruppen (männlichen Homosexuellen u.a.) unter 1%. Meist handelt es sich um asymptomatische Infektionen. Aufgrund verschiedener Isoenzymmuster können über 20 Stämme (Zymodeme) unterschieden werden, von denen nur ein Teil Pathogenität besitzt. Die Verbreitung pathogener Stämme, die zu Erkrankungen führen können, ist ganz überwiegend auf tropische und subtropische Gebiete beschränkt. Die Inzidenz klinischer Erkrankungen wird auf 30–50 Mio. pro Jahr geschätzt.

Amöbiasis und Lambliasis sind die häufigsten Ursachen anhaltender oder rezidivierender gastrointestinaler Beschwerden nach Tropenreisen.

**Pathogenese.** Nur die umweltresistenten Entamoeba-histolytica-Zysten sind infektiös.

**Die Ansteckung durch Entamoeba histolytica geht von meist asymptomatischen Zystenausscheidern aus und erfolgt als fäkal-orale Schmierinfektion oder über kontaminierte Nahrungsmittel und Trinkwasser.**

Die freigesetzten Trophozoiten (vegetative Formen) vermehren sich im Dickdarm durch Zweiteilung. Bei pathogenen Stämmen kann es zur Invasion der Kolonschleimhaut kommen. Durch submuköse Nekrosen (Gewebelyse mit geringer entzündlicher Reaktion) entstehen Ulzerationen mit unterminiertem Rand und unauffälliger dazwischenliegender Schleimhaut. Werden Trophozoiten über die Portalvenen hämatogen verschleppt, können sich Abszesse (fast ausschließlich in der Leber) entwickeln.

**Klinik.** Das klinische Spektrum der intestinalen Amöbiasis ist sehr variabel. Die ***nichtdysenterische Amöbiasis*** verläuft chronisch oder rezidivierend. Mit meist schleichendem Beginn kommt es zu wechselnden nicht blutigen Durchfällen und uncharakteristischen abdominalen Beschwerden (Meteorismus, Völlegefühl). Häufig besteht eine Druckschmerzhaftigkeit des Kolons, besonders im Zökumbereich.

Die ***Amöbenruhr*** beginnt meist subakut mit blutig-schleimigen Durchfällen und diffusen, z.T. krampfartigen Bauchschmerzen. Im Gegensatz zur bakteriellen Ruhr (s. Kap. 20) besteht initial meist kein Fieber und keine schwere Beeinträchtigung des Allgemeinbefindens. Beim Auftreten von ***Komplikationen*** (Peritonitis, Perforation, Blutung, Leberabszeß) kommt es zu hohem Fieber und schnellem Verfall. ***Fulminante Verläufe*** (begünstigt durch Kortikosteroide und Gravidität) mit ausgedehnter gangränöser Kolitis und Peritonitis verlaufen rasch tödlich. Gelegentlich entwickelt sich eine lokalisierte, chronisch granulomatöse Entzündung mit tumorartiger Infiltration der gesamten Kolonwand (Amöbom).

**Amöbenleberabszesse treten häufig ohne zeitlichen Zusammenhang mit einer intestinalen Amöbiasis auf. Sie können sich noch Jahre nach Tropenaufenthalten manifestieren.**

Mit subakutem Beginn entwickelt sich ein meist atemabhängiger Dauerschmerz im rechten Oberbauch oder Epigastrium und intermittierendes oder kontinuierliches Fieber, z. T. mit Schüttelfrösten. Die singulären oder seltener multiplen Abszesse sind vorwiegend posterior im rechten Leberlappen lokalisiert. Häufige ***Komplikationen*** sind per Durchwanderung entstandene Pleuritis, Lungenabszesse und Perikarditis.

**Diagnose.** Bei der intestinalen Amöbiasis erfolgt der Nachweis von Trophozoiten und/oder Zysten im Stuhl oder in endoskopisch gewonnenem Material (besonders blutige Schleimflocken). Bewegliche Trophozoiten können nur bei sofortiger Untersuchung gesehen werden (Abb. 21.6). Ansonsten ist eine Konservierung in Polyvinylalkohol- oder MIF-(Merthiolat-Jod-Formalin-) Lösung empfehlenswert. Bei invasiver Amöbiasis sind fast immer spezifische Antikörper nachweisbar. Bildgebende Verfahren (Sonographie, CT) sind für die Diagnose der extraintestinalen Amöbiasis entscheidend; sie erlauben jedoch keine Unterscheidung von pyogenen Abszessen. Die Serologie ist hier von besonderer Bedeutung, da der Nachweis von Amöben im Aspirat häufig nicht gelingt.

**Therapie.** Mittel der Wahl sind Nitroimidazole (Metronidazol u. a.). Sie wirken intestinal und im Gewebe auf die Trophozoiten. Nicht selten persistiert jedoch eine asymptomatische Zystenausscheidung (Stuhlkontrollen nach Behandlung), die besser mit Diloxanidfuroat oder Jodhydroxychinolin saniert werden kann.

### 21.2.5 Lambliasis (Giardiasis)

Der fakultativ pathogene Darmflagellat Lamblia intestinalis (Synonym: Giardia lamblia) ist ubiquitär verbreitet und besonders häufig bei schlechten hygienischen

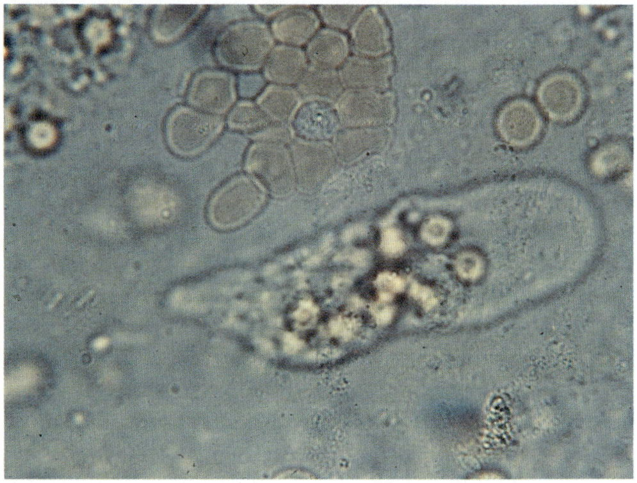

**Abb. 21.6.** Entamoeba-histolytica-Trophozoit mit ingestierten Erythrozyten (sog. Magnaform) im Stuhl (Nativpräparat)

Verhältnissen, bei Kleinkindern und Homosexuellen. Die Infektion erfolgt durch die umweltresistenten ***Zysten*** als Schmierinfektion von Mensch zu Mensch und über Nahrungsmittel. Die Trophozoiten vermehren sich im oberen Dünndarm und können den Mikrovillussaum schädigen. Nicht bei allen Infizierten kommt es zu Beschwerden. Bei IgA-Mangel und bei Immunkompromittierten findet sich eine besondere Disposition für symptomatische Infektionen. Die ***akute Lambliasis*** beginnt meist plötzlich, verläuft afebril und ist gekennzeichnet durch oft explosionsartige Entleerungen wäßriger und faulig riechender, nicht blutiger Durchfälle, Nausea, Meteorismus und fauliges Aufstoßen sowie spontane Abheilung innerhalb weniger Tage. Bei einem Teil der Patienten kommt es jedoch zu einem ***chronischen Verlauf*** mit persistierenden oder rezidivierenden Beschwerden (Meteorismus, Aufstoßen, Oberbauchbeschwerden, Durchfallepisoden). Gelegentlich entwickelt sich ein Malabsorptionssyndrom mit Gewichtsabnahme und Fettstühlen.

Die ***Diagnose*** erfolgt durch den Nachweis von Trophozoiten oder Zysten im Stuhl. In einigen Fällen gelingt dies nur im frischen Duodenalsaft. Mittel der Wahl sind Nitroimidazole (z. B. Metronidazol).

### 21.2.6 Toxoplasmose

**Definition.** Toxoplasmose ist eine häufige, meist asymptomatische Infektion durch das Coccidium ***Toxoplasma gondii*** mit wahrscheinlich lebenslanger Persistenz (latente Infektion), bedeutend als konnatale Infektion und als opportunistische Erkrankung bei Immunkompromittierten.

**Epidemiologie.** Die Toxoplasmose ist eine ubiquitäre Zoonose. Die Prävalenz menschlicher Infektionen nimmt mit dem Alter zu (persistierende Infektion) und hängt ab von Ernährungsgewohnheiten und hygienischen Bedingungen. Die Seroprävalenz in Deutschland liegt bei 40–50 %. Die Toxoplasmose ist die häufigste meldepflichtige kongenitale Infektion in Deutschland (ca. 100 Fälle pro Jahr).

**Pathogenese.** Der geschlechtliche Vermehrungszyklus von Toxoplasma gondii findet ausschließlich im Darmepithel von Katzen statt (intestinale Phase). Infizierte Katzen scheiden umweltresistente Oozysten mit dem Kot aus. Werden diese von anderen Tieren aufgenommen, entwickeln sich Endozoiten (Toxoplasmaformen), die sich in allen kernhaltigen Zellen vermehren können (Gewebephase). Unter dem Einfluß von Abwehrvorgängen entstehen abgekapselte Gewebezysten, die große Zahlen sog. Zystozoiten enthalten und langfristig persistieren. Sowohl Oozysten, Endozoiten wie Zystozoiten sind für Menschen infektiös. Die Infektion erfolgt meist durch ***Gewebezysten*** in rohem bzw. ungenügend gekochtem Fleisch (besonders Schwein und Hammel), seltener durch mit Katzenkot (Oozysten) kontaminierte Vegetabilien oder Erde. Eine Übertragung ist auch durch Transplantate und diaplazentar möglich. Bei Immunkompromittierten handelt es sich vorwiegend um Reaktivierungen latenter Infektionen (Gewebezysten). Das Risiko einer kongenitalen Infektion besteht auch bei asymptomatischer Erstinfektion der Mutter.

**Eine kongenitale Toxoplasmose mit der Gefahr einer Embryo- oder Fetopathie kann nur bei Erstinfektion der Mutter während der Schwangerschaft entstehen.**

**Klinik.** Die erworbene Infektion verläuft bei Immunkompetenten meist asymptomatisch. In 10–20 % kommt es zu klinischen Erscheinungen, fast ausschließlich als indolente, vorwiegend zervikale Lymphadenopathie mit und ohne Fieber. Die Symptomatik klingt innerhalb weniger Wochen spontan ab, gelegentlich erst nach Monaten. Bei Immunkompromittierten (Aids, Hämoblastosen, Organtransplantation) treten schwere Verläufe meist als fokale oder diffuse Enzephalitis auf (s. Kap. 22), seltener als Pneumonie, Karditis oder disseminierte Infektion.

**Diagnose.** Bei Immunkompetenten erfolgt der Nachweis einer akuten Infektion serologisch (IgM-Antikörper). Durchseuchungstiter (Schwangerschaftsvorsorge) halten lebenslang an (IgG-Antikörper). Die Serologie ist bei Immunkompromittierten unzuverlässig (s. Kap. 22). Der Erregernachweis ist schwierig.

**Therapie.** Mittel der Wahl ist Pyrimethamin, möglichst in Kombination mit einem Sulfonamid (z. B. Sulfadiazin). Spiramycin und Clindamycin sind weniger wirksam. Die unkomplizierte Lymphadenopathie bedarf keiner Behandlung. Die Therapie ist ohne Einfluß auf die latente Infektion.

## 21.3 Infektionen durch Würmer

Wurmkrankheiten (Helminthiasen) werden durch ***Nematoden*** (Rund- oder Fadenwürmer), ***Trematoden*** (Saugwürmer oder Egel) und ***Zestoden*** (Bandwürmer) verursacht. Die Nematoden und die Trematodengattung der Schistosomen sind getrenntgeschlechtlich, die sonstigen Trematoden und die Zestoden sind zwittrig. Einige Nematoden (Filarien, Trichinen u. a.) sowie alle Trematoden und Zestoden sind bei ihrer Entwicklung auf einen Wirtswechsel angewiesen (Zyklus). Die geschlechtliche Vermehrung findet im Endwirt, die ungeschlechtliche im Zwischenwirt statt. Der Mensch ist außer bei den larvalen Zestodeninfektionen stets als Endwirt infiziert. Von praktischer Bedeutung ist die Unterscheidung zwischen intestinalen und blut- bzw. gewebeinvasiven Wurminfektionen. Invasive Helminthiasen gehen meist mit Eosinophilie und IgE-Vermehrung einher.

### 21.3.1 Intestinale Wurminfektionen

**Intestinale Wurminfektionen zählen weltweit zu den häufigsten Erkrankungen und sind in den Tropen (besonders bei Kindern) extrem verbreitet (meist Mehrfachbefall).**

***Intestinale Nematodeninfektionen*** (Tabelle 21.5) können rein intestinal (Enterobiasis, Trichuriasis) oder mit

**Tabelle 21.5.** Intestinale Nematodeninfektionen

| Krankheit (Erreger) | Übertragung | Krankheitsbild und Symptomatik | Diagnose | Therapie |
|---|---|---|---|---|
| Enterobiasis (Enterobius vermicularis, Madenwurm) | Verschlucken von Eiern (Kontaktinfektion, Autoinfektion) | Analpruritus, perianales Ekzem, Proktitis, Komplikation: ektope Lokalisation | Einachweis im Analabstrich Stuhl[a] | Pyrvinium, Mebendazol, Piperazin, Pyrantel |
| Trichuriasis (Trichuris trichiura, Peitschenwurm) | Ingestion embryonierter[b] Eier (über Vegetabilien/Wasser) | Kolitis, Durchfälle, Tenesmen, Komplikation: Rektalprolaps, Dysenterie | Einachweis im Stuhl[a] | Mebendazol, Albendazol |
| Askariasis (Ascaris lumbricoides, Spulwurm) | Ingestion embryonierter[b] Eier (über Vegetabilien/Wasser) | Loeffler-Syndrom, Bauchschmerzen, Komplikation: Ileus, Volvulus, ektope Lokalisation | Einachweis im Stuhl[a] | Mebendazol, Albendazol, Piperazin, Pyrantel |
| Hakenwurmbefall (Ancylostoma duodenale, Necator americanus) | Perkutane Invasion der Larven (Barfußlaufen) | Loeffler-Syndrom, Anämie, Eiweißverlust, abdominale Beschwerden | Einachweis im Stuhl[a] | Mebendazol, Albendazol, Levamisol, Pyrantel |
| Strongyloidiasis (Strongyloides stercoralis, Zwergfadenwurm) | Perkutane Invasion der Larven (Barfußlaufen), Autoinfektion | Loeffler-Syndrom, Duodenitis, Durchfälle, Komplikation: Hyperinfektion | Larvennachweis im Stuhl[a], Koprokultur | Tiabendazol, Mebendazol, Albendazol |

[a] Stuhlanreicherung (z. B. MIF-Anreicherung).
[b] Eireifung im Freien erforderlich (mindestens 3 Wochen).

**Tabelle 21.6.** Intestinale Zestodeninfektionen

| Krankheit (Erreger) | Übertragung | Krankheitsbild und Symptomatik | Diagnose | Therapie |
|---|---|---|---|---|
| Taeniasis (Taenia saginata, Rinderbandwurm; Taenia solium, Schweinebandwurm) | Genuß von rohem oder ungenügend erhitztem Rind- bzw. Schweinefleisch | Uncharakteristische abdominale Beschwerden, bei Taenia solium Infektionsgefahr! | Bandwurmglieder im Stuhl, Einachweis im Stuhl[a] | Niclosamid, Praziquantel, Mebendazol |
| Diphyllobothriasis (Diphyllobothrium latum, Fischbandwurm) | Genuß von rohem oder ungenügend erhitztem Fisch | Megaloblastäre Anämie (Vitamin-$B_{12}$-Entzug aus der Nahrung) | Einachweis im Stuhl[a], | Niclosamid, Praziquantel, Mebendazol |
| Hymenolepiasis (Hymenolepis nana, Zwergbandwurm) | Verschlucken von Eiern (Schmierinfektion), Autoinfektion | Tenesmen, Durchfälle, Anorexie | Einachweis im Stuhl[a] | Praziquantel |

[a] Stuhlanreicherung (z. B. MIF-Anreicherung).

einer initialen Gewebe*wanderung* (Askariasis, Hakenwurminfektion, Strongyloidiasis) verlaufen, während der Husten, Fieber, Eosinophilie und pulmonale Infiltrate auftreten können (Loeffler-Syndrom), die innerhalb 1–3 Wochen spontan abklingen. Bei der Strongyloidiasis kann sich durch innere und äußere (perianal) Autoinfektion ein Hyperinfektionssyndrom mit fataler Generalisierung bei Immunkompromittierten (Pneumonie, Meningitis, Panenteritis) entwickeln.

Bei den ***intestinalen Zestodeninfektionen*** (Tabelle 21.6) ist der Mensch als Endwirt infiziert; bei der Hymenolepiasis gleichzeitig als Zwischenwirt, da die Hakenlarven bereits im Darm aus den Eiern schlüpfen und Finnen (Zystizerkoide) in der Darmwand bilden (endogene Autoinfektion). Bei ***Taeniasis solium*** werden infektiöse Eier bzw. Proglottiden (Bandwurmglieder) ausgeschieden, die zur larvalen Infektion (Zystizerkose, s. 21.3.6) führen können.

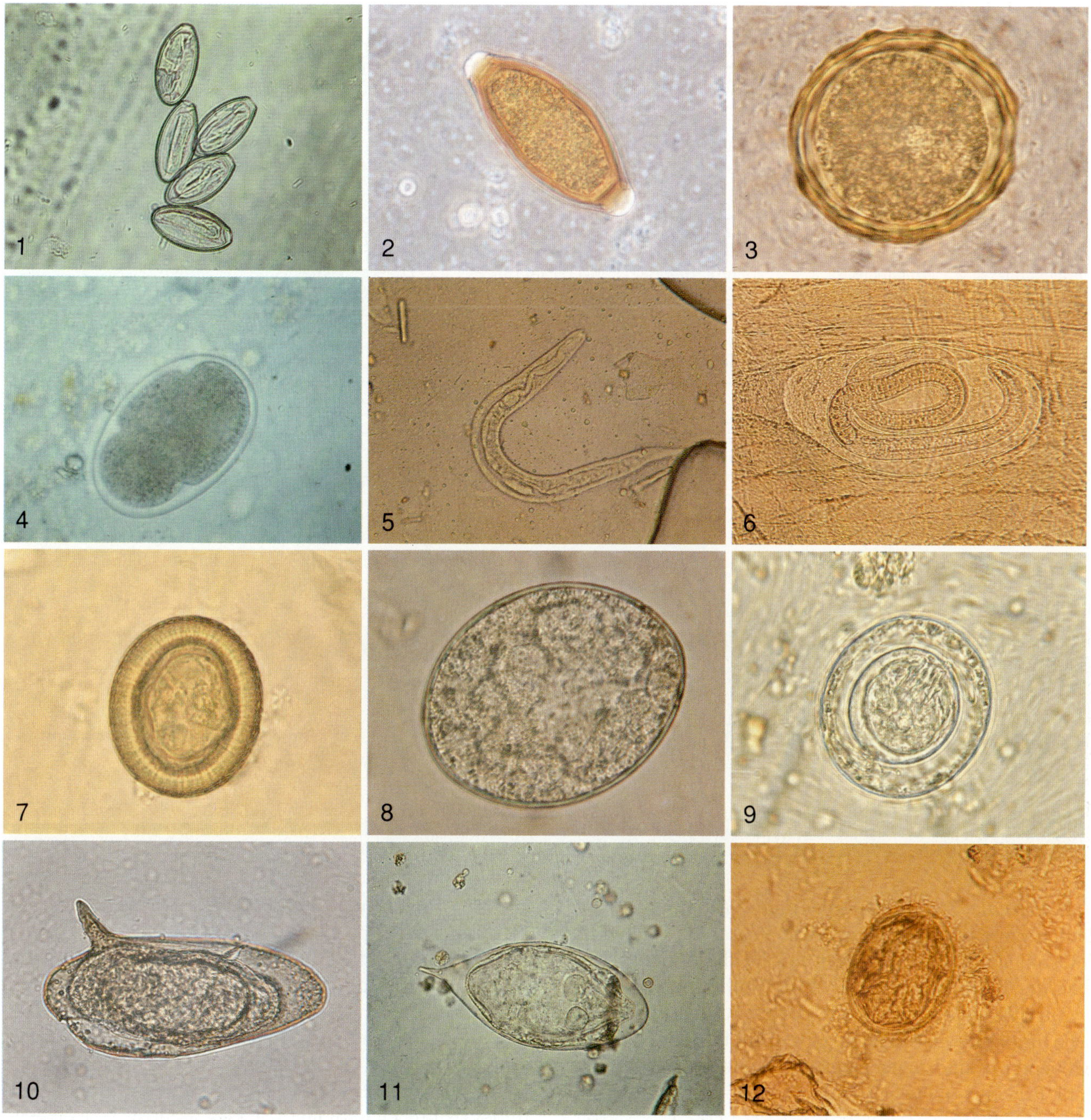


**Abb. 21.7.** Wurmeier und Larven
*1* Enterobius-vermicularis-Eier (Tesafilmanalabklatsch)
*2* Trichuris-trichiura-Ei (Stuhl)
*3* Ascaris-lumbricoides-Ei (Stuhl)
*4* Hakenwurmei (Stuhl)
*5* Strongyloides-stercoralis-Larve (Stuhl)
*6* Trichinella-spiralis-Larve (Muskel)
*7* Taenia-solium.-Ei (Stuhl)
*8* Diphyllobothrium-latum-Ei (Stuhl)
*9* Hymenolepis-nana-Ei (Stuhl)
*10* Schistosoma-mansoni-Ei (Stuhl)
*11* Schistosoma-haematobium-Ei (Urin)
*12* Schistosoma-japonicum-Ei (Stuhl)

**Tabelle 21.7.** Filariosen

| Krankheit | Erreger | Überträger | Krankheitsbild | Diagnose | Therapie |
|---|---|---|---|---|---|
| Lymphatische Filariosen | Wuchereria bancrofti, Brugia malayi | Moskitos (Anopheles, Culex, Aedes) | Elephantiasis | Mikrofilariennachweis im Blut, Serologie | Diäthylcarbamazin |
| Onchozerkose (Flußblindheit) | Onchocerca volvulus | Simulien (Kriebelmücken) | Ophthalmitis, Erblindung, Dermatitis | Mikrofilariennachweis in der Haut und im Auge | Diäthylcarbamazin, Ivermectin, Suramin |
| Loiasis | Loa loa | Stechfliegen (Chrysops) | Subkutane Schwellungen | Mikrofilariennachweis im Blut | Diäthylcarbamazin |
| Dracunculiasis | Dracunculus medinensis | Hüpferlinge (Cyclops) | Hautulkus, Sekundärinfekt | Larvennachweis im Ulkus | Niridazol |

**Tabelle 21.8.** Trematodeninfektionen (außer Schistosomiasis)

| Krankheit (Erreger) | Übertragung | Krankheitsbild und Symptomatik | Diagnose | Therapie |
|---|---|---|---|---|
| Fascioliasis (Fasciola hepatica, großer Leberegel) | Genuß eßbarer Wasserpflanzen (z. B. Wasserkresse) | Akute Invasionsphase: Fieber, Hepatitis; chronisches Stadium: Cholangitiden, Leberabszesse | Einachweis im Stuhl/im Gallensaft Serologie | Triclabendazol |
| Clonorchiasis/ Opisthorchiasis (kleine Leberegel) | Genuß roher oder ungenügend erhitzter Fische | Cholangitiden, Leberabszesse, Präkanzerose (Cholangiokarzinome) | Einachweis im Stuhl/im Gallensaft | Praziquantel |
| Paragonimiasis (Paragonimus westermani u. a. Lungenegel) | Genuß roher oder ungenügend erhitzter Krebse und Krabben | Chronische kavernöse Pneumonie, ektope Lokalisation (Leber, Peritoneum, ZNS) | Einachweis im Sputum/ im Stuhl, Serologie | Praziquantel |
| Fasciolopsiasis (Fasciolopsis buski, großer Darmegel) | Genuß der Wassernuß (Trapa natans) | Bauchschmerzen, Durchfälle | Einachweis in Stuhl | Praziquantel |
| Kleine Darmegel (zahlreiche Arten) | Genuß roher oder ungenügend erhitzter Fische | Bauchschmerzen, Durchfälle | Einachweis im Stuhl | Praziquantel |

***Intestinale Trematodeninfektionen*** (Darmegel) verlaufen ohne eine gewebeinvasive Phase. Die ***Diagnose*** intestinaler Wurminfektionen erfolgt durch den Nachweis der Wurmeier bzw. Larven im Stuhl (Abb. 21.7).

Zur ***Therapie*** stehen heute hochwirksame und atoxische Präparate zur Verfügung. Benzimidazolderivate wie Mebendazol sind gegen Nematoden und Zestoden wirksam, Praziquantel gegen Trematoden und Zestoden.

## 21.3.2 Filariosen und Dracunculiasis

Filariosen sind blut- und gewebeinvasive Nematodeninfektionen der Tropen und Subtropen, die zu chronischen Erkrankungen führen können (Tabelle 21.7). Über 200 Mio. Menschen sind befallen. Die Adultwürmer ***(Makrofilarien)*** produzieren große Zahlen von Larven ***(Mikrofilarien),*** die im Blut (lymphatische Filariose und Loiasis) oder in der Haut (Onchozerkose) zirkulieren. Diese müssen von als Überträger geeigneten Arthropoden (verschiedene Stechmücken und Fliegen) aufgenommen werden, in denen eine Weiterentwicklung der Mikrofilarien zu Infektionslarven (Larvenreifung) stattfindet (echte Zwischenwirte).

Die in Westafrika und Indien verbreitete ***Dracunculiasis*** (Drakontiasis) entsteht durch die Aufnahme infizierter Zwischenwirte, kleiner Wasserkrebse (Cyclops) über Brunnenwasser. Die bis zu 1 m langen weiblichen Adulten liegen im subkutanen Gewebe besonders der Beine. Über dem Vorderende bildet sich ein Ulkus, aus dem die beweglichen Larven bei Wasserreiz entleert werden ***(Medina- oder Guineawurm).***

### 21.3.3 Trichinose

Die Infektion mit ***Trichinella spiralis*** erfolgt durch den Genuß von rohem bzw. ungenügend erhitztem, ***trichinenhaltigem Fleisch*** (meist Schwein, Wildschwein oder Bär). Die im Dünndarm freigesetzten Larven reifen innerhalb weniger Tage zu Adultwürmern. Pro Weibchen werden über 1500 Larven freigesetzt, die die Mukosa passieren und hämatogen in die quergestreifte Muskulatur wandern, wo sie sich enzystieren.

Die Schwere des Krankheitsbildes hängt ab von der Zahl aufgenommener Larven. Leichte Infektionen sind meist asymptomatisch.

Bei stärkerem Befall kann es 2–7 Tage nach der Infektion zu Durchfällen und abdominalen Beschwerden kommen (intestinale Phase). 1–3 Wochen später treten hohes Fieber, ausgeprägte Myalgien und *periorbitale Ödeme* auf (Invasionsphase); häufig auch urtikarielle oder makulopapulöse Exantheme und *subunguale Splitterblutungen.*

Bedrohliche ***Komplikationen*** sind Myokarditis, Enzephalitis und Sekundärinfektionen (Bronchopneumonie, Sepsis).

Die ***Diagnose*** kann durch den Nachweis der Larven im Blut oder in der Muskelbiopsie bewiesen werden; ggf. auch im inkriminierten Nahrungsmittel. Serologisch lassen sich frühzeitig Antikörper nachweisen. Es liegt fast regelmäßig eine ***Leukozytose mit hoher Eosinophilie*** und eine erhöhte Serumkreatinkinase vor.

Die Therapie erfolgt mit Tiabendazol oder Mebendazol. In schweren Fällen sind zudem Kortikosteroide erforderlich. Es besteht ***Meldepflicht.***

### 21.3.4 Schistosomiasis (Bilharziose) und sonstige Trematodeninfektionen

Alle Trematoden benötigen zur Entwicklung Schnecken als Zwischenwirte, aus denen Gabelschwanzlarven ***(Zerkarien)*** freigesetzt werden. Diese dringen bei der Schistosomiasis direkt (perkutan) in den Endwirt (Mensch und verschiedene Säugetiere) ein. Bei allen anderen Trematoden (Tabelle 21.8) erfolgt eine Enzystierung ***(Metazerkarien)*** in einem 2. Zwischenwirt (Fische, Krabben, Krebse) oder an Vegetabilien. Werden diese Nahrungsmittel roh oder ungenügend gekocht gegessen, führen sie zur Infektion. Aus den vom Endwirt ausgeschiedenen Eiern schlüpfen Wimpernlarven ***(Mirazidien),*** die wiederum Schnecken infizieren. Die ***Diagnose*** erfolgt durch den Nachweis der Eier, z. T. auch serologisch. Mittel der Wahl ist Praziquantel (außer bei Fasziolose).

#### Schistosomiasis

**Definition.** Die Schistosomiasis ***(Bilharziose)*** wird durch 5 verschiedene Schistosomenarten (Pärchenegel) verursacht. Schistosoma haematobium ist der Erreger der ***Blasenbilharziose.***

Schistosoma mansoni und Schistosoma japonicum (seltener auch Schistosoma intercalatum und Schistosoma mekongi) verursachen die ***Darmbilharziose.***

**Epidemiologie.** Über 200 Mio. Menschen sind infiziert. Die Verbreitungsgebiete sind an das Vorkommen geeigneter Zwischenwirte (Süßwasserschnecken) gebunden.

> **In Endemiegebieten ist jedes Süßgewässer (Seen, Bewässerungssysteme, Reisfelder, Sümpfe, Flüsse) als potentiell mit Schistosomen verseucht anzusehen.**

Die Blasenbilharziose kommt im gesamten Afrika und im Nahen Osten vor.

Die Darmbilharziose durch Schistosoma mansoni ist in Afrika, der arabischen Halbinsel, an der Ostküste Südamerikas und in der Karibik verbreitet.

Schistosoma-japonicum-Endemiegebiete finden sich in China und Südostasien.

Begrenzte Verbreitungsgebiete bestehen für Schistosoma intercalatum in Zentralafrika, für Schistosoma mekongi in Südostasien.

**Pathogenese.** Die im Wasser schwimmenden Infektionslarven (Zerkarien) dringen durch die intakte Haut ein und gelangen über die Lunge zur Leber. Dort erfolgt die Reifung zu den ca. 1 cm langen männlichen und weiblichen Adultwürmern, die paarweise in kleine mesenteriale (Darmbilharziose) oder vesikale (Blasenbilharziose) Venen einwandern. Die von den weiblichen Adulten produzierten Eier dringen durch das Endothel ins umgebende Gewebe und wandern zum Lumen von Darm bzw. Harnblase. Ein Teil der Eier wird im Gewebe des Dickdarms bzw. der ableitenden Harnwege zurückgehalten und führt zu einer ***chronischen granulomatösen Entzündung.***

Bei der Darmbilharziose gelangen zahlreiche Eier über den portalen Blutstrom in die Leber und führen zu einer progressiven periportalen Fibrose (Tonpfeifenstielfibrose) mit portaler Hypertension. Von den Vesikalvenen und über portosystemische Kollateralen können Eier auch in die Lunge (Lungenfibrose) und gelegentlich in andere Organe gelangen (ZNS).

**Klinik.** Am Infektionsort kann ein juckendes Exanthem auftreten ***(Zerkariendermatitis).***

Sind viele Zerkarien gleichzeitig eingedrungen, kommt es nach 2–4 Wochen zu einem ***akuten Krankheitsbild*** (Katayama-Syndrom) mit hohem Fieber, Husten, flüchtigen Lungeninfiltraten, Hepatosplenomegalie und Eosinophile.

Im chronischen Stadium verläuft bei der Darmbilharziose ein Teil der Infektionen asymptomatisch oder mit uncharakteristischen abdominalen Beschwerden ***(chronische Kolitis).*** Abhängig von der Befallsstärke (ständige Reinfektion in Endemiegebieten) und dem Ausmaß der Leberfibrose entwickelt sich bei einem Teil der Fälle eine zunehmende ***portale Hypertension*** mit Ösophagusvarizen, Aszites und Hypersplenismus (s. Kap. 3). Zudem kann es (auch bei Schistosoma haematobium) zu einem ***Cor pulmonale*** (s. Kap. 7) kommen. ZNS-Beteiligungen manifestieren sich als Myelitis mit segmentalen Ausfällen (besonders bei Schistosoma mansoni) oder als fokale zerebrale Läsion mit Krampfanfällen, Hemiplegie oder Sehstörungen (besonders bei Schistosoma japonicum).

Bei der Blasenbilharziose entsteht eine chronische Entzündung der ableitenden Harnwege und Genitalorgane mit Hämaturie, Strikturen (Harnblase, Ureteren) sowie Begünstigung von aszendierenden Infektionen und Blasenkarzinom.

**Diagnose.** Die typischen ***Eier*** können im Stuhl bzw. Urin (Sammelsediment) sowie bioptisch (Rektum- bzw. Blasenschleimhaut) nachgewiesen werden (s. Abb. 21.7). Bei ca. 90 % derInfizierten sind spezifische Antikörper vorhanden, die bei Erstinfektionen den einzigen diagnostischen Hinweis während der 2–3monatigen Präpatenzzeit (Zeit zwischen Infektion und Beginn der Eiausscheidung) geben können.

**Therapie.** Mittel der Wahl bei allen Arten und Krankheitsstadien der Schistosomiasis ist Praziquantel. Bei bedrohlich verlaufendem Katayama-Syndrom ist eine kurzfristige hochdosierte Kortikosteroidgabe erforderlich. Die ***Prophylaxe*** besteht in einer Vermeidung der Exposition (Baden, Durchwaten) in den Süßgewässern der Endemiegebiete.

## 21.3.5 Echinokokkose

**Definition.** Die Echinokokkose des Menschen wird durch 2 verschiedene Bandwurmarten der Gattung Echinokokkus verursacht:

- Echinococcus granulosus (Hundebandwurm) ist der Erreger der ***zystischen Echinokokkose***;
- Echinococcus multilocularis (Fuchsbandwurm) verursacht die ***alveoläre Echinokokkose.***

**Epidemiologie.** Echinococcus granulosus ist weltweit verbreitet (Hund-Wiederkäuer-Zyklus) und tritt gehäuft in Schafzuchtgebieten auf (östliche Mittelmeerländer und Südamerika). Echinococcus multilocularis kommt in Süddeutschland, den Alpenländern, Alaska und der Sowjetunion vor (Fuchs-Nagetier-Zyklus).

**Pathogenese.** Der Mensch wird als (Fehl-)Zwischenwirt mit dem Larvenstadium (Finne) befallen. Die Infektion erfolgt durch die ***orale Aufnahme*** der vom Endwirt (Hund bzw. Fuchs, selten Katzen) mit dem Kot ausgeschiedenen Eier bei direktem Kontakt, als Schmierinfektion oder über Waldbeeren, die mit Fuchslosung kontaminiert sind. Die im Dünndarm freigesetzte Hakenlarve (Onkosphäre) dringt durch die Darmwand und wird via Pfortader in die Leber transportiert. Bei Echinococcus granulosus ist ein Weitertransport in Lunge und sämtliche anderen Organe möglich. Aus der Hakenlarve entwickelt sich bei Echinococcus granulosus eine kontinuierlich wachsende Zyste (Hydatide), die mit Flüssigkeit gefüllt ist und Tochterzysten enthalten kann. Abhängig von Organlokalisation und Raumverhältnissen können Zysten einen Durchmesser von 30 cm und mehr erreichen. Fertile Zysten bilden Bandwurmkopfanlagen (Protoskolizes), die bei Ingestion durch den Endwirt zu Adulten heranwachsen würden (Mensch ist Fehl- oder Blindwirt). Bei Echinococcus multilocularis kommt es zu einer kleinblasigen (alveolären) Sprossung mit tumorartigem, infiltrativem Wachstum in das Lebergewebe. Durch Abschnürung von Keimepithelsprossen ist eine lymphogene oder hämatogene Metastasierung möglich.

**Klinik.** Bei der zystischen Echinokokkose (meist Leber und Lunge) treten mit zunehmender Größe und Kompression uncharakteristische Beschwerden auf (abdominale Schmerzen, Husten, Dyspnoe). Spontane oder traumatische Zystenruptur kann zu akuten ***allergischen Reaktionen*** bis hin zum anaphylaktischen Schock sowie zur ***Aussaat*** (Peritoneum, Lunge) von Tochterzysten und Protoskolizes mit Sekundärechinokokkose führen.

Weitere ***Komplikationen*** sind bakterielle Sekundärinfektion (Abszeß), Gefäßarrosion (Hämoptysen) und zunehmender Gallenwegsverschluß.

Die alveoläre Echinokokkose verläuft unter dem klinischen Bild eines Leberkarzinoms (s. Kap. 3) und wird meist erst diagnostiziert, wenn eine schon ausgedehnte Infiltration zur ***Verlegung der ableitenden Gallenwege*** mit zunehmendem Ikterus, Allgemeinsymptomen und Gewichtsverlust führt. Per continuitatem oder metastatisch können andere Organe (Peritoneum, Lunge, ZNS) mitbetroffen werden.

**Diagnose.** Die Verdachtsdiagnose wird radiologisch, sonographisch und computertomographisch gestellt. In über 90% der Fälle lassen sich spezifische Antikörper nachweisen. Punktionen sind kontraindiziert (Gefahr von Anaphylaxie und Aussaat).

**Therapie.** Die radikale operative Entfernung ist die Therapie der Wahl. Bei Inoperabilität (häufig bei alveolärer Echinokokkose) ist eine Behandlung mit Mebendazol oder Albendazol angezeigt. Diese muß bei zystischer Echinokokkose über mehrere Monate (entsprechend Therapiekontrolle), bei alveolärer Echinokokkose lebenslang (nur parasitostatische Wirkung) durchgeführt werden.

### 21.3.6 Zystizerkose

Die Zystizerkose ist eine Infektion mit dem Larven-(Finnen-)Stadium von ***Taenia solium*** (Schweinebandwurm, s. Tabelle 21.5) durch das Verschlucken der Eier, die von Menschen mit einem intestinalen Schweinebandwurmbefall ausgeschieden werden; meist über kontaminierte Nahrung und Wasser, seltener als direkte Schmierinfektion. Besonders gefährdet ist der Schweinebandwurmträger selbst (Autoinfektion).

Die im Dünndarm freigesetzten Larven penetrieren die Mukosa und werden hämatogen in Muskulatur, Subkutis, Gehirn und Auge verschleppt, wo sie sich innerhalb von 3–4 Monaten zu den 5–10 mm (gelegentlich bis 5 cm) großen Zystizerken (Finnenblase mit eingestülptem Skolex) entwickeln. Subkutane und muskuläre Zystizerken (disseminierte Zystizerkose) sind meist asymptomatisch. Die Manifestationen der ***Neurozystizerkose*** hängen ab von Lokalisation, Größe und Zahl der Zystizerken im Gehirn. Am häufigsten sind Krampfanfälle, psychotische Symptome und Wesensveränderung sowie Hydrocephalus internus mit zunehmenden Hirndruckzeichen (Kopfschmerzen, Erbrechen, Hirnnervenparesen, Sehstörungen).

Die Computertomographie ist entscheidend für die Verdachtsdiagnose und Lokalisation der Neurozystizerkose. Bei gleichzeitiger disseminierter Zystizerkose kann die Infektion durch die Exstirpation zugänglicher (subkutaner) Zystizerken nachgewiesen werden. Die ***okuläre Zystizerkose*** manifestiert sich mit Visusverlust, intraokulären Blutungen und Ablatio. Okuläre Zystizerken können in der vorderen oder hinteren Augenkammer sichtbar sein.

Die Serologie ist bei disseminiertem Befall in über 90% positiv; bei der häufig isolierten Neurozystizerkose jedoch nur in 50–70% (Untersuchung von Serum und Liquor). Typische Liquorveränderungen (Eosinophilie) fehlen häufig.

Die ***Therapie*** der Neurozystizerkose erfolgt mit Praziquantel oder Albendazol. Bei Komplikationen können neurochirurgische Maßnahmen erforderlich sein.

## Literatur

Goldsmith R, Heyneman D (eds) (1989) Tropical medicine and parasitology. Appleton Lange, Norwalk San Mateo

Lang W, Eichenlaub D, Löscher T (Hrsg) (1991) Tropenmedizin in Klinik und Praxis. Thieme, Stuttgart New York

Löscher T, Lang W (1988) Parasitosen. In: Riecker G (Hrsg) Therapie innerer Krankheiten. Springer, Berlin Heidelberg New York, S 795

Piekarski G (1987) Medizinische Parasitologie in Tafeln. Springer, Berlin Heidelberg New York Tokyo

Steffen B (1984) Reisemedizin. Springer, Berlin Heidelberg New York

Wernsdorfer WH, McGregor Sir I (eds) (1988) Malaria: Principles and practice of malariology. Churchill Livingstone, Edinburgh London Melbourne New York

# 22 HIV und AIDS

F.-D. Goebel


## ZUSAMMENFASSUNG

Seit 1981 ist das Acquired Immunodeficiency Syndrome (AIDS) bekannt. Es handelt sich um eine ***Infektionskrankheit,*** die durch Geschlechtsverkehr und durch Blut bzw. Blutprodukte übertragen werden kann. Als Ursache wurde der als Human Immunodeficiency Virus ***(HIV)*** bezeichnete Erreger identifiziert.

Nach einer akuten HIV-Krankheit in etwa 10–20 % ist der Infizierte jahrelang, manchmal länger als 10 Jahre symptomlos. In dieser Zeit entwickelt sich ein ***zellulärer Immundefekt,*** der vor allem durch eine Abnahme der CD4-positiven T-Lymphozyten gekennzeichnet ist.

Erste ***klinische Symptome*** manifestieren sich an Haut, Schleimhäuten, Gastrointestinaltrakt und Nervensystem. Fast pathognomonisch ist das ***Kaposi-Sarkom.*** Als weiterer maligner Tumor findet sich das Non-Hodgkin-Lymphom. Mit zunehmender Abwehrschwäche treten ***opportunistische Infektionen*** auf, hervorgerufen durch endogene, reaktivierte Erreger oder durch Neuinfektion. 80–90% der AIDS-Kranken versterben an diesen opportunistischen Infektionen. Einige Sekundärinfektionen lassen sich erfolgreich behandeln, andere verlaufen therapeutisch unbeeinflußbar. Die ***Therapieansätze*** konzentrieren sich auf die Behandlung der Sekundärinfektionen und Tumoren. Die Therapie der HIV-Infektion steckt noch in den Anfängen. Die Erfolge des Azidothymidins beweisen jedoch, daß eine antivirale Therapie zur Lebensverlängerung und zur Verzögerung der Progression der Krankheit führen kann.


1981 erfolgte die Erstbeschreibung des neuen Krankheitsbildes AIDS fast gleichzeitig an Ost- und Westküste der USA. 1983 wurde als Erreger ein Retrovirus in Frankreich und 1984 in den USA identifiziert. Dieses Virus wird nach internationaler Übereinkunft als „Human Immunodeficiency Virus" (HIV) bezeichnet.

## 22.1 Epidemiologie

### Übertragungswege

**Horizontale Übertragung.** Die epidemiologische Untersuchung von AIDS-Kranken führte zunächst zur Beschreibung sog. ***Risikogruppen,*** bestehend aus homo- bzw. bisexuellen Männern, i.v.-Drogenabhängigen, Empfän- gern von Bluttransfusionen bzw. -produkten, Kindern HIV-infizierter Mütter und Sexualpartnern von bereits HIV-Infizierten. Mit der Nachweisbarkeit des HIV können jetzt Infizierte bereits vor Ausbruch der Krankheit erkannt und die Übertragungswege identifiziert werden. Die ***Infektion*** kann vor allem beim – homo- oder heterosexuellen – Geschlechtsverkehr mit einem HIV-Infizierten erfolgen, durch unsterile Spritzen (z. B. Drogenabusus, Nadelstichverletzungen, publizierte Beispiele iatrogener Übertragung in Afrika, Rumänien, UdSSR) und durch Bluttransfusionen. Bereits einmaliger Geschlechtsverkehr mit einer infizierten Person kann zur Infektion führen. Als prädisponierende Faktoren gelten genitale Infektionen, wie z. B. Herpes simplex.

Mit der HIV-Antikörpertestung aller Blutkonserven seit Oktober 1985 ist das Risiko einer Infektion sehr gering geworden (geschätzt 1:500000 bis 1:2000000, in Abhängigkeit von der HIV-Prävalenz in der Bevölkerung). Die Erhitzung von Blutprodukten hat eine HIV-

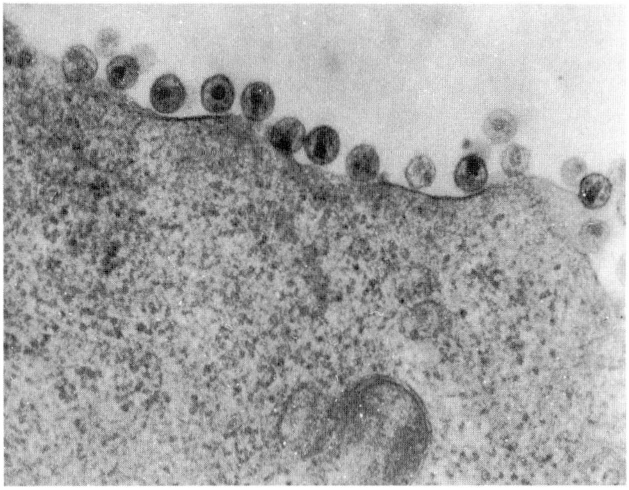

**Abb. 22.1.** Transmissionselektronenmikroskopische Aufnahme neu gebildeter Viruspartikel an der Oberfläche eines infizierten Lymphozyten. Charakteristisch für das HIV ist die elektronendichte zylindrische Einlagerung im Zentrum des Virus. Im Querschnitt des Virus imponiert diese als ein zentraler Punkt

Infektion z.B. durch die Gabe von Immunglobulinen oder Faktorenkonzentraten (Hämophilie) heute ausgeschlossen.

**Vertikale Übertragung.** Eine HIV-Infektion kann ***intrauterin*** oder ***peripartal*** von der Mutter auf das Kind übertragen werden. Alle Neugeborenen von infizierten Müttern weisen passiv übertragene HIV-Antikörper auf, tatsächlich infiziert sind etwa 15–35% der Kinder. HIV-Infektionen sind bereits beim Feten in der 9. Schwangerschaftswoche nachgewiesen worden.

Ob HIV-Infektionen während der Geburt erfolgen, ist nicht bewiesen, doch bei den erheblichen Blutkontakten zwischen mütterlichem Blut und dem Kind wahrscheinlich. Die Schnittentbindung bringt in dieser Hinsicht keine Vorteile gegenüber der vaginalen Geburt.

Eine Infektion vom Vater auf das Kind kann nur über die Infektion der Mutter erfolgen.

### Ausbreitung

AIDS ist inzwischen weltweit verbreitet. Regionale Schwerpunkte liegen in Nordamerika, Zentralafrika, Westeuropa und Südamerika. In mehreren Staaten Westafrikas ist ein weiteres Retrovirus ***(HIV II)*** als Erreger von AIDS identifiziert worden. Noch sind HIV-II-Infektionen in Westeuropa und in den USA selten.

**Deutschland.** Ende 1989 waren dem Bundesgesundheitsamt kumulativ etwa 4500 Patienten mit dem Vollbild AIDS gemeldet worden. Von diesen ist die Hälfte inzwischen verstorben. Die Zeit bis zur Verdoppelung der Gesamtzahl betrug 1990 etwa 17 Monate. Zur ***HIV-Prävalenz*** in der Bevölkerung gibt es nur Schätzungen. Seit 1987 ist eine anonyme Pflichtmeldung für alle im Labor nachgewiesenen HIV-Infektionen vorgeschrieben. Die Zuverlässigkeit der dadurch ermittelten Zahlen ist fragwürdig. Prävalenzstudien sind bisher nur an kleinen Zielgruppen mit bekannt hoher Prävalenz, z.B. in Risikogruppen, durchgeführt worden. Die Ergebnisse sind nicht repräsentativ für die gesamte Bevölkerung.

## 22.2 Pathophysiologie

### Viruseigenschaften

HIV ist ein ***Retrovirus*** („*re*verse *t*ranscriptase *o*ncogenic") der Untergruppe Lentiviren. Diese zeichnen sich dadurch aus, daß sie eine ***lange Latenzzeit*** haben, eine ***chronische Krankheit*** hervorrufen und das ***Zentralnervensystem*** befallen können. Lentiviren sind aus der Veterinärmedizin bekannt (z.B. Visnavirus des Schafes, Immundefizienzvirus bei der Katze und, als bestes Tiermodell für die menschliche Infektion, das Simian-Immunodeficiency-Virus, SIV, des Affen). HIV ist das erste bekannte zytopathisch wirkende Lentivirus beim Menschen (Abb. 22.1).

**Zielzellen.** HIV, ein RNS-Virus, bindet über sein Oberflächenglykoprotein gp120 an spezifische Rezeptoren ***(CD4)*** an der Oberfläche der Zielzelle. Infizierbar sind alle Zellen mit den CD4-Rezeptor. Nachgewiesen wurde bisher eine Infektion von Lymphozyten, Monozyten und daraus abgeleiteten Makrophagen, Endothelzellen, Epithelzellen der Darmschleimhaut und Gliazellen. Es gibt jedoch Hinweise, daß auch ohne diese Oberflächenrezeptoren eine Infektion u.a. durch Zell-zu-Zell-Kontakt stattfinden kann.

**Intrazellulärer Replikationszyklus.** Im Zytoplasma der Zielzelle (Abb. 22.2) wird die virale RNS mit Hilfe der viruseigenen reversen Transkriptase in eine doppelsträngige DNS-Kette transkribiert. Danach erfolgt die Integration in die zelluläre DNS und damit in die zelleige-

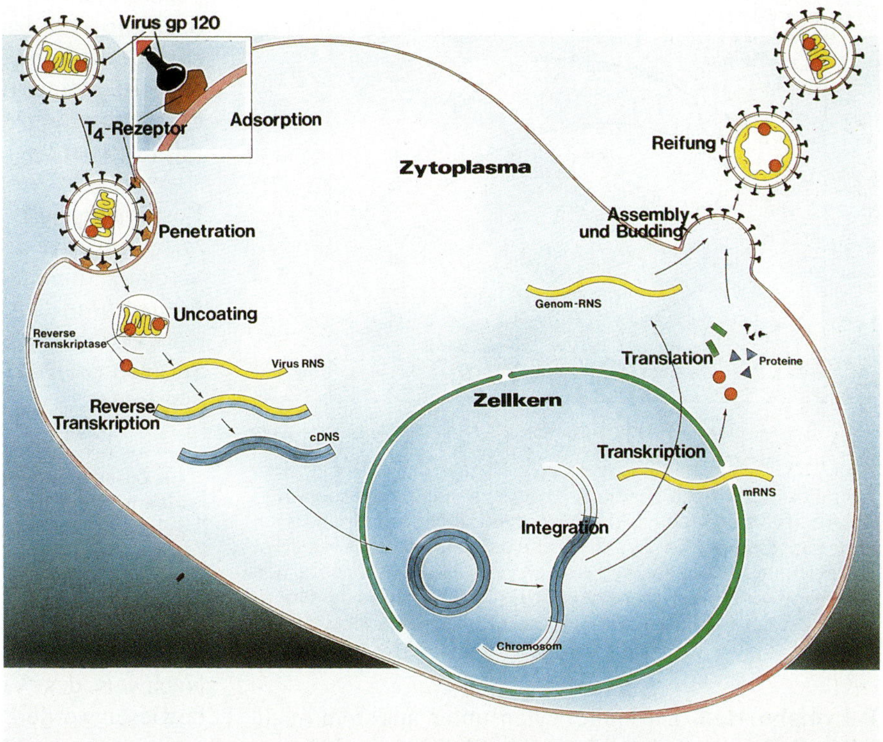


**Abb. 22.2.** Schematische Darstellung des intrazellulären Lebenszyklus des HIV (nach Nixdorf und Hehlmann). Dargestellt sind die wesentlichen Einzelschritte von der Bindung des Virus an die Zielzelle über die Bildung der DNS mit nachfolgender Integration in das Zellgenom bis zur Neubildung (Replikation) des Virus durch die infizierte Zelle

ne Erbinformation. Diese Integration hat vor allem zwei Effekte.

Nach Zellteilung sind die Tochterzellen infiziert. Aktivierung infizierter Zellen hat eine Stimulation der Virusneubildung zur Folge. Eine infizierte Zelle kann durch Knospung zahlreiche Viruspartikel produzieren.

Da die reverse Transkriptase ein relativ ungenau arbeitendes Enzym ist, entstehen bei den DNS-Kopien zahlreiche Fehler, die zu ***neuen Virusvarianten*** führen. Inzwischen konnten zahlreiche solche Varianten isoliert werden.

**Das Virus ist als Bestandteil der körpereigenen Zelle allen immunologischen Abwehrversuchen entzogen, die virale Information bleibt gespeichert verfügbar.**

## Immundefekt

Die deletäre Wirkung des HIV beruht vor allem darauf, daß es die im zellulären Immunsystem zentrale Schaltstelle, den CD4-Rezeptor -positiven T-Lymphozyten, Helferlymphozyt genannt, befällt. Die Infektion dieser Zelle führt zu einer Abnahme ihrer physiologischen Funktion, erkennbar z.B. an reduzierter Stimulierbarkeit durch Mitogene, und später zu ihrer Zerstörung. Die genaue Pathogenese der Zytolyse ist bisher nicht geklärt.

**T-Lymphozyten.** Im zeitlichen Ablauf der HIV-Infektion lassen sich charakteristische Veränderungen an den Lymphozytensubsets erkennen (Abb. 22.3). In den ersten Jahren nach der Infektion kommt es zum Anstieg aktivierter T-Lymphozyten und der Suppressorzellen (CD8 -positiv) bei normalen CD4-Lymphozyten-Zahlen. Dadurch sinkt der Quotient von Helfer- zu Suppressorzellen auf unter 1,0. Etwa zum Zeitpunkt erster klinischer Symptome fallen aktivierte T-Lymphozyten ab.

Es entwickelt sich der charakteristische *zelluläre Immundefekt,* erkennbar an einer kutanen Anergie, d.h. die intrakutane Applikation bestimmter Antigene führt nicht zur zellvermittelten Immunantwort. Suppressorzellen bleiben zunächst noch erhöht, sinken später auch, allerdings langsam ab. Bei einer Helferzellzahl von etwa 200/µl nimmt die Gefährdung des Patienten durch opportunistische Infektionen deutlich zu.

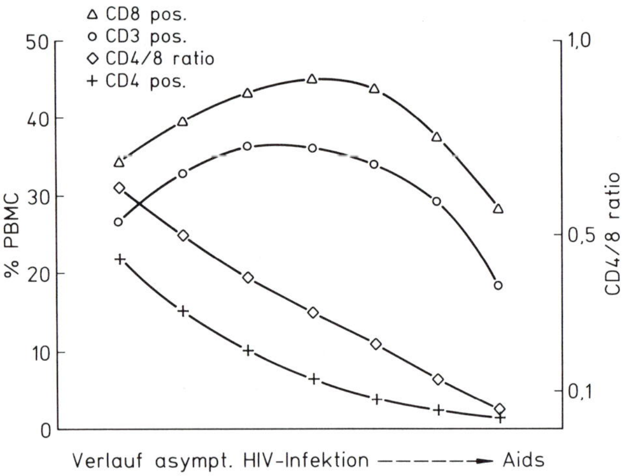


**Abb. 22.3.** Schematisch dargestellter Verlauf der verschiedenen Lymphozytensubsets über die Zeit von der asymptomatischen HIV-Infektion bis zum Vollbild AIDS. Während aktivierte Lymphozyten und Suppressorzellen (CD8- positive Lymphozyten) zunächst ansteigen und später abfallen, kommt es zu einer kontinuierlichen Abnahme der Helferlymphozyten (CD4- positiv) sowie des Quotienten, der aus CD4 und CD8- positiven Zellen gebildet wird

**B-Lymphozyten.** Da Helferzellen unter anderem auch Differenzierung und Antikörperproduktion der B-Lymphozyten stimulieren, führt der Verlust der CD4-positiven Zellen zu einer Defizienz auch der humoralen Abwehrsysteme. Kommt es im Spätstadium der Krankheit noch zur HIV-bedingten oder medikamenteninduzierten Leukopenie mit Verlust der Granulozyten, so entsteht ein Immundefekt, bei dem sämtliche Abwehrsysteme betroffen sind.

## 22.3 HIV-Diagnostik

**Antikörpertest.** Die Diagnose einer HIV-Infektion erfolgt in der Regel durch den Nachweis von Antikörpern gegen HIV im Serum. Diese sind in der Mehrzahl der Fälle innerhalb von 6–12 Wochen nach der Infektion nachweisbar. Ausnahmefälle mit einer Zeitspanne von 6 Monaten und länger bis zur Serokonversion sind beschrieben worden. Zur Antikörpersuchreaktion wird ein kommerziell verfügbarer Antikörpertest, meist in Form eines ELISA („enzyme linked immunosorbent assay") eingesetzt. Die ***Sensitivität*** dieser Tests ist so hoch eingestellt, daß auch Seren mit niedrigen Antikörpertitern erkannt werden können. Dies führt zur Identifizierung auch fraglich infizierter Blutproben, z. B. von zur Transfusion bestimmten Blutkonserven. Damit wird das Risiko einer transfusionsbedingten Infektion auf ein Minimum reduziert. In seltenen Einzelfällen können AIDS-Patienten im Spätstadium seronegativ werden.

**Bestätigungstest.** Die hohe Sensitivität bedingt auch ***falsch-positive Ergebnisse,*** so daß zur Ergänzung der Screeninguntersuchung ein „Bestätigungstest", d. h. ein ***Westernblot,*** ein Immunfluoreszenztest oder ein ähnliches Verfahren durchzuführen ist. Zum Ausschluß einer Serumverwechslung wird die Testung einer 2. Blutprobe empfohlen.

**Im Zusammenhang mit einer Antikörpertestung sollte immer eine persönliche Beratung über die Bedeutung eines Testergebnisses und möglicher bzw. notwendiger Verhaltensänderungen erfolgen.**

**Virusnachweis.** Eine HIV-Infektion kann auch durch den Nachweis des Virus selbst oder von Virusantigenen bewiesen werden. Der technisch aufwendige Virusnachweis erfolgt im Sicherheitslabor durch Anzucht in der Zellkultur. Mit fortschreitender Krankheit gelingt die Anzucht leichter.

## 22.4 Klinik

### Stadieneinteilung

Im klinischen Ablauf werden 4 Stadien unterschieden, deren Dauer unterschiedlich lang sein kann und im Einzelfall nicht vorhersagbar ist.

**Akute HIV-Krankheit.** Wenige Wochen nach einer HIV-Infektion (der Zeitpunkt ist nur selten definitiv bekannt) wird bei etwa 10–20 % der Fälle ein akutes Krankheitsbild beobachtet, das einer akuten Mononukleose mit Fieber, Exanthem, Arthralgien, Lymphknotenschwellungen, Durchfall etc. ähnelt. Nach etwa 2 Wochen kommt es zur spontanen Ausheilung.

**Latenzzeit.** Die Inkubationszeit von der Infektion bis zum AIDS-Vollbild beträgt einige Monate bis zu mehr

**Tabelle 22.1.** Symptome und pathologische Laborbefunde bei ARC

| Symptome | Laborbefunde |
|---|---|
| Fieber, Fieberschübe | Anämie, Leuko-, Thrombopenie |
| Nachtschweiß | erhöhte γ-Globuline |
| Diarrhöe | Reduzierte Helferlymphozyten |
| Orale Candidiasis | CD4/CD8-Quotient unter 1,0 |
| Orale Haarleukoplakie | Pathologische Lymphozytenfunktionstests |
| Gewichtsverlust | Kutane Anergie, zirkulierende Immunkomplexe |

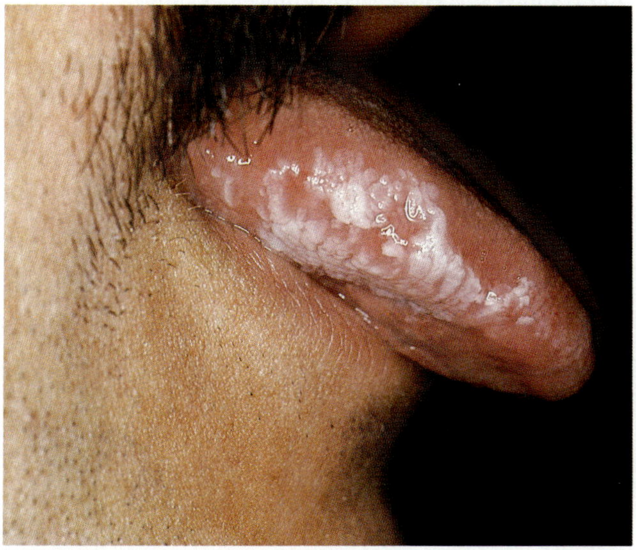

**Abb. 22.4.** Orale Haarleukoplakie als pathognomonisches Zeichen einer HIV-Infektion. An beiden Seiten der Zunge, vor allem auf die Unterseite übergreifend, zeigen sich nicht abstreifbare, schmerzlose weiße Beläge

als 10 Jahre. Die mittlere Dauer liegt bei etwa 8–10 Jahren. Die Manifestationsrate ist hoch, nach prospektiven Studien ist nach 10 Jahren mehr als die Hälfte der Infizierten an AIDS erkrankt, über 70% haben klinische Symptome.

**Lymphadenopathiesyndrom (LAS).** Treten schmerzlose, vergrößerte Lymphknoten über 1 cm Durchmesser an mindestens zwei extrainguinalen Stationen auf, die länger als 3 Monate bestehen, so spricht man vom Lymphadenopathiesyndrom. Diese Lymphknoten verschwinden mit zunehmendem Immundefekt, ihr Rückgang ist ein prognostisch ernstes Zeichen.

**Tabelle 22.2.** Opportunistische Infektionen

| Erreger | Organmanifestation |
|---|---|
| *Protozoen* | |
| Pneumocystis carinii (Pilz?) | Pneumonie |
| Toxoplasma gondii | Enzephalitis |
| Cryptosporidium | Diarrhöe |
| Strongyloides | Diarrhöe |
| Isospora belli | Diarrhöe |
| *Pilze* | |
| Candida albicans | Mundsoor, Ösophagitis, Pneumonie |
| Cryptococcus neoformans | Meningitis/Enzephalitis, Pneumonie |
| Aspergillus fumigatus | Pneumonie |
| *Viren* | |
| Zytomegalievirus | Retinitis, Enteritis, Pneumonitis |
| Herpes-simplex-Virus | Chronische Ulzerationen |
| Varicella-zoster-Virus | Gürtelrose |
| Papovaviren | Progressive multifokale Leukenzephalopathie |
| *Bakterien* | |
| Mycobacterium tuberculosis | Disseminiert, Pneumonie |
| Atypische Mykobakterien, speziell Mycobacterium avium intracellulare | Disseminiert, Leber- und Milzbefall, Diarrhöen |
| Salmonellen | Rezidivierende Bakteriämien |

**AIDS-Related Complex (ARC).** Mit dem Auftreten subjektiver Beschwerden entwickelt sich ein „AIDS-related complex". Definiert wird der ARC durch mindestens 2 pathologische Laborbefunde sowie klinische Symptome (Tabelle 22.1). In dieser Phase sind ***Haut- und Schleimhautveränderungen*** charakteristisch. Die ***orale Haarleukoplakie*** (Abb. 22.4) an den Zungenrändern ist ein für HIV pathognomonisches Zeichen. Ein Herpes zoster mit bilateralem Befall oder Befall mehrerer Segmente ist Ausdruck eines deutlichen Immundefektes.

**Vollbild AIDS.** Die Definition von AIDS geht auf die Centers for Disease Control (CDC) in den USA im Jahre 1982 zurück. AIDS ist definiert als Auftreten einer Krankheit, die einen zellulären Immundefekt zumindestens wahrscheinlich macht, bei gleichzeitigem Fehlen einer bekannten Ursache eines zellulären Immundefektes oder irgendeines Umstandes, der eine solche Abwehr- schwäche begründen könnte.

**Tabelle 22.3.** Klassifikation der Centers for Disease Control

| | | |
|---|---|---|
| Gruppe I | Akute Infektion | |
| Gruppe II | Asymptomatische Infektion | |
| Gruppe III | Generalisierte Lymphadenopathie | |
| Gruppe IV | Manifestes Immunmangelleiden | |
| | Untergruppe A | Allgemeinsymptome |
| | Untergruppe B | Neurologische Symptome |
| | Untergruppe C1 | Opportunistische Infektionen |
| | Untergruppe C2 | Andere Infektionen |
| | Untergruppe D | Malignome |
| | Untergruppe E | Anderes |

**Tabelle 22.4.** HIV-bedingte Syndrome des zentralen und peripheren Nervensystems

| |
|---|
| Akute Enzephalitis |
| Subakute Enzephalitis |
| Aseptische Meningitis |
| AIDS-Demenz-Komplex |
| Vakuoläre Myelopathie |
| Chronische sensorisch-motorische Polyneuropathie |
| Demyelinisierende Neuropathie |
| Mononeuritis multiplex |
| Autonome Neuropathie? |

Die Liste der ***opportunistischen Infektionen,*** die einen zellulären Immundefekt wahrscheinlich machen, umfaßt Protozoen, Pilze, Viren und Bakterien (Tabelle 22.2).

Bei positiver HIV-Serologie definieren auch das Kaposi-Sarkom und das Non-Hodgkin-Lymphom, speziell bei Befall des zentralen Nervensystems, das Vollbild AIDS.

Neben der rein klinisch orientierten existieren einige weitere Stadieneinteilungen, von denen die der CDC die gebräuchlichste ist (Tabelle 22.3).

## Hämatologische Komplikationen

Im Verlauf der HIV-Infektion kommt es bei vielen Patienten zu Blutbildveränderungen. Etwa $^1/_3$ entwickelt eine ***Thrombozytopenie,*** die das erste Symptom einer HIV-Infektion darstellen kann. In frühen HIV-Stadien handelt es sich um eine ***Immunthrombozytopenie.*** Im Spätstadium treten bei etwa 30%–35% ***Leukopenien*** und bis zu 70% ***Anämien*** in den Vordergrund. Die Ursache dafür liegt wahrscheinlich in einem HIV-induzierten Stammzelldefekt.

Zahlreiche Medikamente zur Therapie opportunistischer Infektionen, aber auch der HIV-Infektion selbst (z. B. Azidothymidin), führen ihrerseits zu Anämie und Leukopenie, so daß hämatologische Probleme fast alle Patienten in fortgeschrittenen Stadien begleiten.

## Beteiligung des zentralen und peripheren Nervensystems

Der Neurotropismus von HIV führt zur Mitbeteiligung des Nervensystems. Eine ausreichende Klassifizierung der neurologischen Komplikationen existiert bisher nicht. Eine grobe klinische Einteilung ist in Tabelle 22.4 dargestellt.

**Zentralnervensystem.** Erste klinische Symptome in Form einer akuten Meningitis bzw. Enzephalitis kommen bereits im Zusammenhang mit der akuten HIV-Krankheit vor. Bei vielen asymptomatischen Patienten lassen sich im Liquor eine lymphozytäre Pleozytose und eine mäßige Eiweißvermehrung feststellen.

Das klinische Bild der HIV-Infektion des ZNS reicht von geringen Kopfschmerzen, diskreten Konzentrationsstörungen und eindeutigen Krankheitsbildern einer akuten aseptischen Meningitis, Hirnnervenausfällen, Paresen und epileptischen Anfällen bis hin zur Demenz. Der Verlauf ist variabel, Spontanrückbildung wird ebenso beobachtet wie in Schüben erfolgende Progredienz.

Regelmäßig sind im ***Liquor*** eindeutig pathologische, aber unspezifische Veränderungen mit Lymphozytose, Eiweißerhöhung und Hinweis auf Schrankenstörung nachweisbar. Pathognomonische Veränderungen im Liquor fehlen. Das EEG ist häufig, aber unspezifisch verändert.

**AIDS-Demenz-Komplex.** Die häufigste Komplikation stellt der AIDS-Demenz-Komplex dar, der viele AIDS-Patienten in fortgeschrittenen Stadien mehr oder weniger ausgeprägt betrifft. Dieser Begriff aus dem englischen Sprachgebrauch definiert einen Zustand mit ***kognitiven*** und ***motorischen Defekten*** sowie ***schweren Verhaltensstörungen.*** Im Computertomogramm zeigt sich eine zunehmende ***Hirnatrophie.*** Dieses Krankheitsbild bedarf noch einer klareren nosologischen Beschreibung.

**Periphere Neuropathie.** Im Krankheitsverlauf zunehmend finden sich periphere Neuropathien mit ausgeprägten sensiblen, sensomotorischen oder auch ausschließlich motorischen Störungen. Auch ***neurogene Myopathien*** sind beschrieben. Eine HIV-assoziierte autonome Neuropathie ist bisher nicht bewiesen.

## 22.5 Therapie der HIV-Infektion

Seit 1986 ist eine signifikante Lebensverlängerung mit verbesserter Lebensqualität durch Azidothymidin ***(AZT, Zidovudine)*** bei Patienten mit ARC und AIDS nachgewiesen. Für diese Stadien ist AZT auch in Deutschland zugelassen. Azidothymidin ist ein Nukleosidanalogon, das als falscher Baustein in die DNS-Kette eingeführt wird und damit zum Abbruch der DNS-Synthese führt. Dadurch wird zwar nicht die Infektion einer Zelle, aber die Integration der viralen DNS in das Genom der Wirtszelle verhindert. In früheren Stadien als ARC und AIDS ist ein Versuch mit AZT bei Thrombozytopenie angebracht, wenn die einzige Möglichkeit der Behandlung in Kortikosteroiden oder Splenektomie besteht. Nach Einzelbeschreibungen hat AZT auch positive Effekte bei dem AIDS-Demenz-Komplex. Hier liegt das Problem bei der Definition des Begriffes und der Quantifizierung einer Besserung. Bei erkennbaren kognitiven, motorischen oder Verhaltensstörungen ist ein Therapieversuch auch dann mit AZT angezeigt, wenn noch kein fortgeschrittener Immundefekt vorliegt.

Unter der AZT-Therapie lassen sich Besserung des Allgemeinbefindens, Abnahme neurologischer Störungen einschließlich Beschwerden einer peripheren Neuropathie sowie ein Anstieg der Thrombozyten und der Helferlymphozyten beobachten. Die derzeit empfohlene Dosis liegt bei 1000–1200 mg/Tag, doch ließen sich klinische Effekte bereits bei 500 mg/Tag nachweisen.

**Frühtherapie.** Erste Ergebnisse von Studien bei klinisch gesunden HIV-Trägern haben gezeigt, daß der Einsatz bei Patienten mit frühem ARC oder klinisch asymptomatischen Patienten mit Helferzellzahlen unter 500/µl eine Verzögerung der Krankheitsprogression bewirkt. Wie lange solche positiven Effekte anhalten und inwieweit eine Virusresistenzentwicklung von Bedeutung ist, ist bisher nicht geklärt.

Die in Spätstadien beobachtete hohe ***Nebenwirkungsrate*** (ca. 20–30%), vor allem in Form von Leukopenie und makrozytärer Anämie, aber auch von Übelkeit, Magendruck und Erbrechen, scheint in Frühstadien erheblich geringer zu sein (2–3%). Die Analyse der Langzeiteffekte mit Nutzen- und Risikoabwägung wird erst nach Durchführung längerer kontrollierter Studien an großen Patientenzahlen möglich sein.

**Weitere Substanzen.** Andere Nukleosidanaloga wie Dideoxycytidin oder Dideoxyinosin sind derzeit in klinischer Prüfung. Weitere Substanzen mit anderen Angriffspunkten im intrazellulären Zyklus des Virus sind ebenfalls in der Erprobung. Hier sind als Beispiele Verhinderung der Virusbindung an die Zelloberfläche, Inhibitoren der reversen Transkriptase oder der Proteinase oder auch Substanzen zu nennen, die die Knospung von Viruspartikeln aus der infizierten Zelle verhindern.

## 22.6 Tumoren

### Kaposi-Sarkom

**Ätiologie.** Die Ätiologie des Kaposi-Sarkom (KS) ist unklar, HIV-Partikel sind bisher nicht in KS-Zellen gefunden worden. Tierversuche lassen einen speziellen KS-Wachstumsfaktor vermuten, epidemiologische Daten legen jedoch einen bisher nicht identifizierten infektiösen Erreger nahe.

**Häufigkeit.** Etwa 25–30% der HIV-infizierten ***homo- und bisexuellen Männer*** entwickeln ein Kaposi-Sarkom. Dieses wird nur bei etwa 5% der infizierten Drogenabhängigen gefunden, bei Infektion nach Bluttransfusion oder bei Hämophilen ist ein Kaposi-Sarkom eine Rarität. Die Mortalität des Kaposi-Sarkoms liegt bei AIDS-Patienten etwa bei 5%.

**Krankheitsbild.** Die Erstmanifestation des Kaposi-Sarkoms (Abb. 22.5) erfolgt meist an der Haut als braun-rötlicher, disseminiert und vor allem in den Spaltlinien wachsender Tumor. Er wächst multilokulär, nicht metastasierend, selten destruierend. Etwa 25% der Patienten mit Haut-Kaposi-Sarkom erleiden eine ***gastrointestinale Beteiligung*** mit möglichem Befall von der Mundhöhle bis zum Rektum. Hauptkomplikationen sind intestinale Obstruktion bis zum Ileus und Blutungen aus den gefäßreichen Tumoren.

Auch der ***disseminierte Befall der Lunge*** mit der Folge einer pulmonalen Insuffizienz ist gefürchtet. Tumoren kommen auch in Leber, Milz, Lymphknoten, Knochenmark, Nebennieren und Gehirn vor.

**Therapie.** In frühen Stadien des Hautbefalls wird ***lokal*** durch Exzision oder Laserkoagulation therapiert. Eine

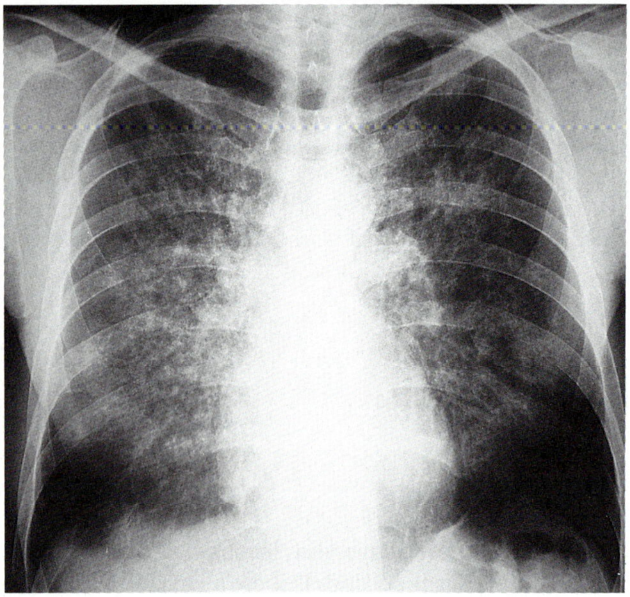

**Abb. 22.5.** Röntgenthoraxaufnahme eines Patienten mit einer Pneumocystis-carinii-Pneumonie. Es zeigen sich beidseits vom Hilus ausgehende diffuse, kleinfleckige, interstitielle Infiltrationen. Die Pneumonie breitet sich aus den Mittelfeldern nach unten, erst in Spätstadien in die Oberfelder aus

frühzeitige systemische ***Interferon-α-Therapie*** führt bei einem Teil der Patienten zur Remission. Vorsichtige ***Chemotherapie,*** z.B. mit Vinblastin oder Kombinationsschemata, zeigt ebenfalls passagere Erfolge. Die Progression ist bei Befall der inneren Organe kaum aufzuhalten, eine Verzögerung ist in Einzelfällen durch Strahlentherapie erreichbar. Die Letalität des Kaposi-Sarkoms ist wohl nur wegen der hinzutretenden opportunistischen Infektionen relativ gering. Insgesamt liegt die Überlebenswahrscheinlichkeit von Patienten mit Kaposi-Sarkom 28 Monate nach Diagnosestellung zwischen 10 und 20%.

### Lymphom

**Ätiologie.** Die Ursache für die Häufung maligner Non-Hodgkin-Lymphome bei HIV-Infektion ist nicht geklärt. Als Kofaktoren werden Infektionen mit ***HTLV I*** (spielt in Europa bisher keine erkennbare Rolle), Human-B-Lymphoma-Virus (HBLV) und vor allem Epstein-Barr-Virus (EBV), mit dem fast alle HIV-Patienten infiziert sind und das in Lymphomgewebe nachweisbar sein kann, diskutiert.

**Häufigkeit.** Etwa 3–5% der HIV-Infizierten entwickeln ein Non-Hodgkin-Lymphom. Wie beim Kaposi-Sarkom werden vom Non-Hodgkin-Lymphom überwiegend Homosexuelle betroffen. Auffällig ist auch der hohe Anteil (60–80%) an ***hochmalignen B-Zell-Lymphomen*** (z. B. Burkitt-Lymphom, immunoblastisches Lymphom) im Vergleich zu nur 10–20% der Non-Hodgkin-Lymphome bei Nicht-HIV-Patienten.

**Diagnostik.** Bei extrazerebralem Befall erfolgt die Diagnosesicherung durch histologische bzw. immunhistochemische Untersuchung. Die zentralnervöse Form bzw. Beteiligung wird durch Computertomographie oder – besser – Kernspintomographie des Kopfes nachgewiesen, bei leptomeningealer Infiltration lassen sich im Liquor mit monoklonalen Antikörpern markierbare B-Lymphozyten erkennen.

**Krankheitsbild.** Die Mehrzahl der Patienten hat bei der Erstvorstellung bereits B-Symptome (Fieber, Nachtschweiß, Gewichtsabnahme). In etwa $^3/_4$ der Fälle findet sich eine extranodale Infiltration, ca. 30% haben eine ZNS-Beteiligung.

**Ein primäres ZNS-Lymphom lenkt immer den Verdacht auf einen Immundefekt, welcher Genese auch immer.**

**Therapie.** Die Therapie besteht wie bei anderen Non-Hodgkin-Lymphomen in Bestrahlung und/oder Chemotherapie. Dieser steht der meist bereits vorhandene Immundefekt entgegen. Erschwerend kommt oft die HIV-bedingte oder medikamenteninduzierte Knochenmarksuppression hinzu. Ein weiteres Problem ist die ZNS-Beteiligung, die nach autoptischen Untersuchungen mit 60–70% deutlich höher ist, als klinisch vermutet wurde.

Eine systemische Chemotherapie erreicht das ZNS-Lymphom kaum, hier ist die Strahlentherapie etwas erfolgreicher. Die Aggressivität der Therapie hängt auch davon ab, ob bereits das Vollbild AIDS vorliegt oder das Lymphom die erste AIDS definierende Krankheit ist. Die ***Prognose*** von AIDS-Patienten mit Non-Hodgkin-Lymphom beträgt unter Chemotherapie im Mittel 3–4 Monate, ohne opportunistische Infektion vor Diagnosestellung 14–16 Monate.

## 22.7 Opportunistische Infektionen

### 22.7.1 Pneumocystis carinii

**Erreger und Häufigkeit.** Der Erreger ist ubiquitär vorhanden, mehr als 90% aller untersuchten gesunden Kinder haben Antikörper. Die Infektion erfolgt aerogen, befallen werden die Lungenalveolen.

**Etwa 80% aller Aids-Patienten machen im Verlauf ihrer Krankheit eine Pneumocystis-carinii-Pneumonie durch, bei 50% ist diese Pneumonie die Erstmanifestation von AIDS.**

**Symptomatik.** Das klinische Erscheinungsbild ist gekennzeichnet durch die Trias ***Fieber, trockener Husten und Dyspnoe.*** Die Anamnesedauer mit leichteren Beschwerden kann mehrere Monate betragen.

Bei klinischem Verdacht sollte man zur Abschätzung der Belastungsdyspnoe mit dem Patienten selbst eine Treppe steigen.

**Die Auskultation der Lunge ergibt bei der Pneumocystis-carinii-Pneumonie meistens keinen pathologischen Befund (interstitielle Pneumonie).**

#### Diagnostik

**Röntgen.** Im Röntgenbild der Lunge (Abb. 22.6) zeigen sich beidseits vom Hilus ausgehende interstitielle Infiltrate der Mittel-, später auch der Unterfelder.

**Selbst in fortgeschrittenen Fällen der Pneumocystis-carinii-Pneumonie kann das Röntgenbild unauffällig und damit irreführend sein.**

Eine Szintigraphie mit Gallium 67 erhärtet durch ein diffuses Aktivitätsmuster über beiden Lungen den klinischen Verdacht.

**Erregernachweis.** Im Sputum – falls produziert – findet sich der Erreger selten und nur in fortgeschrittenen Fällen. Durch Inhalation einer hypertonen Kochsalzlösung kann erregerhaltiges Sputum induziert werden. Der sichere Erregernachweis gelingt durch Bronchoskopie mit ***bronchoalveolärer Lavage,*** evtl. verbunden mit

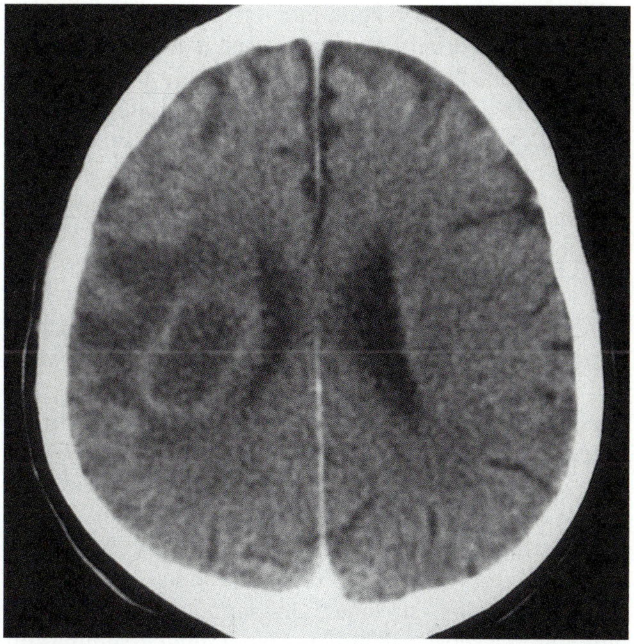

**Abb. 22.6.** Computertomographische Aufnahme des Gehirns bei Toxoplasmoseenzephalitis. Als klassischer Befund zeigt sich rechtsseitig ein großes hypodenses Areal mit Kompression des Ventrikels. Die Kontrastmittelgabe führt zu einer ringförmigen KM-Anreicherung („ring-enhancement"). Das diesen Ring umgebende Ödem reicht bis zur Schädelkalotte

transbronchialer ***Biopsie*** (fast 100% Erregernachweis). Das gewonnene Material muß auch auf andere Erreger (z. B. Mykobakterien, Pilze) untersucht werden. Die Anwendung monoklonaler Antikörper gegen Pneumocystis carinii kann den Erregernachweis im Sputum ohne Bronchoskopie erleichtern.

**Labor.** Die Blutgasanalyse gibt Hinweise auf den Schweregrad der Pneumonie, die LDH ist im Serum erhöht, das Blutbild unauffällig. $pO_2$, LDH und Gesamtprotein im Serum (Eiweißverlust mit dem interstitiellen Ödem in der Lunge) sind neben der Klinik brauchbare Verlaufsparameter.

**Therapie.** Mittel der Wahl ist ***Cotrimoxazol*** hochdosiert oral oder parenteral. Alternativ können Pentamidine parenteral, Dapson oder Efflornithin oral gegeben werden. Die Rückbildung der Lungeninfiltrate folgt der klinischen Besserung deutlich verzögert. Bei schwerer Pneumonie gibt man zusätzlich Kortikosteroide, die auch bei der häufigen allergischen Reaktion auf Cotrimoxazol hilfreich sind.

Die Inhalation von Pentamidin ist lediglich leichteren Pneumonien vorbehalten, dabei besteht auch die Gefahr einer ungehemmten Erregerdissemination in andere Organe. Durch regelmäßige Pentamidininhalation zur ***Prävention*** läßt sich die Häufigkeit dieser Pneumonie deutlich reduzieren.

### 22.7.2 Candidose

Candidainfektionen sind bei HIV sehr häufig und schon in frühen Krankheitsstadien zu beobachten.

**Symptomatik.** Am häufigsten ist der Befall der Mundhöhle und des Rachens mit weißlichen, abstreifbaren Belägen. Candidaösophagitis führt zu Dysphagie und retrosternalem Brennen. Der Befall des weiteren Gastrointestinaltraktes kann Diarrhöen auslösen. Vulvovaginitis bei Frauen verursacht lästiges Brennen und Juckreiz. In seltenen Fällen tritt eine Candidapneumonie auf, auch eine Candidasepsis mit hohem Fieber und Dissemination in zahlreiche Organe ist beschrieben.

**Infektionen mit dem Pilz Candida albicans sind ein Hinweis auf eine lokale oder generalisierte Abwehrschwäche.**

**Erregernachweis.** Dieser erfolgt durch Abstriche bei mukokutanem Befall oder in der Kultur aus Blut oder anderen Flüssigkeiten. Auch im Biopsiematerial sind Pilze histologisch gut erkennbar.

**Therapie.** Bei oberflächlicher Candidose genügt eine lokale Behandlung, z. B. mit Nystatin. Die Beteiligung des Ösophagus erfordert eine systemische Therapie mit Konazolderivaten. Pneumonie oder Sepsis werden beherrschbar durch parenterale Gabe von Amphothericin B, evtl. kombiniert mit Flucytosin.

### 22.7.3 Toxoplasmose

**Erreger.** Die Erkrankung wird hervorgerufen durch den Parasiten Toxoplasma gondii durch Reaktivierung einer früheren, bis zum Immundefekt latenten Infektion. Die Häufigkeit ist abhängig von der Durchseuchung der Gesamtbevölkerung, daher ist die Krankheit in Westeuropa häufiger als in den USA.

**Symptome.** Die Beschwerden des Patienten resultieren aus einer Toxoplasmoseenzephalitis. In Abhängigkeit von der zerebralen Lokalisation der Herde können die Symptome plötzlich oder allmählich, sehr diskret oder sehr ausgeprägt auftreten. Halbseitenschwäche, Krampfanfälle, Halluzinationen sind kaum zu übersehen. Doch auch geringe, vor allem neue Kopfschmerzen, diskrete Wesensveränderungen (Fremdanamnese), Kribbelparästhesien oder diskrete Fazialisschwäche müssen an zerebrale Toxoplasmose denken lassen. Fieber tritt selten auf. Dissemination in Lunge, Herz oder Leber wurde beschrieben.

**Diagnostik.** Die computertomographische Untersuchung des Gehirns mit Kontrastmittel zeigt als klassischen Befund multifokale, hypodense Areale mit ringförmiger Kontrastmittelanreicherung und perifokalem Ödem. Auch bei negativem CT kann die Kernspintomographie pathologische Befunde ergeben.

Der Liquorbefund ist unspezifisch mit Eiweißvermehrung, Pleozytose und Schrankenstörung. Ein Erregernachweis ist selten möglich. Die Serologie ergibt meistens nur Durchseuchungstiter.

**Der Therapieerfolg mit klinischer und radiologischer Besserung sichert bei Toxoplasmose die Diagnose.**

**Therapie.** Pyrimethamin, kombiniert mit Sulfonamid (z. B. Sulfadiazin) und Folinsäure, ist das Mittel der Wahl. Bei Sulfonamidunverträglichkeit kommt alternativ Clindamycin in Frage. Eine Erhaltungstherapie ist notwendig, da eine Eradikation des Erregers nicht möglich ist und unbehandelt ein Rezidiv auftritt.

### 22.7.4 Zytomegalievirusinfektion (CMV)

**Erreger und Häufigkeit.** Die Durchseuchung der Gesamtbevölkerung mit diesem DNS-Virus ist hoch, fast 90 % aller HIV-Infizierten haben eine CMV-Infektion durchgemacht und entsprechend Antikörper. Etwa 25–30 % der HIV-Infizierten bekommen eine CMV-bedingte Krankheit, die zur Mortalität wesentlich beiträgt. Bei Autopsien von AIDS-Patienten ist die CMV-Infektion die häufigste opportunistische Infektion.

**Symptome.** Allgemeinsymptome sind Fieber und Kachexie, häufige Manifestation eine Retinitis. Die Augenhintergrundsveränderungen ähneln „cotton-wool"-Exsudaten, es finden sich auch Hämorrhagien und Retinaödem. Ohne Behandlung tritt Amaurosis auf, häufig als beidseitiger Prozeß. Der Befall des Intestinaltrakts äußert sich als Ösophagitis oder Enteritis mit Durchfällen, in fortgeschrittenen Fällen mit hämorrhagischen Diarrhöen. Schleimhautulzerationen bis zur Perforation sind ischämisch bedingt (endothelialer CMV-Befall). Wegen des Immundefektes können nach Perforation peritonitische Zeichen sehr diskret sein (s. Fall 22 A).

Eine CMV-Pneumonitis tritt meistens nur als Begleitkrankheit einer Pneumocystis-carinii-Pneumonie auf. Weitere Manifestationen sind Adrenalitis, Enzephalitis, Myelitis, Perikarditis oder Hepatitis (mit Befall der Gallenblase) mit entsprechenden Symptomen.

**Diagnostik.** Die Differenzierung zwischen CMV-Besiedlung und Krankheit ist problematisch. Die serologische Untersuchung liefert – wie bei Toxoplasmose – keine zuverlässigen Anhaltspunkte. Die Virusisolierung aus Granulozyten, Urin und Rachenabstrichen kann auch bei klinisch asymptomatischen HIV-Patienten gelingen. Auch der histologische Nachweis von zytomegalen Zellen („Eulenaugen") ist nicht beweisend für eine CMV-Krankheit, außer bei Nachweis aus einer Ulkusbiopsie oder bei entsprechender klinischer Symptomatik.

**Therapie.** Zur Suppression ist die tägliche Infusion mit Dihydroxypropoxymethylguanin ***(DHPG)*** notwendig, alternativ kommt ***Foscarnet*** in Frage. Fast immer kommt es unter DHPG zur Leukopenie, besonders während der notwendigen Erhaltungstherapie. Die Retinitis wird unter der Therapie häufig gebessert, die Erfolge bei anderen Organmanifestationen sind eher bescheiden.

## 22.7.5 Mykobakterien

**Erreger.** Verschiedene Mykobakterien treten bei HIV-Infizierten gehäuft auf. Seit AIDS existiert, nimmt in den USA die Tuberkulose durch Mycobacterium tuberculosis nach jahrelangem Rückgang wieder zu. Zahlreiche Spezies von atypischen Mykobakterien wie Mycobacteria kansasii, xenopii, fortuitum etc. können Krankheitserreger sein, sie sind bei Immunkompetenten nur fakultativ pathogen bzw. apathogen. Da atypische Mykobakterien ubiquitär vorkommen, ist bei positivem Befund schwer zwischen Besiedlung und Krankheit zu unterscheiden.

**Symptome.** Im Vordergrund stehen Allgemeinbeschwerden wie Fieber oder Gewichtsabnahme, aber auch Lymphknotenvergrößerungen. Pulmonale Infiltrationen und Durchfälle sind nicht selten. Infektionen mit Mycobacterium tuberculosis manifestieren sich oft extrapulmonal. In der Regel treten sie in früheren Stadien des Immundefektes als atypische Mykobakterien auf. Bei letzteren sind Abszesse in Lymphknoten, Leber, Milz und Gehirn beobachtet worden.

**Diagnostik.** Der Nachweis von Mykobakterien erfolgt kulturell bzw. histologisch. Finden sich Mykobakterien in Blut, Knochenmark oder Leber, so bedeutet dies immer einen pathologischen Befund. In Abstrich, Stuhl oder in intestinalen Schleimhautbiopsien können sie Ausdruck allein der Besiedlung sein.

Bei fortgeschrittenem Immundefekt gelingt der histologische Nachweis nur durch Spezialfärbung, da Granulome als klassische Gewebereaktion fehlen können.

**Therapie.** Die Tuberkulose spricht auf die übliche Kombinationstherapie gut an. Bei atypischen Mykobakterien sollten Typisierung und Resistenzprüfung erfolgen. Je nach Resistenzmuster sollte eine Drei- oder Vierfachkombination versucht werden, die Behandlungsergebnisse sind unsicher und nicht vorhersagbar. Eine effektive Therapie des Mycobacterium avium intracellulare wurde bisher nicht gefunden.

## 22.7.6 Kryptokokkose

**Erreger und Häufigkeit.** Cryptococcus neoformans ist ein Pilz, dessen Eintrittspforte die Lunge ist. Infektionsquelle ist vor allem Vogelmist, weshalb HIV-Infizierten vom Halten von Vögeln, besonders Tauben abzuraten ist. Etwa 3–5% der AIDS-Patienten erkranken an einer Kryptokokkeninfektion.

**Symptome.** In der Lunge als Eintrittspforte werden selten Symptome in Form eines Kryptokokkoms als radiologischer Rundherd oder als diffuse interstitielle Pneumonie beobachtet. Klinisch treten Fieber und produktiver Husten auf.

Von der Lunge ausgehend, erfolgt die Dissemination mit gelegentlichen Hautläsionen, Perikarditis, Arthritis oder Prostatitis. Haupt- und auch Spätmanifestation ist die Meningitis mit ihren klassischen Symptomen Kopfschmerzen, Fieber, Nackensteifigkeit und Lichtscheu.

Nicht selten jedoch ist das Beschwerdebild sehr diskret, so daß die Meningitis im Anfangsstadium übersehen werden kann.

**Diagnostik.** Die Sicherung der Diagnose erfolgt durch den Erregernachweis in der Spezialkultur (Staib-Agar), histologisch bzw. durch direkte Demonstration im Tuschepräparat. Bedeutung hat auch der Antigennachweis im Serum bzw. bei Meningitis im Liquor. Im Liquor findet sich bei zentraler Beteiligung ein relativ diskretes entzündliches Liquorsyndrom.

**Therapie.** ***Amphotericin B*** wird parenteral evtl. kombiniert mit Flucytosin über 6 Wochen gegeben. Eine Erhaltungstherapie ist notwendig. Unter jeder bisher publizierten Form einer Erhaltungstherapie wurden bisher Rezidive beschrieben.

### 22.7.7 Kryptosporidiose

**Erreger und Häufigkeit.** Der Parasit Cryptosporidium ist ein im Tierreich, vor allem bei Kälbern, weit verbreiteter Erreger. Die Infektion erfolgt durch orale Aufnahme von Oozysten, z.B. aus Trinkwasser oder Frischmilch. Etwa 3% der AIDS-Patienten erkranken an einer Kryptosporidieninfektion.

**Symptome.** Heftige wäßrige, nicht-blutige Durchfälle mit Flüssigkeitsverlusten bis zu 10 l pro Tag werden durch den Parasiten hervorgerufen. Damit verbunden sind krampfartige Schmerzen. Als Folge kommt es regelmäßig zu Malnutrition und Kachexie.

**Diagnostik.** Der Erregernachweis erfolgt in der Stuhlprobe oder histologisch in der Darmbiopsie, besonders häufig aus dem terminalen Ileum. Die makroskopischen Veränderungen der Darmschleimhaut bei der Koloskopie sind oft diskrepant zum Schweregrad des Krankheitsbildes.

**Therapie.** Eine symptomatische Therapie mit Flüssigkeitsersatz, Elektrolytsubstitution und Kalorienzufuhr ist notwendig. Eine kausal wirksame Therapie ist bisher nicht bekannt.

## 22.8 Prävention

Die Kenntnis der Übertragungswege hat die Möglichkeiten der Prävention verbessert. Haupttransmissionswege sind Geschlechtsverkehr und Benutzung unsteriler Spritzen.

**Nicht die Zugehörigkeit zu einer Risikogruppe, sondern das persönliche Verhalten ist für eine Infektion mit HIV ausschlaggebend.**

**Sexuelle Übertragung.** Sexuelle Abstinenz oder strikte Monogamie mit einem ebenso monogamen Partner bedeutet Vermeidung eines Risikos. Reduktion der Partnerzahl und Auswahl nicht-promiskuitiver Partner bedeuten eine Verminderung des Risikos. Allerdings hängt die Größenordnung des verbleibenden Risikos sehr stark von der Prävalenz des HIV in der Population ab, der der Partner angehört.

***Kondome*** verringern das Infektionsrisiko für alle sexuell übertragbaren Erreger, so auch für das HIV. Das Risiko bei Kondombenutzung korreliert mit der Qualität der Kondome und der ***sachgerechten und konsequenten Anwendung.*** Einen absolut sicheren Schutz können Kondome nicht bieten. Die Effektivität zusätzlich zum Kondom benutzter Spermizide, z.B. Nanoxynol-9, das nachweislich die Infektion mit sexuell übertragbaren Erregern reduziert, ist für die HIV-Infektion bis heute nicht geklärt.

**Spritzen.** Die gemeinsame Benutzung eines Spritzbestecks kann zur HIV-Übertragung führen. Ideal für die Infektionsverhinderung wäre die Beendigung des i.v.-Drogenkonsums. Präventive Maßnahmen können die Aufklärung der Abhängigen sowie Ausgabe steriler Bestecke, Abgabe der oral applizierbaren Ersatzdroge Methadon und anderes mehr beinhalten. Die Heterogenität der Gruppe der Drogenabhängigen läßt jedoch nur Teilerfolge zu, so daß verschiedene Maßnahmen mit unterschiedlicher Zielrichtung zu ergreifen sind. Totale Drogenabstinenz z.B. wird bei vielen nicht erreichbar sein.

Sexuelle Übertragung von HIV spielt auch bei Drogenbenutzern eine wichtige Rolle, speziell die sog. ***Beschaffungsprostitution*** öffnet den Weg für die weitere HIV-Ausbreitung. Hier besteht ein erhebliches Wahrnehmungsdefizit in der Bevölkerung.

## FALL 22 A

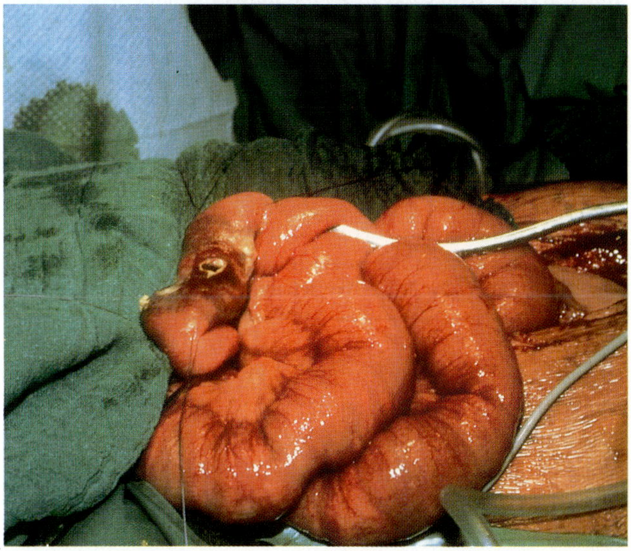

**Abb. 22 A.** Operationssitus mit multiplen Perforationen des Dünndarms mit glänzender Serosa ohne Hinweis auf Peritonitis bei CMV-Befall

**Anamnese.** 40jähriger, homosexueller Patient mit HIV-Infektion. Bei einer Routinethoraxuntersuchung fällt freie Luft unter beiden Zwerchfellkuppen auf. Der Patient äußert keine subjektiven Beschwerden.

**Befund.** Sehr magerer, blasser Patient, disseminiertes Kaposi-Sarkom der Haut, Bauchdecken weich, keine Abwehrspannung, geringer Druckschmerz im Mittelbauch, spärliche Darmgeräusche auskultierbar. HIV-Antikörper bestätigt positiv. CD4-Lymphozyten 32/µl, CD4/CD8-Ratio 0,02, Leukozyten 2800/µl, Hb 9,2 g/dl, Gesamteiweiß 6,3 g/dl, Albumine 41,3%, $\gamma$-Globuline 29,6%.

**Therapie.** Trotz geringer klinischer Befunde wird in Anbetracht des Röntgenbefundes laparotomiert. Es finden sich zahlreiche Perforationsstellen im Dünndarm in seiner ganzen Ausdehnung. Ein Ileumabschnitt muß reseziert werden. Weitere Perforationen werden übernäht. Makroskopisch im resezierten Dünndarm zahlreiche Ulzerationen. Histologisch finden sich Zeichen des ausgedehnten Zytomegalievirusbefalls mit „Eulenaugen" im Darmepithel. Zahlreiche Kapillarlumina sind durch geschwollene, zytomegale Endothelzellen verlegt.

**Diagnose.** AIDS mit Kaposi-Sarkom der Haut und CMV-Befall des Dünndarms mit ischämisch bedingten Ulzerationen und Perforationen.

**Verlauf.** Postoperativ zunächst gute Erholung. Nach 3 Tagen profuse Durchfälle, im weiteren Verlauf hämorrhagische Diarrhöen. Zahlreiche Bluttransfusionen erforderlich. Hochdosierte DHPG(Ganciclovir)-Therapie, nach einer Woche Sistieren der Durchfälle. Unter der DHPG-Erhaltungstherapie weiterer Abfall der Leukozyten, nach Reduktion der DHPG-Dosis Auftreten einer beidseitigen Retinitis sowie erneute Diarrhöen. Zunehmende Kachexie. Exitus nach 3 Monaten durch Bronchopneumonie.

**Gefährdung medizinischen Personals.** HI-Viren sind in allen Körperflüssigkeiten nachgewiesen worden. Ein Infektionsrisiko für medizinisches Personal bei der Patientenversorgung ist existent, mehrere berufsbedingte HIV-Infektionen sind nachgewiesen worden.

Bei prinzipiell gleichen Übertragungswegen wie bei Hepatitis-B-Virus ist im Vergleich die Kontagiosität des HIV relativ gering.

**Prospektive Studien haben ein Infektionsrisiko für HIV von etwa 1:200 nach Nadelstichverletzungen ergeben.**

Eine sorgfältige Beachtung der Hygienevorschriften ist deshalb zwingend notwendig.

Beim Umgang mit infektiösem Material sind ***Gummihandschuhe*** zu tragen, bei möglichen Flüssigkeitsspritzern (z. B. Endoskopie) ist ein ***Augenschutz*** zu benutzen. Nadeln und Skalpelle sind unmittelbar nach Benutzung in stichfesten Behältern zu entsorgen, speziell das Zurückstecken einer Nadel in die Schutzhülle hat zu unterbleiben.

## 22.9 Impfung

Zur Beherrschung einer weltweiten Virusepidemie ist eine Vakzination notwendig. Trotz vielversprechender Ansätze sind die bisherigen Ergebnisse enttäuschend. Aufgrund der Erfahrungen mit anderen Virusinfektionen und theoretischer Überlegungen kommen prinzipiell verschiedene Impfstoffe in Frage, z. B. Lebendimpfung mit apathogenen Viren oder Vakzinia-HIV-Rekombinanten, inaktiviertes HIV, Virusbruchstücke wie das Protein gp120 oder Peptide, Antigenersatz durch antiidiotypische Antikörper oder neutralisierende Antikörper.

Neben technischen Problemen, wie Verunreinigung mit körpereigenen Zellbestandteilen, HLA-Molekülen oder die onkogene Potenz viruseigener Startergene, besteht eine zentrale Schwierigkeit in der Evaluierung der Schutzwirkung des Impfstoffes. Optimale Tiermodelle existieren nicht, Primaten als bisher bestes Modell stehen nicht in ausreichender Zahl zur Verfügung. Definitive Aussagen zur Wirksamkeit eines Impfstoffes lassen sich nur nach Virusexposition bzw. -inokulation machen.

## Literatur

Braun-Falco O, Deinhardt F, Goebel F-D (1987) AIDS-Leitlinien für die Praxis. Vieweg Verlag, Wiesbaden

de Vita VT, Hellman S, Rosenberg SA (1988) AIDS, etiology, diagnosis, treatment and prevention. Lippincott, Philadelphia

Fritsch P, Schuler F, Hintner H (1989) Immunodeficiency and skin. Karger, Basel

Helm EB, Stille W, Vaneck E (1986) AIDS II. Zuckschwerdt, München Bern Wien San Francisco

Koch MG (1987) AIDS. Vom Molekül zur Pandemie. Spektrum der Wissenschaft, Heidelberg

Mölling K (1988) Das AIDS-Virus. VCH, Weinheim

# 23 Krankheiten unklarer Ätiologie

U. Gresser und N. Zöllner

ZUSAMMENFASSUNG

Etwa 50% aller Krankheiten sind in ihrer Ätiologie ungeklärt. Vieles deutet darauf hin, daß sich eine größere Zahl dieser Krankheiten als genetisch verursacht oder prädisponiert herausstellen wird. Bei anderen dieser Krankheiten werden Viren als Verursacher identifiziert werden.

Die ***rezidivierende Poly(peri)chondritis*** ist eine seltene systemische, durch rezidivierende Entzündungen und Degeneration des Knorpelgewebes gekennzeichnete Krankheit mit schlechter Langzeitprognose. Haupttodesursachen sind bronchopulmonale Komplikationen, Anämie und Vaskulitiden. Therapeutisch kommen Steroide und Immunsuppressiva zum Einsatz.

Beim ***Morbus Ormond*** kommt es zu einer fibrotischen Umwandlung des Retroperitonealraums, wodurch Ureteren, Gefäße und Nerven ummauert werden. Folge sind Stenosen und Verschlüsse von Gefäßen, Ureteren und Darmabschnitten sowie Nervenschädigungen in den betroffenen Bereichen. Therapie der Wahl ist die operative Dekompression ummauerter Organe.

Das ***Werner-Syndrom*** ist eine sehr seltene Erkrankung von Haut und subkutanem Gewebe (Atrophie, Sklerose). Familiäres Auftreten weist auf eine genetische Disposition mit autosomal rezessivem Erbgang hin. Das klinische Bild entspricht einer vorzeitigen Vergreisung. Eine kausale Therapie ist nicht bekannt. Die Lebenserwartung der Patienten ist durch Atherosklerose und Malignome eingeschränkt.

Das ***Laurence-Moon-Bardet-Biedl-Syndrom*** ist ein Mißbildungssyndrom, dessen Hauptsymptome auf einer verlangsamten bzw. gestörten Entwicklung im Zwischenhirn und im Bereich der Netzhaut beruhen. Vieles deutet auf eine genetische Disposition mit autosomal rezessivem Erbgang hin. Eine kausale Therapie ist nicht bekannt.

Die ***Akatalasie*** ist ein seltener Enzymdefekt mit wahrscheinlich genetischer Disposition. Nur etwa die Hälfte der Patienten hat Symptome: Ulzerationen bis zu Gangrän des Alveolus dentalis mit Knochenschwund und Zahnausfall. Die Diagnose erfolgt mit einem biochemischem Test. Eine kausale Therapie ist nicht bekannt.

Ätiologie ist die Wissenschaft von der Ursache einer Krankheit. Etwa 50% aller Krankheiten sind in ihrer Ätiologie ungeklärt. Vieles deutet darauf hin, daß sich eine größere Zahl dieser ätiologisch ungeklärten Krankheiten mit Hilfe der Methoden der Molekulargenetik als genetisch verursacht oder prädisponiert herausstellen wird. Bei anderen dieser Krankheiten werden Viren als Verursacher identifiziert werden, wie dies z. B. in den letzten Jahren bei einem Teil der Fälle von Non-A-Non-B-Hepatitis oder dem Exanthema subitum geschehen ist. Dies gilt auch für Slow-virus-Infektionen, z. B. die Creutzfeld-Jakob-Erkrankung.

Die Krankheiten unklarer Ätiologie können größtenteils den Kapiteln über Organsysteme zugeordnet werden, einige wenige passen in keines dieser Kapitel. Von Jahrzehnt zu Jahrzehnt erscheinen in den Lehrbüchern der inneren Medizin in den Kapiteln über die Krankheiten unklarer Ätiologie neue Namen, während alte, entsprechend dem Fortschritt des medizinischen Wissens, allmählich verschwinden.

## 23.1 Rezidivierende Poly(peri)chondritis

Die rezidivierende Poly(peri)chondritis ist eine seltene systemische, durch rezidivierende Entzündungen und Degeneration des Knorpelgewebes gekennzeichnete Krankheit bislang ungeklärter Ätiologie. Die pathologi-

**Tabelle 23.1.** Klinische Manifestationen bei Polychondritis in abnehmender Häufigkeit. (Modifiziert nach Rauh et al. 1991)

| Klinische Manifestationen | Häufigkeit (%) |
|---|---|
| Perichondritis der Ohrmuschel | 75 |
| Perichondritis des Nasenknorpels | 50 |
| Nicht destruktive Arthropathie | 45 |
| Beschwerden seitens Larynx oder Trachea | 40 |
| Episkleritis | 35 |
| Fieber | 35 |
| Sattelnasenbildung | 25 |
| Hörverlust | 25 |
| Hautbeteiligung (leukozytoklastische Vaskulitis, Urtikaria, Angioödem, Erythema multiforme, Livedo reticularis, Pannikulitis, Erythema nodosum) | 25 |
| Strikturen von Larynx oder Trachea | 20 |
| Konjunktivitis | 15 |
| Skleritis, Keratitis, Katarakt, Vaskulitis, Schwindel | jeweils etwa 10 |
| Iritis, Lidödem, Retinopathie, Neuritis des N. opticus, Entzündung der Orbita, Aneurysmabildung, Aorteninsuffizienz | jeweils etwa 5 |
| Mitralinsuffizienz, Schmerzen der Brustwand, fibrosierende Alveolitis | selten |

**Tabelle 23.2.** Pathologische Laborveränderungen bei Polychondritis in abnehmender Häufigkeit. (Modifiziert nach Rauh et al. 1991)

| Pathologische Laborveränderung | Häufigkeit (%) |
|---|---|
| Erhöhte BKS | 80 |
| Anämie | 55 |
| Leukozytose | 55 |
| Antikörper gegen Typ-II-Kollagen | 35 |
| Zirkulierende Immunkomplexe | 25 |
| Veränderungen der Leberenzyme | 25 |
| Dysproteinämie | 20 |
| Antinukleäre Antikörper | 20 |
| Mikrohämaturie | 15 |
| Positiver Rheumafaktor | 15 |
| Proteinurie | 10 |
| Erhöhtes Kreatinin | 5 |

schen Gewebeveränderungen werden auf Autoimmunreaktionen gegen Kollagen Typ II und Proteoglykane zurückgeführt.

**Klinik.** Das klinische Bild wird durch ausgeprägte systemische Entzündungszeichen und schmerzhafte Zerstörungen des Knorpels von Ohren, Nase, Trachea, Larynx, Knochenknorpelverbindungen und im Bereich peripherer Gelenke bestimmt (Tabelle 23.1). Leitsymptom ist die Perichondritis der Ohrmuschel (Fall 33 A, Abb. 33 A 1, S. 735). Der obere Anteil der Ohrmuschel ist geschwollen, gerötet, heiß und schmerzhaft. Häufig sind Konjunktivitis, Keratitis (Fall 33 A, Abb. 33 A 2, S. 735), Episkleritis und Iritis. Befall des Aortenabganges kann zu Aorteninsuffizienz oder Aneurysmenbildung führen. Zusätzlich zu den klinischen Symptomen können eine Reihe pathologischer Laborveränderungen, von ausgeprägten systemischen Entzündungszeichen über eine deutliche, teils hämolytisch bedingte Anämie bis zur Bildung spezifischer Antikörper, vorkommen (Tabelle 23.2).

Die rezidivierende Poly(peri)chondritis ist gehäuft mit chronischer Polyarthritis, systemischem Lupus erythematodes, Sjögren-Syndrom, Vaskulitis, Leberzirrhose oder einem Malignom vergesellschaftet.

**Diagnose.** Die Diagnose Poly(peri)chondritis ist wahrscheinlich, wenn von den folgenden Kriterien 3 oder mehr erfüllt sind oder der histologische Nachweis einer Perichondritis vorliegt und mindestens eines dieser Kriterien erfüllt ist:

- periodisch auftretende Perichondritis beider Ohrmuscheln,
- seronegative Polyarthritis ohne knöcherne Veränderungen,
- Perichondritis des Nasenknorpels,
- Entzündungen im Bereich des Auges,
- Perichondritis im Bereich des Respirationstraktes einschließlich des Knorpels von Larynx und Trachea,
- Hörverlust, Tinnitus oder Schwindel durch Schädigung von Kochlea oder Vestibularapparat.

**Therapie und Prognose.** Die Therapie der Poly(peri)chondritis besteht in der Gabe von Steroiden. Symptomatisch finden nichtsteroidale Antirheumatika Anwendung. Bei schweren Fällen ist ein Therapieversuch mit Immunsuppressiva, z. B. Cyclosporin, oder Zytostatika wie Zyklophosphamid indiziert.

Die Prognose der Poly(peri)chondritis ist schlecht. Die Zehnjahresüberlebensrate beträgt etwa 50 %. Häufigste Todesursachen sind bronchopulmonale Komplikationen, Folgen der Anämie sowie Vaskulitiden.

**Leitsymptom der Poly(peri)chondritis ist die entzündliche Schwellung der Ohrmuschel. Die Prognose wird von der bronchopulmonalen, hämatologischen und vaskulären Symptomatik bestimmt.**

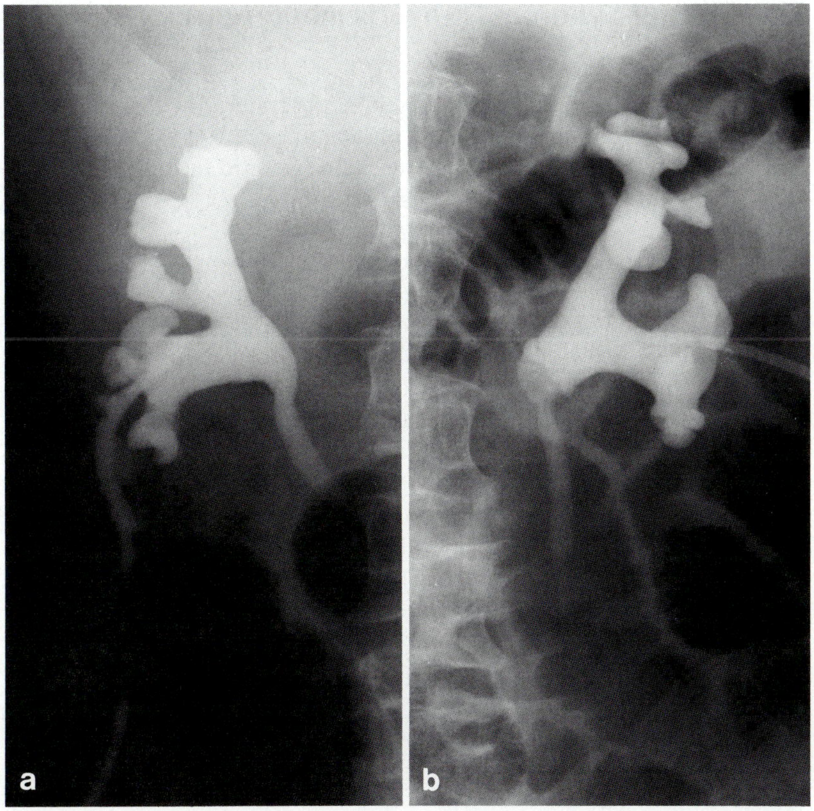


**Abb. 23.1 a, b.** Transkutane Kontrastmitteldarstellung beider Nierenbecken bei einem 66jährigen Mann mit Kompression beider Ureteren durch eine retroperitoneale Fibrose

## 23.2 Retroperitoneale Fibrose (Morbus Ormond)

Der Morbus Ormond ist eine ätiologisch ungeklärte Erkrankung aus dem Formenkreis der Fibrosesyndrome.

**Klinik.** Beim Morbus Ormond kommt es zu einer fibrotischen Umwandlung des Retroperitonealraumes, wodurch Ureteren, Gefäße und Nerven ummauert werden. Am häufigsten ist der Bereich zwischen Sakrum und 3. Lendenwirbelkörper betroffen, seltener andere Bereiche des Retroperitoneums um Nieren, Duodenum, Colon descendens oder Harnblase. Folge sind Stenosen und Verschlüsse von Gefäßen, Ureteren (Abb. 23.1) und Darmabschnitten sowie Nervenschädigungen in den betroffenen Bereichen. Selten tritt gleichzeitig eine Vaskulitis von Haut und subkutanem Gewebe oder eine Glomerulonephritis auf. Die retroperitoneale Fibrose wird überzufällig häufig nach Einnahme methysergidhaltiger Kopfschmerzmittel beobachtet. In Einzelfällen wurde sie mit der Einnahme von β-Rezeptoren-Blockern, Hydralazin oder Methyldopa in Verbindung gebracht.

**Diagnose.** Die Diagnose des Morbus Ormond erfolgt meist indirekt über den Nachweis von Ureter- oder Gefäßverlagerungen. Für die Sicherung der Diagnose und die Abgrenzung gegenüber malignen Raumforderungen ist eine histologische Untersuchung erforderlich.

**Therapie und Prognose.** Die Therapie der Wahl ist die baldige operative Dekompression ummauerter Organe. Unterstützende systemische Steroidgabe kann einen Rückgang der Fibrose bewirken.

Die Prognose wird in erster Linie durch den Harnstau bestimmt.

**Beim Morbus Ormond kommt es zu einer fibrotischen Umwandlung des Retroperitonealraumes mit Ummauerung und Kompression von Ureteren, Gefäßen und Nerven.**

## 23.3 Werner-Syndrom (Progeria adultorum)

Das Werner-Syndrom ist eine sehr seltene Erkrankung von Haut und subkutanem Gewebe bislang ungeklärter Ätiologie. Familiäres Auftreten weist auf eine genetische Disposition mit autosomal rezessivem Erbgang hin.

**Klinik.** Das Werner-Syndrom wird meist im 2.–3. Lebensjahrzehnt als vorzeitige Vergreisung (Progerie) klinisch manifest. Beginnend an den distalen Partien der Beine kommt es zum Schwund von subkutanem Fettgewebe und Muskulatur. Die Haut wird atrophisch und sklerosiert. An Druckstellen bilden sich therapieresistente Ulzera und Hyperkeratosen. Die Patienten sind kleinwüchsig, entwickeln vorzeitig graue Haare, Alopezie und Osteoporose. Spitze Nase, Verlust des Orbitalfetts, Störungen der Mimik („Vogelgesicht") und eine heisere hohe Fistelstimme (Sklerose der Stimmbänder) sowie Atherosklerose, Katarakt und endokrine Störungen (Diabetes mellitus, Hypogonadismus) ergänzen das Bild der vorzeitigen Alterung. Die Intelligenz ist normal oder vermindert. In 10% der Fälle ist das Werner-Syndrom mit Malignomen, vorwiegend Meningeomen oder Sarkomen, vergesellschaftet.

**Das Werner-Syndrom äußert sich klinisch als vorzeitige Vergreisung.**

**Diagnose.** Die Diagnose erfolgt anhand des klinischen Bildes und durch den Nachweis von Hautsklerose und Schwund von Muskulatur und Fettgewebe.

**Therapie und Prognose.** Eine kausale Therapie ist nicht bekannt. Die Lebenserwartung der Patienten wird durch Atherosklerose und Malignome eingeschränkt. Die Patienten sterben häufig bereits im 4.–5. Lebensjahrzehnt.

## 23.4 Laurence-Moon-Bardet-Biedl-Syndrom (dienzephaloretinale Degeneration)

Das Laurence-Moon-Bardet-Biedl-Syndrom ist ein ätiologisch ungeklärtes Mißbildungssyndrom, dessen Hauptsymptome auf einer verlangsamten bzw. gestörten Entwicklung im Zwischenhirn und der Retina beruhen. Vieles deutet auf eine genetische Disposition mit autosomal rezessivem Erbgang hin.

**Klinik.** Das klinische Bild des Laurence-Moon-Bardet-Biedl-Syndroms ist durch 5 Symptome gekennzeichnet: Degeneration der Retina (meist als Retinitis pigmentosa), zerebral bedingte Stammfettsucht, mäßig bis stark ausgeprägte geistige Retardierung, Polydaktylie und Hypogonadismus. Die Retinadegeneration führt, meist im 3.–4. Lebensjahrzehnt, zu einem Verlust des zentralen Sehens und zu Erblindung. Infolge einer interstitiellen Nephritis kann Nierenversagen eintreten.

**Diagnose.** Die Diagnose erfolgt aus dem klinischen Bild. Die Degeneration der Retina kann im Elektroretinogramm erfaßt werden.

**Therapie.** Eine kausale Therapie ist nicht bekannt.

## 23.5 Akatalasie

Die Akatalasie ist ein seltener Enzymdefekt mit wahrscheinlich genetischer Disposition. Der Erbgang ist autosomal rezessiv oder unvollständig dominant.

**Klinik.** Abhängig von der Abstammung der Patienten tritt die Akatalasie als symptomatische (Japan, Korea, Peru) oder asymptomatische Form (Japan, Korea, Schweiz, Israel, Mexiko, Peru) in Erscheinung, je nach Menge und Aktivität der vorhandenen Katalase. Die Erkrankung wird bereits in der Kindheit klinisch manifest, aber etwa die Hälfte der Patienten mit Akatalasie bleibt lebenslang klinisch asymptomatisch. Die Symptome beruhen auf der Unfähigkeit, das von vergrünenden Streptokokken in der Mundhöhle gebildete Wasserstoffperoxid durch Katalase zu spalten, und reichen von Ulzerationen in den Zahntaschen oder den Krypten der Tonsillen über Gangrän des Alveolus dentalis bis zu Knochenschwund und Zahnausfall. Die Läsionen heilen unter Narbenbildung ab.

**Diagnose.** Die Diagnose der Akatalasie erfolgt über einen einfachen chemischen Test. Bringt man Wasserstoffperoxid mit Blut eines Patienten mit Akatalasie in Verbindung, so bildet sich aufgrund des Fehlens von

Katalase Methämoglobin, erkennbar an einer braunschwarzen Verfärbung. Enthält das Blut ausreichend funktionsfähige Katalase, so kommt es zu Gasbildung, die Farbe des Blutes bleibt unverändert.

**Therapie.** Eine kausale Therapie ist nicht bekannt. Transfusion von Blut mit normalem Katalasegehalt kann die klinische Situation bessern. Der Schwerpunkt der Therapie liegt auf symptomatischen Maßnahmen der lokalen Wundpflege und Narbenkorrektur.

## Literatur


Eaton JW (1989) Acatalasemia. In: Scriver CR, Beaudet AL, Sly WS, Valle D (eds) The metabolic basis of inherited disease, 6th edn. McGraw-Hill, New York, p 1551

Klein D, Amman F (1969) The syndrome of Laurence-Moon-Bardet-Biedl and allied disorders. J Neurol Sci 9: 470

Rauh G, Gresser U, Landthaler M, Riedel KG, Zöllner N (1991) Relapsing polychondritis: clinical and pathological features in 8 cases. Klin Wochenschr 69: (in press)

Salk W (1982) Werner's syndrome. A review of recent research with an analysis of connective tissue metabolism, growth control of cultured cells, and chromosomal aberrations. Hum Genet 62: 1

Schumacher HR jun (1985) Multifocal fibrosclerosis. In: Wyngaarden GB, Smith LH: Cecil textbook of medicine, 17th edn. Saunders, Philadelphia London Toronto, p 1963

# 24 Grundlagen der Diagnostik

N. Zöllner

ZUSAMMENFASSUNG

Die drei Säulen der Diagnostik sind die Erhebung einer objektiven Anamnese, die Feststellung von Befunden und ein informiertes Nachdenken über die gewonnenen Informationen.

Die Ergebnisse einer sorgfältigen Anamnese sind ebenso „zuverlässig" wie Befunde, allerdings liegen die Irrtumsmöglichkeiten bei der Anamnese, bei der körperlichen Untersuchung und bei „objektiven" Methoden auf verschiedenen Gebieten.

Eine sorgfältige Anamnese ergibt bei 70% der Patienten eine Diagnose, die durch körperliche Untersuchung und einschlägige Befunderhebungen nur noch zu sichern ist.

Jede Diagnose steht zur Revision. Wichtige Gründe einer Revision sind neue, scheinbar nicht passende Befunde, Änderungen im Verlauf und therapeutische Mißerfolge.

## 24.1 Anamnese als Eingang zur Diagnostik

Das Gespräch mit dem Kranken dient 3 Zwecken, der Herstellung des Kontaktes, der vorurteilsfreien Feststellung krankheitsrelevanter Fakten und der Beurteilung der Haltung des Leidenden gegenüber seiner Krankheit und gegenüber dem Arzt. Blicken Sie dem Patienten entgegen, wenn er durch die Tür kommt!

Als Eingang zur Diagnostik (Anamnese im eigentlichen Sinn) dient die Feststellung der krankheitsrelevanten Fakten.

Eine vollständige Anamnese erbringt (in dieser Reihen folge):

- eine genaue Beschreibung der ***derzeitigen Beschwerden,***
- Angaben über frühere Leiden, Operationen, Unfälle ***(Voranamnese),***
- Angaben über Krankheiten und Anomalien, die in der Familie gehäuft vorkommen ***(Familienanamnese)*** und
- eine Übersicht über Veränderungen aller Organsysteme ***(Systemübersicht).***

Die Ergebnisse einer sorgfältigen Anamnese sind ebenso zuverlässig wie „objektive" Befunde. Eine vollständige Anamnese ist, vor allem bei akuten Leiden (z. B. grippaler Infekt oder Appendizitis) oft nicht notwendig; auch muß sie bei sofortigem Handlungsbedarf (z. B. beim Herzinfarkt) zurückgestellt werden. Bei chronischen Krankheiten (also auch beim Herzinfarkt als Folge der koronaren Herzkrankheit) ist eine vollständige Anamnese unerläßlich.

Die Technik der Anamneseerhebung wird in Deutschland nicht konsequent gelehrt; jeder Professor hat seine eigene Technik. Wichtigster Grundsatz ist die Feststellung der Fakten. „Sagen Sie, was war (oder ist)!", und nicht „an was haben Sie gelitten (nach Ihrer oder anderer Meinung)". Ein Beispiel: der Patient hatte nicht „Gallenkoliken", sondern „sehr schmerzhafte Koliken im rechten Oberbauch (mit Ausstrahlung in die Schulter oder nach Gebratenem)".

**Das Wesen der Anamnese ist die genaue Feststellung der Beschwerden, nicht ihre Deutung.**

Zweifel an der Zuverlässigkeit und Vollständigkeit anamnestischer Angaben (vorgefaßte Meinungen, Absicht, Unvermögen sich zu erinnern oder zu äußern) zwingen zur ***Fremdanamnese*** bei Verwandten, Bekannten, Pflegepersonal oder aus Akten.

### 24.1.1 Feststellung der gegenwärtigen Beschwerden

Dies ist die schwierigste Aufgabe, wenn Vollständigkeit der Beschreibung das Ziel ist. Man folgt den „5 W" der guten Journalisten: Was? Wann? Wie? Wo? Warum? (Tabelle 24.1).

**Tabelle 24.1.** Merksätze zur Feststellung gegenwärtiger Beschwerden („presenting complaints")

| | |
|---|---|
| Was | Was ist, was war? Keine Deutungen übernehmen! |
| Wann | Seit wann? Wie lange? Periodisches Auftreten? Zunahme oder Abnahme im Lauf der Zeit? |
| Wie | Welcher Art sind die Schmerzen? Drückend, krampfartig, brennend, kolikartig? Erträglich oder unerträglich? Konstant oder zunehmend? |
| Wo | Ort, Ausbreitung, bei Schmerzen Ausstrahlung. |
| Warum | Zusammenhänge nach Ansicht des Patienten. Vorkrankheiten, Vormedikationen, Reisen kurz vor der Erkrankung, eingreifende Erlebnisse, Änderungen der Lebensumstände. |

### 24.1.2 Voranamnese

Man geht in die Lebensgeschichte zurück. Nicht mit den Kinderkrankheiten beginnen! Relevante Vorkrankheiten wie gegenwärtige Beschwerden schildern lassen! Das Gedächtnis des Patienten muß durch gezielte Fragen unterstützt werden. Gelegentlich halten Patienten Ereignisse für unwesentlich, die den Schlüssel zur Diagnose liefern. Je älter der Patient, desto weniger wichtig werden seine Kinderkrankheiten.

### 24.1.3 Familienanamnese

Mit Blutsverwandten teilt der Patient die Möglichkeit erblicher Krankheiten, mit angeheirateten Verwandten nur Umweltkrankheiten, z.B. Infekte. Familien sind heute klein, um so wichtiger sind Vettern und Kusinen für die Anamnese. Gezielt zu fragen ist nach Krankheiten und deren Konsequenzen, wenn beim Patienten einschlägige Befunde vorliegen. So zwingt Hypercholesterinämie zur Frage nach Infarkten in der Familie.

**Voranamnese und Familienanamnese beziehen die Biographie des Patienten in die Vorgeschichte ein und machen damit bestimmte Diagnosen wahrscheinlich.**

### 24.1.4 Systemübersicht

Zur Systemübersicht gehören Fragen nach ***allen Berufen,*** die der Patient ausgeübt hat, nach Menarche, Menopause, Menstruation. Zu den allgemeinen Fragen gehört, ob der Patient, abgesehen von den Beschwerden, die ihn zum Arzt geführt haben, sich gesund fühlt, ob er seinem Beruf nachgeht, wie er schläft und ob sich Gewicht bzw. Gürtelweite geändert haben. Auch ***Lebensgewohnheiten*** (Tabak, Alkoholika, Sport, Reisen) gehören hierzu.

Als grobe Orientierung über die einzelnen Organsysteme müssen richtungsweisende Beschwerden, die der Patient spontan nicht erwähnt, durch kurze Fragen erfaßt werden (Tabelle 24.2).

Im Rahmen der Systemübersicht kommt der ***Arzneimittelanamnese*** besondere Bedeutung bei. Medikamente können Symptome verstärken, überdecken, verfälschen. Die Wirkung von Psychopharmaka oder Schlafmitteln (Verwirrtheit) wird, speziell bei alten Menschen, manchmal irrtümlich als Folge zentraler Durchblutungsstörungen angesehen; Saluretika oder β-Blocker können herzinsuffizienzähnliche Symptome hervorrufen.

### 24.1.5 Anamnese bei älteren Patienten

Gedächtnislücken, Schwerhörigkeit oder Verwirrtheit erfordern Zeit, Geduld und Reduzierung der Fragen auf das Unerläßliche. Alle Fragen müssen einfach und klar sein. Oft kann auf eine ***Fremdanamnese*** nicht verzichtet werden.

Im Alter werden Symptome, wie Schwäche, Dyspnoe, Verwirrtheit oder Inkontinenz, unspezifisch; Verwirrtheit z.B. kommt bei Infekten, Malignomen, Herzinsuffizienz vor, aber auch bei bestimmungsgemäßem Gebrauch von Sedativa.

Das Vorherrschen von ***Allgemeinsymptomen*** überdeckt oft das Organsymptom, speziell den lokalen Schmerz, z.B. beim Infarkt, aber auch bei Schenkelhalsfrakturen.

Drei Symptomgruppen werden in besonderer Weise modifiziert:

**Tabelle 24.2.** Beispiel einer Systemübersicht

| |
|---|
| *Allgemein*<br>Befinden, Änderungen von Gewicht und Körpergröße, Leistungsfähigkeit |
| *Kopf*<br>Kopfschmerzen, Schwindel, Sehstörungen, Hörminderung |
| *Hals*<br>Schluckbeschwerden, Änderung der Kragenweite |
| *Kardiopulmonal*<br>Angina pectoris ohne und nach Belastung, Nykturie, Ödeme, Dyspnoe, Orthopnoe, Husten, speziell nächtlich |
| *Gastrointestinal*<br>Appetit, Nahrungsunverträglichkeiten, Übelkeit, Erbrechen, Obstipation, Diarrhöe, Teerstuhl, Änderung der Stuhlgewohnheiten |
| *Urogenital*<br>Miktionsbeschwerden, Inkontinenz, Nykturie, Farbveränderungen des Urins, Menstruation, Potenz |
| *Skelettsystem*<br>Arthralgien und Myalgien, Gelenkschwellungen (welche Gelenke?) |
| *Neurologisch*<br>Schwindel, vorübergehende Bewußtlosigkeit |
| *Haut*<br>Exantheme, Jucken |
| *Allergien*<br>Medikamente, Lebensmittel |
| *Gifte*<br>Nikotin, Zigaretten (Menge), Zigarren, Pfeife, Schnupftabak, Art und Menge alkoholischer Getränke, Gewerbegifte, Drogen |
| *Medikamente*<br>Art und Menge derzeit und in jüngerer Vergangenheit eingenommener Pharmaka. „Pille", Kopfschmerzmittel |

- Bei der Herzinsuffizienz überholt die Müdigkeit die Dyspnoe.
- Bei der Hyperthyreose sind Apathie und Lethargie nicht selten einziges Symptom.
- Vor allem aber geht das Durstempfinden verloren, und die Exsikkose führt zur Verwirrung.

Veränderungen der Pharmakokinetik mit Einschränkung der renalen bzw. hepatischen Arzneimittelelimination führen oft zu toxischen Konzentrationen im Blut. Verwirrtheit, Exsikkose und Blutdruckabfall können zum Anfang des Endes werden, wenn der Arzneimittelgebrauch oder -mißbrauch nicht erkannt wird (Tabelle 24.3).

**Tabelle 24.3.** Häufige medikamenteninduzierte Symptome bei alten Patienten

| Symptom | Verursachende Medikamente |
|---|---|
| Anorexie | Digitalisglykoside |
| Arrhythmie | Digoxin, trizyklische Antidepressiva |
| Bradykardie | β-Rezeptoren-Blocker, Digoxin, Dihydroergotamin |
| Depression | Levodopa, Methyldopa, Reserpin, Steroide |
| Diabetes | Steroide, Thiazide |
| Gastrointestinale Blutung | Salizylate, nichtsteroidale Antiphlogistika, Steroide |
| Gynäkomastie | Digoxin, Östrogene, Spironolakton |
| Hypothermie | Phenothiazine (besonders bei der Hypothyreose) |
| Impotenz | β-Rezeptoren-Blocker |
| Inkontinenz | Diuretika |
| Blutdruckabfall | Antihypertensiva, Benzodiazepine, Diuretika, Levodopa, Phenothiazine, trizyklische Antidepressiva |
| Verwirrtheitszustände | Antidepressiva, Antihistaminika, Benzodiazepine, β-Rezeptoren-Blocker, Digoxin, Hypnotika, Levodopa, Methyldopa, Phenothiazine, Steroide, Ofloxacin |

Eigensinnige alte Patienten entscheiden oft selber über ihren Bedarf, setzen unerläßliche Medikamente ab und rufen damit Entzugserscheinungen oder das Wiederauftreten bereits beseitigter Symptome hervor.

## 24.2 Allgemeine Befunde und Symptome

### 24.2.1 Veränderungen des Körpergewichts

Die Feststellung einer ***Abnahme des Körpergewichts*** (im Rahmen der Anamnese, der Systemübersicht) muß alarmieren; immer ist nach der Ursache zu fragen (Tabelle 24.4).

Als Ursache einer ***Gewichtszunahme*** kommen in erster Linie vermehrte Nahrungsaufnahme oder verminderte körperliche Aktivität in Frage, also eine Veränderung der Energiebilanz, die langsam zur Adipositas führt.

**Tabelle 24.4.** Ursachen von Gewichtsverlust (Beispiele)

| |
|---|
| Verminderte Nahrungsaufnahme |
| Appetitverlust (Malignom, psychische Probleme, Schmerzen beim Kauen oder Schlucken) |
| Passagehindernisse mit Erbrechen (Achalasie, Pylorusstenose) |
| Mangelhaftes oder mangelndes Nahrungsangebot (Alter, Schlankheitskuren, Not) |
| Verminderung der Nahrungsaufnahme im Vergleich zum Verbrauch |
| Chronische Infektionskrankheiten (Fieber) |
| Hyperthyreose |
| Verlust von Energieträgern im Harn oder Stuhl |
| Glukose (Diabetes mellitus) |
| Fett (Steatorrhoe) |
| Verlust von Körperwasser |
| Ausschwemmung (Saluretika oder Digitalis) |
| Exsikkose (Diarrhöe) |

Daneben kann die Retention von Wasser (Ödem, Anasarka, Aszites) rasch zur Vermehrung des Körpergewichts führen; ***passagere Gewichtsveränderungen*** ergeben sich aus Änderungen der Kochsalzzufuhr, z. B. beim Besuch „guter Restaurants", auf Reisen oder durch Wasserretention durch Östrogene (evtl. prämenstruell).

## 24.2.2 Der Aspekt des Patienten

Über die in den einzelnen Kapiteln geschilderten Veränderungen des Aussehens (z. B. Blässe, Zyanose, Schwellungen) und der Bewegungen (z. B. Lähmungen oder schmerzbedingte Schonung) hinaus liefert die kritische Betrachtung wichtige allgemeine Hinweise.

Patienten, die älter aussehen, als es ihren Jahren entspricht, sind oft chronisch krank. Die ***Kleidung*** gibt Auskunft über die wirtschaftliche Lage, aber auch die Sorgfalt, mit der ein Mensch sich pflegt. Die Betrachtung der Hände erlaubt Rückschlüsse auf körperliche Tätigkeit oder Zigarettenkonsum und damit manchmal auf die Verläßlichkeit der Angaben.

Besonders wichtig sind ***Änderungen im Aspekt.*** Sie zeigen oft den Beginn einer Krankheit an („Du siehst schlecht aus!"), sind aber auch wichtige Hinweise auf den Verlauf. Photographien aus früheren Jahren sind hier nützlich.

## 24.2.3 Fieber

Die ***rektale Temperaturmessung*** ergibt bei Gesunden Werte zwischen 36,5 und 37,8 °C. Sublingual gemessene Werte liegen 0,3 °C tiefer. Axilläre Werte sind unzuverlässig.

Den ***individuellen Normalwert*** zu kennen, ist angesichts der Breite des Normalwertbereiches wichtig. Auch Tagesschwankungen sind zu berücksichtigen. Die niedrigsten Werte findet man nach Mitternacht, die höchsten nachmittags. Bei der Tuberkulose ist die ***Tagesrhythmik*** nicht selten umgekehrt.

Erhöhungen der Körpertemperatur sind zwangsläufig mit erhöhtem Energieumsatz verbunden, pro Celsiusgrad um 10–15 %.

Viele Stoffe, exogene wie endogene, können ***Fieber*** erzeugen. Am häufigsten kommt Fieber bei bakteriellen und viralen Infektionen, Eiweißzerfall (Nekrosen, Hämolyse), Exsikkose und gewissen Arzneimitteln (z. B. Antibiotika!) vor. Auch Tumoren können Fieber hervorrufen. Zerebrale, neurovegetative und hormonelle Einflüsse (z. B. Apoplexie, Hyperthyreose, prämenstruelle Phase, Schwangerschaft) rufen meist nur Temperaturerhöhungen im Normbereich hervor.

Der Versuch, Fieber vorzutäuschen, wird häufig gemacht (z. B. Schulkinder).

Der ***Fiebertyp*** erlaubt richtungweisende, aber nicht beweisende diagnostische Schlüsse, die den einzelnen Kapiteln zu entnehmen sind. Dabei ist zu unterscheiden zwischen einem rhythmischen Verlauf, der sich täglich oder in kurzen Abständen wiederholt (Abb. 24.1 a–c), und Verläufen, die man über längere Zeiträume erkennen kann (Abb. 24.2 a, b).

Je länger Fieber anhält, desto mehr muß neben den Infektionen, speziell Tuberkulose und Sepsis, auch an Kollagenosen und Tumoren, insbesondere myeloproliferativer Art (Leukämie, Lymphome, Myelome), gedacht werden.

**Bei der Beurteilung von Fieber kommt es auf die Höhe der Temperatur, den Fiebertyp und den Fieberverlauf an.**

Wochen- und monatelange Fieber ohne erkennbare Ursache sind ***„Fieber unklarer Genese".*** Bakterielle Infekte kommen nach wie vor in Frage; meist handelt es sich um Tumoren (Hypernephrom, Pankreas, Ovar, Schilddrüse), seltener um Kollagenosen. Ein Teil der Fälle bleibt ungeklärt.

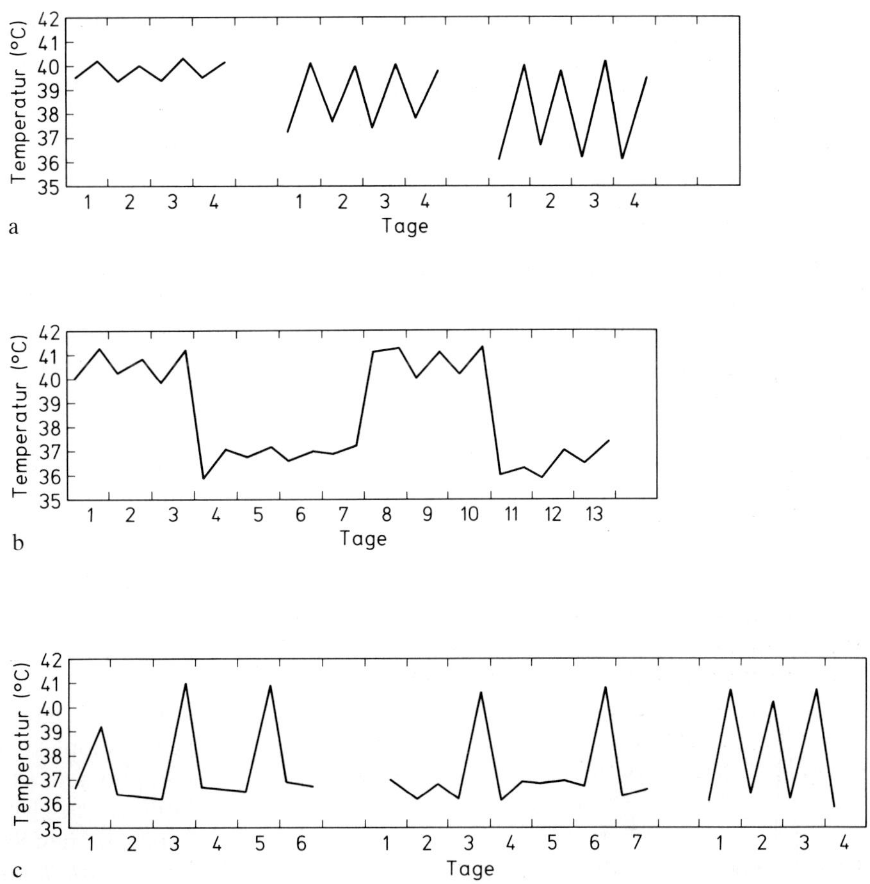


**Abb. 24.1 a–c.** Definition der Fiebertypen. **a** Kontinuierliches, remittierendes und intermittierendes Fieber. **b** Rekurrierendes Fieber und **c** als Beispiel die Typen der Malaria. Beim intermittierenden Fieber werden, meist morgens, normale Temperaturen gemessen; das remittierende Fieber weist Morgentemperaturen auf, die mehr als 1 °C unter der Nachmittagstemperatur liegen, bei der Kontinua schwanken die Temperaturen im Verlauf des Tages wenig. Bei den rekurrierenden Fiebern wechseln Fieber und fieberfreie Intervalle von jeweils mehr als 24 h Dauer

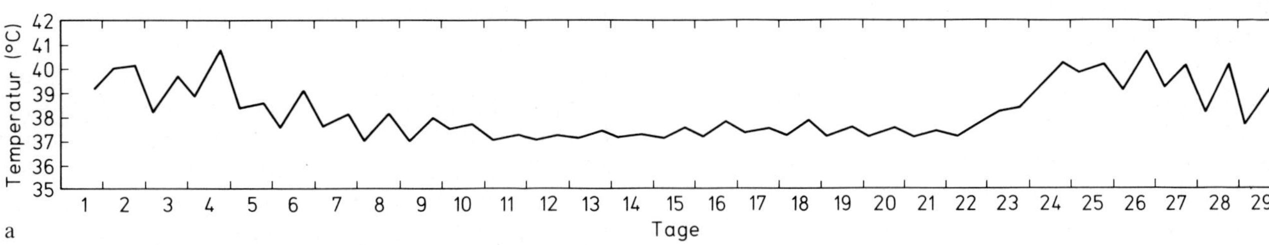


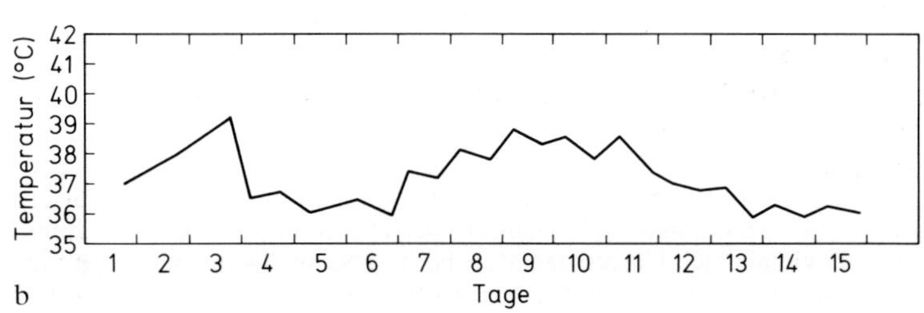


**Abb. 24.2 a, b.** Spezielle Fieberverläufe. **a** Undulierendes Fieber (bei Tumoren, speziell Lymphomen, aber auch bei chronischen bakteriellen Infekten).
**b** Typische Dromedarkurve bei Virusinfekten (z. B. bei Poliomyelitis, Denguefieber, Masern). Bei den Dromedarkurven kann auch der erste Höcker überwiegen

Kurzdauernde Fieberschübe, die sich in unregelmäßigen Abständen von mehreren Tagen bis Monaten wiederholen ***(periodisches Fieber),*** sind so gut wie immer bakteriell bedingt. Nur selten kommen akute Porphyrie oder akute Hämolyse als Differentialdiagnosen in Frage.

In vielen Zweifelsfällen muß man auf die endgültige Befriedigung des diagnostischen Ehrgeizes verzichten. Der erfolgreiche Einsatz von Breitbandantibiotika ist nahezu beweisend für bakterielles Fieber; Patienten mit bakteriellem Fieber (oder Malaria) sprechen andererseits nur selten auf Antipyretika (Azetylsalizylsäure, Paracetamol) an.

## 24.2.4 Senkungsgeschwindigkeit und verwandte Befunde

Eine Beschleunigung der Blutsenkung (BKS) entsteht immer durch krankhafte Einflüsse; gelegentlich bleibt sie lang nach Beendigung dieser Einflüsse bestehen. ***Ausgeprägte Beschleunigungen*** der BKS (über 80 mm in der 1. Stunde, „Sturzsenkung") findet man bei Paraproteinämien, hämolytischen Anämien mit Autoantikörpern, Neoplasien, vor allem Hämoblastosen, malignen Lymphomen, akuten Infektionen, Kollagenosen, beinahe diagnostisch bei der Polymyalgia rheumatica und beim nephrotischen Syndrom.

Zu ***mittelhohen Senkungsbeschleunigungen*** führen Entzündungen verschiedenster Art, Gravidität, Neoplasien, Kollagenosen, Leberzirrhose und andere Hepatopathien, Nierenkrankheiten, Anämien, Status nach akutem Herzinfarkt und anderen nekrotisierenden Prozessen, arterielle Verschlüsse sowie Thrombophlebitis.

Die BKS ist ein empfindlicher Anzeiger krankhafter Prozesse. Eine erhöhte BKS bedarf stets der Abklärung!

Weniger empfindlich, aber um so zuverlässiger ist die Erhöhung der $\alpha_2$-Globuline oder der $\gamma$-Globuline (Abb. 24.3 a–d, 24.4 a, b). Verringerungen der $\gamma$-Globuline findet man bei lymphatischen Leukämien, bei Lymphopenie und bei Immunmangelsyndromen (Agammaglobinämie), nicht aber bei Aids.

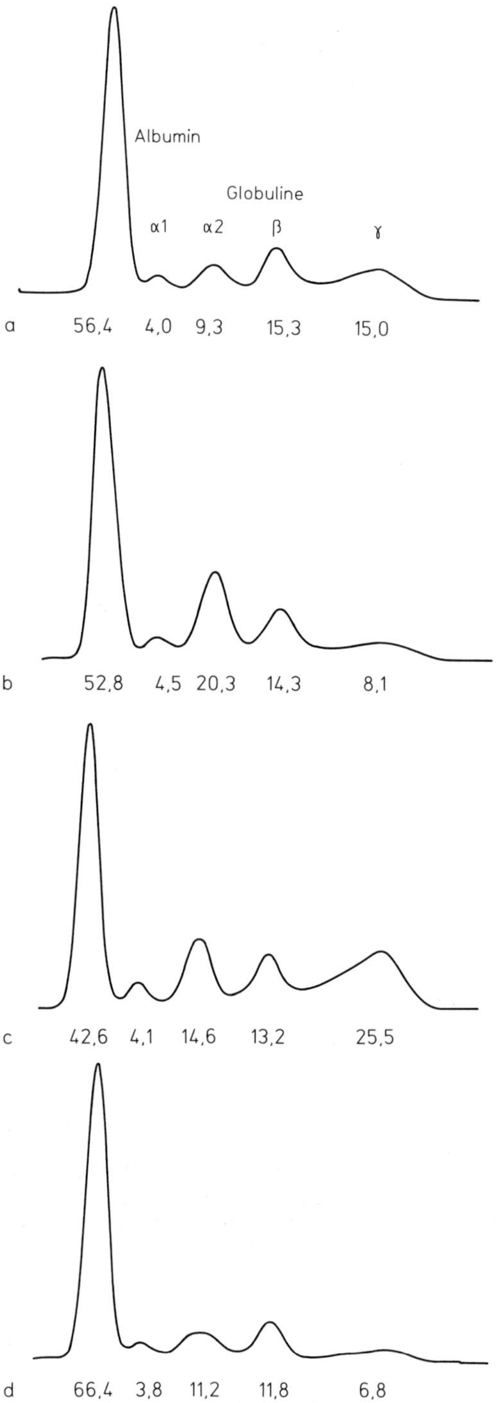


**Abb. 24.3 a–d.** Beispiele elektrophoretischer Diagnostik. Das Gesamteiweiß war in allen Fällen normal, die relativen Konzentrationen sind unter den Gipfeln eingetragen (Fälle der Medizinischen Poliklinik der Universität München). **a** Normalwerte bei einem Patienten mit Herzinsuffizienz. **b** Vermehrung der $\alpha_2$-Globuline bei einem Patienten mit akuter Vaskulitis. **c** Vermehrung der $\alpha_2$-Globuline und der $\gamma$-Globuline bei einem Patienten mit Sepsis; ähnliche Befunde erhebt das Laboratorium bei Malignomen. **d** Verminderung der $\gamma$-Globuline bei einem Patienten mit chronisch-lymphatischer Leukämie

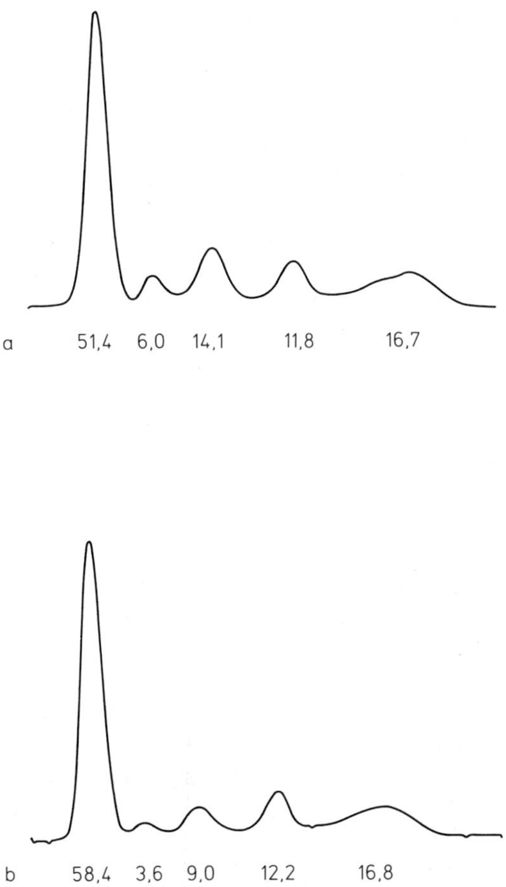


**Abb. 24.4 a, b.** Serumelektrophorese bei einem Patienten mit bakterieller Lobärpneumonie. **a** Vor Behandlungsbeginn, **b** Normalisierung 10 Tage nach gezielter Chemotherapie

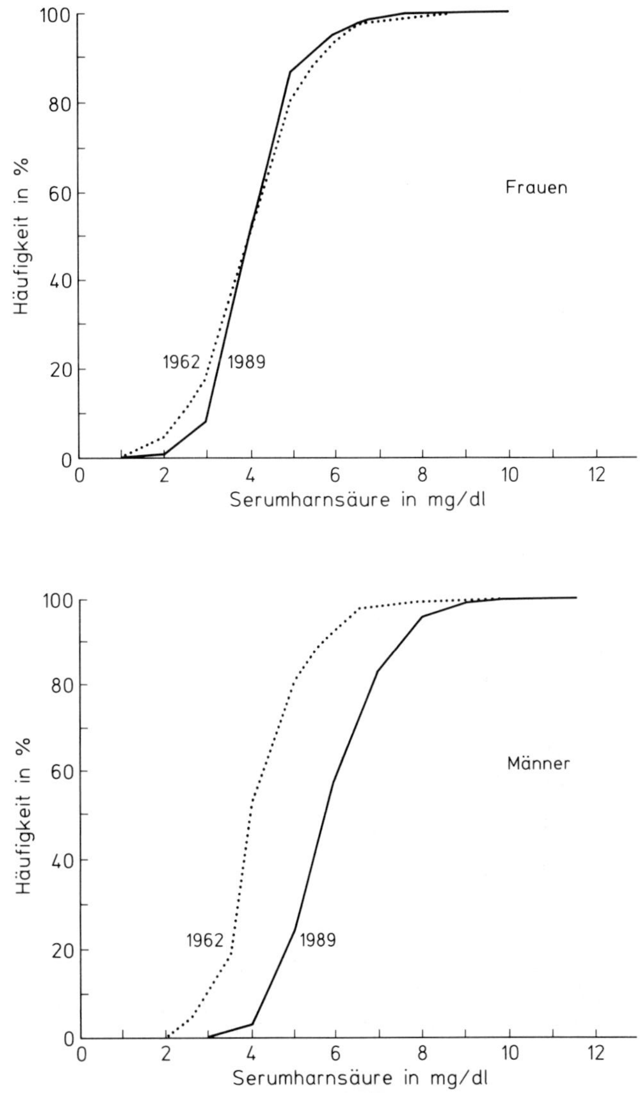


**Abb. 24.5.** Harnsäurewerte bei gesunden Personen (Blutspendern) in Bayern. Während bei Frauen die Harnsäurewerte von 1962 bis 1989 sich kaum verändert haben (dies hängt mit der Fähigkeit zusammen, unter Östrogenen Harnsäure vermehrt auszuscheiden), kam es bei den Männern zu erheblichen Zunahmen, vermutlich im Zusammenhang mit der vermehrten Purinzufuhr

## 24.2.5 Das Kalkül mit den Laborwerten

Bei der Interpretation eines Laborwertes stellt sich zunächst die Frage, ob der Wert normal ist. Liegt ein Wert in der Nähe der Grenzen des ***Normalwertbereichs,*** so ist im Einzelfall nicht zu entscheiden, ob er als normal anzusehen ist. Ein Wert, der wenig über den Grenzen des Normalwertbereiches liegt, kann noch normal sein, ein innerhalb des Normalwertbereiches nahe der oberen oder unteren Grenze liegender Wert pathologisch.

Im Normalwertbereich liegen fast alle Messungen bei gesunden „normalen" Personen. Statistisch gesehen ist der ***Normalwertbereich*** der Bereich von Werten, die bei vermutlich gesunden Personen mit Wahrscheinlichkeit vorkommen. Die übliche Festlegung besagt, daß 95 % der Werte bei Gesunden innerhalb des definierten Bereiches liegen, 2,5 % oberhalb, 2,5 % unterhalb.

Nicht alle Normalwertbereiche dürfen als „harte Daten" angesehen werden. Es ist immer wieder zu fragen, ob das zur Gewinnung des Normalwertbereiches herangezogene Kollektiv auch prognostisch „gesund" war.

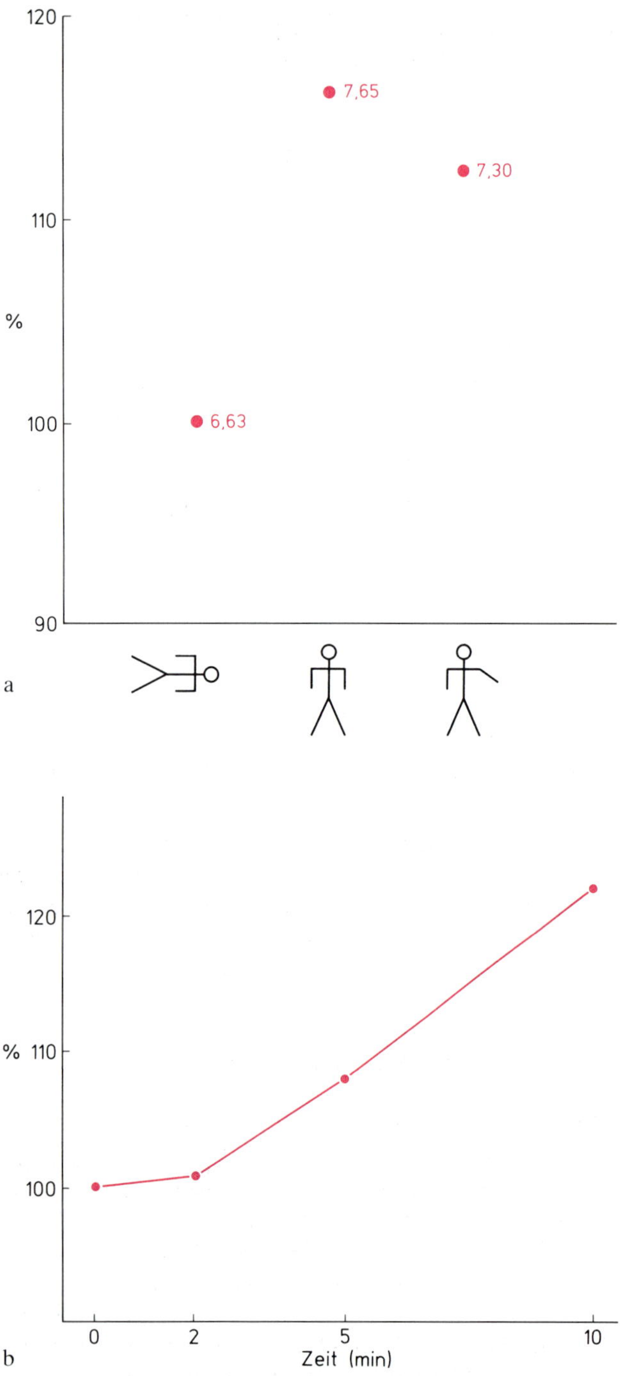


**Abb. 24.6 a, b.** Der Einfluß von Körperhaltung und venöser Stauung auf die Eiweißkonzentration im Venenblut. **a** zeigt, wie die Eiweißkonzentrationen beim Stehen ansteigen und wie selbst im Stehen die Lage der Punktionsstelle im Verhältnis zum Herzen eine Rolle spielt. **b** zeigt, wie rasch der Einfluß einer venösen Stauung zum Zwecke der Venenpunktion sich geltend macht

Bedeutsam ist die Konstellation mehrerer grenzwertiger Befunde. So kann die Kombination grenzwertig niedriger Leukozyten mit grenzwertig erhöhten γ-Globulinen bei anderweitig normalen Werten auf eine HIV-Infektion hinweisen.

Unter den Einflüssen der ***Umwelt*** auf die Normalwertbereiche sind die der ***Ernährung*** besonders deutlich. So liegen die Harnsäurewerte im Serum bei Männern 1989 deutlich höher als 15 Jahre vorher (Abb. 24.5). Bekannt ist auch der Einfluß der Eiweißzufuhr auf die Harnstoffkonzentration im Serum oder des Nahrungseisens auf Serumeisen und Transferrin. Nutritiver Eisenmangel führt zur Erniedrigung des Serumeisens und zur Erhöhung des Transferrins.

Nicht immer ist eine Krankheit zum Zeitpunkt der Erhebung der Laborwerte bereits erkennbar. So haben prospektive Studien eindeutig ergeben, daß Personen mit höheren Cholesterinkonzentrationen größere Aussichten auf koronare Herzkrankheiten haben als Personen mit niedrigeren. Nimmt man in die Definition der Gesundheit die Prognose mit auf, so kann man einen ***„Sollwert"*** an einer Personengruppe mit bester Prognose ermitteln.

> **Viele „Laborwerte" werden durch die Bedingungen der Blutabnahme beeinflußt.**

In der Praxis wichtig ist der ***Einfluß der Körperhaltung*** auf die Konzentration von Eiweißen, eiweißgebundenen Substanzen und roten Blutkörperchen bzw. Hämoglobin im Blut. Bereits 15 min nach dem Aufstehen ist die durchschnittliche Eiweißkonzentration im Serum von Gesunden 10% höher als beim liegenden Patienten (Abb. 24.6 a, b). Der ambulante Patient hat dementsprechend höhere Werte als der stationäre Patient, auch für alle Serumenzyme und für Kalzium und andere eiweißgebundene Substanzen. Man wird deshalb, wenn die Blutprobe unter Bedingungen der Sprechstunde gewonnen wurde, mäßige Erhöhungen der Transaminasen nicht als pathologisch werten, andererseits Gesamteiweißwerte an der unteren Grenze der Norm bereits als verdächtig auf eine Hypoproteinämie ansehen. Der Krankenhausarzt muß berücksichtigen, daß die Werte der Praxis mit seinen eigenen nicht immer vergleichbar sind. Im Zweifelsfall ist darauf zu achten, daß die Stauung zur ***Venenpunktion*** nur kurz dauert und, wann immer möglich, Blut aus der wieder entstauten Vene entnommen wird.

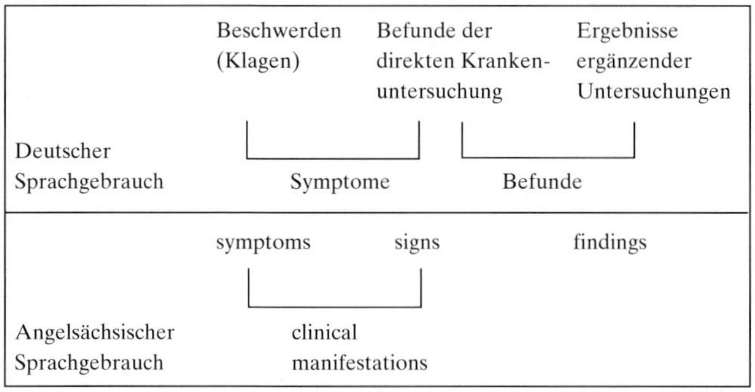


**Abb. 24.7.** Die Definition der Begriffe Symptome und Befunde im deutschen und im angelsächsischen wissenschaftlichen Sprachgebrauch

## 24.2.6 Gemeinsame Beurteilung mehrerer chemischer und physikalischer Werte

Die Ergebnisse von Laboruntersuchungen können ***affirmativ*** oder ***instruktiv*** sein. Bei einem elektrokardiographischen Ablauf, der typisch für einen Infarkt ist, ist die Erhöhung der Kreatinphosphokinase als affirmativ anzusehen, während bei einer Erhöhung der alkalischen Phosphatase die gleichzeitige Erhöhung der Leuzinaminopeptidase instruiert, nach Gallenwegskrankheiten zu suchen, eine normale Leuzinaminopeptidase die Instruktion dagegen in Richtung auf Knochenkrankheiten lenkt. Eine zusätzliche Analyse kann die Voraussetzung für die Deutung eines Wertes sein; die Kalziumkonzentration kann nicht ohne Kenntnis der Eiweißkonzentration beurteilt werden, denn bei niedrigen Eiweißwerten kann eine scheinbare Hypokalzämie einen Normalwert bedeuten.

## 24.3 Gang der Diagnostik

Meist führt ein Symptom den Patienten zum Arzt. Dieses ***führende Symptom*** („leading" oder „presenting symptom") ist der Ausgangspunkt der Diagnostik.

Als ***Symptome*** bezeichnet man Fakten, die sich aus der Anamnese ergeben oder durch die körperliche Untersuchung festzustellen sind. Neben die Symptome treten die ***Befunde,*** ohne daß bei uns immer scharf unterschieden wird. Im angelsächsischen Schrifttum trennt man kompromißlos „symptoms", „signs" and „findings" (Abb. 24.7).

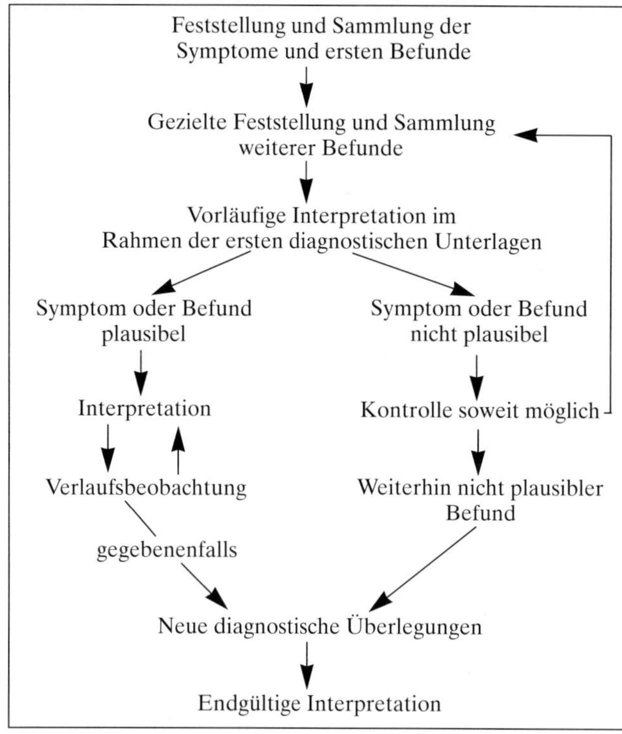


**Abb. 24.8.** Der typische Verlauf einer klinischen Diagnostik

Vom Symptom zur Diagnose gelangt man durch Feststellung und Sammlung von Symptomen und Befunden, deren Bewertung und die sich ergebenden Differentialdiagnosen (d.h. die Auswahl aus den sich daraus ergebenden Diagnosen).

Dementsprechend verläuft der diagnostische Weg wie folgt (s. auch Abb. 24.8):

1) Herstellung des Kontaktes zum Kranken.
2) Anamnese.
3) Unmittelbare Krankenuntersuchung.
4) Ergänzende Untersuchungen (Labor, Sonographie, EKG, Röntgen usw.) unter Verwertung der Ergebnisse der Punkte 2) und 3).
5) Kritische Beurteilung der gesammelten Daten.
6) Kritische Auswahl der relevanten Daten unter ständiger Berücksichtigung der jeweils größten diagnostischen Wahrscheinlichkeit einerseits, zunächst abgelehnter Überlegungen andererseits.
7) Differentialdiagnosen und vorläufige Diagnose, Verdachtsdiagnose, Arbeitsdiagnose.
8) Beobachtung des Krankheitsverlaufes einschließlich eventueller Behandlungserfolge (Diagnose ex juvantibus).

9) Einmalige oder mehrmalige Wiederholung aller Schritte der Punkte 2) bis 8).
10) Endgültige Diagnose.
11) Epikritische Wertung einschließlich Prognose.

Man muß die Krankheit kennen, um die Symptome zu verstehen und einzuordnen. Deshalb steht dieses Kapitel nicht am Anfang des Buches, sondern hinter der Krankheitslehre (Nosologie).

Diagnostik hat zwei Seiten. Sie sagt, was vorliegt ***(affirmative Diagnostik)*** und was nicht vorliegt ***(Diagnose per exclusionem).*** Entscheidend ist das Erkennen des Wesentlichen.

## Literatur

Anschütz F (1973) Die körperliche Untersuchung. Springer, Berlin Heidelberg New York
Gröbner W, Zöllner N (1989) Die körperliche Untersuchung. Urban & Schwarzenberg, München Wien Baltimore
Gross R (Hrsg) (1985) Die geistigen Grundlagen der Medizin. Springer, Berlin Heidelberg New York Tokyo
Lang H, Rick W, Roka L (1973) Optimierung der Diagnostik. Springer, Berlin Heidelberg New York
Rick W (1977) Klinische Chemie und Mikroskopie, 5. Aufl. Springer, Berlin Heidelberg New York
Zöllner N, Hadorn W (1986) Vom Symptom zur Diagnose. Karger, Basel München Paris

# 25 Molekulare Grundlagen von Genetik, Neoplasie und Immunologie

G. Hobom


## ZUSAMMENFASSUNG

Eine erfolgreiche ***Analyse der Gene*** des Menschen und anderer eukaryoter Organismen ist erst durch die Klonierungsmethoden der Gentechnik möglich geworden. Damit können die DNA-Segmente aus dem Genom in reiner Form isoliert und sequenziert, beliebig vermehrt und in verschiedenen Wirtszellen auf ihre Funktion untersucht werden. Auch ihre gezielte Veränderung durch Mutagenese, durch Genfusion oder durch die Kombination mit fremden Regulationssignalen ist auf diese Weise möglich. Hauptmethode zur Isolierung einzelner Gene aus den Genbanken, aber auch allgemein zum diagnostischen Nachweis von Genen und ihren alternativen Formen (Allelen) ist die Nukleinsäurehybridisierung unter Verwendung von Genproben definierter Sequenz.

Mit diesen Methoden gelingt es auch, die ***Karzinogenese*** auf Mutationen bzw. auf retrovirale Überexpression derjenigen Gene zurückzuführen, die an der Genregulation für die DNA-Synthese bzw. für die Zellteilung Anteil haben oder die einen Stimulus dafür setzen und weitergeben. Neben dem irregulären Anstoß durch ein verändertes Onkogen kann auch der (diploide) Verlust der Genkontrolle durch ein Antionkogen tumorauslösend wirken oder dazu beitragen.

Die Genanalyse hat die ***Variabilität der Antikörperproteine*** auf den Zusammenbau in den einzelnen B-Lymphozyten aus ***alternativen Gensegmenten*** zurückgeführt. Kein Antikörper ist genetisch fixiert vorgebildet. Gleichartige Aufbauwege gelten für die HLA- und T-Zell-Rezeptoren. Individueller Kontakt mit Antigenen auf der Oberfläche fremder Moleküle, Viren und Zellen führt über die klonale Selektion von B- und T-Lymphozyten zu humoraler und zellulärer Immunität.


In der Hierarchie der Makromoleküle in der Zelle bestimmt die genetische Information, also die Basenfolge in den Nukleinsäuren, die Aminosäuresequenz der Proteine nach den Regeln des ***genetischen Codes*** (Tabelle 25.1). Diese Regeln gelten ***universal,*** gleichermaßen für Mensch, Tier, Pflanze, Bakterium oder Virus.

Die Beweise für diese Aussagen waren an den Bakterien und Bakteriophagen (Bakterienviren) erarbeitet worden. Für das dabei angestrebte Ausschalten von einem Gen nach dem anderen wurden die Viren oder Zellen einer ungerichteten Mutagenese unterworfen (durch UV-Bestrahlung oder chemische Mutagene wie Nitrit, $NO_2^-$) und aus dem Gemisch die Mutanten mit mikrobiologischen Selektionstechniken isoliert. Diese Methode hatte vollen Erfolg bei einem Bakteriophagengenom mit 10–50 Genen, auch einige Gengruppen der Bakterien mit ihren 5000 Genen (4,7 Millionen Basenpaare) ließen sich so erfolgreich bearbeiten. Dieser Zugriff zu den Genen versagte jedoch vor der Komplexität der tausendfach größeren eukaryoten Genome und ohne die Möglichkeit, mikrobiologische Methoden anzuwenden.

Der Nachweis einzelner Gene des Menschen war damit immer noch auf den klassischen Weg der Humangenetik angewiesen, also auf einen definierbaren Defekt mit familiärem Erbgang entsprechend den Mendelschen Gesetzen. Die Lokalisation der einzelnen Merkmale auf Chromosomenabschnitten benutzte die Technik der Zellfusion unter Bildung von Heterokaryons, wobei mit Nagerzellen als Partner manchmal nur einzelne menschliche Chromosomen in der Fusionszelle verbleiben, sowie

**Tabelle 25.1.** Der genetische Code. 64 Triplettsequenzen der mRNA kodieren für 20 Aminosäuren und für den Kettenabbruch (Stop). Alle Proteine beginnen mit der Aminosäure Methionin; das 1. AUG-Codon vom 5′-Ende der mRNA wirkt als Startsignal für die Proteinsynthese

| 1. Position | U | | C | | A | | G | | 3. Position |
|---|---|---|---|---|---|---|---|---|---|
| U | UUU | Phe | UCU | Ser | UAU | Tyr | UGU | Cys | U |
| | UUC | | UCC | | UAC | | UGC | | C |
| | UUA | Leu | UCA | | UAA-Stop | | UGA-Stop | | A |
| | UUG | | UCG | | UAG-Stop | | UGG-Trp | | G |
| C | CUU | Leu | CCU | Pro | CAU | His | CGU | Arg | U |
| | CUC | | CCC | | CAC | | CGC | | C |
| | CUA | | CCA | | CAA | Gln | CGA | | A |
| | CUG | | CCG | | CAG | | CGG | | G |
| A | AUU | Ile | ACU | Thr | AAU | Asn | AGU | Ser | U |
| | AUC | | ACC | | AAC | | AGC | | C |
| | AUA | | ACA | | AAA | Lys | AGA | Arg | A |
| | AUG | Met (Start) | ACG | | AAG | | AGG | | G |
| G | GUU | Val | GCU | Ala | GAU | Asp | GGU | Gly | U |
| | GUC | | GCC | | GAC | | GGC | | C |
| | GUA | | GCA | | GAA | Glu | GGA | | A |
| | GUG | | GCG | | GAG | | GGG | | G |

den Vergleich mit Deletionen oder Translokationen auf den Chromosomen. Nur beim direkten Zugang zu den Genprodukten und deren Aminosäuresequenz wie bei den Hämoglobinvarianten war eine Bestimmung des Gendefekts über den Proteindefekt möglich. Diese Bestimmung blieb jedoch eingegrenzt auf den Bereich der exprimierten Proteine. So war z. B. eine ursächliche Deutung der Thalassämien mit ihrer abgeschwächten oder fehlenden Synthese einer der beiden Ketten des Hämoglobinmoleküls nicht möglich.

## 25.1 Eukaryote Genanalyse

**Genbanken** (Abb. 25.1). Der Durchbruch zu einer molekularen Analyse der eukaryoten Gene ist die Leistung der gentechnischen Methode in der Molekularbiologie seit 1973. Durch das Verknüpfen der vielen DNA-Fragmente aus einem zerlegten eukaryoten Genom einzeln mit einer replikationsfähigen ***Vektor-DNA*** (bakterielles Plasmid oder Bakteriophage) und das Einbringen in einzelne Bakterienzellen wird der komplexe Genverband aufgelöst. Er ist dann ersetzt durch eine Vielzahl paralleler Bakterienklone (eine Genbank), die Gen um Gen

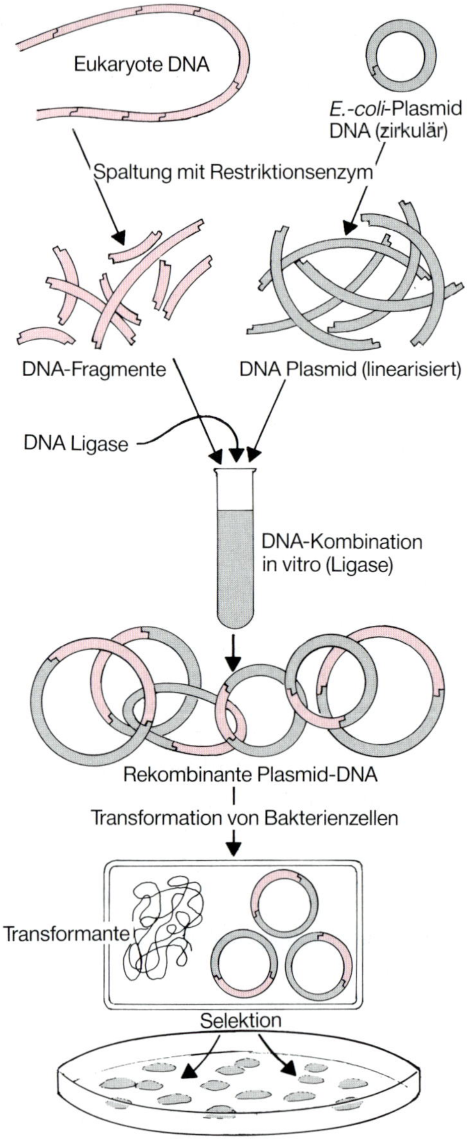


**Abb. 25.1.** Das Anlegen einer DNA-Genbank. Die einzelnen Stücke der mit einem Restriktionsenzym zerlegten eukaryoten DNA werden mit einem in E. coli replikationsfähigen Plasmid-DNA-Molekül verbunden (DNA-Ligase-Reaktion) und durch Transformation in die Bakterienzellen überführt. Transformanten überstehen die Selektion durch Ampicillin, weil sie das Plasmid mit dem Gen für Ampicillinresistenz aufgenommen haben

die eukaryote Gesamt-DNA repräsentieren. Damit ist zugleich Anschluß an die Mikrobiologie und deren vertrautes Methodenspektrum an Selektionstechniken und molekularer Genetik gefunden.

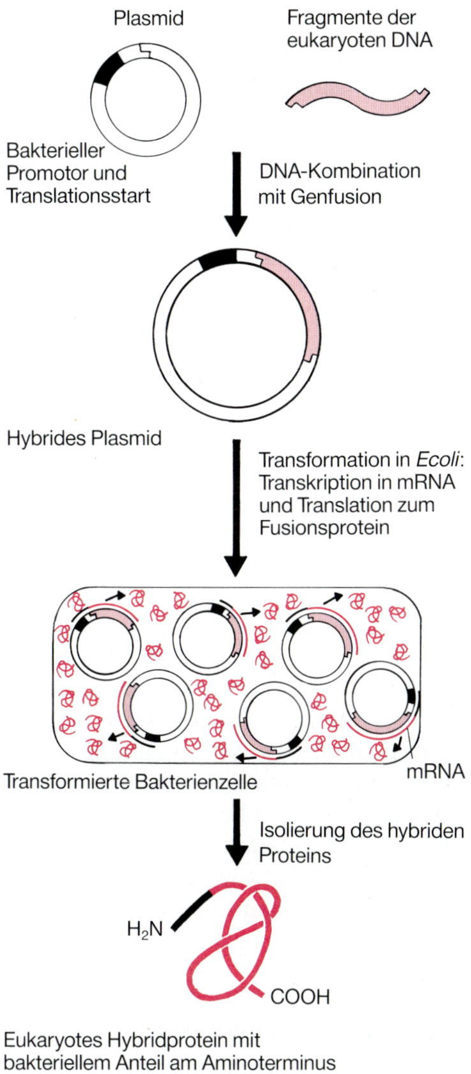


**Abb. 25.2.** Expressionsklonierung eukaryoter Proteine in E. coli. Die mRNA aus eukaryoten Zellen wird in doppelsträngige cDNA überschrieben und dann in einem präparierten Plasmid hinter einem starken regulierbaren Promotor und Translationsstart eingefügt. Damit wird eine effiziente mRNA- und Proteinsynthese des Fremdgens in E. coli sichergestellt

**Genisolierung.** Die Isolierung eines eukaryoten Gens reduziert sich auf das Problem, den richtigen Bakterienklon aus dem Gemisch der Genbank herauszufinden. Die dazu nötige Handhabe setzt ein gesichertes Stück dieses Gens als Nukleinsäure (Genprobe bzw. Gensonde) oder des Genprodukts als Protein voraus, damit es als Antigen für die Herstellung spezifischer Antikörper eingesetzt werden kann. Für das zweite Verfahren müssen die Gensegmente unter Bedingungen kloniert worden sein, die eine Expression des Genprodukts in den Bakterien gestatten (Abb. 25.2). Dann wird unter der Vielzahl der Bakterienklone derjenige sichtbar gemacht, dessen Antigen mit dem Antikörper zu reagieren vermag, festgehalten durch eine an den Antikörper gekoppelte Enzymfarbreaktion („immuno-screening"). Nukleotidsequenzen als Genproben tasten die Genbank durch DNA-Hybridisierung ab. Sie können bestehen aus einem synthetischen Oligonukleotid, dessen Sequenz aus einem Stück Aminosäurefolge des Proteins abgeleitet wurde, aus einem homologen Gen von einer anderen Spezies oder aus einem mRNA-Präparat, von dem sich zeigen läßt, daß das gewünschte Protein in vitro entsteht. Auf andere Art wurde das X-chromosomale Gen für das ***Dystrophin*** isoliert, das bei der Muskeldystrophie Aran-Duchenne bzw. Becker betroffen ist. Hier wurde eine Genbank von der DNA eines Patienten mit einer Deletion auf dem X-Chromosom in 200fachem Überschuß eingesetzt, um dagegen die DNA eines gesunden Mannes mit dem ungewöhnlichen XXXXY-Chromosomensatz in mehrfacher Wiederholung zu hybridisieren. Der Restanteil mit derjenigen X-chromosomalen Gensequenz, die wegen der Deletion keinen Hybridisierungspartner fand, enthielt das gesuchte Gen.

**Tabelle 25.2.** Genomgröße wichtiger Organismen

| | |
|---|---|
| Mykoplasma | 800 kb |
| E. coli | 4700 kb |
| Bacillus subtilis | 6200 kb |
| Saccharomyces cerevisiae | 23000 kb |
| Caenorhabditis elegans (Nematode) | 80000 kb |
| Drosophila melanogaster | 180000 kb |
| Gallus domesticus (Huhn) | 1200000 kb |
| Homo sapiens | 3400000 kb |
| Liliazeen | bis zu 80000000 kb |

Mit diesen Methoden konnte die Untersuchung der eukaryoten Gene eins um das andere beginnen. Bei schnell steigenden Zahlen liegen nach einer Zählung jetzt (erste) molekulare Analysen von 1700 Genen des Menschen vor, zusätzlich sind 3000 genetische Markierungen lokalisiert worden (RFLPs, s. S. 605). Zu diesen Genen gehören viele, die wie das Dystrophin über einen Erbdefekt gefunden wurden, andere stammen wie die Onkogene aus zellbiologischen Untersuchungen, eine 3. Gruppe hat homologe Gene verschiedener Tiere zum Ausgangspunkt. Dazu gehören die hömootischen Gene, die bei der Taufliege

Drosophila morphogenetische Schritte der frühen Keimentwicklung steuern; ihre Bedeutung für den Menschen ist jedoch unbekannt (Tabelle 25.2).

## 25.1.1 Exon-Intron-Struktur eukaryoter Gene

**Mosaikgene.** Schon mit den allerersten Genen und Sequenzen aus höheren Organismen wurde völlig unerwartet aufgedeckt, daß sie sich von den prokaryoten fundamental unterscheiden.

Während die Gensequenz der Globinketten 3 Exons enthält, die von 2 Introns unterbrochen werden, sind bei dem

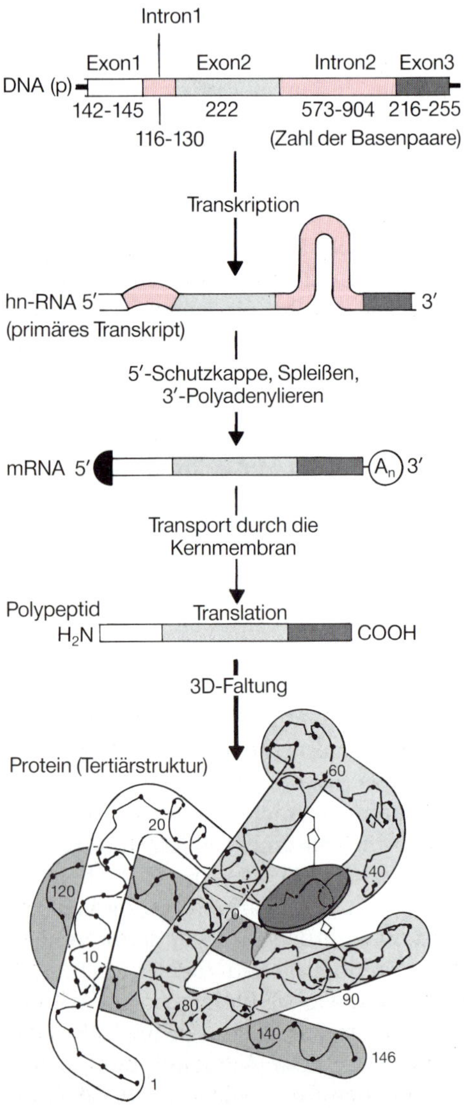


**Die meisten eukaryoten Gene werden von eingeschobenen DNA-Segmenten (Introns) unterbrochen, die in der Sequenz der Genprodukte nicht auftauchen (Abb. 25.3).**

Gen für das Kollagen 1α2 über 50 Introns entdeckt worden, die die oftmals recht kurzen Exons an Länge vielfach übertreffen. Die Gesamtlänge des Gens erhöht sich damit auf 40 000 bp (40 kb), während die Nettolänge nur 4300 Nukleotide in der mRNA und 1023 Aminosäuren in der Proteinkette beträgt.

**Introns: Woher – Wozu?** Damit waren viele Fragen aufgeworfen: die nach dem Herausschneiden der Introns im Verlauf der Genexpression durch den sogenannten ***Spleißvorgang,*** die nach dem Ursprung der Introns in der eukaryoten DNA (Antwort: in der Bakterien-DNA sind sie verloren gegangen, die Exon-Intron-Struktur ist urtümlich), und die nach dem Sinn bzw. der Funktion der Introns (Antwort: sie grenzen Elementarpartikel der Proteinstruktur gegeneinander ab; größere Exons entsprechen bereits Fusionen mit Intronverlust). Mit dieser Entdeckung und ihren Konsequenzen wurde jedoch deutlich, daß die eukaryoten Gene sich so stark von den prokaryoten unterscheiden, daß Extrapolationen über diese Grenze hinweg oft bedeutungslos werden. Dieser Eindruck hat sich in der Folgezeit bei den Untersuchungen zur Genregulation noch verstärkt. Mit der bakteriellen Genregulation Vergleichbares wurde dabei nur selten aufgedeckt, eukaryote Mechanismen sind häufig viel weiträumiger angelegt als bei den prokaryoten Genen.

## 25.1.2 Auf dem Weg zur Genanalyse

Die genannte Zahl von 1700 lokalisierten Genen (von insgesamt 100 000?), und ihr schneller Anstieg in den letzten Jahren unterstreichen die kommende Bedeutung der Genetik und der Genanalyse für die klinische Diagnostik. Viele der bisher gut untersuchten Gendefekte las-

**Abb. 25.3.** Gen und Genprodukt der Globin-β-Kette (auf Chromosom 11). Dem Gen vorgeschaltet ist der Promotor-Bereich *(p);* die in dem Spleißvorgang aus der hn-RNA entfernten Introns 1 und 2 werden mit den resultierenden Fusionspunkten auf die mRNA- und Proteinstruktur projiziert. Das Hämmolekül lagert sich als prosthetische Gruppe in die Polypeptidkette ein, sein $Fe^{2+}$-Zentralatom bildet dabei zusätzliche koordinative Bindungen zu dem proximalen und distalen Histidin aus (β92 bzw. β63). Im Unterschied zu vielen anderen Proteinen wird die Globintertiärstruktur von 8 langen α-Helix-Segmenten dominiert

**Tabelle 25.3.** Größe wichtiger Gene mit häufiger Defektbildung in der Humangenetik

| | |
|---|---|
| Dystrophin | 2000 kb |
| Zystische Fibrose (Mukoviszidose) | 250 kb |
| Retinoblastom | 200 kb |
| Hämophiliefaktor VIII | 148 kb |
| Phenylalaninhydroxylasekomplex | 90 kb |
| Hämoglobin-β-Gengruppe | 52 kb |
| β-Globin | 1,5 kb |
| E.-coli-Genom | 3700 kb |

sen sich den einfacher zu erkennenden ***monogenischen Erbkrankheiten*** (ein Gen – ein Merkmal) zuordnen und damit einem Gebiet mit höchstens 5 % Anteil unter den Klinikpatienten. Die wichtigsten dieser Gene sind bereits isoliert bzw. eingegrenzt worden, darunter die häufig betroffenen, besonders großen Gene für die Mukoviszidose, die Muskeldystrophie, die Chorea Huntington sowie die verschiedenen Hämophilien (Tabelle 25.3).

**Alleldiagnostik.** Die Entwicklung weist jedoch weit über diesen Bereich hinaus. Genvariationen bedingen Unterschiede in den körperlichen Reaktionen, z. B. auf Krankheitserreger oder auf Pharmaka, wodurch entweder akute Gefahren (Narkose!) oder aber lang wirkende Gefährdungen herbeigeführt werden können. Dies liegt in seinen molekularen Zusammenhängen klar zutage für die allelen Formen der Glukose-6-Phosphat-Dehydrogenase, die zu einem schnellen oder nur zu einem langsamen Abbau von Analgetika oder Sulfonamiden führen, ebenso für die Isoniazidazetylase mit einem schnellen oder verlangsamten Abbau von Isoniazid (Neoteben). Demgegenüber sind andere Fälle von allelbedingter Variation zwar statistisch eindeutig belegt, aber im Mechanismus unbekannt, so die Korrelation der ankylosierenden Spondylitis (Morbus Bechterew) mit dem Allel HLA-B27 im Genbereich der Histokompatibilitätsantigene.

Die Vorhersage fällt leicht, daß die weitaus meisten solcher allelbedingten, konstitutionellen Auswirkungen noch nicht aufgedeckt sind, vor allem dann, wenn erst das Zusammenspiel von mehreren Gendefekten zu einer Auswirkung führt (polygene Merkmale). Die Arbeiten der Grundlagenforschung an den menschlichen Genen bündeln sich zu dem Plan, das gesamte Genom des Menschen mit 2×3 Milliarden Basenpaaren samt vielen Allelvarianten (und zusätzlich die Genome einiger Tiere) durch DNA-Sequenzierung aufzuklären. Das würde die Genetik des Menschen und ebenso die erbbedingte Pathogenese auf eine völlig neue Grundlage stellen,

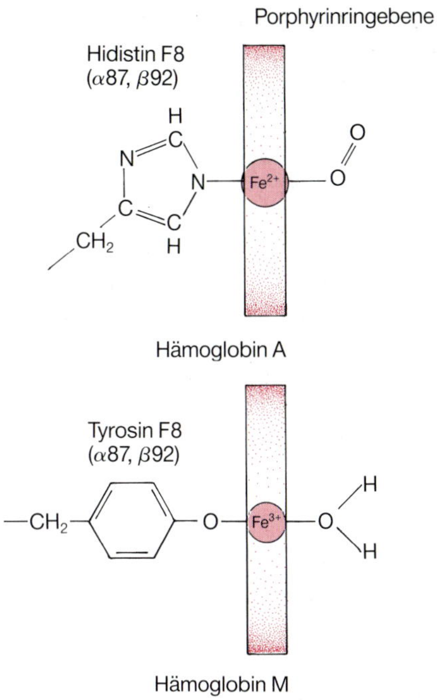


**Abb. 25.4.** Methämoglobine HbM der Globin-α- oder -β-Kette tragen ein Tyrosin anstelle des sog. proximalen Histidins in direktem Kontakt zum Fe-Zentralatom. In dieser Bindung wird das Häm zur $Fe^{3+}$-Stufe des Methämoglobins oxidiert

deren Bedeutung auch für die Klinik kaum überschätzt werden kann.

## 25.2 Pathomolekularbiologie am Beispiel Hämoglobin

**Punktmutationen.** Die Untersuchung von über 100 Hämoglobinopathien sowie mehr als 25 Thalassämien hat für diese Mustergengruppe der Humangenetik ergeben, daß an den eukaryoten Genen, auch wenn sie andersartig aufgebaut sind, die gleichen Fehlermechanismen angreifen wie an der prokaryoten DNA. Es überwiegen die einfachen ***Nukleotidaustauschmutationen*** mit ganz unterschiedlicher Auswirkung auf die Bildung und die Funktion des Proteins. Der größte Teil der Nukleotidsubstitutionen ist als Aminosäuresubstitution in der Elektrophorese entdeckt worden und hat keine oder nur geringe Auswirkungen auf die Funktion. In der Proteinstruktur liegen sie oft in der Oberfläche. An ein-

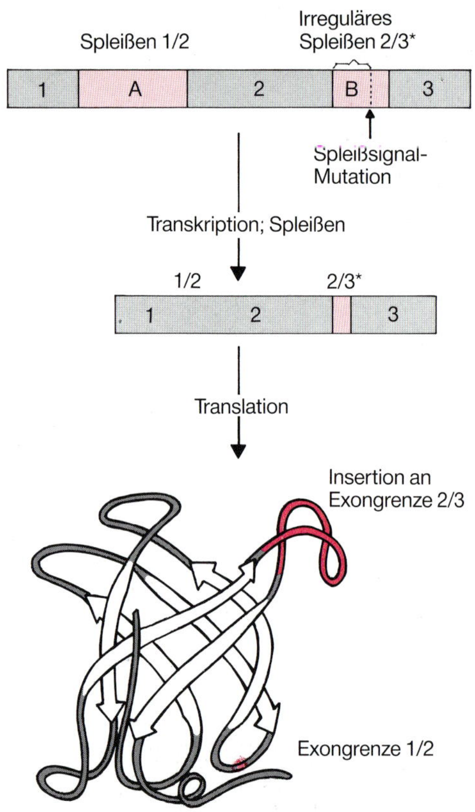


**Abb. 25.5.** Mutations-Veränderungen an den Spleißsignalen können zu Insertionen (oder zu Deletionen) am Protein führen. Diese werden nur in seltenen Ausnahmefällen mit der Funktion des Proteins zu vereinbaren sein

zelnen anderen Stellen des Proteins werden dagegen stärkere oder schwächere Beeinträchtigungen einer (Teil-) Funktion des Hämoglobins beobachtet. So kann bei bestimmten Austauschmutationen im Bereich von Beugungsscheiteln der Peptidkette oder von deren primärer Versteifung die Temperaturstabilität herabgesetzt sein. Veränderungen im Kontaktbereich zur Hämgruppe führen zur Instabilität von dessen Einlagerung, zur Verschiebung der Sauerstoffbindungskurve und damit zur Leistungseinschränkung, andere zur irreversiblen ***Methämoglobinbildung*** durch Oxidation des Eisenzentralatoms zur dreiwertigen Stufe und damit zum Funktionsverlust (Abb. 25.4). Auch andere Teilfunktionen wie der Bohr-Effekt (Protonentransport zur Lunge) können betroffen sein.

## 25.2.1 Thalassämien

Eine Punktmutation im Hämoglobin „silent springs" verändert das Stopcodon TAA in ein CAA (Glutamin), und die Proteinsynthese verlängert die α-Kette um 31 Aminosäuren bis zum nächsten Stopcodon; das klinische Bild grenzt hier an das einer Thalassämie. Das Neuentstehen eines Stopcodons innerhalb der kodierenden Sequenz führt zum vorzeitigen Abbruch der Proteinsynthese, ein solches Globinfragment ist immer funktionsuntüchtig. Eine Thalassämie resultiert auch aus einer Punktmutation in einem der Signale für den Spleißvorgang oder aus einer Veränderung im Inneren eines Introns, wenn dadurch ein neues, irreguläres Spleißsignal entsteht und ein zusätzliches Exon ausgrenzt (Abb. 25.5). In diesen Fällen entstehen grob mißgebildete mRNA-Moleküle und Proteine. Einige weitere Thalassämien basieren auf Mutationen im Promotorbereich mit verminderter Transkription. Das gleiche Bild resultiert schließlich dann, wenn in verschieden großem Umfang ***Deletionen*** die Gene samt den Promotorregionen verstümmeln (Abb. 25.6).

In den Vorläuferzellen der Erythrozyten, den Retikulozyten, werden für eine maximale Hämoglobinsynthese beide homologen Gene herangezogen und damit beide allelen Genprodukte gebildet. Der Leistungsausfall eines der beiden Anteile führt deshalb zum Leistungsabfall in der Zelle. So stellt die heterozygote Situation der Thalassaemia minor bereits eine starke Beeinträchtigung dar, während die homozygote Thalassaemia major im Falle der β-δ-Thalassämie nicht mit dem Leben vereinbar ist; bei der β-Thalassämie kann die δ-Kette teilweise für die fehlende β-Kette eintreten.

## 25.2.2 Hb-Lepore

Eine spezifische Form der Genvariation durch Rekombination ist erstmals an einem Hämoglobin erkannt worden: Das Hämoglobin Lepore besteht in seiner vorderen Hälfte aus der δ-Kette und in der hinteren Hälfte aus der normalen β-Ketten-Sequenz, die untereinander ähnlich sind. Damit weist das gebildete Protein auf seine Entstehung durch ein irreguläres Chiasma hin („unequal crossover"), das zwischen benachbarten ähnlichen, aber nicht identischen Genen ablaufen kann. Diese Entstehungsweise wird unterstrichen durch die Entdeckung des Hämoglobins Antilepore mit umgekehrter Zusammensetzung der Hämoglobinkette.

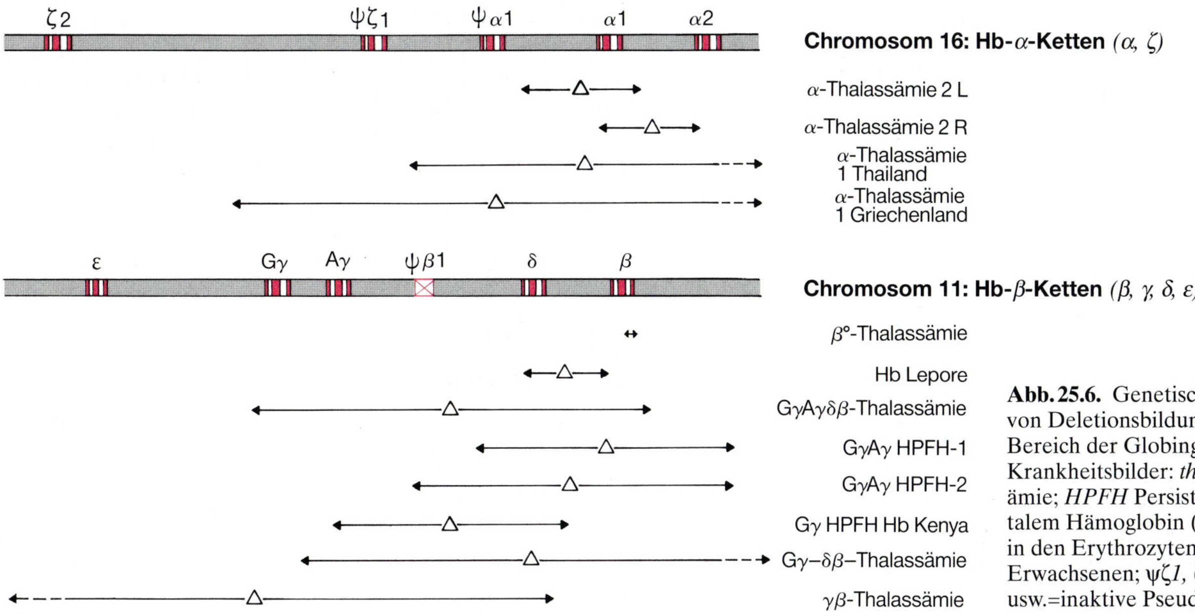


**Abb. 25.6.** Genetische Analyse von Deletionsbildungen (Δ) im Bereich der Globingene. Krankheitsbilder: *thal* Thalassämie; *HPFH* Persistenz von fetalem Hämoglobin (HbF; $\alpha_2\gamma_2$) in den Erythrozyten der Erwachsenen; ψζ*1*, ζα*1* usw.=inaktive Pseudogene

## 25.2.3 Sichelzellenanämie

Während die große Mehrzahl aller Hämoglobinopathien sehr seltene Krankheitsbilder darstellt, die durch einzelne Mutationen aufgetreten sind und sich nur innerhalb einer Familie vererben, gilt dies nicht für die Sichelzellenhämoglobinämie (HbS), die im Malariagebiet Ostafrikas an eine Genfrequenz von 20% heranreicht (Abb. 25.7).

**Die Häufigkeit der HbS-Genfrequenz läßt sich nur mit einem Selektionsvorteil für die HbS-HbA-Heterozygotie gegenüber dem normalen Hämoglobin HbA erklären.**

Die HbS-Mutation betrifft das Codon für die 6. Aminosäure der β-Kette (β6: Glu→Val) und beeinflußt die Löslichkeit des Hämoglobins bzw. die Kristallkeimbildung in der übersättigten Hämoglobinlösung eines Erythrozyten. Mit dem hydrophoben Valin anstelle der Gutaminsäure wird der sonst wenig fixierte, flexible N-Terminus der β-Kette (β3–β9) an das übrige Hämoglobin angeheftet und die Kristallkeimbildung für HbS wegen der größeren Uniformität der Moleküle erleichtert, besonders in der reduzierten Form. Es entstehen dabei abnormale Faserkristalle. Die Malariainfektion eines HbS-HbA-Erythrozyten führt zum Ausfallen des

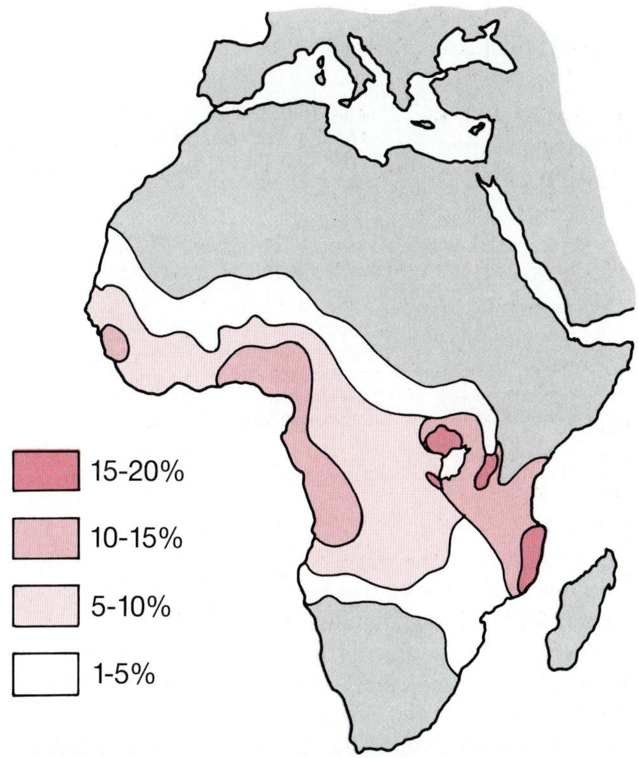


**Abb. 25.7.** Verbreitung des Sichelzellen-HbS-Allels in Afrika. HbS-Genfrequenz als Anteil an der Gesamtpopulation

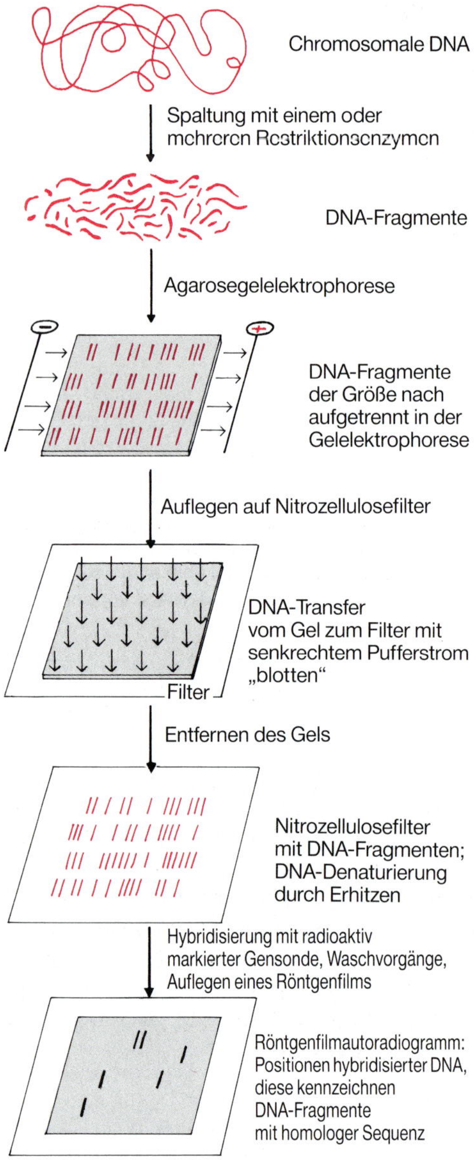


**Abb. 25.8.** DNA-Hybridisierungsmethode nach E. Southern

HbS und Einschließen des Malariaplasmodiums, dessen weitere Entwicklung damit gestoppt wird.

Auch andere häufige Erbkrankheiten können nur im Zusammenhang mit einer wirksamen positiven Selektion für den heterozygoten Zustand erklärt werden. In dieser Hinsicht wird die Mukoviszidose, ein Ionenkanaldefekt, mit einer Resistenz gegen Tuberkulose in Verbindung gebracht.

Bei der Mehrzahl der anderen untersuchten Gene stehen Mutanten nicht in derselben Vielfalt wie beim Hämoglobin zur Verfügung. Stattdessen wird dort nach dem Prinzip der ***reversen Genetik*** der Ablauf der Analyse auf den Kopf gestellt, wenn zuerst Mutationen in gezielter Weise in das Gen eingeführt werden, um dann deren Auswirkungen auf die Funktion der Genprodukte (in der Zellkultur) zu studieren.

## 25.3 Genanalyse durch DNA-Hybridisierung

**Die Hauptmethode der Genanalyse ist die Nukleinsäurehybridisierung; sie arbeitet nach dem Prinzip der Doppelstrangbildung durch Basenpaarhomologie.**

Die doppelsträngige DNA muß zuerst zu Einzelsträngen aufgeschmolzen werden. In dieser Form wird sie an Nitrozellulosefiltern fixiert und mit dem Überschuß einer markierten einzelsträngigen ***Gensonde*** unter Bedingungen inkubiert, die zur Basenpaarung führen. Anschließend wird der Überschuß abgewaschen und durch sorgfältige Wahl der Bedingungen („stringent“) auch jener Anteil entfernt, der bei angenähert passender Basensequenz nur unspezifisch an die DNA gebunden war. Im einzelnen wird dieses Verfahren auf Tropfen von einer Probe Blut, Gewebe usw. angewendet („dot-blot“), am häufigsten auf eine Serie von DNA-Fragmenten, die zuvor in der Gelelektrophorese nach Größe aufgetrennt wurde (Southern, Abb. 25.8) oder ebenso für eine Serie von RNA-Molekülen (Northern).

### 25.3.1 Genamplifikation

DNA-Gensonden sind entweder radioaktiv markiert und schwärzen Röntgenfilme oder sie sind mit Biotin beladen und können über die hochaffine Streptavidinbindung mit daran gekoppeltem Enzymnachweis sichtbar gemacht werden. In dem Bemühen, die Empfindlichkeit weiter zu steigern, kann vor der Analyse das Genmaterial in einem ausgewählten Bereich amplifiziert werden (10000fach oder mehr; ***Polymerasekettenreaktion; PCR***), um es danach an dieser Stelle zu analysieren (Abb. 25.9). Damit genügen einige wenige, im Extremfalle eine einzige Zelle, z. B. aus der Amniozentese, für den Nachweis der Heterozygotie oder Homozygotie eines Genallels.

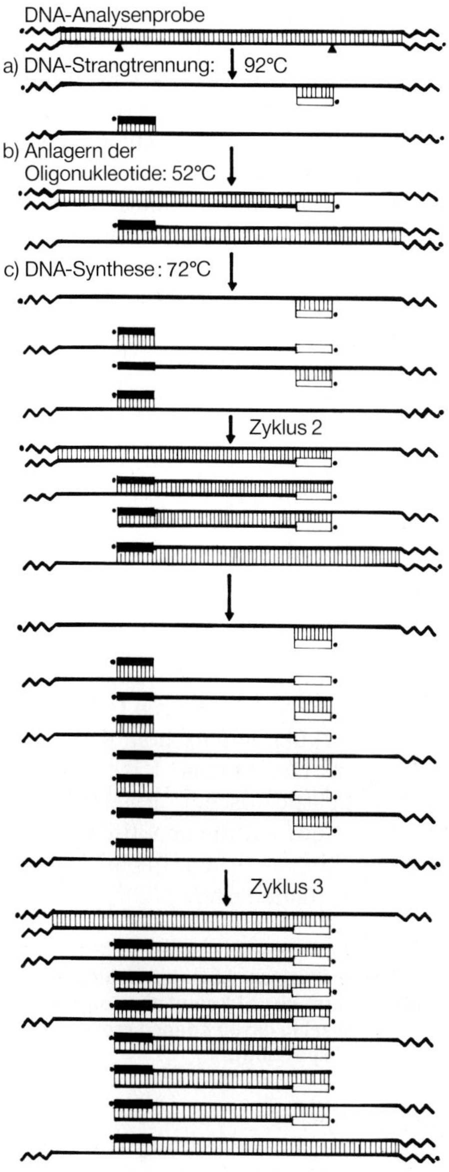


**Abb. 25.9.** Reaktionsprinzip der Polymerasekettenreaktion (PCR) zur Amplifikation einer DNA-Sequenz zwischen 2 Starteroligonukleotiden, z. B. im Abstand von 300 bp. 20 oder mehr Zyklen führen zu einer $10^4$- oder $10^6$fachen Menge an DNA

## 25.3.2 Genetischer Fingerabdruck

Neben Gensonden für einzelne Gene bzw. Allele werden auch solche eingesetzt, die an viele Genomfragmente binden; dazu gehören die Minisatelliten-DNA aus menschlichen Chromosomen sowie verschiedene synthetische

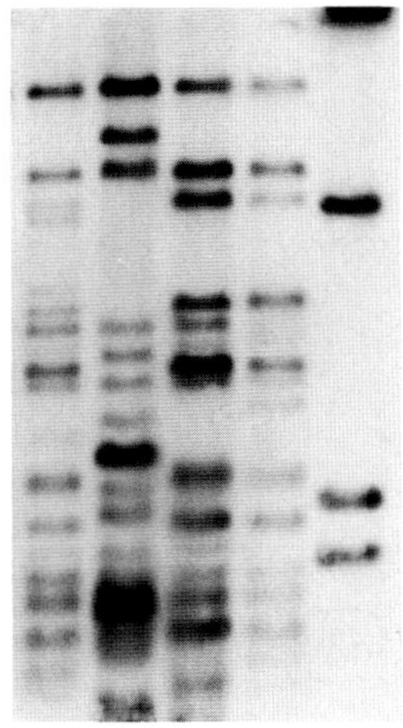

**Abb. 25.10.** Genanalyse mit einer multipel hybridisierenden Gensonde. DNA von 4 Probanden wird mit einem Restriktionsenzym in ca. $10^6$ Fragmente gespalten, die in der Gelelektrophorese der Größe nach aufgetrennt werden (von *oben* nach *unten*). Nach dem Überführen auf eine Nitrozellulose-Membran (vgl. Abb. 25.8) werden beim Hybridisieren mit einer $^{32}P$-Minisatelliten-Gensonde von 24 bp die Fragmente markiert, die eine gleichartige Sequenz enthalten. Die Variabilität der Verteilung dieser Sequenzen weist eine individuenspezifische Charakteristik auf. (Mit freundlicher Genehmigung von S. Herrmann et al.)

Oligonukleotide (Abb. 25.10). Die Muster dieser Vielfachbindungen sind dabei so variabel, daß für die DNA jedes Menschen ein eigenes Muster resultiert – in neuer Zusammensetzung aus denen seiner Eltern. Damit ist die DNA-Analyse wegen ihrer Sicherheit und Empfindlichkeit dabei, andere Methoden in der forensischen Medizin zu ersetzen. Eine ähnliche Entwicklung gilt für die pränatale und neonatale Diagnostik.

## 25.3.3 RFLP

Für das Zerlegen der DNA in Fragmente werden bei allen diesen Verfahren die ***Restriktionsenzyme*** eingesetzt, die an der DNA eine oft 6 Basenpaare lange lokale Sequenz erkennen und schneiden; die Fragmente entsprechen dann in der Größe den Abständen zwischen diesen Erkennungssequenzen und charakterisieren die DNA (Abb. 25.11). Durch Sequenzvariationen an beliebiger Stelle können neue Erkennungsbereiche auftauchen oder alte verschwinden. Bei Trägern mit einer solchen Abweichung ist die Länge der Restriktionsfragmente in spezifischer Weise verändert (RFLP=„restric-

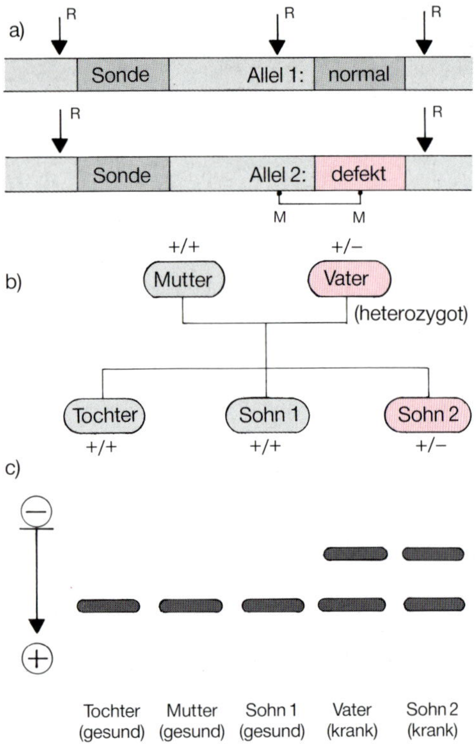


**Abb. 25.11.** Schema der indirekten Gen-Analyse über RFLP. Die Punktmarkierungen verweisen auf 2 gekoppelte Sequenzabweichungen in der DNA bei Allel 2. Pfeile kennzeichnen die Restriktionsspaltstellen auf der DNA. a) Genomskizzen, b) Stammbaum c) Genanalyse durch Gelelektrophorese zur Größentrennung der DNA-Fragmente und Autoradiogramm der mit der Gensonde hybridisierenden DNA-Fragmente

tion fragment length polymorphism"). Nur in seltenen Fällen bewirkt das zu einem RFLP führende Mutationsereignis zugleich einen Erbdefekt in dem kodierenden Genabschnitt (so verschwindet bei der HbS-Punktmutation eine Schnittsequenz für das Enzym MstII). Zumeist wird ein solcher RFLP nur in der Nähe des interessierenden Genortes entstehen und damit dasjenige DNA-Fragment in abgeänderter Länge begrenzen, das zugleich eine Defektmutation umschließt.

**Der RFLP-Nachweis wird in der Genanalyse zur indirekten Bestimmung einer damit zufällig korrelierten Allelvariation ausgenutzt.**

### 25.3.4 Genanalyse in der Klinik

Noch ist die Gendiagnostik auf die Labors der Grundlagenforschung sowie der Humangenetik und Gerichtsmedizin beschränkt. Für diese Technik spricht jedoch die Gleichförmigkeit (und damit: Automatisierbarkeit) des Analyseverfahrens. Es müssen nur die Gensonden ausgewechselt werden, um in einer Lymphozytenprobe nach Risikoallelen oder nach Infektionserregern wie HIV, im Sputum nach Legionellen oder nach Mycobacterium tuberculosis, im Tumorgewebe nach Papillomviren oder einem überaktiven Onkogen zu fahnden. Diese Entwicklung wird deshalb auch die klinische Diagnostik erfassen.

## 25.4 Molekulare Basis der Tumorentstehung

Der große Zeitraum und die Vielfalt der Ursachen im Ablauf der Karzinogenese haben der klaren Erkenntnis von Krebs als einer molekulargenetischen Krankheit lange im Wege gestanden. Der klonale Ursprung, die konstante Weitergabe zellspezifischer Eigenschaften über viele Zellteilungen, weist auf die genetische Fixierung von Veränderungen hin, die primär in einer einzelnen somatischen Zelle abgelaufen sind.

**Zum endgültigen Verlust der Kontrolle über den Zellteilungsmechanismus wird oftmals erst die Akkumulation mehrerer Mutationsschritte führen, einzelne davon können erblich vorgegeben sein (familiäre Prädisposition).**

Den klaren Hinweisen auf die Bedeutung von DNA-Schäden durch die multiple Hautkarzinomentstehung bei Xeroderma pigmentosum (genetische Defekte in der DNA-Reparatur) oder bei der Porphyria congenita (Porphyrin als DNA-Sensibilisator für längerwelliges UV-Licht) sowie von spezifischen Chromosomenveränderungen (z.B. Philadelphia-Chromosom bei der chronisch-myeloischen Leukämie) wurde früher besonders die unvollständige Korrespondenz zwischen mutagenen und karzinogenen Stoffen entgegengehalten. Diese Diskrepanz wurde aufgehoben durch das Testverfahren für karzinogene Stoffe nach Ames (1973). In diesem Verfahren werden die für den Mutagenesetest verwendeten

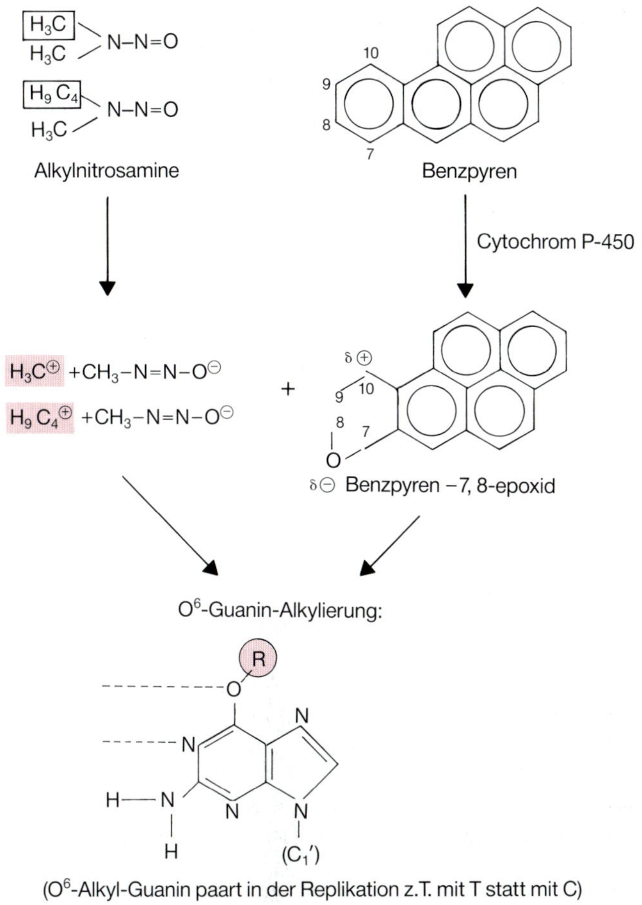


**Abb. 25.12.** Mutationsreaktionen einiger karzinogener Stoffe. Sowohl durch den Zerfall der Nitrosamine wie durch die Epoxidierung aromatischer Kohlenwasserstoffe im Zytoplasma entstehen sehr reaktionsfähige alkylierende Agenzien, die auch an der DNA angreifen und dort Mutationen auslösen können ($O^6$-Alkyl-Guanin paart in der Replikation teilweise mit T statt mit C)

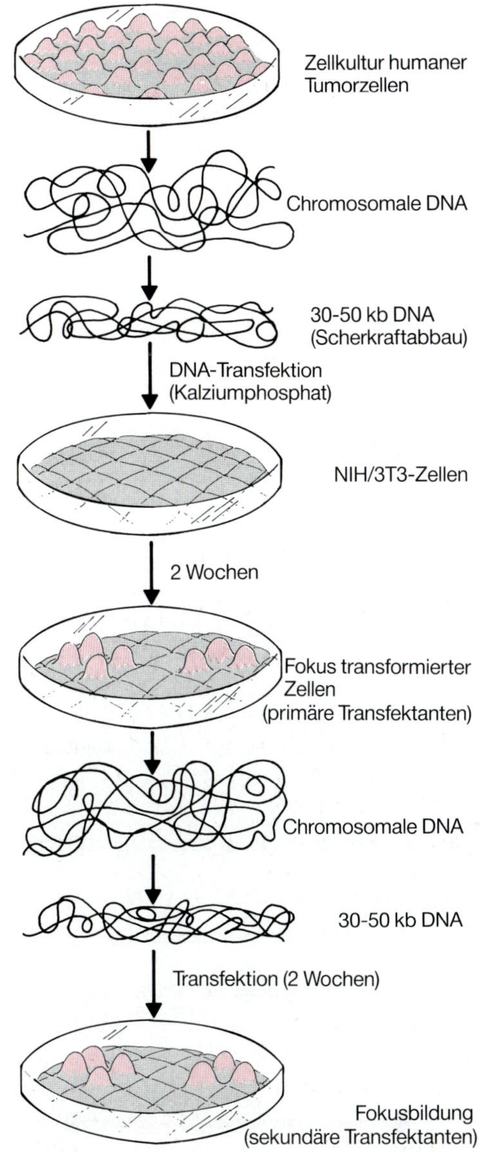


**Abb. 25.13.** Nachweis zellulärer Onkogene in menschlichen Tumoren durch Transfektion ihrer DNA und Fokusbildung in NIH/3T3-Zellen

Bakterien umgeben von Leberhomogenat (quasi als prokaryoter Zellkern von einem eukaryoten Zytoplasma), die zu testenden Stoffe treffen dann metabolisch verändert und nicht in der Ausgangsform auf die DNA. Auf diese Weise konnten die Mutationsreaktionen der wichtigsten ***Karzinogene,*** wie Benzpyren, Methylcholanthren oder der Alkylnitrosamine (alle im Tabakrauch enthalten), klargelegt werden (Abb. 25.12). Zugleich wurden lokal verbreitete Mutagene als Ursache für ein gehäuftes Auftreten von primären Leberkarzinomen entdeckt: Aflatoxin in schimmelpilzverseuchten Nahrungsmitteln Westafrikas, Cycasin in Palmenfrüchten auf der Insel Guam.

## 25.4.1 Zelluläre Onkogene

Welche Gene aber sind es, die in einer Zelle verändert sein müssen, damit diese zu einer Tumorzelle wird? Diese Frage konnte ein zellbiologisches Experiment beantworten, das zuerst von Weinberg durchgeführt wurde. DNA-Fragmente, aus einem menschlichen Tumor in eine

**Tabelle 25.4.** *ras*-Onkogen-Analyse bei menschlichen Tumoren und permanent wachsenden Tumorzellinien

| | Zellinien | Tumoren | *ras*-Onkogene | | |
|---|---|---|---|---|---|
| | (positiv/gesamt) | | H | K | N |
| *Karzinome* | | | | | |
| Blase | 2/7 | 2/25 | 3 | 1 | – |
| Mamma | 1/19 | 0/18 | 1 | – | – |
| Kolon | 1/2 | 2/2 | – | 2 | 1 |
| Leber | 1/4 | 1/8 | – | – | 2 |
| Lunge | 6/12 | 1/5 | 1 | 5 | 1 |
| Ovar | 0/1 | 1/5 | – | 1 | – |
| Pankreas | 1/1 | 1/2 | – | 2 | – |
| *Sarkome* | | | | | |
| Fibrosarkome | 1/4 | 0/4 | – | – | 1 |
| Rhabdomyosarkome | 1/3 | 1/2 | – | 1 | 1 |
| *Leukämien* | | | | | |
| ALL | 7/12 | – | – | 1 | 6 |
| AML | 1/2 | – | – | – | 1 |
| APL | 1/1 | 0/1 | – | – | 1 |
| CML | 1/2 | 0/3 | – | – | 1 |
| Total | 24/70 | 9/75 | 5 | 13 | 15 |

Mauszellinie gebracht, erzeugen dort (in sehr geringer Ausbeute) eine Tumorzelle. In der Wiederholung läßt sich zeigen, daß immer nur das gleiche Stück DNA aus dem Tumor die Wirkung einer ***Fokusbildung transformierter Zellen*** hat (Abb. 25.13). Mit normaler menschlicher DNA entstehen solche Tumorzellen nicht, auch nicht bei der gezielten Verwendung des gleichen DNA-Fragments. In der Mauszellinie NIH-3T3 gelingt dieses Experiment bei etwa 15 % aller menschlichen Tumoren.

**Mutationen im *ras*-Gen.** Auf dem eingegrenzten Stück Tumor-DNA findet man jeweils eines von 3 Genen, die schon von einigen Rattensarkomen her bekannt waren und in 3 verwandten Formen auch im menschlichen Genom vorkommen (*ras* H, *ras* K, *ras* N). Die genaue Untersuchung durch die DNA-Sequenzanalyse erweist, daß diese Onkogene gegenüber den normalen zellulären Genen nur einen einzigen Nukleotid- bzw. Aminosäureaustausch an Position 12, 13, 59 oder 61 tragen; die gleiche Veränderung kann auch durch eine Karzinogenmutagenese erzeugt werden. Damit, so scheint es, wird die

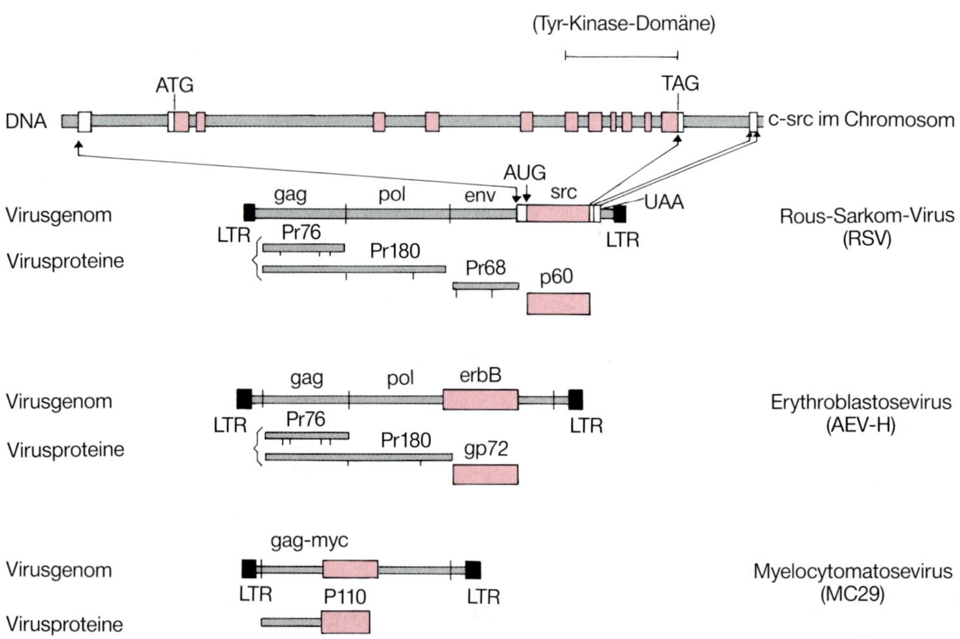


**Abb. 25.14.** Retrovirale Onkogene sind als Abwandlungen zellulärer Gene („Protoonkogen") Bestandteil von Virusgenomen. Dort findet man sie zusätzlich oder anstelle viruseigener Gene inkorporiert, häufig auch in Fusion mit viralen Genanteilen. In diesen Fällen hat das Virus eigene Gene verloren und kann nur im Gemisch mit unveränderten Helferviren vermehrt werden. *gag* Gen für die (inneren) Kapsidproteine, *pol* Gen für die Enzymproteine einschließlich der Polymerase, *env* Gen für die (äußeren) Hüllenproteine. *Pr* Vorform der Proteine („precursor") mit Größenangabe in Kilo-Dalton, *p* Protein (gereifte Form), *gp* Glykoprotein ebenfalls mit Größenhinweis, *LTR* Promotor- und Kontrollregion („long terminal repeat")

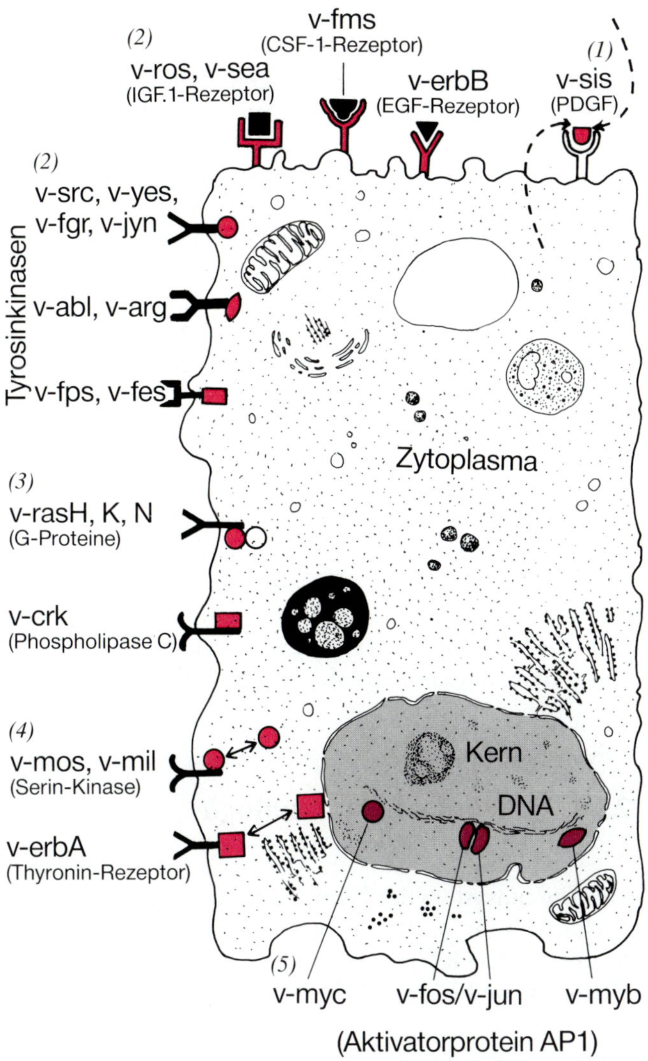


**Abb. 25.15.** Signalkaskade zur Zellteilungsstimulation durch Wachstumsfaktoren oder *(1)* ihre onkogenen Abwandlungen, über *(2)* membranständige Rezeptorproteine, *(3)* eine membrangebundene Amplifikation und *(4)* zytoplasmatische Überträger zu *(5)* nukleären Genregulatoren. Retrovirale Allele dieser Gene, die viralen Onkogene, können auf jeder Stufe der Kaskade eine Dauerstimulation hervorrufen. (In *Klammern:* analoge Zellfunktionen zu einzelnen viralen Onkogenen)

Tumorbildung allein von einer dieser Punktmutationen verursacht (Tabelle 25.4). Da sie so nur bei einem Teil der Tumoren gelingt und immer nur in den NIH-3T3-Zellen, weist dies jedoch darauf hin, daß die Mäusezellen selbst durch einige Mutationen bereits ***präkanzerös*** geworden sind, und ihnen nur dieser eine Fehler noch zur Tumor(Fokus)-Bildung fehlt. Auch in den menschlichen Tumorzellen können deshalb andere, so nicht erfaßte Mutationen Anteil an der Karzinogenese haben. Biochemisch gesehen gehören die *ras*-Proteine zur Familie der G-Proteine (s. Abb. 25.15), sie sind an der Signalgebung für den Start von DNA-Synthese und Zellteilung beteiligt.

## 25.4.2 Retrovirale Onkogene

Eine große Zahl tumorbildender Gene (Onkogene) ist in den tierischen Retroviren entdeckt worden, darunter ebenfalls die Gruppe der *ras*-Gene. (Nach lange erfolglosem Suchen sind auch zwei – seltene – Retroviren gefunden worden, die beim Menschen ein malignes Wachstum auslösen: HTLV-I und HTLV-II verursachen eine adulte T-Zell-Leukämie.) Die in das Genom der Retroviren aufgenommenen Onkogene stammen von der Wirtszelle, gegenüber dem Zustand dort („Protoonkogene") liegen sie hier abgewandelt vor: sie haben ihre Introns verloren, ihnen fehlt ein Stück vom Genanfang, stattdessen sind sie mit dem Anfangsstück eines viralen Gens verbunden, sie tragen Punktmutationen (Abb. 25.14). Vor allem sind sie mit dem starken, ständig arbeitenden Viruspromotor verkoppelt: zu den qualitativen kommt so die quantitative Veränderung.

**Signalkaskade der Onkogene.** Eine Übersicht über ihre Funktion zeigt, daß ein großer Teil der Onkogene sich zu Elementen einer Signalkette ordnen läßt, bei der Hormone oder von Nachbarzellen stammende „Wachstumsfaktoren" von Rezeptoren der Zelloberfläche aufgenommen, ihr Signal durch die Zellmembran geleitet und binnenseitig amplifiziert wird (G-Proteine, Kinasen), um von dort an den Zellkern weitergegeben und zu Genregulationssignalen umgesetzt zu werden (Abb. 25.15).

**Die irreguläre Über- und Dauerexpression eines Onkogens auf beliebiger Stufe einer solchen Signalkaskade führt zur unaufhörlichen Zellteilung der Tumorzelle.**

In diese Signalkette lassen sich auch viele Fälle von tumorassoziierten Chromosomenveränderungen stellen. Bei dem ***Philadelphia-Chromosom*** der chronisch-myeloischen Leukämie fusioniert eine Chromosomentranslokation das Onkogen *abl* auf Chromosom 9 mit dem aktivierten Promotor für das Gen *bcr* auf Chromosom 22. Bei den ***Burkitt-Lymphomen*** ist das Onkogen *myc* auf Chromosom 8 betroffen, es wird durch Translo-

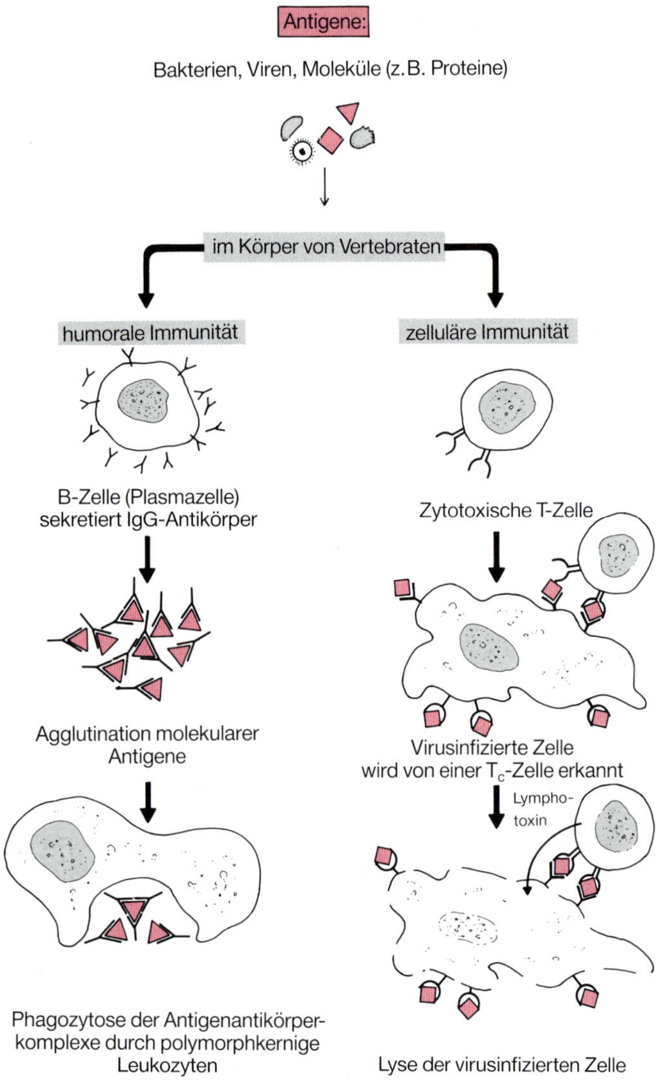


**Abb. 25.16.** Humorale und zelluläre Immunität werden getragen von den B- und T-Lymphozyten

kationen mit einem der 3 Promotoren für Ig-Proteine verbunden und überaktiviert: schwere $_H$-Kette, leichte $_\kappa$-Kette oder leichte $_\lambda$-Kette (auf Chromosom 14, 2, 22).

### 25.4.3 Antionkogene

Onkogenbedingte Tumoren sind durch die verstärkte oder veränderte Aktivität eines Regulationsgens gekennzeichnet. Den umgekehrten Fall demonstriert das *Rb*-Gen. Beim hereditären, multipel auftretenden ***Retinoblastom*** liegt ein heterozygoter Defekt für das *Rb*-Gen auf Chromosom 13 vor. Mutationen auch im 2. *Rb*-Gen führen in einzelnen somatischen Zellen zur Homozygotie, dadurch bedingt können mehrere Tumoren gleichzeitig entstehen, neonatal vor allem Retinoblastome, später Ostcosarkomc. Dicsc auch Antionkogene genannte Klasse von Tumorgenen läßt sich über den Ausfall einer Hemmung (Repression) für die Zellteilung deuten, dagegen wirken die Onkogene über einen verstärkten Antrieb auf das offenkundig mehrfach ansprechbare System der Zellzyklusregulation. Mindestens 2 und häufiger wohl 6 oder 7 Mutationen müssen akkumuliert werden, ehe die Zelle ihre Kontrolle über die Zellteilung verliert.

Neben Schäden und Fehlsteuerungen an den eigenen Genen kann bei bestimmten Tumoren stattdessen die Anwesenheit eines fremden Virusgens für die Tumorbildung entscheidend sein. So gehen über 80 % der Zervixkarzinome und ebenso der Larynxkarzinome auf die Infektion mit den ***Papillomaviren*** HPV16, HPV18, HPV31 oder HPV33 zurück. In bestimmten Ländern entsteht die Mehrzahl der primären Leberkarzinome auf der Basis einer Infektion mit dem ***Hepatitis-B-Virus.***

## 25.5 Molekulare Immunologie

Das Immunsystem der Wirbeltiere garantiert eine spezifische Abwehr gegen unbegrenzt vielfältige Fremdstoffe, die in den Körper eindringen: Parasiten und Pilze, Bakterien und Viren, Makro- und Mikromoleküle.

**Die primären Träger der spezifischen Antigenerkennung durch die T- und B-Lymphozyten aus Thymus und Knochenmark sind Rezeptorstrukturen auf ihrer Oberfläche, deren entscheidende Teile in höchst mannigfaltiger Weise variiert werden können, so daß kein Lymphozyt dem anderen gleicht, außer er ist sekundär durch klonale Zellteilung entstanden.**

Auf die Interaktion mit einem fremden Antigen hin können sich beide Arten von Lymphozyten durch Zellteilung klonal expandieren. Die B-Zellen können darüber hinaus abgewandelte Formen ihrer Rezeptorstruktur in das Serum exkretieren und so eine humorale Immunabwehr spezifischer Antikörper aufbauen: IgM, IgD, $IgG_{1-3}$, IgE, in den Drüsensekreten IgA. Dagegen dominieren die T-Lymphozyten-Klone bei der zellulären Immunabwehr (Abb. 25.16).

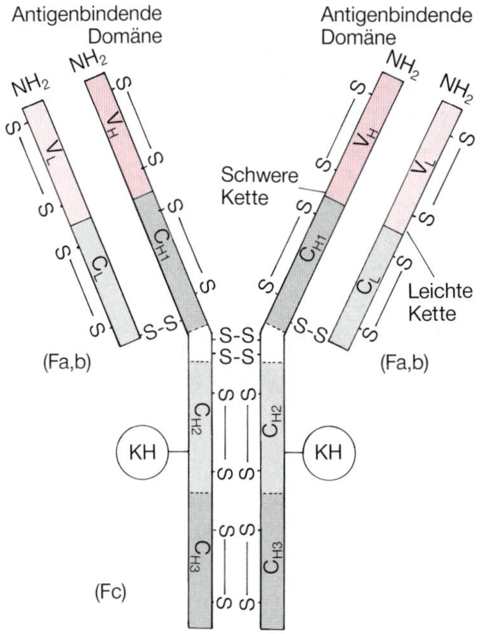


**Abb. 25.17.** Schema der Antikörperstruktur *($IgG_1$)* mit 2 identischen antigenerkennenden Domänen, aufgebaut aus 2 schweren und 2 leichten Proteinketten. *KH* Kohlenhydratseitenketten. Durch proteolytische Spaltung im Zentralbereich entstehen die 3 Fragmente $F_a$=$F_b$ und $F_c$

## 25.5.1 Antikörperstruktur

Erste Proteinsequenzierungen hatten ergeben, daß in den IgG-Proteinen mit ihren 2 leichten und 2 schweren Ketten die Variabilität sich auf die ersten 110 von 220 bzw. von 440 Aminosäuren beschränkt ***(V-Region),*** während die übrigen Teile konstant sind ***(C-Region)*** (Abb. 25.17). Daraus wurde zaghaft der revolutionäre Gedanke abgeleitet, daß Proteine wie diese das Genprodukt von 2 statt 1 Gen sein könnten, – was sich in der Klonierungsanalyse mehr als bestätigen sollte: Die leichte Kette der Ig-Proteine ist aus 3 Teilen zusammengesetzt: ausgewählt aus 1 von 300 vorhandenen $V_K$-Genen (Aminosäuren –19 bis +96), 1 unter 5 $J_K$-Genen (Aminosäuren 97–110) und verbunden mit dem konstanten Gen $C_K$ (Aminosäuren 111–220). Die Variabilität ist bei der schweren Kette noch etwas größer: 300 $V_H$-Gene (–19 bis +99) plus 12 $D_H$-Gene (100–101) plus 4 $J_H$-Gene (102–110) plus das eine $C_H$-Gen (111–440 bei IgG bzw. 111–576 bei IgM).

**Antikörperbildung.** Das Zusammenfügen der Teilgene zu einer zufälligen ***Expressionskombination*** geschieht in den einzelnen Lymphozyten durch Deletion überzähliger Zwischensegmente (z. T. durch DNA-Inversion). Bei diesen Reifungsreaktionen läuft die H-Kettenbildung der L-Kette voraus; jeder Lymphozyt bildet in individueller Kombination nur einen einzigen Antikörpertyp. Als membranständiges primäres Ig-Protein der B-Lymphozyten wird dabei ein IgM-Protein, mit einem zusätzlichen Membrananker-Segment am Ende der schweren Kette $C_{H\mu}$ (557–597) synthetisiert.

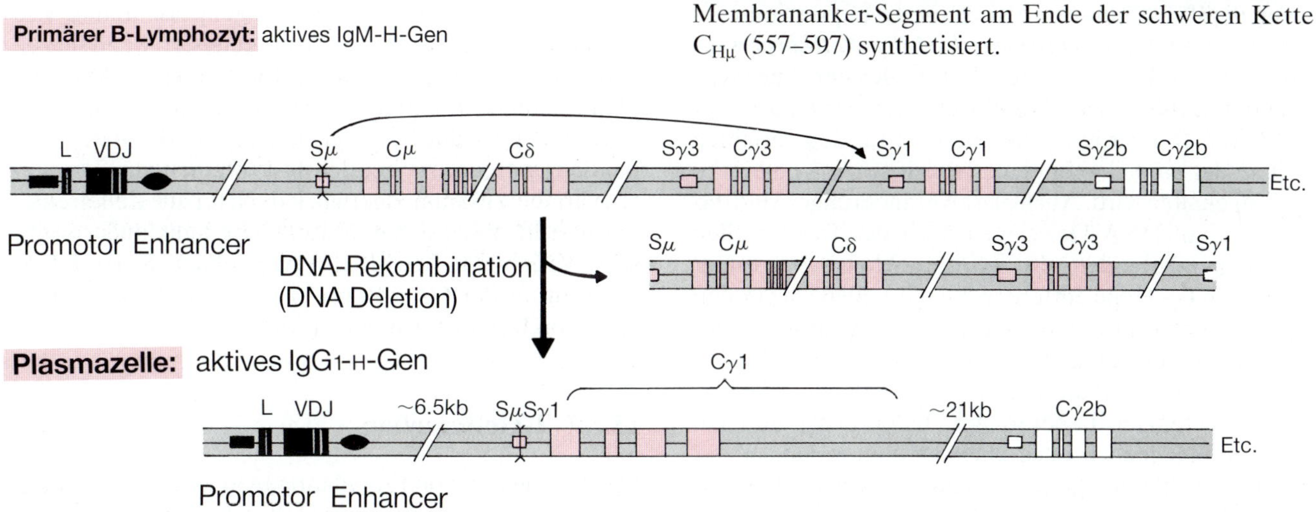


**Abb. 25.18.** Klassenwechsel der Antikörperproduktion von der IgM(Rezeptor)-Synthese zur $IgG_1$-Synthese und -Sekretion. Wechsel in den konstanten Teilen des Antikörper-Gens ($C\mu \rightarrow C\gamma_1$) bei Festhalten an der variablen VDJ-Kombination. *S* Schaltsignalsequenz vor den kodierenden Segmenten, Basis für die homologe Rekombinationsreaktion, die hier zu einer Deletion führt. *L* Leadersignal für den Membrandurchtritt der Folgesequenz bei sekretierten oder membranständigen Proteinen

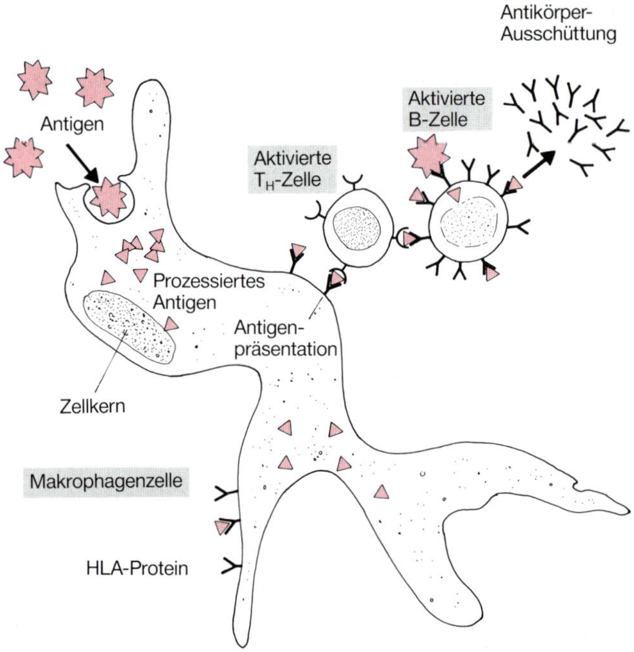


**Abb. 25.19.** Antigenpräsentation mit dem HLA-System der Makrophagen. Das präsentierte Antigen führt zur Aktivierung einer T-Helfer-Zelle, die ihrerseits diejenigen B-Zellen zur Antikörpersynthese stimuliert, die ein gleichartiges Antigen in ihrem HLA-System aufweisen

Auf einen festen Kontakt des IgM-Rezeptors mit einem Antigen hin wird in dem betroffenen Lymphozyten die Zellteilung eingeleitet, die Ig-Expression wird aktiviert und durch ***Klassenwechsel der Antikörpersynthese*** eine sekretionsfähige Form gleicher Spezifität gebildet (Abb. 25.18). Paradoxerweise wird dazu der konstante Teil variiert, während jetzt für den variablen Teil an der einmal gefundenen spezifischen Kombination festgehalten wird. Auch diese Veränderungen sind das Ergebnis von DNA-Deletionen, die in den Tochterzellen des expandierenden Lymphozytenklons die zuvor benutzten $C_H$-Gene entfernen. Signalsequenzen vor den Wechselgenen garantieren die korrekte Ausführung der Deletionen. Leistungsstarke Sekretion von IgG-Antikörpern verwandelt die Tochterlymphozyten in ***Plasmazellen*** begrenzter Lebensdauer. Jeder expandierende Klon enthält jedoch auch eine Population langlebiger Memory-Zellen entsprechend dem Ausgangszustand, sie stellen die beschleunigte und oft durch somatische Mutationen noch verbesserte Immunreaktion bei einem zweiten Auftauchen des gleichen Antigens sicher und damit die Immunität gegen Krankheitserreger.

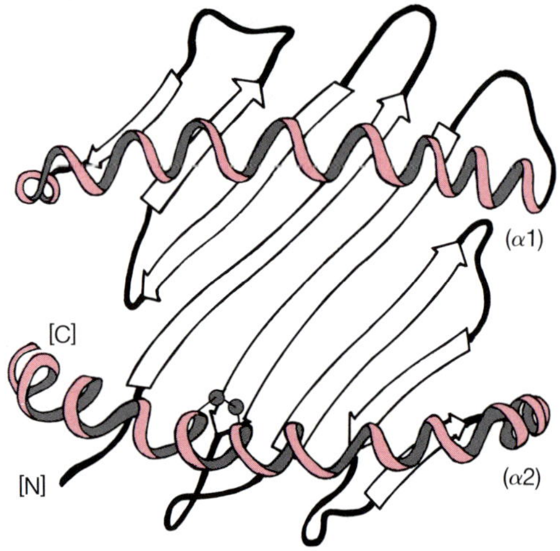


**Abb. 25.20.** Die HLA-Struktur (Klasse I) auf der Zelloberfläche im Blick von oben auf die Schraubstock-Gestalt der Domänen $\alpha_1$ und $\alpha_2$ (vgl. Abb. 25.21)

## 25.5.2 Antigenpräsentation

***Makrophagen*** sind die ersten Abwehrzellen für in den Körper eingedrungene Bakterien. Deren Phagozytose wird stark beschleunigt, sobald sich Antikörper an die Bakterienoberfläche binden. Charakteristische Proteinfragmente der in den Lysosomen zerstörten Bakterien werden an die Zelloberfläche transportiert und diese Antigene dort durch das HLA-System präsentiert (Abb. 25.19). Eine gleich*artige* Antigenpräsentation wird jedoch auch von jeder Körperzelle geleistet, wenn sie von Viren infiziert ist. Die Gene für die HLA-Antigene (Transplantationsantigene; HLA = „human leukocyte antigens", tatsächlich aber auf jeder Zell-Oberfläche vorhanden) werden wie bei den Ig-Proteinen aus Segmenten variabel zusammengefügt, jedoch für alle Zellen eines Körpers in einheitlicher Weise. Diese individuenspezifische Variabilität betrifft die Außenflächen der HLA-Struktur, in der Grundform ein Schraubstock zur Präsentation fremder Antigene (Abb. 25.20).

## 25.5.3 T-Helferzellen

Das Erscheinen von Fremdantigenen wird als Alarmsignal aufgenommen von einem Helfer-T-Lymphozyten ($T_4$-Zelle), der mit seinem CD4-Rezeptor an dem Komplex beides, das Antigen und den körpereigenen Rezeptor, erkennt. Eine dadurch aktivierte $T_H$-Zelle stimuliert

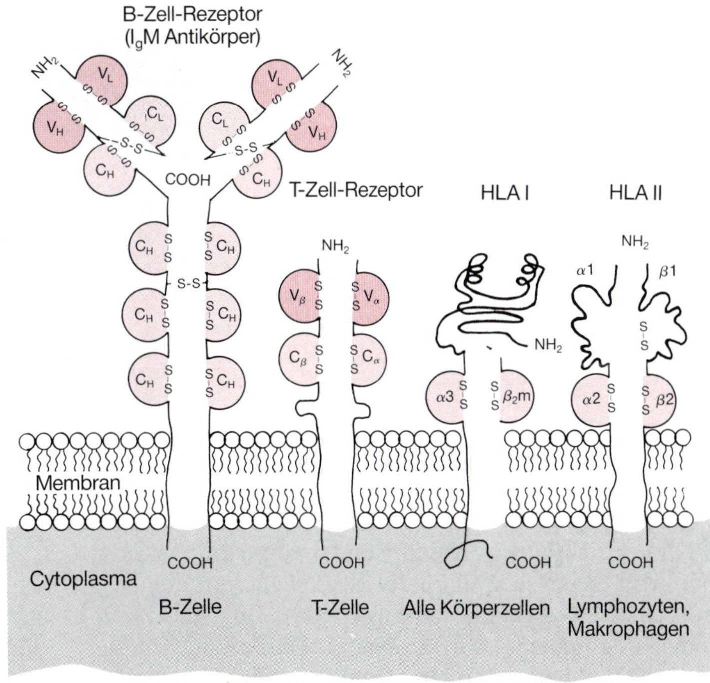


**Abb. 25.21.** Schematische Darstellung der Ig- und HLA-Rezeptorstrukturen auf der Zelloberfläche. Aufbau aus Untereinheiten, die durch Genkombinationsreaktionen aus variablen *(V)* und konstanten *(C)* Segmenten aufgebaut sind

dann solche B-Zellen zur Teilung und zur Antikörpersekretion, bei denen sie genau das gleiche Fremdantigen in deren HLA-Trägern vorfindet. Dorthin gelangt es, wenn antigenbesetzte IgM-Rezeptoren in die B-Zellen zurückgezogen, dort lysiert und die Fragmente wie bei den Makrophagen präsentiert werden. Für diese Erkennungsleistung geeignet ist ein $T_H$-Lymphozyt mit genau passender Rezeptorstruktur, die er seinerseits in einer individuellen Genkombinationsfolge erwirbt. Der T-Zell-Rezeptor enthält Paare von Proteinketten, die 2 spezifische Erkennungsregionen bilden, verschieden von denen der B-Zell-Rezeptoren (Abb. 25.21). Auch die aktivierte $T_H$-Zelle teilt sich und bildet einen Zellklon, der einen Anteil langlebiger Memory-Zellen mit umfaßt. Alle zellulären Aktivierungs- und Differenzierungsinteraktionen werden begleitet von der Sekretion von Lymphokinen (Interleukin 1 aus den Makrophagen, Interleukin 2 aus den $T_H$-Zellen usw.).

**Zytotoxische T-Zellen.** Eine 2. Klasse von T-Zellen ($T_8$-Zellen) hilft beim Ausschalten virusinfizierter oder karzinomatös veränderter Körperzellen. Erkannt werden diese an der Präsentation fremder Virusantigene mit dem HLA-System bzw. an dessen Entartung. Zytotoxische $T_C$-Zellen, die sich an diese Zellen anlagern, versetzen ihnen eine tödliche Injektion von ***Lymphotoxin*** bzw. Tumornekrosefaktor (TNF). Die $T_C$-Zellen unterscheiden dabei zwischen dem HLA-System Klasse I aller Körperzellen und dem HLA-System Klasse II auf der Oberfläche von phagozytierenden Zellen und Lymphozyten, bei denen die Antigenpräsentation deren Aktivität und nicht eine Virusinfektion anzeigt.

## 25.5.4 Porenbildende Komplementreaktion

In die Reaktionskette der Immunantwort sind immer wieder Summationsschritte eingefügt, mit denen das System sich durch Schwellensetzungen gegen Zufallsreaktionen wehrt. So sind die B- und T-Zell-Rezeptoren ebenso wie die Antikörper bifunktional, und ***beide*** $F_{a,b}$-Reaktionszentren der Y-förmigen Ig-Moleküle müssen ein Antigen binden, damit eine Konformationsänderung des Proteins sich in den „Stiel" des $F_c$-Teils fortsetzt und als Signal die Zelle erreicht. Dort findet eine Summation über eine größere Zahl von Rezeptoren statt.

Besonders offenkundig ist der schwellenüberschreitende Summationseffekt beim Start der Komplementreaktion, die die Immunantwort gegenüber Fremdzellen und Bakterien „komplementiert". Das Sensorprotein

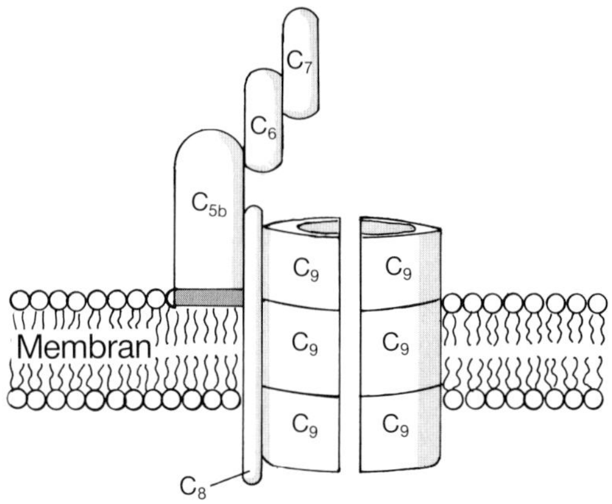


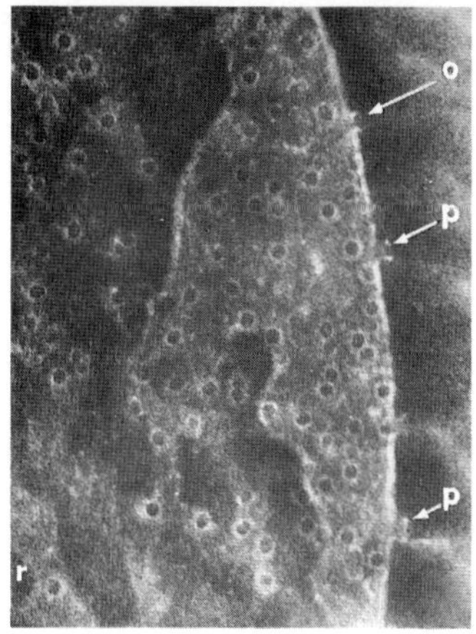


**Abb. 25.22.** Schema und elektronenmikroskopisches Bild einer Komplementpore. Die Porenstruktur besteht aus dem $C_{5b=9}$-Komplex, der sich hier in eine Liposomenmembran inseriert oder nur aufgelagert hat (o). (Mit freundlicher Genehmigung von S. Bhakdi und J. Tranum-Jensen)

$C1_q$ entspricht einem festen Bündel von 6 Tulpenknospen, von denen jede in kurzer Reichweite mit dem $F_C$-Teil eines IgG-Proteins interagiert, das seinerseits zweifach an das gleiche Antigen bindet. Daraufhin wird die in den $C1_q$-Knospen initiierte Konformationsänderung in den gemeinsamen, kollagenähnlich aufgebauten Stiel fortgesetzt und auf die damit verbundene Protease $C1_r/C1_s$ übertragen, die eine weitere Kaskade proteolytischer Schritte der Komplementaktivierung startet. Am Ende dieser Kaskade wird ein ***Porenkomplex*** ($C5_b$-6-7-8-9) gebildet, der sich in die nächst erreichbare Lipidmembran einsenkt und sie durchlöchert (Abb. 25.22). Die für das Überschreiten der Schwelle nötige räumliche Nähe vieler gleichartiger Antigen-Antikörper-Reaktionen wird nur auf einer Bakterien- oder Zelloberfläche mit vielfacher Wiederholung der gleichen Fremdstruktur erreicht, nicht jedoch beim Erkennen löslicher Antigene, wo die Porenbildung ein Irrweg wäre.

Das genetische System der Ig-, HLA- und anderen Immunitätsgene ist von herausragender Komplexität, gemessen an einfachen Strukturgenen wie dem Globin. Jedoch sind viele andere Gengruppen noch nicht in der gleichen Intensität untersucht worden und mögen noch viele Überraschungen bergen.

## Literatur

Watson J, Hopkins NH, Roberts JW, Steitz JA und Weiner AM (1989) Molecular biology of the gene. Benjamin Cummings, Menlo Park

Alberts B, Bray O, Lewis J, Raff M, Roberts K und Watson J (1989) Molecular biology of the cell. Garland, New York

Knippers R (1990) Molekulare Genetik. Thieme, Stuttgart

Winnacker EL (1987) Gene und Klone. VCH, Weinheim

# 26 Allgemeines über Therapie

M. Middeke


ZUSAMMENFASSUNG

Die Arzneimitteltherapie muß sich nach den Prinzipien der ***klinischen Pharmakologie*** richten. Nur dann ist die Arzneimittelwirkung kalkulierbar und eine erfolgreiche Therapie gewährleistet. Für diese Prinzipien gelten im Alter besondere Aspekte ***(Gerontopharmakologie).*** Angeborene Enzymdefekte sind häufiger als vermutet und können die Arzneimittelwirkung modifizieren ***(Pharmakogenetik).*** Die Berücksichtigung biologischer Rhythmen (z.B. Tag-Nacht-Rhythmus der Hormonsekretion oder des Blutdrucks) gewinnt immer größere Bedeutung für die Arzneimitteltherapie ***(Chronopharmakologie).***

Die nichtmedikamentöse Therapie hat einen besonders hohen Stellenwert in der ***primären Prävention*** kardiovaskulärer Erkrankungen. Die ***Sekundärprävention*** zielt ab auf die Verhütung einer erneuten Erkrankung. Nichtmedikamentöse prophylaktische Maßnahmen können schwere Komplikationen (von der Pneumonie bis zur Thrombose) verhindern.

Die ***Pflege*** des Patienten ist ein sehr wichtiger therapeutischer Komplex; sie umfaßt viele verschiedene Bereiche (vom richtigen Einsatz der Bettruhe und spezieller Ernährung bis zu Dekubitus- sowie Gangränversorgung und Atemgymnastik). Neben dem Gespräch mit dem Patienten ist die Pflege des Patienten die individuellste und direkteste therapeutische Maßnahme, da sie über den Kontakt mit dem Körper des Kranken eine besondere therapeutische Wirkung ausstrahlt. Das Sprechen mit dem Patienten hat eine zentrale Bedeutung in der internistischen Therapie. Alle therapeutischen Maßnahmen werden vom Gespräch mit dem Kranken begleitet.


## 26.1 Klinische Pharmakologie

### 26.1.1 Pharmakologische und physiologische Grundlagen der Therapie

**Arzneimittelwirkung.** Die Wirkung eines verordneten Arzneimittels hängt von vielen pharmakologischen und physiologischen Größen ab: Welche Substanz soll in welcher Dosierung und in welchem Dosierungsintervall wie lange gegeben werden?

Die Arzneimitteltherapie berücksichtigt die Art der Krankheit, Alter, Geschlecht, Gewicht, die Funktionen von Kreislauf, Nieren und Leber, die Bewußtseinslage und nicht zuletzt die Intelligenz des Patienten.

**Maßstab für jeden Einsatz von Arzneimitteln ist nicht das Machbare, sondern die medizinische Indikation und die mögliche Hilfe, die dem Patienten durch eine verantwortungsvolle und zu verantwortende Therapie geleistet werden kann.**

### 26.1.2 Pharmakokinetik

Die **Pharmakokinetik** (Abb. 26.1) beschreibt die Resorption, Bioverfügbarkeit, Verteilung und Clearance einer Substanz. Diese Variablen bestimmen wie schnell der Wirkungseintritt ist, mit welcher Dosis welche Konzentration am Zielorgan erreicht wird und wie lange die Wirkung anhält.

**Applikation.** Die pharmazeutischen Daten beschreiben die Applikationsform (z.B. Kapsel, Tablette, Tropfen,

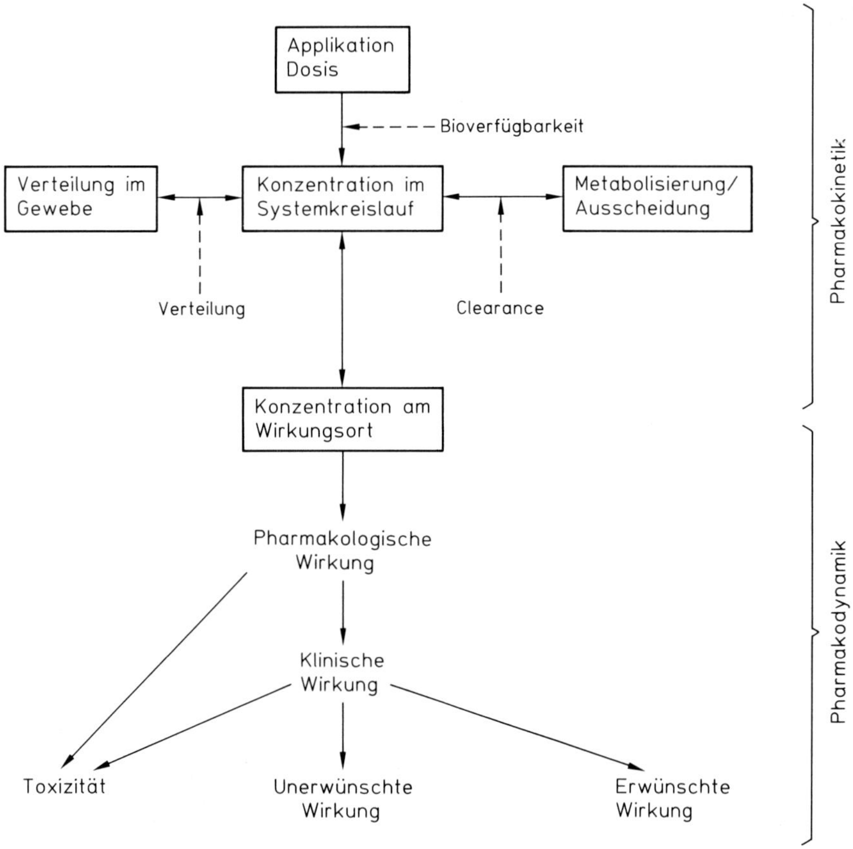


**Abb. 26.1.** Pharmakokinetik und Pharmakodynamik

Suppositorium, Spray, transdermales Pflaster), den Zerfall und die Auflösung des Arzneimittels ***(Galenik)*** und bestimmen die erste Phase der ***Resorption.***

Die Art der Applikation (z. B. oral, intravenös oder topisch) hängt in erster Linie von der angestrebten klinischen Wirkung ab (Tabelle 26.1).

**Tabelle 26.1.** Applikation und Wirkung am Beispiel der Glukokortikoide

| Art der Applikation | Krankheit | Wirkung |
|---|---|---|
| Intravenös | Hirnödem, Glottisödem | Schnell (Notfall) |
| Oral | Chronische Polyarthritis, Nebenniereninsuffizienz | Protrahiert (Dauertherapie) |
| Topisch (z. B. Spray) | Asthma bronchiale | Lokal, nicht systemisch |

**Resorption.** Bei Erbrechen ist die orale Applikation ebenso problematisch wie die rektale Applikation bei Durchfall. Eventuell muß bei Übelkeit und Erbrechen kurzfristig eine andere Applikation gewählt werden, um eine ausreichende Arzneimittelaufnahme zu gewährleisten. Die Resorption eines Arzneimittels hängt außer von der Applikationsart von vielen Eigenschaften des Arzneistoffes (Arzneiform, Hilfsstoffe, physikalisch-chemische Besonderheiten) und natürlich von der Dosierung ab. Eine erwünschte Verzögerung der Arzneimittelaufnahme wird durch die Retardierung (besondere galenische Zubereitung) des Arzneimittels erreicht. Neben der häufigsten gastrointestinalen Resorption nach oraler Applikation spielen die sublinguale oder bukkale Resorption (z. B. Nitroglyzerin bei Lungenödem oder Angina-pectoris-Anfall) und die pulmonale Resorption (z. B. Inhalationssprays oder Aerosole bei bronchopulmonalen Erkrankungen) eine praktisch wichtige Rolle. Die rektale Resorption ist nicht so zuverlässig wie die orale und wird vor allen Dingen für Analgetika und nicht-

**Tabelle 26.2.** Beispiele für Phase-I- und Phase-II-Reaktionen der Biotransformation

| Biotransformation | Substrate |
|---|---|
| *Phase-I-Reaktion* | |
| Oxidation | Barbiturate, Kodein, Lidocain, Phenacetin, Imipramin, Histamin |
| Reduktion | Halothan, Chloralhydrat, Nitrazepam |
| Hydrolyse | Glykoside, Azetylsalizylsäure, Histidin, Pethidin |
| *Phase-II-Reaktion* | |
| Glukuronierung | Alkohole, Amine, Sulfonamide |
| Methylierung | Katecholamine, Methadon, (selten) |
| Azetylierung | Sulfonamide |

steroidale Antirheumatika (z. B. Indomethacin) genutzt. Neben der topischen Anwendung (schleimhautabschwellende Substanzen bei Rhinitis) wird die nasale Resorption nur in Ausnahmefällen genutzt (z. B. ADH-Schnupfpulver bei Diabetes insipidus).

**Verteilung.** Nach der Aufnahme der Substanz in den Systemkreislauf erfolgt die Verteilung in den verschiedenen Kompartimenten (Intra- und Extrazellularraum) und den Organen. Die Substanz folgt, soweit möglich, ihrem Konzentrationsgefälle vom Blut zum Gewebe und verteilt sich im Gesamtorganismus. Die Verteilung ist einerseits abhängig von den Eigenschaften der Substanz (Löslichkeit, Molekülgröße, Eiweißbindung usw.) und der Durchblutung der Organe (sehr gute Durchblutung: Nieren, keine Durchblutung: Knorpel). Andererseits sind der Verteilung der Substanzen natürliche Barrieren gesetzt, z. B. durch die Blut-Hirn-Schranke, die nur von lipidlöslichen Arzneimitteln gut passiert werden kann. Alle Organe werden im Rahmen von Entzündungen mehr durchblutet und daher vom Arzneistoff leichter erreicht. Auch die Liquorgängigkeit nimmt bei einer Meningitis zu.

Die sonst nur schlecht liquorgängigen Antibiotika diffundieren nun auch besser. Trotzdem müssen sehr hohe Dosen (z. B. 10–20 Mio. IE Penicillin G pro Tag) *intravenös* verabreicht werden, um eine wirksame Liquorkonzentration zu erreichen.

**Biotransformation.** Den Hauptteil des Arzneimittelmetabolismus leistet die Leber mittels ihres Enzymsystems. Andere beteiligte Organe sind Darm, Niere, Lunge, Muskulatur, Milz, Blut und Haut. Die enzymatische Umwandlung in der Leber und die Bildung aktiver Metabolite ist für viele Substanzen Voraussetzung für eine pharmakologische Wirkung. Die hepatische Biotransformation wird in Phase-I-Reaktion (Oxidation, Reduktion und Hydrolyse) und Phase-II-Reaktion (Konjugation zu Glukuroniden, Sulfaten und Azetaten) unterschieden (Tabelle 26.2).

**Ausscheidung.** Die Ausscheidung eines Arzneimittels bzw. seines aktiven Metaboliten erfolgt in Abhängigkeit von Molekulargewicht, Löslichkeit, Dampfdruck und pK-Wert entweder renal, intestinal und biliär oder pulmonal. Die Mechanismen der renalen Elimination sind glomeruläre Filtration (stark hämodynamisch abhängig), tubuläre Rückresorption (passiv) und aktive tubuläre Sekretion. Eine direkte intestinale Arzneimittelausscheidung ist selten. Der biliären Ausscheidung kommt dagegen eine größere Bedeutung zu, insbesondere bei der Elimination von Substanzen mit hohem Molekulargewicht (z. B. auch Kontrastmittel). Die pulmonale Elimination von Gasen spielt in der Anästhesie eine wichtige Rolle. Die Diffusion vom Blut zur Atemluft folgt passiv dem Konzentrationsgradienten.

**Arzneimittelkonzentration.** Es wird deutlich, wieviele Faktoren die Konzentration des Arzneistoffes im Körper beeinflussen können. Im Idealfall kommt es durch eine ausgeglichene Zu- und Ausfuhr der Substanz zu einem Fließgleichgewicht (***„steady state“***). Bioverfügbarkeit und Halbwertszeit bestimmen u. a. die Dosis und das Dosierungsintervall des Arzneistoffes. Die ***Bioverfügbarkeit*** ist definiert als derjenige Prozentsatz einer Substanz, der den systemischen Kreislauf unabhängig vom Aufnahmeweg erreicht. Sie ist daher definitionsgemäß am höchsten bei direkter intravasaler Applikation und kann bei oraler Applikation durch verschiedene Faktoren (s. oben) beeinträchtigt werden.

**Die Bioverfügbarkeit einer Substanz ist am höchsten bei intravasaler Applikation und kann bei oraler Applikation durch verschiedene Faktoren beeinträchtigt werden.**

Die ***Halbwertszeit*** ($t_{1/2}$) einer Substanz ist eine Funktion des Verteilungsvolumens ***(Vd)*** und der ***Clearance*** (Plasmavolumen, das pro Zeiteinheit von der Substanz befreit wird) der Substanz; sie bezeichnet diejenige Zeit, die benötigt wird, um 50 % des „steady state“ zu erreichen bzw. um 50 % vom „steady state“ wieder abzufallen, wenn sich das Dosierungsintervall verändert hat

(z. B. beim Absetzen einer Substanz): $t_{1/2}$=Vd/Cl. Die Plasmahalbwertszeit ist aber nicht immer kongruent zur biologischen Wirkung, z. B. ist die blutdrucksenkende Wirkung einiger Antihypertensiva deutlich länger, als es die Halbwertszeit der Substanz vermuten läßt. Hier spielen wahrscheinlich eine Reihe von Regulationsvorgängen eine Rolle, die unabhängig von der systemischen Wirkung des Arzneistoffes sind (z. B. die Wirkung der ACE-Hemmer auf lokale Renin-Angiotensin-Systeme in der glatten Gefäßmuskulatur).

**Die Plasmahalbwertszeit einer Substanz ist nicht immer kongruent zur biologischen Wirkung.**

### 26.1.3 Pharmakodynamik

Die Wechselwirkung zwischen einem Arzneistoff und dem Organismus wird durch die **Pharmakodynamik** (s. Abb. 26.1) charakterisiert. In der Regel kommt es zu einer pharmakologischen Wirkung auf zellulärer bzw. molekularer Ebene (z. B. Beeinflussung von Transportvorgängen durch die Zellmembran, Rezeptorbindung, Enzymhemmung oder -aktivierung). Daraus resultiert der klinische Effekt, der von der erwünschten Wirkstärke bis zur ***Toxizität*** reicht. Fast alle Substanzen haben ein ***Wirkungsmaximum,*** das durch eine weitere Dosissteigerung nicht überschritten werden kann. Eine unnötige Dosissteigerung kann aber die Gefahr der Toxizität erhöhen. Die ***Sensitivität*** eines Organs gegenüber einem Arzneistoff kann durch die Konzentration, die 50 % der Maximalwirkung hervorruft ***(EC50),*** abgeschätzt werden. Bei zweifelhafter klinischer Wirkung bzw. bei Verdacht auf Toxizität können ***Konzentrationsmessungen*** des Arzneistoffs im Serum sinnvoll sein (z. B. Digitalis, Theophyllin, Cyclosporin, Lithium, Aminoglykoside). Dabei ist aber zu berücksichtigen, daß die Sensitivität eines Organs neben der Arzneistoffkonzentration auch durch andere Faktoren mitbestimmt wird (z. B. erhöhte Digitalissensitivität bei Hypokaliämie und umgekehrt).

**Die Sensitivität eines Organs wird neben der Arzneistoffkonzentration auch durch andere Faktoren mitbestimmt (z. B. erhöhte Digitalissensitivität bei Hypokaliämie und umgekehrt).**

### 26.1.4 Pharmakogenetik

**Enzymdefekte.** Die Reaktion auf ein Arzneimittel kann genetisch determiniert sein, z. B. durch einen Enzymdefekt (Mangel, Überschuß, Isoenzymbildung, Enzympolymorphismus), und sich dadurch erheblich von einer normalen Arzneimittelwirkung unterscheiden. Für die internistische Therapie sind die wichtigsten Störungen:

- Der Glukose-6-Phosphat-Dehydrogenase (G-6-PD)-Mangel, der im Mittelmeerraum in einem kleinen Prozentsatz vorkommt, in Mitteleuropa aber eine Rarität darstellt, kann zu schweren Nebenwirkungen bei der Einnahme von Malariamitteln und Sulfonamiden führen;
- der Cholinesterasepolymorphismus, der bei 3 % der Bevölkerung zu einer reduzierten Aktivität (nur 10 % der normalen Plasmacholinesteraseaktivität) führt und eine ungewöhnlich lange Muskelerschlaffung oder Atemlähmung nach Suxamethoniumchlorid bewirken kann;
- die verminderte Inaktivierung bzw. der verminderte Abbau von Substanzen durch eine verlangsamte hepatische Azetylierung oder Oxidation (z. B. von β-Rezeptoren-Blockern) bei 5–10 % der Bevölkerung führt zu einer verlängerten Wirkdauer dieser Substanzen.

### 26.1.5 Gerontopharmakologie

**Arzneimittel im Alter.** Eine altersbedingte Einschränkung der Nierenfunktion, eine Verlangsamung vieler Stoffwechselprozesse (z. B. verminderter Grundumsatz) und eine multimorbiditätsbedingte Therapie mit mehreren Arzneistoffen gleichzeitig können Pharmakokinetik und -dynamik wesentlich beeinflussen. Die ***Gerontokinetik*** bechreibt die Besonderheiten der Arzneimittelkinetik beim alten Patienten. Die physiologische Abnahme der Kreatininclearance im Alter, die bis ca. 50 % mit einem normalen Serumkreatinin einhergehen kann, erfordert eine Dosisreduktion renal eliminierter Substanzen. Im Normbereich liegende harnpflichtige Substanzen täuschen eine normale Nierenfunktion vor, da infolge der verminderten Muskelmasse im Alter das anfallende Kreatinin gering ist. So kann z. B. bei einer 80jährigen Patientin mit 50 kg Körpergewicht bei einem Serumkreatininwert von 1,2 mg/dl die Filtrationsrate nur noch ca. 50 ml/min betragen. Die initiale Dosierung sollte vorsichtig erfolgen, um keine überschießende Reaktion (z. B. orthostatische Hypotonie bei rigidem Gefäßsystem nach Gabe von Antihypertensiva) zu erzeugen. Oft wird eine Anpassung der Dosis nach Maßgabe der Kreatininclearance ($Cl_{krea}$) empfohlen. Diese kann nach der Formel von Cockcroft und Gault berechnet werden:

$$Cl_{krea} = \frac{(140 - \text{Alter}) \times KG}{72 \times S_{krea}}$$

(KG=Körpergewicht in kg, $S_{krea}$=Serumkreatinin in mg/dl).

*Beispiel:* Ist bei einem 70jährigen Patienten (68 kg) mit einem Serumkreatininwert von 1,8 mg/dl wegen einer Infektion eine Therapie mit Gentamycin indiziert, so muß die Erhaltungsdosis um 50 % reduziert werden, da die Kreatininclearance nur noch 37 ml/min beträgt.

**Jeder alte Patient ist wie ein Patient mit Niereninsuffizienz zu betrachten: Die physiologische Abnahme der Kreatininclearance im Alter, die bis ca. 50 % mit einem normalen Serumkreatininwert einhergehen kann, erfordert eine Dosisreduktion renal eliminierter Substanzen. Im Normbereich liegende harnpflichtige Substanzen können eine normale Nierenfunktion vortäuschen, da infolge der verminderten Muskelmasse im Alter das anfallende Kreatinin gering ist.**

Die Gefahr einer Überdosierung im Alter ist auch durch die Abnahme des Körpergewichts, des Herzminutenvolumens, des Blutvolumens, der Plasmaproteinkonzentration und der Muskelmasse zugunsten der Fettmasse gegeben. Dadurch werden die Verteilungsvolumina bzw. die Bindung (Hypalbuminämie) der Arzneimittel verändert. Verminderte gastrointestinale Sekretionsrate und Motilität führen eher zu Verzögerung, Abschwächung und Verlängerung der Arzneimittelwirkung.

Begleiterkrankungen sind mit zunehmendem Alter häufiger und müssen bei der Arzneimitteltherapie berücksichtigt werden. Eine altersbedingte Koronarsklerose muß sich nicht als manifeste Herzinsuffizienz bemerkbar machen, kann aber dazu führen, wenn z. B. die Substitution mit Schilddrüsenhormonen bei der Hypothyreose nicht vorsichtig (niedrig) dosiert eingeleitet wird oder wenn z. B. eine Blutersatztherapie bei schwerer Anämie mit zu großen Volumina oder gleichzeitiger Gabe von Natriumchlorid erfolgt.

**Eine altersbedingte Koronarsklerose muß sich nicht in jedem Fall als manifeste Herzinsuffizienz bemerkbar machen, kann aber im Rahmen einer akuten Blutungsanämie dazu führen, oder wenn z. B. eine Blutersatztherapie bei schwerer Anämie mit zu großen Volumina oder gleichzeitiger Gabe von Natriumchlorid erfolgt.**

### 26.1.6 Chronopharmakologie

**Tag-Nacht-Rhythmus.** Viele physiologische Funktionen folgen einem bestimmten zeitlichen Rhythmus. Klinisch bedeutsam sind vor allen Dingen die diurnalen Rhythmen (Tag-Nacht-Rhythmus) der Hormonsekretion (z. B. Kortisol, Insulin, Katecholamine, Renin, Aldosteron), der Körpertemperatur, der Herzfrequenz, des Blutdrucks und der Atmung, deren Gipfel z. T. zu unterschiedlichen Tageszeiten liegen. Die Berücksichtigung der zeitlichen Zusammenhänge bei der Applikation von Arzneistoffen behandelt die Chronopharmakologie. Bedenkt man z. B. die Häufung kardiovaskulärer Ereignisse (Herzinfarkt und Schlaganfall) am Morgen (Gipfel gegen ca. 9 Uhr), so ergibt sich die Frage nach möglichen Zusammenhängen mit hämodynamischen Parametern (Blutdruck und Herzfrequenz) und deren zeitlich optimaler Pharmakotherapie. Das Dosierungsintervall von Nitraten muß sowohl das zeitliche Auftreten der Angina pectoris berücksichtigen als auch der Möglichkeit der Toleranzentwicklung Rechnung tragen und entsprechend angepaßt werden. Die Häufung der Atemnotanfälle von Asthmatikern in der Nacht erfordert einen gezielten Einsatz der Antiasthmatika am Abend, evtl. auch in einer höheren Dosierung als am Tage. Die Substitution von Kortikoiden bei der Nebenniereninsuffizienz sollte die natürliche diurnale Hormonsekretion imitieren. Dies sind einige Beispiele für eine tageszeitlich angepaßte Pharmakotherapie, die eine pauschale Verordnung (z. B. „2- bis 3mal eine Tablette") ersetzen sollte.

### 26.1.7 Leberfunktion und intestinale Funktion

**Metabolisierung.** Eine normale Leberfunktion ist für viele Arzneistoffe eine wichtige Voraussetzung für eine normale Wirkung. Einerseits werden einige Substanzen (sog. ***„pro drugs"***) durch die Metabolisierung in der Leber erst in ihre aktive Form umgewandelt (z. B. Azathioprin, L-Dopa, Enalapril). Andererseits kann eine reduzierte oder verlangsamte Inaktivierung zu einer verlängerten Wirkung führen. Verschiedene Lebererkrankungen (z. B. Hepatitis, Zirrhose, toxischer/nutritiver Leberparenchymschaden, Hämochromatose) können den Arzneimittelstoffwechsel beeinträchtigen. Die Halbwertszeit von Diazepam kann z. B. bei der Leberzirrhose stark verlängert sein. Wird dies bei der Dosierung nicht berücksichtigt, kann es zu Bewußtseinstrübung und Koma kommen. Alkohol ist heute zweifellos die häufigste Lebernoxe. Akut kann eine hohe Alkoholzufuhr die hepatische ***Biotransformation*** von Arzneistoffen vermindern und damit die Wirkung verstärken. Chronischer Alkoholkonsum stimuliert dagegen eher den Arzneimittelabbau in der Leber und kann so zu einer abgeschwächten Arzneimittelwirkung führen.

**Chronischer Alkoholkonsum stimuliert den hepatischen Arzneimittelabbau und kann zu einer Wirkungsabnahme führen.**

**Nahrungsaufnahme.** Ernährungszustand und Nahrungsaufnahme können die Bioverfügbarkeit eines Arzneistoffes erheblich beeinflussen. Zur Abschätzung des Ernährungszustandes (z. B. einer Fehlernährung bei Normalgewicht) sind Verlaufskontrollen von Serumalbumin, -transferrin und -cholinesterase geeignet. Eine verminderte Albuminkonzentration kann zu einer Abnahme der Konzentration eiweißgebundener Pharmaka führen (z. B. Aminoglykoside, Antikoagulanzien, Lidocain, Salizylate, Disopyramid, Pethidin, Phenytoin). Die Nahrungsaufnahme kann über die Beeinflussung der Resorption und der Darmmotilität die Bioverfügbarkeit von Arzneistoffen unterschiedlich beeinflussen. Isoniazid und Rifampicin werden nach dem Essen langsamer und weniger resorbiert als im Nüchternzustand. Andererseits kann durch gleichzeitige Nahrungsaufnahme die Bioverfügbarkeit auch verbessert werden (z. B. Griseofulvin, Dihydralazin, Spironolakton, Phenytoin). Gastrointestinale ***Motilitätsstörungen*** (z. B. Magenausgangsstenose, Dumping-Syndrom) und Malabsorptionssyndrome können die Bioverfügbarkeit von Arzneistoffen erheblich beeinflussen.

### 26.1.8 Nierenfunktion und Hydratationszustand

**Wasserhaushalt.** Nicht eiweißgebundene Arzneistoffe werden glomerulär filtriert, z. T. nur in geringen Mengen sezerniert, und ihre renale Elimination entspricht daher der ***Kreatininclearance***. Eiweißgebundene Pharmaka können nicht oder nur in sehr geringem Ausmaß glomerulär filtriert werden. Einige Substanzen werden in größerem Ausmaß aktiv sezerniert (z. B. Diuretika) und können die Ausscheidung endogener Substanzen (z. B. Harnsäure) beeinträchtigen. Bei eingeschränkter Nierenfunktion muß für renal eliminierte Arzneistoffe die Dosis reduziert und/oder das Dosierungsintervall verlängert werden (s. 26.1.5).

Der Wasser- und Elektrolythaushalt ist eng mit der Nierenfunktion und der Blutdruckregulation verbunden. Der ***Hydratationszustand*** kann die Arzneimittelwirkung über veränderte Verteilungsvolumina und über hormonale Einflüsse beeinflussen. Eine ***Dehydratation*** wird am häufigsten bei älteren Patienten als Folge einer unzureichenden Flüssigkeitszufuhr beobachtet. Ursache ist ein mangelndes bzw. inadäquates Durstgefühl im Alter. Eine ausreichende Flüssigkeitszufuhr ist eine der wichtigsten Maßnahmen in der Behandlung benommener, bewußtseinsgetrübter alter Menschen. Eine Dehydratation kann in schwereren Fällen die Nierenfunktion vermindern und sogar zum prärenalen Nierenversagen führen. Die Verminderung des intravasalen Volumens führt zur gegenregulatorischen Stimulation des Renin-Angiotensin-Aldosteron-Systems. Wird in dieser Situation z. B. ein ACE-Hemmer gegeben, so kann es zu einer überschießenden Wirkung (Hypotonie) kommen.

### 26.1.9 Wechselwirkungen zwischen Arzneimitteln

Die gleichzeitige Gabe mehrerer Arzneimittel kann zu komplexen pharmakokinetischen und pharmakodynamischen Wechselwirkungen mit der erhöhten Gefahr einer ***Toxizität*** führen, aber auch der ***Abschwächung*** einer Arzneimittelwirkung. Die gegenseitige Beeinflussung kann bereits bei der Resorption beginnen (z. B. stört Eisen die Resorption von Tetrazyklin und umgekehrt) oder erst am Erfolgsorgan zum Tragen kommen (z. B. führt die gleichzeitige Gabe von Penizillin und einem anderen bakteriostatisch wirkenden Antibiotikum zu einer Abschwächung der Penizillinwirkung, weil das Wachstum der Bakterienzellwand beeinträchtigt wird). Eine Übersicht über wichtige Wechselwirkungen im internistischen Bereich gibt Tabelle 26.3.

**Tabelle 26.3.** Arzneimittelwechselwirkungen (einige ausgesuchte Beispiele)

| Substanz | Wechselwirkungen Art | Arzneimittel | Wirkung |
|---|---|---|---|
| Allopurinol | H | Orale Antikoagulanzien, Azathioprin, ACE-Hemmer | + |
| Antazida | R | Ciprofloxazin, Tetrazyklin, $H_2$-Blocker, Eisen, Digitalis | – <br> – |
| Antikoagulanzien (oral) | V <br> H <br> B | Phenylbutazon, Sulfonamide, <br> Phenobarbital, Griseofulvin, <br> Cimetidin, Chloramphenicol | + <br> – <br> + |
| Antirheumatika (NSAID) | P | Diuretika, ACE-Hemmer | – |
| Cimetidin | B | β-Rezeptoren-Blocker, Diazepam | + |
| Ciprofloxazin | I | Theophyllin | + |
| Chloramphenicol | B | Kumarine | + |
| Cholestyramin | R | Kumarine | – |
| Clofibrat | V | Kumarine | + |
| Erythromycin | I | Theophyllin | + |
| Griseofulvin | I | Kumarine | – |
| Kumarine | B | Tolbutamid, Chlorpropamid | + |
| MAO-Hemmer | E | Antidiabetika | + |
| Phenobarbital | I <br> I | Kumarine, orale Kontrazeptiva, <br> Griseofulvin, Vitamin D | – <br> – |
| Phenylbutazon | V | Kumarine, Tolbutamid | + |
| Rifampicin | I | Orale Kontrazeptiva, Cyclosporin | – |
| Verapamil | I | Theophyllin | + |

Enzymhemmung *(H)*, Enzyminduktion *(I)*, Hemmung der Biotransformation *(B)*, Resorptionsverminderung *(R)*, Verdrängung aus der Eiweißbindung *(V)*, Prostaglandinstoffwechsel *(P)*, intrinsische Eigenwirkung *(E)*; Verstärkung *(+)*, Abschwächung *(–)* der Wirkung.

*Beispiel:* Allopurinol hemmt die Xanthinoxidase und führt zu einer Verringerung des Abbaus von Azathioprin, ACE-Hemmern und oralen Antikoagulanzien

## 26.1.10 Nebenwirkungen bzw. unerwünschte Wirkungen, Beipackzettel, Aufklärung

Das Spektrum der klinischen Wirkung reicht von der erwünschten ***Hauptwirkung*** eines Arzneistoffes über die unerwünschten Wirkungen oder Nebenwirkungen bis zum toxischen Effekt (s. Abb. 26.1). Alle Wirkungen sind aber auf den spezifischen Effekt des Arzneistoffes zurückzuführen. Art, Schwere und Häufigkeit unerwünschter Wirkungen müssen bei der Therapieplanung gegenüber dem zu erwartenden Nutzen abgewogen werden.

***Nebenwirkungen.*** Die Palette der unerwünschten Wirkungen reicht von subjektiv sehr belästigenden Nebenwirkungen, die objektiv harmlos sind (z. B. Kopfschmerzen unter Nitraten) bis zu schwerwiegenden Nebenwirkungen, die vom Patienten nicht wahrgenommen werden (z. B. Agranulozytose unter Zytostatika oder höhergradiger AV-Block unter Digitalis), die aber regelmäßige ärztliche Kontrollen (z. B. Labor, EKG) erfordern. Viele subjektiv unangenehme und objektiv harmlose Nebenwirkungen nehmen mit zunehmender Einnahmedauer ab bzw. verschwinden vollständig. Daher sollte ein Medikament nicht zu frühzeitig wieder abgesetzt werden. Die richtige Aufklärung des Patienten kann einem selbstständigen Absetzen (wird häufig verschwiegen) entgegenwirken. Die Patienten sollten wissen, daß nicht bei jedem alle Nebenwirkungen auftreten, die im Beipackzettel aufgeführt sind. Es wird aus formaljuristischen Gründen leider keine Angabe über Prozent- oder Promillewerte im Beipackzettel gemacht; dies betrifft natürlich auch alle schwerwiegenden Raritäten.

***Toxische Wirkungen*** sind dosisabhängig und können potentiell bei jedem Arzneimittel in zu hoher Dosis auftreten. Neben der Sensitivität (EC50) des Organismus bzw. des Organs und der Dosis sind andere pharmakokinetische Variablen für Konzentrationssteigerungen in den toxischen Bereich verantwortlich.

***Überempfindlichkeitsreaktionen*** sind nicht dosisabhängig. Sie können nicht vorausgesagt werden, wenn nicht eine allergische Diathese (z. B. Atopie) oder eine bereits bekannte Allergie (z. B. Kontrastmittel, Penizillin) vorliegt. In Ausnahmefällen ist eine Desensibilisierung mit dem Arzneistoff nötig und oft auch erfolgreich (z. B. Cotrimoxazol zur Behandlung der Pneumocystis-carinii-Pneumonie bei Aids-Patienten).

# 26.2 Präventivmedizin

**Prävention.** Die Prävention soll einer kurativen Therapie zuvorkommen; sie soll die Entstehung behandlungsbedürftiger Erkrankungen von vornherein verhindern. Die größten Erfolge sind unter diesem Gesichtspunkt auf dem Gebiet der Infektionskrankheiten seit Anfang des 20. Jahrhunderts erzielt worden. Durch die Verbesserung der hygienischen Verhältnisse und der Ernährung im weitesten Sinne sind die Infektionskrankheiten heute nicht mehr Haupttodesursache wie Anfang des Jahrhunderts; die durchschnittliche Lebenserwartung stieg in der Folge stark an. Heute stehen die Herz-Kreislauf-Erkrankungen an erster Stelle der Todesursachenstatistik. An zweiter Stelle folgen die bösartigen Tumoren, und an dritter Stelle stehen heute die Infektionskrankheiten. Daher sind heute die Prävention nichtinfektiöser, chronischer Erkrankungen (insbesondere Herz-Kreislauf-Erkrankungen) und die ***Früherkennung*** der Krebserkrankungen die Hauptziele der Präventivmedizin. Die Maßnahmen reichen von einer gesünderen Lebensführung und Ernährung sowie Nikotin- und Alkoholkarenz bis zur medikamentösen Behandlung von Fettstoffwechselstörungen oder erhöhtem Blutdruck bereits zu einem Zeitpunkt, zu dem noch keine Organschäden nachweisbar sind. Ein diagnostisches Screening soll die möglichst frühzeitige Erfassung von Risikopatienten und frühen Symptomen ermöglichen. Dies wird oft schon durch eine Ausdehnung der Diagnostik auf „gesunde" Familienangehörige eines Patienten erreicht, der an einer potentiell familiären Störung leidet (z. B. Fettstoffwechsel, Diabetes, Hypertonie, bestimmte Karzinome, Polyposis coli, bestimmte Enzymdefekte). Rauchen wird heute als die wichtigste einzelne Ursache betrachtet, die einen ungünstigen Einfluß auf die Gesundheit hat.

**Die Vermeidung von Infektionen, die Prävention chronischer Herz-Kreislauf-Erkrankungen und die Früherkennung von Krebserkrankungen sind die Hauptziele der Präventivmedizin. Rauchen ist die wichtigste einzelne Krankheitsursache.**

### 26.2.1 Primäre Prävention

Man versteht unter der primären Prävention die Verhinderung der Entwicklung einer Erkrankung. Am bekanntesten und am meisten verbreitet ist dieses Prinzip in der Verhütung von Herz-Kreislauf-Erkrankungen. Die Kenntnisse über die Bedeutung der ***Risikofaktoren*** (Rauchen, Hypertonie, Hypercholesterinämie, Diabetes mellitus, Adipositas) für kardiovaskuläre Erkrankungen und Todesfälle und die Möglichkeiten ihrer therapeutischen Beeinflussung haben in der inneren Medizin einen sehr hohen Stellenwert erreicht. Es ist heute möglich, durch Vermeidung oder rechtzeitige Behandlung der Risikofaktoren das Auftreten eines Schlaganfalls oder eines Herzinfarktes primär zu verhindern.

Da die Ursachen der ***Krebsentstehung*** noch weitgehend unbekannt sind, ist eine Verhinderung bisher in vielen Fällen nicht möglich. Einige seltene Ausnahmen stellen die Tumoren mit starker genetischer Komponente dar, z. B. die familiäre Polyposis des Dickdarms. Tumore, die auf einen ungesunden Lebensstil zurückzuführen sind, z. B. Bronchialkarzinom (Rauchen) oder Leberzell- und Pankreaskarzinom (Alkohol), können durch Abstinenz ebenso verhindert werden wie durch „Umweltnoxen" bedingte Tumoren (z. B. Asbest, Anilin, Strahlen). Eine ballaststoffreiche Ernährung vermindert die Wahrscheinlichkeit, an einem Kolonkarzinom zu erkranken.

**Prophylaxe.** Die Osteoporoseprophylaxe mit Östrogenen in der Postmenopause bei prädisponierten Frauen ist eine präventive Maßnahme, die viele Komplikationen verhindern kann (z. B. Oberschenkelhals- und Wirbelbrüche). Die ***Jodprophylaxe*** hat das Ziel, durch eine erhöhte Jodaufnahme über die Nahrung (z. B. durch Jodsalz, Fisch) die Entwicklung einer Jodmangelstruma zu verhindern.

Mit zunehmendem Tourismus in tropische Gebiete werden immer häufiger Malariaerkrankungen auch bei uns diagnostiziert. Eine ***Malariaprophylaxe*** (z. B. mit Chloroquin) ist eine wichtige Maßnahme bei Reisen in Endemiegebiete.

Die Prophylaxe einer Pneumocystis-carinii-Pneumonie bei HIV-Patienten wird durch Inhalation von Pentamidine (2mal/Monat) durchgeführt. Bei Patienten, die eine zytotoxische Therapie erhalten (z. B. Aids-Patienten), ist eine Prophylaxe der Herpes-simplex-Infektion mit Azyklovir zu erwägen.

### 26.2.2 Sekundärprophylaxe

Unter der **sekundären Prophylaxe** versteht man die Verhinderung eines erneuten Ereignisses gleicher Art (z. B. eines Reinfarktes). Ist bereits eine fortgeschrittene Atherosklerose mit Schäden an verschiedenen Organsystemen (z. B. koronare Herzkrankheit, zerebrale Durchblutungsstörungen, arterielle periphere Verschlußkrankheit, Aortenaneurysma, hypertensive Herzerkrankung, Glomerulosklerose, Retinopathie) vorhanden, zielt die Therapie auf die Verhütung einer weiteren Verschlechterung ab. Neben der weiterhin konsequenten Behand-

## FALL 26 A

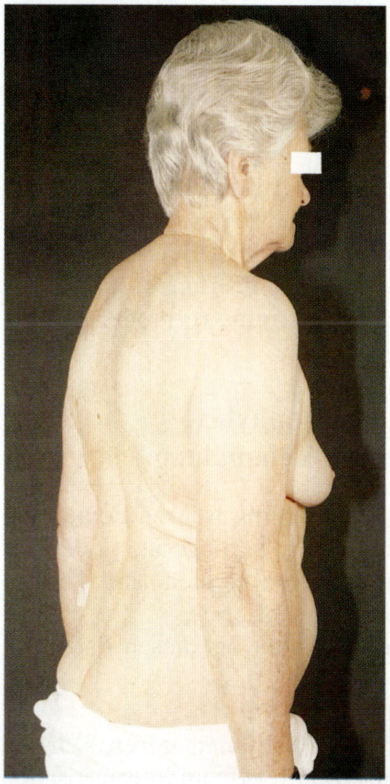

**Abb. 26 A.** 80jährige Patientin mit Rundrücken bei Osteoporose

**Anamnese.** Seit 6 Wochen Rückenschmerzen. Behandlung mit einem nichtsteroidalen Antirheumatikum (Injektionen und Suppositorien). Seit 3 Wochen Gewichtsabnahme (5 kg), Übelkeit, Erbrechen, Magenschmerzen.

**Befund.** Größe 165 cm, Gewicht 55 kg, Herzfrequenz 88/min, RR 120/70 mm Hg. Rundrücken (ausgeprägte Kyphosierung im BWS-Bereich), Klopfschmerz über BWS und LWS. Druckschmerz im Epigastrium. Röntgen: Ausgeprägte Osteoporose der gesamten Wirbelsäule mit Keilwirbelbildung im BWS-Bereich.
Gastroskopie: Mehrere Ulzera ad pylorum
Labor: Kreatinin 1,2 mg/dl, errechnete Kreatininclearance 38 ml/min. (s. S. 619)

**Therapie und Verlauf.** Unter Infusionstherapie mit einem $H_2$-Rezeptorenblocker (800 mg/Tag) rasche Besserung der Oberbauchbeschwerden. Die Patientin kollabierte 2mal vor dem Bett und zog sich dabei eine Kopfplatzwunde zu. Der Ruheblutdruck betrug 90/50 mm Hg, weiterer Abfall unter Orthostase. Die Patientin klagte über optische Halluzinationen (blaue und grüne Punkte vor weißem Hintergrund). Nach Reduktion der Dosis des $H_2$-Rezeptoren-Blockers auf 200 mg/Tag kam es zur Blutdrucknormalisierung und zum Verschwinden der Halluzinationen. Unter der Gabe von Kalzitonin verschwanden die Rückenschmerzen.

**Diagnosen.** 1. Osteoporose mit Keilwirbelbildung, 2. Ulcera ad pylorum bei Therapie mit nichtsteroidalen Antirheumatika, 3. Hypotonie bei $H_2$-Rezeptoren-Blocker-Überdosierung, 4. Altersentsprechende Nierenfunktionsminderung.

**Resümee.** Die Klärung der Rückenschmerzen und eine gezielte Therapie der symptomatischen Osteoporose mit Kalzitonin hätten der Patientin die Ulzera erspart.

Der deutliche orthostatische Blutdruckabfall mit zweimaligem Sturz und die Halluzinationen hätten durch eine initiale Dosisanpassung des H2-Rezeptoren-Blockers nach Maßgabe der errechneten Kreatinin-clearance (38 ml/min) vermieden werden können.

lung der Risikofaktoren sind einige spezielle Therapieformen sehr wirkungsvoll, z. B. die β-Blockade bei der ***Reinfarktprophylaxe*** oder die Azetylsalizylsäuregabe bei der Prophylaxe zerebraler Ischämien. Die Dauerantikoagulation mit Kumarin hat dagegen nur noch eine sehr eng umgrenzte Indikation (z. B. absolute Arrhythmie, Embolien).

Bei häufig rezidivierenden Harnwegsinfektionen kann eine antibiotische Langzeitprophylaxe sinnvoll sein.

Die ***Strumaprophylaxe***, d. h. die Behandlung mit Schilddrüsenhormonen nach einer Strumektomie, kann die Entwicklung einer Rezidivstruma verhindern.

### 26.2.3 Medikamentöse Prophylaxe während der stationären Behandlung

Die häufigsten Komplikationen die während einer stationären Behandlung bei streng bettlägerigen oder immobilisierten Patienten auftreten können, sind Thrombosen/Embolien und Infektionen.

Eine ***Antikoagulation*** ist daher bei diesen Patienten in Erwägung zu ziehen.

**Infektionen.** Nosokomiale Infektionen lassen sich bei Beachtung hygienischer Grundregeln im internistischen Bereich weitgehend vermeiden. Eine antibiotische Behandlung führt bei immungeschwächten Patienten fast regelmäßig zum Auftreten einer Pilzinfektion (z. B. Soor) und sollte rechtzeitig – auch prophylaktisch – behandelt werden (z. B. Antimykotika als Lutschtabletten).

Die Darmsterilisation bei Agranulozytose mit entsprechenden Antibiotika ist eine prophylaktische Maßnahme zur Verhütung einer Infektion durch die eigene Darmflora, die bei normaler Immunlage nicht pathogen ist.

Eine prophylaktische Antibiotikagabe zur Verhütung einer Endokarditis ***(Endokarditisprophylaxe)*** ist bei Patienten mit einem erhöhten Endokarditisrisiko (z. B. Zustand nach Herzklappenersatz, frühere bakterielle Endokarditis, erworbene Vitien) bei Operationen (insbesondere Eingriffe im Oropharynx- und Urogenitalbereich) indiziert.

**Ulkus.** Die Ulkusprophylaxe bei Patienten unter einer Therapie mit Kortikoiden oder auf der Intensivstation (Streßulkus) mit Antazida und/oder $H_2$-Blockern kann die Entstehung eines Zwölffingerdarmgeschwürs und daraus resultierender Komplikationen (z. B. Blutung, Anämie) verhindern.

## 26.3 Pflege

### 26.3.1 Bettruhe und Ernährung

**Bettruhe.** Die Bettruhe ist bei vielen internistischen Erkrankungen eine wirkungsvolle therapeutische Maßnahme und steht am Anfang vieler Behandlungen. Sie kann z. B. bei einer dekompensierten Herzinsuffizienz in den ersten Tagen allein zu einer ausreichenden Diurese und Ausschwemmung von Ödemen führen, die so ausgeprägt sein kann, daß es zunächst keiner zusätzlichen Diuretikagabe bedarf; diese würde in manchen Fällen sogar zu einer unerwünschten drastischen Diurese führen. Ähnliches gilt auch für die Ausschwemmung von Ödemen anderer Genese (z. B. renal, hepatisch). Strikte Bettruhe ist darüber hinaus initial bei vielen anderen Erkrankungen vom Herzinfarkt über die schwere Anämie bis zu den fieberhaften Infektionskrankheiten unerläßlich und führt zu einer Minimierung des Energieumsatzes. Im weiteren Verlauf ist die Einhaltung der Bettruhe in Abhängigkeit vom Krankheitsverlauf zu modifizieren. Oft wird eine schnelle Mobilisierung dann sogar erwünscht (z. B. beim unkomplizierten Herzinfarkt), um Komplikationen und Risiken der Immobilisation zu verhindern (z. B. Thrombosen, Pneumonie, hypodynamische Kreislaufprobleme, Harnverhalten, Osteoporose und andere Probleme im Bewegungsapparat wie Myogelosen oder Kontrakturen).

Moderne Betten erlauben durch einfaches Verstellen verschiedene therapeutische Lagerungen des Patienten (z. B. Kopfende erhöht bei Orthopnoe, Beinende abgesenkt bei arterieller Verschlußkrankheit, oder Schocklagerung).

Die Anbringung eines Bettgitters zum Schutze des Patienten vor einem Sturz aus dem Bett ist bei älteren, desorientierten, bewußtseinsgetrübten Patienten oft notwendig; die Unterlassung kann als ***Kunstfehler*** angekreidet werden.

**Ernährung und Diät.** Die Ernährung des Kranken ist sofort bei der stationären Aufnahme festzulegen. Diätetische Maßnahmen sind sowohl im Hinblick auf die akute Erkrankung, die zur stationären Aufnahme geführt hat, zu erwägen als auch hinsichtlich anderer begleitender Erkrankungen (z. B. Diabetes, Hypertonie, Hypercholesterinämie). Zunächst muß die Frage der Flüssigkeitsbilanzierung geklärt werden (z. B. Restriktion und negative Bilanzierung bei der Herzinsuffizienz oder erhöhter Flüssigkeitsbedarf bei Fieber und Dehydratation). Eine salzarme Kost ist neben der Bettruhe eine wichtige Maßnahme zur Unterstützung der kardialen Rekompensation und zur Blutdrucksenkung. Die genaue Flüssigkeitsbilanzierung ist nur durch Bestimmung der Ein- und Ausfuhr möglich. Oft treten Diskrepanzen in der Bilanz auf (z.B. durch unvollständige Urinsammlung), die durch die tägliche Gewichtskontrolle geklärt werden können. Eine neuaufgetretene Diarrhöe unter Antibiotikatherapie kann zu erheblichem Wasserverlust führen (besonders wichtig bei alten Patienten) und muß bei der Bilanzierung berücksichtigt werden.

Die Ernährung muß im Verlauf des Krankenhausaufenthaltes gegebenenfalls in Abhängigkeit vom Krankheitsverlauf geändert werden. Bei der Krankenvisite muß festgestellt werden, ob der Patient ausreichend ißt, ob er sein Krankenhausessen aufißt oder ob er evtl. noch zusätzlich ißt (Lebensmittel im Nachtkasten?). Diese Fragen können „Diätfehler" aufdecken und falsche Therapieentscheidungen verhüten (z.B. bei der Insulindosierung).

**Künstliche Ernährung.** Ist die normale orale Nahrungsaufnahme nicht möglich (z.B. Bewußtlosigkeit, Ösophagusstenose, Schluckstörungen), oder nicht erwünscht (z.B. Pankreatitis), muß die „künstliche Ernährung" erwogen werden. Bei normalem Ernährungszustand ist eine sofortige vollständige künstliche Ernährung meistens nicht erforderlich, sondern eine parenterale Zufuhr von Wasser, Elektrolyten, Aminosäuren und Glukose über einen Zeitraum von einigen Tagen reicht aus. Im weiteren Verlauf müssen zur vollständigen Ernährung Fett, Vitamine und Spurenelemente hinzugegeben werden. Die Ernährung über eine ***Magensonde*** (nasal) ist oft ausreichend und sollte immer in Erwägung gezogen werden, bevor eine vollständige intravenöse Ernährung eingeleitet wird. Die Ernährung über die Magensonde hat viele Vorteile; sie ist physiologischer, risikoärmer und technisch einfacher als die Infusionstherapie. Heute wird für die Sondenernährung industriell hergestellte Sondenkost verwendet. Sie ist genau bilanziert und enthält weniger oder keine Ballaststoffe. Stuhlmenge und -frequenz nehmen deshalb deutlich ab (keine Obstipation!). Die Sondenernährung ist kontraindiziert z.B. bei Subileus, Ileus, Peritonitis, Malabsorption und Aspirationsgefahr.

Hochkalorische flüssige Nahrung (industriell gefertigt) kann auch ohne Sonde von Patienten, die nicht normal essen können (z.B. bei massivem Aszites, Hepatosplenomegalie) getrunken werden.

Die vollständige parenterale Ernährung ist über einen peripher-venösen Zugang nur bedingt und kurzfristig möglich (Probleme: große Volumina, Fettemulsionen, hohe Konzentrationen der Lösungen); geht die Ernährung über einige Tage hinaus, ist ein ***zentralvenöser Zugang*** notwendig. Regelmäßige Laborkontrollen (z.B. Elektrolyte, Blutzucker, Triglyzeride, Kreatinin) und Temperaturmessungen (Katheterinfektion?) sind erforderlich.

**Die Pflege umfaßt den richtigen Einsatz von Bettruhe, spezieller Ernährung, prophylaktischen Maßnahmen und physikalischer Medizin ebenso wie die individuelle Zuwendung.**

## 26.3.2 Pflegerische Prophylaxe

Eine adäquate Pflege kann viele Probleme, die bei längerer ***Bettlägerigkeit*** auftreten können, erfolgreich verhindern (Tabelle 26.4). Im Vordergrund steht wiederum die Verhütung von Infektionen und Thrombosen. Die Pflege der Haut ist eine wichtige Voraussetzung zur Verhinderung des Eindringens von Keimen und damit einer Infektion (z.B. Sepsis, Gangrän, Dekubitus). Besondere Aufmerksamkeit muß der Fußpflege geschenkt werden. Mykosen können z.B. interdigital zu Hautläsionen führen und so zum Ausgangspunkt einer Infektion werden

**Tabelle 26.4.** Pflegerische Prophylaxe

| Prophylaxe | Maßnahmen |
|---|---|
| Dekubitus | Weichlagerung, Umlagerung, Hautpflege, trockene und saubere Wäsche, evtl. Hyperämisierung der Haut |
| Infektionen | Mundhygiene (Mundspülen nach jeder Mahlzeit), allgemeine Körperpflege, Hautpflege |
| Intertrigo | Leisten, Bauchfalten, Mammae trocken halten; Puder, Kompressen |
| Kontrakturen | Bewegungsübungen, Krankengymnastik, Lagerung |
| Pneumonie | Abhusten, Atemgymnastik (Durchatmen, Totraumatmung) |
| Thrombose | Bewegungsübungen im Bett (Muskelpumpe), Kompressionsstrümpfe, -verband |

**Tabelle 26.5.** Spezielle Pflege

| Problem | Maßnahme |
|---|---|
| Arzneimittel-exanthem | Kühlgel, Essigwasser, Kratzen verhindern |
| Dekubitus | Lagerung, spezielle Emulsion (PC30V) |
| Gangrän | Trockenhalten, granulationsfördernde Salbe, falls feucht: Zucker aufstreuen |
| Phlegmone | Kühlende Umschläge (Kochsalz, Rivanol), keine Salben |
| Thrombose | Hochlagerung, Kompressionsstrümpfe bzw. -verband |
| Ulcus cruris | Trockenhalten, säubern, Wundränder mit Zinksalbe, evtl. Antibiotikasalbe schützen |
| Urtikaria | Siehe Arzneimittelexanthem |
| Blähungen | Feuchte Wärme (Wickel, Wärmeflasche), Bewegung, Fencheltee, evtl. Darmrohr |
| Durchfall | Schwarztee, geriebene Äpfel, Salzstangen, warme Cola, Analpflege |
| Epistaxis | Eis in den Nacken, Kopf nach *vorne,* Tamponade |
| Erbrechen | Nahrungskarenz, dann evtl. Zwieback, kalte oder heiße Getränke |
| Fieber | Wadenwickel (alle 5 min wechseln mit Eiswasser, Wärmestau vermeiden), Eis in Achselhöhlen und Leisten |
| Harnsperre | Wasserlaufen lassen, Hände in lauwarmes Wasser, Mobilisation, leichter Druck oder Wärme auf die Blasenregion |
| Inkontinenz | Toilettengang nach einem festen Zeitplan (Konditionierung) Hautpflege, oft waschen, Windeln |
| Juckreiz | Kühlgel, Essigwasser, Kratzen vermeiden |
| Obstipation | Ballastreiche Kost, viel trinken, kalt trinken, Milchprodukte, Mobilisation, Einlauf (warmes Wasser) |
| Schmerzen | Lagerung (z. B. Kissen unter die Knie zur Abdomenentlastung, Bettende tiefer stellen bei AVK mit Ruheschmerz), Wärme, (z. B. Abdomen), Kälte (z. B. Arthritis) |
| Singultus | Vagusreizung (kaltes Wasser, Valsalva-Manöver, Atemanhalten, evtl. Reizung der Pharynxhinterwand mit einer Sonde) |

(etwa bei immungeschwächten Patienten). Die intertriginösen Regionen können bei adipösen Patienten Ausgangspunkt einer Infektion sein, wenn es zu Hautmazerationen kommt. Hier muß eine entsprechende Pflege vorbeugen.

### 26.3.3 Spezielle Pflegeprobleme

Spezielle Probleme (z. B. Inkontinenz, Fieber, Durchfall) erfordern spezielle pflegerische Maßnahmen (Tabelle 26.5). Die nichtmedikamentösen pflegerischen Maßnahmen sind z. T. sehr wirkungsvoll und können oft allein schon ausreichen, um eine Störung zu beheben; führen sie alleine nicht zum Erfolg oder erfordert die Schwere der Störung eine sofortige medikamentöse Intervention, so begleiten und unterstützen die pflegerischen Maßnahmen die Arzneimitteltherapie.

### 26.3.4 Mobilisation und physikalische Medizin

Die **Mobilisation** beginnt auch bei strenger Bettruhe bereits im Bett. Leichte Bewegungsübungen (z. B. Aktivierung der Muskelpumpe der unteren Extremitäten zur Vermeidung von Thrombosen, Atemübungen) und die weiteren Stufen der Mobilisation (Aufsitzen, Aufstehen, Sitzen im Lehnstuhl, Gehen) müssen mit dem Patienten und dem Pflegepersonal besprochen werden. Es ist wichtig, sich immer wieder über die Belastbarkeit zu informieren und den Belastungsgrad zu adaptieren.

Die Mobilisation ist bei älteren Patienten eine besonders wichtige Maßnahme, da die Bettlägerigkeit zum schnellen allgemeinen Abbau (physisch und psychisch) führen kann. Appetitlosigkeit, hypodynamische Kreislaufprobleme (z. B. orthostatische Dysregulation, Schwindel), Muskelatrophie, Osteoporose, Lust- und Interesselosigkeit sind einige der Folgen der Inaktivierung.

Die Mobilisation wird durch den Einsatz von ***Krankengymnastik*** (z. B. Lockerungs-, Bewegungs-, Dehnungs-, und Entspannungsübungen) und evtl. ***physikalischer Therapie*** (z. B. Bäder, Thermo-, Hydro-, Elektrotherapie) unterstützt. Der gezielte Einsatz von Krankengymnastik erfolgt bei speziellen Problemen (z. B. bei Halbseitenlähmung im Rahmen eines Schlaganfalls). Eine frühe logopädische Beratung und evtl. Therapie (z. B. bei Sprachstörungen nach Schlaganfall) sollte, wenn möglich, erfolgen.

**Die Mobilisation ist bei älteren Patienten eine besonders wichtige Maßnahme, da die Bettlägerigkeit zum schnellen physischen und psychischen Abbau führen kann.**

## 26.3.5 Die Pflege infektiöser Patienten

Wenn der Erreger bekannt ist, muß das Pflegepersonal über die Wahrscheinlichkeit einer ***Übertragung*** (z. B. Inkubationszeit, Infektiosität) und die möglichen Wege der Infektion aufgeklärt werden. Die Aufklärung ist Voraussetzung für einen gezielten Schutz vor Ansteckung und kann irrationale Ängste abbauen (z. B. vor der Berührung von Aids-Kranken). Neben der Beachtung allgemeiner Hygieneprinzipien sind spezielle Maßnahmen zu treffen. Wäsche, Abfall und Ausscheidungen des Patienten sind gesondert zu behandeln (desinfizieren) bzw. zu verwerfen. Vorteilhaft sind eine eigene Toilette oder ein Nachtstuhl. Nach Entlassung oder Tod ist eine Schlußdesinfektion erforderlich (Bett, Bettwäsche, Zimmer).

## 26.3.6 Die Pflege Sterbender

Sterbende brauchen eine ganz besondere Zuwendung. Die Haltung gegenüber dem Sterbenden sollte offen, zuversichtlich und vertrauensfördernd sein. Jedes Wort und jede Geste müssen bedacht werden, da sterbende Menschen jede Äußerung und jeden Ausdruck besonders registrieren und interpretieren. Die Haltung sollte dem Kranken auch am Ende seines Lebens ***Hoffnung*** vermitteln und ***Angst abbauen.*** Die verbale Kommunikation kann zugunsten der nonverbalen Kommunikation, insbesondere der ***Berührung*** des Kranken, ganz zurücktreten. Die Empathie mit dem Sterbenden kommt über die Berührung am stärksten zum Ausdruck. Viele Sterbende haben Angst vor ***Schmerzen.*** Diese Angst ist natürlich berechtigt, es muß adäquat auf sie eingegangen werden. Sie wird aber nicht immer geäußert. Sie muß daher vom betreuenden Arzt selbst zur Sprache gebracht werden. Ein schwerkranker Patient, insbesondere ein unheilbar Kranker, muß nach einem festen Zeitplan mit Analgetika behandelt werden und darf nicht erst nach Bedarf, d. h. beim Auftreten von Schmerzen, ein Medikament erhalten. Auf eine ausreichende Dosierung und auf adäquate Dosierungsintervalle ist sehr genau zu achten. Sie muß geeignet sein, die Schmerzen effektiv zu verhüten bzw. zu therapieren und gleichzeitig den Kranken nicht zu stark zu sedieren. Im individuellen Fall kann aber auch eine gleichzeitige Sedierung sinnvoll sein.

Nur wenn der Sterbende wirklich nicht unter Schmerzen leidet, hat der Arzt sein volles Vertrauen.

**Berührung des Patienten und körperliche Pflege haben eine starke therapeutische Wirkung und demonstrieren am besten die individuelle Zuwendung.**

## 26.3.7 Zusammenarbeit zwischen Ärzten und Pflegepersonal

Die Pflege des Kranken erfolgt zwar primär durch das Pflegepersonal, der Arzt muß aber über die Möglichkeiten und Grenzen der Pflege informiert sein; er muß in der Lage sein, die Indikation für bestimmte pflegerische Maßnahmen zu stellen und deren Durchführung zu überwachen.

Die Pflege des Kranken betrifft nicht nur die physische Ebene, sondern sollte auch die Psyche mit einbeziehen. Hier ist natürlich auch der Arzt zuständig.

Um einen Therapie- und Pflegeplan optimal umzusetzen, muß dieser allen Beteiligten verständlich sein und einheitlich befolgt und dem Patient gegenüber einheitlich vertreten werden. Dazu ist die Visite am besten geeignet. Voraussetzung ist allerdings, daß die Fieberkurve nicht aufs Bett gelegt wird und über den Patienten hinweg Verlauf und Therapie diskutiert werden. Die „Kurvenvisite" ist außerhalb des Krankenzimmers durchzuführen; die „Kurve" sollte draußen bleiben. Dies ist eine wesentliche Voraussetzung für eine echte Zuwendung zum Patienten.

# Literatur

Goodman and Gilman's (1990) The pharmacological basis of therapeutics. Pergamon Press, New York

Juchli L (1987) Krankenpflege. Thieme, Stuttgart, New York

Katzung BG (1989) Basic and clinical pharmacology, 4th edn. Appleton & Lange, East Norwalk

Middeke M, Bönner G (1991) Nichtmedikamentöse Therapie kardiovaskulärer Risikofaktoren. Springer, Berlin Heidelberg New York Tokyo

Mutschler E (1986) Arzneimittelwirkungen – Lehrbuch der Pharmakologie und Toxikologie. Wissenschaftliche Verlagsgesellschaft, Stuttgart

Schaefer H, Schipperges H (1987) Präventive Medizin. Springer, Berlin Heidelberg New York Tokyo

# 27 Internistische Intensivmedizin

L. S. Weilemann


ZUSAMMENFASSUNG

Intensivmedizin hat die Aufgabe, das vorübergehende Versagen vitaler Grund- und Organfunktionen zu überbrücken. Intensivmedizin impliziert auch die Beurteilung des noch Sinnvollen. Arbeitsmethodisch verwirklicht sich Intensivmedizin in den Teilaktivitäten ***Intensivpflege, Intensivüberwachung*** und ***Intensivbehandlung***. Neben den Vitalfunktionsstörungen gibt es Krankheitsbilder, die als prädisponierend für die mögliche intensivmedizinische Intervention gelten. Die Intensivpflege verfolgt spezielle Pflegeziele und erfordert eine entsprechende Ausbildung. Die Intensivüberwachung gliedert sich in klinische Überwachung, Laborüberwachung, elektronisches Monitoring sowie invasives hämodynamisches Monitoring. Eine Intensiveinheit bedarf auch der mikrobiologisch hygienischen Überwachung.

Bei der Intensivbehandlung nehmen ***Bilanzierung*** des kritisch Kranken und ***künstliche Ernährung*** einen wichtigen Platz ein. Die Erstellung eines Ernährungs- und Bilanzplanes ist sowohl für die totale parenterale Ernährung als auch die mögliche gastrointestinale Ernährung obligat.

Die Elimination endogener oder exogener toxischer Substanzen wird je nach Indikation mittels Hämodialyse, Plasmaseparation oder Hämoperfusion durchgeführt. Steuerung und Komplikationen unter medikamentöser Thrombolyse erfordern die Durchführung auf einer Intensiveinheit. Apparative Beatmung ist sowohl Ersatz für die Eigenatmung als auch eine Form der Therapie. Moderne Respiratoren lassen wahlweise volumenzeitgesteuerte oder druckgesteuerte Beatmung zu. Die Beatmung kann mit oder ohne Patientensynchronisation erfolgen und reicht von kontrollierter Beatmung über assistierende Beatmung bis hin zur Atemhilfe.


## 27.1 Definition von Intensivmedizin und Intensiveinheiten

Die Intensivmedizin hat die Aufgabe, das ***vorübergehende Versagen vitaler Grund- und Organfunktionen*** zu überbrücken.

Diese Definition soll Intensiveinheiten davor schützen, zu Sterbestationen zu werden. Die Schwierigkeit der Realisierung dieser Grundüberzeugung besteht darin, daß die Grenzen der Intensivmedizin im Individualfall oft erst retrospektiv klar erkennbar werden. Das heißt, sie muß häufig erst begonnen werden, um zu erkennen, ob sie sinnvoll und indiziert ist.

Intensivmedizinisch tätig sein heißt also:

- Streben nach indikatorischer Sicherheit für den Einsatz aggressiver Verfahren,
- Streben nach Optimierung der Behandlung,
- Streben nach gedanklichen und medizinisch-wissenschaftlichen Grundlagen zur Begrenzung des technisch Möglichen.

Arbeitsmethodisch verwirklicht sich Intensivmedizin in den Teilaktivitäten Intensivpflege, Intensivüberwachung und Intensivbehandlung

## 27.2 Indikation zur Aufnahme in die Intensivstation

### 27.2.1 Scoringsysteme

Die Entscheidung zur Aufnahme in die interne Intensivtherapiestation sollte auf ***objektive Kriterien*** gegründet werden. Trotz der großen Anzahl der in der Intensivstation behandelten Patienten liegen Daten und Arbeiten dazu nur spärlich vor. Allgemein gültige und für den Einzelfall praktikable Definitionen liegen in Ansätzen vor und beziehen sich auf Schweregradbeurteilung, Verlaufsbeurteilung sowie Beurteilung des Leistungsaufwandes und daraus resultierender Bemessung von Sach- und Personalbedarf.

Die derzeit zur Verfügung stehenden ***Scoringsysteme*** seien kurz genannt:

- TISS=„Therapeutic Intervention Scoring System",
- APACHE=„Acute Physiologic and Chronic Health Evaluation",
- SAPS=„Simplified Acute Physiology Score".

### 27.2.2 Multiples Organversagen (MOV)

Das multiple Organversagen ist ein Syndrom, dessen Manifestation durch die Intensivtherapie bzw. deren Einleitung erst in Gang gesetzt werden kann.

Es handelt sich um das gleichzeitige oder in rascher zeitlicher Folge auftretende Versagen mehrerer vitaler Organfunktionen. ***Risikofälle*** für ein multiples Organversagen in der inneren Medizin sind:

- schwere Intoxikationen,
- foudroyante Entzündungen und Versagen des Kardiorespirationstraktes,
- Entzündungen des zentralen Nervensystems,
- schwere Abdominalerkrankungen, insbesondere Pankreatitis.

Die ***Prognose*** des multiplen Organversagens wird durch die Therapierbarkeit der beiden wesentlichen Elemente des multiplen Organversagens, nämlich des Lungen- und Nierenversagens, bestimmt. So beträgt beispielsweise die Letalität bei akuter Pankreasnekrose mit Lungen- und Nierenversagen nahezu 100%,

### 27.2.3 Prädisponierende Krankheitsbilder

Im Bereich der inneren Medizin gibt es eine Reihe von Krankheitsbildern, die als prädisponierend für die mögliche intensivmedizinische Intervention gelten können.

Diese Krankheiten führen oft zu lebensbedrohlichen Vitalfunktionsstörungen, so daß ihr Vorliegen eine Indikation zur Intensivüberwachung und ggf. Intensivbehandlung darstellt.

Im einzelnen sind dies:

- akuter Myokardinfarkt,
- Arrhythmien,
- hypertensive Krisen,
- Lungenembolie,
- akutes Abdomen,
- akute gastrointestinale Blutung,
- Thromboembolien,
- akute Vergiftungen sowie Temperaturschäden.

### 27.2.4 Vitalfunktionsstörungen

Vitalfunktionsstörungen können als Komplikation und verlaufsprägende Elemente bei einer Reihe unterschiedlicher Krankheitsbilder auftreten, insbesondere bei den unter 27.2.3 aufgeführten prädisponierenden Krankheitsbildern.

**Definitionsgemäß spricht man von einer Vitalfunktionsstörung, wenn der Zellstoffwechsel des Organismus so beeinträchtigt wird, daß seine Funktionsabläufe lebensbedrohlich gestört sind. Grundfunktionsmuster sind Atmung, Herz-Kreislauf, Stoffwechsel und Temperatur.**

Ist die Regulation und Intaktheit dieser Funktionsabläufe gestört, kann es zur vitalen Bedrohung kommen, und die Indikation zur Intensivmedizin ist gegeben. Unter klinischen Gesichtspunkten lassen sich folgende Vitalfunktionsstörungen nennen:

- Schock,
- Pumpversagen,
- akute respiratorische Insuffizienz,
- akutes Nierenversagen,
- akutes Leberversagen,
- akutes Stoffwechselversagen und
- Störung der Homöostase.

## 27.3 Grundlagen der Intensivpflege

Intensivüberwachung und Intensivbehandlung sind nur möglich bei adäquater Pflege des Patienten. Über die Grundpflege hinaus leiten sich aus der Intensivmedizin spezielle Pflegeziele und Pflegenotwendigkeiten ab.

Das Aufgabenspektrum des Intensivpflegepersonals impliziert neben der Grundpflege folgende Tätigkeiten:

## FALL 27 A

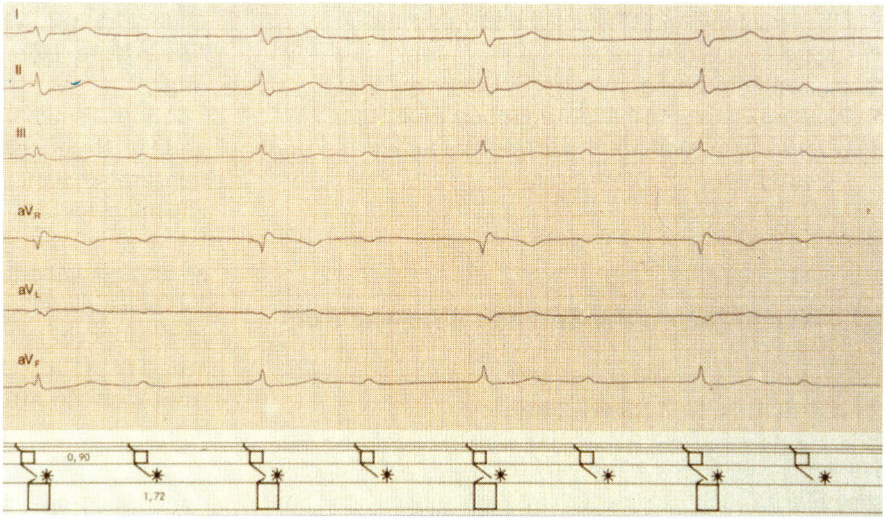

**Abb. 27. A.** Sinusrhythmus, kompliziert durch einen kompletten AV-Block 3. Grades mit langsamem idioventrikulärem Ersatzrhythmus

**Fremdanamnese (Ehefrau).** 63jähriger Patient mit koronarer Herzerkrankung und Herzinsuffizienz, mit Digitalis- und Nitropräparaten behandelt. Seit ca. 1 Woche grippaler Infekt. Er habe wenig getrunken und sei schwach gewesen. Beim Frühstück sei er plötzlich blau geworden. Alarmierung des Notarztes. Bradyarrhythmie und respiratorische Insuffizienz. Bei der Intubation ließen sich Speisereste auch aus der Trachea absaugen. Kurze Zeit nach Intubation Asystolie. Unter Katecholaminen Stabilisierung des Kreislaufs, Transport in die Klinik.

**Klinik.** Exsikkierter Patient, intubiert und sediert. Sklerosegeräusch über der Aorta. RR 120/80 mmHg unter Katecholaminen.
EKG: Kein Anhalt für Infarkt. Labor: Kalium 3,2 mval/l, Kreatinin 2,1 mg/dl, Digoxin 3,8 µg/l (therapeutischer Bereich 0,8–2,0). Ultraschall Abdomen: Unauffälliger Befund. Echokardiographie: Hypo- und Dyskinesie im Bereich des linken Ventrikels.

Pulmonalarteriendrücke: 24 mmHg systolisch, 13 mmHg diastolisch, 18 mmHg Mitteldruck. Herzminutenvolumen 6,2 l.

**Therapie und Verlauf.** Beatmung. Stabilisierung des Kreislaufs mit Dobutamin 600 µg/min (positiv-inotrop) sowie Nitroglyzerin 3 mg/h. Rehydrierung und Elektrolytsubstitution innerhalb der ersten 24 h unter hämodynamischem Monitoring. Parenterale Ernährung. Normalisierung von Kreatinin und Kalium. Mit Absinken des Digoxinspiegels Normalisierung der EKG-Veränderungen. Übergang auf assistierte Beatmung.
Am 3. Tag nach Aufnahme rechtsseitig pulmonale Rasselgeräusche ohrnah. Temperatur 39°C. Pneumonische Infiltrate rechts vorwiegend im Oberlappen. 17 000 Leukozyten/µl.

**Diagnosen.** Zustand nach Reanimation bei Rhythmusstörung infolge Digitalisüberdosierung, koronare Herzerkrankung, vorwiegend Linksherzinsuffizienz, Exsikkose mit prärenaler Niereninsuffizienz

**Weiterer Verlauf.** Nach Gabe eines Zephalosporins rasche Besserung des pulmonalen Befundes. Schrittweise Entwöhnung vom Respirator und oraler Kostaufbau, zunächst über Magensonde mit Formeldiäten. Ausschleichen der Katecholamine. Am 7. Tag Verlegung auf Allgemeinstation zur weiterführenden kardialen Diagnostik und medikamentösen Neueinstellung.

- Überwachung und Pflege bei invasiven und nichtinvasiven Maßnahmen,
- Überwachung und Pflege beim Monitoring,
- spezielle Lagerungen,
- spezielle Physiotherapien (z.B. Lungenpflege),
- Assistenz bei intensivmedizinischen Eingriffen,
- Überwachung und Mitverantwortung für Hygiene und Desinfektion.

## 27.4 Grundlagen der Intensivüberwachung

### 27.4.1 Klinische Überwachung

Die klinische Überwachung erstreckt sich auf systematische und zeitlich festgelegte Untersuchungen sowie auf Untersuchungen entsprechend aktueller Erfordernisse.

Sie umfaßt die bekannten Maßnahmen der Inspektion, Auskultation, Palpation und Perkussion sowie die orientierende neurologische Untersuchung.

**Die klinischen Intensivüberwachungsmaßnahmen erfordern neben dem zeitlich vorgegebenen und festgelegten Rhythmus auch die schriftliche Verlaufsaufzeichnung.**

### 27.4.2 Laborüberwachung

Die klinische Überwachung muß durch regelmäßige Laboranalysen ergänzt werden. Unabhängig von speziellen Bedürfnissen und krankheitsbezogenen Laboranalysen wird ein Mindestprogramm als Basisprogramm beim kritisch kranken Patienten durchgeführt. Folgendes Basisprogramm wird mindestens einmal innerhalb von 24 h erledigt:

- Blutgasanalyse und Säure-Basen-Status,
- Blutbild mit Thrombozyten,
- Quick, PTT, PTZ,
- Blutglukose,
- Albumin im Serum,
- harnpflichtige Substanzen,
- Elektrolyte.

Spezielle Laboranalysen werden nach Indikation angeordnet. Teststreifenuntersuchungen in Urin und Blut können zusätzlich von einem stationseigenen Labor erledigt werden.

### 27.4.3 Elektronisches Monitoring

Unter elektronischem Monitoring versteht man die ***kontinuierliche Überwachung biologischer Funktionsabläufe.***

Als Basisüberwachung ist ein Monitoring von EKG und Herzfrequenz obligat. Die Auswahl weiterer Funktionsgrößen hängt von der Art des Krankenguts ab. Dies gilt auch für die automatische Datenspeicherung und Wiedergabe mittels Datenverarbeitungsanlagen. In jüngerer Zeit wird das Monitoring auch im pflegerischen Bereich eingesetzt („elektronische Schwester"). Ob dies eine Möglichkeit zur Rationalisierung der Schwesternarbeit darstellt, ist zweifelhaft, zumindest ersetzt ein elektronisches Monitoring nicht die Zuwendung zum Patienten.

**Die unmittelbare klinische Überwachung durch Ärzte und Pflegepersonal kann durch keinerlei sonstiges Monitoring ersetzt werden.**

### 27.4.4 Invasives hämodynamisches Monitoring

#### Zentraler Venendruck (ZVD)

Der ***zentrale Venenkatheter*** dient der Messung des zentralen Venendrucks sowie als Zugang für Dauerinfusionen. Zugangswege sind die V. cubitalis, die V. subclavia sowie die V. jugularis interna. Der von dort eingeführte Venenverweilkatheter soll mit der Katheterspitze im großen intrathorakalen klappenlosen Venensystem liegen.

**Indikationen für den zentralen Venenkatheter sind:**

- **Überwachung und Erkennung von Störungen des Intravasalvolumens und Flüssigkeitshaushaltes,**
- **Überwachung der Infusionstherapie,**
- **Überwachung und Steuerung der Volumensubstitution.**

#### Pulmonalarteriendrücke

Insbesondere bei hämodynamisch instabilen Patienten erweist sich die Messung des ***pulmonalarteriellen*** und ***pulmonalkapillären Drucks*** sowie die Bestimmung des ***Herzminutenvolumens*** und die Messung der gemischtvenösen Sauerstoffsättigungswerts als sinnvoll für die Therapiesteuerung. Dazu dient der Swan-Ganz-Ballonkatheter, der unter Druckkontrolle über den rechten Vorhof bis in die Pulmonalarterie vorgeschoben wird.

#### Herzminutenvolumen

Die Messung des Herminutenvolumens erfolgt über einen Herminutenvolumencomputer in Verbindung mit einem Swan-Ganz-Ballonkatheter mit spitzennahem Thermistor. Die Messung des Herzminutenvolumens ist insbesondere indiziert bei:

- Pumpversagen und schwerer Herzinsuffizienz,
- Lungenembolie,
- kardiorespiratorischer Insuffizienz mit Beatmung und zur
- Therapiekontrolle Herz-Kreislauf-aktiver Pharmaka, insbesondere vasoaktiver Substanzen.

#### Arterieller Druck

Im intensivmedizinischen Bereich hat sich auch die ***direkte arterielle Druckmessung*** etabliert.

Über eine in der A. radialis oder A. femoralis liegende Kunststoffverweilkanüle wird mittels Druckmeßsystem der direkte arterielle Blutdruck gemessen und registriert.

Indikationsgebiete für eine arterielle Druckmessung sind insbesondere Schockzustände jeglicher Genese sowie die Überwachung hämodynamisch instabiler Patienten.

### 27.4.5 Mikrobiologisch hygienische Überwachung

***Infektkomplikationen*** als Zweiterkrankung treten auf Intensiveinheiten häufig auf. Von größter Bedeutung sind die im Krankenhaus erworbenen ***Pneumonien.***

Verlaufskontrollen zur Erfassung nosokomialer Infektionen dienen der Differenzierung pathogener Keime sowie der Prüfung der Antibiotikaresistenz bei manifesten Infektionen oder dem Verdacht auf Infektionen. Regelmäßige Hygienekontrollen des Personals und der Geräte auf Intensivstation sind ebenfalls erforderlich.

**Hauptkeimreservoir auf Intensivstationen ist der schwerkranke und abwehrgeschwächte Patient, Hauptkeimüberträger ist das Personal.**

## 27.5 Grundlagen der Intensivbehandlung

### 27.5.1 Künstliche Ernährung

#### Indikationen

Grundsätzlich ist die Indikation zur künstlichen Ernährung dann gegeben, wenn der Patient nicht auf natürlichem Wege essen will, darf oder kann.

Die Indikation zur künstlichen Ernährung hängt also nicht von bestimmten Krankheitsbildern ab, sondern von Schweregrad und Verlauf unterschiedlichster Erkrankungen. Eine künstliche Ernährung ist über einen zentralvenösen Zugang total parenteral, aber auch über einen peripheren Zugang partiell parenteral sowie über den Gastroitestinaltrakt mittels Sonde möglich. Die gastrointestinale Ernährung mittels filiformer Sonden hat auch im Intensivbereich ihren Platz gefunden.

#### Totale parenterale Ernährung

Die Erstellung eines Planes zur ***intravenösen Ernährung*** erfolgt in 3 Schritten:

- 1. Schritt. ***Festlegung des Eiweißbedarfs*** unter Berücksichtigung der Eiweißtoleranz: Eiweißbedarf bei einfacher intravenöser Ernährung: 0,8–1,0 g Aminosäuren pro kg pro Tag; bei hochkalorischer kompletter intravenöser Ernährung (z.B. Sepsis oder Polytrauma): 1,6–2,0 g Aminosäuren pro kg pro Tag.
- 2. Schritt. ***Festlegung des Kalorienbedarfs*** und Wahl der Kalorienträger: Patienten mit einfacher parenteraler Ernährung erhalten 25–30 kcal pro kg KG pro Tag, davon 12–15 % als Aminosäuren; Patienten mit hochkalorischer kompletter parenteraler Ernährung (z.B. Sepsis und Polytrauma) erhalten 35–40 kcal pro kg KG pro Tag, davon 22 % als Aminosäuren. Zur Deckung des restlichen Kalorienbedarfs werden etwa 50 % als Kohlenhydrate gegeben. Erste Wahl ist die Glukose. Nur bei Glukoseintoleranz kritisch kranker Patienten oder bei Patienten mit Diabetes mellitus ist auch der Einsatz von Glukoseaustauschstoffen erlaubt. Dabei ist eine Fruktoseintoleranz des Patienten zu beachten. Etwa 30 % des Kalorienbedarfs verabreicht man in Form von Fettemulsionen, für die es nach dem derzeitigen Wissensstand keine Kontraindikationen gibt. Ohne die aus Aminosäuren stammenden Kalorien ergibt sich für die

Energie aus Kohlenhydraten und Fett ein Verhältnis von 60:40.

- 3. Schritt. ***Festlegung des Elektrolyt-, Vitamin- und Spurenelementgehaltes*** sowie Abstimmung des Infusionsplancs mit dem ***Flüssigkeitsbedarf:*** Grundsätzlich gilt, daß in den ersten 24–48 h nach dem akuten Ereignis die Stabilisierung der Vitalfunktion des Patienten ganz im Vordergrund steht und erst danach eine totale parenterale Ernährung aufgebaut werden sollte.

Die Kontrolle der künstlichen Ernährung erfolgt nach der Bilanzierung und den Grundlagen der Intensivüberwachung. Die Berechnungen des Elektrolyt- und Wasserhaushaltes erfolgen zweckmäßigerweise ebenfalls in 3 Schritten:

- 1. Schritt. Ermittlung des ***Basisbedarfs:*** Dieser orientiert sich an Richtwerten und der Grunderkrankung, z. B. Flüssigkeitsrestriktion bei kardialer Dekompensation, erhöhter Flüssigkeitsbedarf bei Fieber oder bei Pankreatitis.
- 2. Schritt. Ermittlung des ***Bilanzbedarfs:*** Der Bilanzbedarf ermittelt sich aus der Berechnung von Zufuhr und Ausfuhr und wird in einer Tag-zu-Tag-Bilanz über 24 h ermittelt.
- 3. Schritt. ***Korrektur des Bilanzbedarfs:*** Dieser orientiert sich an den aktuellen Erfordernissen des Patienten.

#### Enterale Ernährung

Eine ***Sondenkost*** kann gastral, duodenal oder jejunal verabreicht werden. Dazu stehen Ernährungssonden aus gewebeverträglichen Materialien, wie Polyurethan und Silikonkautschuk, zur Verfügung.

Industriell vorgefertigte Nährlösungen erfüllen alle Anforderungen, die an eine komplette gastrointestinale Ernährung gestellt werden müssen. Die Nährlösungen werden unter dem Dachbegriff der Formeldiäten zusammengefaßt.

Nach Bestandteilen und Zusammensetzung gibt es 2 große Gruppen von bedarfsdeckenden Formeldiäten:

Niedermolekulare bedarfsdeckende Formeldiät (chemisch definierte Formeldiät). Die Nährlösung wird vollständig im Dünndarm resorbiert. Die Digestion durch Mund-, Magen- und Pankreassekrete ist unnötig. Entsprechend ist der Einsatz indiziert: perioperativ bei gastroenterologischen Erkrankungen; nach totaler parenteraler Ernährung über länger als eine Woche; bei schweren chronischen Enteritiden und Kolitiden, z. B. Colitis ulcerosa, und bei Kurzdarmsyndromen.

Hochmolekulare bedarfsdeckende Formeldiät (nährstoffdefinierte Formeldiät). Diese Diätform erfordert die enzymatische Verdauungsleistung, die Resorption erfolgt auch in tieferen Darmabschnitten. Entsprechend ergibt sich die Indikation: Bei Erfordernis einer Flüssigkost ohne Vorliegen von Funktionsstörungen im Gastrointestinaltrakt.

Neben den Standardformeldiäten, die eine reine Ersatzkost darstellen, gibt es bereits nährstoffmodifizierte bzw. stoffwechseladaptierte Formeldiäten, die den metabolischen oder Organfunktionsstörungen des Patienten Rechnung tragen, z. B. spezielle Nährlösungen für Patienten mit Lebersynthesestörung, mit Diabetes mellitus oder mit einer Nierenfunktionseinschränkung.

### 27.5.2 Extrakorporale Eliminationsverfahren

Die in der inneren Intensivmedizin als Akutverfahren eingesetzte Methoden zur Elimination ***endogener*** oder ***exogener toxischer Substanzen*** sind:

- Hämodialyse und ihr verwandte Verfahren wie Hämofiltration,
- Plasmaseparation (Plasmapherese),
- Hämoperfusion.

#### Hämodialyse und verwandte Verfahren

**Prinzip**. Bei der Hämodialyse handelt es sich um einen Stoffaustausch in einer ***semipermeablen Membran für gelöste Substanzen*** mittels Diffusion entlang einem Konzentrationsgefälle zwischen Blutplasma und Spülflüssigkeit. Hinzu kommt bei Erhöhung des hydrostatischen Druckes eine Elimination toxischer Stoffe mittels Konvexion. Dieses Prinzip findet insbesondere bei der Hämofiltration Anwendung.

**Indikation.** Die Indikation für die Hämodialyse besteht in erster Linie für das akute Nierenversagen jeglicher Genese, die akute respiratorische Insuffizienz bei Hyperhydratation sowie bei akuten exogenen Intoxikationen, soweit die Substanz dialysierbar ist.

**Plasmaseparation**

**Prinzip.** Bei der Plasmaseparation werden mittels einer ***künstlichen Membran feste Blutbestandteile vom Plasma*** getrennt. Die treibende Kraft dabei für den Stoffaustausch an der Filtermembran ist die transmembrane Druckdifferenz. Transmembrane Druckdifferenz und molekulare Trenneigenschaften der Membran bestimmen die Elimination. Das abgepreßte Filtrat muß künstlich ersetzt werden.

**Indikation.** Folgende Krankheitsbilder lassen die Plasmaseparation als gesichertes extrakorporales Verfahren erscheinen:
- Goodpasture-Syndrom,
- Myasthenia gravis,
- Guillain-Barré-Syndrom,
- thyreotoxische Krise und
- akute exogene Intoxikation mit Stoffen hoher Plasma-Eiweiß-Bindung.

**Hämoperfusion**

**Prinzip.** Das Prinzip der Hämoperfusion ist die Elimination toxischer Substanzen via Adsorption an ***Aktivkohle oder Kunstharz.*** Über speziell beschichtete Kohlekartuschen wird heparinisiertes Blut geleitet, die Giftstoffe werden dadurch an die Kohlegranula gebunden.

**Indikation.** In Abhängigkeit von klinischer Schwere der Vergiftung und der Blutspiegelkonzentration ist die Hämoperfusion Mittel der Wahl bei Hypnotika-, Herbizid- und Insektizidintoxikationen. Darüber hinaus gilt das Leberzerfallskoma als mögliche Indikation für den Einsatz der Hämoperfusion. Die Ergebnisse dazu sind jedoch uneinheitlich.

### 27.5.3 Medikamentöse Thrombolyse

Gesicherte thrombotische und embolische Verschlüsse von Arterien und Venen mit möglicher vitaler Bedrohung sind überwachungspflichtig. Unter Wahrung der Kontraindikationen, auf die in diesem Rahmen nicht im einzelnen eingegangen werden kann, stellen solche Verschlüsse eine Indikation zur medikamentösen Lyse dar.

**Prinzip.** Das Grundprinzip der medikamentösen Lyse ist die Aktivierung des fibrinolytischen Systems. Es kommt zum enzymatischen Abbau eines fibrinhaltigen Thrombus oder Embolus. Die Auflösung von Fibrin geschieht durch proteolytische Spaltung des Fibrinmoleküls. Eine medikamentöse Fibrinolyse kann sich direkt, d. h. durch Umwandlung von Plasminogen in Plasmin, oder auch indirekt über einen Aktivatorkomplex vollziehen.

**Durchführung.** Die gebräuchlichste *fibrinolytischen Medikamente* sind Streptokinase mit indirekter, Urokinase mit direkter Plasminogenwirkung.
Die Durchführung der Lyse setzt voraus:
- eingehenden Untersuchungsbefund und Indikationsstellung,
- Nachweis des Verschlusses durch Duplexsonographie, Angiographie oder Szintigraphie,
- eindeutigen Infarktnachweis.

***Gerinnungsanalytische Kontrollen*** sind bei der Behandlung mit lytisch aktiven Pharmaka angezeigt, doch gibt es Ausnahmen (ultrahohe Lyse).

Sowohl spezifische Komplikationen, wie pyrogene und allergische Reaktionen, wie auch unspezifische Komplikationen (z. B. Blutungskomplikationen) unterstreichen die Notwendigkeit der Lysetherapie auf einer internistischen Intensiveinheit.

### 27.5.4 Apparative Beatmung

Apparative Beatmung gilt neben der Ersatzatmung als eine mögliche Therapieform bei einer Vielzahl pulmonaler und extrapulmonaler Erkrankungen mit respiratorischer Komplikation. Sie ist grundsätzlich über endotracheale Tuben oder Trachealkanülen nach vorher angelegtem Tracheostoma möglich.

Auswahl von Respirator und Beatmungsmuster erfolgen in Abhängigkeit von Grunderkrankung und Zustandsbild. Bei den Geräten unterscheidet man 2 unterschiedliche Prinzipien: druckgesteuerte Geräte mit variablem Flow und volumenzeitgesteuerte Geräte. Moderne Geräte lassen sich wahlweise volumenzeitgesteuert oder auch druckgesteuert einsetzen.

Bei den Beatmungsformen hat sich eine Einteilung in maschinenorientierte und patientenorientierte Beatmung sowie Mischformen aus beiden bewährt. Eine ***maschinenorientierte Beatmung*** kann mit oder ohne Patientensynchronisation erfolgen. Bei der ***patientenorientierten Beatmung*** werden Atemzeiten und Atemgasförderung von dem Patienten selbst gesteuert. Sie ist eigentlich nur eine Atemhilfe.

Die Mischformen tragen beide Elemente in sich, setzen jedoch in jedem Fall ***spontane Atemaktivität*** des Patienten voraus.

## Literatur

Cullen DJ, Kenne JR, Waternaux C, Peterson H (1984) Objective quantitative measurement of severity of illness in critically ill patients. Crit Care Med 12: 155–160

Schuster HP, Pop T, Weilemann LS (Hrsg) (1988) Checkliste Intensivmedizin, 3. Aufl. Thieme, Stuttgart New York

Schuster HP, Schölmerich P, Schönborn H, Baum P (Hrsg) (1988) Intensivmedizin: Innere Medizin, Neurologie, Reanimation, Intoxikation, 3. Aufl. Thieme, Stuttgart New York

# 28 Prinzipien der internistischen Onkologie

H. Heimpel und E. Lötzke


## ZUSAMMENFASSUNG

Krebs entsteht aus dem Zusammenspiel genetischer und Umweltfaktoren durch klonale Evolution der Tochterzellen einer transformierten Zelle. Charakteristika des Krebsgewebes sind die ***Wachstumsautonomie,*** die morphologische und biochemische ***Anaplasie*** und die Neigung zu ***Gewebeinfiltration*** und ***Metastasierung.*** Die Diagnostik und Behandlung der Krebskrankheit erfordert die Kooperation des Internisten mit den operativen und radiologischen Disziplinen. Gleiches gilt für andere Fächer, z. B. die Gynäkologie.

Die ***Verdachtsdiagnose*** beruht auf allgemeinen und speziellen Tumorzeichen und dem Auftreten ***paraneoplastischer Syndrome.*** Die ***Diagnose*** muß durch zytologische und/oder histologische Gewebeuntersuchung aus tumorverdächtigen Läsionen gesichert werden. Die histopathologische Beurteilung des Malignitätsgrades und die ***Stadieneinteilung*** ist die Grundlage der Therapieplanung, die sich an allgemeinen Therapiezielen (Heilung, Erhaltung der Lebensqualität, Lebensverlängerung) orientiert.

Die ***zytoreduktive Pharmakotherapie*** mit Zytostatika, Hormonen oder Zytokinen dient der Elimination oder Verkleinerung des Tumorgewebes, die ***supportive Therapie*** der Verbesserung der Lebensqualität und der Milderung therapieassoziierter Nebenwirkungen.

Beim ***Mammakarzinom*** wird die antineoplastische Pharmakotherapie mit Hormonen und Zytostatika als ***adjuvante Therapie*** mit dem Ziel der Erhöhung der Heilungswahrscheinlichkeit und als ***palliative Therapie*** eingesetzt. ***Maligne Hodentumoren*** können durch Zytostatika auch dann geheilt werden, wenn die operative Elimination des Tumorgewebes nicht mehr möglich ist.


Die Klinik der malignen Erkrankungen hat ***allgemeine,*** aus der Tumorbiologie abgeleitete, und ***organspezifische Aspekte.*** Die Diagnostik und Behandlung der Krebskrankheit erfordert deswegen die Kooperation verschiedener internistischer mit operativen und radiologischen Disziplinen. Die Aufgabe des internistischen Onkologen umfaßt die Mitarbeit bei der Prävention, die Tumordiagnostik und die Therapie nicht operabler und nicht der Strahlentherapie zugänglicher Tumormanifestationen, insbesondere der malignen Systemerkrankungen (s. Kap. 9) und der soliden Tumoren im Stadium der Metastasierung und des nicht mehr operablen Rezidivs.

Der Koordination der interdisziplinären Onkologie dient die Arbeit der überregionalen Tumorzentren und regionalen Arbeitskreise. Die Therapieplanung bei schwierigen Einzelfällen erfolgt in interdisziplinären onkologischen Konferenzen. An vielen Tumorzentren gibt es die Möglichkeit der telefonischen Konsultation. Patienten können sich bei dem Krebsinformationsdienst (KID) in Heidelberg beraten lassen.

## 28.1 Grundlagen der klinischen Tumorbiologie

Als Krebskrankheit (Neoplasie, Malignom, maligner Tumor) bezeichnet man das klinische Ergebnis des unkontrollierten Wachstums einer Zellpopulation, das zur Zerstörung anatomischer Strukturen und Funktionsverlust führt. Für die Klinik sind folgende biologische Eigenschaften der malignen Gewebe von Bedeutung:

**Klonalität.** Die überwiegende Mehrzahl der malignen Tumoren entsteht aus der neoplastischen Transformation *einer* Zelle. Klonalitätsmarker sind Veränderungen des Genoms, z. B. charakteristische Rearrangements der Immungene oder Onkogenveränderungen (s. Kap. 25), Chromosomenaberrationen, Zelloberflächenantigene und sezernierte Proteine, z. B. monoklonale Immunglobuline. Ihr Nachweis gewinnt zunehmende Bedeutung für Diagnostik, Klassifikation, Prognose und Therapiewahl. Wie das Beispiel der ***benignen monoklonalen Gammopathie*** zeigt, bedeutet Klonalität nicht obligat klinische Malignität. Viele Tumoren zeigen im Krankheitsverlauf eine ***klonale Evolution,*** die zur Bildung von Subklonen höherer Malignität führt, die gegenüber primär wirksamen Zytostatika resistent sein können.

**Autonomie.** Ein Grundprinzip der Malignität ist die Unabhängigkeit der Tumorzellen von den Regulationsmechanismen, die das Wachstum der Zellen des Muttergewebes steuern und begrenzen. Daraus resultiert die Tatsache, daß die Tumorprogression von normalen Umweltfaktoren weitgehend unabhängig ist, auch wenn diese Kofaktoren der Krebsentstehung sind. Die Autonomie ist vor allem in frühen Phasen der Tumorprogression nur relativ: Deswegen kann z. B. das Wachstum hormonabhängiger Tumoren durch Verminderung der Produktion wachstumsfördernder Hormone oder durch hormonähnliche Substanzen so lange beeinflußt werden, bis nach Entstehung stärker autonomer Subklone Hormonresistenz eintritt.

**Anaplasie.** Maligne Tumoren zeigen im Vergleich zum Muttergewebe einen unterschiedlich stark ausgeprägten Differenzierungsverlust, ein für die morphologische Tumordiagnose wichtiges Merkmal. Biochemisch äußert sich die Anaplasie in Veränderungen der Genregulation mit „ektopischer“ Produktion von im Muttergewebe jenseits der Fetalperiode nicht mehr gebildeter Proteine, die diagnostisch als ***Tumormarker*** von Bedeutung sind und zu Funktionsstörungen in Form von ***paraneoplastischen Syndromen*** führen können.

**Ein niedriger Differenzierungsgrad eines Tumors geht in der Regel mit höherer Malignität einher.**

Viele Tumoren zeigen bei längerem Krankheitsverlauf eine Abnahme des Differenzierungsgrades mit zunehmender Malignität.

**Infiltratives Wachstum und Metastasierung.** Als Folge der Autonomie und Anaplasie überschreiten Malignome die natürlichen Gewebe und Organgrenzen. Sekundäre Lokalisationen von Tumorgewebe, die vom Primärtumor anatomisch getrennt sind, bezeichnet man als ***Metastasen.*** Sie entstehen durch Verbreitung von Tumorzellen innerhalb von Hohlräumen (bronchogene Metastasen, Abklatschmetastasen, Peritonealkarzinose) oder Transport in den Lymphbahnen mit primärer Absiedlung in den regionären Lymphknoten. ***Hämatogene*** Metastasen folgen dem venösen Abstrom über das System der Pfortader oder der Hohlvene. Die Metastasenentstehung und -verteilung wird darüberhinaus durch komplexe, weitgehend unbekannte biologische Parameter bestimmt. Zirkulierende Tumorzellen wurden auch bei Patienten nachgewiesen, die metastasenfrei blieben. Die im venösen Abstromgebiet liegenden Organe Leber und Lunge können „übersprungen“ werden, so daß zuerst Metastasen in anderen Körperregionen entstehen. Obwohl Metastasen in allen Organen gebildet werden können, kennt man für bestimmte Tumorformen charakteristische Metastasierungstypen (Tabelle 28.1).

**Wachstumskinetik.** Maligne Tumoren zeigen definitionsgemäß eine stetige Zunahme der Zellzahl und der Tumorgröße, da Tumorzellen Stammzellcharakter haben, sich also selber reproduzieren können. Die Wachstumsgeschwindigkeit ist von der Wachstumsfraktion, d. h. dem Anteil der Tumorzellen in der DNS-Synthesephase und der Absterberrate der Zellen abhängig; sie ist mit Tumorverdopplungszeiten von wenigen Tagen bis zu mehreren Monaten sehr unterschiedlich und zeigt mit längerem Krankheitsverlauf eine zunehmende Tendenz. Deswe-

**Tabelle 28.1.** Häufigkeit der Metastasenlokalisation bei verschiedenen Primärtumoren.

| Primärtumor | Metastasen/Organ | | | |
|---|---|---|---|---|
| | Leber (%) | Lunge (%) | Knochen (%) | Gehirn (%) |
| Lunge | 40 | 30 | 40 | 20 |
| Mamma | 50 | 60 | 60 | 20 |
| Schilddrüse | 60 | 60 | 40 | 5 |
| Pankreas | 60 | 30 | 5 | 5 |
| Magen | 40 | 20 | 5 | 5 |
| Kolon–Rektum | 70 | 30 | 5 | 5 |
| Niere | 40 | 60 | 40 | 5 |
| Prostata | 10 | 20 | 60 | 5 |

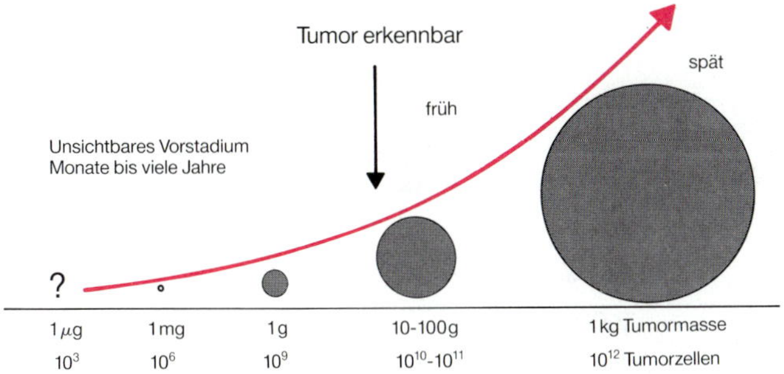


**Abb. 28.1.** Tumorprogression und Zeitpunkt der Diagnose

gen variieren die Intervalle zwischen dem (beim Menschen immer nur indirekt bestimmbaren) Zeitpunkt der malignen Transformation der Ursprungszelle, dem methodenabhängigen Zeitpunkt der Diagnostizierbarkeit und dem Auftreten tumorabhängiger Symptome erheblich (Abb. 28.1).

## 28.2 Epidemiologie maligner Erkrankungen

### 28.2.1 Häufigkeit und Verteilung einzelner Tumorformen

Zeitliche und geographische Variationen beruhen vor allem auf der Effektivität der Diagnostik und dem Altersaufbau der Bevölkerung.

**Der Anteil der Krebserkrankungen an allen Todesfällen beträgt in der BRD etwa 25 %.**

Die krebsspezifische Mortalität liegt bei 280/10 000 Einwohner; das sind in der BRD etwa 250 000 Krebstodesfälle pro Jahr. Da etwa jede zweite Krebserkrankung geheilt wird, ist die ***Inzidenz*** der jährlich neu diagnostizierten Fälle etwa doppelt so hoch. Globale Angaben der ***Prävalenz*** sagen wenig aus, da die Überlebenswahrscheinlichkeit der einzelnen Tumortypen stark differiert: Sie liegt z. B. beim Pankreaskarzinom unter der Inzidenz, ist aber bei Morbus Hodgkin um das 10fache höher.

Inzidenz und Mortalitätsrate steigen im höheren Lebensalter stark an. Gleichzeitig werden die geschlechtsspezifischen Unterschiede der globalen Krebsinzidenz sichtbar (Abb. 28.2).

Erhebliche Geschlechtsunterschiede sind bei der Verteilung der einzelnen Krebsformen zu erkennen (Abb. 28.3).

### 28.2.2 Krebsursachen und Risikofaktoren

Krebs entsteht aus dem Zusammenspiel genetischer und exogener Faktoren. Bei genetisch heterogenen Populationen wie beim Menschen ist die Entdeckung *einer* obligaten Krebsursache unwahrscheinlich. Sinnvoller als die Suche nach dem Krebserreger ist der Versuch, ein allgemeines Konzept der molekularen Genese der malignen Zelltransformation zu formulieren (s. Kap. 25).

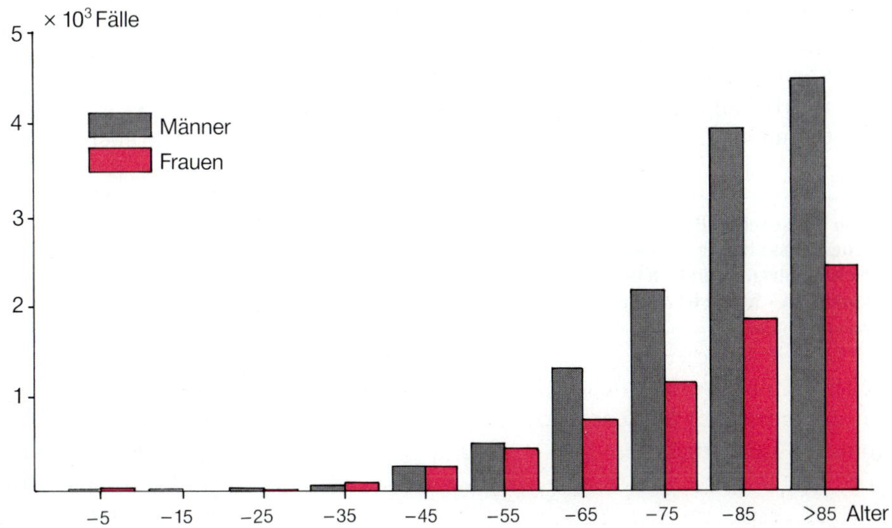


**Abb. 28.2.** Altersspezifische Inzidenz der Krebserkrankung. Ordinate: Neuerkrankungen pro $1 \times 10^5$ Angehörige der Altersgruppe pro Jahr. (Aus Krebsregister des Saarlandes 1986)

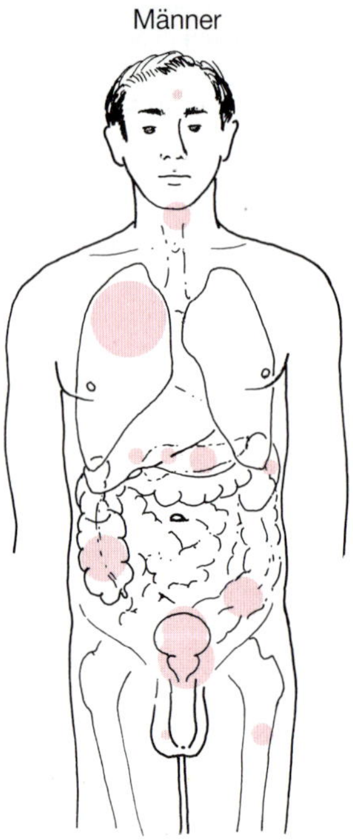


| | | | |
|---|---|---|---|
| 1,2% | Gehirn und Nervensystem | | 1,2% |
| 5,3% | Mundhöhle und Rachen | | 1,1% |
| 21,6% | Atmungsorgane | | 3,9% |
| | Brustdrüse | | 21,2% |
| 2,4% | Leber und Galle | | 3,6% |
| 5,8% | Magen | | 6,3% |
| 2,2% | Bauchspeicheldrüse | | 2,2% |
| 2,3% | Niere | | 2,3% |
| 8,0% | Dickdarm | | 10,6% |
| 5,7% | Mastdarm | | 4,9% |
| 7,4% | Blase | | 2,2% |
| 9,3% | Prostata | Gebärmutter | 7,3% |
| 1,4% | Hoden | Gebärmutterhals | 3,6% |
| 4,8% | Leukämien und Lymphome | | 4,3% |
| 1,4% | Melanome | | 1,4% |
| 13,1% | Sonstige Haut | | 10,6% |
| 8,1% | Sonstige Organe | | 13,3% |

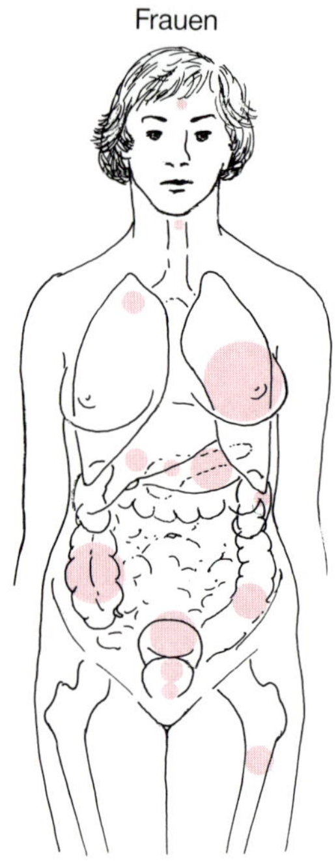


**Abb. 28.3.** Häufigkeit der wichtigsten Krebsformen bei Männern und Frauen. (Mod. nach Krebsregister des Saarlandes 1986)

Die Bedeutung ***genetischer Faktoren*** stützt sich auf ethnische Differenzen, die familäre Häufung bestimmter Krebsarten und das vielfach erhöhte Krebsrisiko beim Retinoblastom und bei vielen primär nicht neoplastischen Erkrankungen mit bekanntem Erbgang, z. B. bei der Neurofibromatose, der Polypose des Dickdarms und bei angeborenen Immundefekten. Bei einigen erblichen Krankheiten ist eine erhöhte Empfindlichkeit für exogene Noxen bekannt – z. B. gegenüber Lichtexposition beim Xeroderma pigmentosum –, bei anderen zu vermuten.

**Von praktischer Bedeutung ist die Tatsache, daß die Wahrscheinlichkeit eines *zweiten Primärtumors* bei Krebskranken nicht niedriger, sondern in vielen Fällen – z. B. beim Mammakarzinom – höher ist als bei Gesunden.**

Beispiele für *erworbene Risikofaktoren* sind die Anastomosenkrebse nach Magenresektion und die Leberkarzinome bei Leberzirrhose.

**Exogene Faktoren (Kanzerogene)**

**Tabak.** Rauchen ist der bei weitem wichtigste Risikofaktor in der BRD und vergleichbaren Industrieländern.

**Bei schweren Zigarettenrauchern ist das Lungenkrebsrisiko etwa 20mal so hoch wie bei Nichtrauchern.**

Tabakrauch erhöht das Risiko auch in anderen Bereichen, z. B. im Mund, im Rachen, im Kehlkopf, in der Niere und in den Harnwegen.

**Alkohol.** Bei hohem Konsum kommen gehäuft Karzinome des Nasopharynx, der Mundhöhle, der Speiseröhre und des Pankreas vor. Besonders hoch sind die Risiken bei dem häufig mit Alkohol verbundenen Tabakabusus.

**Exposition am Arbeitsplatz.** Gesichert ist die kanzerogene Wirkung von ***Asbeststaub*** (Mesotheliome, Lungenkarzinome), ***Benzol*** (Leukämien und Lymphome), ***Arsen, Nickel*** und ***Vinylchlorid.***

**Andere Umweltfaktoren.** Die Bedeutung der Wasser- und Luftverunreinigung durch Xenobiotika ist umstritten. Dagegen besteht kein Zweifel an der dosisabhängigen kanzerogenen Wirkung ***energiereicher Strahlen,*** wie die Erhöhung des Krebsrisikos überlebender Einwohner von Hiroshima und Nagasaki zeigt, und an der Erhöhung des Hautkrebsrisikos durch solare und künstliche ***Lichtexposition.***

**Iatrogene Faktoren.** Die Behandlung mit alkylierenden Zytostatika, vor allem in Kombination mit energiereicher Bestrahlung, und die langzeitige intensive Immunsuppression nach allogener Organtransplantation führen zu einem erhöhten Risiko von Zweitneoplasien vor allem des hämopoetischen Gewebes. Die Abwägung dieser Späteffekte gegenüber der Heilungswahrscheinlichkeit und Verbesserung der Lebensqualität ist bei der Entwicklung von Therapieschemata und bei der Therapieplanung für den einzelnen Patienten von Bedeutung.

**Infektionen.** Die von Patienten und Angehörigen oft gestellte Frage, ob die Krebskrankheit ansteckend ist, kann mit einem klaren Nein beantwortet werden. Mit Ausnahme der papillomavirusassoziierten Penis-, Anal- und Vulvaepitheliome finden sich Malignome durch vertikale oder horizontale Virusübertragung (afrikanisches Burkitt-Lymphom, epidemische T-Zell-Leukämie) nur in einigen Entwicklungsregionen. Ein erhöhtes Risiko haben Personen mit HIV- (Lymphome, Kaposisarkom) und Hepatitis-B-Virusinfektionen (Leberkarzinom). Die Bedeutung der weitverbreiteten, im frühen Lebensalter erworbenen residenten Virusinfektionen (Epstein-Barr-Virus, Herpes-simplex-Virus) ist noch unklar.

## 28.3 Diagnostik

Die allgemeinen Prinzipien der Diagnostik und Therapie maligner Tumoren zeigt Abb. 28.4. Die Forderung nach der ***frühzeitigen Diagnose*** ergibt sich aus der Möglichkeit der vollständigen operativen Entfernung des Tumorgewebes unter möglichst weitgehender Erhaltung der Funktion des befallenen Organs vor Entstehung lymphogener oder hämatogener Metastasen. Dies gilt beim heutigen Stand der Diagnostik und operativen Technik für einige Tumoren des ZNS, des HNO-Bereichs, der Schilddrüse und des Magens, für nicht-kleinzellige Bronchial- und kolorektale Karzinome, Nieren- und Blasenkarzinome, Tumoren der männlichen und weiblichen Geschlechtsorgane, primäre Knochentumoren, Weichteilsarkome und Hauttumoren. Maligne Lymphome können in frühen Stadien kurativ bestrahlt werden (s. Kap. 9).

Einige andere Krebsformen können bei rechtzeitiger Diagnose durch die kombinierte Therapie geheilt werden; Beispiele dafür sind das ***Analkarzinom*** (Resektion nach vorhergehender Verkleinerung durch Strahlen- und Chemotherapie) und das ***Osteosarkom*** (extremitätenerhaltende Resektion nach Chemotherapie). Die Frühdiagnose ist auch bei neoplastischen Systemerkrankungen anzustreben, bei denen eine kurative Chemotherapie möglich ist, ebenso bei Patienten, deren Lebensqualität durch die spezifische antineoplastische Behandlung erhalten oder verbessert werden kann.

Ein wichtiges Instrument der Frühdiagnose sind regelmäßige ***Vorsorgeuntersuchungen*** bei Risikogruppen. Eine Verbesserung der Diagnose ist allerdings nur für das Zervixkarzinom (jährliche Zytologie bei Frauen jenseits des 35. Lebensjahrs) und für kolorektale Karzinome (jährliche Untersuchung des Stuhls auf okkultes Blut bei über 45jährigen) bewiesen, für das Mammakarzinom (Palpation, Mammographie) und das Bronchialkarzinom (Röntgenaufnahme des Thorax bei Rauchern über 45 Jahren) umstritten. Eine frühe Tumordiagnose kann gestellt werden, wenn bei der internistischen Untersuchung auf wegweisende anamnestische Angaben und tumorverdächtige Veränderungen geachtet wird.

Entscheidend ist, daß der Untersucher an die Möglichkeit einer Tumorerkrankung denkt!

Für die Frühdiagnose wichtige ***Warnsignale*** sind:

- Änderung der Stuhl- und Miktionsgewohnheiten,
- Verdauungs- und Schluckstörungen,
- ungewöhnlich verlaufende Infektionen, schlechte Wundheilung,
- ungewöhnliche Blutungen und Ausfluß,
- chronischer Husten und Heiserkeit,
- Verdickungen oder Knoten in der Brust und an anderer Stelle,
- sichtbare Veränderungen einer Warze oder eines Muttermals.

### 28.3.1 Allgemeine Tumorzeichen

Die Unterscheidung von ***allgemeinen,*** durch Rückwirkungen der Tumorerkrankung auf den Gesamtorganismus bedingte, von ***speziellen,*** durch die Lokalisation des

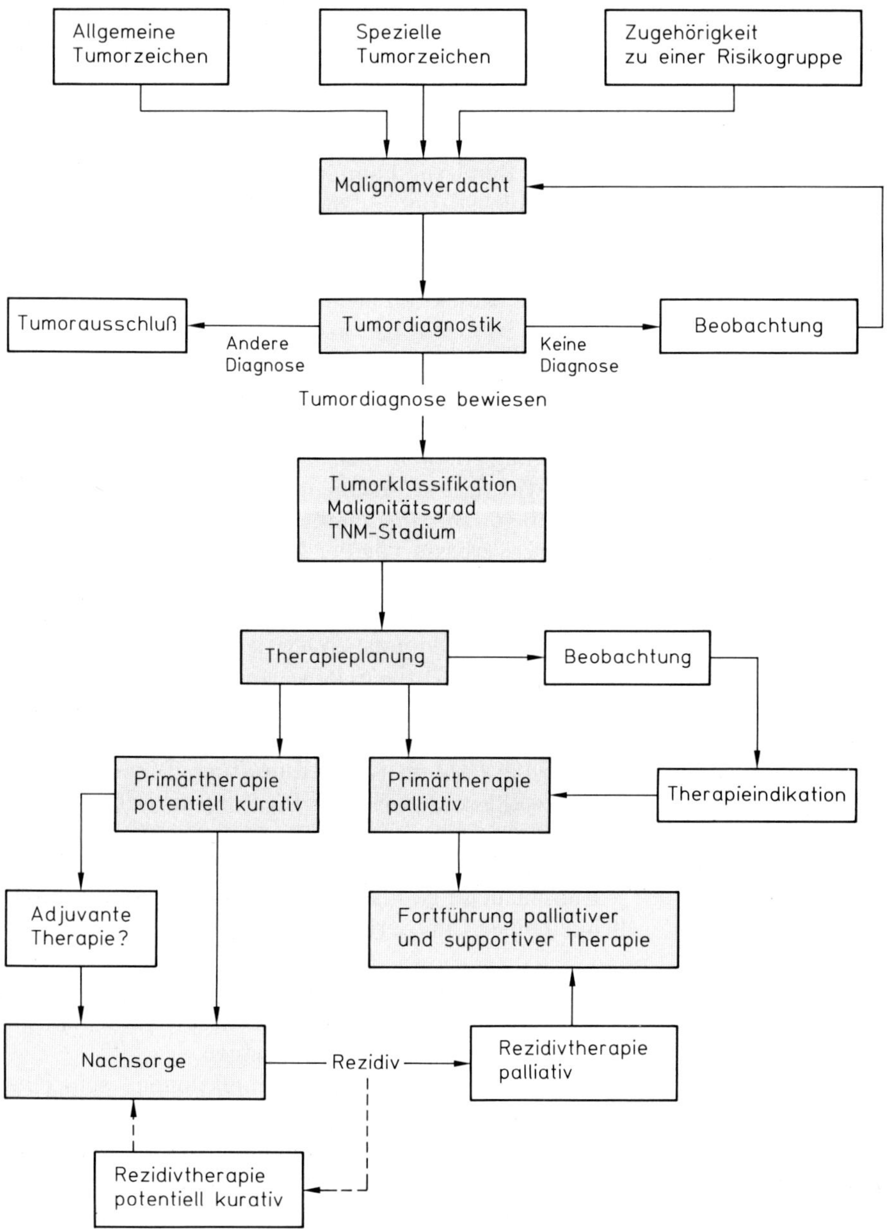


**Abb. 28.4.** Diagnostik und Therapie maligner Tumoren

Tumors bedingte Tumorzeichen hat sich bewährt, auch wenn eine scharfe Trennung der beiden Symptomgruppen nicht immer möglich ist.

***Subjektive Symptome*** werden als allgemeine Störung des Wohlbefindens, Müdigkeit, Leistungsabfall, „grippale“ Infekte, Energieverlust, Verminderung des Appetits, gelegentlich als depressiv gefärbte Verstimmungszustände geschildert. Sie sind von geringer Spezifität, da sie auch bei anderen organischen psychosomatischen und psychischen Erkrankungen vorkommen. Ihre Gewichtung als diagnostische Handlungsanweisung ist eine Frage der ärztlichen Erfahrung, insbesondere der Kunst einer exakten und umfassenden Anamnese.

***Fieber,*** oft manifestiert als Nachtschweiß, kommt bei allen Malignomen vor, besonders häufig und ausgeprägt bei malignen Lymphomen, Nieren- und Leberzellkarzinomen, beim Magen- und Pankreaskarzinom und bei Sarkomen. Ebenso wie bei unerklärter ***Gewichtsabnahme*** ist die differentialdiagnostische Abgrenzung gegenüber chronischen Infektionen und nicht-infektiösen entzündlichen Erkrankungen wichtig. Für die ähnliche Symptomatik neoplastischer und entzündlicher Erkrankungen ist unter anderem die Stimulation der Interleukin(IL)-6 und IL-1-Aktivität verantwortlich.

Die Neoplasien der Hämo- und Lymphopoese, aber auch viele andere Krebserkrankungen gehen mit einer erhöhten ***Infektanfälligkeit*** einher, die durch Läsionen der Schleimhautbarriere und Störungen der Drainagefunktionen (z. B. Bronchus, ableitende Harnwege), darüber hinaus aber durch eine tumorassoziierte ***Immunsuppression*** bedingt ist. Ein Beispiel dafür ist das häufige Auftreten eines Herpes zoster.

## 28.3.2 Paraneoplastische Syndrome

Von Tumorzellen produzierte und sezernierte Wirkstoffe können Funktionsstörungen komplexer Pathogenese und vielfältiger Erscheinungsform auslösen, die von phänotypisch ähnlichen Veränderungen auf primär infektiöser, immunologischer oder metabolischer Grundlage diagnostisch abgegrenzt werden müssen. Dafür verantwortliche Proteine als Ausdruck einer pathologischen Regulation der Genexpression sind nur teilweise bekannt.

Zu den paraneoplastischen Syndromen gehören:

- Die ***Polyneuropathie*** mit sensiblen und motorischen Ausfällen, Schmerzen, Muskelatrophien und vegetativen Ausfällen (vor allem bei Bronchialkarzinom, Lymphomen und Thymom);
- ***Phlebothrombosen,*** wobei die seltene schmerzhafte Thrombophlebitis migrans eine hohe Spezifität aufweist (vor allem bei Karzinomen des Pankreas, der Niere und der Prostata);
- ***Hautveränderungen*** in Form von Pruritus mit Kratzeffekten (vor allem maligne Lymphome und Leukämien) oder in Form der ***Dermatomyositis,*** die in etwa 10 % mit einer Krebserkrankung assoziiert ist;
- eine ***Hyperkalzämie,*** die am häufigsten, aber keineswegs ausschließlich bei Tumoren mit osteolytischen Metastasen vorkommt (vor allem Karzinome der Mamma, der Lunge, der Niere und der Prostata, Lymphome und Leukämien).

**Tabelle 28.2** Beurteilung des Allgemeinzustandes

| Nach Zubrod (WHO, SAKK): | | Nach Karnofsky: | |
|---|---|---|---|
| 0 | Normale körperliche Aktivität, keine besondere Pflege erforderlich | 100% | Normale Aktivität, keine Beschwerden, kein Hinweis für Tumorleiden |
| 1 | Mäßig eingeschränkte körperliche Aktivität und Arbeitsfähigkeit, nicht bettlägerig | 90% | Geringfügig verminderte Aktivität und Belastbarkeit |
| | | 80% | Normale Aktivität nur mit Anstrengung, deutlich verringerte Aktivität |
| 2 | Arbeitsunfähig, meist selbständige Lebensführung, wachsendes Ausmaß an Pflege und Unterstützung notwendig, weniger als 50 % bettlägerig | 70 % | Unfähig zu normaler Aktivität, versorgt sich selbständig |
| | | 60 % | Gelegentliche Hilfe, versorgt sich noch weitgehend selbst |
| 3 | Unfähig, sich selbst zu versorgen, kontinuierliche Pflege oder Hospitalisierung notwendig, rasche Progredienz des Leidens, mehr als 50 % bettlägerig | 50 % | Ständige Unterstützung und Pflege, häufige ärztliche Hilfe erforderlich |
| | | 40 % | Überwiegend bettlägerig, spezielle Hilfe erforderlich |
| 4 | 100 % krankheitsbedingt bettlägerig | 30 % | Dauernd bettlägerig, geschulte Pflegekraft notwendig |
| | | 20% | Schwerkrank, Hospitalisierung, aktive supportive Therapie |

Als ***endokrine Paraneoplasien*** werden Krankheitsbilder zusammengefaßt, die durch die Synthese von Hormonen oder hormonähnlichen Substanzen im Tumorgewebe bedingt sind. Ihre Bildung erfolgt ektopisch (Bronchus-, Pankreas-Karzinome, Tumoren des *A*mine-*P*recursor- *U*ptake- *D*ecarboxylation-Systems), seltener organspezifisch (Hypophysen-, Nebennierenkarzinome). Wichtige endokrine Paraneoplasien sind das ACTH- oder Cushing-Syndrom, die Hyponatriämie durch unangepaßte Sekretion von antidiuretischem Hormon, gonadotropinbedingte Störungen (Menstruationsstörungen, Gynäkomastie), die Spontanhypoglykämie, die Erythrozytose bei Nierenkarzinomen und das Karzinoidsyndrom.

## 28.3.3 Spezielle Tumorzeichen

Art und Ausprägung der direkt durch das Tumorgewebe hervorgerufenen Veränderungen sind durch Lokalisation, Wachstumsrichtung und Wachstumsgeschwindigkeit des Primärtumors bedingt. In 5% aller malignen Tumoren findet man zuerst die Metastasen eines asymptomatischen Primärtumors, der so klein sein kann, daß er der klinischen Diagnostik, in etwa 1/3 der Fälle der Autopsie entgeht.

***Tumorschmerzen*** sind als Erstsymptom seltener als im späteren Verlauf einer bereits bekannten Krebserkrankung. Bei allen nicht erklärten länger anhaltenden Schmerzen ist auch an eine Tumorerkrankung zu denken. Dies gilt vor allem für die Differentialdiagnose der Rückenschmerzen, die durch die Kompression schmerzleitender Nervenfasern bei retroperitonealen Tumoren oder durch Wurzelkompression bei metastasenbedingter Wirbeldestruktion bedingt sein können.

Die Vielzahl der Symptome und Zeichen organspezifischer Funktionsstörungen wird in den entsprechenden Organkapiteln besprochen. Neurologische Ausfälle, wie Veränderungen und Störungen der Gelenkbeweglichkeit, werden häufig als Tumorzeichen verkannt. Sicht- und tastbare Veränderungen bei Tumoren oder Metastasen der Schleimhäute, der Haut, des Unterhautfettgewebes, der Lymphknoten, der Muskulatur des Knochens werden oft von Patienten selber entdeckt und führen diesen zum Arzt. Sie sind meist schmerzlos, derb und gegen die umgebenden Gewebe nicht verschieblich. Sie können aber auch Entzündungszeichen aufweisen, z.B. beim inflammatorischen Mammakarzinom und bei Weichteil- und Knochensarkomen. Häufig werden derartige Läsionen verkannt und symptomatisch behandelt, weil an die Möglichkeit eines Malignoms nicht gedacht wird.

**Sichtbare oder „okkulte", d.h. nur mikroskopisch oder biochemisch nachweisbare *Blutbeimengungen* in Sputum, Stuhl und Urin, genitale Blutungen und hämorrhagische Ergüsse sind immer verdächtig auf einen malignen Tumor.**

Dasselbe gilt für die unerklärte Eisenmangelanämie als Folge einer chronischen okkulten Blutung.

### 28.3.4 Verfahren der Tumordiagnostik

Bei Verdacht auf eine Tumorerkrankung ist der erste Schritt die gezielte ***Anamnese*** (Systemanamnese) und vollständige ***körperliche Untersuchung.*** Häufig ergeben sich dabei Entscheidungshilfen für die Auswahl und Reihenfolge der technischen Diagnostik. Sicht- oder tastbare Läsionen erlauben meist die Gewinnung von Gewebe zur zytologischen und/oder histologischen Untersuchung. Mit Hilfe der Feinnadelaspiration können Zellen auch aus tieferliegenden Läsionen gewonnen werden, wobei die durch Sonographie oder Computertomographie gesteuerte Tumorpunktion immer mehr Bedeutung gewinnt. Die ***zytologische Tumordiagnose*** verlangt allerdings große Erfahrung in der Punktionstechnik und der Herstellung und Beurteilung der zytologischen Präparate. Die Sicherung der Diagnose, bei leicht zugänglichen oder potentiell operativ entfernbaren Läsionen die primäre Diagnostik, erfolgt durch ***histologische Untersuchung*** optisch gewonnener Gewebeteile oder des operativ entfernten Tumors. Schnellschnittuntersuchungen sind bei der operativen Freilegung tumorverdächtiger Läsionen als Entscheidungshilfe für den Fortgang der Operation angebracht. ***Endoskopische Verfahren*** dienen der makroskopischen Tumordiagnostik und Gewebegewinnung bei Tumoren der Bronchien, des Intestinaltraktes, der ableitenden Harnwege und der Körperhöhlen.

**Bildgebende Verfahren.** Die konventionelle Röntgentechnik hat, abgesehen von der Thoraxaufnahme, in der onkologischen Primärdiagnostik an Bedeutung verloren. Tumoren der Schilddrüse, der Leber, der Niere und der Gewebe des kleinen Beckens sind durch die ***Sonographie,*** solche der Weichteilgewebe durch das ***Computertomogramm*** (CT), der Nervengewebe durch CT und ***Magnetresonanz*** (MRI) am besten zu erkennen. Die ***Skelettszintigraphie*** hat eine hohe Sensitivität bei der Erkennung osteolytisch-osteoblastischer Läsionen; die Spezifität ist allerdings gering, so daß der Verdacht auf eine neoplastische Osteolyse durch gezielte Röntgenaufnahme, Röntgentomographie oder CT bestätigt werden muß.

**Laboruntersuchungen.** Ebenso wie allgemeine klinische Tumorzeichen sind die interleukinvermittelten Entzündungsreaktionen (neutrophile Leukozytose, Erhöhung der BKS, des C-reaktiven Proteins, der $\alpha_2$-Globuline, des Fibrinogens, des Serumkupfers, Verminderung des Serumeisens) wenig spezifisch; ihr Ausfall kann aber den Tumorverdacht abschwächen oder bestärken. Häufig ist eine normo- oder mikrozytäre Anämie.

Spezifischer, aber wenig sensitiv ist der Nachweis einiger Krebszellprodukte im Blut, die als ***Tumormarker*** bezeichnet werden. Diagnostische Bedeutung haben alpha-Fetoprotein (AFP) bei Leberzell- und Hodentumoren, humanes Choriongonadotropin (β-HCG) bei Chorionkarzinom und Hodentumoren, beschränkt auch

CA19-9 bei Pankreas- und CA-125 bei Ovarialkarzinom. Das weniger spezifische karzinoembryonale Antigen (CEA) dient der Verlaufskontrolle und Nachsorge beim kolorektalen und Mammakarzinom.

## 28.4 Therapie

### 28.4.1 Grundlagen der Behandlungsplanung

#### Sicherung der Diagnose

Angesichts der schwerwiegenden Behandlungskonsequenzen muß der histopathologische Befund kritisch mit den klinischen Befunden verglichen werden. Bei nicht plausibler Diagnose ist die Revision der histopathologischen Beurteilung, ggf. eine nochmalige Gewebeentnahme, notwendig. Nur in Ausnahmfällen darf auf die histologische Diagnosesicherung verzichtet werden, z.B. bei Patienten im hohen Lebensalter, die an einer schweren tumorunabhängigen Erkrankung leiden und bei denen eine invasive Diagnostik in Anbetracht der geringen Wahrscheinlichkeit eines Therapieerfolges nicht vertretbar ist.

**Onkologische Notfälle können eine sofortige Behandlung ohne histologische Diagnosesicherung notwendig machen. Dazu gehören die Hyperkalzämie, die obere Einflußstauung, die respiratorische Insuffizienz und die spinalen Kompressionssyndrome.**

#### Festlegung des Malignitätsgrades

Zur Festlegung des Malignitätsgrades dient die ***histopathologische Einteilung*** des Differenzierungsgrades:

- Gx=Differenzierungsgrad nicht zu bestimmen,
- G1=gut differenziert,
- G2=mäßig differenziert,
- G3=schlecht differenziert,
- G4=undifferenziert.

Die ***klinische Malignität*** kann u.U. zusätzlich aus der anamnestische erfassten Tumorprogression abgeschätzt werden. Für Leukämien und Lymphome gelten als Prognosefaktoren spezielle Malignitätskriterien (FAB-Klassifikation der akuten myeloischen Leukämien, Lymphomklassifikation s. Kap. 9).

#### Stadieneinteilung

Zur Vergleichbarkeit von Therapieverläufen ist die Festlegung der vom Tumor und seinen Metastasen erfaßten Körperregionen nach einem für die einzelnen Organtumoren international standardisierten Verfahren, dem TNM-System eingeführt worden.

**Primärtumor.** Die durch klinische Untersuchungen prätherapeutisch erfaßte Größe des Primärtumors wird in 4 Klassen T1–T4 eingeteilt. Die Größeneinteilung ist für die einzelnen Tumorformen verschieden.

**Regionale Lymphknoten.** Der Befall der regionalen Lymphknoten wird durch N („nodes") beschrieben. Durch zusätzliche Numerierung wird auf die jeweilig betroffenen Lymphknotenstationen hingewiesen.

**Metastasen.** Für jeden Tumor werden Angaben über den Nachweis von Fernmetastasen gefordert. Dazu wird die Metastasenlokalisation wie folgt spezifiziert:
Lunge: PUL,
Pleura: PLE,

**Tabelle 28.3.** TNM-Klassifikation für das Mammakarzinom (vereinfacht). (Aus Hermanek et al. 1987)

| Klassifikation | Bedeutung |
|---|---|
| $T_x$ | Primärtumor kann nicht beurteilt werden |
| $T_0$ | Kein Anhalt für Primärtumor |
| $T_{1s}$ | Carcinoma in situ |
| $T_1$ | Tumor 2 cm oder weniger in größter Ausdehnung |
| $T_2$ | Tumor zwischen 2 und 5 cm in größter Ausdehnung |
| $T_3$ | Tumor mehr als 5 cm in größter Ausdehnung |
| $T_4$ | Tumor jeder Größe mit direkter Ausdehnung auf Brustwand oder Haut |
| $N_x$ | Regionale Lymphknoten können nicht beurteilt werden |
| $N_0$ | Keine regionalen Lymphknotenmetastasen |
| $N_1$ | Metastasen in beweglichen ipsilateralen axillären Lymphknoten |
| $N_2$ | Metastasen in fixierten ipsilateralen axillären Lymphknoten |
| $N_3$ | Metastasen in ipsilateralen Lymphknoten entlang der A. mammaria interna |
| $M_x$ | Die Minimalerfordernisse zur Beurteilung des Vorhandenseins von Fernmetastasen liegen nicht vor |
| $M_0$ | Keine Fernmetastasen nachweisbar |
| $M_1$ | Fernmetastasen vorhanden |

Gehirn: BRA,
Knochenmark: MAR,
Leber: HEP
Peritoneum: PER,
Knochen: OSS;
Haut: SKI,
Lymphknoten: LYM.
Als Beispiel für die Anwendung der TNM-Klassifikation ist in Tabelle 28.3 die Stadieneinteilung des Mammakarzinoms dargestellt.

**Andere Stadieneinteilungen.** Neben dem TNM-System werden ältere oder einfacherer Stadieneinteilungen verwendet, z.B. die Dukes-Klassifikation für Kolonkarzinome, verschiedene Stadieneinteilungen der Hodentumoren oder die Unterscheidung von „limited" und „extensive disease" für das kleinzellige Bronchialkarzinom.

**Klinische und pathologische Stadien.** Der Diagnosesicherungsgrad (C-Schlüssel) gibt an, aufgrund welcher diagnostischer Maßnahmen die Diagnose erstellt wurde:
C1 klinische oder einfache radiologische Untersuchung,
C2 spezielle Diagnostik (CT, Sonographie, Nuklearmedizin, Endoskopie, Zytologie),
C3 chirurgische Exploration,
C4 Operationsbefund und histopathologisches Ergebnis,
C5 Autopsie.

Oft wird statt dieser Angabe nur durch das Präfix p-vermerkt, ob eine Diagnose postoperativ histopathologisch bestätigt worden ist (pTNM).

## 28.4.2 Allgemeines Behandlungsziel

Auf dem Boden der vorgenannten Information werden das allgemeine Behandlungsziel und der darauf abgestimmte Behandlungsplan festgelegt (Abb. 28.5). Bei Tumoren, die eine multimodale Therapie erfordern, sollte dies vor Einsatz einer Modalität (z.B. Operation, Strahlentherapie, Pharmakotherapie) interdisziplinär erfolgen. Dabei sind ***tumorunabhängige Variablen*** wie Lebensalter und vorbestehend somatische und psychische Erkrankungen zu berücksichtigen.

**Therapieziel Heilung.** Bei einigen Tumoren (Tabelle 28.4) kann ein Teil der Patienten durch die ***zytostatische Therapie,*** unter Umständen kombiniert mit Radiotherapie, geheilt werden. Die ***adjuvante Chemotherapie*** wird nach chirurgischer Entfernung aller feststellbaren Tumorteile zur Erhöhung der Heilungswahrscheinlichkeit durch Verminderung der Rezidivrate eingesetzt, die z.B. beim Mammakarzinom jüngerer Frauen in großen Studien nachgewiesen wurde. Der Erfolg wird mit der Elimination nicht feststellbarer Mikrometastasen erklärt. Wird die Chemotherapie vor potentiell kurativer Entfernung des Primärtumors eingesetzt (z.B. Weichteil-

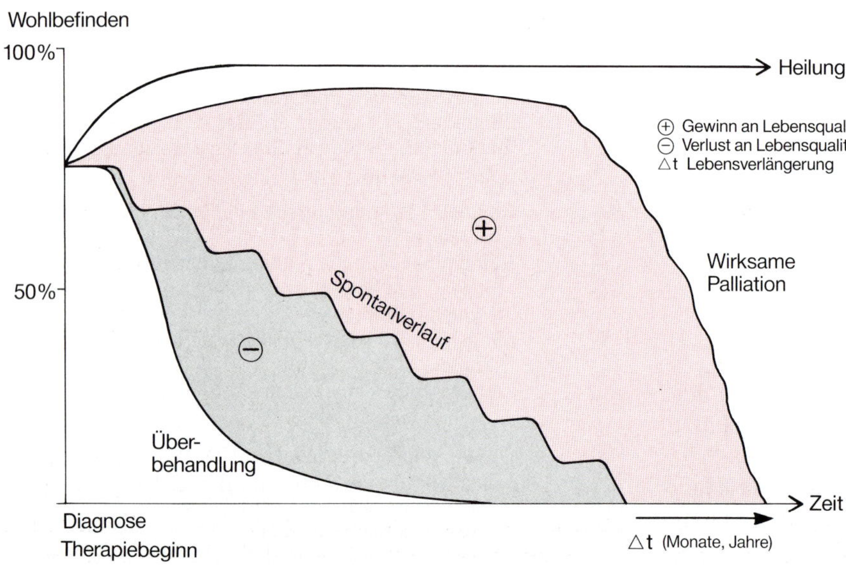


**Abb. 28.5.** Mögliche Effekte der zytoreduktiven Therapie im Vergleich zum Spontanverlauf des Tumorleidens. Die oft nicht zu vermeidende vorübergehende Verschlechterung der Lebensqualität bei geheilten Patienten ist nicht angegeben. + Gewinn an Lebensqualität, ▲t Lebensverlängerung, – Verlust an Lebensqualität und evtl. Lebensverkürzung durch Überbehandlung. (Nach Senn 1979)

**Tabelle 28.4.** Maligne Tumoren, die auf zytoreduktive Pharmakotherapie ansprechen. Hämopoetische Neoplasien sind nicht erwähnt. + mäßiges, ++ gutes, +++ sehr gutes Therapieansprechen zu erwarten

| Tumor | Zytostatika | Hormone | Interferon |
|---|---|---|---|
| ▼ Hodenkarzinom | +++ | | |
| ▼ Chorionkarzinom | +++ | | |
| ▼ Kleinzelliges Bronchialkarzinom | ++ | | |
| Andere Bronchialkarzinome | + | | |
| ◆ Osteosarkom | ++ | | |
| ◆ Weichteilsarkome | ++ | | |
| Kolorektales Karzinom | + | | |
| Magenkarzinom | + | | |
| Leberkarzinom | + | | |
| Maligne Hirntumoren | + | | |
| Karzinome des HNO-Bereichs | + | | |
| Schilddrüsenkarzinom | + | | |
| ● Ovarialkarzinom | ++ | | |
| ● Mammakarzinom | ++ | ++ | |
| Prostatakarzinom | + | ++ | |
| Uteruskarzinom | + | + | |
| Malignes Karzinoid | + | | + |
| Nierenkarzinom | + | | + |

▼ Heilung auch bei unvollständiger Tumorresektion oder Metastasierung möglich
● Erhöhung der Heilungswahrscheinlichkeit durch adjuvante Zytostatikatherapie
◆ Erhöhung der Heilungswahrscheinlichkeit durch neoadjuvante Zytostatikatherapie

und Knochensarkome), so spricht man von ***neoadjuvanter Therapie.*** Bei potentiell heilbaren Tumoren wird eine vorübergehende Verschlechterung der Lebensqualität durch Therapienebenwirkungen (ggf. auch unerwünschte Späteffekte) bewußt in Kauf genommen.

**Therapieziel Palliation.** Bei Tumoren, die nicht oder nur mit sehr geringer Wahrscheinlichkeit geheilt werden können, stehen die Verbesserung und möglichst langzeitige Erhaltung der ***Lebensqualität*** im Vordergrund. Deswegen sind hier die erwünschten therapeutischen Wirkungen wie Schmerzlinderung, Besserung von Funktionsstörungen und Hebung des Allgemeinzustandes besonders sorgfältig gegenüber unerwünschten Nebenwirkungen abzuwägen. Zu berücksichtigen ist vor allem bei niedriger Lebenserwartung die therapiebedingte Notwendigkeit einer Hospitalisation. Die Therapie kann auch im symptomlosen oder symptomarmen Stadium als ***prophylaktische Palliation*** eingesetzt werden, um eine Verschlechterung der Lebensqualität, z. B. bei drohender Spontanfraktur bei osteolytischen Metastasen, zu verhindern. Bei vielen nicht heilbaren, aber symptomarmen Patienten ist zunächst ein Aufschub der Behandlung angebracht.

Voraussetzung für den palliativen Einsatz ***zytoreduktiver Maßnahmen*** ist deren Wirksamkeit auf den Tumor (s. Tabelle 28.4).

**Therapieziel Lebensverlängerung.** Bei vielen potentiell heilbaren Tumorformen ist eine Lebensverlängerung auch bei Patienten möglich, bei denen keine vollständige Remission erreicht wird oder bei denen es zum Tumorrezidiv kommt. Bei der palliativer Therapie ist die Lebensverlängerung oft nur ein „Nebenziel", z. B. bei nicht mehr heilbaren Karzinomen der Mamma, des Gastrointestinaltrakts und endokriner Drüsen.

### 28.4.3 Information des Patienten und psychische Führung

Die aus den ethischen und juristischen Grundlagen des Arzt-Patienten-Vertrags resultierende Forderung nach vollständiger und wahrheitsgemäßer Information des Patienten über die Art der Erkrankung, die Prognose und die Konsequenzen und Notwendigkeiten der Therapie gilt auch für die Krebskrankheit. Die Aufklärung von Patienten, die nicht kurativ chirurgisch behandelt werden können oder bei denen Operationen und Strahlentherapie keine sichere Heilung erreicht haben, hat sich allerdings erst durchgesetzt, nachdem die potentiell kurative und palliative Wirksamkeit der internistisch-onkologischen Therapie erkannt wurde. Die für die Mitarbeit des Patienten und die Lebensqualität entscheidende Information des Patienten und seiner Bezugspersonen (in dieser Reihenfolge) sollte das Ergebnis der Behandlungsplanung einschließen, sich also mehr auf Prognose und therapeutische Entscheidungen als auf die Diagnosemitteilung konzentrieren. Dabei sind die intellektuell und emotional bestimmten Verständnismöglichkeiten des Patienten zu berücksichtigen. Bei der Mitteilung einer ungünstigen Prognose ist besondere Vorsicht geboten, da der variable Verlauf vieler Krebskrankheiten nur eine Abschätzung der Verlaufswahrscheinlichkeit mit erst im weiteren Verlauf zunehmender Sicherheit der prognostischen Aussage erlaubt. Auch deswegen ist die Aufklärung nicht als einzeitiger, sondern als kontinuierlicher Prozeß des ärztlichen Gesprächs zu verstehen, der erst mit Beendigung der Nachsorge oder mit dem Tod des Patienten endet.

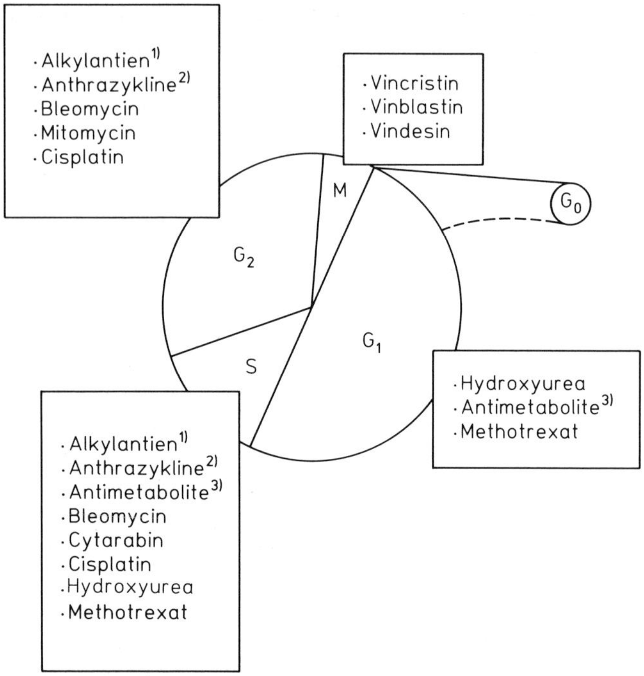


**Abb. 28.6.** Proliferationshemmung und Zytotoxizität wichtiger Zytostatika im Zellzyklus.
1) z.B. Zyklophospamid, Ifosfamid
2) z.B. Doxorubicin (Adriamycin), Daunorubicin
3) z.B. 6-Mercaptopurin, Thioguanin, 5-Fluorourazil

Bei nicht heilbaren Krebskrankheiten muß vor allem der Furcht des Patienten vor den Ereignissen in der präterminalen Lebensphase – Tumorschmerzen, Erstickung, soziale Isolation, Intensivtherapie – unter Hinweis auf die Möglichkeit der supportiven Therapie Rechnung getragen werden.

## 28.4.4 Therapiekontrolle und Kontrolle der Nebenwirkungen

Das Ansprechen auf die Therapie muß durch vor Behandlungsbeginn festgelegte Kontrollparameter beurteilt werden, um bei Therapieresistenz rechtzeitig über Behandlungsabbruch oder -wechsel zu entscheiden. Die Kontrollen sollten die Untersuchungen umfassen, die vor Therapiebeginn zur Beurteilung des Tumorstadiums verwendet wurden.

Der Therapieerfolg wird definiert als:

- ***Komplette Remission*** (CR): Vollständiges Verschwinden des Primärtumors und der Metastasen, Normalisierung tumorbedingter pathologischer Laborbefunde und Verschwinden tumorbedingter Symptome.
- ***Partielle Remission*** (PR): Rückgang der meßbaren Tumorherde um mindestens 50%, deutliche Besserung tumorbedingter Symptome und der Laborbefunde.
- ***Minimale Remission*** (MR): Dasselbe mit Rückgang meßbarer Tumorherde auf weniger als 50%.
- ***Krankheitsstillstand*** (NC „no change", SD „stable disease"): Keine eindeutige Reduktion der meßbaren Tumorherde, keine wesentliche Veränderung tumorbedingter Symptome und pathologischer Laborwerte.
- ***Progression:*** Mehr als 25%ige Vergrößerung von vorbestehenden Tumorherden oder Auftreten neuer Tumormanifestationen nach 4wöchiger Behandlung,. Verschlechterung tumorbedingter Symptome und Laborwerte.

Für die Erfolgsentscheidung ist die Änderung des Kontrollparameters mit dem schlechtesten Ergebnis zu werten.

Bei palliativer Therapie steht die therapiebedingte Besserung der Lebensqualität im Vordergrund. Diese muß nicht der meßbaren Größenabnahme des Tumors entsprechen. Auch die Besserung des Allgemeinzustandes kann als Maß des Behandlungserfolges dienen. Ihrer Erfassung dient der Aktivitätsindex nach Karnofsky oder die Aktivitätsbeurteilungsskala der WHO (s. Tabelle 28.2).

Ebenso wie das Therapieansprechen müssen auch die ***Therapienebenwirkungen*** erfaßt und quantifiziert werden. Die Graduierung erfolgt nach dem System der WHO.

## 28.4.5 Spezielle Therapieformen

Ziel der ***zytoreduktiven Pharmakotherapie*** ist die Zerstörung oder Wachstumshemmung von Tumorzellen, die zur vollständigen Elimination oder Verkleinerung des Tumors, zumindest aber zur Verlangsamung des Tumorwachstums führt.

### Zytostatika

Zytostatika sind Zellgifte, die in einer oder mehreren Phasen des Zellzyklus wirksam sind. Zellen in der G0-Phase sind zytostatikaresistent (Abb. 28.6). Die zytotoxische Wirkung beruht auf der direkten Bindung an die DNS mit Hemmung der Replikation (alkylierende Substanzen wie Zyklophosphamid, Platinverbindungen, Prokarbazin, Anthrazykline, Bleomyzin), der kompetitiven Hemmung der Thymidin- und Pyrimidinsynthese (Folatantagonisten wie Methotrexat, Antimetaboliten wie 6-Merkaptopurin, Thioguanin und Zytosinarabinosid), Mitosehemmung (Vincaalkaloide wie Vincristin und Vinblastin) oder Hemmung der Synthese von Enyzmproteinen (Aktinomyzin D, L-Asparaginase). Ihre molekulare Pharmakologie, z. B. die Veränderungen der Genexpression mit verminderter Bildung von Onkoproteinen (s. Kap. 25) ist noch weitgehend ungeklärt.

**Kanzeroselektivität.** Die Suche nach Zytostatika mit selektiver Wirkung auf maligne Zellen war bisher erfolglos. Alle Zytostatika schädigen in wirksamer Dosierung normale Gewebe, vor allem solche mit raschem Zellumsatz (d. h. mit einem niedrigen Anteil in der G0- und G1-Phase), vor allem die ***Hämopoese*** und das ***Darmepithel.*** Deswegen sind regelmäßige ***Blutbildkontrollen*** notwendig. Viele Zytostatika bewirken in hoher Dosierung einen Haarausfall, der immer reversibel ist. Die einzelnen Substanzen zeigen außerdem ein unterschiedliches Spektrum unerwünschter toxischer Nebenwirkungen auf andere Organe.

**Dosisabhängigkeit.** Sowohl die zytoreduktive Wirkung auf das Tumorgewebe als auch die toxische Wirkung auf normale Zellen sind dosisabhängig. Die „effektive Dosis“ ist von der Bioverfügbarkeit und Pharmakokinetik abhängig und deswegen je nach Applikationsart (oral, subkutan, intravenös als Kurz- oder Dauerinfusion) unterschiedlich. Wegen der geringen therapeutischen Breite wird die individuelle Dosis auf die Körperoberfläche bezogen. Bei ***kurativem Therapieziel*** werden primär hohe Dosierungen gewählt und schwere Nebenwirkungen begrenzte Zeit in Kauf genommen, die intensive supportive Therapie, u. U. Reinfusion von prätherapeutisch entnommenem Knochenmark ***(autologe Knochenmarkstransplantation)*** erfordern. Bei ***palliativer Therapie*** werden dagegen die Standarddosierungen vermindert bzw. die Therapieintervalle verlängert, wenn ein ausreichender palliativer Effekt erreicht worden ist, der über längere Zeit gehalten werden soll.

**Therapieschemata.** Bei kurativem Therapieziel und bei palliativen Therapien, bei denen eine erhebliche Reduktion der Tumormasse Voraussetzung für eine wesentliche Beschwerdebesserung und Erhöhung der Lebensqualität ist, hat sich die Kombination mehrerer Substanzen in Form der ***Polychemotherapie*** durchgesetzt. Der Einsatz ist in zweifacher Hinsicht theoretisch begründet:

- Es werden Substanzen kombiniert, die von sich allein eine zytoreduktive Wirkung haben, deren ***Nebenwirkungsspektrum*** aber unterschiedlich ist. Beispielsweise ist die Dosis der Anthrazykline durch irreversible kardiotoxische, die der Vincaalkaloide durch nephrotoxische, der Platinverbindungen durch nephro- oder ototoxische, des Bleomycins durch pneumotoxische Wirkungen begrenzt.
- Ähnlich wie bei der Antibiotikatherapie gibt es verschiedene Mechanismen der primären oder durch klonale Evolution bedingten erworbenen ***Zytostatikaresistenz.*** Dabei spielt die sogenannte „multidrug resistance“ (MDR) eine besondere Rolle. Eine gesteigerte Genexpression des MDR-Gens führt zu verstärkter Bildung eines membranständigen Proteins, das eine beschleunigte Elimination von toxischen Substanzen aus der Zelle bewirkt, so daß keine wirksamen Zytostatikakonzentrationen in der Tumorzelle erreicht werden. Die MDR betrifft Zytostatika organischer Herkunft (Anthrazykline, Vincaalkaloide, Podophyllinpräparate, Aktinomycin D, nicht aber alkylierende Substanzen, Platinverbindungen und Antimetabolite).

Die zytostatische Effizienz eines Medikaments kann in vitro getestet werden. Wegen der Komplexität der Wirkungsfaktoren haben derartige Onkobiogramme bei individuellen Patienten bisher keine wesentliche Bedeutung.

***Monotherapien*** werden vor allem in der palliativen Therapie verwendet, wenn zu erwarten ist, daß damit ein Wachstumsstillstand erreicht werden oder die erneute Tumorprogression nach durch Polychemotherapie erreichter Tumorreduktion gehalten werden kann.

Polychemotherapie und hochdosierte Monotherapie werden in Form von ***Intervallschemata*** eingesetzt. Die Länge der Intervalle liegt dabei meist bei 2–4 Wochen, da in dieser Zeit die Regeneration des hämopoetischen Gewebes erwartet werden kann. Die Dosierung des nächsten Therapiestoßes richtet sich dann nach der individuell verschiedenen Myelosuppression.

Das wichtigste Instrument zur Optimierung der Chemotherapie sind kontrollierte Studien. ***Phase-II-Studien*** dienen der Wirksamkeitsprüfung einer einzelnen Substanz in vorgewählter Dosierung, ***Phase-III-Studien,*** mit Zufallsverteilung der Patienten auf die einzelnen Therapiearme, dem Vergleich neuer Therapieformen gegenüber der zu diesem Zeitpunkt als optimal angenommenen Standardchemotherapie.

**Andere zytoreduktive Verfahren**

Bei Karzinomen der Mamma, des Uterus und der Prostata kann eine Zytoreduktion durch Hormontherapie erreicht werden. Man unterscheidet ***ablative Verfahren,*** d. h. Entfernung oder Bestrahlung des hormonproduzierenden Organs (z. B. Ovarektomie, Orchiektomie) oder Behandlung mit Medikamenten, die die Hormonsynthese verhindern (z. B. bei Mammakarzinom, und die ***additive Hormontherapie,*** bei der synthetische Hormonanaloga gegeben werden, welche kompetitiv die Hormonrezeptoren in der Tumorzelle besetzen.

Der Einsatz von ***Zytokinen*** wird zur Zeit intensiv bearbeitet. Praktische Bedeutung hat bisher nur die Behandlung mit $\alpha$-Interferon erlangt (s. Tabelle 28.2).

Auch die verschiedenen Formen der ***Immuntherapie*** müssen noch als experimentelle Therapien betrachtet werden. Dazu gehören die Verwendung spezifischer und unspezifischer Vakzine, Stimulation des körpereigenen Immunsystems, z. B. durch das T-Zell-wirksame Zytokin Interleukin 2 und die Behandlung mit monoklonalen Antikörpern gegen auf der Tumorzelloberfläche exprimierte Antigene.

Bei über der Hälfte der Patienten mit einer chronischen, nicht heilbaren Tumorerkrankung werden von Ärzten, Heilpraktikern oder im Wege der Selbstmedikation Pharmakotherapien mit ***unbewiesener Wirksamkeit,*** auch als Außenseiter- oder Alternativtherapien bezeichnet, angewandt. Die erhoffte Wirkung wird häufig mit einer Stimulation des Immunsystems begründet. Besonders verbreitet ist die Behandlung mit Mistelpräparaten, Extrakten aus Tier- oder Pflanzenzellen, proteolytischen Enzymen und Thymuspräparaten. Zum Schutz vermeintlich krebserzeugender und -erhaltender Erdstrahlen werden Strahlungsapparate angeboten oder bauliche Veränderungen empfohlen. Antineoplastische Effekte dieser Maßnahmen ließen sich bisher in kontrollierten Studien nicht nachweisen. Trotzdem muß sich der Arzt mit der Anwendung solcher Therapieformen als ***psychoonkologischem Problem*** verständnisvoll auseinandersetzen.

## 28.4.6 Supportive Therapie

Supportive Maßnahmen sollen Auswirkungen der Tumorerkrankung und Nebenwirkungen der zytoreduktiven Therapie lindern oder beseitigen. Sie sind für die Erhaltung der Leistungsfähigkeit und Lebensqualität und für die Durchführbarkeit intensiver Therapien von entscheidender Bedeutung.

**Ernährung.** Die Gewichtsabnahme, die bis zur Tumorkachexie führen kann, beruht auf der Appetitlosigkeit und der Erhöhung des Energieumsatzes im Rahmen der durch Interleukin vermittelten Allgemeinreaktion. Das gestörte Geschmacksempfinden führt häufig zur Abneigung gegen eiweißreiche Nahrungsmittel wie Fleisch und Wurst. Sie wird bei vielen Chemotherapien durch Übelkeit und Erbrechen verstärkt. Eine unzureichende Nahrungsaufnahme wirkt sich nicht nur negativ auf den Allgemeinzustand aus, sondern erhöht auch das Infektionsrisiko durch Verminderung der Antikörperproduktion und der Aktivität der mononuklearen Makrophagen. Der Gefahr der Unterernährung ist durch eine individuell abgestimmten Kost zu begegnen. Diese soll ausgewogen, protein- und vitaminreich sein. Der Tagesbedarf ist von dem Ausgangsgewicht und der Art der Tumorerkrankung abhängig. Richtgrößen sind 50 kcal/kg Sollgewicht mit einem Anteil von 1,5 g Eiweiß pro kg Körpergewicht. ***Kontrollparameter*** sind Gewicht und Serumalbumin. Eine einseitige „Tumordiät", mit der versucht wird, dem Tumorwachstum durch ein unphysiologisch erhöhtes Angebot bestimmter Nährstoffe und Vitamine zu begegnen, ist sinnlos, der Entzug von Eiweiß oder Kohlenhydraten ist schädlich!

Ist bei Tumorbefall des Gastrointestinaltrakts oder unter zytoreduktiver Therapie die orale Nahrungsaufnahme nicht mehr ausreichend, wird eine ***parenterale*** Voll- oder Teilernährung notwendig, ohne die chirurgische und intensive internistische Therapiemaßnahmen nicht eingesetzt werden sollten. Durch den Einsatz von implantierbaren Venenkathetersystemen (z. B. Port-a-cath oder Hickman-Katheter) versucht man, die Mobilität des Patienten möglichst weitgehend zu erhalten. Selbst unter ambulanten Bedingungen läßt sich parenteral über derartige Katheter oder durch Sondenernährung die Behandlung fortsetzen und die Zeit des Klinikaufenthaltes auf das mindestnotwendige Maß reduzieren.

**Schmerzbehandlung.** Im fortgeschrittenen Tumorstadium haben 40-80 % des Patienten chronische, teilweise schwere Schmerzen. Basis der Schmerztherapie sind gezielte Anamnese und körperliche Untersuchung, evtl. ergänzt durch bildgebende Verfahren. Zunächst ist zu prüfen, ob sich durch Einsatz einer palliativen Strahlen- oder Chemotherapie längerdauernde Schmerzfreiheit oder Schmerzlinderung erreichen läßt. Die besonders heftigen Schmerzen bei ***osteolytischen Knochenmetastasen,*** die auf einer Instabilität belasteter Skelettanteile beruhen, können durch operative Stabilisierung gelindert oder beseitigt werden. Wenn diese Maßnahmen nicht möglich sind oder nicht ausreichen, ist eine medikamentöse Schmerztherapie notwendig. Sie erfolgt nach einem Stufenplan, der mit der Einnahme peripher wirkender Analgetika in vom Patienten selbstgewählten Abständen beginnt (Abb. 28.7). Reicht dies nicht mehr aus, so werden die Medikamente in festen Zeitintervallen gegeben, die sich nach der ***Schmerzintensität*** und der ***Pharmakokinetik*** der verabreichten Substanzen richten. Dabei ist auf ausreichende Dosierung und rechtzeitigen Übergang von Stufe 2 zu Stufe 3 zu achten.

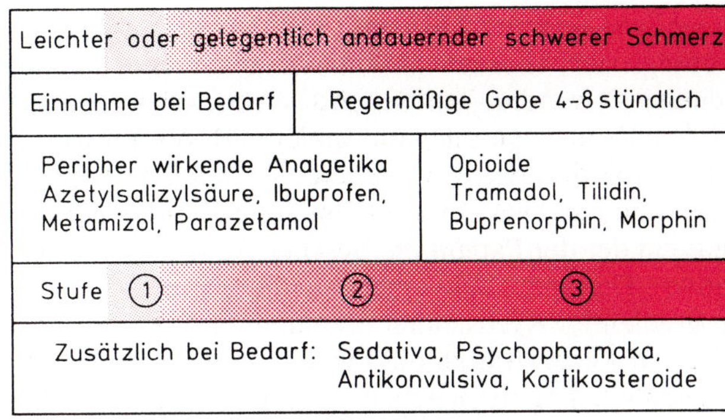


**Abb. 28.7.** Stufenplan der Schmerztherapie

**Die Suchtgefahr ist keine Kontraindikation gegen den Einsatz der besonders wirksamen oralen retardierten Morphinpräparate (z. B. MST) in Tagesdosen bis zu 300 mg, wenn nur auf diese Weise Schmerzfreiheit zu erreichen ist!**

Die Intensität der Schmerzempfindung und die Schmerztoleranz sind stark von psychischen Variablen abhängig. Ein Gespräch über durch die Krebskrankheit entstandene psychosoziale Probleme und Befürchtungen – z. B. die Information über die Möglichkeiten der Schmerzbehandlung – kann zur Reduktion der notwendigen Analgetikadosis führen.

**Prophylaxe und Behandlung von Infektionen.** Das durch den Tumor bedingte Infektionsrisiko wird bei Zytostatikatherapie durch die Verminderung der Granulozytenzahl zusätzlich erhöht. Venen- oder Blasenkatheter sind Ausgangspunkte für Infektionen, vor allem durch multiresistente Hospitalkeime.

Der ***Infektprophylaxe*** dient die Beachtung der Krankenhaushygiene, bei ausgeprägter Granulozytopenie die selektive Dekontamination mit oral einzunehmenden Antibiotika wie Gyrasehemmern oder Kotrimoxazol und Antimykotika. Bei Infektverdacht, z. B. bei Fieber, müssen granulozytopenische Patienten wegen der Gefahr einer tödlichen Sepsis mit ***bakteriziden Antibiotika*** behandelt werden.

**Supportive Therapie der Nebenwirkungen der Zytostatikabehandlung.** Zu den vom Patienten gefürchteten Nebenwirkungen der Chemotherapie gehören ***Übelkeit*** und ***Erbrechen,*** die zu Therapieverweigerung, Gewichtsabnahme, Dehydratation und Elektrolytverschiebung führen können. Der Pathomechanismus dieser emetischen Wirkung ist nicht bekannt. Bei vielen Patienten kommt es nach zunächst medikamenteninduziertem Erbrechen zur Erwartungsangst mit antizipatorischem Erbrechen bereits vor der Zytostatikagabe. Antiemetika sollen deswegen vor dem ersten Chemotherapiezyklus eingesetzt werden.

Die therapiebedingte Verminderung der ***Blutzellproduktion*** ist bei soliden Tumoren weniger ausgeprägt als bei den Leukämien, bei denen bevorzugt Substanzen mit hoher Myelotoxizität verwandt werden müssen. Bei prolongierter Behandlung müssen ***Erythrozyten*** substituiert werden, wenn der Hämoglobinwert soweit abfällt, daß anämiebedingte Symptome auftreten, die sich bei älteren Patienten häufig als Herzinsuffizienz oder Angina pectoris darstellen. Die ***Thrombozytensubstitution*** ist nur bei intensiver Polychemotherapie mit kurativem Ziel, z. B. der Sarkombehandlung bei Jugendlichen, notwendig; sie richtet sich ebenso wie die nur in Einzelfällen, vor allem nach akzidenteller Überdosierung, notwendige Granulozytentransfusion nach den bei der Leukämiebehandlung geltenden Prinzipien (s. Kap. 6).

Alle wirksamen zytoreduktiven Therapien erhöhen die Bildung von Purinen. Die ***Hyperurikämie*** kann zum akuten Nierenversagen führen. Vorbeugend ist eine ausreichende Diurese sicherzustellen, bei per se nephrotoxischen Zytostatika durch parenterale Flüssigkeitszufuhr. Zusätzlich wird in intensiven Therapiephasen oder nach Feststellung einer Hyperurikämie Allopurinol gegeben.

**Vorsicht: Bei Kombination mit Azathioprin und 6-Mercaptopurin muß wegen Verstärkung der zytostatischen Wirksamkeit deren Dosis reduziert werden!**

***Psychische und psychosoziale Probleme*** erfordern bei prolongierter Therapie Aufmerksamkeit und zeitaufwendige Zuwendung von Seiten des Arztes, Kooperation mit Familienangehörigen und anderen Bezugspersonen, u.U. stabilisierende Psychotherapie oder Psychopharmakatherapie. Dies gilt insbesondere in der Krankheitsphase in der der Patient die Beschränkung auf eine palliative Therapie bei einem nicht mehr heilbaren progredienten Krebsleiden erkennen muß. Angst und Isolation werden durch die Furcht vor quälenden oder entstellenden Therapienebenwirkungen wie Haarausfall oder Hautveränderungen verstärkt. Der Kranke muß über die Aussichten der geplanten Behandlung, die zu erwartenden Nebenwirkungen und die Möglichkeiten der supportiven Therapie informiert werden, um soweit wie möglich Therapieentscheidungen mitzutragen. Hilfreich sind Gespräche mit anderen Erkrankten in Selbsthilfegruppen. Der ***ambulanten*** ist der Vorzug vor der ***stationären Behandlung*** zu geben.

## 28.5 Behandlung des Mammakarzinoms

**Primärtherapie.** Primärdiagnostik, Untersuchungen zur Stadieneinteilung (s. Tabelle 28.3) und Primärtherapie sind Aufgabe der Chirurgie und operativen Gynäkologie. Neben den klassischen Operationsverfahren der Mammaablation werden bei kleinen (T1, T2) Tumoren zunehmend brusterhaltende Eingriffe mit adjuvanter Nachbestrahlung durchgeführt.

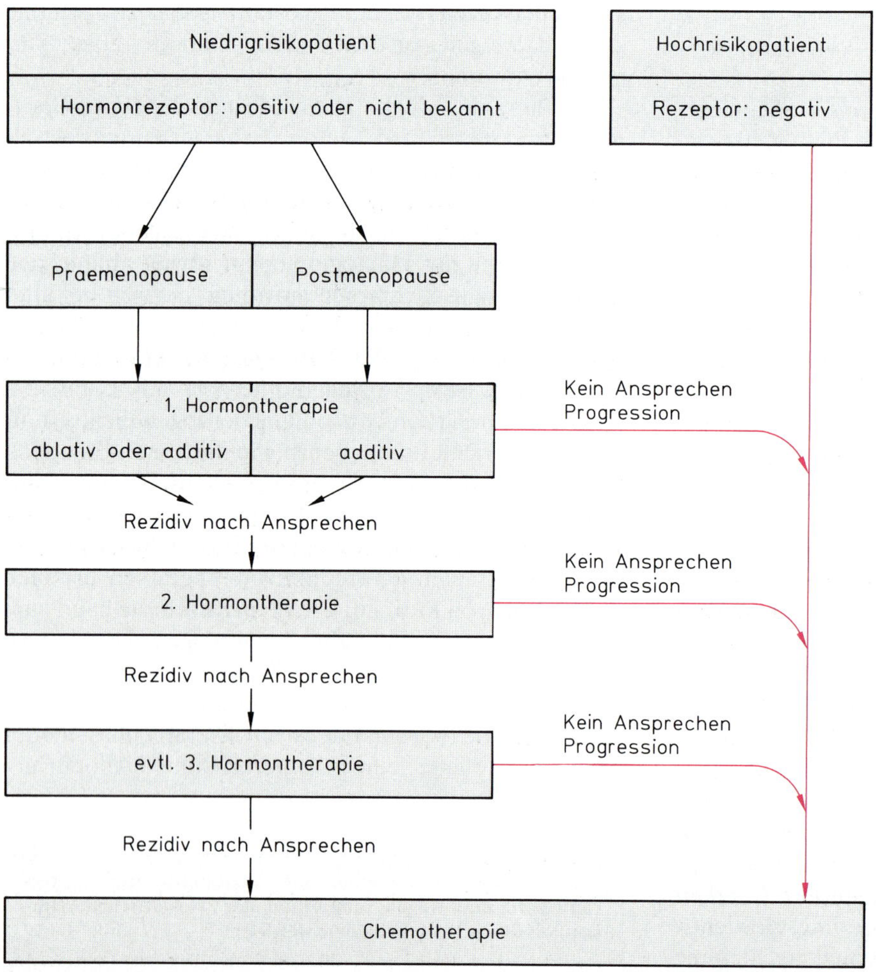


**Abb. 28.8.** Pharmakotherapie des metastasierenden Mammakarzinoms (Hochrisikofaktoren s. S. 653)

Im Tumorgewebe müssen ***Östrogen-*** und ***Progesteronrezeptoren*** als Entscheidungshilfe für die adjuvante und ggf. spätere palliative zytoreduktive Therapie bestimmt werden. Demselben Ziel dient die Ausräumung der axillären Lymphknotenstationen mit histologischer Beurteilung von mindestens 10 Lymphknoten. Die Tatsache, daß sich auch bei negativem Tastbefund in 40% Lymphknotenbefall nachweisen läßt, zeigt die Bedeutung der pathologischen N-Klassifikation. Bei gleicher Tumorgröße beträgt die Zehnjahresüberlebensrate im Stadium $pN_0$ 65%, bei mehr als 4 befallenen axillären Lymphknoten dagegen nur noch 13%.

**Adjuvante systemische Therapie.** Vor der Menopause ist bei Lymphknotenbefall die postoperative ***adjuvante Polychemotherapie*** mit 4–6 Zyklen nach dem CMF-Schema (Zyklophosphamid, Methotrexat, 5-Fluorouracil) indiziert. Sie führt zu einer Erhöhung der Zehnjahresüberlebensrate um ca. 10%. Ein ähnlicher Effekt wird nach der Menopause bei rezeptorpositivem Tumorgewebe durch die adjuvante Nachbehandlung mit Tamoxifen, einem Antiöstrogen, erreicht.

Bei allen anderen Gruppen ist eine adjuvante Behandlung außerhalb kontrollierter Therapiestudien nicht indiziert.

**Lokalrezidiv.** Die operative Tumorexzision mit Nachbestrahlung ist für Lokalrezidive die Therapie der Wahl. Bei Inoperabilität wird Strahlentherapie allein eingesetzt.

**Das metastasierende Mammakarzinom.** Etwa 60% der Patientinnen haben zum Zeitpunkt der Diagnose bereits hämatogene Fernmetastasen, die mit den heute verfügbaren klinischen Methoden nicht nachweisbar sind. Die Zeit bis zur Metastasenmanifestation schwankt wegen der sehr unterschiedlichen Wachstumsgeschwindigkeit zwischen einigen Monaten und vielen Jahren. Eine Heilung ist nicht mehr möglich. Bei spät diagnostizierten asymptomatischen Metastasen ist deswegen zunächst die Beobachtung des Tumorwachstums vertretbar.

Der Einsatz verschiedener Modalitäten der palliativen und in Einzelfällen lebensverlängernden Therapie richtet sich nach prognostischen Faktoren und dem individuellen Krankheitsverlauf (Abb. 28.8). Patientinnen mit inflammatorischem Mammakarzinom, negativem Rezeptorenstatus, Lebermetastasen, intrazerebralen Metastasen, Lymphangiosis Karzinomatosa der Lunge und mit Hyperkalzämie und möglicherweise solche mit erhöhter Genexpression des ERB- Onkogens im Tumorgewebe werden aufgrund ihrer schlechten Prognose zu den ***Hochrisikopatienten*** gerechnet und primär mit Polychemotherapie behandelt.

Häufig verwendete Therapieschemata sind CMF, FEC und MMM (unterschiedliche Kombinationen aus Cyclophosphamid, Methotrexat, 5-Fluorouracil, Epirubicin, Mitomyzin-C, Mitoxantron). Da der Effekt dieser Therapieschemata auf die Überlebenszeit etwa gleich ist, steht die Verminderung der Toxizität derzeit im Vordergrund.

Patientinnen, die nicht zu einer Hochrisikogruppe gehören, werden abhängig vom Menopausenstatus zum Zeitpunkt des Metastasennachweises und dem Ergebnis der Rezeptoranalyse behandelt, wie in Abb. 28.8 dargestellt.

Ziel der ***ablativen Hormontherapie*** vor der Menopause ist die Ausschaltung der ovariellen Östrogenproduktion durch Ovarektomie oder Gabe von LH-RH-Antagonisten (Buserelin). Mit gleichem Erfolg kann auch primär die ***additive Hormontherapie*** mit Tamoxifen angewandt werden, das durch Bindung an den Östrogenrezeptor der Tumorzellen die Östrogenwirkung kompetitiv hemmt.

Eine nach Ansprechen erneute Progression kann entweder mit ***Aminoglutethimid*** (Verminderung der extraovariellen Östrogensynthese durch Hemmung der Aromatase) oder ***Gestagenen,*** z. B. Medroxyprogesteronazetat (Hemmung der Synthese des Östrogenrezeptors) behandelt werden.

Bei primärer oder sekundärer Unwirksamkeit der Hormontherapie ist individuell über den Einsatz der Polychemotherapie zu entscheiden, da die mediane Überlebenszeit nur noch 3–13 Monate beträgt. In vielen Fällen wird zunächst die palliative Strahlentherapie symptomatischer Läsionen eingesetzt, insbesondere bei Schmerzen oder Frakturgefährdung durch osteolytische Metastasen, die auf die Chemotherapie schlechter ansprechen als Weichteilmetastasen.

## 28.6 Maligne Hodentumoren

**Häufigkeit und Klassifikation.** Der Hodenkrebs ist der häufigste Tumor bei Männern im Alter von 20 bis 40 Jahren. Zelluläre Abkunft der Lokalisation dieser Keimzelltumoren entsprechen der embryonalen Entwicklung

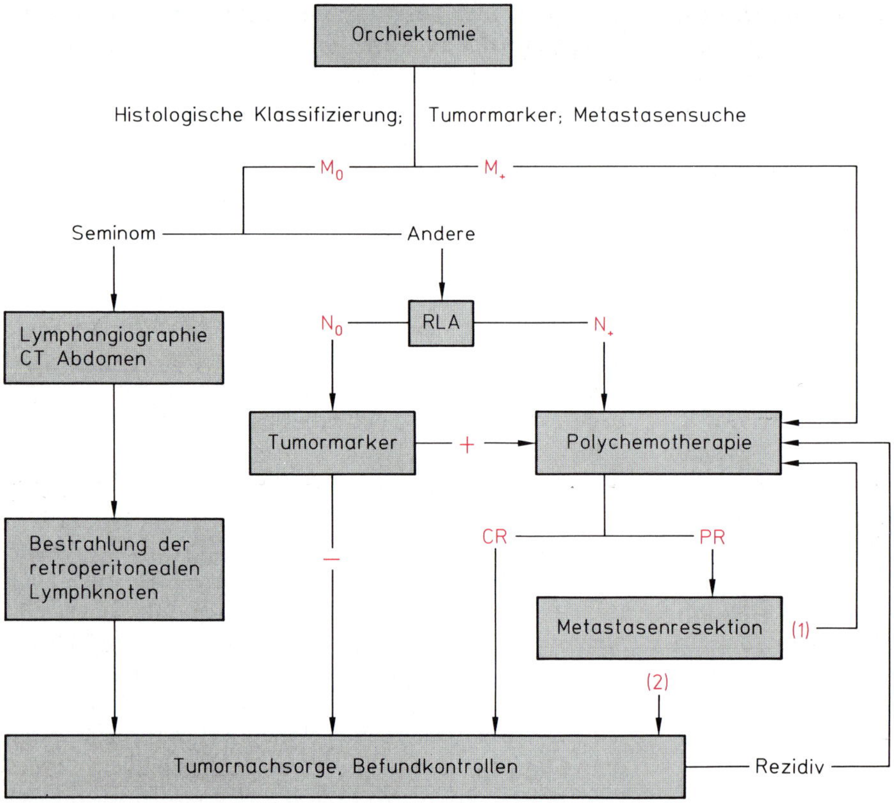


**Abb. 28.9.** Diagnostik und Therapie des Hodenkarzinoms. (1) Karzinomgewebe im Resektat, (2) nur Teratom oder Narbengewebe im Resektat. Erklärung der Abkürzungen s. Text

des Hodengewebes. Neben der weitaus häufigsten Primärlokalisation im Hoden finden sich histologisch und biologisch gleichartige Geschwülste auch mediastinal und präsakral. Für therapeutische Entscheidungen ist die Unterteilung in 2 Gruppen von etwa gleicher Häufigkeit wichtig:

***Seminome*** kommen vor allem bei über 30jährigen vor. Zum Zeitpunkt der Primärdiagnose finden sich häufig regionale Lymphknotenmetastasen, sehr selten Fernmetastasen. Bevorzugte Metastasenlokalisation in späteren Krankheitsphasen sind Lunge und Knochen. β-HCG ist selten nachweisbar, α-Fetoprotein nie erhöht.

***Embryonale Karzinome*** und ***Teratome*** kommen am häufigsten bei unter 30jährigen vor. Sie werden auch als „nicht-seminomatöse Hodentumoren" zusammengefaßt. Mischformen werden als Teratokarzinome bezeichnet. Die ***Tumormarker*** β-HCG und α-Fetoprotein sind in über 70% nachweisbar. Nicht-seminatöse Hodentumoren wachsen schneller als Seminome. Zum Diagnosezeitpunkt findet man in über der Hälfte der Fälle bereits Fernmetastasen, vor allem in Lunge und Leber. Die Metastasen können bei Mischtumoren aus einem Tumoranteil, am häufigsten aus embryonalem Karzinomgewebe, bestehen.

**Diagnose und Primärtherapie.** Schmerzhafte oder schmerzlose Hodenvergrößerungen werden meist vom Patienten selber entdeckt. Sie sind immer auf einen Hodentumor verdächtig, ebenso wie das Auftreten einer Gynäkomastie. Gelegentlich führen symptomatische oder zufällig entdeckte Metastasen oder Symptome extragonadaler Hodentumoren zur Diagnose.

**Stadieneinteilung und Behandlung.** Primäres Behandlungsziel ist die Heilung durch vollständige Tumorelimination. Die Heilungsraten liegen für Seminome im Stadium $N_+$ $M_0$ und für nichtseminomatöse Tumoren im Stadium $N_+$ $M_+$ bei 70%, für Seminome im Stadium $N_+$ $M_+$ bei über 50%. Die Frühdiagnose und sofortige chirurgische Therapie ist wichtig, weil im Stadium $N_0$ $M_0$ die Heilungsraten über 90% betragen. Außerdem lassen sich Spätfolgen wie Ejakulationsstörungen durch die bei Lymphknotenbefall notwendige beidseitige retroperitoneale Lymphadenektomie (RLA) und Infertilität durch

## FALL 28A

**Anamnese.** Bei der 66jährigen Frau wurde vor 7 Jahren, 11 Jahre nach Eintritt der Menopause, ein Mammakarzinom links festgestellt. Die Mammaamputation mit der axillären Lymphknotenexstirpation erbrachte zusammen mit den Staging-Untersuchungen ein Stadium $T_1$ $N_0$ $M_0$. 3 Jahre später trat ein Lokalrezidiv auf. Es erfolgte eine erneute Operation mit anschließender Nachbestrahlung. Im Rezidivgewebe waren Östrogen- und Progesteronrezeptoren positiv. 4 Jahre darauf trat ein erneutes Lokalrezidiv auf, diesmal zusätzlich verbunden mit multiplen Knochenmetastasen.

**Befunde.** Ca 5×3 cm großes, ulzeriertes, nässendes Hautareal im Narbenbereich (Abb.28A). Die histologische Untersuchung zeigte mäßig differenziertes Karzinomgewebe. Im Skelettszintigramm fanden sich Mehranreicherungen im BWS- und LWS-Bereich, die sich röntgenologisch als Osteolysen ohne drohende Frakturgefahr darstellten. Röntgenthorax und Sonographie des Abdomens erbrachten keinen zusätzlichen pathologischen Befund. Die laborchemischen Untersuchungen waren bis auf eine Erhöhung von CEA auf 30 ng/ml und der alkalischen Serumphosphatase auf 250 U/l unauffällig.

**Diagnose.** Metastasiertes Mammakarzinom mit Knochenmetastasen und zweitem Lokalrezidiv.

**Therapie und Verlauf.** Systemische antihormonelle Therapie mit Tamoxifen 30 mg/Tag. Darunter Verkleinerung der osteolytischen Knochenläsionen und der ulzerierten Hautveränderung sowie Normalisierung der pathologischen Laborbefunde. Bei Fortführung der Tamoxifenbehandlung und regelmäßigen Verlaufskontrollen ist die Patientin weitgehend beschwerdefrei und leistungsfähig.

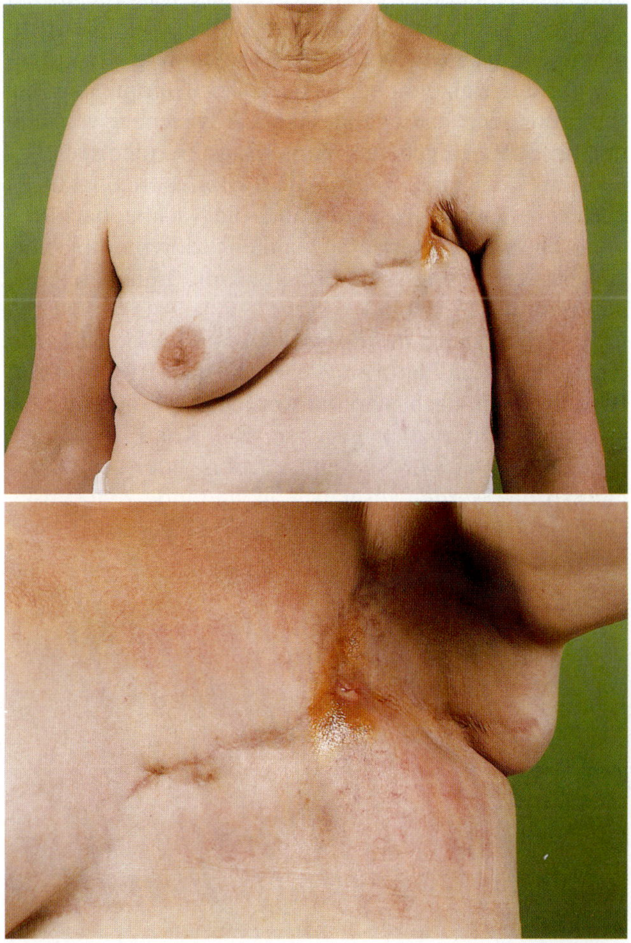

**Abb.28A.** Zweites Lokalrezidiv eines Mammakarzinoms, ulzeriert. Zustand nach Ablatio mammae, Axillaausräumung, Rezidivoperation und Nachbestrahlung

Radio- oder Chemotherapie vermeiden. Stadieneinteilung und Behandlung erfolgen in enger Zusammenarbeit zwischen Urologen, Radiotherapeuten und internistischen Onkologen (Abb. 28.9). Die sekundäre RLA dient sowohl der Behandlung als auch der Therapielenkung (pathologische Stadieneinteilung). Abweichend von dem in Abb. 28.9 angegebenen Vorgehen ist bei niedrigen $N_+$-Stadien (weniger als 5 regionale Lymphknoten befallen) nach vollständiger Resektion auch die Nachbeobachtung ohne Therapie zu vertreten, da die Rezidivtherapie vergleichbare Heilungsraten bringt wie die adjuvante Chemotherapie.

Standardschema der ***Polychemotherapie*** ist die Kombination von Cis-Platin mit Vinblastin oder Etoposid und Bleomycin. Je nach Stadium werden 2–4 Stöße in 2 bis 4wöchigen Intervallen gegeben. Bei Kontraindikation gegen Cisplatin, bei Niereninsuffizienz oder bei Therapieresistenz werden zusätzlich alkylierende Zytostatika (Zyklophosphamid oder Ifosphamid) eingesetzt.

Im Gegensatz zu den meisten anderen Malignomen ist auch nach nur partiell erfolgreicher Chemotherapie die chirurgische Entfernung metastasenverdächtiger Restherde indiziert. Die Chemotherapie wird nur fortgesetzt, wenn das entfernte Gewebe Karzinomanteile enthält.

## Weiterführende Literatur

Casciato DA, Lowitz BB (1988) Manual of clinical oncology, 2nd edn. Little & Brown, Boston

DeVita VT, Hellman S, Rosenberg SA (1989) Cancer. Principles and practice of oncology, 3rd edn. Lippincott, New York

Jungi WF, Senn HJ (1985) Krebs und Alternativmedizin. Zuckschwerdt, München

Schmoll HJ, Peters HD, Fink U (1986) Kompendium internistischer Onkologie. Springer, Berlin Heidelberg New York Tokyo

# 29 Besonderheiten der Geriatrie

H. B. Stähelin

ZUSAMMENFASSUNG

Altern ist ein normaler, physiologischer Prozeß. Das Zusammenspiel der biologischen, psychologischen und sozialen Umstände führt im Alter zu anderen Krankheitsbildern als in jüngeren Jahren. Das Spektrum wird dominiert von Chronizität, Multimorbidität, Mehrdeutigkeit der Befunde, Oligosymptomatik, von Aggravieren, Bagatellisieren bis Verheimlichen von Symptomen. Symptome wie Verwirrtheitszustände, Stürze, Inkontinenz sind charakteristische Probleme des Betagten und Hochbetagten. Alterungsprozesse und damit verbundene krankhafte Zustände laufen nicht uniform ab. Dies führt zu einer großen Variabilität der altersabhängigen Veränderungen.

Für den alten Patienten stehen die funktionellen Behinderungen und die psychosozialen Faktoren im Vordergrund. Allgemein gilt: Die Selbständigkeit hängt stärker von funktionellen Fähigkeiten ab als von medizinischen Diagnosen. Die Beurteilung des Betagten betrifft immer die zwei Ebenen Funktion und Krankheit. Die Funktion entscheidet über die Behandlungsbedüftigkeit, die Krankheit über die therapeutischen Möglichkeiten. Frühdiagnose und präventive Maßnahmen sind im Alter deshalb noch wichtiger als beim jungen Erwachsenen.

## 29.1 Untersuchung des alten Menschen

Die sorgfältige Untersuchung des alten Menschen erfordert Zeit und Geduld. Die ***Anamnese*** ist zeitraubend, durch Kommunikationshindernisse erschwert und ungenau. Presbyakusis, lückenhaftes Gedächtnis, rasche Ermüdbarkeit, Kausalitätsbedürfnis und geschwächtes Urteilsvermögen machen viele Angaben unsicher. Während die formalen Aspekte der Anamnese wertvolle Rückschüsse über die Hirnleistung des Betagten zulassen, so sind sie inhaltlich möglichst durch ***Fremdanamnese, Arzt-*** und ***Krankenhausberichte*** und ***Befunde,*** evtl. auch durch Fotos zu ergänzen. Psychologische und soziale Probleme, z. B. Konflikte mit Kindern oder Verwandten, belasten und beschäftigen Patienten oft wesentlich stärker als körperliche Leiden, die als normale Zeichen des Alters gewichtet werden. Für eine exakte Arzneimittelanamnese empfiehlt es sich, die Medikamente zur Konsultation mitbringen zu lassen.

Die körperliche Untersuchung fördert in jedem Fall eine Vielzahl von abnormen Befunden zutage. Deren Bedeutung ergibt sich aus dem Zusammenhang. Dieser ist wegen der Oligosymptomatik und Symptomverschiebung häufig nur durch ergänzende Laboruntersuchungen und bildgebende Verfahren zu erfassen. Tachykardes Vorhofflimmern kann einziges Symptom bei Hyperthyreose sein. Fieber und Leukozytose fehlen oft im Anfangsstadium einer Pneumonie oder Pyelonephritis. Eine reaktivierte Tuberkulose kann sich durch Tachypnoe und reduzierten Allgemeinzustand als einzige klinisch faßbare Symptome zeigen.

**Oligosymptomatik und Unspezifität der Symptome bei alten Menschen machen den Einsatz von ergänzenden Laboruntersuchungen und bildgebenden Verfahren notwendig.**

Die vollständige Untersuchung muß auch eine gezielte Testung der ***Hirnleistung*** und der ***funktionellen körper-***

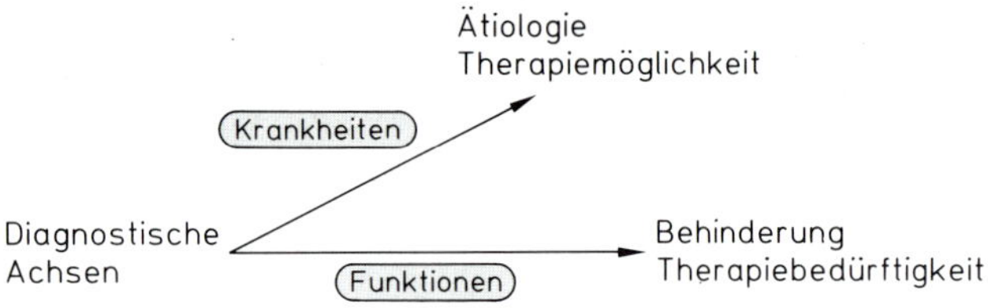


**Abb. 29.1.** Schematische Darstellung der krankheitsorientierten und der funktionsorientierten Betrachtungsweise in der Geriatrie

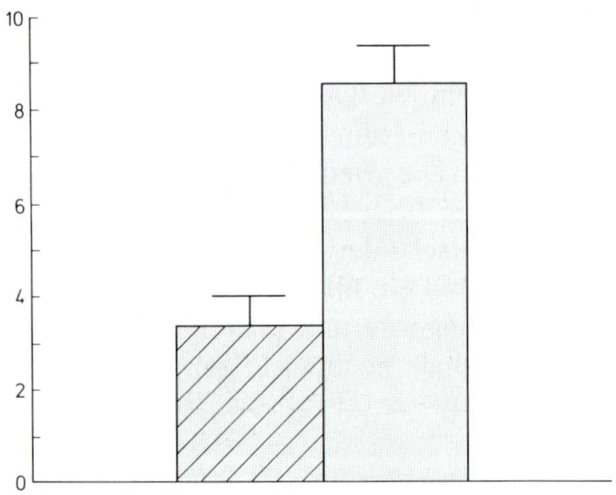


**Abb. 29.2.** Mittlere (±SE) Wasseraufnahme ml/kg innerhalb 2 h nach Durstversuch bei gesunden alten und jungen Personen. Alte korrigieren Wasserverluste und Durst signifikant schlechter als junge Erwachsene

***lichen Fähigkeiten,*** wie Stand, Gleichgewicht, Gehen und Treppensteigen, sowie Informationen über Aktivitäten des täglichen Lebens wie An- und Ausziehen, Waschen, Benutzen der Toilette und Essen enthalten (Abb. 29.1).

**Bei schweren Infektionen können unspezifische Symptome dominieren und spezifische wie Fieber und Leukozytose fehlen.**

## 29.2 Wasser- und Elektrolytstörungen

***Dehydratation*** oder ***Exsikkose*** ist häufig nicht einfach zu diagnostizieren. Die Prüfung der Hautfalten und des Hautturgors ist bei der atrophischen Altershaut und dem mangelnden subkutanen Fettgewebe unzuverlässig und allenfalls über der Stirn verwertbar. Knöchelödeme können auch bei Exsikkose vorliegen. Zuverlässiger ist die Beurteilung der Halsvene in Flachlage. Laborbefunde wie Plasmaosmolalität, Hypernatriämie, Azotämie und relativ hohe Hämoglobinkonzentration erhärten den Verdacht.

**Tabelle 29.1.** Wasser- und Elektrolytstörungen beim Betagten

| | |
|---|---|
| *Physiologische Alterseinflüsse:* | |
| – Vermindertes Durstgefühl | |
| – Konzentrations- und Verdünnungsfähigkeit der Niere herabgesetzt | |
| – ADH-Sekretion und Wirkung verändert | |
| *Arzneimittel bedingt, iatrogen:* | |
| – Diuretika | – Nichtsteroidale Antirheumatika |
| – Barbiturate | – Karbamazepin |
| – Antidepressiva | – Laxanzien |
| – Steroide | |
| *Krankheitsbedingt:* | |
| – Fehl- und Mangelernährung | – Diarrhöe |
| – Fieber | – Tachypnoe, Pneumonie |
| – Herzinsuffizienz | – Niereninsuffizienz |
| – Hypalbuminämie | – Cushing- oder Addison-Erkrankung |
| – Leberzirrhose | |

**Pathogenese.** Die beim Jüngeren sorgfältig aufrecht erhaltene Wasserhomöostase ist beim Betagten durch ein vermindertes Durstgefühl (Abb. 29.2), durch eine Abnahme der extrazellulären Flüssigkeit und Zunahme des Fettgewebes, durch verminderte Konzentrationsfähigkeit und häufig iatrogen durch Diuretika gefährdet (Tabelle 29.1). Akute Verwirrtheitszustände (Delir) mit oder ohne Bewußtseinsstörungen werden bei Patienten mit bis dahin kompensierten Hirnerkrankungen allein durch eine Exsikkose ausgelöst und sind auf adäquate Rehydratation reversibel. Bei Langzeitpflegepatienten, bei verwirrten und unruhigen geriatrischen Patienten bewährt sich, wenn die normale Flüssigkeitszufuhr ungenügend ist, eine subkutane Infusionstherapie, z. B. ein Gemisch von 1000 ml 2,5%iger Glukose und 0,45%igem NaCl mit 2 Ampullen Permease, versetzt im Oberschenkel. Liegen gleichzeitig Elektrolytstörungen vor, so ist der enterale oder intravenöse Weg vorzuziehen.

**Das reduzierte Durstgefühl und die geringere Konzentrationsfähigkeit der Niere führen im Alter oft zu Dehydrierung.**

### Elektrolytstörungen

***Hypokaliämien*** sind unter Diuretika häufig, auch wenn die alterbedingte Reduktion der Nierenleistung die Tendenz zur Hypokaliämie abschwächt. Ungenügende Nahrungsaufnahme, Laxanzien, auch renale Verluste werden mit zunehmendem Alter häufiger. Unspezifische Symptome, wie Adynamie, Muskelschwäche, Verwirrtheit, Myalgie, Krämpfe, depressive Verstimmungen, Anorexie, Apathie, EKG-Veränderungen, Hypokynesie des Darmtraktes und schließlich Koprostase, können klinische Korrelate darstellen. Die Diagnose ist einfach und die Substitutionstherapie meist unproblematisch.

Die ***Hyperkaliämie*** ist meist eine Konsequenz der Niereninsuffizienz bei gleichzeitiger Therapie mit kaliumsparenden Diuretika. Andere Medikamente, die zur Hyperkaliämie führen, sind nichtsteroidale Antirheumatika.

Bei der ***Hyponatriämie*** handelt es sich um die häufigste Elektrolytstörung beim Betagten. Starke Hyponatriämien verbunden mit Hypoosmolalität manifestieren sich klinisch als Verwirrtheit, Eintrübung des Sensoriums, Anorexie und Muskelkrämpfe. Bei Natriumwerten unter 110–115 mE/l kann es zu Krampfanfällen, Stupor, schließlich auch zur pontinen Myelose kommen. Zur raschen Differenzierung des klinischen Bildes ist die Bestimmung der Osmolalität nützlich. Meist handelt es sich um eine hypotone Hyponatriämie. Diuretika sind die wichtigsten Auslöser. Salzzufuhr und Wasserrestriktion auf maximal 1000 ml/Tag führen zur Normalisierung.

**Arzneimittel sind oft für Wasser- und Elektrolytstörungen im Alter verantwortlich.**

## 29.3 Herzkrankheiten

Die ***Herzinsuffizienz*** als wichtigste chronische Herzkrankheit beim alten Menschen ist meist auf eine koronare oder hypertone Herzkrankheit zurückzuführen. Nicht selten manifestiert sich die Herzinsuffizienz unspezifisch, z. B. durch nächtliche Verwirrtheit, Gedächtnisstörungen oder allgemeine Schwäche. Beim Röntgenbild ist zu beachten, daß im hohen Alter eine Herzhypertrophie physiologisch ist. Die Therapie unterscheidet sich nicht grundsätzlich von der beim Jüngeren. Digitalis hat immer noch seinen Platz beim tachykarden Vorhofflimmern.

**Kardiovaskuläre Krankheiten wie Herzinfarkt oder Herzinsuffizienz manifestieren sich im Alter gern durch unspezifische Hirnleistungsstörungen.**

### Koronare Herzkrankheit

Bei einer akuten Verschlechterung des Allgemeinzustandes ist beim Betagten immer ein ***Herzinfarkt*** auszuschließen. Dieser verläuft oft schmerzlos. Dyspnoe, Linksinsuffizienz, Unruhe und Verwirrtheit können das Bild beherrschen. Die Diagnose ist mit den heutigen Mitteln einfach. Die Intensität der Überwachung und Therapie des Herzinfarktes richtet sich nach den vorliegenden weiteren Erkrankungen.

Behinderungen der Mobilität durch Krankheiten des Bewegungsapparates verhindern nicht selten, daß alte Patienten mit koronarer Herzkrankheit die klassischen ***Angina-pectoris***-Symptome verspüren, so daß die Diagnose beim Hochbetagten schwierig wird. Emotionale Belastungen, reichliche Mahlzeiten mit Steigerung der mesenterialen Durchblutung und andere Bedingungen, die zu einer Erhöhung des Herzminutenvolumens führen, können atypische Angina-pectoris-Anfälle auslösen. Diese sind, erkennt man den Zusammenhang, gut beeinflußbar.

Eine typische Alterskrankheit ist die ***senile Amyloidose*** des Herzens, die in bis zu 10 % bei über 75jährigen vorkommt. Die Klinik ist charakterisiert durch therapierefraktäre Herzinsuffizienz, Kardiomegalie, Angina pectoris bei Amyloideinlagerungen in den Koronararterien und Rhythmusstörungen. Auch bei einer orthostatischen Hypotonie kann eine Amyloidose ursächlich beteiligt sein. Die klinische Verdachtsdiagnose kann durch eine endomyokardiale Biopsie bestätigt werden.

***Herzrhythmusstörungen*** sind sehr häufig. Längere, speziell nächtliche arrhythmiebedingte Hypoxieperioden sollten mit dem Langzeit-EKG ausgeschlossen oder, wenn vorhanden, mit Schrittmacher behandelt werden.

## 29.4 Gefäßkrankheiten

### 29.4.1 Zerebrovaskulärer Insult

Durchblutungsstörungen des Gehirns werden mit fortschreitendem Alter immer häufiger. Differentialdiagnostisch ist auch bei typischen Hemiplegien und Paresen an

***nichtvaskuläre Ursachen,*** wie Hypoglykämien, Subduralhämatom und Tumoren, zu denken. Für die internmedizinische Betreuung bedeutsam ist der Umstand, daß beim frischen Insult eine ***gesteigerte ADH-Sekretion*** zu Elektrolytstörungen und Wasserretention führt. Bei verminderter kardialer Reserve kommt es dadurch zur akuten Linksherzinsuffizienz.

**Auch bei typischen Hemiplegien sind nichtvaskuläre Ursachen auszuschließen.**

Die ***Rehabilitation*** setzt unmittelbar nach dem Ereignis ein. Das behandelnde Team muß nach einem einheitlichen Konzept arbeiten, um eine optimale Wiederherstellung verlorener Funktionen zu erreichen. Therapieziel ist in jedem Fall größtmögliche Selbständigkeit in Belangen des täglichen Lebens. Kommunikationsstörungen durch Aphasie und Neglekt (verminderte Wahrnehmung der gelähmten Körperseite) gehören zu den schwierigeren Rehabilitationsaufgaben und erfordern den Einsatz von Logopädie und Ergotherapie.

**Die Entlassung nach Hause setzt Kenntnisse der Selbständigkeit, der Hilfsbedürfnisse, Wohnsituation, Unterstützung durch Angehörige, Freunde und Bekannte und die Möglichkeiten der Gemeindekrankenpflege voraus.**

### 29.4.2 Periphere arterielle Verschlußkrankheiten

Prävention und moderne Diagnostik sowie Therapie mit transluminaler Angioplastik haben die Prognose besonders bei Gliedmaßenverschlüssen deutlich verbessert. Trotzdem sind Amputationen immer noch notwendig. Für die nachfolgende Rehabilitation ist eine Amputation durch das Kniegelenk am vorteilhaftesten. Häufig muß aber auf Höhe des Oberschenkels amputiert werden. Der Behandlungserfolg hängt von einer sorgfältigen Rehabilitation ab. Das Pflegeteam muß in enger Zusammenarbeit mit der Krankengymnastik für diese Aufgaben geschult werden.

#### Risikofaktoren

Bei Patienten über 65 besitzen wie bei jüngeren Menschen Risikofaktoren Voraussagekraft. Diese nimmt allerdings mit zunehmendem Alter unterschiedlich stark ab. Diastolische und systolische Hypertonie sind Risikofaktoren für koronare und hypertone Herzkrankheit, Herzinsuffizienz und zerebrovaskuläre Insulte. Dies gilt aber nicht mehr beim über 85jährigen. Dort ist sogar ein hoher Blutdruck prognostisch günstig und korreliert mit einer längeren Lebenserwartung als Normotonie und Hypotonie. Beim Betagten ist zu bedenken, daß eine ***rasche Blutdrucksenkung*** zu einer folgenschweren ***Reduktion der Gehirnperfusion*** führen kann, da sich die Autoregulation bei länger bestehender Hypertonie auf einem höheren Niveau eingespielt hat. Sehr rasch blutdrucksenkende Maßnahmen, z. B. Nifedipin sublingual, sind deshalb kontraindiziert.

Eine Beeinflussung der Atherosklerose durch Lipidsenkung ist, obwohl LDL-Cholesterin und Gesamtcholesterin bis ins hohe Alter prädiktiv bleiben, nicht erwiesen. Diätetische Maßnahmen sind auch aus psychologischen Überlegungen sinnvoll.

Beim Diabetes mellitus vermindert eine sorgfältige Behandlung Spätkomplikationen. Entschließt man sich zu einer Insulintherapie, muß daran gedacht werden, daß die Hypoglykämie für die Hirnleistung des Betagten folgenschwerer ist als gelegentliche Hyperglykämien für seine Gefäße. Ein mit Insulin gut eingestellter Diabetes mellitus erhöht indessen die Lebensqualität. Zum Ausschluß von Hypoglykämien sind nächtliche Blutzuckerkontrollen notwendig. Hypoglykämien werden aufgrund der Abnahme der Katecholaminempfindlichkeit im Alter schlechter wahrgenommen. Subjektive Warnsymptome sind deshalb unzuverlässig.

In keinem Lebensabschnitt ist es zu spät, mit dem Rauchen aufzuhören und davon zu profitieren. Dies muß aber dem eigenen Willen des Patienten entspringen, und Rauchverbote sollten nicht dazu verwendet werden, letzte Lebensjahre durch Vorschriften oder gar Zwangsmaßnahmen zu vergällen.

**Risikofaktoren bleiben auch beim Betagten Risikofaktoren.**

### 29.4.3 Stürze

Stürze gefährden die Autonomie des alten Menschen durch Verletzungsgefahr und Verunsicherung. Die meisten Stürze ereignen sich zuhause, eine erhebliche Zahl von Schenkelhalsfrakturen treten aber auch im Krankenhaus auf. Die Ätiologie ist vielfältig. Die wichtigsten Ursachen sind in Tabelle 29.2 dargestellt.

**Tabelle 29.2.** Hauptursachen für Stürze im Alter

| |
|---|
| Unfälle |
| Orthostatische Hypotonie |
| Synkopen (plötzlicher Bewußtseinsverlust) |
| Drop attacks (plötzlicher Sturz ohne Bewußtseinsverlust) |
| Zerebrovaskulärer Insult und TIA |
| Schwindelzustände |
| Epilepsie |
| Degenerative ZNS-Erkrankungen |
| Intoxikationen |
| Arzneimittel |

Die Frage nach den Ursachen eines Sturzes muß von Fall zu Fall entschieden werden. Meist sind mehrere Komponenten beteiligt. Ein normales Ruhe-EKG schließt signifikante Rhythmusstörungen nicht aus, das 24-h-EKG deckt nur wenige positive Fälle auf. Otoneurologische Untersuchungen lassen eine sog. vertebrobasiläre Insuffizienz mit Schwindel und Gleichgewichtsstörungen selten nachweisen. Ein pragmatisches Vorgehen ist zweckmäßig. Der geriatrisch tätige Arzt muß dafür sorgen, daß ein Patient mit Resthemiparese, Parkinson-Krankheit oder behindernder Arthrose seine Wohn- und Lebensbedingungen so gestaltet, daß Stürze vermieden werden können.

## 29.4.4 Orthostatische Hypotonie

Häufig ist eine orthostatische Hypotonie am Sturzgeschehen mitbeteiligt. Ihr Nachweis erfolgt am besten durch den modifizierten ***Schellong-Test*** (Abb. 29.3).

**Bei Orthostase ist immer an Arzneimittel als Ursache zu denken.**

Pathophysiologisch ist zu beachten, daß auch bei Hypertonie ein rascher Druckabfall auf immer noch hypertone Werte wegen der Autoregulation der Gehirndurchblutung zu Minderperfusion, Schwindel und Gleichgewichtsstörungen und Sturz führen kann. Sinkt der Druck unter 80 mmHg systolisch, so kommt es in jedem Fall zur ***zerebralen Hypoxie.*** Ursächlich sind als erstes Medikamente, Dehydratation, Infekte oder Trainingsmangel bei Bettlägerigkeit und Neuropathie in Betracht zu ziehen. Therapeutisch gilt es zu überprüfen, welche Arzneimittel weggelassen werden können. ***Allgemeine Maßnahmen*** wie Schlafen bei leicht erhöhtem Oberkörper, Beine einbinden bzw. Stützstrümpfe tragen, genügende Flüssigkeitszufuhr, evt. Gabe von Bouillon, kommen zur Anwendung, bevor zum Arzneimittel gegriffen wird. Eine Expansion des extrazellulären Volumens kann mit nicht-steroidalen Antirheumatika oder mit Mineralokortikoiden (Fludrocortison 3×0,05 mg/Tag), allerdings unter Inkaufnahme von Nebenwirkungen, erreicht werden. Die Gabe von ***Sympathikomimetika*** (Midodrin 2×3–5 oder Etilefrin 25 mg) ist bei sympathikotoner

| | Phase | Lage | Vorgehen |
|---|---|---|---|
| 1 | Vorphase | Ruhiges Liegen | 5 Minuten |
| 2 | Testphase I | Liegen mit rechtwinklig angestellten Beinen | 2 Minuten<br>Messungen der Ausgangswerte von Blutdruck und Puls nach 2 min Vorlagerung |
| 3 | Testphase II | Ruhiges Stehen | 5 Minuten<br>Messung von Blutdruck und Puls nach 1 min, 2 min und 5 min Stehen |

**Abb. 29.3.** Schematische Darstellung des Orthostasetests, modifiziert nach Jamartz-de Marèes. Mit der Lagerung (Testphase 1) erhöhen sich Sensitivität und Reproduzierbarkeit des Tests
Auswertung:
1) Blutdruckabfall > 20 mmHg → orthostatische Hypotonie
2) Pulsanstieg ≥10 Schläge/min → sympathikotone Form
Pulsanstieg < 10 Schläge/min → asympathikotone Form

Hypotonie wirksamer als bei asympathikotoner. Ebenfalls bewährt hat sich der selektive $\alpha_2$-Blocker Yohimbin (bis 3×5 mg).

## 29.5 Probleme des Harntrakts

### Inkontinenz

Kaum eine Behinderung ist für den Betroffenen so demütigend wie die Inkontinenz. Nicht selten führt die Inkontinenz zur Langzeitpflege in einem Heim.

**Streßinkontinenz.** Es kommt zum Urinabgang, wenn der rasche intraabdominale Druckanstieg nicht von einem erhöhten Tonus der Blasensphinkter aufgefangen wird (z.B. Lachen, Husten, Niesen). Die Streßinkontinenz wird häufiger bei Frauen beobachtet. Das Ausmaß der Inkontinenz und die Ergebnisse einer gynäkologischen und urologischen Untersuchung entscheiden über die Behandlung.

**Urge- oder Dranginkontinenz.** Es kommt zu unkontrollierten Blasenkontraktionen, zu einer Detrusorinstabilität, die zu mehr oder weniger großen Urinabgängen führt. Eine gewisse Enthemmung der Blase scheint der üblichen, mit dem Alter zunehmenden Dysregulation zu entsprechen. Die Kontrolle bleibt aber erhalten. Kommen zusätzliche Reize dazu, kann es zur manifesten Urge-Inkontinenz kommen. Diese auslösenden Faktoren sind einer internistischen Therapie zugänglich. Typische Ursachen sind Harnwegsinfekte, atrophische Vaginitis, Kolpitis und Koprostase.

**Zerebrovaskuläre Insulte.** Hier tritt in rund der Hälfte der Fälle eine Inkontinenz auf, die wiederum in 50 % der Fälle nach 2 Wochen sistiert. Nur bei etwa $^1/_5$ der ursprünglich Inkontinenten persistiert der Zustand noch nach einem Jahr.

**Demenz.** Patienten mit schwerer Demenz können körpereigene Signale zunehmend weniger interpretieren. Eine Inkontinenz vom Urgetyp ist die Folge. Tritt die Inkontinenz bei erhaltenen kognitiven Leistungen früh im Verlauf auf und ist sie verbunden mit Gleichgewichts- und Gangstörungen, so muß an einen Hydrocephalus male resorptivus gedacht werden.

**Beispiel.** Ein 80jähriger Patient, seit längerem an einem Morbus Parkinson leidend und mit mäßiger seniler Demenz, verspürt imperativ den Drang zu urinieren. Seine Demenz macht eine seinen Fähigkeiten angepaßte Planung unmöglich, die parkinsonbedingte Gangstörung verhindert das rechtzeitige Erreichen der Toilette. Beides zusammen führt zum Resultat Inkontinenz.

**Therapie.** Arzneimittel, die die Blasenkontraktionen dämpfen, z.B. Anticholinergika, sind von begrenztem Nutzen, aber man kann sich bei gleichzeitiger depressiver Verstimmung z.B. die anticholinerge Wirkung von Imipramin zunutze machen. Von beschränkter Wirkung ist Emepronium (bis 800 mg/Tag). Auf zentralnervöse und anticholinerge Wirkung ist bei Patienten mit Alzheimer-Demenz zu achten, da diese bereits einen Azetylcholinmangel aufweisen.

Regelmäßiges zur Toilette führen ***(Toilettentraining)*** kann tagsüber die Kontinenz erhalten. Eine erhebliche Schwierigkeit liegt in der kaum beachteten Tatsache, daß die nächtliche Urinmenge beim alten Menschen doppelt so hoch ist wie die tagsüber ausgeschiedene. Betagte reduzieren, Nykturie und Inkontinenz fürchtend, ihre Flüssigkeitseinnahme und begünstigen so eine Dehydratation.

Der ***Dauerkatheter*** ist indiziert bei ***Überlaufblase,*** die sich als Inkontinenz manifestiert. Wiederum sind es Patienten mit evtl. nur leichter Demenz, die bei Harnverhaltung mit Verwirrtheit und Unruhe reagieren. Die klinische Untersuchung, Ultraschall und nötigenfalls Katheterisierung liefern die Diagnose. Bei Inkontinenz ist in jedem Fall die Bestimmung des Resturins notwendig. Muß bei Blasenüberdehnung oder obstruktiver Abflußstörung ein Dauerkatheter belassen werden, so kommt es in kurzer Zeit zur chronischen Zystitis mit Leukozyturie und Bakteriurie. Diese ist nicht behandlungsbedürftig. Erst wenn Dysuriesymptome, Erythrozyturie (>10 Erys/Gesichtsfeld) oder allgemeine Infektzeichen auftreten, ist der Dauerkatheter zu wechseln und eine adäquate Antibiotikatherapie für 3–5 Tage einzuleiten. Blasenspülungen sind unnötig und potentiell schädlich. Die Verweildauer der Katheter richtet sich nach der Verträglichkeit und kann in unkomplizierten Fällen bis 4 Monate betragen. Grundsätzlich sollte bei nicht obstruktiver Blasenstörung versucht werden, ohne Dauerkatheter mit pflegerischen Maßnahmen wie Toilettentraining, Einlagen und absorbierenden Bettlaken auszukommen.

**Bei jeder Inkontinenz ist der Resturin zu bestimmen.**

**Tabelle 29.3.** Komplikationen der Bettlägerigkeit

| |
|---|
| Abnahme von Herzminutenvolumen und aerober Kapazität |
| Orthostaseintoleranz |
| Atelektase, Hypoxie, Pneumonie |
| Venöse Thrombosen, Lungenembolien |
| Muskelatrophie und Kraftverlust |
| Demineralisation des Skelettes |
| Kontrakturen der Gelenke |
| Konstipation und Koprostase |
| Harninkontinenz |
| Nierensteine |
| Dekubitus |

## 29.6 Pflege alter Kranker

### 29.6.1 Bettlägerigkeit

Die Bettlägerigkeit ist nicht nur eine Folge der reduzierten Vitalität, sondern trägt selbst zur Abnahme der Vitalität im Alter bei. Ihre Folgen sind in Tabelle 29.3 aufgeführt. Im Vordergrund stehen die rasche Demineralisation des Skelettes, die Atrophie der Muskulatur, die Begünstigung von Phlebothrombosen, Lungenembolien, Atelektasen und Pneumonien. Faserarme Ernährung begünstig bei geringer Flüssigkeitszufuhr die Entwicklung von Obstipation und Koprostase. Die an sich bereits hohe Transitzeit im Kolon steigt auf weit über 60 h. Bei vorbeugender Gabe von Quellmitteln ist auf eine genügende Flüssigkeitszufuhr besonders zu achten.

Mit zunehmendem Alter nimmt die Zahl der Spontanbewegungen im Schlaf und in Ruhe von durchschnittlich mindestens 2/h beim jungen Erwachsenen auf null bis wenige Bewegungen pro Nacht ab. Dies ist einer der wichtigsten Gründe, warum Dekubitalgeschwüre vor allem beim bettlägerigen Betagten auftreten.

### 29.6.2 Dekubitus

Ein Dekubitus tritt auf, wenn die ***nutritive Zirkulation*** über eine kritische Zeit (ca. 2 h) durch Druckeinwirkung unterbrochen bleibt. Bestimmte ***Prädilektionsstellen*** (harte Stellen) über dem Sakrum, dem Trochanter, den Sitzbeinhöckern und den Fersen sind am meisten gefährdet und machen 95% aller Druckgeschwüre aus (Abb. 29.4). Druck- und Einwirkungszeit sind die beiden entscheidenen Faktoren. Bestimmte Risikofaktoren

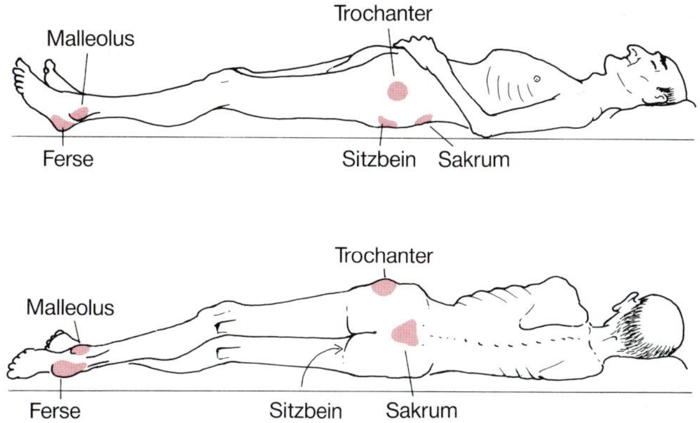


**Abb. 29.4.** Regelmäßige tägliche Kontrolle der gefährdeten harten Stellen ist bei bettlägerigen Patienten wesentlich und erlaubt die rechtzeitige Einleitung von zusätzlichen prophylaktischen Maßnahmen zur Verhütung von Dekubitalulzera

**Tabelle 29.4.** Risikofaktoren für Dekubitalulzera

| Alle Altergruppen | Alterspatienten |
|---|---|
| Komatöse Zustände | Fieber ( ≥39° C) |
| Lähmungen | Dehydratation |
| Schock | Anämie (Hb ≤9r/dl) |
| Arterienverschluß | Chirurgische Eingriffe (Prämedikation, lange Aufwachphase) |
| | Sedation, Schlafmittel |
| | Psychosen (Katatonie, schwere Depression) |
| | Kontrakturen |
| | Hypalbuminämie |

(Tabelle 29.4) beeinflussen die Druckeinwirkungszeit und sollten deshalb zur Prophylaxe durch Druckentlastung führen.

**Dekubitalgeschwüre treten fast ausschließlich über Sakrum, Sitzbeinhöcker, Trochanter, Fersen und Knöcheln auf.**

Um das Auftreten von Dekubitus auch in Risikosituationen weitgehend zu verhüten, sind einige Prinzipien zu befolgen. Durch weiche Matratzen sinkt der Auflagedruck auch an „harten Stellen" soweit, daß bei einer Mehrzahl der Patienten keine Ischämie entsteht. Genügen diese Maßnahmen nicht und werden am Morgen bei der Körperpflege *rote Druckstellen* entdeckt, so ist zusätzlich eine zweistündliche Umlagerung von Rückenlage in die 30°-Schräglage rechts und links anzuordnen. Eine 90°-Seitenlage ist zu vermeiden, da diese Lage die Trochanterareale belastet. Dekubitalulzera lassen sich heute durch konsequente Druckentlastung und Behandlung der Risikofaktoren vermeiden.

### Therapie

Eine erfolgreiche Therapie wird 5 Prinzipien befolgen:
1. Druckentlastung;
2. feuchter Wundverband (Ringerlösung);
3. keine lokale Desinfektion;
4. nekrotisches Gewebe wird exzidiert und die Ulkusränder werden chirurgisch angefrischt;
5. Infektionen der umgebenden Weichteile werden systemisch mit Antibiotika behandelt (selten notwendig).

**Nur durch konsequente Druckentlastung lassen sich Dekubitalulzera verhüten.**

## 29.6.3 Schmerz

**Die Schmerzemfindung verändert sich im Alter nachhaltig. Viszeraler Schmerz wird weniger, Schmerzen des Bewegungsapparates werden stärker empfunden.**

Die relative Unempfindlichkeit gegenüber viszeralen Schmerzursachen erschwert die ***Differentialdiagnose,*** da z. B. ein Herzinfarkt stumm verlaufen kann. Unspezifische Allgemeinveränderungen oder zerebrale Symptome sind dann die einzigen Hinweise auf ein akutes Geschehen. Das Magenulkus, das in den letzten Jahren häufiger wurde, äußert sich oft nur als Appetitlosigkeit, allgemeines Unbehagen oder durch Erbrechen. Die ***klinische Untersuchung*** kann blande abdominale Befunde ergeben, die charakteristischen nahrungsabhängigen Schmerzen werden nicht berichtet, und erst die Endoskopie liefert die Diagnose. Im Falle einer Gallenblasenperforation in den Darm mit Abgang eines Steines kann der daraus resultierende Ileus Leitsymptom sein (Abb. 29.5). Die Beispiele zeigen die Notwendigkeit einer breiten differentialdiagnostischen Abklärung und des Einsatzes von diagnostischen Hilfsmitteln beim alten Menschen bei unspezifischen Allgemeinsymptomen.

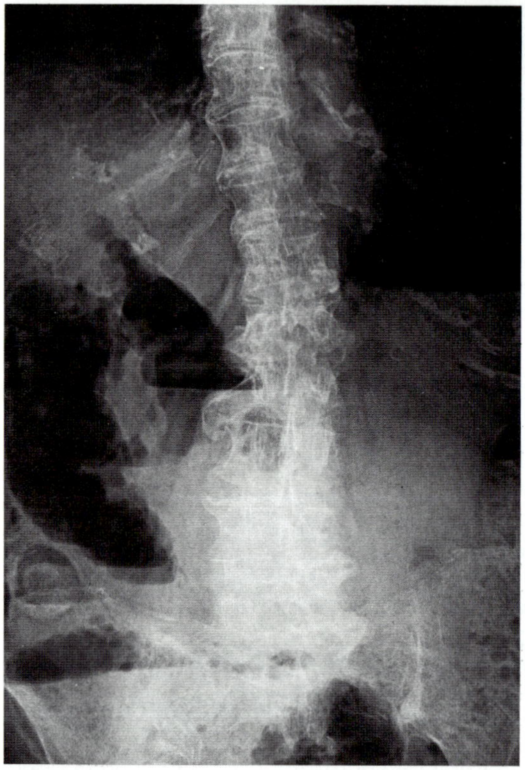

**Abb. 29.5.** Die 87jährige Patientin entwickelte aus relativem Wohlbefinden plötzlich eine Ileussymptomatik. Die Abdomenleeraufnahme im Stehen zeigt Spiegelbildungen und einen großen Gallenstein als Ursache des Ileus. Der Befund wurde operativ saniert

**Auch schwere innere Erkrankungen wie Ulkusperforation oder Herzinfarkt werden oft nicht mit Schmerzen wahrgenommen und verlaufen stumm.**

Die starke Wahrnehmung von muskulo-skelettalen Schmerzen bietet neben therapeutischen Problemen bei Wirbelfrakturen, bei Osteoporose, engem Spinalkanal, Arthrosen usw. differentialdiagnostische Schwierigkeiten, da das Röntgenbild selten mit dem subjektiven Schmerzerleben verläßlich korreliert. Typische Alterskrankheiten, wie Polymyalgia rheumatica und Vaskulitis, sind auszuschließen. Schon ein genügender Verdacht sollte zur Therapie mit Steroiden veranlassen. Bei starken Schmerzen, z. B. bei Osteoporose, haben sich analog zur Krebstherapie orale Opiate bewährt. Entschließt man sich zur Opiattherapie, muß gleichzeitig die Obstipation wirksam behandelt werden.

### 29.6.4 Demenz und Delir

Von den vier „I" (Instabilität, Inkontinenz, Irritabilität und intellektueller Abbau) der geriatrischen Patienten ist der ***intellektuelle Abbau*** die folgenschwerste Alterskrankheit und an erster Stelle für die Unselbständigkeit der letzten Lebensjahre verantwortlich.

Bei jeder Erstuntersuchung eines Betagten ist die Frage nach Demenz zu stellen und zu beantworten. In frühen Stadien ist die Diagnose häufig schwierig und nur durch eine exakte ***neuropsychologische Untersuchung*** zu dokumentieren. Zur ***Differentialdiagnose*** sind bildgebende Verfahren (CT, MRT) sowie Laboruntersuchungen unerläßlich (Tabelle 29.5). Eine Demenz kann über längere Zeit durch entsprechende Anstrengungen des Patienten kompensiert und unbemerkt bleiben. Kommt eine zusätzliche Belastung, wie Harnwegsinfekt, Herzinfarkt, Pneumonie, Cholezystitis, Ulkus oder Belastungen durch körperliche Anstrengungen bei Reisen, Wechsel der Umgebung und Bezugspersonen, dazu, so führt dies zu einer Überforderung der Kontrollmechanismen. Eine plötzliche Dekompensation der kognitiven Leistungen tritt auf. Es kommt zur manifesten Demenz. Auch wenn die demaskierte Grundstörung keiner spezifischen Therapie zugänglich ist, kann durch Behandlung der akuten Krankheiten der ursprüngliche Zustand oft wieder hergestellt werden.

**Schon geringfügige akute Erkrankungen demaskieren oft Hirnleistungsstörungen.**

Ein bemerkenswerter Befund ist bei 20 % der Patienten mit seniler Demenz vom Alzheimer-Typ der Nachweis von ***niedrigen Vitamin-$B_{12}$***-Plasmakonzentrationen (<150 pg/l) ohne Veränderungen des peripheren Blutbildes. Beim Betagten äußert sich in $^1/_4$ der Fälle der Vitamin-B12-Mangel ohne Veränderungen des Blutbilds.

**Iatrogene Ursachen sind bei Verwirrtheit immer auszuschließen.**

#### Delir

Beim Delir (akuter Verwirrtheitszustand, akuter exogener Reaktionstyp) liegen Störungen der Aufmerksamkeit, Vigilanz, Konzentrationsfähigkeit und Wahrnehmung vor. Eine Bewußtseinstrübung ist ein nicht obligates Leitsymptom. Starke ***Fluktuationen des Zustandes*** sind typisch. Ein Delir entsteht beim Betagten bevorzugt (80 %) auf dem Boden einer ***vorbestehenden Demenz***. Das Delir ist Ausdruck eines zusätzlichen Geschehens, das häufig einer internistischen Therapie (Tabelle 29.6) zugänglich ist.

**Betagte und Kinder erleiden am häufigsten ein Delir.**

**Tabelle 29.5.** Diagnostik bei akuten Verwirrtheitszuständen und Demenz

Bei lebensbedrohlichen Zuständen notfallmäßig:
- Hämoglobin, Glukose, Quick/PTT, Blutgase

Alle übrigen Fälle:
- ganzes Blutbild, Elektrolyte, Harnstoff, Kreatinin, Kalzium, Leberenzyme, Schilddrüsenhormone, Vitamin B12, Luesserologie, HIV-Test
- Urinstatus
- EKG, Röntgenthorax
- CT oder NMR des Schädels
- EEG

Bei Hinweisen:
- Liquoranalysen
- Single Photon Emission Tomography (SPECT)

**Tabelle 29.6.** Delir: häufigste Ursachen bei akuter Verwirrtheit

| | |
|---|---|
| 1. *Arzneimittel und Intoxikationen* | |
| Alkohol | Arzneimittelinteraktionen |
| Antidepressiva | Antihypertensiva |
| Barbiturate | Benzodiazepine |
| Betäubungsmittel | Schmerzmittel |
| Schwermetalle | Steroide |
| 2. *Zentralnervensystem* | |
| Zerebrovaskulärer Insult | Subduralhämatom |
| Epilepsie | ZNS-Infekte |
| Hypertone Enzephalopathie | Tumoren |
| 3. *Kardiopulmonale Krankheiten* | |
| Herzinsuffizienz | Herzinfarkt |
| Rhythmusstörungen | Hypotonie |
| Chronische und akute Lungenerkrankungen | |
| 4. *Systemische Krankheiten und Zustände* | |
| Dehydrierung | Harnretention |
| Hyponatriämie | Infektionen |
| Anämie | Hyper- und Hypoglykämie |
| Hyperkalzämie | Mornus Addison und Cushing |
| Hepatische Enzephalopathie | |
| Niereninsuffizienz | Hyper- und Hypothyreose |
| Koprostase | |

## 29.7 Pharmakotherapie im Alter

Multimorbidität und die Dominanz chronischer Krankheiten erfordern eine komplexe Arzneimitteltherapie. Der erhöhte Arzneimittelbedarf trifft auf eine gegenüber jüngeren Erwachsenen veränderte Pharmakokinetik und Pharmakodynamik. Einige dieser Unterschiede sind in Abb. 29.6 dargestellt. Alters- und Krankheitseinflüsse führen auch zu Problemen der Medikamenteneinnahme (Compliance).

### 29.7.1 Pharmakokinetik im Alter

Die altersabhängige ***Abnahme der Arzneimittelelimination*** durch die Niere steht im Vordergrund. Die ***Kreatinin-Clearance*** schätzt die Nierenfunktion und damit die Arzneimittelelimination recht zuverlässig. Die Dosierung muß deshalb für renal eliminierte Medikamente sorgfältig an die Nierenfunktion angepaßt werden. Die Formel: Clearance = (150 − Alter) × Körpergewicht (kg): Serumkreatinin (umol/l) erlaubt eine verläßliche Schätzung. Bei Dehydratation und Herzinsuffizienz ist die Nierenfunktion starken Schwankungen unterworfen, so daß bei Arzneimitteln mit geringer therapeutischer Breite (z. B. Digoxin, Aminoglykoside) Bestimmungen der Plasmakonzentration indiziert sind. Mit zunehmendem Alter nimmt der hepatische ***„First-pass-Effekt“*** ab. Eine ***Herzinsuffizienz*** beeinflußt die hepatische Elimination zusätzlich. Das Abschätzen dieser Einflußgrößen ist deshalb schwierig, wenn nicht unmöglich. Spiegelbestimmungen im Plasma sind daher hilfreich.

**Die Nierenfunktion läßt sich aus Alter, Körpergewicht und Plasmakreatinin zuverlässig schätzen.**

### 29.7.2 Pharmakodynamik im Alter

Abnehmende Kompensationsmechanismen und z. T. veränderte Rezeptoren führen zu einer ***gesteigerten Empfindlichkeit,*** vor allem bei zentralnervös wirksamen Arzneimitteln. Verwirrtheit, Sedation, seltener Erregungszustände, orthostatische Hypotonie sind häufig schon bei geringen Dosen von Diuretika, Antihypertensiva, Antidepressiva, Antiparkinsonmittel und Neuroleptika zu beobachten. Eine Reduktion der Empfindlichkeit ist bei sympathikomimetischen Substanzen (Abnahme der β-Rezeptor-Empfindlichkeit) feststellbar.

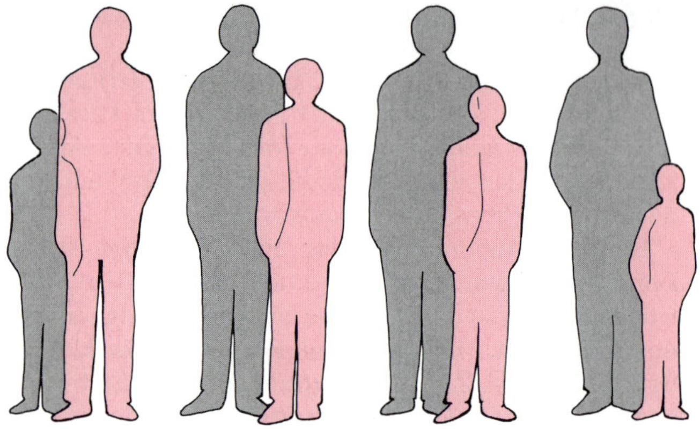


**Abb. 29.6.** Schematische Darstellung einiger altersabhängiger Parameter, die für die Pharmakokinetik beim Betagten relevant sind. Neben den hier graphisch dargestellten Veränderungen muß noch die reduzierte Nierenfunktion und die verminderte Leberdurchblutung berücksichtigt werden

#### Arzneimitteleinnahme

Weitaus am meisten Fehler geschehen bei der Verordnung und Einnahme von Arzneimitteln. Übersehene Interaktionen, Vergeßlichkeit, komplizierte Einnahmeschemata, technische Probleme beim Öffnen von Behältern, Abzählen von Tropfen, Fehler beim Füllen von Meßlöffeln wegen Tremor oder Sehstörungen sind nicht selten. Die Hilfe von Angehörigen oder Gemeindeschwestern ist oft notwendig. Kombinationspräparate können deshalb in der Geriatrie durchaus sinnvoll sein. Viel zu oft wird aber ein pathologischer Befund ohne wesentliche funktionelle Bedeutung für den Patienten aggressiv therapiert, was zu Übermedikation führt. Wie übereinstimmende Untersuchungen zeigen, ist grundsätzlich die ***Compliance im Alter*** nicht schlechter als beim jungen Patienten! ***Noncompliance*** sollte beim behandelnden Arzt nicht in erster Linie gekränkte narzißtische Gefühle hervorrufen, sondern als Botschaft des Patienten gewertet werden, daß er das Therapieziel nicht versteht oder anders auffaßt. Bei jeder Konsultation sollte eine Dauertherapie erneut auf ihre Indikation überprüft werden.

## FALL 29 A

**Anamnese.** Eine 79jährige Frau leidet seit dem Tod des Ehemannes vor 4 Jahren zunehmend an Appetitlosigkeit und Niedergeschlagenheit. Vor Jahren kardiale Beschwerden bei bekannter Hypertonie, die unter Therapie gut eingestellt ist. Seit Kindheit Psoriasis vulgaris, medikamentös unter Kontrolle. Vor einigen Jahren beidseitige Knietotalprothese bei Gonarthrose. Postoperativ Lungenembolien. Seit 2 Monaten zunehmend müde und Schlafstörungen. Einweisung wegen Müdigkeit, Gewichtsabnahme (6 kg) und Schwindel.

**Befunde.** Voll orientierte, wache Patientin mit deutlichem Übergewicht (85 kg bei 169 cm). Ödeme an Unterschenkeln und Füßen. An typischer Stelle psoriatische Herde. Zur Zeit inaktive psoriatische Arthropathie. Otoneurologische Untersuchungen im Normbereich. Blutdruck 130/70 mm Hg, radiologisch leichte Kardiomegalie, im EKG Zeichen einer koronaren Herzkrankheit. Im Ultraschall des Abdomens ausgeprägte Cholezystolithiasis. Leberenzyme normal, Kreatinin 85 µmol/l, Harnstoff 4,9 mmol/l, Natrium 138 mmol/l, Kalium 3,6 mmol/l, Harnsäure 417 µmol/l, Albumin 29 g/l, CRP 25 mg/l, Hämoglobin 11,0 g/dl, rotes Blutbild normochrom/normozytär. Leukozyten 7700/µl mit normaler Verteilung, Thrombozyten 300 000/µl. Urinstatus: Leukozyten <40/GF, Erythrozyten <20/GF, keine Zylinder, Proteinurie 5,1 g/24 h. Kreatininclearance 40 ml/Min. Serumeiweißelektrophorese unauffällig. Folsäure 2 nmol/l, Ferritin 182 ng/ml. Die psychiatrische Exploration ergab Vereinsamung und Isolation nach dem Verlust des Ehegatten und Konfliktsituationen mit den Kindern. Differentialdiagnostisch konnten multiples Myelom, diabetische Glomerulopathie, systemischer Lupus erythematodes, Wegener-Granulomatose, Amyloidose, Neoplasie oder Infekt ausgeschlossen bzw. als sehr unwahrscheinlich gewertet werden. Als wahrscheinlichste Ursachen wurden eine Minimal-change-Glomerulonephritis oder ein nephrotisches Syndrom infolge nichtsteroidaler Antirheumatika angenommen.

**Diagnosen und Therapie** s. Tabelle 29 A.

**Verlauf.** Unter Steroidtherapie deutlicher Rückgang der Proteinurie; unter Gesprächen und Antidepressiva Aufhellung. Weiterführung der blutdrucksenkenden und antipsoriatischen Therapie. Entlassung nach 3 Wochen in gutem Allgemeinzustand nach Hause.

**Tabelle 29 A.** Diagnosen und Behandlung bei einer 79jährigen multimorbiden Frau

| Diagnose | Therapie |
|---|---|
| Depressive Entwicklung | Psychotherapie, Maprotilin 25 mg abends |
| Nephrotisches Syndrom unklarer Ätiologie | Prednison 50 mg täglich |
| Harnwegsinfekt | Antibiotika für 5 Tage |
| Normochrome, normozytäre Anämie | – |
| Hypertone und koronare Herzkrankheit | Nifepidine 20 mg retard, Diuretika |
| Psoriasis vulgaris | Lokal Salizylate und Steroide |
| Psoriatische Arthropathie | – |
| Zustand nach Knietotalprothese beidseits | – |
| Gallensteine | – |
| Adipositas | – |
| Chronisch venöse Insuffizienz I | – |

## 29.8 Ernährung im Alter

Folgen der ***Fehl-*** und ***Überernährung*** spielen in der Pathogenese chronischer Krankheiten eine hervorragende Rolle und erfahren von daher eine gebührende Aufmerksamkeit. Eigentliche ***Mangelernährung*** dagegen ist in Mitteleuropa auf gewisse gesellschaftliche Randgruppen beschränkt, dort aber nicht minder folgenschwer. Zu diesen Randgruppen gehören die durch irgendwelche Behinderungen benachteiligten Alten.

Die Ursachen der Mangelernährung sind vielfältig und umfassen psychosoziale Faktoren, kognitive Störungen, Mobilität, Kaufähigkeit und gastrointestinale Krankheiten, um nur einige zu erwähnen. Eine ausgewogene Nährstoff-, Vitamin- und Spurenstoffzufuhr trägt zum Wohlbefinden bei. Wieweit beim alten Menschen Anorexie erzeugende Faktoren wie Kachexin (TNF) oder zentralnervöse Involutionsprozesse (Depression, Demenz) für die verminderte Nahrungsaufnahme verantwortlich sind, ist noch unklar. Gewichtsverlust, Hypalbuminämie, Anämie, Neuropathie und kognitive Störungen müssen immer den Verdacht auf Mangelernährung wecken. Eine genügende Eiweiß- und Nährstoffversorgung fördert nachweislich den Genesungsprozeß, z. B. nach Schenkelhalsfrakturen, und damit den Wiedergewinn der Autonomie. Psychosoziale Veränderungen, z. B. Kuraufenthalte und Behebung der Vereinsamung, sind sehr wichtig für eine erfolgreiche Therapie.

**Eine erfolgreiche Entlassung nach Hause setzt Kenntnisse der Fähigkeiten und Lebensbedingungen des Patienten und seines Umfeldes voraus.**

## Literatur

Harper CM, Lyles YM (1988) Physiology and complications of bed rest. J Am Ger Soc 36: 1047–54

MacLennan WJ, Peden NR (1989) Metabolic and endocrine problems in the elderly. Springer, Berlin Heidelberg New York Tokyo

Marcea JT (Hrsg) (1986) Das späte Alter und seine häufigsten Erkrankungen. Springer, Berlin Heidelberg New York Tokyo

Martin E, Junod JP (1986) Lehrbuch der Geriatrie. Huber, Bern

Oswald WD, Herrmann WM, Kanowski S, Lehr UM, Thomae H (Hrsg) (1984) Gerontologie. Kohlhammer, Stuttgart

Philips PA, Rolls BJ, Ledingham JGG et al. (1984) Reduced thirst after water deprivation in healthy elderly men. N Engl J Med 311: 753–759

Seiler WO (1989) Dekubitusprophylaxe und Dekubitusbehandlung. Krankenpflege-Journal 27: 15–20

Stähelin HB (1986) Psychoorganische Veränderungen. Verh Dt Ges Inn Med 92: 23–35

# 30 Internistische Neurologie

U. Büttner


ZUSAMMENFASSUNG

In der Neurologie gibt es eine Reihe von Krankheitsbildern, z. B. Bewußtseinsstörungen, Schwindel und Kopfschmerzen, die sich häufig nur auf Grund der Anamnese diagnostisch einordnen und therapieren lassen. Der körperliche Untersuchungsbefund und alle Zusatzuntersuchungen sind in diesen Fällen unauffällig. Dies unterstreicht die Wichtigkeit einer genauen ***Anamneseerhebung.***

Die genaue Kenntnis der ***physiologischen*** und ***anatomischen Zusammenhänge*** erlaubt die Zuordnung von neurologischen Untersuchungsbefunden zu bestimmten Strukturen. Dies betrifft insbesondere auch die Differenzierung zwischen ***zentralen*** und ***peripheren Läsionen.*** Bedingt durch die anatomischen Gegebenheiten kann ein eindeutiger Befund, z. B. eine zentrale Paraparese, dennoch lokalisatorisch mehrdeutig sein. Sie kann durch eine Läsion zwischen der Hirnrinde und dem Thorakalmark hervorgerufen werden. Mit Hilfe der ***Zusatzdiagnostik*** lassen sich insbesondere auch ätiologische Aussagen treffen. Wichtige Zusatzuntersuchungen sind bildgebende Verfahren (CT, NMR), Liquor, elektrophysiologische Methoden bei zentralen (VEP, AEP, SEP) und peripheren (NLG, EMG) Läsionen sowie das EEG als Indikator von Funktionsstörungen.

Behandelt werden hier besonders Krankheitsbilder, die primär internistisch zu ***neurologischen Komplikationen*** führen (z. B. Diabetes), die wichtige Differentialdiagnosen bei internistischen Erkrankungen sind (z. B. Epilepsie – kardiale Synkope) und solche mit großer Häufigkeit (z. B. Schwindel, M. Parkinson).


## 30.1 Topische Diagnostik neurologischer Symptome

### 30.1.1 Paresen

Bei reduzierter Muskelkraft spricht man von einer Parese. Bei einer Hemiparese sind Arm und Bein auf derselben Seite, bei einer Tetraparese alle 4 Extremitäten und bei einer Paraparese beide Beine betroffen. Bei einer Plegie besteht ein völliger Funktionsausfall. Man unterscheidet zentrale von peripheren Paresen. Bei einer zentralen Parese ist die Läsion oberhalb des Motoneurons im Rückenmark. Das Bild einer peripheren Parese entsteht bei einer Läsion des peripheren Nerven und des Muskels, jedoch auch beim Ausfall der Motoneurone im Rückenmark.

#### Zentrale Paresen

Aufgrund des Verlaufes der absteigenden Bahnen (Pyramidenbahn) kann eine zentrale Parese durch eine Läsion im Großhirn, Hirnstamm oder Rückenmark bedingt sein. Die Pyramidenbahn kreuzt in der Medulla oblongata (unterer Hirnstamm).

**Läsionen oberhalb der Medulla oblongata führen zu kontralateralen Paresen, darunter zu ipsilateralen Ausfällen.**

Leichtere zentrale Paresen sind besonders gut im Arm- und Beinhalteversuch zu erkennen (Abb. 30.1).

Klinisch findet sich bei einer zentralen Parese eine Tonuserhöhung der Muskulatur ***(Spastik).*** Bei passiver Bewegung der Extremität bewirkt sie, besonders beim Einsetzen der Bewegung, einen stark erhöhten Widerstand, der im weiteren Verlauf der Bewegung nachlassen kann.

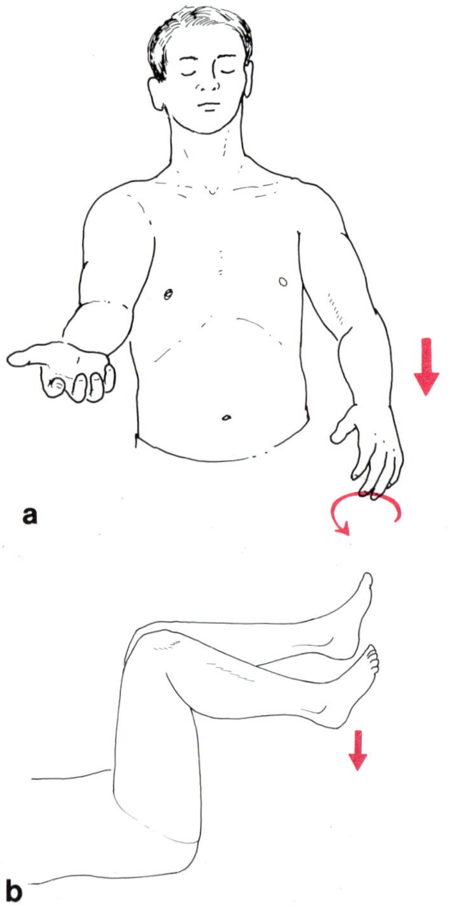


**Abb. 30.1 a, b.** Arm- und Beinhalteversuch. Eine leichte Armparese führt nicht nur zu einem langsamen Absinken, sondern auch zu einer Pronation der Hand. (Nach Berlit u. Seeger, 1991)

**Abb. 30.2.** Zentrale Hemiparese rechts. Der rechte Mundwinkel hängt, und der Arm wird gebeugt gehalten. Beim Gehen war das Bein zircumduziert. (Nach Berlit u. Seeger, 1991)

Ferner besteht eine Steigerung der Muskeleigenreflexe auf der betroffenen Seite, und das Babinski-Zeichen kann positiv sein. Es gibt jedoch auch zentrale Paresen ohne Reflexsteigerung und Tonuserhöhung, besonders bei frischen Paresen. Zu einer Reflex- und Tonussteigerung kann es dann im weiteren Verlauf kommen. Eine länger bestehende spastische Hemiparese führt zu einem typischen Gangbild (Abb. 30.2).

#### Periphere Paresen

Im Gegensatz zu den zentralen Paresen ist der Muskeltonus normal oder herabgesetzt, die Muskeleigenreflexe sind schwach bis fehlend, und im weiteren Verlauf kommt es zu einer deutlichen Atrophie der Muskulatur. Faszikulationen, Kontraktionen einzelner, von einer motorischen Einheit versorgten Muskelfasern, deuten, insbesondere im Zusammenhang mit einer Atrophie, auf eine Vorderhornaffektion hin. Faszikulationen können jedoch auch völlig harmlos sein. Bei einer peripheren Parese sind häufig nur einzelne Muskelgruppen entsprechend der Versorgung durch einen peripheren Nerven betroffen.

### 30.1.2 Sensibilität

Bei der Untersuchung unterscheidet man zwischen Oberflächen- und Tiefensensibilität, dem Schmerz- und dem Temperaturempfinden. Mit der Untersuchung des Vibrationsempfindens und des Lageempfindens von Groß-

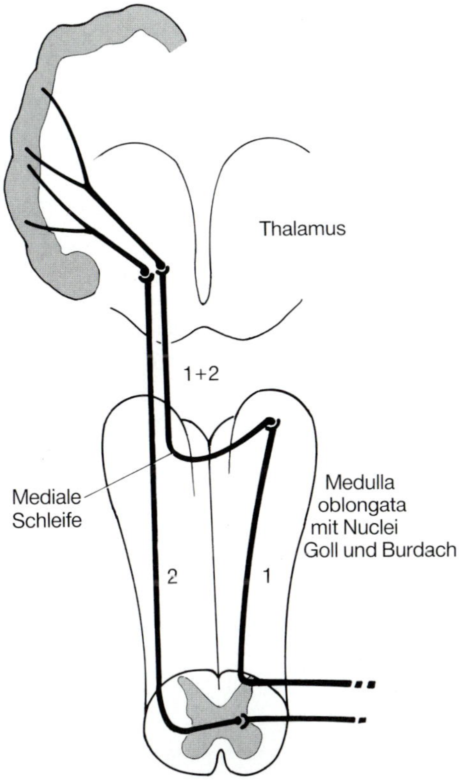


**Abb. 30.3.** Verlauf der sensiblen Bahnen im Rückenmark. *1* Hinterstrangfasern; *2* Tractus spinothalamicus (nach Bing 1953)

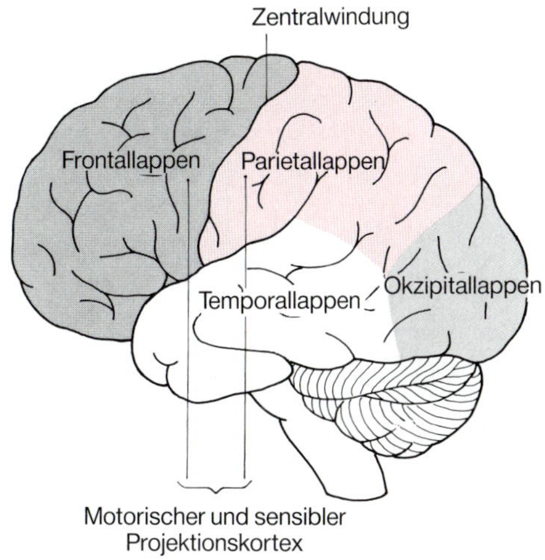


**Abb. 30.4.** Aufsicht auf den Kortex von lateral

zehe und Fingern testet man die Tiefensensibilität, die Spitz-Stumpf-Diskrimination wird u. a. bei der Prüfung der Oberflächensensibilität verwendet. Schmerz- und Temperaturempfinden leitende Nervenfasern treten über die Hinterstränge des Rückenmarks ein. Das 2. Neuron kreuzt auf der Eintrittsebene im Rückenmark zur Gegenseite und zieht im Tractus spinothalamicus zum Thalamus, wo eine Umschaltung zum Kortex erfolgt. Im Gegensatz hierzu verlaufen die übrigen sensiblen Fasern zunächst im ipsilateralen Hinterstrang und werden erst in Höhe der Medulla oblongata (unterer Hirnstamm) zur Gegenseite umgeschaltet (Abb. 30.3).

**Von einer dissoziierten Empfindungsstörung spricht man, wenn die Schmerz- und Temperaturempfindung aufgehoben, die Berührungsempfindung dagegen intakt ist.**

Bei der topischen Beurteilung von sensiblen Störungen sind neben Ausfallssymptomen auch Reizsymptome, die vom Patienten zu erfragen sind, wichtig. Von Parästhesien spricht man bei spontanen Mißempfindungen, wie Kribbeln, Ameisenlaufen und Taubheitsgefühl. Bei einer Dysästhesie besteht eine qualitative Veränderung der sensiblen Qualität. Eine Berührung wird als Kribbeln, Kälte als Schmerz empfunden. Ferner ist die Ausbreitung der sensiblen Störung zu berücksichtigen. Sie kann radikulär sein und einem Dermatom oder dem Ausbreitungsgebiet eines peripheren Nerven entsprechen.

Bei einer Läsion des peripheren Nerven klagt der Patient in der Regel über Reizsymptome (Parästhesien, Dysästhesien, Schmerzen) und alle sensiblen Qualitäten sind gleichmäßig herabgesetzt. Während bei einer Thalamusläsion Schmerzen und eine gestörte Berührungs- und Tiefensensibilität bestehen können, treten bei einer kortikalen Läsion Schmerzen nicht auf.

### 30.1.3 Großhirn

Entsprechend der anatomischen Lokalisation (Abb. 30.4) führen Großhirnläsionen zu kontralateralen Paresen und/oder sensiblen Störungen. Wie erwähnt, können diese Ausfälle auch bei Läsionen in anderen Hirnarealen auftreten. Es gibt einige Befunde, die relativ spezifisch für eine zerebrale Läsion sind:

**Homonyme Hemianopsie.** Sie deutet in der Regel auf eine kortikale Läsion hin (Abb. 30.5). Sie kann auch nach einer Läsion des Tractus opticus (zwischen dem Chiasma

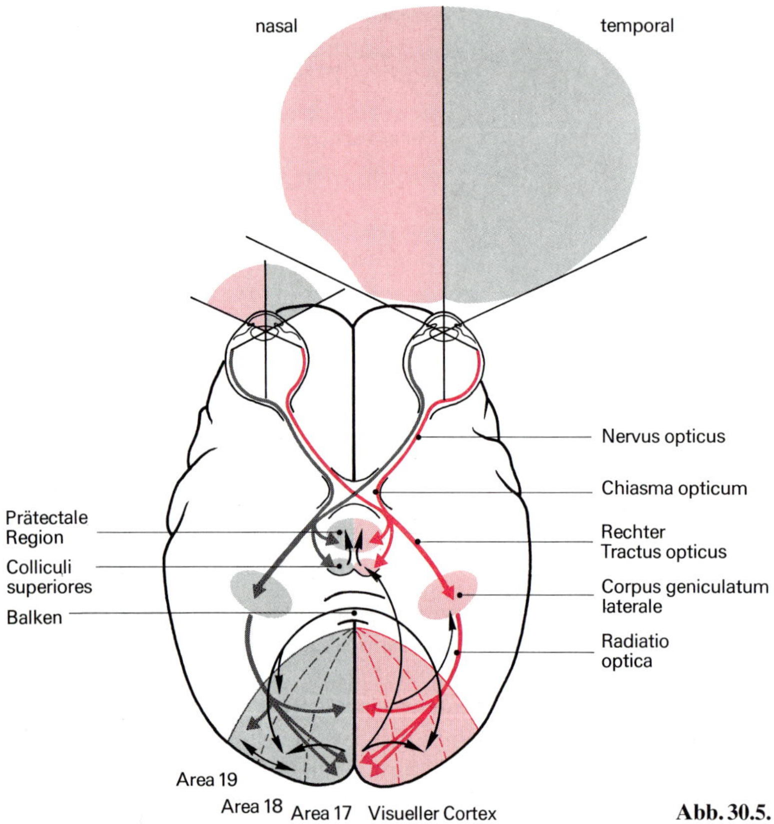


**Abb. 30.5.** Schema der Sehbahn

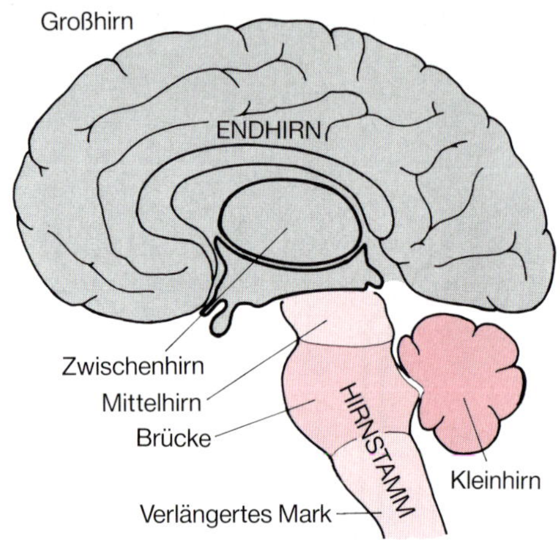


**Abb. 30.6.** Schnitt durch das Hirn

und dem Geniculatum laterale) auftreten, was jedoch klinisch selten ist.

**Aphasie.** Sie ist ein wichtiger Hinweis auf eine kortikale Läsion. Unterschieden wird eine motorische (Broca) und eine sensorische (Wernicke) Aphasie, wobei in der Regel bei genauer Testung keine völlige Trennung möglich ist.

Bei der ***motorischen Aphasie*** ist der Läsionsort präzentral, gewöhnlich linksseitig. Die Patienten sprechen spontan fast gar nicht. Aufgefordert sprechen sie meistens nur einzelne Worte, meistens wichtige Substantive oder Verben (Telegrammstil). Häufig sind auch phonematische Paraphasien. Dabei werden einzelne Silben ausgelassen oder entstellt, z. B. „Riese“ statt „Reise“, „getopft“ statt „getropft“. Bei genauer Prüfung ist auch das Wortverständnis gestört.

Zu einer ***sensorischen Aphasie*** kommt es in der Regel nach Läsionen der linken parietotemporalen Region. Die Spontansprache ist bei diesen Patienten flüssig und von normaler Sprachmelodie. Die Patienten reden meistens reichlich. Die Rede ist jedoch durch massive Paraphasien entstellt, häufig unverständlich. Es überwiegen phonematische Paraphasien, oder es kommt zu einer unverständlichen Aneinanderreihung von einzelnen Worten bzw. bruchstückhaften Sätzen. Das Sprachverständnis ist ebenfalls erheblich gestört. Die Patienten können die Rede eines Gesprächpartners nicht erfassen. Sie sind nicht in der Lage, Aufforderungen zu folgen und Gegenstände zu benennen.

Bei einer Aphasie ist der kommunikative Effekt der Sprache gestört. Dies muß von einer Dysarthrie abgegrenzt werden, bei der die motorische Formulierung gestört ist. Eine Dysarthrie tritt z. B. bei Hirnstamm- und

Kleinhirnläsionen auf und führt z. B. zu einer undeutlich, verwaschenen Sprache.

### 30.1.4 Hirnstamm

Im Hirnstamm liegen die Ursprungsmotoneurone für viele Hirnnerven, durch ihn verlaufen ferner motorische und sensible Bahnen (Abb. 30.6).

**Die Kombination von Hirnnervenausfällen und motorischen und sensiblen Störungen ist immer verdächtig auf eine Hirnstammläsion.**

Einzelne Befunde sind pathognomisch für eine Hirnstammläsion:

**Blickparese.** Dabei sind die prämotorischen Strukturen für die Generation rascher Augenbewegungen (Sakkaden, rasche Phase des Nystagmus) zerstört, während andere Augenfunktionen, z. B. der vestibulookuläre Reflex (Puppenkopfphänomen) intakt sind. Man unterscheidet eine vertikale Blickparese (isoliert nach oben oder unten, auch kombiniert) und eine horizontale Blickparese. Bei einer vertikalen Blickparese ist die Läsion bilateral im Mesenzephalon, rostral zu den okulomotorischen Kernen. Bei einer horizontalen Blickparese ist die Läsion in der pontinen retikulären Formation (PPRF), klinisch mit einer Blickparese nach ipsilateral (Abb. 30.7).

Wichtig ist das Erkennen eines ***„locked-in"-Syndroms.*** Dabei besteht eine ausgedehnte pontine Läsion mit Unterbrechung der kortikospinalen und -bulbären Fasern. Die Patienten haben eine aufgehobene horizontale Blickmotorik und eine Tetraparese. Sie sind sprachunfähig und nur noch in der Lage, vertikale Augenbewegungen und Lidbewegungen durchzuführen. Hiermit ist eine Kommunikation möglich. Die Patienten sind voll wach und verstehen alles. Es ist daher ein verhängnisvoller Fehler, dieses Krankheitsbild als ein Dezerebrationssyndrom zu interpretieren.

**Beim „locked-in"-Syndrom besteht eine Tetraparese und die Patienten können nur vertikale Augen- und Lidbewegungen durchführen. Die Patienten sind uneingeschränkt wahrnehmungsfähig!**

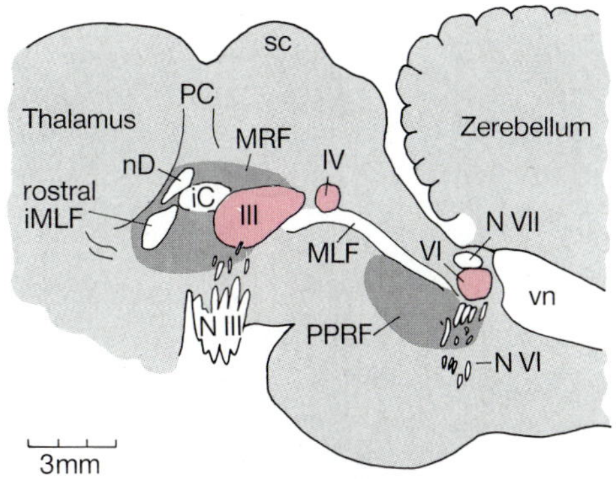


**Abb. 30.7.** Lage der okulomotorischen Kerne (III, IV und VI) und der prämotorischen Zentren für vertikale (mesenzephale retikuläre Formation, MRF) und horizontale (paramediane pontine retikuläre Formation, PPRF) Sakkaden im Hirnstamm (des Affen). Eine Läsion des hinteren Längsbündels (MLF) führt zur internukleären Ophthalmoplegie. Rostraler iMLF=rostraler interstitieller Kern des MLF, nD=Nucleus Darkschewitsch, iC=Nucleus interstitialis Cajal, PC=Commissura posterior, sc=Colliculus superior, vn=vestibuläre Kerne, N=Nervus

**Internukleäre Ophthalmoplegie (INO).** Dabei kommt es zu einem dissoziierten Nystagmus beim Lateralblick, der immer auf dem abduzierenden Auge stärker ist. Bei ausgeprägten Fällen besteht das volle Bild einer internukleären Ophthalmoplegie mit einer supranukleären Adduktionslähmung. Dabei kann beim versuchten Lateralblick das Auge nicht nach nasal bewegt werden. Der supranukleäre Charakter der Lähmung kann dadurch nachgewiesen werden, daß die Adduktion bei einer Konvergenzbewegung gut möglich ist. Die Läsion liegt immer im hinteren Längsbündel (FLM, Fasciculus longitudinalis medialis) zwischen Abduzens- und Okulomotoriuskern (s. Abb. 30.7).

**Drehschwindel und Nystagmus.** Klagt ein Patient über Drehschwindel und findet sich bei der Untersuchung ein Spontannystagmus, dann ist nach Ausschluß einer peripher vestibulären Störung (z. B. mit der Kalorik) ebenfalls eine Hirnstammläsion im Bereich des Vestibulariskerngebietes anzunehmen.

### 30.1.5 Kleinhirn

Kleinhirnstörungen äußern sich in einer gestörten Bewegungskoordination, auch Ataxie genannt. Entsprechend bestehen in Ruhe und Entspannung keine moto-

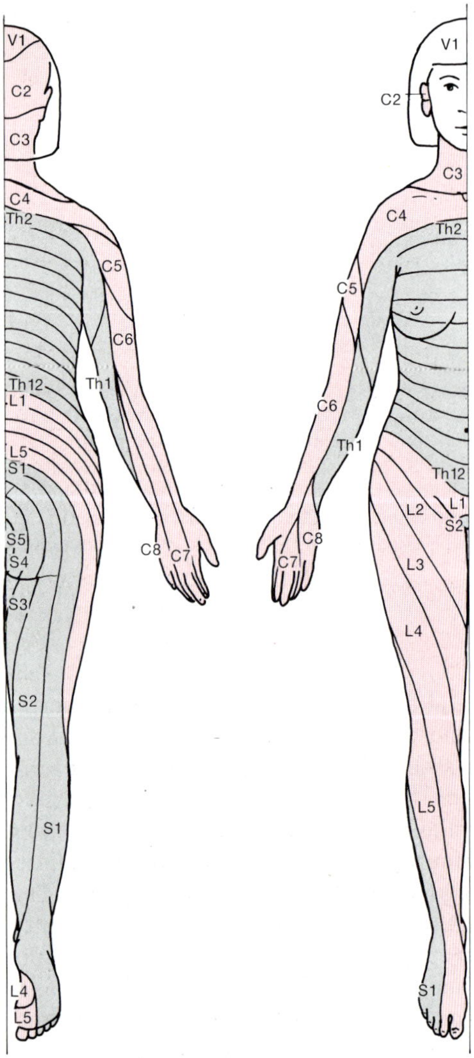


**Abb. 30.8.** Sensible Dermatome

rischen Auffälligkeiten, sondern nur während einer Bewegung, aber auch beim Stehen oder Armvorhalten, da hier Arbeit gegen die Schwerkraft verrichtet wird.

> **Die grobe Kraft und die Sensibilität sind bei Kleinhirnläsionen nicht beeinträchtigt.**

Alle motorischen Systeme können betroffen sein. Der Ausfall ist vom genauen Läsionsort bestimmt. Während Läsionen des Vestibulo- und Spinozerebellums eher zu einer Rumpf-, Stand- und Gangataxie führen, äußern sich Läsionen der Kleinhirnhemisphären mehr in einer Extremitätenataxie. Dabei kommt es zu dysmetrischen Zielbewegungen und einem Intentionstremor. Auf Sprachstörungen (skandierende Sprache) und okulomotorische Störungen mit Sakkadendysmetrie, Blickrichtungsnystagmus und sakkadierter Blickfolge ist ebenfalls zu achten.

**Tabelle 30.1.** Segmentzuordnung einiger wichtiger Reflexe

| | |
|---|---|
| Bizepssehnenreflex | $(C_5)$–$C_6$ |
| Radiusperiostreflex | $(C_5)$–$C_6$ |
| Trizepssehnenreflex | $(C_6)$–$C_7$ |
| Bauchhautreflex | $Th_8$–$Th_{12}$ |
| Kremasterreflex | $L_1$–$L_2$ |
| Patellarsehnenreflex | $(L_3)$–$L_4$ |
| Achillessehnenreflex | $S_1$ $(–S_2)$ |

### 30.1.6 Rückenmark

Einige Syndrome sind typisch für eine Rückenmarkläsion. Beim ***Querschnittssyndrom*** findet sich ein sensibles Niveau, das den Grenzen eines Dermatomes entspricht (Abb. 30.8). Unterhalb dieses Niveaus sind alle sensiblen Qualitäten herabgesetzt, ferner bestehen eine spastische Paraparese sowie Blasen- und Mastdarmstörungen. Bei der Diagnostik ist darauf zu achten, daß das sensible Niveau nur die untere Begrenzung der möglichen Läsion im Rückenmark angibt, z.B. kann eine zervikale Läsion mit einem sensiblen Niveau im Thorakalbereich einhergehen. Bei der lokalisatorischen Höhenzuordnung spielen auch die Reflexe mit ihrer segmentalen Beziehung eine wichtige Rolle (Tabelle 30.1).

Das ***Brown-Sequard-Syndrom*** entsteht bei einer halbseitigen Rückenmarksläsion. Dabei kommt es unterhalb und auf der Seite der Läsion zu einer zentralen Parese und zu einer Störung des Berührungs- und Lageempfindens. Das Schmerz- und Temperaturempfinden ist dagegen auf der Gegenseite gestört.

## 30.2 Zerebrovaskuläre Erkrankungen

### 30.2.1 Arterielle Durchblutungsstörungen

Arterielle Zirkulationsstörungen im zentralen Nervensystem führen akut oder subakut zu passageren oder bleibenden neurologischen Ausfällen. Eine ***transitorische***

**Tabelle 30.2.** Risikofaktoren bei arteriellen zerebralen Durchblutungsstörungen

| |
|---|
| Arterielle Hypertonie |
| Koronare Herzerkrankung |
| Nikotinabusus |
| Diabetes mellitus |
| Hypercholesterinämie, -triglyzeridämie |
| Übergewicht |
| Kontrazeptiva |
| Polyglobulie |

***ischämische Attacke*** (TIA) liegt vor, wenn die neurologischen Ausfälle innerhalb von 24 h wieder völlig abgeklungen sind. Als PRIND (oder auch RIND) gilt ein ***prolongiertes reversibles ischämisches neurologisches Defizit.*** Dabei bilden sich die Ausfälle nach mehr als 24 h wieder vollständig zurück. Bei der Diagnostik und Therapie spielt auch die Unterscheidung zwischen einem ischämischen Infarkt mit weitgehender Restitution und fehlender bzw. nur unvollständiger Rückbildung eine Rolle. Von einem ***progredienten Insult*** spricht man, wenn die neurologischen Ausfälle kontinuierlich oder schrittweise über 6–12 h zunehmen.

**Ätiologie.** Zerebrale Gefäßinsulte sind nach Herzkrankheiten und bösartigen Tumoren die dritthäufigste Todesursache. In der Bundesrepublik erkranken jährlich mehr als 200000 Patienten an einem Schlaganfall. Die Letalität nimmt mit zunehmendem Alter rasch zu. Frauen und Männer sind etwa gleichhäufig betroffen. Wichtige Risikofaktoren sind in Tabelle 30.2 aufgeführt. Die Kombination von zwei oder mehr Risikofaktoren erhöht das Risiko eines arteriellen zerebralen Gefäßverschlusses deutlich.

Ein zerebraler Gefäßinsult kann durch verschiedene Mechanismen ausgelöst werden. Bei ***arterioarteriellen Embolien*** kommt es zum Abschwemmen eines Plättchenthrombus aus der Gefäßwand (z.B. der A.carotis), der sich vorher durch Anlagerung von Thrombozyten gebildet hatte. ***Lokale intrazerebrale atherosklerotische Veränderungen*** mit thrombotischer Auflagerung können ebenfalls zu einem Gefäßverschluß führen. Auch ***Embolien kardialer*** Genese spielen eine wichtige Rolle. Ätiologisch wichtig sind auch ***entzündliche Gefäßkrankheiten*** und ***Hyperviskositätssyndrome*** wie bei der Polyzythämie.

**Klinik.** Die neurologischen Ausfälle hängen von dem betroffenen Gefäßgebiet ab. Ischämien im Versorgungsgebiet der A.carotis führen zu einer kontralateralen Symptomatik mit Paresen und Sensibilitätsstörungen, Sprachstörungen (Aphasie) und homonymer Hemianopsie. Kleine Infarkte, besonders im Bereich der A. carotis interna, können zu einer ausschließlich motorischen oder auch sensiblen Hemisymptomatik führen. Durchblutungsstörungen im Vertebralis-Basilaris-Gebiet führen zu Schwindel, Nystagmus, Ataxie, Doppelbildern, perioralen Sensibilitätsstörungen, Gesichtsfeldausfällen, Dysarthrie, Schluckstörungen und Horner-Syndrom.

**Diagnose.** Besonders bei älteren Patienten ist bei akut einsetzenden neurologischen Ausfällen, insbesondere auch bei rasch reversiblen, an eine zerebrale Ischämie zu denken. Kopfschmerzen gehören nicht zu einem zerebralen Insult. Apparativ ist das ***zerebrale Computertomogramm (CT)*** die wichtigste Untersuchungsmethode. Ein ischämischer Hirninfarkt stellt sich hier als eine Zone verminderter Dichte dar, die einem gefäßabhängigen Hirnareal entspricht. Obwohl sich die frühesten Veränderungen im CT erst 10–24 h nach dem Insult zeigen, ist eine frühere Untersuchung wichtig, um eine differentialdiagnostisch zu erwägende Blutung auszuschließen. Das hypodense Areal ist zunächst im CT unscharf begrenzt, in den nächsten Tagen kommt es jedoch zu einer deutlichen Demarkierung (Abb. 30.9). Nach ca. 3 Monaten sind die lokalen Umbauvorgänge abgeschlossen, der definitive Defekt bleibt im CT sichtbar. Routinemäßig ist eine ***dopplersonographische Untersuchung*** der extrakraniellen Gefäße durchzuführen. Nach einer kardialen Emboliequelle sollte gesucht werden. Die Labordiagnostik erfaßt insbesondere die vaskulären Risikofaktoren (Diabetes, Blutsenkung, Hämatokrit, Blutbild, Cholesterin, Triglyzeride). Eine zerebrale Angiographie ist nur bei speziellen Fragestellungen (z.B. Vaskulitis) erforderlich.

**Therapie.** Eine gesicherte, eindeutig wirksame, allgemein akzeptierte Therapie der zerebralen Ischämie gibt es bisher nicht. Wichtig sind rasche Erkennung und Behandlung von Risikofaktoren. Hierzu gehört die langsame Senkung des erhöhten Blutdruckes, evtl. der Aderlaß bei erhöhtem Hämatokrit. Ein erhöhter Blutzucker hat einen ungünstigen Einfluß auf den Verlauf des Infarktes. Thromboseprophylaxe sollte mit Heparin, Gummistrümpfen und Krankengymnastik betrieben werden.

Bei passageren neurologischen Ausfällen wird grundsätzlich eine längere Behandlung mit ***Thrombozytenaggregationshemmern*** (z. B. Colfarit 1/Tag) angestrebt. Fin-

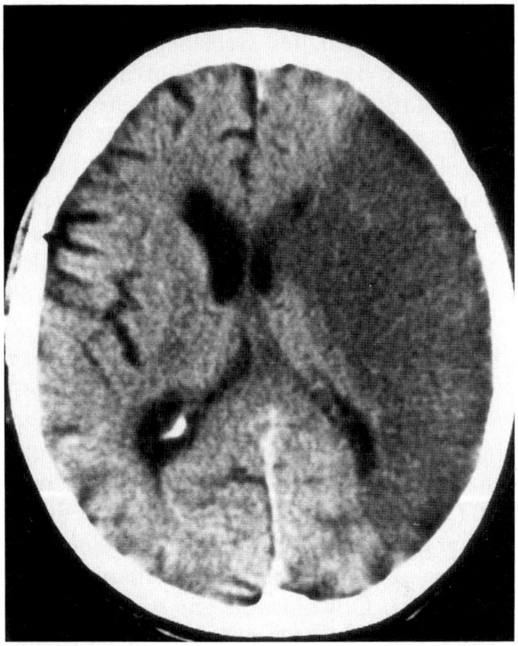

**Abb. 30.9.** Hypodense Zone im Computertomogramm des Schädels als Folge eines Infarktes der A. cerebri media rechts

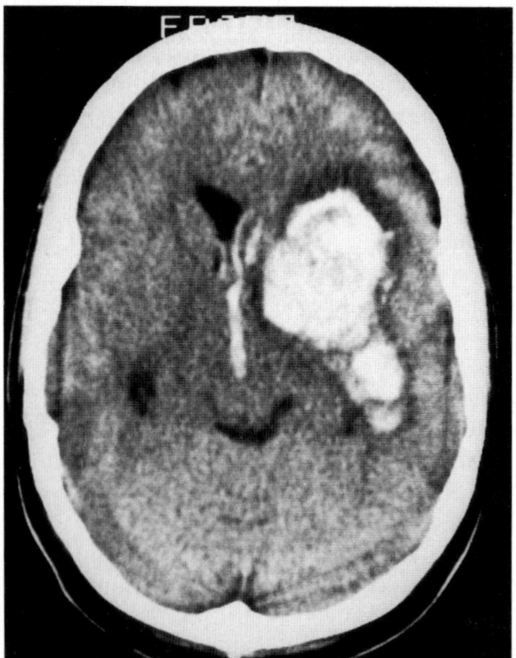

**Abb. 30.10.** Intrazerebrale Blutung mit partiellem Ventrikeleinbruch rechts

det sich dopplersonographisch und angiographisch eine solitäre Gefäßstenose, die dem befallenen Gefäßversorgungsgebiet entspricht, ist auch ein ***operativer extrakranieller Gefäßeingriff*** in Form einer Thrombendarteriektomie zu erwägen. Eine Antikoagulation (z. B. Marcumar) wird durchgeführt, wenn es trotz Thrombozytenaggregationshemmern zu weiteren TIA kommt oder wenn ätiologisch eine kardiale Emboliequelle als Ursache des passageren neurologischen Defizites nachgewiesen wird.

### 30.2.2 Intrazerebrale Blutung

Die neurologischen Ausfälle nach einer intrazerebralen Blutung sind häufig nicht von denen nach einer zerebralen Ischämie zu unterscheiden. Eine rasche Unterscheidung ist nur mit Hilfe der zerebralen Computertomographie (CT) möglich (Abb. 30.10). Blutungen machen weniger als 20 % der zerebralen Insulte aus. ***Ursache*** ist besonders häufig eine arterielle Hypertonie, aber auch sekundäre Einblutungen in einen ischämischen Infarkt können erfolgen. Einblutungen in Tumoren sind ebenso zu erwägen wie Gerinnungsstörungen. Eine zerebrale Blutung findet sich am häufigsten im Basalganglien- und Thalamusbereich.

Die konservative Therapie strebt eine Optimierung der Herz- und Kreislauffunktionen an. Nur bei Zunahme der neurologischen Befunde oder Eintrübung wird zur Behandlung des erhöhten intrakraniellen Druckes Mannit 20 % (125 ml i. v.) oder Dexamethason (Fortecortin, 32 mg initial) gegeben. Auch chirurgische Maßnahmen kommen in Frage. Sie dienen entweder zur Entfernung der Blutung und damit zur Druckentlastung oder dem Anlegen eines ventrikuloatrialen Shunts bei Verschlußhydrozephalus als Folge der Blutung.

### 30.2.3 Akute Subarachnoidalblutung

Bei der akuten Subarachnoidalblutung (SAB) kommt es fast immer zur Ruptur eines basalen sackförmigen Aneurysmas. Dies sind Gefäßausbuchtungen der arteriellen Gefäße mit Veränderungen der Lamina elastica und der muskulären Media. Die Gefäßaussackungen finden sich besonders im Bereich der A. communicans anterior, ferner der intrakraniellen Strecke der A. carotis, der A. communicans posterior und der A. cerebri media (Abb. 30.11). Weitere Ursachen einer spontanen Sub-

## FALL 30 A

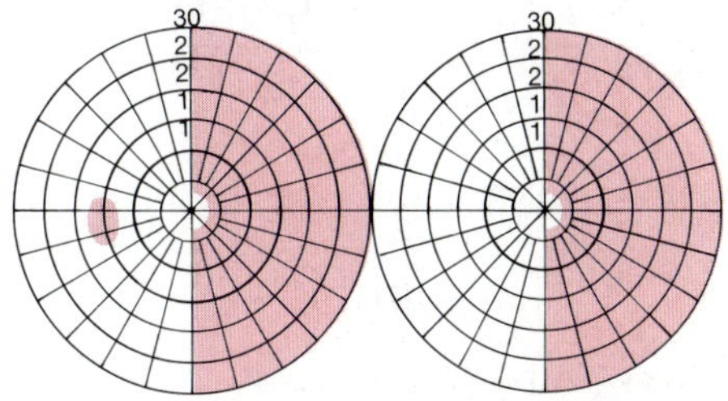


**Abb. 30 A.** Gesichtsfeld bei homonymer Hemianopsie mit Aussparung der Fovea. Letzteres findet sich bei Läsionen in der Okzipitalregion

**Anamnese.** Ein 72jähriger Rentner bemerkt plötzlich eine Sehverschlechterung im rechten Gesichtsfeld. Keine Kopfschmerzen. Rauchen seit mehr als 20 Jahren, Hypertonus seit mehreren Jahren.

**Befunde.** Homonyme Hemianopsie nach rechts, übriger Neurostatus ohne Befund. Kardiologisch kein Anhalt für Emboliequelle. CT: 8 h nach Ereignis ohne Befund, nach 6 Tagen hypodenses Areal in Versorgungsgebiet der A. cerebri posterior links; Dopplersonographie (extrakraniell) ohne Befund. Angiographie: Verschluß der A. cerebri posterior links.

**Diagnose.** Hemianopsie bei Insult im Versorgungsgebiet A. cerebri posterior links.

**Therapie und Verlauf.** Hemianopsie bleibt konstant. Nach Klinikentlassung Dauertherapie mit Colfarit (Thrombozytenaggregationshemmer) 1×1/Tag.

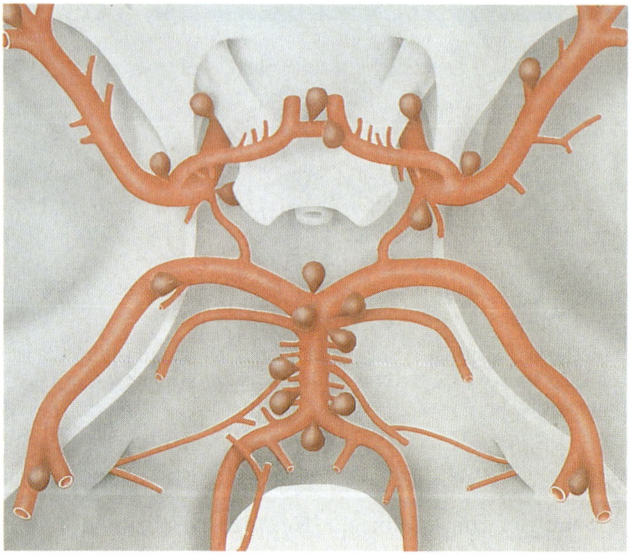

**Abb. 30.11.** Mögliche Lokalisationen von Aneurysmen am Circulus arteriosus Willisi (nach Schirmer 1982)

**Tabelle 30.3.** Schweregrade der Subarachnoidalblutung (SAB)

| | |
|---|---|
| Grad I: | Asymptomatisch, leichte Kopfschmerzen, leichter Meningismus |
| Grad II: | Schwere bis schwerste Kopfschmerzen, Meningismus, Hirnnervenausfälle |
| Grad III: | Somnolenz, Verwirrtheit, leichte neurologische Ausfälle |
| Grad IV: | Sopor, Hemiparese, vegetative Dysregulation, Dezerebrationssymptome |
| Grad V: | Koma, keine Reaktion auf Schmerzreize |

arachnoidalblutung sind atherosklerotische Aneurysmen, arteriovenöse Mißbildungen des Gehirns, Tumorblutungen, traumatische und mykotische Aneurysmen.

***Klinisch*** dominiert ein akuter, intensiver, meist okzipital betonter Kopfschmerz (Vernichtungskopfschmerz). Es folgt dann eine ausgeprägte Nackensteifigkeit (Meningismus). Das Bewußtsein kann bis zum tiefen Koma gestört sein. Autonome Funktionsstörungen, wie Übelkeit, Erbrechen, Tachy- oder Bradykardie, sind häufig. Die Einteilung der Subarachnoidalblutung, die für die weitere Behandlung von Wichtigkeit ist, erfolgt in 5 Schweregraden (Tabelle 30.3).

**Diagnostik.** Bei Verdacht sollte ein CT erfolgen, womit in 95% eine Subarachnoidalblutung am Blutungstag nachgewiesen werden kann. Die Nachweiswahrscheinlichkeit einer Blutung sinkt in der Folgezeit rasch ab. Eine Liquorpunktion sollte bei zweifelhaftem oder negativem CT-Befund durchgeführt werden. Hämosiderophagen können auch bei nichtblutigem Liquor bis zu 4 Monate eine abgelaufene Subarachnoidalblutung nachweisen.

Entscheidend zur Lokalisation des Aneurysmas ist die zerebrale Angiographie, wobei möglichst alle Gefäße (Panangiographie) dargestellt werden sollten. Die Angiographie sollte möglichst frühzeitig durchgeführt werden. Später als 72 h nach dem Blutungsereignis sollte sie nur in Abhängigkeit von den klinischen Befunden und dem vorgesehenen Operationszeitpunkt durchgeführt werden. Nach diesem Zeitpunkt kann es zu einem Vasospasmus (pathologische Gefäßengstellung) kommen, der durch die Angiographie verstärkt werden kann.

**Therapie und Verlauf.** Der Spontanverlauf nach einer Subarachnoidalblutung wird wesentlich durch die Komplikationen bestimmt. Dazu gehören Vasospasmus, Nachblutungen und ein akuter Hydrozephalus.

**Bei Verdacht auf eine Subarachnoidalblutung muß unverzüglich ein craniales CT und bei positivem Befund die operative Revision angestrebt werden.**

Wegen der genannten Komplikationen, die insbesondere in den ersten 14 Tagen eine wesentliche Rolle spielen, wird die Sofort- oder Frühoperation angestrebt. Dies gilt für die Patienten mit einer Subarachnoidalblutung Schweregrad I–III (s. Tabelle 30.3). Es ist daher in guten neurochirurgischen Zentren üblich, daß unverzüglich eine Angiographie und anschließende Operation durchgeführt wird. Als Frühoperation gilt ein Eingriff bis zum 3. Tage nach der Subarachnoidalblutung. Nach der Diagnose einer Subarachnoidalblutung sollte daher das Ziel sein, den Patienten möglichst rasch einer neurochirurgischen Abteilung zuzuführen. Bei der Operation wird der Aneurysmastiel mit Clips abgeklemmt.

Bei Patienten mit Schweregrad IV–V (s. Tabelle 30.3) und solchen, bei denen eine Frühoperation nicht erfolgen konnte, wird die Operation wegen der Vasospasmuskomplikation nicht vor dem 12. Tag nach der Subarachnoidalblutung durchgeführt.

## 30.3 Hämatome (epidural, subdural)

### 30.3.1 Epidurales Hämatom

**Ätiologie.** Es entsteht meistens akut als Folge einer Zerreißung der A. meningea media bei einer Kalottenfraktur. Dies führt zur Ansammlung von Blut zwischen Dura und Schädelkalotte mit folgender Hirnkompression.

**Klinik.** Entscheidend für die Diagnose ist eine sekundäre Bewußtseinsverschlechterung nach einem Unfall. Dabei kann eine initiale posttraumatische Bewußtlosigkeit von einem kurzen bewußtseinsklaren Intervall und einer sekundären Eintrübung gefolgt werden. Das freie Intervall kann jedoch fehlen. Bei tiefem Koma kann es gelegentlich schwierig sein, klinisch die Seite des Hämatoms zu lokalisieren. Eine einseitig weite Pupille durch Hirndruck auf den N. oculomotorius ist diagnostisch hilfreich.

**Diagnose.** Röntgenaufnahmen des Schädels sind wegweisend, da bei 90% aller epiduralen Hämatome eine Kalottenfraktur besteht. Im CT des Schädels ist die Blutansammlung zwischen Dura und Schädelkalotte einfach zu erkennen.

**Therapie.** Es erfolgt die operative Hämatomentleerung, wobei die häufig rasche Entwicklung des klinischen Verlaufes zu berücksichtigen ist. Davon hängt eine Verlegung in ein neurochirurgisches Zentrum oder eine Nottrepanation ab. Bei rechtzeitiger Operation ist die Prognose günstig, ca. 80% der Patienten werden praktisch völlig geheilt.

> **Beim epiduralen Hämatom ist die sofortige operative Hämatomentleerung Therapie der Wahl.**

### 30.3.2 Subduralhämatom

#### Akutes Subduralhämatom

**Ätiologie.** Das akute Subduralhämatom entsteht in der Regel bei großen Gewalteinwirkungen und geht mit den klinischen Zeichen eines schweren Hirntraumas einher. Im Gegensatz zum epiduralen Hämatom sind daher bewußtseinsklare Intervalle seltener. Verdächtig ist auch hier eine sekundäre Verschlechterung des Bewußtseins.

**Klinik.** Wird von Ort und Ausmaß der Läsion bestimmt.

**Diagnostik.** Beim akuten Subduralhämatom ist der Liquor immer blutig. Eine gleichzeitige Kalottenfraktur besteht nur in etwa 30% der Fälle (Röntgen Schädel). Die Diagnose kann mit dem Schädel-CT gesichert werden.

**Therapie.** Während bei der Behandlung des epiduralen Hämatoms die sofortige operative Entleerung des Hämatoms die Therapie der Wahl ist, ist dieses Vorgehen beim akuten Subduralhämatom umstritten. Von einigen Autoren wird zunächst eine intensive Therapie des Hirnödems empfohlen, womit sich die Voraussetzungen für eine operative Hämatomentleerung verbessern sollen. Die Prognose ist in jedem Falle ungünstig. Selbst Hämatome, die sich über mehr als 2 h mit nur geringer raumfordernder Wirkung entwickeln, haben noch eine Mortalität von 15 bis 30%.

#### Chronisches Subduralhämatom

**Ätiologie.** Von einem chronischen Subduralhämatom spricht man, wenn zwischen dem Blutungsbeginn und dem Auftreten klinischer Symptome mehr als 20 Tage vergangen sind. Die meisten der chronischen Subduralhämatome werden durch ein häufig auch banales Trauma ausgelöst. Gelegentlich läßt sich ein Trauma in der Anamnese nicht eruieren. Faktoren, die die Entwicklung eines chronischen Subduralhämatoms fördern, sind Antikoagulationsbehandlung, Alkoholismus, Dialyse und Epilepsie. Männer sind 3mal häufiger als Frauen betroffen. Mehr als 80% der Patienten sind älter als 50 Jahre.

Von einem subduralen Hygrom spricht man bei einer Liquoransammlung über den Großhirnhemisphären. Klinik und Therapie entsprechen dem Subduralhämatom.

**Klinik.** Die klinische Symptomatik ist oft uncharakteristisch. Im Vordergrund stehen Kopfschmerzen. Bei knapp der Hälfte der Patienten findet sich ein leichtgradiges hirnorganisches Psychosyndrom mit Vigilanzstörung und diskreten zerebralen Herdsymptomen (z. B. latente Hemiparese). Bei den beidseitigen chronischen Subduralhämatomen, die insbesondere bei antikoagulierten Patienten auftreten, fehlen häufig neurologische Herdsymptome. Bei Größenzunahme des Hämatoms kann es zum Koma kommen.

**Diagnostik.** Die Untersuchungsmethode der Wahl ist das Schädel-CT. Dabei zeigen sich breitflächige, häufig sichelförmig konfigurierte extrazerebrale Raumforderungen (Abb. 30.12). Bei 20 % der Patienten finden sich bilaterale Hämatome. Je nach Alter des Hämatoms finden sich im CT hypodense, isodense oder gemischte Dichtewerte. Isodense Dichtewerte entsprechen denen des umliegenden Gehirnes. Dies kann insbesondere bei bilateralen Hämatomen zu Fehlinterpretationen führen.

**Therapie.** Große Hämatome werden chirurgisch, in der Regel über Bohrlöcher, entleert. Bei kleinen Hämatomen ist auch ein spontanes Abklingen möglich. Erfolgt die Behandlung zu einem Zeitpunkt ohne Bewußtseinseinschränkung ist die Prognose günstig: Etwa 95 % der Patienten erholen sich vollständig. Die Mortalität beträgt 60–70 %, wenn zum Zeitpunkt der Operation bereits ein Koma besteht.

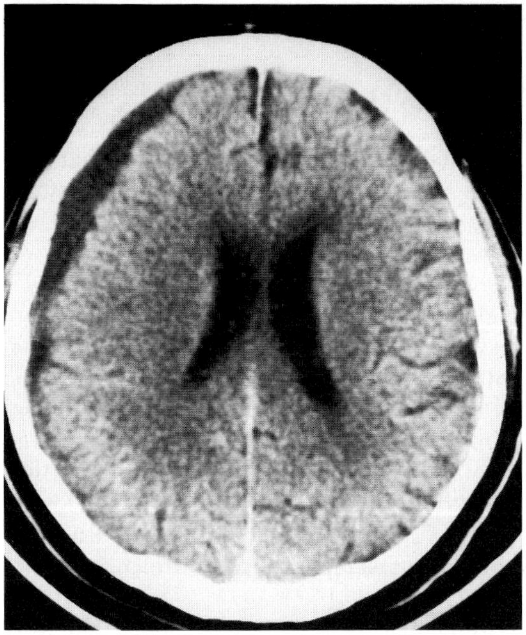

**Abb. 30.12.** Chronisches Subduralhämatom links frontoparietal

## 30.4 Entzündliche Erkrankungen

### 30.4.1 Meningitis

Bei der Meningitis besteht eine Entzündung der Meningen, wobei es praktisch immer auch zu einem Befall des Gehirnes (Enzephalon) kommt. Beim eindeutigen Befall beider Systeme spricht man von einer Meningoenzephalitis.

#### Eitrige Meningitis

**Ätiologie.** Die eitrige Meningitis ist bakteriell bedingt. Sie entsteht primär ohne nachweisbaren Fokus oder sekundär als Komplikation eines Infektes in der Nachbarschaft. Von einer ***Durchwanderungsmeningitis*** spricht man, wenn die Meningitis als Folge einer Otitis, Sinusitis oder Mastoiditis auftritt. Sie kann auch durch ***Fernwirkung*** ausgelöst werden, z. B. bei Pneumonie, Endokarditis oder Sepsis (hämatogen). Bei einer ***Inokulationsmeningitis*** treten die Erreger von außen ein, z. B. bei einer offenen Schädelhirnverletzung, bei Punktionen oder im Rahmen einer Shunt-Operation. Beim Erwachsenen sind die häufigsten Erreger Pneumokokken (40 bis 60 %) und Meningokokken (30 %). Es folgen Streptokokken, Haemophilus influenzae, Listerien, Staphylokokken und gramnegative Enterobakterien. Der häufigste Erreger bei Kindern ist Haemophilus influenzae. In 10–30 % der eitrigen Meningitiden ist kein Erregernachweis möglich.

**Klinik.** Bei einer Meningitis kommt es immer zu Kopfschmerzen, gelegentlich auch Rückenschmerzen. Es besteht Meningismus, der jedoch bei Kindern, sehr alten Menschen und früh im Verlauf der Erkrankung fehlen kann, und fast immer Fieber, evtl. sehr hoch. Oft kommt es zu Übelkeit, Erbrechen, Lichtscheu, evtl. Somnolenz und epileptischen Anfällen.

**Diagnose.** Der Liquor zeigt typischerweise eine Pleozytose über 3000/3 Zellen, vorwiegend polymorphnukleäre Zellen und eine Eiweißkonzentration über 120 mg/dl. Gesichert wird die Diagnose durch den Erregernachweis im Liquor: mikroskopisch sofort in der Gramfärbung, bakteriologisch in der Kultur. Die Wahrscheinlichkeit des kulturellen und mikroskopischen Erregernachweises sinkt nach antibiotischer Vorbehandlung. Eine solche ist bei etwa der Hälfte der Patienten erfolgt, die in der Klinik aufgenommen werden.

**Therapie.** Diese ist antibiotisch und richtet sich nach dem Erreger (Tabelle 30.4). Penizillin G ist das Mittel der er-

**Tabelle 30.4.** Antibiotikatherapie bei bakterieller Meningitis mit bekanntem Erreger

| Erreger | Mittel der 1. Wahl |
|---|---|
| Meningokokken, Pneumokokken, Streptokokken (Gruppe B) | Penizillin G (Penizillin G) |
| Haemophilus influenzae | Cefotaxim (Claforan) |
| Listeria monocytogenes | Ampicillin (Binotal) |
| Staphylokokken | Fosfomycin (Fosfocin) |
| Gramnegative Enterobakterien (Eschericia coli, Klebsiella, Proteus) | Cefotaxim (Claforan) +Gentamicin (Refobacin) |
| Pseudomonas aeruginosa | Ceftazidim (Fortum) +Gentamicin (Refobacin) |

**Tabelle 30.5.** Ursachen einer lymphozytären Meningitis

| | |
|---|---|
| Viren | Echo-Viren, Coxsackie A und B, Myxovirus parotidis (Mumps), Epstein-Barr-Virus (infektiöse Mononukleose), Polio, Zoster, Arboviren (Frühsommermeningoenzephalitis = FSME) |
| Leptospiren | |
| Toxoplasmose (Toxoplasma gondii) | |
| Tuberkulöse Meningitis (Mycobacterium tuberculosis) | |
| Boeck-Sarkoidose | |
| Pilzmeningitiden (Cryptococcus neoformans, Actinomyces u. a.) | |
| Zystizerkose (Cysticercus cellulosae) | |

sten Wahl, wenn der Erreger unbekannt ist und der Patient bisher gesund war. Da die wahrscheinlichsten Erreger bei einer HNO-Infektion, nach Schädelhirntrauma, bei hämatogener Aussaat und Immunschwäche anders sind, werden hier Cefotaxim und Fosfomycin gegeben. Nach Behandlungsbeginn ist der Liquor täglich bis zur Keimfreiheit zu kontrollieren. Die Behandlungsdauer richtet sich nach dem Ansprechen auf die Therapie und der Art des Erregers. Bei Meningokokken, Pneumokokken, Haemophilus influenzae und Gruppe-B-Streptokokken reicht oft die Behandlung über 10–14 Tage. Dagegen werden Meningitiden durch Listeria monocytogenes und gramnegative Enterobakterien meist 3–4 Wochen behandelt.

**Verlauf, Komplikationen und Prognose.** Die Klinik entwickelt sich rasch innerhalb weniger Stunden bis zu wenigen Tagen. Wegen der typischen Symptomatik erfolgt bei der Hälfte der Patienten eine Antibiotikatherapie bereits in den ersten 24 h. Unter adäquater Therapie bilden sich die Symptome meistens innerhalb weniger Tage zurück. Ist dies nach einer Woche nicht der Fall, muß nach möglichen Komplikationen geforscht werden. Dazu gehören Zerebritis, Hydrozephalus, subdurales Empyem, zerebrale Arteriitis, Sinusvenenthrombose, Hirnödem und Hirnabszeß (letzteres selten). Komplikationen äußern sich in fokal zerebralen Zeichen (Hemiparese, Aphasie, Gesichtsfeldausfälle), epileptischen Anfällen und Hirnnervenläsionen (besonders III., VI., VII. und VIII. Hirnnerv). Bleibende Hörstörungen werden bei 10 –20 % der Patienten mit bakterieller Meningitis beobachtet. Trotz adäquater antibiotischer Therapie beträgt die Letalität immer noch 5–40%, in Abhängigkeit vom Erreger. Sie ist für die Pneumokokkenmeningitis am höchsten. Neurologische und neuropsychologische Defizite bleiben bei 10–30 % der Patienten.

### Lymphozytäre Meningitis

**Ätiologie.** Eine lymphozytäre Meningitis ist am häufigsten viral bedingt. Weitere Ursachen sind in Tabelle 30.5 aufgeführt. Von einer chronischen lymphozytären Meningitis spricht man, wenn während Monaten erhöhte Zellzahlen von 50 bis 500/3 Zellen bestehen.

**Klinik.** Es bestehen fast immer Kopfschmerzen. Das Fieber ist meistens geringer als bei einer eitrigen Meningitis. Häufig kommt es zusätzlich zu einem Befall von Hirnnerven (basale Meningitis), einer Enzephalitis oder Myelitis.

**Diagnostik.** Ausschlaggebend ist der Liquorbefund mit Zellzahlen zwischen 100 und 3000/3 Zellen. Das Zellbild ist, insbesondere im weiteren Verlauf, vorwiegend lymphozytär. Die Liquoreiweißerhöhung ist gering. Der Zuckergehalt ist bei viralen Infekten häufig unverändert, dagegen deutlich erniedrigt bei der Tuberkulose. Neben der Anzüchtung in Kulturen spielt zur Differenzierung die serologische Diagnostik eine entscheidende Rolle. Viele Fälle einer lymphozytären Meningitis bleiben ätiologisch unklar.

**Therapie.** Sie richtet sich nach dem Grundprozeß. Viele virale Meningitiden brauchen keine spezielle Therapie. Bei der Tuberkulose erfolgt eine Dreifachtherapie mit Isoniazid (INH), Ethambutol und Rifampicin, ggf. in Kombination mit Kortikosteroiden. Sie wird über 2 Jahre behandelt. Chronisch lymphozytäre Meningitiden ungeklärter Ätiologie bessern sich gelegentlich unter Kortisontherapie.

### 30.4.2 Enzephalitis

**Ätiologie.** Eine Enzephalitis tritt in der Regel als Meningoenzephalitis auf und ist viral bedingt, wobei die Klinik von einer parenchymatösen Entzündung bestimmt wird. Man kann akute Virusinfektionen von chronischen (z. B. bei Zytomegalie, Röteln, lymphozytärer Choreomeningitis) unterscheiden. Ferner gibt es sog. Slow-virus-Infektionen mit konventionellen Erregern (z. B. Papovavirus bei der progressiven multifokalen Leukenzephalopathie) und unkonventionellen Erregern (z. B. bei Jacob-Creutzfeldt-Erkrankung), wobei die Erkrankung z. T. viele Jahre nach der Infektion manifest wird.

**Klinik.** Meistens bestehen Kopfschmerzen, es kommt zu psychoorganischen Veränderungen bis zum Koma, fokalen neurologischen Ausfällen (Paresen, Aphasie) und/oder epileptischen Anfällen.

**Diagnostik.** Die Liquorzellzahlerhöhung beträgt fast immer weniger als 2000/3 Zellen, sie kann auch normal sein. Die Eiweißwerte liegen in der Regel unter 200 mg/dl. Im EEG finden sich unspezifische Allgemeinveränderungen, bei der Herpes-simplex-Enzephalitis können charakteristische periodische scharfe Wellen auftreten. Das CT des Schädels kann die Parenchymveränderung anzeigen. Bei der Herpes-simplex-Enzephalitis finden sich charakteristischerweise nekrotische Läsionen (hypodense Areale im CT) im Schläfen- und Stirnbereich. Im Zweifelsfall ist zur Diagnosesicherung eine Hirnbiopsie erforderlich.

**Therapie und Prognose.** Der Verlauf kann kurz und benigne sein (z. B. bei der Mumpsmeningoenzephalitis). Bei vielen Erregern besteht eine hohe Letalität. Diese beträgt beim Herpes-simplex-Virus unbehandelt bis zu 70 %. Bei mehr als 50 % der Überlebenden besteht eine Defektheilung.

Bei der Herpes-simplex-Enzephalitis erfolgt die Therapie mit dem Nukleosidanalogon Azyklovir (Zovirax). Diese Substanz wirkt als kompetetiver DNA-Polymerasehemmer und führt durch falschen Einbau in die Virus-DNA zu einer frühzeitigen Kettendeterminierung. Die Toxizität ist gering.

## 30.5 Metabolisch und toxisch bedingte Störungen des Nervensystems

### 30.5.1 Organe und Nervensystem

#### Niere

Beim Auftreten neurologischer Symptome als Folge einer Niereninsuffizienz spielen nicht nur die pathologischen Konzentrationen von Elektrolyten und anderen Substanzen eine Rolle, sondern auch das Verhältnis dieser Substanzen untereinander und insbesondere auch der rasche Wechsel von Konzentrationen. Man unterscheidet neurologische Befunde bei akuter und chronischer Niereninsuffizienz. Ferner treten Komplikationen bei der ***Dialyse*** auf. Sowohl bei der akuten wie bei der chronischen Niereninsuffizienz kann es zu einer ***urämischen Enzephalopathie*** mit vermehrter Müdigkeit, Reizbarkeit, Konzentrations-, Orientierungs-, Merkfähigkeits- und Gedächtnisstörungen kommen. Halluzinationen und Delir können ebenso wie Myoklonien, Muskelkrämpfe, Hyperkinesen und epileptische Anfälle auftreten. In schweren Fällen kommt es zum Koma.

Bei der chronischen Niereninsuffizienz kann es zusätzlich zu einer ***sensomotorischen Neuropathie*** und ***Myopathie*** kommen. Neurologische Symptome treten in der Regel erst dann auf, wenn das Serumkreatinin mehr als 6 mg/dl beträgt. Epileptische Anfälle weisen auf eine hochgradige Funktionsstörung hin.

Gegen Ende einer Dialyseperiode oder bis zu 24 h danach kann es zu einer ***Dialyseenzephalopathie*** mit Kopfschmerzen, Schwindel, Erbrechen, Reizbarkeit, Muskelkrämpfen, deliranten Symptomen und epileptischen Anfällen kommen. Nach chronischer Hämodialyse sind schwere, progrediente, häufig letale Krankheitsbilder mit initialer Dysarthrie, Demenz, extrapyramidalen Bewegungsstörungen, epileptischen Anfällen und Halluzinationen beschrieben worden. Diese Krankheit beginnt 1–7 Jahre nach Beginn der Dialysebehandlung und endet meistens nach 3–15 Monaten tödlich.

#### Blut

**Polyzythämie.** Bei der Polyzythämie ist durch die erhöhte Viskosität der zerebrale Blutfluß reduziert. Die Patienten klagen häufig über Kopfschmerzen, Schwindel und Verschwommensehen. Somnolenz und Lethargie können bestehen. Es kann zu TIA und zerebralen Insulten kommen. Viele Patienten mit Polyzythämie entwickeln einen Hypertonus, der das Risiko von intrazerebralen Blutungen erhöht.

**Leukämien.** Bei der akuten und chronischen Leukämie kommt es in 25 % zu einer diffusen Infiltration des zentralen Nervensystems.

Diese Infiltrationen können zu ***Tumoren*** und einer ***Sinusthrombose*** führen. Häufiger werden auch ***intrazerebrale Blutungen*** beobachtet. Eine der häufigsten Komplikationen insbesondere bei Kindern ist die ***meningeale Infiltration*** mit leukämischen Zellen. Sie führt zu erhöhtem Hirndruck mit Kopfschmerzen, Erbrechen und Stauungspapille. Bei Infiltrationen an der Hirnbasis kommt es zu Hirnnervenausfällen. Beobachtet werden ferner ***subdurale Hämatome***. Im Liquor findet sich eine Erhöhung der Zellzahl und des Eiweißgehaltes. Diagnostisch entscheidend ist die Liquorzytologie. Infiltrationen des peripheren Nerven können zum Bild einer ***Polyneuropathie*** führen, was von dem toxischen Effekt durch die Chemotherapie abgegrenzt werden muß. Paraneoplastische Syndrome (s. S. 694) werden ebenfalls häufig bei einer Leukämie beobachtet.

**Multiples Myelom.** Die Plasmazellentumoren führen vorwiegend zu ***osteolytischen Knochenläsionen***. Besonders in den Wirbeln kommt es dadurch zum Knochenkollaps und kompressionsbedingter Querschnittsymptomatik. Auch direkte Tumorinvasionen des Gehirnes und Rückenmarkes können auftreten. Die häufigste neurologische Komplikation ist eine periphere ***sensomotorische Neuropathie***. Diese Polyneuropathie kann der Entdeckung des Myeloms vorausgehen.

**Vitamin-B12-Mangel.** Neben Veränderungen an anderen Organen führt ein Vitamin-B12-Mangel besonders auch zu Veränderungen am zentralen Nervensystem und peripheren Nerven.

***Enzephalomyeloneuropathie.*** Wichtig ist, daß schwere neurologische Ausfälle auch ohne jede Anämie auftreten können. Der klinische Verlauf ist sehr variabel. Schwere Ausfälle können sich sehr rasch, aber auch langsam progredient entwickeln. Zentral- und peripher-neurologische Ausfälle können isoliert auftreten. Bei einer ***Enzephalopathie*** kann es zu einem leichten hirnorganischen Psychosyndrom mit Hirnleistungsminderung, aber auch zur produktiven organischen Psychose kommen. Bei der ***funikulären Myelose*** kommt es besonders zu Entmarkungsherden in den Hintersträngen, weniger im Bereich der Pyramidenbahn, besonders im Zervikal- und Thorakalmark. Der Hirnstamm ist weniger betroffen. Ein peripherer Befall äußert sich in einer symmetrischen, distal betonten sensomotorischen ***Polyneuropathie***.

Bei adäquater ***Therapie*** bilden sich die mentalen Störungen häufig rasch zurück, eine vollständige Rückbildung benötigt jedoch meist Monate. Bei der funikulären Myelose kann es trotz adäquater Therapie zunächst noch zu einer weiteren Verschlechterung kommen. Ausgeprägte Formen bilden sich meistens nicht vollständig zurück.

#### Leber

Eine hepatische Enzephalopathie kann sowohl bei akutem wie chronischem Leberversagen auftreten. Klinisch imponieren Verwirrtheit und Bewußtseinsstörung bis zum Koma. Halluzinationen werden beobachtet. Der Muskeltonus ist erhöht, es treten unregelmäßiger Tremor und häufig auch epileptische Anfälle auf. Das EEG zeigt in Abhängigkeit vom klinischen Befund eine Verlangsamung bis zum Überwiegen von δ-Wellen. Typisch im EEG ist das Erscheinen von hochamplitudigen triphasischen Abläufen.

### 30.5.2 Stoffwechselstörungen

#### Diabetes mellitus

Neurologische Komplikationen in Form einer Neuropathie werden bei bis zu 50 % der Patienten beobachtet. Nicht selten gehen sie der Entdeckung des Diabetes voraus.

**Ätiologie.** Sowohl Stoffwechselstörungen als auch Durchblutungsstörungen der Vasa nervorum dürften eine Rolle spielen. Wichtig ist, daß keine engere Beziehung zwischen der Schwere des Diabetes und den neurologischen Symptomen besteht. Deutliche neurologische Ausfälle können auch bei einem leichten oder gut eingestellten Diabetes vorhanden sein. Gelegentlich findet sich nur ein pathologischer Glukosetoleranztest.

**Klinik.** Von der Verteilung her lassen sich einige typische Krankheitsbilder unterscheiden.

**Symmetrische, distale sensomotorische Neuropathie.** Sie ist die häufigste neurologische Komplikation und findet sich besonders beim Altersdiabetes. Im Vordergrund stehen sensible Störungen, wobei die motorische Schwäche weniger ausgeprägt ist.

**Diabetische Mononeuropathie.** Diese ist vergleichsweise selten und betrifft in der Regel einseitig mehrere Nervenwurzeln oder einen Plexus. Charakteristisch ist ein plötzlicher Beginn mit intensiven Schmerzen, häufiger proximal und an der unteren Extremität. Es folgt eine motorische Schwäche, gefolgt von Muskelatrophie. Diese Krankheitsbilder werden häufig mit einem „Ischias" verwechselt. Gelegentlich kann diese Form der Neuropathie auch ohne Schmerzen oder Sensibilitätsstörungen, d.h. nur mit Schwäche und Muskelatrophie auftreten. Beide Verlaufsformen haben eine gute spontane Rückbildungstendenz.

**Hirnnervenausfälle.** Häufig befallen sind der N. oculomotorius und der N. abducens, der N. trochlearis nur selten. Andere Hirnnerven werden im Rahmen eines Diabetes praktisch nicht befallen. Die diabetische Okulomotorius- oder Abduzensparese setzt meistens relativ akut mit zum Teil intensiven lokalen Schmerzen ein. Bei der diabetischen Okulomotoriusparese ist meistens die Pupille nicht betroffen, was wichtig zur Abgrenzung von Okulomotoriusparesen anderer Genese ist. Die Augenmuskelparesen sind häufig die erste klinische Manifestation des Diabetes. Ursächlich wird die Parese auf eine Ischämie im Verlauf des peripheren Nerven zurückgeführt. Die Hirnnervenausfälle bilden sich in der Regel nach einigen Monaten zurück.

**Zentralnervöse Störungen.** Die diabetische Angiopathie führt zu einer signifikant größeren Häufigkeit vaskulärer zerebraler Insulte (s. oben).

### Hypoglykämie

Da das Gehirn metabolisch fast ausschließlich durch Glukose und Sauerstoff versorgt wird, sind die Symptome einer Hypoglykämie denen einer Hypoxie ähnlich. Im Gegensatz zur Hypoxie wirkt sich eine Hypoglykämie zerebral mit einer Verzögerung von 30–40 min aus, da gewisse zerebrale Glukosespeicher vorhanden sind.

> **Geringer Glukosemangel führt zu Schwitzen, Blässe, Verwirrtheit und ist eine häufige Ursache für epileptische Anfälle.**

Wiederholte Hypoglykämien können zu chronischer zerebellärer Ataxie und Tremor ohne andere Symptome führen. Bei ausgeprägten Hypoglykämien kommt es zu Bewußtseinsverlust und Koma. Falls dann keine Glukose verabreicht wird, kann der Tod eintreten. In anderen Fällen bleiben zentralnervöse Schäden mit Wahrnehmungsstörungen, verminderter Kritik, gelegentlich auch insultähnliche Bilder mit Hemiparese, Hemianopsie, zerebellärer Ataxie und Parkinson-Syndrom zurück.

### Kupferspeicherkrankheit (Morbus Wilson)

Beim Morbus Wilson kommt es zu vermehrter Kupfereinlagerung in der Leber, dem zentralen Nervensystem, der Kornea (Kayser-Fleischer-Ring) und der Niere. Im zentralen Nervensystem führt dies zu Zellnekrosen, besonders in den Stammganglien, in Thalamus, Kleinhirnkernen und Kortex, was klinisch eine Kombination von neurologischen und psychischen Symptomen bewirkt. Ein ausgeprägter distal betonter Tremor der Arme ist Leitsymptom. Er imponiert als grobschlägiger Ruhe-, aber auch Intentionstremor, der an Flügelschlagen („flapping tremor") erinnern kann. Ferner werden Rigor, dystone oder choreatiforme Hyperkinesen beobachtet. Es besteht eine ausgeprägte Ataxie, selten auch epileptische Anfälle und Spastik. Psychisch imponieren pseudoneurasthenische und psychotische Symptome, häufig verbunden mit einer leichten Demenz. Die Verhaltensstörungen werden häufiger mit einer Schizophrenie verwechselt.

***Diagnostisch*** beweisend sind die Laboruntersuchungen, aber auch in der Computertomographie und der Kernspintomographie des Kopfes finden sich pathologische Veränderungen vorwiegend in den Basalganglien.

Unter adäquater ***Therapie*** kommt es immer zu einer Besserung der neurologischen Symptome, jedoch nur bei ca. 20 % zu einer vollständigen Rückbildung.

### Hypernatriämie

Beim Hypernatriämiesyndrom kommt es zu einer metabolischen ***Enzephalopathie*** mit vermehrter Reizbarkeit, Konzentrationsstörungen, Benommenheit und schließlich Delir, ferner zu ***myoklonischen Zuckungen*** und ***epileptischen Anfällen***. Der Muskeltonus ist meist gesteigert. Neurologische Symptome finden sich bei einer akuten Änderung ab 150 mmol/l, bei chronischer Änderung ab 160 mmol/l. Die Therapie besteht in einer Korrektur, wobei besonders eine chronische Hypernatriämie langsam, d.h. über Tage, korrigiert werden sollte.

### Hyponatriämie

Auch hier kommt es zu dem Bild einer metabolischen Enzephalopathie (s. oben), wobei neurologische Symptome bei Natriumkonzentrationen unter 127 mmol/l (akut; chronisch zwischen 110 und 120 mmol/l) auftreten. Auch dabei sollte, besonders bei chronischen Verlaufsformen, die Korrektur langsam erfolgen.

### Hyperkaliämie, Hypokaliämie

Kaliumstoffwechselstörungen finden sich bei einigen, meist erblichen Myopathien, bei denen es anfallsweise zum Auftreten hochgradiger symmetrischer Muskelparesen (periodische Lähmungen) kommt. Sensible Ausfälle fehlen hier. Bei unterschiedlichen Krankheiten können die Lähmungen mit einer Hypo- oder Hyperkaliämie verbunden sein. Sie können wiederholt, in Abständen von Tagen bis Monaten, auftreten und 1–24 h anhalten. Bei der hypokaliämischen Lähmung tritt die Lähmung häufig aus dem Schlaf heraus auf. Bei der hyperkaliämischen wird sie in der Ruhephase nach körperlicher Belastung beobachtet. Die hyperkaliämische Lähmung kann auch durch Alkohol, Fasten und kühle Witterung ausgelöst werden.

## 30.5.3 Toxische Störungen bei Alkoholabusus

Akuter und chronischer Alkoholabusus führt zu einer Reihe neurologischer Komplikationen (Tabelle 30.6). Einige wichtige Krankheitsbilder werden im folgenden besprochen.

**Tabelle 30.6.** Neurologische Komplikationen bei chronischem Alkoholabusus

| |
|---|
| Delirium tremens |
| Wernicke-Enzephalopathie |
| Korsakow-Syndrom |
| Epileptische Anfälle |
| Zentrale pontine Myelinolyse |
| Kleinhirnrindenatrophie |
| Polyneuropathie |
| Myopathie |

### Delirium tremens

Dies ist eine dramatische Komplikation beim Alkoholiker. Das Delirium tremens tritt bei chronischen Alkoholikern als akute Psychose in einer Phase des Alkoholentzugs auf. Infekte, Verletzungen oder Fehlernährung können auslösend sein. Es wird häufig während einer Hospitalisierung beobachtet.

**Klinik.** Die Patienten werden zunächst unruhig und reizbar. Es folgen Schlafstörungen, illusionäre Verkennungen und vorwiegend visuelle Halluzinationen (häufig Tiere: „weiße Mäuse"). Epileptische Anfälle können auftreten. Bei der Untersuchung finden sich eine Tachykardie und vermehrte Atmung. Ein deutlicher Haltetremor ist gewöhnlich vorhanden.

**Therapie.** Grundprinzip ist eine ausreichende Flüssigkeits- und Elektrolytversorgung sowie Sedierung. Wenn sich dies peroral nicht durchführen läßt, ist eine Hospitalisation auf einer Intensivstation anzustreben.

**Beim Delirium tremens können krankheits- und therapiebedingte Komplikationen wie Hypoxie durch Atemdepression und Pneumonie sowie Elektrolytentgleisungen innerhalb weniger Minuten zu vitalbedrohenden Situationen führen.**

Zur Sedierung wird in der Regel Clomethiazol (Distraneurin) verwendet. Der Patient ist soweit zu sedieren, daß er gerade noch erweckbar ist. Wichtig ist ferner ausreichende Flüssigkeitszufuhr (Bilanz) und Kaliumsubstitution, ferner muß Pneumonieprophylaxe betrieben werden. Die Patienten erhalten 100 mg Vitamin B1/Tag Subkutan. Ein schweres Alkoholdelir kann eine Sedierung bis zu 5 Tagen erforderlich machen.

### Wernicke-Enzephalopathie und Korsakow-Psychose

Die Kombination der beiden Krankheitsbilder ist so häufig, daß sie als Teile eines Syndroms angesehen werden können.

**Ätiologie.** Die Wernicke-Enzephalopathie ist eine Ernährungsstörung als Folge eines akuten Vitamin-B1-(Thiamin)-Mangels. Sie kommt am häufigsten bei Alkoholikern, aber auch bei anderen Erkrankungen mit Ernährungsstörungen (auch bei intravenöser Ernährung, vermehrtem Erbrechen) vor. Die Läsionen im zentralen Nervensystem bei der Wernicke-Enzephalopathie sind um den Aquädukt sowie den III. und IV. Ventrikel lokalisiert und betreffen insbesondere auch die Corpora mamillaria.

**Klinik.** Die Wernicke-Enzephalopathie führt zu ***Augenbewegungsstörungen, Ataxie*** und ***Demenz***. Meistens treten alle drei Symptome gleichzeitig, häufig ziemlich abrupt auf. Die Demenz kann jedoch auch mit einer Latenz von einigen Tagen einsetzen. Die Augensymptome betreffen meistens beide Augen mit unterschiedlicher Ausprägung. Es kommt zu horizontalem und vertikalem Nystagmus, Abduzens- sowie Okulomotoriusparesen, Blickparesen und internukleärer Ophthalmoplegie. Pupillenstörungen sind selten. Bei fortgeschrittenen Fällen findet sich eine komplette externe Ophthalmoplegie. Die Ataxie ist zerebellär mit Gang- und Standataxie. Die mentalen Symptome äußern sich als Apathie und Somnolenz. Ausgeprägte Fälle können komatös sein. Daneben sind die Patienten desorientiert mit mangelnder Konzentrationsfähigkeit.

Die ***Korsakow-Psychose*** ist durch folgende Auffälligkeiten charakterisiert: Ausgeprägte Merkfähigkeitsstörungen bei relativ intaktem Altgedächtnis, deutliche Orientierungsstörungen besonders örtlich, aber auch die eigene Person betreffend, und Konfabulationen. Die Merkfähigkeitsstörungen sind häufig sehr ausgeprägt, so daß der Patient 3 genannte Gegenstände (z.B. Apfel, Bleistift, Uhr) schon nach 20–30 s nicht mehr erinnern kann.

**Therapie und Verlauf.** Die Wernicke-Enzephalopathie ist ein bedrohliches Krankheitsbild und kann unbehandelt zum Tode führen. Die Sterblichkeit beträgt unbehandelt 50%. Rasche Behandlung mit hohen Dosen Vitamin B1 (100 mg/Tag) führt rasch (2–24 h) zu einer Besserung der okulomotorischen Befunde, der Ataxie und milderer Formen der Demenz. Bei der Korsakow-Psychose kann in der Regel nur ein Fortschreiten verhindert werden, eine weitgehende Rückbildung erfolgt nur in ca. 20% der Fälle.

### Epileptische Anfälle

Es gibt verschiedene Möglichkeiten der Beeinflussung von epileptischen Anfällen durch Alkohol. Häufig kommt es bei erwachsenen Alkoholikern zum Auftreten einzelner oder mehrerer epileptischer Anfälle in der Entzugsphase nach chronischer Alkoholintoxikation. Bei diesen Patienten ist das EEG in der Regel normal, und es läßt sich kein anderer ätiologischer Faktor als Alkohol feststellen. Bei anderen Patienten finden sich disponierende Faktoren, wie Schädelhirntraumen, in der Anamnese.

**Therapie.** Die Gabe von Antiepileptika bei Alkoholikern ist sehr kritisch zu betrachten, da bei ihnen eine regelmäßige Tabletteneinnahme nicht gewährleistet ist. Hierdurch kann es plötzlich zu einem Abfall der medikamentösen Spiegel kommen, was Anfälle auslösen kann.

## 30.6 Immunkrankheiten, demyelinisierende Erkrankungen

### 30.6.1 Multiple Sklerose

**Ätiologie.** Die multiple Sklerose (Encephalomyelitis disseminata) gehört zu den demyelinisierenden Erkrankungen. Sowohl die Axone der peripheren wie der zentralen Nerven haben durch die Schwann-Zellen (peripher) bzw. durch die Gliazellen (zentral) eine Myelinscheide. Diese Myelinscheide spielt bei der Reizleitung im Axon eine wichtige Rolle. Eine Störung des Myelins kann daher trotz erhaltenem Axon zu Ausfallserscheinungen, wie Sensibilitätsstörungen und Lähmungen, führen, die im Rahmen einer Remyelinisation reversibel sind.

Bei der multiplen Sklerose (MS) ist das zentrale Myelin betroffen.

**Die multiple Sklerose führt zu disseminierten Demyelinisierungen, auch Plaques genannt, im ZNS, besonders im periventrikulären Bereich, aber auch in der Pons und im Rückenmark. Die graue Substanz des Gehirns, in der vorwiegend die Nervenzellkörper liegen, ist nicht betroffen.**

Die Ätiologie ist nicht geklärt. Diskutiert wird eine „slow-virus"-Infektion oder ein Autoimmunprozeß. Die Häufigkeit, d.h. die Prävalenz der Erkrankung, ist eindeutig mit dem Breitengrad korreliert, sie ist am häufigsten in kälteren Regionen und nimmt in Richtung Äquator ab. In unseren Breiten ist sie die häufigste neurologische Erkrankung. Es besteht eine Prävalenz von 30–80 pro 100000 Einwohnern.

**Klinik.** Frauen erkranken häufiger als Männer. Multiple Sklerose unter 10 Jahren ist eine Rarität. Die Erkrankungshäufigkeit nimmt bis zum 30.–35. Lebensjahr zu und fällt zwischen 50 und 60 steil ab. Bei mehr als 75 % der Patienten ist der Krankheitsverlauf schubförmig, besonders bei Ersterkrankungen vor dem 25. Lebensjahr. Eine primär chronisch verlaufende Form tritt besonders nach dem 40. Lebensjahr auf. Die Krankheitsperioden beim schubförmigen Verlauf dauern in der Regel einige Wochen. Die multiple Sklerose manifestiert sich an vielen Stellen des ZNS und führt dementsprechend zu unterschiedlichen Symptomen. Zumindest anfänglich können sich die Symptome vollständig zurückbilden, im weiteren Verlauf bleiben dann Restsymptome zurück. Ein schubförmiger Verlauf kann in einen sekundär chronisch-progredienten Verlauf übergehen. Bei mehr als der Hälfte der Patienten tritt ein 2. Schub innerhalb von 3 Jahren auf. Bei Schüben kommt es in der Regel zum erneuten Auftreten früherer Funktionsstörungen oder der Verschlechterung von vorhandenen. Nur in ca. 20 % treten neue Symptome auf.

**Die häufigsten initialen Symptome der multiplen Sklerose sind Paresen, Sensibilitätsstörungen (besonders Parästhesien) und eine einseitige Optikusneuritis.**

Im Gesamtverlauf kommt es häufig zu Spastik, zerebellären Ausfällen sowie Blasen- und Mastdarmstörungen.

**Diagnostik.** Diese stützt sich im wesentlichen auf Liquoruntersuchung, neurophysiologische und bildgebende Verfahren (CT, NMR). Bei der ***Liquor***untersuchung findet sich bei ca. 50 % der Patienten eine Pleozytose bis zu 30/3 Zellen, besonders zu Beginn der Erkrankung, bei jüngeren Patienten und im Schub. Zellzahlen über 100/3 Zellen sprechen gegen die Diagnose. Das Gesamteiweiß ist in der Regel normal. Bei 85 % findet sich eine intrathekale IgG-Bildung und bei 95 % oligoklonale Banden, wobei diese Befunde nicht spezifisch sind, sondern auch bei anderen Erkrankungen vorkommen.

Bei den ***neurophysiologischen*** Untersuchungen sind die visuell evozierten Potentiale (VEP) bei einer eindeutigen multiplen Sklerose am häufigsten pathologisch (81–100 %). Andere neurophysiologische Untersuchungsverfahren sind somatosensibel evozierte Potentiale (SEP), akustisch evozierte Potentiale (AEP), Elektronystagmogramm und Blinkreflex. Die visuell evozierten Potentiale können auch in klinisch stummen Situationen positiv sein und damit einen für die differentialdiagnostische Abgrenzung wichtigen supraspinalen Herd nachweisen.

Bei den bildgebenden Verfahren ist die ***Kernspintomographie*** (NMR) der Computertomographie deutlich überlegen. Während sich in der Computertomographie nur in 25–70 % hypodense Areale nachweisen lassen, finden sich in der Kernspintomographie in über 90 % multiple Herde.

Weder Klinik, noch Zusatzuntersuchungen sind spezifisch für multiple Sklerose. Es gibt eine Reihe von Differentialdiagnosen, die berücksichtigt werden müssen. Eine sichere Diagnose ist nur post mortem am morphologischen Substrat zu stellen. Man macht daher verschiedene diagnostische Zuordnungen von der klinisch eindeutigen multiplen Sklerose bis zur fraglichen multiplen Sklerose. Bei der klinisch eindeutigen multiplen Sklerose fordert man mindestens 2 Schübe mit multifokalen klinischen Symptomen oder einen monofokalen klinischen Befund in Kombination mit neurophysiologischen oder radiologischen Befunden, die auf zusätzliche Lokalisation hinweisen. Von einer fraglichen multiplen Sklerose spricht man, wenn Klinik und Zusatzuntersuchungen die multiple Sklerose nicht ausreichend charakterisieren, sich bisher aber kein Hinweis für eine andere Erkrankung findet.

**Therapie und Verlauf.** Eine kausale, eindeutig wirksame Therapie ist bisher nicht bekannt. Therapeutische Studien gestalten sich wegen des variablen Spontanverlaufes schwierig. ***Im Schub***, wobei hier keine Differenzierung zwischen ersten und weiteren Schüben gemacht wird, wird in der Regel ein Kortikosteroid, z. B. Methylprednison (Urbason) über 20–30 Tage bei einer Anfangsdosis von 80 mg gegeben. Eine Dosisreduktion erfolgt ab dem 3. Tag. Auf die Nebenwirkungen und die Kontraindikationen einer Kortikoidbehandlung ist zu achten. Zusätzlich wird ein Magenschutz (z. B. Gastrozepin) gegeben.

Beim schubförmigen Verlauf wird als ***prophylaktische*** immunsuppressive Therapie Azathioprin (Imurek, 2–2,5 mg/kg/Tag) gegeben. Die weitere Dosierung richtet sich nach der Leukozytenzahl, wobei eine diskrete Reduzierung erwünscht, ein Absinken unter 3000–4000 jedoch vermieden werden sollte. Die Behandlung sollte über 2 Jahre erfolgen, danach sollte eine Pause von 6–12 Monaten erfolgen. Die Wiederaufnahme der Therapie ist von einer genauen klinischen Verlaufsbeobachtung ab-

**Tabelle 30.7.** Klinische Einteilung der Myasthenia gravis

| | |
|---|---|
| Typ I: | Okuläre Myasthenie (Doppelbilder, Ptose) |
| Typ II a: | Leichter generalisierter Muskelbefall |
| Typ II b: | Schwerer generalisierter Befall mit Beteiligung der faziopharyngealen und Atemmuskulatur |
| Typ III: | Akute, rasch progrediente, generalisierte Form mit Beteiligung der Atemmuskulatur |
| Typ IV: | Spätform mit generalisierter Symptomatik |
| Typ V: | Defektmyasthenie |

hängig zu machen. Nur wenn im therapiefreien Zeitraum der klinische Verlauf schlechter ist als vorher, sollte die Therapiewiederaufnahme erwogen werden. Die therapeutischen Möglichkeiten beim chronisch-progredienten Verlauf sind vergleichsweise ungünstig.

Die im Vergleich zu früher verbesserte Lebenserwartung bei multipler Sklerose ist im wesentlichen nicht Folge der entzündungshemmenden Therapie, sondern der verbesserten Behandlung von Symptomen und Komplikationen. Zu nennen sind hier insbesondere die krankengymnastische Therapie und die medikamentöse Behandlung der Spastik, z.B. mit dem GABA-Derivat Baclofen (Lioresal, 10–50 mg/Tag). Wichtig ist auch die Behandlung von Blasenentleerungsstörungen, insbesondere der damit häufig verbundenen chronischen Harnwegsinfekte.

Insgesamt ist die Prognose beim schubförmigen Verlauf besser als beim chronisch-progredienten. Durchschnittlich beträgt der Krankheitsverlauf 25 Jahre. Schwere Verläufe können innerhalb Monaten tödlich enden.

## 30.6.2 Myasthenia gravis

**Ätiologie.** Die Myasthenia gravis ist eine Autoimmunerkrankung, die sich gegen postsynaptische Azetylcholinrezeptoren am neuromuskulären Übergang richtet. Ein Zusammenhang mit einer Thymusstörung ist wahrscheinlich. 90 % der Fälle zeigen histologisch eine Thymusdysplasie, 10–20 % ein Thymom. Im Thymus kann eine Immunreaktion gegen Azetylcholinrezeptoren nachgewiesen werden.

**Klinik.** Die Myasthenia gravis ist durch belastungsabhängige Schwäche der Willkürmuskulatur charakterisiert. Sensible und autonome Störungen fehlen. Man unterscheidet klinisch verschiedene Typen (Tabelle 30.7).

Die Erkrankung kann in jedem Alter auftreten. Die ersten Krankheitssymptome sind gehäuft zwischen dem 20. und 40. Lebensjahr. Die Patienten bemerken häufig zunächst eine leichte Ermüdbarkeit einzelner Muskeln. Die Beschwerden treten meistens erst im Laufe des Tages auf.

**Bei der Myasthenia gravis sind besonders die Muskeln mit Haltefunktion, z. B. Lidheber, Gaumensegel und Augenmuskeln, betroffen.**

Es kommt zu Ptose, näselnder Sprache und Schluckstörungen.

Ungefähr $^1/_3$ der Patienten hat nur okulomotorische Störungen, ein anderes Drittel okulomotorische Störungen in Kombination mit anderen Paresen.

**Diagnostik.** Bei der klinischen Untersuchung werden Tests durchgeführt, um die belastungsabhängige Ermüdbarkeit zu provozieren. Eine Ptose verstärkt sich bei längerem Aufwärtsblick, ebenso Doppelbilder bei längerem Blick in eine Richtung. Die Schwere einer Myasthenie läßt sich durch lokalisierte und generalisierte Scores definieren. Als pharmakologischer Test kann die Injektion eines Cholinesterasehemmers, z. B. Endophoniumchlorid (Tensilon) 10 mg (1 ml i. v.), verwendet werden. In einer 2. Spritze ist als Antidot Atropin (1–2 mg) griffbereit zu legen. Atropin wird sofort i. v. bei den seltenen Nebenwirkungen muskarinerger Art (wie Bradykardie bis zum Herzstillstand) gegeben. Die Tensilontestinjektion erfolgt über 15 s. Der Effekt tritt nach ca. 30 s ein, hält aber nur 3 min an. Der Effekt wird an der am deutlichsten betroffenen Muskulatur beobachtet, z. B. Ptosis, Augenschluß und Zungenmotilität.

Bei der ***Labordiagnostik*** erfolgt der Nachweis von Antikörpern gegen Azetylcholinrezeptoren. Bei der generalisierten Form der Myasthenia gravis ist dieser Test in 95 % positiv, bei der okulären Myasthenie nur bei 40–60 %. Dieser Test ist auch bei Patienten mit Thymom positiv, was zu falsch positiven Antworten Anlaß geben kann.

Bei der ***elektromyographischen*** Untersuchung läßt sich eine Abnahme der Muskelpotentialamplitude bei supramaximaler Serienstimulation des zuführenden Nerven nachweisen. Tensilongabe verbessert dieses Dekrement. In der Einzelfaserelektromyographie läßt sich mit

## FALL 30 B

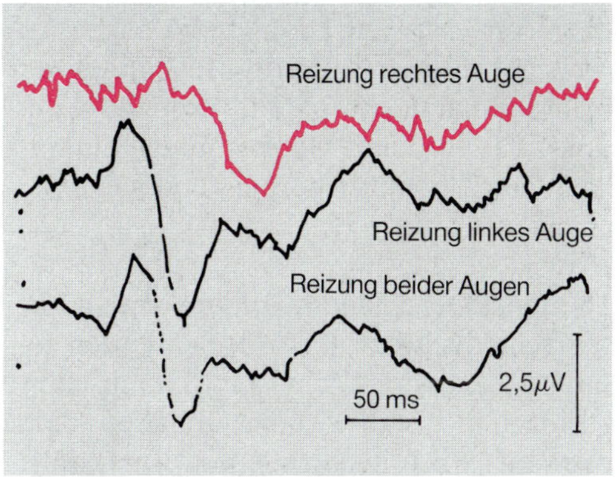


**Abb. 30 B.** Visuell evoziertes kortikales Potential bei Retrobulbärneuritis rechts. Pathologische Seitendifferenz der Latenz- und Amplitudenwerte, erhebliche Amplitudenminderung rechts

**Anamnese.** Die 24jährige Büroangestellte klagt seit 2 Wochen über ein Taubheitsgefühl im ganzen linken Bein. Vor 2 Jahren Retrobulbärneuritis rechts.

**Befunde.** Rechte Papille blass, dissoziierter Blickrichtungsnystagmus nach rechts, Muskeleigenreflexe lebhaft, Bauchhautreflex links abgeschwächt, Babinski-Tendenz rechts, Par- und Dysästhesien im gesamten linken Bein bis zur Leiste unscharf begrenzt. Lumbalpunktion: 35/3 Zellen, 48 mg/dl Gesamteiweiß, oligoklonale Banden positiv. Visuell evozierte Potentiale: rechts pathologische Latenzverzögerung.
NMR (Kernspin): Mehrere signalintensive Areale periventrikulär in beiden Hemisphären.

**Diagnose.** Encephalomyelitis disseminata (multiple Sklerose).

**Therapie und Verlauf.** Urbason (80 mg initial), absteigende Dosierung für 3 Wochen; nach 4 Wochen beschwerdefrei.

hoher Sensitivität ein pathologisches „Jitter“-Phänomen nachweisen. Bei jeder Myastheniediagnostik muß auch eine Thymusdiagnostik erfolgen. Hierzu gehören der Antikörpernachweis gegen quergestreifte Muskulatur, der beim Thymom fast immer positiv ist, und ferner die Computertomographie des vorderen Mediastinums. Ein normales CT schließt eine Thymushyperplasie oder ein kleines Thymom nicht aus.

**Verlauf und Therapie.** Der Spontanverlauf kann im Einzelfall sehr unterschiedlich sein. 25 % der Patienten zeigen eine Spontanremission, die im Durchschnitt $4^1/_2$ Jahre, im Einzelfall bis zu 15 Jahre anhalten kann. Der Spontanverlauf wird negativ durch Infektionskrankheiten, besonders Bronchopneumonie, psychische und physische Belastung, Hitze und hormonelle Störungen, z. B. Schilddrüsendysfunktion, beeinflußt. Die Mortalität ohne Therapie ist hoch, besonders in den ersten 2 Jahren nach Erkrankungsbeginn. Insgesamt beträgt die Mortalität 15–20 %. Mit einer Reihe von therapeutischen Möglichkeiten läßt sich die Prognose deutlich verbessern. Dazu gehören Cholinesterasehemmer, Immunsuppressiva, Plasmapherese, Thymektomie und allgemeine Maßnahmen.

**Cholinesterasehemmer.** Diese hemmen den Abbau von Azetylcholin am synaptischen Spalt. Durch das Überangebot von Azetylcholin werden die blockierenden Antikörper vom Rezeptor verdrängt. Diese rein symptomatische Therapie hilft zunächst bei den meisten Patienten, auf die Dauer werden aber nur etwa 20 % damit stabilisiert. Gegeben wird Pyridostigmin (Mestinon), individuell angepaßt über den Tag verteilt. Unter Beachtung der Nebenwirkungen können mehr als 500 mg/Tag gegeben werden, wobei grundsätzlich nicht alle Muskelgruppen myastheniefrei sein müssen. Im Laufe der Therapie verliert Mestinon seine Wirksamkeit, was eine Dosissteigerung erforderlich macht. Damit erhöht sich die Gefahr einer Überdosierung, einer ***cholinergen Krise***. Diese äußerst sich in engen Pupillen, Tränenfluß, Schwitzen, Hypersalivation, Bradykardie, Durchfall, ängstlicher Unruhe, Muskelfaszikulationen und auch einer generalisierten Muskelschwäche. Eine genaue Abgrenzung von einer ***myasthenen*** Krise ist daher notwendig. Im Zweifelsfall ist ein Tensilontest durchzuführen. Nur bei eindeutiger Besserung der Muskelschwäche ist auf eine myasthene Krise zu schließen. Andernfalls und bei Verschlechterung des Zustandes muß sofort mit einer Therapie mit Atropin i. v. (1–2 mg) begonnen werden.

**Kortikosteroide.** Als immunsuppressive Therapie kann Methylprednisolon (Urbason) 1,5 mg/kg/Tag Körpergewicht über 2–4 Wochen gegeben werden, danach langsames Ausschleichen, evtl. Sistieren. Nicht selten kommt es unter dieser Therapie zu einer anfänglichen Verschlechterung, was permanente Überwachung und Beatmungsmöglichkeit erforderlich macht (Hospitalisation).

Bei ***Azathioprin*** (Imurek, 100 mg/Tag) ist ein Wirkungseintritt erst nach einigen Wochen zu erwarten. Deshalb wird häufig eine Kombinationstherapie mit Kortikosteroiden durchgeführt.

***Plasmapherese*** wird zur Überwindung besonders schwerer klinischer Verläufe oder zur Operationsvorbereitung eingesetzt.

**Thymektomie.** Bei Verdacht auf Thymom besteht immer die Indikation zur Operation. Bei Patienten unter 40 Jahren, besonders Frauen, sollte bei generalisierten Verlaufsformen wegen der eindeutigen Verbesserung der Prognose die Thymektomie durchgeführt werden, in Abhängigkeit von der Klinik evtl. auch zusätzlich eine immunsuppressive Therapie. Bei Patienten mit hohem Lebensalter oder geringer Lebenserwartung kommt eine Bestrahlung in Frage.

### 30.6.3 Kollagenosen

#### Lupus erythematodes

Eine ZNS-Beteiligung beim Lupus erythematodes ist häufig (mehr als 50 %). Fälle mit einem primären ZNS-Befall kommen vor, sind jedoch die Ausnahme. Die Läsionen im zentralen Nervensystem sind multifokal und es können daher fast alle Symptome auftreten. Organische Psychosen sind häufig und werden als endogene Psychosen verkannt. Sprachstörungen, Orientierungs- und Gedächtnisstörungen sowie Delire mit visuellen und auditorischen Halluzinationen können auftreten. Es kann ferner zu epileptischen Anfällen, extrapyramidalen Bewegungsstörungen, visuellen Gesichtsfelddefekten und Hirnstammsymptomen mit Doppelbildern, Nystagmus, Dysarthrie und Dysphagie kommen. Bei der Mehrzahl der Patienten mit neurologischen Komplikationen findet sich auch eine Neuropathie. Häufig sind auch Myalgien und Myopathien.

**Jeder 2. Patient mit Lupus erythematodes hat eine ZNS-Beteiligung.**

**Diagnostik und Verlauf.** Im Liquor kann eine geringe Zellzahlerhöhung mit starker Erhöhung der mononukleären Zellen und ein erhöhtes Protein (30 % der Fälle) gefunden werden. Computertomographisch zeigen sich eine Vergrößerung der Sulci, Infarkte, gelegentlich auch Blutungen. Die Lupussymptomatik kann innerhalb weniger Wochen abklingen oder einen chronischen Verlauf über viele Jahre nehmen.

#### Periarteriitis nodosa

Diese Krankheit verursacht eine Vaskulitis in vielen Organen. Eine neurologische Komplikation findet sich in 20–40 % der Fälle, am häufigsten in Form einer ***peripheren Neuropathie***. Diese äußerst sich als Mononeuropathie, als Mononeuropathia multiplex oder als symmetrische periphere Neuropathie. Die häufigsten zentralnervösen Beschwerden sind Kopfschmerzen, Sehstörungen und epileptische Anfälle. Im Rahmen eines hirnorganischen Psychosyndroms können Orientierungsstörungen, Gedächtnisstörungen, Halluzinationen, Manien und Psychosen auftreten.

Im Liquor finden sich mononukleäre Zellen und eine leichte Eiweißerhöhung. Das EEG zeigt Herdbefunde als Folge der Infarkte oder eine allgemeine Verlangsamung.

#### Wegener-Granulomatose

Hier findet sich eine ZNS-Beteiligung in 25–50 % der Fälle durch Granulome und fokale Arterütiden. Die lokal destruktiv wuchernden Granulome in der Nase können durch die Schädelbasis hindurch zu einem Befall von Hirnnerven (besonders der Augenmuskelnerven) und des N. opticus führen. Die Vaskulitis kann ähnlich der Periarteriitis nodosa Symptome am zentralen und peripheren Nervensystem hervorrufen.

## 30.7 Tumoren, Metastasen und paraneoplastische Syndrome

### 30.7.1 Tumoren

Ein Hirntumor tritt bei einem von 10 000–20 000 Menschen auf. Grundsätzlich beruht die Wirkung der Hirntumoren auf einer zunehmenden intrakraniellen Raumforderung. Diese äußert sich, im Gegensatz zum zerebralen Insult, in einer stetigen Zunahme der Symptome. Es kommt aber auch gelegentlich zur Einblutung in Tumoren, was zu einem plötzlichen Auftreten der Symptome führen kann. Bei der ätiologischen Zuordnung ist zu berücksichtigen, daß bei einer Entzündung ebenfalls eine stetige Zunahme der Symptome bestehen kann. Ein Drittel der Hirntumorpatienten klagt initial über Kopfschmerzen. Diese sind stetig, auch nachts vorhanden. Bei $^1/_4$ ist ein epileptischer Anfall (generalisiert oder fokal) das erste Symptom. Auch fällt bei vielen Patienten eine psychische Veränderung mit vermehrter Ermüdbarkeit, Gedächtnisstörungen und Reizbarkeit auf.

Meist erst im weiteren Verlauf kommt es zu Hirndruckzeichen. Dazu gehören Kopfschmerzen, (Nüchtern-)Erbrechen und Apathie. Bei der Untersuchung findet sich eine Stauungspapille, gelegentlich eine Okulomotorius- oder Abduzensparese. Das EEG kann eine diffuse Verlangsamung zeigen. Im CT findet sich ein enges Ventrikelsystem, der Liquordruck kann erhöht sein (auf über 200 mm $H_2O$). Grundsätzlich ist bei einer Liquorentnahme in dieser Situation die Gefahr einer Einklemmung gegeben. Diese kann auch durch große Raumforderungen hervorgerufen werden und äußert sich in zunehmender Eintrübung, Atemstörungen, Streckspasmen von Armen und Beinen, Opisthotonus, Bradykardie und Blutdruckanstieg.

Neben den allgemeinen Symptomen des Hirntumors kommt es zu fokalen Zeichen, z. B. einer Hemiparese bei kontralateralen Hirntumoren. Durch Druckwirkung kann es auch zum Auftreten einer isolierten Abduzens- oder Okulomotoriusparese kommen, wobei sich die Okulomotoriusparese zunächst in einer weiten Pupille (Mydriasis) und erst im weiteren Verlauf in einer Motilitätsstörung äußerst.

#### Gliome

Die häufigsten intrazerebralen Tumoren sind ***Gliome***, besonders ***Astrozytome*** (30 %). Nach der Malignität unterscheidet man Astrozytome Grad I–IV. Ein Astrozytom Grad IV entspricht einem Glioblastoma multiforme. Es ist sehr bösartig, rasch und infiltrierend wachsend. Es tritt am häufigsten nach dem 40. Lebensjahr auf und wächst besonders in den Großhirnhemisphären. Die Überlebensdauer ist sehr schlecht. Sie beträgt nur wenige Monate bis höchstens 2 Jahre. Durch therapeutische Maßnahmen wie Operation, Bestrahlung, Chemotherapie und deren Kombination kann sie nur unwesentlich beeinflußt werden.

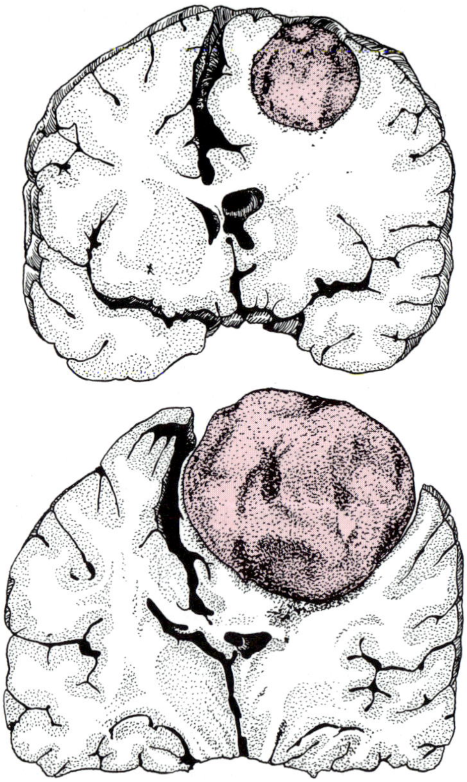

**Abb. 30.13.** Meningeom mit erheblicher Massenverschiebung (nach Zülch v. Christensen 1956)

Astrozytome Grad I–III sind seltener als Grad IV. Sie zeigen ein langsameres, weniger infiltrierendes Wachstum und treten besonders zwischen dem 30. und 40. Lebensjahr auf. Bei den Astrozytomen Grad I–III wird eine möglichst vollständige Tumorentfernung angestrebt, bei ungünstiger Lokalisation sollte zumindest eine Hirnbiopsie erfolgen. Bei vollständiger Tumorentfernung (Grad I) ist keine weitere Nachbehandlung möglich. In anderen Fällen schließt sich in Abhängigkeit von der genauen Histologie des Tumors eine Nachbestrahlung an. Kommt es zu einem Rezidiv, erfolgt eine Reoperation. Diese dient auch zur erneuten Bestimmung des Malignitätsgrades (der sich im Verlauf manchmal verändert) und dem Nachweis einer etwaigen Strahlennekrose.

Die Überlebenszeit von operierten Astrozytomen Grad I–III hängt vom Malignitätsgrad ab und liegt zwischen 2 und mehr als 5 Jahren.

### Meningeome

Diese gutartigen Tumoren gehen von den Meningen aus und wachsen über viele Jahre langsam verdrängend (Abb. 30.13). In einzelnen Fällen können sie maligne entarten. Sie treten am häufigsten zwischen dem 40. und 50. Lebensjahr auf, machen 15 % der Hirntumoren aus und sind die häufigsten Hirntumoren, die vom Mesoderm ausgehen. Die Gefäßversorgung erfolgt typischerweise über die A. carotis externa. Meningeome können vollständig verkalken und wachsen dann nicht mehr weiter. Bei 15–20 % finden sich keine neurologischen Ausfälle, so daß Meningeome häufig zufällig entdeckt werden. Die Lokalisation ist am häufigsten parasagittal, in der Keilbeinregion, über der Konvexität sowie in der hinteren Schädelgrube.

**Therapie.** Mit der operativen Totalentfernung dieser benignen Tumoren ist eine vollständige Heilung zu erwarten. Eine Totalentfernung ist jedoch bei ungünstiger Lokalisation und Ausbreitung häufig nicht möglich. In diesen Fällen wird eine postoperative Bestrahlung angeschlossen.

Bei älteren Patienten, bei denen zufällig ein kleines Meningeom entdeckt wird, wird man unter Berücksichtigung des langsamen Wachstums häufig auf eine Operation verzichten.

### Neurinome

Diese gehen am häufigsten vom VIII. Hirnnerv (N. vestibulocochlearis) aus. Diese sog. Akustikusneurinome führen zunächst zur einseitigen Hörabnahme und Ohrgeräuschen. Nystagmus und Schwindel treten anfangs wegen der fortlaufenden zentralen Kompensation kaum auf. Im weiteren Verlauf kommt es zu einer Kleinhirnbrückenwinkelsymptomatik mit zusätzlichen Trigeminusausfällen, Fazialisparesen, Kleinhirnsymptomen und Nystagmus. Beim Morbus Recklinghausen werden Akustikusneurinome gelegentlich beidseitig gefunden.

**Diagnostik.** Computertomographisch läßt sich der Tumor an typischer Stelle nachweisen (Abb. 30.14), wobei bei kleinen Tumoren eine Luft- oder Kontrastmitteldarstellung erforderlich ist. Neuerdings können mit dem NMR auch kleine Akustikusneurinome gut nachgewiesen werden. Im Liquor findet sich immer eine Eiweißerhöhung bei normaler Zellzahl. Die Hörtests sind pathologisch, in der kalorischen Prüfung findet sich eine einseitige Untererregbarkeit.

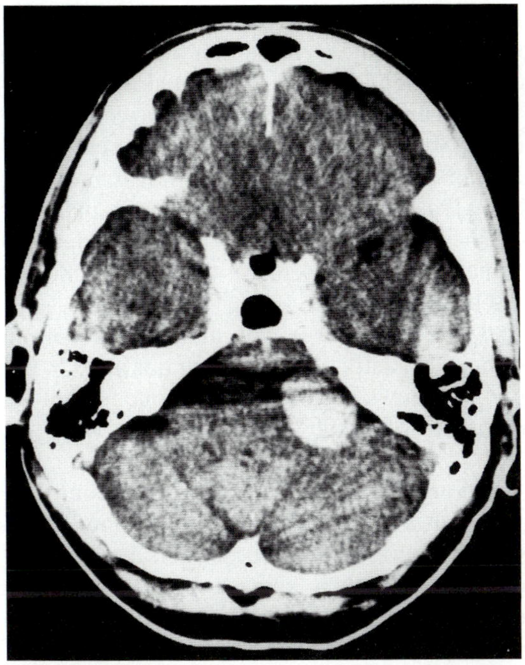

**Abb. 30.14.** Akustikusneurinom rechts, erkennbar als rundliche, kontrastmittelaufnehmende Formation im Kleinhirnbrückenwinkel auf dem Niveau des Meatus acusticus internus

## 30.7.2 Metastasen

10–20% aller Tumorpatienten weisen Hirnmetastasen auf.

**Hirnmetastasen machen 6% der intrakraniellen Raumforderungen aus und finden sich beim Mann am häufigsten beim Bronchialkarzinom und bei der Frau beim Mammakarzinom.**

Melanome und Hypernephrome führen ebenfalls häufig zu Metastasen. Beim Bronchialkarzinom sind Hirnmetastasen oft das erste neurologische Zeichen. Etwa 3/4 der Metastasen liegt supra-, der Rest infratentoriell (Kleinhirn, Hirnstamm). Meistens bestehen multiple Hirnmetastasen, nur bei 20% der Patienten lassen sich Solitärmetastasen nachweisen. Die Klinik ist über Wochen progredient, akute Verschlechterungen können durch Einblutung oder durch einen Verschlußhydrozephalus entstehen.

**Verlauf und Therapie.** Bei Melanom und Nierentumoren vergehen in der Regel mehr als 3 Jahre zwischen der Entdeckung des Primärtumors und dem Auftreten von zerebralen Metastasen. Die längsten Intervalle von mehr als 10 Jahren zwischen Primärtumoren und Auftreten von Hirnmetastasen sind beim Mammakarzinom und Nierenkarzinom beschrieben worden. Im Gegensatz dazu wird beim Bronchialkarzinom bei 1/3 der Patienten die Hirnmetastase vor der Diagnose des Primärtumors entdeckt. Die Prognose ist schlecht. Auch bei Einsatz aller therapeutischen Mittel beträgt die Überlebenszeit selten mehr als ein halbes Jahr.

Das Hirnmetastasen begleitende Hirnödem läßt sich initial rasch und gut mit Dexamethason (z.B. 4×4 mg Fortecortin) behandeln. Solitäre Metastasen können operativ angegangen werden. Ist dies nicht möglich, sollte zumindestens zur Diagnosesicherung eine Hirnbiopsie angestrebt werden. Bei multiplen Hirnmetastasen wird eine Bestrahlung (30 Gy in 10 Fraktionen) empfohlen. Dabei kommt es bei mehr als 60% der Patienten zu einer initialen Besserung.

## 30.7.3 Maligne Lymphome

Sowohl Hodgkin- wie Non-Hodgkin-Lymphome können einen ZNS-Befall hervorrufen. Es gibt auch primäre Lymphome des ZNS. Die Hodgkin- und Non-Hodgkin-Lymphome führen zu Symptomen sowohl durch die direkte Raumforderung als auch durch die Infiltration der basalen Meningen. Dies führt zu Kopfschmerzen, Hirnnervenausfällen, Paresen, epileptischen Anfällen und Bewußtseinstrübung. Für eine meningeale Beteiligung sprechen besonders auch radikuläre- und Rückenschmerzen.

Etwa 1/4 der Patienten mit einem Morbus Hodgkin entwickelt ZNS-Symptome, wobei ein direkter lymphomatöser Befall des zentralen Nervensystems sehr selten ist (ca. 1%). Andere Komplikationen, z.B. epidurale spinale Kompressionen, sind sehr viel häufiger. Bei dem Non-Hodgkin-Lymphom findet sich ein ZNS-Befall in 8–12% der Fälle. Primäre ZNS-Lymphome machen 10% aller Lymphome des ZNS aus. Risikofaktoren sind eine Immunschwäche wie Aids und zytostatische oder immunsuppressive Therapie. Nach einer Transplantation ist das Risiko 350fach erhöht. Primäre ZNS-Lymphome führen vorwiegend zur intrakraniellen Raumforderung.

**Diagnostik.** Obwohl es bei den Hodgkin-Lymphomen in 1/4 der Fälle mit ZNS-Beteiligung zur meningealen Infiltration kommt, lassen sich nur selten maligne Zellen im Liquor nachweisen.

Bei den Non-Hodgkin-Lymphomen ist eine diffuse Meningealbeteiligung häufig. Hier lassen sich in mehr als 60 % pathologische Zellen im Liquor nachweisen. Die Liquordiagnostik bei primären ZNS-Lymphomen zeigt anfangs nur in 20 %, später jedoch in 80 % der Fälle pathologische Zellen.

Im Schädel-CT finden sich in der Mehrheit solitäre Raumforderungen, in 30–40 % jedoch multiple. Die Raumforderungen sind primär isodens, gelegentlich leicht hyperdens. Eine ergänzende Kontrastmitteluntersuchung sollte in jedem Falle angestrebt werden, da Lymphome eine deutliche Kontrastmittelaufnahme zeigen. Im NMR lassen sich die Raumforderungen darstellen, ohne daß bisher lymphomspezifische Befunde bekannt sind. Bei primären ZNS-Lymphomen sollte zur Diagnosesicherung eine Probebiopsie durchgeführt werden.

**Verlauf und Therapie.** Bei Lymphomen mit zerebralem Befall steht die Bestrahlung im Vordergrund der Therapie (Ganzhirnbestrahlung mit 20–30 Gy, evtl. lokale Aufsättigung bis auf 50 Gy). Zusätzliche systemische Chemotherapie kann die Prognose verbessern. Auch mit Therapie beträgt die mittlere Überlebenszeit nur ca. 1 Jahr. Unter Kortikosteroiden (Dexamethason, Fortecortin, initial 24 mg) kann es rasch zu einer vorübergehenden deutlichen Besserung kommen.

## 30.7.4 Meningeosis carcinomatosa

Metastasierende Tumorzellen breiten sich gelegentlich in den Leptomingen (Subarachnoidalraum) aus, besonders im Bereich der Schädelbasis und des Hirnstammes. Dies führt zu einer leichten Entzündungsreaktion in den Meningen, eine Thrombosierung der in den Hirnstamm eintretenden Gefäße kann auftreten. Die Proliferation der Tumorzellen kann die Hirnnerven komprimieren und die Liquorzirkulation mit konsekutiver Steigerung des intrakraniellen Druckes beeinträchtigen.

**Klinik.** Typisch ist das Auftreten von Symptomen (Hirnnervenausfälle, radikuläre Lähmungen und Schmerzen) an mehreren Stellen. Zwei Drittel der Patienten klagen über Kopf- und Rückenschmerzen und haben ein organisches Psychosyndrom. Meningismus findet sich nur in einem Drittel der Patienten. Kleine Infarkte im Hirnstamm können zu fokalen Ausfällen führen.

**Diagnostik.** Die Möglichkeit einer Meningeosis carcinomatosa sollte bei allen Patienten mit bekanntem Primärtumor und den Zeichen einer subakuten Meningitis und/oder Hirnnervenausfällen erwogen werden. Am häufigsten (ca. 30 %) findet sich als Ursache ein Bronchial- oder Mammakarzinom, in 20 % ein Karzinom des Magen-Darm-Traktes und bei etwa 10 % ein malignes Melanom. Eine Meningeosis carcinomatosa kann auch vor dem Primärtumor auftreten, was die ätiologische Zuordnung erschwert.

Beweisend ist der Nachweis von malignen Zellen im Liquor, der bei der Erstpunktion jedoch nur in 50 % der Fälle positiv ist. Bei wiederholten Punktionen steigt die Nachweisquote auf 80 bis 90 %.

**Therapie und Verlauf.** Unbehandelt beträgt die mittlere Überlebenszeit 1–2 Monate, bei Chemo- und Strahlentherapie 4–7 Monate, wobei besonders beim Mammakarzinom auch deutlich längere Überlebenszeiten vorkommen. Diese Einzelfälle und die günstige Beeinflußung der radikulären Schmerzen sind ein wesentlicher Grund für die Durchführung der aggressiven und belastenden Therapie. Die Chemotherapie (z. B. Methotrexat) erfolgt intrathekal (wegen der schlechten Liquorgängigkeit nach i.v.-Gabe). Es werden auch intraventrikuläre Reservoire (Ommaya-Reservoir) implantiert, um über lange Zeiträume eine zytotoxische Konzentration im Liquor zu erreichen.

## 30.7.5 Paraneoplastische Syndrome

**Ätiologie.** Als paraneoplastische Syndrome bezeichnet man Symptome, die mit hoher Wahrscheinlichkeit zusammen mit einer malignen Neoplasie auftreten, jedoch unabhängig vom eigentlichen Tumorwachstum oder deren Metastasen, von Therapie, metabolischen Effekten oder Begleitinfektionen. Man unterscheidet paraneoplastische Syndrome, die das Gehirn, das Rückenmark, die peripheren Nerven und den Muskel betreffen. Auf paraneoplastische endokrine Störungen wird in diesem Zusammenhang nicht eingegangen. Bei genauer Diagnostik läßt sich bei bis zu 50% der Patienten mit systemischen Tumoren ein paraneoplastisches Syndrom nachweisen. Sie sind besonders häufig bei Bronchial- und Ovarialtumoren.

Die genaue Ätiologie der paraneoplastischen Syndrome ist nicht bekannt. Es wird die Ausschüttung von Toxinen durch den Primärtumor diskutiert. Auch gibt es

Hinweise dafür, daß Antikörper gegen Tumoren gebildet werden, die im Sinne einer Kreuzreaktion auch andere Strukturen betreffen.

### Enzephalomyelitis

Dabei kommt es zu einer Entzündung, die sich als lymphozytäre Pleozytose und Proteinerhöhung im Liquor manifestiert. In Abhängigkeit von der Lokalisation kommt es zu Demenz, Persönlichkeitsabbau und epileptischen Anfällen. Beim Befall des Rückenmarkes kommt es zum Vorderhornzellausfall mit Muskelatrophie, Sensibilitätsstörungen können ebenfalls auftreten. Dieses Krankheitsbild tritt besonders häufig beim Bronchialkarzinom, seltener beim Ovar-, Mamma- und Kolonkarzinom auf.

### Progressive multifokale Leukenzephalopathie (PML)

Die Progressive multifokale Leukenzephalopathie wird gewöhnlich zu den paraneoplastischen Syndromen gerechnet, obwohl es sich um eine opportunistische Infektion mit dem Papovavirus handelt. Sie tritt besonders bei geschwächter Immunabwehr (z.B. Aids) auf und wird auch bei Lymphogranulomatose, chronischer Leukämie und Lymphosarkom gefunden. Pathologisch-anatomisch finden sich diffuse, mehr oder weniger große Demyelinisationsherde, vorwiegend in der weißen Substanz des Gehirns. Die Erkrankung tritt vorwiegend im mittleren und höheren Lebensalter auf und hat einen über mehrere Wochen rasch progredienten tödlichen Verlauf. Die Klinik führt über Tetraplegie, Gesichtsfelddefekte und Demenz zum Koma. Der Liquor ist unauffällig. Im CT finden sich häufig, im NMR praktisch immer die ausgeprägten Demyelinisationsherde.

### Subakute kortikale Kleinhirndegeneration

Dies ist ein häufiges paraneoplastisches Syndrom, besonders bei Bronchial- und Ovarialkarzinom. Die zerebellären Symptome können der Manifestation des Tumors bis zu mehreren Jahren vorausgehen. Klinisch imponieren zerebelläre Symptome mit Ataxie und Okulomotorikstörungen. Die Klinik entwickelt sich über Wochen und kann spontan zum Stillstand kommen. Das Krankheitsbild läßt sich nur in Ausnahmefällen durch Behandlung des Primärtumors günstig beeinflussen.

### Subakute nekrotisierende Myelopathie

Dieses relativ seltene Krankheitsbild stellt eine akute Komplikation bei Tumorpatienten dar, besonders beim Bronchialkarzinom. Die Patienten klagen zunächst über Schmerzen und Parästhesien, Paresen, gestörte Blasen-Mastdarmfunktionen bis zu einem kompletten Querschnittssyndrom, vorwiegend in der mittleren thorakalen Region. Es kann ein weiterer Aufstieg der Ausfälle mit Erfassung der Atemmuskulatur erfolgen. Diese Erkrankung muß von Metastasen oder den Folgen einer Strahlen- bzw. Chemotherapie abgegrenzt werden.

### Sensomotorische periphere Neuropathie

Die paraneoplastische Form der Neuropathie unterscheidet sich nicht von der bei anderen systemischen Erkrankungen. Sie tritt am häufigsten beim Bronchialkarzinom auf. Behandlung des zugrunde liegenden Tumors führt in der Regel zu keiner Besserung der Neuropathie. Der Verlauf ist variabel, von akuten Formen bis zu subakut chronisch progredienten. Spontane Remissionen kommen gelegentlich vor.

### Myopathie

Eine Myopathie mit proximaler Muskelschwäche tritt bei ca. 15% der Patienten mit Lungen-, Mamma-, Magen- und Ovarkarzinom auf. Klinisch findet sich auch eine Muskelatrophie.

### Lambert-Eaton-Syndrom

Hier ist präsynaptisch die Freisetzung von Azetylcholin vermindert. Ein Lambert-Eaton-Syndrom spricht besonders für das Vorliegen eines kleinzelligen Bronchialkarzinoms. Klinisch findet sich eine proximal betonte Muskelschwäche. Im Gegensatz zur Myastenia gravis nimmt die Kraft bei Aktivierung vorübergehend für einige Sekunden zu, was sich auch elektromyographisch nachweisen läßt. Cholinesterasehemmer wirken nicht. Die Behandlung des Tumors hilft nur in einigen Fällen. Therapieversuche beschränken sich auf Kortikosteroide und Azathioprin (Imurek).

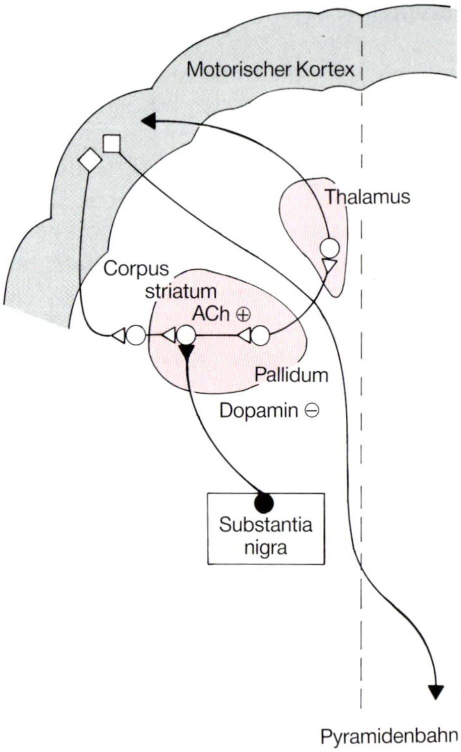


**Abb. 30.15.** Der dopaminerge Einfluß der Substantia nigra auf die Verbindung Kortex-Striatum-Pallidum-Thalamus-Kortex. ACH= Azetylcholin

## 30.8 Extrapyramidale Bewegungsstörungen

### 30.8.1 Hypokinetische Syndrome

Hypokinetische Störungen treten beim ***Parkinson-Syndrom*** auf. Die ***Hypo-*** bis ***Akinese*** ist gekennzeichnet durch eine Verlangsamung und Verminderung von Spontan- und Willkürbewegungen. Dazu gehört eine starre Mimik (Hypomimie, Maskengesicht). Die Schrift wird kleiner (Mikrographie), ebenso die Mitbewegungen der Arme, der Gang wird kleinschrittig schlürfend und es bestehen Start- und Stopstörungen beim Gehen. Die Feinmotorik der Hände ist gestört. Zusätzlich zeigen die Patienten einen ***Rigor***. Dabei handelt es sich um eine Tonuserhöhung der Extremitäten, die sich als wachsartiger, kontinuierlicher Widerstand bei einer passiven Bewegung manifestiert. Diese Tonuserhöhung kann auch als Zahnradphänomen imponieren, wobei es dann während der Tonusprüfung zu einem intermittierenden Nachlassen des Widerstandes wie bei einem Zahnrad kommt. Dies läßt sich besonders gut auch bei Bewegungen im Handgelenk nachweisen. Häufig, aber nicht obligat, zeigen die Patienten einen ***Ruhetremor*** (5–6 Hz), der bei Haltefunktionen und Bewegungen der Extremitäten sistiert.

**Tabelle 30.8.** Ursachen des Parkinson-Syndroms

| |
|---|
| *Idiopathisch* |
| *Sekundär* |
| Infekte (Enzephalitis) |
| Toxisch (CO, Mangan) |
| Trauma (einmalig, Boxer) |
| Hypoxie |
| Vaskulär (Artherosklerose, Polycythaemia vera) |
| Medikamentös (Neuroleptika: Butyrophenone, Phenothiazine) |
| *Systemerkrankungen* |
| Olivopontozerebelläre Atrophie |
| Progressive supranukleäre Blicklähmung |
| Shy-Dräger-Syndrom |
| Alzheimer-Demenz |

**Ätiologie.** Beim Parkinson-Syndrom findet sich ein Untergang melaninhaltiger Neurone in der Substantia nigra. Von diesen Dopamin produzierenden Zellen ist bekannt, daß sie einen hemmenden Einfluß auf Neurone im Corpus striatum haben. Die Neurone im Striatum benutzen Azetylcholin als Transmitter. Durch den Ausfall des hemmenden Dopamins kommt es zu einem relativen Übergewicht des Azetylcholins (Abb. 30.15). Die meisten ($^2/_3$) der Parkinson-Syndrome sind idiopathisch, d. h. eine genaue Ursache ist nicht bekannt. Sie werden als Morbus Parkinson bezeichnet. Es gibt auch eine Reihe sekundärer Parkinson-Syndrome (Tabelle 30.8). Außerdem kann ein Parkinson-Syndrom bei Systemerkrankungen bestehen, wobei dann zusätzlich andere Symptome (z. B. zerebelläre, Blicklähmungen, ausgeprägte Demenz) vorliegen (s. Tabelle 30.8).

**Diagnostik.** Die Erkrankung tritt meistens nach dem 50. Lebensjahr auf. Die Symptome, insbesondere auch der Tremor können zunächst, einseitig sein. Hypokinese, Rigor und Tremor können isoliert auftreten. Der übrige Neurostatus ist unauffällig. CT des Schädels, EEG und Liquor zeigen keine speziellen Auffälligkeiten. Häufig finden sich auch vegetative Zeichen (Salbengesicht, vermehrter Speichelfluß).

## FALL 30 C

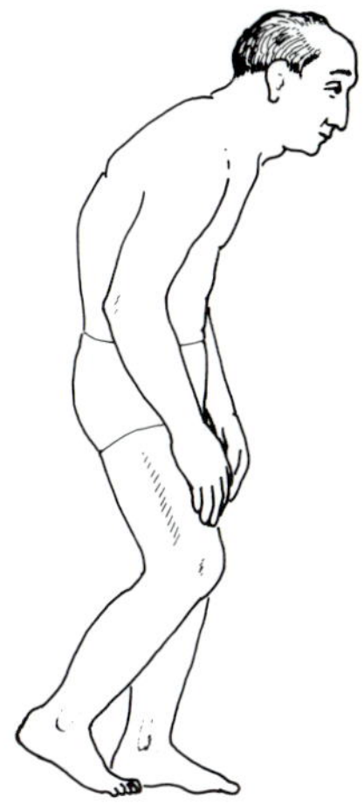

**Abb. 30 C.** Gangbild bei Morbus Parkinson

**Anamnese.** Ein 53jähriger Kaufmann bemerkt seit einem halben Jahr eine zunehmende Verlangsamung der Bewegungsabläufe. Die Schrift ist kleiner geworden. Das An- und Ausziehen ist mühsam und zeitaufwendig.

**Befunde.** Deutliche Hypomimik, leichtes Salbengesicht. Allgemeine Hypokinese, mäßiger Rigor, diskreter Ruhetremor der Hände, leichte Startschwierigkeiten beim Gehen, Schrittgröße verkleinert, Mikrographie, übriger Neurostatus ohne Befund. CT: ohne Befund. Lumbalpunktion: ohne Befund. EEG: unauffällig.

**Diagnose.** Leichtes idiopathisches Parkinsonsyndrom.

**Therapie und Verlauf.** 3×125 mg/Tag Madopar. Darunter flüssiger Bewegungsablauf, subjektiv beschwerdefrei.

**Therapie und Verlauf.** Die Sterblichkeit ist bei unbehandelten Parkinson-Patienten 1,5–3mal so hoch wie in einem gesunden Vergleichskollektiv. Mit Therapie läßt sich besonders das idiopathische Parkinson-Syndrom anfangs sehr günstig beeinflussen. Nach 3 Jahren ist bei $^1/_3$ der Patienten die Therapie nicht mehr gut wirksam, nach 10 Jahren sind es 87%.

Grundsätzlich wird beim Parkinson-Syndrom eine ***Substitutionstherapie*** mit ***Dopamin*** angestrebt. Da Dopamin selber nicht die Blut-Hirnschranke überwindet, wird eine Vorstufe (L-Dopa) zugeführt, die an den präsynaptischen Nervenendigungen durch Dekarboxylierung in Dopamin umgewandelt wird. Durch gleichzeitige Gabe von Dekarboxylasehemmern wird ein frühzeitiger Wirkungsverlust vermieden. Allgemein wird heute ein früher Behandlungsbeginn empfohlen. Initial werden z.B. Dosen von 3×62,5 mg/Tag Madopar gegeben, bei einem mittelschweren bis schweren Parkinson-Syndrom 3×125 bis 3×250 mg/Tag Madopar.

***Dopaminagonisten*** (z.B. Bromocriptin, Pravidel) wirken direkt an den postsynaptischen Rezeptoren. Die Dosierung beträgt 7,5–30 mg/Tag, wobei die Dosissteigerung langsam erfolgt. Besonders bei zu rascher Dosissteigerung kommt es zu Nebenwirkungen, wie Hypotonie, Übelkeit und Erbrechen, aber auch Psychosen.

***Mao-B-Hemmer,*** z.B. Deprenyl (Movergan), blockieren selektiv die Monoaminooxidase B, wodurch der Abbau von Dopamin und seine Wiederaufnahme vermindert wird. Gegeben werden 10 mg/Tag morgens. Dieses Medikament kann bei leichten Parkinson-Syndromen als Monotherapie eingesetzt werden.

Die genannten Medikamente wirken vorwiegend auf die Hypokinese. Sie können allein und in Kombination gegeben werden.

***Anticholinergika*** (z.B. Biperiden, Akineton) haben als Monotherapie kaum, in Kombination mit dopaminergen Substanzen etwas Einfluß auf die Hypokinese. Sie können den Tremor günstig beeinflussen.

## 30.8.2 Hyperkinetische Syndrome

### Chorea

Es bedarf einer diffusen, bilateralen Schädigung von Neuronen im Striatum (besonders in Putamen und N. caudatus), bevor es zum Auftritt von Symptomen kommt.

**Choreatische Bewegungsstörungen können bei verschiedenen Erkrankungen auftreten. Sie imponieren als plötzlich einschießende, kurz dauernde, unsymmetrische und unwillkürliche Bewegungen.**

Die ausgeprägtesten Bilder sieht man bei der ***Chorea Huntington***. Dabei handelt es sich um ein chronisch progredientes, autosomal dominantes Erbleiden. Die Penetranz ist erheblich, so daß bei 50% der Nachkommen mit der Erkrankung zu rechnen ist. Die Krankheitssymptome treten zwischen dem 30. und 50. Lebensjahr auf. Bei ständiger Progredienz ist die Prognose sehr schlecht. Die Krankheit führt in der Regel in 10–15 Jahren zum Tode.

Anfänglich können die choreatischen Symptome sehr diskret sein. Im weiteren Verlauf kommt es zu grimassierenden Bewegungen im Bereich des Gesichtes. Später besteht eine ständige ausgeprägte Bewegungsunruhe (Veitstanz), die mit Willkürbewegungen interferiert. Der übrige Neurostatus ist in der Regel unauffällig. Nur bei der Chorea Huntington bestehen zusätzlich eine Demenz und Affektstörungen. Psychosen sind hier ebenfalls nicht selten.

**Diagnostik.** Neben dem typischen klinischen Bild beruht sie im wesentlichen auf der Familienanamnese. Das Computertomogramm zeigt häufig eine Nucleus-caudatus-Atrophie. Die visuell evozierten Potentiale (VEP) können pathologisch sein. Wichtig ist bei Nachkommen von Chorea-Huntington-Patienten der Nachweis ihrer Krankheitsanlage. Dies wird wahrscheinlich in Zukunft mit Hilfe von DNA-Markern routinemäßig möglich sein. Eine kausale ***Therapie*** ist nicht bekannt. Symptomatisch werden gegen die Hyperkinesen Neuroleptika (z.B. Sulpurid, Dogmatil) gegeben.

**Chorea minor (Sydenham).** Sie tritt besonders bei Mädchen vom 13. bis zum 15. Lebensjahr im Zusammenhang mit einer Infektionskrankheit auf (besonders Gelenkrheumatismus, Angina oder Endokarditis). Die choreatischen Bewegungsstörungen folgen einige Wochen später. Sie entwickeln sich innerhalb von Tagen nach vorausgehender Reizbarkeit und Müdigkeit. Fieber besteht nur im Anfang, der Liquor ist unauffällig. Die Erkrankung bildet sich nach einigen Wochen und Monaten zurück. Rezidive kommen vor.

Die ***Therapie*** richtet sich auf die internistische Grunderkrankung.

**Dystonien**

Dies sind unwillkürliche tonische Kontraktionen einzelner oder mehrerer Muskeln, die über längere Zeit anhalten können. Bei den Dystonien ist der sonstige neurologische Untersuchungsbefund in der Regel normal.

**Torticollis spasmodicus.** Hier kommt es zu dystonen Bewegungen im Bereich der Hals- und Nackenmuskulatur. Die Ätiologie ist nicht bekannt. Die Bewegungen führen zur Drehung oder Neigung des Kopfes nach einer Seite. Anfänglich wird die Kopffehlstellung immer wieder von einer normalen Kopfhaltung unterbrochen, häufig findet sich später ein fixierter Torticollis spasmodicus.

**Therapie und Verlauf.** In der Mehrzahl ist das Leiden stationär oder progredient über viele Jahre, seltener kommen, häufig nur vorübergehende, Besserungen vor. Eine allgemein akzeptierte Therapie ist nicht bekannt. Häufig werden Anticholinergika (z. B. Artane) gegeben. In letzter Zeit werden vermehrt auch lokale Botulinustoxininjektionen in die betroffenen Muskeln angewandt.

## 30.9 Erkrankungen der Hirnnerven, des peripheren Nervensystems und Kompressionssyndrome

### 30.9.1 Hirnnerven

**Nervus olfactorius (I)**

Bei der Prüfung wird jedes Nasenloch einzeln mit Geruchsstoffen (Kaffee, Vanille) untersucht. Ein völliger Ausfall des Geruchsinnes (Anosmie) kann rhinogen (z. B. Rhinitis sicca) bedingt sein. Häufig tritt sie nach einem Schädel-Hirn-Trauma als Folge eines Abrisses der Nn. olfactorii auf, wobei dieser Ausfall oft erst Wochen nach dem Unfall von dem Patienten bemerkt wird. Nur in $^1/_3$ der Fälle bildet sich eine traumatische Anosmie zurück. Eine Anosmie findet sich auch bei frontalen Hirntumoren (besonders Olfaktoriusmeningeom). Bei viralen Entzündungen kann es ebenfalls zu einer Anosmie kommen, die gelegentlich sogar persistieren kann.

**Nervus opticus (II)**

Bei der neurologischen Untersuchung der Sehleistung werden der Visus mit Brille (Sehschärfe) und das Gesichtsfeld bestimmt. Bei der Gesichtsfelduntersuchung werden beide Augen einzeln in allen 4 Quadranten untersucht. Der Patient fixiert dabei die Nase des Untersuchers. Homonyme Gesichtsfeldausfälle sprechen meistens für eine Läsion im Gehirn. Bei bitemporalen Gesichtsfeldausfällen ist an eine Chiasmaläsion (z. B. bei Hypophysentumor) zu denken.

Ein einseitiger Visusverlust tritt kurzfristig als Amaurosis fugax bei Thrombosen der A. Carotis auf. Kompressionen des N. opticus können über Wochen bis Monate zu einem Visusverlust führen. Häufig besteht eine Stauungspapille. Eine Retrobulbärneuritis (z. B. bei multipler Sklerose) führt ebenfalls zu einer einseitigen Visusminderung, die meistens nicht vollständig ist.

Ein plötzlicher beidseitiger Visusverlust ist meistens durch einen bihemisphärischen Infarkt in der Okzipitalregion bedingt. An die Möglichkeit einer hysterischen Blindheit ist zu denken.

**Nervus oculomotorius (III)**

Der N. oculomotorius versorgt Mm. rectus internus, rectus superior, rectus inferior und obliquus inferior, ferner den M. levator palpebrae und die parasympathischen Pupillenfasern. Ein Ausfall der letzteren führt zu einer weiten Pupille (Mydriasis) und entspricht einer ***inneren*** Okulomotoriusparese. Ein Ausfall der Bewegungsmuskeln entspricht einer ***äußeren*** Okulomotoriusparese. Beim Ausfall aller Funktionen handelt es sich um eine komplette Okulomotoriusparese (Abb. 30.16 a–c). Leichte Motilitätsstörungen äußern sich nur in Doppelbildern, ohne daß bei der Untersuchung eine Bewegungseinschränkung auffällt. Eine Okulomotoriusparese findet sich häufig bei Schädelbasisfrakturen, bei Tumoren, basalen Meningitiden, bei einem Aneurysma (A. communicans posterior, infraklinoidales Karotis-aneurysma), häufig auch bei einer diabetischen Neuropathie, wobei hier die Pupille ausgespart ist.

**Pupille.** Die Pupille wird parasympathisch und sympathisch versorgt. Aktivierung der parasympathischen Bahn führt zu einer Pupillenverengung. Ein Ursprungskern liegt im Mesenzephalon, die Bahn verläuft im N. oculomotorius. Die sympathischen Bahnen laufen vom Dienzephalon durch den Hirnstamm und werden im

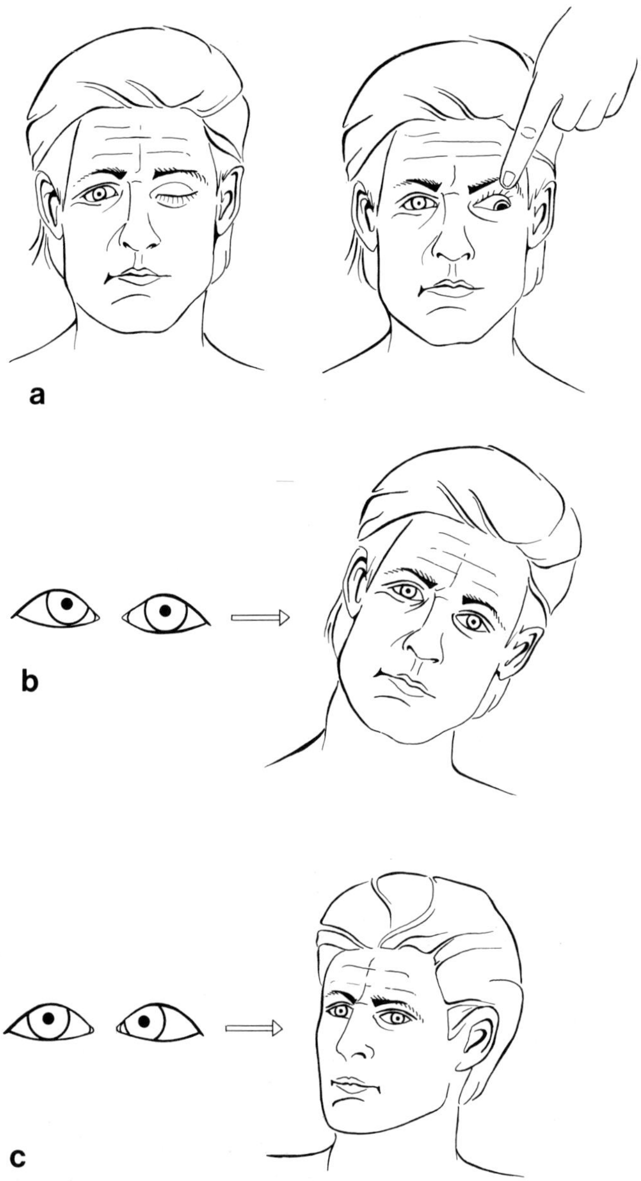

a

b

c

**Abb. 30.16 a.** Komplette Okulomotoriuslähmung links mit Ptose, Pupillenerweiterung und Ausfall der Muskelfunktionen. Das Auge weicht nach außen und unten. **b** Trochlearisparese rechts. Kompensatorische Kopfneigung nach links reduziert die störenden Doppelbilder. **c** Abduzensparese rechts. Beim Blick nach links weniger Doppelbilder. (Nach Berlit u. Seeger, 1991)

Rückenmark ($C_8$ bis $Th_2$) umgeschaltet. Von hier ziehen präganglionäre Fasern zum Ganglion cervicale superior, wo eine weitere Umschaltung auf postganglionäre Fasern erfolgt, die mit der A. carotis interna zur Augenhöhle gelangen.

Bei der Pupillenuntersuchung wird die direkte und indirekte (Beleuchtung der Gegenseite) Lichtreaktion untersucht. Ferner kommt es zu einer Pupillenveränderung bei einer Konvergenzbewegung. Die weite Pupille bei der Okulomotoriusparese läßt sich weder durch Licht noch durch Konvergenz beeinflussen. Eine amaurotische Pupillenstarre bei Blindheit auf einem Auge reagiert weder auf direkte noch indirekte Lichtreaktion. Eine Adie-Pupille (Pupillotonie) ist meistens nur einseitig. Die Pupille ist meistens weit, reagiert nicht oder nur langsam auf Licht, jedoch auf Konvergenz. Eine spezielle Ätiologie der Adie-Pupille läßt sich meistens nicht nachweisen.

**Horner-Syndrom.** Von einem Horner-Syndrom spricht man bei einer einseitig engen Pupille (Miose) mit Ptose und Enophthalmus. Der Nachweis des Enophthalmus spielt klinisch keine Rolle. Ein Horner-Syndrom spricht für eine Läsion der Sympathikusbahn. Entsprechend des Verlaufes kann ein Horner-Syndrom bei Hirnstamminsulten, bei HWS-Verletzungen und auch A.-carotis-Affektionen auftreten.

### Nervus trochlearis (IV)

Der 4. Hirnnerv versorgt den M. obliquus superior. Seine Funktion wird untersucht, indem der Patient aufgefordert wird, nach innen und unten zu schauen (s. Abb. 30.16 b). Eine isolierte N. trochlearis Parese ist relativ selten. Der Nerv kann auch bei Tumoren oder basalen Meningitiden betroffen sein.

### Nervus abducens (VI)

Dieser versorgt den M. rectus lateralis (s. Abb. 30.16 c). Eine Abduzensparese ist die häufigste Augenmuskellähmung. Auch sie wird durch Tumoren, basalen Meningitiden, Schädelbasisfrakturen und Prozesse im Sinus cavernosus verursacht. Auch beim Diabetes mellitus tritt sie häufiger auf.

### Nervus trigeminus (V)

Der N. trigeminus versorgt mit 3 Ästen die Sensibilität im Gesicht sowie motorisch die Kaumuskulatur. Trigeminusausfälle können durch basale Meningitiden, Tumoren und Schädelfrakturen hervorgerufen werden. Entzündliche Prozesse im Sinus cavernosus führen meistens zu einer Trigeminusmitbeteiligung.

Bei der Trigeminusneuralgie (s. S. 706) ist die Sensibilität auf Berührung ungestört.

### Nervus facialis (VII)

Dieser versorgt die mimische Gesichtsmuskulatur. Mit ihm verlaufen auch Afferenzen für die Geschmacksempfindung. Klinisch wichtig ist die Unterscheidung einer peripheren (Abb. 30.17) und zentralen Fazialisparese. Bei der zentralen Fazialisparese kann der Stirnast noch innerviert werden. Die Läsion liegt in der Regel im Großhirn, wobei die Innervation des Stirnastes von beiden Hemisphären erfolgt. Die häufigste Ursache einer ***peripheren Facialisparese*** ist ***idiopathisch***, wobei eine Virusgenese diskutiert wird. Hierbei ist in der Regel auch eine Geschmacksstörung zu finden. Die Lähmung entwickelt sich meistens innerhalb von Stunden bis wenigen Tagen.

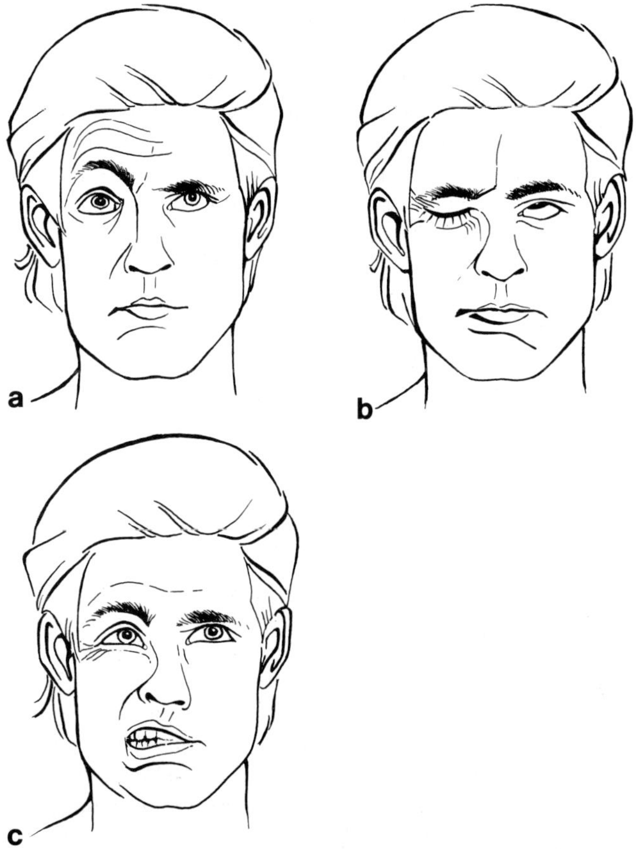


**Abb. 30.17 a–c.** Periphere Fazialisparese links. Die Stirn kann nicht gerunzelt (**a**), das Auge nicht geschlossen (**b**) und der Mundwinkel nicht gehoben (**c**) werden. (Nach Berlit u. Seeger, 1991)

**Therapie und Verlauf.** Die Rückbildung der peripheren, idiopathischen Fazialisparese erfolgt langsam. Eine vollständige Heilung ist im günstigen Fall nach 4 Wochen zu erwarten. 80% der Fälle haben eine gute Heilungstendenz, z. T. können störende Restsymptome bestehen bleiben.

Eine allseits anerkannte Therapie ist nicht bekannt. In frühen Stadien kann Kortison (z. B. Methylprednisolon, Urbason 80 mg initial, über 2–3 Wochen ausschleichend) gegeben werden. Bei schlechtem Lidschluß ist ein Korneaschutz mit Salbe und Augenklappe wichtig, um eine Erosion zu vermeiden.

Periphere Fazialisparesen treten auch häufig nach Schädelbasisfrakturen und im Zusammenhang mit Infektionen, besonders dem Zoster oticus, auf. Beim Zoster oticus finden sich die typischen Bläschen im Ohrmuschelbereich.

### Nervus vestibulocochlearis (VIII)

Dieser Nerv ist rein sensibel mit einem Hör- und Gleichgewichtsanteil. Bei einer einseitigen Hörminderung ist die Differenzierung zwischen einer Mittel- und Innenohrschwerhörigkeit wichtig. Diese kann mit dem Weber-Versuch erfolgen. Dabei wird eine Stimmgabel in die Stirnmitte gesetzt. Wird der Ton zum betroffenen Ohr lokalisiert, handelt es sich um eine Schalleitungsstörung (Mittelohr), bei Lokalisation zum gesunden Ohr um eine Perzeptionsschwerhörigkeit (Innenohr).

Der N. vestibularis versorgt die 3 Bogengänge und die Otolithenorgane. Ausfälle führen zu Nystagmus, Schwindel und Gang- und Standataxie.

Ein ***einseitiger Vestibularisausfall***, z. B. traumatisch, aber auch ohne erkennbaren Anlaß, führt akut bis subakut einsetzend, nach Stunden abklingend und über Tage anhaltend zu kontinuierlichem Drehschwindel. Damit verbunden ist häufig Übelkeit, gelegentlich Erbrechen. Bei der Untersuchung findet sich Spontannystagmus und eine Fallneigung, der übrige Neurostatus ist unauffällig. Ätiologisch wird eine virale Genese diskutiert. Bei der kalorischen Untersuchung findet sich eine Untererregbarkeit des betroffenen Labyrinthes. Die Prognose ist gut. Entweder kommt es zu einer Erholung der Nervenfunktion oder, bei ausgefallenem Labyrinth, zu einer zentralen Kompensation, so daß keine Behinderung des Patienten besteht. Die Beschwerden halten selten länger als 2–3 Wochen an.

Eine spezielle Therapie der Vestibulopathie ist nicht erforderlich. Initial können Medikamente gegen die Übelkeit und das Erbrechen gegeben werden. Im übrigen wird ein frühzeitiges körperliches Training empfohlen.

**Gutartiger paroxysmaler Lagerungsschwindel.** Dies ist die häufigste Form eines vestibulären (Dreh-)Schwindels. Dabei tritt für kurze Zeit (nicht länger als 1–2 min) Drehschwindel ausschließlich nach Kopfbewegungen auf. Charakteristisch ist die Angabe von Drehschwindel beim Umdrehen im Bett, was auch gegen differential diagnostisch erwogene vaskuläre und vertebrogene Ursachen spricht. Diese Schwindelform kommt durch pathologische Anlagerung von Otolithenmaterial im hinteren Bogengang zustande. Bei der Untersuchung findet sich in Kopfhängelage unter der Frenzelbrille, häufig nur bei Kopfdrehung in eine Richtung, ein meistens rotierender, zum unten liegenden Ohr schlagender Nystagmus, verbunden mit heftigem Drehschwindel. Alle übrigen Untersuchungen einschließlich der Kalorik sind unauffällig.

Diese Schwindelform tritt meistens spontan auf, wird aber auch durch Schädel-Hirn-Traumen ausgelöst.

Die Therapie besteht in einem gezielten Lagerungstraining, worunter es in wenigen Tagen zu einem Nachlassen und Verschwinden der Beschwerden kommt.

Der ***Morbus Menière*** führt zu rezidivierenden Drehschwindelattacken von 15–40 Minuten, selten länger anhaltend. Charakteristisch ist zusätzlich ein Ohrgeräusch (Tinnitus), das auch zwischen den Attacken bestehen kann, und eine Hypakusis, die sich im Anfall verstärkt.

Die Therapie ist schwierig. Antihistaminika (z.B. Betahistin, Vasomotal, 3×1) können gegeben werden. Bei anhaltenden Beschwerden erfolgt eine HNO-ärztliche Betreuung.

#### Nervus glossopharyngeus und Nervus vagus (IX u. X)

Bei einer Parese dieser Nerven läßt sich der Würgreflex nicht auslösen. Auf der betroffenen Seite hängt das Gaumensegel tiefer herunter und wird beim Phonieren („a") zur gesunden Seite verzogen. Ausfälle können durch Läsionen im Hirnstamm (z.B. Enzephalitis, vaskuläre Störungen) , durch basale Entzündungen oder Tumoren hervorgerufen werden.

#### Nervus accessorius (XI)

Er versorgt den M. sternocleidomastoideus und den oberen Anteil des M. trapezius. Eine isolierte Akzessoriusparese tritt am häufigsten nach einer Biopsie (Lymphknoten) am hinteren Teil des M. sternocleidomastoideus auf.

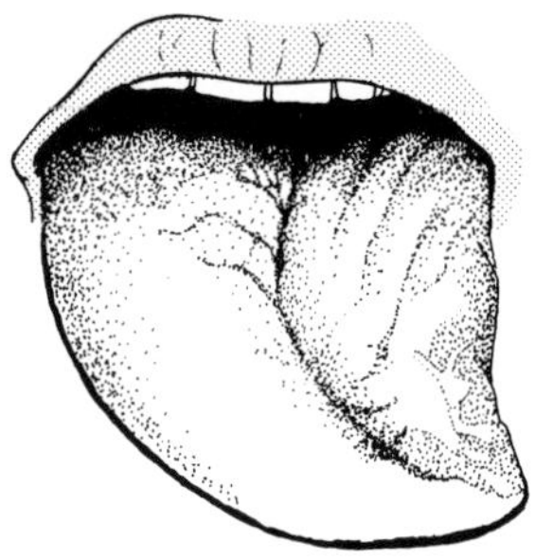

**Abb. 30.18.** Hypoglossusparese links. Die Zunge weicht zur kranken Seite. (Nach Berlit u. Seeger, 1991)

#### Nervus hypoglossus (XII)

Der Nerv versorgt motorisch die Zungenmuskulatur. Beim Herausstrecken weicht die Zunge zur kranken Seite hin ab (Abb. 30.18). Eine Zungenlähmung ist häufig nukleär durch Ausfall der Motoneurone im Hirnstamm bei vaskulären oder degenerativen Prozessen bedingt.

## 30.9.2 Polyneuropathien

Polyneuropathien bestehen bei einer gestörten Erregungsübermittlung mehrerer peripherer Nerven. Sie entstehen durch vielfältige Ursachen (Tabelle 30.9), jedoch nicht durch mechanische. Die Symptome einer Polyneuropathie entwickeln sich in der Regel in Wochen bis Monaten.

Polyneuropathien führen zu sensiblen, motorischen und autonomen Ausfällen. Die sensiblen Störungen äußern sich häufig zuerst als Parästhesien. Sie sind meistens symmetrisch, zunächst distal an den Beinen betont, besonders charakteristisch bei der Untersuchung ist der distal herabgesetzte Vibrationssinn.

Die motorischen Ausfälle sind ebenfalls symmetrisch, distal und beinbetont. Sie führen jedoch meist erst im weiteren Verlauf zu einer Beeinträchtigung des Patienten. Die betroffenen Muskeln sind atrophisch, die Muskeleigenreflexe herabgesetzt bis fehlend. Als Ausdruck der Störung autonomer Nervenfasern kommt es zu einer herabgesetzten Schweißsekretion.

**Diagnostik.** Eine gestörte Nervenleitung kann grundsätzlich durch 2 Mechanismen entstehen: durch segmentale Markscheidenveränderungen oder axonalen

**FALL 30 D**

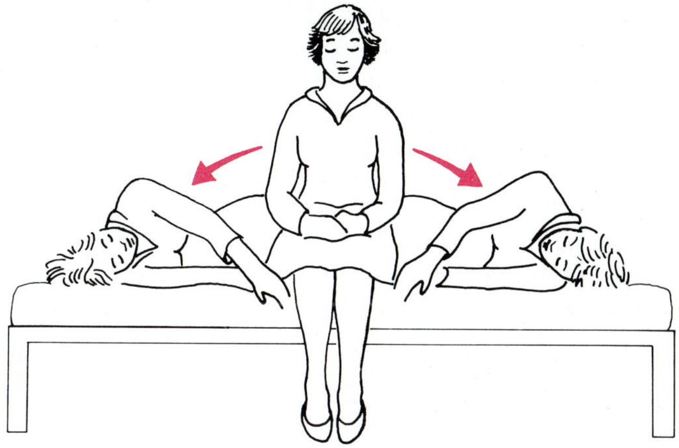

**Abb. 30 D.** Lagerungen zur Auslösung des paroxysmalen Lagerungsschwindels (nach Brandt u. Büchele 1983)

**Anamnese.** Eine 63jährige Frau stolpert und schlägt mit dem Kopf auf. Keine Bewußtlosigkeit. Seitdem kopfbewegungsabhängiger Drehschwindel, insbesondere auch beim Drehen im Bett. Damit häufig verbunden Übelkeit, gelegentlich auch Erbrechen.

**Befunde.** Kein Spontannystagmus, in Kopfhängelage bei Kopfdrehung nach links mit Latenz (5 s) einsetzender heftiger Nystagmus zum unten liegenden Ohr für 20 s mit Drehschwindel. Übriger Neurostatus ohne Befund. Elektronystagmographie einschließlich Kalorik: ohne Befund.

**Diagnose.** Gutartiger paroxysmaler Lagerungsschwindel.

**Therapie und Verlauf.** Lagerungstraining. Nach 2 Wochen beschwerdefrei.

**Tabelle 30.9.** Häufige Ursachen einer Polyneuropathie

| |
|---|
| Stoffwechselstörungen<br>– Diabetes mellitus<br>– Urämie<br>– Hypothyreose<br>– Porphyrie |
| Resorptionsstörungen<br>– Sprue<br>– Vitamin B 12 |
| Kollagenosen<br>– Periarteriitis nodosa |
| Paraneoplastisch |
| Paraproteinämie, Dysproteinämie |
| Infektionskrankheiten<br>– Mononukleose<br>– Typhus, Paratyphus<br>– Diphtherie<br>– Botulismus<br>– Lyme-Borreliose |
| Toxisch<br>– Äthyl<br>– Blei<br>– Lösungsmittel (z. B. Schwefelkohlenstoff) |
| Medikamente<br>– Isoniazid<br>– Thalidomid<br>– Furadantoin |
| Hereditär |

Untergang. Beide Typen lassen sich durch die Zusatzdiagnostik differenzieren. Häufig sind beide Strukturen (Axon und Markscheide) befallen, besonders bei fortgeschrittenen Fällen. Im Frühstadium können diese beiden Formen jedoch zur Differenzierung der Ätiologie beitragen. Primär axonale Polyneuropathien sind z.B. die meisten paraneoplastischen Polyneuropathien, die meisten toxischen Polyneuropathien, die Polyneuropathie bei Porphyrie und die vaskulären Polyneuropathie, z. B. bei Periarteriitis nodosa. Bei vielen Fällen von diabetischer Polyneuropathie findet sich ein primärer Markscheidenbefall.

Mit der Elektroneuropathie wird die sensible und motorische Erregungsleitung gemessen. Die Nadelelektromyographie weist frühzeitig Denervationen (bei axonaler Schädigung) nach. Möglich ist auch eine Muskel- und Nervenbiopsie. Der Liquor ist meistens normal, zeigt aber gelegentlich eine Eiweißerhöhung (z. B. bei der diabetischen Polyneuropathie).

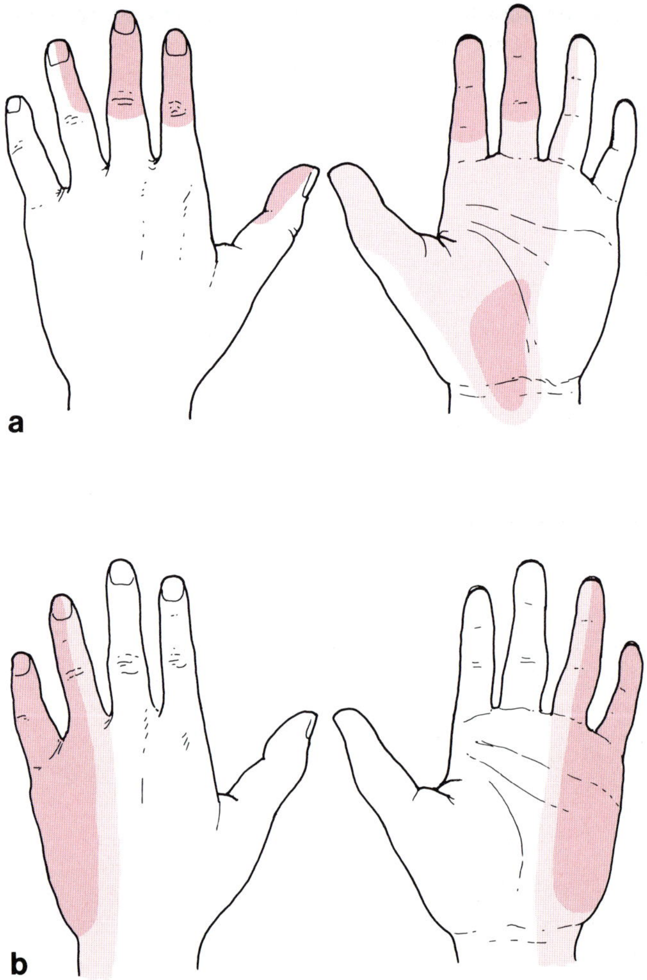


**Abb. 30.19 a, b.** Sensible Versorgung der Nn. medianus (**a**) und ulnaris (**b**)

## 30.9.3 Kompressionssyndrome

Kompressionssyndrome entstehen durch mechanische Einengung des Nervs im peripheren Verlauf. Es gibt einige Prädilektionsstellen, die besonders häufig zu Kompressionssyndromen führen.

### Karpaltunnelsyndrom

Dieses entsteht durch eine Schädigung des N. medianus beim Durchtritt unter dem Lig. carpi transversum in den Handbereich. Frauen sind häufiger betroffen als Männer. Häufig läßt sich keine spezielle Ursache feststellen. Gelegentlich spielen manuelle Tätigkeit, eine Hypothyreose, Diabetes mellitus oder eine fortgeschrittene Schwangerschaft bzw. Wochenbett eine Rolle. Klinisch klagen die Patienten zunächst über Schmerzen und Parästhesien im Versorgungsgebiet des N. medianus. Sie sind nachts besonders häufig und führen zum Aufwachen. Bewegen und Massieren der Hände führt zu einer Linderung. Beschwerden treten auch bei manueller Tätigkeit auf. Im weiteren Verlauf kommt es zu sensiblen Ausfällen (Abb. 30.19) und einer Schwäche und Atrophie der N.-medianus-versorgten Muskulatur (Atrophie der Daumenballenmuskulatur, Abduktionsschwäche des Daumens).

**Diagnostik.** Elektroneurographisch läßt sich eine Verlängerung der distalen motorischen Latenz und eine Störung der ortho- und antidromen sensiblen Erregungsleitung nachweisen.

**Therapie.** Bestehen keine oder nur geringe Ausfälle, genügt das nächtliche Tragen einer Unterarmschiene zur Ruhigstellung der Hand. Bei fortgeschrittenen Fällen oder Versagen dieser Maßnahme ist die Operation (Spaltung des Lig. carpi transversum) indiziert. Dies führt in der Regel zu einer guten Besserung.

#### Sulcus-ulnaris-Syndrom

Beim ***N. ulnaris*** kommt es häufig zu einer Druckschädigung im ***Sulkus*** am Ellenbogen. Hier verläuft der Nerv, dem Knochen direkt anliegend, relativ exponiert. Ätiologisch geht meist längerer mechanischer Druck, z.B. beim Arbeiten oder Aufstützen bei bettlägerigen Patienten, voraus.

Die Patienten klagen über Sensibilitätsstörungen im Versorgungsgebiet des N. ulnaris (s. Abb. 30.19). Klinisch finden sich sensible Ausfälle, selten eine Schwäche und Atrophien (M. abductor digiti quinti).

Die ***Diagnose*** läßt sich elektroneurographisch mit einer Leitungsverzögerung im Sulcus-ulnaris-Bereich nachweisen. Therapeutisch ist in der Regel Vermeidung des Druckes ausreichend, nur in einzelnen Fällen ist eine operative Verlagerung des N. ulnaris im Sulkusbereich indiziert.

## 30.10 Kopf- und Gesichtsschmerzen

### 30.10.1 Migräne

Diese wird in eine einfache (klassische) und komplizierte Form unterteilt. Bei der ***einfachen Migräne*** bestehen nur Kopfschmerzen und vorausgehende, nicht länger als 30 min anhaltenden Flimmerskotome. Der Schmerz ist in $^2/_3$ der Fälle halbseitig und erreicht rasch, innerhalb einer oder mehrerer Stunden, sein Maximum. Eine Attacke kann Stunden bis 1–2 Tage anhalten. In $^2/_3$ der Fälle kommt es zu Übelkeit und Erbrechen, häufig bestehen Schwitzen, Durchfälle und Tachykardie, fast immer Licht- und Lärmempfindlichkeit. Die Patienten haben die Tendenz, sich zurückzuziehen. Die Attackenfrequenz kann zwischen mehreren wöchentlichen Attacken und einzelnen pro Jahr variieren. Häufig findet sich eine familiäre Belastung. Auslösend sind besonders psychische Belastungen, aber auch Entspannung.

Der neurologische Befund ist bei der klassischen Migräne unauffällig. Das EEG zeigt häufig unspezifische dysrhythmische Erscheinungen, gelegentlich aber auch Herdbefunde und steilere Potentialabläufe.

**Therapie.** Bei akuten Migräneattacken erhalten die Patienten zur Schmerzkupierung 500–1000 mg Azetylsalizylsäure (Aspirin). Zur Migräneprophylaxe sind β-Blocker (z.B. Propranolol, Dociton 60–120 mg/Tag für 6–9 Monate, danach langsame Reduzierung) Mittel der 1. Wahl.

Von einer ***komplizierten Migräne*** spricht man, wenn die visuelle Aura länger als 30 min anhält oder wenn neurologische Ausfallserscheinungen während der Kopfschmerzphase anhalten oder diese überdauern. Gelegentlich kann ein bleibendes neurologisches Defizit bleiben. Der komplizierten Migräne werden zugeordnet: die ophthalmoplegische Migräne mit Augenmuskelparesen, meist eine Okulomotoriusparese auf der Seite des Kopfwehanfalles. Die Rückbildung der Parese kann Monate dauern.

**Bei der Migraine accompagnée kommt es zu Halbseitensymptomen (Parästhesien, Hemiparesen), Aphasie und Gesichtsfeldausfällen. Die Seitenbeziehung der Ausfälle und der Kopfschmerzen ist nicht konstant.**

Die *Therapie* entspricht der der einfachen Migräne.

### 30.10.2 Cluster-Kopfschmerz

Dabei handelt es sich um einen streng einseitigen Kopfschmerz. Der Schmerz ist sehr intensiv brennend, bohrend, frontoretroorbital lokalisiert. Er tritt plötzlich ein, dauert 30–120 Min., wobei bis zu 3 Attacken täglich auftreten können. Häufig findet sich ipsilateral ein partielles Horner-Syndrom mit Miose und Ptose, gerötete Konjunktiven und Rhinorrhöe.

> **Im Gegensatz zur Migräne sind die Patienten mit Cluster-Kopfschmerz unruhig und laufen umher.**

Bei 80 % der Patienten mit Cluster-Kopfschmerz findet sich eine Periodizität: dabei kommt es über 8–12 Wochen zu täglichen Attacken, gefolgt von längeren monatelangen beschwerdefreien Intervallen. Häufig treten die einzelnen Attacken zur selben Zeit, insbesondere auch nachts auf.

Der neurologische Befund ist bis auf die genannten Befunde unauffällig, die Senkung ist normal. Alkohol ist häufig ein auslösender Faktor.

**Therapie.** Während der Attacke inhalieren die Patienten reinen Sauerstoff ($O_2$) oder benutzen ein Spray (Ergotamin-Medihaler). Zur Prophylaxe werden Kortikosteroide, Lithium und Methysergid (Deseril) verwandt.

### 30.10.3 Spannungskopfschmerz

Beim Spannungs- oder vasomotorischen Kopfschmerz findet sich ein beidseitiger, holozephaler, frontaler oder okzipitaler Kopfschmerz, der über Stunden oder dauernd anhalten kann. Begleitsymptome fehlen. Die Frequenz kann zwischen gelegentlichem und täglichem Auftreten schwanken.
Die neurologische Untersuchung ist unauffällig.

**Therapie.** Das akute Ereignis wird mit Azetylsalizylsäure (Aspirin, 500–1000 mg) behandelt. Zur Prophylaxe erhalten die Patienten Amitriptylin (Saroten 50–100 mg /Tag) über mindestens 6–8 Wochen.

### 30.10.4 Trigeminusneuralgie

Bei der Trigeminusneuralgie kommt es zu einseitigen, blitzartig einschießenden, sekundenlang anhaltenden Schmerzen im Versorgungsgebiet des N. trigeminus. Am häufigsten betroffen ist der 2. Ast (infraorbital). Die Attacken treten spontan oder getriggert auf. Auslösend sind vor allem Kauen, Sprechen, Berührung und Luftzug. Die Trigeminusneuralgie tritt besonders im Alter auf (Erkrankungsgipfel in der 6. Lebensdekade). Eine Trigeminusneuralgie kann auch symptomatisch bedingt sein, am häufigsten bei einer multiplen Sklerose.

Der neurologische Untersuchungsbefund ist unauffällig.

**Therapie.** Zunächst wird Carbamazepin (Tegretal) gegeben, das langsam bis zur Schmerzfreiheit oder 1200 mg gesteigert werden kann. Falls auf die medikamentöse Therapie nicht angesprochen wird, ist eine Operation indiziert. In der Regel wird die perkutane Thermokoagulation des Ganglion Gasseri angestrebt, was meistens zur Schmerzfreiheit führt. Rezidive können in 10–20 % der Fälle innerhalb von 6 –7 Jahren auftreten.

### 30.10.5 Arteriitis temporalis

Diese verursacht intensive Dauerschmerzen im Temporalbereich. Die Region ist häufig druckschmerzhaft, und es findet sich eine Verdickung und Pulslosigkeit der A. temporalis. Fast immer besteht eine deutliche BKS-Erhöhung von mehr als 70 mm in der 1. Stunde. Da es sich um die Manifestation eines generalisierten Gefäßprozesses handelt, können prinzipiell alle extraduralen Gefäße betroffen sein. Es kann zum Verschluß der A. carotis und der A. vertebralis mit beidseitigem Visusverlust und Hirnnervenausfällen kommen. Ein plötzlicher Verschluß der A. centralis retinae führt zur Erblindung.

> **Die Arteriitis temporalis ist die Manifestation eines generalisierten Gefäßprozesses.**

**Diagnose.** Diese kann durch eine Biopsie (A. temporalis) und deren histologische Aufarbeitung gesichert werden. Die rasche Einleitung einer Therapie sollte nicht von dem Biopsieergebnis abhängig gemacht werden, zumal dieses nur bei 60 % der Patienten mit Arteriitis temporalis positiv ist.

**Therapie.** Wegen der gefürchteten Komplikationen (s. oben) ist eine sofortige Therapieeinleitung mit Methylprednisolon (Urbason, 100 mg/Tag) erforderlich. Die

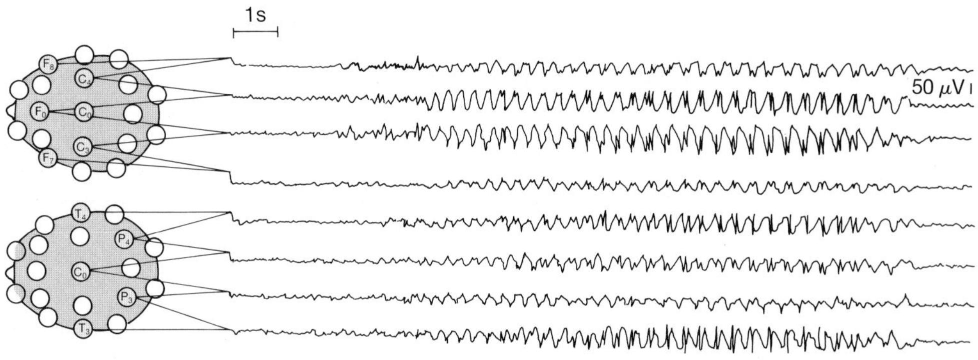


**Abb. 30.20.** EEG bei Absencenepilepsie (nach Mumenthaler 1990)

Dosis kann nach Besserung der klinischen Symptome und Normalisierungstendenz der BKS über einen Zeitraum von 6 Monaten auf eine Erhaltungsdosis von 5–10 mg/Tag reduziert werden. Die Therapie sollte mindestens 2 Jahre fortgesetzt werden. Ein häufiger Fehler ist das zu frühe Absetzen, was zu einem Rückfall führt.

## 30.11 Epilepsie

Epilepsien werden durch pathologische Erregungsvorgänge im Gehirn hervorgerufen. Sie treten anfallsweise auf und sind in der Regel, aber nicht immer, mit Bewußtseinsstörungen verbunden. Es können auch nur anfallsartige motorische oder sensible Phänomene auftreten.

Grundsätzlich kann in jedem Gehirn ein epileptischer Anfall ausgelöst werden. Viele Anfallsleiden bleiben ätiologisch unklar. Häufig besteht eine morphologische Veränderung im Gehirn (z. B. als Geburtsfolge, nach einem Unfall oder bei einem Tumor). Eine Durchblutungsstörung oder eine metabolische Ursache (z. B. Hypoglykämie) kann ebenfalls einen epileptischen Anfall auslösen.

Die neurologische Untersuchung ist häufig, insbesondere bei den nichtsymptomatischen Formen, unauffällig. Im EEG finden sich epilepsiespezifische Potentiale, besonders im Anfall. Ein interiktales EEG ist häufig unauffällig. Man unterscheidet generalisierte und fokale Anfälle.

### 30.11.1 Generalisierte Anfälle

Ein Typ des ***generalisierten Anfalles*** ist der ***Grand-mal-Anfall***. Dabei kommt es zur Bewußtlosigkeit mit tonisch-klonischen Zuckungen. Der Patient stürzt, häufig mit einem Initialschrei. Die anfängliche, sekundenlang anhaltende, tonische Phase wird von den symmetrischen Zuckungen gefolgt. Typisch sind Zungenbiß, Schaumbildung vor dem Mund sowie Urin- und Stuhlabgang. Die klonischen Zuckungen können bis zu Minuten dauern. Anschließend befindet sich der Patient in einer postiktalen Umdämmerung. Nach dem Anfall bestehen häufig Muskelkater und ein vermehrtes Schlafbedürfnis.

Reiht sich ein Anfall an den nächsten, ohne daß der Patient zwischenzeitlich sein Bewußtsein wieder erlangt, spricht man von einem Status epilepticus ***(Grand-mal-Status)***.

Bei den ***Absencen*** handelt es sich ebenfalls um generalisierte Anfälle. Dies sind sehr kurz dauernde Bewußtseinsstörungen, die besonders im Kinder- und Schulalter auftreten. Die Patienten sind für einige Sekunden abwesend, sie unterbrechen ihre Tätigkeiten oder das Reden und fahren dann fort, wo sie unterbrochen hatten. Das EEG zeigt bei Absencen häufig ein typisches Spike-Wave-Muster von 3–4 pro Sekunde (Abb. 30.20).

### 30.11.2 Fokale Anfälle

Man unterscheidet einfache fokale Anfälle (ohne Bewußtseinsstörung) und komplex-fokale Anfälle (mit Bewußtseinsstörung).

Beim ***einfach-fokalen Anfall*** kommt es zu motorischen oder sensiblen Phänomenen mit klonischen Zuckungen bzw. Mißempfindungen in einzelnen Körperteilen. Die Anfälle können Sekunden bis Minuten anhalten.

***Komplex-partielle Anfälle*** werden auch als ***psychomotorische Anfälle*** oder ***Temporallappenepilepsie*** bezeichnet. Dabei kommt es zu Sekunden bis Minuten anhaltenen Phänomenen, die von den Patienten z. T. nur sehr schwer beschrieben werden können. Sie bemerken zunächst Herzjagen, Atemnot, dann unbestimmte Angstgefühle, Entfremdungsgefühle und Denkstörungen. Häufig treten orale Automatismen mit Schmatzen und Schlucken und motorische Stereotypien (z. B. Nestelbewegungen) auf. Im Rahmen eines solchen Anfalles können komplexe Handlungen durchgeführt werden, für die anschließend eine Amnesie besteht.

**Diagnostik.** Entscheidend ist die genaue Anamnese. Gezielt wird nach einer symptomatischen Genese gesucht. Dazu gehören Computertomographie des Schädels und Liquorpunktion.

**Therapie.** Diese richtet sich nach dem Anfallstyp. Mittel der 1. Wahl beim Grand-mal-Anfall und bei fokalen Anfällen sind Phenytoin (Zentropil 3×1/Tag) und Carbamazepin (Tegretal 3×200 mg/Tag). Bei Absencen wird z. B. Valproinsäure (Ergenyl, 1200 mg/Tag) gegeben.

## Literatur

Brandt T, Büchele W (1983) Augenbewegungsstörungen. Fischer, Stuttgart

Brandt T, Dichgans J, Diener HC (1987) Therapie und Verlauf neurologischer Erkrankungen. Kohlhammer, Stuttgart

Duus P (1980) Neurologisch-topische Diagnostik. Thieme, Stuttgart

Mumenthaler M (1990) Neurologie. Thieme, Stuttgart

Mumenthaler M, Schliack H (1987) Läsionen peripherer Nerven. Thieme, Stuttgart

Poeck K (1990 ) Neurologie. Springer, Berlin Heidelberg New York Tokyo

Schmidt D, Malin JP (1986) Erkrankungen der Hirnnerven. Thieme, Stuttgart

Tackmann W, Richter H-P, Stöhr M (1989) Kompressionssyndrome peripherer Nerven. Springer, Berlin Heidelberg New York Tokyo

# 31 Innere Medizin der Schwangeren

R. Knitza und H. Hepp

ZUSAMMENFASSUNG

Während der Schwangerschaft ist die Stoffwechseleinstellung ***juveniler Diabetikerinnen*** besonders sorgfältig zu überwachen, um mütterliche Risiken, wie Ketoazidose, EPH-Gestose und Infektion, zu mindern. Eine bereits präkonzeptionelle optimale Diabeteseinstellung senkt die kindliche Mißbildungsrate entscheidend.

Der ***Gestationsdiabetes*** ist eine auf die Dauer der Schwangerschaft begrenzte Kohlenhydratstoffwechselstörung, die durch einen relativen Insulinmangel bedingt ist. Läßt sich durch Diät der Kohlenhydratstoffwechsel nicht gut einstellen, ist eine Insulinbehandlung notwendig. Orale Antidiabetika sind wegen des Risikos einer kindlichen Hypoglykämie kontraindiziert.

***Asymptomatische Bakteriurien*** bedürfen frühzeitiger, konsequenter antibiotischer Behandlung, da die schwangerschaftsbedingte Ureterdilatation das Auftreten einer Pyelitis gravidarum begünstigt.

Die ***Gestose*** ist eine Erkrankung des 2. und 3. Trimenons unklarer Ätiologie. Vor allem die Hypertonie bestimmt die mütterliche und kindliche Prognose. Als schwere Verlaufsform werden die ***Eklampsie,*** eine lebensbedrohliche mütterliche Erkrankung mit tonisch-klonischen Krämpfen, und das ***HELLP-Syndrom,*** das mit charakteristischen Laborveränderungen einhergeht, angesehen.

## 31.1 Diabetes und Schwangerschaft

Das Ungeborene stellt höhere Ansprüche an die Qualität der Stoffwechselführung als die Schwangere. Die Behandlung muß deshalb vornehmlich an den fetalen Bedürfnissen ausgerichtet sein.

> **Ein während der Schwangerschaft schlecht eingestellter Diabetes mellitus gefährdet Mutter (Ketoazidose, EPH-Gestose, Infektionen) und Kind (erhöhtes Risiko von Mißbildungen und intrauterinem Tod).**

**Gestationsdiabetes.** Der Gestationsdiabetes ist eine Störung des Kohlenhydratstoffwechsels, die auf die Dauer der Schwangerschaft begrenzt ist. Die späte Erstmanifestation eines Typ-I-Diabetes oder die frühe Erstmanifestation eines Typ-II-Diabetes durch die Belastung der Schwangerschaft sind Ausnahmen. Lediglich in diesen Fällen bleibt die Zuckerstoffwechselstörung auch nach der Schwangerschaft bestehen.

**Pathophysiologie.** Durch die ***plazentare Synthese von Steroid- und Proteohormonen*** mit antiinsulinärer Wirkung kommt es auch bei stoffwechselgesunden Schwangeren, meist im Verlauf des 2. Trimenons, zu einer ***herabgesetzten Glukosetoleranz.*** Beim Gestationsdiabetes besteht trotz normaler oder gesteigerter Insulinproduktion ein relativer Insulinmangel, der durch eine periphere Insulinresistenz, wahrscheinlich aufgrund eines Postrezeptordefektes, bedingt ist. Zudem erfolgt die maximale postprandiale Insulinfreisetzung verspätet und verpaßt den nahrungsbedingten Blutzuckeranstieg. Glukose kann im Gegensatz zu Insulin die ***Plazentarschranke*** passieren. Ein ständiges Glukoseüberangebot an den Fetus bewirkt eine Überfunktion des fetalen Inselorgans. Das auf fetaler Seite übermäßig produzierte Insulin kann die fetoplazentare Einheit nicht verlassen, führt jedoch infolge rascher fetaler Glukoseaufnahme zu einer Glättung maternaler Blutzuckerspitzen (Sogwirkung des hyperinsulinämischen Feten) mit scheinbarer Besserung der mütterlichen Stoffwechselsituation bei gleichzeitiger ***fetaler Kohlenhydratinsulinmast („big baby“).*** Umgekehrt kann eine chronische mütterliche Hyperglykämie

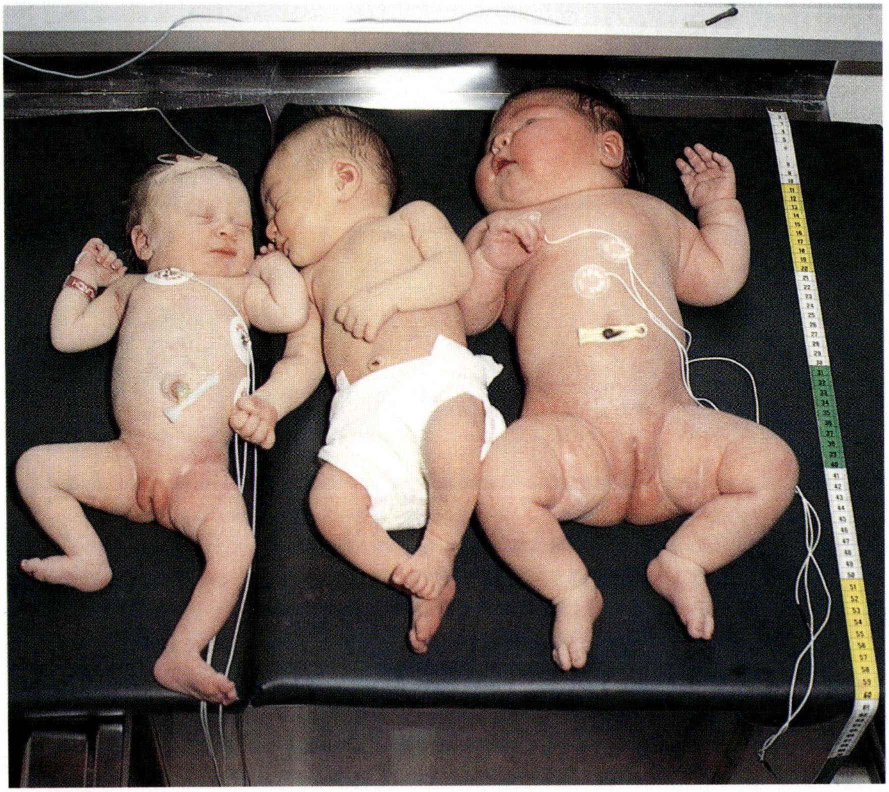

**Abb. 31.1.** Von *rechts* nach *links:* makrosomes Neugeborenes mit diabetischer Fetopathie (6 kg), gesundes Neugeborenes (3,5 kg) und mangelentwickeltes reifes Neugeborenes 2,3 kg („small for gestational age")

zu einer nutritiven Plazentainsuffizienz führen, so daß das Ungeborene trotz Hyperglykämie der Schwangeren an einem Glukosemangel leidet („small for gestational age", sog. ***SGA-Kinder***) (Abb. 31.1).

**Diagnostik.** Als anamnestische und klinische Hinweise zur Abklärung einer möglichen Kohlenhydratverwertungsstörung gelten:

- Diabetes in der Familie,
- Kind über 4000 g Geburtsgewicht,
- sonographisch großes Kind,
- Kind mit Mißbildungen,
- wiederholte Frühgeburten oder Aborte,
- ungeklärter perinataler Kindsverlust in vorausgegangener Schwangerschaft,
- Hydramnion,
- Glukosurie,
- EPH-Gestose,
- rezidivierende Harnwegsinfektionen,
- Adipositas.

Die weiteste Verbreitung zur Diagnostik hat der orale Glukosetoleranztest (oGTT) mit 100 g Glukose gefunden, der morgens bei der nüchternen Schwangeren erfolgt. Als Grenzwerte aus venösem Blut gelten: nüchtern 90 mg/dl, nach 1 h 165 mg/dl, nach 2 h 145 mg/dl, nach 3 h 125 mg/dl. Eine abnorme Glukosetoleranz wird beim Überschreiten von 2 oder mehr dieser Werte angenommen. Aus Gründen der Praktikabilität ist ein Vorscreening mit 50 g Glukose oral sinnvoll, wobei ein Glukosewert über 130 mg/dl nach 1 h der weiteren Abklärung mittels oGTT bedarf. Die Bestimmung der mütterlichen glykosidierten Hämoglobine (HbA1) eignet sich nicht als Screeningparameter bei Gestationsdiabetes. Eine zuverlässige, allerdings invasive Diagnostik eines ***fetalen Hyperinsulinismus*** ist die ***Fruchtwasserinsulinbestimmung,*** die auch als Therapiekontrolle geeignet ist.

**Therapie.** Antidiabetika vom Sulfonylharnstofftyp sind in der Schwangerschaft kontraindiziert. Sie passieren die Plazentarschranke, stimulieren die fetalen β-Zellen und verstärken die neonatale Hypoglykämie. Läßt sich mit einer Diättherapie (Tabelle 31.1) keine gute Stoffwechseleinstellung erzielen, ist Insulin indiziert. Wegen der

**Tabelle 31.1.** Diättherapie bei Gestationsdiabetes

| | |
|---|---|
| Energiebedarf: | 35 kcal/kg KG |
| Zusammensetzung: | 50 % Kohlenhydrate |
| | 15 % Eiweiß |
| | 35 % Fett |
| Verteilung: | 3 Haupt- und 3 Zwischenmahlzeiten |
| Ziel: | Nüchternblutzuckerwerte < 90 mg/dl, postprandiale Werte < 130 mg/dl |

**Tabelle 31.2.** Klassifikation schwangerer Diabetikerinnen

| Klasse | Klassifizierungskriterien | Insulinbedarf |
|---|---|---|
| A | Gestationsdiabetes | – (+) |
| B | Beginn: nach dem 20. Lebensjahr<br>Dauer: < 10 Jahre | + |
| C | Beginn nach dem 10. Lebensjahr<br>Dauer: < 20 Jahre | + |
| D | Beginn: vor dem 10. Lebensjahr<br>Dauer: > 20 Jahre<br>Retinopathie, Hochdruck | + |
| E | Beckengefäßverkalkung | + |
| F | Diabetische Nephropathie | + |
| R | Proliferierende Retinopathie | + |
| G | Habituelle Aborte und/oder Totgeburten in der Anamnese | + |
| H | Koronarsklerose | + |
| T | Zustand nach Nierentransplantation | + |

peripheren Insulinresistenz sind meist hohe Insulindosen (bis zu 1 IE Insulin/kg/24 h) erforderlich. Die Behandlung mit abendlicher Depotinsulingabe und kurz wirksamem Insulin zu den 3 Hauptmahlzeiten oder auch die Pumpentherapie haben sich bewährt.

**Klassifikation.** Die klassische Einteilung schwangerer Diabetikerinnen zeigt Tabelle 31.2.

***Juvenilen Diabetikerinnen*** mit proliferierender Retinopathie, diabetischer Nephropathie und Koronarsklerose sollte aufgrund mütterlicher und kindlicher Risiken von einer Schwangerschaft abgeraten werden. Das kindliche Mißbildungsrisiko (kaudales Regressionssyndrom, kardiovaskuläre Fehlbildungen, Fehlanlagen des ZNS) steht in engem Zusammenhang mit der Einstellungsgüte insulinpflichtiger Diabetikerinnen. Entscheidend für die Senkung der Mißbildungshäufigkeit ist eine frühzeitige, möglichst präkonzeptionelle optimale Diabeteseinstellung. Intensive Aufklärung der Patientin über ihre Erkrankung, Motivationssteigerung, Schulung in der Selbstbestimmung des Blutzuckers und der Insulinapplikation sowie Diätberatung führen dazu, daß die Betreuung dieser Risikoschwangeren weitgehend ambulant bis zum errechneten Entbindungstermin erfolgen kann.

**Antidiabetika vom Sulfonylharnstofftyp sind in der Schwangerschaft kontraindiziert, da sie plazentagängig sind. Die Diabetestherapie erfolgt mit Diät und Insulin.**

## 31.2 Nierenerkrankungen in der Schwangerschaft

### Physiologische Änderung des harnableitenden Systems

Infolge der schwangerschaftsbedingten Zunahme des Plasmavolumens um 20–30 % und hämodynamischer Änderungen kommt es zu einer Steigerung der Nierendurchblutung um ca. 30–40 % und einer Erhöhung des glomerulären Filtrates in der gleichen Größenordnung. Die Serumwerte für Kreatinin, Harnstoff-N und Harnsäure sind daher in der Schwangerschaft erniedrigt (Kreatinin 0,46 ± 0,13 mg/dl, Harnstoff-N 8,7 ± 1,5 mg/dl, Harn- säure 3–4 mg/dl). Die Kreatininclearance beträgt bei gesunden Schwangeren 80–180 ml/min.

Gehäuft findet sich eine Ureterdilatation, wofür hormonale und mechanische Faktoren verantwortlich gemacht werden. Eine Verdrängung des schwangeren Uterus durch das Sigma und stark ausgebildete uterine und ovarielle Venen, die den Harnleiter kreuzen, werden als Ursache der meist rechtsseitig ausgeprägteren Ureterdilatation angesehen. Dies und eine verminderte Kontraktilität des harnableitenden Systems begünstigen bei manifester Bakteriurie das Auftreten einer Pyelitis gravidarum.

### Pyelonephritis

Die Schwangerschaft begünstigt das Entstehen einer Pyelitis, wobei die pathogenen Keime – häufigster Erreger ist Escherichia coli – in erster Linie auf urethralem Weg in den Harntrakt und die Niere gelangen. Eine asymptomatische Bakteriurie (Mittelstrahlurin $\geq 10^5$ Keime /ml bzw. Katheterurin $\geq 10^4$ Keime/ml) findet sich bei 5–9 % aller Schwangeren und führt unbehandelt in etwa 30 % zu einer Pyelonephritis.

**Therapie.** Eine frühzeitige, ***konsequente antibiotische Behandlung*** nach Sensibilitätstestung auch der asymptomatischen Bakteriurie über 4–6 Tage mit nachfolgenden engmaschigen Verlaufskontrollen ist daher geboten. Gegen die Gabe von Ampicillin 3 bis 4 g/Tag, Amoxycillin oder Cephalosporinen bestehen hinsichtlich der Schwangerschaft keine Bedenken. Sulfonamide sollten nur bei vitaler Indikation nach der 16. Woche und wegen der Gefährdung des Neugeborenen durch Hyperbilirubinämie mit Kernikterus nicht in den letzten Wochen vor dem Geburtstermin gegeben werden. Gyrasehemmer (Quinolone) sind in der Schwangerschaft kontraindiziert. Bei einer Pyelonephritis mit Dilatation von Harnleiter und Nierenbeckenkelchsystem kann neben der antibiotischen Therapie, die über Wochen durchzuführen ist, eine Entlastung durch perkutane Fistelung oder Einlage eines Ureterenkatheters erforderlich werden. Unter Berücksichtigung der Tragzeit – d.h. der Reife des Kindes – kann sich die Indikation zu einer vorzeitigen Schwangerschaftsbeendigung ergeben.

## 31.3 EPH-Gestose

### Schweregrad und Definitionen

Die EPH-Gestose tritt im 2. und 3. Trimenon auf und geht mit Ödem (*E:* „edema"), Proteinurie *(P)* und Hypertonie *(H)* einher. Der Schweregrad der Hypertonie bestimmt die mütterliche und kindliche Prognose, während die Ödeme keinen Krankheitswert besitzen. Daher wird der Begriff EPH-Gestose zunehmend durch den Terminus ***schwangerschaftsinduzierte Hypertonie*** ersetzt. Die Schwere des Krankheitsbildes ergibt sich aus der klinischen Symptomatik (Tabelle 31.3). Als wichtiger, prognostisch ungünstiger Laborparameter gilt ein Anstieg der Harnsäure im mütterlichen Blutplasma.

**Die EPH-Gestose tritt im 2. und 3. Trimenon auf. Symptome sind Hypertonie, Proteinurie und Ödeme. Die Prognose von Mutter und Kind wird von der Hypertonie bestimmt.**

**Eklampsie.** Die ***Eklampsie*** ist charakterisiert durch tonisch-klonische Krämpfe mit und ohne Prodromalsymptome. Mit ***HELLP-Syndrom*** (*H:* „haemolysis", *EL:* „elevated liver enzymes", *LP:* „low platelet count") wird eine schwere Verlaufsform der Gestose bezeichnet, bei der die genannten charakteristischen Laborveränderungen auftreten und die zu einem akuten Nierenversagen führen kann. Auch heute noch ist die Prognose der Eklampsie für Mutter und Kind ernst. In einer Statistik mütterlicher Todesfälle in Bayern der Jahre 1983–1987 rangierte die Gestose an 4. Stelle. Die Häufigkeit der verschiedenen Symptome bei Patientinnen mit schwerer Gestose, die intensivmedizinisch behandelt wurden, ist aus Tabelle 31.4 zu ersehen.

Die ***Ätiologie*** des Krankheitsbildes ist ungeklärt. Wahrscheinlich kommt es bei insuffizienter uteroplazentarer Durchblutung durch Freisetzung vasopressorischer Substanzen zu einem generalisierten Arteriolenspasmus mit Mikrozirkulationsstörungen und dadurch Funktionsstörungen verschiedener Organe. Eine gute Schwangerenbetreuung und frühzeitige Behandlung von Symptomen, vor allem eine antihypertensive Therapie, verhindert das Auftreten des Vollbildes der Erkrankung.

**Tabelle 31.3.** Schwere des Krankheitsbildes (Gestose/Präeklampsie)

| | Leichte Form | Schwere Form |
|---|---|---|
| Blutdruck in mm Hg | 140–160 (systolisch) 90–100 (diastolisch) | > 160/110 |
| Proteinurie | 1–2 g/24 h | > 2 g/24 h |
| Ödem trotz Bettruhe | Untere Extremitäten | Untere und obere Extremitäten |
| Wöchentliche Gewichtszunahme | 600–1000 g | > 1000 g |
| Kopfschmerzen | | ++ |
| Augenflimmern | | ++ |
| Erbrechen | | ++ |

Zerebrale, gastrointestinale und Visussymptome ergänzen das Krankheitsbild und sind Zeichen einer drohenden Eklampsie

**Tabelle 31.4.** Klinische Zeichen bei 74 Gestosepatientinnen

| Klinische Zeichen | n | % |
|---|---|---|
| Hypertonie | 73 | 99 |
| Niereninsuffizienz | 44 | 59 |
| Sehstörungen | 12 | 16 |
| Krämpfe | 14 | 19 |
| Thrombopenie | 18 | 24 |
| HELLP | 8 | 11 |
| Respiratorische Insuffizienz | 11 | 15 |

### Therapie

Die folgenden 3 Substanzen haben sich zur Behandlung der schwangerschaftsinduzierten Hypertonie bewährt:

- *α-Methyldopa* (Dosierung: einschleichend 8stündlich je 125 mg, maximal 3mal 500 mg/Tag; Kombinationen: bei ungenügender Wirkung mit Dihydralazin, dann maximal 3mal 250 mg/24 h α-Methyldopa; Nebenwirkungen bei der Mutter: Sedierung, Kopfschmerzen, Fieber, Psychose);
- *Hydralazin* (Dosierung: 8stündlich je 12,5 mg oral, maximal 3mal 50 mg/24 h; Kombination: mit α-Methyldopa, bei ausgeprägten Nebenwirkungen mit β-1-Blockern; Nebenwirkungen bei der Mutter: Tachykardie, Herzklopfen, Angina pectoris, Flush, Kopfschmerzen, Nausea, Erbrechen);
- *β-1-Blocker* (Dosierung: Metoprolol maximal 200 mg, Azebutolol maximal 400 mg, Atenolol maximal 100 mg; Kombination: mit Dihydralazin; Nebenwirkungen bei der Mutter: Bradykardie, Hypoglykämie, Magen-Darm-Beschwerden, Schlafstörungen; fetale Auswirkung: Variabilitätsverlust im Kardiotokogramm).

Die ***Proteinurie*** läßt sich über eine Senkung des Blutdrucks verringern. Bei ausgeprägter Hypoproteinämie ist eine Eiweißsubstitution per infusionem sinnvoll. Einer diuretischen Behandlung der Ödeme bedarf es nicht, denn der medikamentöse Effekt ist von kurzer Dauer, verstärkt die Hypovolämie der Mutter und verschlechtert die Mikrozirkulation und damit die Versorgung des Feten. Subjektive Beschwerden durch ausgeprägte Ödeme an Beinen und Fingern lassen sich durch konsequente Bettruhe („low-dose"-Heparinisierung zur Thromboseprophylaxe!) mit Hochlagerung der unteren Extremität, kochsalzarmer Kost und Reistagen erfolgreich behandeln.

Derzeit noch widersprüchliche Meinungen bestehen über den Wert zusätzlicher Medikamente, wie Magnesiumgabe, Einsatz von niedrigdosierten Thrombozytenaggregationshemmern (Azetylsalizylsäure) sowie Hämodilutionsbehandlung durch Humanalbumin oder Plasmaexpander mit und ohne Aderlaß.

Im folgenden ist die Therapie der drohenden Eklampsie dargestellt:

- Sedierung und Antikonvulsion mit Diazepam (10 mg langsam i.v.) oder Magnesiumsulfat (2–4 g i.v. über 10 min), anschließend 1 g/h, Antidot: 10% Kalziumglukonat bei toxischen Erscheinungen.
- Blutdrucksenkung mit Dihydralazin i.v. 5–10 mg als Bolus, danach 50 mg in 500 ml Infusionslösung, falls erfolglos Diazoxid (Hypertonalum) 150 mg i.v., ggf. Wiederholung nach 5–10 min, oder Nitroprussidnatrium als Infusion 0,5–10 µg/min.
- Flüssigkeitsbilanzierung: zentralvenöser Katheter, Blasenkatheter, Gefahr des Lungenödems.

*Cave:* Durch mütterliche Blutdrucksenkung sinkt die uteroplazentare Durchblutung, daher Überwachung des Feten und Notsektio vorbereiten.

### Risikoabschätzung

Tritt die schwere Gestosesymptomatik nach 34 Schwangerschaftswochen auf, sollte die Schwangerschaft beendet werden (Geburtseinleitung/Sektio), da die Risiken für das Neugeborene in entsprechenden perinatologischen Zentren gering sind. Problematisch ist die Situation zwischen der 28. und 34. Woche oder bei unklarer Schwangerschaftsdauer. Sofern sich die mütterlichen Symptome unter adäquater Behandlung bessern, kann es im Interesse der kindlichen Lebensfähigkeit gerechtfertigt sein, die Entbindung um 1–2 Wochen hinauszuschieben, wenngleich eine konservativ-medikamentöse Vorgehensweise meist nicht länger als 2–3 Wochen möglich ist. Kommt es bereits vor der 28. Woche zu diesem schweren Krankheitsbild, muß die Schwangerschaft im Interesse der Mutter beendet werden.

## Literatur

Conradt A (1984) Neuere Modellvorstellungen zur Pathogenese der Gestose unter besonderer Berücksichtigung eines Magnesiummangels. Z Geburtsheilk Perinat 188: 49

Frey L, Lenhart FP, Jensen U (1988) Intensivbehandlung von Patientinnen mit Gestose. In: Peter K, Lawin P, Unertl K, Kellermann W (Hrsg) Intensivmedizin, Notfallmedizin, Anästhesiologie, Bd 67. Thieme, Stuttgart, S 139

Kremling H (1986) Harnorgane und ihre Erkrankungen. In: Künzel W, Wulf K-H (Hrsg) Klinik der Frauenheilkunde und Geburtshilfe, Bd 5. Urban & Schwarzenberg, München Wien Baltimore

White P (1974) Diabetes mellitus in pregnancy. Clin Perinat J 1: 331

# 32 Dermatologie

P. Altmeyer und B. Adam


ZUSAMMENFASSUNG

Endogene Erkrankungen der Haut sind ***monitorische Zeichen,*** bei denen das gesunde Integument sekundär in einen ***extraintegumentalen Krankheitsprozeß*** miteinbezogen wird. Da das Integument eher monomorph auf unterschiedlich geartete Reize reagiert, sind diese als „réaction cutanée“ bezeichneten Phänomene häufig unspezifisch (z. B. Erythema anulare centrifugum, Erythema nodosum).

Viele Hauterkrankungen sind polyätiologischer Natur und lassen keine definitive Aussage über die zugrundeliegende Organerkrankung zu.

In wenigen Fällen jedoch (z. B. eruptive Xanthome, Necrobiosis lipoidica) sind diagnostisch wegweisend.


## 32.1 Stoffwechselsyndrome

Die Veränderungen am Hautorgan bei Stoffwechselerkrankungen werden durch ***Ablagerung*** bzw. ***Bildung*** pathologischer oder pathologisch erhöhter Stoffwechselprodukte in der Haut verursacht. Die Hautveränderungen selbst sind zwar nicht spezifisch für eine bestimmte Störung, jedoch unter Umständen diagnostisch wegweisend. Besondere Bedeutung haben Erkrankungen des Porphyrinstoffwechsels, etwa die Porphyria cutanea tarda, und die Hyperlipoproteinämien.

### Porphyrien

Bei den Porphrien handelt es sich um eine Gruppe von Erkrankungen, denen eine Synthesestörung des Häm durch ***Enzymdefizienz im Knochenmark*** (erythropoetische Porphyrie) oder in der ***Leber*** (hepatische Porphyrie) zugrunde liegt. Die Folge ist ein Anstieg normaler und pathologischer freier Porphyrine, die in Urin und Stuhl nachgewiesen werden können. Ihre Einlagerung in Haut und Schleimhäute, bei den erythropoetischen Porphyrien auch in die Zähne, führt zu einer bei den einzelnen Porphyrien unterschiedlich ausgeprägten Lichtsensibilität.

Bei der relativ häufigen ***Porphyria cutanea tarda*** (etwa 1 % der Bevölkerung) erleiden die freigetragenen Hautstellen (Gesicht, Handrücken) durch die verstärkte Lichteinwirkung eine lehmbraune Pigmentierung mit Hypertrichose an Wangen und Schläfen sowie toxischer Blasen, Erosionen, Narben und Milienbildung. Bei den erythropoetischen Porphyrien stehen akute phototoxische Reaktionen im Mittelpunkt der klinischen Symptomatik. Bereits im Säuglingsalter auftretende, schwere sonnenbrandähnliche Symptome mit konsekutiven Vernarbungen, Pigmentverschiebungen und schließlich Verstümmelungen (Nasen/Ohren) müssen den Verdacht auf eine erythropoetische Porphyrie lenken.

Als Therapie erfolgt zusätzlich zu den internistischen Maßnahmen Lichtschutz mit Lichtschutzcremes und abdeckenden, reflektierenden Schminken.

### Hyperlipoproteinämien

***Xanthome*** (Abb. 32.1) sind symptomlose, gelbliche, oder gelblich-bräunliche Papeln, Knötchen oder Knoten von meist derber Konsistenz. Sie können kleinpapulös, eruptiv und exanthematisch vornehmlich am Gesäß sowie an den Streckseiten der Arme auftreten (vor allem bei den Typen I und V nach Fredrickson).

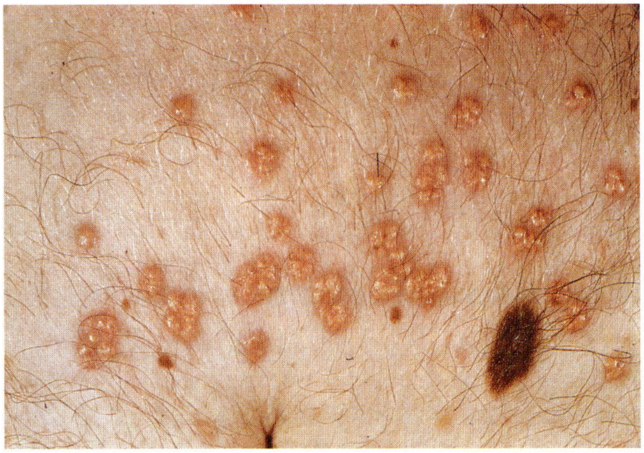

**Abb. 32.1.** Kleinpapulöse eruptive Xanthome

**Klinisch-morphologische Hinweise auf Störungen im Fettstoffwechsel können Xanthome und Xanthelasmen, ein Arcus senilis corneae und seltener multiple Talgdrüsenhyperplasien sowie eine Necrobiosis lipoidica sein.**

***Tuberöse Xanthome*** (bei den Typen II und III nach Fredrickson) treten als maximal eigroße halbkugelig erhabene, rundliche oder durch Konfluenz unregelmäßig geformte Knoten im Gelenk- und Sehnenbereich auf.

Xanthelasmen sind flache, gelblich tingierte, weiche Plaques in der Periorbitalregion, die ebenso wie der Arcus lipoides corneae bei den Typen II und III (nach Fredrickson) zu finden sind.

***Talgdrüsenhyperperplasien*** treten meist nach dem 35. Lebensjahr in seborrhoischer Haut auf, werden jedoch bei multiplem Auftreten in Kombination mit Hyperlipoproteinämien gefunden. Sie imponieren als zentral genabelte, kaum linsengroße, gelbweißliche, flache Knötchen; vor allem im Stirn- und Wangenbereich.

### Amyloidosen und Muzinosen

Beide Bezeichnungen umfassen eine Gruppe von Krankheiten, die mit der Ablagerung von Amyloid bzw. schleimartigen Proteoglykanen in der Haut einhergehen.

***Primäre kutane Amyloidosen*** (Lichen amyloidosus, makuläre Amyloidose und noduläre Amyloidose) treten als rein integumental begrenzte Amyloidablagerungen (wahrscheinlich epidermales Amyloid) auf.

Bei den **systemischen Amyloidosen** sind bei $^{1}/_{3}$ der Patienten braun-rote, glasige, papulöse oder plaqueförmige, öfters hämorrhagische Veränderungen von Haut (Gesicht, Extremitäten) und Schleimhaut (Mundschleimhaut, Makroglossie) zu beobachten.

Im Gegensatz zu den primär kutanen Muzinosen wie dem REM-Syndrom (retikuläre erythematöse Muzinose) und den häufig mit Teleangiektasien durchzogenen plaqueförmigen Muzinosen (Gesicht) sind das diffuse Myxödem (angeborene oder erworbene Hypothyreose), das ***Myxoedema circumscriptum praetibiale*** (meist bei Hypothyreose oder nach Behandlung einer Thyreotoxikose auftretend) und der ***Lichen myxoedematosus*** bzw. das ***Skleromyxödem*** (häufig monoklonale Gammopathie) Folge einer extraintegumentalen Organerkrankung. Beim voll ausgebildeten Myxödem ist die gesamte Haut blaß gelblich, teigig geschwollen, auffällig kühl und trocken.

Das ***Myxoedema circumscriptum praetibiale*** (LATS=„long acting thyreoid stimulator“ ist in nahezu allen Fällen nachweisbar) kennzeichnet sich durch münzbis handtellergroße plattenartige, derbe, rötlich-bräunliche Infiltrate, in denen die Follikel trichterförmig (apfelsinenschalenartiger Aspekt der Haut) eingezogen sind.

Der Lichen myxoedematosus mit seiner Maximalvariante, dem Skleromyxödem, betrifft am häufigsten Stamm und Extremitäten mit kleinpapulösen, aber auch flächig konfluierenden weichen Papeln. Das klinische Bild des Skleromyxödems mit einer flächig konsistenzvermehrten alabasterfarbenen Haut wird am besten mit dem Begriff „Elefantenhaut“ umschrieben.

## 32.2 Endokrinopathiesyndrome

### Hyperkortizismus (Cushing-Syndrom)

Neben den bei längerem Hyperadrenokortizismus (auch bei interner Steroidtherapie) auftretenden Störungen der Fettverteilung (Vollmondgesicht, Büffelnacken, Stammfettsucht) ist vor allem die ***Steroidakne*** zu beachten. Nach kürzester Zeit können therapieresistente monomorphe, rot-entzündliche, follikuläre Papeln besonders an Brust und Rücken auftreten. Auch die Aktivierung einer vorbestehenden Akne ist möglich. Bei längerem stärkerem Hyperkortizismus kommt es zur Ausbildung von Teleangiektasien besonders im Gesicht (Rubeosis faciei steroidica) und durch Bindegewebeabbau an Bauch, Nates und Axillarregion zu bizarren, anfänglich roten, nach Monaten hautfarbenen Striae cutis distensae.

### Hypokortizismus (Addison-Syndrom)

An der Haut äußert sich eine chronische Insuffizienz der Nebennierenrinde in Hyperpigmentierungen an lichtexponierten Stellen und an den physiologisch zu stärkerer Pigmentierung neigenden Hautarealen. Wegweisend ist die Hyperpigmentierung der Handlinien. Differentialdiagnostisch sind in erster Linie eine normale genetisch bedingte Pigmentierung, hepatische Porphyrien und Pigmentierungen durch Metalleinlagerungen (Argyrose, Aurantiasis etc.) zu bedenken.

### Hyperthyreose

Zeichen für Schilddrüsenüberfunktion an der Haut sind warme Akren, evtl. Gesichtsröte bei Überwärmung, Onychoschisis und -rhexis, ein diffuses, telogenes Effluvium, Schweißneigung und Seborrhöe. Eine bei Schilddrüsenüber- wie -unterfunktion sehr spezifische Hauterkrankung ist der ***Lichen myxoedematosus.***

### Hypothyreose

Hinweise für Schilddrüsenunterfunktion an der Haut sind kühle Akren, mangelhafte Produktion von seiten der Adnexe, Onychoschisis und -rhexis, dünnes stumpfes Haar, verminderte Schweißneigung, Sebostase sowie Lichen myxoedematosus.

### Autoimmunthyreoiditis

Die ***Hashimoto-Thyreoiditis*** ist häufig assoziiert mit anderen Autoimmunkrankheiten auch von seiten des Hautorgans: Vitiligo (Weißfleckenkrankheit), Alopecia areata (fraglich), auch Sklerodermie und Lupus erythematodes.

### Diabetes mellitus

Der häufigste Hinweis auf Diabetes mellitus ist die ***rezidivierende Hefepilzinfektion,*** bedingt durch die verbesserten Wachstumsbedingungen für Hefepilze. Allerdings können ausgeprägte mukokutane Candidainfektionen auch Hinweise auf eine zugrundeliegende Immundefizienz, z.B. bei HIV-Infizierten, geben. Bei der ***Candidaintertrigo*** kommt es zur Mazeration und Rhagadenbildung in den großen Hautfalten. Diagnostisch wegweisend sind kräftig ausgeprägte, sattrote Erytheme mit locker ausgestreuten, meist randständigen, grauweißlichen Pusteln, kombiniert mit einer colleretteartigen Schuppung. Die Hefeinfektion der Mundschleimhaut äußert sich als milchigweißer Belag etwa der Zunge oder Wange. Die ***Soorbalanitis*** hingegen tritt entweder als feingepunktetes oder als flächiges, leicht eleviertes Erythem auf. Häufig triggern intertriginöse Hefeinfektionen andere Hauterkrankungen (Psoriasis) und erscheinen dann sehr therapieresistent. Gelegentlich kann eine Furunkulose auf Diabetes hinweisen. Häufig entwickelt sich eine Gesichtsrötung (Rubeosis faciei diabeticorum). Relativ diabetesspezifisch ist eine abnorme granulomatöse Reaktion auf banale Traumata, dic als pigmentierte Flecken im Schienbeinbereich oder als derb infiltrierte bräunlich-rötliche, zentral atrophische Plaques der Necrobiosis lipoidica in Erscheinung treten.

### Glukagonomsyndrom

Sehr selten, aber spezifisch für ein glukagonsezernierendes Pankreaskarzinom ist die Ausprägung von roten, bizarr konfigurierten, zentrifugal wachsenden pustulösen Herden, die staphylokokkenhaltig sind: ***Staphylodermia circinata superficialis.***

## 32.3 Ernährungssyndrome

Bedingt durch eine Fehlernährung, die häufig eine komplexe Mangelsituation hervorruft, oder endogen durch Resorptionsstörungen oder genetisch disponierte Verwertungsstörungen, kann das Hautorgan charakteristische Mangelerscheinungen ausbilden. Avitaminosen sind in zivilisierten Ländern heute eher selten. Die Hunter'sche Glossitis als Ausdruck einer perniziösen Anämie äußert sich in Zungenbrennen, atrophisch-entzündlichen Schleimhautveränderungen mit spiegelnder Glätte (Atrophie der Zungenpapillen) und Belagfreiheit der Oberfläche. Mangel an Nikotinsäure oder anderen Bestandteilen des Vitamin-B-Komplexes führt infolge schwerer Resorptionsstörungen (meist infolge chronischen Alkoholismus, „Wohlstandspellagra"), Malabsorption oder langdauernder Einnahme von Breitbandantibiotika zu pellagroiden Hautveränderungen. An unbedeckten Körperstellen auftretend, weisen symmetrische und scharf begrenzte zunächst ödematös-entzündliche, später schmutzigbraune atrophische Hautveränderungen auf die Avitaminose hin.

Die bei der klassischen ***Pellagra*** (4 „D": Diarrhöe, Dermatitis, Demenz, „death") auftretenden schweren Allgemeinsymptome fehlen bei der weitaus häufigeren Minusvariante, dem Pellagroid.

***Zinkmangelerscheinungen,*** entweder kombiniert mit zöliakieähnlichen Symptomen oder im Gefolge einer unbalancierten parenteralen Ernährung, äußern sich am Integument in symmetrischen an den Körperöffnungen und den Akren auftretenden psoriatiformen oder ekzematösen Erythemen, durchsetzt von Pusteln und Schuppenkrusten; hinzu kommen chronische Paronychien, Nageldystrophien und Alopezie. Als nahezu diagnostisch verwertbares Zeichen kann das prompte Abheilen dieser Veränderungen nach Zinksubstitution gelten.

**Bei langzeitig parenteral ernährten Patienten ist nach kutanen Zinkmangelerscheinungen zu suchen.**

## 32.4 Viszeralsyndrome

### Chronische Niereninsuffizienz (Dialyse)

Niereninsuffiziente langzeitdialysierte Patienten führen häufig ein therapieresistenter rebellischer ***Juckreiz*** sowie eine trockene, ***sebostatische, Haut*** zu einer dermatologischen Konsultation. Beim Pruritus zeichnen sich 2 unterschiedliche Formen ab: Der dialyseunabhängige Pruritus und ein Juckreiz, der während der Dialyse auftritt. Bei den „Dialysejuckern" findet man in einem hohen Prozentsatz eine Eosinophilie, verbunden mit einer deutlichen Erhöhung des Serum-IgE-Spiegels. Diese Konstellation deutet auf eine allergische Reaktion auf Fremdmaterialien des extrakorporalen Kreislaufs hin. Der dialyseunabhängige Juckreiz ist ätiologisch vollständig ungeklärt, spricht aber positiv auf UV-B-Bestrahlungen an.

**Bei chronischem dialyseunabhängigem Juckreiz sind UV-B-Strahlen therapeutisch zu nutzen.**

Die Xerose des Integumentes wird durch eine verminderte oder komplett fehlende Talg- und Schweißsekretion verursacht.

Charakteristisch für den Langzeitdialysepatienten sind spritzerartige oder netzartige depigmentierte Atrophien an den Streckseiten der Unterarme und an den Handrücken, verursacht durch eine erhöhte Verletzbarkeit der Haut. Diese Veränderungen lassen an eine Porphyria cutanea tarda denken. In neueren Untersuchungen konnten bei Dialysepatienten erhöhte Porphyrinwerte festgestellt werden.

### Chronische Lebererkrankungen

Ungenügender hepatischer Östrogenabbau führt zu einer ***femininen Umwandlung des Hautorgans*** mit femininer Faltenbildung und Gynäkomastie sowie zum Schwund der sekundären Terminalbehaarung (z. B. Bauchglatze). Zudem bilden sich im Gesicht und Dekolleté die zwar für chronische Lebererkrankungen nicht beweisenden (idiopathisches Auftreten, Vorkommen bei progressiver systemischer Sklerodermie, Urtikaria pigmentosa, Morbus Osler u. a.), jedoch diagnostisch wichtigen ***Spider-Nävi*** sowie ein homogenes, kräftig rotes flächiges Palmar- und Plantarerythem. Bei Alkoholismus kommen oft noch Zeichen der Fehlernährung und Abwehrschwäche sowie Exazerbation von präexistenten Dermatosen hinzu: Rosazea und/oder Rhinophym, Psoriasis, mikrobielle Ekzeme, dyshidrotische Bläschenschübe an Händen und Füßen. Nicht unerwähnt bleiben sollte ein hartnäckiger Pruritus, der sich vor allem bei einem Retentionsikterus einstellt (vgl. Tabelle 32.1).

**Chronische Lebererkrankungen führen häufig zu einer Exazerbation präexistenter Dermatosen.**

**Tabelle 32.1.** Mögliche Ursachen eines Pruritus

| | |
|---|---|
| Unbehandelte Sebostase | Abortive Urtikaria |
| Exsikkation der Haut | Medikamentenreaktion |
| Niereninsuffizienz | Parasitärer Darmbefall |
| Hepatobiliäre Erkrankung | Neoplasien (besonders blutbildendes System/Karzinoid) |
| Diabetes mellitus | Neurologische Störung |
| Hyper- bzw. Hypothyreose | Drogenabusus |
| Hyperparathyreoidismus | Abortive Schizophrenie |
| Ovarielle Insuffizienz | Depression |
| Eisenmangelanämie | |
| PUVA-Therapie | |

### Magen-Darm-Syndrome

Der Morbus Crohn kann sich zunächst ausschließlich im Mund mit hartnäckigen Aphthen, aber auch anal manifestieren. Fistelbildungen, perianal gelegene Ulzerationen und Granulationen, persistierende Genitalödeme sowie ein Erythema nodosum sind weitere Hinweise auf die Enteritis regionalis. Das ***Pyoderma gangraenosum,*** eine vor allem an den unteren Extremitäten lokalisierte, sehr schmerzhafte großflächige, polyzyklische Ulzeration ungeklärter Ätiologie, wird bei Morbus Crohn und Colitis ulcerosa, jedoch auch bei monoklonalen Gammopathien beobachtet.

Bräunliche periorale Flecken (Lentigines) perioral, an den Lippen und vor allem in der Mundschleimhaut weisen auf eine intestinale Polypose ***(Peutz-Jeghers)*** mit gelegentlicher Entartungsgefahr hin.

**Tabelle 32.2.** Paraneoplastische Syndrome (Auswahl)

| |
|---|
| *Obligate paraneoplastische Syndrome* |
| Acanthosis nigricans maligna |
| Akrokeratose Bazex |
| Erythema gyratum repens |
| Hypertrichosis lanuginosa aquisita |
| Glukagonomsyndrom |
| *Fakultative paraneoplastische Syndrome* |
| Pemphigus und Pemphigoide |
| Dermatomyositis |
| Progressive systemische Sklerodermie |
| Palmoplantarkeratosen |
| Erythema anulare centrifugum |
| Zoster generalisatus |
| Pyoderma gangraenosum |
| Eruptive seborrhoische Warzen |
| Thrombophlebitis migrans |
| Yellow-natt-Syndrom |

## 32.5 Tumor-Syndrome (paraneoplastische Syndrome)

Tumorsyndrome sind Hautveränderungen, die obligat oder fakultativ mit ***Malignomen innerer Organe*** vergesellschaftet sind. Es handelt sich nicht um Hautmetastasen, sondern um Fernwirkungen viszeraler Malignome. Nach Tumorentfernung können die paraneoplastischen Syndrome spontan wieder abklingen. Unterschieden wird nach obligaten und fakultativen paraneoplastischen Syndromen.

**Prinzipiell kann jede viszerale Neoplasie jedes kutane paraneoplastische Syndrom provozieren.**

Die Krankheitsbilder sind in Tabelle 32.2 aufgeführt.

### Acanthosis nigricans maligna

Es handelt sich um flächig-pigmentierte, warzige Wucherungen der Haut in abnehmender Häufigkeit in den Achselhöhlen, den seitlichen Hals- und Nackenpartien, der Genitoanalregion den Oberschenkelinnenseiten und in den großen Gelenkbeugen. Gleichzeitig treten flächenhafte Hyperkeratosen der Handteller und Fußsohlen auf. Die Hautveränderungen sind meist mit einem Adenokarzinom des Magens vergesellschaftet.

### Akrokeratose Bazex

Klinisch imponieren psoriasiforme unscharf begrenzte Keratosen an Nase und Ohren sowie an den distalen Extremitätenabschnitten. Die Schuppen sind schwer von ihrer Unterlage ablösbar. Meist muß nach Karzinomen der oberen Luftwege gesucht werden.

### Erythema gyratum repens

Es treten anuläre, girlandenförmig oder spiralig verschlungene, leicht infiltrierte, makulöse, evtl. urtikarielle, 1–2 cm breite, wandernde schuppige Erythembänder auf, die der befallenen Region einen holzmaserungsartigen Aspekt verleihen. Befallen sind vor allem der Stamm und die unteren Extremitäten. Die Erscheinungen werden durch unterschiedliche Organneoplasien ausgelöst.

### Hypertrichosis lanuginosa acquisita

Das sehr seltene Krankheitsbild wird durch eine sich in Monatsfrist sich entwickelnde dichte Behaarung des gesamten Integuments gekennzeichnet, die jedoch im Gesicht am auffälligsten in Erscheinung tritt.

## 32.6 Angiologische Erkrankungen

Bei angiologischen Erkrankungen besteht generell eine erhöhte Anfälligkeit von Haut und Nägeln gegen ***Pilzinfektionen.*** Dies ist insofern wichtig, als eine Mazeration der Zehenzwischenräume eine gefährliche Eintrittspforte für das ***Erysipel*** (Wundrose) ist. Die Haut ist deshalb antimykotisch zu behandeln, die Zehenzwischenräume prophylaktisch mit farblosen antimykotischen Lösungen oder antimykotischem Puder.

### Störungen des arteriellen Systems

Bei Mikro- und Makroangiopathie äußert sich die mangelnde Sauerstoffversorgung noch vor Ausbildung von Schmerzen oder Nekrosen in klinisch kühlen Akren mit einer charakteristisch dunkelroten Färbung, bedingt durch die maximale kompensatorische Weitstellung der Hautgefäßplexus. ***Nekrosen*** sollten bei Vermeidung von Abkühlung und Überwärmung trocken demarkieren. Gewarnt werden muß vor mechanischer Traumatisierung (Abtragungsversuche), da der gesetzte Reiz einen Sauerstoffmehrverbrauch induziert, der nur über eine nicht zu erbringende Hyperämie abzudecken ist. Die Konsequenz ist ein unaufhaltsames Weiterschreiten der Nekrose. Ebenso sind bakterielle Superinfektionen sorgsam zu vermeiden. Häufigere Raynaud-Anfälle gleich welcher Genese führen zu einer Verbreiterung und Sklerose des Nagelhäutchens und zu einem verlangsamten Nagelwachstum mit Bildung etwas dickerer, mechanisch minderwertiger Nägel ***(Skleronychie).***

**Um ein Raynaud-Phänomen diagnostizieren zu können, muß man es ausgelöst erfassen.**

Die Auslösung eines Raynaud-Phänomens kann durch Eiswasserprovokation und Lösung der Gefäßspasmen durch Wärme, Nitroglyzerin- oder Kalziumantagonistengabe bei der akralen Pulsoszillographie bzw. Thermographie erfolgen. Differentialdiagnostisch ist eine Akrozyanose von einem inkompletten Raynaud-Phänomen abzugrenzen.

### Chronisch-venöse Insuffizienz

Die chronische Stauung des oberflächlichen Venensystems und insuffiziente Perforansvenen führen zu fächerartig angeordneten Besenreiservarizen an den Knöcheln ***(Corona phlebectatica paraplantaris),*** zu Ödemen, Stauungsekzemen, großflächiger Verhärtung der Haut ***(Dermatosklerose),*** phlebitischen Komplikationen und einer trophischen Störung der Haut: dunkelbraune flächig-fleckige Pigmentierungen ***(Purpura jaune d'ocre),*** chronisch-schleichenden Vaskulitiden mit sternförmig-bizarrer Vernarbung ***(Capillaritis alba)*** und Geschwürbildung ***(Ulcus cruris venosum)*** (Abb. 32.2).

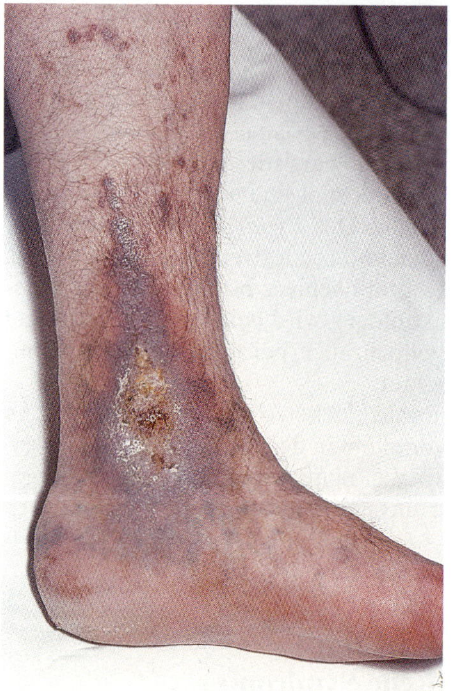

**Abb. 32.2.** Chronisch venöse Insuffizienz mit älterem Ulcus cruris

Die bei allen diesen Veränderungen und Beschwerden indizierte wirksame Therapie der Wahl ist die konsequente Kompression mit elastischen Kurzzugbinden, später Kompressionsstrümpfen, notfalls verstärkt durch Einlage von Schaumstoffpolstern über Perforansinsuffizienzen oder Ulzera.

Eine vorsichtigere Kompression ist nur bei arterieller Verschlußkrankheit angezeigt. Bei sekundärer Varikosis infolge tiefer Venenthrombose ist nach der zumeist im ersten Jahr stattfindenden Rekanalisation des tiefen Venensystems eine Sklerosierungs- oder operative Therapie der Varikosis besonders im Bereich von Hautveränderungen sinnvoll. Leider kann, solange ein Rückfluß des Blutes in den tiefen Venen („blow-down") stattfindet, also meist lebenslänglich, nach tiefer Venenthrombose nicht auf einen Kompressionsstrumpf verzichtet werden.

**Für alle Venenpatienten gilt: Langes Stehen und Sitzen vermeiden!**

### Chronische Störungen des Lymphabflusses

Lymphabtransportstörungen sind häufig viele Jahre subklinisch (d. h. nur in subtilen Funktionsuntersuchungen wie der quantitativen Lymphabflußszintigraphie) nachweisbar. Bei Patientinnen mit Lymphödemen in der Familienanamnese empfiehlt sich eine Abklärung. Bei Nachweis einer Lymphabtransportschwäche oder bereits klinischem Bestehen eines Lymphödems (***Stemmer-Zeichen:*** verminderte Fältelbarkeit der Haut über den Zehenrücken) kommt es erfahrungsgemäß bereits nach geringen Traumata (Erysipel, Varizenstripping) oder nach mehreren Schwangerschaften schlagartig zu einer erheblichen Verschlechterung des Lymphtransports.

**Bei Lymphtransportstörungen nicht mehr als eine Schwangerschaft!**

Ein gestörter Lymphabfluß kann sich in einem Circulus vitiosus durch ein rezidivierendes Erysipel verschlechtern und schließlich zur Riesenextremität, Elephantiasis, mit Papillomatosis cutis und damit zu erheblichen pflegerischen Problemen bis zur kompletten Invalidität führen.

## 32.7 Unverträglichkeitsreaktionen des Hautorgans

Vom klinischen Erscheinungsbild sind vielfach infektallergische nicht von medikamentös bedingten, von autoimmun oder paraneoplastisch hervorgerufenen Unverträglichkeitsreaktionen zu unterscheiden.

**Unverträglichkeitsreaktionen des Hautorgans sind nicht spezifisch für den Auslöser.**

### Infektallergische Reaktionen

Virusexantheme gehen zumeist mit entsprechenden Prodromi einher. Sie sind disseminiert und symmetrisch, verlaufen schubweise und können bei Geimpften (Masern, Röteln) abortiv ablaufen. Wichtig ist das ***Erythema exsudativum multiforme***, eine allergische Reaktion mit Blasenbildung inmitten kokardenförmiger Herde, das häufig postherpetisch, aber ***auch bei Medikamentenallergie*** auftritt. Eher bei bakteriellen oder Hefepilzinfektionen, aber auch paraneoplastisch tritt das Erythema anulare centrifugum Darier auf. Charakteristisch sind zentrifugal wandernde ringförmige urtikarielle Infiltrate. Das Sweet-Syndrom (schwere Erkrankung mit hohem Fieber, rumpfbetonten sukkulenten hochroten Infiltraten mit sterilen Pusteln, Konjunktivitis, zumeist Neutrophilie in Haut und Blut; auch paraneoplastisch) ist hoch steroidsensibel.

### Arzneireaktionen

Bei den Arzneireaktionen unterscheidet man ***allergische Reaktionen*** (bekannte immunologische Mechanismen in Tabelle 32.3), die auch nach Jahren, evtl. nach mehrmaliger Boosterung, im Prinzip reproduzierbar sind, und ***Intoleranzreaktionen,*** die, unberechenbar von der Reaktionslage des Körpers abhängig, zeitweise nicht reproduzierbar sein können (häufig bei Atopikern, s. S. 729). Bei beiden Mechanismen kann auch die Kombi-

**Tabelle 32.3.** Klassifikation der Unverträglichkeitsreaktionen

| | |
|---|---|
| A. Allergische Reaktionen (nach Coombs und Gell, modifiziert) | |
| Typ I: | anaphylaktisch (antikörperinduzierte Mediatorfreisetzung) |
| Typ II: | zytotoxisch (antikörperinduzierte Lyse) |
| Typ III: | immunkomplexbedingt (induzierte Lyse, Phagozytose) |
| Typ IV: | zellvermittelt (T-Killerzellen) |
| Typ V: | granulomatös (chronische Reparationsgewebebildung) |
| Typ VI: | Antirezeptor (Antikörper gegen Zellrezeptoren) |
| B. Pseudoallergische Reaktionen (nach Ring, modifiziert) | |
| Direkte Komplementaktivierung nach Komplementaktivierung durch Proteinaggregation | |
| Direkte Mediatorfreisetzung | |
| Enzymdefekt (C1-Esterase-Inhibitor, G-6-PDH) | |
| Embolisch-toxisch (kristalline Präparationen) | |
| Jarisch-Herxheimer (Endotoxinfreisetzung durch pharmakologische Wirkung) | |

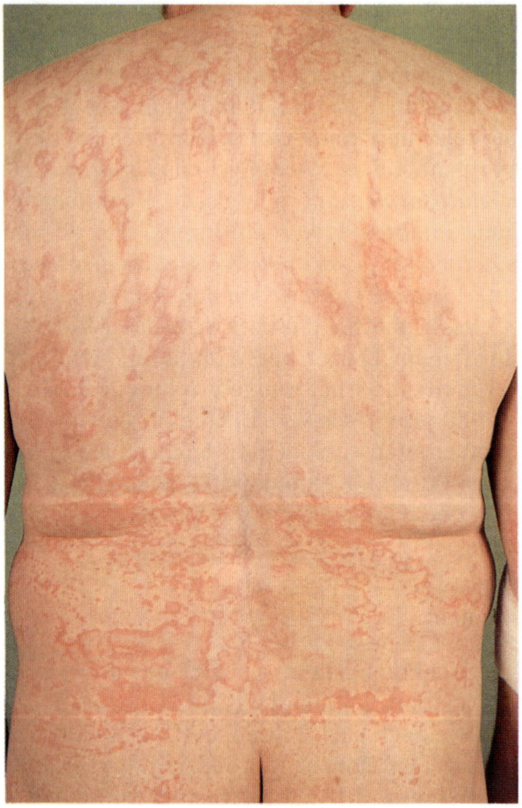

**Abb. 32.3.** Chronisch rezidivierende Urtikaria bei Aspirinintoleranz

nation Infekt – Arzneimittel wirksam sein; dann können u. U. die Einzelfaktoren allein, manchmal auch nur die Kombination eine erneute Arzneireaktion hervorrufen. Manchmal spielen anstelle von Arzneimitteln Nahrungsmittel oder -zusatzstoffe eine auslösende Rolle (zur Diagnostik s. S. 729).

## Urtikaria – Quincke-Ödem

Die ***Nesselsucht*** (Abb. 32.3) zeigt binnen Minuten oder Stunden bis zu einem Tag wechselnde, juckende, rote oder weiße Quaddeln, manchmal nur Rötungen, häufig tiefere Schwellungen (Quincke-Ödem), die bei Verlegung der Atemwege lebensbedrohlich sein können (Tabelle 32.4). Die Auslösung ist durch alle oben genannten Ursachen möglich, tritt jedoch häufig als Intoleranzreaktion auf nichtsteroidale Antiphlogistika („Aspirinurtikaria") auf.

**Häufige Ursache der Urtikaria sind Intoleranzphänomene.**

**Tabelle 32.4.** Manifestationen aus dem Formenkreis der Urtikaria

| |
|---|
| Kribbelparästhesien (Akren, Mund) |
| Flush/Urtikaria |
| Konjunktivale Injektion |
| Quincke-Ödem |
| Asthmaanfall |
| Gelenkschmerzen bzw. -schwellungen |
| Gastrointestinale Krämpfe |
| Sialorrhöe/Diarrhöe |
| Unruhe/Angst |
| Sehstörungen |
| Kopfschmerzen |
| Blutdruckabfall |
| Verwirrtheit |
| Fieber |
| Kreislaufversagen |

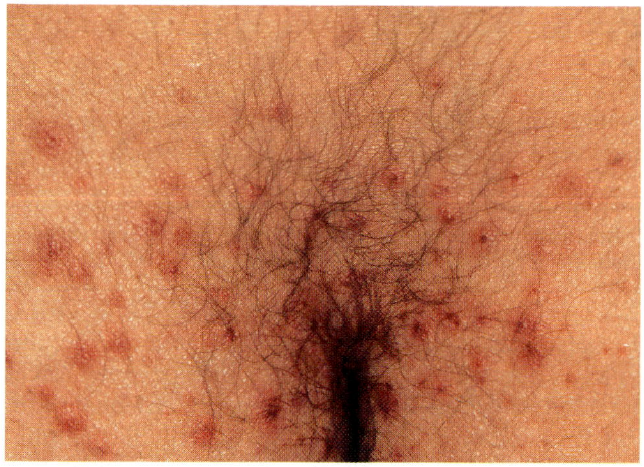

**Abb. 32.4.** Vasculitis allergica superficialis; am unteren linken Bildrand sog. Köbner-Phänomen (streifige Anordnung nach Kratzen)

## Vaskulitiden

Die Vaskulitiden sind vielgestaltig je nach Tiefenlage und Größe der entzündlich befallenen Gefäße (Histologie!), ihrem Verschluß (Perfusionsstörung) und Zerstörung (Blutung) der entzündlich befallenen Gefäße. Vaskulitiden sind „köbnerbar", d. h. durch lokale Reize provozierbar (z. B. Stase in den abhängigen Partien, durch Kompression besserbar).

Die ***Vasculitis allergica superficialis*** (Abb. 32.4) befällt den oberen Gefäßplexus der Haut und löst kleinpapulöse Punktblutungen (Purpura Schönlein-Henoch, manchmal mit Krankheitsgefühl, Gelenkschmerzen,

FALL 32A

**Anamnese.** F. L., weiblich, 67 Jahre Seit ca. 10 Tagen bemerkte die Patientin das Auftreten von schmerzhaften roten Herden am ganzen Körper; zusätzlich bestand deutliches Krankheitsgefühl mit Temperaturen zwischen 39 und 40 °C sowie Gelenkbeschwerden. Eigenanamnestisch sind lediglich eine Nephrektomie links aufgrund einer Nierenzyste sowie eine chronische Bronchitis zu erwähnen.

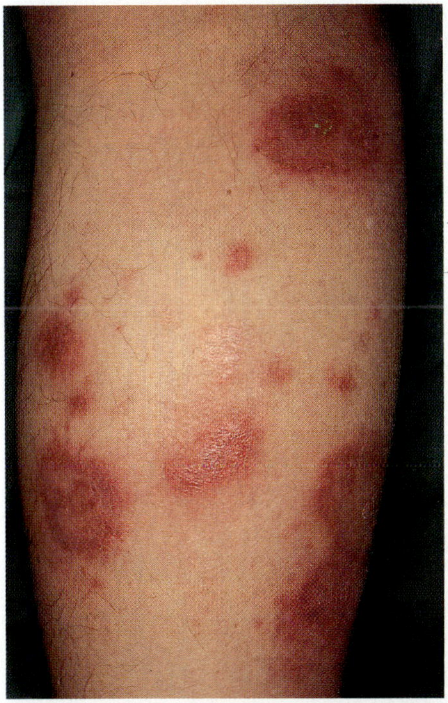

**Abb. 32 A.** Sweet-Syndrom. Gerötete sukkulente Herde. Stellenweise Aspekt des Erythema exsudativum multiforme

**Befund.** Am gesamten Integument einschließlich des Gesichts finden sich druckschmerzhafte Plaques mit bergreliefartiger Oberfläche. Kleinere Herde zeigen einzelne Pusteln, größere eine kranzförmige Anordnung von Pusteln. Mehrere Plaques sind zusätzlich hämorrhagisch imbibiert.

**Labor.** BKS 140/144 mm n. W., Erythrozyten 2,92 Mio/µl, Hb 9,7 mg/dl, MCV 109 fl, MCH 33,1 pg, Leukozyten 4400/µl (Differentialblutbild unauffällig), CRP 193 µg/ml.
Echokardiographie: Vegetationen an den Rändern der Aortenklappe.
Blutkultur: Streptokokken der Gruppe D.

**Histologie.** Es finden sich ein ausgedehntes sub- und intraepitheliales Ödem sowie umschriebene fibroide Verquellungsbezirke mit massenhaft Kerntrümmern. Perivaskulär Ansammlungen von neutrophilen Granulozyten.

**Kommentar.** Die klinischen und histologischen Befunde sprachen für das Vorliegen eines Sweet-Syndroms. In der überwiegenden Zahl der in der Literatur beschriebenen Fälle besteht jedoch eine deutliche Leukozytose sowie Vermehrung der Segmentkernigen auf 70–90 Relativprozent. Unser Fall hingegen zeigt eine Leukopenie mit 15 % stabkernigen und 57 % segmentkernigen Granulozyten sowie 27 % Lymphozyten. Zusätzlich fiel eine deutliche Erhöhung des C-reaktiven Proteins auf.

Die Untersuchung ergab keinen Hinweis für eine neoplastische Grunderkrankung, jedoch für eine bakterielle Endokarditis, ausgelöst durch Streptokokken der Gruppe D. Die Patientin wurde im folgenden systemisch mit Penizillin sowie mit hochdosierten Kortikosteroiden behandelt. Es kam zur vollständigen Rückbildung der beschriebenen Hautveränderungen, das Steroid konnte sukzessiv erniedrigt werden.

Zusammenfassend handelt es sich bei dem Sweet-Syndrom um eine akute Erkrankung polyätiologischer Auslösung. Am häufigsten werden infektionsallergische Ursachen vermutet; in unserem Fall wurde eine Sepsis nachgewiesen.

**Tabelle 32.5.** Auslöser eines Erythema nodosum

| |
|---|
| Infektionen (Streptokokken) |
| Medikamente (Antiphlogistika) |
| Sarkoidose |
| Colitis ulcerosa |
| Morbus Crohn |
| Morbus Behçet |
| Schwangerschaft/Kontrazeptiva |
| Neoplasien (Lymphome/Leukämien) |
| Radiatio |
| Acne fulminans (perakute, kolliquative, fieberhafte Akne) |

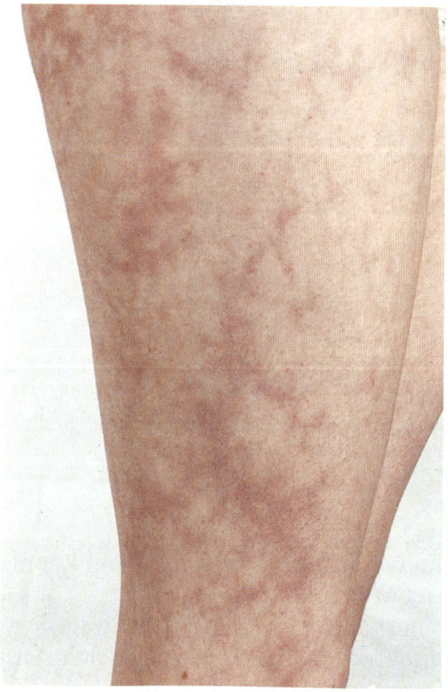

**Abb. 32.5.** Livedo racemosa mit blitzfigurenartiger Anordnung der Infiltrate

Kopfschmerzen) bis zu größeren hämorrhagischen Blasen oder flächenhaften Nekrosen aus.

Das ***Erythema nodosum*** ist eine polyätiologische Erkrankung, die ätiopathologisch auf einer septalen Vaskulitis mit konsekutiver Pannikulitis beruht (Ursachen in Tabelle 32.5). Sie führt zu kräftig roten, heißen, druckschmerzhaften, nicht-ulzerierenden Knoten. Die Abheilung dauert Wochen. Rezidive sind nicht selten.

Die ***Livedo racemosa,*** eine chronisch-torpide Vaskulitis der größeren tiefen Gefäße, schimmert marmoriert oder blitzfigurenartig bläulich an der Oberfläche durch (Abb. 32.5).

**Tabelle 32.6.** Ätiologie und Klinik granulomatöser Entzündungen der Haut

| | |
|---|---|
| Infektiös | Mykobakterien, Pilze, Viren, Flagellaten, Filiarien u. a. |
| Exogen | Fremdkörper, aktinisch, Medikamente |
| Bekannte Immundefekte | Septische Granulomatose, mukokutane Kandidose |
| Fragliche Immundefekte | Sarkoidose |
| Fragliche vaskuläre Störungen | Necrobiosis lipoidica |
| Idiopathisch | Granuloma anulare, Lichen nitidus, rheumatoides Granulom, orofaziale Granulomatose, Granulomatosis disciformis chronica et progressiva |

Die Abgrenzung der Unverträglichkeitsreaktionen der Haut zu anderen Hauterkrankungen ist oft schwierig: Die Purpura pigmentosa progressiva ist kleinfleckiger als die Purpura jaune d'ocre und eher goldbraun. Sie verläuft wie diese chronisch schleichend, symptomarm und hebt sich somit deutlich von der Vasculitis allergica superficialis ab. Eine histologische Untersuchung vermag eine Klärung herbeizuführen.

## 32.8 Granulomatosen

Unter einer granulomatösen Erkrankung versteht man chronische Entzündungen, die durch die Bildung von eigentümlichem, mitunter fast tumorförmigem Granulationsgewebe gekennzeichnet sind. Die Ätiologie der granulomatösen Entzündungen der Haut ist unterschiedlich (Tabelle 32.6).

Von diesen reaktiven und idiopathischen granulomatösen Entzündungen sind die sog. Granulomatosen abzugrenzen, deren gemeinsame Basis eine chronisch schleichend Vaskulitis ist.

Dazu gehören die Wegner-Granulomatose, die lymphomatoide Granulomatose, das sog. Midline-Granuloma-of-the-face, das Granuloma gangraenescens nasi, die Arteriitis temporalis Horton und die Papulosis maligna atrophicans (Degos).

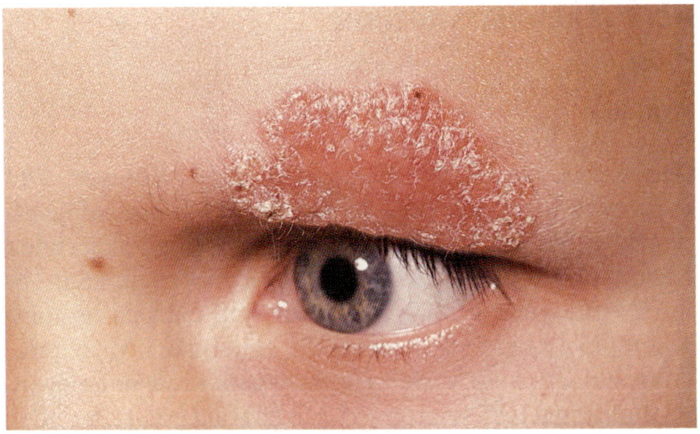

**Abb. 32.6.** Tuberculosis cutis luposa (Lupus vulgaris)

### Infektiöse Granulome

**Mykobakterien.** Bei den infektiösen Granulomen muß an die in den letzten Jahren zunehmende ***Tuberculosis cutis luposa (Lupus vulgaris)*** erinnert werden, eine integumentale Tuberkulose, bei der Mykobakterien entweder hämatogen, oder lymphogen per continuitatem von einer Organtuberkulose oder durch exogene Inokulation in die Haut abgesiedelt werden. Der klinische Aspekt mit den meist scharf von der gesunden Umgebung abgesetzten, meist akral lokalisierten, rötlichbräunlichen, makulopapulösen Herden, die von einer pergamentartigen atrophischen Oberfläche überzogen werden, ist charakteristisch (Abb. 32.6).

> **An Hauttuberkulose ist angesichts ihres Häufigkeitsanstiegs in den letzten Jahren stets zu denken.**

Die ***Tuberculosis cutis colliquativa*** entsteht durch Übergreifen einer hautnahen Organtuberkulose auf die Haut und wird ebenso wie die Tuberculosis cutis luposa in einem normerg reagierenden Organismus beobachtet. Dagegen ist die ***Tuberkulosis miliaris disseminata*** als Ausdruck einer Miliartuberkulose Ausdruck einer Abwehrschwäche.

**Bekannte Immundefekte (Pilze).** Auf einen (meist angeborenen) Immundefekt weist die diffuse ***chronische mukokutane Kandidose hin,*** die mit disseminierten Granulomen an Haut- und Schleimhäuten auftritt.

**Fragliche Immundefekte (Sarkoidose).** Die Sarkoidose äußert sich an der Haut in charakteristisch bräunlichen

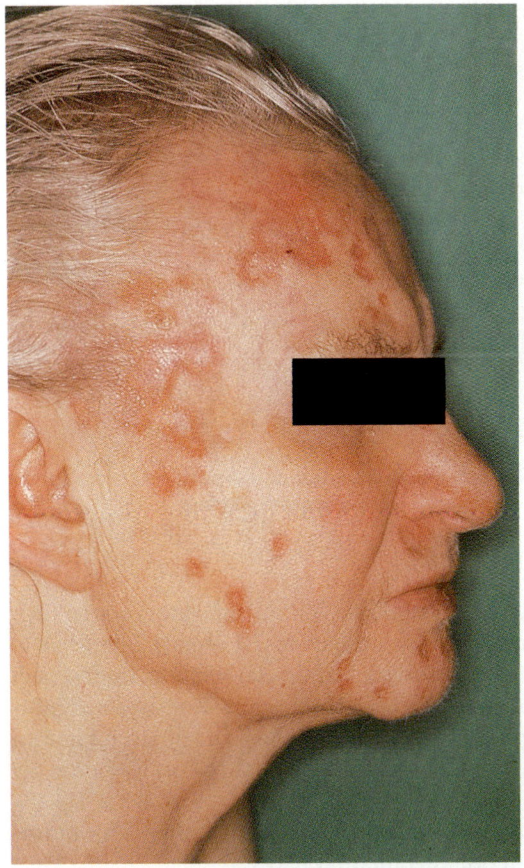

**Abb. 32.7.** Seit Jahren bestehende generalisierte Hautsarkoidose

oder braun-rötlichen, durch Granulombildung auf Glasspateldruck gelbbraun durchscheinenden Infiltraten (Abb. 32.7), aber auch kutanen Knoten. Charakteristisch sind besonders 3 Formen: Narbensarkoidose (mit sekundärer Infiltration und Verdickung alter Narben), anuläre Sarkoidose (ringförmige Herde besonders in lichtexponierten Arealen) und Lupus pernio (dicke, frostbeulenartige Infiltration der Nase). Die intrakutanen Typ-IV-Reaktionen (Recall-Antigene) sind abgeschwächt oder negativ.

### Idiopathische Granulomatosen

Der häufigste Vertreter dieser Gruppe ist das ***Granuloma anulare*** (Abb. 32.8), eine Erkrankung des korialen (seltener des subkutanen) Bindegewebes, mit einer fokalen Nekrobiose und konsekutiver Ausbildung eines Palisadengranuloms. Diese mit 3 : 2 das weibliche Geschlecht leicht

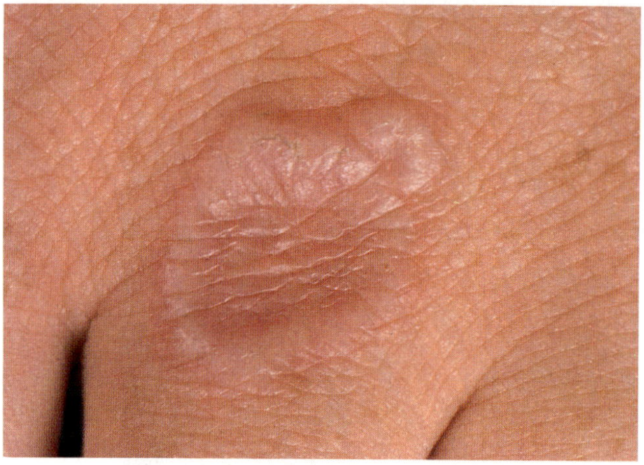

**Abb. 32.8.** Granuloma anulare mit charakteristischer ringartiger Anordnung der nahezu hautfarbenen Knötchen

favorisierende Erkrankung verläuft mit einem ersten Gipfel im 1. und einem zweiten im 6.–7. Lebensjahrzehnt.

An den Streckseiten, häufig der Hände finden sich hautfarbene oder leicht gerötete, derb-konsistente Knötchen mit glatter Oberfläche, die sich zu anulären Figuren ausweiten können, wobei die Knötchenkonfiguration erhalten bleibt.

Eine Therapie erübrigt sich bei der hohen Spontanremissionsrate im allgemeinen.

**Bei den subkutan gelegenen Granulomata anularia ergeben sich erhebliche Abgrenzungsprobleme zu den Rheumaknotengranulomen.**

### Orofaziale Granulomatose

Bei der orofazialen Granulomatose, dem ***Melkersson-Rosenthal-Syndrom*** (MRS), handelt es sich um eine chronisch schleichende Erkrankung, die mit zunächst flüchtigen, später persistierenden, im allgemeinen symptomarmen Schwellungen der Lippenregion einhergeht. Die Cheilitis granulomatosa als häufigste Manifestationsform des MRS beruht auf granulomatösen Infiltraten in Haut und Subkutis. Sie kann isoliert oder auch im Rahmen der MRS-Tetrade mit Fazialisparese und anderen neurologischen Ausfällen, Lingua plicata und Bucca lobata auftreten. Eine effektive Therapie ist nicht bekannt.

## 32.9 Rheumasyndrome

### Psoriasis

Die Schuppenflechte (Psoriasis) zeigt klinisch und radiologisch in ca. 10%–15% eine rheumaserologisch negative (Poly-) Arthritis, die mit einer ankylosierenden Spondylitis und/oder Sakroiliitis assoziiert sein kann. In ihrer Pathogenese noch ungeklärt sind die szintigraphischen Daten bei Psoriatikern, die eine ossäre Mitbeteiligung bei etwa 80% der Psoriasispatienten nahelegen. Radiologisch und szintigraphisch charakteristisch ist der Befall im Strahl (sog. psoriatische Wurstfinger) und der Transversalbefall der Endgelenke.

Zwar besteht allgemeine Übereinstimmung darin, daß es sich bei der ***Psoriasisarthritis*** um eine eigenständige Manifestation der Psoriasis handelt und nicht etwa um eine Kombination zweier häufiger Krankheiten, allerdings verhalten sich Arthritis und Hautpsoriasis häufig wie zwei getrennte Erkrankungen. Weder Akuität noch Krankheitsbeginn verlaufen streng konkordant. Klinisch besteht eine schmerzhafte Synovialisschwellung mit einer erheblichen Bewegungseinschränkung. Die Haut über den Gelenken kann entzündlich gerötet sein. Gelenkverdickungen, eine aus der Kapselschrumpfung resultierende Bewegungseinschränkung und Fehlstellungen sind die Folgen der Gelenkentzündung und mangelhafter Therapie.

An der Haut ist jeder scharf begrenzte Plaque verdächtig auf Psoriasis. Die Psoriasis kann intertriginös in

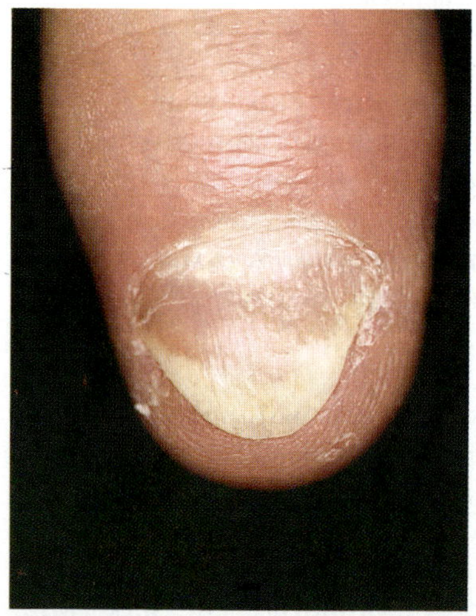

**Abb. 32.9.** Psoriasis arthropathica mit psoriatischer Onychopathie

Form geröteter Plaques (Differentialdiagnose Analekzem, Kandidose), an der Kopfhaut großflächig, mit festhaftender Schuppung als Tinea amiantacea und an den Handflächen und Fußsohlen primär vesikulös oder pustulös hervortreten. In der Mehrzahl der Fälle bedecken nur diskrete schuppige Papeln Ellbogen oder Handflächen bzw. Fußsohlen. Von hohem diagnostischem Interesse ist die psoriatische Onychopathie, da sie in nahezu 90% mit der Psoriasisarthritis assoziiert ist (Abb. 32.9). Grübchennägel, subunguale Psoriasisherde (als Ölflecke bekannt) oder eine fortgeschrittene Onychopathie, die an eine Nagelmykose erinnert, sind klinische Korrelate der Psoriasis am Nagel.

Von besonderem internistischen Interesse sind sehr schwer verlaufende Psoriasisfälle bei einer alkoholtoxischen Schädigung der Leber.

### Zirkumskripte Sklerodermie

Klinisch unterscheidet man 3 unterschiedliche Typen:
1. Plaqueförmige zirkumskripte Sklerodermie,
2. bandförmige- oder lineare zirkumskripte Sklerodermie,
3. profunde zirkumskripte Sklerodermie.

Entzündung, Sklerose, läsionale Pigmentstörungen, Verlust von Haaren, Talg- und Schweißdrüsen kennzeichnen die zirkumskripte Sklerodermie, die je nach Befall der Etage (oberes Korium, gesamtes Korium bis ins Fettgewebe, Fettgewebe und Faszien) eine diskrete bis sehr derbe Verhärtung ausbilden kann. Das bereits verhärtete Areal im Zentrum kann bei genügender Dicke die Entzündung überdecken, so daß ein weiß-derber Plaque von einem entzündlich-progredienten Randsaum gesäumt ist , dem ***„Lilac ring“.*** Die Sklerodermie ist durch Traumata (Druck der Kleidung, Stoß, Perforansinsuffizienz, Operationsnarbe) initiierbar. Überspannt die Sklerodermie noch wachsendes Skelett, so kann es zu Wachstumsstörungen, über Gelenken zu Kontrakturen kommen. Bei großflächigem Befall der Haut oder bei der bandartigen oder tiefen Form ist eine klinisch relevante systemische Mitbeteiligung nicht selten. Damit dürfte diese Erkrankung eine besondere – abortive – Manifestation der systemischen Sklerose sein. Die Bedeutung von Borrelieninfektionen für die Initiation ist bislang ungeklärt. Gesichert ist das Auftreten von pseudosklerodermieartigen Krankheitsbildern im Gefolge einer ***Borrelieninfektion.***

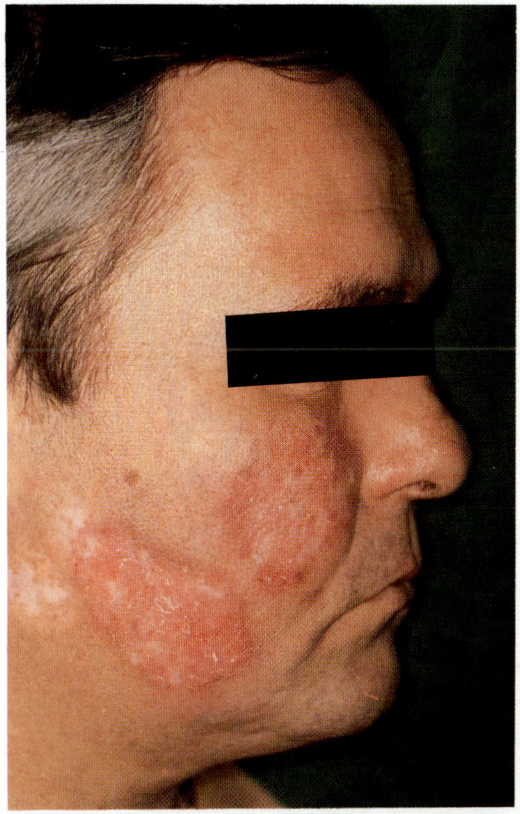

**Abb. 32.10.** Chronisch diskoider Lupus erythematodes mit vernarbenden plattenartigen Infiltraten

**Eine Borrelieninfektion der Haut kann eine Pseudosklerodermie hervorrufen.**

**Therapie.** Bei ausgedehnter entzündlicher Aktivität und Progression erfolgen mehrmalige Zyklen mit 10×10 Mega Penizillin G i. v., Salazosulfapyridin, Unterspritzung mit Steroiden sowie physikalische Maßnahmen.

### Lupus erythematodes

Zwei Krankheitsgruppen lassen sich in einer etwas schematisierten Vereinfachung unterscheiden:
- dermaler Lupus erythematodes (Abb. 32.10),
- systemischer (viszeraler) Lupus erythematodes (s. Kap. 14).

Als Verbindungsglied zwischen beiden Verlaufsformen gilt der subakute (oligosystemische) Lupus erythematodes.

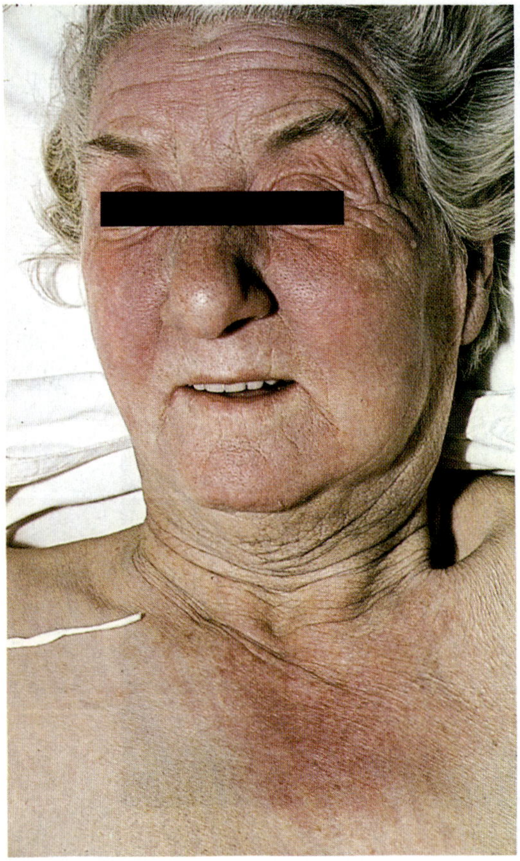

**Abb. 32.11.** Dermatomyositis mit flächigen Erythemen in Gesicht und Decolleté (Herrn Prof. Holzmann danken wir für die freundliche Überlassung des Bildes)

**Dermaler Lupus erythematodes.** Obwohl chronisch-diskoider und subakuter Lupus erythematodes einem getrennten Erbgang folgen sollen, gibt es fließende Übergänge zwischen den und ein Nebeneinander bei allen Arten. Sie sind grundsätzlich licht- und infektprovozierbar. Abortive Systemzeichen bei Patienten und Familienangehörigen sind häufig (vasospastische Diathese, lichtinduzierte „Hautausschläge", Arthritiden, Sicca-Symptomatik, Niereninsuffizienz in frühen Jahren, Depressionen).

*Faustregel:* Je stärker die Vernarbungstendenz, desto geringer die Systembeteiligung.

Am harmlosesten ist demnach der mit zentral vernarbenden entzündlichen, scheibenförmigen Herden einhergehende, klinisch charakteristische, chronisch diskoide Lupus erythematodes. Die zentral eingesunkenen, meist hypo- oder depigmentierten atrophischen mit festhaftender Schuppung versehenen Läsionen neigen zur zentrifugalen Progression und heilen narbig ab. Diagnostisch bemerkenswert ist die Hyperästhesie der Herde.

Der subakute Lupus erythematodes bringt narbenlos, rote oder rötlich-livide, häufig mit Pigmentierung abheilende, geschlossene, jedoch auch anuläre oder gyrierte, gelegentlich netzartige Infiltrate hervor, die auch die lichtgeschützten Partien der Haut mitergreifen können. Bei dieser Verlaufsform muß mit einer schubweise verlaufenden blanden Mitbeteiligung innerer Organe gerechnet werden.

Da der integumentale Erythematodes laborchemisch meist stumm verläuft, ist die klinische und histologische Diagnostik (Immunhistologie: Nachweis von Immunglobulinen, Komplement und Fibrin im dermoepidermalen Junktionsbereich) wegweisend. Die ***Therapie*** besteht in Lichtschutz, ggf. Resochin und nichtsteroidalen Antiphlogistika, in den Herden Steroiden.

### Dermatomyositis

Die Dermatomyositis (Abb. 32.11) ist eine ***Polymyositis*** mit einer nahezu diagnostisch beweisenden Hautsymptomatik. Akut auftretende, tiefrote bis violettrote sukkulente Erytheme an lichtexponierten Hautarealen kombiniert mit Lidödemen vermitteln die typische ***Facies dermatomyopathica,*** den weinerlich apathischen Gesichtsausdruck eines schwer Erkrankten.

Die Perioralregion bleibt meist erythemfrei. Recht typisch für die Dermatomyositis sind streifige Erytheme an den Fingerrücken, die sich über den Knöchelpartien akzentuieren. Bei längerem Bestand der Dermatomyositis ist auf die beim Verschieben schmerzhaften, hyperkeratotischen Nagelfalze zu achten. Postinflammatorische fleckig-netzige Pigmentierungen kommen vor.

In ca. 20% besteht eine Syntropie mit malignen Tumoren.

### Chronische Polyarthritis (rheumatoide Arthritis)

***Rheumaknoten*** sind die klassischen Hautsymptome der chronischen Polyarthritis, sie treten in etwa 20% der Fälle auf, fast immer multipel und symmetrisch an Ulna und Ellenbogen, Finger- und Handrücken. In subkutaner Lage erreichen die hautfarbenen, indolenten Knoten bis Haselnußgröße. Differentialdiagnostisch müssen die ***Heberden-Knoten*** abgegrenzt werden. Eine Therapie ist im allgemeinen nicht notwendig. Bei Erweichung und Perforation wird eine Exzision notwendig.

### Morbus Behçet

Der Morbus Behçet ist eine bevorzugt in den Mittelmeerländern (Türkei), bei uns eher selten vorkommende Erkrankung aus dem rheumatischen Formenkreis, die nur im Aktivitätsschub posttraumatische Vaskulitiden, insbesondere Phlebitiden, entwickelt. Klinisch äußert sich diese Vaskulitis in einer bipolaren Aphthose (auf Minimaltraumen Aphthen im Mund, genital und perigenital) und an jeglichem anderen Gewebe: Iridozyklitis, kleine Nekrosen auf entzündlichem Grund nach banalem Lokaltrauma, wie Blutentnahme, Prick-Testung (Pathergiephänomen), Erythema nodosum, Arthritiden, Neuritiden und Enzephalitiden.

**Therapie.** Nichtsteroidale Antiphlogistika, Kolchizin, andere Immunsuppressiva; Versuch mit β-Interferon.

## 32.10 Symptome bei Atopie

Zum Formenkreis der Atopie gehören das ***endogene Ekzem (Neurodermitis),*** die ***Rhinitis*** und die ***Conjunktivitis allergica,*** das extrinsische ***Asthma allergicum,*** außerdem IgE- und IgG-vermittelte ***Nahrungsmittelallergien*** und die ***Kontakturtikaria.*** Die atopische Veranlagung ist ungemein häufig. Je mehr atopische Hinweiszeichen existieren und je ungünstiger die Umweltbedingungen (Stadtluft, Teppichboden mit Hausstaubmilben, Streß) sind, desto höher ist das Erkrankungsrisiko (Atopiezeichen in Tabelle 32.7).

Charakteristisch für den Atopiekranken sind vegetative Regulations- sowie Hautbarrierestörungen, allergische Reaktionen auf natürliche Eiweiße, die häufig jahreszeitenabhängig sind und im Laufe der Jahre wechseln können, und ein gestörtes Verhältnis zu sich und seiner Umgebung.

All dies muß durch Training und Umstellung allmählich einfühlsam ins Lot gebracht werden. Bei nachweislich zu bedeutsamen klinischen Erscheinungen führenden Allergenen ist eine ***Meidung,*** ggf. eine ***Hyposensibilisierung*** angebracht. Aversionen sind zu respektieren. Unspezifische Unverträglichkeitsreaktionen sind bei Atopiekranken häufig zu beachten (z. B. Juckreiz durch Zitrusfrüchte und Saures).

**Tabelle 32.7.** Atopie: Hinweiszeichen und spezielle Manifestationen

| |
|---|
| *Morphologische Eigenheiten:* |
| Fahles Hautkolorit oder hellhäutiger keltischer Typ |
| Periorbitale Pigmentierung |
| Doppelte Lidfalte |
| Verlust der lateralen Augenbrauen |
| Tiefer Stirnhaaransatz |
| Sebostase |
| Hyperlineares palmoplantares Hautlinienmuster |
| Vergröbertes Fingerknöchelmuster (Grundgelenke) |
| *Vegetative Labilität:* |
| Orthostatische Dysregulation |
| Akrozyanose (bläuliche, kühle Akren) |
| Palmoplantare Hyperhidrosis |
| Weißer Dermographismus |
| Herabgesetzte Alkalineutralisationsfähigkeit und -resistenz der Haut |
| *Infektanfälligkeit:* |
| Warzen |
| Bronchitiden |
| Sinusitiden |
| Herpes simplex recidivans („Lippenbläschen“) |
| Pyodermien |
| *Hinweise auf Unverträglichkeiten* |
| Starke individuelle Aversion gegen bestimmte Nahrungsmittel (z. B. Meeresfrüchte, Hülsenfrüchte) und Tiere |
| Nasenschleimhautpolypen |
| Spastik in der Bronchitis |

## 32.11 Reaktionen des Hautorgans in der Allergiediagnostik

Allergien und Intoleranzen sind vor einer etwaigen peroralen Exposition (mit Minimaldosen bis zur Wirkdosis) am Hautorgan (nur durch den speziell Geschulten!) zu testen. In nach Risiko abgestufter Folge an Haut, evtl. Konjunktiva und Nasenschleimhaut, werden die verdächtigten Einzelsubstanzen in geeigneter Verdünnung appliziert. Die Hauttestungen fallen dabei bei Medikamenten häufig ***falsch-negativ*** aus. In der Diagnostik spielen so die unter strengsten Sicherheitsmaßnahmen durchgeführten oralen oder parenteralen Provokationen eine zunehmende Rolle. Dies betrifft insbesondere Medikamente, die u. U. lebenswichtig sind. Diese Testungen dürfen nur unter stationären Bedingungen von entsprechend ausgerüsteten und trainierten Allergologieteams durchgeführt werden.

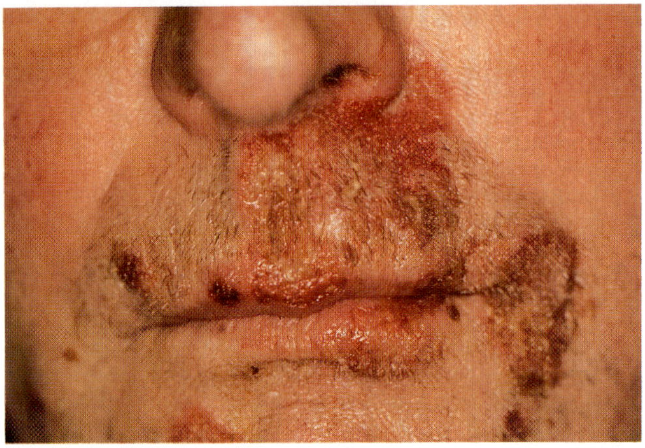

Abb. 32.12. Chronisch vegetierende Pyodermie bei Immunmangelsituation (Alkoholabusus)

**Tabelle 32.8.** Dermatologische Zeichen der Immunsuppression

| |
|---|
| Rezidivierende Kandidosen |
| Ausgedehnter/rezidivierender Befall mit vulgären Warzen |
| Dellwarzen (Mollusca contagiosa) bei Erwachsenen |
| Vegetierende Pyodermien (eitrig-infektiöse Hautentzündungen) |
| Furunkulose |
| Herpes zoster generalisatus (Gürtelrose + >20 Windpockenbläschen) |
| Herpes zoster vegetans |
| Herpes simplex vegetans (nekrotisierend fortschreitend) |
| Großflächige Dermatomykosen am Integument |
| Scabies norvegica (schwer verlaufende schuppende Skabies), |
| Evtl. Fokuszeichen |

Bei der Atopie sind positive Testreaktionen auf natürliche Allergene häufig ohne klinische Relevanz. Reaktionen vom Soforttyp testet man mit Scratch-, Prick- und Intrakutantests. Typ-IV-Reaktionen werden im Epikutan- und Intrakutantest abgeklärt.

## 32.12 Dermatologische Zeichen bei Immunsuppression

Erworbene ***Immunmangelsyndrome,*** die für den Internisten von besonderem Interesse sind, induzieren eine Vielzahl von Hauterscheinungen, die durch die kutanen Symptome der ***HIV-Infektion*** in den letzten Jahren wiederum in den Vordergrund getreten sind. Etwas pauschalisierend könnte man postulieren, daß ungewöhnliche Lokalisation, ungewöhnliche Ausdehnung, ungewöhnliches Alter und ungewöhnlicher Verlauf einer Hauterkrankung auf eine Immunmangelsituation hinweisen.

Dies betrifft vor allem bakterielle (Abb. 32.12), virale und mykotische Infekte der Haut. Darüber hinaus können präexistente Hauterkrankungen, z.B. durch die chronischen Fokalinfekte eine Psoriasis vulgaris, ein mikrobielles Ekzem oder ein seborrhoisches Ekzem, verschlimmert werden. Im übrigen ist bei Hautlymphomen, epidemischem Kaposi-Sarkom sowie eruptiv auftretenden Karzinomen an eine Immunsuppression zu denken (Tabelle 32.8).

## Literatur


Altmeyer P, Schultz-Ehrenburg W, Luther H (Hrsg) (1989) Handsymposium. Dermatologische Erkrankungen der Hände und Füße. Roche, Basel

Altmeyer P, Holzmann H (1986) Lexikon der Dermatologie. Springer, Berlin Heidelberg New York Tokyo

Beaven DW, Brooks SE (1985) Der Nagel in der klinischen Diagnostik. Schattauer, Stuttgart New York

Fritsch P (1988) Dermatologie, 2. Aufl. Springer, Berlin Heidelberg New York Tokyo

Rook A, Wilkinson DS, Ebling FJG (1986) Textbook of dermatology, 4th edn. Blackwell, Oxford London Edinburgh Boston Palo Alto Melbourne

Werner M, Ruppert V (Hrsg) (1985) Praktische Allergiediagnostik, 4. Aufl. Thieme, Stuttgart New York

Zatouroff W (1982) Farbatlas zur Blickdiagnostik in der Allgemeinmedizin, 2. Aufl (Dt Bearb Lick RF). Schattauer, Stuttgart New York

# 33 Ophthalmologie

K. G. Riedel

ZUSAMMENFASSUNG

***Keratitis marginalis, Episkleritis*** und ***Skleritis*** sind okuläre Begleitsymptome bei Systemerkrankungen, wie rheumatoider Arthritis, Lupus erythematodes, Sklerodermie, Dermatomyositis, Periarteriitis nodosa und Polychondritis. Spondylarthritis ankylopoetica, Morbus Reiter und Morbus Behçet führen in hohem Prozentsatz zur ***Uveitis*** anterior und posterior. Zu okulären Symptomen kommt es auch bei Sarkoidose, Ileitis regionalis und Wegener-Granulomatose.

Die retinalen Gefäßveränderungen bei Hypertonie, Arteriolosklerose und Diabetes mellitus erlauben Rückschlüsse auf das Ausmaß der Grunderkrankung. Die ***diabetische Retinopathie*** verursacht als Mikroangiopathie eine okuläre Ischämie mit resultierenden Blutungen und Gefäß- und Bindegewebeproliferationen. Der günstige therapeutische Effekt der Photokoagulation der Netzhaut bei diabetischer Retinopathie ist wissenschaftlich belegt. Arterielle Emboli sind die häufigste Ursache der Amaurosis fugax, des Zentralarterienverschlusses und des Arterienastverschlusses. Hypertonie, Arteriolosklerose, Diabetes mellitus und Hyperviskosität des Blutes sind Risikofaktoren der Zentralvenenthrombose und Venenastthrombose. Bei Riesenzellarteriitis mit okulärer Beteiligung schützt die hochdosierte Kortikosteroidgabe vor Erblindung.

Die endokrine Ophthalmopathie gilt als Begleitsymptom der Immunthyreopathie. Primäre maligne intraokuläre Tumoren sind das maligne Aderhautmelanom und das Retinoblastom. Bei einer Vielzahl maligner Tumoren ist die Aderhaut des Auges Zielorgan hämatogener Metastasen. Okuläre Nebenwirkungen systemisch gegebener Medikamente können eine ernste Gefährdung des Sehvermögens darstellen. β-Blocker-haltige Augentropfen zur Glaukombehandlung können bei obstruktiven Atemwegserkrankungen und kardiovaskulären Erkrankungen lebensbedrohliche Komplikationen hervorrufen.

Das Auge und seine Adnexe sind bei einer Vielzahl allgemeiner Erkrankungen mitbeteiligt, nicht selten sind Augensymptome der erste Hinweis für ein bisher nicht bekanntes Allgemeinleiden. Bei bekannter Systemerkrankung ermöglicht das Ausmaß der Augenmanifestation eine Stadieneinteilung der Grunderkrankung.

Die Anzahl ***ophthalmologischer Notfälle,*** die einer sofortigen Behandlung bedürfen, ist vergleichbar klein: Traumen, Verätzung, akuter Glaukomanfall, okuläre Entzündung, okulärer Gefäßverschluß und Riesenzellarteriitis. Alle genannten Krankheiten führen zu okulärem Schmerz, Augenrötung oder plötzlicher Sehminderung. Die Trias von Schmerz, Rötung und Visusminderung charakterisiert so eine ernste Augenerkrankung und erfordert die sofortige weitere Abklärung und Behandlung durch den Augenarzt. Endoptische Phänomene (Blitzen und Rußregen), die Wahrnehmung eines Schattens im Gesichtsfeld und Metamorphopsien sind die klinischen Zeichen einer Netzhautablösung.

## 33.1 Infektionskrankheiten des Auges und seiner Adnexe

Erregerbedingte Entzündungen betreffen die Lider (Blepharitis), Orbita (Zellulitis), Tränenwege (Dakryoadenitis, Dakryozystitis), Bindehaut (Konjunktivitis), Hornhaut (Keratitis) und die intraokulären Strukturen

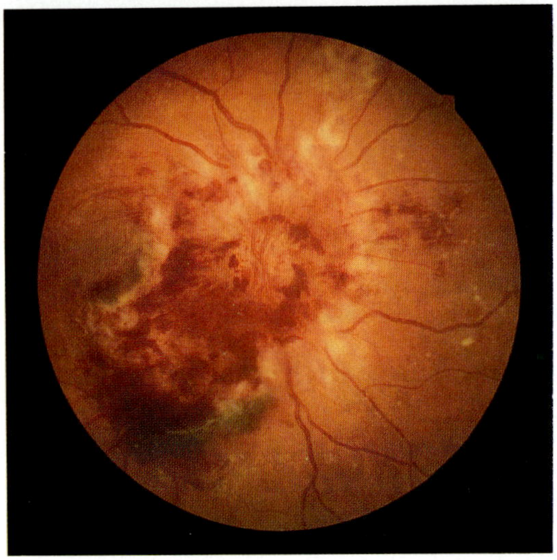

**Abb. 33.1.** Zytomegaliechorioretinitis bei einem 36jährigen Mann mit erworbenem Immundefektsyndrom; flächenhafte Ausbreitung der Entzündung am hinteren Augenpol, intra- und präretinale Blutungen

(Uveitis, Chorioretinitis, Vitritis, Endophthalmitis). Die Diagnostik erfordert Spaltlampenmikroskopie, Ophthalmoskopie und Ultraschallechographie sowie Maßnahmen zum Erregernachweis.

***Blepharitiden*** werden, wie das Hordeolum, durch Bakterien oder durch Viren (Herpes simplex, Herpes zoster, Molluscum contagiosum) hervorgerufen. Die ***Zellulitis orbitae,*** die heute nur noch selten in eine Orbitaphlegmone übergeht, tritt als Begleiterkrankung bei bakterieller Sinusitis oder als Traumafolge auf. Eitrige ***Konjunktivitiden,*** insbesondere die Gonoblennorrhoe des Neugeborenen und Erwachsenen, sind wegen der Gefahr der Hornhautperforation eine akute Gefährdung des Sehvermögens. Die chronische Chlamydieninfektion der Bindehaut führt in südlichen Ländern mit ungenügenden sanitären Einrichtungen zum Trachom mit Bindehautvernarbung und Hornhauteintrübung und in Ländern mit gemäßigtem Klima zur Einschlußkörperchenkonjunktivitis, die häufig mit einer Urethritis vergesellschaftet ist. Die ***Herpes-simplex-Keratitis,*** die klinisch den charakteristischen, bäumchenartig verzweigten Hornhautepitheldefekt (Keratitis dendritica) aufweist, neigt zu Rezidiven und sekundär auftretender stromaler Hornhauteintrübung. Steroide sind im Akutstadium kontraindiziert. Gleiches gilt für Hornhautulzera, die nach Trauma, bei Kontaktlinsenträgern und bei vorbestehenden Hornhauterkrankungen auftreten und durch Bakterien, Pilze und das Protozoon Akanthamoeba bedingt sein können. Ebenfalls durch ein Protozoon, Toxoplasma gondii, wird die intrauterin übertragene kongenitale Toxoplasmose verursacht. Folge dieser infektiösen ***Chorioretinitis*** sind ausgedehnte Narben des zentralen Augenhintergrundes und rezidivierende Chorioretinitiden durch in der Netzhaut verbliebene Protozoen. Lues und Tuberkulose sind heute seltene Ursachen einer Chorioretinitis, während die Zytomegaliechorioretinitis bei immunsupprimierten und HIV-positiven Patienten zunehmende Bedeutung erlangt. Charakteristisch sind einzelne oder konfluierende weiße und hellgelbe Netzhautareale mit Gefäßeinscheidungen und Blutungen (Abb. 33.1). Bakterielle ***Endophthalmitiden*** sind überwiegend Folge einer traumatischen, seltener auch einer chirurgischen Augeneröffnung. Eine Endophthalmitis durch einen bakteriell kontaminierten Embolus, etwa bei Septikopyämie oder Endocarditis lenta, ist selten. Zunehmend beobachtet wird eine metastatische ***Vitritis*** oder Endophthalmitis bei Candida-albicans-Fungämie durch kontaminierte Venenkatheter und kontaminierte Injektions- nadeln Drogenabhängiger.

## 33.2 Okuläre Entzündungen bei Systemerkrankungen

### 33.2.1 Keratokonjunctivitis sicca

Die chronische Reizung von Bindehaut und Hornhaut als Folge verminderter Lubrifikation wird als Keratokonjunctivitis sicca bezeichnet. In Verbindung mit Xerostomie und einer systemischen Bindegewebeerkrankung, meist einer seropositiven rheumatoiden Arthritis, ist das Krankheitsbild Teil des ***Sjögren-Syndroms.*** Die chronische Mindersekretion wird mit dem Tränentest nach Schirmer und durch Anfärben mit Augentropfen, die Fluoreszein oder Bengalrosa enthalten, nachgewiesen. Behandelt wird die Keratokonjunctivitis sicca, die ohne Bezug zu einer Systemerkrankung auch bei älteren Menschen und bei Frauen in der Menopause auftritt, mit Tränenersatzmitteln. Therapeutische Kontaktlinsen, die Verödung der Tränenpünktchen und Uhrglasverbände, können bei fortgeschrittener Keratitis notwendig werden.

### 33.2.2 Keratitis, Episkleritis, Skleritis

Chronische oberflächliche (Keratitis, Episkleritis) und tiefe (Skleritis) Entzündungen der bindegewebigen Anteile des Auges mit sekundärer Mitbeteiligung der peripheren Hornhaut (Keratitis marginalis, sog. Ringulkus) sind häufige, bezüglich ihrer klinischen Symptomatik pathognomonische Begleitsymptome ***rheumatoider Erkrankungen*** und ***systemischer Bindegewebeerkrankungen.*** Skleritis und marginale Keratitis sind häufig Symptom einer zugrundeliegenden Systemerkrankung: rheumatoide Arthritis, systemischer Lupus erythematodes, Sklerodermie, Dermatomyositis, Polyarteriitis nodosa, Polychondritis und Wegener-Granulomatose. Die immunologisch bedingte ***Mikrovaskulitis,*** die bei der rheumatoiden Arthritis die Gelenksynovia betrifft, gilt als Ursache der bei der Skleritis und Keratitis marginalis auftretenden hochgradigen Gewebeverdünnung. Spontanperforationen werden in fortgeschrittenen Fällen beobachtet. Pathognomonisch ist die Diskrepanz zwischen der hochgradigen Gewebeverdünnung an Hornhaut und Sklera und der Tatsache, daß der Patient trotz des bedrohlichen Krankheitsbildes weitgehend beschwerdefrei ist und das Auge nahezu keine oder nur geringe entzündliche Begleitsymptome aufweist. Das Endstadium ist die durch akute arterielle Gefäßverschlüsse hervorgerufene ***Skleromalazie,*** bei der die Sklera hochgradig verdünnt ist und die pigmenthaltige, dunkle Aderhaut breitflächig durchscheint. Die Behandlung von Episkleritis und beginnender Skleritis erfolgt mit Oxyphenbutazon, Indometazin oder Ibuprofen. Die lokale Applikation von Steroiden ist wirkungslos. Subkonjunktivale Steroidinjektionen können die Gewebeverdünnung verstärken und sind kontraindiziert. In jüngerer Zeit wurde über erfolgreiche Behandlungsversuche mit Immunsuppressiva und Zytostatika berichtet.

### 33.2.3 Uveitis

Entzündungen der gefäß- und pigmenthaltigen Aderhaut, die Iris, Corpus ciliare und Chorioidea einschließt, werden unter dem Begriff Uveitis zusammengefaßt. Unterschieden werden die ***Uveitis anterior*** (Iritis und Iridozyklitis), von der ***Uveitis intermedia*** und der ***Uveitis posterior.*** Letztere wird wegen der regelmäßigen entzündlichen Mitbeteiligung der Retina als ***Chorioretinitis*** bezeichnet. Klinische Kennzeichen der Uveitis anterior sind Schmerz, Lichtscheu, entzündliche Injektion von Bindehaut und Episklera und Reizmiosis (Abb. 33.2). Die Chorioretinitis zeigt ophthalmoskopisch im akuten Stadium einen umschriebenen, scharf begrenzten, grauweißen Entzündungsherd am Augenhintergrund, im Spätstadium scharf begrenzte chorioretinale Narben.

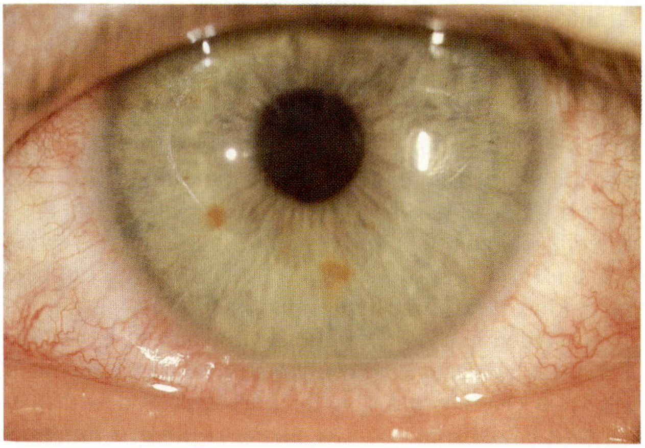

**Abb. 33.2.** Akute Iritis bei Spondylarthritis ankylopoetica mit konjunktivaler und ziliarer Bindehautinjektion, verwaschen erscheinender Iris und Reizmiosis

Bei 80% aller Patienten bleibt die Pathogenese der Uveitis auch bei umfangreichster medizinischer Abklärung unklar. Eine enge pathogenetische Beziehung besteht jedoch zu seronegativen Arthritiden, insbesondere zur Spondylarthritis ankylopoetica.

**Spondylarthritis ankylopoetica.** Bei 10–15% aller Patienten mit akuter Iridozyklitis wird eine Spondylarthritis ankylopoetica diagnostiziert, die zum Zeitpunkt der Augenentzündung manchmal noch asymptomatisch verläuft. Die akute Iridozyklitis bei Morbus Bechterew betrifft, oft zeitlich versetzt, beide Augen und tritt bei 40% der Patienten rezidivierend auf. Patienten mit Spondylarthritis ankylopoetica und positivem HLA-B-27-Histokompatibilitätsantigen erkranken mit einer Wahrscheinlichkeit von 35% an einer Iridozyklitis. Schwere okuläre Komplikationen, wie Katarakt und Glaukom, sind selten.

**Reiter-Syndrom.** Bei Patienten mit Reiter-Syndrom, das neben der akuten Arthritis und Urethritis durch eine mukopurulente Konjunktivitis charakterisiert ist, kommt es in 30% der Patienten auch zu einer akuten Iridozyklitis.

**Morbus Behçet.** Uveitis anterior und posterior, Vitritis und obliterative retinale Vaskulitis sind häufige okuläre Erkrankungen bei Morbus Behçet.

**Granulomatöse Entzündungen und Uveitis.** Neben den Infektionskrankheiten Lues und Tuberkulose sind auch Sarkoidose, Ileitis regionalis und Wegener-Granulomatose häufig mit Uveitis vergesellschaftet. Bei 30–50 % der Patienten mit ***Sarkoidose*** tritt im Krankheitsverlauf eine okuläre Mitbeteiligung auf, meist eine anteriore oder posteriore Uveitis (Iridozyklitis, Chorioretinitis, Periphlebitis retinae). Hinzu kann eine Lid-, Orbita-, Tränendrüsen- und Sehnervenbeteiligung kommen. Sarkoidosespezifische Symptome sind das Löfgren- Syndrom (Adenopathie der Hiluslymphknoten, Erythema nodosum, Arthralgie und Uveitis) und das Heerfordt-Syndrom (Fieber und Uveitis, Parotisschwellung, gelegentlich Fazialisparese). Die ***Ileitis regionalis*** führt bei ca. 6 % der Patienten zu okulären Symptomen, wie Blepharitis, Konjunktivitis, Episkleritis, Skleritis, Iridozyklitis und Neuritis nervi optici. Auch die ***Wegener-Granulomatose*** zeigt bei 50–60 % der Patienten im Krankheitsverlauf eine okuläre Beteiligung, wobei Exophthalmus bei Orbitabefall, Konjunktivitis, Skleritis und Keratitis marginalis am häufigsten sind.

**Therapie.** Die Behandlung der Uveitis anterior erfolgt mit lokal applizierten Mydriatika und Kortikosteroiden, in schweren Fällen auch durch subkonjunktivale oder parabulbäre Kortikosteroidinjektion. Die Uveitis posterior wird mit oralen Kortikosteroiden behandelt. Immunsuppressiva und Zytostatika sind chronisch-rezidivierenden Uveitiden vorbehalten, die auf Kortison ungenügend ansprechen.

## 33.3 Okuläre Gefäßerkrankungen

### 33.3.1. Hypertonie und Arteriolosklerose

Die erste Veränderung der Netzhautgefäße bei der Hypertonie besteht in einer Engstellung der Arteriolen, wobei sich das normale Verhältnis des Gefäßdurchmessers von Arteriolen und Venolen zugunsten der Venolen verschiebt. Kaliberschwankungen der Arteriolen und Infarkte der präkapillären Arteriolen in der Nervenfaserschicht („cotton-wool"-Herde) folgen. ***Intraretinale Blutungen, Netzhautödem, Exsudate*** und ***Papillenödem*** sind Ausdruck veränderter Gefäßpermeabilität und kennzeichnen die weiteren Stadien (Tabelle 33.1). Bei chronischer Hypertonie und bei Arteriolosklerose treten

**Tabelle 33.1.** Stadien der Retinopathia hypertensiva

| | |
|---|---|
| I | Engstellung der Arteriolen |
| II | Zusätzlich Kaliberschwankungen der Arteriolen |
| III | Zusätzlich intraretinale Blutungen, Cotton-wool-Herde, harte Exsudate (Sternfigur der Makula) und Netzhautödem |
| IV | Zusätzlich Papillenödem |

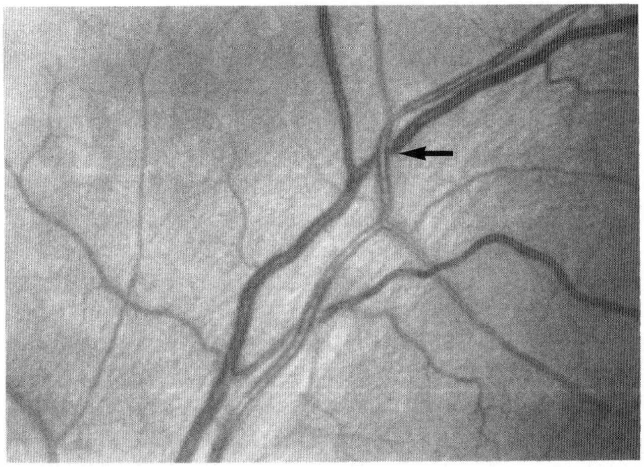

**Abb. 33.3.** Kaliberschwankungen retinaler Gefäße mit Reflexunregelmäßigkeiten und Kreuzungszeichen *(Pfeil)* bei Hypertonus und Arteriolosklerose

**Tabelle 33.2.** Stadien der Retinopathia arteriosclerotica

| | |
|---|---|
| I | Verbreiterter Reflexstreifen der Arteriolen |
| II | Zusätzlich arteriovenöse Kreuzungszeichen |
| III | Zusätzlich Kupferdrahtarteriolen |
| IV | Zusätzlich Silberdrahtarteriolen, Kreuzungszeichen, Venenastverschluß |

Gefäßwandveränderungen durch Intimahyalinisierung und Mediahypertrophie auf, die ***verbreiterte Gefäßreflexe*** und sog. ***Kreuzungsphänomene,*** d.h. scheinbare Veneneinengungen durch überkreuzende Arterien, verursachen (Abb. 33.3). Bei Atherosklerose werden gelegentlich auch Atherome der papillennahen arteriellen Gefäße gesehen. Fortgeschrittene Stadien sind durch sog. Kupferdraht- und Silberdrahtarterien gekennzeichnet (Tabelle 33.2). Das klinische Bild der Retinopathie

FALL 33 A

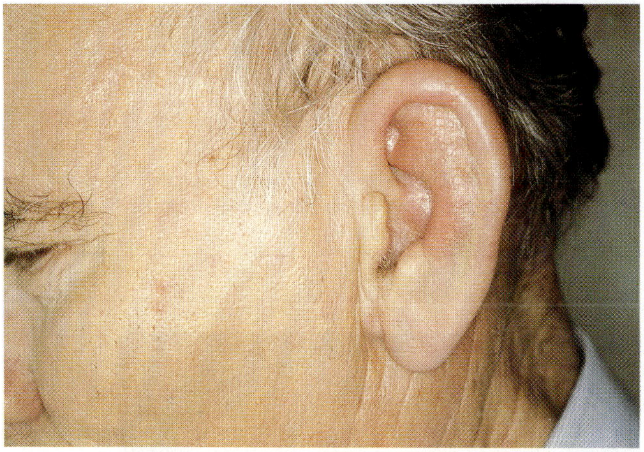

**Abb. 33 A1.** Perichondritis der Ohrmuschel mit Rötung, Schwellung und Druckschmerzhaftigkeit

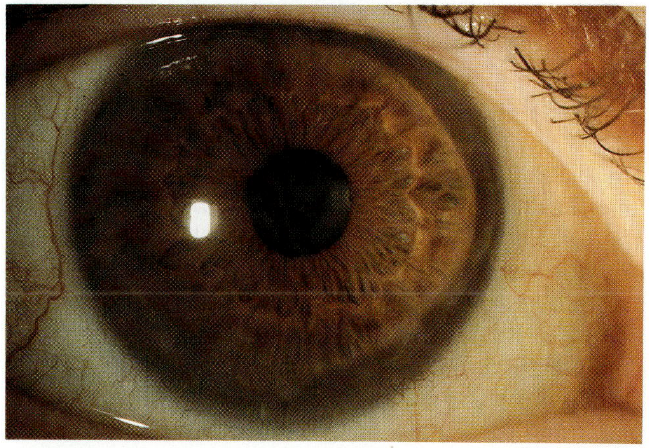

**Abb. 33 A2.** Ringulkus der Hornhaut mit Hornhautverdünnung am korneoskleralen Übergang; charakteristisch ist das Fehlen entzündlicher Bindehautveränderungen

**Anamnese.** Seit 3 Jahren litt der 65jährige Patient an rezidivierend auftretender beidseitiger Photophobie, bedingt durch periphere Hornhautinfiltrate mit zunehmender kornealer Gewebeverdünnung, jedoch ohne entzündliche Mitbeteiligung der Bindehaut (sog. Ringulkus). Zusätzlich kam es zu einer intermittierend auftretenden und jeweils für einige Tage anhaltenden Rötung, Schwellung und Druckschmerzhaftigkeit der Nase, der rechten und linken Ohrmuschel und des linken Knöchelgelenkes. Dyspnoe und pulmonaler Auswurf führten zur stationären Aufnahme.

**Befunde.** Beidseitiges Ringulkus der Hornhaut; Rötung, Schwellung und Druckschmerzhaftigkeit der linken Ohrmuschel; Rötung und Schwellung des linken Knöchelgelenks; Lippenzyanose, Rasselgeräusche bei In- und Exspiration, Hepatomegalie (13 cm), Splenomegalie (17 cm).

Hämolytische Anämie (verkürzte Überlebenszeit der Erythrozyten im $^{51}$Cr-Test, Hb 12 g/dl, Retikulozytenzahl 30‰, Bilirubin 1,7 mg/dl, direkt 0,2 mg/dl), Urobiligenurie, Senkungsbeschleunigung; Röntgen und Computertomogramm: fibrosierende, intestitielle retikulonoduläre Lungeninfiltrate; Ohrknorpelbiopsie: granulomatöse Entzündung des Perichondriums.

**Diagnose.** Chronisch rezidivierende Polychondritis mit kornealen Ringulzera.

**Therapie und Verlauf.** Besserung der Photophobie durch oxyphenbutazonhaltige Augensalbe, Rückgang der Polychondritis durch Methylprednisolon und Zyklophosphamid.

bei systemischem *Lupus erythematodes* ähnelt der hypertensiven Retinopathie, da überwiegend Cotton-wool-Herde und intraretinale Blutungen auftreten.

## 33.3.2 Diabetische Retinopathie

Die diabetische Retinopathie ist in Europa und Nordamerika die ***häufigste Erblindungsursache.*** Mehr als die Hälfte aller Diabetiker entwickeln im Verlauf ihrer Erkrankung eine diabetische Retinopathie, 2% erblinden an ihren Folgen. Die ungünstigste Prognose hat die proliferative Retinopathie, die bei 40–60% der betroffenen Patienten innerhalb von 5 Jahren zur Erblindung führt. Da eine enge Korrelation zwischen proliferativer Retinopathie und allgemeiner mikro- und makrovaskulärer Angiopathie besteht, liegt die jährliche Letalität dieser Patientengruppe bei 14%.

**Neben den Netzhautveränderungen zeigen Diabetiker häufig eine chronische Blepharitis, Xanthelasmen bei sekundärer Hyperlipoproteinämie, eine Akkommodationsstörung, ein chronisches Weitwinkelglaukom, eine diabetogene Katarakt und eine Abduzensparese.**

Die ***diabetogene Retinopathie*** ist anders als die Retinopathia hypertensiva eine ***Mikroangiopathie,*** die pathophysiologisch zunächst die Netzhautkapillaren betrifft. Die Verdünnung der Kapillarwand durch Perizytenverlust führt zu Mikroaneurysmen. Die resultierende Perfusionsstörung der Netzhaut mit arteriovenösen Umgehungskreisläufen und zusätzlich auftretenden Gefäßverschlüssen verursacht eine chronische Netzhautischämie. Die resultierende Gefäß- und Bindegewebeproliferation führt zum Netzhautödem, zu Blutungen und im Endstadium zur traktionsbedingten Netzhautablösung mit nachfolgender Erblindung. Das Stadium der diabetischen Mikroangiopathie wird durch Ophthalmoskopie und Fluoreszenzangiographie erfaßt und zur Verlaufskontrolle photographisch dokumentiert. Der retinale Befund erlaubt Rückschlüsse auf die Mikroangiopathie an Niere und autonomen und peripheren Nerven.

Klinisch wird die diabetische Retinopathie in 4 Stadien eingeteilt (Tabelle 33.3). Eine neuere, in der Ophthalmologie heute gebräuchlichere Einteilung unterscheidet die Hintergrundretinopathie von der präproliferativen und proliferativen Retinopathie mit deren Spätfolgen. Die ***Hintergrundretinopathie*** ist mit 90% die häufigste Form der diabetischen Retinopathie. Sie ist durch Mikroaneurysmen, kleinere intraretinale Blutungen, Exsudate und ein Netzhautödem gekennzeichnet (Abb. 33.4). Häufige Ursache der Sehkraftminderung ist die sich bei der Hintergrundretinopathie entwickelnde Makulopathie mit diffusem oder fokalem Makulaödem. Die Behandlung der Hintergrundretinopathie besteht in der Einstellung von Blutzucker und arteriellem Blutdruck. Häufige Kontrollen sind bei Progression der Erkrankung, bei jugendlichen Diabetikern und während der Gravidität erforderlich.

Finden sich in der Netzhaut vermehrt Cotton-wool-Herde, die Infarkten der Nervenfaserschicht entsprechen, arteriovenöse Shunts, korkenzieherartig dilatierte Venen und größere ischämisch bedingte intra- und präre-

**Tabelle 33.3.** Stadien der Retinopathia diabetica

| | |
|---|---|
| I | Mikroaneurysmen |
| II | Zusätzlich intraretinale Blutungen, Cotton-wool-Herde, Exsudate |
| III | Zusätzlich intraretinale Gefäßproliferationen, präretinale Blutungen |
| IV | Zusätzliche Gefäß- und Bindegewebeproliferation im Glaskörper, traktionsbedingte Netzhautablösung, Neovaskularisationsglaukom |

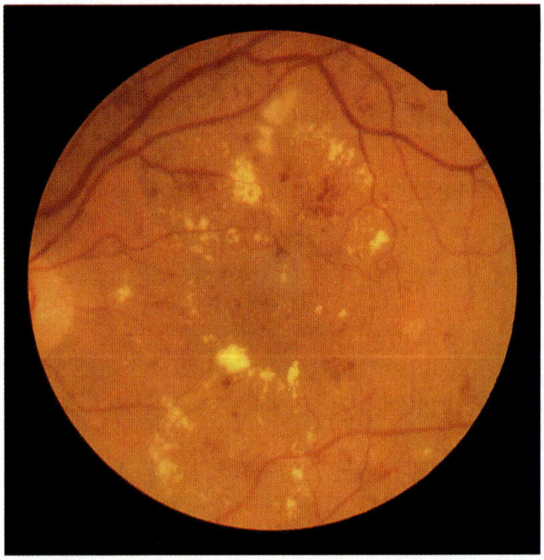

**Abb. 33.4.** Retinopathia diabetica mit Mikroaneurysmen, intraretinalen Blutungen und harten Exsudaten entsprechend einem Stadium II (sog. Hintergrundretinopathie)

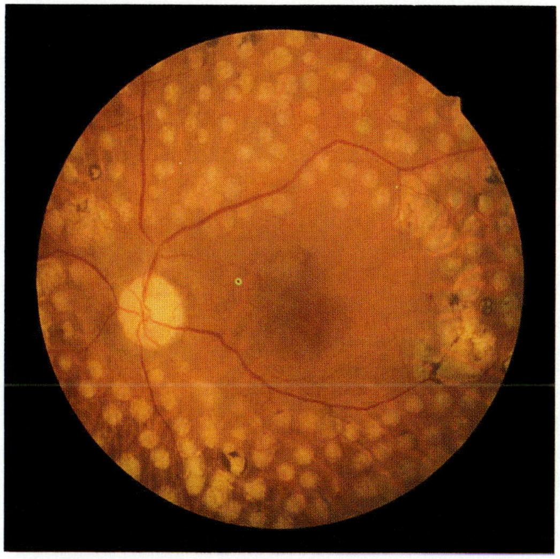

**Abb. 33.5.** Retinopathia diabetica nach panretinaler Argonlaserkoagulation

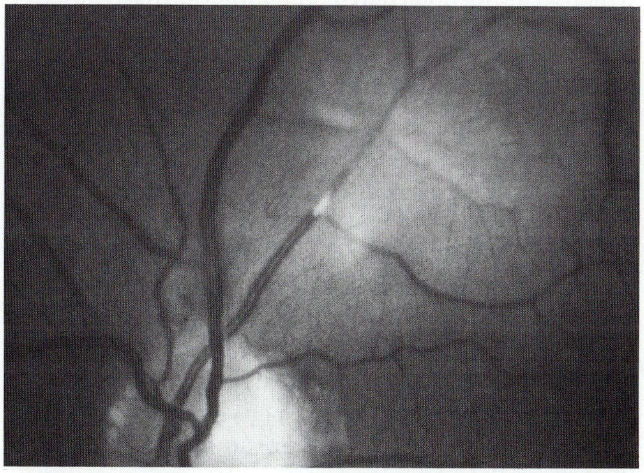

**Abb. 33.6.** Arterienastverschluß mit arteriellem Embolus und Netzhautödem im Versorgungsgebiet der Arterie

tinale Blutungen, liegt ein ***präproliferatives Stadium*** vor, das in der überwiegenden Zahl der Fälle innerhalb eines Jahres in ein proliferatives Stadium übergeht. Werden in diesem Stadium in der Fluoreszenzangiographie nichtdurchblutete Netzhautareale (avaskuläre Zonen) nachgewiesen, kann eine panretinale Photokoagulation der Netzhaut die weitere Progression verhindern und in einzelnen Fällen sogar den Netzhautbefund bessern. Der günstige therapeutische Effekt der Photokoagulation durch Xenon- oder Laserlicht, bei der ischämisches Netzhautgewebe thermisch in Narbengewebe überführt wird, ist wissenschaftlich belegt (Abb. 33.5).

Bei der ***proliferativen Retinopathie*** kommt es zu intraretinalen Gefäßproliferationen und zur Ausbildung von fibrovaskulären Membranen im Glaskörper. Ausgedehnte Glaskörperblutungen und die durch Membrankontraktion eintretende Netzhautablösung führen zur Visusminderung, im weiteren Verlauf zur Erblindung. Bei ausreichend klaren, brechenden Medien wird auch in diesem Stadium zunächst eine Photokoagulation der Netzhaut durchgeführt. Ist die Netzhaut nicht mehr einsehbar und damit einer Photokoagulation nicht mehr zugänglich, werden Glaskörperblutungen und intraokulare Membranen durch vitreoretinale Mikrochirurgie (Vitrektomie, Membranektomie) entfernt.

> **Die diabetische Retinopathie ist in Europa die häufigste Erblindungsursache. Gefährdet sind insbesondere juvenile Diabetiker. Untersuchungen des Augenhintergrundes müssen in 3- bis 6monatigem Abstand erfolgen. Die rechtzeitige Argonlaserkoagulation kann vor Erblindung schützen.**

### 33.3.3 Gefäßverschlüsse von Netzhaut und Sehnerv

**Amaurosis fugax.** Als Amaurosis fugax wird ein plötzlich auftretender vorübergehender vollständiger Sehverlust auf einem Auge bezeichnet. Ursache ist eine Ischämie. Emboliequellen sind atheromatöse Gefäßveränderungen, seltener das Herz. Auszuschließen ist auch eine Riesenzellarteriitis.

**Zentralarterienverschluß.** Kennzeichen des Zentralarterienverschlusses ist die plötzliche, schmerzlose Erblindung eines Auges. Arterienastverschlüsse (Abb. 33.6) führen zum partiellen Gesichtsfeldausfall. Vorbote ist häufig eine Amaurosis fugax. Klinisch ist der Zentralarterienverschluß durch fehlende direkte Lichtreaktion der Pupille und die weißgraue, ödematöse Schwellung der Netzhaut im Versorgungsgebiet des verschlossenen Gefäßes gekennzeichnet. Da die Netzhaut in der Fovea zentralis dünner ist als am übrigen hinteren Augenpol, ist das Netzhautödem hier geringer ausgeprägt, und die Fovea zentralis imponiert wegen der weiterhin durchbluteten Aderhaut inmitten des Netzhautödems als ***„kirschroter Fleck“.*** Häufigste Ursache für den arteriellen okulären Gefäßverschluß ist die ***Embolisation.*** Neben der Embolie kommen arterielle Gefäßverschlüsse durch arteriosklerotische, entzündliche oder spastische Einengung der Gefäße, durch Blutdruckabfall oder durch veränderte Blutviskosität in Betracht. Seltene Ursachen sind Trauma und akuter Glaukomanfall. Die Notfallbehandlung erfolgt durch flache Lagerung des Patienten und mehrminütige Bulbusmassage. Der intraokulare Druck kann durch parenterale Gabe eines Karboanhydrasehemmers oder durch Parazentese der Augenvorderkammer gesenkt werden. Ein Erfolg der Notfallmaßnahmen ist allerdings selten zu verzeichnen, weil ein ischämischer Netzhautschaden innerhalb von 1–2 h nach dem Verschluß irreversibel ist. Die Aufdeckung pathognomonisch zugrundeliegender Erkrankungen dient in erster Linie der Prophylaxe eines Gefäßverschlusses am nicht betroffenen Partnerauge.

**Sehnerveninfarkt (Apoplexia papillae).** Die anteriore oder posteriore ischämische Neuropathie des Sehnerven führt ebenfalls zu einem hochgradigen Funktionsverlust des Auges. Ursache sind Atherosklerose oder Arteriitis der hinteren Ziliararterien, selten Embolie. Zugrunde liegen generalisierte Atherosklerose, maligne Hypertonie, Diabetes mellitus und Riesenzellarteriitis. Die zumeist älteren Patienten bemerken einen innerhalb weniger Stunden fortschreitenden, schmerzlosen Sehverlust. Die Papille ist ödematös geschwollen und blaß. Charakteristisch sind radiär angeordnete peripapilläre intraretinale Blutungen. Innerhalb von 4–6 Wochen kommt es zur partiellen oder vollständigen ***Optikusatrophie.*** Bei 40 % der Patienten erkrankt nach einem unterschiedlich langen Zeitintervall auch das Partnerauge.

**Riesenzellarteriitis (Arteriitis temporalis, Morbus Horton).** Eine Sonderform der ischämischen Neuropathie des Sehnerven ist die Riesenzellarteriitis. Bevorzugt befallen sind die Temporalarterie, die A. ophthalmica, die Ziliararterien und der proximale Teil der Vertebralarterien. Typische Symptome sind Schläfenkopfschmerz, Schmerzen beim Kauen und eine geschlängelt verlaufende und verhärtete Temporalarterie. Die Blutsenkungsgeschwindigkeit ist stark beschleunigt. Der klinische Verdacht zwingt zur ***Temporalarterienbiopsie.*** Der Nachweis einer granulomatösen Arteriitis mit Riesenzellen beweist die Diagnose. Bei Mitbeteiligung der A. ophthalmica, der Ziliararterien oder der A. centralis retinae kommt es zur rasch fortschreitenden einseitigen Visusminderung bis hin zum vollständigen einseitigen Visusverlust. Stets besteht akute Erblindungsgefahr auch des Partnerauges. Bestehen bei einem Patienten die typischen, klinischen Symptome einer Riesenzellarteriitis oder ist es bereits zur einseitigen Visusminderung oder Erblindung gekommen, muß notfallmäßig eine hochdosierte systemische ***Kortikosteroidtherapie*** eingeleitet werden, um das Sehvermögen zu erhalten. Die Reduzierung der systemischen Steroiddosis erfolgt in Abhängigkeit von der klinischen Symptomatik und der BKS. Bei manchen Patienten ist eine lebenslange orale Steroidgabe zur Rezidivprophylaxe erforderlich.

> **Bei einseitiger Visusminderung und klinischem Verdacht auf Riesenzellarteriitis (hohes Lebensalter, Schläfenkopfschmerz, stark beschleunigte BKS) besteht stets hochgradige Erblindungsgefahr durch Befall des zweiten Auges. Nur die sofortige Gabe von Kortikosteroiden kann die drohende Erblindung verhindern.**

**Zentralvenenthrombose, Venenastthrombose.** Arterielle und venöse Gefäßveränderungen bei Hypertonie, Atherosklerose und Diabetes mellitus sind die häufigsten Ursachen venöser okulärer Gefäßverschlüsse. Gefährdet sind auch Patienten mit Periphlebitis retinae, etwa bei Sarkoidose, und Patienten mit erhöhter Blutviskosität infolge Polyzythämie, Dys- und Paraproteinämie und chronischer myeloischer Leukämie. Da 15 % der Patienten mit Venenverschluß ein chronisches Offenwinkelglaukom haben, gilt auch ein erhöhter Augendruck als prädisponierender Faktor. Diskutiert wird auch der Einfluß oraler Kontrazeptiva. Das klinische Bild bei venösem Gefäßverschluß wird durch prall verlaufende, geschlängelte Netzhautvenen und streifige Blutungen in der ödematösen Netzhaut gekennzeichnet. Führt die retinale Ischämie zu Gefäßproliferationen, kann die schwerste Komplikation, ein Neovaskularisationsglaukom, durch Photokoagulation verhindert werden.

**Therapie bei okulärem Gefäßverschluß.** Behandlungsziele sind die Eröffnung verschlossener Gefäße, die Verbesserung der retinalen Blutzirkulation, die Prophylaxe okulärer und vitaler Komplikationen und die Korrektur zugrundeliegender Krankheiten, wie Hypertonie und Diabetes. Die Fibrinolysetherapie mit Streptokinase und gefäßchirurgische Maßnahmen sind wegen des zweifelhaften Erfolges und der möglichen Komplikationen umstritten. Die Hämodilution mit Aderlaß und Volumenersatz durch Hydroxyäthylstärke oder niedermolekulare Dextrane hat bei venösen Verschlüssen die besten Erfolgsaussichten.

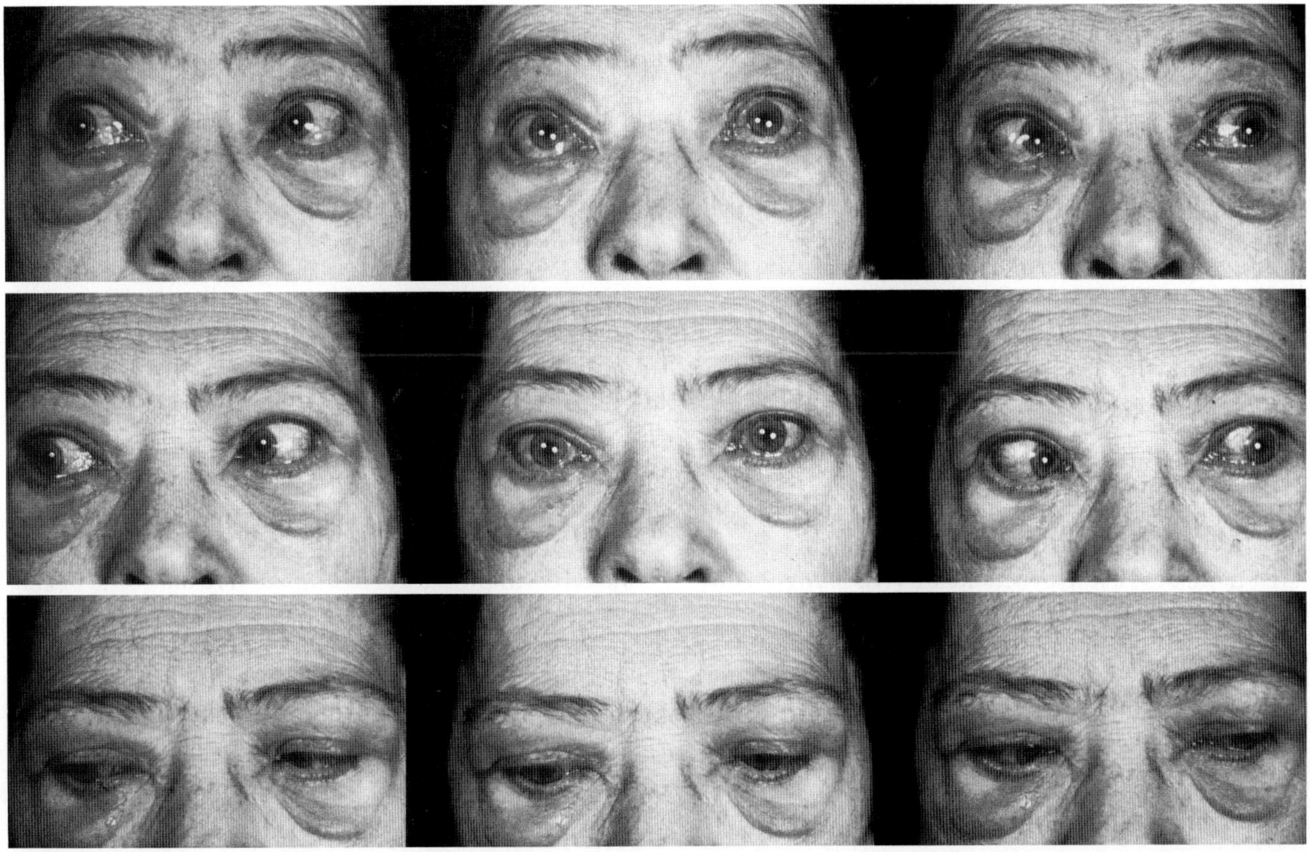

**Abb. 33.7.** Endokrine Ophthalmopathie mit beidseitigem Exophthalmus, Tränenträufeln, chronischem Lidödem, Lidretraktion und konjunktivaler Injektion; Doppelbildwahrnehmung bei Blickbewegungen

## 33.4 Endokrine Ophthalmopathie

Als Ursache der endokrinen Ophthalmopathie (Morbus Basedow) wird eine ***Autoimmunerkrankung*** angesehen, die in zeitlichem Zusammenhang mit einer Schilddrüsenerkrankung auftreten kann, häufig dieser jedoch zeitlich vorausgeht oder nachfolgt. Die nicht-immunogenen Hyperthyreoseformen (multifokale Autonomie, autonomes Adenom) führen nie zu einer Ophthalmopathie. Die Pathogenese ist weiterhin unklar. Vermutet wird eine genetisch determinierte Störung der Immunregulation, in deren Verlauf es zur Bildung von Autoantikörpern kommt, die mit strukturell ähnlichen Antigenen von Schilddrüsen- und Orbitagewebe reagieren.

Die ***klinischen Zeichen*** des Morbus Basedow werden durch die Volumenzunahme und Fibrosierung des Orbitagewebes und der externen Augenmuskeln hervorgerufen. Ursache der entzündlichen Veränderungen und der mechanischen Auswirkungen ist eine lymphozytäre Infiltration und Einlagerung von Glukosaminoglykanen. Charakteristisch sind ein- und beidseitiger Exophthalmus, Lidretraktion (Dalrymple-Zeichen), verzögerte Abwärtsbewegung des Oberlides bei Abblick (Graefe-Zeichen), seltener Lidschlag (Stellwag-Zeichen) und Konvergenzschwäche (Moebius-Zeichen) (Abb. 33.7). Frühsymptome der endokrinen Ophthalmopathie, wie Lichtscheu, Tränenträufeln, Lidschwellung, Druckgefühl und Bewegungsschmerz, werden häufig fehlgedeutet. Die Spätstadien mit Hornhautbeteiligung bei unvollständigem Lidschluß und die Visusminderung durch Papillenödem und Optikusatrophie treten nur bei ca. 5% aller Patienten mit endokriner Ophthalmopathie auf.

Neben den anamnestischen Hinweisen und den Symptomen beweisen die bildgebenden Untersuchungsverfahren, wie Ultraschallechographie, Computertomographie oder Kernspintomographie, das Vorliegen einer endokrinen Ophthalmopathie.

Austrocknungserscheinungen von Bindehaut und Hornhaut werden mit Lubrikanzien („künstliche Tränen") und Salbenverbänden behandelt. In fortgeschrittenen Fällen können Kortikosteroide oder eine Bestrahlung des Retrobulbärraumes den Exophthalmus verringern. Die chirurgische Dekompression durch Eröffnung der Orbitawände und Verlagerung des Orbitainhaltes in die Nasennebenhöhlen bleibt schwersten Verläufen vorbehalten.

## 33.5 Ophthalmologische Onkologie

**Intraokulare Tumoren.** Der häufigste primäre intraokulare Tumor des Erwachsenenalters ist das ***maligne Aderhautmelanom.*** Das Durchschnittsalter der Patienten beträgt 54 Jahre. Die Fünfzehnjahresüberlebensrate der Patienten liegt bei 50%. Die Prognose wird von Größe, Lokalisation, Zelltyp des Tumors (Spindel- oder Epitheloidzellen) und Vorliegen einer extraokularen Tumorausdehnung bestimmt. Maligne Aderhautmelanome metastasieren in die Leber, seltener in die Lunge und das Zentralnervensystem. Augen mit großem, malignen Aderhautmelanom werden enukleiert, während kleine und mittelgroße Tumoren überwiegend bulbuserhaltend durch Photokoagulation, Bestrahlung und chirurgische Resektion behandelt werden.

**Intraokulare Metastasen.** Weitaus häufiger als maligne Aderhautmelanome kommen intraokulare Metastasen vor. Häufigster Primärtumor ist das Mammakarzinom, gefolgt vom Bronchialkarzinom, malignen Tumoren der Niere, des Gastrointestinaltrakts, des Hodens und der Prostata. Während Aderhautmetastasen bei Mammakarzinom gewöhnlich erst nach chirurgischer Entfernung des Primärtumors oder im Finalstadium auftreten, sind sie beim Bronchialkarzinom und Hypernephrom gelegentlich erstes Symptom. Bei einer Vielzahl der Patienten ermöglicht die transkutane Bestrahlung den Visuserhalt. Enukleiert werden ausschließlich blinde und schmerzhafte Augen.

**Leukämien und Lymphome.** Bei mehr als 50% der Patienten mit malignen Erkrankungen des hämopoetischen Systems treten okuläre Symptome auf. Häufig sind Blutungen in die Lider, die Bindehaut (Hyposphagma) und die Orbita. Die Retinopathie bei ***Leukämie*** zeigt streifige, intrarenale Blutungen, die durch Leukozytenansammlung ein helles Zentrum aufweisen können (Roth-Herde), Cotton-wool-Herde, perivaskuläre leukämische Infiltrate und prall gefüllte, geschlängelt verlaufende Venen. Ein Prädilektionsort für die Tumorinfiltration bei chronischen myeloischen Leukämien sind Uvea und Tränendrüse. Bei Kindern mit akuter lymphatischer Leukämie kommen Papilleninfiltrate vor, die zum Visuserhalt einer sofortigen Strahlentherapie bedürfen. Der okulozerebrale Typ des ***Retikulumzellsarkoms*** (histiozytäres Lymphom) kann durch das Vorhandensein von Vorderkammer- und Glaskörperzellen eine Uveitis vortäuschen. Die Diagnose wird durch Glaskörperaspirat gestellt. Die Bestrahlung des Auges hat palliativen Charakter. Beidseitige kristalline Bindehaut- und Hornhauteinlagerungen und Zysten in der Pars plana des Ziliarkörpers sind okuläre Symptome des ***multiplen Myeloms.*** Wie bei anderen Erkrankungen mit Hyperviskosität des Bluts sind die Netzhautvenen verdickt und verlaufen geschlängelt. Zusätzlich können Venenastverschlüsse oder eine Zentralvenenthrombose vorliegen.

Der häufigste ***Lidtumor*** ist das Basaliom. Weitaus seltener sind Plattenepithelkarzinom, Adenokarzinom der Talgdrüsen (sog. Meibom-Karzinom) und malignes Hautmelanom. Hamartome (Hämangiom, Lymphangiom) und Metastasen sind die häufigsten ***Orbitatumoren.*** Tränendrüsentumoren, Tumoren des Sehnerven und Tumoren, die von den Nasennebenhöhlen auf die Orbita übergreifen, sind nur in überaus seltenen Fällen Ursache eines Exophthalmus.

## 33.6 Medikamentennebenwirkungen am Auge

Das Auge und seine Adnexe sind Zielorgan einer Vielzahl unerwünschter Arzneimittelnebenwirkungen, andererseits können lokal applizierte Ophthalmika Ursache systemischer Nebenwirkungen sein. Die Mehrzahl der in Tabelle 33.4 aufgeführten okulären Nebenwirkungen nach systemischer Medikamentenanwendung tritt nur vorübergehend auf und ist reversibel. Bekannt sind aber auch Komplikationen, wie ***Katarakt, Glaukom*** und irreversible ***Netzhaut-*** und ***Sehnervenschädigung.*** Bei Neuverordnung eines der genannten Medikamente muß eine

**Tabelle 33.4.** Okuläre Nebenwirkungen systemisch gegebener Medikamente

| |
|---|
| Visusreduktion durch Refraktionsänderung: Antibiotika, Karboanhydrasehemmer, thiazidhaltige Diuretika, Cholinergika, Sedativa |
| Verschwommensehen durch Mydriasis und Zykloplegie: Anticholinergika, Antihistaminika, Amphetamine, Sympathomimetika, Neuroleptika, Antidepressiva |
| Farbsinnstörungen: Digitalisglykoside, Trimethadion, thiazidhaltige Diuretika |
| Konjunktivitis: Sulfonamide, Butazolidin, Goldsalze, Zytostatika (Busulfan, Fluorouracil, Methotrexat) |
| Hornhauteintrübung: Chloroquin, Amiodaron, Goldsalze, Vitamin D |
| Glaukom: Sympathomimetika, Anticholinergika, Antihistaminika, Neuroleptika, Antidepressiva, Amphetamine, Kortikosteroide (bei genetischer Disposition) |
| Katarakt: Kortikosteroide, adrenokortikotropes Hormon, Zytostatika (Busulfan, Methotrexat) |
| Netzhautblutung: Antikoagulanzien, Salizylate, thiazidhaltige Diuretika, Vitamin A, Ovulationshemmer |
| Netzhautdegeneration und Makulaödem: Chloroquin, Hydroxychloroquin, Chinin, Nikotinsäure, Thioridazin |
| Neuritis nervi optici: Chloramphenicol, Streptomycin, Sulfonamide, Isoniazid, Ethambutol, Nikotinsäure, Zytostatika (Vinblastin, Vincristin) |
| Motilitätsstörung, Doppelbildwahrnehmung: Chloroquin, Hydroxychloroquin, Chinin, Sulfonamide, Piperazin, Psychopharmaka, Vincristin |
| Exophthalmus: Kortikosteroide, Vitamin A, Thyreostatika |

eingehende Aufklärung des Patienten über die möglichen Komplikationen, bei wiederholter Verordnung eine gezielte Befragung über evtl. aufgetretene Nebenwirkungen erfolgen.

Lokal applizierbare Ophthalmika werden in vergleichsweise hohen Wirkstoffkonzentrationen hergestellt, da bei der lokalen Tropftherapie am Auge nur ca. 20% des Wirkstoffs therapeutisch genutzt werden können. Etwa 80% der Wirkstoffmenge erreichen über die ableitenden Tränenwege die Nasenschleimhaut, werden hier resorbiert und können so systemische Nebenwirkungen hervorrufen. Von erheblicher klinischer Bedeutung sind die unerwünschten systemischen Nebenwirkungen der mit zunehmender Häufigkeit bei chronischem Weitwinkelglaukom eingesetzten Therapie mit ***lokal applizierbaren*** β-Rezeptoren-Blockern. Komplikationen können bei obstruktiven Atemwegserkrankungen und kardiovaskulären Erkrankungen, wie Sinusbradykardie, AV-Block höheren Grades, kardiogenem Schock, Cor pulmonale, Hypertonie und peripheren Durchblutungsstörungen, auftreten. Auch wurden die Auslösung eines hypoglykämischen Schocks bei insulinpflichtigem Diabetes mellitus und das Auftreten von Depressionen und Libidoverlust beschrieben. Für die Verwendung lokal applizierbarer β-Rezeptoren-Blocker gelten demnach die gleichen Kontraindikationen wie für die systemische Therapie.

**Zur Glaukomtherapie häufig eingesetzte β-Blocker-haltige Augentropfen können Nebenwirkungen bis zum Asthmaanfall und zum kardiogenen Schock auslösen. Für die Tropfanwendung gelten die gleichen Kontraindikationen wie für die systemische β-Blocker-Therapie.**

## Literatur

Duane TD, Jaeger EA (eds) (1990) Clinical Ophthalmology, Vol I–V. Harper & Row, Philadelphia

Kanski JJ, Spitznas M (1987) Lehrbuch der Klinischen Ophthalmologie. Thieme, Stuttgart New York

Lund O-E, Waubke TN (Hrsg) (1987) Okuläre Symptome, Strategien der Untersuchung. Enke, Stuttgart

Lund O-E, Waubke TN (Hrsg) (1989) Auge und Allgemeinleiden – Der Augenarzt als Konsiliarius. Enke, Stuttgart

Rupprecht W, Naumann GOH (1980) Auge und Allgemeinleiden. In: Naumann GOH (Hrsg) Pathologie des Auges. Springer, Berlin Heidelberg New York, S 834–919

Spalton DJ, Hitchings RA, Hunter PA (1987) Atlas der Augenkrankheiten. Thieme, Stuttgart New York

# 34 Internistische Psychiatrie

A. Kurz

ZUSAMMENFASSUNG

Psychiatrische Störungen liegen bei $^1/_4$ der Patienten des Allgemeinarztes und Internisten vor. Oft werden sie aber übersehen oder mit den gleichfalls häufigen psychischen Folgeerscheinungen körperlicher Krankheiten verwechselt. Beim heutigen Stand der Ursachenforschung lassen sie sich nicht durch Laborbestimmungen oder apparative Untersuchungen nachweisen, sondern müssen nach wie vor anhand ihrer ***charakteristischen Symptommuster*** und ***Verlaufsmerkmale*** identifiziert werden. Dabei sind die klaren diagnostischen Leitlinien hilfreich, die in der 10. Revision der Internationalen Krankheitsklassifikation ***(ICD)*** der WHO enthalten sind. Sie lösen sich von traditionellen, letztlich aber unklaren Begriffen wie Psychose oder Neurose, beziehen sich ausschließlich auf ***beobachtbares Verhalten*** und kommen deshalb dem psychiatrisch nicht speziell geschulten Arzt entgegen. In der Behandlung psychiatrischer Störungen werden somatische, psychotherapeutische und soziale Interventionen zu ***individuellen Therapieprogrammen*** verbunden.

## 34.1 Angstzustände

Das normale und biologisch zweckmäßige psychische Phänomen der Angst kann im Rahmen von psychischen Störungen ohne äußere Gefahr auftreten, übermäßig stark ausgeprägt sein oder einen ungewöhnlichen Inhalt haben. Bei den Angststörungen ist es das vorherrschende Merkmal, als Begleitsymptom kommt es bei nahezu allen anderen psychischen Störungen vor, bei vielen körperlichen Störungen tritt es als Folge einer Hirnbeteiligung auf.

### Angststörungen

Bei der ***phobischen Störung*** wird Angst durch bestimmte Situationen oder Objekte hervorgerufen (z.B. freie Plätze, enge Räume, Menschenansammlungen, bestimmte Tiere). Sie wird begleitet von Herzklopfen, Schwächegefühl oder Schwindel. Zur Phobie gehört das zwanghafte Vermeiden der angstauslösenden Situation. In der Behandlung wird vor allem die verhaltenstherapeutische Technik der abgestuften Exposition an den Angstauslöser eingesetzt.

Erkennungsmerkmale der ***Panikstörung*** sind Angstattacken mit körperlichen Begleitsymptomen ohne erkennbaren Zusammenhang mit spezifischen Situationen. In der Behandlung geht es darum, auslösende Momente festzustellen und ggf. zu verändern. Ferner werden adäquate Reaktionsweisen auf die körperlichen Symptome geübt.

Die ***generalisierte Angststörung*** ist durch anhaltende, in ihrer Intensität fluktuierende, ebenfalls nicht situationsgebundene Angst gekennzeichnet. Zur Behandlung werden neben Entspannungstechniken und anderen verhaltenstherapeutischen Verfahren auch tiefenpsychologische Methoden eingesetzt. Ihr Ziel ist die Aufdeckung und Verarbeitung der zugrundeliegenden unbewußten Aggressionsproblematik.

Zur ***medikamentösen Therapie*** der bisher besprochenen Angststörungen eignen sich kurzfristig Benzodiazepine (z.B. Alprazolam), längerfristig Antidepressiva (z.B. Clomipramin).

Das ***hypochondrische Syndrom*** besteht in der beharrlichen, aber unbegründeten Beschäftigung mit der Möglichkeit, an einer schweren körperlichen Erkrankung zu leiden. Normale Empfindungen werden als krankhaft interpretiert. Differentialdiagnostisch abzugrenzen sind der hypochondrische Wahn bei depressiver Episode, charakterisiert durch eine unkorrigierbare Überzeugung von körperlichen Fehlfunktionen, sowie abnorme Körperwahrnehmungen bei Schizophrenie. Hypochondrische Patienten sind meist schwer zu behandeln. Bewährt hat sich die Strategie, die abnorme Einstellung des Patienten gegenüber seinen Symptomen zu verdeutlichen und zu verändern.

### Angstzustände bei anderen psychischen Störungen

Angst ist ein sehr häufiges Begleitsymptom der ***depressiven Episode.*** Sie bezieht sich inhaltlich meist auf die subjektive Hoffnungslosigkeit der eigenen Lage oder auf wahnhafte Befürchtungen. Bei der ***Schizophrenie*** steht Angst oft im Zusammenhang mit Beeinflussungserlebnissen, Verfolgungswahn oder Sinnestäuschungen.

### Angstzustände bei körperlichen Erkrankungen

Als unmittelbare Folge einer Hirnbeteiligung tritt Angst vor allem bei ***endokrinen Störungen*** auf. Zu einer sich aufschaukelnden Wechselbeziehung zwischen körperlichen Symptomen und reaktiver Angst kann es beim Myokardinfarkt, bei Angina pectoris, bei Arrhythmien und beim Asthmaanfall kommen. Zur Behandlung sind auch hier Benzodiazepine indiziert (Tabelle 34.1).

**Tabelle 34.1.** Häufige endokrine Ursachen von Angstzuständen

| |
|---|
| Phäochromozytom |
| Hyperthyreose |
| Hypoglykämie |
| Karzinoidsyndrom |
| Cushing-Syndrom |
| Hyperparathyreoidismus |

## 34.2 Depressive Zustände

Im Unterschied zur Traurigkeit, die jeder Gesunde kennt, ist die depressive Verstimmung bei psychischen Störungen von längerer Dauer, von stärkerer Intensität und von anderer Qualität. Depressive Zustände sind eines der Hauptmerkmale von affektiven Störungen (manisch-depressive Krankheit), sie treten als Begleitsymptome bei zahlreichen anderen psychischen Störungen auf und sind eine häufige Begleiterscheinung organischer Hirnschädigungen.

### Depressive Episode

Diese ist durch ein charakteristisches Erscheinungsbild und Verlaufsmuster gekennzeichnet. Gleichartige Störungen in der Vorgeschichte oder in der Familie können zusätzliche diagnostische Hinweise geben. Das Vorliegen ***auslösender Lebensereignisse*** spricht nicht gegen die Diagnose. Wahnideen sind stimmungskongruent und kreisen um die Themen Schuld, Versündigung, Verarmung oder unheilbare Krankheit. Bei rund $^1/_3$ der Patienten bestehen objektivierbare Einbußen von Gedächtnis, Konzentrationsleistung und Denkvermögen (Tabelle 34.2).

**Tabelle 34.2.** Symptome der depressiven Episode

| |
|---|
| Gedrückte Stimmung |
| Verminderung von Antrieb und Aktivität |
| Interessensverlust, Freudlosigkeit |
| Beeinträchtigung des Selbstwertgefühls und des Selbstvertrauens |
| Dauer mindestens 2 Wochen |
| Häufig begleitet von: |
| Schlafstörungen |
| Morgendlichem Stimmungstief |
| Gewichtsabnahme |
| Libidoverlust |

Bei ***älteren Menschen*** können depressive Episoden viele Monate dauern und ein ***atypisches Erscheinungsbild*** annehmen. Oft stehen allgemeines Unwohlsein und unspezifische körperliche Beschwerden im Vordergrund und werden von regressiven oder demonstrativen Verhaltensweisen begleitet.

Im Vordergrund der Behandlung stehen ***Antidepressiva.*** Sie greifen am zentralen Katecholaminstoffwechsel an; ihr biochemisches und klinisches Wirkprofil ist aber unterschiedlich. Die Wahl des geeigneten Präparats orientiert sich am Zustandsbild des Patienten (Tabelle 34.3).

**Depressive Patienten sind in hohem Maße suizidgefährdet.**

Wenn die Depression auf mehrere Präparate mit unterschiedlichem biochemischen Wirkprofil trotz ausreichender Dosierung nicht anspricht, müssen zusätzliche Behandlungsmethoden wie ***Schlafentzug,*** in schweren Fällen auch ***Elektrokrampftherapie*** eingesetzt werden.

Die medikamentöse Behandlung wird durch ***psychotherapeutische Verfahren*** und ***soziale Hilfestellungen*** er-

**Tabelle 34.3.** Biochemisches und klinisches Wirkpotential antidepressiver Substanzen

| Substanz | Biochemisches Wirkprofil | Klinisches Wirkprofil | | |
|---|---|---|---|---|
| | | antriebs- steigernd | stimmungs- aufhellend | initial sedierend |
| Maprotilin | noradrenerg | + | ++ | + |
| Desipramin | noradrenerg | + | + | – |
| Dibenzepin | noradrenerg | + | + | – |
| Amitriptylin | noradrenerg und serotonerg | – | + | ++ |
| Doxepin | noradrenerg und serotonerg | – | + | ++ |
| Imipramin | noradrenerg und serotonerg | + | ++ | + |
| Clomipramin | serotonerg | + | ++ | + |
| Tranylcypromin | MAO-Hemmung | ++ | + | – |

gänzt. Im Vordergrund stehen die Verarbeitung auslösender Lebensereignisse, die Korrektur der verzerrten Selbst- und Weltwahrnehmung und die Veränderung chronisch belastender Lebensumstände.

Wenn innerhalb von 2 Jahren mindestens 2 depressive oder manische Episoden aufgetreten sind, ist eine ***Prophylaxe mit Lithium*** angezeigt.

**Zur Behandlung einer Depression gehören Medikamente und Psychotherapie.**

### Dysthymie

Im Unterschied zur depressiven Episode ist die Verstimmung chronisch, aber weniger stark ausgeprägt und durch äußere Umstände beeinflußbar. Die Patienten können die Anforderungen des täglichen Lebens erfüllen. Tagesperiodik, schwere Antriebsstörung und Wahnideen gehören nicht zu diesem Bild. In der Behandlung stehen ***psychotherapeutische Verfahren*** im Vordergrund. Sie sind über die Bewältigung aktueller Belastungen hinaus auf eine langfristige Einstellungsänderung gerichtet. Antidepressiva sind auch hier wirksam (Tabelle 34.4).

### Depressive Reaktion

Anpassungsstörungen depressiven Gepräges unterscheiden sich nicht von der Dysthymie. Sie sind aber eindeutig ***ereignisbezogen*** und klingen rasch ab. Die Behandlung besteht in der Hilfe bei der Bewältigung des auslösenden Lebensproblems.

**Tabelle 34.4.** Symptome der Dysthymie

| |
|---|
| Langdauernde depressive Verstimmung, nie oder selten sehr ausgeprägt |
| Beginn im frühen Erwachsenenalter |
| Dauer mehrere Jahre |

### Depression bei körperlichen Störungen

Depressive Zustände als Folge einer zerebralen oder systemischen körperliche Störung gehen manchmal den somatischen Manifestationen voraus und werden daher leicht als depressive Episode oder Dysthymie verkannt. Auch einige häufig eingesetzte Medikamente können Depressionen hervorrufen. Organisch bedingte depressive Verstimmungen werden in der Regel von anderen psychopathologischen Veränderungen begleitet. Dazu gehören ausgeprägter Antriebsmangel, erhöhtes Schlafbedürfnis und Dysphorie (Hypothyreose, Hyperparathyreoidismus, Diabetes mellitus, Urämie), Reizbarkeit und abnorme Stimmungsschwankungen (Pankreatitis), delirante Zustände (Enzephalitis), Persönlichkeitsveränderung (Alkoholabhängigkeit, Leberzirrhose), Ängstlichkeit und Unruhe (Hyperthyreose) sowie Wahnphänomene (Cushing-Syndrom). Mit der erfolgreichen Behandlung der zugrundeliegenden Störung klingt die depressive Verstimmung ab. Falls eine spezielle psychiatrische Therapie notwendig ist, erfolgt sie wie bei der depressiven Episode (Tabelle 34.5).

## 34.3 Demenz- und Delirzustände

Diese beiden Symptome weisen immer auf eine organische Hirnschädigung hin. ***Leitsymptome*** der Demenz sind kognitive Einbußen, führendes Merkmal des Delirs ist die Bewußtseinstrübung (Tabelle 34.6).

### Demenz

Am häufigsten ist die ***Demenz vom Alzheimer-Typ.*** Sie wird durch einen vorwiegend in der Hirnrinde lokalisierten neuronalen Degenerationsprozeß von bisher noch unbekannter Ätiologie hervorgerufen. Verläßliche biologische Diagnoseindikatoren fehlen, insbesondere ist der Befund einer Hirnatrophie in bildgebenden Verfahren nicht beweisend. Eine spezielle Therapie oder Prophylaxe gibt es bis heute noch nicht (Tabelle 34.7).

**Tabelle 34.5.** Häufige körperliche Ursachen depressiver Zustände

| |
|---|
| *Endokrine Störungen:* |
| Hypothyreose |
| Hyperthyreose |
| Hyperparathyreoidismus |
| Diabetes mellitus |
| Cushing-Syndrom |
| Addison-Krankheit |
| Menopause |
| *Intrakranielle Störungen:* |
| Hirntumor |
| Chronisches subdurales Hämatom |
| Multiple Sklerose |
| Schlaganfall |
| Demenz vom Alzheimer-Typ |
| Parkinson-Krankheit |
| Tertiäre Lues |
| Virusenzephalitis |
| *Metabolische Störungen:* |
| Leberzirrhose |
| Pankreatitis |
| Pankreaskarzinom |
| Urämie |
| *Kollagenosen:* |
| Lupus erythematodes |
| Arteriitis temporalis |
| *Medikamente:* |
| Kortikosteroide |
| Benzodiazepine |
| L-Dopa |
| Reserpin |
| Kontrazeptiva |

**Tabelle 34.6.** Symptome der Demenz

| |
|---|
| Abnahme des Gedächtnisses *und* des Denkvermögens gegenüber dem prämorbiden Niveau |
| Dadurch beeinträchtigte Funktionsfähigkeit im täglichen Leben (Fremdanamnese!) |
| Keine Bewußtseinstrübung |
| Dauer mindestens 6 Monate |

***Vaskuläre Demenzen*** kommen durch Hirninfarkte auf der Grundlage von Gefäßerkrankungen zustande; wichtigster Risikofaktor ist die ***Hypertonie.*** Der Nachweis von ischämischen Läsionen durch bildgebende Verfahren reicht für die Diagnose nicht aus. Eine ***Prophylaxe*** weiterer Hirninfarkte durch die Behandlung des zugrundeliegenden Gefäßleidens muß versucht werden.

**Tabelle 34.7.** Differentialdiagnose zwischen vaskulärer und Demenz vom Alzheimer-Typ

| Demenz vom Alzheimer Typ | Vaskuläre Demenz |
|---|---|
| Demenz | Demenz |
| Schleichender Beginn und langsame Verschlechterung | Plötzlicher Beginn und schrittweise Verschlechterung |
| Aphasie, Apraxie, Agnosie | |
| Keine neurologischen Herdsymptome in frühen Stadien | Neurologische Herdsymptome |
| Keine klinisch erkennbare Ursache | Nachweis einer ursächlichen zerebrovaskulären Erkrankung |

**Tabelle 34.8.** Potentiell reversible Ursachen von Demenzzuständen

| |
|---|
| Depressive Episode |
| Chronische intrakranielle Blutung |
| Operable Tumoren |
| Hypothyreose |
| Kommunizierender Hydrozephalus |
| Chronische Intoxikationen |

Demenzzustände (Tabelle 34.8) auf der Grundlage von Störungen im Bereich der ***Stammganglien*** (z. B. Parkinson- oder Huntington-Krankheit) zeichnen sich durch Verlangsamung der Denkabläufe und erschwertes Umstellungsvermögen aus. Aphasische, apraktische oder agnostische Symptome kommen nicht vor. Die seltene umschriebene Stirnhirnatrophie (Pick-Krankheit) führt zu besonders ausgeprägten Veränderungen der Persönlichkeit.

**Rund 10 % aller Demenzzustände beruhen auf behandelbaren Ursachen und sind daher potentiell reversibel. Sie müssen erkannt und einer entsprechenden Therapie zugeführt werden.**

Zur ***Behandlung*** der unspezifischen Begleitsymptome einer Demenz, wie Aggressivität, Angst, Unruhe und Schlafstörungen, eigenen sich niedrigpotente Neuroleptika (z. B. Thioridazin, Melperon, Chlorprothixen) in vorsichtiger Dosierung. Benzodiazepine rufen bei Demenzkranken manchmal paradoxe Erregungszustände hervor und setzen die Vigilanz herab.

## FALL 34 A

**Anamnese.** Bei einer 71jährigen promovierten Juristin entwickelten sich innerhalb von wenigen Tagen ein „Verwirrtheitszustand", zusätzlich depressive Verstimmung, Schuld- und Verfolgungsgedanken. Bei Aufnahme in einer Kurklinik ausgeprägte Gedächtnisstörungen und zeitliche Desorientiertheit. Sie konnte sich nicht selbständig an- oder auskleiden und verweigerte die Nahrungsaufnahme. Ein sinnvolles Gespräch war nicht möglich. Vorbereitungen zur Heimunterbringung, Zuverlegung mit der Diagnose: senile Demenz.

**Befunde.** Störung des Kurzzeitgedächtnisses, normales Denkvermögen, psychomotorische Hemmung, schwere depressive Verstimmung, Schuld- und Verarmungswahn, Suizidgedanken, Schlafstörungen, erhebliche Gewichtsabnahme. Internistischer und neurologischer Status unauffällig, im EKG kompletter Rechtsschenkelblock, alle anderen Laborbestimmungen und apparativen Untersuchungen ohne pathologisches Ergebnis.

**Diagnose.** Depressive Episode.

**Therapie und Verlauf.** Mit verschiedenen Antidepressiva in Kombination mit Schlafentzug nach mehreren Monaten keine Befundänderung. Deshalb Elektrokrampftherapie, darunter rasche Stimmungsaufhellung, Abklingen des Wahns und völliger Rückgang der Gedächtnisstörungen. Entlassung in gut gebessertem Zustand. Ein Jahr später erneute depressive Episode.

**Tabelle 34.9.** Symptome des Delirs

| |
|---|
| Störung des Bewußtseins (von Trübung bis Koma) |
| Störung der Wahrnehmung (Illusionen, optische Sinnestäuschungen, flüchtige Wahnideen) und des Gedächtnisses |
| Hypo- und Hyperaktivität |
| Depression, Angst, Reizbarkeit, Apathie, Ratlosigkeit |
| Akuter Beginn |
| Schwankungen über den Tag |
| Dauer unter 6 Monate |

**Tabelle 34.10.** Häufigste Ursachen eines Delirs

| | |
|---|---|
| *Zirkulatorische und metabolische Störungen* | |
| Herzinsuffizienz | |
| Pulmonale Insuffizienz | |
| Leberversagen | |
| Nierenversagen | |
| Elektrolytstörungen | |
| Thyreotoxische Krise | |
| *Intrakranielle Störungen* | |
| Schädelhirntrauma | |
| Enzephalitis | |
| Akute zerebrale Ischämie | |
| Akute intrakranielle Blutung | |
| Tumoren | |
| *Medikamente* | |
| Alkohol | } Intoxikation oder Entzug |
| Barbiturate | } Intoxikation oder Entzug |
| Benzodiazepine | } Intoxikation oder Entzug |
| Opiate | } Intoxikation oder Entzug |
| Kortikosteroide | } Intoxikation |
| L-Dopa | } Intoxikation |
| Anticholinergika | } Intoxikation |
| Halluzinogene | } Intoxikation |
| Amphetamine | } Intoxikation |
| Kokain | } Intoxikation |

Die medikamentöse Therapie muß durch ***psychologische*** und ***soziale Maßnahmen*** ergänzt werden. Ihr Ziel ist es, durch eine Anpassung des Umfeldes den Patienten ein optimales Maß an Wohlbefinden und Leistungsvermögen zu ermöglichen. Dazu ist eine intensive ***Beratung der Pflegepersonen*** nötig.

### Delir

Im Gegensatz zur Demenz wird ein Delir (synonym mit Verwirrtheitszustand) durch akute körperliche Störungen hervorgerufen. Intoxikationen mit Kokain und Amphetaminen zeigen als Besonderheit eine Steigerung der Wachheit und der Reizoffenheit. Delirante Zustände mit Sinnestäuschungen und Wahnphänomenen können einer Schizophrenie ähneln. Bei dieser ist jedoch das Bewußtsein klar, die Sinnestäuschungen sind akustisch, der Wahn hat oft metaphysische, technische oder religiöse Inhalte. Die ***Behandlung*** eines Delirs erfordert die Ausschaltung seiner Ursache, das Absetzen aller im Augenblick entbehrlichen Medikamente, die Sicherung des Patienten und meist eine Sedierung durch mittel- und hochpotente Neuroleptika (z. B. Chlorprothixen, Haloperidol) oder durch Clomethiazol (Tabellen 34.9 und 34.10).

**Tabelle 34.11.** Symptome der Abhängigkeit

| |
|---|
| Zwang, die Droge zu konsumieren |
| Drogengebrauch mit dem Ziel, Entzugserscheinungen zu mildern |
| Körperliche Entzugserscheinungen |
| Erhöhte Toleranz für die Droge |
| Fortschreitende Vernachlässigung anderer Interessen |

## 34.4 Abhängigkeit

Die wichtigsten Abhängigkeit erzeugenden Substanzen (Drogen) sind Äthanol, Opiate, Cannabis, Benzodiazepine und Barbiturate, Kokain, Amphetamine und Halluzinogene. Kennzeichen der Abhängigkeit ist der unwiderstehliche Zwang, die Droge weiter einzunehmen. Die Vermeidung von Entzugssymptomen steht gegenüber dem Lustgewinn im Vordergrund (Tabelle 34.11).

***Akute Intoxikationen*** entsprechen psychopathologisch einem Delir. Der anhaltende Gebrauch der Droge führt neben bleibenden körperlichen Folgen zu ***Veränderungen der Persönlichkeit*** wie krassem Egoismus, Rücksichtslosigkeit, Beschaffungskriminalität, Prostitution, Verwahrlosung, Verlust höherer Interessen, und zu schweren sozialen Schäden wie Auseinanderbrechen der Familie und Arbeitslosigkeit.

Die Patienten sind in der Regel darum bemüht, ihre Abhängigkeit zu verheimlichen. Deshalb muß ein Drogennachweis versucht und auf körperliche Manifestationen besonders geachtet werden (Hautrötung, Skleren-injektion, Tremor der Hände, Miosis, Zahnstatus, Einstichstellen).

Die ***Therapie*** Abhängiger setzt Krankheitseinsicht und Kooperationsbereitschaft voraus. Der erste Behandlungsschritt ist die ***Entgiftung,*** am besten unter stationären Bedingungen. Zur Milderung von Entzugssymptomen hat sich Doxepin bewährt.

In der anschließenden ***Entwöhnung*** geht es darum, durch eine Umstellung der Lebensführung von der Droge loszukommen. Dazu ist vielfach eine mehrmonatige Behandlung in einer Fachklinik erforderlich. Der 3. Behandlungsschritt hat die ***soziale und berufliche Wiedereingliederung*** und die Verhütung von Rückfällen zum Ziel. Der Patient muß während eines Zeitraums von mehreren Jahren regelmäßigen Kontakt mit einer Beratungsinstitution halten und an Selbsthilfegruppen teilnehmen. Die ***Drogenersatzbehandlung*** bei Opiatabhängigen führt zwar zur Entkriminalisierung, das Therapieprinzip der Drogenabstinenz wird aber aufgegeben.

**Die Therapie der Abhängigkeit beginnt mit der Entgiftung und endet mit der Rehabilitation.**

## 34.5 Psychiatrische Notfälle

Am wichtigsten sind akute Erregungszustände und drohende Selbstmordgefahr. Beide sind ätiologisch unspezifisch.

### Erregungszustände

Sie kommen bei Schizophrenie, Manie, aber auch bei akuter Intoxikation vor. ***Verhaltensregeln*** für den Arzt sind: Entschlossenes Auftreten, rasches Handeln, Vermeidung jeder Eskalation, Verständnis für die Lage des Patienten, ggf. Hinzuziehung von Bezugspersonen. Zur sofortigen Sedierung eignen sich am besten hoch- oder mittelpotente Neuroleptika (Haloperidol 5–10 mg i. v., Chlorprothixen 50–100 mg i. v.). Weiterbehandlung und diagnostische Klärung müssen in einer Klinik erfolgen.

### Selbstmordgefahr

In besonderem Maße suizidgefährdet sind depressive und abhängige Patienten. Bei Verdacht auf Selbstgefährdung muß der Arzt die Initiative ergreifen und Suizidgedanken oder -pläne offen ansprechen. Bestätigt sich die Suizidgefahr, darf mit der Einweisung in eine Klinik nicht gezögert werden. Es gelten dieselben Verhaltensregeln wie bei Erregungszuständen.

### Rechtliche Voraussetzungen der geschlossenen Unterbringung

Grundsätzlich muß versucht werden, das Einverständnis des Patienten mit der Behandlung in einer geschlossenen Einrichtung zu erwirken. Andernfalls stellt sie einen Freiheitsentzug dar, der aber unter zwei Voraussetzungen zu rechtfertigen ist. Bei ***willensfähigen*** Patienten kann die Einweisung nach dem jeweiligen ***Landesunterbringungsgesetz*** erfolgen, wenn Geisteskrankheit, Geistesschwäche oder Abhängigkeit vorliegen, die mit ***Selbst-*** oder ***Fremdgefährdung*** verbunden ist. Der Arzt verständigt in diesem Fall die Polizei oder das Ordnungsamt und begründet die Notwendigkeit einer Unterbringung gegen den Willen des Betroffenen. Bei ***fehlender Willensfähigkeit*** (der Patient erkennt die Bedeutung und Tragweite seiner Entscheidungen nicht) kommt die Errichtung einer ***Pflegschaft*** mit dem Wirkungskreis der Aufenthaltsbestimmung in Frage. In diesem Fall ist gegenüber dem Vormundschaftsgericht zu begründen, daß mit dem Patienten eine Verständigung über Sinn und Zweck der Pflegschaft nicht möglich ist.

Die rechtlichen Bestimmungen werden sich mit der Einführung des ***Betreuungsgesetzes*** in den nächsten Jahren ändern. In allen Zweifelsfällen informiert man sich beim nächsten rechtsmedizinischen Institut oder bei der zuständigen Staatsanwaltschaft.

## Literatur


Faust V (1989) Depressionen. Kurzgefaßte Diagnose und Therapie. Hippokrates, Stuttgart

Hall RCW (eds) (1980) Psychiatric presentations of medical illness. MTP, Lancaster

Kielholz P, Adams C (Hrsg) (1989) Die Vielfalt von Angstzuständen. Deutscher Ärzteverlag, Köln

Lishman WA (1987) Organic psychiatry. The psychological consequences of cerebral disorders, 2nd edn. Blackwell, Oxford

Möller HJ, Kissling W, Stoll KD, Wendt G (1990) Psychopharmakotherapie. Ein Leitfaden für Klinik und Praxis. Kohlhammer, Stuttgart

Steinbrecher W, Solms H (1975) Sucht und Mißbrauch. Körperliche und psychische Gewöhnung sowie Abhängigkeit von Drogen, Medikamenten und Alkohol. Thieme, Stuttgart

# 35 Psychosomatik

H. C. Deter

ZUSAMMENFASSUNG

In der allgemeinen internistischen Anamnese werden psychosomatisch bedeutsame Befunde erfaßt. Sie sollen bei den Patienten einen Überblick über ***mögliche psychosomatische Störungsbereiche*** und Ansätze für eine ***psychosomatische Behandlungsindikation*** ergeben. Klinisch bedeutsame Krankheitsbilder werden beschrieben: Beim psychosomatischen Allgemeinsyndrom finden sich eine Fülle wechselnder vegetativer Beschwerden. Die Herzneurose ist wegen ihres zur Chronifizierung neigenden Verlaufs und wegen der Abgrenzung zur koronaren Herzerkrankung bedeutsam. Die Hyperventilationstetanie macht durch ihre akute Symptomatik oft ein rasches Handeln erforderlich. Das Colon irritabile führt wegen differentialdiagnostischer Schwierigkeiten zu vielen, oft unnötigen Untersuchungen, die durch Beachtung der Arzt-Patient-Beziehung und eine gute Patientenkenntnis zu vermeiden sind. Zur Chronifizierung neigende Erkrankungen, wie Asthma bronchiale, Colitis ulcerosa, Morbus Crohn, Ulcus pepticum und rheumatoide Arthritis, erfordern eine genaue Analyse der ätiopathogenetisch wirksamen Faktoren und eine spezielle, die Verursachungsaspekte berücksichtigende psychosomatische Therapie (emotionale Bewältigung und adäquates Verhalten in der Krankheit).

## 35.1 Allgemeines

### Epidemiologie

Bis zu 25 % der allgemeinen Bevölkerung leiden zu einem definierten Zeitpunkt (Punktprävalenz) unter psychischen und psychosomatischen Störungen, die teilweise reversibel sind, aber auch bestehen bleiben können. In der allgemeinärztlichen Praxis ist der Anteil von Patienten mit psychischen Störungen höher und liegt bei 35 % (davon 11 % psychosomatische Beschwerdebilder).

### Einteilung

Wir unterscheiden kurz dauernde ***psychosomatische Reaktionen,*** meist nach bestimmten Lebensereignissen, ***psychosomatische Symptombildungen bei Fehlentwicklung der Persönlichkeit*** (Konversionsneurose), ***psychosomatische Funktionsstörungen*** (ohne morphologisch faßbare Veränderungen), ***psychosomatische Erkrankungen*** (mit morphologischen Veränderungen), bei denen ein bedeutsamer psychischer Verursachungsanteil wahrscheinlich ist, und ***somatopsychische Störungen.***

Die Psychosomatik beschäftigt darüber hinaus nicht nur die pathologische Erlebnisverarbeitung, sondern auch das normale und pathologische Verhalten eines Patienten, insbesondere sein allgemeines Krankheitsverhalten, das Medikamenteneinnahmeverhalten und die Interaktionen in der Arzt-Patient-Beziehung. Spezielle und hier nicht weiter abzuhandelnde Aspekte ergeben sich bei onkologischen Erkrankungen, bei der Dialysebehandlung, bei Infektionskrankheiten, bei der Schmerztherapie und bei manchen endokrinen Störungen.

### 35.1.1 Diagnostische Gesichtspunkte

Jede ***ärztliche Anamnese*** schließt psychosoziale Aspekte ein, die für viele Krankheiten Bedeutung haben, bei psychosomatischen Störungen aber entscheidend wichtig sind. Fragen zu vegetativen Funktionen, zur beruflichen und sozialen Situation, zu riskanten Verhaltensweisen

(z. B. Rauchen) und zur Familienanamnese dürfen hier nicht fehlen (Tabelle 35.1).

Die Erfassung des subjektiven Krankheitserlebens der speziellen Formen des Krankheitsverhaltens sowie die Schilderung der Auslösesituation, in der die Symptomatik erstmals auftrat, werden in einer ***erweiterten Anamnese*** erhoben, an die bei Verdacht auf ein psychosomatisches Geschehen eine ***biographische Anamnese*** angeschlossen wird.

Eine ***spezielle Psycho- und Verhaltensdiagnostik*** (psychodynamisches Interview, Verhaltensanalyse), in der die Schwere und Prognose der Störung sowie ihre Behandelbarkeit beurteilt werden, soll dem psychosomatischen Spezialisten überlassen werden.

Die psychosomatische Diagnose ist nicht allein durch den Ausschluß einer primär organischen Ursache gegeben, sie erfordert den Nachweis psychodynamischer Zusammenhänge (im Konfliktmodell) oder lerntheoretisch aufzeigbare Verursachungsketten (im Reiz-Reaktions-Modell).

***Beschwerdefragebögen*** und ***Persönlichkeitstests*** können die Psychodiagnostik vertiefen und wichtige Persönlichkeitsaspekte eines Kranken in standardisierter Form aufzeigen.

**Tabelle 35.1.** Psychosomatische Schwerpunkte der Anamnese

| | |
|---|---|
| *Patientenzentriertes Vorgehen* | – Auf Patienten eingehen, sich und dem Patienten Zeit lassen, erst später das Anamnesegespräch strukturieren<br>– Vorerfahrungen, Vorbehandlungen der Patienten erfragen<br>– Zuordnung von Beschwerden zu Organsystemen, psychovegetative Beschwerden beachten<br>– Herausarbeiten der Ursachen: genetisch, exogen, endogen, Risikoverhalten, soziale Stressoren, psychische Konflikte<br>– Bei der Gesamtbeurteilung Beachtung des subjektiven Erlebens der Krankheit und der subjektiven Bewertung der Lebenssituation durch den Patienten |
| *Beachtung der vegetativen Funktionen* | – Gewichtsentwicklung, Appetit, Durst, Schlafen, Stuhlgang, Wasserlassen, Atmung, Körpertemperatur |
| *Beobachtung häufiger vegetativer Beschwerden* | – Allgemeine Nervosität, Schwitzen, Zittern der Hände, kalte Füße, Kopfschmerzen |
| *Feststellung typischer vegetativer Befunde* | – Dermographismus, situative Blutdruckerhöhung, vagale ST-Strecke im EKG |
| *Fokussierung der Anamnese auf* | – riskante Verhaltensweisen (Alkohol, Zigaretten, Suchtmittel, Nichteinhaltung einer Diät)<br>– die psychosoziale Auslösesituation (Beschwerden bei Beginn der Erkrankung oder ihrer Rezidive, Situation in der Familie und im Beruf) |
| *Biographie* | – u. a. ursprüngliches Familienmilieu, Umgang mit Bezugspersonen, Bewältigung von persönlichen Reifungsschritten |

## 35.1.2 Psychosomatische Therapie

**Die Indikation zur psychosomatischen Therapie wird beeinflußt durch: 1. Art und Schwere der psychischen Störung, 2. Art und Schwere der somatischen Störung, 3. subjektive Krankheitseinsicht und Psychotherapiemotivation.**

Die ***Introspektionsfähigkeit*** und ***Psychotherapiemotivation*** ist für jede Art von psychosomatischer Behandlung ein limitierender Faktor, der durch den Allgemeinarzt oder Internisten beeinflußt werden kann. Entscheidend ist das Vertrauen, das der Patient seinem Arzt entgegenbringt. Überweisungen zum Psychosomatiker gelingen nur dann, wenn der überweisende Internist oder Allgemeinarzt von der psychosomatischen Therapie überzeugt ist, nachdem ein Grundkonsens über die somatische Diagnostik *und* die psychosoziale Konfliktsituation und deren Zusammenhang erzielt wurde. Eine Überweisung zum Psychosomatiker kann zur Indikation zum autogenen Training, zur analytisch orientierten Einzel- oder Gruppentherapie, zur Verhaltenstherapie, zur Familientherapie und zur stationären psychosomatischen Behandlung führen. Auch psychosomatische Kurbehandlungen können erwogen werden.

## 35.1.3 Prognose

Psychosomatische und neurotische Störungen neigen unter der somatisch orientierten Therapie zur Chronifizierung. So kommt es, daß die Patienten im Regelfall erst nach 5–10 Jahren Symptomdauer dem Psychosomatiker vorgestellt werden, was die Prognose erheblich verschlechtert.

**Neben der Krankheitsdauer sind das Alter, das Ausmaß an körperlicher Schädigung, die Schwere der Persönlichkeitsstörung, ein geringes Konfliktbewußtsein und eine geringe Motivation, eine psychosomatische Behandlung zu beginnen, prognostisch ungünstig.**

In leichteren Fällen wird mit einer Spontanremission in 30–40% der Fälle gerechnet. Allerdings ist ein ***Symptomwandel*** häufig (Übergang von einem in ein anderes psychosomatisches Symptom). Während einer psychosomatischen Behandlung kann es schnell zur ***Symptomfreiheit*** kommen. Von ***Heilung*** wird aber erst gesprochen, wenn die zugrundeliegenden Persönlichkeitskonflikte bewältigt sind und der Patient ohne Therapie symptomfrei bleibt.

## 35.2 Psychovegetative Allgemeinstörungen

Beim ***psychovegetativen Syndrom*** werden unterschiedliche Beschwerden mit wechselnder Intensität angegeben. Psychische (allgemeine Schwäche, Erschöpfung, Angstzustände, depressive Verstimmungen) und körperliche Symptome (Beschwerden an Kopf, Rücken, Herz, Atmung, Magen, Darm, Urogenitale; Schwindel, Schlaf- und Sexualstörungen) kommen oft gleichzeitig vor. Eine somatische Ursache der Störung findet sich nicht (aber manchmal typische Befunde, s. Tabelle 35.1, Abb. 35.1). ***Differentialdiagnostisch*** müssen Frühsymptome von Organerkrankungen durch entsprechende Diagnostik

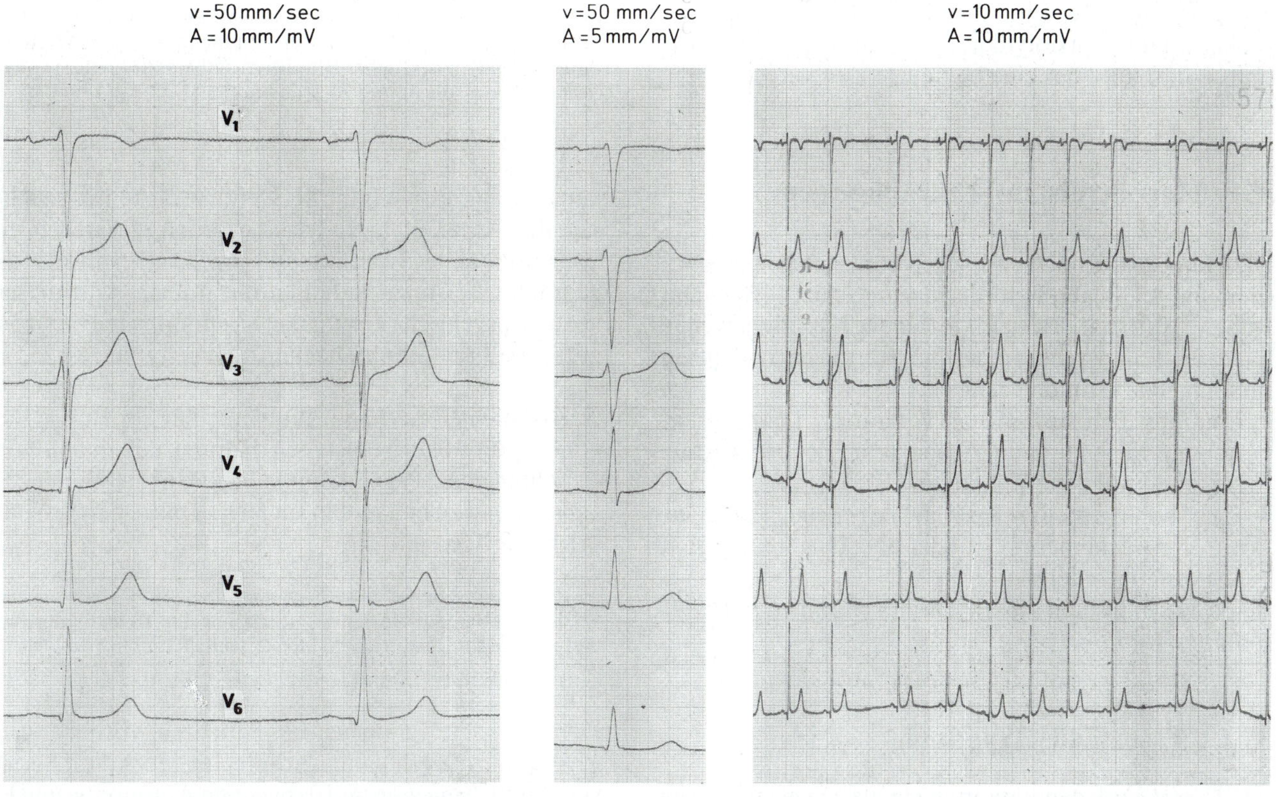


**Abb. 35.1.** EKG eines 30jährigen Mannes mit typischer vagotoner Kurvenform. Kennzeichnend sind Sinusbradykardie (Herzfrequenz = 42/min), ausgeprägte respiratorische Arrhythmie bei normaler Atmung (Schwankung des RR-Intervalls zwischen 0,9–1,6 s), konkav verlaufende ST-Hebung und hohe T-Wellen (in $V_3$ und $V_4$), deutliche U-Wellen (in $V_2$–$V_4$) und vergleichsweise flache P-Wellen

abgegrenzt werden; schwierig ist manchmal der Ausschluß einer larvierten Depression.

Ursache der Erkrankung sind weit in die Kindheit zurückzuverfolgende ***Störungen der Persönlichkeitsentwicklung,*** ein bestimmtes schichtabhängiges (erlerntes) ***Ausdrucksverhalten*** und eine aktuelle psychische oder körperliche ***Überlastung,*** die für den Patienten zu einer unbewältigten (und in seinen Ausmaßen meist unbewußten) Konfliktsituation führt. Genußmittel- und Arzneimittelmißbrauch, eine inadäquate körperliche Schonung sowie eine zunehmende hypochondrische Tendenz verstärken die Symptomatik und führen ihrerseits zu weiteren schwer zu behandelnden Störungen (z.B. Alkoholsucht, Tranquilizerabhängigkeit).

***Therapeutisch*** versucht man mit den Patienten ein Verständnis und eine Verbalisierung der Konfliktsituation zu erarbeiten. Dies kann in leichteren Fällen der behandelnde Internist, ggf. mit körperlicher Umstellung (Belastungstraining oder Ruhepausen) tun, in schwereren Fällen erfolgt eine ambulante oder stationäre psychosomatische Therapie. Eine medikamentöse Therapie mit Schlafmitteln, Anxiolytika oder Antidepressiva wird (falls nötig) nur über eine begrenzte Zeit verordnet.

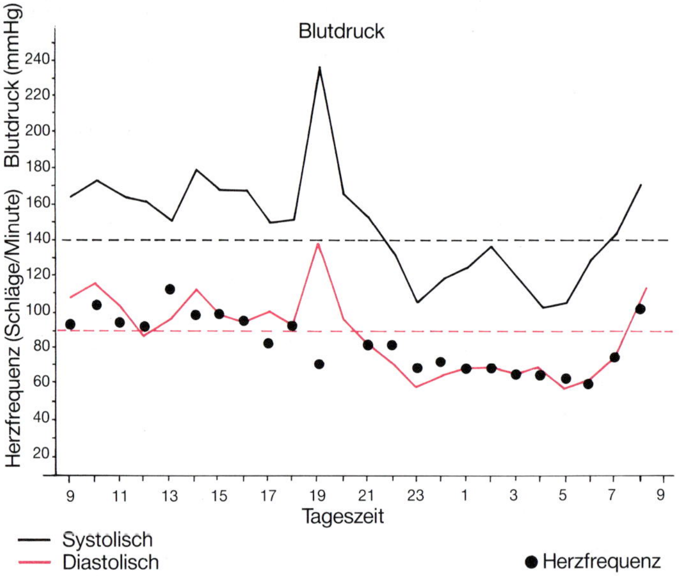


**Abb. 35.2.** Ambulante Blutdrucklangzeitmessung (Originalausdruck) von einem 34jährigen hypertonen Patienten mit zusätzlicher situationsbedingter Blutdrucksteigerung um 19 Uhr (Fernsehen: Tennismatch); dargestellt sind die stundenbezogenen Werte (systolischer und diastolischer Blutdruck und Herzfrequenz) von insgesamt 59 Messungen pro 24 Stunden (M. Middeke, 1990)

## 35.3 Herz-Kreislauf-Erkrankungen

Die Herz- und Kreislauffunktion paßt sich bei körperlichen und seelischen Erfordernissen (Schlaf – Wachheit, Ruhe – Aktivität, Trauer – Erregung) an die jeweilige Lage an. Für psychosomatische Störungen bedeutsam sind folgende Grundmechanismen:

- Eine aus dem Bewußtsein verdrängte Leistungseinstellung führt zu einer Anspannung der Herz-Kreislauf-Funktion.
- Eine bereitgestellte Kreislaufaktivierung kann aus äußeren oder inneren Gründen über längere Zeit nicht abgerufen werden.

Beide Mechanismen führen zu einer chronischen ***Bereitstellungsreaktion.***

### 35.3.1 Essentielle Hypertonie

Als *Ursache* werden eine individuelle Disposition, vermehrte soziale Spannungen und Konflikte in bestimmten sozialen Gruppen und die Ernährung (Adipositas) angesehen. Hypertoniker zeigen häufig offene oder unbewußte aggressive Impulse, Gefühle, die teilweise schon seit der Kindheit unterdrückt wurden; zusätzlich eine konstitutionelle Hyperaktivität sowie ein manifestes ausgeprägtes Leistungsverhalten mit hohem Anspruchsniveau. In psychisch belastenden Situationen reagieren Hypertoniker mit erhöhten Blutdruckwerten (Abb. 35.2).

**Arzt-Patient-Beziehung.** Probleme bei der Behandlung von Hypertonikern entstehen dadurch, daß nur 50 % der Patienten in die Praxis kommen und von diesen nur 25 % ausreichend zu behandeln sind. Die Hälfte der Patienten bricht die Therapie ab.

**Die Arzt-Patient-Beziehung spielt bei der Behandlung des Hypertonikers eine entscheidende Rolle.**

Der Arzt sollte Tendenzen des Patienten, Vorbehalte ihm gegenüber zu verleugnen, ansprechen, ihm die Therapie verständlich machen und dabei seine Autonomie und Kooperationsbereitschaft stärken. Er sollte auch die psychosoziale Situation des Patienten, in der die Krankheit entstand, kennen.

**Psychotherapie.** Juvenile hypertone Regulationsstörungen sind besonders gut behandelbar. Hier ist allerdings auch die Spontanheilungsquote hoch. Eine Indikation zur Psychotherapie wird nicht in jedem Fall gestellt, sondern nur bei Verdacht auf eine psychosoziale Konfliktsituation oder bei unzureichender Beeinflussung des Bluthochdrucks. Neben den verschiedenen psychosomatischen Behandlungstechniken kann auch eine informelle ***Gruppentherapie*** zur Krankheitsaufklärung und Verbesserung des Krankheitsverhaltens eingesetzt werden. Aus sozialmedizinischer Sicht sollte gegebenenfalls, z.B. bei Schichtarbeitern, ein ***Arbeitsplatzwechsel*** erwogen werden, wenn die Blutdruckeinstellung nicht gelingt.

### 35.3.2 Koronarleiden und Herzinfarkt

Bei Entstehung des Koronarleidens spielen genetische, diätetische, Verhaltens- und psychosoziale ***Risikofaktoren*** eine Rolle.

Menschen, die unter einem intensiven Erfolgsdruck über längere Zeit mit hochgesteckten, aber unscharf umrissenen Zielen arbeiten und unter großem Zeitdruck stehen, werden zu einem sog. ***Persönlichkeitstyp A*** gerechnet. Sie haben ein großen Bedürfnis, anerkannt zu werden. Darüber hinaus besteht ein Drang nach motorischer Aktivität. Bei diesem Typ ist das Risiko, einen Herzinfarkt zu erleiden, um den Faktor 2,4 höher als in der Allgemeinbevölkerung.

Auch die anderen Risikofaktoren lassen sich unter psychosomatischem Aspekt betrachten: Essentielle Hypertonie und Adipositas sind als psychosomatische Erkrankungen durch Psychotherapie beeinflußbar, das Zigarettenrauchen erfordert spezielle Entwöhnung und, wie der Bewegungsmangel, eine Umstellung und Änderung der Lebensweise. Diabetes mellitus und Hypercholesterinämie setzen für eine angemessene Therapie eine gute Compliance, insbesondere eine strikte Einhaltung von Diät und Arzneimitteleinnahme voraus, d.h. das ***Krankheitsbewältigungsverhalten*** bleibt bei allen genannten Risikofaktoren von großer Bedeutung.

Nach Eintritt des Infarktes wird die ***Risiko-*** zur ***Infarktpersönlichkeit.*** Es finden sich nach dem akuten Ereignis meist noch auf der Intensivstation spezifische psychische Adaptationsschritte, wie das Entstehen von Angst, das Auftreten einer Verleugnungshaltung und eine Phase depressiver Verstimmung, die durch das Intensivpflegeteam aufgefangen und positiv im Sinne einer neuen Lebensgestaltung mit dem Herzinfarkt beeinflußt werden können.

Die ***Interaktion mit Ärzten*** wird in dieser Phase häufig von diesen Adaptationen geprägt. Die durch den Infarkt bestimmten Umstellungen der Lebensweise – eine verringerte körperliche Leistungsfähigkeit, eine weniger aufreibende, aber auch weniger geachtete Tätigkeit, Verzicht auf Zigaretten, Einhalten von Diäten etc. – können durch psychosomatische Techniken gefördert und dann vom Patienten leichter akzeptiert werden. Die Therapie mit homogenen ***Gruppen von Infarktpatienten,*** aber auch Einzelgespräche haben sich im Rehabilitationsprozeß und danach bewährt. Als ***Entspannungsverfahren*** wird das autogene Training eingesetzt. ***Koronarsportgruppen*** erlauben die körperliche Belastbarkeit spielerisch und unter ärztlicher Aufsicht zu erproben.

### 35.3.3 Funktionelle Herzbeschwerden

Funktionelle Herzbeschwerden finden sich vor allem bei Patienten zwischen dem 18. und 40. Lebensjahr, häufiger bei jungen Männern.

**Pathogenese.** Funktionelle Herzbeschwerden (d.h. Beschwerden in der Herzgegend ohne körperliches Korrelat) finden sich bei Patienten mit phobischen, hypochondrischen oder depressiven Merkmalen und mit einer deutlichen Störung der Persönlichkeitsentwicklung. In der Auslösesituation imponiert die ambivalente Beziehung zu einer wichtigen Bezugsperson, die aufgrund von Beziehungsängsten, Selbstwertzweifeln und Weglauftendenzen nicht befriedigend gestaltet werden kann. Dadurch verstärkt sich die Angst vor der Trennung. Am Anfang der Symptomatik steht bei einem Teil der Fälle ein ***sympathikovasaler Anfall*** mit Tachykardie (160/min) und hypertonen Blutdruckwerten (180 mm Hg systolisch), wie er durch Streß, Schlafentzug, Nikotinabusus und ähnliches auch bei Normalpersonen ausgelöst werden kann.

**Das Erlebnis der Todesangst und die Vorstellung, „das Herz könnte stehen bleiben", ist für den Herzneurotiker so beeinträchtigend, daß zunehmend stärkere Angst entwickelt wird und es oft zu Angst vor weiteren Anfällen und im Circulus vitiosus zu „Angst vor der Angst" kommt.**

Typisch ist dann eine zunehmend hypochondrische Fixierung der Aufmerksamkeit auf das Herz und damit einhergehend eine ***körperliche Schonung.***

Neben dem sympathikovasalen Anfall können unspezifische Herzsensationen, Herzrhythmusstörungen, aber auch ein als gutartig zu wertender Mitralklappenprolaps oder ein ernster zu nehmendes WPW-Syndrom diese massive Form der Herzangst auslösen. Klagen über Herzstolpern oder Herzschmerzen finden sich auch bei depressiven Patienten und sind hier als unspezifische Symptomatik im Rahmen des depressiven Syndroms von der Herzphobie (Herzneurose im engeren Sinn) zu unterscheiden. Störungen der Kreislauffunktion, die mit Bewußtseinsverlust einhergehen, wie Synkopen, sind von der Herzneurose abzugrenzen.

**Differentialdiagnose.** Die Differentialdiagnose zur Angina pectoris ist meist nicht schwierig: Herzneurotiker sind in der Regel jünger, zeigen eine zwanghafte Beschäftigung mit dem Herzen und haben keine Herzschmerzen bei körperlicher Belastung. Angina-pectoris-Patienten sind dagegen meist älter, beachten ihr Herz wenig, geben Herzschmerzen auf körperliche Belastung und beim Infarkt Vernichtungsschmerz an.

**Therapie.** Im ***vertieften ärztlichen Gespräch*** besteht die Möglichkeit, den Patienten zu entängstigen und die ärztlich-diagnostischen Maßnahmen, die durch die Ängste der Patienten immer wieder provoziert werden, zu strukturieren und zu begrenzen. Bei erfolgloser Behandlung wird nach 2–3 Monaten der Psychosomatiker hinzugezogen. Intermittierend kann eine körperliche ***Trainingstherapie*** erwogen werden, um dem Patienten Selbstvertrauen zu geben. Die ***medikamentöse Therapie*** mit Anxiolytika wird nur über kurze Zeit in Notfällen eingesetzt (cave Medikamentenabhängigkeit). Das autogene Training ist wegen der hypochondrischen Tendenzen der Patienten nicht indiziert.

## 35.4 Erkrankungen der Atmungsorgane

Die Atmung paßt sich z. B. der Körperbewegung, der Stoffwechselsituation oder der Ruhe im Schlaf an. Erregung bei Angst, Zorn oder Wut führen zu einer Beschleunigung der Atmung, eine ausgewogene Stimmung zu einer geringeren Ein- und Ausatmungsfrequenz. Es gibt kaum ein Körpersystem, das empfindlicher auf „Psychisches" reagiert als die Atmung.

### 35.4.1 Neurotische Manifestationen

Wenn Konflikte über längere Zeit anhalten, kann es zu einer neurotischen Besetzung der Atmung kommen, die bei Patienten eine übermäßige Beachtung erlangt, ohne daß die Atemfunktion selbst betroffen ist. Wir unterscheiden ***phobische Reaktionen, Zwangssymptome*** und ***Körpermißempfindungen,*** die sich auf die Atmung beziehen.

**Globus hystericus.** Dieser besteht in einem Fremdkörpergefühl im Rachen und im Hals und wirkt sich für den Patienten subjektiv auf den Schluckakt hinderlich aus.

Im Respirationstrakt findet sich kein somatisches Korrelat. Bei längerem Bestehenbleiben wird der Psychosomatiker zugezogen.

### 35.4.2 Hyperventilation

Die Patienten klagen über Atemnot, auch über den Drang mehr zu atmen. Gelegentlich entsteht ein pelziges Gefühl im Mund und an den Händen. Manchmal findet sich die typische Pfötchenstellung, und der Patient hyperventiliert in Erregung und Angst.

Die Hyperventilation kann das 5fache der Norm betragen, die Blutgase zeigen dementsprechend $CO_2$-Erniedrigung.

***Ursache*** des Krankheitsbildes ist eine Angst, die durch die Hyperventilation zu einer Verschiebung des Säurebasengleichgewichts im Blut und zu einer Erniedrigung des ionisierten Kalziums im Serum führt.

Es gibt eine Vielzahl vor allem klinischer Situationen und verschiedener Persönlichkeitsfaktoren, die das Krankheitsbild auslösen können. Oft sind verdrängte Wutäquivalente deutlich. Nach dem ersten Anfall genügen für die Auslösung weiterer Attacken oft nur geringe emotionale Anlässe.

**Therapeutisch sind Feststellung der Angstursache und Beruhigung des Patienten bei der Hyperventilation Mittel der Wahl.**

Die Anwendung eines Atmungssacks, in den der Patient rückatmet und in dem $CO_2$ angereichert wird, ist danach sinnvoll. Die Therapie mit Kalziuminjektionen bleibt obsolet. Nur bei hartnäckiger Hyperventilation sind in der Akutsituation Tranquilizer anzuwenden.

### 35.4.3 Asthma bronchiale

Psychosoziale Faktoren spielen beim Asthma bronchiale für das Krankheitsverhalten und die Auslösung einzelner Anfälle eine wichtige Rolle. Beim chronischen Asthma wird eine krankheitsabhängige Beeinflussung der Persönlichkeit angenommen. ***Testpsychologisch*** zeigen Patienten mit Asthma bronchiale gegenüber Normalpersonen erhöhte Angst, eine stärkere Empfindlichkeit sowie vermehrte innerliche Anspannung.

Psychosoziale Auslöser für Asthmaanfälle sind häufig Situationen, in denen sich der Patient einem anderen Menschen nicht gewachsen fühlt, aggressive Gefühle entwickelt und nicht den Mut hat, sich zu behaupten.

**Arzt-Patient-Beziehung.** Wegen der Häufigkeit des Krankheitsbildes liegt die Therapie fast immer beim Allgemeinarzt oder Facharzt.

**Der Arzt muß dem Asthmapatienten eine verstehende und sichere Beziehung anbieten.**

Der Arzt darf dabei vom Patienten weder als bedrängend noch als abweisend erlebt werden. Er soll sich vielmehr wohlwollend neutral verhalten (nicht überfürsorglich) und mit intensiven Versorgungswünschen, aber auch mit Enttäuschungsreaktionen seines Patienten rechnen. Die ärztlichen Maßnahmen müssen mit dem Patienten abgestimmt werden, um ihm Selbständigkeit zu vermitteln. Zeiten längerer Trennung (z. B. Urlaub des Arztes) oder die Entlassung aus der Klinik sind ein Risiko der Exazerbation der Erkrankung und müssen deshalb vorbereitet werden.

**Psychosomatische Therapie.** Neben den internistischen Maßnahmen wird bei Kindern und Jugendlichen die ***Familientherapie*** angewandt, da die Asthmaanfälle oft Ausdruck spezifischer familiärer Beziehungsprobleme sind. Das ***autogene Training*** führt durch die Entspannungs- und Atemübungen zu einer Entkrampfung und Beruhigung des Patienten. ***Atemtechniken*** ermöglichen ihm, physiologisch optimal zu atmen, was im Anfall wichtig ist, aber auch als Anfallsprophylaxe dienen kann. In ***krankheitsorientierten Gruppen*** wird über die Art der Erkrankung, die Medikation und das Krankheitsverhalten gesprochen. Die Patienten haben die Möglichkeit, untereinander Erfahrungen auszutauschen und sich emotional zu entlasten. (Weitere Therapie wie unter 35.1.2 beschrieben.)

## 35.5 Gastrointestinale Erkrankungen

Emotionen können Nahrungsaufnahme und Verdauung beeinflussen. Beim Säugling sind das Stillen und Gefüttertwerden mit Lust und Unlust, Befriedigung oder Frustation verbunden, Zustände, die Ergebnis einer gelingenden oder mißlingenden Kommunikation zwischen Mutter und Kind sind. Die Beziehungen zwischen Nahrungsaufnahme und einer wichtigen Bezugsperson bleiben auch für den Erwachsenen bedeutsam.

### 35.5.1 Ulcus pepticum

Jeder Zehnte entwickelt im Laufe des Lebens bis zum 60. Lebensjahr ein peptisches Magen- oder Zwölffingerdarmgeschwür. Der Einfluß soziokultureller Faktoren ist wahrscheinlich; bei Personen, die aus einer Gemeinschaft ausgeschieden sind, die zuvor Geborgenheit und Anerkennung gewährt hatte (z. B. Gastarbeiter, Flüchtlinge, Auswanderer), kommen Ulzera gehäuft vor.

Zur Entstehung des Duodenalulkus tragen neben soziologischen (soziale Streßsituationen) auch psychologische (verstärkte Abhängigkeitsbedürfnisse) und physiologische Bedingungen (erhöhte Pepsinogensekretion) in unterschiedlicher Weise bei.

Es finden sich zwei Ulkuspersönlichkeiten: Einmal der passiv abhängige depressive Typus, der direkt seine regressiven Wünsche auslebt, und zum anderen der hyperaktiv-aggressive, dessen Persönlichkeitsstruktur durch Reaktionsbildungen seiner Abhängigkeitsstrebungen bestimmt wird.

#### Psychosomatische Therapie

**Ergänzend zu einer wirkungsvollen internistischen Therapie sollten bei Patienten mit Ulcus pepticum im Gespräch Konflikte herausgearbeitet und eine Beratung zur Lebenssituation durchgeführt werden.**

Eine stationäre psychosomatische Therapie, eine Entspannungstherapie oder eine ambulante aufdeckende analytische Behandlung ist nur bei bestimmten Patienten indiziert, bei denen es immer wieder zu Rezidiven kommt oder bei denen psychosomatische Zusammenhänge deutlich sind.

### 35.5.2 Colitis ulcerosa

**Auslösesituation.** Bei fast $^{2}/_{3}$ einer ausgewählten Patientenstichprobe gingen Verlusterlebnisse wie Tod, Zurückweisung durch einen Liebespartner oder räumliche Trennungen von einer wichtigen Bezugsperson dem Auftreten der Erkrankung unmittelbar voraus. Weitere Lebensereignisse wie Verlust des gewohnten Lebensraums, Umzüge, Operationen oder die Verbindung mit krankhaften Trauerreaktionen sind beim Wiederauftreten der Symptomatik (Rezidiv) von Bedeutung.

**Eine aktiv stützende und ermutigende Haltung des Arztes, die die belastende Situation bearbeitet, die Anlehnungsbedürfnisse der Patienten befriedigt und ihr Selbstbewußtsein steigert, ist gerade bei akuten Krankheitszuständen für die Patienten mit Colitis ulcerosa eine wichtige Hilfe.**

#### Psychosomatische Therapie

Die internistische Behandlung kann mit ***Entspannungstherapie*** (autogenes Training) und einer ***unterstützenden psychosomatischen Einzelbehandlung*** (supportive Therapie) kombiniert werden. Bei einem Teil der Patienten, bei denen psychosoziale Konflikte deutlich sind, ist eine längerfristige tiefenpsychologisch orientierte ***Einzel- oder Gruppentherapie,*** evtl. auch eine Familientherapie sinnvoll.

### 35.5.3 Morbus Crohn

Schon dem Erstbeschreiber Crohn fielen bei diesen Patienten viele psychische Symptome auf. Bisher ist ungeklärt, ob sich auslösende psychosoziale Faktoren oder krankheitsabhängige psychische Entwicklungen auswirken. Die Entstehung einzelner Rezidive der Erkrankung kann durch psychosoziale Belastungen getriggert werden.

Die psychosomatische Therapie entspricht der bei Colitis ulcerosa.

### 35.5.4 Funktionelle Störungen des Gastrointestinaltrakts

**Aerophagie (Luftschlucken).** Die Neigung zu unwillkürlichem Schlucken macht sich an den Folgezuständen wie Aufstoßen, Meteorismus und geruchlosem Flatus bemerkbar. Ablenkung während des Essens oder intellektuelle Anspannung sind die häufigsten Ursachen. Manchmal findet man Aerophagie bei Menschen, die unzufrieden sind, die eine Situation nicht bewältigen können. Manche Kranken sprechen davon, daß sie „viel herunterschlucken“ müssen.

**Nervöser Magen (Gastropathia nervosa).** Es werden, immer wieder, Beschwerden wie Druck- und Völlegefühl im Epigastrium, Appetitlosigkeit, Unverträglichkeit von Fett, Alkohol oder Koffein angegeben, mit oder ohne enge Beziehung zur Stimmungslage oder zu konflikthaften Situationen. Der Magen wird zum Auslösepunkt psychogener Ursachen: So können Magenbeschwerden ***Äquivalente depressiver Verstimmungen*** oder somatisierter Ausdruck beruflicher und familiärer Konflikte bzw. ***Überlastungen*** sein. Der nervöse Reizmagen zeigt im Röntgenbild Hypermotilität, in der Magensaftanalyse Hypersekretion bzw. Hyperchlorhydrie ohne histologische Entzündungszeichen.

Bei emotionaler ***Diarrhöe*** und ***Obstipation,*** die über 3–6 Monate mit den üblichen internistischen Maßnahmen nicht zu beeinflussen sind, wird nach Ausschluß organischer Ursachen eine psychosomatische Diagnostik (und evtl. Therapie) durchgeführt.

### 35.5.5 Irritables Kolon

**Symptomatik.** Die Beschwerden imponieren durch Obstipation und Durchfälle sowie durch Koliken im gesamten Abdomen. Zusätzlich klagen die Patienten über Meteorismus, Blähungen, Völlegefühl und Unverträglichkeit von Nahrungsmitteln sowie über vegetative Symptome.

Häufig finden sich hier schwierige Lebensentwicklungen, die zeitlich mit dem Auftreten oder der Verdrängung der Qualität der Beschwerden einhergehen. Unter psychoanalytischem Gesichtspunkt werden bei den Patienten Versorgungstendenzen durch eine ***verstärkte Leistungsbereitschaft*** abgewehrt. Die Kranken erscheinen psychisch eher als „übernormal“, können aber Emotionen (wie Ängste oder Aggressionen) nicht gut äußern.

#### Auslösesituation

**Bei mehr als der Hälfte aller Colon-irritabile-Patienten sind psychische Störungen nachweisbar.**

## FALL 35 A

**Anamnese.** Die 20jährige Patientin war nie ernstlich krank gewesen. Vor 3 Jahren machte sie im Urlaub, in den sie mit ihren Eltern gefahren war, die Bekanntschaft eines jungen Mannes. Einige Tage nach der Abreise aus dem Urlaubsort verweigerte sie das Essen. Nach der späteren Aussprache und endgültigen Trennung von dem Freund nahm sie kontinuierlich weiter an Gewicht ab.

Die internistische Untersuchung ergab außer einer extremen Kachexie von 35 kg bei einer Größe von 1,63 m röntgenologisch, laborchemisch, endokrinologisch und im EKG keinen pathologischen Befund. Sowohl die Patientin als auch ihr Vater lehnten eine psychotherapeutische Behandlung ab. Drei Monate später kam die Patientin auf Drängen der Internistin dennoch zur stationären Aufnahme.

**Klinische Untersuchung.** Äußerst abgemagerter Zustand mit einem Gewicht von 29 kg. Gesicht, Thorax und Beckenknochen traten stark hervor, der Bauchumfang betrug 42 cm. Die körperlichen Reaktionen einschließlich des Reflexstatus waren verlangsamt. Die Stimmungslage war weinerlich, aber man spürte auch stillen Protest. Seit einem halben Jahr bestand eine sekundäre Amenorröe, seit einem Jahre eine Obstipation. Sie klagte über Völle- und Beklemmungsgefühle im Epigastrium nach dem Essen und berichtete über Laxanzienabusus. Der Blutdruck betrug 85/60 mm Hg, es bestand eine Bradykardie von 47/min und eine erniedrigte Körpertemperatur von 35,6°C.

**Laborchemische Befunde.** Trotz sekundärer Amenorrhöe fanden sich bei der Patientin keine Veränderungen der Geschlechtshormonwerte, FSH 0,91 ng/ml (Norm 0,84–4,50 ng/ml), LH 1,21 ng/l (Norm 0,58–5,96 ng/ml). Auch andere Hormonparameter der Nebennierenrinde und der Schilddrüse waren unauffällig: Tetrahydrokortisol 2,34 mg/24 h (Norm 0,5–3,5 mg/24 h), Tetrahydrokortison 1,8 mg/24 h (Norm 0,5–3,5 mg/24 h, $T_3$ 1,0 ng/ml (Norm 0,8–2,0 ng/ml), $T_4$ 51 ng/ml (Norm 40–120 ng/ml). Der Nüchternblutzucker lag bei 72 mg/dl, der Gesamteiweißgehalt des Serums war gering vermindert (Gesamtprotein 6,5 g/dl, Albumin 75,6% y-Globulin 8,1%). Das Gesamtcholesterin war mit 270 mg/dl erhöht. Es bestand eine geringgradige Retention harnpflichtiger Substanzen (Harnstoff 90 mg/dl). Die Amylase sowohl im Serum als auch im Urin war bei der Patientin anfangs erhöht (Amylase im Serum 800, bei Kontrolle 720 mU/l, Amylase im Urin 1800 mU/l, bei Kontrolle 2300 mU/l), das Bilirubin war leicht angestiegen (1,2 mg/dl). Weitere Laborwerte: BKS 2/5, Blutbild ohne Befund, Lipase normal.

**Zusatzuntersuchungen.** Röntgenthorax, Sella-Spezialaufnahme und EKG ohne Befund, EEG: diffuse zerebrale Allgemeinstörung bei einem irregulären und verlangsamten EEG vom α-Typ.

**Differentialdiagnose.** Innere Erkrankungen, wie Hypophysenvorderlappeninsuffizienz, Hyperthyreose, Malabsorptionssyndrom, Colitis ulcerosa, Morbus Crohn, chronische Infektionen, Hepatitis, Porphyrie oder Tumoren, konnten ausgeschlossen werden. Psychopathologisch waren keine Zeichen eines wahnhaften Geschehens wie bei einer Schizophrenie oder Verstimmungen im Sinne einer reaktiven oder endogenen Depression bemerkbar.

**Stationärer Verlauf.** Das Gewicht der Patientin stieg unter Sondenernährung von 29 auf 35 kg am Ende der 2. und 38 kg am Ende der 3. Woche an, wobei Ödeme an Füßen und Unterschenkeln auftraten. Eine Infusionstherapie mußte wegen einer Thrombophlebitis wieder abgesetzt werden. Die Sondenernährung wurde in den ersten 3 Wochen auf 1900 Kalorien gesteigert. Die Patientin erhielt Einzeltherapie; eine Familientherapie wurde eingeleitet.

**Epikrise.** Nach internistischer und psychosomatischer Behandlung hatte die Patientin insgesamt 16 kg zugenommen und lag 3 Wochen nach der stationären Entlassung mit 45 kg 20 % unter ihrem Sollgewicht. 1 Jahr nach dem stationären Aufenthalt hatte die Patientin Normalgewicht und zeigte normale laborchemische Befunde. Sie menstruierte wieder, nahm aber weiterhin Laxanzien. Die Lebenssituation hatte sich gebessert, sie hatte ein Biologiestudium begonnen und war von zu Hause ausgezogen. Die psychotherapeutische Behandlung war noch nicht abgeschlossen, es fanden weiterhin einmal im Monat Familiengespräche statt.

**Arzt-Patient-Beziehung.** Da die Diagnose nur als ***Ausschlußdiagnose*** organischer Leiden gestellt werden kann, entsteht bei jedem neuen oder bei Verstärkung der alten Symptome das Bedürfnis nach weiteren diagnostischen Maßnahmen, die nur z. T. notwendig sind. Sie verstärken die neurotischen Ängste und Unsicherheitsgefühle des Patienten und führen dadurch manchmal zur Verstärkung der Beschwerden.

> **In einem Gespräch sollte der Arzt die wichtigsten Punkte aus der Lebensgeschichte des Patienten mit Colon irritabile und die derzeitige soziale Situation, in der die Beschwerden auftreten, ermitteln. Das ermöglicht eine sichere Entscheidung für die notwendige Diagnostik und gibt dem Patienten andererseits die Möglichkeit, Vertrauen zu entwickeln, das zusammen mit den internistischen Maßnahmen häufig eine Besserung der Beschwerden erbringt.**

**Psychosomatische Therapie.** Je nach Fähigkeit des Patienten, seine eigenen seelischen Probleme zu erkennen und zu erleben, und je nach seinen Bedürfnissen sind konfliktorientierte Therapie oder autogenes Training angebracht.

## 35.6 Eßstörungen

### 35.6.1 Anorexia nervosa

**Symptomatik.** Eine Reduktion des Körpergewichts um mehr als ***25 % des Sollgewichts,*** die sekundäre (manchmal primäre) ***Amenorrhöe*** und eine nicht mehr einfühlbare ***Angst vor der Gewichtszunahme*** sind die wichtigsten Symptome bei diesen vor allem junge Mädchen zwischen dem 15. und 25. Lebensjahr befallenden Krankheitsbild. Die Gewichtsabnahme erfolgt entweder durch Nichtessen, durch das Erbrechen aufgenommener Nahrung oder durch Laxanzienabusus. Es bestehen so gut wie immer eine Obstipation und eine motorische Hyperaktivität. Im Regelfall ist ein Krankheitsgefühl nicht vorhanden.

Neben Hypotonie, Bradykardie, Hypothermie, teilweise Hungerödemen und einer sehr ausgeprägten Kachexie mit Verschwinden sämtlicher Fettpolster finden sich als charakteristische Laborparameter häufig Hypokaliämie, Erniedrigung der weiblichen Geschlechtshormone (FSH, LH) und Erhöhung des Serumkortisols.

Das Krankheitsbild muß von der Bulimie abgegrenzt werden, bei der es zu Heißhungerattacken mit Freßanfällen und anschließendem provoziertem Erbrechen kommt. Trotz großer Gewichtsschwankungen wird dabei ein Untergewicht (wie bei der Anorexia nervosa) nicht erreicht (s. Fall 35 A, S. 759).

**Psychopathogenese.** Seelische Belastungen wie Tod eines Großelternteils, aber auch erotische Gefühle, die in der Beziehung zum ersten Freund entstehen, oder eine Hungerkur können das Krankheitsbild auslösen.

> **Hintergrund der Anorexia nervosa sind emotionale Konflikte, die mit dem Erwachsen werden und der Übernahme der weiblichen Geschlechtsidentität zusammenhängen.**

Die ***Prognose*** der Erkrankung ist ernst. Mit einer Letalität von 5 %–15 % muß gerechnet werden. Eine ***Chronifizierung*** der Symptomatik besteht bei weiteren 20–25 %. Bei einem weiteren Drittel der Patientinnen bleiben mehr oder minder schwere psychische und soziale Symptome bestehen, und nur 30–40 % der Kranken sind im Langzeitverlauf als geheilt zu bezeichnen.

**Therapie.** In der Akutphase erfolgen Bettruhe, Sondenfütterung und ggf. Sedierung, um das lebensbedrohliche Krankheitsbild unter Einschluß verhaltenstherapeutischer Techniken zu behandeln. Die psychotherapeutische Einzel- und Familientherapie dient als flankierende Maßnahme und zur Einleitung der Langzeitbehandlung. Bei jüngeren Mädchen wird diese als Familientherapie durchgeführt, bei älteren oder psychisch schwerer gestörten Kranken als stationäre psychosomatische Therapie und/oder tiefenpsychologisch orientierte Einzelbehandlung über mindestens 1–2 Jahre.

### 35.6.2 Adipositas

**Psychopathogenese.** Es werden folgende psychische Auslösebedingungen diskutiert:

- Frustrationen nach Trennung von einer wichtigen Bezugsperson (Eltern, Partner), „Kummerspeck“;
- allgemeine Verstimmungen, Leeregefühle, Langeweile, aber auch Angst und Ärger sowie Alleinsein;
- Situationen, die eine vermehrte Anstrengung erfordern (z. B. für ein Examen lernen).

In diesen auslösenden Situationen bedeutet das Essen Ersatzbefriedigung für Liebe und Geborgenheit und Entschädigung für Enttäuschungen und Verluste. Ursache für diese Reaktionsweise dürften fehlende oder übermäßige Mutterliebe in der Kindheitsentwicklung sein. Das Essen dient der Abwehr der Depression oder als Kompensation für ein vermindertes Selbstwertgefühl. Es läßt sich aber kein einheitlicher Persönlichkeitstyp des Fettsüchtigen abgrenzen.

**Therapie.** Grundlage ist die diätetische Einstellung. Analytisch orientierte Einzel- und Gruppentherapie kann die zugrundeliegenden Konflikte angehen, Verhaltenstherapie das pathologische Eßverhalten verändern. Die Teilnahme an Selbsthilfegruppen sollte in das Therapiekonzept miteinbezogen werden. Wegen der psychischen Symptomatik (mangelndes Selbstwertgefühl, depressive Verstimmungen), aber auch wegen der Einschränkungen der beruflichen und Lebensentwicklung ist eine längerfristige ambulante oder stationäre Psychotherapie bei manchen Patienten zu erwägen. Die Verordnung von Appetitzüglern erscheint auch aus psychosomatischer Sicht nicht sinnvoll. Die Prognose ist sowohl bei unbehandelten wie bei aktiv behandelten schlecht. Eine dauerhafte Reduktion des Gewichts läßt sich nur bei 20–30 % der Patienten erreichen.

## 35.7 Rheumatische Erkrankungen

### 35.7.1 Chronische Polyarthritis

Emotional belastende akute Ereignisse zeigen einen Einfluß auf den Beginn der Erkrankung, aber auch auf einzelne Krankheitsschübe an. Gelegentlich sind Krisen in zwischenmenschlichen Beziehungen, Tod und Verlust wichtiger Bezugspersonen oder Autoritäts- und Eheprobleme vor dem Beginn der Erkrankung nachweisbar. Eine Spezifität der Auslösesituation ist jedoch nicht zu finden, und das subjektive Erleben des Patienten bestimmt die Schwere der seelischen Belastung.

> **Aufgrund der die Persönlichkeit stark beeinträchtigenden chronisch rezidivierenden Erkrankung kommt es zu einer krankheitsabhängigen Entwicklung der Persönlichkeit des Patienten mit chronischer Polyarthritis, auf die insbesondere motorische Einschränkungen, Veränderungen am Arbeitsplatz und immer wieder auftretende depressive Verstimmungen Einfluß haben.**

Die Behandlung wird am Beginn der Erkrankung die auslösenden Ursachen und psychosozialen Konflikte in einer ambulanten oder stationären Psychotherapie angehen. Im späteren Verlauf geht es um die psychosoziale Rehabilitation des Patienten, das Krankheitsverhalten und die Krankheitsaufklärung. Hier hat sich eine krankheitsorientierte Gruppentherapie bewährt. Auch psychotherapeutische Maßnahmen im engeren Sinn sind gelegentlich angebracht.

### 35.7.2 Weichteilrheumatismus

Der „funktionelle Muskelrheumatismus" zeigt eine ***wechselnde Lokalisation*** und eine wechselnde Symptomatik ***ohne objektive Entzündungszeichen***. Lenden- und Schulter-Nacken-Gegend sind die häufigsten Prädelektionsstellen. Ängste und depressive Verstimmungen sind bei diesen Patienten deutlich stärker ausgeprägt. Patienten mit Muskelrheumatismus zeigen latente oder manifeste Versorgungs- und Abhängigkeitstendenzen.

**Auslösende Situation.** Dies sind psychosoziale Belastungssituationen, in denen Phantasien, diese Situation durch Weglaufen zu vermeiden, bei den Patienten entstehen. Gleichzeitig werden aggressive Impulse mobilisiert.

**Therapie.** Diese besteht in Massage und autogenem Training, weitere Therapie wie unter 35.1.2 beschrieben.

## Literatur

Bräutigam W, Christian P (1987) Psychosomatische Medizin, 3. Aufl. Thieme, Stuttgart
Deter H-C (1986) Psychosomatische Behandlung des Asthma bronchiale. Springer, Berlin Heidelberg New York Tokyo
Hahn P (1988) Ärztliche Propädeutik. Springer, Berlin Heidelberg New York Tokyo
Schepank H (1987) Psychogene Erkrankungen der Stadtbevölkerung. Springer, Berlin Heidelberg New York Tokyo
Uexküll T v (Hrsg) (1990) Lehrbuch der psychosomatischen Medizin, 4. Aufl. Urban & Schwarzenberg, München

# Quellenverzeichnis der Abbildungen und Tabellen


Behrend H (1984) Die Gelenk-, Knochen- und Muskelmanifestation der Sarkoidose. In: Mathies H (Hrsg) Rheumatologie B. Springer Berlin Heidelberg New York Tokyo (Handbuch der inneren Medizin, Bd VI/2 B)

Berlit P, Seeger W (i. Vorb.) Neurologie. Ein Bilderlehrbuch. Springer, Berlin Heidelberg New York Tokyo

Bing R (1953) Kompendium der topischen Gehirn- und Rückenmarksdiagnostik, 14. Aufl. Schwabe, Basel

Brandt T, Büchele W (1983) Augenbewegungsstörungen. Fischer, Stuttgart

Creutzfeld W, Lankisch PG (1985) Acute pancreatitis: Etiology and pathogenesis. In: Berk JE (Ed) Bockus Gastroenterology, 4th edn, vol 6. Saunders, Philadelphia

Erb WH (1891) Dystrophia muscularis progressiva: Klinische und pathologisch-anatomische Studie Dtsch Z Nervenheilkd 1, 13–94

Fauci AS, Haynes BF, Katz P (1978) The spectrum of vasculitis: Clinical, pathologic, immunologic and therapeutic considerations. Ann Intern Med 89, 660–676

Gowers WR (1886) A manual of diseases of nervous system, vol 1. Churchill, London

Gönnert R, Koenig K (1970) Mikroskopische Diagnostik für die tropenärztliche Praxis, 4. Aufl. Bayer, Leverkusen

Heimpel H, Herfarth C, Schreml W (1980) Metastasen. Huber, Bern Stuttgart Toronto (Aktuelle Probleme in Chirurgie und Orthopädie Bd 14)

Hermanek P, Scheibe O, Spiessl B, Wagner G (Hrsg) (1987) TNM-Klassifikation maligner Tumoren, 4. Aufl. Springer, Berlin Heidelberg New York Tokyo

Holgate ST, Kay AB (1985) Mast cells, mediators and asthma. Clin. Allergy 15, 221

Jerusalem F (1979) Muskelerkrankungen. Thieme, Stuttgart

Lange S (1986) Radiologische Diagnostik der Lungenerkrankungen. Thieme, Stuttgart

Magnussen H, Bonnet R (1989) Lungenfunktionsuntersuchung. In: Fabel H (Hrsg) Pneumologie. Urban & Schwarzenberg, München

Moser K, Stacher A (1986) Chemotherapie maligner Erkrankungen. Deutscher Ärzteverlag, Köln

Mumenthaler, M (1990) Neurologie, 9. Aufl. Thieme, Stuttgart

Rauh G, Gresser U, Landthaler M, Riedel KG, Zöllner N (1991) Relapsing polychondritis: clinical and pathological features in 8 cases. Klin. Wochenschr. 69 (in press)

Schirmer M (1982) Der Schlaganfall. Perimed, Erlangen

Senn HJ (1979) Führung und Betreuung des Krebskranken durch Hausarzt und Tumorzentrum Zeitschr Allgemeinmedizin 55, 284–295

Walton J (1988) Disorders of voluntary muscle, 5th edn. Churchill Livingstone, Edinburgh London Melburne New York

Wintrobe MM (1981) Clinical hematology, 8th edn. Lea & Febiger, Philadelphia

Zülch KJ, Christensen E (1956) Handbuch der Neurochirurgie, Bd. 3. Springer, Berlin Göttingen Heidelberg

# Sachverzeichnis

Seitenverweise, die auf Wesentliches zur Erläuterung des Begriffes hinweisen, wurden fett gedruckt.

## B

## C

## D

## E

## F

## H

## I

## L

## M

## N

## O



## P

## Q



## R

## S

## T

## W

X



Y



Z

**F.-J. Kretz,** Freie Universität Berlin;
**J. Schäffer,** Medizinische Hochschule Hannover;
**K. Eyrich,** Freie Universität Berlin

# *Anästhesie, Intensivmedizin, Notfallmedizin*

1989. XIX, 439 S. 53 Abb. 32 Tab. Brosch. DM 32,–
ISBN 3-540-13926-5

In diesem Taschenlehrbuch werden die Grundlagen der Anästhesiologie, Intensivmedizin und Notfallmedizin kurz und teilweise stichwortartig dargestellt. Neben den theoretischen Grundlagen werden Physiologie und Pathophysiologie von Atmung, Herz-Kreislauf und Ernährung sowie spezielle Pharmakologie detailliert dargestellt. Dabei wird besonderer Wert auf die vielfältigen Verknüpfungen mit den anderen klinischen Fächern gelegt.
Somit dient dieses Lehrbuch nicht nur dem Medizinstudenten in der Prüfungsvorbereitung, es ist auch ein idealer Begleiter für in der Anästhesie tätige Studenten im Praktischen Jahr sowie für Ärzte im Praktikum und in der Facharztausbildung.

Springer-Lehrbuch

**Wie können wir unsere Lehrbücher noch besser machen?**

Diese Frage können wir nur mit Ihrer Hilfe beantworten. Zu den unten angesprochenen Themen interessiert uns Ihre Meinung ganz besonders. Natürlich sind wir auch für weitergehende Kommentare und Anregungen dankbar.
Sie erhalten von uns ein kleines „Dankeschön“, wenn Sie die ausgefüllte Karte an uns zurücksenden.

Springer-Verlag
Koordination Lehrbuch

Wie gefallen Ihnen die einzelnen Kapitel? Für Ihr Urteil stehen Ihnen 5 Bewertungsstufen zur Verfügung (von 1 = sehr gut bis 5 = schlecht).

| Kapitel | 1 | 2 | 3 | 4 | 5 | Kapitel | 1 | 2 | 3 | 4 | 5 |
|---|---|---|---|---|---|---|---|---|---|---|---|
| 1 | ☐ | ☐ | ☐ | ☐ | ☐ | 19 | ☐ | ☐ | ☐ | ☐ | ☐ |
| 2 | ☐ | ☐ | ☐ | ☐ | ☐ | 20 | ☐ | ☐ | ☐ | ☐ | ☐ |
| 3 | ☐ | ☐ | ☐ | ☐ | ☐ | 21 | ☐ | ☐ | ☐ | ☐ | ☐ |
| 4 | ☐ | ☐ | ☐ | ☐ | ☐ | 22 | ☐ | ☐ | ☐ | ☐ | ☐ |
| 5 | ☐ | ☐ | ☐ | ☐ | ☐ | 23 | ☐ | ☐ | ☐ | ☐ | ☐ |
| 6 | ☐ | ☐ | ☐ | ☐ | ☐ | 24 | ☐ | ☐ | ☐ | ☐ | ☐ |
| 7 | ☐ | ☐ | ☐ | ☐ | ☐ | 25 | ☐ | ☐ | ☐ | ☐ | ☐ |
| 8 | ☐ | ☐ | ☐ | ☐ | ☐ | 26 | ☐ | ☐ | ☐ | ☐ | ☐ |
| 9 | ☐ | ☐ | ☐ | ☐ | ☐ | 27 | ☐ | ☐ | ☐ | ☐ | ☐ |
| 10 | ☐ | ☐ | ☐ | ☐ | ☐ | 28 | ☐ | ☐ | ☐ | ☐ | ☐ |
| 11 | ☐ | ☐ | ☐ | ☐ | ☐ | 29 | ☐ | ☐ | ☐ | ☐ | ☐ |
| 12 | ☐ | ☐ | ☐ | ☐ | ☐ | 30 | ☐ | ☐ | ☐ | ☐ | ☐ |
| 13 | ☐ | ☐ | ☐ | ☐ | ☐ | 31 | ☐ | ☐ | ☐ | ☐ | ☐ |
| 14 | ☐ | ☐ | ☐ | ☐ | ☐ | 32 | ☐ | ☐ | ☐ | ☐ | ☐ |
| 15 | ☐ | ☐ | ☐ | ☐ | ☐ | 33 | ☐ | ☐ | ☐ | ☐ | ☐ |
| 16 | ☐ | ☐ | ☐ | ☐ | ☐ | 34 | ☐ | ☐ | ☐ | ☐ | ☐ |
| 17 | ☐ | ☐ | ☐ | ☐ | ☐ | 35 | ☐ | ☐ | ☐ | ☐ | ☐ |
| 18 | ☐ | ☐ | ☐ | ☐ | ☐ | | | | | | |

Halten Sie den Umfang dieses Lehrbuchs für angemessen?

☐ ja
☐ nein, es ist zu knapp
☐ nein, es ist zu umfangreich

Empfinden Sie das breite Format dieses Lehrbuchs als angenehm?

☐ nein
☐ ja

Halten Sie die Fallbeispiele für eine sinnvolle Lernhilfe?

☐ ja
☐ nein

Sollten wir bei der nächsten Auflage etwas anders machen?

______________________________

______________________________

**Zöllner (Hrsg.): Innere Medizin**

Absender:

____________________

____________________

____________________

Ich bin:

- ☐ Medizinstudent/in im . . . Semester
  Universität: ________________
- ☐ im PJ
- ☐ AiP
- ☐ in der Weiterbildung
- ☐ ____________________

bitte freimachen

Antwortkarte

An
Springer-Verlag
z. Hd. Frau Anne C. Repnow
Koordination Lehrbuch
Tiergartenstraße 17

D-6900 Heidelberg 1